Ulrich Tietze · Christoph Schenk

# Halbleiter-Schaltungstechnik

Springer

*Berlin*
*Heidelberg*
*New York*
*Barcelona*
*Hongkong*
*London*
*Mailand*
*Paris*
*Singapur*
*Tokio*

U. Tietze · Ch. Schenk

# Halbleiter-Schaltungstechnik

11., völlig neu bearbeitete
und erweiterte Auflage
1. korrigierter Nachdruck

Unter Mitarbeit von E. Gamm

Mit 1328 Abbildungen, 189 Tabellen und CD-ROM

 Springer

Dr.-Ing. Ulrich Tietze
Dipl.-Ing. Eberhard Gamm
Lehrstuhl für Technische Elektronik
Universität Erlangen
Cauerstr. 9
91058 Erlangen

Dr. Christoph Schenk
Geschäftsführender Gesellschafter
der Dr. Schenk GmbH
Industriemesstechnik
Einsteinstr. 37
82152 Martinsried/München

URL: www.springer.de/engine-de/tietze-schenk/
EMAIL: tietze-schenk@springer.de

Übersetzt in folgende Sprachen:
Polnisch: Naukowo-Techniczne, Warschau 1976, 1987, 1996
Ungarisch: Müszaki, Budapest 1974, 1981, 1990
Russisch: Mir, Moskau 1982
Spanisch: Marcombo, Barcelona 1983
Chinesisch: 1985
Englisch (Kurzfassung): Springer Berlin, Heidelberg, New York 1978
Englisch (vollständige Fassung): Springer Berlin, Heidelberg, New York 1991

ISBN 3-540-64192-0 Springer Verlag Berlin Heidelberg New York

Die Deutsche Bibliothek – CIP-Einheitsaufnahme

**Halbleiter-Schaltungstechnik** [Medienkombination] Ulrich Tietze, Christoph Schenk / – Berlin ;
Heidelberg ; New York ; Barcelona ; Hongkong ; London ; Mailand ; Paris ; Singapur ; Tokio : Springer
  ISBN 3-540-64192-0
  Buch. – 11. neubearb. Aufl. – 1999
  CD-ROM zur 11., neubearb. Aufl. – 1999

Springer-Verlag ist ein Unternehmer der Fachverlagsgruppe BertelsmannSpringer

Satzherstellung mit LaTeX: PTP-Berlin, Stefan Sossna
Umschlaggestaltung: Frido Steinen, Estudio Calamar, Spanien

SPIN: 10786959       62/3020 - 5 4 3 2 1 - Gedruckt auf säurefreiem Papier

Gewidmet

Herrn Prof. Dr.-Ing. Dieter Seitzer
für seinen unermüdlichen
Einsatz in der Ingenieurausbildung

# Vorwort

In elektronischen Schaltungen werden in zunehmendem Maße höherintegrierte Schaltungen eingesetzt. In der Analogtechnik haben integrierte Verstärker ihre aus Einzeltransistoren aufgebauten Vorgänger in nahezu allen Bereichen verdrängt. Auch in der Leistungselektronik und der Hochfrequenztechnik geht der Trend zu integrierten Schaltungen; „Smart Power ICs" und integrierte Mikrowellenschaltungen („MMICs") sind typische Beispiele. In gleicher Weise werden in der Digitaltechnik zunehmend programmierbare Logikbausteine („PLDs") eingesetzt; der Aufbau logischer Schaltungen mit Gatter- und Flip-Flop-Bausteinen ist nicht mehr zeitgemäß. Höherintegrierte Schaltungen reduzieren den Platzbedarf und die Bauteil- und Bestückungskosten; gleichzeitig nimmt die Zuverlässigkeit zu.

In diesem Zusammenhang vollzieht sich eine Teilung des Schaltungsentwurfs in zwei Teilbereiche: Schaltungsentwurf mit handelsüblichen integrierten Schaltungen („board level design") und Entwurf integrierter Schaltungen („IC design" bzw. „transistor level design"). Der Anwender handelsüblicher integrierter Schaltungen muß Kenntnisse über den inneren Aufbau der Schaltungen haben, um sie richtig einsetzen zu können; Schaltungsdetails auf Transistorebene sind für ihn jedoch nicht relevant. Im Gegensatz dazu arbeitet ein IC-Entwickler ausschließlich auf Transistorebene. Deshalb ist Schaltungsentwicklung auf Transistorebene heute gleichbedeutend mit IC-Entwicklung. Die IC-Schaltungstechnik unterscheidet sich jedoch erheblich von der Schaltungstechnik mit Einzeltransistoren. Typische Merkmale sind die Skalierbarkeit der Transistoren, die Arbeitspunkteinstellung mit Stromspiegeln, der Einsatz aktiver Lasten anstelle von Widerständen und die direkte Kopplung der einzelnen Stufen. Auf diese Techniken wird in den neuen Grundlagenkapiteln eingegangen.

In vielen Anwendungen mit hohen Stückzahlen werden anwendungsspezifische integrierte Schaltungen („ASICs") eingesetzt, um Kosten zu reduzieren oder eine geforderte Miniaturisierung zu erreichen. Dazu muß der Anwender einen Halbleiter-Hersteller auswählen, der einen geeigneten Herstellungsprozeß anbietet. Die Schaltung wird dann vom Anwender mit Unterstützung durch den Halbleiter-Hersteller entwickelt. Dabei benötigt auch der Anwender Kenntnisse in der IC-Schaltungstechnik. Die neuen Grundlagenkapitel sollen hier einen Einstieg ermöglichen.

Im Zuge dieser Entwicklung hat die Schaltungssimulation an Bedeutung gewonnen. Sie ist zwingend für die IC-Entwicklung, wird aber auch in der Anwendungsentwicklung zunehmend unverzichtbar. Eine Schaltung wird heute erst dann aufgebaut, wenn ihre Funktion mit Hilfe einer Schaltungssimulation nachgewiesen wurde. Wenn die Schaltung nicht im Ganzen simuliert werden kann, beschränkt man sich auf die Simulation von möglichst vielen Teilen.

Bei der Schaltungssimulation spielen die Modelle eine zentrale Rolle. In der Anwendungsentwicklung werden Makromodelle für handelsübliche integrierte Schaltungen wie Operationsverstärker, Komparatoren, etc. eingesetzt, die von den Herstellern bereitgestellt werden. Sie bilden das äußere Verhalten einer integrierten Schaltung möglichst gut nach, enthalten aber nicht die vollständige innere Schaltung. Diese Modelle sind nicht standardisiert; deshalb muß der Anwender den Leistungsumfang und die Einsatzmöglichkeiten aus der Modellbeschreibung entnehmen.

In der IC-Entwicklung werden standardisierte Modelle für Dioden, Bipolar- und Feldeffekt-Transistoren verwendet; die einzelnen Herstellungsprozesse unterscheiden sich nur in den Modellparametern. Diese Parameter bestimmt der Halbleiter-Hersteller aus dem laufenden Herstellungsprozeß und stellt sie der hauseigenen IC-Entwicklung zur Verfügung; bei einer ASIC-Entwicklung werden die Parameter an den Anwender weitergegeben. Sie ersetzen damit die aus Datenblättern von Einzel-Transistoren gewohnten Kennlinien. Die Modelle für Dioden und Transistoren sowie die zugehörigen Parameter werden in den neuen Grundlagenkapiteln beschrieben. Dabei gehen wir schrittweise vor, indem wir ausgehend von einem einfachen Modell weitere Effekte beschreiben; dadurch werden die zum Teil sehr komplexen Modelle transparent. Wir beschränken uns dabei auf eine phänomenologische Betrachtung und verzichten auf eine Behandlung der Halbleiter-physikalischen Grundlagen. Wir hoffen, dadurch die Lücke zu schließen zwischen der simulatororientierten Literatur, in der die Modelle nur oberflächlich in Form von Gleichungssätzen und Parameter-Tabellen beschrieben werden, und der Literatur zur Modellbildung, in der die physikalischen Vorgänge im Halbleiter im Vordergrund stehen.

Die Modellparameter werden in den neuen Grundlagenkapiteln auch in der formelmäßigen Schaltungsberechnung eingesetzt. Dadurch erzielt man Ergebnisse, die mit der Simulation weitgehend übereinstimmen und Rückschlüsse auf die begrenzenden Parameter ermöglichen. Das ist besonders wichtig, weil die Schaltungssimulation ein Analyse- und kein Synthesewerkzeug ist. Hinweise zur Optimierung erhält man im allgemeinen nicht aus der Simulation, sondern aus der formelmäßigen Berechnung.

Die neuen Grundlagenkapitel über Dioden, Bipolar- und Feldeffekt-Transistoren bestehen aus vier Teilen. Im ersten Teil wird das Verhalten so einfach wie in früheren Auflagen beschrieben. Im zweiten Teil folgen Angaben zum inneren Aufbau. Die Modelle und ihre Parameter werden im dritten Teil behandelt. Im vierten Teil folgen die Grundschaltungen. Man kann die Teile über den inneren Aufbau und die Modelle überspringen und trotzdem die Grundschaltungen verstehen.

Im Kapitel über Verstärker werden die wichtigsten Grundschaltungen der integrierten Schaltungstechnik vorgestellt; dazu zählen Stromspiegel, Kaskodeschaltungen, Differenzverstärker, Impedanzwandler und Referenzstromquellen zur Arbeitspunkteinstellung. Ein Abschnitt über allgemeine Eigenschaften und Kenngrößen von Verstärkern schließt das Kapitel ab.

Das Kapitel über Operationsverstärker wurde wesentlich erweitert. Wir zeigen darin, daß es nicht nur einen, sondern vier verschiedene Typen von Operationsverstärkern gibt, und erläutern, für welche Anwendungen sie besonders geeignet sind. Bei der Berechnung von Schaltungen werden die Operationsverstärker durch einfache Modelle beschrieben.

Darüber hinaus liegt dem Buch eine CD-ROM mit einem Schaltungssimulationsprogramm und Simulationsbeispielen bei. Damit wollen wir dem Leser die Möglichkeit geben, das Verständnis für die im Buch beschriebenen Schaltungen zu vertiefen und eigene Schaltungen zu untersuchen. Das Programm ersetzt zusammen mit einem bei den meisten Lesern ohnehin vorhandene PC eine Laborausrüstung. Wir haben uns für die Demo-Version des Simulators PSpice der Firma Microsim in der Version 8 entschieden, die wir mit freundlicher Genehmigung des deutschen Distributors Hoschar kostenlos bereitstellen können. PSpice beruht wie viele andere Simulationsprogramme auf dem Spice-Simulator der Universität Berkeley und ist besonders weit verbreitet. Mit der Demo-Version können nur einfache Schaltungen mit bis zu 10 Transistoren und bis zu 50 Bauteilen simuliert werden; für viele Schaltungen ist das ausreichend. Für den Entwurf integrierter Schaltungen benötigt man die Modellparameter der Transistoren, die man normalerweise vom Halbleiter-Hersteller erhält. Damit der Leser trotzdem IC-gerechten Schaltungsentwurf studieren kann, stellen wir in einer Bibliothek Transistoren mit den Parametern eines typischen Bipolar- und eines typischen CMOS-Prozesses bereit. Eine weitere Bibliothek enthält einfache Modelle für Operationsverstärker, Stromquellen und Stromspiegel; dabei kann der Anwender die Modellparameter selbst einstellen und schrittweise vom idealen zum realen Verhalten übergehen. Damit kann man z.B. die Anforderungen an einen realen Operationsverstärker durch Simulation ermitteln. Durch Austausch weiterer Bibliotheken haben wir die amerikanischen Schaltzeichen durch die entsprechenden deutschen ersetzt.

Wir wollen der außerordentlich dynamischen Entwicklung auf diesem Gebiet Rechnung tragen, ohne unsere Leser finanziell unnötig zu belasten. Deshalb sind wir ab sofort *online*. Auf unserer Homepage **www.springer.de/engine-de/tietze-schenk/** werden wir in loser Folge laufend neue Simulationsbeispiele und Updates einbringen.

Wir wissen, daß das Erscheinen der 11. Auflage schon seit geraumer Zeit überfällig ist. Aber auch wir waren gezwungen, mit der Zeit zu gehen und das Buch komplett auf elektronischen Satz umzustellen. Damit sind wir jetzt in der Lage, Neuauflagen in Zukunft ohne großen Aufwand jeweils auf dem neuesten Stand zu halten, ohne die Konsistenz des bei diesem Buch besonders wichtigen Sachregisters und der Querverweise zu gefährden. Verbesserungsvorschläge oder Hinweise auf Fehler erreichen uns über unsere Email-Adresse: **tietze-schenk@springer.de**

Wir danken dem Springer-Verlag, insbesondere Frau Matthias und Herrn Dr. Merkle, für die großartige Unterstützung, die uns bei der Digitalisierung unseres Buches gewährt wurde. Mit dieser Umstellung sind wir für die Herausforderungen der Informationstechnologie auch nach dem Jahrtausendwechsel gewappnet.

Unser ganz besonderer Dank gilt Herrn Eberhard Gamm, der die neuen Grundlagenkapitel über Dioden, Bipolartransistoren, Feldeffekttransistoren und Verstärker einschließlich der gesamten Schaltungssimulation beigesteuert hat. Wir freuen uns, in Herrn Gamm einen jungen kongenialen Kollegen gefunden zu haben, der uns in dem anspruchsvollen Unterfangen unterstützt, die schier endlose Informationsflut so aufzubereiten, daß sie gleichermaßen in der Ingenieurausbildung als auch in der täglichen Praxis genutzt werden kann.

Zum Schluß danken wir unseren Lesern für die zahlreichen Hinweise, die von intensiver Beschäftigung mit der Materie zeugen und deshalb gerne von uns aufgegriffen werden.

Erlangen und München, im April 1999                    U. Tietze  Ch. Schenk

# Übersicht

# Inhaltsverzeichnis

**10  Halbleiterspeicher**                                                      **725**

  10.1  Schreib-Lese-Speicher (RAM) . . . . . . . . . . . . . . . . . . . . 727

      10.1.1  Statische RAMs . . . . . . . . . . . . . . . . . . . . . 727

      10.1.2  Dynamische RAMs . . . . . . . . . . . . . . . . . . . 732

  10.2  RAM-Erweiterungen . . . . . . . . . . . . . . . . . . . . . . . 735

      10.2.1  Zweitorspeicher . . . . . . . . . . . . . . . . . . . . . 735

      10.2.2  RAM als Schieberegister . . . . . . . . . . . . . . . . 737

      10.2.3  First-In-First-Out Memories (FIFO) . . . . . . . . . . . 738

      10.2.4  Fehler-Erkennung und -Korrektur . . . . . . . . . . . . 741

  10.3  Festwertspeicher (ROM) . . . . . . . . . . . . . . . . . . . . . 746

      10.3.1  Masken-ROMs . . . . . . . . . . . . . . . . . . . . . . 746

      10.3.2  Programmierbare Festwertspeicher (PROM) . . . . . . . 746

      10.3.3  UV-löschbare Festwertspeicher (EPROM) . . . . . . . . 748

      10.3.4  Elektrisch löschbare Festwertspeicher(EEPROMs) . . . . 751

  10.4  Programmierbare logische Bauelemente (PLD) . . . . . . . . . . 753

      10.4.1  Programmable Array Logic (PAL) . . . . . . . . . . . . 757

      10.4.2  Computer-gestützter PLD-Entwurf . . . . . . . . . . . . 758

      10.4.3  Typenübersicht . . . . . . . . . . . . . . . . . . . . . . 761

      10.4.4  Anwender-programmierbare Gate-Arrays . . . . . . . . 764


**Teil II. Anwendungen**                                                         **767**


**11  Lineare und nichtlineare Analogrechenschaltungen**                         **769**

  11.1  Addierer . . . . . . . . . . . . . . . . . . . . . . . . . . . . 769

  11.2  Subtrahierer . . . . . . . . . . . . . . . . . . . . . . . . . . 770

      11.2.1  Rückführung auf die Addition . . . . . . . . . . . . . . 770

      11.2.2  Subtrahierer mit einem Operationsverstärker . . . . . . 771

  11.3  Bipolares Koeffizientenglied . . . . . . . . . . . . . . . . . . . 774

  11.4  Integratoren . . . . . . . . . . . . . . . . . . . . . . . . . . 774

      11.4.1  Umkehrintegrator . . . . . . . . . . . . . . . . . . . . 775

      11.4.2  Anfangsbedingung . . . . . . . . . . . . . . . . . . . . 778

      11.4.3  Summationsintegrator . . . . . . . . . . . . . . . . . . 779

      11.4.4  Nicht invertierender Integrator . . . . . . . . . . . . . 779

  11.5  Differentiatoren . . . . . . . . . . . . . . . . . . . . . . . . 780

      11.5.1  Prinzipschaltung . . . . . . . . . . . . . . . . . . . . . 780

      11.5.2  Praktische Realisierung . . . . . . . . . . . . . . . . . 781

      11.5.3  Differentiator mit hohem Eingangswiderstand . . . . . . 782

  11.6  Lösung von Differentialgleichungen . . . . . . . . . . . . . . . 783

  11.7  Funktionsnetzwerke . . . . . . . . . . . . . . . . . . . . . . 785

      11.7.1  Logarithmus . . . . . . . . . . . . . . . . . . . . . . . 785

      11.7.2  Exponentialfunktion . . . . . . . . . . . . . . . . . . . 789

# Teil I

# Grundlagen

# Kapitel 1:
# Diode

Die Diode ist ein Halbleiterbauelement mit zwei Anschlüssen, die mit *Anode* (*anode,A*) und *Kathode* (*cathode,K*) bezeichnet werden. Man unterscheidet zwischen Einzeldioden, die für die Montage auf Leiterplatten gedacht und in einem eigenen Gehäuse untergebracht sind, und integrierten Dioden, die zusammen mit weiteren Halbleiterbauelementen auf einem gemeinsamen Halbleiterträger (*Substrat*) hergestellt werden. Integrierte Dioden haben einen dritten Anschluß, der aus dem gemeinsamen Träger resultiert und mit *Substrat* (*substrate,S*) bezeichnet wird; er ist für die elektrische Funktion von untergeordneter Bedeutung.

**Aufbau:** Dioden bestehen aus einem pn- oder einem Metall-n-Übergang und werden dem entsprechend als pn- oder Schottky-Dioden bezeichnet; Abb. 1.1 zeigt das Schaltzeichen und den Aufbau einer Diode. Bei pn-Dioden besteht die p- und die n-Zone im allgemeinen aus Silizium. Bei Einzeldioden findet man noch Typen aus Germanium, die zwar eine geringere Durchlaßspannung haben, aber veraltet sind. Bei Schottky-Dioden ist die p-Zone durch eine Metall-Zone ersetzt; sie haben ebenfalls eine geringere Durchlaßspannung und werden deshalb u.a. als Ersatz für Germanium-pn-Dioden verwendet.

In der Praxis verwendet man die einfache Bezeichnung *Diode* für die Silizium-pn-Diode; alle anderen Typen werden durch Zusätze gekennzeichnet. Da für alle Typen mit Ausnahme einiger Spezialdioden dasselbe Schaltzeichen verwendet wird, ist bei Einzeldioden eine Unterscheidung nur mit Hilfe der aufgedruckten Typennummer und dem Datenblatt möglich.

**Betriebsarten:** Eine Diode kann im *Durchlaß*-, *Sperr*- oder *Durchbruchbereich* betrieben werden; diese Bereiche werden im folgenden Abschnitt genauer be-

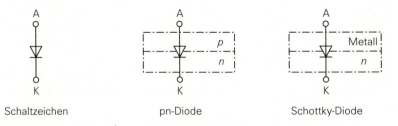

**Abb. 1.1.** Schaltzeichen und Aufbau einer Diode

schrieben. Dioden, die überwiegend zur Gleichrichtung von Wechselspannungen eingesetzt werden, bezeichnet man als *Gleichrichterdioden*; sie werden periodisch abwechselnd im Durchlaß- und im Sperrbereich betrieben. Dioden, die für den Betrieb im Durchbruchbereich ausgelegt sind, bezeichnet man als *Z-Dioden*; sie werden zur Spannungsstabilisierung verwendet. Eine weitere wichtige Gattung stellen die *Kapazitätsdioden* dar, die im Sperrbereich betrieben und aufgrund einer besonders ausgeprägten Spannungsabhängigkeit der Sperrschichtkapazität zur Frequenzabstimmung von Schwingkreisen eingesetzt werden. Darüber hinaus gibt es eine Vielzahl von Spezialdioden, auf die hier nicht näher eingegangen werden kann.

## 1.1
## Verhalten einer Diode

Das Verhalten einer Diode läßt sich am einfachsten anhand der Kennlinie aufzeigen. Sie beschreibt den Zusammenhang zwischen Strom und Spannung für den Fall, daß alle Größen *statisch*, d.h. nicht oder nur sehr langsam zeitveränderlich sind. Für eine rechnerische Behandlung werden zusätzlich Gleichungen benötigt, die das Verhalten ausreichend genau beschreiben. In den meisten Fällen kann man mit einfachen Gleichungen arbeiten. Darüber hinaus gibt es ein Modell, das auch das *dynamische Verhalten* bei Ansteuerung mit sinus- oder pulsförmigen Signalen richtig wiedergibt. Dieses Modell wird im Abschnitt 1.3 beschrieben und ist für ein grundsätzliches Verständnis nicht nötig. Im folgenden wird primär das Verhalten einer Silizium-pn-Diode beschrieben.

### 1.1.1
### Kennlinie

Legt man an eine Silizium-pn-Diode eine Spannung $U_D = U_{AK}$ an und mißt den Strom $I_D$, positiv von A nach K gezählt, erhält man die in Abb. 1.2 gezeigte Kennlinie. Man beachte, daß der Bereich positiver Spannungen stark vergrößert dargestellt ist. Für $U_D > 0\,\text{V}$ arbeitet die Diode im *Durchlaßbereich*. Hier nimmt der Strom mit zunehmender Spannung exponentiell zu; ein nennenswerter Strom fließt für $U_D > 0,4\,\text{V}$. Für $-U_{BR} < U_D < 0\,\text{V}$ sperrt die Diode und es fließt nur ein vernachlässigbar kleiner Strom; dieser Bereich wird *Sperrbereich* genannt. Die *Durchbruchspannung* $U_{BR}$ hängt von der Diode ab und beträgt bei Gleichrichterdioden $U_{BR} = 50\dots1000\,\text{V}$. Für $U_D < -U_{BR}$ bricht die Diode durch und es fließt ebenfalls ein Strom. Nur Z-Dioden werden dauerhaft in diesem *Durchbruchbereich* betrieben; bei allen anderen Dioden ist der Stromfluß bei negativen Spannungen unerwünscht. Bei Germanium- und bei Schottky-Dioden fließt im Durchlaßbereich bereits für $U_D > 0,2\,\text{V}$ ein nennenswerter Strom und die Durchbruchspannung $U_{BR}$ liegt bei $10\dots200\,\text{V}$.

Im Durchlaßbereich ist die Spannung bei typischen Strömen aufgrund des starken Anstiegs der Kennlinie näherungsweise konstant. Diese Spannung

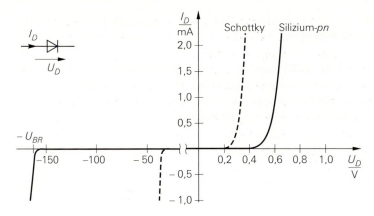

**Abb. 1.2.** Strom-Spannungs-Kennlinie einer Kleinsignal-Diode

wird *Flußspannung (forward voltage)* $U_F$ genannt und liegt bei Germanium-
und Schottky-Dioden bei $U_{F,Ge} \approx U_{F,Schottky} \approx 0,3 \ldots 0,4\,V$ und bei Silizium-
pn-Dioden bei $U_{F,Si} \approx 0,6 \ldots 0,7\,V$. Bei Leistungsdioden kann sie bei Strömen im Ampere-Bereich auch deutlich größer sein, da zusätzlich zur *inneren*
Flußspannung ein nicht zu vernachlässigender Spannungsabfall an den Bahn-
und Anschlußwiderständen der Diode auftritt: $U_F = U_{F,i} + I_D R_B$. Im Grenzfall $I_D \rightarrow \infty$ verhält sich die Diode wie ein sehr kleiner Widerstand mit
$R_B \approx 0,01 \ldots 10\,\Omega$.

Abb. 1.3 zeigt eine Vergrößerung des Sperrbereichs. Der *Sperrstrom (reverse
current)* $I_R = -I_D$ ist bei kleinen Sperrspannungen $U_R = -U_D$ sehr klein und
nimmt bei Annäherung an die Durchbruchspannung zunächst langsam und bei
Eintritt des Durchbruchs schlagartig zu.

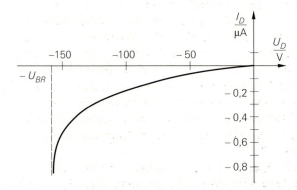

**Abb. 1.3.** Kennlinie einer
Kleinsignal-Diode im Sperrbereich

## 1.1.2
## Beschreibung durch Gleichungen

Trägt man die Kennlinie für den Bereich $U_D > 0$ halblogarithmisch auf, erhält man näherungweise eine Gerade, siehe Abb. 1.4; daraus folgt wegen $\ln I_D \sim U_D$ ein exponentieller Zusammenhang zwischen $I_D$ und $U_D$. Eine Berechnung auf der Basis halbleiter-physikalischer Grundlagen liefert [1.1]:

$$I_D(U_D) = I_S \left( e^{\frac{U_D}{U_T}} - 1 \right) \qquad \text{für } U_D \geq 0$$

Zur korrekten Beschreibung realer Dioden muß ein Korrekturfaktor eingeführt werden, mit dem die Steigung der Geraden in der halblogarithmischen Darstellung angepaßt werden kann [1.1]:

$$I_D = I_S \left( e^{\frac{U_D}{nU_T}} - 1 \right) \qquad (1.1)$$

Dabei ist $I_S \approx 10^{-12} \ldots 10^{-6}$ A der *Sättigungssperrstrom*, $n \approx 1 \ldots 2$ der *Emissionskoeffizient* und $U_T = kT/q \approx 26$ mV die *Temperaturspannung* bei Raumtemperatur.

Obwohl die Gleichung (1.1) streng genommen nur für $U_D \geq 0$ gilt, wird sie gelegentlich auch für $U_D < 0$ verwendet. Man erhält für $U_D \ll -nU_T$ einen konstanten Strom $I_D = -I_S$, der im allgemeinen viel kleiner ist als der tatsächlich fließende Strom. Richtig ist demnach nur die qualitative Aussage, daß im Sperrbereich ein kleiner negativer Strom fließt; der Verlauf nach Abb. 1.3 läßt sich aber nur mit zusätzlichen Gleichungen beschreiben, siehe Abschnitt 1.3.

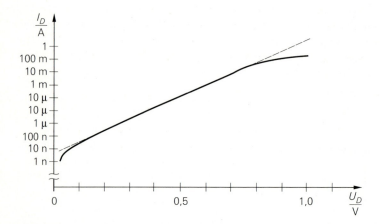

**Abb. 1.4.** Halblogarithmische Darstellung der Kennlinie für $U_D > 0$

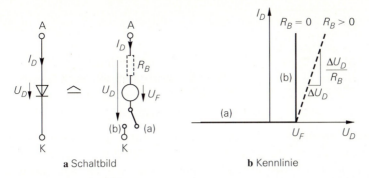

**a** Schaltbild            **b** Kennlinie

**Abb. 1.5.** Einfache Ersatzschaltung für eine Diode ohne (—) und mit (- -) Bahnwiderstand

Im Durchlaßbereich gilt $U_D \gg nU_T \approx 26\ldots52\,\mathrm{mV}$ und man kann die Näherung

$$I_D = I_S\, e^{\frac{U_D}{nU_T}} \tag{1.2}$$

verwenden; daraus folgt für die Spannung:

$$U_D = nU_T \ln \frac{I_D}{I_S} = nU_T \ln 10 \cdot \log \frac{I_D}{I_S} \approx 60\ldots120\,\mathrm{mV}\cdot\log\frac{I_D}{I_S}$$

Demnach nimmt die Spannung bei einer Zunahme des Stroms um den Faktor 10 um $60\ldots120\,\mathrm{mV}$ zu. Bei großen Strömen muß der Spannungsabfall $I_D R_B$ am Bahnwiderstand $R_B$ berücksichtigt werden, der zusätzlich zur Spannung am pn-Übergang auftritt:

$$U_D = nU_T \ln \frac{I_D}{I_S} + I_D R_B$$

Eine Darstellung in der Form $I_D = I_D(U_D)$ ist in diesem Fall nicht möglich.

Für einfache Berechnungen kann die Diode als Schalter betrachten werden, der im Sperrbereich geöffnet und im Durchlaßbereich geschlossen ist. Nimmt man an, daß im Durchlaßbereich die Spannung näherungsweise konstant ist und im Sperrbereich kein Strom fließt, kann man die Diode durch einen idealen spannungsgesteuerten Schalter und eine Spannungsquelle mit der Flußspannung $U_F$ ersetzen, siehe Abb. 1.5a. Abb. 1.5b zeigt die Kennlinie dieser Ersatzschaltung, die aus zwei Halbgeraden besteht:

$$
\begin{aligned}
I_D &= 0 && \text{für } U_D < U_F && \rightarrow \text{Schalter offen (a)} \\
U_D &= U_F && \text{für } I_D > 0 && \rightarrow \text{Schalter geschlossen (b)}
\end{aligned}
$$

Berücksichtigt man zusätzlich den Bahnwiderstand $R_B$, erhält man:

$$
I_D = \begin{cases} 0 & \text{für } U_D < U_F \quad \rightarrow \text{Schalter offen (a)} \\[2mm] \dfrac{U_D - U_F}{R_B} & \text{für } U_D \geq U_F \quad \rightarrow \text{Schalter geschlossen (b)} \end{cases}
$$

Bei Silizium-pn-Dioden gilt $U_F \approx 0{,}6\,\mathrm{V}$ und bei Schottky-Dioden $U_F \approx 0{,}3\,\mathrm{V}$. Die zugehörige Schaltung und die Kennlinie sind in Abb. 1.5 gestrichelt darge-

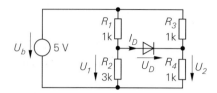

**Abb. 1.6.** Beispiel zur Anwendung der einfachen Ersatzschaltung

stellt. Bei beiden Varianten ist eine Fallunterscheidung nötig, d.h. man muß mit offenem *und* geschlossenem Schalter rechnen und den Fall ermitteln, der nicht zu einem Widerspruch führt. Der Vorteil liegt darin, daß beide Fälle auf lineare Gleichungen führen, die leicht zu lösen sind; im Gegensatz dazu erhält man bei Verwendung der e-Funktion nach (1.1) implizite nichtlineare Gleichungen, die nur numerisch gelöst werden können.

*Beispiel:* Abb. 1.6 zeigt eine Diode in einer Brückenschaltung. Zur Berechnung der Spannungen $U_1$ und $U_2$ und der Diodenspannung $U_D = U_1 - U_2$ geht man zunächst davon aus, daß die Diode sperrt, d.h. es gilt $U_D < U_F = 0,6\,\text{V}$ und der Schalter in der Ersatzschaltung ist geöffnet. Man kann in diesem Fall $U_1$ und $U_2$ über die Spannungsteilerformel bestimmen: $U_1 = U_b R_2/(R_1 + R_2) = 3,75\,\text{V}$ und $U_2 = U_b R_4/(R_3 + R_4) = 2,5\,\text{V}$. Man erhält $U_D = 1,25\,\text{V}$ im Widerspruch zur Annahme. Demnach leitet die Diode und der Schalter in der Ersatzschaltung ist geschlossen; daraus folgt $U_D = U_F = 0,6\,\text{V}$ und $I_D > 0$. Aus den Knotengleichungen

$$\frac{U_1}{R_2} + I_D = \frac{U_b - U_1}{R_1} \quad , \quad \frac{U_2}{R_4} = I_D + \frac{U_b - U_2}{R_3}$$

kann man durch Addition und Einsetzen von $U_1 = U_2 + U_F$ die Unbekannten $I_D$ und $U_1$ eliminieren; man erhält:

$$U_2 \left( \frac{1}{R_1} + \frac{1}{R_2} + \frac{1}{R_3} + \frac{1}{R_4} \right) = U_b \left( \frac{1}{R_1} + \frac{1}{R_3} \right) - U_F \left( \frac{1}{R_1} + \frac{1}{R_2} \right)$$

Daraus folgt $U_2 = 2,76\,\text{V}$, $U_1 = U_2 + U_F = 3,36\,\text{V}$ und, durch Einsetzen in eine der Knotengleichungen, $I_D = 0,52\,\text{mA}$. Die Voraussetzung $I_D > 0$ ist erfüllt, d.h. es tritt kein Widerspruch auf und die Lösung ist gefunden.

### 1.1.3
### Schaltverhalten

Bei vielen Anwendungen wird die Diode abwechselnd im Durchlaß- und im Sperrbereich betrieben; ein Beispiel hierfür ist die Gleichrichtung von Wechselspannungen. Der Übergang erfolgt nicht entsprechend der statischen Kennlinie, da in der parasitären Kapazität der Diode Ladung gespeichert wird, die beim Einschalten auf- und beim Ausschalten abgebaut wird. Abb. 1.7 zeigt eine Schaltung, mit der das *Schaltverhalten* bei ohmscher ($L = 0$) und ohmsch-induktiver ($L > 0$) Last ermittelt werden kann. Bei Ansteuerung mit einem Rechtecksignal erhält man die in Abb. 1.8 gezeigten Verläufe.

**Abb. 1.7.** Schaltung zur Messung des Schaltverhaltens

**Schaltverhalten bei ohmscher Last:** Bei ohmscher Last ($L = 0$) tritt beim Einschalten eine Stromspitze auf, die durch die Aufladung der Kapazität der Diode verursacht wird. Die Spannung steigt während dieser Stromspitze von der zuvor anliegenden Sperrspannung auf die Flußspannung $U_F$ an; damit ist der Einschaltvorgang abgeschlossen. Bei pin-Dioden [1] kann bei höheren Strömen

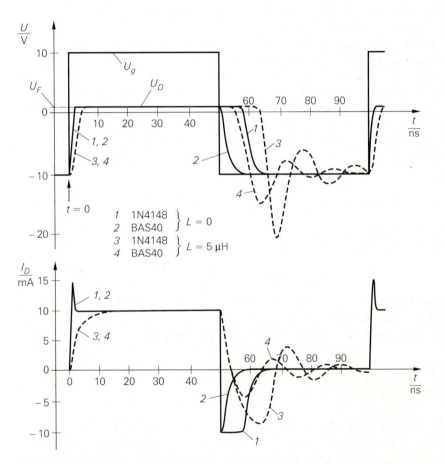

**Abb. 1.8.** Schaltverhalten der Silizium-Diode 1N4148 und der Schottky-Diode BAS40 in der Meßschaltung nach Abb. 1.7 mit $U = 10\,\text{V}$, $f = 10\,\text{MHz}$, $R = 1\,\text{k}\Omega$ und $L = 0$ bzw. $L = 5\,\mu\text{H}$

[1] pin-Dioden besitzen eine undotierte (*intrinsische*) oder schwach dotierte Schicht zwischen der p- und der n-Schicht; damit erreicht man eine höhere Durchbruchspannung.

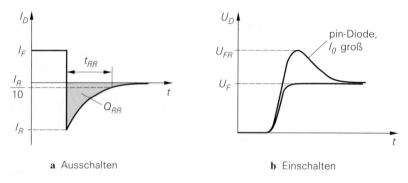

**a** Ausschalten                               **b** Einschalten

**Abb. 1.9.** Angaben zum Schaltverhalten

auch eine Spannungsüberhöhung auftreten, siehe Abb. 1.9b, da diese Dioden
beim Einschalten zunächst einen höheren Bahnwiderstand $R_B$ besitzen; die Spannung nimmt anschließend entsprechend der Abnahme von $R_B$ auf den statischen
Wert ab. Beim Ausschalten fließt zunächst ein Strom in umgekehrter Richtung,
bis die Kapazität entladen ist; anschließend geht der Strom auf Null zurück und
die Spannung fällt auf die Sperrspannung ab. Da die Kapazität bei Schottky-
Dioden deutlich kleiner ist als bei Silizium-Dioden gleicher Baugröße, ist ihre
Abschaltzeit deutlich geringer, siehe Abb. 1.8. Deshalb werden Schottky-Dioden
bevorzugt zur Gleichrichtung in hochgetakteten Schaltnetzteilen ($f > 20$ kHz)
eingesetzt, während in Netzgleichrichtern ($f = 50$ Hz) die billigeren Silizium-
Dioden verwendet werden. Wenn die Frequenz so hoch wird, daß die Endladung
der Kapazität nicht vor dem nächsten Einschalten abgeschlossen ist, findet keine
Gleichrichtung mehr statt.

**Schaltverhalten bei ohmsch-induktiver Last:** Bei einer ohmsch-induktiven
Last ($L > 0$) dauert der Einschaltvorgang länger, da der Stromanstieg durch die
Induktivität begrenzt wird; es tritt dabei auch keine Stromspitze auf. Während die
Spannung relativ schnell auf die Flußspannung ansteigt, erfolgt der Stromanstieg
mit der Zeitkonstante $T = L/R$ der Last. Beim Ausschalten nimmt der Strom
zunächst mit der Zeitkonstante der Last ab, bis die Diode sperrt. Danach bilden
die Last und die Kapazität der Diode einen Reihenschwingkreis, und Strom und
Spannung verlaufen als gedämpfte Schwingungen; dabei können, wie Abb. 1.8
zeigt, hohe Sperrspannungen auftreten, die die statische Sperrspannung um ein
Mehrfaches übersteigen und eine entsprechend hohe Durchbruchspannung der
Diode erfordern.

In Abb. 1.9 sind die typischen Angaben zum Ausschalt- (*reverse recovery*, *RR*)
und Einschaltverhalten (*forward recovery*, *FR*) dargestellt. Die *Rückwärtserholzeit*
$t_{RR}$ ist die Zeitspanne vom Nulldurchgang des Stroms bis zu dem Zeitpunkt, an
dem der Rückwärtsstrom auf 10% [2] seines Maximalwerts $I_R$ abgenommen hat.
Typische Werte reichen von $t_{RR} < 100$ ps bei schnellen Schottky-Dioden über

---

2 Bei Gleichrichterdioden wird teilweise bei 25% gemessen.

$t_{RR} = 1 \ldots 20\,\text{ns}$ bei Silizium-Kleinsignaldioden bis zu $t_{RR} > 1\,\mu\text{s}$ bei Gleichrichterdioden. Die bei der Entladung der Kapazität transportierte *Abschaltladung* $Q_{RR}$ entspricht der Fläche unterhalb der x-Achse, siehe Abb. 1.9a. Beide Größen hängen vom zuvor fließenden Flußstrom $I_F$ und der Abschaltgeschwindigkeit ab; deshalb enthalten Datenblätter entweder Angaben zu den Rahmenbedingungen der Messung oder die Meßschaltung wird angegeben. Näherungsweise gilt $Q_{RR} \sim I_F$ und $Q_{RR} \sim |I_R| t_{RR}$ [1.2]; daraus folgt, daß die Rückwärtserholzeit in erster Näherung proportional zum Verhältnis von Vor- und Rückwärtsstrom ist: $t_{RR} \sim I_F / |I_R|$. Diese Näherung gilt allerdings nur für $|I_R| < 3 \ldots 5 \cdot I_F$, d.h. man kann $t_{RR}$ nicht beliebig klein machen. Bei pin-Dioden mit hoher Durchbruchspannung kann ein zu schnelles Abschalten sogar zu einem Durchbruch weit unterhalb der statischen Durchbruchspannung $U_{BR}$ führen, wenn die Sperrspannung an der Diode stark zunimmt, noch bevor die schwach dotierte i-Schicht frei von Ladungsträgern ist. Beim Einschalten tritt die *Einschaltspannung* $U_{FR}$ auf, die ebenfalls von den Einschaltbedingungen abhängt [1.3]; in Datenblättern ist für $U_{FR}$ ein Maximalwert angegeben, typisch $U_{FR} = 1 \ldots 2,5\,\text{V}$.

### 1.1.4
### Kleinsignalverhalten

Das Verhalten bei Aussteuerung mit *kleinen* Signalen um einen durch $U_{D,A}$ und $I_{D,A}$ gegebenen Arbeitspunkt wird als *Kleinsignalverhalten* bezeichnet. Die nichtlineare Kennlinie (1.1) kann in diesem Fall durch ihre Tangente im Arbeitspunkt ersetzt werden; mit den Kleinsignalgrößen

$$ i_D = I_D - I_{D,A} \quad , \quad u_D = U_D - U_{D,A} $$

erhält man:

$$ i_D = \left. \frac{dI_D}{dU_D} \right|_A u_D = \frac{1}{r_D} u_D $$

Daraus folgt für den *differentiellen Widerstand* $r_D$ der Diode:

$$ r_D = \left. \frac{dU_D}{dI_D} \right|_A = \frac{nU_T}{I_{D,A} + I_S} \overset{I_{D,A} \gg I_S}{\approx} \frac{nU_T}{I_{D,A}} \tag{1.3} $$

Das Kleinsignalersatzschaltbild einer Diode besteht demnach aus einem Widerstand mit dem Wert $r_D$; bei großen Strömen wird $r_D$ sehr klein und man muß zusätzlich den Bahnwiderstand $R_B$ berücksichtigen, siehe Abb. 1.10.

Das Ersatzschaltbild nach Abb. 1.10 eignet sich nur zur Berechnung des Kleinsignalverhaltens bei niedrigen Frequenzen $(0 \ldots 10\,\text{kHz})$; es wird deshalb *Gleichstrom-Kleinsignalersatzschaltbild* genannt. Bei höheren Frequenzen muß man das Wechselstrom-Kleinsignalersatzschaltbild aus Abschnitt 1.3.3 verwenden.

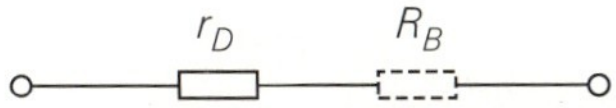

**Abb. 1.10.** Kleinsignalersatzschaltbild einer Diode

## 1.1.5
### Grenzdaten und Sperrströme

Bei einer Diode sind verschiedene Grenzdaten im Datenblatt angegeben, die nicht überschritten werden dürfen. Sie gliedern sich in Grenzspannungen, Grenzströme und die maximale Verlustleistung. Damit alle Grenzdaten positive Werte annehmen, werden für den Sperrbereich die Zählpfeilrichtungen für Strom und Spannung umgekehrt und die entsprechenden Größen mit dem Index $R$ (*reverse*) versehen; für den Durchlaßbereich wird der Index $F$ (*forward*) verwendet.

### Grenzspannungen

Bei der *Durchbruchspannung* $U_{BR}$ bzw. $U_{(BR)}$ bricht die Diode im Sperrbereich durch und der Rückwärtsstrom steigt steil an. Da der Strom bereits bei Annäherung an die Durchbruchspannung deutlich zunimmt, siehe Abb. 1.3, wird eine *maximale Sperrspannung* $U_{R,max}$ angegeben, bis zu der der Rückwärtsstrom noch unter einem Grenzwert im $\mu$A-Bereich bleibt. Bei Aussteuerung mit Pulsen oder bei einem einzelnen Impuls sind höhere Sperrspannungen zulässig; sie werden *periodische Spitzensperrspannung* (*repetitive peak reverse voltage*) $U_{RRM}$ und *Spitzensperrspannung* (*peak surge reverse voltage*) $U_{RSM}$ genannt und sind so gewählt, daß die Diode keinen Schaden nimmt. Als Pulsfrequenz wird $f = 50\,\text{Hz}$ angenommen, da von einem Einsatz als Netzgleichrichter ausgegangen wird. Alle Spannungen sind aufgrund der geänderten Zählpfeilrichtung positiv und es gilt:

$$U_{R,max} < U_{RRM} < U_{RSM} < U_{(BR)}$$

### Grenzströme

Für den Durchlaßbereich ist ein *maximaler Dauerflußstrom* $I_{F,max}$ angegeben. Er gilt für den Fall, daß das Gehäuse der Diode auf einer Temperatur von $T = 25\,°\text{C}$ gehalten wird; bei höheren Temperaturen ist der erlaubte Dauerstrom geringer. Bei Aussteuerung mit Pulsen oder bei einem einzelnen Impuls sind höhere Flußströme zulässig; sie werden *periodischer Spitzenflußstrom* (*repetitive peak forward current*) $I_{FRM}$ und *Spitzenflußstrom* (*peak surge forward current*) $I_{FSM}$ genannt und hängen vom Tastverhältnis bzw. von der Dauer des Impulses ab. Es gilt:

$$I_{F,max} < I_{FRM} < I_{FSM}$$

Bei sehr kurzen Einzelimpulsen gilt $I_{FSM} \approx 4 \ldots 20 \cdot I_{F,max}$. Bei Gleichrichterdioden ist $I_{FRM}$ besonders wichtig, weil hier ein pulsförmiger, periodischer Strom fließt, siehe Kapitel 16.2; dabei ist der Maximalwert viel größer als der Mittelwert.

Für den Durchbruchbereich ist eine *maximale Strom-Zeit-Fläche* $I^2t$ angegeben, die bei einem durch einen Impuls verursachten Durchbruch auftreten darf:

$$I^2t = \int I_R^2\,dt$$

Trotz der Einheit $A^2$s wird sie oft *maximale Pulsenergie* genannt.

**Sperrstrom**

Der *Sperrstrom* $I_R$ wird bei einer Sperrspannung unterhalb der Durchbruchspannung gemessen und hängt stark von der Sperrspannung und der Temperatur der Diode ab. Bei Raumtemperatur erhält man bei Silizium-Kleinsignaldioden $I_R = 0,01 \ldots 1\,\mu$A, bei Kleinsignal-Schottky-Dioden und Silizium-Gleichrichterdioden für den Ampere-Bereich $I_R = 1 \ldots 10\,\mu$A und bei Schottky-Gleichrichterdioden $I_R > 10\,\mu$A; bei einer Temperatur von $T = 150\,°$C sind die Werte um den Faktor $20 \ldots 200$ größer.

**Maximale Verlustleistung**

Die Verlustleistung ist die in der Diode in Wärme umgesetzte Leistung:

$$P_V = U_D I_D$$

Sie entsteht in der Sperrschicht, bei großen Strömen auch in den Bahngebieten, d.h. im Bahnwiderstand $R_B$. Die Temperatur der Diode erhöht sich bis auf einen Wert, bei dem die Wärme aufgrund des Temperaturgefälles von der Sperrschicht über das Gehäuse an die Umgebung abgeführt werden kann. Im Abschnitt 2.1.6 wird dies am Beispiel eines Bipolartransistors näher beschrieben; die Ergebnisse gelten für die Diode in gleicher Weise, wenn man für $P_V$ die Verlustleistung der Diode einsetzt. In Datenblättern wird die *maximale Verlustleistung* $P_{tot}$ für den Fall angegeben, daß das Gehäuse der Diode auf einer Temperatur von $T = 25\,°$C gehalten wird; bei höheren Temperaturen ist $P_{tot}$ geringer.

### 1.1.6
### Thermisches Verhalten

Das thermische Verhalten von Bauteilen ist im Abschnitt 2.1.6 am Beispiel des Bipolartransistors beschrieben; die dort dargestellten Größen und Zusammenhänge gelten für eine Diode in gleicher Weise, wenn für $P_V$ die Verlustleistung der Diode eingesetzt wird.

### 1.1.7
### Temperaturabhängigkeit der Diodenparameter

Die Kennlinie einer Diode ist stark temperaturabhängig; bei expliziter Angabe der Temperaturabhängigkeit gilt für die Silizium-pn-Diode [1.1]

$$I_D(U_D, T) = I_S(T) \left( e^{\frac{U_D}{n U_T(T)}} - 1 \right)$$

mit:

$$U_T(T) = \frac{kT}{q} = 86,142\,\frac{\mu\text{V}}{\text{K}}\, T \overset{T=300\,\text{K}}{\approx} 26\,\text{mV}$$

$$I_S(T) \;=\; I_S(T_0)\, e^{\left(\frac{T}{T_0}-1\right)\frac{U_G(T)}{nU_T(T)}} \left(\frac{T}{T_0}\right)^{\frac{x_{T,I}}{n}} \qquad \text{mit } x_{T,I} \approx 3 \qquad (1.4)$$

Dabei ist $k = 1,38 \cdot 10^{-23}$ VAs/K die *Boltzmannkonstante*, $q = 1,602 \cdot 10^{-19}$ As die *Elementarladung* und $U_G = 1,12$ V die *Bandabstandsspannung* (*gap voltage*) von Silizium; die geringe Temperaturabhängigkeit von $U_G$ kann vernachlässigt werden. Die Temperatur $T_0$ mit dem zugehörigen Strom $I_S(T_0)$ dient als Referenzpunkt; meist wird $T_0 = 300$ K verwendet.

Im Sperrbereich fließt der Sperrstrom $I_R = -I_D \approx I_S$; mit $x_{T,I} = 3$ folgt für den Temperaturkoeffizienten des Sperrstroms:

$$\frac{1}{I_R}\frac{dI_R}{dT} \approx \frac{1}{I_S}\frac{dI_S}{dT} = \frac{1}{nT}\left(3 + \frac{U_G}{U_T}\right)$$

In diesem Bereich gilt für die meisten Dioden $n \approx 2$ und man erhält:

$$\frac{1}{I_R}\frac{dI_R}{dT} \approx \frac{1}{2T}\left(3 + \frac{U_G}{U_T}\right) \overset{T=300\,\text{K}}{\approx} \quad 0,08\,\text{K}^{-1}$$

Daraus folgt, daß sich der Sperrstrom bei einer Temperaturerhöhung um 9 K verdoppelt und bei einer Erhöhung um 30 K um den Faktor 10 zunimmt. In der Praxis treten oft geringere Temperaturkoeffizienten auf; Ursache hierfür sind Oberflächen- und Leckströme, die oft größer sind als der Sperrstrom des pn-Übergangs und ein anderes Temperaturverhalten haben.

Durch Differentiation von $I_D(U_D, T)$ erhält man den Temperaturkoeffizienten des Stroms bei konstanter Spannung im Durchlaßbereich:

$$\left.\frac{1}{I_D}\frac{dI_D}{dT}\right|_{U_D=\text{const.}} = \frac{1}{nT}\left(3 + \frac{U_G - U_D}{U_T}\right) \overset{T=300\,\text{K}}{\approx} \quad 0,04\ldots0,08\,\text{K}^{-1}$$

Mit Hilfe des totalen Differentials

$$dI_D \;=\; \frac{\partial I_D}{\partial U_D}\, dU_D + \frac{\partial I_D}{\partial T}\, dT \;=\; 0$$

kann man die Temperaturänderung von $U_D$ bei konstantem Strom bestimmen:

$$\left.\frac{dU_D}{dT}\right|_{I_D=\text{const.}} = \frac{U_D - U_G - 3U_T}{T} \overset{\substack{T=300\,\text{K}\\ U_D=0,7\,\text{V}}}{\approx} \quad -1,7\,\frac{\text{mV}}{\text{K}} \qquad (1.5)$$

Die Durchlaßspannung nimmt demnach mit steigender Temperatur ab; eine Zunahme der Temperatur um 60 K führt zu einer Abnahme von $U_D$ um etwa 100 mV. Dieser Effekt wird in integrierten Schaltungen zur Temperaturmessung verwendet.

Diese Ergebnisse gelten auch für Schottky-Dioden, wenn man $x_{T,I} \approx 2$ einsetzt und die Bandabstandsspannung $U_G$ durch die der Energiedifferenz zwischen den Austrittsenergien der n- und Metallzone entsprechenden Spannung $U_{Mn} = (W_{Metall} - W_{n-Si})/q$ ersetzt; es gilt $U_{Mn} \approx 0,7\ldots0,8$ V [1.1].

## 1.2
# Aufbau einer Diode

Die Herstellung von Dioden erfolgt in einem mehrstufigen Prozeß auf einer Halbleiterscheibe (*wafer*), die anschließend durch Sägen in kleine Plättchen (*die*) aufgeteilt wird. Auf einem Plättchen befindet sich entweder eine einzelne Diode oder eine integrierte Schaltung (*integrated circuit,IC*) mit mehreren Bauteilen.

### 1.2.1
### Einzeldiode

**Innerer Aufbau:** Einzelne Dioden werden überwiegend in Epitaxial-Planar-Technik hergestellt. Abb. 1.11 zeigt den Aufbau einer pn- und einer Schottky-Diode, wobei der aktive Bereich besonders hervorgehoben ist. Das $n^+$-Gebiet ist stark, das $p$-Gebiet mittel und das $n^-$-Gebiet schwach dotiert. Die spezielle Schichtung unterschiedlich stark dotierter Gebiete trägt zur Verminderung des Bahnwiderstands und zur Erhöhung der Durchbruchspannung bei. Fast alle pn-Dioden sind als *pin-Dioden* aufgebaut, d.h. sie besitzen eine schwach oder undotierte mittlere Zone, deren Dicke etwa proportional zur Durchbruchspannung ist; in Abb. 1.11a ist dies die $n^-$-Zone. In der Praxis wird eine Diode jedoch nur dann als *pin-Diode* bezeichnet, wenn die Lebensdauer der Ladungsträger in der mittleren Zone sehr hoch ist und dadurch ein besonderes Verhalten erzielt wird; darauf wird im Abschnitt 1.4.2 noch näher eingegangen. Bei Schottky-Dioden wird die schwach dotierte $n^-$-Zone zur Bildung des Schottky-Kontakts benötigt, siehe Abb. 1.11b; ein Übergang von einem Metall zu einer mittel bzw. stark dotierten Zone zeigt dagegen ein schlechteres bzw. gar kein Diodenverhalten, sondern verhält sich wie ein Widerstand (*ohmscher Kontakt*).

    **Gehäuse:** Der Einbau in ein Gehäuse erfolgt, indem die Unterseite durch Löten mit dem Anschlußbein für die Kathode oder einem metallischen Gehäuseteil verbunden wird. Der Anoden-Anschluß wird mit einem feinen Gold- oder Aluminiumdraht (*Bonddraht*) an das zugehörige Anschlußbein angeschlossen. Ab-

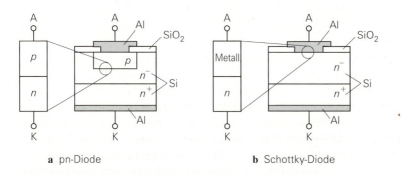

    **a** pn-Diode                   **b** Schottky-Diode

**Abb. 1.11.** Aufbau eines Halbleiterplättchens mit einer Diode

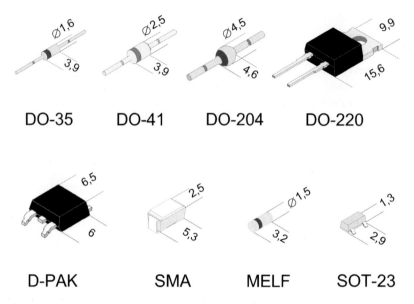

**Abb. 1.12.** Gängige Gehäusebauformen bei Einzeldioden

schließend werden die Dioden mit Kunststoff vergossen oder in ein Metallgehäuse mit Schraubanschluß eingebaut.

Für die verschiedenen Baugrößen und Einsatzgebiete existiert eine Vielzahl von Gehäusebauformen, die sich in der maximal abführbaren Verlustleistung unterscheiden oder an spezielle geometrische Erfordernisse angepaßt sind. Abb. 1.12 zeigt eine Auswahl der gängigsten Bauformen. Bei Leistungsdioden ist das Gehäuse für die Montage auf einem Kühlkörper ausgelegt; dabei begünstigt eine möglichst große Kontaktfläche die Wärmeabfuhr. Gleichrichterdioden werden oft als *Brückengleichrichter* mit vier Dioden zur Vollweg-Gleichrichtung in Stromversorgungen ausgeführt, siehe Abschnitt 1.4.4; ebenfalls vier Dioden enthält der *Mischer* nach Abschnitt 1.4.5. Bei Hochfrequenzdioden werden spezielle Gehäuse verwendet, da das elektrische Verhalten bei Frequenzen im GHz-Bereich von der Geometrie abhängt. Oft wird auf ein Gehäuse ganz verzichtet und das Dioden-Plättchen direkt in die Schaltung gelötet bzw. gebondet.

## 1.2.2
## Integrierte Diode

Integrierte Dioden werden ebenfalls in Epitaxial-Planar-Technik hergestellt. Hier befinden sich alle Anschlüsse an der Oberseite des Plättchens und die Diode ist durch gesperrte pn-Übergänge von anderen Bauteilen elektrisch getrennt. Der aktive Bereich befindet sich in einer sehr dünnen Schicht an der Oberfläche. Die Tiefe des Plättchens wird *Substrat (substrate,S)* genannt und stellt einen gemeinsamen Anschluß für alle Bauteile der integrierten Schaltung dar.

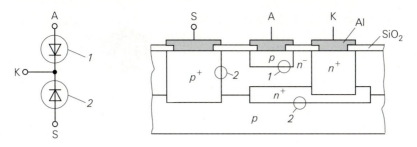

**Abb. 1.13.** Ersatzschaltbild und Aufbau einer integrierten pn-Diode mit Nutzdiode (1) und parasitärer Substrat-Diode (2)

**Innerer Aufbau:** Abb. 1.13 zeigt den Aufbau einer integrierten pn-Diode. Der Strom fließt von der $p$-Zone über den pn-Übergang in die $n^-$-Zone und von dort über die $n^+$-Zone zur Kathode; dabei wird durch die stark dotierte $n^+$-Zone ein geringer Bahnwiderstand erreicht.

**Substrat-Diode:** Das Ersatzschaltbild in Abb. 1.13 enthält zusätzlich eine Substrat-Diode, die zwischen der Kathode und dem Substrat liegt. Das Substrat wird an die negative Versorgungsspannung angeschlossen, so daß diese Diode immer gesperrt ist und eine Isolation gegenüber anderen Bauteilen und dem Substrat bewirkt.

**Unterschiede zwischen integrierten pn- und Schottky-Dioden:** Prinzipiell kann man eine integrierte Schottky-Diode wie eine integrierte pn-Diode aufbauen, wenn man die $p$-Zone am Anoden-Anschluß wegläßt. In der Praxis ist dies jedoch nicht so einfach möglich, da für Schottky-Kontakte ein anderes Metall verwendet werden muß als zur Verdrahtung der Bauteile und bei den meisten Prozessen zur Herstellung integrierter Schaltungen die entsprechenden Schritte nicht vorgesehen sind.

## 1.3
## Modell für eine Diode

Im Abschnitt 1.1.2 wurde das *statische* Verhalten der Diode durch eine Exponentialfunktion beschrieben; dabei wurden sekundäre Effekte im Durchlaßbereich und der Durchbruch vernachlässigt. Für den rechnergestützten Schaltungsentwurf wird ein Modell benötigt, das alle Effekte berücksichtigt und darüber hinaus auch das *dynamische* Verhalten richtig wiedergibt. Aus diesem *Großsignalmodell* erhält man durch Linearisierung das *dynamische Kleinsignalmodell*.

### 1.3.1
### Statisches Verhalten

Die Beschreibung geht von der idealen Diodengleichung (1.1) aus und berücksichtigt weitere Effekte. Ein standardisiertes Diodenmodell entspre-

chend dem Gummel-Poon-Modell beim Bipolartransistor existiert nicht; deshalb
müssen bei einigen CAD-Programmen mehrere Diodenmodelle verwendet werden, um eine reale Diode mit allen Stromanteilen zu beschreiben. Beim Entwurf
integrierter Schaltungen wird das Diodenmodell praktisch nicht benötigt, da
hier im allgemeinen die Basis-Emitter-Diode eines Bipolartransistors als Diode
verwendet wird.

**Bereich mittlerer Durchlaßströme**

Im Bereich mittlerer Durchlaßströme dominiert bei pn-Dioden der *Diffusions-*
*strom* $I_{DD}$; er folgt aus der Theorie der idealen Diode und kann entsprechend
(1.1) beschrieben werden:

$$I_{DD} = I_S \left( e^{\frac{U_D}{nU_T}} - 1 \right) \tag{1.6}$$

Als Modellparameter treten der *Sättigungssperrstrom* $I_S$ und der *Emissionsko-*
*effizient* $n$ auf. Für die ideale Diode gilt $n = 1$, für reale Dioden erhält man
$n \approx 1 \ldots 2$. Dieser Bereich wird im folgenden *Diffusionsbereich* genannt.

Bei Schottky-Dioden tritt der Emissionsstrom an die Stelle des Diffusions-
stroms. Da jedoch beide Stromleitungsmechanismen auf denselben Kennlinien-
verlauf führen, kann man (1.6) auch bei Schottky-Dioden verwenden [1.1],[1.3].

**Weitere Effekte**

Bei sehr kleinen und sehr großen Durchlaßströmen sowie im Sperrbereich treten
Abweichungen vom *idealen* Verhalten nach (1.6) auf:

- Bei großen Durchlaßströmen tritt der *Hochstromeffekt* auf, der durch eine
  stark angestiegene Ladungsträgerkonzentration am Rand der Sperrschicht
  verursacht wird [1.1]; man spricht in diesem Zusammenhang auch von *star-*
  *ker Injektion*. Dieser Effekt wirkt sich auf den Diffusionsstrom aus und wird
  durch einen Zusatz in (1.6) beschrieben.
- Durch Ladungsträgerrekombination in der Sperrschicht tritt zusätzlich zum
  Diffusionsstrom ein *Leck-* bzw. *Rekombinationsstrom* $I_{DR}$ auf, der durch eine
  zusätzliche Gleichung beschrieben wird [1.1].
- Bei großen Sperrspannungen bricht die Diode durch. Der *Durchbruchstrom*
  $I_{DBR}$ wird ebenfalls durch eine zusätzliche Gleichung beschrieben.

Der Strom $I_D$ setzt sich demnach aus drei Teilströmen zusammen:

$$I_D = I_{DD} + I_{DR} + I_{DBR} \tag{1.7}$$

**Hochstromeffekt:** Der Hochstromeffekt bewirkt eine Zunahme des Emissionskoeffizienten von $n$ im Bereich mittlerer Ströme auf $2n$ für $I_D \rightarrow \infty$; er kann durch eine Erweiterung von (1.6) beschrieben werden [1.4]:

$$I_{DD} = \frac{I_S \left( e^{\frac{U_D}{nU_T}} - 1 \right)}{\sqrt{1 + \frac{I_S}{I_K} \left( e^{\frac{U_D}{nU_T}} - 1 \right)}} \approx \begin{cases} I_S\, e^{\frac{U_D}{nU_T}} & \text{für } I_S\, e^{\frac{U_D}{nU_T}} < I_K \\[2mm] \sqrt{I_S I_K}\; e^{\frac{U_D}{2nU_T}} & \text{für } I_S\, e^{\frac{U_D}{nU_T}} > I_K \end{cases} \tag{1.8}$$

Als zusätzlicher Parameter tritt der *Kniestrom* $I_K$ auf, der die Grenze zum *Hochstrombereich* angibt.

**Leckstrom:** Für den Leckstrom folgt aus der Theorie der idealen Diode [1.1]:

$$I_{DR} = I_{S,R} \left( e^{\frac{U_D}{n_R U_T}} - 1 \right)$$

Diese Gleichung beschreibt den Rekombinationsstrom jedoch nur im Durchlaßbereich ausreichend genau. Im Sperrbereich erhält man durch Einsetzen von $U_D \rightarrow -\infty$ einen konstanten Strom $I_{DR} = -I_{S,R}$, während bei einer realen Diode der Rekombinationsstrom mit steigender Sperrspannung betragsmäßig zunimmt. Eine bessere Beschreibung erhält man, wenn man die Spannungsabhängigkeit der Sperrschichtweite berücksichtigt [1.4]:

$$I_{DR} = I_{S,R} \left( e^{\frac{U_D}{n_R U_T}} - 1 \right) \left( \left( 1 - \frac{U_D}{U_{Diff}} \right)^2 + 0.005 \right)^{\frac{m_S}{2}} \tag{1.9}$$

Als weitere Parameter treten der *Leck-Sättigungssperrstrom* $I_{S,R}$, der *Emissionskoeffizient* $n_R \geq 2$, die *Diffusionsspannung* $U_{Diff} \approx 0,5 \ldots 1\,\text{V}$ und der *Kapazitätskoeffizient* $m_S \approx 1/3 \ldots 1/2$ auf [3]. Aus (1.9) folgt:

$$I_{DR} \approx - I_{S,R} \left( \frac{|U_D|}{U_{Diff}} \right)^{m_S} \qquad \text{für } U_D < -U_{Diff}$$

Der Strom nimmt mit steigender Sperrspannung betragsmäßig zu; dabei hängt der Verlauf vom Kapazitätskoeffizienten $m_S$ ab. Im Durchlaßbereich wirkt sich der zusätzliche Faktor in (1.9) praktisch nicht aus, weil dort die exponentielle Abhängigkeit von $U_D$ dominiert.

Wegen $I_{S,R} \gg I_S$ ist der Rekombinationsstrom bei kleinen positiven Spannungen größer als der Diffusionsstrom; dieser Bereich wird *Rekombinationsbereich* genannt. Für

$$U_{D,RD} = U_T\, \frac{n n_R}{n_R - n}\, \ln \frac{I_{S,R}}{I_S}$$

sind beide Ströme gleich groß. Bei größeren Spannungen dominiert der Diffusionsstrom und die Diode arbeitet im Diffusionsbereich.

---

3 $U_{Diff}$ und $m_S$ werden primär zur Beschreibung der Sperrschichtkapazität der Diode verwendet, siehe Abschnitt 1.3.2.

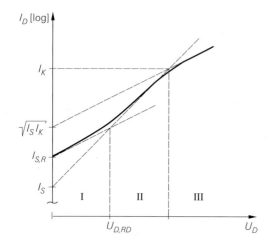

**Abb. 1.14.** Halblogaritmische Darstellung von $I_D$ im Durchlaßbereich: (I) Rekombinations-, (II) Diffusions-, (III) Hochstrombereich

Abb. 1.14 zeigt den Verlauf von $I_D$ im Durchlaßbereich in halblogarithmischer Darstellung und verdeutlicht die Bedeutung der Parameter $I_S$, $I_{S,R}$ und $I_K$. Bei einigen Dioden sind die Emissionskoeffizienten $n$ und $n_R$ nahezu gleich. In diesem Fall hat die halblogarithmisch dargestellte Kennlinie im Rekombinations- und im Diffusionsbereich dieselbe Steigung und man kann beide Bereiche mit *einer* Exponentialfunktion beschreiben [4].

**Durchbruch:** Für $U_D < -U_{BR}$ bricht die Diode durch; der dabei fließende Strom kann näherungweise durch eine Exponentialfunktion beschrieben werden [1.5]:

$$I_{DBR} = -I_{BR}\, e^{-\frac{U_D+U_{BR}}{n_{BR}U_T}} \tag{1.10}$$

Dazu werden die *Durchbruchspannung* $U_{BR} \approx 50\ldots1000\,\mathrm{V}$, der *Durchbruch-Kniestrom* $I_{BR}$ und der *Durchbruch-Emissionskoeffizient* $n_{BR} \approx 1$ benötigt. Mit $n_{BR} = 1$ und $U_T \approx 26\,\mathrm{mV}$ gilt [5]:

$$I_D \approx I_{DBR} = \begin{cases} -I_{BR} & \text{für } U_D = -U_{BR} \\ -10^{10}I_{BR} & \text{für } U_D = -U_{BR} - 0,6\,\mathrm{V} \end{cases}$$

Die Angabe von $I_{BR}$ *und* $U_{BR}$ ist nicht eindeutig, weil man dieselbe Kurve mit unterschiedlichen Wertepaaren $(U_{BR}, I_{BR})$ beschreiben kann; deshalb kann das Modell einer bestimmten Diode unterschiedliche Parameter haben.

### Bahnwiderstand

Zur vollständigen Beschreibung des statischen Verhaltens wird der Bahnwiderstand $R_B$ benötigt; er setzt sich nach Abb. 1.15 aus den Widerständen der einzelnen Schichten zusammen und wird im Modell durch einen Serienwiderstand

---

[4] In Abb. 1.4 ist die Kennlinie einer derartigen Diode dargestellt.
[5] Es gilt: $10U_T \ln 10 = 0,6\,\mathrm{V}$.

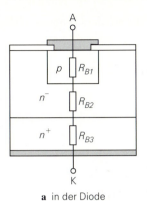

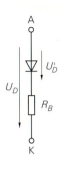

**a** in der Diode       **b** im Modell

**Abb. 1.15.** Bahnwiderstand einer Diode

berücksichtigt. Man muß nun zwischen der *inneren Diodenspannung* $U_D'$ und der *äußeren Diodenspannung*

$$U_D = U_D' + I_D R_B \tag{1.11}$$

unterscheiden; in die Formeln für $I_{DD}$, $I_{DR}$ und $I_{DBR}$ muß $U_D'$ anstelle von $U_D$ eingesetzt werden. Der Bahnwiderstand liegt zwischen $0,01\,\Omega$ bei Leistungsdioden und $10\,\Omega$ bei Kleinsignaldioden.

## 1.3.2
## Dynamisches Verhalten

Das Verhalten bei Ansteuerung mit puls- oder sinusförmigen Signalen wird als *dynamisches Verhalten* bezeichnet und kann nicht aus den Kennlinien ermittelt werden. Ursache hierfür sind die nichtlineare *Sperrschichtkapazität* des pn- oder Metall-Halbleiter-Übergangs und die im pn-Übergang gespeicherte *Diffusionsladung*, die über die ebenfalls nichtlineare *Diffusionskapazität* beschrieben wird.

### Sperrschichtkapazität

Ein pn- oder Metall-Halbleiter-Übergang besitzt eine spannungsabhängige *Sperrschichtkapazität* $C_S$, die von der Dotierung der aneinander grenzenden Gebiete, dem Dotierungsprofil, der Fläche des Übergangs und der anliegenden Spannung $U_D'$ abhängt. Man kann sich den Übergang wie einen Plattenkondensator mit der Kapazität $C = \epsilon A/d$ vorstellen; dabei entspricht $A$ der Fläche des Übergangs und $d$ der Sperrschichtweite. Eine vereinfachte Betrachtung eines pn-Übergangs liefert $d(U) \sim (1 - U/U_{Diff})^{m_S}$ [1.1] und damit:

$$C_S(U_D') = \frac{C_{S0}}{\left(1 - \dfrac{U_D'}{U_{Diff}}\right)^{m_S}} \qquad \text{für } U_D' < U_{Diff} \tag{1.12}$$

Als Parameter treten die *Null-Kapazität* $C_{S0} = C_S(U_D' = 0)$, die *Diffusionsspannung* $U_{Diff} \approx 0,5\dots 1\,\text{V}$ und der *Kapazitätskoeffizient* $m_S \approx 1/3 \dots 1/2$ auf [1.2].

Für $U_D' \to U_{Diff}$ sind die Annahmen, die auf (1.12) führen, nicht mehr erfüllt. Man ersetzt deshalb den Verlauf für $U_D' > f_S U_{Diff}$ durch eine Gerade [1.5]:

$$
C_S(U_D') = C_{S0}
\begin{cases}
\dfrac{1}{\left(1 - \dfrac{U_D'}{U_{Diff}}\right)^{m_S}} & \text{für } U_D' \leq f_S U_{Diff} \\[2em]
\dfrac{1 - f_S\,(1 + m_S) + \dfrac{m_S U_D'}{U_{Diff}}}{(1 - f_S)^{(1+m_S)}} & \text{für } U_D' > f_S U_{Diff}
\end{cases}
\tag{1.13}
$$

Dabei gilt $f_S \approx 0,4\ldots0,7$. Abb. 2.32 auf Seite 79 zeigt den Verlauf von $C_S$ für $m_S = 1/2$ und $m_S = 1/3$.

### Diffusionskapazität

In einem pn-Übergang ist im Durchlaßbetrieb eine Diffusionsladung $Q_D$ gespeichert, die proportional zum Diffusionsstrom durch den pn-Übergang ist [1.2]:

$$
Q_D = \tau_T I_{DD}
$$

Der Parameter $\tau_T$ wird *Transitzeit* genannt. Durch Differentiation von (1.8) erhält man die *Diffusionskapazität*:

$$
C_{D,D}(U_D') = \frac{dQ_D}{dU_D'} = \frac{\tau_T I_{DD}}{n U_T} \frac{1 + \dfrac{I_S}{2 I_K}\, e^{\frac{U_D'}{n U_T}}}{1 + \dfrac{I_S}{I_K}\, e^{\frac{U_D'}{n U_T}}}
\tag{1.14}
$$

Im Diffusionsbereich gilt $I_{DD} \gg I_{DR}$ und damit $I_D \approx I_{DD}$; daraus folgt für die Diffusionskapazität die Näherung:

$$
C_{D,D} \approx \frac{\tau_T I_D}{n U_T} \frac{1 + \dfrac{I_D}{2 I_K}}{1 + \dfrac{I_D}{I_K}} \stackrel{I_D \ll I_K}{\approx} \frac{\tau_T I_D}{n U_T}
\tag{1.15}
$$

Bei Silizium-pn-Dioden gilt $\tau_T \approx 1\ldots100\,\text{ns}$; bei Schottky-Dioden ist die Diffusionsladung wegen $\tau_T \approx 10\ldots100\,\text{ps}$ vernachlässigbar klein.

### Vollständiges Modell einer Diode

Abb. 1.16 zeigt das vollständige Modell einer Diode; es wird in CAD-Programmen zur Schaltungssimulation verwendet. Die Diodensymbole im Modell stehen für den Diffusionsstrom $I_{DD}$ und den Rekombinationsstrom $I_{DR}$; der Durchbruchstrom $I_{DBR}$ ist durch eine gesteuerte Stromquelle dargestellt. Tabelle 1.1 gibt einen Überblick über die Größen und die Gleichungen. Die Parameter sind in Tabelle 1.2 aufgelistet; zusätzlich sind die Bezeichnungen der Parameter im Schaltungs-

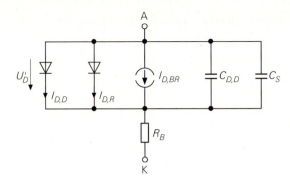

**Abb. 1.16.** Vollständiges Modell einer Diode

| Größe | Bezeichnung | Gleichung |
|---|---|---|
| $I_{DD}$ | Diffusionsstrom | (1.8) |
| $I_{DR}$ | Rekombinationsstrom | (1.9) |
| $I_{DBR}$ | Durchbruchstrom | (1.10) |
| $R_B$ | Bahnwiderstand | |
| $C_S$ | Sperrschichtkapazität | (1.13) |
| $C_{D,D}$ | Diffusionskapazität | (1.14) |

**Tab. 1.1.** Größen des Dioden-Modells

| Parameter | PSpice | Bezeichnung |
|---|---|---|
| Statisches Verhalten | | |
| $I_S$ | IS | Sättigungssperrstrom |
| $n$ | N | Emissionskoeffizient |
| $I_{S,R}$ | ISR | Leck-Sättigungssperrstrom |
| $n_R$ | NR | Emissionskoeffizient |
| $I_K$ | IK | Kniestrom zur starken Injektion |
| $I_{BR}$ | IBV | Durchbruch-Kniestrom |
| $n_{BR}$ | NBV | Emissionskoeffizient |
| $U_{BR}$ | BV | Durchbruchspannung |
| $R_B$ | RS | Bahnwiderstand |
| Dynamisches Verhalten | | |
| $C_{S0}$ | CJO | Null-Kapazität der Sperrschicht |
| $U_{Diff}$ | VJ | Diffusionsspannung |
| $m_S$ | M | Kapazitätskoeffizient |
| $f_S$ | FC | Koeffizient für den Verlauf der Kapazität |
| $\tau_T$ | TT | Transit-Zeit |
| Thermisches Verhalten | | |
| $x_{T,I}$ | XTI | Temperaturkoeffizient der Sperrströme nach (1.4) |

**Tab. 1.2.** Parameter des Dioden-Modells [1.4]

| Parameter | PSpice | 1N4148 | 1N4001 | BAS40 | Einheit |
|---|---|---|---|---|---|
| $I_S$ | IS | 2,68 | 14,1 | 0 | nA |
| $n$ | N | 1,84 | 1,98 | 1 | |
| $I_{S,R}$ | ISR | 1,57 | 0 | 254 | fA |
| $n_R$ | NR | 2 | 2 | 2 | |
| $I_K$ | IK | 0,041 | 94,8 | 0,01 | A |
| $I_{BR}$ | IBV | 100 | 10 | 10 | $\mu$A |
| $n_{BR}$ | NBV | 1 | 1 | 1 | |
| $U_{BR}$ | BV | 100 | 75 | 40 | V |
| $R_B$ | RS | 0,6 | 0,034 | 0,1 | $\Omega$ |
| $C_{S0}$ | CJO | 4 | 25,9 | 4 | pF |
| $U_{Diff}$ | VJ | 0,5 | 0,325 | 0,5 | V |
| $m_S$ | M | 0,333 | 0,44 | 0,333 | |
| $f_S$ | FC | 0,5 | 0,5 | 0,5 | |
| $\tau_T$ | TT | 11,5 | 5700 | 0,025 | ns |
| $x_{T,I}$ | XTI | 3 | 3 | 2 | |

1N4148: Kleinsignaldiode, 1N4001: Gleichrichterdiode, BAS40: Schottky-Diode

**Tab. 1.3.** Parameter einiger Dioden

simulator *PSpice* [6] angegeben. Tabelle 1.3 zeigt die Parameterwerte einiger ausgewählter Dioden, die der Bauteile-Bibliothek von *PSpice* entnommen wurden. Nicht angegebene Parameter werden von *PSpice* unterschiedlich behandelt:

- es wird ein Standardwert verwendet:
  $I_S = 10^{-14}\,\text{A}$ , $n = 1$ , $n_R = 2$ , $I_{BR} = 10^{-10}\,\text{A}$ , $n_{BR} = 1$ , $x_{T,I} = 3$ , $f_S = 0,5$ , $U_{Diff} = 1\,\text{V}$ , $m_S = 0,5$
- der Parameter wird zu Null gesetzt: $I_{S,R}$ , $R_B$ , $C_{S0}$ , $\tau_T$
- der Parameter wird zu Unendlich gesetzt: $I_K$ , $U_{BR}$

Die Werte Null und Unendlich bewirken, daß der jeweilige Effekt nicht modelliert wird [1.4].

### 1.3.3
### Kleinsignalmodell

Durch Linearisierung in einem Arbeitspunkt erhält man aus dem nichtlinearen Modell ein lineares *Kleinsignalmodell*. Das *statische Kleinsignalmodell* beschreibt das Kleinsignalverhalten bei niedrigen Frequenzen und wird deshalb auch *Gleichstrom-Kleinsignalersatzschaltbild* genannt. Das *dynamische Kleinsignalmodell* beschreibt zusätzlich das dynamische Kleinsignalverhalten und wird zur Berechnung des Frequenzgangs von Schaltungen benötigt; es wird auch *Wechselstrom-Kleinsignalersatzschaltbild* genannt.

---

6 *PSpice* ist ein Produkt der Firma *MicroSim*.

### Statisches Kleinsignalmodell

Die Linearisierung der statischen Kennlinie (1.11) liefert den Kleinsignalwiderstand:

$$\frac{dU_D}{dI_D}\bigg|_A = \frac{dU_D'}{I_D}\bigg|_A + R_B = r_D + R_B$$

Er setzt sich aus dem Bahnwiderstand $R_B$ und dem *differentiellen Widerstand* $r_D$ der inneren Diode zusammen, siehe Abb. 1.10 auf Seite 11. Für $r_D$ erhält man drei Anteile entsprechend den drei Teilströmen $I_{DD}$, $I_{DR}$ und $I_{DBR}$:

$$\frac{1}{r_D} = \frac{dI_D}{dU_D'}\bigg|_A = \frac{dI_{DD}}{dU_D'}\bigg|_A + \frac{dI_{DR}}{dU_D'}\bigg|_A + \frac{dI_{DBR}}{dU_D'}\bigg|_A$$

Eine Berechnung durch Differentiation von (1.6), (1.9) und (1.10) liefert umfangreiche Ausdrücke; in der Praxis kann man folgende Näherungen verwenden:

$$\frac{1}{r_{DD}} = \frac{dI_{DD}}{dU_D'}\bigg|_A \approx \frac{I_{DD,A} + I_S}{nU_T} \frac{1 + \dfrac{I_{DD,A}}{2I_K}}{1 + \dfrac{I_{DD,A}}{I_K}} \overset{I_S \ll I_{DD,A} \ll I_K}{\approx} \frac{I_{DD,A}}{nU_T}$$

$$\frac{1}{r_{DR}} = \frac{dI_{DR}}{dU_D'}\bigg|_A \approx \begin{cases} \dfrac{I_{DR,A} + I_{S,R}}{n_R U_T} & \text{für } I_{DR,A} > 0 \\[3mm] \dfrac{I_{S,R}}{m_S U_{Diff}^{m_S} |U_{D,A}'|^{1-m_S}} & \text{für } I_{DR,A} < 0 \end{cases}$$

$$\frac{1}{r_{DBR}} = \frac{dI_{DBR}}{dU_D'}\bigg|_A = -\frac{I_{DBR,A}}{n_{BR} U_T}$$

Für den differentiellen Widerstand $r_D$ folgt dann:

$$r_D = r_{DD} \| r_{DR} \| r_{DBR}$$

Für Arbeitspunkte im Diffusionsbereich und unterhalb des Hochstrombereichs gilt $I_{D,A} \approx I_{DD,A}$ und $I_{D,A} < I_K$ [7]; man kann dann die Näherung

$$r_D = r_{DD} \approx \frac{nU_T}{I_{D,A}} \tag{1.16}$$

verwenden. Diese Gleichung entspricht der bereits im Abschnitt 1.1.4 angegebenen Gleichung (1.3). Sie kann näherungsweise für alle Arbeitspunkte im Durchlaßbereich verwendet werden; im Hochstrom- und im Rekombinationsbereich liefert sie Werte, die um den Faktor $1 \ldots 2$ zu klein sind. Mit $n = 1 \ldots 2$ erhält man:

$$I_{D,A} = 1 \left\{ \begin{array}{c} \mu A \\ mA \\ A \end{array} \right\} \overset{U_T = 26\,\text{mV}}{\Rightarrow} r_D = 26 \ldots 52 \left\{ \begin{array}{c} k\Omega \\ \Omega \\ m\Omega \end{array} \right\}$$

---

7 Dieser Bereich wird an anderer Stelle als *Bereich mittlerer Durchlaßströme* bezeichnet.

Im Sperrbereich gilt für Kleinsignaldioden $r_D \approx 10^6 \ldots 10^9\,\Omega$; bei Gleichrichterdioden für den Ampere-Bereich sind die Werte um den Faktor $10 \ldots 100$ geringer.

Der Kleinsignalwiderstand im Durchbruchbereich wird nur bei Z-Dioden benötigt, da nur bei diesen ein Arbeitspunkt im Durchbruch zulässig ist; er wird
deshalb mit $r_Z$ bezeichnet. Mit $I_{D,A} \approx I_{DBR,A}$ gilt:

$$r_Z \;=\; r_{DBR} \;=\; \frac{n_{BR}U_T}{|I_{D,A}|} \tag{1.17}$$

### Dynamisches Kleinsignalmodell

**Vollständiges Modell:** Durch Ergänzen der Sperrschicht- und der Diffusionskapazität erhält man aus dem statischen Kleinsignalmodell nach Abb. 1.10 das in
Abb. 1.17a gezeigte dynamische Kleinsignalmodell; dabei gilt mit Bezug auf Abschnitt 1.3.2:

$$C_D \;=\; C_S(U_D') + C_{D,D}(U_D')$$

Bei Hochfrequenzdioden muß man zusätzlich die parasitären Einflüsse des
Gehäuses berücksichtigen; Abb. 1.17b zeigt das erweiterte Modell mit ei-
ner Gehäuseinduktivität $L_G \approx 1 \ldots 10\,\mathrm{nH}$ und einer Gehäusekapazität $C_G \approx$
$0,1 \ldots 1\,\mathrm{pF}$ [1.6].

**Vereinfachtes Modell:** Für praktische Berechnungen werden der Bahnwiderstand $R_B$ vernachlässigt und Näherungen für $r_D$ und $C_D$ verwendet. Im
Durchlaßbereich erhält man aus (1.15), (1.16) und der Abschätzung $C_S(U_D') \approx$
$2C_{S0}$:

$$r_D \;\approx\; \frac{nU_T}{I_{D,A}} \tag{1.18}$$

$$C_D \;\approx\; \frac{\tau_T I_{D,A}}{nU_T} + 2C_{S0} \;=\; \frac{\tau_T}{r_D} + 2C_{S0} \tag{1.19}$$

Im Sperrbereich wird $r_D$ vernachlässigt, d.h. $r_D \to \infty$, und $C_D \approx C_{S0}$ verwendet.

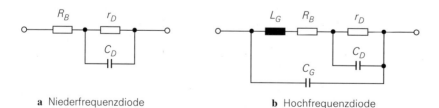

**a** Niederfrequenzdiode                    **b** Hochfrequenzdiode

**Abb. 1.17.** Dynamisches Kleinsignalmodell

## 1.4
## Spezielle Dioden und ihre Anwendung

### 1.4.1
### Z-Diode

*Z-Dioden* sind Dioden mit genau spezifizierter Durchbruchspannung, die für den Dauerbetrieb im Durchbruchbereich ausgelegt sind und zur Spannungsstabilisierung bzw. -begrenzung eingesetzt werden. Die Durchbruchspannung $U_{BR}$ wird bei Z-Dioden als *Z-Spannung $U_Z$* bezeichnet und beträgt bei handelsüblichen Z-Dioden $U_Z \approx 3 \ldots 300$ V. Abb. 1.18 zeigt das Schaltsymbol und die Kennlinie einer Z-Diode. Im Durchbruchbereich gilt (1.10):

$$I_D \approx I_{DBR} = -I_{BR}\, e^{-\frac{U_D+U_Z}{n_{BR}U_T}}$$

Die Z-Spannung hängt von der Temperatur ab. Der *Temperaturkoeffizient*

$$TC = \left.\frac{dU_Z}{dT}\right|_{T=300\,\mathrm{K},\,I_D=\mathrm{const.}}$$

gibt die relative Änderung bei konstantem Strom an:

$$U_Z(T) = U_Z(T_0)\,(1 + TC\,(T - T_0)) \qquad \text{mit } T_0 = 300\,\mathrm{K}$$

Bei Z-Spannungen unter 5 V dominiert der Zener-Effekt mit negativem Temperaturkoeffizienten, darüber der Avalanche-Effekt mit positivem Temperaturkoeffizienten; typische Werte sind $TC \approx -6 \cdot 10^{-4}\,\mathrm{K}^{-1}$ für $U_Z = 3,3$ V, $TC \approx 0$ für $U_Z = 5,1$ V und $TC \approx 10^{-3}\,\mathrm{K}^{-1}$ für $U_Z = 47$ V.

Der differentielle Widerstand im Durchbruchbereich wird mit $r_Z$ bezeichnet und entspricht dem Kehrwert der Steigung der Kennlinie; mit (1.17) folgt:

$$r_Z = \frac{dU_D}{dI_D} = \frac{n_{BR}U_T}{|I_D|} = -\frac{n_{BR}U_T}{I_D} \approx \frac{\Delta U_D}{\Delta I_D}$$

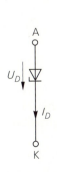

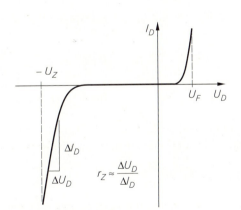

**a** Schaltsymbol    **b** Kennlinie

**Abb. 1.18.** Z-Diode

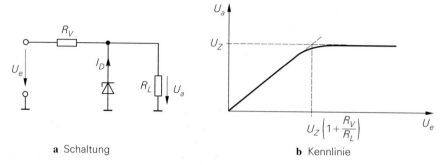

**a** Schaltung                                              **b** Kennlinie

**Abb. 1.19.** Spannungsstabilisierung mit Z-Diode

Er hängt maßgeblich vom Emissionskoeffizienten $n_{BR}$ ab, der bei $U_Z \approx 8\,\text{V}$ mit $n_{BR} \approx 1\ldots2$ ein Minimum erreicht und zu kleineren und größeren Z-Spannungen hin zunimmt; typisch ist $n_{BR} \approx 10\ldots20$ bei $U_Z = 3,3\,\text{V}$ und $n_{BR} \approx 4\ldots8$ bei $U_Z = 47\,\text{V}$. Die spannungsstabilisierende Wirkung der Z-Diode beruht darauf, daß die Kennlinie im Durchbruchbereich sehr steil und damit der differentielle Widerstand $r_Z$ sehr klein ist; am besten eignen sich Z-Dioden mit $U_Z \approx 8\,\text{V}$, da deren Kennlinie wegen des Minimums von $n_{BR}$ die größte Steigung hat. Für $|I_D| = 5\,\text{mA}$ erhält man Werte zwischen $r_Z \approx 5\ldots10\,\Omega$ bei $U_Z = 8,2\,\text{V}$ und $r_Z \approx 50\ldots100\,\Omega$ bei $U_Z = 3,3\,\text{V}$.

Abb. 1.19a zeigt eine typische Schaltung zur Spannungsstabilisierung. Für $0 \le U_a < U_Z$ sperrt die Z-Diode und die Ausgangsspannung ergibt sich durch Spannungsteilung an den Widerständen $R_V$ und $R_L$:

$$U_a = U_e \frac{R_L}{R_V + R_L}$$

Wenn die Z-Diode leitet gilt $U_a \approx U_Z$. Daraus folgt für die in Abb. 1.19b gezeigte Kennlinie:

$$U_a \approx \begin{cases} U_e \dfrac{R_L}{R_V + R_L} & \text{für } U_e < U_Z \left(1 + \dfrac{R_V}{R_L}\right) \\[2ex] U_Z & \text{für } U_e > U_Z \left(1 + \dfrac{R_V}{R_L}\right) \end{cases}$$

Der Arbeitspunkt muß in dem Bereich liegen, in dem die Kennlinie nahezu horizontal verläuft, damit die Stabilisierung wirksam ist. Aus der Knotengleichung

$$\frac{U_e - U_a}{R_V} + I_D = \frac{U_a}{R_L}$$

erhält man durch Differentiation nach $U_a$ den *Glättungsfaktor*

$$G = \frac{dU_e}{dU_a} = 1 + \frac{R_V}{r_Z} + \frac{R_V}{R_L} \overset{r_Z \ll R_V, R_L}{\approx} \frac{R_V}{r_Z} \tag{1.20}$$

und den *Stabilisierungsfaktor* [1.7]:

$$S = \frac{\dfrac{dU_e}{U_e}}{\dfrac{dU_a}{U_a}} = \frac{U_a}{U_e}\frac{dU_e}{dU_a} = \frac{U_a}{U_e}G \approx \frac{U_aR_V}{U_er_Z}$$

*Beispiel:* In einer Schaltung mit einer Versorgungsspannung $U_b = 12\,\text{V} \pm 1\,\text{V}$ soll ein Schaltungsteil A mit einer Spannung $U_A = 5,1\,\text{V} \pm 10\,\text{mV}$ versorgt werden; dabei wird ein Strom $I_A = 1\,\text{mA}$ benötigt. Man kann den Schaltungsteil als Widerstand mit $R_L = U_A/I_A = 5,1\,\text{k}\Omega$ auffassen und die Schaltung aus Abb. 1.19a mit einer Z-Diode mit $U_Z = 5,1\,\text{V}$ verwenden, wenn man $U_e = U_b$ und $U_a = U_A$ setzt. Der Vorwiderstand $R_V$ muß nun so gewählt werden, daß $G = dU_e/dU_a > 1\,\text{V}/10\,\text{mV} = 100$ gilt; damit folgt aus (1.20) $R_V \approx Gr_Z \geq 100r_Z$. Aus der Knotengleichung folgt

$$-I_D = \frac{U_e - U_a}{R_V} - \frac{U_a}{R_L} = \frac{U_b - U_A}{R_V} - I_A$$

und aus (1.17) $-I_D = n_{BR}U_T/r_Z$; durch Gleichsetzen erhält man mit $R_V = Gr_Z$, $G = 100$ und $n_{BR} = 2$:

$$R_V = \frac{U_b - U_A - Gn_{BR}U_T}{I_A} = 1,7\,\text{k}\Omega$$

Für die Ströme folgt $I_V = (U_b - U_A)/R_V = 4,06\,\text{mA}$ und $|I_D| = I_V - I_A = 3,06\,\text{mA}$. Man erkennt, daß der Strom durch die Z-Diode wesentlich größer ist als die Stromaufnahme $I_A$ des zu versorgenden Schaltungsteils. Deshalb eignet sich diese Art der Spannungsstabilisierung nur für Teilschaltungen mit geringer Stromaufnahme. Bei größerer Stromaufnahme muß man einen Spannungsregler einsetzen, der zwar teurer ist, aber neben einer geringeren Verlustleistung auch eine bessere Stabilisierung bietet.

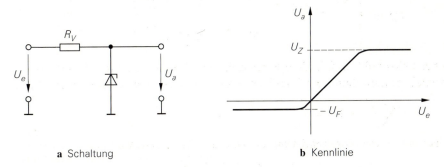

**a** Schaltung          **b** Kennlinie

**Abb. 1.20.** Spannungsbegrenzung mit Z-Diode

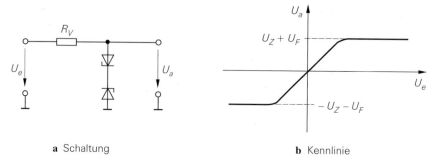

**a** Schaltung                                    **b** Kennlinie

**Abb. 1.21.** Symmetrische Spannungsbegrenzung mit zwei Z-Dioden

Die Schaltung nach Abb. 1.19a kann auch zur Spannungsbegrenzung eingesetzt werden. Entfernt man in Abb. 1.19a den Widerstand $R_L$, erhält man die
Schaltung in Abb. 1.20a mit der in Abb. 1.20b gezeigten Kennlinie:

$$U_a \approx \begin{cases} -U_F & \text{für } U_e \leq -U_F \\ U_e & \text{für } -U_F < U_e < U_Z \\ U_Z & \text{für } U_e \geq U_Z \end{cases}$$

Im mittleren Bereich sperrt die Diode und es gilt $U_a = U_e$. Für $U_e \geq U_Z$ bricht
die Diode durch und begrenzt die Ausgangsspannung auf $U_Z$. Für $U_e \leq -U_F \approx$
$-0,6\,\text{V}$ arbeitet die Diode im Durchlaßbereich und begrenzt negative Spannungen auf die Flußspannung $U_F$. Die Schaltung nach Abb. 1.21a ermöglicht eine
symmetrische Begrenzung mit $|U_a| \leq U_Z + U_F$; dabei arbeitet im Falle der Be-
grenzung eine der Dioden im Durchlaß- und die andere im Durchbruchbereich.

### 1.4.2
### pin-Diode

Bei *pin-Dioden* [8] ist die Lebensdauer $\tau$ der Ladungsträger in der undotierten i-
Schicht besonders groß. Da ein Übergang vom Durchlaß- in den Sperrbetrieb erst
dann eintritt, wenn nahezu alle Ladungsträger in der i-Schicht rekombiniert sind,
bleibt eine leitende pin-Diode auch bei kurzen negativen Spannungsimpulsen mit
einer Pulsdauer $t_P \ll \tau$ leitend. Sie wirkt dann wie ein ohmscher Widerstand,
dessen Wert proportional zur Ladung in der i-Schicht und damit proportional
zum mittleren Strom $\bar{I}_{D,pin}$ ist [1.8]:

$$r_{D,pin} \approx \frac{nU_T}{\bar{I}_{D,pin}} \qquad \text{mit } n \approx 1 \ldots 2$$

---

8  Die meisten pn-Dioden sind als pin-Dioden aufgebaut; dabei wird durch die i-Schicht
   eine hohe Sperrspannung erreicht. Die Bauteil-Bezeichnung *pin-Diode* wird dagegen nur
   für Dioden mit geringer Störstellendichte und entsprechend hoher Lebensdauer der Ladungsträger in der i-Schicht verwendet.

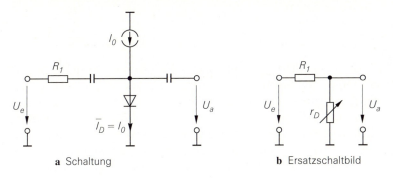

**a** Schaltung                          **b** Ersatzschaltbild

**Abb. 1.22.** Spannungsteiler für Wechselspannungen mit pin-Diode

Aufgrund dieser Eigenschaft kann man die pin-Diode für Wechselspannungen
mit einer Frequenz $f \gg 1/\tau$ als *gleichstromgesteuerten Wechselspannungswider-
stand* einsetzen. Abb. 1.22 zeigt die Schaltung und das Kleinsignalersatzschaltbild eines einfachen variablen Spannungsteilers mit einer pin-Diode. In Hochfrequenzschaltungen werden meist *π-Dämpfungsglieder* mit drei pin-Dioden eingesetzt, siehe Abb. 1.23; dabei erreicht man durch geeignete Ansteuerung eine
variable Dämpfung bei beidseitiger Anpassung an einen vorgegeben Wellenwiderstand, meist 50 Ω. Die Kapazitäten und Induktivitäten in Abb. 1.23 bewirken eine Trennung der Gleich- und Wechselstrompfade der Schaltung. Für
typische pin-Dioden gilt $\tau \approx 0,1 \dots 5\,\mu s$; damit ist die Schaltung für Frequenzen
$f > 2 \dots 100\,\text{MHz} \gg 1/\tau$ geeignet.

Eine weitere wichtige Eigenschaft der pin-Diode ist die geringe Sperrschichtkapazität aufgrund der vergleichsweise dicken i-Schicht. Deshalb kann man die
pin-Diode auch als Hochfrequenzschalter einsetzen, wobei aufgrund der geringen
Sperrschichtkapazität bei offenem Schalter ($\overline{I}_{D,pin} = 0$) eine gute Sperrdämpfung
erreicht wird. Die typische Schaltung eines HF-Schalters entspricht weitgehend
dem in Abb. 1.23 gezeigten Dämpfungsglied, das in diesem Fall als Kurzschluß-
Serien-Kurzschluß-Schalter mit besonders hoher Sperrdämpfung arbeitet.

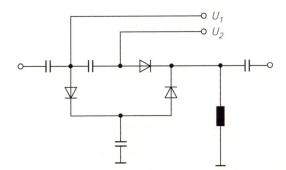

**Abb. 1.23.** $\pi$-Dämpfungsglied mit
drei pin-Dioden für HF-Anwen-
dungen

### 1.4.3
### Kapazitätsdiode

Aufgrund der Spannungsabhängigkeit der Sperrschichtkapazität kann man eine Diode als variable Kapazität betreiben; dazu wird die Diode im Sperrbereich betrieben und die Sperrschichtkapazität über die Sperrspannung eingestellt. Aus (1.12) auf Seite 21 folgt, daß der Bereich, in dem die Kapazität verändert werden kann, maßgeblich vom Kapazitätskoeffizienten $m_S$ abhängt und mit zunehmendem Wert von $m_S$ größer wird. Einen besonders großen Bereich von $1 : 3 \ldots 10$ erreicht man bei Dioden mit *hyperabrupter Dotierung* ($m_S \approx 0,5 \ldots 1$), bei denen die Dotierung in der Nähe der pn-Grenze zunächst zunimmt, bevor der Übergang zum anderen Gebiet erfolgt [1.8]. Dioden mit diesem Dotierungsprofil werden *Kapazitätsdioden (Abstimmdiode, varicap)* genannt und überwiegend zur Frequenzabstimmung in LC-Schwingkreisen eingesetzt. Abb. 1.24 zeigt das Schaltzeichen einer Kapazitätsdiode und den Verlauf der Sperrschichtkapazität $C_S$ für einige typische Dioden. Die Verläufe sind ähnlich, nur die Diode BB512 nimmt aufgrund der starken Abnahme der Sperrschichtkapazität eine Sonderstellung ein. Man kann den Kapazitätskoeffizienten $m_S$ aus der Steigung in der doppelt logarithmischen Darstellung ermitteln; dazu sind in Abb. 1.24 die Steigungen für $m_S = 0,5$ und $m_S = 1$ eingezeichnet.

Neben dem Verlauf der Sperrschichtkapazität $C_S$ ist die Güte $Q$ ein wichtiges Qualitätsmaß einer Kapazitätsdiode. Aus der Gütedefinition [9]

$$Q = \frac{|\mathrm{Im}\{Z\}|}{\mathrm{Re}\{Z\}}$$

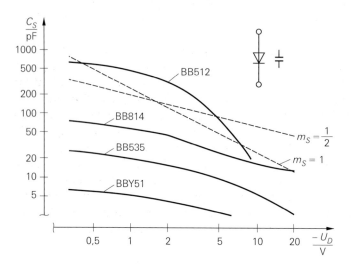

**Abb. 1.24.** Schaltzeichen und Kapazitätsverlauf von Kapazitätsdioden

---

9  Diese Definition der Güte gilt für alle reaktiven Bauelemente.

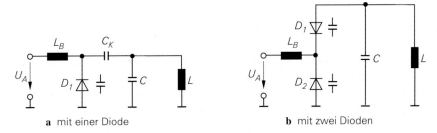

**a** mit einer Diode      **b** mit zwei Dioden

**Abb. 1.25.** Frequenzabstimmung von LC-Kreisen mit Kapazitätsdioden

und der Impedanz

$$Z(s) \ = \ R_B + \frac{1}{sC_S} \ \overset{s=j\omega}{=} \ R_B + \frac{1}{j\omega C_S}$$

der Diode folgt [1.8]:

$$Q \ = \ \frac{1}{\omega C_S R_B}$$

Bei vorgegebener Frequenz ist $Q$ umgekehrt proportional zum Bahnwiderstand $R_B$. Eine hohe Güte ist demnach gleichbedeutend mit einem kleinen Bahnwiderstand und entsprechend geringen Verlusten bzw. einer geringen Dämpfung beim Einsatz in Schwingkreisen. Typische Dioden haben eine Güte von $Q \approx 50 \ldots 500$. Da man für einfache Berechnungen und für die Schaltungssimulation primär den Bahnwiderstand benötigt, wird in neueren Datenblättern zum Teil nur noch $R_B$ angegeben.

Zur Frequenzabstimmung von LC-Schwingkreisen wird in den meisten Fällen eine der in Abb. 1.25 gezeigten Schaltungen verwendet. In Abb. 1.25a liegt die Reihenschaltung der Sperrschichtkapazität $C_S$ der Diode und der Koppelkapazität $C_K$ parallel zu dem aus $L$ und $C$ bestehenden Parallelschwingkreis. Die Abstimmspannung $U_A > 0$ wird über die Induktivität $L_B$ zugeführt; damit wird eine wechselspannungsmäßige Trennung des Schwingkreises von der Spannungsquelle $U_A$ erreicht und ein Kurzschluß des Schwingkreises durch die Spannungsquelle verhindert. Man muß $L_B \gg L$ wählen, damit sich $L_B$ nicht auf die Resonanzfrequenz auswirkt. Die Abstimmspannung kann auch über einen Widerstand zugeführt werden, dieser belastet jedoch den Schwingkreis und führt zu einer Abnahme der Güte des Kreises. Die Koppelkapazität $C_K$ verhindert einen Kurzschluß der Spannungsquelle $U_A$ durch die Induktivität $L$ des Schwingkreises. Die Resonanzfrequenz beträgt unter Berücksichtigung von $L_B \gg L$:

$$\omega_R \ = \ 2\pi f_R \ = \ \frac{1}{\sqrt{L\left(C + \dfrac{C_S(U_A)\,C_K}{C_S(U_A) + C_K}\right)}} \ \overset{C_K \gg C_S(U_A)}{\approx} \ \frac{1}{\sqrt{L\,(C + C_S(U_A))}}$$

Der Abstimmbereich hängt vom Verlauf der Sperrschichtkapazität und ihrem Verhältnis zur Schwingkreis-Kapazität $C$ ab. Den maximalen Abstimmbereich erhält man mit $C = 0$ und $C_K \gg C_S$.

In Abb. 1.25b liegt die Reihenschaltung von zwei Sperrschichtkapazitäten parallel zum Schwingkreis. Auch hier wird durch die Induktivität $L_B \gg L$ ein hochfrequenter Kurzschluß des Schwingkreises durch die Spannungsquelle $U_A$ verhindert. Eine Koppelkapazität wird nicht benötigt, da beide Dioden sperren und deshalb kein Gleichstrom in den Schwingkreis fließen kann. Die Resonanzfrequenz beträgt in diesem Fall:

$$\omega_R = 2\pi f_R = \frac{1}{\sqrt{L\left(C + \dfrac{C_S(U_A)}{2}\right)}}$$

Auch hier wir der Abstimmbereich mit $C = 0$ maximal; allerdings wird dabei nur die halbe Sperrschichtkapazität wirksam, so daß man bei gleicher Resonanzfrequenz im Vergleich zur Schaltung nach Abb. 1.25a entweder die Sperrschichtkapazität oder die Induktivität doppelt so groß wählen muß. Ein wesentlicher Vorteil der symmetrischen Anordnung der Dioden ist die bessere Linearität bei großen Amplituden im Schwingkreis; dadurch wird die durch die Nichtlinearität der Sperrschichtkapazität verursachte Abnahme der Resonanzfrequenz bei zunehmender Amplitude weitgehend vermieden [1.3].

### 1.4.4
### Brückengleichrichter

Die in Abb. 1.26 gezeigte Schaltung mit vier Dioden wird *Brückengleichrichter* genannt und zur Vollweg-Gleichrichtung in Netzteilen und Wechselspannungsmessern eingesetzt. Bei Brückengleichrichtern für Netzteile unterscheidet man zwischen Hochvolt-Brückengleichrichtern, die zur direkten Gleichrichtung der Netzspannung eingesetzt werden und deshalb eine entsprechend hohe Durchbruchspannung aufweisen müssen ($U_{BR} \geq 350\,\text{V}$), und Niedervolt-Brückengleichrichtern, die auf der Sekundärseite eines Netztransformators eingesetzt werden; in Kapitel 16.5 wird dies näher beschrieben. Von den vier Anschlüssen werden zwei mit $\sim$ und je einer mit $+$ und $-$ gekennzeichnet.

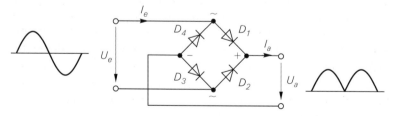

**Abb. 1.26.** Brückengleichrichter

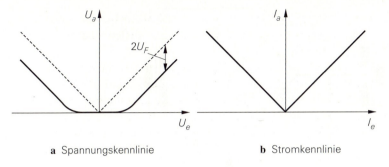

**a** Spannungskennlinie          **b** Stromkennlinie

**Abb. 1.27.** Kennlinien eines Brückengleichrichters

Bei positiven Eingangsspannungen leiten $D_1$ und $D_3$, bei negativen $D_2$ und $D_4$; die jeweils anderen Dioden sperren. Da der Strom immer über zwei leitende Dioden fließt, ist die gleichgerichtete Ausgangsspannung um $2U_F \approx 1,2 \ldots 2\,\text{V}$ kleiner als der Betrag der Eingangsspannung:

$$U_a \approx \begin{cases} 0 & \text{für } |U_e| \leq 2U_F \\ |U_e| - 2U_F & \text{für } |U_e| > 2U_F \end{cases}$$

Abb. 1.27a zeigt die Spannungskennlinie. An den sperrenden Dioden liegt eine maximale Sperrspannung von $|U_D|_{max} = |U_e|_{max}$ an, die kleiner sein muß als die Durchbruchspannung der Dioden.

Im Gegensatz zu den Spannungen ist das Verhältnis der Ströme betragsmäßig linear, siehe Abb. 1.27b:

$$I_a = |I_e|$$

Dieser Zusammenhang wird in Meßgleichrichtern ausgenutzt; dazu wird die zu messende Wechselspannung über einen Spannungs-Strom-Wandler in einen Strom umgewandelt und mit einem Brückengleichrichter gleichgerichtet.

## 1.4.5
## Mischer

*Mischer* werden in Datenübertragungsystemen zur Frequenzumsetzung benötigt. Man unterscheidet *passive Mischer*, die mit Dioden oder anderen passiven Bauteilen arbeiten, und *aktive Mischer* mit Transistoren. Bei den passiven Mischern wird der aus vier Dioden und zwei Übertragern mit Mittelanzapfung bestehende *Ringmodulator* am häufigsten eingesetzt. Abb. 1.28 zeigt einen als Abwärtsmischer (*downconverter*) beschalteten Ringmodulator mit den Dioden $D_1 \ldots D_4$ und den Übertragern $L_1 - L_2$ und $L_3 - L_4$ [1.9]. Die Schaltung setzt das Eingangssignal $U_{HF}$ mit der Frequenz $f_{HF}$ mit Hilfe der *Lokaloszillator*-Spannung $U_{LO}$ mit der Frequenz $f_{LO}$ auf eine *Zwischenfrequenz* $f_{ZF} = |f_{HF} - f_{LO}|$ um. Das Ausgangssignal $U_{ZF}$ wird mit einem auf die Zwischenfrequenz abgestimmten Schwingkreis von zusätzlichen, bei der Umsetzung entstehenden Frequenzanteilen befreit. Der Lokaloszillator liefert eine Sinus- oder Rechteck-Spannung

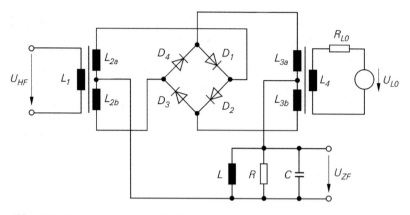

**Abb. 1.28.** Ringmodulator als Abwärtsmischer

mit der Amplitude $\hat{u}_{LO}$, $U_{HF}$ und $U_{ZF}$ sind sinusförmige Spannungen mit den Amplituden $\hat{u}_{HF}$ bzw. $\hat{u}_{ZF}$. Im normalen Betrieb gilt $\hat{u}_{LO} \gg \hat{u}_{HF} > \hat{u}_{ZF}$, d.h. die Spannung des Lokaloszillators legt fest, welche Dioden leiten; bei Verwendung eines 1:1-Übertragers mit $L_4 = L_{3a} + L_{3b}$ gilt:

$$\left.\begin{array}{c} U_{LO} \geq 2U_F \\ -2U_F < U_{LO} < 2U_F \\ U_{LO} < -2U_F \end{array}\right\} \Rightarrow \left\{\begin{array}{l} D_1 \text{ und } D_2 \text{ leiten} \\ \text{keine Diode leitet} \\ D_3 \text{ und } D_4 \text{ leiten} \end{array}\right.$$

Dabei ist $U_F$ die Flußspannung der Dioden. Aufgrund des besseren Schaltverhaltens werden ausschließlich Schottky-Dioden mit $U_F \approx 0,3\,\text{V}$ verwendet; der Strom durch die Dioden wird durch den Innenwiderstand $R_{LO}$ des Lokaloszillators begrenzt.

Wenn $D_1$ und $D_2$ leiten, fließt ein durch $U_{HF}$ verursachter Strom durch $L_{2a}$ und $D_1 - L_{3a}$ bzw. $D_2 - L_{3b}$ in den ZF-Schwingkreis; wenn $D_3$ und $D_4$ leiten, fließt der Strom durch $L_{2b}$ und $D_3 - L_{3b}$ bzw. $D_4 - L_{3a}$. Die Polarität von $U_{ZF}$ bezüglich $U_{HF}$ ist dabei verschieden, so daß durch den Lokaloszillator und die Dioden eine Umschaltung der Polarität mit der Frequenz $f_{LO}$ erfolgt, siehe Abb. 1.29. Wenn man für $U_{LO}$ ein Rechteck-Signal mit $\hat{u}_{LO} > 2U_F$ verwendet, erfolgt die Polaritätsumschaltung schlagartig, d.h. der Ringmodulator multipliziert das Eingangssignal mit einem Rechteck-Signal. Von den dabei entstehenden Frequenz-

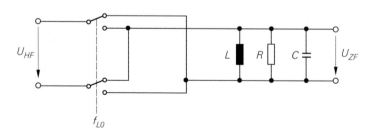

**Abb. 1.29.** Funktionsweise eines Ringmodulators

anteilen der Form $|m f_{LO} + n f_{HF}|$ mit beliebigem ganzzahligem Wert für $m$ und $n = \pm 1$ filtert das ZF-Filter die gewünschte Komponente mit $m = 1, n = -1$ bzw. $m = -1, n = 1$ aus.

Der Ringmodulator ist als Bauteil mit sechs Anschlüssen, je zwei für HF-, LO- und ZF-Seite, erhältlich [1.9]. Darüber hinaus gibt es integrierte Schaltungen, die nur die Dioden enthalten und demzufolge nur vier Anschlüsse besitzen. Man beachte in diesem Zusammenhang, daß sich Mischer und Brückengleichrichter trotz der formalen Ähnlichkeit in der Anordnung der Dioden unterscheiden, wie ein Vergleich von Abb. 1.28 und Abb. 1.26 zeigt.

# Literatur

[1.1]     Sze, S.M.: Physics of Semiconductor Devices, 2nd Edition. New York: John Wiley & Sons, 1981.

[1.2]     Hoffmann, K.: VLSI-Entwurf. München: R. Oldenbourg, 1990.

[1.3]     Löcherer, K.-H.: Halbleiterbauelemente. Stuttgart: B.G. Teubner, 1992.

[1.4]     MicroSim: PSpice A/D Reference Manual.

[1.5]     Antognetti, P.; Massobrio, G.: Semiconductor Device Modeling with SPICE. New York: McGraw-Hill, 1988.

[1.6]     Zinke, O.; Brunswig, H.; Hartnagel, H.L.: Lehrbuch der Hochfrequenz-technik, Band 2, 3.Auflage. Berlin: Springer, 1987.

[1.7]     Bauer, W.: Bauelemente und Grundschaltungen der Elektronik, 3.Auf-lage. Müchen: Carl Hanser, 1989.

[1.8]     Kesel, K.; Hammerschmitt, J.; Lange, E.: Signalverarbeitende Dioden. Halbleiter-Elektronik Band 8. Berlin: Springer, 1982.

[1.9]     Mini-Circuits: Datenblatt SMD-Mischer.

# Kapitel 2:
# Bipolartransistor

Der Bipolartransistor ist ein Halbleiterbauelement mit drei Anschlüssen, die mit *Basis* (*base,B*), *Emitter* (*emitter,E*) und *Kollektor* (*collector,C*) bezeichnet werden. Man unterscheidet zwischen Einzeltransistoren, die für die Montage auf Leiterplatten gedacht und in einem eigenen Gehäuse untergebracht sind, und integrierten Transistoren, die zusammen mit weiteren Halbleiterbauelementen auf einem gemeinsamen Halbleiterträger (*Substrat*) hergestellt werden. Integrierte Transistoren haben einen vierten Anschluß, der aus dem gemeinsamen Träger resultiert und mit *Substrat* (*substrate,S*) bezeichnet wird; er ist für die elektrische Funktion von untergeordneter Bedeutung.

**Dioden-Ersatzschaltbilder:** Bipolartransistoren bestehen aus zwei antiseriell geschalteten pn-Dioden, die eine gemeinsame p- oder n-Zone besitzen. Abbildung 2.1 zeigt die Schaltzeichen und die *Dioden-Ersatzschaltbilder* eines npn-Transistors mit gemeinsamer p-Zone und eines pnp-Transistors mit gemeinsamer n-Zone. Die Dioden-Ersatzschaltbilder geben zwar die Funktion des Bipolartransistors nicht richtig wieder, ermöglichen aber einen Überblick über die Betriebsarten und zeigen, daß bei einem unbekannten Transistor der Typ (npn oder pnp) und der Basisanschluß mit einem Durchgangsprüfer ermittelt werden kann; Kollektor und Emitter sind wegen des symmetrischen Aufbaus nicht einfach zu unterscheiden.

**Betriebsarten:** Der Bipolartransistor wird zum Verstärken und Schalten von Signalen eingesetzt und dabei meist im *Normalbetrieb* (*forward region*) betrieben, bei dem die Emitter-Diode (BE-Diode) in Flußrichtung und die Kollektor-Diode (BC-Diode) in Sperrichtung betrieben wird. Bei einigen Schalt-

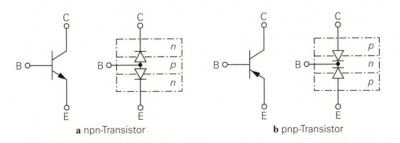

**a** npn-Transistor          **b** pnp-Transistor

**Abb. 2.1.** Schaltzeichen und Dioden-Ersatzschaltbilder

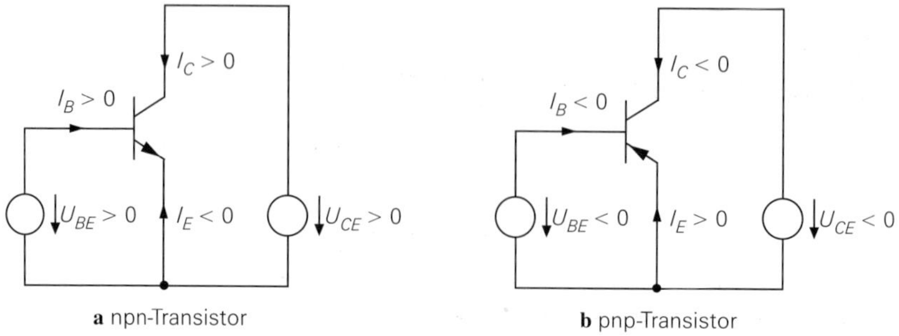

**a** npn-Transistor                               **b** pnp-Transistor

**Abb. 2.2.** Spannungen und Ströme im Normalbetrieb

anwendungen wird auch die BC-Diode zeitweise in Flußrichtung betrieben; man spricht dann von *Sättigung* oder *Sättigungsbetrieb* (*saturation region*). In den *Inversbetrieb* (*reverse region*) gelangt man durch Vertauschen von Emitter und Kollektor; diese Betriebsart bietet nur in Ausnahmefällen Vorteile. Im *Sperrbetrieb* (*cut-off region*) sind beide Dioden gesperrt. Abbildung 2.2 zeigt die Polarität der Spannungen und Ströme bei Normalbetrieb für einen npn- und einen pnp-Transistor.

## 2.1
## Verhalten eines Bipolartransistors

Das Verhalten eines Bipolartransistors läßt sich am einfachsten anhand der Kennlinien aufzeigen. Sie beschreiben den Zusammenhang zwischen den Strömen und den Spannungen am Transistor für den Fall, daß alle Größen *statisch*, d.h. nicht oder nur sehr langsam zeitveränderlich sind. Für eine rechnerische Behandlung des Bipolartransistors werden zusätzlich Gleichungen benötigt, die das Verhalten ausreichend genau beschreiben. Wenn man sich auf den für die Praxis besonders wichtigen Normalbetrieb beschränkt und sekundäre Effekte vernachlässigt, ergeben sich besonders einfache Gleichungen. Bei einer Überprüfung der Funktionstüchtigkeit einer Schaltung durch Simulation auf einem Rechner muß dagegen auch der Einfluß sekundärer Effekte berücksichtigt werden. Dazu gibt es aufwendige Modelle, die auch das *dynamische Verhalten* bei Ansteuerung mit sinus- oder pulsförmigen Signalen richtig wiedergeben. Diese Modelle werden im Abschnitt 2.3 beschrieben und sind für ein grundsätzliches Verständnis nicht nötig. Im folgenden wird das Verhalten von npn-Transistoren beschrieben; bei pnp-Transistoren haben alle Spannungen und Ströme umgekehrte Vorzeichen.

### 2.1.1
### Kennlinien

**Ausgangskennlinienfeld:** Legt man in der in Abb. 2.2a gezeigten Anordnung verschiedene Basis-Emitter-Spannungen $U_{BE}$ an und mißt den Kollektorstrom $I_C$ als

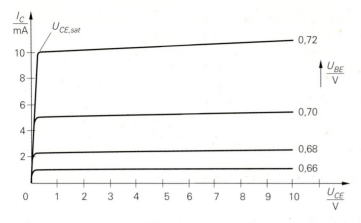

**Abb. 2.3.** Ausgangskennlinienfeld eines npn-Transistors

Funktion der Kollektor-Emitter-Spannung $U_{CE}$, erhält man das in Abb. 2.3 gezeigte Ausgangskennlinienfeld. Mit Ausnahme eines kleinen Bereiches nahe der
$I_C$-Achse sind die Kennlinien nur wenig von $U_{CE}$ abhängig und der Transistor arbeitet im Normalbetrieb, d.h. die BE-Diode leitet und die BC-Diode sperrt. Nahe
der $I_C$-Achse ist $U_{CE}$ so klein, daß auch die BC-Diode leitet und der Transistor
in die Sättigung gerät. An der Grenze, zu der die Sättigungsspannung $U_{CE,sat}$
gehört, knicken die Kennlinien scharf ab und verlaufen näherungsweise durch
den Ursprung des Kennlinienfeldes.

**Übertragungskennlinienfeld:** Im Normalbetrieb ist der Kollektorstrom $I_C$ im
wesentlichen nur von $U_{BE}$ abhängig. Trägt man $I_C$ für verschiedene, zum Normalbetrieb gehörende Werte von $U_{CE}$ als Funktion von $U_{BE}$ auf, erhält man

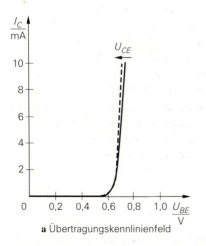

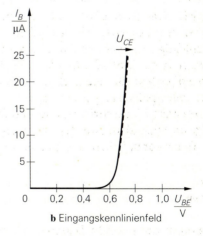

**a** Übertragungskennlinienfeld      **b** Eingangskennlinienfeld

**Abb. 2.4.** Kennlinienfelder im Normalbetrieb

das in Abb. 2.4a gezeigte Übertragungskennlinienfeld. Aufgrund der geringen Abhängigkeit von $U_{CE}$ liegen die Kennlinien sehr dicht beieinander.

**Eingangskennlinienfeld:** Zur vollständigen Beschreibung wird noch das in Abb. 2.4b gezeigte Eingangskennlinienfeld benötigt, bei dem der Basisstrom $I_B$ für verschiedene, zum Normalbetrieb gehörende Werte von $U_{CE}$ als Funktion von $U_{BE}$ aufgetragen ist. Auch hier ist die Abhängigkeit von $U_{CE}$ sehr gering.

**Stromverstärkung:** Vergleicht man die Übertragungskennlinien in Abb. 2.4a mit den Eingangskennlinien in Abb. 2.4b, so fällt sofort der ähnliche Verlauf auf. Daraus ergibt sich, daß im Normalbetrieb der Kollektorstrom $I_C$ dem Basisstrom $I_B$ näherungsweise proportional ist. Die Proportionalitätskonstante $B$ wird *Stromverstärkung* genannt:

$$B \;=\; \frac{I_C}{I_B} \tag{2.1}$$

### 2.1.2
### Beschreibung durch Gleichungen

Die für die rechnerische Behandlung erforderlichen Gleichungen basieren auf der Tatsache, daß das Verhalten des Transistors im wesentlichen auf das Verhalten der BE-Diode zurückgeführt werden kann. Der für eine Diode charakteristische exponentielle Zusammenhang zwischen Strom und Spannung zeigt sich im Übertragungs- und im Eingangskennlinienfeld des Transistors als exponentielle Abhängigkeit der Ströme $I_B$ und $I_C$ von der Spannung $U_{BE}$. Ausgehend von einem allgemeinen Ansatz $I_C = I_C(U_{BE}, U_{CE})$ und $I_B = I_B(U_{BE}, U_{CE})$ erhält man für den Normalbetrieb [2.1]:

$$I_C \;=\; I_S \, e^{\frac{U_{BE}}{U_T}} \left( 1 + \frac{U_{CE}}{U_A} \right) \tag{2.2}$$

$$I_B \;=\; \frac{I_C}{B} \qquad \text{mit } B = B(U_{BE}, U_{CE}) \tag{2.3}$$

Dabei ist $I_S \approx 10^{-16} \ldots 10^{-12}$ A der *Sättigungssperrstrom* des Transistors und $U_T$ die *Temperaturspannung*; bei Raumtemperatur gilt $U_T \approx 26\,\text{mV}$.

**Early-Effekt:** Die Abhängigkeit von $U_{CE}$ wird durch den *Early-Effekt* verursacht und durch den rechten Term in (2.2) empirisch beschrieben. Grundlage für diese Beschreibung ist die Beobachtung, daß sich die extrapolierten Kennlinien des Ausgangskennlinienfelds näherungsweise in einem Punkt schneiden [2.2]; Abb. 2.5 verdeutlicht diesen Zusammenhang. Die Konstante $U_A$ heißt *Early-Spannung* und beträgt bei npn-Transistoren $U_{A,npn} \approx 30 \ldots 150\,\text{V}$, bei pnp-Transistoren $U_{A,pnp} \approx 30 \ldots 75\,\text{V}$. Im Abschnitt 2.3.1 wird der Early-Effekt genauer betrachtet, für den hier betrachteten Normalbetrieb ist die empirische Beschreibung ausreichend.

**Basisstrom und Stromverstärkung:** Der Basisstrom $I_B$ wird auf $I_C$ bezogen; dabei tritt die Stromverstärkung $B$ als Proportionalitätskonstante auf. Diese Dar-

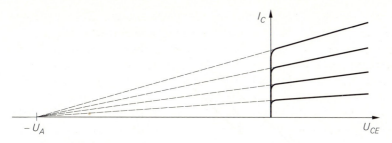

**Abb. 2.5.** Early-Effekt und Early-Spannung $U_A$ im Ausgangskennlinienfeld

stellung wird gewählt, da für viele einfache Berechnungen die Abhängigkeit der Stromverstärkung von $U_{BE}$ und $U_{CE}$ vernachlässigt werden kann; $B$ ist dann eine unabhängige Konstante. In den meisten Fällen wird jedoch die Abhängigkeit von $U_{CE}$ berücksichtigt, da sie ebenfalls durch den Early-Effekt verursacht wird [2.2], d.h. es gilt:

$$B(U_{BE}, U_{CE}) \;=\; B_0(U_{BE}) \left( 1 + \frac{U_{CE}}{U_A} \right) \tag{2.4}$$

$B_0(U_{BE})$ ist die extrapolierte Stromverstärkung für $U_{CE} = 0\,\text{V}$. Die Extrapolation ist notwendig, da bei $U_{CE} = 0\,\text{V}$ kein Normalbetrieb mehr vorliegt.

**Großsignalgleichungen:** Durch Einsetzen von (2.4) in (2.3) erhält man die *Großsignalgleichungen* des Bipolartransistors:

$$I_C \;=\; I_S\, e^{\frac{U_{BE}}{U_T}} \left( 1 + \frac{U_{CE}}{U_A} \right) \tag{2.5}$$

$$I_B \;=\; \frac{I_S}{B_0}\, e^{\frac{U_{BE}}{U_T}} \tag{2.6}$$

### 2.1.3
### Verlauf der Stromverstärkung

**Gummel-Plot:** Die Stromverstärkung $B(U_{BE}, U_{CE})$ wird im folgenden noch näher untersucht. Da die Ströme $I_B$ und $I_C$ exponentiell von $U_{BE}$ abhängen, bietet sich eine halblogarithmische Darstellung über $U_{BE}$ mit $U_{CE}$ als Parameter an. Diese in Abb. 2.6 gezeigte Auftragung wird *Gummel-Plot* genannt und hat die Eigenschaft, daß die exponentiellen Verläufe in (2.5) und (2.6) in Geraden übergehen, wenn man $B_0$ als konstant annimmt:

$$\ln \left( \frac{I_C}{I_S} \right) \;=\; \frac{U_{BE}}{U_T} + \ln \left( 1 + \frac{U_{CE}}{U_A} \right)$$

$$\ln \left( \frac{I_B}{I_S} \right) \;=\; \frac{U_{BE}}{U_T} - \ln(B_0)$$

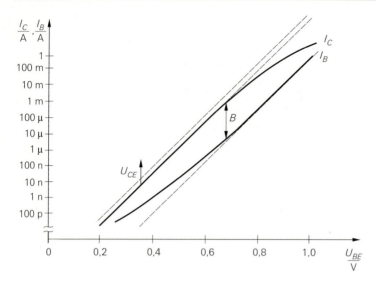

**Abb. 2.6.** Halblogrithmische Auftragung der Ströme $I_B$ und $I_C$ im Normalbetrieb (Gummel-Plot)

In Abb. 2.6 sind diese Geraden für zwei Werte von $U_{CE}$ gestrichelt wiedergegeben. Die Stromverstärkung $B$ tritt dabei als Verschiebung in y-Richtung auf:

$$\ln(B) = \ln\left(\frac{I_C}{I_B}\right) = \ln(B_0) + \ln\left(1 + \frac{U_{CE}}{U_A}\right)$$

Die realen Verläufe sind ebenfalls in Abb. 2.6 eingetragen. Sie stimmen in einem großen Bereich mit den Geraden überein, d.h. $B_0$ kann hier als konstant angenommen werden. In zwei Bereichen ergeben sich jedoch Abweichungen [2.2]:

- Bei sehr kleinen Kollektorströmen ist der Basisstrom *größer* als der durch (2.6) für konstantes $B_0$ gegebene Wert. Diese Abweichung wird durch zusätzliche Anteile im Basisstrom verursacht und führt zu einer Abnahme von $B$ bzw. $B_0$. Die Großsignalgleichungen (2.5) und (2.6) sind auch in diesem Bereich gültig.

- Bei sehr großen Kollektorströmen ist der Kollektorstrom *kleiner* als der durch (2.5) gegebene Wert. Diese Abweichung wird durch den *Hochstromeffekt* verursacht und führt ebenfalls zu einer Abnahme von $B$ bzw. $B_0$. In diesem Bereich sind die Großsignalgleichungen (2.5) und (2.6) nicht mehr gültig, da eine Abnahme von $B_0$ nach diesen Gleichungen zu einer Zunahme von $I_B$ und nicht, wie erforderlich, zu einer Abnahme von $I_C$ führt. Dieser Bereich wird jedoch nur bei Leistungstransistoren genutzt.

**Darstellung des Verlaufs:** In der Praxis wird die Stromverstärkung $B$ als Funktion von $I_C$ und $U_{CE}$ angegeben, d.h. man ersetzt $B(U_{BE}, U_{CE})$ durch $B(I_C, U_{CE})$, indem man den für festes $U_{CE}$ gegebenen Zusammenhang zwischen $I_C$ und $U_{BE}$ nutzt, um die Variablen auszutauschen. In gleicher Weise wird $B_0(U_{BE})$ durch $B_0(I_C)$ ersetzt. Diese veränderte Darstellung erleichtert die Dimensionierung von

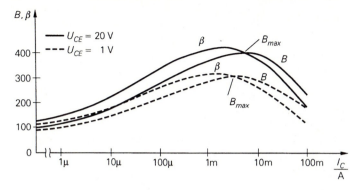

**Abb. 2.7.** Verlauf der Großsignalstromverstärkung $B$ und der Kleinsignalstromverstärkung $\beta$ im Normalbetrieb

Schaltungen, da bei der Arbeitspunkteinstellung zunächst $I_C$ und $U_{CE}$ festgelegt werden und anschließend mit Hilfe von $B(I_C, U_{CE})$ der zugehörige Basisstrom ermittelt wird; bei der Arbeitspunkteinstellung für die Grundschaltungen im Abschnitt 2.4 wird auf diese Weise vorgegangen.

In Abb. 2.7 ist der Verlauf der Stromverstärkung $B$ und der differentiellen Stromverstärkung

$$\beta = \frac{dI_C}{dI_B}\bigg|_{U_{CE}=\text{const.}} \tag{2.7}$$

über $I_C$ für zwei verschiedene Werte von $U_{CE}$ aufgetragen. Man bezeichnet $B$ als *Großsignalstromverstärkung* und $\beta$ als *Kleinsignalstromverstärkung*.

Die Verläufe sind typisch für Kleinleistungstransistoren, bei denen das Maximum der Stromverstärkung für $I_C \approx 1 \dots 10\,\text{mA}$ erreicht wird. Bei Leistungstransistoren verschiebt sich dieses Maximum in den Ampere-Bereich. In der Praxis wird der Transistor im Bereich des Maximums oder links davon, d.h. bei kleineren Kollektorströmen, betrieben. Den Bereich rechts des Maximums vermeidet man nach Möglichkeit, da durch den Hochstromeffekt nicht nur $B$, sondern zusätzlich die Schaltgeschwindigkeit und die Grenzfrequenzen des Transistors reduziert werden; in den Abschnitten 2.3.2 und 2.3.3 wird dies näher beschrieben.

Die Kleinsignalstromverstärkung $\beta$ wird zur Beschreibung des Kleinsignalverhaltens im nächsten Abschnitt benötigt. Ausgehend von (2.7) erhält man über

$$\frac{1}{\beta} = \frac{dI_B}{dI_C}\bigg|_{U_{CE}=\text{constt}} = \frac{\partial\left(\dfrac{I_C}{B(I_C, U_{CE})}\right)}{\partial I_C}$$

einen Zusammenhang zwischen $\beta$ und $B$ [2.3]:

$$\beta = \frac{B}{1 - \dfrac{I_C}{B}\dfrac{\partial B}{\partial I_C}}$$

Im Bereich links des Maximums von $B$ ist $(\partial B/\partial I_C)$ positiv und damit $\beta > B$. Im Maximum ist $(\partial B/\partial I_C) = 0$, so daß dort $\beta = B$ gilt. Rechts des Maximums ist $(\partial B/\partial I_C)$ negativ und damit $\beta < B$.

**Bestimmung der Werte:** Wird der Transistor mit einem Kollektorstrom im Bereich des Maximums der Stromverstärkung $B$ betrieben, so kann man die Näherung

$$\boxed{\beta(I_C, U_{CE}) \;\approx\; B(I_C, U_{CE}) \;\approx\; B_{max}(U_{CE})} \tag{2.8}$$

verwenden; dabei bezeichnet $B_{max}(U_{CE})$, wie in Abb. 2.7 gezeigt, den von $U_{CE}$ abhängigen Maximalwert von $B$.

Ist der Verlauf von $B$ im Datenblatt eines Transistors durch ein Diagramm entsprechend Abb. 2.7 gegeben, kann man $B(I_C, U_{CE})$ aus dem Diagramm entnehmen und, wenn Kurven für $\beta$ fehlen, die Näherung (2.8) verwenden. Ist für $B$ nur ein Wert im Datenblatt angegeben, kann man diesen als Ersatzwert für $B$ und $\beta$ verwenden. Typische Werte sind $B \approx 100\dots500$ für Kleinleistungstransistoren und $B \approx 10\dots100$ für Leistungstransistoren. Bei Darlington-Transistoren sind intern zwei Transistoren zusammengeschaltet, so daß je nach Leistungsklasse $B \approx 500\dots10000$ erreicht wird. Die Darlington-Schaltung wird im Abschnitt 2.4.4 näher beschrieben.

### 2.1.4
### Arbeitspunkt und Kleinsignalverhalten

Ein Anwendungsgebiet des Bipolartransistors ist die lineare Verstärkung von Signalen im *Kleinsignalbetrieb*. Dabei wird der Transistor in einem Arbeitspunkt A betrieben und mit *kleinen* Signalen um den Arbeitspunkt ausgesteuert. Die nichtlinearen Kennlinien können in diesem Fall durch ihre Tangenten im Arbeitspunkt ersetzt werden und man erhält näherungsweise lineares Verhalten.

#### Bestimmung des Arbeitspunkts

Der Arbeitspunkt A wird durch die Spannungen $U_{CE,A}$ und $U_{BE,A}$ und die Ströme $I_{C,A}$ und $I_{B,A}$ charakterisiert und durch die äußere Beschaltung des Transistors festgelegt. Diese Festlegung wird *Arbeitspunkteinstellung* genannt. Beispielhaft wird der Arbeitspunkt der einfachen Verstärkerschaltung in Abb. 2.8a ermittelt. Er wird mit den als bekannt vorausgesetzten Widerständen $R_1$ und $R_2$ eingestellt.

**Numerische Lösung:** Aus den Großsignalgleichungen des Transistors und den Knotengleichungen für Basis- und Kollektoranschluß erhält man mit $I_e = I_a = 0$

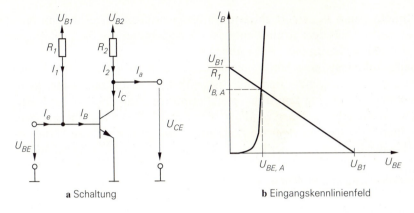

**a** Schaltung           **b** Eingangskennlinienfeld

**Abb. 2.8.** Beispiel zur Bestimmung des Arbeitspunkts

das Gleichungssystem

$$\left.\begin{aligned} I_C &= I_C(U_{BE}, U_{CE}) \\ I_B &= I_B(U_{BE}, U_{CE}) \end{aligned}\right\} \text{Kennlinien des Transistors}$$

$$\left.\begin{aligned} I_B &= I_1 = \frac{U_{B1} - U_{BE}}{R_1} \\ I_C &= I_2 = \frac{U_{B2} - U_{CE}}{R_2} \end{aligned}\right\} \text{Lastgeraden}$$

mit vier Gleichungen und vier Unbekannten. Die Arbeitspunktgrößen $U_{BE,A}$, $U_{CE,A}$, $I_{B,A}$ und $I_{C,A}$ findet man durch Lösen der Gleichungen.

**Graphische Lösung:** Neben der numerischen Lösung ist auch eine graphische Lösung möglich. Dazu zeichnet man die Lastgeraden in das entsprechende Kennlinienfeld ein und ermittelt die Schnittpunkte. Da das Eingangskennlinienfeld wegen der vernachlässigbar geringen Abhängigkeit von $U_{CE}$ praktisch nur aus einer Kennlinie besteht, erhält man nach Abb. 2.8b nur einen Schnittpunkt

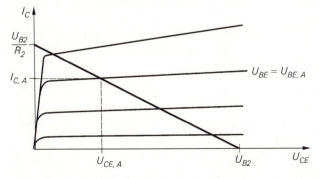

**Abb. 2.9.** Beispiel zur Bestimmung des Arbeitspunkts im Ausgangskennlinienfeld

und kann $U_{BE,A}$ und $I_{B,A}$ sofort ablesen. Im Ausgangskennlinienfeld kann man nun $U_{CE,A}$ und $I_{C,A}$ aus dem Schnittpunkt der Geraden mit der zu $U_{BE,A}$ gehörigen Ausgangskennlinie bestimmen, siehe Abb. 2.9.

**Arbeitspunkteinstellung:** Sowohl die numerische als auch die graphische Bestimmung des Arbeitspunkts sind *analytische* Verfahren, d.h. man kann damit bei bekannter Beschaltung den Arbeitspunkt ermitteln. Zum Entwurf von Schaltungen werden dagegen *Syntheseverfahren* benötigt, mit denen man die zu einem gewünschten Arbeitspunkt gehörige Beschaltung finden kann. Diese Verfahren werden bei der Beschreibung der Grundschaltungen im Abschnitt 2.4 behandelt.

### Kleinsignalgleichungen und Kleinsignalparameter

**Kleinsignalgrößen:** Bei Aussteuerung um den Arbeitspunkt werden die Abweichungen der Spannungen und Ströme von den Arbeitspunktwerten als *Kleinsignalspannungen* und *-ströme* bezeichnet. Man definiert:

$$u_{BE} = U_{BE} - U_{BE,A} \quad , \quad i_B = I_B - I_{B,A}$$
$$u_{CE} = U_{CE} - U_{CE,A} \quad , \quad i_C = I_C - I_{C,A}$$

**Linearisierung:** Die Kennlinien werden durch ihre Tangenten im Arbeitspunkt ersetzt, d.h. sie werden *linearisiert*. Dazu führt man eine Taylorreihenentwicklung im Arbeitspunkt durch und bricht nach dem linearen Glied ab:

$$i_B = I_B(U_{BE,A} + u_{BE}, U_{CE,A} + u_{CE}) - I_{B,A}$$

$$= \left. \frac{\partial I_B}{\partial U_{BE}} \right|_A u_{BE} + \left. \frac{\partial I_B}{\partial U_{CE}} \right|_A u_{CE} + \ldots$$

$$i_C = I_C(U_{BE,A} + u_{BE}, U_{CE,A} + u_{CE}) - I_{C,A}$$

$$= \left. \frac{\partial I_C}{\partial U_{BE}} \right|_A u_{BE} + \left. \frac{\partial I_C}{\partial U_{CE}} \right|_A u_{CE} + \ldots$$

Abb. 2.10 verdeutlicht die Linearisierung am Beispiel der Übertragungskennlinie; dazu ist der Bereich um den Arbeitspunkt stark vergrößert dargestellt. Die Stromänderung $i_C$ wird über die Kennlinie aus der Spannungsänderung $u_{BE}$ ermittelt, die Stromänderung $i_{C,lin}$ über die Tangente. Bei kleiner Aussteuerung kann man $i_C = i_{C,lin}$ setzen.

**Kleinsignalgleichungen:** Die partiellen Ableitungen im Arbeitspunkt werden *Kleinsignalparameter* genannt. Nach Einführung spezieller Bezeichner erhält man die *Kleinsignalgleichungen* des Bipolartransistors:

$$i_B = \frac{1}{r_{BE}} u_{BE} + S_r u_{CE} \tag{2.9}$$

$$i_C = S u_{BE} + \frac{1}{r_{CE}} u_{CE} \tag{2.10}$$

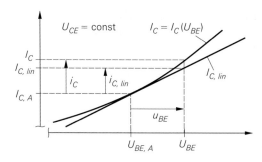

**Abb. 2.10.** Linearisierung am Beispiel der Übertragungskennlinie

**Kleinsignalparameter:** Die *Steilheit* $S$ beschreibt die Änderung des Kollektorstroms $I_C$ mit der Basis-Emitter-Spannung $U_{BE}$ im Arbeitspunkt. Sie kann im Übertragungskennlinienfeld nach Abb. 2.4a aus der Steigung der Tangente im Arbeitspunkt ermittelt werden, gibt also an, wie *steil* die Übertragungskennlinie im Arbeitspunkt ist. Durch Differentiation der Großsignalgleichung (2.5) erhält man:

$$S = \left. \frac{\partial I_C}{\partial U_{BE}} \right|_A = \frac{I_{C,A}}{U_T} \qquad (2.11)$$

Der *Kleinsignaleingangswiderstand* $r_{BE}$ beschreibt die Änderung der Basis-Emitter-Spannung $U_{BE}$ mit dem Basisstrom $I_B$ im Arbeitspunkt. Er kann aus dem Kehrwert der Steigung der Tangente im Eingangskennlinienfeld nach Abb. 2.4b ermittelt werden. Die Differentiation der Großsignalgleichung (2.6) läßt sich umgehen, indem man den Zusammenhang

$$r_{BE} = \left. \frac{\partial U_{BE}}{\partial I_B} \right|_A = \left. \frac{\partial U_{BE}}{\partial I_C} \right|_A \left. \frac{\partial I_C}{\partial I_B} \right|_A$$

nutzt. Damit läßt sich $r_{BE}$ aus der Steilheit $S$ nach (2.11) und der Kleinsignalstromverstärkung $\beta$ nach (2.7) berechnen:

$$r_{BE} = \left. \frac{\partial U_{BE}}{\partial I_C} \right|_A = \frac{\beta}{S} \qquad (2.12)$$

Der *Kleinsignalausgangswiderstand* $r_{CE}$ beschreibt die Änderung der Kollektor-Emitter-Spannung $U_{CE}$ mit dem Kollektorstrom $I_C$ im Arbeitspunkt. Er kann aus dem Kehrwert der Steigung der Tangente im Ausgangskennlinienfeld nach Abb. 2.3 ermittelt werden. Durch Differentiation der Großsignalgleichung (2.5) erhält man:

$$r_{CE} = \left. \frac{\partial U_{CE}}{\partial I_C} \right|_A = \frac{U_A + U_{CE,A}}{I_{C,A}} \overset{U_{CE,A} \ll U_A}{\approx} \frac{U_A}{I_{C,A}} \qquad (2.13)$$

In der Praxis arbeitet man mit der in (2.13) angegeben Näherung.

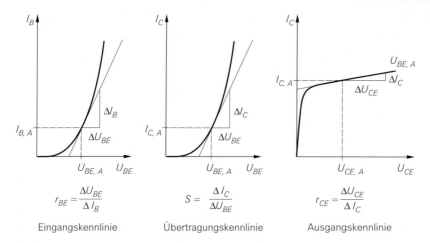

$$r_{BE} = \frac{\Delta U_{BE}}{\Delta I_B} \qquad\qquad S = \frac{\Delta I_C}{\Delta U_{BE}} \qquad\qquad r_{CE} = \frac{\Delta U_{CE}}{\Delta I_C}$$

Eingangskennlinie          Übertragungskennlinie          Ausgangskennlinie

**Abb. 2.11.** Ermittlung der Kleinsignalparameter aus den Kennlinienfeldern

Die *Rückwärtssteilheit* $S_r$ beschreibt die Änderung des Basisstroms $I_B$ mit der Kollektor-Emitter-Spannung $U_{CE}$ im Arbeitspunkt. Sie ist vernachlässigbar gering. In der Großsignalgleichung (2.6) ist diese Abhängigkeit bereits vernachlässigt, d.h. $I_B$ hängt nicht von $U_{CE}$ ab:

$$S_r = \left. \frac{\partial I_B}{\partial U_{CE}} \right|_A \approx 0 \tag{2.14}$$

Man kann die Kleinsignalparameter auch aus den Kennlinienfeldern ermitteln; dazu zeichnet man die Tangenten im Arbeitspunkt ein und bestimmt ihre Steigungen, siehe Abb. 2.11. In der Praxis wird dieses Verfahren wegen der begrenzten Ablesegenauigkeit nur selten verwendet; zudem sind die Kennlinienfelder im Datenblatt eines Transistors meist gar nicht enthalten.

**Kleinsignalersatzschaltbild**

Aus den Kleinsignalgleichungen (2.9) und (2.10) erhält man mit $S_r = 0$ das in Abb. 2.12 gezeigte *Kleinsignalersatzschaltbild* des Bipolartransistors. Kennt man die Arbeitspunktgrößen $I_{C,A}$, $U_{CE,A}$ und $\beta$ des Transistors, kann man mit (2.11), (2.12) und (2.13) die Parameter bestimmen.

Dieses Ersatzschaltbild eignet sich zur Berechnung des Kleinsignalverhaltens von Transistorschaltungen bei niedrigen Frequenzen $(0 \ldots 10\,\text{kHz})$; es wird des-

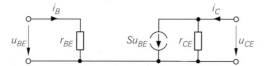

**Abb. 2.12.** Kleinsignalersatzschaltbild eines Bipolartransistors

halb auch *Gleichstrom-Kleinsignalersatzschaltbild* genannt. Aussagen über das Verhalten bei höheren Frequenzen, den Frequenzgang und die Grenzfrequenz von Transistorschaltungen kann man nur mit Hilfe des im Abschnitt 2.3.3 beschriebenen Wechselstrom-Kleinsignalersatzschaltbilds erhalten.

### Vierpol-Matrizen

Man kann die Kleinsignalgleichungen auch in Matrizen-Form angeben:

$$
\begin{bmatrix} i_B \\ i_C \end{bmatrix} = \begin{bmatrix} \dfrac{1}{r_{BE}} & S_r \\[2mm] S & \dfrac{1}{r_{CE}} \end{bmatrix} \begin{bmatrix} u_{BE} \\ u_{CE} \end{bmatrix}
$$

Diese Darstellung entspricht der Leitwert-Darstellung eines Vierpols und stellt damit eine Verbindung zur Vierpoltheorie her. Die Leitwert-Darstellung beschreibt den Vierpol durch die *Y-Matrix* $\mathbf{Y}_e$:

$$
\begin{bmatrix} i_B \\ i_C \end{bmatrix} = \mathbf{Y}_e \begin{bmatrix} u_{BE} \\ u_{CE} \end{bmatrix} = \begin{bmatrix} y_{11,e} & y_{12,e} \\ y_{21,e} & y_{22,e} \end{bmatrix} \begin{bmatrix} u_{BE} \\ u_{CE} \end{bmatrix}
$$

Der Index *e* weist darauf hin, daß der Transistor in Emitterschaltung betrieben wird, d.h. der Emitteranschluß wird entsprechend der Durchverbindung im Kleinsignalersatzschaltbild nach Abb. 2.12 für das Eingangs- *und* das Ausgangstor benutzt. Die Emitterschaltung wird im Abschnitt 2.4 näher beschrieben.

Ebenfalls üblich ist die Hybrid-Darstellung mit der *H-Matrix* $\mathbf{H}_e$:

$$
\begin{bmatrix} u_{BE} \\ i_C \end{bmatrix} = \mathbf{H}_e \begin{bmatrix} i_B \\ u_{CE} \end{bmatrix} = \begin{bmatrix} h_{11,e} & h_{12,e} \\ h_{21,e} & h_{22,e} \end{bmatrix} \begin{bmatrix} i_B \\ u_{CE} \end{bmatrix}
$$

Durch einen Vergleich erhält man folgende Zusammenhänge:

$$
r_{BE} = h_{11,e} = \frac{1}{y_{11,e}} \quad , \quad \beta = h_{21,e} = \frac{y_{21,e}}{y_{11,e}}
$$

$$
S = \frac{h_{21,e}}{h_{11,e}} = y_{21,e} \quad , \quad S_r = -\frac{h_{12,e}}{h_{11,e}} = y_{12,e}
$$

$$
r_{CE} = \frac{h_{11,e}}{h_{11,e}h_{22,e} - h_{12,e}h_{21,e}} = \frac{1}{y_{22,e}}
$$

### Gültigkeitsbereich der Kleinsignalbetrachtung

Im Zusammenhang mit dem Kleinsignalersatzschaltbild stellt sich oft die Frage, wie groß die Aussteuerung um den Arbeitspunkt maximal sein darf, damit noch Kleinsignalbetrieb vorliegt. Diese Frage kann nicht allgemein beantwortet werden. Von einem mathematischen Standpunkt aus gesehen gilt das Ersatzschaltbild nur für *infinitesimale*, d.h. beliebig kleine Aussteuerung. In der Praxis sind die nichtlinearen Verzerrungen maßgebend, die bei endlicher Aussteuerung entstehen und einen anwendungsspezifischen Grenzwert nicht überschreiten sollen. Dieser Grenzwert ist oft in Form eines maximal zulässigen *Klirrfaktors* gegeben.

Im Abschnitt 4.2.3 wird darauf näher eingegangen. Das Kleinsignalersatzschaltbild ergibt sich aus einer nach dem linearen Glied abgebrochenen Taylorreihenentwicklung. Berücksichtigt man weitere Glieder der Taylorreihe, erhält man für den Kleinsignal-Kollektorstrom bei konstantem $U_{CE}$ [2.1]:

$$i_C = \left.\frac{\partial I_C}{\partial U_{BE}}\right|_A u_{BE} + \frac{1}{2}\left.\frac{\partial^2 I_C}{\partial U_{BE}^2}\right|_A u_{BE}^2 + \frac{1}{6}\left.\frac{\partial^3 I_C}{\partial U_{BE}^3}\right|_A u_{BE}^3 + \dots$$

$$= \frac{I_{C,A}}{U_T} u_{BE} + \frac{I_{C,A}}{2U_T^2} u_{BE}^2 + \frac{I_{C,A}}{6U_T^3} u_{BE}^3 + \dots$$

Bei harmonischer Aussteuerung mit $u_{BE} = \hat{u}_{BE} \cos \omega t$ folgt daraus:

$$\frac{i_C}{I_{C,A}} = \left[\frac{1}{4}\left(\frac{\hat{u}_{BE}}{U_T}\right)^2 + \dots\right] + \left[\frac{\hat{u}_{BE}}{U_T} + \frac{1}{8}\left(\frac{\hat{u}_{BE}}{U_T}\right)^3 + \dots\right]\cos \omega t$$

$$+ \left[\frac{1}{4}\left(\frac{\hat{u}_{BE}}{U_T}\right)^2 + \dots\right]\cos 2\omega t + \left[\frac{1}{24}\left(\frac{\hat{u}_{BE}}{U_T}\right)^3 + \dots\right]\cos 3\omega t$$

$$+ \dots$$

In den eckigen Klammern treten Polynome mit geraden oder mit ungeraden Potenzen auf. Aus dem Verhältnis der ersten Oberwelle mit $2\omega t$ zur Grundwelle mit $\omega t$ erhält man bei kleiner Aussteuerung, d.h. bei Vernachlässigung höherer Potenzen, näherungsweise den *Klirrfaktor k* [2.1]:

$$k \approx \frac{i_{C,2\omega t}}{i_{C,\omega t}} \approx \frac{\hat{u}_{BE}}{4U_T} \qquad\qquad (2.15)$$

Will man $k$ z.B. kleiner als 1% halten, muß $\hat{u}_{BE} < 0,04\, U_T \approx 1\,\text{mV}$ gelten. Es ist also in diesem Fall nur eine sehr kleine Aussteuerung zulässig.

### 2.1.5
### Grenzdaten und Sperrströme

Bei einem Transistor werden verschiedene Grenzdaten angegeben, die nicht überschritten werden dürfen. Sie gliedern sich in Grenzspannungen, Grenzströme und die maximale Verlustleistung. Betrachtet werden wieder npn-Transistoren; bei pnp-Transistoren haben alle Spannungen und Ströme umgekehrte Vorzeichen.

### Durchbruchsspannungen

**BE-Diode:** Bei der *Emitter-Basis-Durchbruchsspannung* $U_{(BR)EBO}$ bricht die Emitter-Diode im Sperrbetrieb durch. Der Zusatz (BR) bedeutet *Durchbruch* (*breakdown*); der Index O gibt an, daß der dritte Anschluß, hier der Kollektor, *offen* (*open*) ist. Für fast alle Transistoren gilt $U_{(BR)EBO} \approx 5\dots 7\,\text{V}$; damit ist $U_{(BR)EBO}$ die kleinste Grenzspannung. Da ein Transistor selten mit negativen Basis-Emitter-Spannungen betrieben wird, ist sie von untergeordneter Bedeutung.

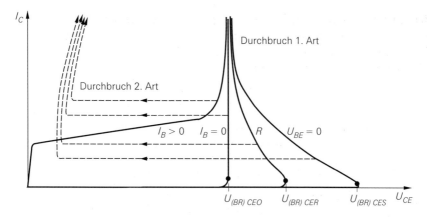

**Abb. 2.13.** Ausgangskennlinienfeld mit den Durchbruchskennlinien eines npn-Transistors

**BC-Diode:** Bei der *Kollektor-Basis-Durchbruchspannung* $U_{(BR)CBO}$ bricht die Kollektor-Diode im Sperrbetrieb durch. Da im Normalbetrieb die Kollektor-Diode gesperrt ist, ist durch $U_{(BR)CBO}$ eine für die Praxis wichtige Obergrenze für die Kollektor-Basis-Spannung gegeben. Bei Niederspannungstransistoren gilt $U_{(BR)CBO} \approx 20 \ldots 80$ V, bei Hochspannungstransistoren erreicht $U_{(BR)CBO}$ Werte bis zu 1300 V. $U_{(BR)CBO}$ ist die größte Grenzspannung eines Transistors.

**Kollektor-Emitter-Strecke:** Besonders wichtig für die praktische Anwendung ist die maximal zulässige Kollektor-Emitter-Spannung $U_{CE}$. Einen Überblick gibt das Ausgangskennlinienfeld in Abb. 2.13, bei dem im Vergleich zum Ausgangs-kennlinienfeld nach Abb. 2.3 der Bereich für $U_{CE}$ erweitert ist. Bei einer be-stimmten Kollektor-Emitter-Spannung tritt ein Durchbruch auf, der ein star-kes Ansteigen des Kollektorstroms zur Folge hat und in den meisten Fällen zur Zerstörung des Transistors führt. Die in Abb. 2.13 gezeigten *Durchbruchskenn-linien* werden für verschiedene Beschaltungen der Basis aufgenommen. Bei der Aufnahme der Kennlinie „$I_B > 0$" wird mit einer Stromquelle ein positiver Basis-strom eingeprägt. Im Bereich der *Kollektor-Emitter-Durchbruchsspannung* $U_{(BR)CEO}$ steigt der Strom stark an und die Kennlinie geht näherungsweise in eine Ver-tikale über. Die Spannung $U_{(BR)CEO}$ ist die Kollektor-Emitter-Spannung, bei der trotz offener Basis, d.h. $I_B = 0$, der Kollektorstrom aufgrund des Durchbruchs einen bestimmten Wert überschreitet. Zur Bestimmung von $U_{(BR)CEO}$ wird die Kennlinie „$I_B = 0$" verwendet, die bei $U_{(BR)CEO}$ näherungsweise in eine Vertikale übergeht. Bei der Aufnahme der Kennlinie „$R$" wird ein Widerstand zwischen Basis und Emitter geschaltet; dadurch erhöht sich die Durchbruchsspannung auf $U_{(BR)CER}$. Der bei Durchbruch auftretende Stromanstieg hat in diesem Fall ein Ab-sinken der Kollektor-Emitter-Spannung von $U_{(BR)CER}$ auf etwa $U_{(BR)CEO}$ zur Folge, so daß ein Kennlinienast mit negativer Steigung entsteht. Der Basisstrom $I_B$ ist dabei negativ. Dasselbe Verhalten zeigt die Kennlinie „$U_{BE} = 0$", die mit kurz-geschlossener Basis-Emitter-Strecke aufgenommen wird. Die dabei auftretende Durchbruchsspannung $U_{(BR)CES}$ ist die größte der angegebenen Kollektor-Emitter-

Durchbruchsspannungen. Der Index $S$ gibt an, daß die Basis *kurzgeschlossen* (*shorted*) ist. Es gilt allgemein:

$$U_{(BR)CEO} < U_{(BR)CER} < U_{(BR)CES} < U_{(BR)CBO}$$

### Durchbruch 2.Art

Neben dem bisher beschriebenen *normalen* Durchbruch oder *Durchbruch 1.Art* gibt es noch den *zweiten* Durchbruch oder *Durchbruch 2.Art* (*secondary break-down*), bei dem durch eine inhomogene Stromverteilung (*Einschnürung*) eine lokale Übertemperatur auftritt, die zu einem lokalen Schmelzen und damit zur Zerstörung des Transistors führt. Die Kennlinien des zweiten Durchbruchs sind in Abb. 2.13 gestrichelt dargestellt. Es findet zunächst ein normaler Durchbruch statt, in dessen Verlauf die Einschnürung auftritt. Der zweite Durchbruch ist durch einen Einbruch der Kollektor-Emitter-Spannung gekennzeichnet, auf die ein starker Stromanstieg folgt. Er tritt bei Leistungs- und Hochspannungstransistoren bei hohen Kollektor-Emitter-Spannungen auf. Bei Kleinleistungstransistoren für den Niederspannungsbereich ist er selten; hier kommt es gewöhnlich zu einem normalen Durchbruch, der bei geeigneter Strombegrenzung nicht zu einer Zerstörung des Transistors führt.

Die Kennlinien des Durchbruchs 2.Art lassen sich nicht statisch messen, da es sich um einen irreversiblen, dynamischen Vorgang handelt. Die Kennlinien des normalen Durchbruchs können dagegen statisch, z.B. mit einem Kennlinienschreiber, gemessen werden, sofern die Ströme begrenzt werden, die Messung so kurz ist, daß keine Überhitzung auftritt, und der Bereich des Durchbruchs 2.Art vermieden wird.

### Grenzströme

Bei den Grenzströmen wird zwischen maximalen Dauerströmen (*continuous currents*) und maximalen Spitzenwerten (*peak currents*) unterschieden. Für die maximalen Dauerströme existieren keine besonderen Bezeichner im Datenblatt; sie werden hier mit $I_{C,max}$, $I_{B,max}$ und $I_{E,max}$ bezeichnet. Die maximalen Spitzenwerte gelten für gepulsten Betrieb mit vorgegebener Pulsdauer und Wiederholrate und werden im Datenblatt mit $I_{CM}$, $I_{BM}$ und $I_{EM}$ bezeichnet; sie sind um den Faktor $1, 2 \ldots 2$ größer als die Dauerströme.

### Sperrströme

Für die Emitter- und die Kollektor-Diode sind im Datenblatt neben den Durchbruchspannungen $U_{(BR)EBO}$ und $U_{(BR)CBO}$ noch die Sperrströme (*cut-off currents*) $I_{EBO}$ und $I_{CBO}$ angegeben, die bei einer Spannung unterhalb der jeweiligen Durchbruchspannung gemessen werden. In gleicher Weise werden für die Kollektor-Emitter-Strecke die Sperrströme $I_{CEO}$ und $I_{CES}$ angegeben, die mit offener bzw.

kurzgeschlossener Basis bei einer Spannung unterhalb $U_{(BR)CEO}$ bzw. $U_{(BR)CES}$ gemessen werden. Es gilt:

$$I_{CES} < I_{CEO}$$

## Maximale Verlustleistung

Eine besonders wichtige Grenzgröße ist die *maximale Verlustleistung*. Die Verlustleistung ist die im Transistor in Wärme umgesetzte Leistung:

$$P_V = U_{CE}I_C + U_{BE}I_B \approx U_{CE}I_C$$

Sie entsteht im wesentlichen in der Sperrschicht der Kollektor-Diode. Die Temperatur der Sperrschicht erhöht sich auf einen Wert, bei dem die Wärme aufgrund des Temperaturgefälles von der Sperrschicht über das Gehäuse an die Umgebung abgeführt werden kann; im Abschnitt 2.1.6 wird dies näher beschrieben.

Die Temperatur der Sperrschicht darf einen materialabhängigen Grenzwert, bei Silizium 175 °C, nicht überschreiten; in der Praxis wird bei Silizium aus Sicherheitsgründen mit einem Grenzwert von 150 °C gerechnet. Die maximale Verlustleistung, bei der dieser Grenzwert erreicht wird, hängt vom Aufbau des Transistors und von der Montage ab; sie wird im Datenblatt mit $P_{tot}$ bezeichnet und für zwei Fälle angegeben:

- Betrieb bei stehender Montage auf einer Leiterplatte ohne weitere Maßnahmen zur Kühlung bei einer Temperatur der umgebenden Luft (*free-air temperature*) von $T_A = 25\,°C$; der Index $A$ bedeutet *Umgebung (ambient)*.
- Betrieb bei einer Gehäusetemperatur (*case temperature*) von $T_C = 25\,°C$; dabei bleibt offen, durch welche Maßnahmen zur Kühlung diese Gehäusetemperatur erreicht wird.

Die beiden Maximalwerte werden hier mit $P_{V,25(A)}$ und $P_{V,25(C)}$ bezeichnet. Bei Kleinleistungstransistoren, die für stehende Montage ohne Kühlkörper ausgelegt sind, ist nur $P_{tot} = P_{V,25(A)}$ angegeben; dabei wird oft die sich einstellende Gehäusetemperatur $T_C$ zusätzlich angegeben. Bei Leistungstransistoren, die ausschließlich für den Betrieb mit einem Kühlkörper ausgelegt sind, ist nur $P_{tot} = P_{V,25(C)}$ angegeben. In praktischen Anwendungen kann $T_A = 25\,°C$ oder $T_C = 25\,°C$ nicht eingehalten werden. Da $P_{tot}$ mit zunehmender Temperatur abnimmt, ist im Datenblatt oft eine *power derating curve* angeben, in der $P_{tot}$ über $T_A$ oder $T_C$ aufgetragen ist; siehe Abb. 2.15a. Im Abschnitt 2.1.6 wird das thermische Verhalten ausführlich behandelt.

## Zulässiger Betriebsbereich

Aus den Grenzdaten erhält man im Ausgangskennlinienfeld den *zulässigen Betriebsbereich (safe operating area, SOA)*; er wird durch den maximalen Kollektorstrom $I_{C,max}$, die Kollektor-Emitter-Durchbruchsspannung $U_{(BR)CEO}$, die maximale Verlustleistung $P_{tot}$ und die Grenze zum Bereich des Durchbruchs 2.Art begrenzt. Abbildung 2.14 zeigt die SOA in linearer und in doppelt logarithmischer Darstel-

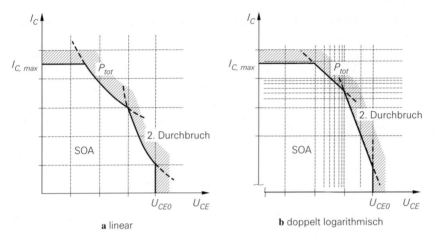

**Abb. 2.14.** Zulässiger Betriebsbereich (*safe operating area,SOA*)

lung. Bei linearer Darstellung ergeben sich für die maximale Verlustleistung und den Durchbruch 2.Art Hyperbeln [2.2]:

$$\text{Verlustleistung:} \quad I_{C,max} = \frac{P_{tot}}{U_{CE}}$$

$$\text{Durchbruch 2.Art:} \quad I_{C,max} \approx \frac{\text{const.}}{U_{CE}^x} \qquad \text{mit } x \approx 2$$

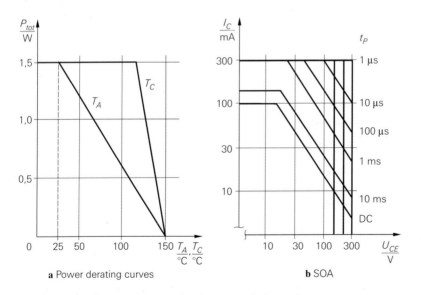

**Abb. 2.15.** Grenzkurven eines Hochspannungs-Schalttransistors

Bei doppelt logarithmischer Darstellung gehen die Hyperbeln in Geraden mit der Steigung $-1$ bzw. $-x$ über.

Bei Kleinleistungstransistoren verläuft die Kurve für den Durchbruch 2.Art auch bei hohen Spannungen oberhalb der Kurve für die maximale Verlustleistung; sie tritt damit nicht als SOA-Grenze auf. Bei Leistungstransistoren sind zusätzlich Grenzkurven für Pulsbetrieb mit verschiedenen Pulsdauern angegeben. Bei sehr kurzer Pulsdauer und kleinem Tastverhältnis kann man den Transistor mit der maximalen Spannung $U_{(BR)CEO}$ *und* dem maximalen Kollektorstrom $I_{CM}$ *gleichzeitig* betreiben; die SOA ist in diesem Fall ein Rechteck. Aus diesem Grund lassen sich mit einem Transistor Lasten schalten, deren Leistung groß gegenüber der maximalen Verlustleistung ist; im Abschnitt 2.1.6 wird darauf noch näher eingegangen.

Abbildung 2.15b zeigt die SOA eines Hochspannungs-Schalttransistors, der in drei verschiedenen Ausführungen mit $U_{(BR)CEO} = 160/250/300\,\text{V}$ gefertigt wird. Der maximale Dauerstrom beträgt $I_{C,max} = 100\,\text{mA}$, der maximal zulässige Spitzenstrom für einen Puls mit einer Dauer von 1 ms ist $I_{CM} = 300\,\text{mA}$. Für eine Pulsdauer unter 1 μs ist die SOA ein Rechteck. Man kann Lasten mit einer Verlustleistung bis zu $P = U_{(BR)CEO}I_{C,max} = 30\,\text{W} \gg P_{tot} = 1{,}5\,\text{W}$ schalten.

### 2.1.6
### Thermisches Verhalten

Zur Erläuterung des thermischen Verhaltens dient die Anordnung in Abb. 2.16. Die an den Außenseiten isolierten Körper haben die Temperaturen $T_1$, $T_2$ und $T_3$; $C_{th,2}$ ist die *Wärmekapazität* (*thermische Speicherkapazität*) des mittleren Körpers. Aufgrund der Temperaturunterschiede ergeben sich die *Wärmeströme* $P_{12}$ und $P_{23}$ [1], die sich mit Hilfe der *Wärmewiderstände* $R_{th,12}$ und $R_{th,23}$ der Übergänge berechnen lassen:

$$P_{12} = \frac{T_1 - T_2}{R_{th,12}} \quad ; \quad P_{23} = \frac{T_2 - T_3}{R_{th,23}}$$

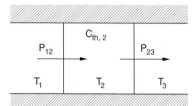

**Abb. 2.16.** Anordnung zur Erläuterung des thermischen Verhaltens

---

1 In der Wärmelehre werden Wärmeströme mit $\Phi$ bezeichnet. Hier wird $P$ verwendet, da bei elektrischen Bauteilen die Verlustleistung $P_V$ die Wärmeströme verursacht.

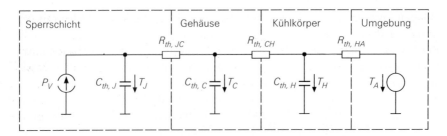

**Abb. 2.17.** Thermisches Ersatzschaltbild eines Transistors mit Kühlkörper

Durch eine Bilanzierung der Wärmeströme erhält man die im mittleren Körper gespeicherte *Wärmemenge* $Q_{th,2}$ und die Temperatur $T_2$:

$$Q_{th,2} \; = \; C_{th,2} T_2$$

$$\frac{dQ_{th,2}}{dt} \; = \; P_{12} - P_{23} \quad \Rightarrow \quad \frac{dT_2}{dt} = \frac{P_{12} - P_{23}}{C_{th,2}}$$

Bei konstanten Temperaturen $T_1$ und $T_3$ ändert sich die Temperatur $T_2$ so lange, bis $P_{12} = P_{23}$ gilt; es wird dann genausoviel Wärme zu- wie abgeführt und $T_2$ bleibt konstant. Wenn der zugeführte Wärmestrom $P_{12}$ konstant ist und der rechte Körper die Umgebung (*ambient*) mit der Umgebungstemperatur $T_3 = T_A$ darstellt, erwärmt sich der mittlere Körper auf die Temperatur $T_2 = T_3 + R_{th,23} P_{23}$; auch hier stellt sich $P_{12} = P_{23}$ ein.

**Thermisches Ersatzschaltbild:** Man kann ein elektrisches Ersatzschaltbild für das thermische Verhalten angeben. Die Größen *Wärmestrom, Wärmewiderstand, Wärmekapazität* und *Temperatur* entsprechen den elektrischen Größen *Strom, Widerstand, Kapazität* und *Spannung*. Bei einem Transistor werden die Körper *Sperrschicht (junction,J), Gehäuse (case,C), Umgebung (ambient,A)* und, wenn vorhanden, *Kühlkörper (heat sink,H)* betrachtet. In die Sperrschicht wird die Verlustleistung $P_V$ als Wärmestrom eingeprägt; die Temperatur $T_A$ der Umgebung sei konstant. Man erhält das in Abb. 2.17 gezeigte *thermische Ersatzschaltbild*, mit dem sich ausgehend von einem bekannten zeitlichen Verlauf von $P_V$ die zeitlichen Verläufe der Temperaturen $T_J$, $T_C$ und $T_H$ berechnen lassen.

**Betrieb ohne Kühlkörper:** Wenn kein Kühlkörper vorhanden ist, werden $R_{th,CH}$, $R_{th,HA}$ und $C_{th,H}$ durch den Wärmewiderstand $R_{th,CA}$ zwischen Gehäuse und Umgebung ersetzt. Im Datenblatt eines Transistors ist für stehende Montage auf einer Leiterplatte und Betrieb ohne Kühlkörper oft der resultierende Wärmewiderstand $R_{th,JA}$ zwischen Sperrschicht und Umgebung angegeben:

$$R_{th,JA} \; = \; R_{th,JC} + R_{th,CA}$$

**Betrieb mit Kühlkörper:** Der Wärmewiderstand $R_{th,HA}$ des Kühlkörpers ist im Datenblatt des Kühlkörpers angegeben; er hängt von der Größe, der Bauform und der Einbaulage ab. Der Wärmewiderstand $R_{th,CH}$ hängt von der Montage des Transistors auf dem Kühlkörper ab; er muß durch die Verwendung spezieller Wärmeleitpasten klein gehalten werden, damit die Wirksamkeit des Kühlkörpers nicht beeinträchtigt wird. Durch die Verwendung von Isolierscheiben zur elektrischen Isolation zwischen Transistor und Kühlkörper kann $R_{th,CH}$ so groß werden, daß die Wirksamkeit großer Kühlkörper mit kleinem $R_{th,HA}$ deutlich reduziert wird; auf jeden Fall sollte $R_{th,CH} < R_{th,HA}$ gelten. Es gilt:

$$R_{th,JA} = R_{th,JC} + R_{th,CH} + R_{th,HA}$$

Wenn mehrere Transistoren auf einem gemeinsamen Kühlkörper montiert werden, erhält man ein Ersatzschaltbild mit mehreren Sperrschichten und Gehäusen, die am Kühlkörper-*Knoten* angeschlossen sind.

**SMD-Transistoren:** Bei Transistoren in SMD-Technik wird die Wärme über die Anschlußbeine an die Leiterplatte abgeführt. Der Wärmewiderstand zwischen Sperrschicht und Lötpunkt wird im Datenblatt mit $R_{th,JS}$ bezeichnet; der Index $S$ bedeutet *Lötpunkt (soldering point)*. Hier gilt:

$$R_{th,JA} = R_{th,JS} + R_{th,SA}$$

### Thermisches Verhalten bei statischem Betrieb

Bei statischem Betrieb ist die Verlustleistung $P_V$ konstant und nur vom Arbeitspunkt abhängig; dies gilt aufgrund der geringen Aussteuerung auch für den Kleinsignalbetrieb:

$$\boxed{P_V = U_{CE,A} I_{C,A}} \tag{2.16}$$

Für die Temperatur der Sperrschicht erhält man:

$$T_J = T_A + P_V R_{th,JA} \tag{2.17}$$

Daraus folgt für die maximal zulässige *statische* Verlustleistung:

$$\boxed{P_{V,max(stat)} = \frac{T_{J,grenz} - T_{A,max}}{R_{th,JA}}} \tag{2.18}$$

Bei Silizium-Transistoren wird mit $T_{J,grenz} = 150\,^\circ C$ gerechnet. $T_{A,max}$ muß anwendungsspezifisch vorgegeben werden und bestimmt die maximale Umgebungstemperatur, bei der man die Schaltung betreiben darf.

Im Datenblatt eines Transistors wird $P_{V,max(stat)}$ als Funktion von $T_A$ und/oder $T_C$ angegeben; Abb. 2.15a zeigt diese *power derating curves*. Ihr abfallender Teil wird durch (2.18) beschrieben, wenn man die zugehörigen Größen für $T$ und $R_{th}$ einsetzt:

$$P_{V,max(stat)}(T_A) = \frac{T_{J,grenz} - T_A}{R_{th,JA}}$$

$$P_{V,max(stat)}(T_C) = \frac{T_{J,grenz} - T_C}{R_{th,JC}}$$

Man kann deshalb die Wärmewiderstände $R_{th,JA}$ und $R_{th,JC}$ auch aus dem Gefälle dieser Kurven bestimmen.

## Thermisches Verhalten bei Pulsbetrieb

Bei Pulsbetrieb darf die maximale Verlustleistung $P_{V,max(puls)}$ die maximale statische Verlustleistung $P_{V,max(stat)}$ nach (2.18) übersteigen. Mit der *Pulsdauer* $t_P$, der *Wiederholrate* $f_W = 1/T_W$ und dem *Tastverhältnis* $D = t_P f_W$ ergibt sich aus der Verlustleistung $P_{V(puls)}$ die mittlere Verlustleistung $\overline{P_V} = D P_{V(puls)}$; die Verlustleistung im ausgeschalteten Zustand kann dabei vernachlässigt werden. Im eingeschalteten Zustand nimmt $T_J$ zu, im ausgeschalteten Zustand ab. Es ergibt sich ein etwa sägezahnförmiger Verlauf von $T_J$. Der Mittelwert $\overline{T_J}$ kann mit (2.17) aus $\overline{P_V}$ bestimmt werden, der wichtigere Maximalwert $T_{J,max}$ hängt vom Verhältnis zwischen den Pulsparametern $t_P$ und $D$ und der thermischen Zeitkonstante ab; letztere ergibt sich aus den Wärmekapazitäten und den Wärmewiderständen. Aus der Bedingung $T_{J,max} < T_{J,grenz}$ erhält man die maximale Verlustleistung $P_{V,max(puls)}$.

**Bestimmung der maximalen Verlustleistung bei Pulsbetrieb:** In der Praxis werden zwei Verfahren zur Bestimmung von $P_{V,max(puls)}$ angewendet:

- Man bestimmt zunächst mit (2.18) die maximale statische Verlustleistung $P_{V,max(stat)}$ und daraus $P_{V,max(puls)}$; dazu ist im Datenblatt das Verhältnis $P_{V,max(puls)}/P_{V,max(stat)}$ für verschiedene Werte von $D$ über $t_P$ aufgetragen, siehe Abb. 2.18a. Mit kleiner werdender Pulsdauer $t_P$ nimmt die Amplitude des sägezahnförmigen Anteils im Verlaufs von $T_J$ immer mehr ab; für $t_P \to 0$ gilt $\overline{T_J} = T_{J,max}$ und damit:

$$\lim_{t_P \to 0} \frac{P_{V,max(puls)}}{P_{V,max(stat)}} = \frac{1}{D}$$

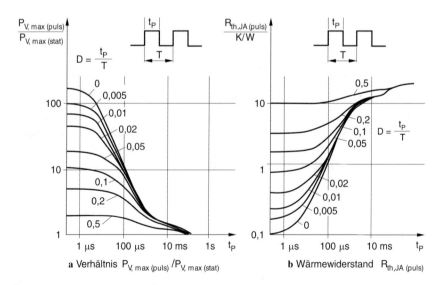

**Abb. 2.18.** Bestimmung der maximalen Verlustleistung $P_{V,max(puls)}$

Diese Grenzwerte sind in Abb. 2.18a am linken Rand abzulesen: für $D = 0,5$ erhält man bei sehr kurzer Pulsdauer $P_{V,max(puls)} = 2\,P_{V,max(stat)}$, usw.

- Es wird im Datenblatt ein Wärmewiderstand für Pulsbetrieb angegeben, mit dem $P_{V,max(puls)}$ direkt berechnet werden kann:

$$P_{V,max(puls)}(t_P, D) \;=\; \frac{T_{J,grenz} - T_{A,max}}{R_{th,JA(puls)}(t_P, D)} \tag{2.19}$$

Im Datenblatt ist $R_{th,JA(puls)}$ für verschiedene Werte von $D$ über $t_P$ aufgetragen, siehe Abb. 2.18b.

Beide Verfahren sind äquivalent. Das Verhältnis $P_{V,max(puls)}/P_{V,max(stat)}$ ist bis auf eine Konstante der Kehrwert von $R_{th,JA(puls)}$:

$$\frac{P_{V,max(puls)}}{P_{V,max(stat)}} \;=\; \frac{T_{J,grenz} - T_{A,max}}{R_{th,JA(puls)}}\,\frac{1}{P_{V,max(stat)}} \;\sim\; \frac{1}{R_{th,JA(puls)}}$$

### 2.1.7
### Temperaturabhängigkeit der Transistorparameter

Die Kennlinien eines Bipolartransistors sind stark temperaturabhängig. Besonders wichtig ist der temperaturabhängige Zusammenhang zwischen $I_C$ und $U_{BE}$. Bei expliziter Angabe der Abhängigkeit von $U_{BE}$ und der Temperatur $T$ gilt:

$$I_C(U_{BE}, T) \;=\; I_S(T)\, e^{\frac{U_{BE}}{U_T(T)}} \left(1 + \frac{U_{CE}}{U_A}\right)$$

Ursache für die Temperaturabhängigkeit von $I_C$ ist die Temperaturabhängigkeit des Sperrstroms $I_S$ und der Temperaturspannung $U_T$ [2.2],[2.4]:

$$U_T(T) \;=\; \frac{kT}{q} \;=\; 86,142\,\frac{\mu V}{K}\,T$$

$$I_S(T) \;=\; I_S(T_0)\, e^{\left(\frac{T}{T_0}-1\right)\frac{U_G(T)}{U_T(T)}} \left(\frac{T}{T_0}\right)^{x_{T,I}} \qquad \text{mit } x_{T,I} \approx 3 \tag{2.20}$$

Dabei ist $k = 1,38 \cdot 10^{-23}$ VAs/K die *Boltzmannkonstante*, $q = 1,602 \cdot 10^{-19}$ As die *Elementarladung* und $U_G = 1,12$ V die *Bandabstandsspannung (gap voltage)* von Silizium; die geringe Temperaturabhängigkeit von $U_G$ kann vernachlässigt werden.

Durch Differentiation von $I_S(T)$ erhält man die relative Änderung von $I_S$:

$$\frac{1}{I_S}\frac{dI_S}{dT} \;=\; \frac{1}{T}\left(3 + \frac{U_G}{U_T}\right) \;\overset{T=300\,K}{\approx}\; 0,15\,K^{-1}$$

Bei einer Temperaturerhöhung um 1 K nimmt $I_S$ um 15% zu. Entsprechend erhält man die relative Änderung von $I_C$:

$$\left.\frac{1}{I_C}\frac{dI_C}{dT}\right|_{U_{BE}=const.} \;=\; \frac{1}{T}\left(3 + \frac{U_G - U_{BE}}{U_T}\right) \overset{\substack{T=300\,K \\ U_{BE}=0,7\,V}}{\approx} \; 0,065\,K^{-1}$$

Bei einer Temperaturerhöhung um 11 K steigt $I_C$ auf den doppelten Wert an. Ein temperaturstabiler Arbeitspunkt A für Kleinsignalbetrieb kann daher nicht durch Vorgabe von $U_{BE,A}$ eingestellt werden; vielmehr muß $I_{C,A}$ über der Temperatur näherungsweise konstant sein, da die Kleinsignalparameter von $I_{C,A}$ und nicht von $U_{BE,A}$ abhängen, siehe Abschnitt 2.1.4. Für den Fall, daß $I_{C,A}$ näherungsweise temperaturunabhängig ist, kann man aus

$$dI_C \; = \; \frac{\partial I_C}{\partial T} \; dT + \frac{\partial I_C}{\partial U_{BE}} \; dU_{BE} \; \equiv \; 0$$

die Temperaturabhängigkeit von $U_{BE}$ bestimmen:

$$\left. \frac{dU_{BE}}{dT} \right|_{I_C=\text{const.}} = \; \frac{U_{BE} - U_G - 3U_T}{T} \; \overset{\substack{T=300\,\text{K} \\ U_{BE}=0,7\,\text{V}}}{\approx} \; -1,7\,\frac{\text{mV}}{\text{K}} \qquad (2.21)$$

Auch die Stromverstärkung $B$ ist temperaturabhängig; es gilt [2.2]:

$$B(T) \; = \; B(T_0) \; e^{\left(\frac{T}{T_0} - 1\right) \frac{\Delta U_{dot}}{U_T(T)}}$$

Die Spannung $\Delta U_{dot}$ ist eine Materialkonstante und beträgt bei npn-Transistoren aus Silizium etwa 44 mV. Durch Differentialtion erhält man:

$$\frac{1}{B} \; \frac{dB}{dT} \; = \; \frac{\Delta U_{dot}}{U_T T} \; \overset{T=300\,\text{K}}{\approx} \; 5,6 \cdot 10^{-3}\,\text{K}^{-1}$$

In der Praxis wird oft ein vereinfachter Zusammenhang verwendet [2.4]:

$$B(T) \; = \; B(T_0) \left(\frac{T}{T_0}\right)^{x_{T,B}} \qquad \text{mit } x_{T,B} \approx 1,5 \qquad (2.22)$$

Es ergibt sich im praktisch genutzten Bereich dieselbe Temperaturabhängigkeit:

$$\frac{1}{B} \; \frac{dB}{dT} \; = \; \frac{x_{T,B}}{T} \; \overset{T=300\,\text{K}}{\approx} \; 5 \cdot 10^{-3}\,\text{K}^{-1} \qquad (2.23)$$

Die Stromverstärkung nimmt also bei einer Temperaturerhöhung um 1 K um etwa 0,5% zu. In der Praxis ist diese Abhängigkeit von untergeordneter Bedeutung, da die Stromverstärkung deutlich größeren fertigungsbedingten Schwankungen unterliegt. Sie wird nur bei differentiellen Betrachtungen berücksichtigt, z.B. bei der Berechnung des Temperaturkoeffizienten einer Schaltung.

## 2.2
## Aufbau eines Bipolartransistors

Der Bipolartransistor ist im allgemeinen unsymmetrisch aufgebaut. Daraus ergibt sich eine eindeutige Zuordnung von Kollektor und Emitter und, wie später noch gezeigt wird, unterschiedliches Verhalten bei Normal- und Inversbetrieb. Einzel- und integrierte Transistoren sind aus mehr als drei Zonen aufgebaut, speziell die Kollektorzone besteht aus mindestens zwei Teilzonen. Die Typen-Bezeichnungen npn und pnp geben deshalb nur die Zonenfolge des aktiven inneren Bereichs wieder. Die Herstellung erfolgt in einem mehrstufigen Prozeß auf einer Halbleiterscheibe (*wafer*), die anschließend durch Sägen in kleine Plättchen (*die*) aufgeteilt wird. Auf einem Plättchen befindet sich entweder ein Einzeltransistor oder eine aus mehreren integrierten Transistoren und weiteren Bauteilen aufgebaute integrierte Schaltung (*integrated circuit,IC*).

### 2.2.1
### Einzeltransistoren

**Innerer Aufbau:** Einzeltransistoren werden überwiegend in Epitaxial-Planar-Technik hergestellt. Abb. 2.19 zeigt den Aufbau eines npn- und eines pnp-Transistors, wobei der aktive Bereich besonders hervorgehoben ist. Die Gebiete $n^+$ und $p^+$ sind stark, die Gebiete $n$ und $p$ mittel und die Gebiete $n^-$ und $p^-$ schwach dotiert. Die spezielle Schichtung unterschiedlich stark dotierter Gebiete verbessert die elektrischen Eigenschaften des Transistors. Die Unterseite des Plättchens bildet den Kollektor, Basis und Emitter befinden sich auf der Oberseite.

Gehäuse: Der Einbau in ein Gehäuse erfolgt, indem die Unterseite durch Löten mit dem Anschlußbein für den Kollektor oder einem metallischen Gehäuseteil verbunden wird. Die beiden anderen Anschlüsse werden mit feinen Gold- oder Aluminiumdrähten (*Bonddrähte*) an das zugehörige Anschlußbein angeschlossen. Abbildung 2.20 zeigt einen Kleinleistungs- und einen Leistungstransistor nach dem Löten und Bonden. Abschließend wird der Kleinleistungstransistor mit Kunststoff vergossen; das Gehäuse des Leistungstransistors wird mit einem Deckel verschlossen.

Für die verschiedenen Baugrößen und Einsatzgebiete existiert eine Vielzahl von Gehäusebauformen, die sich in der maximal abführbaren Verlustleistung unterscheiden oder an spezielle geometrische Erfordernisse angepaßt sind. Abbildung 2.21 zeigt eine Auswahl der gängisten Bauformen. Bei Leistungstransistoren ist das Gehäuse für die Montage auf einem Kühlkörper ausgelegt; dabei begünstigt eine möglichst große Kontaktfläche die Wärmeabfuhr. SMD-Transistoren für größere Leistungen haben zur besseren Wärmeabfuhr an die Leiterplatte zwei Anschlußbeine für den Kollektor. Bei Hochfrequenztransistoren werden sehr spezielle Gehäusebauformen verwendet, da das elektrische Verhal-

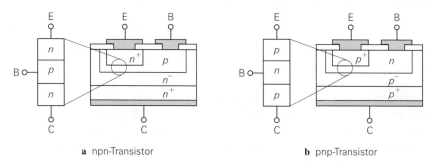

**a** npn-Transistor          **b** pnp-Transistor

**Abb. 2.19.** Aufbau eines Halbleiterplättchens mit einem Epitaxial-Planar-Einzeltransistor

TO-92                                                    TO-3

**Abb. 2.20.** Einbau in ein Gehäuse

ten bei Frequenzen im GHz-Bereich stark von der Geometrie abhängt; einige Gehäuse haben zur besseren Masseführung zwei Anschlußbeine für den Emitter.

**Komplementäre Transistoren:** Da npn- und pnp-Transistoren in getrennt optimierten Herstellungsabläufen gefertigt werden, ist es leicht möglich, *komplementäre* Transistoren zu fertigen. Ein npn- und ein pnp-Transistor werden als komplementär bezeichnet, wenn ihre elektrischen Daten bis auf die Vorzeichen der Ströme und Spannungen übereinstimmen.

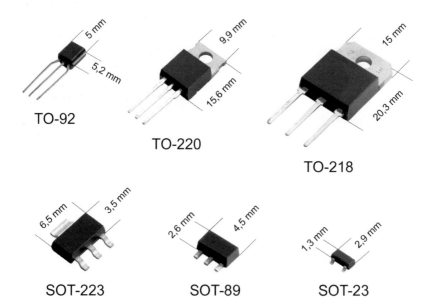

**Abb. 2.21.** Gängige Gehäusebauformen bei Einzeltransistoren

## 2.2.2
### Integrierte Transistoren

Integrierte Transistoren werden ebenfalls in Epitaxial-Planar-Technik hergestellt. Hier befinden sich auch der Kollektoranschluß auf der Oberseite des Plättchens und die einzelnen Transistoren sind durch gesperrte pn-Übergänge elektrisch voneinander getrennt. Der aktive Bereich der Transistoren befindet sich in einer sehr dünnen Schicht an der Oberfläche. Die Tiefe des Plättchens wird *Substrat* (*substrate,S*) genannt und stellt einen für alle Transistoren gemeinsamen vierten Anschluß dar, der ebenfalls an die Oberseite geführt ist. Da mit demselben Herstellungsablauf npn- und pnp-Transistoren hergestellt werden müssen, unterscheiden sich beide Typen in Aufbau und elektrischen Daten erheblich.

**Innerer Aufbau:** npn-Transistoren werden als vertikale Transistoren nach Abb. 2.22 ausgeführt; der Stromfluß vom Kollektor zum Emitter erfolgt vertikal, d.h. senkrecht zur Oberfläche des Plättchens. pnp-Transistoren werden dagegen meist als laterale Transistoren nach Abb. 2.23 ausgeführt; der Stromfluß erfolgt hier lateral, d.h. parallel zur Oberfläche des Plättchens.

**Substrat-Dioden:** Die Dioden-Ersatzschaltbilder in Abb. 2.22 und Abb. 2.23 enthalten zusätzlich eine Substrat-Diode, die beim vertikalen npn-Transistor zwischen Kollektor und Substrat, beim lateraten pnp-Transistor zwischen Basis und Substrat liegt. Das Substrat wird an die negative Versorgungsspannung angeschlossen, so daß diese Dioden immer gesperrt sind und eine Isolation der Transistoren untereinander und vom Substrat bewirken.

**Unterschiede zwischen Vertikal- und Lateral-Transistor:** Da bei einem Vertikaltransistor die Dicke der Basiszone kleiner gehalten werden kann, ist die Stromverstärkung um den Faktor 3...10 größer als bei einem Lateraltransistor; auch die Schaltgeschwindigkeit und die Grenzfrequenzen sind bei einem Vertikaltransistor wesentlich höher. Deshalb werden immer öfter auch vertikale pnp-Transistoren hergestellt. Ihr Aufbau entspricht dem vertikaler npn-Transistoren, wenn man in allen Zonen n- und p-Dotierung vertauscht. Eine Isolation vom Substrat wird erreicht, indem die Transistoren in eine n-dotierte Wanne ein-

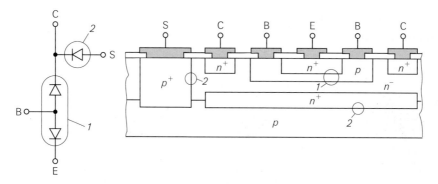

**Abb. 2.22.** Dioden-Ersatzschaltbild und Aufbau eines integrierten vertikalen npn-Transistors

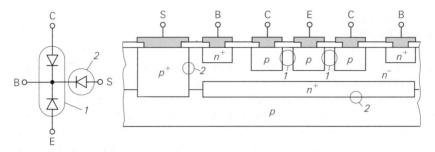

**Abb. 2.23.** Dioden-Ersatzschaltbild und Aufbau eines integrierten lateralen pnp-Transistors

gebettet werden, die an die positive Versorgungsspannung angeschlossen wird. npn- und pnp-Transistoren werden in diesem Fall auch dann als *komplementär* bezeichnet, wenn ihre elektrischen Daten im Vergleich zu komplementären Einzeltransistoren keine gute Übereinstimmung aufweisen.

## 2.3
## Modelle für den Bipolartransistor

Im Abschnitt 2.1.2 wurde das *statische* Verhalten des Bipolartransistors im Normalbetrieb durch die Großsignalgleichungen (2.5) und (2.6) beschrieben; dabei wurden sekundäre Effekte vernachlässigt oder, wie bei der Beschreibung des Verlaufs der Stromverstärkung im Abschnitt 2.1.3, nur qualitativ beschrieben. Für den rechnergestützten Schaltungsentwurf mit CAD-Programmen wird ein Modell benötigt, das alle Effekte berücksichtigt, für alle Betriebsarten gilt und darüber hinaus auch das *dynamische Verhalten* richtig wiedergibt. Aus diesem *Großsignalmodell* erhält man durch Linearisierung im Arbeitspunkt das *dynamische Kleinsignalmodell*, das zur Berechnung des Frequenzgangs von Schaltungen benötigt wird.

### 2.3.1
### Statisches Verhalten

Das statische Verhalten wird für einen npn-Transistor aufgezeigt; bei einem pnp-Transistor haben alle Ströme und Spannungen umgekehrte Vorzeichen. Das einfachste Modell für den Bipolartransistor ist das *Ebers-Moll-Modell*, das auf dem Dioden-Ersatzschaltbild aufbaut. Das Modell hat nur drei Parameter und beschreibt alle primären Effekte. Zur genaueren Modellierung wird eine Umformung durchgeführt, die zunächst auf das *Transportmodell* und nach Hinzunahme weiterer Parameter zur Beschreibung sekundärer Effekte auf das *Gummel-Poon-Modell* führt; letzteres erlaubt eine sehr genaue Beschreibung des statischen Verhaltens und wird in CAD-Programmen eingesetzt.

## Das Ebers-Moll-Modell

Ein npn-Transistor besteht aus zwei antiseriell geschalteten pn-Dioden mit gemeinsamer p-Zone. Die beiden Dioden werden Emitter- bzw. BE-Diode und Kollektor- bzw. BC-Diode genannt. Die Funktion des Bipolartransistors beruht auf der Tatsache, daß aufgrund der sehr dünnen gemeinsamen Basiszone ein Großteil der Diodenströme durch die Basiszone hindurch zum jeweils dritten Anschluß abfließen kann. Das *Ebers-Moll-Modell* in Abb. 2.24 besteht deshalb aus den beiden Dioden des Dioden-Ersatzschaltbilds und zwei stromgesteuerten Stromquellen, die den Stromfluß durch die Basis beschreiben. Die Steuerfaktoren der gesteuerten Quellen sind mit $A_N$ für den Normalbetrieb und $A_I$ für den Inversbetrieb bezeichnet; es gilt $A_N \approx 0,98 \ldots 0,998$ und $A_I \approx 0,5 \ldots 0,9$. Die unterschiedlichen Werte für $A_N$ und $A_I$ folgen aus dem im Abschnitt 2.2 beschriebenen unsymmetrischen Aufbau.

**Allgemeine Gleichungen:** Mit den Emitter- und Kollektor-Diodenströmen

$$I_{D,N} = I_{S,N} \left( e^{\frac{U_{BE}}{U_T}} - 1 \right)$$

$$I_{D,I} = I_{S,I} \left( e^{\frac{U_{BC}}{U_T}} - 1 \right)$$

erhält man nach Abb. 2.24 für die Ströme an den Anschlüssen [2.5]:

$$I_C = A_N I_{S,N} \left( e^{\frac{U_{BE}}{U_T}} - 1 \right) - I_{S,I} \left( e^{\frac{U_{BC}}{U_T}} - 1 \right)$$

$$I_E = -I_{S,N} \left( e^{\frac{U_{BE}}{U_T}} - 1 \right) + A_I I_{S,I} \left( e^{\frac{U_{BC}}{U_T}} - 1 \right)$$

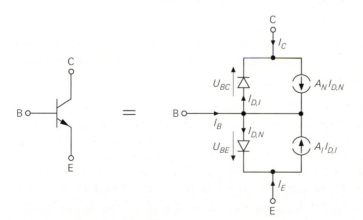

**Abb. 2.24.** Ebers-Moll-Modell für einen npn-Transistor

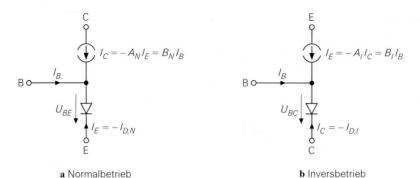

**a** Normalbetrieb                                    **b** Inversbetrieb

**Abb. 2.25.** Reduzierte Ebers-Moll-Modelle eines npn-Transistors

$$I_B = (1 - A_N)I_{S,N}\left(e^{\frac{U_{BE}}{U_T}} - 1\right) + (1 - A_I)I_{S,I}\left(e^{\frac{U_{BC}}{U_T}} - 1\right)$$

Aus dem Theorem über reziproke Netzwerke erhält man eine Bindung für die Parameter:

$$A_N I_{S,N} = A_I I_{S,I} = I_S$$

Das Modell wird deshalb durch $A_N$, $A_I$ und $I_S$ vollständig parametriert.

**Normalbetrieb:** Im Normalbetrieb ist die BC-Diode wegen $U_{BC} < 0$ gesperrt; sie kann wegen $I_{D,I} \approx -I_{S,I} \approx 0$ zusammen mit der zugehörigen gesteuerten Quelle vernachlässigen werden. Für $U_{BE} \gg U_T$ kann man zusätzlich den Term $-1$ gegen die Exponentialfunktion vernachlässigen und erhält damit:

$$I_C = I_S \, e^{\frac{U_{BE}}{U_T}}$$

$$I_E = -\frac{1}{A_N} \, I_S \, e^{\frac{U_{BE}}{U_T}}$$

$$I_B = \frac{1 - A_N}{A_N} \, I_S \, e^{\frac{U_{BE}}{U_T}} = \frac{1}{B_N} \, I_S \, e^{\frac{U_{BE}}{U_T}}$$

Abb. 2.25a zeigt das reduzierte Modell mit den wichtigsten Zusammenhängen; dabei ist $A_N$ die *Stromverstärkung in Basisschaltung* und $B_N$ die *Stromverstärkung in Emitterschaltung* [2]:

$$A_N = -\frac{I_C}{I_E}$$

$$B_N = \frac{A_N}{1 - A_N} = \frac{I_C}{I_B}$$

---

2  Bei den Stromverstärkungen muß zwischen Modellparametern und meßbaren äußeren Stromverstärkungen unterschieden werden. Beim Ebers-Moll-Modell sind die Modellparameter $A_N$ und $B_N$ für den Normalbetrieb und $A_I$ und $B_I$ für den Inversbetrieb mit den äußeren Stromverstärkungen identisch; sie können deshalb durch die äußeren Ströme definiert werden.

Typische Werte sind $A_N \approx 0,98 \ldots 0,998$ und $B_N \approx 50 \ldots 500$.

**Inversbetrieb:** Für den Inversbetrieb erhält man in gleicher Weise das in Abb. 2.25b gezeigte reduzierte Modell; die Stromverstärkungen lauten:

$$A_I = -\frac{I_E}{I_C}$$

$$B_I = \frac{A_I}{1 - A_I} = \frac{I_E}{I_B}$$

Typische Werte sind $A_I \approx 0,5 \ldots 0,9$ und $B_I \approx 1 \ldots 10$.

**Sättigungsspannung:** Beim Einsatz als Schalter gerät der Transistor vom Normalbetrieb in die Sättigung; dabei interessiert die erreichbare minimale Kollektor-Emitter-Spannung $U_{CE,sat}(I_B, I_C)$. Man erhält:

$$U_{CE,sat} = U_T \ln \frac{B_N (1 + B_I)(B_I I_B + I_C)}{B_I^2 (B_N I_B - I_C)}$$

Für $0 < I_C < B_N I_B$ erhält man $U_{CE,sat} \approx 20 \ldots 200 \, \text{mV}$.

Das Minimum von $U_{CE,sat}$ wird für $I_C = 0$ erreicht:

$$U_{CE,sat}(I_C = 0) = U_T \ln \left( 1 + \frac{1}{B_I} \right) = -U_T \ln A_I$$

Vertauscht man Emitter und Kollektor, erhält man beim Schalten vom Inversbetrieb in die Sättigung für $I_E = 0$:

$$U_{EC,sat}(I_E = 0) = U_T \ln \left( 1 + \frac{1}{B_N} \right) = -U_T \ln A_N$$

Wegen $A_I < A_N < 1$ gilt $U_{EC,sat}(I_E = 0) < U_{CE,sat}(I_C = 0)$. Typische Werte sind $U_{CE,sat}(I_C = 0) \approx 2 \ldots 20 \, \text{mV}$ und $U_{EC,sat}(I_E = 0) \approx 0,05 \ldots 0,5 \, \text{mV}$.

### Das Transportmodell

Durch eine Äquivalenzumformung erhält man aus dem Ebers-Moll-Modell das in Abb. 2.26 gezeigte *Transportmodell* [2.5]; es besitzt nur eine gesteuerte Quelle und bildet die Grundlage für die Modellierung weiterer Effekte im nächsten Abschnitt.

**Allgemeine Gleichungen:** Mit den Strömen

$$I_{B,N} = \frac{I_S}{B_N} \left( e^{\frac{U_{BE}}{U_T}} - 1 \right) \tag{2.24}$$

$$I_{B,I} = \frac{I_S}{B_I} \left( e^{\frac{U_{BC}}{U_T}} - 1 \right) \tag{2.25}$$

$$I_T = B_N I_{B,N} - B_I I_{B,I} = I_S \left( e^{\frac{U_{BE}}{U_T}} - e^{\frac{U_{BC}}{U_T}} \right) \tag{2.26}$$

erhält man aus Abb. 2.26:

$$I_B = \frac{I_S}{B_N} \left( e^{\frac{U_{BE}}{U_T}} - 1 \right) + \frac{I_S}{B_I} \left( e^{\frac{U_{BC}}{U_T}} - 1 \right)$$

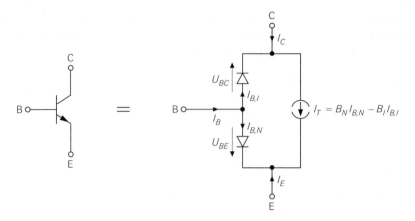

**Abb. 2.26.** Transportmodell für einen npn-Transistor

$$I_C = I_S \left( e^{\frac{U_{BE}}{U_T}} - \left(1 + \frac{1}{B_I}\right) e^{\frac{U_{BC}}{U_T}} + \frac{1}{B_I} \right)$$

$$I_E = I_S \left( -\left(1 + \frac{1}{B_N}\right) e^{\frac{U_{BE}}{U_T}} + e^{\frac{U_{BC}}{U_T}} + \frac{1}{B_N} \right)$$

**Normalbetrieb:** Für den Normalbetrieb erhält man bei Vernachlässigung der Sperrströme:

$$I_B = \frac{I_S}{B_N} e^{\frac{U_{BE}}{U_T}}$$

$$I_C = I_S e^{\frac{U_{BE}}{U_T}}$$

Unter Berücksichtigung des Zusammenhangs zwischen $A_N$ und $B_N$ sind diese Gleichungen mit denen des Ebers-Moll-Modells identisch. Abbildung 2.27 zeigt das reduzierte Transportmodell für den Normalbetrieb.

**Eigenschaften:** Das Transportmodell beschreibt das primäre Gleichstromverhalten des Bipolartransistors unter der Annahme idealer Emitter- und Kollektor-Dioden. Eine wichtige Eigenschaft des Modells ist, daß der durch die Basiszone

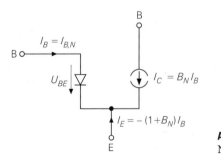

**Abb. 2.27.** Reduziertes Transportmodell für den Normalbetrieb

hindurchfließende *Transportstrom* $I_T$ *separat* auftritt; beim Ebers-Moll-Modell ist dies nicht der Fall. Wie beim Ebers-Moll-Modell sind drei Parameter zur Beschreibung nötig: $I_S$, $B_N$ und $B_I$ [2.5].

## Weitere Effekte

Zur genaueren Beschreibung des statischen Verhaltens wird das Transportmodell erweitert. Die Effekte, die dabei modelliert werden, wurden bereits in den Abschnitten 2.1.2 und 2.1.3 qualitativ beschrieben:

- Durch Ladungsträgerrekombination in den pn-Übergängen werden zusätzliche *Leckströme* in der Emitter- und der Kollektordiode erzeugt; diese Ströme addieren sich zum Basisstrom und haben keinen Einfluß auf den Transportstrom $I_T$.
- Bei großen Strömen ist der Transportstrom $I_T$ kleiner als der durch (2.26) gegebene Wert. Verursacht wird dieser *Hochstromeffekt* durch die stark angestiegene Ladungsträgerkonzentration in der Basiszone; man spricht in diesem Zusammenhang auch von *starker Injektion*.
- Die Spannungen $U_{BE}$ und $U_{BC}$ beeinflussen die effektive Dicke der Basiszone und haben damit auch einen Einfluß auf den Transportstrom $I_T$; dieser Effekt wird *Early-Effekt* genannt.

**Leckströme:** Zur Berücksichtigung der Leckströme wird das Transportmodell um zwei weitere Dioden mit den Strömen

$$I_{B,E} = I_{S,E} \left( e^{\frac{U_{BE}}{n_E U_T}} - 1 \right) \tag{2.27}$$

$$I_{B,C} = I_{S,C} \left( e^{\frac{U_{BC}}{n_C U_T}} - 1 \right) \tag{2.28}$$

erweitert [2.5]. Es werden vier weitere Modellparameter benötigt: die *Leck-Sättigungssperrströme* $I_{S,E}$ und $I_{S,C}$ und die *Emissionskoeffizienten* $n_E \approx 1,5$ und $n_C \approx 2$.

**Hochstromeffekt und Early-Effekt:** Der Einfluß des Hochstrom- und des Early-Effekts auf den Transportstrom $I_T$ wird durch die dimensionslose Größe $q_B$ beschrieben [2.5]:

$$I_T = \frac{B_N I_{B,N} - B_I I_{B,I}}{q_B} = \frac{I_S}{q_B} \left( e^{\frac{U_{BE}}{U_T}} - e^{\frac{U_{BC}}{U_T}} \right) \tag{2.29}$$

**Allgemeine Gleichungen:** Die Ströme $I_{B,N}$ und $I_{B,I}$ sind weiterhin durch (2.24) und (2.25) gegeben. Abbildung 2.28 zeigt das erweiterte Modell. Man erhält:

$$I_B = I_{B,N} + I_{B,I} + I_{B,E} + I_{B,C}$$

$$I_C = \frac{B_N}{q_B} I_{B,N} - \left( \frac{B_I}{q_B} + 1 \right) I_{B,I} - I_{B,C}$$

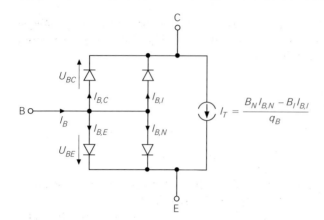

**Abb. 2.28.** Erweitertes Transportmodell für einen npn-Transistor

$$I_E = -\left(\frac{B_N}{q_B} + 1\right) I_{B,N} + \frac{B_I}{q_B} I_{B,I} - I_{B,E}$$

**Definition von $q_B$:** Die Größe $q_B$ ist ein Maß für die *relative Majoritätsträgerladung* in der Basis und setzt sich aus den Größen $q_1$ zur Beschreibung des Early-Effekts und $q_2$ zur Beschreibung des Hochstromeffekts zusammen [3]:

$$q_B = \frac{q_1}{2}\left(1 + \sqrt{1 + 4q_2}\right) \tag{2.30}$$

$$q_1 = \frac{1}{1 - \dfrac{U_{BE}}{U_{A,I}} - \dfrac{U_{BC}}{U_{A,N}}}$$

$$q_2 = \frac{I_S}{I_{K,N}}\left(e^{\frac{U_{BE}}{U_T}} - 1\right) + \frac{I_S}{I_{K,I}}\left(e^{\frac{U_{BC}}{U_T}} - 1\right)$$

Als weitere Modellparameter werden die *Early-Spannungen* $U_{A,N}$ und $U_{A,I}$ und die *Knieströme zur starken Injektion* $I_{K,N}$ und $I_{K,I}$ benötigt. Die Early-Spannungen liegen zwischen 30 V und 150 V, bei integrierten und Hochfrequenz-Transistoren sind auch kleinere Werte möglich. Die Knieströme hängen von der Größe des Transistors ab und liegen bei Kleinleistungstransistoren im Milliampere-, bei Leistungstransistoren im Ampere-Bereich.

**Einfluß von $q_B$ bei Normalbetrieb:** Der Einfluß von $q_B$ läßt sich am einfachsten durch eine Betrachtung des Kollektorstroms bei Normalbetrieb aufzeigen; bei Vernachlässigung der Sperrströme erhält man:

$$I_C = \frac{B_N}{q_B} I_{B,N} = \frac{I_S}{q_B} e^{\frac{U_{BE}}{U_T}} \tag{2.31}$$

---

3 In der Literatur wird oft ein anderer Ausdruck für $q_B$ verwendet, z.B. [2.5]; der hier angegebene Ausdruck wird von *Spice* verwendet [2.4],[2.6].

- Bei kleinen und mittleren Strömen ist $q_2 \ll 1$ und damit $q_B \approx q_1$. Wegen $U_{BE} \approx 0,6 \ldots 0,8\,\text{V}$ gilt $U_{BE} \ll U_{A,I}$ und $U_{BC} = U_{BE} - U_{CE} \approx -U_{CE}$; damit erhält man eine Näherung für $q_1$:

$$q_1 \approx \frac{1}{1 + \dfrac{U_{CE}}{U_{A,N}}}$$

Einsetzen in (2.31) liefert:

$$I_C \approx I_S\, e^{\frac{U_{BE}}{U_T}} \left(1 + \frac{U_{CE}}{U_{A,N}}\right) \qquad \text{für } I_C < I_{K,N}$$

Diese Gleichung entspricht der im Abschnitt 2.1.2 angegebenen Großsignalgleichung (2.5), wenn man $U_A = U_{A,N}$ berücksichtigt [4].

- Bei großen Strömen ist $q_2 \gg 1$ und damit $q_B \approx q_1 \sqrt{q_2}$; daraus folgt unter Verwendung der oben genannten Näherung für $q_1$:

$$I_C \approx \sqrt{I_S I_{K,N}}\, e^{\frac{U_{BE}}{2U_T}} \left(1 + \frac{U_{CE}}{U_{A,N}}\right) \qquad \text{für } I_C \to \infty$$

Abbildung 2.29 zeigt den Verlauf von $I_C$ und $I_B$ in halblogarithmischer Auftragung und verdeutlicht die Bedeutung der Parameter $I_{K,N}$ und $I_{S,E}$. Für $I_B$ erhält man bei Vernachlässigung der Sperrströme:

$$I_B = \frac{I_S}{B_N}\, e^{\frac{U_{BE}}{U_T}} + I_{S,E}\, e^{\frac{U_{BE}}{n_E U_T}} \tag{2.32}$$

Ein Vergleich der Verläufe in Abb. 2.29 mit den Meßkurven in Abb. 2.6 auf Seite 44 zeigt, daß mit den Parametern $I_{K,N}$, $I_{S,E}$ und $n_E$ eine sehr gute Beschreibung des realen Verhaltens im Normalbetrieb erreicht wird; dasselbe gilt für die Parameter $I_{K,I}$, $I_{B,C}$ und $n_C$ im Inversbetrieb.

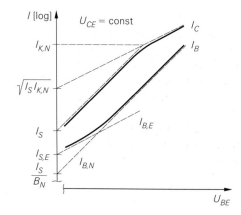

**Abb. 2.29.** Halblogrithmische Auftragung der Ströme $I_B$ und $I_C$ im Normalbetrieb (Gummel-Plot)

---

4 Die Großsignalgleichungen im Abschnitt 2.1.2 gelten nur für den Normalbetrieb; deshalb ist eine zusätzliche Kennzeichnung durch den Index $N$ nicht erforderlich.

## Stromverstärkung bei Normalbetrieb

Der Verlauf der Stromverstärkung wurde im Abschnitt 2.1.3 bereits qualitativ erläutert und in Abb. 2.7 auf Seite 45 graphisch dargestellt. Mit den Gleichungen (2.31) für $I_C$ und (2.32) für $I_B$ ist eine geschlossene Darstellung möglich:

$$B = \frac{I_C}{I_B} = \frac{B_N}{q_B + B_N \left(\dfrac{q_B}{I_S}\right)^{\frac{1}{n_E}} I_{S,E} I_C^{\left(\frac{1}{n_E} - 1\right)}}$$

Es gilt $B = B(U_{BE}, U_{CE})$, da $I_C$ und $q_B$ von $U_{BE}$ und $U_{CE}$ abhängen; damit ist der im Abschnitt 2.1.2 qualitativ angegebene Zusammenhang quantitativ gegeben.

**Verlauf der Stromverstärkung:** Die für die Praxis besser geeignete Darstellung $B = B(I_C, U_{CE})$ läßt sich nicht geschlossen darstellen; drei Bereiche lassen sich unterscheiden:

- Bei kleinen Kollektorströmen ist der Leckstrom $I_{B,E}$ die dominierende Komponente im Basisstrom, d.h. es gilt $I_B \approx I_{B,E}$; mit $q_B \approx q_1$ folgt daraus:

$$B \approx \frac{I_C^{\left(1 - \frac{1}{n_E}\right)}}{I_{S,E} \left(\dfrac{q_1}{I_S}\right)^{\frac{1}{n_E}}} \sim I_C^{\left(1 - \frac{1}{n_E}\right)} \left(1 + \frac{U_{CE}}{U_{A,N}}\right)^{\frac{1}{n_E}}$$

Mit $n_E \approx 1,5$ erhält man $B \sim I_C^{1/3}$. In diesem Bereich ist $B$ kleiner als bei mittleren Kollektorströmen und nimmt mit steigendem Kollektorstrom zu. Dieser Bereich wird *Leckstrombereich* genannt.

- Bei mittleren Kollektorströmen gilt $I_B \approx I_{B,N}$ und damit:

$$B \approx B_N \left(1 + \frac{U_{CE}}{U_{A,N}}\right) \tag{2.33}$$

In diesem Bereich erreicht $B$ ein Maximum und hängt nur schwach von $I_C$ ab. Dieser Bereich wird *Normalbereich* genannt.

- Bei großen Kollektorströmen setzt der Hochstromeffekt ein; mit $I_B \approx I_{B,N}$ erhält man:

$$B \approx \frac{B_N}{q_B} \approx B_N \frac{I_{K,N}}{I_C} \left(1 + \frac{U_{CE}}{U_{A,N}}\right)^2$$

In diesem Bereich ist $B$ proportional zum Kehrwert von $I_C$, nimmt also mit steigendem Kollektorstrom schnell ab. Dieser Bereich wird *Hochstrombereich genannt*.

In Abb. 2.30 ist der Verlauf von $B$ doppelt logarithmisch dargestellt; die Näherungen für die drei Bereiche gehen dabei in Geraden mit den Steigungen $1/3$ , $0$ und $-1$ über. Die Grenzen der Bereiche sind ebenfalls eingetragen:

Normalbereich $\leftrightarrow$ Leckstrombereich : $\left(B_N I_{S,E}\right)^{\frac{n_E}{n_E - 1}} I_S^{\frac{-1}{n_E - 1}}$

Normalbereich $\leftrightarrow$ Hochstrombereich : $I_{K,N}$

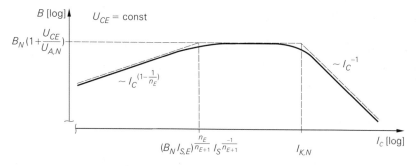

**Abb. 2.30.** Abhängigkeit der Großsignalstromverstärkung $B$ vom Kollektorstrom

**Maximum der Stromverstärkung:** Der Maximalwert von $B$ bei fester Spannung $U_{CE}$ wird mit $B_{max}(U_{CE})$ bezeichnet, siehe Abb. 2.7 auf Seite 45 und (2.8). Bei Transistoren mit kleinem Leckstrom $I_{S,E}$ und großem Kniestrom $I_{K,N}$ ist der Normalbereich so breit, daß der Verlauf von $B$ die horizontale Approximationsgerade (2.33) praktisch tangiert. In diesem Fall ist $B_{max}(U_{CE})$ durch (2.33) und der für $U_{CE} = 0$ extrapolierte Maximalwert $B_{0,max}$ durch $B_N$ gegeben. Bei Transistoren mit großem Leckstrom und kleinem Kniestrom kann der Normalbereich dagegen sehr schmal sein oder ganz fehlen. In diesem Fall verläuft $B$ unterhalb der Geraden (2.33), erreicht also nicht deren Wert; es ist dann $B_{0,max} < B_N$.

### Substrat-Dioden

Integrierte Transistoren haben eine Substrat-Diode, die bei vertikalen npn-Transistoren zwischen Substrat und Kollektor und bei lateralen pnp-Transistoren zwischen Substrat und Basis liegt, siehe Abb. 2.22 und Abb. 2.23. Der Strom durch diese Dioden wird durch die einfache Diodengleichung beschrieben; für vertikale npn-Transistoren gilt:

$$I_{D,S} = I_{S,S} \left( e^{\frac{U_{SC}}{U_T}} - 1 \right) \tag{2.34}$$

Als weiterer Parameter tritt der *Substrat-Sättigungssperrstrom* $I_{S,S}$ auf. Da diese Dioden normalerweise gesperrt sind, ist eine genauere Modellierung nicht erforderlich; wichtig ist nur, daß bei entsprechender, d.h. falscher Beschaltung des Substrats oder der umgebenden Wanne ein Strom fließen kann. Bei lateralen pnp-Transistoren muß $U_{SC}$ durch $U_{SB}$ ersetzt werden.

### Bahnwiderstände

Zur vollständigen Beschreibung des statischen Verhaltens müssen die Bahnwiderstände berücksichtigt werden. Abbildung 2.31a zeigt diese Widerstände am Beispiel eines Einzeltransistors:

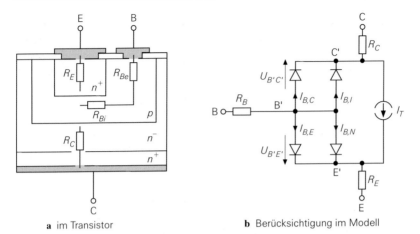

a im Transistor                          b Berücksichtigung im Modell

**Abb. 2.31.** Bahnwiderstände bei einem Einzeltransistor

- Der *Emitterbahnwiderstand* $R_E$ hat wegen der starken Dotierung ($n^+$) und dem kleinen Längen-/Querschnittsflächen-Verhältnis der Emitterzone einen kleinen Wert; typisch sind $R_E \approx 0,1 \ldots 1\,\Omega$ bei Kleinleistungstransistoren und $R_E \approx 0,01 \ldots 0,1\,\Omega$ bei Leistungstransistoren.
- Der *Kollektorbahnwiderstand* $R_C$ wird im wesentlichen durch den schwach dotierten Teil ($n^-$) der Kollektorzone hervorgerufen; typische Werte sind $R_C \approx 1 \ldots 10\,\Omega$ bei Kleinleistungstransistoren und $R_C \approx 0,1 \ldots 1\,\Omega$ bei Leistungstransistoren.
- Der *Basisbahnwiderstand* $R_B$ setzt sich aus dem *externen Basisbahnwiderstand* $R_{Be}$ zwischen Basiskontakt und aktiver Basiszone und dem *internen Basisbahnwiderstand* $R_{Bi}$ quer durch die aktive Basiszone zusammen. $R_{Bi}$ wirkt sich bei größeren Strömen nur zum Teil aus, da sich der Stromfluß aufgrund der *Stromverdrängung* (*Emitterrandverdrängung*) auf den Bereich nahe des Basiskontakts konzentriert. Zusätzlich wirkt sich der Early-Effekt aus, der die Dicke der Basiszone beeinflußt. Diese Effekte lassen sich durch die Konstante $q_B$ nach (2.30) beschreiben [5]:

$$R_B = R_{Be} + \frac{R_{Bi}}{q_B} \tag{2.35}$$

Daraus folgt für den Normalbetrieb:

$$R_B = \begin{cases} R_{Be} + R_{Bi}\left(1 + \dfrac{U_{CE}}{U_{A,N}}\right) & \text{für } I_C < I_{K,N} \\[2mm] R_{Be} & \text{für } I_C \to \infty \end{cases}$$

Typische Werte sind $R_{Be} \approx 10 \ldots 100\,\Omega$ bei Kleinleistungstransistoren und $R_{Be} \approx 1 \ldots 10\,\Omega$ bei Leistungstransistoren; $R_{Bi}$ ist um den Faktor $3 \ldots 10$ größer.

---

[5] Diese Gleichung wird von *PSpice* standardmäßig verwendet [2.6]; es existiert aber noch eine alternative Darstellung für $R_B$, die hier nicht beschrieben wird [2.4],[2.6].

Abbildung 2.31b zeigt das entsprechend erweiterte Modell. Man muß nun zwischen den *externen* Anschlüssen B, C und E und den *internen* Anschlüssen B', C' und E' unterscheiden, d.h. alle Diodenströme und der Transportstrom $I_T$ hängen jetzt nicht mehr von $U_{BE}$, $U_{BC}$ und $U_{SC}$, sondern von $U_{B'E'}$, $U_{B'C'}$ und $U_{SC'}$ ab.

**Auswirkungen der Bahnwiderstände:** Bei Kleinleistungstransistoren sind die Spannungen an den Bahnwiderständen sehr klein; der Emitter- und der Kollektorbahnwiderstand werden deshalb meist vernachlässigt. Der Basisbahnwiderstand wird nicht vernachlässigt, da er die Schaltgeschwindigkeit und die Grenzfrequenzen auch dann beeinflußt, wenn er einen sehr kleinen Wert hat. Für die bei Kleinleistungstransistoren typischen Werte $R_B = 100\,\Omega$ und $I_B = 10\,\mu A$ beträgt die Spannung an $R_B$ nur $1\,mV$; die Grenzfrequenzen der meisten Schaltungen werden dagegen deutlich reduziert. Die Berücksichtigung der Arbeitspunktabhängigkeit von $R_B$ in (2.35) ist deshalb nur für die korrekte Wiedergabe des dynamischen Verhaltens erforderlich.

Bei Leistungstransistoren müssen bei größeren Strömen alle Bahnwiderstände berücksichtigt werden; mit $I_B = I_C/B$ und $I_E \approx -I_C$ gilt:

$$U_{BE} \approx U_{B'E'} + I_C \left( \frac{R_B}{B} + R_E \right)$$

$$U_{CE} \approx U_{C'E'} + I_C \left( R_C + R_E \right)$$

Die äußeren Spannungen $U_{BE}$ und $U_{CE}$ können sich dabei erheblich von den inneren Spannungen $U_{B'E'}$ und $U_{C'E'}$ unterscheiden. Betreibt man einen Leistungstransistor als Schalter im Sättigungsbetrieb mit $I_C = 5\,A$ und $B = 10$, dann erhält man mit $U_{B'E'} = 0,75\,V$, $U_{C'E',sat} = 0,1\,V$, $R_B = 1\,\Omega$, $R_E = 0,05\,\Omega$ und $R_C = 0,3\,\Omega$ die äußeren Spannungen $U_{BE} = 1,5\,V$ und $U_{CE,sat} = 1,85\,V$. Aufgrund der Bahnwiderstände können also vergleichsweise große Werte für $U_{BE}$ und $U_{CE,sat}$ auftreten.

## 2.3.2
## Dynamisches Verhalten

Das Verhalten des Transistors bei Ansteuerung mit puls- oder sinusförmigen Signalen wird als *dynamisches Verhalten* bezeichnet und kann nicht aus den Kennlinien ermittelt werden. Ursache hierfür sind die nichtlinearen *Sperrschichtkapazitäten* der Emitter-, der Kollektor- und, bei integrierten Transistoren, der Substratdiode und die in der Basiszone gespeicherte *Diffusionsladung*, die über die ebenfalls nichtlinearen *Diffusionskapazitäten* beschrieben wird.

### Sperrschichtkapazitäten

Ein pn-Übergang besitzt eine *Sperrschichtkapazität* $C_S$, die von der Dotierung der aneinander grenzenden Gebiete, dem Dotierungsprofil, der Fläche des Übergangs und der anliegenden Spannung $U$ abhängt; eine vereinfachte Betrachtung liefert [2.2]:

$$C_S(U) = \frac{C_{S0}}{\left(1 - \dfrac{U}{U_{Diff}}\right)^{m_S}} \qquad \text{für } U < U_{Diff} \qquad (2.36)$$

Die *Null-Kapazität* $C_{S0} = C_S(U = 0\,\text{V})$ ist proportional zur Fläche des Übergangs und nimmt mit steigender Dotierung zu. Die *Diffusionsspannung* $U_{Diff}$ hängt ebenfalls von der Dotierung ab und nimmt mit dieser zu; es gilt $U_{Diff} \approx 0,5 \ldots 1\,\text{V}$. Der *Kapazitätskoeffizient* $m_S$ berücksichtigt das Dotierungsprofil des Übergangs; für *abrupte* Übergänge mit einer sprunghaften Änderung der Dotierung gilt $m_S \approx 1/2$, für *lineare* Übergänge ist $m_S \approx 1/3$.

Die vereinfachenden Annahmen, die auf (2.36) führen, sind für $U \to U_{Diff}$ nicht mehr erfüllt. Eine genauere Berechnung zeigt, daß (2.36) nur bis etwa $0,5\,U_{Diff}$ gültig ist; für größere Werte von $U$ nimmt $C_S$ im Vergleich zu (2.36) nur noch schwach zu. Man erhält eine ausreichend genaue Beschreibung, wenn man den Verlauf von $C_S$ für $U > f_S U_{Diff}$ durch die Tangente im Punkt $f_S U_{Diff}$ ersetzt:

$$C_S(U > f_S U_{Diff}) = C_S(f_S U_{Diff}) + \left.\frac{dC_S}{dU}\right|_{U = f_S U_{Diff}} (U - f_S U_{Diff})$$

Durch Einsetzen erhält man [2.4]:

$$C_S(U) = C_{S0}\begin{cases} \dfrac{1}{\left(1 - \dfrac{U}{U_{Diff}}\right)^{m_S}} & \text{für } U \le f_S U_{Diff} \\[3em] \dfrac{1 - f_S(1 + m_S) + \dfrac{m_S U}{U_{Diff}}}{(1 - f_S)^{(1+m_S)}} & \text{für } U > f_S U_{Diff} \end{cases} \qquad (2.37)$$

Dabei gilt $f_S \approx 0,4 \ldots 0,7$. Abbildung 2.32 zeigt den Verlauf von $C_S$ für $m_S = 1/2$ und $m_S = 1/3$; der Verlauf nach (2.36) ist ebenfalls dargestellt.

**Sperrschichtkapazitäten beim Bipolartransistor:** Entsprechend den pn-Übergängen treten bei Einzeltransistoren zwei, bei integrierten Transistoren drei Sperrschichtkapazitäten auf:

- Die Sperrschichtkapazität $C_{S,E}(U_{B'E'})$ der Emitterdiode mit den Parametern $C_{S0,E}$, $m_{S,E}$ und $U_{Diff,E}$.
- Die Sperrschichtkapazität $C_{S,C}$ der Kollektordiode mit den Parametern $C_{S0,C}$, $m_{S,C}$ und $U_{Diff,C}$. Sie teilt sich in die *interne* Sperrschichtkapazität $C_{S,Ci}$ der aktiven Zone und die *externe* Sperrschichtkapazität $C_{S,Ce}$ der Bereiche nahe der Anschlüsse auf. $C_{S,Ci}$ wirkt an der internen Basis B', $C_{S,Ce}$ an der externen Basis B. Der Parameter $x_{CSC}$ gibt den Anteil von $C_{S,C}$ an, der intern wirkt:

$$C_{S,Ci}(U_{B'C'}) = x_{CSC}\, C_{S,C}(U_{B'C'}) \qquad (2.38)$$

$$C_{S,Ce}(U_{BC'}) = (1 - x_{CSC})\, C_{S,C}(U_{BC'}) \qquad (2.39)$$

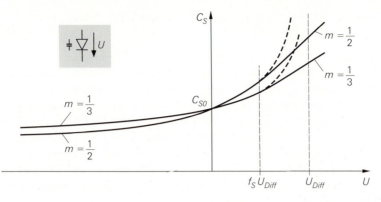

**Abb. 2.32.** Verlauf der Sperrschichtkapazität $C_S$ für $m_S = 1/2$ und $m_S = 1/3$ nach (2.36) (gestrichelt) und (2.37)

Bei Einzeltransistoren ist $C_{S,Ce}$ meist kleiner als $C_{S,Ci}$, d.h. $x_{CSC} \approx 0,5\ldots 1$; bei integrierten Transistoren ist $x_{CSC} < 0,5$.

- Bei integrierten Transistoren tritt zusätzlich die Sperrschichtkapazität $C_{S,S}$ der Substratdiode mit den Parametern $C_{S0,S}$, $m_{S,S}$ und $U_{Diff,S}$ auf. Sie wirkt bei vertikalen npn-Transistoren am internen Kollektor C', d.h. $C_{S,S} = C_{S,S}(U_{SC'})$, und bei lateralen pnp-Transistoren an der internen Basis B', d.h. $C_{S,S} = C_{S,S}(U_{SB'})$.

**Erweiterung des Modells:** Abb. 2.34 zeigt die Erweiterung des statischen Modells eines npn-Transistors um die Sperrschichtkapazitäten $C_{S,E}$, $C_{S,Ci}$, $C_{S,Ce}$ und $C_{S,S}$; zusätzlich sind die im nächsten Abschnitt beschriebenen Diffusionskapazitäten $C_{D,N}$ und $C_{D,I}$ dargestellt.

### Diffusionskapazitäten

In einem pn-Übergang ist eine *Diffusionsladung* $Q_D$ gespeichert, die in erster Näherung proportional zum idealen Strom durch den pn-Übergang ist. Beim Transistor ist $Q_{D,N}$ die Diffusionsladung der Emitter-Diode und $Q_{D,I}$ die der Kollektor-Diode; beide werden auf den jeweiligen Anteil des idealen Transportstroms $I_T$ nach (2.26) bezogen, d.h. auf $B_N I_{B,N}$ bzw. $B_I I_{B,I}$ [2.5]:

$$Q_{D,N} = \tau_N B_N I_{B,N} = \tau_N I_S \left( e^{\frac{U_{B'E'}}{U_T}} - 1 \right)$$

$$Q_{D,I} = \tau_N B_I I_{B,I} = \tau_I I_S \left( e^{\frac{U_{B'C'}}{U_T}} - 1 \right)$$

Die Parameter $\tau_N$ und $\tau_I$ werden *Transit-Zeiten* genannt. Durch Differentiation erhält man die *Diffusionskapazitäten* $C_{D,N}$ und $C_{D,I}$ [2.5]:

$$C_{D,N}(U_{B'E'}) = \frac{dQ_{D,N}}{dU_{B'E'}} = \frac{\tau_N I_S}{U_T} e^{\frac{U_{B'E'}}{U_T}} \tag{2.40}$$

$$C_{D,I}(U_{B'C'}) = \frac{dQ_{D,I}}{dU_{B'C'}} = \frac{\tau_I I_S}{U_T} e^{\frac{U_{B'C'}}{U_T}} \tag{2.41}$$

Abb. 2.34 zeigt das Modell mit den Kapazitäten $C_{D,N}$ und $C_{D,I}$.

**Normalbetrieb:** Die Diffusionskapazitäten $C_{D,N}$ und $C_{D,I}$ liegen parallel zu den Sperrschichtkapazitäten $C_{S,E}$ und $C_{S,Ci}$, siehe Abb. 2.34. Im Normalbetrieb ist die Kollektor-Diffusionskapazität $C_{D,I}$ wegen $U_{B'C'} < 0$ sehr klein und kann gegen die parallel liegende Kollektor-Sperrschichtkapazität $C_{S,Ci}$ vernachlässigt werden; deshalb kann man $C_{D,I}$ mit einer konstanten Transit-Zeit $\tau_I = \tau_{0,I}$ beschreiben. Die Emitter-Diffusionskapazität $C_{D,N}$ ist bei kleinen Strömen kleiner als die Emitter-Sperrschichtkapazität $C_{S,E}$, bei großen Strömen dagegen größer. Hier ist zur korrekten Wiedergabe des dynamischen Verhaltens bei großen Strömen eine genauere Modellierung für $\tau_N$ erforderlich.

**Stromabhängigkeit der Transit-Zeit:** Bei großen Strömen nimmt die Diffusionsladung aufgrund des Hochstromeffekts überproportional zu. Die Transit-Zeit $\tau_N$ ist in diesem Bereich nicht mehr konstant, sondern nimmt mit steigendem Strom zu. Auch der Early-Effekt wirkt sich aus, da er die effektive Dicke der Basiszone und damit die gespeicherte Ladung beeinflußt. Mit den bereits eingeführten Parametern $I_{K,N}$ für den Hochstromeffekt und $U_{A,N}$ für den Early-Effekt ist jedoch keine befriedigende Beschreibung möglich; deshalb wird eine empirische Gleichung verwendet [2.6]:

$$\tau_N = \tau_{0,N} \left( 1 + x_{r,N} \left( 3x^2 - 2x^3 \right) 2^{\frac{U_{B'C'}}{U_{r,N}}} \right)$$

$$\text{mit } x = \frac{B_N I_{B,N}}{B_N I_{B,N} + I_{r,N}} = \frac{I_S \left( e^{\frac{U_{B'E'}}{U_T}} - 1 \right)}{I_S \left( e^{\frac{U_{B'E'}}{U_T}} - 1 \right) + I_{r,N}} \tag{2.42}$$

Als neue Modellparameter treten die *ideale Transit-Zeit* $\tau_{0,N}$, der *Koeffizient für die Transit-Zeit* $x_{r,N}$, der *Transit-Zeit-Kniestrom* $I_{r,N}$ und die *Transit-Zeit-Spannung* $U_{r,N}$ auf. Der Koeffizient $x_{r,N}$ gibt an, wie stark $\tau_N$ für $U_{B'C'} = 0$ maximal zunimmt:

$$\lim_{I_{B,N} \to \infty} \tau_N \Big|_{U_{B'C'}=0} = \tau_{0,N} \left( 1 + x_{r,N} \right)$$

Für $B_N I_{B,N} = I_{r,N}$ wird die Hälfte der maximalen Zunahme erreicht:

$$\tau_N \big|_{B_N I_{B,N} = I_{r,N}, U_{B'C'}=0} = \tau_{0,N} \left( 1 + \frac{x_{r,N}}{2} \right)$$

Bei einer Abnahme von $U_{B'C'}$ um die Spannung $U_{r,N}$ ist die Zunahme nur noch halb so groß; für $U_{B'C'} = -n U_{r,N}$ ist sie um den Faktor $2^n$ kleiner. Zur Verdeutlichung zeigt Abb. 2.33 den Verlauf von $\tau_N / \tau_{0,N}$ für $x_{r,N} = 40$ und $U_{r,N} = 10\,\text{V}$.

Die Zunahme von $\tau_N$ bei großen Strömen hat eine Abnahme der Grenzfrequenzen und der Schaltgeschwindigkeit des Transistors zur Folge; diese Auswirkungen werden im Abschnitt 2.3.3 behandelt.

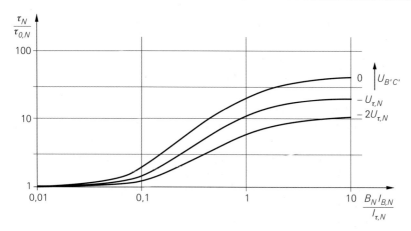

**Abb. 2.33.** Verlauf von $\tau_N/\tau_{0,N}$ für $x_{\tau,N} = 40$ und $U_{\tau,N} = 10\,\mathrm{V}$

## Gummel-Poon-Modell

Abbildung 2.34 zeigt das vollständige Modell eines npn-Transistors; es wird *Gummel-Poon-Modell* genannt und in CAD-Programmen zur Schaltungssimulation verwendet. Tabelle 2.1 gibt einen Überblick über die Größen und die Gleichungen des Modells. Die Parameter sind in Tab. 2.2 aufgelistet; zusätzlich sind die Bezeichnungen der Parameter im Schaltungssimulator *PSpice* [6] angegeben,

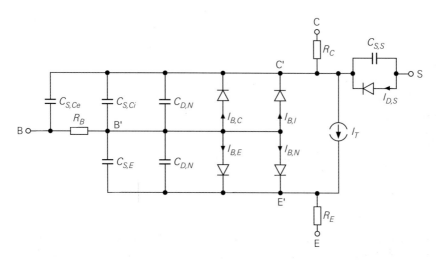

**Abb. 2.34.** Vollständiges *Gummel-Poon-Modell* eines npn-Transistors

---

6 *PSpice* ist ein Produkt der Firma *MicroSim*.

| Größe | Bezeichnung | Gleichung |
|---|---|---|
| $I_{B,N}$ | idealer Basisstrom der Emitter-Diode | (2.24) |
| $I_{B,I}$ | idealer Basisstrom der Kollektor-Diode | (2.25) |
| $I_{B,E}$ | Basis-Leckstrom der Emitter-Diode | (2.27) |
| $I_{B,C}$ | Basis-Leckstrom der Kollektor-Diode | (2.28) |
| $I_T$ | Kollektor-Emitter-Transportstrom | (2.29),(2.30) |
| $I_{D,S}$ | Strom der Substrat-Diode | (2.34) |
| $R_B$ | Basisbahnwiderstand | (2.35) |
| $R_C$ | Kollektorbahnwiderstand | |
| $R_E$ | Emitterbahnwiderstand | |
| $C_{S,E}$ | Sperrschichtkapazität der Emitter-Diode | (2.37) |
| $C_{S,Ci}$ | interne Sperrschichtkapazität der Kollektor-Diode | (2.37),(2.38) |
| $C_{S,Ce}$ | externe Sperrschichtkapazität der Kollektor-Diode | (2.37),(2.39) |
| $C_{S,S}$ | Sperrschichtkapazität der Substrat-Diode | (2.37) |
| $C_{D,N}$ | Diffusionskapazität der Emitter-Diode | (2.40),(2.42) |
| $C_{D,I}$ | Diffusionskapazität der Kollektor-Diode | (2.41) |

**Tab. 2.1.** Größen des Gummel-Poon-Modells

die mit Ausnahme des Basisbahnwiderstands mit den hier verwendeten Bezeichnungen übereinstimmen, wenn man die folgenden Ersetzungen vornimmt:

$$\text{Spannung} \rightarrow \text{voltage} \qquad : U \rightarrow V$$
$$\text{Normalbetrieb} \rightarrow \text{forward region} : N \rightarrow F$$
$$\text{Inversbetrieb} \rightarrow \text{reverse region} \; : I \rightarrow R$$
$$\text{Sperrschicht} \rightarrow \text{junction} \qquad : S \rightarrow J$$

Tabelle 2.3 zeigt die Parameter einiger ausgewählter Transistoren, die der Bauteile-Bibliothek von *PSpice* entnommen wurden; dort sind nur die Parameter für den Normalbetrieb angegeben. Nicht angegebene Parameter werden von *PSpice* unterschiedlich behandelt:

- es wird ein Standardwert verwendet:
  $I_S = 10^{-16}\,\text{A}$ , $B_N = 100$ , $B_I = 1$ , $n_E = 1,5$ , $n_C = 2$ , $x_{T,I} = 3$ , $f_S = 0,5$
  $U_{Diff,E} = U_{Diff,C} = U_{Diff,S} = 0,75\,\text{V}$ , $m_{S,E} = m_{S,C} = 0,333$ , $x_{CSC} = 1$
- der Parameter wird zu Null gesetzt:
  $I_{S,S}$ , $I_{S,E}$ , $I_{S,C}$ , $R_B$ , $R_C$ , $R_E$ , $C_{S0,E}$ , $C_{S0,C}$ , $C_{S0,S}$ , $m_{S,S}$ , $\tau_{0,N}$ , $x_{\tau,N}$
  $I_{r,N}$ , $\tau_{0,I}$ , $x_{T,B}$
- der Parameter wird zu Unendlich gesetzt:
  $I_{K,N}$ , $I_{K,I}$ , $U_{A,N}$ , $U_{A,I}$ , $U_{r,N}$

Die Werte Null und Unendlich bewirken, daß der jeweilige Effekt nicht modelliert wird [2.6].

In *PSpice* wird eine erweiterte Form des Gummel-Poon-Modells verwendet, die die Modellierung weiterer Effekte ermöglicht, siehe [2.6]; auf diese Effekte und die zusätzlichen Parameter wird hier nicht eingegangen.

| Parameter | PSpice | Bezeichnung |
|---|---|---|
| **Statisches Verhalten** | | |
| $I_S$ | IS | Sättigungssperrstrom |
| $I_{S,S}$ | ISS | Sättigungssperrstrom der Substrat-Diode |
| $B_N$ | BF | ideale Stromverstärkung für Normalbetrieb |
| $B_I$ | BR | ideale Stromverstärkung für Inversbetrieb |
| $I_{S,E}$ | ISE | Leck-Sättigungssperrstrom der Emitter-Diode |
| $n_E$ | NE | Emissionskoeffizient der Emitter-Diode |
| $I_{S,C}$ | ISC | Leck-Sättigungssperrstrom der Kollektor-Diode |
| $n_C$ | NC | Emissionskoeffizient der Kollektor-Diode |
| $I_{K,N}$ | IKF | Kniestrom zur starken Injektion für Normalbetrieb |
| $I_{K,I}$ | IKR | Kniestrom zur starken Injektion für Inversbetrieb |
| $U_{A,N}$ | VAF | Early-Spannung für Normalbetrieb |
| $U_{A,I}$ | VAR | Early-Spannung für Inversbetrieb |
| $R_{Be}$ | RBM | externer Basisbahnwiderstand |
| $R_{Bi}$ | - | interner Basisbahnwiderstand ($R_{Bi} = \text{RB} - \text{RBM}$) |
| - | RB | Basisbahnwiderstand (RB $= R_{Be} + R_{Bi}$) |
| $R_C$ | RC | Kollektorbahnwiderstand |
| $R_E$ | RE | Emitterbahnwiderstand |
| **Dynamisches Verhalten** | | |
| $C_{S0,E}$ | CJE | Null-Kapazität der Emitter-Diode |
| $U_{Diff,E}$ | VJE | Diffusionsspannung der Emitter-Diode |
| $m_{S,E}$ | MJE | Kapazitätskoeffizient der Emitter-Diode |
| $C_{S0,C}$ | CJC | Null-Kapazität der Kollektor-Diode |
| $U_{Diff,C}$ | VJC | Diffusionsspannung der Kollektor-Diode |
| $m_{S,C}$ | MJC | Kapazitätskoeffizient der Kollektor-Diode |
| $x_{CSC}$ | XCJC | Aufteilung der Kapazität der Kollektor-Diode |
| $C_{S0,S}$ | CJS | Null-Kapazität der Substrat-Diode |
| $U_{Diff,S}$ | VJS | Diffusionsspannung der Substrat-Diode |
| $m_{S,S}$ | MJS | Kapazitätskoeffizient der Substrat-Diode |
| $f_S$ | FC | Koeffizient für den Verlauf der Kapazitäten |
| $\tau_{0,N}$ | TF | ideale Transit-Zeit für Normalbetrieb |
| $x_{\tau,N}$ | XTF | Koeffizient für die Transit-Zeit für Normalbetrieb |
| $U_{\tau,N}$ | VTF | Transit-Zeit-Spannung für Normalbetrieb |
| $I_{\tau,N}$ | ITF | Transit-Zeit-Strom für Normalbetrieb |
| $\tau_{0,I}$ | TR | Transit-Zeit für Inversbetrieb |
| **Thermisches Verhalten** | | |
| $x_{T,I}$ | XTI | Temperaturkoeffizient der Sperrströme (2.20) |
| $x_{T,B}$ | XTB | Temperaturkoeffizient der Stromverstärkungen (2.22) |

**Tab. 2.2.** Parameter des Gummel-Poon-Modells

| Parameter | PSpice | BC547B | BC557B | BUV47 | BFR92P | Einheit |
|---|---|---|---|---|---|---|
| $I_S$ | IS | 7 | 1 | 974 | $0,12$ | fA |
| $B_N$ | BF | 375 | 307 | 95 | 95 | |
| $B_I$ | BR | 1 | $6,5$ | $20,9$ | $10,7$ | |
| $I_{S,E}$ | ISE | 68 | $10,7$ | 2570 | 130 | fA |
| $n_E$ | NE | $1,58$ | $1,76$ | $1,2$ | $1,9$ | |
| $I_{K,N}$ | IKF | $0,082$ | $0,092$ | $15,7$ | $0,46$ | A |
| $U_{A,N}$ | VAF | 63 | 52 | 100 | 30 | V |
| $R_{Be}$ [7] | RBM | 10 | 10 | $0,1$ | $6,2$ | $\Omega$ |
| $R_{Bi}$ [7] | - | 0 | 0 | 0 | $7,8$ | $\Omega$ |
| - [7] | RB | 10 | 10 | $0,1$ | 15 | $\Omega$ |
| $R_C$ | RC | 1 | $1,1$ | $0,035$ | $0,14$ | $\Omega$ |
| $C_{S0,E}$ | CJE | $11,5$ | 30 | 1093 | $0,01$ | pF |
| $U_{Diff,E}$ | VJE | $0,5$ | $0,5$ | $0,5$ | $0,71$ | V |
| $m_{S,E}$ | MJE | $0,672$ | $0,333$ | $0,333$ | $0,347$ | |
| $C_{S0,C}$ | CJC | $5,25$ | $9,8$ | 364 | $0,946$ | pF |
| $U_{Diff,C}$ | VJC | $0,57$ | $0,49$ | $0,5$ | $0,85$ | V |
| $m_{S,C}$ | MJC | $0,315$ | $0,332$ | $0,333$ | $0,401$ | |
| $x_{CSC}$ | XCJC | 1 | 1 | 1 | $0,13$ | |
| $f_S$ | FC | $0,5$ | $0,5$ | $0,5$ | $0,5$ | |
| $\tau_{0,N}$ | TF | $0,41$ | $0,612$ | $21,5$ | $0,027$ | ns |
| $x_{\tau,N}$ | XTF | 40 | 26 | 205 | $0,38$ | |
| $U_{\tau,N}$ | VTF | 10 | 10 | 10 | $0,33$ | V |
| $I_{\tau,N}$ | ITF | $1,49$ | $1,37$ | 100 | $0,004$ | A |
| $\tau_{0,I}$ | TR | 10 | 10 | 988 | $1,27$ | ns |
| $x_{T,I}$ | XTI | 3 | 3 | 3 | 3 | |
| $x_{T,B}$ | XTB | $1,5$ | $1,5$ | $1,5$ | $1,5$ | |

BC547B: npn-Kleinleistungstransistor, BC557B: pnp-Kleinleistungstransistor,
BUV47: npn-Leistungstransistor, BFR92P: npn-Hochfrequenztransistor

**Tab. 2.3.** Parameter einiger Einzeltransistoren

### 2.3.3
### Kleinsignalmodell

Durch Linearisierung in einem Arbeitspunkt erhält man aus dem nichtlinearen Gummel-Poon-Modell ein lineares *Kleinsignalmodell*. Der Arbeitspunkt wird in der Praxis so gewählt, daß der Transistor im Normalbetrieb arbeitet; die hier behandelten Kleinsignalmodelle sind deshalb nur für diese Betriebsart gültig. Man kann in gleicher Weise auch Kleinsignalmodelle für die anderen Betriebsarten angeben, sie sind jedoch von untergeordneter Bedeutung.

---

7   Die Basisbahnwiderstände sind mit Ausnahme des BFR92P nur pauschal angegeben, der stromabhängige interne Anteil ist nicht spezifiziert. Es treten deshalb Ungenauigkeiten bei hohen Frequenzen auf. Genauere Werte kann man aus den Angaben zum Rauschen gewinnen, siehe Abschnitt 2.3.4.

Das *statische Kleinsignalmodell* beschreibt das Kleinsignalverhalten bei niedrigen Frequenzen und wird deshalb auch *Gleichstrom-Kleinsignalersatzschaltbild* genannt. Das *dynamische Kleinsignalmodell* beschreibt zusätzlich das dynamische Kleinsignalverhalten und wird zur Berechnung des Frequenzgangs von Schaltungen benötigt; es wird auch *Wechselstrom-Kleinsignalersatzschaltbild* genannt.

### Statisches Kleinsignalmodell

**Linearisierung und Kleinsignalparameter des Gummel-Poon-Modells:** Ein genaues Kleinsignalmodell erhält man durch Linearisierung des Gummel-Poon-Modells. Aus Abb. 2.34 folgt durch Weglassen der Kapazitäten und Vernachlässigung der Sperrströme ($I_{B,I} = I_{B,C} = I_{D,S} = 0$) das in Abb. 2.35a gezeigte *statische* Gummel-Poon-Modell für den Normalbetrieb. Die nichtlinearen Größen $I_B = I_{B,N}(U_{B'E'}) + I_{B,E}(U_{B'E'})$ und $I_C = I_T(U_{B'E'}, U_{C'E'})$ werden im Arbeitspunkt A linearisiert:

$$S = \left.\frac{\partial I_C}{\partial U_{B'E'}}\right|_A = \frac{I_{C,A}}{U_T}\left(1 - \frac{U_T}{q_B}\left.\frac{\partial q_B}{\partial U_{B'E'}}\right|_A\right)$$

$$\frac{1}{r_{BE}} = \left.\frac{\partial I_B}{\partial U_{B'E'}}\right|_A = \frac{I_S}{B_N U_T}\,e^{\frac{U_{B'E',A}}{U_T}} + \frac{I_{S,E}}{n_E U_T}\,e^{\frac{U_{B'E',A}}{n_E U_T}}$$

$$\frac{1}{r_{CE}} = \left.\frac{\partial I_C}{\partial U_{C'E'}}\right|_A = \frac{I_{C,A}}{U_{A,N} + U_{C'E',A} - U_{B'E',A}\left(1 + \frac{U_{A,N}}{U_{A,I}}\right)}$$

**Näherungen für die Kleinsignalparameter:** Die Kleinsignalparameter $S$, $r_{BE}$ und $r_{CE}$ werden nur in CAD-Programmen nach den obigen Gleichungen ermittelt; für den praktischen Gebrauch werden Näherungen oder andere Zusammenhänge

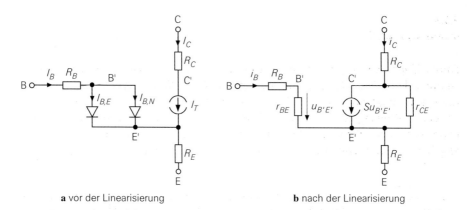

**a** vor der Linearisierung  **b** nach der Linearisierung

**Abb. 2.35.** Ermittlung des statischen Kleinsignalmodells durch Linearisierung des statischen Gummel-Poon-Modells

verwendet:

$$S = \left.\frac{\partial I_C}{\partial U_{B'E'}}\right|_A \approx \frac{I_{C,A}}{U_T}\frac{I_{K,N}+I_{C,A}}{I_{K,N}+2I_{C,A}} \overset{I_{C,A}\ll I_{K,N}}{\approx} \frac{I_{C,A}}{U_T}$$

$$r_{BE} = \left.\frac{\partial U_{B'E'}}{\partial I_B}\right|_A = \left.\frac{\partial U_{B'E'}}{\partial I_C}\right|_A \left.\frac{\partial I_C}{\partial I_B}\right|_A = \frac{\beta}{S}$$

$$r_{CE} = \left.\frac{\partial U_{C'E'}}{\partial I_C}\right|_A \approx \frac{U_{A,N}+U_{C'E',A}}{I_{C,A}} \overset{U_{C'E',A}\ll U_{A,N}}{\approx} \frac{U_{A,N}}{I_{C,A}}$$

Die Näherungen für $r_{BE}$ und $r_{CE}$ entsprechen den bereits im Abschnitt 2.1.4 angegebenen Gleichungen (2.12) und (2.13). Zur Bestimmung von $r_{BE}$ muß die Kleinsignalstromverstärkung $\beta$ bekannt sein oder ein sinnvoller Wert angenommmen werden.

Die Gleichung für die Steilheit $S$ erhält man durch näherungsweise Auswertung des vollständigen Ausdrucks; sie ist gegenüber (2.11) um einen Term zur Beschreibung des Hochstromeffekts erweitert. Der Hochstromeffekt bewirkt eine relative Abnahme von $S$ bei großen Kollektorströmen, für $I_{C,A} = I_{K,N}$ auf 2/3, für $I_{C,A} \to \infty$ auf die Hälfte des Wertes $I_{C,A}/U_T$. Soll die Abnahme kleiner als 10 % sein, muß man $I_{C,A} < I_{K,N}/8$ wählen.

**Gleichstrom-Kleinsignalersatzschaltbild:** Abb. 2.35b zeigt das resultierende *statische Kleinsignalmodell*. Für fast alle praktischen Berechnungen werden die Bahnwiderstände $R_B$, $R_C$ und $R_E$ vernachlässigt; man erhält dann das bereits im Abschnitt 2.1.4 behandelte Kleinsignalersatzschaltbild, das in Abb. 2.36a noch einmal wiedergegeben ist.

Vernachlässigt man zusätzlich den Early-Effekt ($r_{CE} \to \infty$), kann man neben dem entsprechend reduzierten Ersatzschaltbild nach Abb. 2.36a auch die in Abb. 2.36b gezeigte alternative Form verwenden; dabei gilt:

$$r_E = \frac{1}{S+\dfrac{1}{r_{BE}}} \approx \frac{1}{S} \quad ; \quad \alpha = \frac{\beta}{1+\beta} = S\,r_E$$

Man erhält diese alternative Form durch Linearisierung des reduzierten Ebers-Moll-Modells nach Abb. 2.25a. Sie wird hier nur der Vollständigkeit wegen angegeben, da sie nur in Ausnahmefällen vorteilhaft eingesetzt werden kann und die Vernachlässigung des Early-Effekts in vielen Fällen zu unzureichenden Ergebnissen führt [8].

---

8  In der Literatur findet man gelegentlich eine Variante mit einem zusätzlichen Widerstand $r_C$ zwischen Basis und Kollektor. Dieser entsteht durch die Linearisierung der in diesem Fall nicht vernachlässigten Kollektor-Basis-Diode des Ebers-Moll-Modells und dient deshalb nicht, wie oft angenommen wird, der Modellierung des Early-Effekts. Diese Variante ist deshalb auch nicht äquivalent zu dem vereinfachten Modell in Abb. 2.36a.

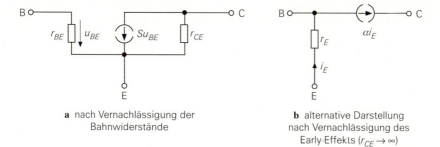

**a** nach Vernachlässigung der
Bahnwiderstände

**b** alternative Darstellung
nach Vernachlässigung des
Early-Effekts ($r_{CE} \to \infty$)

**Abb. 2.36.** Vereinfachte statische Kleinsignalmodelle

## Dynamisches Kleinsignalmodell

**Vollständiges Modell:** Durch Ergänzen der Sperrschicht- und Diffusionskapazitäten erhält man aus dem statischen Kleinsignalmodell nach Abb. 2.35b das in Abb. 2.37 gezeigte dynamische Kleinsignalmodell; dabei gilt mit Bezug auf Abschnitt 2.3.2:

$$C_E = C_{S,E}(U_{B'E',A}) + C_{D,N}(U_{B'E',A})$$

$$C_{Ci} = C_{S,Ci}(U_{B'C',A}) + C_{D,I}(U_{B'C',A}) \approx C_{S,Ci}(U_{B'C',A})$$

$$C_{Ce} = C_{S,Ce}(U_{BC',A})$$

$$C_S = C_{S,C}(U_{SC',A})$$

Die *Emitterkapazität* $C_E$ setzt sich aus der Emitter-Sperrschichtkapazität $C_{S,E}$ und der Diffusionskapazität $C_{D,N}$ für Normalbetrieb zusammen. Die *interne Kollektorkapazität* $C_{Ci}$ entspricht der internen Kollektor-Sperrschichtkapazität; die parallel liegende Diffusionskapazität $C_{D,I}$ ist wegen $U_{BC} < 0$ vernachlässigbar klein. Die *externe Kollektorkapazität* $C_{Ce}$ und die *Substratkapazität* $C_S$ entsprechen den jeweiligen Sperrschichtkapazitäten; letztere tritt nur bei integrierten Transistoren auf.

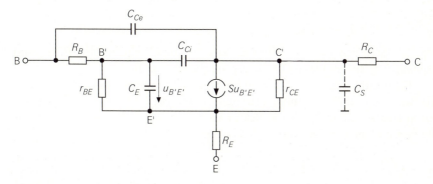

**Abb. 2.37.** Dynamisches Kleinsignalmodell

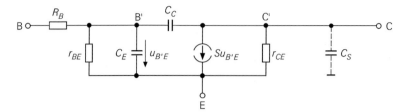

**Abb. 2.38.** Vereinfachtes dynamisches Kleinsignalmodell

**Vereinfachtes Modell:** Für praktische Berechnungen werden die Bahnwiderstände $R_E$ und $R_C$ vernachlässigt; der Basisbahnwiderstand $R_B$ kann wegen seines Einflusses auf das dynamische Verhalten nur in Ausnahmefällen vernachlässigt werden. Zusätzlich werden die interne und die externe Kollektorkapazität zu einer internen *Kollektorkapazität* $C_C$ zusammengefaßt; nur bei integrierten Transistoren mit überwiegendem externen Anteil wird sie extern angeschlossen. Man erhält das in Abb. 2.38 gezeigte vereinfachte dynamische Kleinsignalmodell, das für die im folgenden durchgeführten Berechnungen verwendet wird. Auf die *praktische* Bestimmung der Kapazitäten $C_E$ und $C_C$ wird im nächsten Abschnitt näher eingegangen.

### Grenzfrequenzen bei Kleinsignalbetrieb

Mit Hilfe des Kleinsignalmodells aus Abb. 2.38 kann man die Frequenzgänge der Kleinsignalstromverstärkungen $\alpha$ und $\beta$ und der Transadmittanz $y_{21,e}$ berechnen; die dabei anfallenden Grenzfrequenzen $f_\alpha$, $f_\beta$ und $f_{Y21e}$ und die *Transitfrequenz* $f_T$ sind ein Maß für die Bandbreite und die Schaltgeschwindigkeit des Transistors.

**Frequenzgang der Kleinsignalstromverstärkung $\beta$:** Das Verhältnis der Laplacetransformierten der Kleinsignalströme $i_C$ und $i_B$ in Emitterschaltung bei Normalbetrieb und konstantem $U_{CE} = U_{CE,A}$ wird *Übertragungsfunktion der Kleinsignalstromverstärkung* $\beta$ genannt und mit $\underline{\beta}(s)$ bezeichnet:

$$\underline{\beta}(s) \;=\; \frac{\underline{i}_C}{\underline{i}_B} \;=\; \frac{\mathcal{L}\{i_C\}}{\mathcal{L}\{i_B\}}$$

Durch Einsetzen von $s = j\omega$ erhält man aus $\underline{\beta}(s)$ den Frequenzgang $\underline{\beta}(j\omega)$ und daraus durch Betragsbildung den Betragsfrequenzgang $|\underline{\beta}(j\omega)|$.

Zur Ermittlung von $\underline{\beta}(s)$ wird eine Kleinsignalstromquelle mit dem Strom $i_B$ an die Basis angeschlossen und $i_C$ ermittelt. Abbildung 2.39 zeigt das zugehörige Kleinsignalersatzschaltbild; der Kollektor ist wegen $u_{CE} = U_{CE} - U_{CE,A} = 0$ mit Masse verbunden. Aus den Knotengleichungen

$$\underline{i}_B \;=\; \left( \frac{1}{r_{BE}} + s\,(C_E + C_C) \right) \underline{u}_{B'E}$$

$$\underline{i}_C \;=\; (S - sC_C)\,\underline{u}_{B'E}$$

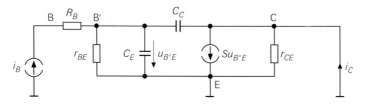

**Abb. 2.39.** Kleinsignalersatzschaltbild zur Berechnung von $\underline{\beta}(s)$

erhält man mit $\beta_0 = S\,r_{BE}$: [9]:

$$\underline{\beta}(s) = \frac{r_{BE}\,(S - sC_C)}{1 + s\,r_{BE}\,(C_E + C_C)} \approx \frac{\beta_0}{1 + s\,r_{BE}\,(C_E + C_C)}$$

Die Übertragungsfunktion hat einen Pol und eine Nullstelle, wobei die Nullstelle aufgrund der sehr kleinen Zeitkonstante $C_C S^{-1}$ vernachlässigt werden kann. Abbildung 2.40 zeigt den Betragsfrequenzgang $|\underline{\beta}(j\omega)|$ für $\beta_0 = 100$ unter Berücksichtigung der Nullstelle; bei der *β-Grenzfrequenz*

$$\omega_\beta = 2\pi f_\beta \approx \frac{1}{r_{BE}\,(C_E + C_C)} \tag{2.43}$$

ist er um $3\,\mathrm{dB}$ gegenüber $\beta_0$ abgefallen [2.7].

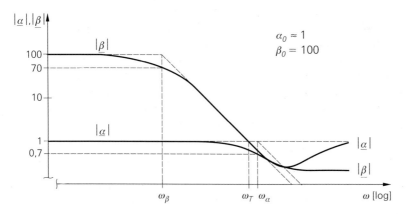

**Abb. 2.40.** Betragsfrequenzgänge $|\underline{\alpha}(j\omega)|$ und $|\underline{\beta}(j\omega)|$

---

9 Die *statische* Kleinsignalstromverstärkung in Emitterschaltung, die bisher mit $\beta$ bezeichnet wurde, wird hier zur Unterscheidung von der inversen Laplacetransformierten $\beta = \mathcal{L}^{-1}\{\underline{\beta}(s)\}$ mit $\beta_0$ bezeichnet; der Index Null bedeutet dabei Frequenz Null, d.h. es gilt $\beta_0 = |\underline{\beta}(j0)|$.

**Transitfrequenz:** Die Frequenz, bei der $|\beta(j\omega)|$ auf Eins abgefallen ist, wird *Transitfrequenz* $f_T$ genannt; man erhält [2.7]:

$$\omega_T = 2\pi f_T = \beta_0 \omega_\beta \approx \frac{S}{C_E + C_C} \qquad (2.44)$$

Aufgrund der Näherungen beim Kleinsignalmodell und bei der Berechnung von $\beta(s)$ stimmt die Transitfrequenz nach (2.44) nicht mit der realen Transitfrequenz des Transistors überein; sie wird deshalb auch *extrapolierte Transitfrequenz* genannt, da man sie durch Extrapolation des abfallenden Teils von $|\beta(j\omega)|$ entsprechend einem Tiefpaß 1.Grades erhält. Im Datenblatt eines Transistors ist immer die extrapolierte Transitfrequenz angegeben.

Die Transitfrequenz hängt vom Arbeitspunkt ab; außerhalb des Hochstrombereichs gilt:

$$S = \frac{I_{C,A}}{U_T} \quad , \quad C_E = \frac{\tau_N I_{C,A}}{U_T} + C_{S,E} \quad , \quad C_C = C_{S,C}$$

Daraus folgt [2.7]:

$$\omega_T \approx \frac{1}{\tau_N + \frac{I_{C,A}}{U_T}\left(C_{S,E} + C_{S,C}\right)}$$

Abb. 2.41 zeigt die Abhängigkeit der Transitfrequenz vom Kollektorstrom $I_{C,A}$; drei Bereiche lassen sich unterscheiden:

- Bei kleinen Kollektorströmen gilt:

$$\omega_T \approx \frac{I_{C,A}}{U_T\left(C_{S,E} + C_{S,C}\right)} \sim I_{C,A} \qquad \text{für } I_{C,A} < \frac{U_T}{\tau_{0,N}}\left(C_{S,E} + C_{S,C}\right)$$

In diesem Bereich ist $f_T$ näherungsweise proportional zu $I_{C,A}$.

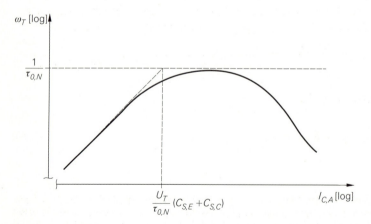

**Abb. 2.41.** Abhängigkeit der Transitfrequenz vom Kollektorstrom $I_{C,A}$

● Bei mittleren Kollektorströmen unterhalb des Hochstrombereichs gilt:

$$\omega_T \approx \frac{1}{\tau_N} \approx \frac{1}{\tau_{0,N}} \quad \text{für} \quad \frac{U_T}{\tau_{0,N}}\left(C_{S,E} + C_{S,C}\right) < I_{C,A} \ll I_{r,N}$$

Hier erreicht $f_T$ ein Maximum und hängt nur wenig von $I_{C,A}$ ab.

● Im Hochstrombereich gilt ebenfalls $\omega_T \approx 1/\tau_N$, allerdings nimmt dort $\tau_N$ nach (2.42) zu, so daß $f_T$ mit zunehmendem $I_{C,A}$ abnimmt.

**Frequenzgang der Kleinsignalstromverstärkung $\alpha$:** Das Verhältnis der Laplacetransformierten der Kleinsignalströme $i_C$ und $i_E$ in Basisschaltung bei Normalbetrieb und konstantem $U_{BC} = U_{BC,A}$ wird *Übertragungsfunktion der Kleinsignalstromverstärkung* $\alpha$ genannt und mit $\underline{\alpha}(s)$ bezeichnet. Zur Ermittlung von $\underline{\alpha}(s)$ wird eine Kleinsignalstromquelle mit dem Strom $i_E$ am Emitter angeschlossen und $i_C$ ermittelt; dabei sind Basis und Kollektor, letzterer wegen $u_{BC} = U_{BC} - U_{BC,A} = 0$, mit Masse verbunden. Mit $r_{CE} \to \infty$ und $\alpha_0 = S\,r_E$ [10] erhält man:

$$\underline{\alpha}(s) = -\frac{i_C}{i_E} = \alpha_0 \frac{1 + s\dfrac{R_B C_C}{\alpha_0} + s^2\dfrac{r_E C_E R_B C_C}{\alpha_0}}{(1 + s\,r_E C_E)(1 + s R_B C_C)}$$

Die Übertragungsfunktion hat zwei Pole und zwei Nullstellen; der Betragsfrequenzgang $|\underline{\alpha}(j\omega)|$ ist in Abb. 2.40 gezeigt [2.8]. Im allgemeinen gilt $R_B C_C \ll r_E C_E$, so daß man die Näherung

$$\underline{\alpha}(s) \approx \frac{\alpha_0}{1 + s\,r_E C_E}$$

verwenden kann; daraus folgt die *$\alpha$-Grenzfrequenz*:

$$\omega_\alpha = 2\pi f_\alpha \approx \frac{1}{r_E C_E} \tag{2.45}$$

**Frequenzgang der Transadmittanz $y_{21,e}$:** Ersetzt man in Abb. 2.39 die Kleinsignalstromquelle mit dem Strom $i_B$ durch eine Kleinsignalspannungsquelle mit der Spannung $u_{BE}$ und ermittelt das Verhältnis der Laplacetransformierten von $i_C$ und $u_{BE}$, erhält man die *Übertragungsfunktion der Transadmittanz $y_{21,e}$*

$$\underline{y}_{21,e}(s) = \frac{i_C}{u_{BE}} = \frac{S - s C_C}{1 + \dfrac{R_B}{r_{BE}} + s R_B\left(C_E + C_C\right)} \approx \frac{S}{1 + s R_B\left(C_E + C_C\right)}$$

mit der *Steilheitsgrenzfrequenz*:

$$\omega_{Y21e} = 2\pi f_{Y21e} \approx \frac{1}{R_B\left(C_E + C_C\right)} \tag{2.46}$$

---

10 Die *statische* Kleinsignalstromverstärkung in Basisschaltung, die bisher mit $\alpha$ bezeichnet wurde, wird hier zur Unterscheidung von der inversen Laplacetransformierten $\alpha = \mathcal{L}^{-1}\{\underline{\alpha}(s)\}$ mit $\alpha_0$ bezeichnet; der Index Null bedeutet dabei Frequenz Null, d.h. $\alpha_0 = |\underline{\alpha}(j0)|$.

Die Steilheitsgrenzfrequenz hängt vom Arbeitspunkt ab; ihre Abhängigkeit von $I_{C,A}$ ist jedoch nicht einfach anzugeben, da die Arbeitspunktabhängigkeit von $R_B$ eingeht. Tendenziell nimmt sie mit steigendem Kollektorstrom $I_{C,A}$ ab.

**Relation und Bedeutung der Grenzfrequenzen:** Ein Vergleich führt auf folgende Relation:

$$f_\beta \ < \ f_{Y21e} \ < \ f_T \ \lesssim \ f_\alpha$$

Steuert man einen Transistor in Emitterschaltung mit einer Stromquelle bzw. mit einer Quelle mit einem Innenwiderstand $R_i \gg r_{BE}$ an, spricht man von *Stromsteuerung*; die Grenzfrequenz der Schaltung wird in diesem Fall durch die $\beta$-Grenzfrequenz $f_\beta$ nach oben begrenzt. Bei Ansteuerung mit einer Spannungsquelle bzw. mit einer Quelle mit einem Innenwiderstand $R_i \ll r_{BE}$ spricht man von *Spannungssteuerung*; in diesem Fall wird die Grenzfrequenz der Schaltung durch die *Steilheitsgrenzfrequenz* $f_{Y21e}$ nach oben begrenzt. Man erreicht also bei Spannungssteuerung im allgemeinen eine höhere Bandbreite, siehe Abschnitt 2.4.1; dies gilt in gleicher Weise für die Kollektorschaltung, siehe Abschnitt 2.4.2.

Die größte Bandbreite erreicht die Basisschaltung; hier gilt im allgemeinen $R_i > r_E$, so daß Stromsteuerung vorliegt und die Bandbreite der Schaltung durch die $\alpha$-*Grenzfrequenz* $f_\alpha$ nach oben begrenzt wird, siehe Abschnitt 2.4.3.

**Wahl des Arbeitspunktes:** Die Bandbreite einer Schaltung hängt auch vom Arbeitspunkt des Transistors ab. Bei der Emitterschaltung mit Stromsteuerung und bei der Basisschaltung erreicht man die maximale Bandbreite, indem man den Kollektorstrom $I_{C,A}$ so wählt, daß die Transitfrequenz $f_T$ maximal wird. Bei der Emitterschaltung mit Spannungssteuerung sind die Verhältnisse komplizierter; zwar nimmt die Steilheitsgrenzfrequenz $f_{Y21e}$ mit steigendem $I_{C,A}$ ab, gleichzeitig kann aber bei gleicher Verstärkung der Schaltung die Kollektorbeschaltung niederohmiger ausfallen und damit die ausgangsseitige Bandbreite erhöht werden, siehe Abschnitt 2.4.1.

**Bestimmung der Kleinsignalkapazitäten:** Im Datenblatt eines Transistors ist die Transitfrequenz $f_T$ und die Ausgangskapazität in Basisschaltung $C_{obo}$ (*output, grounded base, open emitter*) angegeben; $C_{obo}$ entspricht der Kollektor-Basis-Kapazität. Aus diesen Angaben erhält man unter Verwendung von (2.44):

$$C_C \ \approx \ C_{obo}$$

$$C_E \ \approx \ \frac{S}{\omega_T} - C_{obo}$$

### Zusammenfassung der Kleinsignalparameter

Aus dem Kollektorstrom $I_{C,A}$ im Arbeitspunkt und Datenblattangaben kann man die Parameter des in Abb. 2.38 gezeigten Kleinsignalmodells gemäß Tab. 2.4 bestimmen.

| Param. | Bezeichnung | Bestimmung |
|---|---|---|
| $S$ | Steilheit | $S = \dfrac{I_{C,A}}{U_T}$ mit $U_T \approx 26\,\text{mV}$ bei $T = 300\,\text{K}$ |
| $(\beta)$ | Kleinsignalstrom-verstärkung | direkt aus Datenblatt *oder* indirekt aus Datenblatt unter Verwendung von $\beta \approx B$ *oder* sinnvolle Annahme ($\beta \approx 50 \ldots 500$) |
| $r_{BE}$ | Kleinsignalein-gangswiderstand | $r_{BE} = \dfrac{\beta}{S}$ |
| $R_B$ | Basisbahn-widerstand | sinnvolle Annahme ($R_B \approx 10 \ldots 1000\,\Omega$) *oder* aus optimaler Rauschzahl nach (2.58) |
| $(U_A)$ | Earlyspannung | aus der Steigung der Kennlinien im Ausgangskenn-linienfeld (Abb. 2.5) *oder* sinnvolle Annahme ($U_A \approx 30 \ldots 150\,\text{V}$) |
| $r_{CE}$ | Kleinsignalaus-gangswiderstand | $r_{CE} = \dfrac{U_A}{I_{C,A}}$ |
| $(f_T)$ | Transitfrequenz | aus Datenblatt |
| $C_C$ | Kollektor-kapazität | aus Datenblatt (z.B. $C_{obo}$) |
| $C_E$ | Emitterkapazität | $C_E = \dfrac{S}{2\pi f_T} - C_C$ |

**Tab. 2.4.** Kleinsignalparameter (Hilfsgrößen in Klammern)

## 2.3.4
## Rauschen

In Widerständen und pn-Übergängen treten Rauschspannungen bzw. Rausch-ströme auf, die bei Widerständen auf die thermische Bewegung der La-dungsträger und bei pn-Übergängen auf den unstetigen Stromfluß aufgrund des Durchtritts einzelner Ladungsträger zurückzuführen sind.

### Rauschdichten

Da es sich beim Rauschen um einen stochastischen Vorgang handelt, kann man nicht wie gewohnt mit Spannungen und Strömen rechnen. Eine Rauschspannung $u_r$ wird durch die *Rauschspannungsdichte* $|\underline{u}_r(f)|^2$, ein Rauschstrom $i_r$ durch die *Rauschstromdichte* $|\underline{i}_r(f)|^2$ beschrieben; die Dichten geben die spektrale Verteilung der Effektivwerte $u_{reff}$ bzw. $i_{reff}$ an [11]:

$$|\underline{u}_r(f)|^2 \;=\; \frac{d(u_{reff}^2)}{df}$$

$$|\underline{i}_r(f)|^2 \;=\; \frac{d(i_{reff}^2)}{df}$$

Durch Integration kann man aus den Rauschdichten die Effektivwerte bestimmen [2.9]:

$$u_{reff} \;=\; \sqrt{\int_0^\infty |\underline{u}_r(f)|^2 df}$$

$$i_{reff} \;=\; \sqrt{\int_0^\infty |\underline{i}_r(f)|^2 df}$$

Ist die Rauschdichte eines Rauschsignals konstant, spricht man von *weißem Rauschen*. Ein Rauschsignal kann nur in einem bestimmten Bereich weiß sein; speziell für $f \to \infty$ muß die Rauschdichte derart gegen Null gehen, daß die Integrale endlich bleiben.

**Übertragung von Rauschdichten in Schaltungen:** Hat man an einem Punkt $e$ eine Rauschspannung $u_{r,e}$ mit der Rauschspannungsdichte $|\underline{u}_{r,e}(f)|^2$ vorliegen, kann man die dadurch an einem Punkt $a$ verursachte Rauschspannung $u_{r,a}$ mit der Rauschspannungsdichte $|\underline{u}_{r,a}(f)|^2$ mit Hilfe der Übertragungsfunktion $\underline{H}(s) = \underline{u}_{r,a}(s)/\underline{u}_{r,e}(s)$ berechnen [2.9]:

$$|\underline{u}_{r,a}(f)|^2 \;=\; |\underline{H}(j2\pi f)|^2 \, |\underline{u}_{r,e}(f)|^2$$

Bei mehreren Rauschquellen kann man die Rauschdichten an jedem Punkt addieren, wenn die Rauschquellen unkorreliert, d.h. unabhängig voneinander sind; das ist im allgemeinen der Fall. Hat man beispielsweise eine Rauschspannungsquelle mit der Dichte $|\underline{u}_r(f)|^2$ und eine Rauschstromquelle mit der Dichte $|\underline{i}_r(f)|^2$, so erhält man am Punkt $a$ mit $\underline{H}_a(s) = \underline{u}_{r,a}(s)/\underline{u}_r(s)$ und $\underline{Z}_a(s) = \underline{u}_{r,a}(s)/\underline{i}_r(s)$:

$$|\underline{u}_{r,a}(f)|^2 \;=\; |\underline{H}_a(j2\pi f)|^2 \, |\underline{u}_r(f)|^2 + |\underline{Z}_a(j2\pi f)|^2 \, |\underline{i}_r(f)|^2$$

**Rauschen eines Widerstands:** Ein Widerstand $R$ erzeugt eine Rauschspannung $u_{R,r}$ mit der Rauschspannungsdichte [2.9]:

$$|\underline{u}_{R,r}(f)|^2 = 4kTR$$

Dabei ist $k = 1,38 \cdot 10^{-23}$ VAs/K die *Boltzmannkonstante* und $T$ die Temperatur des Widerstands in Kelvin. Dieses Rauschen wird *thermisches Rauschen* genannt, da es auf die thermische Bewegung der Ladungsträger zurückzuführen ist; die Rauschspannungsdichte ist deshalb proportional zur Temperatur. Für $R = 1\,\Omega$ und $T = 300\,\text{K}$ ist $|\underline{u}_{R,r}(f)|^2 \approx 1,66 \cdot 10^{-20}$ V²/Hz bzw. $|\underline{u}_{R,r}(f)| \approx 0,13\,\text{nV}/\sqrt{\text{Hz}}$.

---

11 Hier wird die *einseitige* Frequenz $f$ mit $0 < f < \infty$ anstelle der *zweiseitigen* Kreisfrequenz $\omega$ bzw. $j\omega$ mit $-\infty < \omega < \infty$ als Frequenzvariable verwendet. Es gilt $|\underline{u}_r(f)|^2 = 4\pi|\underline{u}_r(j\omega)|^2$; der Faktor $4\pi$ setzt sich dabei aus dem Faktor $2\pi$ gemäß $\omega = 2\pi f$ und dem Faktor 2 für den Übergang zur einseitigen Frequenzvariable zusammen.

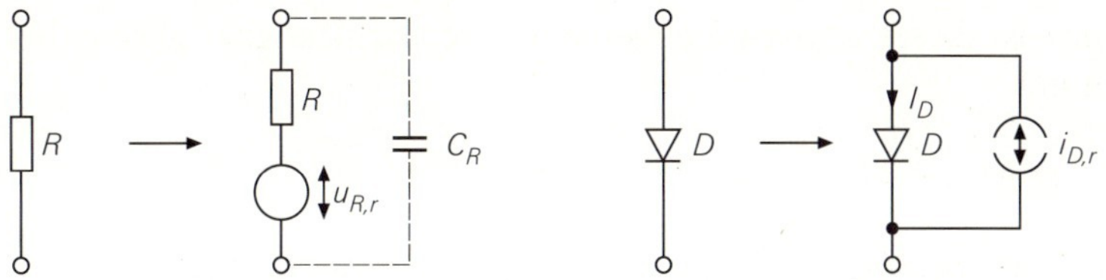

**a** Widerstand                              **b** pn-Übergang

**Abb. 2.42.** Modellierung des Rauschens durch Rauschquellen

Abbildung 2.42a zeigt die Modellierung des Rauschens durch eine Rausch-spannungsquelle; der Doppelpfeil kennzeichnet die Quelle als Rauschquelle. Da die Rauschspannungsdichte konstant ist, liegt weißes Rauschen vor; deshalb erhält man bei der Berechnung des Effektivwerts den Wert $\infty$. Dieses Ergeb-nis ist jedoch nicht korrekt, da für $f \to \infty$ die parasitäre Kapazität $C_R$ des Widerstands berücksichtigt werden muß; sie ist in Abb. 2.42a eingezeichnet. Für die Rauschspannung $\underline{u}_{R,r}'$ an den Anschlüssen des Widerstands erhält man mit

$$\underline{u}_{R,r}'(s) = \frac{\underline{u}_{R,r}(s)}{1 + sRC_R}$$

den Ausdruck:

$$|\underline{u}_{R,r}'(f)|^2 = \frac{|\underline{u}_{R,r}(f)|^2}{1 + \left(2\pi f R C_R\right)^2}$$

Die Integration ergibt dann einen endlichen Effektivwert [2.10]:

$$u_{R,reff}' = \sqrt{\frac{kT}{C_R}}$$

**Rauschen eines pn-Übergangs**: Ein pn-Übergang, d.h. eine ideale Diode, er-zeugt einen Rauschstrom $i_{D,r}$ mit der Rauschstromdichte [2.9]:

$$|\underline{i}_{D,r}(f)|^2 = 2qI_D$$

Dabei ist $q = 1,602 \cdot 10^{-19}$ As die *Elementarladung*. Die Rauschstromdichte ist proportional zum Strom $I_D$, der über den pn-Übergang fließt. Dieses Rauschen wird *Schrotrauschen* genannt. Für $I_D = 1\,\text{mA}$ ist $|\underline{i}_{D,r}(f)|^2 \approx 3,2 \cdot 10^{-22}\,\text{A}^2/\text{Hz}$ bzw. $|\underline{i}_{D,r}(f)| \approx 18\,\text{pA}/\sqrt{\text{Hz}}$.

Abbildung 2.42b zeigt die Modellierung des Rauschens durch eine Rausch-stromquelle; auch hier kennzeichnet der Doppelpfeil die Quelle als Rauschquelle. Wie beim Widerstand liegt weißes Rauschen vor; bezüglich des Effektivwerts gelten die dort angestellten Überlegungen, d.h. für $f \to \infty$ ist die Kapazität des pn-Übergangs zu berücksichtigen.

**1/f-Rauschen**: Bei Widerständen und pn-Übergängen tritt zusätzlich ein *1/f-Rauschen* auf, dessen Rauschdichte umgekehrt proportional zur Frequenz ist.

Bei Widerständen ist dieser Anteil im allgemeinen vernachlässigbar gering; bei pn-Übergängen gilt

$$|\underline{i}_{D,r(1/f)}(f)|^2 \;=\; \frac{k_{(1/f)} I_D^{\gamma_{(1/f)}}}{f}$$

mit den experimentellen Konstanten $k_{(1/f)}$ und $\gamma_{(1/f)} \approx 1\ldots 2$ [2.10].

Bei der Berechnung des Effektivwerts erhält man den Wert $\infty$, wenn man bei der Integration die untere Grenze $f = 0$ verwendet. Da aber ein Vorgang in der Praxis nur für eine endliche Zeit beobachtet werden kann, nimmt man den Kehrwert der Beobachtungszeit als untere Grenze. Bei Meßgeräten bezeichnet man die Anteile bei Frequenzen unterhalb des Kehrwerts der Dauer einer Messung nicht mehr als Rauschen, sondern als *Drift*.

### Rauschquellen eines Bipolartransistors

Beim Bipolartransistor treten in einem durch $I_{B,A}$ und $I_{C,A}$ gegebenen Arbeitspunkt drei Rauschquellen auf [2.10]:

- Thermisches Rauschen des Basisbahnwiderstands mit:

$$|\underline{u}_{RB,r}(f)|^2 \;=\; 4kT\,R_B$$

  Das thermische Rauschen der anderen Bahnwiderstände kann im allgemeinen vernachlässigt werden.

- Schrotrauschen des Basisstroms mit:

$$|\underline{i}_{B,r}(f)|^2 \;=\; 2qI_{B,A} + \frac{k_{(1/f)} I_{B,A}^{\gamma_{(1/f)}}}{f}$$

- Schrotrauschen des Kollektorstroms mit:

$$|\underline{i}_{C,r}(f)|^2 \;=\; 2qI_{C,A} + \frac{k_{(1/f)} I_{C,A}^{\gamma_{(1/f)}}}{f}$$

Abb. 2.43 zeigt im oberen Teil das Kleinsignalmodell mit der Rauschspannungsquelle $u_{RB,r}$ und den Rauschstromquellen $i_{B,r}$ und $i_{C,r}$.

Beim Schrotrauschen dominiert bei niedrigen Frequenzen der 1/f-Anteil, bei mittleren und hohen Frequenzen der weiße Anteil. Die Frequenz, bei der beide Anteile gleich groß sind, wird *1/f-Grenzfrequenz* $f_{g(1/f)}$ genannt:

$$f_{g(1/f)} \;=\; \frac{k_{(1/f)} I_{C,A}^{(\gamma_{(1/f)}-1)}}{2q} \;\overset{\gamma_{(1/f)}=1}{=}\; \frac{k_{(1/f)}}{2q}$$

Für $\gamma_{(1/f)} = 1$ ist die 1/f-Grenzfrequenz arbeitspunktunabhängig. Bei rauscharmen Transistoren ist $\gamma_{(1/f)} \approx 1,2$ und $f_{g(1/f)}$ nimmt mit zunehmendem Arbeitspunktstrom zu. Typische Werte liegen im Bereich $f_{g(1/f)} \approx 10\,\mathrm{Hz}\ldots 10\,\mathrm{kHz}$.

### Äquivalente Rauschquellen

Zur einfacheren Berechnung des Rauschens einer Schaltung werden die Rauschquellen auf die Basis-Emitter-Strecke umgerechnet. Man erhält das in Abb. 2.43

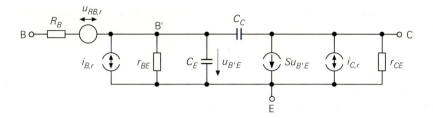

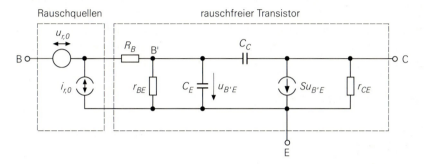

**Abb. 2.43.** Kleinsignalmodell eines Bipolartransistors mit den ursprünglichen (oben) und mit den äquivalenten Rauschquellen (unten)

im unteren Teil gezeigte Kleinsignalmodell, bei dem die ursprünglichen Rausch-quellen durch eine *äquivalente Rauschspannungsquelle* $u_{r,0}$ und eine *äquivalente Rauschstromquelle* $i_{r,0}$ repräsentiert werden; der eigentliche Transistor ist dann rauschfrei. Es gilt:

$$|\underline{u}_{r,0}(f)|^2 = |\underline{u}_{RB,r}(f)|^2 + R_B^2 \, |\underline{i}_{B,r}(f)|^2 + \frac{|\underline{i}_{C,r}(f)|^2}{|\underline{y}_{21,e}(j2\pi f)|^2}$$

$$|\underline{i}_{r,0}(f)|^2 = |\underline{i}_{B,r}(f)|^2 + \frac{|\underline{i}_{C,r}(f)|^2}{|\underline{\beta}(j2\pi f)|^2}$$

Mit $\beta/S = r_{BE} > R_B$ , $B \approx \beta \gg 1$ und $\underline{y}_{(1/f)} = 1$ erhält man [2.10]:

$$|\underline{u}_{r,0}(f)|^2 = 2qI_{C,A}\left(\left(\frac{1}{S^2} + \frac{R_B^2}{\beta}\right)\left(1 + \frac{f_{g(1/f)}}{f}\right) + R_B^2\left(\frac{f}{f_T}\right)^2\right) + 4kTR_B$$

(2.47)

$$|\underline{i}_{r,0}(f)|^2 = 2qI_{C,A}\left(\frac{1}{\beta}\left(1 + \frac{f_{g(1/f)}}{f}\right) + \left(\frac{f}{f_T}\right)^2\right)$$ (2.48)

Im Frequenzbereich $f_{g(1/f)} < f < f_T/\sqrt{\beta}$ sind die äquivalenten Rauschdichten konstant, d.h. das Rauschen ist weiß; mit $S = I_{C,A}/U_T$ erhält man:

$$|\underline{u}_{r,0}(f)|^2 = \frac{2kT\,U_T}{I_{C,A}} + 4kT\,R_B + \frac{2qR_B^2 I_{C,A}}{\beta}$$ (2.49)

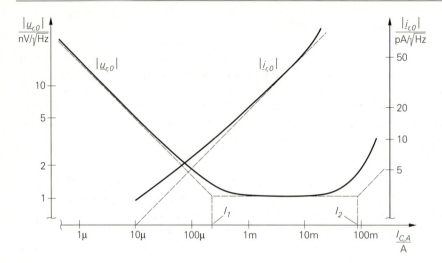

**Abb. 2.44.** Arbeitspunktabhängigkeit der äquivalenten Rauschdichten für $R_B = 60\,\Omega$: asymptotischer Verlauf für $\beta = 100$ (gestrichelt) und realer Verlauf mit arbeitspunkabhängigem $\beta$ und $\beta_{max} = 100$

$$|\underline{i}_{r,0}(f)|^2 = \frac{2qI_{C,A}}{\beta} \tag{2.50}$$

Für $f < f_{g(1/f)}$ und $f > f_T/\sqrt{\beta}$ nehmen die Rauschdichten zu. Bei rauscharmen Kleinleistungstransistoren ist $f_{g(1/f)} \approx 100\,\mathrm{Hz}$ und $f_T/\sqrt{\beta} \approx 10\,\mathrm{MHz}$.

**Arbeitspunktabhängigkeit:** Abb. 2.44 zeigt die Abhängigkeit der äquivalenten Rauschdichten vom Arbeitspunktstrom $I_{C,A}$ für den Frequenzbereich $f_{g(1/f)} < f < f_T/\sqrt{\beta}$. Die Rauschstromdichte $|\underline{i}_{r,0}(f)|^2$ ist für $\beta = const.$ proportional zu $I_{C,A}$; dieser Zusammenhang ist in Abb. 2.44 als Asymptote gestrichelt gezeichnet. Bei kleinen und großen Kollektorströmen liegt der reale Verlauf aufgrund der Abnahme von $\beta$ oberhalb der Asymptote. Bei der Rauschspannungsdichtedichte $|\underline{u}_{r,0}(f)|^2$ sind drei Bereiche zu unterscheiden:

$$|\underline{u}_{r,0}(f)|^2 \approx \begin{cases} \dfrac{2kT\,U_T}{I_{C,A}} & \text{für } I_{C,A} < \dfrac{U_T}{2R_B} = I_1 \\[2mm] 4kT\,R_B & \text{für } \dfrac{U_T}{2R_B} < I_{C,A} < \dfrac{2\beta\,U_T}{R_B} \\[2mm] \dfrac{2qR_B^2 I_{C,A}}{\beta} & \text{für } I_{C,A} > \dfrac{2\beta\,U_T}{R_B} = I_2 \end{cases}$$

Die drei Teilverläufe sind in Abb. 2.44 mit $\beta = const.$ als Asymptoten gestrichelt gezeichnet. Der reale Verlauf liegt bei großen Kollektorströmen aufgrund der Abnahme von $\beta$ oberhalb der Asymptote.

**Ersatzrauschquelle und Rauschzahl**

Bei Ansteuerung des Transistors mit einem Signalgenerator erhält man das in Abb. 2.45a gezeigte Kleinsignalersatzschaltbild, bei dem der Transistor nur schematisch dargestellt ist. Der Signalgenerator erzeugt die Signalspannung $u_g$ und die Rauschspannung $u_{r,g}$. Die Rauschquelle des Signalgenerators kann mit den äquivalenten Rauschquellen des Transistors zu einer *Ersatzrauschquelle* $u_r$ zusammengefaßt werden, siehe Abb. 2.45b; es gilt:

$$|\underline{u}_r(f)|^2 = |\underline{u}_{r,g}(f)|^2 + |\underline{u}_{r,0}(f)|^2 + R_g^2 |\underline{i}_{r,0}(f)|^2 \tag{2.51}$$

Man denkt sich das Rauschen des Transistors im Signalgenerator entstanden und bezeichnet das Verhältnis der Rauschdichte der Ersatzrauschquelle zur Rauschdichte des Signalgenerators als *spektrale Rauschzahl* [2.10]:

$$F(f) = \frac{|\underline{u}_r(f)|^2}{|\underline{u}_{r,g}(f)|^2} = 1 + \frac{|\underline{u}_{r,0}(f)|^2 + R_g^2 |\underline{i}_{r,0}(f)|^2}{|\underline{u}_{r,g}(f)|^2} \tag{2.52}$$

Die *mittlere Rauschzahl F* (*noise-figure*) gibt den Verlust an *Signal-Rausch-Abstand SNR* (*signal-to-noise-ratio*) durch den Transistor in einem Frequenzintervall $f_U < f < f_O$ an; dabei ist der Signal-Rausch-Abstand durch das Verhältnis der Leistungen des Nutzsignals und des Rauschens gegeben. Da die Leistung eines Signals proportional zum Quadrat des Effektivwerts ist, gilt für den Signal-Rausch-Abstand des Signalgenerators:

$$\mathrm{SNR}_g = \frac{u_{geff}^2}{u_{r,geff}^2} = \frac{u_{geff}^2}{\displaystyle\int_{f_U}^{f_O} |\underline{u}_{r,g}(f)|^2 df}$$

Durch den Transistor wird die Rauschdichte um die spektrale Rauschzahl $F(f)$ angehoben; dadurch nimmt der Signal-Rausch-Abstand auf den Wert

$$\mathrm{SNR} = \frac{u_{geff}^2}{\displaystyle\int_{f_U}^{f_O} |\underline{u}_r(f)|^2 df} = \frac{u_{geff}^2}{\displaystyle\int_{f_U}^{f_O} F(f) |\underline{u}_{r,g}(f)|^2 df}$$

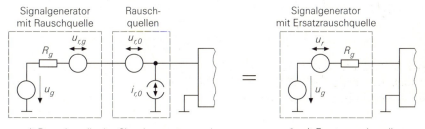

**a** mit Rauschquelle des Signalgenerators und äquivalenten Rauschquellen des Transistors

**b** mit Ersatzrauschquelle

**Abb. 2.45.** Betrieb mit einem Signalgenerator

ab. Für die mittlere Rauschzahl folgt [2.9]:

$$F = \frac{\mathrm{SNR}_g}{\mathrm{SNR}} = \frac{\displaystyle\int_{f_U}^{f_O} F(f)|\underline{u}_{r,g}(f)|^2 df}{\displaystyle\int_{f_U}^{f_O} |\underline{u}_{r,g}(f)|^2 df}$$

Nimmt man an, daß das Rauschen des Signalgenerators auf das thermische Rauschen des Innenwiderstands $R_g$ zurückzuführen ist, d.h. $|\underline{u}_{r,g}(f)|^2 = 4kT R_g$, kann man diesen Ausdruck vor die Integrale ziehen und erhält:

$$F = \frac{1}{f_O - f_U} \int_{f_U}^{f_O} F(f) df$$

In diesem Fall erhält man die mittlere Rauschzahl $F$ durch Mittelung über die spektrale Rauschzahl $F(f)$. Oft ist $F(f)$ im betrachteten Frequenzintervall konstant; dann gilt $F = F(f)$ und man spricht nur von der *Rauschzahl F*.

## Rauschzahl eines Bipolartransistors

Die spektrale Rauschzahl $F(f)$ eines Bipolartransistors erhält man durch Einsetzen der äquivalenten Rauschdichten $|\underline{u}_{r,0}(f)|^2$ nach (2.47) und $|\underline{i}_{r,0}(f)|^2$ nach (2.48) in (2.52). Abbildung 2.46 zeigt den Verlauf von $F(f)$ für ein Zahlenbeispiel. Für $f < f_1 < f_{g(1/f)}$ dominiert das 1/f-Rauschen und $F(f)$ verläuft umgekehrt proportional zur Frequenz; für $f > f_2 > f_T/\sqrt{\beta}$ ist $F(f)$ proportional zu $f^2$.

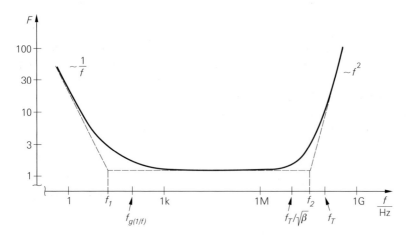

**Abb. 2.46.** Verlauf der spektralen Rauschzahl $F(f)$ eines Bipolartransistors mit $I_{C,A} = 1\,\mathrm{mA}$, $\beta = 100$, $R_B = 60\,\Omega$, $R_g = 1\,\mathrm{k}\Omega$, $f_{g(1/f)} = 100\,\mathrm{Hz}$ und $f_T = 100\,\mathrm{MHz}$

Durch Einsetzen von (2.49) und (2.50) in (2.52) erhält man die Rauschzahl $F$ für $f_{g(1/f)} < f < f_T/\sqrt{\beta}$; in diesem Frequenzbereich sind alle Rauschdichten konstant, d.h. $F$ hängt nicht von der Frequenz ab:

$$F = F(f) = 1 + \frac{1}{R_g}\left(R_B + \frac{U_T}{2I_{C,A}} + \frac{R_B^2 I_{C,A}}{2\beta U_T}\right) + \frac{I_{C,A} R_g}{2\beta U_T} \tag{2.53}$$

Die Rauschzahl wird meist in Dezibel angegeben: $F_{dB} = 10\log F$. Abbildung 2.47 zeigt die Rauschzahl eines Kleinleistungstransistors als Funktion des Arbeitspunktstroms $I_{C,A}$ für verschiedene Innenwiderstände $R_g$ des Signalgenerators. Abbildung 2.47a zeigt die Verläufe für eine Frequenz oberhalb der 1/f-Grenzfrequenz $f_{g(1/f)}$; hier gilt (2.53), d.h. die Rauschzahl hängt nicht von der Frequenz ab. Abbildung 2.47b zeigt die Verläufe für eine Frequenz unterhalb $f_{g(1/f)}$; hier ist die Rauschzahl frequenzabhängig, d.h. die Verläufe gelten nur für die angegebene Frequenz.

**Minimierung der Rauschzahl:** Man entnimmt Abb. 2.47a, daß die Rauschzahl unter bestimmten Bedingungen minimal wird; für die eingetragenen Werte für $R_g$ kann man den zugehörigen optimalen Arbeitspunktstrom $I_{C,Aopt}$ direkt ablesen. Einen besseren Überblick ermöglicht Abb. 2.48, bei der Kurven gleicher Rauschzahl in der doppelt logaritmischen $I_{C,A}$-$R_g$-Ebene eingetragen sind. Aus (2.53) erhält man über

$$\frac{\partial F}{\partial I_{C,A}} = 0$$

den optimalen Arbeitspunktstrom $I_{C,Aopt}$ bei vorgegebenem Wert für $R_g$:

$$I_{C,Aopt} = \frac{U_T\sqrt{\beta}}{\sqrt{R_g^2 + R_B^2}} \approx \begin{cases} \dfrac{U_T\sqrt{\beta}}{R_B} & \text{für } R_g < R_B \\[2ex] \dfrac{U_T\sqrt{\beta}}{R_g} & \text{für } R_g > R_B \end{cases} \tag{2.54}$$

Bei niederohmigen Signalgeneratoren mit $R_g < R_B$ ist $I_{C,Aopt}$ durch $R_B$, $\beta$ und $U_T$ gegeben, hängt also nicht von $R_g$ ab; mit $R_B \approx 10 \ldots 300\,\Omega$ und $\beta \approx 100 \ldots 400$ erhält man $I_{C,Aopt} \approx 1 \ldots 50\,\text{mA}$. Dieser Fall tritt in der Praxis jedoch selten auf. Bei Signalgeneratoren mit $R_g > R_B$ ist $I_{C,A}$ umgekehrt proportional zu $R_g$; bei Kleinleistungstransistoren kann man die Abschätzung

$$\boxed{I_{C,Aopt} \approx \frac{0,3\,\text{V}}{R_g} \qquad \text{für } R_g \geq 1\,\text{k}\Omega} \tag{2.55}$$

verwenden, die in Abb. 2.48 gestrichelt eingezeichnet ist.

In gleicher Weise kann man für einen festen Wert $I_{C,A}$ den optimalen Quellenwiderstand $R_{gopt}$ ermitteln:

$$R_{gopt} = \sqrt{R_B^2 + \frac{\beta U_T}{I_{C,A}}\left(\frac{U_T}{I_{C,A}} + 2R_B\right)} \tag{2.56}$$

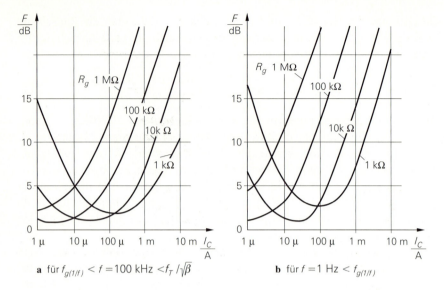

**a** für $f_{g(1/f)} < f = 100$ kHz $< f_T / \sqrt{\beta}$          **b** für $f = 1$ Hz $< f_{g(1/f)}$

**Abb. 2.47.** Rauschzahl eines Kleinleistungstransistors

Drei Bereiche lassen sich unterscheiden:

$$
R_{gopt} \approx \begin{cases}
\dfrac{U_T \sqrt{\beta}}{I_{C,A}} & \text{für } I_{C,A} < \dfrac{U_T}{2R_B} = I_1 \\[3mm]
\sqrt{\dfrac{2\beta\, U_T R_B}{I_{C,A}}} & \text{für } \dfrac{U_T}{2R_B} < I_{C,A} < \dfrac{2\beta\, U_T}{R_B} \\[3mm]
R_B & \text{für } I_{C,A} > \dfrac{2\beta\, U_T}{R_B} = I_2
\end{cases}
$$

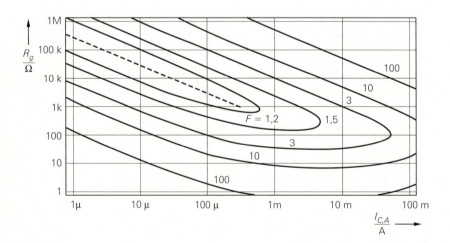

**Abb. 2.48.** Kurven gleicher Rauschzahl in der $I_{C,A}$-$R_g$-Ebene für $R_B = 60\,\Omega$ und $\beta = 100$

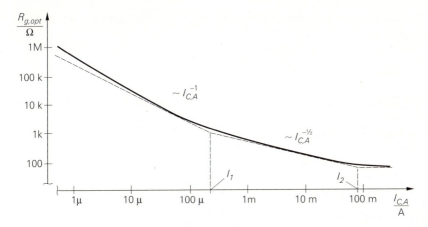

**Abb. 2.49.** Arbeitspunktabhängigkeit des optimalen Innenwiderstands $R_{g\,opt}$ für $R_B = 60\,\Omega$: asymptotischer Verlauf für $\beta = 100$ (gestrichelt) und realer Verlauf mit arbeitspunktabhängigem $\beta$ und $\beta_{max} = 100$

Die Bereiche ergeben sich aus dem in Abb. 2.44 gezeigten Verlauf von $|\underline{u}_{r,0}(f)|^2$; die Bereichsgrenzen sind demnach identisch. Abbildung 2.49 zeigt den Zusammenhang zwischen $I_{C,A}$ und $R_{g\,opt}$; bei kleinen Arbeitspunktströmen gilt $R_{g\,opt} \sim 1/I_{C,A}$, bei mittleren $R_{g\,opt} \sim 1/\sqrt{I_{C,A}}$.

Setzt man den optimalen Arbeitspunktstrom $I_{C,Aopt}$ nach (2.54) in (2.53) ein, erhält man einen Ausdruck für die optimale Rauschzahl:

$$F_{opt} = 1 + \frac{R_B}{R_g} + \frac{1}{\sqrt{\beta}}\sqrt{1 + \left(\frac{R_B}{R_g}\right)^2} \overset{R_g > R_B}{\approx} 1 + \frac{R_B}{R_g} + \frac{1}{\sqrt{\beta}} \tag{2.57}$$

Man erkennt, daß die optimale Rauschzahl eines Transistors durch den Basisbahnwiderstand $R_B$ und die Kleinsignalstromverstärkung $\beta$ bestimmt wird. In rauscharmen Schaltungen müssen Transistoren mit kleinem Basisbahnwiderstand und hoher Kleinsignalstromverstärkung eingesetzt werden; bei großem Innenwiderstand $R_g$ ist eine hohe Kleinsignalstromverstärkung $\beta$, bei kleinem $R_g$ ein kleiner Basisbahnwiderstand $R_B$ wichtig. Da $\beta$ arbeitspunktabhängig ist, wird das absolute Minimum von $F_{opt}$ nicht, wie (2.57) suggeriert, für $R_g \to \infty$, sondern für einen endlichen Wert $R_g \approx 100\,\mathrm{k}\Omega \ldots 1\,\mathrm{M}\Omega$ mit $I_{C,Aopt} \approx 1\,\mu\mathrm{A}$ erreicht.

**Rauschzahl im Bereich des 1/f-Rauschens:** Für $f < f_{g(1/f)}$ erhält man durch Einsetzen von (2.47) und (2.48) in (2.52):

$$F(f) = 1 + \frac{1}{R_g}\left(R_B + \frac{f_{g(1/f)}}{2f}\left(\frac{U_T}{I_{C,A}} + \frac{R_B^2 I_{C,A}}{\beta U_T}\right)\right) + \frac{I_{C,A} R_g f_{g(1/f)}}{2\beta U_T f}$$

Die Rauschzahl nimmt für $f \to 0$ zu. Der optimale Arbeitspunktstrom $I_{C,Aopt}$ ist auch im Bereich des 1/f-Rauschens durch (2.54) gegeben, hängt also nicht von der Frequenz ab. Das bedeutet, daß man bei gegebenem Innenwiderstand $R_g$ mit $I_{C,Aopt}$ nach (2.54) bei jeder Frequenz $f < f_T/\sqrt{\beta}$ die optimale Rauschzahl erreicht. Der optimale Innenwiderstand $R_{gopt,(1/f)}$ für festes $I_{C,A}$ ist dagegen frequenzabhängig:

$$R_{gopt,(1/f)} = \sqrt{R_B^2 + \frac{\beta\, U_T}{I_{C,A}}\left(\frac{U_T}{I_{C,A}} + \frac{2R_B f}{f_{g(1/f)}}\right)}$$

Die praktische Bedeutung von $R_{gopt,(1/f)}$ ist gering, da aufgrund der Frequenzabhängigkeit keine breitbandige Anpassung erfolgen kann.

Für die optimale Rauschzahl erhält man:

$$F_{opt,(1/f)} = 1 + \frac{R_B}{R_g} + \frac{f_{g(1/f)}}{\sqrt{\beta f}}\sqrt{1 + \left(\frac{R_B}{R_g}\right)^2} \overset{R_g > R_B}{\approx} 1 + \frac{R_B}{R_g} + \frac{f_{g(1/f)}}{\sqrt{\beta f}}$$

$F_{opt,(1/f)}$ nimmt für $f \to 0$ zu; eine hohe Kleinsignalstromverstärkung $\beta$ ist hier besonders wichtig.

**Rauschzahl bei hohen Frequenzen:** Berücksichtigt man die Zunahme der äquivalenten Rauschdichten für $f > f_T/\sqrt{\beta}$, erhält man für $f_{g(1/f)} < f < f_T$:

$$R_{gopt,HF} \approx \sqrt{R_B^2 + \frac{\dfrac{\beta\, U_T}{I_{C,A}}\left(\dfrac{U_T}{I_{C,A}} + 2R_B\right)}{1 + \beta\left(\dfrac{f}{f_T}\right)^2}}$$

$$F_{opt,HF} \approx 1 + \sqrt{\left(\frac{1}{\beta} + \frac{2R_B I_{C,A}}{\beta\, U_T} + \left(\frac{R_B I_{C,A}}{\beta\, U_T}\right)^2\right)\left(1 + \beta\left(\frac{f}{f_T}\right)^2\right)}$$

Der optimale Quellenwiderstand $R_{gopt,HF}$ nimmt für $f > f_T/\sqrt{\beta}$ mit steigender Frequenz ab. Da Hochfrequenzschaltungen meist schmalbandig sind, ist die Angabe von $R_{gopt,HF}$ trotz der Frequenzabhängigkeit sinnvoll. Der Arbeitspunktstrom $I_{C,A}$ muß bei diesen Schaltungen mit Hinblick auf die Verstärkung optimiert werden, steht also nicht als freier Parameter für die Minimierung der Rauschzahl zur Verfügung; deshalb ist $F_{opt,HF}$ hier als Funktion von $I_{C,A}$ angegeben.

Bei sehr hohen Frequenzen sind die Rauschquellen im Transistor nicht mehr unabhängig. Dadurch treten in den äquivalenten Rauschdichten Kreuzterme auf, die dazu führen, daß der optimale Innenwiderstand des Signalgenerators nicht mehr reell ist; in diesem Bereich erhält man aus den hier angegebenen Gleichungen nur Näherungswerte für $R_{gopt,HF}$ und $F_{opt,HF}$.

**Hinweise zur Minimierung der Rauschzahl:** Bei der Minimierung der Rauschzahl sind einige Aspekte zu berücksichtigen:

* Die Minimierung der Rauschzahl hat nicht zur Folge, daß das Rauschen absolut minimiert wird; vielmehr wird, wie aus der Definition der Rauschzahl unmittelbar folgt, der Verlust an Signal-Rausch-Abstand SNR minimiert. Minimales absolutes Rauschen, das heißt minimale Rauschdichte $|\underline{u}_r(f)|^2$ der Ersatzrauschquelle, wird nach (2.51) für $R_g = 0$ erreicht. Welche Größe minimiert werden muß, hängt von der Anwendung ab: bei einer Schaltung, die ein

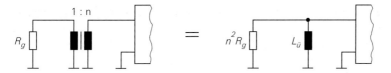

**Abb. 2.50.** Transformation des Innenwiderstands eines Signalgenerators durch einen Übertrager

Signal überträgt, muß man die Rauschzahl minimieren, um optimales SNR am Ausgang zu erhalten; dagegen muß man bei einer Schaltung, die kein Signal überträgt, z.B. bei einer Stromquelle zur Arbeitspunkteinstellung, das absolute Rauschen am Ausgang minimieren. Die Rauschzahl ist deshalb nur für Signalübertragungssysteme relevant.

- Das absolute Minimum der Rauschzahl wird bei hohem Innenwiderstand $R_g$ und kleinem Arbeitspunktsstrom $I_{C,A}$ erreicht. Dieses Ergebnis gilt jedoch nur für $f < f_T/\sqrt{\beta}$. Bei $I_{C,A} \approx 1\,\mu A$ erreicht ein typischer Kleinleistungstransistor mit einer maximalen Transitfrequenz von 300 MHz und einer maximalen Kleinsignalstromverstärkung von 400 nur noch $f_T \approx 200\,\text{kHz}$ und $\beta \approx 100$; damit gilt die Betrachtung nur für $f < 20\,\text{kHz}$. Man kann deshalb $I_{C,A}$ nicht beliebig klein machen; eine Untergrenze ist durch die erforderliche Bandbreite der Schaltung gegeben.

- In den meisten Fällen ist der Innenwiderstand $R_g$ vorgegeben und man kann $I_{C,Aopt}$ aus (2.54) ermitteln oder durch (2.55) abschätzen. Wenn sich der so ermittelte Wert als ungünstig erweist, kann man bei Schaltungen mit besonders hohen Anforderungen einen Übertrager verwenden, der den Innenwiderstand transformiert, siehe Abb. 2.50. Diese Methode wird bei sehr kleinen Innenwiderständen angewendet, da in diesem Fall die optimale Rauschzahl nach (2.57) relativ groß ist. Durch den Übertrager wird der Innenwiderstand auf einen größeren Wert $n^2 R_g$ transformiert, für den eine kleinere optimale Rauschzahl erreicht werden kann. Aufgrund der Induktivität $L_{\ddot{U}}$ des Übertragers erhält man einen Hochpaß mit der Grenzfrequenz $f_{\ddot{U}} = n^2 R_g/(2\pi L_{\ddot{U}})$; $f_{\ddot{U}}$ muß kleiner als die minimale interessierende Signalfrequenz sein.
  *Beispiel*: Für einen Transistor mit $\beta = 100$ und $R_B = 60\,\Omega$ erhält man bei einem Innenwiderstand $R_g = 50\,\Omega$ aus (2.54) $I_{C,Aopt} = 3,3\,\text{mA}$ und aus (2.57) $F_{opt} = 2,36 = 3,7\,\text{dB}$. Nimmt man an, daß aufgrund der geforderten Bandbreite ein minimaler Arbeitspunktstrom $I_{C,A} = 1\,\text{mA}$ erforderlich ist, erhält man aus (2.56) $R_{gopt} = 620\,\Omega$. Durch Einsatz eines Übertragers mit $n = 4$ kann der Innenwiderstand auf $n^2 R_g = 800\,\Omega$ transformiert und an $R_{gopt}$ angeglichen werden. Da das Optimum mit einem ganzzahligen Wert $n$ nicht erreicht wird, muß die Rauschzahl mit (2.53) bestimmt werden: $F = 1,18 = 0,7\,\text{dB}$. Durch den Einsatz des Übertragers gewinnt man in diesem Beispiel also 3 dB an SNR.

- Die Optimierung der Rauschzahl durch Anpassung von $R_g$ an $R_{gopt}$ kann nicht durch zusätzliche Widerstände erfolgen, da durch diese Widerstände zusätzliche Rauschquellen entstehen, die bei der Definition der Rauschzahl in (2.52) nicht berücksichtigt sind; die Formeln für $F_{opt}$, $I_{C,Aopt}$ und $R_{gopt}$ sind deshalb nicht anwendbar. Die Rauschzahl wird durch zusätzliche Widerstände auf jeden Fall schlechter. Die Anpassung muß also so erfolgen, daß keine zusätzlichen Rauschquellen auftreten. Bei der Transformation des Innenwiderstands mit einem Übertrager ist diese Forderung erfüllt, solange das Eigenrauschen des Übertragers vernachlässigt werden kann; bei schmalbandigen Anwendungen in der Hochfrequenztechnik kann die Anpassung mit LC-Kreisen oder Streifenleitungen erfolgen.

*Beispiel:* Es soll versucht werden, im obigen Beispiel die Anpassung von $R_g = 50\,\Omega$ an $R_{gopt} = 620\,\Omega$ mit einem Serienwiderstand $R = 570\,\Omega$ vorzunehmen. Die Ersatzrauschquelle hat dann, in Erweiterung von (2.51), die Rauschdichte

$$|\underline{u}_r(f)|^2 \;=\; |\underline{u}_{r,g}(f)|^2 + |\underline{u}_{R,r}(f)|^2 + |\underline{u}_{r,0}(f)|^2 + R_{gopt}^2\,|\underline{i}_{r,0}(f)|^2$$

und für die Rauschzahl erhält man mit $|\underline{u}_{r,g}(f)|^2 \;=\; 8,28 \cdot 10^{-19}\,\mathrm{V^2/Hz}$, $|\underline{u}_{R,r}(f)|^2 = 9,44 \cdot 10^{-18}\,\mathrm{V^2/Hz}$, $|\underline{u}_{r,0}(f)|^2 = 1,22 \cdot 10^{-18}\,\mathrm{V^2/Hz}$ aus (2.49) und $|\underline{i}_{r,0}(f)|^2 = 3,2 \cdot 10^{-24}\,\mathrm{A^2/Hz}$ aus (2.50):

$$F(f) \;=\; \frac{|\underline{u}_r(f)|^2}{|\underline{u}_{r,g}(f)|^2} \;=\; 15,36 \;=\; 11,9\,\mathrm{dB}$$

Die Rauschzahl nimmt durch den Serienwiderstand im Vergleich zur Schaltung ohne Übertrager um $8,2\,\mathrm{dB}$, im Vergleich zur Schaltung mit Übertrager um $11,2\,\mathrm{dB}$ zu.

- Für die Optimierung der Rauschzahl wurde angenommen, daß das Rauschen des Signalgenerators durch das thermische Rauschen des Innenwiderstands verursacht wird, d.h. $|\underline{u}_{r,g}(f)|^2 = 4kT\,R_g$. Im allgemeinen trifft dies nicht zu. Die Optimierung der Rauschzahl durch partielle Differentiation von (2.52) ist jedoch unabhängig von $|\underline{u}_{r,g}(f)|^2$, da die Konstante Eins durch die Differentiation verschwindet und der verbleibende Ausdruck durch $|\underline{u}_{r,g}(f)|^2$ nur skaliert wird. Dadurch ändert sich zwar $F_{opt}$, die zugehörigen Werte $R_{gopt}$ und $I_{C,Aopt}$ bleiben aber erhalten.

## Bestimmung des Basisbahnwiderstands

Man kann den Basisbahnwiderstand $R_B$ aus der optimalen Rauschzahl $F_{opt}$ bestimmen, indem man die Gleichung für $F_{opt,HF}$ für $f < f_T/\sqrt{\beta}$ auswertet:

$$R_B \;\approx\; \frac{\beta\,U_T}{I_{C,A}} \left( \sqrt{1 - \frac{1}{\beta} + (F_{opt} - 1)^2} - 1 \right) \tag{2.58}$$

Davon wird in der Praxis oft Gebrauch gemacht, da eine direkte Messung von $R_B$ sehr aufwendig ist. So erhält man beispielsweise für den Hochfrequenztransistor BFR92P aus $F_{opt} = 1,41 = 1,5\,\mathrm{dB}$ bei $f = 10\,\mathrm{MHz} < f_T/\sqrt{\beta} = 300\,\mathrm{MHz}$, $\beta \approx 100$ und $I_{C,A} = 5\,\mathrm{mA}$ den Wert $R_B \approx 40\,\Omega$.

## 2.4
## Grundschaltungen

**Grundschaltungen mit einem Bipolartransistor:** Es gibt drei Grundschaltungen, in denen ein Bipolartransistor betrieben werden kann: die *Emitterschaltung* (*common emitter configuration*), die *Kollektorschaltung* (*common collector configuration*) und die *Basisschaltung* (*common base configuration*). Die Bezeichung erfolgt entsprechend dem Anschluß des Transistors, der als gemeinsamer Bezugsknoten für den Eingang *und* den Ausgang der Schaltung dient; Abb. 2.51 verdeutlicht diesen Zusammenhang.

In vielen Schaltungen ist dieser Zusammenhang nicht streng erfüllt, so daß ein schwächeres Kriterium angewendet werden muß:

*Die Bezeichnung erfolgt entsprechend dem Anschluß des Transistors, der weder als Eingang noch als Ausgang der Schaltung dient.*

*Beispiel:* Abb. 2.52 zeigt einen dreistufigen Verstärker mit Gegenkopplung. Die erste Stufe besteht aus dem npn-Transistor $T_1$. Der Basisanschluß dient als Eingang der Stufe, an dem über $R_1$ die Eingangsspannung $U_e$ und über $R_2$ die gegengekoppelte Ausgangsspannung $U_a$ anliegt, und der Kollektor bildet den Ausgang; $T_1$ wird demnach in Emitterschaltung betrieben. Der Unterschied zum strengen Kriterium liegt darin, daß trotz der Bezeichnung Emitterschaltung nicht der Emitter, sondern der Masseanschluß als gemeinsamer Bezugsknoten für den Eingang und den Ausgang der Stufe dient. Der Ausgang der ersten Stufe ist mit dem Eingang der zweiten Stufe verbunden, die aus dem pnp-Transistor $T_2$ besteht. Hier dient der Emitter als Eingang und der Kollektor als Ausgang; $T_2$ wird demnach in Basisschaltung betrieben. Auch hier wird die Basis nicht als Bezugsknoten verwendet. Die dritte Stufe besteht aus dem npn-Transistor $T_5$. Die Basis dient als Eingang, der Emitter bildet den Ausgang der Stufe und gleichzeitig den Ausgang der ganzen Schaltung; $T_5$ wird demnach in Kollektorschaltung betrieben. Die Transistoren $T_3$ und $T_4$ arbeiten als Stromquellen und dienen zur Einstellung der Arbeitspunktströme von $T_2$ und $T_5$.

**Grundschaltungen mit mehreren Transistoren:** Es gibt mehrere Schaltungen mit zwei und mehr Transistoren, die so häufig auftreten, daß sie ebenfalls als Grundschaltungen anzusehen sind, z.B. Differenzverstärker und Stromspiegel; diese Schaltungen werden im Kapitel 4.1 beschrieben. Eine Sonderstellung nimmt

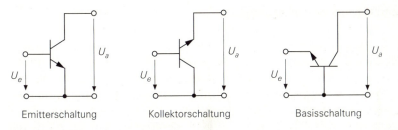

Emitterschaltung      Kollektorschaltung      Basisschaltung

**Abb. 2.51.** Grundschaltungen eines Bipolartransistors

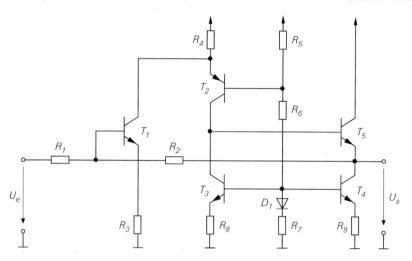

**Abb. 2.52.** Beispiel zu den Grundschaltungen des Bipolartransistors

die *Darlington-Schaltung* ein, bei der zwei Transistoren so verschaltet sind, daß sie wie *ein* Transistor behandelt werden können, siehe Abschnitt 2.4.4.

**Polarität:** In allen Schaltungen werden bevorzugt npn-Transistoren eingesetzt, da sie bessere elektrische Kenndaten besitzen; dies gilt besonders für integrierte Schaltungen. Prinzipiell können in allen Schaltungen npn- gegen pnp- und pnp- gegen npn-Transistoren ausgetauscht werden, wenn man die Versorgungsspannungen, gepolte Elektrolytkondensatoren und Dioden umpolt.

### 2.4.1
### Emitterschaltung

Abbildung 2.53a zeigt die Emitterschaltung bestehend aus dem Transistor, dem Kollektorwiderstand $R_C$, der Versorgungsspannungsquelle $U_b$ und der Signalspannungsquelle $U_g$ mit dem Innenwiderstand $R_g$. Für die folgende Untersuchung wird $U_b = 5\,\text{V}$ und $R_C = R_g = 1\,\text{k}\Omega$ angenommen, um zusätzlich zu den formelmäßigen Ergebnissen auch typische Zahlenwerte angeben zu können.

#### Übertragungskennlinie der Emitterschaltung

Mißt man die Ausgangsspannung $U_a$ als Funktion der Signalspannung $U_g$, erhält man die in Abb. 2.54 gezeigte Übertragungskennlinie. Für $U_g < 0,5\,\text{V}$ ist der Kollektorstrom vernachlässigbar klein und man erhält $U_a = U_b = 5\,\text{V}$. Für $0,5\,\text{V} \leq U_g \leq 0,72\,\text{V}$ fließt ein mit $U_g$ zunehmender Kollektorstrom $I_C$, und die Ausgangsspannung nimmt gemäß $U_a = U_b - I_C R_C$ ab. Bis hier arbeitet der Transistor im Normalbetrieb. Für $U_g > 0,72\,\text{V}$ gerät der Transistor in die Sättigung und man erhält $U_a = U_{CE,sat}$.

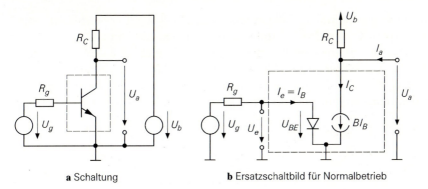

**a** Schaltung      **b** Ersatzschaltbild für Normalbetrieb

**Abb. 2.53.** Emitterschaltung

**Normalbetrieb:** Abb. 2.53b zeigt das Ersatzschaltbild für den Normalbetrieb, bei dem für den Transistor das vereinfachte Transportmodell nach Abb. 2.27 eingesetzt ist; es gilt:

$$I_C = BI_B = I_S \, e^{\frac{U_{BE}}{U_T}}$$

Diese Gleichung folgt aus den Grundgleichungen (2.5) und (2.6), indem man den Early-Effekt vernachlässigt und die Großsignalstromverstärkung $B$ als konstant annimmt; letzteres führt auf $B = B_0 = \beta$.

Für die Spannungen erhält man:

$$U_a = U_{CE} = U_b + (I_a - I_C)\,R_C \overset{I_a=0}{=} U_b - I_C R_C \qquad (2.59)$$

$$U_e = U_{BE} = U_g - I_B R_g = U_g - \frac{I_C R_g}{B} \approx U_g \qquad (2.60)$$

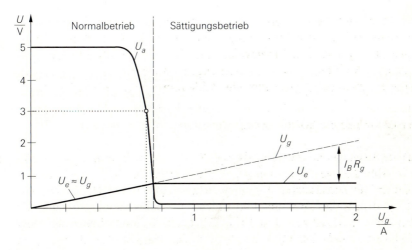

**Abb. 2.54.** Kennlinien der Emitterschaltung

In (2.60) wird angenommen, daß der Spannungsabfall an $R_g$ vernachlässigt werden kann, wenn $B$ ausreichend groß und $R_g$ ausreichend klein ist.

Als Arbeitspunkt wird ein Punkt etwa in der Mitte des abfallenden Bereichs der Übertragungskennlinie gewählt; dadurch wird die Aussteuerbarkeit maximal. Nimmt man $B = \beta = 400$ und $I_S = 7\,\text{fA}$ [12] an, erhält man für den in Abb. 2.54 beispielhaft eingezeichneten Arbeitspunkt mit $U_b = 5\,\text{V}$ und $R_C = R_g = 1\,\text{k}\Omega$:

$$U_a = 3\,\text{V} \;\Rightarrow\; I_C = \frac{U_b - U_a}{R_C} = 2\,\text{mA} \;\Rightarrow\; I_B = \frac{I_C}{B} = 5\,\mu\text{A}$$

$$\Rightarrow\; U_e = U_{BE} = U_T \ln \frac{I_C}{I_S} = 685\,\text{mV} \;\Rightarrow\; U_g = U_e + I_B R_g = 690\,\text{mV}$$

Der Spannungsabfall an $R_g$ beträgt in diesem Fall nur $5\,\text{mV}$ und kann vernachlässigt werden; in Abb. 2.54 gilt deshalb bei Normalbetrieb $U_e \approx U_g$.

Bei der Berechnung der Größen wurde *rückwärts* vorgegangen, d.h. es wurde $U_g = U_g(U_a)$ bestimmt; in diesem Fall lassen sich alle Größen ohne Näherungen sukzessive bestimmen. Die Berechnung von $U_a = U_a(U_g)$ kann dagegen nicht direkt erfolgen, da wegen $I_B = I_B(U_{BE})$ durch (2.60) nur eine implizite Gleichung für $U_{BE}$ gegeben ist, die nicht nach $U_{BE}$ aufgelöst werden kann; hier kann man nur mit Hilfe der Näherung $U_{BE} \approx U_g$ sukzessive weiterrechnen.

**Sättigungsbetrieb:** Der Transistor erreicht die Grenze zum Sättigungsbetrieb, wenn $U_{CE}$ die Sättigungsspannung $U_{CE,sat}$ erreicht; mit $U_{CE,sat} \approx 0,1\,\text{V}$ erhält man:

$$I_C = \frac{U_b - U_{CE,sat}}{R_C} = 4,9\,\text{mA} \;\Rightarrow\; I_B = \frac{I_C}{B} = 12,25\,\mu\text{A}$$

$$\Rightarrow\; U_e = U_{BE} = U_T \ln \frac{I_C}{I_S} = 709\,\text{mV} \;\Rightarrow\; U_g = U_e + I_B R_g = 721\,\text{mV}$$

Für $U_g > 0,72\,\text{V}$ gerät der Transistor in Sättigung, d.h. die Kollektor-Diode leitet. In diesem Bereich sind alle Größen mit Ausnahme des Basisstroms etwa konstant:

$$I_C \approx 4,9\,\text{mA} \quad,\quad U_e = U_{BE} \approx 0,72\,\text{V} \quad,\quad U_a = U_{CE,sat} \approx 0,1\,\text{V}$$

Der Basisstrom beträgt

$$I_B = \frac{U_g - U_{BE}}{R_g} \approx \frac{U_g - 0,72\,\text{V}}{R_g}$$

und verteilt sich auf die Emitter- und die Kollektor-Diode. Der Innenwiderstand $R_g$ muß in diesem Fall eine Begrenzung des Basisstroms auf zulässige Werte bewirken. In Abb. 2.54 wurde $U_{g,max} = 2\,\text{V}$ gewählt; mit $R_g = 1\,\text{k}\Omega$ folgt daraus $I_{B,max} \approx 1,28\,\text{mA}$, ein für Kleinleistungstransistoren zulässiger Wert.

### Kleinsignalverhalten der Emitterschaltung

Das Verhalten bei Aussteuerung um einen Arbeitspunkt A wird als *Kleinsignalverhalten* bezeichnet. Der Arbeitspunkt ist durch die Arbeitspunktgrößen $U_{e,A} = U_{BE,A}$, $U_{a,A} = U_{CE,A}$, $I_{e,A} = I_{B,A}$ und $I_{C,A}$ gegeben; als Beispiel wird der oben

---

12 Typische Werte für einen npn-Kleinleistungstransistor BC547B.

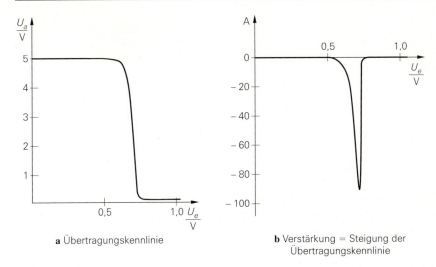

**a** Übertragungskennlinie

**b** Verstärkung = Steigung der
Übertragungskennlinie

**Abb. 2.55.** Verstärkung der Emitterschaltung

ermittelte Arbeitspunkt mit $U_{BE,A} = 685\,\mathrm{mV}$, $U_{CE,A} = 3\,\mathrm{V}$, $I_{B,A} = 5\,\mu\mathrm{A}$ und $I_{C,A} = 2\,\mathrm{mA}$ verwendet.

Zur Verdeutlichung des Zusammenhangs zwischen den nichtlinearen Kennlinien und dem Kleinsignalersatzschaltbild wird das Kleinsignalverhalten zunächst aus den Kennlinien und anschließend unter Verwendung des Kleinsignalersatzschaltbilds berechnet.

**Berechnung aus den Kennlinien:** Die *Kleinsignal-Spannungsverstärkung* entspricht der Steigung der Übertragungskennlinie, siehe Abb. 2.55; durch Differentiation von (2.59) erhält man:

$$A = \left.\frac{\partial U_a}{\partial U_e}\right|_A = -\left.\frac{\partial I_C}{\partial U_{BE}}\right|_A R_C = -\frac{I_{C,A} R_C}{U_T} = -SR_C$$

Mit $S = I_{C,A}/U_T = 77\,\mathrm{mS}$ und $R_C = 1\,\mathrm{k\Omega}$ folgt $A = -77$. Diese Verstärkung wird auch *Leerlaufverstärkung* genannt, da sie für den Betrieb ohne Last ($I_a = 0$) gilt. Man erkennt ferner, daß die Kleinsignal-Spannungsverstärkung proportional zum Spannungsabfall $I_{C,A} R_C$ am Kollektorwiderstand $R_C$ ist. Wegen $I_{C,A} R_C < U_b$ ist die mit einem ohmschen Kollektorwiderstand $R_C$ maximal mögliche Verstärkung proportional zur Versorgungsspannung $U_b$.

Der *Kleinsignal-Eingangswiderstand* ergibt sich aus der Eingangskennlinie:

$$r_e = \left.\frac{\partial U_e}{\partial I_e}\right|_A = \left.\frac{\partial U_{BE}}{\partial I_B}\right|_A = r_{BE}$$

Mit $r_{BE} = \beta/S$ und $\beta = 400$ folgt $r_e = 5,2\,\mathrm{k\Omega}$.

Der *Kleinsignal-Ausgangswiderstand* kann aus (2.59) ermittelt werden:

$$r_a = \left.\frac{\partial U_a}{\partial I_a}\right|_A = R_C$$

Hier ist $r_a = 1\,\mathrm{k\Omega}$.

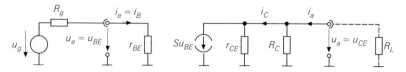

**Abb. 2.56.** Kleinsignalersatzschaltbild der Emitterschaltung

Die Berechnung aus den Kennlinien führt auf die Kleinsignalparameter $S$ und $r_{BE}$ des Transistors, siehe Abschnitt 2.1.4 [13]. Deshalb wird in der Praxis ohne den Umweg über die Kennlinien sofort mit dem Kleinsignalersatzschaltbild des Transistors gerechnet.

**Berechnung aus dem Kleinsignalersatzschaltbild:** Abb. 2.56 zeigt das Kleinsignalersatzschaltbild der Emitterschaltung, das man durch Einsetzen des Kleinsignalersatzschaltbilds des Transistors nach Abb. 2.12 bzw. Abb. 2.36a, Kurzschließen von Gleichspannungsquellen, Weglassen von Gleichstromquellen und Übergang zu den Kleinsignalgrößen erhält [14]:

$$u_e = U_e - U_{e,A} \quad , \quad i_e = I_e - I_{e,A}$$
$$u_a = U_a - U_{a,A} \quad , \quad i_a = I_a - I_{a,A}$$
$$u_g = U_g - U_{g,A} \quad , \quad i_C = I_C - I_{C,A}$$

Ohne Lastwiderstand $R_L$ folgt aus Abb. 2.56 für die

*Emitterschaltung:*

$$A = \left. \frac{u_a}{u_e} \right|_{i_a=0} = -S\,(R_C \| r_{CE}) \overset{r_{CE} \gg R_C}{\approx} -SR_C \tag{2.61}$$

$$r_e = \frac{u_e}{i_e} = r_{BE} \tag{2.62}$$

$$r_a = \frac{u_a}{i_a} = R_C \| r_{CE} \overset{r_{CE} \gg R_C}{\approx} R_C \tag{2.63}$$

Man erhält dieselben Ergebnisse wie bei der Berechnung aus den Kennlinien, wenn man berücksichtigt, daß dort der Early-Effekt vernachlässigt, d.h. $r_{CE} \to \infty$ angenommen wurde. Mit $r_{CE} = U_A/I_{C,A}$ und $U_A \approx 100\,\text{V}$ erhält man $A = -75$, $r_e = 5,2\,\text{k}\Omega$ und $r_a = 980\,\Omega$.

Die Größen $A$, $r_e$ und $r_a$ beschreiben die Emitterschaltung vollständig; Abb. 2.57 zeigt das zugehörige Ersatzschaltbild. Der Lastwiderstand $R_L$ kann ein ohmscher Widerstand oder ein Ersatzelement für den Eingangswiderstand einer am Ausgang angeschlossenen Schaltung sein. Wichtig ist dabei, daß der Arbeitspunkt durch $R_L$ nicht verschoben wird, d.h. es darf kein oder nur ein vernachlässigbar

---

13 Der Ausgangswiderstand $r_{CE}$ des Transistors tritt hier nicht auf, da bei der Herleitung der Kennlinien der Early-Effekt vernachlässigt, d.h. $r_{CE} \to \infty$ angenommen wurde
14 Der Übergang zu den Kleinsignalgrößen durch Abziehen der Arbeitspunktwerte entspricht dem Kurzschließen von Gleichspannungsquellen bzw. Weglassen von Gleichstromquellen, da die Arbeitspunktwerte Gleichspannungen bzw. Gleichströme sind.

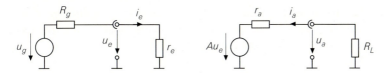

**Abb. 2.57.** Ersatzschaltbild mit den Ersatzgrößen $A$, $r_e$ und $r_a$

kleiner Gleichstrom durch $R_L$ fließen; darauf wird im Zusammenhang mit der Arbeitspunkteinstellung noch näher eingegangen.

Mit Hilfe von Abb. 2.57 kann man die *Kleinsignal-Betriebsverstärkung* berechnen:

$$A_B = \frac{u_a}{u_g} = \frac{r_e}{r_e + R_g} A \frac{R_L}{R_L + r_a} \tag{2.64}$$

Sie setzt sich aus der Verstärkung $A$ der Schaltung und den Spannungsteilerfaktoren am Eingang und am Ausgang zusammen. Nimmt man an, daß eine Emitterschaltung mit denselben Werten als Last am Ausgang angeschlossen ist, d.h. $R_L = r_e = 5{,}2\,\text{k}\Omega$, erhält man $A_B \approx 0{,}7 \cdot A = -53$.

**Maximale Verstärkung $\mu$ und $\beta$-$U_A$-Produkt:** Die Verstärkung der Emitterschaltung wird für $R_C \to \infty$ maximal; aus (2.61) folgt die *maximale Verstärkung*:

$$\mu = \lim_{R_C \to \infty} |A| = S\, r_{CE} = \frac{I_{C,A}}{U_T} \frac{U_A}{I_{C,A}} = \frac{U_A}{U_T}$$

Dieser Grenzfall kann mit einem ohmschen Kollektorwiderstand $R_C$ nur schwer erreicht werden, da aus $R_C \to \infty$ auch $R_C \gg r_{CE}$ folgt und demnach der Spannungsabfall an $R_C$ wegen $I_{C,A}R_C \gg I_{C,A}r_{CE} = U_A$ viel größer als die Early-Spannung $U_A \approx 100\,\text{V}$ sein müßte. Man erreicht den Grenzfall, wenn man den Kollektorwiderstand durch eine Konstantstromquelle mit dem Strom $I_K = I_{C,A}$ ersetzt; damit erhält man auch bei niedrigen Spannungen sehr große Kleinsignalwiderstände.

In der Praxis wird $\mu$ nur selten angegeben, da es sich nur um eine Ersatzgröße für die Earlyspannung $U_A$ handelt. Man kann also festhalten, daß die maximal mögliche Verstärkung eines Bipolartransistors proportional zu $U_A$ ist. Bei npn-Transistoren gilt $U_A \approx 30 \ldots 150\,\text{V}$ und damit $\mu \approx 1000 \ldots 6000$, bei pnp-Transistoren folgt aus $U_A \approx 30 \ldots 75\,\text{V}$ $\mu \approx 1000 \ldots 3000$.

Die maximale Verstärkung $\mu$ wird nur im Leerlauf, d.h. ohne Last erreicht. In vielen Schaltungen, speziell in integrierten Schaltungen, ist als Last der Eingangswiderstand einer nachfolgenden Stufe wirksam, der bei der Emitterschaltung und bei der Kollektorschaltung proportional zur Stromverstärkung $\beta$ ist. Die in der Praxis zu erreichende Verstärkung hängt also von $U_A$ *und* $\beta$ ab; deshalb wird oft das $\beta$-$U_A$-*Produkt* ($\beta V_A$-*product*) als Gütekriterium für einen Bipolartransistor angegeben. Typische Werte liegen im Bereich $1000 \ldots 60000$.

**Nichtlinearität:** Im Abschnitt 2.1.4 wird ein Zusammenhang zwischen der Amplitude einer sinusförmigen Kleinsignalaussteuerung $\hat{u}_e = \hat{u}_{BE}$ und dem *Klirrfaktor $k$* des Kollektorstroms, der bei der Emitterschaltung gleich dem Klirrfaktor der Ausgangsspannung $u_a$ ist, hergestellt, siehe (2.15) auf Seite 52. Es gilt

$\hat{u}_e < k \cdot 0{,}1\,\text{V}$, d.h. für $k < 1\%$ muß $\hat{u}_e < 1\,\text{mV}$ sein. Die zugehörige Ausgangsamplitude ist wegen $\hat{u}_a = |A|\hat{u}_e$ von der Verstärkung $A$ abhängig; für das Zahlenbeispiel mit $A = -75$ gilt demnach $\hat{u}_a < k \cdot 7{,}5\,\text{V}$.

**Temperaturabhängigkeit:** Zur Betrachtung der Temperaturabhängigkeit eignet sich Gl. (2.21); sie besagt, daß die Basis-Emitter-Spannung $U_{BE}$ bei konstantem Kollektorstrom $I_C$ mit $1{,}7\,\text{mV/K}$ abnimmt. Man muß demnach die Eingangsspannung um $1{,}7\,\text{mV/K}$ verringern, um den Arbeitspunkt $I_C = I_{C,A}$ der Schaltung konstant zu halten. Hält man dagegen die Eingangsspannung konstant, wirkt sich eine Temperaturerhöhung wie eine Zunahme der Eingangsspannung mit $dU_e/dT = 1{,}7\,\text{mV/K}$ aus; man kann deshalb die *Temperaturdrift* der Ausgangsspannung mit Hilfe der Verstärkung berechnen:

$$\left.\frac{dU_a}{dT}\right|_A = \left.\frac{\partial U_a}{\partial U_e}\right|_A \frac{dU_e}{dT} \approx A \cdot 1{,}7\,\text{mV/K} \tag{2.65}$$

Für das Zahlenbeispiel erhält man $(dU_a/dT)|_A \approx -127\,\text{mV/K}$.

Man erkennt, daß bereits eine Temperaturänderung um wenige Kelvin eine deutliche Verschiebung des Arbeitspunkts zur Folge hat; dabei ändern sich $A$, $r_e$ und $r_a$ aufgrund des veränderten Arbeitspunkts, $A$ und $r_e$ zusätzlich aufgrund der Temperaturabhängigkeit von $S$ bzw. $U_T$ und $\beta$. Da in der Praxis oft Temperaturänderungen von $50\,\text{K}$ und mehr auftreten, ist eine Stabilisierung des Arbeitspunkts erforderlich; dies kann z.B. durch eine *Gegenkopplung* geschehen.

### Emitterschaltung mit Stromgegenkopplung

Die Nichtlinearität und die Temperaturabhängigkeit der Emitterschaltung kann durch eine *Stromgegenkopplung* verringert werden; dazu wird ein *Emitterwiderstand* $R_E$ eingefügt, siehe Abb. 2.58a. Abb. 2.59 zeigt die Übertragungskennlinie $U_a(U_g)$ und die Kennlinien für $U_e$ und $U_E$ für $R_C = R_g = 1\,\text{k}\Omega$ und $R_E = 500\,\Omega$. Für $U_g < 0{,}5\,\text{V}$ ist der Kollektorstrom vernachlässigbar klein und man erhält $U_a = U_b = 5\,\text{V}$. Für $0{,}5\,\text{V} \le U_g \le 2{,}3\,\text{V}$ fließt ein mit $U_g$ zunehmender Kollektorstrom $I_C$, und die Ausgangsspannung nimmt gemäß $U_a = U_b - I_C R_C$ ab; in diesem Bereich verläuft die Kennlinie aufgrund der Gegenkopplung nahezu linear. Bis hier arbeitet der Transistor im Normalbetrieb. Für $U_g > 2{,}3\,\text{V}$ gerät der Transistor in die Sättigung.

**Normalbetrieb:** Abb. 2.58b zeigt das Ersatzschaltbild für den Normalbetrieb. Für die Spannungen erhält man:

$$U_a = U_b + (I_a - I_C)\,R_C \overset{I_a=0}{=} U_b - I_C R_C \tag{2.66}$$

$$U_e = U_{BE} + U_E = U_{BE} + (I_C + I_B)\,R_E \approx U_{BE} + I_C R_E \tag{2.67}$$

$$U_e = U_g - I_B R_g \approx U_g \tag{2.68}$$

In (2.67) wird der Basisstrom $I_B$ wegen $B \gg 1$ gegen den Kollektorstrom $I_C$ vernachlässigt. In (2.68) wird angenommen, daß der Spannungsabfall an $R_g$ vernachlässigt werden kann. Die Stromgegenkopplung zeigt sich in (2.67) darin, daß durch den Kollektorstrom $I_C$ die Spannung $U_{BE}$ von $U_{BE} = U_e$ für die Emit-

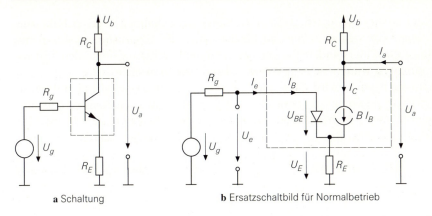

**a** Schaltung        **b** Ersatzschaltbild für Normalbetrieb

**Abb. 2.58.** Emitterschaltung mit Stromgegenkopplung

terschaltung ohne Gegenkopplung, siehe (2.60), auf $U_{BE} \approx U_e - I_C R_E$ verringert wird.

Für $0,8\,\mathrm{V} < U_g < 2,2\,\mathrm{V}$ gilt $U_{BE} \approx 0,7\,\mathrm{V}$; damit erhält man aus (2.67) und (2.68)

$$I_C \approx \frac{U_g - 0,7\,\mathrm{V}}{R_E}$$

und durch Einsetzen in (2.66):

$$U_a \approx U_b - \frac{R_C}{R_E}\left(U_g - 0,7\,\mathrm{V}\right) \tag{2.69}$$

Dieser lineare Zusammenhang ist in Abb. 2.59 strichpunktiert eingezeichnet und stimmt für $0,8\,\mathrm{V} < U_g < 2,2\,\mathrm{V}$ sehr gut mit der Übertragungskennlinie überein; letztere hängt also in diesem Bereich nur noch von $R_C$ und $R_E$ ab. Die Gegen-

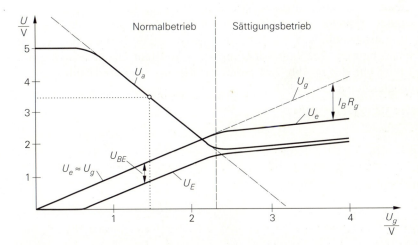

**Abb. 2.59.** Kennlinien der Emitterschaltung mit Stromgegenkopplung

kopplung bewirkt demnach, daß das Verhalten der Schaltung in erster Näherung nicht mehr von den nichtlinearen Eigenschaften des Transistors, sondern nur von linearen Widerständen abhängt; auch Exemplarstreuungen bei den Transistorparametern wirken sich aus diesem Grund praktisch nicht aus.

Als Arbeitspunkt wird ein Punkt etwa in der Mitte des abfallenden Bereichs der Übertragungskennlinie gewählt; dadurch wird die Aussteuerbarkeit maximal. Für den in Abb. 2.59 beispielhaft eingezeichneten Arbeitspunkt erhält man mit $U_b = 5\,V$, $I_S = 7\,fA$, $B = \beta = 400$, $R_C = R_g = 1\,k\Omega$ und $R_E = 500\,\Omega$:

$$U_a = 3,5\,V \;\Rightarrow\; I_C = \frac{U_b - U_a}{R_C} = 1,5\,mA \;\Rightarrow\; I_B = \frac{I_C}{B} = 3,75\,\mu A$$

$$\Rightarrow\; U_E = (I_C + I_B)\,R_E = 752\,mV$$

$$\Rightarrow\; U_e = U_{BE} + U_E = U_T \ln \frac{I_C}{I_S} + U_E = 1430\,mV$$

$$\Rightarrow\; U_g = U_e + I_B R_g = 1434\,mV$$

Aus (2.69) erhält man mit $U_a = 3,5\,V$ die Näherung $U_g \approx 1,45\,V$.

**Sättigungsbetrieb:** Der Transistor erreicht die Grenze zum Sättigungsbetrieb, wenn $U_{CE}$ die Sättigungsspannung $U_{CE,sat}$ erreicht; aus (2.69) folgt mit $U_E \approx U_g - 0,7\,V$:

$$U_{CE} \;\approx\; U_a - U_E \;=\; U_b - \left(1 + \frac{R_C}{R_E}\right)(U_g - 0,7\,V)$$

Einsetzen von $U_{CE} = U_{CE,sat} \approx 0,1\,V$ und Auflösen nach $U_g$ liefert $U_g \approx 2,3\,V$. Für $U_g > 2,3\,V$ leitet die Kollektor-Diode und es fließt ein mit $U_g$ zunehmender Basisstrom, der sich auf die Emitter- und die Kollektor-Diode verteilt und durch $R_g$ begrenzt wird, siehe Abb. 2.59. Da der Basisstrom über $R_E$ fließt, sind die Spannungen $U_e$, $U_a$ und $U_E$ nicht näherungsweise konstant wie bei der Emitterschaltung ohne Gegenkopplung, sondern nehmen mit $U_g$ zu.

**Kleinsignalverhalten:** Die *Spannungsverstärkung* $A$ entspricht der Steigung der Übertragungskennlinie, siehe Abb. 2.60; sie ist in dem Bereich, für den die lineare Näherung nach (2.69) gilt, näherungsweise konstant. Die Berechnung von $A$ erfolgt mit Hilfe des in Abb. 2.61 gezeigten Kleinsignalersatzschaltbilds. Aus den Knotengleichungen

$$\frac{u_e - u_E}{r_{BE}} + Su_{BE} + \frac{u_a - u_E}{r_{CE}} = \frac{u_E}{R_E}$$

$$Su_{BE} + \frac{u_a - u_E}{r_{CE}} + \frac{u_a}{R_C} = i_a$$

erhält man mit $u_{BE} = u_e - u_E$:

$$A = \left.\frac{u_a}{u_e}\right|_{i_a=0} = -\frac{SR_C\left(1 - \dfrac{R_E}{\beta\,r_{CE}}\right)}{1 + R_E\left(S\left(1 + \dfrac{1}{\beta} + \dfrac{R_C}{\beta\,r_{CE}}\right) + \dfrac{1}{r_{CE}}\right) + \dfrac{R_C}{r_{CE}}}$$

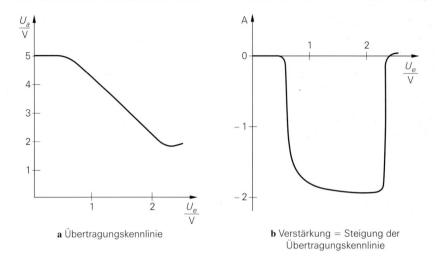

**a** Übertragungskennlinie

**b** Verstärkung = Steigung der Übertragungskennlinie

**Abb. 2.60.** Verstärkung der Emitterschaltung mit Stromgegenkopplung

$$\overset{\substack{r_{CE} \gg R_C, R_E \\ \beta \gg 1}}{\approx} \quad - \frac{S R_C}{1 + S R_E} \overset{S R_E \gg 1}{\approx} \quad - \frac{R_C}{R_E}$$

Für $S R_E \gg 1$ hängt die Verstärkung nur noch von $R_C$ und $R_E$ ab. Bei Betrieb mit einem Lastwiderstand $R_L$ kann man die zugehörige Betriebsverstärkung $A_B$ berechnen, indem man für $R_C$ die Parallelschaltung von $R_C$ und $R_L$ einsetzt, siehe Abb. 2.61. In dem beispielhaft gewählten Arbeitspunkt erhält man mit $S = 57,7\,\text{mS}$, $r_{BE} = 6,9\,\text{k}\Omega$, $r_{CE} = 67\,\text{k}\Omega$, $R_C = R_g = 1\,\text{k}\Omega$ und $R_E = 500\,\Omega$ *exakt* $A = -1,927$; die erste Näherung liefert $A = -1,933$, die zweite $A = -2$.

Für den *Eingangswiderstand* erhält man:

$$r_e = \left. \frac{u_e}{i_e} \right|_{i_a = 0} = r_{BE} + \frac{(1 + \beta)\, r_{CE} + R_C}{r_{CE} + R_E + R_C}\, R_E$$

$$\overset{\substack{r_{CE} \gg R_C, R_E \\ \beta \gg 1}}{\approx} \quad r_{BE} + \beta R_E$$

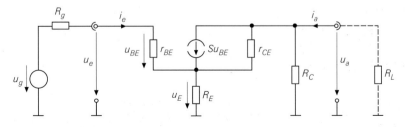

**Abb. 2.61.** Kleinsignalersatzschaltbild der Emitterschaltung mit Stromgegenkopplung

Er hängt vom Lastwiderstand ab, wobei hier wegen $i_a = 0$ ($R_L \to \infty$) der *Leerlaufeingangswiderstand* gegeben ist. Der Eingangswiderstand für andere Werte von $R_L$ wird berechnet, indem man für $R_C$ die Parallelschaltung von $R_C$ und $R_L$ einsetzt; durch Einsetzen von $R_L = R_C = 0$ erhält man den *Kurzschlußeingangswiderstand*. Die Abhängigkeit von $R_L$ ist jedoch so gering, daß sie durch die Näherung aufgehoben wird. Im beispielhaft gewählten Arbeitspunkt ist $r_{e,L} = 202{,}1\,\mathrm{k\Omega}$ der *exakte* Leerlaufeingangswiderstand und $r_{e,K} = 205\,\mathrm{k\Omega}$ der *exakte* Kurzschlußeingangswiderstand; die Näherung liefert $r_e = 206{,}9\,\mathrm{k\Omega}$.

Der *Ausgangswiderstand* hängt vom Innenwiderstand $R_g$ ab; hier werden nur die Grenzfälle betrachtet. Der *Kurzschlußausgangswiderstand* gilt für Kurzschluß am Eingang, d.h. $u_e = 0$ bzw. $R_g = 0$:

$$
r_{a,K} = \left.\frac{u_a}{i_a}\right|_{u_e=0} = R_C \parallel r_{CE}\left(1 + \frac{\beta + \dfrac{r_{BE}}{r_{CE}}}{1 + \dfrac{r_{BE}}{R_E}}\right)
$$

$$
\overset{\substack{r_{CE} \gg r_{BE} \\ \beta \gg 1}}{\approx} R_C \parallel r_{CE}\,\frac{\beta R_E + r_{BE}}{R_E + r_{BE}} \overset{r_{CE} \gg R_C}{\approx} R_C
$$

Mit $i_e = 0$ bzw. $R_g \to \infty$ erhält man den *Leerlaufausgangswiderstand*:

$$
r_{a,L} = \left.\frac{u_a}{i_a}\right|_{i_e=0} = R_C \parallel (R_E + r_{CE}) \overset{r_{CE} \gg R_C}{\approx} R_C
$$

Auch hier ist die Abhängigkeit von $R_g$ so gering, daß sie in der Praxis vernachlässigt werden kann. Im Beispiel ist $r_a = R_C = 1\,\mathrm{k\Omega}$.

Mit $r_{CE} \gg R_C, R_E$ , $\beta \gg 1$ und ohne Lastwiderstand $R_L$ erhält man für die *Emitterschaltung mit Stromgegenkopplung*:

$$
A = \left.\frac{u_a}{u_e}\right|_{i_a=0} \approx -\frac{S R_C}{1 + S R_E} \overset{S R_E \gg 1}{\approx} -\frac{R_C}{R_E} \tag{2.70}
$$

$$
r_e = \frac{u_e}{i_e} \approx r_{BE} + \beta R_E = r_{BE}(1 + S R_E) \tag{2.71}
$$

$$
r_a = \frac{u_a}{i_a} \approx R_C \tag{2.72}
$$

**Vergleich mit der Emitterschaltung ohne Gegenkopplung:** Ein Vergleich von (2.70) mit (2.61) zeigt, daß durch die Stromgegenkopplung die Verstärkung näherungsweise um den *Gegenkopplungsfaktor* $(1 + S R_E)$ reduziert wird; gleichzeitig nimmt der Eingangswiderstand um denselben Faktor zu, wie ein Vergleich von (2.71) und (2.62) zeigt.

Die Wirkung der Stromgegenkopplung läßt sich besonders einfach mit Hilfe der *reduzierten Steilheit*

$$
S_{red} = \frac{S}{1 + S R_E} \tag{2.73}
$$

beschreiben. Durch den Emitterwiderstand $R_E$ wird die effektive Steilheit des Transistors auf den Wert $S_{red}$ reduziert: für die Emitterschaltung ohne Gegenkopplung gilt $A \approx -SR_C$ und $r_e = r_{BE} = \beta/S$, für die Emitterschaltung mit Gegenkopplung $A \approx -S_{red}R_C$ und $r_e \approx \beta/S_{red}$.

**Nichtlinearität:** Die Nichtlinearität der Übertragungskennlinie wird durch die Stromgegenkopplung stark reduziert. Der Klirrfaktor der Schaltung kann durch eine Reihenentwicklung der Kennlinie im Arbeitspunkt näherungsweise bestimmt werden. Aus (2.67) folgt:

$$U_e = I_C R_E + U_T \ln \frac{I_C}{I_S}$$

Durch Einsetzen des Arbeitspunkts, Übergang zu den Kleinsignalgrößen und Reihenentwicklung erhält man

$$u_e = i_C R_E + U_T \ln \left( 1 + \frac{i_C}{I_{C,A}} \right)$$

$$= i_C R_E + U_T \frac{i_C}{I_{C,A}} - \frac{U_T}{2} \left( \frac{i_C}{I_{C,A}} \right)^2 + \frac{U_T}{3} \left( \frac{i_C}{I_{C,A}} \right)^3 - \cdots$$

und daraus durch Invertieren der Reihe:

$$\frac{i_C}{I_{C,A}} = \frac{1}{1 + SR_E} \left[ \frac{u_e}{U_T} + \frac{1}{2(1 + SR_E)^2} \left( \frac{u_e}{U_T} \right)^2 + \cdots \right]$$

Bei Aussteuerung mit $u_e = \hat{u}_e \cos \omega t$ erhält man aus dem Verhältnis der ersten Oberwelle mit $2\omega t$ zur Grundwelle mit $\omega t$ bei kleiner Aussteuerung, d.h. bei Vernachlässigung höherer Potenzen, näherungsweise den *Klirrfaktor k*:

$$k \approx \frac{u_{a,2\omega t}}{u_{a,\omega t}} \approx \frac{i_{C,2\omega t}}{i_{C,\omega t}} \approx \frac{\hat{u}_e}{4U_T(1 + SR_E)^2} \tag{2.74}$$

Ist ein Maximalwert für $k$ vorgegeben, muß $\hat{u}_e < 4kU_T(1 + SR_E)^2$ gelten. Mit $\hat{u}_a = |A|\hat{u}_e$ erhält man daraus die maximale Ausgangsamplitude. Für das Zahlenbeispiel gilt $\hat{u}_e < k \cdot 93\,\mathrm{V}$ und, mit $A \approx -1,93$, $\hat{u}_a < k \cdot 179\,\mathrm{V}$.

Ein Vergleich mit (2.15) zeigt, daß die zulässige Eingangsamplitude $\hat{u}_e$ durch die Gegenkopplung um das Quadrat des Gegenkopplungsfaktors $(1+SR_E)$ größer wird. Da gleichzeitig die Verstärkung um den Gegenkopplungsfaktor geringer ist, ist die zulässige Ausgangsamplitude bei gleichem Klirrfaktor um den Gegenkopplungsfaktor größer, solange dadurch keine Übersteuerung oder Sättigung des Transistors auftritt, d.h. solange der Gültigkeitsbereich der Reihenentwicklung nicht verlassen wird. Bei gleicher Ausgangsamplitude ist der Klirrfaktor um den Gegenkopplungsfaktor geringer.

**Temperaturabhängigkeit:** Da die Basis-Emitter-Spannung nach (2.21) mit $1,7\,\mathrm{mV/K}$ abnimmt, wirkt sich eine Temperaturerhöhung bei konstanter Eingangsspannung wie eine Zunahme der Eingangsspannung um $1,7\,\mathrm{mV/K}$ bei konstanter Temperatur aus. Man kann deshalb die *Temperaturdrift* der Ausgangsspannung mit Hilfe von (2.65) berechnen. Für das Zahlenbeispiel erhält man $(dU_a/dT)|_A \approx -3,3\,\mathrm{mV/K}$. Dieser Wert ist für die meisten Anwendungsfälle

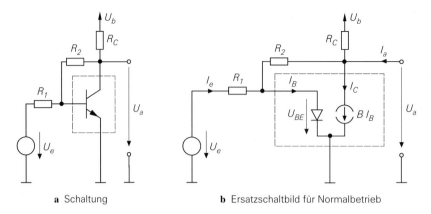

**a** Schaltung            **b** Ersatzschaltbild für Normalbetrieb

**Abb. 2.62.** Emitterschaltung mit Spannungsgegenkopplung

ausreichend gering, so daß auf weitere Maßnahmen zur Stabilisierung des Arbeitspunkts verzichtet werden kann.

### Emitterschaltung mit Spannungsgegenkopplung

Eine weitere Art der Gegenkopplung ist die *Spannungsgegenkopplung*; dabei wird über die Widerstände $R_1$ und $R_2$ ein Teil der Ausgangsspannung auf die Basis des Transistors zurückgeführt, siehe Abb. 2.62a. Wird die Schaltung mit einer Spannungsquelle $U_e$ angesteuert [15], erhält man mit $R_C = R_1 = 1\,\text{k}\Omega$ und $R_2 = 2\,\text{k}\Omega$ die in Abb. 2.63 gezeigten Kennlinien. Für $U_e < -0,8\,\text{V}$ ist der Kollektorstrom vernachlässigbar gering und man erhält $U_a$ durch Spannungsteilung an den Widerständen. Für $-0,8\,\text{V} \leq U_e \leq 1\,\text{V}$ fließt ein mit $U_e$ zunehmender Kollektorstrom und die Ausgangsspannung nimmt entsprechend ab; in diesem Bereich verläuft die Kennlinie aufgrund der Gegenkopplung nahezu linear. Bis hier arbeitet der Transistor im Normalbetrieb. Für $U_e > 1\,\text{V}$ gerät der Transistor in die Sättigung und man erhält $U_a = U_{CE,sat}$.

**Normalbetrieb:** Abb. 2.62b zeigt das Ersatzschaltbild für den Normalbetrieb. Aus den Knotengleichungen

$$\frac{U_e - U_{BE}}{R_1} + \frac{U_a - U_{BE}}{R_2} = I_B = \frac{I_C}{B}$$

$$\frac{U_b - U_a}{R_C} + I_a = \frac{U_a - U_{BE}}{R_2} + I_C$$

---

15 Bei der Emitterschaltung ohne Gegenkopplung nach Abb. 2.53a wird der Innenwiderstand $R_g$ der Signalspannungsquelle zur Begrenzung des Basisstroms bei Sättigungsbetrieb benötigt; hier wird der Basisstrom durch $R_1$ begrenzt, d.h. man kann $R_g = 0$ setzen und eine Spannungsquelle $U_e = U_g$ zur Ansteuerung verwenden. Diese Vorgehensweise wird gewählt, damit die Kennlinien für den Normalbetrieb nicht von $R_g$ abhängen.

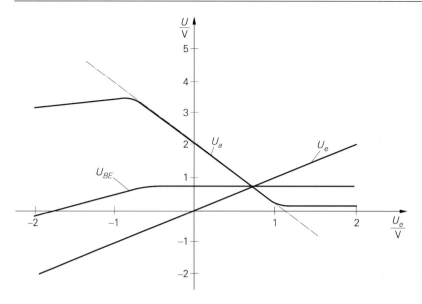

**Abb. 2.63.** Kennlinien der Emitterschaltung mit Spannungsgegenkopplung

folgt für den Betrieb ohne Last, d.h. $I_a = 0$:

$$U_a = \frac{U_b R_2 - I_C R_C R_2 + U_{BE} R_C}{R_2 + R_C} \tag{2.75}$$

$$U_e = \frac{I_C R_1}{B} + U_{BE} \left(1 + \frac{R_1}{R_2}\right) - U_a \frac{R_1}{R_2} \tag{2.76}$$

Löst man (2.75) nach $I_C$ auf und setzt in (2.76) ein, erhält man unter Verwendung von $B \gg 1$ und $B R_C \gg R_2$:

$$U_a \approx \frac{U_b R_2}{B R_C} + \left(1 + \frac{R_2}{R_1}\right) U_{BE} - \frac{R_2}{R_1} U_e \tag{2.77}$$

Für $-0,6\,\mathrm{V} \le U_e \le 0,9\,\mathrm{V}$ gilt $U_{BE} \approx 0,7\,\mathrm{V}$; damit folgt aus (2.77) ein linearer Zusammenhang zwischen $U_a$ und $U_e$, der in Abb. 2.63 strichpunktiert eingezeichnet ist und sehr gut mit der Übertragungskennlinie übereinstimmt. Die Spannungsgegenkopplung bewirkt also, daß die Übertragungskennlinie in diesem Bereich in erster Näherung nur noch von $R_1$ und $R_2$ abhängt.

Als Arbeitspunkt wird $U_{e,A} = 0\,\mathrm{V}$ gewählt; dieser Punkt liegt etwa in der Mitte des linearen Bereichs. Eine sukzessive Berechnung der Arbeitspunktgrößen ist hier nicht möglich, da man aus (2.75) und (2.76) nur implizite Gleichungen erhält. Mit Hilfe von Näherungen und einem iterativen Vorgehen kann man den Arbeitspunkt dennoch sehr genau bestimmen; dabei geht man von Schätzwerten aus, die im Verlauf der Rechnung präzisiert werden. Mit $R_1 = 1\,\mathrm{k\Omega}$, $R_2 = 2\,\mathrm{k\Omega}$, $B = \beta = 400$, $U_e = 0$ und dem Schätzwert $U_{BE} \approx 0,7\,\mathrm{V}$ folgt aus (2.76)

$$U_a = 3\,U_{BE} + I_C \cdot 5\,\Omega \approx 3\,U_{BE} \approx 2,1\,\mathrm{V}$$

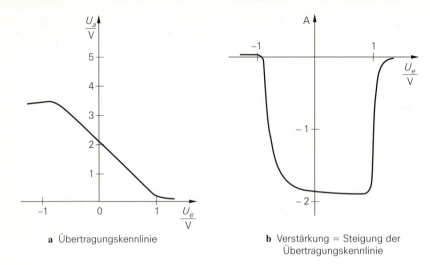

**a** Übertragungskennlinie

**b** Verstärkung = Steigung der
Übertragungskennlinie

**Abb. 2.64.** Verstärkung der Emitterschaltung mit Spannungsgegenkopplung

Aus der Knotengleichung am Ausgang folgt mit $U_b = 5\,\text{V}$ und $R_C = 1\,\text{k}\Omega$:

$$I_C = \frac{U_b - U_a}{R_C} - \frac{U_a - U_{BE}}{R_2} \approx 2,2\,\text{mA}$$

Mit diesem Schätzwert für $I_C$ und $I_S = 7\,\text{fA}$ kann man $U_{BE}$ präzisieren:

$$U_{BE} = U_T \ln \frac{I_C}{I_S} \approx 688\,\text{mV}$$

Wiederholt man damit die Berechnung, erhält man:

$$U_{BE} \approx 688\,\text{mV} \;\Rightarrow\; U_a \approx 2,07\,\text{V} \;\Rightarrow\; I_C \approx 2,24\,\text{mA}$$

$$\Rightarrow\; I_B = \frac{I_C}{B} \approx 5,6\,\mu\text{A} \;\Rightarrow\; U_e \overset{(2.76)}{\approx} 2,6\,\text{mV} \approx 0$$

Mit diesen Werten hat man eine sehr genaue Lösung von (2.75) und (2.76) für den Fall $U_e = 0$.

**Sättigungsbetrieb:** Der Transistor erreicht die Grenze zum Sättigungsbetrieb, wenn $U_a$ die Sättigungsspannung $U_{CE,sat}$ erreicht; Einsetzen von $U_a = U_{CE,sat} \approx 0,1\,\text{V}$ und $U_{BE} \approx 0,7\,\text{V}$ in (2.77) liefert $U_e \approx 1\,\text{V}$. Für $U_e > 1\,\text{V}$ leitet die Kollektor-Diode.

**Kleinsignalverhalten:** Die *Spannungsverstärkung A* entspricht der Steigung der Übertragungskennlinie, siehe Abb. 2.64; sie ist in dem Bereich, für den die lineare Näherung nach (2.77) gilt, näherungsweise konstant. Die Berechnung von $A$ erfolgt mit Hilfe des in Abb. 2.65 gezeigten Kleinsignalersatzschaltbilds. Aus den Knotengleichungen

$$\frac{u_e - u_{BE}}{R_1} + \frac{u_a - u_{BE}}{R_2} = \frac{u_{BE}}{r_{BE}}$$

$$Su_{BE} + \frac{u_a - u_{BE}}{R_2} + \frac{u_a}{r_{CE}} + \frac{u_a}{R_C} = i_a$$

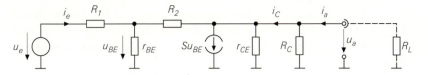

**Abb. 2.65.** Kleinsignalersatzschaltbild der Emitterschaltung mit Spannungsgegenkopplung

erhält man mit $R'_C = R_C \| r_{CE}$:

$$A = \left.\frac{u_a}{u_e}\right|_{i_a=0} = \frac{-SR_2 + 1}{1 + R_1 \left( S\left(1 + \frac{1}{\beta}\right) + \frac{1}{R'_C}\right) + \frac{R_2}{R'_C}\left(1 + \frac{R_1}{r_{BE}}\right)}$$

$$\overset{\overset{r_{CE} \gg R_C}{\beta \gg 1}}{\approx} \frac{-SR_2 + 1}{1 + SR_1 + \dfrac{R_1}{R_C} + \dfrac{R_2}{R_C}\left(1 + \dfrac{R_1}{r_{BE}}\right)}$$

$$\overset{\overset{r_{BE} \gg R_1}{R_1, R_2 \gg 1/S}}{\approx} -\frac{R_2}{R_1 + \dfrac{R_1 + R_2}{SR_C}} \overset{SR_C \gg 1 + R_2/R_1}{\approx} -\frac{R_2}{R_1}$$

Wenn alle Bedingungen erfüllt sind, hängt $A$ nur noch von $R_1$ und $R_2$ ab; dabei besagt die letzte Bedingung, daß die Verstärkung ohne Gegenkopplung, i.e. $-SR_C$, viel größer sein muß als die *ideale* Verstärkung mit Gegenkopplung, i.e. $-R_2/R_1$. Wird die Schaltung mit einem Lastwiderstand $R_L$ betrieben, kann man die zugehörige Betriebsverstärkung $A_B$ berechnen, indem man für $R_C$ die Parallelschaltung von $R_C$ und $R_L$ einsetzt, siehe Abb. 2.65. In dem beispielhaft gewählten Arbeitspunkt erhält man mit $S = 86,2\,\text{mS}$, $r_{BE} = 4,6\,\text{k}\Omega$, $r_{CE} = 45\,\text{k}\Omega$, $R_C = R_1 = 1\,\text{k}\Omega$ und $R_2 = 2\,\text{k}\Omega$ *exakt* $A = -1,885$; die erste Näherung liefert $A = -1,912$, die zweite $A = -1,933$ und die dritte $A = -2$.

Für den *Leerlaufeingangswiderstand* erhält man mit $R'_C = R_C \| r_{CE}$:

$$r_{e,L} = \left.\frac{u_e}{i_e}\right|_{i_a=0} = R_1 + \frac{r_{BE}\left(R'_C + R_2\right)}{r_{BE} + (1 + \beta)\,R'_C + R_2}$$

$$\overset{\overset{r_{CE} \gg R_C}{\beta \gg 1}}{\approx} R_1 + \frac{r_{BE}(R_C + R_2)}{r_{BE} + \beta R_C + R_2}$$

$$\overset{\beta R_C \gg r_{BE}, R_2}{\approx} R_1 + \frac{1}{S}\left(1 + \frac{R_2}{R_C}\right)$$

$$\overset{SR_C \gg R_2/R_1}{\approx} R_1 + \frac{1}{S} \overset{SR_1 \gg 1}{\approx} R_1$$

Er gilt für $i_a = 0$, d.h. $R_L \to \infty$. Der Eingangswiderstand für andere Werte von $R_L$ wird berechnet, indem man für $R_C$ die Parallelschaltung von $R_C$ und $R_L$ einsetzt. Durch Einsetzen von $R_L = R_C = 0$ erhält man den *Kurzschlußeingangswiderstand*:

$$r_{e,K} = \left. \frac{u_e}{i_e} \right|_{u_a=0} = R_1 + r_{BE} \parallel R_2$$

In dem beispielhaft gewählten Arbeitspunkt erhält man für den Leerlaufeingangswiderstand *exakt* $r_{e,L} = 1034\,\Omega$; die erste Näherung liefert ebenfalls $r_{e,L} = 1034\,\Omega$, die zweite $r_{e,L} = 1035\,\Omega$, die dritte $r_{e,L} = 1012\,\Omega$ und die vierte $r_{e,L} = 1\,\text{k}\Omega$. Der Kurzschlußeingangswiderstand beträgt $r_{e,K} = 2,4\,\text{k}\Omega$.

Für den *Kurzschlußausgangswiderstand* erhält man mit $R_C' = R_C \parallel r_{CE}$:

$$r_{a,K} = \left. \frac{u_a}{i_a} \right|_{u_e=0} = R_C' \parallel \frac{r_{BE}(R_1 + R_2) + R_1 R_2}{r_{BE} + R_1(1+\beta)}$$

$$\overset{\substack{r_{CE} \gg R_C \\ \beta \gg 1}}{\approx} \quad R_C \parallel \frac{r_{BE}(R_1+R_2) + R_1 R_2}{r_{BE} + \beta R_1}$$

$$\overset{\beta R_1 \gg r_{BE}}{\approx} \quad R_C \parallel \left( \frac{1}{S}\left(1 + \frac{R_2}{R_1}\right) + \frac{R_2}{\beta} \right)$$

Daraus folgt mit $R_1 \to \infty$ der *Leerlaufausgangswiderstand*:

$$r_{a,L} = \left. \frac{u_a}{i_a} \right|_{i_e=0} = R_C' \parallel \frac{r_{BE} + R_2}{1+\beta} \overset{\substack{r_{CE} \gg R_C \\ \beta \gg 1}}{\approx} R_C \parallel \left( \frac{1}{S} + \frac{R_2}{\beta} \right)$$

In dem beispielhaft gewählten Arbeitspunkt erhält man für den Kurzschlußausgangswiderstand *exakt* $r_{a,K} = 37,5\,\Omega$; die erste Näherung liefert ebenfalls $r_{a,K} = 37,5\,\Omega$, die zweite $r_{a,K} = 38,3\,\Omega$. Der Leerlaufausgangswiderstand beträgt *exakt* $r_{a,L} = 16,2\,\Omega$; die Näherung liefert $r_{a,L} = 16,3\,\Omega$.

In erster Näherung gilt für die

*Emitterschaltung mit Spannungsgegenkopplung:*

$$A = \left. \frac{u_a}{u_e} \right|_{i_a=0} \approx - \frac{R_2}{R_1 + \dfrac{R_1+R_2}{SR_C}} \overset{SR_C \gg 1+R_2/R_1}{\approx} -\frac{R_2}{R_1} \tag{2.78}$$

$$r_e = \frac{u_e}{i_e} \approx R_1 \tag{2.79}$$

$$r_a = \frac{u_a}{i_a} \approx R_C \parallel \left( \frac{1}{S}\left(1 + \frac{R_2}{R_1}\right) + \frac{R_2}{\beta} \right) \tag{2.80}$$

**Nichtlinearität:** Die Nichtlinearität der Übertragungskennlinie wird durch die Spannungsgegenkopplung stark reduziert. Der Klirrfaktor der Schaltung kann durch eine Reihenentwicklung der Kennlinie im Arbeitspunkt näherungsweise bestimmt werden. Einsetzen des Arbeitspunkts in (2.75) und (2.76) liefert:

$$u_a = \frac{R_C}{R_2 + R_C}\left(-R_2 i_C + U_T \ln\left(1 + \frac{i_C}{I_{C,A}}\right)\right)$$

$$u_e = \frac{R_1}{\beta} i_C + \left(1 + \frac{R_1}{R_2}\right) U_T \ln\left(1 + \frac{i_C}{I_{C,A}}\right) - \frac{R_1}{R_2} u_a$$

Durch Reihenentwicklung und Eliminieren von $i_C$ erhält man daraus mit $\beta \gg 1$ und $SR_2 \gg 1$:

$$u_a \approx -\frac{R_2}{R_1}\left(u_e + \left(\frac{1}{R_2} + \frac{1}{R_C}\right)^2\left(1 + \frac{R_2}{R_1}\right)\frac{U_T R_2}{2 I_{C,A}^2 R_1} u_e^2 + \cdots\right)$$

Bei Aussteuerung mit $u_e = \hat{u}_e \cos \omega t$ erhält man aus dem Verhältnis der ersten Oberwelle mit $2\omega t$ zur Grundwelle mit $\omega t$ bei kleiner Aussteuerung, d.h. bei Vernachlässigung höherer Potenzen, näherungsweise den *Klirrfaktor k*:

$$k \approx \frac{u_{a,2\omega t}}{u_{a,\omega t}} \approx \frac{\hat{u}_e}{4 U_T}\frac{\dfrac{R_2}{R_1}\left(1 + \dfrac{R_2}{R_1}\right)}{S^2 (R_2 \| R_C)^2}$$

Ist ein Maximalwert für $k$ vorgegeben, muß

$$\hat{u}_e < 4 k U_T \frac{S^2 (R_2 \| R_C)^2}{\dfrac{R_2}{R_1}\left(1 + \dfrac{R_2}{R_1}\right)}$$

gelten. Mit $\hat{u}_a = |A|\hat{u}_e$ erhält man daraus die maximale Ausgangsamplitude. Für das Zahlenbeispiel folgt $\hat{u}_e < k \cdot 57\,\text{V}$ und, mit $A \approx -1,89$, $\hat{u}_a < k \cdot 108\,\text{V}$.

**Temperaturabhängigkeit:** Die Basis-Emitter-Spannung $U_{BE}$ nimmt nach (2.21) mit $1,7\,\text{mV/K}$ ab. Die dadurch verursachte *Temperaturdrift* der Ausgangsspannung kann man durch eine Kleinsignalrechnung ermitteln, indem man eine Spannungsquelle $u_{TD}$ mit $du_{TD}/dT = -1,7\,\text{mV/K}$ in Reihe zu $r_{BE}$ ergänzt, siehe Abb. 2.66 oben, und ihre Auswirkung auf die Ausgangsspannung berechnet. Die Rechnung läßt sich stark vereinfachen, wenn man die Spannungsquelle geeignet verschiebt: wird sie durch zwei Spannungsquellen in Reihe mit $R_1$ und $R_2$ ersetzt, letztere in zwei Stromquellen $u_{TD}/R_2$ am Basis- und am Kollektorknoten umgewandelt und davon die am Basisknoten wieder in eine Spannungsquelle $u_{TD}R_1/R_2$ umgewandelt, erhält man das in Abb. 2.66 unten gezeigte äquivalente Kleinsignalersatzschaltbild; unter Verwendung der bereits definierten Größen $A$ und $r_{a,K}$ folgt:

$$\left.\frac{dU_a}{dT}\right|_A = \left(-\left(1 + \frac{R_1}{R_2}\right)A + \frac{r_{a,K}}{R_2}\right)\frac{du_{TD}}{dT} \approx \left(1 + \frac{R_1}{R_2}\right)A \cdot 1,7\,\frac{\text{mV}}{\text{K}}$$

Für den beispielhaft gewählten Arbeitspunkt erhält man mit $A = -1,885$ und $r_a = r_{a,K} = 37,5\,\Omega$ eine Temperaturdrift von $(dU_a/dT)|_A \approx -4,8\,\text{mV/K}$.

**Betrieb als Strom-Spannungs-Wandler:** Schließt man bei der Emitterschaltung mit Spannungsgegenkopplung den Widerstand $R_1$ kurz und steuert mit einer Stromquelle $I_e$ an, erhält man die Schaltung nach Abb. 2.67a, die als *Strom-*

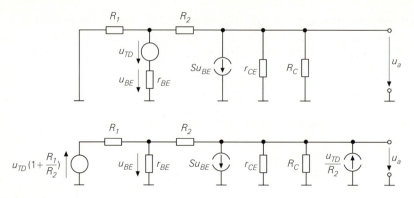

**Abb. 2.66.** Kleinsignalersatzschaltbild zur Berechnung der Temperaturdrift der Emitterschaltung mit Spannungsgegenkopplung: mit Spannungsquelle $u_{TD}$ (oben) und nach Verschieben der Quelle (unten)

*Spannungs-Wandler* arbeitet; sie wird auch *Transimpedanzverstärker* [16] genannt. Abbildung 2.67b zeigt die Kennlinien $U_a(I_e)$ und $U_e(I_e)$ für $U_b = 5\,V$, $R_C = 1\,k\Omega$ und $R_2 = 2\,k\Omega$.

Aus den Knotengleichungen für den Ein- und den Ausgang folgt für den Normalbetrieb, d.h. $-1,3\,mA < I_e < 0,2\,mA$:

$$U_a = \frac{U_b R_2 - I_e B R_2 R_C + U_e (1 + B) R_C}{R_2 + (1 + B) R_C}$$

$$\stackrel{\substack{\beta R_C \gg R_2 \\ B \gg 1}}{\approx} \frac{R_2}{B R_C} U_b - R_2 I_e + U_e$$

Mit $U_e = U_{BE} \approx 0,7\,V$ erhält man die Näherung $U_a \approx 0,72\,V - 2\,k\Omega \cdot I_e$.

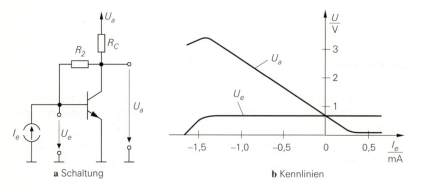

**a** Schaltung                     **b** Kennlinien

**Abb. 2.67.** Strom-Spannungs-Wandler

---

[16] Die Bezeichnung *Transimpedanzverstärker* wird auch für Operationsverstärker mit Stromeingang und Spannungsausgang verwendet (CV-OPV).

Das Kleinsignalverhalten des Strom-Spannungs-Wandlers kann aus den Gleichungen für die Emitterschaltung mit Spannungsgegenkopplung abgeleitet werden. Der *Übertragungswiderstand* (*Transimpedanz*) tritt an die Stelle der Verstärkung; mit (2.78) erhält man:

$$R_T = \frac{u_a}{i_e}\bigg|_{i_a=0} = \lim_{R_1 \to \infty} R_1 \frac{u_a}{u_e}\bigg|_{i_a=0} = \lim_{R_1 \to \infty} R_1 A$$

$$= \frac{-SR_2 + 1}{S\left(1 + \dfrac{1}{\beta}\right) + \dfrac{1}{R_C'}\left(1 + \dfrac{R_2}{r_{BE}}\right)}$$

$$\overset{\substack{r_{CE} \gg R_C \\ \beta \gg 1}}{\approx} \frac{-SR_2 + 1}{S + \dfrac{1}{R_C}\left(1 + \dfrac{R_2}{r_{BE}}\right)} \overset{\substack{\beta R_C \gg R_2 \\ SR_2 \gg 1}}{\approx} -R_2$$

Der *Eingangswiderstand* kann aus den Gleichungen für die Emitterschaltung mit Spannungsgegenkopplung berechnet werden, indem man $R_1 = 0$ setzt. Der *Ausgangswiderstand* entspricht dem Leerlaufausgangswiderstand der Emitterschaltung mit Spannungsgegenkopplung. Zusammengefaßt erhält man für den

*Strom-Spannungs-Wandler in Emitterschaltung:*

$$R_T = \frac{u_a}{i_e}\bigg|_{i_a=0} \approx -R_2 \qquad (2.81)$$

$$r_e = \frac{u_e}{i_e} \approx \frac{1}{S}\left(1 + \frac{R_2}{R_C}\right) \qquad (2.82)$$

$$r_a = \frac{u_a}{i_a} \approx R_C \| \left(\frac{1}{S} + \frac{R_2}{\beta}\right) \qquad (2.83)$$

### Arbeitspunkteinstellung

Der Betrieb als Kleinsignalverstärker erfordert eine stabile Einstellung des Arbeitspunkts des Transistors. Der Arbeitspunkt sollte möglichst wenig von den Parametern des Transistors abhängen, da diese temperaturabhängig und fertigungsbedingten Streuungen unterworfen sind; wichtig sind in diesem Zusammenhang die Stromverstärkung $B$ und der Sättigungssperrstrom $I_S$:

|  | $B$ | $I_S$ |
|---|---|---|
| Temperaturkoeffizient | $+0,5\,\%/K$ | $+15\,\%/K$ |
| Streuung | $-30/+50\%$ | $-70/+200\%$ |

Es gibt zwei grundsätzlich verschiedene Verfahren zur Arbeitspunkteinstellung: die *Wechselspannungskopplung* und die *Gleichspannungskopplung*.

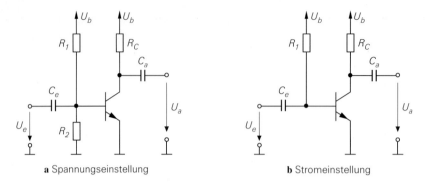

**a** Spannungseinstellung                    **b** Stromeinstellung

**Abb. 2.68.** Arbeitspunktseinstellung bei Wechselspannungskopplung

**Arbeitspunkteinstellung bei Wechselspannungskopplung:** Bei Wechselspannungskopplung wird der Verstärker oder die Verstärkerstufe über Koppelkondensatoren mit der Signalquelle und mit der Last verbunden, siehe Abb. 2.68. Damit kann man die Arbeitspunktspannungen unabhängig von den Gleichspannungen der Signalquelle und der Last wählen; die Koppelkondensatoren werden dabei auf die Spannungsdifferenz aufgeladen. Da über die Koppelkondensatoren kein Gleichstrom fließen kann, kann man eine beliebige Signalquelle oder Last anschließen, ohne daß sich der Arbeitspunkt verschiebt. Bei mehrstufigen Verstärkern läßt sich der Arbeitspunkt für jede Stufe getrennt einstellen.

Jeder Koppelkondensator bildet zusammen mit dem Ein- bzw. Ausgangswiderstand der gekoppelten Stufen, der Signalquelle oder der Last einen Hochpaß. Abbildung 2.69 zeigt einen Ausschnitt des Kleinsignalersatzschaltbilds eines mehrstufigen Verstärkers; dabei wurde für jede Stufe das Kleinsignalersatzschaltbild nach Abb. 2.57 mit den Kenngrößen $A$, $r_e$ und $r_a$ eingesetzt. Aus dem Kleinsignalersatzschaltbild kann man die Grenzfrequenzen der Hochpässe berechnen. Die Dimensionierung der Koppelkondensatoren muß so erfolgen, daß die kleinste interessierende Signalfrequenz noch voll übertragen wird. Gleichspannungen können nicht übertragen werden.

Die Arbeitspunkteinstellung für die Emitterschaltung kann durch Spannungs- oder Stromeinstellung erfolgen; dabei wird $U_{BE,A}$ oder $I_{B,A}$ so vorgegeben, daß

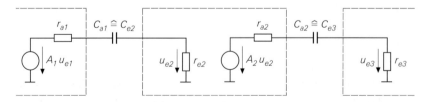

**Abb. 2.69.** Kleinsignalersatzschaltbild eines mehrstufigen Verstärkers zur Berechnung der Hochpässe bei Wechselspannungskopplung

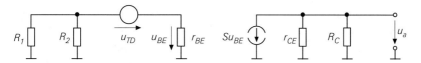

**Abb. 2.70.** Berechnung der Temperaturdrift bei Spannungseinstellung

sich der gewünschte Kollektorstrom $I_{C,A}$ und damit die gewünschte Ausgangs-spannung $U_{a,A}$ einstellt. Wegen

$$U_{BE,A}(T, E) = U_T(T) \ln \frac{I_{C,A}}{I_S(T, E)} \quad , \quad I_{B,A}(T, E) = \frac{I_{C,A}}{B(T, E)}$$

hängen $U_{BE,A}$ und $I_{B,A}$ von der Temperatur $T$ und vom Exemplar $E$ ab.

**Spannungseinstellung:** Bei der Spannungseinstellung nach Abb. 2.68a wird mit den Widerständen $R_1$ und $R_2$ die Spannung $U_{BE,A}$ eingestellt. Wählt man dabei den Querstrom durch die Widerstände deutlich größer als $I_{B,A}$, wirkt sich eine Änderung von $I_{B,A}$ nicht mehr auf den Arbeitspunkt aus. Die Abhängigkeit vom Exemplar kann durch Einsatz eines Potentiometers für $R_2$ und Abgleich des Arbeitspunkts behoben werden. Zur Berechnung der durch $U_{BE}$ verursachten Temperaturdrift der Ausgangsspannung fügt man eine Spannungsquelle $u_{TD}$ mit $du_{TD}/dT = -1,7\,\mathrm{mV/K}$ in das Kleinsignalersatzschaltbild ein, siehe Abb. 2.70. Sie wirkt, wie ein Vergleich mit Abb. 2.56 zeigt, wie eine Signalspannungsquelle $u_g = -u_{TD}$ mit dem Innenwiderstand $R_g = R_1 \parallel R_2$; daraus folgt:

$$\left. \frac{dU_a}{dT} \right|_A = -\frac{r_e}{r_e + R_g} A \frac{du_{TD}}{dT} = \frac{r_{BE}}{r_{BE} + (R_1 \parallel R_2)} A \cdot 1,7 \frac{\mathrm{mV}}{\mathrm{K}} \quad (2.84)$$

*Beispiel:* Mit $A = -75$ und $R_1 \parallel R_2 = r_{BE}$ folgt $(dU_a/dT)|_A \approx -64\,\mathrm{mV/K}$. Wegen der hohen Temperaturdrift wird diese Art der Arbeitspunkteinstellung in der Praxis nicht eingesetzt.

**Stromeinstellung:** Bei der Stromeinstellung nach Abb. 2.68b wird über den Widerstand $R_1$ der Basisstrom $I_{B,A}$ eingestellt:

$$R_1 = \frac{U_b - U_{BE,A}}{I_{B,A}} \approx \frac{U_b - 0,7\,\mathrm{V}}{I_{B,A}}$$

Für $U_b \gg U_{BE,A}$ wirkt sich eine Änderung von $U_{BE,A}$ praktisch nicht auf $I_{B,A}$ aus; ausgehend von $U_a = U_b - I_C R_C$ erhält man:

$$\left. \frac{dU_a}{dT} \right|_A \approx -R_C \left. \frac{dI_C}{dT} \right|_{I_B=\mathrm{const.}} = -I_B R_C \frac{dB}{dT} = -\frac{I_{C,A} R_C}{U_T} \frac{U_T}{B} \frac{dB}{dT}$$

$$\approx A \frac{U_T}{B} \frac{dB}{dT} \stackrel{(2.23)}{\approx} A \cdot 0,13 \frac{\mathrm{mV}}{\mathrm{K}} \quad (2.85)$$

*Beispiel:* Mit $A = -75$ folgt $(dU_a/dT)|_A \approx -9,8\,\mathrm{mV/K}$.

Die Temperaturdrift ist zwar geringer als bei der Spannungseinstellung, für die Praxis aber dennoch zu groß. Aufgrund der großen Streuung von $\beta$ muß für $R_1$ ein Potentiometer zum Abgleich des Arbeitspunkts eingesetzt werden. Deshalb wird diese Art der Arbeitspunkteinstellung in der Praxis nicht eingesetzt.

**Arbeitspunkteinstellung mit Gleichstromgegenkopplung:** Die Temperaturdrift ist proportional zur Verstärkung, siehe (2.84) und (2.85); deshalb kann man die Stabilität des Arbeitspunkts durch eine Reduktion der Verstärkung verbessern. Da die Temperaturdrift ein langsam ablaufender Vorgang ist, muß nur die *Gleichspannungsverstärkung $A_G$* reduziert werden; die *Wechselspannungsverstärkung $A_W$* kann unverändert bleiben. Man erreicht dies mit einer frequenzabhängigen Gegenkopplung, die nur für Gleichgrößen und Frequenzen unterhalb der kleinsten interessierenden Signalfrequenz wirkt und für höhere Frequenzen ganz oder teilweise unwirksam ist. Auf diesem Prinzip beruht die Arbeitspunkteinstellung mit *Gleichstromgegenkopplung* nach Abb. 2.71a; dabei wird die Spannungseinstellung mit einer Stromgegenkopplung über den Widerstand $R_E$ kombiniert. Der Kondensator $C_E$ bewirkt mit zunehmender Frequenz einen Kurzschluß von $R_E$ und hebt damit die Gegenkopplung für höhere Frequenzen auf.

Die im Arbeitspunkt an der Basis des Transistors erforderliche Spannung

$$U_{B,A} \;=\; \left( I_{C,A} + I_{B,A} \right) R_E + U_{BE,A} \;\approx\; I_{C,A} R_E + 0,7\,\mathrm{V}$$

wird mit $R_1$ und $R_2$ eingestellt; dabei wird der Querstrom durch die Widerstände deutlich größer als $I_{B,A}$ gewählt, damit der Arbeitspunkt nicht von $I_{B,A}$ abhängt. Wenn die Signalquelle einen geeigneten Gleichspannungsanteil aufweist und den benötigten Basisstrom $I_{B,A}$ liefern kann, kann man auf die Widerstände und den Koppelkondensator $C_e$ verzichten und eine direkte Kopplung vornehmen; dabei kann $U_{B,A}$ durch Variation von $R_E$ an die vorliegende Eingangsgleichspannung angepaßt werden. $R_E$ darf aber nicht zu klein gewählt werden, da sonst die Gegenkopplung unwirksam und die Arbeitspunktstabilität herabgesetzt wird. Für kleine positive und negative Eingangsgleichspannungen kann man durch eine zusätzliche negative Versorgungsspannung eine direkte Kopplung ermöglichen, siehe Abb. 2.71b.

Die Temperaturdrift der Ausgangsspannung folgt aus (2.84), indem man für $A$ und $r_e$ die Werte der Emitterschaltung mit Stromgegenkopplung nach (2.70) und

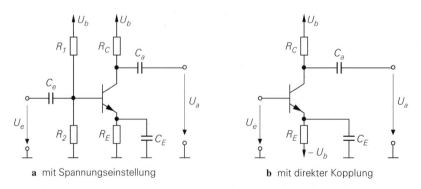

**a**  mit Spannungseinstellung            **b**  mit direkter Kopplung

**Abb. 2.71.** Arbeitspunktseinstellung mit Gleichstromgegenkopplung

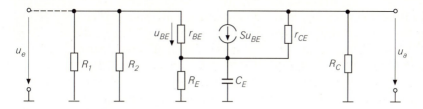

**Abb. 2.72.** Kleinsignalersatzschaltbild zu Abb. 2.71a

(2.71) einsetzt; dabei gilt $A = A_G$. Mit $r_e \gg R_1 \,\|\, R_2$ erhält man den ungünstigsten Fall:

$$\left.\frac{dU_a}{dT}\right|_A \approx A_G \cdot 1{,}7\,\frac{\mathrm{mV}}{\mathrm{K}} \overset{SR_E \gg 1}{\approx} -\frac{R_C}{R_E} \cdot 1{,}7\,\frac{\mathrm{mV}}{\mathrm{K}}$$

Man muß also $R_E$ möglichst groß machen, um eine geringe Gleichspannungs-verstärkung $A_G$ und damit eine geringe Temperaturdrift zu erhalten. In der Praxis wählt man $R_C/R_E \approx 1\ldots10$.

Der Frequenzgang der Verstärkung kann mit Hilfe des in Abb. 2.72 gezeigten Kleinsignalersatzschaltbilds oder aus (2.70) durch Einsetzen von $R_E \,\|\, (1/sC_E)$ anstelle von $R_E$ ermittelt werden:

$$\underline{A}(s) \approx -\frac{SR_C\,(1 + sC_E R_E)}{1 + SR_E + sC_E R_E} \overset{SR_E \gg 1}{\approx} -\frac{R_C}{R_E}\,\frac{1 + sC_E R_E}{1 + s\dfrac{C_E}{S}}$$

Abb. 2.73 zeigt den Betragsfrequenzgang $A = |\underline{A}(j2\pi f)|$ mit den Knickfrequenzen $f_1$ und $f_2$; dabei gilt:

$$\omega_1 = 2\pi f_1 = \frac{1}{C_E R_E} \quad,\quad \omega_2 = 2\pi f_2 \approx \frac{S}{C_E}$$

Für $f < f_1$ ist die Gegenkopplung voll wirksam; hier gilt $A \approx A_G \approx -R_C/R_E$. Für $f > f_2$ ist die Gegenkopplung unwirksam und man erhält $A \approx A_W \approx -SR_C$. Da-

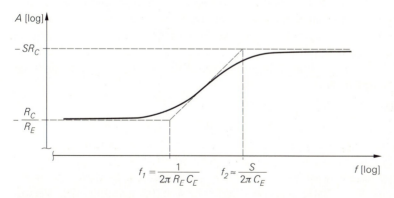

**Abb. 2.73.** Betragsfrequenzgang $A = |\underline{A}(j2\pi f)|$

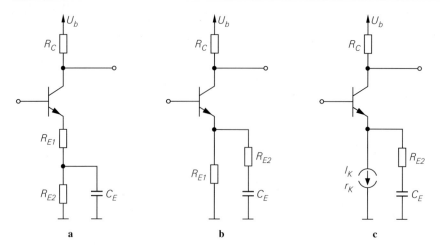

**Abb. 2.74.** Arbeitspunkteinstellung mit Gleich- und Wechselstromgegenkopplung

zwischen liegt ein Übergangsbereich. Der Kondensator $C_E$ muß so dimensioniert werden, daß $f_2$ kleiner als die kleinste interessierende Signalfrequenz ist.

Das Kleinsignalersatzschaltbild nach Abb. 2.72 zeigt ferner, daß am Eingang die Parallelschaltung von $R_1$ und $R_2$ auftritt, die bei der Berechnung des Eingangswiderstands $r_e$ zu berücksichtigen ist; für $f > f_2$ gilt:

$$r_e = r_{BE} \parallel R_1 \parallel R_2$$

Man darf $R_1$ und $R_2$ nicht zu klein wählen, da sonst der Eingangswiderstand stark abnimmt.

Möchte man auch für Wechselspannungen, d.h. für $f > f_2$, eine Stromgegenkopplung haben, z.B. zur Verringerung der nichtlinearen Verzerrungen, und soll dabei die Wechselspannungsverstärkung größer sein als die Gleichspannungsverstärkung, kann man eine der in Abb. 2.74 gezeigten Varianten verwenden. Tabelle 2.5 faßt die Kenngrößen zusammen.

Bei der Schaltung nach Abb. 2.74c wird eine Konstantstromquelle mit dem Strom $I_K$ und dem Innenwiderstand $r_K$ zur Arbeitspunkteinstellung verwendet; damit gilt $I_{C,A} \approx I_K$. Wegen $r_K \gg R_C$ ist die Gleichspannungsverstärkung $A_G$ und damit die durch den Transistor verursachte Temperaturdrift sehr klein; die Temperaturdrift der Schaltung hängt in diesem Fall von der Temperaturdrift der Konstantstromquelle ab:

$$\left. \frac{dU_a}{dT} \right|_A \approx - \frac{R_C}{r_K} \cdot 1{,}7 \, \frac{\mathrm{mV}}{\mathrm{K}} - R_C \frac{dI_K}{dT} \overset{r_K \gg R_C}{\approx} - R_C \frac{dI_K}{dT}$$

*Beispiel:* Ein Signal mit einer Amplitude $\hat{u}_g = 10\,\mathrm{mV}$, das von einer Quelle mit einem Innenwiderstand $R_g = 10\,\mathrm{k\Omega}$ geliefert wird, soll auf $\hat{u}_a = 200\,\mathrm{mV}$ verstärkt und an eine Last $R_L = 10\,\mathrm{k\Omega}$ abgegeben werden. Es wird eine untere Grenzfrequenz $f_U = 20\,\mathrm{Hz}$ und ein Klirrfaktor $k < 1\%$ gefordert. Die Versorgungsspannung beträgt $U_b = 12\,\mathrm{V}$. Aus (2.74) folgt, daß mit $\hat{u}_e \approx \hat{u}_g = 10\,\mathrm{mV}$

| | Abb. 2.71 | Abb. 2.74a | Abb. 2.74b und Abb. 2.74c ($R_{E1} = r_K$) |
|---|---|---|---|
| $A_W$ | $-SR_C$ | $-\dfrac{SR_C}{1+SR_{E1}}$ | $-\dfrac{SR_C}{1+S\left(R_{E1}\|R_{E2}\right)}$ |
| $A_G$ | $-\dfrac{R_C}{R_E}$ | $-\dfrac{R_C}{R_{E1}+R_{E2}}$ | $-\dfrac{R_C}{R_{E1}}$ |
| $\omega_1$ | $\dfrac{1}{C_E R_E}$ | $\dfrac{1}{C_E R_{E2}}$ | $\dfrac{1}{C_E\left(R_{E1}+R_{E2}\right)}$ |
| $\omega_2$ | $\dfrac{S}{C_E}$ | $\dfrac{1}{C_E\left(\left(1/S+R_{E1}\right)\|R_{E2}\right)}$ | $\dfrac{S}{C_E\left(1+SR_{E2}\right)}$ |
| Annahme | $SR_E \gg 1$ | $S\left(R_{E1}+R_{E2}\right)\gg 1$ | $SR_{E1}\gg 1$ |

**Tab. 2.5.** Kenngrößen der Emitterschaltung mit Gleichstromgegenkopplung

und $k < 0,01$ eine Stromgegenkopplung mit $SR_E > 2,2$ erforderlich ist; es muß also eine Emitterschaltung mit Wechselstromgegenkopplung verwendet werden. Die Betriebsverstärkung $A_B$ erhält man aus (2.64), indem man für $A$ und $r_a$ die Werte der Emitterschaltung mit Stromgegenkopplung nach (2.70) und (2.72) einsetzt:

$$A_B = \frac{r_e}{r_e + R_g} A \frac{R_L}{R_L + r_a} \approx - \frac{r_e}{r_e + R_g} \frac{S\left(R_C \| R_L\right)}{1+SR_E}$$

Es wird $A_B = \hat{u}_a/\hat{u}_g = 20$ gefordert. Die durch den Eingangswiderstand $r_e$ verursachte Abschwächung kann noch nicht berücksichtigt werden, da $r_e$ noch nicht bekannt ist; es wird deshalb zunächst $r_e \to \infty$ angenommen. Um die Abschwächung durch den Ausgangswiderstand $r_a \approx R_C$ klein zu halten, wird $R_C = 5\,\text{k}\Omega < R_L$ gewählt. Unter Berücksichtigung von $SR_E > 2,2$ erhält man $R_E = 115\,\Omega \to 120\,\Omega$ [17], $S = 21,3\,\text{mS}$ und $I_{C,A} = S U_T \approx 0,55\,\text{mA}$. Nimmt man für den Transistor $B \approx \beta \approx 400$ und $I_S \approx 7\,\text{fA}$ an, folgt $U_{BE,A} \approx 0,65\,\text{V}$, $I_{B,A} \approx 1,4\,\mu\text{A}$ und $r_{BE} \approx 19\,\text{k}\Omega$. Um einen stabilen Arbeitspunkt zu erhalten, wird eine zusätzliche Gleichstromgegenkopplung nach Abb. 2.74a mit $R_{E1} = R_E$ und $R_{E2} = 4,7\,\text{k}\Omega \approx R_C$ verwendet, siehe Abb. 2.75; damit liegt die Gleichstromverstärkung etwa bei Eins und die Temperaturdrift ist entsprechend gering. Für die Spannung an der Basis folgt $U_{B,A} \approx I_{C,A}\left(R_{E1}+R_{E2}\right)+U_{BE,A} \approx 3,3\,\text{V}$. Durch den Basisspannungteiler soll ein Querstrom $I_Q = 10I_{B,A}$ fließen; daraus folgt $R_2 = U_{B,A}/I_Q \approx 240\,\text{k}\Omega$ und $R_1 = \left(U_b - U_{B,A}\right)/\left(I_Q+I_{B,A}\right) \approx 560\,\text{k}\Omega$. Jetzt kann man den Eingangswiderstand bestimmen: $r_e = R_1 \| R_2 \| \left(r_{BE}+\beta R_{E1}\right) \approx 48\,\text{k}\Omega$. Mit $R_g = 10\,\text{k}\Omega$ erhält man durch $r_e$ eine Abnahme der Verstärkung um den Faktor $1 + R_g/r_e \approx 1,2$. Diese Abnahme läßt sich ausgleichen, indem man den Wert für $\left(R_C \| R_L\right)$ durch nachträgliches Ändern von $R_C$ um diesen Faktor vergrößert; man erhält $R_C = 6,8\,\text{k}\Omega$. Damit sind alle Widerstände dimensio-

---

17 Es wird auf Normwerte gerundet.

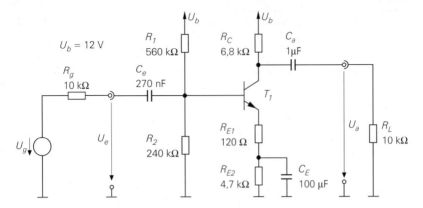

**Abb. 2.75.** Dimensioniertes Beispiel einer Emitterschaltung mit Gleich- und Wechselstrom-gegenkopplung

niert, siehe Abb. 2.75. Abschließend sind die durch die Kondensatoren $C_e$, $C_a$ und $C_E$ verursachten Hochpässe so auszulegen, daß $f_U = 20\,\text{Hz}$ gilt; dabei ist jeder einzelne Hochpaß auf $f'_U = f_U/\sqrt{3} \approx 11\,\text{Hz}$ auszulegen:

$$C_e = \frac{1}{2\pi f'_U\left(R_g + r_e\right)} = 250\,\text{nF} \rightarrow 270\,\text{nF}$$

$$C_a = \frac{1}{2\pi f'_U\left(R_C + R_L\right)} = 860\,\text{nF} \rightarrow 1\,\mu\text{F}$$

$$C_E = \frac{1}{2\pi f'_U\left((1/S + R_{E1})\,\|\,R_{E2}\right)} = 90\,\mu\text{F} \rightarrow 100\,\mu\text{F}$$

**Einsatz der Wechselspannungskopplung:** Die Wechselspannungskopplung kann nur eingesetzt werden, wenn keine Gleichspannungen zu übertragen sind, d.h. wenn der Verstärker Hochpaßverhalten aufweisen darf. Eine Ausnahme bilden Wechselspannungsverstärker mit sehr niedriger unterer Grenzfrequenz, bei denen die Koppelkondensatoren sehr große Werte annehmen können; man muß deshalb in der Praxis oft auch dann eine direkte Kopplung vornehmen, wenn keine Gleichspannungen verstärkt werden müssen.

Der wesentliche Vorteil der Wechselspannungskopplung liegt in der Unabhängigkeit von den Gleichspannungen an der Signalquelle und der Last. Das Hochpaßverhalten hat zur Folge, daß sich die Temperaturdrift nur innerhalb der jeweiligen Stufe als Arbeitspunktverschiebung bemerkbar macht und nicht, wie bei direkter Kopplung, auf nachfolgende Stufen übertragen wird.

Trotz der Vorteile, die die Wechselspannungskopplung bei reinen Wechselspannungsverstärkern bietet, wird sie in der Praxis wegen der zusätzlich benötigten Kondensatoren und Widerstände nach Möglichkeit vermieden. Dies gilt besonders für Niederfrequenzverstärker, da dort wegen der großen Kapazitätswerte Elektrolytkondensatoren eingesetzt werden müssen, die groß und teuer sind und eine hohe Ausfallrate aufweisen. Bei Hochfrequenzverstärkern ist die Wechselspannungskopplung weit verbreitet; man kann dort keramische Kondensatoren im Pikofarad-Bereich einsetzen, die klein und vergleichsweise billig sind. In integrierten Schaltungen wird die Wechselspannungskopplung wegen der schlechten Integrierbarkeit von Kondensatoren nur in Ausnahmefällen eingesetzt. Werden dennoch Kondensatoren benötigt, müssen sie oft extern angeschlossen werden.

**Arbeitspunkteinstellung bei Gleichspannungskopplung:** Bei Gleichspannungskopplung, auch als *direkte* oder *galvanische* Kopplung bezeichnet, wird der Verstärker oder die Verstärkerstufe direkt mit der Signalquelle und mit der Last verbunden. Dabei müssen die im Arbeitspunkt vorliegenden Gleichspannungen am Eingang und am Ausgang, i.e. $U_{e,A}$ und $U_{a,A}$, an die Gleichspannungen der Signalquelle und der Last angepaßt werden. Bei mehrstufigen Verstärkern kann der Arbeitspunkt der einzelnen Stufen nicht mehr getrennt eingestellt werden.

Die Gleichspannungskopplung wird bei mehrstufigen Verstärkern fast immer in Verbindung mit einer Gegenkopplung über alle Stufen eingesetzt; dabei sind die einzelnen Stufen direkt gekoppelt und der Arbeitspunkt wird durch die Gegenkopplung eingestellt. Oft wird $U_{e,A} = U_{a,A}$ gefordert, d.h. der Verstärker soll den Gleichspannungsanteil im Signal nicht verändern.

*Beispiel:* Abb. 2.76 zeigt einen gleichspannungsgekoppelten Verstärker mit zwei Stufen in Emitterschaltung und einer Gegenkopplung über beide Stufen. Die erste Stufe besteht aus dem npn-Transistor $T_1$ und dem Widerstand $R_1$, die zweite aus dem pnp-Transistor $T_2$ und dem Widerstand $R_2$; die Widerstände $R_3$, $R_4$ und $R_5$ bilden die Gegenkopplung zur Arbeitspunkt- und Verstärkungseinstellung. Der Verstärker ist für $U_{e,A} = U_{a,A} = 2{,}5\,\text{V}$ und $A = 10$ ausgelegt. Bei einer Emitterschaltung mit npn-Transistor ist im Arbeitspunkt die Ausgangsspannung größer als die Eingangsspannung, bei einer Emitterschaltung mit pnp-Transistor dagegen kleiner. Deshalb ist es wegen der Forderung $U_{e,A} = U_{a,A}$ zweckmäßig, in

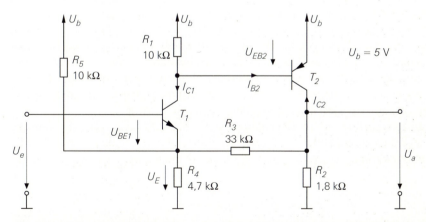

**Abb. 2.76.** Beispiel für einen gleichspannungsgekoppelten Verstärker mit zwei Stufen in Emitterschaltung und Gegenkopplung

der zweiten Stufe einen pnp-Transistor zu verwenden. Auf die Dimensionierung der Widerstände wird hier nicht eingegangen.

Zur Berechnung des Arbeitspunkts geht man von $U_{a,A} = 2,5\,\text{V}$ aus. Vernachlässigt man den Strom durch $R_3$, erhält man $I_{C2,A} \approx -U_{a,A}/R_2 \approx -1,4\,\text{mA}$. Mit $I_{S2} = 1\,\text{fA}$ und $\beta_2 = 300$ [18] folgt $U_{EB2,A} = U_T \ln\left(-I_{C2,A}/I_{S2}\right) \approx 0,73\,\text{V}$ und $I_{B2,A} \approx -4,7\,\mu\text{A}$. Daraus folgt $I_{C1,A} = U_{EB2,A}/R_1 - I_{B2,A} \approx 78\,\mu\text{A}$. Aus der Knotengleichung

$$\frac{U_{E,A}}{R_4} = \frac{U_{a,A} - U_{E,A}}{R_3} + \frac{U_b - U_{E,A}}{R_5} + I_{C1,A}$$

am Emitteranschluß von $T_1$ erhält man $U_{E,A} = 1,9\,\text{V}$. Mit $I_{S1} = 7\,\text{fA}$ folgt $U_{BE1,A} = U_T \ln\left(I_{C1,A}/I_{S2}\right) \approx 0,6\,\text{V}$ und daraus $U_{e,A} = U_{BE1,A} + U_{E,A} \approx 2,5\,\text{V}$. Abschließend muß noch geprüft werden, ob die Vernachlässigung des Stroms durch $R_3$ bei der Berechnung von $I_{C2,A}$ zulässig ist: $I_{R3} = \left(U_{a,A} - U_{E,A}\right)/R_3 \approx 18\,\mu\text{A} \ll |I_{C2,A}|$. Diese Berechnung verdeutlicht noch einmal die Vorgehensweise bei der Berechnung von Arbeitspunkten.

**Einsatz der Gleichspannungskopplung:** Eine Gleichspannungskopplung ist unumgänglich, wenn Gleichspannungen verstärkt werden müssen [19]. Aber auch bei mehrstufigen Wechselspannungsverstärkern werden die einzelnen Stufen nach Möglichkeit direkt gekoppelt, um die Koppelkondensatoren und die zusätzlichen Widerstände einzusparen.

Nachteilig ist, daß bei der Gleichspannungskopplung eine durch Temperaturdrift verursachte Arbeitspunktverschiebung in einer Verstärkerstufe auf die Last übertragen wird; folgen weitere Stufen, wird die Drift von diesen weiter verstärkt. Man muß deshalb bei der Gleichspannungskopplung besondere Maßnahmen zur Driftunterdrückung vorsehen oder Schaltungsvarianten mit geringer Drift, z.B. Differenzverstärker, einsetzen.

### Frequenzgang und obere Grenzfrequenz

Die Kleinsignalverstärkung $A$ und die Betriebsverstärkung $A_B$ gelten in der bisher berechneten Form nur für niedrige Signalfrequenzen; bei höheren Frequenzen nehmen beide aufgrund der Transistorkapazitäten ab. Um eine Aussage über den Frequenzgang und die obere Grenzfrequenz zu bekommen, muß man bei der Berechnung das dynamische Kleinsignalmodell des Transistors nach Abb. 2.38 auf Seite 88 verwenden; dabei wird neben der Emitterkapazität $C_E$ und der Kollektorkapazität $C_C$ der Basisbahnwiderstand $R_B$ berücksichtigt.

**Emitterschaltung ohne Gegenkopplung:** Abb. 2.77 zeigt das dynamische Kleinsignalersatzschaltbild der Emitterschaltung ohne Gegenkopplung. Für die *Betriebsverstärkung* $\underline{A}_B(s) = \underline{u}_a(s)/\underline{u}_g(s)$ erhält man mit $R_g' = R_g + R_B$ und

---

18 Typische Werte für einen pnp-Kleinleistungstransistor BC557B.

19 Eine Ausnahme bilden spezielle Schaltungskonzepte wie der *Chopper-Verstärker* oder Verstärker mit geschalteten Kapazitäten, bei denen der Gleichanteil des Signals über einen getrennten Pfad übertragen wird.

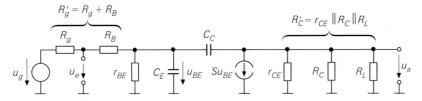

**Abb. 2.77.** Dynamisches Kleinsignalersatzschaltbild der Emitterschaltung ohne Gegenkopplung

$R_C' = R_L \| R_C \| r_{CE}$:

$$\underline{A}_B(s) = - \cfrac{(S - sC_C)\,R_C'}{1 + \cfrac{R_g'}{r_{BE}} + s\left(C_E R_g' + C_C\left(R_g' + R_C' + S R_C' R_g'\right)\right) + s^2 C_E C_C R_g' R_C'}$$

(2.86)

Abb. 2.78 zeigt den Betragsfrequenzgang mit den Knickfrequenzen $f_{P1}$ und $f_{P2}$ der beiden Pole und der Knickfrequenz $f_N$ der Nullstelle. Die Nullstelle kann aufgrund der kleinen Zeitkonstante $C_C S^{-1} = (2\pi f_N)^{-1}$ vernachlässigt werden. Die beiden Pole sind reell und liegen weit auseinander. Man kann den Frequenzgang deshalb näherungsweise durch einen Tiefpaß 1.Grades beschreiben, indem man den $s^2$-Term im Nenner streicht [20]. Mit der Niederfrequenzverstärkung

$$A_0 = \underline{A}_B(0) = - \frac{r_{BE}}{r_{BE} + R_g'}\, S R_C'$$

(2.87)

folgt:

$$\underline{A}_B(s) \approx \cfrac{A_0}{1 + s\left(C_E + C_C\left(1 + S R_C' + \cfrac{R_C'}{R_g'}\right)\right)\left(r_{BE} \| R_g'\right)}$$

(2.88)

Abb. 2.78 zeigt die Betragsfrequenzgänge der Näherung (2.88) und des vollständigen Ausdrucks (2.86).

Aus (2.88) erhält man eine Näherung für die *-3dB-Grenzfrequenz* $f_{-3dB}$, bei der der Betrag der Verstärkung um 3 dB abgenommen hat:

$$\omega_{-3dB} = 2\pi f_{-3dB} \approx \cfrac{1}{\left(C_E + C_C\left(1 + S R_C' + \cfrac{R_C'}{R_g'}\right)\right)\left(r_{BE} \| R_g'\right)}$$

(2.89)

---

20 Diese Vorgehensweise entspricht dem aus der Regelungstechnik bekannten *Verfahren der Summenzeitkonstante*, bei dem mehrere Pole zu einem Pol mit der Summe der Zeitkonstanten zusammengefaßt werden: $(1 + sT_1)(1 + sT_2)\cdots(1 + sT_n) \approx 1 + s(T_1 + T_2 + \cdots + T_n)$. Der Koeffizient von $s$ ist die *Summenzeitkonstante*. Die Zusammenfassung erfolgt demnach durch Weglassen der höheren Potenzen von $s$.

In den meisten Fällen gilt $R_C', R_g' \gg 1/S$; damit erhält man:

$$\omega_{-3dB} = 2\pi f_{-3dB} \approx \frac{1}{\left(C_E + C_C S R_C'\right)\left(r_{BE} \| R_g'\right)} \tag{2.90}$$

Die obere Grenzfrequenz hängt von der Niederfrequenzverstärkung $A_0$ ab. Geht man davon aus, daß eine Änderung von $A_0$ durch eine Änderung von $R_C'$ erfolgt und alle anderen Größen konstant bleiben, erhält man durch Auflösen von (2.87) nach $R_C'$ und Einsetzen in (2.89) eine Darstellung mit zwei von $A_0$ unabhängigen Zeitkonstanten:

$$\omega_{-3dB}(A_0) \approx \frac{1}{T_1 + T_2|A_0|} \tag{2.91}$$

$$T_1 = (C_E + C_C)\left(r_{BE} \| R_g'\right) \tag{2.92}$$

$$T_2 = C_C\left(R_g' + \frac{1}{S}\right) \tag{2.93}$$

Zwei Bereiche lassen sich unterscheiden:

- Für $|A_0| \ll T_1/T_2$ gilt $\omega_{-3dB} \approx T_1^{-1}$, d.h. die obere Grenzfrequenz ist nicht von der Verstärkung abhängig. Die maximale obere Grenzfrequenz erhält man für den Grenzfall $A_0 \to 0$ und $R_g = 0$:

$$\omega_{-3dB,max} \approx \frac{1}{(C_E + C_C)(r_{BE} \| R_B)} \overset{r_{BE} \gg R_B}{\approx} \frac{1}{(C_E + C_C)R_B}$$

Sie entspricht der *Steilheitsgrenzfrequenz* $\omega_{Y21e}$, siehe (2.46).

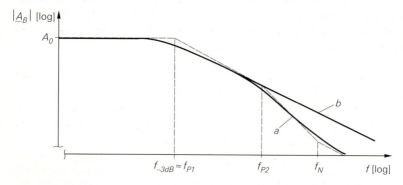

**Abb. 2.78.** Betragsfrequenzgang $|\underline{A}_B|$ der Emitterschaltung: **(a)** vollständig nach (2.86) und **(b)** Näherung (2.88)

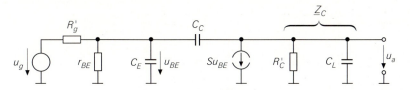

**Abb. 2.79.** Kleinsignalersatzschaltbild der Emitterschaltung mit kapazitiver Last $C_L$

- Für $|A_0| \gg T_1/T_2$ gilt $\omega_{-3dB} \approx (T_2|A_0|)^{-1}$, d.h. die obere Grenzfrequenz ist proportional zum Kehrwert der Verstärkung und man erhält ein konstantes *Verstärkungs-Bandbreite-Produkt* (*g̲ain-b̲andw̲idth-product, GBW*):

$$GBW = f_{-3dB}\,|A_0| \approx \frac{1}{2\pi\,T_2} \tag{2.94}$$

Das Verstärkungs-Bandbreite-Produkt *GBW* ist eine wichtige Kenngröße, da es eine absolute Obergrenze für das Produkt aus dem Betrag der Verstärkung bei niedrigen Frequenzen und der oberen Grenzfrequenz darstellt, d.h. für alle Werte von $|A_0|$ gilt $GBW \geq f_{-3dB}|A_0|$.

Für $1/S \ll R'_g \ll r_{BE}$ kann man (2.89) näherungsweise in der Form

$$\omega_{-3dB} \approx \frac{1}{R'_g\,(C_E + C_C\,(1 + |A_0|))}$$

schreiben. Diese Darstellung zeigt, daß $C_C$ im Vergleich zu $C_E$ mit dem Faktor $(1 + |A_0|)$ in die Grenzfrequenz eingeht. Dieser Effekt wird *Miller-Effekt* genannt und beruht darauf, daß bei niedrigen Frequenzen an $C_C$ die verstärkte Spannung

$$u_{BE} - u_a \approx u_g - u_a = u_g\,(1 - A_0) = u_g\,(1 + |A_0|)$$

auftritt, während an $C_E$ nur die Spannung $u_{BE} \approx u_g$ anliegt; die Näherung $u_g \approx u_{BE}$ folgt aus der Voraussetzung $r_{BE} \gg R'_g$. Die Kapazität $C_C$ wird auch als *Miller-Kapazität $C_M$* bezeichnet.

Oft besitzt die Last neben dem ohmschen auch einen kapazitiven Anteil, d.h. parallel zum Lastwiderstand $R_L$ tritt eine Lastkapazität $C_L$ auf. Man kann den Einfluß von $C_L$ ermitteln, indem man den Widerstand $R'_C = r_{CE} \,||\, R_C \,||\, R_L$ durch eine Impedanz

$$\underline{Z}_C(s) = R'_C \,||\, \frac{1}{sC_L} = \frac{R'_C}{1 + sC_L R'_C} \tag{2.95}$$

ersetzt, siehe Abb. 2.79. Setzt man $\underline{Z}_C(s)$ in (2.86) ein, führt die Vernachlässigungen entsprechend (2.88) durch und bestimmt die Zeitkonstanten $T_1$ und $T_2$, stellt man fest, daß sich $T_1$ nicht ändert; für $T_2$ erhält man:

$$T_2 = \left(C_C + \frac{C_L}{\beta}\right) R'_g + \frac{C_C + C_L}{S} \tag{2.96}$$

Durch die Lastkapazität $C_L$ wird das Verstärkungs-Bandbreite-Produkt *GBW* entsprechend der Zunahme von $T_2$ verringert, siehe (2.94).

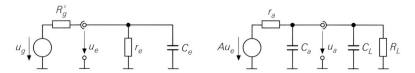

**Abb. 2.80.** Ersatzschaltbild mit den Ersatzgrößen $A$, $r_e$, $r_a$, $C_e$ und $C_a$

**Ersatzschaltbild:** Man kann die Emitterschaltung näherungsweise durch das Ersatzschaltbild nach Abb. 2.80 beschreiben. Es folgt aus Abb. 2.57 durch Ergänzen der *Eingangskapazität* $C_e$ und der *Ausgangskapazität* $C_a$ und eignet sich nur zur näherungsweisen Berechnung der Verstärkung $\underline{A}_B(s)$ und der oberen Grenzfrequenz $f_{-3dB}$. Man erhält $C_e$ und $C_a$ aus der Bedingung, daß eine Berechnung von $\underline{A}_B(s)$ nach Streichen des $s^2$-Terms im Nenner auf (2.88) führen muß:

$$C_e \approx C_E + C_C \left(1 + |A_0|\right) \tag{2.97}$$

$$C_a \approx C_C \, \frac{r_{BE}}{r_{BE} + R_g'} \tag{2.98}$$

Beide hängen von der Beschaltung am Eingang und am Ausgang ab, da $A_0$ und $R_g'$ von $R_g$ und $R_L$ abhängen; man kann sie also erst dann angeben, wenn $R_g$ und $R_L$ bekannt sind. $A$, $r_e$ und $r_a$ sind durch (2.61)–(2.63) gegeben und hängen nicht von der Beschaltung ab. Der Basisbahnwiderstand $R_B$ wird als Bestandteil des Innenwiderstands des Signalgenerators angesehen: $R_g' = R_g + R_B$.

Wenn eine weitere Verstärkerstufe folgt, sind $R_L$ und $C_L$ durch $r_e$ und $C_e$ dieser Stufe gegeben. Das Ersatzschaltbild nach Abb. 2.80 ist leicht kaskadierbar, wenn man $R_g'$ mit $r_a$, $r_e$ mit $R_L$ und $C_e$ mit $C_L + C_a$ identifiziert; dabei wird der Basisbahnwiderstand $R_B$ der folgenden Stufe, der in Abb. 2.80 *zwischen* $C_a$ und $C_L$ zu liegen käme, ohne merklichen Fehler auf die linke Seite von $C_a$ verschoben und mit $r_a$ zusammengefaßt.

*Beispiel:* Für das Zahlenbeispiel zur Emitterschaltung ohne Gegenkopplung nach Abb. 2.53a wurde $I_{C,A} = 2\,\text{mA}$ gewählt. Mit $\beta = 400$, $U_A = 100\,\text{V}$, $C_{obo} = 3{,}5\,\text{pF}$ und $f_T = 160\,\text{MHz}$ erhält man aus Tab. 2.4 auf Seite 93 die Kleinsignalparameter $S = 77\,\text{mS}$, $r_{BE} = 5{,}2\,\text{k}\Omega$, $r_{CE} = 50\,\text{k}\Omega$, $C_C = 3{,}5\,\text{pF}$ und $C_E = 73\,\text{pF}$. Mit $R_g = R_C = 1\,\text{k}\Omega$, $R_L \to \infty$ und $R_g' \approx R_g$ folgt aus (2.87) $A_0 \approx -63$, aus (2.89) $f_{-3dB} \approx 543\,\text{kHz}$ und aus (2.90) $f_{-3dB} \approx 554\,\text{kHz}$. Aus (2.92) folgt $T_1 \approx 64\,\text{ns}$, aus (2.93) $T_2 \approx 3{,}55\,\text{ns}$ und aus (2.94) $GBW \approx 45\,\text{MHz}$. Mit einer Lastkapazität $C_L = 1\,\text{nF}$ erhält man aus (2.96) $T_2 \approx 19\,\text{ns}$, aus (2.91) $f_{-3dB} \approx 126\,\text{kHz}$ und aus (2.94) $GBW \approx 8{,}4\,\text{MHz}$.

**Emitterschaltung mit Stromgegenkopplung:** Der Frequenzgang und die obere Grenzfrequenz der Emitterschaltung mit Stromgegenkopplung nach Abb. 2.58a lassen sich aus den entsprechenden Größen der Emitterschaltung ohne Gegenkopplung ableiten. Abbildung 2.81a zeigt einen Teil des Kleinsignalersatzschaltbilds aus Abb. 2.77 mit dem zusätzlichen Widerstand $R_E$ der Stromgegenkopplung; der Widerstand $r_{CE}$ wird dabei vernachlässigt. Dieser Teil läßt sich in die in

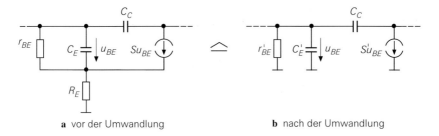

**a** vor der Umwandlung        **b** nach der Umwandlung

**Abb. 2.81.** Umwandlung des Kleinsignalersatzschaltbilds der Emitterschaltung mit Stromgegenkopplung

Abb. 2.81b gezeigte Darstellung umwandeln [21], die wieder auf das ursprüngliche Kleinsignalersatzschaltbild nach Abb. 2.77 zurückführt; dabei gilt:

$$r'_{BE} = r_{BE}\,(1 + SR_E) \tag{2.99}$$

$$S' = \frac{S}{1 + SR_E} \tag{2.100}$$

$$C'_E = \frac{C_E}{1 + SR_E} \tag{2.101}$$

Man kann demnach einen Transistor mit einem Widerstand $R_E$ zur Stromgegenkopplung in einen äquivalenten Transistor ohne Stromgegenkopplung umwandeln, indem man $r_{BE}$, $S$ und $C_E$ durch $r'_{BE}$, $S'$ und $C'_E$ ersetzt; dabei entspricht $S'$ der bereits in (2.73) eingeführten *reduzierten Steilheit* $S_{red}$.

Man kann nun die äquivalenten Werte in die Gleichungen (2.91)–(2.94) für die Emitterschaltung ohne Gegenkopplung einsetzen. Dabei fällt auf, daß sich $T_2$ und das Verstärkungs-Bandbreite-Produkt $GBW$ bei hohen Innenwiderständen der Signalquelle, d.h. $R'_g \gg 1/S'$, durch die Stromgegenkopplung nicht ändern, da sie in diesem Fall nur von $R'_g$ und $C_C$ abhängen. Daraus folgt für den Bereich $|A_0| > T_1/T_2$ mit konstantem $GBW$, daß die obere Grenzfrequenz durch die Stromgegenkopplung genau in dem Maße zunimmt, wie die Verstärkung abnimmt. Man kann demnach mit einer Stromgegenkopplung die obere Grenzfrequenz auf Kosten der Verstärkung erhöhen, das Produkt aus beiden aber nicht steigern.

Den Einfluß einer Lastkapazität $C_L$ kann man mit (2.96) durch Einsetzen der äquivalenten Werte, hier $S'$ anstelle von $S$, ermitteln. Bei starker Stromgegenkopplung wirken sich bereits kleine Werte für $C_L$ vergleichsweise stark aus, da $T_2$ wegen $S' \ll S$ vergleichsweise stark zunimmt; das Verstärkungs-Bandbreite-Produkt $GBW$ nimmt entsprechend stark ab.

---

21 Diese Umwandlung ist keine Äquivalenzumwandlung, da sie auf der Vernachlässigung eines Pols in der Y-Matrix beruht. Die Grenzfrequenz dieses Pols liegt jedoch für jeden beliebigen Wert von $R_E$ oberhalb der Transitfrequenz $f_T$ des Transistor und damit in einem Bereich, in dem das Kleinsignalmodell des Transistors ohnehin nicht mehr gilt; die Umwandlung ist deshalb *praktisch* äquivalent [2.11].

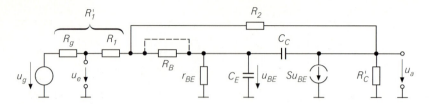

**Abb. 2.82.** Dynamisches Kleinsignalersatzschaltbild der Emitterschaltung mit Spannungsgegenkopplung

Die Emitterschaltung mit Stromgegenkopplung kann näherungsweise durch das Ersatzschaltbild nach Abb. 2.80 beschrieben werden. Die Eingangskapazität $C_e$ und die Ausgangskapazität $C_a$ erhält man aus (2.97) und (2.98), indem man für $r_{BE}$ und $C_E$ die äquivalenten Werte $r'_{BE}$ und $C'_E$ einsetzt; $A$, $r_e$ und $r_a$ sind durch (2.70)–(2.72) gegeben.

*Beispiel:* Für das Zahlenbeispiel zur Emitterschaltung mit Stromgegenkopplung nach Abb. 2.58a wurde wurde $I_{C,A} = 1{,}5\,\text{mA}$ gewählt. Mit $\beta = 400$, $C_{obo} = 3{,}5\,\text{pF}$ und $f_T = 150\,\text{MHz}$ erhält man aus Tab. 2.4 auf Seite 93 die Kleinsignalparameter $S = 58\,\text{mS}$, $r_{BE} = 6{,}9\,\text{k}\Omega$, $C_C = 3{,}5\,\text{pF}$ und und $C_E = 58\,\text{pF}$; $r_{CE}$ wird vernachlässigt. Die Umwandlung nach (2.99)–(2.101) liefert mit $R_E = 500\,\Omega$ die äquivalenten Werte $r'_{BE} = 207\,\text{k}\Omega$, $S' = 1{,}93\,\text{mS}$ und $C'_E = 1{,}93\,\text{pF}$. Mit $R_g = R_C = 1\,\text{k}\Omega$, $R_L \to \infty$ und $R'_g \approx R_g$ erhält man aus (2.87) $A_0 \approx -1{,}93$, aus (2.92) $T_1 \approx 5{,}4\,\text{ns}$, aus (2.93) $T_2 \approx 5{,}3\,\text{ns}$, aus (2.91) $f_{-3dB} \approx 10\,\text{MHz}$ und aus (2.94) $GBW \approx 30\,\text{MHz}$. Mit einer Lastkapazität $C_L = 1\,\text{nF}$ folgt aus (2.96) $T_2 \approx 526\,\text{ns}$, aus (2.91) $f_{-3dB} \approx 156\,\text{kHz}$ und aus (2.94) $GBW \approx 303\,\text{kHz}$.

Ein Vergleich mit dem Beispiel zur Emitterschaltung ohne Gegenkopplung auf Seite 140 zeigt, daß das Verstärkungs-Bandbreite-Produkt $GBW$ ohne Lastkapazität gleich ist; deshalb ist dort die obere Grenzfrequenz wegen der 30-fach größeren Verstärkung etwa um den Faktor 30 geringer. Für $C_L = 1\,\text{nF}$ ist die obere Grenzfrequenz trotz der unterschiedlichen Verstärkung etwa gleich; in diesem Fall überwiegt der Einfluß von $T_2$ und man erhält für beide Schaltungen $(\omega_{-3dB})^{-1} \approx T_2|A_0| \approx C_L R'_C \approx 1\,\mu\text{s}$.

**Emitterschaltung mit Spannungsgegenkopplung:** Abb. 2.82 zeigt das Kleinsignalersatzschaltbild der Emitterschaltung mit Spannungsgegebkopplung; dabei gilt wie bisher $R'_C = r_{CE}\,||\,R_C\,||\,R_L$. Die Berechnung von $\underline{A}_B(s)$ ist aufwendig. Man kann jedoch die Ergebnisse der Emitterschaltung verwenden, wenn man, wie in Abb. 2.82 gezeigt, den Basisbahnwiderstand $R_B$ vernachlässigt, d.h. kurzschließt, und in (2.86) für $C_C$ die Parallelschaltung aus $C_C$ und $R_2$ und für $R'_g$ den Widerstand $R'_1 = R_1 + R_g$ einsetzt. Mit $R'_1, R_2, R'_C \gg 1/S$ und $r_{BE} \gg R'_1$ erhält man eine für die Praxis ausreichend genaue Näherung:

$$A_0 \approx -\frac{R_2}{R'_1 + \dfrac{R_2}{SR'_C}} \overset{SR'_C, R'_1 \gg R_2}{\approx} -\frac{R_2}{R'_1} \qquad (2.102)$$

$$\underline{A}_B(s) \approx \cfrac{A_0}{1 + s\left(\cfrac{C_E}{S}\left(1 + \cfrac{R_2}{R_C'}\right) + C_C R_2\right) + s^2 \cfrac{C_E C_C R_2}{S}} \tag{2.103}$$

Obwohl die beiden Pole nicht so weit auseinander liegen wie bei der Emitter-schaltung ohne Gegenkopplung und der Emitterschaltung mit Stromgegenkopp-lung, kann man die obere Grenzfrequenz durch Vernachlässigen des $s^2$-Terms im Nenner von $\underline{A}_B(s)$ ausreichend genau abschätzen:

$$\omega_{-3dB} = 2\pi f_{-3dB} \approx \cfrac{1}{\cfrac{C_E}{S}\left(1 + \cfrac{R_2}{R_C'}\right) + C_C R_2} \tag{2.104}$$

Sie hängt von $A_0$ ab. Geht man von $A_0 \approx -R_2/R_1'$ aus und nimmt an, daß eine Änderung von $A_0$ durch eine Änderung von $R_2$ erfolgt und $R_1'$ konstant bleibt, erhält man eine einfache explizite Darstellung mit zwei von $A_0$ unabhängigen Zeitkonstanten:

$$\omega_{-3dB}(A_0) \approx \frac{1}{T_1 + T_2|A_0|} \tag{2.105}$$

$$T_1 = \frac{C_E}{S} \tag{2.106}$$

$$T_2 = \left(\frac{C_E}{SR_C'} + C_C\right)R_1' \tag{2.107}$$

Den Einfluß einer Lastkapazität kann man entsprechend der Vorgehensweise bei der Emitterschaltung ohne Gegenkopplung durch den Übergang $R_C' \to \underline{Z}_C(s)$ nach (2.95) ermitteln; es folgt:

$$T_1 = \frac{C_E + C_L}{S} \tag{2.108}$$

$$T_2 = \left(\frac{C_E}{SR_C'} + C_C\right)R_1' + \frac{C_L}{S} \tag{2.109}$$

Bei starker Spannungsgegenkopplung können die Pole von $\underline{A}_B(s)$ auch konjugiert komplex sein; in diesem Fall kann die obere Grenzfrequenz durch (2.105)–(2.109) nur sehr grob abgeschätzt werden.

Auch die Emitterschaltung mit Spannungsgegenkopplung kann näherungs-weise durch das Ersatzschaltbild nach Abb. 2.80 beschrieben werden. Die Kapa-zitäten $C_e$ und $C_a$ erhält man aus der Bedingung, daß eine Berechnung von $\underline{A}_B(s)$ auf (2.103) führen muß, wenn man die $s^2$-Terme im Nenner streicht:

$$C_e = 0$$

$$C_a \approx \left(C_E\left(\frac{1}{R_2} + \frac{1}{R_C'}\right) + C_C S\right)\left(R_1' \,\|\, R_2 \,\|\, r_{BE}\right)$$

Die Eingangsimpedanz ist demnach rein ohmsch [22]. $A$, $r_e$ und $r_a$ sind durch
(2.78)–(2.80) gegeben.

*Beispiel:* Für das Zahlenbeispiel zur Emitterschaltung mit Spannungsgegenkopplung nach Abb. 2.62a wurde $I_{C,A} = 2,24\,\text{mA}$ gewählt. Mit $\beta = 400$,
$C_{obo} = 3,5\,\text{pF}$ und $f_T = 160\,\text{MHz}$ erhält man aus Tab. 2.4 auf Seite 93 die Kleinsignalparameter $S = 86\,\text{mS}$, $r_{BE} = 4,6\,\text{k}\Omega$, $C_C = 3,5\,\text{pF}$ und und $C_E = 82\,\text{pF}$; $r_{CE}$
wird vernachlässigt. Mit $R_C = R_1 = 1\,\text{k}\Omega$, $R_2 = 2\,\text{k}\Omega$, $R_L \rightarrow \infty$ und $R_g = 0$ erhält
man aus (2.102) $A_0 \approx -1,96$, aus (2.106) $T_1 \approx 0,95\,\text{ns}$, aus (2.107) $T_2 \approx 4,45\,\text{ns}$,
aus (2.105) $f_{-3dB} \approx 16\,\text{MHz}$ und aus (2.94) $GBW \approx 36\,\text{MHz}$. Mit einer Lastkapazität $C_L = 1\,\text{nF}$ folgt aus (2.108) $T_1 \approx 12,6\,\text{ns}$, aus (2.109) $T_2 \approx 16,1\,\text{ns}$, aus
(2.105) $f_{-3dB} \approx 3,6\,\text{MHz}$ und aus (2.94) $GBW \approx 9,9\,\text{MHz}$.

Ein Vergleich mit dem Beispiel zur Emitterschaltung mit Stromgegenkopplung auf Seite 142 zeigt, daß man ohne Lastkapazität für beide Schaltungen etwa
dieselbe obere Grenzfrequenz erhält. Mit einer Lastkapazität $C_L = 1\,\text{nF}$ erreicht
die Emitterschaltung mit Spannungsgegenkopplung eine etwa 20-fach höhere
obere Grenzfrequenz; Ursache hierfür ist der wesentlich niedrigere Ausgangswiderstand $r_a$. Deshalb ist die Spannungsgegenkopplung bei großen Lastkapazitäten
der Stromgegenkopplung vorzuziehen.

### Zusammenfassung

Die Emitterschaltung kann ohne Gegenkopplung, mit Stromgegenkopplung oder
mit Spannungsgegenkopplung betrieben werden. Abbildung 2.83 zeigt die drei
Varianten; Tab. 2.6 faßt die wichtigsten Kenngrößen zusammen.

Die Verstärkung der Emitterschaltung ohne Gegenkopplung ist stark vom Arbeitspunkt abhängig; deshalb ist eine genaue und temperaturstabile Einstellung
des Arbeitspunkts besonders wichtig. Die starke Arbeitspunktabhängigkeit hat

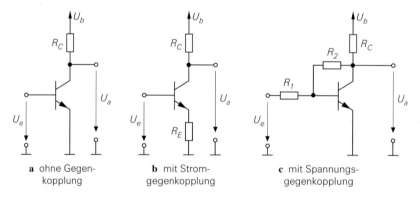

**a** ohne Gegen-        **b** mit Strom-        **c** mit Spannungs-
   kopplung           gegenkopplung           gegenkopplung

**Abb. 2.83.** Varianten der Emitterschaltung

---

22 In praktisch ausgeführten Schaltungen tritt eine durch den Aufbau bedingte parasitäre
Streukapazität von einigen pF auf.

| | ohne Gegen-kopplung Abb. 2.83a | mit Strom-gegenkopplung Abb. 2.83b | mit Spannungs-gegenkopplung Abb. 2.83c |
|---|---|---|---|
| $A$ | $-SR_C$ | $-\dfrac{R_C}{R_E}$ | $-\dfrac{R_2}{R_1}$ |
| $r_e$ | $r_{BE}$ | $r_{BE} + \beta R_E$ | $R_1$ |
| $r_a$ | $R_C$ | $R_C$ | $S\left(1 + \dfrac{R_2}{R_1}\right) + \dfrac{R_2}{\beta}$ |
| $k$ | $\dfrac{\hat{u}_e}{4U_T}$ | $\dfrac{\hat{u}_e}{4U_T\,(1 + SR_E)^2}$ | $\dfrac{\hat{u}_e R_2\,(R_1 + R_2)}{4U_T\,(SR_1\,(R_2\|R_C))^2}$ |
| $GBW$ | $\dfrac{1}{2\pi C_C\left(R_g' + \dfrac{1}{S}\right)}$ | $\dfrac{1}{2\pi C_C\left(R_g' + \dfrac{1}{S'}\right)}$ | $\dfrac{1}{2\pi\left(\dfrac{C_E}{SR_C'} + C_C\right)R_1'}$ |
| | mit $R_g' = R_g + R_B$ | mit $R_g' = R_g + R_B$ und $S'$ nach (2.100) | mit $R_1' = R_1 + R_g$ und $R_C' = R_C\|R_L$ |

$A$: Kleinsignal-Spannungsverstärkung im Leerlauf,
$r_e$: Kleinsignal-Eingangswiderstand,
$r_a$: Kleinsignal-Ausgangswiderstand,
$k$: Klirrfaktor bei kleiner Aussteuerung,
$GBW$: Verstärkungs-Bandbreite-Produkt ohne Lastkapazität

**Tab. 2.6.** Kenngrößen der Emitterschaltung

darüber hinaus starke nichtlineare Verzerrungen zur Folge, da die Schaltung bereits durch eine sehr kleine Aussteuerung um den Arbeitspunkt in Bereiche mit abweichender Verstärkung gerät. Bei den Varianten mit Gegenkopplung wird die Verstärkung in erster Näherung durch zwei Widerstände bestimmt und hängt deshalb praktisch nicht vom Arbeitspunkt des Transistors ab; die Arbeitspunkteinstellung ist weniger aufwendig und die Verzerrungen sind bei gleicher Aussteuerung geringer. Allerdings kann man beim Einsatz einer wirksamen Gegenkopplung nur eine deutlich geringere Verstärkung erzielen.

Bei gleichem Kollektorstrom hat die Emitterschaltung mit Stromgegenkopplung den größten Eingangswiderstand, belastet also die Signalquelle am wenigsten; es folgen die Emitterschaltung ohne Gegenkopplung und die Emitterschaltung mit Spannungsgegenkopplung. Der Ausgangswiderstand ist bei der Emitterschaltung mit Spannungsgegenkopplung wesentlich geringer als bei den anderen Varianten; bei niederohmigen und kapazitiven Lasten ist dies vorteilhaft.

Das Verstärkungs-Bandbreite-Produkt ist bei allen Varianten etwa gleich, wenn man $R_g' \gg 1/S$, $C_E \ll SR_C'C_C$ und $R_g' \approx R_1'$ annimmt. Es hängt aufgrund des Miller-Effekts maßgeblich von der Kollektor-Kapazität $C_C$ ab.

### 2.4.2
### Kollektorschaltung

Abbildung 2.84a zeigt die Kollektorschaltung bestehend aus dem Transistor, dem Emitterwiderstand $R_E$, der Versorgungsspannungsquelle $U_b$ und der Signalspannungsquelle $U_g$ mit dem Innenwiderstand $R_g$. Für die folgende Untersuchung wird $U_b = 5\,\mathrm{V}$ und $R_E = R_g = 1\,\mathrm{k\Omega}$ angenommen.

### Übertragungskennlinie der Kollektorschaltung

Mißt man die Ausgangsspannung $U_a$ als Funktion der Signalspannung $U_g$, erhält man die in Abb. 2.85 gezeigte Übertragungskennlinie. Für $U_g < 0{,}5\,\mathrm{V}$ ist der Kollektorstrom vernachlässigbar klein und man erhält $U_a = 0\,\mathrm{V}$. Für $U_g \geq 0{,}5\,\mathrm{V}$ fließt ein mit $U_g$ zunehmender Kollektorstrom $I_C$, und die Ausgangsspannung *folgt* der Eingangsspannung im *Abstand* $U_{BE}$; deshalb wird die Kollektorschaltung auch als *Emitterfolger* bezeichnet. Der Transistor arbeitet dabei immer im Normalbetrieb.

Abb. 2.84b zeigt das Ersatzschaltbild der Kollektorschaltung, bei dem für den Transistor das vereinfachte Transportmodell nach Abb. 2.27 mit

$$I_C = BI_B = I_S\,e^{\frac{U_{BE}}{U_T}}$$

eingesetzt ist. Aus Abb. 2.84b folgt:

$$U_a = (I_C + I_B + I_a)\,R_E \approx (I_C + I_a)\,R_E \overset{I_a=0}{=} I_C R_E \tag{2.110}$$

$$U_e = U_a + U_{BE} \tag{2.111}$$

$$U_e = U_g - I_B R_g = U_g - \frac{I_C R_g}{B} \approx U_g \tag{2.112}$$

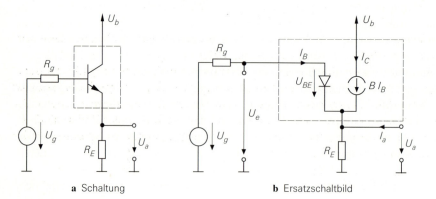

**a** Schaltung                  **b** Ersatzschaltbild

**Abb. 2.84.** Kollektorschaltung

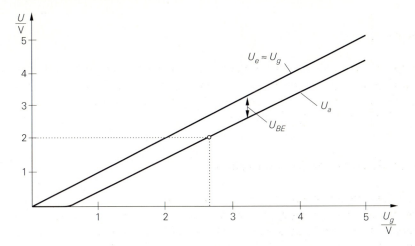

**Abb. 2.85.** Kennlinien der Kollektorschaltung

In (2.112) wird angenommen, daß der Spannungsabfall an $R_g$ vernachlässigt werden kann, wenn $B$ ausreichend groß und $R_g$ ausreichend klein ist; in (2.110) wird der Basisstrom $I_B$ vernachlässigt.

Für $U_e > 1\,\text{V}$ erhält man aus (2.111) mit $U_{BE} \approx 0,7\,\text{V}$ die Näherung:

$$U_a \approx U_e - 0,7\,\text{V} \tag{2.113}$$

Wegen der nahezu linearen Kennlinie kann der Arbeitspunkt in einem weiten Bereich gewählt werden. Nimmt man $B = \beta = 400$ und $I_S = 7\,\text{fA}$ [23] an, erhält man für den in Abb. 2.85 beispielhaft eingezeichneten Arbeitspunkt mit $U_b = 5\,\text{V}$, $R_E = R_g = 1\,\text{k}\Omega$ und $I_a = 0$:

$$U_a = 2\,\text{V} \;\Rightarrow\; I_C \approx \frac{U_a}{R_E} = 2\,\text{mA} \;\Rightarrow\; I_B = \frac{I_C}{B} = 5\,\mu\text{A}$$

$$\Rightarrow\; U_e = U_a + U_{BE} = U_a + U_T \ln \frac{I_C}{I_S} = 2,685\,\text{V}$$

$$\Rightarrow\; U_g = U_e + I_B R_g = 2,69\,\text{V}$$

Der Spannungsabfall an $R_g$ beträgt in diesem Fall nur $5\,\text{mV}$ und kann vernachlässigt werden; in Abb. 2.85 gilt deshalb $U_e \approx U_g$.

Betreibt man die Kollektorschaltung mit einer zusätzlichen negativen Versorgungsspannung $-U_b$ und einer vom Ausgang nach Masse angeschlossenen Last $R_L$, siehe Abb. 2.86, kann man auch negative Ausgangsspannungen erzeugen. Die Übertragungskennlinie hängt in diesem Fall vom Verhältnis der Widerstände $R_E$ und $R_L$ ab, da die minimale Ausgangsspannung $U_{a,min}$ durch den Spannungsteiler aus $R_L$ und $R_E$ vorgegeben ist:

$$U_{a,min} = -\frac{U_b R_L}{R_E + R_L}$$

---

[23] Typische Werte für einen npn-Kleinleistungstransistor BC547B.

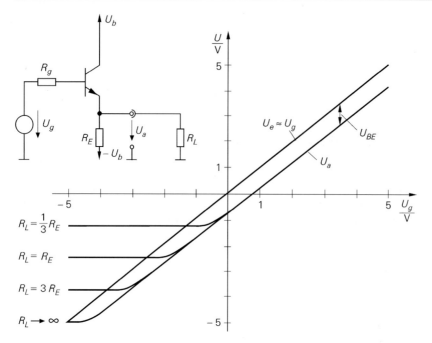

**Abb. 2.86.** Kennlinien der Kollektorschaltung mit zusätzlicher negativer Versorgungsspannung und Last $R_L$

Einen großen Aussteuerungsbereich erhält man demnach nur dann, wenn $U_{a,min}$ klein bzw. $|U_{a,min}|$ groß ist; dazu muß man $R_L > R_E$ wählen. Für $U_g < U_{a,min}$ arbeitet der Transistor wegen $U_{BE} < 0$ im Sperrbetrieb und es gilt $U_a = U_{a,min}$. Für $U_g \geq U_{a,min}$ liegt Normalbetrieb vor und die Kennlinie verläuft entsprechend Abb. 2.85. Die Versorgungsspannungen sind hier *symmetrisch*, d.h. die positive und die negative Versorgungsspannung sind betragsmäßig gleich. Dieser Fall ist typisch für die Praxis, im allgemeinen kann die negative Versorgungsspannung jedoch unabhängig von der positiven gewählt werden.

### Kleinsignalverhalten der Kollektorschaltung

Das Verhalten bei Aussteuerung um einen Arbeitspunkt A wird als *Kleinsignalverhalten* bezeichnet. Der Arbeitspunkt ist durch die Arbeitspunktgrößen $U_{e,A}$, $U_{a,A}$, $I_{e,A} = I_{B,A}$ und $I_{C,A}$ gegeben; als Beispiel wird der oben ermittelte Arbeitspunkt mit $U_{e,A} = 2,69\,\text{V}$, $U_{a,A} = 2\,\text{V}$, $I_{B,A} = 5\,\mu\text{A}$ und $I_{C,A} = 2\,\text{mA}$ verwendet.

Die *Kleinsignal-Spannungsverstärkung* entspricht der Steigung der Übertragungskennlinie. Da die Ausgangsspannung der Eingangsspannung folgt, erhält man durch Differentiation von (2.113) erwartungsgemäß die Näherung:

$$A = \left.\frac{\partial U_a}{\partial U_e}\right|_A \approx 1$$

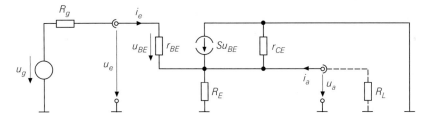

**Abb. 2.87.** Kleinsignalersatzschaltbild der Kollektorschaltung

Die genauere Berechnung von $A$ erfolgt mit Hilfe des in Abb. 2.87 gezeigten Kleinsignalersatzschaltbilds. Aus der Knotengleichung

$$\frac{u_e - u_E}{r_{BE}} + Su_{BE} = \left(\frac{1}{R_E} + \frac{1}{r_{CE}}\right) u_a$$

erhält man mit $u_{BE} = u_e - u_E$ und $R'_E = R_E \parallel r_{CE}$:

$$A = \left.\frac{u_a}{u_e}\right|_{i_a=0} = \frac{\left(1 + \dfrac{1}{\beta}\right) SR'_E}{\left(1 + \dfrac{1}{\beta}\right) SR'_E + 1} \overset{\substack{r_{CE} \gg R_E \\ \beta \gg 1}}{\approx} \frac{SR_E}{SR_E + 1} \overset{SR_E \gg 1}{\approx} 1$$

Mit $S = I_{C,A}/U_T = 77\,\text{mS}$, $\beta = 400$, $R_E = 1\,\text{k}\Omega$ und $r_{CE} = U_A/I_{C,A} = 50\,\text{k}\Omega$ folgt für den beispielhaft gewählten Arbeitspunkt *exakt* und in erster Näherung $A = 0,987$.

Für den *Kleinsignal-Eingangswiderstand* erhält man:

$$r_e = \left.\frac{u_e}{i_e}\right|_{i_a=0} = r_{BE} + (1 + \beta) R'_E \overset{\substack{r_{CE} \gg R_E \\ \beta \gg 1}}{\approx} r_{BE} + \beta R_E \overset{SR_E \gg 1}{\approx} \beta R_E$$

Er hängt vom Lastwiderstand ab, wobei hier wegen $i_a = 0$ ($R_L \to \infty$) der *Leerlaufeingangswiderstand* gegeben ist. Der Eingangswiderstand für andere Werte von $R_L$ wird berechnet, indem man für $R_E$ die Parallelschaltung von $R_E$ und $R_L$ einsetzt, siehe Abb. 2.87; er hängt demnach für den in der Praxis häufigen Fall $R_L < R_E$ maßgeblich von $R_L$ ab. Mit $r_{BE} = \beta/S$ und $R_L \to \infty$ folgt für den beispielhaft gewählten Arbeitspunkt *exakt* $r_e = 398\,\text{k}\Omega$; die erste Näherung liefert $r_e = 405\,\text{k}\Omega$, die zweite $r_e = 400\,\text{k}\Omega$.

Für den *Kleinsignal-Ausgangswiderstand* erhält man:

$$r_a = \frac{u_a}{i_a} = R'_E \parallel \frac{R_g + r_{BE}}{1 + \beta} \overset{\substack{r_{CE} \gg R_E \\ \beta \gg 1}}{\approx} R_E \parallel \left(\frac{R_g}{\beta} + \frac{1}{S}\right)$$

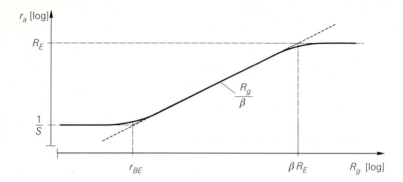

**Abb. 2.88.** Verlauf des Kleinsignal-Ausgangswiderstands $r_a$ der Kollektorschaltung in Abhängigkeit vom Innenwiderstand $R_g$ des Signalgenerators

Er hängt vom Innenwiderstand $R_g$ des Signalgenerators ab; drei Bereiche lassen sich unterscheiden:

$$r_a \approx \begin{cases} \dfrac{1}{S} & \text{für } R_g < r_{BE} = \dfrac{\beta}{S} \\[2ex] \dfrac{R_g}{\beta} & \text{für } r_{BE} < R_g < \beta R_E \\[2ex] R_E & \text{für } R_g > \beta R_E \end{cases}$$

Abb. 2.88 zeigt den Verlauf von $r_a$ in Abhängigkeit von $R_g$. Für $R_g < r_{BE}$ und $R_g > \beta R_E$ ist der Ausgangswiderstand konstant, d.h. nicht von $R_g$ abhängig. Dazwischen liegt ein Bereich, in dem eine Transformation des Innenwiderstands $R_g$ auf $r_a \approx R_g/\beta$ stattfindet. Wegen dieser Eigenschaft wird die Kollektorschaltung auch als *Impedanzwandler* bezeichnet. Man kann eine Signalquelle mit einer nachfolgenden, im Transformationsbereich arbeitenden Kollektorschaltung durch eine äquivalente Signalquelle beschreiben, siehe Abb. 2.89; dabei gilt für die Arbeitspunktspannung der äquivalenten Signalquelle nach (2.113) $U_{g,A}' \approx U_{g,A} - 0{,}7\,\text{V}$, die Kleinsignalspannung $u_g$ bleibt wegen $A \approx 1$ prak-

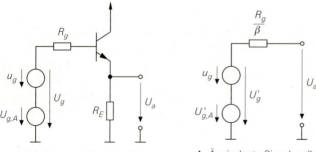

**a** Schaltung mit Signalquelle          **b** Äquivalente Signalquelle

**Abb. 2.89.** Kollektorschaltung als Impedanzwandler

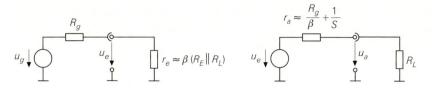

**Abb. 2.90.** Ersatzschaltbild mit den Ersatzgrößen $r_e$ und $r_a$

tisch unverändert und der Innenwiderstand wird auf $R_g/\beta$ herabgesetzt. Für den beispielhaft gewählten Arbeitspunkt erhält man *exakt* $r_a = 15,2\,\Omega$; die Näherung liefert $r_a = 15,3\,\Omega$. Aus der bereichsweisen Darstellung folgt mit $R_g = 1\,\text{k}\Omega < r_{BE} = 5,2\,\text{k}\Omega$ die Näherung $r_a \approx 1/S = 13\,\Omega$, d.h die Schaltung arbeitet nicht im Transformationsbereich.

Mit $r_{CE} \gg R_E$ , $\beta \gg 1$ und *ohne* Lastwiderstand $R_L$ erhält man für die
*Kollektorschaltung:*

$$A = \left.\frac{u_a}{u_e}\right|_{i_a=0} \approx \frac{SR_E}{1 + SR_E} \overset{SR_E \gg 1}{\approx} 1 \tag{2.114}$$

$$r_e = \left.\frac{u_e}{i_e}\right|_{i_a=0} \approx r_{BE} + \beta R_E \overset{SR_E \gg 1}{\approx} \beta R_E \tag{2.115}$$

$$r_a = \frac{u_a}{i_a} \approx R_E \,||\, \left(\frac{R_g}{\beta} + \frac{1}{S}\right) \tag{2.116}$$

Um den Einfluß eines Lastwiderstands $R_L$ zu berücksichtigen, muß man in (2.114) und (2.115) anstelle von $R_E$ die Parallelschaltung von $R_E$ und $R_L$ einsetzen, siehe Abb. 2.87. Mit $R_g < \beta(R_E \,||\, R_L)$ und $S(R_E \,||\, R_L) \gg 1$ erhält man:

$$A \approx 1 \quad , \quad r_e \approx \beta(R_E \,||\, R_L) \quad , \quad r_a \approx \frac{R_g}{\beta} + \frac{1}{S} \tag{2.117}$$

Abbildung 2.90 zeigt das zugehörige Ersatzschaltbild mit Signalgenerator und Last. Man erkennt, daß bei der Kollektorschaltung eine starke Verkopplung zwischen Eingang und Ausgang vorliegt, da hier, im Gegensatz zur Emitterschaltung, der Eingangswiderstand $r_e$ von der Last $R_L$ am Ausgang und der Ausgangswiderstand $r_a$ vom Innenwiderstand $R_g$ des Signalgenerators am Eingang abhängt.

Mit Hilfe von Abb. 2.90 kann man die *Kleinsignal-Betriebsverstärkung* berechnen:

$$A_B = \frac{u_a}{u_g} = \frac{r_e}{r_e + R_g} \frac{R_L}{R_L + r_a}$$

In den meisten Fällen gilt $r_e \gg R_g$ und $R_L \gg r_a$; daraus folgt $A_B \approx 1$.

**Nichtlinearität:** Der Klirrfaktor der Kollektorschaltung kann durch eine Reihenentwicklung der Kennlinie im Arbeitspunkt näherungsweise bestimmt werden. Aus (2.110) und (2.111) folgt mit $I_a = 0$, d.h. $R_L \to \infty$:

$$U_e = U_a + U_{BE} = I_C R_E + U_T \ln \frac{I_C}{I_S}$$

Für die Emitterschaltung mit Stromgegenkopplung erhält man dieselbe Gleichung; deshalb gilt (2.74) auch für die Kollektorschaltung. Mit einem parallel zu $R_E$ liegenden Lastwiderstand $R_L$ folgt aus (2.74):

$$k \approx \frac{u_{a,2\omega t}}{u_{a,\omega t}} \approx \frac{\hat{u}_e}{4 U_T \left(1 + S\left(R_E \parallel R_L\right)\right)^2} \tag{2.118}$$

Ist ein Maximalwert für $k$ vorgegeben, muß $\hat{u}_e < 4 k U_T \left(1 + S\left(R_E \parallel R_L\right)\right)^2$ gelten. In den meisten Anwendungsfällen gilt $1/S \ll R_L \ll R_E$; man kann dann die Näherung

$$k \approx \frac{\hat{u}_e}{4 U_T S^2 R_L^2} \tag{2.119}$$

verwenden. Der Klirrfaktor ist in diesem Fall umgekehrt proportional zum Quadrat des Lastwiderstands, nimmt also mit abnehmendem $R_L$ stark zu. Er kann nur durch eine größere Steilheit $S$ kleiner gemacht werden; dazu muß der Arbeitspunktstrom $I_{C,A} = S U_T$ entsprechend erhöht werden. Mit $R_L \to \infty$ folgt für das Zahlenbeispiel $\hat{u}_e < k \cdot 631\,\text{V}$. Nimmt man dagegen $R_L = 100\,\Omega$ an, erhält man die wesentlich strengere Forderung $\hat{u}_e < k \cdot 6{,}7\,\text{V}$; aus (2.119) folgt in diesem Fall $\hat{u}_e < k \cdot 6{,}2\,\text{V}$.

**Temperaturabhängigkeit:** Nach Gl. (2.21) nimmt die Basis-Emitter-Spannung $U_{BE}$ bei konstantem Kollektorstrom $I_C$ mit $1{,}7\,\text{mV/K}$ ab. Da bei der Kollektorschaltung die Differenz zwischen Ein- und Ausgangsspannung gerade $U_{BE}$ ist, siehe (2.111), folgt für die *Temperaturdrift* der Ausgangsspannung bei konstanter Eingangsspannung:

$$\frac{dU_a}{dT} = -\frac{dU_{BE}}{dT} \approx 1{,}7\,\text{mV/K}$$

Dasselbe Ergebnis erhält man mit Hilfe der für die Emitterschaltung gültigen Gl. (2.65), wenn man berücksichtigt, daß für die Kollektorschaltung $A \approx 1$ gilt.

### Arbeitspunkteinstellung

Bei der Kollektorschaltung ist die Einstellung eines stabilen Arbeitspunkts für den Kleinsignalbetrieb einfacher als bei der Emitterschaltung, weil die Kennlinie über einen wesentlich größeren Bereich linear ist und deshalb kleine Abweichungen vom gewünschten Arbeitspunkt praktisch keine Auswirkung auf das Kleinsignalverhalten haben [24]. Die Temperaturabhängigkeit und die fertigungsbedingten Streuungen der Stromverstärkung $B$ und des Sättigungssperrstroms $I_S$ des Tran-

---

24 Man vergleiche hierzu Abb. 2.85 auf Seite 147 und Abb. 2.54 auf Seite 109.

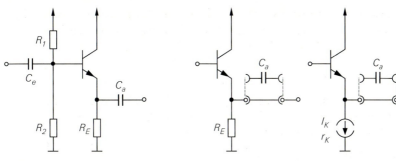

**a** Wechselspannungskopplung **b** Gleichspannungskopplung am Eingang

**Abb. 2.91.** Arbeitspunkteinstellung

sistors [25] wirken sich nur wenig aus, da bei vorgegebenem Kollektorstrom $I_{C,A}$ im Arbeitspunkt der von $B$ abhängige Basisstrom $I_{B,A}$ meist vernachlässigbar klein ist und die Basis-Emitter-Spannung $U_{BE,A}$ nur logarithmisch von $I_S$ abhängt.

Bei der Arbeitspunkteinstellung unterscheidet man zwischen *Wechselspannungskopplung* und *Gleichspannungskopplung*. Zusätzlich zur *reinen* Wechsel- bzw. Gleichspannungskopplung wird bei der Kollektorschaltung in vielen Fällen eine Gleichspannungskopplung am Eingang mit einer Wechselspannungskopplung am Ausgang kombiniert.

**Arbeitspunkteinstellung bei Wechselspannungskopplung:** Abb. 2.91a zeigt die Wechselspannungskopplung. Die Signalquelle und die Last werden über Koppelkondensatoren angeschlossen und man kann die Arbeitspunktspannungen unabhängig von den Gleichspannungen der Signalquelle und der Last wählen; die weiteren Eigenschaften werden auf Seite 128 beschrieben. Die im Arbeitspunkt an der Basis des Transistors erforderliche Spannung

$$U_{B,A} = \left(I_{C,A} + I_{B,A}\right) R_E + U_{BE,A} \approx I_{C,A} R_E + 0,7 \, \text{V}$$

wird mit $R_1$ und $R_2$ eingestellt; dabei wird der Querstrom durch die Widerstände deutlich größer als der Basisstrom $I_{B,A}$ gewählt, damit der Arbeitspunkt nicht von $I_{B,A}$ abhängt.

In der Praxis wird die *reine* Wechselspannungskopplung nur selten verwendet, da in den meisten Fällen mindestens am Eingang eine Gleichspannungskopplung möglich ist; dadurch können die Widerstände $R_1$ und $R_2$ und der Koppelkondensator $C_e$ entfallen.

**Arbeitspunkteinstellung bei Gleichspannungskopplung am Eingang:** Abb. 2.91b zeigt die Kollektorschaltung mit Gleichspannungskopplung am Eingang und Gleich- oder Wechselspannungskopplung am Ausgang. Die Eingangsspannung $U_{e,A}$ an der Basis des Transistors ist durch die Ausgangsspannung der Signalquelle vorgegeben, wenn man davon ausgeht, daß der durch den Basisstrom $I_{B,A}$ am Innenwiderstand der Signalquelle erzeugte Spannungsabfall $I_{B,A} R_g$ ver-

---

25 Werte für die Temperaturabhängigkeit und die Streuung sind auf Seite 127 angegeben.

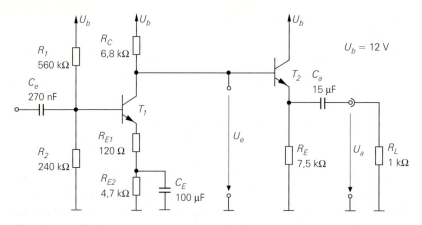

**Abb. 2.92.** Dimensioniertes Beispiel einer Kollektorschaltung ($T_2$) als Impedanzwandler für eine Emitterschaltung ($T_1$)

nachlässigt werden kann. Der Kollektorstrom im Arbeitspunkt kann bei Wechselspannungskopplung am Ausgang mit einem Widerstand $R_E$ gemäß

$$I_{C,A} \approx \frac{U_{e,A} - U_{BE,A}}{R_E} \approx \frac{U_{e,A} - 0,7\,\text{V}}{R_E} \tag{2.120}$$

oder mit einer Stromquelle eingestellt werden; Abb. 2.91b zeigt beide Möglichkeiten. Bei Verwendung einer Stromquelle gilt $I_{C,A} \approx I_K$; ferner muß bei der Kleinsignalrechnung anstelle des Widerstands $R_E$ der Innenwiderstand $r_K$ der Stromquelle eingesetzt werden. Bei Gleichspannungskopplung am Ausgang muß zusätzlich der durch die Last fließende Ausgangsstrom $I_{a,A}$ berücksichtigt werden.

*Beispiel:* In dem Beispiel auf Seite 132 wird eine Emitterschaltung für eine Last $R_L = 10\,\text{k}\Omega$ dimensioniert, siehe Abb. 2.75 auf Seite 134. Die Schaltung soll nun mit einer Last $R_L = 1\,\text{k}\Omega$ betrieben werden. Da der Ausgangswiderstand $r_a \approx R_C = 6,8\,\text{k}\Omega$ größer ist als $R_L$, führt ein Anschließen von $R_L$ direkt am Ausgang der Emitterschaltung zu einer erheblichen Reduktion der Betriebsverstärkung $A_B$. Deshalb soll am Ausgang eine Kollektorschaltung ergänzt werden, die aufgrund ihrer Wirkung als Impedanzwandler den Ausgangswiderstand und damit die Reduktion von $A_B$ stark verringert, siehe Abb. 2.92. Die Amplitude am Eingang der Kollektorschaltung beträgt $\hat{u}_e = 200\,\text{mV}$ entsprechend der Amplitude am Ausgang der Emitterschaltung. Letztere ist auf einen Klirrfaktor $k < 1\%$ ausgelegt. Damit der Klirrfaktor durch die zusätzliche Kollektorschaltung nur wenig zunimmt, wird für diese $k < 0,2\%$ gefordert. Damit folgt aus (2.119) $S > 31\,\text{mS}$ bzw. $I_{C,A} > 0,81\,\text{mA}$; gewählt wird $I_{C,A} = 1\,\text{mA}$. Nimmt man für den Transistor $T_2$ $B \approx \beta \approx 400$ und $I_S \approx 7\,\text{fA}$ an, folgt $U_{BE,A} \approx 0,67\,\text{V}$, $I_{B,A} = 2,5\,\mu\text{A}$, $S \approx 38,5\,\text{mS}$ und $r_{BE} \approx 10,4\,\text{k}\Omega$. Die Eingangsspannung $U_{e,A}$ kann aus dem Spannungsabfall an $R_C$ bestimmt werden, siehe Abb. 2.92:

$$U_{e,A} = U_b - \left( I_{C,A(T1)} + I_{B,A} \right) R_C \approx U_b - I_{C,A(T1)} R_C \approx 8,26\,\text{V}$$

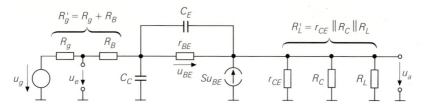

**Abb. 2.93.** Dynamisches Kleinsignalersatzschaltbild der Kollektorschaltung

Damit folgt aus (2.120) $R_E \approx 7,59\,\text{k}\Omega \rightarrow 7,5\,\text{k}\Omega$ [26]. Durch $I_{B,A}$ wird am Innenwiderstand $R_g \approx R_C$ der Signalquelle nur ein vernachlässigbar kleiner Spannungsabfall $I_{B,A}R_C \approx 17\,\text{mV}$ erzeugt. Für die Elemente des Ersatzschaltbilds nach Abb. 2.90 erhält man mit $R_g \approx R_C$ aus (2.117) $r_e \approx 353\,\text{k}\Omega$ und $r_a \approx 43\,\Omega$. Abschließend ist der durch den Kondensator $C_a$ am Ausgang verursachte Hochpaß auf $f_U' = 11\,\text{Hz}$ auszulegen:

$$C_a \;=\; \frac{1}{2\pi f_U'\,(r_a + R_L)} \;=\; 13,9\,\mu\text{F} \rightarrow 15\,\mu\text{F}$$

Eine Gleichspannungskopplung am Ausgang durch Kurzschließen von $C_a$ hat zur Folge, daß an $R_L$ eine Gleichspannung $U_{a,A} = U_{e,A} - U_{BE,A} \approx 7,5\,\text{V}$ auftritt und ein Ausgangsstrom $I_{a,A} = -U_{a,A}/R_L \approx -7,5\,\text{mA}$ fließt; $R_E$ kann in diesem Fall entfallen. Die Wahl des Arbeitspunkts ist wegen

$$I_{C,A} \;=\; \frac{U_{a,A}}{R_E \| R_L} \;\approx\; \frac{U_{e,A} - 0,7\,\text{V}}{R_E \| R_L} \;\geq\; 7,5\,\text{mA}$$

stark eingeschränkt.

**Einsatz von Wechsel- und Gleichspannungskopplung:** Die wichtigsten Gesichtspunkte, die beim Einsatz der Wechsel- bzw. Gleichspannungskopplung zu berücksichtigen sind, werden auf Seite 134 bzw. 136 beschrieben. Ein Einsatz der Gleichspannungskopplung am Ausgang wird im allgemeinen dadurch erschwert, daß bei niederohmigen Lasten bereits bei kleinen Gleichspannungen am Ausgang relativ große Ausgangsgleichströme fließen.

### Frequenzgang und obere Grenzfrequenz

Die Kleinsignalverstärkung $A$ und die Betriebsverstärkung $A_B$ nehmen bei höheren Frequenzen aufgrund der Transistorkapazitäten ab. Um eine Aussage über den Frequenzgang und die obere Grenzfrequenz zu bekommen, muß man bei der Berechnung das dynamische Kleinsignalmodell des Transistors verwenden; Abb. 2.93 zeigt das resultierende dynamische Kleinsignalersatzschaltbild der Kollektorschaltung. Für die *Betriebsverstärkung* $\underline{A}_B(s) = \underline{u}_a(s)/\underline{u}_g(s)$ erhält man

---

26 Es wird auf Normwerte gerundet.

mit $R'_g = R_g + R_B$ und $R'_L = R_L \parallel R_E \parallel r_{CE}$:

$$\underline{A}_B(s) = \frac{1 + \beta + sC_E r_{BE}}{1 + \beta + \dfrac{r_{BE} + R'_g}{R'_L} + sc_1 + s^2 C_E C_C R'_g r_{BE}}$$

$$c_1 = C_E r_{BE} + (C_E + C_C) \frac{r_{BE} R'_g}{R'_L} + C_C R'_g (1 + \beta)$$

Mit $\beta \gg 1$ folgt für die Niederfrequenzverstärkung

$$A_0 = \underline{A}_B(0) \approx \frac{1}{1 + \dfrac{r_{BE} + R'_g}{\beta R'_L}} \tag{2.121}$$

und daraus mit den zusätzlichen Näherungen $R'_L \gg 1/S$ und $R'_L \gg R'_g/\beta$ für den Frequenzgang:

$$\underline{A}_B(s) \approx \frac{A_0 \left(1 + s\dfrac{C_E}{S}\right)}{1 + s\left(\dfrac{C_E}{S}\left(1 + \dfrac{R'_g}{R'_L}\right) + C_C R'_g\right) + s^2 \dfrac{C_E C_C R'_g}{S}} \tag{2.122}$$

Die beiden Pole sind reell und die Knickfrequenz der Nullstelle liegt wegen

$$f_N = \frac{S}{2\pi C_E} > f_T$$

oberhalb der Transitfrequenz $f_T$ des Transistors, wie ein Vergleich mit (2.44) zeigt. Man kann den Frequenzgang näherungsweise durch einen Tiefpaß 1.Grades beschreiben, indem man den $s^2$-Term im Nenner streicht und die Differenz der linearen Terme bildet:

$$\underline{A}_B(s) \approx \frac{A_0}{1 + s\left(\dfrac{C_E}{SR'_L} + C_C\right) R'_g}$$

Damit erhält man eine Näherung für die obere *-3dB-Grenzfrequenz* $f_{-3dB}$, bei der der Betrag der Verstärkung um 3 dB abgenommen hat:

$$\omega_{-3dB} = 2\pi f_{-3dB} \approx \frac{1}{\left(\dfrac{C_E}{SR'_L} + C_C\right) R'_g} \tag{2.123}$$

Sie ist wegen $R'_g = R_g + R_B \approx R_g$ proportional zum Innenwiderstand $R_g$ des Signalgenerators. Die maximale obere Grenzfrequenz erhält man mit $R_g \to 0$ und $R'_L \to \infty$:

$$\omega_{-3dB,max} \approx \frac{1}{C_C R_B}$$

Sie ist im allgemeinen größer als die Transitfrequenz $f_T$ des Transistors.

Besitzt die Last neben dem ohmschen auch einen kapazitiven Anteil, d.h. tritt parallel zum Lastwiderstand $R_L$ eine Lastkapazität $C_L$ auf, erhält man durch Einsetzen von

$$\underline{Z}_L(s) = R_L' \,\|\, \frac{1}{sC_L} = \frac{R_L'}{1 + sC_L R_L'}$$

anstelle von $R_L'$:

$$\underline{A}_B(s) \approx \frac{A_0 \left( 1 + s\dfrac{C_E}{S} \right)}{1 + sc_1 + s^2 c_2} \tag{2.124}$$

$$c_1 = \frac{C_E}{S} \left( 1 + \frac{R_g'}{R_L'} \right) + C_C R_g' + C_L \left( \frac{1}{S} + \frac{R_g'}{\beta} \right)$$

$$c_2 = (C_C C_E + C_L (C_C + C_E)) \frac{R_g'}{S}$$

Die Pole können in diesem Fall reell oder konjugiert komplex sein. Die Näherung durch einen Tiefpaß 1.Grades liefert nur bei rellen Polen eine brauchbare Abschätzung für die obere Grenzfrequenz:

$$\omega_{-3dB} = 2\pi f_{-3dB} \approx \frac{1}{\left( \dfrac{C_E}{SR_L'} + C_C + \dfrac{C_L}{\beta} \right) R_g' + \dfrac{C_L}{S}} \tag{2.125}$$

Bei konjugiert komplexen Polen muß man die Abschätzung

$$\omega_{-3dB} = 2\pi f_{-3dB} \approx \frac{1}{\sqrt{c_2}} \tag{2.126}$$

verwenden.

Aus (2.124) folgt, daß die Kollektorschaltung immer stabil ist [27], d.h. bei konjugiert komplexen Polen tritt zwar eine Schwingung in der Sprungantwort auf, diese klingt jedoch ab. In der Praxis kann die Schaltung jedoch instabil werden; in diesem Fall tritt eine Dauerschwingung auf, die sich aufgrund von Übersteuerungseffekten auf einer bestimmten Amplitude stabilisiert und in ungünstigen Fällen zur Zerstörung des Transistors führen kann. Diese Instabilität wird durch Effekte zweiter Ordnung verursacht, die durch das hier verwendete Kleinsignalersatzschaltbild des Transistors nicht erfaßt werden [28].

**Bereich konjugiert komplexer Pole:** Für die praktische Anwendung der Kollektorschaltung möchte man wissen, für welche Lastkapazitäten konjugiert komplexe Pole auftreten und durch welche schaltungstechnischen Maßnahmen dies

---

27 Eine Übertragungsfunktion 2.Grades mit positiven Koeffizienten im Nenner ist stabil.

28 Aufgrund von Laufzeiten in der Basiszone des Transistors tritt eine zusätzliche Zeitkonstante auf; dieser Effekt kann im Kleinsignalersatzschaltbild des Transistors durch eine Induktivität in Reihe zum Basisbahnwiderstand $R_B$ nachgebildet werden. Man erhält dann eine Übertragungsfunktion 3.Grades, die bei kapazitiver Last instabil sein kann.

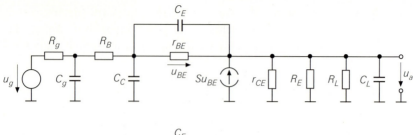

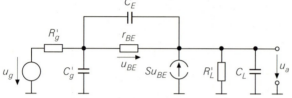

**Abb. 2.94.** Kleinsignalersatzschaltbild zur Berechnung des Bereichs konjugiert komplexer Pole: vollständig (oben) und nach Vereinfachung (unten)

verhindert werden kann. Betrachtet wird dazu das Kleinsignalersatzschaltbild nach Abb. 2.94, das aus Abb. 2.87 durch Ergänzen der Ausgangskapazität $C_g$ des Signalgenerators und der Lastkapazität $C_L$ hervorgeht; dabei kann man die RC-Glieder $R_g$-$C_g$ und $R_B$-$C_C$ wegen $R_g \gg R_B$ zu einem Glied mit $R'_g = R_g + R_B$ und $C'_g = C_g + C_C$ zusammenfassen. Führt man die Zeitkonstanten

$$T_g = C'_g R'_g \quad , \quad T_L = C_L R'_L \quad , \quad T_E = \frac{C_E}{S} \approx \frac{1}{\omega_T} \qquad (2.127)$$

und die Widerstandsverhältnisse

$$k_g = \frac{R'_g}{R'_L} \quad , \quad k_S = \frac{1}{SR'_L} \qquad (2.128)$$

ein und ersetzt $C_C$ durch $C'_g$, folgt aus (2.124):

$$\begin{aligned} c_1 &= T_E\left(1 + k_g\right) + T_g + T_L\left(k_S + \frac{k_g}{\beta}\right) \\ c_2 &= T_g T_E + T_g T_L k_S + T_L T_E k_g \end{aligned} \qquad (2.129)$$

Damit kann man die *Güte*

$$Q = \frac{\sqrt{c_2}}{c_1} \qquad (2.130)$$

angeben und über die Bedingung $Q > 0,5$ den Bereich konjugiert komplexer Pole bestimmen. Dieser Bereich ist in Abb. 2.95 für $\beta = 50$ und $\beta = 500$ als Funktion der *normierten Signalquellen-Zeitkonstante* $T_g/T_E$ und der *normierten Last-Zeitkonstante* $T_L/T_E$ für verschiedene Werte von $k_g$ dargestellt; dabei wird $k_S = 0,01$ verwendet.

Abbildung 2.95 zeigt, daß bei sehr kleinen und sehr großen Lastkapazitäten $C_L$ ($T_L/T_E$ klein bzw. groß) und bei ausreichend großer Ausgangskapazität $C_g$

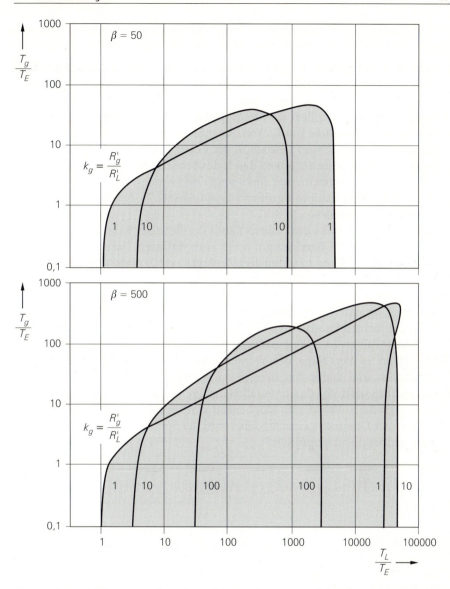

**Abb. 2.95.** Bereich konjugiert komplexer Pole für $\beta = 50$ und $\beta = 500$

des Signalgenerators ($T_g/T_E$ groß) keine konjugiert komplexen Pole auftreten. Der Bereich konjugiert komplexer Pole hängt stark von $k_g$ ab. Die Bereiche für $k_g < 1$ liegen innerhalb des Bereichs für $k_g = 1$; für $k_g > \beta$ treten keine konjugiert komplexen Pole auf. Die Abhängigkeit von $k_S$ macht sich nur bei großen Lastkapazitäten ($T_L/T_E$ groß), hoher Stromverstärkung $\beta$ und kleinem Innenwiderstand $R_g$ des Signalgenerators bemerkbar; sie führt in Abb. 2.95 zu der Einbuchtung am rechten Rand des Bereichs für $\beta = 500$ und $k_g = 1$.

Sind $R_g$, $C_g$, $R_L$ und $C_L$ vorgegeben und liegen konjugiert komplexe Pole vor, gibt es vier verschiedene Möglichkeiten, aus diesem Bereich herauszukommen:

1. Man kann $T_g$ vergrößern und damit den Bereich konjugiert komplexer Pole *nach oben* verlassen. Dazu muß man einen zusätzlichen Kondensator vom Eingang der Kollektorschaltung nach Masse oder zu einer Versorgungsspannung einfügen; dieser liegt im Kleinsignalersatzschaltbild parallel zu $C_g$ und führt zu einer Zunahme von $T_g$. Von dieser Möglichkeit kann immer Gebrauch gemacht werden; sie wird deshalb in der Praxis häufig angewendet.

2. Liegt man in der Nähe des linken Rands des Bereichs, kann man $T_E$ vergrößern und damit den Bereich *nach links unten* verlassen. Dazu muß man einen *langsameren* Transistor mit größerer Zeitkonstante $T_E$, d.h. kleinerer Transitfrequenz $f_T$, einsetzen.

3. Liegt man in der Nähe des rechten Rands des Bereichs, kann man $T_E$ verkleinern und damit den Bereich *nach rechts oben* verlassen. Dazu muß man einen *schnelleren* Transistor mit kleinerer Zeitkonstante $T_E$, d.h. größerer Transitfrequenz $f_T$, einsetzen. Von dieser Möglichkeit wird z.B. bei Netzgeräten mit Längsregler Gebrauch gemacht, da dort aufgrund des Speicherkondensators am Ausgang eine hohe Lastkapazität vorliegt, die auf einen Punkt in der Nähe des rechten Rands führt; der Einsatz eines schnelleren Transistors führt in diesem Fall zu einer Verbesserung des Einschwingverhaltens.

4. Liegt man in der Nähe des rechten Rands des Bereichs, kann man $T_L$ vergrößern und damit den Bereich *nach rechts* verlassen. Dazu muß man die Lastkapazität $C_L$ durch Parallelschalten eines zusätzlichen Kondensators vergrößern. Von dieser Möglichkeit wird ebenfalls bei Netzgeräten mit Längsregler Gebrauch gemacht; dabei wird der Speicherkondensator am Ausgang entsprechend vergrößert.

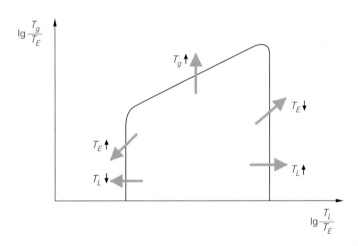

**Abb. 2.96.** Möglichkeiten zum Verlassen des Bereichs konjugiert komplexer Pole

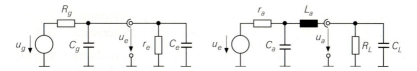

**Abb. 2.97.** Ersatzschaltbild mit den Ersatzgrößen $r_e$, $r_a$, $C_e$, $C_a$ und $L_a$

Abb. 2.96 deutet die vier Möglichkeiten an. Die fünfte Möglichkeit, das Verkleinern von $T_L$, wird in der Praxis nur selten angewendet, da dies bei vorgegebenen Werten für $R_L$ und $C_L$ nur durch Parallelschalten eines Widerstands erreicht werden kann, der den Ausgang zusätzlich belastet. Alle Möglichkeiten haben eine Abnahme der obere Grenzfrequenz zur Folge. Um diese Abnahme gering zu halten, muß man den Bereich konjugiert komplexer Pole *auf dem kürzesten Weg* verlassen.

**Ersatzschaltbild:** Man kann die Kollektorschaltung näherungsweise durch das Ersatzschaltbild nach Abb. 2.97 beschreiben. Es folgt aus Abb. 2.90 durch Ergänzen der *Eingangskapazität* $C_e$, der *Ausgangskapazität* $C_a$ und der *Ausgangsinduktivität* $L_a$. Man erhält $C_e$, $C_a$ und $L_a$ aus der Bedingung, daß eine Berechnung von $\underline{A}_B(s)$ auf (2.124) führen muß, wenn man beide Ausdrücke durch einen Tiefpaß 1.Grades annähert. Zusammengefaßt gilt für die Elemente des Ersatzschaltbilds:

$$r_e = \beta R_L' + r_{BE} \quad , \quad C_e = \frac{C_E r_{BE} + C_L R_L'}{\beta R_L' + r_{BE}}$$

$$r_a = \frac{R_g'}{\beta} + \frac{1}{S} \quad , \quad C_a = \frac{\beta C_g' R_g'}{R_g' + r_{BE}}$$

$$L_a = \frac{C_E R_g'}{S}$$

Man erkennt, daß neben den Widerständen $r_e$ und $r_a$ auch die Kapazitäten $C_e$ und $C_a$ und die Induktivität $L_a$ maßgeblich von der Signalquelle und der Last abhängen; Eingang und Ausgang sind demnach stark verkoppelt.

*Beispiel:* Für das Zahlenbeispiel nach Abb. 2.84a wurde $I_{C,A} = 2\,\text{mA}$ gewählt. Mit $\beta = 400$, $U_A = 100\,\text{V}$, $C_{obo} = 3,5\,\text{pF}$ und $f_T = 160\,\text{MHz}$ erhält man aus Tab. 2.4 auf Seite 93 die Kleinsignalparameter $S = 77\,\text{mS}$, $r_{BE} = 5,2\,\text{k}\Omega$, $r_{CE} = 50\,\text{k}\Omega$, $C_C = 3,5\,\text{pF}$ und $C_E = 73\,\text{pF}$. Mit $R_g = R_E = 1\,\text{k}\Omega$, $R_L \to \infty$ und $R_g' \approx R_g$ folgt mit $R_L' = R_L||R_E||r_{CE} = 980\,\Omega$ aus (2.121) $A_0 = 0,984 \approx 1$ und aus (2.123) $f_{-3dB} \approx 36\,\text{MHz}$. Mit einer Lastkapazität $C_L = 1\,\text{nF}$ folgt aus (2.125) $f_{-3dB} \approx 8\,\text{MHz}$ und aus (2.126) $f_{-3dB} \approx 5\,\text{MHz}$. Aus (2.127) und (2.128) erhält man $T_g = 3,5\,\text{ns}$, $T_L = 980\,\text{ns}$, $T_E = 0,95\,\text{ns}$, $r_g = 0,98$ und $r_S = 0,013$ und damit aus (2.129) $c_1 = 20,6\,\text{ns}$ und $c_2 = 979\,(\text{ns})^2$. Aus (2.130) folgt $Q = 1,52$, d.h. es liegen konjugiert komplexe Pole vor. Zu diesem Ergebnis gelangt man auch mit Hilfe von Abb. 2.95, da der Punkt $T_L/T_E \approx 1000$, $T_g/T_E \approx 4$, $k_g \approx 1$ im Bereich konjugiert komplexer Pole liegt; dabei wird wegen $\beta = 400$ der Bereich für $\beta = 500$ verwendet. Ein Verlassen des Bereichs konjugiert komplexer

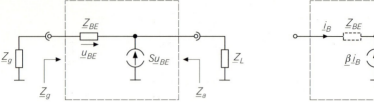

**a** Vereinfachtes Kleinsignalersatzschaltbild

**b** andere Darstellung
für den Transistor

**Abb. 2.98.** Ersatzschaltbild zur Impedanztransformation

Pole kann hier nur durch eine Vergrößerung von $T_g$ auf $T_g/T_E \approx 75$ erreicht werden; dazu muß man $C_g' \approx 71\,\mathrm{pF}$ wählen, d.h. einen Kondensator mit $C_g = C_g' - C_C \approx 68\,\mathrm{pF}$ zwischen der Basis des Transistors und Masse anschließen. Durch diese Maßnahme nimmt die obere Grenzfrequenz ab; man erhält aus (2.125) $f_{\text{-}3dB} \approx 1,8\,\mathrm{MHz}$, wenn man $C_g' = 71\,\mathrm{pF}$ anstelle von $C_C$ einsetzt. Man kann $C_g$ kleiner wählen, wenn man schwach konjugiert komplexe Pole und ein daraus resultierendes Überschwingen bei Ansteuerung mit einem Rechtecksignal zuläßt; die obere Grenzfrequenz nimmt dann weniger stark ab.

### Impedanztransformation mit der Kollektorschaltung

Die Kollektorschaltung bewirkt eine Impedanztransformation. Im statischen Fall ist der Eingangswiderstand $r_e$ im wesentlichen von der Last abhängig und der Ausgangswiderstand $r_a$ hängt vom Innenwiderstand des Signalgenerators ab; mit $R_E \gg R_L$ und $R_g \gg r_{BE}$ folgt aus (2.117) $r_e \approx \beta R_L$ und $r_a \approx R_g/\beta$. Diese Eigenschaft läßt sich verallgemeinern. Dazu wird das in Abb. 2.98a gezeigte Kleinsignalersatzschaltbild betrachtet, daß man aus Abb. 2.93 durch Vernachlässigen von $R_B$, $R_E$ und $C_C$, Zusammenfassen von $r_{BE}$ und $C_E$ zu

$$\underline{Z}_{BE}(s) \;=\; r_{BE} \,||\, \frac{1}{sC_E} \;=\; \frac{r_{BE}}{1 + sC_E r_{BE}}$$

und Annahme allgemeiner Generator- und Lastimpedanzen $\underline{Z}_g(s)$ bzw. $\underline{Z}_L(s)$ erhält. Für den Transistor kann man auch die in Abb. 2.98b gezeigte Darstellung mit der frequenzabhängigen Kleinsignalstromverstärkung

$$\underline{\beta}(s) \;=\; S\underline{Z}_{BE}(s) \;=\; \frac{\beta_0}{1 + \dfrac{s}{\omega_\beta}}$$

verwenden [29]. Eine Berechnung der Eingangsimpedanz $\underline{Z}_e(s)$ und der Ausgangsimpedanz $\underline{Z}_a(s)$ aus Abb. 2.98 liefert:

$$\underline{Z}_e(s) \;=\; \underline{Z}_{BE}(s) + \left(1 + \underline{\beta}(s)\right)\underline{Z}_L(s) \;\approx\; \underline{Z}_{BE}(s) + \underline{\beta}(s)\underline{Z}_L(s)$$

---

29 Mit $C_C = 0$ gilt $\omega_\beta^{-1} = C_E r_{BE}$, siehe (2.43); ferner gilt $\beta_0 = |\beta(j0)| = S\,r_{BE}$.

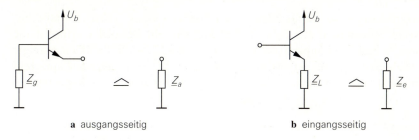

**a** ausgangsseitig            **b** eingangsseitig

**Abb. 2.99.** Impedanztransformation mit der Kollektorschaltung

$$\underline{Z}_a(s) = \frac{\underline{Z}_{BE}(s) + \underline{Z}_g(s)}{1 + \underline{\beta}(s)} \approx \frac{\underline{Z}_{BE}(s) + \underline{Z}_g(s)}{\underline{\beta}(s)}$$

Abb. 2.99 verdeutlicht diesen Zusammenhang. Oft kann man $\underline{Z}_{BE}(s)$ vernachlässigen und die einfachen Transformationsgleichungen

$$\underline{Z}_e(s) \approx \underline{\beta}(s)\underline{Z}_L(s) \quad , \quad \underline{Z}_a(s) \approx \frac{\underline{Z}_g(s)}{\underline{\beta}(s)}$$

verwenden; Abb. 2.100 zeigt einige ausgewählte Beispiele. Besonders auffällig sind die Fälle $\underline{Z}_g(s) = sL$ und $\underline{Z}_L(s) = 1/(sC)$, bei denen durch die Transformation ein frequenzabhängiger, negativer Widerstand entsteht; $\underline{Z}_a(s)$ bzw. $\underline{Z}_e(s)$ sind in diesem Fall nicht mehr passiv und die Schaltung kann bei entsprechender Beschaltung instabil werden. Für die Praxis folgt daraus, daß Induktivitäten

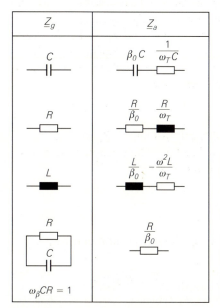

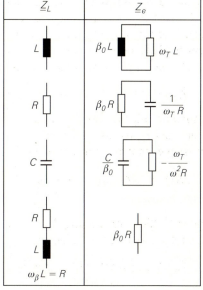

**Abb. 2.100.** Einige ausgewählte Impedanztransformationen

im Basiskreis und/oder Kapazitäten im Emitterkreis eines Transistors eine unerwünschte Schwingung zur Folge haben können; ein Beispiel hierfür ist die
Kollektorschaltung mit kapazitiver Last. Die in Abb. 2.100 links unten gezeigte
RC-Parallelschaltung mit der Nebenbedingung $\omega_\beta RC = 1$ führt auf eine rein
ohmsche Ausgangsimpedanz; in diesem Fall führt eine zusätzliche Kapazität am
Ausgang nicht zu konjugiert komplexen Polen, d.h. es kann keine Schwingung
auftreten.

### 2.4.3
### Basisschaltung

Abbildung 2.101a zeigt die Basisschaltung bestehend aus dem Transistor, dem
Kollektorwiderstand $R_C$, der Versorgungsspannungsquelle $U_b$ und der Signalspannungsquelle $U_e$ [30]. Der Widerstand $R_{BV}$ dient zur Begrenzung des Basisstroms bei Übersteuerung; im Normalbetrieb hat er praktisch keinen Einfluß. Für
die folgende Untersuchung wird $U_b = 5\,V$ und $R_C = R_{BV} = 1\,k\Omega$ angenommen.

#### Übertragungskennlinie der Basisschaltung

Mißt man die Ausgangsspannung $U_a$ als Funktion der Signalspannung $U_e$, erhält
man die in Abb. 2.102 gezeigte Übertragungskennlinie. Für $U_e > -0,5\,V$ ist
der Kollektorstrom vernachlässigbar klein und man erhält $U_a = U_b = 5\,V$. Für
$-0,72\,V \leq U_e \leq -0,5\,V$ fließt ein mit abnehmender Spannung $U_e$ zunehmender
Kollektorstrom $I_C$, und die Ausgangsspannung nimmt gemäß $U_a = U_b - I_C R_C$ ab.
Bis hier arbeitet der Transistor im Normalbetrieb. Für $U_e < -0,72\,V$ gerät der
Transistor in die Sättigung und man erhält $U_a = U_e + U_{CE,sat}$.

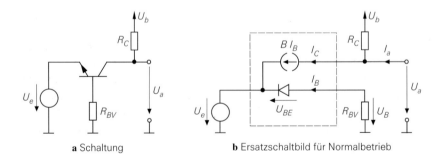

**a** Schaltung          **b** Ersatzschaltbild für Normalbetrieb

**Abb. 2.101.** Basisschaltung

---

30 Im Gegensatz zur Vorgehensweise bei der Emitter- und der Kollektorschaltung wird hier
eine Spannungsquelle *ohne* Innenwiderstand zur Ansteuerung verwendet; mit $R_g = 0$
folgt $U_e = U_g$, wie ein Vergleich mit Abb. 2.53b bzw. Abbildung 2.84b zeigt. Diese Vorgehensweise wird gewählt, damit die Kennlinien für den Normalbetrieb nicht von $R_g$
abhängen.

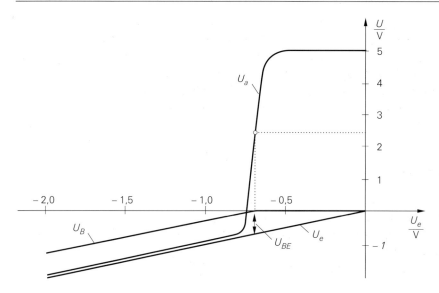

**Abb. 2.102.** Kennlinien der Basisschaltung

**Normalbetrieb:** Abb. 2.101b zeigt das Ersatzschaltbild für den Normalbetrieb, bei dem für den Transistor das vereinfachte Transportmodell nach Abb. 2.27 mit

$$I_C = BI_B = I_S \, e^{\frac{U_{BE}}{U_T}}$$

eingesetzt ist. Aus Abb. 2.101b folgt:

$$U_a = U_b + (I_a - I_C) \, R_C \overset{I_a=0}{=} U_b - I_C R_C \qquad (2.131)$$

$$U_e = -U_{BE} - I_B R_{BV} = -U_{BE} - \frac{I_C R_{BV}}{B} \approx -U_{BE} \qquad (2.132)$$

In (2.132) wird angenommen, daß der Spannungsabfall an $R_{BV}$ vernachlässigt werden kann, wenn $B$ ausreichend groß und $R_{BV}$ ausreichend klein ist.

Als Arbeitspunkt wird ein Punkt etwa in der Mitte des abfallenden Bereichs der Übertragungskennlinie gewählt; dadurch wird die Aussteuerbarkeit maximal. Nimmt man $B = \beta = 400$ und $I_S = 7\,\text{fA}$ [31] an, erhält man für den in Abb. 2.102 beispielhaft eingezeichneten Arbeitspunkt mit $U_b = 5\,\text{V}$ und $R_C = R_{BV} = 1\,\text{k}\Omega$:

$$U_a = 2,5\,\text{V} \;\Rightarrow\; I_C = \frac{U_b - U_a}{R_C} = 2,5\,\text{mA} \;\Rightarrow\; I_B = \frac{I_C}{B} = 6,25\,\mu\text{A}$$

$$\Rightarrow\; U_{BE} = U_T \ln \frac{I_C}{I_S} = 692\,\text{mV} \;\Rightarrow\; U_e = -U_{BE} - I_B R_{BV} = -698\,\text{mV}$$

Der Spannungsabfall an $R_{BV}$ beträgt in diesem Fall nur $6,25\,\text{mV}$ und kann vernachlässigt werden, d.h. für die Spannung an der Basis des Transistors gilt $U_B \approx 0$.

---

31 Typische Werte für einen npn-Kleinleistungstransistor BC547B.

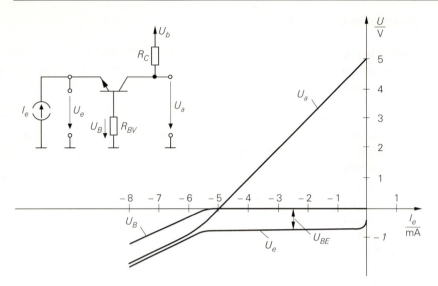

**Abb. 2.103.** Schaltung und Kennlinien der Basisschaltung bei Ansteuerung mit einer Stromquelle

**Sättigungsbetrieb:** Für $U_e < -0,72\,\text{V}$ gerät der Transistor in die Sättigung,
d.h. die Kollektor-Diode leitet. In diesem Bereich gilt $U_{CE} = U_{CE,sat}$ und $U_a =$
$U_e + U_{CE,sat}$, und es fließt ein Basisstrom, der durch den Widerstand $R_{BV}$ auf
zulässige Werte begrenzt werden muß:

$$I_B = -\frac{U_e + U_{BE}}{R_{BV}} \approx -\frac{U_e + 0,72\,\text{V}}{R_{BV}}$$

**Übertragungskennlinie bei Ansteuerung mit einer Stromquelle:** Man kann
zur Ansteuerung auch eine Stromquelle $I_e$ verwenden, siehe Abb. 2.103; die Schal-
tung arbeitet dann mit $U_b = 5\,\text{V}$ und $R_C = R_{BV} = 1\,\text{k}\Omega$ für $-5,5\,\text{mA} \le I_e \le 0$
als *Strom-Spannungs-Wandler* bzw. *Transimpedanzverstärker* [32]:

$$U_a = U_b - I_C R_C = U_b + \frac{B}{1+B} I_E R_C \approx U_b + I_e R_C \qquad (2.133)$$

$$U_e = -U_{BE} - I_B R_{BV} \approx -U_{BE} \approx -U_T \ln\left(-\frac{I_e}{I_S}\right) \qquad (2.134)$$

Dabei wird $I_e = I_E \approx -I_C$ verwendet. In diesem Bereich arbeitet der Transistor
im Normalbetrieb und die Übertragungskennlinie ist nahezu linear. Für $I_e > 0$
sperrt der Transistor und für $I_e < -5,5\,\text{mA}$ gerät er in die Sättigung.

In der Praxis wird zur Stromansteuerung in den meisten Fällen eine Emitterschaltung mit offenem Kollektor oder ein Stromspiegel verwendet; darauf wird
im Zusammenhang mit der Arbeitspunkteinstellung näher eingegangen.

---

32 Die Bezeichnung *Transimpedanzverstärker* wird auch für Operationsverstärker mit
Stromeingang und Spannungsausgang verwendet (CV-OPV).

### Kleinsignalverhalten der Basisschaltung

Das Verhalten bei Aussteuerung um einen Arbeitspunkt A wird als *Kleinsignal-verhalten* bezeichnet. Der Arbeitspunkt ist durch die Arbeitspunktgrößen $U_{e,A}$, $U_{a,A}$, $I_{e,A} = I_{B,A}$ und $I_{C,A}$ gegeben; als Beispiel wird der oben ermittelte Arbeitspunkt mit $U_{e,A} = -0,7\,\text{V}$, $U_{a,A} = 2,5\,\text{V}$, $I_{B,A} = 6,25\,\mu\text{A}$ und $I_{C,A} = 2,5\,\text{mA}$ verwendet.

Die *Kleinsignal-Spannungsverstärkung* A entspricht der Steigung der Übertragungskennlinie. Die Berechnung erfolgt mit Hilfe des in Abb. 2.104 gezeigten Kleinsignalersatzschaltbilds. Aus der Knotengleichung

$$\frac{u_a}{R_C} + \frac{u_a - u_e}{r_{CE}} + Su_{BE} = 0$$

und der Spannungsteilung

$$u_{BE} = -\frac{r_{BE}}{r_{BE} + R_{BV}}\, u_e$$

folgt

$$A = \left.\frac{u_a}{u_e}\right|_{i_a=0} = \left(\frac{\beta}{r_{BE} + R_{BV}} + \frac{1}{r_{CE}}\right)(R_C \,\|\, r_{CE})$$

$$\overset{\substack{r_{CE} \gg R_C \\ \beta\, r_{CE} \gg r_{BE} + R_{BV}}}{\approx} \quad \frac{\beta R_C}{r_{BE} + R_{BV}} \quad \overset{r_{BE} \gg R_{BV}}{\approx} \quad SR_C$$

Maximale Verstärkung erhält man mit $R_{BV} = 0$; dazu muß man die Basis des Transistors direkt oder über einen Kondensator mit Masse verbinden. Im folgenden Abschnitt über die Arbeitspunkteinstellung wird darauf näher eingegangen. Bei Betrieb mit einem Lastwiderstand $R_L$ kann man die zugehörige Betriebsverstärkung $A_B$ berechnen, indem man für $R_C$ die Parallelschaltung von $R_L$ und $R_C$ einsetzt, siehe Abb. 2.104. Mit $S = I_{C,A}/U_T = 96\,\text{mS}$, $\beta = 400$, $r_{BE} = 4160\,\Omega$, $r_{CE} = U_A/I_{C,A} = 40\,\text{k}\Omega$ und $R_{BV} = 1\,\text{k}\Omega$ erhält man *exakt* und in erster Näherung $A = 76$; die zweite Näherung liefert mit $A = 96$ einen sehr ungenauen Wert, weil die Voraussetzung $r_{BE} \gg R_{BV}$ nur unzureichend erfüllt ist.

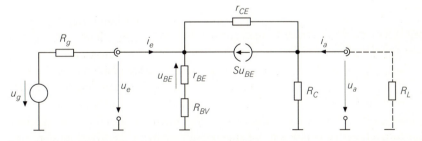

**Abb. 2.104.** Kleinsignalersatzschaltbild der Basisschaltung

Für den *Kleinsignal-Eingangswiderstand* erhält man:

$$r_e = \left.\frac{u_e}{i_e}\right|_{i_a=0} = (r_{BE} + R_{BV}) \parallel \frac{R_C + r_{CE}}{1 + \dfrac{\beta\, r_{CE}}{r_{BE} + R_{BV}}}$$

$$\overset{\substack{\beta \gg 1 \\ r_{CE} \gg R_C \\ \beta\, r_{CE} \gg r_{BE} + R_{BV}}}{\approx} \frac{1}{S} + \frac{R_{BV}}{\beta} \overset{r_{BE} \gg R_{BV}}{\approx} \frac{1}{S}$$

Er hängt vom Lastwiderstand ab, wobei hier wegen $i_a = 0$ ($R_L \to \infty$) der *Leerlaufeingangswiderstand* gegeben ist. Der Eingangswiderstand für andere Werte von $R_L$ wird berechnet, indem man für $R_C$ die Parallelschaltung von $R_C$ und $R_L$ einsetzt; durch Einsetzen von $R_L = R_C = 0$ erhält man den *Kurzschlußeingangswiderstand*. Die Abhängigkeit von $R_L$ ist jedoch so gering, daß sie durch die Näherung aufgehoben wird. Für den beispielhaft gewählten Arbeitspunkt erhält man *exakt* $r_e = 13,2\,\Omega$; die Näherung liefert $r_e = 12,9\,\Omega$.

Für den *Kleinsignal-Ausgangswiderstand* erhält man:

$$r_a = \frac{u_a}{i_a} = R_C \parallel r_{CE}\left(1 + \frac{R_g}{r_{CE}}\frac{\beta\, r_{CE} + r_{BE} + R_{BV}}{r_{BE} + R_{BV} + R_g}\right)$$

$$\overset{\beta\, r_{CE} \gg r_{BE} + R_{BV}}{\approx} R_C \parallel r_{CE}\left(1 + \frac{\beta R_g}{r_{BE} + R_{BV} + R_g}\right)$$

$$\overset{r_{CE} \gg R_C}{\approx} R_C$$

Er hängt vom Innenwiderstand $R_g$ des Signalgenerators ab. Mit $R_g = 0$ erhält man den *Kurzschlußausgangswiderstand*

$$r_{a,K} = R_C \parallel r_{CE}$$

und mit $R_g \to \infty$ den *Leerlaufausgangswiderstand*:

$$r_{a,L} = R_C \parallel r_{CE}\,(1 + \beta) \approx R_C \parallel \beta\, r_{CE}$$

In der Praxis gilt in den meisten Fällen $r_{CE} \gg R_C$, und man kann die Abhängigkeit von $R_g$ vernachlässigen. Für das Beispiel erhält man $r_{a,K} = 976\,\Omega$ und $r_{a,L} = 999,94\,\Omega$; die Näherung liefert $r_a = R_C = 1\,\mathrm{k}\Omega$.

Mit $r_{CE} \gg R_C$, $\beta\, r_{CE} \gg r_{BE} + R_{BV}$ , $\beta \gg 1$ und ohne Lastwiderstand $R_L$ erhält man für die

*Basisschaltung:*

$$
A \;=\; \left.\frac{u_a}{u_e}\right|_{i_a=0} \;\approx\; \frac{\beta R_C}{r_{BE}+R_{BV}} \;\overset{r_{BE}\gg R_{BV}}{\approx}\; S R_C \tag{2.135}
$$

$$
r_e \;=\; \frac{u_e}{i_e} \;\approx\; \frac{1}{S}+\frac{R_{BV}}{\beta} \;\overset{r_{BE}\gg R_{BV}}{\approx}\; \frac{1}{S} \tag{2.136}
$$

$$
r_a \;=\; \frac{u_a}{i_a} \;\approx\; R_C \tag{2.137}
$$

Ein Vergleich von (2.135)–(2.137) mit (2.61)–(2.63) zeigt, daß das Kleinsignalverhalten der Basisschaltung und der Emitterschaltung ohne Gegenkopplung ähnlich ist. Diese Ähnlichkeit beruht auf der Tatsache, daß der Signalgenerator bei beiden Schaltungen zwischen Basis und Emitter des Transistors angeschlossen ist und das Ausgangssignal am Kollektor abgegriffen wird. Der Eingangskreis ist identisch, wenn man $U_g$ und $R_g$ in Abb. 2.53a auf Seite 109 mit $U_e$ und $R_{BV}$ in Abb. 2.101a identifiziert und die geänderte Polarität des Signalgenerators berücksichtigt. Daraus folgt, daß die Verstärkung dem Betrag nach etwa gleich, aufgrund der geänderten Polarität des Signalgenerators jedoch mit anderem Vorzeichen versehen ist. Der Ausgangswiderstand ist bis auf den etwas anderen Einfluß von $r_{CE}$ ebenfalls gleich. Der Eingangswiderstand ist bei der Basisschaltung etwa um den Faktor $\beta$ kleiner, weil hier der Emitterstrom $i_E = -(1+\beta)i_B \approx -\beta\, i_B$ anstelle des Basisstroms $i_B$ als Eingangsstrom auftritt. Aufgrund der Ähnlichkeit kann das in Abb. 2.57 auf Seite 113 gezeigte Ersatzschaltbild der Emitterschaltung mit den Ersatzgrößen $A$, $r_e$ und $r_a$ auch für die Basisschaltung verwendet werden.

Bei Ansteuerung mit einer Stromquelle tritt der *Übertragungswiderstand $R_T$* (*Transimpedanz*) an die Stelle der Verstärkung:

$$
R_T \;=\; \left.\frac{u_a}{i_e}\right|_{i_a=0} \;=\; \left.\frac{u_a}{u_e}\right|_{i_a=0}\; \left.\frac{u_e}{i_e}\right|_{i_a=0}
$$

$$
=\; A r_e \;=\; \frac{\left(\beta\, r_{CE}+r_{BE}+R_{BV}\right) R_C}{\left(1+\beta\right) r_{CE}+r_{BE}+R_{BV}+R_C}
$$

Mit $\beta \gg 1$, $r_{CE} \gg R_C$, und $\beta\, r_{CE} \gg r_{BE}+R_{BV}$ folgt für den *Strom-Spannungs-Wandler in Basisschaltung:*

$$
R_T \;=\; \left.\frac{u_a}{i_e}\right|_{i_a=0} \;\approx\; R_C \tag{2.138}
$$

Ein- und Ausgangswiderstand sind durch (2.136) und (2.137) gegeben.

**Nichtlinearität:** Bei ausreichend kleinem Widerstand $R_{BV}$ und Aussteuerung mit einer Spannungsquelle gilt $U_e \approx -U_{BE}$, siehe (2.132). Daraus folgt $\hat{u}_{BE} \approx \hat{u}_e$ und man kann Gl. (2.15) auf Seite 52 verwenden, die einen Zusammenhang zwischen der Amplitude $\hat{u}_{BE}$ einer sinusförmigen Kleinsignalaussteuerung und dem *Klirrfaktor k* des Kollektorstroms, der bei der Basisschaltung gleich dem Klirrfaktor der Ausgangsspannung ist, herstellt. Es gilt also $\hat{u}_e < k \cdot 0,1\,\mathrm{V}$, d.h. für $k < 1\%$ muß $\hat{u}_e < 1\,\mathrm{mV}$ sein. Die zugehörige Ausgangsamplitude ist wegen $\hat{u}_a = |A|\hat{u}_e$ von der Verstärkung $A$ abhängig; für das Zahlenbeispiel mit $A = 76$ gilt demnach $\hat{u}_a < k \cdot 7,6\,\mathrm{V}$. Bei Aussteuerung mit einer Stromquelle ist der Klirrfaktor aufgrund des nahezu linearen Zusammenhangs zwischen $I_e = I_E$ und $I_C$ sehr klein.

**Temperaturabhängigkeit:** Nach Gl. (2.21) auf Seite 62 nimmt die Basis-Emitter-Spannung $U_{BE}$ bei konstantem Kollektorstrom $I_C$ mit $1,7\,\mathrm{mV/K}$ ab. Da bei ausreichend kleinem Widerstand $R_{BV}$ und Ansteuerung mit einer Spannungsquelle $U_e \approx -U_{BE}$ gilt, siehe (2.132), muß die Eingangsspannung um $1,7\,\mathrm{mV/K}$ zunehmen, damit der Arbeitspunkt $I_C = I_{C,A}$ der Schaltung konstant bleibt. Hält man dagegen die Eingangsspannung konstant, wirkt sich eine Temperaturerhöhung wie eine Abnahme der Eingangsspannung mit $dU_e/dT = -1,7\,\mathrm{mV/K}$ aus; man kann deshalb die *Temperaturdrift* der Ausgangsspannung mit Hilfe der Verstärkung berechnen:

$$\left.\frac{dU_a}{dT}\right|_A = \left.\frac{\partial U_a}{\partial U_e}\right|_A \frac{dU_e}{dT} \approx -A \cdot 1,7\,\mathrm{mV/K}$$

Für das Zahlenbeispiel erhält man $(dU_a/dT)|_A \approx -129\,\mathrm{mV/K}$.

Bei Ansteuerung mit einer Stromquelle folgt aus (2.133):

$$\left.\frac{dU_a}{dT}\right|_A = -R_C \left.\frac{dI_C}{dT}\right|_A = -R_C \left( \frac{I_{C,A}}{(1+B)B} \frac{dB}{dT} + \frac{B}{1+B} \frac{dI_{e,A}}{dT} \right)$$

Für das Zahlenbeispiel folgt mit (2.23) bei temperaturunabhängigem Eingangsstrom eine Temperaturdrift von $(dU_a/dT)|_A \approx -31\,\mu\mathrm{V/K}$; in diesem Fall wirkt sich nur die Temperaturabhängigkeit der Stromverstärkung $B$ aus.

### Arbeitspunkteinstellung

Der Betrieb als Kleinsignalverstärker erfordert eine stabile Einstellung des Arbeitspunkts; dabei unterscheidet man zwischen *Wechselspannungskopplung* und *Gleichspannungskopplung*.

**Arbeitspunkteinstellung bei Wechselspannungskopplung:** Abb. 2.105 zeigt zwei Varianten der Wechselspannungskopplung, bei der die Signalquelle und die Last über Koppelkondensatoren angeschlossen werden; die weiteren Eigenschaften werden auf Seite 128 beschrieben. Bei beiden Varianten handelt es sich um eine Arbeitspunkteinstellung mit Gleichstromgegenkopplung, die in gleicher Weise bei der Emitterschaltung verwendet wird, siehe Abb. 2.71 auf Seite 130.

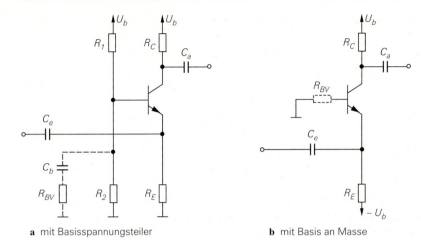

**a** mit Basisspannungsteiler        **b** mit Basis an Masse

**Abb. 2.105.** Arbeitspunkteinstellung bei Wechselspannungskopplung

Bei der Schaltung nach Abb. 2.105a wird die im Arbeitspunkt an der Basis des Transistors erforderliche Spannung

$$U_{B,A} \; = \; \left( I_{C,A} + I_{B,A} \right) R_E + U_{BE,A} \; \approx \; I_{C,A} R_E + 0,7\,\text{V}$$

mit $R_1$ und $R_2$ eingestellt; dabei wird der Querstrom durch die Widerstände deutlich größer als $I_{B,A}$ gewählt, damit der Arbeitspunkt nicht von $I_{B,A}$ abhängt. Die Temperaturstabilität des Arbeitspunkts hängt maßgeblich vom Verhältnis der Widerstände $R_C$ und $R_E$ ab; es gilt:

$$\left. \frac{dU_a}{dT} \right|_A \; \approx \; - \, \frac{R_C}{R_E} \cdot 1,7 \, \frac{\text{mV}}{\text{K}}$$

Zur Minimierung der Temperaturdrift muß man $R_E$ möglichst groß wählen; in der Praxis wählt man $R_C/R_E \approx 1 \ldots 10$. Im Kleinsignalersatzschaltbild liegt $R_E$ parallel zum Eingangswiderstand $r_e$, kann aber wegen $R_E \gg r_e \approx 1/S$ vernachlässigt werden. Die Parallelschaltung von $R_1$ und $R_2$ tritt an die Stelle des Widerstands $R_{BV}$ aus Abb. 2.101a [33]:

$$R_{BV} \; = \; R_1 \,\|\, R_2$$

Die maximale Verstärkung wird nur erreicht, wenn der Basiskreis niederohmig ist; aus (2.135) erhält man die Forderung $R_{BV} \ll r_{BE}$. In der Praxis kann man $R_1$ und $R_2$ im allgemeinen nicht so klein wählen, daß diese Forderung erfüllt ist, weil sonst der Querstrom durch $R_1$ und $R_2$ zu groß wird.
*Beispiel:* Mit $I_{C,A} = 1\,\text{mA}$ und $\beta = 400$ folgt $R_{BV} \ll r_{BE} = 10,4\,\text{k}\Omega$; wählt man $R_1 = 3\,\text{k}\Omega$ und $R_2 = 1,5\,\text{k}\Omega$, d.h. $R_{BV} = 1\,\text{k}\Omega$, erhält man für $U_b = 5\,\text{V}$ einen

---

33 In Abb. 2.101a ist der Basisanschluß des Transistors über den Widerstand $R_{BV}$ mit Masse verbunden; $R_{BV}$ kann dabei als Innenwiderstand einer Spannungsquelle mit $U = 0$ aufgefaßt werden. Die Ersatzspannungsquelle für den Basisspannungsteiler in Abb. 2.105a hat im Vergleich dazu den Innenwiderstand $R_1 \,\|\, R_2$ und die Leerlaufspannung $U = U_b R_2/(R_1 + R_2)$.

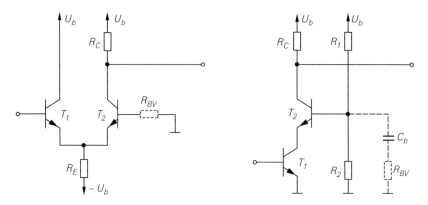

**Abb. 2.106.** Arbeitspunkteinstellung bei Gleichspannungskopplung

Querstrom, der größer ist als $I_{C,A}$: $I_Q = U_b/(R_1 + R_2) \approx 1,1\,\text{mA}$. Dagegen kann die Forderung, daß der Querstrom deutlich größer sein soll als der Basisstrom, wegen $I_{B,A} = I_{C,A}/\beta = 2,5\,\mu\text{A}$ bereits mit $I_Q \approx 25\,\mu\text{A}$ erfüllt werden.

Man wählt deshalb den Querstrom *nur* deutlich größer als den Basisstrom und erfüllt die Forderung nach einem niederohmigen Basiskreis nur für Wechselspannungen, indem man den Basisanschluß über einen Kondensator $C_b$ mit Masse verbindet, siehe Abb. 2.105a [34]; dabei muß man $C_b$ so wählen, daß bei der kleinsten interessierenden Signalfrequenz $f_U$ noch $1/(2\pi f_U C_b) \ll r_{BE}$ gilt.

Hat man zusätzlich eine negative Versorgungsspannung, kann man den Basisanschluß des Transistors auch direkt mit Masse verbinden, siehe Abb. 2.105b, und den Arbeitspunktstrom mit $R_E$ einstellen:

$$I_{C,A} \approx -I_{E,A} = \frac{U_b - U_{BE,A}}{R_E} \approx \frac{U_b - 0,7\,\text{V}}{R_E}$$

Bei beiden Varianten kann man den Widerstand $R_E$ durch eine Stromquelle mit dem Strom $I_K$ ersetzen; es gilt dann $I_{C,A} \approx I_K$. Die Temperaturdrift ist in diesem Fall durch die Temperaturdrift der Stromquelle gegeben.

**Arbeitspunkteinstellung bei Gleichspannungskopplung:** Abb. 2.106 zeigt zwei Varianten der Gleichspannungskopplung. In Abb. 2.106a wird die Basisschaltung ($T_2$) mit einer Kollektorschaltung ($T_1$) angesteuert; da die Kollektorschaltung einen kleinen Ausgangswiderstand hat, liegt Spannungsansteuerung vor. Der Arbeitspunktstrom $I_{C,A}$ ist bei beiden Transistoren gleich und wird, wie gezeigt, mit dem Widerstand $R_E$ oder mit einer Stromquelle eingestellt. Die Schaltung kann als unsymmetrisch betriebener Differenzverstärker aufgefaßt werden, wie ein Vergleich mit Abb. 4.52c auf Seite 365 zeigt.

Abbildung 2.106b zeigt die *Kaskodeschaltung*, bei der ein Transistor in Basisschaltung ($T_2$) mit einer Emitterschaltung ($T_1$) angesteuert wird; in diesem Fall liegt Stromansteuerung vor. Der Arbeitspunkt der Basisschaltung wird durch die

---

34 In Abb. 2.105a ist *zusätzlich* ein Widerstand $R_{BV}$ zur Vermeidung hochfrequenter Schwingungen eingezeichnet; darauf wird später noch näher eingegangen.

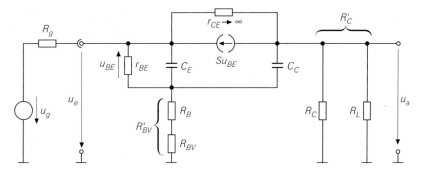

**Abb. 2.107.** Dynamisches Kleinsignalersatzschaltbild der Basisschaltung

Widerstände $R_1$ und $R_2$ und durch den Arbeitspunktstrom der Emitterschaltung festgelegt. Die Emitterschaltung ist in Abb. 2.106b nur symbolisch, d.h. ohne die zur Arbeitspunkteinstellung nötige Beschaltung dargestellt. Die Kaskodeschaltung wird im Abschnitt 4.1.2 näher beschrieben.

**Vermeidung hochfrequenter Schwingungen:** Aufgrund der hohen oberen Grenzfrequenz kann eine hochfrequente Schwingung im Arbeitspunkt auftreten; die Schaltung arbeitet in diesem Fall als Oszillator. Dieses Phänomen tritt besonders dann auf, wenn die Basis des Transistors direkt oder über einen Kondensator $C_b$ mit Masse verbunden ist. Ursache ist eine parasitäre Induktivität im Basiskreis, die durch Laufzeiteffekte in der Basiszone des Transistors und durch Zuleitungsinduktivitäten verursacht wird. Diese Induktivität bildet zusammen mit der Eingangskapazität des Transistors und/oder dem Kondensator $C_b$ einen Serienschwingkreis, der bei ausreichend hoher Güte zu einer Selbsterregung der Schaltung führen kann. Um dies zu verhindern, muß man die Güte des Schwingkreises durch Einfügen eines Dämpfungswiderstands verringern. Dazu dient der Widerstand $R_{BV}$, der in Abb. 2.105 und Abb. 2.106 gestrichelt eingezeichnet ist. Die in der Praxis verwendeten Widerstände liegen im Bereich $10 \ldots 100\,\Omega$, in Ausnahmefällen auch darüber. Sie sind möglichst kurz mit Masse zu verbinden, damit die Zuleitungsinduktivität klein bleibt.

### Frequenzgang und obere Grenzfrequenz

Die Kleinsignalverstärkung $A$ und die Betriebsverstärkung $A_B$ nehmen bei höheren Frequenzen aufgrund der Transistorkapazitäten ab. Um eine Aussage über den Frequenzgang und die obere Grenzfrequenz zu bekommen, muß man bei der Berechnung das dynamische Kleinsignalmodell des Transistors verwenden.

**Ansteuerung mit einer Spannungsquelle:** Abb. 2.107 zeigt das dynamische Kleinsignalersatzschaltbild der Basisschaltung bei Ansteuerung mit einer Signalspannungsquelle mit dem Innenwiderstand $R_g$. Die exakte Berechnung der *Betriebsverstärkung* $\underline{A}_B(s) = \underline{u}_a(s)/\underline{u}_g(s)$ ist aufwendig und führt auf umfangreiche Ausdrücke. Eine ausreichend genaue Näherung erhält man, wenn man den Widerstand $r_{CE}$ vernachlässigt und $\beta \gg 1$ annimmt; mit $R'_{BV} = R_{BV} + R_B$, $R'_C = R_C \| R_L$ und der Niederfrequenzverstärkung

$$A_0 = \underline{A}_B(0) \approx \frac{\beta R'_C}{\beta R_g + R'_{BV} + r_{BE}} \tag{2.139}$$

folgt:

$$\underline{A}_B(s) \approx A_0 \frac{1 + sC_C R'_{BV} + s^2 \dfrac{C_E C_C R'_{BV}}{S}}{1 + sc_1 + s^2 c_2}$$

$$c_1 = \frac{C_E r_{BE}\left(R_g + R'_{BV}\right) + C_C\left(R'_{BV}\left(\beta\left(R_g + R'_C\right) + r_{BE}\right) + R'_C\left(\beta R_g + r_{BE}\right)\right)}{\beta R_g + R'_{BV} + r_{BE}}$$

$$c_2 = \frac{C_E C_C\left(R'_{BV}\left(R_g + R'_C\right) + R_g R'_C\right)}{\beta R_g + R'_{BV} + r_{BE}}$$

Die Übertragungsfunktion hat zwei reelle Pole und zwei Nullstellen; letztere sind in den meisten Fällen konjugiert komplex. Man kann den Frequenzgang näherungsweise durch einen Tiefpaß 1.Grades beschreiben, indem man die $s^2$-Terme streicht und die Differenz der linearen Terme bildet:

$$\underline{A}_B(s) \approx \frac{A_0}{1 + s\,\dfrac{C_E r_{BE}\left(R_g + R'_{BV}\right) + C_C R'_C\left(\beta\left(R_g + R'_{BV}\right) + r_{BE}\right)}{\beta R_g + R'_{BV} + r_{BE}}} \tag{2.140}$$

Damit erhält man eine Näherung für die obere *-3dB-Grenzfrequenz* $f_{-3dB}$, bei der der Betrag der Verstärkung um 3 dB abgenommen hat:

$$\omega_{-3dB} \approx \frac{\beta R_g + R'_{BV} + r_{BE}}{C_E r_{BE}\left(R_g + R'_{BV}\right) + C_C R'_C\left(\beta\left(R_g + R'_{BV}\right) + r_{BE}\right)} \tag{2.141}$$

Die obere Grenzfrequenz hängt von der Niederfrequenzverstärkung $A_0$ ab; aus (2.139) und (2.141) erhält man eine Darstellung mit zwei von $A_0$ unabhängigen Zeitkonstanten:

$$\omega_{-3dB}(A_0) \approx \frac{1}{T_1 + T_2 A_0} \tag{2.142}$$

$$T_1 = C_E \frac{r_{BE}\left(R_g + R'_{BV}\right)}{\beta R_g + R'_{BV} + r_{BE}} \tag{2.143}$$

$$T_2 = C_C\left(R_g + R'_{BV} + \frac{1}{S}\right) \tag{2.144}$$

Auch hier besteht eine enge Verwandschaft mit der Emitterschaltung, wie ein Vergleich von (2.142)–(2.144) mit (2.91)–(2.93) zeigt. Die Ausführungen zum

Verstärkungs-Bandbreite-Produkt *GBW* einschließlich Gl. (2.94) auf Seite 139 gelten in gleicher Weise.

Besitzt die Last neben dem ohmschen auch einen kapazitiven Anteil, d.h. tritt parallel zum Lastwiderstand $R_L$ eine Lastkapazität $C_L$ auf, erhält man

$$T_2 = (C_C + C_L) \left( R_g + \frac{1}{S} \right) + \left( C_C + \frac{C_L}{\beta} \right) R'_{BV} \tag{2.145}$$

Die Zeitkonstante $T_1$ hängt nicht von $C_L$ ab. Die obere Grenzfrequenz nimmt entsprechend der Zunahme von $T_2$ ab.

Man kann die Basisschaltung näherungsweise durch das Ersatzschaltbild nach Abb. 2.80 auf Seite 140 beschreiben. Die *Eingangskapazität* $C_e$ und die *Ausgangskapazität* $C_a$ erhält man aus der Bedingung, daß eine Berechnung von $\underline{A}_B(s)$ nach Streichen des $s^2$-Terms auf (2.140) führen muß:

$$C_e \approx C_E \frac{r_{BE} \left( R_g + R'_{BV} \right)}{R_g \left( r_{BE} + R'_{BV} \right)} \overset{R'_{BV} \ll R_g, r_{BE}}{\approx} C_E$$

$$C_a \approx C_C \frac{\beta \left( R_g + R'_{BV} \right) + r_{BE}}{\beta R_g + R'_{BV} + r_{BE}} \overset{R'_{BV} \ll R_g, r_{BE}}{\approx} C_C$$

$A$, $r_e$ und $r_a$ sind durch (2.135)–(2.137) gegeben; dabei wird $R'_{BV} = R_{BV} + R_B$ anstelle von $R_{BV}$ eingesetzt.

**Ansteuerung mit einer Stromquelle:** Bei Ansteuerung mit einer Stromquelle interessiert der Frequenzgang der *Transimpedanz* $\underline{Z}_T(s)$; ausgehend von (2.140) kann man eine Näherung durch einen Tiefpaß 1.Grades angeben:

$$\underline{Z}_T(s) = \frac{u_a(s)}{i_e(s)} = \lim_{R_g \to \infty} R_g \underline{A}_B(s) \approx \frac{R'_C}{1 + s \left( \frac{C_E}{S} + C_C R'_C \right)} \tag{2.146}$$

Für die obere Grenzfrequenz gilt in diesem Fall:

$$\omega_{-3dB} = 2\pi f_{-3dB} \approx \frac{1}{\frac{C_E}{S} + C_C R'_C} \tag{2.147}$$

Dieses Ergebnis erhält man auch aus (2.141), wenn man $R_g \to \infty$ einsetzt. Bei kapazitiver Last muß man $C_L + C_C$ anstelle von $C_C$ einsetzen.

**Vergleich mit der Emitterschaltung:** Ein Vergleich der Basis- und der Emitterschaltung läßt sich am einfachsten anhand der in Abb. 2.108 gezeigten Ersatzschaltbilder durchführen; sie folgen aus Abb. 2.80, wenn man die vereinfachten Ausdrücke für $A_0$, $r_e$, $C_e$, $r_a$ und $C_a$ einsetzt. Ausgangsseitig sind beide Schaltungen identisch; auch die Leerlaufverstärkung ist bis auf das Vorzeichen gleich. Große Unterschiede bestehen dagegen im Eingangskreis. Bei der Basisschaltung ist sowohl der Eingangswiderstand als auch die Eingangskapazität kleiner und

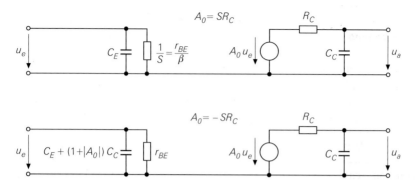

**Abb. 2.108.** Ersatzschaltbild der Basisschaltung (oben) und der Emitterschaltung (unten)

letztere hängt auch nicht von der Verstärkung ab. Daraus folgt, daß die Basis-schaltung eine sehr viel kleinere eingangsseitige Zeitkonstante $T_e = C_e r_e$ besitzt, während die ausgangsseitige Zeitkonstante $T_a = C_a r_a = C_C R_C$ bei beiden Schal-tungen gleich ist. Deshalb ist die obere Grenzfrequenz bei der Basisschaltung größer, vor allem dann, wenn die ausgangsseitige Zeitkonstante klein ist und die Grenzfrequenz in erster Linie von der eingangsseitigen Zeitkonstante abhängt.

*Beispiel:* Für das Zahlenbeispiel zur Basisschaltung nach Abb. 2.101a wurde $I_{C,A} = 2,5\,\text{mA}$ gewählt. Mit $\beta = 400$, $C_{obo} = 3,5\,\text{pF}$ und $f_T = 160\,\text{MHz}$ erhält man aus Tab. 2.4 auf Seite 93 die Kleinsignalparameter $S = 96\,\text{mS}$, $r_{BE} = 4160\,\Omega$, $C_C = 3,5\,\text{pF}$ und $C_E = 92\,\text{pF}$. Mit $R_{BV} = R_C = 1\,\text{k}\Omega$, $R'_{BV} \approx R_{BV}$, $R_L \to \infty$ und $R_g = 0$ folgt aus (2.139) $A_0 \approx 77,5$ und aus (2.141) $f_{-3dB} \approx 457\,\text{kHz}$. Die vergleichsweise niedrige obere Grenzfrequenz wird durch den Widerstand $R_{BV}$ verursacht. Man erzielt eine wesentlich höhere obere Grenzfrequenz, wenn man $R_{BV}$ kleiner wählt oder entfernt, sofern dadurch keine hochfrequente Schwingung auftritt; letzteres führt auf $R'_{BV} \approx R_B$. Mit $R_B = R_g = 10\,\Omega$ erhält man aus (2.139) $A_0 \approx 49$ und aus (2.141) $f_{-3dB} \approx 25,9\,\text{MHz}$. Aus (2.143) folgt $T_1 \approx 0,94\,\text{ns}$, aus (2.144) $T_2 \approx 107\,\text{ps}$ und aus (2.94) $GBW \approx 1,5\,\text{GHz}$. Die Werte hängen stark von $R_B$ ab; mit $R_B = 100\,\Omega$ folgt $A_0 \approx 48$, $f_{-3dB} \approx 6,2\,\text{MHz}$, $T_1 \approx 5,1\,\text{ns}$, $T_2 \approx 421\,\text{ps}$ und $GBW = 378\,\text{MHz}$. Mit einer Lastkapazität $C_L = 1\,\text{nF}$ und $R_B = 10\,\Omega$ erhält man aus (2.145) $T_2 \approx 20,5\,\text{ns}$, aus (2.142) $f_{-3dB} \approx 158\,\text{kHz}$ und aus (2.94) $GBW \approx 7,74\,\text{MHz}$.

Bei Ansteuerung mit einer Stromquelle und $R_L \to \infty$ folgt aus (2.146) $R_T = \underline{Z}_T(0) \approx R_C = 1\,\text{k}\Omega$ und aus (2.147) $f_{-3dB} = 35,7\,\text{MHz}$. Der Widerstand $R_{BV}$ wirkt sich in diesem Fall nicht aus. Mit einer Lastkapazität $C_L = 1\,\text{nF}$ erhält man aus (2.147) $f_{-3dB} \approx 159\,\text{kHz}$, wenn man anstelle von $C_C$ die Kapazität $C_C + C_L$ einsetzt.

### 2.4.4
### Darlington-Schaltung

Bei einigen Anwendungen reicht die Stromverstärkung eines einzelnen Transistors nicht aus; man kann dann eine Darlington-Schaltung einsetzen, die aus zwei Transistoren aufgebaut ist und deren Stromverstärkung in erster Näherung gleich dem Produkt der Stromverstärkungen der Einzeltransistoren ist:

$$ B \approx B_1 B_2 \qquad\qquad\qquad (2.148) $$

Die Darlington-Schaltung ist unter der Bezeichnung *Darlington-Transistor* als Bauelement mit eigenem Gehäuse für Leiterplattenmontage verfügbar; dabei werden die Anschlüsse wie bei einem Einzeltransistor mit Basis, Emitter und Kollektor bezeichnet. Darüber hinaus kann man die Darlington-Schaltung auch aus einzelnen Elementen aufbauen. Der Darlington-Transistor ist in diesem Zusammenhang eine integrierte Schaltung, die nur eine Darlington-Schaltung enthält.

Abbildung 2.109 zeigt die Schaltung und das Schaltzeichen eines *npn-Darlington-Transistors*, der aus zwei npn-Transistoren und einem Widerstand zur Verbesserung des Schaltverhaltens besteht. Er kann im wesentlichen wie ein npn-Transistor eingesetzt werden. Beim *pnp-Darlington-Transistor*, der im wesentlichen wie ein pnp-Transistor eingesetzt werden kann, sind zwei Varianten gängig, siehe Abb. 2.110:

- Der *normale* pnp-Darlington besteht aus zwei pnp-Transistoren und ist unmittelbar komplementär zum npn-Darlington. Er wird in der Praxis als *pnp-Darlington* bezeichnet, d.h. ohne den Zusatz *normal*.
- Der *komplementäre* pnp-Darlington besteht aus einem pnp- und einem npn-Transistor und ist mittelbar komplementär zum npn-Darlington, da der pnp-Transistor $T_1$ die Polarität festlegt; der npn-Transistor $T_2$ ist nur für die weitere Stromverstärkung zuständig.

Die Stromverstärkung eines pnp-Darlingtons ist oft wesentlich kleiner als die eines vergleichbaren npn-Darlingtons, da die Stromverstärkung eines pnp-Tran-

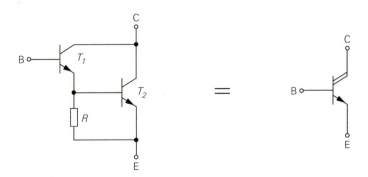

**Abb. 2.109.** Schaltung und Schaltzeichen eines npn-Darlington-Transistors

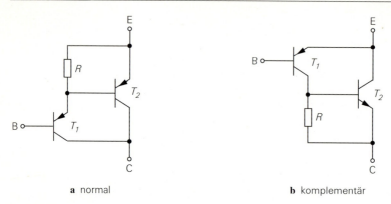

a  normal                                    b  komplementär

**Abb. 2.110.** Schaltung eines pnp-Darlington-Transistors

sistors im allgemeinen kleiner ist als die eines npn-Transistors, was sich beim Darlington aufgrund der Produktbildung doppelt, d.h. quadratisch auswirkt. Abhilfe bietet hier der komplementäre pnp-Darlington, bei dem der zweite pnp-Transistor durch einen npn-Transistor ersetzt wird; damit wirkt sich die kleinere Stromverstärkung von pnp-Transistoren nur einfach aus.

Im folgenden wird der npn-Darlington beschrieben, der in der Praxis die größere Bedeutung hat. Die Ausführungen gelten in gleicher Weise für den pnp-Darlington, wenn man alle Ströme und Spannungen mit umgekehrten Vorzeichen versieht. Eine Ausnahme bildet der komplementäre pnp-Darlington, der getrennt behandelt werden muß.

### Kennlinien eines Darlington-Transistors

Abbildung 2.111 zeigt das Ausgangskennlinienfeld eines npn-Darlington-Transistors. Es ist dem eines npn-Transistors sehr ähnlich, lediglich die Kollektor-Emitter-Sättigungsspannung $U_{CE,sat}$, bei der die Kennlinien abknicken, ist mit $0,7...1$ V deutlich größer. Für $U_{CE} > U_{CE,sat}$ arbeiten $T_1$ und $T_2$ und damit auch der Darlington im Normalbetrieb. Für $U_{CE} \leq U_{CE,sat}$ gerät $T_1$ in die Sättigung, während $T_2$ weiterhin im Normalbetrieb arbeitet; man nennt diesen Betrieb auch beim Darlington Sättigungsbetrieb.

Abbildung 2.112 zeigt den Bereich kleiner Kollektorströme und kleiner Kollektor-Emitter-Spannungen. Bei sehr kleinen Kollektorströmen ist die Spannung am Widerstand $R$ des Darlingtons so klein, daß $T_2$ sperrt (unterste Kennlinie in Abb. 2.112); die Stromverstärkung entspricht in diesem Bereich der Stromverstärkung von $T_1$. Mit zunehmendem Kollektorstrom beginnt $T_2$ zu leiten und die Stromverstärkung nimmt stark zu; man erkennt dies in Abb. 2.112 daran, daß eine gleichmäßige Zunahme von $I_B$ eine immer stärkere Zunahme von $I_C$ bewirkt.

Das Ausgangskennlinienfeld eines pnp-Darlingtons erhält man durch Umkehr der Vorzeichen. Das gilt für den komplementären pnp-Darlington in glei-

**Abb. 2.111.** Ausgangskennlinienfeld eines npn-Darlington-Transistors

cher Weise, da sich die beiden pnp-Varianten im Ausgangskennlinienfeld praktisch nicht unterscheiden. Unterschiede bestehen jedoch im Eingangskennlinienfeld, da die Basis-Emitter-Strecke beim npn- und beim pnp-Darlington aus zwei, beim komplementären pnp-Darlington dagegen nur aus einer Transistor-Basis-Emitter-Strecke besteht; deshalb ist die Basis-Emitter-Spannung beim komplementären pnp-Darlington bei gleichem Strom nur etwa halb so groß wie beim normalen pnp-Darlington.

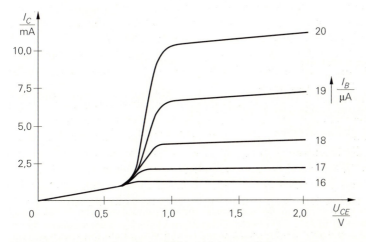

**Abb. 2.112.** Ausgangskennlinienfeld bei kleinen Kollektorströmen

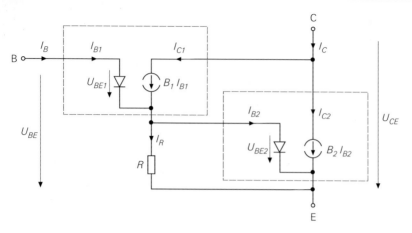

**Abb. 2.113.** Ersatzschaltbild eines npn-Darlington-Transistors im Normalbetrieb

## Beschreibung durch Gleichungen

Abbildung 2.113 zeigt das Ersatzschaltbild eines npn-Darlington-Transistors im Normalbetrieb, das sich aus den Ersatzschaltbildern für die beiden Transistoren und dem Widerstand $R$ zusammensetzt. Für die Ströme gilt

$$
\begin{aligned}
I_C &= I_{C1} + I_{C2} \\
I_{C1} &= B_1 I_{B1} = B_1 I_B \\
I_{C2} &= B_2 I_{B2} = B_2 (I_{C1} + I_B - I_R)
\end{aligned}
\tag{2.149}
$$

und für die Basis-Emitter-Spannung:

$$
U_{BE} = U_{BE1} + U_{BE2} = U_T \left( \ln \frac{I_{C1}}{I_{S1}} + \ln \frac{I_{C2}}{I_{S2}} \right) = U_T \ln \frac{I_{C1} I_{C2}}{I_{S1} I_{S2}}
$$

Dabei sind $I_{S1}$ und $I_{S2}$ die Sättigungssperrströme von $T_1$ und $T_2$; es gilt in den meisten Fällen $I_{S2} \approx 2 \ldots 3\, I_{S1}$. Bei mittleren Kollektorströmen erhält man $U_{BE} \approx 1,2 \ldots 1,5\,\mathrm{V}$.

## Verlauf der Stromverstärkung

Abbildung 2.114 zeigt die Stromverstärkung $B$ in Abhängigkeit vom Kollektor-strom $I_C$; man unterscheidet vier Bereiche [2.8]:

- Bei kleinen Kollektorströmen sperrt $T_2$ und man erhält [35]:

$$
B = \frac{I_C}{I_B} = \frac{I_{C1}}{I_{B1}} = B_1 \approx B_{0,1}
$$

---

[35] Die Stromverstärkungen $B_1$ und $B_2$ sind von $I_{C1}$ bzw. $I_{C2}$ und damit von $I_C$ abhängig; diese Abhängigkeit ist in Abb. 2.114 berücksichtigt, wird jedoch in Berechnungen durch die Annahme $B_1 \approx B_{0,1}$ bzw. $B_2 \approx B_{0,2}$ vernachlässigt, d.h. $B_1$ und $B_2$ werden als konstant angenommen. Dies gilt nicht für den Hochstrombereich, der getrennt betrachtet wird.

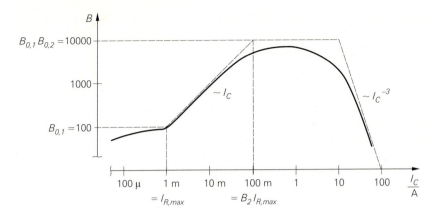

**Abb. 2.114.** Verlauf der Stromverstärkung eines Darlington-Transistors

Die Stromverstärkung des Darlingtons entspricht in diesem Bereich der Stromverstärkung von $T_1$. Man kann die Grenze dieses Bereichs einfach angeben, wenn man davon ausgeht, daß $U_{BE2} \approx 0,7$ V gilt, wenn $T_2$ leitet; durch den Widerstand $R$ fließt dann der Strom:

$$I_{R,max} \approx \frac{0,7\,\text{V}}{R}$$

Daraus folgt, daß $T_2$ für $I_C < I_{R,max}$ sperrt.

- Für $I_C > I_{R,max}$ leiten beide Transistoren; aus (2.149) folgt mit $I_R = I_{R,max}$

$$I_B = \frac{I_C + B_2 I_{R,max}}{(1+B_1)\,B_2 + B_1}$$

und daraus

$$B(I_C) = \frac{I_C}{I_B} = \frac{(1+B_1)\,B_2 + B_1}{1 + \dfrac{B_2 I_{R,max}}{I_C}}$$

$$\overset{B_1, B_2 \gg 1}{\approx} \frac{B_1 B_2}{1 + \dfrac{B_2 I_{R,max}}{I_C}} \tag{2.150}$$

Diese Gleichung beschreibt zwei Bereiche. Für $I_{R,max} < I_C < B_2 I_{R,max}$ erhält man:

$$B \approx \frac{B_1 I_C}{I_{R,max}} \approx \frac{B_{0,1} I_C}{I_{R,max}}$$

In diesem Bereich ist die Stromverstärkung näherungsweise proportional zum Kollektorstrom. Diese Eigenschaft wird durch den Widerstand $R$ verursacht, da in diesem Bereich der überwiegende Teil des Kollektorstroms $I_{C1}$ durch den Widerstand $R$ fließt und nur ein kleiner Anteil als Basisstrom $I_{B2}$ für $T_2$ zur Verfügung steht. Eine Zunahme von $I_{C1}$ bewirkt jedoch eine entsprechende

Zunahme von $I_{B2}$, da der Strom durch den Widerstand $R$ wegen $I_R \approx I_{R,max}$ näherungsweise konstant bleibt.

- Für $I_C > B_2 I_{R,max}$ erhält man aus (2.150)

$$B \approx B_1 B_2 \approx B_{0,1} B_{0,2}$$

in Übereinstimmung mit der bereits genannten Gleichung (2.148). Dieser Bereich ist der bevorzugte Arbeitsbereich eines Darlington-Transistors.

- Mit weiter zunehmendem Kollektorstrom gerät zunächst $T_2$ und dann $T_1$ in den Hochstrombereich. Mit

$$B_1 = \frac{B_{0,1}}{1 + \dfrac{I_{C1}}{I_{K,N1}}} \quad , \quad B_2 = \frac{B_{0,2}}{1 + \dfrac{I_{C2}}{I_{K,N2}}}$$

folgt

$$B(I_C) = \frac{B_{0,1} B_{0,2}}{1 + \dfrac{I_C}{I_{K,N2}} + \dfrac{I_C}{I_{K,N1} B_{0,2}} \left(1 + \dfrac{I_C}{I_{K,N2}}\right)^2}$$

Dabei sind $I_{K,N1}$ und $I_{K,N2}$ die Knieströme zur starken Injektion von $T_1$ und $T_2$; es gilt in den meisten Fällen $I_{K,N2} \approx 2 \ldots 3\, I_{K,N1}$. Die Stromverstärkung nimmt im Hochstrombereich sehr schnell ab; besonders deutlich erkennt man dies durch eine Grenzwertbetrachtung [2.8]:

$$\lim_{B \to \infty} B(I_C) = \frac{B_{0,1} I_{K,N1} B_{0,2}^2 I_{K,N2}^2}{I_C^3}$$

Die Stromverstärkung nimmt beim Darlington bei großen Strömen mit $1/I_C^3$, beim Einzeltransistor dagegen nur mit $1/I_C$ ab.

## Kleinsignalverhalten

Zur Bestimmung des Kleinsignalverhaltens des Darlington-Transistors in einem Arbeitspunkt A werden zusätzlich zu den Arbeitspunktströmen $I_{B,A}$ und $I_{C,A}$ die *inneren* Ströme $I_{C1,A}$ und $I_{C2,A}$ benötigt, d.h. die Aufteilung des Kollektorstroms muß bekannt sein; damit erhält man zunächst die Kleinsignalparameter der beiden Transistoren:

$$S_{1/2} = \frac{I_{C1/2,A}}{U_T} \quad , \quad r_{BE1/2} = \frac{\beta_{1/2}}{S_{1/2}} \quad , \quad r_{CE1/2} = \frac{U_{A1/2}}{I_{C1/2,A}}$$

Die Early-Spannungen sind meist etwa gleich groß; man kann dann mit einer Earlyspannung rechnen: $U_A \approx U_{A1} \approx U_{A2}$. Der Arbeitspunkt wird im Bereich großer Stromverstärkung gewählt; dort gilt $I_{C2,A} \gg I_{C1,A}$ und man kann die Näherung $I_{C2,A} \approx I_{C,A}$ verwenden, d.h. der Kollektorstrom des Darlingtons fließt praktisch vollständig durch $T_2$.

Abbildung 2.115 zeigt im oberen Teil das vollständige Kleinsignalersatzschaltbild eines Darlington-Transistors; es gilt für den npn- und für den pnp-, jedoch nicht für den komplementären pnp-Darlington. Dieses umfangreiche Ersatzschaltbild wird jedoch nur selten verwendet, da man den Darlington auf-

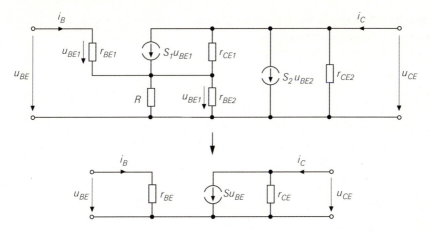

**Abb. 2.115.** Kleinsignalersatzschaltbild eines Darlington-Transistors: vollständig (oben) und nach Vereinfachung (unten)

grund seiner Ähnlichkeit mit einem Einzeltransistor ausreichend genau durch das Ersatzschaltbild eines Einzeltransistors beschreiben kann, siehe Abb. 2.115; dabei kann man die Parameter $S$, $r_{BE}$ und $r_{CE}$ entweder aus den Kennlinien oder durch eine Umrechnung aus dem vollständigen Ersatzschaltbild bestimmen [36]. Die Umrechnung der Parameter liefert mit $\beta_1, \beta_2 \gg 1$:

$$S \approx S_1 \frac{1 + S_2\,(r_{BE2}\|R)}{1 + S_1\,(r_{BE2}\|R)} \stackrel{R \gg r_{BE2}}{\approx} \frac{S_2}{2}$$

$$r_{BE} \approx r_{BE1} + \beta_1\,(r_{BE2}\|R) \stackrel{R \gg r_{BE2}}{\approx} 2\,r_{BE1}$$

$$r_{CE} \approx r_{CE2} \| r_{CE1} \frac{1 + S_1\,(r_{BE2}\|R)}{1 + S_2\,(r_{BE2}\|R)} \stackrel{R \gg r_{BE2}}{\approx} \frac{2}{3}\,r_{CE2}$$

Für die Kleinsignalstromverstärkung folgt:

$$\boxed{\beta = S\,r_{BE} \approx \beta_1\beta_2 \frac{R}{r_{BE2} + R} \stackrel{R \gg r_{BE2}}{\approx} \beta_1\beta_2} \tag{2.151}$$

Die Bedingung $R \gg r_{BE2}$ ist genau dann erfüllt, wenn der Strom durch den Widerstand $R$ wegen $I_{B2} \gg I_R$ vernachlässigt werden kann; es gilt dann:

$$I_{C2,A} \approx I_{C,A} \quad, \quad I_{C1,A} \approx \frac{I_{C,A}}{B_2}$$

Dazu muß der Darlington im Bereich maximaler Stromverstärkung $B$ betrieben werden, d.h. es muß $I_{C,A} \gg B_2 I_{R,max}$ gelten, siehe Abb. 2.114. Damit erhält man

---

[36] Es handelt sich hierbei nicht um eine Äquivalenztransformation, da die Umrechnung zusätzlich einen Widerstand zwischen Basis und Kollektor liefert, der jedoch vernachlässigt werden kann.

im Bereich maximaler Stromverstärkung für den

*Darlington-Transistor:*

$$S \;\approx\; \frac{S_2}{2} \;\approx\; \frac{1}{2}\frac{I_{C,A}}{U_T} \tag{2.152}$$

$$r_{BE} \;=\; \frac{\beta}{S} \;\approx\; 2\,\frac{\beta_1\beta_2 U_T}{I_{C,A}} \tag{2.153}$$

$$r_{CE} \;\approx\; \frac{2}{3}\,r_{CE2} \;\approx\; \frac{2}{3}\frac{U_A}{I_{C,A}} \tag{2.154}$$

Für den komlementären pnp-Darlington folgt in gleicher Weise zunächst:

$$S \;\approx\; S_1\,(1 + S_2\,(r_{BE2} \,\|\, R)) \;\overset{R \gg r_{BE2}}{\approx}\; S_2$$

$$r_{BE} \;=\; r_{BE1}$$

$$r_{CE} \;=\; r_{CE2} \,\|\, \frac{r_{CE1}}{1 + S_2\,(r_{BE2} \,\|\, R)} \;\overset{R \gg r_{BE2}}{\approx}\; \frac{1}{2}\,r_{CE2}$$

Gl. (2.151) gilt in gleicher Weise. Man erhält im Bereich maximaler Stromverstärkung für den

*komplementären Darlington-Transistor:*

$$S \;\approx\; S_2 \;\approx\; \frac{I_{C,A}}{U_T} \tag{2.155}$$

$$r_{BE} \;=\; \frac{\beta}{S} \;\approx\; \frac{\beta_1\beta_2 U_T}{I_{C,A}} \tag{2.156}$$

$$r_{CE} \;\approx\; \frac{1}{2}\,r_{CE2} \;\approx\; \frac{1}{2}\frac{U_A}{I_{C,A}} \tag{2.157}$$

### Schaltverhalten

Der Darlington-Transistor wird häufig als Schalter eingesetzt; dabei kann man aufgrund der großen Stromverstärkung große Lastströme mit vergleichsweise kleinen Steuerströmen schalten. Besonders kritisch ist dabei das Abschalten der Last: der Transistor $T_1$ sperrt verhältnismäßig schnell, der Transistor $T_2$ jedoch erst dann, wenn die in der Basis gespeicherte Ladung über den Widerstand $R$ abgeflossen ist. Eine kurze Abschaltdauer wird folglich nur mit ausreichend kleinem Widerstand $R$ erreicht, siehe Abb. 2.116. Andererseits verringert sich durch einen kleinen Widerstand $R$ die Stromverstärkung. Man muß also einen Kompromiß finden; dabei werden bei Darlingtons für Schaltanwendungen kleinere Widerstände verwendet als bei Darlingtons für allgemeine Anwendungen.

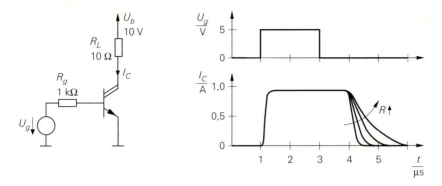

**Abb. 2.116.** Schaltverhalten eines Darlington-Transistors

Darlington-Transistoren für Schaltanwendungen enthalten neben den beiden Transistoren und dem Widerstand $R$ zusätzlich drei Dioden; Abb. 2.117 zeigt das vollständige Schaltbild eines entsprechenden npn-Darlingtons. Beim Abschalten kann man zur Verkürzung der Abschaltdauer den Basisstrom invertieren; in diesem Fall begrenzen die Dioden $D_1$ und $D_2$ die Sperrspannung an den Basis-Emitter-Übergängen. Die Diode $D_3$ dient als Freilaufdiode bei induktiven Lasten.

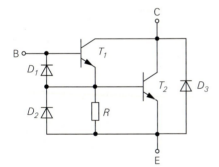

**Abb. 2.117.** Aufbau eines npn-Darlington für Schaltanwendungen

# Literatur

[2.1]   Gray, P.R.; Meyer, R.G.: Analysis and Design of Analog Integrated Circuits, 2nd Edition. New York: John Wiley & Sons, 1984.

[2.2]   Sze, S.M.: Physics of Semiconductor Devices, 2nd Edition. New York: John Wiley & Sons, 1981.

[2.3]   Rein, H.-M.; Ranfft, R.: Integrierte Bipolarschaltungen. Halbleiter-Elektronik Band 13. Berlin: Springer, 1980.

[2.4]   Antognetti, P.; Massobrio, G.: Semiconductor Device Modeling with SPICE. New York: McGraw-Hill, 1988.

[2.5]   Getreu, I.: Modeling the Bipolar Transistor. Amsterdam: Elsevier, 1978.

[2.6]   MicroSim: PSpice A/D Reference Manual.

[2.7]   Hoffmann, K.: VLSI-Entwurf. München: R. Oldenbourg, 1990.

[2.8]   Schrenk, H.: Bipolare Transistoren. Halbleiter-Elektronik Band 6. Berlin: Springer, 1978.

[2.9]   Müller, R.: Rauschen. Halbleiter-Elektronik Band 15. Berlin: Springer, 1979.

[2.10]  Motchenbacher, C.D.; Fitchen, F.C.: Low-Noise Electronic Design. New York: John Wiley & Sons, 1973.

[2.11]  Thorton, R.D.; Searle, C.L.; Pederson, D.O.; Adler, R.B.; Angelo, E.J.: Multistage Transistor Circuits. Semiconductor Electronics Education Committee, Volume 5. New York: John Wiley & Sons, 1965.

# Kapitel 3:
# Feldeffekttransistor

Der Feldeffekttransistor (*Fet*) ist ein Halbleiterbauelement mit drei Anschlüssen, die mit *Gate* (*G*), *Source* (*S*) und *Drain* (*D*) bezeichnet werden. Man unterscheidet zwischen Einzeltransistoren, die für die Montage auf Leiterplatten gedacht und in einem eigenen Gehäuse untergebracht sind, und integrierten Feldeffekttransistoren, die zusammen mit weiteren Halbleiterbauelementen auf einem gemeinsamen Halbleiterträger (*Substrat*) hergestellt werden. Integrierte Feldeffekttransistoren haben einen vierten Anschluß, der aus dem gemeinsamen Träger resultiert und mit *Substrat* (*bulk,B*) bezeichnet wird [1]. Dieser Anschluß ist bei Einzeltransistoren intern ebenfalls vorhanden, wird dort aber nicht getrennt nach außen geführt, sondern mit dem Source-Anschluß verbunden.

**Funktionsweise:** Beim Feldeffekttransistor wird mit einer zwischen Gate und Source angelegten Steuerspannung die Leitfähigkeit der Drain-Source-Strecke beeinflußt, ohne daß ein Steuerstrom fließt, d.h. die Steuerung erfolgt leistungslos. Es werden zwei verschiedene Effekte genutzt:

- Beim *Mosfet* (*metal-oxid-semiconductor-fet* oder *insulated-gate-fet, Igfet*) ist das Gate durch eine Oxid-Schicht ($SiO_2$) vom Kanal isoliert, siehe Abb. 3.1; dadurch kann die Steuerspannung beide Polaritäten annehmen, ohne daß ein Strom fließt. Die Steuerspannung beeinflußt die Ladungsträgerdichte in der unter dem Gate liegenden *Inversionsschicht*, die einen leitfähigen *Kanal* (*channel*) zwischen Drain und Source bildet und dadurch einen Stromfluß ermöglicht. Ohne Inversionschicht ist immer mindestens einer der pn-Übergänge zwischen Source und Substrat bzw. Drain und Substrat gesperrt und es kann kein Strom fließen. Je nach Dotierung des Kanals erhält man *selbstleitende* (*depletion*) oder *selbstsperrende* (*enhancement*) Mosfets; bei selbstleitenden Mosfets fließt bei $U_{GS} = 0$ ein Drainstrom, bei selbstsperrenden nicht. Neben dem Gate hat auch das Substrat $B$ eine geringe Steuerwirkung; darauf wird im Abschnitt 3.3 näher eingegangen.

- Beim *Sperrschicht-Fet* (*junction-fet, Jfet* bzw. *non-insulated-gate-fet, Nigfet*) beeinflußt die Steuerspannung die Sperrschichtweite eines in Sperrichtung betriebenen pn-Übergangs. Dadurch wird die Querschnittsfläche und damit die

---

[1] Beim Bipolartransistor wird dieser Anschluß mit *substrate* (*S*) bezeichnet; da *S* beim Fet die *Source* bezeichnet, wird für das Substrat die Bezeichnung *Bulk* (*B*) verwendet.

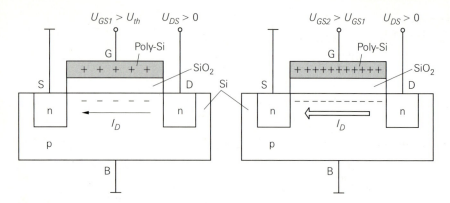

**Abb. 3.1.** Funktionsweise eines n-Kanal-Mosfets

Leitfähigkeit des Kanals zwischen Drain und Source beeinflußt, siehe Abb. 3.2. Da das Gate nicht vom Kanal isoliert ist, kann man den pn-Übergang auch in Flußrichtung betreiben; da dabei jedoch der Vorteil der leistungslosen Steuerung verloren geht, wird diese Betriebsart in der Praxis nicht verwendet. Beim *Mesfet* (*metal-semiconductor-fet*) wird anstelle eines pn-Übergangs ein Metall-Halbleiter-Übergang (Schottky-Übergang) verwendet; die Funktionsweise ist dieselbe wie beim normalen Sperrschicht-Fet. Jfets und Mesfets sind *selbstleitend*, d.h. bei einer Steuerspannung von $U_{GS} = 0$ fließt ein Drainstrom.

Aus Abb. 3.1 und Abb. 3.2 folgt, daß Mosfets und Sperrschicht-Fets prinziell symmetrisch sind, d.h. Drain und Source können vertauscht werden. Die meisten Einzel-Fets sind jedoch nicht exakt symmetrisch aufgebaut und bei Einzel-Mosfets ist durch die interne Verbindung zwischen Substrat und Source eine Zuordnung gegeben.

Sowohl Mosfets als auch Sperrschicht-Fets gibt es in n- und in p-Kanal-Ausführung, so daß man insgesamt sechs Typen von Feldeffekttransistoren erhält; Abb. 3.3 zeigt die Schaltsymbole zusammen mit einer vereinfachten Darstellung der Kennlinien. Für die Spannungen $U_{GS}$ und $U_{DS}$, den Drainstrom $I_D$

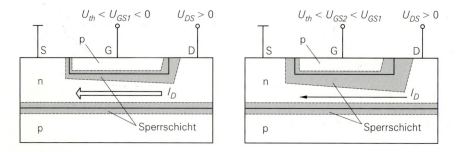

**Abb. 3.2.** Funktionsweise eines n-Kanal-Sperrschicht-Fets

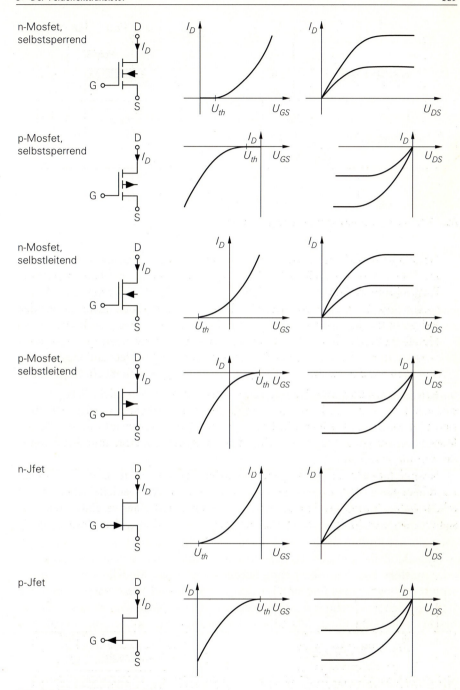

**Abb. 3.3.** Typen von Feldeffekttransistoren

| Typ | n-Kanal | p-Kanal |
|---|---|---|
| Mosfet, selbstsperrend | $U_{th} > 0$ <br> $U_{GS} > U_{th}$ <br> $U_{DS} > 0$ <br> $I_D > 0$ | $U_{th} < 0$ <br> $U_{GS} < U_{th}$ <br> $U_{DS} < 0$ <br> $I_D < 0$ |
| Mosfet, selbstleitend | $U_{th} < 0$ <br> $U_{GS} > U_{th}$ <br> $U_{DS} > 0$ <br> $I_D > 0$ | $U_{th} > 0$ <br> $U_{GS} < U_{th}$ <br> $U_{DS} < 0$ <br> $I_D < 0$ |
| Sperrschicht-Fet | $U_{th} < 0$ <br> $U_{th} < U_{GS} < 0$ <br> $U_{DS} > 0$ <br> $I_D > 0$ | $U_{th} > 0$ <br> $0 < U_{GS} < U_{th}$ <br> $U_{DS} < 0$ <br> $I_D < 0$ |

**Tab. 3.1.** Polarität der Spannungen Ströme bei normalem Betrieb

und die *Schwellenspannung* (*threshold voltage*) $U_{th}$ [2] gelten bei normalem Betrieb die in Tab. 3.1 genannten Polaritäten.

## 3.1
## Verhalten eines Feldeffekttransistors

Das Verhalten eines Feldeffekttransistors läßt sich am einfachsten anhand der Kennlinien aufzeigen. Sie beschreiben den Zusammenhang zwischen Strömen und Spannungen am Transistor für den Fall, daß alle Größen *statisch*, d.h. nicht oder nur sehr langsam zeitveränderlich sind. Für eine rechnerische Behandlung des Feldeffekttransistors werden einfache Gleichungen benötigt, die das Verhalten ausreichend genau beschreiben. Bei einer Überprüfung der Funktionstüchtigkeit einer Schaltung durch Simulation auf einem Rechner muß dagegen auch der Einfluß sekundärer Effekte berücksichtigt werden. Dazu gibt es aufwendige Modelle, die auch das *dynamische Verhalten* bei Ansteuerung mit sinus- oder pulsförmigen Signalen richtig wiedergeben. Diese Modelle werden im Abschnitt 3.3 beschrieben und sind für ein grundsätzliches Verständnis nicht nötig. Im folgenden wird primär das Verhalten eines selbstsperrenden n-Kanal-Mosfets beschrieben; bei p-Kanal-Fets haben alle Spannungen und Ströme umgekehrte Vorzeichen.

---

2  Die Schwellenspannung $U_{th}$ wird meist nur im Zusammenhang mit Mosfets verwendet; bei Sperrschicht-Fets tritt die *Abschnürspannung* (*pinch-off voltage*) $U_P$ an die Stelle von $U_{th}$. Hier wird für alle Fets $U_{th}$ verwendet, damit eine einheitliche Bezeichnung vorliegt.

### 3.1.1
### Kennlinien

**Ausgangskennlinienfeld:** Legt man bei einem n-Kanal-Fet verschiedene Gate-Source-Spannungen $U_{GS}$ an und mißt den Drainstrom $I_D$ als Funktion der Drain-Source-Spannung $U_{DS}$, erhält man das in Abb. 3.4 gezeigte Ausgangskennlinienfeld. Es ist für alle n-Kanal-Fets prinzipiell gleich, nur die Gate-Source-Spannungen $U_{GS}$, die zu den einzelnen Kennlinien gehören, sind bei den drei n-Kanal-Typen verschieden. Ein Drainstrom fließt nur, wenn $U_{GS}$ größer als die Schwellenspannung $U_{th}$ ist; dabei sind zwei Bereiche zu unterscheiden:

- Für $U_{DS} < U_{DS,ab} = U_{GS} - U_{th}$ arbeitet der Fet im *ohmschen Bereich* (*ohmic region, triode region*); diese Bezeichnung wurde gewählt, weil die Kennlinien bei $U_{DS} = 0$ nahezu linear durch den Ursprung verlaufen und damit ein Verhalten wie bei einem ohmschen Widerstand vorliegt. Bei Annäherung an die Grenzspannung $U_{DS,ab}$ nimmt die Steigung der Kennlinien ab, bis sie für $U_{DS} = U_{DS,ab}$ nahezu waagrecht verlaufen.
- Für $U_{DS} \geq U_{DS,ab}$ verlaufen die Kennlinien nahezu waagrecht; dieser Bereich wird *Abschnürbereich* (*saturation region*) [3] genannt.

Für $U_{GS} < U_{th}$ fließt kein Strom und der Fet arbeitet im *Sperrbereich* (*cutoff region*).

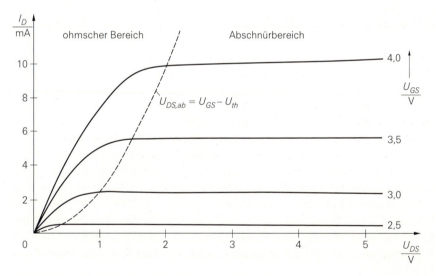

**Abb. 3.4.** Ausgangskennlinienfeld eines n-Kanal-Feldeffekttransistors

---

3 Die Bezeichnung *saturation region* ist unglücklich, weil der Begriff der *Sättigung* beim Bipolartransistor eine ganz andere Bedeutung hat. Die Bezeichnung *Abschnürbereich* ist dagegen unverfänglich und deshalb der gelegentlich auch in der deutschsprachigen Literatur verwendeten Bezeichnung *Sättigungsbereich* vorzuziehen.

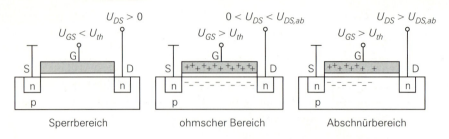

**Abb. 3.5.** Verteilung der Ladungsträger im Kanal beim Mosfet

**Abschnürbereich:** Die *Abschnürung* kommt beim Mosfet dadurch zustande, daß die Ladungsträgerkonzentration im Kanal abnimmt und dadurch der Kanal *abgeschnürt* wird; dies geschieht mit zunehmender Spannung $U_{DS}$ zuerst auf der Drain-Seite, weil dort die Spannung zwischen Gate und Kanal am geringsten ist:

$$U_{GD} = U_{GS} - U_{DS} < U_{GS} \qquad \text{mit } U_{DS} > 0$$

Die Abschnürung tritt genau dann ein, wenn $U_{GD} < U_{th}$ wird; daraus folgt für die Grenze zwischen dem ohmschen und dem Abschnürbereich:

$$U_{GD} = U_{GS} - U_{DS,ab} \equiv U_{th} \quad \Rightarrow \quad U_{DS,ab} = U_{GS} - U_{th}$$

Es fließt zwar weiterhin ein Drainstrom durch den Kanal, weil die Ladungsträger den abgeschnürten Bereich durchqueren können, aber eine weitere Zunahme von $U_{DS}$ wirkt sich nur noch geringfügig auf den nicht abgeschnürten Teil des Kanals aus; dadurch bleibt der Drainstrom näherungsweise konstant. Die geringfügige Restwirkung von $U_{DS}$ im Abschnürbereich wird *Kanallängenmodulation* (*channel-length modulation*) genannt und führt zu einer leichten Zunahme des Drainstroms mit zunehmender Spannung $U_{DS}$. Im Sperrbereich ist der Kanal wegen $U_{GS} < U_{th}$ auch auf der Source-Seite abgeschürt; in diesem Fall kann kein Strom mehr fließen. Abb. 3.5 zeigt die Verteilung der Ladungsträger im Kanal für die drei Bereiche.

Beim Sperrschicht-Fet kommt die Abschnürung dadurch zustande, daß sich die Sperrschichten berühren und den Kanal abschnüren; dies geschieht mit zunehmender Spannung $U_{DS}$ zuerst auf der Drain-Seite, weil dort die Spannung über der Sperrschicht am größten ist. Für die Grenze zwischen dem ohmschem und dem Abschnürbereich gilt wie beim Mosfet $U_{DS,ab} = U_{GS} - U_{th}$. Auch hier fließt weiterhin ein Drainstrom, weil die Ladungsträger den abgeschnürten Bereich durchqueren können. Eine weitere Zunahme von $U_{DS}$ wirkt sich aber nur noch geringfügig aus. Abb. 3.6 zeigt die Ausdehnung der Sperrschichten in den drei Bereichen.

**Übertragungskennlinienfeld:** Im Abschnürbereich ist der Drainstrom $I_D$ im wesentlichen nur von $U_{GS}$ abhängig. Trägt man $I_D$ für verschiedene, zum Abschnürbereich gehörende Werte von $U_{DS}$ als Funktion von $U_{GS}$ auf, erhält man das in Abb. 3.7 gezeigte Übertragungskennlinienfeld. Zusätzlich zur Kennlinie des selbstsperrenden Mosfets sind auch die des selbstleitenden Mosfets und des Sperrschicht-Fets dargestellt; sie haben bis auf eine Verschiebung in $U_{GS}$-Richtung

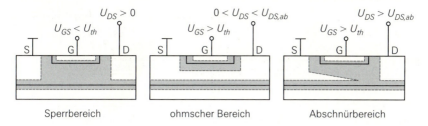

**Abb. 3.6.** Ausdehnung der Sperrschichten beim Sperrschicht-Fet

einen identischen Verlauf. Die einzelnen Kennlinien liegen bei allen Typen aufgrund der geringen Abhängigkeit von $U_{DS}$ sehr dicht beieinander. Für $U_{GS} < U_{th}$ fließt kein Strom, weil der Kanal in diesem Fall auf der ganzen Länge abgeschnürt ist.

**Eingangskennlinien:** Zur vollständigen Beschreibung werden noch die in Abb. 3.8 gezeigten Eingangskennlinien benötigt, bei denen der Gatestrom $I_G$ als Funktion von $U_{GS}$ aufgetragen ist. Bei allen Feldeffekttransistoren fließt im normalen Betrieb entweder kein oder nur ein vernachlässigbar kleiner Gatestrom. Beim Mosfet ohne Überspannungsschutz fließt nur dann ein Gatestrom, wenn durch Überspannung ein Durchbruch des Oxids auftritt; dadurch wird der Mosfet zerstört. Bei vielen Mosfets ist deshalb die Gate-Source-Strecke mit einer internen Z-Diode gegen Überspannung geschützt und man erhält im Eingangskennlinienfeld die Kennlinie der Z-Diode. Beim Sperrschicht-Fet wird der pn-Übergang für $U_{GS} > 0$ in Durchlaßrichtung betrieben und es fließt ein Gatestrom entsprechend dem Flußstrom einer Diode; im Bereich $U_{GS} < 0$ fließt dagegen erst dann ein Strom, wenn die Spannung betragsmäßig so groß wird, daß ein Durchbruch des pn-Übergangs auftritt.

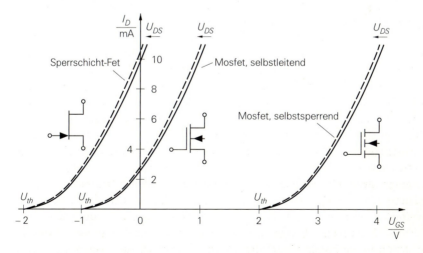

**Abb. 3.7.** Übertragungskennlinien von n-Kanal-Feldeffekttransistoren

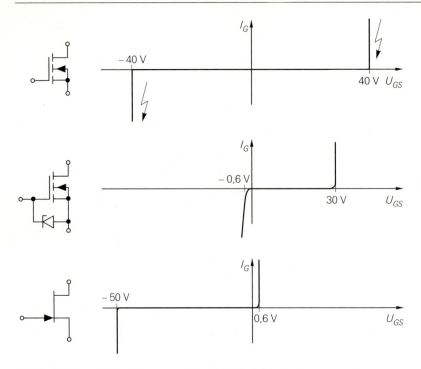

**Abb. 3.8.** Eingangskennlinien von n-Kanal-Feldeffekttransistoren

### 3.1.2
### Beschreibung durch Gleichungen

Ausgehend von einer idealisierten Ladungsverteilung im Kanal kann man den Drainstrom $I_D(U_{GS}, U_{DS})$ berechnen; dabei erhält man für den Sperrschicht-Fet und den Mosfet unterschiedliche Gleichungen, die aber ohne größeren Fehler durch eine einfache Gleichung angenähert werden können [3.1]:

$$I_D = \begin{cases} 0 & \text{für } U_{GS} < U_{th} \\[2mm] K\,U_{DS}\left(U_{GS} - U_{th} - \dfrac{U_{DS}}{2}\right) & \text{für } U_{GS} \geq U_{th},\, 0 \leq U_{DS} < U_{GS} - U_{th} \\[2mm] \dfrac{K}{2}(U_{GS} - U_{th})^2 & \text{für } U_{GS} \geq U_{th},\, U_{DS} \geq U_{GS} - U_{th} \end{cases}$$

Die erste Gleichung beschreibt den Sperr-, die zweite den ohmschen und die dritte den Abschnürbereich. Der *Steilheitskoeffizient K* ist ein Maß für die Steigung der Übertragungskennlinie und wird im folgenden noch näher beschrieben.

**Verlauf der Kennlinien:** Die Gleichung für den ohmschen Bereich ist quadratisch in $U_{DS}$ und erscheint deshalb als Parabel im Ausgangskennlinienfeld, siehe Abb. 3.9a. Der Scheitel der Parabel liegt bei $U_{DS,ab} = U_{GS} - U_{th}$, also an der Grenze zum Abschnürbereich; hier endet der Gültigkeitsbereich der Gleichung, da sie nur für $0 \leq U_{DS} < U_{DS,ab}$ gilt. Für $U_{DS} \geq U_{DS,ab}$ muß man die Gleichung für den

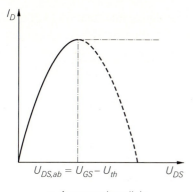

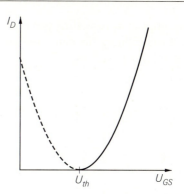

**a** Ausgangskennlinie

**b** Übertragungskennlinie

$$KU_{DS}\left(U_{GS} - U_{th} - \frac{U_{DS}}{2}\right)$$

$$\frac{K}{2}(U_{GS} - U_{th})^2$$

**Abb. 3.9.** Gleichungen eines n-Kanal-Fets

Abschnürbereich verwenden, die nicht von $U_{DS}$ abhängt und deshalb Parallelen zur $U_{DS}$-Achse liefert; in Abb. 3.9a ist die zugehörige Kennlinie strichpunktiert dargestellt.

Die Gleichung für den Abschnürbereich ist quadratisch in $U_{GS}$ und erscheint deshalb als Parabel im Übertragungskennlinienfeld, siehe Abb. 3.9b. Der Scheitel der Parabel liegt bei $U_{GS} = U_{th}$; hier beginnt der Gültigkeitsbereich der Gleichung, die bei n-Kanal-Fets nur für $U_{GS} > U_{th}$ gilt.

Alle Gleichungen gelten nur im ersten Quadranten des Ausgangskennlinienfelds, d.h. für $U_{DS} \geq 0$ [4]. Bei einem symmetrisch aufgebauten Fet verlaufen die Kennlinien im dritten Quadranten symmetrisch zu denen des ersten Quadranten; das ist vor allem bei integrierten Fets der Fall. Man kann die Gleichungen auch im dritten Quadranten verwenden, wenn man Drain und Source vertauscht, d.h. $U_{GD}$ anstelle von $U_{GS}$ und $U_{SD}$ anstelle von $U_{DS}$ einsetzt [5]. Einzel-Mosfets, vor allem Leistungs-Mosfets, sind dagegen unsymmetrisch aufgebaut und zeigen im dritten Quadranten ein anderes Verhalten als im ersten Quadranten, siehe Kapitel 3.2.

Zur Vereinfachung der weiteren Darstellung werden Abkürzungen für die Arbeitsbereiche eines n-Kanal-Fets eingeführt:

$$\left.\begin{array}{l} \text{SB : Sperrbereich} \\ \text{OB : ohmscher Bereich} \\ \text{AB : Abschnürbereich} \end{array}\right\} \Rightarrow \left\{\begin{array}{l} U_{GS} < U_{th} \\ U_{GS} \geq U_{th}, 0 \leq U_{DS} < U_{GS} - U_{th} \\ U_{GS} \geq U_{th}, U_{DS} \geq U_{GS} - U_{th} \end{array}\right. \tag{3.1}$$

---

4 In Abb. 3.4 ist nur dieser Bereich dargestellt.
5 Wegen $U_{SD} = -U_{DS}$ kann man auch $-U_{DS}$ einsetzen.

Berücksichtigt man zusätzlich den Einfluß der Kanallängenmodulation [3.2] und ergänzt die Gleichung für den Gatestrom, erhält man die *Großsignalgleichungen* eines Feldeffekttransistors:

$$
I_D \;=\;
\begin{cases}
0 & \text{SB} \\[2mm]
K\,U_{DS}\left(U_{GS}-U_{th}-\dfrac{U_{DS}}{2}\right)\left(1+\dfrac{U_{DS}}{U_A}\right) & \text{OB} \\[3mm]
\dfrac{K}{2}\,(U_{GS}-U_{th})^2\left(1+\dfrac{U_{DS}}{U_A}\right) & \text{AB}
\end{cases}
\tag{3.2 / 3.3}
$$

$$
I_G \;=\;
\begin{cases}
0 & \text{Mosfet} \\[2mm]
I_{G,S}\left(e^{\frac{U_{GS}}{U_T}}-1\right) & \text{Sperrschicht} - \text{Fet}
\end{cases}
\tag{3.4}
$$

**Steilheitskoeffizient:** Der *Steilheitskoeffizient* oder *Transkonduktanz-Koeffizient (transconductance coefficient)* $K$ ist ein Maß für die Steigung der Übertragungskennlinie eines Fets. Bei n-Kanal-Mosfets gilt:

$$
K \;=\; K_n'\,\frac{W}{L} \;=\; \mu_n C_{ox}'\,\frac{W}{L}
\tag{3.5}
$$

Dabei ist $\mu_n \approx 0{,}05\ldots0{,}07\,\text{m}^2/\text{Vs}$ die *Beweglichkeit* [6] der Ladungsträger im Kanal und $C_{ox}'$ der *Kapazitätsbelag des Gate-Oxids*; $W$ ist die Breite und $L$ die Länge des Gates, siehe Abb. 3.10. Das Gate bildet zusammen mit dem darunterliegenden Silizium einen Plattenkondensator mit der Fläche $A = W\,L$ und einem Plattenabstand ensprechend der *Oxiddicke $d_{ox}$*:

$$
C_{ox} \;=\; \epsilon_{ox}\,\frac{A}{d_{ox}} \;=\; \epsilon_0\epsilon_{r,ox}\,\frac{W\,L}{d_{ox}} \;=\; C_{ox}'\,W\,L
$$

Mit der *Dielektrizitätskonstante* $\epsilon_0 = 8{,}85\cdot10^{-12}\,\text{As/Vm}$, der *relativen Dielektrizitätskonstante* $\epsilon_{r,ox} = 3{,}9$ für Siliziumdioxid ($SiO_2$) und $d_{ox} \approx 40\ldots100\,\text{nm}$ erhält man den Kapazitätsbelag $C_{ox}' \approx 0{,}35\ldots0{,}9\cdot10^{-3}\,\text{F/m}^2$ und den *relativen Steilheitskoeffizienten* [7]:

$$
K_n' \;=\; \mu_n C_{ox}' \;\approx\; 20\ldots60\,\frac{\mu A}{V^2}
$$

Den Steilheitskoeffizienten $K$ erhält man nach (3.5) durch Multiplikation mit dem Faktor $W/L$, der ein Maß für die Größe des Mosfets ist. Typische Werte für Einzeltransistoren sind $L \approx 1\ldots5\,\mu m$ und $W \approx 10\,\text{mm}$ bei Kleinsignal-Mosfets bis zu $W > 1\,\text{m}$ [8] bei Leistungs-Mosfets; daraus folgt $K \approx 40\,\text{mA/V}^2\ldots50\,\text{A/V}^2$.

---

6  Die Beweglichkeit hängt von der Dotierung im Kanal ab und ist deutlich geringer als die Beweglichkeit in undotiertem Silizium ($\mu_n \approx 0{,}14\,\text{m}^2/\text{Vs}$).

7  $K_n'$ ist umgekehrt proportional zu $d_{ox}$, so daß mit fortschreitender Miniaturisierung immer größere Werte erreicht werden, z.B. $K_n' \approx 100\ldots120\,\mu A/V^2$ in 3,3V-CMOS-Schaltungen.

8  Im Abschnitt 3.2 wird beschrieben, wie man diese großen Werte für $W$ erreicht.

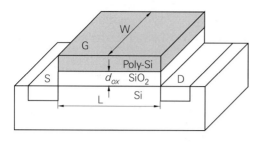

**Abb. 3.10.** Geometrische Größen beim Mosfet

Bei integrierten Mosfets sind die geometrischen Abmessungen zum Teil deutlich kleiner; $d_{ox} \approx 10 \ldots 20\,\mathrm{nm}$ und $L \approx 0,18 \ldots 0,5\,\mu\mathrm{m}$ sind gängige Werte.

Bei p-Kanal-Mosfets ist die Beweglichkeit der Ladungsträger im Kanal mit $\mu_p \approx 0,015 \ldots 0,03\,\mathrm{m^2/Vs}$ etwa um den Faktor $2 \ldots 3$ geringer als bei n-Kanal-Mosfets; daraus folgt $K'_p \approx 6 \ldots 20\,\mu\mathrm{A/V^2}$.

Bei Sperrschicht-Fets hängt $K$ ebenfalls von den geometrischen Größen ab [9]. Auf eine genauere Darstellung wird hier verzichtet; siehe hierzu [3.1]. Bei Sperrschicht-Fets handelt es sich fast ausschließlich um Einzeltransistoren für Kleinsignalanwendungen mit $K \approx 0,5 \ldots 10\,\mathrm{mA/V^2}$.

**Alternative Darstellung:** Bei Sperrschicht-Fets ist eine andere Darstellung der Kennlinien weit verbreitet. Man definiert

$$I_{D,0} = \frac{K\,U_{th}^2}{2}$$

und erhält damit im Abschnürbereich bei Vernachlässigung der Kanallängenmodulation:

$$I_D = I_{D,0} \left( 1 - \frac{U_{GS}}{U_{th}} \right)^2$$

Aufgrund der Definition gilt $I_{D,0} = I_D(U_{GS} = 0)$, d.h. die Übertragungskennlinie schneidet die y-Achse bei $I_D = I_{D,0}$. Prinzipiell kann man alle Fets mit $U_{th} \neq 0$ auf diese Weise beschreiben; bei selbstsperrenden Fets, bei denen die Übertragungskennlinie die y-Achse nur im Sperrbereich schneidet, wird $I_{D,0}$ bei $U_{GS} = 2U_{th}$ abgelesen.

**Kanallängenmodulation:** Die Abhängigkeit des Drainstroms von $U_{DS}$ im Abschnürbereich wird durch die *Kanallängenmodulation* verursacht und durch den rechten Term in (3.3) empirisch beschrieben. Damit ein stetiger Übergang vom ohmschen in den Abschnürbereich erfolgt, muß dieser Term auch in (3.2) ergänzt werden [3.2]. Grundlage für diese Beschreibung ist die Beobachtung, daß sich die extrapolierten Kennlinien des Ausgangskennlinienfelds näherungsweise in einem Punkt schneiden; Abb. 3.11 verdeutlicht diesen Zusammenhang. Die Konstante $U_A$ wird in Anlehnung an den Bipolartransistor *Early-Spannung* genannt und

---

9  In der Literatur wird der Steilheitskoeffizient eines Sperrschicht-Fets gewöhnlich mit $\beta$ bezeichnet; hier wird $K$ verwendet, damit eine einheitliche Bezeichnung vorliegt und Verwechslungen mit der Stromverstärkung $\beta$ eines Bipolartransistors vermieden werden.

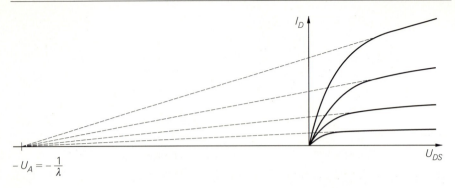

**Abb. 3.11.** Kanallängenmodulation und Early-Spannung

beträgt bei Mosfets $U_A \approx 20 \dots 100$ V und bei Sperrschicht-Fets $U_A \approx 30 \dots 200$ V. Anstelle der Early-Spannung wird oft der *Kanallängenmodulations-Parameter*

$$\lambda \;=\; \frac{1}{U_A} \tag{3.6}$$

verwendet; man erhält bei Mosfets $\lambda \approx 10 \dots 50 \cdot 10^{-3}\,\mathrm{V}^{-1}$ und bei Sperrschicht-Fets $\lambda \approx 5 \dots 30 \cdot 10^{-3}\,\mathrm{V}^{-1}$.

Bei integrierten Mosfets mit kleinen geometrischen Größen ist diese empirische Beschreibung sehr ungenau. Man benötigt in diesem Fall erheblich umfangreichere Gleichungen, um den dabei auftretenden *Kurzkanal-Effekt* zu beschreiben. Für den Entwurf integrierter Schaltungen mit CAD-Programmen gibt es eine ganze Reihe von Modellen, die diesen Effekt auf unterschiedliche Weise beschreiben, siehe Kapitel 3.3.

### 3.1.3
### Feldeffekttransistor als steuerbarer Widerstand

Man kann einen Feldeffekttransistor im ohmschen Bereich als steuerbaren Widerstand betreiben, siehe Abb. 3.12a; dabei wird über die Steuerspannung $U_{st} = U_{GS}$ der Widerstand der Drain-Source-Strecke verändert. Durch Differentiation von (3.2) erhält man:

$$\frac{1}{R(U_{GS})} \;=\; \left.\frac{\partial I_D}{\partial U_{DS}}\right|_{\mathrm{OB}} \;=\; K\,(U_{GS} - U_{th} - U_{DS})\left(1 + \frac{2U_{DS}}{U_A}\right) + \frac{K\,U_{DS}^2}{2U_A}$$

Der Widerstand ist jedoch wegen der Abhängigkeit von $U_{DS}$ nichtlinear. Von besonderem Interesse ist der *Einschaltwiderstand* $R_{DS,on}$ bei Aussteuerung um den Punkt $U_{DS} = 0$:

$$\boxed{R_{DS,on} \;=\; \left.\frac{\partial U_{DS}}{\partial I_D}\right|_{U_{DS}=0} \;=\; \frac{1}{K\,(U_{GS} - U_{th})}} \tag{3.7}$$

Da die Kennlinien in der Umgebung von $U_{DS} = 0$ nahezu linear verlaufen, ist $R_{DS,on}$ unabhängig von $U_{DS}$ und der Fet wirkt bei Aussteuerung mit kleinen Amp-

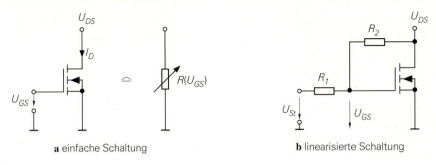

**a** einfache Schaltung   **b** linearisierte Schaltung

**Abb. 3.12.** Fet als steuerbarer Widerstand

lituden als steuerbarer linearer Widerstand; bei größeren Amplituden macht sich jedoch die zunehmende Krümmung der Kennlinien bemerkbar und das Verhalten wird zunehmend nichtlinear.

Man kann die Linearität verbessern, indem man die Steuerspannung nicht direkt an das Gate legt, sondern vorher die halbe Drain-Source-Spannung addiert; dazu kann man die in Abb. 3.12b gezeigt Schaltung mit einem Spannungsteiler aus zwei hochohmigen Widerständen $R_1 = R_2$ im MΩ-Bereich verwenden, der

$$U_{GS} = \frac{U_{DS}R_1 + U_{st}R_2}{R_1 + R_2} \stackrel{R_1=R_2}{=} \frac{U_{DS} + U_{st}}{2}$$

bildet. Setzt man diesen Ausdruck in (3.2) ein, erhält man

$$I_D = K U_{DS} \left( \frac{U_{st}}{2} - U_{th} \right) \left( 1 + \frac{U_{DS}}{U_A} \right)$$

und damit:

$$\frac{1}{R(U_{st})} = K \left( \frac{U_{st}}{2} - U_{th} \right) \left( 1 + \frac{2U_{DS}}{U_A} \right) \stackrel{U_{DS} \ll U_A}{\approx} K \left( \frac{U_{st}}{2} - U_{th} \right)$$

Es bleibt eine Abhängigkeit von $U_{DS}$, die aber wesentlich geringer ist als die der einfachen Schaltung aus Abb. 3.12a, wie ein Vergleich der Verläufe in Abb. 3.13

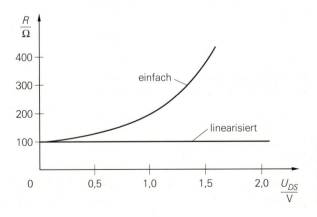

**Abb. 3.13.** Vergleich der Widerstandsverläufe für $K = 5\,\text{mA/V}^2$, $U_{th} = 2\,\text{V}$, $U_A = 100\,\text{V}$ und $U_{GS} = 4\,\text{V}$ bzw. $U_{st} = 8\,\text{V}$

zeigt. Durch einen Feinabgleich des Spannungsteilers kann man die verbleibende Nichtlinearität noch weiter verringern. Die optimale Dimensionierung

$$\frac{R_1}{R_2} = \frac{U_A - 2U_{st} + 2U_{th}}{U_A - 2U_{th}}$$

findet man, indem man die vorangegangene Rechnung ohne die Annahme $R_1 = R_2$ durchführt; sie ist jedoch von der Steuerspannung $U_{st}$ abhängig, d.h. die Linearisierung ist nur für eine bestimmte Steuerspannung exakt. Mit $K = 5\,\text{mA/V}^2$, $U_{th} = 2\,\text{V}$, $U_A = 100\,\text{V}$ und $U_{st} = 8\,\text{V}$ erhält man $R(U_{st} = 8\,\text{V}) = 100\,\Omega$ und $R_1/R_2 = 0,917$.

### 3.1.4
### Arbeitspunkt und Kleinsignalverhalten

Ein Anwendungsgebiet des Feldeffekttransistors ist die lineare Verstärkung von Signalen im *Kleinsignalbetrieb*. Dabei wird der Feldeffekttransistor in einem Arbeitspunkt betrieben und mit *kleinen* Signalen um den Arbeitspunkt ausgesteuert. Die Kennlinien können in diesem Fall durch ihre Tangenten im Arbeitspunkt ersetzt werden.

### Arbeitspunkt

Der Arbeitspunkt A wird durch die Spannungen $U_{DS,A}$ und $U_{GS,A}$ und den Strom $I_{D,A}$ charakterisiert und durch die äußere Beschaltung festgelegt. Für einen sinnvollen Betrieb als Verstärker muß der Arbeitspunkt im Abschnürbereich liegen. Abb. 3.14 zeigt die Einstellung des Arbeitspunkts und die Polarität der Spannungen und Ströme bei den sechs Fet-Typen; dabei wird für die n-Kanal-Fets entsprechend den Übertragungskennlinien in Abb. 3.7 auf Seite 193 eine Schwellenspannung $U_{th} = -2\,/-1\,/2\,\text{V}$ und ein Steilheitskoeffizient $K = 5\,\text{mA/V}^2$ angenommen. Den beispielhaft gewählten Strom $I_{D,A} = 3\,\text{mA}$ erhält man mit $U_{GS,A} = U_{th} + 1,1\,\text{V}$ [10]:

$$I_D \approx \frac{K}{2}\,(U_{GS} - U_{th})^2 = 2,5\;\frac{\text{mA}}{\text{V}^2} \cdot 1,1\,\text{V}^2 \approx 3\,\text{mA}$$

Bei den p-Kanal-Fets hat $U_{th}$ das jeweils andere Vorzeichen und man erhält $I_D = -3\,\text{mA}$ mit $U_{GS,A} = U_{th} - 1,1\,\text{V}$. Verfahren zur Arbeitspunkteinstellung werden im Abschnitt 3.4 behandelt.

### Kleinsignalgleichungen und Kleinsignalparameter

**Kleinsignalgrößen:** Bei Aussteuerung um den Arbeitspunkt werden die Abweichungen der Spannungen und Ströme von den Arbeitspunktwerten als *Kleinsignalspannungen* und *-ströme* bezeichnet. Man definiert:

$$u_{GS} = U_{GS} - U_{GS,A} \quad , \quad u_{DS} = U_{DS} - U_{DS,A} \quad , \quad i_D = I_D - I_{D,A}$$

---

10 Der Early-Effekt wird vernachlässigt.

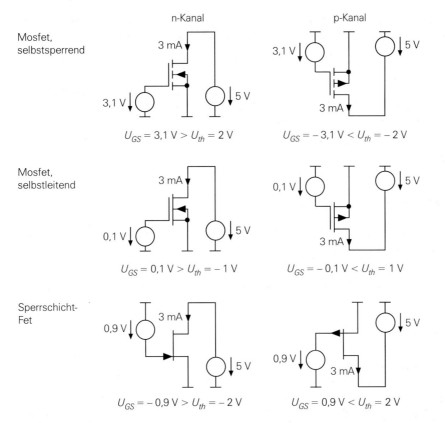

**Abb. 3.14.** Arbeitspunkteinstellung für $I_{D,A} = 3$ mA bei n-Kanal- und p-Kanal-Fets mit $K = 5$ mA/V$^2$

**Linearisierung:** Die Kennlinien werden durch ihre Tangenten im Arbeitspunkt ersetzt, d.h. sie werden *linearisiert*. Dazu führt man eine Taylorreihenentwicklung im Arbeitspunkt durch und bricht nach dem linearen Glied ab:

$$i_D = I_D(U_{GS,A} + u_{GS}, U_{DS,A} + u_{DS}) - I_{D,A}$$

$$= \left.\frac{\partial I_D}{\partial U_{GS}}\right|_A u_{GS} + \left.\frac{\partial I_D}{\partial U_{DS}}\right|_A u_{DS} + \dots$$

**Kleinsignalgleichungen:** Die partiellen Ableitungen im Arbeitspunkt werden *Kleinsignalparameter* genannt. Nach Einführung spezieller Bezeichner erhält man die *Kleinsignalgleichungen* des Feldeffekttransistors:

$$i_G = 0 \tag{3.8}$$

$$i_D = S\, u_{GS} + \frac{1}{r_{DS}}\, u_{DS} \tag{3.9}$$

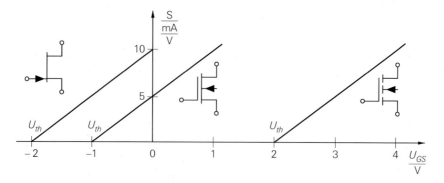

**Abb. 3.15.** Verlauf der Steilheit bei n-Kanal-Fets mit Übertragungskennlinien nach Abb. 3.7
($K = 5\,\mathrm{mA/V^2}$)

**Kleinsignalparameter im Abschnürbereich:** Die *Steilheit S* beschreibt die
Änderung des Drainstroms $I_D$ mit der Gate-Source-Spannung $U_{GS}$ im Ar-
beitspunkt. Sie kann im Übertragungskennlinienfeld nach Abb. 3.7 aus der
Steigung der Tangente im Arbeitspunkt ermittelt werden, gibt also an, wie
*steil* die Übertragungskennlinie im Arbeitspunkt ist. Durch Differentiation der
Großsignalgleichung (3.3) erhält man:

$$S \;=\; \left.\frac{\partial I_D}{\partial U_{GS}}\right|_A \;=\; K\left(U_{GS,A} - U_{th}\right)\left(1 + \frac{U_{DS,A}}{U_A}\right) \;\overset{U_{DS,A}\ll U_A}{\approx}\; K\left(U_{GS,A} - U_{th}\right) \qquad (3.10)$$

Die Steilheit ist definitionsgemäß proportional zum *Steilheitskoeffizienten K*. In
Abb. 3.15 werden die Verläufe für n-Kanal-Fets mit $K = 5\,\mathrm{mA/V^2}$ gezeigt; die
zugehörigen Übertragungskennlinien zeigt Abb. 3.7 auf Seite 193. Man erhält
Geraden mit dem x-Achsen-Abschnitt $U_{th}$ und der Steigung $K$:

$$K \;=\; \frac{\partial S}{\partial U_{GS}} \;=\; \frac{\partial^2 I_D}{\partial U_{GS}^2}$$

Man kann $S$ auch als Funktion des Drainstroms $I_{D,A}$ angeben, indem man (3.3)
nach $U_{GS} - U_{th}$ auflöst und in (3.10) einsetzt:

$$\boxed{\; S \;=\; \left.\frac{\partial I_D}{\partial U_{GS}}\right|_A \;=\; \sqrt{2KI_{D,A}\left(1 + \frac{U_{DS,A}}{U_A}\right)} \;\overset{U_{DS,A}\ll U_A}{\approx}\; \sqrt{2KI_{D,A}} \;} \qquad (3.11)$$

Im Gegensatz zum Bipolartransistor, bei dem man zur Berechnung der Steilheit
nur den Kollektorstrom $I_{C,A}$ benötigt, wird beim Feldeffekttransistor zusätzlich
zum Drainstrom $I_{D,A}$ der Steilheitskoeffizient $K$ benötigt; die Abhängigkeit von
$U_A$ ist dagegen gering. In der Praxis arbeitet man mit der in (3.11) angegebenen
Näherung. In Datenblättern ist anstelle von $K$ die Steilheit für einen bestimmten
Drainstrom angegeben; man kann $K$ in diesem Fall aus der Steilheit ermitteln:

$$K \;\approx\; \frac{S^2}{2I_{D,A}}$$

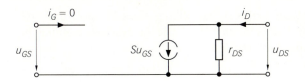

**Abb. 3.16.** Kleinsignalersatzschaltbild eines Feldeffekttransistors

Der *Kleinsignalausgangswiderstand* $r_{DS}$ beschreibt die Änderung der Drain-Source-Spannung $U_{DS}$ mit dem Drainstrom $I_D$ im Arbeitspunkt. Er kann aus dem Kehrwert der Steigung der Tangente im Ausgangskennlinienfeld nach Abb. 3.4 ermittelt werden. Durch Differentiation der Großsignalgleichung (3.3) erhält man:

$$r_{DS} \;=\; \left.\frac{\partial U_{DS}}{\partial I_D}\right|_A \;=\; \frac{U_A + U_{DS,A}}{I_{D,A}} \stackrel{U_{DS,A} \ll U_A}{\approx} \frac{U_A}{I_{D,A}} \tag{3.12}$$

In der Praxis arbeitet man mit der in (3.12) angegeben Näherung.

**Kleinsignalparameter im ohmschen Bereich:** Im ohmschen Bereich gilt $U_{DS} \ll U_A$; damit erhält man durch Differentiation von (3.2):

$$S_{OB} \;\approx\; K\,U_{DS,A}$$

$$r_{DS,OB} \;\approx\; \frac{1}{K\left(U_{GS,A} - U_{th} - U_{DS,A}\right)}$$

Die Steilheit und der Ausgangswiderstand sind im ohmschen Bereich kleiner als im Abschnürbereich; deshalb ist die erzielbare Verstärkung ebenfalls deutlich geringer.

### Kleinsignalersatzschaltbild

Aus den Kleinsignalgleichungen (3.8) und (3.9) erhält man das in Abb. 3.16 gezeigte *Kleinsignalersatzschaltbild*. Ausgehend vom Drainstrom $I_{D,A}$ im Arbeitspunkt kann man die Parameter mit (3.11) und (3.12) bestimmen.

Dieses Ersatzschaltbild eignet sich zur Berechnung des Kleinsignalverhaltens bei niedrigen Frequenzen ($0 \ldots 10\,\mathrm{kHz}$); es wird deshalb auch *Gleichstrom-Kleinsignalersatzschaltbild* genannt. Aussagen über das Verhalten bei höheren Frequenzen kann man nur mit Hilfe des im Abschnitt 3.3.3 beschriebenen Wechselstrom-Kleinsignalersatzschaltbilds erhalten.

### Vierpol-Matrizen

Man kann die Kleinsignalgleichungen auch in matrizieller Form angeben:

$$\begin{bmatrix} i_G \\ i_D \end{bmatrix} = \begin{bmatrix} 0 & 0 \\ S & \dfrac{1}{r_{DS}} \end{bmatrix} \begin{bmatrix} u_{GS} \\ u_{DS} \end{bmatrix}$$

Diese Darstellung entspricht der Leitwert-Darstellung eines Vierpols und stellt damit eine Verbindung zur Vierpoltheorie her. Die Leitwert-Darstellung beschreibt den Vierpol durch die *Y-Matrix* $\mathbf{Y}_s$:

$$\begin{bmatrix} i_G \\ i_D \end{bmatrix} = \mathbf{Y}_s \begin{bmatrix} u_{GS} \\ u_{DS} \end{bmatrix} = \begin{bmatrix} y_{11,s} & y_{12,s} \\ y_{21,s} & y_{22,s} \end{bmatrix} \begin{bmatrix} u_{GS} \\ u_{DS} \end{bmatrix}$$

Der Index $s$ weist darauf hin, daß der Fet in Sourceschaltung betrieben wird, d.h. der Sourceanschluß wird entsprechend der Durchverbindung im Kleinsignalersatzschaltbild nach Abb. 3.16 für das Eingangs- *und* das Ausgangstor benutzt. Die Sourceschaltung wird im Abschnitt 3.4.1 näher beschrieben.

Eine Hybrid-Darstellung mit einer H-Matrix wie beim Bipolartransistor ist beim Feldeffekttransistor nicht möglich, weil $U_{GS}$ wegen $I_G = 0$ nur von der Beschaltung abhängt und deshalb die Gleichung $u_{GS} = u_{GS}(i_G, u_{DS})$ nicht existiert.

### Gültigkeitsbereich der Kleinsignalbetrachtung

Es ist noch zu klären, wie groß die Aussteuerung um den Arbeitspunkt maximal sein darf, damit noch Kleinsignalbetrieb vorliegt. In der Praxis sind die nichtlinearen Verzerrungen maßgebend, die einen anwendungsspezifischen Grenzwert nicht überschreiten sollen. Dieser Grenzwert ist oft in Form eines maximal zulässigen *Klirrfaktors* gegeben. Im Abschnitt 4.2.3 wird darauf näher eingegangen. Das Kleinsignalersatzschaltbild ergibt sich aus einer nach dem linearen Glied abgebrochenen Taylorreihenentwicklung. Berücksichtigt man weitere Glieder der Taylorreihe, erhält man für den Kleinsignal-Drainstrom bei Vernachlässigung der Kanallängenmodulation ($U_A \to \infty$):

$$i_D = \left. \frac{\partial I_D}{\partial U_{GS}} \right|_A u_{GS} + \frac{1}{2} \left. \frac{\partial^2 I_D}{\partial U_{GS}^2} \right|_A u_{GS}^2 + \frac{1}{6} \left. \frac{\partial^3 I_D}{\partial U_{GS}^3} \right|_A u_{GS}^3 + \dots$$

$$= \sqrt{2KI_{D,A}}\, u_{GS} + \frac{K}{2} u_{GS}^2$$

Aufgrund der parabelförmigen Kennlinie bricht die Reihe nach dem zweiten Glied ab. Bei harmonischer Aussteuerung mit $u_{GS} = \hat{u}_{GS} \cos \omega t$ folgt daraus:

$$i_D = \frac{K}{4} \hat{u}_{GS}^2 + \sqrt{2KI_{D,A}}\, \hat{u}_{GS} \cos \omega t + \frac{K}{4} \hat{u}_{GS}^2 \cos 2\omega t$$

Aus dem Verhältnis der ersten Oberwelle mit $2\omega t$ zur Grundwelle mit $\omega t$ erhält man den *Klirrfaktor* $k$:

$$k = \frac{i_{D,2\omega t}}{i_{D,\omega t}} = \frac{\hat{u}_{GS}}{4} \sqrt{\frac{K}{2I_{D,A}}} = \frac{\hat{u}_{GS}}{4\left(U_{GS,A} - U_{th}\right)} \tag{3.13}$$

Er ist umgekehrt proportional zu $\sqrt{I_{D,A}}$ bzw. $U_{GS,A} - U_{th}$, nimmt also bei gleicher Aussteuerung mit zunehmendem Drainstrom ab. Bei Einzeltransistoren gilt $U_{GS,A} - U_{th} \approx 1 \dots 2\,\text{V}$; damit erhält man mit $\hat{u}_{GS} < 40 \dots 80\,\text{mV}$ einen Klirrfaktor von $k < 1\%$. Ein Vergleich mit (2.15) auf Seite 52 zeigt, daß beim Fet bei gleichem Klirrfaktor eine wesentlich größere Aussteuerung möglich ist als beim Bipolartransistor, bei dem $k < 1\%$ nur mit $\hat{u}_{BE} < 1\,\text{mV}$ erreicht wird.

## 3.1.5
## Grenzdaten und Sperrströme

Bei einem Feldeffekttransistor werden verschiedene Grenzdaten angegeben, die nicht überschritten werden dürfen. Sie gliedern sich in Grenzspannungen, Grenzströme und die maximale Verlustleistung. Betrachtet werden wieder n-Kanal-Mosfets; bei p-Kanal-Mosfets haben alle Spannungen und Ströme umgekehrte Vorzeichen.

### Durchbruchsspannungen

**Gate-Durchbruch:** Bei der *Gate-Source-Durchbruchsspannung* $U_{(BR)GS}$ bricht das Gate-Oxid eines Mosfets auf der Source-Seite durch, bei der *Drain-Gate-Durchbruchspannung* $U_{(BR)DG}$ auf der Drain-Seite. Dieser Durchbruch ist nicht reversibel und führt zu einer Zerstörung des Mosfets, wenn keine Z-Dioden zum Schutz vorhanden sind. Deshalb müssen Einzel-Mosfets ohne Z-Dioden vor statischer Aufladung geschützt werden und dürfen erst nach erfolgtem Potentialausgleich angefaßt werden.

Der Gate-Source-Durchbruch ist symmetrisch, d.h. unabhängig von der Polarität der Gate-Source-Spannung; deshalb findet man in Datenblättern eine Plus-Minus-Angabe, z.B. $U_{(BR)GS} = \pm 20\,\text{V}$, oder es ist der Betrag der Durchbruchspannung angegeben. Typische Werte sind $|U_{(BR)GS}| \approx 10\ldots 20\,\text{V}$ bei Mosfets in integrierten Schaltungen und $|U_{(BR)GS}| \approx 10\ldots 40\,\text{V}$ bei Einzeltransistoren.

Bei symmetrisch aufgebauten Mosfets ist das Drain-Gebiet genauso aufgebaut wie das Source-Gebiet und es gilt $|U_{(BR)DG}| = |U_{(BR)GS}|$; das ist vor allem bei Mosfets in integrierten Schaltungen der Fall. Bei unsymmetrisch aufgebauten Mosfets ist $|U_{(BR)DG}|$ wesentlich größer als $|U_{(BR)GS}|$, weil hier ein Großteil der Spannung über einer schwach dotierten Schicht zwischen Kanal und Drainanschluß abfällt, siehe Abschnitt 3.2. In Datenblättern wird diese Spannung mit $U_{(BR)DGR}$ oder $U_{DGR}$ bezeichnet, weil die Messung mit einem Widerstand $R$ zwischen Gate und Source durchgeführt wird; der Wert des Widerstands ist angegeben. Da bei diesem Durchbruch die Sperrschicht zwischen dem Substrat und dem schwach dotierten Teil des Drain-Gebiets durchbricht, tritt gleichzeitig auch ein Drain-Source-Durchbruch auf; deshalb wird für $U_{(BR)DG}$ meist derselbe Wert wie für die im folgenden beschriebene Drain-Source-Durchbruchspannung $U_{(BR)DSS}$ angegeben.

Beim Sperrschicht-Fet ist $U_{(BR)GSS}$ die Durchbruchspannung der Gate-Kanal-Diode; sie wird bei kurzgeschlossener Drain-Source-Strecke, d.h. $U_{DS} = 0$, gemessen und ist bei n-Kanal-Sperrschicht-Fets negativ, bei p-Kanal-Sperrschicht-Fets positiv. Typisch sind $U_{(BR)GSS} \approx -50\ldots -20\,\text{V}$ bei n-Kanal-Fets. Zusätzlich werden die Durchbruchspannungen $U_{(BR)GSO}$ und $U_{(BR)GDO}$ auf der Source- bzw. Drain-Seite angegeben; der Index $O$ weist darauf hin, daß der dritte Anschluß *offen* (*open*) ist. Die Spannungen sind normalerweise gleich: $U_{(BR)GSS} = U_{(BR)GSO} = U_{(BR)GDO}$. Da beim Sperrschicht-Fet $U_{GS}$ und $U_{DS}$ unterschiedliche Polarität haben,

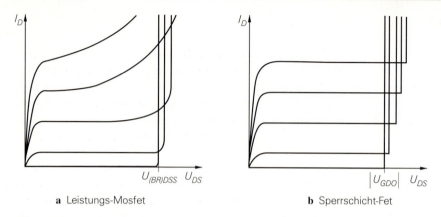

**a** Leistungs-Mosfet                                    **b** Sperrschicht-Fet

**Abb. 3.17.** Ausgangskennlinienfelder von Einzel-Fets im Durchbruch

ist $U_{GD} = U_{GS} - U_{DS}$ die betragsmäßig größte Spannung und damit $U_{(BR)GDO}$ für die Praxis besonders wichtig. Im Gegensatz zum Mosfet führt der Durchbruch beim Sperrschicht-Fet nicht zu einer Zerstörung des Bauteils, solange der Strom begrenzt wird und keine Überhitzung auftritt.

**Drain-Source-Durchbruch:** Bei der *Drain - Source - Durchbruchspannung* $U_{(BR)DSS}$ bricht die Sperrschicht zwischen dem Drain-Gebiet und dem Substrat eines Mosfets durch; dadurch fließt ein Strom vom Drain-Gebiet in das Substrat und von dort über den in Flußrichtung betriebenen pn-Übergang zwischen Substrat und Source oder über die bei Einzeltransistoren vorhandene Verbindung zwischen Substrat und Source zur Source. Abb. 3.17a zeigt den Durchbruch im Ausgangskennlinienfeld eines Leistungs-Mosfets; er setzt vor allem bei größeren Strömen langsam ein und ist reversibel, solange der Strom begrenzt wird und keine Überhitzung auftritt. Bei selbstsperrenden n-Kanal-Mosfets wird $U_{(BR)DSS}$ bei kurzgeschlossener Gate-Source-Strecke, d.h. $U_{GS} = 0$ gemessen; der zusätzliche Index S bedeutet *kurzgeschlossen (shorted)*. Bei selbstleitenden n-Kanal-Mosfets wird eine negative Spannung $U_{GS} < U_{th}$ angelegt, damit der Transistor sperrt. Die zugehörige Drain-Source-Durchbruchspannung wird ebenfalls mit $U_{(BR)DSS}$ bezeichnet; der Index S bedeutet dabei *Kleinsignal-Kurzschluß*, d.h. Ansteuerung des Gates mit einer Spannungsquelle mit vernachlässigbar geringem Innenwiderstand. Die Werte reichen von $U_{(BR)DSS} \approx 10 \ldots 40\,\text{V}$ bei integrierten Fets bis zu $U_{(BR)DSS} = 1000\,\text{V}$ bei Einzeltransistoren für Schaltanwendungen.

Bei Sperrschicht-Fets gibt es keinen direkten Durchbruch zwischen Drain und Source, da es sich um ein homogenes Gebiet handelt. Hier bricht bei abgeschnürtem Kanal und zunehmender Drain-Source-Spannung die Sperrschicht zwischen Drain und Gate durch, wenn die oben genannte Durchbruchspannung $U_{(BR)GDO}$ erreicht wird. Abb. 3.17b zeigt den Durchbruch im Ausgangskennlinienfeld eines Kleinsignal-Sperrschicht-Fets; er tritt schlagartig ein.

## Grenzströme

**Drainstrom:** Beim Drainstrom wird zwischen maximalem Dauerstrom (*continuous current*) und maximalem Spitzenstrom (*peak current*) unterschieden. Für den maximalen Dauerstrom existiert keine besondere Bezeichnung im Datenblatt; er wird hier mit $I_{D,max}$ bezeichnet. Der maximale Spitzenstrom gilt für gepulsten Betrieb mit vorgegebener Pulsdauer und Wiederholrate und wird im Datenblatt mit $I_{DM}$ [11] bezeichnet; er ist um den Faktor $2 \dots 5$ größer als der maximale Dauerstrom.

Beim Sperrschicht-Fet wird anstelle des maximalen Dauerstroms $I_{D,max}$ der *Drain-Sättigungsstrom* $I_{DSS}$ [12] angegeben; er wird mit $U_{GS} = 0$ im Abschnürbereich gemessen und ist damit der maximal mögliche Drainstrom bei normalem Betrieb.

**Rückwärtsdiode:** Einzel-Mosfets enthalten aufgrund der Verbindung zwischen Source und Substrat eine Rückwärtsdiode zwischen Source und Drain, siehe Abschnitt 3.2. Für diese Diode wird ein maximaler Dauerstrom $I_{S,max}$ und ein maximaler Spitzenstrom $I_{SM}$ angegeben. Sie sind aufbaubedingt genauso groß wie die entsprechenden Drainströme $I_{D,max}$ und $I_{DM}$, so daß die Rückwärtsdiode uneingeschränkt als Freilauf- oder Kommutierungsdiode eingesetzt werden kann.

**Gatestrom:** Bei Sperrschicht-Fets wird zusätzlich der maximale Gatestrom $I_{G,max}$ in Flußrichtung angegeben; typisch sind $I_{G,max} \approx 5 \dots 50$ mA. Diese Angabe ist von untergeordneter Bedeutung, da die Gate-Kanal-Diode normalerweise in Sperrichtung betrieben wird.

## Sperrströme

**Drainstrom:** Bei selbstsperrenden Mosfets fließt bei kurzgeschlossener Gate-Source-Strecke ein geringer *Drain - Source - Leckstrom* $I_{DSS}$; er entspricht dem Sperrstrom des Drain-Substrat-Übergangs und hängt deshalb stark von der Temperatur ab. Typisch sind $I_{DSS} < 1\,\mu A$ bei integrierten Mosfets und Einzel-Mosfets für Kleinsignalanwendungen und $I_{DSS} = 1 \dots 100\,\mu A$ bei Einzel-Mosfets für Ströme im Ampere-Bereich. Bei selbstleitenden Mosfets wird $I_{DSS}$ ebenfalls im Sperrbereich gemessen; dazu muß eine Gate-Source-Spannung $U_{GS} < U_{th}$ angelegt werden.

Man beachte, daß der Strom $I_{DSS}$ auch bei Sperrschicht-Fets angegeben wird, dort aber eine ganz andere Bedeutung hat. Bei Mosfets ist $I_{DSS}$ der *minimale* Drainstrom, der auch im Sperrbereich fließt und bei Schaltanwendungen als Leckstrom über den geöffneten Schalter auftritt; bei Sperrschicht-Fets ist $I_{DSS}$ der *maximale* Drainstrom im Abschnürbereich. Trotz der unterschiedlichen Bedeutung wird in Datenblättern dieselbe Bezeichnung verwendet.

---

[11] Bei Mosfets für Schaltanwendungen wird oft $I_{D,puls}$ anstelle von $I_{DM}$ verwendet.

[12] $I_{DSS}$ wird auch mit $I_{D,S}$ bezeichnet und entspricht dem im Abschnitt 3.1.2 für Sperrschicht-Fets angegeben Strom $I_{D,0} = I_D(U_{GS} = 0)$.

**Maximale Verlustleistung**

Die Verlustleistung ist die im Transistor in Wärme umgesetzte Leistung:

$$P_V = U_{DS}I_D$$

Sie entsteht im wesentlichen im Kanal und führt zu einer Erhöhung der Temperatur im Kanal, bis die Wärme aufgrund des Temperaturgefälles über das Gehäuse an die Umgebung abgeführt werden kann. Dabei darf die Temperatur im Kanal einen materialabhängigen Grenzwert, bei Silizium 175 °C, nicht überschreiten; in der Praxis wird aus Sicherheitsgründen mit einem Grenzwert von 150 °C gerechnet. Die zugehörige maximale Verlustleistung hängt bei Einzeltransistoren vom Aufbau des Transistors und von der Montage ab; sie wird im Datenblatt mit $P_{tot}$ bezeichnet und für zwei Fälle angegeben:

- Betrieb bei stehender Montage auf einer Leiterplatte ohne weitere Maßnahmen zur Kühlung bei einer Temperatur der umgebenden Luft (*free-air temperature*) von $T_A = 25\,°C$; der Index $A$ bedeutet *Umgebung (ambient)*.
- Betrieb bei einer Gehäusetemperatur (*case temperature*) von $T_C = 25\,°C$.

Die beiden Maximalwerte werden hier mit $P_{V,25(A)}$ und $P_{V,25(C)}$ bezeichnet. Bei Kleinsignal-Fets, die für stehende Montage ohne Kühlkörper ausgelegt sind, ist nur $P_{tot} = P_{V,25(A)}$ angegeben. Bei Leistungs-Mosfets, die ausschließlich für den Betrieb mit einem Kühlkörper ausgelegt sind, ist nur $P_{tot} = P_{V,25(C)}$ angegeben. In praktischen Anwendungen kann $T_A = 25\,°C$ oder $T_C = 25\,°C$ nicht eingehalten werden. Da $P_{tot}$ mit zunehmender Temperatur abnimmt, ist im Datenblatt oft eine *power derating curve* angeben, in der $P_{tot}$ über $T_A$ oder $T_C$ aufgetragen ist, siehe Abb. 3.18a. Im Abschnitt 2.1.6 auf Seite 57 wird das thermische Verhalten am Beispiel des Bipolartransistors ausführlich behandelt; die Ergebnisse gelten für Fets in gleicher Weise.

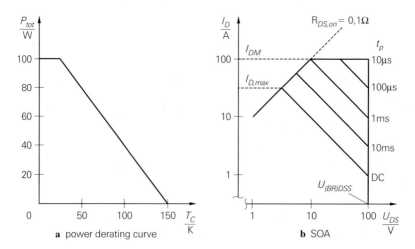

**Abb. 3.18.** Grenzkurven eines Mosfets für Schaltanwendungen

**Zulässiger Betriebsbereich**

Aus den Grenzdaten erhält man im Ausgangskennlinienfeld den *zulässigen Betriebsbereich* (*safe operating area,SOA*); er wird durch den maximalen Drainstrom $I_{D,max}$, die Drain-Source–Durchbruchsspannung $U_{(BR)DSS}$, die maximale Verlustleistung $P_{tot}$ und die $R_{DS,on}$-Grenze begrenzt. Abb. 3.18b zeigt die SOA in doppelt logarithmischer Darstellung; dabei erhält man sowohl für die Hyperbel der maximalen Verlustleistung, gegeben durch $U_{DS}I_D = P_{tot}$, und die $R_{DS,on}$-Grenze mit $U_{DS} = R_{DS,on}I_D$ Geraden. Daraus folgt, daß der maximale Dauerstrom $I_{D,max}$ aus $P_{tot}$ und $R_{DS,on}$ berechnet werden kann:

$$I_{D,max} = \sqrt{\frac{P_{tot}}{R_{DS,on}}}$$

Bei Fets für Schaltanwendungen sind zusätzlich Grenzkurven für Pulsbetrieb mit verschiedenen Pulsdauern angegeben. Bei sehr kurzer Pulsdauer und kleinem Tastverhältnis kann man den Fet mit der maximalen Spannung $U_{(BR)DSS}$ *und* dem maximalen Drainstrom $I_{DM}$ *gleichzeitig* betreiben; die SOA ist in diesem Fall ein Rechteck. Man kann mit einem Fet Lasten mit einer Verlustleistung bis zu $P = U_{(BR)DSS}I_{D,max}$ schalten. Diese maximale Schaltleistung ist groß gegenüber der maximalen Verlustleistung $P_{tot}$; aus Abb. 3.18 folgt $P = U_{(BR)DSS}I_{D,max} = 100\,\text{V} \cdot 30\,\text{A} = 3\,\text{kW} \gg P_{tot} = 100\,\text{W}$.

### 3.1.6
### Thermisches Verhalten

Das thermische Verhalten von Bauteilen ist im Abschnitt 2.1.6 am Beispiel des Bipolartransistors beschrieben; die dort dargestellten Größen und Zusammenhänge gelten für einen Fet in gleicher Weise, wenn für $P_V$ die Verlustleistung des Fets eingesetzt wird.

### 3.1.7
### Temperaturabhängigkeit der Fet-Parameter

Mosfets und Sperrschicht-Fets haben ein unterschiedliches Temperaturverhalten und müssen deshalb getrennt betrachtet werden.

**Mosfet**

Beim Mosfet sind die Schwellenspannung $U_{th}$ und der Steilheitskoeffizient $K$ temperaturabhängig; damit erhält man durch Differentiation von (3.3) den Temperaturkoeffizienten des Drainstroms für einen n-Kanal-Mosfet im Abschnürbereich:

$$\frac{1}{I_D}\frac{dI_D}{dT} = \frac{1}{K}\frac{dK}{dT} - \frac{2}{U_{GS} - U_{th}}\frac{dU_{th}}{dT} \tag{3.14}$$

Aus (3.5) und der auf den Referenzpunkt $T_0$ bezogenen Temperaturabhängigkeit der Beweglichkeit [3.1]

$$\mu(T) = \mu(T_0)\left(\frac{T_0}{T}\right)^{m_\mu} \qquad \text{mit } m_\mu \approx 1,5$$

folgt, daß der Steilheitskoeffizient mit steigender Temperatur abnimmt:

$$\frac{1}{K}\frac{dK}{dT} = -\frac{m_\mu}{T} \overset{T=300\,\text{K}}{\approx} -5\cdot 10^{-3}\,\text{K}^{-1}$$

Für die Schwellenspannung gilt [3.1]

$$U_{th} = U_{FB} + U_{inv} + \gamma\sqrt{U_{inv}}$$

mit der *Flachbandspannung* $U_{FB}$, der *Inversionsspannung* $U_{inv}$ und dem *Substrat-Steuerfaktor* $\gamma$. Die Flachbandspannung hängt vom Aufbau des Gates ab und wird hier nicht weiter benötigt; auf die anderen Größen wird im Abschnitt 3.3 noch näher eingegangen. $U_{FB}$ und $\gamma$ hängen nicht von der Temperatur ab; daraus folgt:

$$\frac{dU_{th}}{dT} = \left(1+\frac{\gamma}{2\sqrt{U_{inv}}}\right)\frac{dU_{inv}}{dT}$$

Typische Werte sind $U_{inv} \approx 0,55\ldots 0,8\,\text{V}$, $dU_{inv}/dT \approx -2,3\ldots -1,7\,\text{mV/K}$ und $\gamma \approx 0,3\ldots 0,8\sqrt{\text{V}}$; damit erhält man:

$$\frac{dU_{th}}{dT} \approx -3,5\ldots -2\,\frac{\text{mV}}{\text{K}}$$

Da die Temperaturkoeffizienten von $K$ und $U_{th}$ negativ sind, ist der Temperaturkoeffizient des Drainstroms aufgrund der Differenzbildung in (3.14) je nach Arbeitspunkt positiv oder negativ. Folglich gibt es einen *Temperaturkompensationspunkt TK*, an dem der Temperaturkoeffizient zu Null wird; durch Auflösen von (3.14) erhält man für n-Kanal-Mosfets:

$$U_{GS,TK} = U_{th} + 2\,\frac{\dfrac{dU_{th}}{dT}}{\dfrac{1}{K}\dfrac{dK}{dT}} \approx U_{th} + 0,8\ldots 1,4\,\text{V}$$

$$I_{D,TK} \approx K\cdot 0,3\ldots 1\,\text{V}^2$$

Abb. 3.19a zeigt Übertragungskennlinie eines n-Kanal-Mosfets mit dem Temperaturkompensationspunkt. Bei p-Kanal-Mosfets gilt $U_{GS,TK} = U_{th} - 0,8\ldots 1,4\,\text{V}$ und $I_{D,TK} = -K\cdot 0,3\ldots 1\,\text{V}^2$.

Diese Angaben gelten für integrierte Mosfets mit einfacher Diffusion. Einzel-Mosfets werden dagegen fast ausschließlich mit doppelter Diffusion ausgeführt, siehe Abschnitt 3.2; für sie gilt $dU_{th}/dT \approx -5\,\text{mV/K}$ und damit:

$$U_{GS,TK(DMOS)} \approx U_{th} + 2\,\text{V}$$

$$I_{D,TK(DMOS)} \approx K\cdot 2\,\text{V}^2$$

In der Praxis werden die meisten n-Kanal-Mosfets mit $U_{GS} > U_{GS,TK}$ betrieben; in diesem Bereich ist der Temperaturkoeffizient negativ, d.h. der Drainstrom nimmt mit zunehmender Temperatur ab. Diese *thermische Gegenkopplung* erlaubt einen thermisch stabilen Betrieb ohne besondere schaltungstechnische

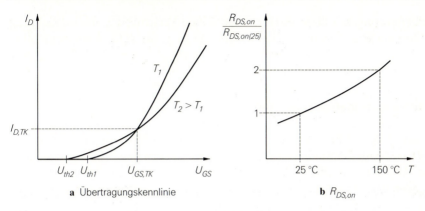

**a** Übertragungskennlinie                                                    **b** $R_{DS,on}$

**Abb. 3.19.** Temperaturverhalten eines n-Kanal-Mosfets

Maßnahmen. Im Gegensatz dazu muß man beim Bipolartransistor eine elektrische Gegenkopplung vorsehen, damit durch die mit der Temperatur zunehmenden Ströme keine thermische Mitkopplung entstehen kann, die zur Aufheizung und Zerstörung des Transistors führt.

Im ohmschen Bereich interessiert vor allem der Einschaltwiderstand $R_{DS,on}$; aus (3.7) folgt durch Differentiation:

$$\frac{1}{R_{DS,on}}\frac{dR_{DS,on}}{dT} \;=\; \frac{1}{U_{GS}-U_{th}}\frac{dU_{th}}{dT}-\frac{1}{K}\frac{dK}{dT}$$

$$\overset{U_{GS}\gg U_{th}}{\approx}\; -\frac{1}{K}\frac{dK}{dT}\;\approx\;5\cdot10^{-3}\,\mathrm{K^{-1}}$$

Daraus folgt, daß sich $R_{DS,on}$ bei einer Temperaturerhöhung von 25 °C auf 150 °C etwa verdoppelt; Abb. 3.19b zeigt den resultierenden Verlauf von $R_{DS,on}$.

**Sperrschicht-Fet**

Für n-Kanal-Sperrschicht-Fets gilt ebenfalls (3.14). Der Steilheitskoeffizient $K$ ist proportional zur Leitfähigkeit $\sigma$ des Kanals; wegen $\sigma \sim \mu$ erhält man denselben Temperaturkoeffizienten wie beim Mosfet:

$$\frac{1}{K}\frac{dK}{dT}\;\approx\;-5\cdot10^{-3}\,\mathrm{K^{-1}}$$

Die Schwellenspannung $U_{th}$ setzt sich aus einem temperaturunabhängigen Anteil und der *Diffusionsspannung $U_{Diff}$* des pn-Übergangs zwischen Gate und Kanal zusammen; daraus folgt:

$$\frac{dU_{th}}{dT}\;=\;\frac{dU_{Diff}}{dT}\;\approx\;-2,5\ldots-1,7\,\mathrm{mV/K}$$

Damit folgt für den Temperaturkompensationspunkt eines n-Kanal-Sperrschicht-Fets:

$$U_{GS,TK(Jfet)}\;\approx\;U_{th}+0,7\ldots1\,\mathrm{V}$$

$$I_{D,TK(Jfet)}\;\approx\;K\cdot0,25\ldots0,5\,\mathrm{V^2}$$

Die Übertragungskennlinie verläuft bis auf eine Verschiebung in $U_{GS}$-Richtung wie beim Mosfet; auch der Einschaltwiderstand $R_{DS,on}$ verhält sich wie beim Mosfet.

## 3.2
## Aufbau eines Feldeffekttransistors

Mosfets und Sperrschicht-Fets sind in ihrer einfachsten Form symmetrisch aufgebaut. Dieser einfache Aufbau entspricht im wesentlichen den Prinzip-Darstellungen in Abb. 3.1 bzw. Abb. 3.2 und wird vor allem in integrierten Schaltungen verwendet; deshalb werden hier zunächst die integrierten Transistoren beschrieben.

### 3.2.1
### Integrierte Mosfets

**Aufbau:** Abb. 3.20 zeigt den Aufbau eines n-Kanal- und eines p-Kanal-Mosfets auf einem gemeinsamen Halbleitersubstrat; die Anschlüsse Drain, Gate, Source und Bulk sind mit entsprechenden Indizes versehen. Beim n-Kanal-Mosfet dient das p-dotierte Halbleitersubstrat mit dem Anschluß $B_n$ als Bulk. Der p-Kanal-Mosfet benötigt ein n-dotiertes Bulk-Gebiet und muß deshalb in einer n-dotierten Wanne hergestellt werden; $B_p$ ist der zugehörige Bulk-Anschluß. Die Drain- und Source-Gebiete sind beim n-Kanal-Mosfet stark n-, beim p-Kanal-Mosfet stark p-dotiert. Die Gates werden aus Poly-Silizium hergestellt und sind durch das dünne *Gate-Oxid* vom darunter liegenden Kanal isoliert. In den Außengebieten erfolgt die Isolation zwischen den Halbleiter-Bereichen und den Aluminium-Leiterbahnen der Metallisierungsebene durch das wesentlich dickere *Dickoxid*. Da Poly-Silizium ein relativ guter Leiter ist, kann man die Zuleitungen zum Gate ganz aus Poly-Silizium herstellen; man benötigt also nicht unbedingt die in Abb. 3.20 gezeigte Metallisierung auf den Gates.

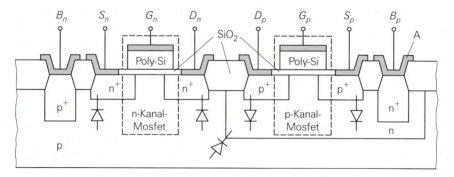

**Abb. 3.20.** Aufbau eines n-Kanal- und eines p-Kanal-Mosfets in einer integrierten CMOS-Schaltung

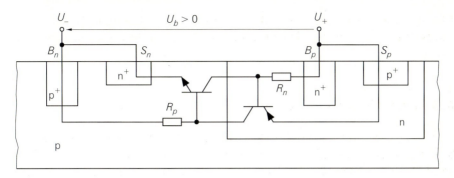

**Abb. 3.21.** Parasitärer Thyristor in einer integrierten CMOS-Schaltung

Die Bezeichnung *MOS* (*metal-oxid-semiconductor*) stammt aus der Zeit, als für die Gates Aluminium, also Metall, anstelle von Poly-Silizium verwendet wurde. Moderne Mosfets mit Poly-Silizium-Gate müßten eigentlich mit *SOS* (*semiconductor-oxid-semiconductor*) bezeichnet werden. Man hat aber die gewohnte Bezeichnung beibehalten.

**CMOS:** Schaltungen, die nach Abb. 3.20 aufgebaut sind, nennt man *CMOS-Schaltungen* (*complementary metal-oxid-semiconductor circuits*), weil sie *komplementäre* Mosfets enthalten. Bei NMOS- und PMOS-Schaltungen, den veralteten Vorgängern der CMOS-Schaltungen, wurden entsprechend der Bezeichnung nur n- bzw. nur p-Kanal-Mosfets hergestellt; dazu wurden p- bzw. n-dotierte Halbleiterplättchen verwendet und es wurde keine Wanne für den jeweils anderen Typ benötigt.

**Bulk-Dioden:** Aus der Schichtenfolge einer CMOS-Schaltung ergeben sich mehrere pn-Übergänge, die in Sperrichtung betrieben werden müssen; sie sind in Abb. 3.20 als Dioden dargestellt. Damit die Dioden zwischen den Drain- bzw. Source-Gebieten und den darunter liegenden Bulk-Gebieten sperren, muß beim n-Kanal-Mosfet $U_{SB} \geq 0$ und $U_{DB} \geq 0$ und beim p-Kanal-Mosfets $U_{SB} \leq 0$ und $U_{DB} \leq 0$ gelten; dabei bezeichnet $B$ das jeweilige Bulk-Gebiet, also $B_n$ beim n- und $B_p$ beim p-Kanal-Mosfet. Außerdem muß $U_{Bn} \leq U_{Bp}$ sein, damit die Diode zwischen den Bulk-Gebieten sperrt. Daraus folgt, daß alle Dioden gesperrt sind, wenn man $B_n$ mit der negativen und $B_p$ mit der positiven Versorgungsspannung der Schaltung verbindet; alle anderen Spannungen bewegen sich dann dazwischen.

**Latch-up:** Neben den Dioden enthält die CMOS-Schaltung einen parasitären Thyristor, der durch die Schichtenfolge und die Verbindungen $B_n - S_n$ und $B_p - S_p$ gebildet wird; Abb. 3.21 zeigt eine vereinfachte Darstellung des Aufbaus mit dem aus zwei Bipolartransistoren und zwei Widerständen bestehenden Ersatzschaltbild des Thyristors. Die Bipolartransistoren resultieren aus der Schichtenfolge und $R_n$ und $R_p$ sind die Bahnwiderstände der vergleichsweise hochohmigen Bulk-Gebiete. Normalerweise sind die Transistoren gesperrt, weil die Basen über $R_n$ bzw. $R_p$ mit den Emittern verbunden sind und keine Ströme in den Bulk-

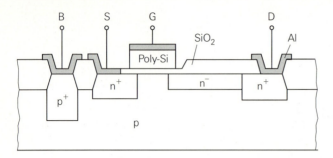

**Abb. 3.22.** n-Kanal-Mosfet für hohe Drain-Source-Spannungen

Gebieten fließen; der Thyristor sperrt. Bei Über- oder Unterspannung an einem der Eingänge einer CMOS-Schaltung fließen über die im Kapitel 7.4.6 beschriebenen Schutzdioden Ströme in die Bulk-Gebiete. Dadurch kann der Spannungsabfall an $R_p$ oder $R_n$ so groß werden, daß einer der Transistoren leitet. Der dabei fließende Strom verursacht einen Spannungsabfall am jeweils anderen Widerstand, so daß auch der zweite Transistor leitet, der wiederum durch seinen Strom den ersten Transistor leitend hält. Man erhält eine Mitkopplung, die einen Kurzschluß der Versorgungsspannung $U_b$ zur Folge hat: der Thyristor hat gezündet. Dieser Fehlerfall wird *Latch-up* genannt und führt fast immer zur Zerstörung der Schaltung. Bei modernen CMOS-Schaltungen wird durch eine geeignete Anordnung der Gebiete und eine spezielle Beschaltung der Eingänge eine hohe *Latch-up*-Sicherheit erreicht. Eine Sonderstellung nehmen *dielektrisch isolierte* CMOS-Schaltungen ein, bei denen die einzelnen Mosfets in separaten, durch Oxid isolierten Wannen hergestellt werden; dadurch entfällt der Thyristor und die Schaltungen sind *latch-up*-frei.

**Mosfets für höhere Spannungen:** Da der Steilheitskoeffizient eines Mosfets wegen $K \sim W/L$ umgekehrt proportional zur Kanallänge $L$ ist, versucht man diese möglichst klein zu machen, indem man den Abstand zwischen dem Drain- und dem Source-Gebiet verringert. Dadurch nimmt jedoch die Drain-Source-Durchbruchspannung ab. Will man trotz kleiner Kanallänge eine hohe Durchbruchspannung erreichen, muß zwischen dem Kanal und dem Drain-Anschluß ein schwach dotiertes Driftgebiet vorgesehen werden, über dem ein Großteil der Drain-Source-Spannung abfällt; Abb. 3.22 zeigt dies am Beispiel eines n-Kanal-Mosfets. Die Durchbruchspannung ist etwa proportional zur Länge des Driftgebiets; deshalb benötigen integrierte Hochspannungs-Mosfets eine große Fläche auf dem Halbleiterplättchen.

### 3.2.2
### Einzel-Mosfets

**Aufbau:** Einzel-Mosfets sind im Gegensatz zu integrierten Mosfets meist vertikal aufgebaut, d.h. der Drain-Anschluß befindet sich auf der Unterseite des Substrats. Abb. 3.23 zeigt einen dreidimensionalen Schnitt durch einen derart aufgebauten

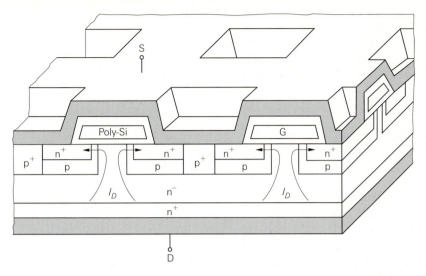

**Abb. 3.23.** Aufbau eines n-Kanal-DMOS-Fets

*vertikalen Mosfet.* Die schwach dotierte Driftstrecke, hier $n^-$-dotiert, verläuft nicht lateral an der Oberfläche wie beim integrierten Mosfet nach Abb. 3.22, sondern vertikal; dadurch wird Platz an der Oberfläche gespart und eine vergleichsweise hohe Durchbruchspannung entsprechend der Dicke des $n^-$-Gebiets erreicht. Der Kanal verläuft wie gewohnt an der Oberfläche unterhalb des Gates. Das p-dotierte Bulk-Gebiet wird hier nicht durch das Substrat gebildet, sondern durch Diffusion in dem $n^-$-Substrat hergestellt und über ein $p^+$-Kontaktgebiet mit der Source verbunden. Da die $n^+$-Source-Gebiete ebenfalls durch Diffusion herstellt werden, nennt man diese Mosfets auch *doppelt diffundierte Mosfets* (*double diffused mosfets, DMOS*).

In Abb. 3.23 erkennt man ferner den *zellularen* Aufbau. Ein vertikaler Mosfet besteht aus einer zweidimensionalen Parallelschaltung kleiner Zellen, deren Source-Gebiete durch eine ganzflächige Source-Metallisierung an der Oberfläche verbunden sind und die über ein gemeinsames Poly-Silizium-Gate angesteuert werden, das in Form eines Gitters unter der Source-Metallisierung verläuft und nur am Rand des Halbleiterplättchens mit dem äußeren Gate-Anschluß verbunden ist; die Unterseite dient als gemeinsamer Drain-Anschluß. Durch diesen Aufbau erreicht man auf einer kleinen Fläche eine sehr große Kanalweite $W$ und damit einen großen Steilheitskoeffizienten $K \sim W$. So erhält man z.B. bei einem Halbleiterplättchen mit einer Fläche von $2 \times 2\,\mathrm{mm}^2$ und einer Zellengröße von $20 \times 20\,\mu\mathrm{m}^2$ mit $W_{Zelle} = 20\,\mu\mathrm{m}$ eine Kanalweite von $W = 0,2\,\mathrm{m}$; mit $L = 2\,\mu\mathrm{m}$ und $K_n' \approx 25\,\mu\mathrm{A}/\mathrm{V}^2$ erhält man $K = K_n'W/L = 2,5\,\mathrm{A}/\mathrm{V}^2$. Da die Anzahl der Zellen bei einer $n$-fachen Verkleinerung der geometrischen Größen um den Faktor $n^2$ zu-, die Weite $W$ pro Zelle aber nur um den Faktor $n$ abnimmt, hat eine weitere Miniaturisierung eine entsprechende Erhöhung der Kanalweite pro Flächeneinheit zur Folge.

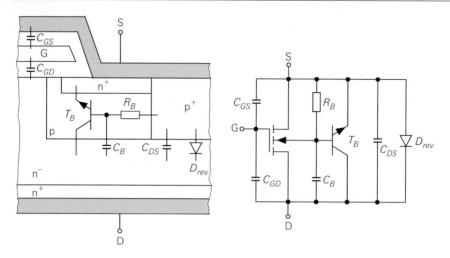

**Abb. 3.24.** Parasitäre Elemente und Ersatzschaltbild eines n-Kanal-DMOS-Fets

**Parasitäre Elemente:** Durch den besonderen Aufbau vertikaler Mosfets ergeben sich mehrere parasitäre Elemente, die in Abb. 3.24 zusammen mit dem resultierenden Ersatzschaltbild dargestellt sind:

- Durch die großflächige Überlappung von Gate und Source ergibt sich eine große *äußere* Gate-Source-Kapazität $C_{GS}$, die meist größer ist als die *innere* Gate-Source-Kapazität, die im Abschnitt 3.3.2 näher beschrieben wird.
- Aus der Überlappung zwischen Gate und $n^-$-Drain-Gebiet resultiert eine relativ große *äußere* Gate-Drain-Kapazität $C_{GD}$, die sich zur *inneren* Drain-Gate-Kapazität addiert; letztere wird ebenfalls im Abschnitt 3.3.2 näher beschrieben.
- Zwischen dem Bulk-Gebiet und dem Drain-Gebiet liegen die Drain-Source-Kapazitäten $C_{DS}$ und $C_B$; dabei liegt $C_{DS}$ unmittelbar zwischen Drain und Source, während bei $C_B$ noch der Bahnwiderstand $R_B$ des Bulk-Gebiets in Reihe liegt.
- Aufgrund der Schichtenfolge enthält der Aufbau einen Bipolartransistor $T_B$, dessen Basis über den Bahnwiderstand $R_B$ mit dem Emitter verbunden ist; deshalb sperrt $T_B$ bei normalem Betrieb. Bei einem sehr schnellen Anstieg der Drain-Source-Spannung kann der Strom $I = C_B \, dU_{DS}/dt$ durch $C_B$ und damit die Spannung an $R_B$ so groß werden, daß $T_B$ leitet. Um dies zu verhindern, muß man beim Ausschalten von DMOS-Leistungsschaltern die Anstiegsgeschwindigkeit durch geeignete Ansteuerung oder durch eine Abschalt-Entlastungsschaltung begrenzen.
- Zwischen Source und Drain liegt die *Rückwärtsdiode* $D_{rev}$, die bei negativer Drain-Source-Spannung leitet. Sie kann beim Schalten von induktiven Lasten als Freilaufdiode eingesetzt werden, führt aber aufgrund ihrer aufbaubedingt hohen Rückwärtserholzeit $t_{RR}$ vor allem bei Brückenschaltungen zu unerwünschten Querströmen.

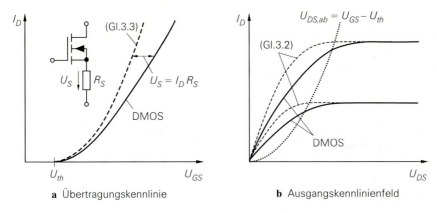

**a** Übertragungskennlinie                                    **b** Ausgangskennlinienfeld

**Abb. 3.25.** Kennlinien eines vertikalen Leistungs-Mosfets (DMOS)

**Kennlinien von vertikalen Leistungs-Mosfets:** Die Kennlinien von vertikalen Leistungs-Mosfets weichen von den einfachen Großsignalkennlinien (3.2) und (3.3) ab; Abb. 3.25 zeigt diese Abweichungen im Übertragungs- und im Ausgangskennlinienfeld:

- Bei großen Strömen macht sich der Einfluß parasitärer Widerstände in der Source-Leitung bemerkbar. Die äußere Gate-Source-Spannung $U_{GS}$ an den Anschlüssen setzt sich in diesem Fall aus der inneren Gate-Source-Spannung und dem Spannungsabfall am Source-Widerstand $R_S$ zusammen; dadurch wird die Übertragungskennlinie bei großen Strömen linearisiert, siehe Abb. 3.25a.
- Die Abschnürspannung $U_{DS,ab}$ ist bei vertikalen Mosfets aufgrund eines zusätzlichen Spannungabfalls im Drift-Gebiet größer als $U_{GS} - U_{th}$. Dieser Spannungsabfall läßt sich durch einen nichtlinearen Drain-Widerstand beschreiben und führt zu einer Scherung des Ausgangskennlinienfelds, siehe Abb. 3.25b.

Gleichungen zur Beschreibung dieses Verhaltens werden im Abschnitt 3.3.1 beschrieben.

### 3.2.3
### Sperrschicht-Fets

Abb. 3.26 zeigt den Aufbau eines *normalen* n-Kanal-Sperrschicht-Fets mit einem pn-Übergang zwischen Gate und Kanal und eines n-Kanal-Mesfets mit einem Metall-Halbleiter-Übergang (Schottky-Übergang) zwischen Gate und Kanal. Die Substrat-Anschlüsse $B$ sind bei integrierten Sperrschicht-Fets mit der negativen Versorgungsspannung verbunden, damit die pn-Übergange zwischen dem Substrat und den $n^-$-Kanal-Gebieten immer in Sperrichtung betrieben werden. Ferner muß jeder Fet von einem geschlossenen $p^+$-Ring umgeben sein, damit die Kanal-Gebiete der einzelnen Fets gegeneinander isoliert sind. Bei Einzel-Sperrschicht-Fets kann man das Substrat auch mit dem Gate verbinden; dadurch

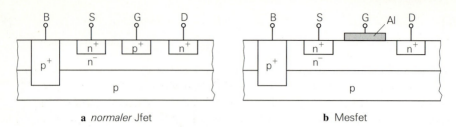

**a** *normaler* Jfet                              **b** Mesfet

**Abb. 3.26.** Aufbau von Sperrschicht-Fets

hat zusätzlich zum Gate-Kanal-Übergang auch der Substrat-Kanal-Übergang eine
steuernde Wirkung. Ein vertikaler Aufbau wie beim Mosfet oder beim Bipolartransistor ist beim Sperrschicht-Fet nicht möglich.

### 3.2.4
### Gehäuse

Für Einzel-Mosfets und Einzel-Sperrschicht-Fets werden dieselben Gehäuse ver-
wendet wie für Bipolartransistoren; Abb. 2.21 auf Seite 64 zeigt die gängigsten
Gehäusetypen. Mosfets gibt es in allen Leistungsklassen und damit auch in allen
Gehäusegrößen. Sperrschicht-Fets gibt es dagegen nur als Kleinsignaltransistoren
mit entsprechend kleinen Gehäusen; eine Ausnahme sind Leistungs-Mesfets fuer
Hochfrequenz-Leistungsverstärker, für die spezielle Hochfrequenz-Gehäuse für
Oberflächenmontage verwendet werden. Es gibt auch Sperrschicht-Fets mit sepa-
ratem Bulk-Anschluß in Gehäusen mit vier Anschlüssen. Für Dual-Gate-Mosfets
werden ebenfalls Gehäuse mit vier Anschlüssen benötigt; dabei handelt es
sich ausschließlich um Hochfrequenz-Transistoren in speziellen Hochfrequenz-
Gehäusen.

### 3.3
### Modelle für den Feldeffekttransistor

Im Abschnitt 3.1.2 wurde das *statische Verhalten* eines Feldeffekttransistors
durch die Großsignalgleichungen (3.2)–(3.4) beschrieben; dabei wurden sekundäre Effekte vernachlässigt. Für den rechnergestützten Schaltungsentwurf
werden genauere Modelle benötigt, die diese Effekte berücksichtigen und
darüber hinaus auch das *dynamische Verhalten* richtig wiedergeben. Aus diesem *Großsignalmodell* erhält man durch Linearisierung das *dynamische Kleinsignalmodell*, das zur Berechnung des Frequenzgangs von Schaltungen benötigt
wird.

### 3.3.1
### Statisches Verhalten

Im Gegensatz zum Bipolartransistor, bei dem sich das Gummel-Poon-Modell allgemein bewährt hat, gibt es für Fets eine Vielzahl von Modellen, die jeweils anwendungsspezifische Vor- und Nachteile haben und teilweise sehr komplex sind. Im folgenden wird das *Level-1-Mosfet-Modell* [13] beschrieben, das in fast allen CAD-Programmen zur Schaltungssimulation zur Verfügung steht. Es eignet sich sehr gut zur Beschreibung von Einzeltransistoren mit vergleichsweise großer Kanallänge und -weite, jedoch nicht für integrierte Mosfets mit den für hochintegrierte Schaltungen typischen kleinen Abmessungen. Hier muß man die erheblich aufwendigeren *Level-2-* und *Level-3*-Modelle oder die *BSIM*-Modelle [14] verwenden; sie berücksichtigen zusätzlich den *Kurzkanal-*, den *Schmalkanal-* und den *Unterschwellen-Effekt*. Diese Effekte werden hier nur qualitativ beschrieben.

Für Sperrschicht-Fets wird ein eigenes Modell verwendet, dessen statisches Verhalten dem des Level-1-Mosfet-Modells entspricht, obwohl in CAD-Programmen oft andere Parameter oder andere Bezeichnungen für Parameter mit gleicher Bedeutung verwendet werden; darauf wird am Ende des Abschnitts näher eingegangen.

### Level-1-Mosfet-Modell

Ein n-Kanal-Mosfet besteht aus einem p-dotierten Substrat (Bulk), den n-dotierten Gebieten für Drain und Source, einem isolierten Gate und einem zwischen Drain und Source liegenden Inversionskanal. Daraus folgt das in Abb. 3.27 gezeigte Großsignal-Ersatzschaltbild mit einer gesteuerten Stromquelle für den Ka-

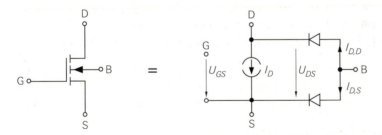

**Abb. 3.27.** Großsignal-Ersatzschaltbild für einen n-Kanal-Mosfet

---

[13] Diese Bezeichnung wird in Schaltungssimulatoren der *Spice*-Familie, z.B. *PSpice* von *MicroSim*, verwendet. In der Literatur wird es oft *Shichman-Hodges-Modell* genannt, da wesentliche Teile aus einer Veröffentlichung von H.Shichman und D.A.Hodges stammen.

[14] Die *BSIM*-Modelle (*Berkeley short-channel IGFET model*) wurden an der Universität von Berkeley, Kalifornien, entwickelt und gelten zur Zeit als die am weitesten entwickelten Modelle für Kurzkanal-Mosfets.

nal und zwei Dioden für die pn-Übergänge zwischen Bulk und Drain bzw. Bulk und Source.

**Drainstrom:** Das Level-1-Modell verwendet die Gleichungen (3.2) und (3.3) in Verbindung mit (3.5); mit

$$U_{DS,ab} = U_{GS} - U_{th} \tag{3.15}$$

und $K = K_n' W/L$ erhält man:

$$
I_D = \begin{cases}
0 & \text{für } U_{GS} < U_{th} \\[2ex]
\dfrac{K_n' W}{L} U_{DS} \left( U_{GS} - U_{th} - \dfrac{U_{DS}}{2} \right) \left( 1 + \dfrac{U_{DS}}{U_A} \right) & \text{für } U_{GS} \geq U_{th}, \\[1ex]
& 0 \leq U_{DS} < U_{DS,ab} \quad (3.16) \\[2ex]
\dfrac{K_n' W}{2L} (U_{GS} - U_{th})^2 \left( 1 + \dfrac{U_{DS}}{U_A} \right) & \text{für } U_{GS} \geq U_{th}, \\[1ex]
& U_{DS} \geq U_{DS,ab}
\end{cases}
$$

Als Parameter treten der *relative Steilheitskoeffizient* $K_n'$, die *Kanalweite* $W$, die *Kanallänge* $L$ und die *Early-Spannung* $U_A$ auf. Alternativ zu $K_n'$ kann man die *Beweglichkeit* $\mu_n$ und die *Oxiddicke* $d_{ox}$ angeben; es gilt [3.1]:

$$K_n' = \frac{\mu_n \epsilon_0 \epsilon_{r,ox}}{d_{ox}} \tag{3.17}$$

Mit $\mu_n = 0,05 \ldots 0,07 \, \text{m}^2/\text{Vs}$, $\epsilon_0 = 8,85 \cdot 10^{-12} \, \text{As/Vm}$ und $\epsilon_{r,ox} = 3,9$ erhält man:

$$K_n' \approx 1700 \ldots 2400 \, \frac{\mu\text{A}}{\text{V}^2} \cdot \frac{1}{d_{ox}/\text{nm}}$$

Bei Einzel-Mosfets beträgt die Oxiddicke $d_{ox} \approx 40 \ldots 100 \, \text{nm}$, in hochintegrierten CMOS-Schaltungen wird sie bis auf 15 nm reduziert.

**Schwellenspannung:** Die Schwellenspannung $U_{th}$ ist die Gate-Source-Spannung, ab der sich unterhalb des Gates der Inversionskanal bildet. Da der Kanal im Substrat-Gebiet liegt, hängt die Inversion und damit auch die Schwellenspannung von der Gate-Substrat-Spannung $U_{GB}$ ab. Dieser Effekt wird *Substrat-Effekt* genannt und hängt von der Dotierung des Substrats ab. Da eine Beschreibung der Form $U_{th} = U_{th}(U_{GB})$ unanschaulich ist, verwendet man wie bei $U_{GS}$ und $U_{DS}$ die Source als Bezugspunkt und ersetzt $U_{GB} = U_{GS} - U_{BS}$ durch die Bulk-Source-Spannung $U_{BS}$; es gilt [3.1]:

$$U_{th} = U_{th,0} + \gamma \left( \sqrt{U_{inv} - U_{BS}} - \sqrt{U_{inv}} \right) \tag{3.18}$$

Als Parameter treten die *Null-Schwellenspannung* $U_{th,0}$, der *Substrat-Steuerfaktor* $\gamma \approx 0,3 \ldots 0,8 \, \sqrt{\text{V}}$ und die *Inversionsspannung* $U_{inv} \approx 0,55 \ldots 0,8 \, \text{V}$ auf. Abb. 3.28 zeigt den Verlauf von $U_{th}$ in Abhängigkeit von $U_{BS}$ für $U_{th,0} = 1 \, \text{V}$, $\gamma = 0,55 \, \sqrt{\text{V}}$ und $U_{inv} = 0,7 \, \text{V}$ [15]; dabei muß $U_{BS} \leq 0$ gelten, damit die Bulk-Source-Diode in Sperrichtung betrieben wird.

---

15 $\gamma$ und $U_{inv}$ wurden mit (3.19) und (3.20) für $N_{sub} = 10^{16} \, \text{cm}^{-3}$ und $d_{ox} = 32 \, \text{nm}$ bestimmt.

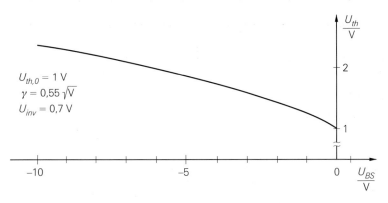

**Abb. 3.28.** Abhängigkeit der Schwellenspannung $U_{th}$ von der Bulk-Source-Spannung $U_{BS}$ (Substrat-Effekt)

Der Substrat-Effekt macht sich vor allem bei integrierten Schaltungen bemerkbar, da hier alle n-Kanal-Mosfets ein gemeinsames Substrat-Gebiet besitzen und je nach Arbeitspunkt mit unterschiedlichen Bulk-Source-Spannungen betrieben werden; deshalb haben integrierte Mosfets mit gleichen geometrischen Größen unterschiedliche Kennlinien, wenn sie mit unterschiedlichen Bulk-Source-Spannungen betrieben werden. Bei Einzel-Mosfets mit interner Verbindung zwischen Source und Substrat tritt dieser Effekt nicht auf; hier gilt $U_{BS} = 0$ und $U_{th} = U_{th,0}$.

Alternativ zu $\gamma$ und $U_{inv}$ kann man die *Subtrat-Dotierdichte* $N_{sub}$ und die Oxiddicke $d_{ox}$ angeben; es gilt [3.1]:

$$\gamma = \frac{\sqrt{2q\epsilon_0\epsilon_{r,Si}N_{sub}}}{C'_{ox}} = \sqrt{\frac{2q\epsilon_{r,Si}N_{sub}}{\epsilon_0}}\,\frac{d_{ox}}{\epsilon_{r,ox}} \tag{3.19}$$

$$U_{inv} = 2U_T\ln\frac{N_{sub}}{n_i} \tag{3.20}$$

Durch Einsetzen der Konstanten $q = 1{,}602 \cdot 10^{-19}$ As, $\epsilon_0 = 8{,}85 \cdot 10^{-12}$ As/Vm, $\epsilon_{r,ox} = 3{,}9$ und $\epsilon_{r,Si} = 11{,}9$ sowie $U_T = 26$ mV und $n_i = 1{,}45 \cdot 10^{10}$ cm$^{-3}$ für $T = 300$ K erhält man:

$$\gamma \approx 1{,}7 \cdot 10^{-10}\,\sqrt{V} \cdot \sqrt{N_{sub}/\text{cm}^{-3}} \cdot d_{ox}/\text{nm}$$

$$U_{inv} \overset{T=300\,\text{K}}{\approx} 52\,\text{mV} \cdot \ln\frac{N_{sub}}{1{,}45 \cdot 10^{10}\,\text{cm}^{-3}}$$

Typische Werte sind $N_{sub} \approx 1\ldots7 \cdot 10^{16}$ cm$^{-3}$ für integrierte Schaltungen und $N_{sub} \approx 5 \cdot 10^{14}\ldots10^{16}$ cm$^{-3}$ für Einzel-Mosfets.

**Substrat-Dioden:** Aus dem Aufbau eines Mosfets ergeben sich *Substrat-Dioden* zwischen Bulk und Source bzw. Bulk und Drain; Abb. 3.27 zeigt Anordnung und Polarität dieser Dioden im Ersatzschaltbild eines n-Kanal-Mosfets. Für die

Ströme durch diese Dioden gelten die Diodengleichungen

$$I_{D,S} = I_{S,S} \left( e^{\frac{U_{BS}}{nU_T}} - 1 \right) \tag{3.21}$$

$$I_{D,D} = I_{S,D} \left( e^{\frac{U_{BD}}{nU_T}} - 1 \right) \tag{3.22}$$

mit den *Sättigungssperrströmen* $I_{S,S}$ und $I_{S,D}$ und dem *Emissionsfaktor* $n \approx 1$.

Alternativ zu $I_{S,S}$ und $I_{S,D}$ kann man die *Sperrstromdichte* $J_S$ und die *Rand-stromdichte* $J_R$ angeben; mit den Flächen $A_S$ und $A_D$ und den Randlängen $l_S$ und $l_D$ des Source- und Draingebiets erhält man:

$$I_{S,S} = J_S A_S + J_R l_S \tag{3.23}$$

$$I_{S,D} = J_S A_D + J_R l_D \tag{3.24}$$

Davon macht man besonders bei CAD-Programmen zum Entwurf integrier-ter Schaltungen Gebrauch; $J_S$ und $J_R$ sind in diesem Fall Parameter des MOS-Prozesses und für alle n-Kanal-Mosfets gleich. Sind die Größen der einzelnen Mosfets festgelegt, muß man nur noch die Flächen und Randlängen bestimmen; das CAD-Programm ermittelt dann daraus $I_{S,S}$ und $I_{S,D}$.

Bei normalem Betrieb liegt der Bulk-Anschluß eines n-Kanal-Mosfets auf niedrigerem oder höchstens gleichem Potential wie Drain und Source; es gilt dann $U_{BS}, U_{BD} \leq 0$ und die Dioden werden im Sperrbereich betrieben. Bei Einzel-Mosfets mit interner Verbindung zwischen Source und Bulk ist diese Bedin-gung automatisch erfüllt, solange $U_{DS} > 0$ ist. In integrierten Schaltungen ist der gemeinsame Bulk-Anschluß der n-Kanal-Mosfets mit der negativen Versor-gungsspannung verbunden, so daß die Dioden immer sperren. Die Sperrströme $I_{D,S} \approx -I_{S,S}$ und $I_{D,D} \approx -I_{S,D}$ liegen bei kleineren Mosfets im pA-Bereich, bei Leistungs-Mosfets im µA-Bereich; sie können im allgemeinen vernachlässigt wer-den.

**Weitere Effekte:** Es gibt eine Vielzahl von weiteren Effekten, die vom Level-1-Modell nicht erfaßt werden; die wichtigsten werden im folgenden kurz vorgestellt [3.2]:

- Bei kleinen Kanallängen $L$ wird der Bereich unter dem Kanal von den Sperr-schichten der Bulk-Source- und Bulk-Drain-Diode stark eingeengt. Die dort vorhandene Raumladung wird in diesem Fall in zunehmendem Maße durch Ladungen im Source- und Drain-Gebiet kompensiert, was zu einer Abnahme der Gate-Ladung führt; dadurch nimmt die Schwellenspannung $U_{th}$ ab. Die-ser Effekt wird *Kurzkanal-Effekt* genannt und hängt von den Spannungen $U_{BS}$ und $U_{BD}$ bzw. $U_{DS} = U_{BS} - U_{BD}$ ab. Mit zunehmender Drain-Source-Spannung nimmt die Schwellenspannung ab und der Drainstrom entspre-chend zu; dadurch erhalten die Ausgangskennlinien im Abschnürbereich eine von $U_{DS}$ abhängige Steigung. Die Beschreibung dieses Effekts in den Level-2/3- und BSIM-Modellen kann deshalb als *erweiterte Kanallängenmodulation* aufgefaßt werden, die in diesem Fall nicht mehr mit der Early-Spannung $U_A$

bzw. dem Kanallängenmodulations-Parameter $\lambda$, sondern durch die Schwellenspannung

$$U_{th} = U_{th,0} + \gamma \left( \left( 1 - f(L, U_{DS}, U_{BS}) \right) \sqrt{U_{inv} - U_{BS}} - \sqrt{U_{inv}} \right)$$

modelliert wird. Die Funktion $f(L, U_{DS}, U_{BS})$ wird in [3.3] näher beschrieben. Abb. 3.29a zeigt die Abhängigkeit der Schwellenspannung von der Kanallänge bei einem integrierten Mosfet.

- Mit abnehmender Kanalweite $W$ wird die Ladung an den Rändern des Kanals im Vergleich zur Ladung im Kanal immer größer und muß berücksichtigt werden. Sie wird durch Ladung auf dem Gate kompensiert und bewirkt deshalb eine Zunahme der Schwellenspannung $U_{th}$. Dieser Effekt wird *Schmalkanal-Effekt* genannt und ebenfalls durch eine Erweiterung der Gleichung für die Schwellenspannung beschrieben:

$$U_{th} = U_{th,0} + \gamma \left( \dots \right) + k \, \frac{U_{inv} - U_{BS}}{W}$$

Der Faktor $k$ wird in [3.3] näher beschrieben. Abb. 3.29b zeigt die Abhängigkeit der Schwellenspannung von der Kanalweite bei einem integrierten Mosfet.

- Auch ohne Inversionskanal sind freie Ladungen im Kanalgebiet vorhanden; dadurch kann auch unterhalb der Schwellenspannung $U_{th}$ ein kleiner Drainstrom fließen. Dieser Effekt wird *Unterschwellen-Effekt* und der Strom *Unterschwellenstrom (sub-threshold current)* genannt. Die Kennlinie ist in diesem *Unterschwellenbereich (sub-threshold region)* exponentiell und geht im Bereich der Schwellenspannung in die Kennlinie für den Abschnürbereich über:

$$I_D = \begin{cases} 2K \left( \dfrac{n_U U_T}{e} \right)^2 e^{\frac{U_{GS} - U_{th}}{n_U U_T}} \left( 1 + \dfrac{U_{DS}}{U_A} \right) & \text{für } U_{GS} < U_{th} + 2n_U U_T \\[3mm] \dfrac{K}{2} \left( U_{GS} - U_{th} \right)^2 \left( 1 + \dfrac{U_{DS}}{U_A} \right) & \text{für } U_{GS} \geq U_{th} + 2n_U U_T \end{cases} \tag{3.25}$$

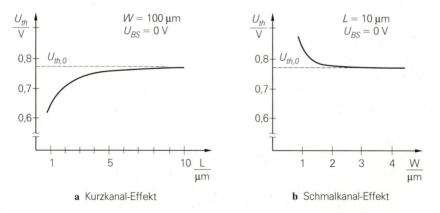

a Kurzkanal-Effekt     b Schmalkanal-Effekt

**Abb. 3.29.** Abhängigkeit der Schwellenspannung von den geometrischen Größen

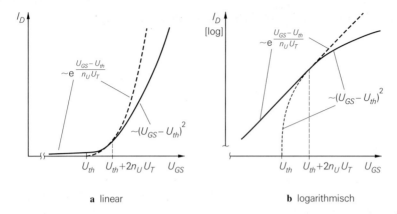

**a** linear                                              **b** logarithmisch

**Abb. 3.30.** Verlauf des Drainstroms im Unterschwellenbereich

Dabei ist $n_U \approx 1,5\ldots2,5$ der *Emissionsfaktor im Unterschwellenbereich*. Der Übergang erfolgt bei $U_{GS} \approx U_{th} + 3\ldots5 \cdot U_T \approx U_{th} + 78\ldots130\,\text{mV}$. Abb. 3.30 zeigt den Verlauf des Drainstroms im Bereich der Schwellenspannung in linearer und logarithmischer Darstellung; letztere liefert für den exponentiellen Unterschwellenstrom eine Gerade. In integrierten MOS-Schaltungen für batteriebetriebene Geräte werden die Mosfets oft in diesem Bereich betrieben; damit kann man die Stromaufnahme auf Kosten der Geschwindigkeit stark reduzieren.

**p-Kanal-Mosfets:** Die Kennlinien eines p-Kanal-Mosfets erhält man, indem man das Ausgangs- und das Übertragungskennlinienfeld eines n-Kanal-Mosfets jeweils am Ursprung spiegelt. In den Gleichungen hat diese Punktspiegelung eine Änderung der Polarität aller Spannungen und Ströme zur Folge; mit

$$U_{DS,ab} = U_{GS} - U_{th} < 0$$

erhält man:

$$I_D = \begin{cases} 0 & \text{für } U_{GS} > U_{th} \\[2ex] -\dfrac{K_p' W}{L} U_{DS} \left(U_{GS} - U_{th} - \dfrac{U_{DS}}{2}\right)\left(1 - \dfrac{U_{DS}}{U_A}\right) & \text{für } U_{GS} \leq U_{th}, \\ & U_{DS,ab} < U_{DS} \leq 0 \\[2ex] -\dfrac{K_p' W}{2L} (U_{GS} - U_{th})^2 \left(1 - \dfrac{U_{DS}}{U_A}\right) & \text{für } U_{GS} \leq U_{th}, \\ & U_{DS} \leq U_{DS,ab} \end{cases}$$

$$U_{th} = U_{th,0} - \gamma \left(\sqrt{U_{inv} + U_{BS}} - \sqrt{U_{inv}}\right)$$

Die Parameter $\gamma$ und $U_{inv}$ werden auch beim p-Kanal-Mosfet mit (3.19) bzw. (3.20) bestimmt. Die Early-Spannung $U_A$ ist beim p-Kanal- wie beim n-Kanal-Mosfet positiv; auch der relative Steilheitskoeffizient ist positiv:

$$K_p' = \frac{\mu_p \epsilon_0 \epsilon_{r,ox}}{d_{ox}}$$

Dabei ist $\mu_p = 0,015 \ldots 0,025\,\mathrm{m}^2/\mathrm{Vs}$. Für die Substrat-Dioden gilt:

$$I_{D,S} = -I_{S,S}\left(e^{-\frac{U_{BS}}{nU_T}} - 1\right)$$

$$I_{D,D} = -I_{S,D}\left(e^{-\frac{U_{BD}}{nU_T}} - 1\right)$$

**Bahnwiderstände**

Jeder Anschluß verfügt über einen Bahnwiderstand, der sich aus dem Widerstand des jeweiligen Gebiets und dem Kontaktwiderstand der Metallisierung zusammensetzt. Abb. 3.31a zeigt die Widerstände $R_G$, $R_S$, $R_D$ und $R_B$ am Beispiel eines integrierten n-Kanal-Mosfets. In CAD-Programmen zur Schaltungssimulation kann man diese Widerstände direkt oder unter Verwendung des *Schichtwiderstands* (*sheet resistance*) $R_{sh}$ und den Multiplikatoren $n_{RG}$, $n_{RS}$, $n_{RD}$ und $n_{RB}$ angeben; es gilt:

$$\begin{bmatrix} R_G \\ R_S \\ R_D \\ R_B \end{bmatrix} = R_{sh} \begin{bmatrix} n_{RG} \\ n_{RS} \\ n_{RD} \\ n_{RB} \end{bmatrix} \tag{3.26}$$

Der Schichtwiderstand ist in diesem Fall eine Eigenschaft des MOS-Prozesses und für alle n-Kanal-Mosfets einer integrierten Schaltung gleich. Typische Werte sind $R_{sh} \approx 20 \ldots 50\,\Omega$ bei n-Kanal-Mosfets und $R_{sh} \approx 50 \ldots 100\,\Omega$ bei p-Kanal-Mosfets.

Abb. 3.31b zeigt das erweiterte Modell. Man muß nun zwischen den *externen* Anschlüssen G, S, D und B und den *internen* Anschlüssen G', S', D' und B' unterscheiden, d.h. der Drainstrom $I_D$ und die Diodenströme $I_{D,S}$ und $I_{D,D}$ hängen jetzt von den internen Spannungen $U_{G'S'}, U_{D'S'}, \ldots$ ab.

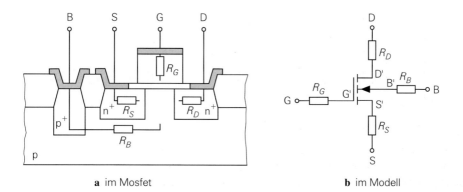

**a** im Mosfet            **b** im Modell

**Abb. 3.31.** Bahnwiderstände bei einem integrierten n-Kanal-Mosfet

**Vertikale Leistungs-Mosfets**

Im Abschnitt 3.2.2 wurde bereits auf die besonderen Eigenschaften vertikaler Leistungs-Mosfets (DMOS-Fets) eingegangen; Abb. 3.25 auf Seite 217 zeigt die zugehörigen Kennlinien. Die Scherung der Übertragungskennlinie in Abb. 3.25a wird durch den Sourcewiderstand $R_S$ verursacht; aus Abb. 3.31b folgt mit $I_G = 0$:

$$U_{GS} = U_{G'S'} + I_D R_S = U_{th} + \sqrt{\frac{2 I_D}{K\left(1 + \dfrac{U_{D'S'}}{U_A}\right)}} + I_D R_S$$

$$\overset{U_A \to \infty}{\approx} U_{th} + \sqrt{\frac{2 I_D}{K}} + I_D R_S \tag{3.27}$$

Diese Gleichung wird zur Parameterextraktion verwendet; ausgehend von mindestens drei Wertepaaren $(U_{GS}, I_D)$ im Abschnürbereich kann man die drei Parameter $U_{th}$, $K$ und $R_S$ bestimmen [16].

Im Ausgangskennlinienfeld nach Abb. 3.25b sind die Verhältnisse komplizierter. Zwar läßt sich die Scherung durch einen Widerstand in der Drainleitung beschreiben, dieser ist jedoch im Gegensatz zum linearen Drainwiderstand $R_D$ nach Abb. 3.31b nichtlinear. Verursacht wird dies durch *Leitfähigkeitsmodulation* in der Driftstrecke, d.h. die Leitfähigkeit des Driftgebiets nimmt mit zunehmendem Strom zu, weil die Ladungsträgerdichte zunimmt. Für den Spannungsabfall $U_{Drift}$ gilt näherungsweise [3.4]:

$$U_{Drift} = U_0 \left(\sqrt{1 + 2\frac{I_D}{I_0}} - 1\right) \tag{3.28}$$

Dabei sind $U_0$ und $I_0$ die Parameter der Driftstrecke. Abb. 3.32a zeigt die Driftspannung in Abhängigkeit von $I_D$ für einen Mosfet mit $U_0 = 1\,\text{V}$ und $I_0 = 1\,\text{A}$. Bei kleinen Strömen verhält sich die Driftstrecke wie ein linearer Widerstand mit $R = U_0/I_0$; in Abb. 3.32a ist $R = 1\,\Omega$. Bei größeren Strömen nimmt die Leitfähigkeit zu und der Spannungsabfall ist kleiner als bei einem $1\,\Omega$-Widerstand.

Die Kennlinie (3.28) entspricht der eines selbstleitenden Mosfets, bei dem Gate und Drain verbunden sind; mit $U_{GS} = U_{DS}$ und $U_{th} < 0$ erhält man

$$I_D = K U_{DS}\left(U_{GS} - U_{th} - \frac{U_{DS}}{2}\right) \overset{\substack{U_{GS}=U_{DS}=U_{Drift}\\ U_{th}<0}}{=} K|U_{th}|U_{Drift} + \frac{1}{2}K U_{Drift}^2$$

und daraus durch Auflösen:

$$U_{Drift} = |U_{th}| \left(\sqrt{1 + \frac{2 I_D}{K|U_{th}|^2}} - 1\right)$$

---

16 In der Praxis verwendet man sehr viele Wertepaare und bestimmt die Parameter mit Hilfe einer *Orthogonal-Projektion*.

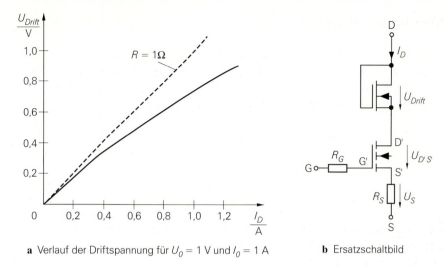

**a** Verlauf der Driftspannung für $U_0 = 1$ V und $I_0 = 1$ A          **b** Ersatzschaltbild

**Abb. 3.32.** Driftspannung bei vertikalen Leistungs-Mosfets

Ein Vergleich mit (3.28) zeigt, daß man die Driftstrecke mit einem selbstleitenden Mosfet mit $U_{th} = -U_0$ und $K = I_0/U_0^2$ modellieren kann; daraus folgt das in Abb. 3.32b gezeigte Ersatzschaltbild, bei dem im Vergleich zu Abb. 3.31b ein selbstleitender Mosfet an die Stelle des Widerstands $R_D$ tritt.

### Sperrschicht-Fets

Das Modell eines Sperrschicht-Fets folgt aus dem Modell eines Mosfets durch Weglassen des isolierten Gates, Umbenennen von Bulk in Gate und Einsetzen von $\beta = K/2$ in den Gleichungen; man erhält das Ersatzschaltbild in Abb. 3.33 mit den Gleichungen:

$$I_D = \begin{cases} 0 & \text{für } U_{GS} < U_{th} \\[2mm] 2\beta\, U_{DS} \left( U_{GS} - U_{th} - \dfrac{U_{DS}}{2} \right) \left( 1 + \dfrac{U_{DS}}{U_A} \right) & \text{für } U_{GS} \geq U_{th}, \\[1mm] & 0 \leq U_{DS} < U_{GS} - U_{th} \\[2mm] \beta\, (U_{GS} - U_{th})^2 \left( 1 + \dfrac{U_{DS}}{U_A} \right) & \text{für } U_{GS} \geq U_{th}, \\[1mm] & U_{DS} \geq U_{GS} - U_{th} \end{cases}$$

$$I_G = I_S \left( e^{\frac{U_{GS}}{nU_T}} + e^{\frac{U_{GD}}{nU_T}} - 2 \right) \tag{3.29}$$

Parameter sind die *Schwellenspannung* $U_{th}$, der *Jfet-Steilheitskoeffizient* $\beta$, die *Early-Spannung* $U_A$, der *Sättigungssperrstrom* $I_S$ und der *Emissionskoeffizient* $n$.

Zusätzlich sind wie beim Mosfet Bahnwiderstände in der Drain- und Source-Leitung vorgesehen; die entsprechenden Parameter sind $R_S$ und $R_D$. Ein Gate-Widerstand ist im Jfet-Modell nicht vorgesehen, muß aber in der Schaltungssi-

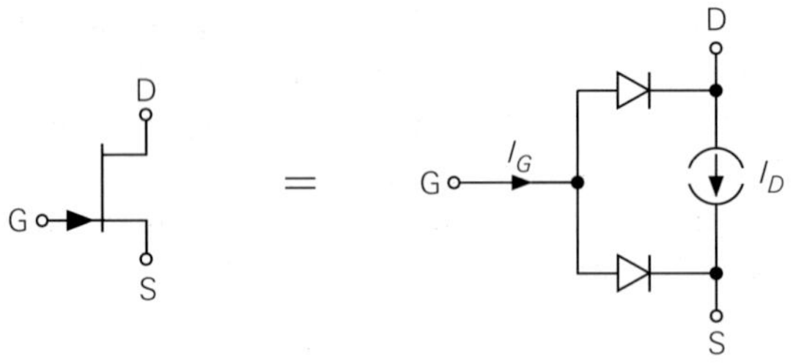

**Abb. 3.33.** Großsignal-Ersatz-schaltbild für einen n-Kanal-Jfet

mulation mit CAD-Programmen immer dann extern ergänzt werden, wenn das Hochfrequenzverhalten richtig wiedergegeben werden soll.

Im Gegensatz zum Mosfet-Modell ist das Jfet-Modell nicht skalierbar, d.h. es treten keine geometrischen Größen wie Kanallänge oder -weite auf. Das Jfet-Modell ist einfach, aber nicht sehr genau.

### 3.3.2
### Dynamisches Verhalten

Das Verhalten bei Ansteuerung mit puls- oder sinusförmigen Signalen wird als *dynamisches Verhalten* bezeichnet und kann nicht aus den Kennlinien ermittelt werden. Ursache hierfür sind die in Abb. 3.34 gezeigten Kapazitäten zwischen den verschiedenen Bereichen eines Mosfets; sie lassen sich in drei Gruppen aufteilen:

- Die *Kanalkapazitäten* $C_{GS,K}$ und $C_{GD,K}$ beschreiben die kapazitive Wirkung zwischen Gate und Kanal. Sie sind nur wirksam, wenn ein Kanal existiert, d.h. wenn der Mosfet leitet; ohne Kanal erhält man eine Kapazität $C_{GB,K}$ zwischen Gate und Bulk, die Bestandteil der *Gate-Bulk-Kapazität* $C_{GB}$ ist. Die Kanalkapazitäten sind im Abschnürbereich linear, im ohmschen Bereich dagegen nichtlinear.

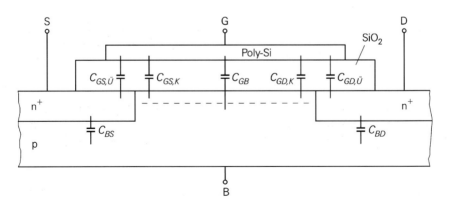

**Abb. 3.34.** Kapazitäten bei einem n-Kanal-Mosfet

- Die linearen *Überlappungskapazitäten* $C_{GS,\ddot{U}}$, $C_{GD,\ddot{U}}$ und $C_{GB,\ddot{U}}$ ergeben sich aus der geometrischen Überlappung zwischen dem Gate und dem Source-, Drain- und Bulk-Gebiet. $C_{GB,\ddot{U}}$ folgt aus der Überlappung zwischen Gate und Bulk an den Seiten des Kanals und ist ein Bestandteil von $C_{GB}$.

- Die nichtlinearen *Sperrschichtkapazitäten* $C_{BS}$ und $C_{BD}$ ergeben sich aus den pn-Übergangen zwischen Bulk und Source bzw. Bulk und Drain.

Durch Zusammenfassen erhält man insgesamt fünf Kapazitäten:

$$
\begin{aligned}
C_{GS} &= C_{GS,K} + C_{GS,\ddot{U}} \\
C_{GD} &= C_{GD,K} + C_{GD,\ddot{U}} \\
C_{GB} &= C_{GB,K} + C_{GB,\ddot{U}}
\end{aligned}
\tag{3.30}
$$

sowie $C_{BS}$ und $C_{BD}$.

**Kanalkapazitäten:** Das Gate bildet zusammen mit dem darunter liegenden Kanal einen Plattenkondensator mit der *Oxidkapazität*:

$$
C_{ox} = \epsilon_{ox} \frac{A}{d_{ox}} = \epsilon_0 \epsilon_{r,ox} \frac{WL}{d_{ox}}
\tag{3.31}
$$

Im Sperrbereich, d.h. ohne Kanal, wirkt diese Kapazität zwischen Gate und Bulk; man erhält:

$$
\left.
\begin{aligned}
C_{GS,K} &= 0 \\
C_{GD,K} &= 0 \\
C_{GB,K} &= C_{ox}
\end{aligned}
\right\}
\text{ für } U_{G'S'} < U_{th}
\tag{3.32}
$$

Im ohmschen Bereich erstreckt sich der Kanal vom Source- bis zum Drain-Gebiet und die Oxidkapazität teilt sich entsprechend der Ladungsverteilung im Kanal auf. Für $U_{D'S'} = 0$ ist der Kanal symmetrisch und man erhält $C_{GS,K} = C_{GD,K} = C_{ox}/2$. Für $U_{D'S'} > 0$ ist der Kanal unsymmetrisch; hier gilt $C_{GS,K} > C_{GD,K}$. Die Kapazitäten hängen demnach von $U_{D'S'}$ und $U_{G'S'}$ ab und können mit den folgenden Gleichungen näherungsweise beschrieben werden [3.3]:

$$
\left.
\begin{aligned}
C_{GS,K} &= \frac{2}{3} C_{ox} \left( 1 - \left( \frac{U_{G'S'} - U_{th} - U_{D'S'}}{2\,(U_{G'S'} - U_{th}) - U_{D'S'}} \right)^2 \right) \\
C_{GD,K} &= \frac{2}{3} C_{ox} \left( 1 - \left( \frac{U_{G'S'} - U_{th}}{2\,(U_{G'S'} - U_{th}) - U_{D'S'}} \right)^2 \right) \\
C_{GB,K} &= 0
\end{aligned}
\right\}
\begin{aligned}
&\text{für } U_{G'S'} \geq U_{th}, \\
&U_{D'S'} < U_{G'S'} - U_{th}
\end{aligned}
\tag{3.33}
$$

Im Abschnürbereich ist der Kanal auf der Drain-Seite abgeschnürt, d.h. es besteht keine Verbindung mehr zwischen dem Kanal und dem Drain-Gebiet; daraus folgt $C_{GD,K} = 0$. Damit wirkt nur noch $C_{GS,K}$ als Kanalkapazität [3.3]:

$$
\left.
\begin{aligned}
C_{GS,K} &= \frac{2}{3} C_{ox} \\
C_{GD,K} &= 0 \\
C_{GB,K} &= 0
\end{aligned}
\right\}
\text{ für } U_{G'S'} \geq U_{th}, U_{D'S'} \geq U_{G'S'} - U_{th}
\tag{3.34}
$$

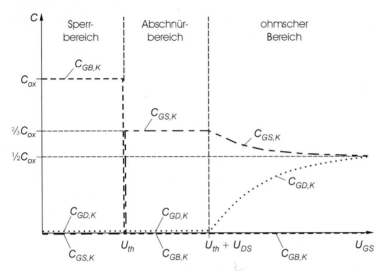

**Abb. 3.35.** Verlauf der Kanalkapazitäten bei einem n-Kanal-Mosfet schematisch. Die Übergänge sind bei einem realen Mosfet stetig

Abb. 3.35 zeigt den Verlauf der drei Kapazitäten. Man beachte, daß die Analogie zum Plattenkondensator nur bei homogener Ladungsverteilung gilt; nur in diesem Fall gilt $C_{GS,K} + C_{GD,K} + C_{GB,K} = C_{ox}$. Das ist im Sperrbereich immer, im ohmschen Bereich nur bei $U_{D'S'} = 0$ und im Abschnürbereich nie der Fall.

Man erkennt in Abb. 3.35, daß bei dem hier vorgestellten Kapazitätsmodell am Übergang zwischen dem Sperr- und dem Abschnürbereich ein abrupter Übergang von $C_{GB,K}$ auf $C_{GS,K}$ mit einem Sprung in der Gesamtkapazität von $C_{ox}$ auf $2C_{ox}/3$ auftritt. In diesem Bereich gibt das Modell die realen Verhältnisse nur sehr grob wieder. Der Übergang ist bei einem realen Mosfet stetig; die entsprechenden Verläufe sind in Abb. 3.35 strich-punktiert dargestellt [17].

**Überlappungskapazitäten:** Da das Gate im allgemeinen größer ist als der Kanal[18], d.h. breiter als die Kanalweite $W$ und länger als Kanallänge $L$, ergeben sich an den Rändern Überlappungen, die entsprechende *Überlappungskapazitäten* $C_{GS,\ddot{U}}$, $C_{GD,\ddot{U}}$ und $C_{GB,\ddot{U}}$ zur Folge haben. Man kann diese Kapazitäten aber nicht mit Hilfe der Formel für Plattenkondensatoren aus der Fläche der jeweiligen Überlappung berechnen, da die Feld- und Ladungsverteilung in den Randbereichen nicht homogen ist. Deshalb gibt man als Parameter die auf die Randlänge

---

17 Eine relativ einfache Beschreibung dieses Übergangs findet man in [3.3]. Ein weiteres Problem ist die Ladungserhaltung, deren Einhaltung eine weitergehende Änderung der Gleichungen erfordert; in *PSpice* von *MicroSim* wird ein entsprechend erweitertes Modell verwendet [3.5].

18 Das Gate muß *mindestens* so groß sein wie das Kanalgebiet zwischen Source und Drain, damit sich ein durchgehender Kanal bilden kann.

bezogenen *Kapazitätsbeläge* $C'_{GS,\ddot{U}}$, $C'_{GD,\ddot{U}}$ und $C'_{GB,\ddot{U}}$ an, die durch Messung oder mit Hilfe einer Feldsimulation ermittelt werden; daraus folgt:

$$
\begin{aligned}
C_{GS,\ddot{U}} &= C'_{GS,\ddot{U}}\, W \\
C_{GD,\ddot{U}} &= C'_{GD,\ddot{U}}\, W \\
C_{GB,\ddot{U}} &= C'_{GB,\ddot{U}}\, L
\end{aligned}
\tag{3.35}
$$

Dabei beinhaltet $C'_{GB,\ddot{U}}$ die Anteile beider Seiten und muß deshalb nur mit der einfachen Kanallänge multipliziert werden. Bei symmetrisch aufgebauten Mosfets ist $C'_{GS,\ddot{U}} = C'_{GD,\ddot{U}}$ bzw. $C_{GS,\ddot{U}} = C_{GD,\ddot{U}}$; bei Hochspannungs-Mosfets mit einer zusätzlichen Driftstrecke sind die Werte verschieden.

Bei vertikalen Leistungs-Mosfets ist die Gate-Source-Überlappungskapazität $C_{GS,\ddot{U}}$ besonders groß, weil die ganzflächige Source-Metallisierung das darunter liegende Gate-Gitter überdeckt, siehe Abb. 3.23 auf Seite 215 bzw. $C_{GS}$ in Abb. 3.24 auf Seite 216. Der dadurch verursachte zusätzliche Anteil in der Überlappungskapazität hängt zwar von $W$ und $L$ ab, ist aber für den Fall, daß verschieden große Mosfets aus einer unterschiedlichen Anzahl gleicher Zellen bestehen, nur noch von $W$ abhängig; $L$ ist in diesem Fall für alle Mosfets gleich.

**Sperrschichtkapazitäten:** Die pn–Übergänge zwischen Bulk und Source bzw. Bulk und Drain besitzen eine spannungsabhängige *Sperrschichtkapazität* $C_{BS}$ bzw. $C_{BD}$, die von der Dotierung, der Fläche des Übergangs und der anliegenden Spannung abhängt. Die Beschreibung erfolgt wie bei einer Diode; aus (1.13) auf Seite 22 folgt sinngemäß:

$$
C_{BS}(U_{B'S'}) = \frac{C_{S0,S}}{\left(1 - \dfrac{U_{B'S'}}{U_{Diff}}\right)^{m_S}} \qquad \text{für } U_{B'S'} \le 0
\tag{3.36}
$$

$$
C_{BD}(U_{B'D'}) = \frac{C_{S0,D}}{\left(1 - \dfrac{U_{B'D'}}{U_{Diff}}\right)^{m_S}} \qquad \text{für } U_{B'D'} \le 0
\tag{3.37}
$$

mit den *Nullkapazitäten* $C_{S0,S}$ und $C_{S0,D}$, der *Diffusionsspannung* $U_{Diff}$ und dem *Kapazitätskoeffizienten* $m_S \approx 1/3 \ldots 1/2$.

Alternativ zu $C_{S0,S}$ und $C_{S0,D}$ kann man den *Sperrschicht-Kapazitätsbelag* $C'_S$, den *Rand-Kapazitätsbelag* $C'_R$, die *Rand-Diffusionsspannung* $U_{Diff,R}$ und den *Rand-Kapazitätskoeffizienten* $m_R$ angeben; mit den Flächen $A_S$ und $A_D$ und den Randlängen $l_S$ und $l_D$ des Source- und Drain-Gebiets gilt:

$$
C_{BS} = \frac{C'_S A_S}{\left(1 - \dfrac{U_{B'S'}}{U_{Diff}}\right)^{m_S}} + \frac{C'_R l_S}{\left(1 - \dfrac{U_{B'S'}}{U_{Diff,R}}\right)^{m_R}} \qquad \text{für } U_{B'S'} \le 0
\tag{3.38}
$$

$$
C_{BD} = \frac{C'_S A_D}{\left(1 - \dfrac{U_{B'D'}}{U_{Diff}}\right)^{m_S}} + \frac{C'_R l_D}{\left(1 - \dfrac{U_{B'D'}}{U_{Diff,R}}\right)^{m_R}} \qquad \text{für } U_{B'D'} \le 0
\tag{3.39}
$$

Davon macht man besonders bei CAD-Programmen zum Entwurf integrierter Schaltungen Gebrauch; $C'_S$, $C'_R$, $U_{Diff}$, $U_{Diff,R}$, $m_S$ und $m_R$ sind in diesem Fall Parameter des MOS-Prozesses und für alle n-Kanal-Mosfets gleich. Sind die Größen der einzelnen Mosfets festgelegt, muß man nur noch die Flächen und Randlängen bestimmen; das CAD-Programm ermittelt dann daraus $C_{BS}$ und $C_{BD}$.

Der Gültigkeitsbereich der Gleichungen wird hier auf $U_{B'S'} \leq 0$ und $U_{B'D'} \leq 0$ beschränkt. Für $U_{B'S'} > 0$ und $U_{B'D'} > 0$ werden die pn-Übergänge in Flußrichtung betrieben und man muß zusätzlich zur Sperrschichtkapazität die Diffusionskapazität berücksichtigen, d.h. ein vollständiges Kapazitätsmodell wie bei einer Diode verwenden, siehe Abschnitt 1.3.2 auf Seite 21; dabei tritt als zusätzlicher Parameter die *Transit-Zeit* $\tau_T$ auf, die zur Bestimmung der Diffusionskapazität benötigt wird. In CAD-Programmen wird für jeden pn-Übergang ein vollständiges Kapazitätsmodell verwendet.

### Level-1-Mosfet-Modell

Abb. 3.36 zeigt das vollständige Level-1-Modell eines n-Kanal-Mosfets; es wird in CAD-Programmen zur Schaltungssimulation verwendet. Tabelle 3.2 gibt einen Überblick über die Größen und die Gleichungen des Modells. Die Parameter sind in Tab. 3.3 aufgelistet; zusätzlich sind die Bezeichnungen der Parameter im Schaltungssimulator *PSpice* [19] angegeben, die weitgehend mit den hier verwendeten Bezeichnungen übereinstimmen, wenn man die folgenden Ersetzungen vornimmt:

$$\text{Spannung} \rightarrow \text{voltage} : U \rightarrow V$$
$$\text{Sperrschicht} \rightarrow \text{junction} : S \rightarrow J$$
$$\text{Überlappung} \rightarrow \text{overlap} : \ddot{U} \rightarrow O$$
$$\text{Rand} \rightarrow \text{sidewall} : R \rightarrow SW$$

Es gibt vier verschiedene Parameter-Typen:

- *Prozeßparameter (P)*: Diese Parameter sind charakteristisch für den MOS-Prozeß und für alle n- bzw. p-Kanal-Mosfets in einer integrierten Schaltung gleich.
- *Skalierbare Prozeßparameter (PS)*: Diese Parameter sind ebenfalls charakteristisch für den MOS-Prozeß, werden aber noch entsprechend den geometrischen Daten des jeweiligen Mosfets skaliert.
- *Skalierungsparameter (S)*: Dabei handelt es sich um die geometrischen Daten des jeweiligen Mosfets. Aus diesen Parametern werden zusammen mit den skalierbaren Prozeßparametern die effektiven Parameter für den jeweiligen Mosfet bestimmt, z.B. $K = K'_n W/L$.
- *Effektive Parameter (E)*: Diese Parameter gelten für einen Mosfet bestimmter Größe.

Tabelle 3.4 zeigt die Parameterwerte eines NMOS- und eines CMOS-Prozesses.

---

19 *PSpice* ist ein Produkt der Firma *MicroSim*.

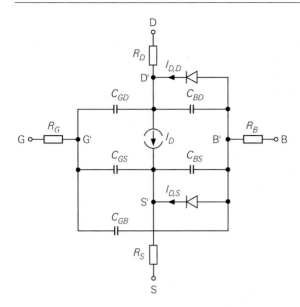

**Abb. 3.36.** Level-1-Mosfet-
Modell eines n-Kanal-Mosfets

Man kann einige Modell-Größen in skalierbarer *oder* effektiver Form angeben; das ist z.B. bei den Bahnwiderständen der Fall, die man mit $n_{RG},\ldots,n_{RB}$ und $R_{sh}$ skalierbar oder mit $R_G,\ldots,R_B$ effektiv angeben kann.

Die Oxiddicke $d_{ox}$ geht auch in das dynamische Verhalten ein, da sie zur Bestimmung der Kanalkapazitäten benötigt wird; sie ist aber in Tab. 3.3 nur einmal aufgeführt. Die Parameter $K_n'$ und $\gamma$ müssen nicht angegeben werden, da sie aus $d_{ox}$, $\mu_n$, $U_{inv}$ und $N_{sub}$ berechnet werden können; $U_{inv}$ wiederum kann aus $N_{sub}$ berechnet werden. Bei widersprüchlichen Angaben hat die direkte Angabe Vorrang vor dem berechneten Wert.

| Größe | Bezeichnung | Gleichung |
|---|---|---|
| $I_D$ | idealer Drainstrom | (3.16) |
| $I_{D,S}$ | Strom der Bulk-Source-Diode | (3.21),(3.23) |
| $I_{D,D}$ | Strom der Bulk-Drain-Diode | (3.22),(3.24) |
| $R_G$ | Gate-Bahnwiderstand | |
| $R_S$ | Source-Bahnwiderstand | (3.26) |
| $R_D$ | Drain-Bahnwiderstand | |
| $R_B$ | Bulk-Bahnwiderstand | |
| $C_{GS}$ | Gate-Source-Kapazität | |
| $C_{GD}$ | Gate-Drain-Kapazität | (3.30)–(3.35) |
| $C_{GB}$ | Gate-Bulk-Kapazität | |
| $C_{BS}$ | Bulk-Source-Kapazität | (3.36) bzw. (3.38) |
| $C_{BD}$ | Bulk-Drain-Kapazität | (3.37) bzw. (3.39) |

**Tab. 3.2.** Größen des Level-1-Mosfet-Modells

| Parameter | PSpice | Bezeichnung | Typ |
|---|---|---|---|
| Geometrische Daten | | | |
| $W$ | W | Kanalweite | S |
| $L$ | L | Kanallänge | S |
| $A_S$ | AS | Fläche des Source-Gebiets | S |
| $l_S$ | PS | Randlänge des Source-Gebiets | S |
| $A_D$ | AD | Fläche des Drain-Gebiets | S |
| $l_D$ | PD | Randlänge des Drain-Gebiets | S |
| $n_{RG}$ | NRG | Multiplikator für Gate-Bahnwiderstand | S |
| $n_{RS}$ | NRS | Multiplikator für Source-Bahnwiderstand | S |
| $n_{RD}$ | NRD | Multiplikator für Drain-Bahnwiderstand | S |
| $n_{RB}$ | NRB | Multiplikator für Bulk-Bahnwiderstand | S |
| Statisches Verhalten | | | |
| $K_n'$ | KP | relativer Steilheitskoeffizient | PS |
| $U_{th,0}$ | VTO | Null-Schwellenspannung | P |
| $\gamma$ | GAMMA | Substrat-Steuerfaktor | P |
| $\lambda$ | LAMBDA | Kanallängenmodulations-Parameter | P |
| $U_A$ | - | Early-Spannung ($U_A = 1/\lambda$) | P |
| $d_{ox}$ | TOX | Oxiddicke | P |
| $\mu_n$ | UO | Ladungsträger-Beweglichkeit in cm$^2$/Vs | P |
| $U_{inv}$ | PHI | Inversionsspannung | P |
| $N_{sub}$ | NSUB | Substrat-Dotierdichte in cm$^{-3}$ | P |
| $J_S$ | JS | Sperrstromdichte der Bulk-Dioden | PS |
| $J_R$ | JSSW | Randstromdichte der Bulk-Dioden | PS |
| $n$ | N | Emissionskoeffizient der Bulk-Dioden | P |
| $I_{S,S}$ | IS | Sättigungssperrstrom der Bulk-Source-Diode | E |
| $I_{S,D}$ | IS | Sättigungssperrstrom der Bulk-Drain-Diode | E |
| $R_{sh}$ | RSH | Schichtwiderstand | PS |
| $R_G$ | RG | Gate-Bahnwiderstand | E |
| $R_S$ | RS | Source-Bahnwiderstand | E |
| $R_D$ | RD | Drain-Bahnwiderstand | E |
| $R_B$ | RB | Bulk-Bahnwiderstand | E |
| Dynamisches Verhalten | | | |
| $C_S'$ | CJ | Sperrschicht-Kapazitätsbelag | PS |
| $m_S$ | MJ | Kapazitätskoeffizient der Bulk-Dioden | P |
| $U_{Diff}$ | PB | Diffusionsspannung der Bulk-Dioden | P |
| $C_R'$ | CJSW | Rand-Kapazitätsbelag | PS |
| $m_R$ | MJSW | Rand-Kapazitätskoeffizient | P |
| $U_{Diff,R}$ | PBSW | Rand-Diffusionsspannung | P |
| $f_S$ | FC | Koeffizient für den Verlauf der Kapazitäten | P |
| $C_{S0,S}$ | CBS | Null-Kapazität der Bulk-Source-Diode | E |
| $C_{S0,D}$ | CBD | Null-Kapazität der Bulk-Drain-Diode | E |
| $C_{GS,Ü}'$ | CGSO | Gate-Source-Überlappungskapazität | PS |
| $C_{GD,Ü}'$ | CGDO | Gate-Drain-Überlappungskapazität | PS |
| $C_{GB,Ü}'$ | CGBO | Gate-Bulk-Überlappungskapazität | PS |
| $\tau_T$ | TT | Transit-Zeit für Substrat-Dioden | P |
| Auswahl des Modells | | | |
| - | LEVEL | LEVEL=1 wählt das Level-1-Modell aus | - |

**Tab. 3.3.** Parameter des Level-1-Mosfet-Modells

| Parameter | PSpice | NMOS | | CMOS | | Einheit |
|---|---|---|---|---|---|---|
| | | selbst-sperrend | selbst-leitend | n-Kanal | p-Kanal | |
| $K'_n, K'_p$ | KP | 37 | 33 | 69 | 23,5 | $\mu A/V^2$ |
| $U_{th,0}$ | VTO | 1,1 | $-3,8$ | 0,73 | $-0,75$ | V |
| $\gamma$ | GAMMA | 0,41 | 0,92 | 0,73 | 0,56 | $\sqrt{V}$ |
| $\lambda$ | LAMBDA | 0,03 | 0,01 | 0,033 | 0,055 | $V^{-1}$ |
| $U_A$ | - | 33 | 100 | 30 | 18 | V |
| $d_{ox}$ | TOX | 55 | 55 | 25 | 25 | nm |
| $\mu_n$ | UO | 590 | 525 | 500 | 170 | $cm^2/Vs$ |
| $U_{inv}$ | PHI | 0,62 | 0,7 | 0,76 | 0,73 | V |
| $N_{sub}$ | NSUB | 0,2 | 1 | 3 | 1,8 | $10^{16}/cm^3$ |
| $R_{sh}$ | RSH | 25 | 25 | 25 | 45 | $\Omega$ |
| $C'_S$ | CJ | 110 | 110 | 360 | 340 | $\mu F/m^2$ |
| $m_S$ | MJ | 0,5 | 0,5 | 0,4 | 0,5 | |
| $U_{Diff}$ | PB | 0,8 | 0,8 | 0,9 | 0,9 | V |
| $C'_R$ | CJSW | 500 | 500 | 250 | 220 | pF/m |
| $m_R$ | MJSW | 0,33 | 0,33 | 0,2 | 0,2 | |
| $U_{Diff,R}$ | PBSW | 0,8 | 0,8 | 0,9 | 0,9 | V |
| $f_S$ | FC | 0,5 | 0,5 | 0,5 | 0,5 | |
| $C'_{GS,Ü}$ | CGSO | 160 | 160 | 300 | 300 | pF/m |
| $C'_{GD,Ü}$ | CGDO | 160 | 160 | 300 | 300 | pF/m |
| $C'_{GB,Ü}$ | CGBO | 170 | 170 | 150 | 150 | pF/m |

**Tab. 3.4.** Parameter eines NMOS- und eines CMOS-Prozesses

**Einzel-Mosfets:** Während beim Bipolartransistor für Einzel- und integrierte Transistoren das nicht skalierbare Gummel-Poon-Modell in gleicher Weise verwendet werden kann, ist das skalierbare Level-1-Mosfet-Modell strenggenommen nur für integrierte Mosfets in ihrer einfachsten Form gültig; Einzel-Mosfets, die als vertikale DMOS-Fets ausgeführt sind, und integrierte Mosfets mit Driftstrecke zeigen teilweise ein anderes Verhalten. Es hat sich jedoch gezeigt, daß man diese Mosfets näherungsweise mit dem Level-1-Modell beschreiben kann, wenn man einige Parameter zweckentfremdet; dadurch verlieren diese Parameter ihre ursprüngliche Bedeutung und nehmen zum Teil halbleiter-physikalisch unsinnige Werte an. Tabelle 3.5 enthält die Level-1-Parameter einiger DMOS-Fets. Da Source und Bulk verbunden sind, entfällt der Substrat-Steuerfaktor $\gamma$; außerdem wird die Kanallängenmodulation vernachlässigt, d.h. der Parameter $\lambda$ entfällt.

Werden höhere Anforderungen an die Genauigkeit gestellt, muß ein *Makro-Modell* verwendet werden, das neben dem eigentlichen Mosfet-Modell weitere Bauteile zur Modellierung spezifischer Eigenschaften enthält. Ein Beispiel hierfür ist das in Abb. 3.32b gezeigte statische Ersatzschaltbild eines DMOS-Fets, bei dem ein weiterer Mosfet zur Modellierung des nichtlinearen Drainwiderstands verwendet wird. Ähnliche Erweiterungen werden auch zur Beschreibung des dynamischen Verhaltens eines DMOS-Fets benötigt, ein einheitliches Ersatzschaltbild gibt es aber nicht.

| Parameter | PSpice | BSD215 | IRF140 | IRF9140 | Einheit |
|---|---|---|---|---|---|
| $W$ | W | $540\,\mu$ | $0,97$ | $1,9$ | m |
| $L$ | L | 2 | 2 | 2 | $\mu$m |
| $K_n'$, $K_p'$ | KP | $20,8$ | $20,6$ | $10,2$ | $\mu$A/V$^2$ |
| $U_{th,0}$ | VTO | $0,95$ | $3,2$ | $-3,7$ | V |
| $d_{ox}$ | TOX | 100 | 100 | 100 | nm |
| $\mu_n$ | UO | 600 | 600 | 300 | cm$^2$/Vs |
| $U_{inv}$ | PHI | $0,6$ | $0,6$ | $0,6$ | V |
| $I_S$ | IS | 125 | $1,3$ | $10^{-5}$ | pA |
| $R_G$ | RG | – | $5,6$ | $0,8$ | $\Omega$ |
| $R_S$ | RS | $0,02$ | $0,022$ | $0,07$ | $\Omega$ |
| $R_D$ | RD | 25 | $0,022$ | $0,06$ | $\Omega$ |
| $R_B$ | RB | 370 | – | – | $\Omega$ |
| $C_{GS,\ddot{U}}'$ | CGSO | $1,2$ | 1100 | 880 | pF/m |
| $C_{GD,\ddot{U}}'$ | CGDO | $1,2$ | 430 | 370 | pF/m |
| $C_{S0,D}$ | CBD | $5,35$ | 2400 | 2140 | pF |
| $m_S$ | MJ | $0,5$ | $0,5$ | $0,5$ | |
| $U_{Diff}$ | PB | $0,8$ | $0,8$ | $0,8$ | V |
| $f_S$ | FC | $0,5$ | $0,5$ | $0,5$ | |
| $\tau_T$ | TT | – | 142 | 140 | ns |

BSD215: n-Kanal-Kleinsignal-Fet, IRF140: n-Kanal-Leistungs-Fet,
IRF9140: p-Kanal-Leistungs-Fet

**Tab. 3.5.** Parameter einiger DMOS-Fets

Beim Level-2- und Level-3-Modell werden zwar zum Teil andere Gleichungen verwendet, die Parameter sind jedoch weitgehend gleich; zusätzlich treten folgende Parameter auf [3.3]:

- *Level-2-Modell*: UCRIT, UEXP und VMAX zur Spannungsabhängigkeit der Beweglichkeit und NEFF zur Beschreibung der Kanalladung.
- *Level-3-Modell*: THETA, ETA und KAPPA zur empirischen Modellierung des statischen Verhaltens.
- *Beide Modelle*: DELTA zur Modellierung des Schmalkanaleffekts und XQC zur Ladungsverteilung im Kanal.

Beide Modelle beschreiben die Kanallängenmodulation mit Hilfe der zusätzlichen Parameter; dadurch entfällt der Kanallängenmodulations-Parameter $\lambda$.

### Sperrschicht-Fet-Modell

Abb. 3.37 zeigt das Modell eines n-Kanal-Sperrschicht-Fets. Es geht aus dem Level-1-Modell eines n-Kanal-Mosfets durch Weglassen des Gate-Anschlusses und der damit verbundenen Elemente sowie Umbenennen von Bulk in Gate hervor. Die Größen und Gleichungen sind in Tab. 3.6 zusammengefaßt. In Tab. 3.7 sind die Parameter aufgelistet.

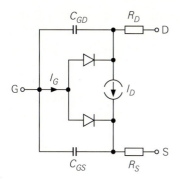

**Abb. 3.37.** Modell eines n-Kanal-Sperrschicht-Fets

| Größe | Bezeichnung | Gleichung |
|-------|-------------|-----------|
| $I_D$ | idealer Drainstrom | (3.29) |
| $I_G$ | Gatestrom | |
| $R_S$ | Source-Bahnwiderstand | |
| $R_D$ | Drain-Bahnwiderstand | |
| $C_{GS}$ | Gate-Source-Kapazität | (3.36) mit $C_{BS} \rightarrow C_{GS}$ |
| $C_{GD}$ | Gate-Drain-Kapazität | (3.37) mit $C_{BD} \rightarrow C_{GD}$ |

**Tab. 3.6.** Größen des Sperrschicht-Fet-Modells

| Parameter | PSpice | Bezeichnung |
|-----------|--------|-------------|
| Statisches Verhalten | | |
| $\beta$ | BETA | Jfet-Steilheitskoeffizient |
| $U_{th}$ | VTO | Schwellenspannung |
| $\lambda$ | LAMBDA | Kanallängenmodulations-Parameter ($\lambda = 1/U_A$) |
| $I_S$ | IS | Sättigungssperrstrom der Dioden |
| $n$ | N | Emissionskoeffizient der Dioden |
| $R_S$ | RS | Source-Bahnwiderstand |
| $R_D$ | RD | Drain-Bahnwiderstand |
| Dynamisches Verhalten | | |
| $C_{S0,S}$ | CGS | Null-Kapazität der Gate-Source-Diode |
| $C_{S0,D}$ | CGD | Null-Kapazität der Gate-Drain-Diode |
| $U_{Diff}$ | PB | Diffusionsspannung der Dioden |
| $m_S$ | M | Kapazitätskoeffizient der Dioden |
| $f_S$ | FC | Koeffizient für den Verlauf der Kapazitäten |

**Tab. 3.7.** Parameter des Sperrschicht-Fet-Modells

### 3.3.3
### Kleinsignalmodell

Durch Linearisierung in einem Arbeitspunkt erhält man aus dem Level-1-Mosfet-Modell ein lineares *Kleinsignalmodell*. Der Arbeitspunkt wird in der Praxis so gewählt, daß der Fet im Abschnürbereich arbeitet; die hier behandelten Kleinsignalmodelle sind deshalb nur für diese Betriebsart gültig.

Das *statische Kleinsignalmodell* beschreibt das Kleinsignalverhalten bei niedrigen Frequenzen und wird deshalb auch *Gleichstrom-Kleinsignalersatzschaltbild* genannt. Das *dynamische Kleinsignalmodell* beschreibt zusätzlich das dynamische Kleinsignalverhalten und wird zur Berechnung des Frequenzgangs von Schaltungen benötigt; es wird auch *Wechselstrom-Kleinsignalersatzschaltbild* genannt.

### Statisches Kleinsignalmodell im Abschnürbereich

**Kleinsignalparameter des Level-1-Mosfet-Modells:** Aus Abb. 3.36 folgt durch Weglassen der Kapazitäten und Vernachlässigung der Sperrströme ($I_{D,S} = I_{D,D} = 0$) das in Abb. 3.38a gezeigte *statische* Level-1-Modell; dabei entfallen die Bahnwiderstände $R_G$ und $R_B$, da in den entsprechenden Zweigen kein Strom fließen kann. Durch Linearisierung der Großsignalgleichungen (3.16) und (3.18) in einem Arbeitspunkt A erhält man:

$$S = \left. \frac{\partial I_D}{\partial U_{G'S'}} \right|_A = \frac{K_n' W}{L} \left( U_{G'S',A} - U_{th} \right) \left( 1 + \frac{U_{D'S',A}}{U_A} \right)$$

$$S_B = \left. \frac{\partial I_D}{\partial U_{B'S'}} \right|_A = \left. \frac{\partial I_D}{\partial U_{th}} \right|_A \frac{dU_{th}}{dU_{BS}}$$

$$= \frac{\gamma}{2\sqrt{U_{inv} - U_{B'S',A}}} \frac{K_n' W}{L} \left( U_{G'S',A} - U_{th} \right) \left( 1 + \frac{U_{D'S',A}}{U_A} \right)$$

$$\frac{1}{r_{DS}} = \left. \frac{\partial I_D}{\partial U_{D'S'}} \right|_A = \frac{1}{U_A} \frac{K_n' W}{2L} \left( U_{G'S',A} - U_{th} \right)^2$$

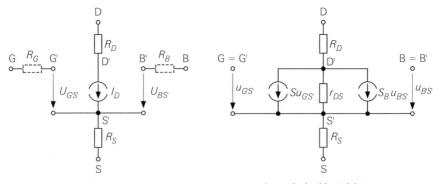

**a** vor der Linearisierung                           **b** nach der Linearisierung

**Abb. 3.38.** Ermittlung des statischen Kleinsignalmodells durch Linearisierung des statischen Level-1-Mosfet-Modells

**Näherungen für die Kleinsignalparameter:** Die Kleinsignalparameter $S$, $S_B$ und $r_{DS}$ werden nur in CAD-Programmen nach den obigen Gleichungen ermittelt; für den praktischen Gebrauch werden folgende Näherungen verwendet, die man durch Rücksubstitution von $I_{D,A}$, Bezug von $S_B$ auf $S$, Annahme von $U_{D'S',A} \ll U_A$ und Einsetzen von $K = K'_n W/L$ erhält:

$$S = \left.\frac{\partial I_D}{\partial U_{G'S'}}\right|_A = \sqrt{2K\,I_{D,A}\left(1 + \frac{U_{D'S',A}}{U_A}\right)} \overset{U_{D'S',A} \ll U_A}{\approx} \sqrt{2K\,I_{D,A}} \quad (3.40)$$

$$S_B = \left.\frac{\partial I_D}{\partial U_{B'S'}}\right|_A = \frac{\gamma\,S}{2\sqrt{U_{inv} - U_{B'S',A}}} \quad\quad (3.41)$$

$$r_{DS} = \left.\frac{\partial U_{D'S'}}{\partial I_D}\right|_A = \frac{U_A + U_{D'S',A}}{I_{D,A}} \overset{U_{D'S',A} \ll U_A}{\approx} \frac{U_A}{I_{D,A}} \quad\quad (3.42)$$

Die Näherungen für $S$ und $r_{DS}$ entsprechen den bereits im Abschnitt 3.1.4 angegebenen Gleichungen (3.11) und (3.12). Als weiterer Kleinsignalparameter tritt die *Substrat-Steilheit* $S_B$ auf, die nur dann wirksam wird, wenn eine Kleinsignalspannung $u_{BS} \neq 0$ zwischen Source und Bulk auftritt.

**Kleinsignalparameter im Unterschwellenbereich:** In vielen integrierten CMOS-Schaltungen mit besonders niedriger Stromaufnahme werden die Mosfets im Unterschwellenbereich betrieben. In diesem Bereich hängt der Drainstrom $I_D$ nach (3.25) exponentiell von $U_{GS}$ ab; daraus folgt für die Steilheit:

$$S = \frac{I_{D,A}}{n_U U_T} \quad\quad \text{für } U_{GS} < U_{th} + 2n_U U_T \quad\quad (3.43)$$

Die Gleichungen (3.41) und (3.42) für $S_B$ und $r_{DS}$ gelten auch im Unterschwellenbereich. Die Grenze zum Unterschwellenbereich liegt mit $n_U \approx 2$ bei $U_{GS} \approx U_{th} + 4U_T \approx U_{th} + 100\,\text{mV}$ bzw. $I_D \approx 2K\,(n_U U_T)^2 \approx K \cdot 0{,}005\,\text{V}^2$. Die Steilheit verläuft stetig, d.h. (3.40) und (3.43) liefern an der Grenze denselben Wert:

$$\sqrt{2K\,I_{D,A}} \overset{I_{D,A} = 2K(n_U U_T)^2}{=} \frac{I_{D,A}}{n_U U_T}$$

**Gleichstrom-Kleinsignalersatzschaltbild:** Abb. 3.38b zeigt das resultierende statische Kleinsignalmodell. Für fast alle praktischen Berechnungen werden die Bahnwiderstände $R_S$ und $R_D$ vernachlässigt; man erhält das in Abb. 3.39 gezeigte Kleinsignalersatzschaltbild, das aus dem bereits im Abschnitt 3.1.4 behandelten Kleinsignalersatzschaltbild durch Hinzufügen der gesteuerten Quelle mit der Substrat-Steilheit $S_B$ hervorgeht.

**Kleinsignalersatzschaltbild für Sperrschicht-Fets:** Abb. 3.39 gilt auch für Sperrschicht-Fets, wenn man die Quelle mit der Substrat-Steilheit entfernt; die Kleinsignalparameter folgen aus (3.29):

$$S = 2\sqrt{\beta\,I_{D,A}\left(1 + \frac{U_{D'S',A}}{U_A}\right)} \overset{U_{D'S',A} \ll U_A}{\approx} 2\sqrt{\beta\,I_{D,A}} = \frac{2}{|U_{th}|}\sqrt{I_{D,0}I_{D,A}}$$

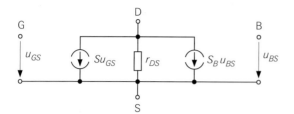

**Abb. 3.39.** Vereinfachtes statisches Kleinsignalmodell

$$r_{DS} = \frac{U_{D'S',A} + U_A}{I_{D,A}} \overset{U_{D'S',A} \ll U_A}{\approx} \frac{U_A}{I_{D,A}}$$

Dabei gilt $I_{D,0} = I_D(U_{GS} = 0) = \beta U_{th}^2$. Unter Berücksichtigung des Zusammenhangs $K = 2\beta$ erhält man dieselben Gleichungen wie beim Mosfet.

### Dynamisches Kleinsignalmodell im Abschnürbereich

**Vollständiges Modell:** Durch Ergänzen der Kanal-, Überlappungs- und Sperrschichtkapazitäten erhält man aus dem statischen Kleinsignalmodell nach Abb. 3.38b das in Abb. 3.40 gezeigte dynamische Kleinsignalmodell im Abschnürbereich; dabei gilt mit Bezug auf Abschnitt 3.3.2:

$$\begin{aligned}
C_{GS} &= C_{GS,K} + C_{GS,\ddot{U}} = \frac{2}{3} C'_{ox} W L + C'_{GS,\ddot{U}} W \\
C_{GD} &= C_{GD,\ddot{U}} = C'_{GD,\ddot{U}} W \\
C_{GB} &= C_{GB,\ddot{U}} = C'_{GB,\ddot{U}} L \\
C_{BS} &= C_{BS}(U_{B'S',A}) \\
C_{BD} &= C_{BD}(U_{B'D',A})
\end{aligned} \qquad (3.44)$$

Dabei gilt:

$$C'_{ox} = \frac{\epsilon_0 \epsilon_{r,ox}}{d_{ox}} \qquad (3.45)$$

Die *Gate-Source-Kapazität* $C_{GS}$ setzt sich aus der Kanalkapazität im Abschnürbereich und der Gate-Source-Überlappungskapazität zusammen; sie hängt nur von den geometrischen Größen und nicht von den Arbeitspunktspannungen ab, solange der Abschnürbereich nicht verlassen wird. Die *Gate-Drain-Kapazität* $C_{GD}$ und die *Gate-Bulk-Kapazitäten* $C_{GB}$ sind als reine Überlappungskapazitäten ebenfalls nicht vom Arbeitspunkt abhängig, während die Sperrschichtkapazitäten $C_{BS}$ und $C_{BD}$ von den Arbeitspunktspannungen $U_{B'S',A}$ und $U_{B'D',A}$ abhängen.

**Vereinfachtes Modell:** Für praktische Berechnungen werden die Bahnwiderstände $R_S$, $R_D$ und $R_B$ vernachlässigt; der Gate-Widerstand $R_G$ kann nicht vernachlässigt werden, da er zusammen mit $C_{GS}$ einen Tiefpaß im Gate-Kreis bildet, der bei der Berechnung des dynamischen Verhaltens der Grundschaltungen berücksichtigt werden muß. Die Gate-Bulk-Kapazität $C_{GB}$ macht sich nur bei Mosfets mit sehr kleiner Kanalweite $W$ bemerkbar und kann deshalb ebenfalls vernachlässigt werden. Damit erhält man das in Abb. 3.41 gezeigte vereinfachte

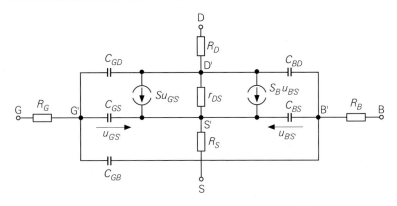

**Abb. 3.40.** Dynamisches Kleinsignalmodell

Kleinsignalmodell, das zur Berechnung des Frequenzgangs der Grundschaltungen verwendet wird.

Bei Einzel-Mosfets sind Source und Bulk im allgemeinen verbunden; dadurch entfallen die Quelle mit der Substrat-Steilheit $S_B$ und die Bulk-Source-Kapazität $C_{BS}$; die Bulk-Drain-Kapazität liegt in diesem Fall zwischen Drain und Source und wird in $C_{DS}$ umbenannt. Damit erhält man das in Abb. 3.42a gezeigte Kleinsignalmodell, das weitgehend dem Kleinsignalmodell eines Bipolartransistors entspricht, wie ein Vergleich mit Abb. 3.41b zeigt. Aufgrund dieser Ähnlichkeit kann man die Ergebnisse der Kleinsignalberechnungen übertragen, indem man die entsprechenden Größen austauscht, den Grenzübergang $r_{BE} \rightarrow \infty$ durchführt und

$$r_{CE} \doteq \frac{r_{DS}}{1 + sC_{DS}r_{DS}}$$

einsetzt [20]. Man kann dieses Modell auch bei integrierten Mosfets anwenden, wenn Source und Bulk im Kleinsignalersatzschaltbild zusammenfallen oder mit der Kleinsignalmasse verbunden sind.

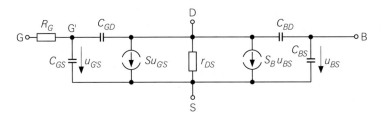

**Abb. 3.41.** Vereinfachtes dynamisches Kleinsignalmodell

---

20 Bei einer Source- oder Drainschaltung liegt $C_{DS}$ zwischen dem Ausgang der Schaltung und der Kleinsignalmasse und wirkt demnach wie eine kapazitive Last, siehe Abschnitt 3.4.1 bzw. 3.4.2; man kann deshalb alternativ $r_{CE} \doteq r_{DS}$ und $C_L \doteq C_L + C_{DS}$ setzen.

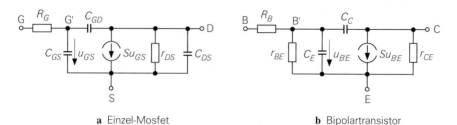

**a** Einzel-Mosfet                          **b** Bipolartransistor

**Abb. 3.42.** Dynamisches Kleinsignalmodell eines Einzel-Mosfets im Vergleich zum Bipolartransistor

### Grenzfrequenzen bei Kleinsignalbetrieb

Mit Hilfe des Kleinsignalmodells kann man die *Steilheitsgrenzfrequenz* $f_{Y21s}$ und die *Transitfrequenz* $f_T$ berechnen. Da beide Grenzfrequenzen für $U_{BS} = 0$ und $U_{DS} = const.$, d.h. $u_{DS} = 0$, ermittelt werden, kann man das Kleinsignalmodell aus Abb. 3.42a verwenden und zusätzlich $r_{DS}$ und $C_{DS}$ weglassen.

**Steilheitsgrenzfrequenz:** Das Verhältnis der Laplacetransformierten des Kleinsignalstroms $i_D$ und der Kleinsignalspannung $u_{GS}$ in Sourceschaltung bei Betrieb im Abschnürbereich und konstantem $U_{DS} = U_{DS,A}$ wird *Transadmittanz* $\underline{y}_{21,s}(s)$ genannt; aus dem in Abb. 3.43a gezeigten Kleinsignalersatzschaltbild folgt

$$\underline{y}_{21,s}(s) = \frac{i_D}{u_{GS}} = \frac{\mathcal{L}\{i_D\}}{\mathcal{L}\{u_{GS}\}} = \frac{S - sC_{GD}}{1 + s(C_{GS} + C_{GD})R_G}$$

mit der *Steilheitsgrenzfrequenz*:

$$\boxed{\omega_{Y21s} = 2\pi f_{Y21s} \approx \frac{1}{R_G(C_{GS} + C_{GD})}} \qquad (3.46)$$

Die Steilheitsgrenzfrequenz hängt nicht vom Arbeitspunkt ab, solange der Abschürbereich nicht verlassen wird.

**Transitfrequenz:** Die *Transitfrequenz* $f_T$ ist die Frequenz, bei der der Betrag der Kleinsignalstromverstärkung bei Betrieb im Abschnürbereich und konstantem $U_{DS} = U_{DS,A}$ auf 1 abgenommen hat:

$$\left.\frac{|\underline{i}_D|}{|\underline{i}_G|}\right|_{s=j\omega_T} \equiv 1$$

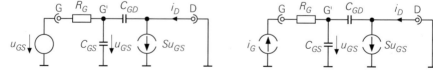

**a** zur Berechnung der Steilheitsgrenzfrequenz          **b** zur Berechnung der Transitfrequenz

**Abb. 3.43.** Kleinsignalersatzschaltbilder zur Berechnung der Grenzfrequenzen

Aus dem in Abb. 3.43b gezeigten Kleinsignalersatzschaltbild folgt

$$\frac{i_D}{i_G} = \frac{S - sC_{GD}}{s\,(C_{GS} + C_{GD})}$$

und damit:

$$\omega_T = 2\pi f_T \approx \frac{S}{C_{GS} + C_{GD}} \tag{3.47}$$

Die Transitfrequenz ist proportional zur Steilheit $S$ und nimmt wegen $S \sim \sqrt{I_{D,A}}$ mit zunehmendem Arbeitspunktstrom zu.

**Zusammenhang und Bedeutung der Grenzfrequenzen:** Ein Vergleich der Grenzfrequenzen führt auf folgenden Zusammenhang:

$$f_T = f_{Y21s}SR_G \overset{SR_G<1}{<} f_{Y21s}$$

Steuert man einen Fet in Sourceschaltung mit einer Spannungsquelle oder einer Quelle mit kleinem Innenwiderstand an, spricht man von *Spannungssteuerung*; die Grenzfrequenz der Schaltung wird in diesem Fall durch die Steilheitsgrenzfrequenz $f_{Y21s}$ nach oben begrenzt. Bei Ansteuerung mit einer Stromquelle oder einer Quelle mit einem hohen Innenwiderstand spricht man von *Stromsteuerung*; in diesem Fall wird die Grenzfrequenz der Schaltung durch die *Transitfrequenz* $f_T$ nach oben begrenzt. Man erreicht also bei Spannungssteuerung im allgemeinen eine höhere Bandbreite als bei Stromsteuerung.

**Bestimmung der Kleinsignalkapazitäten aus den Grenzfrequenzen:** Ist im Datenblatt eines Fets die Transitfrequenz $f_T$, die Rückwirkungskapazität $C_{rss}$ (*reverse, grounded source, gate shorted*) und die Ausgangskapazität $C_{oss}$ (*output, grounded source, gate shorted*) angegeben, kann man mit Hilfe von (3.47) die Kapazitäten des Ersatzschaltbilds aus Abb. 3.42a ermitteln:

$$C_{GS} \approx \frac{S}{\omega_T} - C_{rss}$$

$$C_{GD} \approx C_{rss}$$

$$C_{DS} \approx C_{oss} - C_{rss}$$

Ist zusätzlich die Steilheitsgrenzfrequenz $f_{Y21s}$ bekannt, kann man auch den Gatewiderstand bestimmen:

$$R_G = \frac{f_T}{S f_{Y21s}}$$

### Zusammenfassung der Kleinsignalparameter

Bei Einzel-Fets kann man die Parameter des in Abb. 3.42a gezeigten Kleinsignalmodells gemäß Tab. 3.8 aus dem Drainstrom $I_{D,A}$ im Arbeitspunkt und Datenblattangaben bestimmen. Oft sind auch die *Y-Parameter in Sourceschaltung*

| Param. | Bezeichnung | Bestimmung |
|--------|-------------|------------|
| $(K)$ | Steilheits-koeffizient | aus der Übertragungskennlinie bei kleinen Strömen (hier macht sich $R_S$ noch nicht bemerkbar): $$K = \frac{2I_D}{(U_{GS} - U_{th})^2} \overset{\text{Jfet: } U_{GS}=0}{=} \frac{2I_{D,0}}{U_{th}^2}$$ *oder* aus dem Verlauf der Steilheit: $$K = \frac{S}{U_{GS} - U_{th}}$$ *oder* aus einem Wertepaar $(I_D, S)$: $$K = \frac{S^2}{2I_D}$$ |
| $S$ | Steilheit | $$S = \sqrt{2K\,I_{D,A}} = \frac{2}{|U_{th}|}\sqrt{I_{D,0}I_{D,A}}$$ |
| $(U_A)$ | Earlyspannung | aus der Steigung der Kennlinien im Ausgangskennlinienfeld (Abb. 3.11) *oder* sinnvolle Annahme ($U_A \approx 20 \ldots 200\,\text{V}$) |
| $r_{DS}$ | Ausgangs-widerstand | $$r_{DS} = \frac{U_A}{I_{D,A}}$$ |
| $(f_T)$ | Transitfrequenz | aus Datenblatt |
| $(f_{Y21s})$ | Steilheits-grenzfrequenz | aus Datenblatt |
| $R_G$ | Gate-Bahn-widerstand | $$R_G = \frac{f_T}{Sf_{Y21s}}$$ *oder* sinnvolle Annahme ($R_G \approx 1 \ldots 100\,\Omega$) |
| $C_{GD}$ | Gate-Drain-Kapazität | aus Datenblatt: $C_{GD} \approx C_{rss}$ |
| $C_{GS}$ | Gate-Source-Kapazität | $$C_{GS} \approx \frac{S}{2\pi f_T} - C_{GD}$$ |
| $C_{DS}$ | Drain-Source-Kapazität | aus Datenblatt: $C_{DS} \approx C_{oss} - C_{rss}$ |

**Tab. 3.8.** Ermittlung der Kleinsignalparameter bei einem Einzel-Fet (Hilfsgrößen in Klammern)

angeben; für $\omega \ll \omega_{Y21s}$ kann man $R_G$ vernachlässigen und erhält:

$$\mathbf{Y}_s(j\omega) = \begin{bmatrix} y_{11,s}(j\omega) & y_{12,s}(j\omega) \\ y_{21,s}(j\omega) & y_{22,s}(j\omega) \end{bmatrix} = \begin{bmatrix} g_{11} + jb_{11} & g_{12} + jb_{12} \\ g_{21} + jb_{21} & g_{22} + jb_{22} \end{bmatrix}$$

$$\overset{R_G \to 0}{\approx} \begin{bmatrix} j\omega\,(C_{GS} + C_{GD}) & -j\omega C_{GD} \\ S - j\omega C_{GD} & 1/r_{DS} + j\omega\,(C_{DS} + C_{GD}) \end{bmatrix}$$

Daraus folgt:

$$S \approx g_{21} \, , \; r_{DS} \approx \frac{1}{g_{22}} \, , \; C_{GD} \approx -\frac{b_{12}}{\omega} \, , \; C_{GS} \approx \frac{b_{11} + b_{12}}{\omega} \, , \; C_{DS} \approx \frac{b_{22} + b_{12}}{\omega}$$

Die Y-Parameter werden meist getrennt nach Real- ($g_{ij}$) und Imaginärteil ($b_{ij}$) für mehrere Frequenzen bzw. durch Kurven über der Frequenz angegeben und gelten nur für den angegebenen Arbeitspunkt. Die hier beschriebene Methode zur Bestimmung der Kleinsignalparameter ist nur bei relativ niedrigen Frequenzen ($f \leq 10\,\mathrm{MHz}$) mit ausreichender Genauigkeit anwendbar. Bei höheren Frequenzen ($f > 100\,\mathrm{MHz}$) machen sich der Bahnwiderstand $R_G$ und die Zuleitungsinduktivitäten der Anschlüsse bemerkbar; eine einfache Bestimmung der Kleinsignalparameter aus den Y-Parametern ist in diesem Fall nicht mehr möglich. Eine Umrechnung auf andere Arbeitspunkte ist näherungsweise möglich, indem man die Werte der Kapazitäten beibehält und die Parameter $S$ und $r_{DS}$ umrechnet:

$$\frac{S_1}{S_2} = \sqrt{\frac{I_{D,A1}}{I_{D,A2}}} \quad , \qquad \frac{r_{DS1}}{r_{DS2}} = \frac{I_{D,A2}}{I_{D,A1}}$$

Die Ermittlung der Kleinsignalparameter ist beim Einzel-Fet aufwendiger als beim Bipolartransistor. Bei letzterem kann man die Steilheit als wichtigsten Parameter über den einfachen Zusammenhang $S = I_{C,A}/U_T$ *ohne spezifische Daten* ermitteln; beim Fet wird dagegen der Steilheitskoeffizient $K$ benötigt, der im allgemeinen nicht einmal im Datenblatt angegeben ist [21].

Bei integrierten Mosfets kann man die Kleinsignalparameter einfacher und genauer ermitteln, weil hier die Prozeßparameter und Skalierungsgrößen im allgemeinen bekannt sind; man muß in diesem Fall nur (3.40)–(3.45) auswerten. Tabelle 3.9 erläutert die Vorgehensweise bei der Ermittlung der Parameter für das Kleinsignalmodell in Abb. 3.41.

## 3.3.4
### Rauschen

Die Grundlagen zur Beschreibung des Rauschens und die Berechnung der Rauschzahl werden im Abschnitt 2.3.4 auf Seite 93 am Beispiel eines Bipolartransistors beschrieben. Beim Feldeffekttransistor kann man in gleicher Weise vorgehen, wenn man die entsprechenden Rauschquellen einsetzt.

Im folgenden wird die Rauschzahl eines Feldeffekttransistors berechnet; dabei werden zunächst alle Rauschquellen und die Korrelation zwischen den Rauschquellen berücksichtigt. Für die praktische Anwendung ist im allgemeinen eine vereinfachte Beschreibung ausreichend, die im Anschluß beschrieben wird.

---

[21] Das ist erstaunlich, weil $K$ *die* spezifische Größe eines Fets ist; im Gegensatz dazu ist die Stromverstärkung $B$ oder $\beta$ als *die* spezifische Größe eines Bipolartransistors immer angegeben.

| Param. | Bezeichnung | Bestimmung |
|---|---|---|
| $(d_{ox}, W, L, A_S, A_D)$ | geometrische Größen | Oxiddicke, Kanalweite, Kanallänge, Fläche des Source- bzw. Drain-Gebiets |
| $(C_{ox})$ | Oxidkapazität | $C_{ox} = \dfrac{\epsilon_0 \epsilon_{r,ox} W L}{d_{ox}} \approx 3,45 \cdot 10^{-11} \dfrac{F}{m^2} \cdot \dfrac{W L}{d_{ox}}$ |
| $(K)$ | Steilheits-koeffizient | $K = K_n' \dfrac{W}{L} = \mu_n C_{ox}' \dfrac{W}{L}$ ; p-Kanal: $K_p'$, $\mu_p$ |
| $S$ | Steilheit | $S = \sqrt{2 K I_{D,A}}$ |
| $S_B$ | Substrat-Steilheit | $S_B = \dfrac{\gamma S}{2\sqrt{U_{inv} - U_{BS,A}}}$ |
| $r_{DS}$ | Ausgangs-widerstand | $r_{DS} = \dfrac{U_A}{I_{D,A}} = \dfrac{1}{\lambda I_{D,A}}$ |
| $R_G$ | Gate-Bahn-widerstand | aus der Geometrie: $R_G = n_{RG} R_{sh}$ *oder* sinnvolle Annahme ($R_G \approx 1 \dots 100\,\Omega$) |
| $C_{GS}$ | Gate-Source-Kapazität | $C_{GS} = \dfrac{2}{3} C_{ox} + C_{GS,\ddot{U}}' W \approx \dfrac{2}{3} C_{ox}$ |
| $C_{GD}$ | Gate-Drain-Kapazität | $C_{GD} = C_{GD,\ddot{U}}' W$ |
| $C_{BS}, C_{BD}$ | Bulk-Kapazitäten | $C_{BS} \approx C_S' A_S$ bzw. $C_{BD} \approx C_S' A_D$ |

**Tab. 3.9.** Ermittlung der Kleinsignalparameter bei einem integrierten Mosfet (Hilfsgrößen in Klammern)

### Rauschquellen eines Feldeffekttransistors

Bei einem Fet treten in einem durch $I_{D,A}$ gegebenen Arbeitspunkt im Abschnürbereich folgende Rauschquellen auf [3.6]:

- Thermisches Rauschen des Gate-Bahnwiderstands mit:

$$|\underline{u}_{RG,r}(f)|^2 = 4kT\,R_G$$

  Das thermische Rauschen der anderen Bahnwiderstände kann im allgemeinen vernachlässigt werden.

- Thermisches Rauschen und 1/f-Rauschen des Kanals mit:

$$|\underline{i}_{D,r}(f)|^2 = \frac{8}{3} kT\,S + \frac{k_{(1/f)} I_{D,A}^{\gamma_{(1/f)}}}{f} = \frac{8}{3} kT\,S \left(1 + \frac{f_{g(1/f)}}{f}\right)$$

Der thermische Anteil in $|\underline{i}_{D,r}(f)|^2$ ist geringer als das thermische Rauschen eines ohmschen Widerstands $R = 1/S$ mit $|\underline{i}_{R,r}(f)|^2 = 4kT/R$, da der Kanal im Abschnürbereich weder homogen noch im thermischen Gleichgewicht ist. Zusätzlich tritt 1/f-Rauschen mit den experimentellen Parametern $k_{(1/f)}$ und

$\gamma_{(1/f)} \approx 1\dots 2$ auf. Bei niedrigen Frequenzen dominiert der 1/f-Anteil, bei mittleren und hohen Frequenzen der thermische Anteil. Durch Gleichsetzen der Anteile erhält man die *1/f-Grenzfrequenz*:

$$f_{g(1/f)} = \frac{3}{8}\frac{k_{(1/f)}I_{D,A}^{(\gamma_{(1/f)}-1/2)}}{kT\sqrt{K}} \overset{\gamma_{(1/f)}=1}{=} \frac{3}{8}\frac{k_{(1/f)}}{kT}\sqrt{\frac{I_{D,A}}{K}}$$

Sie nimmt mit zunehmendem Arbeitspunktstrom zu. Beim Mosfet gilt näherungsweise $k_{(1/f)} \sim 1/L^2$, d.h. das 1/f-Rauschen nimmt mit zunehmender Kanallänge ab; da Mosfets in integrierten Schaltungen entsprechend dem Strom im Arbeitspunkt skaliert werden ($I_{D,A} \sim K \sim W/L$), folgt daraus, daß bei gleichem Strom bzw. gleicher Steilheit ein großer Mosfet weniger 1/f-Rauschen aufweist als ein kleiner. Typische Werte sind $f_{g(1/f)} \approx$ 100 kHz ... 10 MHz bei Mosfets und $f_{g(1/f)} \approx$ 10 Hz ... 1 kHz bei Sperrschicht-Fets.

- Induziertes Gate-Rauschen mit:

$$|i_{G,r}(f)|^2 = \frac{4}{3}kT\,S\left(\frac{f}{f_T}\right)^2$$

Dieser Rauschstrom wird ebenfalls durch das thermische Rauschen des Kanals verursacht, das durch die kapazitive Kopplung zwischen Gate und Kanal auf das Gate übertragen wird. Die Rauschstromquellen $i_{G,r}$ und $i_{D,r}$ sind deshalb nicht unabhängig, sondern *korreliert*. Diese Korrelation muß bei der Berechnung der Rauschzahl berücksichtigt werden.

Abb. 3.44 zeigt im oberen Teil das Kleinsignalmodell mit den Rauschquellen $u_{RG,r}$, $i_{G,r}$ und $i_{D,r}$.

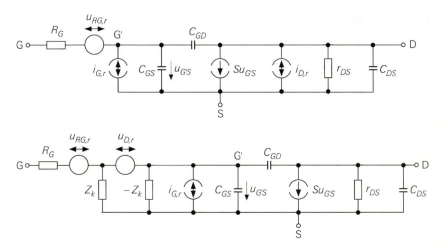

**Abb. 3.44.** Kleinsignalmodell eines Fets mit den ursprünglichen (oben) und mit den äquivalenten Rauschquellen (unten)

## Äquivalente Rauschquellen

Zur einfacheren Berechnung des Rauschens wird die Rauschquelle $i_{D,r}$ auf den Eingang umgerechnet. Man erhält das in Abb. 3.44 unten gezeigte Kleinsignalmodell, bei dem die Rauschstromquelle $i_{D,r}$ durch eine *äquivalente Rauschspannungsquelle* $u_{D,r}$ mit [22]

$$|\underline{u}_{D,r}(f)|^2 \;=\; \frac{|\underline{i}_{D,r}(f)|^2}{|\underline{y}_{21,s}(j2\pi f)|^2} \;=\; \frac{8}{3}\frac{kT}{S}\left(1 + \frac{f_{g(1/f)}}{f} + \left(\frac{f}{f_{Y21s}}\right)^2\right)$$

und die Impedanzen $\underline{Z}_k$ und $-\underline{Z}_k$ zur Beschreibung der Korrelation ersetzt wurde. Die *Korrelationsimpedanz* [23]

$$\underline{Z}_k \;\approx\; -\,\frac{j\sqrt{2}\,f_T}{Sf}$$

wirkt sich nur auf die Quelle $u_{D,r}$ aus; für alle anderen Quellen und Signale ist die Parallelschaltung von $\underline{Z}_k$ und $-\underline{Z}_k$ unwirksam.

**Arbeitspunktabhängigkeit:** Die Rauschspannungsdichte der äquivalenten Quelle $u_{D,r}$ ist umgekehrt proportional zur Steilheit, nimmt also mit zunehmender Steilheit ab; mit $S = \sqrt{2K\,I_{D,A}}$ folgt $|\underline{u}_{D,r}(f)|^2 \sim 1/\sqrt{I_{D,A}}$. Für die Rauschstromquelle $i_{G,r}$ gilt $|\underline{i}_{G,r}(f)|^2 \sim S \sim \sqrt{I_{D,A}}$, d.h. die Rauschstromdichte nimmt mit zunehmender Steilheit zu. Das Rauschen des Gatewiderstands $R_G$ hängt nicht vom Arbeitspunkt ab.

*Beispiel:* Für einen Fet mit $K = 0,5\,\mathrm{mA/V^2}$, $R_G = 100\,\Omega$ und $f_T = 100\,\mathrm{MHz}$ erhält man bei einem Arbeitspunktstrom $I_{D,A} = 1\,\mathrm{mA}$ die Steilheit $S = 1\,\mathrm{mA/V}$ und damit im Bereich mittlerer Frequenzen, d.h. für $f_{g(1/f)} < f < f_{Y21s}$, die frequenzunabhängigen Rauschspannungsdichten $|\underline{u}_{RG,r}(f)| = 1,3\,\mathrm{nV}/\sqrt{\mathrm{Hz}}$ und $|\underline{u}_{D,r}(f)| = 3,3\,\mathrm{nV}/\sqrt{\mathrm{Hz}}$ und die zur Frequenz proportionale Rauschstromdichte $|\underline{i}_{G,r}(f)| = 2\,\mathrm{pA}/\sqrt{\mathrm{Hz}} \cdot f/f_T$; für $f = 1\,\mathrm{kHz}$ ist $|\underline{i}_{G,r}(f)| = 0,02\,\mathrm{fA}/\sqrt{\mathrm{Hz}}$. Bei Jfets ist die 1/f-Grenzfrequenz mit $f_{g(1/f)} \approx 100\,\mathrm{Hz}$ relativ niedrig; deshalb gilt der berechnete Wert für $|\underline{u}_{D,r}(f)|$ in einem relativ großen Frequenzbereich von $f_{g(1/f)} \approx 100\,\mathrm{Hz}$ bis $f_{Y21s} = f_T/(SR_G) = 1\,\mathrm{GHz}$. Bei Mosfets gilt dagegen $f_{g(1/f)} \approx 1\,\mathrm{MHz}$; deshalb erhält man für $f = 1\,\mathrm{kHz}$ aufgrund des 1/f-Rauschens den im Vergleich zum Jfet wesentlich größeren Wert $|\underline{u}_{D,r}(f)| = 105\,\mathrm{nV}/\sqrt{\mathrm{Hz}}$.

## Rauschzahl eines Fets

Betreibt man den Fet mit einer Signalquelle mit dem Innenwiderstand $R_g$ und der thermischen Rauschspannungsdichte $|\underline{u}_{r,g}(f)|^2 = 4kT\,R_g$, kann man alle

---

22 Die Grenzfrequenz $f_{Y21s}$ wird nur bei der Umrechnung des thermischen Anteils von $i_{D,r}$ berücksichtigt; der 1/f-Anteil ist in diesem Frequenzbereich vernachlässigbar.

23 Es existieren unterschiedliche Angaben für $\underline{Z}_k$; in [3.6] wird $\underline{Z}_k \approx -1,39\,jf_T/(Sf)$ angegeben. Hier wird anstelle von $1,39$ der Faktor $\sqrt{2} \approx 1,41$ verwendet; dadurch erhält man beim Quadrieren den Faktor 2 anstelle von $1,93$.

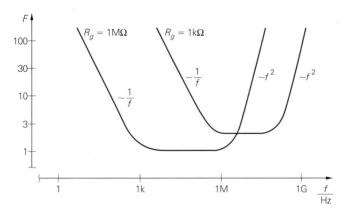

**Abb. 3.45.** Verlauf der Rauschzahl bei einem Mosfet mit $S = 1\,\text{mA/V}$, $R_G = 100\,\Omega$, $f_T = 100\,\text{MHz}$ und $f_{g(1/f)} = 1\,\text{MHz}$ für $R_g = 1\,\text{k}\Omega$ und $R_g = 1\,\text{M}\Omega$

Rauschquellen zu einer *Ersatzrauschquelle* $u_r$ zusammenfassen; es gilt [3.6]:

$$|\underline{u}_r(f)|^2 = |\underline{u}_{r,g}(f)|^2 + |\underline{u}_{RG,r}(f)|^2 + \left(1 + \frac{(R_g + R_G)^2}{|\underline{Z}_k|^2}\right)|\underline{u}_{D,r}(f)|^2$$

$$+ (R_g + R_G)^2 |\underline{i}_{G,r}(f)|^2$$

$$\overset{R_g \gg R_G}{\approx} |\underline{u}_{r,g}(f)|^2 + |\underline{u}_{RG,r}(f)|^2 + \left(1 + \frac{R_g^2}{|\underline{Z}_k|^2}\right)|\underline{u}_{D,r}(f)|^2$$

$$+ R_g^2 |\underline{i}_{G,r}(f)|^2$$

Daraus erhält man die *spektrale Rauschzahl*:

$$F(f) = \frac{|\underline{u}_r(f)|^2}{|\underline{u}_{r,g}(f)|^2} = 1 + \frac{|\underline{u}_{RG,r}(f)|^2 + \left(1 + \frac{R_g^2}{|\underline{Z}_k|^2}\right)|\underline{u}_{D,r}(f)|^2 + R_g^2 |\underline{i}_{G,r}(f)|^2}{|\underline{u}_{r,g}(f)|^2}$$

Einsetzen und Beschränkung auf $f < f_{Y21s}$ liefert:

$$F(f) = 1 + \frac{R_G}{R_g} + \frac{2}{3}\left(\frac{1}{SR_g}\left(1 + \frac{f_{g(1/f)}}{f}\right) + SR_g\left(\frac{f}{f_T}\right)^2\right) + \frac{1}{3}SR_g\frac{f_{g(1/f)}f}{f_T^2}$$

Der Beitrag des letzten Terms ist wegen $f_{g(1/f)} \ll f_T$ vernachlässigbar gering.

Abb. 3.45 zeigt den Verlauf der Rauschzahl eines Mosfets für $R_g = 1\,\text{k}\Omega$ und $R_g = 1\,\text{M}\Omega$; man erkennt drei Bereiche:

- Bei mittleren Frequenzen ist die Rauschzahl näherungsweise konstant:

$$F \approx 1 + \frac{R_G}{R_g} + \frac{2}{3}\frac{1}{SR_g} \overset{R_G \ll 1/S}{\approx} 1 + \frac{2}{3}\frac{1}{SR_g} \overset{R_g \gg 1/S}{\approx} 1 \qquad (3.48)$$

Wenn der Gate-Widerstand $R_G$ klein und der Quellenwiderstand $R_g$ groß gegenüber dem Kehrwert der Steilheit ist, erreicht man in diesem Bereich die optimale Rauschzahl $F = 1$.

- Bei niedrigen Frequenzen dominiert das 1/f-Rauschen; die Rauschzahl ist in diesem Bereich umgekehrt proportional zur Frequenz:

$$F(f) \approx \frac{2}{3} \frac{1}{SR_g} \frac{f_{g(1/f)}}{f}$$

Die Grenze zum Bereich mittlerer Frequenzen liegt bei:

$$f_1 \overset{R_G \ll 1/S}{\approx} \frac{f_{g(1/f)}}{1 + \frac{3}{2} SR_g} \overset{R_g \gg 1/S}{\approx} \frac{2}{3} \frac{f_{g(1/f)}}{SR_g}$$

Die Rauschzahl und die Grenzfrequenz $f_1$ sind umgekehrt proportional zum Quellenwiderstand $R_g$; deshalb nimmt der 1/f-Anteil in der Rauschzahl mit zunehmendem Quellenwiderstand entsprechend ab, siehe Abb. 3.45.

- Bei hohen Frequenzen nimmt die Rauschzahl proportional zum Quadrat der Frequenz zu:

$$F(f) \approx \frac{2}{3} SR_g \left( \frac{f}{f_T} \right)^2$$

Die Grenze zum Bereich mittlerer Frequenzen liegt bei:

$$f_2 \approx f_T \sqrt{1 + \frac{3}{2} \frac{1}{SR_g}} \overset{R_g \gg 1/S}{\approx} \sqrt{\frac{3}{2}} \frac{f_T}{\sqrt{SR_g}} \approx \frac{f_T}{\sqrt{SR_g}}$$

Die Rauschzahl nimmt mit zunehmendem Quellenwiderstand $R_g$ zu, die Grenzfrequenz $f_2$ entsprechend ab, siehe Abb. 3.45.

Bei Jfets ist die 1/f-Grenzfrequenz und damit auch der 1/f-Anteil in der Rausch-zahl um $3 \ldots 4$ Zehnerpotenzen kleiner als bei Mosfets; deshalb macht sich der 1/f-Anteil bei Quellenwiderständen im M$\Omega$-Bereich praktisch nicht mehr be-merkbar, weil in diesem Fall die Grenzfrequenz $f_1$ kleiner als 1 Hz wird.

**Minimierung der Rauschzahl:** Die Rauschzahl wird unter bestimmten Be-dingungen minimal. Ist der Quellenwiderstand $R_g$ vorgegeben, kann man die optimale Steilheit und damit den optimalen Drainstrom im Arbeitspunkt durch Auswerten von

$$\frac{\partial F(f)}{\partial S} = 0$$

ermitteln. Dabei muß berücksichtigt werden, daß die Transitfrequenz $f_T$ nach (3.47) proportional zur Steilheit ist: $f_T = S/(2\pi C)$ mit $C = C_{GS} + C_{GD}$; durch Einsetzen erhält man:

$$F(f) = 1 + \frac{R_G}{R_g} + \frac{2}{3} \frac{1}{S} \left( \frac{1}{R_g} \left( 1 + \frac{f_{g(1/f)}}{f} \right) + 4\pi^2 C^2 R_g f \left( f + \frac{f_{g(1/f)}}{2} \right) \right)$$

Man erkennt, daß $F(f)$ mit zunehmender Steilheit abnimmt; es existiert also kein Optimum, d.h. rauscharme Fet-Verstärker müssen mit möglichst großer Steilheit bzw. möglichst großem Drainstrom betrieben werden.

Für den *optimalen Quellenwiderstand* $R_{gopt}$ erhält man durch Auswerten von

$$\frac{\partial F(f)}{\partial R_g} = 0$$

und Beschränkung auf $f_{g(1/f)} < f < f_{Y21s}$:

$$R_{gopt}(f) \approx \frac{f_T}{Sf}\sqrt{1 + \frac{3}{2} SR_G} \overset{SR_G \ll 1}{\approx} \frac{f_T}{Sf} = \frac{1}{2\pi f\,(C_{GS} + C_{GD})}$$

Eine breitbandige Anpassung ist wegen der Frequenzabhängigkeit von $R_{gopt}$ nicht möglich. Durch Einsetzen von $R_{gopt}$ in $F(f)$ erhält man die *optimale spektrale Rauschzahl* $F_{opt}(f)$; näherungsweise gilt [3.6]:

$$F_{opt}(f) \approx 1 + \frac{R_G}{R_g} + \frac{4}{3}\frac{f}{f_T} \overset{R_g \gg R_G}{\approx} 1 + \frac{4}{3}\frac{f}{f_T}$$

**Vereinfachte Beschreibung**

Für die praktische Anwendung ist im allgemeinen eine vereinfachte Beschreibung ausreichend. Dazu wird der Gate-Bahnwiderstand und die Korrelation zwischen dem Kanal-Rauschen und dem induzierten Gate-Rauschen vernachlässigt und eine Beschränkung auf den Bereich mittlerer Frequenzen, d.h. $f_{g(1/f)} < f < f_{Y21s}$, vorgenommen. Zur näherungsweisen Kompensation des korrelationsbedingten Anteils wird eine um den Faktor 2 größere Gate-Rauschstromdichte angenommen; damit erhält man für $f_{g(1/f)} < f < f_{Y21s}$:

$$|\underline{i}_{D,r}(f)|^2 \approx \frac{8}{3} kT S$$

$$|\underline{i}_{G,r}(f)|^2 \approx \frac{8}{3} kT S \left(\frac{f}{f_T}\right)^2$$

Daraus folgen mit $\underline{y}_{21,s}(s) \approx S$ die äquivalenten Rauschquellen:

$$|\underline{u}_{r,0}(f)|^2 = \frac{|\underline{i}_{D,r}(f)|^2}{|\underline{y}_{21,s}(j2\pi f)|^2} \approx \frac{8}{3}\frac{kT}{S}$$

$$|\underline{i}_{r,0}(f)|^2 = |\underline{i}_{G,r}(f)|^2 \approx \frac{8}{3} kT S \left(\frac{f}{f_T}\right)^2$$

Abb. 3.46 zeigt das vereinfachte Kleinsignalmodell mit den äquivalenten Rauschquellen.

Für die Rauschzahl gilt:

$$F(f) = 1 + \frac{|\underline{u}_{r,0}(f)|^2 + R_g^2 |\underline{i}_{r,0}(f)|^2}{|\underline{u}_{r,g}(f)|^2} \approx 1 + \frac{2}{3}\left(\frac{1}{SR_g} + SR_g\left(\frac{f}{f_T}\right)^2\right)$$

Man erhält mit Ausnahme des fehlenden 1/f-Anteils denselben Verlauf wie bei der ausführlichen Berechnung, siehe Abb. 3.45. Aus $(\partial F)/(\partial R_g) = 0$ erhält man

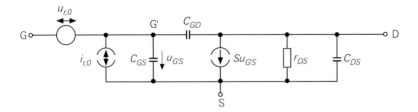

**Abb. 3.46.** Vereinfachtes Kleinsignalmodell eines Fets mit den äquivalenten Rauschquellen

den optimalen Quellenwiderstand $R_{gopt}$ und die optimale Rauschzahl $F_{opt}$:

$$R_{gopt}(f) \approx \frac{f_T}{Sf} = \frac{1}{2\pi f\,(C_{GS} + C_{GD})}$$

$$F_{opt}(f) \approx 1 + \frac{4}{3}\frac{f}{f_T}$$

Diese Werte stimmen mit den entsprechenden Näherungen der ausführlichen Rechnung überein, weil die Annahme einer größeren Gate-Rauschstromdichte in diesem Fall den durch Korrelation verursachten Anteil exakt ersetzt.

### Vergleich der Rauschzahlen von Fet und Bipolartransistor

Bei hochohmigen Quellen und mittleren Frequenzen erreicht ein Fet praktisch die ideale Rauschzahl $F = 1$. Auch das hohe 1/f-Rauschen eines Mosfets macht sich bei hochohmigen Quellen nur vergleichsweise wenig bemerkbar, weil in diesem Fall das induzierte Gate-Rauschen dominiert und den 1/f-Anteil des Kanal-Rauschens verdeckt; das Beispiel in Abb. 3.45 zeigt dies deutlich: obwohl die 1/f-Grenzfrequenz bei 1 MHz liegt, setzt der 1/f-Bereich bei der Rauschzahl für $R_g = 1\,\text{M}\Omega$ erst unter 1 kHz ein. Bei Jfets wird das 1/f-Rauschen in diesem Fall praktisch bedeutungslos. Aufgrund dieser Eigenschaften ist der Fet bei hochohmigen Quellen dem Bipolartransistor deutlich überlegen. Deshalb wird in Verstärkern für hochohmige Quellen, z.B. in Empfängern für Photodioden, ein Fet in der Eingangsstufe verwendet; dabei verwendet man wegen des geringeren 1/f-Rauschens bevorzugt Jfets.

Bei niederohmigen Quellen ist die Rauschzahl eines Fets größer als die eines Bipolartransistors; außerdem ist die Maximalverstärkung viel kleiner. Eine niedrige Rauschzahl erfordert nach (3.48) eine große Steilheit und damit einen entsprechend großen Ruhestrom; da die Steilheit beim Fet nur proportional zur Wurzel des Ruhestroms zunimmt, ist eine Rauschzahlreduzierung auf diesem Wege ineffektiv. Beim Mosfet kommt das hohe 1/f-Rauschen bei niederohmigen Quellen voll zum tragen und führt zu einer starken Zunahme der Rauschzahl bei niedrigen Frequenzen, siehe Abb. 3.45.

## 3.4
## Grundschaltungen

**Grundschaltungen mit einem Feldeffekttransistor:** Es gibt drei Grundschaltungen, in denen ein Fet betrieben werden kann: die *Sourceschaltung* (*common source configuration*), die *Drainschaltung* (*common drain configuration*) und die *Gateschaltung* (*common gate configuration*). Die Bezeichnung erfolgt entsprechend dem Anschluß des Fets, der als gemeinsamer Bezugsknoten für den Eingang *und* den Ausgang der Schaltung dient; Abb. 3.47 verdeutlicht diesen Zusammenhang am Beispiel eines selbstsperrenden n-Kanal-Mosfets.

In vielen Schaltungen ist dieser Zusammenhang nicht streng erfüllt, so daß ein schwächeres Kriterium angewendet werden muß:

> *Die Bezeichnung erfolgt entsprechend dem Anschluß des Fets, der weder als Eingang noch als Ausgang der Schaltung dient.*

Der Substrat- bzw. Bulk-Anschluß hat keinen Einfluß auf die Einteilung der Grundschaltungen, beeinflußt aber deren Verhalten. Er ist bei Einzel-Mosfets mit dem Source-Anschluß und bei integrierten Schaltungen mit Masse oder einer Versorgungsspannungsquelle (= Kleinsignal-Masse) verbunden; bei der Sourceschaltung sind beide Varianten identisch, weil der Source-Anschluß in diesem Fall mit der (Kleinsignal-) Masse verbunden ist.

**Grundschaltungen mit mehreren Fets:** Es gibt mehrere Schaltungen mit zwei und mehr Fets, die so häufig auftreten, daß sie ebenfalls als Grundschaltungen anzusehen sind, z.B. Differenzverstärker und Stromspiegel; diese Schaltungen werden im Kapitel 4.1 beschrieben.

**Polarität:** In allen Schaltungen werden bevorzugt n-Kanal-Mosfets eingesetzt, da sie aufgrund der höheren Ladungsträgerbeweglichkeit bei gleicher Kanalgröße einen größeren Steilheitskoeffizienten besitzen als p-Kanal-Mosfets. Darüber hinaus werden selbstsperrende Mosfets häufiger verwendet als selbstleitende; letzteres gilt besonders für integrierte Schaltungen. Bezüglich des Kleinsignalverhaltens besteht kein prinzipieller Unterschied zwischen selbstleitenden Mosfets und Jfets auf der einen und selbstsperrenden Mosfets auf der anderen Seite, lediglich die Arbeitspunkteinstellung ist unterschiedlich. Alle Schaltungen können auch mit den entsprechenden p-Kanal-Fets aufgebaut werden; dazu muß

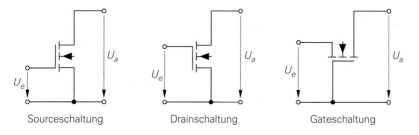

Sourceschaltung        Drainschaltung        Gateschaltung

**Abb. 3.47.** Grundschaltungen eines Feldeffekttransistors

man die Versorgungsspannungen, gepolte Elektrolytkondensatoren und Dioden umpolen.

### 3.4.1
### Sourceschaltung

Abb. 3.48a zeigt die Sourceschaltung bestehend aus dem Mosfet, dem Drainwiderstand $R_D$, der Versorgungsspannungsquelle $U_b$ und der Signalspannungsquelle $U_g$ mit dem Innenwiderstand $R_g$. Für die folgende Untersuchung wird $U_b = 5\,\text{V}$ und $R_D = 1\,\text{k}\Omega$ und für den Mosfet $K = 4\,\text{mA/V}^2$ und $U_{th} = 1\,\text{V}$ angenommen.

### Übertragungskennlinie der Sourceschaltung

Mißt man die Ausgangsspannung $U_a$ als Funktion der Signalspannung $U_g$, erhält man die in Abb. 3.49 gezeigte Übertragungskennlinie. Für $U_g < U_{th} = 1\,\text{V}$ fließt kein Drainstrom und man erhält $U_a = U_b = 5\,\text{V}$. Für $U_g \geq 1\,\text{V}$ fließt ein mit $U_g$ zunehmender Drainstrom $I_D$ und die Ausgangsspannung nimmt entsprechend ab; dabei arbeitet der Mosfet für $1\,\text{V} \leq U_g \leq 2,4\,\text{V}$ im Abschnürbereich und für $U_g > 2,4\,\text{V}$ im ohmschen Bereich. Der bei integrierten Mosfets auftretende Substrat-Effekt wirkt sich bei der Sourceschaltung nicht aus, weil der Substrat- bzw. Bulk-Anschluß *und* der Source-Anschluß mit Masse verbunden sind, d.h. es gilt immer $U_{BS} = 0$.

**Betrieb im Abschnürbereich:** Abb. 3.48b zeigt das Ersatzschaltbild; bei Vernachlässigung des Early-Effekts gilt:

$$I_D = \frac{K}{2}\,(U_{GS} - U_{th})^2$$

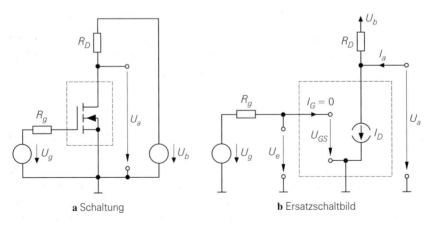

a Schaltung                                    b Ersatzschaltbild

**Abb. 3.48.** Sourceschaltung

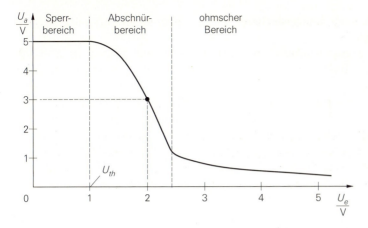

**Abb. 3.49.** Übertragungskennlinie der Sourceschaltung

Für die Ausgangspannung erhält man mit $U_g = U_e = U_{GS}$:

$$U_a = U_{DS} \overset{I_{aus}=0}{=} U_b - I_D R_D = U_b - \frac{R_D K}{2} (U_e - U_{th})^2 \qquad (3.49)$$

Der Innenwiderstand $R_g$ der Quelle hat bei Mosfets wegen $I_G = 0$ keinen Einfluß auf die Kennlinie; er wirkt sich nur auf das dynamische Verhalten aus. Bei Jfets treten dagegen Gate-Leckströme im pA- bzw. nA-Bereich auf, die bei sehr hohen Innenwiderständen einen nicht mehr vernachlässigbaren Spannungsabfall zur Folge haben; deshalb setzen man bei Quellen mit $R_g > 10\,\mathrm{M\Omega}$ bevorzugt Mosfets ein.

Als Arbeitspunkt wird ein Punkt etwa in der Mitte des abfallenden Bereichs der Übertragungskennlinie gewählt; dadurch wird die Aussteuerbarkeit maximal. Für den in Abb. 3.49 beispielhaft eingezeichneten Arbeitspunkt erhält man mit $U_b = 5\,\mathrm{V}$, $R_D = 1\,\mathrm{k\Omega}$, $K = 4\,\mathrm{mA/V^2}$ und $U_{th} = 1\,\mathrm{V}$:

$$U_a = 3\,\mathrm{V} \ \Rightarrow \ I_D = \frac{U_b - U_a}{R_D} = 2\,\mathrm{mA} \ \Rightarrow \ U_e = U_{GS} = U_{th} + \sqrt{\frac{2 I_D}{K}} = 2\,\mathrm{V}$$

**Grenze zum ohmschen Bereich:** Für $U_a = U_{a,ab} = U_{DS,ab}$ erreicht der Mosfet die Grenze zum ohmschen Bereich. Mit $U_{DS,ab} = U_{GS} - U_{th}$ und $U_e = U_{GS}$ erhält man die Bedingung $U_a = U_e - U_{th}$; Einsetzen in (3.49) liefert

$$U_{a,ab} = \frac{1}{R_D K} \left( \sqrt{1 + 2 U_b R_D K} - 1 \right) \overset{2 U_b R_D K \gg 1}{\approx} \sqrt{\frac{2 U_b}{R_D K}} - \frac{1}{R_D K}$$

und $U_{e,ab} = U_{a,ab} + U_{th}$. Für das Zahlenbeispiel erhält man $U_{a,ab} = 1{,}35\,\mathrm{V}$ und $U_{e,ab} = 2{,}35\,\mathrm{V}$.

Bei vorgegebener Versorgungsspannung muß man das Produkt $R_D K$ vergrößern, wenn man $U_{a,ab}$ vermindern und damit den Aussteuerbereich vergrößern will. In der Praxis ist die Aussteuerbarkeit jedoch immer geringer als bei der Emitterschaltung, weil ein Bipolartransistor weitgehend unabhängig von der äußeren Beschaltung bis auf $U_{CE,sat} \approx 0{,}1\,\mathrm{V}$ ausgesteuert werden kann.

**Kleinsignalverhalten der Sourceschaltung**

Das Verhalten bei Aussteuerung um einen Arbeitspunkt A wird als *Kleinsignalverhalten* bezeichnet. Der Arbeitspunkt ist durch die Arbeitspunktgrößen $U_{e,A} = U_{GS,A}$, $U_{a,A} = U_{DS,A}$ und $I_{D,A}$ gegeben und muß im Abschnürbereich liegen, damit eine nennenswerte Verstärkung erreicht wird; als Beispiel wird der oben ermittelte Arbeitspunkt mit $U_{GS,A} = 2\,\text{V}$, $U_{DS,A} = 3\,\text{V}$ und $I_{D,A} = 2\,\text{mA}$ verwendet.

Abb. 3.50 zeigt das Kleinsignalersatzschaltbild der Sourceschaltung, das man durch Einsetzen des Kleinsignalersatzschaltbilds des Fets nach Abb. 3.16 bzw. Abb. 3.39 und Übergang zu den Kleinsignalgrößen erhält. Die in Abb. 3.39 enthaltene Quelle mit der Substrat-Steilheit $S_B$ entfällt wegen $U_{BS} = u_{BS} = 0$.

Ohne Lastwiderstand $R_L$ folgt aus Abb. 3.50 für die

*Sourceschaltung:*

$$A = \left. \frac{u_a}{u_e} \right|_{i_a=0} = -S\,(R_D \,\|\, r_{DS}) \overset{r_{DS} \gg R_D}{\approx} -SR_D \tag{3.50}$$

$$r_e = \frac{u_e}{i_e} = \infty \tag{3.51}$$

$$r_a = \frac{u_a}{i_a} = R_D \,\|\, r_{DS} \overset{r_{DS} \gg R_D}{\approx} R_D \tag{3.52}$$

Mit $K = 4\,\text{mA/V}^2$ und $U_A = 50\,\text{V}$ erhält man $S = \sqrt{2K\,I_{D,A}} = 4\,\text{mS}$, $r_{DS} = U_A/I_{D,A} = 25\,\text{k}\Omega$, $A = -3,85$ und $r_a = 960\,\Omega$. Zum Vergleich: die im Abschnitt 2.4.1 beschriebene Emitterschaltung erreicht bei gleichem Arbeitspunkt, d.h. $I_{C,A} = I_{D,A} = 2\,\text{mA}$ und $R_C = R_D = 1\,\text{k}\Omega$, eine Verstärkung von $A = -75$. Ursache für die geringere Verstärkung des Mosfets ist die geringere Steilheit bei gleichem Strom: $S = 4\,\text{mA/V}$ beim Mosfet und $S = 77\,\text{mA/V}$ beim Bipolartransistor.

Die Größen $A$, $r_e$ und $r_a$ beschreiben die Sourceschaltung vollständig; Abb. 3.51 zeigt das zugehörige Ersatzschaltbild. Der Lastwiderstand $R_L$ kann ein ohmscher Widerstand oder ein Ersatzelement für den Eingangswiderstand einer am Ausgang angeschlossenen Schaltung sein. Wichtig ist dabei, daß der Arbeitspunkt durch $R_L$ nicht verschoben wird, d.h. es darf kein oder nur ein vernachlässigbar kleiner Gleichstrom durch $R_L$ fließen.

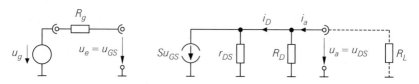

**Abb. 3.50.** Kleinsignalersatzschaltbild der Sourceschaltung

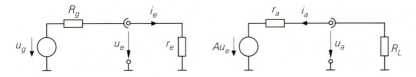

**Abb. 3.51.** Ersatzschaltbild mit den Ersatzgrößen $A$, $r_e$ und $r_a$

Mit Hilfe von Abb. 3.51 kann man die *Kleinsignal-Betriebsverstärkung* berechnen:

$$A_B = \frac{u_a}{u_g} = \frac{r_e}{r_e + R_g} A \frac{R_L}{R_L + r_a} \overset{r_e \to \infty}{=} A \frac{R_L}{R_L + r_a} \tag{3.53}$$

Sie setzt sich aus der Verstärkung $A$ der Schaltung und dem Spannungsteilerfaktor am Ausgang zusammen.

**Maximale Verstärkung:** Aus (3.50) folgt mit $R_D \to \infty$ die *maximale Verstärkung*:

$$\mu = \lim_{R_D \to \infty} |A| = S\, r_{DS} \approx \sqrt{\frac{2K}{I_{D,A}}} U_A = \frac{2U_A}{U_{GS} - U_{th}}$$

Dieser Grenzfall kann mit einem ohmschen Drainwiderstand $R_D$ nur schwer erreicht werden, da aus $R_D \to \infty$ auch $R_D \gg r_{DS}$ folgt und demnach der Spannungsabfall an $R_D$ wegen $I_{D,A}R_D \gg I_{D,A}r_{DS} = U_A$ viel größer als die Early-Spannung $U_A \approx 50\,V$ sein müßte. Man erreicht den Grenzfall, wenn man anstelle von $R_D$ eine Konstantstromquelle mit $I_K = I_{D,A}$ einsetzt.

Die maximale Verstärkung hängt vom Arbeitspunkt ab; sie nimmt mit zunehmendem Strom bzw. zunehmender Spannung $U_{GS} - U_{th}$ ab. Will man eine hohe maximale Verstärkung erreichen, muß man einen Mosfet mit möglichst großem Steilheitskoefiizienten $K$ mit möglichst kleinem Strom $I_{D,A}$ betreiben. Der Maximalwert $\mu_{max}$ wird im *Unterschwellenbereich*, d.h. für $U_{GS} - U_{th} < 100\,mV$ erreicht; in diesem Bereich ist die Übertragungskennlinie exponentiell, siehe (3.25), und man erhält $\mu_{max} \approx U_A/(2U_T) \approx 400\ldots2000$. In der Praxis werden Mosfets oft in der Nähe des *Temperaturkompensationspunkts* $U_{GS,TK} \approx U_{th} + 1\,V$ betrieben, siehe Abschnitt 3.1.7; dann gilt $\mu \approx 40\ldots200$.

**Nichtlinearität:** Im Abschnitt 3.1.4 wird der *Klirrfaktor* $k$ des Drainstroms für eine sinusförmige Kleinsignalaussteuerung mit $\hat{u}_e = \hat{u}_{GS}$ berechnet, siehe (3.13) auf Seite 204; er ist bei der Sourceschaltung gleich dem Klirrfaktor der Ausgangsspannung $u_a$. Es gilt $\hat{u}_e < 4k\left(U_{GS,A} - U_{th}\right)$, d.h. für $k < 1\%$ muß $\hat{u}_e < \left(U_{GS,A} - U_{th}\right)/25$ gelten; für das Zahlenbeispiel mit $U_{GS,A} - U_{th} = 1\,V$ erhält man $\hat{u}_e < 40\,mV$. Die zugehörige Ausgangsamplitude ist wegen $\hat{u}_a = |A|\hat{u}_e$ von der Verstärkung $A$ abhängig; für das Zahlenbeispiel mit $A = -3,85$ gilt demnach $\hat{u}_a < 4k|A|\left(U_{GS,A} - U_{th}\right) = k \cdot 15,4\,V$. Zum Vergleich: für die Emitterschaltung im Abschnitt 2.4.1 gilt $\hat{u}_a < k \cdot 7,5\,V$, d.h. die Sourceschaltung erreicht bei gleichem Klirrfaktor eine größere Ausgangsamplitude.

Die Sourceschaltung eignet sich besonders zum Einsatz in Verstärkern mit Bandpaß-Verhalten, z.B. Sende-, Empfangs- und Zwischenfrequenzverstärker in der drahtlosen Übertragungstechnik. Bei diesen Verstärkern sind die quadratischen Verzerrungen unbedeutend, weil die dabei entstehenden Summen- und Differenzfrequenzen außerhalb des Durchlaßbereichs der Bandpässe liegen: $f_1$, $f_2$ im Durchlaßbereich $\Rightarrow f_1 - f_2$, $f_1 + f_2$ außerhalb des Durchlaßbereichs. Im Gegensatz dazu entstehen durch kubische Verzerrungen unter anderem Anteile bei $2f_1 - f_2$ und $2f_2 - f_1$, die im Durchlaßbereich liegen können. Die kubischen Verzerrungen sind jedoch bei Fets aufgrund der nahezu quadratischen Kennlinie sehr klein. Deshalb werden in modernen Sendeendstufen bevorzugt Hochfrequenz-Mosfets und GaAs-Mesfets in Sourceschaltung *ohne Gegenkopplung* eingesetzt. Eine Gegenkopplung führt zwar auch bei Fets zu einer Verringerung des Klirrfaktors, weil die vergleichsweise starken quadratischen Verzerrungen abnehmen, die kubischen Verzerrungen nehmen jedoch zu.

**Temperaturabhängigkeit:** Aus (3.49) und (3.14) folgt:

$$\left.\frac{dU_a}{dT}\right|_A = -R_D \left.\frac{dI_D}{dT}\right|_A = -I_{D,A}R_D \left(\frac{1}{K}\frac{dK}{dT} - \frac{2}{U_{GS,A} - U_{th}}\frac{dU_{th}}{dT}\right)$$

$$\approx I_{D,A}R_D \cdot 10^{-3}\,\mathrm{K}^{-1} \left(5 - \frac{4\ldots 7\,\mathrm{V}}{U_{GS,A} - U_{th}}\right)$$

Für das Zahlenbeispiel erhält man $(dU_a/dT)|_A \approx -4\ldots +2\,\mathrm{mV/K}$. Die Temperaturdrift ist gering, weil der Mosfet hier in der Nähe des *Temperaturkompensationspunkts* betrieben wird, siehe Abschnitt 3.1.7.

Ein Vergleich der Temperaturdrift der Source- und der Emitterschaltung ist nur mit Bezug auf die Verstärkung sinnvoll; man erhält für die Sourceschaltung $(dU_a/dT)|_A \approx -1\ldots +0,5\,\mathrm{mV/K} \cdot |A|$ und für die Emitterschaltung $(dU_a/dT)|_A \approx -1,7\,\mathrm{mV/K} \cdot |A|$. Die Drift der Sourceschaltung ist demnach bei gleicher Verstärkung geringer, vor allem dann, wenn der Arbeitspunkt nahe am Kompensationspunkt liegt.

### Sourceschaltung mit Stromgegenkopplung

Die Nichtlinearität und die Temperaturabhängigkeit der Sourceschaltung kann durch eine *Stromgegenkopplung* verringert werden; dazu wird ein *Sourcewiderstand* $R_S$ eingefügt, siehe Abb. 3.52a. Die Übertragungskennlinie und das Kleinsignalverhalten hängen in diesem Fall von der Beschaltung des Bulk-Anschlusses ab. Er ist bei Einzel-Mosfets mit der Source und in integrierten Schaltungen mit der negativsten Versorgungsspannung, hier Masse, verbunden; in Abb. 3.52a ist deshalb ein Umschalter für den Bulk-Anschluß enthalten.

Abb. 3.53 zeigt die Übertragungskennlinie für einen Einzel-Mosfet ($U_{BS} = 0$) und für einen integrierten Mosfet ($U_B = 0$) für $R_D = 1\,\mathrm{k\Omega}$ und $R_S = 200\,\Omega$. Die eingezeichnete Grenze zwischen dem Abschnür- und dem ohmschen Bereich gilt für den Einzel-Mosfet.

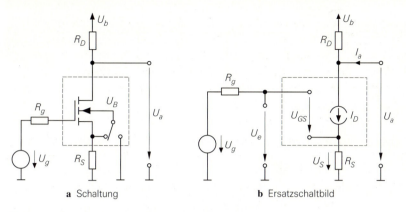

**a** Schaltung   **b** Ersatzschaltbild

**Abb. 3.52.** Sourceschaltung mit Stromgegenkopplung

**Betrieb im Abschnürbereich:** Abb. 3.52b zeigt das Ersatzschaltbild; für den Abschnürbereich erhält man mit $I_a = 0$:

$$U_a = U_b - I_D R_D = U_b - \frac{R_D K}{2} (U_{GS} - U_{th})^2 \tag{3.54}$$

$$U_e = U_{GS} + U_S = U_{GS} + I_D R_S \tag{3.55}$$

Für den in Abb. 3.53 beispielhaft eingezeichneten Arbeitspunkt erhält man mit $U_b = 5\,\text{V}$, $K = 4\,\text{mA/V}^2$, $R_D = 1\,\text{k}\Omega$ und $R_S = 200\,\Omega$ beim Einzel-Mosfet:

$$U_a = 3,5\,\text{V} \;\Rightarrow\; I_D = \frac{U_b - U_a}{R_D} = 1,5\,\text{mA} \;\Rightarrow\; U_S = I_D R_S = 0,3\,\text{V}$$

$$\Rightarrow\; U_{GS} = U_{th} + \sqrt{\frac{2 I_D}{K}} = 1,866\,\text{V} \;\Rightarrow\; U_e = U_{GS} + U_S = 2,166\,\text{V}$$

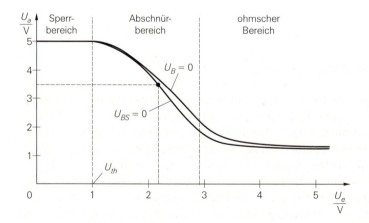

**Abb. 3.53.** Übertragungskennlinie der Sourceschaltung mit Stromgegenkopplung bei einem Einzel-Mosfet ($U_{BS} = 0$) und einem integrierten Mosfet ($U_B = 0$); Grenze Abschnür-/ohmscher Bereich für Einzel-Mosfet

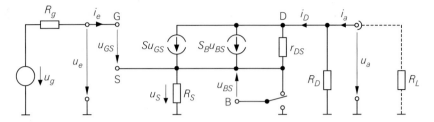

**Abb. 3.54.** Kleinsignalersatzschaltbild der Sourceschaltung mit Stromgegenkopplung

Beim integrierten Mosfet muß die Abhängigkeit der Schwellenspannung von $U_{BS}$ nach (3.18) auf Seite 220 berücksichtigt werden. Für den Mosfet wird $U_{th,0} = 1\,\text{V}$, $\gamma = 0,5\,\sqrt{\text{V}}$ und $U_{inv} = 0,6\,\text{V}$ angenommen; damit folgt:

$$U_{BS} = -U_S = -0,3\,\text{V}$$

$$\Rightarrow U_{th} = U_{th,0} + \gamma \left( \sqrt{U_{inv} - U_{BS}} - \sqrt{U_{inv}} \right) \approx 1,087\,\text{V}$$

$$\Rightarrow U_{GS} = U_{th} + \sqrt{\frac{2I_D}{K}} = 1,953\,\text{V} \Rightarrow U_e = U_{GS} + U_S = 2,253\,\text{V}$$

**Kleinsignalverhalten:** Die Berechnung erfolgt mit Hilfe des in Abb. 3.54 gezeigten Kleinsignalersatzschaltbilds. Aus der Knotengleichung

$$Su_{GS} + S_B u_{BS} + \frac{u_{DS}}{r_{DS}} + \frac{u_a}{R_D} = 0$$

erhält man mit $u_{GS} = u_e - u_S$ und $u_{DS} = u_a - u_S$ die *Verstärkung*:

$$A = \left.\frac{u_a}{u_e}\right|_{i_a=0} = -\frac{SR_D}{1 + \dfrac{R_D}{r_{DS}} + \left( S + S_B + \dfrac{1}{r_{DS}} \right) R_S}$$

$$\overset{r_{DS} \gg R_D, 1/S}{\approx} -\frac{SR_D}{1 + (S + S_B) R_S}$$

$$\overset{u_{BS}=0}{=} -\frac{SR_D}{1 + SR_S} \overset{SR_S \gg 1}{\approx} -\frac{R_D}{R_S}$$

Bei Einzel-Mosfets, d.h. ohne Substrat-Effekt ($u_{BS} = 0$), und starker Gegenkopplung ($SR_S \gg 1$) hängt die Verstärkung nur noch von $R_D$ und $R_S$ ab. Allerdings kann man aufgrund der geringen Maximalverstärkung eines Mosfets im allgemeinen keine starke Gegenkopplung vornehmen, weil sonst die Verstärkung zu klein wird; deshalb ist die Bedingung $SR_S \gg 1$ in der Praxis nur selten erfüllt. Bei Betrieb mit einem Lastwiderstand $R_L$ kann man die zugehörige Betriebsverstärkung $A_B$ berechnen, indem man für $R_D$ die Parallelschaltung von $R_D$ und $R_L$ einsetzt, siehe Abb. 3.54. In dem beispielhaft gewählten Arbeitspunkt erhält man für den Einzel-Mosfet mit $S = 3,46\,\text{mS}$, $r_{DS} = 33\,\text{k}\Omega$, $R_D = 1\,\text{k}\Omega$ und $R_S = 200\,\Omega$ *exakt* $A = -2,002$; die ersten beiden Näherungen liefern $A = -2,045$, die dritte ist wegen $SR_S < 1$ nicht anwendbar. Für den integrierten Mosfet wird $\gamma = 0,5\,\sqrt{\text{V}}$

und $U_{inv} = 0,6\,\text{V}$ angenommen; aus (3.41) folgt $S_B = 0,91\,\text{mS}$ und damit *exakt* $A = -1,812$ und in erster Näherung $A = -1,846$.

Für den *Eingangswiderstand* gilt $r_e = \infty$ und für den *Ausgangswiderstand*:

$$r_a = R_D \,||\, r_{DS} \left(1 + \left(S + S_B + \frac{1}{r_{DS}}\right) R_S\right) \overset{r_{DS} \gg R_D}{\approx} R_D$$

Mit $r_{DS} \gg R_D, 1/S$ und ohne Lastwiderstand $R_L$ erhält man für die
*Sourceschaltung mit Stromgegenkopplung*:

$$A = \left.\frac{u_a}{u_e}\right|_{i_a=0} \approx -\frac{SR_D}{1 + (S + S_B)\, R_S} \overset{u_{BS}=0}{=} -\frac{SR_D}{1 + SR_S} \tag{3.56}$$

$$r_e = \infty \tag{3.57}$$

$$r_a = \frac{u_a}{i_a} \approx R_D \tag{3.58}$$

**Vergleich mit der Sourceschaltung ohne Gegenkopplung:** Ein Vergleich von (3.56) mit (3.50) zeigt, daß die Verstärkung durch die Gegenkopplung näherungsweise um den *Gegenkopplungsfaktor* $(1 + (S + S_B)R_S)$ bzw. $(1 + SR_S)$ reduziert wird.

Die Wirkung der Stromgegenkopplung läßt sich besonders einfach mit Hilfe der *reduzierten Steilheit*

$$S_{red} = \frac{S}{1 + (S + S_B)\, R_S} \overset{u_{BS}=0}{=} \frac{S}{1 + SR_S} \tag{3.59}$$

beschreiben. Durch den Sourcewiderstand $R_S$ wird die effektive Steilheit auf den Wert $S_{red}$ reduziert: für die Sourceschaltung ohne Gegenkopplung gilt $A \approx -SR_D$ und für die Sourceschaltung mit Stromgegenkopplung $A \approx -S_{red}R_D$.

**Nichtlinearität:** Die Nichtlinearität der Übertragungskennlinie wird durch die Stromgegenkopplung reduziert. Der Klirrfaktor der Schaltung kann durch eine Reihenentwicklung der Kennlinie im Arbeitspunkt näherungsweise bestimmt werden. Aus (3.55) folgt:

$$U_e = U_{GS} + I_D R_S = U_{th} + \sqrt{\frac{2I_D}{K}} + I_D R_S$$

Durch Einsetzen des Arbeitspunkts, Übergang zu den Kleinsignalgrößen und Reihenentwicklung erhält man mit (3.18) und $U_{BS} = -U_S = -I_D R_S$

$$u_e = \gamma\,\sqrt{U_{inv} + I_{D,A} R_S} \left(\sqrt{1 + \frac{R_S i_D}{U_{inv} + I_{D,A} R_S}} - 1\right)$$

$$+ \sqrt{\frac{2I_{D,A}}{K}} \left(\sqrt{1 + \frac{i_D}{I_{D,A}}} - 1\right) + R_S i_D$$

$$= \frac{1}{S}\left((1 + (S + S_B)\, R_S)\, i_D + \frac{1}{4}\left(\frac{S_B R_S^2}{U_{inv} + I_{D,A} R_S} + \frac{1}{I_{D,A}}\right) i_D^2 + \cdots\right)$$

und daraus durch Invertieren der Reihe:

$$i_D = \frac{S}{1 + (S + S_B)\, R_S} \left( u_e + \frac{u_e^2}{4} \frac{\dfrac{S}{I_{D,A}} + \dfrac{S S_B R_S^2}{U_{inv} + I_{D,A} R_S}}{\left(1 + (S + S_B)\, R_S\right)^2} + \cdots \right)$$

Bei Aussteuerung mit $u_e = \hat{u}_e \cos \omega t$ erhält man aus dem Verhältnis der ersten Oberwelle mit $2\omega t$ zur Grundwelle mit $\omega t$ bei kleiner Aussteuerung, d.h. bei Vernachlässigung höherer Potenzen, näherungsweise den *Klirrfaktor k*:

$$k \approx \frac{u_{a,2\omega t}}{u_{a,\omega t}} \approx \frac{i_{D,2\omega t}}{i_{D,\omega t}} \approx \frac{\hat{u}_e}{8} \frac{\dfrac{S}{I_{D,A}} + \dfrac{S S_B R_S^2}{U_{inv} + I_{D,A} R_S}}{\left(1 + (S + S_B)\, R_S\right)^2}$$

$$\overset{u_{BS}=0}{=} \frac{\hat{u}_e}{4 \left(U_{GS,A} - U_{th}\right) \left(1 + S R_S\right)^2} \tag{3.60}$$

Bei der letzten Näherung wird $S/I_{D,A} = 2/(U_{GS,A} - U_{th})$ verwendet. Für das Zahlenbeispiel gilt $\hat{u}_e < k \cdot 11,5\,\text{V}$ und, mit $A \approx -2$, $\hat{u}_a < k \cdot 23\,\text{V}$.

Ein Vergleich mit (3.13) zeigt, daß die zulässige Eingangsamplitude $\hat{u}_e$ durch die Gegenkopplung um das Quadrat des Gegenkopplungsfaktors $(1 + S R_S)$ größer wird. Da gleichzeitig die Verstärkung um den Gegenkopplungsfaktor geringer ist, ist die zulässige Ausgangsamplitude bei gleichem Klirrfaktor um den Gegenkopplungsfaktor größer. Bei gleicher Ausgangsamplitude ist der Klirrfaktor um den Gegenkopplungsfaktor geringer.

Ein Vergleich mit der stromgegengekoppelten Emitterschaltung im Abschnitt 2.4.1 zeigt, daß die stromgegengekoppelte Sourceschaltung bei gleicher Verstärkung ($A \approx -2$) und gleichem Arbeitspunktstrom ($I_{D,A} = I_{C,A} = 1,5\,\text{mA}$) einen höheren Klirrfaktor aufweist: $k \approx \hat{u}_a/(23\,\text{V})$ bei der Sourceschaltung und $k \approx \hat{u}_a/(179\,\text{V})$ bei der Emitterschaltung. Ursache hierfür ist die geringe Maximalverstärkung eines Mosfets, die bei gleicher Verstärkung der Schaltung einen geringeren Gegenkopplungsfaktor und damit einen höheren Klirrfaktor zur Folge hat. Bei sehr kleinen Arbeitspunktströmen nimmt die Maximalverstärkung des Mosfets zu und der Klirrfaktor entsprechend ab; man erreicht in diesem Fall dieselben Werte wie bei der Emitterschaltung.

Eine Sonderstellung nehmen die kubischen Verzerrungen ein. Sie sind bei der Sourceschaltung aufgrund der nahezu quadratischen Kennlinie eines Mosfets ohne Gegenkopplung sehr gering und nehmen mit zunehmender Gegenkopplung zu, während die dominierenden quadratischen Verzerrungen und damit auch der Klirrfaktor $k$ mit zunehmender Gegenkopplung abnehmen. Abb. 3.55 zeigt die Abhängigkeit des Klirrfaktors $k$ und des kubischen Klirrfaktors $k_3$ vom Gegenkopplungswiderstand $R_S$ bei konstanter Amplitude am Ausgang. Die Daten für diese Darstellung wurden durch Simulation mit *PSpice* ermittelt.

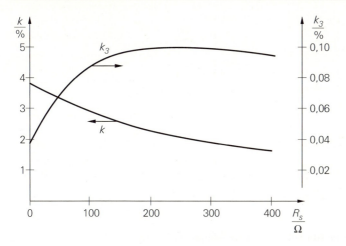

**Abb. 3.55.** Klirrfaktor $k$ und kubischer Klirrfaktor $k_3$ in Abhängigkeit vom Gegenkopplungs-widerstand $R_S$ bei konstanter Amplitude am Ausgang für die Schaltung in Abb. 3.52a

**Temperaturabhängigkeit:** Durch die Gegenkopplung wird die Temperaturdrift der Ausgangsspannung im Vergleich zur Sourceschaltung ohne Gegenkopplung um den Gegenkopplungsfaktor verringert:

$$\left.\frac{dU_a}{dT}\right|_A \approx \frac{I_{D,A}R_D}{1 + (S + S_B)\,R_S} \cdot 10^{-3}\,\mathrm{K}^{-1}\left(5 - \frac{4\ldots 7\,\mathrm{V}}{U_{GS,A} - U_{th}}\right)$$

Für das Zahlenbeispiel erhält man $(dU_a/dT)|_A \approx -3\ldots +0,4\,\mathrm{mV/K}$.

### Sourceschaltung mit Spannungsgegenkopplung

Bei der Sourceschaltung mit Spannungsgegenkopplung nach Abb. 3.56a wird ein Teil der Ausgangsspannung über die Widerstände $R_1$ und $R_2$ auf das Gate des Fets zurückgeführt; Abb. 3.56b zeigt die zugehörige Kennlinie für $U_b = 5\,\mathrm{V}$, $R_D = R_1 = 1\,\mathrm{k\Omega}$, $R_2 = 6,3\,\mathrm{k\Omega}$ und $K = 4\,\mathrm{mA/V^2}$.

**Betrieb im Abschnürbereich:** Aus den Knotengleichungen

$$\frac{U_b - U_a}{R_D} + I_a = I_D + \frac{U_a - U_{GS}}{R_2}$$

$$\frac{U_{GS} - U_e}{R_1} = \frac{U_a - U_{GS}}{R_2}$$

folgt für den Betrieb ohne Last, d.h. $I_a = 0$:

$$U_a = \frac{U_b R_2 - I_D R_D R_2 + U_{GS}R_D}{R_2 + R_D} \overset{R_2 \gg R_D}{\approx} U_b - I_D R_D \tag{3.61}$$

$$U_e = \frac{U_{GS}\left(R_1 + R_2\right) - U_a R_1}{R_2} \tag{3.62}$$

Bei der Berechnung des Arbeitspunkts geht man von (3.61) aus. Wenn man für $I_D$ die Gleichung für den Abschnürbereich einsetzt, erhält man eine quadratische

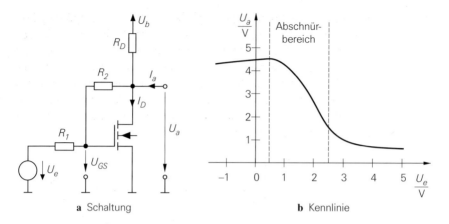

**a** Schaltung                                                    **b** Kennlinie

**Abb. 3.56.** Sourceschaltung mit Spannungsgegenkopplung

Gleichung in $U_{GS}$, mit der man nach Auflösen die Arbeitspunktspannung $U_{GS,A}$ bei vorgegebener Ausgangsspannung $U_{a,A}$ berechnen kann. Alternativ kann man die Näherung verwenden, bei der der Strom durch den Gegenkopplungswiderstand $R_2$ vernachlässigt wird; bei Vorgabe von $U_{a,A} = 2,5\,\mathrm{V}$ erhält man:

$$U_{a,A} = 2,5\,\mathrm{V} \ \Rightarrow \ I_{D,A} \approx \frac{U_b - U_{a,A}}{R_D} \approx 2,5\,\mathrm{mA}$$

$$\Rightarrow \ U_{GS,A} = U_{th} + \sqrt{\frac{2I_{D,A}}{K}} \approx 2,12\,\mathrm{V} \ \Rightarrow \ U_{e,A} \overset{(3.62)}{\approx} 2,06\,\mathrm{V}$$

**Kleinsignalverhalten:** Die Berechnung erfolgt mit Hilfe des in Abb. 3.57 gezeigten Kleinsignalersatzschaltbilds. Aus den Knotengleichungen

$$\frac{u_e - u_{GS}}{R_1} + \frac{u_a - u_{GS}}{R_2} = 0$$

$$S u_{GS} + \frac{u_a - u_{GS}}{R_2} + \frac{u_a}{r_{DS}} + \frac{u_a}{R_D} = i_a$$

erhält man mit $R_D' = R_D \,\|\, r_{DS}$:

$$A = \left. \frac{u_a}{u_e} \right|_{i_a=0} = \frac{-SR_2 + 1}{1 + SR_1 + \dfrac{R_1 + R_2}{R_D'}} \overset{\substack{r_{DS} \gg R_D \\ R_1,R_2 \gg 1/S}}{\approx} \ - \frac{R_2}{R_1 + \dfrac{R_1 + R_2}{SR_D}}$$

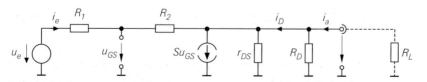

**Abb. 3.57.** Kleinsignalersatzschaltbild der Sourceschaltung mit Spannungsgegenkopplung

Ist die Verstärkung ohne Gegenkopplung viel größer als der Gegenkopplungsfaktor, d.h. $SR_D \gg 1 + R_2/R_1$, erhält man $A \approx -R_2/R_1$; diese Bedingung ist jedoch wegen der geringen Maximalverstärkung eines Fets nur sehr selten erfüllt. Wird die Schaltung mit einem Lastwiderstand $R_L$ betrieben, kann man die zugehörige Betriebsverstärkung $A_B$ berechnen, indem man für $R_D$ die Parallelschaltung von $R_D$ und $R_L$ einsetzt, siehe Abb. 3.57. In dem beispielhaft gewählten Arbeitspunkt erhält man mit $S = 4,47\,\text{mS}$, $r_{DS} = 20\,\text{k}\Omega$, $R_D = R_1 = 1\,\text{k}\Omega$ und $R_2 = 6,3\,\text{k}\Omega$ *exakt* $A = -2,067$; die Näherung liefert $A = -2,39$.

Für den *Leerlaufeingangswiderstand* erhält man mit $R'_D = R_D \parallel r_{DS}$:

$$ r_{e,L} = \left. \frac{u_e}{i_e} \right|_{i_a=0} = R_1 + \frac{R_2 + R'_D}{1 + SR'_D} \overset{r_{DS} \gg R_D \gg 1/S}{\approx} R_1 + \frac{1}{S}\left(1 + \frac{R_2}{R_D}\right) $$

Er gilt für $i_a = 0$, d.h. $R_L \to \infty$. Der Eingangswiderstand für andere Werte von $R_L$ wird berechnet, indem man für $R_D$ die Parallelschaltung von $R_D$ und $R_L$ einsetzt. In dem beispielhaft gewählten Arbeitspunkt erhält man *exakt* $r_{e,L} = 2,38\,\text{k}\Omega$ und mit Hilfe der Näherung $r_{e,L} = 2,63\,\text{k}\Omega$.

Für den *Kurzschlußausgangswiderstand* erhält man mit $R'_D = R_D \parallel r_{DS}$:

$$ r_{a,K} = \left. \frac{u_a}{i_a} \right|_{u_e=0} = R'_D \parallel \frac{R_1 + R_2}{1 + SR_1} \overset{\substack{r_{DS} \gg R_D \\ R_1 \gg 1/S}}{\approx} R_D \parallel \frac{1}{S}\left(1 + \frac{R_2}{R_1}\right) $$

Daraus folgt mit $R_1 \to \infty$ der *Leerlaufausgangswiderstand*:

$$ r_{a,L} = \left. \frac{u_a}{i_a} \right|_{i_e=0} = R'_D \parallel \frac{1}{S} \overset{r_{DS} \gg R_D \gg 1/S}{\approx} \frac{1}{S} $$

In dem beispielhaft gewählten Arbeitspunkt erhält man *exakt* $r_{a,K} = 556\,\Omega$ und $r_{a,L} = 181\,\Omega$ und mit Hilfe der Näherungen $r_{a,K} = 602\,\Omega$ und $r_{a,L} = 223\,\Omega$.

Zusammengefaßt gilt für die

*Sourceschaltung mit Spannungsgegenkopplung:*

$$ A = \left. \frac{u_a}{u_e} \right|_{i_a=0} \approx -\frac{R_2}{R_1 + \dfrac{R_1 + R_2}{SR_D}} \tag{3.63} $$

$$ r_e = \left. \frac{u_e}{i_e} \right|_{i_a=0} \approx R_1 + \frac{1}{S}\left(1 + \frac{R_2}{R_D}\right) \tag{3.64} $$

$$ r_a = \left. \frac{u_a}{i_a} \right|_{u_e=0} \approx R_D \parallel \frac{1}{S}\left(1 + \frac{R_2}{R_1}\right) \tag{3.65} $$

**Betrieb als Strom-Spannungs-Wandler:** Entfernt man den Widerstand $R_1$ und steuert die Schaltung mit einer Stromquelle $I_e$ an, erhält man die Schaltung nach Abb. 3.58a, die als *Strom-Spannungs-Wandler* arbeitet; sie wird auch *Tran-*

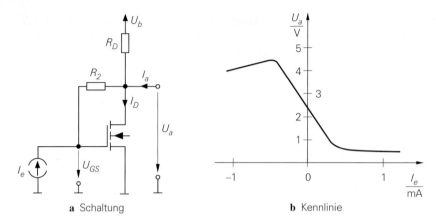

**a** Schaltung                                        **b** Kennlinie

**Abb. 3.58.** Strom-Spannungs-Wandler

*simpedanzverstärker* [24] genannt. Abb. 3.58b zeigt die Kennlinien für $U_b = 5\,\text{V}$, $R_D = 1\,\text{k}\Omega$ und $R_2 = 6{,}3\,\text{k}\Omega$.

Aus Abb. 3.58a erhält man:

$$U_a = U_b + (I_e + I_a - I_D)\,R_D \overset{I_a = 0}{=} U_b + I_e R_D - \frac{K R_D}{2}\,(U_{GS} - U_{th})^2 \tag{3.66}$$

$$I_e = \frac{U_{GS} - U_a}{R_2} \tag{3.67}$$

Setzt man die Gleichungen ineinander ein, erhält man eine in $U_a$ und $I_e$ quadratische Gleichung, deren allgemeine Lösung umfangreich ist. Nimmt man zunächst $|I_e R_D| \ll U_b - U_a$ an und gibt $U_a$ vor, kann man aus (3.66) $U_{GS}$ und damit aus (3.67) $I_e$ berechnen; mit $U_{th} = 1\,\text{V}$, $K = 4\,\text{mA/V}^2$, $R_D = 1\,\text{k}\Omega$ und $R_2 = 6{,}3\,\text{k}\Omega$ erhält man:

$$U_a = 2{,}5\,\text{V} \Rightarrow U_{GS} \approx U_{th} + \sqrt{\frac{2\,(U_b + I_e R_D - U_a)}{K R_D}} \overset{|I_e R_D| \ll U_b - U_a}{\approx} 2{,}12\,\text{V}$$

$$\Rightarrow I_e = \frac{U_{GS} - U_a}{R_2} \approx -60\,\mu\text{A} \quad\text{und}\quad I_D = \frac{K}{2}\,(U_{GS} - U_{th})^2 \approx 2{,}509\,\text{mA}$$

Man kann nun iterativ vorgehen, indem man den letzten Wert für $I_e$ in (3.66) einsetzt und neue Werte für $U_{GS}$ und $I_e$ berechnet; die nächste Iteration liefert mit $U_{GS} \approx 2{,}105\,\text{V}$, $I_e \approx -63\,\mu\text{A}$ und $I_D \approx 2{,}44\,\text{mA}$ praktisch das exakte Ergebnis.

Das Kleinsignalverhalten des Strom-Spannungs-Wandlers kann aus den Gleichungen für die Sourceschaltung mit Spannungsgegenkopplung abgeleitet werden. Dabei tritt der *Übertragungswiderstand (Transimpedanz)* $R_T$ an die Stelle

---

24 Die Bezeichnung *Transimpedanzverstärker* wird auch für Operationsverstärker mit Stromeingang und Spannungsausgang verwendet (CV-OPV).

der Verstärkung; mit $R_D' = R_D \,\|\, r_{DS}$ erhält man:

$$R_T \;=\; \left.\frac{u_a}{i_e}\right|_{i_a=0} \;=\; \lim_{R_1\to\infty} R_1 \left.\frac{u_a}{u_e}\right|_{i_a=0} \;=\; \lim_{R_1\to\infty} R_1 A$$

$$= \; R_D' \,\frac{1 - SR_2}{1 + SR_D'} \;\overset{\substack{SR_2 \gg 1\\ r_{DS}\gg R_D}}{\approx}\; -\,R_2 \,\frac{SR_D}{1 + SR_D}$$

Der *Eingangswiderstand* kann aus den Gleichungen für die Sourceschaltung mit Spannungsgegenkopplung durch Einsetzen von $R_1 = 0$ berechnet werden und der *Ausgangswiderstand* entspricht dem Leerlaufausgangswiderstand.

Zusammengefaßt erhält man für den

*Strom-Spannungs-Wandler in Sourceschaltung:*

$$R_T \;=\; \left.\frac{u_a}{i_e}\right|_{i_a=0} \;\approx\; -\,R_2 \,\frac{SR_D}{1 + SR_D} \tag{3.68}$$

$$r_e \;=\; \left.\frac{u_e}{i_e}\right|_{i_a=0} \;\approx\; \frac{1}{S}\left(1 + \frac{R_2}{R_D}\right) \tag{3.69}$$

$$r_a \;=\; \frac{u_a}{i_a} \;\approx\; R_D \,\|\, \frac{1}{S} \tag{3.70}$$

In dem beispielhaft gewählten Arbeitspunkt erhält man mit $I_{D,A} = 2,44\,\mathrm{mA}$, $K = 4\,\mathrm{mA/V^2}$, $R_D = 1\,\mathrm{k\Omega}$ und $R_2 = 6,3\,\mathrm{k\Omega}$ die Werte $R_T \approx -5,14\,\mathrm{k\Omega}$, $r_e \approx 1,65\,\mathrm{k\Omega}$ und $r_a \approx 185\,\Omega$.

Der Strom-Spannungs-Wandler wird vor allem in Photodioden-Empfängern eingesetzt; dabei wird die Empfangsdiode im Sperrbereich betrieben und wirkt deshalb wie eine Stromquelle mit sehr hohem Innenwiderstand, deren Strom $i_e$ mit dem Strom-Spannungs-Wandler in eine Spannung $u_a = -R_T i_e$ umgesetzt wird. Aufgrund des hohen Innenwiderstands der Diode wird das Rauschen der Schaltung vor allem durch den Eingangsrauschstrom des Fets und das thermische Rauschen des Gegenkopplungswiderstands $R_2$ verursacht; der im Vergleich zum Bipolartransistor besonders niedrige Eingangsrauschstrom eines Fets führt in diesem Fall zu einer besonders niedrigen Rauschzahl.

**Arbeitspunkteinstellung**

Der Betrieb als Kleinsignalverstärker erfordert eine stabile Einstellung des Arbeitspunkts. Der Arbeitspunkt sollte möglichst wenig von den Parametern des Fets abhängen, da diese temperaturabhängig und fertigungsbedingten Streuungen unterworfen sind. Zwar kann man beim Fet die Temperaturabhängigkeit durch eine Arbeitspunkteinstellung in der Nähe des Temperatur-Kompensationspunkts sehr klein halten, die fertigungsbedingten Streuungen der Schwellenspannung sind jedoch vor allem bei Einzel-Fets erheblich; Schwankungen von $\pm 0,5\,\mathrm{V} \ldots \pm 1\,\mathrm{V}$ sind üblich.

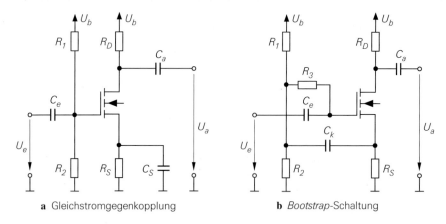

**a** Gleichstromgegenkopplung                 **b** *Bootstrap*-Schaltung

**Abb. 3.59.** Arbeitspunkteinstellung mit Stromgegenkopplung

Kleinsignalverstärker in Sourceschaltung mit Einzel-Fets werden aufgrund ihrer im Vergleich zur Emitterschaltung geringen Verstärkung nur in Ausnahmefällen eingesetzt; dazu gehören Verstärker für sehr hochohmige Signalquellen und der im vorhergehenden Abschnitt beschriebene Strom-Spannungs-Wandler.

**Arbeitspunkteinstellung bei Wechselspannungskopplung:** Bei Wechselspannungskopplung wird der Verstärker über Koppelkondensatoren mit der Signalquelle und der Last verbunden. Bei Spannungsverstärkern wird in der Regel die in Abb. 3.59a gezeigte Spannungseinstellung mit Gleichstromgegenkopplung verwendet; sie entspricht der in Abb. 2.71a gezeigten Arbeitspunkteinstellung bei der Emitterschaltung. Auch die in Abb. 2.71b und Abb. 2.74 gezeigten Varianten können beim Fet verwendet werden; dabei kommt der extrem hohe Eingangswiderstands des Fets nur bei direkter Kopplung am Eingang voll zum Tragen, weil sonst der Spannungsteiler am Eingang für den Eingangswiderstand der Schaltung maßgebend ist.

Eine Sonderstellung nimmt die in Abb. 3.59b gezeigte Stromgegenkopplung mit *Bootstrap* ein, bei der der Spannungsabfall an $R_3$ durch eine Rückkopplung des Signals auf den Spannungsteiler vermindert und damit der Eingangswiderstand entsprechend erhöht wird: $r_e \approx R_3 (1 + S R_S)$. Diese Schaltung arbeitet jedoch nur bei starker Gegenkopplung ($S R_S \gg 1$) effektiv und wird deshalb vor allem bei der Drainschaltung eingesetzt, siehe Abschnitt 3.4.2.

Darüber hinaus gibt es spezielle Schaltungen zur Arbeitspunkteinstellung, die nur bei selbstleitenden Fets angewendet werden können. Da diese mit $U_G = 0$ betrieben werden können, kann man in Abb. 3.59a den Widerstand $R_1$ entfernen und erhält damit die Schaltung in Abb. 3.60a; dasselbe gilt auch für die Bootstrap-Schaltung. Aus der Bedingung $U_{GS} = -I_D R_S$ und der Gleichung für den Abschnürbereich erhält man die Dimensionierung:

$$ R_S = \frac{|U_{th}|}{I_{D,A}} \left( 1 - \sqrt{\frac{2 I_{D,A}}{K U_{th}^2}} \right) = \frac{|U_{th}|}{I_{D,A}} \left( 1 - \sqrt{\frac{I_{D,A}}{I_{D,A(max)}}} \right) $$

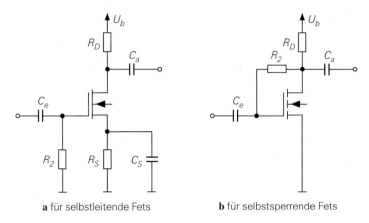

**a** für selbstleitende Fets          **b** für selbstsperrende Fets

**Abb. 3.60.** Spezielle Schaltungen zur Arbeitspunkteinstellung

Dabei ist $I_{D,A(max)} = K\,U_{th}^2/2$ der maximal mögliche Arbeitspunktstrom. Will man den Fet im Temperatur-Kompensationspunkt mit $U_{GS,TK} \approx U_{th} + 1\,\mathrm{V}$ betreiben, erhält man $I_{D,A} \approx K \cdot 0,5\,\mathrm{V}^2$ und damit:

$$R_S = \frac{2|U_{GS,TK}|}{K\left(U_{GS,TK} - U_{th}\right)^2} \approx \frac{|U_{GS,TK}|}{K \cdot 0,5\,\mathrm{V}^2} \qquad \text{für } U_{GS,TK} \le 0$$

Selbstsperrende Mosfets kann man mit $U_{GS} = U_{DS}$ im Abschnürbereich betreiben, siehe Abb. 3.60b; da kein oder nur ein sehr geringer Gatestrom fließt, kann man den Widerstand $R_2$ so groß machen, daß die durch $R_2$ verursachte Spannungsgegenkopplung vernachlässigbar gering ist; den Eingangswiderstand erhält man in diesem Fall aus (3.69) auf Seite 267.

Die Eigenschaften, Vor- und Nachteile der Wechselspannungskopplung werden auf Seite 134 im Zusammenhang mit der Arbeitspunkteinstellung der Emitterschaltung ausführlich beschrieben.

**Arbeitspunkteinstellung bei Gleichspannungskopplung:** Bei Gleichspannungskopplung, auch als *direkte* oder *galvanische* Kopplung bezeichnet, wird der Verstärker direkt mit der Signalquelle und der Last verbunden. Dabei müssen die Gleichspannungen am Eingang und am Ausgang des Verstärkers an die Gleichspannungen der Signalquelle und der Last angepaßt werden; deshalb kann man bei mehrstufigen Verstärkern die Arbeitspunkte der einzelnen Stufen nicht getrennt einstellen.

Bei Gleichspannungsverstärkern ist die Gleichspannungskopplung zwingend. Dasselbe gilt für integrierte Verstärker, weil in integrierten Schaltungen die für Koppelkapazitäten erforderlichen Werte im allgemeinen nicht hergestellt werden können und externe Koppelkapazitäten unerwünscht sind. Bei mehrstufigen Verstärkern wird die Gleichspannungskopplung fast immer in Verbindung mit einer Gegenkopplung über alle Stufen eingesetzt, damit sich ein definierter und temperaturstabiler Arbeitspunkt einstellt.

**Frequenzgang und Grenzfrequenz**

Die Kleinsignalverstärkung $A$ gilt in der bisher berechneten Form nur für niedrige Signalfrequenzen; bei höheren Frequenzen nimmt der Betrag der Verstärkung aufgrund der Kapazitäten des Fets ab. Zur Berechnung des Frequenzgangs und der Grenzfrequenz muß man streng genommen das dynamische Kleinsignalmodell des Fets nach Abb. 3.41 verwenden; dabei wird neben den Kapazitäten $C_{GS}$, $C_{GD}$, $C_{BS}$ und $C_{BD}$ der Gate-Bahnwiderstand $R_G$ berücksichtigt.

Für Einzel-Fets ohne Bulk-Anschluß kann man das einfache Kleinsignalmodell nach Abb. 3.42a verwenden, das weitgehend dem Kleinsignalmodell des Bipolartransistors entspricht. Da die Grenzfrequenz ohnehin nur näherungsweise berechnet wird, begeht man keinen großen Fehler, wenn man auch für integrierte Fets das einfache Kleinsignalmodell verwendet. Damit kann man die Ergebnisse für den Bipolartransistor auf den Fet übertragen, wenn man die folgenden Ersetzungen vornimmt:

$$R_B \to R_G \, , \; r_{BE} \to \infty \, , \; r_{CE} \to r_{DS} \, , \; C_E \to C_{GS} \, , \; C_C \to C_{GD}$$

**Sourceschaltung ohne Gegenkopplung:** Abb. 3.61 zeigt das dynamische Kleinsignalersatzschaltbild der Sourceschaltung ohne Gegenkopplung. Für die *Betriebsverstärkung* $\underline{A}_B(s) = \underline{u}_a(s)/\underline{u}_g(s)$ erhält man mit $R_g' = R_g + R_G$ und $R_D' = R_L \, || \, R_D \, || \, r_{DS}$:

$$\underline{A}_B(s) = -\frac{(S - sC_{GD})\, R_D'}{1 + sc_1 + s^2 c_2} \tag{3.71}$$

$$c_1 = C_{GS} R_g' + C_{GD}\left(R_g' + R_D' + SR_D' R_g'\right) + C_{DS} R_D'$$

$$c_2 = (C_{GS}C_{GD} + C_{GS}C_{DS} + C_{GD}C_{DS})\, R_g' R_D'$$

Wie bei der Emitterschaltung kann man den Frequenzgang auch hier näherungsweise durch einen Tiefpaß 1.Grades beschreiben, indem man die Nullstelle vernachlässigt und den $s^2$-Term im Nenner streicht. Mit der Niederfrequenzverstärkung

$$A_0 = \underline{A}_B(0) = -SR_D' \tag{3.72}$$

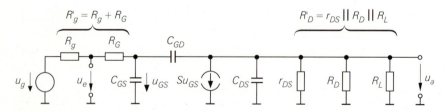

**Abb. 3.61.** Dynamisches Kleinsignalersatzschaltbild der Sourceschaltung ohne Gegenkopplung

folgt:

$$\underline{A}_B(s) \approx \frac{A_0}{1 + s\left(C_{GS}R_g' + C_{GD}\left(R_g' + R_D' + SR_D'R_g'\right) + C_{DS}R_D'\right)} \qquad (3.73)$$

Damit erhält man eine Näherung für die *-3dB-Grenzfrequenz* $f_{-3dB}$, bei der der Betrag der Verstärkung um 3 dB abgenommen hat:

$$\omega_{-3dB} = 2\pi f_{-3dB} \approx \frac{1}{C_{GS}R_g' + C_{GD}\left(R_g' + R_D' + SR_D'R_g'\right) + C_{DS}R_D'} \qquad (3.74)$$

In den meisten Fällen gilt $R_D', R_g' \gg 1/S$; damit erhält man:

$$\boxed{\omega_{-3dB} = 2\pi f_{-3dB} \approx \frac{1}{C_{GS}R_g' + C_{GD}SR_D'R_g' + C_{DS}R_D'}} \qquad (3.75)$$

Wie bei der Emitterschaltung kann man die Grenzfrequenz auch hier mit Hilfe der Niederfrequenzverstärkung $A_0$ und zwei von $A_0$ unabhängigen Zeitkonstanten darstellen; aus (3.74) folgt:

$$\omega_{-3dB}(A_0) \approx \frac{1}{T_1 + T_2|A_0|} \qquad (3.76)$$

$$T_1 = (C_{GS} + C_{GD})\,R_g' \qquad (3.77)$$

$$T_2 = C_{GD}R_g' + \frac{C_{GD} + C_{DS}}{S} \qquad (3.78)$$

Zwei Bereiche lassen sich unterscheiden:

- Für $|A_0| \ll T_1/T_2$ gilt $\omega_{-3dB} \approx T_1^{-1}$, d.h. die Grenzfrequenz ist nicht von der Verstärkung abhängig. Die maximale Grenzfrequenz erhält man für den Grenzfall $A_0 \to 0$ und $R_g = 0$:

$$\omega_{-3dB,max} = \frac{1}{(C_{GS} + C_{GD})\,R_G}$$

 Sie entspricht der *Steilheitsgrenzfrequenz* $\omega_{Y21s}$, siehe (3.46).
- Für $|A_0| \gg T_1/T_2$ gilt $\omega_{-3dB} \approx (T_2|A_0|)^{-1}$, d.h. die Grenzfrequenz ist proportional zum Kehrwert der Verstärkung und man erhält ein konstantes *Verstärkungs-Bandbreite-Produkt* (*gain-bandwidth-product, GBW*):

$$\boxed{GBW = f_{-3dB}\,|A_0| \approx \frac{1}{2\pi\,T_2}} \qquad (3.79)$$

Das Verstärkungs-Bandbreite-Produkt *GBW* ist eine wichtige Kenngröße, da es eine absolute Obergrenze für das Produkt aus dem Betrag der Niederfrequenzverstärkung und der Grenzfrequenz darstellt, d.h. für alle Werte von $|A_0|$ gilt $GBW \geq f_{-3dB}|A_0|$.

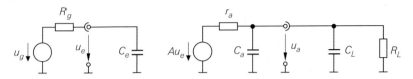

**Abb. 3.62.** Ersatzschaltbild mit den Ersatzgrößen $A$, $r_a$, $C_e$ und $C_a$

Wird die Schaltung am Ausgang mit einer Lastkapazität $C_L$ belastet, kann man die zugehörigen Werte für $f_{-3dB}$, $T_1$, $T_2$ und $GBW$ aus (3.74)–(3.79) berechnen, indem man $C_{DS} + C_L$ anstelle von $C_{DS}$ einsetzt; für $T_2$ folgt damit:

$$T_2 = C_{GD}R_g' + \frac{C_{GD} + C_{DS} + C_L}{S} \qquad (3.80)$$

**Ersatzschaltbild:** Man kann die Sourceschaltung näherungsweise durch das Ersatzschaltbild nach Abb. 3.62 beschreiben. Es folgt aus Abb. 3.51 durch Ergänzen der *Eingangskapazität* $C_e$ und der *Ausgangskapazität* $C_a$ und eignet sich nur zur näherungsweisen Berechnung der Verstärkung $\underline{A}_B(s)$ und der Grenzfrequenz $f_{-3dB}$. Man erhält $C_e$ und $C_a$ aus der Bedingung, daß eine Berechnung von $\underline{A}_B(s)$ nach Streichen des $s^2$-Terms im Nenner auf (3.73) führen muß:

$$C_e \approx C_{GS} + C_{GD}\,(1 + |A_0|) \qquad (3.81)$$

$$C_a \approx C_{GD} + C_{DS} \qquad (3.82)$$

Die Eingangskapazität $C_e$ hängt von der Beschaltung am Ausgang ab, weil $A_0$ von $R_L$ abhängt. Die Tatsache, daß $C_{GD}$ mit dem Faktor $(1 + |A_0|)$ in $C_e$ eingeht, wird *Miller-Effekt* und $C_{GD}$ demzufolge *Miller-Kapazität* genannt. $A$ und $r_a$ sind durch (3.50) und (3.52) gegeben und hängen nicht von der Beschaltung ab. Der Gate-Bahnwiderstand $R_G$ wird als Bestandteil des Innenwiderstands der Signalquelle aufgefaßt: $R_g' = R_g + R_G$.

*Beispiel:* Für das Zahlenbeispiel zur Sourceschaltung ohne Gegenkopplung nach Abb. 3.48a wurde $I_{D,A} = 2\,\text{mA}$ gewählt. Mit $K = 4\,\text{mA/V}^2$, $U_A = 50\,\text{V}$, $C_{oss} = 5\,\text{pF}$, $C_{rss} = 2\,\text{pF}$, $f_{Y21s} = 1\,\text{GHz}$ und $f_T = 100\,\text{MHz}$ erhält man aus Tab. 3.8 auf Seite 244 die Kleinsignalparameter $S = 4\,\text{mS}$, $r_{DS} = 25\,\text{k}\Omega$, $R_G = 25\,\Omega$, $C_{GD} = 2\,\text{pF}$, $C_{GS} = 4,4\,\text{pF}$ und $C_{DS} = 3\,\text{pF}$. Mit $R_g = R_D = 1\,\text{k}\Omega$, $R_L \to \infty$ und $R_g' \approx R_g$ folgt aus (3.72) $A_0 \approx -3,85$, aus (3.74) $f_{-3dB} \approx 8,43\,\text{MHz}$ und aus (3.75) $f_{-3dB} \approx 10,6\,\text{MHz}$. Aus (3.77) folgt $T_1 \approx 6,4\,\text{ns}$, aus (3.78) $T_2 \approx 3,25\,\text{ns}$ und aus (3.79) $GBW \approx 49\,\text{MHz}$. Mit einer Lastkapazität $C_L = 1\,\text{nF}$ erhält man aus (3.80) $T_2 \approx 253\,\text{ns}$, aus (3.76) $f_{-3dB} \approx 162\,\text{kHz}$ und aus (3.79) $GBW \approx 630\,\text{kHz}$.

Ein Vergleich mit den Werten der Emitterschaltung auf Seite 140 ist nur beim Verstärkungs-Bandbreite-Produkt sinnvoll, weil die Niederfrequenzverstärkungen stark unterschiedlich sind. Es zeigt sich, daß die Sourceschaltung ohne kapazitive Last praktisch dasselbe $GBW$ erreicht wie die Emitterschaltung. Mit einer kapazitiver Last ist das $GBW$ der Sourceschaltung allerdings deutlich geringer, und zwar im Grenzfall großer Lastkapazitäten genau um das Verhältnis der Steilheiten, wie ein Vergleich von (3.80) und (2.96) auf Seite 139 zeigt. Daraus folgt für die Praxis:

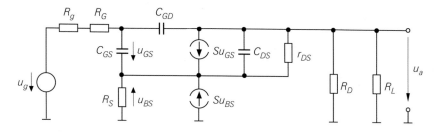

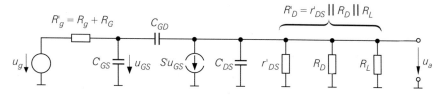

**Abb. 3.63.** Dynamisches Kleinsignalersatzschaltbild der Sourceschaltung mit Stromgegen-kopplung vor der Umwandlung (oben) und nach der Umwandlung (unten)

*Die Sourceschaltung ist aufgrund der geringen Steilheit der Fets nur schlecht zur Ansteuerung kapazitiver Lasten geeignet.*

**Sourceschaltung mit Stromgegenkopplung:** Der Frequenzgang und die Grenz-frequenz der Sourceschaltung mit Stromgegenkopplung nach Abb. 3.52a lassen sich aus den entsprechenden Größen der Sourceschaltung ohne Gegenkopplung ableiten. Dazu wird die bereits bei der Emitterschaltung mit Stromgegen-kopplung durchgeführte Umwandlung des Kleinsignalersatzschaltbilds verwen-det, siehe Abb. 2.81 auf Seite 141. Abb. 3.63 zeigt das Kleinsignalersatzschaltbild der Sourceschaltung mit Stromgegenkopplung vor und nach der Umwandlung; dabei werden die Kleinsignalparameter in die äquivalenten Werte eines Fets ohne Stromgegenkopplung umgerechnet:

$$
\begin{bmatrix} S' \\ C'_{GS} \\ C'_{DS} \\ \dfrac{1}{r'_{DS}} \end{bmatrix}
= \frac{1}{1 + (S + S_B)\,R_S} \cdot
\begin{bmatrix} S \\ C_{GS} \\ C_{DS} \\ \dfrac{1}{r_{DS}} \end{bmatrix}
\overset{u_{BS}=0}{=} \frac{1}{1 + SR_S} \cdot
\begin{bmatrix} S \\ C_{GS} \\ C_{DS} \\ \dfrac{1}{r_{DS}} \end{bmatrix}
\tag{3.83}
$$

Die Steilheit $S'$ entspricht der bereits in (3.59) eingeführten *reduzierten Steilheit* $S_{red}$. Die Gate-Drain-Kapazität $C_{GD}$ bleibt unverändert.

Man kann nun die äquivalenten Werte in die Gleichungen (3.72) und (3.76)–(3.78) bzw. (3.80) für die Sourceschaltung ohne Gegenkopplung einsetzen; mit $R'_g = R_g + R_G$ und $R'_D = r'_{DS} \,||\, R_D \,||\, R_L$ folgt:

$$
\omega_{-3dB}(A_0) \approx \frac{1}{T_1 + T_2|A_0|}
\tag{3.84}
$$

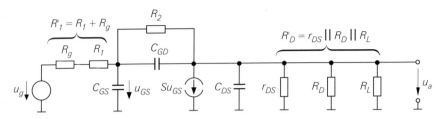

**Abb. 3.64.** Kleinsignalersatzschaltbild der Sourceschaltung mit Spannungsgegenkopplung

$$T_1 = \left( C'_{GS} + C_{GD} \right) R'_g \tag{3.85}$$

$$T_2 = C_{GD} R'_g + \frac{C_{GD} + C'_{DS} + C_L}{S'} \tag{3.86}$$

$$A_0 = -S' R'_D \tag{3.87}$$

Aus (3.86) folgt, daß sich bei starker Stromgegenkopplung bereits eine kleine Lastkapazität $C_L$ vergleichsweise stark auswirkt, da $T_2$ wegen $S' < S$ vergleichsweise stark zunimmt; das Verstärkungs-Bandbreite-Produkt $GBW$ nimmt entsprechend stark ab.

*Beispiel:* Für das Zahlenbeispiel zur Sourceschaltung mit Stromgegenkopplung nach Abb. 3.52a wurde wurde $I_{D,A} = 1,5\,\text{mA}$ gewählt. Mit $K = 4\,\text{mA/V}^2$ und $U_A = 50\,\text{V}$ folgen aus Tab. 3.8 auf Seite 244 die Parameter $S = 3,46\,\text{mS}$ und $r_{DS} = 33,3\,\text{k}\Omega$. Die Parameter $R_G = 25\,\Omega$, $C_{GD} = 2\,\text{pF}$, $C_{GS} = 4,4\,\text{pF}$ und $C_{DS} = 3\,\text{pF}$ werden aus dem Beispiel auf Seite 272 übernommen [25] und $r_{DS}$ wird vernachlässigt. Die Umwandlung nach (3.83) liefert mit $R_S = 200\,\Omega$ die äquivalenten Werte $S' = 2,04\,\text{mS}$, $C'_{GS} = 2,6\,\text{pF}$, $C'_{DS} = 1,77\,\text{pF}$ und $r'_{DS} = 56,3\,\text{k}\Omega$. Mit $R_g = R_D = 1\,\text{k}\Omega$ und $R_L \to \infty$ erhält man $R'_D = R_D \| r_{DS} = 983\,\Omega$ und $R'_g = R_g + R_G = 1025\,\Omega$ und damit aus (3.87) $A_0 \approx -2$, aus (3.85) $T_1 \approx 4,7\,\text{ns}$, aus (3.86) $T_2 \approx 4,9\,\text{ns}$ ($C_L = 0$), aus (3.76) $f_{-3dB} \approx 11\,\text{MHz}$ und aus (3.79) $GBW \approx 32,5\,\text{MHz}$. Mit einer Lastkapazität $C_L = 1\,\text{nF}$ folgt aus (3.86) $T_2 \approx 494\,\text{ns}$, aus (3.76) $f_{-3dB} \approx 160\,\text{kHz}$ und aus (3.79) $GBW \approx 322\,\text{kHz}$.

**Sourceschaltung mit Spannungsgegenkopplung:** Abb. 3.64 zeigt das Kleinsignalersatzschaltbild; dabei wird der Gatewiderstand $R_G$ des Fets vernachlässigt. Man kann die Ergebnisse für die Emitterschaltung mit Spannungsgegenkopplung auf die Sourceschaltung mit Spannungsgegenkopplung übertragen, wenn man be-

---

[25] Streng genommen müßte man diese Parameter mit Hilfe von Tab. 3.8 aus $C_{rss}$, $f_T$ und $f_{Y21s}$ berechnen. Da man jedoch die Abhängigkeit dieser Größen vom Arbeitspunkt im allgemeinen nicht kennt, macht man sich die Tatsache zu Nutze, daß die Kapazitäten und der Gate-Bahnwiderstand im wesentlichen geometrisch skaliert werden, d.h. nur von den geometrischen Größen des Fets und nicht vom Arbeitspunkt abhängen.

rücksichtigt, daß die Kapazität $C_{DS}$ wie eine Lastkapazität wirkt; mit $R_1' = R_1 + R_g$ und $R_D' = r_{DS} \parallel R_D \parallel R_L$ folgt aus (2.102)

$$A_0 \approx -\frac{R_2}{R_1' + \dfrac{R_1' + R_2}{SR_D'}} \overset{SR_D' \gg 1 + R_2/R_1'}{\approx} -\frac{R_2}{R_1'} \qquad (3.88)$$

und aus (2.105)–(2.107):

$$\omega_{-3dB}(A_0) \approx \frac{1}{T_1 + T_2|A_0|} \qquad (3.89)$$

$$T_1 = \frac{C_{GS} + C_{DS} + C_L}{S} \qquad (3.90)$$

$$T_2 = \left(\frac{C_{GS}}{SR_D'} + C_{GD}\right) R_1' + \frac{C_{DS} + C_L}{S} \qquad (3.91)$$

Bei starker Spannungsgegenkopplung können konjugiert komplexe Pole auftreten; in diesem Fall kann die Grenzfrequenz durch (3.89)–(3.91) nur sehr grob abgeschätzt werden.

Die Sourceschaltung mit Spannungsgegenkopplung kann ebenfalls näherungsweise durch das Ersatzschaltbild nach Abb. 3.62 beschrieben werden; dabei erhält man in Analogie zur Emitterschaltung mit Spannungsgegenkopplung unter Berücksichtigung der zusätzlich am Ausgang auftretenden Kapazität $C_{DS}$:

$$C_e = 0$$

$$C_a \approx \left(C_{GS}\left(\frac{1}{R_2} + \frac{1}{R_D'}\right) + C_{GD}S\right)\left(R_1' \parallel R_2\right) + C_{DS}$$

Die Eingangsimpedanz ist demnach rein ohmsch. $A$, $r_e$ und $r_a$ sind durch (3.63)–(3.65) gegeben.

*Beispiel:* Für das Zahlenbeispiel zur Sourceschaltung mit Spannungsgegenkopplung nach Abb. 3.56a wurde $I_{D,A} = 2,5\,\text{mA}$ gewählt; mit $K = 4\,\text{mA/V}^2$ und $U_A = 50\,\text{V}$ folgt aus Tab. 3.8 auf Seite 244 $S = 4,47\,\text{mS}$ und $r_{DS} = 20\,\text{k}\Omega$. Die Parameter $R_G = 25\,\Omega$, $C_{GD} = 2\,\text{pF}$, $C_{GS} = 4,4\,\text{pF}$ und $C_{DS} = 3\,\text{pF}$ werden aus dem Beispiel auf Seite 272 übernommen. Mit $R_D = R_1 = 1\,\text{k}\Omega$, $R_2 = 6,3\,\text{k}\Omega$, $R_L \to \infty$, $r_{DS} \gg R_D$ und $R_g = 0$ erhält man $R_D' \approx R_D = 1\,\text{k}\Omega$ und $R_1' = R_1 = 1\,\text{k}\Omega$; damit folgt aus (3.88) $A_0 \approx -2,6$, aus (3.90) $T_1 \approx 1,66\,\text{ns}$, aus (3.91) $T_2 \approx 3,66\,\text{ns}$, aus (3.89) $f_{-3dB} \approx 14\,\text{MHz}$ und aus (3.79) $GBW \approx 43\,\text{MHz}$. Mit einer Lastkapazität $C_L = 1\,\text{nF}$ folgt aus (3.90) $T_1 \approx 225\,\text{ns}$, aus (3.91) $T_2 \approx 227\,\text{ns}$, aus (3.89) $f_{-3dB} \approx 195\,\text{kHz}$ und aus (3.79) $GBW \approx 700\,\text{kHz}$.

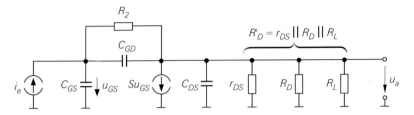

**Abb. 3.65.** Kleinsignalersatzschaltbild des Strom-Spannungs-Wandlers

**Strom-Spannungs-Wandler:** Abb. 3.65 zeigt das Kleinsignalersatzschaltbild für den Strom-Spannungs-Wandler aus Abb. 3.58a; mit $R'_D = R_D \parallel R_L \parallel r_{DS}$ und nach Vernachlässigung des $s^2$-Terms im Nenner erhält man

$$\underline{Z}_T(s) = \frac{u_a(s)}{\underline{i}_e(s)} \approx - \frac{SR'_D R_2}{1 + SR'_D} \; \frac{1}{1 + s\left(\dfrac{C_{GS}\left(R_2 + R'_D\right) + C_{DS}R'_D}{1 + SR'_D} + C_{GD}R_2\right)}$$

und damit:

$$\omega_{-3dB} = 2\pi f_{-3dB} \approx \frac{1}{\dfrac{C_{GS}\left(R_2 + R'_D\right) + C_{DS}R'_D}{1 + SR'_D} + C_{GD}R_2}$$

Mit $r_{DS} \gg R_D \gg 1/S$ und $R_L \to \infty$ gilt:

$$\boxed{\;\omega_{-3dB} = 2\pi f_{-3dB} \approx \frac{1}{\dfrac{C_{GS}}{S}\left(1 + \dfrac{R_2}{R_D}\right) + \dfrac{C_{DS}}{S} + C_{GD}R_2}\;} \qquad (3.92)$$

Eine Lastkapazität $C_L$ wird berücksichtigt, indem man $C_L + C_{DS}$ anstelle von $C_{DS}$ einsetzt.

*Beispiel:* Für den Strom-Spannungs-Wandler nach Abb. 3.58a wurde $I_{D,A} = 2,44\,$mA gewählt; mit $K = 4\,$mA/V$^2$ und $U_A = 50\,$V folgt daraus $S = 4,42\,$mS und $r_{DS} = 20,5\,$kΩ. Die Parameter $R_G = 25\,$Ω, $C_{GD} = 2\,$pF, $C_{GS} = 4,4\,$pF und $C_{DS} = 3\,$pF werden aus dem Beispiel auf Seite 272 übernommen. Mit $R_D = 1\,$kΩ, $R_2 = 6,3\,$kΩ, $R_L \to \infty$ und $r_{DS} \gg R_D$ erhält man aus (3.92) $f_{-3dB} \approx 7,75\,$MHz.

## Zusammenfassung

Die Sourceschaltung kann ohne Gegenkopplung, mit Stromgegenkopplung oder mit Spannungsgegenkopplung betrieben werden. Abb. 3.66 zeigt die drei Varianten und Tab. 3.10 faßt die wichtigsten Kenngrößen zusammen. Die Sourceschaltung mit Spannungsgegenkopplung wird nur selten eingesetzt, weil bei ihr der hohe Eingangswiderstand eines Fets nicht genutzt werden kann.

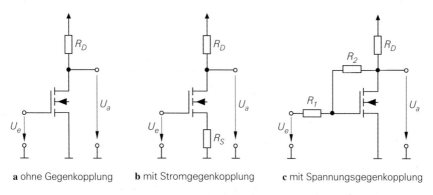

**a** ohne Gegenkopplung      **b** mit Stromgegenkopplung      **c** mit Spannungsgegenkopplung

**Abb. 3.66.** Varianten der Sourceschaltung

Die Sourceschaltung ohne Gegenkopplung und die Sourceschaltung mit Stromgegenkopplung werden in der Praxis nur eingesetzt, wenn ein hoher Eingangswiderstand oder eine niedrige Rauschzahl bei hochohmigen Quellen benötigt wird. In allen anderen Fällen ist die Emitterschaltung aufgrund der höheren Maximalverstärkung, der bei gleichem Strom wesentlich größeren Steilheit des Bipolartransistors und der geringeren Rauschzahl bei niederohmigen Quellen überlegen.

Eine wichtige Rolle spielt die Sourceschaltung in integrierten CMOS-Schaltungen, da hier keine Bipolartransistoren zur Verfügung stehen. Dies gilt vor allem für hochintegrierte *gemischt analog/digitale Schaltungen* (*mixed mode ICs*), die neben umfangreichen digitalen nur wenige analoge Komponenten enthalten und deshalb mit einem vergleichsweise einfachen und billigen CMOS-Digital-Prozeß hergestellt werden. Der Trend geht jedoch immer mehr zu BICMOS-Prozessen, mit denen Mosfets *und* Bipolartransistoren hergestellt werden können.

|       | ohne Gegen-kopplung Abb. 3.66a | mit Strom-gegenkopplung Abb. 3.66b | mit Spannungs-gegenkopplung Abb. 3.66c |
|-------|-------------------------------|-----------------------------------|---------------------------------------|
| $A$   | $-SR_D$                        | $-\dfrac{SR_D}{1 + SR_S}$         | $-\dfrac{R_2}{R_1 + \dfrac{R_1 + R_2}{SR_D}}$ |
| $r_e$ | $\infty$                       | $\infty$                          | $R_1$                                 |
| $r_a$ | $R_D$                          | $R_D$                             | $R_D \,\|\, \dfrac{1}{S}\left(1 + \dfrac{R_2}{R_1}\right)$ |

$A$: Kleinsignal-Spannungsverstärkung im Leerlauf, $r_e$: Kleinsignal-Eingangswiderstand, $r_a$: Kleinsignal-Ausgangswiderstand

**Tab. 3.10.** Kenngrößen der Sourceschaltung

### 3.4.2
### Drainschaltung

Abb. 3.67a zeigt die Drainschaltung bestehend aus dem Mosfet, dem Sourcewiderstand $R_S$, der Versorgungsspannungsquelle $U_b$ und der Signalspannungsquelle $U_g$ mit dem Innenwiderstand $R_g$. Die Übertragungskennlinie und das Kleinsignalverhalten hängen von der Beschaltung des Bulk-Anschlusses ab. Er ist bei Einzel-Mosfets mit der Source und bei integrierten Mosfets mit der negativsten Versorgungsspannung, hier Masse, verbunden. Für die folgende Untersuchung wird $U_b = 5\,\mathrm{V}$ und $R_S = R_g = 1\,\mathrm{k\Omega}$, für den Einzel-Mosfet $K = 4\,\mathrm{mA/V^2}$ und $U_{th} = 1\,\mathrm{V}$ und für den integrierten Mosfet $K = 4\,\mathrm{mA/V^2}$, $U_{th,0} = 1\,\mathrm{V}$, $\gamma = 0,5\,\sqrt{\mathrm{V}}$ und $U_{inv} = 0,6\,\mathrm{V}$ angenommen.

### Übertragungskennlinie der Drainschaltung

Mißt man die Ausgangsspannung $U_a$ als Funktion der Signalspannung $U_g$, erhält man die in Abb. 3.68 gezeigten Übertragungskennlinien. Für $U_g < U_{th} = 1\,\mathrm{V}$ fließt kein Drainstrom und man erhält $U_a = 0$. Für $U_g \geq 1\,\mathrm{V}$ fließt ein mit $U_g$ zunehmender Drainstrom $I_D$, und die Ausgangsspannung *folgt* der Eingangsspannung im *Abstand $U_{GS}$*; deshalb wird die Drainschaltung auch als *Sourcefolger* bezeichnet. Der Fet arbeitet dabei immer im Abschnürbereich, solange die Signalspannung unterhalb der Versorgungsspannung bleibt oder diese um maximal $U_{th}$ übersteigt.

Abb. 3.67b zeigt das Ersatzschaltbild der Drainschaltung; für $U_g \geq U_{th}$ und $I_a = 0$ gilt:

$$U_a = I_D R_S \tag{3.93}$$

$$U_e = U_a + U_{GS} = U_a + \sqrt{\frac{2I_D}{K}} + U_{th} \tag{3.94}$$

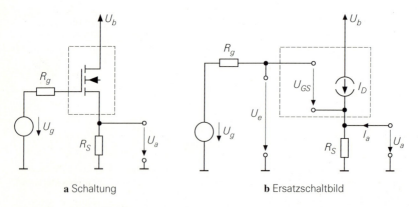

**a** Schaltung                              **b** Ersatzschaltbild

**Abb. 3.67.** Drainschaltung

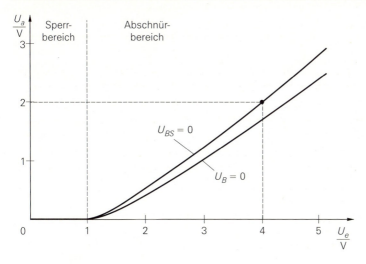

**Abb. 3.68.** Kennlinie der Drainschaltung bei einem Einzel-Mosfet ($U_{BS} = 0$) und einem integrierten Mosfet ($U_B = 0$)

Dabei wird in (3.94) die nach $U_{GS}$ aufgelöste Gleichung (3.3) für den Strom im Abschnürbereich verwendet und der Early-Effekt vernachlässigt. Durch Einsetzen von (3.93) in (3.94) erhält man:

$$U_e = U_a + \sqrt{\frac{2U_a}{KR_S}} + U_{th} \qquad (3.95)$$

Diese Gleichung gilt für den Einzel- *und* den integrierten Mosfet, allerdings hängt bei letzterem die Schwellenspannung $U_{th}$ aufgrund des Substrat-Effekts von der Bulk-Source-Spannung $U_{BS}$ ab; mit $U_B = 0$ erhält man $U_{BS} = -U_a$ und damit unter Verwendung von (3.18):

$$U_e = U_a + \sqrt{\frac{2U_a}{KR_S}} + U_{th,0} + \gamma \left( \sqrt{U_{inv} + U_a} - \sqrt{U_{inv}} \right) \qquad (3.96)$$

Wegen der näherungsweise linearen Kennlinie kann der Arbeitspunkt in einem weiten Bereich gewählt werden; für den in Abb. 3.68 auf der Kennlinie für den Einzel-Mosfet eingezeichneten Arbeitspunkt erhält man:

$$U_a = 2\,\text{V} \;\Rightarrow\; I_D = \frac{U_a}{R_S} = 2\,\text{mA} \;\Rightarrow\; U_{GS} = \sqrt{\frac{2I_D}{K}} + U_{th} = 2\,\text{V}$$

$$\Rightarrow\; U_e = U_a + U_{GS} = 4\,\text{V}$$

Für den integrierten Mosfet erhält man mit $U_a = 2\,\text{V}$ aus (3.96) $U_e = 4,42\,\text{V}$.

**Kleinsignalverhalten der Drainschaltung**

Das Verhalten bei Aussteuerung um einen Arbeitspunkt A wird als *Kleinsignalverhalten* bezeichnet. Der Arbeitspunkt ist durch die Arbeitspunktgrößen $U_{e,A}$,

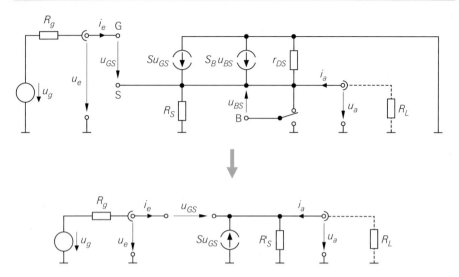

**Abb. 3.69.** Kleinsignalersatzschaltbild der Drainschaltung

$U_{a,A}$ und $I_{D,A}$ gegeben; als Beispiel wird der oben ermittelte Arbeitspunkt mit $U_{e,A} = 4\,\mathrm{V}$, $U_{a,A} = 2\,\mathrm{V}$ und $I_{D,A} = 2\,\mathrm{mA}$ verwendet.

Abb. 3.69 zeigt im oberen Teil das Kleinsignalersatzschaltbild der Drainschaltung in seiner unmittelbaren Form. Daraus erhält man durch Umzeichnen und Zusammenfassen parallel liegender Elemente das in Abb. 3.69 unten gezeigte Kleinsignalersatzschaltbild mit:

$$R_S' = \begin{cases} R_S \,\|\, r_{DS} & \text{beim Einzel-Mosfet } (u_{BS} = 0) \\[2mm] R_S \,\|\, r_{DS} \,\|\, \dfrac{1}{S_B} & \text{beim integrierten Mosfet } (u_{BS} = -\,u_a) \end{cases}$$

Beim integrierten Mosfet wirkt die Stromquelle mit der Substrat-Steilheit $S_B$ wie ein Widerstand, weil die Steuerspannung $u_{BS}$ gleich der an der Quelle anliegenden Spannung ist. Der Übergang vom integrierten zum Einzel-Mosfet erfolgt mit der Einschränkung $u_{BS} = 0$; in den Gleichungen wird dann $S_B = 0$ gesetzt [26].

Aus der Knotengleichung $S\,u_{GS} = u_a/R_S'$ erhält man mit $u_{GS} = u_e - u_a$ die *Kleinsignalverstärkung*:

$$A = \left.\frac{u_a}{u_e}\right|_{i_a=0} = \frac{SR_S'}{1 + SR_S'} \stackrel{r_{DS} \gg 1/S}{\approx} \frac{SR_S}{1 + (S + S_B)\,R_S} \stackrel{u_{BS}=0}{=} \frac{SR_S}{1 + SR_S}$$

Mit $K = 4\,\mathrm{mA/V^2}$, $\gamma = 0,5\,\sqrt{\mathrm{V}}$, $U_{inv} = 0,6\,\mathrm{V}$ und $I_{D,A} = 2\,\mathrm{mA}$ folgt aus Tab. 3.8 bzw. Tab. 3.9 $S = 4\,\mathrm{mS}$ und $S_B = 0,62\,\mathrm{mS}$; damit erhält man mit $R_S = 1\,\mathrm{k\Omega}$ bei Verwendung eines Einzel-Mosfets $A \approx 0,8$ und bei Verwendung eines integrier-

---

26 $S_B = 0$ wäre als einschränkende Bedingung nicht korrekt, da auch ein Einzel-Mosfet eine Substrat-Steilheit ungleich Null besitzt, die sich aber wegen $u_{BS} = 0$ nicht auswirkt; deshalb ist $u_{BS} = 0$ die korrekte Einschränkung und $S_B = 0$ die Auswirkung in den Gleichungen.

ten Mosfets $A \approx 0,71$. Aufgrund der relativ geringen Steilheit ist die Verstärkung deutlich kleiner als 1.

Für den *Kleinsignal-Eingangswiderstand* gilt $r_e = \infty$ und für den *Kleinsignal-Ausgangswiderstand* erhält man:

$$r_a = \frac{u_a}{i_a} = \frac{1}{S} \parallel R'_S \overset{r_{DS} \gg 1/S}{\approx} \frac{1}{S} \parallel \frac{1}{S_B} \parallel R_S \overset{u_{BS}=0}{=} \frac{1}{S} \parallel R_S$$

Für das Zahlenbeispiel erhält man $r_a \approx 200\,\Omega$ bei Verwendung eines Einzel-Mosfets und $r_a \approx 178\,\Omega$ bei Verwendung eines integrierten Mosfets.

Mit $r_{DS} \gg 1/S$ und *ohne* Lastwiderstand $R_L$ erhält man für die

*Drainschaltung:*

$$A = \left. \frac{u_a}{u_e} \right|_{i_a=0} \approx \frac{SR_S}{1 + (S + S_B)\,R_S} \overset{u_{BS}=0}{=} \frac{SR_S}{1 + SR_S} \tag{3.97}$$

$$r_e = \left. \frac{u_e}{i_e} \right|_{i_a=0} = \infty \tag{3.98}$$

$$r_a = \frac{u_a}{i_a} \approx \frac{1}{S} \parallel \frac{1}{S_B} \parallel R_S \overset{u_{BS}=0}{=} \frac{1}{S} \parallel R_S \tag{3.99}$$

Um den Einfluß eines Lastwiderstands $R_L$ zu berücksichtigen, muß man in (3.97) anstelle von $R_S$ die Parallelschaltung von $R_S$ und $R_L$ einsetzen.

**Maximale Verstärkung in integrierten Schaltungen:** Die *maximale Verstärkung* $A_{max}$ wird erreicht, wenn man anstelle des Sourcewiderstands $R_S$ eine ideale Stromquelle einsetzt. In integrierten Schaltungen gilt:

$$A_{max} = \lim_{R_S \to \infty} A \overset{r_{DS} \gg 1/S}{\approx} \frac{S}{S + S_B} \overset{\substack{(3.41) \\ U_{BS}=-U_a}}{=} \frac{1}{1 + \dfrac{\gamma}{2\sqrt{U_{inv} + U_a}}}$$

Für das Zahlenbeispiel mit $\gamma = 0,5\,\sqrt{V}$, $U_{inv} = 0,6\,V$ und $U_{a,A} = 2\,V$ erhält man $A_{max} = 0,87$. Bei Einzel-Fets ist $A_{max} = 1$.

**Nichtlinearität:** Der Klirrfaktor der Drainschaltung kann durch eine Reihenentwicklung der Kennlinie im Arbeitspunkt näherungsweise bestimmt werden. Da die für die Kennlinie maßgebende Gleichung (3.94) auch für die Sourceschaltung mit Stromgegenkopplung gilt, kann man (3.60) übernehmen:

$$k \approx \frac{\hat{u}_e}{8} \cdot \frac{\dfrac{S}{I_{D,A}} + \dfrac{SS_B R_S^2}{U_{inv} + I_{D,A}R_S}}{(1 + (S + S_B)\,R_S)^2} \overset{u_{BS}=0}{=} \frac{\hat{u}_e}{4\,(U_{GS,A} - U_{th})\,(1 + SR_S)^2} \tag{3.100}$$

Für das Zahlenbeispiel erhält man $\hat{u}_e < k \cdot 100\,V$ bei Verwendung eines Einzel-Mosfets und $\hat{u}_e < k \cdot 85,5\,V$ bei Verwendung eines integrierten Mosfets.

**Temperaturabhängigkeit:** Es gilt:

$$\left. \frac{dU_a}{dT} \right|_A = \left. \frac{dU_a}{dU_{GS}} \right|_A \left. \frac{dU_{GS}}{dT} \right|_A \overset{dU_{GS}=dU_e}{=} A \left. \frac{dU_{GS}}{dT} \right|_A \overset{dU_{GS}=dI_D/S}{=} \frac{A}{S} \left. \frac{dI_D}{dT} \right|_A$$

Daraus folgt durch Einsetzen von $A$ nach (3.97) und $dI_D/dT$ nach (3.14) auf Seite 209 unter Berücksichtigung der typischen Werte:

$$\left.\frac{dU_a}{dT}\right|_A \approx \frac{I_{D,A}R_S}{1 + (S + S_B)\,R_S} \cdot 10^{-3}\,\mathrm{K}^{-1}\left(\frac{4\ldots7\,\mathrm{V}}{U_{GS,A} - U_{th}} - 5\right)$$

Bei Einzel-Mosfets wird $S_B = 0$ gesetzt. Für das Zahlenbeispiel erhält man bei Verwendung eines Einzel-Mosfets $(dU_a/dT)|_A \approx -0,4\ldots+0,8\,\mathrm{mV/K}$; bei Verwendung eines integrierten Mosfets ist die Temperaturdrift etwas geringer.

### Arbeitspunkteinstellung

Die Arbeitspunkteinstellung erfolgt wie bei der Kollektorschaltung; Abb. 2.91 auf Seite 153 zeigt einige Beispiele. Während die Ausgangsspannung $U_{a,A}$ bei selbstsperrenden n-Kanal-Mosfets wegen $U_{GS,A} > U_{th} > 0$ und $U_{a,A} = U_{e,A} - U_{GS,A}$ immer kleiner als die Eingangsspannung $U_{e,A}$ ist, kann sie bei selbstleitenden n-Kanal-Mosfets auch größer sein. Bei n-Kanal-Sperrschicht-Fets gilt wegen $U_{GS,A} \leq 0$ immer $U_{e,A} \leq U_{a,A}$.

Eine Sonderstellung nehmen die in Abb. 3.70 gezeigten Varianten mit selbstleitenden n-Kanal-Mosfets und einer Stromquelle anstelle des Sourcewiderstands $R_S$ ein; dabei gilt unabhängig von der Schwellenspannung $U_{e,A} = U_{e,A}$, solange beide Mosfets denselben Steilheitskoeffizienten und dieselbe Schwellenspannung besitzen. Diese Eigenschaft kann man in diskret aufgebauten Schaltungen bei Verwendung von gepaarten Mosfets nutzen; dabei sind die Schwellenspannungen zwar toleranzbehaftet, aber näherungsweise gleich. In integrierten Schaltungen ist dieses Prinzip nicht anwendbar, weil die Schwellenspannungen aufgrund des Substrat-Effekts von den Source-Spannungen der Mosfets abhängen.

Die Schaltung nach Abb. 3.70a eignet sich nur bedingt für Sperrschicht-Fets, weil im Arbeitspunkt $U_{GS,A} = 0$ gilt und deshalb die Gate-Kanal-Diode des Sperrschicht-Fets bei einem sprunghaften Anstieg der Eingangsspannung leitend wer-

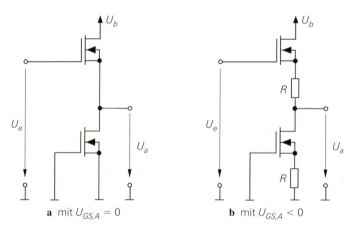

**a** mit $U_{GS,A} = 0$              **b** mit $U_{GS,A} < 0$

**Abb. 3.70.** Arbeitspunkteinstellung mit $U_{e,A} = U_{a,A}$

den kann; hier muß man die Schaltung nach Abb. 3.70b verwenden, bei der $U_{GS,A} = -I_{D,A}R$ gilt. Der Widerstand $R$ hat eine entsprechende Zunahme des Ausgangswiderstands zu Folge und sollte deshalb nicht zu groß gewählt werden.

**Frequenzgang und Grenzfrequenz**

Die Kleinsignalverstärkung $A$ und die Betriebsverstärkung $A_B$ der Drainschaltung nehmen bei höheren Frequenzen aufgrund der Kapazitäten des Fets ab. Um eine Aussage über den Frequenzgang und die Grenzfrequenz zu bekommen, muß man bei der Berechnung das dynamische Kleinsignalmodell des Fets verwenden; Abb. 3.71 zeigt das resultierende dynamische Kleinsignalersatzschaltbild der Drainschaltung. Für die *Betriebsverstärkung* $\underline{A}_B(s) = \underline{u}_a(s)/\underline{u}_g(s)$ erhält man mit $R'_g = R_g + R_G$ und $R'_L = R_L \,||\, R_S \,||\, r_{DS} \,||\, 1/S_B$:

$$\underline{A}_B(s) = \frac{1 + s\dfrac{C_{GS}}{S}}{1 + \dfrac{1}{SR'_L} + sc'_1 + s^2 c'_2}$$

$$c'_1 = \frac{C_{GS} + C_{DS}}{S} + (C_{GS} + C_{GD})\frac{R'_g}{SR'_L} + C_{GD}R'_g$$

$$c'_2 = (C_{GS}C_{GD} + C_{GS}C_{DS} + C_{GD}C_{DS})\frac{R'_g}{S}$$

Die Nullstelle kann vernachlässigt werden, weil die Grenzfrequenz

$$f_N = \frac{S}{2\pi C_{GS}} > f_T$$

oberhalb der Transitfrequenz $f_T$ des Fets liegt, wie ein Vergleich mit (3.47) zeigt. Mit der Niederfrequenzverstärkung

$$A_0 = \underline{A}_B(0) = \frac{SR'_L}{1 + SR'_L} \tag{3.101}$$

gilt:

$$\underline{A}_B(s) \approx \frac{A_0}{1 + sc_1 + s^2 c_2} \tag{3.102}$$

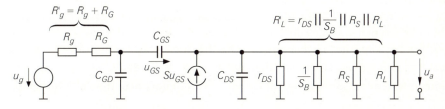

**Abb. 3.71.** Dynamisches Kleinsignalersatzschaltbild der Drainschaltung

$$c_1 = \frac{(C_{GS} + C_{DS})\, R'_L + C_{GS}R'_g}{1 + SR'_L} + C_{GD}R'_g \tag{3.103}$$

$$c_2 = \frac{(C_{GS}C_{GD} + C_{GS}C_{DS} + C_{GD}C_{DS})\, R'_L R'_g}{1 + SR'_L} \tag{3.104}$$

Damit kann man die *Güte* der Pole angeben:

$$Q = \frac{\sqrt{c_2}}{c_1} \tag{3.105}$$

Für $Q \le 0,5$ sind die Pole reell, für $Q > 0,5$ konjugiert komplex.

Bei reellen Polen kann man den Frequenzgang näherungsweise durch einen Tiefpaß 1.Grades beschreiben, indem man den $s^2$-Term im Nenner streicht:

$$\underline{A}_B(s) \approx \frac{A_0}{1 + sc_1} \overset{SR'_L \gg 1}{\approx} \frac{A_0}{1 + s\left( \dfrac{C_{GS} + C_{DS}}{S} + \left( \dfrac{C_{GS}}{SR'_L} + C_{GD} \right) R'_g \right)}$$

Damit erhält man eine Näherung für die *-3dB-Grenzfrequenz* $f_{\text{-3dB}}$, bei der der Betrag der Verstärkung um 3 dB abgenommen hat:

$$\boxed{\;\omega_{\text{-3dB}} = 2\pi f_{\text{-3dB}} \approx \frac{1}{c_1} \overset{SR'_L \gg 1}{\approx} \frac{1}{\dfrac{C_{GS} + C_{DS}}{S} + \left( \dfrac{C_{GS}}{SR'_L} + C_{GD} \right) R'_g}\;} \tag{3.106}$$

Bei konjugiert komplexen Polen, d.h. $Q > 0,5$, kann man die Abschätzung

$$\omega_{\text{-3dB}} = 2\pi f_{\text{-3dB}} \approx \frac{1}{\sqrt{c_2}} \tag{3.107}$$

verwenden. Sie liefert für $Q = 1/\sqrt{2}$ den exakten, für $0,5 < Q < 1/\sqrt{2}$ zu große und für $Q > 1/\sqrt{2}$ zu kleine Werte.

Eine eventuell vorliegende Lastkapazität $C_L$ liegt parallel zu $C_{DS}$ und wird deshalb durch Einsetzen von $C_L + C_{DS}$ anstelle von $C_{DS}$ berücksichtigt.

**Bereich konjugiert komplexer Pole:** Für die praktische Anwendung der Drainschaltung möchte man wissen, für welche Lastkapazitäten konjugiert komplexe Pole auftreten und durch welche schaltungstechnischen Maßnahmen dies verhindert werden kann. Betrachtet wird dazu das Kleinsignalersatzschaltbild nach Abb. 3.72, das aus Abb. 3.69 durch Ergänzen der Kapazität $C_g$ des Signalgenerators und der Lastkapazität $C_L$ hervorgeht. Die RC-Glieder $R_g$-$C_g$ und $R_G$-$C_{GD}$ kann man wegen $R_g \gg R_G$ zu einem Glied mit $R'_g = R_g + R_G$ und $C'_g = C_g + C_{GD}$ zusammenfassen; ausgangsseitig gilt $C'_L = C_L + C_{DS}$. Führt man die Zeitkonstanten

$$T_g = C'_g R'_g \quad , \quad T_L = C'_L R'_L \quad , \quad T_{GS} = \frac{C_{GS}}{S} \approx \frac{1}{\omega_T} \tag{3.108}$$

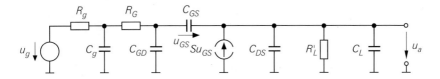

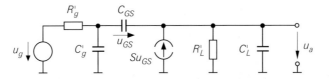

**Abb. 3.72.** Kleinsignalersatzschaltbild zur Berechnung des Bereichs konjugiert komplexer Pole: vollständig (oben) und nach Vereinfachung (unten)

und die Widerstandsverhältnisse

$$k_g = \frac{R_g'}{R_L'} \quad , \quad k_S = \frac{1}{SR_L'} \tag{3.109}$$

ein, folgt aus (3.103) und (3.104):

$$c_1 = \frac{T_{GS}\left(1 + k_g\right) + T_L k_S}{1 + k_S} + T_g$$

$$\tag{3.110}$$

$$c_2 = \frac{T_g T_{GS} + T_g T_L k_S + T_L T_{GS} k_g}{1 + k_S}$$

Über die Bedingung

$$Q = \frac{\sqrt{c_2}}{c_1} > 0,5$$

kann man den Bereich konjugiert komplexer Pole bestimmen. Dieser Bereich ist in Abb. 3.73 als Funktion der *normierten Signalquellen-Zeitkonstante* $T_g/T_{GS}$ und der *normierten Last-Zeitkonstante* $T_L/T_{GS}$ für verschiedene Werte von $k_g$ dargestellt; dabei wird als typischer Wert $k_S = 0,2$ verwendet. Man erkennt, daß bei sehr kleinen und sehr großen Lastkapazitäten $C_L$ ($T_L/T_{GS}$ klein bzw. groß) und bei ausreichend großer Ausgangskapazität $C_g$ des Signalgenerators ($T_g/T_{GS}$ groß) keine konjugiert komplexen Pole auftreten. Der Bereich konjugiert komplexer Pole hängt außerdem stark von $k_g$ ab.

Vernachlässigt man den Einfluß der Fet-Parameter auf die Zeitkonstanten $T_g$ und $T_L$ und auf die Faktoren $k_g$ und $k_S$ und faßt zusätzlich die Widerstände $R_S$ und $R_L$ zu einem Widerstand zusammen, erhält man die Schaltung in Abb. 3.74; für die Zeitkonstanten und Widerstandsverhältnisse gilt dann:

$$T_g \approx R_g C_g \quad , \quad T_L \approx R_L C_L \quad , \quad T_{GS} \approx \frac{1}{\omega_T}$$

$$k_g \approx \frac{R_g}{R_L} \quad , \quad k_S \approx \frac{1}{SR_L}$$

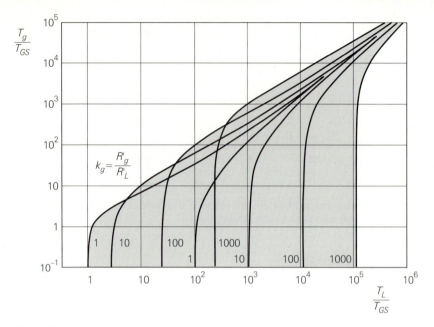

**Abb. 3.73.** Bereich konjugiert komplexer Pole für $k_S = 0,2$

Sind $R_g$, $C_g$, $R_L$ und $C_L$ vorgegeben und liegen konjugiert komplexe Pole vor, gibt es vier verschiedene Möglichkeiten, aus diesem Bereich herauszukommen:

1. Man kann $T_g$ vergrößern und damit den Bereich konjugiert komplexer Pole *nach oben* verlassen. Dazu muß man einen zusätzlichen Kondensator vom Eingang der Kollektorschaltung nach Masse oder zu einer Versorgungsspannung einfügen; dieser liegt im Kleinsignalersatzschaltbild parallel zu $C_g$ und führt zu einer Zunahme von $T_g$. Von dieser Möglichkeit kann immer Gebrauch gemacht werden; sie wird deshalb in der Praxis häufig angewendet.

2. Liegt man in der Nähe des linken Rands des Bereichs, kann man $T_{GS}$ vergrößern und damit den Bereich *nach links unten* verlassen. Dazu muß

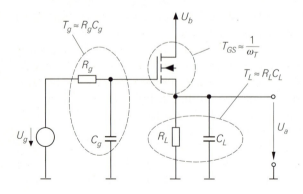

**Abb. 3.74.** Schaltung zur näherungsweisen Berechnung der Zeitkonstanten

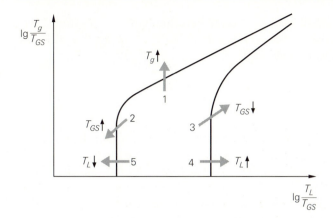

**Abb. 3.75.** Möglichkeiten zum Verlassen des Bereichs konjugiert komplexer Pole

man einen *langsameren* Fet mit größerer Zeitkonstante $T_{GS}$, d.h. kleinerer Transitfrequenz $f_T$, einsetzen.

3. Liegt man in der Nähe des rechten Rands des Bereichs, kann man $T_{GS}$ verkleinern und damit den Bereich *nach rechts oben* verlassen. Dazu muß man einen *schnelleren* Fet mit kleinerer Zeitkonstante $T_{GS}$, d.h. größerer Transitfrequenz $f_T$, einsetzen.

4. Liegt man in der Nähe des rechten Rands des Bereichs, kann man $T_L$ vergrößern und damit den Bereich *nach rechts* verlassen. Dazu muß man die Lastkapazität $C_L$ durch Parallelschalten eines zusätzlichen Kondensators vergrößern.

Abb. 3.75 deutet die vier Möglichkeiten an. Die fünfte Möglichkeit, das Verkleinern von $T_L$, wird in der Praxis nur selten angewendet, da dies bei vorgegebenen Werten für $R_L$ und $C_L$ nur durch Parallelschalten eines Widerstands erreicht werden kann, der den Ausgang zusätzlich belastet. Alle Möglichkeiten haben eine Abnahme der Grenzfrequenz zur Folge. Um diese Abnahme gering zu halten, muß man den Bereich konjugiert komplexer Pole *auf dem kürzesten Weg* verlassen.

*Beispiel:* Für das Zahlenbeispiel nach Abb. 3.67a wurde $I_{D,A} = 2\,\text{mA}$ gewählt. Mit $K = 4\,\text{mA/V}^2$, $U_A = 50\,\text{V}$, $C_{oss} = 5\,\text{pF}$, $C_{rss} = 2\,\text{pF}$, $f_{Y21s} = 1\,\text{GHz}$ und $f_T = 100\,\text{MHz}$ erhält man aus Tab. 3.8 auf Seite 244 $S = 4\,\text{mS}$, $r_{DS} = 25\,\text{k}\Omega$, $R_G = 25\,\Omega$, $C_{GD} = 2\,\text{pF}$, $C_{GS} = 4,4\,\text{pF}$ und $C_{DS} = 3\,\text{pF}$. Mit $R_g = R_S = 1\,\text{k}\Omega$ und $R_L \to \infty$ erhält man $R_g' = R_g + R_G = 1025\,\Omega$, $R_L' = R_L\|R_S\|r_{DS} = 960\,\Omega$ und damit aus (3.101) $A_0 = 0,793 \approx 1$ und aus (3.106) die Näherung $f_{-3dB} \approx 31,4\,\text{MHz}$. Eine genauere Berechnung mit Hilfe von (3.103)–(3.105) liefert $c_1 = 4,45\,\text{ns}$, $c_2 = 5,69\,\text{ns}^2$ und $Q \approx 0,54$; es liegen demnach konjugiert komplexe Pole vor und (3.107) liefert die Näherung $f_{-3dB} \approx 67\,\text{MHz}$, die wegen $0,5 < Q < 1/\sqrt{2}$ als zu hoch angesehen werden muß. Mit einer Lastkapazität $C_L = 1\,\text{nF}$ erhält man aus (3.108) und (3.109) $T_g = 2,05\,\text{ns}$, $T_L = 960\,\text{ns}$, $T_{GS} = 1,1\,\text{ns}$, $k_g = 1,07$ und $k_S = 0,26$ und damit aus (3.110) $c_1 = 202\,\text{ns}$ und $c_2 = 1305\,(\text{ns})^2$; aus (3.105) folgt $Q = 0,179$, d.h. die Pole sind reell, und aus (3.106) $f_{-3dB} \approx 788\,\text{kHz}$. Den

Hinweis auf reelle Pole erhält man auch ohne Berechnung von $c_1$, $c_2$ und $Q$ mit Hilfe von Abb. 3.73, da der Punkt $T_L/T_{GS} \approx 1000$, $T_g/T_{GS} \approx 2$, $k_g \approx 1$ nicht im Bereich konjugiert komplexer Pole liegt.

### 3.4.3
### Gateschaltung

Abb. 3.76 zeigt die Gateschaltung bestehend aus dem Mosfet, dem Drainwiderstand $R_D$, der Versorgungsspannungsquelle $U_b$, der Signalspannungsquelle $U_e$ [27] und dem Gate-Vorwiderstand $R_{GV}$; letzterer hat keinen Einfluß auf die Übertragungskennlinie, wirkt sich aber auf den Frequenzgang und die Bandbreite aus. Die Übertragungskennlinie und das Kleinsignalverhalten hängen von der Beschaltung des Bulk-Anschlusses ab. Er ist bei Einzel-Mosfets mit der Source und bei integrierten Mosfets mit der negativsten Versorgungsspannung verbunden. Da die Gateschaltung nach Abb. 3.76 mit negativen Eingangsspannungen betrieben wird, muß der Bulk-Anschluß des integrierten Mosfets mit einer zusätzlichen, negativen Versorgungsspannung $U_B$ verbunden werden, die unterhalb der minimalen Eingangsspannung liegt; dadurch wird sichergestellt, daß die Bulk-Source-Diode sperrt. Für die folgende Untersuchung wird $U_b = 5\,\text{V}$, $U_B = -5\,\text{V}$, $R_D = R_{GV} = 1\,\text{k}\Omega$, für den Einzel-Mosfet $K = 4\,\text{mA/V}^2$ und $U_{th} = 1\,\text{V}$ und für den integrierten Mosfet $K = 4\,\text{mA/V}^2$, $U_{th,0} = 1\,\text{V}$, $\gamma = 0,5\,\sqrt{\text{V}}$ und $U_{inv} = 0,6\,\text{V}$ angenommen.

### Übertragungskennlinie der Gateschaltung

Mißt man die Ausgangsspannung $U_a$ als Funktion der Signalspannung $U_e$, erhält man die in Abb. 3.77 gezeigten Übertragungskennlinien für einen Einzel-Mosfet ($U_{BS} = 0$) und für einen integrierten Mosfet ($U_B = -5\,\text{V}$).

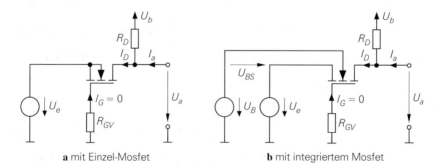

**a** mit Einzel-Mosfet                    **b** mit integriertem Mosfet

**Abb. 3.76.** Gateschaltung

---

27 Hier wird eine Spannungsquelle *ohne* Innenwiderstand $R_g$ zur Ansteuerung verwendet, damit die Kennlinien nicht von $R_g$ abhängen.

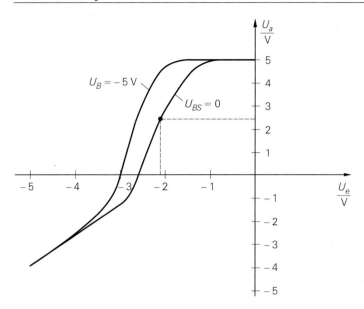

**Abb. 3.77.** Kennlinie der Gateschaltung bei einem Einzel-Mosfet ($U_{BS} = 0$) und einem integrierten Mosfet ($U_B = -5\,\text{V}$)

Für $-2,7\,\text{V} < U_e < -U_{th} = -1\,\text{V}$ arbeitet der Einzel-Mosfet im Abschnürbereich; hier gilt mit $U_{GS} = -U_e$ und bei Vernachlässigung des Early-Effekts:

$$U_a \;=\; U_b - I_D R_D \;=\; U_b - \frac{KR_D}{2}\,(U_{GS} - U_{th})^2 \tag{3.111}$$

$$U_e \;=\; -U_{GS} - I_G R_{GV} \overset{I_G=0}{=} -U_{GS} \tag{3.112}$$

Durch Einsetzen von (3.112) in (3.111) erhält man die Übertragungskennlinie:

$$U_a \;=\; U_b - \frac{KR_D}{2}\,(-U_e - U_{th})^2 \;=\; U_b - \frac{KR_D}{2}\,(U_e + U_{th})^2 \tag{3.113}$$

Für den in Abb. 3.77 beispielhaft eingezeichneten Arbeitspunkt erhält man:

$$U_a = 2,5\,\text{V} \;\Rightarrow\; I_D = \frac{U_b - U_a}{R_C} = 2,5\,\text{mA}$$

$$\Rightarrow\; U_{GS} = U_{th} + \sqrt{\frac{2I_D}{K}} = 2,12\,\text{V} \;\Rightarrow\; U_e = -U_{GS} = -2,12\,\text{V}$$

**Übertragungskennlinie bei Ansteuerung mit einer Stromquelle:** Man kann zur Ansteuerung auch eine Stromquelle $I_e$ verwenden, siehe Abb. 3.78; die Schaltung arbeitet dann für $I_e < 0$ als *Strom-Spannungs-Wandler* bzw. *Transimpedanzverstärker*:

$$U_a \;=\; U_b - I_D R_D \overset{I_D=-I_e}{=} U_b + I_e R_D \tag{3.114}$$

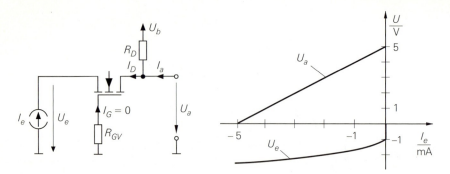

**Abb. 3.78.** Schaltung und Kennlinie der Gateschaltung bei Ansteuerung mit einer Stromquelle

$$U_e = -U_{GS} = -U_{th} - \sqrt{\frac{2I_D}{K}} \stackrel{I_D=-I_e}{=} -U_{th} - \sqrt{-\frac{2I_e}{K}} \qquad (3.115)$$

In der Praxis wird zur Stromansteuerung in den meisten Fällen eine Source-schaltung mit offenem Drain oder ein Stromspiegel verwendet; darauf wird im Zusammenhang mit der Arbeitspunkteinstellung näher eingegangen.

## Kleinsignalverhalten der Gateschaltung

Das Verhalten bei Aussteuerung um einen Arbeitspunkt A wird als *Kleinsignal-verhalten* bezeichnet; als Beispiel wird der oben ermittelte Arbeitspunkt mit $U_{e,A} = -2,12\,\text{V}$, $U_{a,A} = 2,5\,\text{V}$ und $I_{D,A} = 2,5\,\text{mA}$ verwendet.

Abb. 3.79 zeigt das Kleinsignalersatzschaltbild der Gateschaltung. Der Über-gang vom integrierten zum Einzel-Mosfet erfolgt mit der Einschränkung $u_{BS} = 0$; in den Gleichungen wird dann $S_B = 0$ gesetzt [28]. Aus der Knotengleichung

$$\frac{u_a}{R_D} + \frac{u_a - u_e}{r_{DS}} + S u_{GS} + S_B u_{BS} = 0$$

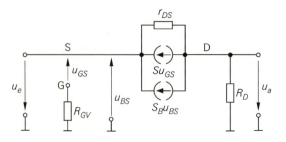

**Abb. 3.79.** Kleinsignalersatzschalt-bild der Gateschaltung

---

[28] $S_B = 0$ wäre als einschränkende Bedingung nicht korrekt, da auch ein Einzel-Mosfet eine Substrat-Steilheit ungleich Null besitzt, die sich aber wegen $u_{BS} = 0$ nicht auswirkt; deshalb ist $u_{BS} = 0$ die korrekte Einschränkung und $S_B = 0$ die Auswirkung in den Gleichungen.

folgt mit $u_e = -u_{GS} = -u_{BS}$:

$$
A = \left. \frac{u_a}{u_e} \right|_{i_a=0} = \left( S + S_B + \frac{1}{r_{DS}} \right) (R_D \,||\, r_{DS})
$$

$$
\overset{r_{DS} \gg R_D, 1/S}{\approx} \quad (S + S_B)\, R_D \overset{u_{BS}=0}{=} \; S R_D
$$

Mit $I_{D,A} = 2,5\,\text{mA}$, $K = 4\,\text{mA/V}^2$ und $U_A = 50\,\text{V}$ erhält man aus Tab. 3.8 auf Seite 244 die Werte $S = 4,47\,\text{mS}$ und $r_{DS} = 20\,\text{k}\Omega$; damit folgt bei Verwendung eines Einzel-Mosfets durch Einsetzen von $S_B = 0$ und $R_D = 1\,\text{k}\Omega$ *exakt* $A = 4,3$ und in erster Näherung $A = 4,47$. Bei Verwendung eines integrierten Mosfets ist die Verstärkung wegen $S_B > 0$ bei sonst gleichen Daten etwas größer.

Für den *Kleinsignal-Eingangswiderstand* erhält man:

$$
r_e = \left. \frac{u_e}{i_e} \right|_{i_a=0} = \frac{R_D + r_{DS}}{1 + (S + S_B)\, r_{DS}} \overset{r_{DS} \gg R_D, 1/S}{\approx} \frac{1}{S + S_B} \overset{u_{BS}=0}{=} \frac{1}{S}
$$

Er hängt vom Lastwiderstand ab, wobei hier wegen $i_a = 0$ ($R_L \to \infty$) der *Leerlaufeingangswiderstand* gegeben ist. Der Eingangswiderstand für andere Werte von $R_L$ wird berechnet, indem man für $R_D$ die Parallelschaltung von $R_D$ und $R_L$ einsetzt; durch Einsetzen von $R_L = R_D = 0$ erhält man den *Kurzschlußeingangswiderstand*. Die Abhängigkeit von $R_L$ ist jedoch so gering, daß sie durch die Näherungen aufgehoben wird. Für den beispielhaft gewählten Arbeitspunkt erhält man für den Einzel-Mosfet *exakt* $r_e = 232\,\Omega$; die Näherung liefert $r_e = 224\,\Omega$.

Für den *Kleinsignal-Ausgangswiderstand* erhält man:

$$
r_a = \frac{u_a}{i_a} = R_D \,||\, \frac{\left(1 + (S + S_B)\, R_g\right) r_{DS} + R_g}{1 + S_B R_g} \overset{r_{DS} \gg R_D}{\approx} R_D
$$

Er hängt vom Innenwiderstand $R_g$ des Signalgenerators ab; mit $R_g = 0$ erhält man den *Kurzschlußausgangswiderstand*

$$
r_{a,K} = R_D \,||\, r_{DS}
$$

und mit $R_g \to \infty$ den *Leerlaufausgangswiderstand*:

$$
r_{a,L} = R_D \,||\, \frac{1 + (S + S_B)\, r_{DS}}{S_B} \overset{u_{BS}=0}{=} R_D
$$

In der Praxis gilt in den meisten Fällen $r_{DS} \gg R_D$ und man kann die Abhängigkeit von $R_g$ vernachlässigen. Für das Beispiel erhält man $r_{a,K} = 952\,\Omega$ und $r_{a,L} = 1\,\text{k}\Omega$.

Mit $r_{DS} \gg R_D, 1/S$ und ohne Lastwiderstand $R_L$ erhält man für die

*Gateschaltung:*

$$A = \left.\frac{u_a}{u_e}\right|_{i_a=0} \approx (S + S_B) R_D \overset{u_{BS}=0}{=} SR_D \tag{3.116}$$

$$r_e = \left.\frac{u_e}{i_e}\right|_{i_a=0} \approx \frac{1}{S + S_B} \overset{u_{BS}=0}{=} \frac{1}{S} \tag{3.117}$$

$$r_a = \frac{u_a}{i_a} \approx R_D \tag{3.118}$$

Bei Betrieb mit einer Signalquelle mit Innenwiderstand $R_g$ und einem Lastwiderstand $R_L$ erhält man die *Betriebsverstärkung*:

$$A_B = \frac{r_e}{r_e + R_g} A \frac{R_L}{r_a + R_L} \approx \frac{S\,(R_D \,||\, R_L)}{1 + (S + S_B)\,R_g} \overset{u_{BS}=0}{=} \frac{S\,(R_D \,||\, R_L)}{1 + SR_g} \tag{3.119}$$

Bei Ansteuerung mit einer Stromquelle tritt der *Übertragungswiderstand $R_T$* (*Transimpedanz*) an die Stelle der Verstärkung; man erhält für den

*Strom-Spannungs-Wandler in Basisschaltung:*

$$R_T = \left.\frac{u_a}{i_e}\right|_{i_a=0} = \left.\frac{u_a}{u_e}\right|_{i_a=0} \left.\frac{u_e}{i_e}\right|_{i_a=0} = A r_e = R_D \tag{3.120}$$

Ein- und Ausgangswiderstand sind durch (3.117) und (3.118) gegeben.

**Nichtlinearität:** Bei Ansteuerung mit einer Spannungsquelle gilt $\hat{u}_{GS} = \hat{u}_e$ und man kann Gl. (3.13) auf Seite 204 verwenden, die einen Zusammenhang zwischen der Amplitude $\hat{u}_{GS}$ einer sinusförmigen Kleinsignalaussteuerung und dem *Klirrfaktor k* des Drainstroms, der bei der Gateschaltung gleich dem Klirrfaktor der Ausgangsspannung ist, herstellt. Es gilt also $\hat{u}_e < 4k\,(U_{GS,A} - U_{th})$. Bei Aussteuerung mit einer Stromquelle arbeitet die Schaltung linear, d.h. der Klirrfaktor ist Null.

**Temperaturabhängigkeit:** Die Gateschaltung hat dieselbe Temperaturdrift wie die Sourceschaltung ohne Gegenkopplung, weil bei beiden Schaltungen eine konstante Eingangsspannung zwischen Gate und Source liegt und die Ausgangsspannung durch $U_a = U_b - I_D R_D$ gegeben ist; man erhält:

$$\left.\frac{dU_a}{dT}\right|_A = -R_D \left.\frac{dI_D}{dT}\right|_A \approx I_{D,A} R_D \cdot 10^{-3}\,\mathrm{K}^{-1} \left(5 - \frac{4\ldots7\,\mathrm{V}}{U_{GS,A} - U_{th}}\right)$$

## Arbeitspunkteinstellung

Die Arbeitspunkteinstellung erfolgt wie bei der Basisschaltung; Abb. 3.80 zeigt die Varianten mit Spannungs- und Stromansteuerung, die den Schaltungen in Abb. 2.106 entsprechen. Bei der Spannungsansteuerung nach Abb. 3.80a wird eine Drainschaltung ($T_1$) zur Ansteuerung der Gateschaltung ($T_2$) verwendet;

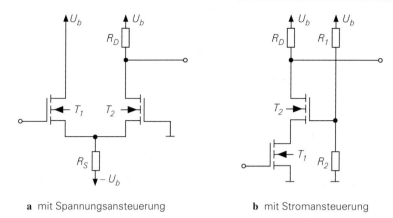

**a** mit Spannungsansteuerung              **b** mit Stromansteuerung

**Abb. 3.80.** Arbeitspunkteinstellung bei der Gateschaltung

dadurch erhält man einen Differenzverstärker mit unsymmetrischem Ein- und Ausgang. Bei der Stromansteuerung nach Abb. 3.80b wird eine Sourceschaltung ($T_1$) zur Ansteuerung verwendet; diese Variante wird auch *Kaskodeschaltung* genannt. Dabei wirkt der Spannungsteiler aus $R_1$ und $R_2$ als Gate-Vorwiderstand mit $R_{GV} = R_1 \,\|\, R_2$.

### Frequenzgang und Grenzfrequenz

Die Kleinsignalverstärkung $A$ und die Betriebsverstärkung $A_B$ der Gateschaltung nehmen bei höheren Frequenzen aufgrund der Kapazitäten des Fets ab. Um eine Aussage über den Frequenzgang und die Grenzfrequenz zu bekommen, muß man bei der Berechnung das dynamische Kleinsignalmodell des Fets verwenden.

**Ansteuerung mit einer Spannungsquelle:** Die exakte Berechnung der *Betriebsverstärkung* $\underline{A}_B(s) = \underline{u}_a(s)/\underline{u}_g(s)$ ist aufwendig und führt auf umfangreiche Ausdrücke. Eine ausreichend genaue Näherung erhält man, wenn man den Widerstand $r_{DS}$ und die Kapazität $C_{DS}$ vernachlässigt; letztere tritt ohnehin nur bei Einzel-Mosfets auf. Bei integrierten Mosfets treten als zusätzliche Parameter die Substrat-Steilheit $S_B$ und die Bulk-Kapazitäten $C_{BS}$ und $C_{BD}$ auf; sie werden hier vernachlässigt. Damit erhält man für den Einzel- *und* den integrierten Mosfet das vereinfachte Kleinsignalersatzschaltbild nach Abb. 3.81, das weitgehend mit dem Kleinsignalersatzschaltbild der Basisschaltung nach Abb. 2.107 übereinstimmt. Man kann deshalb die Ergebnisse der Basisschaltung auf die Gateschaltung übertragen, indem man die korrespondierenden Kleinsignalparameter in (2.139) und (2.140) einsetzt und den Grenzübergang $\beta \to \infty$ durchführt; mit $R'_{GV} = R_{GV} + R_G$ und $R'_D = R_D \,\|\, R_L$ erhält man die Niederfrequenzverstärkung

$$A_0 = \underline{A}_B(0) \approx \frac{SR'_D}{1 + SR_g} \tag{3.121}$$

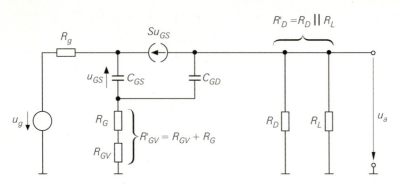

**Abb. 3.81.** Vereinfachtes dynamisches Kleinsignalersatzschaltbild der Gateschaltung

und eine Näherung für den Frequenzgang durch einen Tiefpaß 1.Grades:

$$\underline{A}_B(s) \approx \cfrac{A_0}{1 + s\,\cfrac{C_{GS}\left(R_g + R'_{GV}\right) + C_{GD}R'_D\left(1 + S\left(R_g + R'_{GV}\right)\right)}{1 + SR_g}} \tag{3.122}$$

Damit erhält man eine Näherung für die *-3dB-Grenzfrequenz* $f_{-3dB}$:

$$\omega_{-3dB} \approx \cfrac{1 + SR_g}{C_{GS}\left(R_g + R'_{GV}\right) + C_{GD}R'_D\left(1 + S\left(R_g + R'_{GV}\right)\right)} \tag{3.123}$$

Aus (3.121) und (3.123) erhält man eine Darstellung mit zwei von der Niederfrequenzverstärkung $A_0$ unabhängigen Zeitkonstanten [29]:

$$\omega_{-3dB}(A_0) \approx \frac{1}{T_1 + T_2 A_0} \tag{3.124}$$

$$T_1 = C_{GS}\,\frac{R_g + R'_{GV}}{1 + SR_g} \tag{3.125}$$

$$T_2 = C_{GD}\left(R_g + R'_{GV} + \frac{1}{S}\right) \tag{3.126}$$

Die Ausführungen zum Verstärkungs-Bandbreite-Produkt *GBW* einschließlich Gl. (3.79) auf Seite 271 gelten auch für die Gateschaltung.

Tritt parallel zum Lastwiderstand $R_L$ eine Lastkapazität $C_L$ auf, erhält man

$$T_2 = C_{GD}\left(R_g + R'_{GV} + \frac{1}{S}\right) + C_L\left(R_g + \frac{1}{S}\right) \tag{3.127}$$

Die Zeitkonstante $T_1$ hängt nicht von $C_L$ ab.

---

29 Es wird davon ausgegangen, daß eine Änderung von $A_0$ durch Variation von $R'_D$ erfolgt; deshalb sind die Zeitkonstanten genau dann von $A_0$ unabhängig, wenn sie nicht von $R'_D$ abhängen.

**Ansteuerung mit einer Stromquelle:** Bei Ansteuerung mit einer Stromquelle interessiert der Frequenzgang der *Transimpedanz* $\underline{Z}_T(s)$; ausgehend von (3.122) kann man eine Näherung durch einen Tiefpaß 1.Grades angeben:

$$\underline{Z}_T(s) = \frac{\underline{u}_a(s)}{\underline{i}_e(s)} = \lim_{R_g \to \infty} R_g \underline{A}_B(s) \approx \frac{R_D'}{1 + s\left(\dfrac{C_{GS}}{S} + C_{GD}R_D'\right)} \tag{3.128}$$

Für die Grenzfrequenz gilt in diesem Fall:

$$\omega_{-3dB} = 2\pi f_{-3dB} \approx \frac{1}{\dfrac{C_{GS}}{S} + C_{GD}R_D'} \tag{3.129}$$

Bei kapazitiver Last muß man $C_L + C_{GD}$ anstelle von $C_{GD}$ einsetzen.

*Beispiel:* Für das Zahlenbeispiel zur Gateschaltung nach Abb. 3.76a wurde $I_{D,A} = 2,5\,\text{mA}$ gewählt. Die Kleinsignalparameter des Mosfets werden aus dem Beispiel auf Seite 275 entnommen: $S = 4,47\,\text{mS}$, $R_G = 25\,\Omega$, $C_{GD} = 2\,\text{pF}$ und $C_{GS} = 4,4\,\text{pF}$. Mit $R_D = 1\,\text{k}\Omega$, $R_L \to \infty$, $r_{DS} \gg R_D$ und $R_g = R_{GV} = 0$ erhält man $R_D' = R_D = 1\,\text{k}\Omega$ und $R_{GV}' = R_G = 25\,\Omega$; damit folgt aus (3.121) $A_0 \approx 4,47$ und aus (3.123) $f_{-3dB} \approx 68\,\text{MHz}$. Die Grenzfrequenz hängt stark von $R_{GV}$ ab; mit $R_{GV} = 1\,\text{k}\Omega$ erreicht man nur noch $f_{-3dB} \approx 10\,\text{MHz}$.

Bei Ansteuerung mit einer Stromquelle und $R_L \to \infty$ folgt aus (3.128) $R_T = \underline{Z}_T(0) \approx R_D = 1\,\text{k}\Omega$ und aus (3.129) $f_{-3dB} \approx 53\,\text{MHz}$. Der Widerstand $R_{GV}$ wirkt sich in diesem Fall nicht aus.

# Literatur

[3.1]  Sze, S.M.: Physics of Semiconductor Devices, 2nd Edition. New York: John Wiley & Sons, 1981.

[3.2]  Hoffmann, K.: VLSI-Entwurf. München: R. Oldenbourg, 1990.

[3.3]  Antognetti, P.; Massobrio, G.: Semiconductor Device Modeling with SPICE. New York: McGraw-Hill, 1988.

[3.4]  Spenke, E.: pn-Übergänge. Halbleiter-Elektronik Band 5. Berlin: Springer, 1979.

[3.5]  MicroSim: PSpice A/D Reference Manual.

[3.6]  Müller, R.: Rauschen. Halbleiter-Elektronik Band 15. Berlin: Springer, 1990.

# Kapitel 4:
# Verstärker

*Verstärker* (*amplifier*) sind wichtige Elemente in der analogen Signalverarbeitung. Sie verstärken ein Eingangssignal kleiner Amplitude soweit, daß es zur Ansteuerung einer nachfolgenden Einheit verwendet werden kann. So muß man z.B. das Signal eines Mikrofons mit mehreren Verstärkern vom $\mu$V-Bereich bis in den Volt-Bereich verstärken, damit es über einen Lautsprecher wiedergegeben werden kann. Auch die Signale von Thermoelementen, Photodioden, magnetischen Leseköpfen, Empfangsantennen und vielen anderen Signalquellen können erst nach einer entsprechenden Verstärkung weiterverarbeitet werden. Da die Verarbeitung und Auswertung komplexer Signale in zunehmendem Maße mit digitalen Schaltkreisen wie Mikroprozessoren oder digitalen Signalprozessoren (DSP) erfolgt, besteht eine Signalverarbeitungskette im allgemeinen aus den folgenden Elementen bzw. Stufen:

1. einem Sensor, der eine physikalische Größe wie z.B. Druck (Mikrofon), Temperatur (Thermoelement), Licht (Photodiode) oder Feldstärke (Antenne) in ein elektrisches Signal umwandelt;
2. einem oder mehreren Verstärkern, die das Signal verstärken und filtern;
3. einem Analog-Digital-Umsetzer, der das Signal digitalisiert;
4. einem Mikroprozessor, DSP oder anderen digitalen Schaltkreisen, die das digitalisierte Signal verarbeiten;
5. einem Digital-Analog-Umsetzer, der ein analoges Ausgangssignal erzeugt;
6. einem oder mehreren Verstärkern, die das Signal soweit verstärken und filtern, daß es einem Aktor zugeführt werden kann;
7. einem Aktor, der das Signal in eine physikalische Größe wie z.B. Druck (Lautsprecher), Temperatur (Heizstab), Licht (Glühlampe) oder Feldstärke (Sendeantenne) umsetzt.

Abbildung 4.1 zeigt die sieben Stufen einer Signalverarbeitungskette; die Verstärker werden dabei mit einem der Symbole aus Abb. 4.2 dargestellt.

Die Verstärker der Stufe 2 arbeiten mit vergleichsweise kleinen Signalen und werden deshalb als *Kleinsignalverstärker* (*small signal amplifier*) bezeichnet; ihre Ausgangsleistung liegt in den meisten Fällen unter 1 mW. Im Gegensatz dazu werden in der Stufe 6 *Leistungsverstärker* (*power amplifier*) benötigt, die Leistungen von einigen Milliwatt (Kopfhörer, Fernbedienung, usw.) bis zu mehreren Kilowatt

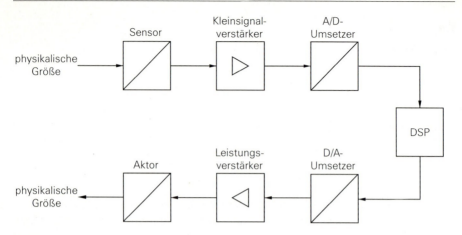

**Abb. 4.1.** Stufen einer Signalverarbeitungskette

(große Lautsprecheranlagen, Rundfunksender, usw.) abgeben können. Leistungsverstärker werden im Kapitel 15 beschrieben.

Zur Filterung der Signale werden neben passiven Filtern in zunehmendem
Maße aktive Filter eingesetzt, die ebenfalls Verstärker enthalten. Deshalb lassen
sich die Elemente *Verstärker* und *Filter* nicht streng trennen, da jeder Verstärker
aufgrund seiner begrenzten Bandbreite auch als Filter arbeitet und jedes aktive
Filter eine Signalverstärkung aufweisen kann. Aktive Filter werden im Kapitel 13
behandelt.

Ein weiteres Unterscheidungsmerkmal ist der Frequenzbereich, in dem der
Verstärker arbeitet. Man unterscheidet bezüglich der unteren Grenzfrequenz $f_U$
zwischen *Gleichspannungsverstärkern* (*DC amplifier*) und *Wechselspannungsverstärkern* (*AC amplifier*), bezüglich der oberen Grenzfrequenz $f_O$ zwischen *Niederfrequenzverstärkern* (*NF-Verstärker, LF amplifier*) und *Hochfrequenzverstärkern*
(*HF-Verstärker, HF amplifier*) und bezüglich der Bandbreite $B = f_O - f_U$ zwischen
*Breitbandverstärkern* (*broadband amplifier*) und Schmalbandverstärkern (*small-
band amplifier* bzw. *tuned amplifier*). Bezüglich der oberen Grenzfrequenz wird
auch häufig eine Einteilung in *Audio-Verstärker* bzw. *Audiofrequenz-Verstärker*
(*AF amplifier*), *Videoverstärker, Zwischenfrequenzverstärker* (*ZF-Verstärker, IF
amplifier*) und *Radiofrequenz-Verstärker* (*RF amplifier*) vorgenommen. Während
die Einteilung in Gleich- und Wechselspannungsverstärker unmittelbar aus dem
Aufbau folgt – Gleich- oder Wechselspannungskopplung –, ist die Grenze zwischen NF- und HF-Verstärkern nicht festgelegt; oft wird 1 MHz als Grenze ver-

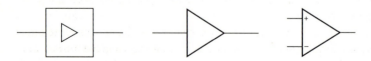

**Abb. 4.2.** Symbole für Verstärker

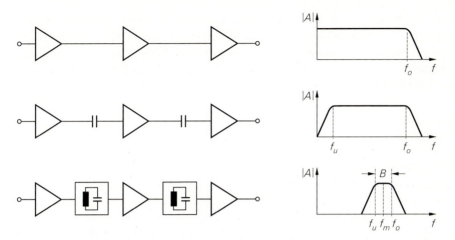

**Abb. 4.3.** Kopplung und Frequenzgang beim Gleichspannungsverstärker (oben), Wechselspannungsverstärker (Mitte) und Schmalbandverstärker (unten)

wendet. Ähnliches gilt für die Einteilung in Breit- und Schmalbandverstärker; letztere werden meist mit Hilfe der Mittenfrequenz $f_M = (f_O - f_U)/2$ und der Bandbreite $B = f_O - f_U$ charakterisiert. Bei Schmalbandverstärkern beträgt die Bandbreite weniger als ein Zehntel der Mittenfrequenz: $B < f_M/10$.

Trotz dieser Vielfalt an Verstärker-Typen ist die verwendete Schaltungstechnik nahezu identisch, weil alle Verstärker auf den Transistor-Grundschaltungen aufbauen, die alle Gleichspannung verstärken. Die Einteilung ist vielmehr eine Folge der Kopplung am Ein- und Ausgang sowie zwischen den einzelnen Stufen eines mehrstufigen Verstärkers: bei Gleichspannungsverstärkern wird eine direkte Kopplung (*Gleichspannungskopplung* bzw. *galvanische Kopplung*), bei Wechselspannungsverstärkern eine kapazitive Kopplung mit Koppelkondensatoren (*Wechselspannungskopplung*) und bei Schmalbandverstärkern eine selektive Kopplung mit LC-Schwingkreisen, keramischen Resonatoren oder Oberflächenwellenfiltern verwendet. Abbildung 4.3 zeigt die Kopplung und die Frequenzgänge der genannten Verstärker mit den Kenngrößen $f_U$, $f_O$, $f_M$ und $B$.

Auch die Einteilung in Niederfrequenz- und Hochfrequenzverstärker ist weniger eine Folge der Schaltungstechnik, sondern hängt vor allem von der Transitfrequenz der verwendeten Transistoren ab. Auch die Ruheströme im Arbeitspunkt spielen dabei eine entscheidende Rolle, weil die Transitfrequenz im Bereich kleiner Ströme näherungsweise proportional zum Ruhestrom ist. So kann z.B. ein Differenzverstärker, der bei einem Ruhestrom von 1 mA eine Grenzfrequenz von 10 MHz erreicht, bei einem Ruhestrom von 10 µA nur noch eine Grenzfrequenz von 100 ... 300 kHz erreichen.

Eine Sonderstellung nehmen *Operationsverstärker* ein, die als universell einsetzbare Gleichspannungsverstärker vor allem bei niedrigen Frequenzen eine große Bedeutung haben. Für Standard-Aufgaben setzt man fast ausschließlich Operationsverstärker ein. Ein Aufbau mit Einzeltransistoren in der diskreten Schaltungstechnik oder ein Entwurf eigener Verstärker in der integrierten Schaltungstechnik wird nur dann durchgeführt, wenn die Anforderungen mit käuflichen Operationsverstärkern bzw. in den Bibliotheken [1] vorhandenen Verstärkern nicht erfüllt werden können. Operationsverstärker werden im Kapitel 5 behandelt.

## 4.1
## Schaltungen

Verstärker bestehen aus einer oder mehreren Verstärkerstufen, wobei jede Stufe durch eine oder mehrere gekoppelte Grundschaltungen mit Bipolartransistoren oder Feldeffekttransistoren realisiert wird. Darüber hinaus werden weitere Transistoren zur Arbeitspunkteinstellung benötigt. Die Rückführung auf die Grundschaltungen erlaubt in vielen Fällen eine Verwendung der in den Abschnitten 2.4 und 3.4 ermittelten Gleichungen.

**Kennlinien der Transistoren:** Die folgenden Schaltungen werden mit Bipolartransistoren *und* selbstsperrenden Mosfets beschrieben, soweit dies möglich und sinnvoll ist; selbstleitende Mosfets und Jfets werden nur in Ausnahmefällen eingesetzt. Für die Berechnung der Kennlinien und Arbeitspunkte werden die Grundgleichungen (2.2) und (2.3) bzw. (3.3) und (3.4) verwendet:

$$\text{npn-Transistor:} \quad I_C = I_S \, e^{\frac{U_{BE}}{U_T}} \left( 1 + \frac{U_{CE}}{U_A} \right) \qquad , \quad I_B = \frac{I_C}{B}$$

$$\text{n-Kanal-Mosfet:} \quad I_D = \frac{K}{2} \left( U_{GS} - U_{th} \right)^2 \left( 1 + \frac{U_{DS}}{U_A} \right) \quad , \quad I_G = 0$$

Beim Mosfet muß zusätzlich der Substrat-Effekt berücksichtigt werden; beim n-Kanal-Mosfet gilt nach (3.18):

$$U_{th} = U_{th,0} + \gamma \left( \sqrt{U_{inv} - U_{BS}} - \sqrt{U_{inv}} \right)$$

**Skalierung:** Die Darstellung orientiert sich an der integrierten Schaltungstechnik, die insbesondere von der nahezu beliebigen *Skalierbarkeit* der Transistoren Gebrauch macht. Bei Bipolartransistoren wird der Sättigungssperrstrom $I_S$ durch Variation der Emitterfläche und bei Mosfets der Steilheitskoeffizient $K$ durch Variation des Kanalweiten-/-längen-Verhältnisses $W/L$ skaliert. Dabei wird bei Mosfets in erster Linie die Kanalweite $W$ skaliert, während die Kanallänge $L$ gleich bleibt [2].

Die Skalierung erfolgt im allgemeinen entsprechend der Ruheströme im Arbeitspunkt: $I_S \sim I_{C,A}$ bzw. $W \sim K \sim I_{D,A}$ ($L = $ const.); dadurch ist die Stromdichte in allen Transistoren gleich. Daraus folgt, daß im Arbeitspunkt – abgesehen

---

[1] Beim Entwurf integrierter Schaltungen werden nach Möglichkeit vordefinierte Module verwendet, die in Modul-Bibliotheken zusammengefaßt sind.

[2] Während bei digitalen Schaltungen Kanallängen von $0,2\ldots0,5\,\mu m$ vorherrschen, werden in analogen Schaltungen meist Kanallängen über $1\,\mu m$ verwendet, weil die Early-Spannung $U_A$ und damit die Maximalverstärkung mit zunehmender Kanallänge steigt.

von einer geringen Abweichung, die durch den Early-Effekt verursacht wird – alle npn-Transistoren mit derselben Basis-Emitter-Spannung $U_{BE,A}$ arbeiten:

$$U_{BE,A} \approx U_T \ln \frac{I_{C,A}}{I_S} \overset{I_{C,A} \sim I_S}{=} \text{const.} \approx 0,7\,\text{V}$$

Bei Mosfets sind die Verhältnisse aufgrund des Substrat-Effekts komplizierter: zwei Mosfets mit gleicher Stromdichte arbeiten – bei Vernachlässigung des Early-Effekts – nur dann mit derselben Gate-Source-Spannung $U_{GS,A}$, wenn die Bulk-Source-Spannungen gleich sind:

$$U_{GS,A} \approx U_{th}(U_{BS,A}) + \sqrt{\frac{2I_{D,A}}{K}} \overset{\substack{I_{D,A} \sim K \sim W \\ U_{BS,A}=\text{const.}}}{=} \text{const.}$$

**Normierung:** Die Größen der einzelnen Transistoren werden auf die Größe eines Referenz-Transistors normiert; letzterer hat die *relative Größe* 1. Demnach hat ein Bipolartransistor der Größe 5 den 5-fachen Sättigungssperrstrom $I_S$ und ein Mosfet der Größe 5 den 5-fachen Steilheitskoeffizienten $K$ wie der entsprechende Transistor der Größe 1.

Als Referenz-Transistor wird oft der in der jeweiligen Technologie kleinste Transistor verwendet; in diesem Fall treten nur relative Größen auf, die größer oder gleich eins sind. Bei Bipolartransistoren hat der Referenz-Transistor die kleinste Emitterfläche und ist damit sowohl *elektrisch*, d.h. bezüglich $I_S$, als auch geometrisch am kleinsten. Bei Mosfets hat man durch die freie Wahl der Kanal-weite $W$ *und* der Kanallänge $L$ einen weiteren Freiheitsgrad. Da der Kurzkanal- und der Schmalkanal-Effekt in analogen Schaltungen unerwünscht sind, sollten $W$ und $L$ bestimmte, technologieabhängige Werte nicht unterschreiten, d.h. $W \geq W_{min}$ bzw. $L \geq L_{min}$. Mit $W = W_{min}$ und $L = L_{min}$ erhält man dann den geometrisch kleinsten Mosfet, der als Referenz-Transistor mit der relativen Größe 1 dient. Größere Mosfets werden durch Vergrößern von $W$ unter Beibehaltung von $L = L_{min}$ erzeugt. Man kann aber auch $W = W_{min}$ beibehalten und $L$ vergrößern; dadurch erhält man Mosfets, die elektrisch, d.h. bezüglich $K \sim W/L$, kleiner, aber geometrisch größer sind als der Referenz-Transistor. Man muß deshalb zwischen der *elektrischen Größe* und der *geometrischen Größe* unterscheiden. Im folgenden ist mit *Größe* immer die elektrische Größe gemeint. Eine proportionale Vergrößerung von $W$ und $L$ führt auf einen Mosfet gleicher Größe; davon wird wegen des größeren Platzbedarfs jedoch nur in Ausnahmefällen Gebrauch gemacht [3]. Abbildung 4.4 verdeutlicht die Skalierung und Normierung anhand von Bipolartransistoren mit den Größen 1 und 2 und n-Kanal-Mosfets mit den Größen 1, 2 und 1/2.

**Komplementäre Transistoren:** In den meisten Bipolar-Technologien stehen nur laterale pnp-Transistoren zur Verfügung, deren elektrische Eigenschaften wesentlich schlechter sind als die der vertikalen npn-Transistoren; das gilt vor

---

[3] Bei gleicher elektrischer Größe weisen geometrisch größere Mosfets im allgemeinen ein geringeres Rauschen und eine größere Early-Spannung auf; dagegen nehmen die Kapazitäten zu.

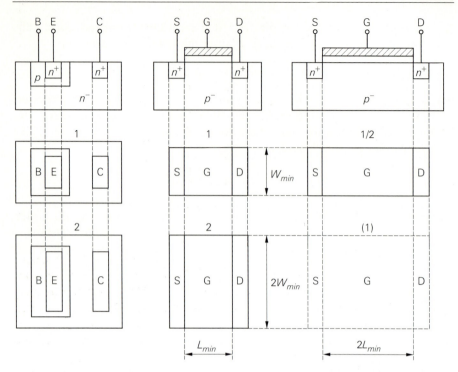

**Abb. 4.4.** Skalierung und Normierung bei Bipolartransistoren und Mosfets

allem für die Stromverstärkung und die Transitfrequenz. Bei diesen Technologien werden im Signalpfad eines Verstärkers nach Möglichkeit nur npn-Transistoren eingesetzt; pnp-Transistoren werden nur für Stromquellen oder in Kollektor- und Basisschaltung eingesetzt, da sich dabei die schlechteren Eigenschaften nur wenig bemerkbar machen. In speziellen komplementären Technologien stehen zwar vertikale pnp-Transistoren mit vergleichbaren Eigenschaften zu Verfügung, jedoch haben auch hier die npn-Transistoren etwas bessere Eigenschaften. Die Unterschiede zwischen vertikalen und lateralen Bipolartransistoren wurden im Abschnitt 2.2 näher beschrieben.

Bei MOS-Technologien handelt es sich überwiegend um komplementäre, d.h. CMOS-Technologien. Hier stehen n-Kanal- und p-Kanal-Mosfets mit vergleichbaren Eigenschaften zur Verfügung. Allerdings ist der relative Steilheitskoeffizient $K'_p$ der p-Kanal-Mosfets etwa um den Faktor $2 \ldots 3$ geringer als der relative Steilheitskoeffizient $K'_n$ der n-Kanal-Mosfets. Daraus folgt, daß ein p-Kanal-Mosfet bei gleicher Kanallänge $L$ im Vergleich zu einem n-Kanal-Mosfet eine 2- bis 3-fach größere Kanalweite $W$ aufweisen muß, damit er denselben Steilheitskoeffizienten $K = K'_{n/p} W/L$ erreicht. Damit sind jedoch nur die statischen Eigenschaften nahezu gleich. Die dynamischen Eigenschaften des p-Kanal-Mosfets sind schlechter, weil die Kapazitäten aufgrund der größeren Abmessungen größer sind. Deshalb wird der n-Kanal-Mosfet bevorzugt eingesetzt. Sollen neben den statischen auch

| Name | Param. | PSpice | npn | pnp | Einheit |
|------|--------|--------|-----|-----|---------|
| Sättigungssperrstrom | $I_S$ | IS | 1 | 0,5 | fA |
| Stromverstärkung | $B$ | BF | 100 | 50 | |
| Early-Spannung | $U_A$ | VAF | 100 | 50 | V |
| Basisbahnwiderstand | $R_B$ | RBM | 100 | 50 | $\Omega$ |
| Emitterkapazität | $C_{S0,E}$ | CJE | 0,1 | 0,1 | pF |
| Kollektorkapazität | $C_{S0,C}$ | CJC | 0,2 | 0,5 | pF |
| Substratkapazität | $C_{S0,S}$ | CJS | 1 | 2 | pF |
| Transitzeit | $\tau_{0,N}$ | TF | 100 | 150 | ps |
| max. Transitfrequenz | $f_T$ | | 1,3 | 0,85 | GHz |
| typ. Ruhestrom | $I_{C,A}$ | | 100 | $-100$ | $\mu$A |

**Tab. 4.1.** Parameter der Bipolartransistoren mit der (relativen) Größe 1

die dynamischen Eigenschaften nahezu gleich sein, muß man $W$ und $L$ des n-Kanal-Mosfets um den Faktor $\sqrt{2}\ldots\sqrt{3}$ vergrößern, damit die Fläche und damit die Kapazitäten näherungsweise denen des p-Kanal-Mosfets entsprechen; die elektrische Größe des n-Kanal-Mosfets wird dadurch nicht verändert. Da dadurch die Transitfrequenz des n-Kanal-Mosfets auf den Wert des p-Kanal-Mosfets reduziert wird, macht man von dieser Möglichkeit nur Gebrauch, wenn besondere Symmetrieeigenschaften benötigt werden.

Die im folgenden beschriebenen Schaltungen werden auf der Basis einer komplementären Bipolar- und einer CMOS-Technologie beschrieben; die wichtigsten Parameter der Transistoren sind in Tab. 4.1 und Tab. 4.2 zusammengefaßt.

**Auswirkung fertigungsbedingter Toleranzen:** In einer Bipolar-Technologie werden die npn- und die pnp-Transistoren in getrennten Schritten hergestellt. Da sich eine Fertigungstoleranz bei einem Schritt für die npn-Transistoren auf alle npn-Transistoren in erster Näherung gleich auswirkt, ändern sich auch die Parameter aller npn-Transistoren in gleicher Weise. Daraus folgt insbesondere, daß eine fertigungsbedingte Toleranz der Sättigungssperrströme keinen Einfluß auf die durch die Skalierung eingestellten Größenverhältnisse hat: ein npn-Transistor der Größe 5 hat immer den 5-fachen Sättigungssperrstrom wie ein npn-Transistor der Größe 1. Dasselbe gilt für die pnp-Transistoren. Demgegenüber sind die Größenverhältnisse zwischen npn- und pnp-Transistoren nicht konstant. So kann z.B. das Verhältnis der Sättigungssperrströme eines npn- und eines pnp-Transistors der Größe 1 erheblich schwanken. Dieselben Überlegungen gelten auch für die n-Kanal- und p-Kanal-Mosfets in einer CMOS-Technologie, in diesem Fall insbesondere für die Steilheitskoeffizienten.

**Dioden:** In integrierten Schaltungen werden Dioden mit Hilfe von Transistoren realisiert. Im Falle einer bipolaren Diode wird dazu ein npn- oder pnp-Transistor mit kurzgeschlossener Basis-Kollektor-Strecke verwendet, siehe Abb. 4.5. Diese spezielle Diode wird *Transdiode* genannt und vor allem für die nachfolgend beschriebene Stromskalierung benötigt; eine Kollektor- oder Emitter-Diode ist dafür ungeeignet. Man muß ferner zwischen npn- und pnp-Dioden unterscheiden, weil sie unterschiedliche Parameter haben. Die Skalierung erfolgt wie bei

| Name | Param. | PSpice | n-Kanal | p-Kanal | Einheit |
|---|---|---|---|---|---|
| Schwellenspannung | $U_{th}$ | VTO | 1 | $-1$ | V |
| rel. Steilheitskoeffizient | $K'_n, K'_p$ | KP | 30 | 12 | $\mu A/V^2$ |
| Beweglichkeit [4] | $\mu_n, \mu_p$ | UO | 500 | 200 | $cm^2/Vs$ |
| Oxiddicke | $d_{ox}$ | TOX | 57,5 | 57,5 | nm |
| Gate-Kapazitätsbelag | $C'_{ox}$ |  | 0,6 | 0,6 | $fF/\mu m^2$ |
| Bulk-Kapazitätsbelag | $C'_S$ | CJ | 0,2 | 0,2 | $fF/\mu m^2$ |
| Gate-Drain-Kapazität | $C'_{GD,Ü}$ | CGDO | 0,5 | 0,5 | $fF/\mu m$ |
| Early-Spannung | $U_A$ |  | 50 | 33 | V |
| Kanallängenmodulation | $\lambda$ | LAMBDA | 0,02 | 0,033 | $V^{-1}$ |
| Substrat-Steuerfaktor | $\gamma$ | GAMMA | 0,5 | 0,5 | $\sqrt{V}$ |
| Inversionsspannung | $U_{inv}$ | PHI | 0,6 | 0,6 | V |
| Kanalweite | $W$ | W | 3 | 7,5 | $\mu m$ |
| Kanallänge | $L$ | L | 3 | 3 | $\mu m$ |
| Steilheitskoeffizient | $K$ |  | 30 | 30 | $\mu A/V^2$ |
| typ. Transitfrequenz [5] | $f_T$ |  | 1,3 | 0,5 | GHz |
| typischer Ruhestrom | $I_{D,A}$ |  | 10 | $-10$ | $\mu A$ |

**Tab. 4.2.** Parameter der Mosfets mit der (relativen) Größe 1

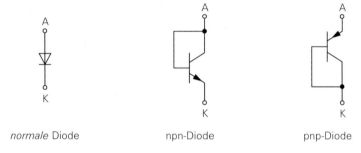

normale Diode                    npn-Diode                    pnp-Diode

**Abb. 4.5.** Bipolare Dioden in integrierten Schaltungen

den Transistoren, d.h. eine npn-Diode der Größe 5 entspricht einem npn-Transistor der Größe 5 mit kurzgeschlossener Basis-Kollektor-Strecke.

Ein wichtiger Einsatzfall von Dioden ist die Strom-Spannungs-Wandlung nach Abb. 4.7a, bei der die Diode einen *Meßwert* für den Strom liefert:

$$I = I_{S,D}\left(e^{\frac{U}{U_T}} - 1\right) \quad \Rightarrow \quad U = U_T \ln\left(\frac{I}{I_{S,D}} + 1\right) \overset{I \gg I_{S,D}}{\approx} U_T \ln\frac{I}{I_{S,D}}$$

Dabei ist $I_{S,D}$ der Sättigungssperrstrom der Diode. Führt man diese Spannung der Basis-Emitter-Strecke eines Transistors mit dem Sättigungssperrstrom $I_{S,T}$

---

4  Die Beweglichkeit wird hier wie in *Spice* in $cm^2/Vs$ angegeben (UO=500 bzw. UO=200).
5  Die Transitfrequenz ist proportional zu $U_{GS} - U_{th}$ bzw. $\sqrt{I_{D,A}}$; sie ist hier für den für Analogschaltungen typischen Wert von $U_{GS} - U_{th} = 1$ V angegeben.

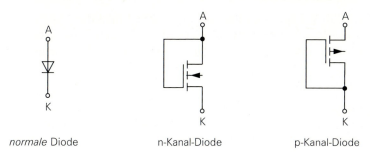

normale Diode          n-Kanal-Diode          p-Kanal-Diode

**Abb. 4.6.** Fet-Dioden in integrierten Schaltungen

zu, erhält man unter der Voraussetzung, daß der Transistor im Normalbetrieb arbeitet und der Basisstrom vernachlässigbar klein ist:

$$I_C \approx I_{S,T}\, e^{\frac{U_{BE}}{U_T}} \overset{U_{BE}=U}{=} I_{S,T}\, e^{\ln \frac{I}{I_{S,D}}} = I\, \frac{I_{S,T}}{I_{S,D}}$$

Der Strom wird also entsprechend dem Verhältnis der Sättigungssperrströme skaliert. Eine definierte Skalierung erhält man jedoch nur, wenn man eine npn-Diode mit einem npn-Transistor oder eine pnp-Diode mit einem pnp-Transistor kombiniert; in diesem Fall ist das Verhältnis der Sättigungssperrströme durch das Größenverhältnis festgelegt.

In MOS-Schaltungen kann man die in Abb. 4.6 gezeigten *Fet-Dioden* einsetzen. Hier gilt für die Strom-Spannungs-Wandlung nach Abb. 4.7b:

$$I = \frac{K_D}{2}\,(U_{GS} - U_{th})^2 \;\Rightarrow\; U = U_{th} + \sqrt{\frac{2I}{K_D}}$$

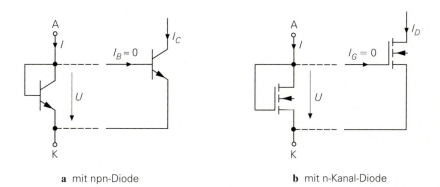

**a** mit npn-Diode                    **b** mit n-Kanal-Diode

**Abb. 4.7.** Strom-Spannungs-Wandlung und Strom-Skalierung

Dabei ist $K_D$ der Steilheitskoeffizient der Fet-Diode. Führt man diese Spannung der Gate-Source-Strecke eines Mosfets mit dem Steilheitskoeffizienten $K_M$ zu, folgt unter der Voraussetzung, daß der Mosfet im Abschnürbereich arbeitet:

$$I_D \;\approx\; \frac{K_M}{2}\,(U_{GS} - U_{th})^2 \overset{U_{GS}=U}{=} I\,\frac{K_M}{K_D}$$

Auch hier muß man eine n-Kanal-Fet-Diode mit einem n-Kanal-Mosfet und eine p-Kanal-Fet-Diode mit einem p-Kanal-Mosfet kombinieren, damit die Skalierung des Stroms durch die Größenverhältnisse definiert ist.

### 4.1.1
### Stromquellen und Stromspiegel

Eine *Stromquelle* (*current source*) liefert einen konstanten Ausgangsstrom und wird überwiegend zur Arbeitspunkteinstellung eingesetzt. Ein *Stromspiegel* (*current mirror*) liefert am Ausgang eine verstärkte oder abgeschwächte Kopie des Eingangsstroms, arbeitet also als stromgesteuerte Stromquelle. Man kann jeden Stromspiegel auch als Stromquelle betreiben, indem man den Eingangsstrom konstant hält; in diesem Zusammenhang ist die Stromquelle ein spezieller Anwendungsfall des Stromspiegels.

### Prinzip einer Stromquelle

Die Ausgangskennlinien eines Bipolartransistors und eines Mosfets verlaufen in einem weiten Bereich nahezu horizontal, siehe Abb. 2.3 auf Seite 41 und Abb. 3.4 auf Seite 191; der Kollektor- oder Drainstrom hängt in diesem Bereich praktisch nicht von der Kollektor-Emitter- oder Drain-Source-Spannung ab. Deshalb kann man einen einzelnen Transistor als Stromquelle einsetzen, indem man eine konstante Eingangsspannung anlegt und den Kollektor- oder Drainanschluß als Ausgang verwendet:

$$I_a \;=\; \begin{cases} I_C(U_{BE}, U_{CE}) & \approx & I_C(U_{BE}) & \overset{U_{BE}=\text{const.}}{=} & \text{const.} \\[2mm] I_D(U_{GS}, U_{DS}) & \approx & I_D(U_{GS}) & \overset{U_{GS}=\text{const.}}{=} & \text{const.} \end{cases}$$

Für einen stabilen Betrieb ist zusätzlich eine Stromgegenkopplung erforderlich, damit der Ausgangsstrom trotz fertigungs- und temperaturbedingter Schwankungen der Transistor-Parameter konstant bleibt. Damit erhält man die in Abb. 4.8 gezeigten Schaltungen. Am Ausgang der Stromquelle muß eine Last angeschlossen sein, durch die der Strom $I_a$ fließen kann; in Abb. 4.8 ist deshalb ein Widerstand $R_L$ als Last angeschlossen.

**Ausgangsstrom:** Für die Stromquelle mit Bipolartransistor in Abb. 4.8a erhält man eingangsseitig die Maschengleichung:

$$U_0 \;=\; U_{BE} + U_R \;=\; U_{BE} + (I_C + I_B)\,R_E \overset{I_C \gg I_B}{\approx} U_{BE} + I_C R_E$$

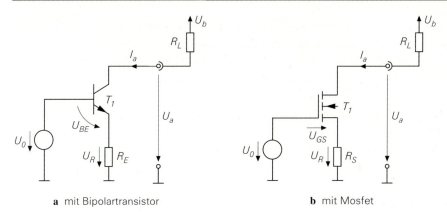

**a**  mit Bipolartransistor                                 **b**  mit Mosfet

**Abb. 4.8.** Prinzip einer Stromquelle

Daraus folgt mit $I_C = I_a$:

$$I_a \approx \frac{U_0 - U_{BE}}{R_E} \overset{U_{BE} \approx 0{,}7\,\text{V}}{\approx} \frac{U_0 - 0{,}7\,\text{V}}{R_E}$$

Man kann die Abhängigkeit von $U_{BE}$ verringern, indem man $U_0$ ausreichend groß wählt; für den Grenzfall $U_0 \gg U_{BE}$ erhält man $I_a \approx U_0/R_1$. Andererseits darf man $U_0$ nicht zu groß wählen, weil sonst die Aussteuerbarkeit am Ausgang verringert wird. Die Stromquelle arbeitet nämlich nur dann korrekt, wenn der Transistor $T_1$ im Normalbetrieb arbeitet; dazu muß $U_{CE} > U_{CE,sat}$ und damit

$$U_a = U_R + U_{CE} > U_R + U_{CE,sat} = U_0 - U_{BE} + U_{CE,sat}$$

gelten.

**Ausgangskennlinie:** Trägt man den Ausgangsstrom $I_a$ in Abhängigkeit von $U_a$ für verschiedene Werte von $U_0$ auf, erhält man das in Abb. 4.9 gezeigte Ausgangskennlinienfeld mit der minimalen Ausgangsspannung:

$$U_{a,min} = U_0 - U_{BE} + U_{CE,sat} \overset{\substack{U_{CE,sat} \approx 0{,}2\,\text{V} \\ U_{BE} \approx 0{,}7\,\text{V}}}{\approx} U_0 - 0{,}5\,\text{V}$$

Für $U_a > U_{a,min}$ und $U_0 = $ const. arbeitet die Schaltung als Stromquelle. $U_{a,min}$ wird im folgenden *Aussteuerungsgrenze* genannt.

**Ausgangswiderstand:** Neben dem Ausgangsstrom $I_a$ und der Aussteuerungsgrenze $U_{a,min}$ ist der Ausgangswiderstand

$$r_a = \left. \frac{\partial U_a}{\partial I_a} \right|_{U_0 = \text{const.}}$$

im Arbeitsbereich von Interesse; er ist bei einer idealen Stromquelle $r_a = \infty$ und sollte deshalb bei einer realen Stromquelle möglichst hoch sein. Der endliche Ausgangswiderstand wird durch den Early-Effekt verursacht und kann mit Hilfe des Kleinsignalersatzschaltbilds berechnet werden. Da die Schaltung in Abb. 4.8a weitgehend der Emitterschaltung mit Stromgegenkopplung in Abb. 2.58a auf

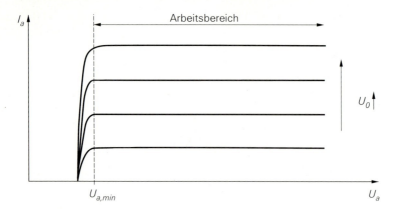

**Abb. 4.9.** Ausgangskennlinienfeld einer Stromquelle mit Bipolartransistor

Seite 115 entspricht, kann man das Ergebnis übertragen, indem man $R_g = 0$ und $R_C \to \infty$ einsetzt [6]; man erhält:

$$r_a = \left. \frac{u_a}{i_a} \right|_{U_0 = \text{const.}} \overset{r_{CE} \gg r_{BE}}{\approx} r_{CE} \left( 1 + \frac{\beta R_E}{R_E + r_{BE}} \right) \tag{4.1}$$

Durch Spezialisierung folgt unter Verwendung von $\beta \gg 1$ und $r_{BE} = \beta/S$:

$$r_a \approx \begin{cases} r_{CE}(1 + SR_E) & \text{für } R_E \ll r_{BE} \\ \beta\, r_{CE} & \text{für } R_E \gg r_{BE} \end{cases}$$

Abb. 4.10 zeigt den Verlauf von $r_a$ in Abhängigkeit von $R_E$ bei konstantem Ausgangsstrom.

Setzt man $r_{CE} = U_A/I_a$, $S = I_a/U_T$, $r_{BE} = \beta U_T/I_a$ und $U_R \approx I_a R_E$ ein, erhält man die Abhängigkeit des Ausgangswiderstands vom Ausgangsstrom:

$$r_a \approx \begin{cases} \dfrac{U_A}{I_a} + \dfrac{U_A}{U_T} R_E & \text{für } U_R \ll \beta U_T \\[2mm] \dfrac{\beta U_A}{I_a} & \text{für } U_R \gg \beta U_T \end{cases}$$

Der maximale Ausgangswiderstand wird erreicht, wenn man den Spannungsabfall $U_R$ am Gegenkopplungswiderstand größer als $\beta U_T \approx 2{,}6\,\mathrm{V}$ wählt. In diesem Fall erhält man ein konstantes $I_a$-$r_a$-Produkt:

$$I_a r_a \approx \beta U_A \overset{\substack{U_A \approx 30...200\,\mathrm{V} \\ \beta \approx 50...500}}{\approx} 1,5 \ldots 100\,\mathrm{kV}$$

---

6 Bei der Emitterschaltung mit Stromgegenkopplung wird $R_C$ als Bestandteil der Schaltung aufgefaßt und deshalb auch bei der Berechnung des Ausgangswiderstands berücksichtigt; bei der Stromquelle interessiert dagegen der Ausgangswiderstand am Kollektor ohne weitere Beschaltung. Durch Einsetzen von $R_C \to \infty$ wird der Widerstand $R_C$ *entfernt*.

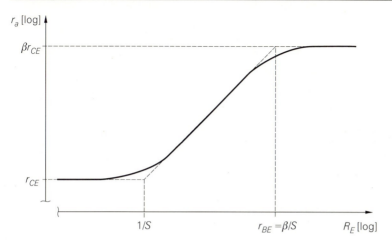

**Abb. 4.10.** Ausgangswiderstand einer Stromquelle mit Bipolartransistor bei konstantem Ausgangsstrom

Demnach ist das Produkt aus der Early-Spannung $U_A$ und der Stromverstärkung $\beta$ ein entscheidender Parameter zur Beurteilung von Bipolartransistoren beim Einsatz in Stromquellen.

**Stromquelle mit Mosfet:** Für die Stromquelle mit Mosfet in Abb. 4.8b erhält man mit $I_a = I_D$:

$$U_0 \;=\; U_R + U_{GS} \;=\; I_a R_S + U_{GS} \;=\; I_a R_S + U_{th} + \sqrt{\frac{2I_a}{K}}$$

Die Berechnung des Ausgangsstroms $I_a = I_D$ ist aufwendig, weil man für $U_{GS}$ keine einfache Näherung entsprechend $U_{BE} \approx 0{,}7\,\text{V}$ beim Bipolartransistor angegeben kann. Bei Einzel-Mosfets kann man jedoch $I_a$ und $U_0$ vorgeben und damit $R_S$ berechnen:

$$R_S \;=\; \frac{U_0 - U_{th}}{I_a} - \sqrt{\frac{2}{KI_a}}$$

Bei integrierten Mosfets ist das nicht exakt möglich, weil in diesem Fall die Schwellenspannung wegen des Substrat-Effekts nicht konstant ist.

Da der Mosfet im Abschnürbereich betrieben werden muß – nur dort verlaufen die Ausgangskennlinien nahezu horizontal –, erhält man für die Aussteuerungsgrenze $U_{a,min} = U_R + U_{DS,ab}$; sie ist wegen $U_{DS,ab} > U_{CE,sat}$ größer als beim Bipolartransistor. Für den Ausgangswiderstand erhält man durch Vergleich mit der Sourceschaltung mit Stromgegenkopplung:

$$r_a \;=\; \left.\frac{u_a}{i_a}\right|_{U_0 = \text{const.}} \;\overset{r_{DS} \gg 1/S}{\approx}\; r_{DS}\left(1 + (S + S_B)\,R_S\right) \;\overset{S \gg S_B}{\approx}\; r_{DS}\left(1 + S R_S\right) \tag{4.2}$$

Er ist wegen der geringeren Early-Spannung und der geringeren Steilheit kleiner als beim Bipolartransistor. Deshalb werden in diskreten Schaltungen fast ausschließlich Stromquellen mit Bipolartransistoren eingesetzt.

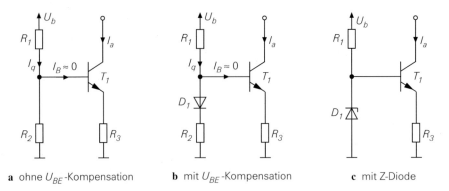

**a** ohne $U_{BE}$-Kompensation      **b** mit $U_{BE}$-Kompensation          **c** mit Z-Diode

**Abb. 4.11.** Einfache Stromquellen für diskrete Schaltungen

## Einfache Stromquellen für diskrete Schaltungen

Abbildung 4.11 zeigt die drei in der Praxis am häufigsten verwendeten diskreten Stromquellen. Mit $I_q \gg I_B \approx 0$ erhält man für die Schaltung in Abb. 4.11a:

$$
\left.
\begin{aligned}
I_q &\approx \frac{U_b}{R_1 + R_2} \\
I_q R_2 &\approx I_a R_3 + U_{BE}
\end{aligned}
\right\}
\Rightarrow I_a \approx \frac{1}{R_3}\left(\frac{U_b R_2}{R_1 + R_2} - U_{BE}\right) \quad \text{mit } U_{BE} \approx 0,7\,\text{V}
$$

Der Ausgangsstrom hängt von der Temperatur ab, weil $U_{BE}$ von der Temperatur abhängt:

$$
\frac{dI_a}{dT} = -\frac{1}{R_3}\frac{dU_{BE}}{dT} \approx \frac{2\,\text{mV/K}}{R_3}
$$

Die Temperaturabhängigkeit wird geringer, wenn man die Gegenkopplung durch Vergrößern von $R_3$ verstärkt; man muß in diesem Fall auch $R_1$ und $R_2$ anpassen, damit der Ausgangsstrom konstant bleibt.

Bei der Schaltung in Abb. 4.11b wird die Temperaturabhängigkeit verringert, indem $U_{BE}$ durch die Spannung an der Diode kompensiert wird; mit $U_D \approx U_{BE}$ und $I_q \gg I_B \approx 0$ gilt:

$$
\left.
\begin{aligned}
I_q &\approx \frac{U_b - U_D}{R_1 + R_2} \\
I_q R_2 &\approx I_a R_3
\end{aligned}
\right\}
\Rightarrow I_a \approx \frac{(U_b - U_D)\,R_2}{(R_1 + R_2)\,R_3} \quad \text{mit } U_D \approx 0,7\,\text{V}
$$

Für die Temperaturabhängigkeit erhält man:

$$
\frac{dI_a}{dT} = -\frac{R_2}{(R_1 + R_2)\,R_3}\frac{dU_D}{dT} \approx \frac{2\,\text{mV/K}}{R_3}\frac{R_2}{R_1 + R_2} \approx 2\,\text{mV/K}\cdot\frac{I_a}{U_b - U_D}
$$

Sie ist um den Faktor $1 + R_1/R_2$ geringer als bei der Schaltung in Abb. 4.11a und wird Null, wenn man anstelle von $R_1$ eine (temperaturunabhängige) Stromquelle mit dem Strom $I_q$ einsetzt [7].

---

7  Der Übergang zur Stromquelle erfolgt durch den Grenzübergang $R_1 \to \infty$; dabei muß gleichzeitig $U_b \to \infty$ eingesetzt werden, damit der Ausgangsstrom konstant bleibt.

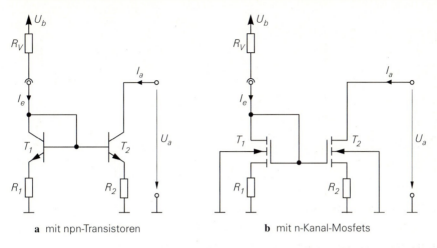

**a** mit npn-Transistoren        **b** mit n-Kanal-Mosfets

**Abb. 4.12.** Einfacher Stromspiegel

Für die Schaltung in Abb. 4.11c gilt:

$$I_a \approx \frac{U_Z - U_{BE}}{R_3} \approx \frac{U_Z - 0,7\,\mathrm{V}}{R_3}$$

Dabei ist $U_Z$ die Durchbruchspannung der Z-Diode. Die Temperaturabhängigkeit hängt auch vom Temperaturkoeffizienten der Z-Diode ab. Ist er sehr klein, kann man wie in Abb. 4.11b eine normale Diode in Reihe schalten und damit $U_{BE}$ kompensieren; dann gilt

$$I_a \approx \frac{U_Z}{R_3}$$

und es geht nur noch der Temperaturkoeffizient der Z-Diode ein. Die geringste Temperaturabhängigkeit erhält man mit $U_Z \approx 5\ldots 6\,\mathrm{V}$.

**Einfacher Stromspiegel**

Der einfachste Stromspiegel besteht aus zwei Transistoren $T_1$ und $T_2$ und zwei optionalen Widerständen $R_1$ und $R_2$ zur Stromgegenkopplung, siehe Abb. 4.12; da keine spezielle Bezeichnung existiert, wird er hier *einfacher Stromspiegel* genannt. Mit einem zusätzlichen Widerstand $R_V$ kann man einen konstanten Referenzstrom einstellen; dadurch wird der Stromspiegel zur Stromquelle.

**npn-Stromspiegel:** Abbildung 4.13 zeigt die Ströme und Spannungen beim einfachen Stromspiegel mit npn-Transistoren, den man kurz *npn-Stromspiegel* nennt. Die Maschengleichung über die Basis-Emitter-Strecken und die Gegenkopplungswiderstände liefert:

$$(I_{C1} + I_{B1})\,R_1 + U_{BE1} = (I_{C2} + I_{B2})\,R_2 + U_{BE2} \tag{4.3}$$

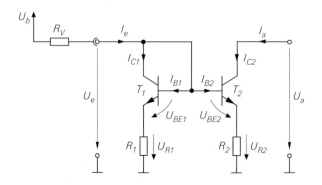

**Abb. 4.13.** Ströme und Spannungen beim npn-Stromspiegel

Im normalen Arbeitsbereich arbeiten beide Transistoren im Normalbetrieb und man kann die Grundgleichungen (2.2) und (2.3) verwenden:

$$I_{C1} = I_{S1}\, e^{\frac{U_{BE1}}{U_T}} \qquad , \qquad I_{B1} = \frac{I_{C1}}{B}$$

$$I_{C2} = I_{S2}\, e^{\frac{U_{BE2}}{U_T}} \left(1 + \frac{U_{CE2}}{U_A}\right) \quad , \quad I_{B2} = \frac{I_{C2}}{B} \tag{4.4}$$

Dabei wird bei $T_1$ der Early-Effekt wegen $U_{CE1} = U_{BE1} \ll U_A$ vernachlässigt. Aus Abb. 4.13 folgt ferner:

$$I_e = I_{C1} + I_{B1} + I_{B2} \quad , \quad I_a = I_{C2} \tag{4.5}$$

**npn-Stromspiegel ohne Gegenkopplung:** Mit $R_1 = R_2 = 0$ erhält man aus (4.3) $U_{BE1} = U_{BE2}$ und daraus durch Einsetzen von (4.4) und (4.5) unter Berücksichtigung von $U_{CE2} = U_a$ das *Übersetzungsverhältnis*:

$$k_I = \frac{I_a}{I_e} = \cfrac{1}{\dfrac{I_{S1}}{I_{S2}}\left(1 + \dfrac{1}{B}\right)\left(1 + \dfrac{U_a}{U_A}\right) + \dfrac{1}{B}} \tag{4.6}$$

Daraus folgt mit $U_a \ll U_A$:

$$k_I = \frac{I_a}{I_e} \approx \cfrac{1}{\dfrac{I_{S1}}{I_{S2}}\left(1 + \dfrac{1}{B}\right) + \dfrac{1}{B}} \overset{B \gg 1,\, I_{S2}/I_{S1}}{\approx} \frac{I_{S2}}{I_{S1}} \tag{4.7}$$

Wenn die Early-Spannung $U_A$ und die Stromverstärkung $B$ ausreichend groß sind und das Größenverhältnis $I_{S2}/I_{S1}$ der Transistoren wesentlich kleiner ist als die Stromverstärkung $B$, entspricht das Übersetzungsverhältnis $k_I$ näherungsweise dem Größenverhältnis der Transistoren. Wenn beide Transistoren dieselbe Größe haben, gilt $I_{S1} = I_{S2}$ und damit:

$$k_I = \cfrac{1}{\left(1 + \dfrac{1}{B}\right)\left(1 + \dfrac{U_a}{U_A}\right) + \dfrac{1}{B}} \overset{U_a \ll U_A}{\approx} \cfrac{1}{1 + \dfrac{2}{B}} \overset{B \gg 1}{\approx} 1 \tag{4.8}$$

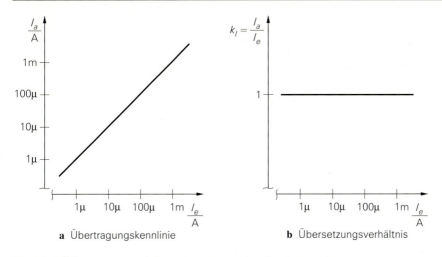

**a** Übertragungskennlinie      **b** Übersetzungsverhältnis

**Abb. 4.14.** Übertragungsverhalten eines Stromspiegels mit $I_{S1} = I_{S2}$

Abb. 4.14 zeigt die Übertragungskennlinie und das Übersetzungsverhältnis eines Stromspiegels mit $I_{S1} = I_{S2}$, d.h. $k_I \approx 1$. Man erkennt, daß der Stromspiegel über mehrere Dekaden linear arbeitet. Bei sehr kleinen und sehr großen Strömen nimmt die Stromverstärkung jedoch stark ab und die Übertragungskennlinie ist nicht mehr linear; dieser Bereich ist in Abb. 4.14 nicht mehr dargestellt.

**Ausgangskennlinie:** Bei Stromspiegeln ist neben dem Übersetzungsverhältnis vor allem der Arbeitsbereich und der Kleinsignal-Ausgangswiderstand im Arbeitsbereich von Interesse. Dazu betrachtet man das Ausgangskennlinienfeld, in dem $I_a$ als Funktion von $U_a$ mit $I_e$ als Parameter dargestellt ist; üblicherweise wird nur die Kennlinie mit dem vorgesehenen Ruhestrom $I_e = I_{e,A}$ dargestellt. Abbildung 4.15 zeigt die Ausgangskennlinie eines npn-Stromspiegels mit $k_I = 1$ für $I_e = 100\,\mu A$; auf die Kennlinie des n-Kanal-Stromspiegels in Abb. 4.15 wird später eingegangen. Die Kennlinie entspricht der Ausgangskennlinie des Transistors $T_2$. Für $U_a > U_{CE,sat}$ arbeitet $T_2$ im Normalbetrieb; nur in diesem *Arbeitsbereich* arbeitet der Stromspiegel mit dem berechneten Übersetzungsverhältnis. Für $U_a \leq U_{CE,sat}$ gerät $T_2$ in die Sättigung und der Strom nimmt ab. Die minimale Ausgangsspannung $U_{a,min}$ ist eine wichtige Kenngröße und wird im folgenden *Aussteuerungsgrenze* genannt; beim npn-Stromspiegel gilt [8]:

$$U_{a,min} = U_{CE,sat} \approx 0,2\,V$$

Der Ausgangswiderstand entspricht dem Kehrwert der Steigung der Ausgangskennlinie im Arbeitsbereich. Wenn man in (4.6) nur die Näherungen für

---

8 Hier wird für die Kollektor-Emitter-Sättigungsspannung ein relativ hoher Wert von $U_{CE,sat} \approx 0,2\,V$ angenommen, weil die Ausgangskennlinie des Transistors bei dieser Spannung bereits möglichst horizontal verlaufen soll.

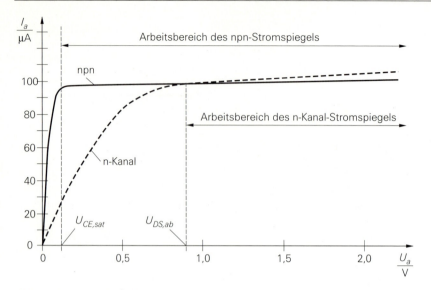

**Abb. 4.15.** Ausgangskennlinien eines npn- und eines n-Kanal-Stromspiegels

die Stromverstärkung durchführt und die Early-Spannung beibehält, erhält man im Arbeitsbereich

$$k_I = \frac{I_a}{I_e} \approx \frac{I_{S2}}{I_{S1}} \left( 1 + \frac{U_a}{U_A} \right)$$

und daraus den *Kleinsignal-Ausgangswiderstand*:

$$r_a = \left. \frac{\partial U_a}{\partial I_a} \right|_{I_e=\text{const.}} = \frac{U_a + U_A}{I_a} \overset{U_a \ll U_A}{\approx} \frac{U_A}{I_a} = \frac{U_A}{I_{C2}} = r_{CE2}$$

Der Ausgangswiderstand wird üblicherweise mit Hilfe des Kleinsignalersatzschaltbilds berechnet; darauf wird später noch eingegangen.

**npn-Stromspiegel mit Gegenkopplung:** Durch den Einsatz von Gegenkopplungswiderständen kann man das Übersetzungsverhältnis stabilisieren und den Ausgangswiderstand erhöhen. Ohne Gegenkopplungswiderstände hängt das Übersetzungsverhältnis nur vom Größenverhältnis der Transistoren ab, mit Gegenkopplungswiderständen geht zusätzlich das Verhältnis $R_2/R_1$ der Widerstände ein. Durch Einsetzen von (4.4) in (4.3) und Vernachlässigen des Early-Effekts erhält man:

$$\left( 1 + \frac{1}{B} \right) R_1 I_{C1} + U_T \ln \frac{I_{C1}}{I_{S1}} = \left( 1 + \frac{1}{B} \right) R_2 I_{C2} + U_T \ln \frac{I_{C2}}{I_{S2}} \qquad (4.9)$$

Diese Gleichung ist nicht geschlossen lösbar, da die Kollektorströme linear *und* logarithmisch eingehen. Für ausreichend große Widerstände dominieren die linearen Terme und man erhält:

$$R_1 I_{C1} \approx R_2 I_{C2} \qquad (4.10)$$

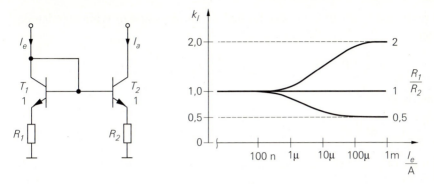

**Abb. 4.16.** Stromabhängigkeit des Übersetzungsverhältnisses bei Transistoren gleicher Größe ($I_{S2}/I_{S1} = 1$) für verschiedene Werte von $R_1/R_2$

Daraus folgt mit (4.5):

$$k_I = \frac{I_a}{I_e} \approx \frac{R_1}{R_2 + \dfrac{R_1 + R_2}{B}} \overset{B \gg 1 + R_1/R_2}{\approx} \frac{R_1}{R_2} \tag{4.11}$$

Das Übersetzungsverhältnis hängt in diesem Fall nur noch vom Verhältnis der Widerstände und nicht mehr von den Größen der Transistoren ab.

Bei integrierten Stromspiegeln wählt man das Verhältnis der Widerstände normalerweise entsprechend dem Größenverhältnis der Transistoren:

$$\frac{I_{S2}}{I_{S1}} \approx \frac{R_1}{R_2}$$

In diesem Fall wirken sich die Widerstände praktisch nicht auf das Übersetzungsverhältnis aus, sondern führen lediglich zu einer Erhöhung des Ausgangswiderstandes; darauf wird später noch näher eingegangen. Bei Stromspiegeln, die über einen großen Strombereich ausgesteuert werden, ist diese Bedingung sogar zwingend, weil das Verhältnis der linearen und logaritmischen Terme in (4.9) vom Strom abhängt: bei kleinen Strömen wird das Übersetzungsverhältnis durch $I_{S2}/I_{S1}$ bestimmt, bei großen Strömen durch $R_1/R_2$. Abbildung 4.16 zeigt diese Abhängigkeit am Beispiel eines Stromspiegels mit Transistoren gleicher Größe ($I_{S2}/I_{S1} = 1$) für verschiedene Werte von $R_1/R_2$. Ein konstantes Übersetzungsverhältnis erhält man nur mit $I_{S2}/I_{S1} = R_1/R_2$.

Bei diskret aufgebauten Stromspiegeln muß man immer Gegenkopplungswiderstände einsetzen, weil die Toleranzen bei Einzeltransistoren so groß sind, daß das Verhältnis $I_{S2}/I_{S1}$ selbst bei Transistoren desselben Typs praktisch undefiniert ist; das Übersetzungsverhältnis muß also zwangsläufig durch die Widerstände eingestellt werden. Die erforderliche Mindestgröße für die Widerstände kann man ermitteln, indem man in (4.9) beide Seiten nach dem jeweiligen Strom differenziert und fordert, daß der Einfluß der Terme mit den Widerständen dominiert:

$$\left(1 + \frac{1}{B}\right) R_1 \gg \frac{U_T}{I_{C1}} \quad , \quad \left(1 + \frac{1}{B}\right) R_2 \gg \frac{U_T}{I_{C2}}$$

Daraus folgt:

$$U_{R1} = \left(1 + \frac{1}{B}\right) R_1 I_{C1} \gg U_T \quad , \quad U_{R2} = \left(1 + \frac{1}{B}\right) R_2 I_{C2} \gg U_T$$

Dabei sind $U_{R1}$ und $U_{R2}$ die Spannungen an den Widerständen $R_1$ und $R_2$, siehe Abb. 4.13. Da die beiden Bedingungen wegen (4.10) äquivalent sind und zur Einhaltung der Bedingung etwa ein Faktor 10 erforderlich ist, muß man

$$U_{R1} \approx U_{R2} \geq 10\, U_T \approx 250\, \text{mV} \tag{4.12}$$

wählen, damit das Übersetzungsverhältnis nur noch von den Widerständen abhängt. Bei Stromspiegeln, die über einen großen Strombereich ausgesteuert werden, kann man die Bedingung (4.12) in der Regel nicht im ganzen Bereich erfüllen; in diesem Fall wird das Übersetzungsverhältnis mit abnehmendem Strom immer mehr durch das unbekannte Verhältnis $I_{S2}/I_{S1}$ bestimmt.

Durch die Gegenkopplung wird der Arbeitsbereich kleiner, weil sich die Aussteuerungsgrenze $U_{a,min}$ um die Spannung an den Widerständen erhöht:

$$U_{a,min} = U_{CE,sat} + U_{R2} \geq 0,2\,\text{V} + 0,25\,\text{V} = 0,45\,\text{V}$$

Deshalb kann man die Widerstände nicht beliebig groß machen.

**Betrieb als Stromquelle:** Man kann den einfachen npn-Stromspiegel als Stromquelle betreiben, indem man den in Abb. 4.13 gezeigten Widerstand $R_V$ ergänzt; damit wird ein konstanter Eingangsstrom eingestellt. Aus $U_e = U_{BE1} + U_{R1}$ und $U_b = U_e + I_e R_V$ folgt:

$$U_b = I_e R_V + (I_{C1} + I_{B1}) R_1 + U_{BE1}$$

Wenn man die Basisströme der Transistoren vernachlässigt und $U_{BE} \approx 0,7\,\text{V}$ annimmt, erhält man:

$$I_e \approx \frac{U_b - U_{BE1}}{R_V + R_1} \approx \frac{U_b - 0,7\,\text{V}}{R_V + R_1}$$

Für den Ausgangsstrom gilt $I_a = k_I I_e$.

**Widlar-Stromspiegel:** Wenn man sehr kleine Übersetzungsverhältnisse benötigt, ist eine Einstellung über das Größenverhältnis der Transistoren ungünstig, weil die Größe von $T_2$ nur bis zur Grundgröße verringert werden kann und deshalb $T_1$ sehr groß wird. In diesem Fall kann man den in Abb. 4.17a gezeigten *Widlar-Stromspiegel* einsetzen, beim dem nur der Gegenkopplungswiderstand $R_2$ eingesetzt wird; aus (4.9) folgt mit $R_1 = 0$ und $B \gg 1$:

$$U_T \ln \frac{I_{C1}}{I_{S1}} = R_2 I_{C2} + U_T \ln \frac{I_{C2}}{I_{S2}}$$

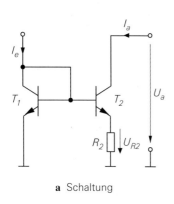

**a** Schaltung

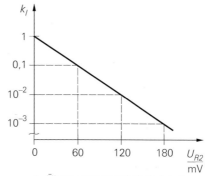

**b** Übersetzungsverhältnis $k_I$ bei
gleichen Transistoren ($I_{S1} = I_{S2}$)

**Abb. 4.17.** Widlar-Stromspiegel

Für das Übersetzungsverhältnis erhält man mit $I_e \approx I_{C1}$ und $I_a \approx I_{C2}$:

$$k_I = \frac{I_a}{I_e} \approx \frac{I_{C2}}{I_{C1}} = \frac{I_{S2}}{I_{S1}} e^{-\frac{U_{R2}}{U_T}} \qquad \text{mit } U_{R2} = R_2 I_{C2} \qquad (4.13)$$

Es hängt exponentiell vom Verhältnis $U_{R2}/U_T$ ab und nimmt bei einer Zunahme von $U_{R2}$ um $U_T \ln 10 \approx 60\,\text{mV}$ um den Faktor 10 ab; Abb. 4.17b zeigt dies für den Fall gleicher Transistoren, d.h. für $I_{S1} = I_{S2}$. Aus (4.13) folgt ferner, daß der Widlar-Stromspiegel aufgrund der starken Stromabhängigkeit des Übersetzungsverhältnisses nur für Konstantströme geeignet ist.

Man könnte nun vermuten, daß man dasselbe Verfahren auch zur Realisierung sehr großer Übersetzungsverhältnisse anwenden kann, indem man in Abb. 4.12a nur den Widerstand $R_1$ einsetzt. Das ist zwar prinzipiell möglich, in der Praxis aber nicht anwendbar, weil der größere Strom am Ausgang natürlich auch einen größeren Transistor erforderlich macht. Man kann diesen *umgekehrten* Widlar-Stromspiegel nur dann einsetzen, wenn das Übersetzungsverhältnis so groß ist, daß der Einsatz eines Widlar-Stromspiegels sinnvoll ist, und trotzdem der Ausgangsstrom so klein ist, daß man auch am Ausgang einen Transistor der Größe 1 einsetzen kann; dieser Fall ist jedoch äußerst selten.

*Beispiel:* Von einem Eingangsstrom $I_e = 1\,\text{mA}$ soll ein Ausgangsstrom $I_a = 10\,\mu\text{A}$ abgeleitet werden. Da in unserer Beispiel-Technologie ein Transistor der Größe 1 nach Tab. 4.1 für einen Strom von $100\,\mu\text{A}$ ausgelegt ist, wählen wir für $T_1$ die Größe 10 und für $T_2$ die minimale Größe 1; damit gilt $I_{S2}/I_{S1} = 0,1$. Für das gewünschte Übersetzungsverhältnis $k_I = I_a/I_e = 0,01$ muß demnach der exponentielle Faktor in (4.13) ebenfalls den Wert 0,1 annehmen; daraus folgt $U_{R2} = U_T \ln 10 \approx 60\,\text{mV}$ und $R_2 = U_{R2}/I_a \approx 6\,\text{k}\Omega$.

**3-Transistor-Stromspiegel:** Eine niedrige Stromverstärkung der Transistoren wirkt sich störend auf das Übersetzungsverhältnis des einfachen Stromspiegels aus. Vor allem bei großen Übersetzungsverhältnissen kann der Basis-

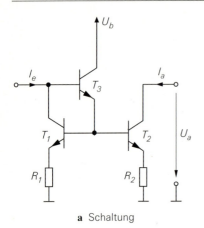

**a** Schaltung

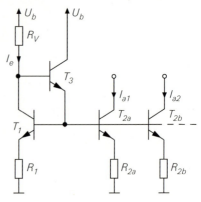

**b** Einsatz in Stromquellenbank

**Abb. 4.18.** 3-Transistor-Stromspiegel

strom des Ausgangstransistors so groß werden, daß das Übersetzungsverhältnis deutlich vom Größenverhältnis der Transistoren abweicht. Dadurch hängt das Übersetzungsverhältnis nicht mehr nur von den geometrischen Größen, sondern in zunehmendem Maße von der toleranzbehafteten Stromverstärkung ab. Abhilfe schafft der in Abb. 4.18a gezeigte *3-Transistor-Stromspiegel*, bei dem der Basisstrom für die Transistoren $T_1$ und $T_2$ über einen zusätzlichen Transistor $T_3$ zugeführt wird. Dieser wiederum trägt nur mit seinem sehr kleinen Basisstrom zum Eingangsstrom $I_e$ bei; dadurch wird die Abhängigkeit von der Stromverstärkung stark reduziert.

Ohne Gegenkopplungswiderstände, d.h. mit $R_1 = R_2 = 0$, erhält man die Maschengleichung $U_{BE1} = U_{BE2}$ und daraus bei Vernachlässigung des Early-Effekts:

$$\frac{I_{C2}}{I_{C1}} = \frac{I_{S2}}{I_{S1}}$$

Durch Einsetzen der Knotengleichungen

$$I_e = I_{C1} + I_{B3} \quad , \quad I_{B1} + I_{B2} = I_{C3} + I_{B3} \quad , \quad I_a = I_{C2}$$

folgt mit $I_{B1} = I_{C1}/B$, $I_{B2} = I_{C2}/B$ und $I_{B3} = I_{C3}/B$ das Übersetzungsverhältnis:

$$k_I = \frac{B^2 + B}{\dfrac{I_{S1}}{I_{S2}}\left(B^2 + B + 1\right) + 1} \overset{B \gg 1}{\approx} \frac{I_{S2}}{I_{S1}} \tag{4.14}$$

Für $I_{S1} = I_{S2}$ erhält man

$$k_I = \frac{1}{1 + \dfrac{2}{B^2 + B}} \overset{B \gg 1}{\approx} 1$$

Ein Vergleich mit (4.8) auf Seite 312 zeigt, daß hier anstelle des Fehlerterms $2/B$ nur ein Fehlerterm $2/(B^2 + B) \approx 2/B^2$ auftritt. Die Verringerung des Fehlers um

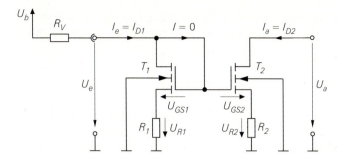

**Abb. 4.19.** Ströme und Spannungen beim n-Kanal-Stromspiegel

den Faktor $B$ entspricht genau der Stromverstärkung von $T_3$. Mit Gegenkopplungswiderständen erhält man dasselbe Ergebnis, wenn man die Widerstände entsprechend den Transistor-Größen wählt: $I_{S2}/I_{S1} = R_1/R_2$.

**Betrieb als Stromquelle:** Der 3-Transistor-Stromspiegel wird vor allem in *Stromquellenbänken* nach Abb. 4.18b eingesetzt; dabei werden mehrere Ausgangstransistoren an einen gemeinsamen Referenzzweig angeschlossen. Damit erhält man mehrere Ausgangsströme, die über die Größen- und Widerstandsverhältnisse beliebig skalierbar sind und in einem festem Verhältnis zueinander stehen. Da in diesem Fall die Summe der Basisströme der Ausgangstransistoren sehr groß werden kann, muß man $T_3$ zur zusätzlichen Stromverstärkung einsetzen. Aus Abb. 4.18b folgt mit $U_{BE} \approx 0,7\,\mathrm{V}$:

$$I_e \approx \frac{U_b - U_{BE3} - U_{BE1}}{R_V + R_1 \cdot} \approx \frac{U_b - 1,4\,\mathrm{V}}{R_V + R_1}$$

Stromquellenbänke dieser Art werden vor allem als Ruhestromquellen in integrierten Schaltungen eingesetzt.

**n-Kanal-Stromspiegel:** Abbildung 4.19 zeigt die Ströme und Spannungen beim einfachen Stromspiegel mit n-Kanal-Mosfets, den man kurz *n-Kanal-Stromspiegel* nennt. Im normalen Arbeitsbereich arbeiten beide Mosfets im Abschnürbereich und man kann die Grundgleichung (3.3) verwenden:

$$I_{D1} = \frac{K_1}{2}\left(U_{GS1} - U_{th}\right)^2$$

$$I_{D2} = \frac{K_2}{2}\left(U_{GS2} - U_{th}\right)^2 \left(1 + \frac{U_{DS2}}{U_A}\right) \tag{4.15}$$

Dabei wird bei $T_1$ der Early-Effekt wegen $U_{DS1} = U_{GS1} \ll U_A$ vernachlässigt. Da bei Mosfets kein Gatestrom fließt, entsprechen die Ströme am Ein- und Ausgang den Drainströmen:

$$I_e = I_{D1} \quad , \quad I_a = I_{D2} \tag{4.16}$$

Aus Abb. 4.19 folgt ferner die Maschengleichung:

$$I_{D1}R_1 + U_{GS1} = I_{D2}R_2 + U_{GS2} \tag{4.17}$$

**n-Kanal-Stromspiegel ohne Gegenkopplung:** Mit $R_1 = R_2 = 0$ folgt aus (4.15)–(4.17) unter Berücksichtigung von $U_{DS2} = U_a$ das Übersetzungsverhältnis:

$$
k_I = \frac{I_a}{I_e} = \frac{K_2}{K_1}\left(1 + \frac{U_a}{U_A}\right) \overset{U_a \ll U_A}{\approx} \frac{K_2}{K_1}
\tag{4.18}
$$

Es hängt bei ausreichend großer Early-Spannung $U_A$ nur vom Größenverhältnis der Mosfets ab.

Die Ausgangskennlinie des n-Kanal-Stromspiegels ist in Abb. 4.15 auf Seite 314 zusammen mit der Ausgangskennlinie eines npn-Stromspiegels gleicher Auslegung gezeigt. Dabei fällt vor allem auf, daß der Arbeitsbereich des n-Kanal-Stromspiegels wegen $U_{a,min} = U_{DS,ab} > U_{CE,sat}$ kleiner ist. Die Aussteuerungsgrenze ist jedoch nicht konstant, sondern hängt wegen

$$
U_{a,min} = U_{DS,ab} = U_{GS} - U_{th} \overset{U_{DS,ab} \ll U_A}{\approx} \sqrt{\frac{2I_D}{K}}
$$

von der Größe der Mosfets ab. Man kann demnach die Aussteuerungsgrenze verringern, indem man die Mosfets größer macht. In integrierten Analogschaltungen werden normalerweise Arbeitspunkte mit $U_{GS} - U_{th} \approx 1\,\mathrm{V}$ verwendet; daraus folgt $U_{a,min} \approx 1\,\mathrm{V}$. Um eine Aussteuerungsgrenze von $U_{a,min} \approx 0,1\ldots0,2\,\mathrm{V}$ wie bei einem npn-Stromspiegel zu erreichen, müßte man demnach die Mosfets um einen Faktor $25\ldots100$ größer machen. Das ist in der Praxis nur in Ausnahmefällen möglich, weil dadurch die Gatekapazität um den gleichen Faktor größer und die Transitfrequenz entsprechend kleiner wird; beim Einsatz als Stromquelle ist in diesem Fall die größere Ausgangskapazität störend.

**n-Kanal-Stromspiegel mit Gegenkopplung:** Die Berechnung des Übersetzungsverhältnisses ist in diesem Fall nicht geschlossen möglich, weil die Spannungen an den Widerständen $R_1$ und $R_2$ nicht nur in die Maschengleichung (4.17) eingehen, sondern aufgrund des Substrateffekts auch zu einer Verschiebung der Schwellenspannungen führen; es gilt nämlich $U_{BS1} = -U_{R1}$ und $U_{BS2} = -U_{R2}$. Wenn beide Spannungen gleich sind, wirkt sich der Substrateffekt auf beide Mosfets gleich aus und die Schwellenspannungen nehmen um denselben Wert zu; dazu muß man die Widerstände entsprechend den Größen der Mosfets wählen:

$$
\frac{K_2}{K_1} = \frac{R_1}{R_2}
$$

In diesem Fall erhält man dasselbe Übersetzungsverhältnis wie beim n-Kanal-Stromspiegel ohne Gegenkopplung.

Durch die Gegenkopplung wird der Ausgangswiderstand des Stromspiegels erhöht; darauf wird später noch näher eingegangen. Im Gegenzug erhöht sich die Aussteuerungsgrenze um den Spannungsabfall an den Widerständen:

$$
U_{a,min} = U_{DS2,ab} + U_{R2} = U_{DS2,ab} + I_{D2}R_2 \overset{I_{D2}=I_a}{=} \sqrt{\frac{2I_a}{K_2}} + I_a R_2
$$

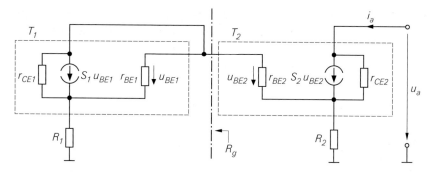

**Abb. 4.20.** Kleinsignalersatzschaltbild eines npn-Stromspiegels

**Betrieb als Stromquelle:** Man kann den einfachen n-Kanal-Stromspiegel als Stromquelle betreiben, indem man den in Abb. 4.19 gezeigten Widerstand $R_V$ ergänzt; damit wird ein konstanter Eingangsstrom eingestellt. Aus $U_e = U_{GS1} + U_{R1}$ und $U_b = U_e + I_e R_V$ folgt:

$$I_e = \frac{U_b - U_{GS1}}{R_V + R_1}$$

Für den Ausgangsstrom gilt $I_a = k_I I_e$.

**Ausgangswiderstand:** Der Ausgangsstrom eines Stromspiegels sollte nur vom Eingangsstrom und nicht von der Ausgangsspannung abhängen; daraus folgt, daß der *Kleinsignal-Ausgangswiderstand*

$$r_a = \left.\frac{\partial U_a}{\partial I_a}\right|_{I_e=\text{const.}} = \left.\frac{u_a}{i_a}\right|_{i_e=0}$$

möglichst groß sein sollte. Man kann ihn aus der Steigung der Ausgangskennlinie im Arbeitsbereich oder mit Hilfe des Kleinsignalersatzschaltbilds ermitteln. Dabei wird, wie aus der Definition unmittelbar folgt, der Eingang mit einer idealen Stromquelle angesteuert: $I_e = $ const. bzw. $i_e = 0$. Es handelt sich also genau genommen um den *Leerlauf-Ausgangswiderstand*. Im Kleinsignalersatzschaltbild drückt sich der Leerlauf am Eingang dadurch aus, daß der Eingang *offen*, d.h. unbeschaltet ist. In der Praxis hat man zwar nie exakten Leerlauf am Eingang, die Abweichung zwischen realem Ausgangswiderstand und Leerlauf-Ausgangswiderstand ist jedoch in der Regel vernachlässigbar gering.

Für den npn-Stromspiegel erhält man das in Abb. 4.20 gezeigte Kleinsignalersatzschaltbild; dabei wird für die Transistoren das Kleinsignalersatzschaltbild nach Abb. 2.12 auf Seite 50 verwendet. Der linke Teil mit dem Transistor $T_1$ und dem Widerstand $R_1$ kann zu einem Widerstand $R_g$ zusammengefaßt werden [9]:

$$R_g = R_1 + \frac{1}{S_1 + \dfrac{1}{r_{BE1}} + \dfrac{1}{r_{CE1}}} \approx R_1 + \frac{1}{S_1}$$

---

[9] Die gesteuerte Quelle $S_1 u_{BE1}$ wirkt wie ein Widerstand $1/S_1$, weil die Steuerspannung $u_{BE1}$ gleich der Spannung an der Quelle ist.

Damit erhält man nahezu dasselbe Kleinsignalersatzschaltbild wie bei einer
Emitterschaltung mit Stromgegenkopplung, wie ein Vergleich mit Abb. 2.61
auf Seite 117 zeigt; nur der Widerstand $R_C$ und die Quelle $u_g$ entfallen. Deshalb kann man den Ausgangswiderstand des Stromspiegels aus dem Kurzschlußausgangswiderstand der Emitterschaltung mit Stromgegenkopplung ableiten:

$$r_a \ = \ r_{CE2} \left( 1 + \frac{\beta + \dfrac{r_{BE2} + R_g}{r_{CE2}}}{1 + \dfrac{r_{BE2} + R_g}{R_2}} \right) \overset{\substack{r_{CE2} > r_{BE2} + R_g \\ \beta \gg 1}}{\approx} \ r_{CE2} \left( 1 + \frac{\beta R_2}{R_2 + r_{BE2} + R_g} \right)$$

Durch Einsetzen von $R_g$ erhält man mit $r_{BE2} \gg 1/S_1$:

$$r_a \ = \ \left. \frac{u_a}{i_a} \right|_{i_e=0} \approx \ r_{CE2} \left( 1 + \frac{\beta R_2}{R_1 + R_2 + r_{BE2}} \right) \qquad (4.19)$$

Dabei gilt $r_{CE2} = U_A/I_a$ und $r_{BE2} = \beta U_T/I_a$.

Man kann drei Spezialfälle ableiten:

$$r_a \approx \begin{cases} r_{CE2} & \text{für } R_2 = 0 & \rightarrow \ \text{ohne Gegenkopplung} \\ r_{CE2}\,(1 + S_2 R_2) & \text{für } R_1, R_2 \ll r_{BE2} & \rightarrow \ \text{schwache Gegenkopplung} \\ \beta\, r_{CE2} & \text{für } R_2 \gg R_1, r_{BE2} & \rightarrow \ \text{starke Gegenkopplung} \end{cases}$$

Dabei wird bei der schwachen Gegenkopplung der Zusammenhang $S_2 = \beta/r_{BE2}$
und bei der starken Gegenkopplung $\beta \gg 1$ verwendet. Der Ausgangswiderstand
bei starker Gegenkopplung ist der höchste mit einem Bipolartransistor bei Gegenkopplung erzielbare Ausgangswiderstand [10]. Er wird in der Praxis meist dadurch
erreicht, daß man anstelle von $R_2$ eine Stromquelle einsetzt; ein Beispiel dafür
ist der *Kaskode-Stromspiegel*, der im folgenden noch näher beschrieben wird.

Zur Berechnung des Ausgangswiderstands eines n-Kanal-Stromspiegel wird
das in Abb. 4.21 gezeigte Kleinsignalersatzschaltbild verwendet; dabei ist nur der
Ausgang mit $T_2$ und $R_2$ dargestellt, weil aufgrund des isolierten Gate-Anschlusses
keine Verbindung zum eingangsseitigen Teil des Stromspiegels besteht. Für die
Mosfets wird das Kleinsignalersatzschaltbild nach Abb. 3.16 auf Seite 203 verwendet. Ein Vergleich mit Abb. 3.54 auf Seite 260 zeigt, daß das Kleinsignalersatzschaltbild des n-Kanal-Stromspiegels dem der Sourceschaltung mit Stromgegenkopplung entspricht, wenn man den Widerstand $R_D$ entfernt und den Bulk-
Anschluß auf Masse legt. Deshalb kann man den Ausgangswiderstand ableiten;
mit $S_2 \gg 1/r_{DS2}$ erhält man:

$$r_a \ = \ \left. \frac{u_a}{i_a} \right|_{i_e=0} \approx \ r_{DS2}\,(1 + (S_2 + S_{B2})\,R_2) \qquad (4.20)$$

Dabei gilt $r_{DS2} = U_A/I_a$.

---

10 Man kann durch den Einsatz von Verstärkern oder durch Mitkopplung noch höhere
   Ausgangswiderstände erzielen, letzteres jedoch nur bei sorgfältigem Abgleich.

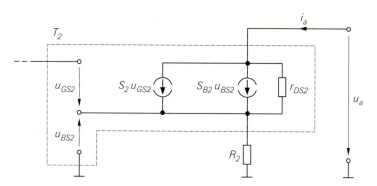

**Abb. 4.21.** Kleinsignalersatzschaltbild zur Berechnung des Ausgangswiderstands eines n-Kanal-Stromspiegels

Man kann zwei Spezialfälle ableiten:

$$r_a \approx \begin{cases} r_{DS2} & \text{für } R_2 = 0 & \rightarrow \text{ ohne Gegenkopplung} \\ r_{DS2}S_2R_2 & \text{für } R_2, 1/S_{B2} \gg 1/S_2 & \rightarrow \text{ starke Gegenkopplung} \end{cases}$$

Im Gegensatz zum npn-Stromspiegel ist der Ausgangswiderstand beim n-Kanal-Stromspiegel nicht nach oben begrenzt: für $R_2 \rightarrow \infty$ erhält man $r_a \rightarrow \infty$.

Abbildung 4.22 zeigt einen Vergleich der Ausgangswiderstände eines npn- und eines n-Kanal-Stromspiegels mit $k_I = 1$ bei einem Strom von $I_a = 100\,\mu A$. Ohne Gegenkopplung ist der Ausgangswiderstand des npn-Stromspiegels im allgemeinen größer als der des n-Kanal-Stromspiegels; Ursache hierfür ist die größere Early-Spannung der npn-Transistoren. Im Bereich schwacher Gegenkopplung gilt für den npn-Stromspiegel $r_a \approx r_{CE2}S_2R_2$ und für den n-Kanal-Stromspiegel $r_a \approx r_{DS2} \dots r_{DS2}S_2R_2$; hier ist der Vorteil des npn-Stromspiegels noch stärker ausgeprägt, weil hier neben der größeren Early-Spannung auch die wesenlich größere Steilheit der npn-Transistoren zum Tragen kommt. Bei starker Gegenkopplung geht der Ausgangswiderstand beim npn-Stromspiegel gegen den Maximalwert $r_a = \beta\, r_{CE2}$, während er beim n-Kanal-Stromspiegel mit $r_a \approx r_{DS2}S_2R_2$ weiter steigt. Bei einem Ausgangsstrom von $I_a = 100\,\mu A$ kann man bis zu $R_2 \approx 10\,k\Omega$ ohmsche Gegenkopplungswiderstände einsetzen; die Spannung an den Widerständen bleibt dann kleiner als $U_{R2} \approx I_aR_2 = 100\,\mu A \cdot 10\,k\Omega = 1\,V$. Wenn man dagegen $R_2 = 10\,M\Omega$ mit einem ohmschen Widerstand realisieren wollte, müßte an $R_2$ eine Spannung von $U_{R2} \approx I_aR_2 = 1000\,V$ anliegen; deshalb muß man größere Gegenkopplungswiderstände mit Stromquellen realisieren.

Aus Abb. 4.22 kann man zwei wichtige Aussagen ableiten:

- Beim npn-Stromspiegel wird mit $R_2 = r_{BE2} = \beta/S_2$ die Grenze zum Bereich starker Gegenkopplung erreicht; eine weitere Vergrößerung von $R_2$ bringt keine nennenswerte Verbesserung mehr. Der Spannungsabfall an $R_2$ beträgt in diesem Fall:

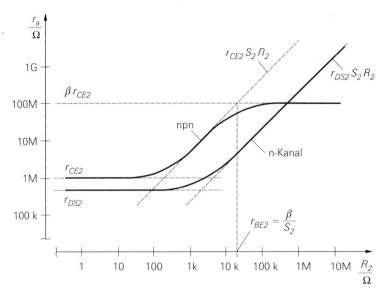

**Abb. 4.22.** Ausgangswiderstand eines npn- und eines n-Kanal-Stromspiegels mit Übersetzungsverhältnis $k_I = 1$, $I_e = I_a = 100\,\mu A$ und $R_1 = R_2$

$$U_{R2} = I_a R_2 = I_a \frac{\beta}{S} = I_a \frac{\beta\, U_T}{I_a} = \beta\, U_T \overset{\beta \approx 100}{\approx} 2,6\,V$$

Daraus folgt, daß man den maximalen Ausgangswiderstand mit einem ohmschen Gegenkopplungswiderstand erreichen kann, wenn man eine Aussteuerungsgrenze von $U_{a,min} \approx U_{R2} + U_{CE,sat} \approx 2,8\,V$ in Kauf nimmt. Bei geringerer Stromverstärkung ist die Aussteuerungsgrenze entsprechend niedriger.

- Beim n-Kanal-Stromspiegel muß man wegen der wesentlich geringeren Steilheit der Mosfets entsprechend größere Gegenkopplungswiderstände einsetzen, um ähnlich hohe Ausgangswiderstände wie beim npn-Stromspiegel zu erreichen; in diesem Fall muß man für $R_2$ eine Stromquelle einsetzen, d.h. den einfachen Stromspiegel zum Kaskode-Stromspiegel ausbauen.

**Stromspiegel mit Kaskode**

Wenn ein besonders hoher Ausgangswiderstand benötigt wird, muß man beim einfachen Stromspiegel entweder sehr hochohmige Widerstände oder eine Stromquelle zur Gegenkopplung einsetzen. Der Einsatz hochohmiger Widerstände ist jedoch wegen der starken Zunahme der Aussteuergrenze $U_{a,min}$ im allgemeinen nicht möglich, so daß man zwangsläufig eine Stromquelle einsetzen muß. Da Stromquellen üblicherweise mit Hilfe von Stromspiegeln realisiert werden, erhält man im einfachsten Fall den in Abb. 4.23 gezeigten *Stromspiegel mit Kaskode*, bei dem, ausgehend von der Prinzipschaltung in Abb. 4.8 auf Seite 307, der Gegenkopplungswiderstand $R_E$ bzw. $R_S$ durch einen einfachen Stromspiegel, bestehend

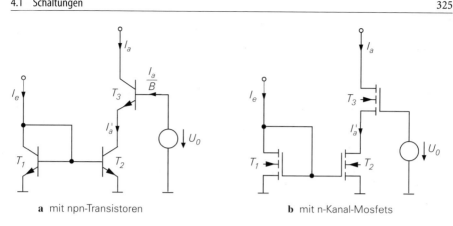

**a** mit npn-Transistoren  **b** mit n-Kanal-Mosfets

**Abb. 4.23.** Stromspiegel mit Kaskode

aus $T_1$ und $T_2$, ersetzt wird. Dadurch erhält man ausgangsseitig die Reihenschaltung einer Emitter- bzw. Source- ($T_2$) und einer Basis- bzw. Gateschaltung ($T_3$), die *Kaskodeschaltung* genannt wird, siehe Abschnitt 4.1.2.

Man beachte in diesem Zusammenhang den Unterschied zwischen dem hier beschriebenen *Stromspiegel mit Kaskode* und dem im nächsten Abschnitt beschriebenen *Kaskode-Stromspiegel*. Beide verwenden eine Kaskodeschaltung am Ausgang, jedoch unterschiedliche Verfahren zur Arbeitspunkteinstellung: beim Stromspiegel mit Kaskode wird eine *externe* Spannungsquelle $U_0$ zur Arbeitspunkteinstellung verwendet, während beim Kaskode-Stromspiegel die erforderliche Spannung intern erzeugt wird.

**npn-Stromspiegel mit Kaskode:** Das Übersetzungsverhältnis $k_I$ des in Abb. 4.23a gezeigten npn-Stromspiegels mit Kaskode kann man mit Hilfe des Übersetzungsverhältnisses des einfachen Stromspiegels berechnen; für den aus $T_1$ und $T_2$ bestehenden Stromspiegel gilt nach (4.6):

$$\frac{I_a'}{I_e} = \frac{1}{\dfrac{I_{S1}}{I_{S2}}\left(1 + \dfrac{1}{B}\right) + \dfrac{1}{B}}$$

Der Early-Effekt macht sich hier nicht bemerkbar, weil $T_2$ mit der näherungsweise konstanten Kollektor-Emitter-Spannung $U_{CE2} = U_0 - U_{BE3} \approx U_0 - 0,7\,\text{V}$ betrieben wird. Mit

$$I_a' = I_a + \frac{I_a}{B}$$

erhält man:

$$k_I = \frac{I_a}{I_e} = \frac{1}{\dfrac{I_{S1}}{I_{S2}}\left(1 + \dfrac{1}{B}\right)^2 + \dfrac{1}{B} + \dfrac{1}{B^2}} \overset{B \gg 1}{\approx} \frac{I_{S2}}{I_{S1}} \qquad (4.21)$$

Für $I_{S1} = I_{S2}$ folgt:

$$k_I = \cfrac{1}{1 + \cfrac{3}{B} + \cfrac{2}{B^2}} \overset{B \gg 1}{\approx} \cfrac{1}{1 + \cfrac{3}{B}} \approx 1$$

Das Übersetzungsverhältnis hängt nur vom Größenverhältnis der Transistoren $T_1$ und $T_2$ ab; $T_3$ geht nicht ein. Da $k_I$ nicht von der Ausgangsspannung $U_a$ abhängt, ist der Ausgangswiderstand in erster Näherung unendlich.

**n–Kanal–Stromspiegel mit Kaskode:** Beim n–Kanal–Stromspiegel mit Kaskode in Abb. 4.23b gilt $I_a = I_a'$; daraus folgt zusammen mit (4.18):

$$\boxed{k_I = \frac{I_a}{I_e} = \frac{K_2}{K_1}} \tag{4.22}$$

Auch hier hängt das Übersetzungsverhältnis nur vom Größenverhältnis der Mosfets $T_1$ und $T_2$ ab.

**Ausgangskennlinien:** Abbildung 4.24 zeigt die Ausgangskennlinien eines npn-und eines n-Kanal-Stromspiegels mit Kaskode. Beim npn-Stromspiegel mit Kaskode verläuft die Kennlinie für $U_a > U_{a,min,npn}$ praktisch waagrecht, d.h. der Ausgangswiderstand ist sehr hoch. Mit $U_{CE,sat} \approx 0,2\,\text{V}$ und $U_{BE} \approx 0,7\,\text{V}$ erhält man für die Aussteuerungsgrenze:

$$U_{a,min,npn} = U_0 - U_{BE3} + U_{CE3,sat} \approx U_0 - 0,5\,\text{V}$$

Damit $T_2$ im Normalbetrieb arbeitet, muß $U_{CE2} > U_{CE2,sat}$ gelten; daraus folgt:

$$U_0 = U_{CE2} + U_{BE3} > U_{CE2,sat} + U_{BE3} \approx 0,9\,\text{V}$$

Für den Grenzfall $U_0 = 0,9\,\text{V}$ erhält man $U_{a,min,npn} = 2U_{CE,sat} \approx 0,4\,\text{V}$. Unterhalb der Aussteuerungsgrenze knickt die Kennlinie ab.

Beim n-Kanal-Kaskode-Stromspiegel verläuft die Kennlinie für $U_a > U_{a,min,nK}$ ebenfalls waagrecht; hier gilt:

$$U_{a,min,nK} = U_0 - U_{GS3} + U_{DS3,ab} = U_0 - U_{th3}$$

Dabei wird $U_{DS3,ab} = U_{GS3} - U_{th3}$ verwendet. Damit $T_2$ im Abschnürbereich arbeitet, muß $U_{DS2} > U_{DS2,ab}$ gelten; daraus folgt:

$$U_0 = U_{DS2} + U_{GS3} > U_{DS2,ab} + U_{GS3} = U_{GS2} - U_{th2} + U_{GS3}$$

Dabei wird $U_{DS2,ab} = U_{GS2} - U_{th2}$ verwendet. Typische Werte sind $U_{th} \approx 1\,\text{V}$ und $U_{GS} \approx 1,5 \ldots 2\,\text{V}$; damit erhält man $U_0 \approx 2 \ldots 3\,\text{V}$ und $U_{a,min,nK} \approx 1 \ldots 2\,\text{V}$. Mit $I_{D2} = I_{D3} = I_a$ und

$$U_{GS} \approx U_{th} + \sqrt{\frac{2I_D}{K}}$$

erhält man die Abhängigkeit der Aussteuerungsgrenze vom Ausgangsstrom und den Größen der Mosfets:

$$U_{a,min,nK} = U_{GS2} - U_{th2} + U_{GS3} - U_{th3} = \sqrt{2I_a}\left(\frac{1}{\sqrt{K_2}} + \frac{1}{\sqrt{K_3}}\right)$$

Man kann demnach die Aussteuerungsgrenze kleiner machen, indem man die Mosfets größer macht; allerdings geht die Größe nur unter der Wurzel ein.

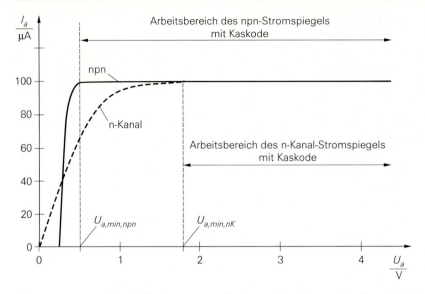

**Abb. 4.24.** Ausgangskennlinie eines npn- und eines n-Kanal-Stromspiegels mit Kaskode

Unterhalb der Aussteuerungsgrenze gerät zunächst $T_3$ in den ohmschen Bereich. Der Strom wird jedoch von $T_2$ eingeprägt und bleibt deshalb näherungsweise konstant; der Ausgangswiderstand ist jedoch stark reduziert. Bei weiterer Reduktion der Ausgangsspannung gerät auch $T_2$ in den ohmschen Bereich und die Kennlinie geht in die Ausgangskennlinie von $T_2$ über.

**Ausgangswiderstand:** Den Ausgangswiderstand des npn-Stromspiegels mit Kaskode erhält man, indem man in (4.1) die Kleinsignalparameter von $T_3$ und $r_{CE2}$ anstelle von $R_E$ einsetzt:

$$r_a = r_{CE3} \left( 1 + \frac{\beta\, r_{CE2}}{r_{CE2} + r_{BE3}} \right)$$

Mit $r_{CE2} \approx r_{CE3} = U_A/I_a$, $r_{CE2} \gg r_{BE3}$ und $\beta \gg 1$ folgt:

$$r_a = \left. \frac{u_a}{i_a} \right|_{i_e=0} \approx \beta\, r_{CE3} \tag{4.23}$$

Beim n-Kanal-Stromspiegel mit Kaskode erhält man ausgehend von (4.2):

$$r_a = r_{DS3} \left( 1 + (S_3 + S_{B3})\, r_{DS2} \right)$$

Mit $r_{DS2} = r_{DS3} = U_A/I_a$ und $S_3 r_{DS2} \gg 1$ folgt:

$$r_a = \left. \frac{u_a}{i_a} \right|_{i_e=0} \approx (S_3 + S_{B3})\, r_{DS3}^2 \tag{4.24}$$

**Kaskode-Stromspiegel**

Eine weitere Möglichkeit zur Erhöhung des Ausgangswiderstands ist die in
Abb. 4.25 gezeigte Reihenschaltung von zwei einfachen Stromspiegeln, die in
Anlehnung an die im Abschnitt 4.1.2 beschriebene Kaskodeschaltung *Kaskode-
Stromspiegel* genannt wird. Es besteht eine enge Verwandschaft zum Stromspiegel
mit Kaskode in Abb. 4.23. Der Kaskode-Stromspiegel benötigt jedoch keine externe Spannungsquelle und wird deshalb auch als *Kaskode-Stromspiegel mit automatischer Arbeitspunkteinstellung* (*self-biased cascode current mirror*) bezeichnet.
Auch bezüglich Aussteuerungsgrenze und Ausgangswiderstand bestehen Unterschiede zum Stromspiegel mit Kaskode.

   **npn-Kaskode-Stromspiegel:** Das Übersetzungsverhältnis des in Abb. 4.25a gezeigten npn-Kaskode-Stromspiegels kann man mit Hilfe des Übersetzungsverhältnisses des einfachen Stromspiegels berechnen; für den aus $T_1$ und $T_2$ bestehenden Stromspiegel gilt nach (4.6):

$$\frac{I_a'}{I_e'} = \frac{1}{\dfrac{I_{S1}}{I_{S2}}\left(1+\dfrac{1}{B}\right)+\dfrac{1}{B}}$$

Der Early-Effekt macht sich hier nicht bemerkbar, weil $T_2$ mit der näherungsweise
konstanten Kollektor-Emitter-Spannung $U_{CE2} = U_{BE1} + U_{BE3} - U_{BE4} \approx 0,7\,\text{V}$ betrieben wird. Mit

$$I_e = I_e' + \frac{I_a}{B} \quad , \quad I_a' = I_a + \frac{I_a}{B}$$

erhält man:

$$k_I = \frac{I_a}{I_e} = \frac{1}{\dfrac{I_{S1}}{I_{S2}}\left(1+\dfrac{1}{B}\right)^2+\dfrac{2}{B}+\dfrac{1}{B^2}} \overset{B\gg1}{\approx} \frac{I_{S2}}{I_{S1}} \tag{4.25}$$

Für $I_{S1} = I_{S2}$ folgt:

$$k_I = \frac{1}{1+\dfrac{4}{B}+\dfrac{2}{B^2}} \overset{B\gg1}{\approx} \frac{1}{1+\dfrac{4}{B}} \approx 1$$

Das Übersetzungsverhältnis hängt nur vom Größenverhältnis der Transistoren
$T_1$ und $T_2$ ab; $T_3$ und $T_4$ gehen nicht ein. Da $k_I$ nicht von der Ausgangsspannung
$U_a$ abhängt, ist der Ausgangswiderstand in erster Näherung unendlich.

   **n-Kanal-Kaskode-Stromspiegel:**  Beim   n-Kanal-Kaskode-Stromspiegel  in
Abb. 4.25b gilt $I_e = I_e'$ und $I_a = I_a'$; daraus folgt zusammen mit (4.18):

$$k_I = \frac{I_a}{I_e} = \frac{K_2}{K_1} \tag{4.26}$$

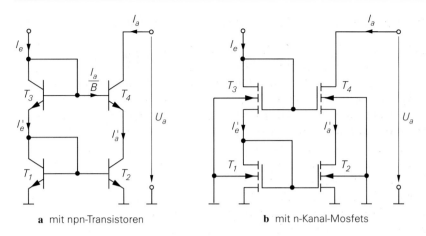

**a** mit npn-Transistoren  **b** mit n-Kanal-Mosfets

**Abb. 4.25.** Kaskode-Stromspiegel

Auch hier hängt das Übersetzungsverhältnis nur vom Größenverhältnis der Mosfets $T_1$ und $T_2$ ab.

**Ausgangskennlinien:** Abbildung 4.26 zeigt die Ausgangskennlinien eines npn- und eines n-Kanal-Kaskode-Stromspiegels. Beim npn-Kaskode-Stromspiegel verläuft die Kennlinie für $U_a > U_{a,min,npn}$ praktisch waagrecht, d.h. der Ausgangs-

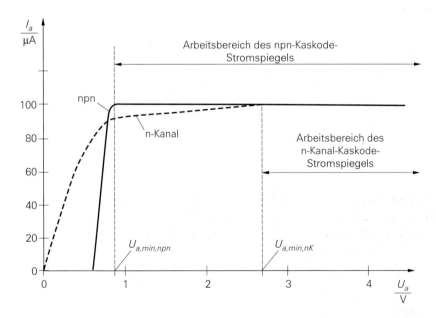

**Abb. 4.26.** Ausgangskennlinie eines npn- und eines n-Kanal-Kaskode-Stromspiegels

widerstand ist sehr hoch. Für die Aussteuerungsgrenze gilt mit $U_{CE,sat} \approx 0,2\,\text{V}$
und $U_{BE} \approx 0,7\,\text{V}$:

$$U_{a,min,npn} = U_{BE1} + U_{BE3} - U_{BE4} + U_{CE4,sat} \approx 0,9\,\text{V}$$

Sie ist größer als beim Stromspiegel mit Kaskode, der bei minimaler Spannung
$U_0$ eine Aussteuerungsgrenze von $U_{a,min,npn} \approx 0,4\,\text{V}$ erreicht.

Beim n-Kanal-Kaskode-Stromspiegel verläuft die Kennlinie für $U_a > U_{a,min,nK}$
ebenfalls waagrecht; hier gilt:

$$U_{a,min,nK} = U_{GS1} + U_{GS3} - U_{GS4} + U_{DS4,ab} = U_{GS1} + U_{GS3} - U_{th4}$$

Dabei wird $U_{DS4,ab} = U_{GS4} - U_{th4}$ verwendet. Typische Werte sind $U_{th} \approx 1\,\text{V}$ und
$U_{GS} \approx 1,5\ldots2\,\text{V}$; damit erhält man $U_{a,min,nK} \approx 2\ldots3\,\text{V}$. Wenn man annimmt,
daß alle Mosfets dieselbe Schwellenspannung $U_{th}$ haben, d.h. den Substrat-Effekt
vernachlässigt, erhält man mit $I_{D1} = I_{D3} = I_e$ und

$$U_{GS} \approx U_{th} + \sqrt{\frac{2I_D}{K}}$$

die Abhängigkeit der Aussteuerungsgrenze vom Eingangsstrom und den Größen
der Mosfets:

$$U_{a,min,nK} \approx U_{th} + \sqrt{2I_e}\left(\frac{1}{\sqrt{K_1}} + \frac{1}{\sqrt{K_3}}\right)$$

Man kann demnach die Aussteuerungsgrenze kleiner machen, indem man die
Mosfets größer macht; allerdings geht die Größe nur unter der Wurzel ein. Die
Untergrenze ist durch $U_{a,min,nK} = U_{th}$ gegeben und wird nur mit sehr großen Mosfets näherungsweise erreicht. Unterhalb der Aussteuerungsgrenze gerät zunächst
$T_4$ in den ohmschen Bereich. Der Strom wird jedoch von $T_2$ eingeprägt und bleibt
deshalb näherungsweise konstant; der Ausgangswiderstand ist jedoch stark reduziert. Bei weiterer Reduktion der Ausgangsspannung gerät auch $T_2$ in den
ohmschen Bereich und die Kennlinie geht in die Ausgangskennlinie von $T_2$ über.

**Ausgangswiderstand:** Zur Berechnung des Ausgangswiderstands des npn-
Kaskode-Stromspiegels wird das in Abb. 4.27 gezeigte Kleinsignalersatzschaltbild
verwendet. Es gelten folgende Zusammenhänge:

$$r_{CE2} \approx r_{CE4} = \frac{U_A}{I_a} \quad,\quad S_2 \approx S_4 = \frac{I_a}{U_T}$$

$$r_{BE2} \approx r_{BE4} = \frac{\beta U_T}{I_a} \quad,\quad S_1 \approx S_3 \approx \frac{I_e}{U_T} = \frac{I_a}{k_I U_T}$$

Dabei ist $U_A$ die Early-Spannung, $U_T$ die Temperaturspannung, $\beta$ die Kleinsignalstromverstärkung der Transistoren und $k_I$ das Übersetzungsverhältnis des
Stromspiegels. Eine Berechnung des Ausgangswiderstands liefert mit $k_I \ll \beta$:

$$\boxed{\; r_a = \left.\frac{u_a}{i_a}\right|_{i_e=0} \approx r_{CE4}\left(1 + \frac{\beta}{1+k_I}\right) \approx \frac{\beta\,r_{CE4}}{1+k_I} \;} \qquad (4.27)$$

Der Ausgangswiderstand des Kaskode-Stromspiegels ist um den Faktor $\beta/(1+k_I)$
größer als der des einfachen Stromspiegels. Der maximal mögliche Ausgangswi-

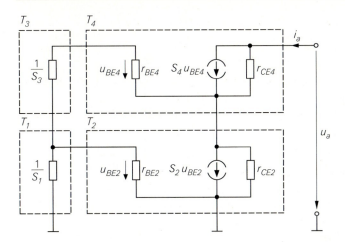

**Abb. 4.27.** Kleinsignalersatzschaltbild eines npn-Kaskode-Stromspiegels

derstand $\beta\, r_{CE}$ wird nicht erreicht, weil über die Basis-Emitter-Strecke von $T_4$ eine Rückwirkung auf den Referenzzweig und damit auf die Spannung $U_{BE2}$ erfolgt, siehe Abb. 4.27; deshalb hängt der Strom $S_2 u_{BE2}$ von der Ausgangsspannung ab und der Ausgangswiderstand von $T_2$ ist kleiner als $r_{CE2}$.

Beim n-Kanal-Kaskode-Stromspiegel gibt es keine Rückwirkung auf den Referenzzweig. Deshalb kann man den Ausgangswiderstand mit Hilfe von (4.20) berechnen, indem man $r_{DS2}$ anstelle von $R_2$ einsetzt:

$$r_a = r_{DS4}\,(1 + (S_4 + S_{B4})\, r_{DS2})$$

Mit $r_{DS2} = r_{DS4} = U_A/I_a$ und $S_4 r_{DS2} \gg 1$ folgt:

$$r_a = \left.\frac{u_a}{i_a}\right|_{i_e=0} \approx (S_4 + S_{B4})\, r_{DS4}^2 \qquad (4.28)$$

*Beispiel:* Es sollen eine npn- und eine n-Kanal-Stromquelle mit einem Ausgangsstrom $I_a = 100\,\mu\text{A}$, möglichst hohem Ausgangswiderstand und möglichst kleiner Ausgangskapazität dimensioniert werden. Die Forderung nach einem hohem Ausgangswiderstand $r_a$ erfordert den Einsatz eines Kaskode-Stromspiegels, die nach kleiner Ausgangskapazität den Einsatz möglichst kleiner Ausgangstransistoren. Bezüglich der Wahl des Übersetzungsverhältnisses bestehen konträre Forderungen: es sollte einerseits möglichst groß sein, damit nur ein geringer Eingangsstrom $I_e = I_a/k_I$ benötigt wird, andererseits sollte es möglichst klein sein, damit der Ausgangswiderstand des npn-Kaskode-Stromspiegels möglichst groß wird. Es wird für beide Stromspiegel $k_I \approx 1$ gewählt.

Für den npn-Kaskode-Stromspiegel erhält man das in Abb. 4.28a gezeigte Schaltbild. Es werden Transistoren der Größe 1 eingesetzt, die nach Tab. 4.1 für einen Kollektorstrom von $100\,\mu\text{A}$ ausgelegt sind; die weiteren Parameter sind

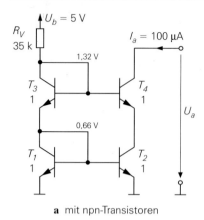

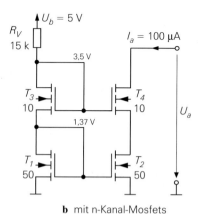

**a** mit npn-Transistoren                    **b** mit n-Kanal-Mosfets

**Abb. 4.28.** Beispiel einer Kaskode-Stromquelle

$I_S = 1\,\text{fA}$, $B = \beta = 100$ und $U_A = 100\,\text{V}$. Aus (4.25) folgt mit $I_{S1} = I_{S2} = I_{S3} = I_{S4} = I_S$ das Übersetzungsverhältnis

$$k_I \approx \frac{1}{1 + \dfrac{4}{B}} = \frac{1}{1,04} \approx 0,96$$

und der Eingangsstrom $I_e = I_a/k_I \approx 104\,\mu\text{A}$. Da die Kollektorströme der Transistoren nahezu gleich sind, kann man mit einer einheitlichen Basis-Emitter-Spannung $U_{BE}$ rechnen:

$$U_{BE} \approx U_T \ln \frac{I_a}{I_S} = 26\,\text{mV} \cdot \ln \frac{100\,\mu\text{A}}{1\,\text{fA}} \approx 660\,\text{mV}$$

Für den Vorwiderstand $R_V$ erhält man:

$$R_V = \frac{U_b - U_{BE1} - U_{BE3}}{I_e} \approx \frac{U_b - 2U_{BE}}{I_e} = \frac{3,68\,\text{V}}{104\,\mu\text{A}} \approx 35\,\text{k}\Omega$$

Mit $r_{CE4} = U_A/I_a = 100\,\text{V}/100\,\mu\text{A} = 1\,\text{M}\Omega$ folgt der Ausgangswiderstand:

$$r_a \approx \frac{\beta\, r_{CE4}}{1 + k_I} \approx \frac{\beta\, r_{CE4}}{2} \approx 50\,\text{M}\Omega$$

Die Aussteuerungsgrenze beträgt $U_{a,min} = U_{BE} + U_{CE,sat} \approx 0,9\,\text{V}$.

Für den n-Kanal-Kaskode-Stromspiegel erhält man das in Abb. 4.28b gezeigte Schaltbild. Für $T_3$ und $T_4$ werden Mosfets der Größe 10 nach Tab. 4.2 eingesetzt, da die Größe 1 für einen Drainstrom von $10\,\mu\text{A}$ ausgelegt ist und hier $100\,\mu\text{A}$ benötigt werden. Für $T_1$ und $T_2$ könnte man ebenfalls die Größe 10 verwenden; um eine Reduktion der Aussteuerungsgrenze $U_{a,min}$ zu erreichen, werden hier jedoch Mosfets der Größe 50 verwendet. Da die Ausgangskapazität im wesentlichen von $T_4$ abhängt, wirkt sich die Größe von $T_1$ und $T_2$ diesbezüglich praktisch nicht aus. Aus Tab. 4.2 entnimmt man $K = 30\,\mu\text{A}/\text{V}^2$ für die Größe 1, $U_{th,0} = 1\,\text{V}$,

$\gamma = 0,5\sqrt{V}$, $U_{inv} = 0,6\,V$ und $U_A = 50\,V$. Das Übersetzungsverhältnis ist $k_I = 1$; daraus folgt $I_e = I_a = 100\,\mu A$. Für die Mosfets gilt:

$$K_1 \;=\; K_2 \;=\; 50\,K \;=\; 1,5\,\frac{mA}{V^2} \quad,\quad K_3 \;=\; K_4 \;=\; 10\,K \;=\; 300\,\frac{uA}{V^2}$$

Bei $T_1$ und $T_2$ macht sich der Substrat-Effekt wegen $U_{BS1} = U_{BS2} = 0$ nicht bemerkbar; es gilt $U_{th1} = U_{th2} = U_{th,0}$ und:

$$U_{GS1} \;=\; U_{GS2} \;=\; U_{th,0} + \sqrt{\frac{2I_e}{K_1}} \;=\; 1\,V + \sqrt{\frac{200\,\mu A}{1,5\,mA/V^2}} \;\approx\; 1,37\,V$$

Bei $T_3$ und $T_4$ gilt dagegen

$$U_{th3} \;=\; U_{th4} \;=\; U_{th,0} + \gamma\left(\sqrt{U_{inv} - U_{BS3}} - \sqrt{U_{inv}}\right)$$

$$\overset{U_{BS3}=U_{GS1}}{=} \quad 1\,V + 0,5\,\sqrt{V}\cdot\left(\sqrt{1,97\,V} - \sqrt{0,6\,V}\right) \;\approx\; 1,31\,V$$

und:

$$U_{GS3} \;=\; U_{GS4} \;=\; U_{th3} + \sqrt{\frac{2I_e}{K_3}} \;\approx\; 1,31\,V + \sqrt{\frac{200\,\mu A}{300\,\mu A/V^2}} \;\approx\; 2,13\,V$$

Damit erhält man für den Vorwiderstand:

$$R_V \;=\; \frac{U_b - U_{GS1} - U_{GS3}}{I_e} \;\approx\; \frac{5\,V - 1,37\,V - 2,13\,V}{100\,\mu A} \;\approx\; 15\,k\Omega$$

Mit $r_{DS2} = r_{DS4} = U_A/I_a = 500\,k\Omega$ und

$$S_4 \;=\; \sqrt{2K_4 I_a} \;=\; \sqrt{2\cdot 300\,\mu A/V^2 \cdot 100\,\mu A} \;\approx\; 245\,\frac{\mu A}{V}$$

$$S_{B4} \;=\; \frac{\gamma S_4}{2\sqrt{U_{inv} - U_{BS4}}} \overset{U_{BS4}=-U_{GS2}}{=} \frac{0,5\,\sqrt{V}\cdot S_4}{2\sqrt{1,97\,V}} \;\approx\; 44\,\frac{\mu A}{V^2}$$

folgt für den Ausgangswiderstand:

$$r_a \;\approx\; (S_4 + S_{B4})\,r_{DS4}^2 \;\approx\; 289\,\frac{\mu A}{V}\cdot(500\,k\Omega)^2 \;\approx\; 72\,M\Omega$$

Die Aussteuerungsgrenze beträgt:

$$U_{a,min} \;=\; U_{GS1} + U_{GS3} - U_{th4} \;\approx\; 1,37\,V + 2,13\,V - 1,31\,V \;\approx\; 2,2\,V$$

Bei einer Betriebsspannung von 5 V geht demnach fast die Hälfte der Betriebsspannung verloren.

Die n-Kanal-Kaskode-Stromquelle hat einen höheren Ausgangswiderstand, der jedoch mit einer unverhältnismäßig hohen Aussteuerungsgrenze verbunden ist, obwohl durch Vergrößern von $T_1$ und $T_2$ bereits eine Reduktion vorgenommen wurde. Möchte man eine Aussteuerungsgrenze wie bei einer npn-Kaskode-Stromquelle erreichen, kann man nur eine einfache n-Kanal-Stromquelle einsetzen, die mit $r_a = r_{DS2} = 500\,k\Omega$ einen erheblich geringeren Ausgangswiderstand aufweist; die npn-Kaskode-Stromquelle ist in diesem Fall um den Faktor 100 besser.

Darüber hinaus ist ein Vergleich des Kaskode-Stromspiegels mit dem einfachen Stromspiegel mit Gegenkopplung unter der Voraussetzung gleicher Aus-

steuerbarkeit interessant. Beim npn-Kaskode-Stromspiegel ist die Aussteuerungsgrenze mit $U_{a,min} = U_{BE} + U_{CE,sat}$ um $U_{BE} \approx 0,7\,$V größer als beim einfachen
npn-Stromspiegel ohne Gegenkopplung; deshalb kann man eine Gegenkopplung
mit $R_2 = U_{BE}/I_a \approx 7\,$kΩ ergänzen, um auf dieselbe Aussteuerungsgrenze zu
kommen. Der Ausgangswiderstand des einfachen npn-Stromspiegels beträgt in
diesem Fall:

$$r_a \approx r_{CE2}\,(1 + SR_2) = \frac{U_A}{I_a}\left(1 + \frac{I_a}{U_T}\frac{U_{BE}}{I_a}\right) \approx \frac{U_A U_{BE}}{U_T I_a} \approx 27\,\text{M}\Omega \;<\; 50\,\text{M}\Omega$$

Damit ist der Ausgangswiderstand des einfachen npn-Stromspiegels zwar kleiner
als der des npn-Kaskode-Stromspiegels, jedoch nur um den Faktor 2; in der Praxis erreicht man demnach mit beiden Varianten Ausgangswiderstände in derselben Größenordnung. Beim einfachen n-Kanal-Stromspiegel steht die Spannung
$U_{GS2} \approx 1,37\,$V des n-Kanal-Kaskode-Stromspiegels für den Gegenkopplungwi-
derstand zur Verfügung, wenn man auch hier gleiche Aussteuerungsgrenzen erreichen will; daraus folgt $R_2 \approx 13,7\,$kΩ und:

$$r_a = r_{DS2}\,(1 + (S + S_B)\,R_2) \approx (S + S_B)\,R_2 r_{DS2}$$

$$\approx 289\,\frac{\mu\text{A}}{\text{V}} \cdot 13,7\,\text{k}\Omega \cdot 500\,\text{k}\Omega \approx 2\,\text{M}\Omega \;\ll\; 72\,\text{M}\Omega$$

Damit ist der Ausgangswiderstand des einfachen n-Kanal-Stromspiegels mit Gegenkopplung erheblich kleiner als der des n-Kanal-Kaskode-Stromspiegels.

## Wilson-Stromspiegel

Wenn hohe Ausgangswiderstände benötigt werden, kann man neben dem Kaskode-Stromspiegel auch den in Abb. 4.29a gezeigten *Wilson-Stromspiegel* einsetzen, für den nur drei Transistoren benötigt werden. Die Besonderheit des
Wilson-Stromspiegels ist eine im Vergleich zu anderen Stromspiegeln sehr geringe Abhängigkeit des Übersetzungsverhältnisses von der Stromverstärkung
bei Einsatz von Bipolartransistoren; der Wilson-Stromspiegel ist deshalb ein
Präzisions-Stromspiegel. Man kann ihn zwar auch mit Mosfets aufbauen, erhält
damit jedoch keine höhere Genauigkeit, weil bei Mosfets kein Gatestrom fließt;
es bleibt als Vorteil nur der hohe Ausgangswiderstand.

   **npn-Wilson-Stromspiegel:** Bei der Berechnung macht man sich zu Nutze, daß
der Wilson-Stromspiegel einen einfachen npn-Stromspiegel mit den Strömen $I_e'$
und $I_a'$ enthält; es gilt:

$$\frac{I_a'}{I_e'} = \frac{1}{\dfrac{I_{S2}}{I_{S1}}\left(1 + \dfrac{1}{B}\right) + \dfrac{1}{B}}$$

Mit

$$I_e = I_a' + \frac{I_a}{B}\quad,\quad I_e' = I_a + \frac{I_a}{B}$$

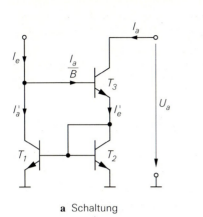

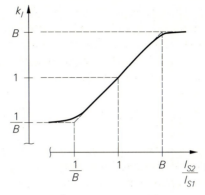

**a** Schaltung                                    **b** Übersetzungsverhältnis

**Abb. 4.29.** Wilson-Stromspiegel mit npn-Transistoren

erhält man das Übersetzungsverhältnis:

$$k_I = \frac{I_a}{I_e} = \frac{B\left(\dfrac{I_{S2}}{I_{S1}} + \dfrac{1}{B+1}\right)}{\dfrac{I_{S2}}{I_{S1}} + B + \dfrac{1}{B+1}} \overset{B \gg 1}{\approx} \frac{B\dfrac{I_{S2}}{I_{S1}} + 1}{\dfrac{I_{S2}}{I_{S1}} + B} \tag{4.29}$$

Die Größe des Transistors $T_3$ hat keinen Einfluß auf $k_I$. Abbildung 4.29b zeigt den Verlauf von $k_I$ in Abhängigkeit vom Größenverhältnis $I_{S2}/I_{S1}$.

Für $I_{S1} = I_{S2}$ erhält man:

$$k_I = \frac{1}{1 + \dfrac{2}{B^2 + 2B}} \overset{B \gg 1}{\approx} \frac{1}{1 + \dfrac{2}{B^2}}$$

Der Fehler beträgt hier nur $2/B^2$ im Gegensatz zu $2/B$ beim einfachen Stromspiegel und $4/B$ beim Kaskode-Stromspiegel. Beim 3-Transistor-Stromspiegel beträgt der Fehler ebenfalls nur $2/B^2$, allerdings nur unter der Annahme, daß alle drei Transistoren dieselbe Stromverstärkung haben; da jedoch $T_3$ in Abb. 4.18a mit einem sehr viel kleineren Strom betrieben wird, ist seine Stromverstärkung in der Praxis kleiner als die der anderen Transistoren. Dagegen fließt beim Wilson-Stromspiegel mit $I_{S1} = I_{S2}$ durch alle Transistoren etwa derselbe Strom und die Stromverstärkung ist bei richtiger Wahl der Größe bei allen Transistoren maximal. Daß der Wilson-Stromspiegel für $I_{S2}/I_{S1} = 1$ den geringsten Fehler aufweist, folgt auch aus der Symmetrie der Kurve in Abb. 4.29b.

**Ausgangskennlinie:** Die Ausgangskennlinie des Wilson-Stromspiegels entspricht der des Kaskode-Stromspiegels, siehe Abb. 4.26 auf Seite 329; auch die Aussteuerungsgrenze ist dieselbe:

$$U_{a,min} = U_{BE} + U_{CE,sat} \approx 0,9\,\text{V}$$

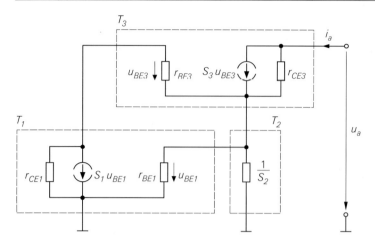

**Abb. 4.30.** Kleinsignalersatzschaltbild eines Wilson-Stromspiegels

**Ausgangswiderstand:** Zur Berechnung des Ausgangswiderstands des Wilson-Stromspiegels wird das in Abb. 4.30 gezeigte Kleinsignalersatzschaltbild verwendet. Es gelten folgende Zusammenhänge:

$$r_{CE3} = \frac{U_A}{I_a} \quad , \quad r_{CE1} \approx \frac{U_A}{I_e} = \frac{k_I U_A}{I_a} = k_I r_{CE3}$$

$$S_2 \approx S_3 = \frac{I_a}{U_T} \quad , \quad S_1 \approx \frac{I_e}{U_T} = \frac{I_a}{k_I U_T} = \frac{S_3}{k_I}$$

$$r_{BE3} = \frac{\beta U_T}{I_a} = \frac{\beta}{S_3} \quad , \quad r_{BE1} \approx \frac{\beta U_T}{I_e} \approx \frac{k_I \beta U_T}{I_a} = \frac{k_I \beta}{S_3}$$

Dabei ist $U_A$ die Early-Spannung, $U_T$ die Temperaturspannung, $\beta$ die Kleinsignalstromverstärkung der Transistoren und $k_I$ das Übersetzungsverhältnis des Stromspiegels. Eine Berechnung des Ausgangswiderstands liefert mit $\beta \gg 1$:

$$r_a = \frac{u_a}{i_a}\bigg|_{i_e=0} \approx r_{CE3}\left(1 + \frac{\beta}{1+k_I}\right) \approx \frac{\beta\, r_{CE3}}{1+k_I} \overset{k_I=1}{=} \frac{\beta\, r_{CE3}}{2} \qquad (4.30)$$

Ein Vergleich mit (4.27) zeigt, daß der Wilson-Stromspiegel denselben Ausgangswiderstand hat wie der npn-Kaskode-Stromspiegel.

### Dynamisches Verhalten

Wenn man einen Stromspiegel zur Signalübertragung einsetzt, ist neben dem Ausgangswiderstand der Frequenzgang des Übersetzungsverhältnisses und die Sprungantwort bei Großsignalaussteuerung interessant. Eine allgemeine Berechnung der Frequenzgänge ist jedoch sehr aufwendig und die Ergebnisse sind aufgrund der großen Anzahl an Parametern nur schwer zu interpretieren. Deshalb wird das grundsätzliche dynamische Verhalten der Stromspiegel an Hand von

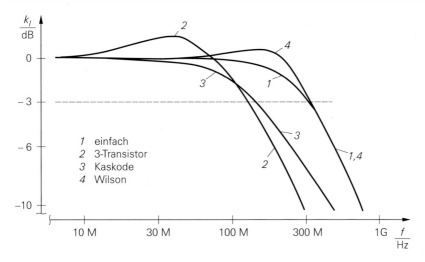

**Abb. 4.31.** Frequenzgänge von npn-Stromspiegeln mit $k_I = 1$ bei Kleinsignal-Kurzschluß am Ausgang

Simulationsergebnissen beschrieben. Verglichen werden vier npn-Stromspiegel: der einfache, der 3-Transistor, der Kaskode- und der Wilson-Stromspiegel, jeweils mit $k_I = 1$ und $I_a = 100\,\mu\text{A}$. Abbildung 4.31 zeigt die Frequenzgänge bei Kleinsignal-Kurzschluß am Ausgang ($U_{a,A} = 5\,\text{V}$ bzw. $u_a = 0$) und Abb. 4.32 die Sprungantworten von $I_a = 10\,\mu\text{A}$ auf $I_a = 100\,\mu\text{A}$.

Man erkennt, daß der einfache Stromspiegel die besten dynamischen Eigenschaften aufweist, da er sich wie ein Tiefpaß ersten Grades verhält. Der Wilson-Stromspiegel erreicht aufgrund konjugiert komplexer Pole zwar eine

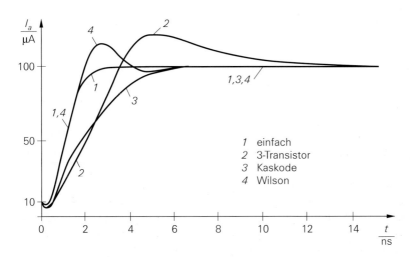

**Abb. 4.32.** Sprungantworten von npn-Stromspiegeln

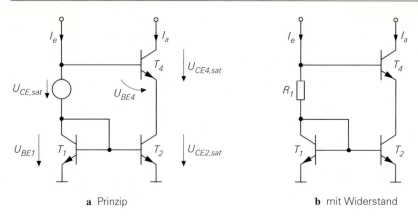

**a** Prinzip                                    **b** mit Widerstand

**Abb. 4.33.** Kaskode-Stromspiegel mit Vorspannung

etwas höhere Grenzfrequenz, jedoch nur zu Lasten der Sprungantwort, die ein Überschwingen von etwa 15% aufweist. Beim Kaskode-Stromspiegel ist die Grenzfrequenz etwa um den Faktor $2,5$ geringer als beim einfachen Stromspiegel; folglich ist die Einschwingzeit entsprechend länger. Am schlechtesten ist der 3-Transistor-Stromspiegel; er hat die niedrigste Grenzfrequenz und ein Überschwingen von mehr als 20%. Ursache hierfür ist der geringe Ruhestrom des Transistors $T_3$ in Abb. 4.18a, der eine entsprechend geringe Transitfrequenz zur Folge hat.

Die Zahlenwerte für die Grenzfrequenz, die Einschwingzeit und das Überschwingen hängen natürlich von den Parametern der verwendeten Transistoren ab. Mit anderen Parametern erhält man zwar andere Werte, jedoch nahezu identische Relationen beim Vergleich der Stromspiegel.

### Weitere Stromspiegel und Stromquellen

Nachdem mit dem Kaskode- und dem Wilson-Stromspiegel bereits sehr hohe Ausgangswiderstände erreicht werden, zielen weitere Varianten vor allem in Richtung einer Verringerung der Aussteuerungsgrenze $U_{a,min}$. Zwar kann man beim Kaskode- und beim Wilson-Stromspiegel die Aussteuerungsgrenze durch eine exzessive Vergrößerung der Transistoren geringfügig verringern, allerdings ist diese Methode aufgrund des unverhältnismäßig hohen Platzbedarfs in einer integrierten Schaltung ineffektiv und teuer. Deshalb wurden Stromspiegel entwickelt, die mit $U_{a,min} \approx 2\,U_{CE,sat}$ bzw. $U_{a,min} \approx 2\,U_{DS,ab}$ arbeiten.

**Kaskode-Stromspiegel mit Vorspannung:** Ersetzt man beim Kaskode-Stromspiegel nach Abb. 4.25a auf Seite 329 den Transistor $T_3$ durch eine Spannungsquelle mit der Spannung $U_{CE,sat}$, erhält man den in Abb. 4.33a gezeigten *Stromspiegel mit Vorspannung*. Aus der Maschengleichung $U_{CE,sat} + U_{BE1} = U_{CE2,sat} + U_{BE4}$ und $U_{BE1} \approx U_{BE4}$ folgt $U_{CE2,sat} \approx U_{CE,sat}$ und daraus:

$$U_{a,min} = U_{CE2,sat} + U_{CE4,sat} = 2\,U_{CE,sat} \approx 0,4\,\text{V}$$

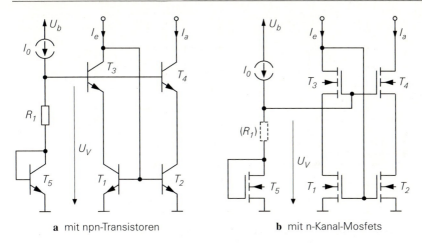

**a** mit npn-Transistoren      **b** mit n-Kanal-Mosfets

**Abb. 4.34.** Kaskode-Stromspiegel mit Vorspannungszweig

Bei konstantem Eingangsstrom, d.h. Einsatz des Stromspiegels als Stromquelle, kann man die Vorspannung mit einem Widerstand erzeugen, siehe Abb. 4.33b; dabei gilt bei Vernachlässigung des Basisstroms von $T_4$:

$$R_1 \approx \frac{U_{CE2,sat}}{I_e}$$

Das Übersetzungsverhältnis und der Ausgangswiderstand bleiben nahezu unverändert, siehe (4.25) und (4.27). Da die Kollektor-Emitter-Spannungen von $T_1$ und $T_2$ nicht mehr näherungsweise gleich sind wie beim Kaskode-Stromspiegel, hängt das Übersetzungsverhältnis geringfügig von der Early-Spannung der Transistoren ab.

Beim n-Kanal-Kaskode-Stromspiegel nach Abb. 4.25b kann man in gleicher Weise vorgehen; in diesem Fall gilt

$$U_{a,min} = U_{DS2,ab} + U_{DS4,ab} = \sqrt{2I_a}\left(\frac{1}{\sqrt{K_2}} + \frac{1}{\sqrt{K_4}}\right)$$

und:

$$R_1 = \frac{U_{DS2,ab}}{I_e}$$

Man kann die Vorspannung auch mit einem separaten *Vorspannungszweig* erzeugen, siehe Abb. 4.34; dabei muß in Abb. 4.34a

$$U_V \approx U_{BE5} + I_0 R_1 > U_{CE2,sat} + U_{BE4}$$

und in Abb. 4.34b

$$U_V = U_{GS5} + I_0 R_1 > U_{DS2,ab} + U_{GS4}$$

gelten. Da die Vorspannung separat erzeugt wird, können die Schaltungen im Gegensatz zu der in Abb. 4.33b auch mit variablen Eingangsströmen, d.h. als Stromspiegel, betrieben werden, wenn sie so ausgelegt sind, daß die obigen Bedingungen auch bei maximalem Strom, d.h. bei maximalem $U_{BE4}$ bzw. $U_{GS4}$,

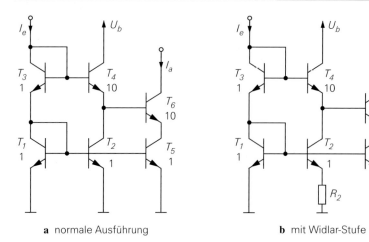

**a** normale Ausführung                    **b** mit Widlar-Stufe

**Abb. 4.35.** npn-Doppel-Kaskode-Stromspiegel

erfüllt sind. Die Schaltungen arbeiten auch ohne den Transistor $T_3$; allerdings sind dann die Kollektor-Emitter- bzw. Drain-Source-Spannungen von $T_1$ und $T_2$ nicht mehr gleich und das Übersetzungsverhältnis hängt geringfügig von der Early-Spannung der Transistoren ab. Bei Verwendung von Mosfets kann $R_1$ entfallen, wenn man $I_0$ so groß und die Größe von $T_5$ so klein wählt, daß $U_{GS5} > U_{DS2,ab} + U_{GS4}$ gilt.

**Doppel-Kaskode-Stromspiegel:** Abb. 4.35a zeigt den *npn-Doppel-Kaskode-Stromspiegel*; dabei wird im Vergleich zum Kaskode-Stromspiegel der Kollektor von $T_4$ an die Betriebsspannung $U_b$ angeschlossen und eine zweite Kaskode mit $T_5$ und $T_6$ ergänzt. Wenn $T_5$ und $T_6$ mit $U_{CE} > U_{CE,sat}$ betrieben werden, erhält man das Übersetzungsverhältnis

$$k_I = \frac{I_a}{I_e} \approx \frac{I_{S5}}{I_{S1}}$$

und den Ausgangswiderstand:

$$r_a = \left. \frac{u_a}{i_a} \right|_{i_e=0} \approx \beta \, r_{CE6} = \frac{\beta \, U_A}{I_a}$$

Hier tritt kein Faktor $(1 + k_I)$ wie beim Kaskode-Stromspiegel auf, weil eine Rückwirkung von $T_6$ auf den Referenzzweig durch $T_4$ verhindert wird.

Man kann nun die Größen der Transistoren so wählen, daß $T_5$ mit $U_{CE5} \approx U_{CE,sat}$ arbeitet und eine Aussteuerungsgrenze von

$$U_{a,min} = U_{CE5,sat} + U_{CE6,sat} = 2\,U_{CE,sat} \approx 0,4\,\text{V}$$

erreicht wird. Ausgehend von der Maschengleichung

$$U_{BE1} + U_{BE3} = U_{BE4} + U_{CE5} + U_{BE6}$$

erhält man mit

$$I_{C1} \approx I_{C3} \approx I_e$$

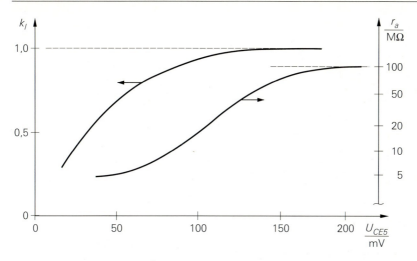

**Abb. 4.36.** Abhängigkeit des Übersetzungsverhältnisses $k_I$ und des Ausgangswiderstands $r_a$ von $U_{CE5}$ beim npn-Doppel-Kaskode-Stromspiegel

$$I_{C4} \approx I_{C2} \approx I_e \frac{I_{S2}}{I_{S1}}$$

$$I_{C5} \approx I_{C6} = I_a = k_I I_e$$

und $U_{BE} \approx U_T \ln(I_C/I_S)$:

$$U_{CE5} \approx U_T \ln \frac{I_{S4} I_{S6}}{k_I I_{S2} I_{S3}}$$

Für die Größenverhältnisse in Abb. 4.35a erhält man:

$$U_{CE5} \approx U_T \ln \frac{10 \cdot 10}{1 \cdot 1 \cdot 1} = U_T \ln 100 \approx 26\,\text{mV} \cdot 4,6 \approx 120\,\text{mV}$$

Diese Spannung liegt zwar unterhalb der bisher angenommenen Sättigungsspannung $U_{CE,sat} \approx 0,2\,\text{V}$, ist aber in der Praxis meist ausreichend. Man erkennt dies, wenn man den Ausgangswiderstand und das Übersetzungsverhältnis in Abhängigkeit von $U_{CE5}$ betrachtet, siehe Abb. 4.36: für $U_{CE} \approx 120\,\text{mV}$ ist das Übersetzungsverhältnis nahezu Eins und der Ausgangswiderstand beträgt mit $r_a \approx 30\,\text{M}\Omega$ ein Drittel des maximal möglichen Wertes. Mit $U_{CE} = 200\,\text{mV}$ werden zwar bessere Werte erreicht, allerdings muß man dazu die Größe 50 für $T_4$ und $T_6$ wählen:

$$U_{CE5} \approx U_T \ln \frac{50 \cdot 50}{1 \cdot 1 \cdot 1} = U_T \ln 2500 \approx 200\,\text{mV}$$

In integrierten Schaltungen werden Transistoren dieser Größe wegen des hohen Platzbedarfs nur dann eingesetzt, wenn es für die Funktion der Schaltung unbedingt erforderlich ist. Man wählt für $T_4$ und $T_5$ im allgemeinen dieselbe Größe, weil dadurch der Platzbedarf für einen geforderten Wert $U_{CE5}$ minimal wird.

Ein Nachteil der Schaltung in Abb. 4.35a ist die hohe Ausgangskapazität, die durch die Größe von $T_6$ verursacht wird. Will man $T_6$ um den Faktor 10 auf die

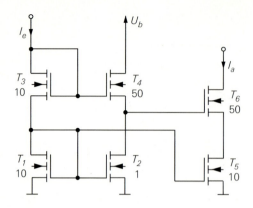

**Abb. 4.37.** n-Kanal-Doppel-Kaskode-Stromspiegel

Größe 1 verkleinern, muß man entweder $T_4$ um den Faktor 10 auf die Größe 100 vergrößern oder den Strom $I_{C4} \approx I_{C2}$ um den Faktor 10 reduzieren. Letzteres erreicht man, indem man $T_2$ um den Faktor 10 verkleinert oder, wenn dies nicht möglich ist, weil $T_2$ bereits die minimale Größe hat, alle anderen Transistoren entsprechend vergrößert. Soll der Stromspiegel als Stromquelle betrieben werden, kann man $I_{C2}$ auch dadurch reduzieren, daß man $T_2$ mit einem Gegenkopplungswiderstand versieht; dadurch erhält man den in Abb. 4.35b gezeigten *Doppel-Kaskode-Stromspiegel mit Widlar-Stufe*.

In Abb. 4.35a kann man den Kollektor von $T_4$ auch als zusätzlichen Ausgang verwenden; dann ist $I_{C4}$ der Ausgangsstrom eines Kaskode-Stromspiegels mit $k_I \approx I_{S2}/I_{S1}$ und $I_{C6}$ der Ausgangsstrom des Doppel-Kaskode-Stromspiegels mit $k_I \approx I_{S5}/I_{S1}$.

Abbildung 4.37 zeigt den *n-Kanal-Doppel-Kaskode-Stromspiegel*. Wenn $T_5$ und $T_6$ mit $U_{DS} > U_{DS,ab}$ betrieben werden, erhält man das Übersetzungsverhältnis

$$k_I = \frac{I_a}{I_e} \approx \frac{K_5}{K_1}$$

und den Ausgangswiderstand:

$$r_a = \left. \frac{u_a}{i_a} \right|_{i_e=0} \approx (S_6 + S_{B6}) \, r_{DS6}^2$$

Vernachlässigt man die Substrat-Steilheit $S_{B6}$, folgt mit $S_6 = \sqrt{2K_6 I_a}$ und $r_{DS6} = U_A/I_a$:

$$r_a \overset{S_{B6} \ll S_6}{\approx} U_A^2 \sqrt{\frac{2K_6}{I_a^3}}$$

Für die Schaltung in Abb. 4.37 erhält man mit $K_6 = 50 \cdot K = 1,5 \, \text{mA/V}^2$, $U_A = 50 \, \text{V}$ und $I_a = 100 \, \mu\text{A}$ einen Ausgangswiderstand von $r_a \approx 140 \, \text{M}\Omega$.

Die Aussteuerungsgrenze wird minimal, wenn man $T_5$ mit $U_{DS5} = U_{DS5,ab}$ betreibt:

$$U_{a,min} = U_{DS5,ab} + U_{DS6,ab}$$

Aus der Maschengleichung

$$U_{GS1} + U_{GS3} = U_{GS4} + U_{DS5} + U_{GS6}$$

erhält man mit

$$U_{GS} = U_{th} + \sqrt{2I_D/K}$$

und $I_{D1} = I_{D3} = I_e$, $I_{D2} = I_{D4} = I_e K_2/K_1$ und $I_{D5} = I_{D6} = I_a = I_e K_5/K_1$:

$$U_{DS5} = U_{th1} + U_{th3} - U_{th4} - U_{th6}$$

$$+ \sqrt{\frac{2I_a}{K_6}} \left( \sqrt{\frac{K_1 K_6}{K_3 K_5}} + \sqrt{\frac{K_6}{K_5}} - \sqrt{\frac{K_2 K_6}{K_4 K_5}} - 1 \right)$$

Für die Schaltung in Abb. 4.37 erhält man mit $\Delta U_{th} = U_{th1} + U_{th3} - U_{th4} - U_{th6}$:

$$U_{DS5} \approx \Delta U_{th} + \sqrt{\frac{2I_a}{K_6}} \left( \sqrt{5} + \sqrt{5} - \sqrt{0,1} - 1 \right) \overset{\substack{K_6 = 1,5\,\mathrm{mA/V^2} \\ I_a = 100\,\mu\mathrm{A}}}{\approx} \Delta U_{th} + 1,15\,\mathrm{V}$$

Die Spannung $\Delta U_{th}$ faßt die durch den Substrat-Effekt verursachten Unterschiede in den Schwellenspannungen zusammen; sie ist immer negativ und kann nicht geschlossen berechnet werden. Eine Simulation mit *PSpice* liefert $\Delta U_{th} \approx -0,3\,\mathrm{V}$ und $U_{DS5} = 0,85\,\mathrm{V}$; damit gilt:

$$U_{DS5} > U_{DS5,ab} = \sqrt{\frac{2I_{D5}}{K_5}} = \sqrt{\frac{2I_a}{K_5}} \approx 0,82\,\mathrm{V}$$

Mit $U_{DS6,ab} = U_{GS6} - U_{th6} = \sqrt{2I_a/K_6} \approx 0,37\,\mathrm{V}$ erhält man eine Aussteuerungsgrenze von $U_{a,min} = U_{DS5,ab} + U_{DS6,ab} \approx 1,2\,\mathrm{V}$. Eine weitere Reduktion von $U_{a,min}$ wird erreicht, wenn man die Mosfets $T_1$, $T_2$ und $T_5$ proportional größer macht; dadurch verringert sich $U_{DS5,ab}$ entsprechend der Zunahme von $K_5$.

**Geregelter Kaskode-Stromspiegel:** Wenn man beim Kaskode-Stromspiegel in Abb. 4.25b den Mosfet $T_3$ entfernt und die Gate-Spannung von $T_4$ mit Hilfe eines Regelverstärkers einstellt, erhält man den in Abb. 4.38a gezeigten *geregelten Kaskode-Stromspiegel*; dabei wird die Gate-Spannung von $T_4$ bei ausreichend hoher Verstärkung $A$ des Regelverstärkers so eingestellt, daß $U_{DS2} \approx U_{soll}$ gilt. Gibt man $U_{soll} \approx U_{DS2,ab}$ vor, erhält man auf einfache Weise einen Stromspiegel mit minimaler Aussteuerungsgrenze $U_{a,min}$.

Wenn man als Regelverstärker eine einfache Sourceschaltung einsetzt, erhält man die Schaltung in Abb. 4.38b; als Spannung $U_{soll}$ tritt dabei die Gate-Source-Spannung von $T_3$ im Arbeitspunkt auf:

$$U_{soll} = U_{GS3} = U_{th3} + \sqrt{\frac{2I_0}{K_3}}$$

Im allgemeinen werden alle Mosfets mit $U_{GS} < 2U_{th}$ und $U_{DS,ab} = U_{GS} - U_{th} < U_{th}$ betrieben; in diesem Fall gilt $U_{soll} = U_{GS3} > U_{DS2,ab}$, d.h. $T_2$ arbeitet im Abschnürbereich. Will man $U_{soll}$ klein halten, um eine möglichst geringe Aussteuerungsgrenze zu erreichen, muß man den Strom $I_0$ klein und den Mosfet $T_3$ groß wählen; dadurch wird jedoch die Bandbreite des Regelverstärkers sehr klein. In

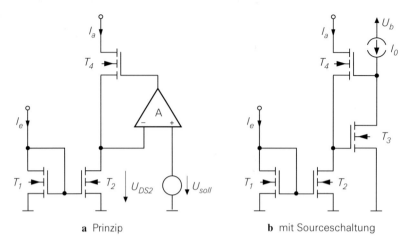

**a** Prinzip                                  **b** mit Sourceschaltung

**Abb. 4.38.** Geregelter n-Kanal-Kaskode-Stromspiegel

der Praxis muß man je nach Anwendung einen sinnvollen Kompromiß zwischen Aussteuerbarkeit und Bandbreite finden.

Der Ausgangswiderstand wird mit Hilfe des Kleinsignalersatzschaltbilds in Abb. 4.39 berechnet; man erhält:

$$r_a = \left.\frac{u_a}{i_a}\right|_{i_e=0} \approx r_{DS4}\left(1 + (S_4(1+A) + S_{B4})r_{DS2}\right) \overset{\substack{r_{DS2}=r_{DS4}\\A\gg 1}}{\approx} AS_4 r_{DS4}^2$$

Der Ausgangswiderstand ist demnach um die Verstärkung $A$ größer als beim Kaskode-Stromspiegel. Wenn man als Regelverstärker eine einfache Sourceschaltung nach Abb. 4.38b einsetzt, gilt $A = S_3 r_{DS3} = \sqrt{2K_3/I_0}\,U_A$; mit $I_0 = 10\,\mu\text{A}$, $K_3 = 30\,\mu\text{A/V}^2$ ($T_3$ mit Größe 1) und $U_A = 50\,\text{V}$ erhält man $A \approx 120$. Damit erreicht man Ausgangswiderstände im GΩ-Bereich.

Der geregelte Kaskode-Stromspiegel kann prinzipiell auch mit npn-Transistoren aufgebaut werden, allerdings kann man in diesem Fall keine einfache Emitterschaltung als Regelverstärker einsetzen. Für eine korrekte Funktion muß nämlich der Eingangswiderstand $r_{e,RV}$ des Regelverstärkers größer sein als der Ausgangswiderstand von $T_2$ ($r_{DS2}$ beim Mosfet bzw. $r_{CE2}$ beim Bipolartransistor). Diese Bedingung ist bei Mosfets automatisch erfüllt, während man bei Bipolartransistoren erheblichen Aufwand treiben muß, um einen ausreichend hohen Eingangswiderstand $r_{e,RV}$ zu erreichen. Ähnliches gilt am Ausgang: bei Mosfets wird der Regelverstärker durch $T_4$ nicht belastet und kann demnach einen hochohmigen Ausgang haben, während bei Bipolartransistoren der Eingangswiderstand von $T_4$ einen entsprechend niederohmigen Verstärker-Ausgang erfordert. Ein bipolarer Regelverstärker muß deshalb mehrstufig aufgebaut werden. Mit einem idealen Verstärker ($r_{e,RV} = \infty$ und $r_{a,RV} = 0$) erreicht man denselben Ausgangswiderstand wie beim geregelten n-Kanal-Kaskode-Stromspiegel: $r_a \approx AS_4 r_{CE4}^2$.

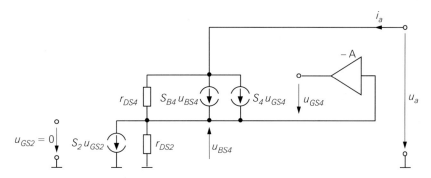

**Abb. 4.39.** Kleinsignalersatzschaltbild des geregelten n-Kanal-Kaskode-Stromspiegels

## Stromspiegel für diskrete Schaltungen

In diskreten Schaltungen kann man nicht mit den Größenverhältnissen der Transistoren arbeiten, weil die Sättigungssperrströme bzw. Steilheitskoeffizienten auch bei Transistoren desselben Typs stark schwanken [11]. Man muß deshalb grundsätzlich Gegenkopplungswiderstände einsetzen und das Übersetzungsverhältnis mit den Widerständen einstellen. Wegen der höheren Early-Spannung und der geringeren Aussteuerungsgrenze werden fast ausschließlich Bipolartransistoren eingesetzt.

### 4.1.2
### Kaskodeschaltung

Bei der Berechnung der Grenzfrequenzen der Emitter- und der Sourceschaltung in den Abschnitten 2.4.1 bzw. 3.4.1 erweist sich der *Miller-Effekt* als besonders störend. Er kommt dadurch zustande, daß über einer zwischen Basis und Kollektor bzw. Gate und Drain angeschlossenen *Miller-Kapazität* $C_M$ die Spannung

$$u_e - u_a = u_e - Au_e \overset{A<0}{=} u_e(1 + |A|) = -u_a\left(1 + \frac{1}{|A|}\right) \overset{|A|\gg 1}{\approx} -u_a$$

abfällt; dabei ist $A < 0$ die Verstärkung der Emitter- bzw. Sourceschaltung. Die Miller-Kapazität wirkt sich deshalb eingangsseitig mit dem Faktor $(1 + |A|)$ und ausgangsseitig mit dem Faktor $(1 + 1/|A|) \approx 1$ aus; Abb. 4.40 zeigt dies am Beispiel einer Emitterschaltung [12]. Die äquivalente Eingangskapazität $C_M(1 + |A|)$

---

11 Beim rechnergestützten Entwurf diskreter Schaltungen muß man beachten, daß in der Simulation alle Transistoren eines Typs die gleichen Daten besitzen, weil dasselbe Modell verwendet wird. Deshalb muß die Unempfindlichkeit gegenüber Parameterschwankungen durch gezielte Parametervariation bei *einzelnen* Transistoren nachgewiesen werden; dazu eignet sich z.B. die *Monte-Carlo-Analyse*, bei der bestimmte Parameter stochastisch variiert werden.

12 Man beachte, daß die Spannungen in Abb. 4.40 Großsignalspannungen sind, aber nur der Kleinsignalanteil in die Rechnung eingeht.

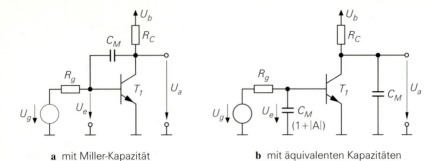

**a** mit Miller-Kapazität          **b** mit äquivalenten Kapazitäten

**Abb. 4.40.** Miller-Effekt bei einer Emitterschaltung

bildet zusammen mit dem Innenwiderstand $R_g$ der Signalquelle einen Tiefpaß mit relativ niedriger Grenzfrequenz; dadurch wird die Grenzfrequenz der Schaltung bei mittleren und vor allem bei hohen Innenwiderständen erheblich reduziert. Beim Bipolartransistor wirkt die Kollektorkapazität $C_C$ und beim Fet die Gate-Drain-Kapazität $C_{GD}$ als Miller-Kapazität.

Abhilfe schafft die *Kaskodeschaltung*, bei der eine Emitter- und eine Basis- bzw. eine Source- und eine Gateschaltung in Reihe geschaltet werden; Abb. 4.41 zeigt die resultierenden Schaltungen. Im Arbeitspunkt fließt durch beide Transistoren derselbe Strom, wenn man bei der npn-Kaskodeschaltung den Basisstrom von $T_2$ vernachlässigt: $I_{C1,A} \approx I_{C2,A} \approx I_0$ bzw. $I_{D1,A} = I_{D2,A} = I_0$. Damit erhält man für die npn-Kaskodeschaltung mit

$$A = \frac{u_a}{u_e} = A_{Emitter} \frac{r_{e,Basis}}{r_{a,Emitter} + r_{e,Basis}} A_{Basis}$$

$$= -S_1 r_{CE1} \frac{1/S_2}{r_{CE1} + 1/S_2} S_2 R_C \overset{r_{CE1} \gg 1/S_2}{\approx} -S_1 R_C$$

dieselbe Verstärkung wie bei einer einfachen Emitterschaltung. Die Betriebsverstärkung der Emitterschaltung in der Kaskode beträgt dagegen nur:

$$A_{B,Emitter} \approx -S_1 r_{e,Basis} = -S_1/S_2 \approx -1$$

Damit folgt für die äquivalente Eingangskapazität $C_M(1 + |A|) \approx 2C_M$, d.h. der Miller-Effekt wird vermieden. Bei der Basisschaltung in der Kaskode tritt kein Miller-Effekt auf, weil die Basis von $T_2$ auf konstantem Potential liegt; die Kollektorkapazität von $T_2$ wirkt sich deshalb nur am Ausgang aus. Diese Eigenschaften gelten für die n-Kanal-Kaskodeschaltung in gleicher Weise. Allerdings sind die Steilheiten $S_1$ und $S_2$ in diesem Fall nur gleich, wenn die Größen der Mosfets gleich sind: $K_1 = K_2$.

Zur Arbeitspunkteinstellung wird eine Spannungsquelle $U_0$ benötigt, siehe Abb. 4.41. Die Spannung $U_0$ muß so gewählt werden, daß

$$U_{CE1} = U_0 - U_{BE2} > U_{CE1,sat} \quad \text{bzw.} \quad U_{DS1} = U_0 - U_{GS2} > U_{DS1,ab}$$

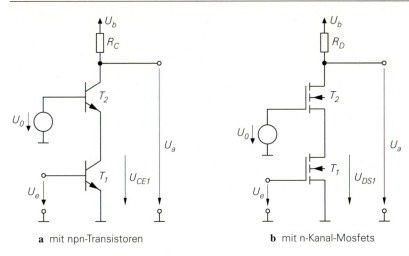

**a** mit npn-Transistoren          **b** mit n-Kanal-Mosfets

**Abb. 4.41.** Kaskodeschaltung

gilt, damit $T_1$ im Normalbetrieb bzw. Abschnürbereich arbeitet; daraus folgt [13]:

$$U_0 > \begin{cases} U_{CE1,sat} + U_{BE2} \approx 0,8\ldots1\,\text{V} \\ U_{DS1,ab} + U_{GS2} = U_{GS1} - U_{th1} + U_{GS2} \approx 2\ldots3\,\text{V} \end{cases}$$

Man wählt $U_0$ möglichst nahe an der unteren Grenze, damit die Aussteuerbarkeit am Ausgang maximal wird. Bei der npn-Kaskodeschaltung wird oft der Spannungsabfall über zwei Dioden verwendet, d.h. $U_0 \approx 1,4\,\text{V}$, wenn die damit verbundene geringere Aussteuerbarkeit nicht stört.

**Kleinsignalverhalten der Kaskodeschaltung**

**Kaskodeschaltung mit einfacher Stromquelle:** In integrierten Schaltungen werden anstelle der Widerstände $R_C$ und $R_D$ Stromquellen eingesetzt; Abb. 4.42 zeigt die resultierenden Schaltungen bei Einsatz einer einfachen Stromquelle. Die Verstärkung hängt in diesem Fall von den Ausgangswiderständen $r_{aK}$ und $r_{aS}$ der Kaskode und der Stromquelle ab:

$$A = -S_1 (r_{aK} \| r_{aS})$$

Der Ausgangswiderstand der Kaskode entspricht dem Ausgangswiderstand eines Stromspiegels mit Kaskode, siehe (4.23) und (4.24) [13]:

$$r_{aK} \approx \begin{cases} \beta_2 r_{CE2} \\ (S_2 + S_{B2})\, r_{DS2}^2 \quad \overset{S_2 \gg S_{B2}}{\approx} \quad S_2 r_{DS2}^2 \end{cases}$$

---

13 Die Werte für die npn- und die n-Kanal-Kaskode werden in einer Gleichung mit geschweifter Klammer übereinander angegeben.

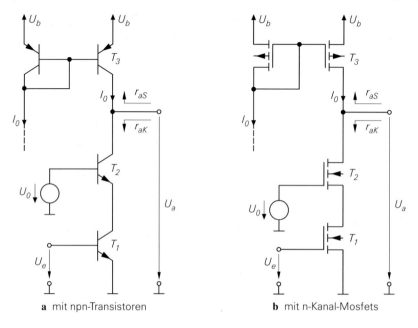

**a** mit npn-Transistoren                    **b** mit n-Kanal-Mosfets

**Abb. 4.42.** Kaskode-Schaltung mit einfacher Stromquelle

Für die einfache Stromquelle gilt $r_{aS} = r_{CE3}$ bzw. $r_{aS} = r_{DS3}$. Damit erhält man für die

*Kaskodeschaltung mit einfacher Stromquelle:*

$$A = \frac{u_a}{u_e}\bigg|_{i_a=0} = -S_1\,(r_{aK}\,||\,r_{aS}) \overset{r_{aS}\ll r_{aK}}{\approx} \begin{cases} -S_1 r_{CE3} \\ -S_1 r_{DS3} \end{cases} \tag{4.31}$$

$$r_e = \frac{u_e}{i_e} = \begin{cases} r_{BE1} \\ \infty \end{cases} \tag{4.32}$$

$$r_a = \frac{u_a}{i_a}\bigg|_{u_e=0} = r_{aS}\,||\,r_{aK} \overset{r_{aS}\ll r_{aK}}{\approx} \begin{cases} r_{CE3} \\ r_{DS3} \end{cases} \tag{4.33}$$

Bei der npn-Kaskode folgt mit $S_1 \approx I_0/U_T$ und $r_{CE3} \approx U_{A,pnp}/I_0$:

$$A \approx -\frac{U_{A,pnp}}{U_T} \tag{4.34}$$

Dabei ist $U_{A,pnp}$ die Early-Spannung des pnp-Transistors $T_3$ und $U_T$ die Temperaturspannung. Für die n-Kanal-Kaskode erhält man mit $S_1 = \sqrt{2K_1 I_0}$ und $r_{DS3} = U_{A,pK}/I_0$:

$$A \approx -U_{A,pK}\sqrt{\frac{2K_1}{I_0}} = -\frac{2U_{A,pK}}{U_{GS1} - U_{th,nK}} \tag{4.35}$$

Dabei ist $U_{A,pK}$ die Early-Spannung der p-Kanal-Mosfets und $U_{th,nK}$ die Schwellenspannung der n-Kanal-Mosfets. Wenn npn- und pnp-Transistoren bzw. n-Kanal- und p-Kanal-Mosfets dieselbe Early-Spannung haben, entspricht der Betrag der Verstärkung der maximalen Verstärkung $\mu$ der Emitter- bzw. Sourceschaltung:

$$|A| \approx \mu = \begin{cases} S\,r_{CE} = \dfrac{U_A}{U_T} \approx 1000\ldots 6000 \\[2mm] S\,r_{DS} = \dfrac{2U_A}{U_{GS} - U_{th}} \approx 40\ldots 200 \end{cases}$$

Hier macht sich einmal mehr die geringe Steilheit der Mosfets im Vergleich zum Bipolartransistor negativ bemerkbar.

**Kaskodeschaltung mit Kaskode-Stromquelle:** Die Verstärkung nimmt weiter zu, wenn man den Ausgangswiderstand $r_{aS}$ durch Einsatz einer Stromquelle mit Kaskode auf

$$r_{aS} \approx \begin{cases} \beta_3 r_{CE3} \\[2mm] (S_3 + S_{B3})\,r_{DS3}^2 \overset{S_3 \gg S_{B3}}{\approx} S_3 r_{DS3}^2 \end{cases}$$

erhöht; damit folgt für die in Abb. 4.43 gezeigte

*Kaskodeschaltung mit Kaskode-Stromquelle:*

$$A = \left.\frac{u_a}{u_e}\right|_{i_a=0} = -S_1 r_a \approx \begin{cases} -S_1\left(\beta_2 r_{CE2} \,\|\, \beta_3 r_{CE3}\right) \\[2mm] -S_1\left(S_2 r_{DS2}^2 \,\|\, S_3 r_{DS3}^2\right) \end{cases} \tag{4.36}$$

$$r_a = \left.\frac{u_a}{i_a}\right|_{u_e=0} = r_{aS} \,\|\, r_{aK} \approx \begin{cases} \beta_2 r_{CE2} \,\|\, \beta_3 r_{CE3} \\[2mm] S_2 r_{DS2}^2 \,\|\, S_3 r_{DS3}^2 \end{cases} \tag{4.37}$$

Der Eingangswiderstand $r_e$ ist durch (4.32) gegeben.

Die Bezeichnung *Kaskodeschaltung mit Kaskode-Stromquelle* ist streng genommen nicht korrekt, weil in Abb. 4.43 ein Stromspiegel mit Kaskode und kein Kaskode-Stromspiegel als Stromquelle verwendet wird; die korrekte Bezeichnung *Kaskodeschaltung mit Stromquelle mit Kaskode* ist jedoch umständlich. Setzt man einen *echten* Kaskode-Stromspiegel als Stromquelle ein, ist die Verstärkung der npn-Kaskode etwa um den Faktor 2/3 geringer, weil der Kaskode-Stromspiegel nach (4.27) bei einem Übersetzungsverhältnis $k_I = 1$ nur einen Ausgangswider-

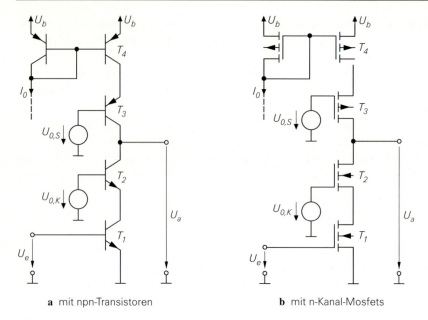

**a** mit npn-Transistoren                        **b** mit n-Kanal-Mosfets

**Abb. 4.43.** Kaskodeschaltung mit Kaskode-Stromquelle

stand von $r_{aS} = \beta_3 r_{CE3}/2$ anstelle von $r_{aS} = \beta_3 r_{CE3}$ beim Stromspiegel mit Kaskode erreicht. Bei der n-Kanal-Kaskode sind beide Varianten äquivalent.

Durch Einsetzen der Kleinsignalparameter erhält man für die Kaskodeschaltung mit Bipolartransistoren

$$A \approx -\frac{1}{U_T\left(\dfrac{1}{\beta_{npn}U_{A,npn}} + \dfrac{1}{\beta_{pnp}U_{A,pnp}}\right)} \tag{4.38}$$

und für die Kaskodeschaltung mit Mosfets gleicher Größe ($K_1 = K_2 = K_3 = K$):

$$A \approx -\frac{2K}{I_D\left(\dfrac{1}{U_{A,nK}^2} + \dfrac{1}{U_{A,pK}^2}\right)} = -\frac{4}{(U_{GS} - U_{th})^2\left(\dfrac{1}{U_{A,nK}^2} + \dfrac{1}{U_{A,pK}^2}\right)} \tag{4.39}$$

Wenn die Early-Spannungen und Stromverstärkungen der npn- und pnp-Transistoren und die Early-Spannungen der n-Kanal- und p-Kanal-Mosfets gleich sind, folgt:

$$|A| \approx \begin{cases} \dfrac{\beta\, Sr_{CE}}{2} = \dfrac{\beta\, U_A}{2U_T} \overset{\beta \approx 100}{\approx} 50.000\ldots 300.000 \\[4mm] \dfrac{S^2 r_{DS}^2}{2} = 2\left(\dfrac{U_A}{U_{GS} - U_{th}}\right)^2 \approx 800\ldots 20.000 \end{cases}$$

Demnach kann man mit *einer* npn-Kaskodeschaltung eine Verstärkung im Bereich von $10^5 = 100\,\mathrm{dB}$ erreichen; mit einer n-Kanal-Kaskodeschaltung erreicht man dagegen maximal etwa $10^4 = 80\,\mathrm{dB}$.

**Betriebsverstärkung:** Die hohe Verstärkung der Kaskodeschaltung ist eine Folge des hohen Ausgangswiderstands der Kaskode und der Stromquelle:

$$r_a = r_{aK} \,\|\, r_{aS}$$

Mit $\beta = 100$, $U_A = 100\,\mathrm{V}$ und $I_C = 100\,\mu\mathrm{A}$ erhält man für die npn-Kaskodeschaltung mit Kaskode-Stromquelle $r_a = \beta\, r_{CE}/2 = 50\,\mathrm{M}\Omega$ und mit $K = 300\,\mu\mathrm{A/V^2}$, $U_A = 50\,\mathrm{V}$ und $I_D = 100\,\mu\mathrm{A}$ für die n-Kanal-Kaskodeschaltung mit Kaskode-Stromquelle $r_a = S\, r_{DS}^2/2 = 31\,\mathrm{M}\Omega$; dabei werden gleiche Werte für die npn- und pnp- bzw. n- und p-Kanal-Transistoren angenommen.

Bei Betrieb mit einer Last $R_L$ wird nur dann eine Betriebsverstärkung

$$A_B = A\, \frac{R_L}{r_a + R_L} = -S\,(r_a \,\|\, R_L)$$

in der Größenordnung von $A$ erreicht, wenn $R_L$ ähnlich hoch ist wie $r_a$. In den meisten Fällen ist am Ausgang der Kaskodeschaltung eine weitere Verstärkerstufe mit dem Eingangswiderstand $r_{e,n}$ angeschlossen. Wird in einer CMOS-Schaltung eine Source- oder Drainschaltung als nächste Stufe eingesetzt, erreicht die Kaskodeschaltung wegen $R_L = r_{e,n} = \infty$ ohne besondere Maßnahmen die maximale Betriebsverstärkung $A_B = A$. In einer bipolaren Schaltung muß man eine oder mehrere Kollektorschaltungen zur Impedanzwandlung einsetzen; dabei gilt für jede Kollektorschaltung $r_a \approx R_g/\beta$, d.h. der Ausgangswiderstand nimmt mit jeder Kollektorschaltung um die Stromverstärkung $\beta$ ab. Mit $\beta = 100$ und $r_a = 50\,\mathrm{M}\Omega$ erhält man mit einer Kollektorschaltung $r_a \approx 500\,\mathrm{k}\Omega$ und mit zwei Kollektorschaltungen $r_a \approx 5\,\mathrm{k}\Omega$. In vielen Operationsverstärkern wird eine Kaskodeschaltung mit Kaskode-Stromquelle gefolgt von drei komplementären Kollektorschaltungen eingesetzt; damit erreicht man $A \approx 2 \cdot 10^5$ und $r_a \approx 50\,\Omega$.

## Frequenzgang und Grenzfrequenz der Kaskodeschaltung

**npn-Kaskodeschaltung:** Abbildung 4.44 zeigt das vollständige Kleinsignalersatzschaltbild einer npn-Kaskodeschaltung mit den Transistoren $T_1$ und $T_2$ und der Stromquelle. Für die Transistoren wird das Kleinsignalmodell nach Abb. 2.38 auf Seite 88 verwendet, wobei hier auch die Substratkapazität $C_S$ berücksichtigt wird. Die Stromquelle wird durch den Ausgangswiderstand $r_{aS}$ und die Ausgangskapazität $C_{aS}$ beschrieben. Zur Berechnung des Frequenzgangs wird das Kleinsignalersatzschaltbild wie folgt vereinfacht:

- der Basis-Bahnwiderstand $R_{B2}$ des Transistors $T_2$ wird vernachlässigt;
- die Widerstände $r_{CE1}$, $r_{CE2}$ und $r_{aS}$ werden durch den bereits berechneten Ausgangswiderstand $r_a$ am Ausgang ersetzt, siehe (4.33) bei Einsatz einer einfachen Stromquelle bzw. (4.37) bei Einsatz einer Stromquelle mit Kaskode;
- die Kapazitäten $C_{aS}$ und $C_{S2}$ werden zu $C_a'$ zusammengefaßt;

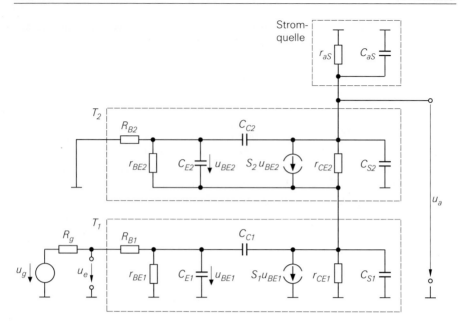

**Abb. 4.44.** Vollständiges Kleinsignalersatzschaltbild einer npn-Kaskodeschaltung

- die Widerstände $R_g$ und $R_{B1}$ werden zu $R_g'$ zusammengefaßt;
- die gesteuerte Quelle $S_2 u_{BE2}$ wird durch zwei äquivalente Quellen ersetzt.

Damit erhält man das in Abb. 4.45 oben gezeigte vereinfachte Kleinsignalersatzschaltbild. Durch Umzeichnen folgt das in Abb. 4.45 unten gezeigte Ersatzschaltbild mit:

$$C_a = C_{C2} + C_a' = C_{C2} + C_{S2} + C_{aS} = C_{C2} + C_{S2} + C_{C3} + C_{S3}$$

$$C_{ES} = C_{E2} + C_{S1}$$

$$r_{E2} = 1/S_2 \,\|\, r_{BE2}$$

Die Vereinfachung ist nahezu äquivalent, lediglich die Vernachlässigung von $R_{B2}$ verursacht einen geringen Fehler.

Aus der Zweiteilung des Kleinsignalersatzschaltbilds in Abb. 4.45 in einen eingangsseitigen und einen ausgangsseitigen Teil folgt, daß die Kaskodeschaltung praktisch rückwirkungsfrei ist; dadurch wird der Miller-Effekt vermieden. Der Frequenzgang setzt sich aus den Frequenzgängen $\underline{A}_1(s) = \underline{u}_{BE2}(s)/\underline{u}_g(s)$ und $\underline{A}_2(s) = \underline{u}_a(s)/\underline{u}_{BE2}(s)$ zusammen:

$$\underline{A}_B(s) = \frac{\underline{u}_a(s)}{\underline{u}_g(s)} = \frac{\underline{u}_a(s)}{\underline{u}_{BE2}(s)} \frac{\underline{u}_{BE2}(s)}{\underline{u}_g(s)} = \underline{A}_2(s)\underline{A}_1(s) \tag{4.40}$$

Ohne Last erhält man für den ausgangsseitigen Frequenzgang:

$$\underline{A}_2(s) = \frac{\underline{u}_a(s)}{\underline{u}_{BE2}(s)} = -\frac{S_2 r_a}{1 + s C_a r_a}$$

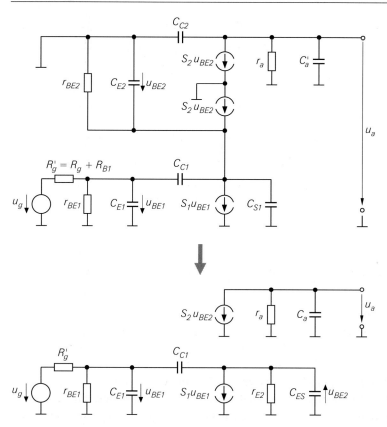

**Abb. 4.45.** Vereinfachtes Kleinsignalersatzschaltbild der npn-Kaskodeschaltung

Eingangsseitig entspricht das Kleinsignalersatzschaltbild der Kaskodeschaltung dem einer Emitterschaltung mit ohmsch-kapazitiver Last ($R_L = r_{E2}$, $C_L = C_{ES}$), wie ein Vergleich mit Abb. 2.77 auf Seite 137 zeigt. Durch Einsetzen von $r_{E2}/(1 + sC_{ES}r_{E2})$ anstelle von $R_C'$ folgt aus (2.86) auf Seite 137 unter Berücksichtigung der Zählrichtung von $u_{BE2}$:

$$\underline{A}_1(s) = \frac{S_1 r_{E2}}{1 + \dfrac{R_g'}{r_{BE1}}} \cdot \frac{1 - s\dfrac{C_{C1}}{S_1}}{1 + sc_1 + s^2 c_2}$$

$$c_1 = (C_{E1} + C_{C1}(1 + S_1 r_{E2}))\left(R_g' \,\|\, r_{BE1}\right) + \frac{C_{C1} r_{E2} r_{BE1}}{R_g' + r_{BE1}} + C_{ES} r_{E2}$$

$$c_2 = (C_{E1}C_{C1} + C_{E1}C_{ES} + C_{C1}C_{ES})\left(R_g' \,\|\, r_{BE1}\right) r_{E2}$$

Es gilt $S_1 \approx S_2 \approx 1/r_{E2}$, da beide Transistoren mit nahezu gleichem Strom betrieben werden; daraus folgt $S_1 r_{E2} \approx 1$. Durch Vernachlässigen der Nullstelle, des

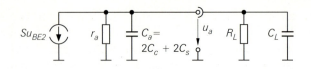

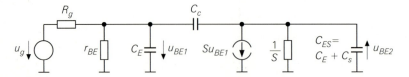

**Abb. 4.46.** Vereinfachtes Kleinsignalersatzschaltbild der npn-Kaskodeschaltung mit gleichen Kleinsignalparametern für alle Transistoren und ohmsch-kapazitiver Last

$s^2$-Terms im Nenner und des mittleren Terms in $c_1$ erhält man eine Näherung durch einen Tiefpaß ersten Grades:

$$\underline{A}_1(s) \approx \frac{r_{BE1}}{R_g' + r_{BE1}} \frac{1}{1 + s\left((C_{E1} + 2C_{C1})\left(R_g' \| r_{BE1}\right) + \frac{C_{ES}}{S_1}\right)}$$

Mit $R_g' = R_g + R_{B1} \approx R_g$, einer ohmsch-kapazitiven Last und unter Annahme gleicher Kleinsignalparameter für alle Transistoren erhält man das in Abb. 4.46 gezeigte Kleinsignalersatzschaltbild. Durch Zusammenfassen von $\underline{A}_1(s)$ und $\underline{A}_2(s)$ gemäß (4.40), nochmaligem Vernachlässigen des $s^2$-Terms und Einsetzen von $r_a \| R_L$ anstelle von $r_a$ bzw. $C_a + C_L$ anstelle von $C_a$ erhält man eine Näherung für den Frequenzgang der Kaskodeschaltung:

$$\underline{A}_B(s) \approx \frac{A_0}{1 + s\left((C_E + 2C_C)\,R_1 + \dfrac{C_E + C_S}{S} + (2C_C + 2C_S + C_L)\,R_2\right)}$$

$$\approx \frac{A_0}{1 + s\left((C_E + 2C_C)\,R_1 + (2C_C + 2C_S + C_L)\,R_2\right)} \tag{4.41}$$

$$A_0 = \underline{A}_B(0) = -\frac{\beta R_2}{R_g + r_{BE}} \tag{4.42}$$

$$R_1 = R_g \| r_{BE}$$

$$R_2 = r_a \| R_L$$

Dabei wird in (4.41) die Näherung $R_1, R_2 \gg 1/S$ verwendet. Für die *-3dB-Grenzfrequenz* erhält man:

$$\omega_{-3dB} = 2\pi f_{-3dB} \approx \frac{1}{(C_E + 2C_C)\left(R_g \| r_{BE}\right) + (2C_C + 2C_S + C_L)\left(r_a \| R_L\right)}$$

$$\tag{4.43}$$

Die Grenzfrequenz hängt von der Niederfrequenzverstärkung $A_0$ ab. Geht man davon aus, daß eine Änderung von $A_0$ durch eine Änderung von $R_2 = r_a \,\|\, R_L$ erfolgt und alle anderen Größen konstant bleiben, erhält man durch Auflösen von (4.42) nach $R_2$ und Einsetzen in (4.43) eine Darstellung mit zwei von $A_0$ unabhängigen Zeitkonstanten:

$$\omega_{-3dB}(A_0) \;=\; \frac{1}{T_1 + T_2|A_0|} \tag{4.44}$$

$$T_1 \;=\; (C_E + 2C_C)\left(R_g \,\|\, r_{BE}\right) \tag{4.45}$$

$$T_2 \;=\; (2C_C + 2C_S + C_L)\left(\frac{R_g}{\beta} + \frac{1}{S}\right) \tag{4.46}$$

Aufgrund der hohen Verstärkung gilt im allgemeinen $|A_0| \gg T_1/T_2$; daraus folgt:

$$\omega_{-3dB} \;\approx\; \frac{1}{T_2|A_0|}$$

Die Grenzfrequenz ist demnach umgekehrt proportional zur Verstärkung und man erhält ein konstantes *Verstärkungs-Bandbreite-Produkt* (*g̲ain-b̲andw̲idth-product, GBW*):

$$\boxed{GBW \;=\; f_{-3dB}\,|A_0| \;\approx\; \frac{1}{2\pi\,T_2}} \tag{4.47}$$

Zwei Spezialfälle sind von Interesse:

- Wird anstelle einer Stromquelle ein ohmscher Kollektorwiderstand $R_C$ eingesetzt, entfällt die Ausgangskapazität $C_{aS} = C_C + C_S$ der Stromquelle; in diesem Fall gilt:

$$T_2 \;=\; (C_C + C_S + C_L)\left(\frac{R_g}{\beta} + \frac{1}{S}\right)$$

- Wird die Kaskodeschaltung mit diskreten Transistoren aufgebaut, entfallen die Substratkapazitäten $C_S$; man erhält:

$$T_2 \;=\; \left(\frac{R_g}{\beta} + \frac{1}{S}\right) \cdot \begin{cases} (C_C + C_L) & \text{mit Kollektorwiderstand } R_C \\ (2C_C + C_L) & \text{mit Stromquelle} \end{cases}$$

**Vergleich von npn-Kaskode- und Emitterschaltung:** Ein sinnvoller Vergleich des Frequenzgangs der Kaskode- und der Emitterschaltung ist nur auf der Basis des Verstärkungs-Bandbreite-Produkts möglich, weil die sich Verstärkungen mit Kollektorwiderstand $R_C$, einfacher Stromquelle und Kaskode-Stromquelle um Größenordnungen unterscheiden und die Grenzfrequenz bei größerer Verstärkung prinzipiell kleiner ist. Im Gegensatz dazu ist das Verstärkungs-Bandbreite-Produkt $GBW$ von der Verstärkung unabhängig. Im folgenden wird wegen der einfacheren Darstellung nicht das $GBW$, sondern die Zeitkonstante $T_2$ verglichen, siehe (4.47): eine kleinere Zeitkonstante $T_2$ hat ein größeres $GBW$ und damit eine höhere Grenzfrequenz bei vorgegebener Verstärkung zur Folge.

Bei diskreten Schaltungen mit Kollektorwiderstand erhält man für die Emitterschaltung nach (2.96) auf Seite 139 [14]

$$T_{2,Emitter} \;=\; \left(C_C + \frac{C_L}{\beta}\right) R_g + \frac{C_C + C_L}{S} \;\overset{C_L=0}{=}\; C_C\left(R_g + \frac{1}{S}\right)$$

und für die Kaskodeschaltung aus (4.46) mit $C_S = 0$, d.h. ohne die bei Einzeltransistoren fehlende Substratkapazität:

$$T_{2,Kaskode} \;=\; (C_C + C_L)\left(\frac{R_g}{\beta} + \frac{1}{S}\right) \;\overset{C_L=0}{=}\; C_C\left(\frac{R_g}{\beta} + \frac{1}{S}\right)$$

Man erkennt, daß die Kaskodeschaltung vor allem bei hohem Generatorwiderstand $R_g$ und geringer Lastkapazität $C_L$ eine wesentlich geringere Zeitkonstante und damit ein größeres $GBW$ besitzt als die Emitterschaltung. Bei sehr kleinem Generatorwiderstand ($R_g < 1/S$) oder sehr großer Lastkapazität ($C_L > \beta\, C_C$) bringt die Kaskode keinen Vorteil.

Bei integrierten Schaltungen mit Stromquellen muß man die Zeitkonstante der Emitterschaltung modifizieren, indem man die Substratkapazität $C_S$ des Transistors und die Kapazität $C_{aS} = C_C + C_S$ der Stromquelle berücksichtigt. Sie wirken wie eine zusätzliche Lastkapazität und können deshalb durch Einsetzen von $C_C + 2C_S + C_L$ anstelle von $C_L$ berücksichtigt werden:

$$T_{2,Emitter} \;=\; \left(C_C + \frac{C_C + 2C_S + C_L}{\beta}\right) R_g + \frac{2C_C + 2C_S + C_L}{S}$$

Für die Kaskodeschaltung gilt (4.46):

$$T_{2,Kaskode} \;=\; (2C_C + 2C_S + C_L)\left(\frac{R_g}{\beta} + \frac{1}{S}\right)$$

Daraus folgt mit $\beta \gg 1$:

$$T_{2,Emitter} \;\approx\; T_{2,Kaskode} + C_C R_g \tag{4.48}$$

Auch hier erreicht die Kaskodeschaltung eine geringere Zeitkonstante und damit ein größeres $GBW$. Da in integrierten Schaltungen jedoch fast immer $C_S \gg C_C$ gilt, ist der Gewinn an $GBW$ durch den Einsatz einer Kaskode- anstelle einer Emitterschaltung selbst bei hohem Generatorwiderstand $R_g$ und ohne Lastkapazität $C_L$ deutlich geringer als bei diskreten Schaltungen; typisch ist ein Faktor $2 \dots 3$. In der Praxis ist deshalb in vielen Fällen die höhere Verstärkung der Kaskodeschaltung – vor allem in Kombination mit einer Stromquelle mit Kaskode – und nicht die höhere Grenzfrequenz ausschlaggebend für ihren Einsatz.

Abschließend werden die in Abb. 4.47 gezeigten Schaltungen verglichen. Die zugehörigen Frequenzgänge sind für sehr hohe Frequenzen nicht mehr dargestellt, weil sie dort aufgrund der vernachlässigten Nullstellen und Pole von der Asymptote abweichen und eine Berechnung der Grenzfrequenz über das $GBW$ nicht mehr möglich ist. Zur Berechnung der Niederfrequenzverstärkung wurden die Parameter $\beta = 100$ und $U_A = 100\,\text{V}$ für npn- und pnp-Transistoren sowie $R_g = 0$ und $R_L \to \infty$ angenommen. Die Kaskodeschaltung mit einfacher Strom-

---

14 Es wird $R_g' = R_g + R_B \approx R_g$ verwendet.

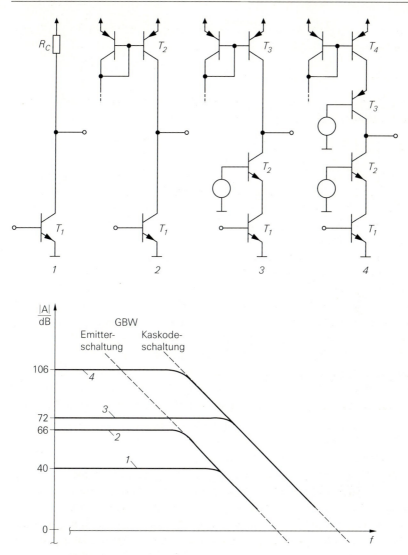

**Abb. 4.47.** Schaltungen und Frequenzgänge im Vergleich

quelle hat in diesem Fall die Verstärkung $|A| = U_A/U_T = 4000 = 72\,\text{dB}$ und die Kaskodeschaltung mit Kaskode-Stromquelle erreicht $|A| = \beta\,U_A/(2U_T) = 200000 = 106\,\text{dB}$. Im Vergleich dazu erreicht die Emitterschaltung mit einfacher Stromquelle $|A| = U_A/(2U_T) = 2000 = 66\,\text{dB}$ [15]; für die Emitterschaltung mit

---

[15] Mit einer *idealen* Stromquelle erreicht die Emitterschaltung ihre Maximalverstärkung $|A| = \mu = U_A/U_T$. Bei Einsatz einer einfachen Stromquelle mit einem Transistor mit denselben Parametern nimmt der Ausgangswiderstand von $r_{CE}$ auf $r_{CE} \| r_{CE} = r_{CE}/2$ ab; dadurch wird die Verstärkung halbiert. Bei einer Emitterschaltung mit Kaskode-

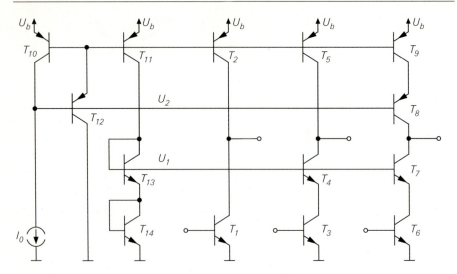

**Abb. 4.48.** Beispiel zur Emitter- und Kaskodeschaltung (alle Transistoren mit Größe 1)

Kollektorwiderstand wird $|A| = 100 = 40\,\text{dB}$ als typischer Wert angenommen. Ein Vergleich der Schaltungen zeigt, daß die von Schaltung zu Schaltung besseren Eigenschaften mit Hilfe zusätzlicher Transistoren erreicht werden.

*Beispiel:* Die Schaltungen 2, 3 und 4 aus Abb. 4.47 werden mit einem Ruhestrom $I_0 = 100\,\mu\text{A}$ und einer Betriebsspannung $U_b = 5\,\text{V}$ betrieben; Abb. 4.48 zeigt die Schaltungen mit den zur Arbeitspunkteinstellung benötigten Zusätzen:

- Emitterschaltung mit einfacher Stromquelle ($T_1$ und $T_2$);
- Kaskodeschaltung mit einfacher Stromquelle ($T_3 \ldots T_5$);
- Kaskodeschaltung mit Kaskode-Stromquelle ($T_6 \ldots T_9$).

Die Einstellung der Ruheströme erfolgt über einen Drei-Transistor-Stromspiegel ($T_{10} \ldots T_{12}$), der zusammen mit den Transistoren $T_2$, $T_5$ und $T_9$ eine Stromquellenbank bildet, die den Referenzstrom $I_0$ auf insgesamt vier Ausgänge spiegelt. Der Strom des Transistors $T_{11}$ wird über die als Dioden betriebenen Transistoren $T_{13}$ und $T_{14}$ geführt und erzeugt die Vorspannung $U_1 = 2U_{BE} \approx 1,4\,\text{V}$ für die Transistoren $T_4$ und $T_7$. Die Vorspannung für den Transistor $T_8$ kann man dem Drei-Transistor-Stromspiegel entnehmen: $U_2 = U_b - 2U_{BE} \approx U_b - 1,4\,\text{V} = 3,6\,\text{V}$. Die Stromquelle mit dem Referenzstrom $I_0$ kann im einfachsten Fall mit einem Widerstand $R = U_2/I_0 \approx 3,6\,\text{V}/100\,\mu\text{A} = 36\,\text{k}\Omega$ realisiert werden.

Wenn man die Basisströme vernachlässigt, gilt für die Transistoren $T_1 \ldots T_9$ $I_{C,A} \approx I_0 = 100\,\mu\text{A}$; daraus folgt $S = I_{C,A}/U_T \approx 3,85\,\text{mS}$. Mit den Parametern aus Tab. 4.1 auf Seite 303 folgt für die npn-Transistoren $r_{BE,npn} = \beta_{npn}/S \approx 26\,\text{k}\Omega$ und $r_{CE,npn} = U_{A,npn}/I_{C,A} \approx 1\,\text{M}\Omega$; für die pnp-Transistoren gilt $r_{CE,pnp} = U_{A,pnp}/I_{C,A} \approx$

---

Stromquelle, die in Abb. 4.47 nicht aufgeführt ist, ist der Ausgangswiderstand der Stromquelle vernachlässigbar; sie erreicht deshalb mit $|A| = U_A/U_T$ dieselbe Verstärkung wie die Kaskodeschaltung mit einfacher Stromquelle.

$500\,\mathrm{k\Omega}$. Bei den Sperrschichtkapazitäten wird anstelle Gl. (2.37) auf Seite 78 die Näherung [16]

$$C_S(U) \approx \begin{cases} C_{S0} & \text{im Sperrbereich} \\ 2C_{S0} & \text{im Durchlaßbereich} \end{cases}$$

verwendet; dadurch kann die zur Auswertung von Gl. (2.37) erforderliche Bestimmung der Spannungen an den Sperrschichtkapazitäten entfallen. Die Kollektor- und Substratdioden werden im Sperrbereich betrieben; damit folgt:

$$C_C \approx C_{S0,C} \quad , \quad C_S \approx C_{S0,S} \tag{4.49}$$

Mit den Parametern aus Tab. 4.1 erhält man $C_{C,npn} \approx 0,2\,\mathrm{pF}$, $C_{C,pnp} \approx 0,5\,\mathrm{pF}$, $C_{S,npn} \approx 1\,\mathrm{pF}$ und $C_{S,pnp} \approx 2\,\mathrm{pF}$. Die Emitterkapazität setzt sich aus der Emitter-Sperrschichtkapazität im Durchlaßbereich und der Diffusionskapazität zusammen:

$$C_E = C_{S,E} + C_{D,N} \approx 2C_{S0,E} + \frac{\tau_{0,N} I_{C,A}}{U_T} \tag{4.50}$$

Für die npn-Transistoren erhält man $C_E \approx 0,6\,\mathrm{pF}$.

Die Schaltungen sollen mit einer Signalquelle mit $R_g = 10\,\mathrm{k\Omega}$ und ohne Last ($R_L \to \infty$, $C_L = 0$) betrieben werden. Dann erhält man für die Kaskodeschaltung mit Kaskode-Stromquelle

$$A_0 = -\frac{\beta_{npn}\left(\beta_{npn} r_{CE,npn} \,\|\, \beta_{pnp} r_{CE,pnp}\right)}{R_g + r_{BE,npn}} \approx -56.000$$

und für die Kaskodeschaltung mit einfacher Stromquelle:

$$A_0 = -\frac{\beta_{npn}\left(\beta_{npn} r_{CE,npn} \,\|\, r_{CE,pnp}\right)}{R_g + r_{BE,npn}} \approx -1400$$

Für beide Kaskodeschaltungen gilt (4.46):

$$T_{2,Kaskode} = \left(C_{C,npn} + C_{C,pnp} + C_{S,npn} + C_{S,pnp}\right)\left(\frac{R_g}{\beta_{npn}} + \frac{1}{S}\right) \approx 1,3\,\mathrm{ns}$$

Für die Emitterschaltung mit einfacher Stromquelle folgt aus (2.87) und (4.48):

$$A_0 = -\frac{r_{BE,npn}}{R_g + r_{BE,npn}}\, S\left(r_{CE,npn} \,\|\, r_{CE,pnp}\right)$$

$$= -\frac{\beta_{npn}\left(r_{CE,npn} \,\|\, r_{CE,pnp}\right)}{R_g + r_{BE,npn}} \approx -900$$

$$T_{2,Emitter} \approx T_{2,Kaskode} + R_g C_{C,npn} \approx 3,3\,\mathrm{ns}$$

Daraus folgt mit (4.47) für die Kaskodeschaltungen $GBW \approx 122\,\mathrm{MHz}$ und für die Emitterschaltung $GBW \approx 48\,\mathrm{MHz}$. Mit einer Lastkapazität $C_L = 10\,\mathrm{pF}$ erhält man $T_{2,Kaskode} \approx 4,9\,\mathrm{ns}$ und $T_{2,Emitter} \approx 6,9\,\mathrm{ns}$; daraus folgt für die Kaskodeschaltungen $GBW \approx 32\,\mathrm{MHz}$ und für die Emitterschaltung $GBW \approx 23\,\mathrm{MHz}$. Man erkennt,

---

16 $C_S(U)$ bezeichnet die Sperrschichtkapazität eines pn-Übergangs, während $C_S$, $C_{S,npn}$ und $C_{S,pnp}$ für die Substratkapazität im Arbeitspunkt stehen. Die Größen werden hier nur durch das Argument $U$ unterschieden.

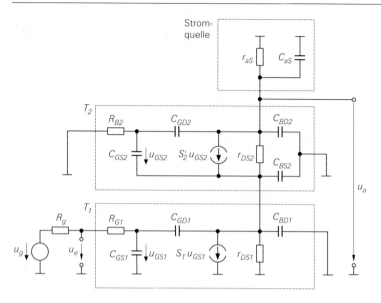

**Abb. 4.49.** Vollständiges Kleinsignalersatzschaltbild einer n-Kanal-Kaskodeschaltung

daß der Vorteil der Kaskodeschaltung mit zunehmender Lastkapazität kleiner und für

$$C_L \left( \frac{R_g}{\beta} + \frac{1}{S} \right) \gg C_C R_g$$

unbedeutend wird. Es bleibt dann nur noch die höhere Verstärkung als Vorteil.

Bei diskreten Schaltungen fällt der Vorteil der Kaskodeschaltung aufgrund der fehlenden Substratkapazitäten deutlicher aus. Mit $R_g = 10\,\text{k}\Omega$ und ohne Last ($R_L \to \infty$, $C_L = 0$) erhält man mit $C_{S,npn} = C_{S,pnp} = 0$ unter Beibehaltung der anderen Parameter $T_{2,Kaskode} \approx 0,25\,\text{ns}$ und $T_{2,Emitter} \approx 2,25\,\text{ns}$. Damit erreicht die diskrete Kaskodeschaltung mit $GBW \approx 637\,\text{MHz}$ einen Wert in der Größenordnung der Transitfrequenz der Transistoren, die diskrete Emitterschaltung jedoch nur $GBW \approx 71\,\text{MHz}$. Mit einer Lastkapazität nimmt der Vorteil der diskreten Kaskodeschaltung allerdings schnell ab.

**n-Kanal-Kaskodeschaltung:** Abbildung 4.49 zeigt das vollständige Kleinsignalersatzschaltbild einer n-Kanal-Kaskodeschaltung mit den Mosfets $T_1$ und $T_2$ und der Stromquelle. Für die Mosfets wird das Kleinsignalmodell nach Abb. 3.41 auf Seite 241 verwendet; dabei sind die gesteuerten Quellen mit den Substrat-Steilheiten $S_{B1}$ und $S_{B2}$ nicht eingezeichnet, weil:

- bei $T_1$ die Quelle $S_{B1} u_{BS1}$ wegen $u_{BS1} = 0$ unwirksam ist;
- man bei $T_2$ die gesteuerten Quellen $S_2 u_{GS2}$ und $S_{B2} u_{BS2}$ zu einer Quelle mit $S_2' = S_2 + S_{B2}$ zusammenfassen kann [17].

---

[17] Statisch gilt $u_{GS2} = u_{BS2}$, weil an $R_{G2}$ keine Gleichspannung abfällt. Da $R_{G2}$ im weiteren Verlauf der Rechnung vernachlässigt wird, gilt dieser Zusammenhang auch dynamisch.

Die Stromquelle wird durch den Ausgangswiderstand $r_{aS}$ und die Ausgangskapazität $C_{aS}$ beschrieben. Durch Vergleich mit dem Kleinsignalersatzschaltbild der npn-Kaskodeschaltung in Abb. 4.44 erhält man neben den üblichen Entsprechnungen ($R_B = R_G$, $r_{BE} \to \infty$, $C_E = C_{GS}$, usw.) folgende Korrespondenzen:

$$C_{S1} = C_{BD1} + C_{BS2} \quad , \quad C_{S2} = C_{BD2}$$

Damit kann man die Ergebnisse für die npn-Kaskodeschaltung auf die n-Kanal-Kaskodeschaltung übertragen; man erhält mit $R_g, R_L \gg 1/S$ aus (4.43)

$$\omega_{-3dB} = 2\pi f_{-3dB} \approx \frac{1}{(C_{GS} + 2C_{GD})\, R_g + (2C_{GD} + 2C_{BD} + C_L)\, (r_a \,||\, R_L)}$$

(4.51)

und aus (4.44)–(4.46)

$$\omega_{-3dB}(A_0) = \frac{1}{T_1 + T_2 |A_0|}$$

(4.52)

$$T_1 = (C_{GS} + 2C_{GD})\, R_g$$

(4.53)

$$T_2 = \frac{2C_{GD} + 2C_{BD} + C_L}{S_1}$$

(4.54)

mit der Niederfrequenzverstärkung:

$$A_0 = \underline{A}_B(0) = - S_1 \, (r_a \,||\, R_L)$$

(4.55)

Die Niederfrequenzverstärkung und die Zeitkonstante $T_2$ hängen bei der n-Kanal-Kaskodeschaltung wegen des unendlichen hohen Eingangswiderstands ($r_e = \infty$) nicht vom Innenwiderstand $R_g$ der Signalquelle ab.

### 4.1.3
### Differenzverstärker

Der Differenzverstärker (*differential amplifier*) ist ein symmetrischer Verstärker mit zwei Eingängen und zwei Ausgängen. Er besteht aus zwei Emitter- oder zwei Sourceschaltungen, deren Emitter- bzw. Source-Anschlüsse mit einer gemeinsamen Stromquelle verbunden sind; Abb. 4.50 zeigt die Grundschaltung. Der Differenzverstärker wird im allgemeinen mit einer positiven und einer negativen Versorgungsspannung betrieben, die oft – wie in Abb. 4.50 –, aber nicht notwendigerweise, symmetrisch sind. Wenn nur eine positive oder nur eine negative Versorgungsspannung zur Verfügung steht, kann man die Masse als zweite Versorgungsspannung verwenden; darauf wird später noch näher eingegangen. Bei integrierten Differenzverstärkern mit Mosfets sind die Bulk-Anschlüsse der n-Kanal-Mosfets mit der negativen, die der p-Kanal-Mosfets mit der positiven Versorgungsspannung verbunden; dagegen sind bei diskreten Mosfets alle Bulk-Anschlüsse mit der Source des jeweiligen Mosfets verbunden.

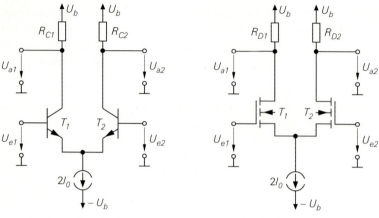

**a** mit npn-Transistoren          **b** mit n-Kanal-Mosfets

**Abb. 4.50.** Grundschaltung des Differenzverstärkers

Durch die Stromquelle bleibt die Summe der Ströme konstant [18]:

$$2I_0 = \begin{cases} I_{C1} + I_{B1} + I_{C2} + I_{B2} \approx I_{C1} + I_{C2} & \text{mit } B = I_C/I_B \gg 1 \\ I_{D1} + I_{D2} \end{cases}$$

Für die weitere Untersuchung wird $R_{C1} = R_{C2} = R_C$ und $R_{D1} = R_{D2} = R_D$ angenommen. Ferner werden die Eingangsspannungen $U_{e1}$ und $U_{e2}$ durch die symmetrische *Gleichtaktspannung* $U_{Gl}$ und die schiefsymmetrische *Differenzspannung* $U_D$ ersetzt:

$$U_{Gl} = \frac{U_{e1} + U_{e2}}{2} \quad, \quad U_D = U_{e1} - U_{e2} \tag{4.56}$$

Daraus folgt:

$$U_{e1} = U_{Gl} + \frac{U_D}{2} \quad, \quad U_{e2} = U_{Gl} - \frac{U_D}{2} \tag{4.57}$$

Abb. 4.51 zeigt das Ersetzen von $U_{e1}$ und $U_{e2}$ durch die symmetrische Spannung $U_{Gl}$ und die schiefsymmetrische Spannung $U_D$; letztere führt entsprechend (4.57) auf zwei Quellen mit der Spannung $U_D/2$.

**Gleichtakt- und Differenzverstärkung:** Bei gleichen Eingangsspannungen ($U_{e1} = U_{e2} = U_{Gl}$, $U_D = 0$) liegt symmetrischer Betrieb vor und der Strom der Stromquelle teilt sich zu gleichen Teilen auf die beiden Transistoren auf:

$$I_{C1} = I_{C2} \overset{B \gg 1}{\approx} I_0 \quad \text{bzw.} \quad I_{D1} = I_{D2} = I_0$$

Für die Ausgangsspannungen gilt in diesem Fall:

$$U_{a1} = U_{a2} \approx U_b - I_0 R_C \quad \text{bzw.} \quad U_{a1} = U_{a2} = U_b - I_0 R_D$$

---

18 Hier gilt wieder die obere Zeile nach der geschweiften Klammer für den npn-, die untere für den n-Kanal-Differenzverstärker.

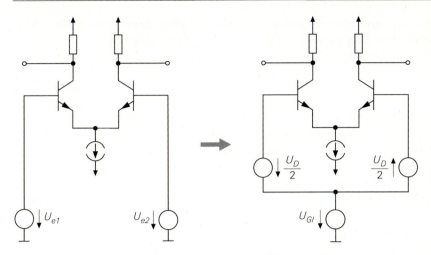

**Abb. 4.51.** Ersetzen der Eingangsspannungen $U_{e1}$ und $U_{e2}$ durch die Gleichtaktspannung $U_{Gl}$ und die Differenzspannung $U_D$

Eine Änderung der Gleichtaktspannung $U_{Gl}$ wird *Gleichtaktaussteuerung* genannt und ändert nichts an der Stromverteilung, solange die Transistoren und die Stromquelle nicht übersteuert werden; daraus folgt, daß die Ausgangsspannungen bei Gleichtaktaussteuerung konstant bleiben. Die *Gleichtaktverstärkung* (*common mode gain*)

$$A_{Gl} = \left. \frac{dU_{a1}}{dU_{Gl}} \right|_{U_D=0} = \left. \frac{dU_{a2}}{dU_{Gl}} \right|_{U_D=0} \tag{4.58}$$

ist im Idealfall gleich Null. In der Praxis hat sie einen kleinen negativen Wert: $A_{Gl} \approx -10^{-4} \ldots -1$. Ursache dafür ist der endliche Innenwiderstand realer Stromquellen; darauf wird bei der Berechnung des Kleinsignalverhaltens näher eingegangen.

Bei schiefsymmetrischer Aussteuerung mit einer Differenzspannung $U_D$ ändert sich die Stromverteilung; dadurch ändern sich auch die Ausgangsspannungen. Diese Art der Aussteuerung wird *Differenzaussteuerung*, die entsprechende Verstärkung *Differenzverstärkung* (*differential gain*) genannt:

$$A_D = \left. \frac{dU_{a1}}{dU_D} \right|_{U_{Gl}=\text{const.}} = -\left. \frac{dU_{a2}}{dU_D} \right|_{U_{Gl}=\text{const.}} \tag{4.59}$$

Sie ist negativ und liegt zwischen $A_D \approx -10 \ldots -100$ beim Einsatz ohmscher Widerstände $R_C$ und $R_D$ wie in Abb. 4.50 und $A_D \approx -100 \ldots -1000$ beim Einsatz von Stromquellen anstelle der Widerstände.

Das Verhältnis von Differenz- und Gleichtaktverstärkung wird *Gleichtakt-unterdrückung* (*common mode rejection ratio, CMRR*) genannt:

$$G = \frac{A_D}{A_{Gl}}$$

(4.60)

Im Idealfall gilt $A_{Gl} \rightarrow -0$ und damit $G \rightarrow \infty$. Reale Differenzverstärker errei-chen $G \approx 10^3 \ldots 10^5$, je nach Innenwiderstand der Stromquelle [19]. Der Werteberreich von $G$ ist nicht so groß, wie man aufgrund der Extremwerte von $A_{Gl}$ und $A_D$ vermuten könnte; Ursache hierfür ist eine Kopplung zwischen $A_{Gl}$ und $A_D$, durch die $G$ nach oben und nach unten begrenzt wird.

**Eigenschaften des Differenzverstärkers:** Aus dem Verhalten folgt als zentrale Eigenschaft des Differenzverstärkers:

*Der Differenzverstärker verstärkt die Differenzspannung zwischen den bei-den Eingängen unabhängig von der Gleichtaktspannung, solange diese in-nerhalb eines zulässigen Bereichs liegt.*

Daraus folgt, daß die Ausgangsspannungen innerhalb des zulässigen Bereichs nicht von der Gleichtaktspannung $U_{Gl}$, sondern nur vom Strom der Strom-quelle abhängen. Damit ist auch der Arbeitspunkt für den Kleinsignalbetrieb weitgehend unabhängig von $U_{Gl}$. Zwar ändern sich bei Variation von $U_{Gl}$ einige Spannungen, die für den Arbeitspunkt maßgebenden Größen – die Ausgangs-spannungen und die Ströme – bleiben jedoch praktisch konstant. Diese Eigen-schaft unterscheidet den Differenzverstärker von allen anderen bisher behan-delten Verstärkern und erleichtert die Arbeitspunkteinstellung und Kopplung in mehrstufigen Verstärkern; Schaltungen zur Anpassung der Gleichspannungspe-gel oder Koppelkondensatoren werden nicht benötigt.

Ein weiterer Vorteil des Differenzverstärkers ist die Unterdrückung tempera-turbedingter Änderungen in den beiden Zweigen, da diese wie eine Gleichtakt-aussteuerung wirken; nur eine eventuell vorhandene Temperaturabhängigkeit der Stromquelle wirkt sich auf die Ausgangsspannungen aus. In integrierten Schaltun-gen werden darüber hinaus auch Bauteile-Toleranzen wirkungsvoll unterdrückt, weil die nahe beieinander liegenden Transistoren und Widerstände eines Diffe-renzverstärkers in erster Näherung gleichsinnige Toleranzen aufweisen.

**Unsymmetrischer Betrieb:** Man kann einen Differenzverstärker unsymme-trisch betreiben, indem man einen Eingang auf ein konstantes Potential legt, nur einen Ausgang verwendet oder beides kombiniert; Abb. 4.52 zeigt diese drei Möglichkeiten am Beispiel eines npn-Differenzverstärkers.

---

[19] Bei den hier betrachteten Differenzverstärkern ist $G$ positiv, weil $A_{Gl}$ und $A_D$ negativ sind. Es gibt jedoch Fälle, in denen die Vorzeichen von $A_{Gl}$ und $A_D$ nicht gleich sind; dabei wird manchmal nur der Betrag von $G$ angegeben, obwohl $G$ eine vorzeichenbehaftete Größe ist.

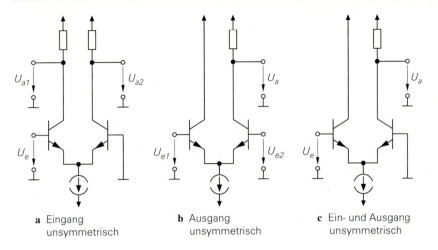

**a** Eingang unsymmetrisch

**b** Ausgang unsymmetrisch

**c** Ein- und Ausgang unsymmetrisch

**Abb. 4.52.** Unsymmetrischer Betrieb eines npn-Differenzverstärkers

In Abb. 4.52a wird der Eingang 2 auf konstantes Potential – hier Masse – gelegt. Für diesen Fall erhält man:

$$A_1 = \left.\frac{dU_{a1}}{dU_{e1}}\right|_{U_{e2}=\text{const.}} = \left.\frac{dU_{a1}}{dU_D}\frac{dU_D}{dU_{e1}}\right|_{U_{e2}=\text{const.}} + \left.\frac{dU_{a1}}{dU_{Gl}}\frac{dU_{Gl}}{dU_{e1}}\right|_{U_{e2}=\text{const.}}$$

$$= A_D + A_{Gl} = A_D\left(1 + \frac{1}{G}\right) \overset{G\gg1}{\approx} A_D$$

$$A_2 = \left.\frac{dU_{a2}}{dU_{e1}}\right|_{U_{e2}=\text{const.}} = \left.\frac{dU_{a2}}{dU_D}\frac{dU_D}{dU_{e1}}\right|_{U_{e2}=\text{const.}} + \left.\frac{dU_{a2}}{dU_{Gl}}\frac{dU_{Gl}}{dU_{e1}}\right|_{U_{e2}=\text{const.}}$$

$$= -A_D + A_{Gl} = -A_D\left(1 - \frac{1}{G}\right) \overset{G\gg1}{\approx} -A_D$$

Bei ausreichend hoher Gleichtaktunterdrückung erhält man gegenphasige Ausgangssignale mit gleicher Amplitude; deshalb wird diese Schaltung zur Umsetzung eines auf Masse bezogenen Signals in ein Differenzsignal verwendet.

In Abb. 4.52b wird nur der Ausgang 2 verwendet; alternativ kann man auch den Ausgang 1 verwenden. Die Gleichtakt- und die Differenzverstärkung folgen aus (4.58) und (4.59), indem man, je nach verwendetem Ausgang, $U_a = U_{a2}$ oder $U_a = U_{a1}$ setzt. Wegen $A_D < 0$ ist die in Abb. 4.52b gezeigte Variante mit $U_a = U_{a2}$ nichtinvertierend, die mit $U_a = U_{a1}$ invertierend. Die Schaltung wird zur Umsetzung eines Differenzsignals in ein auf Masse bezogenes Signal verwendet.

In Abb. 4.52c wird nur der Eingang 1 und der Ausgang 2 verwendet; es gilt mit Bezug auf die bereits berechnete Verstärkung $A_2$:

$$A = \frac{dU_a}{dU_e} = \left.\frac{dU_{a2}}{dU_{e1}}\right|_{U_{e2}=\text{const.}} = A_2 = -A_D + A_{Gl} \overset{G\gg1}{\approx} -A_D$$

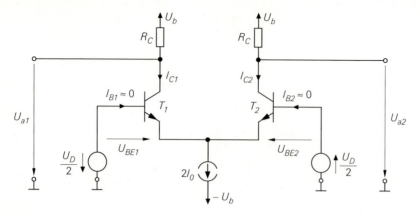

**Abb. 4.53.** Spannungen und Ströme beim npn-Differenzverstärker

Diese Schaltung kann auch als Reihenschaltung einer Kollektor- und einer Basisschaltung aufgefaßt werden. Sie besitzt eine hohe Grenzfrequenz, weil hier keine Emitterschaltung und damit kein Miller-Effekt auftritt.

### Übertragungskennlinien des npn-Differenzverstärkers

Abbildung 4.53 zeigt die Schaltung mit den zur Berechnung der Kennlinien benötigten Spannungen und Strömen für den Fall $U_{Gl} = 0$. Für die Transistoren gilt bei gleicher Größe, d.h. gleichem Sättigungssperrstrom $I_S$, und Vernachlässigung des Early-Effekts:

$$I_{C1} = I_S \, e^{\frac{U_{BE1}}{U_T}} \quad , \quad I_{C2} = I_S \, e^{\frac{U_{BE2}}{U_T}}$$

Aus der Schaltung folgt unter Vernachlässigung der Basisströme:

$$I_{C1} + I_{C2} = 2I_0 \quad , \quad U_D = U_{BE1} - U_{BE2}$$

Für das Verhältnis der Kollektorströme gilt:

$$\frac{I_{C1}}{I_{C2}} = e^{\frac{U_{BE1}}{U_T}} e^{-\frac{U_{BE2}}{U_T}} = e^{\frac{U_{BE1} - U_{BE2}}{U_T}} = e^{\frac{U_D}{U_T}}$$

Durch Einsetzen in $I_{C1} + I_{C2} = 2I_0$ und Auflösen nach $I_{C1}$ und $I_{C2}$ folgt:

$$I_{C1} = \frac{2I_0}{1 + e^{-\frac{U_D}{U_T}}} \quad , \quad I_{C2} = \frac{2I_0}{1 + e^{\frac{U_D}{U_T}}}$$

Mit

$$\frac{2}{1 + e^{-x}} = \frac{1 + e^{-x} + 1 - e^{-x}}{1 + e^{-x}} = 1 + \frac{1 - e^{-x}}{1 + e^{-x}} = 1 + \tanh \frac{x}{2}$$

erhält man

$$I_{C1} = I_0 \left(1 + \tanh \frac{U_D}{2U_T}\right) \quad , \quad I_{C2} = I_0 \left(1 - \tanh \frac{U_D}{2U_T}\right) \qquad (4.61)$$

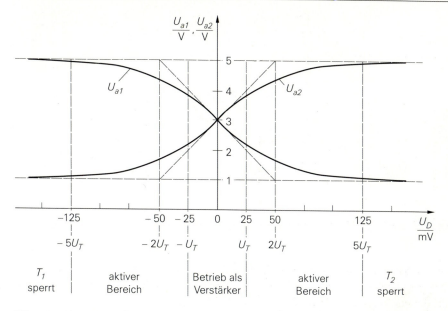

**Abb. 4.54.** Verlauf der Übertragungskennlinien des npn-Differenzverstärkers aus Abb. 4.53 mit $U_b = 5\,\text{V}$, $R_C = 20\,\text{k}\Omega$ und $I_0 = 100\,\mu\text{A}$

und daraus mit

$$U_{a1} = U_b - I_{C1}R_C \quad , \quad U_{a2} = U_b - I_{C2}R_C$$

die Übertragungskennlinien des npn-Differenzverstärkers:

$$U_{a1} = U_b - I_0 R_C \left(1 + \tanh \frac{U_D}{2U_T}\right)$$

$$U_{a2} = U_b - I_0 R_C \left(1 - \tanh \frac{U_D}{2U_T}\right)$$

(4.62)

Abb. 4.54 zeigt den Verlauf der Kennlinien für $U_b = 5\,\text{V}$, $R_C = 20\,\text{k}\Omega$ und $I_0 = 100\,\mu\text{A}$ als Funktion der Differenzspannung $U_D$ für den Fall $U_{Gl} = 0$. Für die Steigung der Kennlinie bei $U_D = 0$ erhält man:

$$\frac{dU_{a1}}{dU_D}\bigg|_{U_D=0} = -\frac{dU_{a2}}{dU_D}\bigg|_{U_D=0} = -\frac{I_0 R_C}{2U_T} \approx -\frac{2\,\text{V}}{52\,\text{mV}} \approx -38$$

Sie entspricht der Differenzverstärkung im Arbeitspunkt ($U_D = 0, U_{Gl} = 0$).

Der aktive Teil der Kennlinie liegt im Bereich $|U_D| < 5U_T \approx 125\,\text{mV}$. Für $|U_D| > 5U_T$ wird der Differenzverstärker übersteuert; in diesem Fall fließt der Strom der Stromquelle praktisch vollständig (über 99%) durch einen der beiden Transistoren, während der andere sperrt. Für $U_D < -5U_T$ sperrt $T_1$ und der Ausgang 1 erreicht die maximale Ausgangsspannung $U_{a,max} = U_b$; der Ausgang

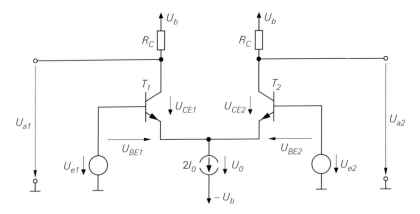

**Abb. 4.55.** Zur Berechnung des zulässigen Eingangsspannungsbereichs eines npn-Differenz-verstärkers

2 hat dann die minimale Ausgangsspannung $U_{a,min} = U_b - 2I_0R_C$. Für $U_D > 5U_T$ sperrt $T_2$.

**Arbeitspunkt bei Kleinsignalbetrieb:** Ein Betrieb als Verstärker ist nur im Bereich $|U_D| < U_T \approx 25\,\text{mV}$ sinnvoll; außerhalb dieses Bereichs verlaufen die Kennlinien zunehmend flacher; die Verstärkung nimmt ab, die Verzerrungen zu. Als Arbeitspunkt wird der Punkt $U_D = 0$ gewählt; in diesem Fall gilt:

$$U_D = 0 \Rightarrow U_{a1} = U_{a2} = U_b - I_0R_C \Rightarrow U_{a1} - U_{a2} = 0$$

Daraus folgt, daß der Differenzverstärker mit Bezug auf die Ausgangs-Differenz-spannung $U_{a1} - U_{a2}$ als *echter* Gleichspannungsverstärker, d.h. ohne Offset, ar-beitet. Man beachte ferner, daß man bei der Wahl eines Arbeitspunkts keine Vorgabe für die Gleichtaktspannung $U_{Gl}$ erhält; sie kann vielmehr innerhalb ei-nes zulässigen Bereichs beliebig gewählt werden.

**Gleichtaktaussteuerbereich:** Bei der Berechnung wurde durch die Verwen-dung der Transistor-Gleichungen für den Normalbetrieb stillschweigend ange-nommen, daß keiner der Transistoren in die Sättigung gerät. Ferner wurde eine ideale Stromquelle ohne Sättigung angenommen. In diesem Fall hängen die Kennlinien praktisch nicht von der Gleichtaktspannung $U_{Gl}$ ab; eine durch den Innenwiderstand der Stromquelle verursachte geringe Gleichtaktverstärkung bewirkt nur Änderungen im Millivolt-Bereich. Der zulässige Eingangsspannungs-bereich wird nun mit Hilfe von Abb. 4.55 ermittelt; dabei sind zwei Bedingungen zu erfüllen:

- Die Kollektor-Emitter-Spannungen $U_{CE1}$ und $U_{CE2}$ müssen größer sein als die Sättigungsspannung $U_{CE,sat}$. Aus Abb. 4.55 folgt:

$$U_{CE1} = U_{a1} + U_{BE1} - U_{e1} \quad , \quad U_{CE2} = U_{a2} + U_{BE2} - U_{e2}$$

Mit $U_{CE} > U_{CE,sat} \approx 0,2\,\text{V}$, $U_{BE} \approx 0,7\,\text{V}$ und der minimalen Ausgangsspan-nung $U_{a,min} = U_b - 2I_0R_C$ erhält man:

$$\max\{U_{e1}, U_{e2}\} < U_b - 2I_0R_C - U_{CE,sat} + U_{BE} \approx U_b - 2I_0R_C + 0,5\,\text{V}$$

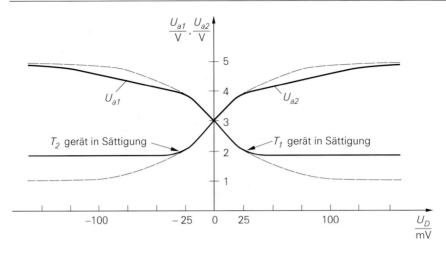

**Abb. 4.56.** Verlauf der Übertragungskennlinien des npn-Differenzverstärkers aus Abb. 4.53 mit $U_b = 5\,\text{V}$, $R_C = 20\,\text{k}\Omega$ und $I_0 = 100\,\mu\text{A}$ für den Fall, daß die Transistoren in die Sättigung geraten ($U_{Gl} = 2,5\,\text{V}$)

- Die Aussteuerungsgrenze $U_{0,min}$ der Stromquelle darf nicht unterschritten werden, d.h. es muß $U_0 > U_{0,min}$ gelten. Aus Abb. 4.55 folgt:

$$U_0 = U_{e1} - U_{BE1} - (-U_b) = U_{e2} - U_{BE2} - (-U_b)$$

Da bei normalem Betrieb mindestens einer der Transistoren leitet und dabei mit $U_{BE} \approx 0,7\,\text{V}$ betrieben wird, erhält man:

$$\min\{U_{e1}, U_{e2}\} > U_{0,min} + (-U_b) + U_{BE} \approx U_{0,min} + (-U_b) + 0,7\,\text{V}$$

Wenn man einen einfachen npn-Stromspiegel als Stromquelle einsetzt, gilt $U_{0,min} = U_{CE,sat} \approx 0,2\,\text{V}$ und $\min\{U_{e1}, U_{e2}\} > (-U_b) + 0,9\,\text{V}$.

Der zulässige Eingangsspannungsbereich wird üblicherweise bei reiner Gleichtaktaussteuerung, d.h. $U_{e1} = U_{e2} = U_{Gl}$ und $U_D = 0$ angegeben. Dann entfallen die Minimum- und Maximum-Operatoren [20] und man erhält den *Gleichtaktaussteuerbereich*:

$$U_{0,min} + (-U_b) + U_{BE} < U_{Gl} < U_b - 2I_0 R_C - U_{CE,sat} + U_{BE} \qquad (4.63)$$

Für die Schaltung in Abb. 4.53 erhält man mit $U_b = 5\,\text{V}$, $(-U_b) = -U_b = -5\,\text{V}$, $R_C = 20\,\text{k}\Omega$, $I_0 = 100\,\mu\text{A}$ und bei Einsatz eines einfachen npn-Stromspiegels mit $U_{0,min} = U_{CE,sat}$ einen Gleichtaktaussteuerbereich von $-4,1\,\text{V} < U_{Gl} < 1,5\,\text{V}$. Wird dieser Bereich überschritten, erhält man andere Kennlinien; Abb. 4.56 zeigt dies für den Fall $U_{Gl} = 2,5\,\text{V}$. Da sich durch die Sättigung eines Transistors

---

20 Man begeht dadurch einen Fehler, weil zum Erreichen der minimalen Ausgangsspannung auch eine Differenzspannung von mindestens $5U_T$ erforderlich ist; deshalb müßte man eigentlich $\max\{U_{e1}, U_{e2}\} = U_{Gl} + U_{D,max}/2$ und $\min\{U_{e1}, U_{e2}\} = U_{Gl} - U_{D,max}/2$ einsetzen. Da die maximale Differenzspannung $U_{D,max}$ anwendungsspezifisch, bei Verstärkern jedoch sehr klein ($U_{D,max} < U_T$) ist, wird sie hier vernachlässigt.

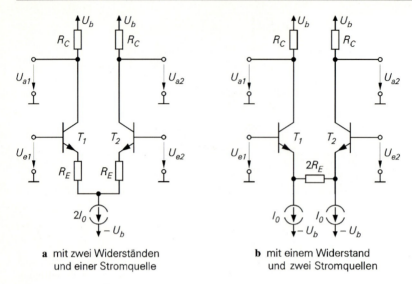

**a** mit zwei Widerständen
und einer Stromquelle

**b** mit einem Widerstand
und zwei Stromquellen

**Abb. 4.57.** npn-Differenzverstärker mit Stromgegenkopplung

die Stromverteilung ändert, wirkt sich die Sättigung auch auf die Kennlinie des anderen Zweigs aus.

Im Bereich $|U_D| < 25\,\mathrm{mV}$ ist die Kennlinie unverändert; damit ist ein Betrieb als Verstärker noch möglich, obwohl der Gleichtaktaussteuerbereich überschritten wurde. Dieser scheinbare Widerspruch kommt dadurch zustande, daß als Gleichtaktaussteuerbereich der Bereich definiert wurde, in dem eine volle Aussteuerung ohne Sättigung möglich ist. Beschränkt man sich auf einen Teil der Kennlinie, ist der Gleichtaktaussteuerbereich größer. Im Grenzfall infinitesimal kleiner Differenzspannung reicht es aus, wenn für $U_D = 0$ keine Sättigung auftritt. Die minimale Ausgangsspannung ist in diesem Fall $U_{a,min} \approx U_b - I_0 R_C$ anstelle von $U_{a,min} = U_b - 2 I_0 R_C$; dadurch erhält man den *Gleichtaktaussteuerbereich bei Kleinsignalbetrieb*:

$$U_{0,min} + (-U_b) + U_{BE} < U_{Gl} < U_b - I_0 R_C - U_{CE,sat} + U_{BE} \qquad (4.64)$$

Für die Schaltung in Abb. 4.53 erhält man mit den bereits genannten Werten $-4,1\,\mathrm{V} < U_{Gl} < 3,5\,\mathrm{V}$. Damit liegt der in Abb. 4.56 gezeigte Fall mit $U_{Gl} = 2,5\,\mathrm{V}$ noch innerhalb des Kleinsignal-Gleichtaktaussteuerbereichs.

**npn-Differenzverstärker mit Stromgegenkopplung:** Zur Verbesserung der Linearität kann man den Differenzverstärker mit einer Stromgegenkopplung versehen; Abb. 4.57 zeigt zwei Möglichkeiten, die bezüglich der Übertragungskennlinien äquivalent sind. In Abb. 4.57a werden zwei Widerstände $R_E$ und eine Stromquelle verwendet. Ohne Differenzaussteuerung fällt an beiden Widerständen die Spannung $I_0 R_E$ ab; dadurch wird die untere Grenze des Gleichtaktaussteuerbereichs um diesen Wert angehoben. In Abb. 4.57b wird nur ein Widerstand benötigt, der ohne Differenzaussteuerung stromlos ist. Der Gleich-

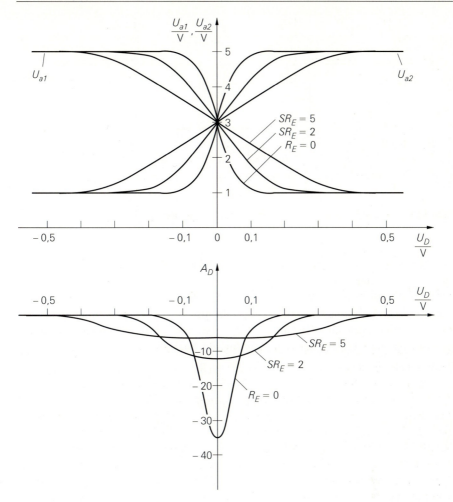

**Abb. 4.58.** Kennlinien und Differenzverstärkung eines npn-Differenzverstärkers mit Stromgegenkopplung ($U_b = 5\,\text{V}$, $R_C = 20\,\text{k}\Omega$, $I_0 = 100\,\mu\text{A}$)

taktaussteuerbereich wird nicht reduziert, allerdings werden zwei Stromquellen benötigt.

Abb. 4.58 zeigt die Kennlinien für $U_b = 5\,\text{V}$, $R_C = 20\,\text{k}\Omega$, $I_0 = 100\,\mu\text{A}$ und verschiedene Werte von $R_E$; letztere sind auf die Steilheit der Transistoren im Arbeitspunkt $U_D = 0$ bezogen:

$$S = \frac{I_0}{U_T} \approx \frac{1}{260\,\Omega} \, , \ \ SR_E = 0\,/\,2\,/\,5 \ \Rightarrow \ R_E = 0\,/\,520\,/\,1300\,\Omega$$

Mit zunehmender Gegenkopplung werden die Kennlinien flacher und verlaufen in einem größeren Bereich näherungsweise linear. Daraus folgt, daß die Differenzverstärkung kleiner wird, dafür aber in einem größeren Bereich näherungsweise

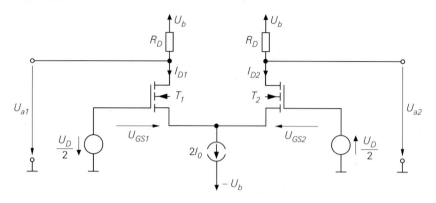

**Abb. 4.59.** Spannungen und Ströme beim n-Kanal-Differenzverstärker

konstant bleibt. Die Verzerrungen, ausgedrückt durch den Klirrfaktor, nehmen mit zunehmender Gegenkopplung ab.

Eine geschlossene Berechnung der Kennlinien ist nicht möglich. Für den Fall starker Gegenkopplung kann man eine Näherung angeben, indem man die Basis-Emitterspannungen als näherungsweise konstant annimmt; für beide Schaltungen in Abb. 4.57 gilt bei Vernachlässigung der Basisströme:

$$U_D = U_{e1} - U_{e2} = U_{BE1} + I_{C1}R_E - U_{BE2} - I_{C2}R_E$$

$$\underset{U_{BE1} \approx U_{BE2}}{\approx} (I_{C1} - I_{C2}) R_E$$

Durch Einsetzen von $I_{C1} + I_{C2} = 2I_0$ und Auflösen nach $I_{C1}$ und $I_{C2}$ unter Beachtung von $0 \leq I_{C1}, I_{C2} \leq 2I_0$ folgt

$$I_{C1} \approx I_0 + \frac{U_D}{2R_E} \quad , \quad I_{C2} \approx I_0 - \frac{U_D}{2R_E} \qquad \text{für } |U_D| < 2I_0R_E$$

und daraus:

$$\left.\begin{array}{l} U_{a1} = U_b - I_{C1}R_C \approx U_b - I_0R_C - \dfrac{R_C}{2R_E} U_D \\[2mm] U_{a2} = U_b - I_{C2}R_C \approx U_b - I_0R_C + \dfrac{R_C}{2R_E} U_D \end{array}\right\} \quad \text{für } |U_D| < 2I_0R_E \qquad (4.65)$$

Die Kennlinien sind innerhalb des aktiven Bereichs praktisch linear.

### Übertragungskennlinien des n-Kanal-Differenzverstärkers

Abbildung 4.59 zeigt die Schaltung mit den zur Berechnung der Kennlinien benötigten Spannungen und Strömen für den Fall $U_{Gl} = 0$. Für die Mosfets gilt bei gleicher Größe, d.h. gleichem Steilheitskoeffizienten $K$, und Vernachlässigung des Early-Effekts:

$$I_{D1} = \frac{K}{2} (U_{GS1} - U_{th})^2 \quad , \quad I_{D2} = \frac{K}{2} (U_{GS2} - U_{th})^2$$

Die Schwellenspannungen der beiden Mosfets sind gleich, weil sie aufgrund der miteinander verbundenen Source-Anschlüsse mit gleicher Bulk-Source-Spannung betrieben werden. Aus der Schaltung folgt:

$$I_{D1} + I_{D2} = 2I_0 \quad , \quad U_D = U_{GS1} - U_{GS2}$$

Die weitere Rechnung ist aufwendiger als beim npn-Differenzverstärker. Man bildet zunächst

$$U_D = U_{GS1} - U_{GS2} = \sqrt{\frac{2I_{D1}}{K}} - \sqrt{\frac{2I_{D2}}{K}}$$

und isoliert den Term mit $I_{D2}$ auf einer Seite der Gleichung. Anschließend quadriert man auf beiden Seiten, setzt $I_{D2} = 2I_0 - I_{D1}$ ein und löst nach Substitution von $x = \sqrt{I_{D1}}$ mit Hilfe der Lösungsformel für quadratische Gleichungen nach $x$ auf; durch Quadrieren erhält man $I_{D1}$ und $I_{D2} = 2I_0 - I_{D1}$:

$$\left.\begin{aligned} I_{D1} &= I_0 + \frac{U_D}{2}\sqrt{2KI_0 - \left(\frac{K\,U_D}{2}\right)^2} \\[2ex] I_{D2} &= I_0 - \frac{U_D}{2}\sqrt{2KI_0 - \left(\frac{K\,U_D}{2}\right)^2} \end{aligned}\right\} \quad \text{für } |U_D| < 2\sqrt{\frac{I_0}{K}} \quad (4.66)$$

Außerhalb des Gültigkeitsbereichs von (4.66) fließt der Strom der Stromquelle vollständig durch einen der beiden Mosfets, während der andere sperrt. Mit $U_{a1} = U_b - I_{D1}R_D$ und $U_{a2} = U_b - I_{D2}R_D$ erhält man die Übertragungskennlinien des n-Kanal-Differenzverstärkers:

$$\left.\begin{aligned} U_{a1} &= U_b - I_0 R_D - \frac{U_D R_D}{2}\sqrt{2K\,I_0 - \left(\frac{K\,U_D}{2}\right)^2} \\[2ex] U_{a2} &= U_b - I_0 R_D + \frac{U_D R_D}{2}\sqrt{2K\,I_0 - \left(\frac{K\,U_D}{2}\right)^2} \end{aligned}\right\} \quad \text{für } |U_D| < 2\sqrt{\frac{I_0}{K}} \quad (4.67)$$

Außerhalb des Gültigkeitsbereichs von (4.67) hat ein Ausgang die maximale Ausgangsspannung $U_{a,max} = U_b$ und der andere die minimale Ausgangsspannung $U_{a,min} = U_b - 2I_0R_D$.

Wenn man (4.67) mit der entsprechenden Gleichung (4.62) für den npn-Differenzverstärker vergleicht, fällt auf, daß die Kennlinien beim n-Kanal-Differenzverstärker *auch* von der Größe der Mosfets, ausgedrückt durch den Steilheitskoeffizienten $K$, abhängen; dagegen geht die Größe der Bipolartransistoren, ausgedrückt durch den Sättigungssperrstrom $I_S$, nicht in die Kennlinie des npn-Differenzverstärkers ein. Demnach kann man die Kennlinie des n-Kanal-Differenzverstärkers bei gleichbleibender äußerer Beschaltung durch Skalieren der Mosfets gezielt einstellen; beim npn-Differenzverstärker ist dies nur mit einer Stromge-

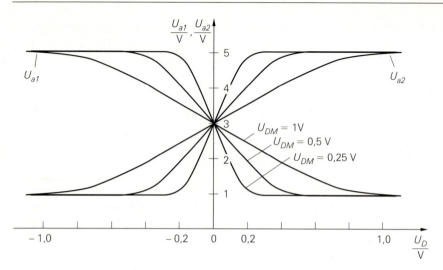

**Abb. 4.60.** Verlauf der Übertragungskennlinien des n-Kanal-Differenzverstärkers aus Abb. 4.59 mit $U_b = 5\,\text{V}$, $R_D = 20\,\text{k}\Omega$ und $I_0 = 100\,\mu\text{A}$

genkopplung möglich. Die charakteristische Größe zur Einstellung der Kennlinie ist nach (4.67) die Spannung:

$$U_{DM} = 2\sqrt{\frac{I_0}{K}} \tag{4.68}$$

Sie gibt über die Bedingung $|U_D| < U_{DM}$ den aktiven Bereich der Kennlinie an. Da im Arbeitspunkt $U_D = 0$ die Stromaufteilung $I_{D1} = I_{D2} = I_0$ vorliegt und gleichzeitig $U_{GS1} = U_{GS2} = U_{GS,A}$ gilt, erhält man durch Einsetzen in die Kennlinie der Mosfets die alternative Darstellung:

$$U_{DM} = \sqrt{2}\left(U_{GS,A} - U_{th}\right)$$

Abb. 4.60 zeigt die Kennlinien für $U_b = 5\,\text{V}$, $R_D = 20\,\text{k}\Omega$, $I_0 = 100\,\mu\text{A}$ und $K = 0,4\,/\,1,6\,/\,6,4\,\text{mA/V}^2$ bzw. $U_{DM} = 1\,/\,0,5\,/\,0,25\,\text{V}$. Man erkennt durch Vergleich mit Abb. 4.58, daß man beim n-Kanal-Differenzverstärker durch Variation der Größe der Mosfets eine ähnliche Wirkung erzielt wie beim npn-Differenzverstärker mit einer Stromgegenkopplung; dabei werden die Kennlinien beim n-Kanal-Differenzverstärker mit abnehmender Größe der Mosfets und beim npn-Differenzverstärker mit zunehmender Gegenkopplung ($R_E$ größer) flacher. Daraus folgt, daß man beim n-Kanal-Differenzverstärker mit kleineren Mosfets eine bessere Linearität, mit größeren dagegen eine höhere Differenzverstärkung erzielt.

**Gleichtaktaussteuerbereich:** Aus (4.63) und (4.64) erhält man durch Einsetzen von $U_{GS} = U_{th} + \sqrt{2I_0/K}$ anstelle von $U_{BE}$ und $U_{DS,ab} = U_{GS} - U_{th}$ anstelle von $U_{CE,sat}$ den *Gleichtaktaussteuerbereich*

$$U_{0,min} + (-U_b) + U_{th} + \sqrt{\frac{2I_0}{K}} < U_{Gl} < U_b - 2I_0R_D + U_{th} \tag{4.69}$$

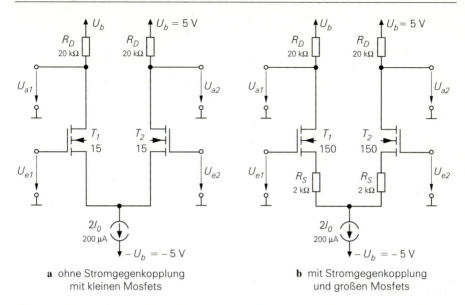

**a**  ohne Stromgegenkopplung
mit kleinen Mosfets

**b**  mit Stromgegenkopplung
und großen Mosfets

**Abb. 4.61.** Vergleich von n-Kanal-Differenzverstärkern mit und ohne Stromgegenkopplung bei gleicher Differenzverstärkung

und den *Gleichtaktaussteuerbereich bei Kleinsignalbetrieb*:

$$U_{0,min} + (-U_b) + U_{th} + \sqrt{\frac{2I_0}{K}} \; < \; U_{Gl} \; < \; U_b - I_0 R_D + U_{th} \tag{4.70}$$

Dabei ist $U_{0,min}$ die Aussteuerungsgrenze der Stromquelle. Eine direkte Bestimmung der Grenzen ist nicht möglich, weil die Schwellenspannung $U_{th}$ aufgrund des Substrat-Effekts von der Bulk-Source-Spannung $U_{BS}$ und diese wiederum von $U_{Gl}$ abhängt. Zur Abschätzung kann man den Substrat-Effekt vernachlässigen und $U_{th} = U_{th,0}$ einsetzen.

**n-Kanal-Differenzverstärker mit Stromgegenkopplung:** Auch beim n-Kanal-Differenzverstärker kann man eine Stromgegenkopplung zur Verbesserung der Linearität einsetzen. Dabei stellt sich die Frage, ob man damit bei gleicher Verstärkung ein besseres Ergebnis erhält als mit der im letzten Abschnitt beschriebenen Verkleinerung der Mosfets. Dazu werden die in Abb. 4.61 gezeigten Schaltungen verglichen, die im Bereich des Arbeitspunkts $U_D = 0$ identische Kennlinien und damit dieselbe Differenzverstärkung besitzen; Abb. 4.62 zeigt die zugehörigen Kennlinien. Man erkennt, daß die Schaltung mit Stromgegenkopplung und größeren Mosfets eine bessere Linearität besitzt; allerdings ist der Platzbedarf wegen der zehnfach größeren Mosfets und der benötigten Gegenkopplungswiderstände erheblich größer und die Bandbreite wegen der größeren Kapazitäten der Mosfets erheblich geringer als bei der Schaltung ohne Gegenkopplung.

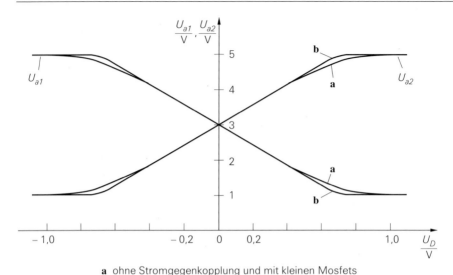

**a** ohne Stromgegenkopplung und mit kleinen Mosfets
**b** mit Stromgegenkopplung und großen Mosfets

**Abb. 4.62.** Kennlinien der Differenzverstärker aus Abb. 4.61

### Differenzverstärker mit aktiver Last

In integrierten Schaltungen werden anstelle der ohmschen Kollektor- bzw. Drain-widerstände Stromquellen eingesetzt, weil man damit bei gleichem, oft sogar ge-ringerem Platzbedarf eine wesentlich höhere Differenzverstärkung erreicht. Die verwendeten Schaltungen werden im folgenden am Beispiel eines npn-Differenz-verstärkers gezeigt.

**Differenzverstärker mit symmetrischem Ausgang:** In Abb. 4.63a werden an-stelle der Kollektorwiderstände zwei Stromquellen mit dem Strom $I_0$ eingesetzt; damit folgt für die Ausgangsströme mit Bezug auf (4.61) [21]:

$$I_{a1} = I_{C1} - I_0 = I_0 \tanh \frac{U_D}{2U_T} \quad , \quad I_{a2} = I_{C2} - I_0 = -I_0 \tanh \frac{U_D}{2U_T}$$

Im Arbeitspunkt $U_D = 0$ sind beide Ausgänge stromlos. Die Ausgänge müssen so beschaltet sein, daß die Ausgangsströme auch tatsächlich fließen können, ohne daß die Transistoren oder die Stromquellen in die Sättigung geraten. Die Ausgangsspannungen sind ohne Beschaltung undefiniert.

Zur Verdeutlichung der Stromverteilung ist die Schaltung in Abb. 4.63b mit dem Differenzstrom

$$I_D = I_0 \tanh \frac{U_D}{2U_T} \tag{4.71}$$

---

21 Da der Differenzverstärker im ganzen ein Stromknoten ist, muß die Knotenregel erfüllt sein. Das ist in den folgenden Gleichungen und in Abb. 4.63 nur dann der Fall, wenn die Basisströme vernachlässigt werden.

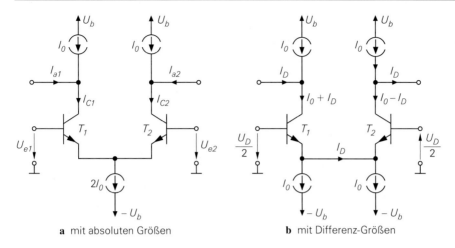

**a** mit absoluten Größen  **b** mit Differenz-Größen

**Abb. 4.63.** npn-Differenzverstärker mit aktiver Last

gezeigt. Die Stromquelle $2I_0$ im Emitterzweig wird aus Symmetriegründen in zwei Stromquellen aufgeteilt; dadurch fließt in der Querverbindung genau der Differenzstrom $I_D$. Man erkennt, daß der Differenzstrom vom Eingang 1 über $T_1$, die Emitter-Querverbindung und $T_2$ zum Ausgang 2 fließt; er fließt also durch den Differenzverstärker hindurch. Daraus folgt, daß die Stromaufnahme konstant bleibt, solange kein Transistor und keine Stromquelle in die Sättigung gerät und $|I_D| < I_0$ gilt, oder: der Strom, der am einen Ausgang *geliefert* wird, wird am anderen Ausgang *entnommen*.

**Differenzverstärker mit unsymmetrischem Ausgang:** Wenn ein unsymmetrischer Ausgang benötigt wird, kann man ebenfalls die Schaltung aus Abb. 4.63a verwenden, indem man den nicht benötigten Ausgang mit der Betriebsspannung $U_b$ verbindet und die zugehörige Stromquelle entfernt. Eine bessere, in der Praxis vorherrschende Alternative ist in Abb. 4.64a gezeigt. Hier werden die Stromquellen durch einen Stromspiegel ersetzt und dadurch der Strom des wegfallenden Ausgangs zum verbleibenden Ausgang gespiegelt:

$$I_a = I_{C2} - I_{C4} \overset{I_{C4} \approx I_{C1}}{\approx} I_{C2} - I_{C1} = -2I_0 \tanh \frac{U_D}{2U_T}$$

Im Arbeitspunkt $U_D = 0$ ist der Ausgang stromlos. Auch hier muß der Ausgang so beschalten sein, daß der Ausgangsstrom fließen kann, ohne daß $T_2$ oder $T_4$ in die Sättigung geraten. Abbildung 4.64b zeigt die Schaltung mit dem Differenzstrom $I_D$. Der Strom der negativen Versorgungsspannungsquelle bleibt konstant, der der positiven ändert sich bei Aussteuerung um $2I_D$.

**Stromquellen und Stromspiegel:** Zur Realisierung der Stromquellen in Abb. 4.63 und Abb. 4.64 können prinzipiell alle im Abschnitt 4.1.1 beschriebenen Schaltungen eingesetzt werden; in der Praxis werden überwiegend einfache Stromspiegel oder Kaskode-Stromspiegel als Stromquellen eingesetzt. Auch der Stromspiegel in Abb. 4.64 kann unterschiedlich ausgeführt werden; da das

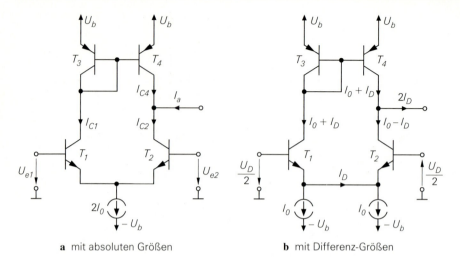

**a** mit absoluten Größen          **b** mit Differenz-Größen

**Abb. 4.64.** npn-Differenzverstärker mit unsymmetrischem Ausgang

Übersetzungsverhältnis möglichst wenig von Eins abweichen sollte, wird häufig
ein Drei-Transistor- oder ein Wilson-Stromspiegel verwendet.

Die Wahl der Stromquelle und des Stromspiegels hat nur einen vernachlässigbar geringen Einfluß auf die Ausgangsströme, lediglich der Kleinsignalausgangswiderstand ändert sich; darauf wird bei der Beschreibung des Kleinsignalverhaltens näher eingegangen.

### Offsetspannung eines Differenzverstärkers

Bisher wurde davon ausgegangen, daß die Spannungen und Ströme im Ar-
beitspunkt $U_D = 0$ exakt symmetrisch sind. In der Praxis ist dies jedoch wegen der unvermeidlichen Toleranzen nicht erfüllt. Darüber hinaus sind einige
Schaltungen unsymmetrisch, so daß bereits die Berücksichtigung der bisher
vernachlässigten Effekte zu einer unsymmetrischen Stromverteilung führt. Ein
Beispiel dafür ist der Differenzverstärker mit unsymmetrischem Ausgang in
Abb. 4.64, bei dem bei $U_D = 0$ aufgrund des geringfügig von Eins abweichenden
Übersetzungsverhältnisses des Stromspiegels eine unsymmetrische Stromvertei-
lung vorliegt.

Zur Charakterisierung der Unsymmetrie dient die *Offsetspannung $U_{off}$* [22]. Sie
gibt an, welche Differenzspannung angelegt werden muß, damit die Ausgangs-

---

22 Die Offsetspannung wird oft mit $U_O$ (Index O) bezeichnet. Da man diese Bezeichnung leicht mit $U_0$ (Index Null) verwechselt, wird hier zur besseren Unterscheidung $U_{off}$
verwendet.

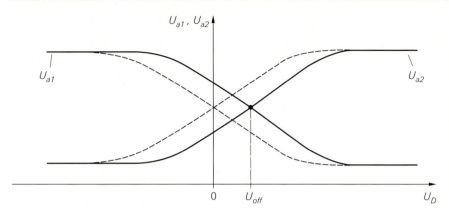

**Abb. 4.65.** Übertragungskennlinien bei Vorliegen einer Offsetspannung

spannungen gleich sind oder – bei unsymmetrischen Ausgängen – ein bestimmter Sollwert erreicht wird:

$$U_D = U_{off} \Rightarrow U_{a1} = U_{a2} \text{ bzw. } U_a = U_{a,soll} \qquad (4.72)$$

Die zugehörige Stromverteilung kann, muß aber nicht symmetrisch sein. Bei den Übertragungskennlinien wirkt sich die Offsetspannung als Verschiebung in $U_D$-Richtung aus; Abb. 4.65 zeigt dies für den Fall $U_{off} > 0$.

Die Offsetspannung setzt sich, wie bereits erwähnt, aus einem durch Unsymmetrien der Schaltung verursachten systematischen Anteil und einem durch Toleranzen verursachten zufälligen Anteil zusammen. In der Praxis wird deshalb oft ein Bereich angegeben, in dem die Offsetspannung mit einer bestimmten Wahrscheinlichkeit (z.B. 99%) liegt.

Man kann die Offsetspannung berechnen, wenn man sehr genaue Gleichungen für die Transistoren verwendet und für alle Parameter Ober- und Untergrenzen einsetzt; der Rechenaufwand ist jedoch beträchtlich. Einfacher ist es, die Offsetspannung zu messen oder mit Hilfe einer Schaltungssimulation zu ermitteln; dazu wird die in Abb. 4.66 gezeigte Schaltung verwendet. Durch die Rückkopplung der Ausgangs-Differenzspannung $U_{a1} - U_{a2}$ auf den Eingang 1 werden die Ausgangsspannungen näherungsweise gleich und man erhält am Eingang die Spannung $U_{e1} \approx U_{off}$. Die Schaltung bewirkt zwar keine echte Differenzaussteuerung, jedoch hat die auftretende Gleichtaktspannung $U_{Gl} \approx U_{off}/2$ wegen der hohen Gleichtaktunterdrückung praktisch keinen Einfluß auf das Ergebnis.

Bei der Messung der Offsetspannung darf man keinen normalen Operationsverstärker als Regelverstärker einsetzen, weil der Differenzverstärker eine zusätzliche Schleifenverstärkung bewirkt, die auch bei universal-korrigierten Operationsverstärkern zur Instabilität der Schaltung führt. Am besten geeignet ist ein Instrumentenverstärker mit einer Verstärkung $A = 1$ und einer Grenzfrequenz $f_{g,RV}$, die mindestens um die Differenzverstärkung $A_D$ unter der Grenzfrequenz $f_g$ des Differenzverstärkers liegt: $f_{g,RV} < f_g/A_D$; dadurch ist ein stabiler

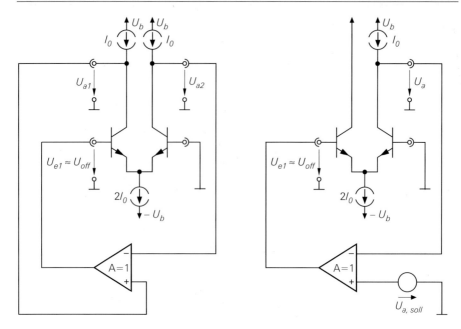

**a** symmetrischer Ausgang          **b** unsymmetrischer Ausgang

**Abb. 4.66.** Schaltung zur Messung der Offsetspannung

Betrieb gewährleistet. In der Schaltungssimulation kann als Regelverstärker eine spannungsgesteuerte Spannungsquelle mit $A = 1$ eingesetzt werden; bei eventuell auftretenden Stabilitätsproblemen muß man $A$ reduzieren.

### Kleinsignalverhalten des Differenzverstärkers

Das Verhalten bei Aussteuerung um einen Arbeitspunkt $A$ wird *Kleinsignalverhalten* genannt. Der Arbeitspunkt wird durch die Eingangsspannungen $U_{e1,A}$ und $U_{e2,A}$ bzw. $U_{D,A}$ und $U_{Gl,A}$, die Ausgangsspannungen $U_{a1,A}$ und $U_{a2,A}$ und die Kollektor- bzw. Drainströme der Transistoren gekennzeichnet. Im folgenden wird davon ausgegangen, daß die Offsetspannung gleich Null ist; daraus folgt für den Arbeitspunkt:

$$U_{D,A} = 0 \quad , \quad U_{a1,A} = U_{a2,A}$$

Es wird vorausgesetzt, daß die Gleichtaktspannung $U_{Gl,A}$ innerhalb des Gleichtaktaussteuerbereichs liegt und keinen Einfluß auf die Stromverteilung hat.

    **Ersatzschaltbilder für Differenz- und Gleichtaktaussteuerung:** Wenn man die Stromquelle im Emitter- bzw. Sourcezweig eines Differenzverstärkers in zwei äquivalente Stromquellen aufteilt, ist der Differenzverstärker vollständig symmetrisch; Abb. 4.67 zeigt dies am Beispiel eines npn-Differenzverstärkers. Betrachtet

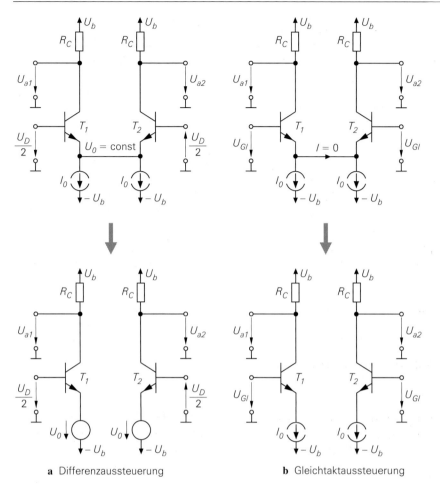

**a** Differenzaussteuerung   **b** Gleichtaktaussteuerung

**Abb. 4.67.** Aussteuerung eines npn-Differenzverstärkers im Arbeitspunkt

man die Änderungen der Ströme und Spannungen in der Symmetrieebene bei Aussteuerung im Arbeitspunkt, stellt man folgendes fest:

- Die schiefsymmetrische Differenzaussteuerung führt bei ausreichend kleiner Amplitude zu einer schiefsymmetrischen Änderung aller Ströme und Spannungen. Daraus folgt, daß alle Spannungen in der Symmetrieebene konstant bleiben; in Abb. 4.67a gilt dies für die Spannung $U_0$ an den Emitter-Anschlüssen der Transistoren. Da man eine konstante Spannung durch eine Spannungsquelle ersetzen kann, erhält man das in Abb. 4.67a unten gezeigte Ersatzschaltbild: der Differenzverstärker zerfällt in zwei Emitterschaltungen, die Stromquellen entfallen. Die Spannungsquellen $U_0$ sind ideal und werden beim Übergang zum Kleinsignalersatzschaltbild kurzgeschlossen. Dadurch sind die Emitteranschlüsse der Transistoren im Kleinsignalersatzschaltbild mit der Kleinsignalmasse verbunden.

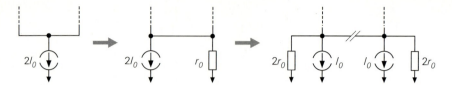

**Abb. 4.68.** Übergang von einer idealen zu einer realen Stromquelle und Aufteilung in zwei äquivalente Stromquellen

- Die symmetrische Gleichtaktaussteuerung führt zu einer symmetrischen Änderung aller Ströme und Spannungen. Daraus folgt, daß alle durch die Symmetrieebene fließenden Ströme gleich Null sind; in Abb. 4.67b gilt dies für den Strom $I$ in der Emitter-Verbindungsleitung. Da man eine stromlose Leitung entfernen kann, erhält man das in Abb. 4.67b unten gezeigte Ersatzschaltbild: der Differenzverstärker zerfällt auch in diesem Fall in zwei Emitterschaltungen. Bei den Stromquellen $I_0$ handelt es sich jeweils um die *halbe* ursprüngliche Stromquelle; Abb. 4.68 verdeutlicht den Übergang von einer idealen zu einer realen Stromquelle und deren Aufteilung in zwei Stromquellen. Im Kleinsignalersatzschaltbild entfallen die Stromquellen und die negative Versorgungsspannung fällt mit der Kleinsignalmasse zusammen.

Damit ist der npn-Differenzverstärker auf die Emitterschaltung zurückgeführt und man kann die Ergebnisse aus Abschnitt 2.4.1 verwenden. Dasselbe gilt für den n-Kanal-Differenzverstärker; er zerfällt in äquivalente Sourceschaltungen und man kann die Ergebnisse aus Abschnitt 3.4.1 verwenden.

Die Aufteilung in getrennte Ersatzschaltbilder für Differenz- und Gleichtaktaussteuerung ist eine Anwendung des *Bartlett'schen Symmetrietheorems*, das allerdings nur für lineare Schaltungen gilt. Deshalb müßte man beim Differenzverstärker streng genommen zunächst zum Kleinsignalersatzschaltbild übergehen, um das Theorem anwenden zu können. Die Beschränkung auf lineare Schaltungen ist allerdings nur bei Differenzaussteuerung erforderlich, weil hier die Kennlinien der Bauteile ausgehend vom Arbeitspunkt schiefsymmetrisch ausgesteuert werden, was nur bei linearen Kennlinien schiefsymmetrische Änderungen zur Folge hat. Dagegen werden die Kennlinien bei Gleichtaktaussteuerung symmetrisch ausgesteuert, was auch bei nichtlinearen Kennlinien zu symmetrischen Änderungen führt. Man kann demnach das Theorem auch bei nichtlinearen Schaltungen anwenden, wenn man die Differenzaussteuerung auf den Bereich beschränkt, in dem die Kennlinien praktisch linear sind; beim npn-Differenzverstärker ist dies der Bereich $|U_D| < U_T$. Diese Vorgehensweise wurde hier gewählt, weil das Zerfallen eines Differenzverstärkers in zwei Teilschaltungen in der ursprünglichen Schaltung anschaulicher dargestellt werden kann als im Kleinsignalersatzschaltbild.

**Differenzverstärker mit Widerständen:** Abbildung 4.69 zeigt die Schaltung eines npn-Differenzverstärkers zusammen mit den Kleinsignalersatzschaltbildern der äquivalenten Emitterschaltungen für Differenz- und Gleichtaktaussteuerung;

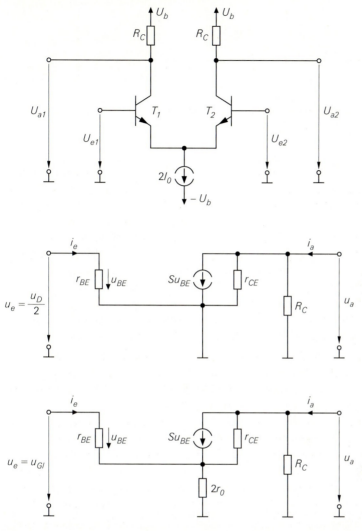

**Abb. 4.69.** npn-Differenzverstärker mit Kollektorwiderständen: Schaltung (oben) und Klein-signalersatzschaltbilder der äquivalenten Emitterschaltungen für Differenzaussteuerung (Mitte) und Gleichtaktaussteuerung (unten)

letztere erhält man durch Linearisierung der Teilschaltungen aus Abb. 4.67 und Einsetzen der Stromquelle gemäß Abb. 4.68. Für die Kleinsignalgrößen gilt mit $U_{D,A} = 0$:

$$u_{e1} = U_{e1} - U_{e1,A} \; = \; U_{e1} - U_{Gl,A} \quad , \quad u_{a1} = U_{a1} - U_{a1,A}$$

$$u_D = U_D - U_{D,A} \; = \; U_D \quad\quad\quad\quad , \quad u_{Gl} = U_{Gl} - U_{Gl,A}$$

Man erkennt, daß das Kleinsignalersatzschaltbild für Differenzaussteuerung dem einer Emitterschaltung ohne Gegenkopplung und das für Gleichtaktaussteuerung

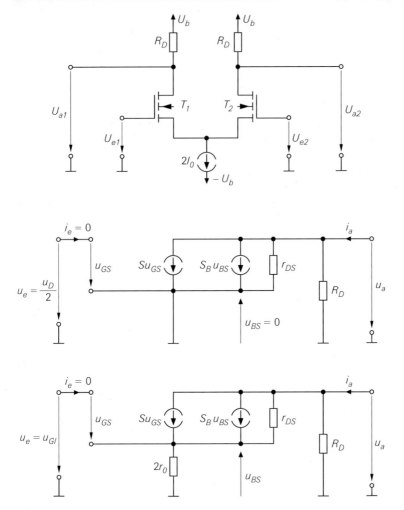

**Abb. 4.70.** n-Kanal-Differenzverstärker mit Drainwiderständen: Schaltung (oben) und Kleinsignalersatzschaltbilder der äquivalenten Sourceschaltungen für Differenzaussteuerung (Mitte) und Gleichtaktaussteuerung (unten)

dem einer Emitterschaltung mit Gegenkopplung entspricht. Bei Gleichtaktaussteuerung wirkt der Ausgangswiderstand $2r_0$ der geteilten Stromquelle als Gegenkopplungswiderstand. Abb. 4.70 zeigt die entsprechenden Kleinsignalersatzschaltbilder eines n-Kanal-Differenzverstärkers.

Aus dem Kleinsignalersatzschaltbild für Differenzaussteuerung werden die *Differenzverstärkung* $A_D$, der *Differenz-Ausgangswiderstand* $r_{a,D}$ und der *Differenz-Eingangswiderstand* $r_{e,D}$ berechnet:

$$A_D \;=\; \left.\frac{u_{a1}}{u_D}\right|_{\substack{i_{a1}=i_{a2}=0 \\ u_{Gl}=0}} \;=\; \left.\frac{u_a}{2u_e}\right|_{i_a=0} \;=\; \frac{1}{2}\,A_{Emitter/Source} \qquad (4.73)$$

$$r_{a,D} = \left.\frac{u_{a1}}{i_{a1}}\right|_{\substack{u_{a1}=-u_{a2} \\ u_D=u_{Gl}=0}} = \left.\frac{u_a}{i_a}\right|_{u_e=0} = r_{a,Emitter/Source} \qquad (4.74)$$

$$r_{e,D} = \left.\frac{u_D}{i_{e1}}\right|_{u_{Gl}=0} = \frac{2u_e}{i_e} = 2\,r_{e,Emitter/Source} \qquad (4.75)$$

Hier wirkt sich aus, daß die Eingangsspannung im Kleinsignalersatzschaltbild für Differenzaussteuerung nicht $u_D$, sondern $u_D/2$ ist; deshalb ist die Verstärkung des Differenzverstärkers nur halb so groß, der Eingangswiderstand dagegen doppelt so groß wie bei der äquivalenten Emitter- oder Sourceschaltung.

Aus dem Kleinsignalersatzschaltbild für Gleichtaktaussteuerung erhält man die *Gleichtaktverstärkung* $A_{Gl}$, den *Gleichtakt-Ausgangswiderstand* $r_{a,Gl}$ und den *Gleichtakt-Eingangswiderstand* $r_{e,Gl}$:

$$A_{Gl} = \left.\frac{u_{a1}}{u_{Gl}}\right|_{\substack{i_{a1}=i_{a2}=0 \\ u_D=0}} = \left.\frac{u_a}{u_e}\right|_{i_a=0} = A_{Emitter/Source} \qquad (4.76)$$

$$r_{a,Gl} = \left.\frac{u_{a1}}{i_{a1}}\right|_{\substack{u_{a1}=u_{a2} \\ u_D=0,u_{Gl}=0}} = \left.\frac{u_a}{i_a}\right|_{u_e=0} = r_{a,Emitter/Source} \qquad (4.77)$$

$$r_{e,Gl} = \frac{u_{Gl}}{i_{e1}} = \frac{u_e}{i_e} = r_{e,Emitter/Source} \qquad (4.78)$$

Hier erhält man für den Differenzverstärker dieselben Werte wie bei der äquivalenten Emitter- oder Sourceschaltung. Man beachte, daß die Kleinsignalgrößen in (4.76)–(4.78) zu einem anderen Kleinsignalersatzschaltbild gehören als die in (4.73)–(4.75); so folgt z.B. aus (4.73) und (4.76) *nicht* $A_D = A_{Gl}/2$.

Bei einer Messung oder Simulation dieser Größen muß reine Differenz- oder Gleichtaktaussteuerung vorliegen. Das gilt nicht nur am Eingang, an dem dies durch die Größen $u_D$ und $u_{Gl}$ zum Ausdruck kommt, sondern auch am Ausgang. Da dort keine speziellen Differenz- und Gleichtaktgrößen definiert sind, muß man die Nebenbedingungen $u_{a1} = -u_{a2}$ und $u_{a1} = u_{a2}$ zur Kennzeichnung von Differenz- und Gleichtaktaussteuerung verwenden. Das hat zur Folge, daß sich die Definitionen des Differenz- und Gleichtakt-Ausgangswiderstands nur in den Nebenbedingungen und nicht in den Kleinsignalgrößen unterscheiden. Bei beiden Ausgangswiderständen wird $u_{a1}/i_{a1}$ gebildet; der Unterschied kommt durch die andere Ansteuerung des zweiten Ausgangs zustande.

Die Ausgangswiderstände hängen beim npn-Differenzverstärker wie bei der Emitterschaltung vom Innenwiderstand $R_g$ der Signalquelle ab. Da dieser im allgemeinen kleiner ist als die Eingangswiderstände, kann man sich ohne größeren Fehler auf die Kurzschluß-Ausgangswiderstände beschränken; deshalb sind $r_{a,D}$ und $r_{a,Gl}$ mit der Nebenbedingung $u_D = u_{Gl} = 0$ angegeben. Beim n-Kanal-Differenzverstärker tritt diese Abhängigkeit wegen der isolierten Gate-Anschlüsse der Mosfets nicht auf; hier ist $R_g$ am Ausgang nicht *sichtbar*.

Mit den Ergebnissen für die Emitterschaltung aus Abschnitt 2.4.1 und für die Sourceschaltung aus Abschnitt 3.4.1 erhält man für den

*Differenzverstärker mit Widerständen* [23]:

$$
A_D = \left. \frac{u_{a1}}{u_D} \right|_{i_{a1}=i_{a2}=0} = \begin{cases} -\dfrac{S}{2}\left(R_C \parallel r_{CE}\right) \overset{r_{CE}\gg R_C}{\approx} -\dfrac{1}{2} S R_C \\[3mm] -\dfrac{S}{2}\left(R_D \parallel r_{DS}\right) \overset{r_{DS}\gg R_D}{\approx} -\dfrac{1}{2} S R_D \end{cases} \tag{4.79}
$$

$$
r_{a,D} = \left. \frac{u_{a1}}{i_{a1}} \right|_{u_{a1}=-u_{a2}} = \begin{cases} R_C \parallel r_{CE} \overset{r_{CE}\gg R_C}{\approx} R_C \\[3mm] R_D \parallel r_{DS} \overset{r_{DS}\gg R_D}{\approx} R_D \end{cases} \tag{4.80}
$$

$$
r_{e,D} = \frac{u_D}{i_{e1}} = \begin{cases} 2 r_{BE} \\ \infty \end{cases} \tag{4.81}
$$

$$
A_{Gl} = \left. \frac{u_{a1}}{u_{Gl}} \right|_{i_a=0} \approx \begin{cases} -\dfrac{R_C}{2 r_0} \\[3mm] -\dfrac{S R_D}{2\left(S+S_B\right) r_0} \overset{S\gg S_B}{\approx} -\dfrac{R_D}{2 r_0} \end{cases} \tag{4.82}
$$

$$
r_{a,Gl} = \left. \frac{u_{a1}}{i_{a1}} \right|_{u_{a1}=u_{a2}} = \begin{cases} R_C \parallel \beta\, r_{CE} \approx R_C \\[3mm] R_D \parallel 2S\, r_{DS} r_0 \approx R_D \end{cases} \tag{4.83}
$$

$$
r_{e,Gl} = \frac{u_{Gl}}{i_{e1}} = \begin{cases} 2\beta\, r_0 + r_{BE} \approx 2\beta\, r_0 \\ \infty \end{cases} \tag{4.84}
$$

$$
G = \frac{A_D}{A_{Gl}} \approx \begin{cases} S\, r_0 \\ \left(S+S_B\right) r_0 \overset{S\gg S_B}{\approx} S r_0 \end{cases} \tag{4.85}
$$

Verwendet wurden dazu die Gleichungen (2.61)–(2.63) auf Seite 112, (2.70)–(2.72) auf Seite 118, (3.50)–(3.52) auf Seite 256 und (3.56)–(3.58) auf Seite 261; dabei wird in (2.70) $R_E = 2 r_0$ und in (3.56) $R_S = 2 r_0$ und $2S\, r_0 \gg 1$ eingesetzt.

Beim n-Kanal-Differenzverstärker mit integrierten Mosfets hängt die Gleichtaktverstärkung von der Gleichtaktspannung $U_{Gl,A}$ im Arbeitspunkt ab, weil die Bulk-Source-Spannung $U_{BS}$ und die Substrat-Steilheit $S_B$ von $U_{Gl,A}$ abhängen.

---

23 Die Ergebnisse für den npn- und n-Kanal-Differenzverstärker werden mit geschweiften Klammern zusammengefaßt. Nach der geschweiften Klammer stehen die Werte für den npn-Differenzverstärker oben, die für den n-Kanal-Differenzverstärker unten.

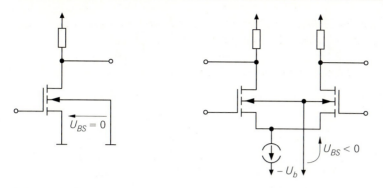

**Abb. 4.71.** Bulk-Source-Spannung $U_{BS}$ bei der Sourceschaltung und beim n-Kanal-Differenz-verstärker

Da aber beim n-Kanal-Differenzverstärker nach Abb. 4.71 $U_{BS} < 0$ gilt, ist die Substrat-Steilheit geringer als bei der Sourceschaltung und kann deshalb in der Praxis meist vernachlässigt werden. Im Gegensatz dazu gilt bei Differenzverstärkern mit diskreten Mosfets $U_{BS} = 0$; in diesem Fall kann man in den Gleichungen $S_B = 0$ setzen. Im folgenden wird die Substrat-Steilheit generell vernachlässigt.

Zur Realisierung der Stromquelle können prinzipiell alle im Abschnitt 4.1.1 beschriebenen Schaltungen eingesetzt werden; dabei geht der Ausgangswiderstand $r_0$ maßgeblich in die Gleichtaktverstärkung und die Gleichtaktunterdrückung ein. In der Praxis wird meist ein einfacher Stromspiegel eingesetzt.

**Grundgleichungen eines symmetrischen Differenzverstärkers:** Man kann die Differenzverstärkung mit Hilfe des Differenz-Ausgangswiderstands und die Gleichtaktverstärkung mit Hilfe des Gleichtakt-Ausgangswiderstands darstellen; dadurch erhält man aus (4.79)–(4.85) die *Grundgleichungen eines symmetrischen Differenzverstärkers:*

$$A_D = \left. \frac{u_{a1}}{u_D} \right|_{i_{a1}=i_{a2}=0} = -\frac{1}{2} S r_{a,D} \tag{4.86}$$

$$A_{Gl} = \left. \frac{u_{a1}}{u_{Gl}} \right|_{i_{a1}=i_{a2}=0} \approx -\frac{r_{a,Gl}}{2r_0} \tag{4.87}$$

$$G = \frac{A_D}{A_{Gl}} \approx S r_0 \frac{r_{a,D}}{r_{a,Gl}} \overset{r_{a,D} \approx r_{a,Gl}}{\approx} S r_0 \tag{4.88}$$

Wenn die Ausgangswiderstände $r_{a,D}$ und $r_{a,Gl}$ wie beim Differenzverstärker mit Widerständen nahezu gleich sind, hängt die Gleichtaktunterdrückung nur von

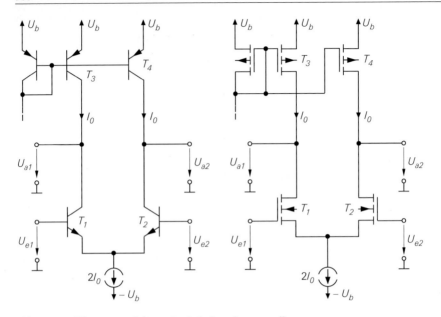

**Abb. 4.72.** Differenzverstärker mit einfachen Stromquellen

der Steilheit der Transistoren und vom Ausgangswiderstand $r_0$ der Stromquelle ab.

Eine Stromgegenkopplung wie in Abb. 4.57 auf Seite 370 oder in Abb. 4.61b auf Seite 375 kann einfach berücksichtigt werden, indem man anstelle der Steilheit $S$ die *reduzierte Steilheit*

$$
S_{red} = S' = \begin{cases} \dfrac{S}{1 + SR_E} \\[2mm] \dfrac{S}{1 + (S + S_B)\, R_S} \overset{S \gg S_B}{\approx} \dfrac{S}{1 + SR_S} \end{cases} \tag{4.89}
$$

einsetzt; dadurch nimmt die Differenzverstärkung entsprechend ab. Die Gleichtaktverstärkung bleibt gleich, weil der Gegenkopplungswiderstand im Kleinsignalersatzschaltbild für Gleichtaktaussteuerung in Reihe zum Ausgangswiderstand $r_0$ der Stromquelle liegt und wegen $r_0 \gg R_E, R_S$ vernachlässigt werden kann. Die Gleichtaktunterdrückung $G = A_D/A_{Gl}$ nimmt demnach bei Stromgegenkopplung ab.

**Differenzverstärker mit einfachen Stromquellen:** Abbildung 4.72 zeigt einen npn- und einen n-Kanal-Differenzverstärker mit einfachen Stromquellen anstelle der Widerstände. Im Kleinsignalersatzschaltbild und in den Gleichungen werden die Widerstände durch den Ausgangswiderstand der einfachen Stromquelle ersetzt: $R_C \rightarrow r_{CE3}$ beim npn-Differenzverstärker und $R_D \rightarrow r_{DS3}$ beim n-Kanal-Differenzverstärker. Damit erhält man für den

*Differenzverstärker mit einfachen Stromquellen:*

$$A_D = \left.\frac{u_{a1}}{u_D}\right|_{i_{a1}=i_{a2}=0} = -\frac{1}{2}S_1 r_{a,D}$$

$$r_{a,D} = \left.\frac{u_{a1}}{i_{a1}}\right|_{u_{a1}=-u_{a2}} \approx \begin{cases} r_{CE1} \| r_{CE3} & \overset{r_{CE1}\approx r_{CE3}}{\approx} & \dfrac{r_{CE3}}{2} \\[2ex] r_{DS1} \| r_{DS3} & \overset{r_{DS1}\approx r_{DS3}}{\approx} & \dfrac{r_{DS3}}{2} \end{cases} \tag{4.90}$$

$$A_{Gl} = \left.\frac{u_{a1}}{u_{Gl}}\right|_{i_{a1}=i_{a2}=0} \approx -\frac{r_{a,Gl}}{2r_0}$$

$$r_{a,Gl} = \left.\frac{u_{a1}}{i_{a1}}\right|_{u_{a1}=u_{a2}} \approx \begin{cases} \beta_1 r_{CE1} \| r_{CE3} \approx r_{CE3} \\[1ex] 2S_1 r_{DS1} r_0 \| r_{DS3} \approx r_{DS3} \end{cases} \tag{4.91}$$

$$G = \frac{A_D}{A_{Gl}} \approx S_1 r_0 \frac{r_{a,D}}{r_{a,Gl}} \overset{\substack{r_{CE1}\approx r_{CE3} \\ r_{DS1}\approx r_{DS3}}}{\approx} \frac{S\,r_0}{2} \tag{4.92}$$

Die Eingangswiderstände $r_{e,D}$ und $r_{e,Gl}$ bleiben unverändert, d.h. (4.81) und (4.84) gelten auch für den Differenzverstärker mit Stromquellen.

Beim npn-Differenzverstärker mit einfachen Stromquellen erhält man durch Einsetzen von $S_1 = I_0/U_T$, $r_{CE1} = U_{A,npn}/I_0$ und $r_{CE3} = U_{A,pnp}/I_0$:

$$A_D = -\frac{1}{2U_T\left(\dfrac{1}{U_{A,npn}} + \dfrac{1}{U_{A,pnp}}\right)} \tag{4.93}$$

Dabei sind $U_{A,npn}$ und $U_{A,pnp}$ die Early-Spannungen der Transistoren; für die Temperaturspannung gilt $U_T \approx 26\,\mathrm{mV}$ bei $T = 300\,\mathrm{K}$. Die Transistor-Größen und der Ruhestrom $I_0$ haben keinen Einfluß auf die Differenzverstärkung. Für die Transistoren aus Tab. 4.1 gilt $U_{A,npn} = 100\,\mathrm{V}$ und $U_{A,pnp} = 50\,\mathrm{V}$; daraus folgt $A_D = -640$.

Beim n-Kanal-Differenzverstärker mit einfachen Stromquellen erhält man mit $S_1 = \sqrt{2K_1 I_0}$, $r_{DS1} = U_{A,nK}/I_0$ und $r_{DS3} = U_{A,pK}/I_0$:

$$A_D = -\sqrt{\frac{K_1}{2I_0}} \frac{1}{\dfrac{1}{U_{A,nK}} + \dfrac{1}{U_{A,pK}}} = -\frac{1}{(U_{GS1} - U_{th1})\left(\dfrac{1}{U_{A,nK}} + \dfrac{1}{U_{A,pK}}\right)} \tag{4.94}$$

Dabei sind $U_{A,nK}$ und $U_{A,pK}$ die Early-Spannungen der Mosfets. Hier hängt die Differenzverstärkung auch von der Größe der Mosfets $T_1$ und $T_2$, ausgedrückt durch den Steilheitskoeffizienten $K_1$, ab; sie nimmt mit zunehmender Größe der

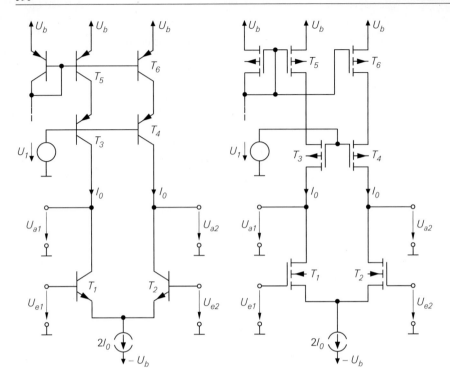

**Abb. 4.73.** Differenzverstärker mit Kaskode-Stromquellen

Mosfets zu. Für die Mosfets aus Tab. 4.2 gilt $U_{A,nK} = 50$ V und $U_{A,pK} = 33$ V; mit dem typischen Wert $U_{GS1} - U_{th1} = 1$ V folgt $A_D = -20$.

**Differenzverstärker mit Kaskode-Stromquellen:** Man kann die Differenzverstärkung durch Einsatz von Stromquellen mit Kaskode oder Kaskode-Stromquellen [24] anstelle der einfachen Stromquellen erhöhen; Abb. 4.73 zeigt die resultierenden Schaltungen beim Einsatz von Stromquellen mit Kaskode. Die Bezeichnung *Differenzverstärker mit Kaskode-Stromquellen* ist in diesem Fall streng genommen nicht korrekt, wird aber der umständlichen Bezeichnung *Differenzverstärker mit Stromquellen mit Kaskode* vorgezogen.

Der Ausgangswiderstand der Stromquelle steigt durch den Einsatz von Stromquellen mit Kaskode von $r_{CE3}$ bzw. $r_{DS3}$ auf

$$r_{aS} \approx \begin{cases} \beta_3 r_{CE3} \\ (S_3 + S_{B3})\, r_{DS3}^2 \overset{S_3 \gg S_{B3}}{\approx} S_3 r_{DS3}^2 \end{cases}$$

an; dadurch erhält man für den

---

24 Zur Unterscheidung siehe Abb. 4.23 auf Seite 325 und Abb. 4.25 auf Seite 329.

*Differenzverstärker mit Kaskode-Stromquellen:*

$$A_D = \frac{u_{a1}}{u_D}\bigg|_{i_{a1}=i_{a2}=0} = -\frac{1}{2}S_1 r_{a,D}$$

$$r_{a,D} = \frac{u_{a1}}{i_{a1}}\bigg|_{u_{a1}=-u_{a2}} \approx \begin{cases} r_{CE1} \parallel \beta_3 r_{CE3} \approx r_{CE1} \\ r_{DS1} \parallel S_3 r_{DS3}^2 \approx r_{DS1} \end{cases} \qquad (4.95)$$

$$A_{Gl} = \frac{u_{a1}}{u_{Gl}}\bigg|_{i_{a1}=i_{a2}=0} \approx -\frac{r_{a,Gl}}{2r_0}$$

$$r_{a,Gl} = \frac{u_{a1}}{i_{a1}}\bigg|_{u_{a1}=u_{a2}} \approx \begin{cases} \beta_1 r_{CE1} \parallel \beta_3 r_{CE3} \\ 2S_1 r_{DS1} r_0 \parallel S_3 r_{DS3}^2 \end{cases} \qquad (4.96)$$

$$G = \frac{A_D}{A_{Gl}} \approx S_1 r_0 \frac{r_{a,D}}{r_{a,Gl}} \qquad (4.97)$$

Hier ist der Gleichtakt-Ausgangswiderstand $r_{a,Gl}$ typisch um den Faktor $20\ldots200$ größer als der Differenz-Ausgangswiderstand $r_{a,D}$; dadurch wird die Gleichtakt-unterdrückung im Vergleich zum Differenzverstärker mit Widerständen entsprechend reduziert:

$$G \approx \frac{S_1 r_0}{20\ldots200}$$

Beim npn-Differenzverstärker mit Kaskode-Stromquellen erhält man durch Einsetzen von $S_1 = I_0/U_T$ und $r_{CE1} = U_{A,npn}/I_0$:

$$A_D = -\frac{U_{A,npn}}{2U_T} = -\frac{\mu}{2} \qquad (4.98)$$

Dabei ist $\mu = U_A/U_T$ die im Zusammenhang mit der Emitterschaltung eingeführte Maximalverstärkung eines Bipolartransistors. Mit $U_{A,npn} = 100\,\mathrm{V}$ erhält man $A_D = -1920$ im Vergleich zu $A_D = -640$ beim npn-Differenzverstärker mit einfachen Stromquellen.

Beim n-Kanal-Differenzverstärker mit Kaskode-Stromquellen folgt mit $S_1 = \sqrt{2K_1 I_0}$ und $r_{DS1} = U_{A,nK}/I_0$:

$$A_D = -\sqrt{\frac{K_1}{2I_0}}\,U_{A,nK} = -\frac{U_{A,nK}}{U_{GS1}-U_{th1}} = -\frac{\mu}{2} \qquad (4.99)$$

Dabei ist $\mu$ die im Zusammenhang mit der Sourceschaltung eingeführte Maximalverstärkung eines Mosfets. Mit $U_{A,nK} = 50\,\mathrm{V}$ und $U_{GS1} - U_{th1} = 1\,\mathrm{V}$ erhält man $A_D = -50$ im Vergleich zu $A_D = -20$ beim n-Kanal-Differenzverstärker mit einfachen Stromquellen.

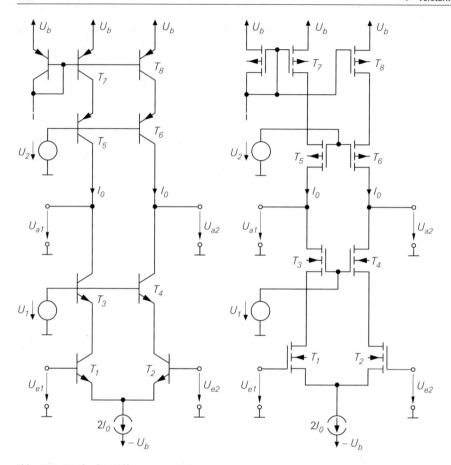

**Abb. 4.74.** Kaskode-Differenzverstärker

Der Differenzverstärker mit Kaskode-Stromquellen wird immer dann einge-setzt, wenn die pnp- bzw. p-Kanal-Transistoren eine deutliche geringere Early-Spannung aufweisen als die npn- bzw. n-Kanal-Transistoren. In diesem Fall erzielt man mit einfachen Stromquellen nur eine unzureichende Verstärkung.

**Kaskode-Differenzverstärker:** Eine weitere Zunahme der Differenzverstär-kung bei gleichzeitiger Zunahme des Verstärkungs-Bandbreite-Produkts wird er-reicht, wenn der Differenzverstärker zum Kaskode-Differenzverstärker ausgebaut wird. Dabei werden die in Abb. 4.43 auf Seite 350 gezeigten Kaskodeschaltungen symmetrisch ergänzt; Abb. 4.74 zeigt die resultierenden Schaltungen. Die Vorteile der Kaskodeschaltung werden im Abschnitt 4.1.2 beschrieben und gelten für den Kaskode-Differenzverstärker in gleicher Weise.

In Abb. 4.74 werden Stromquellen mit Kaskode eingesetzt, um eine möglichst hohe Differenzverstärkung zu erzielen. Wenn man dagegen nur an einer Zu-nahme des Verstärkungs-Bandbreite-Produkts interessiert ist, kann man auch einfache Stromquellen einsetzen; in diesem Fall entfallen die Transistoren $T_5$ und

$T_6$. Im allgemeinen ist jedoch die höhere Differenzverstärkung wichtiger als die Zunahme des Verstärkungs-Bandbreite-Produkts. Das gilt vor allem für den n-Kanal-Differenzverstärker, der ohne die Kaskode-Stufen im Differenzverstärker *und* in den Stromquellen nur eine vergleichsweise geringe Differenzverstärkung erreicht.

Aus (4.36) und (4.37) folgt für den

*Kaskode-Differenzverstärker:*

$$A_D = \left.\frac{u_{a1}}{u_D}\right|_{i_{a1}=i_{a2}=0} = -\frac{1}{2}S_1 r_{a,D}$$

$$r_{a,D} = \left.\frac{u_{a1}}{i_{a1}}\right|_{u_{a1}=-u_{a2}=0} \approx \begin{cases} \beta_3 r_{CE3} \parallel \beta_5 r_{CE5} \\ S_3 r_{DS3}^2 \parallel S_5 r_{DS5}^2 \end{cases} \tag{4.100}$$

$$A_{Gl} = \left.\frac{u_{a1}}{u_{Gl}}\right|_{i_{a1}=i_{a2}=0} \approx -\frac{r_{a,Gl}}{2r_0}$$

$$r_{a,Gl} = \left.\frac{u_{a1}}{i_{a1}}\right|_{u_{a1}=u_{a2}=0} \approx \begin{cases} \beta_3 r_{CE3} \parallel \beta_5 r_{CE5} \\ S_5 r_{DS5}^2 \end{cases} \tag{4.101}$$

$$G = \frac{A_D}{A_{Gl}} \approx S_1 r_0 \frac{r_{a,D}}{r_{a,Gl}}$$

Beim n-Kanal-Kaskode-Differenzverstärker nimmt der Ausgangswiderstand am Drain-Anschluß von $T_3$ bei Gleichtaktaussteuerung auf $2S_1 S_3 r_{DS3}^2 r_0$ zu und kann vernachlässigt werden. Beim npn-Kaskode-Differenzverstärker wird der maximale Ausgangswiderstand $\beta_3 r_{CE3}$ am Kollektor von $T_3$ schon bei Differenzaussteuerung erreicht; eine weitere Zunahme ist nicht möglich.

Durch Einsetzen der Kleinsignalparameter erhält man für den npn-Kaskode-Differenzverstärker

$$A_D \approx -\frac{1}{2U_T\left(\dfrac{1}{\beta_{npn}U_{A,npn}} + \dfrac{1}{\beta_{pnp}U_{A,pnp}}\right)} \tag{4.102}$$

und für den n-Kanal-Kaskode-Differenzverstärker mit Mosfets gleicher Größe, d.h. gleichem Steilheitskoeffizienten $K$:

$$A_D \approx -\frac{K}{I_D\left(\dfrac{1}{U_{A,nK}^2} + \dfrac{1}{U_{A,pK}^2}\right)} = -\frac{2}{(U_{GS} - U_{th})^2\left(\dfrac{1}{U_{A,nK}^2} + \dfrac{1}{U_{A,pK}^2}\right)} \tag{4.103}$$

Mit den Bipolartransistoren aus Tab. 4.1 erhält man $A_D \approx -38500$ und mit den Mosfets aus Tab. 4.2 $A_D \approx -1500$.

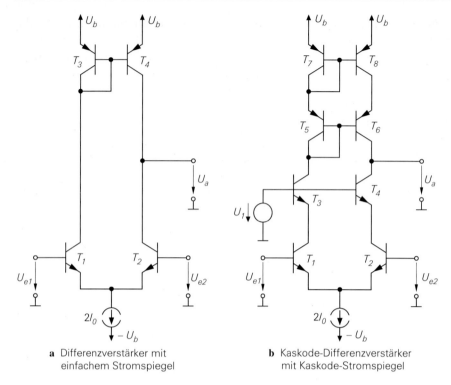

**a** Differenzverstärker mit
einfachem Stromspiegel

**b** Kaskode-Differenzverstärker
mit Kaskode-Stromspiegel

**Abb. 4.75.** Differenzverstärker mit Stromspiegel

Wenn die Early-Spannungen und Stromverstärkungen der npn- und pnp-
Transistoren und die Early-Spannungen der n-Kanal- und p-Kanal-Mosfets gleich
sind, folgt:

$$|A_D| \approx \begin{cases} \dfrac{\beta \, S r_{CE}}{4} = \dfrac{\beta \, U_A}{4 U_T} \overset{\beta \approx 100}{\approx} 25.000\ldots 150.000 \\[3mm] \dfrac{S^2 r_{DS}^2}{4} = \left( \dfrac{U_A}{U_{GS} - U_{th}} \right)^2 \approx 400\ldots 10.000 \end{cases}$$

Demnach kann man mit *einem* npn-Kaskode-Differenzverstärker eine Differenzverstärkung im Bereich von $10^5 = 100$ dB erreichen; mit einem n-Kanal-Kaskode-
Differenzverstärker erreicht man dagegen maximal etwa $10^4 = 80$ dB.

**Differenzverstärker mit Stromspiegel:** Durch den Einsatz eines Stromspiegels
erhält man einen Differenzverstärker mit unsymmetrischem Ausgang; Abb. 4.75a
zeigt die einfachste Ausführung, die bereits in Abb. 4.64 auf Seite 378 vorgestellt
und bezüglich ihres Großsignalverhaltens untersucht wurde. Beim Kaskode-Differenzverstärker erhält man durch den Einsatz eines Kaskode-Stromspiegels die
in Abb. 4.75b gezeigte Schaltung. Das Übersetzungsverhältnis der Stromspiegel
muß $k_I = 1$ betragen (praktisch: $k_I \approx 1$).

Man kann die Kleinsignalgrößen leicht ableiten, wenn man folgende Eigenschaften berücksichtigt:

- Durch den Stromspiegel verdoppelt sich der Ausgangsstrom bei Differenzaussteuerung, siehe Abb. 4.64; dadurch nimmt die Differenzverstärkung um den Faktor 2 zu.

- Bei Gleichtaktaussteuerung ändern sich die Ströme gleichsinnig und werden durch den Stromspiegel am Ausgang subtrahiert. Bei idealer Subtraktion mit einem idealen Stromspiegel bleibt die Ausgangsspannung konstant; daraus folgt $A_{Gl} = 0$. Bei realen Stromspiegeln verbleibt eine geringe Gleichtaktverstärkung.

- Der Ausgangswiderstand $r_a$ entspricht dem Differenz-Ausgangswiderstand $r_{a,D}$ der entsprechenden symmetrischen Schaltung.

Damit erhält man die *Grundgleichungen eines unsymmetrischen Differenzverstärkers mit Stromspiegel*:

$$A_D = \left.\frac{u_{a1}}{u_D}\right|_{i_a=0} = -S\,r_a \tag{4.104}$$

$$A_{Gl} = \left.\frac{u_{a1}}{u_{Gl}}\right|_{i_a=0} \approx 0 \tag{4.105}$$

$$G = \frac{A_D}{A_{Gl}} \to \infty \tag{4.106}$$

Für den *Differenzverstärker mit einfachem Stromspiegel* gilt

$$r_a = \left.\frac{u_{a1}}{i_{a1}}\right|_{u_D=0} \approx \begin{cases} r_{CE2} \,\|\, r_{CE4} \\ r_{DS2} \,\|\, r_{DS4} \end{cases} \tag{4.107}$$

und für den *Kaskode-Differenzverstärker mit Kaskode-Stromspiegel*:

$$r_a = \left.\frac{u_{a1}}{i_{a1}}\right|_{u_D=0} = \begin{cases} \beta_4 r_{CE4} \,\|\, \dfrac{\beta_6 r_{CE6}}{2} \\[2mm] S_4 r_{DS4}^2 \,\|\, S_6 r_{DS6}^2 \end{cases} \tag{4.108}$$

Beim npn-Kaskode-Differenzverstärker mit Kaskode-Stromspiegel ist zu beachten, daß der Ausgangswiderstand eines Kaskode-Stromspiegels mit $k_I = 1$ nur halb so groß ist wie der Ausgangswiderstand einer Stromquelle mit Kaskode, siehe (4.23) und (4.27).

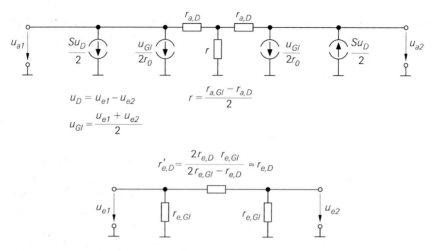

**Abb. 4.76.** Ersatzschaltbild eines Differenzverstärkers

**Ersatzschaltbild:** Mit Hilfe der Kleinsignalparameter eines Differenzverstärkers kann man das in Abb. 4.76 gezeigte Ersatzschaltbild angeben. Es besteht eingangsseitig aus einem $\pi$-Netzwerk mit drei Widerständen zur Nachbildung der Eingangswiderstände $r_{e,D}$ und $r_{e,Gl}$ beim npn-Differenzverstärker; beim n-Kanal-Differenzverstärker entfallen die Widerstände. Da die beiden Widerstände $r_{e,Gl}$ auch bei Differenzaussteuerung wirksam werden, muß der Querwiderstand den Wert

$$r'_{e,D} \;=\; \frac{2 r_{e,D} r_{e,Gl}}{2 r_{e,Gl} - r_{e,D}}$$

haben, damit der effektive Differenz-Eingangswiderstand $r_{e,D}$ beträgt. In der Praxis gilt $r_{e,Gl} \gg r_{e,D}$ und damit $r'_{e,D} \approx r_{e,D}$. Ausgangsseitig dient ein T-Netzwerk aus drei Widerständen zur Nachbildung der Ausgangswiderstände. Das T-Netzwerk hat den Vorteil, daß der für die Praxis wichtigere Differenz-Ausgangswiderstand direkt eingeht und der Widerstand $r$ für $r_{a,D} = r_{a,Gl}$ in einen Kurzschluß übergeht. An jedem Ausgang sind zwei Stromquellen angeschlossen, die von der Differenzspannung $u_D$ und der Gleichtaktspannung $u_{Gl}$ gesteuert werden; die entsprechenden Steilheiten sind $S/2$ bei Differenzaussteuerung und $1/(2r_0)$ bei Gleichtaktaussteuerung.

**Nichtlinearität:** Durch eine Reihenentwicklung der Kennlinien kann man den Klirrfaktor eines Differenzverstärkers näherungsweise berechnen. Beim npn-Differenzverstärker folgt aus (4.62) durch Übergang zu den Kleinsignalgrößen:

$$u_{a1} \;=\; - I_0 R_C \tanh \frac{u_D}{2 U_T} \;=\; - I_0 R_C \left[ \frac{u_D}{2 U_T} - \frac{1}{3} \left( \frac{u_D}{2 U_T} \right)^3 + \cdots \right]$$

Durch Einsetzen von $u_D = \hat{u}_D \cos \omega t$ erhält man:

$$u_{a1} \;=\; - I_0 R_C \left[ \left( \frac{u_D}{2 U_T} - \frac{u_D^3}{32 U_T^3} + \cdots \right) \cos \omega t - \left( \frac{u_D^3}{96 U_T^3} - \cdots \right) \cos 3\omega t + \cdots \right]$$

Bei kleinen Amplituden ($u_D < 2U_T$) folgt aus dem Verhältnis der Amplituden bei $3\omega t$ und $\omega t$ näherungsweise der *Klirrfaktor des npn-Differenzverstärkers ohne Stromgegenkopplung*:

$$k \approx \frac{1}{48} \left( \frac{\hat{u}_D}{U_T} \right)^2 \tag{4.109}$$

Mit $U_T = 26\,\text{mV}$ erhält man bei Vorgabe eines maximalen Klirrfaktors:

$$\hat{u}_D < U_T \sqrt{48k} = 180\,\text{mV} \cdot \sqrt{k}$$

Für $k < 1\%$ muß $\hat{u}_D < 18\,\text{mV}$ gelten. Damit ist der npn-Differenzverstärker wesentlich linearer als die Emitterschaltung, bei der für $k < 1\%$ nur eine Amplitude von $\hat{u}_e < 1\,\text{mV}$ zulässig ist. Außerdem muß man die Amplitude im Zuge einer Reduzierung des Klirrfaktors nur proportional zur Wurzel des Klirrfaktors und nicht, wie bei der Emitterschaltung, linear reduzieren.

Die Berechnung gilt nur für den Fall, daß am Ausgang noch keine Übersteuerung auftritt; dies wurde durch die Annahme einer idealen tanh-Kennlinie implizit vorausgesetzt. Bei den meisten Differenzverstärkern mit Stromquellen ist jedoch die Verstärkung so hoch, daß bereits eine Differenzaussteuerung von wenigen Millivolt zu einer Übersteuerung am Ausgang führt; das gilt vor allem für den Kaskode-Differenzverstärker. In diesem Fall arbeitet der Differenzverstärker bis zur ausgangsseitigen Übersteuerung praktisch linear und der Klirrfaktor ist entsprechend gering. Bei einsetzender Übersteuerung am Ausgang steigt der Klirrfaktor dann jedoch stark an.

Beim npn-Differenzverstärker mit Stromgegenkopplung gilt:

$$U_D = U_{BE1} + I_{C1}R_E - U_{BE2} - I_{C2}R_E = U_{BE1} - U_{BE2} + (I_{C1} - I_{C2})\,R_E$$

Mit $U_D' = U_{BE1} - U_{BE2}$ anstelle von $U_D$ erhält man aus (4.61):

$$I_{C1} - I_{C2} = 2I_0 \tanh \frac{U_D'}{2U_T}$$

Einsetzen und Übergang zu den Kleinsignalgrößen liefert:

$$u_D = u_D' + 2I_0 R_E \tanh \frac{u_D'}{2U_T}$$

Aus (4.62) folgt:

$$u_{a1} = -I_0 R_C \tanh \frac{u_D'}{2U_T}$$

Durch Reihenentwicklung und Eliminieren von $u_D'$ erhält man

$$u_{a1} = -\frac{I_0 R_C}{I_0 R_E + U_T} \left( u_D - \frac{U_T u_D^3}{12\,(I_0 R_E + U_T)^3} + \cdots \right)$$

und daraus den *Klirrfaktor eines npn-Differenzverstärkers mit Stromgegenkopplung*:

$$k \approx \frac{U_T u_D^2}{48\,(I_0 R_E + U_T)^3} \overset{S = I_0/U_T}{=} \frac{1}{48\,(1 + SR_E)^3} \left( \frac{\hat{u}_D}{U_T} \right)^2 \tag{4.110}$$

Da der Gegenkopplungsfaktor $1 + SR_E$ kubisch in den Klirrfaktor, aber nur linear in die Differenzverstärkung eingeht, nehmen die Verzerrungen bei konstanter Ausgangsamplitude quadratisch mit dem Gegenkopplungsfaktor ab. Deshalb ist die linearisierende Wirkung der Stromgegenkopplung beim Differenzverstärker viel stärker als bei der Emitterschaltung, bei der die Verzerrungen am Ausgang bei konstanter Ausgangsamplitude nur linear mit dem Gegenkopplungsfaktor abnehmen.

Wenn man beim n-Kanal-Differenzverstärker in gleicher Weise vorgeht, erhält man für den *Klirrfaktor eines n-Kanal-Differenzverstärkers*:

$$k \approx \frac{K\hat{u}_D^2}{64I_0\left(1 + \sqrt{2KI_0}R_S\right)^3} \overset{S=\sqrt{2KI_0}}{=} \frac{K\hat{u}_D^2}{64I_0\left(1 + SR_S\right)^3} \overset{R_S=0}{=} \frac{K\hat{u}_D^2}{64I_0} \quad (4.111)$$

Auch hier geht der Gegenkopplungsfaktor $1 + SR_S$ kubisch ein. Im Gegensatz zum npn-Differenzverstärker geht hier auch die Größe der Mosfets in Form des Steilheitskoeffizienten $K$ ein. Ohne Gegenkopplung ($R_S = 0$) nimmt der Klirrfaktor mit zunehmender Größe der Mosfets linear zu ($k \sim K$), bei starker Gegenkopplung dagegen ab ($k \sim 1/\sqrt{K}$ für $SR_S \gg 1$). Auch hier gelten die Gleichungen nur unter der Voraussetzung, daß am Ausgang keine Übersteuerung auftritt.

Bei Differenzverstärkern mit Widerständen erhält man eine für die praktische Auslegung hilfreiche Darstellung, wenn man den Klirrfaktor auf die Amplitude $\hat{u}_a$ am Ausgang bezieht und eine bestimmte Differenzverstärkung fordert. Betrachtet werden dazu die Differenzverstärker mit Stromgegenkopplung in Abb. 4.77, die mit $R_E = 0$ bzw. $R_S = 0$ in die entsprechenden Differenzverstärker ohne Stromgegenkopplung übergehen. Beim npn-Differenzverstärker erhält man:

$$\left.\begin{array}{c} k_{npn} \approx \dfrac{1}{48\left(1 + SR_E\right)^3}\left(\dfrac{\hat{u}_D}{U_T}\right)^2 \\[2ex] |A_D| \approx \dfrac{\hat{u}_a}{\hat{u}_D} = \dfrac{SR_C}{1 + SR_E} \end{array}\right\} \Rightarrow k_{npn} \approx \dfrac{|A_D|U_T\hat{u}_a^2}{6\left(I_0R_C\right)^3}$$

Dabei ist $I_0R_C$ der Spannungsabfall am Kollektorwiderstand, siehe Abb. 4.77a. Für den n-Kanal-Differenzverstärker gilt:

$$\left.\begin{array}{c} k_{nK} \approx \dfrac{K u_D^2}{64I_0\left(1 + SR_S\right)^3} \\[2ex] |A_D| \approx \dfrac{\hat{u}_a}{\hat{u}_D} = \dfrac{SR_D}{1 + SR_S} \end{array}\right\} \Rightarrow k_{nK} \approx \dfrac{|A_D|\left(U_{GS} - U_{th}\right)\hat{u}_a^2}{32\left(I_0R_D\right)^3}$$

Hier ist $I_0R_D$ der Spannungsabfall am Drainwiderstand, siehe Abb. 4.77b. Man erkennt, daß der Klirrfaktor bei beiden Differenzverstärkern umgekehrt proportional zur dritten Potenz des Spannungsabfalls an den Widerständen $R_C$ und $R_D$ ist. Da dieser Spannungsabfall in Abhängigkeit von der Versorgungsspannung $U_b$ gewählt werden muß, nimmt der Klirrfaktor bei einer Reduzierung von $U_b$ etwa kubisch zu: halbe Versorgungsspannung → 8-facher Klirrfaktor. Die Gegenkopplungswiderstände $R_E$ und $R_S$ treten nicht explizit auf, da ihr Wert wegen der als

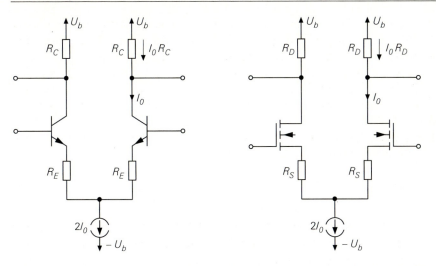

**Abb. 4.77.** Schaltungen zum Vergleich der Klirrfaktoren von npn- und n-Kanal-Differenz-verstärker

konstant vorausgesetzten Differenzverstärkung fest an $R_C$ bzw. $R_D$ gekoppelt ist. Aus dem Verhältnis

$$\frac{k_{nK}}{k_{npn}} \approx \frac{3}{16} \frac{U_{GS} - U_{th}}{U_T} \overset{U_T = 26\,\mathrm{mV}}{=} \frac{U_{GS} - U_{th}}{140\,\mathrm{mV}}$$

folgt, daß der Klirrfaktor eines npn-Differenzverstärkers üblicherweise geringer ist als der eines n-Kanal-Differenzverstärkers mit gleicher Differenzverstärkung.

*Beispiel:* Bei der Beschreibung des n-Kanal-Differenzverstärkers mit Strom-gegenkopplung wurden die Kennlinien der in Abb. 4.61 auf Seite 375 gezeigten Schaltungen miteinander verglichen, siehe Abb. 4.62. Dabei wurde festgestellt, daß die Kennlinien des Differenzverstärkers ohne Stromgegenkopplung nichtli-nearer sind als die des Differenzverstärkers mit Stromgegenkopplung. Dieses Er-gebnis kann man nun mit Hilfe der Näherungen für den Klirrfaktor überprüfen. Beide Schaltungen arbeiten mit demselben Ruhestrom und haben dieselbe Dif-ferenzverstärkung, d.h. gleiche Ausgangsamplitude bei gleicher Eingangsamp-litude $\hat{u}_D$. Für den Differenzverstärker ohne Gegenkopplung erhält man mit $I_0 = 100\,\mu\mathrm{A}$, $K = 15 \cdot 30\,\mu\mathrm{A/V}^2 = 0,45\,\mathrm{mA/V}^2$ (Größe 15) und $\hat{u}_D = 0,5\,\mathrm{V}$ einen Klirrfaktor von $k \approx 1,76\%$; für den Differenzverstärker mit Gegenkopp-lung folgt mit $K = 150 \cdot 30\,\mu\mathrm{A/V}^2 = 4,5\,\mathrm{mA/V}^2$ (Größe 150), $R_S = 2\,\mathrm{k\Omega}$ und sonst gleichen Werten $k \approx 0,72\%$. Damit wird das Ergebnis bestätigt.

### Arbeitspunkteinstellung

Der Arbeitspunkt wird beim Differenzverstärker im wesentlichen mit der Strom-quelle $2I_0$ eingestellt. Sie gibt die Ruheströme der Transistoren vor und bestimmt damit das Kleinsignalverhalten; nur beim Differenzverstärker mit Widerständen gehen die Widerstände als zusätzliche frei wählbare Größe ein. Die Arbeitspunkt-

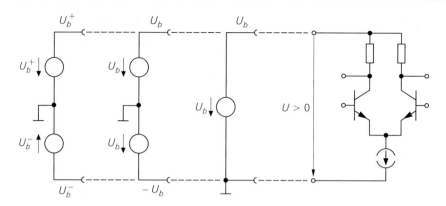

**Abb. 4.78.** Versorgungsspannungen beim Differenzverstärker: allgemein, symmetrisch und unipolar

spannungen spielen beim Differenzverstärker eine untergeordnete Rolle, solange im Arbeitspunkt alle Bipolartransistoren im Normalbetrieb bzw. alle Mosfets im Abschnürbereich arbeiten. Diese Forderung ist im allgemeinen genau dann erfüllt, wenn die Gleichtaktspannung $U_{Gl}$ innerhalb des *Gleichtaktaussteuerbereichs* liegt; darauf wurde bereits im Zusammenhang mit den Kennlinien eingegangen. Der Gleichtaktaussteuerbereich hängt vom Aufbau des Differenzverstärkers, von den Versorgungsspannungen und von der erforderlichen Ausgangsamplitude ab.

**Versorgungsspannungen:** Ein Differenzverstärker hat im allgemeinen zwei Versorgungsspannungen, die mit $U_b^+$ und $U_b^-$ bezeichnet werden; dabei gilt $U_b^+ > U_b^-$. Die Spannungsdifferenz $U_b^+ - U_b^-$ muß mindestens so groß sein, daß alle Transistoren im Normal- bzw. Abschnürbereich arbeiten können, und sie muß so klein sein, daß die maximal zulässigen Spannungen bei keinem Transistor überschritten werden. Theoretisch sind alle Kombinationen möglich, die diese Bedingungen erfüllen, in der Praxis treten jedoch zwei Fälle besonders häufig auf:

- Symmetrische Spannungsversorgung mit $U_b^+ > 0$ und $U_b^- = -U_b^+$. Die Versorgungsspannungsanschlüsse werden in diesem Fall meist mit $U_b$ und $-U_b$ bezeichnet. Beispiele: $\pm 5\,\mathrm{V}$; $\pm 12\,\mathrm{V}$.
- Unipolare Spannungsversorgung mit $U_b^+ > 0$ und $U_b^- = 0$. Hier liegt der Anschluß $U_b^-$ auf Masse. Der Anschluß $U_b^+$ wird meist mit $U_b$ bezeichnet. Beispiele: $12\,\mathrm{V}$; $5\,\mathrm{V}$; $3,3\,\mathrm{V}$.

Abbildung 4.78 zeigt den allgemeinen und die beiden praktischen Fälle im Vergleich. Bei unipolarer Spannungsversorgung wird nur eine Versorgungsspannungsquelle benötigt.

**Gleichtaktaussteuerbereich:** Bei einem Differenzverstärker mit unipolarer Spannungsversorgung liegt der Gleichtaktaussteuerbereich vollständig im Bereich positiver Spannungen, d.h. im Arbeitspunkt muß $U_{Gl} > 0$ gelten. Bei sym-

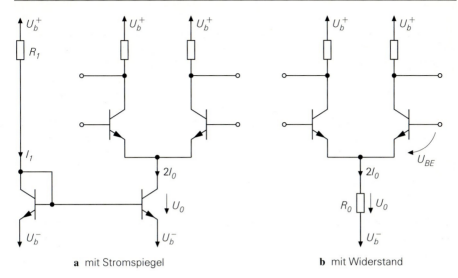

**a** mit Stromspiegel        **b** mit Widerstand

**Abb. 4.79.** Übliche Arbeitspunkteinstellung bei npn-Differenzverstärkern mit Widerständen

metrischer Spannungsversorgung ist dagegen bei ausreichend großer Spannung $U_b$ auch $U_{Gl} = 0$ oder $U_{Gl} < 0$ möglich, weil sich der Gleichtaktaussteuerbereich in diesem Fall über positive und negative Spannungen erstreckt. Daraus folgt, daß man die Eingänge eines Differenzverstärkers mit symmetrischer Spannungsversorgung direkt mit einer Signalquelle ohne Gleichspannungsanteil verbinden kann; insbesondere kann man einen Eingang mit Masse verbinden, wie dies z.B. bei den Differenzverstärkern mit unsymmetrischem Eingang in Abb. 4.52 auf Seite 365 stillschweigend geschehen ist.

**Differenzverstärker mit Widerständen:** Abbildung 4.79a zeigt die übliche Arbeitspunkteinstellung bei einem Differenzverstärker mit Widerständen am Beispiel eines npn-Differenzverstärkers. Der Strom $2I_0$ wird mit einem npn-Stromspiegel aus dem Referenzstrom $I_1$ abgeleitet; das Übersetzungsverhältnis beträgt $k_I = 2I_0/I_1$. Der Strom $I_1$ kann im einfachsten Fall mit einem Widerstand $R_1$ eingestellt werden. Die Spannung $U_0$ am Ausgang des Stromspiegels darf eine Untergrenze $U_{0,min}$ – beim einfachen Stromspiegel $U_{CE,sat}$ bzw. $U_{DS,ab}$ – nicht unterschreiten; dadurch wird der Gleichtaktaussteuerbereich nach unten begrenzt.

Wenn sich die Gleichtaktspannung nur wenig ändert, kann man die Stromquelle durch einen Widerstand

$$R_0 = \frac{U_0}{2I_0} = \frac{U_{Gl} - U_{BE} - U_b^-}{2I_0}$$

ersetzen, siehe Abb. 4.79b. Die Gleichtaktunterdrückung ist in diesem Fall vergleichsweise gering, weil der Widerstand $R_0$ im allgemeinen deutlich kleiner ist als der Ausgangswiderstand $r_0$ einer realen Stromquelle.

**Differenzverstärker mit Stromquellen:** Abbildung 4.80 zeigt die in der Praxis übliche Arbeitspunkteinstellung bei Differenzverstärkern mit einfachen oder

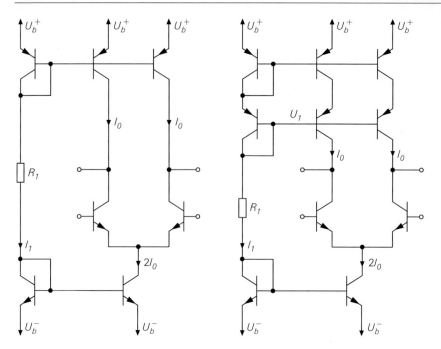

**Abb. 4.80.** Übliche Arbeitspunkteinstellung bei npn-Differenzverstärkern mit Stromquellen

Kaskode-Stromquellen am Beispiel von npn-Differenzverstärkern. Die Stromquelle $2I_0$ wird wie beim Differenzverstärker mit Widerständen durch einen npn-Stromspiegel mit dem Übersetzungsverhältnis $k_I = 2I_0/I_1$ realisiert. Für die ausgangsseitigen Stromquellen wird ein pnp-Stromspiegel mit zwei Ausgängen eingesetzt; dabei wird derselbe Referenzstrom $I_1$ verwendet, was auf ein Übersetzungsverhältnis von $k_I = I_0/I_1$ führt. Auch hier kann der Strom $I_1$ im einfachsten Fall mit einem Widerstand $R_1$ eingestellt werden. Die Spannung $U_1$ für die Kaskode-Stufe wird durch die beiden pnp-Transistor-Dioden auf $U_b^+ - 2U_{EB} \approx U_b^+ - 1,4\,\mathrm{V}$ eingestellt.

**Kaskode-Differenzverstärker:** Beim Kaskode-Differenzverstärker mit Kaskode-Stromquellen werden zwei Hilfsspannungen benötigt; Abb. 4.81 zeigt eine übliche Schaltung am Beispiel eines npn-Kaskode-Differenzverstärkers. Die Einstellung der Ströme erfolgt wie beim Differenzverstärker mit Stromquellen. Die Spannung $U_2$ für die pnp-Kaskode-Stufe wird auch hier mit zwei pnp-Transistor-Dioden auf $U_b^+ - 2U_{EB} \approx U_b^+ - 1,4\,\mathrm{V}$ eingestellt. Die Spannung $U_1$ für die npn-Kaskode-Stufe wird über den Spannungsteiler aus den Widerständen $R_1$ und $R_2$ und einer Kollektorschaltung zur Impedanzwandlung bereitgestellt; dabei wird der Strom der Kollektorschaltung über eine zusätzliche Stromquelle eingestellt. Die Wahl der Spannung $U_1$ wirkt sich auf die Aussteuerbarkeit am Eingang und am Ausgang aus: eine relative hohe Spannung $U_1$ hat einen größeren Gleichtaktaussteuerbereich am Eingang und einen kleineren Aussteuerbereich

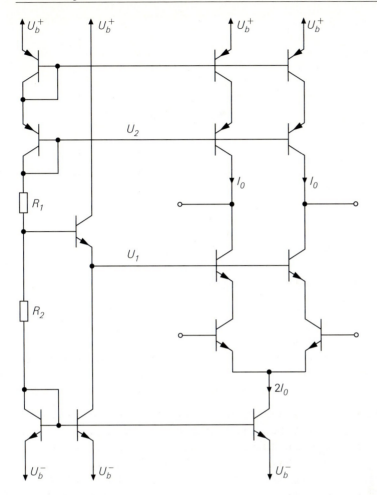

**Abb. 4.81.** Übliche Arbeitspunkteinstellung bei einem npn-Kaskode-Differenzverstärker mit Kaskode-Stromquellen

am Ausgang zur Folge; eine geringere Spannung wirkt sich entgegengesetzt aus.

**Differenzverstärker mit gefalteter Kaskode:** Idealerweise sollte der ein- und ausgangsseitige Aussteuerbereich den ganzen Bereich zwischen den Versorgungsspannungen umfassen. Der in Abb. 4.82 gezeigte Differenzverstärker mit gefalteter Kaskode kommt diesem Idealfall sehr nahe. Er entsteht aus dem normalen Kaskode-Differenzverstärker, indem man die Kaskode-Stufe zusammen mit den ausgangsseitigen Stromquellen nach unten faltet und zwei weitere Stromquellen ergänzt. Man kann nun ein- und ausgangsseitig fast über den ganzen Bereich der Versorgungsspannungen aussteuern; daraus folgt insbesondere, daß die Ausgangsspannungen auch kleiner als die Eingangsspannungen sein können. Das Kleinsignalverhalten bleibt dagegen gleich. In der Praxis wird meist ein unsym-

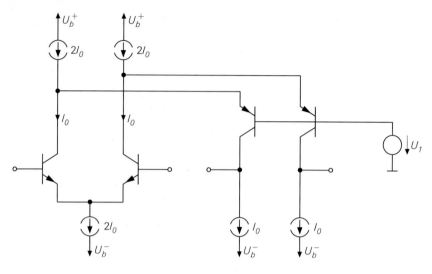

**Abb. 4.82.** Differenzverstärker mit gefalteter Kaskode

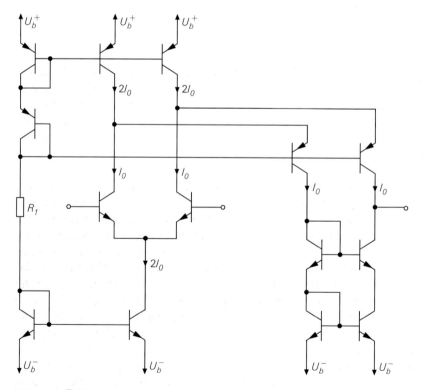

**Abb. 4.83.** Übliche Ausführung eines Differenzverstärkers mit gefalteter Kaskode und unsymmetrischem Ausgang

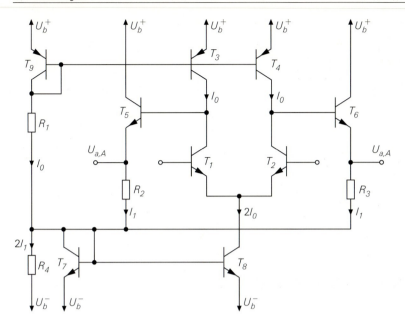

**Abb. 4.84.** Regelung der Ausgangsspannungen bei einem Differenzverstärker mit Kollektorschaltungen (Bezug auf die Versorgungsspannung $U_b^-$)

metrischer Ausgang verwendet, indem die ausgangsseitigen Stromquellen durch einen Kaskode-Stromspiegel ersetzt werden; man erhält dann die in Abb. 4.83 gezeigte Schaltung, die wegen ihrer Aussteuerbarkeit und ihrer hohen Differenzverstärkung und Gleichtaktunterdrückung vor allem als Eingangsstufe in Operationsverstärkern eingesetzt wird. Dort ersetzt man den Widerstand $R_1$ durch eine der im Abschnitt 4.1.5 beschriebenen Referenzstromquellen, damit die Ruheströme nicht von den Versorgungsspannungen abhängen.

**Regelung der Ausgangsspannungen:** Bei allen symmetrischen Differenzverstärkern mit Stromquellen sind die Ausgangsspannungen im Arbeitspunkt ohne Beschaltung undefiniert. Ursache hierfür sind geringe Unterschiede in den Strömen der npn- und pnp- bzw. n-Kanal- und p-Kanal-Transistoren, die dazu führen, daß die Ausgänge entweder an die obere oder an die untere Aussteuerungsgrenze geraten. Bei niederohmigen Lasten an den Ausgängen wird der Arbeitspunkt durch die Lasten festgelegt; sie nehmen die Differenzströme der Transistoren auf. Sind dagegen hochohmige Lasten angeschlossen, muß man die Ausgangsspannungen regeln, um eine Übersteuerung zu vermeiden; dazu muß man entweder die Stromquelle $2I_0$ oder die beiden ausgangsseitigen Stromquellen $I_0$ geeignet steuern.

Wenn an den Ausgängen Kollektor- bzw. Drainschaltungen zur Impedanzwandlung angeschlossen sind, kann man die Stromquelle $2I_0$ steuern, indem man die Ruheströme dieser Schaltungen über Widerstände einstellt und diese mit dem Referenzzweig der Stromquelle verbindet; Abb. 4.84 zeigt dieses Verfahren

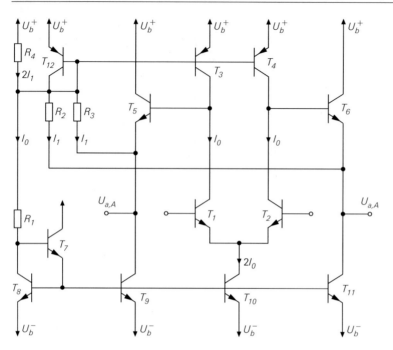

**Abb. 4.85.** Regelung der Ausgangsspannungen bei einem Differenzverstärker mit Kollektor-schaltungen (Bezug auf die Versorgungsspannung $U_b^+$)

am Beispiel eines npn-Differenzverstärkers mit npn-Kollektorschaltungen. Im Arbeitspunkt erhält man an den Ausgängen mit $R_2 = R_3$:

$$U_{a,A} = U_b^- + U_{BE7} + I_1 R_2 = U_b^- + U_{BE7} \left( 1 + \frac{R_2}{2R_4} \right) \qquad \text{mit } U_{BE7} \approx 0,7\,\text{V}$$

Dabei wird vorausgesetzt, daß der Stromspiegel $T_7,T_8$ wie im ungeregelten Fall das Übersetzungsverhältnis 2 besitzt. Alternativ kann man den Widerstand $R_4$ weglassen und den Arbeitspunkt mit dem Übersetzungsverhältnis $k_I$ des Strom-spiegels $T_7,T_8$ einstellen; dann gilt

$$k_I (I_0 + 2I_1) \equiv 2I_0 \Rightarrow I_1 = I_0 \left( \frac{1}{k_I} - \frac{1}{2} \right)$$

Die Ausgangsspannungen beziehen sich auf die Versorgungsspannung $U_b^-$, was vor allem bei Schaltungen mit variablen Versorgungsspannungen ungünstig ist. Abhilfe schafft die in Abb. 4.85 gezeigte Variante mit Bezug auf die Versorgungs-spannung $U_b^+$, bei der die pnp-Stromquellen gesteuert werden; hier gilt:

$$U_{a,A} = U_b^+ - U_{EB12} - I_1 R_2 = U_b^+ - U_{EB12} \left( 1 + \frac{R_2}{2R_4} \right) \qquad \text{mit } U_{EB12} \approx 0,7\,\text{V}$$

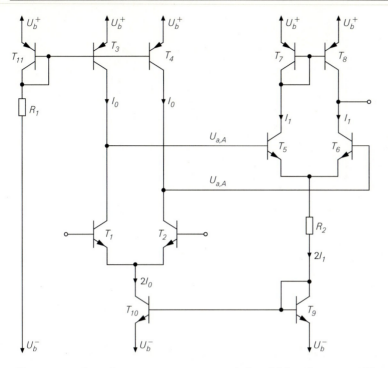

**Abb. 4.86.** Regelung der Ausgangsspannungen bei nachfolgendem npn-Differenzverstärker

Auch hier kann man den Widerstand $R_4$ weglassen und den Arbeitspunkt mit dem Übersetzungsverhältnis $k_I$ der Stromspiegel $T_{12},T_3$ und $T_{12},T_4$ einstellen:

$$I_1 = \frac{I_0}{2}\left(\frac{1}{k_I} - 1\right)$$

Dabei muß $k_I < 1$ gelten, d.h. $T_{12}$ ist größer als $T_3$ und $T_4$.

Bei beiden Varianten darf man die Widerstände $R_2$ und $R_3$ nicht zu klein wählen, weil sie die Ausgänge belasten und damit die Differenzverstärkung verringern. Bei Differenzverstärkern mit sehr hohem Ausgangswiderstand muß man deshalb meist zwei Kollektorschaltungen in Reihe schalten, bevor man die Widerstände anschließen kann. Bei den entsprechenden Schaltungen mit Mosfets ist dagegen bereits mit einer Drainschaltung eine Rückwirkung der Widerstände auf den Differenzverstärker ausgeschlossen.

Man kann dasselbe Verfahren auch anwenden, wenn anstelle der Kollektorschaltungen ein weiterer npn-Differenzverstärker folgt; Abb. 4.86 zeigt die entsprechende Schaltung. Hier gilt mit dem Übersetzungsverhältnis $k_I$ des Stromspiegels $T_9,T_{10}$:

$$I_1 = \frac{I_0}{k_I} \quad , \quad U_{a,A} = U_b^- + U_{BE9} + 2I_1R_2 + U_{BE5}$$

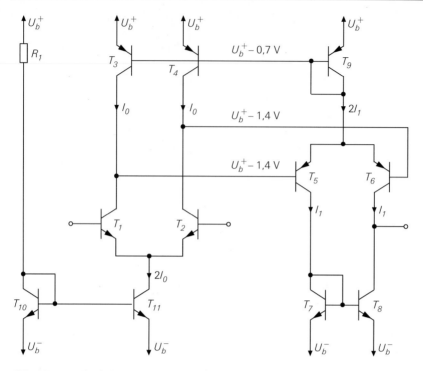

**Abb. 4.87.** Regelung der Ausgangsspannungen bei nachfolgendem pnp-Differenzverstärker

Folgt ein pnp-Differenzverstärker, kann man die in Abb. 4.87 gezeigte Schaltung verwenden, bei der die pnp-Stromquellen ohne zusätzliche Widerstände gesteuert werden; hier gilt

$$U_{a,A} = U_b^+ - U_{EB9} - U_{EB5} \approx U_b^+ - 1,4 \,\text{V}$$

und mit dem Übersetzungsverhältnis $k_I$ der Stromspiegel $T_9, T_3$ und $T_9, T_4$:

$$I_1 = \frac{I_0}{2k_I}$$

Bei dieser Variante ist die Schleifenverstärkung der Regelung sehr hoch und muß ggf. durch Stromgegenkopplungswiderstände in den Stromspiegeln begrenzt werden, d.h. in die Emitter-Leitung von $T_3$, $T_4$ und $T_9$ müssen Widerstände entsprechend dem Übersetzungsverhältnis eingefügt werden. Diese Schaltung wird vor allem in Präzisions-Operationsverstärkern verwendet.

Alle Verfahren zur Regelung der Ausgangsspannungen haben eine Erhöhung der Gleichtaktunterdrückung zur Folge, weil sie die durch eine Gleichtaktaussteuerung verursachte gleichsinnige Änderung der Ausgangsspannungen ausregeln. Deshalb haben Operationsverstärker, die die in Abb. 4.87 gezeigte Schaltung verwenden, eine besonders hohe Gleichtaktunterdrückung und – wegen der beiden Differenzverstärker– eine besonders hohe Differenzverstärkung.

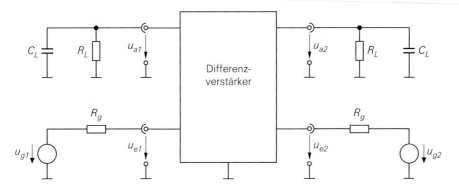

**Abb. 4.88.** Schaltung zur Bestimmung der Frequenzgänge

## Frequenzgänge und Grenzfrequenzen des Differenzverstärkers

Die Differenz- und Gleichtaktverstärkung gelten in der bisher berechneten Form nur für niedrige Signalfrequenzen; bei höheren Frequenzen muß man die Kapazitäten der Transistoren berücksichtigen und die Frequenzgänge unter Verwendung der dynamischen Kleinsignalmodelle berechnen. Beim Differenzverstärker muß man zwischen dem Frequenzgang der Differenzverstärkung und dem Frequenzgang der Gleichtaktverstärkung unterscheiden; der Quotient aus beiden ergibt den Frequenzgang der Gleichtaktunterdrückung.

Wegen der Abhängigkeit des Frequenzgangs von der Beschaltung wird die jeweilige Betriebsverstärkung betrachtet, d.h. es werden die Innenwiderstände $R_g$ der Signalquellen und die Lastimpedanzen, bestehend aus dem Lastwiderstand $R_L$ und der Lastkapazität $C_L$, berücksichtigt, siehe Abb. 4.88. Die Kleinsignalspannungen $u_{g1}$ und $u_{g2}$ der Signalquellen werden in gewohnter Form durch die *Signal-Differenzspannung* $u_{g,D}$ und die *Signal-Gleichtaktspannung* $u_{g,Gl}$ ersetzt:

$$u_{g,D} = u_{g1} - u_{g2} \quad , \quad u_{g,Gl} = \frac{u_{g1} + u_{g2}}{2} \tag{4.112}$$

Damit kann man die *Betriebs-Differenzverstärkung* $\underline{A}_{B,D}(s)$, die *Betriebs-Gleichtaktverstärkung* $\underline{A}_{B,Gl}(s)$ und die *Betriebs-Gleichtaktunterdrückung* $\underline{G}_B(s)$ definieren:

$$\underline{A}_{B,D}(s) = \left. \frac{\underline{u}_{a1}(s)}{\underline{u}_{g,D}(s)} \right|_{u_{g,Gl}=0} \tag{4.113}$$

$$\underline{A}_{B,Gl}(s) = \left. \frac{\underline{u}_{a1}(s)}{\underline{u}_{g,Gl}(s)} \right|_{u_{g,D}=0} \tag{4.114}$$

$$\underline{G}_B(s) = \frac{\underline{A}_{B,D}(s)}{\underline{A}_{B,Gl}(s)} \tag{4.115}$$

Im folgenden wird der Prefix *Betrieb* der Einfachheit halber weggelassen.

Auch bei der Berechnung der Frequenzgänge macht man von den Symmetrieeigenschaften Gebrauch. Dadurch kann man den symmetrischen Differenzverstärker auf die entsprechenden Emitter-, Source- oder Kaskodeschaltungen zurückführen. Beim unsymmetrischen Differenzverstärker mit Stromspiegel ist dies auf Grund der Unsymmetrie nicht möglich; außerdem muß der Frequenzgang des Stromspiegels berücksichtigt werden. Bei der Berechnung der statischen Größen wurde ein idealer Stromspiegel angenommen; deshalb konnten die Ergebnisse für den symmetrischen Differenzverstärker einfach auf den unsymmetrischen übertragen werden. Da Stromspiegel im allgemeinen eine sehr hohe Grenzfrequenz aufweisen, kann man diese Vorgehensweise auch hier anwenden; dazu setzt man für den Stromspiegels einen idealen Frequenzgang voraus. Die Grenzfrequenzen eines symmetrischen und eines unsymmetrischen Differenzverstärkers gleicher Bauart sind in diesem Fall gleich.

**Frequenzgang und Grenzfrequenz der Differenzverstärkung:** Der Frequenzgang der Differenzverstärkung wird näherungsweise durch einen Tiefpaß 1.Grades beschrieben:

$$\underline{A}_{B,D}(s) \approx \frac{A_0}{1 + \dfrac{s}{\omega_g}} \tag{4.116}$$

Dabei ist $A_0$ die Betriebsverstärkung bei niedrigen Frequenzen unter Berücksichtigung des Innenwiderstands $R_g$ der Signalquelle und des Lastwiderstands $R_L$:

$$A_0 = \underline{A}_{B,D}(0) = A_B = \frac{r_{e,D}}{r_{e,D} + 2R_g} A_D \frac{R_L}{r_{a,D} + R_L} \tag{4.117}$$

Für die *-3dB-Grenzfrequenz* $f_{-3dB}$, bei der der Betrag der Verstärkung um 3 dB abgenommen hat, erhält man aus (4.116) $\omega_{-3dB} \approx \omega_g$. Sie läßt sich mit Hilfe der Niederfrequenzverstärkung $A_0$ und zwei Zeitkonstanten beschreiben:

$$\omega_{-3dB} = 2\pi f_{-3dB} = \frac{1}{T_1 + T_2|A_0|} \overset{|A_0| \gg T_1/T_2}{\approx} \frac{1}{T_2|A_0|} \tag{4.118}$$

Für $|A_0| \gg T_1/T_2$ ist die Grenzfrequenz umgekehrt proportional zum Betrag der Verstärkung $A_0$ und man erhält ein konstantes *Verstärkungs-Bandbreite-Produkt* (*gain-bandwidth-product, GBW*):

$$GBW = f_{-3dB} |A_0| \approx \frac{1}{2\pi T_2} \tag{4.119}$$

Die Zeitkonstanten $T_1$ und $T_2$ für die verschiedenen Ausführungen des Differenzverstärkers kann man den folgenden Abschnitten entnehmen:

| | | | |
|---|---|---|---|
| 2.4.1 | Emitterschaltung: | (2.92), (2.96), (2.99)–(2.101) | Seite 138ff. |
| 3.4.1 | Sourceschaltung: | (3.77), (3.80), (3.83) | Seite 271ff. |
| 4.1.2 | Kaskodeschaltung: | (4.45), (4.46), (4.53), (4.54) | Seite 355 und 361 |

| npn | Zeitkonstanten |
|---|---|
| mit Widerständen | $T_1 = (C_E + C_C)\left(R_g \parallel r_{BE}\right)$ <br><br> $T_2 = \left(C_C + \dfrac{C_S + C_L}{\beta}\right) R_g + \dfrac{C_C + C_S + C_L}{S}$ |
| mit Widerständen und Stromgegen-kopplung | $T_1 = \left(C_E' + C_C\right)\left(R_g \parallel r_{BE}'\right)$ <br><br> $T_2 = \left(C_C + \dfrac{C_S + C_L}{\beta}\right) R_g + \dfrac{C_C + C_S + C_L}{S'}$ <br><br> mit $S' = S/(1 + SR_E)$, $C_E' = C_E/(1 + SR_E)$ <br> und $r_{BE}' = r_{BE}\,(1 + SR_E)$ |
| mit Stromquellen | $T_1 = (C_E + C_C)\left(R_g \parallel r_{BE}\right)$ <br><br> $T_2 = \left(C_C + \dfrac{C_C + 2C_S + C_L}{\beta}\right) R_g + \dfrac{2C_C + 2C_S + C_L}{S}$ |
| mit Kaskode | $T_1 = (C_E + 2C_C)\left(R_g \parallel r_{BE}\right)$ <br><br> $T_2 = (2C_C + 2C_S + C_L)\left(\dfrac{R_g}{\beta} + \dfrac{1}{S}\right)$ |

| n-Kanal | Zeitkonstanten |
|---|---|
| mit Widerständen | $T_1 = (C_{GS} + C_{GD})\, R_g$ <br><br> $T_2 = C_{GD}R_g + \dfrac{C_{GD} + C_{BD} + C_L}{S}$ |
| mit Widerständen und Stromgegen-kopplung | $T_1 = \left(C_{GS}' + C_{GD}\right) R_g$ <br><br> $T_2 = C_{GD}R_g + \dfrac{C_{GD} + C_{BD} + C_L}{S'}$ <br><br> mit $S' \approx S/(1 + SR_S)$ und $C_{GS}' \approx C_{GS}/(1 + SR_S)$ |
| mit Stromquellen | $T_1 = (C_{GS} + C_{GD})\, R_g$ <br><br> $T_2 = C_{GD}R_g + \dfrac{2C_{GD} + 2C_{BD} + C_L}{S}$ |
| mit Kaskode | $T_1 = (C_{GS} + 2C_{GD})\, R_g$ <br><br> $T_2 = \dfrac{2C_{GD} + 2C_{BD} + C_L}{S}$ |

**Tab. 4.3.** Zeitkonstanten für die Grenzfrequenz der Differenzverstärkung

Tabelle 4.3 enthält eine Zusammenfassung für den Fall, daß die Kapazitäten der npn- und pnp-Transistoren und die der n- und p-Kanal-Mosfets gleich sind. Will man hier unterscheiden, muß man bei der Zeitkonstanten $T_2$ alle Kapazitäten mit dem Faktor 2 durch die Summe der entsprechenden Werte ersetzen:

$$2C_C \rightarrow C_{C,npn} + C_{C,pnp} \;,\; 2C_S \rightarrow C_{S,npn} + C_{S,pnp}$$
$$2C_{GD} \rightarrow C_{GD,nK} + C_{GD,pK} \;,\; 2C_{BD} \rightarrow C_{BD,nK} + C_{BD,pK}$$

| Bipolartransistor | Mosfet |
|---|---|

$$S = \frac{\beta}{r_{BE}} = \frac{I_{C,A}}{U_T} \quad (\text{mit } \beta \approx B) \qquad S = \sqrt{2K\,I_{D,A}} = \sqrt{2\mu C'_{ox} I_{D,A} \frac{W}{L}}$$

$$C_E \approx S\,\tau_{0,N} + 2C_{S0,E} \qquad\qquad C_{GS} \approx \frac{2}{3}C_{ox} = \frac{2}{3}C'_{ox}WL$$

$$C_C \approx C_{S0,C} \qquad\qquad\qquad\qquad C_{GD} = C'_{GD,\ddot{U}}W$$

$$C_S \approx C_{S0,S} \qquad\qquad\qquad\qquad C_{BD} \approx C'_S A_D \quad (A_D: \text{Drainfläche})$$

**Tab. 4.4.** Kleinsignalparameter integrierter Bipolartransistoren und Mosfets

Alle anderen Kapazitäten beziehen sich beim npn-Differenzverstärker auf die npn-Transistoren und beim n-Kanal-Differenzverstärker auf die n-Kanal-Mosfets; das gilt auch für die Kapazitäten mit dem Faktor 2 in der Zeitkonstanten $T_1$.

Einige Gleichungen in Tab. 4.3 sind im Vergleich zur ursprünglich berechneten Form modifiziert:

- Die Basisbahn- und Gatewiderstände werden vernachlässigt, d.h. anstelle von $R'_g = R_g + R_B$ bzw. $R'_g = R_g + R_G$ wird $R_g$ eingesetzt.
- Bei den npn-Differenzverstärkern werden die zugrundeliegenden Gleichungen der Emitterschaltung um die Substratkapazität $C_S$ erweitert; dazu wird $C_L + C_S$ anstelle von $C_L$ eingesetzt, da die Substratkapazität wie eine Lastkapazität wirkt.
- Bei den n-Kanal-Differenzverstärkern wird in den zugrundeliegenden Gleichungen der Sourceschaltung die Drain-Source-Kapazität $C_{DS}$, die nur bei diskreten Mosfets auftritt, durch die Bulk-Drain-Kapazität $C_{BD}$ ersetzt.

Bei Stromgegenkopplung werden einige Größen mit dem Gegenkopplungsfaktor transformiert; in Tab. 4.3 ist dies nur für den Differenzverstärker mit Widerständen aufgeführt, kann aber in gleicher Weise auch auf die anderen Ausführungen übertragen werden.

Die zur Auswertung der Zeitkonstanten benötigten Kleinsignalparameter integrierter Bipolartransistoren und Mosfets sind in Tab. 4.4 zusammengefaßt; sie sind Tab. 2.4 auf Seite 93 (ohne $C_E$ und $C_C$), (4.49) und (4.50) auf Seite 359 und Tab. 3.9 auf Seite 246 entnommen. Bei den Sperrschichtkapazitäten $C_C$, $C_S$ und $C_{BD}$ wird ohne Rücksicht auf die aktuelle Sperrspannung die jeweilige Null-Kapazität $C(U = 0)$ verwendet; die tatsächliche Kapazität ist geringer.

Die Betragsfrequenzgänge der Differenzverstärkung sind in Abb. 4.89 dargestellt. Die Werte für die Niederfrequenzverstärkung gelten für npn-Differenzverstärker; bei den entsprechenden n-Kanal-Differenzverstärkern sind die Werte etwa um den Faktor 10 geringer. Die Differenzverstärker mit einfacher und mit Kaskode-Stromquelle erreichen eine höhere Differenzverstärkung als der Differenzverstärker mit Widerständen, haben allerdings wegen der zusätzlichen Kapazitäten der Stromquellen-Transistoren ein geringeres Verstärkungs-Bandbreite-Produkt (*GBW*). Beim Kaskode-Differenzverstärker mit Kaskode-Stromquellen

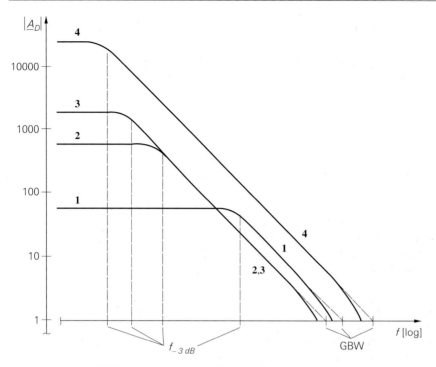

1: Differenzverstärker mit Widerständen
2: Differenzverstärker mit einfachen Stromquellen
3: Differenzverstärker mit Kaskode-Stromquellen
4: Kaskode-Differenzverstärker mit Kaskode-Stromquellen

**Abb. 4.89.** Betragsfrequenzgänge der Differenzverstärkung (die Zahlenwerte gelten für npn-Differenzverstärker)

ist sowohl die Differenzverstärkung als auch das Verstärkungs-Bandbreite-Produkt am größten.

Der Differenzverstärker mit einfachem Stromspiegel erreicht etwa die doppelte Differenzverstärkung und das doppelte Verstärkungs-Bandbreite-Produkt wie der entsprechende symmetrische Differenzverstärker; dadurch haben beide Schaltungen dieselbe Grenzfrequenz. Das gilt auch für den n-Kanal-Kaskode-Differenzverstärker mit Kaskode-Stromspiegel. Beim npn-Kaskode-Differenzverstärker mit Kaskode-Stromspiegel ist das Verstärkungs-Bandbreite-Produkt ebenfalls doppelt so groß wie beim npn-Kaskode-Differenzverstärker mit Kaskode-Stromquellen, jedoch ist die Differenzverstärkung aufgrund des geringeren Ausgangswiderstands des Kaskode-Stromspiegels im Vergleich zur Kaskode-Stromquelle nur wenig größer; deshalb ist die Grenzfrequenz höher. Die Frequenzgänge der Differenzverstärker mit Stromspiegel sind in Abb. 4.89 der Übersichtlichkeit wegen nicht dargestellt.

**Frequenzgang der Gleichtaktverstärkung:** Zur Berechnung wird das in Abb. 4.90 gezeigte Kleinsignalersatzschaltbild eines npn-Differenzverstärkers mit

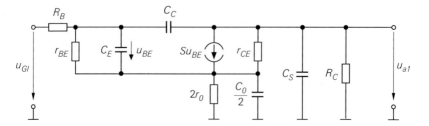

**Abb. 4.90.** Dynamisches Kleinsignalersatzschaltbild eines npn-Differenzverstärkers mit Widerständen bei Gleichtaktaussteuerung

Widerständen verwendet; es entsteht aus dem in Abb. 4.69 auf Seite 383 gezeigten statischen Kleinsignalersatzschaltbild für Gleichtaktaussteuerung durch Übergang vom statischen zum dynamischen Kleinsignalmodell des Transistors. $C_0$ ist die Ausgangskapazität der Stromquelle, die wegen der Aufteilung nur zur Hälfte eingeht. Das Ersatzschaltbild für Gleichtaktaussteuerung unterscheidet sich vom Ersatzschaltbild für Differenzaussteuerung nur durch die Impedanz der Stromquelle, die eine frequenzabhängige Stromgegenkopplung bewirkt; deshalb kann man den Frequenzgang der Gleichtaktverstärkung näherungsweise aus dem Frequenzgang der Differenzverstärkung berechnen, indem man anstelle der Steilheit $S$ die reduzierte Steilheit

$$S_{red}(s) = \frac{S}{1 + S\left(2\,r_0\,||\,\dfrac{2}{sC_0}\right)} \overset{Sr_0 \gg 1}{\approx} \frac{1 + sC_0 r_0}{2r_0\left(1 + s\,\dfrac{C_0}{2S}\right)}$$

einsetzt. Da bei Gleichtaktaussteuerung an jedem Eingang die volle Gleichtaktspannung anliegt, muß man zusätzlich mit 2 multiplizieren. Mit (4.116) und unter Berücksichtigung der Ausgangswiderstände folgt:

$$\underline{A}_{B,Gl}(s) \approx 2\underline{A}_{B,D}(s)\frac{S_{red}(s)r_{a,Gl}}{S\,r_{a,D}} \approx \frac{A_0 r_{a,Gl}}{S\,r_0 r_{a,D}}\frac{1 + sC_0 r_0}{\left(1 + s\,\dfrac{C_0}{2S}\right)\left(1 + \dfrac{s}{\omega_g}\right)}$$

Wenn man die Gleichtaktunterdrückung

$$G = \frac{S\,r_0 r_{a,D}}{r_{a,Gl}}$$

einsetzt und die Zeitkonstante $C_0 r_0$ durch die *Grenzfrequenz der Gleichtaktunterdrückung*

$$\omega_{g,G} = 2\pi f_{g,G} = \frac{1}{C_0 r_0} \tag{4.120}$$

ersetzt, erhält man:

$$\underline{A}_{B,Gl}(s) \approx \frac{A_0}{G}\frac{1 + \dfrac{s}{\omega_{g,G}}}{\left(1 + \dfrac{s}{2G\omega_{g,G}}\right)\left(1 + \dfrac{s}{\omega_g}\right)} \tag{4.121}$$

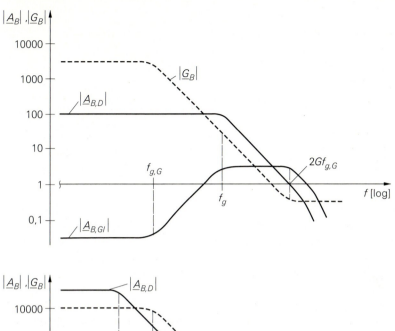

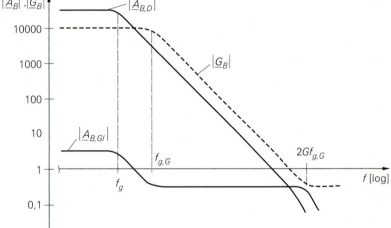

**Abb. 4.91.** Betragsfrequenzgänge $|\underline{A}_{B,D}|$, $|\underline{A}_{B,Gl}|$ und $|\underline{G}_B|$ für die Fälle $f_{g,G} < f_g$ (oben) und $f_{g,G} > f_g$ (unten)

$$\underline{G}_B(s) \approx G \, \frac{1 + \dfrac{s}{2G\omega_{g,G}}}{1 + \dfrac{s}{\omega_{g,G}}} \tag{4.122}$$

Abb. 4.91 zeigt die Betragsfrequenzgänge $|\underline{A}_{B,D}|$, $|\underline{A}_{B,Gl}|$ und $|\underline{G}_B|$ für die Fälle $f_{g,G} < f_g$ und $f_{g,G} > f_g$.

Der Fall $f_{g,G} < f_g$ ist typisch für Differenzverstärker mit Widerständen oder mit einfachen Stromquellen. Der Betrag der Gleichtaktverstärkung nimmt im Bereich zwischen der Gleichtakt-Grenzfrequenz $f_{g,G}$ und der Grenzfrequenz $f_g$ zu, verläuft oberhalb $f_g$ konstant und ist bei hohen Frequenzen doppelt so groß wie

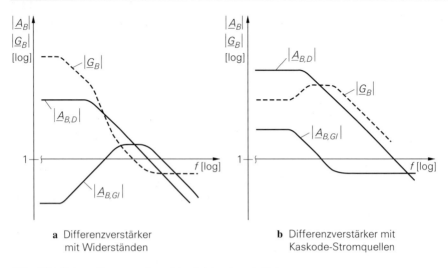

**a**  Differenzverstärker
mit Widerständen

**b**  Differenzverstärker mit
Kaskode-Stromquellen

**Abb. 4.92.** Betragsfrequenzgänge $|\underline{A}_{B,D}|$, $|\underline{A}_{B,Gl}|$ und $|\underline{G}_B|$

der Betrag der Differenzverstärkung. Der Betrag der Gleichtaktunterdrückung nimmt ab der Gleichtakt-Grenzfrequenz $f_{g,G}$ mit 20 dB/Dek. ab und geht bei hohen Frequenzen gegen 1/2.

Der Fall $f_{g,G} > f_g$ tritt vor allem bei Kaskode-Differenzverstärkern auf, die aufgrund ihrer sehr hohen Niederfrequenzverstärkung selbst bei einem hohen Verstärkungs-Bandbreite-Produkt nur eine relativ geringe Grenzfrequenz $f_g$ besitzen. Der Betrag der Gleichtaktverstärkung nimmt zwischen der Grenzfrequenz $f_g$ und der Gleichtakt-Grenzfrequenz $f_{g,G}$ ab, ist oberhalb $f_{g,G}$ konstant und bei hohen Frequenzen doppelt so groß wie der Betrag der Differenzverstärkung. Der Betrag der Gleichtaktunterdrückung verläuft wie im Fall $f_{g,G} < f_g$.

Die vereinfachte Herleitung des Frequenzgangs der Gleichtaktverstärkung ist für die Anschauung nützlich, führt aber zu Ungenauigkeiten:

- Aufgrund der frequenzabhängigen Gegenkopplung hat die Grenzfrequenz $f_g$ bei Gleichtaktaussteuerung einen anderen Wert als bei Differenzaussteuerung. Dieser Effekt ist bei den meisten Schaltungen gering, bei einigen jedoch stark ausgeprägt; dadurch tritt in der Gleichtaktunterdrückung ein zusätzlicher Pol und eine zusätzliche Nullstelle auf. Als Folge tritt beim Differenzverstärker mit Widerständen ein Bereich auf, in dem der Betrag der Gleichtaktunterdrückung mit 40 dB/Dek. abnimmt, und beim Differenzverstärker mit Kaskode-Stromspiegeln ein Bereich, in dem der Betrag der Gleichtaktunterdrückung zunimmt; Abb. 4.92 zeigt diese speziellen Fälle.

- Beim npn-Differenzverstärker werden der Differenz- und der Gleichtaktanteil des Eingangssignals aufgrund der unterschiedlichen Eingangswiderstände bei Differenz- und Gleichtaktaussteuerung unterschiedlich stark abgeschwächt. Deshalb entspricht der niederfrequente Wert der Betriebs-Gleichtaktunterdrückung $\underline{G}_B(s)$ vor allem bei hochohmigen Signalquellen nicht der Gleichtaktunterdrückung $G$, sondern ist um das Verhältnis der Spannungsteiler-Faktoren

$$\frac{\dfrac{r_{e,Gl}}{r_{e,Gl} + 2R_g}}{\dfrac{r_{e,D}}{r_{e,D} + 2R_g}} \overset{R_g \ll r_{e,Gl}}{\approx} 1 + \frac{2R_g}{r_{e,D}}$$

geringer. Bei niederohmigen Quellen mit $R_g \ll r_{e,D}$ macht sich dieser Effekt nicht bemerkbar.

*Beispiel:* Im folgenden werden die verschiedenen npn- und n-Kanal-Differenzverstärker verglichen. Alle Schaltungen sind für eine unipolare Versorgungsspannung von $U_b = 5\,\mathrm{V}$ und eine Ausgangsspannung von $U_{a,A} = 2,5\,\mathrm{V}$ ausgelegt. Für die Bipolartransistoren werden die Parameter aus Tab. 4.1 auf Seite 303 und für die Mosfets die Parameter aus Tab. 4.2 auf Seite 304 angenommen. Der Ruhestrom beträgt $I_0 = 100\,\mu\mathrm{A}$ bei den npn-Differenzverstärkern und $I_0 = 10\,\mu\mathrm{A}$ bei den n-Kanal-Differenzverstärkern. Bei den Bipolartransistoren wird generell die Größe 1 pro $100\,\mu\mathrm{A}$ Ruhestrom verwendet; das entspricht dem in Tab. 4.1 aufgeführten typischen Wert. Bei den Mosfets würde nach Tab. 4.2 ebenfalls die Größe 1 ausreichen, jedoch ist die damit verbundene Gate-Source-Spannung von $|U_{GS}| \approx 1,8\ldots2\,\mathrm{V}$ ($|U_{BS}| = 0\ldots1\,\mathrm{V}$) für die hier vorliegende Versorgungsspannung von $5\,\mathrm{V}$ zu hoch; deshalb werden n-Kanal-Mosfets der Größe 5 ($U_{GS} \approx 1,4\ldots1,6\,\mathrm{V}$) und p-Kanal-Mosfets der Größe 2 ($U_{GS} \approx -1,6\ldots-1,8\,\mathrm{V}$) pro $10\,\mu\mathrm{A}$ Ruhestrom verwendet. Da das geometrische Größenverhältnis der n- und p-Kanal-Mosfets der Größe 1 genau $2/5$ beträgt, sind alle Mosfets – mit Ausnahme des Mosfets in der Stromquelle – geometrisch gleich groß:

$$W = 15\,\mu\mathrm{m} \quad, \quad L = 3\,\mu\mathrm{m}$$

Die Gleichtaktspannung am Eingang beträgt bei den npn-Differenzverstärkern $U_{Gl,A} = 1\,\mathrm{V}$ und bei den n-Kanal-Differenzverstärkern $U_{Gl,A} = 2\,\mathrm{V}$; dadurch werden die Stromquellen im Emitter- bzw. Sourcezweig gerade noch oberhalb ihrer Aussteuerungsgrenze betrieben.

Abbildung 4.93 zeigt die Differenzverstärker mit Widerständen; dabei sind die Kollektor- bzw. Drainwiderstände so gewählt, daß die gewünschte Ausgangsspannung $U_{a,A} = 2,5\,\mathrm{V}$ erreicht wird:

$$\left.\begin{array}{r}R_C \\ R_D\end{array}\right\} = \frac{U_b - U_{a,A}}{I_0} = \left\{\begin{array}{l}25\,\mathrm{k\Omega} \\ 250\,\mathrm{k\Omega}\end{array}\right.$$

Im Gegensatz dazu stellt sich der Arbeitspunkt bei den Differenzverstärkern mit einfachen Stromquellen und einfachen Stromspiegeln in Abb. 4.94 nicht automatisch ein. Da die Kollektor- bzw. Drainströme der Transistoren $T_1$ und $T_3$ sowie $T_2$ und $T_4$ im gewünschten Arbeitspunkt im allgemeinen nicht exakt gleich sind, geht der Transistor mit dem größeren Strom in die Sättigung bzw. in den Abschnürbereich; die Ausgänge sind in diesem Fall übersteuert. In einer integrierten Schaltung hängt der tatsächliche Arbeitspunkt von der Beschaltung der Ausgänge und einer eventuell vorhandenen Arbeitspunktregelung ab; letztere wird im Abschnitt über die Arbeitspunkteinstellung bei Differenzverstärkern

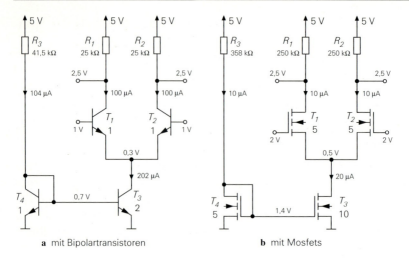

**a** mit Bipolartransistoren                    **b** mit Mosfets

**Abb. 4.93.** Beispiel: Differenzverstärker mit Widerständen

näher beschrieben. In der Schaltungssimulation kann man den gewünschten Arbeitspunkt z.B. dadurch einstellen, daß man die Ausgänge über sehr große Induktivitäten (z.B. $L = 10^9$ H) mit einer Spannungsquelle mit der Spannung $U_{a,A}$ verbindet; dadurch werden die Ausgänge gleichspannungsmäßig auf $U_{a,A}$ gehalten, während sie wechselspannungsmäßig aufgrund der bereits bei niedrigen Frequenzen sehr hohen Impedanzen der Induktivitäten praktisch offen sind. Diese Methode muß man bei allen Differenzverstärkern mit Stromquellen oder Stromspiegeln anwenden. Bei den Differenzverstärkern dieses Beispiels wird ein Arbeitspunkt mit $U_{a,A} = 2,5$ V vorausgesetzt, ohne daß die dazu notwendige Beschaltung oder Arbeitspunktregelung dargestellt wird.

Bei den Differenzverstärkern mit Kaskode-Stromquellen in Abb. 4.95 sowie den Kaskode-Differenzverstärkern mit Kaskode-Stromquellen in Abb. 4.96 und mit Kaskode-Stromspiegeln in Abb. 4.97 werden Hilfsspannungen zur Arbeitspunkteinstellung der Kaskode-Transistoren benötigt; auf die Erzeugung dieser Spannungen wird im Abschnitt 4.1.5 näher eingegangen.

Mit Hilfe von Tab. 4.4 auf Seite 412 und den Parametern aus Tab. 4.1 auf Seite 303 und Tab. 4.2 auf Seite 304 kann man ausgehend von den Ruheströmen und den Größen der Transistoren die Kleinsignalparameter der Transistoren ermitteln. Daraus erhält man mit den folgenden Gleichungen die Verstärkung, den Ausgangs- und den Eingangswiderstand der Differenzverstärker für Differenz- und Gleichtaktaussteuerung:

| | |
|---|---|
| mit Widerständen: | (4.79)–(4.85) |
| mit einfachen Stromquellen: | (4.90)–(4.92) |
| mit einfachem Stromspiegel: | (4.90), (4.104)–(4.106) |
| mit Kaskode-Stromspiegel: | (4.95)–(4.97) |
| Kaskode mit Stromquellen: | (4.100), (4.101) |
| Kaskode mit Stromspiegel: | (4.100), (4.104)–(4.106) |

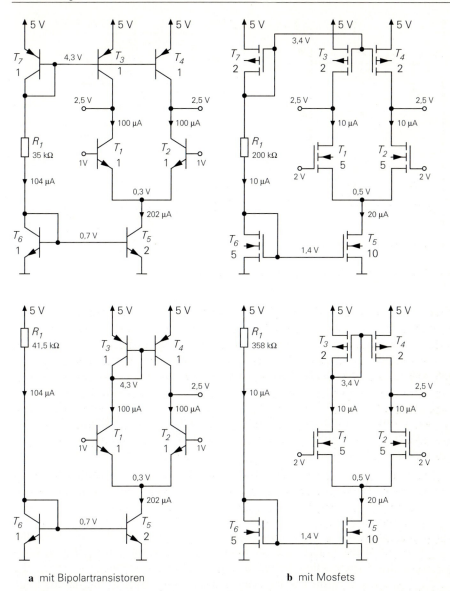

**a** mit Bipolartransistoren  **b** mit Mosfets

**Abb. 4.94.** Beispiel: Differenzverstärker mit einfachen Stromquellen und einfachen Stromspiegeln

Die Betriebs-Differenzverstärkung $A_0$ erhält man aus (4.117), die Zeitkonstanten $T_1$ und $T_2$ aus Tab. 4.3, das Verstärkungs-Bandbreite-Produkt $GBW$ aus (4.119), die -3dB-Grenzfrequenz $f_{-3dB}$ aus (4.118) und die Grenzfrequenz $f_{g,G}$ der Gleichtaktunterdrückung aus (4.120).

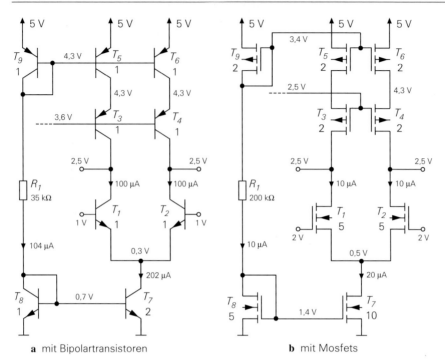

**a** mit Bipolartransistoren                    **b** mit Mosfets

**Abb. 4.95.** Beispiel: Differenzverstärker mit Kaskode-Stromquellen

Bei der Berechnung der Kleinsignalparameter der npn-Transistoren werden die geringen Unterschiede in den Ruheströmen der einzelnen Transistoren vernachlässigt, d.h. es wird mit $|I_{C,A}| \approx I_0 \approx 100\,\mu A$ gerechnet; daraus folgt:

$$\text{npn:}\quad S = 3,85\,\text{mS}\,,\quad \beta = 100\,,\quad r_{BE} = 26\,\text{k}\Omega\,,\quad r_{CE} = 1\,\text{M}\Omega\,,$$
$$C_E = 0,6\,\text{pF}\,,\quad C_C = 0,2\,\text{pF}\,,\quad C_S = 1\,\text{pF}$$
$$\text{pnp:}\quad \beta = 50\,,\quad r_{CE} = 500\,\text{k}\Omega\,,\quad C_C = 0,5\,\text{pF}\,,\quad C_S = 2\,\text{pF}$$

Für die Stromquelle gilt $r_0 = U_{A,npn}/(2I_0) = 500\,\text{k}\Omega$. Die Ausgangskapazität $C_0$ der Stromquelle ergibt sich als Summe der Substrat- und der Kollektorkapazität des Stromquellen-Transistors. Beide Teilkapazitäten sind wegen der Größe 2 doppelt so groß wie bei den anderen npn-Transistoren; daraus folgt: $C_0 = 2(C_S + C_C) = 2,4\,\text{pF}$. Damit erhält man aus (4.120) die Grenzfrequenz der Gleichtaktunterdrückung: $f_{g,G} = 133\,\text{kHz}$. Die resultierenden Werte für die npn-Differenzverstärker sind in Tab. 4.5 zusammengefaßt. Bei den Differenzverstärkern mit Stromspiegel wurden die Werte für Gleichtaktaussteuerung mit Hilfe einer Schaltungssimulation ermittelt; sie sind in Klammern angegeben.

Für die Mosfets erhält man mit $I_0 = 10\,\mu A$:

$$\text{n-Kanal:}\quad K = 150\,\mu\text{A/V}^2\,,\quad S = 54,8\,\mu\text{S}\,,\quad r_{DS} = 5\,\text{M}\Omega\,,$$
$$C_{GS} = 18\,\text{fF}\,,\quad C_{GD} = 7,5\,\text{fF}\,,\quad C_{BD} = 17\,\text{fF}$$

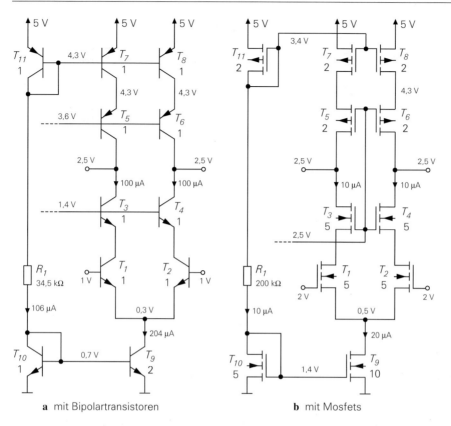

**a** mit Bipolartransistoren          **b** mit Mosfets

**Abb. 4.96.** Beispiel: Kaskode-Differenzverstärker mit Kaskode-Stromquellen

$$\text{p-Kanal:} \quad K = 60\,\mu\text{A/V}^2 \;, \; S = 34,6\,\mu\text{S} \;, \; r_{DS} = 3,3\,\text{M}\Omega \;,$$
$$C_{GD} = 7,5\,\text{fF} \;, \; C_{BD} = 17\,\text{fF}$$

Dabei wird angenommen, daß die Draingebiete 5 μm lang und 2 μm breiter als die Kanalweite $W$ sind; daraus folgt:

$$A_D = (15 + 2) \cdot 5\,\mu\text{m}^2 = 85\,\mu\text{m}^2 \;\Rightarrow\; C_{BD} = C'_S A_D = (0,2 \cdot 85)\,\text{fF} = 17\,\text{fF}$$

Für die Stromquelle gilt $r_0 = U_{A,nK}/(2I_0) = 2,5\,\text{M}\Omega$. Die Ausgangskapazität $C_0$ der Stromquelle setzt sich aus der Bulk-Drain- und der Gate-Drain-Kapazität des Stromquellen-Mosfets und den Bulk-Source-Kapazitäten der Mosfets $T_1$ und $T_2$ zusammen; letztere sind aufgrund des symmetrischen Aufbaus genauso groß wie die Bulk-Drain-Kapazitäten. Mit der Drainfläche $A_D = (32 \cdot 5)\,\mu\text{m}^2 = 160\,\mu\text{m}^2$ des Stromquellen-Mosfets erhält man:

$$C_0 = C'_S A_D + 2C_{GD} + 2C_{BD} = (0,2 \cdot 160 + 2 \cdot 7,5 + 2 \cdot 17)\,\text{fF} = 83\,\text{fF}$$

Damit folgt für die Grenzfrequenz der Gleichtaktunterdrückung: $f_{g,G} = 767\,\text{kHz}$. Die resultierenden Werte für die n-Kanal-Differenzverstärker sind in Tab. 4.6 zusammengefaßt. Auch hier wurden die Werte für Gleichtaktaussteuerung bei

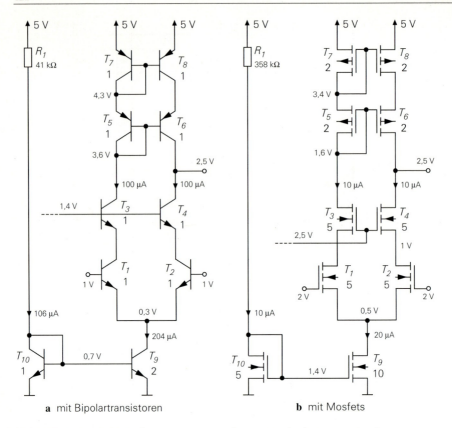

**a** mit Bipolartransistoren            **b** mit Mosfets

**Abb. 4.97.** Beispiel: Kaskode-Differenzverstärker mit Kaskode-Stromspiegel

den Differenzverstärkern mit Stromspiegel mit Hilfe einer Schaltungssimulation ermittelt.

Ein Vergleich der Werte der npn- und n-Kanal-Differenzverstärker zeigt, daß die Differenzverstärkung bei den npn-Differenzverstärkern etwa um den Faktor 10 größer ist als bei den korrespondierenden n-Kanal-Differenzverstärkern; lediglich bei den Kaskode-Differenzverstärkern ist der Unterschied geringer. Man muß dabei berücksichtigen, daß die n-Kanal-Mosfets bereits um den Faktor 5 größer gewählt wurden, als dies aufgrund des Ruhestroms erforderlich wäre; dadurch nimmt die Differenzverstärkung um den Faktor $\sqrt{5}$ zu. Ursache für die geringere Differenzverstärkung der n-Kanal-Differenzverstärker ist die geringere Maximalverstärkung der Mosfets. Bei den Kaskode-Differenzverstärkern holen die Mosfets auf, weil bei ihnen der Ausgangswiderstand mit zunehmender Stromgegenkopplung unbegrenzt ansteigt, während er bei Bipolartransistoren auf $\beta\, r_{CE}$ beschränkt ist. Daraus folgt, daß man die Differenzverstärkung eines n-Kanal-Kaskode-Differenzverstärkers durch weitere Kaskode-Stufen fast beliebig vergrößern kann.

| npn | W | ESQ | ESS | KSQ | KASQ | KASS | Einheit |
|---|---|---|---|---|---|---|---|
| **Verstärkung, Aus- und Eingangswiderstand** | | | | | | | |
| $A_D$ | $-47$ | $-641$ | $-1282$ | $-1851$ | $-38.500$ | $-42.800$ | – |
| $A_{D,dB}$ | 33 | 56 | 62 | 65 | 92 | 93 | dB |
| $A_{Gl}$ | $-0,025$ | $-0,5$ | $(-0,008)$ | $-20$ | $-20$ | $(-0,8)$ | – |
| $A_{Gl,dB}$ | $-32$ | $-6$ | $(-42)$ | 26 | 26 | $(-2)$ | dB |
| $G$ | 1880 | 1282 | (160.000) | 93 | 1925 | (54.000) | – |
| $G_{dB}$ | 65 | 62 | (104) | 39 | 66 | (95) | dB |
| $r_{a,D}$ | 24,4 | 333 | 333 | 962 | 20.000 | 11.100 | kΩ |
| $r_{a,Gl}$ | 25 | 498 | – | 20.000 | 20.000 | – | kΩ |
| $r_{e,D}$ | | | 26 | | | | kΩ |
| $r_{e,Gl}$ | | | 100 | | | | MΩ |
| **Frequenzgang und Grenzfrequenz mit $R_g = 10\,\mathrm{k\Omega}$, $R_L = \infty$, $C_L = 0$** | | | | | | | |
| $A_0$ | $-34$ | $-463$ | $-926$ | $-1337$ | $-27.800$ | $-30.900$ | – |
| $A_{0,dB}$ | 31 | 53 | 59 | 63 | 89 | 90 | dB |
| $T_1$ | 5,67 | 5,67 | 2,84 | 5,67 | 7,10 | 3,55 | ns |
| $T_2$ | 2,41 | 3,31 | 1,66 | 3,31 | 1,33 | 0,67 | ns |
| $GBW$ | 66 | 48 | 96 | 48 | 120 | 240 | MHz |
| $f_{-3dB}$ | 1800 | 103 | 103 | 36 | 4,3 | 7,7 | kHz |
| $f_{g,G}$ | | | 133 | | | | kHz |

W:     mit Widerständen (Abb. 4.93a)
ESQ:   mit einfachen Stromquellen (Abb. 4.94a)
ESS:   mit einfachem Stromspiegel (Abb. 4.94a)
KSQ:   mit Kaskode-Stromquellen (Abb. 4.95a)
KASQ:  Kaskode mit Stromquellen (Abb. 4.96a)
KASS:  Kaskode mit Stromspiegel (Abb. 4.97a)

**Tab. 4.5.** Kleinsignalparameter der npn-Differenzverstärker (simulierte Werte in Klammern)

Im allgemeinen sind an den Ausgängen eines Differenzverstärkers weitere Verstärkerstufen angeschlossen. Damit die Differenzverstärkung in vollem Umfang erhalten bleibt, müssen die Eingangswiderstände dieser Stufen größer sein als die Ausgangswiderstände des Differenzverstärkers. In CMOS-Schaltungen ist diese Bedingung wegen der isolierten Gate-Anschlüsse der Mosfets automatischen gegeben, so daß die maximale Betriebsverstärkung $A_{B,D} = A_D$ ohne besondere Maßnahmen erreicht wird. In bipolaren Schaltungen muß man dagegen an jedem Ausgang einen Impedanzwandler mit einer oder mehreren Kollektorschaltungen einsetzen, um die Ausgangswiderstände auf einen Wert unterhalb des Eingangswiderstands der nächsten Stufe zu reduzieren. Impedanzwandler werden im Abschnitt 4.1.4 näher beschrieben.

Ein sinnvoller Vergleich der Grenzfrequenzen der hier betrachteten Differenzverstärker ist wegen der stark unterschiedlichen Verstärkung nur auf der Basis des Verstärkungs-Bandbreite-Produkts möglich. Hier erreichen die n-Kanal-Differenzverstärker aufgrund der sehr kleinen Kapazitäten der integrierten Mosfets

| n-Kanal | W | ESQ | ESS | KSQ | KASQ | KASS | Einheit |
|---|---|---|---|---|---|---|---|
| Verstärkung, Aus- und Eingangswiderstand | | | | | | | |
| $A_D$ | $-6,5$ | $-55$ | $-110$ | $-135$ | $-8110$ | $-16.220$ | – |
| $A_{D,dB}$ | 16 | 35 | 41 | 42 | 78 | 84 | dB |
| $A_{Gl}$ | $-0,05$ | $-0,67$ | $(-0,005)$ | $-59$ | $-75$ | $(-0,035)$ | – |
| $A_{Gl,dB}$ | $-26$ | $-3$ | $(-46)$ | 35 | 38 | $(-29)$ | dB |
| $G$ | 130 | 82 | $(22.000)$ | $2,3$ | 108 | $(460.000)$ | – |
| $G_{dB}$ | 42 | 38 | $(87)$ | 7 | 40 | $(113)$ | dB |
| $r_{a,D}$ | $0,238$ | 2 | 2 | $4,93$ | 296 | 296 | M$\Omega$ |
| $r_{a,Gl}$ | $0,25$ | $3,3$ | – | 296 | 376 | – | M$\Omega$ |
| $r_{e,D}$ | | | $\infty$ | | | | $\Omega$ |
| $r_{e,Gl}$ | | | $\infty$ | | | | $\Omega$ |
| Frequenzgang und Grenzfrequenz mit $R_g = 100\,\mathrm{k\Omega}$, $R_L = \infty$, $C_L = 0$ | | | | | | | |
| $A_0$ | $-6,5$ | $-55$ | $-110$ | $-135$ | $-8110$ | $-16.220$ | – |
| $A_{0,dB}$ | 16 | 35 | 41 | 42 | 78 | 84 | dB |
| $T_1$ | $2,55$ | $2,55$ | $1,28$ | $2,55$ | $3,30$ | $1,65$ | ns |
| $T_2$ | $1,20$ | $1,64$ | $0,82$ | $1,64$ | $0,58$ | $0,29$ | ns |
| $GBW$ | 133 | 97 | 194 | 97 | 275 | 550 | MHz |
| $f_{-3dB}$ | 15.000 | 1700 | 1700 | 700 | 34 | 34 | kHz |
| $f_{g,G}$ | | | 767 | | | | kHz |

W:     mit Widerständen (Abb. 4.93b)
ESQ:   mit einfachen Stromquellen (Abb. 4.94b)
ESS:   mit einfachem Stromspiegel (Abb. 4.94b)
KSQ:   mit Kaskode-Stromquellen (Abb. 4.95b)
KASQ:  Kaskode mit Stromquellen (Abb. 4.96b)
KASS:  Kaskode mit Stromspiegel (Abb. 4.97b)

**Tab. 4.6.** Kleinsignalparameter der n-Kanal-Differenzverstärker (simulierte Werte in Klammern)

trotz des geringeren Ruhestroms höhere Werte als die npn-Differenzverstärker. Da die Eingangskapazitäten nachfolgender Verstärkerstufen ebenfalls sehr klein sind, bleibt dieser Vorteil im Inneren einer integrierten Schaltung in vollem Umfang erhalten. Wenn aber größere Lastkapazitäten an den Anschlüssen oder außerhalb einer integrierten Schaltung vorliegen, erreichen die npn-Differenzverstärker aufgrund der größeren Steilheit der Bipolartransistoren ein größeres Verstärkungs-Bandbreite-Produkt. Man erkennt dies, wenn man die Zeitkonstante $T_2$ aus Tab. 4.3 für den Grenzfall großer Lastkapazitäten $C_L$ betrachtet:

$$\lim_{C_L \to \infty} T_2 = \begin{cases} C_L \left( \dfrac{R_g}{\beta} + \dfrac{1}{S} \right) & \text{npn-Differenzverstärker} \\[2ex] \dfrac{C_L}{S} & \text{n-Kanal-Differenzverstärker} \end{cases}$$

Wenn man eine Lastkapazität von $C_L = 100\,\mathrm{pF}$ bei den npn-Differenzverstärkern und $C_L = 10\,\mathrm{pF}$ bei den n-Kanal-Differenzverstärkern annimmt – damit ist das Verhältnis von Ruhestrom und Lastkapazität bei beiden gleich –, erhält man für den npn-Differenzverstärker $GBW \approx 4,4\,\text{MHz}$ und für den n-Kanal-Differenzverstärker $GBW \approx 870\,\text{kHz}$. Auch hier muß man berücksichtigen, daß die n-Kanal-Mosfets bereits um den Faktor 5 größer gewählt wurden, als dies aufgrund des Ruhestroms erforderlich wäre; dadurch nimmt die Steilheit und in der Folge auch das Verstärkungs-Bandbreite-Produkt bei kapazitiver Last um den Faktor $\sqrt{5}$ zu.

**Zusammenfassung**

Der Differenzverstärker ist aufgrund seiner besonderen Eigenschaften eine der wichtigsten Schaltungen in der integrierten Schaltungstechnik. Man findet ihn nicht nur in Verstärkern, sondern auch in Komparatoren, ECL-Logikschaltungen, Spannungsreglern, aktiven Mischern und einer Vielzahl weiterer Schaltungen. Seine besondere Stellung in Verstärkerschaltungen verdankt er vor allem der weitgehend freien Wahl der Gleichtaktspannung am Eingang, die ein direktes Anschließen an jede Signalquelle erlaubt, deren Gleichspannungsanteil innerhalb des Gleichtaktaussteuerbereichs liegt; Spannungsteiler zur Arbeitspunkteinstellung und Koppelkondensatoren werden nicht benötigt. Daraus folgt auch, daß der Differenzverstärker von Hause aus ein echter Gleichspannungsverstärker ist. Da er praktisch nur das Differenzsignal verstärkt, ist er weiterhin *der* Regler schlechthin, da er durch die Differenzbildung die Regelabweichung berechnet und diese anschließend verstärkt, d.h. er vereint die Blöcke *Subtrahierer* und *Regelverstärker* eines Regelkreises. Damit bildet er auch die Basis für die Operationsverstärker. Der Differenzverstärker ist in diesem Sinne der *kleinste* Operationsverstärker, und der Operationsverstärker ist der *bessere* Differenzverstärker.

**4.1.4
Impedanzwandler**

Der Ausgangswiderstand einer Verstärkerstufe mit hoher Spannungsverstärkung ist im allgemeinen sehr hoch und muß mit einem Impedanzwandler herabgesetzt werden, bevor man weitere Verstärkerstufen oder Lastwiderstände ohne Verstärkungsverlust anschließen kann. Als Impedanzwandler werden ein- oder mehrstufige Kollektor- und Drainschaltungen verwendet.

**Einstufige Impedanzwandler**

Abb. 4.98 zeigt die einfachste Ausführung mit einer Kollektor- bzw. Drainschaltung ($T_1$) und einem Stromspiegel zur Arbeitspunkteinstellung ($T_2,T_3$); dabei

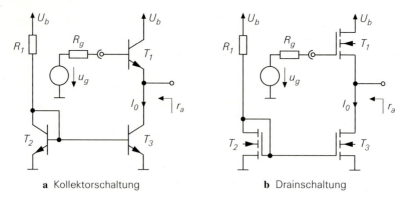

**a** Kollektorschaltung          **b** Drainschaltung

**Abb. 4.98.** Einstufige Impedanzwandler

repräsentiert der Widerstand $R_g$ den Ausgangswiderstand der vorausgehenden Stufe. Für den Ausgangswiderstand erhält man aus (2.116) und (3.99):

$$
r_a = \begin{cases} \dfrac{R_g}{\beta} + \dfrac{1}{S} \overset{SR_g \gg \beta}{\approx} \dfrac{R_g}{\beta} & \text{Kollektorschaltung} \\[3mm] \dfrac{1}{S + S_B} \overset{S \gg S_B}{\approx} \dfrac{1}{S} & \text{Drainschaltung} \end{cases}
\tag{4.123}
$$

**Kollektorschaltung:** Bei der Kollektorschaltung hängt der Ausgangswiderstand bei einer hochohmigen Signalquelle nur vom Innenwiderstand $R_g$ und der Stromverstärkung $\beta$ ab; der Ruhestrom $I_0$ geht nicht ein, solange $SR_g \gg \beta$ gilt. Daraus kann man mit $S = I_0/U_T$ und $SR_g \approx 10\beta$ einen Richtwert für die Wahl des Ruhestroms ableiten:

$$
I_0 \approx \frac{10\beta\, U_T}{R_g} \overset{\beta \approx 100}{\approx} \frac{26\,\text{V}}{R_g}
\tag{4.124}
$$

Bei sehr hochohmigen Signalquellen muß man meist einen höheren Ruhestrom einstellen, da sonst die Bandbreite der Schaltung zu gering wird; Ursache hierfür ist die Abnahme der Transitfrequenz eines Transistors bei kleinen Strömen. Wenn die Impedanzwandlung um den Faktor $\beta$ nicht ausreicht, muß man einen mehrstufigen Impedanzwandler einsetzen. Bei niederohmigen Signalquellen mit $SR_g \ll \beta$ bestimmt die Steilheit des Transistors den Ausgangswiderstand:

$$
r_a \approx \frac{1}{S} = \frac{U_T}{I_0} \approx \frac{26\,\text{mV}}{I_0}
$$

**Drainschaltung:** Die Drainschaltung zeigt bei hochohmigen Signalquellen ein völlig anderes Verhalten. Hier hängt der Ausgangswiderstand nur von der Steilheit ab:

$$
r_a \approx \frac{1}{S} = \frac{1}{\sqrt{2K\,I_0}} = \frac{U_{GS} - U_{th}}{2I_0}
\tag{4.125}
$$

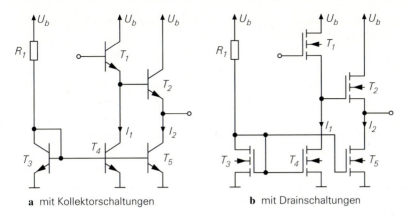

**a** mit Kollektorschaltungen          **b** mit Drainschaltungen

**Abb. 4.99.** Zweistufige Impedanzwandler

Für die Mosfets aus Tab. 4.2 auf Seite 304 erhält man bei einem typischen Ruhestrom von $10\,\mu A$ für die Größe 1 die Werte $U_{GS} - U_{th} \approx 0,8\,V$ und $r_a \approx 0,4\,V/I_0$. Bei kleinen Ausgangswiderständen werden große Mosfets mit einer entsprechend hohen Eingangskapazität benötigt; dadurch nimmt die Bandbreite bei hochohmigen Signalquellen stark ab. Wenn die Bandbreite nicht ausreicht, muß man einen mehrstufigen Impedanzwandler verwenden.

**Ausgangsspannung:** Bei beiden Schaltungen liegt die Ausgangsspannung im Arbeitspunkt um eine Basis-Emitter- bzw. Gate-Source-Spannung unter der Eingangsspannung. Alternativ kann man eine pnp-Kollektorschaltung oder eine p-Kanal-Drainschaltung einsetzen; in diesem Fall ist die Ausgangsspannung im Arbeitspunkt größer als die Eingangsspannung. Allerdings haben pnp-Transistoren im allgemeinen eine geringere Stromverstärkung als npn-Transistoren, und p-Kanal-Mosfets sind bei gleichem Steilheitskoeffizienten geometrisch größer als n-Kanal-Mosfets und haben deshalb größere Kapazitäten.

### Mehrstufige Impedanzwandler

Mehrstufige Impedanzwandler werden benötigt, wenn

- die Impedanztransformation einer Kollektorschaltung nicht ausreicht;
- die Kapazitäten einer Drainschaltung mit dem gewünschten Ausgangswiderstand so groß sind, daß die Bandbreite nicht ausreicht.

Abb. 4.99 zeigt als Beispiel zweistufige Impedanzwandler mit den zugehörigen Stromspiegeln zur Arbeitspunkteinstellung. Die optimale Auslegung eines mehrstufigen Impedanzwandlers erfordert eine optimale Wahl der Ruheströme und der Transistor-Größen.

**Mehrstufige Kollektorschaltung:** Bei einer mehrstufigen Kollektorschaltung könnte man den Ruhestrom jeder Stufe mit Hilfe von (4.124) wählen. Demnach müßte der Ruhestrom von Stufe zu Stufe um die Stromverstärkung $\beta$ zunehmen, da der wirksame Innenwiderstand der Signalquelle mit jeder Stufe um den Faktor $\beta$ abnimmt; damit würde man eine optimale Impedanztransformation bei hochohmigen Signalquellen erreichen. Da jedoch jede Stufe den Basisstrom der nächsten Stufe liefern muß und dieser deutlich kleiner als der Ruhestrom sein sollte, wird in der Praxis ein Ruhestromverhältnis von etwa $B/10 \approx \beta/10$ verwendet; dadurch ist der Ruhestrom jeder Stufe um den Faktor 10 größer als der Basisstrom der nächsten Stufe. Da man den Ruhestrom der ersten Stufe bei sehr hochohmigen Signalquellen ohnehin meist größer wählen muß, als dies nach (4.124) erforderlich wäre, ist ein Ruhestromstromverhältnis von $B/10$ bei zweistufigen Kollektorschaltungen auch in dieser Hinsicht vorteilhaft. Deshalb wählt man bei einer zweistufigen Kollektorschaltung zunächst den Ruhestrom $I_2$ der zweiten Stufe mit Hilfe von (4.124); der wirksame Quellenwiderstand an dieser Stelle beträgt $R_g/\beta$. Daraus folgt für die Ruheströme der beiden Stufen:

$$I_2 \approx \frac{10\beta^2 U_T}{R_g} \overset{\beta \approx 100}{\approx} \frac{2600\,\text{V}}{R_g} \quad , \quad I_1 \approx \frac{10 I_2}{B} \overset{B \approx \beta \approx 100}{\approx} \frac{260\,\text{V}}{R_g} \qquad (4.126)$$

Eine dritte Stufe würde den Ruhestrom $I_3 = I_2 B/10$ erhalten.

*Beispiel:* Eine Signalquelle mit $R_g = 2,6\,\text{M}\Omega$ soll über eine zweistufige Kollektorschaltung mit dem Ruhestromverhältnis $B/10$ an eine niederohmige Last angeschlossen werden; es gelte $B \approx \beta \approx 100$. Aus (4.126) erhält man $I_2 = 1\,\text{mA}$ und $I_1 = 100\,\mu\text{A}$. Am Ausgang der zweiten Stufe hat der wirksame Innenwiderstand der Signalquelle auf $R_g/\beta^2 \approx 260\,\Omega$ abgenommen. Bei einer dritten Stufe mit dem Ruhestrom $I_3 = 10\,\text{mA}$ gilt $S R_g = I_3 R_g/U_T = 100$, d.h. die Bedingung $S R_g \gg \beta$ ist nicht mehr erfüllt; deshalb muß man den Ausgangswiderstand ohne die Näherung in (4.123) berechnen: $r_a = R_g/\beta + 1/S = (2,6 + 2,6)\,\Omega = 5,2\,\Omega$.

**Darlington-Schaltung:** Man kann die zweistufige Kollektorschaltung auch mit einem Darlington-Transistor aufbauen; dazu muß man nur die Transistoren $T_1$ und $T_2$ in Abb. 4.99a zu einem Darlington-Transistor zusammenfassen und den Transistor $T_4$ entfernen. Der Ruhestrom von $T_1$ entspricht in diesem Fall dem Basisstrom von $T_2$. In der Praxis erreicht man jedoch meist keine ausreichende Bandbreite, weil die Transitfrequenz von $T_1$ wegen des geringen Ruhestroms sehr klein wird.

**Mehrstufige Drainschaltung:** Bei der Drainschaltung hängt der Ausgangswiderstand nach (4.125) nur vom Ruhestrom ab; deshalb hängt der Ausgangswiderstand einer mehrstufigen Drainschaltung nur vom Ruhestrom der letzten Stufe ab. Die Ruheströme der anderen Stufen wirken sich jedoch auf die Bandbreite aus, da jede Stufe mit der Eingangskapazität der nächsten Stufe belastet wird. Die optimale Wahl der Ruheströme wird am Beispiel einer zweistufigen Drainschaltung erläutert; Abb. 4.100 zeigt die Schaltung und das zugehörige Kleinsignalersatzschaltbild. Die Ausgangswiderstände und die Eingangskapazitäten hängen von den Größen [25] $G_1$ und $G_2$ der Mosfets $T_1$ und $T_2$ ab:

$$r_{a1} = \frac{r_a'}{G_1} \quad , \quad r_{a2} = \frac{r_a'}{G_2} \quad , \quad C_{e1} = C_e' G_1 \quad , \quad C_{e2} = C_e' G_2$$

---

25 Mit *Größe* ist die elektrische und nicht die geometrische Größe gemeint, d.h. $G \sim K$.

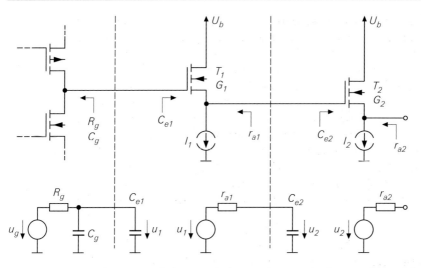

**Abb. 4.100.** Zweistufige Drainschaltung: Schaltung (oben) und Kleinsignalersatzschaltbild (unten)

Dabei sind $r_a'$ und $C_e'$ die Werte für einen Mosfet der Größe 1. Aus dem Kleinsignalersatzschaltbild in Abb. 4.100 erhält man die Zeitkonstanten

$$T_1 = R_g \left( C_g + C_{e1} \right) = R_g \left( C_g + C_e' G_1 \right) \quad , \quad T_2 = r_{a1} C_{e2} = \frac{r_a' C_e' G_2}{G_1}$$

und die -3dB-Grenzfrequenz:

$$\omega_{-3dB} = 2\pi f_{-3dB} \approx \frac{1}{T_1 + T_2} = \frac{1}{R_g C_g + R_g C_e' G_1 + \dfrac{r_a' C_e' G_2}{G_1}} \qquad (4.127)$$

Die Grenzfrequenz nimmt mit zunehmender Größe $G_2$ ab. Für die Größe $G_1$ erhält man über die Bedingung $\partial (T_1 + T_2)/\partial G_1 = 0$ ein Optimum:

$$G_{1,opt} = \sqrt{\frac{r_a' G_2}{R_g}} = G_2 \sqrt{\frac{r_{a2}}{R_g}} \qquad (4.128)$$

Man erkennt, daß das optimale Größenverhältnis $G_1/G_2$ vom Transformationsverhältnis $R_g/r_{a2}$ abhängt. Durch die Wurzel kommt zum Ausdruck, daß die Transformation zu gleichen Teilen von beiden Stufen übernommen wird. Bei einer drei- oder mehrstufigen Drainschaltung geht man in gleicher Weise vor. Für den allgemeinen n-stufigen Fall erhält man:

$$G_{i,opt} = G_n \left( \frac{r_{a,n}}{R_g} \right)^{\frac{n-i}{n}} \qquad \text{für } i = 1 \dots n-1 \qquad (4.129)$$

*Beispiel:* Ein Lastwiderstand $R_L = 1\,\text{k}\Omega$ soll über einen Impedanzwandler an eine Signalquelle mit $R_g = 2\,\text{M}\Omega$ und $C_g = 20\,\text{fF}$ angeschlossen werden. Damit am Ausgang nur eine geringe Abschwächung des Signals auftritt, wird $r_a = 100\,\Omega$

gewählt. Aus (4.125) auf Seite 426 erhält man mit dem für die Mosfets aus Tab. 4.2 typischen Wert $U_{GS} - U_{th} \approx 0,8\,\text{V}$ den erforderlichen Ruhestrom:

$$I_0 = \frac{U_{GS} - U_{th}}{2r_a} = \frac{0,4\,\text{V}}{100\,\Omega} = 4\,\text{mA}$$

Die erforderliche Größe für den Mosfet ist $G = 4\,\text{mA}/10\,\mu\text{A} = 400$. Die Eingangskapazität einer Drainschaltung erhält man aus (3.106) auf Seite 284, indem man die mit $R'_g$ verbundene Kapazität betrachtet und $R'_L = 1/S_B$ einsetzt:

$$C_e = C_{GS} \frac{S_B}{S} + C_{GD} \overset{S_B/S \approx 0,2}{\approx} 0,2 \cdot C_{GS} + C_{GD}$$

Mit den Parametern aus Tab. 4.2 auf Seite 304 erhält man für einen n-Kanal-Mosfet der Größe 1 mit $W = L = 3\,\mu\text{m}$ und einem Ruhestrom von $10\,\mu\text{A}$:

$$r'_a \approx \frac{1}{S} = \frac{1}{\sqrt{2K\,I_0}} = \frac{1}{\sqrt{2 \cdot 30\,\mu\text{A}/\text{V}^2 \cdot 10\,\mu\text{A}}} \approx 40\,\text{k}\Omega$$

$$C'_e \approx 0,2 \cdot \frac{2C'_{ox}WL}{3} + C'_{GD,\ddot{U}}W = 0,72\,\text{fF} + 1,5\,\text{fF} \approx 2,2\,\text{fF}$$

Der Mosfet der Größe 400 hat demnach eine Eingangskapazität von $C_e = 400 \cdot 2,2\,\text{fF} = 880\,\text{fF}$. Wenn man diesen Mosfet direkt an die Signalquelle anschließt, erhält man die Zeitkonstante $T = R_g(C_g + C_e) = 1,8\,\mu\text{s}$ und die Grenzfrequenz $f_{-3dB} = 1/(2\pi T) \approx 88\,\text{kHz}$. Bei einer zweistufigen Drainschaltung erhält man aus (4.128) die optimale Größe für den Mosfet der ersten Stufe:

$$G_{1,opt} = G_2 \sqrt{\frac{r_a}{R_g}} = 400 \cdot \sqrt{\frac{100\,\Omega}{2\,\text{M}\Omega}} = 2\sqrt{2} \approx 3$$

Damit erhält man aus (4.127) eine Grenzfrequenz von $f_{-3dB} \approx 2,5\,\text{MHz}$. Demnach ist die Bandbreite bei Einsatz einer zweistufigen Drainschaltung um den Faktor 28 größer als bei einer Stufe.

**Ausgangsspannung:** Bei einer zweistufigen npn-Kollektorschaltung liegt die Ausgangsspannung im Arbeitspunkt um $2\,U_{BE} \approx 1,4\,\text{V}$ unter der Eingangsspannung. Bei einer zweistufigen Drainschaltung ist der Spannungsversatz mit $2\,U_{GS} \approx 3\ldots4\,\text{V}$ bereits so groß, daß man – unter Berücksichtigung der Aussteuerungsgrenze der Stromquelle von etwa 1 V – eine Eingangsspannung von mindestens $4\ldots5\,\text{V}$ benötigt. Bei Impedanzwandlern mit mehr als zwei Stufen wird der Spannungsversatz noch größer. Alternativ kann man eine oder mehrere Stufen als pnp-Kollektor- oder p-Kanal-Drainschaltungen ausführen; dadurch kompensieren sich die Basis-Emitter- bzw. Gate-Source-Spannungen ganz oder teilweise. Abb. 4.101 zeigt als Beispiel zweistufige Impedanzwandler mit $U_{e,A} \approx U_{a,A}$.

### Komplementäre Impedanzwandler

Bei niederohmigen oder größeren kapazitiven Lasten werden bevorzugt komplementäre Impedanzwandler eingesetzt. Es wird zunächst auf den Aufbau und anschließend auf die Vorteile eingegangen.

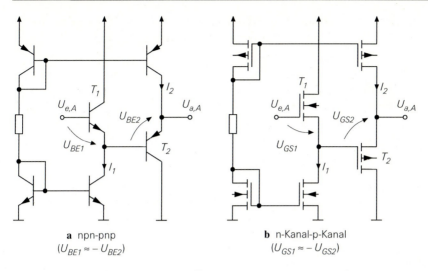

**a** npn-pnp
$(U_{BE1} \approx - U_{BE2})$

**b** n-Kanal-p-Kanal
$(U_{GS1} \approx - U_{GS2})$

**Abb. 4.101.** Zweistufige Impedanzwandler mit $U_{e,A} \approx U_{a,A}$

Abb. 4.102 zeigt die Prinzipschaltung eines einstufigen komplementären Impedanzwandlers mit Bipolartransistoren und mit Mosfets. Die Ruheströme müssen mit Vorspannungsquellen eingestellt werden, auf deren praktische Realisierung später noch näher eingegangen wird. Im Arbeitspunkt sind Ein- und Ausgangsspannung gleich, d.h. es tritt kein Spannungsversatz auf. Aus Symmetriegründen sind die Schaltungen mit einer symmetrischen Spannungsversorgung dargestellt; man kann aber auch eine unipolare Spannungsversorgung verwenden.

Komplementäre Impedanzwandler haben den Vorteil, daß sie in beiden Richtungen große Ausgangsströme liefern können; Abb. 4.103 zeigt dies durch ei-

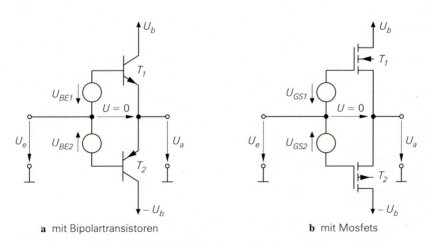

**a** mit Bipolartransistoren

**b** mit Mosfets

**Abb. 4.102.** Prinzipschaltung eines einstufigen komplementären Impedanzwandlers

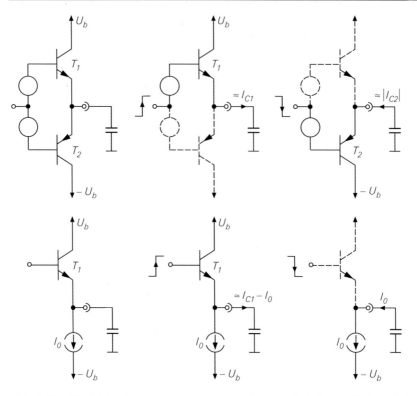

**Abb. 4.103.** Vergleich einer komplementären und einer einfachen Kollektorschaltung bei sprunghafter Änderung der Eingangsspannung

nen Vergleich einer komplementären und einer einfachen Kollektorschaltung bei einer sprunghaften Änderung der Eingangsspannung. Bei der komplemetären Kollektorschaltung wird der Ausgangsstrom in beiden Richtungen über eine aktive Kollektorschaltung geliefert und kann deshalb sehr groß werden; die jeweils andere Kollektorschaltung sperrt in diesem Fall. Bei der einfachen Kollektorschaltung ist der Ausgangsstrom bei sprunghaft abnehmender Eingangsspannung durch die Stromquelle vorgegeben und damit auf den Ruhestrom begrenzt. Deshalb werden komplementäre Impedanzwandler immer dann eingesetzt, wenn ein einfacher Impedanzwandler einen unverhältnismäßig hohen Ruhestrom benötigen würde.

**Einstufige komplementäre Impedanzwandler:** Wenn man die Vorspannungsquellen in Abb. 4.102 mit Transistor- bzw. Mosfet-Dioden realisiert, erhält man die Schaltungen in Abb. 4.104. Die Arbeitspunktspannungen am Eingang und am Ausgang sind gleich, wenn das Größenverhältnis von $T_1$ und $T_3$ gleich dem Größenverhältnis von $T_2$ und $T_4$ ist; in diesem Fall arbeiten $T_3$ und $T_1$ sowie $T_4$ und $T_2$ bezüglich der Ruheströme als Stromspiegel mit dem Übersetzungsverhältnis:

$$k_I \approx \frac{I_{S1}}{I_{S3}} = \frac{I_{S2}}{I_{S4}} \qquad \text{bzw.} \qquad k_I = \frac{K_1}{K_3} = \frac{K_2}{K_4}$$

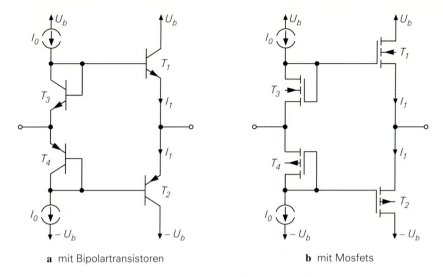

**a** mit Bipolartransistoren          **b** mit Mosfets

**Abb. 4.104.** Einstufige komplementäre Impedanzwandler

Dabei sind $I_{S1} \ldots I_{S4}$ die Sättigungssperrströme der Bipolartransistoren und $K_1$ $\ldots K_4$ die Steilheitskoeffizienten der Mosfets. Für die Ruheströme gilt:

$$I_1 = k_I I_0$$

Die Schaltung in Abb. 4.104a kann als Parallelschaltung einer npn- und einer pnp-Kollektorschaltung aufgefaßt werden; daraus folgt für den Ausgangswiderstand:

$$r_a \approx \frac{1}{2}\left(\frac{R_g}{\beta_1} + \frac{R_g}{\beta_2} + \frac{1}{S}\right) \overset{SR_g \gg \beta_1, \beta_2}{\approx} \frac{R_g}{2}\left(\frac{1}{\beta_1} + \frac{1}{\beta_2}\right) \overset{\beta_1 = \beta_2 = \beta}{=} \frac{R_g}{\beta} \qquad (4.130)$$

Dabei wird der differentielle Widerstand der Transistor-Dioden $T_3$ und $T_4$ vernachlässigt, da er viel kleiner als $R_g$ ist. Die Steilheit der Transistoren $T_1$ und $T_2$ ist gleich: $S = I_1/U_T$. Entsprechend kann man die Schaltung in Abb. 4.104b als Parallelschaltung einer n-Kanal- und einer p-Kanal-Drainschaltung auffassen; hier gilt:

$$r_a = \frac{1}{S_1} \,\|\, \frac{1}{S_2} = \frac{1}{S_1 + S_2} \overset{S_1 = S_2 = S}{=} \frac{1}{2S} = \frac{1}{2\sqrt{2K\,I_1}} \qquad (4.131)$$

**Zweistufige komplementäre Kollektorschaltung:** Wenn man die Transistor-Dioden $T_3$ und $T_4$ in Abb. 4.104a durch Kollektorschaltungen ersetzt, die neben der Vorspannungserzeugung eine Impedanzwandlung bewirken, erhält man ohne zusätzlichen Aufwand die in Abb. 4.105 gezeigte zweistufige komplementäre Kollektorschaltung. Man beachte, daß die npn-Transistor-Diode $T_3$ durch eine pnp-Kollektorschaltung und die pnp-Transistor-Diode $T_4$ durch eine npn-Kollektorschaltung ersetzt wird. Für die Stromquellen sind hier bereits die Stromspiegel $T_5, T_7$ und $T_6, T_8$ eingesetzt. Die Schaltung kann als Parallelschaltung einer pnp-npn- $(T_3, T_1)$ und einer npn-pnp-Kollektorschaltung $(T_4, T_2)$ aufgefaßt werden.

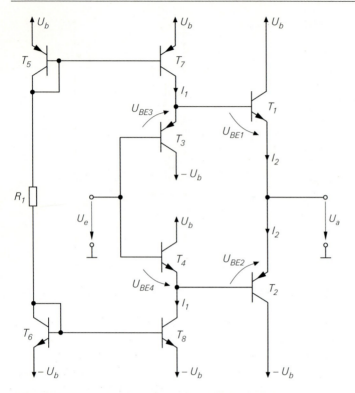

**Abb. 4.105.** Zweistufige komplementäre Kollektorschaltung

Die Einstellung der Ruheströme und die Wahl der Transistor-Größen kann im einfachsten Fall wie bei der einfachen komplementären Kollektorschaltung erfolgen; bei gleichem Größenverhältnis der npn- und pnp-Transistoren erhält man das Übersetzungsverhältnis

$$k_I \approx \frac{I_{S1}}{I_{S4}} = \frac{I_{S2}}{I_{S3}}$$

und $I_2 = k_I I_1$. Eine allgemeine Berechnung folgt im nächsten Abschnitt. Die Ein- und die Ausgangsspannung im Arbeitspunkt sind hier jedoch nicht gleich, weil die Transistor-Dioden durch Kollektorschaltungen der jeweils anderen Polarität ersetzt wurden und die Basis-Emitter-Spannungen von npn- und pnp-Transistoren gleicher Größe bei gleichem Strom unterschiedlich sind. Man kann diesen Spannungsversatz minimieren, indem man die Skalierung der Transistoren geeignet ändert.

Zur allgemeinen Berechnung der Ruheströme und des Spannungsversatzes geht man von der Maschengleichung

$$U_{BE3} + U_{BE1} - U_{BE2} - U_{BE4} = 0$$

aus. Für die Basis-Emitter-Spannungen gilt:

$$
U_{BE} = \begin{cases} U_T \ln \dfrac{I_C}{I_S} & \text{npn-Transistor} \\[3mm] -U_T \ln \dfrac{-I_C}{I_S} & \text{pnp-Transistor} \end{cases}
$$

Durch Einsetzen und Dividieren mit $U_T$ erhält man:

$$
-\ln \frac{-I_{C3}}{I_{S3}} + \ln \frac{I_{C1}}{I_{S1}} + \ln \frac{-I_{C2}}{I_{S2}} - \ln \frac{I_{C4}}{I_{S4}} = 0
$$

Wenn man die Basisströme vernachlässigt, kann man $-I_{C2} = I_{C1} \approx I_2$ und $-I_{C3} = I_{C4} \approx I_1$ einsetzen; dann folgt

$$
\ln \frac{I_{S3} I_{S4} I_2^2}{I_{S1} I_{S2} I_1^2} \approx 0
$$

und daraus:

$$
k_I = \frac{I_2}{I_1} \approx \sqrt{\frac{I_{S1} I_{S2}}{I_{S3} I_{S4}}} = \sqrt{g_{npn} g_{pnp}} \quad \text{mit } g_{npn} = \frac{I_{S1}}{I_{S4}}, \; g_{pnp} = \frac{I_{S2}}{I_{S3}} \qquad (4.132)
$$

Dabei ist $g_{npn}$ das Größenverhältnis der npn-Transistoren $T_1$ und $T_4$ und $g_{pnp}$ das Größenverhältnis der pnp-Transistoren $T_2$ und $T_3$.

Im allgemeinen wählt man gleiche Größenverhältnisse und gleichzeitig gleiche Größen für $T_1$ und $T_2$, z.B. Größe 10 für $T_1$ und $T_2$ und Größe 1 für $T_3$ und $T_4$; dann gilt $k_I \approx g_{npn} = g_{pnp} = 10$ und $I_2 \approx 10\,I_1$. Der Faktor 10 ist typisch für die praktische Anwendung, weil man hier wie bei den einfachen mehrstufigen Kollektorschaltungen mit einem Ruhestromverhältnis von etwa $B/10$ arbeitet und $B \approx \beta \approx 100$ ein typischer Wert für integrierte Transistoren ist.

Der Spannungsversatz wird als *Offsetspannung* $U_{off} = U_{e,A} - U_{a,A}$ angegeben; aus Abb. 4.105 folgt:

$$
U_{off} = U_{BE1} + U_{BE3} \approx U_T \ln \frac{I_2}{I_{S1}} - U_T \ln \frac{I_1}{I_{S3}} = U_T \ln \frac{I_{S3} I_2}{I_{S1} I_1}
$$

Wenn man gleiche Größenverhältnisse und gleiche Größen für $T_1$ und $T_2$ wählt, gilt $k_I = I_2/I_1 \approx g_{npn} = g_{pnp}$; daraus folgt:

$$
U_{off} \approx U_T \ln \frac{I_{S2}}{I_{S1}} = U_T \ln \frac{I_{S3}}{I_{S4}} = U_T \ln \frac{I_{S,pnp}}{I_{S,npn}}
$$

Dabei sind $I_{S,npn}$ und $I_{S,pnp}$ die Sättigungssperrströme von npn- und pnp-Transistoren gleicher Größe, z.B. der Größe 1. Für die Transistoren in Tab. 4.1 auf Seite 303 gilt $I_{S,npn} = 2\,I_{S,pnp}$; daraus folgt $U_{off} = U_T \cdot \ln 0,5 \approx -18\,\text{mV}$.

Die Offsetspannung wird Null, wenn die Sättigungssperrströme der Transistoren $T_1$ und $T_2$ gleich sind. Dazu muß man im Fall der Transistoren aus Tab. 4.1 $T_2$ doppelt so groß wie $T_1$ und – um die Gleichheit der Größenverhältnisse zu wahren – $T_3$ doppelt so groß wie $T_4$ wählen. In der Praxis nimmt die Offsetspannung durch diese Maßnahme stark ab; typische Werte liegen im Bereich von einigen Millivolt. Ursache für die verbleibende Offsetspannung ist die durch die

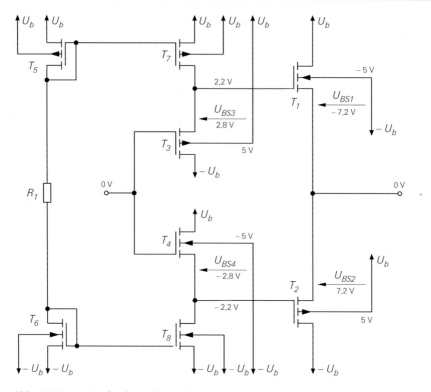

**Abb. 4.106.** Zweistufige komplementäre Drainschaltung

unterschiedliche Stromverstärkung der npn- und pnp-Transistoren verursachte unsymmetrische Stromverteilung. Um diese ebenfalls zu elliminieren, kann man

- die Größe von $T_1$ oder $T_2$ geringfügig anpassen;
- $T_8$ geringfügig größer machen, bis die Kollektorströme von $T_3$ und $T_4$ betragsmäßig gleich sind; dann wird der aufgrund der geringeren Stromverstärkung der pnp-Transistoren relativ große Basistrom von $T_2$ vom unteren Stromspiegel $T_6,T_8$ zusätzlich bereitgestellt.

Trotz dieser Maßnahmen erreicht man mit dieser Schaltung keine so geringe Offsetspannung wie mit der Schaltung in Abb. 4.104a, weil die Offsetspannung hier vom Verhältnis der Sättigungssperrströme der npn- und pnp-Transistoren abhängt, das in der Praxis herstellungsbedingte Toleranzen aufweist.

Die zweistufige komplementäre Kollektorschaltung kann als Reihenschaltung von zwei einstufigen komplementären Kollektorschaltungen aufgefaßt werden; deshalb kann man den Ausgangswiderstand durch zweimaliges Anwenden von (4.130) auf Seite 433 berechnen.

**Zweistufige komplementäre Drainschaltung:** Man kann den zweistufigen komplementären Impedanzwandler aus Abb. 4.105 auch mit Mosfets aufbauen, siehe Abb. 4.106. In diesem Fall muß man die Größenverhältnisse mit Hilfe einer

Schaltungssimulation ermitteln, weil die Mosfets $T_1 \ldots T_4$ mit unterschiedlichen, zunächst unbekannten Bulk-Source-Spannungen arbeiten und deshalb aufgrund des Substrat-Effekts unterschiedliche Schwellenspannungen haben. Für eine erste näherungsweise Auslegung kann man den Substrat-Effekt vernachlässigen und die Größenverhältnisse entsprechend dem Optimum für die zweistufige Drain-schaltung wählen, siehe (4.128) auf Seite 429. Den Ruhestrom und die Größe für die Mosfets der zweiten Stufe erhält man aus (4.131) auf Seite 433 durch Vorgabe des gewünschten Ausgangswiderstands.

Da sich die Bulk-Source-Spannungen bei Aussteuerung ändern, ändert sich auch der Ruhestrom der zweiten Stufe. Auch hier muß man mit Hilfe einer Schaltungssimulation sicherstellen, daß die Schaltung im gewünschten Aussteuerbereich die Anforderungen erfüllt. Der Ruhestrom ist üblicherweise am größten, wenn die Eingangsspannung etwa in der Mitte des Versorgungsspannungsbereichs liegt, und nimmt mit Annäherung an eine der Versorgungsspannungen ab. Die Ruheströme der ersten Stufe bleiben dagegen konstant, da sie durch die Stromspiegel vorgegeben werden.

### 4.1.5
### Schaltungen zur Arbeitspunkteinstellung

In integrierten Schaltungen erfolgt die Arbeitspunkteinstellung in den meisten Fällen durch Einprägen der Ruheströme mit Hilfe von Stromquellen oder Stromspiegeln. Die Einstellung eines stabilen Arbeitspunkts erfordert deshalb in erster Linie temperaturstabile und von der Versorgungsspannung unabhängige Referenzstromquellen. Im Gegensatz dazu werden Referenzspannungsquellen nur selten benötigt; so kann man z.B. die für die Arbeitspunkteinstellung von Kaskode-Stufen benötigten Hilfsspannungen im allgemeinen ohne größeren schaltungstechnischen Aufwand und ohne besondere Anforderungen an die Stabilität erzeugen. Im folgenden werden zunächst die wichtigsten Referenz-Stromquellen beschrieben; anschließend werden Schaltungen zur Verteilung der Ströme behandelt.

#### $U_{BE}$-Referenzstromquelle

Bei dieser Referenzstromquelle wird die näherungsweise konstante Basis-Emitter-Spannung $U_{BE}$ eines Bipolartransistors als Referenzgröße verwendet; Abb. 4.107 zeigt die Prinzipschaltung. Der Transistor $T_1$ erhält seinen Basisstrom $I_{B1}$ über den Widerstand $R_2$. Der Kollektorstrom $I_{C1} = BI_{B1}$ nimmt solange zu, bis die Spannung am Stromgegenkopplungswiderstand $R_1$ so groß wird, daß $T_2$ leitet und eine weitere Zunahme von $I_{B1}$ und $I_{C1}$ verhindert. Wenn man die Basisströme vernachlässigt und eine näherungsweise konstante Basis-Emitter-Spannung von $U_{BE2} \approx 0,7\,\text{V}$ annimmt, erhält man für den Referenzstrom:

$$I_{ref} = I_{C1} \approx \frac{U_{BE2}}{R_1} \approx \frac{0,7\,\text{V}}{R_1}$$

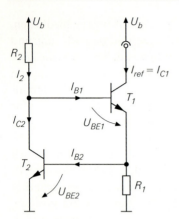

**Abb. 4.107.** Prinzip einer $U_{BE}$-Referenzstromquelle

Er hängt in erster Näherung nicht vom Strom $I_2$ und damit nicht von der Versorgungsspannung $U_b$ ab.

**Kennlinie:** Abb. 4.108 zeigt die Kennlinie einer $U_{BE}$-Referenzstromquelle mit $R_1 = 6,6\,\mathrm{k\Omega}$ und $R_2 = 36\,\mathrm{k\Omega}$. Für $U_b > 1,4\,\mathrm{V}$ ist der Strom näherungsweise konstant; nur in diesem Bereich arbeitet die Schaltung als Stromquelle.

Bei der Berechnung der Kennlinie muß man die Abhängigkeit der Basis-Emitter-Spannung $U_{BE2}$ vom Strom $I_{C2} \approx I_2$ berücksichtigen:

$$I_2 \approx I_{C2} = I_{S2}\left(e^{\frac{U_{BE2}}{U_T}} - 1\right) \quad \Rightarrow \quad U_{BE2} \approx U_T \ln\left(\frac{I_2}{I_{S2}} + 1\right)$$

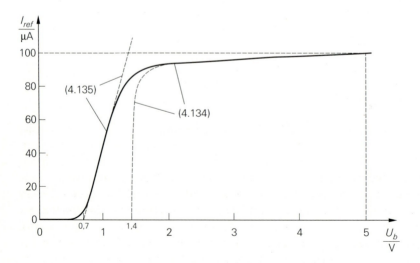

**Abb. 4.108.** Kennlinie einer $U_{BE}$-Referenzstromquelle mit $R_1 = 6,6\,\mathrm{k\Omega}$ und $R_2 = 36\,\mathrm{k\Omega}$

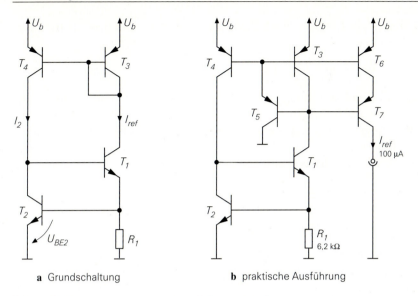

**a** Grundschaltung      **b** praktische Ausführung

**Abb. 4.109.** $U_{BE}$-Referenzstromquelle mit Stromspiegel

Dabei ist $I_{S2}$ der Sättigungssperrstrom von $T_2$ und $U_T$ die Temperaturspannung; bei Raumtemperatur gilt $U_T \approx 26\,\text{mV}$. Für den Referenzstrom folgt:

$$I_{ref} \approx \frac{U_T}{R_1} \ln\left(\frac{I_2}{I_{S2}} + 1\right) \stackrel{I_2 \gg I_{S2}}{\approx} \frac{U_T}{R_1} \ln \frac{I_2}{I_{S2}} \qquad (4.133)$$

Mit

$$I_2 = \frac{U_b - U_{BE1} - U_{BE2}}{R_2} \approx \frac{U_b - 1{,}4\,\text{V}}{R_2}$$

erhält man:

$$I_{ref} \approx \frac{U_T}{R_1} \ln \frac{U_b - 1{,}4\,\text{V}}{I_{S2}R_2} \qquad \text{für } U_b > 1{,}4\,\text{V} \qquad (4.134)$$

Für $U_b < 1{,}4\,\text{V}$ sperrt $T_2$; dann folgt aus $U_b = (I_{C1} + I_{B1})R_1 + U_{BE1} + I_{B1}R_2$:

$$I_{ref} = I_{C1} \approx \frac{U_b - 0{,}7\,\text{V}}{R_1 + \dfrac{R_1 + R_2}{B}} \qquad \text{für } U_b < 1{,}4\,\text{V} \qquad (4.135)$$

Die Näherungen (4.134) und (4.135) sind in Abb. 4.108 eingezeichnet.

**$U_{BE}$-Referenzstromquelle mit Stromspiegel:** Man erreicht eine deutliche Verbesserung des Verhaltens, wenn man eine Stromrückkopplung über einen Stromspiegel einsetzt; Abb. 4.109a zeigt die Schaltung bei Einsatz eines einfachen Stromspiegels. Der Strom $I_2$ wird nicht mehr über einen Widerstand eingestellt, sondern vom Referenzstrom abgeleitet. Im Normalfall sind alle Transistoren gleich groß; der Stromspiegel hat in diesem Fall das Übersetzungsverhältnis

$k_I \approx 1$, d.h. es gilt $I_2 \approx I_{ref}$. Durch Einsetzen in (4.133) erhält man die transzendente Gleichung:

$$I_{ref} \approx \frac{U_T}{R_1} \ln\left(\frac{I_{ref}}{I_{S2}} + 1\right)$$

Die Lösung dieser Gleichung hängt nur noch von $U_T$, $R_1$ und $I_{S2}$ und nicht mehr von der Versorgungsspannung $U_b$ ab. In der Praxis bleibt eine sehr geringe Abhängigkeit aufgrund der Early-Spannung der Transistoren, die hier nicht berücksichtigt wurde [26]. Da nun auch der Strom $I_2$ stabilisiert wird, kann man von einer konstanten Basis-Emitter-Spannung $U_{BE2}$ ausgehen und die Näherung

$$\boxed{I_{ref} \approx \frac{U_{BE2}}{R_1}} \qquad (4.136)$$

verwenden.

Die praktische Ausführung der $U_{BE}$-Referenzstromquelle mit Stromspiegel ist in Abb. 4.109b gezeigt. Der Stromspiegel $T_3, T_4$ wird mit $T_5$ zum 3-Transistor-Stromspiegel erweitert und erhält mit $T_6$ einen zusätzlichen Ausgang zur Auskopplung des Referenzstroms. Der zusätzliche Ausgang muß mit einer Kaskode-Stufe $T_7$ versehen werden, damit die Unabhängigkeit von der Versorgungsspannung nicht durch den Early-Effekt von $T_6$ beeinträchtigt wird. Damit man am Ausgang den gewünschten Referenzstrom erhält, muß man $R_1$ etwas kleiner wählen als in (4.136), um die durch die diversen Basisströme verursachten Stromverluste auszugleichen. Abb. 4.110 zeigt die resultierenden Kennlinien für $R_1 = 6,2\,\mathrm{k\Omega}$ bei Raumtemperatur ($T = 27\,^{\circ}\mathrm{C}$) und an den Grenzen des Temperaturbereichs für allgemeine Anwendungen ($T = 0\ldots70\,^{\circ}\mathrm{C}$).

**Temperaturabhängigkeit:** Ein Nachteil der $U_{BE}$-Referenzstromquelle ist die relative starke Temperaturabhängigkeit, die durch die Temperaturabhängigkeit der Basis-Emitter-Spannung verursacht wird. Aus (2.21) auf Seite 62 entnimmt man $dU_{BE}/dT \approx -1,7\,\mathrm{mV/K}$; daraus folgt eine Stromänderung von

$$\frac{dI_{ref}}{dT} = \frac{1}{R_1}\frac{dU_{BE2}}{dT} \approx -\frac{1,7\,\mathrm{mV/K}}{R_1} \qquad (4.137)$$

und ein *Temperaturkoeffizient* von:

$$\frac{1}{I_{ref}}\frac{dI_{ref}}{dT} = \frac{1}{U_{BE2}}\frac{dU_{BE2}}{dT} \overset{U_{BE2}\approx 0,7\,\mathrm{V}}{\approx} -2,5\cdot 10^{-3}\,\mathrm{K}^{-1}$$

Daraus folgt, daß der Referenzstrom bei einer Temperaturerhöhung um $4\,\mathrm{K}$ um ein Prozent abnimmt.

**Startschaltung:** Die $U_{BE}$-Referenzstromquelle hat neben dem gewünschten noch einen weiteren Arbeitspunkt, bei dem alle Transistoren stromlos sind. Ob dieser zweite Arbeitspunkt stabil oder instabil ist, hängt von den Leckströmen

---

26 Eine Berechnung unter Berücksichtigung des Early-Effekts ergibt, daß der Early-Faktor $1 + U/U_A$ nur in das Argument des Logarithmus eingeht und deshalb in seiner Wirkung etwa um den Faktor $20\ldots30$ abgeschwächt wird; damit wird bereits ein Ausgangswiderstand wie bei einer Kaskodeschaltung erreicht.

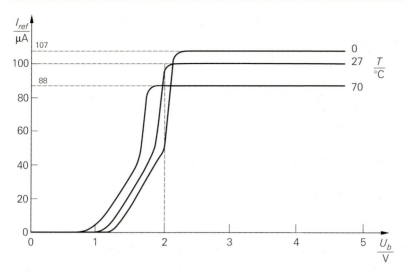

**Abb. 4.110.** Kennlinien einer $U_{BE}$-Referenzstromquelle mit Stromspiegel bei verschiedenen Temperaturen ($R_1 = 6,2\,\mathrm{k\Omega}$)

der Transistoren ab; diese hängen stark vom verwendeten Herstellungsprozeß ab und sind auch in den meisten Simulationsmodellen nicht enthalten. Wenn der Stromspiegel $T_3 \dots T_5$ mit lateralen pnp-Transistoren aufgebaut wird, reicht der aufgrund der großen Fläche relativ große Leckstrom von $T_4$ normalerweise aus, um einen ausreichenden Startstrom für $T_1$ zur Verfügung zu stellen; in diesem Fall existiert kein stabiler stromloser Arbeitspunkt. Andernfalls muß man eine Startschaltung verwenden, die einen Startstrom zur Verfügung stellt, der bei Annäherung an den gewünschten Arbeitspunkt abgeschaltet wird.

Abb. 4.111 zeigt eine einfache und häufig verwendete Startschaltung [4.1],[4.2]. Sie besteht aus den Dioden $D_1 \dots D_4$, die als Transistor-Dioden ausgeführt werden, und den Widerständen $R_2$ und $R_3$. Die Dioden $D_1 \dots D_3$ und der Widerstand $R_3$ bilden eine einfache Referenzspannungsquelle mit $U_1 = 3\,U_{BE} \approx 2,1\,\mathrm{V}$, die über die Diode $D_4$ und den Widerstand $R_2$ einen Startstrom für $T_1$ bereitstellt. Der Widerstand $R_2$ wird so dimensioniert, daß die Spannung $U_2$ durch den einsetzenden Kollektorstrom von $T_4$ soweit ansteigt, daß $D_4$ im gewünschten Arbeitspunkt sperrt. Wenn man

$$ R_2 \approx \frac{U_{BE}}{I_{ref}} \approx R_1 $$

wählt, erhält man im gewünschten Arbeitspunkt $U_1 = U_2$; damit sperrt $D_4$. Der Widerstand $R_3$ muß so klein gewählt werden, daß der Startstrom auch bei minimaler Versorgungsspannung ausreichend groß ist; andererseits darf er nicht zu klein gewählt werden, damit der Querstrom durch die Dioden $D_1 \dots D_3$ bei maximaler Versorgungsspannung nicht zu groß wird.

*Beispiel:* Die $U_{BE}$-Referenzstromquelle in Abb. 4.111 soll für einen Referenzstrom von $I_{ref} = 100\,\mu\mathrm{A}$ ausgelegt werden. Für die npn-Transistoren aus Tab. 4.1

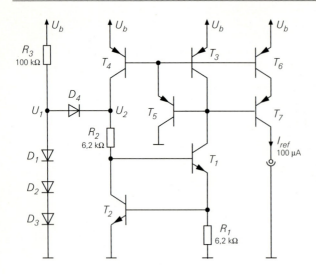

**Abb. 4.111.** $U_{BE}$-Referenz-stromquelle mit Startschaltung

auf Seite 303 gilt in diesem Fall $U_{BE} \approx U_T \ln I_{ref}/I_S \approx 0,66\,\mathrm{V}$; damit folgt aus (4.136) $R_1 \approx 6,6\,\mathrm{k\Omega}$. Mit Hilfe einer Schaltungssimulation wird eine Feinabstimmung auf $R_1 = 6,2\,\mathrm{k\Omega}$ vorgenommen. Für die Startschaltung erhält man $R_2 = R_1 = 6,2\,\mathrm{k\Omega}$. Der Widerstand $R_3$ kann in einem weiten Bereich liegen; er wird hier so gewählt, daß der Strom in der Startschaltung bei einer maximalen Versorgungsspannung von $U_b = 12\,\mathrm{V}$ noch kleiner als der Referenzstrom ist: $R_3 \approx (U_b - 3U_{BE})/I_{ref} \approx 100\,\mathrm{k\Omega}$.

**PTAT-Referenzstromquelle**

Wenn man in Abb. 4.109a die $U_{BE}$-Referenzstromquelle $T_1,T_2$ gegen einen Widlar-Stromspiegel austauscht, erhält man die in Abb. 4.112a gezeigte *PTAT-Referenzstromquelle*. Die Bezeichung *PTAT* bedeutet *proportional to absolute temperature* und weist darauf hin, daß der Strom proportional zur absoluten Temperatur in Kelvin ist. Daraus folgt, daß die PTAT-Referenzstromquelle im Gegensatz zur $U_{BE}$-Referenzstromquelle einen positiven Temperaturkoeffizienten aufweist.

Aus Abb. 4.112 entnimmt man die Maschengleichung:

$$U_{BE2} = U_{BE1} + (I_{C1} + I_{B1})R_1 \overset{I_{ref}=I_{C1}\gg I_{B1}}{\approx} U_{BE1} + I_{ref}R_1$$

Daraus folgt mit $U_{BE} = U_T \ln I_C/I_S$, $I_{C1} = I_{ref}$ und $I_{C2} \approx I_2$:

$$U_T \ln \frac{I_2}{I_{S2}} \approx U_T \ln \frac{I_{ref}}{I_{S1}} + I_{ref}R_1$$

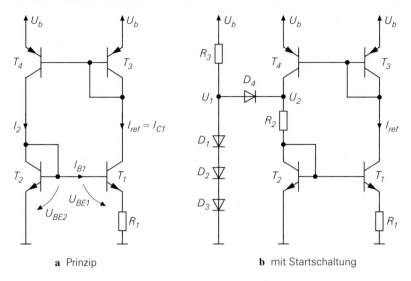

**a** Prinzip          **b** mit Startschaltung

**Abb. 4.112.** PTAT-Referenzstromquelle

Der Stromspiegel $T_3,T_4$ hat normalerweise das Übersetzungsverhältnis $k_I \approx 1$; daraus folgt $I_2 \approx I_{ref}$. Durch Einsetzen in die letzte Gleichung und Auflösen nach $I_{ref}$ erhält man:

$$I_{ref} \approx \frac{U_T}{R_1} \ln \frac{I_{S1}}{I_{S2}} \qquad \text{für } I_{S1} > I_{S2} \text{ und } k_I \approx 1 \tag{4.138}$$

Da $I_{ref}$ positiv sein muß, ist in (4.138) die Einschränkung $I_{S1} > I_{S2}$ erforderlich; sie besagt, daß $T_1$ größer als $T_2$ sein muß. Im allgemeinen gibt man $I_{ref}$ und $I_{S1}/I_{S2} \approx 4 \ldots 10$ vor und berechnet damit $R_1$.

Auch die PTAT-Referenzstromquelle besitzt ein zweiten, stromlosen Arbeitspunkt, der durch eine Startschaltung elliminiert werden muß. Abb. 4.112b zeigt eine mögliche Schaltung, die bereits bei der $U_{BE}$-Referenzstromquelle angewendet wurde und dort näher beschrieben ist. Der Widerstand $R_2$ muß hier aber größer gewählt werden als bei der $U_{BE}$-Referenzstromquelle, damit die Spannung $U_2$ im gewünschten Arbeitspunkt ausreichend groß wird; als Richtwert gilt hier $I_{ref} R_2 \approx 2 U_{BE} \approx 1,4 \, \text{V}$.

Damit die PTAT-Referenzstromquelle einen von der Versorgungsspannung unabhängigen Strom liefert, muß man noch Kaskode-Stufen ergänzen, die den Early-Effekt der Transistoren $T_1$ und $T_4$ elliminieren, und einen Ausgang bereitstellen. Abb. 4.113 zeigt eine praktische Schaltung, die im Vergleich zu Abb. 4.112b folgende Ergänzungen aufweist:

- der Stromspiegel $T_3,T_4$ wird mit $T_5$ zum 3-Transistor-Stromspiegel erweitert und erhält am Ausgang die Kaskode-Stufe $T_6$;
- der Transistor $T_1$ erhält die Kaskode-Stufe $T_7$, die als Basis-Vorspannung die Spannung $U_2$ der Startschaltung verwendet;

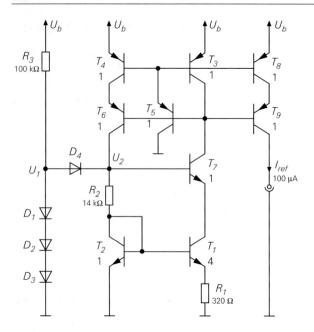

**Abb. 4.113.** Praktische Ausführung einer PTAT-Referenzstromquelle

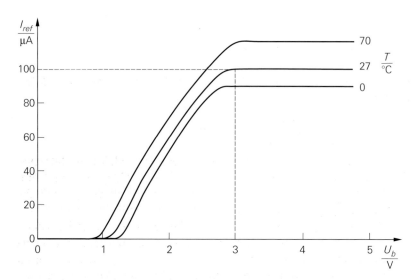

**Abb. 4.114.** Kennlinie der PTAT-Referenzstromquelle aus Abb. 4.113

- mit dem Transistor $T_8$ und der zugehörigen Kaskode-Stufe $T_9$ wird der Referenzstrom ausgekoppelt.

Abb. 4.114 zeigt die resultierende Kennlinie für verschiedene Temperaturen.

**Temperaturabhängigkeit:** Da der Strom der PTAT-Referenzstromquelle proportional zur Temperaturspannung $U_T$ ist, geht deren Temperaturabhängigkeit ein:

$$U_T = \frac{kT}{q} \quad \Rightarrow \quad \frac{dU_T}{dT} = \frac{k}{q} \approx 86\,\mu\mathrm{V/K}$$

Daraus folgt eine Stromänderung von

$$\frac{dI_{ref}}{dT} = \frac{1}{R_1} \ln \frac{I_{S1}}{I_{S2}} \frac{dU_T}{dT} \approx \frac{86\,\mu\mathrm{V/K}}{R_1} \ln \frac{I_{S1}}{I_{S2}} \tag{4.139}$$

und ein *Temperaturkoeffizient* von:

$$\frac{1}{I_{ref}} \frac{dI_{ref}}{dT} = \frac{1}{U_T} \frac{dU_T}{dT} = \frac{1}{T} \overset{T=300\,\mathrm{K}}{=} 3{,}3 \cdot 10^{-3}\,\mathrm{K^{-1}}$$

Der Referenzstrom nimmt bei einer Temperaturerhöhung um 3 K um ein Prozent zu. Damit ist die Temperaturabhängigkeit der PTAT-Referenzstromquelle noch größer als die der $U_{BE}$-Referenzstromquelle; sie hat aber umgekehrtes Vorzeichen.

**Einsatz in bipolaren Verstärkern:** Trotz ihrer starken Temperaturabhängigkeit wird die PTAT-Referenzstromquelle als Referenzquelle für die Ruheströme in bipolaren Verstärkern eingesetzt. In diesem Fall ist die Temperaturabhängigkeit sogar von Vorteil, weil die Verstärkung bei bipolaren Verstärkerstufen ohne Stromgegenkopplung proportional zur Steilheit $S = I_{C,A}/U_T$ der Transistoren ist; mit $I_{C,A} \sim I_{ref} \sim U_T$ bleibt die Steilheit und damit die Verstärkung konstant.

**Temperaturunabhängige Referenzstromquelle**

Wenn man den Ströme einer $U_{BE}$- und einer PTAT-Referenzstromquelle addiert und so wählt, daß

$$\left. \frac{dI_{ref}}{dT} \right|_{U_{BE}-\mathrm{Ref.}} + \left. \frac{dI_{ref}}{dT} \right|_{\mathrm{PTAT\text{-}Ref.}} = 0$$

gilt, erhält man die in Abb. 4.115 gezeigte temperaturunabhängige Referenzstromquelle. Der linke Teil der Schaltung entspricht der PTAT-Referenzstromquelle in Abb. 4.113. Dabei wird die Transistor-Diode $T_{10}$ ergänzt, damit die Basis-Anschlüsse der pnp-Kaskode-Transistoren am Emitter von $T_5$ angeschlossen werden können; dadurch wird der durch die Basisströme verursachte Fehler geringer. An den ursprünglichen Ausgang $T_8,T_9$ wird die $U_{BE}$-Referenzstromquelle $T_{13},T_{14}$ angeschlossen; sie wird in diesem Fall bereits mit einem stablisierten Strom versorgt und benötigt deshalb keine Rückkopplung über einen Stromspiegel. Die PTAT-Referenzstromquelle erhält mit $T_{11},T_{12}$ einen weiteren Ausgang, an

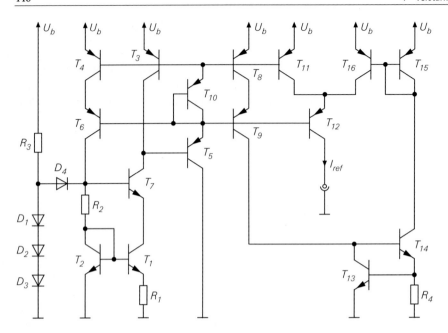

**Abb. 4.115.** Temperaturunabhängige Referenzstromquelle

dem über den Stromspiegel $T_{15}, T_{16}$ der Strom der $U_{BE}$-Referenzstromquelle addiert wird. Mit (4.136)–(4.139) folgt für das Verhältnis der Ströme

$$\frac{I_{ref,UBE}}{U_{BE}} \frac{dU_{BE}}{dT} + \frac{I_{ref,PTAT}}{U_T} \frac{dU_T}{dT} = 0 \quad \Rightarrow \quad \frac{I_{ref,UBE}}{I_{ref,PTAT}} = -\frac{U_{BE}}{U_T} \frac{\dfrac{dU_T}{dT}}{\dfrac{dU_{BE}}{dT}} \approx 1,3$$

und für den Referenzstrom:

$$I_{ref} = I_{ref,UBE} + I_{ref,PTAT} \approx 2,3 \cdot I_{ref,PTAT} \approx 1,77 \cdot I_{ref,UBE}$$

Für einen Referenzstrom $I_{ref} = 100\,\mu A$ erhält man $I_{ref,PTAT} \approx I_{ref}/2,3 \approx 43\,\mu A$ und $I_{ref,UBE} \approx I_{ref}/1,77 \approx 57\,\mu A$.

## Referenzstromquellen in MOS-Schaltungen

Die $U_{BE}$-Referenzstromquelle aus Abb. 4.107 kann auch mit Mosfets realisiert werden; sie wird dann $U_{GS}$-Referenzstromquelle genannt [4.2]. Bei Betrieb im quadratischen Bereich der Kennlinie ist die Stabilisierung des Stroms vergleichsweise schlecht. Deutlich besseres Verhalten erreicht man, wenn man die Mosfets so groß macht, daß sie im Unterschwellenbereich arbeiten; dort haben sie eine exponentielle Kennlinie und verhalten sich näherungsweise wie Bipolartransistoren. Aus (3.25) auf Seite 223 folgt, daß für einen Betrieb im Unterschwellenbereich

$$|U_{GS} - U_{th}| < 2n_U U_T \overset{n_U \approx 1,5...2,5}{\approx} 3...5 \cdot U_T$$

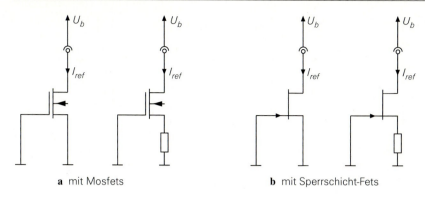

**a** mit Mosfets                                 **b** mit Sperrschicht-Fets

**Abb. 4.116.** Abschnür-Stromquellen

gelten muß; dadurch werden die Mosfets selbst bei kleinen Strömen sehr groß. Nachteilig ist die Abhängigkeit von der Schwellenspannung $U_{th}$, die herstellungsbedingt schwankt.

Die PTAT-Referenzstromquelle kann ebenfalls mit Mosfets im Unterschwellenbereich realisiert werden; dabei tritt bei der Berechnung des Stroms die Spannung $n_U U_T$ an die Stelle von $U_T$, weil bei Mosfets im Unterschwellenbereich

$$I_D \sim e^{\frac{U_{GS}-U_{th}}{n_U U_T}} \quad \text{mit } n_U \approx 1,5\ldots2,5$$

gilt. Die Verschiebung um die Schwellenspannung $U_{th}$ wirkt sich dagegen nicht auf den Strom aus, sondern führt nur zu einer Verschiebung der Arbeitspunktspannungen.

Referenzstromquellen mit Mosfets haben im allgemeinen erheblich schlechtere Eigenschaften als bipolare Referenzstromquellen. Deshalb werden integrierte Schaltungen mit sehr hohen Anforderungen bezüglich Genauigkeit und Temperaturverhalten meist in Bipolar-Technik hergestellt.

**Abschnür-Stromquellen**

Bei geringen Anforderungen an die Genauigkeit und die Temperaturabhängigkeit kann man eine der in Abb. 4.116 gezeigten Abschnür-Stromquellen einsetzen, die alle den konstanten Drainstrom eines selbstleitenden Fets im Abschnürbereich als Referenzstrom verwenden; dabei kann man mit $U_{GS} = 0$ oder – bei Stromgegenkopplung mit einem Widerstand – mit $U_{GS} < 0$ arbeiten.

Die Abschnür-Stromquellen mit Sperrschicht-Fets in Abb. 4.116b werden in integrierten Schaltungen durch einen *Abschnür-Widerstand* (*pinch resistor*) realisiert. Dabei handelt es sich um einen hochohmigen integrierten Widerstand, der mit zunehmender Spannung abgeschnürt wird. Da der prinzipielle Aufbau dem eines Sperrschicht-Fets entspricht, ist das Verhalten praktisch gleich. Nachteilig sind die hohen fertigungsbedingten Toleranzen, die typisch in der Größenordnung von $\pm30\%$ liegen [4.1].

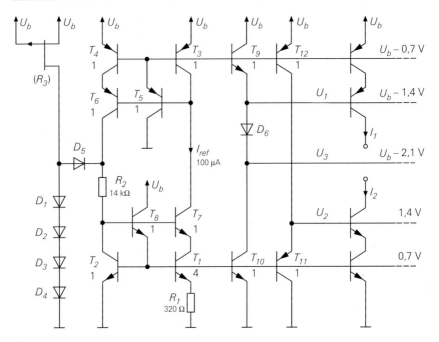

**Abb. 4.117.** Typische Schaltung mit PTAT-Referenzstromquelle zur Arbeitspunkteinstellung in bipolaren Verstärkerschaltungen (Zahlenbeispiel mit $I_{ref} = 100\,\mu A$ für $U_b > 3,5\,V$ unter Verwendung der Bipolartransistoren aus Tab. 4.1 auf Seite 303)

## Arbeitspunkteinstellung in integrierten Verstärkerschaltungen

Zur Arbeitspunkteinstellung in integrierten Schaltungen werden hauptsächlich Stromquellen zur Ruhestromeinstellung und Hilfsspannungen für Kaskode-Stufen benötigt; dabei werden die Stromquellen als Stromquellenbank mit einer gemeinsamen Referenzstromquelle ausgeführt.

**Bipolare Schaltungen:** Abb. 4.117 zeigt eine typische Schaltung zur Arbeitspunkteinstellung in bipolaren Verstärkerschaltungen. Sie setzt sich aus einer PTAT-Referenzstromquelle ($T_1 \ldots T_8$) mit Startschaltung ($D_1 \ldots D_5$) sowie einer npn- ($T_9$) und einer pnp-Kollektorschaltung ($T_{11}$) mit den zugehörigen Stromquellen ($T_{10}, T_{12}$) zur Bereitstellung der Hilfsspannungen $U_1$ und $U_2$ für Kaskode-Stufen zusammen; die Transistor-Diode $D_6$ demonstriert eine einfache Möglichkeit zur Erzeugung weiterer Hilfsspannungen. Da an der PTAT-Referenzstromquelle zusätzlich zur Auskopplung am Stromspiegel $T_3 \ldots T_6$ auch eine Auskopplung am Widlar-Stromspiegel $T_1, T_2$ erfolgt, wird dieser im Vergleich zu Abb. 4.113 mit $T_8$ zum 3-Transistor-Stromspiegel ausgebaut, um den Fehler durch die Basisströme klein zu halten; dadurch wird auch in der Startschaltung eine weitere Transistor-Diode benötigt, um die Startspannung entsprechend anzuheben. Der Widerstand $R_3$ wird als p-Kanal-Abschnür-Widerstand ausgeführt. Das ist keine Besonderheit, vielmehr kann man Widerstände im Bereich von

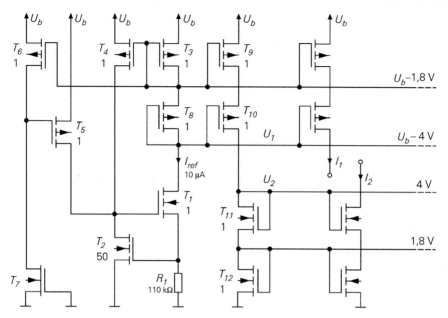

**Abb. 4.118.** Typische Schaltung mit $U_{GS}$-Referenzstromquelle zur Arbeitspunkteinstellung in MOS-Verstärkerschaltungen (Zahlenbeispiel mit $I_{ref} = 10\,\mu A$ für $U_b > 7\,V$ unter Verwendung der Mosfets aus Tab. 4.2 auf Seite 304)

$100\,k\Omega$ meist ohnehin nur in dieser Form herstellen. Die Eigenschaft eines Abschnür-Widerstands, bei größeren Spannungen als Konstantstromquelle zu arbeiten – siehe Abschnitt über Abschnür-Stromquellen –, ist hier vorteilhaft, weil dadurch der Strom in der Startschaltung begrenzt wird; auch die herstellungsbedingten Toleranzen stören hier nicht, da der Strom in der Startschaltung um fast eine Größenordung variieren kann, ohne daß die Funktion beeinträchtigt wird.

An die Auskopplungen und die Hilfsspannungen kann man einfache Stromquellen oder Stromquellen mit Kaskode mit beliebigem Übersetzungsverhältnis anschließen; in Abb. 4.117 ist als Beispiel je eine Stromquelle mit Kaskode dargestellt. Weitere Hilfsspannungen, wie z.B. die Spannung $U_3$, können mit Transistor-Dioden einfach erzeugt werden; wenn größere Ströme benötigt werden, muß man Kollektorschaltungen wie bei $U_1$ und $U_2$ einsetzen.

**MOS-Schaltungen:** Abb. 4.118 zeigt eine typische Schaltung zur Arbeitspunkteinstellung in MOS-Verstärkerschaltungen. Sie setzt sich aus einer $U_{GS}$-Referenzstromquelle ($T_1,T_2$) mit Stromspiegel ($T_3,T_4$) und Startschaltung ($T_5,T_6$) sowie einer Auskopplung mit Hilfsspannungserzeugung ($T_8 \ldots T_{12}$) zusammen. Die Startschaltung liefert über $T_5$ einen Startstrom, der nach Anlaufen der Schaltung über $T_6$ abgeschaltet wird. Der selbstleitende Mosfet $T_7$ dient als Ruhestromquelle (Abschnür-Stromquelle) für $T_6$; sein Strom muß kleiner als der Referenzstrom sein, damit die Startschaltung über $T_6$ abgeschaltet werden kann. Die Größe von $T_7$ hängt von der Schwellenspannung der selbstleitenden Mosfets im jeweiligen Herstellungsprozeß ab.

Die Schaltung ist in dieser Form nur sinnvoll, wenn die herstellungsbedingten Toleranzen des Widerstands $R_1$ und der Schwellenspannung von $T_2$ geringer sind als die Tolerenz der Schwellenspannung von $T_7$; andernfalls wäre es besser, den Strom der Abschnür-Stromquelle $T_7$ als Referenzstrom zu verwenden.

## 4.2
## Eigenschaften und Kenngrößen

Die Eigenschaften eines Verstärkers werden in Form von Kenngrößen angegeben. Man geht dabei von den Kennlinien des Verstärkers aus. Durch Linearisierung im Arbeitspunkt erhält man die Kleinsignal-Kenngrößen (z.B. die Verstärkung) und durch Reihenentwicklung die nichtlinearen Kenngrößen (z.B. den Klirrfaktor). Da eine geschlossene Darstellung der Kennlinien oft nicht möglich ist, muß man sich ggf. auf Messungen oder Schaltungssimulationen stützen.

### 4.2.1
### Kennlinien

Ein Verstärker mit einem Eingang und einem Ausgang wird im allgemeinen durch zwei Kennlinienfelder beschrieben; mit den Größen aus Abb. 4.119 gilt:

$$I_e = f_E(U_e, U_a)$$
$$I_a = f_A(U_e, U_a)$$

Die Rückwirkung vom Ausgang auf den Eingang ist bei den meisten Verstärkern im interessierenden Bereich vernachlässigbar klein, d.h. die Eingangskennlinie hängt praktisch nicht von der Ausgangsspannung ab. Damit erhält man:

$$I_e = f_E(U_e) \tag{4.140}$$
$$I_a = f_A(U_e, U_a) \tag{4.141}$$

Daraus erhält man bei offenem Ausgang die *Leerlauf-Übertragungskennlinie*:

$$I_a = f_A(U_e, U_a) = 0 \quad \Rightarrow \quad U_a = f_{\ddot{U}}(U_e) \tag{4.142}$$

Sie wird oft nur *Übertragungskennline* genannt.

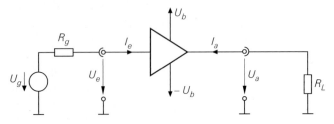

**Abb. 4.119.** Spannungen und Ströme bei einem Verstärker mit einem Eingang und einem Ausgang

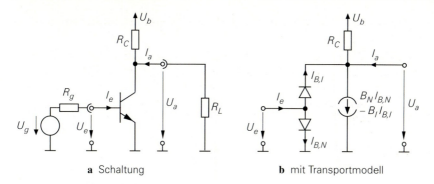

**a** Schaltung        **b** mit Transportmodell

**Abb. 4.120.** Beispiel: Emitterschaltung

Wenn man den Verstärker mit einer Signalquelle mit Innenwiderstand $R_g$ und einer Last $R_L$ betreibt, gilt nach Abb. 4.119:

$$I_e = \frac{U_g - U_e}{R_g} \quad , \quad I_a = -\frac{U_a}{R_L} \tag{4.143}$$

Die durch diese Gleichungen beschrieben Geraden werden *Quellen-* und *Lastgerade* genannt. Durch Einsetzen in (4.140) und (4.141) erhält man das nichtlineare Gleichungssystem

$$\begin{aligned} U_g &= U_e + R_g\, f_E(U_e) \\ 0 &= U_a + R_L f_A(U_e, U_a) \end{aligned} \tag{4.144}$$

und daraus die *Betriebs-Übertragungskennlinie*:

$$U_a = f_{\ddot{U}B}(U_g) \tag{4.145}$$

Die Lösung der Gleichung (4.142) und des Gleichungssystems (4.144) sowie die Ermittlung der Betriebs-Übertragungskennlinie ist nur in Ausnahmefällen geschlossen möglich. In der Praxis werden Schaltungssimulationsprogramme eingesetzt, die die Gleichungen im Rahmen einer *Gleichspannungsanalyse* (*DC analysis*) punktweise lösen und die Kennlinien graphisch darstellen. Wenn die Kennlinien des Verstärkers graphisch vorliegen, kann man das Gleichungssystem (4.144) auch graphisch lösen, indem man die Geraden (4.143) in das Eingangs- bzw. Ausgangskennlinienfeld einzeichnet und die Schnittpunkte mit den Kennlinien ermittelt.

*Beispiel:* Für die in Abb. 4.120 gezeigte Emitterschaltung erhält man unter Verwendung des Transportmodells aus Abb. 2.26 auf Seite 70

$$\begin{aligned} I_e = f_E(U_e, U_a) &= I_{B,N} + I_{B,I} \\[2mm] &= \frac{I_S}{B_N}\left(e^{\frac{U_e}{U_T}} - 1\right) + \frac{I_S}{B_I}\left(e^{\frac{U_e - U_a}{U_T}} - 1\right) \end{aligned}$$

$$I_a = f_A(U_e, U_a) = \frac{U_a - U_b}{R_C} + B_N I_{B,N} - (1 + B_I)\, I_{B,I}$$

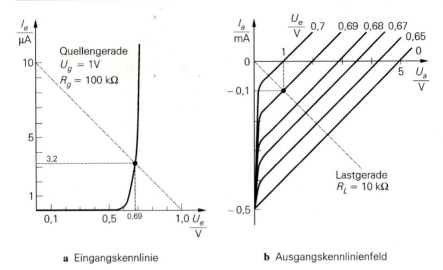

**a**  Eingangskennlinie                    **b**  Ausgangskennlinienfeld

**Abb. 4.121.** Kennlinien der Emitterschaltung aus Abb. 4.120 mit $U_b = 5\,\mathrm{V}$ und $R_C = 10\,\mathrm{k\Omega}$

$$= \frac{U_a - U_b}{R_C} + I_S \left( e^{\frac{U_e}{U_T}} - 1 \right) - \frac{1 + B_I}{B_I} I_S \left( e^{\frac{U_e - U_a}{U_T}} - 1 \right)$$

Für den praktischen Betrieb ist nur der Bereich interessant, in dem der Transistor im Normalbetrieb arbeitet: $U_a > U_{CE,sat} \approx 0,2\,\mathrm{V}$; in diesem Bereich wirkt sich die Ausgangsspannung nicht auf die Eingangskennlinie aus. Bei Vernachlässigung der Sperrströme folgt:

$$I_e = f_E(U_e) = \frac{I_S}{B_N} e^{\frac{U_e}{U_T}}$$

$$I_a = f_A(U_e, U_a) = \frac{U_a - U_b}{R_C} + I_S e^{\frac{U_e}{U_T}}$$

Die Kennlinien sind in Abb. 4.121 dargestellt. Die Leerlauf-Übertragungskennlinie kann hier noch geschlossen berechnet werden:

$$f_A(U_e, U_a) = 0 \quad \Rightarrow \quad U_a = f_Ü(U_e) = U_b - I_S R_C\, e^{\frac{U_e}{U_T}}$$

Mit $U_g = 1\,\mathrm{V}$, $R_g = 100\,\mathrm{k\Omega}$ und $R_L = 10\,\mathrm{k\Omega}$ erhält man die Quellengerade in Abb. 4.121a und die Lastgerade in Abb. 4.121b. Aus den Schnittpunkten entnimmt man $U_e(U_g = 1\,\mathrm{V}) \approx 0,69\,\mathrm{V}$ und $U_a(U_e = 0,69\,\mathrm{V}) \approx 1\,\mathrm{V}$. Damit kennt man einen Punkt der Betriebs-Übertragungskennlinie: $U_a(U_g = 1\,\mathrm{V}) \approx 1\,\mathrm{V}$. Durch Vorgabe weiterer Werte für $U_g$ kann man die Kennlinie punktweise ermitteln. Ein Programm zur Schaltungssimulation geht prinzipiell in gleicher Weise vor, indem das Gleichungssystem (4.144) für die vom Benutzer angegebenen Werte für $U_g$ numerisch gelöst wird; Abb. 4.122 zeigt das Ergebnis.

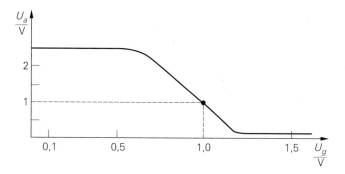

**Abb. 4.122.** Betriebs-Übertragungskennlinie der Emitterschaltung aus Abb. 4.120 mit $U_b = 5\,\text{V}$, $R_C = 10\,\text{k}\Omega$, $R_g = 100\,\text{k}\Omega$ und $R_L = 10\,\text{k}\Omega$

## 4.2.2
## Kleinsignal-Kenngrößen

Die Kleinsignal-Kenngrößen beschreiben das quasi-lineare Verhalten eines Verstärkers bei Aussteuerung mit kleinen Amplituden in einem Arbeitspunkt; diese Betriebsart wird *Kleinsignalbetrieb* genannt.

### Arbeitspunkt

Der Arbeitspunkt A wird durch die Spannungen $U_{e,A}$ und $U_{a,A}$ und durch die Ströme $I_{e,A}$ und $I_{a,A}$ charakterisiert:

$$I_{e,A} = f_E(U_{e,A}) \quad , \quad I_{a,A} = f_A(U_{e,A}, U_{a,A})$$

Im allgemeinen hängt der Arbeitspunkt von der Signalquelle und der Last ab. Eine Ausnahme sind Verstärker mit Wechselspannungskopplung über Koppelkondensatoren oder Übertrager, bei denen der Arbeitspunkt unabhängig von der Signalquelle und der Last eingestellt werden kann. Für die Berechnung der Kleinsignal-Kenngrößen spielt es jedoch keine Rolle, wie der Arbeitspunkt zustande kommt.

### Kleinsignalgrößen

Bei der Kleinsignalbetrachtung werden nur noch die Abweichungen vom Arbeitspunkt betrachtet, die durch die Kleinsignalgrößen

$$u_e = U_e - U_{e,A} \quad , \quad i_e = I_e - I_{e,A}$$
$$u_a = U_a - U_{a,A} \quad , \quad i_a = I_a - I_{a,A}$$

beschrieben werden. Da die Arbeitspunktgrößen $U_{e,A}$, $I_{e,A}$, $U_{a,A}$ und $I_{a,A}$ im Normalfall dem Gleichanteil von $U_e$, $I_e$, $U_a$ und $I_a$ entsprechen, sind die Kleinsignalgrößen ohne Gleichanteil, d.h. mittelwertfrei.

*Beispiel:*

$$U_e = U_0 + u_1 \cos \omega_1 t + u_2 \cos \omega_2 t \;\Rightarrow\; \begin{cases} U_{e,A} &= U_0 \\ u_e &= u_1 \cos \omega_1 t + u_2 \cos \omega_2 t \end{cases}$$

## Linearisierung

Durch Einsetzen der Kleinsignalgrößen in die Kennlinien (4.140) und (4.141) und Reihenentwicklung im Arbeitspunkt erhält man [27]:

$$I_e = I_{e,A} + i_e = f_E(U_{e,A} + u_e)$$

$$= f_E(U_{e,A}) + \left.\frac{\partial f_E}{\partial U_e}\right|_A u_e + \frac{1}{2} \left.\frac{\partial^2 f_E}{\partial U_e^2}\right|_A u_e^2 + \frac{1}{6} \left.\frac{\partial^3 f_E}{\partial U_e^3}\right|_A u_e^3 + \cdots$$

$$I_a = I_{a,A} + i_a = f_A(U_{e,A} + u_e, U_{a,A} + u_a)$$

$$= f_A(U_{e,A}, U_{a,A}) + \left.\frac{\partial f_A}{\partial U_e}\right|_A u_e + \left.\frac{\partial f_A}{\partial U_a}\right|_A u_a$$

$$+ \frac{1}{2} \left.\frac{\partial^2 f_A}{\partial U_e^2}\right|_A u_e^2 + \frac{1}{2} \left.\frac{\partial^2 f_A}{\partial U_e \partial U_a}\right|_A u_e u_a + \frac{1}{2} \left.\frac{\partial^2 f_A}{\partial U_a^2}\right|_A u_a^2 + \cdots$$

Bei ausreichend kleiner Aussteuerung kann man die Reihenentwicklung nach dem linearen Glied abbrechen; dadurch erhält man lineare Zusammenhänge zwischen den Kleinsignalgrößen:

$$i_e = \left.\frac{\partial f_E}{\partial U_e}\right|_A u_e$$

$$i_a = \left.\frac{\partial f_A}{\partial U_e}\right|_A u_e + \left.\frac{\partial f_A}{\partial U_a}\right|_A u_a$$

Der Übergang zu diesen linearen Gleichungen wird *Linearisierung im Arbeitspunkt* genannt.

## Kleinsignal-Kenngrößen

Die bei der Linearisierung auftretenden partiellen Ableitungen, jeweils ausgewertet im Arbeitspunkt A, werden als *Kleinsignal-Kenngrößen* bezeichnet; im einzelnen sind dies:

- der *Kleinsignal-Eingangswiderstand* $r_e$:

$$r_e = \frac{u_e}{i_e} = \left( \left.\frac{\partial f_E}{\partial U_e}\right|_A \right)^{-1} \tag{4.146}$$

---

[27] Im folgenden wird auch bei der Eingangskennlinie $f_E$ eine partielle Differentiation verwendet; damit wird angedeutet, daß $f_E$ im allgemeinen von einer zweiten Variable ($U_a$) abhängt.

- der *Kleinsignal-Ausgangswiderstand* $r_a$:

$$r_a = \left.\frac{u_a}{i_a}\right|_{u_e=0} = \left(\left.\frac{\partial f_A}{\partial U_a}\right|_A\right)^{-1} \tag{4.147}$$

Er wird auch als *Kurzschluß-Ausgangswiderstand* bezeichnet, weil der Eingang in diesem Fall *kleinsignalmäßig* kurzgeschlossen wird ($u_e = 0$). In der Praxis bedeutet dies, daß am Eingang eine Spannungsquelle mit ausreichend geringem Innenwiderstand angeschlossen ist, die die Eingangsspannung auf dem Wert $U_{e,A}$ konstant hält.

- die *Kleinsignal-Verstärkung* $A$:

$$A = \left.\frac{u_a}{u_e}\right|_{i_a=0} = -\left.\frac{\partial f_A}{\partial U_e}\right|_A \left(\left.\frac{\partial f_A}{\partial U_a}\right|_A\right)^{-1} \tag{4.148}$$

Sie wird auch als *Leerlauf-Verstärkung* bezeichnet, weil der Ausgang in diesem Fall leerläuft, d.h. kleinsignalmäßig offen ist ($i_a = 0$). Man kann die Verstärkung auch aus der Leerlauf-Übertragungskennlinie (4.142) berechnen:

$$A = \left.\frac{df_{\ddot{U}}}{dU_e}\right|_A$$

- die *Steilheit* $S$:

$$S = \left.\frac{i_a}{u_e}\right|_{u_a=0} = \left.\frac{\partial f_A}{\partial U_e}\right|_A \tag{4.149}$$

Sie ist bei Verstärkern, die einen niederohmigen Ausgang ($r_a$ klein) besitzen und deshalb primär eine Ausgangsspannung liefern, von untergeordneter Bedeutung, spielt aber bei Transistoren und Verstärkern mit hochohmigem Ausgang ($r_a$ groß) eine wichtige Rolle. Durch Vergleich mit (4.147) und (4.148) folgt:

$$S = -\frac{A}{r_a} \qquad \text{bzw.} \qquad A = -S\,r_a \tag{4.150}$$

Daraus folgt, daß eine der Größen $A$, $r_a$ und $S$ redundant ist.

### Kleinsignalersatzschaltbild eines Verstärkers

Mit den Kleinsignal-Kenngrößen erhält man die in Abb. 4.123 gezeigten *Kleinsignalersatzschaltbilder* mit den folgenden Gleichungen:

$$i_e = \frac{u_e}{r_e} \tag{4.151}$$

$$u_a = Au_e + i_a r_a \qquad \text{bzw.} \qquad i_a = S\,u_e + \frac{u_a}{r_a} \tag{4.152}$$

Wenn man den Verstärker mit einer Signalquelle mit Innenwiderstand $R_g$ und einer Last $R_L$ betreibt, erhält man aus dem Kleinsignalersatzschaltbild in Abb. 4.124 die *Kleinsignal-Betriebsverstärkung*:

$$A_B = \frac{u_a}{u_g} = \frac{r_e}{R_g + r_e} A \frac{R_L}{r_a + R_L} \overset{A=-S\,r_a}{=} -\frac{r_e}{R_g + r_e} S \frac{r_a R_L}{r_a + R_L} \tag{4.153}$$

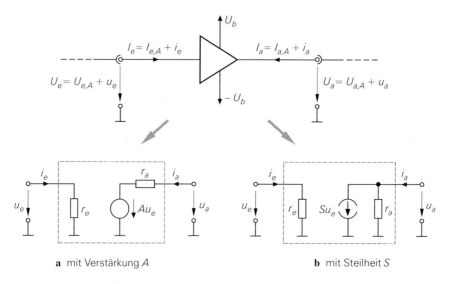

**a** mit Verstärkung $A$　　　　**b** mit Steilheit $S$

**Abb. 4.123.** Kleinsignalersatzschaltbilder eines Verstärkers

Dabei ist $u_g = U_g - U_{g,A}$ die Kleinsignalspannung der Signalquelle. Die Kleinsignal-Betriebsverstärkung setzt sich aus der Leerlauf-Verstärkung $A$ und den Spannungsteilerfaktoren am Eingang und am Ausgang zusammen; bei einer Darstellung mit Hilfe der Steilheit $S$ geht der ausgangsseitige Faktor in die Parallelschaltung von $r_a$ und $R_L$ über. Man kann die Kleinsignal-Betriebsverstärkung auch aus der Betriebs-Übertragungskennlinie (4.145) ermitteln:

$$A_B = \left. \frac{df_{\ddot{U}B}}{dU_g} \right|_A$$

*Beispiel:* Für die Emitterschaltung in Abb. 4.120a auf Seite 451 wurden die Kennlinien

$$I_e = f_E(U_e) = \frac{I_S}{B_N} e^{\frac{U_e}{U_T}} \quad , \quad I_a = f_A(U_e, U_a) = \frac{U_a - U_b}{R_C} + I_S e^{\frac{U_e}{U_T}}$$

ermittelt; mit $U_g = 1\,\text{V}$, $R_g = 100\,\text{k}\Omega$ und $R_L = R_C = 10\,\text{k}\Omega$ folgte $U_e \approx 0,69\,\text{V}$ und $U_a \approx 1\,\text{V}$. Dieser Punkt wird nun als Arbeitspunkt verwendet; mit $I_S = 1\,\text{fA}$,

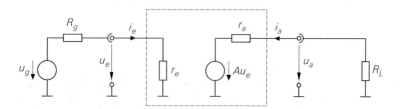

**Abb. 4.124.** Kleinsignalersatzschaltbild eines Verstärkers mit Signalquelle und Last

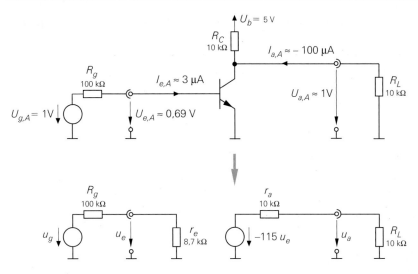

**Abb. 4.125.** Beispiel: Emitterschaltung mit Arbeitspunkt (oben) und resultierendes Kleinsignalersatzschaltbild (unten)

$B_N = 100$ und $U_T = 26\,\mathrm{mV}$ folgt:

$$U_{e,A} \approx 0,69\,\mathrm{V} \quad,\quad I_{e,A} = f_E(U_{e,A}) \approx 3\,\mu\mathrm{A}$$

$$U_{a,A} \approx 1\,\mathrm{V} \quad,\quad I_{a,A} = -\frac{U_{a,A}}{R_L} \approx -100\,\mu\mathrm{A}$$

Abb. 4.125 zeigt im oberen Teil die Schaltung mit den Arbeitspunktgrößen. Aus (4.146) folgt mit

$$\left.\frac{\partial f_E}{\partial U_e}\right|_A = \left.\frac{I_S}{U_T B_N}\,e^{\frac{U_e}{U_T}}\right|_A = \left.\frac{I_e}{U_T}\right|_A = \frac{I_{e,A}}{U_T} \approx \frac{3\,\mu\mathrm{A}}{26\,\mathrm{mV}} \approx 0,115\,\mathrm{mS}$$

der Eingangswiderstand $r_e \approx 8,7\,\mathrm{k}\Omega$; entsprechend erhält man aus (4.147) mit

$$\left.\frac{\partial f_A}{\partial U_a}\right|_A = \frac{1}{R_C} = 0,1\,\mathrm{mS}$$

den Ausgangswiderstand $r_a = R_C = 10\,\mathrm{k}\Omega$ und aus (4.149) mit

$$\left.\frac{\partial f_A}{\partial U_e}\right|_A = \left.\frac{I_S}{U_T}\,e^{\frac{U_e}{U_T}}\right|_A \approx \frac{300\,\mu\mathrm{A}}{26\,\mathrm{mV}} \approx 11,5\,\mathrm{mS}$$

die Steilheit $S \approx 11,5\,\mathrm{mS}$. Die Verstärkung $A$ kann mit (4.150) aus $S$ und $r_a$ ermittelt werden: $A = -S\,r_a \approx -115$. Abbildung 4.125 zeigt im unteren Teil das resultierende Kleinsignalersatzschaltbild. Daraus folgt mit (4.153) die Betriebsverstärkung $A_B \approx -4,6$; sie entspricht der Steigung der Betriebs-Übertragungskennlinie in Abb. 4.122 auf Seite 453 im eingetragenen Arbeitspunkt.

**Berechnung der Kleinsignal-Kenngrößen mit Hilfe des Kleinsignalersatzschaltbilds der Schaltung**

Bei größeren Schaltungen kann man die Kennlinien $f_E$ und $f_A$ nicht mehr geschlossen angeben; eine Berechnung der Kleinsignal-Kenngrößen durch Differenzieren der Kennlinien gemäß (4.146)–(4.149) ist dann nicht mehr möglich. Wenn man jedoch den Arbeitspunkt der Schaltung, ausgedrückt durch alle Spannungen und Ströme, kennt oder näherungsweise bestimmen kann, kann man die Bauelemente auch einzeln linearisieren und die Kenngrößen aus dem resultierenden Kleinsignalersatzschaltbild der Schaltung berechnen; dabei wird für jedes Bauteil das zugehörige Kleinsignalersatzschaltbild eingesetzt. Abb. 4.126 zeigt dieses Verfahren im Vergleich zum Vorgehen über die Kennlinien. Angaben aus der Schaltung werden zur Berechnung des Arbeitspunkts, zur Auswahl der Kleinsignalersatzschaltbilder und zur Aufstellung des Kleinsignalersatzschaltbilds der Schaltung benötigt.

In der Praxis wird ausschließlich das Verfahren über das Kleinsignalersatzschaltbild der Schaltung angewendet. Auch Programme zur Schaltungssimulation können nur dieses Verfahren verwenden, weil sie nur numerische Berechnungen durchführen können; das Aufstellen, Umformen und Differenzieren von Gleichungen in geschlossener Form kann von diesen Programmen nicht durchgeführt werden. Allerdings kann man mit einigen Programmen (z.B. *PSpice*) die punktweise numerisch berechneten Kennlinien einer Schaltung auch numerisch differenziert darstellen. Diese Darstellung ist nützlich, wenn man sich für die Abhängigkeit der Kleinsignal-Kenngrößen vom Arbeitspunkt interessiert. Die numerische Differentiation führt jedoch in Bereichen sehr kleiner oder sehr großer Steigung der Kennlinien unter Umständen zu erheblichen Fehlern.

*Beispiel:* In Abb. 4.127 ist noch einmal die Emitterschaltung aus Abb. 4.120a dargestellt; dabei tritt als nichtlineares Bauteil nur der Transistor auf. Durch Einsetzen des Kleinsignalersatzschaltbilds des Transistors erhält man das Kleinsignalersatzschaltbild der Schaltung. Zur Berechnung der Parameter $S$, $r_{BE}$ und $r_{CE}$ werden die Transistor-Parameter $\beta$ und $U_A$ und der Kollektorstrom $I_{C,A}$ im Arbeitspunkt benötigt; mit $\beta = 100$, $U_A = 100\,\text{V}$ und $I_{C,A} = 300\,\mu\text{A}$ erhält man:

$$S = \frac{I_{C,A}}{U_T} = \frac{300\,\mu\text{A}}{26\,\text{mV}} \approx 11,5\,\text{mS} \quad , \quad r_{BE} = \frac{\beta}{S} = \frac{100}{11,5\,\text{mS}} \approx 8,7\,\text{k}\Omega$$

$$r_{CE} = \frac{U_A}{I_{C,A}} = \frac{100\,\text{V}}{300\,\mu\text{A}} \approx 333\,\text{k}\Omega$$

Durch Vergleich mit Abb. 4.123b auf Seite 456 erhält man $r_e = r_{BE} \approx 8,7\,\text{k}\Omega$, $r_a = r_{CE} \,\|\, R_C \approx 9,7\,\text{k}\Omega$, $S \approx 11,5\,\text{mS}$ – die Steilheit des Verstärkers entspricht hier der Steilheit des Transistors – und $A = -S\,r_a \approx -112$.

Die Werte für $A$ und $r_a$ unterscheiden sich geringfügig von den Werten in Abb. 4.125, weil im Kleinsignalersatzschaltbild des Transistors auch der Early-Effekt – repräsentiert durch den Widerstand $r_{CE}$ – berücksichtigt wurde, der bei der Berechnung über die Kennlinien vernachlässigt wurde.

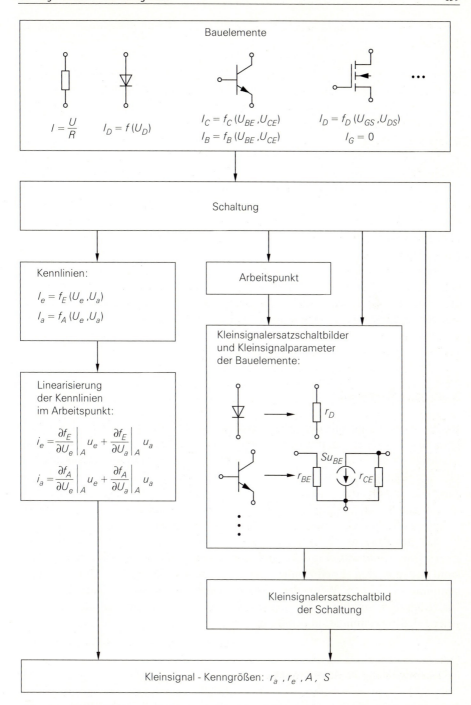

**Abb. 4.126.** Vorgehensweisen zur Berechnung der Kleinsignal-Kenngrößen

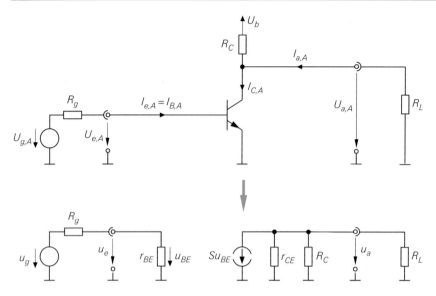

**Abb. 4.127.** Beispiel: Emitterschaltung mit Arbeitspunkt (oben) und resultierendes Kleinsignalersatzschaltbild bei Verwendung des Kleinsignalersatzschaltbilds des Transistors (unten)

### 4.2.3
### Nichtlineare Kenngrößen

Im Zusammenhang mit den Kleinsignal-Kenngrößen stellt sich die Frage, wie groß die Aussteuerung um den Arbeitspunkt maximal sein darf, damit noch Kleinsignalbetrieb vorliegt. Von einem mathematischen Standpunkt aus gesehen gilt das Kleinsignalersatzschaltbild nur für *infinitesimale*, d.h. beliebig kleine Aussteuerung. In der Praxis sind die nichtlinearen Verzerrungen maßgebend, die mit zunehmender Amplitude überproportional zunehmen und einen anwendungsspezifischen Grenzwert nicht überschreiten sollen.

Das nichtlineare Verhalten eines Verstärkers wird mit den Kenngrößen *Klirrfaktor*, *Kompressionspunkt* und den *Intercept-Punkten* beschrieben. Man kann sie aus den Koeffizienten der Reihenentwicklung der Übertragungskennlinie berechnen. Wenn dies mangels einer geschlossenen Darstellung der Übertragungskennlinie nicht möglich ist, muß man sie messen oder mit Hilfe einer Schaltungssimulation ermitteln.

### Reihenentwicklung im Arbeitspunkt

Abb. 4.128 zeigt einen nichtlinearen Verstärker mit der Betriebs-Übertragungskennlinie $U_a = f_{\ddot{U}B}(U_g)$. Die zugehörige Reihenentwicklung (*Taylor-Reihe*) im Arbeitspunkt lautet [4.3]:

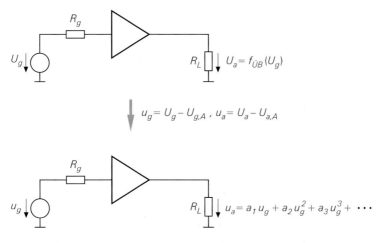

**Abb. 4.128.** Nichtlinearer Verstärker (oben) und Reihenentwicklung im Arbeitspunkt (unten)

$$U_a = U_{a,A} + u_a = f_{\ddot{U}B}(U_g) = f_{\ddot{U}B}(U_{g,A} + u_g)$$

$$= f_{\ddot{U}B}(U_{g,A}) + \frac{df_{\ddot{U}B}}{dU_g}\bigg|_A u_g + \frac{1}{2}\frac{d^2 f_{\ddot{U}B}}{dU_g^2}\bigg|_A u_g^2$$

$$+ \frac{1}{6}\frac{d^3 f_{\ddot{U}B}}{dU_g^3}\bigg|_A u_g^3 + \frac{1}{24}\frac{d^4 f_{\ddot{U}B}}{dU_g^4}\bigg|_A u_g^4 + \cdots$$

Daraus folgt für die Kleinsignalgrößen:

$$u_a = \frac{df_{\ddot{U}B}}{dU_g}\bigg|_A u_g + \frac{1}{2}\frac{d^2 f_{\ddot{U}B}}{dU_g^2}\bigg|_A u_g^2 + \frac{1}{6}\frac{d^3 f_{\ddot{U}B}}{dU_g^3}\bigg|_A u_g^3 + \frac{1}{24}\frac{d^4 f_{\ddot{U}B}}{dU_g^4}\bigg|_A u_g^4 + \cdots$$

$$= \sum_{n=1\ldots\infty} a_n u_g^n \quad \text{mit } a_n = \frac{1}{n!}\frac{d^n f_{\ddot{U}B}}{dU_g^n}\bigg|_A \tag{4.154}$$

Die Koeffizienten $a_1, a_2, \ldots$ werden *Koeffizienten der Taylor-Reihe* genannt. Der Koeffizient $a_1$ entspricht der Kleinsignal-Betriebsverstärkung $A_B$ und ist dimensionslos; alle anderen Koeffizienten sind dimensionsbehaftet:

$$[a_n] = \frac{1}{V^{n-1}} \quad \text{für } n = 2\ldots\infty$$

*Beispiel:* Bei der Emitterschaltung aus Abb. 4.125 auf Seite 457 kann man die Reihenentwicklung der Betriebs-Übertragungskennlinie noch vergleichsweise einfach berechnen; dazu wird eine Reihenentwicklung der Eingangsgleichung

$$U_g = I_e R_g + U_e = I_B R_g + U_{BE} = \frac{I_C R_g}{B} + U_T \ln\frac{I_C}{I_S}$$

im Arbeitspunkt vorgenommen:

$$u_g = \frac{i_C R_g}{B} + U_T \ln\left(1 + \frac{i_C}{I_{C,A}}\right)$$

$$= \left(\frac{I_{C,A} R_g}{B} + U_T\right)\frac{i_C}{I_{C,A}} - \frac{U_T}{2}\left(\frac{i_C}{I_{C,A}}\right)^2 + \frac{U_T}{3}\left(\frac{i_C}{I_{C,A}}\right)^3 - \cdots$$

Mit

$$i_C = -\frac{u_a}{R_C \parallel R_L}$$

und $U_k = I_{C,A}\,(R_C \parallel R_L)$ erhält man:

$$u_g = -\left(\frac{I_{C,A} R_g}{B} + U_T\right)\frac{u_a}{U_k} - \frac{U_T}{2}\left(\frac{u_a}{U_k}\right)^2 - \frac{U_T}{3}\left(\frac{u_a}{U_k}\right)^3 - \cdots$$

Setzt man $R_C = R_L = 10\,\text{k}\Omega$, $R_g = 100\,\text{k}\Omega$, $I_{C,A} = 300\,\mu\text{A}$, $B = 100$ und $U_T = 26\,\text{mV}$ ein, folgt

$$u_g = -0,2173\,u_a - \frac{5,78\,u_a^2}{10^3\,\text{V}} - \frac{2,57\,u_a^3}{10^3\,\text{V}^2} - \frac{1,28\,u_a^4}{10^3\,\text{V}^3} - \frac{0,685\,u_a^3}{10^3\,\text{V}^4}$$

und daraus durch Inversion:

$$u_a = -4,6\,u_g - \frac{0,563\,u_g^2}{\text{V}} + \frac{u_g^3}{\text{V}^2} - \frac{2\,u_g^4}{\text{V}^3} + \frac{4\,u_g^5}{\text{V}^4} - \cdots$$

Daraus folgt:

$$a_1 = -4,6 \quad,\quad a_2 = -\frac{0,563}{\text{V}} \quad,\quad a_3 = \frac{1}{\text{V}^2} \quad,\quad a_4 = -\frac{2}{\text{V}^3} \quad,\quad a_5 = \frac{4}{\text{V}^4}$$

**Ausgangssignal bei sinusförmiger Ansteuerung**

Durch die Terme $u_g^n$ in (4.154) erhält man bei einem Signal

$$u_g = \hat{u}_g \cos\omega t$$

neben dem gewünschten Ausgangssignal (*Nutzsignal*)

$$u_{a,Nutz} = \hat{u}_a \cos\omega t = a_1 \hat{u}_g \cos\omega t$$

auch Anteile bei Vielfachen von $\omega$:

$$u_a = \sum_{n=1\ldots\infty} a_n u_g^n = \sum_{n=1\ldots\infty} a_n \hat{u}_g^n \cos^n\omega t$$

$$= \left(\frac{a_2 \hat{u}_g^2}{2} + \frac{3a_4 \hat{u}_g^4}{8} + \frac{5a_6 \hat{u}_g^6}{16} + \cdots\right) \qquad\qquad \text{Gleichanteil}$$

$$+ \left(a_1 + \frac{3a_3 \hat{u}_g^2}{4} + \frac{5a_5 \hat{u}_g^4}{8} + \frac{35a_7 \hat{u}_g^6}{64} + \cdots\right)\hat{u}_g \cos\omega t \qquad \text{Grundwelle}$$

$$+ \left(\frac{a_2}{2} + \frac{a_4 \hat{u}_g^2}{2} + \frac{15a_6 \hat{u}_g^4}{32} + \cdots\right)\hat{u}_g^2 \cos 2\omega t \qquad \text{1.Oberwelle}$$

$$+ \left( \frac{a_3}{4} + \frac{5a_5\hat{u}_g^2}{16} + \frac{21a_7\hat{u}_g^4}{64} + \cdots \right) \hat{u}_g^3 \cos 3\omega t \qquad \text{2.Oberwelle}$$

$$+ \left( \frac{a_4}{8} + \frac{3a_6\hat{u}_g^2}{16} + \cdots \right) \hat{u}_g^4 \cos 4\omega t \qquad \text{3.Oberwelle}$$

$$+ \left( \frac{a_5}{16} + \frac{7a_7\hat{u}_g^2}{64} + \cdots \right) \hat{u}_g^5 \cos 5\omega t \qquad \text{4.Oberwelle}$$

$$+ \cdots$$

$$= \sum_{n=0\ldots\infty} b_n \hat{u}_g^n \cos n\omega t \qquad \text{mit} \quad b_n = (\cdots)_n \tag{4.155}$$

Die Koeffizienten $b_n$ erhält man durch Umformen der Terme $\cos^n \omega t$ in Terme der Form $\cos n\omega t$ und Sortieren nach Frequenzen. Man erkennt, daß durch die *geraden* Koeffizienten $a_2, a_4, \ldots$ ein Gleichanteil $b_0$, d.h. eine Verschiebung des Arbeitspunkts, verursacht wird; sie ist bei den in der Praxis üblichen Amplituden gering und wird deshalb vernachlässigt. Darüber hinaus werden durch die geraden Koeffizienten Anteile bei geradzahligen Vielfachen der Frequenz $\omega$ erzeugt. Entsprechend werden durch die *ungeraden* Koeffizienten $a_3, a_5, \ldots$ Anteile bei ungeradzahligen Vielfachen der Frequenz $\omega$ erzeugt. Die ungeraden Koeffizienten wirken sich auch auf die Amplitude des Nutzsignals aus; deshalb ist die Betriebsverstärkung bei größeren Amplituden nicht mehr konstant.

Der Anteil bei der Frequenz $\omega$ wird *Grundwelle* genannt. Die anderen Anteile werden als *Oberwellen* bezeichnet und entsprechend ihrer Ordnung nummeriert: 1.Oberwelle bei $2\omega$, 2.Oberwelle bei $3\omega$, .... Alternativ werden die Anteile auch als *Harmonische* bezeichnet: 1.Harmonische bei $\omega$, 2.Harmonische bei $2\omega$, ....

In der Praxis arbeitet man mit Amplituden, bei denen die Oberwellen sehr viel kleiner sind als die Grundwelle. In diesem Fall muß man in den Klammerausdrücken in (4.155) nur den ersten Term berücksichtigen, d.h. die Koeffizienten $b_n$ sind näherungsweise konstant und hängen nicht mehr von der Eingangsamplitude $\hat{u}_g$, sondern nur noch von den Koeffizienten $a_n$ der Kennlinie ab:

$$b_n \approx \frac{a_n}{2^{n-1}} \qquad \text{für} \quad n = 1\ldots\infty \tag{4.156}$$

Daraus folgt für die Amplituden der Grundwelle und der Oberwellen:

$$\hat{u}_{a(GW)} = |b_1|\hat{u}_g \approx |a_1|\hat{u}_g$$

$$\hat{u}_{a(1.OW)} = |b_2|\hat{u}_g^2 \approx \left|\frac{a_2}{2}\right| \hat{u}_g^2 \tag{4.157}$$

$$\hat{u}_{a(2.OW)} = |b_3|\hat{u}_g^3 \approx \left|\frac{a_3}{4}\right| \hat{u}_g^3$$

$$\vdots$$

Man erkennt, daß die Amplitude der Grundwelle linear mit der Eingangsamplitude zunimmt, während die Amplituden der Oberwellen überproportional zunehmen. Voraussetzung für die Näherung ist die Bedingung:

$$\hat{u}_{a(GW)} \gg \hat{u}_{a(1.OW)} , \hat{u}_{a(2.OW)} , \ldots$$

Durch Einsetzen der Koeffizienten folgt

$$|b_1|\hat{u}_g \gg |b_2|\hat{u}_g^2 , |b_3|\hat{u}_g^3 , |b_4|\hat{u}_g^4 , |b_5|\hat{u}_g^5 , \ldots$$

und daraus durch Auflösen nach $\hat{u}_g$:

$$\hat{u}_g \ll \left|\frac{b_1}{b_2}\right| , \sqrt{\left|\frac{b_1}{b_3}\right|} , \sqrt[3]{\left|\frac{b_1}{b_4}\right|} , \sqrt[4]{\left|\frac{b_1}{b_5}\right|} , \ldots$$

$$\hat{u}_g \ll \min_n \sqrt[n-1]{\left|\frac{b_1}{b_n}\right|} \overset{(4.156)}{=} 2 \min_n \sqrt[n-1]{\left|\frac{a_1}{a_n}\right|} \tag{4.158}$$

*Beispiel:* Für die Emitterschaltung aus Abb. 4.125 erhält man mit (4.156) und den Koeffizienten $a_1, \ldots, a_5$ auf Seite 462:

$$b_1 \approx a_1 = -4,6 \quad , \quad b_2 \approx \frac{a_2}{2} = -\frac{0,282}{V} \quad , \quad b_3 \approx \frac{a_3}{4} = \frac{0,25}{V^2}$$

$$b_4 \approx \frac{a_4}{8} = -\frac{0,25}{V^3} \quad , \quad b_5 \approx \frac{a_5}{16} = \frac{0,25}{V^4}$$

Alle weiteren Koeffizienten haben ebenfalls den Betrag $0,25$. Daraus folgt aus (4.158) für die Amplitude:

$$\hat{u}_g \ll \min\,(16,3\,\text{V}\,;\,4,3\,\text{V}\,;\,2,6\,\text{V}\,;\,2\,\text{V}\,;\,\ldots) = 1\,\text{V}$$

Das Minimum wird hier für $n \to \infty$ erreicht. Mit $\hat{u}_g = 100\,\text{mV}$ erhält man aus (4.157) für die Grundwelle $\hat{u}_{a(GW)} \approx 460\,\text{mV}$, für die 1.Oberwelle $\hat{u}_{a(1.OW)} \approx 2,82\,\text{mV}$ und für die 2.Oberwelle $\hat{u}_{a(2.OW)} \approx 0,25\,\text{mV}$.

### Gültigkeitsbereich der Reihenentwicklung

Die Betriebs-Übertragungskennlinie kann nur in einem eingeschränkten Bereich durch das Polynom (4.154) beschrieben werden. Dieser Bereich hängt von der Anzahl der berücksichtigten Terme ab, endet aber spätestens beim Erreichen der Übersteuerungsgrenzen, weil ab hier die Kennlinie näherungsweise horizontal verläuft und nicht mehr durch ein Polynom beschrieben werden kann. In den meisten Fällen kann man auch den aktiven Bereich in der Nähe der Übersteuerungsgrenzen nicht mehr beschreiben, so daß mit (4.154) nur ein mehr oder weniger großer Bereich um den Arbeitspunkt beschrieben werden kann. Abb. 4.129 zeigt diesen Bereich am Beispiel der Betriebs-Übertragungskennlinie einer Emitterschaltung.

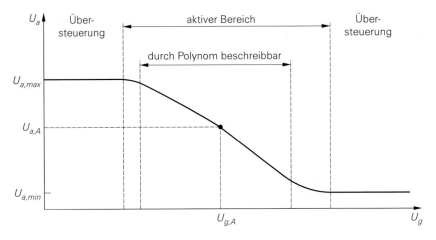

**Abb. 4.129.** Gültigkeitsbereich der Reihenentwicklung der Betriebs-Übertragungskennlinie

## Klirrfaktor

Bei sinusförmigen Signalen wird der *Klirrfaktor k* als Maß für die nichtlinearen Verzerrungen verwendet:

*Der Klirrfaktor k gibt das Verhältnis des Effektivwerts aller Oberwellen eines Signals zum Effektivwert des ganzen Signals an.*

Bei einem sinusförmigen Signal ohne Oberwellen gilt $k = 0$.

Mit (4.155) erhält man unter Berücksichtigung des Zusammenhangs zwischen Amplitude und Effektivwert ($u_{eff}^2 = \hat{u}^2/2$):

$$k = \sqrt{\frac{\sum\limits_{n=2...\infty} \frac{1}{2}\left(b_n\hat{u}_g^n\right)^2}{\sum\limits_{n=1...\infty} \frac{1}{2}\left(b_n\hat{u}_g^n\right)^2}} = \sqrt{\frac{\sum\limits_{n=2...\infty} b_n^2\hat{u}_g^{2n}}{\sum\limits_{n=1...\infty} b_n^2\hat{u}_g^{2n}}} \qquad (4.159)$$

Der Gleichanteil $b_0$ wird nicht berücksichtigt. Bei geringer Aussteuerung mit kleinem Klirrfaktor kann man die Oberwellen bei der Berechnung des Effektivwerts des ganzen Signals vernachlässigen; dann gilt:

$$k \approx \frac{\sqrt{\sum\limits_{n=2...\infty} b_n^2\hat{u}_g^{2n}}}{b_1\hat{u}_g}$$

In Systemen mit Filtern werden oft nicht alle Oberwellen übertragen; deshalb werden die *Teil-Klirrfaktoren*

$$k_n = \left|\frac{b_n\hat{u}_g^n}{b_1\hat{u}_g}\right| = \left|\frac{b_n}{b_1}\right|\hat{u}_g^{n-1} \qquad \text{für } n = 2...\infty$$

angegeben, die das Verhältnis der Effektivwerte der einzelnen Oberwellen zur Grundwelle angeben. Man kann den Klirrfaktor $k$ aus den Teil-Klirrfaktoren berechnen:

$$k = \sqrt{\frac{\sum\limits_{n=2\ldots\infty} k_n^2}{1 + \sum\limits_{n=2\ldots\infty} k_n^2}} \overset{k_n \ll 1}{\approx} \sqrt{\sum\limits_{n=2\ldots\infty} k_n^2} \tag{4.160}$$

Aus (4.155) erhält man:

$$k_2 = \left|\frac{b_2}{b_1}\right| \hat{u}_g = \left|\frac{\dfrac{a_2}{2} + \dfrac{a_4\hat{u}_g^2}{2} + \dfrac{15a_6\hat{u}_g^4}{32} + \cdots}{a_1 + \dfrac{3a_3\hat{u}_g^2}{4} + \dfrac{5a_6\hat{u}_g^4}{8} + \cdots}\right| \hat{u}_g \approx \left|\frac{a_2}{2a_1}\right| \hat{u}_g$$

$$k_3 = \left|\frac{b_3}{b_1}\right| \hat{u}_g^2 = \left|\frac{\dfrac{a_3}{4} + \dfrac{5a_5\hat{u}_g^2}{16} + \dfrac{21a_7\hat{u}_g^7}{64} + \cdots}{a_1 + \dfrac{3a_3\hat{u}_g^2}{4} + \dfrac{5a_6\hat{u}_g^4}{8} + \cdots}\right| \hat{u}_g^2 \approx \left|\frac{a_3}{4a_1}\right| \hat{u}_g^2$$

$$k_4 = \left|\frac{b_4}{b_1}\right| \hat{u}_g^3 \approx \left|\frac{a_4}{8a_1}\right| \hat{u}_g^3$$

$$\vdots$$

$$k_n = \left|\frac{b_n}{b_1}\right| \hat{u}_g^{n-1} \approx \left|\frac{a_n}{2^{n-1}a_1}\right| \hat{u}_g^{n-1} \qquad \text{für} \quad n = 2\ldots\infty \tag{4.161}$$

Man erkennt, daß der $n$-te Teil-Klirrfaktor bei kleinen Amplituden nur von den Koeffizienten $a_1$ und $a_n$ abhängt und mit der $(n-1)$-ten Potenz der Eingangsamplitude zunimmt. Bei mittleren Amplituden machen sich weitere Anteile bemerkbar und führen zu einem abweichenden Verhalten. Bei sehr großen Amplituden wird der Verstärker voll übersteuert; in diesem Fall erhält man am Ausgang ein Rechtecksignal mit:

$$k_n = \begin{cases} 0 & \text{für } n = 2, 4, 6, \ldots \\[2mm] \dfrac{1}{n} & \text{für } n = 3, 5, 7, \ldots \end{cases}$$

Daraus folgt $k \approx 0,48$. In der Praxis ist die Übersteuerung meist nicht exakt symmetrisch, so daß die geraden Teil-Klirrfaktoren nicht Null werden.

*Beispiel:* Für die Emitterschaltung aus Abb. 4.125 erhält man mit den Koeffizienten $a_n$ von Seite 462 folgende Teil-Klirrfaktoren:

$$k_2 \approx \frac{0,061\,\hat{u}_g}{\text{V}} \quad , \quad k_3 \approx \frac{0,054\,\hat{u}_g^2}{\text{V}^2} \quad , \quad k_4 \approx \frac{0,054\,\hat{u}_g^3}{\text{V}^3} \quad , \quad k_5 \approx \frac{0,054\,\hat{u}_g^4}{\text{V}^4}$$

Abb. 4.130 zeigt den Verlauf von $k_2 \ldots k_5$. Im quasi-linearen Bereich (I) verlaufen die Teil-Klirrfaktoren gemäß (4.161); dabei gehen die Potenzen von $\hat{u}_g$ in der doppelt logarithmischen Darstellung in Geraden mit den entsprechenden

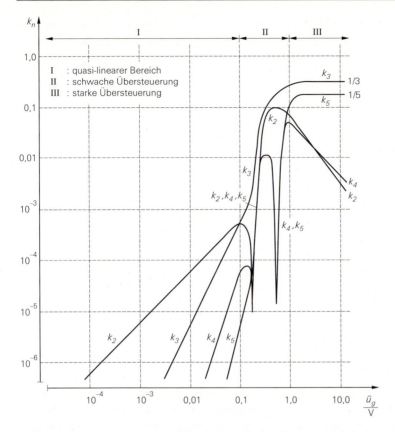

**Abb. 4.130.** Verlauf der Teil-Klirrfaktoren $k_2 \ldots k_5$ für die Emitterschaltung aus Abb. 4.125

Steigungen über. Im Bereich schwacher Übersteuerung (II) nehmen die Teil-Klirrfaktoren stark zu. Bei zunehmender Übersteuerung kann das Ausgangssignal Zustände durchlaufen, bei denen einige Teil-Klirrfaktoren nahezu Null werden; das ist in Abb. 4.130 bei $\hat{u}_g \approx 0,2\,\text{V}$ und $\hat{u}_g \approx 0,5\,\text{V}$ der Fall. Im Bereich starker Übersteuerung (III) ist das Ausgangssignal nahezu rechteckförmig; dabei gilt $k_3 \approx 1/3$, $k_5 \approx 1/5$ und $k_2, k_4 \to 0$.

Aus Abb. 4.130 folgt, daß der Klirrfaktor $k$ im quasi-linearen Bereich etwa dem Teil-Klirrfaktor $k_2$ entspricht:

$$k \approx k_2 \approx \left| \frac{a_2}{2a_1} \right| \hat{u}_g$$

Alle anderen Teil-Klirrfaktoren sind deutlich kleiner. Bei Schaltungen mit symmetrischer Kennlinie ($a_2 = 0$) wird $k_2 = 0$; in diesem Fall gilt im quasi-linearen Bereich:

$$k \approx k_3 \approx \left| \frac{a_3}{4a_1} \right| \hat{u}_g^2$$

Ein Beispiel dafür ist der Differenzverstärker.

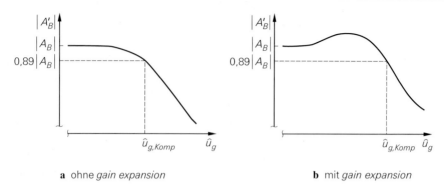

**a** ohne *gain expansion*          **b** mit *gain expansion*

**Abb. 4.131.** Betrag der Betriebsverstärkung mit 1dB-Kompressionspunkt

## Kompressionspunkt

Die ungeraden Koeffizienten der Reihenentwicklung wirken sich auch auf die Amplitude der Grundwelle aus, siehe (4.155); dadurch wird die effektive Betriebsverstärkung der Schaltung aussteuerungsabhängig:

$$A'_B(\hat{u}_g) \;=\; b_1 \;=\; a_1 + \frac{3a_3}{4}\,\hat{u}_g^2 + \frac{5a_5}{8}\,\hat{u}_g^4 + \frac{35a_7}{64}\,\hat{u}_g^6 + \cdots$$

Der Betrag der Betriebsverstärkung kann ausgehend von $|A_B| = |a_1|$ mit zunehmender Aussteuerung zunächst zunehmen ($a_3/a_1 > 0$, *gain expansion*) oder abnehmen ($a_3/a_1 < 0$, *gain compression*). Bei einsetzender Übersteuerung nimmt er jedoch immer ab und geht mit zunehmender Übersteuerung gegen Null. Dieser Bereich wird von der Reihenentwicklung nicht mehr erfaßt.

Bei Verstärkern wird der *1dB-Kompressionspunkt* als Maß für die Grenze zur Übersteuerung angegeben:

*Der 1dB-Kompressionspunkt gibt die Amplitude an, bei der die Betriebs-*
*verstärkung durch die einsetzende Übersteuerung um* 1 dB *unter der*
*Kleinsignal-Betriebsverstärkung liegt.*

Man unterscheidet zwischen dem *Eingangs-Kompressionspunkt* $\hat{u}_{g,Komp}$ mit

$$\left| A'_B(\hat{u}_{g,Komp}) \right| \;=\; 10^{-1/20} \cdot |A_B| \;\approx\; 0{,}89 \cdot |A_B| \qquad (4.162)$$

und dem *Ausgangs-Kompressionspunkt*:

$$\hat{u}_{a,Komp} \;=\; 10^{-1/20} \cdot |A_B|\,\hat{u}_{g,Komp} \;\approx\; 0{,}89 \cdot |A_B|\,\hat{u}_{g,Komp} \qquad (4.163)$$

Beide werden in der Praxis durch Messen oder mit Hilfe einer Schaltungssimulation ermittelt. Abb. 4.131 zeigt den Verlauf des Betrags der Betriebsverstärkung für einen Verstärker ohne und einen Verstärker mit *gain expansion*.

*Beispiel:* Für die Emitterschaltung aus Abb. 4.125 erhält man mit Hilfe einer Schaltungssimulation $\hat{u}_{g,Komp} \approx 0{,}3$ V und $\hat{u}_{a,Komp} \approx 1{,}2$ V.

## Intermodulation und Intercept-Punkte

In Systemen mit Bandpaßfiltern spielen die mit Hilfe der Klirrfaktoren beschriebenen harmonischen Verzerrungen meist keine Rolle, weil sie außerhalb des Durchlaßbereichs der Filter liegen; daraus folgt, daß bei Ansteuerung mit *einem* Sinussignal (*Einton-Betrieb*) keine Verzerrungen im Durchlaßbereich entstehen. Wenn man dagegen zwei oder mehrere Sinussignale im Durchlaßbereich anlegt, fallen einige der Verzerrungsprodukte wieder in den Durchlaßbereich. Diese Anteile werden *Intermodulationsverzerrungen* genannt und kommen dadurch zustande, daß bei der Ansteuerung einer nichtlinearen Kennlinie vom Grad $N$ mit einem Mehrton-Signal mit den Frequenzen $f_1, f_2, \ldots, f_m$ neben den Harmonischen $nf_1, nf_2, \ldots, nf_m$ ($n = 1 \ldots N$) auch Mischprodukte bei den Frequenzen

$$\pm n_1 f_1 \pm n_2 f_2 \pm \cdots \pm n_m f_m \qquad \text{mit} \quad n_1 + n_2 + \ldots + n_m \leq N$$

entstehen, die zum Teil im Durchlaßbereich liegen [4.4],[4.5].

In der Praxis wird ein Zweiton-Signal mit nahe beieinander liegenden Frequenzen $f_1, f_2$ in der Mitte des Durchlaßbereichs und gleichen Amplituden verwendet; mit $f_1 < f_2$ entstehen durch die Potenzen $n = 1 \ldots 5$ folgende Anteile:

$$
\begin{aligned}
n &= 1 &\Rightarrow&\quad f_1 \,,\, f_2 \\
n &= 2 &\Rightarrow&\quad 2f_1 \,,\, 2f_2 \,,\, f_2 - f_1 \\
n &= 3 &\Rightarrow&\quad 3f_1 \,,\, 3f_2 \,,\, 2f_1 + f_2 \,,\, 2f_1 - f_2 \,,\, 2f_2 + f_1 \,,\, 2f_2 - f_1 \\
n &= 4 &\Rightarrow&\quad 4f_1 \,,\, 4f_2 \,,\, 3f_1 + f_2 \,,\, 3f_1 - f_2 \,,\, \ldots \\
n &= 5 &\Rightarrow&\quad 5f_1 \,,\, 5f_2 \,,\, \ldots \,,\, 3f_1 - 2f_2 \,,\, 3f_2 - 2f_1 \,,\, \ldots
\end{aligned}
$$

Abb. 4.132 zeigt die Anteile bei Zweiton-Ansteuerung im Vergleich zur Einton-Ansteuerung. Man erkennt, daß die durch die ungeraden Potenzen verursachten Anteile bei

$$2f_1 - f_2 \,,\, 2f_2 - f_1 \,,\, 3f_1 - 2f_2 \,,\, 3f_2 - 2f_1$$

im Durchlaßbereich liegen. Setzt man

$$u_g = \hat{u}_g (\cos \omega_1 t + \cos \omega_2 t)$$

in die Reihe (4.154) auf Seite 461 ein, erhält man

$$
\begin{aligned}
u_a =\ & \left( a_1 + \frac{9 a_3 \hat{u}_g^2}{4} + \frac{25 a_5 \hat{u}_g^4}{4} + \frac{1225 a_7 \hat{u}_g^6}{64} + \cdots \right) \hat{u}_g \cos \omega_1 t && f_1 \\[2mm]
+\ & \left( a_1 + \frac{9 a_3 \hat{u}_g^2}{4} + \frac{25 a_5 \hat{u}_g^4}{4} + \frac{1225 a_7 \hat{u}_g^6}{64} + \cdots \right) \hat{u}_g \cos \omega_2 t && f_2 \\[2mm]
+\ & \left( \frac{3 a_3}{4} + \frac{25 a_5 \hat{u}_g^2}{8} + \frac{735 a_7 \hat{u}_g^4}{64} + \cdots \right) \hat{u}_g^3 \cos(2\omega_1 - \omega_2) t && 2f_1 - f_2 \\[2mm]
+\ & \left( \frac{3 a_3}{4} + \frac{25 a_5 \hat{u}_g^2}{8} + \frac{735 a_7 \hat{u}_g^4}{64} + \cdots \right) \hat{u}_g^3 \cos(2\omega_2 - \omega_1) t && 2f_2 - f_1
\end{aligned}
$$

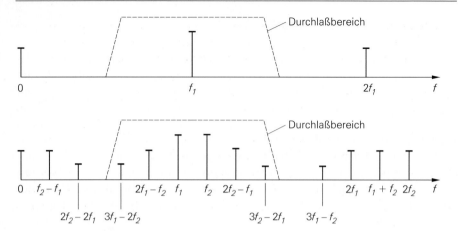

**Abb. 4.132.** Anteile bei Ansteuerung einer Kennlinie vom Grad 5 mit einem Einton-Signal (oben) und einem Zweiton-Signal (unten)

$$+ \left( \frac{5a_5}{8} + \frac{245a_7\hat{u}_g^2}{64} + \cdots \right) \hat{u}_g^5 \cos(3\omega_1 - 2\omega_2)t \qquad\qquad 3f_1 - 2f_2$$

$$+ \left( \frac{5a_5}{8} + \frac{245a_7\hat{u}_g^2}{64} + \cdots \right) \hat{u}_g^5 \cos(3\omega_2 - 2\omega_1)t \qquad\qquad 3f_2 - 2f_1$$

$$+ \cdots$$

$$= \sum_{n=0\ldots\infty} c_{2n+1}\hat{u}_g^{2n+1} \cos\left[(n+1)\,\omega_1 - n\omega_2\right]t$$

$$+ \sum_{n=0\ldots\infty} c_{2n+1}\hat{u}_g^{2n+1} \cos\left[(n+1)\,\omega_2 - n\omega_1\right]t \qquad\qquad (4.164)$$

$$+ \cdots$$

$$\text{mit } c_{2n+1} = (\cdots)_{2n+1}$$

Praktisch ist die Summe nur soweit relevant, wie die Anteile noch im Durchlaßbereich liegen. Bei kleinen Amplituden sind die Koeffizienten $c_n$ näherungsweise konstant:

$$c_1 \approx a_1 \quad , \quad c_3 \approx \frac{3a_3}{4} \quad , \quad c_5 \approx \frac{5a_5}{8} \quad , \quad \ldots$$

Daraus folgt:

$$c_{2n+1} \approx \frac{2n+1}{2^{n+1}}\, a_{2n+1} \qquad \text{für } n = 1,\ldots,\infty \qquad\qquad (4.165)$$

**Intermodulation:** Die Verzerrungen im Durchlaßbereich werden *Intermodulationsprodukte* genannt:

*Bei Mehrton-Betrieb werden diejenigen Verzerrungen im Durchlaßbereich, deren Frequenz sich aus mindestens zwei Signalfrequenzen zusammensetzt, als Intermodulation oder Intermodulationsprodukte bezeichnet.*

Die Anteile bei $2f_1 - f_2$ und $2f_2 - f_1$ werden *Intermodulation 3.Ordnung* (IM3) und die bei $3f_1 - 2f_2$ und $3f_2 - 2f_1$ *Intermodulation 5.Ordnung* (IM5) genannt. Allgemein gilt:

*Die Verzerrungen bei den Frequenzen $(n+1)f_1 - nf_2$ und $(n+1)f_2 - nf_1$ werden Intermodulation der Ordnung $2n + 1$ genannt.*

Da die Amplituden der Intermodulationsprodukte entsprechend ihrer Ordnung von der Eingangsamplitude abhängen, sind in der Praxis nur die dominierenden Anteile IM3 und IM5 von Interesse; die IM7 ist in den meisten Fällen bereits vernachlässigbar klein.

Für die Amplituden des Nutzsignals und der Intermodulationen erhält man:

$$\hat{u}_{a,Nutz} = |c_1|\hat{u}_g \approx |a_1|\hat{u}_g$$

$$\hat{u}_{a,IM3} = |c_3|\hat{u}_g^3 \approx \left|\frac{3a_3}{4}\right|\hat{u}_g^3 \tag{4.166}$$

$$\hat{u}_{a,IM5} = |c_5|\hat{u}_g^5 \approx \left|\frac{5a_5}{8}\right|\hat{u}_g^5$$

$$\vdots$$

**Intermodulationsabstände:** Die Abkürzungen *IM3* und *IM5* werden auch zur Bezeichnung der *Intermodulationsabstände* verwendet:

*Das Verhältnis der Amplitude des Nutzsignals zur Amplitude eines bestimmten Intermodulationsprodukts wird Intermodulationsabstand genannt.*

Aus (4.164) folgt unter Verwendung von (4.165):

$$IM3 = \frac{\hat{u}_{a,Nutz}}{\hat{u}_{a,IM3}} = \left|\frac{c_1\hat{u}_g}{c_3\hat{u}_g^3}\right| \approx \left|\frac{4a_1}{3a_3\hat{u}_g^2}\right| \tag{4.167}$$

$$IM5 = \frac{\hat{u}_{a,Nutz}}{\hat{u}_{a,IM5}} = \left|\frac{c_1\hat{u}_g}{c_5\hat{u}_g^5}\right| \approx \left|\frac{8a_1}{5a_5\hat{u}_g^4}\right| \tag{4.168}$$

In der Praxis werden die Intermodulationsabstände meist in dB angegeben:

$$IM3_{dB} = 20\,\text{dB} \cdot \log IM3 \quad , \quad IM5_{dB} = 20\,\text{dB} \cdot \log IM5$$

Die Intermodulationsabstände entsprechen in ihrer Bedeutung den Teil-Klirrfaktoren bei Einton-Betrieb, wenn man berücksichtigt, daß bei den Intermodulationsabständen das Verhältnis aus Nutzsignal und Verzerrungsprodukt und bei den Teil-Klirrfaktoren das Verhältnis aus Verzerrungsprodukt und Nutzsignal gebildet wird. Deshalb kann man die Kehrwerte der Intermodulationsabstände als Mehrton-Teil-Klirrfaktoren auffassen.

**Intercept-Punkte:** Um eine von der Amplitude $\hat{u}_g$ unabhängige Größe zur Charakterisierung der Intermodulationsprodukte angeben zu können, werden die Amplituden ermittelt, bei denen die Intermodulationsabstände *theoretisch* den Wert eins annehmen; dazu werden die für kleine Amplituden geltenden Näherungen in (4.167) und (4.168) über ihren Gültigkeitsbereich hinaus extrapoliert. Die resultierenden Amplituden werden *Intercept-Punkte (intercept point,IP)* genannt:

*Die Intercept-Punkte geben die Ein- oder Ausgangsamplitude an, bei der die extrapolierte Amplitude eines bestimmten Intermodulationsprodukts genauso groß wird wie die extrapolierte Amplitude des Nutzsignals.*

Man unterscheidet zwischen den *Eingangs-Intercept-Punkten* (*input IP, IIP*)

$$IM3 \equiv 1 \quad \Rightarrow \quad \hat{u}_{g,IP3} = \sqrt{\left|\frac{c_1}{c_3}\right|} = \sqrt{\left|\frac{4a_1}{3a_3}\right|} \tag{4.169}$$

$$IM5 \equiv 1 \quad \Rightarrow \quad \hat{u}_{g,IP5} = \sqrt[4]{\left|\frac{c_1}{c_5}\right|} = \sqrt[4]{\left|\frac{8a_1}{5a_5}\right|} \tag{4.170}$$

und den *Ausgangs-Intercept-Punkten* (*output IP, OIP*):

$$\hat{u}_{a,IP3} = |a_1|\hat{u}_{g,IP3} \quad , \quad \hat{u}_{a,IP5} = |a_1|\hat{u}_{g,IP5} \tag{4.171}$$

Letztere sind um den Betrag der Kleinsignal-Betriebsverstärkung ($|a_1| = |A_B|$) größer als die Eingangs-Intercept-Punkte und werden oft ohne expliziten Bezug auf den Ausgang nur als *Intercept-Punkte IP3* und *IP5* bezeichnet.

Abb. 4.133 zeigt den Verlauf der Amplituden des Nutzsignals $\hat{u}_{a,Nutz} = c_1\hat{u}_g$ und der Intermodulationsprodukte $\hat{u}_{a,IM3} = c_3\hat{u}_g^3$ und $\hat{u}_{a,IM5} = c_5\hat{u}_g^5$ in Abhängigkeit von der Eingangsamplitude $\hat{u}_g$ in doppelt logarithmischer Darstellung. Man erhält bei kleinen Amplituden Geraden mit den Steigungen 1 bei $\hat{u}_{a,Nutz}$, 3 bei $\hat{u}_{a,IM3}$ und 5 bei $\hat{u}_{a,IM5}$. Durch Extrapolation werden die Intercept-Punkte *IP3* und *IP5* als Schnittpunkte der Geraden ermittelt. Zusätzlich sind Beispiele für die Intermodulationsabstände *IM3* und *IM5* und der Kompressionspunkt eingezeichnet [28].

Man kann mit Hilfe der Intercept-Punkte die Amplituden der Intermodulationsprodukte und die Intermodulationsabstände für beliebige Ein- und Ausgangsamplituden im quasi-linearen Bereich berechnen:

$$\hat{u}_{a,IMn} \approx \frac{|a_1|\hat{u}_g^n}{\hat{u}_{g,IPn}^{n-1}} = \frac{\hat{u}_{a,Nutz}^n}{\hat{u}_{a,IPn}^{n-1}} \tag{4.172}$$

---

28 Bei Zweiton-Betrieb hat der Verstärker wegen $b_1 \neq c_1$ einen anderen Kompressionspunkt als bei Einton-Betrieb, siehe (4.155) und (4.164); nur bei kleinen Amplituden gilt $c_1 \approx b_1 \approx a_1$. Deshalb wird in Darstellungen wie Abb. 4.133 meist der Verlauf der Intermodulationsprodukte bei Zweiton-Betrieb und der Verlauf des Nutzanteils bei Einton-Betrieb dargestellt. Auf die Intercept-Punkte hat das keinen Einfluß, weil zu ihrer Bestimmung die extrapolierten Werte verwendet werden.

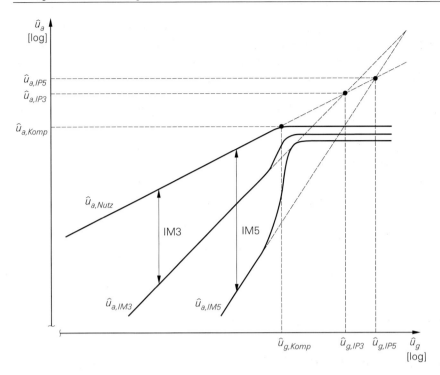

**Abb. 4.133.** Intercept-Punkte am Eingang ($\hat{u}_{g,IP3}$,$\hat{u}_{g,IP5}$) und am Ausgang ($\hat{u}_{a,IP3}$,$\hat{u}_{a,IP5}$) und Intermodulationsabstände *IM3* und *IM5*

$$IMn \approx \left( \frac{\hat{u}_{g,IPn}}{\hat{u}_g} \right)^{n-1} = \left( \frac{\hat{u}_{a,IPn}}{\hat{u}_{a,Nutz}} \right)^{n-1} \tag{4.173}$$

*Beispiel:* Für die Emitterschaltung aus Abb. 4.125 erhält man mit (4.169)–(4.171) und den Koeffizienten $a_n$ von Seite 462 folgende Intercept-Punkte:

$$\hat{u}_{g,IP3} = 2,5\,\text{V} \;\Rightarrow\; \hat{u}_{a,IP3} = 11,4\,\text{V} \quad , \quad \hat{u}_{g,IP5} = 1,2\,\text{V} \;\Rightarrow\; \hat{u}_{a,IP5} = 5,4\,\text{V}$$

Sie sind immer deutlich größer als die tatsächlich auftretenden Amplituden. Für ein Zweiton-Signal mit $\hat{u}_g = 100\,\text{mV}$ erhält man mit (4.166) $\hat{u}_{a,Nutz} = 460\,\text{mV}$, $\hat{u}_{a,IM3} \approx 0,7\,\text{mV}$ und $\hat{u}_{a,IM5} \approx 0,024\,\text{mV}$, mit (4.167) $IM3 \approx 610$ und mit (4.168) $IM5 \approx 19000$.

### Reihenschaltung von Verstärkern

Wenn man zwei Verstärker wie in Abb. 4.134 in Reihe schaltet, erhält man aus den Kennlinien

$$u_{a1} = a_{1,1}u_{g1} + a_{2,1}u_{g1}^2 + a_{3,1}u_{g1}^3 + \cdots$$
$$u_{a2} = a_{1,2}u_{g2} + a_{2,2}u_{g2}^2 + a_{3,2}u_{g2}^3 + \cdots$$

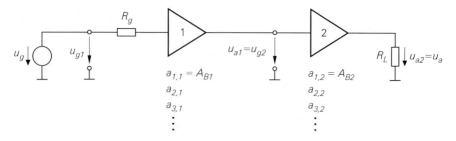

**Abb. 4.134.** Reihenschaltung von zwei Verstärkern

durch Einsetzen die Kennlinie der Reihenschaltung:

$$u_a = a_1 u_g + a_2 u_g^2 + a_3 u_g^3 + \cdots$$
$$= a_{1,1} a_{1,2} u_g + \left( a_{1,2} a_{2,1} + a_{1,1}^2 a_{2,2} \right) u_g^2$$
$$+ \left( a_{1,2} a_{3,1} + 2 a_{1,1} a_{2,1} a_{2,2} + a_{1,1}^3 a_{3,2} \right) u_g^3 + \cdots \qquad (4.174)$$

Man beachte, daß bei allen Größen $x_{n,m}$ der Index $n$ die Potenz innerhalb der Reihe und der Index $m$ die Nummer des Verstärkers angibt.

**Klirrfaktor der Reihenschaltung:** Für die Teil-Klirrfaktoren der Reihenschaltung folgt aus (4.161):

$$k_2 \approx \left| \frac{a_2}{2 a_1} \right| \hat{u}_g \quad , \quad k_3 \approx \left| \frac{a_3}{4 a_1} \right| \hat{u}_g^2 \quad , \quad \ldots$$

Wenn man annimmt, daß sich alle harmonischen Verzerrungen addieren, d.h. alle Terme in den Klammern von (4.174) dasselbe Vorzeichen haben, kann man die Teil-Klirrfaktoren der Reihenschaltung unter Berücksichtigung von $\hat{u}_{g2} \approx |a_{1,1}| \hat{u}_{g1}$ durch die Teil-Klirrfaktoren

$$k_{2,1} \approx \left| \frac{a_{2,1}}{2 a_{1,1}} \right| \hat{u}_{g1} \quad , \quad k_{3,1} \approx \left| \frac{a_{3,1}}{4 a_{1,1}} \right| \hat{u}_{g1}^2 \quad , \quad \ldots$$

des Verstärkers 1 und die Teil-Klirrfaktoren

$$k_{2,2} \approx \left| \frac{a_{2,2}}{2 a_{1,2}} \right| \hat{u}_{g2} \approx \left| \frac{a_{1,1} a_{2,2}}{2 a_{1,2}} \right| \hat{u}_{g1}$$

$$k_{3,2} \approx \left| \frac{a_{3,2}}{4 a_{1,2}} \right| \hat{u}_{g2}^2 \approx \left| \frac{a_{1,1}^2 a_{3,2}}{4 a_{1,2}} \right| \hat{u}_{g1}^2 \quad , \quad \ldots$$

des Verstärkers 2 ausdrücken:

$$k_2 \approx k_{2,1} + k_{2,2}$$
$$k_3 \approx k_{3,1} + k_{3,2} + 2 k_{2,1} k_{2,2}$$
$$k_4 \approx k_{4,1} + k_{4,2} + 2 k_{3,1} k_{2,2} + 3 k_{2,1} k_{3,2} + k_{2,1}^2 k_{2,2}$$

$$\vdots$$

Wenn alle Teil-Klirrfaktoren viel kleiner als Eins sind, kann man die Produkte aus Teil-Klirrfaktoren vernachlässigen:

$$k_2 \approx k_{2,1} + k_{2,2} \quad , \quad k_3 \approx k_{3,1} + k_{3,2} \quad , \quad k_4 \approx k_{4,1} + k_{4,2} \quad , \quad \dots$$

Demnach ergeben sich die Teil-Klirrfaktoren der Reihenschaltung aus der Summe der Teil-Klirrfaktoren der beiden Verstärker. Dieses Ergebnis kann man nun auf eine Reihenschaltung beliebig vieler Verstärker erweitern:

*Die Teil-Klirrfaktoren einer Reihenschaltung aus mehreren Verstärkern entsprechen näherungsweise der Summe der entsprechenden Teil-Klirrfaktoren der einzelnen Verstärker.*

Bei einer Reihenschaltung aus $M$ Verstärkern gilt:

$$k_n \approx \sum_{m=1\dots M} k_{n,m} \tag{4.175}$$

Wenn bei der Reihenschaltung eine Kompensation von Harmonischen auftritt, sind die Teil-Klirrfaktoren der Reihenschaltung kleiner als die Summe; deshalb kann die Summe als Abschätzung nach oben (*worst case*) aufgefaßt werden.

Für den Gesamt-Klirrfaktor $k$ der Reihenschaltung, der mit (4.160) auf Seite 466 aus den Teil-Klirrfaktoren berechnet wird, kann man im allgemeinen Fall keinen einfachen Zusammenhang mit den Klirrfaktoren der einzelnen Verstärker angeben. In der Praxis ist jedoch meist ein Teil-Klirrfaktor dominierend, so daß $k \approx k_2$ oder – bei symmetrischen Kennlinien – $k \approx k_3$ gilt; in diesem Fall kann man (4.175) anwenden und den Klirrfaktor der Reihenschaltung durch die Summe der Klirrfaktoren der einzelnen Verstärker abschätzen.

**Intercept-Punkte der Reihenschaltung:** Aus (4.169) und (4.174) folgt für den Eingangs-Intercept-Punkt *IIP3* der Reihenschaltung:

$$\frac{1}{\hat{u}_{g,IP3}^2} = \left| \frac{3a_3}{4a_1} \right| = \left| \frac{3a_{3,1}}{4a_{1,1}} + \frac{3a_{1,1}^2 a_{3,2}}{4a_{1,2}} + \frac{3a_{2,1}a_{2,2}}{2a_{1,2}} \right|$$

Wenn man davon ausgeht, daß die ersten beiden Terme dasselbe Vorzeichen haben und der dritte Term vernachlässigt werden kann, weil im Zähler mit $a_{2,1}a_{2,2}$ das Produkt aus zwei vergleichsweise kleinen Größen steht, kann man diesen Ausdruck mit Hilfe des Intercept-Punkts

$$\hat{u}_{g1,IP3} = \sqrt{\left| \frac{4a_{1,1}}{3a_{3,1}} \right|} = \sqrt{\left| \frac{4A_{B1}}{3a_{3,1}} \right|}$$

des Verstärkers 1 und des Intercept-Punkts

$$\hat{u}_{g2,IP3} = \sqrt{\left| \frac{4a_{1,2}}{3a_{3,2}} \right|} = \sqrt{\left| \frac{4A_{B2}}{3a_{3,2}} \right|}$$

des Verstärkers 2 ausdrücken:

$$\frac{1}{\hat{u}_{g,IP3}^2} \approx \frac{1}{\hat{u}_{g1,IP3}^2} + \frac{|A_{B1}|^2}{\hat{u}_{g2,IP3}^2}$$

Daraus folgt mit

$$\hat{u}_{a1,IP3} = |A_{B1}| \, \hat{u}_{g1,IP3} \quad , \quad \hat{u}_{a2,IP3} = |A_{B2}| \, \hat{u}_{g2,IP3}$$

der Ausgangs-Intercept-Punkt *OIP3*:

$$\frac{1}{\hat{u}_{a,IP3}^2} \approx \frac{1}{|A_{B2}|^2 \, \hat{u}_{a1,IP3}^2} + \frac{1}{\hat{u}_{a2,IP3}^2}$$

In gleicher Weise erhält man den Intercept-Punkt IP5:

$$IIP5: \qquad \frac{1}{\hat{u}_{g,IP5}^4} \approx \frac{1}{\hat{u}_{g1,IP5}^4} + \frac{|A_{B1}|^4}{\hat{u}_{g2,IP5}^4}$$

$$OIP5: \qquad \frac{1}{\hat{u}_{a,IP5}^4} \approx \frac{1}{|A_{B2}|^4 \, \hat{u}_{a1,IP5}^4} + \frac{1}{\hat{u}_{a2,IP5}^4}$$

Unter Verwendung der Parallelschaltungsformel

$$\frac{1}{c} = \frac{1}{a} + \frac{1}{b} \quad \Rightarrow \quad c = a \,\|\, b$$

erhält man:

$$IIP3: \qquad \hat{u}_{g,IP3}^2 \approx \hat{u}_{g1,IP3}^2 \,\|\, \left( \frac{\hat{u}_{g2,IP3}}{|A_{B1}|} \right)^2$$

$$OIP3: \qquad \hat{u}_{a,IP3}^2 \approx \left( |A_{B2}|\hat{u}_{a1,IP3} \right)^2 \,\|\, \hat{u}_{a2,IP3}^2$$

$$IIP5: \qquad \hat{u}_{g,IP5}^4 \approx \hat{u}_{g1,IP5}^4 \,\|\, \left( \frac{\hat{u}_{g2,IP5}}{|A_{B1}|} \right)^4$$

$$OIP5: \qquad \hat{u}_{a,IP5}^4 \approx \left( |A_{B2}|\hat{u}_{a1,IP5} \right)^4 \,\|\, \hat{u}_{a2,IP5}^4$$

Man erkennt, daß die Intercept-Punkte der Verstärker mit Hilfe der Betriebs-verstärkungen $A_{B1}$ und $A_{B2}$ auf den Ein- oder Ausgang der Reihenschaltung um-gerechnet und in der 2-ten bzw. 4-ten Potenz *parallelgeschaltet* werden.

Dieses Ergebnis kann auf eine Reihenschaltung von beliebig vielen Verstärkern erweitert werden:

*Der Eingangs-Intercept-Punkt IIPn einer Reihenschaltung von Verstärkern wird ermittelt, indem die Intercept-Punkte der einzelnen Verstärker mit Hilfe der Betriebsverstärkungen auf den Eingang umgerechnet und in der (n-1)-ten Potenz parallelgeschaltet werden. In gleicher Weise erhält man den Ausgangs-Intercept-Punkt OIPn durch Umrechnen auf den Ausgang.*

### Betriebsfälle bei der Ermittlung der nichtlinearen Kenngrößen

Die nichtlinearen Kenngrößen werden hier ausgehend von der Betriebs-Übertragungskennlinie, d.h. bei Betrieb des Verstärkers mit einer Signalquelle mit Innenwiderstand $R_g$ und einer Last $R_L$, ermittelt; dadurch beziehen sich die Größen immer auf einen bestimmten Betriebsfall und sind demzufolge keine Eigenschaften des Verstärkers allein. Diese Vorgehensweise entspricht dem Vor-gehen in der Praxis, da Kenngrößen wie Klirrfaktor und Intercept-Punkte immer für eine bestimmte Beschaltung ermittelt werden. Im Datenblatt eines Verstärkers ist diese Beschaltung angegeben. Es gibt zwei Betriebsfälle, die besonders häufig sind:

- Bei Niederfrequenzverstärkern ist oft die Eingangsimpedanz viel größer als der Innenwiderstand typischer Signalquellen ($r_e \gg R_g$) und der Ausgangswiderstand viel kleiner als der Lastwiderstand ($r_a \ll R_L$). In diesem Fall ist die Spannungsteilung am Eingang und am Ausgang vernachlässigbar; die Betriebsverstärkung $A_B$ ist gleich der Leerlauf-Verstärkung $A$. Wegen $u_g \approx u_e$ ist es auch unerheblich, ob man sich bei den nichtlinearen Kenngrößen auf $u_g$ oder auf $u_e$ bezieht.
- Hochfrequenzverstärker werden angepaßt betrieben, d.h. es gilt $R_g = r_e = r_a = R_L = Z_W$, wobei $Z_W$ der Wellenwiderstand der verwendeten Leitungen ist; üblich sind $Z_W = 50\,\Omega$ und $Z_W = 75\,\Omega$ bei Koaxialleitungen und $Z_W = 110\,\Omega$ bei verdrillten Zweidraht-Leitungen (*twisted pair*). Hier wird die Amplitude des Signals am Eingang und am Ausgang durch Spannungsteilung halbiert; daraus folgt:

$$A_B = \frac{A}{4} \quad , \quad u_e = \frac{u_g}{2}$$

Wenn man die nichtlinearen Kenngrößen nicht auf $u_g$, sondern auf $u_e$ beziehen möchte, muß man $2^n u_e^n$ anstelle von $u_g^n$ einsetzen.

# Literatur

[4.1]   Gray, P.R.; Meyer, R.G.: Analysis and Design of Analog Integrated Circuits, 2nd Edition. New York: John Wiley & Sons, 1984.

[4.2]   Geiger, L.G.; Allen, P.E.; Strader, N.R.: VLSI – Design Techniques for Analog and Digital Circuits. New York: McGraw-Hill, 1990.

[4.3]   Antognetti, P.; Massobrio, G.: Semiconductor Device Modeling with SPICE. New York: McGraw-Hill, 1988.

[4.4]   Weiner, D.D.; Spina, J.F.: Sinusoidal Analysis and Modeling of Weakly Nonlinear Circuits. New York: Van Nostrand, 1980.

[4.5]   Maas, S.A.: Nonlinear Microwave Circuits. Norwood: Artech House, 1988

# Kapitel 5:
# Operationsverstärker

Ein Operationsverstärker ist ein mehrstufiger Gleichspannungsverstärker, der als integrierte Schaltung hergestellt wird. Er wird als Einzelbauteil angeboten oder als Bibliothekselement für den Enwurf größere integrierte Schaltungen. Im Grunde besteht kein Unterschied zwischen einem normalen Verstärker und einem Operationsverstärker. Beide dienen dazu, Spannungen bzw. Ströme zu verstärken. Während die Eigenschaften eines normalen Verstärkers jedoch durch seinen inneren Aufbau vorgegeben sind, ist ein Operationsverstärker so beschaffen, daß seine Wirkungsweise überwiegend durch eine äußere Gegenkopplungs-Beschaltung bestimmt werden kann. Um dies zu ermöglichen, werden Operationsverstärker als gleichspannungsgekoppelte Verstärker mit hoher Verstärkung ausgeführt. Damit keine zusätzlichen Maßnahmen zur Arbeitspunkteinstellung erforderlich werden, verlangt man ein Eingangs- und Ausgangsruhepotential von 0V. Deshalb sind in der Regel zwei Betriebsspannungsquellen erforderlich: eine positive und eine negative. Derartige Verstärker wurden früher ausschließlich in Analogrechnern und zur Durchführung mathmatischer Operationen wie Addition und Intergration eingesetzt. Daher stammt der Name Operationsverstärker.

## 5.1
## Übersicht

Operationsverstärker sind in großer Vielfalt als monolithisch integrierte Schaltungen erhältlich und sie unterscheiden sich in Größe und Preis häufig kaum von einem Einzeltransistor. Aufgrund ihrer in vieler Hinsicht idealen Eigenschaften ist ihr Einsatz jedoch einfacher als der von Einzeltransistoren. Die Stärke des klassischen Operationsverstärkern ist seine hohen Genauigkeit bei niedrigen Frequenzen. Er ist jedoch für viele Anwendungen zu langsam. Aus diesem Grund wurden Varianten entwickelt, die aufgrund einer modifizierten Architektur gute Hochfrequenzeigenschaften besitzen. Deshalb gibt es heute praktisch keinen Bereich mehr, in dem Einzeltransistoren Vorteile bieten. Wenn wir in diesem Kapitel den inneren Aufbau von Operationsverstärkern zeigen, soll das nur dazu dienen, bestimmte Eigenschaften der integrierten Schaltungen zu erklären. Schaltungsentwurf auf Transitor-Level hat seine Berechtigung nur noch zur Entwicklung integrierter Schaltungen.

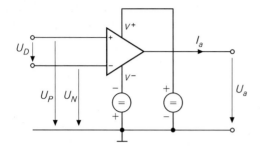

**Abb. 5.1.** Anschlüsse eines Operationsverstärkers

Es gibt heute ein nahezu unüberschaubares Angebot an Operationsverstärkern; sie unterscheiden sich nicht nur durch ihre Daten, sondern auch in
ihrem prinzipiellen Aufbau. Man kann vier Familien unterscheiden, deren innerer Aufbau und die Auswirkung auf die Kenndaten in den folgenden Abschnitten
erklärt werden. In Abschnitt (5.6) werden die vier verschiedenen Varianten miteinander verglichen, um die Gemeinsamkeiten und die Unterschiede zu zeigen.

Zur Berechnung von Schaltungen verwendet man Modelle, die in Zusammenhang mit dem inneren Aufbau erklärt werden. Natürlich kann man dabei nicht
jeden einzelnen Transistor berücksichtigen, denn dadurch würde die Schaltungsanalyse viel zu kompliziert. Man verwendet Makromodelle, die das Verhalten
der ganzen Schaltung möglichst einfach beschreiben. Je nachdem, welchen Effekt man untersuchen möchte, modelliert man nur den betreffenden Teil der
Schaltung genauer. In vielen Fällen ist die Berechnung von Operationsverstärker-
Schaltungen so einfach, daß man sie am schnellsten von Hand durchführt. Mit
Hilfe der Makromodelle läßt sich das Verhalten einer Schaltung mit Simula-
tionsprogrammen wie PSpice genauer studieren. Auf diese Weise erhält man
schon in der Entwurfsphase Hinweise auf die Tauglichkeit einer Schaltung. Man
baut die Schaltung erst dann in Hardware auf, wenn die Simulationsergebnisse
zufriedenstellend sind.

Abbildung 5.1 zeigt das Schaltsymbol von Operationsverstärkern. Sie besitzen
zwei Eingänge – einen invertierenden und einen nicht invertierenden – und einen
Ausgang.

Verstärkt wird beim idealen Operationsverstärker nur die zwischen den
Eingängen angelegte Differenzspannung $U_D = U_P - U_N$. Man bezeichnet den nicht
invertierenden Eingang als P-Eingang und kennzeichnet ihn im Schaltsymbol mit
einem $+$ Zeichen. Entsprechend ist der invertierende Eingang der N-Eingang und
er erhält ein $-$ Zeichen. Zur Stromversorgung besitzt der Operationsverstärker
zwei Betriebsspannungsanschlüsse, an die eine gegen Masse positive und negative Betriebsspannung angelegt wird, um Eingangs- und Ausgangsruhepotentiale
von 0V zu ermöglichen. Operationsverstärker besitzen selbst keinen Masseanschluß, obwohl die Eingangs- und Ausgansspannungen darauf bezogen werden.
Übliche Betriebsspannungen sind $\pm15$V für Universalanwendungen; heute werden vermehrt Spannungen von $\pm5$V eingesetzt und der Trend geht zu weiterer Reduktion. Die gängige Anschlußbelegung von Operationsverstärkern ist in

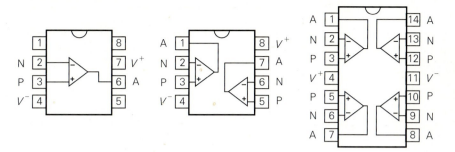

**Abb. 5.2.** Übliche Pinbelegung von Operationsverstärkern im dual – inline – Gehäuse von oben gesehen

Abb. 5.2 dargestellt. Da man häufig mehrere Operationsverstärker in einer Schaltung benötigt, werden auch 2- und 4-fach-Operationsverstärker angeboten, mit denen man Platz und Geld sparen kann.

### 5.1.1
### Operationsverstärker-Typen

Es gibt 4 verschiedene Typen von Operationsverstärkern, die in Abb. 5.3 zusammengestellt sind. Sie unterscheiden sich durch hoch- bzw. niederohmige Ein- und Ausgänge. Der nicht invertierende Eingang ist bei allen vier Typen hochohmig.

Beim *normalen Operationsverstärker* (Voltage Feedback Operational Amplifier) ist auch der invertierende Eingang hochohmig, also spannungsgesteuert. Sein Ausgang verhält sich wie eine Spannungsquelle mit kleinem Innenwiderstand, er ist also niederohmig. Aus diesem Grund bezeichnet man den normalen Operationsverstärker auch als VV - Operationsverstärker, dabei steht das erste V [1] für die Spannungssteuerung am (invertierenden) Eingang, das zweite V für die Spannungsquelle am Ausgang. Früher gab es nur diese Ausführung und sie hat auch heute noch den größten Marktanteil und die größte Bedeutung. Die Ausgangsspannung

$$U_a \; = \; A_D U_D \; = \; A_D(U_P - U_N) \tag{5.1}$$

ist gleich der verstärkten Eingangsspannungsdifferenz; darin $A_D$ ist die Differenzverstärkung. Um die Schaltung stark gegenkoppeln zu können, strebt man Werte von $A_D = 10^4...10^6$ an. Die Übertragungskennlinien *idealer* VV-Operationsverstärker ist in Abb. 5.4a dargestellt. Die Differenzverstärkung

$$A_D \; = \; \frac{dU_a}{dU_D}\bigg|_{AP} \tag{5.2}$$

ist die Steigung in dem Diagramm. Man sieht, daß Bruchteile von 1mV ausreichen, um den Ausgang voll auszusteuern. Der lineare Arbeitsbereich $U_{a,min} < U_a < U_{a,max}$ heißt Ausgangsaussteuerbarkeit. Wenn diese Grenze erreicht ist, steigt

---

1  V = Voltage = Spannung

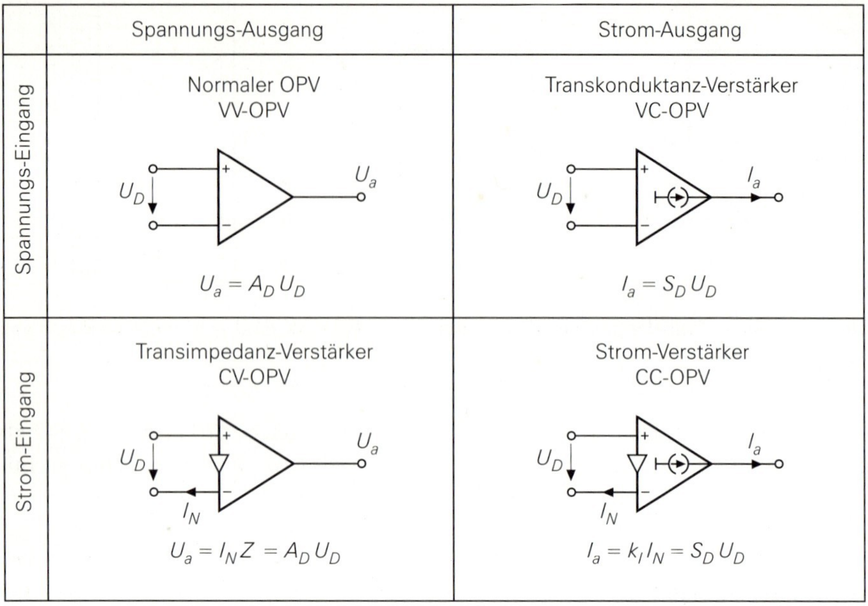

| | Spannungs-Ausgang | Strom-Ausgang |
|---|---|---|
| **Spannungs-Eingang** | Normaler OPV<br>VV-OPV<br><br>$U_D$    $U_a$<br><br>$U_a = A_D U_D$ | Transkonduktanz-Verstärker<br>VC-OPV<br><br>$U_D$    $I_a$<br><br>$I_a = S_D U_D$ |
| **Strom-Eingang** | Transimpedanz-Verstärker<br>CV-OPV<br><br>$U_D$    $U_a$<br>$I_N$<br>$U_a = I_N Z = A_D U_D$ | Strom-Verstärker<br>CC-OPV<br><br>$U_D$    $I_a$<br>$I_N$<br>$I_a = k_I I_N = S_D U_D$ |

**Abb. 5.3.** Schaltsymbole und Übertragungsgleichungen der vier Operationsverstärker

$U_a$ bei weiterer Vergrößerung von $U_D$ nicht weiter an, d.h. der Verstärker wird übersteuert. In der Literatur verbindet man häufig mit einem idealen Operationsverstärker eine Differenzverstärkung von $A_D = \infty$; das wollen wir hier nicht übernehmen, weil das Verständnis dadurch eher erschwert wird.

Der *Transkonduktanz-Verstärker* (Operational Transconductance Amplifier) besitzt hochohmige Eingänge wie der normale Operationsverstärker; im Gegensatz dazu ist der Ausgang jedoch ebenfalls hochohmig. Er verhält sich wie eine Stromquelle, deren Strom durch die Eingangsspannungsdifferenz $U_D$ gesteuert wird. Deshalb besitzt sein Schaltsymbol in Abb. 5.3 ein Stromquellensymbol am Ausgang. Es handelt sich hier also um einen Operationsverstärker, dessen invertierender Eingang spannungsgesteuert ist und dessen Ausgang wie eine Stromquelle wirkt, deshalb wird der Transkonduktanz-Verstärker auch als VC-Operationsverstärker bezeichnet [2]. Der Ausgangsstrom

$$I_a = S_D U_D = S_D(U_P - U_N) \tag{5.3}$$

ist proportional zur Eingangsspannungsdifferenz. Die Differenzsteilheit

$$S_D = \left.\frac{dI_a}{dU_D}\right|_{AP} \tag{5.4}$$

gibt an, wie stark der Ausgangsstrom mit der Eingangsspannung ansteigt. Die Differenzsteilheit ist verwandt mit der Steilheit eines Transistors und wird hier auch durch einen Transistor bestimmt. Die Bezeichnung Transkonduktanz-Ver-

---

2  C = Current = Strom

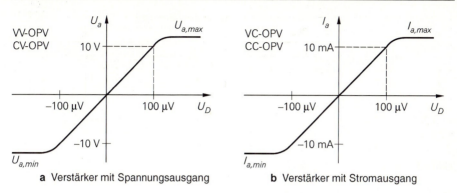

**a** Verstärker mit Spannungsausgang    **b** Verstärker mit Stromausgang

**Abb. 5.4.** Übertragungskennlinien von Operationsverstärkern

stärker kommt daher, daß die Transkonduktanz = Übertragungssteilheit $S_D$ das Verhalten dieses Verstärkers bestimmt. Die typische Übertragungskennlinie eines VC-Operationsverstärkers ist in Abb. 5.4b dargestellt. Man erkennt, daß auch hier sehr kleine Differenzspannungen ausreichen, um Vollaussteuerung zu erreichen.

Bei den beiden Operationsverstärkern mit Strom-Eingang in Abb. 5.3 ist der invertierende Eingang niederohmig, also stromgesteuert. Dies erscheint zunächst als Nachteil, für hohe Frequenzen ergeben sich aber große Vorteile, weil dadurch, wie wir später noch sehen werden,

- der interne Signalpfad verkürzt und die Schwingneigung reduziert wird
- die Verstärkung des OPV an den jeweiligen Bedarf angepaßt werden kann.

Der *Transimpedanz-Verstärker* (Current Feedback Amplifier) in Abb. 5.3 besitzt einen stromgesteuerten invertierenden Eingang und eine Spannungsquelle am Ausgang; deshalb handelt es sich um einen CV-Operationsverstärker. Die Ausgangsspannung

$$U_a = A_D U_D = I_N Z \tag{5.5}$$

kann man entweder – wie beim normalen OPV – aus der Differenzverstärkung berechnen oder aus dem Eingangsstrom $I_N$ und einer internen Impedanz Z, die im Megohm-Bereich liegt. Wegen dieser charakteristischen Impedanz Z wird der CV-OPV auch als Transimpedanz-Verstärker bezeichnet.

Der *Strom-Verstärker* (Diamond Transistor, Drive-R-Amplifier) besitzt einen stromgesteuerten Eingang wie der CV-OPV und einen stromgesteuerten Ausgang wie der VC-OPV. Deshalb handelt es sich hier um einen CC-Operationsverstärker. Das Übertragungsverhalten

$$I_a = S_D U_D = k_I I_N \tag{5.6}$$

wird durch die Steilheit bestimmt. Einfacher ist es jedoch meist, mit dem Stromübertragungsfaktor

$$k_I = \left. \frac{dI_a}{dI_N} \right|_{AP} \tag{5.7}$$

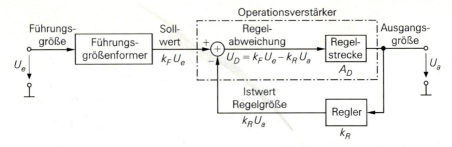

**Abb. 5.5.** Der allgemeine Regelkreis

zu rechnen, der je nach Typ zwischen $k_I = 1 \ldots 10$ liegt. Der Strom-Verstärker wird auch als Diamond-Transistor (Markenname von Burr Brown) bezeichnet, weil er sich – wie wir in Abschnitt 5.5 noch sehen werden – in vieler Hinsicht wie ein idealer Transistor verhält.


### 5.1.2
### Prinzip der Gegenkopplung

Die Gegenkopplung wird am Beispiel des VV-Operationsverstärkers erläutert, weil er in der Praxis am häufigsten eingesetzt wird. Man kann einen gegenge-koppelten Operationsverstärker als Regelkreis betrachten und die Gesetze der Regelungstechnik auf die Schaltung anwenden. Abbildung 5.5 zeigt einen allge-meinen Regelkreis. Der Sollwert ergibt sich aus der Führungsgröße durch Bewer-tung mit dem Führungsgrößenformer, hier dargestellt durch die Multiplikation mit $k_F$. Der Istwert ergibt sich aus der Ausgangsgröße durch Bewertung mit dem Regler, hier dargestellt durch die Multiplikation mit $k_R$. Die Differenz von Soll- und Istwert wird durch die Regelstrecke mit $A_D$ multipliziert. Aus der Beziehung für die Regelabweichung

$$U_D = k_F U_e - k_R U_a$$

folgen die Definitionen:

$$k_F = \left. \frac{U_D}{U_e} \right|_{U_a=0} \quad \text{und} \quad k_R = \left. -\frac{U_D}{U_a} \right|_{U_e=0} \tag{5.8}$$

Die Verstärkung des Regelkreises in Abb. 5.5 läßt sich aus der Beziehung $U_a = A_D U_D$ und (5.1.2) berechnen:

$$A = \frac{U_a}{U_e} = \frac{k_F A_D}{1 + k_R A_D} \overset{k_R A_D \gg 1}{\approx} \frac{k_F}{k_R} \tag{5.9}$$

In einer Operationsverstärkerschaltung realisiert der Operationsverstärker die Regelstrecke. Der Führungsgrößenformer und der Regler werden durch die äußere Beschaltung des Operationsverstärkers gebildet. Die Subtraktion erfolgt entweder durch den Differenzeingang des Operationsverstärkers oder durch die äußere Beschaltung.

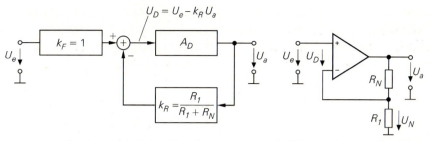

**a** Regelungstechnisches Modell          **b** Nichtinvertierender Verstärker

**Abb. 5.6.** Regelungstechnische Betrachtung des nichtinvertierenden Verstärkers am Beispiel des VV-Operationsverstärkers

### Der nichtinvertierende Verstärker

Wenn man im allgemeinen Regelkreis in Abb. 5.5 den Sollwert gleich der Führungsgröße macht und den Regler mit einem Spannungsteiler realisiert, ergibt sich der nichtinvertierende Verstärker in Abb. 5.6. Zur qualitativen Untersuchung des Einschwingvorgangs lassen wir die Eingangsspannung von Null auf einen positiven Wert $U_e$ springen. Im ersten Augenblick ist die Ausgangsspannung noch Null und damit auch die rückgekoppelte Spannung. Dadurch tritt am Verstärkereingang die Spannung $U_D = U_e$ auf. Da diese Spannung mit der hohen Differenzverstärkung $A_D$ verstärkt wird, steigt $U_a$ schnell auf positive Werte an und damit auch die rückgekoppelte Spannung $k_R U_a$; dadurch verkleinert sich $U_D$. Die Tatsache, daß die Ausgangsspannungsänderung der Eingangsspannungsänderung entgegenwirkt, ist typisch für die Gegenkopplung. Man kann daraus folgern, daß sich ein stabiler Endzustand einstellen wird.

Zur quantitativen Berechnung des eingeschwungenen Zustands geht man davon aus, daß die Ausgangsspannung so weit ansteigt, bis sie gleich der verstärkten Eingangsspannungsdifferenz ist.

$$U_a = A_D U_D = A_D (U_P - k_R U_a)$$

Durch Auflösen erhalten wir die *Spannungsverstärkung*:

$$A = \frac{U_a}{U_e} = \frac{A_D}{1 + k_R A_D} = \begin{cases} \dfrac{1}{k_R} & \text{für } k_R A_D \gg 1 \\[2mm] A_D & \text{für } k_R A_D \ll 1 \end{cases} \tag{5.10}$$

Darin bezeichnet man die Größe

$$\boxed{g = k_R A_D} \tag{5.11}$$

als die *Schleifenverstärkung* (Loop Gain). Wenn die Schleifenverstärkung $g \gg 1$ ist, kann man die 1 im Nenner von (5.10) vernachlässigen und man erhält die Verstärkung der gegengekoppelten Schaltung:

$$A = \frac{U_a}{U_e} = \frac{1}{k_R} = 1 + \frac{R_N}{R_1} \tag{5.12}$$

Sie wird in diesem Fall also nur durch die äußere Beschaltung und nicht durch den Verstärker bestimmt. Diese Näherung kann man auch unmittelbar aus der Schaltung entnehmen, denn für große Schleifenverstärkung wird $U_D = 0$, also $U_N = U_e$. Dann folgt für den Gegenkopplungsspannungsteiler:

$$U_e = \frac{R_1}{R_1 + R_N} U_a \quad \Rightarrow \quad A = \frac{U_a}{U_e} = 1 + \frac{R_N}{R_1}$$

Daraus folgt die wichtigste Regel zur Berechnung von Operationsverstärker-Schaltungen:

*Die Ausgangsspannung eines Operationsverstärkers stellt sich so ein, daß die Eingangsspannungsdifferenz Null wird.*

Voraussetzung ist dabei, daß die Schleifenverstärkung groß ist und daß wirklich Gegenkopplung vorliegt und keine Mitkopplung; sonst ergibt sich ein Schmitt-Trigger wie in Kap. 6.5.2 auf S. 612 beschrieben! Ist die Schleifenverstärkung $g \ll 1$, ist gemäß (5.10) $A = A_D$; die Verstärkung wird also in diesem Fall durch die Gegenkopplung nicht verändert.

Aus (5.11) und (5.12) folgt eine nützliche Methode, um die Schleifenverstärkung zu berechnen, wenn $g \gg 1$ ist:

$$g = k_R A_D = \frac{A_D}{A} \tag{5.13}$$

Damit der durch die Näherung in (5.12) bedingte Fehler $1^0/_{00}$ nicht überschreitet, ist eine Schleifenverstärkung von $g = 1000$ erforderlich. Wenn die gegengekoppelte Schaltung eine Verstärkung von $A = 100$ besitzen soll, läßt sich aus (5.13) die erforderliche Differenzverstärkung berechnen: $A_D = gA = 1000 \cdot 100 = 10^5$. Hier wird deutlich, warum man bei Operationsverstärkern eine möglichst hohe Differenzverstärkung anstrebt. Man muß vier Verstärkungen unterscheiden:

$A_D$     Differenzverstärkung des Verstärkers, Leerlaufverst.     (open loop gain)
$A$       Verstärkung der gegengekoppelten Schaltung              (closed loop gain)
$g$       Schleifenverstärkung $g = A_D/A$                        (loop gain)
$k_R$     Rückkopplungsfaktor                                     (feedback factor $\beta$)

In der englischsprachigen Literatur ist noch eine weitere Verstärkung gebräuchlich: man bezeichnet den Kehrwert des Rückkopplungsfaktors als Noise Gain; sinngemäß ist das die durch die Beschaltung bestimmte Verstärkung. Die Schleifenverstärkung läßt sich auch anschaulich deuten. Dazu machen wir $U_e = 0$ und trennen die Schleife am Eingang der externen Beschaltung auf wie Abb. 5.7a zeigt. Dann speisen wir an der Schnittstelle ein Testsignal $U_S$ ein und messen, wie groß das Signal ist, das am anderen Ende der Trennstelle, also am Verstärker-Ausgang auftritt. Wie man in Abb. 5.6 unmittelbar ablesen kann, ergibt sich:

$$U_a = - k_R A_D U_S = - g U_S \tag{5.14}$$

Das Testsignal wird beim Durchlaufen der aufgetrennten Schleife also mit der Verstärkung $g = k_R A_D$ verstärkt. Man kann die Schleife ebenso am invertierenden Eingang auftrennen und dort ein Testsignal einspeisen, siehe Abb. 5.7b.

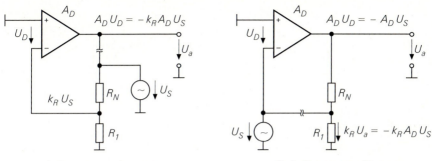

**a** Auftrennen am Ausgang        **b** Auftrennen am Eingang

**Abb. 5.7.** Zur Veranschaulichung der Schleifenverstärkung

Dann wird es zuerst mit $A_D$ und dann mit $k_R$ verstärkt; die Schleifenverstärkung hat aber auch in diesem Fall den Wert $g = k_R A_D$.

Die Schleifenverstärkung läßt sich auch in der geschlossenen Schleife messen. Dazu legt man eine Spannung $U_e$ an den Eingang der Schaltung und mißt $U_N$ und $U_D$ in Abb. 5.6b. Das Verhältnis dieser Spannungen ist die Schleifenverstärkung:

$$\frac{U_N}{U_D} = \frac{k_R U_a}{U_D} = \frac{k_R U_a}{U_a/A_D} = k_R A_D = g \tag{5.15}$$

**Der invertierende Verstärker**

Neben der Beschaltung in Abb. 5.6 gibt es eine zweite fundamentale Möglichkeit, einen Operationsverstärker als Verstärker gegenzukoppeln. Dabei muß die Rückkopplung natürlich immer vom Ausgang zum *invertierenden* Eingang führen, damit sich eine Gegenkopplung und keine Mitkopplung ergibt. Man kann aber die Eingangsspannung statt am nichtinvertierenden Eingang am Fußpunkt des Gegenkopplungsspannungsteilers anschließen. Dann ergibt sich die in Abb. 5.8 dargestellte Schaltung. Setzt man $k_F$ und $k_R$ in (5.9)

$$A = \frac{U_a}{U_e} = \frac{-k_F A_D}{1 + k_R A_D} = \frac{-\dfrac{R_N}{R_1 + R_N} A_D}{1 + \dfrac{R_1}{R_1 + R_N} A_D} \overset{k_R A_D \gg 1}{\approx} -\frac{R_N}{R_1} \tag{5.16}$$

Es handelt sich hier also um einen invertierenden Verstärker. Dies erkennt man auch direkt in der Schaltung, wenn man in Gedanken eine postive Eingangs-spannung anlegt. Da sie über $R_1$ auf den invertierenden Eingang gelangt, wird die Ausgangsspannung negativ. Beim idealen Operationsverstärker mit $A_D = \infty$ geht die Ausgangsspannung so weit nach Minus bis $U_D = 0$ ist; man spricht daher von einer *virtuellen Masse*. Zur Berechnung der Ausgangsspannung wendet man die Knotenregel auf den invertierenden Eingang an und erhält:

$$\frac{U_e}{R_1} + \frac{U_a}{R_N} = 0$$

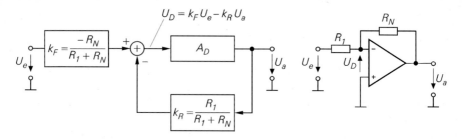

a Regelungstechnisches Modell          b Invertierender Verstärker

**Abb. 5.8.** Beschaltung eines Operationsverstärkers als invertierenden Verstärker am Beispiel des VV-Operationsverstärkers. Die hier eingetragenen Werte für $k_F$ und $k_R$ ergeben sich aus den Definitionen in (5.8)

Diese Gleichung läßt sich direkt nach $U_a$ auflösen:

$$U_a = -\frac{R_N}{R_1}U_e \quad \Rightarrow \quad A = -\frac{R_N}{R_1}$$

Im Vergleich zum nichtinvertierenden Verstärker in Abb. 5.5 ist die Spannungsverstärkung hier also negativ und im Betrag um 1 kleiner. Man kann die Verstärkung der Schaltung in Abb. 5.8 natürlich auch für endliche Differenzverstärkung $A_D$ berechnen. Dann muß man berücksichtigen, daß $U_D \neq 0$ ist. Aus

$$\frac{U_E + U_D}{R_1} + \frac{U_a + U_D}{R_N} = 0$$

und $U_a = A_D U_D$ folgt

$$A = \frac{U_a}{U_e} = -\frac{R_N A_D}{R_1 A_D + R_N + R_1} = k_F \frac{A_D}{1 + k_R A_D} \tag{5.17}$$

mit dem Rückkopplungsfaktor $k_R = R_1/(R_1 + R_N)$. Auch hier bestimmt die Schleifenverstärkung die Abweichung vom idealen Verhalten, denn für $g = k_R A_D \gg 1$ erhält man:

$$A = \frac{k_F}{k_R} = -\frac{R_N}{R_1} \tag{5.18}$$

Im einfachsten Fall besteht die äußere Beschaltung lediglich aus einem Spannungsteiler, wie wir in Abb. 5.6 und 5.8 gesehen haben. Wenn man ein RC-Netzwerk verwendet, entsteht ein Integrator, ein Differentiator oder ein aktives Filter. Man kann auch nichtlineare Bauelemente wie Dioden in der äußeren Beschaltung einsetzen, um Exponentialfunktionen und Logarithmen zu bilden. Diese Anwendungen werden in Kapitel 11.7 auf S. 785 beschrieben. Hier wollen wir uns auf die einfachsten ohmschen Gegenkopplungen beschränken.

## 5.2
## Der normale Operationsverstärker (VV-OPV)

Wir erklären hier verschiedene Möglichkeiten für den Aufbau von Operations-verstärkern, damit der Anwender versteht, welche Auswirkungen der innere Auf-bau auf die Anwendung hat. Es soll damit nicht nahegelegt werden, Operations-verstärker aus einzelnen Transisroren und Widerständen aufzubauen. Das würde nicht nur höhere Kosten verursachen, sondern auch zu deutlich schlechteren Daten führen.

Damit ein Verstärker als Operationsverstärker einsetzbar ist, muß er eine Reihe von Anforderungen erfüllen, die seinen inneren Aufbau be-stimmen. Allerdings gibt es heutzutage – wie Abb. 5.3 zeigt – vier ver-schiedene Ausführungsformen von Operationsverstärkern und innerhalb jeder Ausführungsform je nach Anwendungsgebiet verschiedene Varianten. Gemein-sam sind allen Typen die Forderungen:

- Gleichspannungskopplung
- Differenzeingang
- Eingangs- und Ausgangsruhepotential Null

Operationsverstärker kann man mit Bipolartransistoren, Feldeffekttransisto-ren bzw. Mosfets oder einer Kombination von beiden aufbauen. Für die fol-gende Darstellung werden bevorzugt Bipolartransistoren verwendet. Als Ein-gangsstufe wird meist ein Differenzverstärker eingesetzt, weil sich dabei die Basis-Emitterspannungen kompensieren, auch ihre Temperaturabhängigkeit.

Wenn man zur Verstärkung npn-Transistoren einsetzt, ist das Ausgangspo-tential einer Verstärkerstufe positiv gegenüber dem Eingangspotential. Damit das Ausgangsruhepotential Null wird, muß man mindestens an einer Stelle des Verstärkers eine Potentialverschiebung nach Minus vornehmen. Dazu gibt es im wesentlichen verschiedene Möglichkeiten, von denen wir die beiden wichtigsten in Abb. 5.9 zusammengestellt haben.

- Z-Dioden in Abb. 5.9a schwächen das Nutzsignal wegen ihres niedrigen dynamischen Innenwiderstandes praktisch nicht ab. Allerdings muß ein ausreichender Strom durch die Z-Diode fließen damit ihr Rauschen nicht stört. Man kann sie daher im allgemeinen nur nach Emitterfolgern ein-setzen. Nachteilig ist auch, daß der Betrag der Potentialverschiebung fest liegt und sich nicht an die Betriebsspannung anpaßt. Ein Vorteil ist jedoch, daß man lediglich npn-Transistoren benötigt; deshalb ist diese Methode für Hochfrequenzverstärker besonders geeignet.
- Komplementäre Transistoren in Abb. 5.9b stellen die einfachste und elegan-teste Art dar, die Potentialverschiebung einer Verstärkerstufe mit der nach-folgenden zu kompensieren. Meist werden die pnp Transistoren in Form von Stromspiegeln gemäß Abb. 4.64 auf S. 378 eingesetzt. Nachteilig ist hier jedoch, daß pnp-Transistoren in integrierten Schaltungen häufig deutlich schlechtere Transitfrequenzen besitzen. Erst in neueren, aufwendigeren Herstellungspro-zessen ist es möglich, gleichwertige pnp-Transistoren herzustellen.

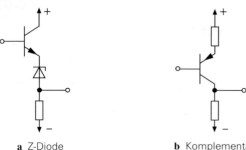

**a** Z-Diode

**b** Komplementäre
Transistoren

**Abb. 5.9.** Methoden zur Potentialverschiebung

### 5.2.1
### Das Prinzip

Der VV-Operationsverstärker besitzt einen spannungsgesteuerten, also hochohmigen Eingang und einen niederohmigen Ausgang. Deshalb bietet es sich an,
am Eingang einen Differenzverstärker und am Ausgang einen Emitterfolger einzusetzen. Damit erhält man den einfachsten VV-Operationsverstärker, wie er in
Abb. 5.10 dargestellt ist. Die Schaltung wurde lediglich noch um eine Z-Diode
am Ausgang erweitert, um das Ausgangsruhepotential auf 0V herunterzusetzen.
Operationsverstärker sollten drei Bedingungen erfüllen:

- Gleichtaktaussteuerbarkeit: bis dicht an die Betriebsspannungen;
- Ausgangsaussteuerbarkeit: bis dicht an die Betriebsspannungen;
- Differenzverstärkung: möglichst groß: $A_D = 10^4 \dots 10^6$.

Die positive Grenze der Gleichtaktaussteuerbarkeit (s. Kapitel 4.1.3 auf S. 368)
ist in Abb. 5.10 bei $U_N = U_P = U_{Gl} = 7,5\text{V}$ erreicht, da sonst die Kollektor-
Basisdiode von $T_2$ leitend wird. Die negative Grenze wird durch die Stromquelle
$I_0$ bestimmt. Wenn man einen minimalen Spannungsabfall von 1V annimmt,
darf das Emitterpotential des Differenzverstärkers bis auf $-14\text{V}$ absinken. Daraus
ergibt sich eine minimale Gleichtaktspannung von $-13,4\text{V}$. Zusammenfassssend
läßt sich die Gleichtaktaussteuerbarkeit also als Ungleichungskette darstellen:
$-13,4\text{V} < U_{Gl} < +7,5\text{V}$.

Die positive Grenze der Ausgangsaussteuerbarkeit ist erreicht, wenn der Transistor $T_2$ sperrt; dann steigt das Basispotential des Emitterfolgers auf 15V und
die Ausgangsspannung auf $+7,5\text{V}$. Die untere Aussteuerungsgrenze wird duch
$T_2$ bestimmt, dessen Kollektorpotential 0V nicht unterschreiten kann, weil seine
Kollektor-Basis-Diode sonst leitend wird. Die zugehörige Ausgangsspannung
beträgt dann $-7,5\text{V}$. Daraus ergibt sich die Ungleichungskette für die Ausgangsaussteuerbarkeit $-7,5\text{V} < U_a < +7,5\text{V}$. Die Aussteuerbarkeit wird noch
ungünstiger, wenn man eine positive Gleichtaktspannung anlegt. Bei $U_{Gl} = 5\text{V}$
ist die negative Ausgangsaussteuergarkeit sogar auf $-2,5\text{V}$ beschränkt.

Die Differenzverstärkung des Operationsverstärker in Abb. 5.10 gleicht der
des Differenzverstärkers, wenn man berücksichtigt, daß der Emitterfolger am

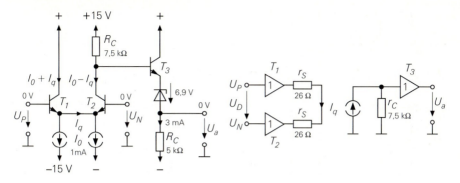

**Abb. 5.10.** Einfacher Operationsverstärker mit Beispielen für die Dimensionierung, die Ruhepotentiale und die Ruheströme. Der Emitterstrom wurde in zwei Hälften geteilt, um die Stromdifferenz $I_q$ einzeichnen zu können. In dieser und den folgenden Schaltungen kann man ebenso gut einen gemeinsamen Emitterstrom der Größe $I_k = 2I_0$ einsetzen

Ausgang praktisch die Spannungsverstärkung 1 besitzt und die Z-Diode auch keine nennenswerte Abschwächung bewirkt. Deshalb können wir das Modell in Abb. 5.10 zur Berechnung der Spannungsverstärkung verwenden. Wenn man eine Differenzeingangsspannung $U_D$ anlegt, liegt diese Spannung auch zwischen den Steilheitswiderständen der Eingangstransistoren und verursacht dort einen Strom

$$I_q = \frac{U_D}{2\,r_S} = \frac{1}{2}\frac{I_C}{U_T}\,U_D = \frac{1}{2}\frac{1\text{mA}}{26\text{mV}}\,U_D = 19\frac{\text{mA}}{\text{V}}\,U_D$$

Dieser Strom bewirkt am Kollektorwiderstand eine Spannungsänderung, die wegen der näherungsweise konstanten Potentialverschiebung zwischen Kollektor und Ausgang gleich der Ausgangsspannung ist:

$$U_a = I_q R_C = \frac{1}{2}\frac{I_C R_C}{U_T}\,U_D = \frac{U_{RC}}{2\,U_T}\,U_D = \frac{7,5\text{V}}{2\cdot 26\text{mV}}\,U_D = 144\cdot U_D$$

Man sieht, daß sowohl die Gleichtakt- und Ausgangsaussteuerbarkeit als auch die Differenzverstärkung der Schaltung bei weitem nicht die angestrebten Werte erreichen; der Operationsverstärker in Abb. 5.10 ist also in jeder Hinsicht verbesserungsbedürftig. Ein nennenswerter Fortschritt läßt sich dadurch erreichen, daß man die Z-Diode zur Potentialverschiebung durch einen Stromspiegel mit pnp-Transistoren ersetzt. Diese Variante zeigt Abb. 5.11. Die Gleichtaktaussteuerbarkeit ist hier sehr viel besser, da das Kollektorpotential von $T_2$ in der Nähe der positiven Betriebsspannung liegt: $-13,4\text{V} < U_{Gl} < +14,4\text{V}$. Gleichzeitig wird auch die Ausgangsaussteuerbarkeit verbessert, da der Emitterfolger am Ausgang bis dicht an die positive und negative Betriebsspannung ausgesteuert werden kann. Wenn man für die Stromquellen einen minimalen Spannungsabfall von 1V fordert, ergibt sich $-14\text{V} < U_a < +13,8\text{V}$.

Die Differenzverstärkung in Abb. 5.11 läßt sich einfach berechnen, wenn man bedenkt, daß der Stromspiegel $T_2$, $T_3$ lediglich die Richtung des Kollektorstroms von $T_2$ umkehrt. Als Arbeitswiderstand muß man die Parallelschaltung aller am

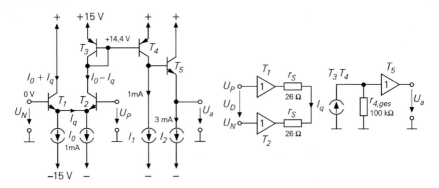

**Abb. 5.11.** Operationsverstärker mit Stromspiegel zur Potentialverschiebung

Kollektor von $T_4$ angeschlossenen Widerstände $r_{4,\,ges}$ einsetzen. Wenn die Stromquellen ideal sind, ist nur $r_{CE4}$ zu berücksichtigen, da der Eingangswiderstand des Emitterfolgers im unbelasteten Fall unendlich groß ist:

$$A_D = \frac{r_{CE4}}{2\,r_S} = \frac{1}{2}\frac{I_{C2}}{U_T}\frac{U_A}{I_{C2}} = \frac{1}{2}\mu = \frac{1}{2}\frac{100\text{V}}{26\text{mV}} = 1923 \tag{5.19}$$

Zur Berechnung der Differenzverstärkung kann man aber auch gemäß Abb. 5.12 von zwei Verstärkerstufen ausgehen. Die erste wird durch den Differenzverstärker mit der Transdiode $T_3$ als Kollektorwiderstand gebildet. Sie besitzt die Verstärkung

$$A_2 = \frac{r_3}{2\,r_S} = \frac{1}{2}\frac{I_{C2}}{U_T}\frac{U_T}{I_{C3}} = \frac{1}{2} \tag{5.20}$$

da die beiden Kollektorströme gleich groß sind. Die zweite Verstärkerstufe wird durch den in Emitterschaltung betriebenen Transistor $T_4$ gebildet mit der Spannungsverstärkung

$$A_4 = S_4 r_{CE4} = \frac{I_{C4}}{U_T}\frac{U_A}{I_{C4}} = \mu = \frac{100\text{V}}{26\text{mV}} = 3846 \tag{5.21}$$

wenn man den Innenwiderstand der Stromquellen als unendlich annimmt. Daraus ergibt sich für den ganzen Operationsverstärker eine Differenzverstärkung von $A_D = 1923$, in Übereinstimmung mit (5.19).

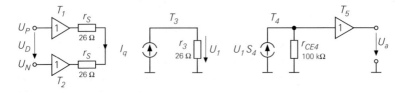

**Abb. 5.12.** Modell des Verstärkers in Abb. 5.11 für zweistufige Verstärkung

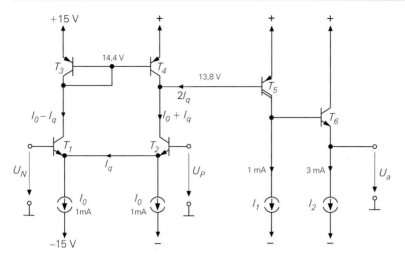

**Abb. 5.13.** Operationsverstärker mit zwei Stufen zur Spannungsverstärkung. Die eingetragenen Werte sind Beispiele für Ruhepotentiale und Ruheströme.

## 5.2.2
## Universalverstärker

Die Differenzverstärkung des Operationsverstärkers in Abb. 5.11b ist mit $A_D \approx$ 2000 für einen universellen Operationsverstärker bei weitem nicht ausreichend. Es gibt zwei Möglichkeiten, die Spannungsverstärkung nennenswert zu erhöhen:

- durch Erhöhung des Innenwiderstandes am Kollektor von $T_4$. Dieser Knoten ist der Hochimpedanzpunkt der Schaltung, weil er der hochohmigste Punkt im Signalpfad ist. Seine Impdanz bestimmt die Spannungsverstärkung und die Grenzfrequenz der Schaltung. Erhöhen läßt sich der Innenwiderstand des Hochimpedanzpunkts durch den Einsatz von Kaskodeschaltungen; diese Möglichkeit nutzt man bei den Breitbandverstärkern in Abschnitt 5.2.6
- mit zweistufiger Spannungsverstärkung. Davon macht man bei den Universalverstärkern gebrauch, die hier erklärt werden sollen.

Wie wir gesehen haben, kann man die Schaltung in Abb. 5.11 als einen Verstärker mit zwei Verstärkerstufen betrachten. Der Differenzverstärker besitzt wegen des niedrigen Kollektorwiderstandes, der durch die Transdiode $T_3$ gebildet wird, lediglich die Verstärkung 1/2. Man muß also den Kollektorwiderstand von $T_2$ erhöhen, um die Spannungsverstärkung zu erhöhen. Dazu wurde in Abb. 5.13 die Stromquelle $T_4$ eingesetzt. Es ist sehr nützlich, diese Stromquelle mit $T_3$ zum Stromspiegel zu ergänzen; dadurch werden auch die Stromänderungen von $T_1$ genutzt und verdoppeln die Stromänderungen am Ausgang des Differenzverstärkers und damit seine Differenzverstärkung. Ein noch wesentlicher Vor-

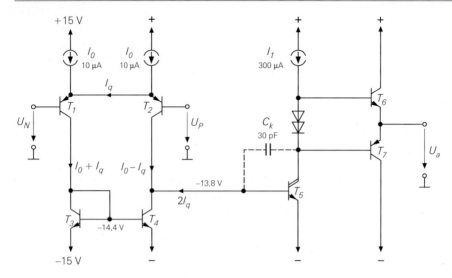

**Abb. 5.14.** Operationsverstärker der 741-Klasse. Die Schaltung gibt nur das Prinzip wieder; wegen der technologischen Einschränkungen besteht der Differenzverstärker aus einem Verbund mehrerer Transistoren. Der Kondensator $C_k$ dient zur Frequenzgangkorrektur; seine Wirkung wird in Abschnitt 5.2.7 beschrieben. Der Strom $2I_q$ ist nicht der Basisstrom von $T_5$, sondern der Signalstrom, der die Spannungsverstärkung an diesem Punkt bestimmt.

teil des Stromspiegels besteht jedoch darin, daß der Ruhestrom von $T_4$ immer den passenden Wert hat, unanhängig von der Größe des Ruhestroms $I_0$. Toleranzen von $I_0$ beeinträchtigen daher nicht den Nullpunkt des Differenzverstärkers. Dies begünstigt die Integrierbarkeit der Schaltung. Damit die zweite Verstärkerstufe den hohen Innenwiderstand am Kollektor von $T_2$ nicht beeinträchtigt, muß man für $T_5$ eine Darlingtonschaltung gemäß Abschnitt 2.4.4 auf S. 177 einsetzen.

Auf dem in Abb. 5.13 gezeigten Prinzip beruhen die meisten integrierten Universalverstärker. Bei ihnen wird jedoch der Eingangs-Differenzverstärker mit einem Verbund von npn- und pnp-Transistoren realisiert, die sich zusammen wie ein pnp-Differenzverstärker verhalten. In diesem Fall muß die zweite Stufe zur Potentialverschiebung mit einem npn-Transistor ausgeführt werden. Man erkennt in Abb. 5.14 daß dadurch eine Schaltung entsteht, die zu Abb. 5.13 genau komplementär ist. Ein weiterer Unterschied besteht darin, daß hier sehr viel kleinere Ruheströme verwendet werden. Die Kollektorströme des Differenzverstärkers betragen nur 10μA. Die Endstufe wird bei integrierten Operationsverstärkern immer als komplementärer Emitterfolger ausgeführt, um positive und negative Ausgangsströme zu erhalten, die groß gegenüber dem Ruhestrom sind.

Die Differenzverstärkung des Operationsverstärker läßt sich mit dem Modell in Abb. 5.15 berechnen. Der Transistoren $T_1$ und $T_2$ des Eingangsdifferenzverstärkers werden durch die Spannungsfolger repräsentiert. Die Verbindung der Emitter erfolgt über die Steilheitswiderstände $r_S = 1/S$. Der Strom $I_q$ gibt an, wie stark sich der Strom durch den einen Transistor bei Aussteuerung erhöht

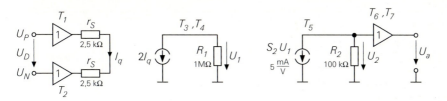

**Abb. 5.15.** Modell eines Operationsverstärkers der 741-Klasse

bzw. durch den anderen erniedrigt: $I_q = U_D/2r_S$. Dieser Strom gelangt über den Stromspiegel an den Ausgang des Differenzverstärkers und bewirkt am dort vorhandenen Innenwiderstand die Spannung:

$$U_1 = -2I_qR_1 = -2R_1 \frac{U_D}{2r_S} = -\frac{1\mathrm{M}\Omega}{2 \cdot 2,5\mathrm{k}\Omega} U_D = -200 \cdot U_D$$

Der Differenzverstärker besitzt also mit den in dem Modell eingetragenen Parametern eine Spannungsverstärkung von $A_{D2} = U_1/U_0 = -200$. Die Darlingtonschaltung $T_5$ verstärkt die Spannung $U_1$ und liefert den Ausgangsstrom $S_2U_1$, der am Innenwiderstand $R_2$ die Spannung

$$U_2 = -S_2U_1R_2 = -5 \frac{\mathrm{mA}}{\mathrm{V}} \cdot 100\mathrm{k}\Omega \cdot U_1 = -500 \cdot U_1$$

abfallen läßt. Bei den im Modell eingetragenen Parametern besitzt die zweite Verstärkerstufe also die Verstärkung $A_5 = -500$. Wenn man davon ausgeht, daß der Emitterfolger am Ausgang die Spannungsverstärkung 1 besitzt, erhält man für das Modell insgesammt eine Verstärkung von

$$A_D = A_{D2}A_5 = (-200) \cdot (-500) = 10^5$$

## 5.2.3
## Betriebsspannungen

Bei den bisherigen Betrachtungen sind wir von einer *symmetrischen* Betriebsspannung von $\pm15\mathrm{V}$ ausgegangen. Normale Operationsverstärker, wie wir sie bisher beschrieben haben, besitzen dann eine Gleichtakt- und Ausgangsaussteuerbarkeit von ca. $\pm13\mathrm{V}$. Dieser Sachverhalt ist in Abb. 5.16a dargestellt. Dabei ist die Begrenzung durch eine bestimmte Spannungsdifferenz zu den Betriebsspannungen gegeben, die z.B. 2V beträgt. Man kann natürlich zu beiden Betriebsspannungen 15V addieren, ohne daß der Operationsverstärker etwas davon merkt, da er keinen Masseanschluß besitzt. Dieser Fall ist in Abb. 5.16b dargestellt. Dann läßt sich der Operationsverstärker aus einer *einzigen* Spannungsquelle betreiben. Allerdings verschieben sich dadurch auch die Gleichtakt- und Ausgangsaussteuerbarkeit um 15V nach Plus, sodaß ein Eingangs- und Ausgangsruhepotential von 0V nicht mehr erreichbar ist; es gilt nun $2\mathrm{V} < U_{Gl}, U_a < 28\mathrm{V}$. Dadurch verliert man eine wichtige Eigenschaft der Operationsverstärker, die den Einsatz so einfach macht: Eingangs- und Ausgangsruhepotential Null. Man kann sich dadurch

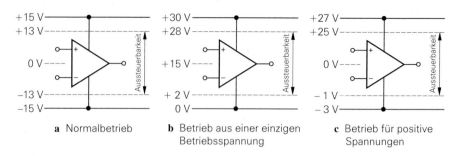

**a** Normalbetrieb      **b** Betrieb aus einer einzigen      **c** Betrieb für positive
                               Betriebsspannung                       Spannungen

**Abb. 5.16.** Einfluß der Betriebsspannungen auf die Gleichtakt- und Ausgangsaussteuerbarkeit

helfen, daß man ein zusätzliches positives Hilfspotential von +15V generiert [3] und alle Spannungen darauf bezieht; allerdings benötigt man dann doch wieder eine zweite Spannungsquelle, sodaß sich nur Nachteile ergeben. Wenn man aber von vornherein weiß, daß keine negativen Gleichtakt- und Ausgangsspannungen auftreten, kann man zur Vergrößerung der positiven Aussteuerbarkeit den Operationsverstärker aus einer *unsymmetrischen* Betriebsspannung betreiben. Bei dem Beispiel in Abb. 5.16c ergibt sich dann eine Aussteuerbarkeit von $-1V < U_{Gl}, U_a < +25V$. Operationsverstärker, die für eine nominelle Betriebsspannung von $\pm15V$ vorgesehen sind, lassen sich meist auch mit $\pm5V$ betreiben. Allerdings reduziert sich dadurch die Aussteuerbarkeit auf $\pm3V$, wie man in Abb. 5.17a erkennt, wenn man wieder von einem minimalen Spannungsabfall von 2V ausgeht. Zunehmend besteht der Wunsch, einen Operationsverstärker aus einer einzigen Betriebsspannung von nur +5V oder gar +3,3V zu betreiben, weil diese Spannung zur Versorgung digitalen Schaltungen in den meisten Fällen ohnehin vorhanden sind. Bei so niedrigen Betriebsspannungen sind die Universalverstärker meist nicht mehr spezifiziert. Selbst wenn sie noch bei +5V funktionieren würden, hätte man wenig Nutzen davon, weil sich die Aussteuerbarkeit dann, wie in Abb. 5.17b dargestellt, auf $2V < U_{Gl}, U_a < 3V$ reduzieren würde. Deshalb hat man für diesen Zweck *single-supply-Verstärker* entwickelt, deren Gleichtakt- und Ausgangsaussteuerbarkeit die negative Betriebsspannung einschließt, wie man in Abb. 5.17c erkennt. Hier sind selbst bei einer negativen Betriebsspannung von 0V Eingangs- und Ausgangsruhepotentiale bis 0V zulässig. Es gibt sogar Operationsverstärker, die eine Gleichtakt- und Ausgangsaussteuerbarkeit besitzen, die sowohl bis zur negativen als auch positiven Betriebsspannung reicht. Solche Verstärker werden als *Rail-to-Rail*-Verstärker bezeichnet; ihre Aussteuerbarkeit ist in Abb. 5.17d dargestellt.

---

3  Eine dafür entwickelte Schaltung ist der Rail Splitter TLE2426 von Texas Inst.

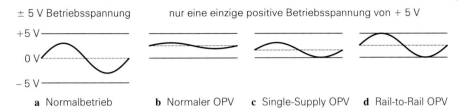

± 5 V Betriebsspannung   nur eine einzige positive Betriebsspannung von + 5 V

+5 V

0 V

– 5 V

**a** Normalbetrieb   **b** Normaler OPV   **c** Single-Supply OPV   **d** Rail-to-Rail OPV

**Abb. 5.17.** Aussteuerbarkeit beim Betrieb von Operationsverstärkern aus niedrigen Betriebsspannungen

## 5.2.4
## Single-Supply-Verstärker

Der klassische Single-Supply Verstärker ist der LM324, dessen prinzipieller Aufbau in Abb. 5.18 dargestellt ist. Die Schaltung ist mit dem in Abb. 5.14 dargestellten Universalverstärker verwandt, besitzt jedoch einige Modifikationen, um eine Aussteuerbarkeit bis zur negativen Betriebsspannung zu ermöglichen:

- Die Emitterfolger $T_5$ und $T_6$ wurden hinzugefügt, um das Emitterpotential des Differenzverstärkers um $0,6V$ nach oben zu schieben. Dadurch beträgt die Kollektor-Emitterspannung des Differenzverstärkers selbst bei dem kritischen Fall mit 0V Eingangsspannung, der hier eingetragen ist, noch $0,6V$.

- Die zweite Verstärkerstufe $T_7$ ist hier als einfache Emitterschaltung ausgeführt, damit sich ein Basisruhepotential von $0,6V$ ergibt. Die Darlingtonschaltung in Abb. 5.14 hätte ein Ruhepotential von $1,2V$ zur Folge; dadurch würde $T_2$ bei 0V Eingangsspannung in die Sättigung gehen.

- Um eine Ausgangsaussteuerbarkeit bis nahe an 0V zu ermöglichen, wird die Stromquelle $I_2$ hinzugefügt. Natürlich sperrt der Transistor $T_9$ bei Ausgangsspannungen unter $0,6V$ sodaß der Ausgang in diesem Bereich nur Ströme aufnehmen kann, die kleiner als $I_2$ sind.

**Phasenumkehr**

Wenn man Single-Supply Verstärker nach Abb. 5.18 bis zur negativen Betriebsspannung aussteuert, besitzen die Transistoren des Differenzverstärkers noch eine Kollektor-Emitterspannung von $0,6V$. Sie liegt damit noch deutlich über der Sättigungsspannung von $U_{CE,sat} = 0,2V$. Aus diesem Grund darf die Gleichtaktspannung die negative Betriebsspannung sogar um $0,4V$ unterschreiten. Bei noch negativeren Gleichtaktspannungen geht der Transistor $T_2$ in die Sättigung, seine Basis Kollektor-Diode wird leitend. Dann ist der Emitter von $T_6$ mit der Basis von $T_7$ verbunden und die invertierende Verstärkung von $T_2$ wird zur nichtinvertierenden Signalweitergabe. Wenn die Spannung am P-Eingang weiter sinkt, sperrt $T_7$ und die Ausgangsspannung steigt bis auf die positive Aussteuerungsgrenze. Diesen Vorgang nennt man *Phase-Reversal*. Wie störend sich dieser Effekt in der Praxis auswirkt, zeigt Abb. 5.19 am Beispiel eines nichtinvertierenden Verstärkers,

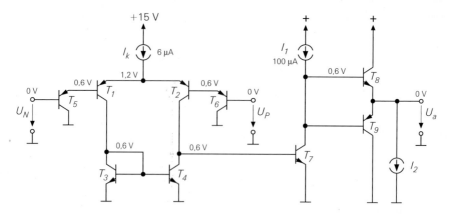

**Abb. 5.18.** Single-Supply-Verstärker LM324, prinzipieller Aufbau. Die eingetragenen Potentiale gelten für eine Aussteuerung, die gleich der negativen Betriebsspannung ist, hier also Nullpotential.

der eine sinusförmige Wechselspannung verstärkt. Die Ausgangsspannung kann wegen der Begrenzung durch die Endstufe nicht negativ werden. Sie wird jedoch nicht – wie man vermuten könnte – auf 0V begrenzt, sondern springt wegen des Phase-Reversal auf die positive Aussteuerungsgrenze, wenn die Eingangsspannung die reversal-Spannung $U_r$ unterschreitet. Das Phase-Reversal ist ein sehr störender Effekt, der bei Single-Supply Verstärken auftreten kann, wenn man nennenswerte negative Eingangsspannungen anlegt. Er läßt sich z.B. mit einer Schottky-Diode am Eingang vermeiden, die bei $-0,4V$ leitend wird. Besser ist es jedoch, in diesem Fall Operationsverstärker einzusetzen, die aufgrund ihrer Schaltung kein Phase-Reversal besitzen.

**CMOS-Operationsverstärker** besitzen kein Phase-Reversal, da über die isolierten Gateelektroden kein Strom abfließen kann. Einen Effekt, der dem Leiten der Basis-Kollektor-Diode beim Bipolartransistor entspricht, gibt es beim Mosfet nicht. Eine gebräuchliche Schaltung ist in Abb. 5.20 dagestellt. Wie der Vergleich mit Abb. 5.18 zeigt ist der Aufbau sehr ähnlich. Die p-Kanal-Fets $T_1$ und $T_2$ bilden den Differenzverstärker. Beide Ausgangssignale werden über den Stromspiegel $T_3$

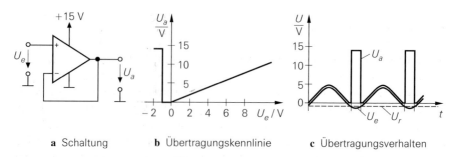

**a** Schaltung          **b** Übertragungskennlinie          **c** Übertragungsverhalten

**Abb. 5.19.** Auswirkung des Phase-Reversal

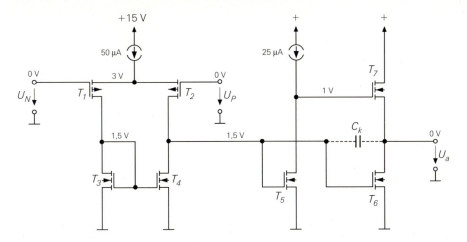

**Abb. 5.20.** Single Supply CMOS-Operationsverstärkerder TLC-Serie. Die Substrate der n-Kanal-Fets sind mit Nullpotential, die der p-Kanal-Fets mit der positiven Betriebsspannung verbunden.

und $T_4$ zusammengefaßt und an die zweite Verstärkerstufe $T_5$ weitergeleitet. Der Sourcefolger $T_7$ dient als Impedanzwandler. Ein Unterschied besteht hier lediglich in der Funktionsweise von $T_6$. Er arbeitet nicht als komplementärer Sourcefolger, sondern verstärkt in Sourceschaltung genauso wie $T_5$. Dadurch ist dieser Transistor in der Lage, die Ausgangsspannung bis auf 0V herunterzuziehen, wenn $T_7$ wie in dem Beispiel in Abb. 5.20 sperrt. Deshalb wird die beim LM324 am Ausgang erforderliche Stromquelle hier nicht benötigt. Die Schwellenspannung aller Mosfets beträgt hier $|U_{th}| = 1$V. Bei p-Kanal-Mosfets $T_1$ und $T_2$ am Eingang erhöht sich die Schwellenspannung bei $U_N = U_P = 0$V wegen des Substrateffekts auf $-2,5$V, weil hier $U_{BS} = 12$V beträgt. Dieser Effekt ist hier nützlich, weil selbst bei der Gleichtaktaussteuerung bis zur negativen Betriebsspannung eine ausreichende Drain-Source-Spannung zur Verfügung steht. Da Bipolartransistoren diesen Effekt nicht besitzen, sind beim LM324 in Abb. 5.18 die zusätzlichen Transistoren $T_5$ und $T_6$ zur Potentialverschiebung erforderlich.

### 5.2.5
### Rail-to-Rail-Verstärker

Rail-to-Rail-Verstärker sind spezielle Operationsverstärker, bei denen eine Gleichtaktaussteuerbarkeit nicht nur bis zur negativen Betreibsspannung möglich ist wie bei den Single-Supply-Verstärkern, sondern auch bis zur positiven Betriebsspannung. Dazu kann man den CMOS-Operationsverstärker in Abb. 5.20 erweitern. Hier bewirken die selbstsperrenden Mosfets eine ausreichende Potentialverschiebung, um eine Gleichtaktaussteuerung bis zur negativen Betriebsspannung zu ermöglichen. Eine Gleichtaktaussteuerung bis zur positiven Betriebsspannung ist jedoch unmöglich, da dazu das Sourcepotential des Diffe-

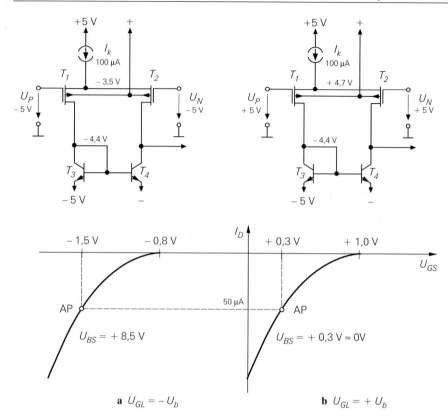

**Abb. 5.21.** Rail-to-Rail CMOS-Differenzverstärker. Die Übertragungskennlinie der Mosfets ist für die beiden Extremfälle eingezeichnet. Der Arbeitspunkt ist mit AP gekennzeichnet. Nach diesem Prinzip abeitet z.B. der LMC6484.

renzverstärkers über die positive Betriebsspannung ansteigen müßte. Ermöglicht wird ein Rail-to-Rail-Verstärker in dieser Schaltungstechnik durch den Einsatz von Mosfets, die an der negativen Aussteuerungsgrenze – wie bisher – selbstsperrend sind, aber an der positiven Aussteuerungsgrenze selbstleitend werden. Zur Verschiebung der Schwellenspannung nutzt man den – sonst meist störenden – Substrateffekt. Diese Methode wird in Abb. 5.21 gezeigt.

Bei der maximalen positiven Gleichtaktaussteuerung in Abb. 5.21b ist $U_{BS} \approx 0$ und die Transistoren sind selbstleitend; dadurch bleibt für die Stromquelle noch ein Spannungsabfall von $0,3\,\text{V}$. Bei der maximalen negativen Gleichtaktspannung bewirkt die Bulk-Source-Spannung von $U_{BS} = 8,5\,\text{V}$ gemäß Abschnitt 3.3.1 eine Verschiebung der Schwellenspannung auf [4]:

---

4  In der Praxis werden an dieser Stelle spezielle Mosfets mit einem verstärkten Substrateffekt eingesetzt. Deshalb gehen wir hier von einem Substratsteuerfaktor von $\gamma = 0,8\sqrt{\text{V}}$ aus, der über dem sonst verwendeten Wert von $\gamma = 0,6\sqrt{\text{V}}$ liegt.

$$U_{th} = U_{th,0} - \gamma(\sqrt{U_{inv} + U_{BS}} - \sqrt{U_{inv}})$$

$$= 1\mathrm{V} - 0,8\sqrt{\mathrm{V}}(\sqrt{0,6\mathrm{V} + 8,5\mathrm{V}} - \sqrt{0,6\mathrm{V}})$$

$$= 1\mathrm{V} - 1,8\mathrm{V} = -0,8\mathrm{V}$$

Im Arbeitspunkt ergibt sich damit eine Spannung $U_{GS} = -1,5\mathrm{V}$, wie man in Abb. 5.21a erkennt. Dadurch bleibt für den Differenzverstärker eine Spannung von $U_{DS} = -0,9\mathrm{V}$ übrig, die ausreicht, um oberhalb der Abschnürspannung zu arbeiten:

$$U_{DS} < U_{DS,\ ab} = U_{GS} - U_{th} = -1,5\mathrm{V} + 0,8\mathrm{V} = -0,7\mathrm{V}$$

Mit Bipolartransistoren läßt sich ein Rail-to-Rail-Differenzverstärker nicht so elegant realisieren. Hier muß man zwei komplementäre Single-Supply-Differenzverstärker einsetzen, von denen der eine bis zur positiven und der andere bis zur negativen Betriebsspannung aussteuerbar ist, und ihre Ausgangssignale kombinieren. Diese Methode zeigt Abb. 5.22. Der Differenzverstärker mit den pnp-Transistoren ist bis zur negativen Betriebsspannung aussteuerbar. Bei Gleichtaktspannungen in der Nähe der positiven Betriebsspannung sperrt er; in diesem Bereich arbeitet aber der parallelgeschaltete npn-Differenzverstärker. Die nachfolgenden Transistoren $T_5$ bis $T_8$ kombinieren die Ausgangssignale der Differenzverstärker, sodaß alle bei Aussteuerung auftretenden Stromänderungen der Verstärkung zugute kommen: der Ausgangsstrom an den Kollektoren von $T_6$, $T_8$ beträgt $4 \cdot I_q$. Wenn einer der beiden Differenzverstäker bei Gleichtaktspannungen in der Nähe der Betriebsspannungen ausfällt, halbiert sich die Steilheit der Rail-to-Rail-Eingangsstufe und damit auch ihre Spannungsverstärkung. In einer gegengekoppelten Schaltung, bei der die Verstärkung durch die äußere Beschaltung bestimmt wird, macht sich dieser Effekt jedoch nicht bemerkbar.

Im Prinzip könnte man die Spannung $U_2$ als Ausgangsspannung des Operationsverstärkers verwenden. Die Transistoren $T_9$ bis $T_{12}$ bilden dann einen konventionellen komplementären Emitterfolger. Dabei würde sich aber kein Rail-to-Rail Ausgang ergeben; die Aussteuerungsgrenzen würden um ca. 1V unter den Betriebsspannungen liegen. Eine Rail-to-Rail Endstufe läßt sich nur mit komplementären Transistoren realisieren, deren Emitter an den Betriebsspannungen angeschlossen sind. Durch den Betrieb in Emitterschaltung erzielt man eine Ausgangsaussteuerbarkeit, die bis dicht an die Betriebsspannungen reicht. Als minimalen Spannungsabfall erhält man in diesem Fall die Kollektor-Emitter-Sättigungsspannung $U_{CE,sat}$ von $T_{15}$ bzw. $T_{16}$, die bei kleinen Strömen nur wenige Millivolt beträgt.

Die Ansteuerung der beiden Endstufentransistoren ist allerdings schwieriger, denn sie muß

- einen konstanten Ruhestrom durch die Endstufentransistoren über den ganzen Aussteuerbereich gewährleisten,
- bei Aussteuerung oder Belastung des Ausgangs definiert den Strom durch den einen Transistor erhöhen und den durch den anderen erniedrigen;

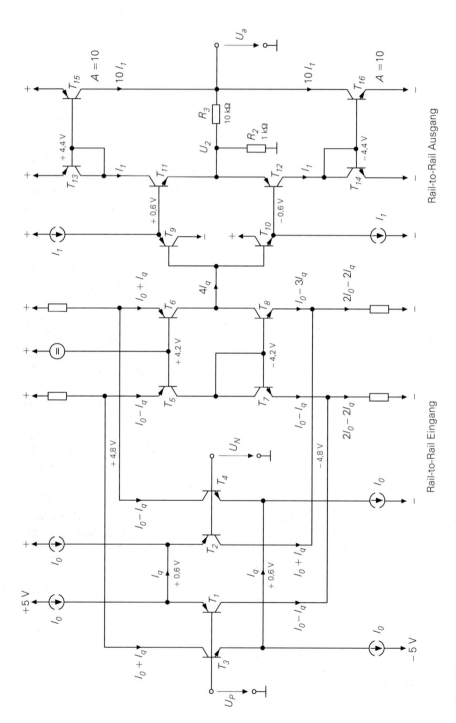

**Abb. 5.22.** 2 Beispiel für einen Operationsverstärker mit Rail-to-Rail-Eingang und -Ausgang. Ruhestrom: z.B. $I_0 = 10\mu A$, $I_1 = 100\mu A$

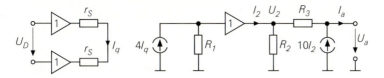

**Abb. 5.23.** Modell des Rail-to-Rail Operationsverstärkers zur Analyse der Endstufe

- Ausgangsströme ermöglichen, die groß gegenüber dem Ruhestrom sind, also die Endstufentransistoren im AB-Betrieb betreiben.

Es gibt eine Reihe verschiedener Schaltungen, um die beiden Endstufentransistoren anzusteuern. Die in Abb. 5.22 dargestellte Schaltung arbeitet besonders zuverlässig und kommt außerdem ohne spezielle technologische Tricks aus; dadurch wird das Verständnis erleichtert. Um die Endstufentransistoren $T_{15}$, $T_{16}$ definiert anzusteuern ergänzt man sie mit den Transistoren $T_{13}$, $T_{14}$ zu Stromspiegeln.

Zur Analyse der Endstufe gehen wir zunächst von dem Fall $R_3 = \infty$ aus. Bei Aussteuerung des Spannungsfolgers $T_9$ bis $T_{12}$ mit einem positiven Signal fließt durch $R_2$ ein Strom, der den Kollektorstrom von $T_{11}$ vergrößert und den von $T_{12}$ verkleinert. Die Stromdifferenz ist gleich dem durch $R_2$ fließenden Strom. Das stimmt sogar für den Fall, daß der Strom durch $R_2$ so groß ist, daß einer der beiden Transistoren sperrt. Aus diesem Grund ist der Ausgangsstrom der Endstufe proportional zum Strom durch $R_2$. Um große Ausgangsströme zu ermöglichen, haben wir den Endstufentransistoren in diesem Beispiel die zehnfache Fläche ($A = 10$) gegeben.

Die Rail-to-Rail Endstufe besitzt wegen der Emitterschaltungen einen hohen Ausgangswiderstand, also einen Stromausgang. Um einen VV-Operationsverstärker mit niederohmigem Ausgang zu erhalten, wurde hier eine interne Spannungsgegenkopplung in der Endstufe mit den Widerständen $R_2$ und $R_3$ vorgesehen. Die Rail to Rail Endstufe stellt einen CC-Operationsverstärker dar; im Zusammenhang werden diese Schaltungen in Abschnitt 5.5 behandelt.

Das Verhalten der Rail-to-Rail Endstufe läßt sich am besten am Modell in Abb. 5.23 erklären. Die Verhlätnisse sind deshalb etwas unübersichtlich weil die Endstufe eine stromgesteuerte Stromquelle darstellt, die eine Spannungsgegenkopplung besitzt. Zur Analyse der Schaltung kann man die Knotenregel auf die beiden Knoten der Endstufe anwenden:

$$I_2 - \frac{U_2}{R_2} + \frac{U_a - U_2}{R_3} = 0 \tag{5.22}$$

$$\frac{U_2 - U_a}{R_3} + 10\,I_2 - I_a = 0 \tag{5.23}$$

Daraus folgt für $I_a = 0$ die Leerlaufverstärkung der Endstufe:

$$U_a = \frac{11\,R_2 + 10\,R_3}{11\,R_2}\,U_2 = \frac{111}{11}\,U_2 \approx 10\,U_2 \qquad \text{für } R_3 = 10\,R_2$$

Den Ausgangswiderstand erhält man für $U_2 = 0$ aus (5.22) und (5.23):

$$r_a = -\frac{U_a}{I_a} = \frac{1}{11} R_3 = \frac{1}{11} 10\text{k}\Omega \approx 1\text{k}\Omega$$

Er ist also klein gegenüber dem Ausgangswiderstand der Endstufentransistoren, der hier $r_{CE} = U_A/(10I_1) = 100\text{k}\Omega$ beträgt.

## 5.2.6
## Breitband-Operationsverstärker

Bei Breitbandverstärkern soll eine einzige Verstärkerstufe die ganze Spannungs-verstärkung bewirken, weil dann in der Regel keine Frequenzgangkorrektur er-forderlich ist, die die Bandbreite beeinträchtigen würde. Allerdings ist die ma-ximale Verstärkung, die sich mit einem Bipolartransistor erreichen läßt, be-schränkt:

$$\mu = Sr_{CE} = \frac{I_C}{U_T} \cdot \frac{U_A}{I_C} = \frac{U_A}{U_T} = \frac{100\text{V}}{26\text{mV}} \approx 4000$$

Das ist selbst für einen Breitband-Operationsverstärker zu wenig. Höhere Span-nungsverstärkungen lassen sich erzielen, indem man den Innenwiderstand über $r_{CE}$ hinaus vergrößert. Das ist mit einer Kaskodeschaltung gemäß Abb. 5.24a möglich. Der im Vergleich zu Abb. 5.11 zusätzliche Transistor $T_6$ bildet zusam-men mit $T_4$ eine Kaskodeschaltung. Ihr Ausgangswiderstand wurde bereits in Abschnitt 4.1.1 auf S. 325 ermittelt; er hat gemäß (4.23) den Wert $r_a = \beta_{CE}$. Der Ausgangswiderstand ist demnach um die Stromverstärkung $\beta$ größer als bei einem einzelnen Transistor. Daher beträgt die Leerlaufverstärkung der Kaskode-schaltung mit $\beta = 100$:

$$\mu = \beta Sr_{CE} = \beta \frac{U_A}{U_T} = \beta \frac{100\text{V}}{26\text{mV}} \approx 400.000$$

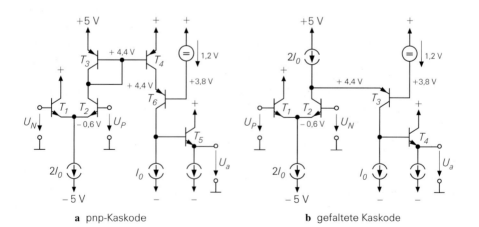

**a** pnp-Kaskode                                  **b** gefaltete Kaskode

**Abb. 5.24.** Kaskodeschaltung zur Erhöhung der Differenzverstärkung

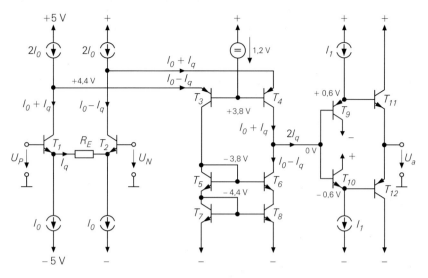

**Abb. 5.25.** Operationsverstärker mit komplementärem Kaskode-Differenzverstärker (folded cascode). Nach diesem Prinzip arbeiten z.B. der AD797 von Analog Devices, der OP640 von Burr Brown und der LT1363 von Linear Technology

Auf diese Weise ist es also möglich, mit einer einzigen Verstärkerstufe einen guten Operationsverstärker zu bauen. Die Schaltung in Abb. 5.24a läßt sich vereinfachen, indem man den Stromspiegel wegläßt. Dadurch eliminiert man in Abb. 5.24b die durch den Stromspiegel bedingte Phasenverschiebung ohne die Spannungsverstärkung zu beeinträchtigen. Lediglich das Vorzeichen ändert sich; das läßt sich aber durch Vertauschen der Eingänge kompensieren.

Die praktische Ausführung dieses Prinzips zeigt Abb. 5.25. Damit die Schaltung symmetrisch wird, nutzt man beide Ausgangssignale des Differenzverstärkers und führt sie über den Stromspiegel $T_7$, $T_8$ zusammen. Um dabei den hohen Innenwiderstand am Kolletor von $T_4$ nicht zu verlieren, wurde ein Kaskode-Stromspiegel gemäß Abb. 4.25 eingesetzt; dadurch beträgt sein Ausgangswiderstand ebenfalls $\beta r_{CE}$.

Da der Hochimpedanzknoten (Kollektor von $T_4$) der Schaltung wegen der Kaskodeschaltungen extrem hochohmig ist, reicht ein einfacher Emitterfolger als Impedanzwandler nicht aus. Die Emitterfolger $T_9$ und $T_{10}$ bewirken nicht nur eine zusätzliche Impedanzwandlung, sondern gleichzeitig die erforderliche Vorspannungerzeugung für den komplementären Emitterfolger $T_{11}$ und $T_{12}$.

Zur Berechnung der Spannungsverstärkung kann man das Modell in Abb. 5.26 heranziehen. Die maximale Spannungsverstärkung ergibt sich für $R_E = 0$. Dann fließt im Eingangsdifferenzverstärker ein Strom

$$I_q = \frac{U_D}{2\,r_S} = \frac{I_0}{2\,U_T}\,U_D$$

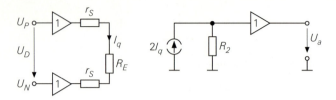

**Abb. 5.26.** Modell für den Operationsverstärker in Abb. 5.25 zur Berechnung der Differenz-verstärkung

Dieser Strom bewirkt an dem Hochimpedanzknoten der Schaltung, der hier durch $R_2 = \beta r_{CE}/2$ repräsentiert wird, den Spannungsabfall

$$U_a = 2\,I_q R_2 = \frac{I_0}{U_T}\frac{\beta}{2}\frac{U_A}{I_0}U_D = \frac{\beta}{2}\frac{U_A}{U_T}U_D \stackrel{\substack{\beta=100 \\ U_A=100V}}{=} 2 \cdot 10^5\,U_D$$

Die Differenzverstärkung beträgt also $A_D = 2 \cdot 10^5$. Mit dem Emitterwiderstand $R_E$ läßt sich die Steilheit des Differenzverstärkers reduzieren und damit auch die Spannungsverstärkung. Der Vorteil ist, daß sich dadurch die Bandbreite der Eingangsstufe erhöht und die Schwingneigung der gegengekoppelten Schaltung reduziert.

Voraussetzung für gute Hochfrequenz-Operationsverstärker ist die Herstellung von pnp-Transistoren mit guten Hochfrequenzeigenschaften, die denen der npn-Transistoren möglichst entsprechen. Deshalb setzen die hier gezeigten Schaltungen vertikale pnp-Transistoren in p-Wannen voraus, deren Herstellungsprozeß teuer ist.

Um sicherzustellen, daß die Anstiegs- und Abfallflanken eines Signals gleich steil werden, kann man das Prinzip des Gegentaktbetriebs anwenden, bei dem der Verstärker aus gegensinnig gesteuerten Transistoren besteht, sodaß sowohl bei der positiven als auch bei der negativen Flanke jeweils in einer Hälfte der Schaltung eine Stromzunahme erfolgt. Um dieses Prinzip auf Breitbandverstärker anzuwenden, kann man die Schaltung in Abb. 5.25b symmetrisch ergänzen und gelangt dann zu dem Gegentakt-Operationsverstärker in Abb. 5.27.

Im Ruhezustand fließt durch die Transistoren $T_5$ und $T_6$ derselbe Strom $I_0$. Legt man eine positive Differenzspannung $U_D$ an, nimmt der Kollektorstrom von $T_5$ um $I_q$ zu, während der von $T_6$ um denselben Betrag abnimmt. Daher ist der Strom $I_q = U_D/R_E$ hier genauso groß wie in der vorhergehenden Schaltung in Abb. 5.25

Ein Problem, das allen bisher behandelten Schaltungen anhaftet, ist der konstante Emitterstrom des Eingangsdifferenzverstärkers, denn dies ist der maximale Strom $I_{q,\,max} = I_0$, mit dem die Schaltkapazitäten am Hochimpedanzknoten umgeladen werden können. Man kann die Ruheströme natürlich entsprechend groß wählen, aber dadurch erhöht sich die Verlustleistung des Operationsverstärkers. Die Qualität eines Schaltungskonzepts zeigt sich aber daran, ob es gelingt, trotz kleiner Ruheströme eine hohe Bandbteite zu erreichen. Gut sind daher Schaltun-

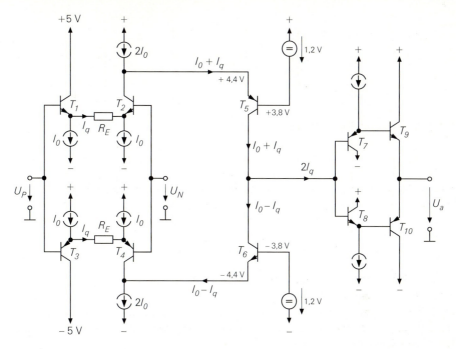

**Abb. 5.27.** Gegentakt-Operationsverstärker. Nach diesem Prinzip arbeiten z.B. der EL2038 von Elantec und der HFA0001 von Harris

gen, die selbst bei kleinen Ruheströmen große Umladeströme liefern können. Bei komplementären Emitterfolgern ist dieses Prinzip in Form des AB-Betriebs üblich. Ein nennenswerter Fortschritt der Breitbandverstärkertechnik besteht in der Entwicklung eines Differenzverstärkers, der für den AB-Betrieb geeignet ist.

Ein Operationsverstärker mit einem Differenzverstärker im AB-Betrieb am Eingang ist in Abb. 5.28 dargestellt. Die Transistoren $T_1$ bis $T_8$ bilden zwei Spannungsfolger, die über den Widerstand $R_E$ verbunden sind; sie bilden den Differenzverstärker. Der Emitterstrom $I_q$ ist hier nicht begrenzt; er wächst kontinuierlich mit der Eingangsspannungsdifferenz. Die Ausgangssignale werden über die Stromspiegel $T_9$, $T_{11}$ bzw. $T_{10}$, $T_{12}$ ausgekoppelt. Wenn der Strom $I_q > I_0$ ist, wird der ganze Strom über den oberen Signalpfad übertragen, siehe Abb. 5.28. Aus diesem Grund läßt sich die Kapazität $C_k$ an dem Hochimpedanzknoten mit großen Eingangsspannungsdifferenzen nahezu beliebig schnell umladen. Die bei allen bisher beschriebenen Operationsverstärkern auftretende Slew-Rate Begrenzung (s. Abschnitt 5.2.7) gibt es hier praktisch nicht.

Die Funktionsweise des Verstärkers soll an dem Modell in Abb. 5.29 erklärt werden. Die Spannungsfolger an den Eingängen sind über den Widerstand $R_E$ gekoppelt, in Reihe liegen die beiden Ausgangswiderstände $r_S$. Damit erhält man

$$I_q = \frac{U_D}{R_E + 2r_S}$$

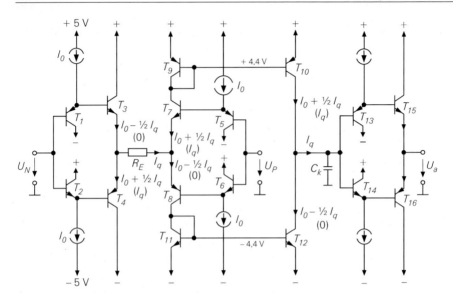

**Abb. 5.28.** Operationsverstärker mit Gegentakt-Differenzverstärker im AB-Betrieb *(current on demand)*. In Klammern sind die Verhältnisse für große Ströme $I_q > I_0$ eingetragen. Nach diesem Prinzip arbeiten z.B. die Typen OP 467 von Analog Devices, LT1352 von Linear Technology und LM7171 von National.

Dieser Strom wird an den Ausgang gespiegelt und verursacht am Widerstand $R_2$, der die Parallelschaltung aller am Ausgang des Stromspiegels auftretenden Impedanzen repräsentiert, einen Spannungsabfall:

$$U_a = I_q R_2 = \frac{U_D R_2}{R_E + 2r_S}$$

Dieser wird über einen Spannungsfolger an den Ausgang übertragen. Die Differenzverstärkung der Schaltung beträgt also:

$$A_D = \frac{U_a}{U_D} = \frac{R_2}{R_E + 2r_S} = \frac{R_2}{R_{E,\,ges}}$$

Die größte Spannungsverstärkung ergibt sich, wenn mit $R_E = 0$:

$$A_D = \frac{1}{2}\frac{R_2}{r_S} = \frac{1}{2}\frac{I_C}{U_T}\frac{1}{2}\frac{U_A}{I_C} = \frac{1}{4}\frac{U_A}{U_T} \approx 1000$$

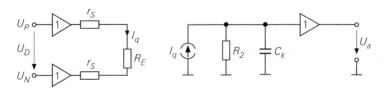

**Abb. 5.29.** Modell zur Erklärung der Funktionsweise des Operationsverstärkers in Abb. 5.28

Eine höhere Spannungsverstärkung kann man auch bei einer einfachen Emitter-schaltung ($T_{10}$, $T_{12}$) nicht erwarten. Sie läßt sich auch hier nennenswert erhöhen, indem man kaskadierte Stromspiegel wie in Abb. 5.25 einsetzt, da dadurch der Innenwiderstand am Hochimpdanzpunkt um die Stromverstärkung $\beta$ ansteigt.

Es ist zwar etwas ungewöhnlich, einen Differenzverstärker aus zwei Span-nungsfolgern aufzubauen und das Ausgangssignal mit zwei komplementären Stromspiegeln auszukoppeln, aber diese Anordnung ist auch an anderen Stel-len nützlich: z.B. bei der Rail-to Rail-Endstufe in Abb. 5.22.

Man kann die Funktion der Spannungsfolger in Abb. 5.28 auch noch an-ders deuten: Die Transistoren $T_3, T_7$ bilden einen npn-Differenzverstärker, die Transistoren $T_4, T_8$ bilden einen pnp-Differenzverstärker, deren Eingänge paral-lel geschaltet sind. Dann erkennt man die verwandtschaft zu dem Gegentakt-Operationsverstärker in Abb. 5.27. In beiden Schaltungen erzeugt man mit komplementären Differenzverstärkern gegenphasige Ausgangssignale, die in der nachfolgenden Stufe verstärkt werden. Bei der Schaltung in Abb. 5.27 ist der Ausgangsstrom eines Differenzverstärkers jedoch auf $2 \cdot I_0$ beschränkt. Deshalb stört hier auch die komplementäre Kaskodeschaltung nicht, deren Stom eben-falls auf $2 \cdot I_0$ begrenzt ist. Bei dem Operationsverstärker in Abb. 5.28 ist der Strom jedoch nicht beschränkt; deshalb muß man hier unbedingt Stromspiegel einsetzen; sonst würde man den Vorteil der unbegrenzten Ausgangsströme des Differenzverstärkers verlieren.

## 5.2.7
### Frequenzgang-Korrektur

### Grundlagen

Wenn man einen Operationsverstärker als Verstärker betreibt, muß die Rückkopplung – wie in Abb. 5.30 dargestellt – immer vom Ausgang zum *in-vertierenden* Eingang führen, damit sich eine Gegenkopplung ergibt. Mitkopp-lungen sind hier unerwünscht weil sich dabei Oszillatoren oder Kippschaltungen ergeben.

Operationsverstärker wie der 741 in Abb. 5.14 sind mehrstufige Verstärker, wobei jede Stufe Tiefpaßverhalten zeigt. Das Modell in Abb. 5.31 zeigt die wich-tigsten Tiefpässe des Verstärkers. Die niedrigste Genzfrequenz mit $f_{g1} = 10\text{kHz}$ besitzt der Differenzverstärker, weil er mit sehr kleinen Strömen betrieben wird und weil der effektive Widerstand am Kollektor sehr hoch ist. Die Grenzfrequenz der zweiten Verstärkerstufe ist wegen der größeren Ströme deutlich höher und beträgt $f_{g2} = 100\text{kHz}$. In billigen Technologien sind die pnp-Transistoren viel schlechter als die npn-Typen; deshalb bewirken die pnp-Transistoren einen 3. Tiefpaß mit einer Grenzfrequenz von $f_{g3} = 1\text{MHz}$ [5.11].

Mit jedem Tiefpaß ist oberhalb der Grenzfrequenz eine Abnahme der Verstärkung um $20dB/Dekade$ und eine zusätzliche Phasennacheilung verbun-den, die bei der Grenzfrequenz $45°$ beträgt und darüber bis auf $90°$ anwächst,

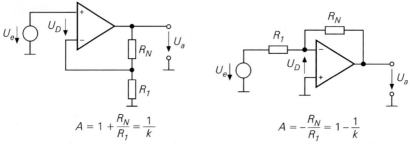

$$A = 1 + \frac{R_N}{R_1} = \frac{1}{k}$$

**a** Nichtinvertierender Verstärker

$$A = -\frac{R_N}{R_1} = 1 - \frac{1}{k}$$

**b** Invertierender Verstärker

**Abb. 5.30.** Gegenüberstellung von nicht-invertierendem und invertierendem Verstärker. Für $U_e = 0$, sind beide Schaltungen identisch. Dann ist $U_D = \dfrac{R_1}{R_1 + R_N} U_a = k U_a$ (Statt $k_R$ wollen wir hier einfach $k$ schreiben)

wie es in Abschnitt 26.2.1 auf S. 1350 beschrieben ist. Das resultierende Bode-Diagramm ist in Abb. 5.32 dargestellt. Man erkennt bei $f_{g1}$ den Beginn der Verstärkungsabnahme um $20 dB/Dekade$ und eine Phasenverschiebung von $45°$. Ab der Frequenz $f_{g2}$ sinkt der Betrag um $40 dB/Dekade$ und die Phasenverschiebung beträgt bereits $135°$, die sich aus $90°$ vom 1. Tiefpaß und $45°$ vom 2. Tiefpaß zusammensetzt. Durch den 3. Tiefpaß nimmt die Verstärkung oberhalb von $f_{g3}$ mit $-60 dB/Dekade$ ab und die Phasenverschiebung wächst asymptotisch auf $-270°$. Bei einer Frequenz von (hier) $f_{180} = 300 kHz$ durchläuft sie den Wert $-180°$. Hier vertauscht sich also die Funktion der Eingänge und die Gegenkopplung wird zur Mitkopplung [5.5].

Ob die Schaltung bei dieser Frequenz schwingt, hängt davon ab, ob die Schwingbedingung

$$\underline{g} = \underline{k}\,\underline{A}_D \equiv 1 \;\Rightarrow\; \begin{cases} |\underline{g}| = |\underline{k}||\underline{A}_D| \equiv 1 & \text{Amplitudenbedingung} \\[4pt] \phi(\underline{k}\underline{A}_D) \equiv 0°, 360°, \ldots & \text{Phasenbedingung} \end{cases} \tag{5.24}$$

erfüllt ist. Sie besteht aus zwei Teilen: der Amplituden- und der Phasenbedingung. Nur, wenn beide erfüllt sind, gibt es eine Schwingung mit konstanter Amplitude. Dieser Fall ergibt sich in Abb. 5.32, wenn man den Verstärker auf die Verstärkung $A_2 = 1000$ gegenkoppelt. Dann ist bei der Frequenz $f_{180}$ die

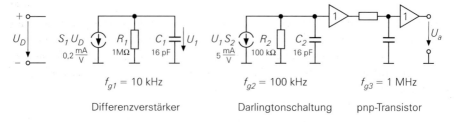

$f_{g1} = 10$ kHz $\qquad\qquad$ $f_{g2} = 100$ kHz $\qquad\qquad$ $f_{g3} = 1$ MHz

Differenzverstärker $\qquad\quad$ Darlingtonschaltung $\qquad$ pnp-Transistor

**Abb. 5.31.** Die 3 wichtigsten Grenzfrequenzen in einem Operationsverstärker der 741-Klasse

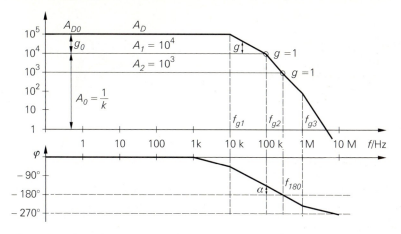

**Abb. 5.32.** Bode-Diagramm eines unkorrigierten Operationsverstärkers der 741-Klasse

Schleifenverstärkung $|\underline{k}||\underline{A}_D| = 1$. Die Schleifenverstärkung läßt sich im Bode-Diagramm direkt ablesen. Wegen $g = kA_D = A_D/A$ ist in der logarithmischen Darstellung $lg\ g = lg\ A_D - lg\ A$, die (logarithmische) Schleifenverstärkung also gleich dem Abstand zwischen Differenzverstärkung und gegengekoppelter Verstärkung [5]. Man erkennt in Abb. 5.32, daß dieser Abstand mit zunehmender Frequenz abnimmt und am Schnittpunkt mit der eingestellten Verstärkung Null wird; an diesen Punkten ist also $g = 1$.

Ist bei erfüllter Phasenbedingung $kA_D > 1$, entsteht eine Schwingung mit ansteigender Amplitude. Die Schwingungsamplitude wächst in diesem Fall bis der Verstärker übersteuert wird. Ist $kA_D < 1$, erhält man eine gedämpfte Schwingung. Dies ist der einzig interessante Fall für einen Verstärker. Er tritt in unserem Beispiel ein, wenn die durch Gegenkopplung eingestellte Verstärkung größer als 1000 ist z.B. $A_1 = 10.000$. Bei der Frequenz $f_{180}$ ist dann $g = kA_D = 1/10$; die Schleifenverstärkung liegt also um einen Faktor 10 unter dem Schwingfall. Man spricht deshalb auch von einer *Verstärkungsreserve* von 10; das bedeutet: man kann die Schleifenverstärkung noch um einen Faktor 10 erhöhen, bevor eine ungedämpfte Schwingung einsetzt.

Gebräuchlicher ist es, bei erfüllter Amplitudenbedingung $g = kA_D = 1$ anzugeben, wie groß der Abstand der Phasenverschiebung zu $-180°$ ist. Die Größe

$$\alpha = 180° - \varphi(f_k) \tag{5.25}$$

bezeichnet man als die *Phasenreserve oder Phasenspielraum*. Sie gibt an, um welchen Winkel die Phasenverschiebung noch zunehmen darf, bevor eine ungedämpfte Schwingung einsetzt. Darin ist $f_k$ die *kritische Frequenz*, bei der die Amplitudenbedingung erfüllt ist. Sie ist im Bodediagramm in Abb. 5.32 mit Kreisen markiert.

---

5 In dieser Kurzschreibweise ist $g = |\underline{g}|$ und $A = |\underline{A}|$

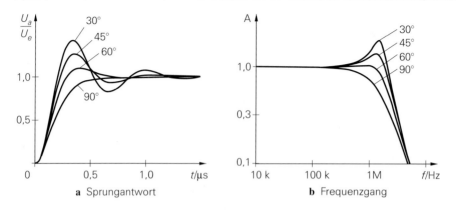

**a** Sprungantwort                                    **b** Frequenzgang

**Abb. 5.33.** Sprungantwort und Frequenzgang für verschiedene Phasenreserven $\alpha$. Ein Überschwingen im Zeitbereich korrespondiert mit einer Überhöhung im Frequenzbereich.

Die Phasenreserve ist eine besonders nützliche Größe, um die Dämpfung und die Schwingneigung eines Systems zu beurteilen. In Abb. 5.33 sind die Einschwingvorgänge für verschiedene Phasenreserven dargestellt und daneben die korrespondierenden Frequenzgänge. Man erkennt, daß sich mit abnehmender Phasenreserve eine schwächere Dämpfung der Sprungantwort und eine zunehmende Überhöhung des Frequenzgangs ergibt. Bei 90° Phasenreserve liegt der aperiodische Grenzfall vor: hier gibt es kein Überschwingen, die Anstiegszeit ist hier jedoch deutlich größer und die Bandbreite ist stark reduziert. Bei einer Phasenreserve von $\alpha = 60°$ ergibt sich sowohl im Zeit- als auch im Frequenzbereich ein besonders günstiges Verhalten.

Zur Erklärung der Frequenzgangkorrektur gehen wir im folgenden aber nicht von $\alpha = 60°$ aus, sondern von dem einfacheren Fall $\alpha = 45°$. Dann fällt nämlich die kritische Frequenz $f_k$, bei der die Amplitudenbedingung $|\underline{g}| = 1$ erfüllt ist, mit der zweiten Grenzfrequenz, bei der die Phasenreserve 45° beträgt, zusammen. Da die Verstärkung des Operationsverstärkers im Frequenzbereich zwischen $f_{g1}$ und $f_{g2}$ umgekehrt proportional zur Frequenz ist, gilt:

$$f_{g1} = \frac{f_{g2}}{g_0} \tag{5.26}$$

diesen Zusammenhang erkennt man auch in Abb. 5.32. Daraus folgt die Regel für die Frequenzgangkorrektur:

*Die erste Grenzfrequenz muß um die Schleifenverstärkung $g_0$ unter der zweiten Grenzfrequenz liegen.*

Um einen Phasenspielraum von $\alpha = 60°$ zu erhalten, muß man die erste Grenzfrequenz nochmal halbieren.

Bei dem in Abb. 5.32 dargestellten Bode-Diagramm des unkorrigierten Verstärkers ergibt sich eine Phasenreserve von 45° bei einer Verstärkung von $A_1 = 10.000$. Bei stärkerer Gegenkopplung reduziert sich die Phasenreserve. Wenn man die Verstärkung bis auf $A_2 = 1.000$ reduziert, schwingt der Verstärker

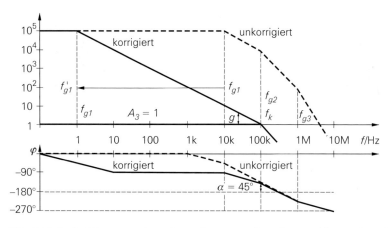

**Abb. 5.34.** Bode-Diagramm eines Operationsverstärkers der 741-Klasse mit universeller Frequenzgangkorrektur

von selbst, da dann die Phasenreserve 0 ist. Ein unkorrigierter Verstärker läßt sich also nur schwach gegenkoppeln, da er sonst schwingt.

## Universelle Frequenzgang-Korrektur

Bei der universellen Frequenzgang-Korrektur modifiziert man den Frequenzgang so, daß der Verstärker selbst bei voller Gegenkopplung $A_3 = 1$ noch stabil ist. Damit sich eine Phasenreserve von $45°$ ergibt, muß die Verstärkung bei $f_{g2}$ auf $A_D = 1$ abgefallen sein, in diesem Fall ist die zweite Grenzfrequenz also gleich der Transitfrequenz, die durch $A_D = 1$ definiert ist. Aus (5.26) folgt dann

$$f_{g1} = \frac{f_{g2}}{g_0} = \frac{f_T}{A_{D0}} = \frac{100\text{kHz}}{10^5} = 1\text{Hz}$$

Dieser Fall ist in Abb. 5.34 dargestellt. Um die Grenzfrequenz $f_1$ von 10kHz auf 1Hz zu erniedrigen, muß man die frequenzbestimmende Kapazität $C_1$ in Abb. 5.31 von 16pF auf 160nF erhöhen. Eine so große Kapazität läßt sich in integrierten Schaltungen nicht realisieren; man muß sie entweder extern anschließen oder ihren Wert durch schaltungstechnische Tricks so weit reduzieren, daß eine Integration möglich wird. Allgemein läßt sich die Korrekturkapazität aus der Bedingung

$$f_{g1} = \frac{1}{2\pi R_1 C_1} = \frac{f_T}{A_{D0}} \tag{5.27}$$

berechnen:

$$C_1 = \frac{A_{D0}}{2\pi R_1 f_T} = \frac{S_1 S_2 R_2}{2\pi f_T} = \frac{0,2\dfrac{\text{mA}}{\text{V}} \cdot 5\dfrac{\text{mA}}{\text{V}} \cdot 100\text{k}\Omega}{2\pi \cdot 100\text{kHz}} = 160\text{nF}$$

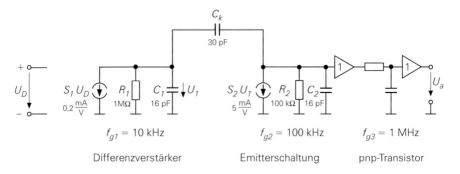

**Abb. 5.35.** Frequenzgankorrektur mit Miller-Kondensator

Durch die Frequenzgangkorrektur reduziert man also nicht die Phasenverschiebung, sondern die Verstärkung, wie Abb. 5.34 zeigt. Dadurch verlagert sich die
kritische Frequenz $f_k$ in einen Bereich mit geringerer Phasenverschiebung.

### Pole-Splitting

Beim Pole-Splitting wird der Miller-Effekt genutzt, um die Korrekturkapazität
auf einen integrierbaren Wert zu reduzieren. Bei der Emitterschaltung stellt die
Kollektor-Basis-Kapazität die Miller-Kapazität dar. Sie verursacht eine besonders
starke Reduktion der Bandbreite, da sie wie ein um die Spannungsverstärkung
vergrößerter Kondensator am Eingang wirkt (siehe Kap. 2.4.1 auf S. 139). Dieser
sonst nachteilige Effekt läßt sich hier vorteilhaft nutzen, um mit einer kleineren
Korrekturkapazität auszukommen. Der Miller-Kondensator ist in dem Modell in
Abb. 5.35 eingezeichnet. Bei einer Spannungsverstärkung von 500 ist dann ein
Kondensator von lediglich 160nF/500 = 320pF erforderlich.

Die Ausnutzung des Miller-Effekts bringt noch einen zweiten Vorteil mit sich:
da der Miller-Kondensator eine Spannungsgegenkopplung bewirkt, reduziert sich
der Ausgangswiderstand der Verstärkerstufe. Dadurch wird in unserem Beispiel
die Grenzfrequenz $f_{g2}$ von 100kHz auf einen Wert von 10MHz erhöht; sie liegt
dann über der 3. Grenzfrequenz des Operationsverstärkers von 1MHz. Dies ist ein
besonders günstiger Fall, bei dem es gelingt, eine Grenzfrequenz der Schaltung
zu erhöhen. Aus diesem Grund kann jetzt

$$f_{g1} \; = \; \frac{f_{g3}}{g_0} \; = \; \frac{f_{g3}}{A_{D0}} \; = \; \frac{1\text{MHz}}{10^5} \; = \; 10\text{Hz}$$

um einen Faktor 10 höher gewählt werden. Dies zeigt auch das Bode-Diagramm
in Abb. 5.36. Die dazu erforderliche Korrekturkapazität ist um den Faktor 10 kleiner und beträgt lediglich $C_k \approx 30\text{pF}$. Dies ist ein Wert, der sich gut in integrierten
Schaltungen realisieren läßt; er ist in Abb. 5.14 bereits eingezeichnet.

Die hier angewandte Methode, eine Grenzrequenz ($f_{g1}$) zu erniedrigen und
gleichzeitig eine andere ($f_{g2}$) zu erhöhen, also die beiden Grenzfrequenzen aus-
einanderzuschieben, nennt man *pole splitting*.

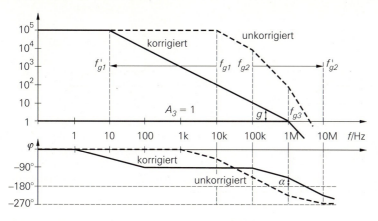

**Abb. 5.36.** Frequenzgangkorrektur mit Pole-Splitting

Allgemein läßt sich die Korrekturkapazität berechnen, wenn man berücksichtigt, daß hier eine Kapazität $A_2 C_k$ zu $C_1$ parallel liegt:

$$f_{g1} = \frac{1}{2\pi R_1 (C_1 + S_2 R_2 C_k)} \approx \frac{1}{2\pi R_1 S_2 R_2 C_k} = \frac{f_T}{A_{D0}}$$

Daraus folgt:

$$C_k = \frac{A_{D0}}{2\pi R_1 S_2 R_2 f_T} = \frac{S_1 R_1 S_2 R_2}{2\pi R_1 S_2 R_2 f_T} = \frac{S_1}{2\pi f_T} \tag{5.28}$$

Die Steilheit $S_1$ läßt sich aus dem Konstantstrom des Differenzverstärker berechnen, wenn man berücksichtigt, daß die Steilheit eines Differenzverstärkers halb so groß ist wie die der Transistoren:

$$C_k = \frac{I_0/2}{2\pi U_T f_T} = \frac{I_0}{4\pi U_T f_T} = \frac{10\mu A}{4\pi \cdot 26 mV \cdot 1 MHz} = 30 pF$$

### Angepaßte Frequenzgangkorrektur

Es ist bequem, mit universell korrigierten Verstärken zu arbeiten, weil man sich dann nicht um die Frequenzgangkorrektur kümmern muß. Sie besitzen für alle äußeren Beschaltungen ein gutes Einschwingverhalten und sind stabil, solange die Gegenkopplung keine nennenswerte zusätzliche Phasennacheilung verursacht. Man verschenkt allerdings Bandbreite, wenn man damit Verstärkungen realisiert, die größer als 1 sind. Dieser Nachteil läßt sich mit der angepaßten Frequenzgangkorrektur vermeiden. Gemäß (5.26) ergibt sich bei einer Verstärkung $A_0 = 10$:

$$f_{g1} = \frac{f_{g3}}{g_0} = \frac{f_{g3}}{k A_{D0}} = \frac{f_{g3}}{A_{D0}} A_0 = \frac{1MHz}{10^5} 10 = 100 Hz$$

Die 1. Grenzfrequenz kann hier also um die Verstärkung $A_0$ höher gewählt werden als bei der universellen Korrektur. Die Grenzfrequenz des gegengekoppelten Verstärkers ist dann *konstant gleich der 2. Grenzfrequenz*, wie man in Abb. 5.37

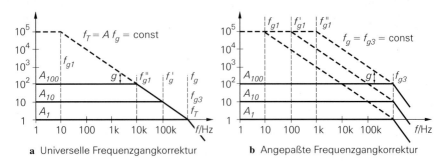

**a** Universelle Frequenzgangkorrektur    **b** Angepaßte Frequenzgangkorrektur

**Abb. 5.37.** Vergleich von universeller und angepaßter Frequenzgangkorrektur für Verstärkungen von $A_{min} = 1, 10, 100$

erkennt. Die Phasenreserve beträgt jeweils $45°$. Bei der universellen Frequenz-gangkorrektur ist dagegen das *Verstärkungs-Bandbreite-Produkt konstant*, d.h. die Bandbreite nimmt mit zunehmender Verstärkung ab.

Die angepaßte Frequenzgangkorrektur ist bei Operationsverstärkern der 741-Klasse allerdings nur bis zu einer Grenzfrequenz von $f_{g1} = 100\text{Hz}$ möglich; das ergibt eine Korrekturkapazität von $C_k = 3\text{pF}$. Bei einer stärkeren Dekompensa-tion wird das Pole-Splitting unwirksam und die 2. Grenzfrequenz reduziert sich wieder auf 100kHz.

Die Anschlüsse des Korrekturkondensators sind kritisch. Deshalb werden sie bei neueren Operationsverstärkern nicht mehr für den Anwender zugänglich gemacht. Stattdessen gibt es bei einigen Operationsverstärkern neben vollkorri-gierten auch teilkorrigierte Typen, die für eine minimale Verstärkung von z.B. $A_{min} = 2, 5, 10$ korrigiert sind.

### Slew-Rate

Neben der Reduzierung der Bandbreite und Schleifenverstärkung bringt die not-wendige Frequenzgangkorrektur noch einen weiteren Nachteil mit sich: die maxi-male Anstiegsgeschwindigkeit der Ausgangsspannung, die man Slew-Rate nennt, wird auf einen verhältnismäßig niedrigen Wert begrenzt. Die Ursache dafür er-kennt man leicht im Ersatzschaltbild in Abb. 5.38.

Wenn bei Übersteuerung nur $T_2$ leitet, wird $I_1 = 2I_0$. Wenn nur $T_1$ leitet, fließt der ganze Strom über den Stromspiegel; dann wird $I_1 = -2I_0$. Der La-destrom von $C_k$ ist auf den maximalen Ausgangsstrom des Differenzverstärkers $I_{1max} = \pm 2I_0 = \pm 20\mu\text{A}$ beschränkt[6]. Da an derKorrekturkapazität die volle Aus-gangsspannung liegt, folgt aus $I = C\dot{U}$:

$$SR = \left.\frac{dU_a}{dt}\right|_{max} = \frac{I_{1max}}{C_k} = \frac{2I_0}{C_k} = \frac{20\mu\text{A}}{30\text{pF}} = 0,6\ \frac{\text{V}}{\mu\text{s}} \tag{5.29}$$

6  Der maximale Strom der 2. Verstärkerstufe, die hier als Integrator dargestellt ist, ist zwar auch begrenzt, er ist jedoch mit $300\mu\text{A}$ deutlich größer und stellt daher keine weitere Begrenzung dar.

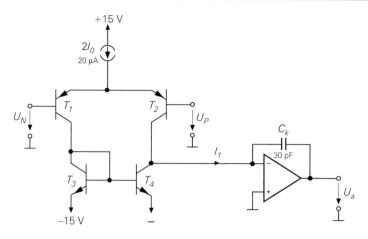

**Abb. 5.38.** Modell zur Erklärung der Slew-Rate am Beispiel eines Verstärkers der 741-Klasse. Die zweite Verstärkerstufe mit dem Miller-Kondensator ist hier symbolisch als Integrator dargestellt.

Die Ausgangsspannung kann sich also in $1\mu s$ höchstens um $0,6$V ändern. Ein rechteckförmiges Signal mit einer Ausgangsamplitude von $\pm 20$V besitzt daher eine Anstiegszeit von

$$\Delta t = \frac{\Delta U_a}{SR} = \frac{20V}{0,6\,V/\mu s} = 33\mu s$$

Auch bei sinusförmiger Aussteuerung kann sich die Ausgangsspannung an keiner Stelle schneller ändern als es die Slew-Rate zuläßt. Wenn man von einer Ausgangsspannung $U_a = \widehat{U}_a \sin \omega t$ ausgeht, erhält man für die maximale Steigung, die im Nulldurchgang auftritt:

$$SR = \frac{dU_a}{dt} = \widehat{U}_a \omega = 2\pi f \widehat{U}_a \tag{5.30}$$

Daraus läßt sich die Frequenz berechnen, bis zu der eine unverzerrte sinusförmige Vollaussteuerung möglich ist:

$$f_p = \frac{SR}{2\pi \widehat{U}_a} = \frac{0,6\,V/\mu s}{2\pi \cdot 10V} = 10\text{kHz} \tag{5.31}$$

Diese Größe bezeichnet man als die *Leistungsbandbreite (Power-Bandwidth)*, weil bis zu dieser Frequenz die volle Ausgangsleistung erhältlich ist. Man sieht, daß sie bei Verstärkern der 741-Klasse lediglich $f_p = 10$kHz beträgt, obwohl die Kleinsignalbandbreite bei $f_T = 1$MHz liegt. Oberhalb der Frequenz $f_p$ reduziert sich die Ausgangsaussteuerbarkeit gemäß (5.30):

$$\widehat{U}_a = \frac{SR}{2\pi f} \tag{5.32}$$

Abbildung 5.39 zeigt, daß man bei einem Verstärker der 741-Klasse bis 10kHz Vollaussteuerung erhält, aber bei 100kHz lediglich eine Ausgangsamplitude von 1V und bei 1MHz nur noch 0,1V.

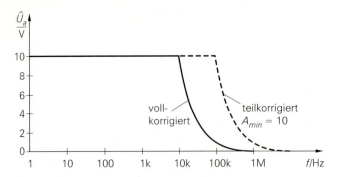

**Abb. 5.39.** Abhängigkeit der Ausgangsaussteuerbarkeit von der Frequenz bei einem Verstärker der 741-Klasse

Wenn das Ausgangssignal die Slew-Rate Begrenzung überschreitet, wird es durch Geradenstücke ersetzt, die der Steigung der Slew-Rate entsprechen. Dies ist in Abb. 5.40 dargestellt. Man erkennt, daß das Ausgangssignal bei nennenswerter Überschreitung der Slew-Rate dreieckförmig wird, und außer der Frequenz nicht viel mit dem unverzerrten Signal gemeinsam hat.

Zur Verbesserung der Slew-Rate könnte man aufgrund von (5.29) vermuten, daß sie sich mit zunehmendem Strom $I_0$ erhöht. Um das zu untersuchen muß man aber auch die Stromabhängigkeit von $C_k$ in (5.28) berücksichtigen:

$$SR = \frac{2I_0}{C_k} = 2\pi f_T \frac{2I_0}{S_1} \tag{5.33}$$

Bei gegebener Transitfrequenz ist die Slew-Rate also um so größer je größer der Strom $I_0$ bei gegebener Steilheit ist. Bei Bipolartransistoren ist das Verhältnis $I_0/S_1$ jedoch konstant, da die Steilheit zu $I_0$ proportional ist:

$$\frac{2I_0}{S_1} \frac{2I_0}{2I_0/4U_T} = 4U_T \approx 100\text{mV}$$

Daraus folgt für die Slew-Rate:

$$SR = \frac{4 \cdot 2I_0 U_T}{2I_0} 2\pi f_T = 8\pi U_T f_T = 8\pi \cdot 26\text{mV} \cdot 1\text{MHz} = 0{,}6\,\frac{\text{V}}{\mu\text{s}} \tag{5.34}$$

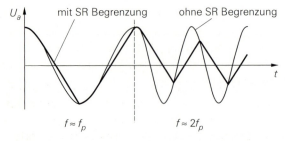

**Abb. 5.40.** Auswirkung der Slew-Rate auf ein sinusförmiges Ausgangssignal. Links: geringfügige Überscheitung der Leistungsbandbreite; rechts: Signal mit doppelter Frequenz

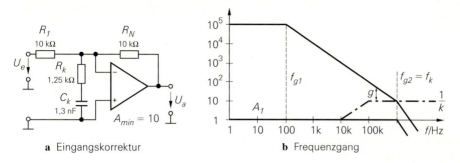

**a** Eingangskorrektur          **b** Frequenzgang

**Abb. 5.41.** Einsatz eines teilkorrigierten Verstärkers mit $A_{min} = 10$ bei einer Verstärkungen von $A_{min} = 1$

Sie ist also unabhängig vom Strom $I_0$, da die erforderliche Korrekturkapazität in demselben Maß wächst wie $I_0$. Durch Stromgegenkopplung im Eingangsdifferenzverstärker ist es jedoch möglich, den Strom $I_0$ bei konstanter Steilheit zu erhöhen; davon wird bei den Breitband-Operationsverstärkern häufig Gebrauch gemacht. Günstige Werte ergeben sich auch bei Operationsverstärkern mit Feldeffekttransistoren am Eingang, denn sie besitzen von Hause aus eine sehr viel kleinere Steilheit als Bipolartransistoren.

Da teilkorrigierte Operationsverstärker eine deutlich kleinere Korrekturkapazität besitzen, ist ihre Slew-Rate auch entsprechend größer. Aus diesem Grund kann es wüschenswert sein, sie unter der minimalen Verstärkung $A_{min}$ zu betreiben. Dann ist eine zusätzliche Frequenzgangkorrektur erforderlich, um ein brauchbares Einschwingverhalten zu erhalten. Das kann natürlich nicht dadurch erfolgen, daß man die interne Korrektur erhöht, weil sie einerseits nicht von außen zugänglich ist und andererseits kein Vorteil gegenüber einem voll korrigierten Verstärker bestehen würde. Die Schleifenverstärkung läßt sich aber in jedem Fall dadurch reduzieren, daß man das Gegenkopplungssignal am Eingang abschwächt. Dazu dient das zusätzliche $RC$-Glied in Abb. 5.41. Wenn man hier einen Verstärker einsetzen möchte, der intern für $A_{min} = 10$ korrigiert ist, muß man das Rückkopplungssignal auf $1/10$ abschwächen:

$$U_N = \frac{R_1 \| R_k}{R_N + R_1 \| R_k}\, U_a \equiv \frac{1}{10}\, U_a$$

Dazu muß $R_k$ den Wert

$$R_k = \frac{R_1 R_N}{9 R_1 - R_N} = 1{,}25 \text{k}\Omega$$

besitzen. Der in Reihe geschaltete Kondensator macht die Abschwächung für tiefe Frequenzen unwirksam, um dort die volle Schleifenverstärkung zu erhalten. Er muß so groß gewählt werden, daß er bei der kritischen Frequenz $f_k$ keine nennenswerte zusätzliche Phasennacheilung bewirkt. Daraus folgt die Bedingung:

$$C_k = \frac{10}{2\pi \cdot R_k f_k} = \frac{10}{2\pi \cdot 1{,}25\text{k}\Omega \cdot 1\text{MHz}} = 1{,}3\text{nF}$$

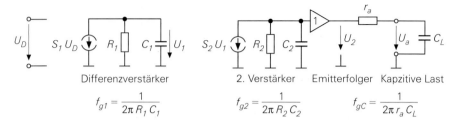

$$f_{g1} = \frac{1}{2\pi\,R_1\,C_1} \qquad\qquad f_{g2} = \frac{1}{2\pi\,R_2\,C_2} \qquad\qquad f_{gC} = \frac{1}{2\pi\,r_a\,C_L}$$

**Abb. 5.42.** Operationsverstärker mit kapazitiver Last. Bei einem voll korrigierten Verstärker der 741-Klasse ist $f_{g1} = 10\mathrm{Hz}$ und $f_{g2} = 1\mathrm{MHz}$

Die Wirkungsweise der Eingangskorrektur kann man auch im Bodediagramm in Abb. 5.41 verstehen. Bei hohen Frequenzen wird lediglich $k = 1/10$ des Ausgangssignals rückgekoppelt, $k$ hat also denselben Wert wie sonst bei einer Verstärkung von $A = 1/k = 10$. Das Eingangsrauschen des Verstärkers wird tatsächlich mit diesem Wert verstärkt; aus diesem Grund wird $1/k$ auch als *noise gain* bezeichnet. Durch die Eingangskorrektur verschiebt man die kritische Frequenz in einen Bereich mit größerem Phasenspielraum, ohne dadurch die Verstärkung zu erhöhen.

Die Frequenzgangkorrektur am Eingang kann die interne Korrektur unterstützen, aber nie ersetzen; deshalb setzt man sie bei teilkorrigierten Verstärkern ein. Beim nicht-invertierenden Verstärker funktioniert die Eingangskorrektur nicht so gut, da sie dann von dem Quellenwiderstand abhängt, der in Reihe mit $R_k$ liegt.

## Kapazitive Last

Wenn man am Ausgang eines Operationsverstärkers eine kapazitive Last $C_L$ anschließt, entsteht zusammen mit dem Ausgangswiderstand $r_a$ ein zusätzlicher Tiefpaß mit der Grenzfrequent $f_{gC}$, der in Abb. 5.42 eingezeichnet ist. Operationsverstärker mit einem einfachen Emitterfolger am Ausgang besitzen Ausgangswiderstände (des nicht gegengekoppelten Verstärkers) im Bereich von $r_a \approx 1\mathrm{k}\Omega$, bei einer Darlingtonschaltung und bei HF-Operationsverstärkern sind es meist weniger als $100\,\Omega$. Wenn die Lastkapazität klein ist ($C_L < 100\mathrm{pF}$), liegt die zusätzliche Grenzfrequenz $f_{gC}$ über der zweiten Grenzfrequenz des Verstärkers; dann verkleinert sich der Phasenspielraum nur geringfügig. Bei größeren Lastkapazitäten sinkt die zusätzliche Grenzfrequenz unter die zweite Grenzfrequenz; dieser Fall ist in Abb. 5.43 eingezeichnet. Man sieht, daß die Phasenverschiebung oberhalb von $f_{gC}$ so groß wird, daß die Schaltung bei stärkerer Gegenkopplung schwingt. Um dennoch zu einem stabilen Betrieb zu kommen, ist eine zusätzliche Frequenzgangkorrektur erforderlich [5.3].

Da handelsübliche Operationsverstärker meist intern korrigiert sind, ist es nicht möglich, die unterste Grenzfrequenz $f_{g1}$ nachträglich zu reduzieren. Mittels der Eingangskorrektur läßt sich aber eine zusätzliche Korrektur auch extern hinzufügen. Diese Möglichkeit hatten wir bereits in Abb. 5.41 gezeigt. Da

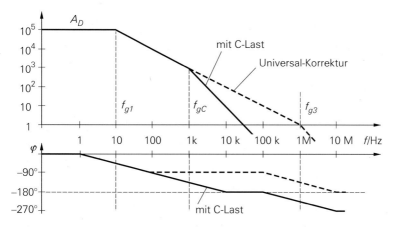

**Abb. 5.43.** Auswirkung einer kapazitiven Last auf einen voll korrigierten Operationsverstärker

die Verstärkung bei der zweiten Grenzfrequenz $f_{gC}$ = 1kHz in dem Beispiel in Abb. 5.43 noch 1000 beträgt, müßte man die Schleifenverstärkung durch die Eingangskorrektur um diesen Faktor verringern. Dadurch würde man viel Bandbreite verlieren.

Günstiger ist es, einen Isolationswiderstand wie in Abb. 5.44 vor die kapazitive Last zu schalten. Bei hohen Frequenzen, bei denen der Lastkondensator einen Kurzschluß darstellt, liegt dann am Ausgang des Verstärkers lediglich ein Spannungsteiler aus $r_a$ und $R_{iso}$, der keine Phasennacheilung verursacht. Im Bodediagramm in Abb. 5.45 erkennt man, daß sich der Verlauf der Phase im Vergleich zu Abb. 5.43 bis 1kHz nicht ändert, sich darüber aber dem unbelasteten Fall nähert. Bei der kritischen Frequenz $f_k$ = $f_{g2}$ = 100kHz ergibt sich ein Phasenspielraum von 90°; er bestimmt das Einschwingverhalten der Schaltung. Dabei ist es belanglos, daß die Phasenreserve bei niedrigen Frequenzen geringer ist. Hier liegt der besondere Fall vor, daß sich die Phasenreserve mit schwächerer Gegenkopplung verkleinert: bei einer Verstärkung von $A$ = 10 liegt die kritische Frequenz bei 10kHz; die Phasenreserve beträgt dort nur 45°.

Die Dimensionierung soll noch an einem Zahlenbeispiel erläutert werden. Ein Verstärker mit einem Leerlauf-Ausgangswiderstand von $r_a$ = 1kΩ soll mit

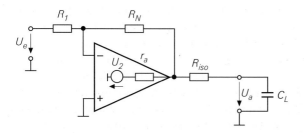

**Abb. 5.44.** Isolationswiderstand zur Phasenkorrektur bei kapazitiver Last

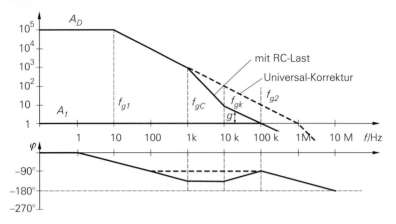

**Abb. 5.45.** Rückdrehung der Phasenverschiebung oberhalb von $f_{gk}$ durch den Isalationswiderstand

einer Kapazität von $C_L = 160\text{nF}$ am Ausgang belastet werden. daraus ergibt sich eine Grenzfrequenz von

$$f_{gC} = \frac{1}{2\pi r_a C_L} = \frac{1}{2\pi \; 1\text{k}\Omega \; 160\text{nF}} = 1\text{kHz} \qquad (5.35)$$

Damit die durch die Last bedingte Phasenverschiebung bis zur kritischen Frequenz $f_{g2} = 100\text{kHz}$ abgebaut ist, wählen wir gemäß Abb. 5.45 $f_{gk} = 10\text{kHz}$. Mit (5.35) folgt dann

$$R_{iso} = \frac{1}{2\pi f_{gk} C_L} = \frac{f_{gC}}{f_{gk}} r_a = \frac{1\text{kHz}}{10\text{kHz}} \; 1\text{k}\Omega = 100\Omega \qquad (5.36)$$

Um möglichst große Bandbreite zu erhalten, kann man $R_{iso}$ etwas kleiner wählen. Dadurch erhöht sich einerseits die nicht in der Gegenkopplungsschleife liegende Grenzfrequenz des Ausgangstiefpasses. Andererseits entsteht durch die Reduktion der Phasenreserve eine Anhebung der Verstärkung gemäß Abb. 5.33, die den durch den Tiefpaß $R_{iso} C_L$ bedingten Abfall in einem gewissen Frequenzbereich kompensieren kann.

Für viele Anwendungen ist der Einsatz eines Isolationswiderstandes gemäß Abb. 5.44 nachteilig, da die Last nicht niederohmig betrieben wird. Dann kann man die konventionelle Beschaltung um den Kodensator $C_k$ in Abb. 5.46a erweitern. Er kann die durch die Last bedingte Phasennacheilung kompensieren. Zur Dimensionierung vergrößert man ihn so weit, bis sich das gewünschte Einschwingverhalten bzw. der gewünschte Frequenzgang ergibt.

In ganz hartnäckigen Fällen kann man zusätzlich noch einen Isolationswiderstand gemäß Abb. 5.46b einfügen. Damit es am Lastkondensator den beabsichtigten Verlauf der Ausgangsspannung ergibt, muß die Spannung $U_1$ am Verstärkerausgang voreilen. Wenn man diese Spannung über den Korrekturkondensator $C_k$ rückkoppelt, verstärkt sich die stabilisierende Wirkung [5.1].

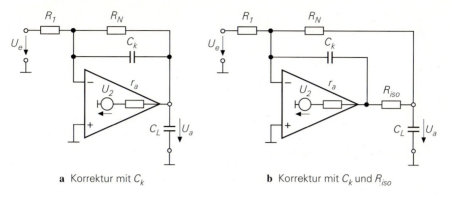

**a** Korrektur mit $C_k$                    **b** Korrektur mit $C_k$ und $R_{iso}$

**Abb. 5.46.** Betrieb einer kapazitiven Last mit Phasenkorrektur

**Interne Lastkorrektur**

Um Operationsverstärker möglichst anwenderfreundlich zu machen, bemühen sich die Hersteller um eine universelle interne Korrektur für kapazitive Lasten. Die Idee besteht dabei darin, bei kapazitiven Lasten die vorhandene Korrektur zu verstärken. Dazu dient das $R_k C_{k2}$-Glied in Abb. 5.47, das den Emitterfolger am Ausgang überbrückt. Bei schwacher Last fällt an $r_a$ praktisch keine Spannung ab; deshalb bleibt das $RC$-Glied wirkungslos. Bei hoher Last liegt der zusätzliche Korrekturkondensator $C_{k2}$ praktisch parallel zu $C_{k1}$. Auf diese Weise läßt sich erreichen, daß ein Operationsverstärker auch bei kapazitiven Lasten nicht selbstständig schwingt; der Einschwingvorgang ist jedoch meist nur schwach gedämpft, sodaß zusätzliche Maßnahmen erforderlich sind [5.2][5.4].

**Zweipolige Frequenzgangkorrektur**

Bei der Frequenzgangkorrektur bei kapazitiven Lasten hatten wir in Abb. 5.45 gesehen, daß die Phasenreserve in einem gewissen Frequenzbereich sehr klein wird. Das ist tolerabel, da für das Einschwingverhalten lediglich die Phasenreserve bei der kritischen Frequenz $f_k$ entscheidend ist. Deshalb kann man die Verstärkung eines Operationsverstärkers zur Phasenkorrektur auch mit *zwei*

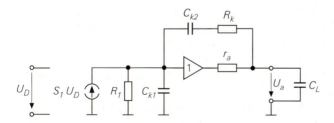

**Abb. 5.47.** Interne Korrektur für kapazitive Lasten

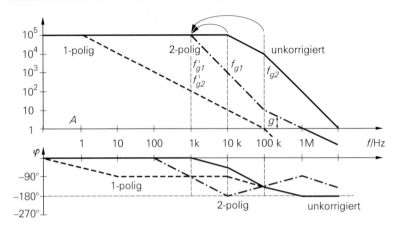

**Abb. 5.48.** Zweipolige Frequenzgangkorrektur eines Operationsverstärkers. Zum Vergleich ist die einpolige Korrektur ohne Pole-Splitting mit eingezeichnet

Tiefpässen gleichzeitig reduzieren und in Kauf nehmen, daß die Phasenreserve dadurch in dem betreffenden Frequenzbereich fast Null wird. Den Vorteil der 2-poligen Frequenzgangkorrektur erkennt man in Abb. 5.48. Man sieht, daß die Schleifenverstärkung durch den steileren Abfall deutlich größer ist als bei 1-poliger Korrektur.

Bei der zweipoligen Korrektur reduziert man die 1. und 2. Grenzfrequenz des Verstärkers auf *denselben* Wert, in dem Beispiel auf $f'_{g1} = 1\text{kHz}$. Dazu dienen die beiden Kondensatoren $C_{k1}$ und $C_{k2}$ in Abb. 5.49. Folglich beträgt die Phasenverschiebung bei dieser Frequenz bereits $-90°$ und wächst bis auf $-180°$ an. Um eine ausreichende Phasenreserve in der Umgebung der kritischen Frequenz zu erhalten, fügt man mit $R_{k2}$ eine Nullstelle ein, die die Phase *eines* Tiefpasses wieder zurückdreht. Dadurch reduziert sich die Phasenverschiebung und es ergibt sich im Bereich zwischen 100kHz und 1MHz eine Phasenreserve von 45° und mehr. DerVerstärker ist also für Verstärkungen im Bereich von $A = 1 \dots 10$ richtig korrigiert. Bei schwächerer Gegenkopplung mit der Verstärkung $A = 1000$ liegt die kritische Frequenz bei 10kHz; dort ist die Phasenreserve jedoch fast Null und das Einschwingverhalten entsprechend schlecht.

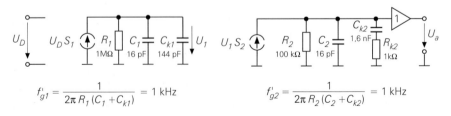

$$f'_{g1} = \frac{1}{2\pi R_1 (C_1 + C_{k1})} = 1\,\text{kHz} \qquad\qquad f'_{g2} = \frac{1}{2\pi R_2 (C_2 + C_{k2})} = 1\,\text{kHz}$$

**Abb. 5.49.** Modell für die zweipolige Frequenzgangkorrektur

Man erkennt in Abb. 5.48, daß man durch die zweipolige Korrektur viel Schleifenverstärkung gewinnt, ohne dadurch den Frequenzgang der gegengekoppelten
Schaltung zu verschlechtern. In dem Maß, wie die Schleifenverstärkung zunimmt,
reduzieren sich auch nichtlineare Verzerrungen. Deshalb ist diese Technik in der
Elektroakustik von besonderem Interesse, um niedrige Klirrfaktoren zu erreichen. Allerdings verschlechtert sich das Einschwingverhalten durch die zweipolige Korrektur: man erhält ein über- bzw. Unterschwingen von einigen Prozent,
das sehr langsam abklingt. Da die zweipolige Frequenzgangkorrektur außerdem
individuell auf die Anwendung abgestimmt werden muß, wird sie nur selten
eingesetzt. Es ist einfacher, einen entsprechend schnelleren Operationsverstärker
mit 1-poliger Standardkorrektur einzusetzen. Angewandt wird diese Technik nur
dann, wenn man darauf angewiesen ist, mit einer Schaltung möglichst niedrige
Klirrfaktoren bis zu hohen Frequenzen zu erreichen.

## 5.2.8
### Parameter von Operationsverstärkern

Die wichtigsten Parameter eines Operationsverstärkers sind in Tab. 5.1 zusammengestellt. Im folgenden sollen diese Größen erklärt und ihr Einfluß auf den
nichtinvertierenden und invertierenden Verstärker untersucht werden.

Die Standardverstärker $\mu$A741 und **TLC272** sind ältere Standardtypen, die
verglichen mit Neuentwickungen keine besonders guten Daten besitzen. Daß sie
auch heute noch in großen Stückzahlen eingesetzt werden, kommt daher, daß
sie besonders billig sind. Der TLC272 ist ausschließlich aus selbstsperrenden n-
und p-Kanal Mosfets aufgebaut. Deshalb ist seine maximale Betriebsspannung –
wie in der CMOS-Technologie üblich – auf 16V beschränkt. Da seine Gleichtakt-
und Ausgangsaussteuerbarkeit bis zur negativen Betriebsspannung reicht, handelt es sich um einen Single Supply-Verstärker. Wegen des MOS-Eingangs sind die
Eingangsströme hier extrem niedrig und die Eingangswidersände entspechend
hoch. Meist werden diese Werte nicht durch den Chip besimmt, sondern durch
das Gehäuse und die Leiterplatte.

Der **OP177** ist ein Operationsverstärker, mit dem sich eine besonders hohe
Präzision erreichen läßt. Zum einen ist seine Offsetspannung sehr niedrig; in
den meisten Anwendungen kann sie ganz vernachlässigt werden. Der Anwender
muß vielmehr sicherstellen, daß Thermospannungen an den Lötstellen keine
größeren Fehler bewirken. Zum anderen besitzt der Verstärker eine extrem hohe
Differenzverstärkung und Gleichtaktunterdrückung, die in sehr guter Näherung
als unendlich betrachtet werden können.

Der **AD797** ist ein besonders rauscharmer Verstärker für Audio-
Anwendungen. Seine Rauschspannungsdichte liegt mit $1\,\mathrm{nV}/\sqrt{\mathrm{Hz}}$ an der Grenze
des technisch möglichen. Sein Rauschstrom ist allerdings nicht niedriger als bei
normalen Operationsverstärkern. Aus diesem Grund bietet der AD797 besonders
bei niederohmigen Quellen Vorteile (siehe S. 541). Das Verstärkungs-Bandbreite-
Produkt erscheint mit 110MHz für Audio-Anwendungen unnötig hoch. Es ist je-

| Parameter | Symbol | Standardverstärker | | Spezialverstärker | | |
|---|---|---|---|---|---|---|
| | | $\mu$A 741 (bipolar) | TLC 272 (Mos) | OP 177 (präzise) | AD 797 (rauscharm) | LM 7171 (schnell) |
| Differenzverstärkung | $A_D$ | $10^5$ | $4 \cdot 10^4$ | **$10^7$** | $2 \cdot 10^7$ | $2 \cdot 10^4$ |
| Gleichtaktunterdrückung | $G$ | $3 \cdot 10^4$ | $2 \cdot 10^4$ | **$10^7$** | $10^7$ | $2 \cdot 10^5$ |
| Offsetspannung | $U_0$ | 1 mV | 1 mV | **10 $\mu$V** | 25 $\mu$V | 1 mV |
| Offsetspannungsdrift | $\Delta U_0/\Delta\vartheta$ | 6 $\mu$V/K | 2 $\mu$V/K | **0,1 $\mu$V/K** | 0,2 $\mu$V/K | 35 $\mu$V/K |
| Eingangsruhestrom | $I_B$ | 80 nA | 1 pA | 1 nA | 250 nA | 3 $\mu$A |
| Offsetstrom | $I_0$ | 20 nA | 0,5 pA | 0,3 nA | 100 nA | 0,1 $\mu$A |
| Offsetstromdrift | $\Delta I_0/\Delta\vartheta$ | 0,5 nA/K | | 3 nA/K | 1 nA/K | 1 $\mu$A/K |
| Differenzeingangswiderstand | $r_D$ | 1 M$\Omega$ | **1 T$\Omega$** | 50 M$\Omega$ | 7,5 k$\Omega$ | 3 M$\Omega$ |
| Gleichtakteingangswiderstand | $r_{Gl}$ | 1 G$\Omega$ | **1 T$\Omega$** | 200 G$\Omega$ | 100 M$\Omega$ | 40 M$\Omega$ |
| Gleichtaktaussteuerbarkeit | $U_{Gl\,max}$ | $\pm 13$ V | 0...14 V | $\pm 13$ V | $\pm 12$ V | $\pm 13$ V |
| Eingangsrauschspannungsdichte | $U_{rd}/\sqrt{Hz}$ | 13 nV | 25 nV | 10 nV | **1 nV** | 14 nV |
| Eingangsrauschstomdichte | $I_{rd}/\sqrt{Hz}$ | 2 pA | 1 fA | 0,3 pA | 2 pA | 2 pA |
| Maximaler Ausgangsstrom | $I_{a\,max}$ | $\pm 20$ mA | $\pm 20$ mA | $\pm 20$ mA | $\pm 20$ mA | **$\pm 100$ mA** |
| Ausgangssteuerbarkeit | $U_{a\,max}$ | $\pm 13$ V | 0...13 V | $\pm 14$ V | $\pm 13$ V | $\pm 13$ V |
| Ausgangswiderstand | $r_a$ | 1 k$\Omega$ | 200 $\Omega$ | 60 $\Omega$ | 300 $\Omega$ | 15 $\Omega$ |
| 3 dB-Bandbreite | $f_{gA}$ | 10 Hz | 50 Hz | 0,06 Hz | 5 Hz | **10 kHz** |
| Verstärkungs-Bandbreite-Produkt | $f_T$ | 1 MHz | 2 MHz | 0,6 MHz | 110 MHz | **200 MHz** |
| Slew rate | $dU_a/dt$ | 0,6 V/$\mu$s | 5 V/$\mu$s | 0,3 V/$\mu$s | 20 V/$\mu$s | **3000 V/$\mu$s** |
| Leistungsbandbreite | $f_p$ | 10 kHz | 100 kHz | 5 kHz | 300 kHz | **50 MHz** |
| Betriebsspannung | $U_b$ | $\pm 15$ V | 0/+15 V | $\pm 15$ V | $\pm 15$ V | $\pm 15$ V |
| Betriebsstrom | $I_b$ | 1,7 mA | 1,4 mA | 1,6 mA | 8 mA | 7 mA |
| Schaltung in Abb. | | 5.14 | 5.20 | | 5.25 | 5.28 |

**Tab. 5.1.** Parameter von Operationsverstärkern

doch die Voraussetzung für eine hohe Schleifenverstärkung und damit für niedrige Verzerrungen. Bis 20kHz bleiben die Verzerrungen um 120dB unter dem Nutzsignal.

Der **LM7171** ist ein besonders schneller Operationsverstärker, der bis 200MHz nutzbar ist. Man erkennt das an der hohen Bandbreite und Slew-Rate. Dafür muß man schlechtere Gleichspannungsdaten in Kauf nehmen: Die Offsetspannungsdrift und die Eingangsruheströme sind groß, die Differenzverstärkung ist niedrig.

Zur Berechnung von Operationsverstärkerschaltungen könnte man im Prinzip die Schaltung mit allen Fehlerquellen exakt analysieren. Einfacher ist es jedoch, zunächst vom idealen Operationsverstärker auszugehen und dann die Abweichun-

gen zu berechnen, die durch die einzelnen Parameter des realen Operationsver-
stärkersentstehen.

**Differenz- und Gleichtaktverstärkung**

Die Ausgangsspannung eines Operationsverstärker ist eine Funktion der
Differenz- und Gleichtaktspannung: $U_a = f(U_D, U_{Gl})$. Daraus folgt das totale
Differential:

$$dU_a = \frac{\partial U_a}{\partial U_D} \, dU_D + \frac{\partial U_a}{\partial U_{Gl}} \, dU_{Gl} \tag{5.37}$$

Die auftretenden Differentialquotienten sind:

$$\text{Differenzverstärkung} \qquad A_D = \frac{\partial U_a}{\partial U_D} \tag{5.38}$$

$$\text{Gleichtaktverstärkung} \qquad A_{Gl} = \frac{\partial U_a}{\partial U_{Gl}} \tag{5.39}$$

Legt man an die Eingänge eines Operationsverstärkers eine Spannungsdifferenz
$U_D$ an, wird diese mit der Differenzverstärkung verstärkt an den Ausgang übertragen. Die Steigung der Übertragungskennlinie in Abb. 5.50a ist die Differenzverstärkung. Ihre Größe ist in dem Diagramm darunter aufgetragen. Wegen der
hohen Differenzverstärkung reichen Differenzspannungen unter 1mV aus, um
den Ausgang zu übersteuern.

Legt man an beide Eingänge dieselbe Spannung $U_{Gl}$ an, liegt reine
Gleichtaktaussteuerung vor. Beim idealen Operationsverstärker müßte die Ausgangsspannung dabei Null bleiben. Beim realen Operationsverstärker gibt es eine
Gleichtaktverstärkung, die meist in der Größenordnung von 1 liegt und damit
um mehere Größenordnungen kleiner ist als die Differenzverstärkung.

Mit den Definitionen (5.38) und (5.39) folgt aus (5.37)

$$dU_a = A_D \, dU_D + A_{Gl} \, dU_{Gl} \tag{5.40}$$

Da die Übertragungskennlinien innerhalb der Aussteuerungsgrenzen näherungsweise linear verlaufen, gilt (5.40) auch großsignalmäßig:

$$U_a = A_D \, U_D + A_{Gl} \, U_{Gl}$$

Diese Gleichung läßt sich nach $U_D$ auflösen; gleichzeitig kann man die Gleichtaktverstärkung durch die gebräuchlichere Gleichtaktunterdrückung $G = A_D/A_{Gl}$
ersetzen:

$$U_D = \frac{U_a}{A_D} - \frac{U_{Gl}}{G} = \begin{cases} U_a/A_D & \text{für } U_{Gl} = 0 \\ -U_{Gl}/G & \text{für } U_a = 0 \end{cases} \tag{5.41}$$

Dies ist zum einen die bekannte Definition der Differenzverstärkung

$$A_D = \left.\frac{\partial U_a}{\partial U_D}\right|_{dU_{Gl} = 0} = \left.\frac{U_a}{U_D}\right|_{U_{Gl} = 0} \tag{5.42}$$

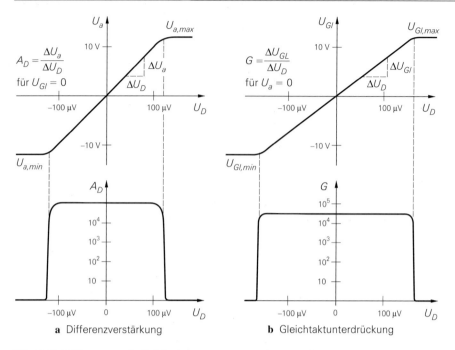

**a** Differenzverstärkung  **b** Gleichtaktunterdrückung

**Abb. 5.50.** Differenz- und Gleichtaktaussteuerung. Die angegebenen Werte sind typisch für einen Operationsverstärker der 741-Klasse.

und zum anderen eine zusätzliche Definition der Gleichtaktunterdrückung[7]:

$$G = \frac{A_D}{A_{Gl}} = \frac{\partial U_{Gl}}{\partial U_D}\bigg|_{dU_a = 0} = \frac{U_{Gl}}{U_D}\bigg|_{U_a = 0} \tag{5.43}$$

Den in Abb. 5.50b dargestellten Zusammenhang zwischen Gleichtakt- und Differenzspannung erhält man, indem man bei einer bestimmten Gleichtaktspannung eine Differenzspannung anlegt, die so groß ist, daß die Ausgangsspannung Null wird. Dies ist also die Spannung, die erforderlich ist, um den Effekt der Gleichtaktaussteuerung zu kompensieren. Die Steigung dieser Funktion ist die Gleichtaktunterdrückung, deren Größe darunter aufgetragen ist. Man erkennt an der abrupten Abnahme der Gleichtaktunterdrückung deutlich die Grenzen der Gleichtaktaussteuerbarkeit. Die schaltungstechnische Grenze in Abb. 5.14 besteht darin, daß ein Transistor des Differenzverstärkers oder die zugehörige Stromquelle in die Sättigung gehen. Der Vergleich von Abb. 5.50a mit 5.50b zeigt, daß die Differenzverstärkung und die Gleichtaktunterdrückung zwei sehr ähnliche Größen sind.

---

7   Bei der Gleichtaktverstärkung und Gleichtaktunterdrückung wird nur der Betrag angegeben; deshalb hat das Vorzeichen hier keine Bedeutung. Um den Eindruck zu vermeiden, daß die Gleichtaktunterdrückung andere Effekte kompensieren könnte, sollte man immer mit dem ungünstigeren Vorzeichen rechnen.

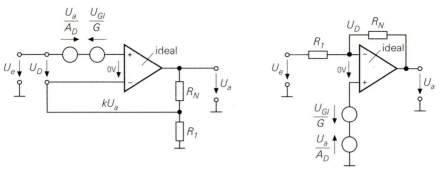

**a** Nichtinvertierender Verstärker       **b** Invertierender Verstärker

**Abb. 5.51.** Auswirkung der endlichen Differenzverstärkung und Gleichtaktunterdrückung auf die Verstärkung

Man erkennt in (5.41), daß sich die Differenzspannung aus zwei Anteilen zusammensetzt: einem, der sich durch die Aussteuerung des Ausgangs ergibt, und einem, der bei Gleichtaktaussteuerung hinzu kommt. Da $A_D$ und $G$ in der Regel sehr groß sind, ergeben sich im linearen Arbeitsbereich für $U_D$ in der Regel kleine Werte, die im Millivolt-Bereich liegen. Um die Auswirkung der endlichen Differenzverstärkung und Gleichtaktunterdrückung zu berücksichtigen, kann man am einfachsten von den Modellen in Abb. 5.51 ausgehen. Aus der Bedingung, daß sich die Ausgangsspannung eines idealen Operationsverstärkers so einstellt, daß die Eingangsspannungsdifferenz Null wird, folgt:

$$U_e - \frac{U_A}{A_D} + \frac{U_{Gl}}{G} = kU_a$$

Da die Gleichtaktspannung beim nichtinvertierenden Verstärker

$$U_{Gl} = (U_P + U_N)/2 \approx U_P = U_e \tag{5.44}$$

praktisch gleich $U_e$ ist, folgt für die Verstärkung:

$$A = \frac{U_a}{U_e} = \frac{A_D}{1 + kA_D}\left(1 + \frac{1}{G}\right) \approx \frac{A_D}{1 + kA_D} \approx \frac{1}{k} = 1 + \frac{R_N}{R_1} \tag{5.45}$$

Die durch die endliche Differeznzverstärkung bedingte Abweichung vom idealen Verhalten beträgt:

$$\frac{\Delta A}{A} = \frac{A_{id} - A}{A_{id}} = \frac{\dfrac{1}{k} - \dfrac{A_D}{1 + kA_D}}{1/k} = \frac{1}{1 + kA_D} \approx \frac{1}{g} \tag{5.46}$$

Die relative Abweichung vom idealen Verhalten ist also gleich dem Kehrwert der Schleifenverstärkung; sie ist daher in der Regel sehr gering. Um denselben Faktor reduzieren sich auch Fertigungsstreuungen und temperaturbedingte Änderungen der Differenzverstärkung.

Beim invertierenden Verstärker in Abb. 5.51b ist die Gleichtaktspannung $U_{Gl} = U_D/2 \ll U_e$. Deshalb wirkt sich hier die endliche Gleichtaktunterdrückung nicht auf die Spannungsverstärkung aus und man erhält die Verstärkung in (5.17).

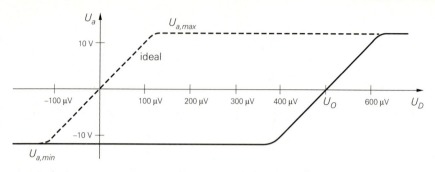

**Abb. 5.52.** Wirkung der Offsetspannung auf die Übertragungskennlinie eines Operationsverstärkers

## Offsetspannung

Die Übertragungskennlinie eines realen Operationsverstärkers geht nicht durch den Nullpunkt, sondern sie ist um die Offsetspannung *(Input Offset Voltage)* verschoben; Abb. 5.52 zeigt dieses Verhalten. Die Offsetspannung liegt meist im Millivoltbereich; bei guten Operationsverstärkern sogar im Mikrovoltbereich wie man in Tab. 5.1 erkennt. Obwohl die Offsetspannung so klein ist, wird der Verstärker dadurch übersteuert, wenn man beide Eingänge auf Masse legt, also $U_D = 0$; dies erkennt man auch in Abb. 5.52. Die Urasche ist die hohe Differenzverstärkung, die selbst kleine Offsetspannungen so hoch verstärkt, daß der Ausgang dadurch übersteuert wird.

Operationsverstärker werden jedoch meist nicht offen, sondern mit Gegenkopplung betrieben; dann wird der durch Offsetspannung bedingte Fehler nur so hoch wie das Eingangssignal verstärkt. Sie wirkt deshalb so als ob sie mit der Signalspannungsquelle in Reihe geschaltet wäre. Falls dieser kleine Fehler stört, kann man die Offsetspannung auf Null abgleichen. Manche Operationsverstärker besitzen besondere Anschlüsse, an denen man ein Potentiometer zum Abgleich anschließen kann. Allerdings ist es meist zweckmäßiger einen Typ einzusetzen, bei dem die Offsetspannung so klein ist, daß sie nicht stört. Der OP177 in Tab. 5.1 zeigt, wie niedrig die Offsetspannung sein kann. Der Abgleich eines Operationsverstärkers beim Hersteller ist meist deutlich kostengünstiger als beim Anwender, denn der benötigt neben dem Einstellwiderstand (Trimmer) einen Meßplatz mit Techniker und Abgleichanleitung.

Die Offsetspannung hat viele Ursachen. Neben Paarungstoleranzen der Eingangstransistoren gehen auch Unsymmetrien und Toleranzen des Eingangsverstärkers und der folgenden Schaltung ein, obwohl der Einfluß der Eingangsstufe am größten ist. Das erkennt man an dem Modell eines zweistufigen Verstärkers in Abb. 5.53. Bei jeder Stufe wird die jeweilige Offsetspannung am Eingang zugeführt. Für die Ausgangsspannung ergibt sich daher:

$$U_a = (U_1 + U_{O2}) A_2 = [(U_e + U_{O1}) A_1 + U_{O2}]A_2$$
$$= A_1 A_2 U_e + A_1 A_2 U_{O1} + A_2 U_{O2}$$

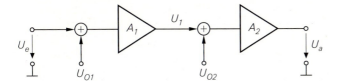

**Abb. 5.53.** Modell für den Einfluß von Offsetspannungen in mehrstufigen Verstärkern

Um die auf den Eingang bezogene Offsetspannung der ganzen Schaltung zu ermitteln, setzt man $U_a = 0$ und rechnet die zugehörige Eingangsspannung aus:

$$U_e\,(U_a = 0) \;=\; U_O \;=\; -\,U_{O1} - \frac{1}{A_1}\,U_{O2} \tag{5.47}$$

Die Offsetspannung der 1. Stufe wirkt sich also in voller Größe auf den Eingang aus, die der zweiten Stufe jedoch nur um den Faktor $1/A_1$ reduziert. Daher bemüht man sich, die Verstärkung der 1. Stufe möglichst groß zu machen.

Wenn man die Ofsetspannung auf Null abgleicht, macht sich nur noch ihre Abhängigkeit von der Temperatur, der Zeit und der Betriebsspannung bemerkbar:

$$dU_O(\vartheta,\ t,\ U_b) \;=\; \frac{\partial U_O}{\partial \vartheta}\,d\vartheta + \frac{\partial U_O}{\partial t}\,dt + \frac{\partial U_O}{\partial U_b}\,dU_b \tag{5.48}$$

Darin ist $\partial U_O/d\vartheta$ die Temperaturdrift; typische Werte sind $3\ldots 10\,\mu\mathrm{V/K}$. Die Langzeitdrift $\partial U_O/\partial t$ liegt in der Größenordnung von einigen $\mu\mathrm{V}$ je Monat. Man kann sie als niederfrequenten Anteil des Rauschens auffassen. Der Betriebsspannungsdurchgriff (supply voltage rejection ratio) $\partial U_O/\partial U_b$ charakterisiert den Einfluß von Betriebsspannungsschwankungen auf die Offsetspannung. Er beträgt $10\ldots 100\,\mu\mathrm{V/V}$. Damit dieser Beitrag zur Offsetspannung klein bleibt, darf die Betriebsspannung höchstens um einige Millivolt schwanken.

Die Übertragungskennlinie eines Operationsverstärkers mit Offsetspannung hat nach Abb. 5.52 innerhalb des linearen Aussteuerbereichs die Form:

$$U_a \;=\; A_D(U_D - U_O) \tag{5.49}$$

Um das Ausgangsruhepotential zu Null zu machen, muß man entweder die Offsetspannung auf Null abgleichen oder am Eingang eine Spannung $U_D = U_O$ anlegen. Daraus folgt die Regel:

*Die Offsetspannung ist die Spannung, die man am Eingang anlegen muß, damit die Ausgangsspannung Null wird.*

Um die Wirkung der Offsetspannung in gegengekoppelten Schaltungen zu untersuchen, geht man am besten von den Ersatzschaltbildern in Abb. 5.54 aus. Wenn man $U_e = 0$ macht, sind beide Schaltungen gleich. Am Ausgang ergibt sich dann die Offsetspannung:

$$U_a(U_e = 0) \;=\; -\left(1 + \frac{R_N}{R_1}\right) U_O \tag{5.50}$$

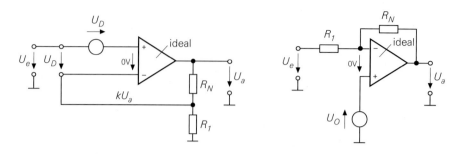

**a** Nichtinvertierender Verstärker          **b** Invertierender Verstärker

**Abb. 5.54.** Einfluß der Offsetspannung auf den nichtinvertierenden und invertierenden-Verstärker

gemäß der Spannungsverstärkung des nichtinvertierenden Verstärkers. Die Offsetspannung wird also beim nichtinvertierenden Verstärker wie die Eingangsspannung verstärkt, beim invertierenden Verstärker gilt das näherungweise.

### Eingangsströme

Der Eingangsruhestrom eines Operationsverstärkers entspricht dem Basis- oder Gatestrom der Eingangstransistoren. Wie groß er ist, hängt davon ab, mit welchem Strom die Eingangstransistoren betrieben werden. Bei Universalverstärken mit Bipolartransistoren am Eingang, die mit Kollektorströmen von $10\mu A$ arbeiten, kann man mit Eingangsruheströmen von $0,1\mu A$ rechnen. In Breitbandverstärkern mit Kollektorströme bis zu $1mA$, betragen die Eingansströme mehrere Mikroampere. Bei Darlingtonschaltungen am Eingang liegt der Eingangsruhestrom im nA-Bereich. Die niedrigsten Eingangsruheströme besitzen Operationsverstärker mit Feldeffekttransistoren am Eingang. Hier betragen sie häufig nur wenige pA.

Da die Eingangstransistoren mit konstanten Kollektorströmen betrieben werden, sind auch ihre Basisströme konstant; daher stellen die Eingänge Konstantstromquellen dar. In der Praxis sind die Eingangsströme zwar ähnlich, aber nicht exakt gleich. Deshalb wird im Datenblatt der mittlere *Eingangsruhestrom (input bias current)*

$$I_B = \frac{1}{2}(I_P + I_N) \tag{5.51}$$

und der *Offsetstrom (input offset current)*

$$I_O = |I_P - I_N| \tag{5.52}$$

spezifiziert. Aus diesen Definitionen lassen sich auch die Eingangsströme berechnen:

$$I_N = I_B \pm I_O/2 \quad bzw. \quad I_P = I_B \mp I_O/2 \tag{5.53}$$

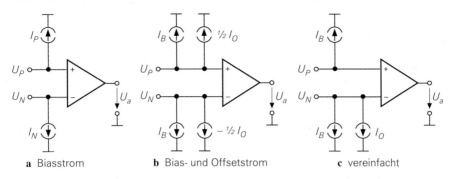

**a** Biasstrom     **b** Bias- und Offsetstrom     **c** vereinfacht

**Abb. 5.55.** Umrechnung der Eingansströme in Bias- und Offsetstrom

Abbildung 5.55 veranschaulicht diesen Zusammenhang. Zur Vereinfachung kann man den Offsetstrom ganz einem der beiden Eingangsströme zuschlagen, denn der dadurch bedingte Fehler ist meist klein, da in der Regel $|I_O| \ll |I_B|$ ist.

Die Auswirkung der Eingangsströme auf Verstärkerschaltungen wird mit Hilfe von Abb. 5.56 berechnet; dabei wird die vereinfachte Darstellung aus Abb. 5.55c verwendet. Für die Ausgangsspannung in Abb. 5.56a erhält man:

$$U_a = \left(1 + \frac{R_N}{R_1}\right) U_e + I_B \left(R_N - \frac{R_g\,(R_1 + R_N)}{R_1}\right) + \frac{I_O}{2} \left(R_N + \frac{R_g\,(R_1 + R_N)}{R_1}\right)$$
(5.54)

Wenn die Eingangswiderstände gemäß der Beziehung

$$R_g = \frac{R_N R_1}{R_N + R_1}$$
(5.55)

abgeglichen sind, fällt die Wirkung von $I_B$ heraus und (5.54) vereinfacht sich zu

$$U_a = \left(1 + \frac{R_N}{R_1}\right) U_e + I_O R_N$$

Übrig bleibt also nur der Fehler des Offsetstroms, der meist klein gegenüber dem Eingangsruhestrom ist, wie man in den Beispielen in Abb. 5.1 sieht. Die Größe des Offsetstroms ist von Verstärker zu Verstärker verschieden, sein Vorzeichen liegt nicht fest. Man könnte ihn im Prinzip abgleichen wie die Offsetspannung, es ist jedoch besser, die Schaltung so zu dimensionieren, daß er nicht stört. Außerdem ist der Offsetstrom genau wie die Offsetspannung temperaturabhängig; die Offsetstromdrift gibt an, wie stark er sich mit der Temperatur ändert.

Beim invertierenden Verstärker in Abb. 5.56b liegt der nichtinvertierende Eingang in der Regel an Masse. Daher bewirkt der Eingangsstrom einen Offset der Größe $I_N R_N$ am Ausgang. Dieser Fehler läßt sich auch hier dadurch kompensieren, daß man den nichtinvertierenden Eingang nicht direkt an Masse anschließt, sondern über den Widerstand $R_B = R_N R_1 / (R_N + R_1)$, sodaß die Gesamtwiderstände an beiden Eingängen gleich sind. Übrig bleibt dann lediglich der durch den Offsetstrom bedingte Fehler $I_O R_N$. Damit der Widerstand $R_B$ kein

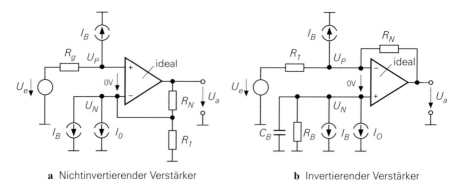

**a** Nichtinvertierender Verstärker          **b** Invertierender Verstärker

**Abb. 5.56.** Wirkung der Eingangsströme beim nichtinvertierenden und invertierenden Verstärker

zusätzliches Rauschen verursacht, schließt man ihn für Wechselspannungen mit dem Kondensator $C_B$ kurz.

Wir haben gezeigt, daß der durch die Eingangsströme bedingte Fehler proportional mit den Beschaltungswiderständen ansteigt. Deshalb sollte man diese Widerstände so niederohmig dimensionieren, daß dieser Fehler nicht stört. Falls die Größe der Gegenkopplungswiderstände vorgegeben ist, muß man den Operationsverstärker so auswählen, daß seine Eingansströme klein genug sind. Man erkennt in Tab. 5.1, daß es sehr große Unterschiede gibt.

### Eingangswiderstände

Beim Operationsverstärker kann man wie beim Differenzverstärker zwei Eingangswiderstände unterscheiden: den Differenz- und den sehr viel größeren Gleichtakteingangswiderstand. Wie sie sich die Gleichtakteingangswiderstände auf den nichtinvertierenden Verstärker auswirken, kann man dem Ersatzschaltbild in Abb. 5.57a entnehmen. Sie führen von den Eingängen nach Masse, liegen also parallel zu den Eingängen und werden daher durch die Gegenkopplung nicht beeinflußt. Der Gleichtaktwiderstand am nichtinvertierenden Eingang bewirkt eine Abschwächung, der am invertierenden Eingang eine Erhöhung der Verstärkung. Wenn die Innenwiderstände an den beiden Eingängen abgeglichen sind, also $R_g = R_N R_1 / (R_N + R_1)$ ist, kompensieren sich ihre Wirkungen vollständig. Da sie sehr hochohnig sind, ist ihr Einfluß gering.

Um die Wirkung des Differenzeingangswiderstandes zu untersuchen, muß man von einem realen Operationsverstärker mit endlicher Differenz- und Gleichtaktunterdrückung ausgehen. Dazu betrachten wir Abb. 5.57b und berechnen den Strom durch den Differenzeingangswiderstand. Mit (5.41) gilt:

$$I_e = \frac{U_D}{r_D} = \left( \frac{U_a}{A_D} + \frac{U_{Gl}}{G} \right) \frac{1}{r_D}$$

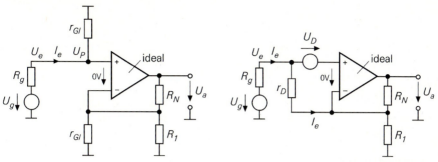

**a** Gleichtakteingangswiderstand   **b** Differenzeingangswiderstand

**Abb. 5.57.** Wirkung des Differenz- und Gleichtakteingangswiderstands beim nichtinvertierenden Verstärker

Mit $U_a = U_e/k$, $U_{Gl} = U_e$ und $g = kA_D$ folgt daraus der durch $r_D$ bedingte Beitrag zum Eingangswiderstand:

$$r_D' = \frac{U_e}{I_e} = r_D \frac{g\,G}{g+G} = \begin{cases} g\,r_D & \text{für} \quad G \gg g \\ G\,r_D & \text{für} \quad g \gg G \end{cases} \qquad (5.56)$$

Der Differenzeingangswiderstand wird also durch die Gegenkopplung stark erhöht, da an $r_D$ die Differenzspannung $U_D$ liegt, die lediglich ein Bruchteil der Eingangsspannung $U_e$ ist. Der resultierende Eingangswiderstand des nichtinvertierenden Verstärkers beträgt daher $r_e = r_{Gl}||r_D'$; da beide Anteile sehr groß sind, erhält man selbst bei Operationsverstärkern mit Bipolartransistoren Werte im $G\Omega$- Bereich.

Eine Differenzspannung kann natürlich auch durch die Offsetspannung verursacht werden, also $U_D = U_0$. In diesem Fall fließt durch $r_D$ ein konstanter Strom der Größe $I_e = U_0/r_d$, der einen konstanten Offset am Ausgang bewirkt. Mit Abb. 5.57b erhält man den durch $I_e$ bedingten Anteil:

$$\Delta U_a = -\left(R_N + \frac{R_1 + R_N}{R_1}\,R_g\right)\frac{U_0}{r_D}$$

Dieser Offset wird auch dann nicht kompensiert, wenn die Widerstände abgeglichen sind, da beide Terme dasselbe Vorzeichen besitzen. Bei Abgleich $R_g = R_N R_1/(R_N + R_1)$ vereinfacht sich das Ergebnis:

$$\Delta U_a = -\frac{2\,R_N}{r_D}\,U_0 \qquad (5.57)$$

Beim invertierenden Verstärker in Abb. 5.58 sind die Verhältnisse viel einfacher. Der invertierende Eingang stellt hier eine virtuelle Masse dar, da die Differenzspannung $U_D$ im Millivolt Bereich liegt. Deshalb wirkt der Widerstand $R_1$ so, als ob er an einer echten Masse angeschlossen wäre. Der Eingangswiderstand der Schaltung ist daher gleich $R_1$. Er wird durch den Differenz- und Gleichtakteingangswiderstand des Verstärkers praktisch nicht verändert. Allerdings liegt er meist im Bereich von $1\ldots100\text{k}\Omega$ und ist damit um Größenordnungen kleiner als der des nichtinvertierenden Verstärkers.

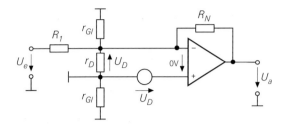

**Abb. 5.58.** Eingangswiderstand beim invertiereden Verstärker

## Ausgangswiderstand

Wie die Tab. 5.1 zeigt, sind reale Operationsverstärker bezüglich ihres Ausgangs-widerstands weit vom idealen Verhalten entfernt. Der Ausgangswiderstand wird jedoch durch die Gegenkopplung verkleinert: eine Reduzierung der Ausgangs-spannung durch Belastung wird nämlich über den Spannungsteiler $R_N$, $R_1$ in Abb. 5.59 auf den invertierenden Eingang übertragen. Die dadurch entstehende Vergrößerung von $U_D$ wirkt der ursprünglichen Abnahme der Ausgangsspannung entgegen.

Zur quantitativen Analyse betrachten wir das Modell in Abb. 5.59 und berech-nen unter Vernachlässigung des Stroms durch den Gegenkopplungsspannungs-teiler die Ausgangsspannung aus

$$U_e - \frac{U_a'}{A_D} = kU_a \quad und \quad U_a' = U_a + I_a r_a$$

und erhalten:

$$U_a = \frac{A_D U_e - I_a r_a}{1 + kA_D} \approx \frac{U_e}{k} - \frac{I_a r_a}{g}$$

Es ergibt sich also neben der regulären Ausgangsspannung eine strombedingte Abnahme, die aber um die Schleifenverstärkung reduziert wird. Daraus erhält man den Ausgangswiderstand:

$$r_a' = -\frac{dU_a}{dI_a} = \frac{r_a}{g} \tag{5.58}$$

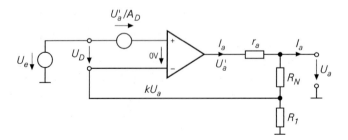

**Abb. 5.59.** Modell zur Berechnung des Ausgangswiderstandes

Der Ausgangswiderstand wird also durch die Gegenkopplung um die Schleifen-verstärkung reduziert.

### Beispiel für statische Fehler

Ein Zahlenbeispiel soll die Größe der verschiedenen statischen Fehler demon-strieren. Wir gehen dabei von dem nichtinvertierenden Verstärker in Abb. 5.60 aus, dessen Verstärkung mit den Widerständen $R_N$ und $R_1$ auf 10 eingestellt wurde. Der Operationsverstärker soll nur mittelmäßige Daten besitzen, damit die verschiedenen Fehler deutlich zu tage treten; deshalb haben wir hier die Daten des $\mu A741$ aus Tab. 5.1 verwendet. Die Eingangsspannungsquelle besitzt eine Spannung von 1V. Bei einer Verstärkung von 10 ergibt das beim idealen Operationsverstärker eine Ausgangsspannung von $U_a = 10$V. Die Abweichun-gen durch die verschiedenen nichtidealen Eigenschaften werden im folgenden berechnet.

Wenn man eine Differenzverstärkung von $10^5$ berücksichtigt, erhält man gemäß Abb. 5.51 einen auf den Eingang umgerechneten Spannungsfehler von

$$\frac{U_a}{A_D} = \frac{10\text{V}}{10^5} = 100\,\mu\text{V}$$

Daraus resultiert bei einer Verstärkung von 10 ein Spannungsfehler am Ausgang von 1mV. Der durch die Gleichtaktaussteuerung bedingte Fehler beträgt:

$$\frac{U_{Gl}}{G} = \frac{10\text{V}}{3 \cdot 10^4} = 330\,\mu\text{V}$$

Dieser Fehler wird ebenfalls 10-fach verstärkt und ergibt dann am Ausgang $3,3$mV. Die Wirkung der Offsetspannung läßt sich gemäß Abb. 5.54 genauso berücksichtigen: eine Spannung von 1mV am Eingang ergibt am Ausgang einen Fehler von 10mV.

Der Eingangsruhestrom $I_B$ wirkt sich hier nicht aus, da die Eingangswid-erstände abgeglichen sind. Der Offsetstrom bewirkt einen Fehler der Größe:

$$\Delta U_a = I_O R_N = 20\,\text{nA} \cdot 100\text{k}\Omega = 2\text{mV}$$

Hätte die Quelle keinen Innenwiderstand, könnte man einen zusätzlichen 10kΩ-Widerstand einfügen, den man, um unnötiges Rauschen zu vermeiden, mit einem Kondensator überbrücken müßte. Wenn man die Eingangswiderstände nicht ab-gleicht, muß man mit dem Eingangsruhestrom rechnen und würde dann einen Spannungsfehler von $I_B R_N = 8$mV erhalten.

Man sieht, daß die Gleichtakteingangswiderstände sehr groß gegenüber allen anderen Widerständen sind, sodaß sie selten einen Fehler verursachen. Hier hebt sich ihre Wirkung auf, da die Eingangswiderstände abgeglichen sind. Dagegen bewirkt der Differenzeingangswiderstand einen Fehler, denn durch ihn fließt ein Strom von

$$I_D = \frac{U_D}{r_D} = \frac{1,5\text{mV}}{1\text{M}\Omega} = 1,5\,\text{nA} \tag{5.59}$$

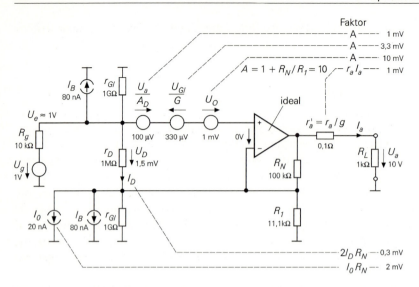

**Abb. 5.60.** Statische Fehler eines nichtinvertierenden Verstärkers mit der Verstärkung $A = 10$ am Beispiel eines Operationsverstärkersder 741-Klasse

Dieser Strom bewirkt mit (5.57) einen Fehler der Ausgangsspannung von

$$\Delta U_a = 2 \cdot R_N \frac{U_D}{r_D} = 2 \cdot R_N I_D = 2 \cdot 1{,}5\,\text{nA} \cdot 100\text{k}\Omega = 0{,}3\text{mV}$$

Der Fehler, der durch den Ausgangswiderstand entsteht, soll auch untersucht werden. Wenn man annimmt, daß der Ausgang mit einem Widerstand $R_L = 1\text{k}\Omega$ belastet wird, fließt ein Ausgansstrom von $I_a = 10\text{V}/1\text{k}\Omega = 10\text{mA}$.[8] An dem nach (5.58) transformierten Ausgangswiderstand ergibt sich dadurch ein Spannungsabfall von

$$\Delta U_a = \frac{r_a}{k A_D} I_a = \frac{1\text{k}\Omega}{10^4} 10\text{mA} = 1\text{mV}$$

Bei der Berechnung der Fehler haben wir keine Rücksicht auf das Vorzeichen genommen. Die durch die Differenzverstärkung und den Ausgangswiderstand bedingten Fehler verkleinern die Ausgangsspannung. Die Vorzeichen von Offsetspannung, Offsetstrom und Gleichtaktunterdrückung liegen jedoch nicht fest; deshalb läßt sich nicht angeben, mit welchem Vorzeichen sie in die Ausgangsspanung eingehen. Wichtiger ist die Größenordnung der einzelnen Fehler: in diesem Beispiel übersteigt keiner $1^0/_{00}$ der Ausgangsspannung. Am störendsten ist der durch die Offsetspannung bedingte Fehler von 10mV, da er unabhängig von der Größe der Ausgangsspannung ist. Bei einer Ausgangsspannung von 100mV

---

8  Für einen Standard-Operationsverstärker ist das schon ein großer Strom, der nicht weit vom maximalen Ausgangsstrom von 20mA entfernt ist. Derart große Ströme sollte man nur dann zulassen, wenn sie sich nicht umgehen lassen, da sich der Operationsverstärker durch die entstehende Verlusleistung erwärmt. Die Offsetspannungs- und Offsetstromdrift bewirken dann zusätzliche Fehler.

wirkt er sich schon mit 10% aus. Deshalb verdient die Offsetspannung bei der Auswahl des Operationsverstärkers besondere Beachtung.

**Bandbreite**

**Operationsverstärker als Tiefpaß:** Nachdem wir gesehen haben, daß sich ein frequenzkorrigierter Operationsverstärker näherungsweise wie ein Tiefpaß 1. Ordnung verhält, läßt sich sein Frequenzgang einfach angeben:

$$\underline{A}_D = \frac{A_{D0}}{1 + j\,\dfrac{f}{f_g}} \tag{5.60}$$

Die Differenzverstärkung des offenen Verstärkers ist meist sehr hoch und hat häufig Werte von $A_{D0} = 10^5$ und mehr, wie man in Abb. 5.61 sieht. Die Grenzfrequenz des offenen Verstärkers ist meist sehr niedrig und beträgt häufig nur $f_g = 10\,\text{Hz}$.

Der Frequenzgang der gegengekoppelten Schaltung lautet gemäß (5.10):

$$\underline{A} = \frac{\underline{A}_D}{1 + k\underline{A}_D} = \frac{1/k}{1 + \dfrac{1}{k\underline{A}_D}} \tag{5.61}$$

Wenn man hier (5.60) einsetzt, folgt:

$$\underline{A} = \frac{A_{D0}}{1 + kA_{D0}} \frac{1}{1 + j\,\dfrac{f}{f_g\,(1 + kA_{D0})}} \stackrel{kA_{D0} \gg 1}{\approx} \frac{1/k}{1 + j\,\dfrac{f}{kf_T}} \tag{5.62}$$

Der Vergleich der rechten Seiten von (5.61) mit (5.62) zeigt, daß man statt der hier angewandten Näherung von einem vereinfachten Frequenzgang des offenen Verstärkers ausgehen kann:

$$\underline{A}_D = -j\,\frac{f_T}{f} \tag{5.63}$$

Er stellt den Frequenzgang eines Integrators dar; deshalb bezeichnet man ihn auch als die *Integratornäherung* des Operationsverstärkers. Ein Unterschied zum exakten Frequenzgang des offenen Verstärkers ergibt sich nur bei niedrigen Frequenzen, wie Abb. 5.61b zeigt: hier geht die Verstärkung gegen Unendlich, die tatsächliche Verstärkung aber gegen $A_{D0}$. Setzt man die Integratornäherung (5.63) in (5.61) ein, ergibt sich:

$$\underline{A} = \frac{\underline{A}_D}{1 + k\underline{A}_D} = \frac{A_0}{1 + j\dfrac{A_0}{f_T}f} = \begin{cases} A_0 = 1/k & \text{für } f \ll f_g' \\[2mm] \underline{A}_D = -jf_T/f & \text{für } f \gg f_g' \end{cases} \tag{5.64}$$

Darin ist $A_0 = 1/k$ die durch die Gegenkopplung festgelegte Verstärkung. Auf diese Weise erhält man mit weniger Rechnung und ohne weitere Näherung das Ergebnis von (5.62). Die Verstärkung der gegengekoppelten Schaltung hat demnach bis zur Grenzfrequenz $f_g' = f_T/A_0 = f_T k$ den durch die Gegenkopplung

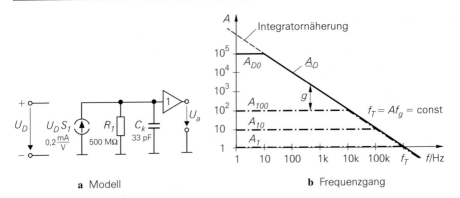

a  Modell                                                    b  Frequenzgang

**Abb. 5.61.** Frequenzkorrigierter Operationsverstärkerals Tiefpaß 1. Ordnung zur Berechnung des Frequenzverhaltens der gegengekoppelten Schaltung. Verstärker der 741-Klasse als Beispiel.

bestimmten Wert; darüber verläuft sie wie beim offenen Verstärker. Dies erkennt man auch in Abb. 5.61, wo Frequenzgänge des gegengekoppelten Verstärkers mit eingezeichnet sind. Die Integratornäherung liefert demnach auch unterhalb der Grenzfrequenz des offenen Operationsverstärkers richtige Ergebnisse; es muß lediglich die Bedingung für die Schleifenverstärkung $g = kA_{D0} \gg 1$ erfüllt sein. Aus diesem Grund benutzt man (5.63) immer vorteilhaft zur Berechnung des Frequenzverhaltens gegengekoppelter Operationsverstärker-Schaltungen.

  **Begrenzung durch Beschaltung:** Eine unerwartete Bandbegrenzung kann durch die parasitären Kapazitäten der Gegenkopplungswiderstände eintreten. Dieser Effekt ist in Abb. 5.62 dargestellt. Jeder Widerstand besitzt eine parasitäre Kapazität, die praktisch nur von der Bauform und nicht vom Widerstandswert abhängt. Deshalb besitzt die Schaltung für hohe Frequenzen die Verstärkung

$$A_{HF} = 1 + \frac{C_1}{C_N} = 2$$

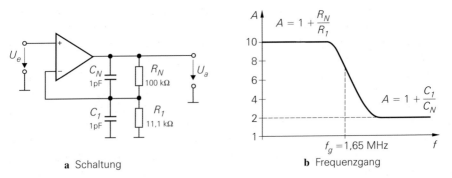

a  Schaltung                                                 b  Frequenzgang

**Abb. 5.62.** Grenzfrequenz, die bei idealem Verstärker durch die parasitären Kapazitäten der Gegenkopplungswiderstände verursacht wird

unabhängig davon, welchen Wert die Widerstände besitzen. Für $R_N = R_1$ entsteht ein frequenzkorrigierter Spannungsteiler; dann ist die Verstärkung für alle Frequenzen konstant $A = 2$. Um auch sonst einen frequenzkorrigierten Spannungsteiler zu erhalten, müssen die Zeitkonstanten gleich sein:

$$R_1 C_1 \; = \; R_N C_N \quad \Rightarrow \quad C_1 \; = \; \frac{R_N}{R_1} \, C_N \; = \; \frac{100\mathrm{k}\Omega}{11,1\mathrm{k}\Omega} \, 1\mathrm{pF} \; = \; 9\mathrm{pF} \quad (5.65)$$

In diesem Fall müßte man also zu $C_1$ noch 8pF parallel schalten.

## Rauschen

Das Rauschen von Operationsverstärkern läßt sich wie bei einzelnen Transistoren durch Angabe einer auf den Eingang bezogenen Rauschspannungs- und Rauschstromdichte beschreiben. In Tab. 5.1 auf S. 526 sind typische Werte angegeben. Um daraus die Rauschspannung und den Rauschstrom zu berechnen, muß man sie noch mit der Wurzel der Bandbreite multiplizieren:

$$U_r \; = \; U_{rd}\sqrt{B} \quad \text{bzw.} \quad I_r \; = \; I_{rd}\sqrt{B} \tag{5.66}$$

Auch Widerstände rauschen; ihre Rauschleistung

$$P_r \; = \; 4\,kTB \tag{5.67}$$

ist unabhängig von der Größe des Widerstandes. Dabei ist $k$ die Bolzmann-Konstante und $T$ die absolute Temperatur; bei Zimmertemperatur ist $4kT = 1,6 \cdot 10^{-20}$ Ws. Daraus läßt sich die Rauschspannung berechnen:

$$U_r \; = \; \sqrt{P\,R} \; = \; \sqrt{4kTBR} \; = \; 0,13\,\mathrm{nV} \, \sqrt{\frac{B}{\mathrm{Hz}}} \, \sqrt{\frac{R}{\Omega}} \tag{5.68}$$

Ein $10\mathrm{k}\Omega$ Widerstand besitzt also eine Rauschspannungsdichte von $U_{rd} = 13\,\mathrm{nV}/\sqrt{\mathrm{Hz}}$. In Abb. 5.63 sind alle Rauschspannungsquellen eines als nichtinvertierenden Verstärker beschalteten Operationsverstärkers eingezeichnet. Man sieht, daß jeder Widerstand eine Rauschspanungsquelle besitzt, die Rauschspannung des Operationsverstärkers wie die Offsetspannung und der Rauschstrom wie der Eingangsruhestrom wirkt. Der Eingangsrauschstrom des Verstärkers verursacht am Innenwiderstand $R_g$ der Signalquelle eine Rauschspannung $I_r R_g$, die zusammen mit dem Eigenrauschen des Innenwiderstands und dem Spannungsrauschen des Verstärkers wie das Nutzsignal verstärkt wird. Das Rauschen des Widerstands $R_1$ wird mit der Verstärkung des invertierenden Verstärkers bewertet, der Rauschstrom am invertierenden Eingang verursacht einen Spannungsabfall an $R_N$ und addiert sich zu dessen Eigenrauschen. Daraus berechnen sich die einzelnen Rauschanteile in Abb. 5.63. Um die resultierende Rauschspannung am Ausgang des Verstärkers zu erhalten, darf man die einzelnen Rauschspannungen nicht einfach addieren. Da es sich um unkorrelierte Rauschquellen handelt, muß man die Anteile quadratisch addieren:

$$U_{r,\,ges} \; = \; \sqrt{\sum U_r^2} \tag{5.69}$$

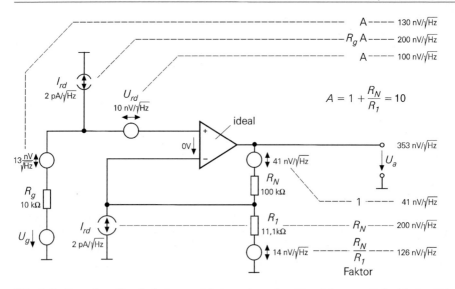

**Abb. 5.63.** Rauschquellen bei einem nichtinvertierenden Verstärker am Beispiel der 741-Klasse

Das führt dazu, daß sich kleinere Beiträge praktisch nicht auf das Ergebnis auswirken. Auf diese Weise ergibt sich in dem Beispiel eine resultierende Rauschspannungsdichte von $U_{rad,\,ges} = 353\,\mathrm{nV}/\sqrt{\mathrm{Hz}}$. Um daraus die Rauschspannung zu berechnen, muß man noch die Bandbreite berücksichtigen. Dazu muß man mit $\sqrt{B}$ multiplizieren und mit einem Korrekturfaktor von $\pi/2 = 1,57$, der berücksichtigt, daß das Rauschen oberhalb der Grenzfrequenz nicht schlagartig Null wird, sondern wie ein Tiefpaß 1. Ordnung abnimmt [5.6]. In dem Beispiel in Abb. 5.63 ergibt sich dann bei einer Bandbreite von $B = 100\,\mathrm{kHz}$

$$U_{ra,\,ges} = \frac{\pi}{2}\,\frac{353\,\mathrm{nV}}{\sqrt{\mathrm{Hz}}}\,\sqrt{100\,\mathrm{kHz}} = 175\,\mu\mathrm{V} \qquad (5.70)$$

Um das Rauschen zu reduzieren, müßte man die Schaltung niederohmiger dimensionieren und einen Operationsverstärker mit geringerem Spannungsrauschen einsetzen. Wenn man die Widerstände in Abb. 5.63 um einen Faktor 100 verkleinert, reduzieren sich ihre Rauschspannungen um den Faktor 10. Mit einem AD797, der eine Rauschspannungsdichte von nur $1\,\mathrm{nV}/\sqrt{\mathrm{Hz}}$ besitzt, ergibt sich dann am Ausgang bei derselben Bandbreite eine Rauschspannung von nur $U_{ra,\,ges} = 11\,\mu\mathrm{V}$.

Der Innenwiderstand der Eingangsspannungsquelle $R_g$ stellt eine untere Grenze für das Rauschen dar, da es schon am Eingang des Verstärkers vorhanden ist. Seine Größe läßt sich gemäß (5.68) berechnen. Zum Vergleich kann man die Rauschspannung am Ausgang des Verstärkers auf den Eingang umrechnen, indem man sie durch die Verstärkung dividiert. Das Rauschen des beschalteten Verstärkers erhält man, indem man in Abb. 5.63 den jeweiligen Generatorwiderstand berücksichtigt. Damit läßt sich in Abb. 5.64a gut vergleichen, wie stark

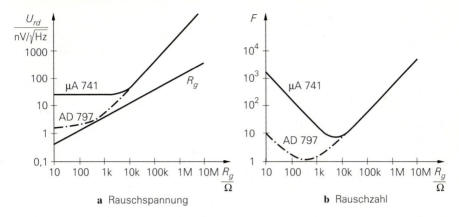

**Abb. 5.64.** Abhängigkeit der Rauschspannung und der Rauschzahl vom Quellwiderstand für den $\mu$A741 und den AD797 als Beispiel.

der Verstärker am Rauschen beteiligt ist. Bei niedrigen Quellwiderständen überwiegt das Spannungsrauschen des Verstärkers und bei hohen Quellwiderständen das Stromrauschen, das an $R_g$ eine Rauschspannung erzeugt. Da sie proportional zu $R_g$ ist, steigt sie in der logarithmischen Darstellung doppelt so steil an wie das Widerstandsrauschen von $R_g$. Um das Rauschen bei niedrigen Generatorwiderständen zu reduzieren, muß man einen Verstärker mit niedrigerem Spannungsrauschen verwenden. Deshalb wurden zum Vergleich die Werte für den *AD*797 mit aufgenommen, der mit $1\,\mathrm{nV}/\sqrt{\mathrm{Hz}}$ lediglich 1/10 des Spannungsrauschens besitzt. Man sieht, daß man hier bei Quellwiderständen im Bereich von $500\,\Omega$ der theoretischen Grenze sehr nahe kommt. Bei hohen Generatorwiderständen bringt die niedrige Rauschspannung keinen Vorteil. Hier ist ein Verstärker mit niedrigem Stromrauschen besser.

Man erkennt in Abb. 5.64a, daß nicht der Absolutwert der Rauschens zeigt, ob ein Verstärker günstig ist, sonden das Verhältnis von Rauschspannung am Ausgang (auf den Eingang umgerechnet) zu der am Eingang, also die Verschlechterung des Signal-Rauschabstands durch den Verstärker. Deshalb definiert man eine Rauschzahl:

*Die Rauschzahl gibt an, um welchen Faktor die Rauschleistung am Ausgang eines realen Verstärker größer ist als die eines idealen d.h. rauschfreien Verstärkers bei konstantem Rauschen der Quelle.*

Sie läßt sich am besten aus der Beziehung

$$ F = \left( \frac{\text{Rauschspannung am Ausgang des realen Verstärkers}}{\text{Rauschspannung am Ausgang eines rauschfreien Verstärkers}} \right)^2 \tag{5.71} $$

berechnen. In Abb. 5.64b ist die Abhängigkeit der Rauschzahl vom Quellwiderstand dargestellt. Man sieht, daß es ein ausgeprägtes Minimum gibt; die optimale Rauschzahl liegt bei einem optimalen Generatorwiderstand:

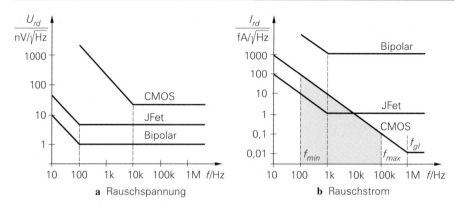

**a** Rauschspannung    **b** Rauschstrom

**Abb. 5.65.** Spannungs- und Stromrauschen von rauscharmen Operationsverstärkern mit Bipolartransistoren, Sperrschichtfets und Mosfets am Eingang

$$R_{g,\,opt} = \frac{U_{rd}}{I_{rd}} = \begin{cases} 10\,\text{nV}/2\,\text{pA} = 5 \quad \text{k}\Omega \quad \text{für} \quad \mu\text{A741} \\ 1\,\text{nV}/2\,\text{pA} = 0,5\text{k}\Omega \quad \text{für} \quad \text{AD797} \end{cases} \tag{5.72}$$

Es gibt systematische Unterschiede im Rauschverhalten bei den verschiedenen Technologien für den Aufbau des Eingangsdifferenzverstärkers. Abbildung 5.65 zeigt einen Vergleich. Operationsverstärker mit Bipolartransistoren am Eingang besitzen die niedrigste Rauschspannung, die bei guten Typen lediglich $1\,\text{nV}/\sqrt{\text{Hz}}$ beträgt. Sperrschichtfets am Eingang besitzen Rauschspannungen, die selbst bei guten Typen deutlich größer sind. Bei CMOS-Operationsverstärkern ist die Rauschspannung am größten; dafür besitzen sie das niedrigste Stromrauschen zumindest bei hohen Frequenzen. Bei niedrigen Frequenzen sind Sperrschichtfets überlegen.

Unterhalb einer bestimmten Frequenz steigt sowohl das Spannungs- als auch das Stromrauschen an, wie Abb. 5.65 zeigt. Da die Rauschdichte hier umgekehrt proportional zur Frequenz ist, wird dieses Rauschen als $1/f$-Rauschen bezeichnet. Die Frequenz, bei der es in das weiße Rauschen übergeht, ist bei CMOS-Operationsverstärkern deutlich höher als bei Typen mit Bipolartransistoren oder Sperrschichtfets am Eingang. Üblicherweise wird in den Datenblättern die Rauschdichte im Bereich des weißen Rauschens angegeben; das ist der Bereich, in dem die Rauschdichte frequenzunabhängig ist. Wenn man sich für den Beitrag der Rauschspannung interessiert, der im $1/f$-Bereich liegt, muß man über die Rauschdichte integrieren; man erhält dann:

$$U_r = U_{rd} \sqrt{f_{gU} \ln \frac{f_{max}}{f_{min}} + (f_{max} - f_{min})} \tag{5.73}$$

$$I_r = I_{rd} \sqrt{f_{gI} \ln \frac{f_{max}}{f_{min}} + (f_{max} - f_{min})} \tag{5.74}$$

Darin sind $f_{max}$ und $f_{min}$ die Grenzfrequenzen des interessierenden Bereichs und $f_{gU}$, $f_{gI}$ die Grenzfrequenzen des $1/f$ Rauschens. Sie sind als Beispiel für das Stromrauschen des CMOS-Operationsverstärkers in Abb. 5.65 eingezeichnet. Hier ergibt sich im Frequenzbereich von 100Hz bis 100kHz ein Rauschstrom von:

$$I_r = 0,01 \frac{\text{fA}}{\sqrt{\text{Hz}}} \sqrt{1\text{MHz} \ln \frac{100\text{kHz}}{100\text{Hz}} + (100\text{kHz} - 100\text{Hz})} = 26\,\text{pA}$$

## 5.3
## Der Transkonduktanz-Verstärker (VC-OPV)

Ein Transkonduktanzverstärker (Operational Transconductance Amplifier OTA) unterscheidet sich von einem konventionellen Operationsverstärker dadurch, daß er einen hochohmigen Ausgang besitzt; sein Ausgang verhält sich wie eine Stromquelle wie wir in der Übersicht in Abb. 5.3 gesehen haben. Man kann jeden VV-Operationsverstärker in einen VC-Operationsverstärker umwandeln, indem man den Emitterfolger am Ausgang wegläßt [5.7].

### 5.3.1
### Innerer Aufbau

Zur einfachsten Schaltung eines VC-Operationsverstärkers gelangt man, wenn man von Abb. 5.11 ausgeht und dort den Emitterfolger wegläßt. Dann ergibt sich die Schaltung in Abb. 5.66. Die charakteristische Größe ist hier die Übertragungssteilheit, die Transkonduktanz (Transconductance), deren Größe man am Modell direkt ablesen kann:

$$S_D = \frac{I_q}{U_D} = \frac{I_{ak}}{U_D} = \frac{1}{2\,r_S} = \frac{1}{2}\,S = \frac{1}{2}\frac{I_0}{U_T} \tag{5.75}$$

Wenn man den Ausgang offen läßt, fließt der Strom $I_q$ durch den Ausgangswiderstand $r_{CE4}$ und bewirkt die Leerlaufspannungsverstärkung:

$$\frac{U_a}{U_D} = \frac{I_q}{U_D}\,r_{CE4} = S_D\,r_{CE4} = \frac{1}{2}\frac{I_0}{U_T}\frac{U_A}{I_0} = \frac{1}{2}\frac{100\text{V}}{26\text{mV}} = 1923$$

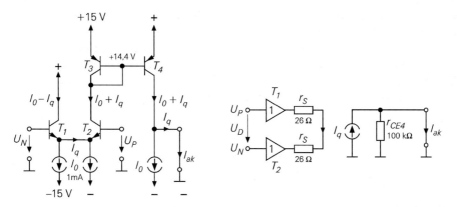

**Abb. 5.66.** Einfacher VC-Operationsverstärker. Die eingetragenen Werte gelten für $I_0 = 1\text{mA}$

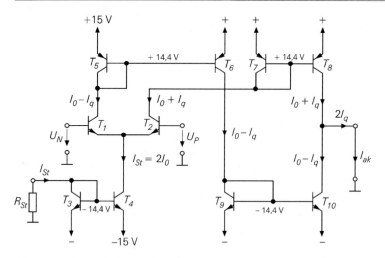

**Abb. 5.67.** Schematischer Aufbau des CA3080 von Harris. Die Schaltung wird auch als *Operational Transconductance Amplifier - OTA -* bezeichnet.

also derselbe Wert wie beim VV-Operationsverstärker in Abb. 5.11. Wie groß die Spannungsverstärkung bei angeschlossener Last ist, hängt natürlich stark von der Größe des Lastwiderstandes ab, da der Ausgang hier mit 100kΩ sehr viel hochohmiger ist als beim VV-Operationsverstärker wo er 1kΩ und weniger beträgt. Bei hochohmigen Lasten, bei denen sich eine ausreichende Differenzverstärkung ergibt, verhalten sich die VC-Operationsverstärker fast genauso wie VV-Operationsverstärker.

Bei der praktischen Ausführung der Schaltung in Abb. 5.67 nutzt man beide Ausgangsströme des Eingangsdifferenzverstärkers aus, um auch die untere Stromquelle am Ausgang zu steuern. Dadurch erhält man nicht nur die doppelten Ausgangsströme, sondern auch eine stark verbesserte Nullpunktstabilität, da sich hier die Ruheströme $I_0$ am Ausgang genau aufheben.

Eine Besonderheit besteht hier darin, daß der Anwender den Strom $I_0$ vorgeben kann. Dazu dient im einfachsten Fall der Widerstand $R_{St}$, an dem eine Spannung abfällt, die um 0, 6V kleiner ist als die negative Betriebsspannung. Um einen Nennstrom von $I_{St} = 0,5$mA einzustellen, ist daher ein Widerstand

$$R_{St} = \frac{14,4\text{V}}{0,5\text{mA}} = 28,8\text{k}\Omega$$

erforderlich. Der maximale Ausgangsstrom beträgt dann $I_{a,\max} = I_{St} = 2I_0 = 0,5$mA. Mit dem Strom $I_{St}$ läßt sich die Steilheit der Schaltung gemäß (5.75) einstellen und damit auch ihre Spannungsverstärkung. Wenn man einen Lastwiderstand $R_L$ anschließt, der klein gegenüber dem Ausgangswiderstand der Schaltung ist, ergibt sich

$$U_a = S_D R_L U_D = \frac{R_L}{2\,U_T}\,I_{St}U_D$$

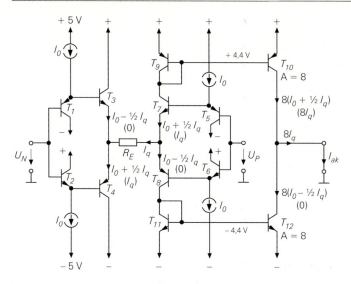

**Abb. 5.68.** Beispiel für einen modernen VC-Operationsverstärker mit dem (z.B. MAX436). Die Schaltung wird auch als Wideband Transconductance Amplifier – WTA – bezeichnet. In Klammern ist der Fall $I_q > I_0$ angegeben

Diese Eigenschaft läßt sich dazu ausnutzen, zwei Spannungen zu multiplizieren, wenn man den Strom $I_{St}$ proportional zu einer zweiten Eingangsspannung macht. Im Zusammenhang werden solche Schaltungen in Kap. 11.8.2 auf S. 801 beschrieben.

Wegen seiner veralteten Technologie und der kleinen Ausgangsströme hat der CA3080 heute keine praktische Bedeutung mehr. Mit dem MAX436 von Maxim bzw. dem OPA660 von Burr Brown gibt es jedoch moderne Nachfolger, die im Gegentakt-AB-Betrieb arbeiten und daher entspechend große Ausgangsströme liefern können. Die Schaltung in Abb. 5.68 ergibt sich, indem man von dem VV-Operationsverstärker in Abb. 5.28 ausgeht und die Impedanzwandler-Endstufe wegläßt. Der besondere Vorteil dieser Schaltung besteht darin, daß sie auch für Ströme $I_q > 2I_0$ funktioniert, wenn die obere bzw. untere Hälfte der Schaltung sperrt.

Bei den neueren Typen hat der Anwender die Möglichkeit, die Steilheit mit dem Emitterwiderstand $R_E$ zu reduzieren. Abbildung 5.69 zeigt, daß dieser Widerstand in Reihe mit den Steilheitswiderständen der Eingangstransistoren liegt.

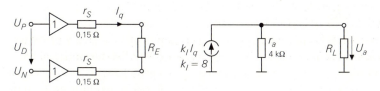

**Abb. 5.69.** Modell des MAX436

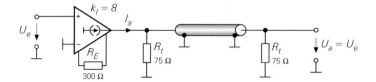

**Abb. 5.70.** Einsatz eines VC-Operationsverstärkers zum Treiben von Koaxialleitungen

Wenn man außerdem berücksichtigt, daß die Stromspiegel beim MAX436 ein Übersetzungsverhältnis von $k_I = 8$ besitzen, erhält man für die Steilheit der Schaltung:

$$S_D = \frac{I_{ak}}{U_D} = \frac{k_I I_q}{U_D} = \frac{k_I}{2\,r_S + R_E} \approx \frac{k_I}{R_E}$$

Die Spannungsverstärkung der Schaltung ergibt sich in Verbindung mit einem Lastwiderstand:

$$A = S_D\,(R_L \| r_a) = \frac{k_I}{R_E}\,(R_L \| r_a) \overset{r_a \gg R_L}{\approx} k_I\,\frac{R_L}{R_E}$$

Da sich durch die Stromgegenkopplung mit $R_E$ jede beliebige Verstärkung einstellen läßt, verzichtet man auf eine zusätzliche Spannungsgegenkopplung.

Man sieht, daß alle hier gezeigten VC-Operationsverstärker am Ausgang mit Transistoren in Emitterschaltung arbeiten, um einen hohen Ausgangswiderstand zu erreichen. Daher ist hier im Prinzip keine besondere Schaltung wie bei den VV-Operationsverstärker in Abschnitt 5.2.5 erforderlich, um einen Rail-to-Rail Ausgang zu realisieren. Die handelsüblichen VC-Operationsverstärker besitzen jedoch teilweise Wilson-Stromspiegel, die einen minimalen Spannungsabfall von $0,8\mathrm{V}$ erfordern siehe Kapitel 4.1.1 auf S. 335.

### 5.3.2
### Typische Anwendung

VC-Operationsverstärker eignen sich besonders zum Treiben von Koaxialleitungen. Dabei geht man davon aus, daß ihr Ausgangswiderstand groß gegenüber dem Wellenwiderstand der Leitung ist. Dann kann man die Leitung, wie Abb. 5.70 zeigt, an beiden Enden parallel mit dem Wellenwiderstand terminieren. Der Verstärker wird hier lediglich mit Stromgegenkopplung durch $R_E$ betrieben. Für die Ausgangsspannung erhält man:

$$U_a = \frac{1}{2}\,I_a R_W = \frac{k_I}{2}\,\frac{R_W}{R_E}\,U_e$$

Damit $U_a = U_e$ wird, muß man dem Stromgegenkopplungswiderstand den Wert $R_E = k_I\,R_W/2$ geben. Der Vorteil der hier vorliegenden Parallel-Terminierung besteht darin, daß die Spannung am Koaxkabel genauso groß ist wie die Ausgangsspannung des Verstärkers. Besonders bei niedrigen Betriebsspannungen ist das ein Vorteil gegenüber der Serien-Terminierung bei niederohmigen Ausgängen,

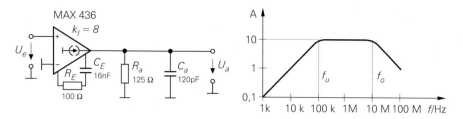

**Abb. 5.71.** Passiver Bandpaß mit entkoppelten Grenzfrequenzen

weil dort der Verstärker die doppelte Spannung aufbringen muß. Daß der Verstärker hier den doppelten Strom bereitstellen muß, ist bei niedrigen Betriebsspannungen meist kein Problem.

Eine andere typische Anwendung zeigt das Bandpaßfilter in Abb. 5.71. Auch hier wird der VC-Operationsverstärker über den Emitterwiderstand mit einer definierten Steilheit betrieben. Im Unterschied zu den bisherigen Schaltungen wird hier jedoch ein komplexer Emitterwiderstand eingesetzt, um einen Hochpaß zu erhalten. Das $RC$-Glied am Ausgang wirkt als Tiefpaß. Die beiden Grenzfrequenzen sind durch den Verstärker entkoppelt:

$$f_u = \frac{1}{2\pi R_E C_E} \qquad f_o = \frac{1}{2\pi R_a C_a}$$

Die Verstärkung bei mittleren Frequenzen beträgt $A = k_I \, R_a/R_E$. Die kapazitive Last am Ausgang ist hier unkritisch, da die Schaltung keine Spannungsgegenkopplung besitzt. Aber selbst bei Spannungsgegenkopplung sind VC-Operationsverstärker robust gegen kapazitive Lasten, da hier der Hochimpedanzpunkt, der die niedrigste Grenzfrequenz besitzt, am Ausgang liegt. Eine Lastkapazität verringert die Grenzfrequenz und verbessert dadurch die Stabilität der Schaltung.

## 5.4
## Der Transimpedanz-Verstärker (CV-OPV)

Ein Transimpedanzverstärker unterscheidet sich von einem konventionellen Operationsverstärker dadurch, daß sein invertierender Eingang niederohmig ist; dieser Eingang ist also stromgesteuert, wie wir in der Übersicht in Abb. 5.3 gesehen haben. Aus diesem Grund bezeichnet man den Transimpedanz-Verstärker auch als CV-Operationsverstärker.

## 5.4.1
## Innerer Aufbau

Die einfachste Ausführung eines CV-Verstärkers ist in Abb. 5.72b dargestellt, daneben ein normaler VV-Verstärker zum Vergleich. Man kann den Transistor $T_1$ des Differenzverstärkers beim VV-Operationsverstärker als Impedanzwandler für den invertierenden Eingang auffassen. Beim CV-Operationsverstärker läßt

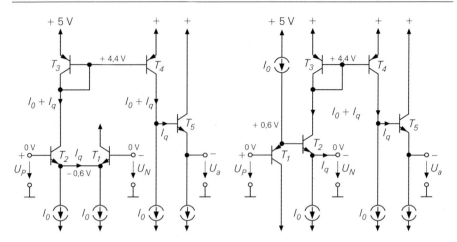

**Abb. 5.72.** Vergleich eines VV-Operationsverstärkers mit einem CV-Operationsverstärker. Der Strom $I_q$ ist nicht der Basisstrom von $T_5$, sondern der Signalstrom, der die Spannungsverstärkung an diesem Punkt bestimmt. Der Emitterstrom wurde in zwei Hälften geteilt, um die Stromdifferenz $I_q$ einzeichnen zu können. In dieser und den folgenden Schaltungen kann man ebenso gut einen gemeinsamen Emitterstrom der Größe $I_k = 2I_0$ einsetzen

man ihn weg; auf diese Weise ergibt sich ein niederohmiger invertierender Eingang. Allerdings muß man dann die Emitter-Basisspannung von $T_2$ an anderer Stelle kompensieren. Diese Aufgabe übernimmt der pnp-Transistor am nichtinvertierenden Eingang. Beim CV-Operationsverstärker verwendet man also statt des npn-Emitterfolgers am Emitter von $T_2$ einen pnp-Emitterfolger an der Basis. Die Transistoren $T_1$ und $T_2$ bilden einen Spannungsfolger, der vom nichtinvertierenden zum invertierenden Eingang führt. Er besitzt den Ausgangswiderstand $r_S = 1/S$. Die Signale, die man am nichtinvertierenden Eingang anlegt, werden nach Impedanzwandung an den invertierenden Eingang übertragen. Daher wird die Spannungsdifferenz zwischen den Eingängen durch die Konstruktion der Schaltung zu Null und nicht erst durch die äußere Gegenkopplung, wie beim VV-Operationsverstärker. Wegen dieser Eigenschaft zeigt das kleine zusätzliche Verstärker-Symbol vom nichtinvertierenden zum invertierenden Eingang des Schaltsymbols in Abb. 5.73.

Ungewöhnlich ist die Stromsteuerung des invertierenden Eingangs. Wenn in Abb. 5.72b der Strom $I_q$ fließt, erhöht sich der Strom durch $T_2$. Diese Erhöhung wird mit dem Stromspiegel übertragen und nach Abzug des Stroms $I_0$ bleibt der Strom $I_q$ übrig. Dieser Strom ist nicht der Basisstrom von $T_5$, der hier vernachlässigt wird, sondern der Strom, der an dem Innenwiderstand der Schaltung $r_{CE}$ die Spannungsverstärkung bewirkt. Die Funktionsweise läßt sich gut an dem Modell in Abb. 5.73 verstehen. Daher ergibt sich die Ausgangsspannung

$$U_a = I_q Z = \frac{U_D}{r_S} Z$$

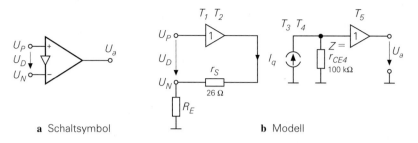

**a** Schaltsymbol                                              **b** Modell

**Abb. 5.73.** Schaltsymbol und Modell eines CV-Operationsverstärkers. Die eingetragenen Werte gelten für einen Wert von $I_0 = 1\text{mA}$.

Daraus folgt die Spannungsverstärkung bei unbelastetem Ausgang:

$$A_D = \frac{U_a}{U_D} = \frac{Z}{r_S} = \frac{r_{CE4}}{r_S} = \frac{U_A}{U_T} = \frac{100\text{V}}{26\text{mV}} = 3846$$

Darin ist $Z$ die Transimpedanz, nach der diese Verstärker benannt werden. Je höher sie ist, desto größer wird auch die Differenzverstärkung. Schaltungstechnisch handelt es sich um den Innenwiderstand am Hochimpedanzknoten, hier am Kollektor von $T_4$. Zur Gegenkopplung wird wie beim VV-Operationsverstärker beim CV-Operationsverstärker ein Teil der Ausgangsspannung über einen Spannungsteiler auf den invertierenden Eingang rückgekoppelt. Hier reduziert jedoch sein Innenwiderstand, der im Modell in Abb. 5.73 als $R_E$ dargestellt ist, die Spannungsverstärkung des Operationsverstärkers:

$$A_B = \frac{U_a}{U_P} = \frac{Z}{R_E + r_S} \tag{5.76}$$

Man sieht in Abb. 5.72, daß der Strom $I_q$ große positive Werte annehmen kann, die über den Stomspiegel an den Ausgang übertragen werden. Negative Ströme dürfen dagegen nicht größer als $I_0$ werden, da sonst der Transistor $T_1$ sperrt, und als Folge davon, auch der Stromspiegel. Um bei kleinen Ruheströmen große Signalströme mit beliebiger Polarität verarbeiten zu können, ergänzt man die Schaltung symmetrisch gemäß Abb. 5.74 und setzt Gegentakt-AB-Betrieb ein. Die Schaltung entspricht dem VV-Operationsverstärker im AB-Betrieb in Abb. 5.28; hier wurde lediglich der Impedanzwandler am invertierenden Eingang weggelassen. CV-Operationsverstärker werden immer im Gegentakt-AB-Betrieb *(current on demand)* aufgebaut. Das Prinzip des CV-Operationsverstärkers wurde zuerst von Comlinear in Hybridschaltungen eingesetzt. Sie waren naturgemäß teuer; daher wurden sie nur in Spezialfällen eingesetzt. Große Verbreitung haben die Verstärker erst gefunden, seitdem es monolithische Typen gibt, die nicht mehr kosten als normale Operationsverstärker; so wurde der EL2030 von Elantec zum Industriestandard. Allerdings setzt das eine Technologie voraus, mit der sich auch pnp-Transistoren mit guten Hochfrequenzeigenschaften herstellen lassen.

Die Spannungsverstärkung, die sich aus (5.76) ergibt, ist meist nicht ausreichend, da sie durch den Innenwiderstand $R_E$, der durch den Gegenkopplungsspannungsteiler gebildet wird, noch reduziert wird. Um die Spannungs-

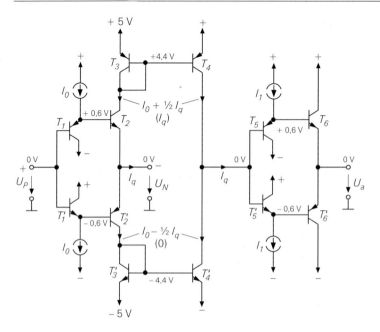

**Abb. 5.74.** Praktische Ausführung eines CV-Operationsverstärkers im Gegentakt-AB-Betrieb. In Klammern sind die Verhältnisse für große Ströme $I_q > I_0$ eingetragen. Operationsverstärkermit komplementären Stromspiegeln werden als Nelson-Verstärker bezeichnet.

verstärkung zu erhöhen, ist es auch hier üblich, den Innenwiderstandes am Hochimpedanzpunkt zu erhöhen. Dies ist gleichbedeutend mit der Erhöhung der Transimpedanz $Z$. Dazu kann man wie beim VV-Operationsverstärker in Abb. 5.25 bessere Stromspiegel einsetzen; in Abb. 5.75 werden deshalb Kaskode-Stromspiegel verwendet. Dadurch erhöht sich der Innenwiderstand gemäß (4.27) am Hochimpedanzpunkt um die Stromverstärkung $\beta$ der Transistoren. Um diesen Faktor steigt auch die Differenzverstärkung in (5.76):

$$A_B = \frac{Z}{R_E + r_S} = \frac{1}{2} \frac{\beta \, r_{CE}}{R_E + r_S} \qquad (5.77)$$

Der Faktor 1/2 berücksichtigt die Tatsache, daß am Hochimpedanzpunkt zwei gleichartige Stromquellen parallel geschaltet sind. Ein Nachteil der Kaskode-Stromquellen besteht darin, daß die Gleichtakt- und Ausgangsaussteuerbarkeit um 0,6V reduziert wird. Bei einer Betriebsspanung von $\pm 5$V beträgt sie nur $\pm 3,6$V.

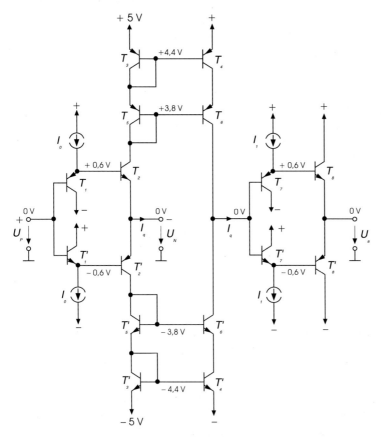

**Abb. 5.75.** Erhöhung der Spannungsverstärkung eines CV-Operationsverstärker durch Kaskode-Stromspiegel

### 5.4.2
### Frequenzverhalten

Transimpedanz-Verstärker werden nur in Anwendungen eingesetzt, in denen es auf hohe Bandbreite bzw. kurze Anstiegszeiten ankommt. Neuerdings gibt es aber auch Breitband-VV-Operationsverstärker, die in derselben Technologie hergestellt werden und im AB-Betrieb arbeiten wie in Abb. 5.28 gezeigt. Um die Unterschiede zu erklären haben wir in Abb. 5.76 beide Verstärker gegenüber gestellt. Der wesentliche Unterschied wird im Modell ersichtlich: beim CV-Operationsverstärker fehlt der Impedanzwandler am invertierenden Eingang. Die Steilheit der Eingangsstufe wird hier deshalb vom Widerstand am invertierenden Eingang bestimmt:

$$ S \; = \; \frac{I_q}{U_e} \; = \; \frac{1}{r_S + R_E} \; = \; \frac{1}{r_S + R_1 || R_N} $$

# VV-Operationsverstärker

ohne Gegenkopplung

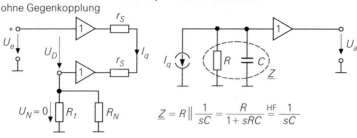

$$\underline{Z} = R \parallel \frac{1}{sC} = \frac{R}{1+sRC} \overset{HF}{=} \frac{1}{sC}$$

Ausgangsspannung $\underline{U}_a = I_q \underline{Z} = \dfrac{U_e}{2r_S} \underline{Z} = \underline{A}_D U_e$

Verstärkung $\underline{A}_D = \dfrac{\underline{U}_a}{\underline{U}_e} = \dfrac{\underline{Z}}{2r_S} = \dfrac{R/2r_S}{1+sRC}$

Fallunterscheidung $\underline{A}_D = \begin{cases} A_{D0} = \dfrac{R}{2r_S} & \text{für } f \ll f_g \\[2ex] \dfrac{1}{2s\,r_S\,C} & \text{für } f \gg f_g \end{cases}$

Grenzfrequenz $f_g = \dfrac{1}{2\pi\,RC}$

Transitfrequenz $f_T = \dfrac{1}{4\pi\,r_S\,C}$

mit Gegenkopplung

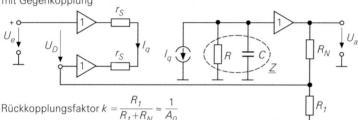

Rückkopplungsfaktor $k = \dfrac{R_1}{R_1+R_N} \approx \dfrac{1}{A_0}$

Verstärkung $\underline{A} = \dfrac{\underline{U}_a}{\underline{U}_e} = \dfrac{1+\underline{A}_D}{1+k\,\underline{A}_D} = \dfrac{1+k}{1+2r_S\,(k\underline{Z})} \approx \dfrac{1+k}{1+2s\,r_S\,C/k}$

Schleifenverstärkung

$$g_0 = \frac{A_{D0}}{A_0} \sim \frac{1}{A_0}$$

Fallunterscheidung $\underline{A} = \begin{cases} A_0 \approx \dfrac{1}{k} = 1 + \dfrac{R_N}{R_1} & \text{für } f \ll f_g \\[2ex] \dfrac{1}{2s\,r_S\,C} = -j\dfrac{f_T}{f} & \text{für } f \gg f_g \end{cases}$

Transitfrequenz $f_T = \dfrac{1}{2s\,r_S\,C} = \text{const}$

Grenzfrequenz

$$f_g = \frac{k}{4\pi\,r_S\,C} \approx \frac{f_T}{A_0}$$

Frequenzgang

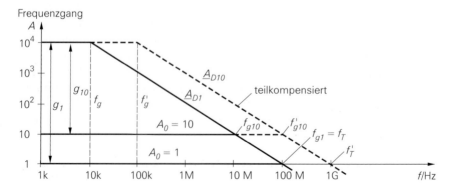

**Abb. 5.76.** Gegenüberstellung von VV- und CV-Operationsverstärker

# CV-Operationsverstärker

ohne Gegenkopplung

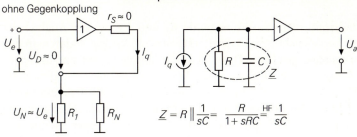

$$\underline{Z} = R \,\|\, \frac{1}{sC} = \frac{R}{1+sRC} \overset{HF}{=} \frac{1}{sC}$$

Ausgangsspannung $\underline{U}_a = I_q \underline{Z} = \dfrac{U_e}{R_1 \| R_N} \underline{Z}$

Verstärkung $\underline{A}_D = \dfrac{\underline{U}_a}{\underline{U}_e} = \dfrac{\underline{Z}}{R_1 \| R_N} = \dfrac{R / (R_1 \| R_N)}{1+sRC}$

Fallunterscheidung $\underline{A}_D = \begin{cases} A_{D0} = \dfrac{R}{R_1 \| R_N} & \text{für } f \ll f_g \\[2ex] \dfrac{1}{s\,(R_1 \| R_N)C} & \text{für } f \gg f_g \end{cases}$

Grenzfrequenz $f_g = \dfrac{1}{j\,2\pi\,RC}$

Transitfrequenz $f_T = \dfrac{1}{2\pi\,(R_1 \| R_N)C}$

mit Gegenkopplung

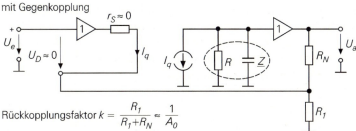

Rückkopplungsfaktor $k = \dfrac{R_1}{R_1 + R_N} \approx \dfrac{1}{A_0}$

Verstärkung $\underline{A} = \dfrac{\underline{U}_a}{\underline{U}_e} = \dfrac{1 + R_1/R_N}{1 + R_1/\underline{Z}} = \dfrac{1+k}{1 + s\,R_N C}$

Fallunterscheidung $\underline{A} = \begin{cases} A_0 \approx \dfrac{1}{k} = 1 + \dfrac{R_N}{R_1} & \text{für } f \ll f_g \\[2ex] \dfrac{1}{s\,k\,R_N C} = \dfrac{1}{s\,(R_1 \| R_N)C} & \text{für } f \gg f_g \end{cases}$

Schleifenverstärkung
$$g_0 = k\,A_{D0} = \frac{R}{R_1} = \text{const}$$

Transitfrequenz $f_T = \dfrac{1}{2\pi\,(R_1 \| R_N)C} = \dfrac{A_0}{2\pi\,R_N C} \sim A_0$

Grenzfrequenz
$$f_g = \frac{1}{2\pi\,R_N C} = \text{const}$$

Frequenzgang

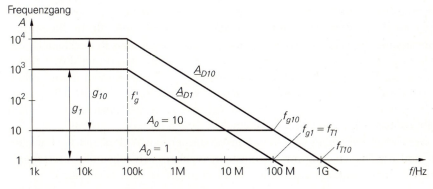

**Abb. 5.76.** Gegenüberstellung von VV- und CV-Operationsverstärker

Aus diesem Grund muß man die Widerstände $R_1$ und $R_N$ bei der Analyse der offenen Schaltung berücksichtigen. In der Praxis ist $r_S \ll R_1 \| R_N$, sodaß man den Einfluß von $r_S$ vernachlässigen kann. Dann ist die Spannung $U_D \approx 0$ und die Spannung $U_e$ fällt an $R_1$ und $R_N$ ab. Deshalb ist die Verstärkung eines CV-Operationsverstärkers deutlich niedriger als die eines vergleichbaren VV-Operationsverstärkers, mit gleichem Widerstand $R$ am Hochimpedanzpunkt. Da $R$ meist in der Größenordnung von 1MΩ liegt, bestimmt er nur bei niedrigen Frequenzen die Verstärkung. Die parasitären Kapazitäten $C$ von wenigen Pikofarad bewirken schon im Niederfrequenzbereich einen Abfall der Verstärkung. Rechnerisch läßt sich das berücksichtigen, indem man mit $\underline{Z}$, der Parallelschaltung von $R$ und $C$, rechnet. Für hohe Frequenzen bestimmt die Kapazität das Verhalten, man braucht dann den Widerstand nicht zu berücksichtigen; dadurch läßt sich die Rechnung vereinfachen. Man sieht, daß die Grenzfrequenz von beiden Verstärkern dieselbe ist. Die Transitfrequenzen sind jedoch verschieden: während die des VV-Operationsverstärkers durch den inneren Aufbau vorgegeben ist, hängt die des CV-Operationsverstärkers von der äußeren Beschaltung ab.

Bei der Analyse des gegengekoppelten CV-Operationsverstärkers muß man auch den Strom am invertierenden Eingang berücksichtigen und darf den Gegenkopplungsspannungsteiler nicht als unbelastet annehmen wie beim VV-Operationsverstärker. Zur Berechnung der Spannungsverstärkung wendet man die Knotenregel auf den invertierenden Eingang an:

$$\frac{U_a - U_e}{R_N} - \frac{U_e}{R_1} + \frac{U_a}{\underline{Z}} = 0$$

Für niedrige Frequenzen ergibt sich genau dasselbe Ergebnis wie beim VV-Operationsverstärker wie der Vergleich in Abb. 5.76 zeigt. Es ist verwunderlich, daß der Strom am invertierenden Eingang das Ergebnis nicht verändert. Die Ursache dafür ist, daß der Strom $I_q$ klein ist, denn selbst für eine Ausgangsspannung von 5V ist bei einem Widerstand von $R = 1$MΩ nur ein Strom von $I_q = 5\mu A$ erforderlich.

Die Grenzfrequenz des gegengekoppelten VV-Operationsverstärkers wird umso kleiner, je größer die eingestellte Verstärkung ist; bei ihm ist das Verstärkung-Bandbreite-Produkt konstant, gleich der Transitfrequenz, wie Abb. 5.76 zeigt. Beim CV-Operationsverstärker läßt sich bei Gegenkopplung eine Grenzfrequenz erzielen, die unabhängig von der eingestellen Verstärkung ist, indem man $R_N$ konstant läßt und die Verstärkung mit $R_1$ einstellt. In diesem Fall bleibt nämlich die Schleifenverstärkung konstant: wenn man $R_1$ verkleinert, um die Verstärkung zu erhöhen, erhöht sich die Leerlaufverstärkung durch Reduzierung der Stromgegenkopplung in demselben Maß. Aus diesem Grund geben die Hersteller in der Regel einen optimalen Wert für $R_N$ an, bei dem die Schleifenverstärkung gerade so groß ist, daß sich ein günstiges Einschwingverhalten ergibt. Dieser Wert von $R_N$ ist bei manchen Typen bereits eingebaut.

Wenn man bei einem CV-Operationsverstärker den Widerstand $R_N$ konstant hält und die Verstärkung mit $R_1$ einstellt, ergeben sich folgende Unterschiede zum VV-Operationsverstärker, wie die Gleichungen in Abb. 5.76 zeigen:

- Die Bandbreite der gegengekoppelten Schaltung ist unabhängig von der gewählten Verstärkung.
- Die Schleifenverstärkung der gegengekoppelten Schaltung ist unabhängig von der gewählten Verstärkung.
- Die Transitfrequenz der gegengekoppelten Schaltung ist proportional zur gewählten Verstärkung.

Auch beim VV-Operationsverstärker ist eine angepaßte Frequenzgangkorrektur möglich (s. Abb. 5.37); hier muß man jedoch mit der Verstärkung die Korrekturkapazität verändern. Wenn man das macht, ergibt sich auch dort eine konstante Grenzfrequenz, wie Abb. 5.76 zeigt.

Zwei Eigenschaften, in denen beide Schaltungen übereinstimmen, kann man den Gleichungen entnehmen:

- Die Bandbreite der gegengekoppelten Schaltung ist um die Schleifenverstärkung größer als die des offenen Verstärkers.
- Die Transitfrequenz der Schaltung wird durch die Gegenkopplung nicht verändert.

Diese Zusammenhänge werden durch die dargestellten Frequenzgänge in Abb. 5.76 veranschaulicht.

### 5.4.3
### Typische Anwendungen

Damit die Gegenkopplung des CV-Operationsverstärkers die Verstärkung durch Stromgegenkopplung bestimmen kann, muß sie aus ohmschen Widerständen bestehen. Die Schaltung wird instabil, wenn man $R_N$ oder $R_1$ durch einen Kondensator ersetzt. Deshalb läßt sich mit CV-Operationsverstärkern kein Integrator oder Differentiator realisieren. Sie werden daher hauptsächlich als Verstärker mit hoher Bandbreite eingesetzt, z.B. als Videoverstärker. Dabei ist der Betrieb als invertierender- und nichtinvertierender Verstärker möglich, wie Abb. 5.77 zeigt. Der Widerstand $R_N$ bestimmt die Schleifenverstärkung; er ist daher weitgehend durch den Verstärker vorgegeben. Der Widerstand $R_1$ bestimmt die Spannungs-

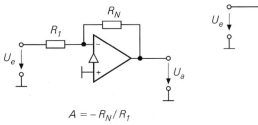

$A = -R_N/R_1$

**a** Invertierender Verstärker

$A = 1 + R_N/R_1$

**b** Nichtinvertierender Verstärker

**Abb. 5.77.** Anwendung des CV-Operationsverstärkers als Verstärker

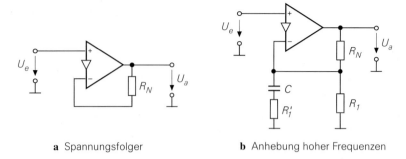

**a** Spannungsfolger          **b** Anhebung hoher Frequenzen

**Abb. 5.78.** CV-Operationsverstärker als nichtinvertierender Verstärker

verstärkung; bei höherer Verstärkung wird er recht niederohmig. Da der Widerstand $R_1$ beim nichtinvertierenden Verstärker den Eingangswiderstand darstellt, bevorzugt man meist den nichtinvertierenden Betrieb.

Wichtig ist, daß der Widerstand $R_N$ auch bei der Verstärkung $A = 1$ seinen Sollwert besitzen muß und nicht zu Null gemacht werden darf, siehe Abb. 5.78a. Man kann hier lediglich den Widerstand $R_1$ weglassen. Um dem Abfall der Verstärkung in der Nähe der Grenzfrequenz entgegenzuwirken, kann man sie mit dem zusätzlichen $R_1'C$-Glied in Abb. 5.78b anheben. In diesem Fall muß man jedoch prüfen, ob man denselben Effekt nicht auch mit einer höheren Schleifenverstärkung erzielt, die sich bei niederohmiger Dimensionierung des Gegenkopplungsspannungsteilers ergibt.

## 5.5
## Der Strom-Verstärker (CC-OPV)

Der CC-Operationsverstärker unterscheidet sich vom CV-Operationsverstärker in derselben Weise wie der VC-Operationsverstärker vom VV-Operationsverstärker, nämlich durch Weglassen des Impedanzwandlers am Ausgang.

## 5.5.1
## Innerer Aufbau

Das Prinzipschaltbild ist in Abb. 5.79a dargestellt. Man sieht, daß hier im Vergleich zu dem CV-Verstärker in Abb. 5.72 lediglich der Emiterfolger am Ausgang fehlt. Wenn man einmal in Gedanken den invertierenden Eingang an Masse legt, läßt sich die Schaltung in zwei Teile zerlegen:

- den in Emitterschaltung betriebenen Transistor $T_2$ mit Offsetspannungskompensation durch $T_1$
- den Stromspiegel, der durch die Transistoren $T_3$ und $T_4$ gebildet wird

Weil der Strom, der am invertierenden Eingang fließt, zum Ausgang übertragen wird, wird der CC-Operationsverstärker auch als *Stromverstärker* bezeichnet. Bei

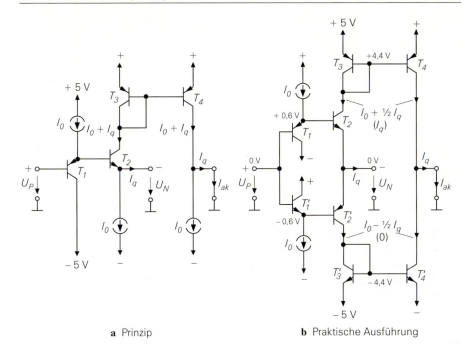

**a** Prinzip        **b** Praktische Ausführung

**Abb. 5.79.** Innerer Aufbau von CC-Operationsverstärkers

der Schaltung in Abb. 5.79 ist der Ausgangsstrom gleich dem Eingangsstrom; der Stromverstärkungsfaktor ist hier also Eins. Wenn man dem Stromspiegel einen Übersetzungsfaktor gibt, lassen sich auch größere Verstärkungsfaktoren erreichen; Werte bis zu $k_I = 8$ sind erhältlich.

Der ganze Operationsverstärker ist also nichts als ein erweiterter Transistor. Deshalb sind für den CC-Operationsverstärker auch zwei Schaltsymbole gebräuchlich, die in Abb. 5.80a,b dargestellt sind. Wenn man ihn in Schaltungen einsetzt, die auch beim VV-Operationsverstärker gebräuchlich sind, ist das Operationsverstärker-Schaltsymbol vorzuziehen. Man kann den CC-Operationsverstärker aber auch wie einen Transistor verwenden; dann ist das Transistor-Symbol vertrauter. Zwischen dem CC-Operationsverstärker – dem Stromverstärker – und einem einfachen Transistor gibt es weitgehende Gemeinsamkeiten:

- der Kollektorstrom ist (betragsmäßig) gleich dem Emitterstrom
- der Eingangswiderstand an der Basis ist hoch, am Emitter ist er niedrig
- der Ausgangswiderstand am Kollektor ist hoch

Daneben gibt es aber auch Unterschiede, die den Einsatz im Vergleich zum Transistor vereinfachen:

- der Kollektorstrom besitzt wegen des Stromspiegels die umgekehrte Richtung
- die Basis-Emitterspannung ist Null: $U_{BE,\,a} = 0$ wegen der Kompensation durch $T_1$

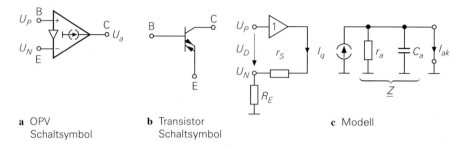

**a** OPV
Schaltsymbol

**b** Transistor
Schaltsymbol

**c** Modell

**Abb. 5.80.** Schaltsymbole eines CC-Operationsverstärkers; daneben das Modell

- der Emitter- und Kollektorstrom können beide Richtungen annehmen
- die Arbeitspunkteinstellung erfolgt intern

Aus diesen Gründen verhält sich ein CC-Operationsverstärker wie ein idealer Transistor. Er wird deshalb von der Firma Burr Brown auch als *Diamond Transistor* bezeichnet [5.8].

Der CC-Operationsverstärker besitzt wegen seines kurzen inneren Signalpfads besondere Vorteile für hohe Frequenzen. Aus diesem Grund wird er im Gegentakt-AB-Betrieb aufgebaut *(current on demand)*, um selbst bei kleinen Ruheströmen große Ausgangsströme zu ermöglichen. Die praktische Ausführung ist in Abb. 5.79c dargestellt. Wie der Vergleich mit dem Prinzip zeigt, sind hier die Stromquellen durch eine komplementäre Schaltung ersetzt.

Das Modell in Abb. 5.80b zeigt den hochohmigen, nicht invertierenden und den niederohmigen, invertiereden Eingang. Der Ausgang ist hochohmig. Der dominiernde Tiefpaß liegt am Ausgang. Seine Grenzfrequenz hängt von der angeschlossenen Last ab. Man sieht, daß der Kurzschlußstrom am Ausgang gleich dem Strom am invertiernden Eingang ist. Die Kurzschlußsteilheit der Schaltung ist gleich der Steilheit des Transistors $T_2$:

$$S = \frac{I_{ak}}{U_D} = \frac{1}{r_S} \tag{5.78}$$

Bei Anwendungen befindet sich meist ein Widerstand am invertierenden Eingang, durch den die Steilheit reduziert wird. Für die Betriebssteilheit der Schaltung erhält man:

$$S_B = \frac{I_{ak}}{U_P} = \frac{1}{r_S + R_E} \tag{5.79}$$

Daraus läßt sich auch die Leerlauf-Spannnungsverstärkung berechnen:

$$A_B = \frac{U_a}{U_P} = S_B \, R = \frac{R}{r_S + R_E} \tag{5.80}$$

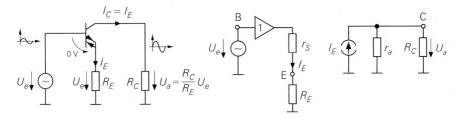

**Abb. 5.81.** Emitterschaltung eines CC-Operationsverstärker

## 5.5.2
## Typische Anwendung

Bei den meisten Anwendungen wird das Verhalten des CC-Operationsverstärker durch Sromgegenkopplung am invertierenden Eingang bestimmt, nur in Sonderfällen wendet man zusätzlich eine Spannungsgegenkopplung an [5.9].

### Anwendungen mit Stromgegenkopplung

**Emitterschaltung:** Da sich ein CC-Operationsverstärker weitgehend wie ein Transistor verhält, ist es naheliegend, ihn in den drei Grundschaltungen einzusetzen. Die Emitterschaltung ist in Abb. 5.81 dargestellt. Wenn man den Steilheitswiderstand $r_S$ vernachlässigt, ist $U_{BE} = 0$. Dann ergibt sich der Emitterstrom $I_E = U_e/R_E$. Da der Kollektorstrom genauso groß ist folgt daraus die Ausgangsspannung $U_a = U_e R_C / R_E$.

Zur exakten Berechnung der Spannungsverstärkung kann man von dem Modell des CC-Operationsverstärker in Abb. 5.80 ausgehen und den Arbeitswiderstand $R_C$ hinzufügen. Dann ergibt sich in Abb. 5.81 der Emitterstrom

$$I_E = \frac{U_e}{r_S + R_E}$$

Dieser Strom fließt auch im Augangsstrokreis und bewirkt dort den Spannungsabfall

$$U_a = I_E \left(r_a||R_C\right) = \frac{r_a||R_C}{r_S + R_E} U_e \approx \frac{R_C}{R_E} U_e$$

Wenn man den Ausgang mit einem Lastwiderstand belastet, muß man ihn bei der Berechnung der Spannungsverstärkung berücksichtigen. Am einfachsten faßt man ihn mit dem Kollektorwiderstand zusammen und rechnet mit $R_{C,\ ges}$. Um zu verhindern, daß sich ein Lastwiderstand auf die Spannungsverstärkung auswirkt, kann man einen Spannungsfolger(CC-Operationsverstärker in Kollektorschaltung) gemäß Abb. 5.82a zwischenschalten. Dafür ist der OPA660 besonders geeignet, da er neben dem CC-Operationsverstärker einen Spannungsfolger enthält. An diese Möglichkeit muß man bei allen Anwendungen von CC-Operationsverstärkern denken. Da die Arbeitspunkteinstellung – wie bei jedem Operationsverstärker – intern erfolgt, wird der Kollektorwiderstand an Masse angeschlossen und

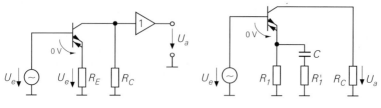

**a** Mit Impedanzwandler          **b** Anhebung hoher Frequenzen

**Abb. 5.82.** Erweiterungen eines in Emitterschaltung betriebenen CC-Operationsverstärkers

nicht an der Betriebsspannung. Deshalb sind hier Schaltungen funktionsfähig, die beim normalen Transistor lediglich das Kleinsignal-Ersatzschaltbild darstellen.

Um einem Abfall der Verstärkung bei hohen Frequenzen entgegenzuwirken, kann man den wirksamen Emitterwiderstand in diesem Frequenzbereich verkleinern indem man ein zusätzliches RC-Glied wie in Abb. 5.82b parallel schaltet.

**Kollektorschaltung:** Bei der Kollektorschaltung in Abb. 5.83 entnimmt man das Ausgangssignal am Emitter. Der Kollektor liegt auf konstantem Potential. Da die Arbeitspunkteinstellung hier intern erfolgt, legt man den nicht benötigten Kollektor auf Nullpotential. Wenn man von der Näherung $U_{BE} = 0$ ausgeht, ist es offensichtlich, daß die Spannungsverstärkung $A = 1$ ist. Der Emitterwiderstand ist hier für die Funktionsweise nicht erforderlich; man kann ihn daher als Lastwiderstand betrachten.

Zur genaueren Berechnung der Spannungsverstärkung verwendet man am besten das Modell in Abb. 5.83. Hier sieht man, daß sich ein Spannungsteiler mit dem Steilheitswiderstand ergibt, der die Spannungsverstärkung

$$A = \frac{U_a}{U_e} = \frac{R_L}{r_S + R_L} \approx 1$$

besitzt. Man sieht in dem Modell auch, daß der Kollektorstrom ungenutzt nach Masse abfließt. Deshalb kann man beim Einsatz eines CC-Operationsverstärkers in Kollektorschaltung die Stromspiegel in Abb. 5.79 weglassen. Übrig bleibt dann eine komplementäre Darlingtonschaltung im AB-Betrieb.

Der Kollektorstrom läßt sich beim Betrieb in Kollektorschaltung aber auch sinnvoll nutzen, indem man den Kollektor mit dem Emitter verbindet wie

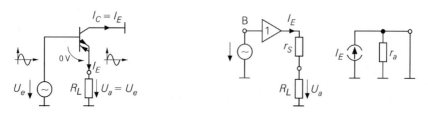

**Abb. 5.83.** Kollektorschaltung eines CC-Operationsverstärkers

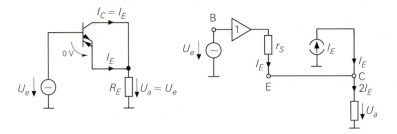

**Abb. 5.84.** Nutzung des Kollektorstroms beim CC-Operationsverstärker als Emitterfolger

Abb. 5.84 zeigt. Dadurch verdoppelt sich der Ausgangsstrom, da der Kollektorstrom beim CC-Operationsverstärker dieselbe Richtung besitzt wie der Emitterstrom. Zur Berechnung der Spannungsverstärkung verwenden wir das Modell und wenden die Knotenregel auf den Kollektor an:

$$2 \frac{U_e - U_a}{r_s} - \frac{U_a}{R_E} = 0 \quad \Rightarrow \quad U_a = \frac{R_E}{R_E + r_s/2} U_e$$

Man sieht, daß sich der Ausgangswiderstand durch diese Maßnahme halbiert.

**Basisschaltung:** Bei der Basisschaltung gelangt das Eingangssignal über einen Widerstand auf den Emitter und der Kollektorstrom erzeugt an dem Kollektorwiderstand das verstärkte Ausgangssignal wie Abb. 5.85 zeigt. Wenn man vom idealen CC-Operationsverstärker ausgeht, bei dem $U_{BE} = 0$ ist, ergibt sich ein Emitterstrom $I_E = - U_e/R_e$; dieser Strom verursacht am Kollektorwiderstand die Spannung

$$U_a = I_C R_C = - \frac{R_C}{R_e} U_e$$

Zur exakten Analyse verwendet man am besten das Modell in Abb. 5.85 und erhält:

$$U_a = - I_E (r_a \| R_C) = - \frac{r_a \| R_C}{r_s + R_E} U_e \approx - \frac{R_C}{R_E} U_e$$

Dies ist dasselbe Ergebnis wie bei der Emitterschaltung, nur mit negativem Vorzeichen. Im Vergleich zum einfachen Transistor besitzen die Emitter- und Basisschaltung des CC-Operationsverstärkers bei der Spannungsverstärkung das umgekehrte Vorzeichen.

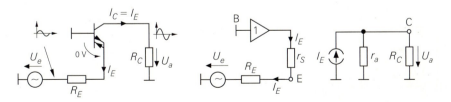

**Abb. 5.85.** Basisschaltung eines CC-Operationsverstärker

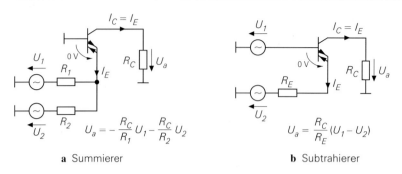

**a** Summierer                                **b** Subtrahierer

**Abb. 5.86.** CC-Operationsverstärker als Summierer und als Subtrahierer

Da der Emitter der Basisschaltung niederohmig auf Nullpotential liegt, lassen sich an diesem Punkt auch Ströme rückwirkungsfrei summieren wie am Summationspunkt eines VV-Operationsverstärkers. Diese Möglichkeit zeigt Abb. 5.86a. Man kann Emitter-und Basisschaltung auch kombinieren, und erhält dann den Subtrahierer in Abb. 5.86b.

**Differenzverstärker:** Aus zwei CC-Operationsverstärkern läßt sich ein Differenzverstärker aufbauen, wie Abb. 5.87 zeigt. Er besitzt viel Ähnlichkeit mit dem konventionellen Differenzverstärker mit Stromgegenkopplung in Abb. 4.57 auf S. 370. Da die Arbeitspunkteinstellung intern erfolgt, ist hier jedoch keine Emitterstromquelle erforderlich und die Kollektorwiderstände werden an Masse angeschlossen. Wenn man vom idealen CC-Operationsverstärker mit $U_{BE} = 0$ ausgeht, läßt sich der Querstrom direkt angeben:

$$I_q = \frac{U_{e1} - Ue2}{R_E} = \frac{U_D}{R_E}$$

Da der Kollektorstrom genauso groß ist, ergeben sich die Ausgangsspannungen:

$$U_{a1} = I_q R_C = \frac{R_C}{R_E} U_D \quad \text{und} \quad U_{a2} = -I_q R_C = -\frac{R_C}{R_E} U_D$$

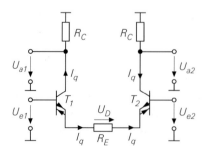

**Abb. 5.87.** Differenzverstärker aufgebaut aus zwei CC-Operationsverstärkern

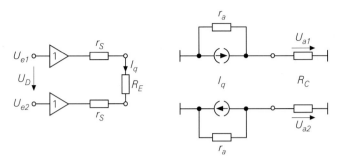

**Abb. 5.88.** Modell des Differenzverstärkers aus CC-Operationsverstärkern

Zur exakten Berechnung der Spannungsverstärkung kann man das Modell in Abb. 5.88 heranziehen. Hier lassen sich die Steilheitswiderstände bei der Berechnung des Querstroms berücksichtigen:

$$I_q = \frac{U_D}{R_E + 2r_S}$$

Die Ausgangswiderstände liegen parallel zu den Kollektorwiderständen, also gilt für die Ausgangsspannungen:

$$U_{a1} = \frac{R_C \| r_a}{R_E + 2r_S} U_D \quad \text{und} \quad U_{a2} = - \frac{R_C \| r_a}{R_E + 2r_S} U_D$$

Den Differenzverstärker haben wir bereits bei den Anwendungen des VC-Operationsverstärkers in Abb. 5.70 und 5.71 eingesetzt. Der externe Emitterwiderstand $R_E$ bestimmt die Steilheit der Schaltungen. Für die Kurzschlußsteilheit erhält man:

$$S = \frac{I_{a1}}{U_D} = \frac{1}{R_E + 2r_S}$$

Der MAX435 und der OPA2662 sind besonders geeignet zum Aufbau von Differenzverstärkern, da sie zwei CC-Operationsverstärker beinhalten.

**Gyrator:** Spannungsgesteuerte Stromquellen eignen sich besonders gut zur Realisierung von Gyratoren, da sich die erforderlichen Übertragungsgleichungen

$$I_1 = \frac{1}{R_G} U_2 \qquad I_2 = \frac{1}{R_G} U_1 \tag{5.81}$$

direkt realisieren lassen. Diese Gleichungen kann man in der Schaltung in Abb. 5.89 direkt ablesen, wenn man davon ausgeht, daß $U_{BE} = 0$ und $I_B = 0$ ist. Um die richtigen Vorzeichen für den Strom zu erhalten, reicht im Signalpfad von links nach rechts ein einfacher CC-Operationsverstärker aus, während in der Gegenrichtung ein Differenzverstärker gemäß Abb. 5.87 erforderlich ist. Um hochwertige Gyratoren zu realisieren, müssen die Stromquellen einen hohen Ausgangswiderstand besitzen. Dafür ist der SHC615 (Burr Brown) besonders gut geeignet, da er Kaskode-Stromspiegel am Ausgang besitzt, die einen Ausgangswiderstand im Megaohm-Bereich besitzen.

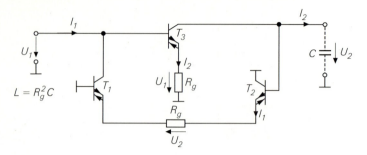

**Abb. 5.89.** Aufbau eines Gyrators aus CC-Operationsverstärkern als spannungsgesteuerte Stromquellen

Wenn man an einer Seite des Gyrators den Kondensator $C$ anschließt, erhält man gemäß (12.21) auf S. 833 an der anderen Seite die Induktivität $L = R_g^2 C$. Schließt man an beiden Seiten einen Kondensator an, ergibt sich ein Schwingkreis, den man mit einem Parallelwiderstand bedämpfen kann. Die entstehende Schaltung ist dann identisch mit dem Filter in Abb. 5.92, wenn man das Eingangssignal an der Basis von $T_1$ anlegt und das Ausgangssignal am Emitter von $T_2$ abnimmt. Es ist verblüffend, daß beide Filter, die vom Entwurf total verschieden sind, auf dieselbe Schaltung führen.

**Integrator:** Wenn man einen Kondensator mit einer spannungsgesteuerten Stromquelle ansteuert, ergibt sich ein Integrator. Nach diesem Prinzip arbeitet der Integrator in Abb. 5.90. Der CC-Operationsverstärker realisiert die spannungsgesteuerte Stromquelle; er liefert den Strom $I_C = U_e/R$, wenn man den Steilheitswiderstand vernachlässigt. An dem Kondensator egibt sich daher die Spannung

$$U_a = \frac{1}{C} \int I_C \, dt = \frac{1}{RC} \int U_e \, dt$$

Man kann natürlich auch im Frequenzbereich rechnen, wenn man den Widerstand des Kondensators einsetzt:

$$\underline{U}_a = \frac{\underline{I}_C}{sC} = \frac{\underline{U}_e}{sRC}$$

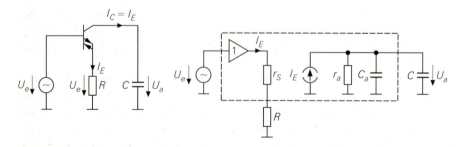

**Abb. 5.90.** CC-Operationsverstärker als Integrator

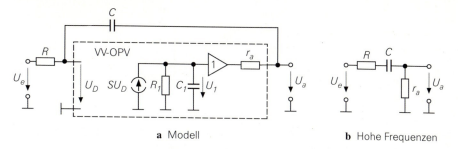

**a** Modell  **b** Hohe Frequenzen

**Abb. 5.91.** VV-Operationsverstärker als Integrator beschaltet

Um die Gleichungen nicht zu verfälschen, muß man die Spannung am Kondensator belastungsfrei abnehmen; im Normalfall ist daher noch ein Impedanzwandler erforderlich.

An dem Modell in Abb. 5.90 lassen sich die Auswirkungen der realen Eigenschaften eines CC-Operationsverstärkers auf den Integrator untersuchen. Der Steilheitswiderstand $r_S$ liegt auch hier in Reihe mit dem externen Emitterwiderstand $R$. Er läßt sich dadurch berücksichtigen, daß man den externen Widerstand entsprechend kleiner wählt.

Der dominierende Tiefpaß $r_a C_a$ begrenzt die untere Grenzfrequenz des Integrators auf den Wert $f_u = 1/2\pi r_a(C + C_a)$. Diese Einschränkung besitzen alle Integratoren, denn die Verstärkung müßte beim idealen Integrator bei niedrigen Frequenzen unendlich werden. Die parasitäre Kapazität $C_a$ stellt keine Einschänkung dar, da sie parallel zum Integrationskondensator $C$ liegt. Um sie zu berücksichtigen, kann man den externen Integrationskondesator $C$ entsprechend kleiner wählen. Man sieht, daß es aufgrund des Modells keine Begrenzung der Bandbreite zu hohen Frequenzen hin gibt. Aufgrund untergeordneter Effekte gibt es natürlich auch für den CC-Integrator eine obere Grenzfrequenz; sie liegt aber bei sehr hohen Frequenzen.

Im Vergleich dazu sind die Verhältnisse beim VV-Operationsverstärker sehr viel ungünstiger. In Abb. 5.91a ist ein VV-Operationsverstärker, dessen Modell hier eingezeichnet ist, als Integrator beschaltet. Oberhalb der Transitfrequenz $f_T = S/(2\pi C)$ wird die Spannung $U_1 = 0$; dann liegt der Ausgangswiderstand $r_a$ auf Nullpotential. Für diesen Fall läßt sich das Modell vereinfachen, wie Abb. 5.91b zeigt. Der Intergationskondensator wirkt jetzt als Koppelkondensator und überträgt das Eingangssignal zum Ausgang anstatt es kurzzuschließen. Die Schaltung arbeitet in diesem Frequenzbereich also lediglich als Spannungsteiler gemäß $U_a = U_e r_a/(r_a + R)$.

**Filter:** Da sich mit CC-Operationsverstärkern sehr gute Integratoren für hohe Frequenzen realisieren lassen, sind sie besonders für aktive Hochfrequenzfilter geeignet, die auf Integratoren beruhen (s. Kap. 13.11 auf S. 888). Ein Beispiel für ein kombiniertes Bandpaß-Tiefpaßfilter 2. Ordnung ist in Abb. 5.92 dargestellt [5.10]. Es besteht aus 2 CC-Integratoren und einem Spannungsfolger. Im Unterschied zu Integratorfiltern mit VV-Operationsverstärkern sind die CC-

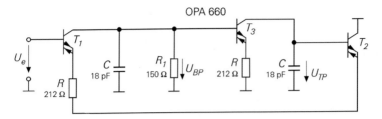

**Abb. 5.92.** Aktives Hochfrequenzfilter 2. Ordnung mit Bandpaß- bzw. Tiefpaß-Ausgang. Mit der eingetragenen Dimensionierung ergibt sich eine Resonanz- bzw. Grenzfrequenz von 30MHz bei einer Güte von $1/\sqrt{2}$ (Butterworth). Bei der Dimensionierung der Schaltung wurden Steilheitswiderstände von $r_S = 10\,\Omega$ und Schaltungskapazitäten von 6pF parallel zu den Integrationskondensatoren berücksichtigt. Die Schaltung arbeitet bis über 300MHz mit guter Genauigkeit.

Integratoren nicht invertierend. Deshalb benötigt man hier keinen Inverter in der Filterschleife. Man kann der Schaltung die Übertragungsfunktionen entnehmen:

$$\frac{\underline{U}_{TP}}{\underline{U}_e} = \frac{1}{1 + sCR^2/R_1 + s^2C^2R^2} \qquad (5.82)$$

$$\frac{\underline{U}_{BP}}{\underline{U}_e} = \frac{sRC}{1 + sCR^2/R_1 + s^2C^2R^2} \qquad (5.83)$$

$$f_g = \frac{1}{2\pi RC} \qquad Q = \frac{R_1}{R}$$

An den Gleichungen erkennt man, daß sich die Resonanzfrequenz und die Güte unabhängig voneinander einstellen lassen.

## Anwendungen mit Spannungsgegenkopplung

Eine Spannungsgegenkopplung ist beim CC-Operationsverstärker dadurch möglich, daß man einen Teil der Ausgangsspannung über einen Spannungsteiler auf den invertierenden Eingang rückkoppelt, wie in Abb. 5.93a dargestellt. Dadurch ergibt sich eine Schaltung, wie sie beim VV-Operationsverstärker als nichtinvertierender Verstärker üblich ist. Der Unterschied besteht hier jedoch darin, daß der Gegenkopplungsspannungsteiler mit dem Eingangsstrom belastet wird. Wenn man die Schaltung mit dem Transistor-Symbol gemäß Abb. 5.93b zeichnet, erkennt man, daß hier gleichzeitig eine Stromgegenkopplung vorliegt. Die Rückkopplung vom Kollektor zum Emitter bewirkt hier eine Gegenkopplung, da der Kollektorstrom gegenüber einem einfachen Transistor invertiert ist. Da die Gegenkopplungsschleife hier weder einen Impedanzwandler am Eingang noch am Ausgang besitzt, also den kürzest möglichen Weg nimmt, spricht man hier von direkter Gegenkopplung *direct feedback*.

Zur Berechnung der Spannungsverstärkung gehen wir vom idealen CC-Operationsverstärker aus, bei dem $U_D = U_{BE} = 0$ ist. Wenn der Ausgang un-

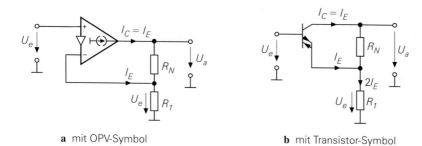

**a** mit OPV-Symbol    **b** mit Transistor-Symbol

**Abb. 5.93.** CC-Operationsverstärker mit Spannungsgegenkopplung kombiniert mit Stromgegenkopplung (direct feedback)

belastet ist, fließt durch den Widerstand $R_1$ der Strom $2I_E$. Der Emitterstrom beträgt also $I_E = U_e/2R_1$. Daraus läßt sich die Ausgangsspannung berechnen:

$$U_a = U_e + I_E R_N = U_e + \frac{R_N}{2R_1} U_e = \left(1 + \frac{R_N}{2R_1}\right) U_e$$

Diese Beziehung ist also ganz ähnlich wie beim VV-Operationsverstärker, lediglich die 2 im Nenner ist hier neu. Bei der Herleitung haben wir einen unbelasteten Ausgang $I_a = 0$ vorausgesetzt. Bei Belastung nimmt die Verstärkung ab. Wenn das störend ist, kann man einen Spannungsfolger nachschalten, wie er z.B. im OPA660 bereits enthalten ist.

Um den Einfluß des Steilheitswiderstands und des Ausgangswiderstands im CC-Operationsverstärker zu berücksichtigen, geht man am besten vom Modell in Abb. 5.94 aus. Wenn man hier die Knotenregel auf den Emitter und den Kollektor anwendet, erhält man:

$$\frac{U_e - U_1}{r_s} + \frac{U_a - U_1}{R_N} - \frac{U_1}{R_1} = 0$$

$$\frac{U_e - U_1}{r_s} + \frac{U_a - U_1}{R_N} - \frac{U_a}{r_a} = 0$$

Daraus folgt der exakte Wert für die Leerlaufspannungsverstärkung

$$A = \frac{U_a}{U_e} = \frac{1 + \dfrac{R_N}{2R_1}}{1 + \dfrac{1}{2r_a}\left(R_N + r_s + \dfrac{r_s R_N}{R_1}\right) + \dfrac{r_s}{2R_1}} \overset{\substack{r_a \to \infty \\ r_s = 0}}{=} 1 + \frac{R_N}{2R_1}$$

Die Bandbreite der Schaltung in Abb. 5.93 läßt sich ebenfalls am besten an dem Modell in Abb. 5.94 berechnen. Zur Vereinfachung gehen wir von einem – bis auf die Kapazität $C_a$ – idealen CC-Operationsverstärker aus, d.h. $r_s = 0$ und $r_a = \infty$. Zur Schaltungsanalyse kann man wieder die Knotenregel auf den Emitter und den Kollektor anwenden:

$$I_E + \frac{U_a - U_e}{R_N} - \frac{U_e}{R_1} = 0$$

$$I_E - \frac{U_a - U_e}{R_N} - U_a s C_a = 0$$

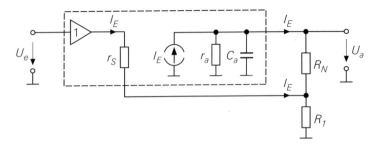

**Abb. 5.94.** Modell eines CC-Operationsverstärker zur Berechnung der Spannungsverstärkung und Bandbreite bei Spannungsgegenkopplung

Man erhält daraus die Spannungsverstärkung

$$\underline{A} = \frac{\underline{U}_a}{\underline{U}_e} = \frac{1 + \dfrac{R_N}{2R_1}}{1 + sR_N C_a/2}$$

Dieser Ausdruck enthält die bekannte Niederfrequenzverstärkung. Die Grenzfrequenz ergibt sich aus der Bedingung, daß der Imaginärteil im Nenner 1 sein muß; daraus folgt:

$$\omega_g = 2\pi f_g = \frac{2}{R_N C_a}$$

Weil $C_a$ wie eine Lastkapazität wirkt, die zusammen mit dem Ausgangswiderstand der Schaltung einen Tiefpaß mit $\omega_g = 1/(r_a C_a)$ bildet, folgt aus diesem Ergebnis $r_a = R_N/2$.

Der Ausgangswiderstand der Schaltung ist weder so hochohmig wie der Ausgang des Verstärkers selbst, da der Gegenkopplungsspannungsteiler am Ausgang liegt, noch so niederohmig wie bei gegengekoppelten VV-Operationsverstärkern da die Schleifenverstärkung hier niedriger ist. Zur Berechnung des Ausgangswiderstands gehen wir vom idealen CC-Operationsverstärker in Abb. 5.95a aus und ermitteln den Zusammenhang zwischen Ausgangsstrom und Ausgangsspannung für kurzgeschlossenen Eingang $U_e = 0$. Wir wollen hier auch solche CC-Operationsverstärker berücksichtigen, die eine Stromverstärkung $k_I = I_C/I_E$ besitzen, die größer als 1 ist. Für den Ausgangsstrom ergibt sich:

$$I_a = I_C - \frac{U_a}{R_N} = k_I I_E - \frac{U_a}{R_N} = -(k_I + 1)\frac{U_a}{R_N}$$

Daraus ergibt sich der Ausgangswiderstand

$$r_a = -\frac{U_a}{I_a} = \frac{R_N}{k_I + 1} \tag{5.84}$$

Der Widerstand $R_N$ wird also durch den Verstärker aktiv verkleinert. Der Ausgangswiderstand der Schaltung läßt sich mit dem Widerstand $R_N$ auf jeden gewünschten Wert einstellen; die Spannungsverstärkung läßt sich dann noch mit

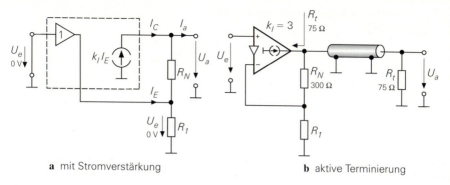

**a** mit Stromverstärkung           **b** aktive Terminierung

**Abb. 5.95.** CC-Operationsverstärker zur aktiven Terminierung

$R_1$ unabhängig wählen. Aus diesem Grund wird der CC-Operationsverstärker von Comlinear auch als *drive-R-amplifier* bezeichnet.

Um eine Leitung mit dem Wellenwiderstand von $R_t = 75\,\Omega$ zu treiben, ist z.B. beim OPA2662, der eine Stromverstärkung $k_I = 3$ besitzt, gemäß (5.84) ein Widerstand

$$R_N = R_t(k+1) = 4R_t = 4 \cdot 75\,\Omega = 300\,\Omega$$

erforerlich. Abb. 5.95b zeigt dieses Beispiel. Beim MAX436 mit $k_I = 8$ wäre ein Widerstand von $R_N = 675\,\Omega$ notwendig. Man sieht, daß die Verlustleistung im Terminierungwiderstand bei der aktiven Terminierung deutlich kleiner bleibt als bei der passiven Terminierung mittels eines Parallel- oder Serienwiderstands. Während die Verlustleistung bei der passiven Terminierung genauso groß wie die abgegebene Leistung ist, geht hier lediglich $1/(1 + k_I)$ der an die Leitung abgegebenen Leistung in dem Widerstand verloren.

Die Technik, den Ausgangswiderstand eines hochohmigen Verstärkers durch *direct feedback* auf einen definierten Wert zu verkleinern, hatten wir bereits bei dem Rail-to-Rail Verstärker angewandt. Man erkennt die Übereinstimmung der Rail-to-Rail-Endstufe in Abb. 5.22 mit dem CC-Operationsverstärker in Abb. 5.79.

## 5.6
## Vergleich

Die Gemeinsamkeiten und Unterschiede der vier verschiedenen Operationsverstärker sollen zusammengefaßt werden. Deshalb haben wir alle wichtigen Eigenschaften in den Abbildungen 5.96 und 5.97 gegenübergestellt. In den Schaltsymbolen erkennt man das Stromquellen-Symbol bei den Typen mit Stromausgang als Kennzeichen für einen hochohmigen Ausgang mit eingeprägtem Ausgangsstrom. Bei den Typen mit Stromeingang findet man das Verstärker-Symbol zwischen den Eingängen als Hinweis auf einen hochohmigen nichtinvertierenden und einen niederohmigen invertierenden Eingang.

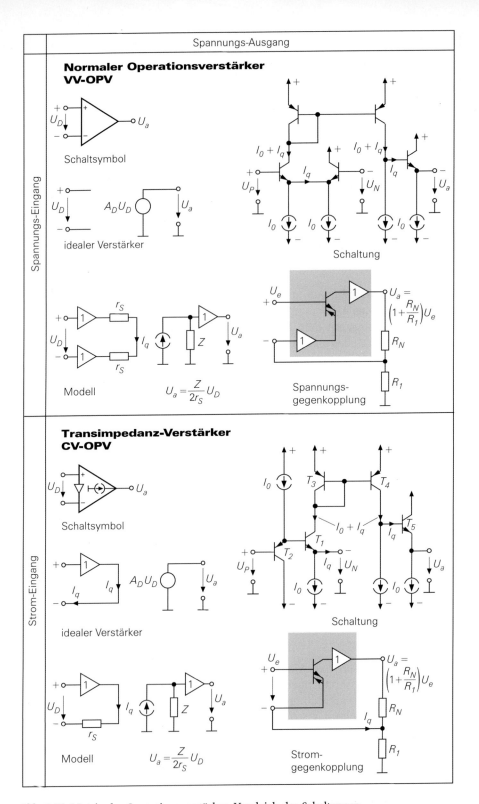

**Abb. 5.96.** Matrix der Operationsverstärker. Vergleich der Schaltungen

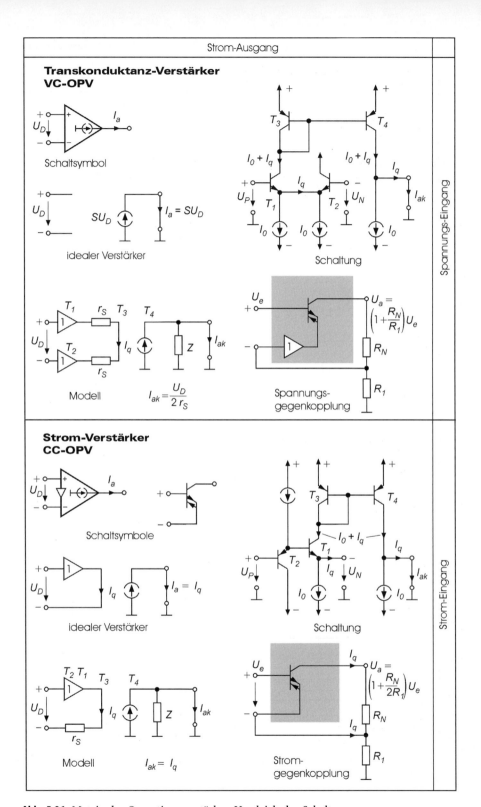

**Abb. 5.96.** Matrix der Operationsverstärker. Vergleich der Schaltungen

Spannungs-Ausgang

| Spannungs-Eingang | Bürgerlicher Name | **normaler Operationsverstärker** | |
|---|---|---|---|
| | Systematischer Name | VV-Operationsverstärker | |
| | Funktion als gesteuerte Quelle | Voltage Controlled Voltage Source, VCVS | |
| | Gegenkopplung – Ausgangsbeschreibung | Voltage Feedback, Voltage Output, VFVO | |
| | Art der Gegenkopplung | Spannungsgegenkopplung | |
| | Anwendungen | Verstärker für niedrige Frequenzen | |
| | Vorteile | geringe Offsetspannung, niedrige Drift, hohe Präzision bei niedrigen Frequenzen | |
| | Nachteile | ungeeignet bei hohen Frequenzen, Stabilitätsprobleme bei kapazitiver und induktiver Last | |
| | Typisches Beispiel | OP177 (Analog Devices) | |
| | Offsetspannung | 10 | $\mu$V ☺ |
| | Offsetspannungsdrift | 0,1 | $\mu$V/K ☺ |
| | Eingangsstrom | 1 | nA ☺ |
| | Großsignal-Bandbreite | 5 | kHz ☹ |
| | Slew-Rate | 0,3 | V/$\mu$s ☹ |

| Strom-Eingang | Bürgerlicher Name | **Transimpedanz-Verstärker** | |
|---|---|---|---|
| | Systematischer Name | CV-Operationsverstärker | |
| | Funktion als gesteuerte Quelle | Current Controlled Voltage Source, CCVS | |
| | Gegenkopplung – Ausgangsbeschreibung | Current Feedback, Voltage Output, CFVO | |
| | Art der Gegenkopplung | Stromgegenkopplung | |
| | Anwendungen | Leitungstreiber | |
| | Vorteile | hohe Bandbreite, hohe Slew-Rate | |
| | Nachteile | Stabilitätsprobleme bei kapazitiver und induktiver Last | |
| | Typisches Beispiel | CLC449 (National) | |
| | Offsetspannung | 3 | mV ☹ |
| | Offsetspannungsdrift | 25 | $\mu$V/K ☹ |
| | Eingangsstrom | 6 | $\mu$A ☹ |
| | Großsignal-Bandbreite | 500 | MHz ☺ |
| | Slew-Rate | 2500 | V/$\mu$s ☺ |

**Abb. 5.97.** Matrix der Operationsverstärker. Vergleich der Eigenschaften

Strom-Ausgang

| Bürgerlicher Name | Transkonduktanz-Verstärker | |
|---|---|---|
| Systematischer Name | VC-Operationsverstärker | |
| Funktion als gesteuerte Quelle | Voltage Controlled Current Source, VCCS | |
| Gegenkopplung – Ausgangsbeschreibung | Voltage Feedback, Current Output, VFCO | |
| Art der Gegenkopplung | Spannungsgegenkopplung | |
| Anwendungen | Treiber für kapazitive Lasten | |
| Vorteile | geringe Offsetspannung, niedrige Drift, gutes Einschwingverhalten bei kapazitiven Lasten | Spannungs-Eingang |
| Nachteile | Last muß bei der Dimensionierung bekannt sein | |
| Typisches Beispiel | MAX436 (Maxim) | |
| Offsetspannung | 0,3 mV 😊 | |
| Offsetspannungsdrift | 4 µV/K ☹ | |
| Eingangsstrom | 1 µA ☹ | |
| Großsignal-Bandbreite | 200 MHz 😊 | |
| Slew-Rate | 850 V/µs 😊 | |

| Bürgerlicher Name | Strom-Verstärker | |
|---|---|---|
| Systematischer Name | CC-Operationsverstärker | |
| Funktion als gesteuerte Quelle | Current Controlled Current Source, CCCS | |
| Gegenkopplung – Ausgangsbeschreibung | Current Feedback, Current Output, CFCO | |
| Art der Gegenkopplung | Stromgegenkopplung | |
| Anwendungen | Aktive Filter für hohe Frequenzen Stromtreiber für Magnetköpfe, Laserdioden, Leitungstreiber | |
| Vorteile | hohe Bandbreite, hohe Slew-Rate | Strom-Eingang |
| Nachteile | Last muß bei der Dimensionierung bekannt sein | |
| Typisches Beispiel | OPA660 (Burr Brown) | |
| Offsetspannung | 7 mV ☹ | |
| Offsetspannungsdrift | 50 µV/K ☹ | |
| Eingangsstrom | 2 µA ☹ | |
| Großsignal-Bandbreite | 800 MHz 😊 | |
| Slew-Rate | 3000 V/µs 😊 | |

**Abb. 5.97.** Matrix der Operationsverstärker. Vergleich der Eigenschaften

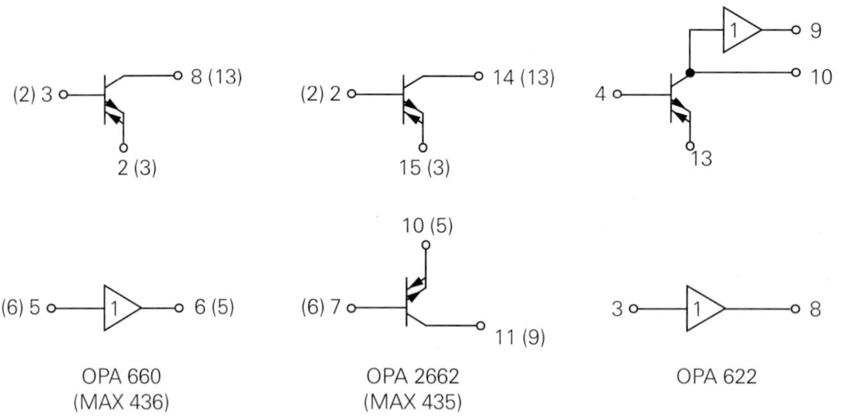

**Abb. 5.98.** Vergleich von handelsüblichen Operationsverstärkern mit Stromausgang. Eingetragen sind die Pin-Nummern der Dual-Inline Gehäuse.

Man kann jeden Operationsverstärker als eine gesteuerte Quelle auffassen, die den idealen Verstärker beschreibt. Dabei stellen die Verstärker mit einem niederohmigen Ausgang Spannungsquellen dar, die mit einem hochohmigen Ausgang Stromquellen. Ein hochohmiger (invertierender) Eingang ergibt eine spannungsgesteuerte Quelle, ein niederohmiger eine stromgesteuerte Quelle. Aus den in Abb. 5.97 angegebenen englischen Beschreibungen der Funktion als gesteuerte Quelle ergeben sich dann zwangläufig die bisher verwendeten Kurzbezeichnungen mit zwei Buchstaben für die vier Operationsverstärker-Typen. Man erkennt an der Systematik auch, daß es weitere Typen nicht geben kann; jede Schaltung läßt sich in der Matrix der vier Operationsverstärker einordnen.

Die in Abb. 5.96 dargestellten Modelle beschreiben die wichtigsten reale Eigenschaften der Operationsverstärker. Wenn man für $Z$ die Parallelschaltung eines Widerstands mit einem Kondensator einsetzt, wird auch das Frequenzverhalten modelliert. Davon haben wir bei den jewiligen Typen zur Berechnung der Grenzfrequenzen Gebrauch gemacht.

Die Schaltpläne zeigen die bereits behandelten Beispiele mit einer besonders einfachen vergleichbaren Realisierung. Die Operationsverstärker mit Spannungseingang besitzen einen Differenzverstärker am Eingang, die mit Stromeingang einen Spannungsfolger mit kompensierter Basis-Emitter-Spannung. Die Typen mit Spannungsausgang haben einen Emitterfolger am Ausgang, bei den Typen mit Stromausgang fehlt dieser.

Eine besonders instruktive Vergleichsmöglichkeit ergibt sich, wenn man den einfachsten der vier Verstärker, nämlich den CC-Operationsverstärker, als Transistor darstellt und die übrigen drei Typen durch Zusatz von Impedanzwandlern realisiert. Dann zeigt sich, daß der CV-Operationsverstärker einen Spannungsfolger am Ausgang benötigt, der VC-Operationsverstärker einen Spannungsfolger am invertierenden Eingang und der VV-Operationsverstärker beide gleichzeitig. Aus diesem Grund kann man mit einem OPA622, der neben einem CC-

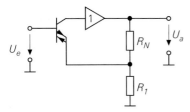
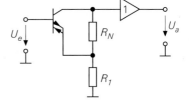

**a** Transimpedanzverstärker          **b** Stromverstärker mit Impedanzwandler

**Abb. 5.99.** Vergleich eines CV-Operationsverstärkers mit einem CC-Operationsverstärker mit Impedanzwandler

Operationsverstärker zwei Spannungsfolger enthält, alle vier Operationsverstärker realisieren wie der Verlgeich von Abb. 5.96 mit Abb. 5.98 zeigt. Entsprechend lassen sich mit dem OPA660 oder MAX436 Transimpedanz- als auch VC-Operationsverstärker realisieren. Außerdem ist der zusätzliche Spannungsfolger in Anwendungen des CC-Operationsverstärkers nützlich, bei denen man zur Abkopplung der Last einen Impedanzwandler benötigt (s. Abb. 5.82). Man kann auch einen OPA2662 oder MAX435, die 2 CC-Operationsverstärker beinhalten, für diese Aufgaben einsetzen, wenn man einen der beiden CC-Operationsverstärker gemäß Abb. 5.83 als Spannungsfolger betreibt.

Zum Vergleich sind in Abb. 5.96 die vier Operationsverstärker als nichtinvertierende Verstärker dargestellt. Bei einem Spannungs-Eingang handelt es sich dann um eine Spannungsgegenkopplung. Bei Strom-Eingang spricht man von einer Stromgegenkopplung, obwohl dabei gleichzeitig eine Spannungsgegenkopplung vorliegt. Eine reine Stromgegenkopplung ergibt sich hier, wenn man den invertierenden Eingang einfach über einen Widerstand an Masse legt (s. Abb. 5.81ff.). Die angegebenen Beziehungen für die Ausgangsspannung sind überall gleich, bis auf den CC-Operationsverstärker bei dem eine zusätzliche 2 im Nenner steht. Sie gelten bei den Verstärkern mit Stromausgang allerdings nur dann, wenn der Ausgang unbelastet ist. Die Gegenkopplungs-Ausgangsbeschreibung in Abb. 5.97 führt ebenfalls zu der üblichen systematischen Kurzbezeichnung der Operationsverstärker.

Die Gegenkopplungsschleifen in Abb. 5.96 zeigen, daß der Weg beim VV-Operationsverstärker am längsten und beim CC-Operationsverstärker am kürzesten ist. Aus diesem Grund treten bei hohen Frequenzen beim CC-Operationsverstärker die geringsten Phasennacheilungen und damit auch die geringsten Stabilitätsprobleme auf. Deshalb ist er für hohe Frequenzen besonders gut geeignet. Dieser Unterschied ist in Abb. 5.99 dargestellt. Obwohl beide Schaltungen dieselben Verstärker erfordern und einen niedrigen Ausgangswiderstand besitzen, ist die Gegenkopplungsschleife beim CC-Operationsverstärker kürzer als beim Transimpdanzverstärker.

**5.6.1**
**Praktischer Einsatz**

Viele parasitäre Effekte lassen sich durch die Schaltungssimulation nicht erfassen. Dazu gehören besonders die Induktivitäten, die durch die Verdrahtung entstehen, da sie vom Verlauf der Leiterbahnen abhängen. Nur wenige Simulationsprogramme sind in der Lage, diese Parameter aus dem Layout zu extrahieren und bei der Simulation automatisch zu berücksichtigen (post layout simulation). Bei niederfrequenten Schaltungen ist das auch nicht erforderlich, aber bei Frequenzen über 1MHz wird es mit steigender Frequenz immer wichtiger. Über 30MHz spielen selbst die Induktivitäten des Gehäuses einer integrierten Schaltung eine wichtige Rolle. Aus diesem Grund sind SMD-Bauteile für hohe Frequenzen besonders vorteilhaft, da bei ihnen die parasitären Induktivitäten wegen der geringen Abmessungen deutlich kleiner sind. Die wichtigsten Gesichtspunkte, die man beim Einsatz von Operationsverstärkern berücksichtigen sollte, sind im folgenden zusammengefaßt.

**Abblocken der Betriebsspannungen:** Die Betriebsspannungen müssen gut abgeblockt sein. Die Betriebsspannungsleitungen haben natürlich eine Induktivität, die umso größer ist, je länger sie sind. Damit daran keine Spannung abfällt, schließt man diese Induktivitäten mit Kondensatoren kurz, wie Abb. 5.100a zeigt. Natürlich darf die Masseleitung der Kondensatoren nicht eine genauso große Induktivität wie die Betriebsspannungszuleitung besitzen. Eine Möglichkeit, das näherungsweise zu erreichen, besteht darin, die Masse als geschlossenes Netz oder besser noch als Massefläche auszuführen, bei der nur die Anschlußpunkte ausgespart sind. Die Kondensatoren sind auch sehr unterschiedlich in ihrem Hochfrequenzverhalten. Elektrolytkondensatoren besitzen wegen ihrer großen Kapazität selbst bei niedrigen Frequenzen niedrige Widerstände. Ihr Widerstand steigt jedoch wegen ihrer parasitären Induktivität bei höheren Frequenzen an. Um auch für diese Frequenzen niedrige Widerstände zu erzielen, schaltet man keramische Kondensatoren parallel, deren Widerstand bei hohen Frequenzen trotz ihrer kleineren Kapazität meist deutlich niedriger ist.

**Schwingneigung:** Die Schaltung kann schwingen, besonders bei kapazitiver Last oder wenn man einen Verstärker unter $A_{min}$ betreibt. Die Ursache kann aber auch eine unglückliche Leiterbahnführung oder unzureichendes Abblocken der Betriebsspannngen sein. Oft ist die Amplitude gering und die Frequenz hoch, sodaß die Schwingung nicht direkt offensichtlich wird. Ein Hinweis ergibt sich häufig dadurch, daß die Schaltung für Gleichspannungen nicht exakt arbeitet. Aus diesem Grund sollte man sich in jedem Fall mit einem Oszillograf von der fehlerfreien Funktionsweise der Schaltung überzeugen. Man muß dabei aber bedenken, daß der Eingang eine kapazitive Last darstellt, die die Schwingneigung des Operationsverstärkers begünstigt. Deshalb sollte man den Oszillografen niemals über ein Koaxialkabel oder einen 1:1-Tastkopf anschließen, sondern nur über einen 1:10-Tastkopf, dessen Kapazität meist nur wenige Picofarad beträgt.

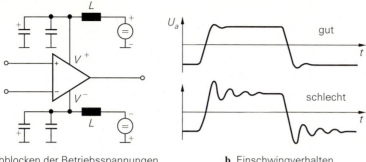

**a** Abblocken der Betriebsspannungen          **b** Einschwingverhalten

**Abb. 5.100.** Schwingungsfreier Betrieb von Operationsverstärkern

Die zugehörige Masseleitung sollte über eine kurze Leitung in der Nachbarschaft des Meßpunkts angeschlossen werden.

**Dämpfung:** Wenn man festgestellt hat, daß kein Verstärker eines Geräts schwingt, sollte man sich als nächstes davon überzeugen, daß die Verstärker weit vom Schwingfall entfernt betrieben werden. Einerseits könnten Schwingungen sonst bei Temperatur- oder lastbedingten Änderungen einsetzen, andererseits wünscht man meist ein gut gedämpftes Einschwingverhalten. Deshalb ist es nützlich, ein Rechtecksignal kleiner Amplitude einzuspeisen und die Ausgangssignale zu oszillografieren. Dadurch erhält man auf einen Blick eine Aussage über die Dämpfung der Schaltung. Ein Beispiel für ein brauchbares Rechteckverhalten ist in Abb. 5.100b dargestellt.

**Gegenkopplungswiderstände:** Bei VV-Operationsverstärkern hat man viel Freiheit bei der Dimensionierung der Gegenkopplungswiderstände. Wählen Sie sie einerseits so niederohmig, daß keine nennenswerten Fehler durch die Eingangsströme des Operationsverstärkers und durch das Rauschen der Widerstände entstehen. Wählen Sie die Widerstände andererseits so hochohmig, daß der durch sie bedingte Stromverbrauch und die Erwärmung des Operationsverstärkers gering bleiben. Berücksichtigen muß man auch die parasitären Kapazitäten der Widerstände. Auch der Eingang der Operationsverstärker besitzt Kapazitäten, die zu unerwünschten Tiefpässen in der Gegenkopplungsschleife führen können. Deshalb macht man die Widerstände so groß, wie es das dynamische Verhalten erlaubt. Muß man sie hochohmig machen, ist die Parallelschaltung von entsprechenden kleinen Kapazitäten erforderlich, um bei höheren Frequenzen die gewünschte Verstärkung zu erhalten, siehe Abb. 5.62. Bei den CV-Operationsverstärkern in Abb. 5.76 bestimmt der Gegenkopplungswiderstand $R_N$ die Schleifenverstärkung und damit auch das Einschwingverhalten; seine Größe ist daher weitgehend durch den Hersteller vorgegeben. Der Vorwiderstand $R_1$ bestimmt die Verstärkung seine Größe ist daher durch die Anwendung vorgegeben.

**Verlustleistung:** Wählen Sie die Betriebsspannung möglichst niedrig, um die Verlustleistung der Schaltung klein zu halten. Man muß sich überlegen, ob eine Ausgangsaussteuerbarkeit von $\pm 10\mathrm{V}$, wie sie früher üblich war, wirklich erforder-

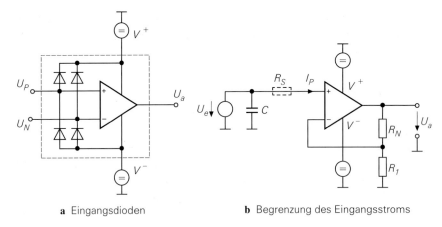

**a** Eingangsdioden                    **b** Begrenzung des Eingangsstroms

**Abb. 5.101.** Überströme an Operationsverstärker-Eingängen

lich ist, denn dann benötigt man Betriebsspannungen von $\pm 12... \pm 15\mathrm{V}$. Häufig
reichen Betriebsspannungen von $\pm 5\mathrm{V}$ oder sogar eine einfache Betriebsspannung von $3,3\mathrm{V}$ aus, wenn man Rail-to-Rail-Verstärker einsetzt. Bei der Stromaufnahme der Operationsverstärker gibt es große Unterschiede: sie reicht von
wenigen Mikroampere bis zu mehreren Milliampere. Dabei besitzen Verstärker
mit höherer Stromaufnahme meist auch eine größere Bandbreite. Deshalb sollte
man keinen schnelleren Operationsverstärker einsetzen als für die Aufgabe erforderlich.

**Kühlung:** Bei größeren Ausgangsströmen ist eine zusätzliche Kühlung des
Operationsverstärkers erforderlich. Solange die Verlustleistung im Bereich von
einem Watt bleibt, ist dafür nicht unbedingt ein Kühlkörper erforderlich, sondern
die Wärme läßt sich über ein paar Quadratzentimeter metallisierte Leiterplatte
ableiten.

**Übersteuerung:** Wenn man einen Verstärker im Betrieb übersteuert, gehen
meist interne Transistoren in die Sättigung und der Kondensator zur Frequenzgangkorrektur lädt sich auf. Meist vergeht einige Zeit, bis ein Verstärker nach
einer Übersteuerung wieder in den Normalbetrieb zurückkehrt. Deshalb sollte
man Übersteuerungen möglichst vermeiden. Wenn das nicht möglich ist, sind
übersteuerungsfeste Verstärker *(clamping amplifier)* vorzuziehen, die aufgrund
spezieller Schaltungszusäte praktisch keine Erholzeit benötigen (z.B. AD8036 von
Analog Devices oder CLC501 von National).

**Eingangsschutz:** Die Eingangsspannungen einer integrierten Schaltung
dürfen die Betriebsspannungen nicht überschreiten, da sonst die in Abb. 5.101a
dargestellten parasitären Dioden leitend werden. Die maximal zulässigen Ströme
betragen meist nur 10mA. Besonders kritisch ist der Augenblick nach dem Ausschalten, wenn die Betriebsspannungen Null werden, da die maximale Eingangsspannung dann nur $\pm 0,6\mathrm{V}$ beträgt. Wenn sich dabei ein geladener Kondensator
am Eingang befindet, können unzulässig hohe Entladeströme über die Dioden

fließen. Derselbe Fall tritt ein, wenn ein entsprechend großes Eingangssignal weiterhin anliegt. In beiden Fällen ist der in Abb. 5.101b eingezeichnete Schutzwiderstand $R_S$ zur Strombegrenzung nützlich.

## 5.6.2
## Typen

Es gibt eine Vielzahl verschiedener Operationsverstärker die für ganz unterschiedliche Anwendungsfälle optimiert sind. Damit der Leser sieht, welche Daten man erwarten kann, haben wir in Abb. 5.2 einige typische Vertreter für die verschiedenen Anwendungsbereiche zusammengestellt. Die hier aufgeführten Hersteller sollen zeigen, welche Firmen auf diesem Gebiet besonders aktiv sind. Natürlich bieten alle eine große Zahl weiterer Operationsverstärker an, deren Datenblätter man vorzugsweise über das Internet beziehen kann. Falls die Adressen nicht klar sind, kann man sie in Kapitel 26.7 auf S. 1390 nachschlagen.

Als Vergleichsmerkmal für die Genauigkeit bei Gleichspannungen haben wir die Offsetspannung und den Eingangsruhestrom angegeben. Zur Charakterisierung der Tauglichkeit für hohe Frequenzen folgt das Verstärkungs-Bandbreite-Produkt und die Anstiegsgeschwindigkeit. Das Verstärkungs-Bandbreite-Produkt hat eine anschauliche Bedeutung: es gibt die Bandbreite des Verstärkers bei der Verstärkung $A = 1$ an. Aus der Anstiegsgeschwindigkeit läß sich die Leistungsbandbreite berechnen; das ist die Frequenz, bis zu der die volle Ausgangsamplitude erhältlich ist. Nach (5.31) gilt:

$$f_p = \frac{SR}{2\pi \widehat{U}_a}$$

Die Werte für die minimale und maximale Betriebsspannung sollen zeigen, welche Typen für niedrige Betriebsspannungen geeignet sind und welche hohe Ausgangsamplituden liefern können. Die hier angegebenen Werte geben die minimale bzw. maximale Spannung zwischen dem positiven und einen negativen Betriebsspannungsanschluß an, bei denen die Funktionsweise spezifiziert ist. Da Operationsverstärker keinen Masseanschluß besitzen, ist es dem Anwender überlassen, wie er diese Spannung auf die positive und negative Betriebsspannung aufteilt (s. Abschnitt 5.2.5). Im Normalfall verwendet man symmetrische Betriebsspannungen von $\pm 5$V oder $\pm 15$V. Bei Single Supply-Verstärkern wählt man als negative Betriebsspannung häufig 0V. Dies ist bei Rail-to-Rail Verstärkern natürlich auch möglich, sogar bei zusätzlicher Aussteuerbarkeit bis zur positiven Betriebsspannung.

Die maximale Gleichtakt- und Ausgangsspannung liegt bei normalen Operationsverstärkern ca. 2V innerhalb der Betriebsspannungen. Eine Ausnahme bilden die Single-Supply-Typen, deren Aussteuerbarkeit bis zur negativen Betriebsspannung reicht, und die Rail-to-Rail Verstärker, die beide Betriebsspannungen erreichen können. Bei niedrigen Betriebsspannungen ist diese Eigenschaft besonders wichtig.

| Typ | Hersteller | Offset-spannung | Eingangs-ruhestrom | Verst. Bandbr. Produkt | Anstiegsge-schwindigkeit | Betriebsspan-nung min/max | OPVs je Gehäuse | Aufbau |
|---|---|---|---|---|---|---|---|---|
| VV-OPVs: Universaltypen | | | | | | | | |
| ...741 | viele | 1 mV | 80 nA | 1,5 MHz | 0,6 V/$\mu$s | 6/36 V | 1 | Bipolar |
| ...324 | viele | 2 mV | 45 nA | 1 MHz | 0,6 V/$\mu$s | 6/32 V | 4 | Bipolar |
| OP467 | Analog D. | 0,2 mV | 150 nA | 28 MHz | 300 V/$\mu$s | 10/30 V | 4 | Bipolar |
| OPA2244 | Burr B. | 1 mV | 10 nA | 0,3 MHz | 0,1 V/$\mu$s | 2,2/36 V | 2 | Bipolar |
| OPA4343 | Burr B. | 2 mV | 0,2 pA | 5,5 MHz | 6 V/$\mu$s | 2,5/5,5 V | 4 | CMOS |
| OPA4134 | Burr B. | 0,5 mV | 5 pA | 8 MHz | 20 V/$\mu$s | 5/36 V | 4 | Bifet |
| LT1356 | Lin. Tech. | 0,3 mV | 80 nA | 12 MHz | 400 V/$\mu$s | 8/32 V | 4 | Bipolar |
| MAX4044 | Maxim | 0,2 mV | 2 nA | 90 MHz | 40 V/ms | 2,4/5,5 V | 4 | Bipolar |
| MAX4329 | Maxim | 1 mV | 50 nA | 5 MHz | 2 V/$\mu$s | 2,4/6,5 V | 4 | Bipolar |
| LF356 | National | 1 mV | 30 pA | 4,5 MHz | 12 V/$\mu$s | 8/36 V | 1 | Bifet |
| LMV324 | National | 2 mV | 11 nA | 1 MHz | 1 V/$\mu$s | 2,7/5,5 V | 4 | Bipolar |
| TS274 | SGS-Th. | 5 mV | 10 pA | 3,5 MHz | 5,5 V/$\mu$s | 3/16 V | 4 | CMOS |
| TL074 | Texas I. | 3 mV | 65 pA | 3 MHz | 13 V/$\mu$s | 8/36 V | 4 | Bifet |
| LTC2274 | Texas I. | 0,3 mV | 1 pA | 2 MHz | 3,6 V/$\mu$s | 3/16 V | 4 | CMOS |
| TLE2084 | Texas I. | 2 mV | 20 pA | 10 MHz | 35 V/$\mu$s | 5/38 V | 4 | Bifet |

| Typ | Hersteller | Offset-spannung | Eingangs-ruhestrom | Verst. Bandbr. Produkt | Anstiegsge-schwindigkeit | Betriebsspan-nung min/max | OPVs je Gehäuse | Besonder heit |
|---|---|---|---|---|---|---|---|---|
| VV-OPVs: Präzisionstypen | | | | | | | | |
| OP177 | Analog D. | 10 $\mu$V | 0,3 nA | 0,6 MHz | 0,3 V/$\mu$s | 6/36 V | 1 | $A_D = 10^7$ |
| OPA4277 | Burr B. | 10 $\mu$V | 1 nA | 1 MHz | 0,8 V/$\mu$s | 6/36 V | 4 | $A_D = 10^7$ |
| OPA627 | Burr B. | 40 $\mu$V | 1 pA | 16 MHz | 55 V/$\mu$s | 9/36 V | 1 | $A_D = 10^6$ |
| HA5147 | Harris | 30 $\mu$V | 15 nA | 130 MHz | 35 V/$\mu$s | 8/36 V | 4 | $A_D = 10^6$ |
| LT1028 | Lin. Tech. | 10 $\mu$V | 25 nA | 75 MHz | 15 V/$\mu$s | 8/32 V | 1 | $A_D = 10^7$ |
| LT1114 | Lin. Tech. | 30 $\mu$V | 50 pA | 750 kHz | 0,3 V/$\mu$s | 9/32 V | 4 | $A_D = 10^7$ |
| LT1125 | Lin. Tech. | 20 $\mu$V | 5 nA | 12 MHz | 4 V/$\mu$s | 8/40 V | 4 | $A_D = 10^6$ |
| LT1218 | Lin. Tech. | 25 $\mu$V | 30 nA | 0,3 MHz | 0,1 V/$\mu$s | 2/30 V | 1 | $A_D = 10^6$ |
| LT2078 | Lin. Tech. | 30 $\mu$V | 6 nA | 0,2 MHz | 0,1 V/$\mu$s | 5/40 V | 2 | $A_D = 10^7$ |
| LTC1152 | Lin. Tech. | 1 $\mu$V | 10 pA | 0,7 MHz | 0,5 V/$\mu$s | 2,7/14 V | 1 | autozero |
| MAX430 | Maxim | 1 $\mu$V | 10 pA | 0,5 MHz | 0,5 V/$\mu$s | 5/32 V | 1 | autozero |
| LMC2001 | National | 40 $\mu$V | 3 pA | 6 MHz | 5 V/$\mu$s | 3/6 V | 1 | autozero |

**Tab. 5.2.** Typische Daten von Operationsverstärkern

| Typ | Hersteller | Offset-spannung | Eingangs-ruhestrom | Verst. Bandbr. Produkt | Anstiegsge-schwindigkeit | Betriebsspan-nung min/max | OPVs je Gehäuse | Besonderheit $U_{rd}/I_{rd}$ je $\sqrt{Hz}$ |
|---|---|---|---|---|---|---|---|---|
| **VV-OPVs: Rauscharme Typen** | | | | | | | | |
| AD797 | Analog D. | 25 µV | 300 nA | 8 MHz | 20 V/µs | 10/36 V | 1 | 1 nV/2 pA |
| OPA128 | Burr B. | 200 µV | 75 fA | 1 MHz | 3 V/µs | 10/30 V | 1 | 27 nV/0,1 fA |
| OPA627 | Burr B. | 40 µV | 1 pA | 16 MHz | 55 V/µs | 9/36 V | 1 | 4,5 nV/1,6 fA |
| OPA686 | Burr B. | 400 µV | 10 µA | 300 MHz | 600 V/µs | 8/12 V | 1 | 1,3 nV/2 pA |
| LT1028 | Lin. Tech. | 30 µV | 40 nA | 75 MHz | 15 V/µs | 8/32 V | 1 | 1 nV/1 pA |
| LT1113 | Lin. Tech. | 500 µV | 300 pA | 6 MHz | 4 V/µs | 8/36 V | 4 | 4,5 nV/10 fA |
| MAX4106 | Maxim | 300 µV | 18 µA | 300 MHz | 275 V/µs | 5/11 V | 1 | 0,75 nV/3 pA |
| CLC425 | National | 100 µV | 12 µA | 2000 MHz | 350 V/µs | 6/14 V | 1 | 1 nV/2 pA |
| LMC6001 | National | 200 µV | 25 fA | 1 MHz | 1 V/µs | 5/14 V | 1 | 22 nV/0,1 fA |

| Typ | Hersteller | Offset-spannung | Eingangs-ruhestrom | Verst. Bandbr. Produkt | Anstiegsge-schwindigkeit | Betriebsspan-nung min/max | OPVs je Gehäuse | Besonderheit |
|---|---|---|---|---|---|---|---|---|
| **VV-OPVs: Single Supply** | | | | | | | | |
| …324 | viele | 2 mV | 45 nA | 1 MHz | 0,6 V/µs | 4/32 V | 4 | billig |
| AD8054 | Analog D. | 1,7 mV | 2 µA | 150 MHz | 150 V/µs | 3/10 V | 4 | $I_b = 3$ mA |
| OP481 | Analog D. | 500 µV | 3 nA | 100 kHz | 250 V/ms | 2,7/12 V | 4 | $I_b = 3$ µA |
| OPA2244 | Burr B. | 200 µV | 2 nA | 300 kHz | 100 V/ms | 2,7/36 V | 2 | $I_b = 40$ µA |
| OPA4277 | Burr B. | 25 µV | 500 pA | 1 MHz | 0,8 V/µs | 4/36 V | 4 | |
| OPA4336 | Burr B. | 100 µV | 10 pA | 100 kHz | 30 V/ms | 2,3/5,5 V | 4 | $I_b = 20$ µA |
| EL5444 | Elantec | 3 mV | 2 nA | 100 MHz | 200 V/µs | 4/6 V | 4 | |
| LT1635 | Lin. Tech. | 300 µV | 2 nA | 175 kHz | 45 V/ms | 1,2/14 V | 1 | Ref. 0,2 V |
| LT2079 | Lin. Tech. | 30 µV | 6 nA | 200 kHz | 70 V/ms | 2,3/44 V | 4 | $I_b = 50$ µA |
| MAX418 | Maxim | 250 µV | 100 fA | 8 kHz | 5 V/ms | 2,5/10 V | 4 | $I_b = 1,2$ µA |
| MAX4220 | Maxim | 4 mV | 5 µA | 200 MHz | 600 V/µs | 3/11 V | 4 | |
| MAX4254 | Maxim | 100 µV | 1 pA | 3 MHz | 300 V/ms | 2,4/5,5 V | 4 | |
| LMC6442 | National | 1 mV | 5 fA | 10 kHz | 4 V/ms | 1,8/11 V | 2 | $I_b = 1$ µA |
| LMV824 | National | 1 mV | 30 nA | 5 MHz | 2 V/µs | 2,7/5,5 V | 4 | |
| TLV2442 | Texas I. | 300 µV | 1 pA | 2 MHz | 1 V/µs | 2,7/10 V | 2 | |

**Tab. 5.2.** Typische Daten von Operationsverstärkern

| Typ | Hersteller | Offset-spannung | Eingangs-ruhestrom | Verst. Bandbr. Produkt | Anstiegsge-schwindigkeit | Betriebsspan-nung min/max | OPVs je Gehäuse | Besonderheit |
|---|---|---|---|---|---|---|---|---|
| **VV-OPVs: Rail-to-Rail** | | | | | | | | |
| OP450 | Analog D. | 3 mV | 2 pA | 1 MHz | 2 V/$\mu$s | 2,7/6 V | 4 | $I_b$ = 0,7 mA |
| OP462 | Analog D. | 45 $\mu$V | 400 nA | 15 MHz | 10 V/$\mu$s | 2,7/12 V | 4 | $I_b$ = 0,5 mA |
| OP484 | Analog D. | 65 $\mu$V | 60 nA | 3 MHz | 2 V/$\mu$s | 3/36 V | 4 | |
| OP491 | Analog D. | 80 $\mu$V | 30 nA | 3 MHz | 400 V/ms | 2,7/12 V | 4 | $I_b$ = 0,2 mA |
| OP496 | Analog D. | 300 $\mu$V | 10 nA | 300 kHz | 250 V/ms | 3/12 V | 4 | $I_b$ = 60 $\mu$A |
| AD8032 | Analog D. | 1 mV | 500 nA | 80 MHz | 30 V/$\mu$s | 2,7/10 V | 2 | $I_b$ = 0,8 mA |
| AD8534 | Analog D. | 5 mV | 5 pA | 3 MHz | 5 V/$\mu$s | 2,7/6 V | 4 | $I_a$ = 250 mA |
| OPA4340 | Burr B. | 500 $\mu$V | 10 pA | 5,5 MHz | 6 V/$\mu$s | 2,5/5 V | 4 | |
| OPA4350 | Burr B. | 150 $\mu$V | 0,5 pA | 35 MHz | 22 V/$\mu$s | 2,5/5,5 V | 4 | |
| LT1218 | Lin. Tech. | 25 $\mu$V | 30 nA | 300 kHz | 0,1 V/$\mu$s | 2/30 V | 1 | |
| LT1491 | Lin. Tech. | 200 $\mu$V | 4 nA | 180 kHz | 60 V/ms | 2,5/40 V | 4 | $I_b$ = 40 $\mu$A |
| LT1496 | Lin. Tech. | 200 $\mu$V | 250 pA | 2,7 kHz | 1 V/ms | 2,2/36 V | 4 | $I_b$ = 1,2 $\mu$A |
| LT1499 | Lin. Tech. | 150 $\mu$V | 250 nA | 10 MHz | 4 V/$\mu$s | 2,2/30 V | 4 | |
| LT1633 | Lin. Tech. | 500 $\mu$V | 1 $\mu$A | 45 MHz | 45 V/$\mu$s | 2,7/30 V | 4 | |
| LT1636 | Lin. Tech. | 100 $\mu$V | 5 nA | 220 kHz | 70 V/ms | 2,7/44 V | 2 | $I_b$ = 55 $\mu$A |
| LT1639 | Lin. Tech. | 200 $\mu$V | 15 nA | 1,2 MHz | 0,5 V/$\mu$s | 2,5/44 V | 4 | $U_{Gl} > U_b^+$ |
| LTC1152 | Lin. Tech. | 1 $\mu$V | 10 pA | 700 kHz | 500 V/ms | 2,7/14 V | 1 | autozero |
| LTC1367 | Lin. Tech. | 200 $\mu$V | 15 nA | 400 kHz | 130 V/ms | 1,8/30 V | 4 | $I_b$ = 0,4 mA |
| MAX4129 | Maxim | 200 $\mu$V | 50 nA | 5 MHz | 2 V/$\mu$s | 2,7/6,5 V | 4 | |
| MAX4134 | Maxim | 350 $\mu$V | 50 nA | 3 MHz | 4 V/$\mu$s | 2,7/6,5 V | 4 | |
| MAX4164 | Maxim | 500 $\mu$V | 1 pA | 200 kHz | 115 V/ms | 3/5 V | 4 | $I_b$ = 25 $\mu$A |
| MAX4169 | Maxim | 250 $\mu$V | 50 nA | 5 MHz | 2 V/$\mu$s | 2,7/6,5 V | 4 | |
| MAX4244 | Maxim | 200 $\mu$V | 2 nA | 90 kHz | 40 V/ms | 1,5/5,5 V | 4 | $I_b$ = 10 $\mu$A |
| MAX4334 | Maxim | 650 $\mu$V | 25 nA | 3 MHz | 1,5 V/$\mu$s | 2,3/6,5 V | 4 | $I_b$ = 0,3 mA |
| MC33502 | Motorola | 500 $\mu$V | 40 fA | 4 MHz | 3 V/$\mu$s | 1/7 V | 2 | |
| LMC6464 | National | 300 $\mu$V | 100 fA | 50 kHz | 23 V/ms | 3/15 V | 4 | $I_b$ = 20 $\mu$A |
| LMC6484 | National | 100 $\mu$V | 20 fA | 1,5 MHz | 1 V/$\mu$s | 3/15 V | 4 | $I_b$ = 0,6 mA |
| LMC6684 | National | 500 $\mu$V | 80 fA | 1,2 MHz | 1,2 V/$\mu$s | 1,8/10 V | 4 | |
| LMC7111 | National | 900 $\mu$V | 100 fA | 25 kHz | 15 V/ms | 1,8/10 V | 1 | $I_b$ = 25 $\mu$A |
| NE5234 | Philips | 200 $\mu$V | 90 nA | 2,5 MHz | 800 V/ms | 1,8/6 V | 4 | |
| TS925 | SGS-Th. | 1 mV | 15 nA | 4 MHz | 1 V/$\mu$s | 2,7/12 V | 4 | |

**Tab. 5.3** Typische Daten von Operationsverstärkern

| Typ | Hersteller | Offset-spannung | Eingangs-ruhestrom | Verst. Bandbr. Produkt | Anstiegsge-schwindigkeit | Betriebsspan-nung min/max | OPVs je Gehäuse | Besonderheit |
|---|---|---|---|---|---|---|---|---|
| VV-OPVs: Hohe Ausgangsspannung | | | | | | | | |
| PA42 | Apex | 35 mV | 2,5 pA | 1,6 MHz | 40 V/$\mu$s | 100/350 V | 1 | $I_a = 60$ mA |
| PA85* | Apex | 0,5 mV | 5 pA | 100 MHz | 1000 V/$\mu$s | 30/450 V | 1 | $I_a = 200$ mA |
| PA89* | Apex | 0,5 mV | 5 pA | 10 MHz | 16 V/$\mu$s | 150/1200 V | 1 | $I_a = 75$ mA |
| PA90* | Apex | 0,5 mV | 200 pA | 100 MHz | 300 V/$\mu$s | 80/400 V | 1 | $I_a = 200$ mA |
| PA93* | Apex | 2 mV | 200 pA | 12 MHz | 50 V/$\mu$s | 80/400 V | 1 | $I_a = 8$ A |
| OPA445 | Burr B. | 0,5 mV | 20 pA | 2 MHz | 10 V/$\mu$s | 20/90 V | 1 | $I_a = 15$ mA |
| HA2645 | Harris | 2 mV | 12 nA | 4 MHz | 2,5 V/$\mu$s | 20/80 V | 1 | $I_a = 15$ mA |
| VV-OPVs: Hoher Ausgangsstrom | | | | | | | | |
| PA05* | Apex | 5 mV | 10 pA | 3 MHz | 100 V/$\mu$s | 30/100 V | 1 | $I_a = 30$ A |
| PA16* | Apex | 1 mV | 50 pA | 4,5 MHz | 20 V/$\mu$s | 14/40 V | 1 | $I_a = 5$ A |
| PA19* | Apex | 0,5 mV | 10 pA | 100 MHz | 900 V/$\mu$s | 30/80 V | 1 | $I_a = 3$ A |
| PA45 | Apex | 5 mV | 20 pA | 4,5 MHz | 27 V/$\mu$s | 30/150 V | 1 | $I_a = 5$ A |
| PA93* | Apex | 2 mV | 200 pA | 12 MHz | 50 V/$\mu$s | 80/400 V | 1 | $I_a = 8$ A |
| OPA512 | Burr B. | 2 mV | 12 nA | 4 MHz | 4 V/$\mu$s | 20/100 V | 1 | $I_a = 10$ A |
| OPA548 | Burr B. | 3 mV | 500 nA | 1 MHz | 6 V/$\mu$s | 8/60 V | 1 | $I_a = 3$ A |
| OPA549 | Burr B. | | | 1 MHz | 10 V/$\mu$s | 8/60 V | 1 | $I_a = 8$ A |
| OPA2544 | Burr B. | 1 mV | 15 pA | 1,4 MHz | 8 V/$\mu$s | 20/70 V | 2 | $I_a = 2$ A |
| LM12 | National | 2 mV | 150 nA | 700 kHz | 9 V/$\mu$s | 20/60 V | 1 | $I_a = 10$ A |
| LM675 | National | 1 mV | 200 nA | 5,5 MHz | 8 V/$\mu$s | 16/60 V | 1 | $I_a = 3$ A |

* Hybridschaltung (teuer)

**Tab. 5.2.** Typische Daten von Operationsverstärkern

| Typ | Hersteller | Offset-spannung | Eingangs-ruhestrom | Verst. Bandbr. Produkt | Anstiegsge-schwindigkeit | Betriebsspan-nung min/max | OPVs je Gehäuse | Besonderheit |
|---|---|---|---|---|---|---|---|---|
| VV-OPVs: Hohe Bandbreite | | | | | | | | |
| AD829 | Analog D. | 0,2 mV | 3 $\mu$A | 600 MHz | 200 V/$\mu$s | 8/30 V | 1 | $U_{rd} = 1,7\,\mathrm{nV}/\sqrt{\mathrm{Hz}}$ |
| AD8036 | Analog D. | 2 mV | 4 $\mu$A | 240 MHz | 1500 V/$\mu$s | 6/12 V | 1 | clamping |
| AD8056 | Analog D. | 3 mV | 0,4 $\mu$A | 300 MHz | 1400 V/$\mu$s | 8/12 V | 2 | $I_b = 5\,\mathrm{mA}$ |
| AD9631 | Analog D. | 3 mV | 2 $\mu$A | 320 MHz | 1300 V/$\mu$s | 6/11 V | 1 | |
| OPA620 | Burr B. | 0,2 mV | 15 $\mu$A | 300 MHz | 250 V/$\mu$s | 8/12 V | 1 | $I_a = 100\,\mathrm{mA}$ |
| OPA640 | Burr B. | 2 mV | 15 $\mu$A | 1300 MHz | 350 V/$\mu$s | 9/11 V | 1 | |
| OPA643 | Burr B. | 2 mV | 20 $\mu$A | 1500 MHz | 1000 V/$\mu$s | 9/11 V | 1 | $U_{rd} = 1,8\,\mathrm{nV}/\sqrt{\mathrm{Hz}}$ |
| OPA650 | Burr B. | 1 mV | 5 $\mu$A | 560 MHz | 240 V/$\mu$s | 9/11 V | 1 | $I_b = 5\,\mathrm{mA}$ |
| OPA655 | Burr B. | 1 mV | 5 pA | 400 MHz | 290 V/$\mu$s | 9/11 V | 1 | $I_{rd} = 1,3\,\mathrm{fA}/\sqrt{\mathrm{Hz}}$ |
| OPA2680 | Burr B. | 1 mV | 8 $\mu$A | 300 MHz | 1400 V/$\mu$s | 9/12 V | 2 | $I_a = 150\,\mathrm{mA}$ |
| OPA688 | Burr B. | 2 mV | 6 $\mu$A | 200 MHz | 800 V/$\mu$s | 9/12 V | 1 | clamping |
| EL2073 | Elantec | 0,2 mV | 2 $\mu$A | 300 MHz | 250 V/$\mu$s | 6/12 V | 1 | $U_{rd} = 2,3\,\mathrm{nV}/\sqrt{\mathrm{Hz}}$ |
| EL2444 | Elantec | 0,5 mV | 3 $\mu$A | 120 MHz | 320 V/$\mu$s | 4/36 V | 4 | $I_b = 5\,\mathrm{mA}$ |
| HA2840 | Harris | 0,6 mV | 5 $\mu$A | 600 MHz | 600 V/$\mu$s | 7/32 V | 1 | |
| HFA1405 | Harris | 2 mV | 6 $\mu$A | 400 MHz | 1700 V/$\mu$s | 9/11 V | 4 | |
| LT1365 | Lin. Tech. | 1,5 mV | 2 $\mu$A | 70 MHz | 1000 V/$\mu$s | 5/30 V | 4 | |
| MAX4101 | Maxim | 1 mV | 3 $\mu$A | 200 MHz | 250 V/$\mu$s | 7/11 V | 1 | |
| MAX4104 | Maxim | 1 mV | 32 $\mu$A | 800 MHz | 400 V/$\mu$s | 7/11 V | 1 | $U_{rd} = 2,1\,\mathrm{nV}/\sqrt{\mathrm{Hz}}$ |
| CLC420 | National | 1 mV | 3 $\mu$A | 300 MHz | 1100 V/$\mu$s | 5/12 V | 1 | $I_b = 4\,\mathrm{mA}$ |
| CLC425 | National | 0,1 mV | 12 $\mu$A | 2000 MHz | 350 V/$\mu$s | 6/12 V | 1 | $U_{rd} = 1\,\mathrm{nV}$ |
| CLC440 | National | 1 mV | 10 $\mu$A | 200 MHz | 1500 V/$\mu$s | 5/12 V | 1 | |
| LMC7171 | National | 0,2 mV | 3 $\mu$A | 200 MHz | 2500 V/$\mu$s | 10/30 V | 1 | |

**Tab. 5.2.** Typische Daten von Operationsverstärkern

CV-OPVs: Transimpedanzverstärker

| Typ | Hersteller | Offset-spannung | Eingangs-ruhestrom | Verst. Bandbr. Produkt | Anstiegsge-schwindigkeit | Betriebsspan-nung min/max | OPVs je Gehäuse | Besonderheit |
|---|---|---|---|---|---|---|---|---|
| AD815 | Analog D. | 5 mV | 2 µA | 120 MHz | 900 V/µs | 8/34 V | 2 | $I_a = 500$ mA |
| AD8004 | Analog D. | 1 mV | 12 µA | 250 MHz | 3000 V/µs | 4/12 V | 4 | |
| AD8005 | Analog D. | 5 mV | 0,5 µA | 270 MHz | 1500 V/µs | 5/10 V | 1 | $I_b = 0,4$ mA |
| AD8009 | Analog D. | 2 mV | 50 µA | 1000 MHz | 5500 V/µs | 8/12 V | 1 | |
| AD8010 | Analog D. | 5 mV | 6 µA | 230 MHz | 800 V/µs | 9/12 V | 1 | $I_a = 200$ mA |
| AD8011 | Analog D. | 2 mV | 5 µA | 300 MHz | 2000 V/µs | 3/12 V | 1 | $I_b = 1$ mA |
| OPA603 | Burr B. | 3 mV | 3 µA | 100 MHz | 1000 V/µs | 9/36 V | 1 | $I_a = 150$ mA |
| OPA623 | Burr B. | 8 mV | 1,2 µA | 350 MHz | 2100 V/µs | 9/11 V | 1 | |
| OPA644 | Burr B. | 3 mV | 20 µA | 500 MHz | 2500 V/µs | 9/11 V | 1 | |
| OPA2658 | Burr B. | 3 mV | 4 µA | 800 MHz | 1700 V/µs | 9/11 V | 2 | $I_a = 100$ mA |
| OPA2681 | Burr B. | 1,3 mV | 30 µA | 280 MHz | 2100 V/µs | 5/11 V | 2 | $I_a = 150$ mA |
| EL2030 | Elantec | 10 mV | 5 µA | 120 MHz | 2000 V/µs | 10/30 V | 1 | |
| EL2099 | Elantec | 5 mV | 5 µA | 50 MHz | 1000 V/µs | 10/30 V | 1 | $I_a = 500$ mA |
| EL2480 | Elantec | 2,5 mV | 1,5 µA | 250 MHz | 1200 V/µs | 3/12 V | 4 | $I_b = 3$ mA |
| HFA1109 | Harris | 1 mV | 2 µA | 450 MHz | 1200 V/µs | 9/11 V | 1 | |
| HFA1130 | Harris | 2 mV | 20 µA | 850 MHz | 2300 V/µs | 9/11 V | 1 | |
| LT1207 | Lin. Tech. | 3 mV | 2 µA | 60 MHz | 900 V/µs | 10/30 V | 2 | $I_a = 250$ mA |
| LT1210 | Lin. Tech. | 3 mV | 2 µA | 35 MHz | 900 V/µs | 10/30 V | 1 | $I_a = 1,1$ A |
| MAX4119 | Maxim | 1 mV | 3,5 µA | 270 MHz | 1200 V/µs | 6/11 V | 1 | |
| MAX4187 | Maxim | 1,5 mV | 1 µA | 270 MHz | 450 V/µs | 6/11 V | 4 | $I_b = 1$ mA |
| MAX4223 | Maxim | 0,5 mV | 2 µA | 1000 MHz | 1000 V/µs | 6/11 V | 1 | |
| MAX4226 | Maxim | 0,5 mV | 2 µA | 250 MHz | 1100 V/µs | 6/11 V | 2 | |
| CLC449 | National | 3 mV | 6 µA | 1200 MHz | 2500 V/µs | 6/12 V | 1 | |
| CLC452 | National | 1 mV | 6 µA | 130 MHz | 400 V/µs | 5/12 V | 1 | $I_a = 100$ mA |
| CLC502 | National | 0,5 mV | 10 µA | 150 MHz | 800 V/µs | 6/12 V | 1 | clamping |
| CLC5622 | National | 1 mV | 6 µA | 160 MHz | 280 V/µs | 6/12 V | 2 | $I_a = 130$ mA |
| CLC5644 | National | 2,5 mV | 2 µA | 170 MHz | 1000 V/µs | 6/12 V | 4 | $I_b = 2,5$ mA |
| CLC5654 | National | 2,5 mV | 6 µA | 450 MHz | 2000 V/µs | 6/12 V | 4 | |
| CLC5665 | National | 1 mV | 3 µA | 90 MHz | 1800 V/µs | 10/30 V | 1 | |
| TSH6002 | Texas I. | 7 mV | 2 µA | 200 MHz | 1000 V/µs | 10/30 V | 4 | $I_a = 400$ mA |

Tab. 5.2. Typische Daten von Operationsverstärkern

**VC-OPVs: Transkonduktanzverstärker**

| Typ | Hersteller | Offset-spannung | Eingangs-ruhestrom | Bandbreite | Anstiegsge-schwindigkeit | Betriebsspan-nung min/max | OPVs je Gehäuse | Ausgangs-strom |
|---|---|---|---|---|---|---|---|---|
| OPA622 | Burr B. | 0,1 mV | 1,2 $\mu$A | 200 MHz | 1500 V/$\mu$s | 8/11 V | 1 | 70 mA |
| OPA660 | Burr B. | 7 mV | 2 $\mu$A | 700 MHz | 3000 V/$\mu$s | 9/11 V | 1 | 15 mA |
| CA3060 | Harris | 1 mV | 2 $\mu$A | 110 kHz | 8 V/$\mu$s | 4/30 V | 1 | 0,5 mA |
| CA3080 | Harris | 0,4 mV | 2 $\mu$A | 2 MHz | 50 V/$\mu$s | 4/30 V | 1 | 0,5 mA |
| LT1228 | Lin. Tech. | 0,5 mV | 0,4 $\mu$A | 80 MHz | 600 V/$\mu$s | 4/30 V | 1 | 1 mA |
| Max436 | Maxim | 0,3 mV | 1 $\mu$A | 200 MHz | 800 V/$\mu$s | 9/11 V | 1 | 20 mA |
| NE5517 | Philips | 0,4 mV | 0,4 $\mu$A | 2 MHz | 50 V/$\mu$s | 4/30 V | 2 | 0,5 mA |

**CC-OPVs: Stromverstärker; $U_b = 9/11$ V**

| Typ | Hersteller | Offset-spannung | Eingangs-ruhestrom | Verst. Bandbr. Produkt | Anstiegsge-schwindigkeit | Stromver-stärkung | OPVs je Gehäuse | Ausgangs-strom |
|---|---|---|---|---|---|---|---|---|
| OPA622 | Burr B. | 0,1 mV | 1,2 $\mu$A | 200 MHz | 1500 V/$\mu$s | 1 | 1 | 20 mA |
| OPA660 | Burr B. | 7 mV | 2 $\mu$A | 700 MHz | 3000 V/$\mu$s | 1 | 1 | 15 mA |
| OPA2662 | Burr B. | 12 mV | 1 $\mu$A | 370 MHz | 2000 V/$\mu$s | 3 | 2 | 75 mA |
| SHC615 | Burr B. | 8 mV | 0,3 $\mu$A | 750 MHz | 3000 V/$\mu$s | 1 | 1 | 20 mA |
| MAX435 | Maxim | 0,3 mV | 1 $\mu$A | 275 MHz | 850 V/$\mu$s | 4 | 2 | 10 mA |
| MAX436 | Maxim | 0,3 mV | 1 $\mu$A | 275 MHz | 850 V/$\mu$s | 8 | 1 | 20 mA |

**Tab. 5.2.** Typische Daten von Operationsverstärkern

Häufig ist nicht nur ein einziger Operationsverstärker in einem Gehäuse untergebracht, sondern 2 oder 4 Verstärker. In Tab. 5.2 haben wir jeweils vermerkt, wieviele Verstärker bei dem angegebenen Typ in einem Gehäuse sind. Wir haben hier bevorzugt 2fach- oder 4fach-Operationsverstärker aufgenommen. Häufig gibt es unter einer verwandten Typenbezeichnung auch 1fach-Operationsverstärker. Sofern die Stromaufnahme angegeben ist, bezieht sie sich immer auf einen einzigen Verstärker.

**Universaltypen:** Sie besitzen keine besonderen elektrischen Eigenschaften; dafür sind aber die alten Standarttypen wie der 741, 324 und TL074 besonders billig. Aus der Größe des Eingangsstroms kann man auch auf die Technologie des Differenzverstärkers am Eingang schließen: Während er bei Bipolartransistoren im Nanoampere-Bereich liegt, sind es bei Feldeffekttransistoren Pikoampere, wie der Vergleich mit dem Aufbau zeigt.

**Präzisionstypen:** Die wichtigsten Voraussetzungen, um bei Gleichspannungen und niedrigen Frequenzen hohe Geauigkeit zu erreichen, sind eine niedrige Offsetspannung und eine hohe Differenzverstärkung. Natürlich ist ein niedriger Eingangsruhestrom auch wünschenswert, der durch ihn verursachte Fehler läßt sich jedoch bei entsprechend niederohmiger Dimensionierung der Gegenkopplungswiderstände klein halten (s. Abb 5.60 auf S. 538). Wegen der geringen Offsetspanung muß man sicherstellen, daß die unvermeidlichen Thermospannungen die Schaltung nicht beeinträchtigen. Man sollte dafür sorgen, daß sich korrespondierende Punkte der Schaltung auf gleicher Temperatur befinden, sodaß sich die Thermospannungen weitgehend aufheben. In kritischen Fällen kann man auch spezielles Lötzinn verwenden oder die Drähte durch Thermokompression miteinander verbinden.

**Rauscharme Typen:** Bei den hier aufgeführten Typen handelt es sich um die rauschärmsten Operationsverstärker, die auf dem Markt erhältlich sind. Während man bei Verstärkern mit Bipolartransistoren Rauschspannungsdichten von $1\,\mathrm{nV}/\sqrt{\mathrm{Hz}}$ erreicht, besitzen die besten Operationsverstärker mit Sperrschichtfets am Eingang die 5-fachen Werte. Trotzdem sind sie wegen ihrer um 3 Zehnerpotenzen niedrigen Rauschstromdichte bei hochohmigen Quellen vorteilhaft. In jedem Fall sollte man die Gegenkopplungswiderstände so niederohmig wie möglich dimensionieren, damit der Rauschstrom des Verstärkers möglichst kleine Rauschspannungen bewirkt und um das Eigenrauschen der Widerstände klein zu halten (s. Abb. 5.63 auf S. 542).

**Single-Supply-Verstärker:** Ihre Besonderheit ist, daß die Gleichtakt- und Ausgangsaussteuerbarkeit bis zur negativen Betriebsspannung reicht. Bei machen Typen läßt sich der Ausgang auch bis zur positiven Betriebsspannung aussteuern; sie besitzen also einen Rail-to-Rail Ausgang. Sie werden häufig aus einer einfachen positiven Betriebsspannung versorgt (s. Abschnitt 5.2.4 auf S. 497). Einige Typen besitzen eine Stromaufnahme, die lediglich wenige $\mu$A beträgt. Sie sind für Batteriebetrieb besonders nützlich; den Ausschalter kann man sich dabei häufig sparen. Allerdings sinkt mit der Stromaufnahme auch die Banbreite und die Slew-Rate wie die Übersicht zeigt.

**Rail-to-Rail Verstärker:** Die hier aufgeführten Operationsverstärker sind am Eingang und am Ausgang bis zu den Betriebsspannungen aussteuerbar. Während die Ausgangsspannung die Betriebsspannung – besonders bei Belastung – nur Näherungsweise erreicht, ist meist eine Gleichtaktaussteuerung zulässig, die die Betriebsspannungen um mehrere 100mV überschreitet. Rail-to-Rail Verstärker sind besonders bei niedrigen Betriebsspannungen nützlich, weil sie die maximal mögliche Aussteuerbarkeit besitzen. Wie niedrig die Betriebsspannung sein darf, ist als minimale Betriebsspannung jeweils angegeben. Dabei ist es dem Anwender überlassen, z.B. den MC33502 mit $+1V$ oder $-1V$ oder $\pm 0,5V$ zu betreiben. Zu beachten ist, daß die meisten Rail-to-Rail Verstärker nicht für einen Betrieb mit $\pm 15V$ zugelassen sind, manche nicht einmal für $\pm 5V$.

**Hohe Ausgangsspannung:** Es gibt relativ wenige Operationsverstärker, die hohe Ausgangsspannungen liefern können und entsprechend hohe Betriebsspannungen vertragen, weil die normalen Herstellungsprozesse nicht dafür geeignet sind. Deshalb werden bei Betriebsspannungen über 100V meist Hybridschaltungen eingesetzt, die entsprechend teuer sind. Eine Ausnahme bildet hier der PA42.

**Hohe Ausgangsströme:** Bei großen Ausgangsströmen treten natürlich auch große Verlustleistungen im Operationsverstärker auf. Deshalb sollte man die Betriebsspannung nicht unnötig groß machen und den Verstärker gut kühlen. Man sieht in der Zusammenstellung, daß Leistungsverstärker in der Regel langsam sind und eine niedrige Anstiegsgeschwindigkeit besitzen, daß es aber auch Ausnahmen gibt. Auch hier lassen sich Spitzenprodukte nur in Hybridtechnik herstellen.

**Hohe Bandbreite:** Man sieht, daß es eine Vielzahl von VV-Operationsverstärkern gibt, die um bis zu 3 Zehnerpotenzen schneller sind als Verstärker der 741-Klasse. Das erkauft man sich meist mit schlechten Gleichspannungsdaten: hohe Offsetspannung, hoher Eingangsruhestrom, niedrige Differenzverstärkung und hohe Stromaufnahme. Ein positive Ausnahme stellt der CLC425 dar, der eine niedrige Offsetspannung und hohe Differenzverstärkung besitzt. Die meisten Breitband-Operationsverstärker werden in einem Herstlleungsprozeß für niedrige Betriebsspannungen ($\pm 5V$) hergestellt, da es dabei einfacher ist, gute Hochfrequenztransistoren zu erhalten. Man sieht in der Tab., daß es jedoch auch Hochfrequenzverstärker gibt, die für den Betrieb mit $\pm 15V$ geeignet sind.

Die meisten Operationsverstärker benötigen eine relativ große Erholzeit, bis sie nach einer Übersteuerung wieder normal arbeiten. Wenn man von vorn herein Übersteuerungen nicht ausschließen kann, sollte man Typen mit einem Clamping Ausgang bevorzugen. Dabei wird durch interne Zusätze verhindert, daß Transistoren bei Übersteuerung in die Sättigung gehen; dadurch wird die Erholzeit auf wenige Nanosekunden reduziert. Darüber hinaus läßt sich der Einsatz der Ausgangsspannungsbegrenzung von außen für die positive und die negative Ausgangsspannung getrennt vorgeben. Auf diese Weise lassen sich auch nachfolgende Schaltungen wie z.B. AD-Umsetzer vor Übersteuerung schützen.

**CV-Operationsverstärker** sind den konventionellen Breitbandverstärkern sehr ähnlich und verhalten sich auch in den Anwendungen so. Sie besitzen jedoch bei gleicher Technologie und Stromaufnahme eine größere Slew-Rate und Leistungsbandbreite als entsprechende VV-Operationsverstärker. Der hauptsächliche Unterschied besteht für den Anwender darin, daß hier lediglich ohmsche Gegenkopplungen möglich sind. Um hohe Bandbreiten zu erreichen, sind entsprechend große Betriebsströme erforderlich. Bei besonders günstigen Typen ist die Stromaufnahme angegeben. Um die Verlustleistungen trotzdem in Grenzen zu halten, verwendet man meist Betriebsspannungen von $\pm 5V$; Typen für höhere Betriebsspannungen sind hier die Ausnahme. Da man bei hohen Frequenzen üblicherweise niederohmige Lasten treiben muß, sind die maximalen Ausgangsströme durchweg größer als 20mA. Bei Typen, die besonders große Ausgangsströme liefern können, ist ihr Wert vermerkt.

**VC-Operationsverstärker** gibt es schon lange. Die erste Generation mit dem CA3060, CA3080 und dem NE5517 besitzen für heutige Verhältnisse uninteressante Daten: sie sind zu langsam und ihre Ausgangsströme sind zu klein. Der OPA622 und OPA660 sind CC-Operationsverstärker die man mit einem Spannungsfolger, der sich auf dem Chip befindet, zu einem VC-Operationsverstärker gemäß Abb. 5.96 erweitern kann. Die Transkonduktanz, also die Steilheit der Operationsverstärker, läßt sich hier und beim MAX436 mit einem externen Widerstand beliebig reduzieren. Das ist die Voraussetzung für den Betrieb mit reiner Stromgegenkopplung wie in Abb. 5.81 bis 5.90. Darüber hinaus läßt sich bei allen Typen die Stromaufnahme und damit auch der maximale Ausgangsstrom mit einem externen Widerstand einstellen.

**CC-Operationsverstärker** sind die vielseitigsten Operationsverstärker für hohe Frequenzen. Daß sie wenig eingesetzt werden, kommt hauptsächlich daher, daß man gewohnt ist, in Spannungen zu denken und nicht in Strömen. Die Vorteile der CC-Operationsverstärker haben wir an dem Beispiel des Integratorfilters in Abb. 5.92 gezeigt. Die Stromverstärkung haben wir hier zusätzlich angegeben. Sie wird durch das Übersetzungsverhältnis der Stromspiegel am Ausgang (s. Abb. 5.79 auf S.559) bestimmt. Man kann auch hier den Ruhestrom mit einem externen Widerstand einstellen.

## Klassifizierung

Die Technologie bestimmt die Eingangsdaten und damit auch die Gleichspannungsgenauigkeit. Dies erkennt man, wenn man alle Operationsverstärker bezüglich Eingangsruhestrom und Offsetspannung in Abb. 5.102 einträgt. Hier sieht man, daß die Operationsverstärker mit Fet-Differenzverstärken am Eingang die niedrigsten Eingangsströme, aber hohe Offsetspannungen besitzen. Die Verstärker mit automatischer Nullpunktkorrektur besitzen besonders kleine Offsetspannungen. Präzisionsverstärker mit Bipolartransistoren am Eingang haben zum Teil auch sehr niedrige Offsetspannungen, aber deutlich größere Eingangsruheströme. Am schlechtesten sind die Gleichspannungsdaten der Breitband-Operationsverstärker: sie besitzen sowohl hohe Offsetspannungen als auch hohe Eingangsruheströme.

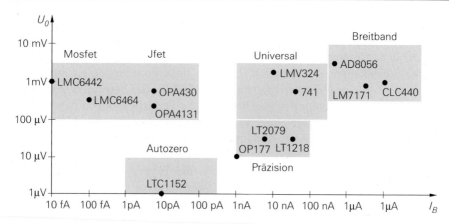

**Abb. 5.102.** Gleichspannungseigenschaften verschiedener Operationsverstärker-Technologien

Wenn man die Operationsverstärker bezüglich des Rauschens vergleicht, erkennt man zwei klar voneinander getrennte Bereiche in Abb. 5.103: die Operationsverstärker mit Feldeffekttransistoren am Eingang besitzen wegen ihres geringen Eingansstroms auch ein deutlich geringeres Stromrauschen als Typen mit Bipolartransistoren. Deshalb sind sie bei hochohmigen Quellen vorteilhaft. Man erkennt andererseits, daß es bei Operationsverstärker mit Biplolartransistoren Typen gibt, deren Spannungsrauschen deutlich niedriger ist als bei Fets. Deshalb sind sie bei niederohmigen Quellen günstiger (s. Abb. 5.63).

Eine Vergleichsmöglichkeit für das dynamische Verhalten von Operationsverstärkern ist das Bandbreiten-Stromdiagramm in Abb. 5.104. Um die Bandbreite eines Operationsverstärkers zu vergrößern, muß man die Transistoren mit

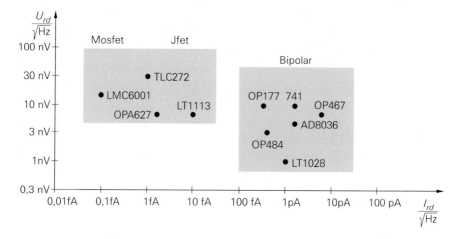

**Abb. 5.103.** Vergleich von Rauschspannung und Rauschstrom

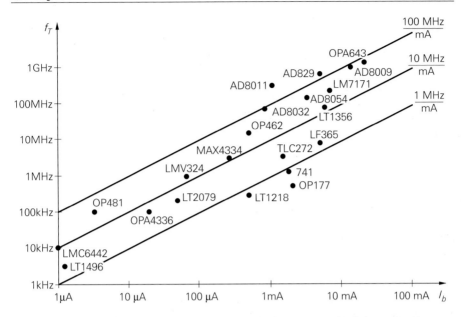

**Abb. 5.104.** Vergleich von Stromaufnahme und Bandbreite bei verschiedenen Operationsverstärkern

größeren Strömen betreiben; demnach müßte die Bandbreite proportional zum Strom sein. Wenn man jedoch eine Technologie einsetzt, die kleine parasitäre Kapazitäten besitzt, lassen sich selbst bei mittleren Strömen große Bandbreiten erzielen. Entsprechend besitzen Schaltungen, die im AB-Betrieb arbeiten (s. Abb. 5.28) bei gleichem Ruhestrom eine größere Bandbreite als Schaltungen im A-Betrieb. Schaltungen, die in Abb. 5.104 oben links stehen, haben eine für das Frequenzverhalten günstigere Technologie und/oder Schaltungstechnik als die Typen, die unten rechts stehen. Man erkennt in Abb. 5.104, daß es sowohl bezüglich des Stroms bei konstanter Bandbreite als auch bezüglich der Banbreite bei konstantem Strom signifikante Unterschiede gibt. Wenn man andererseits Linien einzeichnet, bei denen die Bandbreite proportional zum Strom ist, dann verbinden sie alle Operationsverstärker mit derselben Technologie bzw. Schaltungstechnik. Man sieht, daß gute Operationsverstärker ein Bandbreite-Strom-Verhältnis von über 100 MHz/mA besitzen, während alte Typen nicht einmal 1 MHz/mA erreichen.

# Literatur

[5.1]   Grayson, K.: Op Amps Driving Capacitive Loads. Analog Dialogue 31-2. Norwood: Analog Devices, 1997

[5.2]   Harvey, B.,Siu, C.: Simple techniques help high-frequency op amps drive reactive loads. S. 133–139. END. 1996

[5.3]   Grame, J.: Phase Compensation Extends op amp Stability and Speed. S. 181–192. EDN. END, 16.8.1991

[5.4]   Jett, W., Feliz, G.: C-Load Op Amps – Tame Instabilities. Linear Technology Hauszeitschrift Bd. IV, Nr. 1. Ort: Linear Technology, 1994

[5.5]   Green, T.: Stability for power operational amplifiers. Application Note 19. Tuscon: Apex

[5.6]   Kestler, W.: High Speed Design Techniques: Noise Comparison between Voltage Feedback Op Amps and Current Feedback Op Amps. S.1–28. Norwood: Analog Devices, 1996

[5.7]   Smith, D.,Koen, M.,Witulski,F.: Evolution of High-Speed Operational Amplifier Architectures. S.1166–1179 IEEE Jaurnal of Solid-State-Circuits, Vol. 29, Nr. 10, Oktober 1994

[5.8]   Lehmann, K.: Schaltungstechniken mit dem Diamond-Transistor OPA660. S. 48–58, Elektronik Industrie. H. 10, 1990

[5.9]   Henn, C.: New Ultra High-Speed Circuit Techniques with Analog ICs. Application Note AN-183 der Firma Burr Brown, Tuscon. 1993

[5.10]  Gamm, E.: Aktive Filter für HDTV-Anwendungen, ITG-Fachbericht Nr. 127, S. 175

[5.11]  Roberge, J. K.: Operational Amplifiers. Theory and Practice. New York: Wiley

# Kapitel 6:
# Kippschaltungen

## 6.1
## Der Transistor als digitales Bauelement

Bei den linearen Schaltungen haben wir das Kollektorruhepotential so eingestellt, daß es zwischen $V^+$ und $U_{CE\,sat}$ lag. Dann war eine Aussteuerung um diesen Arbeitspunkt möglich. Das Kennzeichen der linearen Schaltungen ist, daß man die Aussteuerung so klein hält, daß die Ausgangsspannung eine lineare Funktion der Eingangsspannung ist. Deshalb durfte die Ausgangsspannung die positive oder negative Aussteuerungsgrenze nicht erreichen, da sonst Verzerrungen aufgetreten wären. Im Gegensatz dazu arbeitet man bei *Digital*schaltungen nur mit zwei Betriebszuständen. Man interessiert sich nur noch dafür, ob eine Spannung größer ist als ein vorgegebener Wert $U_H$ oder kleiner als ein vorgegebener Wert $U_L < U_H$. Ist die Spannung größer als $U_H$, sagt man, sie befinde sich im Zustand H (high); ist sie kleiner als $U_L$, sagt man, sie befinde sich im Zustand L (low).

Wie groß die Pegel $U_H$ und $U_L$ sind, hängt ganz von der verwendeten Schaltungstechnik ab. Um die Pegel eindeutig interpretieren zu können, sollen Pegel zwischen $U_H$ und $U_L$ nicht auftreten. Welche schaltungstechnischen Konsequenzen daraus folgen, wollen wir anhand des Pegelinverters in 6.1 erläutern. Die Schaltung soll folgende Eigenschaften besitzen:

Für $U_e \leq U_L$ soll $U_a \geq U_H$ werden,

und

für $U_e \geq U_H$ soll $U_a \leq U_L$ werden

Dieser Zusammenhang soll auch im ungünstigsten Fall noch erfüllt sein; d.h. für $U_e = U_L$ darf $U_a$ nicht kleiner als $U_H$ sein, und für $U_e = U_H$ darf $U_a$ nicht größer als $U_L$ sein. Diese Bedingung läßt sich nur dann erfüllen, wenn man $U_H$, $U_L$ und die Widerstände $R_C$ und $R_B$ geeignet wählt. Wie man dabei vorgehen kann, soll das folgende Zahlenbeispiel zeigen:

Sperrt man den Transistor in Abb. 6.1, wird die Ausgangsspannung im unbelasteten Fall gleich $V^+$. Nehmen wir einmal an, die niederohmigste Ausgangslast sei $R_V = R_C$; dann wird $U_a$ in diesem Fall gleich $\frac{1}{2}V^+$. Dies ist also die kleinste Ausgangsspannung im H-Zustand. Sicherheitshalber definieren wir $U_H < \frac{1}{2}V^+$, bei einer Betriebsspannung von $V^+ = 5$ V z.B. $U_H = 1{,}5$ V. Nach der oben angegebenen Forderung soll sich für $U_a \geq U_H$ die Eingangsspannung im Zustand

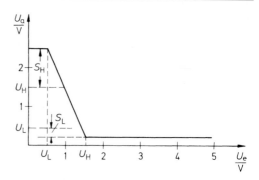

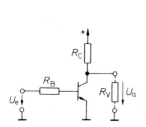

**Abb. 6.1.** Transistor als Inverter

**Abb. 6.2.** Übertragungskennlinie für $R_V = R_C$.
$S_L$: L-Störabstand. $S_H$: H-Störabstand

L befinden. Als $U_L$ definieren wir daher die größte Eingangsspannung, bei der der Transistor gerade noch sicher sperrt. Bei einem Siliziumtransistor können wir dafür 0,4 V annehmen, wenn er sich auf Zimmertemperatur befindet. Wir wählen also $U_L = 0,4$ V. Nachdem wir die beiden Pegel $U_H$ und $U_L$ auf diese Weise festgelegt haben, müssen wir die Schaltung nun so dimensionieren, daß sich für $U_e = U_H$ die Ausgangsspannung $U_a \leq U_L$ ergibt. Auch im ungünstigsten Fall wünscht man noch eine gewisse Sicherheit, d.h. für $U_e = U_H = 1,5$ V soll die Ausgangsspannung noch kleiner als $U_L = 0,4$ V sein. Den Kollektorwiderstand $R_C$ wählt man so niedrig, daß die Schaltzeiten hinreichend klein werden, die Stromaufnahme aber nicht unnötig groß wird. Wir wählen z.B. $R_C = 5\,k\Omega$. Nun müssen wir $R_B$ so dimensionieren, daß bei einer Eingangsspannung von $U_e = 1,5$ V die Ausgangsspannung sicher unter den Wert $U_L = 0,4$ V absinkt. Dazu muß ein Kollektorstrom von $I_C \approx V^+/R_C = 1$ mA fließen. Die in Frage kommenden Transistoren sollen eine Stromverstärkung von $B = 100$ besitzen. Der notwendige Basisstrom beträgt dann $I_{B\,min} = I_C/B = 10\,\mu A$. Um den Transistor sicher in die Sättigung zu bringen, wählen wir $I_B = 100\,\mu A$, also 10fache Übersteuerung. Daraus erhalten wir:

$$R_B = \frac{1,5\,\text{V} - 0,6\,\text{V}}{100\,\mu A} = 9\,k\Omega$$

Abbildung 6.2 zeigt die Übertragungskennlinie für diese Dimensionierung.

Für $U_e = U_L = 0,4$ V wird bei Vollast ($R_V = R_C$) die Ausgangsspannung $U_a = 2,5$ V. Sie liegt also um 1 V über dem geforderten Minimalwert $U_H = 1,5$ V. Wir definieren nun einen *H-Störabstand* $S_H = U_a - U_H$ für $U_e = U_L$. Er beträgt in unserem Beispiel 1 V. Ebenso kann man einen *L-Störabstand* $S_L = U_L - U_a$ für $U_e = U_H$ definieren. Er ist in Abb. 6.2 gleich der Spannungsdifferenz zwischen $U_L$ und der Kollektor-Emitter-Sättigungsspannung $U_{CE\,sat} \approx 0,2$ V und beträgt daher $S_L = 0,4\,\text{V} - 0,2\,\text{V} = 0,2$ V. Die Störabstände sind ein Maß für die Betriebssicherheit der Schaltung. Ihre allgemeine Definition lautet:

$$\left.\begin{array}{l} S_H = U_a - U_H \\ S_L = U_L - U_a \end{array}\right\} \quad \text{für worst-case-Bedingung am Eingang}$$

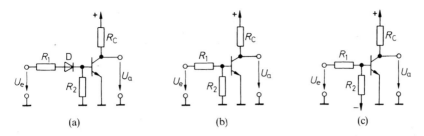

(a)      (b)      (c)

**Abb. 6.3 a–c.** Methoden zur Vergrößerung des L-Störabstands

Will man den L-Störabstand verbessern, muß man $U_L$ erhöhen, da man die Spannung $U_a(U_e = U_H) \approx U_{CE\,sat}$ nicht viel weiter verkleinern kann. Dazu kann man wie in Abb. 6.3a eine oder mehrere Dioden vor die Basis schalten. Der Widerstand $R_2$ dient zur Ableitung des Kollektor-Basis-Sperrstroms und sorgt damit dafür, daß der Transistor sicher sperrt. Eine andere Möglichkeit besteht darin, einfach einen Spannungsteiler vorzuschalten wie in Abb. 6.3b oder 6.3c.

Die Ausgangsbelastbarkeit (fan out) des Inverters in Abb. 6.1 ist gering. Man kann höchstens zwei gleichartige Eingänge an einem Ausgang anschließen, wenn die Ausgangsspannung im H-Zustand 2,5 V nicht unterschreiten soll.

### Dynamische Eigenschaften

Bei der Anwendung eines Transistors als Schalter interessiert man sich besonders für die Schaltzeit. Man kann beim Rechteckverhalten verschiedene Zeitabschnitte unterscheiden. Sie sind in Abb. 6.4 eingezeichnet.

Man erkennt, daß die Speicherzeit $t_S$ wesentlich größer ist als die übrigen Schaltzeiten. Sie tritt dann auf, wenn man einen zuvor gesättigten Transistor ($U_{CE} = U_{CE\,sat}$) sperrt. Ist $U_{CE}$ beim leitenden Transistor größer als $U_{CE\,sat}$, verkleinert sich die Speicherzeit stark. Benötigt man schnelle Schalter, macht man von dieser Tatsache Gebrauch und verhindert, daß $U_{CE\,sat}$ erreicht wird. Digitalschaltungen, die nach diesem Prinzip arbeiten, werden als *ungesättigte Logik* bezeichnet. Wie sich das schaltungstechnisch verwirklichen läßt, werden wir bei den betreffenden Schaltungen in Abschnitt 7.4.5 erläutern.

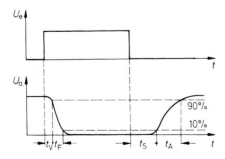

**Abb. 6.4.** Rechteckverhalten des Inverters
$t_S$: Speicherzeit (storage time)
$t_A$: Anstiegszeit (rise time)
$t_V$: Verzögerungszeit (delay time)
$t_F$: Fallzeit (fall time)

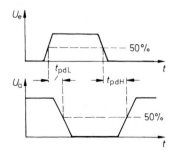

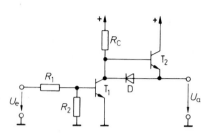

**Abb. 6.5.** Zur Definition der Gatterlaufzeit $t_{pd}$: propagation delay time

**Abb. 6.6.** Gegentakt-Endstufe für Digital-schaltungen

Das Zeitverhalten von Digital-Schaltungen wird im allgemeinen summarisch durch die Gatterlaufzeit (propagation delay time) $t_{pd}$ charakterisiert:

$$t_{pd} = \frac{1}{2}(t_{pd\,L} + t_{pd\,H})$$

Dabei ist $t_{pd\,L}$ die Zeitdifferenz zwischen dem 50%-Wert der Eingangsflanke und dem 50%-Wert der abfallenden Ausgangsflanke. $t_{pd\,H}$ ist die entsprechende Zeit-differenz bei der ansteigenden Ausgangsflanke. Abbildung 6.5 veranschaulicht diesen Sachverhalt.

Bei der Schaltung in Abb. 6.1 haben wir gesehen, daß der H-Pegel weit unter der Betriebsspannung lag und belastungsabhängig war. Um dies zu vermeiden, kann man einen Emitterfolger wie in Abb. 6.6 nachschalten.

Wenn $T_1$ sperrt, fließt der Ausgangsstrom über den Emitterfolger $T_2$. Da-durch bleibt die Belastung des Kollektorwiderstandes $R_C$ gering. Wird $T_1$ leitend, sinkt sein Kollektorpotential auf niedrige Werte ab. Bei ohmscher Ausgangsbe-lastung sinkt die Ausgangsspannung ebenso ab. Bei kapazitiver Belastung muß die Schaltung den Entladestrom des Kondensators aufnehmen. Da der Transistor $T_2$ in diesem Fall sperrt, wurde die Diode D vorgesehen, die den Entladestrom über den leitenden Transistor $T_1$ fließen läßt. Dadurch erhöht sich allerdings die Ausgangsspannung im L-Zustand auf ca. 0,8 V.

## 6.2
## Kippschaltungen mit gesättigten Transistoren

Kippschaltungen sind mitgekoppelte Digitalschaltungen. Sie unterscheiden sich von den mitgekoppelten Linearschaltungen (Oszillatoren) dadurch, daß ihre Aus-gangsspannung sich nicht kontinuierlich ändert, sondern nur zwischen zwei festen Werten hin und her springt. Der *Umkippvorgang* kann auf verschiedene Weise ausgelöst werden: Bei den *bistabilen* Kippschaltungen ändert sich der Aus-gangszustand nur dann, wenn mit Hilfe eines Eingangssignals ein Umkippvor-gang ausgelöst wird. Beim *Flip-Flop* genügt dazu ein kurzer Impuls, während beim *Schmitt-Trigger* ein beständiges Eingangssignal benötigt wird.

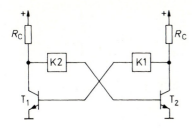

**Abb. 6.7.** Prinzipielle Anordnung von Kippschaltungen mit gesättigten Transistoren

| Kippschaltung | Name | Koppelglied 1 | Koppelglied 2 |
|---|---|---|---|
| Bistabil | Flip-Flop, Schmitt-Trigger | $R$ | $R$ |
| Monostabil | Univibrator | $R$ | $C$ |
| Astabil | Multivibrator | $C$ | $C$ |

**Tab. 6.1.** Realisierung der Koppelglieder bei den verschiedenen Kippschaltungen

Eine *monostabile* Kippschaltung besitzt nur *einen* stabilen Zustand. Der zweite Zustand ist nur für eine bestimmte, durch die Dimensionierung festgelegte Zeit stabil. Nach Ablauf dieser Zeit kippt die Schaltung wieder von alleine in den stabilen Zustand zurück. Sie wird deshalb auch als Zeitschalter, Monoflop, Univibrator oder Oneshot bezeichnet.

Eine *astabile* Kippschaltung besitzt keinen stabilen Zustand, sondern kippt ohne äußere Anregung ständig hin und her. Sie wird deshalb auch als Multivibrator bezeichnet.

Die drei Kippschaltungen lassen sich mit der Prinzipschaltung in Abb. 6.7 realisieren. Der Unterschied liegt lediglich in der Ausführung der beiden Koppelglieder K gemäß der Übersicht in Tab. 6.1.

### 6.2.1
### Bistabile Kippschaltung

#### Flip-Flop

Zur Realisierung einer bistabilen Kippschaltung kann man wie in Abb. 6.8 zwei Inverter in Reihe schalten und galvanisch mitkoppeln. Man erkennt, daß die beiden Inverter gleichberechtigt sind. Deshalb bevorzugt man in der Regel die symmetrische Darstellung gemäß Abb. 6.9.

Die Wirkungsweise ist folgende: Eine positive Spannung am Setz-Eingang S macht $T_1$ leitend. Dadurch sinkt dessen Kollektorpotential ab. Dadurch wird der Basisstrom von $T_2$ kleiner, und dessen Kollektorpotential steigt an. Dieser Anstieg bewirkt über den Widerstand $R_1$ eine Basisstromzunahme von $T_1$. Der stationäre Zustand ist dann erreicht, wenn das Kollektorpotential von $T_1$ bis auf die Sättigungsspannung abgenommen hat. $T_2$ sperrt dann, und $T_1$ wird über den Widerstand $R_1$ leitend gehalten. Deshalb kann man am Ende des Umkippvorgan-

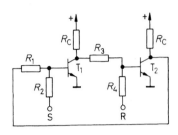

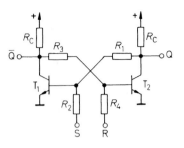

**Abb. 6.8.** Mitgekoppelte Schaltung aus zwei Invertern

**Abb. 6.9.** RS-Flip-Flop

ges die Spannung am S-Eingang wieder Null machen, ohne daß sich noch etwas ändert. Man kann das Flip-Flop wieder zurückkippen, indem man einen positiven Spannungsimpuls an den Rücksetz-Eingang R anlegt. Wenn beide Eingangsspannungen Null sind, behält das Flip-Flop den zuletzt angenommenen Zustand bei. Auf dieser Eigenschaft beruht die Anwendung als Informations-*Speicher*.

Wenn man beide Eingangsspannungen gleichzeitig in den H-Zustand versetzt, werden beide Transistoren während dieser Zeit leitend. Die Basisströme werden in diesem Fall jedoch ausschließlich von den Steuerspannungsquellen und nicht vom Nachbartransistor geliefert, da beide Kollektorpotentiale niedrig sind. Deshalb ist dieser Zustand nicht stabil. Wenn man die beiden Steuerspannungen wieder Null macht, steigen folglich zunächst beide Kollektorpotentiale gleichphasig an. Aufgrund einer nie ganz vollkommenen Symmetrie wird jedoch ein Kollektorpotential etwas schneller ansteigen als das andere. Durch die Mitkopplung wird dieser Unterschied verstärkt, so daß am Ende wieder ein stabiler Zustand erreicht wird, in dem ein Transistor sperrt und der andere leitet. Man kann jedoch nicht definitiv vorhersagen, in welchen der beiden stabilen Zustände das Flip-Flop übergehen wird. Deshalb ist der Eingangszustand $R = S = H$ logisch unzulässig. Wenn man ihn vermeidet, sind die Ausgangszustände immer komplementär. Damit ergibt sich die in Tab. 6.2 dargestellte Pegeltabelle als zusammenfassende Funktionsbeschreibung.

| R | S | Q | $\overline{Q}$ |
|---|---|---|---|
| H | H | (L) | (L) |
| H | L | L | H |
| L | H | H | L |
| L | L | wie | vorher |

**Tab. 6.2.** Pegeltabelle des RS-Flip-Flops

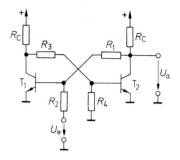

**Abb. 6.10.** Schmitt-Trigger

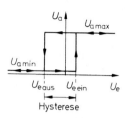

**Abb. 6.11.** Übertragungskennlinie des Schmitt-Triggers

## Schmitt-Trigger

Das im vorhergehenden Abschnitt beschriebene RS-Flip-Flop wird jeweils dadurch zum Umkippen gebracht, daß man auf die Basis des gerade sperrenden Transistors einen positiven Spannungsimpuls gibt, um ihn leitend zu machen. Eine andere Möglichkeit besteht darin, nur *eine* Eingangsspannung zu verwenden und den Umkippvorgang dadurch einzuleiten, daß man die Eingangsspannung abwechselnd positiv und negativ macht. Ein so betriebenes Flip-Flop wird als *Schmitt-Trigger* bezeichnet. Die einfachste Realisierungsmöglichkeit ist in Abb. 6.10 dargestellt.

Wenn die Eingangsspannung die obere Triggerschwelle $U_{e\,\text{ein}}$ überschreitet, springt die Ausgangsspannung an die positive Übersteuerungsgrenze $U_{a\,\text{max}}$. Sie springt erst dann wieder auf Null zurück, wenn die Eingangsspannung die untere Triggerschwelle $U_{e\,\text{aus}}$ unterschreitet. Darauf beruht die Anwendung des Schmitt-Triggers als Rechteckformer. In Abb. 6.12 ist als Beispiel die Umwandlung einer Sinusschwingung in eine Rechteckschwingung dargestellt. Infolge der Mitkopplung erfolgt der Umkippvorgang auch dann schlagartig, wenn die Eingangsspannung sich nur langsam ändert.

Die Übertragungskennlinie ist in Abb. 6.11 dargestellt. Die Spannungsdifferenz zwischen dem Einschalt- und dem Ausschaltpegel heißt *Schalthysterese*. Sie wird um so kleiner, je kleiner man die Differenz zwischen $U_{a\,\text{max}}$ und $U_{a\,\text{min}}$ macht, oder je größer die Abschwächung im Spannungsteiler $R_1$, $R_2$ ist. Alle Maßnahmen, die Schalthysterese zu verkleinern, verschlechtern die Mitkopplung

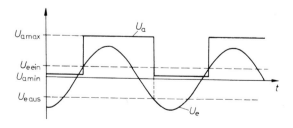

**Abb. 6.12.** Schmitt-Trigger als Rechteckformer

im Schmitt-Trigger und können dazu führen, daß er nicht mehr bistabil ist. Für $R_1 \rightarrow \infty$ geht die Schaltung in einen gewöhnlichen zweistufigen Verstärker über.

## 6.2.2
### Monostabile Kippschaltungen

Zur schaltungstechnischen Realisierung eines Univibrators geht man vom RS-Flip-Flop aus und ersetzt einen der beiden Rückkopplungswiderstände wie in Abb. 6.13 durch einen Kondensator. Da über ihn kein Gleichstrom fließen kann, ist im stationären Zustand der Transistor $T_2$ leitend, und $T_1$ sperrt.

Ein positiver Eingangsimpuls macht den Transistor $T_1$ leitend. Dadurch springt sein Kollektorpotential vom Ruhewert $V^+$ auf Null. Dieser Sprung wird durch das Hochpaßglied $RC$ auf die Basis von $T_2$ übertragen. Dadurch springt dessen Basispotential von $0{,}6\,\text{V}$ auf $-V^+ + 0{,}6\,\text{V} \approx -V^+$, und $T_2$ sperrt. Über den Rückkopplungswiderstand $R_1$ wird $T_1$ leitend gehalten, auch wenn die Eingangsspannung bereits wieder Null geworden ist.

Über den an $V^+$ angeschlossenen Widerstand R wird der Kondensator C aufgeladen. Nach Kapitel 26.2 steigt das Basispotential von $T_2$ gemäß der Beziehung

$$V_{B2}(t) \approx V^+(1 - 2e^{-t/RC}) \tag{6.1}$$

an. Der Transistor $T_2$ bleibt so lange gesperrt, bis $V_{B2}$ auf ca. $+0{,}6\,\text{V}$ angestiegen ist. Die dazu benötigte Zeit $t_e$ erhalten wir, indem wir in Gl. (6.1) $V_{B2} \approx 0$ setzen. Damit ergibt sich die Einschaltzeit zu:

$$t_e \approx RC \ln 2 \approx 0{,}7\,RC \tag{6.2}$$

Nach Ablauf dieser Zeit wird der Transistor $T_2$ wieder leitend, d.h. die Schaltung kippt in ihren stabilen Zustand zurück. Eine Übersicht über den zeitlichen Verlauf der Spannungen ist in Abb. 6.14 zusammengestellt.

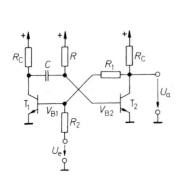

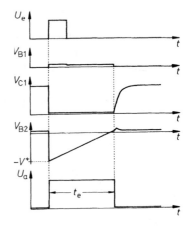

**Abb. 6.13.** Univibrator
*Einschaltdauer:* $t_e = RC \ln 2$

**Abb. 6.14.** Spannungsverlauf

Der Ausgang kehrt auch dann nach der berechneten Einschaltdauer in den Ruhezustand zurück, wenn der Eingangsimpuls länger als die Einschaltdauer ist. In diesem Fall bleibt der Transistor $T_1$ bis zum Verschwinden des Eingangsimpulses leitend, und die Mitkopplung ist unwirksam. $T_2$ wird dann nicht momentan leitend, sondern nur gemäß der Anstiegsgeschwindigkeit von $V_{B2}$.

Nach Ablauf eines Schaltvorganges muß der Kondensator $C$ über $R_C$ aufgeladen werden. Wenn der Kondensator bis zum nächsten Einschaltimpuls nicht vollständig aufgeladen ist, verkürzt sich die nächste Einschaltdauer. Soll dieser Effekt unter 1% bleiben, so muß $T_1$ mindestens für eine Erholzeit von $5\,R_C \cdot C$ gesperrt bleiben.

Die Betriebsspannung der Schaltung sollte 5 V nicht überschreiten, weil sonst die Gefahr besteht, daß die Emitter-Basis-Durchbruchspannung von $T_2$ überschritten wird, wenn $T_1$ leitend wird. Dadurch verkürzt sich die Schaltzeit in Abhängigkeit von der Betriebsspannung.

### 6.2.3
### Astabile Kippschaltung

Wenn man bei dem Univibrator auch den zweiten Rückkopplungswiderstand wie in Abb. 6.15 durch einen Kondensator ersetzt, werden beide Zustände nur für eine jeweils begrenzte Zeit stabil. Die Schaltung kippt also dauernd zwischen den beiden Zuständen hin und her, wenn sie einmal angestoßen wurde (Multivibrator). Für die Schaltzeiten ergibt sich gemäß Gl. (6.2):

$$t_1 = R_1 C_1 \ln 2$$

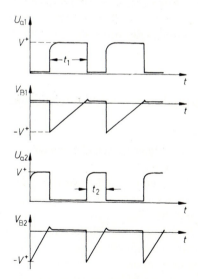

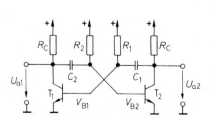

**Abb. 6.15.** Multivibrator
*Schaltzeiten:* $t_1 = R_1 C_1 \ln 2$
$\phantom{Schaltzeiten:} t_2 = R_2 C_2 \ln 2$

**Abb. 6.16.** Spannungsverlauf

und

$$t_2 \;=\; R_2\, C_2 \ln 2$$

Der zeitliche Verlauf der Spannungen ist in Abb. 6.16 dargestellt. Wie man sieht, ist $t_1$ die Zeit, während der $T_1$ sperrt, und $t_2$ die Zeit, während der $T_2$ sperrt. Die Schaltung kippt also immer dann um, wenn der bisher gesperrte Transistor leitend wird.

Bei der Dimensionierung der Widerstände $R_1$ und $R_2$ hat man wenig Freiheit. Sie müssen einerseits niederohmig gegenüber $\beta R_C$ sein, damit durch sie ein Strom fließt, der ausreicht, um den leitenden Transistor in die Sättigung zu bringen. Andererseits müssen sie hochohmig gegenüber $R_C$ sein, damit sich die Kondensatoren bis auf die Betriebsspannung aufladen können. Daraus folgt die Bedingung:

$$R_C \ll R_1, \qquad R_2 \ll \beta R_C$$

Wie bei dem Univibrator in Abb. 6.13 sollte auch hier die Betriebsspannung nicht größer als 5 V gewählt werden, um die Emitter-Basis-Durchbruchspannung nicht zu überschreiten.

Es kann vorkommen, daß der Multivibrator in Abb. 6.15 nicht selbstständig anschwingt. Wenn man z.B. einen Ausgang kurzschließt, gehen beide Transistoren in die Sättigung. Dieser Zustand bleibt auch nach Beseitigung des Kurzschlusses bestehen.

Bei Frequenzen unter 100 Hz werden die Kondensatoren unhandlich groß. Bei Frequenzen über 10 kHz machen sich die Schaltzeiten der Transistoren störend bemerkbar. Deshalb besitzt die Schaltung in Abb. 6.15 keine große praktische Bedeutung. Bei tiefen Frequenzen bevorzugt man die Präzisionsschaltungen mit Komparatoren in Abschnitt 6.5.3, und bei hohen Frequenzen die emittergekoppelten Multivibratoren in Abschnitt 6.3.2.

## 6.3
## Kippschaltungen mit emittergekoppelten Transistoren

### 6.3.1
### Emittergekoppelter Schmitt-Trigger

Man kann einen nicht-invertierenden Verstärker auch in Form eines Differenzverstärkers realisieren. Wenn man ihn mit einem ohmschen Spannungsteiler mitkoppelt, entsteht der in Abb. 6.17 dargestellte emittergekoppelte Schmitt-Trigger. Bei ihm sind beide Triggerschwellen positiv.

Durch geeignete Dimensionierung der Schaltung kann man erreichen, daß beim Umkippen der Strom $I_k$ von einem Transistor auf den anderen wechselt, ohne daß die Transistoren in die Sättigung kommen. Dadurch entfällt beim Umschalten die Speicherzeit $t_S$, und man kann wesentlich höhere Schaltfrequenzen erreichen. Man nennt dieses Prinzip „ungesättigte Logik".

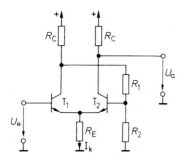

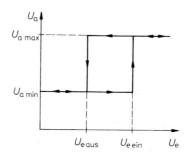

**Abb. 6.17.** Emittergekoppelter Schmitt-Trigger

**Abb. 6.18.** Übertragungskennlinie

## 6.3.2
## Emittergekoppelter Multivibrator

Aufgrund der wegfallenden Speicherzeiten lassen sich mit emittergekoppelten Multivibratoren wesentlich höhere Schaltfrequenzen erreichen als mit gesättigten Transistoren. Eine geeignete Schaltung ist in Abb. 6.19 dargestellt.

Zur Erklärung der Funktionsweise nehmen wir einmal an, die Amplitude der auftretenden Wechselspannungen sei an allen Punkten der Schaltung klein und betrage $U_{SS} \approx 0{,}5$ V. Wenn $T_1$ sperrt, ist sein Kollektorpotential praktisch gleich der Betriebsspannung. Damit erhalten wir an $T_2$ ein Emitterpotential von $V^+ - 1{,}2$ V. Sein Emitterstrom beträgt $I_1 + I_2$. Damit sich an $R_1$ die gewünschte Schwingungsamplitude ergibt, muß man demnach $R_1 = 0{,}5\,\text{V}/(I_1 + I_2)$ wählen. Damit erhalten wir in diesem Betriebszustand an $T_4$ ein Emitterpotential von $V^+ - 1{,}1$ V. Solange $T_1$ sperrt, fließt der Strom der linken Stromquelle über den

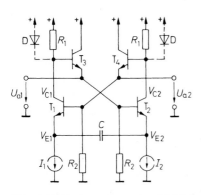

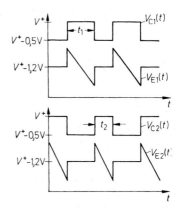

**Abb. 6.19.** Emittergekoppelter Multivibrator

**Abb. 6.20.** Spannungsverlauf

Kondensator $C$ und bewirkt ein Absinken des Emitterpotentials von $T_1$ mit der Geschwindigkeit:

$$\frac{\Delta V_{E1}}{\Delta t} = -\frac{I_1}{C}$$

$T_1$ wird leitend, wenn sein Emitterpotential auf $V^+ - 1{,}7\,\text{V}$ abgesunken ist. Dann sinkt das Basispotential von $T_2$ um $0{,}5\,\text{V}$ ab, und $T_2$ sperrt. Sein Kollektorpotential steigt auf $V^+$. Das Basispotential von $T_1$ steigt über den Emitterfolger $T_4$ mit an. Dadurch springt das Emitterpotential von $T_1$ auf $V^+ - 1{,}2\,\text{V}$. Dieser Sprung überträgt sich über den Kondensator $C$ auf den Emitter von $T_2$, so daß sich dort ein Potentialanstieg von $V^+ - 1{,}2\,\text{V}$ auf $V^+ - 0{,}7\,\text{V}$ ergibt.

Solange $T_2$ sperrt, fließt der Strom $I_2$ über den Kondensator $C$ und bewirkt ein Absinken des Emitterpotentials von $T_2$ mit der Geschwindigkeit:

$$\frac{\Delta V_{E2}}{\Delta t} = -\frac{I_2}{C}$$

Der Transistor $T_2$ sperrt so lange, bis sein Emitterpotential von $V^+ - 0{,}7\,\text{V}$ auf $V^+ - 1{,}7\,\text{V}$ abgesunken ist. Daraus folgt die Schaltzeit:

$$t_2 = \frac{1\,\text{V} \cdot C}{I_2} \quad \text{oder allgemein} \quad t_2 = 2\left(1 + \frac{I_1}{I_2}\right) R_1 C \tag{6.3}$$

Entsprechend erhalten wir:

$$t_1 = \frac{1\,\text{V} \cdot C}{I_1} \quad \text{oder allgemein} \quad t_1 = 2\left(1 + \frac{I_2}{I_1}\right) R_1 C \tag{6.4}$$

Der Spannungsverlauf in der Schaltung ist in Abb. 6.20 dargestellt. Man sieht, daß bei der angenommenen Dimensionierung von $U_{SS} = 0{,}5\,\text{V}$ keiner der Transistoren in die Sättigung geht. Mit der Schaltung lassen sich ohne großen Aufwand Frequenzen bis über $100\,\text{MHz}$ erreichen.

Die Schaltung eignet sich besonders gut zur Frequenzmodulation. Dazu wählt man die Ströme $I_1 = I_2 = I$ und steuert sie mit der Modulationsspannung. Um in diesem Fall sicherzustellen, daß die Amplitude an $R_1$ konstant bleibt, kann man zu $R_1$, wie in Abb. 6.19 gestrichelt eingezeichnet, je eine Diode parallel schalten. Die Schwingungsfrequenz ergibt sich dann zu:

$$f = \frac{1}{t_1 + t_2} = \frac{I}{4 U_D C}$$

Darin ist $U_D$ die Durchlaßspannung der Dioden.

Emittergekoppelte Multivibratoren sind als monolithisch integrierte Schaltungen erhältlich. In der Regel ist dabei eine Endstufe in TTL- bzw. ECL-Technik eingebaut.

IC-Typen:

| | | |
|---|---|---|
| TTL | XR 2209 | $f_{\max} = \quad 1\,\text{MHz}$ (Exar) |
| TTL | SN 74 LS 624…629 | $f_{\max} = \quad 20\,\text{MHz}$ (Texas Inst.) |
| ECL | MC 12100 | $f_{\max} = 200\,\text{MHz}$ (Motorola) |

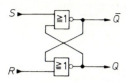

| R | S | Q | $\overline{Q}$ |
|---|---|---|---|
| 0 | 0 | $Q_{-1}$ | $\overline{Q}_{-1}$ |
| 0 | 1 | 1 | 0 |
| 1 | 0 | 0 | 1 |
| 1 | 1 | (0) | (0) |

**Abb. 6.21.** Flip-Flop aus NOR-Gattern    **Tab. 6.3.** Wahrheitstafel

## 6.4 Kippschaltungen mit Gattern

Kippschaltungen lassen sich nicht nur mit Transistoren, sondern auch mit integrierten logischen Schaltungen („Gatter") realisieren, wie sie im Kapitel 7.4 behandelt werden. Leser, die noch nicht mit den logischen Grundfunktionen vertraut sind, sollten die folgenden Abschnitte deshalb zunächst überspringen.

### 6.4.1 Flip-Flop

Betrachten wir noch einmal das Flip-Flop in Abb. 6.9 auf S. 600. Der Transistor $T_1$ ist leitend, wenn an dem Widerstand $R_1$ *oder* an dem Widerstand $R_2$ eine positive Spannung anliegt. Berücksichtigt man noch die durch den Transistor bewirkte Pegelinvertierung, sieht man, daß die Elemente $R_1$, $R_2$, $T_1$ und $R_C$ ein NOR-Gatter bilden. Das gleiche gilt für die andere Hälfte der Schaltung. Wenn man dafür die entsprechenden Schaltsymbole einsetzt, entsteht die in Abb. 6.21 dargestellte Schaltung mit der zugehörigen Wahrheitstafel in Tab. 6.3.

### 6.4.2 Univibrator

Kurze Impulse mit einer Dauer von nur wenigen Gatterlaufzeiten lassen sich auf einfache Weise mit der Schaltung in Abb. 6.22 realisieren. Solange die Eingangsvariable $x = 0$ ist, ergibt sich am Ausgang des UND-Gatters eine 0. Wenn $x = 1$ wird, liefert die UND-Verknüpfung so lange eine Eins, bis das Signal durch die Inverterkette gelaufen ist. Wenn das Eingangssignal wieder auf Null geht, wird die UND-Bedingung nicht erfüllt.

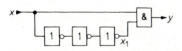

**Abb. 6.22.** Univibrator für kurze Schaltzeiten
*Einschaltdauer:* $t_e =$ Summe der Inverterlaufzeiten

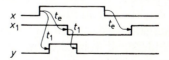

**Abb. 6.23.** Signalverlauf
$t_1 =$ Laufzeit des UND-Gatters

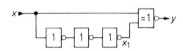

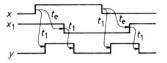

**Abb. 6.24.** Zwei-Flanken-getriggerter Univibrator *Einschaltdauer:* $t_e = 3t_{pd}$

**Abb. 6.25.** Signalverlauf $t_1$ = Laufzeit des
Exklusiv-NOR-Gatters

Der zeitliche Ablauf ist in Abb. 6.23 veranschaulicht. Die Dauer des Ausgangs-
impulses ist gleich der Verzögerung in der Inverterkette. Sie läßt sich durch eine
entsprechende Anzahl von Gattern festlegen. Dabei ist zu beachten, daß die Anzahl der Inverter ungerade sein muß. Wie man in Abb. 6.23 erkennt, muß bei
diesem Univibrator das Triggersignal mindestens für die Dauer des Ausgangsim-
pulses anstehen.

Für die Realisierung größerer Schaltzeiten wird die Verzögerungskette unhandlich lang. In diesem Fall ist es günstiger, integrierte Univibratoren zu verwenden, bei denen die Schallzeit durch ein externes RC-Glied bestimmt wird.

IC-Typen:

| | | |
|---|---|---|
| CMOS | CD 4098 (RCA); 74 HC 123 | (Motorola) |
| TTL | 74 LS 121...123, 422, 423 | (Texas Instr.) |
| ECL | MC 10198 | (Motorola) |

Ersetzt man das UND-Gatter in Abb. 6.22 durch ein Exklusiv-NOR-Gatter, ergibt sich ein Univibrator, der bei jeder Flanke des Eingangssignals einen Ausgangsimpuls liefert. Abb. 6.24 zeigt die entsprechende Schaltung, Abb. 6.25 das
zugehörige Zeitdiagramm. Im stationären Fall sind die Eingänge des Exklusiv-
NOR-Gatters komplementär und das Ausgangssignal ist Null. Ändert die Eingangsvariable $x$ ihren Zustand, treten wegen der Verzögerung durch die Inverter
vorübergehend gleiche Eingangssignale am Exklusiv-NOR-Gatter auf. Während
dieser Zeit wird das Ausgangssignal gleich Eins.

### 6.4.3
### Multivibrator

Ein einfacher Multivibrator, der aus zwei Invertern aufgebaut ist, ist in Abb. 6.26
dargestellt. Um seine Funktionsweise zu erklären, nehmen wir einmal an, das
Signal $x$ befinde sich im H-Zustand. Dann ist $y$ im L-Zustand. Dadurch lädt sich
der Kondensator $C$ über den Widerstand $R$ soweit auf, bis das Potential $V$ den
Umschaltpegel $V_S$ des Gatters $G_1$ überschreitet. Dann geht $x$ in den L-Zustand und
$y$ in den H-Zustand über. Dadurch springt das Potential $V$ um die Amplitude
des Ausgangssignals nach Plus. Anschließend entlädt sich der Kondensator über
den Widerstand $R$, bis der Umschaltpegel wieder unterschritten wird.

Der Spannungsverlauf ist in Abb. 6.27 dargestellt. Liegt der Umschaltpegel in
der Mitte zwischen den Ausgangspegeln, ergibt sich die Schwingungsdauer zu:

$$T = 2RC \ln 3 \approx 2{,}2RC$$

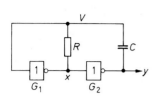

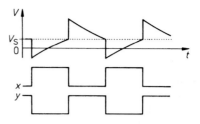

**Abb. 6.26.** Multivibrator aus zwei Invertern
*Schwingungsdauer:* $T = 2\ldots3RC$

**Abb. 6.27.** Signalverlauf
*Schaltpegel:* $V_S$

Diese Voraussetzung ist bei praktischen Schaltungen meist nur näherungsweise erfüllt. Zusätzliche Abweichungen entstehen dadurch, daß der Eingang des Gatters $G_1$ das $RC$-Glied belastet. Bei Low-power-Schottky-TTL-Schaltungen gibt es für den Widerstand $R$ nur einen geringen Spielraum: $R = 1\,k\Omega\ldots3,9\,k\Omega$.

Bei der Verwendung von CMOS-Gattern kann man den Widerstand $R$ hochohmig dimensionieren und damit auch relativ große Schwingungsdauern erreichen. In diesem Fall benötigt man jedoch einen Vorwiderstand am Eingang des Gatters $G_1$, um die Belastung des $RC$-Gliedes klein zu halten, die dadurch entsteht, daß die Schutzschaltung am Eingang von $G_1$ leitend wird, solange $V$ die Betriebsspannung überschreitet bzw. das Massepotential unterschreitet.

Eine Schaltung, bei der dieses Problem nicht auftritt, ist in Abb. 6.28 dargestellt. Dabei wird der Kondensator $C$ über den Widerstand $R$ bis zum Ausschaltpegel des Schmitt-Triggers aufgeladen und anschließend wieder bis zum Einschaltpegel entladen. Man erkennt in Abb. 6.29, daß die Spannung am Kondensator zwischen den Triggerpegeln hin und her pendelt. Beim Einsatz von Low-power-Schottky TTL-Schaltungen muß $R$ so niederohmig gewählt werden, daß er den Eingang bei dem fließenden Eingangsstrom unter den Einschaltpegel ziehen kann. Günstig sind Werte zwischen 220 $\Omega$ und 680 $\Omega$. Diese Einschränkung entfällt bei CMOS-Schmitt-Triggern.

Besonders hohe Frequenzen bis über 50 MHz kann man erreichen, wenn man ECL-Gatter einsetzt. Wenn man einen Line-Receiver (z.B. MC 10116) mitkoppelt, ergibt sich ein Schmitt-Trigger, der sich wie in Abb. 6.28 als Multivibrator beschalten läßt. Die äußere Beschaltung und der innere Aufbau sind in Abb. 6.30 und 6.31 dargestellt.

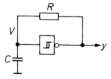

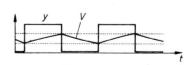

**Abb. 6.28.** Multivibrator mit Schmitt-Trigger
*Schwingungsdauer:* (TTL) $\quad T = 1,4\ldots1,8RC$
$\qquad\qquad\qquad$ (5 V-CMOS) $\quad T = 0,5\ldots1RC$

**Abb. 6.29.** Signalverlauf

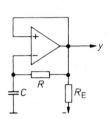

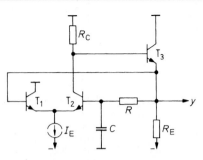

**Abb. 6.30.** Multivibrator mit ECL-Line-Receiver
*Schwingungsdauer:* $T \approx 3RC$

**Abb. 6.31.** Innerer Aufbau des Line-Receiver-Multivibrators

## 6.5
## Kippschaltungen mit Komparatoren

### 6.5.1
### Komparatoren

Betreibt man einen Operationsverstärker wie in Abb. 6.32 ohne Gegenkopplung, erhält man einen Komparator. Seine Ausgangsspannung beträgt:

$$U_a = \begin{cases} U_{a\,\text{max}} & \text{für } U_1 > U_2 \\ U_{a\,\text{min}} & \text{für } U_1 < U_2 \end{cases}$$

Die entsprechende Übertragungskennlinie zeigt Abb. 6.33. Wegen der hohen Verstärkung spricht die Schaltung auf sehr kleine Spannungsdifferenzen $U_1 - U_2$ an. Sie eignet sich daher zum Vergleich zweier Spannungen mit hoher Präzision.

Beim Nulldurchgang der Eingangsspannungsdifferenz springt die Ausgangsspannung nicht momentan von der einen Aussteuerungsgrenze zur anderen, da die Slew Rate begrenzt ist. Bei frequenzkorrigierten Standard-Operationsverstärkern beträgt sie zum Teil nur 1 V/μs. Der Anstieg von − 12 V auf +12 V dauert demnach 24 μs. Durch die Erholzeit des Verstärkers nach Übersteuerung tritt noch eine zusätzliche Verzögerung auf.

Da der Verstärker nicht gegengekoppelt ist, benötigt er auch keine Frequenzgangkorrektur. Läßt man sie weg, verbessern sich Slew Rate und Erholzeit ganz enorm.

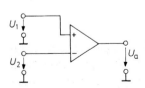

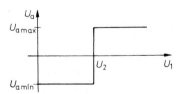

**Abb. 6.32.** Operationsverstärker als Komparator

**Abb. 6.33.** Übertragungskennlinie

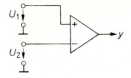

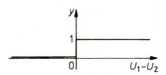

**Abb. 6.34.** Komparator mit logischem Ausgang $y = 1$ für $U_1 > U_2$

**Abb. 6.35.** Übertragungsverhalten

| Typ | Hersteller | Anzahl | Ausgang | Leistung/Komp. | Schaltzeit |
|-----|-----------|--------|---------|----------------|------------|
| CMP 401 | Analog Dev. | 4 | TTL | 40 mW | 23 ns |
| AD 9687 | Analog Dev. | 2 | ECL | 210 mW | 2 ns |
| AD 9698 | Analog Dev. | 2 | TTL | 300 mW | 6 ns |
| LT 1394 | Lin. Tech | 1 | TTL | 70 mW | 7 ns |
| LT 1443 | Lin. Tech | 4 | CMOS | 6 $\mu$W | 12 $\mu$s |
| LT 1671 | Lin. Tech | 1 | CMOS | 3 $\mu$W | 60 $\mu$s |
| LT 1720 | Lin. Tech | 2 | TTL | 12 mW | 4 ns |
| MAX 944 | Maxim | 4 | CMOS | 3 mW | 75 ns |
| MAX 964 | Maxim | 4 | CMOS | 40 mW | 4 ns |
| MAX 970 | Maxim | 4 | CMOS | 20 $\mu$W | 10 $\mu$s |
| MAX 978 | Maxim | 4 | CMOS | 3 mW | 20 ns |
| MAX 993 | Maxim | 4 | CMOS | 100 $\mu$W | 300 ns |
| MAX 996 | Maxim | 4 | CMOS | 400 $\mu$W | 120 ns |
| LM 339 | National | 4 | TTL | 8 mW | 600 ns |
| LMC 6717 | National | 2 | CMOS | 2 $\mu$W | 12 $\mu$s |
| SPT 9689 | Signal Proc. | 2 | ECL | 350 mW | 0,6 ns |

**Tab. 6.4.** Beispiele für Komparatoren

Wesentlich kürzere Verzögerungszeiten kann man mit speziellen Komparatorverstärkern erreichen. Sie sind für den Betrieb ohne Gegenkopplung konzipiert und besitzen besonders kleine Erholzeiten. Allerdings ist die Verstärkung und damit die Genauigkeit der Umschaltschwelle etwas geringer als bei Operationsverstärkern. In der Regel ist der Verstärkerausgang direkt mit einem Pegelumsetzer verbunden, der die unmittelbare Ansteuerung von integrierten Digitalschaltungen erlaubt. Ihr Einsatz und ihre Kennlinie sind in Abb. 6.34 und 6.35 dargestellt. Eine Übersicht über einige gebräuchliche Komparatoren ist in Tab. 6.4 zusammengestellt.

**Fensterkomparator**

Mit einem Fensterkomparator kann man feststellen, ob die Eingangsspannung im Bereich zwischen zwei Vergleichsspannungen oder außerhalb liegt. Dazu kann man wie in Abb. 6.36 mit zwei Komparatoren feststellen, ob die Eingangsspannung über der unteren *und* unter der oberen Vergleichsspannung liegt. Diese Bedingung ist nur dann erfüllt, wenn beide Komparatoren eine Eins liefern. Das

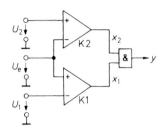

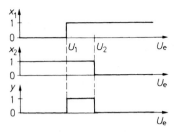

**Abb. 6.36.** Fensterkomparator
$y = 1$ für $U_1 < U_e < U_2$

**Abb. 6.37.** Signalverlauf im Fensterkomparator

UND-Gatter bildet diese Verknüpfung. Der Signalverlauf in Abb. 6.36 veranschaulicht die Funktionsweise der Schaltung. Fensterkomparatoren sind auch als integrierte Schaltungen erhältlich wie z.B. der LTC 1042 von Linear Technology, der
CMP 100 von Burr Brown, und der AD 1317 von Analog Devices.

### 6.5.2
### Schmitt-Trigger

Ein Schmitt-Trigger ist ein Komparator, bei dem Ein- und Ausschaltpegel nicht
zusammenfallen, sondern um eine Schalthysterese $\Delta U_e$ verschieden sind. Solche Schaltungen haben wir bereits in den vorhergehenden Abschnitten mit zwei
Transistoren beschrieben. In diesem Abschnitt wollen wir einige Beispiele für
den Einsatz von Komparatoren als Schmitt-Trigger behandeln.

**Invertierender Schmitt-Trigger**

Bei dem Schmitt-Trigger in Abb. 6.38 wird die Schalthysterese dadurch erzeugt,
daß man den Komparator über den Spannungsteiler $R_1, R_2$ mitkoppelt. Legt man

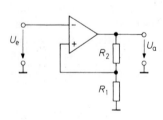

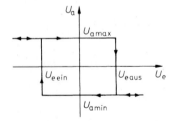

**Abb. 6.38.** Invertierender Schmitt-Trigger

**Abb. 6.39.** Übertragungskennlinie

$$\textit{Einschaltpegel}: \quad U_{e\,ein} = \frac{R_1}{R_1 + R_2} U_{a\,min}$$

$$\textit{Ausschaltpegel}: \quad U_{e\,aus} = \frac{R_1}{R_1 + R_2} U_{a\,max}$$

$$\textit{Schalthysterese}: \quad \Delta U_e = \frac{R_1}{R_1 + R_2}(U_{a\,max} - U_{a\,min})$$

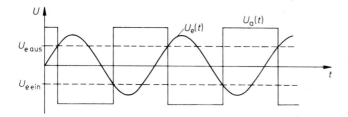

**Abb. 6.40.** Spannungsverlauf beim invertierenden Schmitt-Trigger

eine große negative Spannung $U_e$ an, wird $U_a = U_{a\,max}$. Am P-Eingang tritt daher das Potential

$$V_{P\,max} = \frac{R_1}{R_1 + R_2} U_{a\,max}$$

auf. Erhöht man nun die Eingangsspannung, ändert sich $U_a$ zunächst überhaupt nicht. Erst wenn $U_e$ den Wert $V_{P\,max}$ erreicht, nimmt die Ausgangsspannung ab und damit auch $V_P$. Die Differenz $U_D = V_P - V_N$ wird negativ. Durch diese Mitkopplung springt $U_a$ sehr schnell auf den Wert $U_{a\,min}$. Das Potential $V_P$ nimmt den Wert

$$V_{P\,min} = \frac{R_1}{R_1 + R_2} U_{a\,min}$$

an. $U_D$ wird stark negativ; der Zustand ist stabil. Die Ausgangsspannung springt erst dann wieder auf den Wert $U_{a\,max}$, wenn die Eingangsspannung den Wert $V_{P\,min}$ erreicht. Die entsprechende Übertragungskennlinie ist in Abb. 6.39 aufgezeichnet.

Die Schaltung ist nur dann bistabil, wenn die Schleifenverstärkung $g = \frac{A_D R_1}{R_1 + R_2} > 1$ ist. Abbildung 6.40 zeigt das Schaltverhalten des Schmitt-Triggers bei sinusförmiger Eingangsspannung.

### Nicht-invertierender Schmitt-Trigger

Man kann das Eingangssignal bei dem Schmitt-Trigger in Abb. 6.38 auch auf den Fußpunkt des Mittkopplungs-Spannungsteilers geben und dafür den invertierenden Eingang auf Masse legen. Dann entsteht der nicht-invertierende Schmitt-Trigger in Abb. 6.41.

Legt man eine große positive Eingangsspannung $U_e$ an, wird $U_a = U_{a\,max}$. Verkleinert man $U_e$, ändert sich $U_a$ zunächst nicht, bis $V_P$ durch Null geht. Das ist bei der Eingangsspannung

$$U_{e\,aus} = -\frac{R_1}{R_2} U_{a\,max}$$

der Fall. Erreicht oder unterschreitet $U_e$ diesen Wert, springt die Ausgangsspannung nach $U_{a\,min}$. Der Kippvorgang wird durch $U_e$ eingeleitet, hängt dann aber

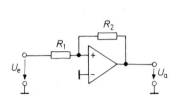

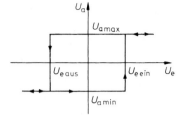

**Abb. 6.41.** Nicht-invertierender Schmitt-Trigger

**Abb. 6.42.** Übertragungskennlinie

*Einschaltpegel :*   $U_{e\,ein} \;=\; -\dfrac{R_1}{R_2}U_{a\,min}$

*Ausschaltpegel :*   $U_{e\,aus} \;=\; -\dfrac{R_1}{R_2}U_{a\,max}$

*Schalthysterese :*   $\Delta U_e \;=\; \dfrac{R_1}{R_2}(U_{a\,max} - U_{a\,min})$

nur noch von der Mitkopplung über $R_2$ ab. Der neue Zustand ist stabil, bis $U_e$ den Wert

$$U_{e\,ein} \;=\; -\frac{R_1}{R_2}U_{a\,min}$$

wieder überschreitet. Die Abb. 6.43 zeigt den zeitlichen Verlauf der Ausgangsspannung bei sinusförmiger Eingangsspannung. Da im Umschaltaugenblick $V_P = 0$ ist, stimmen die Formeln für die Trigger-Pegel formal mit denen für den Umkehrverstärker überein.

### Präzisions-Schmitt-Trigger

Bei den beschriebenen Schmitt-Triggern besitzen die Umschaltpegel nicht die Präzision, wie man sie sonst von Operationsverslärker-Schaltungen erwarten kann. Die Ursache dafür ist, daß in die Triggerpegel die nicht genau definierte Ausgangsspannung $U_{a\,max}$ bzw. $U_{a\,min}$ eingeht. Dieser Nachteil läßt sich beheben, wenn man wie in Abb. 6.44 zwei Komparatoren verwendet, die das Eingangssignal mit den gewünschten Umschaltpegeln vergleichen. Sie setzen dann ein RS-Flip-Flop, wenn der obere Triggerpegel überschritten wird und löschen es,

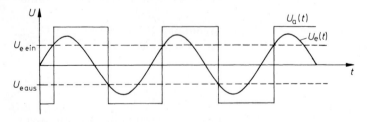

**Abb. 6.43.** Spannungsverlauf beim nicht-invertierenden Schmitt-Trigger

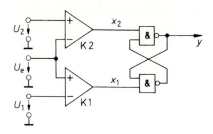

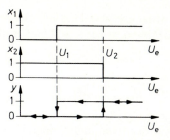

**Abb. 6.44.** Präzisions-Schmitt-Trigger

*Einschaltpegel :* $\quad U_{e\,ein} = U_2$ $\Bigg\}$ für $U_2 > U_1$
*Ausschaltpegel :* $\quad U_{e\,aus} = U_1$

**Abb. 6.45.** Abhängigkeit der Variablen von der Eingangsspannung

wenn der untere Triggerpegel unterschritten wird. Abbildung 6.45 verdeutlicht diese Arbeitsweise.

Der Präzisions-Schmitt-Trigger in Abb. 6.44 läßt sich besonders einfach mit dem Doppelkomparator NE 521 realisieren, weil dort auch die beiden erforderlichen NAND-Gatter bereits enthalten sind. Für niedrige Frequenzen gibt es noch eine weitere Ein-Chip-Lösung unter Verwendung des Timers NE 555, der im nächsten Abschnitt noch näher behandelt wird.

### 6.5.3
### Multivibratoren

Wenn man einen invertierenden Schmitt-Trigger so beschaltet, daß das Ausgangssignal verzögert auf den Eingang gelangt, entsteht ein Multivibrator wie in Abb. 6.46.

Wenn das Potential am N-Eingang den Triggerpegel überschreitet, kippt die Schaltung um, und die Ausgangsspannung geht an die entgegengesetzte Aussteuerungsgrenze. Dadurch läuft das Potential am N-Eingang in die entgegengesetzte Richtung, bis der andere Triggerpegel erreicht wird. Dann kippt die Schaltung in

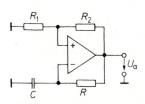

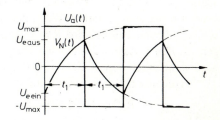

**Abb. 6.46.** Multivibrator mit Komparator
*Schwingungsdauer:*
$T = 2RC \ln(1 + 2R_1/R_2)$

**Abb. 6.47.** Spannungsverlauf im Multivibrator

den Anfangszustand zurück. Der Spannungsverlauf ist in Abb. 6.47 eingezeichnet. Nach Abb. 6.38 auf S. 612 lauten die Triggerpegel für $U_{a\,max} = -U_{a\,min} = U_{max}$:

$$U_{e\,ein} = -\alpha U_{max}$$

und

$$U_{e\,aus} = \alpha U_{max}$$

mit $\alpha = R_1/(R_1 + R_2)$.

Aus der Schaltung können wir direkt die Differentialgleichung für $V_N$ entnehmen:

$$\frac{dV_N}{dt} = \frac{\pm U_{max} - V_N}{RC}$$

Mit der Randbedingung $V_N(t = 0) = U_{e\,ein} = -\alpha U_{max}$ erhalten wir die Lösung:

$$V_N(t) = U_{max}\left[1 - (1 + \alpha)e^{-\frac{t}{RC}}\right]$$

Der Triggerpegel $U_{e\,aus} = \alpha U_{max}$ wird nach der Zeit

$$t_1 = RC\ln\frac{1 + \alpha}{1 - \alpha} = RC\ln\left(1 + \frac{2R_1}{R_2}\right)$$

erreicht. Die Schwingungsdauer ist demnach:

$$T = 2t_1 = 2RC\ln\left(1 + \frac{2R_1}{R_2}\right) \tag{6.5}$$

Für $R_1 = R_2$ wird die Schwingungsdauer:

$$T = 2RC\ln 3 \approx 2{,}2RC$$

### Multivibrator mit Präzisions-Schmitt-Trigger

Die Frequenzstabilität des Multivibrators in Abb. 6.46 läßt sich verbessern, wenn man den Präzisions-Schmitt-Trigger von Abb. 6.44 einsetzt. Die resultierende Schaltung ist in Abb. 6.48 dargestellt. Der umrahmte Teil stellt den integrierten Timer NE 555 dar, der für niedrige Frequenzen die einfachste Lösung bietet. Je nach äußerer Beschaltung läßt er sich als Multivibrator (Abb. 6.48), Univibrator (Abb. 6.50) und als Präzisions-Schmitt-Trigger (Abb. 6.44) betreiben.

Durch den internen Spannungsteiler $R$ werden die Umschaltschwellen auf die Werte $\frac{1}{3}V^+$ bzw. $\frac{2}{3}V^+$ festgelegt. Sie lassen sich mit Hilfe des Anschlusses 5 in gewissen Grenzen variieren. Wenn das Kondensatorpotential die obere Umschalt-schwelle überschreitet, wird $\overline{R} = L$ (low). Die Ausgangsspannung des Flip-Flops geht in den L-Zustand, und der Transistor T wird leitend. Der Kondensator $C$ wird dann über den Widerstand $R_2$ entladen, bis die untere Umschaltschwelle $\frac{1}{3}V^+$ erreicht ist. Dabei vergeht die Zeit:

$$t_2 = R_2C\ln 2 \approx 0{,}693R_2C$$

Beim Unterschreiten der Schwelle wird $\overline{S} = L$, und das Flip-Flop kippt zurück. Die Ausgangsspannung geht in den H (high)-Zustand, und der Transistor T sperrt. Die Aufladung des Kondensators erfolgt über die Reihenschaltung der

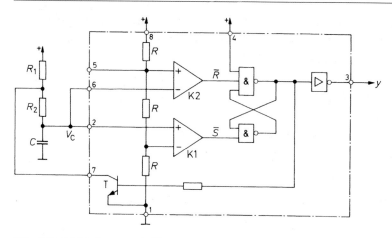

**Abb. 6.48.** Multivibrator mit Timer
*Schwingungsdauer:* $T = (R_1 + 2R_2)C \ln 2 \approx 0{,}7(R_1 + 2R_2)C$

Widerstände $R_1$ und $R_2$. Bis zum Erreichen der oberen Umschaltschwelle vergeht die Zeit:

$$t_1 = (R_1 + R_2)C \ln 2 \approx 0{,}693(R_1 + R_2)C$$

Damit erhalten wir die Frequenz:

$$f = \frac{1}{t_1 + t_2} \approx \frac{1{,}44}{(R_1 + 2R_2)C}$$

Der Spannungsverlauf ist in Abb. 6.49 aufgezeichnet. Mit Hilfe des Reset-Anschlusses 4 kann man die Schwingung anhalten.

Wenn man über den Anschluß 5 eine Spannung einspeist, kann man die Trigger-Pegel verschieben. Auf diese Weise läßt sich die Aufladezeit $t_1$ und damit die Frequenz des Multivibrators verändern. Ändert man das Potential $V_5 = \frac{2}{3}V^+$ um den Wert $\Delta V_5$, ergibt sich die relative Frequenzänderung:

$$\frac{\Delta f}{f} \approx -3{,}3 \cdot \frac{R_1 + R_2}{R_1 + 2R_2} \cdot \frac{\Delta V_5}{V^+}$$

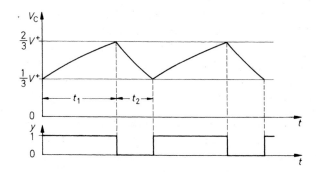

**Abb. 6.49.** Spannungsverlauf beim Timer als Multivibrator

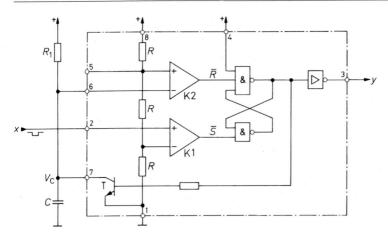

**Abb. 6.50.** Univibrator mit Timer
*Einschaltdauer:* $t_1 = R_1 C \ln 3 \approx 1{,}1 R_1 C$

Bei nicht zu großem Spannungshub erhält man eine Frequenzmodulation mit passabler Linearität.

### 6.5.4
### Univibratoren

Der Timer 555 läßt sich auch vorteilhaft zur Erzeugung von Einzelimpulsen verwenden. Man kann damit Schaltzeiten von einigen $\mu$s bis zu einigen Minuten realisieren. Die entsprechende Beschaltung ist in Abb. 6.50 dargestellt.

Wenn das Kondensatorpotential die obere Umschaltschwelle überschreitet, wird das Flip-Flop zurückgesetzt, d.h. die Ausgangsspannung geht in den L-Zustand. Der Transistor T wird leitend und entlädt den Kondensator. Da der untere Komparator nicht mehr am Kondensator angeschlossen ist, bleibt dieser

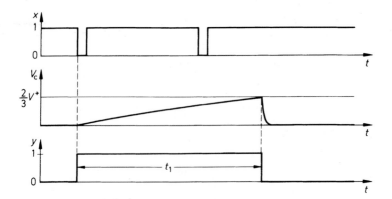

**Abb. 6.51.** Spannungsverlauf beim Univibrator

Zustand erhalten, bis das Flip-Flop durch einen L-Impuls am Trigger-Eingang 2 gesetzt wird. Die Einschaltdauer ist gleich der Zeit, die das Kondensatorpotential benötigt, um von Null auf die obere Umschaltschwelle $\frac{2}{3}V^+$ anzusteigen. Sie beträgt:

$$t_1 = R_1 C \ln 3 \approx 1{,}1 R_1 C$$

Trifft während dieser Zeit ein neuer Triggerimpuls ein, bleibt das Flip-Flop gesetzt. Er wird also ignoriert. Abbildung 6.51 zeigt den Spannungsverlauf.

Das Entladen des Kondensators $C$ nach Ablauf der Schaltzeit geht nicht beliebig schnell vor sich, da der Kollektorstrom des Transistors begrenzt ist. Die Entladezeit wird als *Erholzeit* bezeichnet. Trifft während dieser Zeit ein Trigger-Impuls ein, verkürzt sich die Schaltzeit. Sie ist dann also nicht mehr genau definiert. Dasselbe gilt, wenn der Triggerimpuls länger ist als die Schaltzeit.

### Nachtriggerbarer Univibrator

Es gibt Fälle, in denen die Schaltzeit nicht wie bei der vorhergehenden Schaltung vom ersten Impuls einer Impulsfolge gerechnet werden soll, sondern vom letzten. Univibratoren mit dieser Eigenschaft werden als nachtriggerbar bezeichnet. Die entsprechende Betriebsart des Timers 555 zeigt Abb. 6.52. Man macht dabei nur noch von seiner Funktion als Präzisions-Schmitt-Trigger Gebrauch.

Überschreitet das Kondensatorpotential die obere Umschaltschwelle, wird das Flip-Flop zurückgesetzt, und der Ausgang geht in den L-Zustand. Der Kondensator wird jedoch nicht entladen, da der Transistor T nicht angeschlossen ist. Dadurch steigt das Kondensatorpotential auf $V^+$ an. Dies ist der Ruhezustand. Durch einen postiven Trigger-Impuls ausreichender Dauer an der Basis des externen Transistors T' wird der Kondensator entladen. Der untere Komparator setzt das Flip-Flop, und die Ausgangsspannung geht in den H-Zustand. Trifft vor

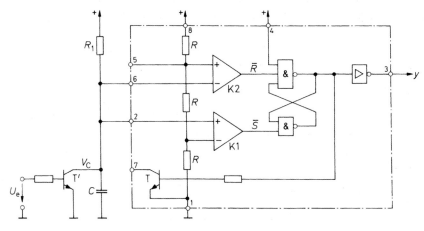

**Abb. 6.52.** Nachtriggerbarer Univibrator
*Einschaltdauer:* $t_1 = R_1 C \ln 3 \approx 1{,}1 R_1 C$

Ablauf der Schaltzeit ein neuer Trigger-Impuls ein, wird der Kondensator aufs neue entladen; die Ausgangsspannung bleibt im H-Zustand. Sie kippt erst wieder zurück, wenn mindestens für die Zeit

$$t_1 = R_1 C \ln 3$$

kein neuer Trigger-Impuls eintrifft. Deshalb wird die Schaltung auch als „Missing Pulse Detector" bezeichnet. Der Spannungsverlauf ist in Abb. 6.53 für mehrere aufeinanderfolgende Trigger-Impulse aufgezeichnet.

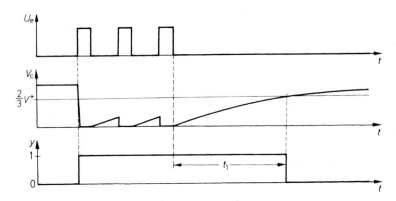

**Abb. 6.53.** Spannungsverlauf beim nachtriggerbaren Univibrator

# Literatur

[6.1]     Urbanski, K., Woitowitz, R.: Digitaltechnik Springer 1997

# Kapitel 7:
# Digitaltechnik Grundlagen

Digitale Geräte erscheinen auf den ersten Blick relativ kompliziert. Ihr Aufbau beruht jedoch auf dem einfachen Konzept der wiederholten Anwendung weniger logischer Grundschaltungen. Die Verknüpfung dieser Grundschaltungen erhält man aus der Problemstellung durch Anwendung rein formaler Methoden. Die Hilfsmittel dazu liefert die Boolesche Algebra, die im speziellen Fall der Anwendung auf die Digitalschaltungstechnik als Schaltalgebra bezeichnet wird. In den folgenden Abschnitten wollen wir daher zunächst die Grundlagen der Schaltalgebra zusammenstellen.

## 7.1
## Die logischen Grundfunktionen

Im Unterschied zu einer Variablen in der normalen Algebra kann eine logische Variable nur zwei diskrete Werte annehmen, die im allgemeinen als logische Null und logische Eins bezeichnet werden. Als Symbol verwendet man dafür „0" und „1" oder O und L oder einfach 0 und 1. Wir werden im folgenden die letzte Bezeichnung verwenden. Eine Verwechslung mit den Zahlen 0 und 1 ist nicht zu befürchten, da aus dem Zusammenhang jeweils hervorgeht, ob eine Zahl oder ein logischer Wert gemeint ist.

Es gibt drei grundlegende Verknüpfungen zwischen logischen Variablen: die Konjunktion, die Disjunktion und die Negation. In Anlehnung an die Zahlenalgebra werden folgende Rechenzeichen verwendet:

Konjunktion: $\quad y = x_1 \wedge x_2 = x_1 \cdot x_2 = x_1 x_2$
Disjunktion: $\quad y = x_1 \vee x_2 = x_1 + x_2$
Negation: $\quad y = \overline{x}$

Für diese Rechenoperationen gelten eine Reihe von Theoremen, die in der folgenden Übersicht zusammengestellt sind [1]:

Kommutatives Gesetz:

$$x_1 x_2 = x_2 x_1 \quad\quad (7.1a)$$

$$x_1 + x_2 = x_2 + x_1 \quad\quad (7.1b)$$

Assoziatives Gesetz:

$$x_1(x_2 x_3) = (x_1 x_2) x_3 \quad\quad (7.2a)$$

$$x_1 + (x_2 + x_3) = (x_1 + x_2) + x_3 \quad\quad (7.2b)$$

Distributives Gesetz:

$x_1(x_2 + x_3) = x_1x_2 + x_1x_3$     (7.3a)

$$x_1 + x_2x_3 \\ = (x_1+x_2)(x_1+x_3)$$     (7.3b)

Absorptionsgesetz:

$x_1(x_1 + x_2) = x_1$     (7.4a)

$x_1 + x_1x_2 = x_1$     (7.4b)

Tautologie:

$xx = x$     (7.5a)

$x + x = x$     (7.5b)

Gesetz für die Negation

$x\overline{x} = 0$     (7.6a)

$x + \overline{x} = 1$     (7.6b)

Doppelte Negation:

$\overline{(\overline{x})} = x$     (7.7)

De Morgans Gesetz:

$\overline{x_1x_2} = \overline{x}_1 + \overline{x}_2$     (7.8a)

$\overline{x_1 + x_2} = \overline{x}_1\overline{x}_2$     (7.8b)

Operationen mit 0 und 1:

$x \cdot 1 = x$     (7.9a)

$x + 0 = x$     (7.9b)

$x \cdot 0 = 0$     (7.10a)

$x + 1 = 1$     (7.10b)

$\overline{0} = 1$     (7.11a)

$\overline{1} = 0$     (7.11b)

Viele dieser Gesetze sind schon aus der Zahlenalgebra bekannt. Jedoch gelten (7.3b), (7.4a, b), (7.5a, b) und (7.10b) nicht für Zahlen: außerdem existiert der Begriff der Negation bei Zahlen überhaupt nicht. Ausdrücke wie $2x$ und $x^2$ treten infolge der Tautologie in der Schaltalgebra nicht auf.

Vergleicht man jeweils die linken und die rechten Gleichungen, erkennt man das wichtige Prinzip der Dualität: Vertauscht man in irgendeiner Identität Konjunktion mit Disjunktion und 0 mit 1, erhält man wieder eine Identität.

Mit Hilfe der Gln. (7.9) bis (7.11) ist es möglich, die Konjunktion und die Disjunktion für alle möglichen Werte der Variablen $x_1$ und $x_2$ auszurechnen. In Tab. 7.1 ist die Funktionstabelle für die Konjunktion, in Tab. 7.2 für die Disjunktion angegeben.

Man erkennt in Tab. 7.1, daß $y$ nur dann gleich 1 wird, wenn $x_1$ *und* $x_2$ gleich 1 sind. Aus diesem Grund wird die Konjunktion auch als UND-Verknüpfung bezeichnet. Bei der Disjunktion wird $y$ immer dann gleich 1, wenn $x_1$ *oder* $x_2$ gleich 1 ist. Daher wird die Disjunktion auch als ODER-Verknüpfung bezeichnet. Beide Verknüpfungen kann man entsprechend auf beliebig viele Variablen erweitern.

Die Frage ist nun, wie sich die logischen Verknüpfungen durch elektrische Schaltkreise darstellen lassen. Da die logischen Variablen nur zwei diskrete Werte annehmen können, kommen nur Schaltungen in Frage, die zwei klar unterscheidbare Betriebszustände besitzen. Die einfachste Möglichkeit zur Darstellung einer

| $x_1$ | $x_2$ | $y$ |
|-------|-------|-----|
| 0 | 0 | 0 |
| 0 | 1 | 0 |
| 1 | 0 | 0 |
| 1 | 1 | 1 |

| $x_1$ | $x_2$ | $y$ |
|-------|-------|-----|
| 0 | 0 | 0 |
| 0 | 1 | 1 |
| 1 | 0 | 1 |
| 1 | 1 | 1 |

**Tab. 7.1.** Wahrheitstafel der
Konjunktion $y = x_1 x_2$

**Tab. 7.2.** Wahrheitstafel der
Disjunktion $y = x_1 + x_2$

logischen Variablen ist ein Schalter nach Abb. 7.1. Man kann nun vereinbaren,
daß ein offener Schalter eine logische Null und ein geschlossener eine logische
Eins darstellt. Der Schalter S stellt also die Variable $x$ dar, wenn er für $x = 1$
geschlossen ist. Er stellt die Variable $\bar{x}$ dar, wenn er für $x = 1$ geöffnet ist.

Als erstes wollen wir feststellen, welche logische Funktion sich ergibt, wenn
man zwei Schalter $x_1$ und $x_2$ wie in Abb. 7.2 in Reihe schaltet. Der Wert der
abhängigen Variablen $y$ wird dadurch charakterisiert, ob die resultierende Schal-
teranordnung zwischen den Anschlußklemmen offen oder geschlossen ist. Wie
man sieht, ist ein Stromdurchgang nur dann möglich, wenn $x_1$ und $x_2$ geschlossen, d.h. gleich Eins sind. Die Reihenschaltung stellt folglich eine UND-
Verknüpfung dar. Entsprechend erhält man eine ODER-Verknüpfung, indem man
Schalter parallel schaltet.

Mit Hilfe dieser Schalterlogik kann man nun die Richtigkeit der angegebenen
Theoreme anschaulich nachprüfen. Wir wollen dies am Beispiel der Tautologie
zeigen. In Abb. 7.3 wurden beide Seiten der Gl. (7.5a) durch Schalteranordnungen realisiert. Man erkennt, daß die angegebene Identität erfüllt ist; denn zwei
in Reihe geschaltete Schalter, die gleichzeitig geöffnet und geschlossen werden,
wirken nach außen wie ein einziger Schalter.

Eine andere Darstellungsmöglichkeit für logische Variablen sind elektrische
Spannungen, wie wir es schon in Kapitel 6.1 kennengelernt haben. Dort wurden
zwei Pegel H und L unterschieden, denen man nun die logischen Zustände 1 und
0 zuordnen kann. Diese Zuordnung $H = 1$ und $L = 0$ bezeichnet man als positive
Logik. Aber auch die umgekehrte Zuordnung $H = 0$ und $L = 1$ ist möglich; sie
wird als negative Logik bezeichnet.

Die logischen Grundfunktionen lassen sich durch entsprechende elektronische Schaltungen realisieren. Solche Schaltungen besitzen einen oder meh-

**Abb. 7.1.** Darstellung einer logischen Variablen durch Schalter

**Abb. 7.2.** UND-Schaltung

**Abb. 7.3.** Veranschaulichung der Tautologie $xx = x$

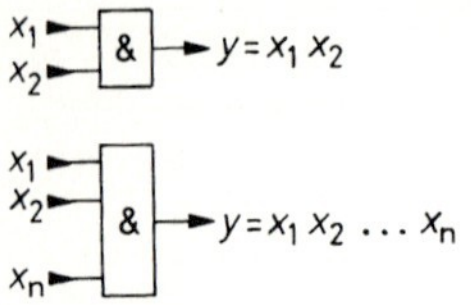

$$x_1 \;\; \boxed{\&} \;\; y = x_1\, x_2$$
$$x_2$$

$$x_1 \;\; \boxed{\geq 1} \;\; y = x_1 + x_2$$
$$x_2$$

$$x \;\; \boxed{1} \;\; y = \overline{x}$$

$$x_1$$
$$x_2 \;\; \boxed{\&} \;\; y = x_1\, x_2\, \ldots\, x_n$$
$$x_n$$

$$x_1$$
$$x_2 \;\; \boxed{\geq 1} \;\; y = x_1 + x_2 + \ldots + x_n$$
$$x_n$$

$$x \;\; \boxed{1} \;\; y = \overline{x}$$

**Abb. 7.4.** UND-Schaltung 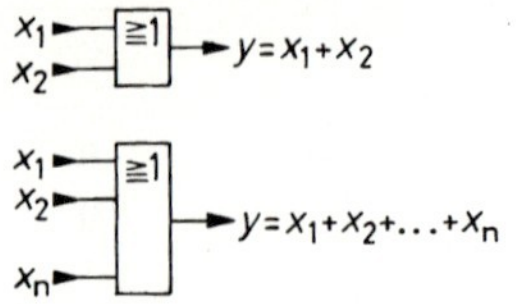        **Abb. 7.5.** ODER-Schaltung 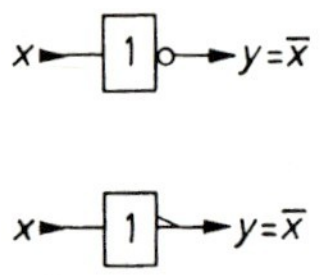        **Abb. 7.6.** NICHT-Schaltung

**Abb. 7.4** bis **7.6**  Schaltsymbole nach DIN 40 900, Teil 12

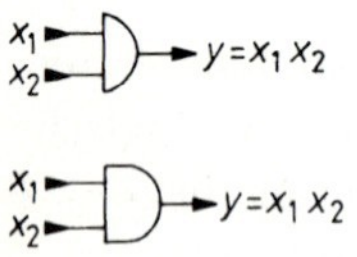

$$x_1 \;\; y = x_1\, x_2$$
$$x_2$$

$$x_1 \;\; y = x_1 + x_2$$
$$x_2$$

$$x \;\; y = \overline{x}$$

$$x_1 \;\; y = x_1\, x_2$$
$$x_2$$

$$x_1 \;\; y = x_1 + x_2$$
$$x_2$$

$$x \;\; y = \overline{x}$$

**Abb. 7.7.** UND-Schaltung 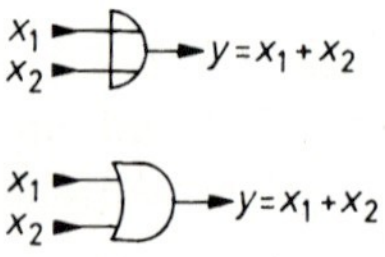        **Abb. 7.8.** ODER-Schaltung 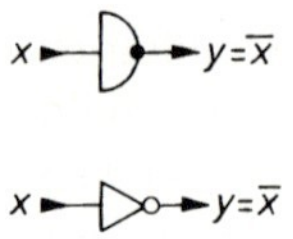        **Abb. 7.9.** NICHT-Schaltung

**Abb 7.7** bis **7.9**  Alte Schaltsymbole

rere Eingänge und einen Ausgang. Sie werden in der Regel als „Gatter" bezeichnet. Die Spannungspegel an den Eingängen und die Art der logischen Verknüpfung bestimmen den Ausgangspegel. Da es eine Vielzahl von elektronischen Möglichkeiten gibt, eine logische Funktion zu realisieren, hat man zur Vereinfachung Schaltsymhole eingeführt, die lediglich die logische Funktion kennzeichnen und nichts über den inneren Aufbau aussagen. Diese Schaltsymbole sind in Abb. 7.4 bis 7.6 zusammengestellt. Die vollständige Norm ist in DIN 40 900 Teil 12 zu finden. Eine Zusammenfassung folgt in Kapitel 9.8. Die früher verwendeten Schaltsymbole sind in Abb. 7.7 bis 7.9 zusammengestellt, um das Verständnis alter Schaltpläne zu ermöglichen.

Da man sich in der Digitaltechnik nicht für die Spannung als physikalische Größe interessiert, sondern nur für ihren logischen Zustand, werden die Ein- und Ausgänge nicht mit $U_1$, $U_2$ usw. bezeichnet, sondern direkt mit der dargestellten logischen Variablen.

## 7.2
## Aufstellung logischer Funktionen

In der Digitaltechnik ist die Problemstellung meist in Form einer Funktionstabelle gegeben, die auch als Wahrheitstafel bezeichnet wird. Die Aufgabe besteht dann zunächst darin, eine logische Funktion zu finden, die diese Funktionstabelle erfüllt. Im nächsten Schritt wird diese Funktion auf die einfachste Form gebracht. Dann kann man sie durch entsprechende Kombination der logischen Grundschaltungen realisieren. Zur Aufstellung der logischen Funktion bedient man sich in der Regel der *disjunktiven Normalform*. Dabei geht man folgendermaßen vor:

| Zeile | $x_1$ | $x_2$ | $x_3$ | $y$ |
|-------|-------|-------|-------|-----|
| 1 | 0 | 0 | 0 | 0 |
| 2 | 0 | 0 | 1 | 0 |
| 3 | 0 | 1 | 0 | 1 |
| 4 | 0 | 1 | 1 | 0 |
| 5 | 1 | 0 | 0 | 1 |
| 6 | 1 | 0 | 1 | 0 |
| 7 | 1 | 1 | 0 | 1 |
| 8 | 1 | 1 | 1 | 0 |

**Tab. 7.3.** Beispiel für eine Wahrheitstafel

1) Man sucht in der Wahrheitstafel alle Zeilen auf, in denen die Ausgangsvariable $y$ den Wert 1 besitzt.
2) Von jeder dieser Zeilen bildet man die Konjunktion aller Eingangsvariablen; und zwar setzt man $x_i$ ein, wenn bei der betreffenden Variablen eine 1 steht, andernfalls $\bar{x}_i$. Auf diese Weise erhält man gerade so viele Produktterme wie Zeilen mit $y = 1$.
3) Die gesuchte Funktion erhält man schließlich, indem man die Disjunktion aller gefundenen Produktterme bildet.

Nun wollen wir das Verfahren anhand der Wahrheitstafel in Tab. 7.3 erläutern. In den Zeilen 3, 5 und 7 ist $y = 1$. Zunächst müssen also die Konjunktionen dieser Zeilen gebildet werden:

$$\text{Zeile 3:} \quad K_3 = \bar{x}_1 x_2 \bar{x}_3,$$
$$\text{Zeile 5:} \quad K_5 = x_1 \bar{x}_2 \bar{x}_3,$$
$$\text{Zeile 7:} \quad K_7 = x_1 x_2 \bar{x}_3$$

Die gesuchte Funktion ergibt sich nun als die Disjunktion der Konjunktionen:

$$y = K_3 + K_5 + K_7,$$
$$y = \bar{x}_1 x_2 \bar{x}_3 + x_1 \bar{x}_2 \bar{x}_3 + x_1 x_2 \bar{x}_3$$

Dies ist die disjunktive Normalform der gesuchten logischen Funktion. Zur Vereinfachung wenden wir nun Gl. (7.3a) an und erhalten:

$$y = [\bar{x}_1 x_2 + x_1 (\bar{x}_2 + x_2)] \bar{x}_3$$

Die Gln. (7.6b) und (7.9a) liefern die Vereinfachung:

$$y = (\bar{x}_1 x_2 + x_1) \bar{x}_3$$

Mit Gl. (7.3b) folgt nun:

$$y = (x_1 + x_2)(x_1 + \bar{x}_1) \bar{x}_3$$

Durch nochmalige Anwendung der Gln. (7.6b) und (7.9a) erhalten wir schließlich das einfache Ergebnis:

$$y = (x_1 + x_2) \bar{x}_3$$

Wenn in der Wahrheitstafel bei der Ausgangsvariablen $y$ mehr Einsen als Nullen stehen, erhält man viele Produktterme. Man kann nun von vornherein eine Vereinfachung vornehmen, indem man statt $y$ die negierte Ausgangsvariable $\bar{y}$ betrachtet. Bei dieser negierten Variablen stehen dann sicher weniger Einsen als Nullen; man erhält bei der Aufstellung der logischen Funktion für die negierte Variable $\bar{y}$ demnach weniger Produktterme, also eine von vornherein einfachere Funktion. Man braucht sie zum Schluß nur zu negieren, um die gesuchte Funktion für $y$ zu erhalten. Dazu sind lediglich die Operationen $(+)$ und $(\cdot)$ zu vertauschen, sowie alle Variablen und Konstanten einzeln zu negieren.

## 7.2.1
### Das Karnaugh-Diagramm

Ein wichtiges Hilfsmittel zur Gewinnung einer möglichst einfachen logischen Funktion ist das Karnaugh-Diagramm. Es ist nichts weiter als eine andere Anordnung der Wahrheitstafel. Die Werte der Eingangsvariablen werden dabei nicht einfach untereinander geschrieben, sondern an dem horizontalen und vertikalen Rand eines schachbrettartig unterteilten Feldes angeordnet. Bei einer geraden Anzahl von Eingangsvariablen schreibt man die Hälfte an den einen Rand und die andere Hälfte an den anderen. Bei einer ungeraden Anzahl von Variablen muß man an einem Rand eine Variable mehr anschreiben als an dem anderen.

Die Anordnung der verschiedenen Kombinationen der Eingangsfunktionswerte muß so vorgenommen werden, daß sich jeweils nur *eine* Variable ändert, wenn man von einem Feld zum Nachbarfeld übergeht. In die Felder selbst werden die Werte der Ausgangsvariablen $y$ eingetragen, die zu den an den Rändern stehenden Werten der Eingangsvariablen gehören. Tabelle 7.4 zeigt noch einmal die Wahrheitstafel der UND-Funktion für zwei Eingangsvariablen, Tab. 7.5 das zugehörige Karnaugh-Diagramm.

Da das Karnaugh-Diagramm nur eine vereinfachte Schreibweise der Wahrheitstafel ist, kann man aus ihm die disjunktive Normalform der zugehörigen logischen Funktion auf die schon beschriebene Weise gewinnen. Der Vorteil besteht darin, daß man mögliche Vereinfachungen leicht erkennen kann. Wir wollen dies anhand des Beispiels in Tab. 7.6 erläutern.

| $x_1$ | $x_2$ | $y$ |
|-------|-------|-----|
| 0 | 0 | 0 |
| 0 | 1 | 0 |
| 1 | 0 | 0 |
| 1 | 1 | 1 |

**Tab. 7.4.** Wahrheitstafel der UND-Funktion

| $x_1$ \ $x_2$ | 0 | 1 |
|-------|---|---|
| 0 | 0 | 0 |
| 1 | 0 | 1 |

**Tab. 7.5.** Karnaugh-Diagramm der UND-Funktion

| $x_1$ | $x_2$ | $x_3$ | $x_4$ | $y$ |
|---|---|---|---|---|
| 0 | 0 | 0 | 0 | 1 |
| 0 | 0 | 0 | 1 | 1 |
| 0 | 0 | 1 | 0 | 1 |
| 0 | 0 | 1 | 1 | 1 |
| 0 | 1 | 0 | 0 | 1 |
| 0 | 1 | 0 | 1 | 0 |
| 0 | 1 | 1 | 0 | 0 |
| 0 | 1 | 1 | 1 | 0 |
| 1 | 0 | 0 | 0 | 1 |
| 1 | 0 | 0 | 1 | 0 |
| 1 | 0 | 1 | 0 | 1 |
| 1 | 0 | 1 | 1 | 1 |
| 1 | 1 | 0 | 0 | 0 |
| 1 | 1 | 0 | 1 | 0 |
| 1 | 1 | 1 | 0 | 1 |
| 1 | 1 | 1 | 1 | 1 |

| $x_3 x_4$ \ $x_1 x_2$ | 00 | 01 | 11 | 10 |
|---|---|---|---|---|
| 00 | 1 (B) | 1 | 0 | A 1 |
| 01 | 1 (D) | 0 | 0 | 0 |
| 11 | 1 | 0 | 1 (C) | 1 |
| 10 | 1 | 0 | 1 | 1 A |

**Tab. 7.6.** Wahrheitstafel mit zugehörigem Karnaugh-Diagramm

Zur Aufstellung der disjunktiven Normalform muß zunächst, wie oben beschrieben, für jedes Feld, in dem eine Eins steht, die Konjunktion aller Eingangsvariablen gebildet werden. Für das Feld in der linken oberen Ecke ergibt sich:

$$K_1 = \overline{x}_1 \overline{x}_2 \overline{x}_3 \overline{x}_4$$

Für das Feld rechts daneben folgt:

$$K_2 = \overline{x}_1 x_2 \overline{x}_3 \overline{x}_4$$

Bildet man zum Schluß die Disjunktion aller Konjunktionen, tritt unter anderem der Ausdruck

$$K_1 + K_2 = \overline{x}_1 \overline{x}_2 \overline{x}_3 \overline{x}_4 + \overline{x}_1 x_2 \overline{x}_3 \overline{x}_4$$

auf. Er läßt sich vereinfachen zu:

$$K_1 + K_2 = \overline{x}_1 \overline{x}_3 \overline{x}_4 (\overline{x}_2 + x_2) = \overline{x}_1 \overline{x}_3 \overline{x}_4$$

Daran erkennt man die allgemeine Vereinfachungsregel für das Karnaugh-Diagramm:

Wenn in einem Rechteck oder Quadrat mit 2, 4, 8, 16... Feldern überall Einsen stehen, kann man direkt die Konjunktion der ganzen Gruppe gewinnen, *indem man nur die Eingangsvariablen berücksichtigt, die in allen Feldern der Gruppe einen konstanten Wert besitzen.*

Danach erhält man in unserem Beispiel für die Zweiergruppe B die Konjunktion

$$K_B = \overline{x}_1 \overline{x}_3 \overline{x}_4$$

in Übereinstimmung mit der oben angegebenen Funktion. Zu einer Gruppe zusammenfassen lassen sich auch solche Felder, die sich am linken und rechten Rand einer Zeile bzw. am oberen und unteren Rand einer Spalte befinden.

Für die Vierer-Reihe D in Tab. 7.6 ergibt sich:

$$K_D = \bar{x}_1 \bar{x}_2$$

Entsprechend erhalten wir für das Viererquadrat C die Konjunktion:

$$K_C = x_1 x_3$$

Nun bleibt noch die Eins in der rechten oberen Ecke. Sie läßt sich z.B. wie eingezeichnet mit der Eins am unteren Rand derselben Spalte zu einer Zweiergruppe $K_A$ verbinden. Eine andere Möglichkeit wäre die Zusammenfassung mit der Eins am linken Rand der ersten Zeile. Die einfachste Lösung erhält man jedoch, wenn man beachtet, daß sich in jeder Ecke des Karnaugh-Diagramms eine Eins befindet. Diese Einsen lassen sich zu einer Vierergruppe verbinden, und wir erhalten:

$$K'_A = \bar{x}_2 \bar{x}_4$$

Für die disjunktive Normalform erhält man nun das schon stark vereinfachte Ergebnis:

$$y = K'_A + K_B + K_C + K_D,$$
$$y = \bar{x}_2 \bar{x}_4 + \bar{x}_1 \bar{x}_3 \bar{x}_4 + x_1 x_3 + \bar{x}_1 \bar{x}_2$$

## 7.3
## Abgeleitete Grundfunktionen

In den vorhergehenden Abschnitten haben wir gezeigt, daß jede beliebige logische Funktion durch geeignete Kombination der Grundfunktionen ODER, UND, NICHT darstellbar ist. Es gibt nun eine Reihe von abgeleiteten Funktionen, die in der Schaltungstechnik so häufig auftreten, daß man ihnen eigene Namen gegeben hat. Ihre Wahrheitstafeln und Schaltsymbole haben wir in Tab. 7.7 zusammengestellt.

Die NOR- und NAND-Funktionen gehen durch Negation aus der ODER- bzw. UND-Funktion hervor: NOR = not or; NAND = not and. Demnach gilt:

$$x_1 \text{ NOR } x_2 = \overline{x_1 + x_2} = \bar{x}_1 \bar{x}_2, \tag{7.12}$$
$$x_1 \text{ NAND } x_2 = \overline{x_1 x_2} = \bar{x}_1 + \bar{x}_2 \tag{7.13}$$

| Eingangsvariablen $x_1$ $x_2$ | $y = x_1 + x_2$ $= x_1$ OR $x_2$ | $y = x_1 \cdot x_2$ $= x_1$ UND $x_2$ | $y = \overline{x_1 + x_2}$ $= x_1$ NOR $x_2$ | $y = \overline{x_1 \cdot x_2}$ $= x_1$ NAND $x_2$ | $y = x_1 \oplus x_2$ $= x_1$ EXOR $x_2$ $= x_1$ ANTIV $x_2$ | $y = \overline{x_1 \oplus x_2}$ $= x_1$ EXNOR $x_2$ $= x_1$ ÄQUIV $x_2$ |
|---|---|---|---|---|---|---|
| 0  0 | 0 | 0 | 1 | 1 | 0 | 1 |
| 0  1 | 1 | 0 | 0 | 1 | 1 | 0 |
| 1  0 | 1 | 0 | 0 | 1 | 1 | 0 |
| 1  1 | 1 | 1 | 0 | 0 | 0 | 1 |

**Tab. 7.7.** Aus der UND- bzw. ODER-Funktion abgeleitete Grundfunktionen

Bei der *Äquivalenz-Funktion* wird $y = 1$, wenn beide Eingangsvariablen gleich sind. Aus der Wahrheitstafel erhält man durch Aufstellen der disjunktiven Normalform:

$$y = x_1 \text{ ÄQUIV } x_2 = \overline{x}_1\overline{x}_2 + x_1x_2$$

Die *Antivalenz-Funktion* ist eine negierte Äquivalenz-Funktion, bei ihr wird $y$ dann gleich Eins, wenn die Eingangsvariablen verschieden sind. Die disjunktive Normalform ergibt:

$$y = x_1 \text{ ANTIV } x_2 = \overline{x}_1x_2 + x_1\overline{x}_2$$

Aus der Wahrheitstafel ergibt sich noch eine andere Deutung der Antivalenz-Funktion: Sie stimmt mit der ODER-Funktion in allen Werten überein, bis auf den Fall, in dem alle Eingangsvariablen Eins sind. Deshalb wird sie auch als Exklusiv-ODER-Funktion bezeichnet. Dementsprechend kann man die Äquivalenz-Funktion auch als Exklusiv-NOR-Funktion bezeichnen.

Bei der Anwendung integrierter Schaltungen ist es manchmal günstig, beliebige Funktionen ausschließlich mit NAND- bzw. NOR-Gattern zu realisieren. Dazu formt man die Funktionen so um, daß nur noch die gewünschten Verknüpfungen auftreten. Das ist auf einfache Weise möglich, indem man zunächst den Zusammenhang mit den Grundfunktionen aufstellt. Für die UND-Funktion gilt:

$$x_1x_2 = \overline{\overline{x_1x_2}} = \overline{x_1 \text{ NAND } x_2},$$
$$x_1x_2 = \overline{\overline{x}_1\overline{x}_2} = \overline{\overline{x}_1 + \overline{x}_2} = \overline{x}_1 \text{ NOR } \overline{x}_2$$

Für die ODER-Verknüpfung erhalten wir entsprechend:

$$x_1 + x_2 = \overline{\overline{x}}_1 + \overline{\overline{x}}_2 = \overline{\overline{x}_1\overline{x}_2} = \overline{x}_1 \text{ NAND } \overline{x}_2,$$
$$x_1 + x_2 = \overline{\overline{x_1 + x_2}} = \overline{x_1 \text{ NOR } x_2}$$

Daraus ergeben sich die in Tab. 7.8 eingezeichneten Realisierungsmöglichkeiten.

| Verknüpfung | Gatter | |
|:---:|:---:|:---:|
| | NAND | NOR |
| NICHT | $y=\overline{x}$ | $y=\overline{x}$ |
| UND | $y=x_1 \cdot x_2$ | $y=x_1 \cdot x_2$ |
| ODER | $y=x_1+x_2$ | $y=x_1+x_2$ |

**Tab. 7.8.** Realisierung der Grundfunktionen mit NOR- und NAND-Gattern

## 7.4
## Schaltungstechnische Realisierung der Grundfunktionen

In den vorhergehenden Abschnitten haben wir mit logischen Schaltungen gearbeitet, ohne uns um ihren inneren Aufbau zu kümmern. Diese Denkweise wird dadurch gerechtfertigt, daß man heutzutage in der Digitaltechnik fast ausschließlich mit integrierten Schaltungen arbeitet, die neben den Anschlüssen für die Stromversorgung nur die erwähnten Ein- und Ausgänge besitzen.

Für die Realisierung der einzelnen Grundverknüpfungen gibt es eine ganze Reihe von Schaltungstechniken, die sich hinsichtlich Leistungsaufnahme, Betriebsspannung, H- und L-Pegel, Gatterlaufzeit und Ausgangsbelastbarkeit unterscheiden. Um eine geeignete Auswahl treffen zu können, sollte man wenigstens in groben Zügen etwas über den inneren Aufbau dieser Schaltungen wissen. Deshalb haben wir in den folgenden Abschnitten die wichtigsten Schaltungsfamilien zusammengestellt.

Bei der Verbindung der integrierten Schaltungen werden an einem Ausgang häufig eine Vielzahl von Gattereingängen angeschlossen. Wie viele Eingänge derselben Schaltungsfamilie man anschließen kann, ohne daß der garantierte Störabstand unterschritten wird, charakterisiert man durch die Ausgangsbelastbarkeit (Fan Out). Ein Fan Out von 10 bedeutet also, daß man 10 Gattereingänge anschließen kann. Wenn die Ausgangsbelastbarkeit nicht ausreicht, verwendet man statt eines Standard-Gatters ein Leistungsgatter (Buffer).

Bei einem Gatter gehört zu jedem Eingangszustand ein bestimmter Ausgangszustand. Wie in Kapitel 8 beschrieben, lassen sich diese Zustände durch die Bezeichnung H und L charakterisieren, je nachdem, ob die Spannung größer als $U_H$, oder kleiner als $U_L$ ist. Die Funktion eines Gatters läßt sich durch eine Pegeltabelle wie in Tab. 7.9 beschreiben. Welche logische Funktion das Gatter realisiert, ist damit jedoch nicht festgelegt, denn es ist ja noch gar nichts über die Zuordnung zwischen Pegel und logischem Zustand gesagt. Diese Zuordnung ist willkürlich, sie wird jedoch sinnvollerweise innerhalb eines Gerätes einheitlich gewählt. Die Zuordnung

$$H \cong 1, \qquad L \cong 0$$

| $U_1$ | $U_2$ | $U_a$ |
|-------|-------|-------|
| L | L | H |
| L | H | H |
| H | L | H |
| H | H | L |

**Tab. 7.9.** Beispiel einer Pegeltabelle

| $x_1$ | $x_2$ | $y$ |
|-------|-------|-----|
| 0 | 0 | 1 |
| 0 | 1 | 1 |
| 1 | 0 | 1 |
| 1 | 1 | 0 |

**Tab. 7.10.** Wahrheitstafel bei positiver Logik: NAND-Funktion

| $x_1$ | $x_2$ | $y$ |
|-------|-------|-----|
| 1 | 1 | 0 |
| 1 | 0 | 0 |
| 0 | 1 | 0 |
| 0 | 0 | 1 |

**Tab. 7.11.** Wahrheitstafel bei negativer Logik: NOR-Funktion

wird als positive Logik bezeichnet und führt in unserem Beispiel auf die Wahrheitstafel in Tab. 7.10, die man leicht als die Wahrheitstafel der NAND-Verknüpfung identifizieren kann. Die Zuordnung

$$H \mathrel{\widehat{=}} 0, \qquad L \mathrel{\widehat{=}} 1$$

wird als negative Logik bezeichnet. Sie führt in unserem Beispiel auf die Wahrheitstafel in Tab. 7.11 also auf die NOR-Verknüpfung.

Ein und dieselbe Schaltung kann also je nach Wahl der Logik einmal eine NOR- und einmal eine NAND-Schaltung darstellen. In der Regel beschreibt man sie durch die Angabe der logischen Funktion in positiver Logik. Beim Übergang zu negativer Logik vertauschen sich die Verknüpfungen in folgender Weise:

$$\text{NOR} \iff \text{NAND},$$

$$\text{ODER} \iff \text{UND},$$

$$\text{NICHT} \iff \text{NICHT}$$

### 7.4.1
### Widerstands-Transitor-Logik (RTL)

Die RTL-Schaltungen stellen die Umsetzung der Kippschaltungen mit gesättigten Transistoren wie z.B. in Abb 6.9 auf S. 600 auf integrierte Technik dar. Befindet sich bei dem RTL-Gatter in Abb. 7.10 eine Eingangsspannung im H-Zustand, wird der betreffende Transistor leitend, und der Ausgang geht in den L-Zustand. Wir erhalten in positiver Logik also eine NOR-Verknüpfung. Die relativ niederohmigen Basis-Vorwiderstände stellen sicher, daß die Transistoren auch bei kleiner Stromverstärkung voll leitend werden. Daraus folgt jedoch eine niedrige Ausgangsbelastbarkeit. In dieser Beziehung sind die folgenden Schaltungen wesentlich besser. RTL-Schaltungen werden heute nicht mehr eingesetzt.

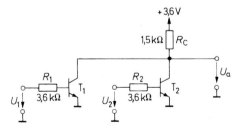

**Abb. 7.10.** RTL-NOR-Gatter vom Typ MC 717

*Verlustleistung :*     $P_V = 5\,\text{mW}$

*Gatterlaufzeit :*     $t_{\text{pd}} = 25\,\text{ns}$

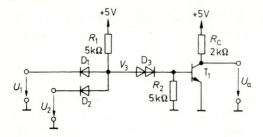

**Abb. 7.11.** DTL-NAND-Gatter vom Typ MC 849
*Verlustleistung:*  $P_V = 15\,\text{mW}$      *Gatterlaufzeit:*    $t_{\text{pd}} = 25\,\text{ns}$

### 7.4.2
### Dioden-Transistor-Logik (DTL)

Bei der DTL-Schaltung in Abb. 7.11 wird der Basisstrom für den Ausgangstransistor über den Widerstand $R_1$ eingespeist, wenn die Eingangsdioden $D_1$ und $D_2$ sperren, d.h. wenn sich alle Eingangsspannungen im H-Zustand befinden. In diesem Fall leitet der Transistor $T_1$, und die Ausgangsspannung geht in den L-Zustand. In positiver Logik ergibt sich demnach eine NAND-Verknüpfung. Wenn man am Ausgang wieder dieselben NAND-Gatter anschließt, wird die Ausgangsspannung im H-Zustand nicht durch die Eingänge belastet. Sie nimmt daher im H-Zustand den Wert $V^+$ an. DTL-Schaltungen werden wegen der durch die Sättigung der Transistoren bedingten großen Gatterlaufzeit nicht mehr eingesetzt.

### 7.4.3
### Langsame Störsichere Logik (LSL)

Für die Anwendung in Geräten, in denen hohe Störimpulse auftreten, gibt es modifizierte DTL-Schaltungen, bei denen die Doppeldiode $D_3$ durch eine Z-Diode wie in Abb. 7.12 ersetzt ist. Dadurch wird der Umschaltpegel am Ein-

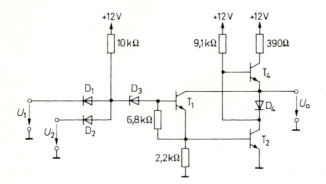

**Abb. 7.12.** LSL-NAND-Gatter vom Typ FZH 101 A
*Verlustleistung:*  $P_V = 180\,\text{mW}$;      *Gatterlaufzeit:*    $t_{\text{pd}} = 175\,\text{ns}$

gang auf ca. 6 V erhöht, und es ergibt sich bei einer Betriebsspannung von 12 V ein Störabstand von 5 V. Zur Erhöhung der Ausgangsbelastbarkeit besitzen die LSL-Schaltungen eine Gegentaktendstufe nach Abb. 6.6 von S. 598. Die Schaltzeit wird durch den Einsatz langsamer Transistoren künstlich erhöht, und es besteht die Möglichkeit, sie durch einen externen Kondensator weiter zu vergrößern. Dadurch bleiben kurze Störimpulse selbst dann wirkungslos, wenn ihre Amplitude größer ist als der Störabstand. LSL-Schaltungen werden auch als HLL-Schaltungen bezeichnet (High Level Logic).

### 7.4.4
### Transistor-Transistor-Logik (TTL)

TTL-Gatter arbeiten im Prinzip genauso wie DTL-Gatter. Unterschiede bestehen lediglich in der Ausführung des Dioden-Gatters und des Verstärkers. Bei dem Standard-TTL-Gatter in Abb. 7.13 ist das Dioden-Gatter durch den Transistor $T_1$ mit mehreren Emittern ersetzt. Sind alle Eingangspegel im H-Zustand, fließt der von $R_1$ kommende Strom über die in Durchlaßrichtung betriebene Basis-Kollektor-Diode des Eingangstransistors in die Basis von $T_2$ und macht diesen leitend. Legt man einen Eingang auf niedriges Potential, wird die betreffende Basis-Emitter-Diode leitend und übernimmt den Basisstrom von $T_2$. Dadurch sperrt $T_2$, und das Ausgangspotential geht in den H-Zustand.

Der Verstärker besteht bei TTL-Schaltungen aus dem Ansteuer-Transistor $T_2$ und einer Gegentakt-Endstufe (Totem-Pole-Schaltung). Wenn $T_2$ leitend ist, wird auch $T_3$ leitend, und $T_4$ sperrt. Am Ausgang entsteht ein L-Pegel, und der Transistor $T_3$ kann große Ströme aufnehmen, die z.B. von angeschlossenen Gatter-Eingängen herrühren. (Im L-Zustand fließt ein Strom aus den Eingängen heraus!)

Wenn $T_2$ sperrt, sperrt auch $T_3$. In diesem Fall wird $T_4$ leitend und liefert ein H-Signal an den Ausgang. Der als Emitterfolger betriebene Transistor kann in diesem Fall große Ausgangsströme liefern und dadurch Lastkapazitäten schnell aufladen. Standard-TTL-Schaltungen wie in Abb. 7.13 werden wegen der durch die Sättigung der Transistoren bedingten Gatterlaufzeit nicht mehr eingesetzt.

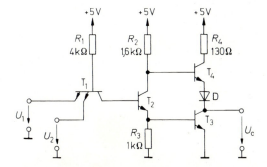

**Abb. 7.13.** Standard-TTL-NAND-Gatter vom Typ 7400
*Verlustleistung :*    $P_V = 10\,\text{mW}$;    *Gatterlaufzeit :*    $t_{pd} = 10\,\text{ns}$

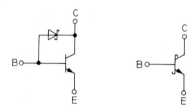

**Abb. 7.14.** Transistor mit Schottky-Antisättigungs-
diode sowie entsprechendes Schaltsymbol

Eine Möglichkeit zur Verhinderung der Sättigung besteht darin, wie in
Abb. 7.14 eine Schottky-Diode parallel zur Kollektor-Basis-Strecke zu schalten. Sie verhindert bei leitendem Transistor durch Spannungsgegenkopplung
ein Absinken der Kollektor-Emitter-Spannung unter ca. 0,3 V. Ein aus solchen
„Schottky-Transistoren" aufgebautes TTL-Gatter ist in Abb. 7.15 dargestellt. Dabei handelt es sich um die vereinfachte Darstellung eines Low-Power-Schottky-
TTL-Gatters. Der Vergleich mit dem Standard TTL-Gatter in Abb. 7.13 zeigt, daß
die Schaltung um einen Faktor 5 hochohmiger dimensioniert ist. Dadurch ist die
Leistungsaufnahme um einen Faktor 5 niedriger und beträgt nur 2 mW. Trotzdem
ist die Gatterlaufzeit nicht größer und beträgt nur 10 ns. Das Eingangs-Dioden-
Gatter ist wie bei den DTL-Schaltungen aus getrennten Dioden aufgebaut. Die in
der Endstufe zur Potentialverschiebung erforderliche Diode D (Abb. 7.13) wird
hier durch die Darlingtonschaltung $T_3$ ersetzt.

Die Übertragungskennlinie eines Low-Power-Schottky-TTL-Inverters ist in
Abb. 7.16 dargestellt. Man erkennt, daß der Umschaltpegel bei ca. 1,1 V am Eingang liegt. Die spezifizierten Toleranzgrenzen werden weit übertroffen: Bei dem
höchsten zulässigen L-Pegel am Eingang von 0,8 V muß sich am Ausgang ein H-
Pegel von mindestens 2,4 V ergeben. Bei dem niedrigsten H-Pegel am Eingang
von 2,0 V darf der L-Pegel am Ausgang höchstens 0,4 V betragen.

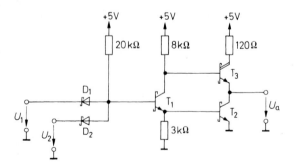

**Abb. 7.15.** Low-Power-Schottky-TTL-Gatter vom Typ 74 LS 00
*Verlustleistung:*   $P_V = 2\,\mathrm{mW}$      *Gatterlaufzeit:*   $t_{\mathrm{pd}} = 10\,\mathrm{ns}$

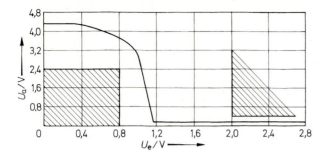

**Abb. 7.16.** Übertragungskennlinie eines Low-Power-Schottky-TTL-Inverters. Schraffiert: Toleranzgrenzen

## Open-Collector-Ausgänge

Mitunter tritt das Problem auf, daß man die Ausgänge sehr vieler Gatter logisch verknüpfen muß. Bei z.B. 20 Ausgängen würde man dazu ein Gatter mit 20 Eingängen benötigen und müßte 20 einzelne Leitungen dorthin führen. Dieser Aufwand läßt sich umgehen, wenn man Gatter mit *offenem Kollektor-Ausgang* (Open Collector) verwendet. Sie besitzen als Ausgangsstufe lediglich, wie in Abb. 7.17 angedeutet, einen npn-Transistor, dessen Emitter an Masse liegt. Solche Ausgänge kann man im Unterschied zu den sonst verwendeten Gegentaktendstufen ohne weiteres parallel schalten und wie in Abb. 7.17 mit einem gemeinsamen Kollektorwiderstand versehen.

Das Ausgangspotential geht nur dann in den H-Zustand, wenn *alle* Ausgänge im H-Zustand sind. In positiver Logik ergibt sich demnach eine UND-Verknüpfung. Andererseits erkennt man, daß die Ausgangsspannung dann in den L-Zustand geht, wenn einer oder mehrere der Ausgänge in den L-Zustand gehen. In negativer Logik ergibt sich demnach eine ODER-Verknüpfung. Da die Verknüpfung durch die äußere Verdrahtung erreicht wird, spricht man von Wired-AND- bzw. Wired-OR-Verknüpfung. Da die Gatterausgänge nur im L-Zustand niederohmig sind, bezeichnet man sie auch als Active-low-Ausgänge. Die Darstellung der Wired-AND-Verknüpfung durch logische Symbole wird in Abb. 7.18 gezeigt.

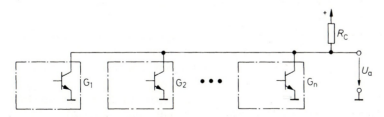

**Abb. 7.17.** Logische Verknüpfung von Gatter-Ausgängen mit offenem Kollektor

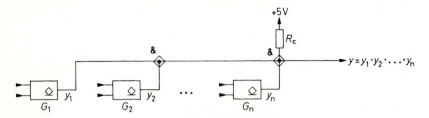

**Abb. 7.18.** Darstellung einer Wired-AND-Verknüpfung mit logischen Symbolen. Das ⬦ Symbol in den Gattern bedeutet Open-Collector-Ausgang

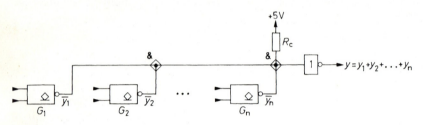

**Abb. 7.19.** ODER-Verknüpfung mit Open-Collector-Ausgängen

Mit Open-Collector-Ausgängen läßt sich auch eine ODER-Verknüpfung realisieren, indem man die Wired-AND-Verknüpfung auf die negierten Variablen anwendet. Nach De Morgan gilt:

$$y_1 + y_2 + \ldots + y_n = \overline{\overline{y_1} \cdot \overline{y_2} \cdot \ldots \cdot \overline{y_n}}$$

Die entsprechende Schaltung ist in Abb. 7.19 dargestellt.

Ein Nachteil bei der Verwendung von Open-Collector-Ausgängen besteht darin, daß die Ausgangsspannung langsamer ansteigt als bei Gegentakt-Ausgängen, weil sich die Schaltkapazitäten hier nur über den Widerstand $R_C$ aufladen können. In dieser Beziehung ergeben sich bei den Open-Collector-TTL-Gattern dieselben Nachteile wie bei den RTL-Schaltungen in Abb. 7.10 auf S. 633. Dort kann man die logische Verknüpfung ebenfalls als Wired-AND-Verknüpfung interpretieren.

### Tristate-Ausgänge

Es gibt einen weiteren wichtigen Anwendungsfall, bei dem die Parallelschaltung von Gatterausgängen zu einer Schaltungsvereinfachung führt; nämlich dann, wenn wahlweise eines von mehreren Gattern den logischen Zustand einer Signalleitung bestimmen soll. Man spricht dann von einem *Bus-System*.

Diese Aufgabenstellung läßt sich ebenfalls mit Open-Collector-Gattern gemäß Abb. 7.18 lösen, indem man alle Ausgänge bis auf einen in den hochohmigen H-Zustand versetzt. Der prinzipielle Nachteil der niedrigen Anstiegsgeschwindigkeit läßt sich in diesem speziellen Anwendungsfall jedoch vermeiden, wenn man statt Gattern mit Open-Collector-Ausgang solche mit *Tristate*-Ausgang ver-

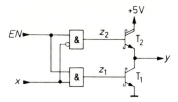

**Abb. 7.20.** Inverter mit Tristate-Ausgang

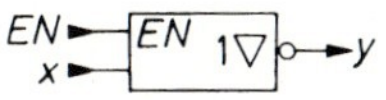

EN ►─[EN 1▽]o─► y
x ►─

**Abb. 7.21.** Schaltsymbol eines Inverters mit Tristate-Ausgang

wendet. Dies ist ein echter Gegentakt-Ausgang mit der zusätzlichen Eigenschaft, daß er sich mit einem besonderen Steuersignal in einen hochohmigen Zustand versetzen läßt. Dieser Zustand wird auch als Z-Zustand bezeichnet.

Das Prinzip der schaltungstechnischen Realisierung ist in Abb. 7.20 dargestellt. Wenn das *Enable*-Signal $EN = 1$ ist, arbeitet die Schaltung als normaler Inverter: Für $x = 0$ wird $z_1 = 0$ und $z_2 = 1$, d.h., $T_1$ sperrt und $T_2$ ist leitend. Für $x = 1$ wird $T_1$ leitend, und $T_2$ sperrt. Ist jedoch die Steuervariable $EN = 0$, werden auch $z_1 = z_2 = 0$, und beide Ausgangstransistoren sperren. Dies ist der hochohmige Z-Zustand.

Die Low-Power-Schottky-TTL-Schaltungen stellen wegen ihrer günstigen elektrischen Daten, wegen ihrer großen Typenvielfalt und wegen ihres niedrigen Preises die meistgebrauchte Logikfamilie dar. Eine Zusammenstellung der verschiedenen Schottky-TTL-Familien folgt in Tab. 7.12.

### 7.4.5
### Emittergekoppelte Logik (ECL)

Wie wir in Abb. 4.54 auf S. 367 gesehen haben, kann man bei einem Differenzverstärker mit einer Eingangsspannungsdifferenz von ca. $\pm 100 \, \text{mV}$ den Strom $I_k$ vollständig von einem Transistor auf den anderen umschalten. Er besitzt also zwei definierte Schaltzustände, nämlich $I_C = I_k$ oder $I_C = 0$. Er wird deshalb auch als Stromschalter bezeichnet. Wenn man durch entsprechend niederohmige Dimensionierung dafür sorgt, daß der Spannungshub an den Kollektorwiderständen hinreichend klein bleibt, kann man verhindern, daß der leitende Transistor beim Schalterbetrieb in die Sättigung kommt.

Abbildung 7.22 zeigt ein typisches ECL-Gatter. Die Transistoren $T_2$ und $T_3$ bilden einen Differenzverstärker. An die Basis von $T_3$ wird über den Spannungsteiler ein konstantes Potential $V_{\text{Ref}}$ gelegt. Wenn sich alle Eingangsspannungen im L-Zustand befinden, sperren die Transistoren $T_1$ und $T_2$. Der Emitterstrom fließt in diesem Fall über den Transistor $T_3$ und bewirkt an $R_2$ einen Spannungsabfall. Die Ausgangsspannung $U_{a1}$ befindet sich demnach im L-Zustand, $U_{a2}$ im H-Zustand. Wenn mindestens ein Eingangspegel in den H-Zustand geht, vertauschen sich die Ausgangszustände. In positiver Logik ergibt sich für $U_{a1}$ eine ODER-Verknüpfung und für $U_{a2}$ eine NOR-Verknüpfung.

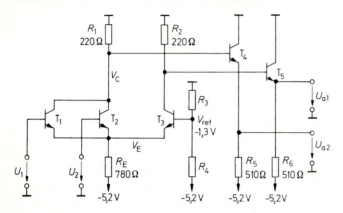

**Abb. 7.22.** ECL-NOR-ODER-Gatter vom Typ MC 10102. Die Emitterwiderstände $R_5$ und $R_6$ sind nicht in der integrierten Schaltung enthalten und müssen bei Bedarf extern angeschlossen werden

| | |
|---|---|
| *Verlustleistung Gatter:* | $P_{VG} = 25\,\mathrm{mW}$ |
| *Verlustleistung $R_5$, $R_6$ je:* | $P_{VR} = 30\,\mathrm{mW}$ |
| *Gatterlaufzeit:* | $t_{pd} = 2\,\mathrm{ns}$ |

Nun wollen wir die Potentialverteilung der Schaltung untersuchen. Wenn der Transistor $T_3$ sperrt, tritt an $R_2$ nur ein kleiner Spannungsabfall von ca. 0,2 V auf, der durch den Basisstrom von $T_5$ hervorgerufen wird. Das Emitterpotential von $T_5$ beträgt demnach in diesem Fall $-0,9$ V. Dies ist der Ausgangs-H-Pegel. Legt man diesen Pegel z.B. an die Basis von $T_2$ an, ergibt sich ein Emitterpotential von:

$$V_E = -0,9\,\mathrm{V} - 0,7\,\mathrm{V} = -1,6\,\mathrm{V}$$

Damit $T_2$ nicht in die Sättigung kommt, soll seine Kollektor-Emitter-Spannung den Wert 0,6 V nicht unterschreiten. Daraus folgt ein minimales Kollektorpotential von:

$$V_C = -1,6\,\mathrm{V} + 0,6\,\mathrm{V} = -1,0\,\mathrm{V}$$

Damit ergibt sich der L-Pegel am Ausgang zu $-1,7$ V. Nun muß $V_{Ref}$ so gewählt werden, daß die Eingangstransistoren bei einer Eingangsspannung von $U_H = -0,9$ V sicher leitend werden und bei einer Eingangsspannung von $U_L = -1,7$ V sicher sperren. Diese Bedingung läßt sich am besten dadurch erfüllen, daß man $V_{Ref}$ in die Mitte zwischen $U_H$ und $U_L$ legt, also auf etwa $-1,3$ V. Der vollständige Verlauf der Übertragungskennlinie ist in Abb. 7.23 dargestellt. Man erkennt, daß der Umschaltpegel bei $-1,3$ V liegt. Bei dem höchsten zulässigen Eingangs-L-Pegel von $-1,5$ V muß sich am NOR-Ausgang ein H-Pegel von mindestens $-1,0$ V ergeben. Bei dem niedrigsten Eingangs-H-Pegel von $-1,1$ V darf der L-Pegel am Ausgang höchstens $-1,65$ V betragen.

Im Gegensatz zu den übrigen Logikfamilien ist die Eingangsspannung im H-Zustand nach oben eng begrenzt. Sie darf $-0,8$ V nicht überschreiten. Sonst geht der betreffende Eingangstransistor in die Sättigung. Dies erkennt man in

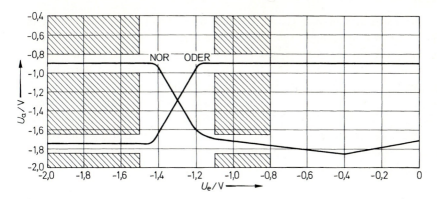

**Abb. 7.23.** Übertragungskennlinie eines ECL-Gatters aus der MC 10000-Serie. Schraffiert: Toleranzgrenzen

der Übertragungskennlinie für den NOR-Ausgang an dem Knick bei $-0,4$ V Eingangsspannung. Bei weiterer Spannungserhöhung steigt wegen der Sättigung des Transistors $T_2$ das Kollektorpotential $V_C$ mit dem Emitterpotential an und damit auch die Ausgangsspannung $U_{a2}$.

Man erkennt in Abb. 7.23, daß die logischen Pegel sehr viel näher am Nullpotential liegen als an der negativen Betriebsspannung. Außerdem geht die Größe der Betriebsspannung nicht in den H-Pegel ein, da er nur durch die Basis-Emitter-Spannung der Emitterfolger bestimmt wird. Hätte man den negativen Anschluß der Betriebsspannung zum Nullpotential und damit zum Bezugspotential erklärt, wäre sie allen Pegeln überlagert. Angesichts der niedrigen Schaltpegel wäre kein zuverlässiger Betrieb möglich.

ECL-Schaltungen besitzen die kleinsten Gatterlaufzeiten aller Logikfamilien. Sie sind noch schneller als Schottky-TTL-Schaltungen, die ja auch ungesättigt betrieben werden. Der Unterschied besteht darin, daß die Kollektor-Emitter-Spannung an den leitenden Transistoren höher ist. Sie unterschreitet nie den Wert 0,6 V. Dadurch ergibt sich nicht nur ein größerer Abstand zur Sättigungsspannung, sondern außerdem eine Reduzierung der Kollektor-Basis-Sperrschichtkapazität.

Ein weiterer Grund für die hohe Geschwindigkeit von ECL-Schaltungen sind die kleinen Signalamplituden von nur 0,8 V. die beim Umschalten auftreten. Dadurch werden die unvermeidlichen Schaltkapazitäten schnell umgeladen. Auch der niedrige Ausgangswiderstand der Emitterfolger begünstigt kurze Schaltzeiten. Er beträgt nach Gl. (2.117) von S. 151 nur:

$$r_a \approx 1/S \; = \; U_T/I_C \; = \; 26\,\text{mV}/7,7\,\text{mA} = 3,4\,\Omega$$

Die hohe Geschwindigkeit der ECL-Schaltungen erkauft man sich mit einer hohen Verlustleistung. Die Verlustleistung eines Gatters der MC 10.000-Serie beträgt alleine schon 25 mW. Hinzu kommt noch die Verlustleistung in den Emitterwiderständen. Bei einer mittleren Ausgangsspannung von $-1,3$ V ergibt sich in einem Emitterwiderstand mit 510 $\Omega$ eine Verlustleistung von 30 mW, also mehr als in dem ganzen Gatter. Deshalb wird man Emitterwiderstände nur an den benutzten Ausgängen anschließen. Die Verlustleistung in den Emitterwiderständen läßt sich auf 10 mW reduzieren, wenn man statt 510 Ω nach $-5,2$ V Widerstände mit 50 Ω verwendet, die man an einer zusätzlichen Betriebsspannung von $V_{TT} = -2$ V anschließt. Der damit verbundene Aufwand lohnt sich jedoch nur bei umfangreichen ECL-Schaltungen. Außerdem muß man sicherstellen, daß die $-2$ V-Betriebsspannung in der Stromversorgung mit hohem Wirkungsgrad erzeugt wird. Sonst verlagert man die Verlustleistung nur von der Schaltung in die Stromversorgung. Aus diesem Grund ist es ungünstig, die $-2$ V mit einem Längsregler aus den $-5,2$ V zu erzeugen.

**Wired-OR-Verknüpfung**

Durch Parallelschaltung von ECL-Ausgängen kann man – wie bei Open-Collector-Ausgängen – eine logische Verknüpfung erreichen. Diese Möglichkeit ist in Abb. 7.24 dargestellt. Da bei der Parallelschaltung der Emitterfolger der H-Pegel dominiert (active high), ergibt sich in positiver Logik eine ODER-Verknüpfung. Der Vorteil einer Wired-OR-Verknüpfung besteht bei ECL-Schaltungen darin, daß sich dadurch die Geschwindigkeit nicht reduziert. Man spart dabei also nicht nur ein Gatter ein, sondern auch eine Gatterlaufzeit.

Zusammenfassend sollen noch einmal die wichtigsten Gesichtspunkte aufgezählt werden, die für den Einsatz von ECL-Gattern in schnellen Logikschaltungen maßgebend sind:

1) Sie besitzen die kürzeste Gatterlaufzeit.
2) Ihre Stromaufnahme ist vom Schaltzustand unabhängig. Beim Umschalten treten keine Stromspitzen auf. Dadurch bleibt die hochfrequente Verseuchung der Stromversorgung gering.
3) Die symmetrischen Ausgänge erlauben eine störsichere Signalübertragung auch bei größeren Abständen (s. Abschn. 7.5).

Eine Übersicht über die verschiedenen ECL-Familien folgt in Tab. 7.12 auf S. 649.

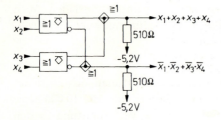

**Abb. 7.24.** Wired-OR-Verknüpfung bei ECL-Schaltungen. Das $\Diamond$-Symbol in den Gattern bedeutet Open-Emitter-Ausgang

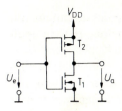

| $(V_{DD} = 5\,\mathrm{V})$ | Standard | High Speed |
|---|---|---|
| Typ | 74C04 | 74HC04 |
| Verlustleistung | $0{,}3\,\mu\mathrm{W/kHz}$ | $0{,}5\,\mu\mathrm{W/kHz}$ |
| Gatterlaufzeit | 90 ns | 10 ns |

**Abb. 7.25.** CMOS-Inverter

### 7.4.6
### Komplementäre MOS-Logik (CMOS)

Eine Logikfamilie, die sich durch eine besonders niedrige Leistungsaufnahme auszeichnet, sind die CMOS-Schaltungen. Die Schaltung eines Inverters ist in Tab. 7.12 dargestellt. Auffallend ist, daß die Schaltung ausschließlich aus selbstsperrenden Mosfets besteht. Dabei ist die Source-Elektrode des n-Kanal-Fets an Masse und die des p-Kanal-Fets an der Betriebsspannung $V_{DD}$ angeschlossen. Beide Fets arbeiten also in Source-Schaltung und verstärken die Eingangsspannung invertierend. Dabei stellt jeweils der eine Transistor den Arbeitswiderstand für den anderen dar.

Die Schwellenspannung der beiden Mosfets liegt betragsmäßig bei ca. 1,5 V. Bei einer Betriebsspannung von 5 V ist daher mindestens einer der beiden Mosfets leitend. Macht man $U_e = 0$, leitet der p-Kanal-Fet $T_2$, und der n-Kanal-Fet $T_1$ sperrt. Die Ausgangsspannung wird gleich $V_{DD}$. Für $U_e = V_{DD}$ sperrt $T_2$, und $T_1$ leitet. Die Ausgangsspannung wird Null. Man erkennt, daß im stationären Zustand kein Strom durch die Schaltung fließt. Lediglich während des Umschaltens fließt ein kleiner Querstrom, solange sich die Eingangsspannung im Bereich $|U_p| < U_e < V_{DD} - |U_p|$ befindet. Der Verlauf des Querstroms ist zusammen mit der Übertragungskennlinie in Abb. 7.26 eingezeichnet.

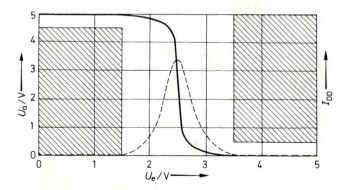

**Abb. 7.26.** Übertragungskennlinie eines CMOS-Gatters bei 5 V Betriebsspannung. Schraffiert: Toleranzgrenzen, Gestrichelt: Stromaufnahme

Die logischen Pegel hängen von der gewählten Betriebsspannung ab. Der zulässige Betriebsspannungsbereich ist bei CMOS-Schaltungen sehr groß. Bei Silicon-Gate-Schaltungen liegt er zwischen 3 V und 6 V, bei Metal-Gate-Schaltungen sogar zwischen 3 V und 15 V. Der Umschaltpegel liegt aus Symmetriegründen immer bei der halben Betriebsspannung. Aus diesem Grund muß bei einer Betriebsspannung von 5 V der H-Pegel über 3,5 V liegen, wie man in Abb. 7.26 erkennt. Um ein CMOS-Gatter mit einem TTL-Ausgang anzusteuern, ist deshalb ein zusätzlicher Pull-up-Widerstand erforderlich. Voll TTL-kompatibel sind dagegen die HCT-Schaltungen, die einen speziellen Pegelumsetzer am Eingang besitzen.

Die Stromaufnahme eines CMOS-Gatters setzt sich aus drei Anteilen zusammen: 1. Wenn die Eingangsspannung konstant gleich Null oder gleich $V_{DD}$ ist, fließt ein kleiner *Sperrstrom* im Bereich von wenigen Mikroampere. 2. Wenn das Eingangssignal seinen Zustand wechselt, fließt vorübergehend ein *Querstrom* durch beide Transistoren. 3. Der überwiegende Beitrag entsteht bei der Auf- und Entladung der *Transistorkapazitäten* $C_T$. Beim Aufladen wird die Energie $\frac{1}{2} C_T V_{DD}^2$ gespeichert; gleichzeitig wird derselbe Betrag im aufladenden Fet in Wärme umgesetzt. Beim Entladen wird die im Kondensator gespeicherte Energie im entladenden Fet in Wärme umgesetzt. Bei einem L-H-L-Zyklus wird daher die Energie $W = C_T V_{DD}^2$ in Wärme verwandelt. Daraus ergibt sich die Verlustleistung

$$P_V \;=\; W/t \;=\; W \cdot f \;=\; C_T \cdot V_{DD}^2 \cdot f$$

Da die durch den Querstrom entstehenden Verluste ebenfalls proportional zur Frequenz sind, lassen sie sich gleichzeitig berücksichtigen, wenn man eine *Verlustleistungskapazität* $C_{P_V}$ gemäß der Gleichung

$$C_{P_V} \;=\; P_{V\,\mathrm{ges}}(V_{DD}^2 \cdot f)$$

definiert. Sie ist etwas größer als die reinen Transistorkapazitäten $C_T$.

Das Potential an offenen CMOS-Eingängen ist *undefiniert*. Deshalb *muß* man sie an Masse bzw. $V_{DD}$ anschließen. Dies ist selbst bei unbenutzten Gattern geboten, weil sich sonst ein Eingangspotential einstellt, bei dem ein mehr oder weniger großer Querstrom durch beide Transistoren fließt. Daraus resultiert eine unerwartet große Verlustleistung.

## Vorsichtsmaßnahmen beim Betrieb von CMOS-Schaltungen

Die Gate-Elektroden von Mosfets sind sehr empfindlich gegen statische Aufladungen. Um Beschädigungen zu vermeiden, sind die Eingänge integrierter MOS-Schaltungen deshalb wie in Abb. 7.27 durch Dioden geschützt. Vorsicht ist trotzdem geboten.

Durch die Schutzdioden entsteht jedoch eine weitere Einschränkung, die man beim Einsatz von CMOS-Schaltungen beachten muß. Infolge der Sperrschicht-Isolierung der beiden MOS-Fets $T_1$ und $T_2$ entsteht ein parasitärer Thyristor zwischen den Betriebsspannungsanschlüssen, wie in Abb. 7.28 dargestellt (s. Abb. 3.21 auf S. 213). Dieser Thyristor stört normalerweise nicht, da die Transi-

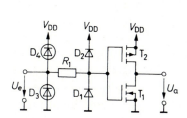

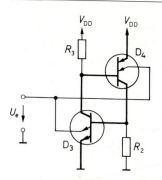

**Abb. 7.27.** Eingangs-Schutzschaltung von CMOS-Gattern. $D_3$, $D_4$ werden durch $T_3$, $T_4$ realisiert

**Abb. 7.28.** Parasitärer Thyristor, der durch die Sperrschicht-Isolation des Mosfets entsteht

storen $T_3$ und $T_4$ sperren. Ihre Sperrströme werden über die Widerstände $R_2$ bzw. $R_3$ abgeleitet. Wenn jedoch eine der als zusätzliche Emitter wirkenden Schutzdioden in Durchlaßrichtung betrieben wird, kann der Thyristor $T_3$, $T_4$ zünden. Dadurch werden beide Transistoren leitend und schließen die Betriebsspannung kurz. Bei den dabei auftretenden großen Strömen wird die integrierte Schaltung zerstört. Um diesen „Latch-up"-Effekt zu vermeiden, sollte die Eingangsspannung das Massepotential nicht unterschreiten bzw. die Betriebsspannung nicht überschreiten. Wenn sich dies nicht ausschließen läßt, muß zumindest der über die Schutzdioden fließende Strom je nach Technologie auf Werte von 1...100 mA begrenzt werden. Dazu reicht meist ein einfacher Vorwiderstand aus. Der parasitäre Thyristor kann auch gezündet werden, wenn man an den Ausgang eine Spannung anlegt, die den Betriebsspannungsbereich überschreitet.

### CMOS-Gatter

Abbildung 7.29 zeigt ein CMOS-NOR-Gatter, das nach demselben Prinzip arbeitet wie der beschriebene Inverter. Damit der gesteuerte Arbeitswiderstand hochohmig wird, wenn eine der Eingangsspannungen in den H-Zustand geht, muß man

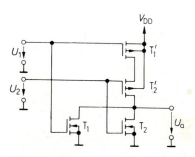

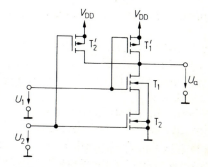

**Abb. 7.29.** CMOS-NOR-Gatter

**Abb. 7.30.** CMOS-NAND-Gatter

eine entsprechende Anzahl von p-Kanal-Fets in Reihe schalten. Durch Vertauschen der Parallelschaltung mit der Reihenschaltung entsteht aus dem NOR-Gatter das in Abb. 7.30 dargestellte NAND-Gatter.

## Transmission-Gate

Im Abschnitt 7.1 haben wir gesehen, daß man logische Verknüpfungen auch mit Schaltern realisieren kann. Von dieser Möglichkeit macht man in der MOS-Technik ebenfalls Gebrauch, da sie häufig zu einer Schaltungsvereinfachung führt. Das zusätzlich zu den konventionellen Gattern eingesetzte Bauelement wird als Transmission-Gate bezeichnet. Sein Schaltsymbol und sein Ersatzschaltbild sind in Abb. 7.31 dargestellt. Seine Funktion besteht darin, daß Eingang und Ausgang entweder niederohmig verbunden oder getrennt werden. Dabei sind die beiden Anschlüsse gleichberechtigt. Das Signal kann also in beiden Richtungen mit sehr kleiner Verzögerung übertragen werden.

Im Unterschied zu den konventionellen Gattern tritt keine Pegelregenerierung auf. Der Störabstand wird deshalb um so schlechter, je mehr Transmission-Gates man zusammenschaltet. Man verwendet sie deshalb nur in Verbindung mit konventionellen Gattern.

Die schaltungstechnische Realisierung in CMOS-Technik ist in Abb. 7.32 dargestellt. Der eigentliche Schalter wird durch die beiden komplementären Mosfets $T_1$ und $T_2$ gebildet. Die Ansteuerung erfolgt mit Hilfe des Inverters mit komplementären Gatepotentialen. Wenn $U_{ST} = 0$ ist, wird $V_{GN} = 0$ und $V_{GP} = V_{DD}$. Dadurch sperren beide Mosfets, wenn wir voraussetzen, daß die Signalspannungen $U_1$ und $U_2$ im Bereich zwischen 0 und $V_{DD}$ liegen. Macht man hingegen $U_{ST} = V_{DD}$, wird $V_{GN} = V_{DD}$ und $V_{GP} = 0$. In diesem Fall ist im ganzen zugelassenen Signalspannungsbereich immer mindestens einer der beiden Mosfets leitend.

Wie wir im Kapitel 17.2.1 noch sehen werden, wird dieselbe Konfiguration auch als Analogschalter verwendet. Der Unterschied zum Transmission-Gate besteht lediglich darin, daß die Gate-Elektroden von $T_1$ und $T_2$ nicht logisch kom-

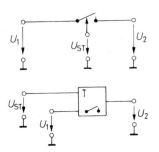

**Abb. 7.31.** Schaltsymbol und Funktionsweise eines Transmission-Gates

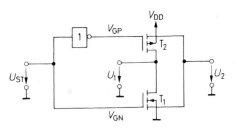

**Abb. 7.32.** Innerer Aufbau eines Transmission-Gates

plementär, sondern mit entgegengesetzter Polarität angesteuert werden. Dadurch kann man positive und negative Signalspannungen schalten.

Wegen ihrer niedrigen Stromaufnahme und des großen Betriebsspannungs-bereichs sind CMOS-Schaltungen für Batterie-betriebene Geräte besonders geeignet. Eine Übersicht über die verschiedenen CMOS-Familien folgt in Tab. 7.12.

### 7.4.7
### NMOS-Logik

Das Kennzeichen von integrierten NMOS-Schaltungen ist, daß sie ausschließlich aus n-Kanal-Mosfets aufgebaut sind. Sie lassen sich daher besonders einfach herstellen und werden deshalb hauptsächlich in hochintegrierten Schaltungen verwendet.

Das NMOS-NOR-Gatter in Abb. 7.33 ist eng verwandt mit dem RTL-NOR-Gatter in Abb. 7.10 auf S. 633. Dabei verwendet man aus technologischen Gründen statt eines ohmschen Arbeitswiderstandes ebenfalls einen Mosfet, und zwar wie bei den Eingangs-Fets einen selbstsperrenden Typ. Damit er leitet, muß man ein hohes Gatepotential $V_{GG}$ anlegen. Wenn die Ausgangsspannung im H-Zustand bis auf das Drainpotential $V_{DD}$ ansteigen soll, muß das Hilfspotential $V_{GG}$ mindestens um die Schwellenspannung höher gewählt werden als $V_{DD}$. Zusätzlich benötigt man häufig eine negative Substratvorspannung $V_{BB}$, um die Eingangs-Fets sicher zu sperren und die Sperrschichtkapazitäten zu erniedrigen.

Wie man in Abb. 7.33 erkennt, arbeitet $T_3$ als Sourcefolger für $V_{GG}$. Der Innenwiderstand $r_i$ hat daher den Wert $1/S$. Um die gewünschten hochohmigen Werte zu realisieren, gibt man ihm eine wesentlich kleinere Steilheit als den Eingangs-Fets.

Die positive Hilfsspannung $V_{GG}$ läßt sich einsparen, wenn man für $T_3$ einen selbstleitenden Mosfet einsetzt. Diese Möglichkeit zeigt Abb. 7.34, bei der $T_3$ als Konstantstromquelle wie in Abb. 4.116 auf S. 447 betrieben wird. Die Eingangs-Fets müssen jedoch immer selbstsperrend sein, da sonst die Steuerspannung

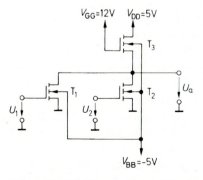

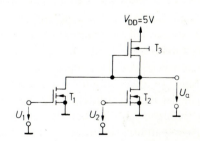

**Abb. 7.33.** NMOS-NOR-Gatter, Standard-schaltung

**Abb. 7.34.** NMOS-NOR-Gatter mit „depletion load"

negativ sein müßte, während die Ausgangsspannung immer positiv ist. Eine direkte Kopplung solcher Gatter wäre also nicht möglich.

Mit Hilfe der Ionenimplantation kann man selbstleitende und selbstsperrende Mosfets gemeinsam integrieren. Auf die negative Hilfsspannung verzichtet man zum Teil durch geeignete Wahl der Schwellenspannungen oder erzeugt sie aus der positiven Betriebsspannung mit einem Spannungswandler, der mit integriert ist.

Im NMOS-Technologie werden nur hochintegrierte Schaltungen angeboten, also keine einfachen Schaltungen wie z.B. Gatter.

### 7.4.8
### Übersicht

Tabelle 7.12 gibt eine Übersicht über die gebräuchlichen Logikfamilien. Dabei beziehen sich die Daten jeweils auf ein einfaches Gatter. Man erkennt, daß jede Schaltungstechnik in verschiedenen Ausführungen erhältlich ist, die sich durch Verlustleistung und Gatterlaufzeit unterscheiden. Ein Merkmal für die Qualität einer Schaltungsfamilie ist das Laufzeit-Leistungs-Produkt. Es gibt an, ob ein Gatter trotz geringer Verlustleistung eine niedrige Gatterlaufzeit besitzt. So erkennt man, daß die neueren Familien wie 74 AS, 74 ALS, 74 F, 10 H 100 und 100.100 ein bemerkenswert niedriges Laufzeit-Leistungs-Produkt besitzen. Das kommt daher, daß sie dielektrisch isoliert sind und deshalb kleinere Schaltkapazitäten besitzen als die älteren Sperrschicht-isolierten Familien.

Einen ebenso großen technologischen Fortschritt stellen die Silicon-Gate-CMOS-Schaltungen dar. Sie sind bei sonst gleichen Eigenschaften um einen Faktor 10 schneller als die Metal-Gate-Typen.

Die meisten Schaltungsfamilien werden von verschiedenen Herstellern angeboten und unterscheiden sich dann nur im Präfix. Die zugehörigen Hersteller sind in Tab. 7.13 angegeben.

Die Leistungsaufnahme der Logik-Familien ist sehr unterschiedlich. Man erkennt in Abb. 7.35, daß die CMOS-Schaltungen bei niedrigen Frequenzen sehr günstig sind. Oberhalb von 1 MHz sind jedoch die Unterschiede in der Verlustleistung zwischen Low-Power-Schottky- und CMOS-Schaltungen gering. Bemerkenswert ist, daß in diesem Frequenzbereich auch die Leistungsaufnahme von TTL-Schaltungen ansteigt. Die Ursache dafür ist, daß durch die Totem-Pole-Endstufe bei jedem Umschaltvorgang ein Querstrom fließt, der bei hohen Frequenzen die Leistungsaufnahme nennenswert erhöht. Diesen Nachteil besitzen ECL-Schaltungen nicht. Deshalb bieten ECL-Schaltungen (abgesehen von dem höheren Preis) bei Frequenzen über 30 MHz nur Vorteile.

Eine Voraussetzung für den problemlosen Einsatz digitaler integrierter Schaltungen ist eine gut durchdachte Betriebsspannungszuführung. Alle Logikfamilien erzeugen nämlich beim Umschalten hochfrequente Stromimpulse auf den Betriebsspannungsleitungen. Da sich alle Signale auf Massepotential beziehen, ist eine niederohmige und induktivitätsarme Masseverbindung aller integrierter Schaltungen erforderlich. Man erreicht diese Forderung auf einer Leiterplatte am

| Familie | Typ | Präfix | Betriebs-spannung | Verlust-leistung $P_V$ | Gatter-laufzeit $t_{pd}$ | Laufzeit-Leistungs-Produkt $P_V \cdot t_{pd}$ |
|---|---|---|---|---|---|---|
| **TTL** | | | | | | |
| standard | 7400 | SN, MC, DM, ⊔ | 5 V | 10 mW | 10 ns | 100 pJ |
| **LP Schottky** | **74 LS 00** | SN, MC, DM, ⊔ | **5 V** | **2 mW** | **10 ns** | **20 pJ** |
| Schottky | 74 S 00 | SN, DM, ⊔ | 5 V | 19 mW | 3 ns | 57 pJ |
| **LP advanced** | **74 ALS 00** | SN, MC, DM | **5 V** | **1 mW** | **4 ns** | **4 pJ** |
| fast | 74 F 00 | F, MC, ⊔, SN | 5 V | 4 mW | 3 ns | 12 pJ |
| advanced | 74 AS 00 | SN | 5 V | 10 mW | 1,5 ns | 15 pJ |
| | | | | | | |
| **ECL** | | | | | | |
| **standard** | **10.100** | MC, F, ⊔ | **−5,2 V** | **35 mW**[1] | **2 ns** | **60 pJ** |
| | 10.200 | MC | −5,2 V | 35 mW[1] | 1,5 ns | 50 pJ |
| high speed | 1.600 | MC | −5,2 V | 70 mW[1] | 1 ns | 70 pJ |
| | 10 H 100 | MC | −5,2 V | 35 mW[1] | 1 ns | 35 pJ |
| | 100.100 | F, ⊔ | −4,5 V | 50 mW[1] | 0,75 ns | 38 pJ |
| | **10 E 100** | **MC** | **−5,2 V** | **50 mW**[1] | **0,4 ns** | **20 pJ** |
| | **100 E 100** | **MC** | **−4,5 V** | **40 mW**[1] | **0,4 ns** | **16 pJ** |

| Familie | Typ | Präfix | Betriebs-spannung | Verlust-leistung $P_V$ | Gatter-laufzeit $t_{pd}$ | Laufzeit-Leistungs-Produkt $P_V \cdot t_{pd}$ |
|---|---|---|---|---|---|---|
| **CMOS** | | | | | | |
| standard | 4.000 | TC | 5 V | $0{,}3\,\dfrac{mW}{MHz}$ | 90 ns | $30\,\dfrac{pJ}{MHz}$ |
| | 14.000 | MC | | | | |
| | 74 C 00 | MM | 15 V | $3\,\dfrac{mW}{MHz}$ | 30 ns | $90\,\dfrac{pJ}{MHz}$ |
| **high speed** | **74 HC 00** | MC, MM, SP | **5 V** | $0{,}5\,\dfrac{mW}{MHz}$ | **10 ns** | $5\,\dfrac{pJ}{MHz}$ |
| | **74 HCT 00** | SN, TC, PC | | | | |
| advanced | 74 AC 00 | SN, PC, F | 5 V | $0{,}8\,\dfrac{mW}{MHz}$ | 3 ns | $2\,\dfrac{pJ}{MHz}$ |
| | 74 ACT 00 | SN, F | | | | |
| low voltage | 74 LV 00 | SN, PC, MM, TC | 3,3 V | $0{,}6\,\dfrac{mW}{MHz}$ | 14 ns | $8\,\dfrac{pJ}{MHz}$ |
| | 74 LVC 00 | SN, PC, MM, TC | 3,3 V | $0{,}5\,\dfrac{mW}{MHz}$ | 7 ns | $4\,\dfrac{pJ}{MHz}$ |
| | 74 ALVC 00 | SN, PC, MM, TC | 3,3 V | $0{,}4\,\dfrac{mW}{MHz}$ | 4 ns | $2\,\dfrac{pJ}{MHz}$ |

[1] inklusive Emitterwiderstand mit 50 Ω nach $V_{TT} = -2$ V, der im Mittel 10 mW beiträgt

**Tab. 7.12.** Übersicht über die gebräuchlichsten Familien in TTL-, ECL- und CMOS Technik. LP bedeutet low power

| Am  | AMD     | PC        | Philips    | ⊔  | Signetics    |
| HD  | Hitachi | M         | SGS-Thom.  | SN | Texas Instr. |
| MC  | Motorola| DM, MM, F | National   | SP | SPI          |
|     |         |           |            | TC | Toshiba      |

**Tab. 7.13.** Präfixe der verschiedenen Hersteller

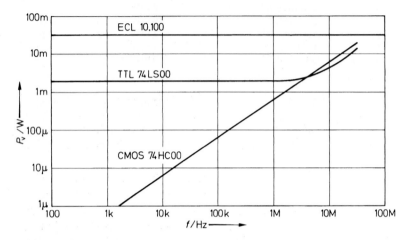

**Abb. 7.35.** Frequenzabhängigkeit der Verlustleistung

besten durch eine netzartige Ausbildung der Masse-Leiterbahn. Bei Frequenzen über 50 MHz ist es zweckmäßig, eine Leiterplatten-Seite ganz als Massefläche zu metallisieren und nur die Anschlüsse auszusparen (siehe nächster Abschnitt). Damit die beim Umschalten entstehenden Stromimpulse die Betriebsspannung nicht verseuchen, muß sie sehr niederohmig und induktivitätsarm an die integrierten Schaltungen geführt werden. Wenn eine solide Masseverbindung vorhanden ist, läßt sich eine Verseuchung der Betriebsspannung dadurch vermeiden, daß man sie mit Kondensatoren glättet. Dazu verwendet man keramische Kondensatoren mit 10...100 nF. Elektrolytkondensatoren sind wegen ihres schlechten Hochfrequenzverhaltens ungeeignet. Je nach Anforderungen ordnet man jeweils 2 bis 5 integrierten Schaltungen einen Kondensator zu.

## 7.5
## Verbindungsleitungen

Bei den bisherigen Betrachtungen sind wir davon ausgegangen, daß die digitalen Signale von einer integrierten Schaltung zur anderen unverfälscht übertragen werden. Bei steilen Signalflanken kann man jedoch den Einfluß der Verbindungsleitungen nicht vernachlässigen. Als Faustregel kann gelten, daß ein einfacher Verbindungsdraht nicht mehr ausreicht, wenn die Laufzeit auf dem

**Abb. 7.36.** Datenübertragung über eine unsymmetrisch angesteuerte Twisted-Pair-Leitung

Verbindungsdraht in die Größenordnung der Anstiegszeit der Schaltung kommt. Daraus ergibt sich für solche Verbindungen eine maximale Länge von ca:

10 cm je Nanosekunde Anstiegszeit

Wird sie überschritten, treten schwerwiegende Impulsverformungen, Reflexionen und mehr oder weniger gedämpfte Schwingungen auf. Diese Fehler kann man durch den Einsatz von Leitungen mit definiertem Wellenwiderstand vermeiden (Koaxialleitung, Streifenleiter), die man mit ihrem Wellenwiderstand abschließt. Er liegt meist zwischen 50 und 300 Ω.

Streifenleiter lassen sich beispielsweise dadurch realisieren, daß man alle Verbindungsbahnen auf der Unterseite einer Leiterplatte herstellt und die Komponentenseite durchgehend metallisiert. Man muß lediglich kleine Aussparungen für die Isolation der Komponentenanschlüsse vorsehen. Dadurch werden alle auf der Unterseite gezogenen Verbindungsbahnen zu Streifenleitern (Microstrip Line). Besitzt die verwendete Leiterplatte eine relative Dielektrizitätskonstante $\varepsilon_r = 5$ und eine Dicke $d = 1{,}2$ mm, ergibt sich bei einer Leiterbahnbreite von $w = 1$ mm ein Wellenwiderstand von 75 Ω.

Für Verbindungen von einer Platine zur anderen kann man Koaxialleitungen verwenden. Sie besitzen jedoch den schwerwiegenden Nachteil, daß sie sich schlecht über Steckerleisten führen lassen. Wesentlich einfacher ist es, statt dessen das Signal über zwei einfache, verdrillte, isolierte Schaltdrähte zu leiten, die an zwei benachbarten Stiften gewöhnlicher Steckerleisten angeschlossen werden können. Gibt man diesen verdrillten Drähten (Twisted Pair Line) ca. 100 Windungen pro Meter, erhält man einen Wellenwiderstand von ca. 110 Ω [2].

Die einfachste Möglichkeit zur Datenübertragung über eine Twisted-Pair-Leitung zeigt Abb. 7.36. Wegen des erforderlichen niederohmigen Abschlußwiderstandes muß das Sendegatter einen entsprechend hohen Ausgangsstrom liefern können. Solche Gatter sind als „Leitungstreiber" (Buffer) integriert erhältlich. Als Empfänger verwendet man zweckmäßigerweise ein Schmitt-Trigger-Gatter, um die Signalflanken zu regenerieren.

Die in Abb. 7.36 dargestellte unsymmetrische Signalübertragung ist relativ empfindlich gegenüber äußeren Störeinflüssen, wie z.B. Spannungsimpulsen auf der Masseleitung. Deshalb ist in größeren Systemen die *symmetrische* Signalübertragung gemäß Abb. 7.37 günstiger. Dabei gibt man komplementäre Signale auf die beiden Drähte der Twisted-Pair-Leitung und benutzt einen Komparator als Empfänger. Die Information wird bei dieser Betriebsart durch die Polarität der Differenzspannung und nicht durch den absoluten Wert des Pegels charakteri-

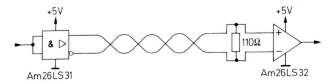

**Abb. 7.37.** Datenübertragung über eine symmetrisch angesteuerte Twisted-Pair-Leitung

siert. Ein Störimpuls bewirkt lediglich eine Gleichtaktaussteuerung, die wegen der Differenzbildung im Komparator wirkungslos bleibt.

Bei der Bildung des Komplementärsignals muß man sicherstellen, daß keine zeitliche Verschiebung der beiden Signale gegeneinander auftritt. Deshalb muß man bei TTL-Schaltungen statt eines einfachen Inverters eine Spezialschaltung mit Komplementärausgängen einsetzen (z.B. Am 26LS31 von Advanced Micro Devices).

Solche Komplementärausgänge stehen bei ECL-Gattern von Hause aus zur Verfügung. Sie sind deshalb für symmetrische Signalübertragung besonders gut geeignet. Um ihre hohe Geschwindigkeit voll ausnutzen zu können, verwendet man als Komparator einen einfachen Differenzverstärker mit ECL-kompatiblem Ausgang. Er wird als „Line-Receiver" bezeichnet. Die entsprechende Schaltungsanordnung zeigt Abb. 7.38.

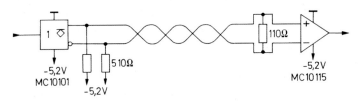

**Abb. 7.38.** Datenübertragung in ECL-Systemen über eine symmetrisch angesteuerte Twisted-Pair-Leitung

# Literatur

[1]    Klar, H.: Integrierte Digitale Schaltungen. Springer 1993.
[2]    Haselhoff, E., Beckmeyer, H. P., Zipperer, J.: Data Transmission Seminar.
       Texas Instruments 1998
[3]    Fox, B., Parvarandeh, P.: Provide ESD protection for I/O ports. EDN
       5.6.97, S.137–144
[4]    EDNs advanced CMOS logic ground-bounce test. EDN 2.3.1989 S.88–91

# Kapitel 8:
# Schaltnetze (Kombinatorische Logik)

Unter einem Schaltnetz versteht man eine Anordnung von Digital-Schaltungen ohne Variablenspeicher. Die Ausgangsvariablen $y_j$ werden gemäß dem Blockschaltbild in Abb. 8.1 eindeutig durch die Eingangsvariablen $x_i$ bestimmt. *Bei Schaltwerken* hingegen hängen die Ausgangsvariablen zusätzlich vom jeweiligen Zustand des Systems und damit von der Vorgeschichte ab.

Die Beschreibung eines Schaltnetzes, also die Zuordnung der Ausgangsvariablen zu den Eingangsvariablen erfolgt mit Wahrheitstafeln oder Booleschen Funktionen. Zur Realisierung von Schaltnetzen denkt man primär an den Einsatz von Gatter. Dies ist aber nicht die einzige und meist auch nicht die beste Möglichkeit, wie Abb. 8.2 zeigt. Wenn die Nullen und Einsen in der Wahrheitstafel statistisch verteilt sind, wie z.b. bei einem Programmcode, würden die logischen Funktionen sehr umfangreich. In diesem Fall speichert man die Wahrheitstafeln vorteilhaft als Tabelle in einem ROM (s. Kap. 10).

Wenn in der Wahrheitstafel wenige Einsen stehen, ergeben sich entsprechend wenige Produktterme in den logischen Funktionen. Sie können aber auch bei vielen Einsen einfach sein, wenn die zugrunde liegende Gesetzmäßigkeit hoch ist, wie z.B. bei der Funktion $y_j = \overline{x}_i$. Aus diesem Grund lohnt es sich immer, zu testen, ob sich die logischen Funktionen vereinfachen lassen. Das ist von Hand sowohl mit der Booleschen Algebra als auch mit dem Karnaugh-Diagramm mühsam. Deshalb setzt man im Zeitalter des computergestützten Schaltungsentwurf einen Simplifier für diese Aufgabe ein. Nur wenn sich dann wenige sehr einfache Funktionen ergeben, ist die Realisierung mit einzelnen Gattern z.B. aus der 7400-Familie zweckmäßig.

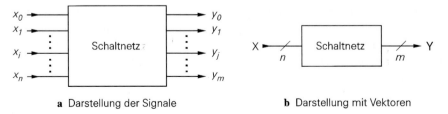

**a** Darstellung der Signale          **b** Darstellung mit Vektoren

**Abb. 8.1.** Blockschaltbild eines Schaltnetzes

**Abb. 8.2.** Realisierungsmöglichkeit von Schaltnetzen

Wenn man viele z.T. komplizierte Funktionen realisieren muß, ergibt sich beim Einsatz von Gattern schnell das berüchtigte TTL-Grab. In diesem Fall ist der Einsatz von programmierbaren logischen Schaltungen (Programmable Logic Devices, PLD) ein großer Vorteil, weil sich dabei alle noch so komplizierten Funktionen mit einem einzigen Chip realisieren lassen, denn es gibt Bausteine mit über 100.000 Gattern. Im Prinzip werden die logischen Funktionen in PLDs genauso realisiert wie beim Einsatz von diskreten Gattern. Der Unterschied besteht lediglich darin, daß sich alle benötigten Gatter auf einem Chip befinden und durch die Programmierung die erforderlichen Verbindungen auf dem Chip hergestellt werden (s. Kap. 10.4 auf S. 753).

Schaltnetze werden häufig zur Verrechnung und Umkodierung von Zahlen verwendet. Um diese Zahlen mit Hilfe von logischen Variablen darstellen zu können, müssen sie durch eine Reihe von zweiwertigen *(binären)* Informationen dargestellt werden. Eine solche Binärstelle wird als *Bit* bezeichnet. Eine spezielle binäre Zahlendarstellung ist die duale, bei der die Stellen nach steigenden Zweierpotenzen angeordnet werden. Dabei wird die Ziffer 1 mit der logischen Eins identifiziert und die Ziffer 0 mit der logischen Null. Die logischen Variablen, mit denen die einzelnen Stellen charakterisiert werden, bezeichnen wir mit Kleinbuchstaben, die ganze Zahl mit Großbuchstaben. Für die Darstellung einer $N$-stelligen Zahl im Dualcode gilt also:

$$X_N = x_{N-1} \cdot 2^{N-1} + x_{N-2} \cdot 2^{N-2} + \cdots + x_1 \cdot 2^1 + x_0 \cdot 2^0$$

Natürlich muß man immer klar unterscheiden, ob man eine Rechenoperation mit Ziffern vornehmen will oder eine Verknüpfung von logischen Variablen. Den Unterschied wollen wir noch einmal an einem Beispiel erläutern. Es soll der Ausdruck $1 + 1$ berechnet werden. Interpretieren wir das Rechenzeichen $(+)$ als Additionsbefehl im Dezimalsystem, erhalten wir die Beziehung:

$$1 + 1 = 2$$

Dagegen ergibt die Addition im Dualsystem:

$$1 + 1 = 10_2 \quad \text{(lies: Eins-Null)}$$

Interpretieren wir das Rechenzeichen (+) als Disjunktion von logischen Variablen, ergibt sich:

$$1 + 1 = 1$$

## 8.1
## Zahlendarstellung

Digitalschaltungen können nur binäre, d.h. zweiwertige Informationen verarbeiten. Deshalb muß die Zahlendarstellung vom gewohnten Dezimalsystem in ein binäres System übersetzt werden. Dafür gibt es verschiedene Möglichkeiten, die in den folgenden Abschnitten zusammengestellt sind.

### 8.1.1
### Positive ganze Zahlen im Dualcode

Die einfachste binäre Zahlendarstellung ist der Dualcode. Die Stellen sind nach steigenden Zweierpotenzen angeordnet. Für die Darstellung einer N-stelligen Zahl im Dualcode gilt also:

$$Z_N = z_{N-1} \cdot 2^{N-1} + z_{N-2} \cdot 2^{N-2} + \ldots + z_1 \cdot 2^1 + z_0 2^0 = \sum_{i=0}^{N-1} z_i 2^i$$

Entsprechend zum Dezimalsystem schreibt man einfach die Ziffernfolge $\{z_{N-1} \ldots z_0\}$ auf und denkt sich die Multiplikation mit der betreffenden Zweierpotenz und die Addition dazu.

Beispiel:

$15253_{\text{Dez}} = \underline{1\ 1\ 1\ 0\ 1\ 1\ 1\ 0\ 0\ 1\ 0\ 1\ 0\ 1}$ Dual

$\quad\quad\quad 2^{13} \quad\quad\quad\quad\quad\quad\quad\quad 2^0$ Stellenwert

#### Oktalcode

Wie man sieht, ist die Dualdarstellung schwer zu lesen. Man benutzt deshalb eine abgekürzte Schreibweise, indem man jeweils drei Stellen zu einer Ziffer zusammenfaßt und den Wert dieser dreistelligen Dualzahl als Dezimalziffer anschreibt. Da die entstehenden Ziffern nach Potenzen von $2^3 = 8$ geordnet sind, spricht man vom Oktalcode.

Beispiel:

| $15253_{\text{Dez}} =$ | 3 | 5 | 6 | 2 | 5 | Oktal |
|---|---|---|---|---|---|---|
| | 0 1 1 | 1 0 1 | 1 1 0 | 0 1 0 | 1 0 1 | Dual |
| | $2^{12}$ | $2^9$ | $2^6$ | $2^3$ | $2^0$ | Stellen- |
| | $8^4$ | $8^3$ | $8^2$ | $8^1$ | $8^0$ | wert |

**Hexadezimalcode**

Eine andere gebräuchliche abgekürzte Schreibweise ist die Zusammenfassung von jeweils vier Dualstellen zu einer Ziffer. Da die entstehenden Ziffern nach Potenzen von $2^4 = 16$ geordnet sind, spricht man vom Hexadezimalcode. Jede Ziffer kann Werte zwischen 0 und 15 annehmen. Dafür reichen die Dezimalziffern nicht aus. Die Ziffern „zehn" bis „fünfzehn" werden deshalb durch die Buchstaben A bis F dargestellt.

Beispiel:

$15253_{Dez} =$

| 3 | B | 9 | 5 | Hex |
|---|---|---|---|---|
| 0 0 1 1 | 1 0 1 1 | 1 0 0 1 | 0 1 0 1 | Dual |
| $2^{12}$ $16^3$ | $2^8$ $16^2$ | $2^4$ $16^1$ | $2^0$ $16^0$ | Stellen- wert |

## 8.1.2
**Positive ganze Zahlen im BCD-Code**

Zur Zahlen-Ein- und -Ausgabe sind Dualzahlen ungeeignet, da wir gewohnt sind, im Dezimalsystem zu rechnen. Man hat deshalb die binär codierten Dezimalzahlen (BCD-Zahlen) eingeführt. Bei ihnen wird jede einzelne Dezimalziffer durch eine binäre Zahl dargestellt, z.B. durch die entsprechende Dualzahl. In diesem Fall gilt beispielsweise

$15253_{Dez} =$

| 1 | 5 | 2 | 5 | 3 | Dez |
|---|---|---|---|---|---|
| 0 0 0 1 | 0 1 0 1 | 0 0 1 0 | 0 1 0 1 | 0 0 1 1 | BCD |
| $10^4$ | $10^3$ | $10^2$ | $10^1$ | $10^0$ | Stellenw. |

Eine so kodierte Dezimalzahl wird genauer als BCD-Zahl im 8421-Code oder als natürliche BCD-Zahl bezeichnet. Die einzelnen Dezimalziffern lassen sich auch noch durch andere vier- oder mehrstellige Binärkombinationen darstellen. Da der 8421-BCD-Code am weitesten verbreitet ist, wird er oft als BCD-Code schlechthin bezeichnet. Wir wollen uns diesem Sprachgebrauch anschließen und auf Abweichungen vom natürlichen BCD-Code besonders hinweisen.

Mit einer vierstelligen Dualzahl lassen sich Zahlen zwischen 0 und $15_{Dez}$ darstellen. Beim BCD-Code werden davon nur zehn Kombinationen benutzt. Aus diesem Grund benötigt die BCD-Darstellung mehr Bits als die Dualdarstellung.

## 8.1.3
**Ganze Dualzahlen mit beliebigem Vorzeichen**

**Darstellung nach Betrag und Vorzeichen**

Eine negative Zahl läßt sich ganz einfach dadurch charakterisieren, daß man vor die höchste Stelle ein Vorzeichenbit $s$ setzt. Null bedeutet „positiv", Eins bedeutet „negativ". Eine eindeutige Interpretation ist nur möglich, wenn eine feste Wortbreite vereinbart ist.

Beispiel für eine Wortbreite von 8 bit:

$$+118_{Dez} = \boxed{0} \quad 1 \quad 1 \quad 1 \quad 0 \quad 1 \quad 1 \quad 0_2$$

$$-118_{Dez} = \boxed{1} \quad 1 \quad 1 \quad 1 \quad 0 \quad 1 \quad 1 \quad 0_2$$

$$(-1)^s \quad 2^6 \quad 2^5 \quad 2^4 \quad 2^3 \quad 2^2 \quad 2^1 \quad 2^0$$

## Darstellung im Zweierkomplement (Two's Complement)

Die Darstellung nach Betrag und Vorzeichen hat den Nachteil, daß positive und negative Zahlen nicht einfach addiert werden können. Ein Addierer muß beim Auftreten eines Minuszeichens auf Subtraktion umgeschaltet werden. Bei der Zweierkomplementdarstellung ist das nicht notwendig.

Bei der Zweierkomplementdarstellung gibt man dem höchsten Bit ein negatives Gewicht. Der Rest der Zahl wird als normale Dualzahl dargestellt. Auch hier muß eine feste Wortbreite vereinbart sein, damit das höchste Bit eindeutig definiert ist. Bei einer positiven Zahl ist das höchste Bit 0. Bei einer negativen Zahl muß das höchste Bit gleich 1 sein, weil nur diese Stelle ein negatives Gewicht hat. Beispiel für eine Wortbreite von 8 bit:

$$+118_{Dez} = \boxed{0} \quad \underbrace{1 \quad 1 \quad 1 \quad 0 \quad 1 \quad 1 \quad 0}_{B_N}$$

$$-118_{Dez} = \boxed{1} \quad \underbrace{0 \quad 0 \quad 0 \quad 1 \quad 0 \quad 1 \quad 0}_{X}$$

$$-2^7 \quad 2^6 \quad 2^5 \quad 2^4 \quad 2^3 \quad 2^2 \quad 2^1 \quad 2^0$$

Der Übergang von einer positiven zur betragsmäßig gleichen negativen Zahl ist natürlich etwas schwieriger als bei der Darstellung nach Betrag und Vorzeichen. Nehmen wir an, die Dualzahl $B_N$ habe ohne das Vorzeichenbit die Wortbreite $N$. Dann hat die Vorzeichenstelle den Wert $-2N$. Die Zahl $-B_N$ entsteht demnach in der Form:

$$-B_N = -2^N + X$$

Damit ergibt sich der positive Rest $X$ zu:

$$X = 2^N - B_N$$

Dieser Ausdruck wird als das *Zweierkomplement* $B_N^{(2)}$ zu $B_N$ bezeichnet. Er läßt sich auf einfache Weise aus $B_N$ berechnen. Dazu betrachten wir die größte Zahl, die sich mit $N$ Stellen dual darstellen läßt. Sie hat den Wert:

$$1111\ldots \widehat{=} 2^N - 1$$

Subtrahiert man von dieser Zahl eine beliebige Dualzahl $B_N$, erhält man offensichtlich eine Dualzahl, die sich durch Negation aller Stellen ergibt. Diese Zahl nennt man das *Einerkomplement* $B_N^{(1)}$ zu $B_N$. Damit gilt:

$$B_N^{(1)} = 2^N - 1 - B_N = \underbrace{2^N - B_N}_{B_N^{(2)}} - 1$$

und:

$$\boxed{B_N^{(2)} = B_N^{(1)+1}}$$

(8.1)

Das Zweierkomplement einer Dualzahl ergibt sich also durch Negation aller Stellen und Addition von 1.

Man kann leicht zeigen, daß man die Vorzeichenstelle nicht getrennt behandeln muß, sondern zum Vorzeichenwechsel einfach das Zweierkomplement der ganzen Zahl einschließlich Vorzeichenstelle bilden kann. Damit gilt für Dualzahlen in der Zweierkomplementdarstellung die Beziehung:

$$\boxed{-B_N = B_N^{(2)}}$$

(8.2)

Diese Beziehung gilt für den Fall, daß man im Ergebnis ebenfalls nur $N$ Stellen betrachtet und die Überlaufstelle unbeachtet läßt.

Beispiel für eine 8stellige Dualzahl in Zweierkomplementdarstellung:

| | |
|---|---|
| $118_{\text{Dez}}=$ | $0\ 1\ 1\ 1\ 0\ 1\ 1\ 0$ |
| Einerkomplement: | $1\ 0\ 0\ 0\ 1\ 0\ 0\ 1$ |
| | $+\qquad\qquad\qquad\quad 1$ |
| Zweierkomplement: | $1\ 0\ 0\ 0\ 1\ 0\ 1\ 0 = -118_{\text{Dez}}$ |

*Rückverwandlung*:

| | |
|---|---|
| Einerkomplement: | $0\ 1\ 1\ 1\ 0\ 1\ 0\ 1$ |
| | $+\qquad\qquad\qquad\quad 1$ |
| Zweierkomplement: | $0\ 1\ 1\ 1\ 0\ 1\ 1\ 0 = +118_{\text{Dez}}$ |

## Vorzeichenergänzung (Sign Extension)

Wenn man eine positive Zahl auf eine größere Wortbreite erweitern will, ergänzt man einfach führende Nullen. In der Zweierkomplementdarstellung gilt eine andere Regel: Man muß das Vorzeichenbit vervielfältigen.

Beispiel:       8 bit              16 bit

$118_{\text{Dez}}\ \ = 0\ 1\ 1\ 1\ 0\ 1\ 1\ 0 = 0\ 0\ 0\ 0\ 0\ 0\ 0\ 0\ 1\ 1\ 1\ 0\ 1\ 1\ 0$

$-118_{\text{Dez}}\ = 1\ 0\ 0\ 0\ 1\ 0\ 1\ 0 = \underbrace{1\ 1\ 1\ 1\ 1\ 1\ 1}\ 1\ 0\ 0\ 0\ 1\ 0\ 1\ 0$

Vorzeichenerweiterung

| Dezimal | Zweierkomplement | | | | | | | | Offset-Dual | | | | | | | |
|---|---|---|---|---|---|---|---|---|---|---|---|---|---|---|---|---|
| | $b_7$ | $b_6$ | $b_5$ | $b_4$ | $b_3$ | $b_2$ | $b_1$ | $b_0$ | $b_7$ | $b_6$ | $b_5$ | $b_4$ | $b_3$ | $b_2$ | $b_1$ | $b_0$ |
| 127 | 0 | 1 | 1 | 1 | 1 | 1 | 1 | 1 | 1 | 1 | 1 | 1 | 1 | 1 | 1 | 1 |
| 1 | 0 | 0 | 0 | 0 | 0 | 0 | 0 | 1 | 1 | 0 | 0 | 0 | 0 | 0 | 0 | 1 |
| 0 | 0 | 0 | 0 | 0 | 0 | 0 | 0 | 0 | 1 | 0 | 0 | 0 | 0 | 0 | 0 | 0 |
| −1 | 1 | 1 | 1 | 1 | 1 | 1 | 1 | 1 | 0 | 1 | 1 | 1 | 1 | 1 | 1 | 1 |
| −127 | 1 | 0 | 0 | 0 | 0 | 0 | 0 | 1 | 0 | 0 | 0 | 0 | 0 | 0 | 0 | 1 |
| −128 | 1 | 0 | 0 | 0 | 0 | 0 | 0 | 0 | 0 | 0 | 0 | 0 | 0 | 0 | 0 | 0 |

**Tab. 8.1.** Zusammenhang zwischen der Zweierkomplement- und der Offset-Dual-Darstellung

Der Beweis ist einfach. Bei einer $N$-stelligen negativen Zahl hat das Vorzeichenbit den Wert $-2^{N-1}$. Erweitert man die Wortbreite um ein Bit, muß man eine führende Eins ergänzen. Die hinzugefügte Vorzeichenstelle hat den Wert $-2^N$. Die alte Vorzeichenstelle ändert ihren Wert von $-2^{N-1}$ auf $+2^{N-1}$. Beide Stellen zusammen haben demnach den Wert:

$$-2^N + 2^{N-1} = -2 \cdot 2^{N-1} + 2^{N-1} = -2^{N-1}$$

Er bleibt also unverändert.

**Offset-Dual-Darstellung (Offset Binary)**

Es gibt Schaltungen, die nur positive Zahlen verarbeiten können. Sie interpretieren die höchste Stelle also grundsätzlich als positiv. In solchen Fällen definiert man die Mitte des darstellbaren Zahlenbereichs als Null (Offset-Darstellung).

Mit einer 8stelligen positiven Dualzahl kann man den Bereich 0 bis 255 darstellen, mit einer 8stelligen Zweierkomplementzahl den Bereich $-128$ bis $+127$. Zum Übergang in die Offset-Dual-Darstellung verschiebt man den Zahlenbereich durch Addition von 128 nach 0 bis 255. Zahlen über 128 sind demnach positiv zu werten, Zahlen unter 128 als negativ. Die Bereichsmitte 128 bedeutet in diesem Fall Null. Die Addition von 128 kann man ganz einfach durch Negation des Vorzeichenbits in der Zweierkomplementdarstellung vornehmen. Eine Übersicht über einige Zahlenwerte ist in Tab. 8.1 zusammengestellt.

### 8.1.4
### Festkomma-Dualzahlen

Entsprechend zum Dezimalbruch definiert man den Dualbruch so, daß man die Stellenwerte hinter dem Komma als negative Zweierpotenzen interpretiert.

Bespiel:

| $225{,}8125_{\text{Dez}} =$ | 1 | 1 | 1 | 0 | 0 | 0 | 0 | 1 | , 1 | 1 | 0 | 1 |
|---|---|---|---|---|---|---|---|---|---|---|---|---|
| | $2^7$ | $2^6$ | $2^5$ | $2^4$ | $2^3$ | $2^2$ | $2^1$ | $2^0$ | $2^{-1}$ | $2^{-2}$ | $2^{-3}$ | $2^{-4}$ |

In der Regel wird eine feste Stellenzahl hinter dem Komma vereinbart. Daher kommt die Bezeichnung Festkomma-Dualzahl. Negative Festkommazahlen werden nach Betrag und Vorzeichen angegeben.

Durch die Festlegung einer bestimmten Stellenzahl kann man durch Multiplikation mit dem Kehrwert der niedrigsten Zweierpotenz ganze Zahlen herstellen, die in den beschriebenen Darstellungen verarbeitet werden können. Für die Zahlenausgabe macht man die Multiplikation wieder rückgängig.

### 8.1.5
### Gleitkomma-Dualzahlen

Entsprechend zur Gleitkomma-Dezimalzahl

$$Z_{10} \; = \; M \cdot 10^{E}$$

definiert man die Gleitkomma-Dualzahl:

$$Z_2 \; = \; M \cdot 2^{E}$$

Darin ist $M$ die Mantisse und $E$ der Exponent.

Beispiel:

| | |
|---|---|
| 225,8125 | Dezimal, Festkomma |
| =2,258125 E 2 | Dezimal, Gleitkomma |
| =11100001,1101 | Dual, Festkomma |
| =1,11000011101 E 0111 | Dual, Gleitkomma |

Zur Rechnung mit Gleitkommazahlen verwendet man heutzutage durchweg die im *Floating-Point-Standard* IEEE-P 754 genormte Zahlendarstellung. Diese Zahlendarstellung wird nicht nur in Rechenanlagen, sondern auch in PCs und zum Teil sogar auch in Signalprozessoren eingesetzt und vielfältig durch die entsprechenden Arithmetik-Prozessoren unterstützt. Dabei kann der Anwender zwischen zwei Rechengenauigkeiten wählen: dem 32-bit-Single-Precision-Format und der Double-Precision-Darstellung mit 64 bit. Intern wird mit 80 bit Genauigkeit gerechnet. Diese drei Zahlenformate sind in Tab. 8.2 und Abb. 8.3 dargestellt. Man kann hier drei Bereiche unterscheiden: das Vorzeichenbit $S$, den Exponenten $E$ und die Mantisse $M$. Die Wortbreite des Exponenten und der Mantisse hängen von der gewählten Genauigkeit ab.

Die Mantisse M wird beim IEEE-Standard durch die Ziffern $m_0$, $m_1$, $m_2 \ldots$ angegeben. Im Normalfall ist die Mantisse auf $m_0 = 1$ normiert:

$$M \; = \; 1 + m_1 \cdot 2^{-1} + m_2 \cdot 2^{-2} + \ldots \; = \; 1 + \sum_{i=1}^{k} m_i 2^{-i},$$

ihr Betrag liegt demnach zwischen $1 \leq M < 2$. Die Ziffer $m_0 = 1$ wird nur bei der internen Darstellung angegeben, sonst ist sie verborgen, und man muß sie sich zur Rechnung ergänzen.

| IEEE Format | Vort– Breite | Vor– zeichen $S$ | Exponent Breite $E$ | Exponent Bereich | Mantisse Breite $M$ | Mantisse Genauigkeit |
|---|---|---|---|---|---|---|
| Einfach | 32 bit | 1 bit | 8 bit | $2^{\pm127} \approx 10^{\pm38}$ | 23 bit$\hat{=}$ | 7 Dez. Stellen |
| Doppelt | 64 bit | 1 bit | 11 bit | $2^{\pm1023} \approx 10^{\pm308}$ | 52 bit$\hat{=}$ | 16 Dez. Stellen |
| Intern | 80 bit | 1 bit | 15 bit | $2^{\pm16383} \approx 10^{\pm4932}$ | 64 bit$\hat{=}$ | 19 Dez. Stellen |

**Tab. 8.2.** Spezifikationen der IEEE-Gleitkommaformate

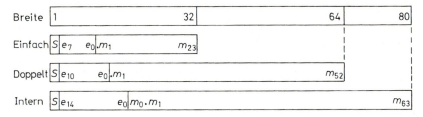

**Abb. 8.3.** Vergleich der Gleitkommaformate

Der Exponent $E$ wird beim IEEE-Format als Offset-Dualzahl angegeben, damit positive und negative Werte definiert werden können. Zur Rechnung muß man daher einen Offset von der Größe des halben Bereichs subtrahieren. Er beträgt

$2^7 - 1 = 127$ bei einfacher Genauigkeit,

$2^{10} - 1 = 1\,023$ bei doppelter Genauigkeit,

$2^{14} - 1 = 16\,383$ bei interner Genauigkeit.

Das Vorzeichen der ganzen Zahl wird durch das Vorzeichenbit $S$ bestimmt. Hier erfolgt also eine Darstellung nach Betrag und Vorzeichen. Der Wert einer IEEE-Zahl läßt sich demnach auf folgende Weise berechnen:

$$Z = (-1)^S \cdot M \cdot 2^{E-\text{Offset}}$$

Am Beispiel der einfachen IEEE-Genauigkeit mit 32 bit Wortbreite soll dies noch etwas genauer erklärt werden. Die Aufteilung eines Wortes ist in Abb. 8.4 dargestellt. Das höchste Bit ist das Vorzeichenbit $S$. Dann folgen 8 bit für den

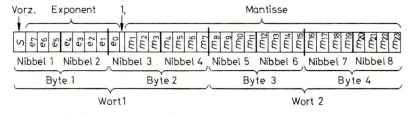

**Abb. 8.4.** Aufteilung einer 32 bit-Gleitkomma-Zahl

| | | | | | |
|---|---|---|---|---|---|
| $\text{NOR}_1$ | $= 3\,\text{F}\,\text{E}\,0\,0\,0\,0\,0_{\text{Hex}} = 0$ | $\underbrace{0\,1\,1\,1\,1\,1\,1\,1}$ | , | $\underbrace{1\,1\,0\,0\ldots 0}$ | $= +1{,}75$ |
| | $+$ | $127$ | | $0{,}75$ | |
| $\text{NOR}_2$ | $= \text{B}\,\text{F}\,\text{B}\,0\,0\,0\,0\,0_{\text{Hex}} = 1$ | $\underbrace{0\,1\,1\,1\,1\,1\,1\,1}$ | , | $\underbrace{0\,1\,1\,0\ldots 0}$ | $= -1{,}375$ |
| | $-$ | $127$ | | $0{,}375$ | |
| $\text{NOR}_3$ | $= 4\,1\,2\,0\,0\,0\,0\,0_{\text{Hex}} = 0$ | $\underbrace{1\,0\,0\,0\,0\,0\,1\,0}$ | , | $\underbrace{0\,1\,0\,0\ldots 0}$ | $= +10$ |
| | $+$ | $130$ | | $0{,}25$ | |
| $\text{NOR}_{\text{max}}$ | $= 7\,\text{F}\,7\,\text{F}\,\text{F}\,\text{F}\,\text{F}\,\text{F}_{\text{Hex}} = 0$ | $\underbrace{1\,1\,1\,1\,1\,1\,1\,0}$ | , | $\underbrace{1\,1\,1\,1\ldots 1}$ | $= +2^{127}(2 - 2^{-23})$ |
| | $+$ | $254$ | | $1 - 2^{-23}$ | |
| $\text{INF}$ | $= 7\,\text{F}\,8\,0\,0\,0\,0\,0_{\text{Hex}} = 0$ | $\underbrace{1\,1\,1\,1\,1\,1\,1\,1}$ | , | $\underbrace{0\,0\,0\,0\ldots 0}$ | $= +\infty$ |
| | $+$ | $255$ | | $0$ | |
| $\text{ZERO}$ | $= 0\,0\,0\,0\,0\,0\,0\,0_{\text{Hex}} = \times$ | $\underbrace{0\,0\,0\,0\,0\,0\,0\,0}$ | , | $\underbrace{0\,0\,0\,0\ldots 0}$ | $= 0$ |
| | | $0$ | | $0$ | |

**Tab. 8.3.** Beispiele für normierte Zahlen und Ausnahmen im 32 bit-Gleitkomma-Format

Exponenten und 23 bit für die Mantisse. Das höchste Bit der Mantisse $m_0 = 1$ ist verborgen; das Komma steht vor $m_1$. Der Stellenwert von $m_1$ ist also $\frac{1}{2}$.

Die ganze Zahl läßt sich aufteilen in zwei Worte zu je 16 bit oder 4 Byte oder 8 Nibbel. Sie läßt sich daher mit 8 Hex-Zeichen angeben. In Tab. 8.3 stehen einige Beispiele. Die normierte Zahl $\text{NOR}_1$ besitzt einen Exponenten von 127; nach Abzug des Offsets von 127 ergibt sich ein Multiplikator von $2^0 = 1$. Der dargestellte Wert der Mantisse beträgt 0,75. Zusammen mit der verborgenen 1 ergibt sich der angegebene Wert +1,75. Im zweiten Beispiel $\text{NOR}_2$ wurde eine negative Zahl gewählt; hier ist $S = 1$. Die Zahl 10 im dritten Beispiel wird normiert dargestellt als $10 = 2^3 \cdot 1{,}25$. Zu der angegebenen Hex-Darstellung gelangt man, indem man (wie immer) die Bitfolge in Vierergruppen zusammenfaßt und die zugehörigen Hex-Symbole verwendet. Leider ist die Hex-Darstellung von IEEE-Zahlen sehr unübersichtlich, weil im ersten Symbol das Vorzeichen und ein Teil des Exponenten enthalten ist, und im dritten Symbol Exponent und Mantisse gemischt sind.

Ein paar Sonderfälle sind ebenfalls in Tab. 8.3 aufgelistet. Die größte im 32 bit IEEE-Format darstellbare Zahl beträgt:

$$\begin{aligned} \text{NOR}_{\text{max}} &= 2^{254-127}(1 + 1 - 2^{-23}) \\ &= 2^{127}(2 - 2^{-23}) \approx 2^{128} \approx 3{,}4 \cdot 10^{38} \end{aligned}$$

Die Exponenten 0 bzw. 255 sind für Ausnahmen reserviert. Der Exponent 255 wird in Verbindung mit der Mantisse 0 als $\pm\infty$ interpretiert, je nach Vorzeichen. Sind Exponent und Mantisse beide 0, wird die Zahl als $Z = 0$ gewertet. In diesem Fall spielt das Vorzeichen keine Rolle.

## 8.2
## Multiplexer

Multiplexer sind Schaltungen, die eine von mehreren Datenquellen an einem einzigen Ausgang durchschalten. Welche Quelle ausgewählt wird, muß durch eine Adresse festgelegt werden. Die inverse Schaltung, die Daten nach Maßgabe einer Adresse auf mehrere Ausgänge verteilt, heißt Demultiplexer. Die Adressierung des ausgewählten Ein- bzw. Ausganges übernimmt bei beiden Schaltungen ein 1-aus-n-Dekoder, der zunächst beschrieben werden soll.

### 8.2.1
### 1-aus-$n$-Decoder

Ein 1-aus-$n$-Decoder ist eine Schaltung mit $n$ Ausgängen und ld $n$ Eingängen. Die Ausgänge $y_J$ sind von 0 bis $(n-1)$ numeriert. Ein Ausgang geht genau dann auf Eins, wenn die eingegebene Dualzahl $A$ gleich der Nummer $J$ des betreffenden Ausgangs ist. Tabelle 8.4 zeigt die Wahrheitstafel für einen 1-aus-4-Decoder. Die Variablen $a_0$ und $a_1$ stellen den Dualcode der Zahl $A$ dar. Daraus läßt sich unmittelbar die disjunktive Normalform der Umkodierungsfunktionen ablesen. Abb. 8.5 zeigt die entsprechende Realisierung.

Bei monolithisch integrierten Realisierungen wird statt der UND-Verknüpfung häufig eine NAND-Verknüpfung gewählt. Die Ausgangsvariablen sind deshalb meist negiert. Weitere IC-Typen findet man im folgenden Abschnitt über Demultiplexer.

| IC-Typen: | TTL | CMOS |
|---|---|---|
| 10 Ausgänge | 74 LS 42 | 4028 |

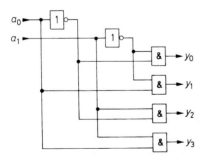

**Abb. 8.5.** Schaltung eines 1-aus-4-Decoders

| $A$ | $a_1$ | $a_0$ | $y_3$ | $y_2$ | $y_1$ | $y_0$ |
|---|---|---|---|---|---|---|
| 0 | 0 | 0 | 0 | 0 | 0 | 1 |
| 1 | 0 | 1 | 0 | 0 | 1 | 0 |
| 2 | 1 | 0 | 0 | 1 | 0 | 0 |
| 3 | 1 | 1 | 1 | 0 | 0 | 0 |

**Tab. 8.4.** Wahrheitstafel eines 1-aus-4-Decoders

$$y_0 = \overline{a}_0\overline{a}_1, \; y_1 = a_0\overline{a}_1, \; y_2 = \overline{a}_0 a_1, \; y_3 = a_0 a_1$$

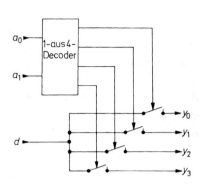

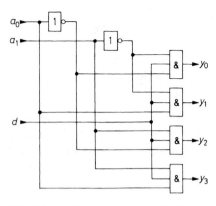

**Abb. 8.6.** Prinzipielle Wirkungsweise

**Abb. 8.7.** Schaltung eines Demultiplexers $y_0 = \bar{a}_0 \bar{a}_1 d$, $y_1 = a_0 \bar{a}_1 d$, $y_2 = \bar{a}_0 a_1 d$, $y_3 = a_0 a_1 d$

## 8.2.2
## Demultiplexer

Mit einem Demultiplexer kann man eine Eingangsinformation $d$ an verschiedene Ausgänge verteilen. Er stellt eine Erweiterung des 1-aus-$n$-Decoders dar. Der adressierte Ausgang geht nicht auf Eins, sondern nimmt den Wert der Eingangsvariable $d$ an. Abb. 8.6 zeigt das Prinzip anhand von Schaltern, Abb. 8.7 die Realisierung mit Gattern. Macht man $d = \text{const} = 1$, arbeitet der Demultiplexer als 1-aus-$n$-Decoder. Gebräuchliche Demultiplexer sind in Tab. 8.5 zusammengestellt.

| Ausgänge | TTL | ECL | CMOS |
|---:|---|---|---|
| 16 | 74 LS 154 | | 4514 |
| 8 | 74 LS 138 | 10162 | 74 HC 138 |
| 8 | 74 ALS 538[1] | | 40 H 138 |
| 2 × 4 | 74 LS 139 | 10172 | 74 HC 139 |
| 2 × 4 | 74 ALS 539[1] | | 4555 |

[1] Ausgangspolarität umschaltbar

**Tab. 8.5.** Integrierte Demultiplexer

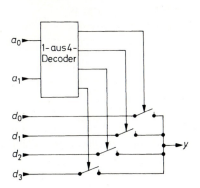

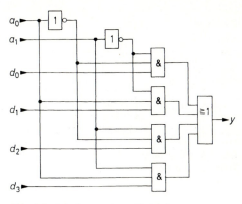

**Abb. 8.8.** Prinzipielle Wirkungsweise eines Multiplexers

**Abb. 8.9.** Schaltung eines Multiplexers $y = \bar{a}_0\bar{a}_1 d_0 + a_0\bar{a}_1 d_1 + \bar{a}_0 a_1 d_2 + a_0 a_1 d_3$

### 8.2.3
### Multiplexer

Die Umkehrung des Demultiplexers heißt Multiplexer. Ausgehend von der Prinzipschaltung in Abb. 8.6 kann man ihn dadurch realisieren, daß man die Ausgänge mit dem Eingang vertauscht. Dadurch entsteht die Prinzipschaltung in Abb. 8.8. Daran läßt sich die Funktion besonders einfach erläutern: Ein 1-aus-$n$-Decoder wählt von $n$ Eingängen denjenigen aus, dessen Nummer mit der eingegebenen Zahl übereinstimmt, und schaltet ihn auf den Ausgang durch. Die entsprechende Realisierung mit Gattern ist in Abb. 8.9 dargestellt.

In CMOS-Technik kann man Multiplexer sowohl mit Gattern als auch mit Analogschaltern (Transmission Gate) realisieren. Bei Verwendung von Analogschaltern ist die Signalübertragung bidirektional. Deshalb wird in diesem Fall der Multiplexer identisch mit dem Demultiplexer, wie der Vergleich von Abb. 8.6 mit 8.8 zeigt. Man bezeichnet die Schaltung in diesem Fall als Analog-Multiplexer/Demultiplexer.

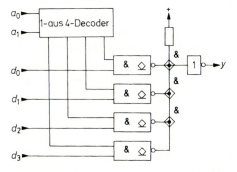

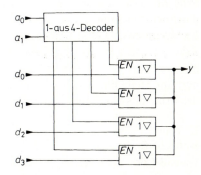

**Abb. 8.10.** Multiplexer mit Open-Collector-Gattern

**Abb. 8.11.** Multiplexer mit Tristate-Gattern

| Eingänge | TTL | ECL | CMOS digital | CMOS analog |
|---|---|---|---|---|
| 16 | 74 LS 150 | | 4515 | 4067 |
| 2 × 8 | | | | 4097 |
| 8 | 74 LS 151 | 10164 | 4512 | 4051 |
| 2 × 4 | 74 LS 153 | 10174 | 4539 | 4052 |
| 8 × 2 | 74 LS 604 | | | |
| 4 × 2 | 74 LS 157 | 10159 | 4519 | 4066 |

**Tab. 8.6.** Integrierte Multiplexer. CMOS, analog, bedeutet Multiplexer/Demultiplexer mit Transmission-Gate

Die in Multiplexern erforderliche ODER-Verknüpfung läßt sich auch mit einer Wired-OR-Verbindung realisieren. Diese Möglichkeit ist für Open-Collector-Ausgänge in Abb. 8.10 dargestellt. Da sich dabei in positiver Logik eine UND-Verknüpfung ergibt, muß man – wie in Abb. 7.19 auf S. 638 – auf die negierten Signale übergehen.

Möchte man den mit Open-Collector-Ausgängen verbundenen Nachteil der größeren Anstiegszeit umgehen, kann man Tristate-Ausgänge parallelschalten, von denen jeweils nur einer eingeschaltet wird. Diese Alternative ist in Abb. 8.11 dargestellt.

Die in Abb. 8.10 und 8.11 dargestellten Möglichkeiten zur Realisierung der ODER-Verknüpfung werden in integrierten Multiplexern nicht angewendet. Sie sind aber dann von Bedeutung, wenn die Signalquellen des Multiplexers räumlich verteilt sind. Solche Anordnungen ergeben sich bei Bussystemen, wie sie in Kapitel 20 beschrieben werden. Gebräuchliche Multiplexer sind in Tab. 8.6 zusammengestellt.

## 8.3
## Prioritäts-Decoder

Um den 1-aus-$n$-Code in den Dualcode zu verwandeln, kann man einen *Prioritäts-Decoder* verwenden. An seinen Ausgängen tritt eine Dualzahl auf, die der höchsten Eingangsnummer entspricht, an der eine Eins anliegt. Der Wert der darunterliegenden Eingangsvariablen ist gleichgültig. Daher rührt der Name *Prioritäts-Decoder*. Wegen dieser Eigenschaft läßt sich mit der Schaltung nicht nur der 1-aus-$n$-Code umwandeln, sondern auch ein Summencode, bei dem nicht nur eine Stelle Eins ist, sondern auch alle darunter liegenden. Die Wahrheitstafel des Prioritäts-Kodierers ist in Tab. 8.7 zusammengestellt.

IC-Typen:
1-aus-10-Code:                SN 74147 (TTL)
1-aus-8-Code erweiterbar:     SN 74148 (TTL); MC 10165 (ECL);
                              MC 14532 (CMOS)

| $J$ | $x_9$ | $x_8$ | $x_7$ | $x_6$ | $x_5$ | $x_4$ | $x_3$ | $x_2$ | $x_1$ | $y_3$ | $y_2$ | $y_1$ | $y_0$ |
|---|---|---|---|---|---|---|---|---|---|---|---|---|---|
| 0 | 0 | 0 | 0 | 0 | 0 | 0 | 0 | 0 | 0 | 0 | 0 | 0 | 0 |
| 1 | 0 | 0 | 0 | 0 | 0 | 0 | 0 | 0 | 1 | 0 | 0 | 0 | 1 |
| 2 | 0 | 0 | 0 | 0 | 0 | 0 | 0 | 1 | × | 0 | 0 | 1 | 0 |
| 3 | 0 | 0 | 0 | 0 | 0 | 0 | 1 | × | × | 0 | 0 | 1 | 1 |
| 4 | 0 | 0 | 0 | 0 | 0 | 1 | × | × | × | 0 | 1 | 0 | 0 |
| 5 | 0 | 0 | 0 | 0 | 1 | × | × | × | × | 0 | 1 | 0 | 1 |
| 6 | 0 | 0 | 0 | 1 | × | × | × | × | × | 0 | 1 | 1 | 0 |
| 7 | 0 | 0 | 1 | × | × | × | × | × | × | 0 | 1 | 1 | 1 |
| 8 | 0 | 1 | × | × | × | × | × | × | × | 1 | 0 | 0 | 0 |
| 9 | 1 | × | × | × | × | × | × | × | × | 1 | 0 | 0 | 1 |

**Tab. 8.7.** Wahrheitstafel eines Prioritäts-Decoders. $\times \mathrel{\widehat{=}}$ beliebig

## 8.4
## Schiebelogik (Barrel Shifter)

Bei vielen Rechenoperationen muß man ein Bitmuster um eine oder mehrere Stellen verschieben. Diese Operation wird üblicherweise mit einem Schieberegister durchgeführt, wie es in Kapitel 9.5 beschrieben wird. Dabei ergibt sich pro Takt eine Verschiebung um eine Stelle. Nachteilig ist, daß man eine Ablaufsteuerung benötigt, um das Schieberegister zunächst mit dem Bitmuster zu laden und anschließend die Verschiebung um eine vorwählbare Stellenzahl vorzunehmen.

Dieselbe Operation läßt sich ohne getaktete Ablaufsteuerung durchführen, indem man wie in Abb. 8.12 ein entsprechendes Schaltnetz mit Multiplexern aufbaut. Aus diesem Grund bezeichnet man die ungetakteten Schieberegister auch als kombinatorische oder asynchrone Schieberegister. Legt man in Abb. 8.12 die Adresse $A = 0$ an, wird $y_3 = x_3$, $y_2 = x_2$ usw. Legt man die Adresse $A = 1$ an, wird entsprechend der Verdrahtung $y_3 = x_2$, $y_2 = x_1$, $y_1 = x_0$ und $y_0 = x_{-1}$. Das Bitmuster $X$ erscheint also um eine Stelle nach links verschoben am Ausgang. Dabei geht wie bei einem normalen Schieberegister das höchste Bit verloren. Verwendet man Multiplexer mit $N$ Eingängen, kann man eine Verschiebung um

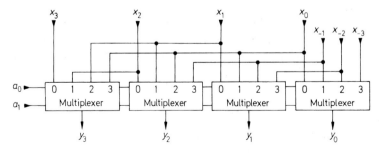

**Abb. 8.12.** Ungetaktetes Schieberegister aus Multiplexern

| $a_1$ | $a_0$ | $y_3$ | $y_2$ | $y_1$ | $y_0$ |
|------|------|------|------|------|------|
| 0 | 0 | $x_3$ | $x_2$ | $x_1$ | $x_0$ |
| 0 | 1 | $x_2$ | $x_1$ | $x_0$ | $x_{-1}$ |
| 1 | 0 | $x_1$ | $x_0$ | $x_{-1}$ | $x_{-2}$ |
| 1 | 1 | $x_0$ | $x_{-1}$ | $x_{-2}$ | $x_{-3}$ |

**Tab. 8.8.** Funktionstabelle des ungetakteten Schieberegisters

$0, 1, 2 \ldots (N - 1)$ Stellen vornehmen. Bei dem Beispiel in Abb. 8.12 ist $N = 4$. Damit ergibt sich die Funktionstabelle in Tab. 8.8.

Möchte man verhindern, daß die höheren Bits verloren gehen, kann man das Register wie in Abb 8.13 durch Anreihen identischer Schaltungen verlängern. Bei dem gewählten Beispiel $N = 4$ kann man auf diese Weise eine 5 bit-Zahl $X$ ohne Informationsverlust um maximal 3 Stellen verschieben. Sie erscheint dann in dem Bereich von $y_3$ bis $y_7$.

Man kann die Schaltung in Abb. 8.12 auch als Ring-Schieberegister betreiben, indem man die Erweiterungseingänge $x_{-1}$ bis $x_{-3}$ wie in Abb. 8.14 mit den Eingängen $x_1$ bis $x_3$ verbindet.

IC-Typen:

16 bit (TTL):    SN 74 AS 897    von Texas Instruments

16 bit (TTL):    AM 29130    von AMD

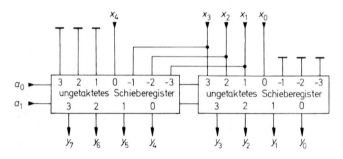

**Abb. 8.13.** Erweiterung eines ungetakteten Schieberegisters

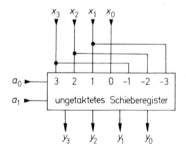

**Abb. 8.14.** Ungetaktetes Ring-Schieberegister

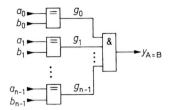

**Abb. 8.15.** Identitätskomparator für zwei $N$-stellige Zahlen

## 8.5
## Komparatoren

Komparatoren sind Schaltungen, die zwei Zahlen miteinander vergleichen. Die wichtigsten Vergleichskriterien sind $A = B$, $A > B$ und $A < B$. Zunächst wollen wir Komparatoren behandeln, die die Gleichheit zweier Binärzahlen feststellen. Das Kriterium für die Gleichheit zweier Zahlen ist, daß sie in allen Bits übereinstimmen. Der Komparator soll am Ausgang eine logische Eins liefern, wenn die beiden Zahlen gleich sind, sonst eine Null. Der einfachste Fall ist der, daß die zu vergleichenden Zahlen nur aus einem einzigen Bit bestehen. Dann können wir als Komparator die Äquivalenz-Schaltung (Exklusiv-NOR-Gatter) verwenden. Zwei $N$-stellige Zahlen vergleicht man Bit für Bit mit je einer Äquivalenz-Schaltung und bildet die UND-Verknüpfung ihrer Ausgänge, wie es in Abb. 8.15 dargestellt ist.

IC-Typen:

$2 \times 8$ Eingänge:  SN 74 LS 688 (TTL) von Texas Instr.

$2 \times 9$ Eingänge:  Am 29809 (TTL) von AMD.

Universellere Komparatoren sind solche, die außer der Gleichheit zweier Zahlen feststellen können, welche der beiden größer ist. Solche Schaltungen werden als Größen-Komparatoren (Magnitude Comparator) bezeichnet. Um einen Größenvergleich durchführen zu können, muß man wissen, in welchem Code die Zahlen verschlüsselt sind. Im folgenden wollen wir davon ausgehen, daß die Zahlen im Dual-Code vorliegen, also

$$A = a_{N-1} \cdot 2^{N-1} + a_{N-2} \cdot 2^{N-2} + \ldots + a_1 \cdot 2^1 + a_0 \cdot 2^0$$

ist.

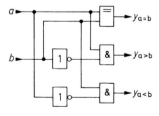

**Abb. 8.16.** bit-Komparator mit Größenvergleich

**Tab. 8.9.** Wahrheitstafel eines 1 bit-Komparators mit Größenvergleich

| $a$ | $b$ | $y_{a>b}$ | $y_{a=b}$ | $y_{a<b}$ |
|-----|-----|-----------|-----------|-----------|
| 0 | 0 | 0 | 1 | 0 |
| 0 | 1 | 0 | 0 | 1 |
| 1 | 0 | 1 | 0 | 0 |
| 1 | 1 | 0 | 1 | 0 |

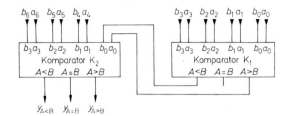

**Abb. 8.17.** Serielle Erweiterung von Komparatoren mit Größenvergleich

Die einfachste Aufgabe ist wieder die, zwei einstellige Dualzahlen miteinander zu vergleichen. Zur Aufstellung der logischen Funktionen gehen wir von der Wahrheitstafel in Tab. 8.9 aus. Daraus erhalten wir unmittelbar die Schaltung in Abb. 8.16.

Für den Vergleich mehrstelliger Dualzahlen ergibt sich folgender Algorithmus: Man vergleicht zunächst die Bits in der höchsten Stelle. Sind sie verschieden, bestimmt allein diese Stelle das Ergebnis. Sind sie gleich, muß man die Bits in der nächst niedrigeren Stelle vergleichen usw. Bezeichnet man die Identitätsvariable der Stelle $i$ wie in Abb. 8.15 mit $g_i$, ergibt sich für den Größenvergleich einer $N$-stelligen Zahl die allgemeine Beziehung:

$$y_{A>B} = a_{N-1} \cdot \overline{b}_{N-1} + g_{N-1} \cdot a_{N-2} \cdot \overline{b}_{N-2} + \ldots$$
$$+ g_{N-1} \cdot g_{N-2} \cdot \ldots \cdot g_1 \cdot a_0 \cdot \overline{b}_0$$

IC-Typen
für 5stelligen Vergleich: MC 10166 (ECL)
für 8stelligen Vergleich: SN 74 LS 682...689 (TTL).

Die Schaltungen lassen sich seriell und parallel kaskadieren. Abbildung 8.17 zeigt die serielle Methode. Wenn die höchsten 3 Bits gleich sind, bestimmen die Ausgänge des Komparators $K_1$ das Ergebnis, da sie an den LSB-Eingängen des Komparators $K_2$ angeschlossen sind.

Beim Vergleich von Zahlen mit sehr vielen Stellen ist die parallele Erweiterung nach Abb. 8.18 günstiger, da sich dabei eine kürzere Verzögerungszeit ergibt.

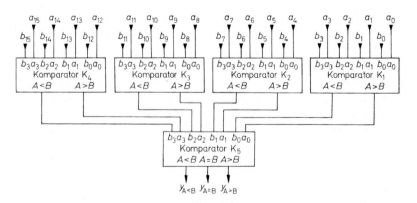

**Abb. 8.18.** Parallele Erweiterung von Komparatoren mit Größenvergleich

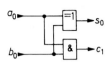

| $a_0$ | $b_0$ | $s_0$ | $c_1$ |
|-------|-------|-------|-------|
| 0 | 0 | 0 | 0 |
| 0 | 1 | 1 | 0 |
| 1 | 0 | 1 | 0 |
| 1 | 1 | 0 | 1 |

**Abb. 8.19.** Schaltung eines Halbaddierers

**Tab. 8.10.** Wahrheitstafel eines Halbaddierers

# 8.6
# Addierer

Addierer sind Schaltungen zur Addition von zwei Zahlen. Die Subtraktion läßt
sich auf die Addition zurückführen.

## 8.6.1
## Halbaddierer

Addierer sind Schaltungen, die zwei Binärzahlen addieren. Im folgenden wollen
wir Addierer für Dualzahlen behandeln. Die einfachste Aufgabe besteht darin,
zwei einstellige Zahlen zu addieren. Um die logische Schaltung entwickeln zu
können, muß man zunächst alle möglichen Fälle untersuchen; daraus läßt sich
dann eine logische: Funktionstabelle aufstellen. Wenn man zwei einstellige Zahlen $A$ und $B$ addieren will, können folgende Fälle auftreten:

$$0 + 0 = 0,$$
$$0 + 1 = 1,$$
$$1 + 0 = 1,$$
$$1 + 1 = 10$$

Sind $A$ und $B$ gleich Eins, tritt bei der Addition ein Übertrag in die nächst höhere
Stelle auf. Der Addierer muß also zwei Ausgänge besitzen, nämlich einen für den
Summenanteil in derselben Stelle und einen für den Übertrag in die nächste
Stelle. Zur Wahrheitstafel in Tab. 8.10 gelangen wir, indem wir die Zahlen $A$ und
$B$ durch die logischen Variablen $a_0$ und $b_0$ darstellen. Den Übertrag stellen wir
durch die Variable $c_1$ und die Summe durch die Variable $s_0$ dar.

Durch Aufstellen der disjunktiven Normalform erhalten wir die Booleschen
Funktionen:

$$c_1 = a_0 b_0$$

und

$$s_0 = \overline{a}_0 b_0 + a_0 \overline{b}_0 = a_0 \oplus b_0$$

| Eingang | | | Intern | | | Ausgang | | Dezimal |
|---|---|---|---|---|---|---|---|---|
| $a_i$ | $b_i$ | $c_i$ | $p_i$ | $g_i$ | $r_i$ | $s_i$ | $c_{i+1}$ | $\sum$ |
| 0 | 0 | 0 | 0 | 0 | 0 | 0 | 0 | 0 |
| 0 | 1 | 0 | 1 | 0 | 0 | 1 | 0 | 1 |
| 1 | 0 | 0 | 1 | 0 | 0 | 1 | 0 | 1 |
| 1 | 1 | 0 | 0 | 1 | 0 | 0 | 1 | 2 |
| 0 | 0 | 1 | 0 | 0 | 0 | 1 | 0 | 1 |
| 0 | 1 | 1 | 1 | 0 | 1 | 0 | 1 | 2 |
| 1 | 0 | 1 | 1 | 0 | 1 | 0 | 1 | 2 |
| 1 | 1 | 1 | 0 | 1 | 0 | 1 | 1 | 3 |

**Tab. 8.11.** Wahrheitstafel eines Volladdierers

Der Übertrag stellt also eine UND-Verknüpfung dar, die Summe eine Antivalenz-bzw. eine Exklusiv-ODER-Verknüpfung. Eine Schaltung, die diese beiden Verknüpfungen realisiert, heißt Halbaddierer; sie ist in Abb. 8.19 aufgezeichnet.

### 8.6.2
### Volladdierer

Will man zwei mehrstellige Dualzahlen addieren, kann man den Halbaddierer nur für die niedrigste Stelle verwenden. Bei allen anderen Stellen sind nämlich nicht zwei, sondern drei Bits zu addieren, weil der Übertrag von der nächst niedrigeren Stelle hinzukommt. Im allgemeinen Fall benötigt man also für jedes Bit eine logische Schaltung mit den drei Eingängen $a_i$, $b_i$, $c_i$ und den beiden Ausgängen $s_i$ und $c_{i+1}$. Solche Schaltungen werden als Volladdierer bezeichnet. Sie lassen sich wie in Abb. 8.20 mit Hilfe von zwei Halbaddierern realisieren. Ihre Wahrheitstafel ist in Tab. 8.11 aufgestellt.

Um zwei mehrstellige Dualzahlen addieren zu können, benötigt man für jede Stelle einen Volladdierer. Bei der niedrigsten Stelle kommt man mit einem Halbaddierer aus. Eine Schaltung, die sich zur Addition zweier 4 bit-Zahlen $A$ und $B$ eignet, ist in Abb. 8.21 dargestellt. Solche Schaltungen sind voll integriert erhältlich. Sie verwenden meist auch in der niedrigsten Stelle einen Volladdierer, damit man die Schaltung beliebig erweitern kann (SN 74 LS 83).

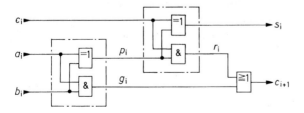

**Abb. 8.20.** Volladdierer. $s_i = a_i \oplus b_i \oplus c_i$; $c_{i+1} = a_i b_i + a_i c_i + b_i c_i$

### 8.6.3
### Parallele Übertragslogik

Die Rechenzeit des Addierers in Abb. 8.21 ist wesentlich größer als die der Einzelstufen; denn der Übertrag $c_4$ kann erst dann einen gültigen Wert annehmen, wenn sich vorher $c_3$ auf einen gültigen Wert eingestellt hat. Dasselbe gilt für die vorhergehenden Überträge (Ripple Carry). Um die Rechenzeit bei der Addition von vielstelligen Dualzahlen zu verkürzen, kann man eine parallele Übertragungslogik (Carry look-ahead) verwenden. Bei dieser Methode werden alle Überträge direkt aus den Eingangsvariablen berechnet. Aus der Wahrheitstafel in Tab. 8.11 ergibt sich für den Übertrag aus der Stufe $i$ die allgemeine Beziehung:

$$c_{i+1} = \underbrace{a_i b_i}_{g_i} + \underbrace{(a_i \oplus b_i)}_{p_i} c_i \tag{8.3}$$

Die zur Abkürzung eingeführten Größen $g_i$ und $p_i$ treten bei dem Volladdierer in Abb. 8.20 als Zwischenergebnisse auf. Ihre Berechnung erfordert also keinen zusätzlichen Aufwand. Man kann diese Größen ganz anschaulich deuten: Die Größe $g_i$ gibt an, ob in der Stufe ein Übertrag aufgrund der Eingangskombination $a_i$, $b_i$ erzeugt wird. Man bezeichnet sie deshalb als Generate-Variable. Die Größe $p_i$ gibt an, ob aufgrund der Eingangskombination ein Übertrag, der von der nächst niedrigeren Stelle kommt, weitergegeben oder absorbiert wird. Sie wird deshalb als Propagate-Variable bezeichnet.

Aus Gl. (8.3) erhalten wir sukzessive die einzelnen Überträge

$$
\begin{aligned}
c_1 &= g_0 + p_0 c_0, \\
c_2 &= g_1 + p_1 c_1 = g_1 + p_1 g_0 + p_1 p_0 c_0, \\
c_3 &= g_2 + p_2 c_2 = g_2 + p_2 g_1 + p_2 p_1 g_0 + p_2 p_1 p_0 c_0, \\
c_4 &= g_3 + p_3 c_3 = g_3 + p_3 g_2 + p_3 p_2 g_1 + p_3 p_2 p_1 g_0 + p_3 p_2 p_1 p_0 c_0
\end{aligned}
\tag{8.4}
$$

$$\vdots \qquad \vdots$$

Man erkennt, daß die Ausdrücke zwar immer komplizierter werden, jedoch jeweils in zwei Gatterlaufzeiten aus den Hilfsvariablen berechnet werden können.

Abbildung 8.22 zeigt das Blockschaltbild eines 4 bit-Addierers mit paralleler Übertragungslogik. In dem Übertragungsblock PCL sind die Gln. (8.4) realisiert. Die komplette Schaltung ist monolithisch integriert erhältlich.

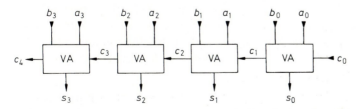

**Abb. 8.21.** 4 bit-Addition mit seriellem Übertrag

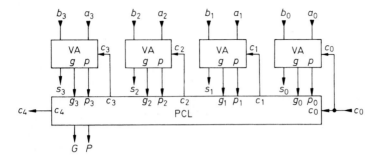

**Abb. 8.22.** 4 bit-Addition mit paralleler Übertragungslogik

IC-Typen (TTL):

TTL: SN 74 LS 181; SN 74 S 281; SN 74 LS 381; SN 74 LS 382; SN 74 LS 681
CMOS (16 + 16 bit, 4 × 381): L 4 C 381 Logic Dev, IDT 7381

Addierer mit mehr als 4 Stellen kann man durch Aneinanderreihen mehrerer 4 bit-Blöcke realisieren. Der Übertrag $c_4$ wäre dann als $c_0$ an dem nächst höheren Block anzuschließen. Dieses Verfahren ist jedoch insofern inkonsequent, als der Übertrag dann innerhalb der Blöcke zwar parallel, von Block zu Block jedoch seriell verarbeitet wird.

Zur Erzielung möglichst kurzer Rechenzeiten muß man auch die Überträge von Block zu Block parallel verarbeiten. Dazu betrachten wir noch einmal die Beziehung für $c_4$ in Gl. (8.4):

$$c_4 \;=\; \underbrace{g_3 + p_3 g_2 + p_3 p_2 g_1 + p_3 p_2 p_1 g_0}_{G} + \underbrace{p_3 p_2 p_1 p_0}_{P}\, c_0 \qquad (8.5)$$

Zur Abkürzung führen wir die Block-Generate-Variable $G$ und die Block-Propagate-Variable $P$ ein und erhalten:

$$c_4 \;=\; G + P c_0$$

Diese Beziehung stimmt formal mit Gl. (8.3) überein. Man braucht in den einzelnen 4 bit-Additions-Blöcken also nur die zusätzlichen Hilfsvariablen $G$ und $P$ zu bilden und kann dann mit demselben Algorithmus, wie er in Gl. (8.4) für die Überträge von Stelle zu Stelle angegeben wurde, die Überträge von Block zu Block berechnen. Damit ergibt sich das in Abb. 8.23 angegebene Blockschaltbild für ein 16 bit-Addierwerk mit paralleler Übertragungslogik. Der Übertragungsblock PCL ist derselbe, wie er in dem 4 bit-Addierer in Abb. 8.22 enthalten ist. Er ist als separate integrierte Schaltung erhältlich. Bei Verwendung von TTL-Schaltungen ergibt sich für die 16 bit-Addition eine Rechenzeit von 36 ns, bei Schottky-TTL-Schaltungen 19 ns.

Integrierte Übertragsblöcke:
Für 4 Stellen: SN 74182 (TTL), MC 10179 (ECL), MC 14582 (CMOS)

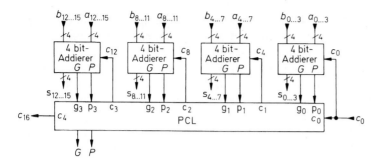

**Abb. 8.23.** 16 bit-Addition mit paralleler Übertragungslogik in zwei Ebenen

### 8.6.4
### Subtraktion

Die Subtraktion zweier Zahlen läßt sich auf eine Addition zurückführen, denn es gilt:

$$D = A - B = A + (-B) \tag{8.6}$$

Stellt man die Zahlen im Zweierkomplement dar, gilt für eine vorgegebene Wortbreite $N$ nach Gl. (8.2) die einfache Beziehung:

$$-B_N = B_N^{(2)}$$

Damit wird die Differenz:

$$D_N = A_N + B_N^{(2)}$$

Zur Berechnung der Differenz muß man also das Zweierkomplement von $B_N$ bilden und zu $A_N$ addieren. Nach Gl. (8.1) muß man dazu alle Stellen von $B_N$ negieren (Einerkomplement) und Eins addieren. Die Addition von $A_N$ und Eins kann man mit ein und demselben Addierer vornehmen, indem man den Übertragseingang ausnutzt. Damit ergibt sich die in Abb. 8.24 dargestellte Schaltung für 4 bit.

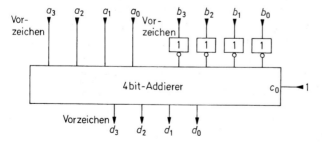

**Abb. 8.24.** Subtraktion von Zweierkomplement-Zahlen $D = A - B$

Damit die Differenz $D_N$ in der korrekten Zweierkomplementdarstellung erscheint, müssen $A_N$ und $B_N$ ebenfalls in diesem Format eingegeben werden, d.h. bei positiven Zahlen muß das höchste Bit 0 sein.

Die in Abschnitt 8.6.3 aufgeführten integrierten Addierer der 181-Familie besitzen Steuereingänge, mit denen die Eingangszahlen komplementiert werden können. Sie sind demnach auch als Subtrahierer geeignet. Über weitere Steuereingänge kann auch auf logische Verknüpfung der Eingangsvariablen umgeschaltet werden. Man bezeichnet die Bausteine deshalb allgemein als arithmetisch-logische Einheiten (arithmetic logic unit, ALU).

### 8.6.5
### Zweierkomplement-Überlauf

Wenn man zwei positive $N$-stellige Dualzahlen addiert, kann als Ergebnis eine $(N + 1)$-stellige Zahl entstehen. Ein solcher Überlauf ist daran zu erkennen, daß aus der höchsten Stelle ein Übertrag (Carry) entsteht.

Bei der Zweierkomplement-Darstellung ist die höchste Stelle für das Vorzeichen reserviert. Bei der Addition von zwei negativen Zahlen wird in die Überlaufstelle systematisch ein Übertrag erfolgen, da die Vorzeichenstelle bei beiden Zahlen Eins ist. Bei der Verarbeitung von Zweierkomplementzahlen mit beliebigem Vorzeichen bedeutet das Auftreten eines Übertrages in die Überlaufstelle demnach nicht notwendigerweise, daß ein Überlauf stattgefunden hat.

Ein Überlauf ist auf folgende Weise zu erkennen: Wenn man zwei positive Zahlen addiert, muß auch das Ergebnis positiv sein. Überschreitet die Summe den Zahlenbereich, findet ein Übertrag in die Vorzeichenstelle statt, d.h. das Ergebnis wird negativ. Daran erkennt man den positiven Überlauf. Entsprechend liegt ein negativer Überlauf vor, wenn bei der Addition von zwei negativen Zahlen ein positives Ergebnis entsteht. Bei der Addition einer positiven und einer negativen Zahl kann kein Überlauf entstehen, da der Betrag der Differenz dann kleiner ist als die eingegebenen Zahlen.

Das Auftreten eines Zweierkomplement-Überlaufes läßt sich auf einfache Weise dadurch erkennen, daß man wie in Abb. 8.25 den Übertrag $c_{N-1}$ in die Vorzeichenstelle mit dem Übertrag $c_N$ aus der Vorzeichenstelle vergleicht. Ein Überlauf hat genau dann stattgefunden, wenn diese beiden Überträge verschie-

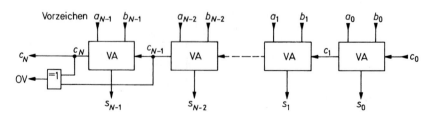

**Abb. 8.25.** Bildung des Zweierkomplement-Überlaufs OV

den sind. Dieser Fall wird mit der Exklusiv-ODER-Verknüpfung dekodiert. Bei der 4 bit-Recheneinheit SN 74 LS 382 steht dieser Ausgang zur Verfügung.

### 8.6.6
### Addition und Subtraktion von Gleitkomma-Zahlen

Bei der Bildung von Gleitkomma-Zahlen muß man die Mantisse und den Exponenten separat verarbeiten. Zur Addition muß man zunächst die Exponenten angleichen. Dazu bildet man die Differenz der Exponenten und verschiebt die Mantisse, die zu dem kleineren Exponenten gehört, um entsprechend viele Bits nach rechts. Dann besitzen beide Zahlen den gleichen, nämlich den größeren Exponenten. Er wird über den Multiplexer in Abb. 8.26 an den Ausgang weitergeleitet. Nun können die beiden Mantissen addiert bzw. subtrahiert werden. Dabei entsteht in der Regel ein nicht normiertes Ergebnis, d.h., die führende Eins in der Mantisse steht nicht an der vorgeschriebenen Stelle. Zur Normierung des Ergebnisses wird die höchste Eins in der Mantisse mit einem Prioritäts-Decoder (siehe Abschnitt 8.3) lokalisiert. Dann wird die Mantisse um entsprechend viele Bits nach links geschoben und der Exponent entsprechend erniedrigt.

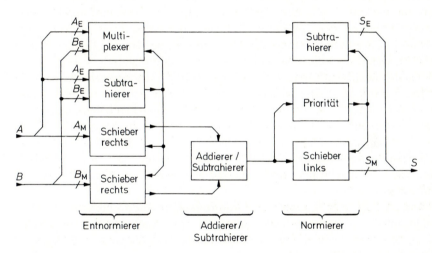

**Abb. 8.26.** Anordnung zur Addition bzw. Subtraktion der Gleitkomma-Zahlen $A$ und $B$

## 8.7
## Multiplizierer

Multiplizierer sollen das Produkt von zwei Zahlen bilden.

### 8.7.1
### Multiplikation von Festkomma-Zahlen

Die Multiplikation im Dualsystem wollen wir zunächst an einem Zahlenbeispiel erläutern. Wir berechnen das Produkt $13 \cdot 11 = 143$ und erhalten:

$$
\begin{array}{r}
1\,1\,0\,1 \quad \cdot \quad 1\,0\,1\,1 \\
\hline
1\,1\,0\,1 \\
+ \quad 1\,1\,0\,1 \\
+ \quad 0\,0\,0\,0 \\
+ \quad 1\,1\,0\,1 \\
\hline
1\,0\,0\,0\,1\,1\,1\,1
\end{array}
$$

Die Berechnung ist deshalb besonders einfach, weil nur Multiplikationen mit Eins und Null auftreten. Das Produkt erhält man dann dadurch, daß man den Multiplikanden um jeweils eine Stelle nach links verschiebt und addiert oder nicht addiert, je nachdem, ob der Multiplikator der entsprechenden Stelle Eins oder Null ist. Die einzelnen Ziffern des Multiplikators werden also der Reihe nach verarbeitet. Daher wird diese Methode als serielle Multiplikation bezeichnet.

Man kann sie mit Hilfe eines Schieberegisters und eines Addierers realisieren. Allerdings benötigt man für eine solche Schaltwerkrealisierung eine Ablaufsteuerung. Wie wir schon bei der Dual-BCD-Umwandlung gesehen haben, kann man den Schiebevorgang auch mit einem Schaltnetz durchführen, indem man $N$ Addierer entsprechend versetzt anschließt. Dabei benötigt man zwar viele Addierer, spart jedoch das Schieberegister und die Ablaufsteuerung ein. Der Hauptvorteil ist die wesentlich kürzere Rechenzeit, da statt des Steuertaktes nur Gatterlaufzeiten auftreten.

Abbildung 8.27 zeigt eine geeignete Anordnung für eine kombinatorische $4 \times 4$ bit-Multiplikation. Zum Addieren kann man vorteilhaft den Rechenbaustein SN 74 LS 381 verwenden, bei dem sich die Addition über die Steuereingänge ein- und ausschalten läßt. Es wird:

$$
S = \begin{cases} A + 0 & \text{für } m = 0 \\ A + B & \text{für } m = 1 \end{cases}
$$

Der Multiplikator wird Bit für Bit an die Steuereingänge $m$ angeschlossen. Der Multiplikand gelangt parallel an die vier Additionseingänge $b_0$ bis $b_3$.

Zunächst gehen wir einmal davon aus, daß die Zusatzzahl $K = 0$ ist. Dann entsteht am Ausgang des ersten Rechenbausteines der Ausdruck:

$$
S_0 = X \cdot y_0
$$

Dieser Term entspricht der ersten Zeile im oben angeführten Multiplikationsschema. Das LSB von $S_0$ stellt das LSB des Produktes $P$ dar; es wird direkt an den

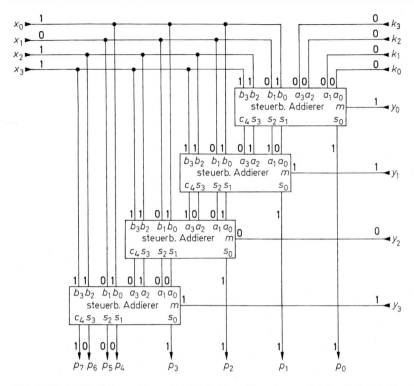

**Abb. 8.27.** Multiplizierer für zwei 4 bit-Zahlen. Eingetragen ist das Beispiel $13 \cdot 11 = 143$. Ergebnis: $P = X \cdot Y + K$

Ausgang übertragen. Die nächst höheren Bits von $S_0$ werden in dem zweiten Rechenbaustein zu dem Ausdruck $X \cdot y_1$ addiert. Die dabei entstehende Summe stellt die Zwischensumme aus der ersten und zweiten Zeile des Multiplikationsschemas dar. Ihr LSB stellt die zweitniedrigste Stelle von $P$ dar; es wird also an die Stelle $p_1$ übertragen. Entsprechend verfährt man mit den nächst höheren Zwischensummen. Zum besseren Verständnis haben wir in Abb. 8.27 die Zahlenwerte für das eingangs angegebene Zahlenbeispiel eingetragen.

Über die Zusatzeingänge $k_0$ bis $k_3$ kann man noch eine 4 bit-Zahl $K$ zum Produkt addieren. Damit lautet die Beziehung für den Multiplizierer:

$$P = X \cdot Y + K$$

Die Erweiterung für breitere Zahlen ist unmittelbar einzusehen. Für jedes weitere Bit des Multiplikators $Y$ fügt man am unteren Ende der Schaltung einen weiteren Rechenbaustein an. Zur Erweiterung des Multiplikanden $X$ vergrößert man die Wortbreite durch Anreihen einer entsprechenden Anzahl von Rechenbausteinen in jeder Stufe.

Bei dem beschriebenen Multiplikationsverfahren wurde jeweils ein neuer Produktterm zur vorhergehenden Zwischensumme addiert. Dieses Verfahren erfordert den geringsten Aufwand und ergibt eine übersichtliche und leicht erweiterbare Verdrahtung. Die Rechenzeit läßt sich jedoch verkürzen, wenn man möglichst viele Summationen gleichzeitig durchführt und die einzelnen Zwischensummen am Schluß mit einem schnellen Addierer aufsummiert. Dafür gibt es verschiedene Verfahren, die sich lediglich in der Reihenfolge der Additionen unterscheiden (Wallace Tree).

Eine andere Möglichkeit, die Rechenzeit zu verkürzen, besteht im Booth-Algorithmus. Dabei werden die Bits des Multiplikators in Paaren zusammengefaßt. Dadurch halbiert sich die Zahl der benötigten Addierer, und die Rechenzeit verkürzt sich entsprechend. Früher gab es eine Vielzahl von integrierten Multiplizierern. Sie sind heute durch Signalprozessoren (s. Tab. 21.7 auf S. 1184) abgelöst worden, die neben einem Multiplizierer einen vollständigen Computer besitzen. Er kann alle übrigen Aufgaben neben den Multiplikatoren übernehmen.

### 8.7.2
### Multiplikation von Gleitkomma-Zahlen

Zur Multiplikation von Gleitkomma-Zahlen muß man, wie in Abb. 8.28 dargestellt, die Mantissen der beiden Zahlen multiplizieren und ihre Exponenten addieren. Dabei kann ein Überlauf in der Mantisse auftreten. Das Ergebnis läßt sich wieder normieren, indem man die Mantisse um eine Stelle nach rechts schiebt und den Exponenten um Eins erhöht. Eine Entnormierung wie beim Gleitkomma-Addierer in Abb. 8.26 ist hier nicht erforderlich; hier steckt der Aufwand im Multiplizierer.

Gleitkomma-Rechenwerke befinden sich heutzutage in den meisten Prozessoren von Rechnern, insbesondere auch von PCs. Besonders leistungsfähig sind die Rechenwerke von Signalprozessoren (s. Tab. 21.7 auf S. 1184).

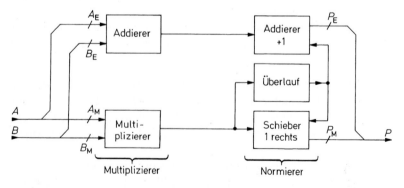

**Abb. 8.28.** Multiplikation von Gleitkomma-Zahlen

# Literatur

[8.1]   Liebig, H.: Logischer Entwurf digitaler Systeme. Springer 1996
[8.2]   Seifart, M., Beikirch, H.: Digitale Schaltungen. Vogel 1998

# Kapitel 9:
# Schaltwerke (Sequentielle Logik)

Unter einem Schaltwerk versteht man eine Anordnung zur Durchführung logischer Verknüpfungen mit der zusätzlichen Fähigkeit, einzelne Variablenzustände zu speichern. Die Ausgangsvariablen $y_j$ hängen im Unterschied zum Schaltnetz nicht nur von den Eingangsvariablen $x_i$ ab, sondern zusätzlich von der Vorgeschichte, die durch den Schaltzustand von Flip-Flops repräsentiert wird.

In den folgenden Abschnitten behandeln wir zunächst den Aufbau und die Wirkungsweise integrierter Flip-Flops.

## 9.1
## Integrierte Flip-Flops

Im Kapitel 6.2.1 wurden bereits einfache Flip-Flops aus Transistoren vorgestellt. In den folgenden Abschnitten wird die Wirkungsweise von Flip-Flops anhand von Gattern beschrieben. Dadurch kann man ihre prinzipielle Wirkungsweise unabhängig von der jeweils benutzten Schaltungstechnik verstehen.

### 9.1.1
### Transparente Flip-Flops

Wenn man zwei NOR-Gatter wie in Abb. 9.1 rückkoppelt, erhält man ein Flip-Flop. Es besitzt die komplementären Ausgänge $Q$ und $\overline{Q}$ und die beiden Eingänge $S$ (Set) und $R$ (Reset).

Legt man den komplementären Eingangszustand $S = 1$ und $R = 0$ an, wird:
$$\overline{Q} = \overline{S + Q} = \overline{1 + Q} = 0$$

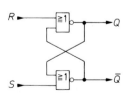

**Abb. 9.1.** $RS$-Flip-Flop aus NOR-Gattern

| $S$ | $R$ | $Q$ | $\overline{Q}$ |
|-----|-----|-----|------|
| 0 | 0 | $Q_{-1}$ | $\overline{Q}_{-1}$ |
| 0 | 1 | 0 | 1 |
| 1 | 0 | 1 | 0 |
| 1 | 1 | (0) | (0) |

**Tab. 9.1.** Wahrheitstafel eines $RS$-Flip-Flops aus NOR-Gattern

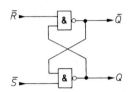

| $\overline{S}$ | $\overline{R}$ | $Q$ | $\overline{Q}$ |
|----|----|----|----|
| 0 | 0 | (1) | (1) |
| 0 | 1 | 1 | 0 |
| 1 | 0 | 0 | 1 |
| 1 | 1 | $Q_{-1}$ | $\overline{Q}_{-1}$ |

**Abb. 9.2.** *RS*-Flip-Flop aus
NAND-Gatter

**Tab. 9.2.** Wahrheitstafel eines *RS*-Flip-Flops
aus NAND-Gattern

und

$$Q = \overline{R+\overline{Q}} = \overline{0+0} = 1$$

Die beiden Ausgänge nehmen also tatsächlich komplementäre Zustände an. Analog erhalten wir für $R = 1$ und $S = 0$ den umgekehrten Ausgangszustand. Macht man $R = S = 0$, bleibt der alte Ausgangszustand erhalten. Darauf beruht die Anwendung des *RS*-Flip-Flops als Speicher. Für $R = S = 1$ werden beide Ausgänge gleichzeitig Null; der Ausgangszustand ist jedoch nicht mehr definiert, wenn $R$ und $S$ anschließend gleichzeitig Null werden. Deshalb ist der Eingangszustand $R = S = 1$ in der Regel nicht zulässig. Eine Übersicht über die Schaltzustände gibt die Wahrheitstafel in Tab. 9.1. Wir haben sie bereits bei der Transistorschaltung in Abb. 6.9 auf S. 600 kennengelernt.

Im Abschnitt 7.2 haben wir gezeigt, daß sich eine logische Gleichung nicht ändert, wenn man alle Variablen negiert und die Rechenoperationen $(+)$ und $(\cdot)$ vertauscht. Wenn wir diese Regel hier anwenden, gelangen wir zu dem *RS*-Flip-Flop aus NAND-Gattern in Abb. 9.2, das dieselbe Wahrheitstafel wie in Tab. 9.1 besitzt. Man muß jedoch beachten, daß nun die Eingangsvariablen $\overline{R}$ und $\overline{S}$ auftreten. Da wir im folgenden das *RS*-Flip-Flop aus NAND-Gattern noch häufig einsetzen werden, haben wir seine Wahrheitstafel für die Eingangsvariablen $\overline{R}$ und $\overline{S}$ in Tab. 9.2 zusammengestellt.

## Taktzustandgesteuertes *RS*-Flip-Flop

Häufig benötigt man ein *RS*-Flip-Flop, das nur zu einer bestimmten Zeit auf den Eingangszustand reagiert. Diese Zeit soll durch eine zusätzliche Taktvariable $C$ bestimmt werden. Abb. 9.3 zeigt ein solches statisch getaktetes *RS*-Flip-Flop. Für

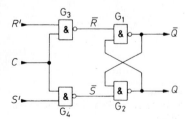

**Abb. 9.3.** Statisch getaktetes *RS*-Flip-Flop

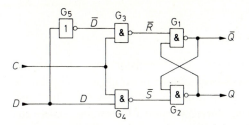

**Abb. 9.4.** Transparentes $D$-Flip-Flop ($D$-Latch)

**Tab. 9.3.** Wahrheitstafel des transparenten $D$-Flip-Flops

| $C$ | $D$ | $Q$ |
|---|---|---|
| 0 | 0 | $Q_{-1}$ |
| 0 | 1 | $Q_{-1}$ |
| 1 | 0 | 0 |
| 1 | 1 | 1 |

$C = 0$ ist $\overline{R} = \overline{S} = 1$. In diesem Fall speichert das Flip-Flop den alten Zustand. Für $C = 1$ wird:

$$R = R' \quad \text{und} \quad S = S'$$

Das Flip-Flop verhält sich dann wie ein normales $RS$-Flip-Flop.

### Taktzustandgesteuertes $D$-Flip-Flop

Als nächstes wollen wir untersuchen, wie man mit dem Flip-Flop in Abb. 9.3 den Wert einer logischen Variablen $D$ speichern kann. Wir haben gesehen, daß $Q = S$ wird, wenn man komplementäre Eingangszustände anlegt und $C = 1$ macht. Um den Wert einer Variablen $D$ zu speichern, braucht man also lediglich $S = D$ und $R = \overline{D}$ zu machen. Dazu dient der Inverter $G_5$ in Abb. 9.4. Bei der so entstehenden Speicherzelle (Data Latch) wird $Q = D$, solange der Takt $C = 1$ ist. Dies erkennt man auch an der Wahrheitstafel in Tab. 9.3. Wegen dieser Eigenschaft wird die taktzustandgesteuerte Speicherzelle als transparentes $D$-Flip-Flop bezeichnet. Macht man $C = 0$, bleibt der gerade bestehende Ausgangszustand gespeichert.

Man erkennt, daß das NAND-Gatter $G_4$ in Abb. 9.4 für $C = 1$ als Inverter für $D$ wirkt. Man kann daher den Inverter $G_5$ einsparen und erhält so die praktische Ausführung eines $D$-Latch in Abb. 9.5. Das Schaltsymbol ist in Abb. 9.6 dargestellt.

IC-Typen:
74 LS 75 (TTL); 10133 (ECL); 4042 (CMOS)

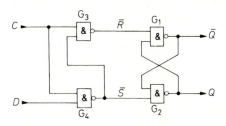

**Abb. 9.5.** Praktische Ausführung eines transparenten $D$-Flip-Flops

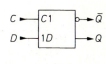

**Abb. 9.6.** Schaltsymbol eines transparenten $D$-Flip-Flops

## 9.1.2
## Flip-Flops mit Zwischenspeicherung

Für viele Anwendungen, wie z.B. Zähler und Schieberegister, sind die transparenten Flip-Flops ungeeignet. Für diese Anwendungen benötigt man Flip-Flops, die den Eingangszustand zwischenspeichern und ihn erst an den Ausgang übertragen, wenn die Eingänge bereits wieder verriegelt sind. Sie bestehen daher aus zwei Flip-Flops: dem „Master"-Flip-Flop am Eingang und dem „Slave"-Flip-Flop am Ausgang.

### Zweiflankengetriggerte Flip-Flops

Abbildung 9.7 zeigt ein solches Master-Slave-Flip-Flop. Es ist aus zwei statisch getakteten $RS$-Flip-Flops gemäß Abb. 9.3 aufgebaut. Die beiden Flip-Flops werden durch den Takt $C$ komplementär zueinander verriegelt. Zur Invertierung des Taktes dient das Gatter $G_{15}$. Solange der Takt $C = 1$ ist, wird die Eingangsinformation in den Master eingelesen. Der Ausgangszustand bleibt dabei unverändert, da der Slave blockiert ist.

Wenn der Takt auf $C = 0$ geht, wird der Master blockiert und auf diese Weise der Zustand eingefroren, der unmittelbar vor der negativen Taktflanke angelegen hat. Gleichzeitig wird der Slave freigegeben und damit der Zustand des Masters an den Ausgang übertragen. Die Datenübertragung findet also bei der negativen Taktflanke statt; es gibt jedoch keinen Taktzustand bei dem sich die Eingangsdaten unmittelbar auf den Ausgang auswirken, wie es bei den transparenten Flip-Flops der Fall ist.

Die Eingangskombination $R = S = 1$ führt hier zwangsläufig zu einem undefinierten Verhalten, weil die Eingänge $\overline{S}_1$, $\overline{R}_1$ im Master gleichzeitig von 00 auf 11 übergehen, wenn der Takt $C = 0$ wird. Um diese Eingangskombination sinnvoll zu nutzen, legt man die komplementären Ausgangsdaten zusätzlich an die Eingangsgatter an. Dazu dient die in Abb. 9.8 dick eingezeichnete Rückkopplung. Die äußeren Eingänge werden dann als $J$- bzw. $K$-Eingang bezeichnet. Man erkennt an der Wahrheitstafel in Tab. 9.4, daß sich der Ausgangszustand für $J = K = 1$ bei

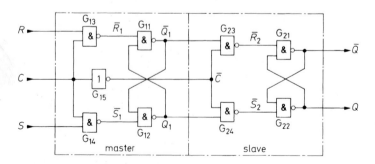

**Abb. 9.7.** $RS$-Master-Slave-Flip-Flop

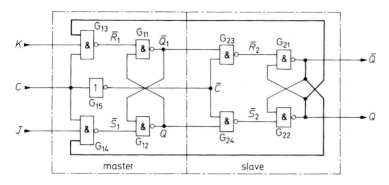

**Abb. 9.8.** *JK*-Master-Slave-Flip-Flop

jedem Taktimpuls invertiert. Das ist gleichbedeutend mit einer Frequenzteilung durch zwei, wie Abb. 9.9 zeigt. Deshalb ermöglichen die *JK*-Master-Slave-Flip-Flops einen besonders einfachen Aufbau von Zählern.

Wegen der Rückkopplung muß für den Betrieb des *JK*-Flip-Flops jedoch eine wichtige *einschränkende Voraussetzung* gemacht werden: Die Wahrheitstafel in Tab. 9.4 gilt nur dann, wenn sich der Zustand an den *JK*-Eingängen nicht ändert, solange der Takt *C* gleich 1 ist. Denn im Unterschied zum *RS*-Master-Slave-Flip-Flop in Abb. 9.7 kann das Master-Flip-Flop hier nur einmal umkippen und nicht mehr zurück, da eines der beiden Eingangs-UND-Gatter immer über die Rückkopplung blockiert ist. Das Nichtbeachten dieser Einschränkung ist eine häufige Fehlerquelle in Digitalschaltungen!

Es gibt spezielle Typen von *JK*-Master-Slave-Flip-Flops, die diese Einschränkung nicht besitzen. Bei diesen Flip-Flops mit Eingangsverriegelung (Data Lockout) wird genau derjenige Eingangszustand eingelesen, der bei der positiven Taktflanke angelegen hat. Unmittelbar nach dieser Flanke werden beide Eingangsgatter blockiert und reagieren nicht mehr auf Änderungen der Eingangszustände. Dies wird in Abb. 9.10 veranschaulicht. Während bei den normalen *JK*-Flip-Flops die *J*- und *K*-Eingänge sich nicht ändern dürfen, solange der Takt $C = 1$ ist, müssen sie bei einem *JK*-Flip-Flop mit Eingangsverriegelung nur während der positiven Taktflanke konstant bleiben. Beiden Flip-Flops gemeinsam ist, daß die bei der positiven Taktflanke eingelesene Information erst bei der negativen Takt-

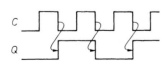

| $J$ | $K$ | $Q$ |
|-----|-----|-----|
| 0 | 0 | $Q_{-1}$ (unverändert) |
| 0 | 1 | 0 |
| 1 | 0 | 1 |
| 1 | 1 | $\overline{Q}_{-1}$ (invertiert) |

(für Zeilen 0 1 und 1 0: $(Q = J)$)

**Abb. 9.9.** *JK*-Master-Slave-Flip-Flop als Frequenzteiler ($J = K = 1$)

**Tab. 9.4.** Ausgangszustand eines *JK*-Master-Slave-Flip-Flops nach einem (010) Taktzyklus

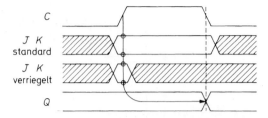
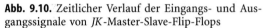

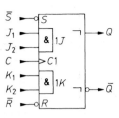

**Abb. 9.10.** Zeitlicher Verlauf der Eingangs- und Aus-   **Abb. 9.11.** Schaltsymbol eines
gangssignale von $JK$-Master-Slave-Flip-Flops             $JK$-Master-Slave-Flip-Flops

flanke am Ausgang erscheint. Wegen dieser Verzögerung besitzt das Schaltsymbol in Abb. 9.11 auch ein Verzögerungszeichen an den Ausgängen.

Häufig besitzen die $JK$-Flip-Flops mehrere $J$- bzw. $K$-Eingänge, die zu einem internen UND-Gatter führen. Die internen $J$- bzw. $K$-Variablen werden nur dann Eins, wenn alle $J$- bzw. $K$-Eingänge Eins sind.

Die $JK$-Flip-Flops besitzen neben den $JK$-Eingängen meist Set- und Reset-Eingänge, die unabhängig vom Takt – also asynchron – wirken. Damit lassen sich Master- und Slave-Flip-Flop setzen bzw. löschen. Die $RS$-Eingänge besitzen Priorität gegenüber den $JK$-Eingängen. Um den taktgesteuerten Betrieb zu ermöglichen, muß $R = S = 0$ sein, bzw. $\overline{R} = \overline{S} = 1$.

Beispiele für IC-Typen:

|            | TTL      | ECL    | CMOS |
|------------|----------|--------|------|
| Standard   | 7476     | 10135  | 4027 |
| Verriegelt | 74 LS 111|        |      |

### Einflanken-getriggerte Flip-Flops

Flip-Flops mit Zwischenspeicherung lassen sich auch dadurch realisieren, daß man zwei transparente D-Flip-Flops (Abb. 9.5 auf S. 687) in Reihe schaltet und sie mit komplementärem Takt ansteuert. Dadurch gelangt man zu der Schaltung in Abb. 9.12. Solange der Takt $C = 0$ ist, folgt der Master dem Eingangssignal, und es wird $Q_1 = D$. Der Slave speichert währenddessen den alten Zustand. Wenn

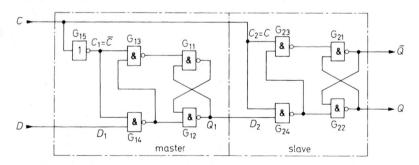

**Abb. 9.12.** Einflankengetriggertes $D$-Flip-Flop

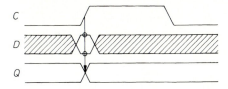

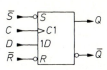

**Abb. 9.13.** Zeitlicher Verlauf der Eingangs- und Ausgangssignale im einflankengetriggerten $D$-Flip-Flops

**Abb. 9.14.** Schaltsymbol des einflankengetriggerten $D$-Flip-Flops

der Takt auf 1 geht, wird die in diesem Augenblick anliegende Information $D$ im Master eingefroren und an den Slave und damit an den $Q$-Ausgang übertragen. Die bei der positiven Taktflanke am $D$-Eingang anliegende Information wird also momentan an den $Q$-Ausgang übertragen. In der übrigen Zeit ist der Zustand des $D$-Eingangs ohne Einfluß. Dies erkennt man auch an der Abb. 9.13. Im Unterschied zum $JK$-Flip-Flop mit Eingangsblockierung erscheint der eingelesene Wert nicht erst bei der negativen Taktflanke am Ausgang, sondern sofort. Aus diesem Grund besitzt das Schaltsymbol in Abb. 9.14 auch keine Verzögerungs-Symbole. Darin liegt ein entscheidender Vorteil, weil nun die ganze Taktperiodendauer zur Bildung der neuen $D$-Signale zur Verfügung steht. Wenn man $JK$-Flip-Flops verwendet, muß dieser Vorgang ablaufen, während der Takt Null ist, also bei symmetrischem Takt in der halben Zeit.

Beispiele für IC-Typen:
74 LS 74 (TTL);    10131 (ECL);    4013 (CMOS)

Einflankengetriggerte $D$-Flip-Flops lassen sich auch als Toggle-Flip-Flops betreiben. Dazu macht man wie in Abb. 9.15 $D = \overline{Q}$. Dann invertiert sich der Ausgangszustand bei jeder positiven Taktflanke. Dies veranschaulicht Abb. 9.16. – Beim Einsatz transparenter $D$-Flip-Flops würde man statt der Frequenzteilung eine Dauerschwingung erhalten, solange der Takt $C = 1$ ist, da dann wegen des unverriegelten Signaldurchlaufs jeweils nach Ablauf einer Verzögerungszeit eine Invertierung erfolgen würde.

Man kann die Invertierung auch von einer Steuervariablen abhängig machen, indem man über einen Multiplexer wahlweise $\overline{Q}$ bzw. $Q$ auf den $D$-Eingang rückkoppelt. Gesteuert wird der Multiplexer vom Toggle-Eingang $T$ in Abb. 9.17. Dieselbe Funktionsweise besitzt das $JK$-Flip-Flop in Abb. 9.18 mit verbundenen $JK$-Eingängen. Die Toggle-Flip-Flops in Abb. 9.17/18 stellen die Grundbausteine von Zählern dar.

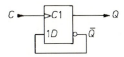

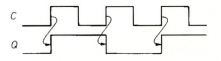

**Abb. 9.15.** Einflankengetriggertes $D$-Flip-Flop als Frequenzteiler

**Abb. 9.16.** Zeitlicher Verlauf im Frequenzteiler

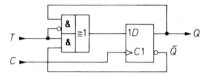    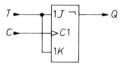

**Abb. 9.17.** Erwiterung eines $D$-Flip-Flops zum Toggle-Flip-Flop

**Abb. 9.18.** Beschaltung eines $JK$-Flip-Flops zum Toggle-Flip-Flop

$$Q = \begin{cases} Q_{-1} \\ \overline{Q}_{-1} \end{cases} \quad \text{für} \quad \begin{matrix} T = 0 \\ T = 1 \end{matrix}$$

Noch universellere Flip-Flops ergeben sich, wenn man zusätzlich die Möglichkeit zur synchronen Dateneingabe schafft. Dazu kann man dem Multiplexer vor dem $D$-Eingang einen weiteren Eingang geben, der wie in Abb. 9.19 über den Load-Eingang $L$ angewählt wird. Für $L = 1$ wird $y = D$ und damit nach dem nächsten Takt $Q = D$. Für $L = 0$ arbeitet die Schaltung genauso wie die in Abb. 9.17. Die Funktionsweise dieses Multifunktions-Flip-Flops ist in Abb. 9.21 zusammengestellt.

Dasselbe Verhalten läßt sich auch mit einem $JK$-Flip-Flop gemäß Abb. 9.20 realisieren. Für $L = 1$ wird $J = D$ bzw. $K = \overline{D}$. Nach dem nächsten Takt wird also $Q = D$. Wenn $L = 0$ ist, wird $J = K = T$; dann arbeitet die Schaltung wie die in Abb. 9.18. Bei $JK$-Flip-Flops muß man berücksichtigen, daß die Daten schon vor der positiven Taktflanke anliegen müssen, aber erst nach der negativen Taktflanke am Ausgang erscheinen. Bei den normalen $JK$-Flip-Flops (nach Abb. 9.8 auf S. 689) muß man außerdem sicherstellen, daß sich die $J$- und $K$-Eingänge nicht ändern, solange der Takt $C = 1$ ist. Während dieser Zeit dürfen sich daher auch die $L$-, $T$- und $D$-Eingänge nicht ändern.

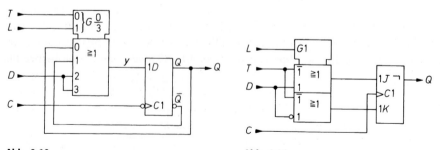

**Abb. 9.19.**                                    **Abb. 9.20.**

**Abb. 9.19/20**  Multifunktions-Flip-Flops
$T =$ Toggle,    $L =$ Load,    $D =$ Daten,    $C =$ Clock

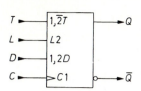

| L | T | Q |
|---|---|---|
| 0 | 0 | $Q_{-1}$ |
| 0 | 1 | $Q_{-1}$ |
| 1 | 0 | D |
| 1 | 1 | D |

**Abb. 9.21.** Schaltsymbol eines Multifunktions-Flip-Flops

**Tab. 9.5.** Funktionstabelle eines Multifunktions-Flip-Flops

## 9.2
## Dualzähler

Eine wichtige Gruppe von Schaltwerken sind die Zähler. Als Zähler kann man jede Schaltung verwenden, bei der innerhalb gewisser Grenzen eine eindeutige Zuordnung zwischen der Zahl der eingegebenen Impulse und dem Zustand der Ausgangsvariablen besteht. Da jede Ausgangsvariable nur zwei Werte annehmen kann, gibt es bei $n$ Ausgängen $2^n$ mögliche Kombinationen. Oft wird aber nur ein Teil der möglichen Kombinationen ausgenutzt. Welche Zahl durch welche Kombination dargestellt werden soll, ist an und für sich beliebig. Zweckmäßigerweise wählt man jedoch im Zähler eine Zahlendarstellung, die sich leicht verarbeiten läßt. Zu den einfachsten Schaltungen gelangt man bei der reinen Dualdarstellung.

Tabelle 9.6 zeigt die entsprechende Zuordnung zwischen der Zahl der Eingangsimpulse $Z$ und den Werten der Ausgangsvariablen $z_i$ für einen 4 bit-Dualzähler. Liest man diese Tabelle von oben nach unten, kann man zwei Gesetzmäßigkeiten erkennen:

1) Eine Ausgangsvariable $z_i$ ändert dann ihren Wert, wenn die nächst niedrigere Variable $z_{i-1}$ von 1 auf 0 geht.
2) Eine Ausgangsvariable $z_i$ ändert immer dann ihren Wert, wenn alle niedrigeren Variablen $z_{i-1} \dots z_0$ den Wert 1 besitzen und ein neuer Zählimpuls eintrifft.

Diese Gesetzmäßigkeiten kann man auch aus dem Zeitdiagramm in Abb. 9.22 ablesen. Die Gesetzmäßigkeit 1) führt auf die Realisierung eines Zählers nach dem Asynchron-Verfahren, die Gesetzmäßigkeit 2) führt auf das Synchron-Verfahren.

Gelegentlich benötigt man Zähler, bei denen sich der Zählerstand mit jedem Zählimpuls um Eins erniedrigt. Die Gesetzmäßigkeiten für einen solchen *Rückwärtszähler* kann man ebenfalls aus der Tab. 9.6 entnehmen, indem man sie von unten nach oben liest.

Daraus ergibt sich folgendes:

1a) Eine Ausgangsvariable $z_i$ ändert beim Rückwärtszähler immer dann ihren Wert, wenn die nächst niedrigere Variable $z_{i-1}$ von 0 auf 1 geht.

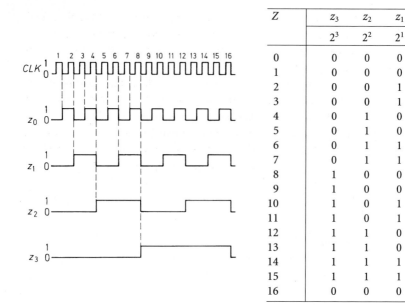

| $Z$ | $z_3$ | $z_2$ | $z_1$ | $z_0$ |
|-----|-------|-------|-------|-------|
|     | $2^3$ | $2^2$ | $2^1$ | $2^0$ |
| 0   | 0 | 0 | 0 | 0 |
| 1   | 0 | 0 | 0 | 1 |
| 2   | 0 | 0 | 1 | 0 |
| 3   | 0 | 0 | 1 | 1 |
| 4   | 0 | 1 | 0 | 0 |
| 5   | 0 | 1 | 0 | 1 |
| 6   | 0 | 1 | 1 | 0 |
| 7   | 0 | 1 | 1 | 1 |
| 8   | 1 | 0 | 0 | 0 |
| 9   | 1 | 0 | 0 | 1 |
| 10  | 1 | 0 | 1 | 0 |
| 11  | 1 | 0 | 1 | 1 |
| 12  | 1 | 1 | 0 | 0 |
| 13  | 1 | 1 | 0 | 1 |
| 14  | 1 | 1 | 1 | 0 |
| 15  | 1 | 1 | 1 | 1 |
| 16  | 0 | 0 | 0 | 0 |

**Abb. 9.22.** Zeitlicher Verlauf der Ausgangszustände eines dualen Vorwärtszählers

**Tab. 9.6.** Zustandstabelle eines
Dualzählers

2a) Eine Ausgangsvariable $z_i$ ändert beim Rückwärtszähler immer dann ihren
Wert, wenn alle niedrigeren Variablen $z_{i-1} \ldots z_0$ den Wert 0 besitzen und ein
neuer Zählimpuls eintrifft.

### 9.2.1
### Asynchroner Dualzähler

Ein asynchroner Dualzähler läßt sich dadurch realisieren, daß man wie in
Abb. 9.23 eine Kette von Flip-Flops aufbaut und deren Takteingang $C$ jeweils am
Ausgang $Q$ des vorhergehenden Flip-Flops anschließt. Damit sich eine Vorwärts-
Zählfunktion ergibt, müssen die Flip-Flops ihren Ausgangszustand ändern, wenn
ihr Takt $C$ von 1 auf 0 geht. Man benötigt also flankengetriggerte Flip-Flops, z.B.

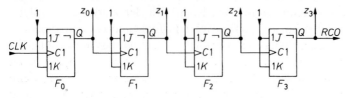

**Abb. 9.23.** Asynchroner Dualzähler
$CLK = $ Clock          $RCO = $ Ripple Carry Output

$JK$-Master-Slave-Flip-Flops mit $J = K = 1$. Der Zähler läßt sich beliebig erweitern. Mit zehn Flip-Flops kann man auf diese Weise schon bis 1023 zählen.

Man kann auch Flip-Flops verwenden, die auf positive Taktflanken triggern, also z.B. einflankengetriggerte $D$-Flip-Flops. Schließt man sie wie in Abb. 9.23 an, erhält man einen Rückwärtszähler. Um eine Vorwärts-Zählfunktion zu realisieren, muß man ihren Takt invertieren. Dazu schließt man ihn einfach am $\overline{Q}$-Ausgang des Vorgängers an.

Jeder Zähler ist zugleich ein Frequenzteiler. Die Frequenz am Ausgang des Flip-Flops $F_0$ ist gleich der halben Zählfrequenz. Am Ausgang von $F_1$ tritt ein Viertel der Eingangsfrequenz auf, am Ausgang von $F_2$ ein Achtel usw. Diese frequenzteilende Eigenschaft ist in Abb. 9.22 gut zu erkennen.

IC-Typen:

| Länge | TTL | ECL | CMOS |
|-------|-----|-----|------|
| 4 bit | 74 LS 93 | 10178 | |
| 7 bit | | | 4024 |
| 8 bit | 74 LS 393 | | |
| 24 bit | | | 4521 |
| 30 bit | 74 LS 292 | | |

## 9.2.2
## Synchrone Dualzähler

Das Kennzeichen der *asynchronen* Zähler ist, daß die Zählimpulse nur auf den Takt-Eingang des ersten Flip-Flops gegeben werden, während die übrigen Flip-Flops indirekt angesteuert werden. Das hat zur Folge, daß das Eingangssignal für das letzte Flip-Flop erst ankommt, wenn alle vorhergehenden Flip-Flops umgekippt sind. Die Ausgangszustände $z_0$ bis $z_n$ ändern sich also jeweils um die Schaltzeit eines Flip-Flops später. Bei langen Ketten und hohen Zählfrequenzen hat das zur Folge, daß sich $z_n$ erst ändert, nachdem schon neue Zählimpulse eingetroffen sind. Daher muß man nach dem letzten Zählimpuls die Verzögerungszeit der gesamten Zählkette abwarten, bevor man das Ergebnis auswerten kann. Ist eine Auswertung des Zählerstandes während des Zählens notwendig, darf die Periodendauer der Zählimpulse nicht kleiner sein als die Verzögerungszeit der Zählkette.

Diese Nachteile besitzen die *synchronen* Zähler nicht. Sie sind dadurch gekennzeichnet, daß die Zählimpulse *gleichzeitig* auf alle Takteingänge $C$ gegeben werden. Damit nun nicht bei jedem Takt alle Flip-Flops umkippen, verwendet man steuerbare Toggle-Flip-Flops nach Abb. 9.17 bzw. 9.18 auf S. 692, die nur umkippen, wenn die Steuervariable $T = 1$ ist. Die Kippbedingung lautet nach Tab. 9.6: Ein Flip-Flop eines Dualzählers darf nur dann umkippen, wenn alle niederwertigeren Flip-Flops Eins sind. Um dies zu realisieren, macht man $T_0 = 1$, $T_1 = z_0$, $T_2 = z_0 \cdot z_1$ und $T_3 = z_0 \cdot z_1 \cdot z_2$. Die dazu erforderlichen UND-Verknüpfungen erkennt man in Abb. 9.24.

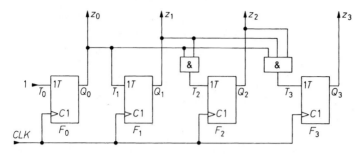

**Abb. 9.24.** Synchroner Dualzähler

Integrierte Synchronzähler besitzen noch einige weitere Ein- und Ausgänge, deren Funktion und Anwendung anhand von Abb. 9.25 näher erklärt werden soll. Mit dem Lösch-Eingang $CLR$ ist es möglich, den ganzen Zähler zu löschen ($Z = 0$). Über den Lade-Eingang $LOAD$ läßt sich der Zähler auf eine beliebige Zahl $Z = D$ setzen. Während der Lösch-Eingang wie jeder Reset-Eingang asynchron arbeitet, gibt es für den Ladevorgang sowohl synchrone als auch asynchrone Typen.

Vielstellige Zähler lassen sich durch Kaskadierung mehrerer z.B. 4stelliger Zählstufen realisieren. Die Kopplung der Stufen erfolgt über den Übertragsausgang $RCO$ (Ripple Carry Output) und den Enable-Eingang $ENT$, mit dem sich die ganze Zählstufe und der Übertragsausgang blockieren lassen. Der Übertrags-

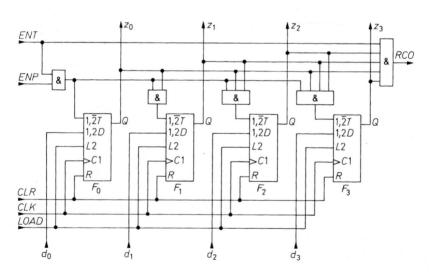

**Abb. 9.25.** Praktische Ausführung von integrierten Synchronzählern.

$ENT$ = Enable $T$  $ENP$ = Enable $P$
$CLR$ = Clear  $CLK$ = Clock
$RCO$ = Ripple Carry Output

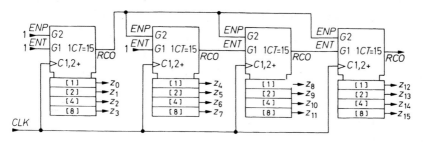

**Abb. 9.26.** Kaskadierung von synchronen Zählstufen.

$CT$ = Content (Inhalt, Zählerstand)

ausgang soll dann Eins werden, wenn der Zählerstand 1111 erreicht ist und alle niederwertigeren Stufen ebenfalls einen Übertrag liefern. Dazu muß in jeder Zählstufe die Verknüpfung

$$RCO = ENT \cdot z_0 \cdot z_1 \cdot z_2 \cdot z_3$$

gebildet werden. Das entsprechende Ausgangsgatter ist in Abb. 9.25 eingezeichnet.

Zur Kaskadierung der Zählstufen braucht man lediglich den $ENT$-Eingang einer Stufe am $RCO$-Ausgang der nächst niederwertigeren Stufe anzuschließen. Durch die kaskadierte UND-Verknüpfung summieren sich allerdings die Laufzeiten. Dadurch ergibt sich bei vielstelligen Zählern eine Reduzierung der maximal möglichen Zählfrequenz. In diesem Fall ist es günstiger, die erforderlichen UND-Verknüpfungen in jeder Zählstufe parallel zu bilden. Dazu läßt man die niedrigste Zählstufe bei der seriellen $RCO$-$ENT$-Verknüpfung aus und steuert die Freigabe der höheren Zählstufen parallel über die $ENP$-Eingänge. Auf diese Weise läßt sich die parallele UND-Verknüpfung wie in Abb. 9.26 ohne externe Gatter durchführen.

Beispiele für IC-Typen:

| Länge | Reset | TTL | ECL | CMOS |
|-------|-------|-----|-----|------|
| 4 bit | asynchron | 74 LS 161 A | | 4161 |
| 4 bit | synchron | 74 LS 163 A | 10136 | 4163 |
| 8 bit | synchron | 74 LS 590 | | |

### 9.2.3
### Vorwärts-Rückwärtszähler

Bei den Vorwärts-Rückwärtszählern unterscheidet man zwei Typen: Solche mit einem Takt-Eingang und einem zweiten Eingang, der die Zählrichtung bestimmt, und solche, die zwei Takt-Eingänge besitzen, von denen der eine den Zählerstand erhöht und der andere erniedrigt.

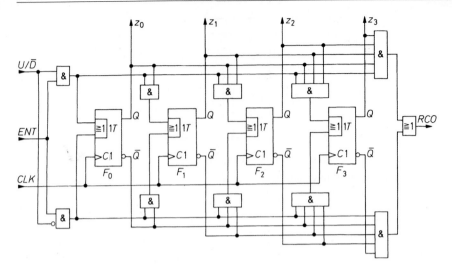

**Abb. 9.27.** Dualzähler mit Zählrichtungsumschaltung $U/\overline{D} = UP/\overline{DOWN}$

### Zähler mit umschaltbarer Zählrichtung

Die Kippbedingung für den Rückwärtszählbetrieb besagt nach Tab. 9.6, daß ein Flip-Flop dann umkippen muß, wenn alle niedrigeren Stellen Null sind. Um dies zu dekodieren, kann man die von Abb. 9.25 bekannte Logik zum Vorwärtszählen an den $\overline{Q}$-Ausgängen anschließen. Bei dem Zähler mit umschaltbarer Zählrichtung in Abb. 9.27 wird über die Vorwärts-Rückwärts-Umschaltung $U/\overline{D}$ entweder der obere Teil der Zähllogik zum Vorwärtszählen oder der untere Teil zum Rückwärtszählen freigegeben.

Ein Übertrag in die nächsthöhere Zählstufe kann in zwei Fällen auftreten, nämlich, wenn beim Vorwärtsbetrieb ($U/\overline{D} = 1$) der Zählerstand 1111 ist, oder wenn beim Rückwärtsbetrieb der Zählerstand 0000 ist. Für die Übertragsvariable ergibt sich damit die Beziehung:

$$RCO = [z_0 z_1 z_2 z_3 U/\overline{D} + \overline{z}_0 \overline{z}_1 \overline{z}_2 \overline{z}_3 \overline{U/\overline{D}}]ENT$$

Diese Variable wird wie in Abb. 9.26 am Enable-Eingang *ENT* der nächsten Zählstufe angeschlossen. Der Übertrag wird immer vorzeichenrichtig interpretiert, wenn man die Zählrichtung für alle Zähler gemeinsam umschaltet.

Beispiele für IC-Typen:

| Länge | TTL | ECL | CMOS |
|-------|-----------|-------|------|
| 4 bit | 74 LS 191 | 10136 | 4516 |
| 8 bit | 74 AS 867 | | |

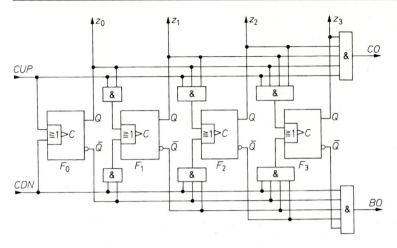

**Abb. 9.28.** Dualzähler mit Vorwärts-Rückwärts-Takteingang. $F_0 \ldots F_3$ sind Toggle-Flip-Flops

$$CUP = \text{Clock Up} \qquad CDN = \text{Clock Down}$$
$$CO = \text{Carry Output} \qquad BO = \text{Borrow Output}$$

**Zähler mit Vorwärts- und Rückwärts-Eingängen**

Abbildung 9.28 zeigt einen Zähler mit zwei Takteingängen, die vorwärts bzw. rückwärts zählen. Bei den vorhergehenden Schaltungen gelangte der Takt auf alle Flip-Flops. Diejenigen Flip-Flops, die nicht kippen sollten, wurden über den Steuereingang $T$ blockiert. Bei dem Zähler in Abb. 9.28 werden die Taktimpulse von den entsprechenden Flip-Flops ferngehalten. Ein Vorwärtstakt $CUP$ gelangt nur auf die Takteingänge derjeniger Flip-Flops, deren Vorgänger auf Eins sind. Entsprechend gelangt ein Rückwärtstakt $CDN$ nur auf diejenigen Flip-Flops, deren Vorgänger auf Null sind.

Diejenigen Flip-Flops, die umkippen sollen, erhalten ihren Taktimpuls praktisch gleichzeitig. Die Flip-Flops für die höheren Ziffern kippen also gleichzeitig mit denen für die niedrigeren um. Die Schaltung arbeitet demnach als Synchronzähler. Die UND-Gatter am Ausgang ermitteln den Übertrag in Vorwärts-bzw. Rückwärtsrichtung. Man kann daran einen identischen Zähler anschließen, der dann in sich wieder synchron, gegenüber dem ersten aber verzögert, also asynchron arbeitet. Diese Betriebsart wird als semisynchron bezeichnet.

IC-Typ:
4 bit:     74 LS 193 (TTL)

**Koinzidenzunterdrückung**

Der zeitliche Abstand zweier Zählimpulse und ihre Dauer darf nicht kleiner sein als die Einstellzeit $t_e$ des Zählers, da sonst der zweite Impuls falsch verarbeitet wird. Bei Zählern mit nur einem Zähleingang ergibt sich aus dieser Forderung

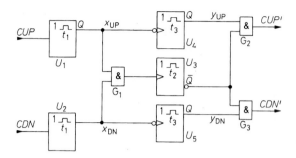

**Abb. 9.29.** Antikoinzidenzschaltung

die maximal mögliche Zählfrequenz $f_{max} = 1/2t_e$. Bei dem Zähler in Abb. 9.28 liegen die Verhältnisse jedoch schwieriger. Selbst wenn die Zählfrequenzen am Vorwärts- und am Rückwärtszähleingang wesentlich kleiner sind als $f_{max}$, kann bei asynchronen Systemen der Fall eintreten, daß der Abstand zwischen einem Vorwärts- und einem Rückwärtszählimpuls kleiner als $t_e$ ist. So dicht zusammenfallende (koinzidierende) Impulse haben einen undefinierten Zählerstand zur Folge. Abhilfe läßt sich nun dadurch schaffen, daß man die zu dicht zusammenfallenden Impulse gar nicht in den Zähler gelangen läßt. Dann bleibt der Zählerstand unverändert, wie es nach dem Eintreffen eines Vorwärts- und eines Rückwärtszählimpulses ja auch sein muß.

Eine solche Antikoinzidenzschaltung läßt sich z.B. wie in Abb. 9.29 realisieren. [9.2] Die Univibratoren $U_1$ und $U_2$ stellen zunächst aus den Zählimpulsen *CUP* und *CDN* die Signale $x_{UP}$ und $x_{DN}$ mit definierter Länge $t_1$ her. Mit ihren abfallenden Flanken werden die beiden Univibratoren $U_4$ und $U_5$ getriggert, mit denen die Ausgangsimpulse erzeugt werden. Mit dem Gatter $G_1$ wird festgestellt, ob sich die normierten Eingangsimpulse $x_{UP}$ und $x_{DN}$ überlappen. Ist das der Fall, tritt an seinem Ausgang eine positive Flanke auf, mit der der Univibrator $U_3$ getriggert wird. Dadurch werden die beiden Ausgangsgatter $G_2$ und $G_3$ für die Zeit $t_2$ blockiert, und es gelangen keine Impulse an den Ausgang, wie es im Fall der Koinzidenz auch sein muß. Damit die Impulse sicher unterdrückt werden, muß

$$t_2 > t_1 + t_3$$

gewählt werden. Die Zeit $t_3$ bestimmt die Dauer der Ausgangsimpulse. Ihr kürzester Abstand tritt auf, wenn gerade noch keine Koinzidenz vorliegt. Er beträgt dann $\Delta t = t_1 - t_3$. Damit der Zähler richtig arbeitet, müssen demnach die zusätzlichen Zeitbedingungen

$$t_3 > t_e \quad \text{und} \quad t_1 - t_3 > t_e$$

erfüllt werden. Die kürzesten erlaubten Schaltzeiten betragen demnach $t_3 = t_e$, $t_1 = 2t_e$ und $t_2 = 3t_e$. Die maximale Zählfrequenz an den beiden Eingängen der Koinzidenzschaltung beträgt demnach:

$$f_{max} = \frac{1}{t_2} = \frac{1}{3t_e}$$

Sie wird durch die Antikoinzidenzschaltung also um den Faktor 1,5 verringert.

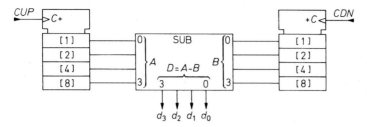

**Abb. 9.30.** Koinzidenz-unempfindlicher Vorwärts-Rückwärts-Dualzähler

Nach dem beschriebenen Prinzip arbeitet der „Anti-Race-Clock-Generator" in dem Zähler 40110 (CMOS).

**Subtrahiermethode**

Eine wesentlich elegantere Methode besteht darin, wie in Abb. 9.30 die Vorwärts- und die Rückwärtszählimpulse in getrennten Zählern abzuzählen und anschließend die Differenz der Zählerstände zu bilden. Dabei ist eine Koinzidenz der Zählimpulse unschädlich. Ein weiterer Vorteil besteht darin, daß die Vorwärtszähler wegen der einfacheren Logik von Hause aus höhere Taktfrequenzen erlauben.

Das Übertragsbit des Subtrahierers kann nicht zur Vorzeichenanzeige verwendet werden; denn sonst würde man eine nach wie vor positive Differenz fälschlicherweise als negativ interpretieren, wenn einer der beiden Zähler übergelaufen ist und der andere noch nicht. Zum vorzeichenrichtigen Ergebnis kommt man jedoch, wenn man die Differenz als – in unserem Beispiel – vierstellige Zweierkomplementzahl interpretiert. Das Bit $d_3$ gibt dann das richtige Vorzeichen an, solange die Differenz den zulässigen Bereich von $-8$ bis $+7$ nicht überschreitet.

## 9.3
## BCD-Zähler im 8421-Code

### 9.3.1
### Asynchroner BCD-Zähler

Die Tab. 9.6 zeigt, daß man mit einem dreistelligen Dualzähler bis 7 zählen kann und mit einem vierstelligen bis 15. Bei einem Zähler für natürliche BCD-Zahlen benötigt man also für jede Dezimalziffer einen vierstelligen Dualzähler, der als Zähldekade bezeichnet wird. Diese Zähldekade unterscheidet sich vom normalen Dualzähler lediglich dadurch, daß sie bei dem zehnten Zählimpuls auf Null zurückspringt und einen Übertrag herausgibt. Mit diesem Übertrag kann man die Zähldekade für die nächst höhere Dezimalziffer ansteuern.

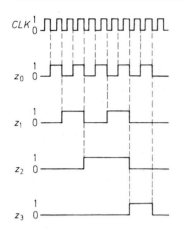

| $Z$ | $z_3$ | $z_2$ | $z_1$ | $z_0$ |
|-----|-------|-------|-------|-------|
|     | $2^3$ | $2^2$ | $2^1$ | $2^0$ |
| 0   | 0     | 0     | 0     | 0     |
| 1   | 0     | 0     | 0     | 1     |
| 2   | 0     | 0     | 1     | 0     |
| 3   | 0     | 0     | 1     | 1     |
| 4   | 0     | 1     | 0     | 0     |
| 5   | 0     | 1     | 0     | 1     |
| 6   | 0     | 1     | 1     | 0     |
| 7   | 0     | 1     | 1     | 1     |
| 8   | 1     | 0     | 0     | 0     |
| 9   | 1     | 0     | 0     | 1     |
| 10  | 0     | 0     | 0     | 0     |

**Abb. 9.31.** Zeitlicher Verlauf der Ausgangszustände eines Zählers im 8421-Code

**Tab. 9.7.** Zustandstabelle für den 8421-Code

Mit BCD-Zählern ist eine Dezimalanzeige des Zählerstandes sehr viel einfacher als beim reinen Dualzähler, weil sich jede Dekade für sich dekodieren und als Dezimalziffer anzeigen läßt.

Da die Dezimalziffer bei der natürlichen BCD-Darstellung durch eine vierstellige Dualzahl dargestellt wird, deren Stellenwerte $2^3, 2^2, 2^1$ und $2^0$ betragen, wird diese BCD-Darstellung auch als 8421-Code bezeichnet. Die Zustandstabelle einer Zähldekade im 8421-Code zeigt Tab. 9.7. Sie muß definitionsgemäß bis zur Ziffer 9 mit Tab. 9.6 auf S. 694 übereinstimmen, während die Zahl Zehn wieder durch 0000 dargestellt wird. Der zugehörige zeitliche Verlauf der Ausgangsvariablen ist in Abb. 9.31 dargestellt.

Um die Rückkehr des Zählers beim zehnten Eingangsimpuls in den Anfangszustand zu erzwingen, benötigt man natürlich zusätzliche Logik. Man kann jedoch Gatter einsparen, wenn man wie in Abb. 9.32 $JK$-Flip-Flops mit mehreren $J$- und $K$-Eingängen verwendet. Gegenüber dem reinen Dualzähler in Abb. 9.23 ergibt sich hier zunächst folgende Änderung: Das Flip-Flop $F_1$ darf beim zehnten

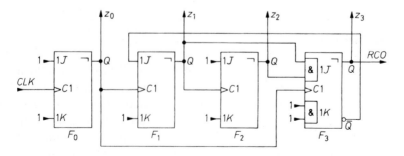

**Abb. 9.32.** Asynchroner BCD-Zähler

Zählimpuls nicht umkippen, obwohl $z_0$ von 1 auf 0 springt. Für das Auftreten dieses Falles erkennen wir in Abb. 9.23 ein einfaches Kriterium: $z_1$ muß dann auf Null gehalten werden, wenn $z_3$ vor dem Takt 1 ist. Um dies zu erreichen, verbindet man einfach den $J$-Eingang von $F_1$ mit $\bar{z}_3$. Die Bedingung, daß $z_2$ beim zehnten Impuls Null bleibt, ist damit automatisch erfüllt.

Die zweite Änderung gegenüber dem Dualzähler ist, daß $z_3$ beim zehnten Impuls von 1 auf 0 geht. Nun erkennen wir jedoch eine Schwierigkeit: Wäre der Takteingang von $F_3$ wie beim Dualzähler an $z_2$ angeschlossen, könnte sich $z_3$ nach dem achten Zählimpuls nicht mehr ändern, da das Flip-Flop $F_1$ über die Rückkopplung blockiert wird. Aus diesem Grund muß man den Takteingang von $F_3$ am Ausgang des Flip-Flops anschließen, das nicht durch die Rückkopplung blockiert wird, in unserem Fall also an $z_0$.

Nun müssen wir aber über die $J$-Eingänge verhindern, daß das Flip-Flop $F_3$ zu früh umkippt. Wir lesen in Tab. 9.7 ab, daß $z_3$ erst dann Eins werden darf, wenn $z_1$ und $z_2$ vor dem Takt beide Eins sind. Um dies zu erreichen, schließt man die beiden $J$-Eingänge von $F_3$ an $z_1$ bzw. $z_2$ an. Dann wird beim achten Zählimpuls $z_3 = 1$. Da gleichzeitig $z_1 = z_2 = 0$ wird, kehrt $z_3$ bei der nächsten Gelegenheit wieder in den Zustand $z_3 = 0$ zurück. Das ist beim zehnten Zählimpuls der Fall, da $z_0$ dann den nächsten Eins-Null-Übergang durchführt. Dies ist nach Tab. 9.7 gerade der gewünschte Augenblick.

IC-Typen:

| 4 bit | 74 LS 90 (TTL) | 10138 (ECL) |
|---|---|---|
| 2 × 4 bit | 74 LS 390 (TTL) | |

### 9.3.2
### Synchroner BCD-Zähler

Die synchrone Zähldekade in Abb. 9.33 entspricht in ihrer Schaltung weitgehend dem synchronen Dualzähler in Abb. 9.25 auf S. 696. Wie bei der asynchronen Zähldekade sind auch hier zwei Zusätze erforderlich, die beim Übergang von 9 =

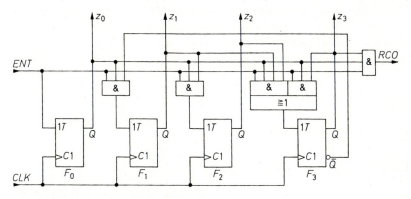

**Abb. 9.33.** Synchroner BCD-Zähler

$1001_2$ auf $0 = 0000$ sicherstellen, daß das Flip-Flop $F_1$ nicht umkippt, dafür aber das Flip-Flop $F_3$. Die Blockierung von $F_1$ wird in Abb. 9.33 über die Rückkopplung von $\overline{Q}_3$ erreicht, das Umkippen von $F_3$ durch die zusätzliche Dekodierung der 9 am Toggle-Steuereingang.

Beispiele für synchrone BCD-Zähler: 74 LS 160 (TTL);    4160 (CMOS);
mit umschaltbarer Zählrichtung: 74 LS 190 (TTL);    10137 (ECL);    4510 (CMOS);
mit Vorwärts- und Rückwärts-Zähleingang: 74 LS 192 (TTL)

## 9.4
## Vorwahlzähler

Vorwahlzähler sind Schaltungen, die ein Ausgangssignal abgeben, wenn die Zahl der Eingangsimpulse gleich einer vorgewählten Zahl $M$ wird. Das Ausgangssignal kann man dazu verwenden, einen bestimmten Vorgang auszulösen. Gleichzeitig greift man damit in den Zählablauf ein, um den Zähler zu stoppen oder wieder in den Anfangszustand zu versetzen. Läßt man ihn nach dem Rücksetzen weiterlaufen, erhält man einen Modulo-$m$-Zähler, dessen Zählzyklus durch die vorgewählte Zahl bestimmt wird.

Die nächstliegende Methode zur Realisierung eines Vorwahlzählers besteht wie in Abb. 9.34 darin, den Zählerstand $Z$ mit der Vorwahlzahl $M$ zu vergleichen. Dazu kann man einen Identitätskomparator verwenden, wie er in Kap. 8.5 beschrieben wird. Wenn nach $M$ Taktimpulsen $Z = M$ geworden ist, wird $y = 1$, und der Zähler wird gelöscht ($Z = 0$). Das Gleichheitssignal $y$ tritt dabei für die Dauer des Löschvorganges auf. Bei einem asynchronen $CLR$-Eingang beträgt diese Zeit nur wenige Gatterlaufzeiten. Daher ist ein synchroner Löscheingang zu bevorzugen; dann erscheint das Gleichheitssignal genau eine Taktperiode lang. Der Zähler in Abb. 9.34 geht also nach $M + 1$ Taktimpulsen wieder auf Null. Er stellt also einen Modulo $(M + 1)$-Zähler dar.

Der Komparator in Abb. 9.34 läßt sich einsparen, wenn man die bei Synchronzählern meist vorhandenen parallelen Ladeeingänge (Abb. 9.25 auf S. 696) benutzt. Von dieser Möglichkeit machen die Schaltungen in Abb. 9.35/36 Gebrauch. Den Zähler in Abb. 9.35 lädt man mit der Zahl $P = Z_{\max} - M$. Nach $M$ Taktimpulsen ist dann der maximale Zählerstand $Z_{\max}$ erreicht, der intern dekodiert wird und zu einem Übertrag $RCO = 1$ führt. Wenn man diesen Ausgang wie in Abb. 9.35 mit dem $LOAD$-Eingang verbindet, wird mit dem Takt $M + 1$ wieder

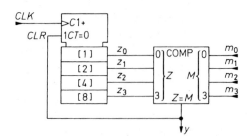

**Abb. 9.34.** Modulo $(M + 1)$-Zähler mit Komparator

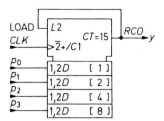

**Abb. 9.35.** Modulo $(M+1)$-Zähler mit paralleler Eingabe von $P = Z_{max} - M$ bei $Z = 15$

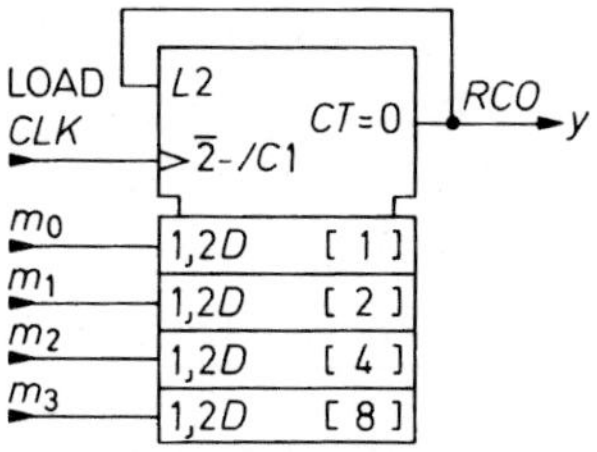

**Abb. 9.36.** Modulo $(M+1)$-Zähler mit paralleler Eingabe von $M$ bei $Z = 0$ unter Verwendung eines Rückwärtszählers

die Vorwahlzahl $P$ geladen. Es ergibt sich also wieder ein Modulo-$(M+1)$-Zähler. Die Vorwahlzahl $P$ läßt sich bei Dualzählern besonders leicht berechnen: sie ist gleich dem Einerkomplement von $M$ (s. Kap. 8.1.3 auf S. 658).

Der Zähler in Abb. 9.36 wird mit der Vorwahlzahl $M$ selbst geladen. Anschließend zählt er rückwärts bis auf Null. Bei Null wird beim Rückwärtszählen ein Übertrag $RCO$ generiert (s. Abb. 9.27 auf S. 698), den man dazu verwenden kann, den Zähler wieder neu zu laden.

## 9.5
# Schieberegister

Schieberegister sind Ketten von Flip-Flops, die es ermöglichen, eine am Eingang angelegte Information mit jedem Takt um ein Flip-Flop weiter zu schieben. Nach dem Durchlaufen der Kette steht sie am Ausgang verzögert, aber sonst unverändert zur Verfügung.

## 9.5.1
### Grundschaltung

Das Prinzip ist in Abb. 9.37 dargestellt. Mit dem ersten Takt wird die am Eingang anliegende Information $D_1$ in das Flip-Flop $F_1$ eingelesen. Mit dem zweiten Takt wird sie an das Flip-Flop $F_2$ weiter gegeben; gleichzeitig wird in das Flip-Flop $F_1$ eine neue Information $D_2$ eingelesen. Tabelle 9.8 verdeutlicht die Funktionsweise für das Beispiel eines Schieberegisters mit 4 bit Länge. Man erkennt, daß das Schieberegister nach vier Takten mit den seriell eingegebenen Daten gefüllt ist. Sie stehen dann an den vier Flip-Flop-Ausgängen $Q_1$ bis $Q_4$ parallel zur Verfügung, oder sie lassen sich mit weiteren Takten wieder seriell am Ausgang $Q_4$ entnehmen. Als Flip-Flops eignen sich alle Typen mit Zwischenspeicher. Transparente Flip-Flops sind ungeeignet, weil die am Eingang angelegte Information dabei sofort bis zum letzten Flip-Flop durchlaufen würde, wenn der Takt Eins wird.

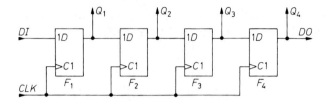

**Abb. 9.37.** Einfachste Ausführung eines 4 bit-Schieberegisters.
$DI$ = Data Input        $DO$ = Data Output$CLK$ = Clock

| $CLK$ | $Q_1$ | $Q_2$ | $Q_3$ | $Q_4$ |
|-------|-------|-------|-------|-------|
| 1 | $D_1$ | — | — | — |
| 2 | $D_2$ | $D_1$ | — | — |
| 3 | $D_3$ | $D_2$ | $D_1$ | — |
| 4 | $D_4$ | $D_3$ | $D_2$ | $D_1$ |
| 5 | $D_5$ | $D_4$ | $D_3$ | $D_2$ |
| 6 | $D_6$ | $D_5$ | $D_4$ | $D_3$ |
| 7 | $D_7$ | $D_6$ | $D_5$ | $D_4$ |

**Tab. 9.8.** Funktionstabelle eines 4 bit-Schieberegisters

### 9.5.2
### Schieberegister mit Paralleleingabe

Wenn man wie in Abb. 9.38 vor jeden $D$-Eingang einen Multiplexer schaltet, kann man über den $LOAD$-Eingang auf Parallel-Eingabe umschalten. Mit dem nächsten Takt werden dann die Daten $d_1 \ldots d_4$ parallel geladen und erscheinen an den Ausgängen $Q_1 \ldots Q_4$. Auf diese Weise ist nicht nur eine *Serien-Parallel-Wandlung* sondern auch eine *Parallel-Serien-Wandlung* möglich.

Ein Schieberegister mit parallelen Ladeeingängen läßt sich auch als Vorwärts-Rückwärts-Schieberegister betreiben. Dazu schließt man die parallelen Lade-

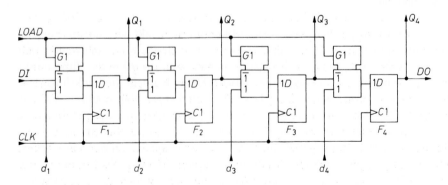

**Abb. 9.38.** Schieberegister mit parallelen Ladeeingängen

eingänge jeweils am Ausgang des rechten benachbarten Flip-Flops an. Dann ergibt sich für $LOAD = 1$ eine Datenverschiebung von rechts nach links.

Beispiele für IC-Typen:

| Länge | TTL | ECL | CMOS |
|---|---|---|---|
| 4 bit | 74 LS 194 A | 10141 | 40194 |
| 8 bit | 74 LS 164, 299 | | 4014 |
| 16 bit | 74 LS 673 | | 4006 |
| 8 × 1 … 16 bit | Am 29525 | | |

## 9.6
## Aufbereitung asynchroner Signale

Man kann Schaltwerke sowohl asynchron als auch synchron, d.h. getaktet realisieren. Die asynchrone Realisierung ist zwar in der Regel weniger aufwendig, bringt jedoch eine Menge Probleme mit sich, da man immer sicherstellen muß, daß keine Übergangszustände als gültig dekodiert werden, die nur kurzzeitig durch Laufzeitunterschiede auftreten (Hazards). Bei synchronen Systemen liegen die Verhältnisse wesentlich einfacher. Wenn an irgend einer Stelle des Systems eine Änderung auftritt, kann sie nur bei einer Taktflanke auftreten. Man kann also am Taktzustand erkennen, wann das System im stationären Zustand ist. Zweckmäßigerweise sorgt man dafür, daß alle Änderungen im System einheitlich entweder bei der positiven oder der negativen Flanke erfolgen. Triggern z.B. alle Schaltungen auf die negative Flanke, dann ist das System sicher im eingeschwungenen Zustand, wenn der Takt 1 ist.

Daten, die von außerhalb in das System gegeben werden, sind in der Regel nicht mit dessen Takt synchronisiert. Um sie synchron verarbeiten zu können, muß man sie zunächst aufbereiten. In den folgenden Abschnitten wollen wir einige Schaltungen angeben, die in diesem Zusammenhang häufig benötigt werden.

### 9.6.1
### Entprellung mechanischer Kontakte

Wenn man einen mechanischen Schalter öffnet oder schließt, entsteht infolge mechanischer Schwingungen jeweils eine Impulskette. Ein Zähler registriert demnach statt eines beabsichtigten Einzelimpulses eine undefinierte Zahl von Impulsen. Eine Abhilfemöglichkeit besteht in der Verwendung von quecksilberbenetzten Schaltkontakten. Diese Lösung ist jedoch relativ teuer. Ein einfaches Verfahren zur elektronischen Entprellung mit Hilfe eines $RS$-Flip-Flops ist in Abb. 9.39 dargestellt. Im Ruhezustand ist $\overline{R} = 0$ und $\overline{S} = 1$, also $x = 0$. Betätigt man nun den Schaltkontakt, tritt zunächst durch das Öffnen des Ruhekontaktes eine Impulsfolge am $\overline{R}$-Eingang auf. Da $\overline{R} = \overline{S} = 1$ der Speicherzustand ist, ändert sich am Ausgang $x$ nichts. Nach der vollständigen Öffnung des Ruhekontaktes tritt eine Impulsfolge am Arbeitskontakt auf. Bei der ersten Berührung ist $\overline{R} = 1$ und $\overline{S} = 0$. Dadurch kippt das Flip-Flop um, und es wird $x = 1$. Dieser Zustand

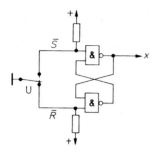

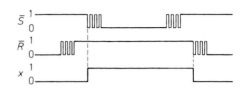

**Abb. 9.39.** Entprellung eines Schalters          **Abb. 9.40.** Zeitdiagramm

bleibt während des weiteren Prellvorganges gespeichert. Das Flip-Flop kippt erst wieder zurück, wenn der Umschaltkontakt wieder den Ruhekontakt berührt. Der zeitliche Ablauf wird durch das Impulsdiagramm in Abb. 9.40 verdeutlicht.

## 9.6.2
## Flankengetriggertes $RS$-Flip-Flop

Ein Flip-Flop mit $RS$-Eingängen wird gesetzt, solange $S = 1$ ist, und zurückgesetzt, solange $R = 1$ ist. Dabei sollte vermieden werden, daß beide Eingänge gleichzeitig Eins werden. Um dies zu erreichen, kann man kurze $R$- bzw. $S$-Impulse erzeugen. Eine einfachere Möglichkeit ist in Abb. 9.41 dargestellt. Hier gelangen die Eingangssignale auf die Eingänge von positiv flankengetriggerten $D$-Flip-Flops. Dadurch wird erreicht, daß nur der Augenblick der positiven Flanke eine Rolle spielt und der übrige zeitliche Verlauf der Eingangssignale belanglos ist. Wenn eine positive Set-Flanke auftritt, wird $Q_1 = Q_2$. Dadurch ergibt sich die Exklusiv-ODER-Verknüpfung:

$$y = \overline{Q}_1 \oplus Q_2 = \overline{Q}_2 \oplus Q_2 = 1$$

Trifft eine positive Reset-Flanke ein, wird $Q_2 = \overline{Q}_1$. In diesem Fall wird $y = 0$. Der Ausgang $y$ wirkt also wie der $Q$-Ausgang eines $RS$-Flip-Flops.

Eine Einschränkung gibt es jedoch auch hier für den zeitlichen Verlauf der Eingangssignale: Die positiven Eingangsflanken dürfen nicht gleichzeitig auftreten. Sie müssen mindestens um die „Propagation Delay Time" plus „Data Setup Time" zeitlich getrennt sein. Das sind bei TTL-Schaltungen aus der 74 LS-Serie

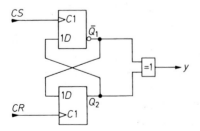

**Abb. 9.41.** Flankengetriggertes $RS$-Flip-Flop
$CS =$ Clock Set          $CR =$ Clock Reset

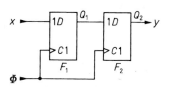

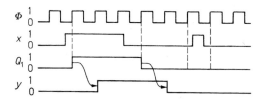

**Abb. 9.42.** Synchronisationsschaltung

**Abb. 9.43.** Zeitdiagramm

zusammen ca. 50 ns. Bei gleichzeitigen Eingangsflanken wird das Ausgangssignal invertiert.

### 9.6.3
### Synchronisation von Impulsen

Die einfachste Methode zur Synchronisation von Impulsen besteht in der Verwendung eines $D$-Flip-Flops. Das externe Signal $x$ wird wie in Abb. 9.42 am $D$-Eingang angeschlossen, der Systemtakt $\Phi$ am $C$-Eingang. Auf diese Weise wird der Zustand der Eingangsvariablen $x$ bei jeder positiven Taktflanke abgefragt und an den Ausgang übertragen. Da sich das Eingangssignal auch während der positiven Taktflanke ändern kann, können metastabile Zustände im Flip-Flop $F_1$ auftreten. Damit dadurch keine Fehler im Ausgangssignal $y$ entstehen, wurde das zusätzliche Flip-Flop $F_2$ vorgesehen.

Abbildung 9.43 zeigt ein Beispiel für den zeitlichen Verlauf. Ein Impuls, der so kurz ist, daß er nicht von einer positiven Taktflanke erfaßt wird, wird ignoriert. Dieser Fall ist in Abb. 9.43 ebenfalls eingezeichnet. Sollen so kurze Impulse nicht verlorengehen, muß man sie bis zur Übernahme in das $D$-Flip-Flop zwischenspeichern. Dazu dient das vorgeschaltete $D$-Flip-Flop $F_1$ in Abb. 9.44. Es wird über den $S$-Eingang asynchron gesetzt, wenn $x = 1$ wird. Mit der nächsten positiven Taktflanke wird $y = 1$. Ist zu diesem Zeitpunkt $x$ bereits wieder Null geworden, wird das Flip-Flop $F_1$ mit derselben Flanke zurückgesetzt. Auf diese Weise wird ein kurzer $x$-Impuls bis zur nächsten Taktflanke verlängert und kann deshalb nicht verloren gehen. Diese Eigenschaft ist auch in dem Beispiel in Abb. 9.45 zu erkennen.

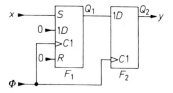

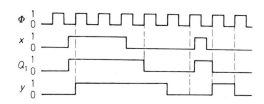

**Abb. 9.44.** Erfassung kurzer Impulse

**Abb. 9.45.** Zeitdiagramm

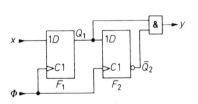

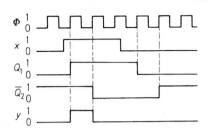

**Abb. 9.46.** Erzeugung eines synchronen Einzelimpulses

**Abb. 9.47.** Zeitdiagramm

### 9.6.4
### Synchrones Monoflop

Mit der Schaltung in Abb. 9.46 ist es möglich, einen taktsynchronen Ausgangs-impuls zu erzeugen, dessen Dauer eine Taktperiode beträgt, unabhängig von der Dauer des Triggersignals $x$.

Wenn $x$ von Null auf Eins geht, wird bei der nächsten positiven Taktflanke $Q_1 = 1$. Damit wird auch $y = 1$. Bei der folgenden positiven Taktflanke wird $\overline{Q_2} = 0$ und damit wieder $y = 0$. Dieser Zustand bleibt so lange erhalten, bis $x$ mindestens einen Takt lang Null ist und dann erneut auf Eins geht. Kurze Triggerimpulse, die nicht von einer positiven Taktflanke erfaßt werden, gehen wie bei der Synchronisationsschaltung in Abb. 9.42 verloren. Sollen sie berücksichtigt werden, muß man sie wie in Abb. 9.44 in einem zusätzlichen vorgeschalteten Flip-Flop bis zur Übernahme speichern. Das Beispiel in Abb. 9.47 verdeutlicht den zeitlichen Ablauf.

Ein synchrones Monoflop für Einschaltdauern von mehr als einer Taktperi-ode läßt sich auf einfache Weise wie in Abb. 9.48 mit Hilfe eines Synchronzählers realisieren. Setzt man die Triggervariable $x$ auf Eins, wird der Zähler mit dem nächsten Taktimpuls parallel geladen. Mit den folgenden Taktimpulsen zählt er bis zum vollen Zählerstand $Z_{max}$. Ist diese Zahl erreicht, wird der Übertrags-ausgang $RCO = 1$. In diesem Zustand wird der Zähler über den Count-Enable-

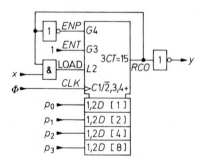

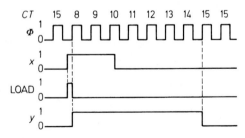

**Abb. 9.48.** Synchrones Monoflop

**Abb. 9.49.** Zeitdiagramm
$CT$ = Content

Eingang *ENP* blockiert; die Ausgangsvariable $y$ ist Null. Der normale Enable-Eingang *ENT* kann für diesen Zweck nicht verwendet werden, da er nicht nur auf die Flip-Flops, sondern zusätzlich direkt auf *RCO* einwirkt. Dadurch würde eine unerwünschte Schwingung entstehen.

Ein neuer Zyklus wird durch den parallelen Ladevorgang eingeleitet. Unmittelbar nach dem Laden wird $RCO = 0$ und $y = 1$. Die Rückkopplung von *RCO* auf das UND-Gatter am $x$-Eingang verhindert einen neuen Ladevorgang vor Erreichen des Zählerstandes $Z_{max}$. Bis zu diesem Zeitpunkt sollte spätestens $x = 0$ geworden sein, sonst wird der Zähler sofort wieder neu geladen, d.h. er arbeitet dann als Modulo-$(M+1)$-Zähler wie in Abb. 9.35.

Der zeitliche Ablauf ist in Abb. 9.49 für eine Einschaltdauer von 7 Taktimpulsen dargestellt. Verwendet man einen 4 bit-Dualzähler, muß man ihn für diese Einschaltdauer mit $P = 8$ laden. Der erste Takt wird zum Laden verwendet, die restlichen 6 zum Zählen bis 15.

### 9.6.5
### Synchroner Änderungsdetektor

Ein synchroner Änderungsdetektor soll einen taktsynchronen Ausgangsimpuls liefern, wenn sich die Eingangsvariable $x$ geändert hat. Zur Realisierung einer solchen Schaltung gehen wir von dem Monoflop in Abb. 9.46 aus. Dieses liefert einen Ausgangsimpuls, wenn $x$ von Null auf Eins geht. Um auch beim Übergang von Eins auf Null einen Ausgangsimpuls zu erhalten, ersetzen wir das UND-Gatter durch ein Exklusiv-ODER-Gatter und erhalten die in Abb. 9.50 dargestellte Schaltung. Ihr Verhalten wird durch das Impulsdiagramm in Abb. 9.51 verdeutlicht.

### 9.6.6
### Synchroner Taktschalter

Häufig stellt sich das Problem, einen Takt ein- und auszuschalten, ohne den Taktgenerator selbst anzuhalten. Zu diesem Zweck könnte man im Prinzip ein UND-Gatter verwenden. Wenn das Einschaltsignal aber nicht mit dem Takt synchronisiert ist, entsteht beim Ein- und Ausschalten ein Taktimpuls mit undefinierter Länge. Um diesen Effekt zu vermeiden, kann man zur Synchronisation wie in

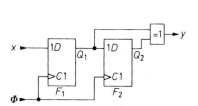

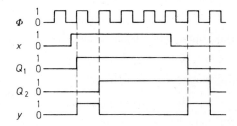

**Abb. 9.50.** Änderungsdetektor     **Abb. 9.51.** Zeitdiagramm

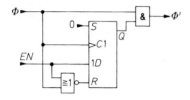

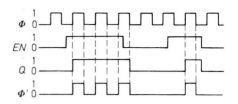

**Abb. 9.52.** Synchroner Taktschalter          **Abb. 9.53.** Zeitdiagramm

Abb. 9.52 ein einflankengetriggertes $D$-Flip-Flop verwenden. Macht man $EN = 1$, wird bei der nächsten positiven Taktflanke $Q = 1$ und damit auch $\Phi' = 1$. Wegen der Flankentriggerung hat der erste Impuls des geschalteten Taktes $\Phi'$ immer die volle Länge.

Zum Ausschalten kann man die positive Taktflanke nicht verwenden, da dann unmittelbar nach dem Anstieg $Q = 0$ wird. Das hätte einen kurzen Ausgangsimpuls zur Folge. Deshalb wird das Flip-Flop über den Reset-Eingang asynchron gelöscht, wenn $EN$ und $\Phi$ Null sind. Dazu dient das NOR-Gatter vor dem $R$-Eingang. Wie man in Abb. 9.53 erkennt, gelangen dann nur ganze Taktimpulse durch das UND-Gatter.

## 9.7
## Systematischer Entwurf von Schaltwerken

### 9.7.1
### Zustandsdiagramm

Um ein Schaltwerk systematisch entwerfen zu können, benötigt man zuerst eine möglichst übersichtliche Beschreibung der Aufgabenstellung. Dazu gehen wir von dem allgemeinen Blockschaltbild in Abb. 9.54 aus.

Im Unterschied zum Schaltnetz hängen die Ausgangsvariablen $y_j$ nicht nur von den Eingangsvariablen $x_i$, sondern vom vorhergehenden Zustand des Systems ab. Alle logischen Variablen des Systems, die neben den Eingangsvariablen den Übergang in den nächsten Zustand beeinflussen, heißen Zustandsvariablen $z_n$. Damit sie beim nächsten Takt wirksam werden können, werden sie im Zustandsvariablenspeicher für einen Takt gespeichert.

Die Menge der Eingangsvariablen $x_i$ heißt Eingangsvektor:

$$X = \{x_1, x_2 \ldots x_l\}$$

Die Menge der Ausgangsvariablen $y_j$ heißt Ausgangsvektor:

$$Y = \{y_1, y_2 \ldots y_m\}$$

Die Menge der Zustandsvariablen $z_n$ heißt Zustandsvektor:

$$Z = \{z_1, z_2 \ldots z_n\}$$

Die verschiedenen Zustände, die das Schaltwerk durchläuft, bezeichnen wir als $S_Z$. Zur Vereinfachung der Schreibweise liest man den Zustandsvektor

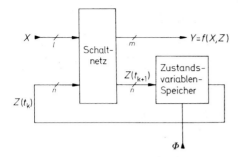

**Abb. 9.54.** Prinzipielle Anordnung eines Schaltwerkes

Eingangsvektor :   $X$      Zustandsvektor :   $Z$
Ausgangsvektor :   $Y$      Takt :           $\Phi$

zweckmäßigerweise als Dualzahl und schreibt als Index einfach die entsprechende Dezimalzahl an.

Der neue Zustand $S(t_{k+1})$ wird einerseits vom alten Zustand $S(t_k)$ und andererseits von den Eingangsvariablen (Qualifier) $x_i$ bestimmt. Die Reihenfolge, in der die Zustände durchlaufen werden, kann also mit Hilfe der Qualifier $X$ beeinflußt werden. Die entsprechende Zuordnung wird mit einem Schaltnetz vorgenommen: Legt man an seine Eingänge den alten Zustandsvektor $Z(t_k)$ an, tritt an seinem Ausgang der neue Zustandsvektor $Z(t_{k+1})$ auf. Der entsprechende Systemzustand soll bis zum nächsten Taktimpuls bestehen bleiben. Der Zustandsvektor $Z(t_{k+1})$ darf demnach erst mit dem nächsten Taktimpuls an die Ausgänge der Flip-Flops übertragen werden. Aus diesem Grund muß man flankengetriggerte Flip-Flops verwenden.

Es gibt einige wichtige Spezialfälle von Schaltwerken: Ein Sonderfall ist z.B. der, daß man die Zustandsvariablen direkt als Ausgänge verwenden kann. Eine zweite Vereinfachung tritt dann auf, wenn die Reihenfolge der Zustände immer dieselbe ist. Dann benötigt man keine Eingangsvariablen. Von diesen Vereinfachungen haben wir bei den Zählern Gebrauch gemacht.

Zur allgemeinen Beschreibung der Zustandsfolge verwendet man ein Zustandsdiagramm, wie es in Abb. 9.55 dargestellt ist.

Jeder Zustand $S_Z$ des Systems wird durch einen Kreis repräsentiert. Der Übergang von einem Zustand in einen anderen wird durch einen Pfeil gekennzeichnet. Die Bezeichnung des Pfeiles gibt an, unter welcher Bedingung der Übergang stattfinden soll. Bei dem Beispiel in Abb. 9.55 folgt auf den Zustand $S(t_k) = S_1$ der Zustand $S(t_{k+1}) = S_2$, wenn $x_1 = 1$ ist. Bei $x_1 = 0$ hingegen wird $S(t_{k+1}) = S_0$. Ein unbeschrifteter Pfeil bedeutet einen unbedingten Übergang.

Bei einem *synchronen* Schaltwerk ist noch die zusätzliche Bedingung zu beachten, daß ein Übergang nicht schon in dem Augenblick erfolgt, in dem die Übergangsbedingung wahr wird, sondern erst bei der darauf folgenden Taktflanke. Da diese Einschränkung für alle Übergänge im System gilt, trägt man sie in der Regel nicht zusätzlich in das Zustandsdiagramm ein, sondern vermerkt sie

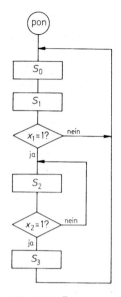

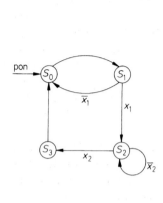

**Abb. 9.55.** Beispiel für ein Zustands-
diagramm
Zustand 0: Anfangszustand
Zustand 1: Verzweigungszustand
Zustand 2: Wartezustand
Zustand 3: Übergangszustand

**Abb. 9.56.** Äquivalentes Flußdiagramm

in der Beschreibung. Im folgenden wollen wir uns auf die Behandlung synchroner Schaltwerke beschränken, da ihr Entwurf unproblematisch ist.

Wenn sich das System in einem Zustand $S_Z$ befindet und keine Übergangsbedingung wahr ist, die von diesem Zustand wegführt, bleibt das System im Zustand $S_Z$. Diese an und für sich selbstverständliche Tatsache kann man in Einzelfällen noch besonders hervorheben, indem man einen Übergangspfeil in das Diagramm einträgt, der von $S_Z$ nach $S_Z$ zurück führt (Wartezustand). In Abb. 9.55 haben wir einen solchen Übergang als Beispiel bei dem Zustand $S_2$ eingezeichnet.

Nach dem Einschalten der Betriebsspannung muß ein Schaltwerk in einen definierten Anfangszustand gebracht werden. Dazu dient die Bedingung „pon" (Power on). Sie wird mit Hilfe einer besonderen Einschaltlogik für eine kurze Zeit nach dem Einschalten der Betriebsspannung auf Eins gesetzt und ist sonst Null. Mit diesem Signal löscht man in der Regel den Zustandsvariablen-Speicher, indem man es an den Reset-Eingängen der Flip-Flops anschließt.

Die Funktion eines Schaltwerkes läßt sich statt mit einem Zustandsdiagramm auch mit einem Flußdiagramm darstellen, wie das Beispiel in Abb. 9.56 zeigt. Diese Darstellung führt auf die Realisierungsmöglichkeit eines Schaltwerkes mit Hilfe eines Mikrocomputers. Darauf werden wir im Kapitel 19 eingehen.

## 9.7.2
### Entwurfsbeispiel für einen umschaltbaren Zähler

Als Beispiel wollen wir einen Zähler entwerfen, dessen Zählzyklus 0, 1, 2, 3 oder 0, 1, 2 lautet, je nachdem, ob die Steuervariable $x$ gleich Eins oder Null ist. Das entsprechende Zustandsdiagramm ist in Abb. 9.57 dargestellt. Da das System 4 Zustände annehmen kann, benötigen wir 2 Flip-Flops zur Speicherung des Zustandsvektors $Z$ mit den Variablen $z_0$ und $z_1$. Da man an diesen Variablen unmittelbar den Zählerstand ablesen kann, dienen sie gleichzeitig als Ausgangsvariablen. Zusätzlich soll bei $Z_{max}$ noch ein Übertrag $y$ ausgegeben werden, d.h. wenn im Fall $x = 1$ der Zählerstand $Z = 3$ oder im Fall $x = 0$ der Zählerstand $Z = 2$ ist.

Damit erhalten wir die Schaltung in Abb. 9.58 mit der Wahrheitstafel in Tab. 9.9. Auf der linken Seite der Tabelle sind alle Wertekombinationen aufgeführt, die die Eingangs- und Zustandsvariablen annehmen können. Aus dem Zustandsdiagramm in Abb. 9.57 kann man für jede Kombination ablesen, welches der nächste Systemzustand ist. Er ist auf der rechten Seite der Tabelle aufgeführt. Zusätzlich ist der jeweilige Wert der Übertragsvariablen $y$ eingetragen.

Realisiert man das Schaltnetz als ROM, kann man die Wahrheitstafel in Tab. 9.9 unmittelbar als Programmiertabelle verwenden. Dabei dienen die Zustands- und Eingangsvariablen als Adressenvariablen. Unter der jeweiligen Adresse speichert man den neuen Wert $Z'$ des Zustandsvektors $Z$ und der Ausgangsvariablen $y$. Zur Realisierung des Zählerbeispieles benötigen wir demnach ein ROM mit 8 Worten à 3 bit. Das kleinste PROM besitzt 32 Worte à 8 bit (siehe Kap. 11). Es wird also nur ein Zehntel seiner Speicherkapazität belegt.

|  | $Z(t_k)$ | | $Z(t_{k+1})$ | | |
|---|---|---|---|---|---|
| $x$ | $z_1$ | $z_0$ | $z_1'$ | $z_0'$ | $y$ |
| 0 | 0 | 0 | 0 | 1 | 0 |
| 0 | 0 | 1 | 1 | 0 | 0 |
| 0 | 1 | 0 | 0 | 0 | 1 |
| 0 | 1 | 1 | 0 | 0 | 0 |
| 1 | 0 | 0 | 0 | 1 | 0 |
| 1 | 0 | 1 | 1 | 0 | 0 |
| 1 | 1 | 0 | 1 | 1 | 0 |
| 1 | 1 | 1 | 0 | 0 | 1 |

ROM-Adresse     ROM-Inhalt

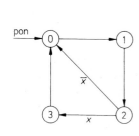

**Abb. 9.57.** Zustandsdiagramm für einen Zähler mit umschaltbarem Zählzyklus

$$Zählzyklus = \begin{cases} 3 & \text{für } x = 0 \\ 4 & \text{für } x = 1 \end{cases}$$

**Tab. 9.9.** Wahrheitstafel zu dem Zustandsdiagramm in Abb. 9.57

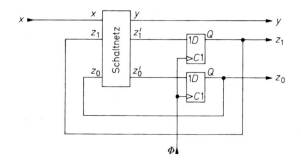

**Abb. 9.58.** Schaltwerk zur Realisierung des umschaltbaren Zählers

Aus der Wahrheitstafel in Tab. 9.9 können wir folgende Schaltfunktionen aufstellen:

$$z_1' = z_0\bar{z}_1 + x\bar{z}_0z_1,$$
$$z_0' = \bar{z}_0\bar{z}_1 + x\bar{z}_0,$$
$$y = \overline{xz_0}z_1 + xz_0z_1$$

Damit ergibt sich die in Abb. 9.59 dargestellte Realisierung des Schaltwerkes mit Gattern. Man erkennt, daß der Aufwand an integrierten Schaltungen um ein Vielfaches größer ist als bei der Verwendung eines ROMs. Eine andere Alternative zur komplexen Realisierung der Schaltung besteht im Einsatz von Programmierbaren Logischen Schaltungen. Sowohl ROMs als auch PDLs ermöglichen nicht nur eine 1 Chip-Lösung sindern besitzen außerdem noch den entscheidenden Vorteil der Flexibilität: Man braucht lediglich den Baustein neu zu programmieren und erhält ohne zusätzliche Änderungen eine Schaltung mit anderen Eigenschaften.

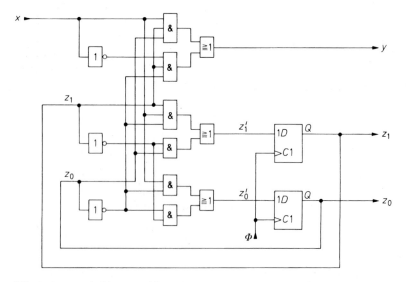

**Abb. 9.59.** Umschaltbarer Zähler mit einem aus Gattern realisierten Schaltnetz

Die Realisierung eines Schaltwerkes mit Gattern ist demnach nur in einfachen Sonderfällen empfehlenswert, z.B. bei Standardzählern, wie wir sie bereits in den vorhergehenden Abschnitten kennengelernt haben.

Beim Aufbau komplexer Schaltwerke kommt man jedoch auch bei der Lösung mit einem ROM sehr bald an eine Grenze, bei der die erforderliche Speicherkapazität exzessiv ansteigt. Im folgenden Abschnitt wollen wir deshalb einige Kunstgriffe angeben, mit denen sich dieses Problem weitgehend beseitigen läßt.

### 9.7.3
### Reduzierung des Speicherplatzbedarfs

Wie man bei der Grundschaltung in Abb. 9.54 erkennt, besitzt das im Schaltwerk enthaltene Schaltnetz $n + l$ Eingänge und $n + m$ Ausgänge. Darin ist $n$ die Zahl der Zustandsvariablen, $l$ die Zahl der Eingangsvariablen (Qualifier) und $m$ die Zahl der Ausgangsvariablen. Bei der Realisierung mit einem ROM ergibt sich demnach eine Speicherkapazität von:

$$2^{n+l} \text{ Worte à } (n + m) \text{ bit } = (n + m)2^{n+l} \text{ bit}$$

Man hat dabei die Möglichkeit, jeder Kombination von Zustands- und Eingangsvariablen einen bestimmten Ausgangsvektor $Y$ zuzuordnen. In der Praxis ist es jedoch so, daß die Werte der meisten Ausgangsvariablen bereits vollständig durch die Zustandsvariablen bestimmt sind und nur wenige von einem Teil der Qualifier abhängen.

Aufgrund dieser Tatsache bietet es sich an, das ROM wie in Abb. 9.60 in zwei ROMs aufzuspalten. Das erste ist das „Programm-ROM". Es enthält nur noch die Folge der Systemzustände und keine Ausgangszustände. Diese werden in dem „Ausgabe-ROM" aus den Zustandsvariablen und einigen wenigen Eingangsvariablen gebildet. Deshalb ist $l_2$ in der Regel klein gegenüber $l$. Es kann auch Fälle geben, bei denen eine Eingangsvariable nur einen Einfluß auf die Ausgangsdekodierung hat und nicht auf die Zustandsfolge. Solche Qualifier kann man bei der Aufteilung gemäß Abb. 9.60 direkt am Ausgabe-ROM anschließen und beim Programm-ROM weglassen. Deshalb kann auch $l_1 < l$ sein.

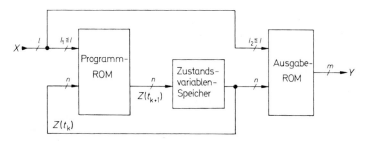

**Abb. 9.60.** Reduzierung der insgesamt benötigten Speicherkapazität durch Aufteilung eines großen ROMs in zwei kleine

Da an den beiden ROMs nur diejenigen Qualifier angeschlossen sind, die zur Ablauf- bzw. Ausgabesteuerung tatsächlich benötigt werden, ergibt sich eine wesentliche Reduzierung des Speicherplatzbedarfs. Der ungünstigste Fall ist derjenige, daß bei beiden ROMs alle $l$ Qualifier benötigt werden. Dann wird die erforderliche Speicherkapazität der beiden ROMs zusammen gerade so groß wie die des einen ROMs bei der Anordnung nach Abb. 9.54.

Bezüglich der Speicherkapazität tritt dann also keine Ersparnis ein. Trotzdem ist auch in diesem Fall die Aufspaltung in zwei ROMs gemäß Abb. 9.60 vorteilhaft: Man kann damit das System leichter verschiedenen Randbedingungen anpassen. Es gibt viele Fälle, in denen die Zustandsfolge identisch ist, und sich nur die Ausgabeinstruktionen unterscheiden. Dann braucht man zur Anpassung nur das Ausgabe-ROM auszutauschen, während das Programm-ROM unverändert bleibt.

**Eingangsmultiplexer**

Es gibt noch eine andere Eigenschaft praktischer Schaltwerke, die sich zur Reduktion des Speicherplatzbedarfs ausnutzen läßt: Häufig ist die Zahl $l$ der Qualifier so groß, daß die Zahl der Adressenvariablen eines ROMs bei weitem überschritten wird. Andererseits werden von den $2^l$ Kombinationsmöglichkeiten nur relativ wenige Kombinationen ausgenutzt; mitunter nur $l$ verschiedene. Deshalb bietet es sich an, die Qualifier nicht direkt als Adressenvariablen zu verwenden, sondern mit Hilfe eines Multiplexers in jedem Zustand nur die jeweils interessierenden Variablen abzufragen. Damit ergibt sich das Blockschaltbild in Abb. 9.61.

Neben den Zustandsvariablen wird nur noch der Ausgang $x$ des Multiplexers an den Adresseneingängen des ROMs angeschlossen. Der Multiplexer wird mit Hilfe einiger zusätzlicher Ausgänge des ROMs mit der Dualzahl $Q$ angesteuert. Den damit ausgewählten Qualifier bezeichnen wir mit $x_Q$.

Wenn bei einem Übergang mehrere Qualifier abgefragt werden sollen, muß man die Abfrage bei diesem Verfahren nacheinander durchführen, da jeweils nur eine Variable ausgewählt werden kann. Dazu zerlegt man den betreffenden Zustand in mehrere Unterzustände, bei denen jeweils nur ein Qualifier abgefragt wird. Dadurch ergibt sich insgesamt eine größere Zahl von Systemzuständen,

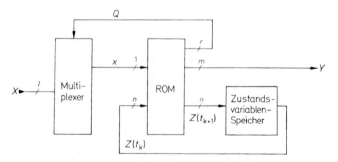

**Abb. 9.61.** Reduzierung der benötigten Speicherkapazität mit einem Multiplexer am Eingang

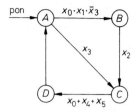

**Abb. 9.62.** Beispiel für ein Zustandsdiagramm

die mit Hilfe einiger zusätzlicher Zustandsvariablen dargestellt werden können. Dieser zusätzliche Aufwand ist jedoch klein gegenüber der Einsparung an Speicherplätzen durch die Multiplexabfrage der Qualifier.

Diese Tatsache wollen wir an einem typischen Beispiel demonstrieren: Es soll ein Schaltwerk mit dem Zustandsdiagramm in Abb. 9.62 realisiert werden. Es besitzt vier Zustände und sechs Qualifier. Zur Realisierung gemäß der Grundschaltung in Abb. 9.54 würden wir ein ROM mit acht Eingängen benötigen. Seine Speicherkapazität beträgt $2^8 = 256$ Worte. Wir wollen annehmen, daß zwei Ausgangsvariablen benötigt werden. Unter Berücksichtigung der beiden Zustandsvariablen ergibt sich damit eine Wortbreite von 4 bit, also eine Gesamtspeicherkapazität von 1024 bit.

Nun betrachten wir die Realisierung mit Hilfe eines Eingangsmultiplexers. Zunächst zerlegen wir die Zustände $A$ und $C$ in drei Unterzustände, bei denen jeweils nur einer der in Abb. 9.62 eingezeichneten Qualifier abgefragt wird. Damit erhalten wir das modifizierte Zustandsdiagramm in Abb. 9.63. Wie man sieht, entstehen nun insgesamt acht Zustände, die wir mit $S_0$ bis $S_7$ bezeichnet haben. Wie man leicht nachprüfen kann, erfolgt ein Übergang von dem Makrozustand $A$ in den Makrozustand $B$ genau dann, wenn $x_3$ gleich Null ist *und $x_0$ und $x_1$ gleich*

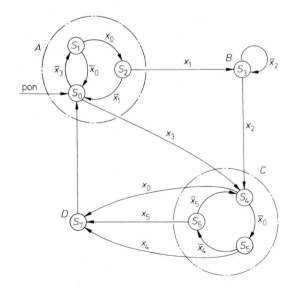

**Abb. 9.63.** Modifiziertes Zustandsdiagramm mit nur einer einzigen Abfrage in jedem Zustand

| | | Adresse | | | | Inhalt | | | | | |
|---|---|---|---|---|---|---|---|---|---|---|---|
| $Z(t_k)$ | $x$ | $Z(t_{k+1})$ | $Q$ | $z_2$ | $z_1$ | $z_0$ | $x$ | $z_2'$ | $z_1'$ | $z_0'$ | $q_2$ $q_1$ $q_0$ |

| $Z(t_k)$ | $x$ | $Z(t_{k+1})$ | $Q$ | $z_2$ | $z_1$ | $z_0$ | $x$ | $z_2'$ | $z_1'$ | $z_0'$ | $q_2$ | $q_1$ | $q_0$ |
|---|---|---|---|---|---|---|---|---|---|---|---|---|---|
| 0 | 0 | 1 | 3 | 0 | 0 | 0 | 0 | 0 | 0 | 1 | 0 | 1 | 1 |
| 0 | 1 | 4 | 3 | 0 | 0 | 0 | 1 | 1 | 0 | 0 | 0 | 1 | 1 |
| 1 | 0 | 0 | 0 | 0 | 0 | 1 | 0 | 0 | 0 | 0 | 0 | 0 | 0 |
| 1 | 1 | 2 | 0 | 0 | 0 | 1 | 1 | 0 | 1 | 0 | 0 | 0 | 0 |
| 2 | 0 | 0 | 1 | 0 | 1 | 0 | 0 | 0 | 0 | 0 | 0 | 0 | 1 |
| 2 | 1 | 3 | 1 | 0 | 1 | 0 | 1 | 0 | 1 | 1 | 0 | 0 | 1 |
| 3 | 0 | 3 | 2 | 0 | 1 | 1 | 0 | 0 | 1 | 1 | 0 | 1 | 0 |
| 3 | 1 | 4 | 2 | 0 | 1 | 1 | 1 | 1 | 0 | 0 | 0 | 1 | 0 |
| 4 | 0 | 5 | 0 | 1 | 0 | 0 | 0 | 1 | 0 | 1 | 0 | 0 | 0 |
| 4 | 1 | 7 | 0 | 1 | 0 | 0 | 1 | 1 | 1 | 1 | 0 | 0 | 0 |
| 5 | 0 | 6 | 4 | 1 | 0 | 1 | 0 | 1 | 1 | 0 | 1 | 0 | 0 |
| 5 | 1 | 7 | 4 | 1 | 0 | 1 | 1 | 1 | 1 | 1 | 1 | 0 | 0 |
| 6 | 0 | 4 | 5 | 1 | 1 | 0 | 0 | 1 | 0 | 0 | 1 | 0 | 1 |
| 6 | 1 | 7 | 5 | 1 | 1 | 0 | 1 | 1 | 1 | 1 | 1 | 0 | 1 |
| 7 | 0 | 0 | bel. | 1 | 1 | 1 | 0 | 0 | 0 | 0 | 0 | 0 | 0 |
| 7 | 1 | 0 | bel. | 1 | 1 | 1 | 1 | 0 | 0 | 0 | 0 | 0 | 0 |

**Tab. 9.10.** Zustandstabelle      **Tab. 9.11.** PROM-Programmier-Tabelle

Eins sind, in Übereinstimmung mit dem ursprünglichen Zustandsdiagramm in Abb. 9.62. Die entsprechende Aufspaltung für eine ODER-Verknüpfung erkennt man bei dem Makrozustand $C$.

Zur Darstellung der acht Zustände benötigen wir drei Zustandsvariablen. Das ROM in Abb. 9.61 muß außerdem drei Ausgänge zur Ansteuerung des 8-Input-Multiplexers besitzen sowie zwei $y$-Ausgänge. Damit ergibt sich eine Wortbreite von 8 bit. Neben den drei Zustandsvariablen tritt nur noch der Ausgang des Multiplexers als Adressenvariable auf. Damit ergibt sich eine Speicherkapazität von nur:

$$2^4 \text{ Worten à 8 bit } = 128 \text{ bit}$$

Das ist nur etwa ein Zehntel der Speicherkapazität gegenüber der Standardrealisierung.

Die Aufstellung der Wahrheitstafel ist nicht schwierig. Aus dem Zustandsdiagramm in Abb. 9.63 ergibt sich unmittelbar die Zustandstabelle in Tab. 9.10. Sie gibt an, welcher Zustandsvektor $Z(t_{k+1})$ auf einen Zustandsvektor $Z(t_k)$ folgt, je nachdem, ob $x$ gleich 1 oder 0 ist. Die Dualzahl $Q$ gilt dabei den im Zustand $S_{Z(t_k)}$ ausgewählten Qualifier $x_Q$ an. Nun braucht man nur noch die Zahlen $Z(t_k)$, $Z(t_{k+1})$ und $Q$ als Dualzahlen aufzuschreiben und erhält direkt die in Tab. 9.11 dargestellte Programmiertabelle. Beim Inhalt haben wir nur die 6 für die Ablaufsteuerung erforderlichen Bits eingetragen. Zusätzliche Bits für die Ausgabe können nach Belieben ergänzt werden.

## 9.8
## Abhängigkeitsnotation

Die neue Norm für digitale Schaltsymbole (DIN 40 900 Teil 12) beschränkt sich nicht darauf, die bisherigen runden Symbole durch eckige zu ersetzen. Als wesentlicher Fortschritt wurde im Rahmen der neuen Symbolik die sogenannte Abhängigkeitsnotation eingeführt, mit der sich auch komplexe Schaltungen übersichtlich darstellen lassen.

Der Grundgedanke besteht darin, durch genau festgelegte Beschriftungsregeln über das Schaltsymbol für Gatter hinaus anzugeben, wie bestimmte Variablen andere Variablen beeinflussen. Man unterscheidet zwischen steuernden Anschlüssen und gesteuerten Anschlüssen. Dabei ist es auch möglich, daß ein gesteuerter Anschluß seinerseits wieder als steuernder Anschluß für andere wirkt.

In der Norm wurden verschiedene Arten von Abhängigkeiten festgelegt. Sie werden durch bestimmte Buchstaben gemäß Tab. 9.12 gekennzeichnet. Je nach gewünschter Beeinflussung wird der entsprechende Buchstabe innerhalb des Schaltsymbols an den steuernden Anschluß geschrieben. Hinter den Buchstaben setzt man eine Identifikationsnummer. Diese Nummer wird ebenfalls an all den Anschlüssen angebracht, die von der betreffenden Verknüpfung beeinflußt werden sollen.

Abbildung 9.65 zeigt als Beispiel die Erweiterung eines Treibergatters zum UND-Gatter mit Hilfe der Abhängigkeitsnotation. Entsprechend ist in Abb. 9.65 und Abb. 9.66 die Erweiterung zum ODER- bzw. EXOR-Gatter dargestellt.

Ein Anschluß kann gleichzeitig von mehreren anderen Anschlüssen gesteuert werden. In diesem Fall werden die verschiedenen Identifikationsnummern wie in Abb.9.67 durch Kommas getrennt. Die betreffenden Verknüpfungen sind nacheinander von links nach rechts durchzuführen.

| Symbol | Bedeutung |
| --- | --- |
| G | UND |
| V | ODER |
| N | Exklusiv-ODER (steuerbare Negation) |
| Z | unveränderte Übertragung |
| C | Clock, Takt |
| S | Set |
| R | Reset |
| EN | Enable |
| M | Mode |
| L | Load |
| T | Toggle |
| A | Adresse |
| CT | Content (z.B. Zählerinhalt) |

**Tab. 9.12.** Symbole der Abhängigkeitsnotation

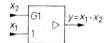
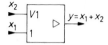
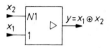

**Abb. 9.64.** UND-Verknüpfung

**Abb. 9.65.** ODER-Verknüpfung

**Abb. 9.66.** Exklusiv-ODER-
Verknüpfung

**Abb 9.64–9.66** Abhängigkeitsnotation am Beispiel eines Treibers

Abbildung 9.68 zeigt als Beispiel, wie ein Steueranschluß auf mehrere andere Anschlüsse wirkt. Ein Negationsstrich über einer Identifikationsnummer besagt, daß die betreffende Variable mit der negierten Steuervariable zu verknüpfen ist.

Man kann wie in Abb. 9.69 mehrere Anschlüsse zu einer Steuervariable zusatnmenfassen. Als Identifikationsnummer wird dann eine Dualzahl herangezogen, die sich durch die innerhalb der geschweiften Klammer eingetragene Gewichtung ergibt. Der in Frage kommende Zahlenbereich wird hinter dem Verknüpfungssymbol eingetragen. Die Bezeichnung $\frac{0}{3}$ bedeutet dabei 0 bis 3. Im Beispiel wirkt der Eingang $x_0$ nur dann, wenn die Steuereingänge $a_0$ und $a_1$ die Dualzahl 0 darstellen.

Die bisher gezeigten Beispiele haben verdeutlicht, daß gesteuerte Eingänge nur mit Identifikationsnummern gekennzeichnet werden. Es gibt jedoch Fälle, in denen aus anderen Gründen eine mnemonische Bezeichnung eines Anschlusses wünschenswert ist, z.B. $D$ für Daten. In solchen Fällen wird die Identifikationsnummer, mit einem Komma getrennt, vor den Bezeichnungsbuchstaben gesetzt, z.B. 1, $D$.

Abbildung 9.70 zeigt ein Beispiel für die Benutzung verschiedener Betriebsarten (Mode $M$) sowie die Beeinflussung und steuernde Wirkung eines Inhaltes (Content $CT$). Dargestellt ist ein Vorwärts-/Rückwärtszähler mit parallelen Ladeeingängen. Je nach Betriebsart bewirkt der Takt $CLK$ verschiedene Dinge.

Die Notation 2,4+ am Takteingang bedeutet, daß der Zählerstand inkrementiert wird (+), wenn Mode 2 vorliegt ($LOAD = 0$, $UP = 1$) und $ENABLE = 1$ ist. Entsprechend wird in Mode 0 abwärts gezählt. Die Bedingung hierfür lautet 0,4−. Die verschiedenen Wirkungsweisen eines Anschlusses werden einfach, durch Schrägstriche getrennt, nebeneinander geschrieben.

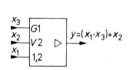
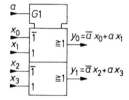
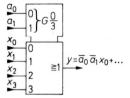

**Abb. 9.67.** Mehrfache Steuerung eines Eingangs

**Abb. 9.68.** Steuerung mehrerer Eingänge am Beispiel eines 2fach 2-zu-1-Multiplexers

**Abb. 9.69.** Steuerblock mit mehreren Steuervariablen am Beispiel eines 4-zu-1-Multiplexers

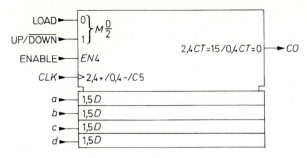

**Abb. 9.70.** Beschreibung mehrerer Betriebsarten am Beispiel eines Vorwärts-/Rückwärtszählers mit synchronen Ladeeingängen

In der dritten Betriebsart bewirkt der Takt eine parallele Datenübernahme an den $D$-Eingängen. Die Notation 1,5 $D$ besagt, daß der parallele Ladevorgang in Mode 1 stattfindet und synchron mit dem Takt erfolgt. Dementsprechend würde die Notation 1 $D$ eine taktunabhängige, d.h. asynchrone Übernahme bedeuten.

Der Übertragsausgang $CO$ wird vom Zählerinhalt gesteuert. Er wird Eins, wenn beim Vorwärtszählen der Inhalt 15 beträgt (2,4 CT = 15) oder wenn beim Rückwärtszählen der Inhalt Null ist (0,4 CT = 0).

# Literatur

[9.1]   Grosse, D.: Keep metastability from Killing your digital design. EDN 23.6.1994 S. 109–116

[9.2]   Shear, D.: Exorcise Metastability from your Design. EDN 10.12.1992 S. 58–64

[9.3]   Beuth, K.: Elektronik 4: Digitaltechnik. Vogel 1992.

[9.4]   Schaltzeichen, Digitale Informationsverarbeitung. DIN 409000 Teil 12. Berlin: Beuth.

# Kapitel 10:
# Halbleiterspeicher

Bei den Halbleiterspeichern unterscheidet man, wie in Abb. 10.1 dargestellt, zwei Hauptgruppen; die *Tabellenspeicher* und die *Funktionsspeicher*. Bei den Tabellenspeichern gibt man eine Adresse $A$ im Bereich

$$0 \le A \le n = 2^N - 1$$

an. Die Wortbreite der Adresse liegt dabei je nach Speicher zwischen $N = 5\ldots 22$. Bei jeder der $2^N$ Adressen lassen sich Daten speichern. Die Datenwortbreite beträgt $m = 1\ldots 16$ bit. In Tab. 10.1 ist ein Beispiel für $N = 3$ Adreßbits und $m = 2$ Datenbits dargestellt.

Die Speicherkapazität $K = m \cdot 2^N$ wird in Bit angegeben, bei Datenwortbreiten von 8 oder 16 bit daneben auch K/8 in Byte. Durch Verwendung mehrerer Spei-

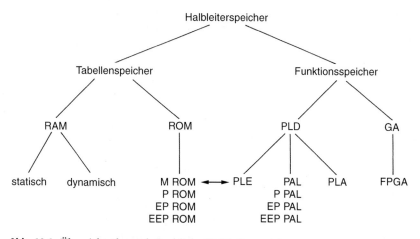

**Abb. 10.1.** Übersicht über gebräuchliche Halbleiterspeicher

| | |
|---|---|
| RAM = Random Access Memory | PLD  = Programmable Logic Device |
| ROM = Read Only Memory | PLA  = Programmable Logic Array |
| M   = Masken-programmiert | PAL  = Programmable Array Logic |
| P   = Programmierbar | PLE  = Programmable Logic Element |
| EP  = Löschbar und programmierbar | GA   = Gate Array |
| EEP = Elektrisch löschbar und programmierbar | FPGA = Field Programmable GA |

|   | $a_2$ | $a_1$ | $a_0$ | $d_1$ | $d_0$ |        |
|---|-------|-------|-------|-------|-------|--------|
| 0 | 0     | 0     | 0     | $d_{01}$ | $d_{00}$ | $D_0$ |
| 1 | 0     | 0     | 1     | $d_{11}$ | $d_{10}$ | $D_1$ |
| 2 | 0     | 1     | 0     | $d_{21}$ | $d_{20}$ | $D_2$ |
| 3 | 0     | 1     | 1     | $d_{31}$ | $d_{30}$ | $D_3$ |
| 4 | 1     | 0     | 0     | $d_{41}$ | $d_{40}$ | $D_4$ |
| 5 | 1     | 0     | 1     | $d_{51}$ | $d_{50}$ | $D_5$ |
| 6 | 1     | 1     | 0     | $d_{61}$ | $d_{60}$ | $D_6$ |
| 7 | 1     | 1     | 1     | $d_{71}$ | $d_{70}$ | $D_7$ |

Über der Tabelle: $A$ / $D$

Adreßwortbreite  $N = 3\,\text{bit}$
Datenwortbreite  $m = 2\,\text{bit}$

**Tab. 10.1.** Anordnung einer Tabelle für einen Speicher mit einer Speicherkapazität von $K = 2^3 \cdot 2\,\text{bit} = 16\,\text{bit}$

cherbausteine läßt sich sowohl der Adreßraum als auch die Wortbreite beliebig vergrößern. Auf diese Weise lassen sich beliebige Tabellen wie z.B. Wahrheitstafeln, Computerprogramme oder Meßreihen speichern.

Bei den Funktionsspeichern werden keine Tabellen, sondern logische Funktionen gespeichert. Jede Variable einer Wahrheitstafel läßt sich als logische Funktion darstellen. Die logische Funktion der Variable $d_0$ in Tab. 10.1 lautet z.B. in disjunktiver Normalform:

$$d_0 = \overline{a}_2\overline{a}_1\overline{a}_0 d_{00} + \overline{a}_2\overline{a}_1 a_0 d_{10} + \cdots + a_2 a_1 a_0 d_{70}$$

Wenn $d_0$ keine Gesetzmäßigkeit enthält, die Nullen und Einsen also statistisch verteilt sind, ergeben sich n/2, hier also 4, nicht verschwindende Konjunktionen. Solche Verhältnisse findet man z.B. bei der Speicherung von Programmen. In diesem Fall ist die Realisierung der logischen Funktion aufwendiger als die Speicherung in einer Tabelle.

Wenn man jedoch von einer Wahrheitstafel ausgeht, gibt es wegen der oft zugrunde liegenden Gesetzmäßigkeiten weitgehende Vereinfachungsmöglichkeiten für die logische Funktion. Ein Fall ist der, daß es nur sehr wenige Einsen gibt. Wenn z.B. in der Funktion $d_0$ nur $d_{70} = 1$ ist, benötigt man nur eine einzige Konjunktion $d_0 = a_2 a_1 a_0$. Ein anderer Fall ist der, daß sich die logische Funktion mit Hilfe der Booleschen Algebra vereinfachen läßt. Wenn z.B. in Tab. 10.1 $d_0 = a_1$ ist, ergibt sich eine ganz einfache Funktion, obwohl sie 4 Einsen enthält. In solchen Fällen führt der Einsatz von Funktionsspeichern meist zu sehr viel günstigeren Lösungen als der Einsatz von Tabellenspeichern.

Bei den Tabellenspeichern unterscheidet man RAMs und ROMs. RAM ist die allgemeine Bezeichnung für Schreib-Lese-Speicher. Der Speicherinhalt kann im Normalbetrieb eingeschrieben und gelesen werden. Die Abkürzung RAM bedeutet wörtlich „Random Access Memory", d.h. Speicher mit wahlfreiem Zugriff. Das bedeutet, daß man auf jedes Datenwort zu jeder Zeit zugreifen kann, im Unterschied zum Schieberegisterspeicher, bei dem die Daten nur in derselben Reihenfolge ausgelesen werden können, in der sie eingeschrieben wurden. Schieberegisterspeicher haben heute keine Bedeutung mehr. Deshalb ist der Begriff

RAM zur generellen Bezeichnung für Schreib-Lese-Speicher geworden. Das ist insofern etwas irreführend, als die ROMs ebenfalls einen wahlfreien Zugriff auf jedes Datenwort erlauben.

ROM ist die Abkürzung des englischen Begriffs „Read-Only Memory", d.h. Festwertspeicher. Damit werden Speicher-ICs bezeichnet, die ihre Daten auch dann behalten, wenn sie ohne jede Versorgungsspannung, also auch ohne Hilfsbatterie, betrieben werden. Im Normalbetrieb werden sie nur gelesen, aber nicht beschrieben. Die Speicherung der Daten erfordert in der Regel spezielle Geräte. Man bezeichnet den Speichervorgang in diesem Fall als Programmierung. Die in Abb. 10.1 aufgeführten Untergruppen unterscheiden sich in der Art der Programmierung. Sie wird im folgenden Abschnitt noch näher beschrieben.

## 10.1
## Schreib-Lese-Speicher (RAM)

### 10.1.1
### Statische RAMs

Ein RAM ist ein Speicher, bei dem man nach Vorgabe einer Adresse Daten abspeichern und unter dieser Adresse wieder auslesen kann (wahlfreier Zugriff). Aus technologischen Gründen werden die einzelnen Speicherzellen nicht linear, sondern in einer quadratischen Matrix angeordnet. Zur Auswahl einer bestimmten Speicherzelle wird wie in Abb. 10.2 die Adresse $A$ von einem Spalten- bzw. Zeilendecoder dekodiert.

Außer den Adreßeingängen besitzt ein RAM noch einen Dateneingang $D_{in}$, einen Datenausgang $D_{out}$, eine Schreib-Leseumschaltung $R/\overline{W}$ (Read/Write) und einen Chip-Select-Anschluß $CS$ bzw. Chip-Enable-Anschluß $CE$. Dieser Anschluß dient zum Multiplexbetrieb mehrerer Speicher, die an einer gemeinsamen Datenleitung (BUS-System) betrieben werden. Wenn $CS = 0$ ist, wird der Datenausgang $D_{out}$ in einen hochohmigen Zustand versetzt und beeinflußt daher die Datenleitung nicht. Um diese Umschaltung zu ermöglichen, ist der Datenausgang grundsätzlich als Open-Collector-Gatter oder Tristate-Gatter ausgeführt.

Bei einem Schreibvorgang ($R/\overline{W} = 0$) wird das Ausgangsgatter durch eine zusätzliche logische Verknüpfung ebenfalls in den hochohmigen Zustand versetzt. Dadurch hat man die Möglichkeit, $D_{in}$ mit $D_{out}$ zu verbinden und somit die Datenübertragung in beiden Richtungen über ein und dieselbe Leitung vorzunehmen (bidirektionales BUS-System).

Durch eine weitere logische Verknüpfung wird eine Umschaltung in den Schreibzustand ($we = 1$) verhindert, wenn $CS = 0$ ist. Dadurch wird ein versehentliches Schreiben vermieden, solange der betreffende Speicher nicht ausgewählt ist.

In Abb. 10.2 sind die genannten logischen Verknüpfungen eingezeichnet. Intern sind an jeder Speicherzelle die Leitungen $d_{in}$, $d_{out}$ und $we$ (write enable) angeschlossen; wie es in Abb. 10.3 schematisch dargestellt ist. In die Speicherzelle

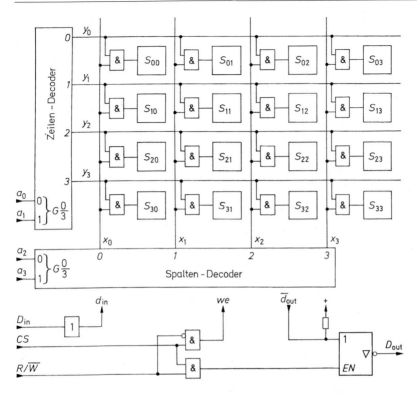

**Abb. 10.2.** Innerer Aufbau eines RAMs. Beispiel für 16 bit Speicherkapazität

| | | | |
|---|---|---|---|
| $D_{in}$ | = | Data input | |
| $CS$ | = | Chip Select | |
| $we$ | = | write enable | |

| | | | |
|---|---|---|---|
| $D_{out}$ | = | Data output |
| $R/\overline{W}$ | = | Read/Write |

sollen nur Daten eingelesen werden, wenn die Adressenbedingung $x_i = y_j = 1$
erfüllt ist und außerdem $we = 1$ ist. Diese Verknüpfung bildet das Gatter $G_1$.
Der Inhalt der Speicherzelle soll nur dann an den Ausgang gelangen, wenn die
Adressenbedingung erfüllt ist. Diese Verknüpfung bildet das Gatter $G_2$. Es besitzt einen Open-Collector-Ausgang. Wenn die Zelle nicht adressiert ist, sperrt der
Ausgangstransistor. Die Ausgänge aller Zellen sind über eine interne Wired-AND-

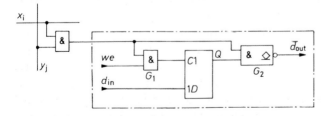

**Abb. 10.3.** Logisches Ersatzschaltbild für den Aufbau einer Speicherzelle

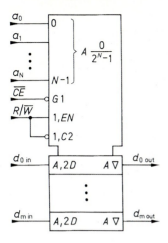

**Abb. 10.4.** Schaltsymbol eines RAMs

Verknüpfung miteinander verbunden und über das in Abb. 10.2 eingezeichnete Tristate-Gatter am Speicherausgang $D_{out}$ angeschlossen.

Wenn die Betriebsspannung nicht abgeschaltet wird, bleibt der Speicherinhalt so lange erhalten, bis er durch einen Schreibbefehl geändert wird. Man bezeichnet solche Speicher als statisch im Unterschied zu den dynamischen Speichern, bei denen der Speicherinhalt regelmäßig aufgefrischt werden muß, damit er nicht verlorengeht.

Das Schaltsymbol eines RAMs ist in Abb. 10.4 gezeigt. Man erkennt $N$ Adresseneingänge, die vom Adressendekodierer so dekodiert werden, daß genau die Speicherzelle (aus $2^N$) selektiert wird, die der angelegten Adresse entspricht. Die Schreib-Leseumschaltung $R/\overline{W}$ wird nur aktiv, wenn der Chip-Enable $CE = 1$ bzw. $\overline{CE} = 0$ ist. Dann wird für $R/\overline{W} = 1$ der Tristate-Ausgang aktiviert und für $R/\overline{W} = 0$ hochohmig. Aus diesem Grund lassen sich jeweils der Datenein- und -ausgang im Speicher-IC intern miteinander verbinden. Dadurch entsteht ein bidirektionaler Datenanschluß, dessen Richtung durch das $R/\overline{W}$-Signal bestimmt wird.

Häufig wird unter einer Adresse nicht nur ein einziges Bit gespeichert, sondern ein $m$-stelliges Wort. Man kann sich die Speicherung ganzer Worte als die räumliche Erweiterung des Blockschaltbildes in Abb. 10.2 vorstellen. Die zusätzlichen Bits liegen dann in weiteren Speicherebenen übereinander; ihre Steuerleitungen $x$, $y$ und $we$ sind parallelgeschaltet, ihre Datenleitungen bilden das Eingangs- bzw. Ausgangswort.

### Zeitbedingungen

Um die einwandfreie Funktion eines Speichers zu gewährleisten, müssen einige zeitliche Randbedingungen eingehalten werden. Abbildung 10.5 zeigt den Ablauf eines Schreibvorganges. Um zu verhindern, daß die Daten in eine falsche Zelle geschrieben werden, darf der Schreibbefehl erst eine gewisse Wartezeit nach der

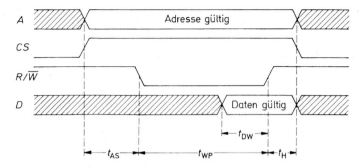

**Abb. 10.5.** Zeitlicher Ablauf eines Schreibvorganges
$t_{AS}$ : Address Setup Time
$t_{WP}$ : Write Pulse Width
$t_{DW}$ : Data Valid to End of Write Time
$t_H$ : Hold Time

Adresse angelegt werden. Diese Zeit heißt Address Setup Time $t_{AS}$. Die Dauer des Schreibimpulses darf den Minimalwert $t_{WP}$ (Write Pulse Width) nicht unterschreiten. Die Daten werden am Ende des Schreibimpulses eingelesen. Sie müssen eine bestimmte Mindestzeit vorher gültig. d.h. stabil sein. Diese Zeit heißt $t_{DW}$ (Data Valid to End of Write). Bei vielen Speichern müssen die Daten bzw. Adressen noch eine gewisse Zeit $t_H$ nach dem Ende des Schreibimpulses anliegen (Hold Time). Wie man in Abb. 10.5 erkennt, ergibt sich für die Durchführung eines Schreibvorganges die Zeit:

$$t_W = t_{AS} + t_{WP} + t_H$$

Sie wird als Schreib-Zyklus-Zeit (Write Cycle Time) bezeichnet.

Der Lesevorgang ist in Abb. 10.6 dargestellt. Nach dem Anlegen der Adresse muß man die Zeit $t_{AA}$ abwarten, bis die Daten am Ausgang gültig sind. Diese Zeit heißt Lese-Zugriffszeit (Address Access Time) oder einfach Zugriffszeit.

Eine Übersicht über einige gebräuchliche statische RAMs in Bipolar- und MOS-Technologie ist in Tab. 10.2 zusammengestellt.

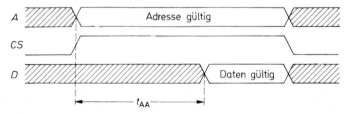

**Abb. 10.6.** Zeitlicher Ablauf eines Lesevorganges
$t_{AA}$ : Address Access Time

| Kapa-zität | Organi-sation | Typ | Hersteller | Betriebs-leistung typisch | Zugriffs-zeit maximal | An-schlüsse |
|---|---|---|---|---|---|---|
| CMOS: | | | | | | |
| **64 kbit** | **8 k × 8** | **6264** | **Hi, Ne, To** | **200 mW** | **100 ns** | **28** |
| | 8 k × 8 | DS 1225[1] | Da, St, Bq | 200 mW | 150 ns | 28 |
| | 8 k × 8 | 5588 | To, Cy, To | 500 mW | 15 ns | 28 |
| | 16 k × 4 | 55416 | To, Cy, To | 400 mW | 15 ns | 22 |
| | 64 k × 1 | 6787 | Hi, Cy | 400 mW | 15 ns | 22 |
| **256 kbit** | **32 k × 8** | **62256** | **Hi, Ne, To, Fu** | **300 mW** | **100 ns** | **28** |
| | 32 k × 8 | DS 1230[1] | Da, Bq, St | 300 mW | 60 ns | 28 |
| | 32 k × 8 | 67832 | Hi, Cy, Id, Ne, To | 600 mW | 15 ns | 28 |
| | 64 k × 4 | 6709 | Hi, Cy, Id, Ne, To | 500 mW | 15 ns | 28 |
| | 256 k × 1 | 6707 | Hi, Cy, Id, Ne | 400 mW | 15 ns | 24 |
| **1 Mbit** | **128 k × 8** | **628128** | **Hi, Fu, Ne, To** | **250 mW** | **70 ns** | **32** |
| | 128 k × 8 | DS 1245[1] | Da, Bq, St | 250 mW | 70 ns | 32 |
| | 64 k × 16 | 621664 | Hi, Ne, To | 1000 mW | 15 ns | 44 |
| | 128 k × 8 | 628127 | Hi, Cy, Ne, To | 800 mW | 15 ns | 32 |
| | 256 k × 4 | 674256 | Hi, Cy, Ne, To | 600 mW | 15 ns | 32 |
| | 1024 k × 1 | 621100 | Hi, Cy, Ne, To | 500 mW | 20 ns | 28 |
| **4 Mbit** | **512 k × 8** | **628512** | **Hi, Ne, To** | **350 mW** | **70 ns** | **32** |
| | 512 k × 8 | DS 1650 | Da, Bq, St | 300 mW | 70 ns | 32 |
| | 256 k × 16 | 55416 | To | 300 mW | 70 ns | 32 |
| | 1 M × 1 | 624100 | Hi, Ne, To | 500 mW | 15 ns | 32 |
| | 4 M × 1 | 621400 | Hi, Ne, To | 500 mW | 25 ns | 32 |
| 8 Mbit | 256 k × 32 | 8 F 32256[2] | Ed, Cy, Dp, Id | 2000 mW | 35 ns | 64 |
| | 512 k × 16 | DS 2229[2] | Da | 220 mW | 85 ns | 80 |
| | 1024 k × 8 | 8 F 81026C[2] | Ed | 1000 mW | 25 ns | 36 |
| 16 Mbit | 2 M × 8 | DS 1270[1] | Da | 350 mW | 70 ns | 36 |
| | 512 k × 32 | 8 F 32512[2] | Ed | 3000 mW | 25 ns | 72 |
| 32 Mbit | 1 M × 32 | 7 MP 4104[2] | Id, Ed, Cy | 5000 mW | 20 ns | 80 |
| ECL: | | | | | | |
| 64 kbit | 16 k × 4 | 101494 | Hi, Cy, Id, Ne | 800 mW | 8 ns | 28 |
| | 64 k × 1 | 101490 | Hi, Id, Ne | 600 mW | 10 ns | 22 |
| 256 kbit | 64 k × 4 | 101504 | Hi, Id, Ne | 750 mW | 10 ns | 32 |
| | 256 k × 1 | 101500 | Hi, Id, Ne | 500 mW | 15 ns | 24 |
| 1 Mbit | 256 k × 4 | 101515 | Hi, Id, Ne, Na | 800 mW | 15 ns | 32 |
| | 1 M × 1 | 101510 | Hi | 700 mW | 15 ns | 28 |
| 4 Mbit | 1 M × 4 | 101524 | Hi | 700 mW | 15 ns | 36 |

[1] Lithium-Batterie enthalten, Datenerhalt: 10 Jahre    [2] Modul

Hersteller: Bq = Benchmarq, Cy = Cypress, Da = Dallas, Ed = EDI, Hi = Hitachi, Memory, Id = IDT, Mi = Micron, Na = National, Ne = NEC, St = SGS-Thomson, To = Toshiba

**Tab. 10.2.** Beispiel für statische RAMs

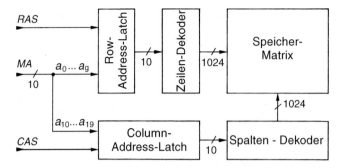

**Abb. 10.7.** Adreß-Dekodierung in einem dynamischen 1 Mbit-Speicher
*RAS* : Row Address Strobe (gleichzeitig Chip Enable)
*CAS* : Column Address Strobe

## 10.1.2
## Dynamische RAMs

Da man in einem Speicher möglichst viele Zellen unterbringen möchte, ist man
bemüht, sie so einfach wie möglich zu realisieren. Sie bestehen in der Regel nur
aus wenigen Transistoren; bei den statischen CMOS-RAMs ist eine 6-Transistor-
Zelle üblich. Im einfachsten Fall läßt man sogar das Flip-Flop weg und ersetzt es
durch einen Kondensator, den man über einen Mosfet selektiert. Auf diese Weise
gelangt man zur 1-Transistor-Zelle. Die Information wird als Ladung gespeichert;
allerdings bleibt sie nur für kurze Zeit erhalten. Deshalb muß der Kondensator
regelmäßig (ca. alle 2...8 ms) nachgeladen werden. Diesen Vorgang bezeichnet
man als *Refresh*, die Speicher als *dynamische* RAMs.

| Kapa-zität | Organi-sation | Typ | Hersteller | Betriebs-leistung typisch | Zugriffs-zeit maximal | An-schlüsse |
|---|---|---|---|---|---|---|
| 1 Mbit | 1 M × 1 | **511000** | **Toshiba** | **300 mW** | **80 ns** | **18** |
|  | 256 k × 4 | 514256 | Toshiba | 300 mW | 80 ns | 20 |
| 4 Mbit | 4 M × 1 | **514100** | **Toshiba** | **400 mW** | **80 ns** | **20** |
|  | 1 M × 4 | 514400 | Toshiba | 400 mW | 80 ns | 20 |
| 16 Mbit | 16 M × 1 | **5116100** | **Toshiba** | **300 mW** | **70 ns** | **28** |
|  | 4 M × 4 | 5116400 | Toshiba | 300 mW | 70 ns | 28 |
|  | 1 M × 16 | 5116160 | Toshiba | 350 mW | 70 ns | 42 |
| 64 Mbit | 16 M × 4 | **4564441** | **NEC** | **330 mW** | **50 ns** | **32** |
|  | 4 M × 16 | 4564163 | NEC | 330 mW | 50 ns | 32 |
| 256 Mbit | 64 M × 4 | **5225405** | **Hitachi** | **200 mW** | **50 ns** | **54** |
|  | 16 M × 16 | 5225165 | Hitachi | 200 mW | 50 ns | 54 |

Weitere Hersteller: Hyundai, Micron, Mitsubishi, Oki, Samsung, Siemens

**Tab. 10.3.** Beispiele für DRAM-Chips

| Kapa- | Organi- | Typ | Hersteller | Chips | | Modul |
| zität | sation | | | Stück | Organisat. | |
| --- | --- | --- | --- | --- | --- | --- |
| 32 MB | $8\,MB \times 32$ | HYM 328025 | Siemens | 16 | $4\,Mbit \times 4$ | 72 SIMM |
| 32 MB | $4\,MB \times 64$ | HYS 64 V4220 | Siemens | 16 | $2\,Mbit \times 8$ | 168 DIMM |
| 64 MB | $8\,MB \times 64$ | HYS 64 V8200 | Siemens | 8 | $8\,Mbit \times 8$ | 168 DIMM |
| 128 MB | $16\,MB \times 64$ | HYS 64 V16220 | Siemens | 16 | $8\,Mbit \times 8$ | 168 DIMM |
| 256 MB | $32\,MB \times 72$ | HYS 72 V32200 | Siemens | 9 | $32\,Mbit \times 8$ | 168 DIMM |
| 512 MB | $64\,MB \times 72$ | HYS 72 V64220 | Siemens | 18 | $32\,Mbit \times 8$ | 168 DIMM |
| 1 GB | $128\,MB \times 72$ | M39052858 | Samsung | 36 | $16\,Mbit \times 16$ | 168 DIMM |

Weitere Herstller: Hitachi, Hyundai, Micron, Mitsubishi, NEC, Oki, Toshiba

**Tab. 10.4.** Beispiele für DRAM-Module

Diesem Nachteil stehen mehrere Vorteile gegenüber. Auf derselben Leiterplatten-Fläche, bei derselben Stromaufnahme und mit denselben Kosten läßt sich mit dynamischen Speichern ungefähr die vierfache Speicherkapazität realisieren.

Um Anschlüsse einzusparen, wird die Adresse bei dynamischen Speichern in zwei Schritten eingegeben und im IC zwischengespeichert. Das Blockschaltbild eines 1 Mbit-RAMs ist in Abb. 10.7 dargestellt. Im ersten Schritt werden die unteren 10 Adreßbits $a_0 \ldots a_g$ mit dem RAS-Signal in das Row-Address-Latchgeladen. Im zweiten Schritt werden die Addreßbits $a_{10} \ldots a_{19}$ mit dem CAS-Signal in das Column-Address-Latch geladen. Dadurch ist es möglich, einen 1 Mbit-Speicher in einem 18poligen Gehäuse unterzubringen. Tabelle 10.3 zeigt eine Übersicht über gebräuchliche IC-Typen, Tab. 10.4 zeigt einige Module.

**Dynamic RAM Controller**

Der Betrieb von dynamischen RAMs erfordert zusätzliche Schaltungen. Bei einem normalen Speicherzugriff muß die Adresse in zwei aufeinanderfolgenden Schritten in das RAM geladen werden. Um einen Datenverlust zu vermeiden, ist es erforderlich, alle Zeilenadressen in (normalerweise) 8 ms mindestens einmal aufzurufen. Wenn der Speicherinhalt nicht zyklisch ausgelesen wird, sind Schaltungszusätze notwendig, die eine zyklische Adressierung zwischen den normalen Speicherzugriffen bewirken. Man bezeichnet sie als „Dynamic-RAM-Controller". Das Blockschaltbild ist in Abb. 10.8 dargestellt [10.2, 10.3].

Bei einem normalen Speicherzugriff wird die außen angelegte Adresse im Row- bzw. Column-Address-Latch eingespeichert, wenn der Address-Strobe $AS$ Eins wird und damit anzeigt, daß die Adresse gültig ist. Gleichzeitig wird in der Ablauf-Steuerung ein Zugriffs-Zyklus ausgelöst. Dabei wird zunächst die Zeilenadresse $a_0 \ldots a_9$ über den Multiplexer an den Speicher ausgegeben. Dann wird der Row-Address-Strobe gleich Eins und bewirkt die Übernahme in den Speicher. Anschließend wird die Spaltenadresse $a_{10} \ldots a_{19}$ ausgegeben und mit dem Column-Address-Strobe ebenfalls in den Speicher eingelesen. Dieser Zeitablauf

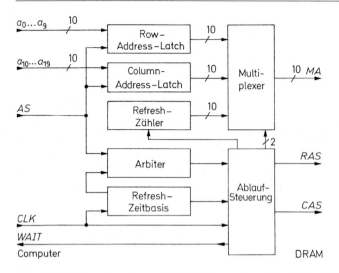

**Abb. 10.8.** Aufbau eines Dynamic-RAM-Controllers für 1 Mbit-RAMs
$AS$ = Address Strobe        $KAS$ = Row Address Strobe
$MA$ = Memory Address       $CAS$ = Column Address Strobe

ist in Abb. 10.9 dargestellt. Nach der Adresseneingabe muß der Address-Strobe so lange auf Eins bleiben, bis die Datenübertragung abgeschlossen ist. Der nächste Speicher-Zugriff darf nicht sofort erfolgen, sondern erst nach der „Precharge Time", die in derselben Größenordnung liegt wie die Zugriffszeit (Address Access Time).

Zur Durchführung des Refreshs muß man alle Zeilen-Adressen (hier 1024) in 8 ms einmal anlegen. Bei einer „Refresh-Cycle-Time" von 100 ns ist dazu eine Gesamtzeit von ca. 100 μs erforderlich. Die Verfügbarkeit des Speichers reduziert sich dadurch also um weniger als 2%. Bei der zeitlichen Aufteilung des Refreshs unterscheidet man drei verschiedene Methoden:

1) *Burst Refresh.* Bei dieser Betriebsart wird nach jeweils 8 ms der Normalbetrieb unterbrochen und ein Refresh für alle Speicherzellen durchgeführt. In vielen Fällen ist jedoch störend, daß der Speicher für 100 μs blockiert ist.

2) *Cycle Stealing.* Um den Nachteil der zusammenhängenden Blockierung des Speichers zu vermeiden, kann man den Refreshvorgang gleichmäßig auf 8 ms

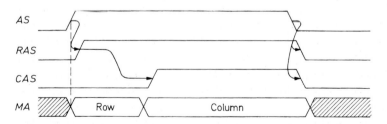

**Abb. 10.9.** Zeitlicher Ablauf der Adreß-Eingabe bei einem dynamischen RAM

verteilen: Wenn man den Zählerstand des Refreshzählers alle 8 $\mu$s um Eins erhöht, hat man nach $1024 \cdot 8\,\mu$s $\approx 8$ ms, wie verlangt, alle Zeilenadressen einmal angelegt. Beim *Cycle Stealing* hält man dazu den Prozessor alle 8 $\mu$s für einen Zyklus an und führt einen Refresh-Schritt aus. Zur Durchführung des Cycle Stealing ist im Blockschaltbild in Abb. 10.8 eine Refresh-Zeitbasis eingezeichnet, die den Takt *CLK* so herunterteilt, daß an die Ablaufsteuerung alle 8 $\mu$s ein Refresh-Befehl gegeben wird.

Bei einem Refresh-Zyklus wird der Zählerstand des Refresh-Zählers über den Multiplexer an den Speicher ausgegeben und das *RAS*-Signal vorübergehend auf Eins gesetzt. Anschließend wird der Zählerstand um Eins erhöht. Während des Refresh-Zyklus wird der Prozessor über ein Wait-Signal angehalten. Dadurch wird der laufende Prozess alle 8 $\mu$s für 100 ns angehalten, also ebenfalls um 2% verlangsamt.

3) *Transparent bzw. Hidden Refresh.* Bei diesem Verfahren führt man ebenfalls alle 8 $\mu$s einen Refresh-Schritt aus. Man synchronisiert den Refresh Controller jedoch so, daß der Prozessor nicht angehalten wird, sondern der Refresh genau dann ausgeführt wird, wenn der Prozessor ohnehin nicht auf den Speicher zugreift. Dadurch wird der Zeitverlust Null. Wenn sich eine Überlappung eines externen Zugriffs mit einem Refresh-Zyklus nicht ganz ausschließen läßt, kann man einen zusätzlichen Prioritäts-Decoder (Arbiter) wie in Abb. 10.8 einsetzen. Er quittiert eine externe Anforderung mit einem Wait-Signal, bis der laufende Refreshzyklus abgeschlossen ist und führt sie im Anschluß daran aus.

Refresh-Controller:

| | | | |
|---|---|---|---|
| für 4 M-DRAMs: | DP 8430 | CMOS | National |
| | AM 29 C 668 | CMOS | AMD |
| | 74 F 1762 | TTL | Philips |
| für 16 M-DRAMs: | DP 8440 | CMOS | National |
| für 64 M-DRAMs: | DP 8441 | CMOS | National |

## 10.2
## RAM-Erweiterungen

### 10.2.1
### Zweitorspeicher

Zweitorspeicher sind spezielle RAMs, die es zwei unabhängigen Prozessen ermöglichen, auf gemeinsame Daten zuzugreifen. Dies ermöglicht einen Datenaustausch zwischen den beiden Prozessen [10.4, 10.5]. Dazu muß der Zweitorspeicher wie in Abb. 10.10 zwei getrennte Sätze von Adreß-, Daten- und Steuerleitungen besitzen. Dieses Prinzip läßt sich nicht ohne Einschränkungen realisieren, da es prinzipiell unmöglich ist, gleichzeitig von beiden Toren in dieselbe Speicherzelle zu schreiben.

Dieses Problem wird bei den „Read-While-Write-Speichern" dadurch umgangen, daß an einem der beiden Tore nur geschrieben wird und am anderen nur

**Abb. 10.10.** Äußere Anschlüsse eines Zweitorspeichers

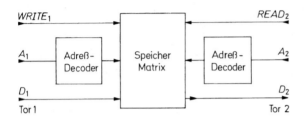

**Abb. 10.11.** Aufbau eines Read-While-Write-Speichers mit getrennten Adreß-Eingängen

gelesen. In Abb. 10.11 erkennt man, daß diese Speicher zwei getrennte Adreß-Decoder besitzen, die es ermöglichen, *gleichzeitig* auf eine Adresse zu schreiben und auf einer anderen zu lesen.

Wenn an beiden Toren eines Zweitorspeichers gelesen und geschrieben werden soll, läßt sich ein Zugriffskonflikt im allgemeinen nur dadurch umgehen, daß man gleichzeitige Speicherzugriffe verhindert. Dazu kann man wie in Abb. 10.12 die Adreß-, Daten- und Steuerleitungen über Multiplexer dem angesprochenen Tor zur Verfügung stellen. In vielen Fällen lassen sich die beiden auf den Speicher zugreifenden Prozesse so miteinander synchronisieren, daß ein gleichzeitiger Speicherzugriff ausgeschlossen ist. Wenn dies nicht möglich ist, kann man einen Prioritäts-Decoder (Arbiter) einsetzen, der bei überlappenden Speicherzugriffen einen der beiden Prozesse über ein Wait-Signal vorübergehend anhält. Einige integrierte Zweitorspeicher sind in Tab. 10.5 zusammengestellt. Ihre Speicherkapazität ist allerdings beschränkt. Um große Zweitorspeicher zu realisieren, ist es zweckmäßig, normale RAMs zusammen mit einem Dual-Port-RAM-Controller einzusetzen. In diesem Fall ist der 74 LS 764 von Valvo besonders vorteilhaft, weil er den Betrieb von dynamischen RAMs als Zweitorspeicher unterstützt.

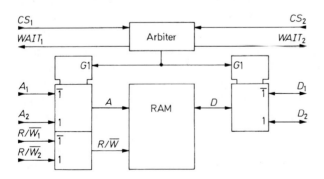

**Abb. 10.12.** Aufbau eines Zweitorspeichers mit Standard-RAMs

| Kapazität | Organisation | Typ | Hersteller | Betriebsleistung typisch | Zugriffszeit maximal | Anschlüsse |
|---|---|---|---|---|---|---|
| 64 kbit | 8 k × 8 | IDT 7005 | Id | 750 mW | 35 ns | 68 |
| 64 kbit | 4 k × 16 | IDT 7024 | Id | 750 mW | 30 ns | 84 |
| 128 kbit | 16 k × 8 | IDT 7006 | Id | 750 mW | 35 ns | 68 |
| 128 kbit | 8 k × 16 | IDT 7025 | Id | 750 mW | 30 ns | 84 |
| 256 kbit | 32 k × 8 | 7 C 09079 | Cy | 400 mW | 10 ns | 100 |
| 256 kbit | 16 k × 16 | 7 C 09269 | Cy | 400 mW | 10 ns | 100 |
| 512 kbit | 64 k × 8 | 7 C 09089 | Cy | 400 mW | 10 ns | 100 |
| 512 kbit | 32 k × 16 | 7 C 09279 | Cy | 400 mW | 10 ns | 100 |
| 1 Mbit | 128 k × 8 | 7 C 09099 | Cy | 400 mW | 10 ns | 100 |
| 1 Mbit | 64 k × 16 | 7 C 09289 | Cy | 400 mW | 10 ns | 100 |

Hersteller: Cy = Cypress, Id = IDT

**Tab. 10.5.** Beispiele für Zweitorspeicher

### 10.2.2
### RAM als Schieberegister

RAMs lassen sich als Schieberegister betreiben, wenn man die Adressen zyklisch durchzählt. Dazu dient der Zähler in Abb. 10.13. Bei jeder Adresse werden zunächst die gespeicherten Daten ausgelesen und anschließend die neuen Daten eingelesen. Der zeitliche Ablauf ist in Abb. 10.14 dargestellt. Bei der positiven Taktflanke wird der Zählerstand erhöht. Wenn man den Takt $CLK$ gleichzeitig als $R/\overline{W}$-Signal verwendet, wird dann der Speicherinhalt ausgelesen und bei der negativen Taktflanke im Ausgangs-Flip-Flop gespeichert. Während der Takt $CLK = 0$ ist, wird die gerade ausgelesene Speicherzelle mit den neuen Daten $D_{in}$ beschrieben. Die minimale Taktperiodendauer ist hier kürzer als die Summe von Lese- und Schreibzykluszeit, weil die Adresse konstant bleibt. Sie ist gleich der sogenannten „Read-Modify-Write-Cycle-Time".

Der Unterschied zu einem normalen Schieberegister (s. Abschnitt 9.5 auf S. 705) besteht darin, daß hier nicht die Daten geschoben werden, sondern nur die Adresse, die als Zeiger auf die feststehenden Daten wirkt. Der Vorteil dieser Methode ist, daß man normale RAMs einsetzen kann, die mit sehr viel größeren Speicherkapazitäten erhältlich sind als herkömmliche Schieberegister. Wenn die Taktfrequenz größer als 128 kHz ist, kann man sogar auch dynamische 1 Mbit-

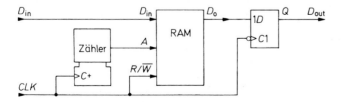

**Abb. 10.13.** Betrieb eines RAMs als Schieberegister

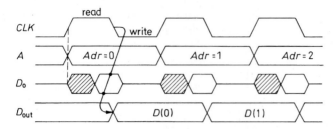

**Abb. 10.14.** Zeitlicher Ablauf in einem RAM-Schieberegister

RAMs ohne zusätzliche Refresh-Logik einsetzen, da dann sichergestellt ist, daß die Zeilen-Adressen in 8 ms durchlaufen werden.

Auch bei hohen Schiebefrequenzen kann man kostengünstige RAMs verwenden, wenn man mehrere Datenbits parallel verarbeitet und am Fingang einen Serien-Parallel-Wandler bzw. am Ausgang einen Parallel-Serien-Wandler einsetzt, um die erforderliche Schiebefrequenz zu erreichen.

### 10.2.3
### First-In-First-Out Memories (FIFO)

Ein FIFO ist eine besondere Form eines Schieberegisters. Das gemeinsame Merkmal ist, daß die Daten in derselben Reihenfolge am Ausgang erscheinen, wie sie eingegeben wurden: das zuerst eingelesene Wort (First In) wird auch wieder zuerst ausgelesen (First Out). Bei einem FIFO kann dieser Vorgang im Unterschied zu einem Schieberegister völlig asynchron erfolgen, d.h. der Auslesetakt ist unabhängig vom Einlesetakt. Deshalb benutzt man FIFOs zur Kopplung asynchroner Systeme [10.6].

Die Funktion ist ganz ähnlich wie die einer Warteschlange: Die Daten wandern nicht mit einem festen Takt vom Eingang zum Ausgang, sondern warten nur so lange im Register, bis alle vorhergehenden Daten ausgegeben sind. Abbildung 10.15 zeigt eine schematische Darstellung. Bei den FIFOs der ersten Generation wurden die Daten tatsächlich nach dem Schema von Abb. 10.15 durch eine Registerkette hindurchgeschoben. Bei der Eingabe wurden die Daten bis zum niedrigsten freien Speicherplatz weitergereicht und von dort mit dem Auslesetakt zum Ausgang weitergeschoben. Ein Nachteil dieses Prinzips war die große Durchlaufzeit (Fall Through Time). Sie macht sich bei leerem FIFO besonders unangenehm bemerkbar, da dann die eingegebenen Daten alle Register durchlaufen müssen, bevor sie am Ausgang verfügbar sind. Dadurch ergeben sich selbst bei

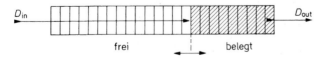

**Abb. 10.15.** Schematische Darstellung der Funktionsweise eines FIFOs

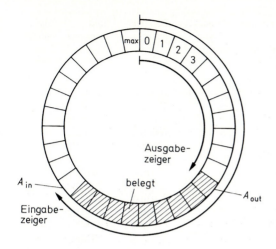

**Abb. 10.16.** FIFO als Ringspeicher

kleinen FIFOs Durchlaufzeiten von mehreren Mikrosekunden. Weitere Nachteile sind die aufwendige Schiebelogik und die vielen Schiebeoperationen, die einer stromsparenden Realisierung in CMOS entgegenstehen.

Deshalb werden bei den FIFOs der zweiten Generation nicht mehr die Daten verschoben, sondern lediglich zwei Zeiger, die die Eingabe bzw. Ausgabe-Adresse in einem RAM angeben. Abbildung 10.16 soll dies veranschaulichen. Der Eingabezähler zeigt auf die erste freie Adresse $A_{\text{in}}$, der Ausgabezähler auf die letzte belegte Adresse $A_{\text{out}}$. Im Betrieb mit laufender Datenein- und Ausgabe rotieren also beide Zeiger.

Der Abstand der beiden Zeiger $A_{\text{in}} - A_{\text{out}}$ gibt den Füllstand des FIFOs an. Wenn $A_{\text{in}} - A_{\text{out}} = A_{\text{max}}$ ist, ist das FIFO voll. Dann dürfen keine weiteren Daten eingegeben werden, da sonst Daten überschrieben werden, die noch nicht ausgelesen wurden. Wenn $A_{\text{in}} = A_{\text{out}}$ ist, ist das FIFO leer. Dann dürfen keine Daten ausgelesen werden, weil man sonst alte Daten ein zweites Mal erhält. Ein Überlauf bzw. ein Leerlauf sind nur dann vermeidbar, wenn die mittleren Datenraten für die Ein- und Ausgabe gleich sind. Dazu muß man den Füllstand des FIFOs überwachen und versuchen, die Datenrate der Quelle bzw. der Senke

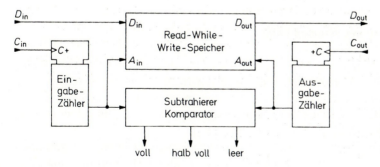

**Abb. 10.17.** FIFO-Realisierung mit Read-While-Write-Speicher

| Kapa-zität | Organi-sation | Typ | Hersteller typisch | Sync. Async. maximal | Betriebs-leistung | Takt-frequenz | An-schlüsse |
|---|---|---|---|---|---|---|---|
| **Standart FIFOs** | | | | | | | |
| 9 k | 1 k×9 | 7202 | Id, Cy | A | 400 mW | 40 MHz | 28 |
| 36 k | 4 k×9 | 7204 | Id, Cy | A | 450 mW | 40 MHz | 28 |
| 144 k | 16 k×9 | 7206 | Id, Cy | A | 450 mW | 40 MHz | 28 |
| 144 k | 16 k×9 | 72261 | Id, Cy | S | 700 mW | 80 MHz | 64 |
| 144 k | 8 k×18 | 72255 | Id, Cy | S | 700 mW | 80 MHz | 64 |
| 576 k | 64 k×9 | 7208 | Id, Cy | A | 450 mW | 40 MHz | 28 |
| 576 k | 64 k×9 | 72V281 | Id, Cy | S | 250 mW | 100 MHz | 64 |
| 576 k | 32 k×18 | 72V275 | Id, Cy | S | 250 mW | 100 MHz | 64 |
| 1152 k | 128 k×9 | 72V291 | Id, Cy | S | 200 mW | 100 MHz | 64 |
| 1152 k | 64 k×18 | 72V285 | Id, Cy | S | 200 mW | 100 MHz | 64 |
| 4608 k | 512 k×9 | 72V2114 | Id | S | 250 mW | 100 MHz | 64 |
| 4608 k | 256 k×18 | 72V2114 | Id | S | 250 mW | 100 MHz | 64 |
| **Bidirektionale FIFOs** | | | | | | | |
| 18 k | 2× 512×18 | 72511 | Id, Ti | A | 700 mW | 30 MHz | 68 |
| 36 k | 2× 1 k×18 | 72521 | Id | A | 700 mW | 30 MHz | 68 |
| 36 k | 2× 512×36 | 7C43632 | Cy, Id | S | 700 mW | 60 MHz | 120 |
| 72 k | 2× 1 k×36 | 7C43642 | Cy, Id | S | 700 mW | 60 MHz | 120 |
| 288 k | 2× 4 k×36 | 7C43662 | Cy | S | 350 mW | 80 MHz | 128 |
| 1152 k | 2×16 k×36 | 7C43682 | Cy | S | 350 mW | 80 MHz | 128 |

Hersteller: Cy = Cypress, Id = IDT, Ti = Texas Instruments

**Tab. 10.6.** Beispiele für FIFOs

so zu beeinflussen, daß das FIFO im Mittel halb voll ist. Dann kann das FIFO kurzzeitige Schwankungen auffangen, wenn seine Speicherkapazität hinreichend groß bemessen ist.

Der Aufbau eines FIFOs ist in Abb. 10.17 dargestellt. Er ist verwandt mit dem des RAM-Schieberegisters in Abb. 10.13. Als Speicher sind hier Read-While-Write-Speicher mit getrennten Adreß-Eingängen (s. Abb. 10.11) besonders gut geeignet, da sie asynchron beschrieben und ausgelesen werden können. Nach diesem Prinzip arbeiten die neueren FIFOs, von denen einige Beispiele in Tab. 10.6 zusammengestellt sind.

### FIFO-Realisierung mit Standard-RAMs

Für die Realisierung von großen FIFOs ist es zweckmäßig, auf Standard-RAMs zurückzugreifen, da man dann den höchsten Integrationsgrad erreicht. Dazu ersetzt man den Read-While-Write-Speicher in Abb. 10.17 durch einen mit Standard-RAMs realisierten Zweitorspeicher nach Abb. 10.12. Die sich ergebende Anordnung ist in Abb. 10.18 dargestellt.

Da man bei einem normalen RAM nicht gleichzeitig lesen und schreiben kann, muß man diese Vorgänge nacheinander ausführen. Die Koordination übernimmt ein „Arbiter" in der Kontroll-Logik. Wenn eine Eingabe durchgeführt

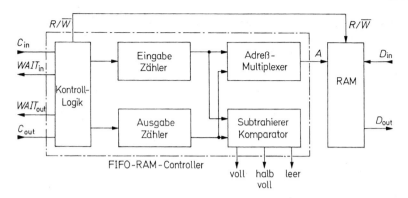

**Abb. 10.18.** FIFO-Realisierung mit Standard-RAMs

werden soll, solange gerade eine Ausgabe abläuft, wird zuerst der Lesezyklus abgeschlossen und die Eingabe über ein „Wait"-Signal verzögert. Bei der Ausgabe ist es umgekehrt. Es wird jeweils der Zyklus ausgeführt, der zuerst angefordert wurde. Fallen Eingabe- und Ausgabetakt zusammen, trifft der Arbiter eine Zufallsentscheidung. Infolge der möglichen Wartezeit kann sich die Zugriffszeit im ungünstigsten Fall verdoppeln. Die für den Betrieb eines RAMs als FIFO erforderliche Steuerlogik ist als sogenannter „FIFO-RAM-Controller" als integrierte Schaltung erhältlich:

$512\ldots 64\,\mathrm{k}$ Worte, $\quad 10\,\mathrm{MHz}, \quad$ TTL: $\quad 674219, \quad$ AMD

### 10.2.4
### Fehler-Erkennung und -Korrektur

Bei der Speicherung von Daten in RAMs können zwei verschiedene Arten von Fehlern auftreten: permanente und flüchtige Fehler. Die permanenten Fehler (Hard Errors) werden durch Defekte in den Speicher-ICs selbst oder den beteiligten Ansteuerschaltungen verursacht. Die flüchtigen Fehler (Soft Errors) treten nur zufällig auf und sind daher nicht reproduzierbar. Sie werden hauptsächlich durch $\alpha$-Strahlung des Gehäuses verursacht. Sie kann die Speicherkondensatoren von dynamischen RAMs umladen, aber auch Speicher-Flip-Flops in statischen RAMs umkippen. Flüchtige Fehler können auch durch Störimpulse entstehen, die innerhalb oder außerhalb der Schaltung erzeugt werden [10.7].

Das Auftreten von Speicher-Fehlern kann sehr weitreichende Folgen haben. So kann ein einziger Fehler in einem Computer-Speicher nicht nur ein falsches Ergebnis verursachen. sondern zum „Absturz" (endgültiger Ausfall) des Programms führen. Deshalb hat man Verfahren entwickelt, die das Auftreten von Fehlern melden. Um dies zu ermöglichen, muß man neben den eigentlichen Datenbits noch ein oder mehrere Prüfbits mit abspeichern. Je mehr Prüfbits man verwendet, desto mehr Fehler kann man erkennen oder sogar korrigieren.

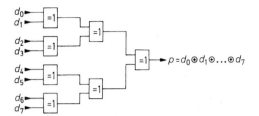

**Abb. 10.19.** Paritätsgenerator für gerade Parität mit 8 Eingängen
IC-Typen:    8 bit: SN 74180 (TTL)      9 bit:SN 74 S 280 (TTL)
             12 bit:MC 10160 (ECL);       MC 14531    (CMOS)


**Paritätsbit**

Das einfachste Verfahren zur Fehlererkennung besteht in der Übertragung eines
Paritätsbits $p$. Man kann gerade oder ungerade Parität vereinbaren. Bei der ge-
raden Parität setzt man das hinzugefügte Paritätsbit auf Null, wenn die Zahl der
Einsen im Datenwort gerade ist. Man setzt es auf Eins, wenn sie ungerade ist.
Dadurch ist die Gesamtzahl der übertragenen Einsen in einem Datenwort ein-
schließlich Paritätsbit immer gerade. Bei der ungeraden Parität ist sie ungerade.

Das gerade Paritätsbit kann auch als Quersumme (modulo-2) der Datenbits interpretiert werden. Diese Quersumme läßt sich als Exklusiv-ODER-
Verknüpfung der Datenbits errechnen.

Die Realisierung eines Paritätsgenerators ist in Abb. 10.19 dargestellt. Die
Reihenfolge der Exklusiv-ODER-Verknüpfungen ist beliebig. Man wählt sie so,
daß die Summe der beteiligten Verzögerungszeiten möglichst klein bleibt.

Zur Fehlererkennung speichert man das Paritätsbit zusammen mit den Datenbits ab. Beim Auslesen der Daten kann man dann wie in Abb. 10.20 erneut die
Parität bilden und über eine Exklusiv-ODER-Verknüpfung mit dem gespeicherten Paritätsbit vergleichen. Wenn sie verschieden sind, ist ein Fehler aufgetreten,
und der Fehler-Ausgang wird $f = 1$. Auf diese Weise läßt sich jeder Einzelfehler
erkennen. Eine Korrektur ist jedoch nicht möglich, da das fehlerhafte Bit nicht
lokalisierbar ist. Sind *mehrere* Bits gestört, kann man eine ungerade Fehlerzahl
erkennen, eine gerade hingegen nicht.


**Hamming-Code**

Das Prinzip des Hamming-Codes besteht darin, durch Verwendung mehrerer
Prüfbits die Fehlererkennung so zu verfeinern, daß ein Einzelfehler nicht nur
erkannt, sondern auch lokalisiert werden kann. Wenn bei einem binären Code
das fehlerhafte Bit lokalisiert ist, läßt es sich durch Negation korrigieren.

Die Frage nach der für diesen Zweck erforderlichen Zahl von Prüfbits läßt
sich einfach beantworten: Mit $k$ Prüfbits kann man $2^k$ verschiedene Bitnummern
angeben. Bei $m$ Datenbits ergibt sich eine Gesamtwortbreite von $m + k$. Eine

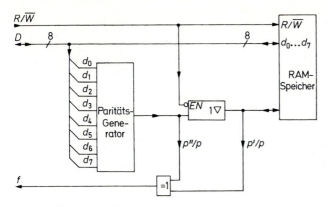

**Abb. 10.20.** Datenspeicher mit Paritätsprüfung (für 8 bit-Datenworte als Beispiel)

zusätzliche Prüfbitkombination benötigt man zur Angabe, daß das empfangene Datenwort richtig ist. Daraus folgt die Bedingung:

$$2^k \geq m + k + 1$$

Die praktisch wichtigen Lösungen sind in Tab. 10.7 zusammengestellt. Man erkennt, daß der relative Anteil der Prüfbits an der Gesamtwortbreite um so kleiner ist, je größer die Wortbreite ist.

Das Verfahren für die Ermittlung der Prüfbits wollen wir an dem Beispiel einer 16 bit-Zahl erläutern. Um 16 bit zu sichern, benötigen wir nach Tab. 10.7 fünf Prüfbits, also eine Gesamtwortbreite von 21 bit. Nach Hamming berechnet man die einzelnen Prüfbits in Form von Paritätsbits für verschiedene Teile des Datenwortes. In unserem Beispiel benötigen wir also 5 Paritätsgeneratoren. Ihre Anschlüsse verteilt man so auf die Datenbits, daß jedes an mindestens 2 der 5 Generatoren angeschlossen ist. Wird nun ein Datenbit falsch gelesen, ergibt sich genau bei denjenigen Paritätsbits ein Unterschied, auf die die betreffende Stelle wirkt. Anstelle der Paritätsfehlermeldung $f$ erhalten wir bei diesem Verfahren also ein 5 bit-Fehlerwort, das Syndromwort. Es kann 32 verschiedene Werte annehmen, die einen Rückschluß auf das fehlerhafte Bit zulassen. Man erkennt, daß der Rückschluß bei einem Einzelfehler genau dann eindeutig ist, wenn man für jede Stelle eine andere Anschlußkombination wählt. Ergibt sich ein Unterschied bei nur *einem* Paritätsbit, kann nur das betreffende Paritätsbit *selbst* fehlerhaft sein, denn nach dem gewählten Anschlußschema müßten bei einem fehlerhaften Datenbit mindestens *zwei* Paritätsbits differieren. Wenn alle

| Zahl der Datenbits | $m$ | $1 \ldots 4$ | $5 \ldots 11$ | $12 \ldots 26$ | $27 \ldots 57$ | $58 \ldots 120$ | $121 \ldots 247$ |
|---|---|---|---|---|---|---|---|
| Zahl der Prüfbits | $k$ | 3 | 4 | 5 | 6 | 7 | 8 |

**Tab. 10.7.** Anzahl der mindestens benötigten Prüfbits, um einen Einzelfehler zu erkennen und zu korrigieren in Abhängigkeit von der Breite des Datenwortes

| Paritäts-Bits | Daten-Bits $d_i$ | | | | | | | | | | | | | | | |
|---|---|---|---|---|---|---|---|---|---|---|---|---|---|---|---|---|
| | 0 | 1 | 2 | 3 | 4 | 5 | 6 | 7 | 8 | 9 | 10 | 11 | 12 | 13 | 14 | 15 |
| $p_0$ | × | × | × | × | | | | | | | × | × | × | | × | |
| $p_1$ | × | | | × | × | × | | | | | × | × | × | × | | |
| $p_2$ | | × | | | × | | × | × | | | × | | | × | × | × |
| $p_3$ | | | × | | | × | | × | | × | | × | | × | × | × |
| $p_4$ | | | × | × | × | | × | | × | × | | | × | | | × |

**Tab. 10.8.** Beispiel für die Bildung der Paritätsbits nach Hamming für 16 bit Wortbreite

Daten- und Paritätsbits fehlerfrei gelesen werden, stimmen die berechneten mit den gespeicherten Paritätsbits überein, und das Syndromwort wird $F = 0$.

Ein Beispiel für die Zuordnung der fünf Paritätsbits zu den einzelnen Datenbits ist in Tab. 10.8 dargestellt. Demnach wirkt z.B. das Datenbit $d_0$ auf die Paritätsbits $p_0$ und $p_1$, das Datenbit $d_1$ auf die Paritätsbits $p_0$ und $p_2$ usw. Man sieht, daß wie verlangt jedes Datenbit auf eine andere Kombination von Prüfbits wirkt. Zur Schaltungsvereinfachung haben wir die Kombinationen so verteilt, daß jeder Paritätsgenerator 8 Eingänge erhält.

Beim Lesen ($R/\overline{W} = 1$) vergleicht der Syndrom-Generator in Abb. 10.21 das gespeicherte Paritätswort $P'$ mit dem aus den Daten $D'$ berechneten Paritätswort $P''$. Bei auftretenden Fehlern wird das Syndromwort $F = P' \oplus P'' \neq 0$. Der Syndrom-Decoder gibt dann an, welches Datenbit korrigiert werden muß, und veranlaßt damit, daß das gestörte Datenbit im Daten-Korrektor invertiert wird.

Die Funktionsweise des Syndrom-Decoders soll anhand von Tab. 10.9 genauer erklärt werden. In Abhängigkeit von dem Syndrom-Wort $f_0 \ldots f_4$ lassen sich drei Fehlerarten unterscheiden: Die Datenfehler $d_0 \ldots d_{15}$, die Prüfbitfehler $p_0 \ldots p_4$

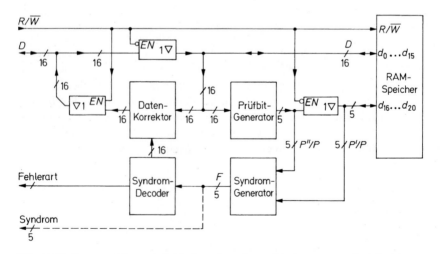

**Abb. 10.21.** Datenspeicher mit Fehlerkorrektur für 16 bit-Datenworte als Beispiel

| Syn-drom-wort | Kein Fehler | Datenfehler $d_0$ $d_1$ $d_2$...$d_{14}$ $d_{15}$ | | | Prüfbitfehler $p_0$ $p_1$ $p_2$ $p_3$ $p_4$ | | | Mehrfachfehler | | |
|---|---|---|---|---|---|---|---|---|---|---|
| $f_0$ | 0 | 1 1 1 ... 1 | 0 | | 1 0 0 0 0 | | | 0 1...0 | | 1 |
| $f_1$ | 0 | 1 0 0   0 | 0 | | 0 1 0 0 0 | | | 1 0 1 | | 1 |
| $f_2$ | 0 | 0 1 0   1 | 1 | | 0 0 1 0 0 | | | 1 0 1 | | 1 |
| $f_3$ | 0 | 0 0 1   1 | 1 | | 0 0 0 1 0 | | | 0 1 1 | | 1 |
| $f_4$ | 0 | 0 0 1   0 | 1 | | 0 0 0 0 1 | | | 0 0 1 | | 1 |

**Tab. 10.9.** Zusammenstellung der Syndromworte und ihre Bedeutung

und die Mehrfachfehler. Letztere werden jedoch bei der verwendeten Hamming-Matrix mit minimaler Größe nur unvollständig erkannt und sind nicht korrigierbar [10.8, 10.9].

Der besondere Vorteil von Speichern mit Fehlerkorrektur besteht darin, daß man auftretende Speicherfehler registrieren kann, während sie infolge des Korrekturverfahrens wirkungslos bleiben. Um alle damit verbundenen Vorteile zu erreichen, sind jedoch einige Gesichtspunkte zu beachten: Man sollte die Wahrscheinlichkeit von nicht korrigierbaren Mehrfach-Fehlern möglichst klein halten. Aus diesem Grund sollte man für jedes Daten- und Prüfbit einen separaten Speicher-IC verwenden. Sonst würden bei einem Totalausfall eines Speicherbausteins gleichzeitig mehrere Datenbits gestört. Weiter ist es erforderlich, jeden erkannten Fehler möglichst schnell zu beseitigen. Deshalb unterbricht man bei einem Computer-Speicher das laufende Programm, wenn ein Fehler erkannt wird, und führt ein Fehler-Service-Programm aus. Darin muß zuerst festgestellt werden, ob es sich um einen flüchtigen Fehler handelt, der sich dadurch beseitigen läßt, daß man das korrigierte Datenwort wieder in den Speicher schreibt und erneut ausliest. Bleibt der Fehler bestehen, handelt es sich um einen permanenten Fehler. In diesem Fall liest man das Syndromwort aus, weil sich daraus der beteiligte Speicher-IC lokalisieren läßt, und trägt die IC-Nummer zusammen mit der Häufigkeit des Ausfalls in eine Tabelle ein. Diese Tabelle kann dann regelmäßig abgefragt werden, um die defekten Bausteine auszutauschen. Auf diese Weise

| Wort-breite | Typ | Hersteller | Prüf-bits | Korrektur-dauer | Verlust-leistung | An-schlüsse |
|---|---|---|---|---|---|---|
| 8 bit | 74 LS 636 | Texas Instr. | 5 | 45 ns | 450 mW | 20 |
| 16 bit | 74 LS 630 | Texas Instr. | 6 | 50 ns | 600 mW | 28 |
| 16 bit | IDT 39 C 60 | IDT | 7 | 30 ns | 300 mW | 48 |
| 16 bit | Am 29 C 60 | AMD | 7 | 50 ns | 250 mW | 48 |
| 32 bit | 74 ALS 632 | Texas Instr. | 7 | 60 ns | 780 mW | 52 |
| 32 bit | IDT 49 C 460 | IDT | 8 | 35 ns | 350 mW | 68 |
| 32 bit | Am 29 C 660 | AMD | 8 | 50 ns | 300 mW | 68 |
| 64 bit | IDT 49 C 466 | IDT | 8 | 15 ns | 400 mW | 208 |

**Tab. 10.10.** Integrierte Fehlerkorrekturschaltungen

erhöht sich die Zuverlässigkeit eines Speichers mit EDC (Error Detection and Correction) ständig.

In Tab. 10.10 sind einige integrierte EDC-Controller zusammengestellt. Alle Typen verwenden ein zusätzliches Prüfbit, das ermöglicht, *alle* Zweifachfehler zu erkennen; korrigieren lassen sich jedoch nur Einzelfehler [10.9].

## 10.3
## Festwertspeicher (ROM)

Unter ROMs versteht man Tabellenspeicher, die im Normalfall nur gelesen werden. Sie eignen sich daher zur Speicherung von Tabellen und Programmen. Vorteilhaft ist hier, daß der Speicherinhalt beim Abschalten der Betriebsspannung erhalben bleibt (nicht-flüchtiger Speicher, non-volatile memory). Nachteilig ist, daß die Eingabe der Tabelle sehr viel mühsamer ist als bei RAMs. Die in Abb. 10.1 auf S. 725 dargestellten Varianten (MROM, PROM, EPROM, EEPROM) unterscheiden sich in der Eingabe-Prozedur.

### 10.3.1
### Masken-ROMs

Bei den Masken-programmierten MROMs wird der Speicherinhalt vom Hersteller im letzten Herstellungsschritt mit einer spezifischen Metallisierungsmaske eingegeben. Dieses Verfahren ist nur bei großen Stückzahlen (ab ca. 10 000 Stück) kostengünstig und erfordert meist mehrere Monate zur Realisierung.

### 10.3.2
### Programmierbare Festwertspeicher (PROM)

Unter PROMs versteht man Festwertspeicher, deren Inhalt vom Anwender einprogrammierbar ist. Als programmierbare Bauelemente werden hier meist Schmelzsicherungen verwendet, die in den integrierten Schaltungen durch besonders dünne Metallisierungsbrücken realisiert werden. Daneben werden auch Dioden eingesetzt, die man durch Überlastung in Sperrichtung in einen Kurzschluß umwandeln kann. Die neuesten programmierbaren Bauelemente für PROMs sind spezielle Mosfets, die ein zusätzliches „floating gate" besitzen. Es wird beim Programmieren aufgeladen und verschiebt dadurch die Schwellenspannung des Mosfets. Da das floating gate ringsum mit $SiO_2$ isoliert ist, kann der Ladungserhalt für 10 Jahre garantiert werden.

Der innere Aufbau eines PROMs soll am Beispiel des Sicherungs-PROMs in Abb. 10.22 erklärt werden. Aus technologischen Gründen werden die einzelnen Speicherzellen nicht linear, sondern in einer quadratischen Matrix angeordnet. Die Adressierung einer bestimmten Speicherzelle erfolgt dadurch, daß an die entsprechende Spalten- bzw. Zeilenleitung je eine logische Eins gelegt wird. Zu diesem Zweck muß der von außen angelegte Adressenvektor $A = (a_0 \ldots a_n)$

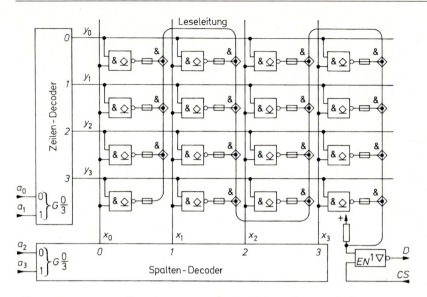

**Abb. 10.22.** Innerer Aufbau eines PROMs. Beispiel für 16 bit Speicherkapazität

entsprechend dekodiert werden. Dazu dienen die Spalten- und Zeilendecoder. Sie arbeiten als 1-aus-$n$-Decoder.

Die ausgewählte Speicherzelle wird durch das UND-Gatter am Kreuzungspunkt der selektierten Spalten- bzw. Zeilenleitung aktiviert. Die ODER-Verknüpfung aller Speicherzellen-Ausgänge ergibt das Ausgangssignal $D$. Um dazu nicht ein Gatter mit $2^n$ Eingängen zu benötigen, verwendet man eine „Wired-OR"-Verknüpfung. Sie läßt sich bei Open-Collector-Ausgängen durch Wired-AND-Verknüpfung der negierten Signale realisieren. Diese Methode wurde bereits in Abb. 7.19 auf S. 638 beschrieben.

Im Urzustand erzeugt jede adressierte Speicherzelle das Ausgangssignal $D = 1$. Zur Programmierung einer Null wird die Sicherung am Ausgang der gewünschten Zelle durchgebrannt. Dazu wird die Adresse der entsprechenden Zelle angewählt und damit der Ausgangstransistor des NAND-Gatters leitend gemacht. Dann prägt man in die Leseleitung einen kräftigen Stromimpuls ein, der gerade so groß ist, daß die Sicherung am Ausgang des NAND-Gatters durchbrennt. Dabei muß ein vom Hersteller genau vorgeschriebener Zeitablauf eingehalten werden. Deshalb verwendet man dazu spezielle Programmiergeräte, die dem jeweiligen Speichertyp angepaßt werden können.

Bei den PROMs wird unter einer Adresse in der Regel nicht 1 bit gespeichert, sondern ein ganzes „Wort" zu 4 oder 8 bit. Sie besitzen deshalb entsprechend viele Datenausgänge. Die Angabe einer Speicherkapazität von z.B. 1 k × 8 bit bedeutet, daß der Speicher 1024 Worte zu 8 bit enthält. Der Inhalt wird in Form einer Programmiertabelle angegeben. Tabelle 10.11 zeigt als Beispiel das Schema für ein 32 × 8 bit PROM. Einige Beispiele für EPROMs sind in Tab. 10.12 zusammengestellt.

| Eingänge | | | | | Ausgänge | | | | | | | |
|---|---|---|---|---|---|---|---|---|---|---|---|---|
| $x_4$ | $x_3$ | $x_2$ | $x_1$ | $x_0$ | $d_7$ | $d_6$ | $d_5$ | $d_4$ | $d_3$ | $d_2$ | $d_1$ | $d_0$ |
| 0 | 0 | 0 | 0 | 0 | | | | | | | | |
| 0 | 0 | 0 | 0 | 1 | | | | | | | | |
| 0 | 0 | 0 | 1 | 0 | | | | | | | | |
| 0 | 0 | 0 | 1 | 1 | | | | | | | | |
| ≈ | ≈ | ≈ | ≈ | ≈ | ≈ | ≈ | ≈ | ≈ | ≈ | ≈ | ≈ | ≈ |
| 1 | 1 | 1 | 1 | 0 | | | | | | | | |
| 1 | 1 | 1 | 1 | 1 | | | | | | | | |

**Tab. 10.11.** Beispiel für die Programmiertabelle eines PROMs mit 32 Worten zu je 8 bit

## 10.3.3
## UV-löschbare Festwertspeicher (EPROM)

Unter einem EPROM (Erasable PROM) versteht man einen Festwertspeicher, der sich nicht nur vom Anwender programmieren, sondern auch mit ultraviolettem Licht löschen läßt. Als Speicherelement verwendet man hier ausschließlich MOS-FETs mit einem zusätzlichen „floating gate". Es wird beim Programmieren (wie bei manchen PROMs) aufgeladen und verschiebt dadurch die Schwellenspannung des MOSFETs. Bei den EPROMs hat man jedoch zusätzlich die Möglichkeit, diese Ladung durch Bestrahlung mit UV-Licht in ca. 20 Minuten wieder zu löschen. Um dies zu ermöglichen, besitzen die Gehäuse über dem Chip ein Fenster aus Quarzglas.

Wegen des aufwendigen Gehäuses sind die EPROMs teurer als die in gleicher Technologie aufgebauten PROMs ohne Fenster. Bei der Entwicklung eines Geräts sind daher die EPROMs nützlich, für die Serienproduktion sind aber die entsprechenden PROMs vorzuziehen.

Die Programmierung der EPROMs erfolgt wortweise; bei der üblichen 8 bit-Organisation also byteweise. Bei den älteren EPROMs (z.B. 2716, $2\,k \times 8$ bit) war der Programmiervorgang noch einfach. Man hat eine Programmierspannung von $V_{PP} = 25\,V$ angelegt, ebenso die gewünschte Adresse und das zu programmierende Bitmuster. Dann wurde zur Speicherung ein Programmierbefehl mit einer Dauer von 50 ms angelegt. Dann konnte man das Programmieren beenden oder den Vorgang bei einer anderen Adresse mit dem zugehörigen Bitmuster wiederholen. Bei einem 2 kByte-EPROM dauerte die Programmierung des ganzen Bausteins also ca. 2 min. Bei einem 128 kByte-Speicher würde sich aber eine Programmierdauer von fast 2 h ergeben. Da dies indiskutabel ist, mußte man für größere EPROMs die Technologie und die Programmier-Algorithmen modifizieren. Die Grunderkenntnis für alle schnellen Programmier-Algorithmen besteht darin, daß sich die meisten Bytes eines EPROMs in einer Zeit programmieren lassen, die wesentlich unter 50 ms liegt. Da es jedoch immer wieder „langsame"

Bytes gibt, kann man die Programmierdauer nicht generell reduzieren. Man verwendet vielmehr eine variable Programmierimpulsdauer.

Der heute übliche „schnelle" oder auch „intelligente" Programmier-Algorithmus ist in Abb. 10.23 dargestellt. Zuerst wird die Programmierspannung $V_{PP} = 12{,}5$ V angelegt und die Betriebsspannung auf $V_{CC} = 6$ V erhöht. Die höhere Betriebsspannung beschleunigt einerseits den Programmiervorgang, weil die Transistoren niederohmiger werden, und stellt andererseits für die Verifikation den „wort case" dar. Dann wird die Adresse $A = 0$ und die zugehörigen Daten angelegt. Nun folgt die Prozedur, um dieses Byte zu programmieren. Dazu

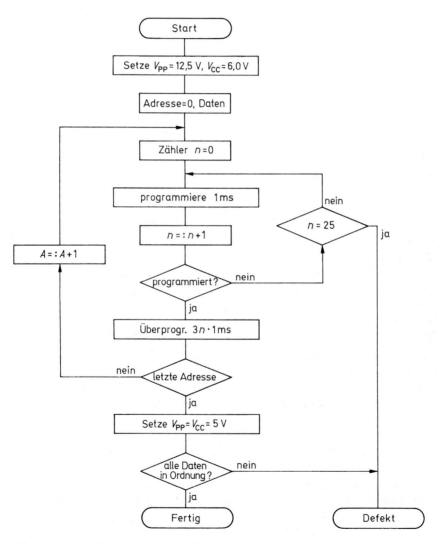

**Abb. 10.23.** Schneller Algorithmus zur Programmierung von EPROMs

| Kapazität | Organisation | Typ | Hersteller | Betriebsleistung typisch | Zugriffszeit maximal | Anschl. |
|---|---|---|---|---|---|---|
| 256 kbit | 32 k × 8 | 27C256 | Am, At, Fu, Hi, Na, Ne | 150 mW | 150 ns | 28 |
|  | 32 k × 8 | 27HC256 | Am, At, Cy, Ws | 350 mW | 55 ns | 28 |
|  | 16 k × 16 | 27C202 | In, Ws | 500 mW | 55 ns | 40 |
| 1 Mbit | 128 k × 8 | 27C010 | Ok, Am, Fu, Hi, Mi, Na | 150 mW | 200 ns | 32 |
|  | 128 k × 8 | 27H010 | Cy, Am | 400 mW | 25 ns | 32 |
|  | 64 k × 16 | 271024 | Ok, Am, At, Fu, Mi, Na, To | 250 mW | 250 ns | 40 |
|  | 64 k × 16 | 27HC1024 | At | 500 mW | 55 ns | 40 |
| 4 Mbit | 512 k × 8 | 27V401 | Ok, Am, Hi, Ne, St, To | 100 mW | 100 ns | 32 |
|  | 256 k × 16 | 27V402 | Ok, Am, Hi, Ne, St, To | 120 mW | 100 ns | 40 |
| 16 Mbit | 2 M × 8  1 M × 16 } | 27V1602 | Ok, Ne, St | 150 mW | 100 ns | 44 |
| 64 Mbit | 8 M × 8  4 M × 16 } | 27V6402 | Ok | 150 mW | 120 ns | 44 |

Hersteller: Am = AMD, At = Atmel, Cy = Cypress, Fu = Fujitsu Hi = Hitachi, Mi = Mitsubishi, Na = National, Ne = NEC Ok = Oki, St = SGS-Thomson, To = Toshiba

**Tab. 10.12.** Beispiele für EPROMs. Die meisten Typen sind auch im billigeren Plastikgehäuse ohne Fenster als OTP (One Time Programmable) Typen erhältlich

wird ein Hilfszähler auf $n = 0$ gesetzt. Dann wird ein Programmierbefehl mit einer Dauer von 1 ms ausgegeben. Nach der Erhöhung des Hilfszählers wird der Speicherinhalt ausgelesen, um zu prüfen, ob die Programmierung schon erfolgreich war. Wenn nicht, werden noch bis zu 24 weitere Programmierbefehle ausgegeben. Ist das Byte dann immer noch nicht programmiert, wird der Baustein als defekt erklärt.

Im Normalfall sind nur wenige Programmierimpulse erforderlich. Dann ist jedoch noch nicht sichergestellt, daß soviel Ladung auf dem „floating gate" ist, daß sie für 10 Jahre hält. Um dies zu gewährleisten, wird noch die dreifache Ladung hinzugefügt. Dazu dient die Überprogrammierung mit einer Dauer von $3n \cdot 1$ ms.

Damit ist das erste Byte programmiert, und der Vorgang kann bei der nächsten Adresse mit neuen Daten wiederholt werden. Am Ende der Programmierung wird auf den Lesebetrieb zurückgeschaltet und noch einmal verifiziert, daß der ganze Speicherinhalt in Ordnung ist. Durch den schnellen Programmieralgorithmus reduziert sich die Programmierdauer für ein 1 Mbit-EPROM von ca. 2 h auf unter 10 min. Durch die Reduzierung der Programmierimpulsdauer auf 100 $\mu$s kommt man bei einigen EPROMs sogar auf Zeiten von unter 1 min.

Eine Übersicht über gebräuchliche EPROMs ist in Tab. 10.12 zusammengestellt.

### 10.3.4
### Elektrisch löschbare Festwertspeicher(EEPROMs)

Unter einem EEPROM (Electrically Erasable PROM) versteht man ein PROM, das sich im Gegensatz zum EPROM auch *elektrisch* löschen läßt. Bei den neueren Typen sind der Spannungswandler zur Erzeugung der Programmierspannung und der Timer zur Festlegung der Programmierimpulsdauer auf dem Chip integriert. Um ein Byte zu programmieren, muß man daher lediglich Adresse und Daten anlegen. Wenn man dann die Programmierung mit einem Schreibbefehl auslöst, speichert das EEPROM die Adresse und Daten intern und gibt die Adreß- und Datenleitungen sofort wieder frei. Der weitere Vorgang läuft auf dem Chip autonom ab. Zuerst wird das alte Byte gelöscht, und dann wird das neue Byte programmiert. Dieser Vorgang wird intern überwacht, um sicherzustellen, daß die programmierte Ladung ausreicht. Seine Dauer beträgt 1...10 ms; sie liegt also in der gleichen Größenordnung wie bei EPROMs. Bei einigen EEPROMs läßt sich mit einem Programmiervorgang nicht nur ein Byte, sondern eine ganze „Seite" mit 16...64 byte speichern. Dazu gibt man die Seite in ein internes RAM ein und gibt dann erst den Programmierbefehl. Dadurch erreicht man effektive Programmierdauern von 30 µs je Byte.

Derart einfache und schnelle Lösch- und Schreibvorgänge dürfen einen aber nicht dazu verleiten, ein EEPROM als RAM zu benutzen. Die Zahl der möglichen Schreibzyklen ist nämlich begrenzt: Es darf kein Byte öfter als $10^4...10^6$ mal (je nach Typ) beschrieben werden. Bei einer Programmierdauer von 1 ms kann man also schon in 10 s das Ende der Lebensdauer eines Bytes bzw. einer Seite erreichen, wenn man ständig programmiert.

Aus diesem Grund werden bei einigen Typen EEPROMs mit RAMs kombiniert. Bei diesen Typen überträgt man den Speicherinhalt nur beim Ausfall der Betriebsspannung ins EEPROM. Dadurch erreicht man im Normalbetrieb einen kurzen Schreibzyklus, der nicht mit Abnutzungserscheinungen verbunden ist.

Die Flash-EEPROMs stellen ein Mittelding zwischen den EPROMs und den EEPROMs dar. Sie sind wie die EEPROMs zwar elektrisch löschbar, aber wie die EPROMs nicht byteweise sondern nur der ganze Chip auf einmal; daher kommt der Name Flash-EEPROM. Die Löschung ist viel einfacher als bei EPROMs: Sie erfolgt mit einem einzigen Löschimpuls, der einige Sekunden lang ist. Man muß den Baustein also nicht aus der Schaltung ausbauen und für ca. 20 min in ein Löschgerät legen. Ihre Technologie ist dagegen kaum aufwendiger als die von EPROMs; daher lassen sich auch entsprechend hohe Integrationsdichten und niedrige Preise erzielen. Um sie nicht unnötig zu verteuern, wird bei den Flash-EEPROMs der 28iger Serie der sonst bei EEPROMs übliche Spannungswandler für die Programmierspannung und der Timer für die Programmierdauer weggelassen. Sie sind daher genauso zu programmieren wie die EPROMs.

Ein Vergleich des Schreib- und Leseverhaltens der verschiedenen ROM-Varianten mit RAMs ist in Tab. 10.14 dargestellt. Man erkennt die Stärke der RAMs mit ihren schnellen Schreib- und Lesevorgängen, die beliebig oft durch-

| Kapa-<br>zität | Organi-<br>sation | Typ | Hersteller | Betriebs-<br>leistung<br>typisch | Zugriffs-<br>zeit<br>maximal | An-<br>schlüsse |
|---|---|---|---|---|---|---|
| **Standard EEPROMs** | | | | | | |
| 1 Mbit | 128 k × 8 | 28 C 010 | At, Se, Xi, St | 300 mW | 200 ns | 32 |
| 1 Mbit | 64 k × 16 | 28 C 1024 | At, St | 400 mW | 150 ns | 40 |
| 4 Mbit | 512 k × 8 | 28 C 040 | At, Xi | 300 mW | 200 ns | 32 |
| 4 Mbit | 256 k × 16 | 28 C 4096 | Xi | | 200 ns | 40 |
| **Flash EEPROMs** | | | | | | |
| 1 Mbit | 128 k × 8 | 29 F 010 | Am, At | 100 mW | 100 ns | 32 |
| 1 Mbit | 64 k × 16 | 29 F 100 | Am, At | 100 mW | 100 ns | 44 |
| 4 Mbit | 512 k × 8 | 29 F 040 | Am, At | 100 mW | 100 ns | 32 |
| 4 Mbit | 256 k × 16 | 29 F 400 | Am, At, Sa | 100 mW | 100 ns | 44 |
| 16 Mbit | 2 M × 8 | 29 F 016 | Am, Sa, Sh | 100 mW | 100 ns | 48 |
| 32 Mbit | 4 M × 8 | 58 V 32 | To, Sa, In, Sh | 33 mW | 100 ns | 44 |
| 64 Mbit | 8 M × 8 | 58 V 64 | To, Sa, In, Hi | 33 mW | 100 ns | 44 |
| 128 Mbit | 16 M × 8 | 58 V 128 | To, Sa | 33 mW | 100 ns | 44 |
| 256 Mbit | 32 M × 8 | HN 29 W 25611 | Hi | 80 mW | 120 ns | 48 |
| **RAMs mit unterlegten EEPROMs:** | | | | | | |
| 4 kbit | 512 k × 8 | X 20 C 05 | Xi | 400 mW | 35 ns | 28 |
| 16 kbit | 2 k × 8 | X 20 C 17 | Xi | 400 mW | 35 ns | 24 |
| 64 kbit | 8 k × 8 | PNC 11 C 68 | Pl | 250 mW | 35 ns | 28 |

Hersteller:  Am = AMD,  At = Atmel,  Hi = Hitachi,  In = Intel,  Ne = Nec,  PI = Plessy,
Sa = Samsung, Se = Seeq, Sh = Sharp, St = SGS-Thomson, To = Toshiba, Xi = Xicor

**Tab. 10.13.** Beispiele für EEPROMs

geführt werden können. Das Schreiben unterliegt bei allen ROM-Varianten mehr
oder weniger großen Einschränkungen. Dafür besitzen alle ROMs den Vorteil,
daß ihr Inhalt auch ohne Betriebsspannung erhalten bleibt. Diese Eigenschaft
kann man bei RAMs dadurch erhalten, daß man eine Puffer-Batterie hinzufügt.
Die Stromaufnahme vieler CMOS-RAMs ist, wie man in Tab. 10.2 auf S. 731 erkennt, meist geringer als die Selbstentladung einer Batterie. Deshalb kann auch
hier mit entspechenden Batterien ein Datenerhalt von 10 Jahren garantiert werden.

| | RAM | ROM | | | |
|---|---|---|---|---|---|
| | | MROM | PROM | EPROM | EEPROM |
| **Schreiben** | | | | | |
| Anzahl | beliebig | 1mal | 1mal | …100mal | $10^4 \dots 10^5$ mal |
| Zeit | 10…200 ns | Monate | Minuten | Minuten | Millisekunden |
| **Lesen** | | | | | |
| Anzahl | beliebig | beliebig | beliebig | beliebig | beliebig |
| Zeit | 10…200 ns | ca. 100 ns | 10…300 ns | 30…300 ns | 30…300 ns |

**Tab. 10.14.** Vergleich von RAMs und ROMs bezüglich ihres Schreib- und Leseverhaltens

## 10.4
## Programmierbare logische Bauelemente (PLD)

Die PLDs dienen zur Speicherung logischer Funktionen. Man erkennt in der Übersicht Abb. 10.1 auf S. 725 drei Varianten: die PLAs, die PALs und die PLEs. Die Unterschiede liegen in der Flexibilität der Programmierbarkeit. Am einfachsten sind die PALs (Programmable Array Logic) zu programmieren. Sie sind deshalb besonders populär, und es gibt sie auch in den vielfältigsten Varianten. Die PLAs (Programmable Logic Array) sind im Prinzip flexibler, ihre Programmierung ist aber komplizierter. Sie besitzen daher keine große Bedeutung mehr. Ganz neue Bauelemente sind die FPGAs (Field Programmable Gate Arrays). Bei ihnen lassen sich nicht nur logische Funktionen, sondern auch beliebige Datenpfade zwischen verschiedenen Funktionsblöcken programmieren [10.11].

Geht man bei der Realisierung logischer Funktionen von der disjunktiven Normalform aus, muß man zunächst die erforderlichen Konjunktionen der Eingangsvariablen bilden und anschließend deren Disjunktion. Um diese Verknüpfungen übersichtlich darstellen zu können, verwendet man die vereinfachte Darstellung von Abb. 10.24. Dann läßt sich der innere Aufbau von PLAs und PALs sehr einfach darstellen, wie man in Abb. 10.25 erkennt. Die Eingangsvariablen bzw. deren Negation bilden mit den kreuzenden Eingängen von UND-Gattern eine Matrix, mit der sich alle benötigten Konjunktionen herstellen lassen. In einer entsprechenden zweiten Matrix kann man dann die Verbindungen zwischen den UND-Gattern und den ODER-Gattern an den Ausgängen herstellen, um die erforderlichen Disjunktionen zu bilden. Dazu wird lediglich ein ODER-Gatter je Ausgangsvariable benötigt. Bei einem PLA (Abb. 10.25 oben) sind beide Matrizen vom Anwender programmierbar. Bei einem PAL (Abb. 10.25 Mitte) ist die ODER-Matrix fest vom Hersteller vorgegeben; hier läßt sich also nur die UND-Matrix programmieren.

Man kann ein PROM auch als Funktionsspeicher darstellen, wenn man den Adressen-Dekodierer in Abb. 10.2 auf S. 728 als UND-Matrix interpretiert. Dann gelangt man zu der Darstellung in Abb. 10.25 unten. Bei jeder angelegten Adresse wird nur eine einzige UND-Verknüpfung Eins, und zwar diejenige, die der angelegten Adresse entspricht. Es gibt hier also $n = 2^N$ Konjunktionen, während die

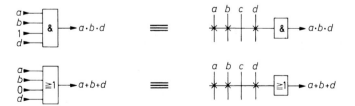

**Abb. 10.24.** Abgekürzte Darstellung der UND- bzw. ODER-Verknüpfung. Die Kreuze geben an, welcher Eingang angeschlossen ist. Ein nicht angeschlossener Eingang bleibt wirkungslos, da er bei der UND-Verknüpfung als 1 bzw. bei der ODER-Verknüpfung als 0 wirkt

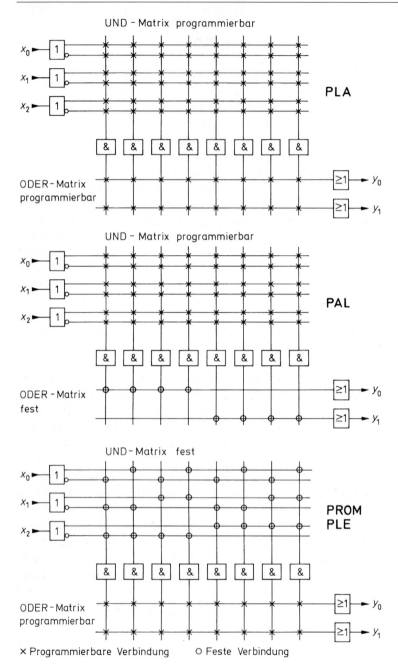

**Abb. 10.25.** Vergleich des inneren Aufbaus von PLA, PAL und PROM

| $Z$ | $x_2$ | $x_1$ | $x_0$ | $y_1$ | $y_0$ |
|---|---|---|---|---|---|
| 0 | 0 | 0 | 0 | 1 | 0 |
| 1 | 0 | 0 | 1 | 0 | 0 |
| 2 | 0 | 1 | 0 | 1 | 1 |
| 3 | 0 | 1 | 1 | 0 | 0 |
| 4 | 1 | 0 | 0 | 0 | 1 |
| 5 | 1 | 0 | 1 | 1 | 1 |
| 6 | 1 | 1 | 0 | 1 | 1 |
| 7 | 1 | 1 | 1 | 0 | 1 |

$$y_0 = x_2 + \overline{x}_0 x_1$$
$$y_1 = \overline{x}_0 x_1 + \overline{x}_0 \overline{x}_2 + x_0 \overline{x}_1 x_2$$

**Tab. 10.15.** Beispiel für eine Wahrheitstafel und ihre logischen Funktionen

PLAs und PALs sehr viel weniger besitzen. Ob der zugehörige Funktionswert 1 oder 0 ist, wird durch die Programmierung der ODER-Matrix festgelegt.

PROMs, die zur Realisierung logischer Funktionen vorgesehen sind, werden auch als PLEs (Programmable Logic Element) bezeichnet. Unterschiede sollen an dem Beispiel in Tab. 10.15 verdeutlicht werden. Dazu werden alle Verbindungen wegprogrammiert, die für diese Funktionen nicht benötigt werden: In Abb. 10.26 erkennt man, daß in den UND-Matrizen von PLA und PAL alle benötigten Konjunktionen gebildet werden. Beim PLA kann man sogar eine Konjunktion, die mehrfach benötigt wird, zweimal in der ODER-Matrix verwenden. Diese Freiheit hat man bei den (einfachen) PALs nicht, da hier die ODER-Matrix fest ist.

Bei einem PROM wird jeweils genau diejenige Konjunktion Eins, die der Eingangskombination entspricht. Deshalb muß man in der ODER-Matrix bei den Kombinationen Verbindungen programmieren, bei denen in der Wahrheitstafel Einsen stehen. Man erkennt daran, daß ein PROM das Abbild der Wahrheitstafel ist, während das PLA bzw. PAL die logischen Funktionen repräsentieren. In einem PROM lassen sich beliebige Wahrheitstafeln speichern, während man in einem PLA bzw. PAL nur eine begrenzte Anzahl von Konjunktionen und Disjunktionen zur Verfügung hat. Aus diesem Grund lassen sich hier keine beliebigen Wahrheitstafeln realisieren, sondern nur solche, die sich in einfache logische Funktionen umsetzen lassen. Dazu ist es erforderlich, die Funktionen möglichst weitgehend mit Hilfe der Booleschen Algebra zu vereinfachen und gegebenenfalls mit Hilfe des De Morgan'schen Gesetzes UND- in ODER-Verknüpfungen umzuwandeln, um die PALs möglichst effizient zu nutzen. Dies macht man heutzutage nicht mehr von Hand, sondern mit speziellen Entwurfs-Programmen, die auf jedem Personal-Computer laufen. Ihre Anwendung wird in Abschnitt 10.4.2 genauer beschrieben.

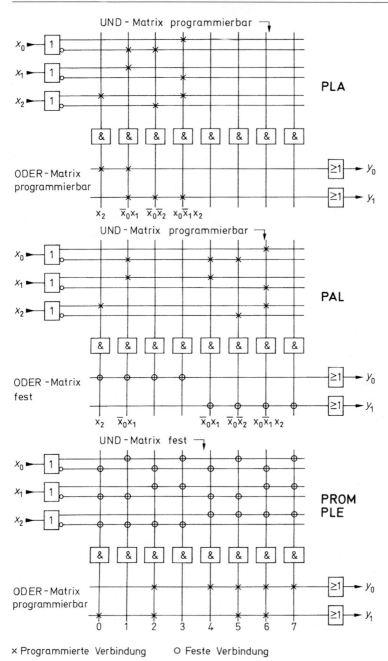

× Programmierte Verbindung     ○ Feste Verbindung

**Abb. 10.26.** Realisierung der Funktionen von Tab. 10.15 mit einem PLA, PAL und PROM

### 10.4.1
### Programmable Array Logic (PAL)

PALs sind die wichtigsten Vertreter der programmierbaren Bauelemente (PLDs) [10.11]. Sie sind in vielfältigen Varianten erhältlich, die alle auf dem in Abb. 10.25 (Mitte) gezeigten Prinzip beruhen. Die Unterschiede bestehen in der Ausführung der ODER-Verknüpfungen am Ausgang. Die gebräuchlichsten Varianten sind in Abb. 10.27 zusammengestellt.

Die Typen mit High(H)-Ausgang stellen den in Abb. 10.25 gezeigten Grundtyp dar. Bei dem Low(L)-Typ ist der Ausgang negiert. Der Sharing(S)-Ausgang ist mit den PLAs verwandt. Hier ist auch die ODER-Matrix teilweise programmierbar:

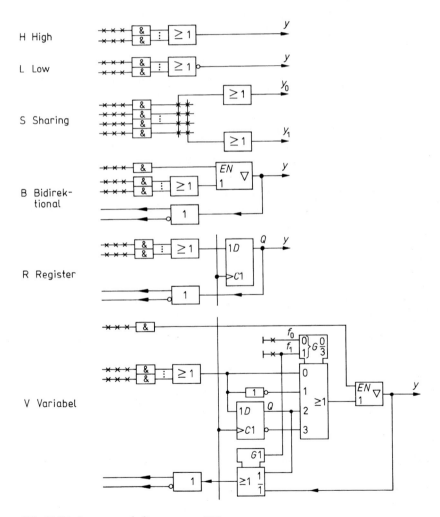

**Abb. 10.27.** Ausgangsschaltungen von PALs

| $f_1$ | $f_0$ | Typ | Ausgang | Rückkopplung |
|-----|-----|-----|---------|--------------|
| 0 | 0 | H | Funktion | Ausgang |
| 0 | 1 | L | Funktion, negiert | Ausgang |
| 1 | 0 | R | Register | Register |
| 1 | 1 | R | Register, negiert | Register |

**Tab. 10.16.** Betriebsarten der variablen Makrozelle

Zwei benachbarte ODER-Verknüpfungen können sich die ihnen zur Verfügung stehenden UND-Verknüpfungen beliebig aufteilen. Dadurch ist es möglich, Funktionen zu bilden, für die sonst die Anzahl der erhältlichen ODER-Verknüpfungen nicht ausreicht. Bei vielen PALs läßt sich ein Ausgang auch als Eingang nutzen, oder auch als bidirektionaler Anschluß (*I/O*) programmieren. Dazu dient das Tristate-Gatter am Ausgang, dessen Enable selbst eine logische Funktion ist.

Eine wichtige Anwendung von PALs ist ihr Einsatz in Schaltwerken. Um dazu keine zusätzlichen Bausteine zu benötigen, integriert man die erforderlichen Register (R) in die PALs. Sie besitzen einen gemeinsamen Taktanschluß zum Aufbau synchroner Schaltwerke. Zusätzlich werden meist die Ausgangssignale intern in die UND-Matrix rückgekoppelt. Dadurch spart man sich die externen Rückkopplungsleitungen (s. Abb. 9.54 auf S. 713) und belegt damit auch keine Eingänge.

Wenn man für jede Anwendung das optimale PAL einsetzen möchte, benötigt man, wie Abb. 10.27 zeigt, eine Vielzahl verschiedener Typen. Um die Typenvielfalt zu verkleinern, werden neuerdings zunehmend PALs mit einer programmierbaren Ausgangsstruktur angeboten. Eine solche variable „Makrozelle" vom Typ V ist in Abb. 10.27 ebenfalls dargestellt. Das Kernstück ist der Multiplexer, mit dem man zwischen vier verschiedenen Betriebsarten wählen kann. Sie werden durch die Programmierung der Funktionsbits $f_0$ und $f_1$ festgelegt. In Tab. 10.16 sind die verschiedenen Betriebsarten zusammengestellt. Das Bit $f_0$ bestimmt, ob der Ausgang negiert wird oder nicht. Das Bit $f_1$ schaltet zwischen kombinatorischem und getaktetem Betrieb um. Gleichzeitig wird damit die Rückkopplung mit einem zweiten Multiplexer zwischen Ausgang und Register umgeschaltet. Man sieht, daß sich auf diese Weise die meisten PALs mit einem einzigen Typ realisieren lassen.

## 10.4.2
### Computer-gestützter PLD-Entwurf

Um ein PAL zu „personalisieren" muß man zunächst festlegen, welche Verbindungen programmiert werden sollen, und dann in einem zweiten Schritt die Programmierung durchführen. Der PAL-Entwurf wird heutzutage natürlich nicht mehr von Hand durchgeführt, seitdem es Programmpakete gibt, die auf jedem PC (Personal Computer) laufen. Die verschiedenen Phasen des Entwurfs sind in Abb. 10.28 zusammengestellt. Es gibt meist verschiedene Eingabe-Formate,

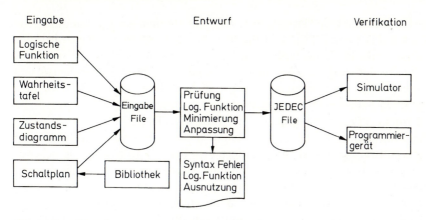

**Abb. 10.28.** Ablauf des Computer-gestützten PLD-Entwurfs

von denen hier die gebräuchlichsten dargestellt sind. Die logische Funktion bzw. die Wahrheitstafel werden mit einem Text-Editor eingegeben. Zum Entwurf von Schaltwerken kann man auch von einem Zustandsdiagramm ausgehen und die Übergangsbedingungen angeben.

Eine besonders leistungsfähige Eingabe-Methode ist die Schaltplan-Eingabe. Hier kann man sich auf eine Bibliothek stützen, in der die gängigsten TTL-Funktionen bereits als Makros definiert sind. Dort stehen einem meist neben Gattern und Flip-Flops auch Multiplexer und Demultiplexer, Addierer und Komparatoren, sowie Zähler und Schieberegister zur Verfügung. Dies ist nicht nur nützlich, um einen alten Entwurf mit TTL-Bausteinen in einen PLD-Entwurf umzusetzen, sondern vereinfacht auch den Entwurf neuer Schaltungen, bei dem die TTL-Bausteine nur als Denkmodelle dienen. Unterstützt wird die Eingabe hier durch einen grafischen Zeichen-Editor.

Nach der Eingabe, so verschieden sie auch sein mag, werden alle Daten in logische Funktionen umgewandelt und dabei gleichzeitig einer Syntax-Prüfung unterzogen. Anschließend werden die Funktionen mit dem *Flattener* in eine zweistufige Ausführung „flach geklopft"; zunächst werden die Produktterme gebildet, dann die ODER-Verknüpfung. Anschließend werden die Funktionen mit dem *Minimizer* nach den Regeln der Booleschen Algebra vereinfacht. Damit passen sie aber noch nicht unbedingt optimal in das in Frage kommende PLD; sie müssen noch an die spezifische Architektur angepaßt werden; dazu dient der *Fitter*. Er muß z.B. die logischen Funktionen so abändern, daß die Anzahl der verfügbaren UND-Verknüpfungen in einer Funktion nicht überschritten wird. Dazu kann er untersuchen, ob die negierte Funktion einfacher ist oder ob in dem Baustein frei verfügbare Produktterme (*expander product terms*) vorhanden sind oder im Notfall die Funktion in zwei Matrix-Durchläufen bilden. Zum Schluß werden die Programmierdaten, die bei den alten TTL-PALs die durchzubrennenden Sicherungen bezeichnen und deshalb bis heute *Fuse Map* heißen, in einem genormten Format, dem *JEDEC-File* abgelegt.

Zur Durchführung der Programmierung schließt man ein Programmiergerät am PC an und lädt den JEDEC-File hinunter. Neuere Programmiergeräte besitzen meist selbst keine Bedienungselemente, sondern werden ganz vom PC gesteuert. Eine Eingabe der Programmierdaten von Hand ist nicht mehr zeitgemäß und wegen der großen Datenmengen auch gar nicht mehr praktikabel. Bevor man sich für einen neuen PLD-Typ entscheidet, ist es zweckmäßig nachzuprüfen, ob er auch von dem Programmiergerät unterstützt wird. Es reicht nicht aus, ein universelles Programmiergerät zu haben, bei dem die Spannungen und Ströme für jeden Pin Software-gesteuert sind, sondern man braucht auch die entsprechende Programmiersoftware. Hier kann es mitunter viele Monate dauern bis die entsprechende Software zur Verfügung steht. Diese Probleme hat man bei einigen neueren PLDs nicht, die in der Schaltung programmierbar sind (in circuit programmable). Sie besitzen dazu eine Schnittstelle, die direkt am PC angeschlossen werden kann. Die Programmier-Hardware befindet sich hier auf dem PLD. Man spart auf diese Weise nicht nur ein Programmiergerät bzw. einen entsprechenden Sockel-Adapter, sondern man kann die Auswirkung von Programmänderungen im laufenden Betrieb überprüfen.

Obwohl die meisten PLDs sich wieder löschen lassen, ist es zweckmäßig, *vor* der Programmierung zu prüfen, ob die entworfene Schaltung auch die gewünschten Eigenschaften hat. Dazu setzt man zuerst einen *funktionalen Simulator* ein. Damit läßt sich überprüfen, ob die Ausgangsfunktionen wie beabsichtigt auf die Eingangssignale und den Takt reagieren. Man erhält dabei Zeitdiagramme wie auf dem Bildschirm eines Logik-Analysators; die Signal-Laufzeiten werden dabei allerdings nicht berücksichtigt. Um das dynamische Verhalten zu testen, benötigt man einen *Timing-Simulator*, der viel komplizierter ist, da er die Daten und Architektur des betreffenden PLDs berücksichtigen muß. An die-

| Hersteller | Produkt | Eingabe | Bausteine für Freeware |
|---|---|---|---|
| Actel | FPGA Designer | Viewlogic Schematic<br>Viewlogic VHDL | ≤ 8 k Gates |
| Altera | MAX + PLUS II | Altera | Altera, einfach |
| Cypress | Warp 2 | VHDL | Cypress |
| Lattice | Design Expert | Synario Abel ⎫<br>Synario Schematic ⎭ | Lattice<br>44 pin |
| Philips | PSynario | Synario Abel ⎫<br>Synario Schematic ⎭ | PZ 3032 |
| Vantis | PALASM 4 | Palasm | MACH 1, 2 |
|  | MACH XL | Palasm | MACH 1–4 |
|  | MACH-Star | Synario Abel ⎫<br>Synario Schematic ⎭ | MACH 1–5 |
| Xilinx | X Abel | Synario Abel ⎫<br>Synario Schematic ⎭ | XC 9500 |

**Tab. 10.17.** Hersteller-Spezifische Entwurfssoftware, die in der Minimalversion meist als Freeware erhältlich ist

| Hersteller | Produkt | Distributor |
|---|---|---|
| Data I/O | Abel 5 | Data I/O, Gräfelfing |
| Logical Devices | CUPL | iSystem, Dachau |
| OrCAD | Express | Hoschar, Karlsruhe |
| Viewlogic | ViewPLD | MSC, Stutensee |

**Tab. 10.18.** Professionelle, Hersteller-unabhängige Entwurfssoftware. Sie erfordern Device-Filter des jeweiligen PAL- bzw. FPGA-Herstellers

ser Stelle wird man immer dann Überraschungen erleben, wenn der Fitter zwei Durchläufe durch das PLD benötigt, um eine komplizierte Funktion zu bilden.

Nahezu jeder Hersteller bietet ein Software-Paket an, um Schaltungen mit seine PLDs zu entwerfen. Häufig sind solche Programme mit eingeschränktem Funktionsumfang kostenlos erhältlich und man kann manche sogar über das Internet herunterladen. Einige Beispiele sind in Tab. 10.17 zusammengstellt. Damit lassen sich meist die Standart-PALs in Tab. 10.19 und die einfacheren CPLDs des jeweiligen Herstellers in Tab. 10.20 entwerfen.

Die Hersteller-unabhängigen Programme in Tab. 10.18 besitzen den großen Vorteil, daß man den Hersteller wechseln kann, ohne die Schaltung neu eingeben zu müssen. Vorteilhaft ist auch daß man für Produkte verschiedener Hersteller dieselbe Benutzer-Oberfläche hat. Man benötigt allerdings einen Device-Fitter des jeweiligen Herstellers, der den Entwurf auf die Architektur des jeweiligen Bausteins abbildet.

## 10.4.3
## Typenübersicht

Wenn man heute eine digitale Schaltungen aufbaut, die mehr als ein paar 7400-Gatter erfordern, ist es zweckmäßig, sie mit PLDs zu realisieren. Selbst die einfachen PALs in Tab. 10.19 beinhalten 300 bis 500 Gatter. Selbst, wenn man davon lediglich die Hälfte nutzen kann, lassen sich damit bereits viele Schaltungen mit 1 Chip realisieren. Man kann ein ganzes „TTL-Grab" durch einen einzigen Baustein ersetzen. Es bringt immer mehrere Vorteile mit sich, die Zahl der Bausteine zu reduzieren:

– man kommt mit kleineren Leiterplatten aus und spart dadurch Platz und Geld,
– häufig ist ein PLD billiger als die Summe der sonst benötigten Bausteine,
– die Zuverlässigkeit steigt, da die Verbindungen im PLD sicherer sind als auf der Leiterplatte,
– Designänderungen lassen sich häufig einfach durch Umprogrammieren des PLDs durchführen.

Alle hier aufgeführten PALs besitzen konfigurierbare Ausgangszellen vom Typ V = variabel von Abb. 10.27 auf S. 757. Der wichtigste Parameter, der die Architektur beschreibt, ist die Anzahl der Makrozellen. Sie gibt an, wieviele logische

| Typ | Hersteller | Gatter Äquival. | Architektur | | | Pins |
|---|---|---|---|---|---|---|
| | | | Eing. | Makroz. | Matrix | |
| 16 V 8 | At, La, Na, Vt | 300 | 10 | 8 | $16 \times 64$ | 20 |
| 20 V 8 | At, La, Na, Vt | 310 | 12 | 8 | $20 \times 64$ | 24 |
| 22 V 10 | At, Cy, Ph, Vt | 400 | 12 | 10 | $22 \times 130$ | 24 |
| 26 V 12 | La, Vt | 500 | 14 | 12 | $26 \times 160$ | 28 |

Hersteller: AT = Atmel, Cy = Cypress, La = Lattice, Na = National, Ph = Philips

**Tab. 10.19.** Standart PALs in CMOS-EEPROM-Technologie. Es gibt verschiedene Geschwindigkeitsklassen: sie liegen zwischen 5 und 25 ns für die Laufzeit vom Eingang zum Ausgang

| Familie | Hersteller | Gatter Äquiv. | Makrozellen | RAM bits | Zero Power | Pins |
|---|---|---|---|---|---|---|
| MAX 7000 | Altera | 0,6 k −20 k | 32 −1024 | — | — | 44 −256 |
| MAX 9000 | Altera | 6 k −20 k | 320 −560 | — | — | 84 −356 |
| FLEX 6 k[1] | Altera | 16 k −24 k | 1 k −2 k | — | ja | 100 −256 |
| FLEX 10k[1] | Altera | 10 k −250 k | 0,5 k −12 k | 6 k −82 k | ja | 144 −672 |
| APEX 20k | Altera | 100 k −1000 k | 0,4 k −4 k | 50 k −500 k | ja | 144 −900 |
| CY 3700 | Cypress | 0,5 k −20 k | 32 −512 | — | — | 44 −352 |
| LSI 2000 | Lattice | 1 k −6 k | 32 −128 | — | — | 44 −133 |
| LSI 3000 | Lattice | 7 k −20 k | 160 −448 | — | — | 160 −432 |
| LSI 8000 | Lattice | 25 k −44 k | 480 −840 | — | — | 148 −312 |
| PZ 3000 | Philips | 1 k −30 k | 32 −960 | — | ja | 44 −492 |
| MACH 2 | Vantis | 2,5 k −5 k | 64 −128 | — | — | 44 −100 |
| MACH 4 | Vantis | 1 k −10 k | 44 −208 | — | — | 32 −256 |
| MACH 5 | Vantis | 5 k −20 k | 128 −512 | — | — | 100 −352 |
| XC 9500 | Xilinx | 1 k −13 k | 36 −576 | — | — | 44 −323 |

[1] SRAM-Technologie: Konfiguration wird nach dem Einschalten aus einem seperaten EPROM geladen.

**Tab. 10.20.** Komplexe PLDs (CPLDs) in CMOS-EEPROM-Technologie. Alle aufgeführten Typen besitzen „in system programming". Die maximalen Taktfrequenzen liegen je nach Geschwindigkeitsklasse zwischen 60 und 160 MHz

Funktionen sich bilden lassen. Jeder Eingang des PLDs und jede Makrozelle liefert je ein Signal in die UND-Matrix. Daher ist die

$$\left.\begin{array}{l}\text{Zahl der \textit{Einträge}}\\\text{in die UND-Matrix}\end{array}\right\} = \left\{\begin{array}{l}\text{Anzahl von}\\\text{Eingängen} + \text{Makrozellen}\end{array}\right.$$

Manche PLDs besitzen, wie Tab. 10.19 zeigt, wesentlich mehr Eingänge in die UND-Matrix. Das kommt daher, daß hier mehr als 1 Signal je Makrozelle rückgekoppelt wird oder Expander-Produktterme in die Matrix rückgekoppelt werden. Auf dem Chip gibt es natürlich doppelt so viele Eingänge in die Matrix, da jedes Signal auch negiert zugeführt werden muß wie Abb. 10.25 auf S. 754 zeigt. Die Anzahl der Matrix-Ausgänge gibt die möglichen Produktterme eines PLDs an. Wenn sie gleichmäßig auf die Makrozellen verteilt sind, ist die

$$\left.\begin{array}{l}\text{maximale Zahl von}\\\text{Produkttermen je Funktion}\end{array}\right\} = \frac{\text{Zahl der Matrix Ausgänge}}{\text{Zahl der Makrozellen}}$$

und beträgt beim 16 V 8 mit 64 Ausgängen $64/8 = 8$. Für die meisten Funktionen ist dies ausreichend aber häufig nicht für alle. Um auch die komplizierten Funktionen bilden zu können, kann man mitunter bei den Nachbarn Produktterme ausleihen (*Produktterm Sharing*) oder *Expander Produktterme* einsetzen, die beliebigen Funktionen zugeordnet werden können. In dieser Beziehung verhalten sie sich dann wie PLAs.

In der Spalte Architektur ist neben der Anzahl der nur als Eingang benutzbaren Anschlüsse die Zahl der Makrozellen angegeben. Ihr Ausgang läßt sich auch als Eingang konfigurieren, wie man bei der variablen Ausgangszelle erkennt. Bei den PALs kann man die Architektur aus der Typenbezeichnung entnehmen:

*Zahl der Eingänge in die Matrix* V *Zahl der Makrozellen*

Der 22 V 10 ist der gebräuchlichste Typ. Hier gibt es zwei Optionen:

– „in system programming" d.h. man benötigt kein Programmiergerät
– „zero power" d.h. die statische Stromaufnahme ist Null.

Die *Komplexen PLDs* in Tab. 10.20 (kurz CPLDs genannt) bestehen aus *mehreren* Standard PLDs auf einem Chip, die über eine *programmierbare Verdrahtung* miteinander verbunden werden können. Mit CPLDs lassen sich Schaltungen, die mehrere Standard PALs erfordern mit einem einzigen Chip realisieren. Natürlich sind die Device-Fitter hier sehr viel komplizierter, weil sie die Aufgabe auf die zur Verfügung stehenden PLDs aufteilen und dann die erforderlichen Verbindungen auf dem Chip programmieren (routen) müssen.

Die meisten PLDs besitzen selbst im statischen Zustand eine erstaunlich große Verlustleistung, obwohl es sich um CMOS-Schaltungn handelt. Die Ursache dafür sind Pull-Up-Widerstände in Wired-And-Verknüpfungen. Es gibt jedoch auch PLDs, deren Stromaufnahme proportional zur Frequenz ist; die also im statischen Fall praktisch keinen Strom aufnehmen. Sie sind in Tab. 10.20 als „Zero-Power" Typen gekennzeichnet. Die Stromaufnahme der „CoolRunner"-Familie PZ 3000 von Philips ist auch im Betrieb besinders gering.

Wenn man in einem Schaltwerk ein paar Bits speichern muß, verwendet man dazu die Register der Makrozellen. Bei größeren Datenmengen ist diese Methode jedoch unpraktikabel; dann muß man ein externes RAM anschließen. Diesen Umstand kann man sich bei einigen neueren CPLDs sparen, da sich Teile von ihnen als RAM konfigurieren lassen; die erreichbare Speicherkapazität ist in Tab. 10.20 angegeben.

## 10.4.4
### Anwender-programmierbare Gate-Arrays

Eine Gruppe von logischen Schaltungen, die ebenfalls vom Anwender selbst programmiert werden können, sind die *Field Programmable Gate Arrays* (FPGAs). Sie unterscheiden sich von den bisher beschriebenen PLDs dadurch, daß ihre interne Struktur sehr viele primitive Zellen enthält, die aus Gattern und Flip-Flops und zum Teil auch einfachen PLDs bis zum Typ 5 V 2 bestehen. Man erkennt in Tab. 10.21, daß die Zahl der Gatter-Äquivalente zum Teil größer ist als bei CPLDs. Daher kann man mit den FPGAs komplexe Schaltungen entwerfen. Sie sind dann besonders vorteilhaft, wenn sich die Aufgabe schlecht auf die Architektur eines PLDs abbilden läßt. Neben der Eingabe der zu realisierenden Funktion in einer Beschreibungssprache ist es hier üblich, direkt einen Schaltplan zu zeichnen, in dem die primitiven Zellen zur gewünschten Funktion verbunden werden. Auf diese Weise kann man mit FPGAs fast jede beliebige Schaltung *auf dem Chip* verdrahten, genauso wie man es früher bei einem TTL-Grab gemacht hat.

Im Vergleich zum PLD-Entwurf kommt jetzt ein weiterer Designschritt hinzu, bei dem wie beim Entflechten einer Leiterplatte die verwendeten Gatter zunächst auf dem FPGA plaziert (*Place*) und dann verbunden (*Route*) werden müssen. Die entsprechenden *Router* müssen natürlich die Architektur des betreffenden Bausteins berücksichtigen und besonders die Verbindungs-Resourcen genau kennen. Man kann angeben, welche Verbindungen zeitkritisch sind, da meist verschieden schnelle Datenpfade zur Verfügung stehen und kurze Verbindungen schneller sind als solche, die über mehrere Ecken gehen. Eine Timing-Simulation unter Berücksichtigung der Verdrahtung (*Post Layout Simulation*) ist hier unerläßlich.

Die Konfiguration der Verdrahtung wird bei den meisten FPGAs in einem RAM auf dem Chip gespeichert. Es wird nach dem Einschalten automatisch aus einem separaten EPROM über eine serielle Schnittstelle geladen. Grundsätzlich anders erfolgt die Programmierung bei den FPGAs in *Programmable-Link*-Technik. Hier werden Verbindungen durch die Programmierung hergestellt. Dies ist also das Gegenteil von der bei PROMs üblichen *Fusible-Link*-Technik, bei der Verbindungen durch die Programmierung unterbrochen werden. Ein Programmable-Link ist ebenso wie ein Fusible-Link nicht löschbar.

| Familie | Hersteller | Gatter Äquiv. | Register | RAM bits | Program- mierung | Pins |
|---|---|---|---|---|---|---|
| AT 6000 | Atmel | 6 k −30 k | 1 k −6 k | — | RAM | 84 −240 |
| AT 40 K 00 | Atmel | 5 k −50 k | 250 −2300 | 2 k −18 k | RAM | 84 −475 |
| 1200 XL | Actel | 2,5 k −8 k | 400 −1000 | — | PL | 84 −176 |
| 3200 DX | Actel | 6,5 k −40 k | 800 −4000 | 2 k −4 k | PL | 84 −256 |
| A40 MX 00 | Actel | 2 k −52 k | 147 −2800 | 0 −3 k | PL | 44 −240 |
| A54 SX 00 | Actel | 8 k −32 k | 256 −2000 | — | PL | 84 −329 |
| OR 2T 000 | Lucent | 5 k −100 k | 400 −3600 | 6 k −58 k | RAM | 84 −600 |
| OR 3T 000 | Lucent | 40 k −186 k | 2 k −14 k | 40 k −100 k | RAM | 208 −600 |
| QL 2000 | Quicklogic | 3 k −15 k | 400 −2500 | — | PL | 84 −256 |
| QL 3000 | Quicklogic | 8 k −50 k | | 5 k −13 k | PL | 84 −256 |
| XC 3000 | Xilinx | 1,5 k −7,5 k | 250 −1300 | — | RAM | 44 −223 |
| XC 4000 | Xilinx | 3 k −60 k | 360 −5400 | 3 k −70 k | RAM | 84 −432 |
| XC 5200 | Xilinx | 3 k −23 k | 250 −2000 | — | RAM | 84 −352 |
| XC 6200 | Xilinx | 13 k −100 k | 2 k −16 k | 36 k −262 k | RAM | 240 −299 |
| Virtex | Xilinx | 58 k −1200 k | 2 k −28 k | 32 k −130 k | RAM | 144 −680 |

**Tab. 10.21.** Beispiele für Anwender-programmierbare Gate-Arrays (FPGAs). Programmierung: PL = Programmable Link =programmierbare Verbindung; RAM = Programmierung wird im RAM auf dem Chip gespeichert, das nach dem Einschalten aus einem seperaten EPROM geladen wird

# Literatur

[10.1]   Huse, H.: Speicherentwurf mit DRAM-Controllern. Design & Elektronik, 19.12. l986, H. 26, S. 94–104.

[10.2]   Voldam, Willibald: Die Speicheransteuerung mit RAM-Controllern. Design & Elektronik, 27. 5. 1986, H. 11, S. 149–151.

[10.3]   Iversen, W.R.: Dual-Port RAM Transfers Data More Efficiently. Electronics 55 (1982) H. 20, S. 47–48.

[10.4]   Wylemd, D.C.: Dual-Port-RAMs Simplify Communications in Computer Systems. Application Note AN-02 der Firma IDT.

[10.5]   Hallau, D.: Die vielfältigen Anwendungsmöglichkeiten von FIFO-Speichern. Design & Elektronik, 9. 6. 1987, H. 12, S. 109–114.

[10.6]   Evans, M.: Nelson-Matrix Can Pin Down 2 Errors per Word. Electronics 55 (1982) H. 11, S. 158–162.

[10.7]   Peterson, W.W. : Weldon, E.J.: Error-Correction Codes. Cambridge, Mass.: The MIT-Press 1972.

[10.8]   Berlekamp, E.R.: Algebraic Coding Theory. New York: McGraw-Hill 1968.

[10.9]   Fleder, K.: Schaltkreis zur Erkennung und Korrektur von Fehlern in Speichersystemen. Applikations-Bericht der Firma Texas Instruments, 1984, EB 161.

[10.10]  Landers, G.: 5-Volt-Only EEPROM Mimics Static-RAM Timing. Electronics 55 (1982) H. 13, S. 127–130.

[10.11]  Heusinger, P., Ronge, K., Stock, G.: PLDs und FPGAs. Franzis, 1994

[10.12]  Mazor, S., Langstraat, P.: A Guide to VHDL. Kluwer 1992

[10.13]  Bhasker, J.: VHDL-Primer. Prentice-Hall 1992

# Teil II

## Anwendungen

# Kapitel 11:
# Lineare und nichtlineare Analogrechenschaltungen

Mit Mikrocomputern und Signalprozessoren hat man heute die Möglichkeit, mathematische Operationen mahezu mit beliebiger Genauigkeit durchzuführen. Die zu verarbeitenden Größen liegen jedoch häufig als kontinuierliche Signale vor, z.B. in Form einer zur Meßgröße analogen elektrischen Spannung. In diesem Fall benötigt man zusätzlich zum Digitalrechner einen Analog-Digital- und einen Digital-Analog-Umsetzer. Dieser Aufwand lohnt sich jedoch nur dann, wenn die Genauigkeitsforderungen so hoch sind, daß sie sich mit Analogrechenschaltungen nicht erfüllen lassen. Die Grenze liegt größenordnungsmäßig bei 0,1%.

Im folgenden werden die wichtigsten Analogrechenschaltungen mit konventionellen VV-Operationsverstärkern behandelt: die vier Grundrechenarten, Differential- und Integraloperationen sowie die Bildung transzendenter und beliebiger Funktionen. Dabei soll das Prinzip möglichst deutlich werden. Deshalb gehen wir bei den verwendeten Operationsverstärkern zunächst immer von idealen Eigenschaften aus. Die Einschränkungen und Gesichtspunkte bei der Schaltungsdimensionierung, die sich beim Einsatz realer Operationsverstärker ergeben, haben wir ausführlich in Kapitel 5 behandelt. Die entsprechenden Überlegungen gelten sinngemäß auch für die folgenden Schaltungen. Hier wollen wir nur noch auf solche Nebeneffekte eingehen, die bei den einzelnen Schaltungen eine besondere Rolle spielen.

## 11.1
## Addierer

Zur Addition mehrerer Spannungen kann man einen als Umkehrverstärker beschalteten Operationsverstärker heranziehen. Man schließt die Eingangsspannungen wie in Abb. 11.1 über Vorwiderstände am N-Eingang an. Da dieser Punkt hier eine virtuelle Masse darstellt, liefert die Anwendung der Knotenregel unmittelbar die angegebene Beziehung für die Ausgangsspannung:

$$\frac{U_1}{R_1} + \frac{U_2}{R_2} + \cdots + \frac{U_n}{R_n} + \frac{U_a}{R_N} = 0$$

Man kann den Umkehraddierer auch als Verstärker mit großem Nullpunkt-Einstellungsbereich einsetzen, indem man zur Signalspannung in der beschriebenen Weise eine Gleichspannung addiert.

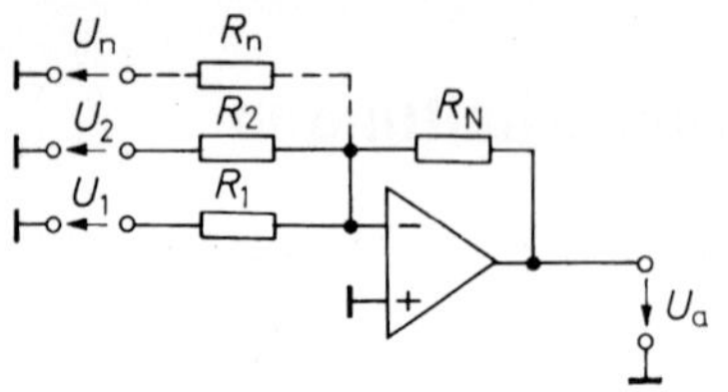

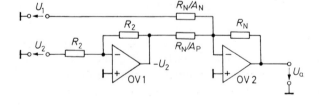

**Abb. 11.1.** Umkehraddierer

*Ausgangsspannung:*

$$-U_a = \frac{R_N}{R_1}U_1 + \frac{R_N}{R_2}U_2 + \cdots + \frac{R_N}{R_n}U_n$$

## 11.2
## Subtrahierer

### 11.2.1
### Rückführung auf die Addition

Eine Subtraktion läßt sich auf eine Addition zurückführen, indem man das zu subtrahierende Signal invertiert. Die entstehende Schaltung ist in Abb. 11.2 dargestellt. Der Operationsverstärker OV 1 invertiert die Eingangsspannung $U_2$. Damit erhalten wir die Ausgangsspannung:

$$U_a = A_P U_2 - A_N U_1 \tag{11.1}$$

Eine reine Differenzbildung gemäß $U_a = A_D(U_2 - U_1)$ ergibt sich, wenn man die beiden Verstärkungsfaktoren $A_P$ und $A_N$ gleich der gewünschten Differenzverstärkung $A_D$ macht. Die Abweichung von der idealen Differenzbildung wird durch die Gleichtaktunterdrückung $G = A_D/A_{Gl}$ charakterisiert. Zu ihrer Berechnung setzen wir

$$U_2 = U_{Gl} + \frac{1}{2}U_D$$

und $\tag{11.2}$

$$U_1 = U_{Gl} - \frac{1}{2}U_D$$

in Gl. (11.1) ein und erhalten:

$$U_a = \underbrace{(A_P - A_N)}_{A_{Gl}} U_{Gl} + \underbrace{\frac{1}{2}(A_P + A_N)}_{A_D} U_D \tag{11.3}$$

Darin ist $U_{Gl}$ die Gleichtaktspannung und $U_D$ die Differenzspannung.

**Abb. 11.2.** Subtrahierer mit Addierschaltung

*Ausgangsspannung:*
$$U_a = A_D(U_2 - U_1)$$
*Koeffizientenbedingung:*
$$A_N = A_P = A_D$$

Aus Gl. (11.3) ergibt sich die Gleichtaktunterdrückung zu:

$$G = \frac{A_D}{A_{Gl}} = \frac{1}{2} \cdot \frac{A_P + A_N}{A_P - A_N} \tag{11.4}$$

Nun wollen wir annehmen, daß die Koeffizientenbedingung annähernd erfüllt ist. Es soll also gelten:

$$A_N = A - \frac{1}{2}\Delta A$$

$$A_P = A + \frac{1}{2}\Delta A$$

Einsetzen in Gl. (11.4) liefert das Ergebnis:

$$G = \frac{A}{\Delta A} \tag{11.5}$$

Die Gleichtaktunterdrückung ist also gleich dem Kehrwert der relativen Paarungstoleranz der beiden Verstärkungen.

### 11.2.2
### Subtrahierer mit einem Operationsverstärker

Zur Berechnung der Ausgangsspannung des Subtrahierers in Abb. 11.3 ziehen wir den Überlagerungssatz heran. Danach gilt:

$$U_a = k_1 U_1 + k_2 U_2$$

Für $U_2 = 0$ arbeitet die Schaltung als Umkehrverstärker mit $U_a = -\alpha_N U_1$. Daraus folgt $k_1 = -\alpha_N$. Für $U_1 = 0$ arbeitet die Schaltung als Elektrometerverstärker mit vorgeschaltetem Spannungsteiler. Das Potential

$$V_P = \frac{R_P}{R_P + R_P/\alpha_P} U_2$$

wird demnach mit dem Faktor $(1 + \alpha_N)$ verstärkt. Es wird also in diesem Fall:

$$U_a = \frac{\alpha_P}{1 + \alpha_P}(1 + \alpha_N) U_2$$

Wenn die beiden Widerstandsverhältnisse gleich sind, d.h. $\alpha_N = \alpha_P = \alpha$, folgt daraus

$$U_a = \alpha U_2$$

und damit $k_2 = \alpha$. Daraus ergibt sich die Ausgangsspannung im allgemeinen Fall zu:

$$U_a = \alpha(U_2 - U_1)$$

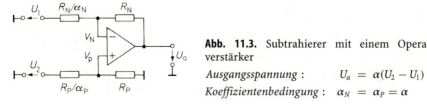

**Abb. 11.3.** Subtrahierer mit einem Operationsverstärker

*Ausgangsspannung :*     $U_a = \alpha(U_2 - U_1)$

*Koeffizientenbedingung :*     $\alpha_N = \alpha_P = \alpha$

Wenn das Verhältnis der Widerstände am P- und N-Eingang nicht genau gleich $\alpha$ ist, bildet die Schaltung nicht exakt die Differenz der Eingangsspannungen, sondern den Ausdruck:

$$U_a = \frac{1 + \alpha_N}{1 + \alpha_P} \alpha_P U_2 - \alpha_N U_1$$

Zur Berechnung der Gleichtaktunterdrückung verwenden wir wieder den Ansatz Gl. (11.2) und erhalten:

$$G = \frac{A_D}{A_{Gl}} = \frac{1}{2} \cdot \frac{(1 + \alpha_N)\alpha_P + (1 + \alpha_P)\alpha_N}{(1 + \alpha_N)\alpha_P - (1 + \alpha_P)\alpha_N}$$

Bei annähernd erfüllter Koeffizientenbedingung, d.h. $\alpha_N = \alpha - \frac{1}{2}\Delta\alpha$ und $\alpha_P = \alpha + \frac{1}{2}\Delta\alpha$ folgt daraus unter Vernachlässigung von Termen höherer Ordnung:

$$G \approx (1 + \alpha)\frac{\alpha}{\Delta\alpha} \tag{11.6}$$

Bei konstantem $\alpha$ ist demnach die Gleichtaktunterdrückung umgekehrt proportional zur Toleranz der Widerstandsverhältnisse. Sind die beiden Widerstandsverhältnisse gleich, wird $G = \infty$; dies gilt jedoch nur beim idealen Operationsverstärker. Wünscht man eine besonders hohe Gleichtaktunterdrückung, kann man $R_P$ geringfügig variieren und damit $\Delta\alpha$ so einstellen, daß die endliche Gleichtaktunterdrückung des realen Operationsverstärkers kompensiert wird.

Aus Gl. (11.6) ergibt sich außerdem, daß die Gleichtaktunterdrückung bei gegebener Widerstandstoleranz $\Delta\alpha/\alpha$ annähernd proportional zur eingestellten Differenzverstärkung $A_D = \alpha$ ist. Dies ist ein entscheidender Vorteil gegenüber der vorhergehenden Schaltung.

Ein Zahlenbeispiel soll die Verhältnisse verdeutlichen: Zwei Spannungen von ca. 10 V sollen subtrahiert werden. Ihre Differenz beträgt maximal 100 mV. Dieser Wert soll am Ausgang des Subtrahierers auf 5 V verstärkt erscheinen, bei einer Genauigkeit von 1%. Die Differenzverstärkung muß also $A_D = 50$ betragen. Der Absolutfehler am Ausgang muß kleiner als 5 V · 1% = 50 mV sein. Nun nehmen wir den günstigen Fall an, daß die Gleichtaktverstärkung die einzige Fehlerquelle darstellt. Damit ergibt sich die Forderung:

$$A_{Gl} \leq \frac{50\,\text{mV}}{10\,\text{V}} = 5 \cdot 10^{-3}$$

d.h.

$$G \geq \frac{50}{5 \cdot 10^{-3}} = 10^4 \mathrel{\widehat{=}} 80\,\text{dB}$$

Nach Gl. (11.6) läßt sich diese Forderung bei dem Subtrahierer in Abb. 11.3 mit einer Paarungstoleranz von $\Delta\alpha/\alpha = 0{,}5\%$ erfüllen. Bei der Schaltung in Abb. 11.2 hingegen ist nach Gl. (11.5) eine Paarungstoleranz von 0,01% erforderlich!

In Abb. 11.4 ist eine Erweiterung des Subtrahierers für beliebig viele Additions- und Subtraktionseingänge dargestellt. Voraussetzung für die richtige Funktionsweise ist, daß die angegebene Koeffizientenbedingung erfüllt ist.

Ist dies nach Vorgabe der Koeffizienten noch nicht der Fall, kann man mit dem noch fehlenden Koeffizienten die Spannung 0 addieren bzw. subtrahieren.

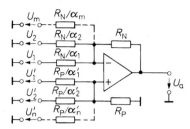

**Abb. 11.4.** Mehrfach-Subtrahierer

*Ausgangsspannung* : $\qquad U_a = \sum_{i=1}^{n} \alpha_i' U_i' - \sum_{i=1}^{m} \alpha_i U_i$

*Koeffizientenbedingung* : $\qquad \sum_{i=1}^{n} \alpha_i' = \sum_{i=1}^{m} \alpha_i$

Zur Herleitung der angegebenen Beziehung wenden wir die Knotenregel auf den N-Eingang an:

$$\sum_{i=1}^{m} \frac{U_i - V_N}{\left(\dfrac{R_N}{\alpha_i}\right)} + \frac{U_a - V_N}{R_N} = 0$$

Daraus folgt:

$$\sum_{i=1}^{m} \alpha_i U_i - V_N \left[\sum_{i=1}^{m} \alpha_i + 1\right] + U_a = 0$$

Ganz analog erhält man für den P-Eingang:

$$\sum_{i=1}^{n} \alpha_i' U_i' - V_P \left[\sum_{i=1}^{n} \alpha_i' + 1\right] = 0$$

Mit $V_N = V_P$ und der zusätzlichen Voraussetzung

$$\sum_{i=1}^{m} \alpha_i = \sum_{i=1}^{n} \alpha_i' \tag{11.7}$$

folgt durch Subtraktion der beiden Gleichungen:

$$U_a = \sum_{i=1}^{n} \alpha_i' U_i' - \sum_{i=1}^{m} \alpha_i U_i$$

Für $n = m = 1$ geht der Mehrfachsubtrahierer in die Grundschaltung in Abb. 11.3 über.

Die Eingänge der Rechenschaltungen belasten die Signalspannungsquellen. Wenn dadurch keine Rechenfehler entstehen sollen, müssen deren Ausgangswiderstände hinreichend niederohmig sein. Sind die Quellen ihrerseits gegengekoppelte Operationsverstärkerschaltungen, ist diese Bedingung im allgemeinen gut erfüllt. Bei anderen Signalquellen ist es meist notwendig, Impedanzwandler in Form von Elektrometerverstärkern vor die Eingänge zu schalten. Die sich dabei ergebenden Subtrahierer werden als Elektrometer-Subtrahierer (Instrumentation Amplifier) bezeichnet und hauptsächlich in der Meßtechnik eingesetzt. Deshalb werden sie noch ausführlich im Kapitel 22 behandelt.

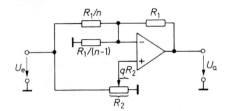

**Abb. 11.5.** Bipolares Koeffizientenglied

*Ausgangsspannung :* $U_a = n(2q - 1)U_e$

## 11.3
## Bipolares Koeffizientenglied

Die Schaltung in Abb. 11.5 gestattet die Multiplikation einer Eingangsspannung mit einem konstanten Faktor, der mit dem Potentiometer $R_2$ zwischen $\pm n$ einstellbar ist. Steht das Potentiometer am rechten Anschlag, ist $q = 0$, und die Schaltung arbeitet als invertierender Verstärker mit der Verstärkung $A = -n$. Der Widerstand $R_1/(n - 1)$ ist in diesem Fall wirkungslos, da an ihm keine Spannung abfällt.

Für $q = 1$ liegt die volle Eingangsspannung $U_e$ am P-Eingang. Dadurch wird der Spannungsabfall an dem Widerstand $R_1/n$ gleich Null, und die Schaltung arbeitet als nicht-invertierender Verstärker mit der Verstärkung:

$$A = 1 + \frac{R_1}{R_1/(n - 1)} = +n$$

Für Zwischenstellungen beträgt die Verstärkung:

$$A = n(2q - 1)$$

Sie ist also linear von $q$ abhängig und kann deshalb gut mit Hilfe eines geeichten Wendelpotentiometers eingestellt werden. Der Faktor $n$ bestimmt den Koeffizientenbereich. Der kleinste Wert ist $n = 1$; in diesem Fall entfällt der Widerstand $R_1/(n - 1)$.

## 11.4
## Integratoren

Eine besonders wichtige Anwendung des Operationsverstärkers in der Analogrechentechnik ist der Integrator. Er bildet allgemein einen Ausdruck der Form:

$$U_a(t) = K \int_0^t U_e(\tilde{t})d\tilde{t} + U_a(t = 0)$$

### 11.4.1
### Umkehrintegrator

Der Umkehrintegrator in Abb. 11.6 unterscheidet sich vom Umkehrverstärker dadurch, daß der Gegenkopplungswiderstand $R_N$ durch einen Kondensator $C$ ersetzt wird. Dann ergibt sich die Ausgangsspannung:

$$U_a = \frac{Q}{C} = \frac{1}{C}\left[\int_0^t I_C(\tilde{t})d\tilde{t} + Q_0\right]$$

Dabei ist $Q_0$ die Ladung, die sich zu Beginn der Integration ($t = 0$) auf dem Kondensator befindet. Mit $I_C = -U_e/R$ folgt:

$$U_a = -\frac{1}{RC}\int_0^t U_e(\tilde{t})d\tilde{t} + U_{a0}$$

Die Konstante $U_{a0}$ stellt die Anfangsbedingung dar: $U_{a0} = U_a(t = 0) = Q_0/C$. Sie muß durch zusätzliche Maßnahmen auf einen definierten Wert gesetzt werden. Darauf werden wir im nächsten Abschnitt eingehen.

Nun wollen wir zwei Sonderfälle untersuchen: Ist die Eingangsspannung $U_e$ zeitlich konstant, erhält man die Ausgangsspannung

$$U_a = -\frac{U_e}{RC}t + U_{a0}$$

Sie steigt also linear mit der Zeit an. Deshalb ist die Schaltung zur Erzeugung von Dreieck- und Sägezahnspannungen sehr gut geeignet.

Ist $U_e$ eine cosinusförmige Wechselspannung $u_e = \hat{U}_e \cos \omega t$, wird die Ausgangsspannung:

$$U_a(t) = -\frac{1}{RC}\int_0^t \hat{U}_e \cos \omega \tilde{t} d\tilde{t} + U_{a0} = -\frac{\hat{U}_e}{\omega RC}\sin \omega t + U_{a0}$$

Die Amplitude der Ausgangswechselspannung ist also umgekehrt proportional zur Kreisfrequenz $\omega$. Trägt man den Amplitudenfrequenzgang doppeltlogarithmisch auf, ergibt sich eine Gerade mit der Steigung $-6\,\mathrm{dB/Oktave}$. Diese Eigenschaft ist ein einfaches Kriterium dafür, ob sich eine Schaltung als Integrator verhält.

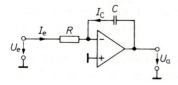

**Abb. 11.6.** Umkehrintegrator

$Ausgangsspannung:\quad U_a = -\dfrac{1}{RC}\displaystyle\int_0^t U_e(\tilde{t})d\tilde{t} + U_{a0}$

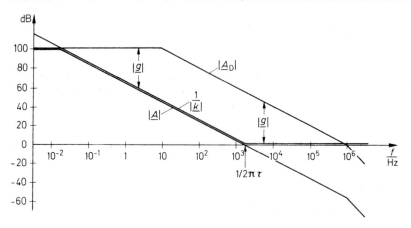

**Abb. 11.7.** Frequenzgang der Schleifenverstärkung $\underline{g}$

Das Verhalten im Frequenzbereich läßt sich auch direkt mit Hilfe der komplexen Rechnung ermitteln:

$$\underline{A} = \frac{\underline{U}_a}{\underline{U}_e} = -\frac{\underline{Z}_C}{R} = -\frac{1}{s\,RC} \tag{11.8}$$

Für das Verhältnis der Amplituden folgt daraus

$$\frac{\widehat{U}_a}{\widehat{U}_e} = |\underline{A}| = \frac{1}{\omega RC}$$

wie oben gezeigt.

Bezüglich der Stabilität ist zu beachten, daß das Gegenkopplungsnetzwerk hier im Gegensatz zu den bisher behandelten Schaltungen eine Phasenverschiebung verursacht, d.h. der Rückkopplungsfaktor wird komplex:

$$\underline{k} = \frac{\underline{V}_N}{\underline{U}_a}\bigg|_{U_e=0} = \frac{s\,RC}{1 + s\,RC} \tag{11.9}$$

Für hohe Frequenzen strebt $\underline{k} \to 1$, und die Phasenverschiebung wird Null. In diesem Frequenzbereich liegen also dieselben Verhältnisse vor wie beim voll gegengekoppelten Umkehrverstärker (s. Kap. 5). Deshalb ist auch die dafür notwendige Frequenzgangkorrektur anzuwenden. Intern korrigierte Verstärker sind in der Regel für diesen Fall ausgelegt und daher auch als Integratoren geeignet.

Der zum Integrieren ausnutzbare Frequenzbereich läßt sich in Abb. 11.7 für ein typisches Beispiel ablesen. Als Integrationszeitkonstante wurde $\tau = RC = 100\,\mu s$ gewählt. Man sieht, daß damit eine maximale Schleifenverstärkung $|\underline{g}| = |\underline{k}\,\underline{A}_D| \approx 600$ erzielt wird, d.h. eine Rechengenauigkeit von $1/|\underline{g}| \approx 0{,}2\%$. Im Unterschied zum Umkehrverstärker nimmt die Rechengenauigkeit nicht nur bei hohen, sondern auch bei tiefen Frequenzen ab.

Beim realen Operationsverstärker können Eingangsruhestrom $I_B$ und Offsetspannung $U_0$ sehr störend sein, weil sich ihre Wirkung zeitlich summiert. Wenn

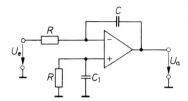

**Abb. 11.8.** Integrator mit Eingangsruhestromkompensation. Der Kondensator $C_1$ schließt Rauschspannungen am P-Eingang kurz

man die Eingangsspannung $U_e$ Null macht, fließt durch den Kondensator der Fehlerstrom:

$$\frac{U_0}{R} + I_B$$

Das hat eine Ausgangsspannungsänderung

$$\frac{dU_a}{dt} = \frac{1}{C}\left(\frac{U_0}{R} + I_B\right) \tag{11.10}$$

zur Folge. Ein Fehlerstrom von 1 μA läßt also die Ausgangsspannung um 1 V je Sekunde ansteigen, wenn $C = 1\,μF$ ist. Man erkennt an Gl. (11.10), daß bei gegebener Zeitkonstante der Beitrag des Eingangsruhestromes um so kleiner wird je größer man $C$ wählt, während der Beitrag der Offsetspannung konstant bleibt. Da man $C$ nicht beliebig groß machen kann, sollte man zumindest sicherstellen, daß der Einfluß von $I_B$ den von $U_0$ nicht überwiegt. Das ist dann der Fall, wenn

$$I_B < \frac{U_0}{R} = \frac{U_0 C}{\tau}$$

ist. Will man mit einem Kondensator von 1 μF eine Zeitkonstante von $\tau = 1\,s$ erreichen, sollte ein Operationsverstärker mit einer Offsetspannung von 1 mV also einen Eingangsruhestrom besitzen, der kleiner ist als:

$$I_B = \frac{1\,μF \cdot 1\,mV}{1\,s} = 1\,nA$$

Operationsverstärker mit bipolaren Transistoren am Eingang besitzen meist größere Eingangsströme. Ihre störende Wirkung läßt sich wie in Abb. 11.8 dadurch reduzieren, daß man den P-Eingang nicht direkt an Masse legt, sondern über einen Widerstand, der ebenfalls den Wert $R$ besitzt. Dann fällt an beiden Widerständen die Spannung $I_B R$ ab, und der Fehlerstrom durch den Kondensator $C$ wird Null. Die verbleibende Fehlerquelle ist in diesem Fall lediglich die Differenz der Eingangsruheströme, also der Offsetstrom, der jedoch meist klein demgegenüber ist.

Bei Fet-Operationsverstärkern ist der Eingangsruhestrom meist vernachlässigbar klein. Sie sind daher bei großen Integrationszeitkonstanten vorzuziehen, obwohl ihre Offsetspannungen häufig deutlich größer sind als bei Operationsverstärkern mit Bipolartransistoren am Eingang.

Eine weitere Fehlerquelle können Leckströme durch den Kondensator darstellen. Da Elektrolytkondensatoren Leckströme im μA-Gebiet besitzen, kommen sie als Integrationskondensatoren nicht in Frage. Man ist also auf Folienkondensatoren angewiesen. Bei ihnen sind jedoch Kapazitäten über 10 μF äußerst unhandlich.

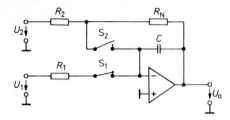

**Abb. 11.9.** Integrator mit drei Betriebsarten: Integrieren, Halten, Anfangsbedingung setzen

$$Anfangsbedingung: \quad U_a(t=0) = -\frac{R_N}{R_2}U_2$$

## 11.4.2
## Anfangsbedingung

Ein Integrator ist bei manchen Anwendungen erst dann brauchbar, wenn man die Ausgangsspannung $U_a(t=0)$ unabhängig von der Eingangsspannung vorgeben kann. Die Schaltung in Abb. 11.9 ermöglicht es, die Integration zu stoppen und Anfangsbedingungen zu setzen.

Ist der Schalter $S_1$ geschlossen und $S_2$ offen, arbeitet die Schaltung wie die in Abb. 11.6: die Spannung $U_1$ wird integriert. Öffnet man nun den Schalter $S_1$, wird der Ladestrom beim idealen Integrator gleich Null, und die Ausgangsspannung bleibt auf dem Wert stehen, den sie im Umschaltaugenblick hatte. Dies ist von Nutzen, wenn man eine Rechnung unterbrechen möchte, um die Ausgangsspannung in Ruhe abzulesen. Zum Setzen der Anfangsbedingungen läßt man $S_1$ geöffnet und schließt $S_2$. Dadurch wird der Integrator zum Umkehrverstärker mit der Ausgangsspannung:

$$U_a = -\frac{R_N}{R_2}U_2$$

Dieser Wert stellt sich jedoch erst mit einer gewissen Verzögerung ein, die durch die Zeitkonstante $R_N C$ bestimmt wird.

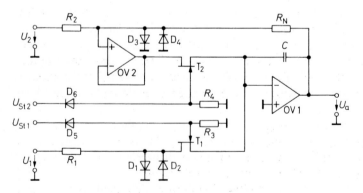

**Abb. 11.10.** Elektronisch gesteuerter Integrator
Eine integrierte Schaltung, die zwei derartige Integratoren enthält, ist der ACF 2101 von Burr Brown.

$$Anfangsbedingung: \quad U_a(t=0) = -\frac{R_N}{R_2}U_2$$

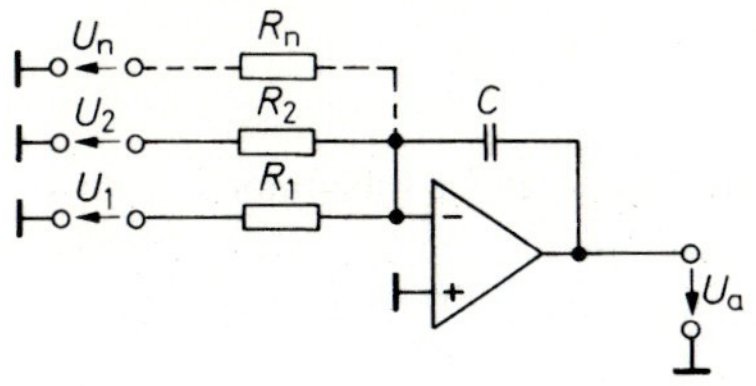

**Abb. 11.11.** Summationsgenerator
*Ausgangsspannung:*

$$U_a = -\frac{1}{C} \int\limits_0^t \left( \frac{U_1}{R_1} + \frac{U_2}{R_2} + \cdots + \frac{U_n}{R_n} \right) d\tilde{t} + U_{a0}$$

Abbildung 11.10 zeigt eine Möglichkeit, die Schalter elektronisch zu realisieren. Die beiden Fets $T_1$ und $T_2$ ersetzen die Schalter $S_1$ und $S_2$ in Abb. 11.9. Sie sind leitend, wenn die betreffende Steuerspannung größer als Null ist. Bei hinreichend negativer Steuerspannung sind sie gesperrt. Die genauere Funktion der Fet-Schalter und der Dioden $D_1$ bis $D_6$ wird ausführlich in Kapitel 17.2.1 auf S. 1007 beschrieben.

Der Spannungsfolger OV 2 reduziert die Verzögerungszeitkonstante beim Setzen der Anfangsbedingung vom Wert $R_N C$ auf den kleinen Wert $R_{DS\,on} C$.

### 11.4.3
### Summationsintegrator

Genauso, wie man den Umkehrverstärker zum Additionsverstärker erweitern kann, läßt sich auch der Integrator zum Summationsintegrator erweitern. Die angegebene Beziehung für die Ausgangsspannung ergibt sich unmittelbar aus der Anwendung der Knotenregel auf den Summationspunkt.

### 11.4.4
### Nicht invertierender Integrator

Zur Integration ohne Vorzeichenumkehr kann man zusätzlich zum Integrator einen Umkehrverstärker einsetzen. Eine andere Möglichkeit zeigt Abb. 11.12. Die Schaltung besteht im Prinzip aus einem Tiefpaß als Integrierglied und einem parallel geschalteten NIC mit dem Innenwiderstand $-R$, der gleichzeitig als Impedanzwandler wirkt (s. Kap. 12.5 auf S. 828). Zur Berechnung der Ausgangsspannung wenden wir die Knotenregel auf den P-Eingang an und erhalten:

$$\frac{U_a - V_P}{R} + \frac{U_e - V_P}{R} - C\frac{dV_P}{dt} = 0$$

Mit $V_P = V_N = \frac{1}{2}U_a$ folgt das Ergebnis:

$$U_a = \frac{2}{RC} \int\limits_0^t U_e(\tilde{t}) d\tilde{t}$$

Zu beachten ist, daß die Eingangsspannungsquelle einen sehr niedrigen Innenwiderstand besitzen muß, damit die Stabilitätsbedingung für den NIC nicht verletzt wird.

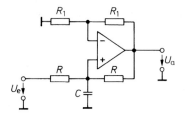

**Abb. 11.12.** Nicht invertierender Integrator

$$Ausgangsspannung: \quad U_a = \frac{2}{RC} \int_0^t U_e(\bar{t}) d\bar{t} + U_{a0}$$

Bei der Verlustkompensation durch den NIC werden Differenzen großer Größen gebildet. Deshalb besitzt dieser Integrator nicht die Präzision der Grundschaltung in Abb. 11.6 auf S. 775.

## 11.5
## Differentiatoren

### 11.5.1
### Prinzipschaltung

Vertauscht man bei dem Integrator in Abb. 11.6 Widerstand und Kondensator, erhält man den Differentiator in Abb. 11.13. Die Anwendung der Knotenregel auf den Summationspunkt liefert die Beziehung:

$$C\frac{dU_e}{dt} + \frac{U_a}{R} = 0,$$

$$U_a = -RC\frac{dU_e}{dt} \tag{11.11}$$

Für sinusförmige Wechselspannungen $u_e = \widehat{U}_e \sin \omega t$ erhalten wir damit die Ausgangsspannung:

$$u_a = -\omega RC \widehat{U}_e \cos \omega t$$

Für das Verhältnis der Amplituden folgt daraus:

$$\frac{\widehat{U}_a}{\widehat{U}_e} = |\underline{A}| = \omega RC \tag{11.12}$$

Trägt man den Frequenzgang der Verstärkung doppeltlogarithmisch auf, erhält man eine Gerade mit der Steigung $+6\,$dB/Oktave. Allgemein bezeichnet man eine Schaltung in dem Frequenzbereich als Differentiator, in dem ihre Frequenzgangkurve mit $6\,$dB/Oktave steigt.

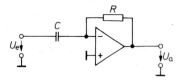

**Abb. 11.13.** Differentiator

$$Ausgangsspannung: \quad U_a = -RC\frac{dU_e}{dt}$$

Das Verhalten im Frequenzbereich läßt sich auch direkt mit Hilfe der komplexen Rechnung ermitteln:

$$\underline{A} = \frac{\underline{U}_a}{\underline{U}_e} = -\frac{R}{\underline{Z}_C} = -sRC \tag{11.13}$$

Daraus folgt

$$|\underline{A}| = \omega RC$$

in Übereinstimmung mit Gl. (11.12).

### 11.5.2
### Praktische Realisierung

Die praktische Realisierung der Differentiatorschaltung in Abb. 11.13 bereitet gewisse Schwierigkeiten, da eine große Schwingneigung besteht. Die Ursache liegt darin begründet, daß das Gegenkopplungsnetzwerk bei höheren Frequenzen eine Phasen-Nacheilung von 90° verursacht:

$$\underline{k} = \frac{1}{1 + sRC} \tag{11.14}$$

Sie addiert sich zur Phasennacheilung des Operationsverstärkers, die im günstigsten Fall selbst schon 90° beträgt. Die verbleibende Phasenreserve ist Null, die Schaltung also instabil. Abhilfe läßt sich dadurch schaffen, daß man die Phasenverschiebung des Gegenkopplungsnetzwerkes bei hohen Frequenzen reduziert, indem man mit dem Differentiationskondensator wie in Abb. 11.14 einen Widerstand $R_1$ in Reihe schaltet. Dadurch muß sich der ausnutzbare Frequenzbereich nicht notwendigerweise reduzieren, da der Differentiator bei höheren Frequenzen wegen abnehmender Schleifenverstärkung ohnehin nicht mehr richtig arbeitet.

Als Grenzfrequenz $f_1$ für das RC-Glied $R_1 C$ wählt man zweckmäßigerweise den Wert, bei dem die Schleifenverstärkung gleich Eins wird. Dabei geht man zunächst von einem universell korrigierten Verstärker aus, dessen Amplitudenfrequenzgang bei dem Beispiel in Abb. 11.15 gestrichelt eingezeichnet ist. Dann beträgt die Phasenreserve bei der Frequenz $f_1$ ca. 45°. Da der Verstärker in der Nähe dieser Frequenz nicht voll gegengekoppelt ist, kann man nun durch Verkleinerung der Korrekturkapazität $C_k$ eine Vergrößerung der Phasenreserve bis zum aperiodischen Grenzfall erzielen.

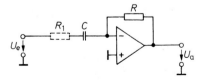

**Abb. 11.14.** Praktische Ausführung eines Differentiators

*Ausgangsspannung:*

$$U_a = -RC\frac{dU_e}{dt} \quad \text{für} \quad f \ll \frac{1}{2\pi R_1 C}$$

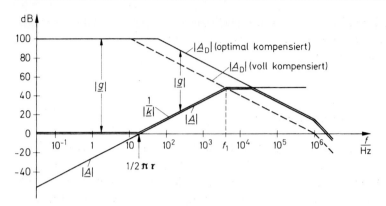

**Abb. 11.15.** Beispiel für den Frequenzgang der Schleifenverstärkung

$f_1 = \sqrt{f_T/2\pi\tau}$ mit $\tau = RC$

Zur experimentellen Optimierung der Korrektur-Kapazität gibt man eine Dreieckspannung in den Differentiator und reduziert $C_k$ soweit, bis die rechteckförmige Ausgangsspannung optimal gedämpft ist.

### 11.5.3
### Differentiator mit hohem Eingangswiderstand

Die Tatsache, daß die Eingangsimpedanz des beschriebenen Differentiators kapazitives Verhalten aufweist, kann in manchen Fällen Schwierigkeiten bereiten. Wenn z.B. eine Operationsverstärkerschaltung als Steuerspannungsquelle verwendet wird, kann diese leicht instabil werden. In dieser Hinsicht ist der Differentiator in Abb. 11.16 günstiger. Seine Eingangsimpedanz sinkt auch bei hohen Frequenzen nicht unter den Wert $R$ ab.

Die Funktionsweise der Schaltung sei durch folgende Überlegung veranschaulicht: Wechselspannungen mit tiefen Frequenzen werden in dem Eingangs-$RC$-Glied differenziert. In diesem Frequenzbereich arbeitet der Operationsverstärker als Elektrometerverstärker mit der Verstärkung $A = 1$.

Wechselspannungen mit hohen Frequenzen werden über das Eingangs-$RC$-Glied voll übertragen und durch den gegengekoppelten Verstärker differenziert. Sind beide Zeitkonstanten gleich groß, geht die Differentiation bei tiefen und hohen Frequenzen nahtlos ineinander über.

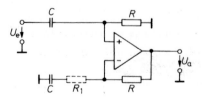

**Abb. 11.16.** Differentiator mit hohem Eingangswiderstand

Ausgangsspannung : $\quad U_a = RC \dfrac{dU_e}{dt}$

Eingangsimpedanz : $\quad |\underline{Z}_e| \geq R$

Bezüglich der Stabilisierung gegen Schwingneigung gelten dieselben Gesichtspunkte wie bei der vorhergehenden Schaltung. Der Dämpfungswiderstand $R_1$ ist gestrichelt in Abb. 11.16 eingezeichnet.

## 11.6
## Lösung von Differentialgleichungen

Es gibt viele Aufgabenstellungen, die sich am einfachsten in Form von Differentialgleichungen beschreiben lassen. Die Lösung erhält man dadurch, daß man die Differentialgleichung mit den beschriebenen Analogrechenschaltungen nachbildet und die sich einstellende Ausgangsspannung mißt. Um Stabilitätsprobleme zu vermeiden, formt man die Differentialgleichung so um, daß statt der Differentiatoren ausschließlich Integratoren benötigt werden.

Das Verfahren wollen wir am Beispiel einer linearen Differentialgleichung 2. Ordnung erläutern:

$$y'' + k_1 y' + k_0 y = f(x) \tag{11.15}$$

Im ersten Schritt ersetzt man die unabhängige Variable $x$ durch die Zeit $t$:

$$x = \frac{t}{\tau}$$

Damit wird nach der Kettenregel:

$$y' = \frac{dy}{dt} \cdot \frac{dt}{dx} = \tau \dot{y} \quad \text{und} \quad y'' = \tau^2 \ddot{y}$$

Einsetzen in die Differentialgleichung (11.15) liefert:

$$\tau^2 \ddot{y} + k_1 \tau \dot{y} + k_0 y = f(t/\tau) \tag{11.16}$$

Im zweiten Schritt löst man die Gleichung nach den nicht abgeleiteten Größen auf:

$$k_0 y - f(t/\tau) = -\tau^2 \ddot{y} - k_1 \tau \dot{y}$$

Im dritten Schritt wird mit $\left(-\dfrac{1}{\tau}\right)$ durchmultipliziert und integriert:

$$-\frac{1}{\tau} \int [k_0 y - f(t/\tau)] dt = \tau \dot{y} + k_1 y \tag{11.17}$$

Auf der linken Seite entsteht auf diese Weise ein Ausdruck, der sich mit einem einfachen Summations-Integrator bilden läßt. Seine Ausgangsspannung wird als Zustandsvariable $z_n$ bezeichnet. Dabei ist $n$ die Ordnung der Differentialgleichung, hier also gleich 2. Damit ergibt sich:

$$z_2 = -\frac{1}{\tau} \int [k_0 y - f(t/\tau)] dt \tag{11.18}$$

Die Ausgangsgröße $y$ wird dabei zunächst einfach als bekannt angenommen. Durch Einsetzen von Gl. (11.18) in Gl. (11.17) ergibt sich:

$$z_2 = \tau \dot{y} + k_1 y \tag{11.19}$$

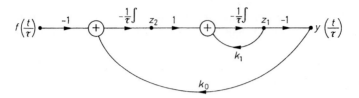

**Abb. 11.17.** Signalflußgraph für die Lösung der Differentialgleichung

$$\tau^2 \ddot{y} + k_1 \tau \dot{y} + k_0 y = f\left(\frac{t}{\tau}\right)$$

Diese Differentialgleichung wird nun genauso behandelt wie Gl. (11.16) Damit erhalten wir:

$$z_2 - k_1 y = \tau \dot{y},$$
$$-\frac{1}{\tau}\int [z_2 - k_1 y]dt = -y \tag{11.20}$$

Die linke Seite stellt die Zustandsvariable $z_1$ dar:

$$z_1 = -\frac{1}{\tau}\int [z_2 - k_1 y]dt \tag{11.21}$$

Dieser Ausdruck wird mit einem zweiten Summations-Integrator gebildet. Einsetzen in Gl. (11.20) liefert die Gleichung für das Ausgangssignal:

$$y = -z_1 \tag{11.22}$$

Da keine abgeleiteten Größen mehr vorkommen, ist das Verfahren beendet. Die letzte Gleichung (11.22) liefert die noch fehlende Beziehung für die als bekannt angenommene Ausgangsgröße $y$.

Die zur Lösung der Differentialgleichung notwendigen Rechenoperationen Gln. (11.18), (11.21), (11.22) lassen sich übersichtlich anhand eines Signalflußgraphen wie in Abb. 11.17 darstellen. Die zugehörige ausgeführte Analogrechenschaltung zeigt Abb. 11.18. Um einen zusätzlichen Umkehrverstärker zur Bildung des Ausdrucks $-k_1/y$ in Gl. (11.21) einzusparen, wurde von der Tatsache Gebrauch gemacht, daß nach Gl. (11.22) $z_1 = -y$ gilt.

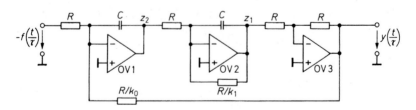

**Abb. 11.18.** Ausgeführte Analogrechenschaltung

## 11.7
## Funktionsnetzwerke

Häufig tritt das Problem auf einer Spannung $U_1$ eine Spannung $U_2 = f(U_1)$ zuzuordnen, wobei $f$ eine beliebige Funktion ist, also z.B.:

$$U_2 = U_A \log \frac{U_1}{U_B}$$

oder

$$U_2 = U_A \sin \frac{U_1}{U_B}$$

Der Zusammenhang kann auch in Form eines Diagramms oder einer Wertetabelle gegeben sein.

Zur Realisierung solcher Zuordnungen gibt es drei Möglichkeiten. Man kann entweder einen physikalischen Effekt heranziehen, der dem gesuchten Zusammenhang folgt, oder die Funktion durch Polygonzüge bzw. Potenzreihen approximieren. Im folgenden werden wir einige Beispiele für diese Methoden angeben.

### 11.7.1
### Logarithmus

Ein Logarithmierer soll eine Ausgangsspannung liefern, die proportional zum Logarithmus der Eingangsspannung ist. Dazu kann man die Diodenkennlinie heranziehen:

$$I_A = I_S(e^{\frac{U_{AK}}{nU_T}} - 1) \tag{11.23}$$

Darin ist $I_S$ der Sättigungssperrstrom. $U_T$ ist die Temperaturspannung $kT/e_0$ und $n$ ein Korrekturfaktor, der zwischen 1 und 2 liegt. Im Durchlaßbereich $I_A \gg I_S$ vereinfacht sich die Gl. (11.23) mit guter Genauigkeit zu:

$$I_A = I_S e^{\frac{U_{AK}}{nU_T}} \tag{11.24}$$

Daraus folgt:

$$U_{AK} = nU_T \ln \frac{I_A}{I_S} \tag{11.25}$$

also die gesuchte Logarithmus-Funktion. Die einfachste Möglichkeit, diese Beziehung zum Logarithmieren auszunutzen, besteht darin, einen Operationsverstärker wie in Abb. 11.19 mit einer Diode gegenzukoppeln. Der Operationsverstärker wandelt die Eingangsspannung $U_e$ in einen Strom $I_A = U_e/R_1$ um. Gleichzeitig stellt er die Ausgangsspannung $U_a = -U_{AK}$ niederohmig zur Verfügung. Damit wird:

$$U_a = -nU_T \ln \frac{U_e}{I_S R_1} = -nU_T \ln 10 \lg \frac{U_e}{I_S R_1} \tag{11.26}$$

$$U_a = -(1 \dots 2) \cdot 60\,\text{mV} \lg \frac{U_e}{I_S R_1} \quad \text{bei Raumtemperatur}$$

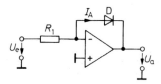

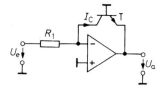

**Abb. 11.19.** Logarithmierer mit Diode          **Abb. 11.20.** Logarithmierer mit Transistor

$$U_a = -nU_T \ln \frac{U_e}{I_S R_1} \quad \text{für} \quad U_e > 0 \qquad\qquad U_a = -U_T \ln \frac{U_e}{I_{CS} R_1} \quad \text{für} \quad U_e > 0$$

Der ausnutzbare Bereich wird durch zwei Effekte eingeschränkt: Die Diode besitzt einen parasitären ohmschen Serienwiderstand. Bei großen Strömen fällt an ihm eine nennenswerte Spannung ab und verfälscht die Logarithmierung. Außerdem ist der Korrekturfaktor $n$ stromabhängig. Eine befriedigende Genauigkeit läßt sich daher nur über ein bis zwei Dekaden der Eingangsspannung erreichen.

Der ungünstige Einfluß des Korrekturfaktors $n$ läßt sich eliminieren, wenn man statt der Diode D einen Transistor T wie in Abb. 11.20 einsetzt. Für den Kollektorstrom gilt nach Gl. (2.2) von S. 42 für $I_C \gg I_{CS}$ die Beziehung:

$$I_C = I_{CS}\, e^{U_{BE}/U_T} \tag{11.27}$$

also:

$$U_{BE} = U_T \ln I_C / I_{CS} \tag{11.28}$$

Für die Ausgangsspannung des Transistor-Logarithmierers in Abb. 11.20 ergibt sich daraus:

$$U_a = -U_{BE} = -U_T \ln \frac{U_e}{I_{CS} R_1}$$

Neben der Elimination des Korrekturfaktors $m$ besitzt die Schaltung in Abb. 11.20 noch zwei weitere Vorteile: Es tritt keine Verfälschung durch den Kollektor-Basis-Sperrstrom auf, da $U_{CB} = 0$ ist. Außerdem geht die Größe der Stromverstärkung nicht in das Ergebnis ein, weil der Basisstrom nach Masse abfließt. Bei geeigneten Transistoren hat man einen Kollektorstrombereich vom pA- bis zum mA-Gebiet, also neun Dekaden, zur Verfügung. Man benötigt allerdings Operationsverstärker mit sehr niedrigen Eingangsströmen, wenn man diesen Bereich voll ausnutzen will.

Der Transistor T erhöht die Schleifenverstärkung der gegengekoppelten Anordnung um seine Spannungsverstärkung. Daher neigt die Schaltung zum Schwingen. Die Spannungsverstärkung des Transistors läßt sich ganz einfach dadurch herabsetzen, daß man wie in Abb. 11.21 einen Emitterwiderstand $R_E$ vorschaltet. Damit wird die Spannungsverstärkung des Transistors durch Stromgegenkopplung auf den Wert $R_1/R_E$ begrenzt. Man darf $R_E$ natürlich nur so groß machen, daß der Ausgang des Operationsverstärkers bei den größten auftretenden Ausgangsströmen nicht übersteuert wird. Der Kondensator C kann die Stabilität der Schaltung durch differenzierende Gegenkopplung weiter verbes-

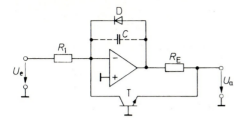

**Abb. 11.21.** Praktische Ausführung eines Logarithmierers

$$U_a = -U_T \ln \frac{U_e}{I_{CS} R_1} \quad \text{für} \quad U_e > 0$$

sern. Dabei ist allerdings zu beachten, daß die obere Grenzfrequenz infolge der nichtlinearen Transistorkennlinie proportional zum Strom abnimmt.

Günstigere Verhältnisse ergeben sich, wenn man den Logarithmier-Transistor aus einer hochohmigen Stromquelle betreibt. Die Schleifenverstärkung beträgt dann $S \cdot R_1$, wobei $S$ die Steilheit der Ansteuerschaltung ist. Da sie vom Kollektorstrom unabhängig ist, läßt sich die Frequenzgang-Korrektur für den ganzen Strombereich optimieren. Operationsverstärker, die einen Stromausgang besitzen, sind die VC- und CC-Operationsverstärker (s. Kap. 5).

Die Diode D in Abb. 11.21 verhindert eine Übersteuerung des Operationsverstärkers bei negativen Eingangsspannungen. Dadurch wird eine Beschädigung des Transistors T durch zu hohe Emitter-Basis-Sperrspannung vermieden und die Erholzeit verkürzt.

Ein Nachteil der beschriebenen Logarithmierer ist ihre starke Temperaturabhängigkeit. Sie rührt daher, daß sich $U_T$ und $I_{CS}$ stark mit der Temperatur ändern. Bei einer Temperaturerhöhung von $20\,°C$ auf $50\,°C$ nimmt $U_T$ um 10% zu, während sich der Sperrstrom etwa verzehnfacht. Der Einfluß des Sperrstroms läßt sich eliminieren, wenn man die Differenz zweier Logarithmen bildet. Davon machen wir bei der Schaltung in Abb. 11.22 Gebrauch. Hier dient der Differenzverstärker $T_1$, $T_2$ zur Logarithmierung. Um die Wirkungsweise der Schaltung zu untersuchen, ermitteln wir die Stromaufteilung im Differenzverstärker. Aus der Maschenregel folgt:

$$U_1 + U_{BE\,2} - U_{BE\,1} = 0$$

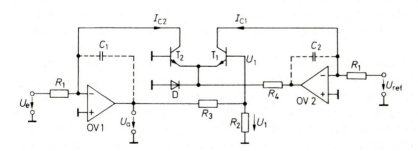

**Abb. 11.22.** Temperaturkompensierter Logarithmierer

$$U_a = -U_T \cdot \frac{R_3 + R_2}{R_2} \ln \frac{U_e}{U_{\text{ref}}} \quad \text{für} \quad U_e, U_{\text{ref}} > 0$$

Die Übertragungskennlinien der Transistoren lauten:

$$I_{C1} = I_{CS}e^{\frac{U_{BE1}}{U_T}}$$
$$I_{C2} = I_{CS}e^{\frac{U_{BE2}}{U_T}}.$$

Daraus ergibt sich:

$$\frac{I_{C1}}{I_{C2}} = e^{\frac{U_1}{U_T}} \qquad\qquad (11.29)$$

Aus Abb. 11.22 entnehmen wir die weiteren Beziehungen

$$I_{C2} = \frac{U_e}{R_1} \qquad\qquad I_{C1} = \frac{U_{\text{ref}}}{R_1} \qquad\qquad U_1 = \frac{R_2}{R_3 + R_2}U_a$$

wenn man $R_2$ nicht zu hochohmig wählt. Durch Einsetzen erhalten wir die Ausgangsspannung:

$$U_a = -U_T\frac{R_3 + R_2}{R_2}\ln\frac{U_e}{U_{\text{ref}}} \qquad\qquad (11.30)$$

Der Wert von $R_4$ geht nicht in das Ergebnis ein. Man wählt ihn so groß, daß der Spannungsabfall an ihm kleiner bleibt als die Ausgangsaussteuerbarkeit des Operationsverstärkers OV 2.

Häufig benötigt man Logarithmierer, die eine Ausgangsspannung von 1 V/Dekade liefern. Zur Ermittlung der Dimensionierung von $R_2$ und $R_3$ für diesen Sonderfall formen wir die Gl. (11.30) um:

$$U_a = -U_T\frac{R_3 + R_2}{R_2} \cdot \frac{1}{\lg e} \cdot \lg\frac{U_e}{U_{\text{ref}}} = -1\,\text{V}\,\lg\frac{U_e}{U_{\text{ref}}}$$

Daraus folgt mit $U_T = 26\,\text{mV}$ die Bedingung:

$$\frac{R_3 + R_2}{R_2} = \frac{1\,\text{V} \cdot \lg e}{U_T} \approx 16{,}7$$

Wählt man $R_2 = 1\,k\Omega$, ergibt sich $R_3 = 15{,}7\,k\Omega$.

Bezüglich der Frequenzkorrektur der beiden Verstärker gelten dieselben Gesichtspunkte wie bei der vorhergehenden Schaltung. $C_1$ und $C_2$ sind die zusätzlichen Kompensationskapazitäten.

Der Temperatureinfluß von $U_T$ läßt sich dadurch eliminieren, daß man $R_2$ einen positiven oder $R_3$ einen negativen Temperaturkoeffizienten von 0,3%/K gibt. Von dieser Möglichkeit wird in dem Logarithmierer ICL 8084 von Intersil Gebrauch gemacht. Eine andere Möglichkeit besteht darin, den Differenzverstärker auf konstanter Temperatur zu halten. Dazu verwendet man am einfachsten eine integrierte Schaltung, die einen zusätzlichen Temperaturregler auf demselben Chip besitzt wie z.B. der SSM 2100 von Analog Devices. Hier wird die Temperatur auf 60 °C geregelt; die Heizleistung beträgt 450 mW bei 25 °C Umgebungstemperatur.

## 11.7.2
## Exponentialfunktion

Abbildung 11.23 zeigt einen e-Funktionsgenerator, der ganz analog aufgebaut ist zu dem Logarithmierer in Abb. 11.20. Legt man eine negative Eingangsspannung an, fließt nach Gl. (11.27) durch den Transistor der Strom:

$$I_C = I_{CS} e^{\frac{U_{BE}}{U_T}} = I_{CS} e^{-\frac{U_e}{U_T}}$$

und man erhält die Ausgangsspannung:

$$U_a = I_C R_1 = I_{CS} R_1 e^{-\frac{U_e}{U_T}}$$

Wie bei dem Logarithmierer in Abb. 11.22 läßt sich auch hier die Temperatur-stabilität durch den Einsatz eines Differenzverstärkers verbessern. Die entsprechende Schaltung ist in Abb. 11.24 dargestellt. Nach Gl. (11.29) gilt wieder:

$$\frac{I_{C1}}{I_{C2}} = e^{\frac{U_1}{U_T}}$$

Aus Abb. 11.24 entnehmen wir die weiteren Beziehungen:

$$I_{C1} = \frac{U_a}{R_1} \qquad I_{C2} = \frac{U_{\text{ref}}}{R_1} \qquad U_1 = \frac{R_2}{R_3 + R_2} U_e$$

Durch Einsetzen erhalten wir die Ausgangsspannung:

$$U_a = U_{\text{ref}} e^{\frac{R_2}{R_3 + R_2} \cdot \frac{U_e}{U_T}} \qquad (11.31)$$

Man erkennt, daß $I_{CS}$ nicht mehr in das Ergebnis eingeht, wenn die Transistoren gut gepaart sind. Der Widerstand $R_4$ begrenzt den Strom durch die Transistoren $T_1$ und $T_2$. Seine Größe geht nicht in das Ergebnis ein, solange der Operations-verstärker OV 2 nicht übersteuert wird.

Eine besonders wichtige Dimensionierung ist die, daß sich die Ausgangsspan-nung um eine Dekade (Faktor 10) erhöht, wenn die Eingangsspannung um 1 V zunimmt. Die dafür erforderliche Bedingung läßt sich aus Gl. (11.31) ableiten:

$$U_a = U_{\text{ref}} \cdot 10^{\frac{R_2}{R_3 + R_2} \cdot \frac{U_e}{U_T} \cdot \lg e} = U_{\text{ref}} \cdot 10^{\frac{U_e}{1 \text{V}}}$$

Daraus folgt mit $U_T = 26 \, \text{mV}$

$$\frac{R_3 + R_2}{R_2} = \frac{1 \, \text{V} \cdot \lg e}{U_T} \approx 16,7$$

also dieselbe Dimensionierung wie beim Logarithmierer in Abb. 11.22.

Ein integrierter e-Funktions-Generator mit interner Temperaturkompensa-tion ist z.B. der ICL 8049 von Intersil.

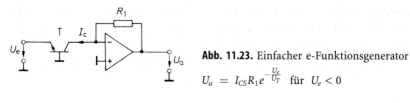

**Abb. 11.23.** Einfacher e-Funktionsgenerator

$$U_a = I_{CS} R_1 e^{-\frac{U_e}{U_T}} \quad \text{für} \quad U_e < 0$$

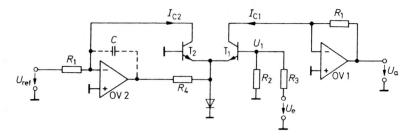

**Abb. 11.24.** Temperaturkompensierter e-Funktionsgenerator

$$U_a = U_{\text{ref}} e^{\frac{R_2}{R_3+R_2} \cdot \frac{U_e}{U_T}} \quad \text{für} \quad U_{\text{ref}} > 0$$

Die beschriebenen Exponentialfunktionsgeneratoren gestatten es, einen Ausdruck der Form

$$y = e^{ax}$$

zu bilden. Aufgrund der Identität

$$b^{ax} = (e^{\ln b})^{ax} = e^{ax \ln b}$$

kann man damit auch Exponentialfunktionen zu einer beliebigen Basis $b$ gemäß

$$y = b^{ax}$$

berechnen, indem man das Eingangssignal $x$ mit dem Faktor $\ln b$ verstärkt und in den e-Funktionsgenerator gibt.

### 11.7.3
### Bildung von Potenzfunktionen über Logarithmen

Die Berechnung von Potenzen der Form

$$y = x^a$$

läßt sich für $x > 0$ mit Hilfe von Logarithmierern und e-Funktionsgeneratoren durchführen. Dazu verwendet man die Identität:

$$x^a = (e^{\ln x})^a = e^{a \ln x}$$

Die prinzipielle Anordnung ist in Abb. 11.25 gezeigt. Die eingetragenen Gleichungen gelten für den Logarithmierer in Abb. 11.22 und den e-Funktionsgenerator in Abb. 11.24 mit $R_2 = \infty$ und $R_3 = 0$. Damit erhalten wir die Ausgangsspannung:

$$U_a = U_{\text{ref}} e^{\frac{aU_T \ln \frac{U_e}{U_{\text{ref}}}}{U_T}} = U_{\text{ref}} \left( \frac{U_e}{U_{\text{ref}}} \right)^a$$

Die Bildung des Logarithmus und der e-Funktion lassen sich mit einer einzigen integrierten Schaltung durchführen, wenn man sogenannte Multifunktions-Konverter einsetzt, wie z.B. den LH 0094 von National oder den AD 538 von Analog Devices.

Die Potenzierung über Logarithmen ist grundsätzlich nur für positive Eingangsspannungen definiert. Bei ganzzahligem Exponenten $a$ sind rein mathe-

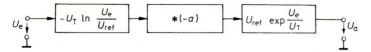

**Abb. 11.25.** Allgemeine Potenzfunktion

$$U_a = U_{\text{ref}} \left( \frac{U_e}{U_{\text{ref}}} \right)^a \quad \text{für} \quad U_e > 0$$

matisch gesehen auch bipolare Eingangssignale zugelassen. Dieser Fall läßt sich schaltungstechnisch dadurch realisieren, daß man Multiplizierer verwendet, wie sie im Abschnitt 11.8 noch beschrieben werden.

### 11.7.4
### Sinus- und Cosinusfunktion

Ein Sinus-Funktionsnetzwerk soll den Ausdruck

$$U_a = \widehat{U}_a \sin \left( \frac{\pi}{2} \cdot \frac{U_e}{\widehat{U}_e} \right) \tag{11.32}$$

im Bereich von $-\widehat{U}_e \leq U_e \leq +\widehat{U}_e$ approximieren. Für kleine Eingangsspannungen gilt:

$$U_a = \widehat{U}_a \cdot \frac{\pi}{2} \cdot \frac{U_e}{\widehat{U}_e}$$

Zweckmäßigerweise wählt man $\widehat{U}_a$ so, daß in Nullpunktnähe $U_a = U_e$ wird. Dies ist der Fall für:

$$\widehat{U}_a = \frac{2}{\pi} \cdot \widehat{U}_e \tag{11.33}$$

Bei kleinen Eingangsspannungen muß das Sinus-Funktionsnetzwerk demnach die Verstärkung 1 besitzen, während sie bei höheren Spannungen abnehmen muß. Eine Schaltung, die das leistet, ist in Abb. 11.26 dargestellt. Sie beruht auf dem Prinzip der *stückweisen Approximation*.

Bei kleinen Eingangsspannungen sperren alle Dioden, und es wird wie verlangt $U_a = U_e$. Wird $U_a$ größer als $U_1$, wird die Diode $D_1$ leitend. $U_a$ steigt nun langsamer an als $U_e$, weil $R_v$ und $R_4$ einen Spannungsteiler bilden. Wird $U_a$ größer als $U_2$, wird der Ausgang zusätzlich mit $R_5$ belastet und der Spannungsanstieg weiter verlangsamt. Die Diode $D_3$ erzeugt schließlich die horizontale Tangente im Maximum der Sinusschwingung. Entsprechend wirken die Dioden $D_1'$ bis $D_3'$ bei der negativen Halbschwingung. Berücksichtigt man, daß die Dioden nicht schlagartig leitend werden, sondern exponentielle Kennlinien besitzen, kann man mit wenigen Dioden niedrige Klirrfaktoren von $U_a$ erreichen.

Zur Dimensionierung des Netzwerkes muß man zunächst die Knickpunkte der Approximationskurve festlegen. Man kann zeigen, daß die ersten $n$ ungeraden

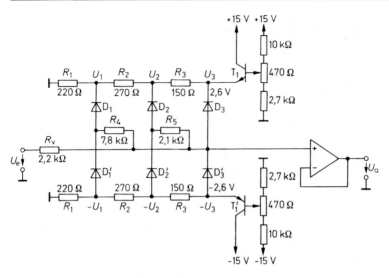

**Abb. 11.26.** Sinusfunktionsnetzwerk mit $2n = 6$ Knickpunkten

$$U_a \approx \frac{2}{\pi} \cdot \widehat{U}_e \sin\left(\frac{\pi}{2}\frac{U_e}{\widehat{U}_e}\right) \quad \text{für} \quad \widehat{U}_e = 5\,\text{V}$$

Oberschwingungen verschwinden, wenn man $2n$ Knickpunkte an folgende Stellen der Eingangsspannung legt [11.2]:

$$U_{ek} = \pm\frac{2k}{2n+1}\widehat{U}_e, \qquad 0 < k \le n \tag{11.34}$$

Die zugehörigen Ausgangsspannungen liegen nach Gl. (11.32) und Gl. (11.33) bei:

$$U_{ak} = \pm\frac{2}{\pi}\widehat{U}_e \sin\frac{\pi k}{2n+1}, \qquad 0 < k \le n \tag{11.35}$$

Für die Steigung des jeweiligen Geradenstückes oberhalb des $k$-ten Knickpunktes folgt daraus:

$$m_k = \frac{U_{a(k+1)} - U_{ak}}{U_{e(k+1)} - U_{ek}} = \frac{2n+1}{\pi}\left[\sin\frac{\pi(k+1)}{2n+1} - \sin\frac{\pi k}{2n+1}\right] \tag{11.36}$$

Für $k = n$, also den höchsten Knickpunkt, wird $m = 0$, wie wir es bereits bei der qualitativen Beschreibung gefordert haben. Die Steigung $m_0$ ist gleich Eins zu wählen.

Aus Symmetriegründen verschwinden alle geraden Oberschwingungen. Aus dem Effektivwert der nicht verschwindenden ungeraden Oberschwingungen ergibt sich bei $2n = 6$ Knickpunkten ein theoretischer Klirrfaktor von 1,8%, bei $2n = 12$ einer von 0,8%. Infolge der Kurvenverrundung durch die realen Dioden-kennlinien liegen die tatsächlichen Verhältnisse jedoch wesentlich günstiger. Dies soll durch folgendes Dimensionierungsbeispiel gezeigt werden:

Eine Dreieckspannung mit einem Scheitelwert von $\widehat{U}_e = 5\,\text{V}$ soll in eine Si-nusspannung umgeformt werden. Nach Gl. (11.33) muß deren Amplitude 3,18 V

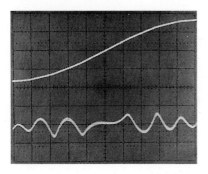

**Abb. 11.27.** Ausgangsspannung und Fehlerspannung (50fach vergrößert) als Funktion der Eingangsspannung. Vert.: 2 V/Div.; Hor.: 1 V/Div.

betragen, damit die Steigung des Null-Segmentes, wie verlangt, gleich Eins wird. Zur Approximation wollen wir $2n = 6$ Knickpunkte verwenden. Nach Gl. (11.35) müssen sie bei $\pm 1{,}4$, $\pm 2{,}5$ und $\pm 3{,}1$ V in der Ausgangsspannung auftreten. Bei den realen Dioden gehen wir davon aus, daß ein nennenswerter Strom erst ab einer Durchlaßspannung von 0,5 V fließt. Um diesen Betrag sind die Dioden-Vorspannungen zu reduzieren. Damit erhalten wir $U_1 = 0{,}9$ V, $U_2 = 2{,}0$ V und $U_3 = 2{,}6$ V. Die Dimensionierung der Spannungsteilerkette $R_1, R_2, R_3$ ist für diese Werte in Abb. 11.26 eingetragen. Die Emitterfolger $T_1$ und $T_1'$ dienen zur niederohmigen Einstellung von $U_3$ und gleichzeitig zur Temperaturkompensation der Dioden-Durchlaßspannungen.

Für die drei Segmentsteigungen erhalten wir nach Gl. (11.36): $m_1 = 0{,}78$, $m_2 = 0{,}43$ und $m_3 = 0$. Wir wählen $R_v = 2{,}2\,k\Omega$. Unter Vernachlässigung des Innenwiderstandes der Teilerkette erhalten wir damit aus

$$m_1 = \frac{R_4}{R_v + R_4}$$

den Wert $R_4 = 7{,}8\,k\Omega$. Für die zweite Steigung gilt:

$$m_2 = \frac{(R_5 \parallel R_4)}{R_v + (R_5 \parallel R_4)}$$

Daraus folgt $R_5 = 2{,}1\,k\Omega$.

Zum Feinabgleich des Netzwerkes verwendet man zweckmäßigerweise ein Sperrfilter für die Grundschwingung (s. Kap. 13.9 auf S. 880) und oszillographiert die verbleibende Fehlerspannung. Das Optimum ist dann erreicht, wenn die Maxima der Abweichung gleich groß werden, wie es in dem Oszillogramm in Abb. 11.27 zu erkennen ist. Der für diesen Fall gemessene Klirrfaktor betrug 0,42% und liegt damit deutlich unter dem theoretischen Wert für ideale Dioden.

### Potenzreihenentwicklung

Eine andere Approximation für die Sinusfunktion ist in Form einer Potenzreihe möglich. Sie lautet:

$$\sin x = x - \frac{x^3}{3!} + \frac{x^5}{5!} - + \cdots$$

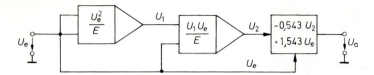

**Abb. 11.28.** Sinus-Approximation durch Potenzreihenentwicklung

$$U_a \approx \widehat{U}_e \sin\left(\frac{\pi}{2} \cdot \frac{U_e}{\widehat{U}_e}\right) \quad \text{für} \quad \widehat{U}_E = E$$

Um den Aufwand klein zu halten, bricht man die Reihe nach dem zweiten Glied ab. Dadurch entsteht ein Fehler. Begrenzt man nun den Argumentbereich auf $-\frac{\pi}{2} \le x \le \frac{\pi}{2}$, kann man den Fehler minimieren, indem man die Koeffizienten geringfügig abändert [11.3]. Wählt man:

$$\sin x \approx y = 0{,}9825\,x - 0{,}1402\,x^3 \tag{11.37}$$

wird die Abweichung bei $x = 0$, $\pm0{,}96$ und $\pm\pi/2$ gleich Null. Dazwischen bleibt der Betrag des Absolutfehlers kleiner als 0,57% der Amplitude. Der Klirrfaktor beträgt 0,6%. Er läßt sich durch geringfügige Variation der Koeffizienten auf 0,25% reduzieren und ist damit etwas kleiner als bei der stückweisen Approximation mit $2 \times 3$ Knickpunkten. Das Fehlen von Knickpunkten wirkt sich besonders dann günstig aus, wenn das Signal differenziert werden soll.

Zur schaltungstechnischen Realisierung setzen wir:

$$x = \frac{\pi}{2} \cdot \frac{U_e}{\widehat{U}_e} \quad \text{und} \quad y = \frac{U_a}{\widehat{U}_a}$$

Weiter wählen wir $\widehat{U}_a = \widehat{U}_e$ und erhalten aus Gl. (11.37):

$$U_a = 1{,}543\,U_e - 0{,}543\,\frac{U_e^3}{\widehat{U}_e^2} \approx \widehat{U}_e \sin\left(\frac{\pi}{2} \cdot \frac{U_e}{\widehat{U}_e}\right)$$

Das Blockschaltbild für diese Operation ist in Abb. 11.28 dargestellt. Dabei wurde als Eingangsamplitude $\widehat{U}_e$ die Recheneinheit $E$ der Multiplizierer gewählt. Die benötigten Analogmultiplizierer werden wir im nächsten Abschnitt kennenlernen.

**Differenzverstärker**

Eine weitere Möglichkeit zur Sinusapproximation beruht auf der Tatsache, daß die tanh $x$-Funktion für kleine Werte von $x$ einen ähnlichen Verlauf besitzt. Diese Funktion läßt sich mit Hilfe eines Differenzverstärkers wie in Abb. 11.29 auf einfache Weise realisieren. Wie im Abschnitt 11.7.1 gezeigt wurde, gilt beim Differenzverstärker nach Gl. (11.29):

$$\frac{I_{C1}}{I_{C2}} = e^{\frac{U_e}{U_T}} \quad \text{und} \quad I_{C1} + I_{C2} \approx I_E$$

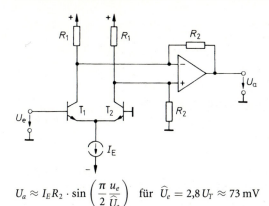

**Abb. 11.29.** Sinus-Approximation mit Differenzverstärker

$$U_a \approx I_E R_2 \cdot \sin\left(\frac{\pi}{2}\frac{u_e}{\widehat{U}_e}\right) \quad \text{für} \quad \widehat{U}_e = 2{,}8\,U_T \approx 73\,\text{mV}$$

Daraus folgt:

$$I_{C1} - I_{C2} \;=\; \frac{e^{\frac{U_e}{U_T}} - 1}{e^{\frac{U_e}{U_T}} + 1} I_E = I_E \tanh \frac{U_e}{2U_T} \tag{11.38}$$

Der Operationsverstärker bildet die Differenz der beiden Kollektorströme gemäß:

$$U_a \;=\; R_2(I_{C1} - I_{C2})$$

Damit ergibt sich:

$$U_a \;=\; I_E R_2 \tanh \frac{U_e}{2U_T} \tag{11.39}$$

Diese Funktion läßt sich näherungsweise als Sinusfunktion

$$U_a \;=\; \widehat{U}_a \sin\left(\frac{\pi}{2}\cdot\frac{U_e}{\widehat{U}_e}\right) \quad \text{im Bereich} \quad -\frac{\pi}{2} \le x \le \frac{\pi}{2}$$

interpretieren. Die Güte der Sinusapproximation ist abhängig von dem gewählten Scheitelwert $\widehat{U}_e$. Für $\widehat{U}_e = 2{,}8\,U_T \approx 73$ mV wird der Fehler minimal, und $\widehat{U}_a$ ergibt sich zu $0{,}86\,I_E R_2$. Allerdings beträgt der Fehler dann immer noch 3%. Er läßt sich auf 0,02% verkleinern, wenn man den Differenzverstärker um 2 Transistoren mit entsprechender Vorspannung erweitert. Nach diesem Prinzip arbeitet der AD 639 von Analog Devices, mit dem sich neben der Sinusfunktion auch alle anderen Winkelfunktionen erzeugen lassen [11.3, 11.4].

### Cosinus-Funktion

Die Cosinus-Funktion läßt sich im Argumentbereich $0 \le x \le \pi$ mit den bereits beschriebenen Sinus-Netzwerken dadurch realisieren, daß man aus der Eingangsspannung $U_e$, die zwischen 0 und $U_{e\,max}$ liegen soll, zunächst eine Hilfsspannung

$$U_1 \;=\; U_{e\,max} - 2U_e \tag{11.40}$$

bildet. Wie man in Abb. 11.30 erkennt, erhält man daraus bereits die erste Näherung für die Cosinus-Funktion. Zur erforderlichen Abrundung der Kurve im Bereich des Maximums und Minimums gibt man $U_1$ auf den Eingang eines

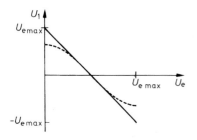

**Abb. 11.30.** Verlauf der Hilfsspannung zur Erzeugung der gestrichelt eingezeichneten Cosinus-Funktion

Sinus-Netzwerkes. Wie man in Abb. 11.31 erkennt, besteht der zusätzliche Aufwand lediglich in einer einfachen Additionsschaltung.

**Gleichzeitige Erzeugung der sin- und cos-Funktion im Argumentbereich $-\pi \leq x \leq \pi$**

Mit den bisher beschriebenen Netzwerken kann man die sin- und cos-Funktion über eine halbe Periode erzeugen. Soll der Argumentbereich eine volle Periode oder mehr betragen, erzeugt man zunächst dreieckförmige Funktionen als erste Näherung und verwendet zur Abrundung der Spitzen Sinus-Netzwerke. Der Verlauf der Dreieckspannungen ist in Abb. 11.32 dargestellt.

Die Spannung $U_1$ approximiert die Cosinus-Funktion. Für $U_e > 0$ ist sie identisch mit der Spannung $U_1$ in Abb. 11.30. Für $U_e < 0$ verläuft sie spiegelbildlich zur $y$-Achse. Wir können also die Gl. (11.40) verwenden, indem wir dort $U_e$ durch $|U_e|$ ersetzen, und erhalten:

$$U_1 = U_{e\,\max} - 2|U_e| \tag{11.41}$$

Etwas komplizierter liegen die Verhältnisse bei der Sinus-Funktion. Hier müssen wir drei Bereiche unterscheiden:

$$U_2 = \begin{cases} -2(U_e + U_{e\,\max}) & \text{für} \quad -U_{e\,\max} \leq U_e \leq -\dfrac{1}{2}U_{e\,\max} & (11.42a) \\[2mm] 2U_e & \text{für} \quad -\dfrac{1}{2}U_{e\,\max} \leq U_e \leq \dfrac{1}{2}U_{e\,\max} & (11.42b) \\[2mm] -2(U_e - U_{e\,\max}) & \text{für} \quad \dfrac{1}{2}U_{e\,\max} \leq U_e \leq U_{e\,\max} & (11.42c) \end{cases}$$

Solche Funktionen lassen sich am besten mit dem allgemeinen Präzisions-Funktionsnetzwerk realisieren, das wir im folgenden Abschnitt behandeln wollen.

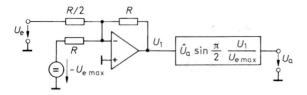

**Abb. 11.31.** Erzeugung einer Cosinus-Funktion mit einem Sinusnetzwerk

$$U_a = \widehat{U}_a \cos\left(\pi\frac{U_e}{U_{e\,\max}}\right) \quad \text{für} \ \ 0 \leq U_e \leq U_{e\,\max}$$

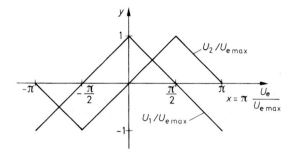

**Abb. 11.32.** Verlauf der Hilfs-spannungen zur Erzeugung der Sinus- und Cosinus-Funktion im Bereich $-\pi \le x \le \pi$

## 11.7.5
## Einstellbares Funktionsnetzwerk

In Abb. 11.26 haben wir ein Dioden-Netzwerk zur stückweisen Approximation von Funktionen durch Polygonzüge kennengelernt. Die Berechnung ist nur näherungsweise möglich, weil die Durchlaßspannung der Dioden und die gegenseitige Belastung berücksichtigt werden muß. Außerdem ist das Vorzeichen der Segmentsteigung bereits durch die Struktur des Netzwerkes festgelegt. Deshalb lassen sich solche Netzwerke jeweils nur für eine bestimmte Funktion optimieren und nicht auf einfache Weise einstellbar machen.

In Abb. 11.33 ist nun eine Schaltung dargestellt, die es gestattet, die Knickpunkte und Steigungen der einzelnen Segmente an getrennten Potentiometern geeicht einzustellen. Die Teilschaltung mit den Operationsverstärkern OV 1 und OV 2 gestattet es, ein Segment für positive Eingangsspannungen zu addieren,

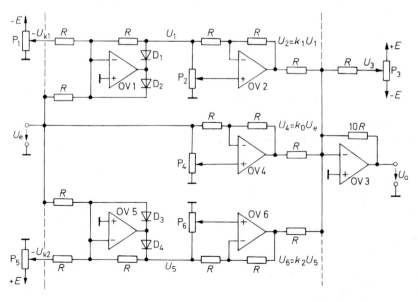

**Abb. 11.33.** Einstellbares Funktionsnetzwerk

während die Teilschaltung mit den Operationsverstärkern OV 5 und OV 6 bei negativen Eingangsspannungen wirksam wird. Der Verstärker OV 4 bestimmt die Steigung im Nulldurchgang. Die Schaltung läßt sich durch Hinzufügen weiterer identischer Teilschaltungen für beliebig viele Segmente erweitern.

Die Verstärker OV 2, OV 4 und OV 6 sind als bipolare Koeffizientenglieder wie in Abb. 11.5 auf S. 774 mit $n = 1$ beschaltet. Ihre Verstärkung läßt sich an den zugehörigen Potentiometern zwischen $-1 \leq k \leq +1$ einstellen. Die Ausgangsspannungen werden mit dem Verstärker OV 3 summiert. Dabei kann mit dem Potentiometer $P_3$ noch eine Gleichspannung addiert werden.

In Nullpunktnähe liefert nur der Verstärker OV 4 einen Beitrag

$$U_4 = k_0 U_e$$

zur Ausgangsspannung. Die beiden Spannungen $U_1$ und $U_5$ sind in diesem Fall gleich Null, weil die Dioden $D_1$ und $D_4$ sperren und die Verstärker OV 1 und OV 5 über die leitenden Dioden $D_2$ und $D_3$ gegengekoppelt sind.

Wird die Eingangsspannung größer als $U_{k1}$, wird die Diode $D_1$ leitend, und wir erhalten:

$$U_1 = -(U_e - U_{k1}) \quad \text{für} \quad U_e \geq U_{k1} \geq 0$$

Der Verstärker OV 1 arbeitet demnach als Einweggleichrichter mit der positiven Vorspannung $U_{k1}$. Entsprechend verhält sich der Verstärker OV 5 bei negativen Eingangsspannungen:

$$U_5 = -(U_e - U_{k2}) \quad \text{für} \quad U_e \leq U_{k2} \leq 0$$

Für die Steigung der Ausgangsspannung $U_a$ erhalten wir daraus die allgemeine Beziehung:

$$m = \frac{\Delta U_a}{\Delta U_e} = 10 \cdot \begin{cases} -k_0 + k_1 + \cdots + k_m & \text{für} \quad U_e > U_{km} > 0 \\ -k_0 + k_1 & \text{für} \quad U_e > U_{k1} > 0 \\ -k_0 & \text{für} \quad U_{k2} < U_e < U_{k1} \\ -k_0 + k_2 & \text{für} \quad U_e < U_{k2} < 0 \\ -k_0 + k_2 + \cdots + k_n & \text{für} \quad U_e < U_{kn} < 0 \end{cases} \qquad (11.43)$$

Als Beispiel wollen wir die Realisierung des Spannungsverlaufs $U_2$ in Abb. 11.32 erläutern. Es wird ein positiver Knickpunkt bei $U_{k1} = \frac{1}{2} U_{e\,max}$ und ein negativer bei $U_{k2} = -\frac{1}{2} U_{e\,max}$ benötigt. Die Steigung des Nullsegmentes muß nach Gl. (11.42b) $m = +2$ betragen. Daraus ergibt sich $k_0 = -0,2$. Oberhalb des positiven Knickpunktes benötigen wir die Steigung $-2$. Aus Gl. (11.43) entnehmen wir für diesen Bereich

$$m = 10(-k_0 + k_1)$$

und erhalten damit $k_1 = -0,4$. Entsprechend ergibt sich $k_2 = -0,4$. Der daraus resultierende Verlauf der Teilspannungen ist in Abb. 11.34 aufgezeichnet.

Die Einstellung des Netzwerkes auf den gewünschten Verlauf ist auch dann auf einfache Weise möglich, wenn man nur ungeeichte Potentiometer zur Verfügung hat. Dazu verfährt man folgendermaßen: Zu Beginn stellt man alle Knickspannungen und Steigungen auf den Maximalwert ein und macht $U_e = 0$. Damit ist sicher $|U_e| < |U_{ki}|$; es wirkt also nur der Nullpunkteinsteller $P_3$. Mit ihm stellt

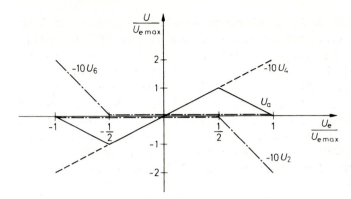

**Abb. 11.34.** Verlauf der Teilspannungen zur Bildung des Spannungsverlaufs $U_2$ in Abb. 11.32

man $U_a(0)$ auf den gewünschten Wert ein. Nun macht man $U_e = U_{k1}$ und stellt $P_4$ so ein, daß $U_a(U_{k1})$ den gewünschten Wert annimmt. Damit ist $k_0$ abgeglichen. Anschließend variiert man $P_1$ soweit, bis sich die Ausgangsspannung gerade zu ändern beginnt. Damit ist $P_1$ auf $U_{k1}$ abgeglichen. Nun stellt man $U_e$ auf den nächst höheren Knickpunkt ein (gegebenenfalls auch auf das Bereichsende) und justiert $P_2$ so, daß $U_a$ den Sollwert annimmt. Damit ist $k_1$ abgeglichen. Entsprechend verfährt man mit den übrigen Knickpunkten und Steigungen.

Für den Fall, daß man für die Steigungen keine geeichten Potentiometer benötigt, ist eine Schaltungsvereinfachung möglich. Man kann die bipolaren Koeffizientenglieder durch einfache Potentiometer ersetzen, die man wie in

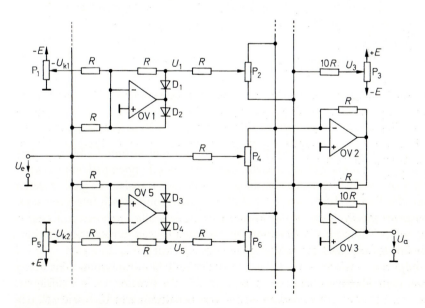

**Abb. 11.35.** Einstellbares Funktionsnetzwerk, vereinfacht

Abb. 11.35 an einem Strom-Subtrahierer mit mehreren Eingängen anschließt. Dieser besteht aus den beiden Operationsverstärkern OV 2 und OV 3 und beruht auf dem Prinzip von Abb. 11.2 auf S. 770.

## 11.8
## Analog-Multiplizierer

Wir haben bisher Schaltungen zum Addieren, Subtrahieren, Differenzieren und Integrieren behandelt. Multiplizieren können wir bisher aber nur mit einem konstanten Faktor. Im folgenden wollen wir die wichtigsten Prinzipien zur Multiplikation und Division von zwei variablen Spannungen behandeln.

### 11.8.1
### Multiplizierer mit logarithmierenden Funktionsgeneratoren

Die Multiplikation und Division läßt sich auf eine Addition und Subtraktion von Logarithmen zurückführen:

$$\frac{xy}{z} = \exp[\ln x + \ln y - \ln z]$$

Diese Funktion kann man mit drei Logarithmierern, einem e-Funktionsgenerator und einer Addier-Subtrahier-Schaltung bilden. Die Addier-Subtrahier-Schaltung läßt sich einsparen, wenn man die Eingänge des Differenzverstärkers bei dem e-Funktionsgenerator in Abb. 11.24 auf S. 790 zur Subtrahierung verwendet und berücksichtigt, daß der Referenzspannungsanschluß als zusätzlicher Signaleingang verwendet werden kann.

Die Logarithmierer in Abb. 11.36 bilden die Ausdrücke:

$$V_1 = -U_T \ln \frac{U_y}{I_{CS}R_1} \quad \text{bzw.} \quad V_2 = -U_T \ln \frac{U_z}{I_{CS}R_1}$$

Der e-Funktionsgenerator liefert dann die Ausgangsspannung:

$$U_a = U_x e^{\frac{V_2-V_1}{U_T}} = \frac{U_x U_y}{U_z}$$

Man erkennt, daß sich in diesem Fall nicht nur die Sperrströme $I_{CS}$ kürzen, sondern auch die Spannung $U_T$ herausfällt. Daher ist keine Temperaturkompensation erforderlich. Voraussetzung ist allerdings, daß die vier Transistoren gleiche Daten und gleiche Temperatur besitzen. Sie sollten daher monolithisch integriert sein.

Ein prinzipieller Nachteil des Verfahrens ist, daß alle Eingangsspannungen positiv sein müssen und nicht einmal Null werden dürfen. Ein solcher Multiplizierer wird als Einquadranten-Multiplizierer bezeichnet.

Multiplizierer wie in Abb. 11.36 lassen sich mit Multifunktions-Konvertern wie z.B. dem LH 0094 (National) oder dem AD 538 (Analog Dev.) realisieren. Sie sind jedoch auch als komplette integrierte Schaltung erhältlich wie z.B. der RC 4200 von Raytheon [11.5].

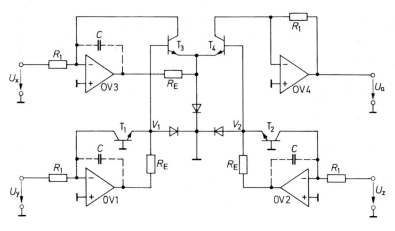

**Abb. 11.36.** Multiplikation über Logarithmen

$$U_a = \frac{U_x U_y}{U_z} \quad \text{für} \quad U_x, U_y, U_z > 0$$

## 11.8.2
## Steilheits-Multiplizierer

Gemäß (2.11) auf S. 49, ist die Steilheit eines Bipolartransistors

$$S = \frac{dI_C}{dU_{BE}} = \frac{I_C}{U_T}$$

proportional zum Kollektorstrom.

Die Änderung des Kollektorstroms ist demnach proportional zum Produkt aus Eingangsspannungsänderung und Kollektorruhestrom. Diese Eigenschaft wird bei dem Differenzverstärker in Abb. 11.37 zur Multiplikation ausgenutzt.

Der Operationsverstärker bildet die Differenz der Kollektorströme:

$$U_a = R_z(I_{C2} - I_{C1}) \tag{11.44}$$

Legt man eine negative Spannung $U_y$ an und macht $U_x = 0$, fließt durch beide Transistoren der gleiche Strom, und die Ausgangsspannung bleibt Null. Macht

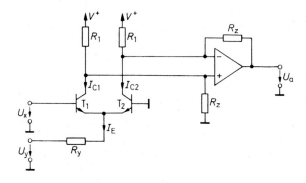

**Abb. 11.37.** Prinzip eines Steilheitsmultiplizierers

$$U_a \approx \frac{R_z}{R_y} \cdot \frac{U_x U_y}{2U_T} \quad \text{für} \quad U_y < 0$$

man $U_x$ positiv, nimmt der Kollektorstrom von $T_1$ zu und der von $T_2$ ab. Die Ausgangsspannung wird negativ. Entsprechend wird $U_a$ positiv, wenn $U_x$ negativ ist. Die auftretende Kollektorstromdifferenz wird um so größer, je größer der Emitterstrom ist, d.h. je größer der Betrag von $U_y$ ist. Man kann also vermuten, daß $U_a$ zumindest näherungsweise proportional zu $U_x \cdot U_y$ ist. Zur genaueren Berechnung ermitteln wir die Stromaufteilung im Differenzverstärker. Wie im Abschnitt 11.7.4 gezeigt wurde, gilt nach Gl. (11.38):

$$I_{C1} - I_{C2} = I_E \tanh \frac{U_x}{2U_T} \tag{11.45}$$

Die Reihenentwicklung bis zur vierten Potenz liefert:

$$I_{C1} - I_{C2} = I_E \left( \frac{U_x}{2U_T} - \frac{U_x^3}{24U_T^3} \right) \tag{11.46}$$

Daraus folgt:

$$I_{C1} - I_{C2} \approx I_E \cdot \frac{U_x}{2U_T} \qquad \text{für } |U_x| \ll U_T \tag{11.47}$$

Wenn $|U_y| \gg U_{BE}$ ist, gilt:

$$I_E \approx -\frac{U_y}{R_y}$$

Einsetzen in Gl. (11.47) liefert in Verbindung mit Gl. (11.44) das Ergebnis:

$$U_a \approx \frac{R_z}{R_y} \cdot \frac{U_x U_y}{2U_T} \tag{11.48}$$

Um den Fehler in Gl. (11.48) kleiner als 1% zu halten, muß $|U_x| < 0{,}35\,U_T \approx 9\,\text{mV}$ sein. Wegen der Kleinheit von $U_x$ müssen die Transistoren $T_1$ und $T_2$ enge Paarungstoleranzen besitzen, damit die Offsetspannungsdrift nicht stört.

Für das richtige Funktionieren der Schaltung muß vorausgesetzt werden, daß $U_y$ immer negativ ist, während die Spannung $U_x$ beide Vorzeichen annehmen darf. Ein solcher Multiplizierer wird als Zweiquadranten-Multiplizierer bezeichnet.

Der Steilheitsmultiplizierer in Abb. 11.37 läßt sich in verschiedener Hinsicht verbessern. Bei der Herleitung der Funktionsgleichung (11.48) haben wir die Näherungsannahme treffen müssen, daß $|U_y| \gg U_{BE} \approx 0{,}6\,\text{V}$ ist. Diese Bedingung kann man fallen lassen, wenn man den Widerstand $R_y$ durch eine gesteuerte Stromquelle ersetzt, für die $I_E \sim U_y$ gilt.

Ein weiterer Nachteil der Schaltung in Abb. 11.37 ist darin zu sehen, daß man $|U_x|$ auf kleine Werte beschränken muß, um den Linearitätsfehler klein zu halten. Dies läßt sich umgehen, indem man $U_x$ nicht direkt anlegt, sondern zunächst logarithmiert.

Eine Erweiterung zum Vierquadranten-Multiplizier, d.h. beliebige Vorzeichen für beide Eingangsspannungen, ist dadurch möglich, daß man einen zweiten Differenzverstärker parallel schaltet, dessen Emitterstrom man mit $U_y$ gegensinnig steuert.

Alle diese Gesichtspunkte wurden bei dem Vierquadranten-Steilheitsmultiplizierer in Abb. 11.38 berücksichtigt. Der Differenzverstärker $T_1, T_2$ ist

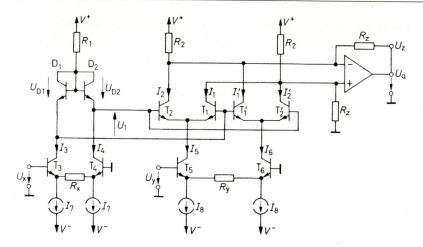

**Abb. 11.38.** Vierquadranten-Steilheitsmultiplizierer

$$U_a = \frac{2R_z}{R_x R_y} \cdot \frac{U_x U_y}{I_7} \quad \text{für} \quad I_7 > 0$$

derjenige von Abb. 11.37. Er wurde durch den Differenzverstärker $T_1', T_2'$ symmetrisch ergänzt. Die Transistoren $T_5, T_6$ bilden einen Differenzverstärker mit Stromgegenkopplung. Dabei stellen die Kollektoren die Ausgänge von zwei Stromquellen dar, die wie verlangt von $U_y$ gegensinnig gesteuert werden:

$$I_5 = I_8 + \frac{U_y}{R_y}, \qquad I_6 = I_8 - \frac{U_y}{R_y} \tag{11.49}$$

Für die Differenz der Kollektorströme in den beiden Differenzverstärkern $T_1, T_2$ und $T_1', T_2'$ erhalten wir damit in Analogie zur vorhergehenden Schaltung:

$$I_1 - I_2 = I_5 \tanh \frac{U_1}{2U_T} = \left(I_8 + \frac{U_y}{R_y}\right) \tanh \frac{U_1}{2U_T} \tag{11.50}$$

$$I_1' - I_2' = I_6 \tanh \frac{U_1}{2U_T} = \left(I_8 - \frac{U_y}{R_y}\right) \tanh \frac{U_1}{2U_T} \tag{11.51}$$

Der Operationsverstärker bildet die Stromdifferenz:

$$\Delta I = (I_2 + I_1') - (I_2' + I_1) = (I_1' - I_2') - (I_1 - I_2) \tag{11.52}$$

Durch Subtraklion der Gl. (11.50) von Gl. (11.51) folgt daraus:

$$\Delta I = -\frac{2U_y}{R_y} \tanh \frac{U_1}{2U_T} \tag{11.53}$$

Dabei sind jetzt auch bei $U_y$ beide Vorzeichen zugelassen. Durch Reihenentwicklung erkennt man wie bei der vorhergehenden Schaltung die näherungsweise Multiplikation.

Nun wollen wir den Zusammenhang zwischen $U_1$ und $U_x$ untersuchen. Die beiden als Dioden geschalteten Transistoren $D_1$ und $D_2$ dienen zur Logarithmierung des Eingangssignals:

$$U_1 = U_{D2} - U_{D1} = U_T \ln \frac{I_4}{I_{CS}} - U_T \ln \frac{I_3}{I_{CS}}$$

Daraus folgt:

$$U_1 = U_T \ln \frac{I_4}{I_3} = U_T \ln \frac{I_7 - \dfrac{U_x}{R_x}}{I_7 + \dfrac{U_x}{R_x}} \tag{11.54}$$

Einsetzen in Gl. (11.53) liefert die Stromdifferenz:

$$\Delta I = \frac{2U_x U_y}{R_x R_y I_7} \tag{11.55}$$

Der als Stromsubtrahierer beschaltete Operationsverstärker bildet daraus die Ausgangsspannung:

$$U_a = \Delta I R_z = \frac{2R_z}{R_x R_y I_7} \cdot U_x U_y = \frac{U_x U_y}{E} \tag{11.56}$$

Darin ist $E = R_x R_y I_7 / 2R_z$ die Recheneinheit. Sie wird meist gleich 10 V gewählt. Da $U_T$ herausfällt, ergibt sich eine gute Temperaturkompensation. Die Gl. (11.55) bzw. (11.56) ergibt sich ohne Reihenentwicklung. Deshalb ist ein wesentlich größerer Eingangsspannungsbereich für $U_x$ zulässig. Die Aussteuerungsgrenze ist dann erreicht, wenn einer der gesteuerten Stromquellentransistoren sperrt. Daraus folgt:

$$|U_x| < R_x I_7 \quad \text{und} \quad |U_y| < R_y I_8$$

Macht man die Ströme $I_7$ durch eine weitere Eingangsspannung $U_7$ steuerbar, ist gleichzeitig mit der Multiplikation eine Division möglich. Der mögliche Strombereich für $I_7$ ist jedoch beschränkt, weil sich damit alle Arbeitspunkte im Multiplizierer und die Aussteuerbarkeit von $U_x$ ändern.

Eine einfachere Möglichkeit zur Division besteht darin, die Verbindung zwischen $U_a$ und $U_z$ aufzutrennen und statt dessen $U_y$ mit $U_a$ zu verbinden. Durch die entstehende Gegenkopplung stellt sich die Ausgangsspannung so ein, daß $\Delta I = U_z / R_z$ wird. Mit Gl. (11.55) folgt daraus:

$$\Delta I = \frac{2U_x U_y}{R_x R_y I_7} = \frac{U_z}{R_z}$$

Damit wird die neue Ausgangsspannung:

$$U_a = U_y = \frac{R_x R_y I_7}{2R_z} \cdot \frac{U_z}{U_x} = E\frac{U_z}{U_x} \tag{11.57}$$

Stabilität ist allerdings nur dann gewährleistet, wenn $U_x$ negativ ist, da sonst statt der Gegenkopplung eine Mitkopplung auftritt. Das Vorzeichen von $U_z$ ist dagegen beliebig. Es liegt also ein Zweiquadranten-Dividierer vor. Die Vorzeicheneinschränkung für den Nenner ist jedoch keine spezielle Einschränkung dieser Schaltung, sondern gilt für alle Dividierer.

| IC-Typ | Hersteller | Genauigkeit | | Bandbreite | |
|--------|-----------|-------------|------------|------------|------|
| | | ohne Abgleich | mit Abgleich | 1% | 3 dB |
| MPY 100 | Burr Brown | 0,5 % | 0,35% | 35 kHz | 0,5 MHz |
| MPY 600 | Burr Brown | 1  % | 0,5 % | | 60  MHz |
| AD 534 | Analog Dev. | 0,25% | 0,1 % | 70 kHz | 1  MHz |
| AD 633 | Analog Dev. | 1  % | 0,1 % | 100 kHz | 1  MHz |
| AD 734 | Analog Dev. | 0,1 % | | 1000 kHz | 10  MHz |
| AD 834 | Analog Dev. | 2  % | | | 500  MHz |
| AD 835 | Analog Dev. | | | 15 MHz | 250  MHz |
| MLT 04* | Analog Dev. | 2  % | 0,2 % | | 8  MHz |

**Tab. 11.1.** Beispiele für integrierte Steilheitsmultiplizierer. * 4 Multiplizierer

Steilheitsmultiplizierer nach dem in Abb. 11.38 gezeigten Prinzip sind als monolithisch integrierte Schaltungen erhältlich; einige Beispiele sind in Tab. 11.1 zusammengestellt. Die erreichbare Genauigkeit liegt bei 0,1% bezogen auf die Recheneinheit E; das sind also 10 mV bei einer Recheneinheit von 10 V. Die einfachen Typen benötigen, wie in Abschnitt 11.8.5 noch gezeigt wird, vier Einsteller, um diese Genauigkeit zu erreichen. Die besseren Typen werden bereits vom Hersteller intern abgeglichen [11.5]. Bei ihnen ist ein äußerer Abgleich in der Regel nicht erforderlich.

Die 3 dB-Bandbreite liegt in der Regel bei 1 MHz. Bei dieser Frequenz beträgt der Rechenfehler demnach bereits 30%. Eine solche Abweichung ist in den meisten Anwendungsfällen nicht tragbar. Ein besserer Anhaltspunkt ist deshalb diejenige Grenzfrequenz, bei der ein Abfall der Ausgangsspannung um 1% auftritt.

### Steilheitsdividierer mit verbesserter Genauigkeit

Wir haben bis jetzt zwei Methoden zum Dividieren kennengelernt: zum einen mit dem Logarithmen-Multiplizierer in Abb. 11.36 und zum andern mit dem oben beschriebenen Steilheitsmultiplizierer. In Nullpunktnähe tritt beim Dividieren ein prinzipielles Problem auf: Die Ausgangsspannung wird im wesentlichen nur noch von den Nullpunktfehlern bestimmt. Beim Steilheitsmultiplizierer ist dieser Fehler besonders ausgeprägt, weil dort beim Eingangslogarithmierer eine positive Konstante (nämlich $I_7$ in Gl. (11.54)) zum Eingangssignal addiert wird, um einen Vorzeichenwechsel des Argumentes zu verhindern. Bei der Division über Logarithmen in Abb. 11.36 liegen die Verhältnisse wesentlich günstiger; allerdings hat man nur einen Quadranten zur Verfügung.

Die Vorteile der beiden Verfahren, d.h. Zweiquadrantendivision bei guter Genauigkeit in Nullpunktnähe, kann man miteinander verbinden, indem man zum Zähler statt einer Konstanten eine zum Nenner proportionale Größe addiert, um den Vorzeichenwechsel des Logarithmus-Argumentes zu verhindern [11.7]:

Der Dividierer soll den Ausdruck

$$U_a = E\frac{U_x}{U_z}$$

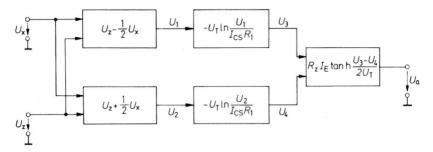

**Abb. 11.39.** Zweiquadranten-Steilheitsdividierer

$$U_a = \frac{R_z I_E}{2} \cdot \frac{U_x}{U_z} \quad \text{für } U_z > 0 \text{ und } |U_x| \leq U_z$$

bilden. Unter der Voraussetzung $U_z > 0$ und $|U_x| < U_z$ kann man zwei Hilfsspannungen

$$U_1 = U_z - \frac{1}{2}U_x \qquad U_2 = U_z + \frac{1}{2}U_x \qquad (11.58)$$

bilden, die immer positiv sind. Sie werden gemäß dem Blockschaltbild in Abb. 11.39 mit je einem einfachen Logarithmierer nach Abb. 11.20 logarithmiert. Von der Differenz der Ausgangsspannungen $U_3$ und $U_4$ bildet man mit einem Differenzverstärker wie in Abb. 11.37 den Tangens Hyperbolicus und erhält:

$$U_a = R_z I_E \tanh \frac{U_T \ln(U_2/U_1)}{2U_T}$$

Mit Gl. (11.58) folgt daraus:

$$U_a = \frac{R_z I_E}{2} \cdot \frac{U_x}{U_z}$$

Mit diesem Verfahren kann man über einen Dynamikbereich von 1 : 1000 eine Genauigkeit von 0,1% der Recheneinheit erreichen.

### 11.8.3
### Multiplizierer mit elektrisch isolierten Kopplern

Mit einem einfachen Spannungsteiler ist es möglich, eine Spannung mit einer Konstanten zu multiplizieren. Sorgt man nun über eine Regelschaltung dafür, daß die Konstante proportional zu einer zweiten Eingangsspannung wird, ist eine Analogmultiplikation möglich.

Das Prinzipschaltbild ist in Abb. 11.40 dargestellt. Es enthält zwei identische Koeffizientenglieder $K_x$ und $K_z$, deren Ausgangsspannung proportional zur Eingangsspannung ist. Ihre Proportionalitätskonstante $k$ läßt sich durch die Spannung $U_1$ steuern. Der Verstärker stellt seine Ausgangsspannung $U_1$ infolge der Gegenkopplung über $K_z$ so ein, daß $kU_z = U_y$ wird. Das ist für $k = U_y/U_z$ der

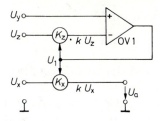

**Abb. 11.40.** Prinzipschaltung

$$U_a = \frac{U_x U_y}{U_z} \quad \text{für } U_z > 0$$

Fall. Gibt man nun in das zweite Koeffizientenglied die Spannung $U_x$, wird dessen Ausgangsspannung:

$$U_a = kU_x = \frac{U_x U_y}{U_z}$$

Die Spannung $U_z$ muß positiv sein, damit die Gegenkopplung nicht zur Mitkopplung wird. Ob die Spannung $U_y$ positiv und negativ werden darf, hängt vom Aufbau der Koeffizientenglieder ab. Wenn sie bipolare Koeffizienten zulassen, sind auch bipolare Spannungen $U_y$ zulässig.

Die Spannung $U_x$ kann in jedem Fall bipolar sein. Sie besitzt außerdem den Vorteil, daß sie nicht den Abgleichverstärker OV 1 durchläuft. Aus diesem Grunde lassen sich für $U_x$ sehr hohe Bandbreiten erreichen.

Verwendet man als elektrisch steuerbaren Widerstand einen Fet, gelangt man zu der Schaltung in Abb. 11.41. Der Verstärker OV 1 arbeitet als Regelverstärker zur Einstellung des Koeffizienten. Seine Ausgangsspannung stellt den Widerstand $R_{DS}$ so ein, daß

$$\frac{\alpha U_z}{R_{DS}} + \frac{U_y}{R_4} = 0$$

wird. Daraus folgt:

$$R_{DS} = -\alpha R_4 \frac{U_z}{U_y}$$

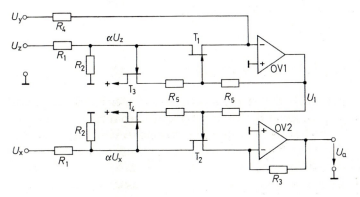

**Abb. 11.41.** Multiplizierer mit Fets als steuerbare Widerstände

$$U_a = \frac{R_3}{R_4} \cdot \frac{U_x U_y}{U_z} \quad \text{für } U_z > 0,\ U_y < 0$$

Für die Ausgangsspannung des Verstärkers OV 2 erhalten wir:

$$U_a = -\alpha \frac{R_3}{R_{DS}} U_x = \frac{R_3}{R_4} \cdot \frac{U_x U_y}{U_z}$$

Um die Fets als ohmsche Widerstände zu betreiben, muß der Spannungsabfall an ihnen unter ca. 0,5 V bleiben. Die Spannungsteiler $R_1, R_2$ bewirken die erforderliche Abschwächung. Eine zusätzliche Linearisierung der Fet-Widerstände wird, wie in Kapitel 3.1.3 auf S. 198 beschrieben, durch die Widerstände $R_5$ erreicht. Um eine Rückwirkung der Steuerspannung $U_1$ auf die Eingangssignale $U_z$ bzw. $U_x$ zu vermeiden, sind die beiden zusätzlichen Sourcefolger $T_3$ bzw. $T_4$ vorgesehen. Die Größe ihrer Gate-Source-Spannung ist belanglos, da sie von dem Operationsverstärker OV 1 ausgeregelt wird. Wichtig ist nur, daß sie gute Gleichlauf-Eigenschaften besitzen. Deshalb sollte man Doppelfets einsetzen.

Damit der Regelkreis gegengekoppelt ist, muß $U_z$ positiv sein. Mit den einfachen, in Abb. 11.41 dargestellten Koeffizientengliedern lassen sich nur positive Koeffizienten realisieren [11.8]. Deshalb muß $U_y$ immer negativ sein, damit ein Abgleich erfolgen kann. Die Spannung $U_x$ darf jedoch beliebiges Vorzeichen besitzen.

Um eine gute Genauigkeit zu erhalten, müssen die Fets $T_1$ und $T_2$ über einen großen Widerstandsbereich gute Gleichlaufeigenschaften aufweisen. Diese Forderung läßt sich nur mit monolithischen Doppel-Fets erfüllen.

## 11.8.4
### Abgleich von Multiplizierern

Ein Multiplizierer soll den Ausdruck

$$U_a = \frac{U_x U_y}{E}$$

bilden. Darin ist $E$ die Recheneinheit, z.B. 10 V. In der Praxis ist jeder Spannung eine kleine Offsetspannung überlagert. Es ist also im allgemeinen Fall:

$$U_a + U_{a0} = \frac{1}{E}(U_x + U_{x0})(U_y + U_{y0})$$

Daraus folgt:

$$U_a = \frac{U_x U_y}{E} + \frac{U_y U_{x0} + U_x U_{y0} + U_{x0} U_{y0}}{E} - U_{a0} \tag{11.59}$$

Das Produkt $U_x U_y$ muß gleich Null sein, wenn $U_x$ oder $U_y$ gleich Null ist. Das ist nur möglich, wenn $U_{x0}$, $U_{y0}$ und $U_{a0}$ einzeln verschwinden. Man benötigt also grundsätzlich drei Nullpunkteinsteller zur Kompensation der Offsetspannungen. Beim Abgleich geht man zweckmäßigerweise folgendermaßen vor: Man macht zunächst $U_x = 0$. Dann wird nach Gl. (11.59):

$$U_a = \frac{U_y U_{x0} + U_{x0} U_{y0}}{E} - U_{a0}$$

Nun variiert man die Spannung $U_y$. Wegen des Ausdrucks $U_y U_{x0}$ ändert sich dabei auch die Ausgangsspannung. Nun stellt man den Nullpunkteinsteller von

$U_x$ so ein, daß sich trotz Variation von $U_y$ eine konstante Ausgangsspannung ergibt. Dann ist $U_{x0} = 0$.

Im zweiten Schritt macht man $U_y$ gleich Null und variiert $U_x$. Damit läßt sich auf dieselbe Weise der Nullpunkt von $U_y$ abgleichen. Im dritten Schritt macht man $U_x = U_y = 0$ und gleicht die Ausgangsoffsetspannung $U_{a0}$ auf Null ab.

Meist benötigt man noch einen vierten Einsteller zum Abgleich der Proportionalitätskonstante $E$ auf den gewünschten Wert.


### 11.8.5
### Erweiterung von Ein- und Zweiquadrantenmultiplizierern zu Vierquadrantenmultiplizierern

Mitunter möchte man Ein- und Zweiquadrantenmultiplizierer mit Eingangsspannungen betreiben, deren Vorzeichen nicht zulässig ist. Die naheliegendste Abhilfe besteht in diesem Fall darin, beim Auftreten des verbotenen Vorzeichens das Vorzeichen am Eingang und Ausgang des Multiplizierers umzukehren. Diese Methode ist jedoch schaltungstechnisch sehr aufwendig und auch nicht besonders schnell. Günstiger ist es, zu den Eingangsspannungen $U_x$ und $U_y$ konstante Spannungen $U_{xk}$ und $U_{yk}$ zu addieren, so daß die resultierenden Eingangsspannungen unter allen Bedingungen im erlaubten Bereich bleiben. Für die Ausgangsspannung gilt dann:

$$U_a = \frac{(U_x + U_{xk})(U_y + U_{yk})}{E}$$

Für das gesuchte Produkt erhalten wir daraus:

$$\frac{U_x U_y}{E} = U_a - \frac{U_{xk}}{E}U_y - \frac{U_{yk}}{E}U_x - \frac{U_{xk}U_{yk}}{E}$$

Man muß demnach von der Ausgangsspannung des Multipliziers eine konstante Spannung subtrahieren und zwei Spannungen, die proportional zu je einer Eingangsspannung sind. Die dazu benötigten Schaltungen haben wir bereits in Abb. 11.4 auf S. 773 kennengelernt.

Das Blockschaltbild der entstehenden Anordnung ist in Abb. 11.42 dargestellt. Dabei wurden die Konstantspannungen und Koeffizienten so gewählt, daß der Aussteuerbereich voll ausgenutzt wird: Wenn die Eingangsspannung $U_x$ im

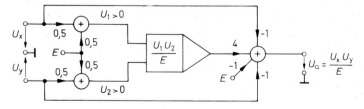

**Abb. 11.42.** Erweiterung eines Einquadrantenmultiplizierers zum Vierquadrantenmultiplizierer

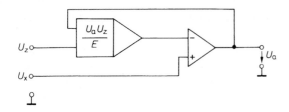

**Abb. 11.43.** Betrieb eines Multiplizierers als Dividierer

$$U_a = E\frac{U_x}{U_z} \quad \text{für } U_z > 0$$

Bereich $-E \leq U_x \leq +E$ liegt, ergibt sich für $U_1 = 0{,}5\,U_x + 0{,}5\,E$ der Bereich $0 \leq U_1 \leq E$. Für die Ausgangsspannung erhalten wir:

$$U_a = 4 \cdot \frac{\frac{1}{2}(U_x + E) \cdot \frac{1}{2}(U_y + E)}{E} - U_x - U_y - E = \frac{U_x U_y}{E}$$

### 11.8.6
### Multiplizierer als Dividierer und Radizierer

In Abb. 11.43 ist ein Verfahren dargestellt, mit dem man einen Multiplizierer ohne Divisionseingang zum Dividieren verwenden kann. Die Ausgangsspannung des Operationsverstärkers stellt sich über die Gegenkopplung so ein, daß

$$\frac{U_a U_z}{E} = U_x$$

wird. Die Schaltung bildet demnach den Quotienten $U_a = EU_x/U_z$. Sie arbeitet aber nur richtig, solange $U_z > 0$ ist. Bei negativem Nenner tritt statt der Gegenkopplung nämlich eine Mitkopplung auf.

Ein Multiplizierer läßt sich auch als Radizierer verwenden, indem man ihn als Quadrierer betreibt und wie in Abb. 11.44 in die Gegenkopplungsschleife eines Operationsverstärkers legt. Dann stellt sich die Ausgangsspannung so ein, daß gilt:

$$\frac{U_a^2}{E} = U_e, \quad \text{also} \quad U_a = \sqrt{EU_e}$$

Das richtige Funktionieren ist nur für positive Eingangs- und Ausgangsspannungen gewährleistet. Es können Schwierigkeiten auftreten, wenn die Ausgangsspannung z.B. beim Einschalten kurzzeitig negativ wird. In diesem Fall bewirkt nämlich der Quadrierer eine Phasenumkehr in der Gegenkopplungsschleife. Dadurch entsteht eine Mitkopplung, und die Ausgangsspannung geht weiter nach Minus, bis sie an der negativen Aussteuerungsgrenze blockiert wird. Durch diesen „Latch up" ist die Schaltung nicht mehr betriebsfähig. Man muß deshalb

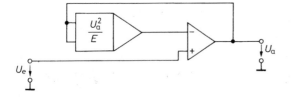

**Abb. 11.44.** Betrieb eines Multiplizierers als Radizierer

$$U_a = \sqrt{EU_e} \quad \text{für } U_e > 0$$

durch zusätzliche schaltungstechnische Maßnahmen verhindern, daß die Ausgangsspannung negative Werte annehmen kann.

## 11.9
## Koordinatentransformation

Neben den kartesischen Koordinaten spielen in Naturwissenschaft und Technik die Polarkoordinaten eine große Rolle. Deshalb wollen wir im folgenden einige Koordinaten-Transformationsschaltungen angeben.

### 11.9.1
### Transformation von Polarkoordinaten in kartesische Koordinaten

Zur Ausführung der Transformationsvorschrift

$$x = r \cos \varphi,$$
$$y = r \sin \varphi \tag{11.60}$$

mit einer Analogrechenschaltung müssen wir die Koordinaten durch Spannungen ausdrücken. Wir setzen:

$$\varphi = \pi \frac{U_\varphi}{E} \quad \text{mit} \quad -E \leq U_\varphi \leq +E$$

Damit ist der Winkelbereich auf $\pm\pi$ festgelegt. Für die übrigen Koordinaten soll gelten:

$$x = \frac{U_x}{E}; \qquad y = \frac{U_y}{E}; \qquad r = \frac{U_r}{E}$$

Damit können wir die Gl. (11.60) auf die Form

$$U_x = U_r \cos\left(\pi \frac{U_\varphi}{E}\right), \qquad U_y = U_r \sin\left(\pi \frac{U_\varphi}{E}\right) \tag{11.61}$$

bringen. Zur Berechnung dieser Ausdrücke verwendet man das im Abschnitt 11.7.4 beschriebene Netzwerk zur Bildung der Sinus- und Cosinusfunktion im Argumentbereich $\pm\pi$ und zwei Multiplizierer, wie es in dem Blockschaltbild in Abb. 11.45 dargestellt ist.

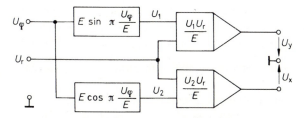

**Abb. 11.45.** Umwandlung von Polarkoordinaten in kartesische Koordinaten

$$U_x = U_r \cos\left(\pi \frac{U_\varphi}{E}\right); \qquad U_y = U_r \sin\left(\pi \frac{U_\varphi}{E}\right)$$

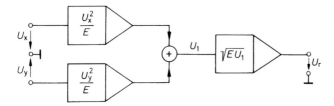

**Abb. 11.46.** Prinzip zur Berechnung des Vektorbetrags

$$U_r = \sqrt{U_x^2 + U_y^2}$$

### 11.9.2
### Transformation von kartesischen Koordinaten in Polarkoordinaten

Die Umkehrung der Transformationsgleichung (11.60) liefert:

$$r = \sqrt{x^2 + y^2} \quad \text{bzw.} \quad U_r = \sqrt{U_x^2 + U_y^2}, \tag{11.62}$$

$$\varphi = \arctan \frac{y}{x} \quad \text{bzw.} \quad U_\varphi = \frac{E}{\pi} \arctan \frac{U_y}{U_x} \tag{11.63}$$

Die Berechnung des Vektorbetrages $U_r$ kann man gemäß dem Blockschaltbild in Abb. 11.46 mit zwei Quadrierern und einem Radizierer vornehmen. Durch einige Umformungen kann man zu einer einfacheren Schaltung gelangen, die außerdem einen größeren Dynamikbereich besitzt. Aus Gl. (11.62) erhalten wir:

$$U_r^2 - U_y^2 = U_x^2,$$

$$(U_r - U_y)(U_r + U_y) = U_x^2$$

Daraus folgt:

$$U_r = \frac{U_x^2}{U_r + U_y} + U_y$$

Diese implizite Gleichung für $U_r$ läßt sich wie in Abb. 11.47 durch einen Multiplizierer mit Divisionseingang realisieren. Der Summierer $S_1$ bildet den Ausdruck:

$$U_1 = U_r + U_y$$

Damit wird:

$$U_2 = \frac{U_x^2}{U_r + U_y}$$

Zur Bildung von $U_r$ wird zu dieser Spannung mit dem Summierer $S_2$ die Eingangsspannung $U_y$ addiert.

Die Spannung $U_y$ muß immer positiv sein. Dies kann man sich an dem Spezialfall $U_x = 0$ leicht klarmachen. Dann wird nämlich $U_2 = 0$ und $U_r = U_y$. Dies ist nur für positive Werte von $U_y$ die richtige Lösung. Außerdem können praktische Dividierer einen Vorzeichenwechsel im Nenner nicht verarbeiten. Deshalb muß man bei bipolaren Werten von $U_y$ den Betrag bilden, z.B. mit der Schaltung in

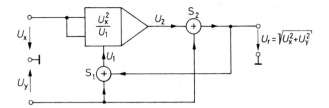

**Abb. 11.47.** Praktische Durchführung der Berechnung des Vektorbetrags

Abb. 22.18 auf S. 1204. Dadurch wird die Vektorberechnung nicht eingeschränkt, da die Zwischengröße $U_y^2$ in jedem Fall positiv ist.

Die einfachste Realisierung des Vektormessers ergibt sich, wenn man die Berechnung der Multiplikation und Division über Logarithmen durchführt, weil sich beides mit einer einzigen Schaltung wie in Abb. 11.36 auf S 801 durchführen läßt. In diesem Fall ist es jedoch erforderlich, auch von $U_x$ den Betrag zu bilden.

Dies ist bei dem Einsatz von Steilheitsmultiplizierern nicht notwendig, da sie in der Regel Vierquadranten-Betrieb ermöglichen. In diesem Fall benötigt man jedoch getrennte Schaltungen für die Multiplikation und Division. Dabei ist es zweckmäßig, wie in Abb. 11.48 zuerst die Division und dann die Multiplikation durchzuführen, da sonst der Dynamikbereich durch das Auftreten der Größe $U_x^2$ verkleinert wird.

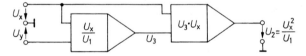

**Abb. 11.48.** Einsatz von Steilheitsmultiplizierern zur Berechnung des Vektorbetrages gemäß der Methode in Abb. 11.47

# Literatur

[11.1]   Henry, P.: JFET-Input Amps are unrivaled for speed and accuracy. EDN, 14. 5. 1987, H. 10, S. 161–169.

[11.2]   Roberge, J.K.: Operational Amplifiers. New York, London, Sydney, Toronto: J. Wiley.

[11.3]   Hentschel, C.; Leitner, A.; Traub, S.; Schweikardt, H.; Eberle, V.: Designing Bipolar Integrated Circuits for a Pulse/Function Generator Family. Hewlett-Packard-Journal 34 (1983), H. 6, S. 33–38.

[11.4]   Gilbert, B.: A Monolithic Microsystem for Analog Synthesis of Trigonometric Functions and Their Inverse. IEEE Journal of Solid-State Circuits, 17 (1982), H. 6, 1179–1191.

[11.5]   Arnold, W.F.: Analog Multiplier Compensates Itself. Electronics 50 (1977) H. 25, S. 130.

[11.6]   Wagner, R.: Laser-Trimming on the Wafer. Analog Dialogue 9 (1975) H. 3, S. 3–5.

[11.7]   Sheingold, D.H. (Editor): Nonlinear Circuits Handbook. Analog Devices. Inc., Norwood, Mass. 1974. S. 289–294.

[11.8]   Tietze, U.: Analogmultiplizierer mit isolierenden Kopplern. Elektronik 17 (1968) H. 8, S. 233–238.

[11.9]   Graeme, J.G.: Applications of Operational Amplifiers. New York: McGraw-Hill.

# Kapitel 12:
# Gesteuerte Quellen und Impedanzkonverter

In der linearen Netzwerksynthese verwendet man neben den passiven Bauelementen idealisierte aktive Bauelemente in Form von gesteuerten Strom- und Spannungsquellen. Zusätzlich treten idealisierte Transformations-Schaltungen wie z.B. NIC, Gyrator und Zirkulator auf. In den folgenden Abschnitten wollen wir die wichtigsten Realisierungsmöglichkeiten beschreiben.

## 12.1
## Spannungsgesteuerte Spannungsquellen

Eine spannungsgesteuerte Spannungsquelle ist dadurch gekennzeichnet, daß die Ausgangsspannung $U_2$ proportional zur Eingangsspannung $U_1$ ist. Es handelt sich also um nichts weiter als einen Spannungsverstärker. Als Idealisierung verlangt man, daß die Ausgangsspannung vom Ausgangsstrom unabhängig und der Eingangsstrom Null ist. Damit lauten die Übertragungsgleichungen:

$$I_1 = 0 \cdot U_1 + 0 \cdot I_2 = 0,$$
$$U_2 = A_v U_1 + 0 \cdot I_2 = A_v U_1$$

In der Praxis läßt sich die ideale Quelle nur näherungsweise realisieren. Unter Berücksichtigung der meist gut erfüllbaren Rückwirkungsfreiheit ergibt sich das Ersatzschaltbild in Abb. 12.1 für eine reale Quelle mit den Übertragungsgleichungen:

$$I_1 = \frac{1}{r_e} U_1 + 0 \cdot I_2$$
$$U_2 = A_v U_1 - r_a I_2 \tag{12.1}$$

Die eingezeichnete innere Spannungsquelle ist dabei als ideal anzusehen. $r_e$ ist der Eingangswiderstand, $r_a$ der Ausgangswiderstand.

Spannungsgesteuerte Spannungsquellen mit niedrigem Ausgangswiderstand und definiert einstellbarer Verstärkung haben wir bereits im Kapitel 5 in Form

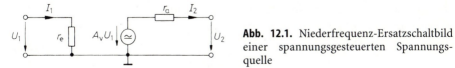

**Abb. 12.1.** Niederfrequenz-Ersatzschaltbild einer spannungsgesteuerten Spannungsquelle

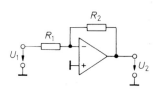

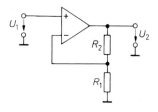

**Abb. 12.2.** Umkehrverstärker als spannungsgesteuerte Spannungsquelle

*Ideale*
*Übertragungsfunktion:*   $U_2 = -\dfrac{R_2}{R_1} U_1$

*Eingangsimpedanz:*   $\underline{Z}_e = R_1$

*Ausgangsimpedanz:*   $\underline{Z}_a = \dfrac{r_a}{g}$

**Abb. 12.3.** Elektrometerverstärker als spannungsgesteuerte Spannungsquelle

*Ideale*
*Übertragungsfunktion:*   $U_2 = \left(1 + \dfrac{R_2}{R_1}\right) U_1$

*Eingangsimpedanz:*   $\underline{Z}_e = r_{Gl} \left\| \dfrac{1}{sC} \right.$

*Ausgangsimpedanz:*   $\underline{Z}_a = \dfrac{r_a}{g}$

des Umkehrverstärkers und des Elektrometerverstärkers kennengelernt. Sie sind in Abb. 12.2/12.3 noch einmal dargestellt. Gemäß (5.58) auf S. 536 erreicht man leicht Ausgangswiderstände, die weit unter 1 Ω liegen und kommt damit dem idealen Verhalten ziemlich nahe. Allerdings ist zu beachten, daß die Ausgangsimpedanz induktiven Charakter besitzt, also mit steigender Frequenz größer wird.

Beim Elektrometerverstärker ist der Eingangswiderstand sehr hoch. Man erreicht bei tiefen Frequenzen leicht Werte im GΩ-Bereich, also praktisch ideale Verhältnisse. Der hohe (differentielle) Eingangswiderstand darf aber nicht darüber hinwegtäuschen, daß durch den konstanten Eingangsruhestrom $I_B$ zusätzliche Fehler entstehen können, wenn der Innenwiderstand der Signalquelle hoch ist. In kritischen Fällen muß man Verstärker mit Fet-Eingang verwenden.

Bei niederohmigen Signalquellen kann man die Umkehrverstärkerschaltung in Abb. 12.2 anwenden, weil deren niedriger Eingangswiderstand $R_1$ dann keinen Fehler verursacht. Man gewinnt dadurch den Vorteil, daß keine Fehler durch Gleichtaktaussteuerung entstehen können.

## 12.2
## Stromgesteuerte Spannungsquellen

Das in Abb. 12.4 dargestellte Ersatzschaltbild der stromgesteuerten Spannungsquelle ist identisch mit dem der spannungsgesteuerten Spannungsquelle in Abb. 12.1. Der Unterschied besteht lediglich darin, daß jetzt der Eingangsstrom als Steuergröße verwendet wird. Er soll durch die Schaltung möglichst wenig beeinflußt werden. Das ist im Idealfall für $r_e = 0$ gegeben. Die Übertragungsgleichungen lauten bei vernachlässigbarer Rückwirkung:

$$
\begin{aligned}
U_1 &= r_e I_1 + 0 \cdot I_2 \\
U_2 &= R I_1 - r_a I_2 \\
&\text{(real)}
\end{aligned}
\qquad \Rightarrow \qquad
\begin{aligned}
U_1 &= 0 \\
U_2 &= R I_1 \\
&\text{(ideal, } r_e = r_a = 0)
\end{aligned}
\qquad (12.2)
$$

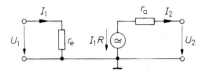

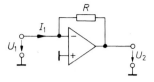

**Abb. 12.4.** Niederfrequenz-Ersatzschaltbild einer stromgesteuerten Spannungsquelle

**Abb. 12.5.** Stromgesteuerte Spannungsquelle

*Ideale Übertragungsfunktion:*   $U_2 = -RI_1$

*Eingangsimpedanz:*   $\underline{Z}_e = \dfrac{R}{\underline{A}_D}$

*Ausgangsimpedanz:*   $\underline{Z}_a = \dfrac{r_a}{\underline{g}}$

Bei der Schaltungsrealisierung nach Abb. 12.5 nutzt man die Tatsache aus, daß der Summationspunkt eines Umkehrverstärkers eine virtuelle Masse darstellt. Dadurch ergibt sich der geforderte niedrige Eingangswiderstand. Die Ausgangs-, spannung wird $U_2 = -RI_1$, wenn man den Eingangsruhestrom des Verstärkers gegenüber $I_1$ vernachlässigen kann. Sollen sehr kleine Ströme $I_1$ als Steuergröße verwendet werden, muß man einen Verstärker mit Fet-Eingang verwenden. Zusätzliche Fehler können durch die Offsetspannung entstehen. Sie sind um so größer, je niedriger der Innenwiderstand $R_g$ der Signalquelle ist, da die Offset-spannung mit dem Faktor $(1 + R/R_g)$ verstärkt wird.

Für die Ausgangsimpedanz ergibt sich dieselbe Beziehung wie bei der vorhergehenden Schaltung. Die darin auftretende Schleifenverstärkung $g$ ist vom Innenwiderstand $R_g$ der Signalquelle abhängig und beträgt:

$$\underline{g} = \underline{k}\underline{A}_D = \frac{R_g}{R + R_g}\underline{A}_D$$

Eine stromgesteuerte Spannungsquelle mit erdfreiem Eingang werden wir noch im Kapitel 22.2.1 auf S. 1200 behandeln.

## 12.3
## Spannungsgesteuerte Stromquellen

Spannungsgesteuerte Stromquellen sollen einem Verbraucher einen Strom $I_2$ einprägen, der von der Ausgangsspannung $U_2$ unabhängig ist und nur von der Steuerspannung $U_1$ bestimmt wird. Es soll also gelten:

$$\begin{aligned} I_1 &= 0 \cdot U_1 + 0 \cdot U_2 \\ I_2 &= SU_1 \ \ + 0 \cdot U_2 \end{aligned} \qquad (12.3)$$

Diese Forderung läßt sich in der Praxis nur näherungsweise erfüllen. Unter Berücksichtigung der gut realisierbaren Rückwirkungsfreiheit ergibt sich für eine reale Stromquelle das Ersatzschaltbild in Abb. 12.6 mit den Übertragungsgleichungen:

$$\begin{aligned} I_1 &= \tfrac{1}{r_e}U_1 + 0 \cdot U_2, \\ I_2 &= SU_1 \ - \tfrac{1}{r_a}U_2 \end{aligned} \qquad (12.4)$$

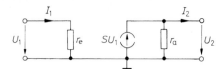

**Abb. 12.6.** Niederfrequenz-Ersatzschaltbild einer spannungsgesteuerten Stromquelle

Für $r_e \to \infty$ und $r_a \to \infty$ ergibt sich die ideale Stromquelle. Der Parameter $S$ wird als Steilheit oder Übertragungsleitwert bezeichnet.

## 12.3.1
### Stromquellen für erdfreie Verbraucher

Beim Umkehr- und beim Elektrometerverstärker fließt durch den Gegenkopplungswiderstand der Strom $I_2 = U_1/R_1$. Er ist also vom Spannungsabfall am Gegenkopplungswiderstand unabhängig. Die beiden Schaltungen lassen sich demnach als Stromquellen verwenden, indem man den Verbraucher $R_L$ anstelle des Gegenkopplungswiderstandes einsetzt, wie es in Abb. 12.7 und 12.8 dargestellt ist.

Für die Eingangsimpedanz erhält man dieselben Beziehungen wie bei den entsprechenden spannungsgesteuerten Spannungsquellen in Abb. 12.2 und 12.3.

Bei endlicher Differenzverstärkung $A_D$ des Operationsverstärkers erhält man für den Ausgangswiderstand nur endliche Werte, weil die Potentialdifferenz $U_D = V_P - V_N$ nicht exakt Null bleibt. Zur Berechnung des Ausgangswiderstandes entnehmen wir der Abb. 12.7 die Beziehungen

$$I_1 = I_2 = \frac{U_1 - V_N}{R_1} \qquad V_N = -\frac{V_a}{A_D} \qquad U_2 = V_N - V_a$$

und erhalten:

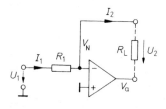

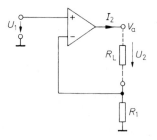

**Abb. 12.7.** Umkehrverstärker als spannungsgesteuerte Stromquelle

*Ideale*
*Übertragungsfkt.:*     $I_2 = U_1/R_1$

*Eingangsimpedanz:*     $\underline{Z}_e = R_1$

*Ausgangsimpedanz:*     $\underline{Z}_a = A_D R_1 \left\| \dfrac{A_D R_1 \omega_{gA}}{s} \right.$

**Abb. 12.8.** Elektrometerverstärker als spannungsgesteuerte Stromquelle

*Ideale*
*Übertragungsfkt.:*     $I_2 = U_1/R_1$

*Eingangsimpedanz:*     $\underline{Z}_e = r_{Gl} \left\| \dfrac{1}{s\,C_{Gl}} \right.$

*Ausgangsimpedanz:*     $\underline{Z}_a = A_D R_1 \left\| \dfrac{A_D R_1 \omega_{gA}}{s} \right.$

$$I_2 = \frac{U_1}{R_1} - \frac{U_2}{R_1(1 + A_D)} \approx \frac{U_1}{R_1} - \frac{U_2}{A_D R_1}$$

Daraus ergibt sich der Ausgangswiderstand zu:

$$r_a = -\frac{\partial U_2}{\partial I_2} = A_D R_1 \tag{12.5}$$

Er ist also proportional zur Differenzverstärkung des Operationsverstärkers.

Da die Differenzverstärkung eines frequenzkorrigierten Operationsverstärkers eine ziemlich niedrige Grenzfrequenz besitzt (z.B. $f_{gA} \approx 10\,\text{Hz}$ beim Typ 741), muß man bereits bei tiefen Frequenzen berücksichtigen, daß $A_D$ komplex wird. In komplexer Schreibweise lautet die Gl. (12.5):

$$\underline{Z}_a = \underline{A}_D R_1 = \frac{A_D}{1 + j\frac{\omega}{\omega_{gA}}} R_1 \tag{12.6}$$

Diese Ausgangsimpedanz läßt sich als Parallelschaltung eines ohmschen Widerstandes $R_a$ und einer Kapazität $C_a$ darstellen, wie folgende Umformung der Gl. (12.6) zeigt:

$$\underline{Z}_a = \frac{1}{\dfrac{1}{A_D R_1} + \dfrac{s}{A_D R_1 \omega_{gA}}} = R_a \left\| \frac{1}{s\, C_a} \right. , \tag{12.7}$$

mit $R_a = A_D R_1$ und $C_a = \dfrac{1}{A_D R_1 \omega_{gA}}$.

Bei einem Operationsverstärker mit $A_D = 10^5$ und $f_{gA} = 10\,\text{Hz}$ erhält man für $R_1 = 1\,k\Omega$:

$$R_a = 100\,\text{M}\Omega \quad \text{und} \quad C_a = 15\,\text{pF}$$

Bei einer Frequenz von 10 kHz verkleinert sich der Betrag der Ausgangsimpedanz demnach auf 100 kΩ. Für die Ausgangsimpedanz der Schaltung in Abb. 12.8 erhält man dieselben Beziehungen.

Vom Standpunkt der elektrischen Daten her gesehen sind die beiden Stromquellen in Abb. 12.7 und 12.8 für viele Anwendungszwecke geeignet. Sie besitzen jedoch einen großen schaltungstechnischen Nachteil: Der Verbraucher $R_L$ darf nicht einseitig an ein festes Potential angeschlossen werden, da sonst entweder der Verstärkerausgang oder der N-Eingang kurzgeschlossen wird. Diese Einschränkung besitzen die folgenden Schaltungen nicht.

## 12.3.2
### Stromquellen für geerdete Verbraucher

Die Funktionsweise der Stromquelle in Abb. 12.9 beruht darauf, daß der Ausgangsstrom über den Spannungsabfall an $R_1$ gemessen wird. Die Ausgangsspannung des Operationsverstärkers stellt sich so ein, daß dieser Spannungsabfall gleich der vorgegebenen Eingangsspannung wird. Zur Berechnung des Ausgangs-

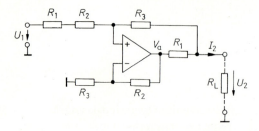

**Abb. 12.9.** Spannungsgesteuerte Stromquelle für geerdete Verbraucher

*Ausgangsstrom:*        $I_2 = \dfrac{U_1}{R_1}$    für   $R_3 = R_2$

stromes wenden wir die Knotenregel auf den N- und P-Eingang und auf den Ausgang an. Damit ergibt sich:

$$\frac{V_a - V_N}{R_2} - \frac{V_N}{R_3} = 0 \qquad\qquad \frac{U_1 - V_P}{R_1 + R_2} + \frac{U_2 - V_P}{R_3} = 0$$

$$\frac{V_a - U_2}{R_1} + \frac{V_P - U_2}{R_3} - I_2 = 0$$

Mit der Bezeichnung $V_N = V_P$ erhalten wir daraus den Ausgangsstrom:

$$I_2 = \frac{U_1}{R_1} + \frac{R_2 - R_3}{R_1 R_3} U_2$$

Man sieht, daß der Ausgangsstrom für $R_2 = R_3$ von der Ausgangsspannung unabhängig wird. Dann wird also der Ausgangswiderstand $r_a = \infty$, und der Ausgangsstrom beträgt $I_2 = U_1/R_1$. In der Praxis macht man $R_1$ so niederohmig, daß der Spannungsabfall an ihm in der Größenordnung von wenigen Volt bleibt. Die Widerstände $R_2$ wählt man groß gegenüber $R_1$, damit der Operationsverstärker und die Spannungsquelle $U_1$ nicht unnötig belastet werden. Durch Feinabgleich von $R_3$ läßt sich der Ausgangswiderstand der Stromquelle für niedrige Frequenzen auch bei einem realen Operationsverstärker auf Unendlich abgleichen. Der Innenwiderstand $R_g$ der Steuerspannungsquelle liegt in Reihe mit $R_1$ und $R_2$. Damit er die Ergebnisse nicht verfälscht, sollte er vernachlässigbar sein.

Die Schaltung läßt sich auch als Stromquelle mit *negativem Ausgangswiderstand* dimensionieren. Dazu wählt man $R_3 < R_2$ und erhält dann:

$$r_a = -\frac{\Delta U_2}{\Delta I_2} = \frac{R_1 R_3}{R_3 - R_2} < 0$$

Bei der Schaltung in Abb. 12.10 ist der Eingangsstrom unabhängig von der Spannung $U_2$, also vom Lastwiderstand $R_L$, da hier der Vorwiderstand $R_2$ virtuell geerdet ist. Ein weiterer Vorteil besteht darin, daß keine Gleichtaktaussteuerung auftritt.

Zur Berechnung des Ausgangsstromes entnehmen wir der Schaltung folgende Beziehung:

$$V_4 = -V_3 = U_1 + \frac{R_2}{R_3} U_2$$

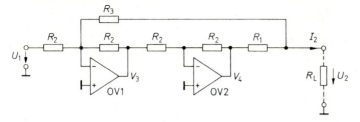

**Abb. 12.10.** Spannungsgesteuerte Stromquelle ohne Gleichtaktaussteuerung

*Ausgangsstrom:* $\quad I_2 = \dfrac{U_1}{R_1} \quad$ für $\quad R_3 = R_2 - R_1$

Die Anwendung der Knotenregel auf den Ausgang liefert:

$$\frac{V_4 - U_2}{R_1} - \frac{U_2}{R_3} = -I_2 = 0$$

Durch Elimination von $V_4$ erhalten wir:

$$I_2 = \frac{U_1}{R_1} + \frac{R_2 - R_3 - R_1}{R_1 R_3} U_2$$

Der Ausgangsstrom wird dann von der Ausgangsspannung unabhängig, wenn die Abgleichbedingung

$$R_3 = R_2 - R_1$$

erfüllt ist.

### 12.3.3
### Transistor-Präzisionsstromquellen

In Kapitel 4 haben wir einfache Stromquellen aus einem Bipolar- bzw. Feldeffekt-Transistor kennengelernt, die einen Verbraucher speisen können, der mit einem Anschluß auf festem Potential liegt. Der Nachteil dieser Schaltungen besteht darin, daß der Ausgangsstrom nicht genau definiert ist, da er von $U_{BE}$ bzw. $U_{GS}$ beeinflußt wird. Es liegt nun nahe, diesen Einfluß durch Einsatz eines Operationsverstärkers zu eliminieren. Abb. 12.11 zeigt die entsprechenden Schaltungen für einen bipolaren Transistor und für einen Feldeffekttransistor. Die Ausgangsspannung des Operationsverstärkers stellt sich so ein, daß die Spannung an dem Widerstand $R_1$ gleich $U_1$ wird. (Dies gilt natürlich nur für positive Spannungen, da die Transistoren sonst sperren.) Der Strom durch $R_1$ wird dann $U_1/R_1$. Der Ausgangsstrom beträgt somit:

beim Bipolartransistor: $\qquad I_2 = \dfrac{U_1}{R_1} \dfrac{B}{B_1 + 1}$

beim Fet: $\qquad I_2 = \dfrac{U_1}{R_1}$

Der Unterschied rührt daher, daß beim Bipolartransistor ein Teil des Emitterstroms über die Basis abfließt. Da die Stromverstärkung $B$ von $U_{CE}$ abhängt,

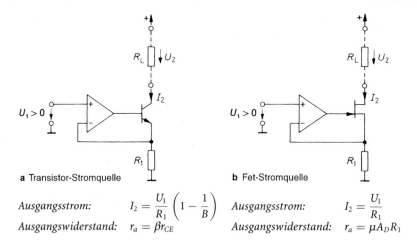

**a** Transistor-Stromquelle          **b** Fet-Stromquelle

Ausgangsstrom:        $I_2 = \dfrac{U_1}{R_1}\left(1 - \dfrac{1}{B}\right)$     Ausgangsstrom:        $I_2 = \dfrac{U_1}{R_1}$

Ausgangswiderstand:   $r_a = \beta r_{CE}$      Ausgangswiderstand:   $r_a = \mu A_D R_1$

**Abb. 12.11.** Transistor-Präzisionsstromquellen

ändert sich auch $I_B$ mit der Ausgangsspannung $U_2$. Nach (4.1) auf S. 308 wird durch diesen Effekt der Ausgangswiderstand auf den Wert $\beta r_{CE}$ begrenzt, auch wenn der Operationsverstärker als ideal angenommen wird.

Der Einfluß der endlichen Stromverstärkung läßt sich verkleinern, wenn man den Bipolartransistor durch eine Darlingtonschaltung ersetzt. Praktisch ganz beseitigen kann man diesen Einfluß durch Einsatz eines Feldeffekttransistors, weil bei ihm der Gate-Strom außerordentlich klein ist. Begrenzt wird der Ausgangswiderstand der Schaltung in Abb. 12.11 b letztlich durch die endliche Verstärkung des Operationsverstärkers. Um ihn zu berechnen, entnehmen wir der Schaltung für $U_1 = \text{const}$ folgende Beziehungen:

$$dU_{DS} \approx -dU_2$$

$$dU_{GS} = dU_G - dU_S = -A_D R_1 dI_2 - R_1 dI_2 \approx -A_D R_1 dI_2$$

Mit der Grundgleichung (3.9) von S. 201

$$dI_2 = S dU_{GS} + \frac{1}{r_{DS}} dU_{DS}$$

erhalten wir den Ausgangswiderstand:

$$r_a = -\frac{dU_2}{dI_2} = r_{DS}(1 + A_D S R_1) \approx \mu A_D R_1 \qquad (12.8)$$

Er ist also noch um den Faktor $\mu = S r_{Ds} \approx 150$ größer als bei der äquivalenten Operationsverstärker-Stromquelle ohne Fet in Abb. 12.8. Mit den Werten des dort angegebenen Zahlenbeispiels erhält man hier den sehr hohen Ausgangswiderstand von ca. 15 GΩ. Wegen der Frequenzabhängigkeit der Differenzverstärkung $A_D$ ist dieser Wert jedoch nur unterhalb der Grenzfrequenz $f_{gA}$ des Operationsverstärkers gültig. Bei höheren Frequenzen müssen wir die Differenzverstärkung komplex ansetzen und erhalten anstelle von Gl. (12.8) die Ausgangsimpedanz:

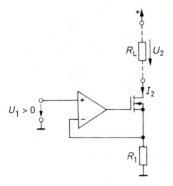

**Abb. 12.12.** Stromquelle für große Ausgangsströme

*Ausgangsstrom:* $\quad I_2 = \dfrac{U_1}{R_1}$

*Ausgangswiderstand:* $\quad r_a = \mu A_D R_1$

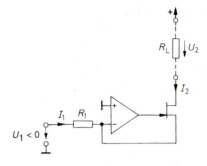

**Abb. 12.13.** Invertierende Fet-Stromquelle

*Ausgangsstrom:* $\quad I_2 = \dfrac{U_1}{R_1}$

*Ausgangswiderstand:* $\quad r_a = \mu A_D R_1$

$$\underline{Z}_a = \underline{A}_D \mu R_1 = \frac{A_D}{1 + j\dfrac{\omega}{\omega_{gA}}} \mu R_1 \tag{12.9}$$

Wie der Vergleich mit Gl. (12.6) und (12.7) zeigt, läßt sich diese Impedanz darstellen als Parallelschaltung eines ohmschen Widerstandes $R_a = \mu A_D R_1$ und einer Kapazität $C_a = 1/\mu A_D R_1 \omega_{gA}$. Beide Werte sind also um den Faktor $\mu$ günstiger. Für das genannte Zahlenbeispiel erhalten wir $C_a = 1\,\mathrm{pF}$. Parallel dazu tritt noch die Fet-Kapazität von einigen pF auf.

Benötigt man größere Ausgangsströme, kann man einen Leistungsmosfet einsetzen, wie es in Abb. 12.12 dargestellt ist. Da über das Gate auch hier kein Strom fließt, verschlechtern sich durch diese Maßnahme die Daten der Schaltung nicht.

Die Schaltung in Abb. 12.11 b läßt sich modifizieren, indem man die Eingangsspannung direkt an $R_1$ anlegt und statt dessen den P-Eingang an Masse anschließt. Diese Möglichkeit zeigt Abb. 12.13. Damit der Fet nicht sperrt, muß $U_1$ immer negativ sein. Im Unterschied zu der Schaltung in Abb. 12.11 b wird die Steuerspannungsquelle mit $I_2$ belastet.

Benötigt man eine Stromquelle, deren Ausgangsstrom in der umgekehrten Richtung fließt wie bei der Schaltung in Abb. 12.11 b, braucht man lediglich den n-Kanal-Fet durch einen p-Kanal-Fet zu ersetzen und gelangt zu der Schaltung in Abb. 12.14. Steht kein p-Kanal-Fet zur Verfügung, kann man auch die Schaltung in Abb. 12.15 verwenden. Im Gegensatz zu den bisherigen Schaltungen dient hier die Sourceelektrode als Ausgang. Dadurch ändert sich jedoch nichts am Ausgangsstrom, da er nach wie vor über den Spannungsabfall an $R_1$ kontrolliert wird. Die Gegenkopplung kommt hier auf folgende Weise zustande: Nimmt der Ausgangsstrom ab, steigt $V_P$ an. Dadurch steigt das Gatepotential verstärkt an, und $U_{GS}$ verkleinert sich. Dies wirkt der Stromabnahme entgegen. Der Ausgangswiderstand ist allerdings wesentlich kleiner als bei den vorhergehenden Schaltungen.

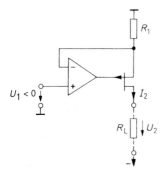

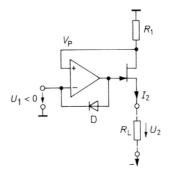

**Abb. 12.14.** Stromquelle mit p-Kanal-Fet

**Abb. 12.15.** Stromquelle mit quasi-p-Kanal-Fet

*Ausgangsstrom:*   $I_2 = -\dfrac{U_1}{R_1}$

*Ausgangsstrom:*   $I_2 = -\dfrac{U_1}{R_1}$

*Ausgangswiderstand:*  $r_a = \mu A_D R_1$

*Ausgangswiderstand:*  $r_a = A_D R_1$

Wird durch Übersteuerung die Gate-Kanal-Diode leitend, wird die Ausgangs-spannung des Operationsverstärkers direkt auf den P-Eingang gekoppelt. Es tritt also Mitkopplung auf, und die Ausgangsspannung geht an die positive Aussteue-rungsgrenze. Um diesen „Latch up" zu verhindern, wurde in Abb. 12.15 die Diode D vorgesehen.

### Transistor-Stromquellen für bipolare Ausgangsströme

Ein Nachteil der bisher aufgeführten Stromquellen besteht darin. daß sie nur einen unipolaren Ausgangsstrom liefern können. Durch Kombination der bei-den Schaltungen in Abb. 12.11 und 12.14 gelangt man zu der Stromquelle in Abb. 12.16, die bipolare Ausgangsströme liefern kann. Im Ruhezustand ist $V_{P1} = \frac{3}{4}V^+$ und $V_{P2} = \frac{3}{4}V^-$. In diesem Fall ergibt sich:

$$I_2 = I_{D1} - I_{D2} = \frac{V^+}{4R_1} + \frac{V^-}{4R_1} = 0 \quad \text{für} \quad V^- = -V^+$$

Bei positiven Eingangsspannungen $U_1$ vergrößert sich der Strom $I_{D2}$ um $U_1/4R_1$, während $I_{D1}$ um denselben Betrag abnimmt. Damit ergibt sich ein negativer Ausgangsstrom:

$$I_2 = -\frac{U_1}{2R_1}$$

Bei negativen Eingangsspannungen verkleinert sich $I_{D2}$, während $I_{D1}$ größer wird. Dadurch ergibt sich ein positiver Ausgangsstrom. Die Aussteuerungsgrenze ist erreicht, wenn einer der Fets sperrt. Das ist für $U_1 = \pm V^+$ der Fall. Um die Fets sperren zu können, muß das Gatepotential betragsmäßig höher werden als die Betriebsspannung $V^+$. Deshalb benötigen die Operationsverstärker OV 1 und OV 2 höhere Betriebsspannungen. Sie sind in Abb. 12.16 mit $V^{++}$ bzw. $V^{--}$ be-zeichnet.

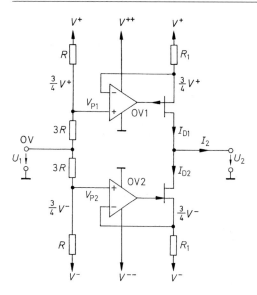

**Abb. 12.16.** Bipolare Fet-Stromquelle mit eingetragenen Ruhepotentialen

*Ausgangsstrom:* $I_2 = -\dfrac{U_1}{2R_1}$

Die Schaltung besitzt eine ziemlich schlechte Nullpunktstabilität, da sich der Ausgangsstrom als Differenz großer Größen ergibt, die außerdem noch von den Betriebsspannungen beeinflußt werden.

In dieser Beziehung ist die Schaltung in Abb. 12.17 wesentlich günstiger. Sie unterscheidet sich von der vorhergehenden durch eine andere Art der Ansteuerung [12.1]. Die beiden Ausgangsstufen werden von den Strömen $I_3$ und $I_4$ gesteuert, die in den Betriebsspannungsanschlüssen des Verstärkers OV 1 fließen. Für die Drainströme gilt:

$$I_{D1} = \frac{U_3}{R_1} = \frac{R_2}{R_1}I_3, \qquad I_{D2} = \frac{U_4}{R_1} = \frac{R_2}{R_1}I_4 \qquad (12.10)$$

Die Ausgangsstufen arbeiten also als Stromspiegel. Für den Ausgangsstrom folgt:

$$I_2 = I_{D1} - I_{D2} = \frac{R_2}{R_1}(I_3 - I_4) \qquad (12.11)$$

Der Verstärker OV 1 arbeitet als Spannungsfolger. Am Widerstand $R_3$ tritt demnach die Eingangsspannung $U_1$ auf; der Ausgangsstrom beträgt also:

$$I_5 = U_1/R_3 \qquad (12.12)$$

Bei der Weiterleitung des Signals wird nun von der Tatsache Gebrauch gemacht, daß man den Operationsverstärker als Stromknoten auffassen kann, für den nach der Knotenregel die Summe der Ströme gleich Null sein muß. Da man die Eingangsströme vernachlässigen kann und ein Masseanschluß in aller Regel nicht vorhanden ist, ergibt sich mit sehr guter Genauigkeit die Beziehung:

$$I_5 = I_3 - I_4 \qquad (12.13)$$

Einsetzen in Gl. (12.12) und (12.11) liefert den Ausgangsstrom:

$$I_2 = \frac{R_2}{R_1 R_3}U_1 = \frac{U_1}{R_1} \quad \text{für} \quad R_2 = R_3$$

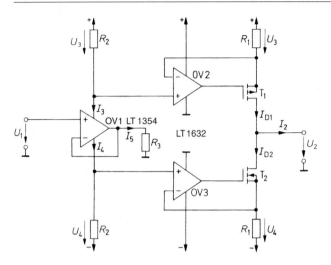

**Abb. 12.17.** Bipolare Fet-Stromquelle für große Ausgangsströme

Ausgangsstrom:  $I_2 = \dfrac{R_2}{R_1 R_3} U_1$

Im Ruhezustand ist $I_5 = 0$ und $I_3 = I_4 = I_R$. Dabei ist $I_R$ der Ruhestrom, der in den Betriebsspannungsanschlüssen des Verstärkers OV 1 fließt. Er ist klein gegenüber dem maximal erhältlichen Ausgangsstrom $I_5$ des Verstärkers. Bei positiver Eingangsspannungsdifferenz wird $I_3 \approx I_5 \gg I_4$. Der Ausgangsstrom $I_2$ wird dann praktisch ganz von der oberen Ausgangsstufe geliefert, während die untere sperrt. Bei negativer Eingangsspannungsdifferenz ist es umgekehrt. Es handelt sich also um einen Gegentakt-AB-Betrieb. Da der Ruhestrom in der Endstufe

$$I_{D1R} = I_{D2R} = \frac{R_2}{R_1} I_R \tag{12.14}$$

klein ist gegenüber dem maximalen Ausgangsstrom, ergibt sich der Ausgangsstrom im Ruhezustand nur noch als Differenz kleiner Größen. Dadurch wird eine gute Nullpunktstabilität erzielt. Als weiterer Vorteil ergibt sich daraus ein hoher Wirkungsgrad, der besonders dann von Interesse ist, wenn man die Schaltung für hohe Ausgangsströme auslegt. Aus diesem Grund verwendet man für OV 1 einen Operationsverstärker mit niedriger Ruhestromaufnahme.

Bei der Schaltung in Abb. 12.17 ist der Einsatz von Leistungsmosfets besonders sinnvoll. Da sie selbstsperrend sind, liegen ihre Gatepotentiale innerhalb des Betriebsspannungsbereiches. Man kann deshalb hier auf positive bzw. negative Hilfsspannungen für die Operationsverstärker OV 2 bzw. OV 3 verzichten, wenn man Rail-to-Rail Operationsverstärker einsetzt.

Wenn man den Widerstand $R_3$ in Abb. 12.17 nicht an Masse, sondern am Ausgang eines zweiten Spannungsfolgers anschließt, bestimmt die Eingangsspannungsdifferenz den Ausgangsstrom [12.2]. Man kann die ganze Schaltung aber

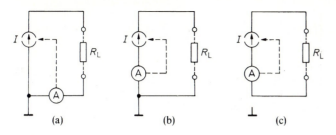

**Abb. 12.18.** (a) Stromquelle für schwimmende Verbraucher. (b) Stromquelle für einseitig geerdete Verbraucher. (c) Schwimmende Stromquelle für beliebige Verbraucher

auch als einen einzigen CC-Operationsverstärker gemäß Abb. 5.79b auf S. 559 betrachten: OV 1 stellt den Eingangs-Impedanzumwandler dar, OV 2 und OV 3 die Stromspiegel. Aus diesem Grund ist der OPA 2662 für Ausgangsströme bis 60 mA bzw. 120 mA, wenn man beide Verstärker einsetzt, die einfachste Realisierung.

### 12.3.4
### Schwimmende Stromquellen

Wir haben in den vorhergehenden Abschnitten zwei Typen von Stromquellen kennengelernt. Bei den Schaltungen in Abb. 12.7 und 12.8 auf S. 818 darf keiner der beiden Anschlüsse des Verbrauchers mit einem festen Potential verbunden sein. Ein solcher Verbraucher wird als erdfrei, potentialfrei oder schwimmend bezeichnet. Abb. 12.18 a verdeutlicht diesen Sachverhalt. Als Verbraucher kommen bei dieser Betriebsart praktisch nur passive Elemente in Frage, da bei aktiven Schaltungen über die Stromversorgung in der Regel eine Masseverbindung besteht. Solche geerdeten Verbraucher können mit einer Stromquelle nach Abb. 12.18 b betrieben werden, deren Realisierung in Abb. 12.9 (S. 820) bis 12.17 angegeben ist.

Möchte man an den einen oder anderen Verbraucheranschluß ein beliebiges Potential anlegen können, ohne daß sich der Strom ändern soll, dann benötigt man eine schwimmende Stromquelle. Sie läßt sich, wie in Abb. 12.19 gezeigt, mit Hilfe von zwei geerdeten Stromquellen realisieren, die entgegengesetzt gleich große Ströme liefern. Dazu ist der zweifache CC-Operationsverstärker OPA 2662 oder MAX 435 besonders gut geeignet.

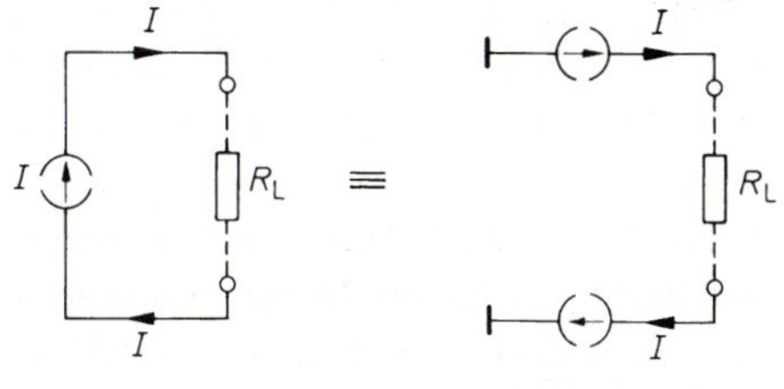

**Abb. 12.19.** Realisierung einer schwimmenden Stromquelle aus zwei einseitig geerdeten Stromquellen

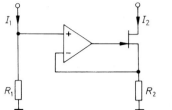

**Abb. 12.20.** Stromspiegel

$Ausgangsstrom: \quad I_2 = \dfrac{R_1}{R_2} I_1$

## 12.4
## Stromgesteuerte Stromquellen

Das Ersatzschaltbild der stromgesteuerten Stromquelle ist identisch mit dem der spannungsgesteuerten Stromquelle in Abb. 12.6 auf S. 818. Der Unterschied besteht lediglich darin, daß jetzt der Eingangsstrom als Steuergröße verwendet wird. Er soll durch die Schaltung möglichst wenig beeinflußt werden. Das ist im Idealfall für $r_e = 0$ gegeben. Die Übertragungsgleichungen lauten bei vernachlässigbarer Rückwirkung:

$$
\begin{aligned}
U_1 &= r_e I_1 + 0 \cdot U_2 \quad &\Rightarrow& \quad U_1 &= 0 \\
I_2 &= A_I I_1 - \tfrac{1}{r_a} \cdot U_2 \quad &\Rightarrow& \quad I_2 &= A_I I_1 \\
&\text{(real)} & & \text{(ideal, } r_e = 0,\ r_a = \infty\text{)}
\end{aligned}
\tag{12.15}
$$

In Abb. 12.7 auf S. 818 und 12.13 auf S. 823 haben wir zwei spannungsgesteuerte Stromquellen mit endlichem Eingangswiderstand kennengelernt. Sie lassen sich als stromgesteuerte Stromquellen mit weitgehend idealen Eigenschaften betreiben, indem man den Widerstand $R_1$ gleich Null macht. Dann wird $I_2 = I_1$.

Von besonderem Interesse sind stromgesteuerte Stromquellen mit Vorzeichenumkehr. Sie werden als Stromspiegel bezeichnet (siehe Kapitel 4.1.1). Eine Realisierungsmöglichkeit ist in Abb. 12.20 dargestellt. Sie beruht auf der spannungsgesteuerten Stromquelle in Abb. 12.11 b auf S. 822. Die Strom-Spannungsumsetzung wird durch den Zusatzwiderstand $R_1$ bewirkt. Dadurch erhält man allerdings nicht den idealen Eingangswiderstand Null.

Die größte Freiheit in der Schaltungsdimensionierung ergibt sich, wenn man mit einer Schaltung aus Abschnitt 12.2 eine Strom-Spannungsumsetzung vornimmt und eine der beschriebenen spannungsgesteuerten Stromquellen aus Abschnitt 12.3 nachschaltet. Die einfachste Realisierung ergibt sich, wenn man einen CC-Operationsverstärker einsetzt bei dem man den nichtinvertierten Eingang an Masse legt.

## 12.5
## Der NIC (Negative Impedance Converter)

Manchmal benötigt man negative Widerstände oder Spannungsquellen mit negativem Innenwiderstand. Nach der Definition des Widerstandes ist $R = +U/I$, wenn Strom- und Spannungspfeil dieselbe Richtung haben. Wenn bei einem Zweipol in diesem Fall eine von außen angelegte Spannung $U$ und der dann

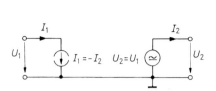

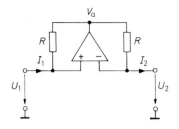

**Abb. 12.21.** Schaltung eines INIC mit gesteuerten Quellen

**Abb. 12.22.** INIC mit Operationsverstärker

durch den Zweipol fließende Strom $I$ entgegengesetzte Vorzeichen besitzen, wird der Quotient $U/I < 0$. Einen solchen Zweipol bezeichnet man als negativen Widerstand. Negative Widerstände lassen sich prinzipiell nur mit aktiven Schaltungen verwirklichen, die man als NIC bezeichnet. Man unterscheidet zwei Typen: den UNIC, der die Spannung bei gleichbleibendem Strom umpolt und den INIC, der den Strom bei gleichbleibender Spannung umpolt. Schaltungstechnisch läßt sich der INIC besonders einfach realisieren. Seine idealisierten Übertragungsgleichungen lauten:

$$U_1 = U_2 + 0 \cdot I_2$$
$$I_1 = 0 \cdot U_2 - I_2 \qquad (12.16)$$

Diese Gleichungen lassen sich wie in Abb. 12.21 mit einer spannungsgesteuerten Spannungsquelle und einer stromgesteuerten Stromquelle realisieren. Beide Funktionen kann aber auch ein einziger Operationsverstärker übernehmen. Die entsprechende Schaltung ist in Abb. 12.22 dargestellt.

Beim idealisierten Operationsverstärker ist $V_P = V_N$ und damit wie verlangt $U_1 = U_2$. Die Ausgangsspannung des Operationsverstärkers stellt sich auf den Wert

$$V_a = U_2 + I_2 R$$

ein. Damit fließt am Tor 1 wie verlangt der Strom:

$$I_1 = \frac{U_2 - V_a}{R} = -I_2$$

Bei der Herleitung haben wir stillschweigend vorausgesetzt, daß die Schaltung stabil ist. Da sie aber gleichzeitig mit- und gegengekoppelt ist, muß man getrennt untersuchen, ob diese Voraussetzung erfüllt ist. Dazu berechnen wir, welcher Bruchteil der Ausgangsspannung auf den P-Eingang bzw. den N-Eingang gekoppelt wird. Abb. 12.23 zeigt den allgemein beschalteten INIC. $R_1$ und $R_2$ sind die Innenwiderstände der angeschlossenen Schaltungen.

Mitgekoppelt wird die Spannung: $\qquad V_P = V_a \dfrac{R_1}{R_1 + R}$

Gegengekoppelt wird die Spannung: $\qquad V_N = V_a \dfrac{R_2}{R_2 + R}$

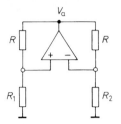

**Abb. 12.23.** Beschalteter INIC

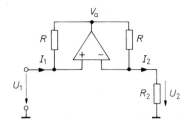

**Abb. 12.24.** Erzeugung negativer Widerstände

*Negativer Widerstand:* $\dfrac{U_1}{I_1} = -R_2$

Die Schaltung ist stabil, wenn die mitgekoppelte Spannung kleiner ist als die gegengekoppelte, wenn also gilt:

$$R_1 < R_2$$

Als Anwendung des INIC ist in Abb. 12.24 eine Schaltung zur Erzeugung negativer ohmscher Widerstände dargestellt. Legt man am Tor 1 eine positive Spannung an, wird nach Gl. (12.16) auch $U_2 = U_1$ positiv und damit auch $I_2$. Nach Gl. (12.16) ergibt sich:

$$I_1 = -I_2 = -\frac{U_1}{R_2}$$

Es fließt also ein negativer Strom in das Tor 1 hinein, obwohl wir eine positive Spannung angelegt haben. Das Tor 1 verhält sich demnach wie ein negativer Widerstand der Größe:

$$\frac{U_1}{I_1} = -R_2 \qquad\qquad (12.17)$$

Die Schaltung ist stabil, solange der Innenwiderstand $R_1$ der am Tor 1 angeschlossenen Schaltung kleiner ist als $R_2$. Einen solchen negativen Widerstand bezeichnet man als kurzschlußstabil. Es ist auch möglich, einen leerlaufstabilen negativen Widerstand zu erzeugen, indem man den INIC umkehrt, d.h. den Widerstand $R_2$ am Tor 1 anschließt.

Da die Gl. (12.16) auch für Wechselströme gilt, kann man den Widerstand $R_2$ durch einen komplexen Widerstand $\underline{Z}_2$ ersetzen und auf diese Weise beliebige negative Impedanzen erzeugen.

Der INIC läßt sich auch als Spannungsquelle mit negativem Ausgangswiderstand betreiben. Eine Spannungsquelle mit der Leerlaufspannung $U_0$ und dem Ausgangswiderstand $r_a$ liefert bei Belastung die Ausgangsspannung $U = U_0 - Ir_a$. Bei normalen Spannungsquellen ist $r_a$ positiv; daher sinkt $U$ bei Belastung ab. Bei einer Spannungsquelle mit negativem Ausgangswiderstand dagegen steigt $U$ bei zunehmender Belastung an. Diese Eigenschaft besitzt die Schaltung in Abb. 12.25. Es gilt nämlich:

$$U_2 = V_1 = U_0 - I_1 R_1$$

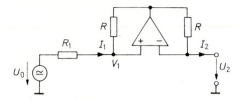

**Abb. 12.25.** Spannungsquelle mit negativem Ausgangswiderstand

*Ausgangssannung:* $\qquad U_2 = U_0 + I_2 R_1$

*Ausgangswiderstand:* $\qquad r_a = -\dfrac{dU_2}{dI_2} = -R_1$

Mit $I_1 = -I_2$ folgt daraus:

$$U_2 = U_0 + I_2 R_1$$

Der INIC wurde so angeschlossen, daß die Spannungsquelle leerlaufstabil ist.

Auch bei negativen Widerständen gelten die Gesetze der Reihen- und Parallel-schaltung unverändert. Man kann die Spannungsquelle mit negativem Ausgangs-widerstand also z.B. dazu verwenden, den Widerstand einer längeren Zuleitung zu kompensieren, um am Ende die Spannung $U_0$ mit dem Ausgangswiderstand Null zu erhalten.

## 12.6
## Der Gyrator

Der Gyrator ist eine Transformationsschaltung, mit der man beliebige Impe-danzen in ihre dazu dualen umwandeln kann, also z.B. eine Kapazität in eine Induktivität. Das Schaltsymbol des Gyrators ist in Abb. 12.26 dargestellt. Die idealisierten Übertragungsgleichungen lauten:

$$
\begin{aligned}
I_1 &= 0 \cdot U_1 + \frac{1}{R_g} U_2 \\
I_2 &= \tfrac{1}{R_g} U_1 + 0 \cdot U_2
\end{aligned}
\tag{12.18}
$$

Es ist also jeweils der Strom auf der einen Seite proportional zur Spannung auf der anderen Seite. Man kann demnach einen Gyrator aus zwei spannungsgesteu-erten Stromquellen mit hohem Eingangs- und Ausgangswiderstand realisieren, wie es schematisch in Abb. 12.27 dargestellt ist. Die direkte Realisierung dieses Prinzips besteht im Einsatz von zwei CC-Operationsverstärkern gemäß Abb. 5.89 auf S. 566.

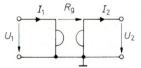

**Abb. 12.26.** Schaltsymbol des Gyrators

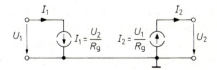

**Abb. 12.27.** Realisierung eines Gyrators mit zwei spannungsgesteuerten Stromquellen

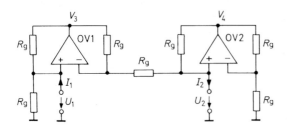

**Abb. 12.28.** Realisierung eines Gyrators mit zwei INICs

Die in Abb. 12.28 gezeigte Realisierungsmöglichkeit beruht auf der Kombination von zwei INICs [12.3]. Zur Berechnung der Übertragungsgleichungen wenden wir die Knotenregel auf die P- und N-Eingänge von OV 1 und OV 2 an und erhalten:

Knoten $P_1$: $\qquad \dfrac{V_3 - U_1}{R_g} - \dfrac{U_1}{R_g} + I_1 = 0$

Knoten $N_1$: $\qquad \dfrac{V_3 - U_1}{R_g} + \dfrac{U_2 - U_1}{R_g} = 0$

Knoten $P_2$: $\qquad \dfrac{V_4 - U_2}{R_g} + \dfrac{U_1 - U_2}{R_g} - I_2 = 0$

Knoten $N_2$: $\qquad \dfrac{V_4 - U_2}{R_g} - \dfrac{U_2}{R_g} = 0$

Durch Elimination von $V_3$ und $V_4$ folgen die Übertragungsgleichungen

$$I_1 = \frac{U_2}{R_g} \quad \text{und} \quad I_2 = \frac{U_1}{R_g},$$

also die gewünschten Beziehungen, wie sie in Gl. (12.18) angegeben wurden.

Nun wollen wir einige Anwendungen des Gyrators untersuchen. Dazu schließen wir auf der rechten Seite einen Widerstand $R_2$ an. Da $I_2$ und $U_2$ dieselbe Pfeilrichtung besitzen, gilt nach dem Ohmschen Gesetz der Zusammenhang $I_2 = U_2/R_2$. Setzt man diese Beziehung in die Übertragungsgleichungen ein, folgt:

$$U_1 = I_2 R_g = \frac{U_2 R_g}{R_2} \quad \text{und} \quad I_1 = \frac{U_2}{R_g}$$

Das Tor 1 verhält sich demnach wie ein ohmscher Widerstand mit dem Wert:

$$R_1 = \frac{U_1}{I_1} = \frac{R_g^2}{R_2} \tag{12.19}$$

Er ist also proportional zum Kehrwert des Verbraucherwiderstandes am Tor 2.

Die Widerstandstransformation gilt auch für Wechselstromwiderstände und lautet dann entsprechend zu Gl. (12.19):

$$\underline{Z}_1 = \frac{R_g^2}{\underline{Z}_2} \tag{12.20}$$

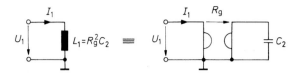

**Abb. 12.29.** Simulation einer Induktivität

Diese Beziehung führt auf eine interessante Anwendung des Gyrators: Schließt man nämlich auf der einen Seite einen Kondensator mit der Kapazität $C_2$ an, mißt man auf der anderen Seite die Impedanz:

$$\underline{Z}_1 = R_g^2 \cdot j\omega C_2$$

Das ist aber nichts anderes als die Impedanz einer Induktivität:

$$L_1 = R_g^2 C_2 \tag{12.21}$$

Die Bedeutung des Gyrators liegt darin, daß man mit ihm große verlustarme Induktivitäten erzeugen kann. Die entsprechende Schaltung ist in Abb. 12.29 dargestellt. Die beiden freien Anschlüsse des Gyrators verhalten sich nach Gl. (12.21) so, als ob zwischen ihnen eine Induktivität $L_1 = R_g^2 C_2$ läge. Mit $C_2 = 1\,\mu F$ und $R_g = 10\,k\Omega$ ergibt sich $L_1 = 100\,H$.

Schaltet man zu der Induktivität $L_1$ einen Kondensator $C_1$ parallel, erhält man einen Parallelschwingkreis. Damit lassen sich „$L$" $C$-Filter hoher Güte aufbauen.

Die Güte des Parallelschwingkreises für $C_1 = C_2$ ist ein geeignetes Maß, um die Abweichung eines realen Gyrators vom idealen Verhalten zu charakterisieren. Sie wird als Gyratorgüte $Q$ bezeichnet. Die Verluste eines realen Gyrators lassen sich durch zwei Widerstände $R_v$ beschreiben, die parallel zu den beiden Toren liegen. Bei der Stromquellenschaltung nach Abb. 12.27 ergeben sie sich als Parallelschaltung des Eingangswiderstandes der einen Quelle mit dem Ausgangswiderstand der anderen. Bei der INIC-Realisierung nach Abb. 12.28 werden sie von der Paarungstoleranz der Widerstände bestimmt. Das Ersatzschaltbild eines Gyrator-Parallelschwingkreises bei realem, verlustbehaftetem Gyrator ist in Abb. 12.30 a dargestellt. Wendet man auf die rechte Seite die Transformationsgleichung (12.20) an, ergibt sich das transformierte Ersatzschaltbild in Abb. 12.30 b. Daraus erhält man nach [12.4] die Gyratorgüte zu $Q = R_v/2R_g$.

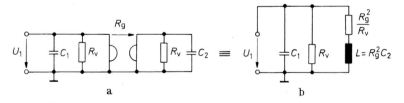

**Abb. 12.30.** (a) Simulierter Schwingkreis mit verlustbehaftetem Gyrator. (b) Ersatzschaltbild des verlustbehafteten Schwingkreises

**Abb. 12.31.** Dualtransformation von Vierpolen

Diese Beziehung gilt allerdings nur bei niedrigen Frequenzen, da die Güte sehr empfindlich auf Phasenverschiebungen in den Übertragungsgleichungen (12.18) reagiert. Nach [12.4] ergibt sich für ein Modell erster Ordnung:

$$Q(\varphi) = \frac{1}{\dfrac{1}{Q_0} + \varphi_1 + \varphi_2}$$

Darin ist $Q_0$ der niederfrequente Grenzwert der Güte. $\varphi_1$ und $\varphi_2$ sind die Phasenverschiebungen zwischen Strom $\underline{I}_1$ und Spannung $\underline{U}_2$ bzw. Strom $\underline{I}_2$ und Spannung $\underline{U}_1$ bei der Resonanzfrequenz des Schwingkreises. Bei Phasennacheilung nimmt die Güte mit steigender Resonanzfrequenz zu. Bei $|\varphi_1 + \varphi_2| \geq \dfrac{1}{Q_0}$ wird die Schaltung instabil; es tritt eine Schwingung mit der Resonanzfrequenz des Schwingkreises auf. Bei Phasenvoreilung nimmt die Güte mit steigender Resonanzfrequenz ab.

Mit Gyratoren kann man nicht nur Zweipole, sondern auch Vierpole transformieren. Dazu schließt man den zu transformierenden Vierpol wie in Abb. 12.31 zwischen zwei Gyratoren mit gleichen Gyrationswiderständen an. Zwischen den äußeren Toren tritt dann der duale Vierpol auf. Zur Herleitung der Transformationsgleichungen bildet man das Produkt der Kettenmatrizen. Der zu transformierende Vierpol besitze die Kettenmatrix:

$$(A) = \begin{pmatrix} A_{11} & A_{12} \\ A_{21} & A_{22} \end{pmatrix}$$

Aus Gl. (12.18) erhalten wir für den Gyrator die Beziehung:

$$\begin{pmatrix} U_1 \\ I_1 \end{pmatrix} = \underbrace{\begin{pmatrix} 0 & R_g \\ 1/R_g & 0 \end{pmatrix}}_{(A_g)} \begin{pmatrix} U_2 \\ I_2 \end{pmatrix} \qquad (12.22)$$

Für die Kettenmatrix $(\overline{A})$ des resultierenden Vierpoles ergibt sich damit:

$$(\overline{A}) = (A_g)(A)(A_g) = \begin{pmatrix} A_{22} & A_{21}R_g^2 \\ A_{12}/R_g^2 & A_{11} \end{pmatrix} \qquad (12.23)$$

Das ist die Matrix des dualtransformierten inneren Vierpoles.

Die Abb. 12.32 zeigt als Beispiel, wie sich eine Schaltung aus drei Induktivitäten durch eine duale Schaltung aus drei Kapazitäten ersetzen läßt.

Schaltet man parallel zu $L_1$ und $L_2$ extern je einen Kondensator, erhält man ein induktiv gekoppeltes Bandfilter, das ausschließlich aus Kondensatoren aufgebaut ist. Schließt man $C_a$ und $C_b$ kurz, erhält man eine erdfreie Induktivität $L_3$.

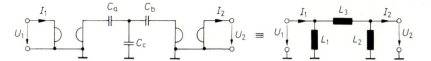

**Abb. 12.32.** Beispiel für die Dualtransformation
*Transformationsgleichungen:*   $L_1 = R_g^2 C_a,$   $L_2 = R_g^2 C_b,$   $L_3 = R_g^2 C_c$

## 12.7
## Der Zirkulator

Ein Zirkulator ist eine Schaltung mit drei oder mehr Anschlüssen. Das Schaltsymbol ist in Abb. 12.33 dargestellt. Kennzeichnend ist, daß ein Signal, das auf einen der Anschlüsse gegeben wird, in Pfeilrichtung weitergeleitet wird. An einem offenen Anschluß wird es unverändert vorbeigeleitet; an einem kurzgeschlossenen Anschluß wird das Vorzeichen der Signalspannung invertiert. Schließt man an einem Anschluß einen Widerstand $R = R_g$ nach Masse an, tritt an diesem Widerstand die Signalspannung auf. Sie wird in diesem Fall jedoch nicht mehr zum nächsten Anschluß weitergeleitet.

Eine Schaltung, die diese Eigenschaften besitzt, zeigt Abb. 12.34 [12.5]. Man erkennt, daß die Schaltung aus drei identischen Stufen besteht, von denen wir eine in Abb. 12.35 herausgezeichnet haben. Zunächst wollen wir die Funktionsweise der Einzelstufe untersuchen. Dabei müssen wir verschiedene Fälle unterscheiden:

Läßt man den Anschluß 1 offen, wird $I_1 = 0$. Dann wird $V_P = U_e = V_N$. Demnach fließt durch den Gegenkopplungswiderstand kein Strom, und es wird $U_a = U_e$.

Schließt man den Anschluß 1 kurz, wird $U_1 = 0$, und die Schaltung arbeitet als Umkehrverstärker mit der Verstärkung $-1$. In diesem Fall erhalten wir die Ausgangsspannung $U_a = -U_e$.

Schließt man am Anschluß 1 einen Widerstand $R_1 = R_g$ an, arbeitet die Schaltung als Subtrahierer für zwei gleiche Spannungen $U_e$. In diesem Falle wird also $U_a = 0$.

Macht man $U_e$ gleich Null und legt an den Anschluß 1 eine Spannung $U_1$ an, arbeitet die Schaltung als nicht invertierender Verstärker mit der Verstärkung 2, und wir erhalten $U_a = 2U_1$.

Mit diesen Eigenschaften kann man die Funktionsweise der Schaltung in Abb. 12.34 leicht verstehen. Wir gehen einmal davon aus, daß man an den An-

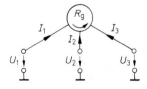

**Abb. 12.33.** Schaltsymbol des Zirkulators

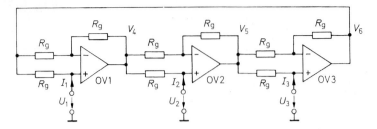

**Abb. 12.34.** Realisierungsmöglichkeit eines Zirkulators

schluß 1 eine Spannung $U_1$ anlegt, am Anschluß 2 einen Widerstand $R_g$ nach Masse anschließt und den Anschluß 3 offen läßt. Aus der Funktionsweise einer Stufe wissen wir bereits, daß in diesem Fall die Ausgangsspannung von OV 2 Null wird. OV 3 besitzt wegen des offenen Anschlusses 3 die Verstärkung 1; seine Ausgangsspannung wird daher ebenfalls Null. OV 1 arbeitet also als Elektrometerverstärker mit der Verstärkung 2. Seine Ausgangsspannung wird daher gleich $2U_1$. An dem mit $R_g$ abgeschlossenen Anschluß 2 liegt die Hälfte dieser Spannung, also gerade $U_1$. Andere Spezialfälle kann man sich ganz analog überlegen.

Liegt nicht gerade einer der genannten Spezialfälle vor, benötigt man zur Berechnung der Eigenschaften die Übertragungsgleichungen des Zirkulators. Zu ihrer Berechnung wenden wir die Knotenregel auf die P- und N-Eingänge an:

|  P-Eingänge  |  N-Eingänge  |
| :---: | :---: |

$$\frac{V_6 - U_1}{R_g} + I_1 = 0 \qquad\qquad \frac{V_6 - U_1}{R_g} + \frac{V_4 - U_1}{R_g} = 0$$

$$\frac{V_4 - U_2}{R_g} + I_2 = 0 \qquad\qquad \frac{V_4 - U_2}{R_g} + \frac{V_5 - U_2}{R_g} = 0$$

$$\frac{V_5 - U_3}{R_g} + I_3 = 0 \qquad\qquad \frac{V_5 - U_3}{R_g} + \frac{V_6 - U_3}{R_g} = 0$$

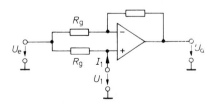

**Abb. 12.35.** Schaltung einer Stufe des Zirkulators

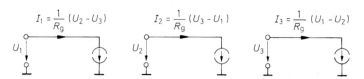

**Abb. 12.36.** Realisierung eines Zirkulators aus spannungsgesteuerten Stromquellen

Durch Elimination von $V_4$ bis $V_6$ folgen die Übertragungsgleichungen:

$$I_1 = \frac{1}{R_g}(U_2 - U_3)$$

$$I_2 = \frac{1}{R_g}(U_3 - U_1) \qquad\qquad (12.24)$$

$$I_3 = \frac{1}{R_g}(U_1 - U_2)$$

Aus Gl. (12.24) wird ersichtlich, daß man den Zirkulator auch aus drei spannungsgesteuerten Stromquellen mit Differenzeingang aufbauen kann, wie Abb. 12.36 zeigt. Eine dafür geeignete Stromquellenschaltung haben wir in Abb. 12.17 auf S. 826 kennengelernt, die man am besten mit CC-Operationsverstärkern realisiert.

Als Anwendung des Zirkulators ist in Abb. 12.37 eine aktive Telefon-Gabelschaltung angegeben. Sie besteht aus einem Zirkulator mit drei Toren, die alle mit dem Zirkulationswiderstand $R_g$ abgeschlossen sind. Das vom Mikrofon kommende Signal wird zur Vermittlung geleitet und gelangt nicht in den Hörer. Das von der Vermittlung kommende Signal wird auf den Hörer übertragen und gelangt nicht auf das Mikrofon. Die Übersprechdämpfung wird hauptsächlich von der Paarungstoleranz der Abschlußwiderstände bestimmt.

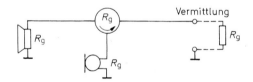

**Abb. 12.37.** Einsatz eines Zirkulators als Gabelschaltung im Telefon

# Literatur

[12.1]   Schenk, Ch.: Ein neues Schaltungskonzept für eine bipolare, spannungsgesteuerte Präzisions-Stromquelle. Nachrichtentechn. Z. 27 (1974) 102–104.

[12.2]   Tietze, U.; Schenk, Ch.: Bipolar steuerbare Leistungsstromquelle mit Power-MOSFETs. Elektronikpraxis 16 (1981) H. 10, 142–144.

[12.3]   Antoniou, A.: 3-Terminal Gyrator Circuits Using Operational Amplifiers. Electronics Letters 4 (1968) 591.

[12.4]   Schenk, Ch.: Neue Schaltungen spannungsgesteuerter Stromquellen und ihre Anwendung in elektronischen $Y$-Gyratoren. Dissertation Universität Erlangen–Nürnberg, 1976.

[12.5]   Rollett, J.M.; Greenaway, P.E.: Direct Coupled Active Circulators. Electronics Letters 4 (1968) 579.

# Kapitel 13:
# Aktive Filter

## 13.1
## Theoretische Grundlagen von Tiefpaßfiltern

In Kapitel 26.2.1 und 26.2.2 haben wir einfache Hoch- und Tiefpässe kennengelernt. Die Schaltung des einfachsten Tiefpasses ist noch einmal in Abb. 13.1 dargestellt. Nach Gl. (26.1) ergibt sich für das Verhältnis von Ausgangsspannung zu Eingangsspannung der Frequenzgang:

$$\underline{A}(j\omega) = \frac{\underline{U}_a}{\underline{U}_e} = \frac{1}{1 + j\omega RC}$$

Ersetzt man $j\omega$ durch $j\omega + \sigma = s$, erhält man daraus die Übertragungsfunktion:

$$A(s) = \frac{L\{U_a(t)\}}{L\{U_e(t)\}} = \frac{1}{1 + s\,RC}$$

Sie gibt das Verhältnis der Laplacetransformierten von Ausgangs- und Eingangsspannung für beliebig von der Zeit abhängige Signale an. Umgekehrt ergibt sich der Übergang von der Übertragungsfunktion $A(s)$ zum Frequenzgang $\underline{A}(j\omega)$ für sinusförmige Eingangssignale durch Nullsetzen von $\sigma$.

Um zu einer allgemeinen Darstellung zu kommen, ist es zweckmäßig, die komplexe Frequenzvariable $s$ zu normieren. Wir setzen:

$$s_n = \frac{s}{\omega_g}$$

Für $\sigma = 0$ folgt daraus:

$$s_n = \frac{j\omega}{\omega_g} = j\frac{f}{f_g} = j\omega_n$$

Die Schaltung in Abb. 13.1 besitzt die Grenzfrequenz $f_g = 1/2\pi RC$. Damit ergibt sich $s_n = s\,RC$ und:

$$A(s_n) = \frac{1}{1 + s_n} \tag{13.1}$$

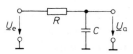

**Abb. 13.1.** Einfachster passiver Tiefpaß

Für den Betrag der Übertragungsfunktion, d.h. für das Amplitudenverhältnis bei sinusförmigem Eingangssignal erhalten wir daraus:

$$|\underline{A}(j\omega_n)|^2 \;=\; \frac{1}{1 + \omega_n^2}$$

Für $\omega_n \gg 1$, d.h. für $f \gg f_g$, wird $|\underline{A}| = 1/\omega_n$; das entspricht einer Verstärkungsabnahme von 20 dB je Frequenzdekade.

Benötigt man einen steileren Verstärkungsabfall, kann man $n$ Tiefpässe in Reihe schalten. Für die Übertragungsfunktion ergibt sich dann ein Ausdruck der Form

$$A(s_n) \;=\; \frac{1}{(1 + \alpha_1 s_n)(1 + \alpha_2 s_n)\ldots(1 + \alpha_n s_n)} \tag{13.2}$$

mit den reellen, positiven Koeffizienten $\alpha_1, \alpha_2, \alpha_3, \ldots$. Für $\omega_n \gg 1$ wird $|\underline{A}| \sim 1/\omega_n^n$; die Verstärkung nimmt also mit $n \cdot 20\,\mathrm{dB}$ je Dekade ab. Man erkennt, daß die Übertragungsfunktion $n$ reelle negative Pole besitzt. Dies ist das Kennzeichen der passiven RC-Tiefpässe $n$-ter Ordnung. Schaltet man entkoppelte Tiefpässe mit gleicher Grenzfrequenz in Reihe, wird:

$$\alpha_1 \;=\; \alpha_2 \;=\; \alpha_3 \;=\; \ldots \;=\; \alpha \;=\; \sqrt{\sqrt[n]{2} - 1}$$

Dies ist der Fall der kritischen Dämpfung. Die einzelnen Tiefpässe besitzen dann eine um den Faktor $1/\alpha$ höhere Grenzfrequenz als das ganze Filter.

Die Übertragungsfunktion eines Tiefpasses hat allgemein die Form:

$$A(s_n) \;=\; \frac{A_0}{1 + c_1 s_n + c_2 s_n^2 + \ldots + c_n s_n^n} \tag{13.3}$$

Darin sind $c_1, c_2 \ldots c_n$ positive reelle Koeffizienten. Die Ordnung des Filters ist gleich der höchsten Potenz von $s_n$. Für die Realisierung der Filter ist es günstig, wenn das Nennerpolynom in Faktoren zerlegt ist. Wenn man auch komplexe Pole zuläßt, ist eine Zerlegung in Linearfaktoren wie in Gl. (13.2) nicht mehr möglich, sondern man erhält ein Produkt aus quadratischen Ausdrücken:

$$A(s_n) \;=\; \frac{A_0}{(1 + a_1 s_n + b_1 s_n^2)(1 + a_2 s_n + b_2 s_n^2)\ldots} \tag{13.4}$$

Darin sind $a_i$ und $b_i$ positive reelle Koeffizienten. Bei ungerader Ordnung ist der Koeffizient $b_1$ gleich Null.

Der Frequenzgang läßt sich nach verschiedenen theoretischen Gesichtspunkten optimieren. Aus solchen Optimierungsüberlegungen folgen ganz bestimmte Werte für die Koeffizienten $a_i$ und $b_i$. Wie wir noch sehen werden, entstehen dabei konjugiert komplexe Pole, die man nicht mit passiven RC-Schaltungen realisieren kann, wie der Vergleich mit (13.2) zeigt. Eine Möglichkeit, konjugiert komplexe Pole zu erzeugen, besteht in der Verwendung von LRC-Schaltungen. Im Hochfrequenzbereich macht die Realisierung der benötigten Induktivitäten meist keine Schwierigkeiten. Im Niederfrequenzbereich werden jedoch meist große Induktivitäten notwendig, die unhandlich sind und schlechte elektrische Eigenschaften besitzen. Die Verwendung von Induktivitäten läßt sich im Niederfrequenzbereich jedoch umgehen, wenn man zu den RC-Schaltungen aktive Bauelemente

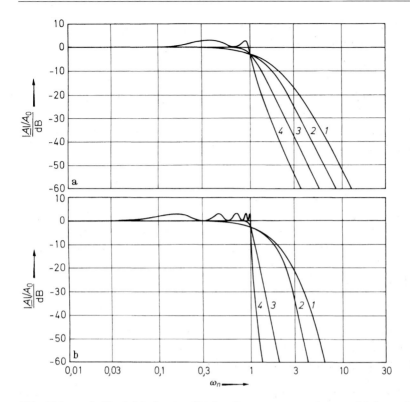

**Abb. 13.2 a u. b.** Vergleich des Amplituden-Frequenzganges der verschiedenen Filtertypen. (a) 4. Ordnung. (b) 10. Ordnung
Kurve *1*: Tiefpaß mit kritischer Dämpfung. Kurve *2*: Bessel-Tiefpaß. Kurve *3*: Butterworth-Tiefpaß. Kurve *4*: Tschebyscheff-Tiefpaß mit 3 dB Welligkeit

(z.B. Operationsverstärker) hinzufügt. Solche Schaltungen werden dann als aktive Filter bezeichnet.

Nun wollen wir zunächst die wichtigsten optimierten Frequenzgänge miteinander vergleichen. Die schaltungstechnische Realisierung folgt dann in den nächsten Abschnitten.

*Butterworth*-Tiefpaßfilter besitzen einen Amplituden-Frequenzgang, der möglichst lang horizontal verläuft und erst kurz vor der Grenzfrequenz scharf abknickt. Ihre Sprungantwort zeigt ein beträchtliches Überschwingen, das mit zunehmender Ordnung größer wird.

*Tschebyscheff*-Tiefpaßfilter besitzen oberhalb der Grenzfrequenz einen noch steileren Abfall der Verstärkung. Im Durchlaßbereich verläuft die Verstärkung jedoch nicht monoton, sondern besitzt eine Welligkeit konstanter Amplitude. Bei gegebener Ordnung ist der Abfall oberhalb der Grenzfrequenz um so steiler, je größer die zugelassene Welligkeit ist. Das Überschwingen der Sprungantwort ist noch stärker als bei den Butterworth-Filtern.

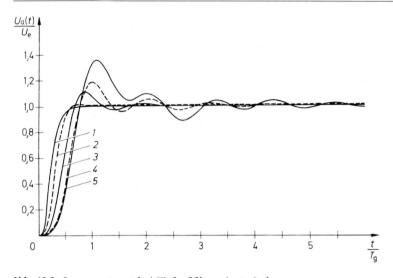

**Abb. 13.3.** Sprungantwort bei Tiefpaßfiltern in 4. Ordnung.
Kurve *1*: Tiefpaß mit kritischer Dämpfung. Kurve *2*: Bessel-Tiefpaß. Kurve *3*: Butterworth-Tiefpaß. Kurve *4*: Tschebyscheff-Tiefpaß mit 0,5 dB Welligkeit. Kurve *5*: Tschebyscheff-Tiefpaß mit 3 dB Welligkeit

*Bessel*-Tiefpaßfilter besitzen ein optimales Rechteckübertragungsverhalten. Die Voraussetzung hierfür ist, daß die Gruppenlaufzeit über einen möglichst großen Frequenzbereich konstant ist, d.h. daß die Phasenverschiebung in diesem Frequenzbereich proportional zur Frequenz ist. Allerdings knickt der Amplituden-Frequenzgang der Bessel-Filter nicht so scharf ab wie bei den Butterworth- und Tschebyscheff-Filtern.

Abbildung 13.2 zeigt eine Gegenüberstellung der vier beschriebenen Amplituden-Frequenzgänge in 4. und 10. Ordnung. Man erkennt, daß der Tschebyscheff-Tiefpaß am steilsten vom Durchlaß- in den Sperrbereich übergeht. Dies erkauft man sich durch die Welligkeit des Frequenzgangs im Durchlaßbereich. Macht man die Welligkeit immer kleiner, geht das Tschebyscheff-Filter kontinuierlich in das Butterworth-Filter über [13.1]. Beide Filter zeigen ein beachtliches Überschwingen in der Sprungantwort. Dies erkennt man in der Abb. 13.3. Bessel-Filter hingegen besitzen nur ein ganz geringes Überschwingen. Trotz ihres ungünstigeren Amplituden-Frequenzgangs wird man sie immer dann einsetzen, wenn es auf gutes Rechteckübertragungsverhalten ankommt. Ein passiver *RC*-Tiefpaß zeigt kein Überschwingen; man erkauft jedoch die geringe Verbesserung gegenüber dem Bessel-Filter mit einer beachtlichen Verschlechterung des Amplituden-Frequenzgangs. Außerdem ist die Verrundung der Ecken in der Sprungantwort stärker als beim Bessel-Filter. Eine Übersicht über die Anstiegszeiten, Verzögerungszeiten und das Überschwingen gibt die Tab. 13.1. Darin ist die Anstiegszeit diejenige Zeit, in der das Ausgangssignal von 10% auf 90% des stationären Wertes ansteigt. Die Verzögerungszeit ist diejenige Zeit; in der das Ausgangssignal von 0 auf 50% des stationären Wertes ansteigt.

| | Ordnung | | | | |
|---|---|---|---|---|---|
| | 2 | 4 | 6 | 8 | 10 |
| *Kritische Dämpfung* | | | | | |
| Normierte Anstiegszeit $t_A/T_g$ | 0,344 | 0,342 | 0,341 | 0,341 | 0,340 |
| Normierte Verzögerungszeit $t_v/T_g$ | 0,172 | 0,254 | 0,316 | 0,367 | 0,412 |
| Überschwingen % | 0 | 0 | 0 | 0 | 0 |
| *Bessel* | | | | | |
| Normierte Anstiegszeit $t_A/T_g$ | 0,344 | 0,352 | 0,350 | 0,347 | 0,345 |
| Normierte Verzögerungszeit $t_v/T_g$ | 0,195 | 0,329 | 0,428 | 0,505 | 0,574 |
| Überschwingen % | 0,43 | 0,84 | 0,64 | 0,34 | 0,06 |
| *Butterworth* | | | | | |
| Normierte Anstiegszeit $t_A/T_g$ | 0,342 | 0,387 | 0,427 | 0,460 | 0,485 |
| Normierte Verzögerungszeit $t_v/T_g$ | 0,228 | 0,449 | 0,663 | 0,874 | 1,084 |
| Überschwingen % | 4,3 | 10,8 | 14,3 | 16,3 | 17,8 |
| *Tschebyscheff* 0,5 dB *Welligkeit* | | | | | |
| Normierte Anstiegszeit $t_A/T_g$ | 0,338 | 0,421 | 0,487 | 0,540 | 0,584 |
| Normierte Verzögerungszeit $t_v/T_g$ | 0,251 | 0,556 | 0,875 | 1,196 | 1,518 |
| Überschwingen % | 10,7 | 18,1 | 21,2 | 22,9 | 24,1 |
| *Tschebyscheff* 1 dB *Welligkeit* | | | | | |
| Normierte Anstiegszeit $t_A/T_g$ | 0,334 | 0,421 | 0,486 | 0,537 | 0,582 |
| Normierte Verzögerungszeit $t_v/T_g$ | 0,260 | 0,572 | 0,893 | 1,215 | 1,540 |
| Überschwingen % | 14,6 | 21,6 | 24,9 | 26,6 | 27,8 |
| *Tschebyscheff* 2 dB *Welligkeit* | | | | | |
| Normierte Anstiegszeit $t_A/T_g$ | 0,326 | 0,414 | 0,491 | 0,529 | 0,570 |
| Normierte Verzögerungszeit $t_v/T_g$ | 0,267 | 0,584 | 0,912 | 1,231 | 1,555 |
| Überschwingen % | 21,2 | 28,9 | 32,0 | 33,5 | 34,7 |
| *Tschebyscheff* 3 dB *Welligkeit* | | | | | |
| Normierte Anstiegszeit $t_A/T_g$ | 0,318 | 0,407 | 0,470 | 0,519 | 0,692 |
| Normierte Verzögerungszeit $t_v/T_g$ | 0,271 | 0,590 | 0,912 | 1,235 | 1,557 |
| Überschwingen % | 27,2 | 35,7 | 38,7 | 40,6 | 41,6 |

**Tab. 13.1.** Vergleich von Tiefpaßfiltern. Anstiegszeit und Verzögerungszeit sind auf den Kehrwert der Grenzfrequenz $T_g = 1/f_g$ normiert

Man erkennt, daß die Anstiegszeit nicht sehr stark von der Ordnung oder dem Filtertyp abhängt und etwa den in (26.9) auf S. 1353 angegebenen Wert $1/3f_g$ besitzt. Dagegen nehmen Verzögerungszeit und Überschwingen mit zunehmender Ordnung zu. Eine Ausnahme bilden die Bessel-Filter. Bei ihnen nimmt das Überschwingen oberhalb der 4. Ordnung wieder ab.

Es wird sich später zeigen, daß sich mit ein und derselben Schaltung jeweils alle Filtercharakteristiken einer bestimmten Ordnung realisieren lassen. Die Widerstands- und Kapazitätswerte bestimmen den Filtertyp. Um die Schaltungen dimensionieren zu können, muß man die Frequenzgänge der einzelnen Filtertypen für jede Ordnung kennen. Deshalb wollen wir sie in den nächsten Abschnitten eingehend untersuchen.

## 13.1.1
## Butterworth-Tiefpässe

Aus (13.3) ergibt sich für den Betrag des Verstärkung eines Tiefpasses $n$-ter Ordnung die allgemeine Form:

$$|\underline{A}|^2 = \frac{A_0^2}{1 + k_2\omega_n^2 + k_4\omega_n^4 + \cdots + k_{2n}\omega_n^{2n}} \tag{13.5}$$

Ungerade Potenzen von $\omega_n$ treten nicht auf, da das Betragsquadrat eine gerade Funktion ist. Beim Butterworth-Tiefpaß soll die Funktion $|\underline{A}|^2$ unterhalb der Grenzfrequenz möglichst lange horizontal verlaufen. Da in diesem Gebiet $\omega_n < 1$ ist, wird die geforderte Bedingung dann am besten erfüllt, wenn $|\underline{A}|^2$ nur von der höchsten Potenz von $\omega_n$ abhängt. Für $\omega_n < 1$ liefern nämlich die niedrigen Potenzen von $\omega_n$ die größten Beiträge zum Nenner und damit zum Abfall der Verstärkung. Damit ergibt sich:

$$|\underline{A}|^2 = \frac{A_0^2}{1 + k_{2n}\omega_n^{2n}}$$

Der Koeffizient $k_{2n}$ ergibt sich aus der Normierungsbedingung, daß die Verstärkung für $\omega_n = 1$ um 3 dB abgenommen haben soll. Daraus folgt:

$$\frac{A_0^2}{2} = \frac{A_0^2}{1 + k_{2n}}$$
$$k_{2n} = 1$$

Für das Betragsquadrat der Verstärkung von Butterworth-Tiefpässen $n$-ter Ordnurtg ergibt sich somit:

$$|\underline{A}|^2 = \frac{A_0^2}{1 + \omega_n^{2n}} \tag{13.6}$$

Da in dieser Gleichung nur die höchste Potenz von $\omega_n$ auftritt, werden die Butterworth-Tiefpässe gelegentlich auch als Potenztiefpässe bezeichnet.

Um einen Butterworth-Tiefpaß zu realisieren, muß man eine Schaltung aufbauen, deren Verstärkungsquadrat die angegebene Form hat. Aus der Schaltungsanalyse erhält man aber primär nicht das Betragsquadrat der Verstärkung $|\underline{A}|^2$,

| $n$ | |
| --- | --- |
| 1 | $1 + s_n$ |
| 2 | $1 + \sqrt{2}s_n + s_n^2$ |
| 3 | $1 + 2s_n + 2s_n^2 + s_n^3 = (1 + s_n)(1 + s_n + s_n^2)$ |
| 4 | $1 + 2{,}613s_n + 3{,}414s_n^2 + 2{,}613s_n^3 + s_n^4 = (1 + 1{,}848s_n + s_n^2)(1 + 0{,}765s_n + s_n^2)$ |

**Tab. 13.2.** Butterworth-Polynome

sondern die komplexe Verstärkung $\underline{A}$. Um die Schaltung leicht dimensionieren zu können, ist es daher wünschenswert, die zu (13.6) gehörige komplexe Verstärkung zu kennen. Dazu bilden wir den Betrag von (13.3) und machen Koeffizientenvergleich mit (13.6). Daraus folgen dann die gesuchten Koeffizienten $c_1$ bis $c_n$. Die so erhaltenen Nenner von (13.3) sind die Butterworth-Polynome, von denen wir die ersten vier in Tab. 13.2 zusammengestellt haben.

Nach [13.2] ist es möglich, die Pole der Übertragungsfunktion in geschlossener Form anzugeben. Daraus erhalten wir durch Zusammenfassung der konjugiert komplexen Pole unmittelbar die Koeffizienten $a_i$ und $b_i$ der quadratischen Ausdrücke in (13.4):

Ordnung $n$ gerade:

$$a_i = 2\cos\frac{(2i - 1)\pi}{2n} \quad \text{für} \quad i = 1 \ldots \frac{n}{2},$$
$$b_i = 1$$

Ordnung $n$ ungerade:

$$a_1 = 1,$$
$$b_1 = 0$$

und

$$a_i = 2\cos\frac{(i - 1)\pi}{n} \quad \text{für} \quad i = 2 \ldots \frac{n + 1}{2},$$
$$b_i = 1$$

Die Koeffizienten der Butterworth-Polynome sind bis zur 10. Ordnung in Tab. 13.6 auf S. 854 zusammengestellt.

Man erkennt, daß ein Butterworth-Tiefpaß erster Ordnung ein passiver Tiefpaß mit der Übertragungsfunktion von (13.1) ist. Die höheren Butterworth-Polynome besitzen konjugiert komplexe Nullstellen. Wie der Vergleich mit Gl. (13.2) zeigt, lassen sich solche Nennerpolynome mit passiven *RC*-Schaltungen nicht realisieren, denn bei ihnen sind alle Nullstellen reell. Man hat dann nur die Wahl, *LRC*-Schaltungen mit den bekannten Nachteilen oder aktive *RC*-Filter zu verwenden. Der Frequenzgang der Verstärkung ist in Abb. 13.4 dargestellt.

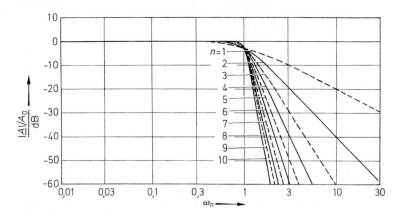

**Abb. 13.4.** Frequenzgang der Verstärkung von Butterworth-Tiefpässen

## 13.1.2
## Tschebyscheff-Tiefpässe

Die Verstärkung von Tschebyscheff-Tiefpässen besitzt bei tiefen Frequenzen den
Wert $A_0$, schwankt jedoch noch unterhalb der Grenzfrequenz mit einer gewissen, vorgegebenen Welligkeit. Polynome, die in einem gewissen Bereich eine
konstante Welligkeit besitzen, sind die Tschebyscheff-Polynome

$$T_n(x) = \begin{cases} \cos(n \arccos x) & \text{für } 0 \le x \le 1 \\ \cosh(n \operatorname{Arcosh} x) & \text{für } x > 1, \end{cases}$$

von denen wir die ersten vier in Tab. 13.3 explizit angegeben haben. Im Bereich
$0 \le x \le 1$ pendelt $|T(x)|$ zwischen 0 und 1; für $x > 1$ steigt $T(x)$ monoton an. Um
aus den Tschebyscheff Polynomen die Gleichung eines Tiefpasses herzustellen,
setzt man:

$$|\underline{A}|^2 = \frac{kA_0^2}{1 + \varepsilon^2 T_n^2(x)} \tag{13.7}$$

Die Konstante $k$ wird so gewählt, daß für $x = 0$ das Verstärkungsquadrat $|\underline{A}|^2 =
A_0^2$ wird, d.h. $k = 1$ für ungerades $n$ und $k = 1 + \varepsilon^2$ für gerades $n$. Der Faktor $\varepsilon$
ist ein Maß für die Welligkeit. Es ist:

$$\frac{A_{\max}}{A_{\min}} = \sqrt{1 + \varepsilon^2}$$

und

$$\left. \begin{aligned} A_{\max} &= A_0\sqrt{1 + \varepsilon^2} \\ A_{\min} &= A_0 \end{aligned} \right\} \quad \text{bei gerader Ordnung}$$

und

$$\left. \begin{aligned} A_{\max} &= A_0 \\ A_{\min} &= A_0/\sqrt{1 + \varepsilon^2} \end{aligned} \right\} \quad \text{bei ungerader Ordnung}$$

|  |  | Welligkeit |  |  |  |
|---|---|---|---|---|---|
| $n$ |  |  |  |  |  |
|  |  | 0,5 dB | 1 dB | 2 dB | 3 dB |
| 1 | $T_1(x) = x$ |  |  |  |  |
| 2 | $T_2(x) = 2x^2 - 1$ | $A_{max}/A_{min}$ | 1,059 | 1,122 | 1,259 | 1,413 |
| 3 | $T_3(x) = 4x^3 - 3x$ | $k$ | 1,122 | 1,259 | 1,585 | 1,995 |
| 4 | $T_4(x) = 8x^4 - 8x^2 + 1$ | $\varepsilon$ | 0,349 | 0,509 | 0,765 | 0,998 |

**Tab. 13.3.** Tschebyscheff-Polynome

**Tab. 13.4.** Zusammenstellung einiger Tschebyscheff-Parameter

In Tab. 13.4 haben wir die auftretenden Größen für verschiedene Welligkeiten angegeben. Im Prinzip könnte man aus dem Betrag der Verstärkung die komplexe Verstärkung berechnen und daraus die Koeffizienten der faktorisierten Form bestimmen. Nach [13.3] ist es jedoch möglich, die Pole der Übertragungsfunktion explizit aus denen der Butterworth-Filter zu berechnen. Daraus ergeben sich durch Zusammenfassung der konjugiert komplexen Pole die Koeffizienten $a_i$ und $b_i$ in (13.4) folgendermaßen:

Ordnung $n$ gerade:

$$\left.\begin{aligned} b_i' &= \frac{1}{\cosh^2 \gamma - \cos^2 \dfrac{(2i-1)\pi}{2n}} \\[2em] a_i' &= 2b_i' \cdot \sinh \gamma \cdot \cos \frac{(2i-1)\pi}{2n} \end{aligned}\right\} \quad \text{für } i = 1 \ldots \frac{n}{2}$$

Ordnung $n$ ungerade:

$$\begin{aligned} b_1' &= 0 \\ a_1' &= 1/\sinh \gamma \end{aligned}$$

$$\left.\begin{aligned} b_i' &= \frac{1}{\cosh^2 \gamma - \cos^2 \dfrac{(i-1)\pi}{n}} \\[2em] a_i' &= 2b_i' \cdot \sinh \gamma \cdot \cos \frac{(i-1)\pi}{n} \end{aligned}\right\} \quad \text{für } i = 2 \ldots \frac{n+1}{2}$$

Darin ist $\gamma = \dfrac{1}{n} \text{Arsinh } \dfrac{1}{\varepsilon}$.

Setzt man die so erhaltenen Koeffizienten $a_i'$ und $b_i'$ anstelle von $a_i$ und $b_i$ in (13.4) ein, ergeben sich Tschebyscheff-Filter, bei denen $s_n$ nicht auf die 3 dB-Grenzfrequenz $\omega_g$ normiert ist, sondern auf eine Frequenz $\omega_c$, bei der die Verstärkung zum letzten Mal den Wert $A_{min}$ annimmt.

Um die verschiedenen Filtertypen besser vergleichen zu können, ist es günstiger, $s_n$ auf die 3 dB-Grenzfrequenz $\omega_g$ zu normieren. Dazu ersetzt man $s_n$ durch $\alpha s_n$ und bestimmt die Normierungskonstante $\alpha$ so, daß die Verstärkung für $s_n = j$ den Wert $1/\sqrt{2}$ annimmt. Die quadratischen Ausdrücke im Nenner der komplexen Verstärkung lauten dann:

$$(1 + a_i'\alpha s_n + b_i'\alpha^2 s_n^2)$$

Durch Koeffizientenvergleich mit Gl. (13.4) folgt daraus:

$$a_i = \alpha a_i' \quad \text{und} \quad b_i = \alpha^2 b_i'$$

Die Koeffizienten $a_i$ und $b_i$ sind für Welligkeiten von 0, 5, 1, 3 und 3 dB bis zur 10. Ordnung in Tab. 13.6 auf S. 854 tabelliert. Der Frequenzgang der Verstärkung ist in Abb. 13.5 für Welligkeiten von 0,5 und 3 dB aufgetragen. Abb. 13.6 zeigt den direkten Vergleich von Tschebyscheff-Filtern verschiedener Welligkeiten in der vierten Ordnung. Man erkennt, daß die Unterschiede des Frequenzganges im Sperrbereich sehr gering sind. Er wird in höheren Ordnungen sogar noch kleiner. Andererseits sieht man, daß bereits das Tschebyschef-Filter mit der geringen Welligkeit von 0,5 dB deutlich steiler in den Sperrbereich übergeht als das Butterworth-Filter.

Der Übergang vom Durchlaß- in den Sperrbereich läßt sich noch weiter versteilern, indem man oberhalb der Grenzfrequenz Nullstellen in den Amplitudenfrequenzgang einbaut. Man kann die Dimensionierung so optimieren, daß sich auch im Sperrbereich eine gleichmäßige Welligkeit des Amplitudenfrequenzganges ergibt. Solche Filter werden als *Cauer-Filter* bezeichnet. Die Übertragungsfunktion unterscheidet sich von der gewöhnlichen Tiefpaßgleichung dadurch, daß statt der Konstante $A_0$ im Zähler ein Polynom mit Nullstellen auftritt. Daher lassen sich die versteilerten Tiefpaßfilter nicht mit den einfachen Schaltungen im Abschnitt 13.4 realisieren. Im Abschnitt 13.11 geben wir jedoch ein Universalfilter an, mit dem sich auch beliebige Zählerpolynome realisieren lassen. Die Koeffizienten der Cauer-Polynome kann man z.B. dem Tabellenwerk [13.4] entnehmen.

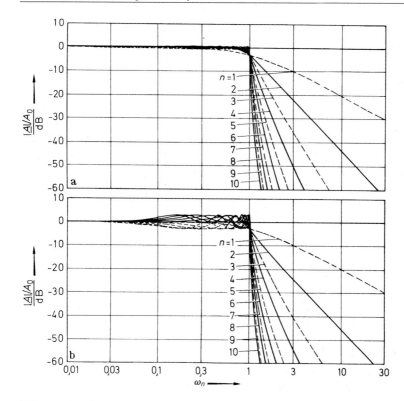

**Abb. 13.5 a u. b.** Frequenzgang der Verstärkung von Tschebyscheff-Tiefpässen
(a) Welligkeit 0,5 dB. (b) Welligkeit 3 dB

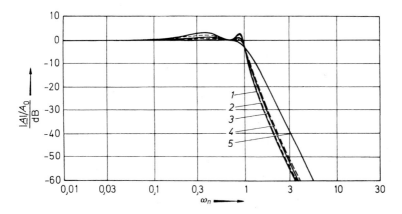

**Abb. 13.6.** Vergleich von Tschebyscheff-Tiefpässen in 4. Ordnung
Welligkeit: Kurve *1*: 3 dB. Kurve *2*: 2 dB. Kurve *3*: 1 dB. Kurve *4*: 0,5 dB. Kurve *5*: Butterworth-Tiefpaß in 4. Ordnung zum Vergleich

### 13.1.3
### Bessel-Tiefpässe

Die Butterworth- und Tschebyscheff-Tiefpässe besitzen, wie schon gezeigt, ein beträchtliches Überschwingen in der Sprungantwort. Ideales Rechteckverhalten besitzen Filter mit frequenzunabhängiger Gruppenlaufzeit, d.h. frequenzproportionaler Phasenverschiebung. Dieses Verhalten wird am besten durch die Bessel-Filter, gelegentlich auch Thomson-Filter genannt, approximiert. Die Approximation besteht darin, die Koeffizienten so zu wählen, daß die Gruppenlaufzeit unterhalb der Grenzfrequenz $\omega_n = 1$ möglichst wenig von $\omega_n$ abhängt. Man nimmt also eine Butterworth-Approximation für die Gruppenlaufzeit vor.

Nach (13.4) gilt für die Verstärkung eines Tiefpasses 2. Ordnung mit $s_n = j\omega_n$:

$$\underline{A} = \frac{A_0}{1 + a_1 s_n + b_1 s_n^2} = \frac{A_0}{1 + j a_1 \omega_n - b_1 \omega_n^2}$$

Daraus ergibt sich die Phasenverschiebung zu:

$$\varphi = -\arctan \frac{a_1 \omega_n}{1 - b_1 \omega_n^2} \tag{13.8}$$

Die Gruppenlaufzeit ist definiert als:

$$t_{gr} = -\frac{d\varphi}{d\omega}$$

Um die weitere Rechnung zu vereinfachen, führen wir eine normierte Gruppenlaufzeit ein:

$$T_{gr} = \frac{t_{gr}}{T_g} = t_{gr} \cdot f_g = \frac{1}{2\pi} t_{gr} \cdot \omega_g \tag{13.9a}$$

Darin ist $T_g$ der Kehrwert der Grenzfrequenz. Damit erhalten wir:

$$T_{gr} = -\frac{\omega_g}{2\pi} \cdot \frac{d\varphi}{d\omega} = -\frac{1}{2\pi} \cdot \frac{d\varphi}{d\omega_n} \tag{13.9b}$$

und mit Gl. (13.8)

$$T_{gr} = \frac{1}{2\pi} \cdot \frac{a_1(1 + b_1 \omega_n^2)}{1 + (a_1^2 - 2b_1)\omega_n^2 + b_1^2 \omega_n^4} \tag{13.9c}$$

Um die Gruppenlaufzeit im Butterworthschen Sinne zu approximieren, machen wir von der Tatsache Gebrauch, daß für $\omega_n \ll 1$ gilt:

$$T_{gr} = \frac{a_1}{2\pi} \cdot \frac{1 + b_1 \omega_n^2}{1 + (a_1^2 - 2b_1)\omega_n^2} \quad \text{für} \quad \omega_n \ll 1$$

Dieser Ausdruck wird dann von $\omega_n$ unabhängig, wenn die Koeffizienten von $\omega_n^2$ im Zähler und Nenner übereinstimmen. Daraus folgt die Bedingung:

$$b_1 = a_1^2 - 2b_1$$

oder $\tag{13.10}$

$$b_1 = \frac{1}{3} a_1^2$$

| $n$ | |
|---|---|
| 1 | $1 + s_n$ |
| 2 | $1 + s_n + \frac{1}{3}s_n^2$ |
| 3 | $1 + s_n + \frac{2}{5}s_n^2 + \frac{1}{15}s_n^3$ |
| 4 | $1 + s_n + \frac{3}{7}s_n^2 + \frac{2}{21}s_n^3 + \frac{1}{105}s_n^4$ |

**Tab. 13.5.** Bessel-Polynome

Die zweite Beziehung ergibt sich aus der Normierungsbedingung $|\underline{A}|^2 = \frac{1}{2}$ für $\omega_n = 1$:

$$\frac{1}{2} = \frac{1}{(1-b_1)^2 + a_1^2}$$

Mit (13.10) folgt daraus:

$$a_1 = 1{,}3617$$
$$b_1 = 0{,}6180$$

Für höhere Ordnungen wird die entsprechende Rechnung ziemlich schwierig, da ein nichtlineares Gleichungssystem entsteht. Nach [13.5] ist es jedoch möglich, die Koeffizienten $c_i$ der fortlaufenden Darstellung gemäß (13.3) aufgrund einer anderen Überlegung als Rekursionsformel anzugeben:

$$c_1' = 1,$$
$$c_i' = \frac{2(n-i+1)}{i(2n-i+1)}c_{i-1}'$$

Die so erhaltenen Nenner von Gl. (13.3) sind die Bessel-Polynome, die wir bis zur 4. Ordnung in Tab. 13.5 angegeben haben. Dabei ist allerdings zu beachten, daß in dieser Darstellung $s_n$ nicht auf die 3 dB Grenzfrequenz normiert ist, sondern auf den Kehrwert der Gruppenlaufzeit für $\omega_n = 0$. Diese Normierung ist aber für den Aufbau von Tiefpaßfiltern wenig nützlich. Daher haben wir die Koeffizienten $c_i$ wie im vorhergehenden Abschnitt auf die 3 dB-Grenzfrequenz umgerechnet und anschließend den Nenner in ein Produkt von quadratischen Ausdrücken zerlegt. Die so erhaltenen Koeffizienten $a_i$ und $b_i$ von Gl. (13.4) sind in Tab. 13.6 bis zur 10. Ordnung tabelliert. Der Frequenzgang der Verstärkung ist in Abb. 13.7 graphisch dargestellt.

Um zu demonstrieren, wie groß die Phasenverzerrungen im Vergleich zu den Bessel-Filtern bei anderen Filtern werden können, haben wir in Abb. 13.8 den Frequenzgang der Phasenverschiebung und der Gruppenlaufzeit für Filter 4. Ordnung aufgezeichnet. Zu ihrer Berechnung geht man am besten von der faktorisierten Übertragungsfunktion gemäß Gl. (13.4) aus und summiert die Phasenverschiebungen und Gruppenlaufzeiten der einzelnen Blöcke zweiter Ordnung. Dann erhält man aus Gl. (13.8) und (13.9c) für ein Filter beliebiger Ordnung die Beziehungen:

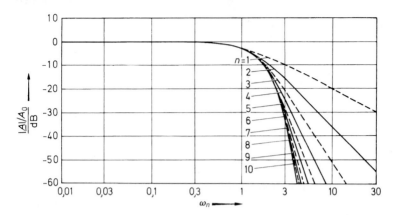

**Abb. 13.7.** Frequenzgang der Verstärkung von Bessel-Tiefpässen

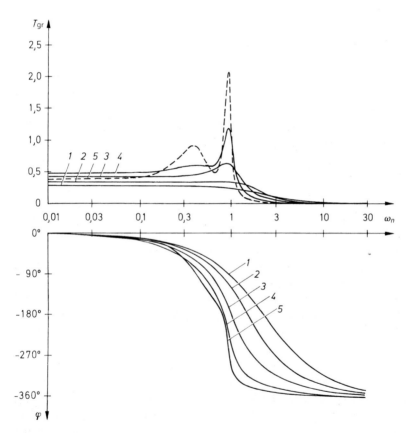

**Abb. 13.8.** Vergleich der Frequenzgänge der Gruppenlaufzeit und Phasenverschiebung in 4. Ordnung
Kurve *1*: Tiefpaß mit kritischer Dämpfung. Kurve *2*: Bessel-Tiefpaß. Kurve *3*: Butterworth-Tiefpaß. Kurve *4*: Tschebyscheff-Tiefpaß mit 0,5 dB Welligkeit. Kurve *5*: Tschebyscheff-Tiefpaß mit 3 dB Welligkeit

$$\varphi = -\sum_i \arctan \frac{a_i \omega_n}{1 - b_i \omega_n^2}$$

und

$$T_{gr} = \frac{1}{2\pi} \sum_i \frac{a_i(1 + b_i \omega_n^2)}{1 + (a_i^2 - 2b_i)\omega_n^2 + b_i^2 \omega_n^4}$$

### 13.1.4
### Zusammenfassung der Theorie

Wir haben gesehen, daß sich die Übertragungsfunktion aller Tiefpaßfilter in der Form

$$A(s_n) = \frac{A_0}{\prod_i (1 + a_i s_n + b_i s_n^2)} \qquad (13.11)$$

darstellen läßt. Die Ordnung $n$ des Filters ist gegeben durch die höchste Potenz von $s_n$ in Gl. (13.11), wenn man den Nenner ausmultipliziert. Sie legt die Asymptotensteigung des Frequenzgangs der Verstärkung auf den Wert $-n \cdot 20\,\text{dB/Dekade}$ fest. Der übrige Verlauf der Verstärkung wird für die jeweilige Ordnung durch den Filtertyp bestimmt. Von besonderer Bedeutung sind Butterworth-, Tschebyscheff- und Bessel-Filter, die sich durch die Koeffizienten $a_i$ und $b_i$ in Gl. (13.11) unterscheiden. Die Werte der Koeffizienten sind in Tab. 13.6 bis zur 10. Ordnung zusammengestellt. Zusätzlich ist die 3 dB-Grenzfrequenz eines jeden Teilfilters durch die Größe $f_{gi}/f_g$ angegeben. Sie wird zur Dimensionierung zwar nicht benötigt, ist aber sehr nützlich, um das richtige Funktionieren der einzelnen Teilfilter überprüfen zu können.

Außerdem haben wir die Polgüte $Q_i$ der einzelnen Teilfilter angegeben. Sie ist in Analogie zur Güte der selektiven Filter in Abschnitt 13.6.1 definiert als:

$$Q_i = \frac{\sqrt{b_i}}{a_i}$$

Je größer die Polgüte ist, desto größer ist die Neigung des Filters zu Instabilitäten. Filter mit reellen Polen besitzen eine Polgüte $Q \leq 0{,}5$.

Mit den Koeffizienten $a_i$ und $b_i$ der faktorisierten Übertragungsfunktion läßt sich der Frequenzgang der Verstärkung, der Phasenverschiebung und der Gruppenlaufzeit berechnen:

$$|\underline{A}|^2 = \frac{A_0^2}{\prod_i \left[ 1 + (a_i^2 - 2b_i)\omega_n^2 + b_i^2 \omega_n^4 \right]} \qquad (13.12)$$

$$\varphi = -\sum_i \arctan \frac{a_i \omega_n}{1 - b_i \omega_n^2} \qquad (13.13)$$

$$T_{Gr} = \frac{1}{2\pi} \sum_i \frac{a_i(1 + b_i \omega_n^2)}{1 + (a_i^2 - 2b_i)\omega_n^2 + b_i^2 \omega_n^4} \qquad (13.14)$$

| $n$ | $i$ | $a_i$ | $b_i$ | $f_{gi}/f_g$ | $Q_i$ |
|-----|-----|-------|-------|--------------|-------|
| *Filter mit kritischer Dämpfung* | | | | | |
| 1 | 1 | 1,0000 | 0,0000 | 1,000 | – |
| 2 | 1 | 1,2872 | 0,4142 | 1,000 | 0,50 |
| 3 | 1 | 0,5098 | 0,0000 | 1,961 | – |
|   | 2 | 1,0197 | 0,2599 | 1,262 | 0,50 |
| 4 | 1 | 0,8700 | 0,1892 | 1,480 | 0,50 |
|   | 2 | 0,8700 | 0,1892 | 1,480 | 0,50 |
| 5 | 1 | 0,3856 | 0,0000 | 2,593 | – |
|   | 2 | 0,7712 | 0,1487 | 1,669 | 0,50 |
|   | 3 | 0,7712 | 0,1487 | 1,669 | 0,50 |
| 6 | 1 | 0,6999 | 0,1225 | 1,839 | 0,50 |
|   | 2 | 0,6999 | 0,1225 | 1,839 | 0,50 |
|   | 3 | 0,6999 | 0,1225 | 1,839 | 0,50 |
| 7 | 1 | 0,3226 | 0,0000 | 3,100 | – |
|   | 2 | 0,6453 | 0,1041 | 1,995 | 0,50 |
|   | 3 | 0,6453 | 0,1041 | 1,995 | 0,50 |
|   | 4 | 0,6453 | 0,1041 | 1,995 | 0,50 |
| 8 | 1 | 0,6017 | 0,0905 | 2,139 | 0,50 |
|   | 2 | 0,6017 | 0,0905 | 2,139 | 0,50 |
|   | 3 | 0,6017 | 0,0905 | 2,139 | 0,50 |
|   | 4 | 0,6017 | 0,0905 | 2,139 | 0,50 |
| 9 | 1 | 0,2829 | 0,0000 | 3,534 | – |
|   | 2 | 0,5659 | 0,0801 | 2,275 | 0,50 |
|   | 3 | 0,5659 | 0,0801 | 2,275 | 0,50 |
|   | 4 | 0,5659 | 0,0801 | 2,275 | 0,50 |
|   | 5 | 0,5659 | 0,0801 | 2,275 | 0,50 |
| 10 | 1 | 0,5358 | 0,0718 | 2,402 | 0,50 |
|   | 2 | 0,5358 | 0,0718 | 2,402 | 0,50 |
|   | 3 | 0,5358 | 0,0718 | 2,402 | 0,50 |
|   | 4 | 0,5358 | 0,0718 | 2,402 | 0,50 |
|   | 5 | 0,5358 | 0,0718 | 2,402 | 0,50 |

**Tab. 13.6.** Koeffizienten der verschiedenen Filtertypen
Zur Dimensionierung ist bei allen Teilfiltern die Grenzfrequenz $f_g$ des ganzen Filters einzusetzen. Die hier angegebene Grenzfrequenz der Teilfilter $f_{gi}/f_g$ dient nur zur Kontrolle.
Zum Entwurf von Filtern sind viele Programme erhältlich, u.a. auch von den IC-Herstellern wie Burr Brown, Linear Technology, Maxim und National.

| $n$ | $i$ | $a_i$ | $b_i$ | $f_{gi}/f_g$ | $Q_i$ |
|---|---|---|---|---|---|
| *Bessel-Filter* | | | | | |
| 1 | 1 | 1,0000 | 0,0000 | 1,000 | – |
| 2 | 1 | 1,3617 | 0,6180 | 1,000 | 0,58 |
| 3 | 1 | 0,7560 | 0,0000 | 1,323 | – |
|   | 2 | 0,9996 | 0,4772 | 1,414 | 0,69 |
| 4 | 1 | 1,3397 | 0,4889 | 0,978 | 0,52 |
|   | 2 | 0,7743 | 0,3890 | 1,797 | 0,81 |
| 5 | 1 | 0,6656 | 0,0000 | 1,502 | – |
|   | 2 | 1,1402 | 0,4128 | 1,184 | 0,56 |
|   | 3 | 0,6216 | 0,3245 | 2,138 | 0,92 |
| 6 | 1 | 1,2217 | 0,3887 | 1,063 | 0,51 |
|   | 2 | 0,9686 | 0,3505 | 1,431 | 0,61 |
|   | 3 | 0,5131 | 0,2756 | 2,447 | 1,02 |
| 7 | 1 | 0,5937 | 0,0000 | 1,684 | – |
|   | 2 | 1,0944 | 0,3395 | 1,207 | 0,53 |
|   | 3 | 0,8304 | 0,3011 | 1,695 | 0,66 |
|   | 4 | 0,4332 | 0,2381 | 2,731 | 1,13 |
| 8 | 1 | 1,1112 | 0,3162 | 1,164 | 0,51 |
|   | 2 | 0,9754 | 0,2979 | 1,381 | 0,56 |
|   | 3 | 0,7202 | 0,2621 | 1,963 | 0,71 |
|   | 4 | 0,3728 | 0,2087 | 2,992 | 1,23 |
| 9 | 1 | 0,5386 | 0,0000 | 1,857 | – |
|   | 2 | 1,0244 | 0,2834 | 1,277 | 0,52 |
|   | 3 | 0,8710 | 0,2636 | 1,574 | 0,59 |
|   | 4 | 0,6320 | 0,2311 | 2,226 | 0,76 |
|   | 5 | 0,3257 | 0,1854 | 3,237 | 1,32 |
| 10 | 1 | 1,0215 | 0,2650 | 1,264 | 0,50 |
|    | 2 | 0,9393 | 0,2549 | 1,412 | 0,54 |
|    | 3 | 0,7815 | 0,2351 | 1,780 | 0,62 |
|    | 4 | 0,5604 | 0,2059 | 2,479 | 0,81 |
|    | 5 | 0,2883 | 0,1665 | 3,466 | 1,42 |

**Tab. 13.6.** Filterkoeffizienten, 1. Fortsetzung

| $n$ | $i$ | $a_i$ | $b_i$ | $f_{gi}/f_g$ | $Q_i$ |
|---|---|---|---|---|---|
| *Butterworth-Filter* | | | | | |
| 1 | 1 | 1,0000 | 0,0000 | 1,000 | – |
| 2 | 1 | 1,4142 | 1,0000 | 1,000 | 0,71 |
| 3 | 1 | 1,0000 | 0,0000 | 1,000 | – |
|   | 2 | 1,0000 | 1,0000 | 1,272 | 1,00 |
| 4 | 1 | 1,8478 | 1,0000 | 0,719 | 0,54 |
|   | 2 | 0,7654 | 1,0000 | 1,390 | 1,31 |
| 5 | 1 | 1,0000 | 0,0000 | 1,000 | – |
|   | 2 | 1,6180 | 1,0000 | 0,859 | 0,62 |
|   | 3 | 0,6180 | 1,0000 | 1,448 | 1,62 |
| 6 | 1 | 1,9319 | 1,0000 | 0,676 | 0,52 |
|   | 2 | 1,4142 | 1,0000 | 1,000 | 0,71 |
|   | 3 | 0,5176 | 1,0000 | 1,479 | 1,93 |
| 7 | 1 | 1,0000 | 0,0000 | 1,000 | – |
|   | 2 | 1,8019 | 1,0000 | 0,745 | 0,55 |
|   | 3 | 1,2470 | 1,0000 | 1,117 | 0,80 |
|   | 4 | 0,4450 | 1,0000 | 1,499 | 2,25 |
| 8 | 1 | 1,9616 | 1,0000 | 0,661 | 0,51 |
|   | 2 | 1,6629 | 1,0000 | 0,829 | 0,60 |
|   | 3 | 1,1111 | 1,0000 | 1,206 | 0,90 |
|   | 4 | 0,3902 | 1,0000 | 1,512 | 2,56 |
| 9 | 1 | 1,0000 | 0,0000 | 1,000 | – |
|   | 2 | 1,8794 | 1,0000 | 0,703 | 0,53 |
|   | 3 | 1,5321 | 1,0000 | 0,917 | 0,65 |
|   | 4 | 1,0000 | 1,0000 | 1,272 | 1,00 |
|   | 5 | 0,3473 | 1,0000 | 1,521 | 2,88 |
| 10 | 1 | 1,9754 | 1,0000 | 0,655 | 0,51 |
|   | 2 | 1,7820 | 1,0000 | 0,756 | 0,56 |
|   | 3 | 1,4142 | 1,0000 | 1,000 | 0,71 |
|   | 4 | 0,9080 | 1,0000 | 1,322 | 1,10 |
|   | 5 | 0,3129 | 1,0000 | 1,527 | 3,20 |

**Tab. 13.6.** Filterkoeffizienten, 2. Fortsetzung

| $n$ | $i$ | $a_i$ | $b_i$ | $f_{gi}/f_g$ | $Q_i$ |
|-----|-----|-------|-------|--------------|-------|
| *Tschebyscheff-Filter mit 0,5 dB Welligkeit* | | | | | |
| 1 | 1 | 1,0000 | 0,0000 | 1,000 | – |
| 2 | 1 | 1,3614 | 1,3827 | 1,000 | 0,86 |
| 3 | 1 | 1,8636 | 0,0000 | 0,537 | – |
|   | 2 | 0,6402 | 1,1931 | 1,335 | 1,71 |
| 4 | 1 | 2,6282 | 3,4341 | 0,538 | 0,71 |
|   | 2 | 0,3648 | 1,1509 | 1,419 | 2,94 |
| 5 | 1 | 2,9235 | 0,0000 | 0,342 | – |
|   | 2 | 1,3025 | 2,3534 | 0,881 | 1,18 |
|   | 3 | 0,2290 | 1,0833 | 1,480 | 4,54 |
| 6 | 1 | 3,8645 | 6,9797 | 0,366 | 0,68 |
|   | 2 | 0,7528 | 1,8573 | 1,078 | 1,81 |
|   | 3 | 0,1589 | 1,0711 | 1,495 | 6,51 |
| 7 | 1 | 4,0211 | 0,0000 | 0,249 | – |
|   | 2 | 1,8729 | 4,1795 | 0,645 | 1,09 |
|   | 3 | 0,4861 | 1,5676 | 1,208 | 2,58 |
|   | 4 | 0,1156 | 1,0443 | 1,517 | 8,84 |
| 8 | 1 | 5,1117 | 11,9607 | 0,276 | 0,68 |
|   | 2 | 1,0639 | 2,9365 | 0,844 | 1,61 |
|   | 3 | 0,3439 | 1,4206 | 1,284 | 3,47 |
|   | 4 | 0,0885 | 1,0407 | 1,521 | 11,53 |
| 9 | 1 | 5,1318 | 0,0000 | 0,195 | – |
|   | 2 | 2,4283 | 6,6307 | 0,506 | 1,06 |
|   | 3 | 0,6839 | 2,2908 | 0,989 | 2,21 |
|   | 4 | 0,2559 | 1,3133 | 1,344 | 4,48 |
|   | 5 | 0,0695 | 1,0272 | 1,532 | 14,58 |
| 10 | 1 | 6,3648 | 18,3695 | 0,222 | 0,67 |
|   | 2 | 0,3582 | 4,3453 | 0,689 | 1,53 |
|   | 3 | 0,4822 | 1,9440 | 1,091 | 2,89 |
|   | 4 | 0,1994 | 1,2520 | 1,381 | 5,61 |
|   | 5 | 0,0563 | 1,0263 | 1,533 | 17,99 |

**Tab. 13.6.** Filterkoeffizienten, 3. Fortsetzung

| $n$ | $i$ | $a_i$ | $b_i$ | $f_{gi}/f_g$ | $Q_i$ |
|-----|-----|-------|-------|--------------|-------|
| *Tschebyscheff-Filter mit* 1 dB *Welligkeit* | | | | | |
| 1 | 1 | 1,0000 | 0,0000 | 1,000 | – |
| 2 | 1 | 1,3022 | 1,5515 | 1,000 | 0,96 |
| 3 | 1 | 2,2156 | 0,0000 | 0,451 | – |
|   | 2 | 0,5442 | 1,2057 | 1,353 | 2,02 |
| 4 | 1 | 2,5904 | 4,1301 | 0,540 | 0,78 |
|   | 2 | 0,3039 | 1,1697 | 1,417 | 3,56 |
| 5 | 1 | 3,5711 | 0,0000 | 0,280 | – |
|   | 2 | 1,1280 | 2,4896 | 0,894 | 1,40 |
|   | 3 | 0,1872 | 1,0814 | 1,486 | 5,56 |
| 6 | 1 | 3,8437 | 8,5529 | 0,366 | 0,76 |
|   | 2 | 0,6292 | 1,9124 | 1,082 | 2,20 |
|   | 3 | 0,1296 | 1,0766 | 1,493 | 8,00 |
| 7 | 1 | 4,9520 | 0,0000 | 0,202 | – |
|   | 2 | 1,6338 | 4,4899 | 0,655 | 1,30 |
|   | 3 | 0,3987 | 1,5834 | 1,213 | 3,16 |
|   | 4 | 0,0937 | 1,0423 | 1,520 | 10,90 |
| 8 | 1 | 5,1019 | 14,7608 | 0,276 | 0,75 |
|   | 2 | 0,8916 | 3,0426 | 0,849 | 1,96 |
|   | 3 | 0,2806 | 1,4334 | 1,285 | 4,27 |
|   | 4 | 0,0717 | 1,0432 | 1,520 | 14,24 |
| 9 | 1 | 6,3415 | 0,0000 | 0,158 | – |
|   | 2 | 2,1252 | 7,1711 | 0,514 | 1,26 |
|   | 3 | 0,5624 | 2,3278 | 0,994 | 2,71 |
|   | 4 | 0,2076 | 1,3166 | 1,346 | 5,53 |
|   | 5 | 0,0562 | 1,0258 | 1,533 | 18,03 |
| 10 | 1 | 6,3634 | 22,7468 | 0,221 | 0,75 |
|    | 2 | 1,1399 | 4,5167 | 0,694 | 1,86 |
|    | 3 | 0,3939 | 1,9665 | 1,093 | 3,56 |
|    | 4 | 0,1616 | 1,2569 | 1,381 | 6,94 |
|    | 5 | 0,0455 | 1,0277 | 1,532 | 22,26 |

**Tab. 13.6.** Filterkoeffizienten, 4. Fortsetzung

| $n$ | $i$ | $a_i$ | $b_i$ | $f_{gi}/f_g$ | $Q_i$ |
|---|---|---|---|---|---|
| *Tschebyscheff-Filter mit 2 dB Welligkeit* | | | | | |
| 1 | 1 | 1,0000 | 0,0000 | 1,000 | – |
| 2 | 1 | 1,1813 | 1,7775 | 1,000 | 1,13 |
| 3 | 1 | 2,7994 | 0,0000 | 0,357 | – |
|   | 2 | 0,4300 | 1,2036 | 1,378 | 2,55 |
| 4 | 1 | 2,4025 | 4,9862 | 0,550 | 0,93 |
|   | 2 | 0,2374 | 1,1896 | 1,413 | 4,59 |
| 5 | 1 | 4,6345 | 0,0000 | 0,216 | – |
|   | 2 | 0,9090 | 2,6036 | 0,908 | 1,78 |
|   | 3 | 0,1434 | 1,0750 | 1,493 | 7,23 |
| 6 | 1 | 3,5880 | 10,4648 | 0,373 | 0,90 |
|   | 2 | 0,4925 | 1,9622 | 1,085 | 2,84 |
|   | 3 | 0,0995 | 1,0826 | 1,491 | 10,46 |
| 7 | 1 | 6,4760 | 0,0000 | 0,154 | – |
|   | 2 | 1,3258 | 4,7649 | 0,665 | 1,65 |
|   | 3 | 0,3067 | 1,5927 | 1,218 | 4,12 |
|   | 4 | 0,0714 | 1,0384 | 1,523 | 14,28 |
| 8 | 1 | 4,7743 | 18,1510 | 0,282 | 0,89 |
|   | 2 | 0,6991 | 3,1353 | 0,853 | 2,53 |
|   | 3 | 0,2153 | 1,4449 | 1,285 | 5,58 |
|   | 4 | 0,0547 | 1,0461 | 1,518 | 18,69 |
| 9 | 1 | 8,3198 | 0,0000 | 0,120 | – |
|   | 2 | 1,7299 | 7,6580 | 0,522 | 1,60 |
|   | 3 | 0,4337 | 2,3549 | 0,998 | 3,54 |
|   | 4 | 0,1583 | 1,3174 | 1,349 | 7,25 |
|   | 5 | 0,0427 | 1,0232 | 1,536 | 23,68 |
| 10 | 1 | 5,9618 | 28,0376 | 0,226 | 0,89 |
|   | 2 | 0,8947 | 4,6644 | 0,697 | 2,41 |
|   | 3 | 0,3023 | 1,9858 | 1,094 | 4,66 |
|   | 4 | 0,1233 | 1,2614 | 1,380 | 9,11 |
|   | 5 | 0,0347 | 1,0294 | 1,531 | 27,27 |

**Tab. 13.6.** Filterkoeffizienten, 5. Fortsetzung

| $n$ | $i$ | $a_i$ | $b_i$ | $f_{gi}/f_g$ | $Q_i$ |
|---|---|---|---|---|---|
| *Tschebyscheff-Filter mit* 3 dB *Welligkeit* | | | | | |
| 1 | 1 | 1,0000 | 0,0000 | 1,000 | – |
| 2 | 1 | 1,0650 | 1,9305 | 1,000 | 1,30 |
| 3 | 1 | 3,3496 | 0,0000 | 0,299 | – |
|   | 2 | 0,3559 | 1,1923 | 1,396 | 3,07 |
| 4 | 1 | 2,1853 | 5,5339 | 0,557 | 1,08 |
|   | 2 | 0,1964 | 1,2009 | 1,410 | 5,58 |
| 5 | 1 | 5,6334 | 0,0000 | 0,178 | – |
|   | 2 | 0,7620 | 2,6530 | 0,917 | 2,14 |
|   | 3 | 0,1172 | 1,0686 | 1,500 | 8,82 |
| 6 | 1 | 3,2721 | 11,6773 | 0,379 | 1,04 |
|   | 2 | 0,4077 | 1,9873 | 1,086 | 3,46 |
|   | 3 | 0,0815 | 1,0861 | 1,489 | 12,78 |
| 7 | 1 | 7,9064 | 0,0000 | 0,126 | – |
|   | 2 | 1,1159 | 4,8963 | 0,670 | 1,98 |
|   | 3 | 0,2515 | 1,5944 | 1,222 | 5,02 |
|   | 4 | 0,0582 | 1,0348 | 1,527 | 17,46 |
| 8 | 1 | 4,3583 | 20,2948 | 0,286 | 1,03 |
|   | 2 | 0,5791 | 3,1808 | 0,855 | 3,08 |
|   | 3 | 0,1765 | 1,4507 | 1,285 | 6,83 |
|   | 4 | 0,0448 | 1,0478 | 1,517 | 22,87 |
| 9 | 1 | 10,1759 | 0,0000 | 0,098 | – |
|   | 2 | 1,4585 | 7,8971 | 0,526 | 1,93 |
|   | 3 | 0,3561 | 2,3651 | 1,001 | 4,32 |
|   | 4 | 0,1294 | 1,3165 | 1,351 | 8,87 |
|   | 5 | 0,0348 | 1,0210 | 1,537 | 29,00 |
| 10 | 1 | 5,4449 | 31,3788 | 0,230 | 1,03 |
|    | 2 | 0,7414 | 4,7363 | 0,699 | 2,94 |
|    | 3 | 0,2479 | 1,9952 | 1,094 | 5,70 |
|    | 4 | 0,1008 | 1,2638 | 1,380 | 11,15 |
|    | 5 | 0,0283 | 1,0304 | 1,530 | 35,85 |

**Tab. 13.6.** Filterkoeffizienten, 6. Fortsetzung

## 13.2
## Tiefpaß-Hochpaß-Transformation

In der logarithmischen Darstellung kommt man vom Tiefpaß zum analogen Hochpaß, indem man die Frequenzgangkurve der Verstärkung an der Grenzfrequenz spiegelt, d.h. $\omega_n$ durch $1/\omega_n$ bzw. $s_n$ durch $1/s_n$ ersetzt. Die Grenzfrequenz bleibt dabei erhalten, und $A_0$ geht in $A_\infty$ über. Gleichung (13.11) lautet dann:

$$A(s_n) \;=\; \frac{A_\infty}{\displaystyle\prod_i \left(1 + \frac{a_i}{s_n} + \frac{b_i}{s_n^2}\right)} \qquad\qquad (13.15)$$

Die Überlegungen über das Verhalten im Zeitbereich können allerdings nicht übernommen werden, da die Sprungantwort ein prinzipiell anderes Verhalten aufweist. Wie man in Abb. 13.9 erkennt, ergibt sich selbst bei Hochpaßfiltern mit kritischer Dämpfung eine Schwingung um den stationären Wert. Die Analogie zu den entsprechenden Tiefpaßfiltern bleibt jedoch insofern erhalten, als der Einschwingvorgang um so langsamer abklingt, je größer die Polgüten sind.

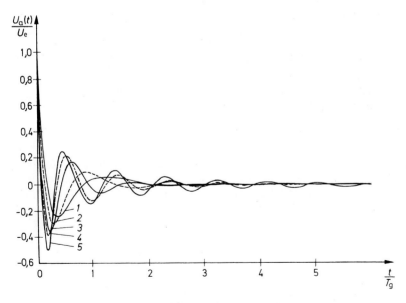

**Abb. 13.9.** Sprungantwort von Hochpaßfiltern in 4. Ordnung
Kurve *1*: Hochpaß mit kritischer Dämpfung. Kurve *2*: Bessel-Hochpaß. Kurve *3*: Butterworth-Hochpaß. Kurve *4*: Tschebyscheff-Hochpaß mit 0,5 dB Welligkeit. Kurve *5*: Tschebyscheff-Hochpaß mit 3 dB Welligkeit

## 13.3
## Realisierung von Tief- und Hochpaßfiltern 1. Ordnung

Nach (13.11) lautet die Übertragungsfunktion eines Tiefpasses erster Ordnung allgemein:

$$A(s_n) = \frac{A_0}{1 + a_1 s_n} \qquad (13.16)$$

Sie läßt sich mit einem einfachen $RC$-Glied wie in Abb. 13.1 auf S. 839 realisieren. Nach Abschnitt 13.1 gilt für diese Schaltung:

$$A(s_n) = \frac{1}{1 + s\,RC} = \frac{1}{1 + \omega_g RC s_n}$$

Die Gleichspannungsverstärkung ist auf den Wert $A_0 = 1$ festgelegt. Der Parameter $a_1$ läßt sich jedoch frei wählen. Der Koeffizientenvergleich mit (13.16)liefert die Dimensionierung:

$$RC = \frac{a_1}{2\pi f_g}$$

Wie man aus der Koeffiziententabelle in Tab. 13.6 entnimmt, sind in der ersten Ordnung alle Filtertypen identisch und besitzen den Koeffizienten $a_1 = 1$. Bei der Realisierung von Filtern höherer Ordnung durch Reihenschaltung von Teilfiltern niedriger Ordnung treten jedoch auch Stufen 1. Ordnung auf, bei denen $a_1 \neq 1$ ist. Das rührt daher, daß die Teilfilter in der Regel eine andere Grenzfrequenz besitzen als das Gesamtfilter, nämlich $f_{g1} = f_g/a_1$.

Das einfache $RC$-Glied in Abb. 13.1 auf S. 839 besitzt den Nachteil, daß sich seine Eigenschaften bei Belastung ändern. Daher muß man in der Regel einen Impedanzwandler nachschalten. Gibt man ihm die Spannungsverstärkung $A_0$, erhält man gleichzeitig die Möglichkeit, die Gleichspannungsverstärkung frei zu wählen. Die entsprechende Schaltung ist in Abb. 13.10 dargestellt.

Um den analogen Hochpaß zu erhalten, muß man in (13.16) $s_n$ durch $1/s_n$ ersetzen. In der Schaltung läßt sich dies ganz einfach dadurch realisieren, daß man $R_1$ mit $C_1$ vertauscht.

Zu etwas einfacheren Tief- und Hochpässen 1. Ordnung gelangt man, wenn man das Filter mit in die Gegenkopplung des Operationsverstärkers einbezieht. Das entsprechende Tiefpaßfilter zeigt Abb. 13.11. Zur Dimensionierung gibt man

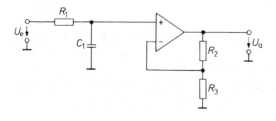

**Abb. 13.10.** Tiefpaß erster Ordnung mit Impedanzwandler

$$A(s_n) = \frac{(R_2 + R_3)/R_3}{1 + \omega_g R_1 C_1 s_n}$$

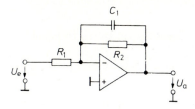

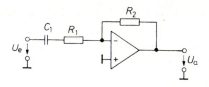

**Abb. 13.11.** Tiefpaß erster Ordnung mit Umkehrverstärker

$$A(s_n) = -\frac{R_2/R_1}{1 + \omega_g R_2 C_1 s_n}$$

**Abb. 13.12.** Hochpaß erster Ordnung mit Umkehrverstärker

$$A(s_n) = -\frac{R_2/R_1}{1 + \dfrac{1}{\omega_g R_1 C_1} \cdot \dfrac{1}{s_n}}$$

die Grenzfrequenz, die hier negative Gleichspannungsverstärkung $A_0$ und die Kapazität $C_1$ vor. Dann folgt durch Koeffizientenvergleich mit (13.16):

$$R_2 = \frac{a_1}{2\pi f_g C_1} \quad \text{und} \quad R_1 = -\frac{R_2}{A_0}$$

Abbildung 13.12 zeigt den analogen Hochpaß. Durch Koeffizientenvergleich mit (13.15) folgt die Dimensionierung:

$$R_1 = \frac{1}{2\pi f_g a_1 C_1} \quad \text{und} \quad R_2 = -R_1 A_\infty$$

Die bei den vorhergehenden Schaltungen angegebenen Übertragungsfunktionen besitzen nur in dem Frequenzbereich Gültigkeit, in dem der Betrag der Differenzverstärkung des Operationsverstärkers groß ist gegenüber dem Betrag von $\underline{A}$. Diese Bedingung ist bei höheren Frequenzen nur schwer zu erfüllen, da der Betrag der Differenzverstärkung wegen der notwendigen Frequenzgangkorrektur mit 6 dB/Oktave abnimmt und bei einem Standardverstärker bei 10 kHz nur noch etwa 100 beträgt.

## 13.4
## Realisierung von Tief- und Hochpaßfiltern 2. Ordnung

Nach (13.11) lautet die Übertragungsfunktion eines Tiefpasses 2. Ordnung allgemein:

$$A(s_n) = \frac{A_0}{1 + a_1 s_n + b_1 s_n^2} \tag{13.17}$$

Wie man der Tab. 13.6 entnehmen kann, besitzen die optimierten Übertragungsfunktionen zweiter und höherer Ordnung konjugiert komplexe Pole. Im Abschnitt 13.1 wurde gezeigt, daß solche Übertragungsfunktionen nicht mit passiven $RC$-Schaltungen realisierbar sind. Eine Realisierungsmöglichkeit besteht in der Verwendung von Induktivitäten, wie das folgende Beispiel zeigt.

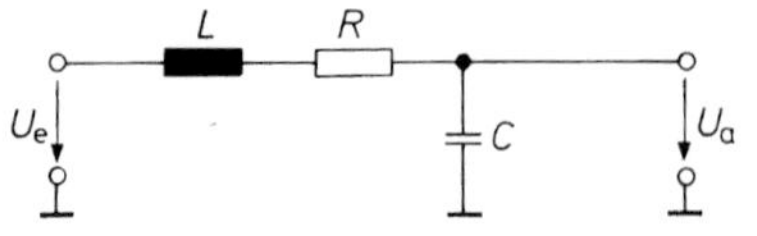

**Abb. 13.13.** Passiver Tiefpaß zweiter Ordnung
$$A(s_n) = \frac{1}{1 + \omega_g RC s_n + \omega_g^2 LC s_n^2}$$

## 13.4.1
### *LRC*-Filter

Die klassische Realisierung von Filtern 2. Ordnung besteht im Einsatz von *LRC*-Filtern wie in Abb. 13.13. Der Koeffizientenvergleich mit Gl. (13.17) liefert die Dimensionierung:

$$R = \frac{a_1}{2\pi f_g C} \quad \text{und} \quad L = \frac{b_1}{4\pi^2 f_g^2 C}$$

Für einen Butterworth-Tiefpaß zweiter Ordnung entnimmt man aus Tab. 13.6 die Koeffizienten $a_1 = 1{,}414$ und $b_1 = 1{,}000$. Gibt man eine Grenzfrequenz $f_g = 10\,\text{Hz}$ und eine Kapazität $C = 10\,\mu\text{F}$ vor, folgt $R = 2{,}25\,\text{k}\Omega$ und $L = 25{,}3\,\text{H}$. Man erkennt, daß sich ein solches Filter wegen der Größe der Induktivität außerordentlich schlecht realisieren läßt. Die Verwendung von Induktivitäten läßt sich umgehen, indem man sie mit einer aktiven *RC*-Schaltung simuliert. Dazu kann man die Gyratorschaltung in Abb. 12.32 heranziehen. Der schaltungstechnische Aufwand ist jedoch beträchtlich.

Die gewünschten Übertragungsfunktionen lassen sich wesentlich einfacher durch geeignete *RC*-Beschaltung von Operationsverstärkern ohne den Umweg über die Simulation von Induktivitäten realisieren.

## 13.4.2
### Filter mit Mehrfachgegenkopplung

Ein aktiver *RC*-Tiefpaß 2. Ordnung ist in Abb. 13.14 dargestellt. Durch Koeffizientenvergleich mit (13.17) erhalten wir die Beziehungen:

$$A_0 = -R_2/R_1$$
$$a_1 = \omega_g C_1 \left( R_2 + R_3 + \frac{R_2 R_3}{R_1} \right)$$
$$b_1 = \omega_g^2 C_1 C_2 R_2 R_3$$

Zur Dimensionierung kann man z.B. die Widerstände $R_1$ und $R_3$ vorgeben und aus den Dimensionierungsgleichungen $R_2$, $C_1$ und $C_2$ berechnen. Wie man sieht, ist eine Dimensionierung für alle positiven Werte von $a_1$ und $b_1$ möglich. Man kann also jeden gewünschten Filtertyp realisieren. Die Gleichspannungsverstärkung $A_0$ ist negativ. Das Filter bewirkt bei tiefen Frequenzen demnach eine Signalinvertierung.

Um wirklich die gewünschten Frequenzgänge zu erhalten, dürfen die Bauelemente keine zu großen Toleranzen besitzen. Diese Forderung ist für Widerstände

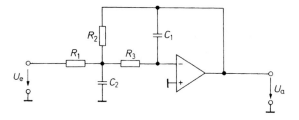

**Abb. 13.14.** Aktives Tiefpaßfilter zweiter Ordnung mit Mehrfachgegenkopplung

$$A(s_n) = -\frac{R_2/R_1}{1 + \omega_g C_1 \left( R_2 + R_3 + \dfrac{R_2 R_3}{R_1} \right) s_n + \omega_g^2 C_1 C_2 R_2 R_3 s_n^2}$$

leicht zu erfüllen, da sie in der Normreihe E 96 mit einprozentiger Toleranz lagermäßig geführt werden. Auch die Kondensatoren sollten einprozentige Toleranz besitzen; sie sind jedoch meist nur in der Normreihe E 6 erhältlich. Daher ist es vorteilhaft, bei der Dimensionierung von Filtern die Kondensatoren vorzugeben und die Widerstandswerte zu berechnen. Dazu lösen wir die Dimensionierungsgleichungen nach den Widerständen auf und erhalten:

$$R_2 = \frac{a_1 C_2 - \sqrt{a_1^2 C_2^2 - 4 C_1 C_2 b_1 (1 - A_0)}}{4 \pi f_g C_1 C_2}$$

$$R_1 = \frac{R_2}{-A_0}$$

$$R_3 = \frac{b_1}{4 \pi^2 f_g^2 C_1 C_2 R_2}$$

Damit sich für $R_2$ ein reeller Wert ergibt, muß die Bedingung

$$C_2 \geq \frac{4 b_1 (1 - A_0)}{a_1^2} C_1$$

erfüllt sein. Die günstigste Dimensionierung ergibt sich, wenn man $C_1$ vorgibt und für $C_2$ den nächst größeren Normwert wählt. Die Daten des Filters sind relativ unempfindlich gegenüber Bauteiltoleranzen. Daher ist die Schaltung besonders geeignet zur Realisierung von Filtern mit höherer Güte.

Damit der Operationsverstärker als ideal angesehen werden kann, muß er bei der Grenzfrequenz des Filters noch eine hohe Schleifenverstärkung besitzen. Aus diesem Grund sind selbst bei niedrigen Grenzfrequenzen schnelle Operationsverstärker erforderlich.

### 13.4.3
### Filter mit Einfachmitkopplung

Aktive Filter lassen sich auch durch mitgekoppelte Verstärker realisieren. Allerdings muß die Verstärkung durch eine interne Gegenkopplung auf einen genau definierten Wert festgelegt werden („controlled source"). Der Spannungsteiler $R_3$, $(\alpha - 1)R_3$ in Abb. 13.15 bewirkt diese Gegenkopplung und stellt die innere Verstärkung auf den Wert $\alpha$ ein. Die Mitkopplung erfolgt über den Kondensator $C_2$.

Die Dimensionierung läßt sich wesentlich vereinfachen, wenn man von vorherein gewisse Spezialisierungen vornimmt. Eine mögliche Spezialisierung ist, die **innere Verstärkung** $\boldsymbol{\alpha} = 1$ zu wählen. Dann wird $(\alpha - 1)R_3 = 0$, und beide Widerstände $R_3$ können entfallen. Solche voll gegengekoppelten Operationsverstärker sind als Spannungsfolger integriert erhältlich. Oft genügt auch ein einfacher Impedanzwandler, z.B. in Form eines Emitter- oder Sourcefolgers. Damit lassen sich auch Filter im MHz-Bereich realisieren. Für den Sonderfall $\alpha = 1$ lautet die Übertragungsfunktion:

$$A(s_n) = \frac{1}{1 + \omega_g C_1(R_1 + R_2)s_n + \omega_g^2 R_1 R_2 C_1 C_2 s_n^2}$$

Gibt man $C_1$ und $C_2$ vor, erhält man durch Koeffizientenvergleich mit (13.17):

$$A_0 = 1$$

$$R_{1/2} = \frac{a_1 C_2 \mp \sqrt{a_1^2 C_2^2 - 4b_1 C_1 C_2}}{4\pi f_g C_1 C_2}$$

Damit sich reelle Werte ergeben, muß die Bedingung

$$C_2/C_1 \geq 4b_1/a_1^2$$

erfüllt sein. Wie bei dem Filter mit Mehrfachgegenkopplung ergibt sich die günstigste Dimensionierung, wenn man das Verhältnis $C_2/C_1$ nicht viel größer wählt, als es die obige Bedingung vorschreibt. Filter, die nach diesem Prinzip ar-

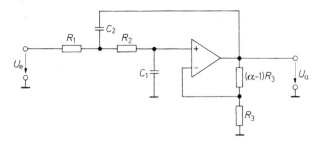

**Abb. 13.15.** Aktives Tiefpaßfilter zweiter Ordnung mit Einfachmitkopplung „Sallen–Key"-Schaltung

$$A(s_n) = \frac{\alpha}{1 + \omega_g \left[ C_1(R_1 + R_2) + (1 - \alpha)R_1 C_2 \right] s_n + \omega_g^2 R_1 R_2 C_1 C_2 s_n^2}$$

| | Kritisch | Bessel | Butterworth | 3 dB-Tschebyscheff | ungedämpft |
|---|---|---|---|---|---|
| $\alpha$ | 1,000 | 1,268 | 1,586 | 2,234 | 3,000 |

**Tab. 13.7.** Innere Verstärkung bei Einfachmitkopplung

beiten sind als integrierte Schaltungen erhältlich. Die MAX 270-Familie von Maxim enthält 2 Filter zweiter Ordnung mit Butterworth-Charakteristik. Die Grenzfrequenz kann in 128 Schritten zwischen 1…25 kHz durch ein 7 bit Wort von außen eingestellt werden.

Zu einer anderen interessanten Spezialisierung gelangt man, wenn man **gleiche Widerstände und gleiche Kondensatoren** einsetzt, d.h. $R_1 = R_2 = R$ und $C_1 = C_2 = C$ wählt. Um die verschiedenen Filtertypen realisieren zu können, muß man in diesem Fall die innere Verstärkung $\alpha$ variieren. Die Übertragungsfunktion lautet dann:

$$A(s_n) = \frac{\alpha}{1 + \omega_g RC(3 - \alpha)s_n + (\omega_g RC)^2 s_n^2}$$

Durch Koeffizientenvergleich mit (13.17) erhalten wir die Dimensionierung:

$$RC = \frac{\sqrt{b_1}}{2\pi f_g}, \qquad \alpha = A_0 = 3 - \frac{a_1}{\sqrt{b_1}} = 3 - \frac{1}{Q_1}$$

Wie man sieht, hängt die innere Verstärkung $\alpha$ nur von der Polgüte und nicht von der Grenzfrequenz $f_g$ ab. Die Größe $\alpha$ bestimmt daher den Filtertyp. Setzt man die in Tab. 13.6 auf S. 854 angegebenen Koeffizienten der Filter zweiter Ordnung ein, erhält man die in Tab. 13.7 angegebenen Werte für $\alpha$. Bei $\alpha = 3$ schwingt die Schaltung selbständig auf der Frequenz $f = 1/2\pi RC$. Man erkennt, daß die Einstellung der inneren Verstärkung um so schwieriger wird, je näher sie dem Wert $\alpha = 3$ kommt. Daher ist besonders beim Tschebyscheff-Filter eine sehr genaue Einstellung notwendig. Dies ist ein gewisser Nachteil gegenüber den vorhergehenden Filtern. Ein bedeutender Vorteil ist jedoch, daß der Filtertyp ausschließlich durch $\alpha$ bestimmt wird und nicht von $R$ und $C$ abhängt. Daher läßt sich die Grenzfrequenz bei diesem Filter besonders einfach verändern, z.B. mit einem Doppelpotentiometer für die beiden gleichen Widerstände $R_1$ und $R_2$ in Abb. 13.15.

Vertauscht man die Widerstände mit den Kondensatoren, erhält man das *Hochpaßfilter* in Abb. 13.16. Zur Erleichterung der Dimensionierung wählen wir die Spezialisierung $\alpha = 1$ und $C_1 = C_2 = C$. Der Koeffizientenvergleich mit (13.15) liefert dann:

$$A_\infty = 1$$
$$R_1 = \frac{1}{\pi f_g C a_1}$$
$$R_2 = \frac{a_1}{4\pi f_g C b_1}$$

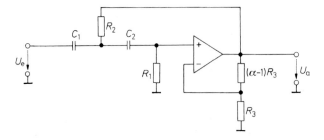

**Abb. 13.16.** Aktives Hochpaßfilter zweiter Ordnung mit Einfachmitkopplung

$$A(s_n) = \frac{\alpha}{1 + \dfrac{R_2(C_1 + C_2) + R_1 C_2(1 - \alpha)}{R_1 R_2 C_1 C_2 \omega_g} \cdot \dfrac{1}{s_n} + \dfrac{1}{R_1 R_2 C_1 C_2 \omega_g^2} \cdot \dfrac{1}{s_n^2}}$$

## 13.5
## Realisierung von Tief- und Hochpaßfiltern höherer Ordnung

Wenn die Filtercharakteristik nicht scharf genug ist, muß man Filter höherer Ordnung verwenden. Dazu schaltet man Filter erster und zweiter Ordnung in Reihe. Dabei multiplizieren sich die Frequenzgänge der einzelnen Filter. Es wäre jedoch falsch, z.B. zwei Butterworth-Filter zweiter Ordnung in Reihe zu schalten, um ein Butterworth-Filter vierter Ordnung zu erhalten. Das entstehende Filter hätte eine andere Grenzfrequenz und auch eine andere Filtercharakteristik. Man muß deshalb die Koeffizienten der einzelnen Filter so einstellen, daß das Produkt der Frequenzgänge den gewünschten optimierten Filtertyp ergibt.

Um die Dimensionierung der einzelnen Filter zu erleichtern, haben wir die Polynome der verschiedenen Filtertypen in Faktoren zerlegt. Die Koeffizienten $a_1$ und $b_1$ der einzelnen Filterstufen sind in Tab. 13.6 angegeben. Jeden Faktor mit $b_i \neq 0$ kann man durch eines der beschriebenen Filter zweiter Ordnung realisieren. Man braucht lediglich die Koeffizienten $a_1$ und $b_1$ durch $a_i$ und $b_i$ zu ersetzen. Zur Dimensionierung der Schaltung setzt man in die angegebenen Formeln die gewünschte Grenzfrequenz des *resultierenden Gesamtfilters* ein. Die einzelnen Teilfilter besitzen in der Regel andere Grenzfrequenzen, wie man in Tab. 13.6 erkennt. – Filter ungerader Ordnung enthalten ein Glied mit $b_i = 0$. Dieses Glied kann mit einem der beschriebenen Filter erster Ordnung realisiert werden, wobei $a_1$ durch $a_i$ zu ersetzen ist. Auch hier muß für $f_g$ die Grenzfrequenz des resultierenden Gesamtfilters eingesetzt werden. Die Filterstufe erhält aufgrund des entsprechenden Wertes von $a_i$ automatisch die in Tab. 13.6 angegebene Grenzfrequenz $f_{gi}$.

Im Prinzip ist es gleichgültig, in welcher Reihenfolge man die einzelnen Filterstufen anordnet, da der resultierende Frequenzgang immer derselbe bleibt. In der Praxis gibt es jedoch verschiedene Gesichtspunkte für die Reihenfolge der Filterstufen, z.B. die Aussteuerbarkeit. Nach diesem Gesichtspunkt ist es günstig, die Teilfilter der Grenzfrequenz nach zu ordnen und das mit der niedrigsten Grenz-

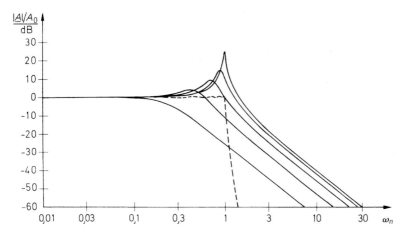

**Abb. 13.17.** Frequenzgang der Verstärkung eines Tschebyscheff-Filters 10. Ordnung mit 0,5 dB Welligkeit sowie der fünf zugehörigen Teilfilter

frequenz an den Eingang zu schalten. Sonst kann die erste Stufe bereits übersteuert werden, wenn am Ausgang der zweiten noch keine Vollaussteuerung auftritt. Das kommt daher, daß die Filterstufen mit der höheren Grenzfrequenz durchweg eine höhere Polgüte besitzen und damit auch einen Anstieg der Verstärkung in der Nähe ihrer Grenzfrequenz aufweisen. Dies erkennt man in Abb. 13.17, in der wir den Frequenzgang der Verstärkung eines 0,5 dB-Tschebyscheff-Tiefpasses 10. Ordnung und seiner fünf Teilfilter eingezeichnet haben. Man sieht, daß man die größte Aussteuerbarkeit dann erhält, wenn man die Filterstufen mit niedriger Grenzfrequenz an den Anfang der Filterkette setzt.

Ein anderer Gesichtspunkt für die Anordnung der Filterstufen kann das Rauschen sein. Diesbezüglich ist gerade die umgekehrte Reihenfolge günstig, weil dann die Teilfilter mit der niedrigen Grenzfrequenz am Ende der Filterkette das Rauschen der Eingangsstufen wieder abschwächen.

Die Dimensionierung soll noch an einem Bessel-Tiefpaß 3. Ordnung demonstriert werden. Er soll mit dem Tiefpaß 1. Ordnung von Abb. 13.10 auf S. 862 und dem Tiefpaß 2. Ordnung von Abb. 13.15 realisiert werden, wobei wir die in Abschnitt 13.4.3 beschriebene Spezialisierung $\alpha = 1$ wählen wollen. Die Gleichspannungsverstärkung des Gesamtfilters soll den Wert Eins besitzen. Um das zu erreichen, muß auch der Impedanzwandler in der Filterstufe 1. Ordnung die Verstärkung $\alpha = 1$ erhalten. Die entstehende Schaltung ist in Abb. 13.18 dargestellt.

Die gewünschte Grenzfrequenz sei $f_g = 100\,\text{Hz}$. Zur Dimensionierung der ersten Filterstufe geben wir $C_{11} = 100\,\text{nF}$ vor und erhalten nach Abschnitt 13.3 mit den Koeffizienten aus Tab. 13.6:

$$R_{11} = \frac{a_1}{2\pi f_g C_{11}} = \frac{0,7560}{2\pi \cdot 100\,\text{Hz} \cdot 100\,\text{nF}} = 12,03\,\text{k}\Omega$$

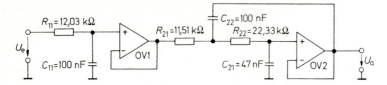

**Abb. 13.18.** Bessel-Tiefpaß dritter Ordnung mit einer Grenzfrequenz $f_g = 100\,\text{Hz}$

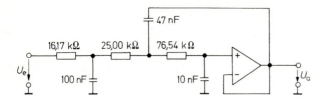

**Abb. 13.19.** Vereinfachtes Bessel-Filter dritter Ordnung mit einer Grenzfrequenz $f_g = 100\,\text{Hz}$

Bei der zweiten Filterstufe geben wir $C_{22} = 100\,\text{nF}$ vor und erhalten nach Abschnitt 13.4.3 für $C_{21}$ die Bedingung:

$$C_{21} \leq C_{22}\frac{a_2^2}{4b_2} = 100\,\text{nF} \cdot \frac{(0{,}9996)^2}{4 \cdot 0{,}4772}$$

$$C_{21} \leq 52{,}3\,\text{nF}$$

Wir wählen den nächsten Normwert $C_{21} = 47\,\text{nF}$ und erhalten:

$$R_{21/22} = \frac{a_2 C_{22} \mp \sqrt{a_2^2 C_{22}^2 - 4b_2 C_{21} C_{22}}}{4\pi f_g C_{21} C_{22}}$$

$$R_{21} = 11{,}51\,\text{k}\Omega, \quad R_{22} = 22{,}33\,\text{k}\Omega$$

Bei Filtern dritter Ordnung ist es möglich, den ersten Operationsverstärker einzusparen. Dadurch wird dem Filter zweiter Ordnung der einfache Tiefpaß von Abb. 13.1 auf S. 839 vorgeschaltet. Durch die gegenseitige Belastung der Filter wird aber eine andere Dimensionierung notwendig, deren Berechnung wesentlich schwieriger ist als im entkoppelten Fall. Abbildung 13.19 zeigt eine solche Schaltung. Sie besitzt dieselben Daten wie die vorhergehende.

## 13.6
## Tiefpaß-Bandpaß-Transformation

Im Abschnitt 13.2 haben wir gezeigt, wie man durch Transformation der Frequenzvariablen einen gegebenen Tiefpaß-Frequenzgang in den entsprechenden Hochpaß-Frequenzgang übersetzen kann. Durch eine ganz ähnliche Transformation kann man auch den Frequenzgang eines Bandpasses erzeugen, indem man in der Tiefpaß-Übertragungsfunktion die Frequenzvariable $s_n$ durch den Ausdruck

$$\frac{1}{\Delta\omega_n}\left(s_n + \frac{1}{s_n}\right) \tag{13.18}$$

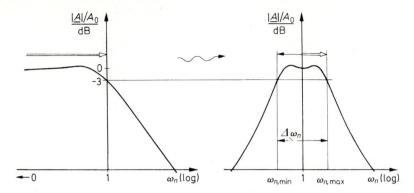

**Abb. 13.20.** Veranschaulichung der Tiefpaß-Bandpaß-Transformation

ersetzt. Durch diese Transformation wird die Amplitudencharakteristik des Tiefpasses vom Bereich $0 \leq \omega_n \leq 1$ in den Durchlaßbereich eines Bandpasses zwischen der Mittenfrequenz $\omega_n = 1$ und der oberen Grenzfrequenz $\omega_{n,\max}$ abgebildet. Außerdem erscheint sie im logarithmischen Frequenzmaßstab an der Mittenfrequenz gespiegelt mit der unteren Grenzfrequenz $\omega_{n,\min} = 1/\omega_{n,\max}$ [13.7]. Abbildung 13.20 veranschaulicht diese Verhältnisse.

Die normierte Bandbreite $\Delta\omega_n = \omega_{n,\max} - \omega_{n,\min}$ ist frei wählbar. Aus der angegebenen Abbildungs-Eigenschaft ergibt sich, daß der Bandpaß bei $\omega_{n,\min}$ und $\omega_{n,\max}$ dieselbe Verstärkung besitzt wie der entsprechende Tiefpaß bei $\omega_n = 1$. Ist der Tiefpaß wie in unserer Tab. 13.6 auf die 3 dB-Grenzfrequenz normiert, stellt $\Delta\omega_n$ die normierte 3 dB-Bandbreite des Bandpasses dar. Mit

$$\Delta\omega_n = \omega_{n,\max} - \omega_{n,\min} \quad \text{und} \quad \omega_{n,\max}\omega_{n,\min} = 1$$

erhalten wir dann die normierten 3 dB-Grenzfrequenzen:

$$\omega_{n,\max/\min} = \frac{1}{2}\sqrt{(\Delta\omega_n)^2 + 4} \pm \frac{1}{2}\Delta\omega_n$$

## 13.6.1
## Bandpaßfilter 2. Ordnung

Den einfachsten Bandpaß erhält man, wenn man die Transformation (13.18) auf einen Tiefpaß 1. Ordnung mit

$$A(s_n) = \frac{A_0}{1 + s_n}$$

anwendet. Damit ergibt sich für den Bandpaß die Übertragungsfunktion 2. Ordnung:

$$A(s_n) = \frac{A_0}{1 + \dfrac{1}{\Delta\omega_n}\left(s_n + \dfrac{1}{s_n}\right)} = \frac{A_0\Delta\omega_n s_n}{1 + \Delta\omega_n s_n + s_n^2} \tag{13.19}$$

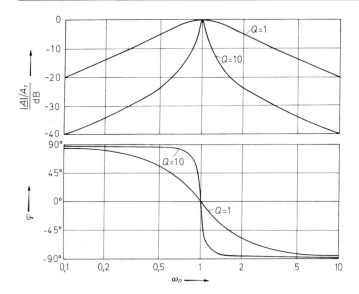

**Abb. 13.21.** Frequenzgang der Amplitude und Phasenverschiebung für Bandpaßfilter 2. Ordnung mit der Güte $Q = 1$ und $Q = 10$

Bei Bandpässen interessiert man sich für die Verstärkung $A_r$ bei der Resonanzfrequenz und die Güte $Q$. Aus den angegebenen Transformationseigenschaften ergibt sich unmittelbar $A_r = A_0$. Dies kann man leicht verifizieren, indem man in (13.19) $\omega_n = 1$, d.h. $s_n = j$ setzt. Da sich für $A_r$ ein reeller Wert ergibt, ist die Phasenverschiebung bei der Resonanzfrequenz gleich Null.

In Analogie zum Schwingkreis definiert man die Güte als das Verhältnis von Resonanzfrequenz $f_r$ zu Bandbreite $B$. Es gilt also:

$$Q = \frac{f_r}{B} = \frac{f_r}{f_{max} - f_{min}} = \frac{1}{\omega_{n,max} - \omega_{n,min}} = \frac{1}{\Delta\omega_n} \qquad (13.20)$$

Durch Einsetzen in (13.19) erhalten wir die Übertragungsfunktion:

$$A(s_n) = \frac{(A_r/Q)s_n}{1 + \dfrac{1}{Q}s_n + s_n^2} \qquad (13.21)$$

Diese Gleichung ermöglicht es, direkt aus der Übertragungsfunktion eines Bandpasses 2. Ordnung alle interessierenden Größen abzulesen.

Aus (13.21) erhalten wir mit $s_n = j\omega_n$ den Frequenzgang der Amplitude und der Phasenverschiebung:

$$|\underline{A}| = \frac{(A_r/Q)\omega_n}{\sqrt{1 + \omega_n^2\left(\dfrac{1}{Q^2} - 2\right) + \omega_n^4}} \qquad (13.22) \qquad\qquad \varphi = \arctan\frac{Q(1-\omega_n^2)}{\omega_n} \qquad (13.23)$$

Die beiden Funktionen sind in Abb. 13.21 für die Güten 1 und 10 aufgezeichnet.

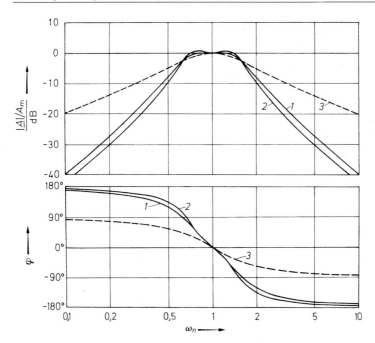

**Abb. 13.22.** Frequenzgang der Amplitude und Phasenverschiebung für Bandpässe mit der Bandbreite $\Delta\omega_n = 1$
Kurve *1*: Butterworth-Bandpaß 4. Ordnung. Kurve *2*: 0,5 dB-Tschebyscheff-Bandpaß 4. Ordnung. Kurve *3*: Bandpaß 2. Ordnung zum Vergleich

## 13.6.2
## Bandpaßfilter 4. Ordnung

Bei Bandpaßfiltern 2. Ordnung wird der Amplitudenfrequenzgang um so spitzer, je größer man die Güte wählt. Es gibt jedoch Anwendungsfälle, bei denen man in der Umgebung der Resonanzfrequenz einen möglichst flachen Verlauf fordern muß und trotzdem einen steilen Übergang in den Sperrbereich benötigt. Diese Optimierungsaufgabe läßt sich durch Anwendung der Tiefpaß-Bandpaß-Transformation auf Tiefpaßfilter höherer Ordnung lösen. Dann hat man die Möglichkeit, außer der Bandbreite $\Delta\omega_n$ den geeigneten Filtertyp frei zu wählen.

Von besonderer Bedeutung ist die Anwendung der Tiefpaß-Bandpaß-Transformation auf Tiefpässe 2. Ordnung. Sie führt auf Bandpässe 4. Ordnung, die wir im folgenden etwas näher untersuchen wollen. Durch Einsetzen der Transformationsgleichung (13.18) in die Tiefpaßgleichung 2. Ordnung (13.17) erhalten wir die Bandpaß-Übertragungsfunktion:

$$A(s_n) = \frac{s_n^2 A_0 (\Delta\omega_n)^2 / b_1}{1 + \dfrac{a_1}{b_1}\Delta\omega_n s_n + \left[2 + \dfrac{(\Delta\omega_n)^2}{b_1}\right] s_n^2 + \dfrac{a_1}{b_1}\Delta\omega_n s_n^3 + s_n^4} \qquad (13.24)$$

Man erkennt, daß der Amplitudenfrequenzgang bei tiefen und hohen Frequenzen eine Asymptotensteigung von $\pm 12$ dB/Oktave besitzt. Bei der Mittenfrequenz $\omega_n = 1$ wird die Verstärkung reell und besitzt den Wert $A_m = A_0$.

In Abb. 13.24 haben wir den Frequenzgang der Amplitude und der Phase für einen Butterworth-Bandpaß und einen 0,5 dB-Tschebyscheff-Bandpaß mit einer normierten Bandbreite $\Delta\omega_n = 1$ aufgezeichnet. Zum Vergleich ist der Frequenzgang eines Bandpasses 2. Ordnung mit derselben Bandbreite eingezeichnet.

Wie bei den Tiefpaßfiltern wollen wir zur Vereinfachung der Realisierung den Nenner in Faktoren zweiten Grades zerlegen. Aus Symmetriegründen können wir einen vereinfachten Ansatz wählen. Wir setzen:

$$A(s_n) = \frac{s_n^2 A_m (\Delta\omega_n)^2 / b_1}{\left[1 + \dfrac{\alpha s_n}{Q_i} + (\alpha s_n)^2\right]\left[1 + \dfrac{1}{Q_i}\left(\dfrac{s_n}{\alpha}\right) + \left(\dfrac{s_n}{\alpha}\right)^2\right]} \tag{13.25}$$

Durch Ausmultiplizieren und Koeffizientenvergleich mit (13.24) erhalten wir für $\alpha$ die Bestimmungsgleichung:

$$\alpha^2 + \left[\frac{\alpha\Delta\omega_n a_1}{b_1(1+\alpha^2)}\right]^2 + \frac{1}{\alpha^2} - 2 - \frac{(\Delta\omega_n)^2}{b_1} = 0 \tag{13.26}$$

Sie kann für den entsprechenden Anwendungsfall leicht mit Hilfe eines Taschenrechners numerisch gelöst werden. Nach der Bestimmung von $\alpha$ erhält man die Polgüte $Q_i$ der Teilfilter zu:

$$Q_i = \frac{(1+\alpha^2)b_1}{\alpha\Delta\omega_n a_1} \tag{13.27}$$

Je nach Zerlegung des Zählers erhält man zwei verschiedene Realisierungsmöglichkeiten: Die Aufspaltung in einen konstanten Faktor und einen Faktor, der $s_n^2$ enthält, führt auf die Reihenschaltung eines Hochpasses mit einem Tiefpaß. Diese Realisierung ist bei großer Bandbreite $\Delta\omega_n$ vorteilhaft.

Bei kleiner Bandbreite $\Delta\omega_n \lesssim 1$ verwendet man besser die Reihenschaltung zweier Bandpässe 2. Ordnung, die etwas gegeneinander verstimmt sind. Dieses Verfahren wird als „staggered tuning" bezeichnet. Zur Dimensionierung der Bandpässe zerlegen wir den Zähler von (13.25) in zwei Faktoren mit $s_n$ gemäß:

$$A(s_n) = \frac{(A_r/Q_i)(\alpha s_n)}{1 + \dfrac{\alpha s_n}{Q_i} + (\alpha s_n)^2} \cdot \frac{(A_r/Q_i)(s_n/\alpha)}{1 + \dfrac{1}{Q_i}\left(\dfrac{s_n}{\alpha}\right) + \left(\dfrac{s_n}{\alpha}\right)^2} \tag{13.28}$$

Durch Koeffizientenvergleich mit (13.25) und (13.21) erhalten wir die Dimensionierung der Teilfilter:

|               | $f_r$          | $Q$   | $A_r$                             |
|---------------|----------------|-------|-----------------------------------|
| 1. Teilfilter | $f_m/\alpha$   | $Q_i$ | $Q_i\Delta\omega_n\sqrt{A_m/b_1}$ |
| 2. Teilfilter | $f_m \cdot \alpha$ | $Q_i$ | $Q_i\Delta\omega_n\sqrt{a_m/b_1}$ |

$$\tag{13.29}$$

Darin ist $f_m$ die Mittenfrequenz des resultierenden Bandpaßfilters und $A_m$ die Verstärkung bei der Mittenfrequenz. Die Größen $\alpha$ und $Q_i$ erhält man aus (13.26) und (13.27).

Die Dimensionierung der Teilfilter sei noch an einem Zahlenbeispiel erläutert: Gesucht ist ein Butterworth-Bandpaß mit einer Mittenfrequenz von 1 kHz und einer Bandbreite von 100 Hz. Die Verstärkung bei der Mittenfrequenz soll $A_m = 1$ betragen. Zunächst entnehmen wir der Tab. 13.6 für ein Butterworth-Tiefpaßfilter 2. Ordnung die Koeffizienten $a_1 = 1{,}4142$ und $b = 1$. Mit $\Delta\omega_n = 0{,}1$ erhalten wir aus (13.26) $\alpha = 1{,}0360$. Gleichung (13.27) liefert $Q_i = 14{,}15$. Aus (13.29) ergibt sich $A_r = 1{,}415$, $f_{r1} = 965\,\text{Hz}$ und $f_{r2} = 1{,}036\,\text{kHz}$.

## 13.7
## Realisierung von Bandpaßfiltern 2. Ordnung

Schaltet man wie in Abb. 13.23 einen Tiefpaß und einen Hochpaß 1. Ordnung in Reihe, erhält man einen Bandpaß mit der Übertragungsfunktion:

$$A(s) = \frac{1}{1 + \dfrac{1}{\alpha s\, RC}} \cdot \frac{1}{1 + \dfrac{s\,RC}{\alpha}} = \frac{\alpha s\, RC}{1 + \dfrac{1 + \alpha^2}{\alpha} s\, RC + (s\, RC)^2}$$

Mit der Resonanzfrequenz $\omega_r = 1/RC$ ergibt sich die normierte Form. Durch Koeffizientenvergleich mit (13.21) erhalten wir die Güte:

$$Q = \frac{\alpha}{1 + \alpha^2}$$

Bei $\alpha = 1$ besitzt sie den Maximalwert $Q_{\max} = \frac{1}{2}$. Das ist also die größte Güte, die sich durch Reihenschaltung von Filtern 1. Ordnung erzielen läßt. Bei höheren Güten bekommt der Nenner von Gl. (13.21) komplexe Nullstellen. Eine solche Übertragungsfunktion ist aber nur mit $LRC$-Schaltungen oder mit speziellen aktiven $RC$-Schaltungen realisierbar, die wir im folgenden behandeln wollen.

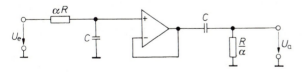

**Abb. 13.23.** Bandpaßfilter aus Tief- und Hochpaß erster Ordnung

$$A(s_n) = \frac{\alpha s_n}{1 + \dfrac{1 + \alpha^2}{\alpha} s_n + s_n^2}$$

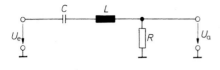

**Abb. 13.24.** $LRC$-Bandpaßfilter

$$A(s_n) = \frac{R\sqrt{\dfrac{C}{L}}\,s_n}{1 + R\sqrt{\dfrac{C}{L}}\,s_n + s_n^2}$$

### 13.7.1
### *LRC*-Filter

Die herkömmliche Methode, selektive Filter mit höherer Güte zu realisieren, ist die Verwendung von Schwingkreisen. Abbildung 13.24 zeigt eine solche Schaltung. Ihre Übertragungsfunktion lautet:

$$A(s) = \frac{s\,RC}{1 + s\,RC + s^2 LC}$$

Mit der Resonanzfrequenz $\omega_r = 1/\sqrt{LC}$ folgt daraus die normierte Darstellung, wie sie in Abb. 13.24 angegeben ist.

Der Koeffizientenvergleich mit (13.21) liefert:

$$Q = \frac{1}{R}\sqrt{\frac{L}{C}} \quad \text{und} \quad A_r = 1$$

Im Hochfrequenzbereieh lassen sich die benötigten Induktivitäten leicht mit geringen Verlusten realisieren. Im Niederfrequenzbereich werden die Induktivitäten jedoch unhandlich groß und besitzen schlechte elektrische Eigenschaften. Will man z.B. mit der Schaltung in Abb. 13.24 ein Filter mit der Resonanzfrequenz $f_r = 10\,\mathrm{Hz}$ aufbauen, wird bei einer Kapazität von $10\,\mu\mathrm{F}$ eine Induktivität $L = 25{,}3\,\mathrm{H}$ erforderlich. Wie bei den Tief- und Hochpaßfiltern in Abschnitt 13.4.1 schon gezeigt wurde, kann man solche Induktivitäten z.B. mit Hilfe von Gyratoren simulieren. Schaltungstechnisch ist es jedoch meist einfacher, die gewünschte Übertragungsfunktion (13.21) direkt durch eine spezielle $RC$-Rückkopplung eines Operationsverstärkers zu erzeugen.

### 13.7.2
### Bandpaß mit Mehrfachgegenkopplung

Das Prinzip der Mehrfachgegenkopplung läßt sich auch auf Bandpässe anwenden. Die entsprechende Schaltung ist in Abb. 13.25 dargestellt. Wie man durch Vergleich mit Gl. (13.21) erkennt, muß der Koeffizient von $s_n^2$ gleich 1 sein. Daraus folgt die Resonanzfrequenz:

$$f_r = \frac{1}{2\pi C}\sqrt{\frac{R_1 + R_3}{R_1 R_2 R_3}} \tag{13.30}$$

Setzt man diese Beziehung in die Übertragungsfunktion ein und vergleicht die übrigen Koeffizienten mit (13.21), erhält man die weiteren Ergebnisse:

$$-A_r = \frac{R_2}{2R_1} \tag{13.31}$$

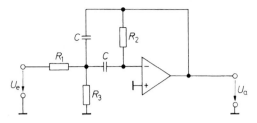

**Abb. 13.25.** Bandpaßfilter mit Mehrfachgegenkopplung

$$A(s_n) = \frac{-\dfrac{R_2 R_3}{R_1 + R_3} C\omega_r s_n}{1 + \dfrac{2R_1 R_3}{R_1 + R_3} C\omega_r s_n + \dfrac{R_1 R_2 R_3}{R_1 + R_3} C^2 \omega_r^2 s_n^2}$$

$$Q = \frac{1}{2} \sqrt{\frac{R_2(R_1 + R_3)}{R_1 R_3}} = \pi R_2 C f_r \tag{13.32}$$

Man sieht, daß sich Verstärkung, Güte und Resonanzfrequenz frei wählen lassen. Für die Bandbreite des Filters erhalten wir aus (13.32):

$$B = \frac{f_r}{Q} = \frac{1}{\pi R_2 C}$$

Sie ist also von $R_1$ und $R_3$ unabhängig. Andererseits erkennt man in Gl. (13.31), daß $A_r$ nicht von $R_3$ abhängt. Daher hat man die Möglichkeit, mit $R_3$ die Resonanzfrequenz zu variieren, ohne dabei die Bandbreite und die Verstärkung $A_r$ zu beeinflussen.

Läßt man den Widerstand $R_3$ weg, bleibt das Filter funktionsfähig, aber die Güte wird von $A_r$ abhängig. Aus (13.32) folgt nämlich für $R_3 \to \infty$:

$$-A_r = 2Q^2$$

Damit die Schleifenverstärkung der Schaltung groß gegenüber 1 ist, muß die Differenzverstärkung des Operationsverstärkers groß gegenüber $2Q^2$ sein. Mit dem Widerstand $R_3$ lassen sich auch bei niedriger Verstärkung $A_r$ hohe Güten erzielen. Wie man in Abb. 13.25 erkennt, kommt die niedrigere Verstärkung jedoch lediglich dadurch zustande, daß das Eingangssignal im Spannungsteiler $R_1$, $R_3$ abgeschwächt wird. Daher muß der Operationsverstärker auch in diesem Fall eine Leerlaufverstärkung besitzen, die groß gegenüber $2Q^2$ ist. Diese Forderung ist deshalb besonders hart, weil sie auch bei der Resonanzfrequenz noch erfüllt sein muß. Darauf ist bei der Auswahl des Operationsverstärkers insbesondere bei höheren Frequenzen zu achten.

Die Dimensionierung der Schaltung soll noch an einem Zahlenbeispiel erläutert werden: Ein selektives Filter soll die Resonanzfrequenz $f_r = 10\,\text{Hz}$ und die Güte $Q = 100$ besitzen. Die Grenzfrequenzen haben also etwa den Wert $9{,}95\,\text{Hz}$ und $10{,}05\,\text{Hz}$. Die Verstärkung bei der Resonanzfrequenz soll $A_r = -10$

sein. Man kann nun eine Größe frei wählen, z.B. $C = 1\,\mu\text{F}$, und die übrigen berechnen. Zunächst ergibt sich aus (13.32):

$$R_2 = \frac{Q}{\pi f_r C} = 3{,}18\,\text{M}\Omega_\text{n}$$

Damit erhält man aus (13.31):

$$R_1 = \frac{R_2}{-2A_r} = 159\,\text{k}\Omega$$

Der Widerstand $R_3$ ergibt sich aus (13.30):

$$R_3 = \frac{-A_r R_1}{2Q^2 + A_r} = 79{,}5\,\Omega$$

Die Differenzverstärkung des Operationsverstärkers muß bei der Resonanzfrequenz noch groß gegenüber $2Q^2 = 20\,000$ sein.

Die Schaltung besitzt den Vorteil, daß sie auch bei nicht ganz exakter Dimensionierung nicht zu selbständigen Schwingungen auf der Resonanzfrequenz neigt. Voraussetzung ist natürlich eine richtige Frequenzkorrektur des Operationsverstärkers; sonst treten hochfrequente Schwingungen auf.

### 13.7.3
### Bandpaß mit Einfachmitkopplung

Die Anwendung der Einfachmitkopplung führt auf die Bandpaßschaltung in Abb. 13.26. Durch die Gegenkopplung über die Widerstände $R_1$ und $(k - 1)R_1$ wird die innere Verstärkung auf den Wert $k$ festgelegt. Durch Koeffizientenvergleich mit (13.21) folgen aus der Übertragungsfunktion die angegebenen Dimensionierungsgleichungen.

Nachteilig ist, daß sich $Q$ und $A_r$ nicht unabhängig voneinander wählen lassen. Ein Vorteil ist jedoch, daß sich die Güte durch Variation von $k$ verändern läßt, ohne daß sich dadurch die Resonanzfrequenz ändert.

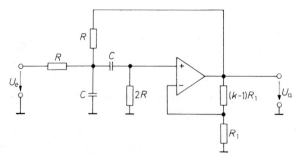

**Abb. 13.26.** Bandpaßfilter mit Einfachmitkopplung

$$A(s_n) = \frac{kRC\omega_r s_n}{1 + RC\omega_r(3 - k)s_n + R^2C^2\omega_r^2 s_n^2}$$

*Resonanzfrequenz:* $f_r = \dfrac{1}{2\pi RC}$   *Verstärkung:* $A_r = \dfrac{k}{3 - k}$   *Güte:* $Q = \dfrac{1}{3 - k}$

Für $k = 3$ wird die Verstärkung unendlich groß, d.h. es tritt eine ungedämpfte Schwingung auf. Die Einstellung der inneren Verstärkung $k$ wird also um so kritischer, je näher sie dem Wert 3 kommt.

## 13.8
## Tiefpaß-Bandsperren-Transformation

Zur selektiven Unterdrückung einer bestimmten Frequenz benötigt man ein Filter, dessen Verstärkung bei der Resonanzfrequenz Null ist und bei höheren und tieferen Frequenzen auf einen konstanten Wert ansteigt. Solche Filter nennt man *Sperrfilter* oder *Bandsperren*. Zur Charakterisierung der Selektivität definiert man eine *Unterdrückungsgüte* $Q = f_r/B$. Darin ist $B$ die 3 dB-Bandbreite. Je größer die Güte des Filters ist, desto steiler fällt die Verstärkung in der Nähe der Resonanzfrequenz $f_r$ ab.

Wie beim Bandpaß kann man auch bei der Bandsperre den Amplitudenfrequenzgang durch eine geeignete Frequenztransformation aus dem Frequenzgang eines Tiefpaßfilters erzeugen. Dazu ersetzt man die Variable $s_n$ durch den Ausdruck:

$$\frac{\Delta\omega_n}{s_n + \dfrac{1}{s_n}} \tag{13.33}$$

Darin ist $\Delta\omega_n = 1/Q$ wieder die normierte 3 dB-Bandbreite. Durch diese Transformation wird die Amplitudencharakteristik des Tiefpasses vom Bereich $0 \leq \omega_n \leq 1$ in den Durchlaßbereich der Bandsperre zwischen $0 \leq \omega_n \leq \omega_{n,g1}$ abgebildet. Außerdem erscheint sie im logarithmischen Maßstab an der Resonanzfrequenz gespiegelt. Bei der Resonanzfrequenz $\omega_n = 1$ besitzt die Übertragungsfunktion eine Nullstelle. Wie beim Bandpaß verdoppelt sich durch die Transformation die Ordnung des Filters. Besonders interessant ist die Anwendung der Transformation auf einen Tiefpaß erster Ordnung. Sie führt auf eine Bandsperre zweiter Ordnung mit der Übertragungsfunktion:

$$A(s_n) = \frac{A_0(1 + s_n^2)}{1 + \Delta\omega_n s_n + s_n^2} = \frac{A_0(1 + s_n^2)}{1 + \dfrac{1}{Q}s_n + s_n^2} \tag{13.34}$$

Daraus erhalten wir für den Frequenzgang der Amplitude und der Phase die Beziehungen:

$$|\underline{A}| = \frac{A_0|(1 - \omega_n^2)|}{\sqrt{1 + \omega_n^2\left(\dfrac{1}{Q^2} - 2\right) + \omega_n^4}}, \qquad \varphi = \arctan\frac{\omega_n}{Q(\omega_n^2 - 1)}$$

Der Verlauf ist in Abb. 13.27 für die Unterdrückungsgüten 1 und 10 aufgezeichnet.

Der Nenner von (13.34) ist identisch mit demjenigen von (13.21) für Bandpaßfilter. Wie dort schon gezeigt wurde, kann man mit passiven *RC-*

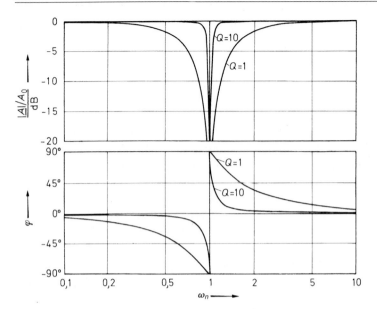

**Abb. 13.27.** Frequenzgang der Amplitude und Phasenverschiebung für Bandsperren 2. Ordnung mit der Güte $Q = 1$ und $Q = 10$

Schaltungen maximal eine Güte $Q = \frac{1}{2}$ erreichen. Für höhere Güten benötigt man $LCR$-Schaltungen oder spezielle aktive $RC$-Schaltungen.

## 13.9
## Realisierung von Sperrfiltern 2. Ordnung

### 13.9.1
### *LRC*-Sperrfilter

Eine altbekannte Methode zur Realisierung von Sperrfiltern beruht auf der Verwendung von Saugkreisen wie in Abb. 13.28. Bei der Resonanzfrequenz stellt der Serien-Schwingkreis einen Kurzschluß dar, und die Ausgangsspannung wird Null. Die Übertragungsfunktion der Schaltung lautet:

$$A(s) = \frac{1 + s^2 LC}{1 + s\,RC + s^2 LC}$$

Daraus ergibt sich die Resonanzfrequenz $\omega_r = 1/\sqrt{LC}$, und wir erhalten die normierte Form, wie sie in Abb. 13.28 angegeben ist. Die Unterdrückungsgüte ergibt sich durch Koeffizientenvergleich mit Gl. (13.34) zu:

$$Q = \frac{1}{R}\sqrt{\frac{L}{C}}$$

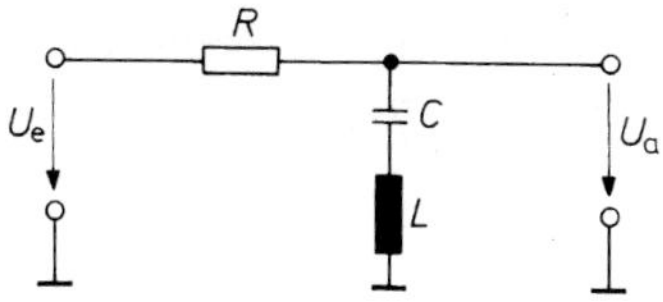

**Abb. 13.28.** $LRC$-Sperrfilter

$$A(s_n) = \frac{1 + s_n^2}{1 + R\sqrt{\dfrac{C}{L}}\, s_n + s_n^2}$$

Dies gilt jedoch nur, wenn die Spule verlustfrei ist. Sonst geht die Ausgangsspannung gar nicht bis auf Null. Im übrigen gelten für den Einsatz von Induktivitäten dieselben Gesichtspunkte wie bei den selektiven Filtern.

## 13.9.2
## Aktive Doppel-T-Bandsperre

Wie im Abschnitt 26.2.6 gezeigt wurde, stellt das Doppel-T-Filter ein passives $RC$-Sperrfilter dar. Aus (26.24) ergibt sich die Unterdrückungsgüte zu $Q = 0{,}25$. Sie läßt sich erhöhen, indem man das Doppel-T-Filter in die Rückkopplung eines Verstärkers einbezieht. Eine Möglichkeit dazu zeigt Abb. 13.29.

Bei hohen und tiefen Frequenzen überträgt das Doppel-T-Filter das Eingangssignal unverändert. Die Ausgangsspannung des Impedanzwandlers wird dann $k\underline{U}_e$. Bei der Resonanzfrequenz wird die Ausgangsspannung Null. In diesem Fall wirkt das Doppel-T-Filter so, als ob der Widerstand $R/2$ an Masse angeschlossen wäre. Daher bleibt die Resonanzfrequenz $f_r = 1/2\pi RC$ unverändert.

Aus der Übertragungsfunktion kann man unmittelbar die angegebenen Filterdaten ablesen. Gibt man dem Spannungsfolger die Verstärkung 1, wird $Q = 0{,}5$. Erhöht man die Verstärkung, strebt $Q$ gegen $\infty$, wenn $k$ gegen 2 geht.

Voraussetzung für das richtige Funktionieren der Schaltung ist der optimale Abgleich des Doppel-T-Filters bezüglich Resonanzfrequenz und Verstärkung. Er

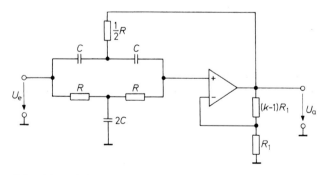

**Abb. 13.29.** Aktive Doppel-T-Bandsperre

$$A(s_n) = \frac{k(1 + s_n^2)}{1 + 2(2 - k)s_n + s_n^2}$$

Resonanzfrequenz: $\quad f_r = \dfrac{1}{2\pi RC}$

Verstärkung: $\quad A_0 = k$

Unterdrückungsgüte: $\quad Q = \dfrac{1}{2(2 - k)}$

ist bei höheren Güten schlecht durchzuführen, da man bei Veränderung eines
Widerstandes immer gleichzeitig beide Parameter beeinflußt. In dieser Beziehung
ist das aktive Wien–Robinson-Sperrfilter günstiger.

### 13.9.3
### Aktive Wien–Robinson-Bandsperre

Wie wir in Abschnitt 26.2.5 gesehen haben, ist die Wien–Robinson-Brücke ebenfalls ein Sperrfilter. Ihre Güte ist allerdings auch nicht viel größer als die des
Doppel-T-Filters. Sie läßt sich jedoch ebenfalls durch Einbeziehen des Filters in
die Rückkopplungsschleife eines Verstärkers auf beliebige Werte vergrößern. Die
entsprechende Schaltung ist in Abb. 13.30 dargestellt. Ihre Übertragungsfunktion
ergibt sich aus der Beziehung für die Wien–Robinson-Brücke (26.23):

$$\underline{U}_a \;=\; \frac{1 + s_n^2}{1 + 3s_n + s_n}\underline{U}_1$$

Daraus ergeben sich unmittelbar die angegebenen Filterdaten. Zur Dimensionierung der Schaltung gibt man $f_r$, $A_0$, $Q$ und $C$ vor und erhält dann:

$$R_2 \;=\; \frac{1}{2\pi f_r C}, \quad \alpha \;=\; 3Q - 1 \quad \text{und} \quad \beta = -3A_0 Q$$

Zur Abstimmung der Resonanzfrequenz des Filters kann man die beiden
Widerstände $R_2$ durchstimmen und die Kondensatoren $C$ in Stufen umschalten. Wenn infolge mangelnder Gleichlauftoleranzen die Resonanzfrequenz nicht
vollständig unterdrückt wird, kann man den Feinabgleich durch geringfügige
Variation des Widerstandes $2R_3$ vornehmen.

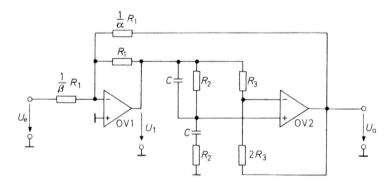

**Abb. 13.30.** Aktive Wien–Robinson-Bandsperre

$$A(s_n) = -\,\frac{\dfrac{\beta}{1+\alpha}(1 + s_n^2)}{1 + \dfrac{3}{1+\alpha}s_n + s_n^2}$$

Resonanzfrequenz: $\quad f_r = \dfrac{1}{2\pi R_2 C}$

Verstärkung: $\quad A_0 = -\dfrac{\beta}{1+\alpha}$

Unterdrückungsgüte: $\quad Q = \dfrac{1+\alpha}{3}$

## 13.10
## Allpässe

### 13.10.1
### Grundlagen

Bei den bisher besprochenen Filtern hat es sich um Schaltungen gehandelt, bei denen die Verstärkung und die Phasenverschiebung von der Frequenz abhängig waren. In diesem Abschnitt wollen wir Schaltungen untersuchen, deren Verstärkung konstant ist, die aber trotzdem eine frequenzabhängige Phasenverschiebung verursachen. Solche Schaltungen werden als Allpässe bezeichnet. Man verwendet sie zur Phasenentzerrung und zur Signalverzögerung.

Zunächst wollen wir zeigen, wie man vom Frequenzgang eines Tiefpasses zum Frequenzgang eines Allpasses gelangt. Dazu ersetzt man im Zähler von (13.11) den konstanten Faktor $A_0$ durch den konjugiert komplexen Nenner und erhält dann die konstante Verstärkung 1 und die doppelte Phasenverschiebung:

$$A(s_n) = \frac{\prod_i (1 - a_i s_n + b_i s_n^2)}{\prod_i (1 + a_i s_n + b_i s_n^2)} = \frac{\prod_i \sqrt{(1 - b_i \omega_n^2)^2 + a_i^2 \omega_n^2}\, e^{-j\alpha}}{\prod_i \sqrt{(1 - b_i \omega_n^2)^2 + a_i^2 \omega_n^2}\, e^{+j\alpha}} \qquad (13.35)$$

$$= 1 \cdot e^{-2j\alpha} = e^{j\varphi}$$

Darin ist:

$$\varphi = -2\alpha = -2 \sum_i \arctan \frac{a_i \omega_n}{1 - b_i \omega_n^2} \qquad (13.36)$$

Von besonderem Interesse ist die Anwendung von Allpässen zur Signalverzögerung. Eine Voraussetzung zur unverzerrten Signalübertragung ist eine konstante Verstärkung; sie ist bei den Allpässen von vornherein erfüllt. Die zweite Voraussetzung ist, daß die Gruppenlaufzeit der Schaltung für alle auftretenden Frequenzen konstant ist. Filter, die diese Forderung am besten erfüllen, haben wir schon in Form der Bessel Tiefpässe kennengelernt, bei denen die Gruppenlaufzeit im Butterworthschen Sinne approximiert wurde. Um einen „Butterworth-Allpaß" zu erhalten, braucht man also lediglich die Besselkoeffizienten in (13.35) einzusetzen.

Es ist jedoch zweckmäßig, die so erhaltenen Frequenzgänge umzunormieren, weil die 3 dB-Grenzfrequenz der Tiefpässe hier ihren Sinn verliert. Daher haben wir die Koeffizienten $a_1$ und $b_1$ so umgerechnet, daß die Gruppenlaufzeit bei $\omega_n = 1$ auf das $1/\sqrt{2}$-fache des Wertes bei niedrigen Frequenzen abgesunken ist. Die so erhaltenen Koeffizienten sind in Tab. 13.8 bis zur 10. Ordnung tabelliert.

Die Gruppenlaufzeit ist diejenige Zeit, um die das Signal im Allpaß verzögert wird. Sie ergibt sich aus (13.36) gemäß der Definition in (13.9b) zu

$$T_{gr} = \frac{t_{gr}}{T_g} = t_{gr} \cdot f_g = -\frac{1}{2\pi} \cdot \frac{d\varphi}{d\omega_n} = \frac{1}{\pi} \sum_i \frac{a_i(1 + b_i \omega_n^2)}{1 + (a_i^2 - 2b_i)\omega_n^2 + b_i^2 \omega_n^4} \quad (13.37)$$

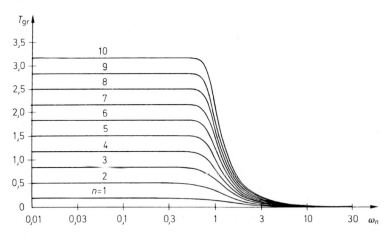

**Abb. 13.31.** Frequenzgang der Gruppenlaufzeit für 1. bis 10. Ordnung

und besitzt demnach bei tiefen Frequenzen den Wert

$$T_{gr\,0} \;=\; \frac{1}{\pi} \sum_i a_i,$$

der für jede Ordnung in Tab. 13.8 mit angegeben ist. Außerdem ist die Polgüte $Q_i = \sqrt{b_i}/a_i$ angegeben. Da sie durch die Umnormierung nicht beeinflußt wird, hat sie dieselben Werte wie bei den Bessel-Filtern.

Um eine Kontrolle von aufgebauten Teilfiltern zu ermöglichen, haben wir in Tab. 13.8 zusätzlich die Größe $f_i/f_g$ aufgeführt. Dabei ist $f_i$ diejenige Frequenz, bei der die Phasenverschiebung des betreffenden Teilfilters $-180°$ bei zweiter Ordnung bzw. $-90°$ bei erster Ordnung erreicht. Diese Frequenz ist wesentlich leichter zu messen als die Grenzfrequenz der Gruppenlaufzeit.

Der Frequenzgang der Gruppenlaufzeit ist in Abb. 13.31 für Allpässe erster bis zehnter Ordnung graphisch dargestellt.

In welcher Reihenfolge man bei der Dimensionierung eines Allpasses vorgeht, soll folgendes Zahlenbeispiel erläutern: Ein Signal mit einem Frequenzspektrum von 0 bis 1 kHz soll um $t_{gr\,0} = 2\,\text{ms}$ verzögert werden. Damit keine zu großen Phasenverzerrungen auftreten, muß die Grenzfrequenz des Allpasses $f_g \geq 1\,\text{kHz}$ sein. Nach (13.37) folgt daraus die Forderung:

$$T_{gr\,0} \geq 2\,\text{ms} \cdot 1\,\text{kHz} \;=\; 2{,}00.$$

Aus Tab. 13.8 kann man entnehmen, daß man dazu mindestens ein Filter 7. Ordnung benötigt. Bei ihm ist $T_{gr\,0} = 2{,}1737$. Damit die Gruppenlaufzeit genau 2 ms beträgt, muß nach (13.37) die Grenzfrequenz

$$f_g \;=\; \frac{T_{gr\,0}}{t_{gr\,0}} \;=\; \frac{2{,}1737}{2\,\text{ms}} \;=\; 1{,}087\,\text{kHz}$$

gewählt werden.

| $n$ | $i$ | $a_i$ | $b_i$ | $f_i/f_g$ | $Q_i$ | $T_{gr\,0}$ |
|---|---|---|---|---|---|---|
| 1 | 1 | 0,6436 | 0,0000 | 1,554 | – | 0,2049 |
| 2 | 1 | 1,6278 | 0,8832 | 1,064 | 0,58 | 0,5181 |
| 3 | 1 | 1,1415 | 0,0000 | 0,876 | – | 0,8437 |
|   | 2 | 1,5092 | 1,0877 | 0,959 | 0,69 | |
| 4 | 1 | 2,3370 | 1,4878 | 0,820 | 0,52 | 1,1738 |
|   | 2 | 1,3506 | 1,1837 | 0,919 | 0,81 | |
| 5 | 1 | 1,2974 | 0,0000 | 0,771 | – | 1,5060 |
|   | 2 | 2,2224 | 1,5685 | 0,798 | 0,56 | |
|   | 3 | 1,2116 | 1,2330 | 0,901 | 0,92 | |
| 6 | 1 | 2,6117 | 1,7763 | 0,750 | 0,51 | 1,8395 |
|   | 2 | 2,0706 | 1,6015 | 0,790 | 0,61 | |
|   | 3 | 1,0967 | 1,2596 | 0,891 | 1,02 | |
| 7 | 1 | 1,3735 | 0,0000 | 0,728 | – | 2,1737 |
|   | 2 | 2,5320 | 1,8169 | 0,742 | 0,53 | |
|   | 3 | 1,9211 | 1,6116 | 0,788 | 0,66 | |
|   | 4 | 1,0023 | 1,2743 | 0,886 | 1,13 | |
| 8 | 1 | 2,7541 | 1,9420 | 0,718 | 0,51 | 2,5084 |
|   | 2 | 2,4174 | 1,8300 | 0,739 | 0,56 | |
|   | 3 | 1,7850 | 1,6101 | 0,788 | 0,71 | |
|   | 4 | 0,9239 | 1,2822 | 0,883 | 1,23 | |
| 9 | 1 | 1,4186 | 0,0000 | 0,705 | – | 2,8434 |
|   | 2 | 2,6979 | 1,9659 | 0,713 | 0,52 | |
|   | 3 | 2,2940 | 1,8282 | 0,740 | 0,59 | |
|   | 4 | 1,6644 | 1,6027 | 0,790 | 0,76 | |
|   | 5 | 0,8579 | 1,2862 | 0,882 | 1,32 | |
| 10 | 1 | 2,8406 | 2,0490 | 0,699 | 0,50 | 3,1786 |
|   | 2 | 2,6120 | 1,9714 | 0,712 | 0,54 | |
|   | 3 | 2,1733 | 1,8184 | 0,742 | 0,62 | |
|   | 4 | 1,5583 | 1,5923 | 0,792 | 0,81 | |
|   | 5 | 0,8018 | 1,2877 | 0,881 | 1,42 | |

**Tab. 13.8.** Allpaß-Koeffizienten für maximal flache Gruppenlaufzeit

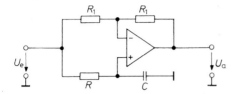

**Abb. 13.32.** Allpaß erster Ordnung

$$A(s_n) = \frac{1 - s\,RC}{1 + s\,RC} = \frac{1 - RC\omega_g s_n}{1 + RC\omega_g s_n}$$

## 13.10.2
### Realisierung von Allpässen 1. Ordnung

Wie man leicht sieht, besitzt die Schaltung in Abb. 13.32 bei tiefen Frequenzen die Verstärkung +1 und bei hohen Frequenzen −1. Die Phasenverschiebung geht also von 0 auf − 180°. Die Schaltung ist dann ein Allpaß, wenn der Betrag der Verstärkung auch bei mittleren Frequenzen gleich 1 ist. Um dies nachzuweisen, betrachten wir die Übertragungsfunktion in Abb. 13.32. Der Betrag der Verstärkung ist offensichtlich konstant gleich Eins. Der Koeffizientenvergleich mit (13.35) liefert die Dimensionierung:

$$RC = \frac{a_1}{2\pi f_g}$$

Für den niederfrequenten Grenzwert der Gruppenlaufzeit ergibt sich mit (13.37):

$$t_{gr\,0} = 2RC$$

Der Allpaß 1. Ordnung in Abb. 13.32 läßt sich sehr gut als Weitwinkel-Phasenschieber einsetzen. Man kann durch Variation des Widerstandes $R$ Phasenverschiebungen zwischen 0 und − 180° einstellen, ohne die Amplitude zu beeinflussen. Die Phasenverschiebung beträgt:

$$\varphi = -2\arctan(\omega RC)$$

## 13.10.3
### Realisierung von Allpässen 2. Ordnung

Einen Allpaß zweiter Ordnung kann man beispielsweise dadurch realisieren, daß man von der Eingangsspannung die Ausgangsspannung eines Bandpasses subtrahiert. Dann lautet die Übertragungsfunktion der Anordnung:

$$A(s_n') = 1 - \frac{\dfrac{A_r}{Q}s_n'}{1 + \dfrac{1}{Q}s_n' + s_n'^{\,2}} = \frac{1 + \dfrac{1 - A_r}{Q}s_n' + s_n'^{\,2}}{1 + \dfrac{1}{Q}s_n' + s_n'^{\,2}}$$

Man erkennt, daß sich für $A_r = 2$ die Übertragungsgleichung eines Allpasses ergibt. Sie ist jedoch noch nicht auf die Grenzfrequenz des Allpasses normiert, sondern auf die Resonanzfrequenz des selektiven Filters. Um zu der richtigen Normierung zu gelangen, setzen wir

$$\omega_g = \beta\omega_r$$

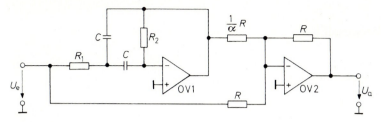

**Abb. 13.33.** Allpaß zweiter Ordnung

$$A(s_n) = -\frac{1 + (2R_1 - \alpha R_2)C\omega_g s_n + R_1 R_2 C^2 \omega_g^2 s_n^2}{1 + 2R_1 C\omega_g s_n + R_1 R_2 C^2 \omega_g^2 s_n^2}$$

und erhalten:

$$s_n' = \frac{s}{\omega_r} = \frac{\beta s}{\omega_g} = \beta s_n$$

Damit lautet die Übertragungsfunktion:

$$A(s_n) = \frac{1 - \dfrac{\beta}{Q}s_n + \beta^2 s_n^2}{1 + \dfrac{\beta}{Q}s_n + \beta^2 s_n^2}$$

Der Koeffizientenvergleich mit (13.35) liefert:

$$a_1 = \frac{\beta}{Q} \quad \text{und} \quad b_1 = \beta^2$$

Damit ergeben sich für das selektive Filter folgende Daten:

$$A_r = 2$$
$$f_r = f_g / \sqrt{b_1}$$
$$Q = \sqrt{b_1}/a_1 = Q_1$$

Als Beispiel sei die Realisierung mit dem Bandpaßfilter aus Abb. 13.25 auf S. 877 angegeben. Da die Güten relativ klein bleiben, kann man den Widerstand $R_3$ weglassen und statt dessen die Verstärkung mit dem Widerstand $R/\alpha$ in Abb. 13.33 einstellen. Die Dimensionierung erhält man durch Koeffizientenvergleich der Übertragungsfunktion mit (13.35):

$$R_1 = \frac{a_1}{4\pi f_g C}, \quad R_2 = \frac{b_1}{\pi f_g C a_1} \quad \text{und} \quad \alpha = \frac{a_1^2}{b_1} = \frac{1}{Q_1^2}$$

Aus der Übertragungsfunktion kann man noch eine weitere Anwendung der Schaltung in Abb. 13.33 herleiten. Wählt man nämlich:

$$2R_1 - \alpha R_2 = 0$$

ergibt sich ein Sperrfilter.

## 13.11
## Einstellbare Universalfilter

Aus den bisherigen Betrachtungen ergibt sich für die Übertragungsfunktion eines Filterblockes zweiter Ordnung die allgemeine Form:

$$A(s_n) = \frac{d_0 + d_1 s_n + d_2 s_n^2}{c_0 + c_1 s_n + c_2 s_n^2} \tag{13.38}$$

Die bisher beschriebenen Filterarten gehen durch folgende Spezialisierungen im Zähler aus (13.38) hervor:

$$
\begin{array}{ll}
\text{Tiefpaß:} & d_1 = d_2 = 0 \\
\text{Hochpaß:} & d_0 = d_1 = 0 \\
\text{Bandpaß:} & d_0 = d_2 = 0 \\
\text{Bandsperre:} & d_1 = 0, \quad d_0 = d_2 \\
\text{Allpaß:} & d_0 = c_0, \quad d_1 = -c_1, \quad d_2 = c_2
\end{array}
$$

Die Zählerkoeffizienten dürfen beliebige Vorzeichen annehmen, während die Nennerkoeffizienten aus Stabilitätsgründen immer positiv sein müssen. Die Polgüte wird durch die Nennerkoeffizienten bestimmt:

$$Q_i = \frac{\sqrt{c_0 c_2}}{c_1} \tag{13.39}$$

### Filter mit einstellbaren Koeffizienten

In den vorhergehenden Abschnitten haben wir für jede Filterart spezielle, möglichst einfache Schaltungen angegeben. Es tritt jedoch gelegentlich die Forderung auf, mit einer einzigen Schaltung alle beschriebenen und auch noch allgemeinere Filterarten gemäß (13.38) mit beliebigen Zählerkoeffizienten realisieren zu können. Diese Aufgabe läßt sich mit der Schaltung in Abb. 13.34 erfüllen. Sie besitzt darüber hinaus den Vorteil, daß sich die einzelnen Koeffizienten unabhängig voneinander einstellen lassen, da jeder Koeffizient nur von einem Bauelement abhängt. In der angegebenen Übertragungsfunktion ist $\omega_0$ die Normierungsfrequenz und $\tau = RC$ die Zeitkonstante der beiden Integratoren. Die Koeffizienten $k_i$ und $l_i$ sind Widerstandsverhältnisse und daher immer positiv. Möchte man das Vorzeichen eines Zählerkoeffizienten ändern, muß man die Eingangsspannung des Filters mit einem zusätzlichen Verstärker invertieren und den entsprechenden Widerstand dort anschließen.

Zur Realisierung von Filtern höherer Ordnung kann man die Zahl der Integratoren entsprechend erhöhen. Es ist jedoch meist einfacher, das Filter in Teilblöcke zweiter Ordnung aufzuspalten und diese zu kaskadieren.

Die Dimensionierung der Schaltung sei noch an einem Zahlenbeispiel erläutert: Gesucht ist ein Allpaß 2. Ordnung, dessen Gruppenlaufzeit maximal flach verläuft und bei tiefen Frequenzen 1 ms beträgt. Aus der Tab. 13.8 auf

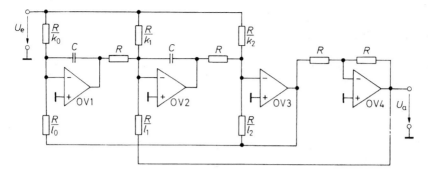

**Abb. 13.34.** Universalfilter zweiter Ordnung mit unabhängig einstellbaren Koeffizienten

$$A(s_n) = \frac{k_0 - k_1\omega_0\tau s_n + k_2\omega_0^2\tau^2 s_n^2}{l_0 + l_1\omega_0\tau s_n + l_2\omega_0^2\tau^2 s_n^2}$$

S. 885 entnehmen wir $a_1 = 1{,}6278$, $b_1 = 0{,}8832$ und $T_{gr\,0} = 0{,}5181$. Mit (13.9a) erhalten wir daraus die Grenzfrequenz:

$$f_g = \frac{T_{gr\,0}}{t_{gr\,0}} = \frac{0{,}5181}{1\mathrm{ms}} = 518{,}1\,\mathrm{Hz}$$

Wir wählen $\tau = 1\,\mathrm{ms}$ und erhalten durch Koeffizientenvergleich von (13.40) und (13.35) mit $\omega_0 = 2\pi f_g = 3{,}26\,\mathrm{kHz}$ die Dimensionierung:

$$l_0 = k_0 = 1 \quad l_1 = k_1 = \frac{a_1}{\omega_0\tau} = 0{,}500 \quad l_2 = k_2 = \frac{b_1}{(\omega_0\tau)^2} = 0{,}0833$$

Der kleine Wert des Koeffizienten $l_2$ ist nicht gut zu realisieren. Er läßt sich stärker als die übrigen vergrößern, wenn man $\tau$ verkleinert. Wir wählen deshalb $\tau = 0{,}3\,\mathrm{ms}$ und erhalten:

$$l_0 = k_0 = 1 \quad l_1 = k_1 = 1{,}67 \quad \text{und} \quad l_2 = k_2 = 0{,}926$$

**Filter mit einstellbaren Parametern**

Für manche Anwendungen ist es wünschenswert, bei einem selektiven Filter die Resonanzfrequenz, die Güte und die Verstärkung bei der Resonanzfrequenz unabhängig voneinander einstellen zu können. Wie der Vergleich von (13.40) mit (13.21) zeigt, müßte man zur Einstellung der Güte ohne Änderung der Verstärkung gleichzeitig die beiden Koeffizienten $l_1$ und $k_1$ variieren. Abb. 13.35 zeigt nun eine Schaltung, bei der diese Kopplung nicht auftritt.

Das Interessante an der Schaltung ist, daß sie, je nachdem, welchen Ausgang man verwendet, gleichzeitig als selektives Filter, als Sperrfilter, als Tiefpaß und als Hochpaß arbeitet. Zur Berechnung der Filterparameter entnehmen wir der Schaltung folgende Beziehungen, wenn man für die Integrationszeitkonstante $\tau = RC$ einsetzt:

$$U_{BS} = -U_{BP} - \frac{R_1}{R_2}U_e \qquad U_{HP} = -\frac{R_3}{R_1}U_{TP} - \frac{R_3}{R_4}U_{BS}$$

$$U_{BP} = -U_{HP}/s\tau \qquad U_{TP} = -U_{BP}/s\tau$$

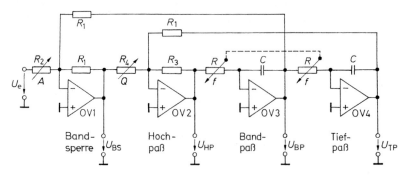

**Abb. 13.35.** Universalfilter zweiter Ordnung mit unabhängig einstellbaren Parametern. State Variable Filter, Biquad. Integrationszeitkonstante $\tau = RC$

$$\frac{\underline{U}_{TP}}{\underline{U}_e} = \frac{\dfrac{R_1^2}{R_2 R_4}}{1 + \dfrac{R_1}{R_4}\tau\,\omega_g s_n + \dfrac{R_1}{R_3}\tau^2\omega_g^2 s_n^2}$$

(Tiefpaß)

$$\frac{\underline{U}_{HP}}{\underline{U}_e} = \frac{\dfrac{R_1 R_3}{R_2 R_4}}{1 + \dfrac{R_3}{R_4 \tau\,\omega_g}\cdot\dfrac{1}{s_n} + \dfrac{R_3}{R_1 \tau^2\omega_g^2}\cdot\dfrac{1}{s_n^2}}$$

(Hochpaß)

$$\frac{\underline{U}_{BP}}{\underline{U}_e} = \frac{-\dfrac{R_1^2}{R_2 R_4}\tau\omega_r s_n}{1 + \dfrac{R_1}{R_4}\tau\,\omega_r s_n + \dfrac{R_1}{R_3}\tau^2\omega_r^2 s_n^2}$$

(Bandpaß)

$$\frac{\underline{U}_{BS}}{\underline{U}_e} = \frac{-\dfrac{R_1}{R_2}\left(1 + \dfrac{R_1}{R_3}\tau^2\omega_r^2 s_n^2\right)}{1 + \dfrac{R_1}{R_4}\tau\,\omega_r s_n + \dfrac{R_1}{R_3}\tau^2\omega_r^2 s_n^2}$$

(Bandsperre)

Durch Elimination von jeweils drei der vier Ausgangsspannungen erhält man die angegebenen Übertragungsfunktionen. Der Koeffizientenvergleich mit (13.11), (13.15), (13.21) und (13.34) ergibt die Dimensionierung. Sie wird besonders einfach, wenn man

$$\tau \cdot \omega_g = 1 \quad \text{setzt, d.h.} \quad RC = \frac{1}{2\pi f_g} \quad \text{wählt:}$$

| Tiefpaß | Hochpaß | Bandpaß, Bandsperre |
|---|---|---|
| gegeben: $R_1$ | gegeben: $R_1$ | gegeben: $R_1$ |
| $R_3 = R_1/b_i$ | $R_3 = R_1 b_i$ | $R_3 = R_1$ |
| $R_4 = R_1/a_i$ | $R_4 = R_1 b_i/a_i$ | $R_4 = R_1 Q$ |
| $R_2 = R_1 a_i/A_0$ | $R_2 = R_1 a_i/A_\infty$ | $R_2 = -R_1/A$ |

Aus den angegebenen Dimensionierungsgleichungen sieht man, daß bei Hoch- und Tiefpaßfiltern $R_3$ und $R_4$ den Filtertyp bestimmen, und $R_2$ die Verstärkung. Bei gegebenem Filtertyp kann man die Grenzfrequenz und Verstärkung unabhängig voneinander durchstimmen.

Auch beim Betrieb als Bandpaß bzw. Bandsperre lassen sich die Resonanzfrequenz, die Verstärkung und die Güte variieren, ohne daß sie sich gegenseitig beeinflussen. Das kommt daher, daß die Resonanzfrequenz ausschließlich durch

| Typ | Hersteller | Filtertyp | Ord-nung | Grenz-frequenz max | Dyna-mik | Besonder-heiten |
|-----|-----------|-----------|----------|----------------|------|-----------|
| UAF 42 | Burr Br. | Biquad | $1 \times 2$ | 100 kHz | | 1 OPV |
| LTC 1560-1 | Lin. Tech. | Cauer | 5 | 1 MHz | 75 dB | 8 pin Gehäuse |
| LTC 1562 | Lin. Tech. | 4 Biquads | $4 \times 2$ | 150 kHz | 97 dB | |
| MAX 270 | Maxim | Butterworth | $2 \times 2$ | 25 kHz | 96 dB | 1 OPV |
| MAX 274 | Maxim | 4 Biquads | $4 \times 2$ | 150 kHz | 86 dB | |
| MAX 275 | Maxim | 2 Biquads | $2 \times 2$ | 300 kHz | 89 dB | |

**Tab. 13.9.** Integrierte aktive Filter

das Produkt $\tau = RC$ bestimmt wird. Da diese Größen nicht in den Gleichungen für $A$ und $Q$ auftreten, ist eine Variation der Frequenz möglich, ohne dabei $A$ und $Q$ zu verändern. Diese beiden Parameter können unabhängig voneinander mit den Widerständen $R_2$ und $R_4$ eingestellt werden.

Wie wir in Abb. 5.91 auf S. 567 gesehen haben, sind Integratoren mit VV-Operationsverstärkern für hohe Frequenzen nicht gut geeignet. Deshalb sind hier CC-Integratoren besser geeignet. Ein Beispiel zeigt Abb 5.92 auf S. 568 [13.11].

Universalfilter sind als integrierte Schaltungen erhältlich, bei denen man außen nur ein paar Widerstände zur Festlegung des Filtertyps und der Grenzfrequenz anschließen muß. Einige Beispiele sind in Tab. 13.9 zusammengestellt. Gegenüber den sehr populären SC-Filtern, die in Abschnitt 13.12 beschrieben werden, besitzen die kontinuierlichen Filter den Vorteil, daß sie keinen Takt benötigen und daher auch kein *Taktrauschen* aufweisen.

### Elektronische Steuerung der Filterparameter

Bei tiefen Frequenzen ergeben sich für die Widerstände $R$ hohe Werte. Dann kann es vorteilhaft sein, sie durch Festwiderstände mit vorgeschalteten Spannungsteilern zu ersetzen. Die Spannungsteiler lassen sich dann als niederohmige Potentiometer ausführen. Diese Maßnahme ist auch bei den Widerständen $R_1$ und $R_2$ anwendbar.

Möchte man einen Filterparameter mit einer Spannung steuern, kann man die Spannungsteiler durch Analogmultiplizierer ersetzen, an deren zweiten Eingang man die Steuerspannung anlegt, wie es in Abb. 13.36 dargestellt ist. Als wirksamen Widerstand erhält man dann:

$$R_x = R_0 \cdot \frac{E}{U_{St}}$$

Darin ist $U_{St}$ die Steuerspannung. Setzt man je eine solche Schaltung anstelle der beiden frequenzbestimmenden Widerstände $R$ ein, lautet die Resonanzfrequenz des selektiven Filters:

$$f_r = \frac{1}{2\pi R_0 C} \cdot \frac{U_{St}}{E}$$

Sie wird also proportional zur Steuerspannung.

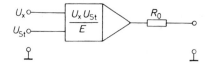

**Abb. 13.36.** Multiplizierer zur Steuerung der Widerstände

Möchte man die Filterparameter numerisch steuern, z.B. über einen Rechner, kann man statt der Analogmultiplizierer auch Digital-Analog-Umsetzer verwenden. Sie liefern eine Ausgangsspannung, die proportional ist zum Produkt von angelegter Zahl und Referenzspannung:

$$U_a = U_{\text{ref}} \frac{Z}{Z_{\max} + 1}$$

Besonders günstig für den Einsatz in Filtern sind solche Typen, bei denen die Referenzspannung beliebige positive und negative Werte annehmen darf. Aus diesem Grund sind die multiplizierenden DA-Umsetzer mit CMOS-Schaltern, wie sie in Kapitel 18.2 beschrieben werden, hier besonders geeignet. Da sie jedoch beträchtliche Widerstandstoleranzen besitzen, kann man sie nicht einfach als Vorwiderstände in Abb. 13.35 einsetzen. Der Einfluß des absoluten Widerstandswertes läßt sich jedoch dadurch eliminieren, daß man einen Operationsverstärker nachschaltet, der über einen im DA-Umsetzer enthaltenen Widerstand gegengekoppelt wird. Die resultierende Schaltung zur digitalen Frequenzeinstellung ist in Abb. 13.37 dargestellt. Beiden Integratoren wurde ein DA-Umsetzer vorgeschaltet. Daraus ergibt sich hier eine resultierende Integrationszeitkonstante:

$$\tau = RC(Z_{\max} + 1)Z \tag{13.40}$$

Wenn die Zahl $Z$ gleich dem Maximalwert $Z_{\max}$ ist, also alle Bits gleich Eins sind, erhält man demnach praktisch dieselbe Resonanzfrequenz wie bei der Schaltung in Abb. 13.35.

Im Vergleich zu Abb. 13.35 wurde die Anordnung der Gegenkopplungsschleifen etwas modifiziert, weil die DA-Umsetzer zusammen mit den zugehörigen Operationsverstärkern und den nachfolgenden Integratoren einen *nichtinvertierenden Integrator* bilden. Die resultierenden Übertragungsfunktionen sind aber ganz ähnlich. Die Dimensionierung wird besonders einfach, wenn man $\tau\omega_g = 1$, d.h. $f_g = 1/2\pi\tau$ wählt:

| Tiefpaß:     | Hochpaß:     | Bandpaß:      |
|--------------|--------------|---------------|
| gegeben $R_1$ | gegeben $R_1$ | gegeben $R_1$ |
| $R_3 = R_1/b_i$ | $R_3 = R_1 b_i$ | $R_3 = R_1$ |
| $R_4 = R_1/a_i$ | $R_4 = R_3/a_i$ | $R_4 = R_1 Q$ |
| $R_2 = -R_1/A_0$ | $R_2 = -R_3/A_\infty$ | $R_2 = -R_1 Q/A_r$ |

Setzt man die Integrationszeitkonstante aus (13.40) ein, erkennt man, daß die Grenz- bzw. Resonanzfrequenz proportional zur Zahl $Z$ wird:

$$f_g = \frac{1}{2\pi\tau} = \frac{1}{2\pi RC} \cdot \frac{Z}{Z_{\max} + 1}$$

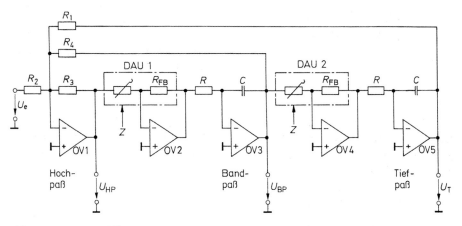

**Abb. 13.37.** Universalfilter mit digital einstellbarer Frequenz

Integrationszeitkonstante: $\tau = RC(Z_{max} + 1)/Z$

$$\frac{U_{TP}}{U_e} = \frac{-R_1/R_2}{1 + \dfrac{R_1}{R_4}\tau\omega_g s_n + \dfrac{R_1}{R_3}\tau^2\omega_g^2 s_n^2} \quad \text{(Tiefpaß)}$$

$$\frac{U_{HP}}{U_e} = \frac{-R_1/R_2}{1 + \dfrac{R_3}{R_4\tau\omega_g} \cdot \dfrac{1}{s_n} + \dfrac{R_3}{R_1\tau^2\omega_g^2} \cdot \dfrac{1}{s_n^2}} \quad \text{(Hochpaß)}$$

$$\frac{U_{Bs_n}}{U_e} = \frac{-\dfrac{R_1}{R_2}\tau\omega_r s_n}{1 + \dfrac{R_1}{R_4}\tau\omega_r s_n + \dfrac{R_1}{R_3}\tau^2\omega_g^2 s_n^2} \quad \text{(Bandpaß)}$$

Die Ausgänge der DA-Umsetzer müssen einen großen Dynamikbereich besitzen, wenn man die Frequenz über weite Bereiche durchstimmen möchte. Damit keine Gleichspannungsfehler in der Schaltung entstehen, sollte man daher Operationsverstärker mit niedriger Offsetspannung einsetzen [13.12].

Eine sehr viel einfachere Möglichkeit zur Realisierung durchstimmbarer Filter besteht im Einsatz von SC-Filtern, wie sie im folgenden Abschnitt beschrieben werden. Sie sind auch in vielfältigen Ausführungen als integrierte Schaltungen erhältlich.

## 13.12
## Switched-Capacitor-Filter

### 13.12.1
### Grundprinzip

Die bisher beschriebenen aktiven Filter benötigen zu ihrer Realisierung das aktive Bauelement Operationsverstärker sowie als passive Elemente Kondensatoren und Widerstände. Filter mit variabler Grenzfrequenz erreicht man auf übliche Weise nur durch Variation der Kondensatoren oder Widerstände (siehe Abb. 13.37). Nun

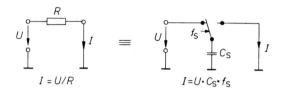

**Abb. 13.38.** Äquivalenz von geschalteter Kapazität und ohmschem Widerstand

gibt es die Möglichkeit, einen Widerstand durch einen geschalteten Kondensator (Switched-Capacitor) zu simulieren. Abbildung 13.38 zeigt dieses Prinzip.

Verbindet der Umschalter in der gezeigten Anordnung die geschaltete Kapazität mit der Eingangsspannung, so erhält der Kondensator $C$ die Ladung $Q = C_S \cdot U$. In der anderen Schalterstellung gibt der Kondensator die gleiche Ladung wieder ab. In jeder Schaltperiode überträgt er also die Ladung $Q = C_S \cdot U$ vom Eingang zum Ausgang der Schaltung. Auf diese Weise kommt ein Stromfluß zustande, der sich im Mittel zu $I = C_S \cdot U/T_S = C_S \cdot U \cdot f_S$ einstellt. Vergleicht man diese Beziehung mit dem Ohmschen Gesetz, so läßt sich die Grundäquivalenz zwischen der geschalteten Kapazität und einem ohmschen Widerstand angeben als:

$$I = U/R_{\text{äquiv}} = U \cdot C_S \cdot f_S \quad \text{mit} \quad R_{\text{äquiv}} = 1/(C_S \cdot f_S)$$

Bemerkenswert ist der lineare Zusammenhang zwischen der Schaltfrequenz und dem äquivalenten Leitwert. Von dieser Eigenschaft wird bei den Switched-Capacitor-Filtern (SC-Filter) Gebrauch gemacht.

## 13.12.2
### Der SC-Integrator

Der geschaltete Kondensator kann den ohmschen Widerstand in einem herkömmlichen Integrator gemäß Abbildung 13.39 ersetzen. Damit erhält man den SC-Integrator in Abb. 13.40. In einer solchen Anordnung läßt sich die Integrationszeitkonstante

$$\tau = C \cdot R_{\text{äquiv}} = \frac{C}{C_S \cdot f_S} = \frac{\eta}{2\pi f_S} \tag{13.41}$$

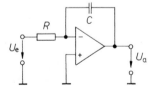

**Abb. 13.39.** Invertierender Integrator in RC-Technik

$$\tau = R \cdot C \quad ; \quad \frac{\underline{U}_a}{\underline{U}_e} = -\frac{1}{\tau \cdot s}$$

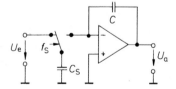

**Abb. 13.40.** Invertierender Integrator in SC-Technik

$$\tau = \frac{1}{f_S} \cdot \frac{C}{C_S} \quad ; \quad \frac{\underline{U}_a}{\underline{U}_e} = -\frac{1}{\tau \cdot s}$$

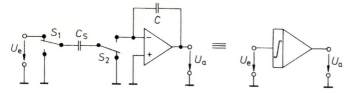

**Abb. 13.41.** Der nicht-invertierende Integrator in SC-Technik und sein Schaltsymbol

$$U_a = +f_S \frac{C_S}{C} \int U_e dt = \frac{1}{\tau} \int U_e dt \qquad \frac{U_a}{U_e} = \frac{f_S}{s} \cdot \frac{C_S}{C} = \frac{1}{\tau \cdot s}$$

über die Schaltfrequenz $f_S$ einstellen. Das Kapazitätsverhältnis $C/C_S = \eta/2\pi$ ist hierbei vom Hersteller fest vorgegeben; den Parameter $\eta$ findet man im Datenblatt. Er liegt meist zwischen 50 und 200 [13.9].

Die Verwendung geschalteter Kapazitäten bietet aber noch weitere Vorteile: Um einen nicht invertierenden Integrator in herkömmlicher Technik zu realisieren, benötigt man einen invertierenden Integrator, dem ein Spannungs-Inverter vor- bzw. nachgeschaltet ist. Beim SC-Integrator läßt sich die Vorzeichenänderung der Eingangsspannung einfach dadurch realisieren, daß man den Kondensator, der auf die abzutastende Eingangsspannung aufgeladen worden ist, während der anschließenden Ladungsübertragungsphase mit *vertauschten* Anschlüssen an den Eingang des Operationsverstärkers legt. Das Vertauschen der Anschlüsse läßt sich wie in Abb. 13.41 mit einem weiteren Umschalter $S_2$ bewerkstelligen, der gleichzeitig mit $S_1$ schaltet.

Die Auf- und Entladung des Kondensators $C_S$ erfolgt nicht momentan, sondern wegen der unvermeidlichen Widerstände in den Schaltern exponentiell. Eine momentane Umladung wäre auch gar nicht wünschenswert, weil weder die Eingangsspannungsquelle noch der Operationsverstärker die erforderlichen Ströme liefern könnten. Andererseits bestimmen diese parasitären Widerstände auch die maximale Schaltfrequenz, da sonst eine vollständige Umladung nicht mehr gewährleistet ist.

### 13.12.3
### SC-Filter erster Ordnung

Die beiden angegebenen Grundschaltungen für SC-Integratoren lassen sich um einen Gegenkopplungswiderstand erweitern, so daß ein Tiefpaß erster Ordnung ähnlich dem in Abb. 13.11 dargestellten entsteht. Üblicherweise wird für die monolithische Ausführung jedoch eine andere Grundstruktur gewählt. Sie besteht aus einem Integrator in SC-Technik und einem zusätzlich vorgeschalteten Summierer. Diese Anordnung wird dann in der in Abb. 13.42 gezeigten Weise um drei Widerstände ergänzt. Damit erhält man gleichzeitig ein Hoch- und ein Tiefpaßfilter.

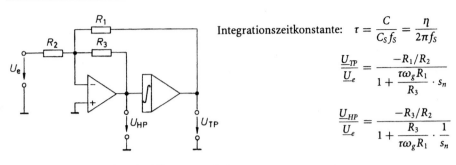

**Abb. 13.42.** Hoch- und Tiefpaßfilter erster Ordnung

Für die Dimensionierung wählt man am einfachsten $f_S/f_g = \eta$. Dann folgt aus den Übertragungsfunktionen die Dimensionierung:

Tiefpaß:                          Hochpaß:
gegeben: $R_1$                   gegeben: $R_1$

$$R_3 = R_1/a_1 \qquad\qquad R_3 = R_1 a_1$$
$$R_2 = -R_1/A_0 \qquad\qquad R_2 = -R_3/A_\infty$$

Bei Filtern erster Ordnung, bei denen gemäß Tab. 13.6 auf S. 854 $a_1 = 1$ ist, wird also $R_3 = R_1$. Dann werden die Verstärkungen von Tiefpaß und Hochpaß gleich; man erhält komplementäre Hoch- und Tiefpaßfilter.

## 13.12.4
### Entwurf von SC-Filtern zweiter Ordnung

SC-Filter zweiter Ordnung werden meist in „Biquad"-Struktur nach Abb. 13.37 aufgebaut. Da hier wie dort nichtinvertierende Integratoren verwendet werden, erhält man auch dieselbe Struktur und dieselben Übertragungsfunktionen (monolithisch integrierte Universalfilter enthalten immer diese Biquad-Struktur). Im Unterschied zum kontinuierlichen Fall wird hier die Integrationszeitkonstante $\tau$ nach Gl. (13.41) durch die Wahl der Schaltfrequenz $f_S$ bestimmt.

Zur Bestimmung der Übertragungsfunktion entnehmen wir der Schaltung in Abb. 13.43 folgende Beziehungen:

$$U_{HP} = -\frac{R_3}{R_1}U_e - \frac{R_3}{R_4}U_{BP} - \frac{R_3}{R_2}U_{TP}$$

$$U_{BP} = \frac{1}{\tau s}U_{HP} \qquad\qquad U_{TP} = \frac{1}{\tau s}U_{BP}$$

Daraus lassen sich die angegebenen Übertragungsfunktionen für die Einzelfilter berechnen. Macht man wieder die Schaltfrequenz gleich dem $\eta$-fachen der Grenzfrequenz (bzw. Resonanzfrequenz), wird $\tau\omega_g = 1$, und man erhält die Dimensionierungsgleichungen:

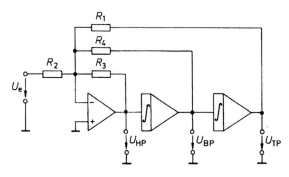

Integrationskonstante:

$$\tau = \frac{C}{C_s f_s} = \frac{\eta}{2\pi f_s}$$

**Abb. 13.43.** SC-Biquad zur Synthese von Hoch-, Tief- und Bandpaß zweiter Ordnung

$$\frac{U_{TP}}{U_e} = \frac{-R_1/R_2}{1 + \dfrac{R_1\tau\omega_g}{R_4}s_n + \dfrac{R_1\tau^2\omega_g^2}{R_3}s_n^2}$$
(Tiefpaß)

$$\frac{U_{HP}}{U_e} = \frac{-R_3/R_2}{1 + \dfrac{R_3}{R_4\tau\omega_g}\dfrac{1}{s_n} + \dfrac{R_3}{R_1\tau^2\omega_g^2}\dfrac{1}{s_n^2}}$$
(Hochpaß)

$$\frac{U_{BP}}{U_e} = \frac{-s_n\tau\omega_r R_1/R_2}{1 + \dfrac{R_1\tau\omega_r}{R_4}s_n + \dfrac{R_1\tau^2\omega_r^2}{R_3}s_n^2}$$
(Bandpaß)

| Tiefpaß:<br>gegeben: $R_1$ | Hochpaß:<br>gegeben: $R_1$ | Bandpaß:<br>gegeben: $R_1$ |
|---|---|---|
| $R_3 = R_1/b_1$ | $R_3 = R_1 b_1$ | $R_3 = R_1$ |
| $R_4 = R_1/a_1$ | $R_4 = R_3/a_1$ | $R_4 = R_1 Q$ |
| $R_2 = -R_1/A_0$ | $R_2 = -R_3/A_\infty$ | $R_2 = -R_1 Q/A_r$ |

Wenn man einen Filtertyp dimensioniert hat, besitzen die beiden anderen natürlich nicht unbedingt dieselben Daten. Für die Grenzfrequenzen (bzw. die Resonanzfrequenz) gilt dann die Relation:

$$f_{g\,TP}/\sqrt{b_1} = f_{r\,BP} = f_{g\,HP}\sqrt{b_1}$$

Da bei Filtern zweiter Ordnung $b_1 = 1$ ist, fallen hier die drei Frequenzen zusammen. In diesem Fall gilt für die Verstärkungen:

$$A_0 = A_r/Q = A_\infty$$

Als Dimensionierungsbeispiel wollen wir ein Tiefpaßfilter zweiter Ordnung mit einer Grenzfrequenz $f_g = 1\,\text{kHz}$, einer Verstärkung im Durchlaßbereich $A_0 = -1$ und Butterworth-Charakteristik berechnen. Aus Tab. 13.6 auf S. 854 entnehmen wir $a_1 = 1{,}4142$ und $b_1 = 1$. Wir wählen $R_2 = 10\,\text{k}\Omega$ und erhalten damit $R_1 = R_3 = 10\,\text{k}\Omega$ und $R_4 = 7{,}15\,\text{k}\Omega$. Für $\eta = 100$ muß die Schaltfrequenz $f_S = 100\,\text{kHz}$ betragen. Bei dieser Dimensionierung erhalten wir außerdem einen Hochpaß mit den Kenndaten $A_\infty = -1$ und Butterworth-Charakteristik, sowie einen Bandpaß mit $A_r = -0{,}707$ und $Q = 0{,}707$. SC-Filter höherer Ordnung lassen sich durch Kaskadierung erzeugen. Die Koeffizienten der Teilfilter sind dann nach Tab. 13.6 zu wählen.

## 13.12.5
### Integrierte Realisierung von SC-Filtern

Man realisiert die SC-Filter natürlich nicht mit diskreten Bauelementen, sondern setzt integrierte Schaltungen ein, die neben den Schaltern auch die Kondensatoren und die Operationsverstärker enthalten. Dies stellt nicht nur eine Vereinfachung für den Anwender dar, sondern bietet wesentliche Vorteile, wie im folgenden gezeigt wird.

Bei integrierten SC-Filtern findet die 2-Schalter-Anordnung aus Abbildung 13.41 Anwendung, weil sich hierbei der Einfluß der Streukapazitäten kompensiert. Die Umschalter sind in den integrierten SC-Bauelementen als Transmission-Gate realisiert. Sie werden von einem internen Taktgenerator angesteuert, der nichtüberlappende Taktsignale bereitstellt. Auf diese Weise ist dafür gesorgt, daß in der Umschaltphase keine Ladung verlorengeht.

Wie man sieht, bestimmt das Kapazitätsverhältnis $C/C_S$ zusammen mit der Schaltfrequenz $f_S$ die Integrationszeitkonstante. Ein wesentlicher Vorteil einer integrierten Realisierung ist, daß Kapazitätsverhältnisse mit 0,1% Toleranz hergestellt werden können. Man erreicht daher gut reproduzierbare Genauigkeiten mit monolithischen SC-Filtern. Außerdem ist die Zeitkonstante temperaturunabhängig, da beide Kondensatoren, wenn sie auf einem Chip gemeinsam integriert werden, in gleicher Weise temperaturabhängig sind. Gut reproduzierbare Zeitkonstanten, die sonst in integrierter Technik nur schwer und aufwendig realisierbar sind, können in SC-Technik einfach erreicht werden. Dazu muß nur das Verhältnis der beiden Kapazitäten entsprechend gewählt werden.

## 13.12.6
### Allgemeine Gesichtspunkte beim Einsatz von SC-Filtern

Trotz aller offensichtlich hervorragenden Eigenschaften der modernen SC-Schaltungstechnik unterliegt der Einsatz dieser Bauelemente gewissen Einschränkungen, denn es handelt sich hierbei ja um Abtastsysteme. Verletzt man das Abtasttheorem, muß man in jedem Falle mit unerwünschten Mischprodukten im Basisband rechnen. Deshalb darf das Eingangssignal keine Frequenzanteile oberhalb der halben Schaltfrequenz $f_S$ enthalten. Um dies sicherzustellen, ist in der Regel ein analoges Vorfilter erforderlich. Es muß bei $\frac{1}{2} f_S$ eine genügend hohe Dämpfung (ca. 70–90 dB) besitzen. Da die typische Abtastfrequenz integrierter SC-Filter etwa gleich der 50...100-fachen Grenzfrequenz ist, reicht zu diesem Zweck normalerweise ein analoges Filter zweiter Ordnung als sogenanntes Antialiasing-Filter aus. Das Ausgangssignal eines SC-Filters hat immer einen treppenförmigen Verlauf, da sich die Ausgangsspannung nur im Schaltaugenblick ändert. Es enthält also Spektralanteile, die von der Schaltfrequenz herrühren. Je nach Anwendung ist daher auch am Ausgang ein analoges Glättungsfilter vorzusehen.

## 13.12.7
## Typenübersicht

Die heute erhältlichen SC-Filter enthalten meist vollständige Funktionsblöcke aus SC-Integratoren, Summierern und auch die dazugehörigen (steuerbaren) Oszillatoren zur Takterzeugung. Auf dem Chip ist deren Anordnung entweder durch Masken fest vorgegeben (Filter mit fester Charakteristik) oder aber vom Anwender noch geeignet kombinierbar (Universalfilter mit variabler Charakteristik).

| Typ | Hersteller | Filtertyp | Ord-nung | Grenz-frequenz max | Dyna-mik | Besonder-heiten |
|---|---|---|---|---|---|---|
| **Universalfilter** | | | | | | |
| LTC 1060 | Lin. Tech. | 2 Biquads | 2 × 2 | 15 kHz | 70 dB | |
| LTC 1064 | Lin. Tech. | 4 Biquads | 4 × 2 | 100 kHz | 80 dB | |
| LTC 1067 | Lin. Tech. | 2 Biquads | 2 × 2 | | 80 dB | rail to rail |
| LTC 1069 | Lin. Tech. | 4 Biquads | 4 × 2 | 25 kHz | 80 dB | |
| LTC 1264 | Lin. Tech. | 4 Biquads | 4 × 2 | 100 kHz | 80 dB | |
| MAX 262 | Maxim | 2 Biquads | 2 × 2 | 75 kHz | 80 dB | $\mu$C-prog. |
| MAX 266 | Maxim | 2 Biquads | 2 × 2 | 100 kHz | 80 dB | pin-prog. |
| LMF 100 | National | 2 Biquads | 2 × 2 | 100 kHz | 80 dB | |
| **Tiefpässe** | | | | | | |
| LTC 1069-1 | Lin. Tech. | Cauer | 8 | 140 kHz | 70 dB | 8 pin Gehäuse |
| LTC 1069-7 | Lin. Tech. | Lin. Phas. | 8 | 140 kHz | 70 dB | 8 pin Gehäuse |
| LTC 1164-5 | Lin. Tech. | Butterworth | 8 | 20 kHz | 75 dB | Bessel, umsch. |
| LTC 1164-6 | Lin. Tech. | Lin. Phas. | 8 | 20 kHz | 75 dB | Cauer, umsch. |
| LTC 1264-7 | Lin. Tech. | Lin. Phas. | 8 | 200 kHz | 70 dB | |
| MAX 291 | Maxim | Butterworth | 8 | 25 kHz | 70 dB | 8 pin Gehäuse |
| MAX 292 | Maxim | Bessel | 8 | 25 kHz | 70 dB | 8 pin Gehäuse |
| MAX 293 | Maxim | Cauer | 8 | 25 kHz | 70 dB | 8 pin Gehäuse |
| MAX 7400 | Maxim | Cauer | 8 | 15 kHz | 80 dB | 8 pin Gehäuse |
| MAX 7409 | Maxim | Bessel | 5 | 15 kHz | 80 dB | 8 pin Gehäuse |
| MAX 7410 | Maxim | Butterworth | 5 | 15 kHz | 80 dB | 8 pin Gehäuse |
| MAX 7411 | Maxim | Cauer | 5 | 15 kHz | 80 dB | 8 pin Gehäuse |
| LMF 60 | National | Butterworth | 6 | 20 kHz | 75 dB | 2 OPVs |
| **Bandpässe** | | | | | | |
| MAX 268 | Maxim | | 2 × 2 | 75 kHz | 80 dB | pin-prog. |
| **Bandsperre** | | | | | | |
| LMF 90 | National | Cauer | 4 | 30 kHz | 50 dB | Quarzosz. |

**Tab. 13.10.** Beispiele für monolithische SC-Filter

Durch das Schalten mit der Taktfrequenz entsteht in den Filtern ein Grundrauschen, das den Signal-Störabstand, wie man in Tab. 13.10 erkennt, auf Werte von etwa 70...80 dB begrenzt. Darin besteht ein Nachteil gegenüber den kontinuierlichen Filtern [13.11].

Die meißten Hersteller bieten kostenlose Filter-Entwurfprogramme an, die sich über das Internet herunterladen lassen. Sie sind der bequemste Weg zur Dimensionierung der frei beschaltbaren Filter.

# Literatur

[13.1]   Ghausi, M.S.: Principles and Design of Linear Active Circuits. New York: McGraw-Hill 1965, S. 84.

[13.2]   Weinberg, L.: Network Analysis and Synthesis. New York: McGraw-Hill 1962, S. 494.

[13.3]   Steffen, P.: Die Pole auf der Ellipse. Elektronikpraxis 17 (1982) H. 4, S. 16, 17.

[13.4]   Saal, R.: Handbuch zum Filterentwurf. Berlin: Elitera 1979.

[13.5]   Storch, L.: Synthesis of Constant-Delay Ladder-Networks Using Bessel Polynomials. Proc. IRE 42 (1954) 1666.

[13.6]   Schaumann, R.: A Low-Sensitivity, High-Frequency, Tunable Active Filter without External Capacitors. Proc. IEEE Int. Symp. on Circuits and Systems 1974, S. 438.

[13.7]   Unbehauen, R.: Synthese elektrischer Netzwerke. München, Wien: R. Oldenbourg 1972.

[13.8]   Heinlein, W.E.; Homes, W.H.: Active Filters for Integrated Circuits. München, Wien: R. Oldenbourg 1974.

[13.9]   Lacanette, K.: Universal Switched-Capacitor Filter Lowers Part Count. EDN, 3. 4. 1986, H. 7, S. 139–147.

[13.10]  Shear, D.: Comparison Reveal the Pros and Cons of Designing with Switched-Capacitor ICs. EDN, 25. 6. 1987, H. 13, S. 83–90.

[13.11]  Gamm, E.: Aktive HF-Filter. Design & Elektronik, 7.2.95, H. 3, S. 38–40.

[13.12]  Schweber, B.: Analog Filters. EDN, 24.4.97, S. 43–57

# Kapitel 14:
# Signalgeneratoren

In diesem Kapitel werden Schaltungen beschrieben, die Sinusschwingungen erzeugen. Bei den *LC*-Oszillatoren wird die Frequenz durch einen Schwingkreis bestimmt, bei den Quarzoszillatoren durch einen Schwingquarz und bei den Wien-Brücken- und Analogrechner-Oszillatoren durch *RC*-Glieder. Die Funktionsgeneratoren erzeugen primär eine Dreieckschwingung, die mit einem entsprechenden Funktionsnetzwerk in eine Sinusschwingung umgewandelt werden kann.

## 14.1
## *LC*-Oszillatoren

Die einfachste Methode zur Erzeugung einer Sinusschwingung besteht in der Entdämpfung eines *LC*-Schwingkreises mit Hilfe eines Verstärkers. Im folgenden Abschnitt wollen wir auf einige allgemeine Gesichtspunkte eingehen.

### 14.1.1
### Schwingbedingung

Abbildung 14.1 zeigt die prinzipielle Anordnung eines Oszillators. Der Verstärker verstärkt die Eingangsspannung mit dem Faktor $\underline{A}$. Dabei tritt eine parasitäre Phasenverschiebung $\alpha$ zwischen $\underline{U}_2$ und $\underline{U}_1$ auf. Am Verstärkerausgang sind der Verbraucherwiderstand $R_v$ und ein frequenzabhängiges Rückkopplungsnetzwerk angeschlossen, das z.B. aus einem Schwingkreis bestehen kann. Damit lautet die rückgekoppelte Spannung $\underline{U}_3 = \underline{k}\,\underline{U}_2$. Die Phasenverschiebung zwischen $\underline{U}_3$ und $\underline{U}_2$ bezeichnen wir mit $\beta$.

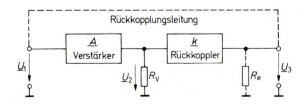

**Abb. 14.1.** Prinzipielle Anordnung eines Oszillators

Um zu prüfen, ob der Oszillator schwingungsfähig ist, trennt man die Rückkopplungsleitung auf, belastet den Ausgang des Rückkopplers aber weiterhin mit einem Widerstand $R_e$, der so groß ist wie der Eingangswiderstand des Verstärkers. Dann gibt man eine Wechselspannung $\underline{U}_1$ in den Verstärker und mißt $\underline{U}_3$. Der Oszillator ist schwingungsfähig, wenn die Ausgangsspannung gleich der Eingangsspannung wird. Daraus folgt die notwendige Schwingbedingung:

$$\underline{U}_1 = \underline{U}_3 = \underline{k}\,\underline{A}\,\underline{U}_1$$

Die Schleifenverstärkung muß also

$$\underline{g} = \underline{k}\,\underline{A} = 1 \tag{14.1}$$

betragen. Daraus ergeben sich zwei Bedingungen, nämlich:

$$|\underline{g}| = |\underline{k}| \cdot |\underline{A}| = 1 \tag{14.2}$$

und

$$\alpha + \beta = 0, 2\pi, \ldots \tag{14.3}$$

Die Gl. (14.2) wird als *Amplitudenbedingung* bezeichnet. Sie besagt, daß ein Oszillator nur dann schwingen kann, wenn der Verstärker die Abschwächung im Rückkoppler aufhebt. Die *Phasenbedingung* (14.3) besagt, daß eine Schwingung nur dann zustande kommen kann, wenn die Ausgangsspannung mit der Eingangsspannung in Phase ist. Nähere Aufschlüsse darüber, auf welcher Frequenz und mit welcher Kurvenform der Oszillator schwingt, kann man erst erhalten, wenn man nähere Aussagen über das Rückkopplungsnetzwerk macht. Dazu wollen wir als Beispiel den *LC*-Oszillator in Abb. 14.2 untersuchen.

Der Elektrometerverstärker verstärkt die Spannung $U_1(t)$ mit dem Verstärkungsfaktor $A$. Da der Ausgang des Verstärkers niederohmig ist, wird der Schwingkreis durch den Widerstand $R$ parallel bedämpft. Zur Berechnung der rückgekoppelten Spannung wenden wir die Knotenregel auf den Punkt 1 an und erhalten:

$$\frac{U_2 - U_1}{R} - C\dot{U}_1 - \frac{1}{L}\int U_1\,dt = 0$$

Mit $U_2 = AU_1$ folgt daraus:

$$\ddot{U}_1 + \frac{1 - A}{RC}\dot{U}_1 + \frac{1}{LC}U_1 = 0 \tag{14.4}$$

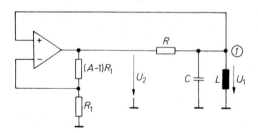

**Abb. 14.2.** Prinzip eines *LC*-Oszillators

Dies ist die Differentialgleichung einer gedämpften Schwingung. Zur Abkürzung setzen wir:

$$\gamma = \frac{1-A}{2RC} \quad \text{und} \quad \omega_0^2 = \frac{1}{LC}$$

Damit lautet die Differentialgleichung:

$$\ddot{U}_1 + 2\gamma\dot{U}_1 + \omega_0^2 U_1 = 0$$

Sie hat die Lösung:

$$U_1(t) = U_0 \cdot e^{-\gamma t} \sin(\sqrt{\omega_0^2 - \gamma^2}\,t) \tag{14.5}$$

Man kann drei Fälle unterscheiden:

1) $\gamma > 0$, d.h. $A < 1$.
   Die Amplitude der Ausgangswechselspannung nimmt exponentiell ab. Die Schwingung ist gedämpft.

2) $\gamma = 0$, d.h. $A = 1$.
   Es ergibt sich eine Sinusschwingung der Frequenz $\omega_0 = \frac{1}{\sqrt{LC}}$ und konstanter Amplitude.

3) $\gamma < 0$, d.h. $A > 1$.
   Die Amplitude der Ausgangswechselspannung nimmt exponentiell zu.

In Gl. (14.2) haben wir eine notwendige Bedingung für das Auftreten einer Schwingung erhalten. Dieses Ergebnis können wir nun präzisieren: Für $A = 1$ ergibt sich eine sinusförmige Ausgangsspannung mit konstanter Amplitude und der Frequenz:

$$\omega = \omega_0 = \frac{1}{\sqrt{LC}}$$

Bei schwächerer Rückkopplung nimmt die Amplitude exponentiell ab. bei stärkerer Rückkopplung zu. Damit eine Oszillatorschaltung beim Einschalten der Betriebsspannung zu schwingen beginnt, muß zunächst $A > 1$ sein; dann steigt die Amplitude exponentiell an. bis der Verstärker übersteuert wird. Durch die Übersteuerung verkleinert sich $A$ von selbst so weit, bis der Wert 1 erreicht wird. Dann ist die Ausgangsspannung des Verstärkers aber nicht mehr sinusförmig. Wünscht man eine sinusförmige Ausgangsspannung, muß eine Verstärkungsregelung dafür sorgen, daß $A = 1$ wird, bevor der Verstärker übersteuert wird. In der Hochfrequenztechnik lassen sich Schwingkreise mit hoher Güte in der Regel leicht verwirklichen. Dann ist die Spannung am Schwingkreis auch bei Übersteuerung des Verstärkers noch sinusförmig. Man verzichtet in diesem Frequenzbereich daher meist auf eine besondere Amplitudenregelung und verwendet die Spannung am Schwingkreis als Ausgangsspannung.

## 14.1.2
## Meißner-Schaltung

Das Kennzeichen des Meißner-Oszillators ist, daß die Rückkopplung über einen Transformator erfolgt, dessen Primärwicklung zusammen mit einem Kondensator den frequenzbestimmenden Schwingkreis darstellt. In den Abb. 14.3 bis 14.5 sind drei Meißner-Oszillatoren in Emitterschaltung dargestellt. Die verstärkte Eingangsspannung tritt am Kollektor bei der Resonanzfrequenz

$$\omega_0 \;=\; \frac{1}{\sqrt{LC}}$$

mit maximaler Amplitude und $180°$ Phasenverschiebung auf. Ein Teil dieser Wechselspannung wird über die Sekundärwicklung rückgekoppelt. Um die Phasenbedingung zu erfüllen, muß der Übertrager eine weitere Phasendrehung von $180°$ bewirken. Sind Primär- und Sekundärwicklung gleichsinnig gewickelt, wird dazu das kollektorseitige Ende der Sekundärwicklung wechselspannungsmäßig geerdet, sonst umgekehrt. Die Punkte an den Spulen kennzeichnen Wicklungsanschlüsse gleicher Polarität. Man wählt das Übersetzungsverhältnis so, daß der Betrag der Schleifenverstärkung $\underline{k}\,\underline{A}$ bei der Resonanzfrequenz sicher größer als Eins ist. Dann setzt die Schwingung nach dem Einschalten der Betriebsspannung ein, und ihre Amplitude steigt exponentiell an, bis der Transistor übersteuert wird. Durch die Übersteuerung verkleinert sich die mittlere Verstärkung des Transistors so weit, daß $|\underline{k}\,\underline{A}| = 1$ wird und die Schwingungsamplitude konstant bleibt. Man kann zwei Übersteuerungseffekte unterscheiden: die ausgangsseitige Übersteuerung und die eingangsseitige Übersteuerung. Die ausgangsseitige Übersteuerung kommt dadurch zustande, daß die Kollektor-Basis-Diode leitend wird. Das ist bei den Schaltungen in Abb. 14.3 und 14.5 dann der Fall, wenn das Kollektorpotential negativ wird. Die maximale Schwingungsamplitude beträgt also $\hat{U}_C = V^+$. Die Kollektorspannungsmaxima betragen dann $\hat{U}_{CE\,max} = 2V^+$. Darauf ist bei der Auswahl des Transistors zu achten. Bei der Schaltung in

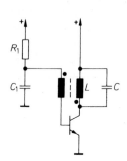

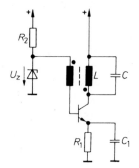

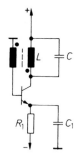

**Abb. 14.3.** Arbeitspunkteinstellung durch konstanten Basisstrom

**Abb. 14.4.** Arbeitspunkteinstellung durch Stromgegenkopplung

**Abb. 14.5.** Stromgegenkopplung bei negativer Betriebsspannung

Abb. 14.4 ist die maximale Schwingungsamplitude um die Z-Spannung kleiner als $V^+$.

Bei starker Rückkopplung kann auch eine eingangsseitige Übersteuerung auftreten. Dann treten große Eingangsamplituden auf. die von der Emitter-Basis-Diode gleichgerichtet werden. Dadurch lädt sich der Kondensator $C_1$ auf, und der Transistor wird nur während der positiven Spitzen der Eingangswechselspannung leitend.

Bei der Schaltung in Abb. 14.3 kann sich der Kondensator $C_1$ schon mit wenigen Schwingungen so weit negativ aufladen, daß die Schwingung ganz abreißt. Sie setzt erst wieder ein, wenn das Basispotential mit der relativ großen Zeitkonstante $R_1 C_1$ wieder auf $+0,6$ V angestiegen ist. An C, tritt also in diesem Fall eine sägezahnförmige Spannung auf. Ein so betriebener Oszillator wird als *Sperrschwinger* bezeichnet. Er wurde früher häufig zur Erzeugung sägezahnförmiger Spannungen eingesetzt.

Um zu verhindern, daß der Oszillator zum Sperrschwinger wird, kann man zunächst die Eingangsübersteuerung klein halten, indem man ein entsprechendes Übersetzungsverhältnis wählt. Außerdem sollte man den Basis-Gleichstromkreis möglichst niederohmig halten. Dies ist bei der Schaltung in Abb. 14.3 schlecht möglich, da dann ein viel zu großer Basisstrom fließen würde. Deshalb ist die Arbeitspunkteinstellung durch Stromgegenkopplung wie in Abb. 14.4 und 14.5 günstiger.

### 14.1.3
### Hartley-Schaltung (induktive Dreipunktschaltung)

Der Hartley-Oszillator ähnelt dem Meißner-Oszillator. Der Unterschied besteht lediglich darin, daß der Übertrager durch eine Spule mit Anzapfung ersetzt wird. Die Induktivität dieser Spule bestimmt zusammen mit einem parallel geschalteten Kondensator die Resonanzfrequenz.

Abbildung 14.6 zeigt einen Hartley-Oszillator in Emitterschaltung. Über den Kondensator $C_2$ gelangt eine Wechselspannung auf die Basis, die gegenüber der Kollektorspannung um $180°$ phasenverschoben ist. so daß eine Mitkopplung ent-

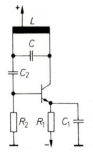

**Abb. 14.6.** Hartley-Oszillator in Emitterschaltung

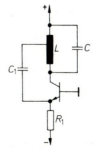

**Abb. 14.7.** Hartley-Oszillator in Basisschaltung

steht. Die Amplitude der mitgekoppelten Spannung läßt sich durch die entsprechende Lage der Anzapfung auf den gewünschten Wert einstellen. Der Kollektorruhestrom wird durch Stromgegenkopplung mit $R_1$ wie bei dem Meißner-
Oszillator in Abb. 14.5 eingestellt.

Bei dem Hartley-Oszillator in Abb. 14.7 wird der Transistor in Basisschaltung
betrieben. Deshalb wird über den Kondensator $C_1$ an der Spule $L$ eine Spannung
abgegriffen, die in Phase mit der Kollektorspannung ist.

### 14.1.4
### Colpitts-Oszillator (kapazitive Dreipunktschaltung)

Das Kennzeichen der Colpitts-Schaltung ist ein kapazitiver Spannungsteiler, der
den Bruchteil der mitgekoppelten Spannung bestimmt. Die Reihenschaltung der
Kondensatoren wirkt als Schwingkreiskapazität. Es ist also:

$$C = \frac{C_a C_b}{C_a + C_b}$$

Die Emitterschaltung in Abb. 14.8 entspricht der Schaltung in Abb. 14.6. Sie ist
jedoch ziemlich aufwendig, da sie einen zusätzlichen Kollektorwiderstand $R_3$
benötigt, über den die positive Betriebsspannung zugeführt wird.

Wesentlich einfacher ist hier wieder die Basisschaltung, wie sie in Abb. 14.9
dargestellt ist. Sie entspricht dem Hartley-Oszillator in Abb. 14.7.

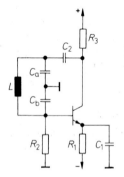

**Abb. 14.8.** Colpitts-Oszillator in Emitterschaltung

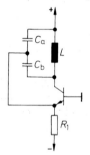

**Abb. 14.9.** Colpitts-Oszillator in Basisschaltung

### 14.1.5
### Emittergekoppelter *LC*-Oszillator

Ein Oszillator läßt sich auf einfache Weise wie in Abb. 14.10 auf S. 909 mit
einem Differenzverstärker realisieren. Da das Basispotential von $T_1$ mit dem
Kollektorpotential von $T_2$ in Phase ist, kann man die Mitkopplung durch direkte
Verbindung erzeugen. Die Schleifenverstärkung ist zur Steilheit der Transistoren

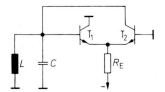

**Abb. 14.10.** Emittergekoppelter Oszillator

proportional. Sie läßt sich durch Änderung des Emitterstromes in weiten Grenzen einstellen. Da die Transistoren mit $U_{CB} = 0$ betrieben werden, wird die Amplitude der Ausgangsspannung auf ca. 0,5 V begrenzt.

Der Verstärker für den emittergekoppelten Oszillator ist zusammen mit einer Endstufe und einer Amplitudenregelung als IC unter der Bezeichnung MC 1648 bei Motorola erhältlich. Er ist für Frequenzen bis über 200 MHz geeignet.

### 14.1.6
### Gegentaktoszillatoren

Genauso wie man bei Leistungsverstärkern Gegentaktschaltungen anwendet, um höhere Leistungen und besseren Wirkungsgrad zu erreichen, kann man aus denselben Gründen auch Gegentaktoszillatoren aufbauen. Eine entsprechende Schaltung zeigt Abb. 14.11. Sie besteht im Grunde aus zwei Meißner-Oszillatoren. Die Transistoren $T_1$ und $T_2$ werden abwechselnd leitend.

Da sich das Basispotential des einen Transistors gleichphasig mit dem Kollektorpotential des anderen ändert, kann man die Sekundärwicklung zur Phasenumkehr einsparen. Diese Möglichkeit zeigt Abb. 14.12. Die Mitkopplung erfolgt hier über die kapazitiven Spannungsteiler $C_1$, $C_2$. Die parallel geschalteten ohmschen Spannungsteiler dienen zur Einstellung des Basis-Ruhepotentials.

Beide Schaltungen erzeugen neben der größeren Leistung auch weniger Oberschwingungen als die Eintaktoszillatoren.

Ein Gegentaktoszillator läßt sich auf einfache Weise auch dadurch realisieren, daß man wie in Abb. 14.13 einen Schwingkreis mit einem CC-

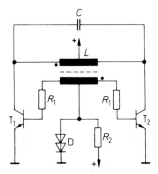

**Abb. 14.11.** Gegentaktoszillator mit induktiver Mitkopplung

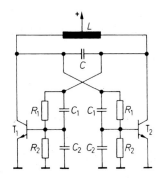

**Abb. 14.12.** Gegentaktoszillator mit kapazitiver Mitkopplung

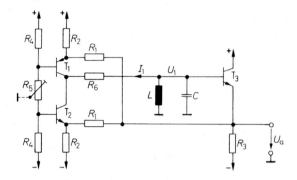

**Abb. 14.13.** Gegentaktoszillator mit gesteuerten Stromquellen

Operationsverstärker gemäß Abb. 5.79 auf S. 559 ansteuert. In der vereinfachten Ausführung wird hier die Spannung am Schwingkreis mit dem Emitterfolger $T_3$ abgegriffen und auf die Stromquelle zurückgekoppelt. Da der Schwingkreis in dieser Schaltung nur sehr schwach bedämpft wird, kann man hier Wechselspannungen mit geringem Oberschwingungsgehalt erzeugen. Der Widerstand $R_6$ sorgt für einen weichen Einsatz der Spannungsbegrenzung und hält damit die Verzerrungen auch im Übersteuerungsfall klein.

Der Spannungsteiler $R_4$, $R_5$ bestimmt die Übersteuerungsgrenze und damit die Amplitude der Wechselspannung. Mit $R_5$ läßt sich die Symmetrie abgleichen. Mit $R_2$ kann man den Ruhestrom der Stromquellen einstellen. Wenn es auf geringen Oberwellengehalt ankommt, sollte man ihn so groß wählen, daß die Transistoren $T_1$ und $T_2$ im A-Betrieb arbeiten. Die Widerstände $R_1$ bestimmen die Stärke der Mitkopplung.

Man kann die Schaltung als negativen Widerstand auffassen, der den Schwingkreis entdämpft. Zu seiner Berechnung gehen wir von einer positiven Spannungsänderung $\Delta U_1$ aus. Sie bewirkt eine Abnahme des Kollektorstroms von $T_2$ um $\Delta U_1/R_1$ und eine gleich große Zunahme des Kollektorstroms von $T_1$. Damit verkleinert sich $I_1$ um $2\Delta U_1/R_1$. Zum Schwingkreis liegt also der Widerstand

$$R = \frac{\Delta U_1}{\Delta I_1} = -\frac{1}{2}R_1$$

parallel. Damit die Schwingbedingung erfüllt ist, muß man also $\frac{1}{2}R_1$ etwas kleiner als den Resonanzwiderstand des Schwingkreises wählen.

## 14.2
## Quarzoszillatoren

Die Frequenzkonstanz der bisher beschriebenen $LC$-Oszillatoren reicht für viele Anwendungen nicht aus. Sie hängt von den Temperaturkoeffizienten der Schwingkreiskapazität und -induktivität ab. Wesentlich bessere Frequenzkonstanz kann man mit Schwingquarzen erreichen. Sie lassen sich mit elektrischen Feldern zu mechanischen Schwingungen anregen. Ein Schwingquarz mit angeschlossenen Elektroden verhält sich elektrisch wie ein Schwingkreis hoher Güte. Der Temperaturkoeffizient der Resonanzfrequenz ist sehr klein. Die erreichbare Frequenzstabilität eines Quarzoszillators liegt in der Größenordnung von:

$$\frac{\Delta f}{f} = 10^{-6} \ldots 10^{-10}$$

### 14.2.1
### Elektrische Eigenschaften eines Schwingquarzes

Das elektrische Verhalten eines Schwingquarzes läßt sich gut durch das Ersatzschaltbild in Abb. 14.14 beschreiben. Die beiden Größen $C$ und $L$ sind durch die mechanischen Eigenschaften des Quarzes sehr gut definiert. Der Widerstand $R$ ist ein kleiner ohmscher Widerstand, der die Dämpfung charakterisiert. Der Kondensator $C_0$ gibt die Größe der Kapazität an, die von den Elektroden und den Zuleitungen gebildet wird. Typische Werte für einen 4 MHz-Quarz sind:

$$L = 100\,\text{mH}, \qquad R = 100\,\Omega$$
$$C = 0{,}015\,\text{pF}, \qquad C_0 = 5\,\text{pF}$$

Daraus resultiert eine Güte von:

$$Q = \frac{1}{R}\sqrt{\frac{L}{C}} = 26000$$

Zur Berechnung der Resonanzfrequenz ermitteln wir zunächst die Impedanz des Schwingquarzes. Aus Abb. 14.14 ergibt sich unter Vernachlässigung von $R$:

$$\underline{Z}_q = \frac{1 + s^2 LC}{s(C_0 + C) + s^3 LCC_0} \tag{14.6}$$

Man erkennt, daß es eine Frequenz gibt, bei der $\underline{Z}_q = 0$ wird, und eine andere Frequenz, bei der $\underline{Z}_q = \infty$ wird. Der Schwingquarz besitzt also eine Serien- und eine Parallelresonanz. Zur Berechnung der Serienresonanzfrequenz $f_S$ setzen wir den Zähler von Gl. (14.6) gleich Null und erhalten:

$$f_S = \frac{1}{2\pi\sqrt{LC}} \tag{14.7}$$

Die Parallelresonanzfrequenz ergibt sich durch Nullsetzen des Nenners:

$$f_P = \frac{1}{2\pi\sqrt{LC}}\sqrt{1 + \frac{C}{C_0}} \tag{14.8}$$

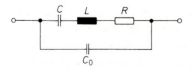

**Abb. 14.14.** Ersatzschaltbild eines Schwingquarzes

**Abb. 14.15.** Abgleich der Resonanzfrequenz bei Serienresonanz

Wie man sieht, hängt die Serienresonanzfrequenz nur von dem gut definierten Produkt $LC$ ab, während bei der Parallelresonanz die wesentlich schlechter definierte Elektrodenkapazität $C_0$ mit eingeht.

Häufig möchte man die Frequenz eines Quarzoszillators in einem kleinen Bereich variieren, um sie exakt auf einen gewünschten Wert einstellen zu können. Dazu braucht man lediglich wie in Abb. 14.15 einen Kondensator mit dem Quarz in Reihe zu schalten, dessen Kapazität groß gegenüber $C$ ist.

Zur Berechnung der verschobenen Resonanzfrequenz ermitteln wir die Impedanz der Reihenschaltung. Mit Gl. (14.6) ergibt sich:

$$\underline{Z}_q' = \frac{C + C_0 + C_S + s^2 LC(C_0 + C_S)}{sC_S(C_0 + C) + s^3 LCC_0 C_S} \tag{14.9}$$

Durch Nullsetzen des Zählers erhalten wir die neue Serienresonanzfrequenz:

$$f_S' = \frac{1}{2\pi\sqrt{LC}}\sqrt{1 + \frac{C}{C_0 + C_S}} = f_S\sqrt{1 + \frac{C}{C_0 + C_S}} \tag{14.10}$$

Durch Reihenentwicklung folgt daraus mit $C \ll C_0 + C_S$:

$$f_S' = f_S\left[1 + \frac{C}{2(C_0 + C_S)}\right]$$

Die relative Frequenzänderung beträgt also:

$$\frac{\Delta f}{f} = \frac{C}{2(C_0 + C_S)}$$

Die Parallelresonanzfrequenz wird durch $C_S$ nicht verändert, da die Nullstelle des Nenners in Gl. (14.9) von $C_S$ unabhängig ist. Der Vergleich von Gl. (14.10) mit Gl. (14.8) ergibt, daß man mit $C_S \to 0$ die Serienresonanzfrequenz maximal bis in die Nähe der Parallelresonanzfrequenz erhöhen kann.

## 14.2.2
### Grundwellen-Oszillatoren

Bei dem Pierce-Oszillator in Abb. 14.16 bildet der Quarz zusammen mit den Kondensatoren $C_S$ und $C_1$ einen Serienschwingkreis mit einer Serienkapazität von:

$$\frac{1}{C_{S\,ges}} = \frac{1}{C_S} + \frac{1}{C_1}$$

Der Schwingkreis wird über den Kollektor angeregt. Wenn man davon ausgeht, daß der Strom im Schwingkreis groß gegenüber dem Erregerstrom ist, ergeben sich an $C_1$ und $C_S$ gegenphasige Signale. Dadurch kommt die Mitkopplung zustande.

Als Verstärker wird heutzutage meist ein CMOS-Inverter eingesetzt. Die resultierende Schaltung ist in Abb. 14.17 dargestellt. Sie benötigt nicht nur weniger Bauelemente, sondern bedämpft den Quarz wegen des hohen Eingangswiderstandes nur minimal. Der Widerstand legt den Arbeitspunkt auf den Wert

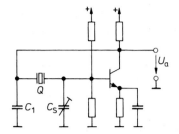

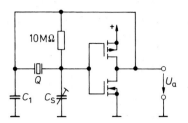

**Abb. 14.16.** Pierce-Oszillator mit Verstärker in Emitterschaltung

**Abb. 14.17.** Pierce-Oszillator mit CMOS-Inverter als Verstärker

$U_e = U_a \approx \frac{1}{2}U_b$ fest. Er kann sehr hochohmig sein, da praktisch kein Eingangsstrom fließt.

Der Quarzoszillator in Abb. 14.18 arbeitet wie der emittergekoppelte Multivibrator in Abb. 6.19 auf S. 605 [14.1]. Die Stärke der Mitkopplung läßt sich über die Steilheit der Transistoren mit Hilfe der Emitterwiderstände einstellen. Man wählt sie so groß, daß die Schaltung sicher anschwingt, aber nicht zu stark übersteuert. Dann wird die Differenz der Ausgangsspannungen und damit der Strom durch den Quarz annähernd sinusförmig. Eine entsprechende automatische Verstärkungsregelung ist z.B. in dem Typ MC 12061 enthalten.

Ein Präzisions-Quarzoszillator, der den Betrieb mit einseitig geerdeten Quarzen ermöglicht, ist in Abb. 14.19 dargestellt. Um die Güte des Quarzes nicht zu beeinträchtigen, muß die Ansteuerung möglichst niederohmig erfolgen (Serienresonanz). Dazu dient der Emitterfolger $T_1$. Der durch den Quarz fließende Strom $\Delta I$ wird in dem als Strom-Spannungs-Umsetzer beschalteten Transistor $T_2$ in eine Spannung $\Delta V_{C2} = \Delta I R_2$ übersetzt. Die Mitkopplung erfolgt über den Emitterfolger $T_4$ auf die Basis von $T_1$. Bei der Serienresonanzfrequenz des Quarzes ist die reduzierte Steilheit von $T_1$ und damit auch die Schleifenverstärkung der Schaltung am größten. Man stellt den Abschwächer $R_5$, $R_6$ so ein, daß die Wechselspannung am Quarz nur einige 10 mV beträgt. Dann bleibt die Verlustleistung im Quarz so klein, daß die Frequenzstabilität nicht beeinträchtigt wird. Am besten verwendet man einen elektrisch steuerbaren Abschwächer, z.B. einen Steilheitsmultiplizierer, den man mit einer Amplituden-Regelschaltung auf den

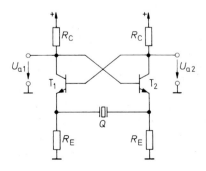

**Abb. 14.18.** Emittergekoppelter Quarzmultivibrator

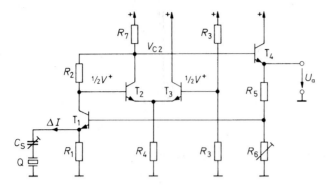

**Abb. 14.19.** Präzisions-Quarzoszillator

| Typ | Hersteller | Ausgang | max. Frequenz |
|-----|-----------|---------|---------------|
| 74 LS 320 | Texas Instr. | TTL | 20 MHz |
| 74 LS 624 | Texas Instr. | TTL | 20 MHz |
| MC 12061 | Motorola | TTL, ECL | 20 MHz |

**Tab. 14.1.** Oszillatorschaltungen für externe Schwingquarze

richtigen Wert einstellt. Dann ist auch ein sicheres Anschwingen des Oszillators gewährleistet, und die Ausgangsspannung besitzt einen gut sinusförmigen
Verlauf. Eine Übersicht über einige integrierte Schaltungen ist in Tab. 14.1 zusammengestellt. Da vollständige Quarzoszillatoren in großer Vielfalt im Frequenzbereich von 1...50 MHz angeboten werden, ist der Einsatz der angegebenen Oszillatorschaltungen nur in Ausnahmefällen gerechtfertigt.

### 14.2.3
### Oberwellen-Oszillatoren

Schwingquarze für Frequenzen über 30 MHz lassen sich schlecht herstellen. Wenn
man derartig hohe Frequenzen mit Quarzstabilität benötigt, kann man entweder
einen *LC*-Oszillator über einen PLL (Kap. 24.4.5 auf S. 1294) mit einem niederfrequenten Quarz stabilisieren oder einen Schwingquarz auf einer Oberwelle
anregen.

Wenn man den in Abb. 14.20 dargestellten Verlauf des Blindwiderstandes
eines Schwingquarzes betrachtet, erkennt man, daß er bei ungradzahligen Oberwellen ebenfalls Resonanzstellen besitzt. Zum Betrieb eines Quarzes mit einer
Oberwelle sind die bisher behandelten Schaltungen jedoch nicht geeignet. Um
einen Quarz bei einer Oberwelle anzuregen, benötigt man einen Verstärker, dessen Verstärkung in der Nähe der gewünschten Frequenz ein Maximum besitzt.
Dies läßt sich mit einem zusätzlichen *LC*-Schwingkreis erreichen.

Wenn man die Mitkopplung bei dem Hartley-Oszillator in Abb. 14.7 auf S. 907
über einen Schwingquarz vornimmt, ergibt sich die in Abb. 14.21 dargestellte

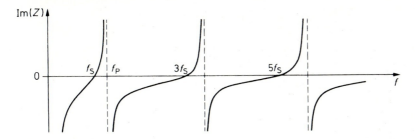

**Abb. 14.20.** Typischer Frequenzgang des Blindwiderstandes eines Schwingquarzes

Schaltung. Der *LC*-Schwingkreis wird auf die gewünschte Oberwelle abgestimmt. Dann wird die Verstärkung für diese Frequenz am größten, und der Quarz wird bevorzugt mit der entsprechenden Oberwelle angeregt. Der entsprechend modifizierte Colpitts-Oszillator von Abb. 14.9 auf S. 908 ist in Abb. 14.22 dargestellt.

Ein Oberwellen-Oszillator läßt sich auch mit dem emittergekoppelten Oszillator von Abb. 14.10 realisieren. Dazu schließt man die Mitkopplungsschleife wie in Abb. 14.23 über einen Schwingquarz. Bei der Resonanzfrequenz des *LC*-Schwingkreises wird eine Mitkopplung mit der gewünschten Oberwelle des Schwingquarzes ermöglicht. Die einfachste Realisierung des erforderlichen Hochfrequenzverstärkers ergibt sich durch Verwendung eines ECL-Gatters. Besonders günstig ist in diesem Fall ein Line-Receiver, da bei ihm das Bezugspotential $V_{BB}$ herausgeführt ist. Wenn man den Schwingkreis wie in Abb. 14.23 daran anschließt, ist der Verstärker im optimalen Arbeitspunkt. Der Kondensator $C_1$ dient lediglich zum hochfrequenten Kurzschluß von $V_{BB}$. Die sich ergebende Ausgangsspannung ist in erster Näherung sinusförmig. Wenn man ein rechteckförmiges ECL-Signal benötigt, braucht man nur einen weiteren Line-Receiver nachzuschalten [14.2].

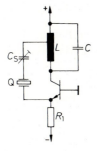

**Abb. 14.21.** Hartley-Oszillator mit Schwingquarz

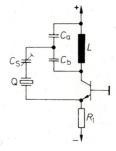

**Abb. 14.22.** Colpitts-Oszillator mit Schwingquarz

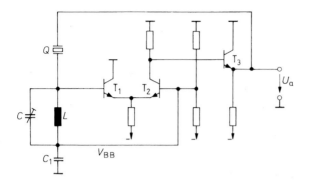

**Abb. 14.23.** Emittergekoppelter Oszillator mit Quarz-Stabilisierung. Mit dem ECL-Line Receiver 10.116 lassen sich Frequenzen bis über 100 MHz erreichen

## 14.3
## Wien-Brücken-Oszillatoren

Im Niederfrequenzbereich eignen sich $LC$-Oszillatoren weniger, weil die Induktivitäten und Kapazitäten unhandlich groß werden. Deshalb verwendet man in diesem Bereich vorzugsweise Oszillatoren, bei denen $RC$-Netzwerke die Frequenz bestimmen.

Im Prinzip könnte man einen $RC$-Oszillator dadurch realisieren, daß man den Schwingkreis in Abb. 14.2 auf S. 904 durch einen passiven $RC$-Bandpaß ersetzt. Die maximal erreichbare Güte wäre dann allerdings auf den Wert $\frac{1}{2}$ begrenzt, wie wir in Kapitel 13.1 gezeigt haben. Die entstehende Sinusschwingung würde eine schlechte Frequenzstabilität besitzen. Dies erkennt man an dem Frequenzgang der Phasenverschiebung in Abb. 14.24. Bei einem passiven Tiefpaß mit $Q = \frac{1}{3}$ beträgt die Phasenverschiebung bei der halben Resonanzfrequenz 27°. Verursacht der Verstärker z.B. eine Phasenverschiebung von $-27°$, würde der Oszillator wegen der Phasenbedingung $\varphi_{\mathrm{ges}} = 0$ auf der halben Resonanzfrequenz schwingen. Um eine gute Frequenzkonstanz zu erzielen, benötigt man also ein Rückkopplungsnetzwerk, dessen Frequenzgang der Phasenverschiebung einen möglichst steilen Nulldurchgang hat. Diese Eigenschaft besitzen z.B. Schwingkreise hoher Güte und die Wien–Robinson-Brücke. Die Ausgangsspannung der Wien–Robinson-Brücke wird jedoch bei der Resonanzfrequenz Null; daher eignet sie sich nicht ohne weiteres als Rückkoppler. Für den Einsatz in Oszillatoren verstimmt man die Wien–Robinson-Brücke geringfügig wie in Abb. 14.25; $\varepsilon$ sei darin eine positive Zahl, die klein gegenüber Eins ist.

Den Verlauf der Phasenverschiebung der verstimmten Wien–Robinson-Brücke kann man sich leicht qualitativ überlegen: bei hohen und tiefen Frequenzen wird $\underline{U}_1 = 0$. Dann wird $\underline{U}_D \approx -\frac{1}{3}\underline{U}_e$. Die damit verbundene Phasenverschiebung beträgt $\pm 180°$. Bei der Resonanzfrequenz wird $\underline{U}_1 = \frac{1}{3}\underline{U}_e$ und:

$$\underline{U}_D = \left(\frac{1}{3} - \frac{1}{3+\varepsilon}\right)\underline{U}_e \approx \frac{\varepsilon}{9}\underline{U}_e$$

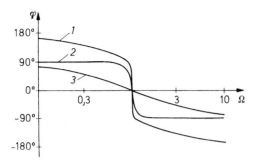

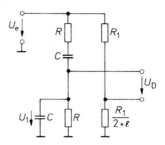

**Abb. 14.24.** Frequenzgang der Phasenverschiebung
Kurve *1*: Wien–Robinson-Brücke mit $\varepsilon = 0,01$
Kurve *2*: Schwingkreis mit $Q = 10$
Kurve *3*: passiver Bandpaß mit $Q = \frac{1}{3}$

**Abb. 14.25.** Verstimmte Wien–Robinson-Brücke

$\underline{U}_D$ ist also bei der Resonanzfrequenz in Phase mit $\underline{U}_e$. Um quantitativ den Verlauf der Kurve *1* in Abb. 14.24 zu berechnen, ermitteln wir zunächst die Übertragungsfunktion:

$$\frac{\underline{U}_D}{\underline{U}_e} = -\frac{1}{3 + \varepsilon} \cdot \frac{(1 + P^2) - \varepsilon P}{1 + \dfrac{(+\varepsilon)}{3 + \varepsilon} P + P^2}$$

Daraus folgt unter Vernachlässigung höherer Potenzen von $\varepsilon$ der Frequenzgang der Phasenverschiebung:

$$\varphi = \arctan \frac{3\Omega(\Omega^2 - 1)(3 + 2\varepsilon)}{(\Omega^2 - 1)^2(3 + \varepsilon) - 9\varepsilon\Omega^2}$$

Er ist in Abb. 14.24 für $\varepsilon = 0,01$ dargestellt. Man erkennt, daß die Phasenverschiebung bei der verstimmten Wien–Robinson-Brücke in einem sehr kleinen Frequenzbereich auf $\pm 90°$ anwächst; er wird um so kleiner, je kleiner man $\varepsilon$ wählt. In dieser Beziehung ist die Wien–Robinson-Brücke mit sehr guten Schwingkreisen vergleichbar. Ein Vorzug ist, daß die Phasenverschiebung nicht auf $\pm 90°$ begrenzt ist, sondern sogar auf $\pm 180°$ anwächst. Dadurch werden auftretende Oberwellen stark gedämpft. Ein Nachteil der Wien–Robinson-Brücke ist, daß die Abschwächung bei der Resonanzfrequenz um so stärker wird, je kleiner man $\varepsilon$ wählt. Allgemein beträgt die Abschwächung bei der Resonanzfrequenz:

$$\frac{\hat{U}_D}{\hat{U}_e} = k \approx \frac{\varepsilon}{9}$$

in unserem Beispiel $\frac{1}{900}$. Um bei einem Oszillator die Amplitudenbedingung zu erfüllen, muß der Verstärker diese Abschwächung wieder ausgleichen. Abbildung 14.26 zeigt eine solche Oszillatorschaltung.

Besitzt der Verstärker die Differenzverstärkung $A_D$, muß wegen der Amplitudenbedingung $kA_D = 1$ die Verstimmung $\varepsilon$ den Wert $\varepsilon = 9k = 9/A_D$ besitzen. Ist $\varepsilon$ etwas größer, steigt die Schwingungsamplitude so weit an, bis der Verstärker übersteuert wird. Ist $\varepsilon$ zu klein oder sogar negativ, kommt keine Schwingung zustande. Es ist aber unmöglich, die Widerstände $R_1$ und $R_1/(2 + \varepsilon)$ mit der not-

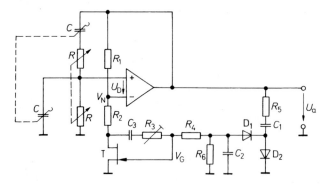

**Abb. 14.26.** Schaltung eines einfachen Wien–Robinson-Oszillators

*Resonanzfrequenz:*   $f_r = 1/2\pi RC$

wendigen Präzision einzustellen. Daher muß man einen der beiden Widerstände automatisch in Abhängigkeit von der Ausgangsamplitude regeln. Dazu dient der Feldeffekttransistor T in Abb. 14.26. Wie in Kapitel 3.1.3 auf S. 198 gezeigt, hängt der Kanalwiderstand $R_{DS}$ lediglich von der Spannung $U_{GS}$ ab, solange $U_{DS}$ hinreichend klein bleibt. Um dies sicherzustellen, läßt man einen Teil von $V_N$ an $R_2$ abfallen. Die Reihenschaltung von $R_2$ mit $R_{DS}$ soll den Wert $R_1/2 + \varepsilon$ besitzen. Der kleinste Wert, den $R_{DS}$ annehmen kann, ist $R_{DS\,on}$. Folglich muß

$$R_2 < \frac{1}{2}R_1 - R_{DS\,on}$$

gewählt werden. Schaltet man die Betriebsspannung ein, ist $V_G$ zunächst noch gleich Null und daher $R_{DS} = R_{DS\,on}$. Wenn die oben genannte Dimensionierungsbedingung erfüllt ist, ist der Widerstand der Reihenschaltung von $R_2$ mit $R_{DS}$ in diesem Fall kleiner als $\frac{1}{2}R_1$. Bei der Resonanzfrequenz der Wien-Brücke tritt also eine relativ große Differenzspannung $U_D$ auf. Die Folge ist, daß die Schwingung einsetzt und die Amplitude ansteigt. Die Ausgangsspannung wird in der Spannungsverdopplerschaltung $D_1$, $D_2$ gleichgerichtet. Dadurch wird das Gatepotential negativ, und $R_{DS}$ vergrößert sich. Die Ausgangsamplitude steigt nun so lange an, bis

$$R_{DS} + R_2 = \frac{R_1}{2 + \varepsilon} = \frac{R_1}{2 + \frac{9}{A_D}}$$

ist.

Der Klirrfaktor der Ausgangsspannung hängt im wesentlichen von der Linearität der Fet-Ausgangskennlinie ab. Wie wir in Kapitel 3.1.3 gesehen haben, läßt sie sich wesentlich verbessern, wenn man wie in Abb. 3.12 auf S. 199 einen Teil der Drain-Source-Spannung zum Gatepotential addiert. Dazu dienen die beiden Widerstände $R_3$ und $R_4$. Der Kondensator $C_3$ sorgt dafür, daß kein Gleichstrom in den N-Eingang des Operationsverstärkers fließt, der eine Nullpunktverschiebung am Ausgang verursachen würde. Man wählt in der Praxis $R_3 \approx R_4$. Durch Feinabgleich von $R_3$ läßt sich der Klirrfaktor auf ein Minimum abgleichen. Man erreicht damit Werte unter 0,1%.

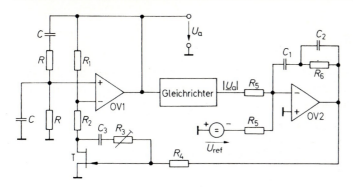

**Abb. 14.27.** Wien–Robinson-Oszillator mit Präzisionsamplitudenstabilisierung

*Amplitude:* $\quad \hat{U}_a = \dfrac{\pi}{2} U_{\text{ref}}$

Macht man $R$ einstellbar, kann man die Frequenz kontinuierlich einstellen. Je schlechter die Gleichlaufgenauigkeit der beiden Widerstände ist, desto wirksamer muß die Amplitudenregelung sein. Der Maximalwert von $R$ sollte so niedrig sein, daß der Eingangsruhestrom des Operationsverstärkers keinen nennenswerten Spannungsabfall an ihm erzeugt. Andererseits darf $R$ nicht zu niederohmig sein, sonst wird der Ausgang zu stark belastet. Um die Frequenz in einem Bereich 1 : 10 einstellen zu können, schaltet man Festwiderstände mit dem Wert $R/10$ in Reihe mit den Potentiometern $R$. Macht man zusätzlich die Kondensatoren $C$ umschaltbar, läßt sich mit einer solchen Schaltung ein Frequenzbereich von 10 Hz bis 1 MHz überstreichen. Damit die Amplitudenregelung auch bei der tiefsten Frequenz noch keine Verzerrungen hervorruft, sollten die Auf- und Entladezeitkonstanten $R_5 C_1$ und $R_6 C_2$ mindestens um einen Faktor 10 größer sein als die größte Schwingungsdauer des Oszillators.

Welche Ausgangsamplitude sich einstellt, hängt von den Daten des Feldeffekttransistors T ab. Die Konstanz der Ausgangsamplitude ist nicht besonders gut, weil eine bestimmte Ausgangsamplitudenänderung notwendig ist, damit sich der Widerstand des Feldeffekttransistors T nennenswert verändert. Dies läßt sich verbessern, wenn man die Gatespannung zwischenverstärkt. Eine solche Schaltung zeigt Abb. 14.27.

Mit dem Gleichrichter wird der Betrag der Ausgangswechselspannung gebildet. OV 2 ist als modifizierter PI-Regler wie in Abb. 24.7 auf S. 1276 beschaltet. Er stellt das Gatepotential des Fets T so ein, daß seine Eingangsspannung im Mittel Null wird. Das ist dann der Fall, wenn der arithmetische Mittelwert von $|\underline{U}_a|$ gleich $U_{\text{ref}}$ ist. Die Regelzeitkonstante muß groß gegenüber der Schwingungsdauer gewählt werden, sonst ändert sich die Verstärkung schon innerhalb einer einzelnen Schwingung. Dies würde zu beträchtlichen Verzerrungen führen. Deshalb kann man keinen reinen PI-Regler verwenden, sondern muß zu $R_6$ einen Kondensator parallel schalten, der die Wechselspannung an $R_6$ auch bei der tiefsten Oszillatorfrequenz noch kurzschließt. Der P-Anteil wird daher erst unterhalb dieser Frequenz wirksam.

## 14.4
## Analogrechner-Oszillatoren

Niederfrequente Sinusschwingungen lassen sich auch dadurch erzeugen, daß man mit Operationsverstärkern die Differentialgleichung einer Sinusschwingung programmiert. Sie lautet nach Abschnitt 14.1.1

$$\ddot{U}_a + 2\gamma\dot{U}_a + \omega_0^2 U_a \;=\; 0 \tag{14.11}$$

und besitzt die Lösung:

$$U_a(t) \;=\; \hat{U}_a e^{-\gamma t}\sin(\sqrt{\omega_0^2 - \gamma^2}\,t) \tag{14.12}$$

Da man mit Operationsverstärkern besser integrieren als differenzieren kann, formen wir die Differentialgleichung durch zweimalige Integration um und erhalten:

$$U_a + 2\gamma\int U_a dt + \omega_0^2 \iint U_a dt^2 \;=\; 0$$

Diese Integralgleichung läßt sich mit Hilfe von zwei Integratoren und einem Umkehrverstärker nachbilden. Es gibt dazu eine ganze Reihe verschiedener Möglichkeiten. Eine davon, die sich besonders gut als Oszillator eignet, zeigt Abb. 14.28. Bei dieser Schaltung beträgt die Dämpfung $\gamma = -\alpha/20RC$ und die Resonanzfrequenz $f_0 = 1/2\pi RC$. Damit lautet ihre Ausgangsspannung nach Gl. (14.12):

$$U_a(t) \;=\; \hat{U}_a e^{\frac{\alpha}{20RC}t}\sin\left(\sqrt{1 - \frac{\alpha^2}{400}\frac{t}{RC}}\right) \tag{14.13}$$

Man erkennt, daß sich mit $\alpha$ die Dämpfung der Schwingung einstellen läßt. Stellt man das Potentiometer $P$ an den rechten Anschlag, wird $\alpha = 1$. Stellt man es an den linken Anschlag, wird $\alpha = -1$. In der Mittelstellung wird $\alpha = 0$. Die Dämpfung läßt sich also zwischen positiven und negativen Werten variieren. Für $\alpha = 1$ nimmt die Schwingungsamplitude nach 20 Schwingungen auf das $e$-fache zu, für $\alpha = -1$ auf den $e$-ten Teil ab. Für $\alpha = 0$ erhält man eine ungedämpfte Schwingung. Dies gilt jedoch nur im Idealfall. In der Praxis tritt für $\alpha = 0$ meist eine leicht gedämpfte Schwingung auf. Um in diesem Fall eine Schwingung mit

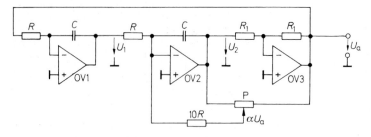

**Abb. 14.28.** Programmierte Schwingungsdifferentialgleichung
*Resonanzfrequenz:* $f_0 = 1/2\pi RC$

konstanter Amplitude zu erhalten, muß man $\alpha$ auf einen kleinen positiven Wert einstellen. Diese Einstellung ist so kritisch, daß man die Amplitude nie über längere Zeit auf einem bestimmten Wert konstant halten kann. Um dies dennoch zu erreichen, benötigt man eine automatische Amplitudenregelung. Dazu kann man wie beim Wien–Robinson-Oszillator in Abb. 14.27 die Ausgangsamplitude mit einem Gleichrichter messen und $\alpha$ in Abhängigkeit von der Differenz zu einer Referenzspannung regeln. Wie wir gesehen haben, muß die Regelzeitkonstante groß gegenüber der Schwingungsdauer gewählt werden, damit die Amplitudenregelung keine Verzerrungen verursacht. Diese Forderung ist bei Frequenzen unter 10 Hz immer schwerer zu erfüllen.

Die Schwierigkeiten rühren daher, daß man eine Schwingung abwarten muß, um ihre Amplitude messen zu können. Sie ließen sich eliminieren, wenn man die Amplitude in jedem Augenblick der Schwingung messen könnte. Dies ist bei der Schaltung in Abb. 14.28 möglich. Für den Fall der ungedämpften Schwingung gilt nämlich:

$$U_a = \hat{U}_a \sin \omega_0 t \quad \text{und} \quad U_1 = -\frac{1}{\tau} \int U_a dt = \hat{U}_a \cos \omega_0 t$$

Die Amplitude läßt sich nun in jedem Augenblick bestimmen, wenn man den Ausdruck

$$U_a^2 + U_1^2 = \hat{U}_a^2 (\sin^2 \omega_0 t + \cos^2 \omega_0 t) = \hat{U}_a^2 \tag{14.14}$$

bildet. Man sieht, daß der Ausdruck $U_a^2 + U_1^2$ nur von der Amplitude der Schwingung abhängt und nicht von ihrer Phase. Man erhält also eine reine Gleichspannung, die nicht gefiltert zu werden braucht, sondern direkt mit einer Referenzspannung verglichen werden kann.

Ein Analogrechner-Oszillator, dessen Amplitude nach diesem Prinzip geregelt wird, ist in Abb. 14.29 dargestellt. Die Analogmultiplizierer $M_1$ und $M_2$ quadrieren $U_1$ bzw. $U_a$. Zu diesen beiden Anteilen wird noch die Referenzspannung am Summationspunkt des Regelverstärkers OV 4 addiert. Seine Ausgangsspannung $U_3$ stellt sich so ein, daß

$$\frac{U_1^2}{ER_2} + \frac{U_a^2}{ER_2} - \frac{U_{\text{ref}}}{R_2} = 0$$

wird. Mit Gl. (14.14) ist dies der Fall für eine Amplitude $\hat{U}_a^2 = EU_{\text{ref}}$. Mit dem RC-Glied $R_3 C_1$ wird die Zeitkonstante des Regelverstärkers festgelegt. Die Dimensionierung wird in Kapitel 24 beschrieben.

Am Ausgang des Multiplizierers $M_3$ tritt die Spannung $U_a U_3/E$ auf. Sie wird statt des Potentiometers P an den Widerstand $10R$ in Abb. 14.28 angeschlossen. Dann ist $\alpha = U_3/E$. Wächst die Amplitude an, wird $\hat{U}_a^2 > EU_{\text{ref}}$. Dadurch wird $U_3$ und damit auch $\alpha$ negativ. Die Schwingung wird also gedämpft. Sinkt die Amplitude ab, wird $U_3$ positiv, und die Schwingung wird entdämpft.

Außer der günstigen Methode zur Amplitudenstabilisierung bietet die Schwingungsdifferentialgleichung noch einen weiteren Vorteil: Man kann eine nahezu ideale Frequenzmodulation durchführen. Bei LC-Oszillatoren muß man zu diesem Zweck den Wert von L oder C variieren. Dadurch ändert sich aber die

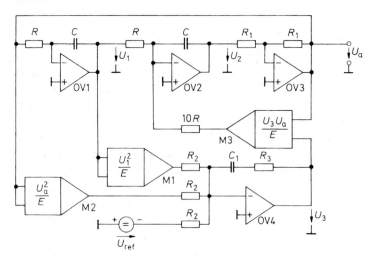

**Abb. 14.29.** Analogrechner-Oszillator mit Präzisionsamplitudenregelzusatz

*Frequenz:* $f_0 = 1/2\pi RC$,      *Amplitude:* $\hat{U}_a^2 = EU_{ref}$

Energie des Oszillators und damit seine Amplitude. Es treten parametrische Verstärkungseffekte auf. Bei der programmierten Schwingungsdifferentialgleichung hingegen kann man die Resonanzfrequenz durch Variation der beiden Widerstände $R$ verändern, ohne den Energieinhalt zu beeinflussen.

Da die beiden Widerstände jeweils an virtueller Masse angeschlossen sind, kann man zur Frequenzmodulation Analogmultiplizierer verwenden, die man vor die Widerstände schaltet. Sie liefern dann die Ausgangsspannung:

$$U_a' = \frac{U_{St}}{E}U_a \quad \text{bzw.} \quad U_1' = \frac{U_{St}}{E}U_1$$

Dadurch werden die Widerstände $R$ um den Faktor $E/U_{St}$ vergrößert, und wir erhalten die Resonanzfrequenz:

$$f_0 = \frac{1}{2\pi RC} \cdot \frac{U_{St}}{E}$$

Sie ist also proportional zur Steuerspannung.

Die Frequenz läßt sich auch digital steuern, wenn man statt der Analogmultiplizierer Digital-Analog-Umsetzer vor die Integratoren schaltet. Dann entsteht dieselbe Anordnung wie bei dem digital durchstimmbaren Filter in Abb. 13.37 auf S. 893. Auf diese Weise lassen sich Frequenzbereiche von 1 : 100 mit hoher Genauigkeit überstreichen. Um die Dämpfung des Oszillators bei derart großen Frequenzbereichen konstant zu halten, ist es zweckmäßig zu dem Vorwiderstand $R_1$ bei OV 3 einen kleinen Kondensator parallel zu schalten. Er kompensiert die durch die Phasennacheilung der Operationsverstärker bedingte Dämpfungszunahme bei höheren Frequenzen.

## 14.5
## Funktionsgeneratoren

Wir haben gesehen, daß bei der Erzeugung niederfrequenter Sinusschwingungen die Amplitudenstabilisierung ziemlich aufwendig wird. Viel einfacher ist es, mit Hilfe eines Schmitt-Triggers und eines Integrators eine dreieckförmige Wechselspannung zu erzeugen. In einem weiteren Schritt kann man dann aus der Dreieckschwingung eine Sinusschwingung herstellen, indem man eines der im Kapitel 11.7.4 auf S. 791 beschriebenen Sinusfunktionsnetzwerke nachschaltet. Da man bei diesem Verfahren gleichzeitig eine Dreieck-, Rechteck- und Sinusschwingung erhält, bezeichnet man Schaltungen, die nach diesem Prinzip arbeiten, als Funktionsgeneratoren. Das Blockschaltbild ist in Abb. 14.30 dargestellt.

Das Prinzip besteht darin, an einen Integrator eine konstante Spannung anzulegen, die entweder positiv oder negativ ist, je nachdem, in welche Richtung die Ausgangsspannung des Integrators gerade laufen soll. Erreicht die Ausgangsspannung des Integrators den Einschalt- bzw. Ausschaltpegel des nachgeschalteten Schmitt-Triggers, wird das Vorzeichen am Eingang des Integrators invertiert. Dadurch entsteht an dessen Ausgang eine dreieckförmige Spannung, die zwischen den Triggerpegeln hin und her läuft.

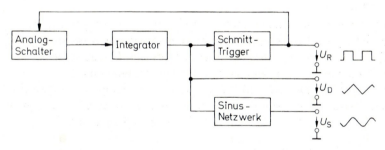

**Abb. 14.30.** Schematischer Aufbau eines Funktionsgenerators

## 14.5.1
## Prinzipielle Anordnung

Es gibt zwei verschiedene Realisierungsmöglichkeiten, die sich in der Ausführung der Integration unterscheiden. Bei der Schaltung in Abb. 14.31 wird je nach Stellung des Analogschalters $+U_e$ bzw. $-U_e$ an einen Integrator gelegt. Bei der Schaltung in Abb. 14.32 wird der Strom $+I_e$ bzw. $-I_e$ über einen Analogschalter in den Kondensator $C$ eingeprägt. Dadurch ergibt sich ebenfalls ein zeitlinearer Anstieg bzw. Abfall der Spannung. Um die dreieckförmige Spannung am Kondensator durch Belastung nicht zu verfälschen, benötigt man hier in der Regel einen Impedanzwandler. Der Vorteil dieser Methode besteht jedoch darin, daß man den Impedanzwandler und den Strom-Umschalter leichter für höhere Frequenzen realisieren kann [14.3].

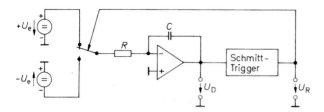

**Abb. 14.31.** Funktionsgenerator mit Integrator

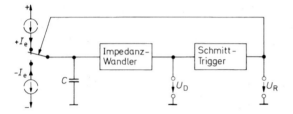

**Abb. 14.32.** Funktionsgenerator mit Konstantstromquellen

### 14.5.2
### Praktische Realisierung

Zu der einfachsten Ausführung gelangt man, wenn man von dem Prinzip in Abb. 14.31 ausgeht und die Ausgangsspannung des Schmitt-Triggers selbst als Eingangsspannung für den Integrator verwendet. Die entstehende Schaltung ist in Abb. 14.33 dargestellt. Der Schmitt-Trigger liefert eine konstante Ausgangsspannung, die der Integrator integriert. Erreicht seine Ausgangsspannung den Trigger-Pegel des Schmitt-Triggers, ändert die zu integrierende Spannung $U_R$ momentan ihr Vorzeichen. Dadurch läuft der Ausgang des Integrators in umgekehrter Richtung, bis der andere Trigger-Pegel erreicht ist. Damit die positive und negative Steigung betragsmäßig gleich groß werden, muß der Komparator eine symmetrische Ausgangsspannung $\pm U_{R\,max}$ besitzen. Dann ergibt sich nach Abschnitt 6.5.2 auf S. 612 für die Dreieckschwingung eine Amplitude von:

$$\hat{U}_D = \frac{R_1}{R_2} U_{R\,max}$$

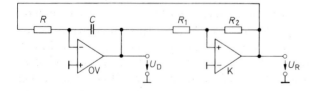

**Abb. 14.33.** Einfacher Funktionsgenerator

$$\text{Frequenz: } f = \frac{R_2}{4R_1} \cdot \frac{1}{RC}, \qquad \text{Amplitude: } \hat{U}_D = \frac{R_1}{R_2} U_{R\,max}$$

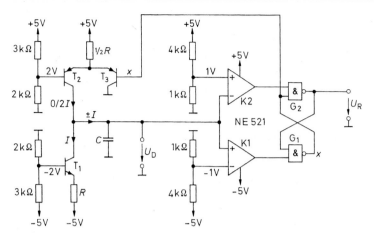

**Abb. 14.34.** Schneller Funktionsgenerator mit Stromschalter und Präzisionskomparator

*Frequenz:* $f = \dfrac{I}{4\hat{U}_D \cdot C} = \dfrac{0{,}6}{RC}$, *Amplitude:* $\hat{U}_D = 1\,V$

Die Schwingungsdauer ist gleich der vierfachen Zeit, die der Integrator benötigt, um von Null bis $\hat{U}_D$ zu laufen. Sie beträgt daher:

$$T = 4\frac{R_1}{R_2}RC$$

Ein Beispiel für die praktische Ausführung des Stromschaltprinzips von Abb. 14.32 ist in Abb. 14.34 dargestellt. Der gesteuerte Stromschalter besteht aus den Transistoren $T_1$ bis $T_3$. Solange das Steuersignal $x = L$ ist, wird der Kondensator über $T_1$ mit dem Strom $I$ entladen. Wenn die Dreieckspannung den Wert $-1\,V$ unterschreitet, kippt der nach Abb. 6.44 auf S. 615 realisierte Präzisions-Schmitt-Trigger um, und es wird $x = H$. Dadurch sperrt $T_3$, und die Stromquelle $T_2$ wird eingeschaltet. Sie liefert den doppelten Strom wie $T_1$, nämlich $2I$. Dadurch wird der Kondensator $C$ mit dem Strom $I$ aufgeladen, ohne daß $T_1$ abgeschaltet werden muß.

Wenn die Dreieckspannung den oberen Triggerpegel von $+1\,V$ überschreitet, kippt der Schmitt-Trigger in den Zustand $x = L$ zurück, und der Kondensator $C$ wird wieder entladen.

Für die Realisierung des Präzisions-Schmitt-Triggers ist der Doppelkomparator NE 521 von Signetics besonders geeignet, da er die beiden benötigten Gatter bereits enthält. Außerdem besitzt dieser Komparator besonders kurze Schaltzeiten von nur ca. 8 ns, die die Erzeugung von Frequenzen bis zu mehreren Megahertz ermöglichen. Den in Abb. 14.32 eingezeichneten Impedanzwandler benötigt man nur dann, wenn man die Dreieckspannung niederohmig belasten möchte. Die angeschlossenen Komparatoren belasten die Dreieckspannung praktisch nicht.

### 14.5.3
### Funktionsgeneratoren mit steuerbarer Frequenz

Bei dem in Abb. 14.31 gezeigten Prinzip läßt sich die Frequenz ganz einfach dadurch steuern, daß man die Spannungen $+U_e$ und $-U_e$ verändert. Ein Beispiel für einen solchen Funktionsgenerator ist in Abb. 14.35 dargestellt. An den Ausgängen von OV 1 bzw. OV 2 stehen die Spannungen $+U_e$ bzw. $-U_e$ niederohmig zur Verfügung. Diese Spannungen werden in Abhängigkeit vom Schaltzustand des Schmitt-Triggers über die Transistoren $T_1$ bzw. $T_2$ an den Eingang des Integrators gelegt. Wenn die Ausgangsspannungen des Komparators größer als $\pm U_e$ sind, arbeiten die beiden Transistoren als übersteuerte Emitterfolger und besitzen dann, wie in Kapitel 17.2.3 auf S. 1011 beschrieben wird, nur einen Spannungsabfall von wenigen Millivolt.

Der Schmitt-Trigger bestimmt auch hier die Amplitude der Dreieckschwingung. Sie beträgt:

$$\hat{U}_D = \frac{R_1}{R_2} U_{R\,max}$$

Für die Steigung der Dreieckspannung gilt:

$$\frac{\Delta U_D}{\Delta t} = \pm \frac{U_e}{RC}$$

Die Schwingungsdauer ist gleich der vierfachen Zeit, die der Integrator benötigt, um von Null nach $\hat{U}_D$ zu laufen. Damit erhalten wir die Frequenz:

$$f = \frac{U_e}{4RC\hat{U}_D} = \frac{R_2}{4R_1} \cdot \frac{1}{RC} \cdot \frac{U_e}{U_{R\,max}}$$

Sie ist also proportional zur Eingangsspannung $U_e$. Die Schaltung ist demnach als Spannungs-Frequenz-Umsetzer geeignet. Wählt man:

$$U_e = U_{e0} + \Delta U_e$$

erhält man eine lineare Frequenzmodulation.

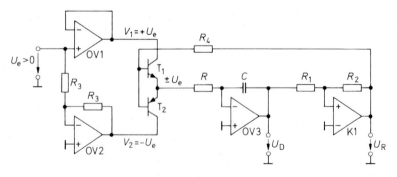

**Abb. 14.35.** Funktionsgenerator mit steuerbarer Frequenz

$$Frequenz:\ f = \frac{R_2}{4R_1} \cdot \frac{1}{RC} \cdot \frac{U_e}{U_{R\,max}}, \qquad Amplitude:\ \hat{U}_D = \frac{R_1}{R_2} U_{R\,max}$$

Wenn man auf Genauigkeit und Stabilität von Amplitude und Frequenz Wert legt, muß man dafür sorgen, daß sie nicht von $U_{R\,max}$ abhängen. Dies ist durch den Einsatz eines Präzisions-Schmitt-Triggers wie in Abb. 14.34 leicht möglich. Dann benötigt man jedoch einen zusätzlichen Verstärker, der die für die Ansteuerung von $T_1$ und $T_2$ erforderlichen bipolaren Signale erzeugt. In diesem Fall ist es einfacher, die Transistoren durch CMOS-Analogschalter mit integrierter Ansteuerschaltung zu ersetzen. Geeignete Typen sind in Tab. 17.1 auf S. 1008 zu finden.

## Variables Tastverhältnis

Um eine Reehteckspannung mit einstellbarem Tastverhältnis zu erzeugen, kann man die Dreieckspannung mit Hilfe eines Komparators mit einer Gleichspannung vergleichen. Etwas schwieriger liegen die Verhältnisse, wenn nicht nur die Rechteckspannung, sondern wie in Abb. 14.36 auch die Dreieckspannung unsymmetrisch verlaufen soll.

Eine Möglichkeit dazu bietet die Schaltung in Abb. 14.35, indem man den Betrag der beiden Potentiale $V_1$ und $V_2$ verschieden groß macht. Dann betragen die Anstiegs- und Abfallszeiten der Dreieckspannung zwischen $\pm\hat{U}_D$:

$$t_1 = \frac{2RC\hat{U}_D}{V_1}, \qquad t_2 = \frac{2RC\hat{U}_D}{|V_2|}$$

Wenn man nun die Symmetrie ändern möchte, ohne daß sich die Frequenz ändert, muß man den Betrag des einen Potentials vergrößern und den des anderen verkleinern, so daß

$$T = t_1 + t_2 = 2RC\hat{U}_D\left(\frac{1}{V_1} + \frac{1}{|V_2|}\right) \tag{14.15}$$

konstant bleibt. Diese Bedingung läßt sich auf einfache Weise erfüllen, wenn man die Ansteuerschaltung in Abb. 14.37 verwendet [14.4]. Für ihre Ausgangspotentiale gilt:

$$\frac{1}{V_1} + \frac{1}{|V_2|} = \frac{1}{U_eR_3}[R_3 + (1-\alpha)R_4 + R_3 + \alpha R_4] = \frac{1}{U_eR_3}[2R_3 + R_4]$$

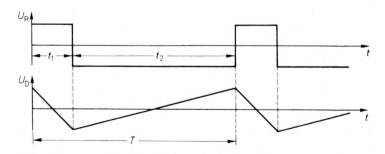

**Abb. 14.36.** Spannungsverlauf bei einem Tastverhältnis von $t_1/T = 20\%$

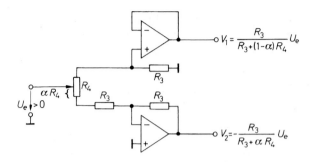

**Abb. 14.37.** Zusatz für variables Tastverhältnis

| Typ | Hersteller | max. Frequenz |
|-----|-----------|---------------|
| MAX 038 | Maxim | 25 MHz |
| XR-205 | Exar | 4 MHz |
| XR-2206 | Exar | 1 MHz |

**Tab. 14.2.** Integrierte Dreieck-Signalgeneratoren mit Sinusformer

Dieser Ausdruck ist wie verlangt unabhängig vom eingestellten Symmetriefaktor $\alpha$. Durch Einsetzen in Gl. (14.15) erhalten wir die Frequenz:

$$f = \frac{R_3}{2RC[2R_3 + R_4]} \cdot \frac{U_e}{\hat{U}_D}$$

Das Tastverhältnis $t_1/T$ bzw. $t_2/T$ läßt sich mit dem Potentiometer $R_4$ zwischen

$$\frac{R_3}{2R_3 + R_4} \quad \text{und} \quad \frac{R_3 + R_4}{2R_3 + R_4}$$

einstellen. Mit $R_4 = 3R_3$ ergeben sich Werte zwischen 20% und 80%.

Funktionsgeneratoren, die nicht nur Dreieck- und Rechteckschwingungen liefern, sondern auch ein Sinusfunktions-Netzwerk enthalten, sind als integrierte Schaltungen erhältlich. Einige Typen sind in Tab. 14.2 zusammengestellt.

Der Einsatz dieser Schaltungen stellt die einfachste Realisierung von Funktionsgeneratoren dar. Wenn es nur darum geht, Rechteck-Signale zu erzeugen, sind die Multivibratoren von Kapitel 6.3.2 auf S. 605 die einfachere Lösung.

### 14.5.4
### Funktionsgeneratoren zur gleichzeitigen Erzeugung von Sinus- und Cosinus-Schwingungen

Die problemlose Amplitudenstabilisierung der Funktionsgeneratoren läßt sich auch bei der gleichzeitigen Erzeugung einer Sinus- und Cosinus-Schwingung ausnutzen. Man geht dabei von dem Dreiecksignal eines beliebigen Funktionsgenerators aus. Sein Vorzeichenverlauf, den man mit einem Komparator ermitteln kann, ist gegenüber dem Rechtecksignal um 90° phasenverschoben. Mit Hilfe eines zweiten Integrators läßt sich dieses Rechtecksignal in ein Dreiecksignal umwandeln, das dann ebenfalls gegenüber dem ursprünglichen Dreiecksignal um 90° phasenverschoben ist.

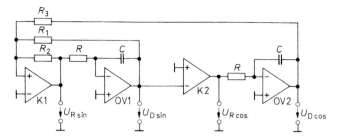

**Abb. 14.38.** Funktionsgenerator zur Erzeugung von Dreieck- und Rechteckschwingungen, die 90° phasenverschoben sind

*Frequenz:* $f = \dfrac{R_2}{4R_1} \dfrac{1}{RC}$, *Amplitude:* $\hat{U}_D = \dfrac{R_1}{R_2} U_{R\,max}$

Eine einfache Ausführung dieses Prinzips ist in Abb. 14.38 dargestellt. Der Operationsverstärker OV 1 und der Komparator K 1 bilden einen Funktionsgenerator nach Abb. 14.33. Der Komparator K 2 erzeugt das phasenverschobene Rechteck- und der Intergrator OV 2 das zugehörige Dreiecksignal.

Die Schaltung würde jedoch ohne die Rückkopplung über $R_3$ nicht funktionieren: Der Integrator OV 2 würde wegen der unvermeidbaren Symmetrie- und Offsetfehler unweigerlich an eine Übersteuerungsgrenze laufen. Dies wird durch den zusätzlichen Widerstand $R_3$ vermieden. Über ihn läßt sich die Spannung $U_{D\,sin}$ zu positiven bzw. negativen Werten verschieben und damit auch das Tastverhältnis von $U_{R\,cos}$ verändern. Mit der Gegenkopplung über $R_3$ stabilisiert sich die dem Ausgang $U_{D\,cos}$ überlagerte Gleichspannung praktisch auf Null.

Es ist nicht selbstverständlich, daß die am Ausgang $U_{D\,cos}$ auftretende Dreieckspannung, die über $R_3$ rückgekoppelt wird, die Funktionsweise des Funktionsgenerators K 1, OV 1 nicht beeinträchtigt. Den Grund dafür erkennt man in Abb. 14.39. Man sieht, daß die Dreieckspannung $U_{D\,cos}$ bei den Scheitelwerten von $U_{D\,sin}$ Null ist und daher den Schaltaugenblick des Schmitt-Triggers K 1 nicht verändert. Dies würde nur durch eine überlagerte Gleichspannung geschehen.

Die Schaltung in Abb. 14.38 läßt sich so erweitern, daß man Schwingungen mit einer zwischen 0° und 180° steuerbaren Phasenverschiebung erhält [14.5, 14.6].

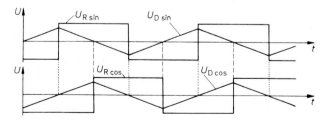

**Abb. 14.39.** Zeitlicher Verlauf der um 90° verschobenen Dreieck- und Rechteckschwingungen

# Literatur

[14.1]  Luckau, H.; Sellar, D.; Weil, G.: Integrierter Quarzoszillator Q 052. Bauteile Report der Firma Siemens: 14 (1976) H. 5, S. 162–166.

[14.2]  Blood, W.R.: MECL-System Design Handbook. Handbuch der Firma Motorola. 3. Aufl. (1980). S. 216–224.

[14.3]  Riedel, R.; Vyduna, J.; Crume, B.: Funktion Generator Lets User Build Waveforms of Varying Shape. Electronics 55 (1982) H. 9, S. 143–147.

[14.4]  Riedel, R.J.; Danielson, D.D.: The Dual Function Generator: A Source of a Wide Variety of Test Signals. Hewlett-Packard Journal 26 (1975) Nr. 7, S. 18–24.

[14.5]  Clayton, G.B.: Voltage-Controlled Amplifier Phase-Adjusts Wave Generator. Electronics 52 (1979) H. 3, S. 118.

[14.6]  Smith, J.I.: Modern Operational Circuit Design. New York: Wiley-Interscience 1971.

# Kapitel 15:
# Leistungsverstärker

Leistungsverstärker sind Schaltungen, bei denen eine hohe Ausgangsleistung im Vordergrund steht und die Spannungsverstärkung eine untergeordnete Rolle spielt. In der Regel liegt die Spannungsverstärkung der Leistungsendstufen in der Größenordnung von Eins. Die Leistungsverstärkung kommt also hauptsächlich durch eine Stromverstärkung zustande. Ausgangsspannung und Ausgangsstrom sollen sowohl positive als auch negative Werte annehmen können. Leistungsverstärker, bei denen der Ausgangsstrom nur ein Vorzeichen besitzt, werden als Netzgeräte bezeichnet und im Kapitel 16 behandelt.

## 15.1
## Emitterfolger als Leistungsverstärker

Die Funktionsweise des Emitterfolgers haben wir bereits in Kapitel 2.4.2 auf S. 146 beschrieben. Nun wollen wir einige Daten berechnen, die bei der Anwendung als Leistungsverstärker besonders interessant sind. Dazu berechnen wir zunächst denjenigen Verbraucherwiderstand, bei dem die Schaltung in Abb. 15.1 die größte Leistung unverzerrt abgibt: Steuert man den Ausgang nach Minus aus, liefert $R_v$

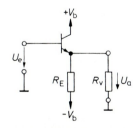

**Abb. 15.1.** Emitterfolger als Leistungsverstärker

| | |
|---|---|
| *Spannungsverstärkung:* | $A \approx 1$ |
| *Stromverstärkung bei Leistungsanpassung:* | $A_i = \frac{1}{2}\beta$ |
| *Verbraucherwiderstand für Leistungsanpassung:* | $R_v = R_E$ |
| *Ausgangsleistung bei Leistungsanpassung und* | |
| *sinusförmiger Vollaussteuerung* | $P_{v\,max} = \frac{V_b^2}{8R_E}$ |
| *Maximaler Wirkungsgrad:* | $\eta_{max}\,\frac{P_{v\,max}}{P_{ges}} = 6{,}25\%$ |
| *Maximale Verlustleistung des Transistors:* | $P_T = \frac{V_b^2}{R_E} = 8P_{v\,max}$ |

einen Teil des Stroms durch $R_E$. Die Aussteuerungsgrenze ist erreicht, wenn der Strom durch den Transistor Null wird. Das ist bei der Ausgangsspannung

$$U_{a\,min} \; = \; -\frac{R_v}{R_E + R_v} \cdot V_b$$

der Fall. Will man den Ausgang sinusförmig um 0 V aussteuern, darf die Amplitude der Ausgangsspannung den Wert

$$\hat{U}_{a\,max} \; = \; \frac{R_v}{R_E + R_v} \cdot V_b$$

nicht überschreiten. Die an $R_v$ abgegebene Leistung beträgt in diesem Fall

$$P_v \; = \; \frac{1}{2}\frac{\hat{U}_{a\,max}^2}{R_v} \; = \; \frac{V_b^2 R_v}{2(R_E + R_v)^2}.$$

Aus $\frac{dP_v}{dR_v} = 0$ folgt, daß sich für $R_v = R_E$ die maximale Ausgangsleistung

$$P_{v\,max} \; = \; \frac{V_b^2}{8 R_E}$$

ergibt. Dieses Ergebnis ist insofern überraschend, als man normalerweise erwarten würde, daß die Ausgangsleistung maximal wird, wenn der Verbraucherwiderstand gleich dem Innenwiderstand $r_a$ der Spannungsquelle ist. Dies gilt jedoch nur bei konstanter Leerlaufspannung: dieser Fall liegt hier nicht vor, da man die Leerlaufspannung um so kleiner machen muß, je kleiner $R_v$ ist.

Nun wollen wir für beliebige Ausgangsamplituden und Verbraucherwiderstände die Aufteilung der Leistung in der Schaltung berechnen. Bei sinusförmigem Spannungsverlauf wird an den Verbraucherwiderstand $R_v$ die Leistung

$$P_v \; = \; \frac{1}{2}\frac{\hat{U}_a^2}{R_v}$$

abgegeben. Für die Verlustleistung des Transistors ergibt sich

$$P_T \; = \; \frac{1}{T}\int\limits_0^T (V_b - U_a(t))\left(\frac{U_a(t)}{R_v} + \frac{U_a(t) + V_b}{R_E}\right)\,dt.$$

Mit $U_a(t) = \hat{U}_a \sin \omega t$ folgt:

$$P_T \; = \; \frac{V_b^2}{R_E} - \frac{1}{2}\hat{U}_a^2\left(\frac{1}{R_v} + \frac{1}{R_E}\right).$$

Die Verlustleistung im Transistor ist also ohne Eingangssignal am größten. Für die Leistung in $R_E$ erhält man analog

$$P_E \; = \; \frac{V_b^2}{R_E} + \frac{1}{2}\frac{\hat{U}_a^2}{R_E}.$$

Die Schaltung nimmt von den Betriebsspannungsquellen also die Gesamtleistung

$$P_{ges} \; = \; P_v + P_T + P_E \; = \; 2\frac{V_b^2}{R_E}$$

auf. Wir erhalten damit das erstaunliche Ergebnis, daß die aufgenommene Leistung der Schaltung unabhängig von Aussteuerung und Ausgangsbelastung konstant bleibt, solange die Schaltung nicht übersteuert wird. Der Wirkungsgrad $\eta$ ist definiert als das Verhältnis von erhältlicher Ausgangsleistung zu aufgenommener Leistung. Mit den Ergebnissen für $P_{v\,\text{max}}$ und $P_{\text{ges}}$ folgt für den maximalen Wirkungsgrad $\eta_{\text{max}} = \frac{1}{16} = 6{,}25\%$. Zwei Merkmale sind für diese Schaltung charakteristisch:

1) Der Strom durch den Transistor wird nie Null.
2) Die von der Schaltung aufgenommene Gesamtleistung ist, unabhängig von der Aussteuerung, konstant.

Dies sind die Kennzeichen des *A-Betriebs*.

## 15.2
## Komplementäre Emitterfolger

Bei dem Emitterfolger in Abb. 15.1 wurde die Ausgangsleistung dadurch beschränkt, daß über $R_E$ nur ein begrenzter Ausgangsstrom fließen konnte. Wesentlich größere Ausgangsleistung und besseren Wirkungsgrad kann man erzielen, wenn man $R_E$ wie in Abb. 15.2 durch einen weiteren Emitterfolger ersetzt.

### 15.2.1
### Komplementäre Emitterfolger in B-Betrieb

Bei positiven Eingangsspannungen arbeitet $T_1$ als Emitterfolger, und $T_2$ sperrt; bei negativen Eingangsspannungen ist es umgekehrt. Die Transistoren sind also abwechselnd je eine halbe Periode leitend. Eine solche Betriebsart wird als *Gegentakt-B-Betrieb* bezeichnet. Für $U_e = 0$ sperren beide Transistoren. Daher

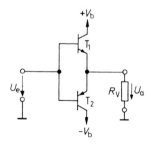

**Abb. 15.2.** Komplementärer Emitterfolger

*Spannungsverstärkung:*      $A \approx 1$
*Stromverstärkung:*      $A_i = \beta$

*Ausgangsleistung bei sinusförmiger Vollaussteuerung:*      $P_v = \dfrac{V_b^2}{2R_v}$

*Wirkungsgrad bei sinusförmiger Vollaussteuerung:*      $\eta_{\text{max}} \dfrac{P_v}{P_{\text{ges}}} = 78{,}5\%$

*Maximale Verlustleistung in einem Transistors:*      $P_{T1} = P_{T2}\dfrac{V_b^2}{\pi^2 R_v} = 0{,}2P_v$

nimmt die Schaltung keinen Ruhestrom auf. Der aus der positiven bzw. negativen Betriebsspannungsquelle entnommene Strom ist gleich dem Ausgangsstrom. Man erkennt schon qualitativ, daß die Schaltung einen wesentlich besseren Wirkungsgrad besitzen wird als der normale Emitterfolger. Ein weiterer Unterschied ist, daß man den Ausgang bei jeder Belastung zwischen $\pm V_b$ aussteuern kann, da die Transistoren den Ausgangsstrom nicht begrenzen. Die Differenz zwischen Eingangs- und Ausgangsspannung ist gleich der Basis-Emitter-Spannung des jeweils leitenden Transistors. Sie ändert sich bei Belastung nur wenig. Daher ist $U_a \approx U_e$, unabhängig von der Belastung. Die Ausgangsleistung ist umgekehrt proportional zu $R_v$ und besitzt keinen Extremwert. Es gibt bei dieser Schaltung also keine Leistungsanpassung. Die maximale Ausgangsleistung wird vielmehr durch die zulässigen Spitzenströme und die maximale Verlustleistung der Transistoren bestimmt. Bei sinusförmiger Aussteuerung beträgt die Ausgangsleistung

$$P_v = \frac{\hat{U}_a^2}{2R_v}.$$

Nun wollen wir die in $T_1$ auftretende Verlustleistung $P_{T1}$ berechnen; die Verlustleistung in $T_2$ ist wegen der Symmetrie der Schaltung genauso groß.

$$P_{T1} = \frac{1}{T} \int_0^{T/2} (V_b - U_a(t)) \frac{U_a(t)}{R_v} dt.$$

Mit $U_a(t) = \hat{U}_a \sin \omega t$ folgt:

$$P_{T1} = \frac{1}{R_v} \left( \frac{\hat{U}_a V_b}{\pi} - \frac{\hat{U}_a^2}{4} \right).$$

Der Wirkungsgrad der Schaltung beträgt damit:

$$\eta = \frac{P_v}{P_{ges}} = \frac{P_v}{2P_{T1} + P_v} = \frac{\pi}{4} \cdot \frac{\hat{U}_a}{V_b} \approx 0{,}785 \frac{\hat{U}_a}{V_b}.$$

Er ist also proportional zur Ausgangsamplitude und erreicht bei Vollaussteuerung ($\hat{U}_a = V_b$) einen Wert von $\eta_{max} = 78{,}5\%$.

Die Verlustleistung der Transistoren erreicht ihr Maximum nicht bei Vollaussteuerung, sondern bei

$$\hat{U}_a = \frac{2}{\pi} V_b \approx 0{,}64 V_b.$$

Dies erhält man unmittelbar aus der Beziehung

$$\frac{dP_{T1}}{d\hat{U}_a} = 0.$$

Die Verlustleistung beträgt in diesem Fall pro Transistor

$$P_{T\,max} = \frac{1}{\pi^2} \frac{V_b^2}{R_v} \approx 0{,}1 \frac{V_b^2}{R_v}.$$

Den Verlauf von Ausgangsleistung, Verlustleistung und Gesamtleistung zeigt Abb. 15.3 als Funktion der Aussteuerung.

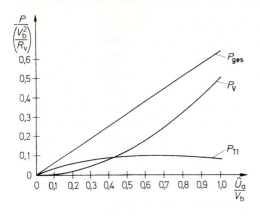

**Abb. 15.3.** Leistungsaufteilung beim komplementären Emitterfolger in Abhängigkeit von der Ausgangsamplitude

Man erkennt, daß die aufgenommene Leistung

$$P_{ges} = 2P_{T1} + P_v = \frac{2V_b}{\pi R_v}\hat{U}_a \approx 0{,}64\frac{V_b}{R_v}\hat{U}_a$$

proportional zur Ausgangsamplitude ist. Dies ist das Kennzeichen des *B-Betriebs*.

Wie oben beschrieben, ist jeweils nur ein Transistor leitend. Dies gilt jedoch nur bei Frequenzen der Eingangsspannung, die klein gegenüber der Transitfrequenz der verwendeten Transistoren sind. Ein Transistor benötigt eine gewisse Zeit, um vom leitenden in den gesperrten Zustand überzugehen. Unterschreitet die Schwingungsdauer der Eingangsspannung diese Zeit, können beide Transistoren gleichzeitig leitend werden. Dann können sehr hohe Ströme von $+V_b$ nach $-V_b$ durch beide Transistoren fließen, die zur momentanen Zerstörung führen können. Schwingungen mit diesen kritischen Frequenzen können in gegengekoppelten Verstärkern auftreten oder auch schon dann, wenn man die Emitterfolger kapazitiv belastet. Zum Schutz der Transistoren sollte man eine Strombegrenzung vorsehen.

### 15.2.2
### Komplementäre Emitterfolger in AB-Betrieb

Abbildung 15.4 zeigt die Übertragungskennlinie $U_a = U_a(U_e)$ für Gegentakt-B-Betrieb wie bei der vorhergehenden Schaltung. In Nullpunktnähe wird der Strom auch in dem leitenden Transistor sehr klein und sein Innenwiderstand hoch. Daher ändert sich die Ausgangsspannung bei Belastung in diesem Bereich weniger als die Eingangsspannung. Dies ist die Ursache für den Kennlinienknick in Nullpunktnähe. Die damit verbundenen Verzerrungen der Ausgangsspannung werden als *Übernahmeverzerrungen* bezeichnet. Läßt man durch beide Transistoren einen kleinen Ruhestrom fließen, verkleinert sich ihr Widerstand in Nullpunktnähe, und man erhält die Übertragungskennlinie in Abb. 15.5. Man erkennt, daß die Übernahmeverzerrungen beträchtlich kleiner sind. Gestrichelt eingezeichnet sind die Übertragungskennlinien der Einzelemitterfolger. Macht man den Ruhestrom so groß wie den maximalen Ausgangsstrom, würde man

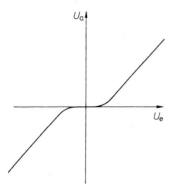

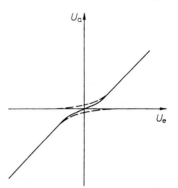

**Abb. 15.4.** Übernahmeverzerrungen bei Gegentakt-B-Betrieb

**Abb. 15.5.** Übernahmeverzerrungen bei Gegentakt-AB-Betrieb

eine solche Betriebsart analog zu 15.1 als Gegentakt-A-Betrieb bezeichnen. Die Übernahmeverzerrungen verkleinern sich jedoch schon beachtlich, wenn man nur einen Ruhestrom fließen läßt, der einen kleinen Bruchteil des maximalen Ausgangsstroms beträgt. Eine solche Betriebsart heißt Gegentakt-AB-Betrieb. Die Übernahmeverzerrungen werden bei Gegentakt-AB-Betrieb schon so klein, daß man sie durch Gegenkopplung leicht auf nicht mehr störende Werte heruntersetzen kann.

Zusätzliche Verzerrungen können entstehen, wenn positive und negative Spannungen verschieden verstärkt werden. Dieser Fall tritt dann auf, wenn man die komplementären Emitterfolger mit einer hochohmigen Signalquelle ansteuert und die beiden Transistoren verschiedene Stromverstärkungen besitzen. Wenn keine starke Gegenkopplung vorgesehen ist, muß man deshalb Transistoren mit möglichst gleicher Stromverstärkung aussuchen.

In Abb. 15.6 ist die Prinzipschaltung zur Realisierung des AB-Betriebs dargestellt. Um einen kleinen Ruhestrom fließen zu lassen, legt man eine Gleichspannung von ca. 1,4 V zwischen die Basisanschlüsse von $T_1$ und $T_2$. Wenn die beiden Spannungen $U_1$ und $U_2$ gleich groß sind, wird das Ausgangsruhepotential ungefähr gleich dem Eingangsruhepotential. Man kann die Vorspannung auch wie in Abb. 15.7 mit nur einer Spannungsquelle $U_3 = U_1 + U_2$ erzeugen. In diesem Fall tritt zwischen Eingang und Ausgang eine Potentialdifferenz von ca. 0,7 V auf.

Das Hauptproblem beim AB-Betrieb besteht darin, den gewünschten Ruhestrom über einen großen Temperaturbereich konstant zu halten. Wenn sich die Transistoren erwärmen, nimmt der Ruhestrom zu. Dies kann zu einer weiteren Erwärmung der Transistoren und schließlich zu ihrer Zerstörung führen. Dieser Effekt wird als thermische Mitkopplung bezeichnet. Eine Möglichkeit, das Ansteigen des Ruhestroms zu verhindern, besteht darin, die Spannungen $U_1$, und $U_2$ um 2 mV je Grad Temperaturerhöhung zu erniedrigen. Dazu kann man Dioden oder Heißleiter verwenden, die man auf den Kühlkörper für die Leistungstransistoren montiert.

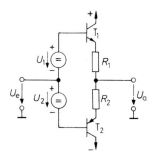

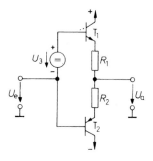

**Abb. 15.6.** Einstellung des AB-Betriebs mit zwei Hilfsspannungen

**Abb. 15.7.** Einstellung des AB-Betriebs mit einer Hilfsspannung

Die Temperaturkompensation ist allerdings nie ganz vollkommen, da meist beträchtliche Temperaturdifferenzen zwischen der Sperrschicht des Leistungstransistors und dem Temperaturfühler auftreten. Deshalb sind zusätzliche Stabilisierungsmaßnahmen erforderlich. Dazu dienen die Widerstände $R_1$ und $R_2$, die eine Stromgegenkopplung bewirken. Sie wird um so wirksamer, je größer man die Widerstände wählt. Die Widerstände liegen jedoch in Reihe mit dem angeschlossenen Verbraucher und setzen die erhältliche Ausgangsleistung herunter. Sie müssen daher klein gegenüber dem Verbraucherwiderstand gewählt werden. Bei der Verwendung von Darlington-Schaltungen läßt sich dieser Kompromiß vermeiden, wie wir im Abschnitt 15.3 noch zeigen werden.

### 15.2.3
### Erzeugung der Vorspannung

Eine Möglichkeit zur Vorspannungserzeugung zeigt Abb. 15.8. An den Dioden $D_1$ und $D_2$ fällt eine Spannung von $U_1 = U_2 \approx 0{,}7\,\text{V}$ ab. Bei dieser Spannung fließt durch die Transistoren $T_1$ und $T_2$ gerade ein kleiner Ruhestrom. Um einen höheren Eingangswiderstand zu erzielen, kann man die Dioden auch durch Emitterfolger ersetzen. Damit ergibt sich die in Abb. 15.9 dargestellte Schaltung. Eine Ansteuerschaltung, bei der sich die Vorspannung und ihr Temperaturkoeffizient in weiten Grenzen einstellen lassen, ist in Abb. 15.10 gezeigt. Der Transistor $T_3$ ist über den Spannungsteiler $R_5$, $R_6$ gegengekoppelt. Seine Kollektor-Emitter-Spannung stellt sich bei vernachlässigbarem Basisstrom auf den Wert

$$U_{CE} = U_{BE} \left( 1 + \frac{R_5}{R_6} \right)$$

ein. Um den gewünschten Temperaturkoeffizienten zu erhalten, verwendet man für $R_5$ ein Widerstandsnetzwerk, das einen NTC-Widerstand enthält, und montiert diesen auf den Kühlkörper. Man kann auf diese Weise erreichen, daß der Ruhestrom weitgehend temperaturunabhängig wird, obwohl die Gehäusetemperatur niedriger liegt als die Sperrschichttemperatur der Ausgangstransistoren.

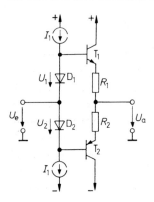

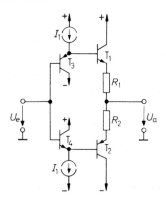

**Abb. 15.8.** Vorspannungserzeugung mit Dioden

**Abb. 15.9.** Vorspannungserzeugung mit Transistoren

Bei den beschriebenen Schaltungen zur Vorspannungserzeugung mit Dioden kann kein Strom vom Eingang in die Basis der Ausgangstransistoren fließen. Der Basisstrom für die Ausgangstransistoren muß also von den Konstantstromquellen geliefert werden. Man muß den Konstantstrom $I_1$ demnach größer als den maximalen Basisstrom von $T_1$ und $T_2$ wählen, damit die Dioden $D_1$ und $D_2$ bzw. die Transistoren $T_3$ und $T_4$ nicht vor Erreichen der Vollaussteuerung sperren. Aus diesem Grund wäre es ungünstig, die Konstantstromquellen durch Widerstände zu ersetzen, da sonst der Strom mit zunehmender Aussteuerung abnimmt.

Am günstigsten ist eine Ansteuerschaltung, die bei zunehmender Aussteuerung einen größeren Basisstrom liefern kann. Eine solche Schaltung ist in Abb. 15.11 dargestellt. Die Fets $T_3$ und $T_4$ arbeiten als Sourcefolger. Ihre Source-Spannungsdifferenz stellt sich durch Stromgegenkopplung auf ca. 1,4 V ein. Geeignet sind Fets, die einen großen Drainstrom $I_{DS}$ besitzen.

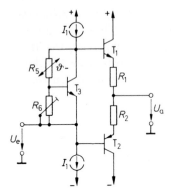

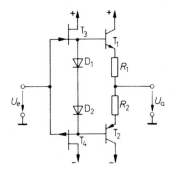

**Abb. 15.10.** Vorspannungserzeugung mit frei wählbarem Temperaturkoeffizienten

**Abb. 15.11.** Vorspannungserzeugung mit selbstleitenden Fets

## 15.3
## Komplementäre Darlington-Schaltungen

Mit den bisher beschriebenen Schaltungen kann man Ausgangsströme bis zu einigen hundert Milliampere erhalten. Will man höhere Ausgangsströme entnehmen, benötigt man Transistoren mit höherer Stromverstärkung. Solche Transistoren kann man aus zwei oder mehr Einzeltransistoren zusammensetzen, indem man sie als Darlington-Schaltung oder Komplementär-Darlington-Schaltung betreibt. Diese Schaltungen und ihre Ersatzkennwerte haben wir bereits in Kapitel 2.4.4 auf S. 177 kennengelernt. Abb. 15.12 zeigt die Grundschaltung eines Darlington-Leistungsverstärkers. Die Darlington-Schaltungen bestehen aus den Transistoren $T_1$ und $T_1'$ bzw. $T_2$ und $T_2'$.

Bei der Realisierung eines Gegentakt-AB-Betriebes bereitet die Einstellung des Ruhestromes gewisse Schwierigkeiten, da jetzt vier temperaturabhängige Basis-Emitter-Spannungen kompensiert werden müssen. Diese Schwierigkeiten lassen sich umgehen, indem man den Ruhestrom nur durch die Treiber-Transistoren $T_1$ und $T_2$ fließen läßt. Die Ausgangstransistoren werden dann erst bei größeren Ausgangsströmen leitend. Zu diesem Zweck wählt man die Vorspannung $U_1$ so groß, daß an den Widerständen $R_1$ und $R_2$ eine Spannung von je ca. 0,4 V abfällt, also $U_1 \approx 2(0,4\,V + 0,7\,V) = 2,2\,V$. In diesem Fall sind die Ausgangstransistoren auch bei höheren Sperrschichttemperaturen im Ruhezustand weitgehend gesperrt.

Bei höheren Ausgangsströmen steigt die Basis-Emitter-Spannung der Ausgangstransistoren auf ca. 0,8 V an. Dadurch bleibt der Strom durch die Widerstände $R_1$ und $R_2$ auf den doppelten Ruhewert begrenzt. Aus diesem Grund steht der größte Teil des Emitterstromes der Treibertransistoren als Basisstrom für die Ausgangstransistoren zur Verfügung.

Die Widerstände $R_1$ und $R_2$ dienen gleichzeitig als Ableitwiderstände für die in der Basis der Ausgangstransistoren gespeicherte Ladung. Je niederohmiger sie sind, desto schneller können die Ausgangstransistoren gesperrt werden. Dies ist von besonderer Bedeutung, weil sonst beim Vorzeichenwechsel der Eingangsspannung der eine Transistor bereits leitend wird, bevor der andere sperrt. Auf diese Weise kann ein großer Querstrom durch die Endstufe fließen und durch

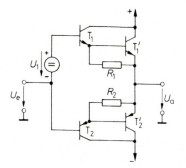

**Abb. 15.12.** Komplementäre Darlington-Schaltungen

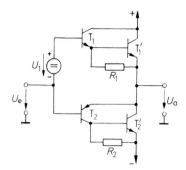

**Abb. 15.13.** Quasikomplementäre Darlington-Schaltungen

„Secondary Breakdown" die sofortige Zerstörung eintreten. Dieser Effekt ist für die erreichbare Großsignal-Bandbreite maßgebend.

Mitunter möchte man in der Endstufe Leistungstransistoren desselben Typs verwenden. Zu diesem Zweck ersetzt man die Darlington-Schaltung $T_2$, $T_2'$ in Abb. 15.12 durch eine Komplementär-Darlington-Schaltung, wie sie in Ab. 2.110b auf S. 178 gezeigt wurde. Die so entstehende Schaltung wird als *quasikomplementärer* Leistungsverstärker bezeichnet. Er ist in Abb. 15.13 dargestellt. Um dieselben Ruhestromverhältnisse einzustellen wie bei der vorhergehenden Schaltung, läßt man an dem Widerstand $R_1$ wieder eine Spannung von ca. 0,4 V abfallen. Dazu muß die Spannung $U_1 \approx 0,4\,V + 2 \cdot 0,7V = 1,8\,V$ betragen. Der Ruhestrom fließt über $T_2$ und $R_2$ zur negativen Betriebsspannungsquelle ab. Man wählt $R_2 = R_1$ und erhält dann für $T_2'$ eine Vorspannung von ebenfalls 0,4 V. Die Funktion der Widerstände $R_1$ und $R_2$ zur Ableitung der Basisladungen ist dieselbe wie bei der vorhergehenden Schaltung.

## 15.4
## Komplementäre Sourcefolger

Leistungsmosfets bieten gegenüber bipolaren Leistungstransistoren den großen Vorteil, daß sie sich sehr viel schneller ein- und ausschalten lassen. Während die Schaltzeiten von bipolaren Leistungstransistoren im Bereich zwischen 100 ns bis 1 $\mu$s liegen, betragen sie bei Leistungsmosfets nur 10 ns bis 100 ns. Deshalb sind Leistungsmosfets in Endstufen für Frequenzen über 100 kHz bis 1 MHz vorteilhaft.

Leistungsmosfets besitzen große Drain-Gate- und Gate-Source-Kapazitäten. Sie können einige hundert pF betragen. Deshalb ist es günstig, Leistungsmosfets als Sourcefolger zu betreiben. Dann wird die Drain-Gate-Kapazität nicht durch den Miller-Effekt dynamisch vergrößert, und die Gate-Source-Kapazität durch den Bootstrap-Effekt sogar stark verkleinert.

Die Grundschaltung komplementärer Sourcefolger ist in Abb. 15.14 dargestellt. Die beiden Hilfsspannungsquellen $U_1$ dienen wie beim Bipolartransistor in Abb. 15.6 auf S. 937 dazu, den gewünschten Ruhestrom einzustellen. Für $U_1 = U_p$ fließt gerade kein Ruhestrom: es ergibt sich der B-Betrieb. Um die Übernah-

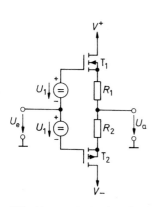

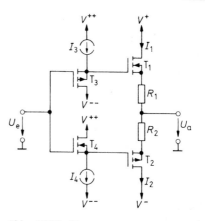

**Abb. 15.14.** Prinzip eines komplementären Sourcefolgers

**Abb. 15.15.** Vorspannungserzeugung für den Betrieb komplementärer Sourcefolger. Beispiele für Transistortypen von International Rectifier:

$T_3$: IRFD 112      $T_1$: IRF 531
$T_4$: IRFD 9122      $T_2$: IRF 9531

meverzerrungen klein zu halten, läßt man jedoch in der Regel einen Ruhestrom fließen, indem man $U_1 > U_p$ wählt. Die Größe des Ruhestroms wird durch Stromgegenkopplung über die Widerstände $R_1$, $R_2$ stabilisiert. Die Größe von $U_1$ ergibt sich aus der Übertragungskennlinie der Mosfets zu:

$$U_1 = I_D R_1 + U_p \left( 1 + \sqrt{\frac{I_D}{I_{DS}}} \right).$$

Die sich ergebenden Spannungen sind deutlich größer als bei Bipolartransistoren, da die Schwellenspannung von Leistungsmosfets zwischen 1 V und 4 V liegt. Eine einfache Möglichkeit zur Erzeugung der erforderlichen Vorspannung besteht darin, die Emitterfolger $T_3$, $T_4$ in Abb. 15.9 durch Sourcefolger zu ersetzen. Die entstehende Schaltung ist in Abb. 15.15 dargestellt. Hier ergibt sich durch $T_3$ eine Vorspannung

$$U_1 = U_{p3} \left( 1 + \sqrt{\frac{I_3}{I_{DS3}}} \right).$$

Wenn die Kleinleistungs-Mosfets $T_3$, $T_4$ in demselben Prozeß wie die Leistungs-Mosfets $T_1$, $T_2$ hergestellt werden und daher dieselben Schwellenspannungen besitzen, ergibt sich für $R_1 = R_2 = 0$ der maximale Ruhestrom zu

$$I_1 = \frac{I_{DS1}}{I_{DS3}} I_3.$$

Er läßt sich mit $R_1$, $R_2$ auch auf niedrigere Werte reduzieren. Die Ströme $I_3$, $I_4$ wählt man so groß, daß sie ausreichen, um die Eingangskapazität der Sourcefolger $T_1$, $T_2$ bei der höchsten Frequenz umzuladen.

Zum Betrieb der Ansteuerschaltung ist es in der Regel erforderlich, eine um mindestens 10 V höhere Betriebsspannung als für die Endstufe zu verwenden. Sonst kann die maximal erreichbare Ausgangsspannung bis zu 10 V unter der Betriebsspannung liegen. Dadurch ergäbe sich ein indiskutabel schlechter Wirkungsgrad.

## 15.5
## Elektronische Strombegrenzung

Leistungsverstärker können infolge ihres niedrigen Ausgangswiderstandes leicht überlastet und damit zerstört werden. Deshalb ist es sinnvoll, den Ausgangsstrom durch einen Regelzusatz auf einen bestimmten Maximalwert zu begrenzen. Die verschiedenen Möglichkeiten sollen am Beispiel der einfachen komplementären Emitterfolger von Abb. 15.8 erläutert werden. Eine besonders einfache Schaltung ist in Abb. 15.16 dargestellt. Die Begrenzung setzt ein, wenn die Mehrfachdiode $D_3$ bzw. $D_4$ leitend wird, denn in diesem Fall kann der Spannungsabfall an $R_1$ bzw. $R_2$ nicht weiter zunehmen. Der maximale Ausgangsstrom beträgt damit

$$I_{a\,\text{max}}^+ = \frac{U_{D3} - U_{BE1}}{R_1} = \frac{0{,}7\,\text{V}}{R_1}(n_3 - 1),$$

$$I_{a\,\text{max}}^- = -\frac{U_{D4} - |U_{BE2}|}{R_2} = -\frac{0{,}7\,\text{V}}{R_2}(n_4 - 1).$$

Dabei ist $n_3$ bzw. $n_4$ die Anzahl der für $D_3$ bzw. $D_4$ eingesetzten Dioden.

Eine andere Möglichkeit zur Strombegrenzung zeigt Abb. 15.17. Überschreitet der Spannungsabfall an $R_1$ bzw. $R_2$ einen Wert von ca. 0,7 V, wird der Transistor $T_3$ bzw. $T_4$ leitend. Dadurch wird ein weiteres Ansteigen des Basisstroms von

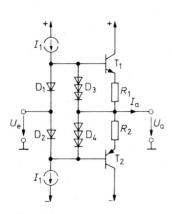

**Abb. 15.16.** Strombegrenzung mit Dioden

$$I_{a\,\text{max}} = \pm 1{,}4\,\text{V}/R_{1,2}$$

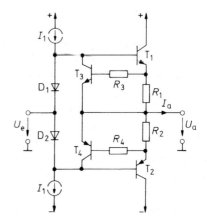

**Abb. 15.17.** Strombegrenzung mit Transistoren

$$I_{a\,\text{max}} = \pm 0{,}7\,\text{V}/R_{1,2}$$

$T_1$ bzw. $T_2$ verhindert. Durch diese Regelung wird der Ausgangsstrom auf den Maximalwert

$$I_{a\,\text{max}}^+ \approx \frac{0,7\,\text{V}}{R_1} \quad \text{bzw.} \quad I_{a\,\text{max}}^- \approx \frac{0,7\,\text{V}}{R_2}$$

begrenzt. Vorteilhaft ist, daß hier nicht mehr die stark schwankende Basis-Emitter-Spannung der Leistungstransistoren eingeht, sondern nur noch die Basis-Emitter-Spannung der Begrenzer-Transistoren. Die Widerstände $R_3$ und $R_4$ dienen zum Schutz dieser Transistoren vor zu hohen Basisstromspitzen.

Im Kurzschlußfall fließt der Strom $I_{a\,\text{max}}$ für jeweils eine halbe Periode durch $T_1$ bzw. $T_2$, während die Ausgangsspannung Null ist. Die Verlustleistung in den Endstufentransistoren beträgt damit

$$P_{T1} = P_{T2} \approx \frac{1}{2} V_b I_{a\,\text{max}}.$$

Wie der Vergleich mit Abschnitt 15.2 zeigt, ist dies das Fünffache der Verlustleistung im Normalbetrieb. Dafür muß man aber die Leistungstransistoren und die Kühlkörper dimensionieren, um die Schaltungen in Abb. 15.16 und 15.17 kurzschlußfest zu machen.

### Amplitudenabhängige Strombegrenzung

Die für den Kurzschlußschutz erforderliche Überdimensionierung der Endstufe läßt sich dann umgehen, wenn nur ohmsche Verbraucher mit einem definierten Widerstand $R_v$ zugelassen werden. Dann kann man davon ausgehen, daß bei kleinen Ausgangsspannungen auch nur kleine Ausgangsströme fließen. Die Strombegrenzung muß dann nicht auf den Maximalstrom $I_{a\,\text{max}} = U_{a\,\text{max}}/R_v$ eingestellt werden, sondern kann den Ausgangsstrom auf den Wert $I_a = U_a/R_v$ begrenzen, also abhängig von der Ausgangsspannung. Der Maximalstrom im Kurzschlußfall ($U_a = 0$) kann dann entsprechend klein gewählt werden.

Um die Stromgrenze von der Ausgangsspannung abhängig zu machen, gibt man den Transistoren $T_3$ und $T_4$ in Abb. 15.18 eine Vorspannung, die mit zunehmender Ausgangsspannung größer wird. Dazu dienen die Widerstände $R_5$ und $R_6$, die groß gegenüber $R_3$ und $R_4$ gewählt werden. Bei kleinen Ausgangsspannungen ergibt sich daher dieselbe Stromgrenze wie in Abb. 15.17. Bei größeren positiven Ausgangsspannungen entsteht an $R_3$ ein zusätzlicher Spannungsabfall der Größe $U_a R_3/R_5$. Dadurch wird die Stromgrenze auf den Wert

$$I_{a\,\text{max}}^+ \approx \frac{0,7\,\text{V}}{R_1} + \frac{R_3}{R_5} \frac{U_a}{R_1}$$

erhöht. Die Diode $D_5$ verhindert, daß der Transistor $T_3$ bei negativen Ausgangsspannungen eine positive Vorspannung erhält und dadurch unbeabsichtigt leitend werden könnte. Die Diode $D_3$ verhindert, daß die Kollektor-Basis-Diode von $T_3$ leitend wird, wenn es bei negativen Ausgangsspannungen einen größeren Spannungsabfall an $R_2$ gibt. Sonst würde die Ansteuerschaltung zusätzlich belastet. Die entsprechenden Überlegungen gelten für die negative Strombegrenzung mit $T_4$.

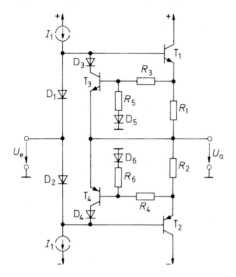

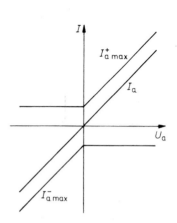

**Abb. 15.18.** Spannungsabhängige Strombegrenzung

$$|I_{a\,max}| = \frac{0,7\,\text{V}}{R_{1,2}} + \frac{R_{3,4}}{R_{5,6}} \cdot \frac{U_a}{R_{1,2}}$$

**Abb. 15.19.** Verlauf der Stromgrenzen und des Ausgangsstroms bei ohmscher Last

Der Verlauf der Stromgrenzen ist in Abb. 15.19 zur Veranschaulichung aufgetragen. Mit dieser spannungsabhängigen Strombegrenzung ist es möglich, den
sicheren Arbeitsbereich der Leistungstransistoren voll auszunutzen. Sie wird daher auch als SOA (Safe Operating Area)-Strombegrenzung bezeichnet. Integrierte
Treiber, die eine solche Strombegrenzung besitzen, sind z.B. die Typen ICL 8063
von Intersil und LM 391 von National.

## 15.6
## Vier-Quadranten-Betrieb

Die härtesten Bedingungen für eine Leistungsendstufe ergeben sich, wenn man
für beliebige positive und negative Ausgangsspannungen eine konstante Stromgrenze $I_{a\,max}^+$ und $I_{a\,max}^-$ fordert. Solche Anforderungen entstehen immer dann,
wenn kein ohmscher Verbraucher vorliegt, sondern eine Last, die Energie an die
Endstufe zurückspeisen kann. Derartige Verbraucher sind z.B. Kondensatoren,
Induktivitäten und Elektromotoren. In diesem Fall muß man auf die Strombegrenzung in Abb. 15.16 oder 15.17 zurückgreifen. Der kritische Betriebszustand
für den negativen Endstufentransistor $T_2$ ergibt sich dann, wenn der Verbraucher bei der Ausgangsspannung $U_a = U_{a\,max} \approx V^+$ den Strombegrenzungsstrom
$I_{a\,max}^-$ in die Schaltung einspeist. Dann fließt der Strom $I_{a\,max}^-$ bei der Spannung
$U_{CE2} \approx 2V^+$ durch $T_2$. Dann entsteht in $T_2$ die Verlustleistung $P_{T2} = 2V^+ \cdot I_{a\,max}^-$.
Bei der Spannung $2V^+$ darf man die meisten Bipolartransistoren aber wegen
des Durchbruchs zweiter Art (Secondary Breakdown) nur mit einem Bruchteil

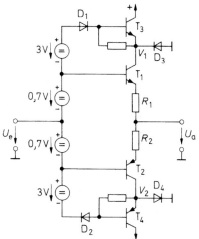

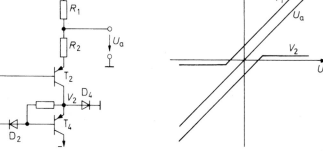

**Abb. 15.20.** Gegentaktendstufe für Vier-Quadranten-Betrieb

**Abb. 15.21.** Verlauf der Ausgangsspannung und der Hilfspotentiale $V_1$ bzw. $V_2$

der thermisch zulässigen Leistung belasten. Man muß deshalb meist viele Leistungstransistoren parallel schalten oder besser Leistungsmosfets verwenden, die keinen Durchbruch zweiter Art besitzen.

Eine Möglichkeit, die Spannung an den Endstufentransistoren zu halbieren, ist in Abb. 15.20 dargestellt. Die Grundidee dabei ist, die Kollektorpotentiale von $T_1$ und $T_2$ mit der Eingangsspannung steuern. Für positive Eingangsspannungen ergibt sich

$$V_1 = U_e + 0,7\,\text{V} + 3\,\text{V} - 0,7\,\text{V} - 0,7\,\text{V} = U_e + 2,3\,\text{V}.$$

Der Transistor $T_1$ wird also sicher außerhalb der Sättigung betrieben. Bei negativen Eingangsspannungen übernimmt die Diode $D_3$ den Ausgangsstrom, und es wird $V_1 = -0,7\,\text{V}$. Sinkt die Eingangsspannung auf $U_e = U_{e\,\text{min}} \approx V^-$, fällt an $T_1$ nur die Spannung $U_{CE\,1\,\text{max}} \approx V^-$ ab. Die maximale Spannung an $T_3$ ist ebenfalls nicht größer. Sie ergibt sich für $U_e = 0$ und beträgt $U_{CE\,3\,\text{max}} \approx V^+$. Die maximal auftretende Verlustleistung in $T_1$ und $T_3$ ist daher $P_{\text{max}} = V^+ \cdot I^+_{a\,\text{max}}$. Es wird also nicht nur die maximal auftretende Kollektor-Emitterspannung halbiert, sondern auch die Verlustleistung. Für die negative Seite, $T_2$, $T_4$ ergeben sich wegen der Symmetrie der Schaltung die entsprechenden Verhältnisse. Der Verlauf von $V_1$ und $V_2$ ist zur Veranschaulichung in Abb. 15.21 dargestellt.

## 15.7
## Dimensionierung einer Leistungsendstufe

Um die Dimensionierung einer Leistungsendstufe etwas detaillierter zu beschreiben, wollen wir ein Zahlenbeispiel für einen 50 W-Verstärker durchrechnen. Abbildung 15.22 zeigt die Gesamtschaltung. Sie beruht auf dem Leistungsverstärker von Abb. 15.12.

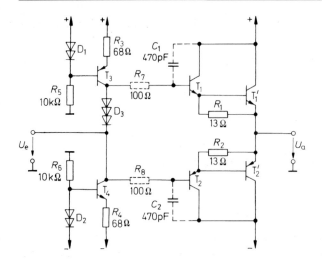

**Abb. 15.22.** Leistungsendstufe für eine Sinusleistung von 50 W

Der Verstärker soll an einen Verbraucher mit $R_v = 5\,\Omega$ eine Sinusleistung von 50 W abgeben. Der Scheitelwert der Ausgangsspannung beträgt dann $\hat{U}_a = 22{,}4\,\text{V}$ und der Spitzenstrom $\hat{I}_a = 4{,}48\,\text{A}$. Zur Berechnung der Betriebsspannung bestimmen wir den minimalen Spannungsabfall an $T'_1$, $T_1$, $T_3$ und $R_3$. Für die Basis-Emitter-Spannung von $T_1$ und $T'_1$ müssen wir bei $I_{\max}$ zusammen ca. 2 V veranschlagen. An $R_3$ fällt eine Dioden-Durchlaßspannung ab, also ca. 0,7 V. Die Kollektor-Emitter-Spannung von $T_3$ soll bei Vollaussteuerung 0,9 V nicht unterschreiten. Die Endstufe soll aus einer unstabilisierten Betriebsspannungsquelle betrieben werden, deren Spannung bei Vollast um ca. 3 V absinken kann. Damit erhalten wir für die Leerlaufbetriebsspannung

$$V_b = 22{,}4\,\text{V} + 2\,\text{V} + 0{,}7\,\text{V} + 0{,}9\,\text{V} + 3\,\text{V} = 29\,\text{V}.$$

Wegen der Symmetrie der Schaltung muß die negative Betriebsspannung genauso groß sein. Damit lassen sich die erforderlichen Grenzdaten der Transistoren $T'_1$ und $T'_2$ angeben. Der maximale Kollektorstrom beträgt 4,48 A. Sicherheitshalber wählen wir $I_{C\,\max} = 10\,\text{A}$. Die maximale Kollektor-Emitter-Spannung tritt bei Vollaussteuerung auf und beträgt $V_b + \hat{U}_a = 51{,}4\,\text{V}$. Wir wählen $U_{CER} = 60\,\text{V}$. Mit der Beziehung

$$P_T = 0{,}1\frac{V_b^2}{R_v}$$

von Abschnitt 15.2.1 erhalten wir $P_{T\,1'} = P_{T\,2'} = 17\,\text{W}$. Nach Kapitel 2.1.6 auf S. 57 gilt für den Zusammenhang zwischen Verlustleistung und Wärmewiderstand die Beziehung

$$P_{\vartheta_j} = \frac{\vartheta_j - \vartheta_U}{R_{thL} + R_{thG}}.$$

Die maximale Sperrschichttemperatur $\vartheta_j$ liegt bei Siliziumtransistoren im allgemeinen bei 175 °C. Die Umgebungstemperatur im Gerät soll 55 °C nicht überschreiten. Der Wärmewiderstand der Kühlkörper sei $R_{thL} = 4\,\text{K/W}$. Damit erhalten wir für den Wärmewiderstand zwischen Halbleiter und Transistorgehäuse die Forderung:

$$17\,W = \frac{175\,°C - 55\,°C}{\frac{4\,K}{W} + R_{th\,G}},$$

also

$$R_{th\,G} = \frac{3{,}1\,K}{W}.$$

Häufig wird bei Leistungstransistoren die maximale Verlustleistung $P_{25}$ bei 25 °C Gehäusetemperatur angegeben. Diese Leistung können wir mit der Kenntnis von $R_{th\,G}$ und $\vartheta_j$ berechnen:

$$P_{25} = \frac{\vartheta_j - 25\,°C}{R_{th\,G}} = \frac{150\,K}{3{,}1\,K/W} = 48\,W.$$

Die Stromverstärkung der so ausgesuchten Transistoren betrage beim maximalen Ausgangsstrom 30. Damit können wir die Daten der Treibertransistoren $T_1$ und $T_2$ bestimmen. Ihr maximaler Kollektorstrom beträgt

$$\frac{4{,}48\,A}{30} = 149\,mA.$$

Dieser Wert gilt jedoch nur für niedrige Frequenzen. Bei Frequenzen oberhalb $f_g \approx 20\,\text{kHz}$ nimmt die Stromverstärkung von Niederfrequenz-Leistungstransistoren bereits deutlich ab. Deshalb muß bei einem steilen Stromanstieg der Treibertransistor kurzzeitig den größten Teil des Ausgangsstromes liefern. Um eine möglichst große Bandbreite zu erzielen, wählen wir $I_{C\,max} = 1\,A$. Transistoren dieser Größenordnung sind noch preiswert mit Transitfrequenzen von ca. 50 MHz erhältlich.

Im Abschnitt 15.3 haben wir gezeigt, daß es günstig ist, den Ruhestrom nur durch die Treibertransistoren fließen zu lassen und einen Spannungsabfall von ca. 400 mV an den Widerständen $R_1$ und $R_2$ einzustellen. Dazu dienen die drei Si-Dioden $D_3$, an denen eine Spannung von ca. 2,1 V abfällt. Um die Übernahmeverzerrungen hinreichend klein zu halten, wählen wir einen Ruhestrom von ca. 30 mA. Damit ergibt sich

$$R_1 = R_2 = \frac{400\,mV}{30\,mA} = 13\,\Omega.$$

Die Verlustleistung in den Treibertransistoren beträgt im Ruhezustand 30 mA · 29 V ≈ 0,9 W, bei Vollaussteuerung noch 0,75 W. Man sieht, daß ein Kleinleistungstransistor im TO-5-Gehäuse mit Kühlstern für diesen Zweck ausreicht. Die Stromverstärkung dieser Transistoren sei 100. Dann beträgt ihr maximaler Basisstrom noch

$$I_{B\,max} = \frac{1}{100}\left(\frac{4{,}48\,A}{30} + \frac{0{,}8\,V}{13\,\Omega}\right) \approx 2\,mA.$$

Der Strom durch die Konstantstromquellen $T_3$ und $T_4$ soll groß gegenüber diesem Wert sein. Wir wählen ca. 10 mA.

Emitterfolger neigen zu parasitären Schwingungen in der Nähe der Transitfrequenz der Ausgangstransistoren [15.1]. Zur Schwingungsdämpfung kann man die Quellenzeitkonstante vergrößern. Dadurch verläßt man den kritischen Bereich in Abb. 2.96 auf S.160 nach oben (Pfeil 1). Dazu fügt man in der Schaltung in Abb. 15.22 die RC-Glieder $R_7C_1$ und $R_8C_2$ ein. Die Serienwiderstände müssen natürlich so niederohmig gewählt werden, daß der Spannungsabfall daran klein bleibt. Zusätzlich kann man den Ausgang bei hohen Frequenzen bedämpfen. Dazu schaltet man am Ausgang ein serein-RC-Glied parallel (z.B. 1 Ω in Reihe mit 0,1 μF). Dadurch entstehen natürlich bei hohen Frequenzen zusätzliche Verluste.

## 15.8
## Ansteuerschaltungen mit Spannungsverstärkung

Bei den beschriebenen Leistungsverstärkern treten in Nullpunktnähe mehr oder weniger große Übernahmeverzerrungen auf. Sie lassen sich durch Gegenkopplung weitgehend beseitigen. Dazu schaltet man eine Ansteuerschaltung mit Spannungsverstärkung vor die Leistungsendstufe und schließt die Gegenkopplung über beide Teile. Eine einfache Möglichkeit zeigt Abb. 15.23. Die Ansteuerung der Endstufe erfolgt über die Stromquelle $T_3$, die zusammen mit $T_7$ einen Stromspiegel für $I_{C6}$ bildet. Der Differenzverstärker $T_5$, $T_6$ bewirkt die erforderliche Spannungsverstärkung. Sein Arbeitswiderstand ist relativ hoch: er ergibt sich aus der Parallelschaltung der Stromquellen-Innenwiderstände $T_3$, $T_4$ und der Eingangswiderstände der Emitterfolger $T_1$, $T_2$.

Die ganze Anordnung ist über die Widerstände $R_7$, $R_8$ als nichtinvertierender Verstärker gegengekoppelt. Die Spannungsverstärkung beträgt $A = 1 + R_8/R_7$. Damit sich eine ausreichende Schleifenverstärkung ergibt, sollte man $A$ nicht zu groß wählen. Praktikable Werte liegen zwischen 5 und 30.

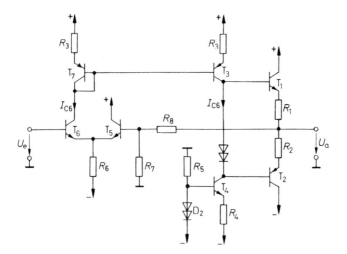

**Abb. 15.23.** Einfache Ansteuerschaltung mit Spannungsverstärkung

Wenn man nur Wechselspannungen verstärken will, läßt sich die Nullpunkt-stabilität der Schaltung verbessern, indem man mit $R_7$ einen Koppelkondensator in Reihe schaltet. Dadurch erniedrigt sich die Gleichspannungsverstärkung auf 1. Nach dem beschriebenen Prinzip arbeiten die meisten integrierten Leistungs-verstärker wie z.B. der LM 3875 von National [15.1].

**Breitband-Ansteuerschaltung**

Eine größere Bandbreite der Ansteuerschaltung läßt sich dadurch erreichen, daß man die beiden Stromquellen $T_3$, $T_4$ gegensinnig ansteuert und in Basisschal-tung betreibt. Man gelangt dann zu der Schaltung in Abb. 15.24, die mit dem Breitbandoperationsverstärker in Abb. 5.27 verwandt ist. Da man bei einem Lei-stungsverstärker keinen Differenzeingang benötigt, wurde hier die eine Hälfte des Gegentakt-Differenzverstärkers weggelassen und durch die Gegentakt-Endstufe des Operationsverstärkers ersetzt. Er stabilisiert die Ruhepotentiale mit dem Ope-rationsverstärker. Die Gesamtschaltung verhält sich wie ein invertierender Ope-rationsverstärker, der über die Widerstände $R_{15}$ und $R_{16}$ gegengekoppelt ist. Seine Verstärkung beträgt also $A = -R_{16}/R_{15}$.

Zur Dimensionierung der Schaltung gibt man zunächst die Kollektorströme der Transistoren $T_3$ bis $T_6$ vor. Wir wählen 10 mA. Durch die Widerstände $R_3$ und $R_4$ muß dann ein Strom von 20 mA fließen. An den Widerständen $R_3$ und $R_4$ fällt eine Spannung von 1,4 V ab. Damit wird

$$R_3 = R_4 = \frac{1{,}4\,V}{20\,mA} = 70\,\Omega.$$

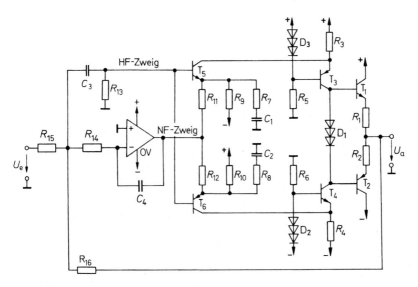

**Abb. 15.24.** Breitband-Leistungsverstärker

Das Ausgangsruhepotential des Operationsverstärkers ist durch die Offsetspannung der Endstufe gegeben und liegt nahe bei Null. Daher fließt über die Widerstände $R_{11}$ und $R_{12}$ im Ruhezustand praktisch kein Strom. Die Kollektorströme von $T_5$ und $T_6$ müssen also über die Widerstände $R_9$ bzw. $R_{10}$ fließen. Bei Betriebs-Spannungen von $\pm 15\,\text{V}$ folgt daraus

$$R_9 \;=\; R_{10} \;\approx\; \frac{15\,\text{V}}{10\,\text{mA}} \;=\; 1{,}5\,\text{k}\Omega.$$

Um die maximale Stromaussteuerung der Stromquellen $T_3$ und $T_4$ zu erreichen, müssen die Kollektorströme von $T_5$ und $T_6$ zwischen Null und $20\,\text{mA}$ ausgesteuert werden. Diese Werte sollen bei Vollaussteuerung des Operationsverstärkers erreicht werden. Daraus folgt für die Widerstände $R_{11}$ und $R_{12}$:

$$R_{11} \;=\; R_{12} \;\approx\; \frac{10\,\text{V}}{10\,\text{mA}} \;=\; 1\,\text{k}\Omega.$$

Den Operationsverstärker OV beschaltet man als Integrator. Dadurch erhält man eine durch die äußere Beschaltung definierte Verstärkung, die man so wählt, daß sie deutlich unter der Leerlaufverstärkung des unbeschalteten Operationsverstärkers liegt. Wählt man z.B. $R_{14} = 10\,\text{k}\Omega$ und $C_4 = 160\,\text{pF}$, sinkt seine Verstärkung bei $100\,\text{kHz}$ auf 1 ab. Die untere Grenzfrequenz des Hochpasses $C_3$, $R_{13}$ im HF-Zweig wählt man niedriger, z.B. $1\,\text{kHz}$.

Die Gesamtverstärkung der Schaltung läßt sich mit den Widerständen $R_{15}$ und $R_{16}$ auf Werte zwischen 1 und 10 einstellen. Größere Verstärkungen sind nicht empfehlenswert, weil sonst die Schleifenverstärkung im HF-Zweig zu gering wird. Die offene Verstärkung des HF-Zweiges läßt sich mit Hilfe der Widerstände $R_7$ und $R_8$ variieren. Man stellt sie so ein, daß sich das gewünschte Einschwingverhalten der Gesamtschaltung ergibt. Für den Operationsverstärker genügt die interne Standard-Frequenzkorrektur. Zur Vermeidung von Schwingungen im VHF-Bereich kann es sich als notwendig erweisen, einzelne Transistoren mit Basis-Vorwiderständen zu versehen [15.1].

## 15.9
## Erhöhung des Ausgangsstromes integrierter Operationsverstärker

Der Ausgangsstrom integrierter Operationsverstärker ist normalerweise auf Werte von maximal $20\,\text{mA}$ begrenzt. Es gibt viele Anwendungsfälle, bei denen man ohne großen Aufwand den Ausgangsstrom auf den ungefähr 10fachen Wert vergrößern möchte. Dazu kann man die beschriebenen Leistungsendstufen verwenden. Bei niedrigen Signalfrequenzen läßt sich der Aufwand reduzieren, indem man Gegentakt-Emitterfolger im B-Betrieb einsetzt. Infolge der endlichen Slew-Rate des Operationsverstärkers treten jedoch auch bei Gegenkopplung noch wahrnehmbare Übernahmeverzerrungen auf. Sie lassen sich stark reduzieren, indem man wie in Abb. 15.25 einen Widerstand $R_1$ verwendet, der in Nullpunktnähe die Emitterfolger überbrückt. In diesem Fall reduziert sich die erforderliche Slew-Rate des Verstärkers von unendlich auf einen Wert, der um den Faktor $1 + R_1/R_v$ über der Anstiegsgeschwindigkeit der Ausgangsspannung liegt.

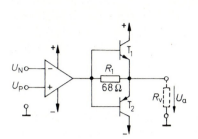

**Abb. 15.25.** Stromverstärkung mit komplementären Emitterfolgern

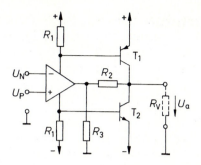

**Abb. 15.26.** Stromverstärkung mit komplementären Emitterschaltungen

Die Schaltung in Abb. 15.26 besitzt dieselben Eigenschaften wie die vorhergehende. Die Ansteuerung der Endstufentransistoren erfolgt hier jedoch über die Betriebsspannungsanschlüsse. Dadurch entstehen zusammen mit den Ausgangstransistoren des Operationsverstärkers zwei Komplementär-Darlington-Schaltungen, wenn man $R_2 = 0$ macht.

Bei kleinen Ausgangsströmen sperren die beiden Endstufentransistoren $T_1$ und $T_2$. In diesem Fall liefert der Operationsverstärker den ganzen Ausgangsstrom. Bei größeren Ausgangsströmen werden die Transistoren $T_1$ bzw. $T_2$ leitend und liefern den größten Teil des Ausgangsstromes. Der Ausgangsstrom des Operationsverstärkers bleibt ungefähr auf den Wert $0,7 \text{ V}/R_1$ begrenzt.

Ein gewisser Vorteil gegenüber der vorhergehenden Schaltung besteht darin, daß durch den Ruhestrom des Operationsverstärkers bereits eine Basis-Emitter-Vorspannung an den Endstufentransistoren entsteht. Man dimensioniert die Widerstände $R_1$ so, daß sie ca. 400 mV beträgt. Dadurch wird der Übernahmebereich bereits stark verkleinert, ohne daß in den Endstufentransistoren ein Ruhestrom fließt, für dessen Stabilisierung man zusätzliche Maßnahmen ergreifen müßte.

Mit dem Spannungsteiler $R_2$, $R_3$ kann man der Endstufe eine zusätzliche Spannungsverstärkung der Größe $1 + R_2/R_3$ geben. Dadurch ist es möglich, die Ausgangsaussteuerbarkeit des Verstärkers zu erhöhen, die dann nur noch um die Sättigungsspannung von $T_1$ bzw. $T_2$ unter der Betriebsspannung liegt. Außerdem wird dadurch die Schwingneigung innerhalb der Komplementär-Darlington-Schaltungen reduziert. Diese Schaltung hatten wir bereits bei den Operationsverstärkern mit rail-to-rail Ausgang in Abb. 5.22 auf S. 502 kennengelernt.

# Literatur

[15.1]    Travis, B.: Monolithic Power Amps Provide Diverse Choices in Circuit
          Structures. EDN, 17.8.1995 S. 51–60.

# Kapitel 16:
# Stromversorgung

Jedes elektronische Gerät benötigt eine Stromversorgung. Sie muß im allgemeinen eine oder mehrere Gleichspannungen liefern. Bei höherem Leistungsbedarf sind Batterien unwirtschaftlich. Man erzeugt die Gleichspannung dann durch Transformieren und Gleichrichten der Netzspannung. Die so gewonnene Gleichspannung weist in der Regel eine beträchtliche Welligkeit auf und ändert sich bei Belastungs- und Netzspannungsschwankungen. Deshalb wird meist ein Spannungsregler nachgeschaltet, der die Schwankungen ausregelt. In den folgenden beiden Abschnitten behandeln wir zunächst die Erzeugung der unstabilisierten Gleichspannung und anschließend die Ausführung der Regelschaltungen.

## 16.1
## Eigenschaften von Netztransformatoren

Bei der Dimensionierung von Gleichrichterschaltungen spielt der Innenwiderstand $R_i$ des Netztransformators eine große Rolle. Er läßt sich aus den Nenndaten der Sekundärwicklung $U_N$, $I_N$ und dem Verlustfaktor $f_v$ berechnen. Dieser ist definiert als das Verhältnis von Leerlauf- zu Nennspannung:

$$f_v = \frac{U_L}{U_N} \tag{16.1}$$

Daraus folgt für den Innenwiderstand die Beziehung:

$$R_i = \frac{U_L - U_N}{I_N} = \frac{U_N(f_v - 1)}{I_N} \tag{16.2}$$

Nun definieren wir eine Nennlast $R_N = U_N/I_N$ und erhalten aus Gl. (16.2):

$$R_i = R_N(f_v - 1) \tag{16.3}$$

Eine Übersicht über die Daten gebräuchlicher M-Kerntransformatoren ist in Tab. 16.1 zusammengestellt; die entsprechenden Angaben für Ringkerntransformatoren finden sich in Tab. 16.2.

Ringkerntransformatoren sind schwieriger zu wickeln; daraus resultiert besonders bei kleinen Leistungen ein deutlich höherer Preis. Dem stehen aber einige nennenswerte Vorteile gegenüber: ihr magnetisches Streufeld ist deutlich geringer. Die Hauptinduktivität ist größer; daraus resultieren ein kleinerer Magnetisierungsstrom und geringere Leerlaufverluste. Zur genaueren Berechnung verwendet man am besten den *Magnetic Designer* von Intusoft (Thomatronik).

| Kern-Typ (Seitenlänge) | Nenn-leistung | Verlust-faktor | Prim. Windungs-zahl | Prim. Draht-Durch-messer | Norm. sek. Windungs-zahl | Norm. sek. Draht-Durch-messer |
|---|---|---|---|---|---|---|
| | $P_N$ | $f_v$ | $w_1$ | $d_1$ | $w_2/U_2$ | $d_2\sqrt{I_2}$ |
| [mm] | [W] | | | [mm] | [1/V] | [mm/$\sqrt{A}$] |
| M 42 | 4 | 1,31 | 4716 | 0,09 | 28,00 | 0,61 |
| M 55 | 15 | 1,20 | 2671 | 0,18 | 14,62 | 0,62 |
| M 65 | 33 | 1,14 | 1677 | 0,26 | 8,68 | 0,64 |
| M 74 | 55 | 1,11 | 1235 | 0,34 | 6,24 | 0,65 |
| M 85a | 80 | 1,09 | 978 | 0,42 | 4,83 | 0,66 |
| M 85b | 105 | 1,06 | 655 | 0,48 | 3,17 | 0,67 |
| M 102a | 135 | 1,07 | 763 | 0,56 | 3,72 | 0,69 |
| M 102b | 195 | 1,05 | 513 | 0,69 | 2,45 | 0,71 |

**Tab. 16.1.** Typische Daten von M-Kerntransformatoren für eine Primärspannung $U_{1\,\text{eff}} = 220\,\text{V}$, 50 Hz

| Außen-Durchmesserca. | Nenn-leistung | Verlust-faktor | Prim. Windungs-zahl | Prim. Draht-Durch-messer | Norm. sek. Windungs-zahl | Norm. sek. Draht-Durch-messer |
|---|---|---|---|---|---|---|
| $D$ | $P_N$ | $f_v$ | $w_1$ | $d_1$ | $w_2/U_2$ | $d_2\sqrt{I_2}$ |
| [mm] | [W] | | | [mm] | [1/V] | [mm/$\sqrt{A}$] |
| 60 | 10 | 1,18 | 3500 | 0,15 | 19,83 | 0,49 |
| 61 | 20 | 1,18 | 2720 | 0,18 | 14,83 | 0,54 |
| 70 | 30 | 1,16 | 2300 | 0,22 | 12,33 | 0,55 |
| 80 | 50 | 1,15 | 2140 | 0,30 | 11,25 | 0,56 |
| 94 | 75 | 1,12 | 1765 | 0,36 | 9,08 | 0,58 |
| 95 | 100 | 1,11 | 1410 | 0,40 | 7,08 | 0,60 |
| 100 | 150 | 1,09 | 1100 | 0,56 | 5,42 | 0,61 |
| 115 | 200 | 1,08 | 820 | 0,60 | 4,00 | 0,62 |
| 120 | 300 | 1,07 | 715 | 0,71 | 3,42 | 0,63 |

**Tab. 16.2.** Typische Daten von Ringkerntransformatoren für eine Primärspannung $U_{1\,\text{eff}} = 220\,\text{V}$, 50 Hz

## 16.2
## Netzgleichrichter

### 16.2.1
### Einweggleichrichter

Die einfachste Methode, eine Wechselspannung gleichzurichten, besteht darin, wie in Abb. 16.1 einen Kondensator über eine Diode aufzuladen. Wenn der Ausgang unbelastet ist, wird der Kondensator $C_L$ während der positiven Halbschwingung auf den Scheitelwert $U_{a0} = \sqrt{2}U_{L\,\text{eff}} - U_D$ aufgeladen. Darin ist $U_D$ die

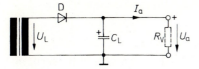

**Abb. 16.1.** Einweggleichrichter

| | |
|---|---|
| *Leerlauf-Ausgangsspannung:* | $U_{a0} = \sqrt{2}U_{L\,\text{eff}} - U_D$ |
| *Last-Ausgangsspannung:* | $U_{a\infty} = U_{a0}\left(1 - \sqrt{\frac{R_i}{R_v}}\right)$ |
| *Maximale Sperrspannung:* | $U_{\text{Sperr}} = 2\sqrt{2}U_{L\,\text{eff}}$ |
| *Mittlerer Durchlaßstrom:* | $\overline{I}_D = I_a$ |
| *Periodischer Spitzenstrom:* | $I_{DS} = \frac{U_a}{\sqrt{R_i R_v}}$ |
| *Brummspannung:* | $U_{\text{Br SS}} = \frac{I_a}{C_L f_N}\left(1 - \sqrt[4]{\frac{R_i}{R_v}}\right)$ |
| *Minimale Ausgangsspannung:* | $U_{a\,\text{min}} \approx U_{a\infty} - \frac{2}{3}U_{\text{Br SS}}$ |

Durchlaßspannung der Diode. Die maximale Sperrspannung tritt auf, wenn die Transformatorspannung ihren negativen Scheitelwert erreicht. Sie beträgt demnach ca. $2\sqrt{2}U_{L\,\text{eff}}$.

Bei Belastung entlädt der Verbraucherwiderstand $R_v$ den Kondensator $C_L$, solange die Diode sperrt. Erst wenn die Leerlaufspannung des Transformators um $U_D$ größer wird als die Ausgangsspannung, wird der Kondensator wieder nachgeladen. Welche Spannung er dabei erreicht, hängt vom Innenwiderstand $R_i$ des Transformators ab. Abbildung 16.2 zeigt den Verlauf der Ausgangsspannung im stationären Zustand. Wegen des ungünstigen Verhältnisses von Nachlade- zu Entladezeit sinkt die Ausgangsspannung schon bei geringer Belastung stark ab. Deshalb ist die Schaltung nur bei kleinen Ausgangsströmen empfehlenswert. Die Herleitung der angegebenen Beziehungen folgt beim Brückengleichrichter im nächsten Abschnitt.

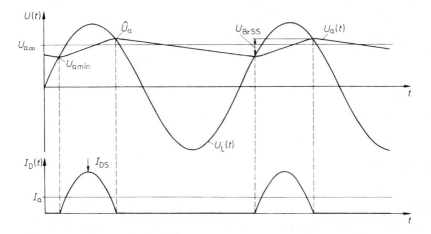

**Abb. 16.2.** Spannungs- und Stromverlauf beim Einweggleichrichter

## 16.2.2
## Brückengleichrichter

Das Verhältnis von Nachlade- zu Entladezeit läßt sich wesentlich verbessern, indem man den Ladekondensator $C_L$ während der positiven *und* negativen Halbschwingung auflädt. Das erreicht man mit der Brückenschaltung in Abb. 16.3.

Die Dioden verbinden während der Nachladezeit den jeweils negativen Pol des Transformators mit Masse und den positiven mit dem Ausgang. Die maximal auftretende Sperrspannung ist gleich der Leerauf-Ausgangsspannung:

$$U_{a0} = \sqrt{2}U_{L\,\text{eff}} - 2U_D = \sqrt{2}U_{N\,\text{eff}}f_v - 2U_D \tag{16.4}$$

Sie ist also nur halb so groß wie beim Einweggleichrichter.

Zur Berechnung des Spannungsabfalles bei Belastung gehen wir zunächst von einem unendlich großen Ladekondensator aus. Dann ist die Ausgangsspannung eine reine Gleichspannung, die wir mit $U_{a\infty}$ bezeichnen. Je weiter die Ausgangsspannung infolge der Belastung absinkt, desto größer wird die Nachladedauer. Der Gleichgewichtszustand ist dann erreicht, wenn die zugeführte Ladung gleich der abgegebenen Ladung ist. Daraus ergibt sich:

$$U_{a\infty} = U_{a0}\left(1 - \sqrt{\frac{R_i}{2R_v}}\right) \tag{16.5}$$

Darin ist $R_v = U_{a\infty}/I_a$ der Verbraucherwiderstand. Die Herleitung dieser Beziehung ist mit einer längeren Approximationsrechnung verbunden, bei der die Sinusschwingung durch Parabelbögen angenähert wird. Sie soll hier übergangen werden. Wie der Vergleich mit der Einweggleichrichterschaltung in Abb. 16.1 zeigt, geht beim Vollweggleichrichter nur der halbe Innenwiderstand des Transformators in den Spannungsabfall bei Belastung ein.

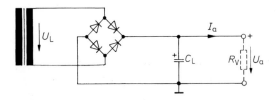

**Abb. 16.3.** Brückengleichrichter

| | |
|---|---|
| *Leerlauf-Ausgangsspannung:* | $U_{a0} = \sqrt{2}U_{L\,\text{eff}} - 2U_D$ |
| *Last-Ausgangsspannung:* | $U_{a\infty} = U_{a0}\left(1 - \sqrt{\frac{R_i}{2R_v}}\right)$ |
| *Maximale Sperrspannung:* | $U_{\text{Sperr}} = \sqrt{2}U_{L\,\text{eff}}$ |
| *Mittlerer Durchlaßstrom:* | $\bar{I}_D = \frac{1}{2}I_a$ |
| *Periodischer Spitzenstrom:* | $I_{DS} = \frac{U_{a0}}{\sqrt{2R_iR_v}}$ |
| *Brummspannung:* | $U_{\text{Br SS}} = \frac{I_a}{2C_Lf_N}\left(1 - \sqrt[4]{\frac{R_i}{2R_v}}\right)$ |
| *Minimale Ausgangsspannung:* | $U_{a\,\text{min}} \approx U_{a\infty} - \frac{2}{3}U_{\text{Br SS}}$ |
| *Transformator-Nennleistung:* | $P_N = (1,2\dots2)U_{a\infty}\cdot I_a$ |

Um den Gleichrichter richtig dimensionieren zu können, muß man die auftretenden Ströme kennen. Wegen der Erhaltung der Ladung ist der mittlere Durchlaßstrom durch jeden Brückenzweig gleich dem halben Ausgangsstrom. Da die Durchlaßspannung nur wenig vom Strom abhängt, ergibt sich die Verlustleistung einer Diode zu:

$$P_D = \frac{1}{2} U_D I_a$$

Während der Aufladezeit treten periodisch Spitzenströme $I_{DS}$ auf, die um ein Vielfaches größer sein können als der Ausgangsstrom:

$$I_{DS} = \frac{\hat{U}_L - 2U_D - U_{a\infty}}{R_i} = \frac{U_{a0} - U_{a\infty}}{R_i}$$

Mit Gl. (16.5) folgt daraus:

$$I_{DS} = \frac{U_{a0}}{\sqrt{2R_i R_v}}$$

Man erkennt, daß der Innenwiderstand $R_i$ der Wechselspannungsquelle einen entscheidenden Einfluß auf den Spitzenstrom hat. Ist die Wechselspannungsquelle sehr niederohmig, kann es sich als notwendig erweisen, einen Widerstand in Reihe zu schalten, um den maximalen Spitzenstrom des Gleichrichters nicht zu überschreiten. Dies ist besonders bei der direkten Gleichrichtung der Netzspannung zu berücksichtigen. Die Zweiweggleichrichtung ist auch in dieser Beziehung günstiger als die Einweggleichrichtung, da der Spitzenstrom um den Faktor $\sqrt{2}$ kleiner ist.

Der Effektivwert des pulsierenden Ladestroms ist größer als der arithmetische Mittelwert. Deshalb muß die Gleichstromleistung kleiner bleiben als die Nennleistung des Transformators für ohmsche Last, wenn die zulässige Verlustleistung im Transformator nicht überschriten werden soll. – Die Gleichstromleistung ergibt sich aus der abgegebenen Leistung $I_a U_{a\infty}$ und der Verlustleistung im Gleichrichter, die ca. $2U_D I_a$ beträgt. Die Nennleistung des Transformators muß daher zu

$$P_N = \alpha I_a (U_{a\infty} + 2U_D) \approx \alpha I_a U_{a\infty} \qquad (16.6)$$

gewählt werden. Darin ist $\alpha$ der Formfaktor, mit dem der erhöhte Effektivwert des Stromes berücksichtigt wird. Er beträgt bei Zweiweggleichrichtung ca. 1,2. Es ist jedoch zweckmäßig, nicht nach Gl. (16.6) an die Grenze der thermischen Belastbarkeit zu gehen, sondern den Transformator überzudimensionieren, indem man für $\alpha$ einen höheren Wert einsetzt. Dadurch ergibt sich ein höherer Wirkungsgrad. Der Nachteil des höheren Platzbedarfs hält sich in Grenzen, wenn man Ringkerntransformatoren verwendet. Außerdem bleiben bei ihnen auch im Fall der starken Überdimensionierung die Leerlaufverluste klein.

Bei endlich großem Ladekondensator tritt am Ausgang eine überlagerte Brummspannung auf. Sie läßt sich aus der Ladung berechnen, die dem Kondensator während der Entladezeit $t_E$ entzogen wird:

$$U_{\text{Br SS}} = \frac{I_a t_E}{C_L}$$

Aus Gl. (16.5) ergibt sich näherungsweise:

$$t_E \approx \frac{1}{2}\left(1 - \sqrt[4]{\frac{R_i}{2R_v}}\right)T_N$$

Darin ist $T_N = 1/f_N$ die Periodendauer der Netzwechselspannung. Daraus folgt:

$$U_{Br\,SS} = \frac{I_a}{2C_L f_N}\left(1 - \sqrt[4]{\frac{R_i}{2R_v}}\right) \tag{16.7}$$

Von besonderem Interesse ist der untere Scheitelwert der Ausgangspannung. Er beträgt näherungsweise:

$$U_{a\,min} \approx U_{a\infty} - \frac{2}{3}U_{Br\,SS} \tag{16.8}$$

Die Dimensionierung einer Netzgleichrichterschaltung soll an einem Zahlenbeispiel verdeutlicht werden [16.1]. Gesucht ist eine Gleichspannungsversorgung mit einer minimalen Ausgangsspannung $U_{a\,min} = 30\,V$ bei einem Ausgangsstrom $I_a = 1\,A$ und einer maximalen Brummspannung $U_{Br\,SS} = 3\,V$.

Aus Gl. (16.8) erhalten wir zunächst

$$U_{a\infty} = U_{a\,min} + \frac{2}{3}U_{Br\,SS} = 32\,V$$

und mit Gl. (16.6) und $\alpha = 1{,}5$ die Transformator-Nennleistung:

$$P_N = \alpha I_a(U_{a\infty} + 2U_D) = 1{,}5\,A(32\,V + 2\,V) = 51\,W$$

Aus Tab. 16.2 entnehmen wir dafür den Ringkerntyp mit $D = 80\,mm$. Sein Verlustfaktor beträgt $f_v = 1{,}15$. Zur weiteren Rechnung benötigt man den Innenwiderstand des Transformators. Er hängt aber von der noch nicht bekannten Nennspannung ab. Zu ihrer Berechnung muß man das nichtlineare Gleichungssystem Gln. (16.3) bis (16.5) lösen. Das geschieht am einfachsten in Form einer Iteration: Als Anfangswert geben wir $U_{N\,eff} \approx U_{a\,min} = 30\,V$ vor. Dann folgt mit Gl. (16.3):

$$R_i = R_N(f_v - 1) = \frac{U_{N\,eff}^2}{P_N}(f_v - 1)$$

$$= \frac{(30\,V)^2}{51\,W} \cdot (1{,}15 - 1) = 2{,}65\,\Omega$$

Mit Gln. (16.4) und (16.5) folgt daraus:

$$U_{a\infty} = (\sqrt{2}U_{N\,eff}f_v - 2U_D)\left(1 - \sqrt{\frac{R_i}{2R_v}}\right)$$

$$= (\sqrt{2} \cdot 30\,V \cdot 1{,}15 - 2\,V)\left(1 - \sqrt{\frac{2{,}65\,\Omega}{2 \cdot 32\,V/1\,A}}\right) \approx 37{,}3\,V$$

Die Spannung ist also um ca. 5 V höher als oben verlangt. Im nächsten Iterationsschritt reduzieren wir die Transformator-Nennspannung um diesen Betrag und erhalten entsprechend:

$$R_i = 1{,}84\,\Omega \quad \text{und} \quad U_{a\infty} = 32{,}1\,V$$

Damit wird bereits der gewünschte Wert erreicht. Die Transformatordaten lauten also:

$$U_{N\,\text{eff}} \approx 25\,\text{V}; \qquad I_{N\,\text{eff}} = \frac{P_N}{U_N} \approx 2\,\text{A}$$

Aus Tab. 16.2 entnehmen wir damit die Wickeldaten für eine Primärspannung von 220 V:

$$\begin{aligned}
w_1 &= 2140, & d_1 &= 0{,}30\,\text{mm}, \\
w_2 &= 11{,}25\tfrac{1}{V} \cdot 25\,\text{V} = 281, & d_2 &= 0{,}56\frac{\text{mm}}{\sqrt{\text{A}}}\sqrt{2\,\text{A}} = 0{,}79\,\text{mm}
\end{aligned}$$

Die Kapazität des Ladekondensators ergibt sich aus Gl. (16.7) zu

$$\begin{aligned}
C_L &= \frac{I_a}{2U_{\text{Br SS}}f_N}\left(1 - \sqrt[4]{\frac{R_i}{2R_v}}\right) \\
&= \frac{1\,\text{A}}{2 \cdot 3\,\text{V} \cdot 50\,\text{Hz}}\left(1 - \sqrt[4]{\frac{1{,}84\,\Omega}{2 \cdot 32\,\Omega}}\right) \approx 2000\,\mu\text{F}
\end{aligned}$$

Die Leerlauf-Ausgangsspannung beträgt 39 V. Diese Spannungsfestigkeit muß der Kondensator mindestens besitzen.

Bei Transformatoren mit mehreren Sekundärwicklungen verläuft die Rechnung genau wie oben. Für $P_N$ wird jeweils die Leistung der betreffenden Sekundärwicklung eingesetzt. Die Gesamtleistung ergibt sich als Summe der Teilleistungen. Sie ist für die Auswahl des Kerns und damit für $f_v$ maßgebend.

### 16.2.3
### Mittelpunkt-Schaltung

Eine Vollweggleichrichtung läßt sich auch dadurch erreichen, daß man zwei gegenphasige Wechselspannungen einweggleichrichtet. Dieses Prinzip zeigt die Mittelpunktschaltung in Abb. 16.4. An den angegebenen Daten erkennt man, daß dabei die Vorteile der Brückenschaltung erhalten bleiben.

Ein zusätzlicher Vorteil ergibt sich dadurch, daß der Strom jeweils nur durch eine Diode fließen muß und nicht durch zwei wie bei der Brückenschaltung. Dadurch halbiert sich der Spannungsverlust, der durch die Durchlaßspannung der Dioden verursacht wird. Andererseits verdoppelt sich der Innenwiderstand des Transformators, da jede Teilwicklung für die halbe Ausgangsleistung zu dimensionieren ist. Dadurch wird der Spannungsverlust wieder vergrößert. Welcher Effekt überwiegt, hängt vom Verhältnis der Ausgangsspannung zur Durchlaßspannung der Diode ab. Bei kleinen Ausgangsspannungen ist die Mittelpunktschaltung günstiger, bei großen Ausgangsspannungen die Brückengleichrichterschaltung.

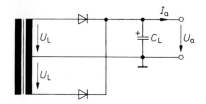

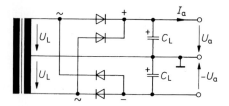

**Abb. 16.4.** Mittelpunktschaltung

**Abb. 16.5.** Mittelpunktschaltung für erdsymmetrische Ausgangsspannungen

*Leerlaufspannung:*           $U_{a0} = \sqrt{2}U_{L\,\text{eff}} - 2U_D$

*Last-Ausgangsspannung:*      $U_{a\infty} = U_{a0}\left(1 - \sqrt{\frac{R_i}{2R_v}}\right)$

*Maximale Sperrspannung:*     $U_{\text{Sperr}} = 2\sqrt{2}U_{L\,\text{eff}}$

*Mittlerer Durchlaßstrom:*    $\bar{I}_D = \frac{1}{2}I_a$

*Periodischer Spitzenstrom:*  $I_{DS} = \frac{U_{a0}}{\sqrt{2R_iR_v}}$

*Brummspannung:*              $U_{\text{Br SS}} = \frac{I_a}{2C_Lf_N}\left(1 - \sqrt[4]{\frac{R_i}{2R_v}}\right)$

*Minimale Ausgangsspunnung:*  $U_{a\,\text{min}} \approx U_{a\infty} - \frac{2}{3}U_{\text{Br SS}}$

## Doppelte Mittelpunktschaltung

Bei der Mittelpunktschaltung in Abb. 16.4 bleiben jeweils die negativen Halbwellen ungenutzt. Man kann sie in einer zweiten Mittelpunktschaltung mit umgepolten Dioden gleichrichten und erhält dann gleichzeitig eine negative Gleichspannung. Diese Möglichkeit zur Erzeugung erdsymmetrischer Spannungen ist in Abb. 16.5 dargestellt. Für die benötigten vier Dioden läßt sich ein integrierter Brückengleichrichter einsetzen. Die Nennleistung des Transformators sollte auch hier das 1,2- bis 2fache der Gleichstromleistung betragen.

## 16.3
## Lineare Spannungsregler

Zum Betrieb von elektronischen Schaltungen benötigt man in der Regel eine Gleichspannung, die einen bestimmten Wert auf 5 bis 10% genau einhält. Diese Toleranz muß über den ganzen Bereich der auftretenden Netzspannungsschwankungen, Laststromschwankungen und Temperaturschwankungen eingehalten werden. Die überlagerte Brummspannung soll höchstens im Millivoltbereich liegen. Aus diesen Gründen ist die Ausgangsspannung der beschriebenen Gleichrichterschaltungen nicht direkt als Betriebsspannung für elektronische Schaltungen geeignet, sondern muß durch einen nachgeschalteten Spannungsregler stabilisiert und geglättet werden.

Die wichtigsten Kenndaten eines Spannungsreglers sind:

1) Die Ausgangsspannung und ihre Toleranz.
2) Der maximale Ausgangsstrom und der Kurzschlußstrom.

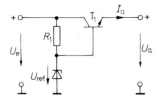

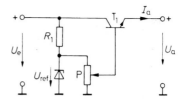

**Abb. 16.6.** Spannungsstabilisierung mit Emitterfolger

*Ausgangsspannung:* $U_a = U_{\mathrm{ref}} - U_{BE}$

**Abb. 16.7.** Zusatz zur Einstellung der Ausgangsspannung

$0 \leq U_a \leq U_{\mathrm{ref}} - U_{BE}$

3) Der minimale Spannungsabfall, den der Spannungsregler zur Aufrechterhaltung der Ausgangsspannung benötigt. Er wird in den Datenblättern als „Dropout-Voltage" bezeichnet und soll im folgenden kurz Spannungsverlust genannt werden.
4) Die Unterdrückung von Eingangsspannungsschwankungen (Line Regulation).
5) Die Ausregelung von Laststromschwankungen (Load Rejection).

### 16.3.1
### Einfachste Ausführung

Der einfachste Serienregler ist ein Emitterfolger, dessen Basis man an einer Referenzspannungsquelle anschließt. Die Referenzspannung kann man z.B. wie in Abb. 16.6 mit Hilfe einer Z-Diode aus der unstabilisierten Eingangsspannung $U_e$ gewinnen. Weitere Möglichkeiten werden wir in Abschnitt 16.4 kennenlernen. Durch Stromgegenkopplung stellt sich die Ausgangsspannung auf den Wert

$$U_a = U_{\mathrm{ref}} - U_{BE}$$

ein. Wie stark sich die Spannung bei Belastung ändert, ergibt sich aus dem Ausgangswiderstand:

$$r_a = -\frac{\partial U_a}{\partial I_a} = \frac{1}{S} = \frac{U_T}{I_a}$$

Mit $U_T \approx 26\,\mathrm{mV}$ erhält man bei $I_a = 100\,\mathrm{mA}$ ca. $0{,}3\,\Omega$.

Schwankungen der Eingangsspannung werden durch den niedrigen differentiellen Widerstand $r_z$ der Z-Diode aufgefangen. Für die Änderung der Ausgangsspannung ergibt sich:

$$\Delta U_a = \Delta U_{\mathrm{ref}} = \frac{r_z}{R_1 + r_z}\Delta U_e \approx \frac{r_z}{R_1}\Delta U_e$$

Sie beträgt je nach Dimensionierung 1...10% der Eingangsspannungsänderung.

Benötigt man eine einstellbare Ausgangsspannung, kann man einen Teil der Referenzspannung an einem Potentiometer abgreifen. Diese Möglichkeit zeigt Abb. 16.7. Man muß den Widerstand des Potentioneters klein gegenüber $r_{BE}$ wählen, damit sich der Ausgangswiderstand der Schaltung nicht nennenswert erhöht.

## 16.3.2
## Spannungsregler mit fester Ausgangsspannung

Die einfachen Schaltungen in Abb. 16.6/16.7 erfüllen die Anforderungen, die man an Spannungsregler stellen muß, zum großen Teil nicht oder nicht gut genug. Deshalb findet man in integrierten Spannungsreglern neben einem Regelverstärker und einer Referenzspannungsquelle mehrere weitere Baugruppen zum Schutz des Leistungs-Transistors [16.2]. Sie sind im Blockschaltbild in Abb. 16.8 eingezeichnet.

Eine Schaltung zur Strombegrenzung überwacht den Spannungsabfall an dem Strommeßwiderstand $R$. Der Sichere Arbeitsbereich (Save Operating Area SOA) des Leistungstransistors wird in einem weiteren Block überwacht. Wenn der Spannungsabfall an dem Leistungstransistor zunimmt, wird die Stromgrenze entsprechend reduziert.

Ein thermischer Schutz überwacht die Kristalltemperatur und reduziert den Ausgangsstrom bei drohender Überhitzung. Mit Hilfe der Dioden wird erreicht, daß die Ausgangsspannung von der niedrigsten der vier Stellgrößen bestimmt wird. Nur solange kein Grenzwert überschritten wird, hält der Spannungsregelverstärker die Ausgangsspannung auf dem Sollwert.

Die praktische Ausführung eines integrierten Spannungsreglers der 7800-Serie ist in Abb. 16.9 dargestellt. Die Anforderungen an den Regelverstärker sind nicht besonders hoch, da ein Emitterfolger allein schon ein ganz brauchbarer Spannungsregler ist. Deshalb genügt der einfache Differenzverstärker $T_3$, $T_4$, der zusammen mit der Darlingtonschaltung $T_1$ als Leistungsoperationsverstärker arbeitet. Er ist über den Spannungsteiler $R_1$, $R_2$ als nicht-invertierender Verstärker gegengekoppelt und liefert am Ausgang die verstärkte Referenzspannung:

$$U_a = (1 + R_2/R_1)U_{ref}$$

Der Transistor $T_2$ dient zur Strombegrenzung. Wenn der Spannungsabfall an $R_3$ den Wert 0,6 V erreicht, wird $T_2$ leitend und reduziert damit die Ausgangsspannung. Durch die entstehende Gegenkopplung wird die Ausgangsspannung

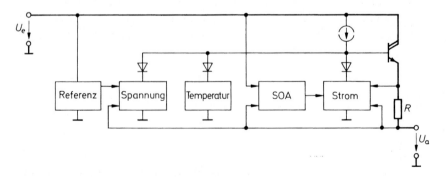

**Abb. 16.8.** Schematischer Aufbau eines integrierten Spannungsreglers

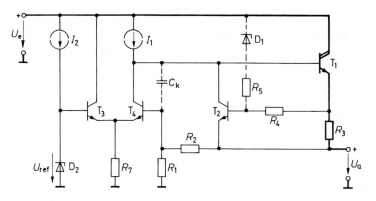

**Abb. 16.9.** Prinzipschaltung eines integrierten Spannungsreglers aus der 7800-Serie

$$U_a = \left(1 + \frac{R_2}{R_1}\right) U_{\text{ref}}; \qquad I_{a\,\text{max}} = \frac{0{,}6\,\text{V}}{R_3}$$

so eingestellt, daß der Spannungsabfall an $R_3$ auf den Wert 0,6 V stabilisiert wird. Das ist gleichbedeutend mit einem konstanten Ausgangsstrom:

$$I_{a\,\text{max}} = 0{,}6\,\text{V}/R_3$$

Die Ausgangsspannung wird in diesem Betriebszustand vom Lastwiderstand $R_L$ bestimmt gemäß $U_a = I_{a\,\text{max}} R_L$.

Beim Erreichen des Maximalstromes tritt in dem Ausgangstransistor $T_1$ die Verlustleistung

$$P_v = I_{a\,\text{max}}(U_e - U_a)$$

auf. Sie wird im Kurzschlußfall sehr viel größer als im Normalbetrieb, da dann die Ausgangsspannung unter den Sollwert bis auf Null absinkt. Um diese Zunahme der Verlustleistung zu verhindern, kann man die Stromgrenze mit abnehmender Ausgangsspannung reduzieren. Auf diese Weise entsteht eine rückläufige Strom-Spannungskennlinie, wie sie in Abb. 16.10 dargestellt ist.

Eine starke Zunahme der Verlustleistung kann auch dann eintreten, wenn die Eingangsspannung $U_e$ vergrößert wird, da in diesem Fall die Differenz $U_e - U_a$ ebenfalls zunimmt. Ein optimaler Schutz des Ausgangstransistors $T_1$ läßt sich demnach dadurch erreichen, daß man die Stromgrenze $I_{a\,\text{max}}$ an die Spannungs-

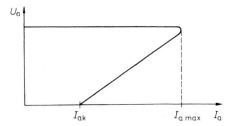

**Abb. 16.10.** Ausgangskennlinie bei rückläufiger Stromgrenze

differenz $U_e - U_a$ anpaßt. Dazu dienen der Widerstand $R_5$ und die Z-Diode $D_1$, die in Abb. 16.9 gestrichelt eingezeichnet sind.

Wenn die Potentialdifferenz $U_e - U_a$ kleiner ist als die Z-Spannung $U_Z$ der Diode $D_1$, fließt durch den Widerstand $R_5$ kein Strom. Dadurch beträgt die Stromgrenze in diesem Fall unverändert $0,6\,\text{V}/R_3$. Überschreitet die Potentialdifferenz den Wert $U_Z$, entsteht durch den Spannungsteiler $R_5$, $R_4$ eine positive Basis-Emitter-Vorspannung an dem Transistor $T_2$. Dadurch wird der Transistor $T_2$ bereits bei einem entsprechend kleineren Spannungsabfall an $R_3$ leitend.

Der Kondensator $C_k$ bewirkt die für die Stabilität notwendige Frequenzgangkorrektur. Als zusätzliche Stabilisierungsmaßnahme muß man in der Regel am Eingang und Ausgang je einen Kondensator mit ca. 100 nF nach Masse anschließen.

### 16.3.3
### Spannungsregler mit einstellbarer Ausgangsspannung

Neben den Festspannungsreglern gibt es auch einstellbare Spannungsregler (Serie 78 G). Bei ihnen ist der Spannungsteiler $R_1$, $R_2$ weggelassen und dafür der Eingang des Regelverstärkers wie in Abb. 16.11 herausgeführt. Sie besitzen also vier Anschlüsse. Mit dem extern anzuschließenden Spannungsteiler $R_1$, $R_2$ kann man beliebige Ausgangsspannungen zwischen $U_{\text{ref}} \approx 5\,\text{V} \leq U_a < U_e - 3\,\text{V}$ einstellen.

Einstellbare Spannungsregler mit nur drei Anschlüssen lassen sich dadurch realisieren, daß man auf den Masse-Anschluß verzichtet und den Betriebsstrom des Regelverstärkers zum Ausgang ableitet. Um den Unterschied deutlich zu machen, ist in Abb. 16.11 ein einstellbarer Spannungsregler der 78 G-Serie mit 4 Anschlüssen und daneben in Abb. 16.12 ein einstellbarer Spannungsregler der 317-Serie mit 3 Anschlüssen dargestellt. Die Referenzspannungsquelle ist hier nicht an Masse, sondern am nichtinvertierenden Eingang des Regelverstärkers angeschlossen. Die Ausgangsspannung steigt deshalb so weit an, bis an $R_2$ die

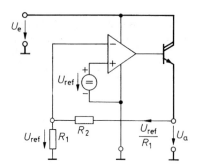

**Abb. 16.11.** Einstellbarer Spannungsregler mit vier Anschlüssen (78 G-Serie)

$$U_a = \left(1 + \frac{R_2}{R_1}\right) U_{\text{ref}}; \quad U_{\text{ref}} = 5\,\text{V}$$

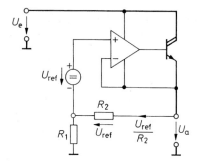

**Abb. 16.12.** Einstellbarer Spannungsregler mit drei Anschlüssen (317-Serie)

$$U_a = \left(1 + \frac{R_1}{R_2}\right) U_{\text{ref}}; \quad U_{\text{ref}} = 1{,}25\,\text{V}$$

Spannung $U_{ref}$ abfällt. Dann ist die Eingangsspannungsdifferenz des Operationsverstärkers gerade Null.

Der Ausgang des Spannungsreglers in Abb. 16.12 darf nicht unbelastet bleiben, weil sonst der Strom des Regelverstärkers nicht abfließen kann. Deshalb ist es zweckmäßig, den Spannungsteiler $R_1$, $R_2$ niederohmig zu dimensionieren. Man wählt z.B. $R_2 = 240\,\Omega$; dann fließt bei einer Referenzspannung von $U_{ref} = 1{,}25\,V$ ein Querstrom von 5 mA. Dann kann auch der aus der Referenzspannungsquelle fließende Strom von ca. 100 $\mu A$ den Spannungsabfall an $R_1$ nicht nennenswert verändern.

### 16.3.4
### Spannungsregler mit geringem Spannungsverlust

Wie man in Abb. 16.9 erkennt, ergibt sich der minimale Spannungsabfall zwischen Eingang und Ausgang des Spannungsreglers aus dem Spannungsabfall von 0,6 V am Strommeßwiderstand $R_3$, der Basis-Emitter-Spannung der Darlingtonschaltung von 1,6 V und dem minimalen Spannungsabfall an der Stromquelle $I_1$ von ca. 0,3 V. Der minimale Spannungsabfall (Dropout Voltage) beträgt also 2,5 V. Dies ist besonders bei der Regelung niedriger Ausgangsspannungen störend: Bei einem 5 V-Regler ergibt sich damit eine Verlustleistung von mindestens 50% der Ausgangsleistung. Da man aber noch einen zusätzlichen Spannungsabfall zum Ausregeln von Netz- und Lastschwankungen benötigt, ergibt sich eine noch höhere Verlustleistung. Sie ist meist genauso groß wie die Ausgangsleistung.

Die Ableitung der entstehenden Wärme führt häufig zu Problemen. Die integrierten Spannungsregler sind zwar thermisch geschützt. Die Folge davon ist, daß sich der maximale Ausgangsstrom bei unzureichender Kühlung entsprechend reduziert. Deshalb ist es wichtig, den minimalen Spannungsabfall so klein wie möglich zu halten. Das läßt sich bei der Schaltung in Abb. 16.9 dadurch erreichen, daß man die Stromquelle $I_1$ aus einer Hilfsspannung betreibt, die ein paar Volt über der Eingangsspannung liegt. Davon wird bei dem Typ LT 1581 Gebrauch gemacht.

Eine einfachere Möglichkeit besteht darin, als Leistungs-Transistor einen pnp-Transistor wie in Abb. 16.13 einzusetzen. Der minimale Spannungsabfall an dem

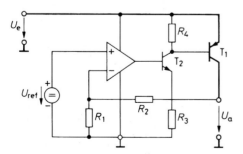

**Abb. 16.13.** Spannungsregler mit geringem Spannungsverlust $U_a = \left(1 + \dfrac{R_2}{R_1}\right) U_{ref}$

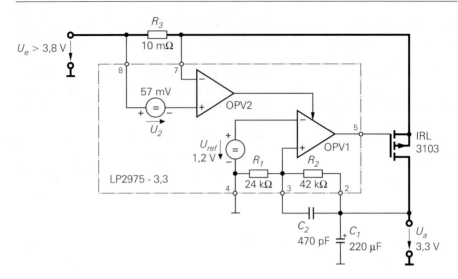

**Abb. 16.14.** Ausführung eines Spannungsreglers mit geringem Spannungsverlust

*Ausgangsspannung:*            $U_a$     = 3,3 V
*Minimale Eingangsspannung:*   $U_{e\,min}$ = 3,8 V
*Maximaler Ausgangsstrom:*     $I_{a\,max}$ = 5 A
*Minimaler Spannungsabfall:*     $\Delta U_{min}$ = 0,5 V
*Kurzschlußstrom:*               $I_{ak}$    = 5,7 A

Spannungsregler ist hier gleich der Sättigungsspannung des Leistungstransistors $T_1$. Sie läßt sich bei entsprechend großem Basisstrom unter 0,5 V halten. Um die erforderlichen Basisströme für $T_1$ bereitstellen, sollte man allerdings hier keine Darlington-Schaltung einsetzen, da sich der minimale Spannungsabfall sonst um eine Emitter-Basis-Spannung erhöht. Deshalb wird der Transistor $T_2$ in Emitterschaltung betrieben. Die Stromgegenkopplung mit $R_3$ begrenzt dabei den maximalen Ausgangsstrom und verringert gleichzeitig die Schwingneigung des Regelkreises. Ein Nachteil dieses Prinzips besteht darin, daß die Stromaufnahme mit zunehmendem Ausgangsstrom stark ansteigt wegen der geringen Stomverstärkung der pnp-Transistoren. Dieser Strom kommt nicht dem Ausgang zugute, sondern geht verloren, da der Basisstrom von $T_1$ über $T_2$ nach Masse abfließt. Besonders störend ist der Anstieg der Stromaufnahme bei erreichen des minimalen Spannungsverlusts, da dann der Stom durch $T_2$ auf den maximal möglichen Wert ansteigt. Diese Probleme lassen sich dadurch umgehen, daß man den pnp-Leistungstransistor durch einen p-Kanal Leistungsmosfet ersetzt wie z.B. im MAX 1658.

Für große Ströme muß man diskrete Leistungstransistoren einsetzen. Die Ansteuerschaltung läßt sich aus handelsüblichen Operationsverstärkern aufbauen. Eine besonders einfache Lösung ergibt sich, wenn man den Spannungsregler LP 2975 von National einsetzt. Sein innerer Aufbau und seine äußere Beschaltung sind in Abb. 16.14 dargestellt. Der Operationsverstärker OPV 1 bildet zusammen mit der Referenzspannungsquelle den Spannungsregelkreis. Da der externe Leistungsmosfet einen invertierten Verstärker in Sourceschaltung darstellt, muß das Gegenkopplungssignal auf den nichtinvertierten Eingangs des Operationsverstärkers gelangen.

Der dominierende Tiefpaß liegt wegen des großen Kondensators $C_1$ am Ausgang des Spannungsregelkreises. Um trotzdem gute Stabilität zu erreichen, wird vorgeschlagen, die Phase mit dem Kondensator $C_2$ im kritischen Frequenzbereich zurückzudrehen.

Der Operationsvestärker OPV 2 dient zur Strombegrenzung. Wenn der Spannungsabfall an $R_3$ die eingebaute Stromreferenz von $U_2 = 57\,\text{mV}$ erreicht, wird der Stomregelkreis aktiv und verhindert eine weitere Zunahme des Ausgangsstroms.

### 16.3.5
### Spannungsregler für negative Spannungen

Man kann mit den bisher beschriebenen Spannungsreglern auch negative Ausgangspotentiale stabilisieren, wenn eine erdfreie Eingangsspannung zur Verfügung steht. Die entsprechende Schaltung ist in Abb. 16.15 dargestellt. Man erkennt, daß sie nicht mehr funktioniert, wenn die unstabilisierte Spannungsquelle mit dem einen oder dem anderen Anschluß geerdet ist, denn dann wird entweder der Spannungsregler oder die Ausgangsspannung kurzgeschlossen. Dieses Problem tritt z.B. dann auf, wenn man die vereinfachte Schaltung zur gleichzeitigen Erzeugung einer positiven und einer negativen Betriebsspannung von Abb. 16.5 einsetzt. Dabei ist der Mittelpunkt geerdet. Deshalb läßt sich das negative Betriebspotential nicht wie in Abb. 16.15 stabilisieren. Man benötigt in diesem Fall Spannungsregler für negative Ausgangsspannungen wie in Abb. 16.16. Bei den integrierten Komplementärtypen zur 7800- bzw. 317-Serie wird der Leistungstransistor in Emitterschaltung betrieben, weil sich dadurch ein leicht herstellbarer npn-Transistor ergibt. Die Funktionsweise der in Abb. 16.17 und 16.18 dargestellten Schaltungen entspricht dadurch dem Spannungsregler mit geringem Spannungsverlust in Abb. 16.13. Aus diesem Grund besitzen die integrierten Negativ-Spannungsregler einen deutlich niedrigeren Spannungsverlust als die entsprechenden Positiv-Spannungsregler.

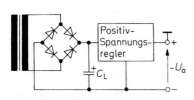

**Abb. 16.15.** Stabilisierung einer negativen Spannung

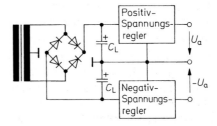

**Abb. 16.16.** Stabilisierung von zwei erdsymmetrischen Spannungen

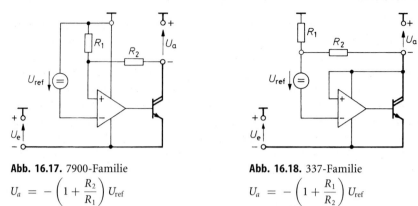

**Abb. 16.17.** 7900-Familie

$$U_a = -\left(1 + \frac{R_2}{R_1}\right) U_{ref}$$

**Abb. 16.18.** 337-Familie

$$U_a = -\left(1 + \frac{R_1}{R_2}\right) U_{ref}$$

**Abb. 18.17/18.** Schematischer Aufbau von Negativ-Spannungsreglern

## 16.3.6
### Symmetrische Aufteilung einer erdfreien Spannung

Besonders bei batteriebetriebenen Geräten tritt häufig das Problem auf, aus einer erdfreien, unstabilisierten Spannung zwei erdsymmetrische, stabilisierte Spannungen herzustellen. Dazu kann man zunächst mit einer der beschriebenen Regelschaltungen die Summe der beiden Spannungen auf den gewünschten Wert stabilisieren. Dann benötigt man eine zweite Schaltung, die dafür sorgt, daß sich die Spannung im gewünschten Verhältnis aufteilt. Zu diesem Zweck könnte man im Prinzip einen Spannungsteiler verwenden, dessen Abgriff man an Masse anschließt. Die Aufteilung der Spannung bleibt um so besser konstant, je niederohmiger man den Spannungsteiler dimensioniert. Dadurch steigt aber der Leistungsverlust in dem Spannungsteiler beträchtlich an. Daher ist es besser, den Spannungsteiler durch zwei Transitoren zu ersetzen, von denen man jeweils denjenigen leitend macht, der auf der weniger belasteten Seite liegt. Die entsprechende Schaltung zeigt Abb. 16.19.

Der Spannungsteiler aus den beiden Widerständen $R_1$ halbiert $U_b$. Er läßt sich hier hochohmig dimensionieren, da er lediglich mit dem Eingangsruhestrom des Operationsverstärkers belastet wird. Die Spannung $U_b$ teilt sich dann wie gewünscht im Verhältnis 1 : 1 auf die positive und die negative Ausgangsspannung auf, wenn die Mitte des Spannungsteilers auf Nullpotential liegt. Deshalb vergleicht der Operationsverstärker das Abgriffspotential mit dem Nullpotential

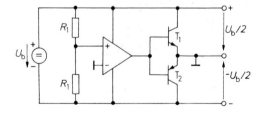

**Abb. 16.19.** Symmetrierung einer erdfreien Spannung IC-Typ TLE 2426 von Texas Instruments

und stellt eine Ausgangsspannung so ein, daß die Differenz Null wird. Die Gegenkopplung kommt auf folgende Weise zustande: Belastet man z.B. die positive Ausgangsspannung höher als die negative, sinkt die positive Ausgangsspannung ab. Dadurch sinkt auch das Potential am P-Eingang ab. Das Ausgangspotential sinkt dann verstärkt ab, so daß $T_1$ sperrt und $T_2$ leitend wird. Dies wirkt der angenommenen Spannungsabnahme am positiven Ausgang entgegen. Im stationären Fall wird der Strom durch $T_2$ gerade so groß, daß beide Ausgangsspannungen gleich stark belastet werden. Die beiden Transistoren $T_1$ und $T_2$ arbeiten demnach als Shuntregulatoren, von denen jeweils nur einer leitend ist. Bei geringer Lastunsymmetrie kann man anstelle der Transistoren $T_1$ und $T_2$ direkt die Endstufe des Operationsverstärkers verwenden. Dazu schließt man den Ausgang des Operationsverstärkers einfach an Masse an.

In dem leitenden Ausgangstransistor wird natürlich elektrische Energie in Wärme umgewandelt. Das ist in batteriebetriebenen Geräten, in denen diese Schaltung bevorzugt eingesetzt wird, besonders nachteilig. Ohne nennenswerten Energieverlust läßt sich eine Spannung mit einem Spannungswandler nach dem Ladungspumpenprinzip (s. Abschnitt 16.6.5) symmetrieren, in dem die Ladung und damit der Strom von der einen Seite auf die andere geschaufelt wird. Man muß dann allerdings alternativ in Betracht ziehen, die Betriebsspannungsquelle $U_b$ auf die positive Ausgangsspannung zu reduzieren und die negative Spannung mit einem Spannungsinverter nach dem Ladungspumpenprinzip zu erzeugen.

### 16.3.7
### Spannungsregler mit Sensor-Anschlüssen

Der Widerstand $R_L$ der Verbindungsleitungen vom Spannungsregler zum Verbraucher einschließlich eventuell vorhandener Kontaktwiderstände kann den niedrigen Ausgangswiderstand des Spannungsreglers zunichte machen. Dieser Effekt läßt sich beseitigen, indem man die Übergangswiderstände mit in die Gegenkopplung einbezieht, d.h. die Ausgangsspannung möglichst nahe am Verbraucher mißt. Dazu dienen die Sensor-Anschlüsse $S^+$ und $S^-$ in Abb. 16.20. Die Widerstände in den Fühlerleitungen verursachen keine Fehler, da dort nur kleine Ströme fließen.

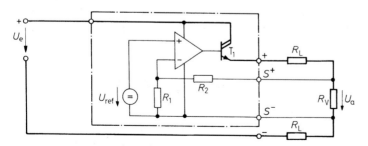

**Abb. 16.20.** Spannungskonstanthaltung am Verbraucher

Man kann die beschriebene Vierdraht-Stabilisierungsmethode auch mit integrierten Spannungsreglern realisieren, wenn der Masse- bzw. Spannungsfühler-Anschluß von außen zugänglich sind. Geeignete Typen sind z.B. der 78 G, 79 G oder L 200.

## 16.3.8
### Labornetzgeräte

Bei den beschriebenen Spannungsreglern läßt sich die Ausgangsspannung nur in einem gewissen Bereich $U_a \geq U_{ref}$ einstellen. Die Strombegrenzung dient nur zum Schutz des Spannungsreglers und ist daher fest auf den Wert $I_{max}$ eingestellt.

Von einem Labornetzgerät verlangt man, daß Ausgangsspannung und Stromgrenze zwischen Null und einem Maximalwert linear einstellbar sind. Eine dafür geeignete Schaltung ist in Abb. 16.21 dargestellt. Die Spannungsregelung erfolgt über den Operationsverstärker OV 1, der als Umkehrverstärker betrieben wird. Damit wird die Ausgangsspannung:

$$U_a = -\frac{R_2}{R_1} U_{ref\,1}$$

Sie ist also proportional zu dem Einstellwiderstand $R_2$. Durch Veränderung von $U_{ref\,1}$ ist auch eine Spannungssteuerung möglich. Der Ausgangsstrom fließt von der erdfreien unstabilisierten Leistungs-Spannungsquelle $U_L$ über die Darlington-Schaltung $T_1$, $T_1'$ durch den Verbraucher und über den Strom-Meßwiderstand $R_5$ wieder zurück zur Spannungsquelle.

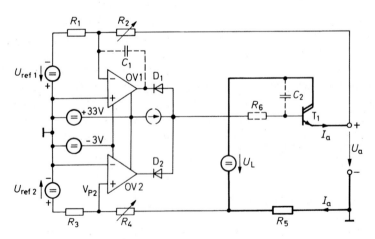

**Abb. 16.21.** Labornetzgerät mit frei einstellbarer Ausgangsspannung und Strombegrenzung

$$U_a = -\frac{R_2}{R_1} U_{ref\,1}; \qquad I_{a\,max} = \frac{R_4}{R_5 R_3} U_{ref\,2}$$

Der Spannungsabfall an $R_5$ ist demnach proportional zum Ausgangsstrom $I_a$. Er wird durch den als Umkehrverstärker betriebenen Operationsverstärker OV 2 mit der zweiten Referenzspannung $U_{\text{ref}\,2}$ verglichen. Solange

$$\frac{I_a R_5}{R_4} < \frac{U_{\text{ref}\,2}}{R_3}$$

bleibt, ist $V_{P2} > 0$. Dadurch geht die Ausgangsspannung des Verstärkers OV 2 an die positive Aussteuerungsgrenze, und die Diode $D_2$ sperrt. Die Spannungsregelung wird in diesem Betriebszustand also nicht beeinflußt. Erreicht der Ausgangsstrom den Grenzwert

$$I_{a\,\text{grenz}} = \frac{R_4}{R_5 R_3} U_{\text{ref}\,2},$$

dann wird $V_{P2} = 0$. Die Ausgangsspannung von OV 2 sinkt ab, und die Diode $D_2$ wird leitend. Dadurch sinkt auch das Basispotential der Darlington-Schaltung ab: die Stromregelung setzt ein. Der Verstärker OV 1 versucht das Absinken der Ausgangsspannung zu verhindern, indem er seine Ausgangsspannung bis auf den Maximalwert erhöht. Dadurch sperrt die Diode $D_1$ und die Stromregelung wird nicht beeinträchtigt.

In vielen Fällen führt die hier verwendete Stommessung in der Masseleitung der Leistungsstromquelle zu einer Fülle von Einschränkungen beim Schaltungsentwurf. Um diese Probleme zu beseitigen kann man den Strom am Pluspol der Leistungsspannungsquelle messen. Dazu schaltet man den Strommeßwiderstand in die Plusleitung. Für den Stromregler ist jedoch ein auf das Massepotential bezogener Stommeßwert erforderlich. Dazu könnte man im Prinzip den Spannungsabfall mit einem Subtrahierer auf das Massepotential übertragen. Viel einfacher ist es jedoch, spezielle integrierte Strommesser einzusetzen z.B. den LT 1620 von Linear Technology, den MAX 471 von Maxim mit eingebautem Shunt für 3 A oder den UCC 3926 von Unitrode mit eingebautem Shunt für 20 A.

In Netzgeräten, deren Ausgangsspannung bis auf Null regelbar ist, können besonders hohe Verlustleistungen auftreten. Um die maximale Ausgangsspannung $U_{a\,\text{max}}$ erreichen zu können, muß die unstabilisierte Spannung $U_L$ größer als $U_{a\,\text{max}}$ sein. Die maximale Verlustleistung in $T_1$ tritt dann auf, wenn man bei kleinen Ausgangsspannungen den maximalen Ausgangsstrom $I_{a\,\text{max}}$ fließen läßt. Sie beträgt dann etwa $U_{a\,\text{max}} \cdot I_{a\,\text{max}}$, ist also genauso groß wie die maximal erhältliche Ausgangsleistung. Aus diesem Grund bevorzugt man bei größeren Leistungen Schaltregler in der Endstufe, weil bei ihnen die Verlustleistung auch bei großem Spannungsabfall klein bleibt.

### 16.3.9
### Übersicht über integrierte Spannungsregler

Neben einigen Spannungsreglern für spezielle Anwendungen kann man zwei große Familien unterscheiden: die 7800- bzw. die 317-Serie. Dies erkennt man in der Übersicht in Tab. 16.3. In beiden Familien gibt es auch Negativ-Spannungsregler. Während bei der 7800-Serie die Typen mit einstellbarer Aus-

| Typ | Hersteller | Ausgangs-spannung $U_a$ | | | Ausgangs-strom $I_{a\,max}$ | Spannungs-verlust bei $I_{a\,max}$ | Bemerkungen |
|---|---|---|---|---|---|---|---|
| **7800-Familie** | | | | | | | |
| 7800 | viele | $+5$ | ...$+$ | 24 V | 1   A | 2   V | 3 pin |
| 7900 | viele | $-5$ | ...$-$ | 24 V | 1   A | 1,1 V | 3 pin |
| **317-Familie** | | | | | | | |
| 317 | viele | *$+1,2$ | ...$+$ | 37 V | 1,5 A | 2,3 V | 3 pin |
| 317 HV | National | *$+1,2$ | ...$+$ | 57 V | 1,5 A | 2,3 V | 3 pin |
| 350 | viele | *$+1,2$ | ...$+$ | 32 V | 3   A | 2,3 V | 3 pin |
| 337 | viele | *$-1,2$ | ...$-$ | 37 V | 1,5 A | 2,3 V | 3 pin |
| 337 HV | National | *$-1,2$ | ...$-$ | 47 V | 1,5 A | 2,3 V | 3 pin |
| 333 | National | *$-1,2$ | ...$-$ | 32 V | 3   A | 2,3 V | 3 pin |
| **Niedriger Spannungsverlust** | | | | | | | |
| LT 1083 | Lin. Tech. | *$+1,3$ | ...$+$ | 25 V | 7   A | 1,3 V | 3 pin |
| LT 1529 | Lin. Tech. | $+4$ | ...$+$ | 12 V | 3   A | 0,5 V | 5 pin |
| LT 1581 | Lin. Tech. | *$+2$ | ...$+$ | 3,6 V | 10   A | 0,5 V | 7 pin |
| LT 1587 | Lin. Tech. | *$+1,3$ | ...$+$ | 3,6 V | 3   A | 1,1 V | 3 pin |
| LM 2940 | National | $+5$ | ...$+$ | 10 V | 1   A | 0,5 V | 3 pin |
| LM 2941 | National | *$+1,3$ | ...$+$ | 25 V | 1   A | 0,5 V | 5 pin |
| LM 2990 | National | $-5$ | ...$-$ | 15 V | 1   A | 0,6 V | 3 pin |
| L 4940 | SGS-Thom. | $+5$ | ...$+$ | 12 V | 1,5 A | 0,5 V | 3 pin |
| L 4955 | SGS-Thom. | *$+3,3$ | ...$+$ | 12 V | 5   A | 0,7 V | 3 pin |
| UCC 381 | Unitrode | $+3,3$ | ...$+$ | 5 V | 1   A | 0,5 V | 8 pin |
| UCC 383 | Unitrode | $+3,3$ | ...$+$ | 5 V | 3   A | 0,5 V | 3 pin |
| **Niedriger Ruhestrom** | | | | | | | |
| LT 1121 | Lin. Tech. | *$+3$ | ...$+$ | 20 V | 150 mA | 0,4 V | Ruhestr.   30 $\mu$A |
| LT 1129 | Lin. Tech. | *$+2,8$ | ...$+$ | 5 V | 500 mA | 0,4 V | Ruhestr.   50 $\mu$A |
| LT 1175 | Lin. Tech. | $-3,3$ | ...$-$ | 15 V | 500 mA | 0,5 V | Ruhestr.   45 $\mu$A |
| LT 1521 | Lin. Tech. | $+4$ | ...$+$ | 20 V | 300 mA | 0,5 V | Ruhestr.   12 $\mu$A |
| MAX 667 | Maxim | $+1,3$ | ...$+$ | 16 V | 250 mA | 0,2 V | Ruhestr.   20 $\mu$A |
| MAX 682 | Maxim | *$+2,7$ | ...$+$ | 10 V | 200 mA | 0,2 V | Ruhestr.    5 $\mu$A |
| MAX 1658 | Maxim | $+1,2$ | ...$+$ | 16 V | 400 mA | 0,5 V | Ruhestr.   30 $\mu$A |
| LP 2951 | National | $+1,3$ | ...$+$ | 25 V | 100 mA | 0,4 V | Ruhestr.   75 $\mu$A |
| LP 2957 | National | | | 5 V | 250 mA | 0,4 V | Ruhestr. 170 $\mu$A |
| UCC 384 | Unitrode | *$-3,2$ | ...$-$ | 15 V | 500 mA | 0,2 V | Ruhestr. 200 $\mu$A |
| **Spezialtypen** | | | | | | | |
| LT 1185 | Lin. Tech. | *$-2,5$ | ...$-$ | 25 V | *$0...3$   A | 0,8 V | $I_{a\,max}$ einstellb. |
| HIP 5600 | Harris | *$+1,2$ | ...$+$ | 320 V | 10 mA | 50 V | $U_a =$ hoch |
| L 200 | SGS-Thom. | $+2,9$ | ...$+$ | 36 V | *$0...1,5$ A | 2 V | $I_{a\,max}$ einstellb. |

* Die Ausgangsspannung bzw. der Ausgangsstrom kann mit einem externen Spannungsteiler innerhalb des angegebenen Bereichs eingestellt werden.

**Tab. 16.3.** Typische Daten von integrierten Spannungsreglern

gangsspannung die Ausnahme bilden, sind alle Typen der 317-Serie einstellbar und besitzen nur drei Anschlüsse.

Man erkennt, daß der Spannungsverlust bei allen Typen bei 2 V und mehr liegt. Dies ist insbesondere bei 5 V-Reglern für größere Ströme störend, da dann die Verlustleistung im Spannungsregler größer als 40% der Ausgangsleistung wird. Deshalb erreicht man damit meist nur einen Wirkungsgrad der Stromversorgung von 25%; d.h. das Dreifache der abgegebenen Leistung wird in Wärme umgesetzt. Eine Verbesserung bietet der Einsatz von Spannungsreglern mit niedrigem Spannungsverlust. Sie sind aber für größere Ströme nicht als integrierte Schaltungen erhältlich. Bei sorgfältiger Dimensionierung läßt sich selbst ein 5 V-Netzteil mit einem Wirkungsgrad von 50% realisieren.

Nennenswert bessere Wirkungsgrade lassen sich durch den Einsatz von Schaltungsreglern erzielen, die in Abschnitt 16.5 beschrieben werden.

## 16.4
## Erzeugung der Referenzspannung

Jeder Spannungsregler benötigt eine Referenzspannung, mit der die Ausgangsspannung verglichen wird. Die Stabilität der Ausgangsspannung kann nicht besser sein als die der Referenz. Deshalb wollen wir in diesem Abschnitt einige Gesichtspunkte bei der Erzeugung der Referenzspannung noch etwas näher betrachten.

### 16.4.1
### Referenzspannungsquellen mit Z-Dioden

Die einfachste Methode zur Erzeugung einer Referenzspannung besteht darin, wie in Abb. 16.22 die unstabilisierte Eingangsspannung über einen Vorwiderstand auf eine Z-Diode zu geben. Die Güte der Stabilisierung wird durch die Unterdrückung von Eingangsspannungsschwankungen (Line Regulation) $\Delta U_e / \Delta U_{\mathrm{ref}}$ charakterisiert, die meist in dB angegeben wird. Bei der Schaltung in Abb. 16.22 beträgt sie:

$$\frac{\Delta U_e}{\Delta U_{\mathrm{ref}}} = 1 + \frac{R}{r_Z} \approx \frac{R}{r_Z} = 10 \ldots 100$$

Darin ist $r_Z$ der differentielle Widerstand der Z-Diode im gewählten Arbeitspunkt. Er ist in erster Näherung umgekehrt proportional zum fließenden Strom. Man kann also bei gegebener Eingangsspannung durch Vergrößerung des Vorwiderstandes $R$ keine Verbesserung der Stabilisierung erreichen. Ein wesentlicher Gesichtspunkt für die Wahl des Diodenstromes ist das Rauschen der Z-Spannung. Es nimmt bei kleinen Strömen stark zu. Man dimensioniert den Widerstand $R$ so, daß bei der minimalen Eingangsspannung und dem maximalen Ausgangsstrom noch ein ausreichender Diodenstrom fließt.

Eine wesentliche Verbesserung der Stabilisierung kann man dadurch erreichen, daß man den Vorwiderstand $R$ wie in Abb. 16.23 durch eine Strom-

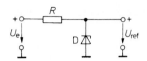

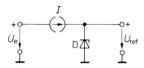

**Abb. 16.22.** Spannungsstabilisierung mit Z-Diode

**Abb. 16.23.** Verbesserte Unterdrückung von Eingangsspannungsschwankungen mit einer Konstantstromquelle

quelle ersetzt. Schaltungstechnisch am einfachsten ist die Verwendung einer Fet-Stromquelle wie in Abb. 4.116 auf S. 447, da sie nur zwei Anschlüsse besitzt. Damit kann man Stabilisierungsfaktoren bis ca. 10 000 erreichen.

Eine andere Möglichkeit, die Z-Diode mit einem konstanten Strom zu betreiben, besteht darin, sie statt an der unstabilisierten Eingangsspannung an der stabilisierten Ausgangsspannung anzuschließen. Dazu erzeugt man wie in Abb. 16.24 eine Ausgangsspannung

$$U_{\text{ref}} = \left(1 + \frac{R_2}{R_1}\right) U_Z,$$

die höher ist als die Z-Spannung $U_Z$. Dann fließt durch $R_3$ der konstante Strom $I_Z = (U_{\text{ref}} - U_Z)/R_3$. Die Unterdrückung von Eingangsspannungsschwankungen wird in diesem Fall hauptsächlich durch die Betriebsspannungs-Unterdrückung $D = \Delta U_b/\Delta U_0$ des Operationsverstärkers bestimmt. Mit den Beziehungen

$$\Delta V_p = \frac{r_Z}{r_Z + R_3}\Delta U_{\text{ref}}, \qquad \Delta V_N = \frac{R_1}{R_1 + R_2}\Delta U_{\text{ref}}$$

und $\Delta U_b = \Delta U_e$ folgt daraus:

$$\frac{\Delta U_e}{\Delta U_{\text{ref}}} = D\left(\frac{r_Z}{r_Z + R_3} - \frac{R_1}{R_1 + R_2}\right) \approx |D|\frac{R_1}{R_1 + R_2} \approx |D|$$

Man erreicht Werte um 10 000. Wenn die Änderung der Eingangsspannung unter 10 V bleibt, ändert sich die Ausgangsspannung demnach um weniger als 1 mV.

Wesentlich größere Schwankungen können durch Temperaturänderungen entstehen. Der Temperaturkoeffizient der Z-Spannung liegt zwischen ca.

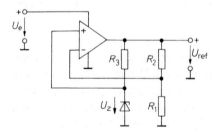

**Abb. 16.24.** Betrieb der Z-Diode aus der geregelten Spannung

$$U_{\text{ref}} = \left(1 + \frac{R_2}{R_1}\right) U_Z$$

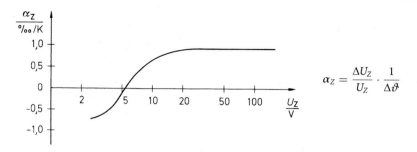

**Abb. 16.25.** Abhängigkeit des Temperaturkoeffizienten von der Z-Spannung

$\pm 1 \cdot 10^{-3}$/K. Bei kleinen Z-Spannungen ist er negativ, bei großen positiv. Sein typischer Verlauf ist in Abb. 16.25 aufgezeichnet. Man erkennt, daß er bei Z-Spannungen um 6 V am kleinsten ist. Bei größeren Z-Spannungen läßt er sich dadurch reduzieren, daß man Dioden in Durchlaßrichtung in Reihe schaltet. Solche Elemente sind als Referenzdioden erhältlich. Man verwendet jedoch meist integrierte Referenzspannungsquellen nach Abb. 16.24, die Referenzdioden enthalten. Einige Typen folgen in der Übersicht in Tab. 16.4. Dabei werden Temperaturkoeffizienten bis zu $10^{-6}$/K $\mathrel{\widehat{=}} 1$ ppm erreicht.

## 16.4.2
## Bandabstands-Referenz

Man kann im Prinzip auch die Durchlaßspannung einer Diode oder die Basis-Emitter-Spannung eines Bipolartransistors als Spannungsreferenz einsetzen. Allerdings ist der Temperaturkoeffizient mit $-2$ mV/K bei 0,6 V recht hoch. Er läßt sich kompensieren, indem man eine Spannung mit einem Temperaturkoeffizienten von $+2$ mV/K addiert. Die Besonderheit bei der Schaltung in Abb. 16.26 besteht darin, daß man diese Spannung mit einem zweiten Transistor erzeugt. Die Transistoren $T_1$ und $T_2$ werden mit verschiedenen Kollektorströmen $I_{C2} > I_{C1}$ betrieben.

Dann ergibt sich aus den Übertragungskennlinien an $R_1$ ein Spannungsabfall

$$\Delta U_{BE} = U_{BE\,2} - U_{BE\,1} = U_T \ln \frac{I_{C2}}{I_{C1}}$$

Er ist also proportional zu $U_T$ und wegen $U_T = kT/e_0$ auch proportional zur absoluten Temperatur $T$. An dem Widerstand $R_2$ ergibt sich ein entsprechend größerer Spannungsabfall, da er nicht nur von dem Strom $I_{C1} = \Delta U_{BE}/R_1$, sondern auch von dem Strom $I_{C2}$ durchflossen wird. Der Operationsverstärker stellt seine Ausgangsspannung so ein, daß $I_{C2} = n I_{C1}$ wird. Damit ergibt sich:

$$U_{\text{Temp}} = R_2(I_{C1} + I_{C2}) = R_2 \frac{\Delta U_{BE}}{R}(1 + n)$$

$$= U_T \frac{R_2}{R_1}(1 + n)\ln n = A U_T$$

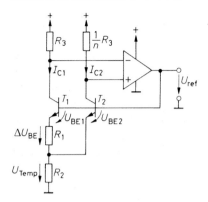

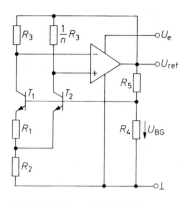

**Abb. 16.26.** Bandabstands-Referenz

$$U_{\text{ref}} = U_{\text{BG}} \approx 1,2\,\text{V}$$

$$U_{\text{Temp}} \approx 2\frac{\text{mV}}{\text{K}}T$$

**Abb. 16.27.** Betrieb der Referenztransistoren aus der geregelten Spannung

$$U_{\text{ref}} = \left(1 + \frac{R_5}{R_4}\right)U_{\text{BG}}$$

Man hat nun die Möglichkeit, durch Wahl von $n$ und $R_2/R_1$, beliebige Verstärkungsfaktoren $A$ zu realisieren. So ergibt sich für $U_{\text{Temp}}$ ein Temperaturkoeffizient von $+2\,\text{mV/K}$, wenn man $A \approx 23$ wählt, denn dann wird:

$$\frac{dU_{\text{Temp}}}{dT} = A \cdot \frac{dU_T}{dT} = A\frac{k}{e_0} = A\frac{U_T}{T}$$

$$= 23 \cdot \frac{26\,\text{mV}}{300\,\text{K}} = +2\frac{\text{mV}}{\text{K}}$$

Der theoretische Wert für den Temperaturkoeffizienten eines Bipolartransistors beträgt nach (2.21) auf S. 62

$$\frac{dU_{\text{BE}}}{dT} \approx -2\frac{\text{mV}}{\text{K}}$$

Der Temperaturkoeffizient der Ausgangsspannung $U_{\text{ref}} = U_{\text{Temp}} + U_{\text{BE}\,2}$ wird demnach Null, wenn

$$\boxed{U_{\text{ref}} = AU_T + U_{\text{BE}} = U_{\text{BG}} = 1,2\,\text{V}}$$

wird. Darin ist $U_{\text{BG}} = E_g/e_0 = 1,2\,\text{V}$ die Bandabstands-Spannung von Silizium. Dies ist ein genaueres und gleichzeitig einfacheres Abgleichkriterium als die Einstellung der Verstärkung $A$ [16.4].

Bei diskretem Aufbau der Schaltung in Abb. 16.26 ergibt sich für $I_{C2} = 10I_{C1}$ eine günstige Dimensionierung. Dann wird $R_1 \approx R_2$. Um eine gute Paarung von $T_1$ und $T_2$ zu erreichen, ist ein Doppeltransitor erforderlich, z.B. der LM 394.

Der diskrete Aufbau von Bandabstands-Referenzen ist nur in Spezialfällen interessant, da sie in großer Vielfalt als integrierte Schaltungen angeboten werden (siehe Tab. 16.4). Dabei werden die Transistoren $T_1$ und $T_2$ in Abb. 16.26 zum Teil mit gleichen Kollektorströmen betrieben. Unterschiedliche Stromdichten werden dann dadurch erreicht, daß man dem Transistor $T_1$ eine entsprechend größere Fläche gibt. Mitunter werden auch beide Möglichkeiten kombiniert [16.5].

Ein großer Vorteil gegenüber Referenz-Dioden besteht darin, daß sich Bandabstands-Referenzen mit niedriger Spannung betreiben lassen, die im Extremfall nur gleich der Bandabstandsspannung $U_{BG} \approx 1{,}2$ V sein muß. Referenz-Dioden benötigen dagegen Spannungen von 6,4 V und mehr. Andererseits lassen sich mit Bandabstands-Referenzen auch beliebige höhere Referenzspannungen erzeugen, wenn man wie in Abb. 16.27 nur einen Teil der Ausgangsspannung des Operationsverstärkers auf die Basisanschlüsse rückkoppelt. In diesem Fall läßt sich die eigentliche Referenzspannungsquelle $T_1$, $T_2$ aus der stabilisierten Ausgangsspannung betreiben. Dadurch ergibt sich wie in Abb. 16.24 eine wesentlich bessere Unterdrückung von Eingangsspannungsschwankungen.

Da die Spannung $U_{Temp}$ proportional zur absoluten Temperatur ist, kann man sie zur Temperaturmessung verwenden (s. auch Kap. 23.1.5 auf S. 1231). Bei manchen Schaltungen ist daher $U_{Temp} = T \cdot 2$ mV/K herausgeführt (z.B. MAX 873, /875, /876 oder AD 680, /780.

### 16.4.3
### Typenübersicht

In Tab. 16.4 sind einige gebräuchliche Referenzspannungsquellen zusammengestellt. Auffallend sind die geringen Toleranzen und niedrigen Temperaturkoeffizienten. Sie werden durch Laser-Abgleich der betreffenden Widerstände bei der Herstellung erreicht. Die angegebenen Werte sind jedoch nur grobe Anhalts-

| Typ | Hersteller | Referenz-spannung | Toleranz | Temperatur-koeffizient | Ausgangs-strom |
|---|---|---|---|---|---|
| Bandabstands-Referenzen, zweipolig | | | | | |
| AD 1580 | Analog Dev. | 1,2 V | 1% | 100 ppm/K | 50 $\mu$A... 10 mA |
| LTC 1004 | Lin. Techn. | 1,2...2,5 V | 0,3% | 20 ppm/K | 10 $\mu$A... 10 mA |
| LM 4040 | National | 2,5...10 V | 1% | 25 ppm/K | 60 $\mu$A... 15 mA |
| TL 431 | Texas Ins. | 2,5 V | 2% | 30 ppm/K | 1 mA... 100 mA |
| Bandabstands-Referenzen, dreipolig | | | | | |
| AD 1582 | Analog Dev. | 2,5...5 V | 0,1% | 50 ppm/K | − 5... 5 mA |
| ADR 290 | Analog Dev. | 2...5 V | 0,1% | 5 ppm/K | 0... 5 mA |
| REF 190 | Analog Dev. | 2...4 V | 0,1% | 5 ppm/K | 0... 20 mA |
| LT 1460 | Lin. Tech. | 2,5...10 V | 0,1% | 20 ppm/K | − 4... 20 mA |
| MAX 872 | Maxim | 2,5...10 V | 0,1% | 10 ppm/K | − 0,5... 0,5 mA |
| MAX 6001 | Maxim | 1,2...5 V | 1% | 20 ppm/K | − 0,4... 0,4 mA |
| MAX 6225 | Maxim | 2,5...5 V | 0,02% | 1 ppm/K | − 15... 15 mA |
| Z-Dioden-Referenzen, dreipolig | | | | | |
| AD 588 | Analog Dev. | 10 V | 0,01% | 1 ppm/K | − 10... 10 mA |
| LT 1021 | Lin. Tech. | 5...10 V | 0,05% | 2 ppm/K | − 10... 10 mA |

**Tab. 16.4.** Typische Daten von Referenz-Spannungsquellen. Bei den hier angegebenen Familien ist jeweils der Typ mit der niedrigsten Referenzspannung angegeben

punkte, da alle Schaltungen in verschiedenen Genauigkeitsklassen angeboten werden [16.6].

Die zweipoligen Typen verhalten sich wie Z-Dioden. Deshalb darf bei ihnen der Strom nicht Null werden. Einige Typen besitzen einen einfachen Emitterfolger am Ausgang. Sie können dann einen großen Strom abgeben, aber nur einen kleinen aufnehmen. Andere Typen besitzen einen komplementären Emitterfolger am Ausgang. Sie können deshalb auch große Ströme aufnehmen.

In allen Spannungsreglern und vielen AD- bzw. DA-Umsetzern sind Referenz-Spannungsquellen bereits eingebaut, so daß man häufig auf eine separate Referenz-Spannungsquelle verzichten kann.

## 16.5
## Schaltnetzteile

Bei den bisher beschriebenen Netzteilen mit linearen Serienreglern gibt es drei wesentliche Verlustfaktoren: den Netztransformator, den Gleichrichter und den Regeltransistor. Der Wirkungsgrad $\eta = P_{\text{Abgabe}}/P_{\text{Aufnahme}}$ beträgt meist nur 25% bis 50%. Die Verlustleistung

$$P_{\text{Verlust}} = P_{\text{Aufnahme}} - P_{\text{Abgabe}} = \left(\frac{1}{\eta} - 1\right) P_{\text{Abgabe}}$$

kann demnach bis zu dreimal so groß sein wie die abgegebene Leistung. Dadurch entsteht nicht nur ein großer Energieverlust, sondern auch ein entsprechendes Kühlungsproblem.

Die Verluste im Serienregler lassen sich stark reduzieren, indem man den kontinuierlich geregelten Transistor durch einen Schalter wie in Abb. 16.28 ersetzt. Um die gewünschte Ausgangsgleichspannung zu erhalten, benötigt man zusätzlich ein Tiefpaßfilter, das den zeitlichen Mittelwert bildet. Die Größe der Ausgangsspannung läßt sich in diesem Fall durch das Tastverhältnis bestimmen, mit dem der Schalter geschlossen wird. Wenn man ein $LC$-Tiefpaßfilter verwendet, gibt es im Regler keine systematische Verlustquelle mehr. Da sich der beschriebene Schaltregler auf der Sekundärseite des Netztransformators befindet, bezeichnet man solche Netzteile auch als *sekundärgetaktete Schaltnetzteile*.

Die Verluste im Netztransformator werden durch den Schaltregler natürlich nicht reduziert. Sie lassen sich verkleinern, indem anstelle der Netzspannung eine hochfrequente Wechselspannung transformiert. Zu diesem Zweck richtet man die Netzspannung wie in Abb. 16.29 unmittelbar gleich und erzeugt mit einem Schaltregler eine Wechselspannung mit einer Frequenz im Bereich von 20 kHz bis 200 kHz.

Da die erforderlichen Windungszahlen des Netztransformators umgekehrt proportional zur Frequenz sinken, lassen sich dadurch die Kupferverluste stark reduzieren. Die Sekundärspannung wird gleichgerichtet, gesiebt und gelangt dann direkt zum Verbraucher. Zur Regelung der Gleichspannung verändert man das Tastverhältnis der Schalter auf der Primärseite.

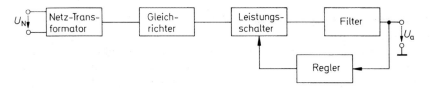

**Abb. 16.28.** Sekundärgetakteter Schaltregler

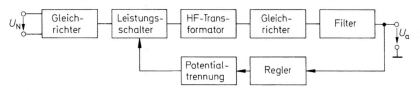

**Abb. 16.29.** Primärgetakteter Schaltregler

Solche Netzteile werden als *primärgetaktete Schaltnetzteile* bezeichnet. Ihr Wirkungsgrad kann 70–90% betragen. Ein weiterer Vorteil besteht in der geringen Größe und dem geringen Gewicht des HF-Transformators.

Wie der Vergleich der beiden Prinzipien in Abb. 16.28 und 16.29 zeigt, wird bei beiden mit einem Schalter eine Wechselspannung erzeugt, deren Tastverhältnis die Ausgangsspannung bestimmt. Während die Netztrennung beim sekundärgetakteten Schaltregler mit einem normalen 50 Hz-Netztransformator erfolgt, wird beim primärgetakteten Schaltregler die Netztrennung durch den HF-Transformator erreicht. Aus diesem Grund liegen die Schalter beim primärgetakteten Schaltregler auf Netzpotential. Ihre Spannungsfestigkeit muß mindestens so hoch sein wie der Scheitelwert der Netzspannung. Der Regler besteht in diesem Fall aus zwei Teilen: einem Teil, der auf Netzpotential liegt und die Schalter steuert, und einem zweiten, der auf Ausgangspotential liegt und die Ausgangsspannung mißt. Beide Teile müssen galvanisch getrennt sein.

Trotz dieser Probleme und des damit verbundenen Schaltungsaufwandes sind primärgetaktete Netzteile wegen des höheren Wirkungsgrades zu bevorzugen. Sekundärgetaktete Stromversorgungen werden hauptsächlich als Gleichspannungswandler für kleine Leistungen eingesetzt.

## 16.6
## Sekundärgetaktete Schaltregler

Zu Abb. 16.30 bis 16.32 sind die drei Grundformen von Gleichspannungswandlern gegenübergestellt. Sie bestehen jeweils aus drei Bauteilen: dem Leistungsschalter S, der Speicherdrossel $L$ und dem Glättungskondensator $C$. Jede der drei Schaltungen liefert jedoch eine andere Ausgangsspannung. Bei der Schaltung in Abb. 16.30 erzeugt der Schalter eine Wechselspannung, deren Mittelwert je nach Tastverhältnis zwischen der Eingangsspannung und Null liegt.

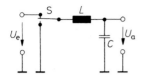 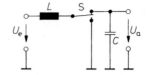 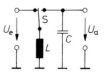

**Abb.  16.30.**  Abwärts-
Wandler $0 \leq U_a \leq U_e$

**Abb.  16.31.**  Aufwärts-
Wandler $U_a \geq U_e$

**Abb. 16.32.** Invertierender
Wandler $U_a < 0$

Bei der Schaltung in Abb. 16.31 wird $U_a = U_e$, wenn der Schalter fest in der oberen Stellung steht. Wenn der Schalter nach unten umschaltet, wird in der Speicherdrossel Energie gespeichert, die zusätzlich an den Ausgang abgegeben wird, wenn der Schalter wieder in die obere Stellung zurückkehrt. Deshalb wird die Ausgangsspannung größer als die Eingangsspannung.

Bei der Schaltung in Abb. 16.32 wird in der Drossel Energie gespeichert, solange der Schalter in der linken Stellung ist. Wenn der Schalter nach rechts umschaltet, behält der Drosselstrom seine Richtung bei und lädt den Kondensator (bei positiver Eingangsspannung) auf negative Werte auf.

Bei der Schaltung in Abb. 16.30 fließt dauernd Strom in den Speicherkondensator. Daher wird die Schaltung auch als *Durchflußwandler* bezeichnet. Anders ist es in Abb. 16.31 und 16.32, denn dort wird der Kondensator nicht nachgeladen, solange die Energie in die Drossel eingespeichert wird. Sie werden daher als *Sperrwandler* bezeichnet.

### 16.6.1
### Der Abwärts-Wandler

Der Wechselschalter läßt sich jeweils vereinfachen, indem man einen Zweig mit einem einfachen Ausschalter realisiert und den anderen mit einer Diode. Damit ergibt sich der Abwärts-Wandler in Abb. 16.33. Solange der Schalter geschlossen ist, wird $U_1 = U_e$. Wenn er sich öffnet, behält der Drosselstrom seine Richtung bei, und $U_1$ sinkt ab, bis die Diode leitend wird, also ungefähr auf Nullpotential. Dies erkennt man auch an dem Zeitdiagramm in Abb. 16.34.

Der zeitliche Verlauf des Spulenstroms ergibt sich aus dem Induktionsgesetz:

$$U_L = L \cdot \frac{dI_L}{dt} \tag{16.9}$$

Während der Einschaltzeit $t_{\text{ein}}$ liegt an der Drossel die Spannung $U_L = U_e - U_a$, während der Ausschaltzeit $t_{\text{aus}}$ die Spannung $U_L = -U_a$. Daraus ergibt sich mit Gl. (16.9) die Stromänderung:

$$\Delta I_L = \frac{1}{L}(U_e - U_a)t_{\text{ein}} = \frac{1}{L}U_a t_{\text{aus}} \tag{16.10}$$

Aus dieser Bilanz läßt sich die Ausgangsspannung berechnen:

$$U_a = \frac{t_{\text{ein}}}{t_{\text{ein}} + t_{\text{aus}}}U_e = \frac{t_{\text{ein}}}{T}U_e = p\,U_e \tag{16.11}$$

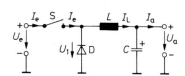

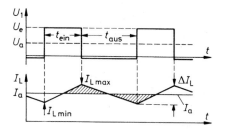

**Abb. 16.33.** Abwärts-Wandler mit einfachem Schalter

$$U_a = \frac{t_{ein}}{T} U_e \text{ für } I_a \geq I_{a\,min}$$

**Abb. 16.34.** Strom- und Spannungsverlauf

$$\bar{I}_e = \frac{t_{ein}}{T} I_a \quad \hat{I} = I_a$$

Darin ist $T = t_{ein} + t_{aus} = 1/f$ die Schwingungsdauer und $p = t_{ein}/T$ das Tastverhältnis. Man sieht, daß sich als Ausgangsspannung erwartungsgemäß der arithmetische Mittelwert von $U_1$ ergibt.

Ganz anders wird die Funktionsweise der Schaltung, wenn der Ausgangsstrom $I_a$ kleiner wird als

$$I_{a\,min} = \frac{1}{2}\Delta I_L = \left(1 - \frac{U_a}{U_e}\right)\frac{T U_a}{2L} \tag{16.12}$$

Dann sinkt der Drosselstrom während der Sperrphase des Schalters bis auf Null ab, die Diode sperrt, und die Spannung an der Drossel wird Null. Diese Verhältnisse sind in Abb. 16.35 dargestellt. Zur Berechnung der Ausgangsspannung wollen wir einmal annehmen, daß die Schaltung verlustfrei arbeitet. Dann muß die mittlere Eingangsleistung gleich der Ausgangsleistung werden:

$$U_e = \bar{I}_e = U_a I_a \tag{16.13}$$

Der Strom durch die Drossel steigt während der Einschaltdauer $t_{ein}$ von Null auf den Wert $I_L = U_L t_{ein}/L$ an. Der arithmetische Mittelwert des Eingangsstroms beträgt daher

$$\bar{I}_e = \frac{t_{ein}}{T} \cdot \frac{1}{2} I_L = \frac{t_{ein}^2}{2TL} U_L = \frac{T}{2L}(U_e - U_a)p^2 \tag{16.14}$$

Einsetzen in Gl. (16.13) ergibt die Ausgangsspannung bzw. das Tastverhältnis

$$U_a = \frac{U_e^2 p^2 T}{2L I_a + U_e p^2 T} \quad \text{bzw.} \quad p = \sqrt{\frac{2L}{T}\frac{U_a}{U_e(U_e - U_a)}}\sqrt{I_a} \tag{16.15}$$

Um zu verhindern, daß die Ausgangsspannung bei kleinen Strömen ($I_a < I_{a\,min}$) ansteigt, muß man $p$ entsprechend reduzieren. Dies ist in Abb. 16.36 schematisch dargestellt. Man erkennt, daß in diesem Bereich sehr kleine Einschaltdauern realisiert werden müssen. Bei Strömen über $I_{a\,min}$ bleibt das Tastverhältnis nach Gl. (16.11) konstant. Dies gilt jedoch nur bei einer verlustfreien Schaltung. Sonst muß $p$ auch oberhalb von $I_{a\,min}$ mit zunehmendem Ausgangsstrom – wenn auch geringfügig – vergrößert werden, um die Ausgangsspannung konstant zu halten.

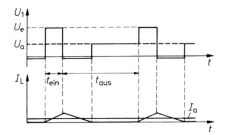

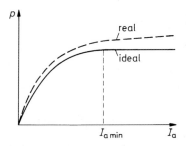

**Abb. 16.35.** Strom- und Spannungsverlauf im Abwärts-Wandler bei Ausgangsströmen unter

$$I_{a\,\text{min}} = \frac{T}{2L}U_a\left(1 - \frac{U_a}{u_e}\right)$$

**Abb. 16.36.** Abhängigkeit des Tastverhältnisses $p = t_{\text{ein}}/T$ vom Ausgangsstrom $I_a$ bei konstanter Ausgangsspannung $U_a$

## Dimensionierung

Die Induktivität der Speicherdrossel wählt man nach Möglichkeit so groß, daß $I_{a\,\text{min}}$ nicht unterschritten wird. Aus Gl. (16.12) folgt dann

$$L = T\left(1 - \frac{U_a}{U_e}\right)\frac{U_a}{2I_{a\,\text{min}}} \tag{16.16}$$

Der maximale Strom durch die Speicherdrossel und damit auch durch den Schalter und die Diode beträgt dann $I_{L\,\text{max}} = I_a + I_{a\,\text{min}}$. Als freier Parameter bleibt dann noch die Schwingungsdauer $T = 1/f$. Um mit einer kleinen Induktivität auszukommen, wählt man die Frequenz $f$ so hoch wie möglich. Dem steht jedoch entgegen, daß bei hohen Frequenzen der Schalttransistor teurer und die Ansteuerschaltung aufwendiger wird. Außerdem nehmen die dynamischen Schaltverluste proportional zur Frequenz zu. Aus diesen Gründen werden Schaltfrequenzen zwischen 20 kHz und 200 kHz bevorzugt.

Der Glättungskondensator $C$ bestimmt die Welligkeit der Ausgangsspannung. Der Ladestrom beträgt $I_C = I_L - I_a$. Die während einer Periode zu- und abgeführte Ladung ist demnach gleich den in Abb. 16.34 schraffierten Flächen. Damit erhalten wir für die Welligkeit die Beziehung:

$$\Delta U_a = \frac{\Delta Q_C}{C} = \frac{1}{C}\cdot\frac{1}{2}\cdot(\tfrac{1}{2}t_{\text{ein}} + \tfrac{1}{2}t_{\text{aus}})\cdot\tfrac{1}{2}\Delta I_L = \frac{T}{8C}\Delta I_L$$

Mit Gl. (16.10) und (16.16) ergibt sich daraus die Glättungskapazität:

$$C = \left(1 - \frac{U_a}{U_e}\right)\frac{T^2 U_a}{8L\Delta U_a} = \frac{TI_{a\,\text{min}}}{4\Delta U_a} \tag{16.17}$$

Bei der Auswahl des Glättungskondensators ist darauf zu achten, daß er einen möglichst niedrigen Serienwiderstand und eine möglichst niedrige Serieninduktivität besitzt. Um dies zu erreichen, schaltet man meist einen oder mehrere Elektrolytkondensatoren und keramische Kondensatoren parallel.

## 16.6.2
## Erzeugung des Schaltsignals

Die Erzeugung des Schaltsignals erfolgt mit zwei Modulen: einem Impulsbreitenmodulator und einem Regler mit Spannungsreferenz. Das Blockschaltbild ist in Abb. 16.37 dargestellt.

Der Impulsbreitenmodulator besteht aus einem Sägezahngenerator und einem Komparator. Der Komparator schaltet den Schalter ein, solange die Spannung $U_R$ größer ist als die Dreieckspannung. Die dabei entstehende Steuerspannung $U_{St}$ ist in Abb. 16.38 für den Fall dargestellt, daß $U_R$ von der unteren Begrenzung bis zur oberen Begrenzung läuft. Das sich ergebende Tastverhältnis

$$p = \frac{t_{ein}}{T} = \frac{U_R}{\hat{U}_{SZ}}$$

ist daher proportional zu $U_R$.

Der Subtrahierer bildet die Differenz zwischen der Referenzspannung und der gewichteten Ausgangsspannung $U_{ref} - kU_a$. Der PI-Regelverstärker erhöht $U_R$ so lange, bis diese Differenz Null wird. Die Ausgangsspannung hat dann den Wert $U_a = U_{ref}/k$.

Die Dimensionierung eines Schaltreglers soll noch an einem Beispiel verdeutlicht werden. Verlangt sei eine Ausgangsspannung von 5 V bei einem maximalen Strom von 5 A. Der minimale Ausgangsstrom sei 0,3 A, die Eingangsspannung betrage ca. 15 V. Ein geeigneter Schaltregler für diese Anwendung ist z.B. der LM 2678-5 von National. Die sich ergebende Schaltung ist in Abb. 16.39 dargestellt. Abgesehen von dem Ausgangsfilter $LC$ sind nur wenige externe Widerstände und Kondensatoren für den Betrieb der integrierten Schaltung erforderlich. Der Schaltregler soll mit einer Frequenz von 250 kHz betrieben werden; das ergibt eine Schwingungsdauer von $T = 4\,\mu s$. Nach Gl. (16.11) ergibt sich dann eine Einschaltdauer von

$$t_{ein} = T\frac{U_a}{U_e} = 4\,\mu s\frac{5\,V}{15\,V} = 1,3\,\mu s$$

Die Induktivität der Speicherdrossel folgt aus Gl. (16.16):

$$L = T\left(1 - \frac{U_a}{U_e}\right)\frac{U_a}{2I_{a\,min}} = 4\,\mu s\left(1 - \frac{5\,V}{15\,V}\right)\frac{5\,V}{2\cdot 0,3\,A} = 22\,\mu H$$

Wenn die Ausgangswelligkeit in der Größenordnung von 10 mV liegen soll, ergibt sich nach Gl. (16.17) ein Glättungskondensator

$$C = T\frac{I_{a\,min}}{4\Delta U_a} = 4\,\mu s\frac{0,3\,A}{4\cdot 10\,mV} = 30\,\mu F$$

**Abb. 16.37.** Ausführung der Steuereinheit

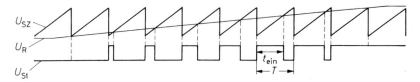

**Abb. 16.38.** Funktionsweise des Impulsbreitenmodulators

Bei der Berechnung der Filterkapazität wurde der papasitäre Serienwiderstand (ESR, Equivalent Series Resistance) und die Serieninduktivität (ESL, Equivalent Series Inductance) nicht berücksichtigt. Um trotzdem akzeptable Werte für die Ausgangswelligkeit zu erhalten, ist eine deutlich größere Kapazität erforderlich. Zur Realisierung schaltet man mehrere kleine Kondensatoren parallel, da sie immer deutlich kleinere Werte für den Serienwiderstand und die Serieninduktivität aufweisen als ein einziger großer Kondensator.

Die Ausgangsspannung bleibt selbst dann konstant, wenn der Ausgangsstrom kleiner als der in der Rechnung eingesetzte Wert $I_{a\,min} = 0,3$ A wird. In diesem Fall reduziert der Regelverstärker über den Komparator das Tastverhältnis entsprechend Abb. 16.36. Probleme treten dann auf, wenn die notwendige Einschaltdauer kürzer als die minimal realisierbare Einschaltdauer des Transistors T wird. In diesem Fall steigt die Ausgangsspannung bei einem Einschaltimpuls von T so weit an, daß der Transistor anschließend für mehrere Taktperioden gesperrt wird. Daraus resultiert ein sehr unruhiger Betrieb.

Mit dem $RC$-Glied $R_1 C_1$ wird an dem hochohmigen Operationsverstärker-Ausgang das gewünschte Regelverhalten eingestellt. Dabei ist zu berücksichtigen, daß der Spannungsregelkreis in Schaltreglern leicht zu Instabilitäten neigt. Dies hat zwei Ursachen: zum einen handelt es sich um ein abtastendes System mit einer mittleren Totzeit, die gleich der halben Schwingungsdauer ist; zum anderen stellt das Ausgangsfilter einen Tiefpaß zweiter Ordnung dar, der eine Phasennacheilung bis zu $180^\circ$ verursacht. Aus diesen Gründen ist es nützlich, sicherzustellen, daß

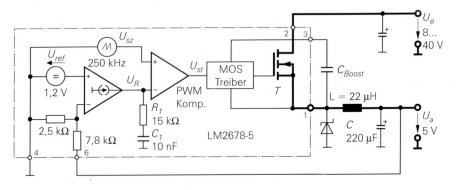

**Abb. 16.39.** Beispiel für einen Abwärts-Wandler. $I_{a\,max} = 5$ A

der Regelverstärker bei hohen Frequenzen keine Phasennacheilung bewirkt. Dazu dient der Widerstand $R_1$ in Abb. 16.39.

Die statischen Verluste der Schaltung ergeben sich überwiegend aus den Spannungsabfällen im Leistungsstromkreis. Dabei läßt sich die Speicherdrossel leicht so überdimensionieren, daß ihre ohmschen Verluste klein werden. Dann bleibt als Verlustquelle der Spannungsabfall an dem Leistungsschalter, der aus dem Transistor T und der Diode D gebildet wird.

Während der Zeit $t_{\text{ein}}$ fließt der Ausgangsstrom durch T, während $t_{\text{aus}}$ durch D. Wenn man bei einem Ausgangsstrom vom 5 A mit einem Spannungsabfall von 0,7 V an dem Transistor bzw. an der Diode rechnet, ergibt sich daraus eine Verlustleistung von 3,5 W. Der Wirkungsgrad beträgt daher höchstens:

$$\eta = \frac{P_{\text{Abgabe}}}{P_{\text{Aufnahme}}} = \frac{25\,\text{W}}{25\,\text{W} + 3,5\,\text{W}} = 88\%$$

Dabei sind die Umschaltverluste, die bei der hohen Schaltfrequenz nicht zu vernachlässigen sind, noch nicht berücksichtigt. Zusätzlich wird der Wirkungsgrad durch die Stromaufnahme des Schaltreglers selbst beeinträchtigt. Da dieser Beitrag von dem Ausgangsstrom unabhängig ist, reduziert er den Wirkungsgrad besonders bei kleinen Ausgangsstömen.

Um n-Kanal Mosfet in den ohmschen Bereich zu bringen, ist eine Gatepotential erforderlich, das positiv gegenüber der Eingangsspannung ist. Dazu wird in dem MOS-Treiber eine Hilfsspannung erzeugt, die positiv gegenüber dem Sourcepotential ist. Der Boost-Kondensator überträgt dazu die Ausgangswechselspannung in den MOS-Treiber. Alternativ hätte der Hersteller einen p-Kanal Mosfet einsetzen können, der jedoch bei gleicher Fläche den doppelten On-Widerstand besitzen würde.


### 16.6.3
### Der Aufwärts-Wandler

In Abb. 16.40 ist die praktische Realisierung des Aufwärts-Wandlers von Abb. 16.31 auf S. 980 dargestellt, daneben in Abb. 16.41 der Spannungs- bzw. Stromverlauf in der Schaltung. Aus dem Anstieg bzw. Abfall des Drosselstroms $I_L$ während der beiden Schaltzustände des Schalters S lassen sich auch hier die für die Dimensionierung der Schaltung erforderlichen Beziehungen ableiten. Sie sind in der Abbildungsunterschrift angegeben. Die niedrigste Ausgangsspannung ist $U_a = U_e$. Sie ergibt sich – bei verlustfreier Schaltung –, wenn der Schalter S dauernd geöffnet ist.

Die angegebene Ausgangsspannung ergibt sich auch hier nur unter der Voraussetzung, daß der Drosselstrom nicht Null wird. Bei Unterschreitung des minimalen Ausgangsstroms $I_{a\,\text{min}}$ muß die Einschaltdauer wie in Abb. 16.36 verkürzt werden, um ein Ansteigen der Ausgangsspannung zu verhindern. Dieser Fall ist in Abb. 16.41 gestrichelt eingezeichnet. Die Erzeugung des Schaltsignals erfolgt hier genauso wie beim Abwärts-Wandler.

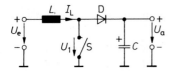

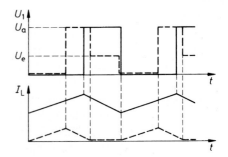

**Abb. 16.40.** Aufwärts-Wandler

$$U_a = \frac{T}{t_{aus}} U_e \text{ für } I_a > I_{a\,min}$$

$$I_{a\,min} = \frac{U_e^2}{U_a}\left(1 - \frac{U_e}{U_a}\right) \cdot \frac{T}{2L}$$

$$L = \frac{U_e^2}{U_a}\left(1 - \frac{U_e}{U_a}\right) \cdot \frac{T}{2I_{a\,min}}$$

$$C \approx \frac{TI_{a\,max}}{\Delta U_a}$$

**Abb. 16.41.** Spannungs- und Stromverlauf im Aufwärts-Wandler. Gestrichelt: Verhältnisse für $I_a < I_{a\,min}$

### 16.6.4
### Der invertierende Wandler

Der invertierende Wandler und die zugehörigen Zeitdiagramme sind in Abb. 16.42 und 16.43 dargestellt. Man sieht, daß sich der Kondensator während der Sperrphase über die Diode auf eine negative Spannung auflädt. Die angegebenen Beziehungen erhält man auch hier aus der Gleichheit der Spulenstromänderung während der Einschalt- bzw. Ausschaltphase.

Wenn der Ausgangsstrom den Wert $I_{a\,min}$ unterschreitet, sinkt der Spulenstrom zeitweise bis auf Null ab. Um die Ausgangsspannung in diesem Fall konstant zu halten, muß auch hier die Einschaltdauer gemäß Abb. 16.36 verkürzt werden. Diese Verhältnisse sind in Abb. 16.43 gestrichelt eingezeichnet.

### 16.6.5
### Spannungs-Wandler mit Ladungspumpe

Bei geringem Strombedarf gibt es eine einfache Methode, eine Spannung zu invertieren. Dazu wandelt man wie in Abb. 16.44 die Eingangsspannung mit dem Schalter $S_1$ in eine Wechselspannung um. Diese Wechselspannung wird mit Hilfe des Kondensators $C_1$ potentialfrei gemacht und anschließend wieder gleichgerichtet. Dazu dient der Schalter $S_2$. In der eingezeichneten Schalterstellung wird $C_1$ auf die Eingangsspannung aufgeladen: es wird $U_1 = U_e$. Anschließend werden beide Schalter umgeschaltet. Dadurch wird die Spannung $-U_1$ an $C_2$ angelegt, und dieser lädt sich nach mehreren Schaltzyklen auf die Spannung $U_a = -U_1 = -U_e$ auf.

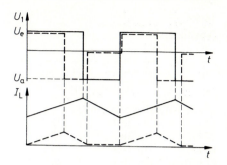

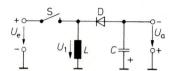

**Abb. 16.42.** Invertierender Wandler

$$U_a = \frac{t_{ein}}{t_{aus}} U_e \text{ für } I_a > I_{a \min}$$

$$I_{a \min} = \frac{U_e^2 U_a}{(U_e + U_a)^2} \cdot \frac{T}{2L}$$

$$L = \frac{U_e^2 U_a}{(U_e + U_a)^2} \cdot \frac{T}{2 I_{a \min}}$$

$$C \approx \frac{T I_{a \max}}{\Delta U_a}$$

**Abb. 16.43.** Spannungs-und Stromverlauf im invertierenden Wandler. Gestrichelt: Verhältnisse für $I_a < I_{a \min}$

Die Gleichrichtung der Ausgangsspannung erfordert nicht unbedingt einen gesteuerten Schalter, sondern läßt sich auch wie in Abb. 16.45 mit zwei Dioden durchführen. Je nachdem, an welchem Potential man den Gleichrichter anschließt und wie man die Dioden polt, kann man zu jedem beliebigen Potential die Spannung $U_e$ addieren bzw. subtrahieren. Die Gleichrichtung mit Dioden besitzt jedoch den Nachteil, daß die Ausgangsspannung um die beiden Durchlaßspannungen erniedrigt wird. Deshalb werden bei den integrierten Spannungsinvertern CMOS-Schalter zur Gleichrichtung eingesetzt. Dann ist der Spannungsabfall proportional zum Laststrom.

Zusätzliche Verluste entstehen durch das Umladen der Kondensatoren. Sie hängen jedoch nur von der Größe der Spannungsdifferenz ab, die beim Umladen auftritt. Man kann sie im stationären Zustand leicht klein halten, indem man große Kapazitäten oder hohe Taktfrequenzen verwendet.

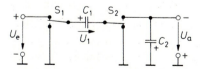

**Abb. 16.44.** Prinzip eines Spannungsinverters nach dem Ladungspumpen-Prinzip

$$U_a = -U_e$$

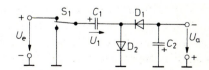

**Abb. 16.45.** Vereinfachte Anordnung zur Gleichrichtung der Ausgangsspannung.

$$U_a = -(U_e - 2U_D)$$

## 16.6.6
## Typenübersicht

| Typ | Hersteller | Eingangs-spannung | Ausgangs-spannung | Ausgangs-strom | Schalt-frequenz | Leistungs-schalter |
|---|---|---|---|---|---|---|
| **Abwärts-Wandler (Abb 16.33)** | | | | | | |
| LT 1374 | Lin. Tech. | 6...25 V | 1,2...24 V | 3 A | 500 kHz | intern |
| LT 1376 | Lin. Tech. | 6...25 V | 5 V | 1 A | 500 kHz | intern |
| LT 1507 | Lin. Tech. | 4...15 V | 1,2...10 V | 0,5 A | 500 kHz | intern |
| LT 1776 | Lin. Tech. | 8...40 V | 1,2...30 V | 0,3 A | 200 kHz | intern |
| LTC 1147 | Lin. Tech. | 4...16 V | 3,3/5 V | | 400 kHz | 1 P |
| LTC 1159 | Lin. Tech. | 4...40 V | 3,3/5 V | | 250 kHz | 1 N 1 P |
| LTC 1435A | Lin. Tech. | 5...22 V | 1,2...15 V | | 250 kHz | 2 N |
| LTC 1674 | Lin. Tech. | 4...16 V | 3,3/5 V | 0,5 A | 200 kHz | intern |
| LTC 1624 | Lin. Tech. | 4...36 V | 1,2...30 V | | 200 kHz | 1 N |
| LTC 1625 | Lin. Tech. | 4...36 V | 1,2...30 V | | 200 kHz | 2 N |
| LTC 1627 | Lin. Tech. | 3... 8 V | 0,8 ...7 V | 0,5 A | 350 kHz | intern |
| MAX 727 | Maxim | 5...16 V | 5 V | 2 A | 100 kHz | intern |
| MAX 738 | Maxim | 5...16 V | 5 V | 0,7 A | 160 kHz | intern |
| MAX 787 | Maxim | 8...40 V | 5 V | 5 A | 100 kHz | intern |
| MAX 797 | Maxim | 5...28 V | 3,3 V | | 300 kHz | 2 N |
| MAX 1627 | Maxim | 4...16 V | 1,2...12 V | | 100 kHz | 1 P |
| MAX 1640 | Maxim | 6...26 V | 2...24 V | | 200 kHz | 1 N 1 P |
| LM 2576HV | National | 5...60 V | 1,2...57 V | 3 A | 52 kHz | intern |
| LM 2599 | National | 5...40 V | 1,2...37 V | 3 A | 150 kHz | intern |
| LM 2671 | National | 5...40 V | 1,2...37 V | 0,5 A | 260 kHz | intern |
| LM 2672 | National | 5...40 V | 1,2...37 V | 1 A | 260 kHz | intern |
| LM 2678 | National | 8...40 V | 1,2...37 V | 5 A | 260 kHz | intern |
| UC 3874 | Unitrode | 4...36 V | 2,5...30 V | | 100 kHz | 2 N |
| **Aufwärts-Wandler (Abb 16.40)** | | | | | | |
| LT 1307 | Lin. Tech. | 1... 6 V | 1,2...25 V | 0,1 A | 600 kHz | intern |
| LT 1308 | Lin. Tech. | 1... 6 V | 1,2...25 V | 0,5 A | 600 kHz | intern |
| LT 1370 | Lin. Tech. | 3...30 V | 3...30 V | 2 A | 500 kHz | intern |
| LT 1534 | Lin. Tech. | 3...23 V | 3...28 V | 0,6 A | 100 kHz | intern |
| LT 1614 | Lin. Tech. | 1... 5 V | 1...25 V | 0,2 A | 600 kHz | intern |
| MAX 777 | Maxim | 1... 6 V | 5 V | 0,3 A | 300 kHz | intern |
| MAX 856 | Maxim | 0,8...6 V | 3,3/5 V | 0,1 A | 200 kHz | intern |
| MAX 1700 | Maxim | 0,7...6 V | 2,5...6 V | 0,8 A | 300 kHz | intern |
| MAX 1676 | Maxim | 1... 5 V | 2...5 V | 0,2 A | 200 kHz | intern |
| LM 2621 | National | 1,2...14 V | 1,2...14 V | 0,5 A | 100 kHz | intern |
| UCC 3941 | Unitrode | 1...10 V | 3,3/5 V | 0,1 A | 200 kHz | intern |
| **Invertierende Wandler (Abb 16.42)** | | | | | | |
| MAX 764 | Maxim | 3...16 V | − 5 V | 0,2 A | 100 kHz | intern |
| MAX 765 | Maxim | 3...16 V | − 12 V | 0,2 A | 100 kHz | intern |
| MAX 774 | Maxim | 3...16 V | − 5 V | | 300 kHz | 1 P |
| MAX 775 | Maxim | 3...16 V | − 12 V | | 300 kHz | 1 P |

**Tab. 16.5.** Schaltregler für sekundärgetaktete Netzteile. Bei externen Leistungsschaltern steht N für n-Kanal- bzw. P für p-Kanal-Mosfets. Der maximale Ausgangsstrom wird dabei von den jeweiligen Leistungstransistoren bestimmt

| Typ | Hersteller | Eingangs-spannung | Ausgangs-spannung | Ausgangs-strom | Strom-aufnahme | Schalt-frequenz |
|---|---|---|---|---|---|---|
| LTC 660 | Lin. Tech. | 1,5...5,5 V | $-U_e$ | 100 mA | 80 $\mu$A | 10 kHz |
| LTC 1144 | Lin. Tech. | 2...18 V | $-U_e$ | 30 mA | 1000 $\mu$A | 10 kHz |
| LTC 1263 | Lin. Tech. | 5 V | $+12$ V | 60 mA | 300 $\mu$A | 300 kHz |
| LTC 1429 | Lin. Tech. | 3...6,5 V | $-5$ V | 10 mA | 600 $\mu$A | 700 kHz |
| LTC 1514 | Lin. Tech. | 2...10 V | $+5$ V | 50 mA | 60 $\mu$A | 650 kHz |
| MAX 619 | Maxim | 2...3,6 V | $+5$ V | 50 mA | 75 $\mu$A | 500 kHz |
| MAX 660 | Maxim | 1,5...5,5 V | $-U_e$ | 100 mA | 1000 $\mu$A | 40 kHz |
| MAX 682 | Maxim | 2,7...5,5 V | 5 V | 250 mA | 130 $\mu$A | 300 kHz |
| MAX 862 | Maxim | 4,5...5,5 V | $+12$ V | 30 mA | | 500 kHz |
| MAX 868 | Maxim | 1,8...5,5 V | 4...10 V | 30 mA | 30 $\mu$A | 450 kHz |
| MAX 1673 | Maxim | 2...5,5 V | 2...5 V | 125 mA | 35 $\mu$A | 350 kHz |
| MAX 1681 | Maxim | 2...5,5 V | $-U_e/2U_e$ | 125 mA | 2000 $\mu$A | 500 kHz |
| LM 2662 | National | 1,5...5,5 V | $-U_e/2U_e$ | 200 mA | 1300 $\mu$A | 150 kHz |
| LM 3351 | National | 3,3/5 V | 5/3,3 V | 50 mA | 1000 $\mu$A | 200 kHz |

**Tab. 16.6.** Schaltregler nach dem Ladungspumpen-Prinzip (16.44). Wenn die Größe der Ausgangsspannung angegeben ist, handelt es sich um einen geregelten Ausgang

In Tab. 16.5 sind Beispiele für Schaltregler zusammengestellt, die eine Speicherdrossel benötigen. Selbst bei den Typen mit internen Leistungstransistoren lassen sich beachtliche Leistungen handhaben. Duch den Einsatz externer Leistungstransistoren läßt sich der Leistungsbereich nennenswert erweitern. In Tab. 16.6 folgen die Spannungswandler nach dem Ladungspumpen-Prinzip, die lediglich externe Kondensatoren erfordern. Man sieht, daß sie für kleine Ströme und niedrige Spannungen besonders gut geeignet sind.

## 16.7
## Primärgetaktete Schaltregler

Bei den primärgetakteten Schaltreglern unterscheidet man zwischen Eintakt- und Gegentakt-Wandlern. Die Eintaktwandler benötigen in der Regel nur einen Leistungsschalter; sie erfordern daher nur wenig Bauteile. Allerdings beschränkt sich ihr Einsatz auf kleine Leistungen. Bei Leistungen über 100 W sind die Gegentakt-Wandler vorteilhaft, obwohl sie zwei Leistungsschalter benötigen.

### 16.7.1
### Eintakt-Wandler

Der Eintaktwandler in Abb. 16.46 stellt die einfachste Realisierung eines primärgetakteten Schaltreglers dar. Er ergibt sich aus dem Sperrwandler in Abb. 16.42, indem man die Speicherdrossel zu einem Transformator erweitert. Solange der Leistungsschalter S geschlossen ist, wird Energie in den Transformator gespeichert. Sie wird an den Glättungskondensator $C$ abgegeben, wenn sich der Schalter öffnet. Daher ergibt sich hier für die Ausgangspannung dieselbe

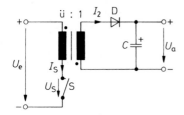

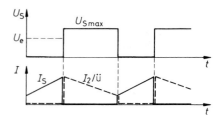

**Abb. 16.46.** Eintakt-Sperrwandler

$$U_a = \frac{t_{\text{ein}}}{t_{\text{aus}}} \cdot \frac{U_e}{\ddot{u}} \text{ für } I_a > I_{a\,\min}$$

$$U_{S\,\max} = U_e \left( 1 + \frac{t_{\text{ein}}}{t_{\text{aus}}} \right)$$

**Abb. 16.47.** Zeitlicher Verlauf von Spannung und Strom für $I_a > I_{a\,\min}$

Beziehung wie bei der Schaltung in Abb. 16.42. Ein Unterschied besteht lediglich darin, daß die Ausgangsspannung hier um das Übersetzungsverhältnis $\ddot{u}$ des Transformators kleiner ist.

Der zeitliche Verlauf der Spannung am Schalter ist in Abb. 16.47 dargestellt. Wenn sich der Schalter öffnet, steigt die Spannung an, bis die Diode D leitend wird, also bis auf $U_{S\,\max} = U_e + \ddot{u}U_a$. Damit sie nicht zu groß wird, macht man die Einschaltdauer $t_{\text{ein}} \leq 0{,}5T$, dann wird $U_{S\,\max} \leq 2U_e$. Da bei der Gleichrichtung von 220 V Netzspannung eine Gleichspannung von $U_e = 220\,\text{V} \cdot \sqrt{2} = 310\,\text{V}$ entsteht, ergibt sich in diesem Fall am Leistungsschalter eine Spannung von $U_{S\,\max} = 620\,\text{V}$. Die tatsächlich auftretenden Spannungen sind wegen der unvermeidlichen Streuinduktivitäten noch höher.

Der Stromverlauf ist ebenfalls in Abb. 16.47 dargestellt. Solange der Schalter geschlossen ist, steigt der Strom gemäß $\Delta I = U_e t_{\text{ein}}/L$ an. Wenn er sich öffnet, wird die Diode leitend, und der auf die primärseite transformierte Strom sinkt gemäß $\Delta I = \ddot{u}U_a t_{\text{aus}}/L$ wieder ab. Daraus ergibt sich die angegebene Ausgangsspannung. Voraussetzung ist allerdings auch hier, daß die Induktivität des Transformators so groß ist, daß der Strom während der Sperrphase nicht auf Null absinkt.

Ein Nachteil der Schaltung ist, daß der Transformator nicht nur die Netztrennung und die erforderliche Spannungsuntersetzung vornehmen muß, sondern gleichzeitig als Speicherdrossel wirkt. Wegen der auftretenden Gleichstrom-Vormagnetisierung muß er stark überdimensioniert werden. Günstiger ist es, den Transformator gleichstrom frei zu halten und zur Energiespeicherung eine separate Speicherdrossel zu verwenden. Nach diesem Prinzip arbeiten alle folgenden Schaltungen.

Bei dem Eintaktwandler in Abb. 16.48 besitzen Primär- und Sekundärwicklung gleiche Polung. Dadurch wird über die Diode $D_2$ Energie an den Ausgang abgegeben, solange der Leistungsschalter geschlossen ist. Daher bezeichnet man die Schaltung als Durchflußwandler. Der Spannungsverlauf ist in Abb. 16.49 dargestellt. Solange der Leistungsschalter geschlossen ist, liegt an der Primärwicklung die Eingangsspannung Ur und daher an der Sekundärwicklung

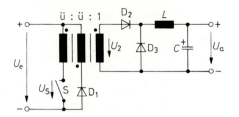

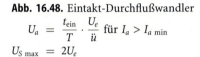

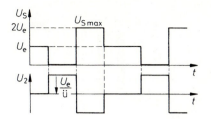

**Abb. 16.48.** Eintakt-Durchflußwandler

$$U_a = \frac{t_{ein}}{T} \cdot \frac{U_e}{\ddot{u}} \text{ für } I_a > I_{a\,min}$$

$$U_{S\,max} = 2U_e$$

**Abb. 16.49.** Zeitlicher Verlauf der Spannungen

die Spannung $U_2 = U_e/\ddot{u}$. Wenn sich der Schalter S öffnet, sperrt $D_2$, und der Strom durch die Speicherdrossel $L$ wird von der Diode $D_3$ übernommen. Die Verhältnisse auf der Sekundärseite sind daher genau dieselben wie bei dem Durchflußwandler in Abb. 16.33 auf S. 981. Daher ergeben sich hier (abgesehen von dem Faktor $\ddot{u}$) dieselben Beziehungen für die Ausgangsspannung und dieselben Gesichtspunkte bei der Dimensionierung der Speicherdrossel und des Glättungskondensators.

In dem Augenblick, in dem der Leistungsschalter sperrt, sperrt auch die Diode $D_2$. Ohne weitere Maßnahmen würde die im Transformator gespeicherte Energie dann einen Spannungsimpuls mit extrem hoher Amplitude erzeugen. Um dies zu verhindern, gibt man dem Transformator eine dritte Wicklung mit derselben Windungszahl wie die Primärwicklung, jedoch mit geringerem Querschnitt. Bei der angegebenen Polung wird dann die Diode D, leitend, wenn die Induktionsspannung gleich der Eingangsspannung wird. Auf diese Weise wird die Spannung am Leistungsschalter auf $U_{S\,max} = 2U_e$ begrenzt. Außerdem wird in der Ausschaltphase die gleiche Energie an die Eingangsspannungsquelle zurückgeliefert, die während der Einschaltphase im Transformator gespeichert wurde. Auf diese Weise wird der Transformator ohne Gleichstromvormagnetisierung betrieben.

### 16.7.2
### Gegentakt-Wandler

Bei den Gegentakt-Wandlern wird die Eingangsgleichspannung mit einem Wechselrichter aus wenigstens zwei Leistungsschaltern in eine Wechselspannung umgewandelt. Diese wird über einen HF-Transformator heruntertransformiert und anschließend gleichgerichtet.

Bei der Schaltung in Abb. 16.50 wird ein Zyklus der Dauer $T$ in vier Zeitabschnitte unterteilt. Zuerst wird der Schalter $S_1$ geschlossen. Dadurch wird die Diode $D_1$ leitend, und an der Speicherdrossel $L$ liegt die Spannung $U_3 = U_e/\ddot{u}$. Danach öffnet sich $S_1$ wieder, und alle Spannungen am Transformator sinken auf Null ab. Die Dioden $D_1$ und $D_2$ übernehmen dann je zur Hälfte den Drosselstrom.

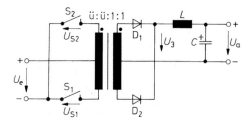

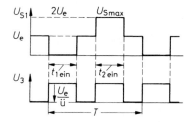

**Abb. 16.50.** Gegentaktwandler mit Parallelspeisung

$$U_a = 2 \frac{t_{\text{ein}}}{T} \cdot \frac{U_e}{\ddot{u}} \text{ mit } \frac{t_{\text{ein}}}{T} < 0,5$$

$$U_{S\,\text{max}} = 2 U_e$$

**Abb. 16.51.** Zeitlicher Verlauf der Spannungen

Im nächsten Zeitabschnitt bleibt der Schalter $S_1$ geöffnet. Statt dessen schließt sich der Schalter $S_2$. Dadurch wird $D_2$ leitend und überträgt ebenfalls die Spannung $U_3 = U_e/\ddot{u}$. Wenn $S_2$ wieder sperrt, werden wie im zweiten Zeitabschnitt alle Spannungen am Transformator wie der Null. In Abb. 16.51 sind diese Spannungsverläufe dargestellt.

Die Sekundärseite der Schaltung arbeitet hier im Prinzip genauso wie der Durchflußwandler in Abb. 16.33. Hier wird jedoch wegen der Vollweggleichrichtung während der Zeit $T$ zweimal Energie an die Speicherdrossel übertragen. Deshalb muß in die Gleichungen des Durchflußwandlers $\frac{1}{2}T$ statt $T$ eingesetzt werden.

Wegen des symmetrischen Betriebs arbeitet der Transformator gleichstromfrei. Dies gilt allerdings nur dann, wenn die Einschaltdauern der Leistungsschalter exakt gleich sind, also $t_{1\,\text{ein}} = t_{2\,\text{ein}} = t_{\text{ein}}$ ist. Diese Bedingung ist bei der Ansteuerung der Schalter sicherzustellen. Sonst geht der Transformator in die Sättigung, die Ströme werden groß, und die Schalter brennen durch. Aus demselben Grund muß auch verhindert werden, daß sich einer der Schalter in einem Zyklus überhaupt nicht einschaltet. Diese Bedingungen sind jedoch in den meisten integrierten Ansteuerschaltungen für Gegentakt-Schaltregler berücksichtigt. Die Ansteuerung der Leistungsschalter wird hier dadurch vereinfacht, daß sich ihre beiden negativen Anschlüsse auf gleichem Potential befinden. Für sekundärgetaktete Netzteile gibt es integrierte Ansteuerungsschaltungen, die die Leistungstransistoren zur Ansteuerung eines Transformators mit Mittelanzapfung bereits enthalten: z.B. der MAX 845 (Maxim) oder der LT 1533 (Linear Tech.) beide für ca. 0,7 W Ausgangsleistung.

Bei dem Gegentaktwandler in Abb. 16.52 wird eine Wechselspannung dadurch erzeugt, daß das eine Ende der Primärwicklung zwischen den Plus- bzw. Minuspol der Eingangsspannung hin und her geschaltet wird, während das andere auf $\frac{1}{2}U_e$ liegt. Die Ansteuerung der Leistungsschalter erfolgt auch hier abwechselnd. Der in Abb. 16.53 dargestellte Spannungsverlauf ist dann derselbe wie bei der vorhergehenden Schaltung. Ein Unterschied besteht lediglich darin, daß die

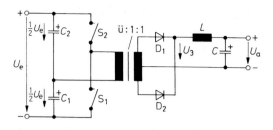

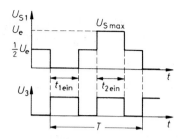

**Abb. 16.52.** Gegentaktwandler in Halbbrückenschaltung

$$U_a = \frac{t_{ein}}{T} \cdot \frac{U_e}{\ddot{u}} \text{ mit } \frac{t_{ein}}{T} < 0,5$$

$$U_{S\,max} = 2U_e$$

**Abb. 16.53.** Zeitlicher Verlauf der Spannungen

Amplitude nur halb so groß ist. Dies ist besonders bei der Auswahl der Schalter vorteilhaft.

Ein weiterer Vorteil der Schaltung besteht darin, daß der Transformator wegen der kapazitiven Kopplung immer gleichstromfrei ist. Das trifft selbst dann zu, wenn die Einschaltdauern der beiden Schalter nicht gleich lang sind. In diesem Fall verschiebt sich lediglich die Gleichspannung an den Kondensatoren $C_1$ und $C_2$ etwas. Ein Nachteil ist jedoch, daß die negativen Anschlüsse der Leistungsschalter auf ganz verschiedenen Potentialen liegen. Daher ist die Ansteuerung aufwendiger.

### 16.7.3
### Hochfrequenztransformatoren

Speicherdrosseln werden in großer Vielfalt im Handel angeboten. Es sind Typen mit Induktivitäten von $10\,\mu H$ bis $10\,mH$ und für Ströme von $0,1\,A$ bis $60\,A$ von verschiedenen Herstellern erhältlich. Daher gibt es für den Anwender kaum eine Notwendigkeit, sie selber zu wickeln. Anders ist es bei den Hochfrequenztransformatoren. Dabei ist es ein Zufall, wenn man einen fertigen Transformator mit den passenden Wickeldaten erhält. Daher muß der Anwender die Transformatoren meist selbst berechnen und bei kleinen Stückzahlen auch selbst wickeln.

Die in einem Transformator induzierte Spannung beträgt nach dem Induktionsgesetz:

$$U = w\dot{\Phi} = w \cdot A_e \cdot \dot{B} \tag{16.18}$$

Darin ist $\Phi$ der magnetische Fluß, $B$ die magnetische Induktion und $A_e$ die Querschnittsfläche des Kerns, der den Spulenkörper durchsetzt. Für die Primärwindungszahl $w_1$ folgt aus Gl. (16.18):

$$w_1 = \frac{U_1}{A_e \cdot \dot{B}} = \frac{U_1}{A_e} \cdot \frac{\Delta t}{\Delta B}$$

Die minimale Windungszahl ergibt sich mit $\Delta B = \hat{B}$, dem zugelassenen Scheitelwert der magnetischen Induktion und dem Maximalwert von

$$\Delta t = t_{\text{ein max}} = p_{\text{max}} \cdot T = p_{\text{max}}/f = 1/2f$$

Daraus folgt:

$$w_1 = \frac{U_1}{2A_e\hat{B} \cdot f} \tag{16.19}$$

Man erkennt, daß die erforderliche Windungszahl umgekehrt proportional zur Frequenz ist. Deshalb ist die Leistung, die sich bei einem gegebenen Kern und damit auch einem gegebenen Wickelraum übertragen läßt, proportional zur Frequenz.

Die Windungszahl auf der Sekundärseite ergibt sich aus dem Spannungsverhältnis:

$$w_2 = w_1\frac{U_2}{U_1} = \frac{w_1}{\ddot{u}} \tag{16.20}$$

Die auftretenden Magnetisierungs- und Kupferverluste lassen sich meist so klein halten, daß man sie nicht berücksichtigen muß.

Die Drahtdurchmesser ergeben sich aus den fließenden Strömen. Man kann aus thermischen Gründen Stromdichten bis $S = 5 \ldots 7\,\text{A/mm}^2$ zulassen. Wenn man die Kupferverluste klein halten will, sollte man allerdings bei niedrigeren Werten bleiben. Für den Drahtdurchmesser ergibt sich:

$$D = 2\sqrt{\frac{I}{\pi \cdot S}} \tag{16.21}$$

Allerdings fließt der Strom bei höheren Frequenzen aufgrund des „Skin-Effekts" nicht mehr gleichmäßig durch den ganzen Querschnitt, sondern nur noch an der Oberfläche des Drahtes. Für die Eindringtiefe (Abfall auf $1/e$) des Stroms gilt [16.7]:

$$\delta = 2,2\,\text{mm}/\sqrt{f/\text{kHz}} \tag{16.22}$$

Man erkennt in Abb. 16.54, wie die Eindringtiefe mit zunehmender Frequenz abnimmt. Aus diesem Grund ist es nicht sinnvoll, den Drahtdurchmesser größer als die doppelte Eindringtiefe zu wählen. Um trotzdem die erforderlichen Querschnitte zu erreichen, kann man Hochfrequenzlitzen verwenden, bei denen die

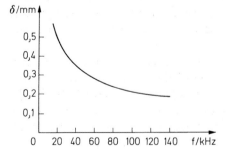

**Abb. 16.54.** 5.5 Auswirkung des Skin-Effekts: Eindringtiefe als Funktion der Frequenz

| Kern-Typ (Seitenlänge) [mm] | Übertragbare Leistung bei 20kHz [W] | Magnetischer Querschnitt $A_e$ [mm$^2$] | Induktivitäts- Faktor $A_L$ [$\mu$H] |
|---|---|---|---|
| EC 35 | 50 | 71 | 2,1 |
| EC 41 | 80 | 106 | 2,7 |
| EC 52 | 130 | 141 | 3,4 |
| EC 70 | 350 | 211 | 3,9 |

**Tab. 16.7.** Ferroxcube-Kerne für Hochfrequenztransformatoren

*Empfohlene Maximalinduktion:* $\hat{B} = 200\,\text{mT} = 2\,\text{kG}$

*Induktivität:* $L = A_L \cdot w^2$

einzelnen Fasern gegeneinander isoliert sind. Günstig ist auch der Einsatz von Flachkabeln oder Kupferfolien, die entsprechend dünn sind.

Die wichtigsten Daten von einigen EC-Kernen aus Ferroxcube sind in Tab. 16.7 zusammengestellt. Dabei stellt die übertragbare Leistung nur einen groben Richtwert dar. Wenn man den Drahtdurchmesser stark überdimensioniert, um die Verluste klein zu halten, kann es sein, daß man den nächstgrößeren Kern benötigt, um ausreichenden Wickelraum zu erhalten. Ein Programm zur Berechnung und Simulation von Drosseln und Transformatoren ist der *Magnetic Designer* von Intusoft (Thomatronik).

### 16.7.4
### Leistungsschalter

Für die Leistungsschalter aller Schaltregler gelten dieselben Gesichtspunkte, die im folgenden behandelt werden. Als Bauelemente kommen Bipolartransistoren und Leistungsmosfets in Betracht. Der Einsatz von Thyristoren ist erst bei großen Leistungen im Kilowatt-Bereich von Interesse; deshalb werden sie hier nicht behandelt. Wenn man den zulässigen Arbeitsbereich (SOA, Save Operating Area) von Leistungstransistoren betrachtet, erkennt man, daß es praktisch keine Leistungstransistoren gibt, die bei hohen Spannungen mit 100 W belastbar sind. Beim Einsatz als schnelle Schalter gibt es jedoch Ausnahmen, die in Abb. 16.55 dargestellt sind. Man erkennt, daß es kurzfristig zulässig ist, die Verlustleistung und den Durchbruch zweiter Art zu überschreiten. Im Extremfall (für wenige Mikrosekunden) ist es sogar zulässig, $U_{CE\,\text{max}}$ und $I_{C\,\text{max}}$ gleichzeitig anzulegen. Auf diese Weise ist es möglich, mit einem Transistor mehrere Kilowatt zu schalten. Davon macht man beim Einsatz in Schaltnetzteilen Gebrauch.

Es gibt aber noch einen zweiten Grund, die Transistoren schnell ein- und auszuschalten: Ein Schalter arbeitet nur dann verlustfrei, wenn er momentan vom gesperrten in den leitenden Zustand und zurück übergeht. Sonst treten bei jedem Ein- und Ausschalten die sogenannten *Umschaltverluste* auf. Sie sind um so größer, je langsamer der Umschaltvorgang abläuft. Da sie bei jedem Umschaltvorgang aufs neue anfallen, sind sie proportional zur Schaltfrequenz.

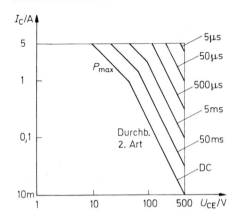

**Abb. 16.55.** Sicherer Arbeitsbereich eines Bipolartransistors bei Schalterbetrieb

*Gleichstromleistung bis*  $U_{CE} = 50\,\text{V}:$  50 W
*Gleichstromleistung bis*  $U_{CE} = 500\,\text{V}:$  5 W
*Impulsleistung für 5 μ s bei* $U_{CE} = 500\,\text{V}: 2500\,\text{W}$

Außerdem ist es bei den meisten Schaltreglern wünschenswert, auch kleine Einschaltdauern $t_{\text{ein}}$ zu realisieren, um selbst bei kleinen Lastströmen $I_a < I_{a\,\text{min}}$ ein ordnungsgemäßes Arbeiten zu gewährleisten. Dazu ist es erforderlich, den Transistor schnell abzuschalten. Deshalb sollte man die störende Speicherzeit von Bipolartransistoren umgehen, indem man während der Leitphase ihre Sättigung verhindert ($U_{CE} > U_{CE\,\text{sat}}$). Diese beiden Fälle sind in Abb. 16.56 gegenübergestellt. Man erkennt, daß man zwar eine geringe Zunahme des Spannungsabfalls am leitenden Transistor in Kauf nehmen muß, dafür aber die Speicherzeit vermeidet.

Die prinzipielle Anordnung zum Betrieb eines Bipolartransistors als Leistungsschalter ist in Abb. 16.57 dargestellt. Um den Transistor einzuschalten, schaltet man den Schalter S in die obere Stellung und läßt über den Widerstand $R_1$ einen großen Basisstrom fließen. Dadurch steigt der Kollektorstrom schnell

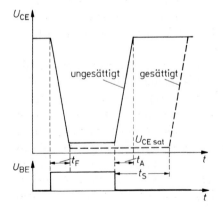

**Abb. 16.56.** Schaltzeiten eines Bipolartransistors mit und ohne Sättigung

$t_F$ : *Fallzeit*
$t_A$ : *Anstiegszeit*
$t_S$ : *Speicherzeit*

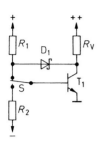

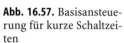

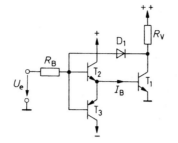

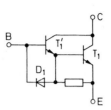

**Abb. 16.57.** Basisansteue-rung für kurze Schaltzeiten

**Abb. 16.58.** Praktische Ausführung der Basisansteuerung

**Abb. 16.59.** Darlington-Schaltung mit Ausräum-diode

an, und es ergibt sich eine kurze Fallzeit. Wenn das Kollektorpotential unter das Basispotential absinkt, wird die Schottky-Diode leitend und verhindert, daß der Transistor in die Sättigung geht. Der größte Teil des Stroms durch $R_1$ wird nun über die Diode zum Kollektor abgeleitet, und der verbleibende Basisstrom stellt sich gerade auf den Wert ein, den der Transistor in diesem Arbeitspunkt benötigt. Zum Sperren des Transistors genügt es nicht, den Basisstrom abzu-schalten, sondern man muß seine Richtung umkehren, um die in der Basiszone gespeicherte Raumladung auszuräumen. Wenn dies schnell gehen soll, ist ein großer negativer Basisstrom erforderlich. Seine Größe wird durch den Wider-stand $R_2$ bestimmt.

Eine Realisierungsmöglichkeit ist in Abb. 16.58 dargestellt. Der komple-mentäre Emitterfolger $T_2$, $T_3$ stellt die erforderlichen Basisströme bereit. Der Widerstand $R_B$ begrenzt den Basisstrom. Die Antisättigungsdiode $D_1$ stellt si-cher, daß das Kollektorpotential höher als das Basispotential bleibt. Integrierte Treiber, die nach diesem Prinzip arbeiten, sind z.B. die Typen UAA 4002 und 4006 von Thomson, die Basisströme bis ± 1,5 A liefern können.

Wenn man mit dem Leistungsschalter große Ströme schalten muß, werden die erforderlichen Basisströme unhandlich groß. In diesem Fall kann man eine Dar-lingtonschaltung wie in Abb. 16.59 einsetzen. Allerdings erhöht sich dadurch die Sättigungsspannung um $U_{BE1}$. Eine wichtige Voraussetzung für schnelles Sperren ist, daß die Darlingtonschaltung die eingezeichnete Ausräumdiode enthält, da sich der Transistor T1 sonst nicht aktiv sperren läßt.

Leistungsmosfets bieten beim Einsatz als Leistungsschalter große Vorteile: Sie besitzen keinen Durchbruch zweiter Art, keine Speicherzeit, und sie lassen sich mindestens um einen Faktor 10 schneller ein- und ausschalten als vergleichbare Bipolartransistoren. Deshalb sind sie trotz ihres höheren Preises bei Frequenzen über 50...100 kHz vorzuziehen. Der Einsatz von Mosfets darf jedoch nicht zu der Annahme verleiten, sie ließen sich leistungslos steuern. Dies soll anhand von Abb. 16.60 erläutert werden. Die Kondensatoren $C_1$ und $C_2$ seien die parasitären Kapazitäten des Leistungsmosfets. Wenn man nun die Gatespannung von 0 V auf 10 V erhöht, wird der Transistor leitend und sein Drainpotential sinkt von

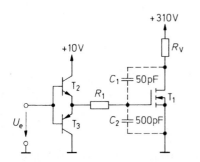

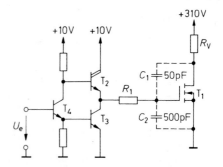

**Abb. 16.60.** Ansteuerung eines Leistungs-Mosfets mit einem Komplementär-Emitterfolger

**Abb. 16.61.** Ansteuerung eines Leistungs-Mosfets mit einer Totem-Pole-Schaltung

310 V auf ca. 0 V ab. Die dabei auftretende Ladungsänderung in den beiden Kondensatoren beträgt:

$$\Delta Q = 500\,\text{pF} \cdot 10\,\text{V} + 50\,\text{pF} \cdot 310\,\text{V} = 5\,\text{nC} + 16\,\text{nC} = 21\,\text{nC}$$

Wenn das Gatepotential in 100 ns ansteigen soll, ist dazu ein Strom von $I = 21\,\text{nC}/100\,\text{ns} = 210\,\text{mA}$ erforderlich. Der Gatestrom liegt also in derselben Größenordnung wie der Basisstrom von Bipolartransistoren. Ein Unterschied besteht lediglich darin, daß der Gatestrom nur im Umschaltaugenblick fließt. Um Leistungsmosfets schnell ein- und auszuschalten sind daher niederohmige Treiber erforderlich. In Abb. 16.60 ist ein komplementärer Emitterfolger eingezeichnet und in Abb. 16.61 eine Totem-Pole-Endstufe, wie sie in TTL-Gattern üblich ist. Sie läßt sich leichter in monolithischer Technik realisieren und wird deshalb in integrierten Treibern bevorzugt, z.B. beim SG 3525...27 von Silicon General. Ein Vorteil bei der Ansteuerung von Leistungsmosfets besteht darin, daß man keine negative Hilfsspannungsquelle benötigt wie bei Bipolartransistoren.

### 16.7.5
### Erzeugung der Schaltsignale

Die Schaltsignale für Eintakt-Wandler lassen sich mit einem Impulsbreitenmodulator erzeugen, wie er schon in Abschnitt 16.6.2 beschrieben wurde. Der Betrieb von Gegentaktwandlern erfordert jedoch zwei impulsbreitenmodulierte Ausgänge, die abwechselnd aktiv werden. Zur Erzeugung dieser Signale erweitert man den Impulsbreitenmodulator von Abb. 16.37 auf S. 983 um ein Toggle-Flip-Flop und erhält dann die Schaltung in Abb. 16.62. Es kippt bei jeder negativen Flanke der Sägezahnschwingung um und gibt dadurch im Wechsel das eine oder das andere UND-Gatter frei. Der Signalverlauf ist in Abb. 16.63 dargestellt. Man sieht, daß zwei Schwingungen des Sägezahngenerators erforderlich sind, um einen vollständigen Taktzyklus am Ausgang zu erzeugen. Seine Frequenz muß daher doppelt so hoch sein wie die, mit der der HF-Transformator betrieben werden soll. Die maximale Einschaltdauer an einem Ausgang kann 50% nicht überschrei-

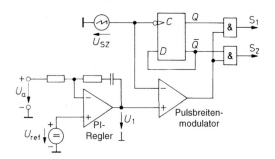 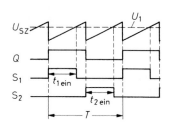

**Abb. 16.62.** Gegentakt-Impulsbreitenmodulator

**Abb. 16.63.** Zeitlicher Verlauf der Signale

ten. Daher ist durch die Schaltung sichergestellt, daß nie beide Leistungsschalter gleichzeitig leitend werden können.

Ein zusätzliches Problem bei der Regelung von primärgetakteten Schaltnetzteilen ist die Netztrennung in der Ansteuerschaltung. Dies erkennt man in Abb. 16.29 auf S. 979. Sie muß einerseits die Ausgangsspannung überwachen und andererseits die Schaltsignale für die Leistungsschalter liefern, die auf Netzpotential liegen. Daher ist eine galvanische Trennung in der Ansteuerschaltung erforderlich. Es ist zweckmäßig, die Trennung entweder bei dem Ausgangssignal des Reglers in Abb. 16.62 oder bei den Schaltsignalen $S_1$, $S_2$ vorzunehmen. Für die Trennung der Regelspannung bietet sich ein Optokoppler wie in Abb. 16.64 an. Der Regler gleicht dann auch die Nichtlinearitäten des Optokopplers aus [16.8].

Die galvanische Trennung der Schaltsignale ist insbesondere dann naheliegend, wenn sich die beiden Leistungsschalter wie z.B. in Abb. 16.52 auf verschiedenen Potentialen befinden und daher eine direkte Verbindung mit dem Impulsbreiten-Modulator ohnehin nicht möglich ist. Zur Trennung kommen in diesem Fall neben Optokopplern auch Impulstransformatoren in Frage. Optokoppler besitzen dabei den Nachteil, daß sie nicht die erforderliche Ansteuerleistung für die Leistungsschalter übertragen können. Deshalb benötigt man eine Hilfsstromversorgung auf dem Potential der Leistungsschalter [16.9]. Impulstransformatoren ermöglichen dagegen unmittelbar die Übertragung der Ansteuerleistung. Besonders einfach wird die Schaltung bei Verwendung von Leistungs-Mosfets. Dabei kann man den Impulstransformator wie in Abb. 16.65 einfach zwischen Treiber und Mosfet schalten [16.10]. Der Koppelkondensator hält den Übertrager gleichstromfrei. Zu beachten ist allerdings, daß die Gateamplitude

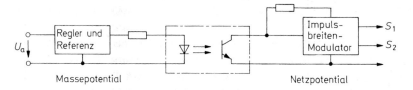

**Abb. 16.64.** Netztrennung mit einem Optokoppler für das analoge Regler-Signal

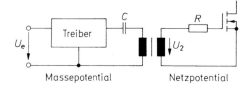

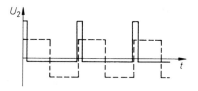

**Abb. 16.65.** Netztrennung mit einem Im-   **Abb. 16.66.** Abhängigkeit der Impulsübertrager                               pulsamplitude von der Einschaltdauer

von der Einschaltdauer abhängt, da der arithmetische Mittelwert von $U_2$ Null ist. Dieser Effekt ist in Abb. 16.66 dargestellt. Aus diesem Grund lassen sich Einschaltdauern über 50%, nicht ohne weiteres realisieren; sie werden aber auch nur selten benötigt.

Bei der Ansteuerung von bipolaren Leistungsschaltern über einen Impulsübertrager ist es erforderlich, einen Teil des Treibers auf das Transistorpotential zu legen. Er muß den Einschaltstrom und den Ausschaltstrom regeln sowie die Sättigung verhindern. Am einfachsten ist der Einsatz von integrierten Treibern mit Potentialtrennung; einige Beispiele folgen in Tab. 16.8 auf S. 1002.

### 16.7.6
### Verlustanalyse

Es gibt drei Arten von Verlusten, die den Wirkungsgrad eines Schaltreglers bestimmen. Die *statischen* Verluste resultieren aus dem Stromverbrauch des Impulsbreitenmodulators und der Treiber, sowie den Durchlaßverlusten der Leistungsschalter und des Ausgangsgleichrichters. Sie sind unabhängig von der Schaltfrequenz. Die *dynamischen Verluste* entstehen als Umschaltverluste in den Leistungsschaltern und als Magnetisierungsverluste im HF-Transformator und in der Speicherdrossel. Sie sind näherungsweise proportional zur Schaltfrequenz. Die *Kupferverluste* im HF-Transformator und in der Speicherdrossel ergeben sich aus dem Spannungsabfall am ohmschen Widerstand der Wicklungen. Da man nach Gl. (16.19) mit zunehmender Frequenz mit weniger Windungen auskommt, sind diese Verluste umgekehrt proportional zur Frequenz.

In Abb. 16.67 sind die drei Verlustquellen in Abhängigkeit von der Frequenz aufgetragen. Der sinnvolle Arbeitsbereich liegt zwischen 20 und 200 kHz. Bei hohen Frequenzen werden zwar die magnetischen Bauteile leichter und kleiner, die dynamischen Verluste überwiegen jedoch in diesem Bereich so stark, daß die Gesamtverluste zunehmen.

Ein zusätzliches Problem sind die Überschwinger, die beim Ausschalten der Leistungsschalter entstehen. Sie entstehen durch den Spannungsabfall der an den Streuinduktivitäten des HF-Transformators und der Schaltungsverdrahtung. Um sie klein zu halten, sollte man alle Leitungen im Leistungsstromkreis so kurz wie möglich halten. Trotzdem können selbst bei kleinen Streuinduktivitäten

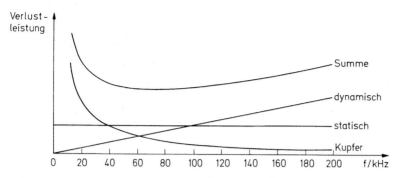

**Abb. 16.67.** Frequenzabhängigkeit der Verluste in einem Schaltregler

*Statische Verluste:* Stromaufnahme der Ansteuerschaltung
Durchlaßverluste der Schalter
Durchlaßverluste der Dioden
*Dynamische Verluste:* Umschaltverluste der Schalter
Magnetisierungsverluste
Dämpfung von Überschwingern
*Kupfer-Verluste:* HF-Transformator
Speicherdrossel

hohe Überschwinger entstehen, wenn man schnell schaltet. Dies zeigt folgendes Zahlenbeispiel:

$$U = L_{Streu}\frac{\Delta I}{\Delta t} = 100\,\text{nH}\frac{1\,\text{A}}{100\,\text{ns}} = 100\,V$$

Um dadurch nicht die Leistungsschalter zu gefährden, benötigt man ein zusätzliches Entlastungsnetzwerk (Snubber Network), das aber auch zusätzliche dynamische Verluste verursacht [16.11].

### 16.7.7
### Integrierte Ansteuerschaltungen

Eine Zusammenstellung einiger gebräuchlicher Schaltregler ist in Tab. 16.8 gegeben. Die Steuerbausteine für Gegentaktwandler besitzen zwei Ausgänge, die im Wechsel schalten. Man kann sie jedoch auch in Eintakt-Wandlern einsetzen, wenn man einen Ausgang unbenutzt läßt. Wenn dabei die Begrenzung der Einschaltdauer auf 50% stört, kann man auch beide Ausgänge ODER-verknüpfen.

Die Typen mit einem ± vor dem Ausgangsstrom besitzen einen Gegentakt-Ausgang und sind daher in der Lage, Leistungsmosfets direkt anzusteuern; bei den anderen Typen befindet sich ein einfacher Transistor am Ausgang.

Bei den *stromgesteuerten* Schaltreglern wird die zur Impulsbreitenregelung erforderliche Sägezahnspannung vom Strom durch den Leistungsschalter abgeleitet. Dadurch ergibt sich eine schnellere Reaktion auf Lastwechsel und eine automatische Symmetriekorrektur in Gegentaktschaltungen. Außerdem erhält man dadurch eine momentan ansprechende („dynamische") Überstromabschaltung.

| Typ | Hersteller | Steuerungs-Prinzip | Oszillator Frequenz max | Ausgangs-strom | Besonderheit |
|---|---|---|---|---|---|
| Steuerbausteine für Eintakt-Wandler | | | | | |
| LT 1241 | Lin. Tech. | Strom | 500 kHz | ± 1 A | |
| MC 44602 | Motorola | Strom | 500 kHz | ± 1 A | Vorsteuerung |
| L 4990 | SGS-Thom. | Strom | 300 kHz | ± 1 A | |
| TDA 4919 | Siemens | Spg./Str. | 200 kHz | ± 0,5 A | Vorsteuerung |
| TC 172 | Teledyne | Strom | 1 MHz | ± 1 A | niedr. Stromaufn. |
| TIL 5942 | Texas Inst. | Strom | 250 kHz | ± 2 A | Fotokoppler |
| UC 3842 | Unitrode | Strom | 300 kHz | ± 0,5 A | |
| UCC 3570 | Unitrode | Strom | 500 kHz | ± 1 A | niedr. Stromaufn. |
| Steuerbausteine für Eintakt- und Gegentakt-Wandler | | | | | |
| IXD P610 | Ixys | int. Rampe | 300 kHz | – | digitaler PWM |
| TDA 4918 | Siemens | Spg./Str. | 200 kHz | ± 0,5 A | Vorsteuerung |
| TC 170 | Teledyne | Strom | 200 kHz | ± 0,3 A | CMOS |
| UC 3525 | Unitrode | Spannung | 500 kHz | ± 0,4 A | inv. Ausg: 3527 |
| UC 3526 | Unitrode | Spannung | 500 kHz | ± 0,2 A | |
| UC 3638 | Unitrode | Strom | 500 kHz | ± 0,5 A | |
| UC 3808 | Unitrode | Strom | 1 MHz | ± 0,5 A | |
| UC 3846 | Unitrode | Strom | 500 kHz | ± 0,2 A | inv. Ausg: 3847 |
| UC 3825 | Unitrode | Spg./Str. | 1 MHz | ± 1,5 A | |

**Tab. 16.8.** Steuerbausteine für primärgetaktete Schaltnetzteile

Alle Pulsbreitenmodulatoren besitzen eine „*Soft-Start*"-Schaltung, die die Einschaltdauer beim Anlegen der Betriebsspannung allmählich auf den stationären Wert anwachsen läßt.

Bei allen Typen ist auch eine Stromüberwachung vorgesehen. Einige besitzen einen Stromregler, der dafür gedacht ist, den Ausgangsgleichstrom des Schaltreglers zu überwachen. Er arbeitet parallel zum Spannungsregler und erniedrigt über die Einschaltdauer die Ausgangsspannung, wenn der Maximalstrom überschritten wird („statische Strombegrenzung"). Andere Typen besitzen eine „dynamische Strombegrenzung". Sie ist dafür gedacht, den Momentanwert des Stroms durch den Leistungsschalter zu überwachen und bei Überschreitung den laufenden Einschaltzyklus abzubrechen.

Eine Störimpulsunterdrückung, die bei den meisten Typen eingebaut ist, blockiert eine mehrfache Einschaltung des Leistungsschalters während einer Taktperiode. Dies könnte sonst geschehen, wenn die relativ hohen Impulse, die beim Ein- und Ausschalten des Leistungsschalters auftreten, in den Impulsbreitenkomparator gelangen.

Eine Doppelimpulssperre stellt sicher, daß niemals zwei Einschaltimpulse nacheinander an ein und demselben Ausgang eines Steuerbausteins für Gegentaktwandler auftreten können.

| Typ | Hersteller | Treiber Anzahl | Ausgangs-strom kont./Spitze | Ausgangs-spannung max | Anstiegs-zeit | Techno-logie |
|---|---|---|---|---|---|---|
| EL 7134 | Elantec | 1 | ± 0,4 /4 A | 18 V | 20 ns | CMOS |
| EL 7272 | Elantec | 2 | ± 0,2 /2 A | 18 V | 20 ns | CMOS |
| IR 2121 | Intern. Rect. | 1 | ± 0,1 /1 A | 18 V | 40 ns | CMOS |
| MAX 628 | Maxim | 2 | ± 0,25/1,5 A | 18 V | 30 ns | CMOS |
| MC 34153 | Motorola | 2 | ± 0,4 /1,5 A | 18 V | 15 ns | Bipolar |
| Si 9910 | Siliconix | 1 | ± 0,2 /1 A | 18 V | 40 ns | Bipolar |
| TC 4421 | Teledyne | 1 | ± 2 /9 A | 18 V | 30 ns | CMOS |
| TC 4423 | Teledyne | 2 | ± 0,15/3 A | 18 V | 25 ns | CMOS |
| TC 4426 | Teledyne | 2 | ± 0,1 /1,5 A | 18 V | 25 ns | CMOS |
| UC 3710 | Unitrode | 1 | ± 0,5 /6 A | 18 V | 30 ns | Bipolar |
| UC 3711 | Unitrode | 2 | ± 0,5 /1,5 A | 32 V | 15 ns | Bipolar |
| mit Potentialtrennung | | | | | | |
| HIP 2500 | Harris | 2 | ± 0,1 /0,5 A | 18 V | 40 ns | CMOS |
| HCPL 316 | Hewl. Pack. | 1 | ± 0,5 /2 A | 30 V | 100 ns | BiCMOS |
| IR 2125 | Intern. Rect. | 1 | ± 0,1 /1 A | 18 V | 40 ns | CMOS |
| IXBD 4411 | Ixys | 1 | ± 0,1 /2 A | 20 V | 20 ns | CMOS |
| Si 9901/14 | Siliconix | 2 | ± 0,1 /0,5 A | 18 V | 40 ns | CMOS |
| UC 3726/7 | Unitrode | 1 | ± 0,2 /4 A | 35 V | 75 ns | Bipolar |

**Tab. 16.9.** Gegentakt-Leistungstreiber für primärgetaktete Schaltnetzteile

# Literatur

[16.1]   Koellner, R.: Netzteilberechnung in Basic. Funkschau 53 (1981) H. 6, S. 93–95.

[16.2]   Koch, E.: Integrierter Leistungs-Spannungsregler ist einstellbar und kurzschlußfest. Elektronik 26 (1977) H. 11, S. 71–73.

[16.3]   Widlar, R.J.: New Developments in IC Voltage Regulators. IEEE Journal of Solid-State Circuits 6 (1971) H. 1, S. 2–7.

[16.4]   Nelson, C.T.: Supermatched bipolar Transistors Improve DC and AC Designs. EDN 25 (1980) H. 1, S. 115–120.

[16.5]   McDermott, J.: Ultraprecision IC Voltage References Serve Varied Circuit Needs. EDN 26 (1981) H. 8, S. 61–74.

[16.6]   Knapp, R.: Selection Criteria Assist in Choice of Optimum Referene. EDN, 18. 2. 1988, H. 4, S. 183–192.

[16.7]   Kohlrausch, F.: Praktische Physik, Bd. 2. Stuttgart: Teubner 1968.

[16.8]   Schaltnetzteile mit Sipmos-Leistungstransistoren. Auszug aus den „Schaltbeispielen 1982/83" der Firma Siemens.

[16.9]   Power Mosfet Gate Drive Ideas. Application Bulletin 32 (1980) der Firma Hewlett-Packard

[16.10]  A 300 Watt, 100 kHz, Off-line Switch Mode Power Supply. Application Note 977 (1980) der Firma Hewlett Packard.

[16.11]  Rischmüller, K.: Hochvolttransistoren als Chopper. Technische Information Nr. 40 der Firma Thomson.

[16.12]  Shaughnessy, W. J.: LC-Snubber Networks Cut Switcher Power Losses. EDN 25 (1980) H. 23, S. 175–180.

[16.13]  Wüstehube, J.: Schaltnetzteile. Grafenau: Expert 1982.

# Kapitel 17:
# Analogschalter und Abtast-Halte-Glieder

Ein Analogschalter soll ein kontinuierliches Eingangssignal ein- und ausschalten. Wenn der Schalter eingeschaltet ist, soll die Ausgangsspannung möglichst genau gleich der Eingangsspannung werden; wenn er ausgeschaltet ist, soll sie gleich Null sein. Die wichtigsten Eigenschaften eines Analogschalters werden durch die folgenden Parameter charakterisiert:

– Durchlaßdämpfung (Ein-Widerstand),
– Sperrdämpfung (Sperrstrom),
– Analog-Spannungsbereich,
– Schaltzeiten.

## 17.1
## Anordnung der Schalter

Es gibt verschiedene Schalteranordnungen, die den gewünschten Zweck erfüllen. Sie sind in Abb. 17.1 in Form von mechanischen Schaltern dargestellt.

Abbildung 17.1 a stellt einen Serienschalter dar. Solange der Kontakt geschlossen ist, wird $U_a = U_e$. Öffnet sich der Kontakt, wird die Ausgangsspannung gleich Null. Dies gilt allerdings nur im unbelasteten Fall. Bei kapazitiver Belastung sinkt die Ausgangsspannung wegen des endlichen Ausgangswiderstandes $r_a = R$ nur allmählich auf Null ab.

Diesen Nachteil besitzt der Kurzschlußschalter in Abb. 17.1 b nicht. Dafür weist er im eingeschalteten Zustand, also bei offenem Kontakt, einen endlichen Ausgangswiderstand $r_a = R$ auf.

Der Serien-Kurzschluß-Schalter in Abb. 17.1 c vereinigt die Vorteile der beiden vorhergehenden. Er besitzt in beiden Schaltzuständen einen niedrigen Ausgangs-

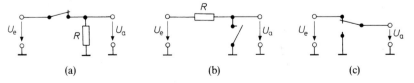

**Abb. 17.1.** (a) Serienschalter. (b) Kurzschlußschalter. (c) Serien-Kurzschluß-Schalter

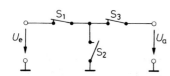

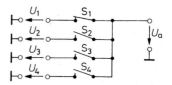

**Abb. 17.2.** Serienschalter mit verbesserter Sperrdämpfung

**Abb. 17.3.** Analog-Multiplexer-Demultiplexer

widerstand. Die Durchlaßdämpfung ist gering, die Sperrdämpfung ist hoch. Der im ausgeschalteten Zustand kurzgeschlossene Ausgang kann jedoch auch stören. Dies ist z.B. dann der Fall, wenn man die Ausgangsspannung in einem Kondensator speichern will wie bei den Abtast-Haltegliedern in Abschnitt 17.4. In diesem Fall kann man wie in Abb. 17.2 den Schalter $S_3$ hinzufügen. Wenn der Schalter offen ist, wird das kapazitiv über $S_1$ gekoppelte Eingangssignal von $S_2$ kurzgeschlossen; der Ausgang bleibt aber wegen $S_3$ hochohmig. Diese Anordnung verhält sich also nach außen wie der Serienschalter in Abb. 17.1 a, besitzt jedoch für hohe Frequenzen eine deutlich bessere Sperrdämpfung.

Eine Erweiterung auf mehrere Eingänge ist in Abb. 17.3 dargestellt. Von den vier Schaltern ist jeweils ein einziger geschlossen. Dadurch wird die Ausgangsspannung gleich der betreffenden Eingangsspannung. Man bezeichnet die Anordnung deshalb auch als *Analog-Multiplexer*.

Kehrt man die Anordnung um, kann man eine Eingangsspannung auf mehrere Ausgänge verteilen. Diese Funktion bezeichnet man als *Analog-Demultiplexer*. Die entsprechenden Schaltungen für digitale Signale haben wir bereits im Kapitel 8.2 auf S. 665 kennengelernt.

## 17.2
## Elektronische Schalter

Zur Realisierung der Schalter verwendet man Feldeffekttransistoren, Dioden oder Bipolartransistoren. Sie besitzen ganz unterschiedliche Eigenschaften und spezifische Vor- und Nachteile. Gemeinsam ist jedoch die in Abb. 17.4 dargestellte prinzipielle Anordnung. Man fordert meist TTL-kompatible Steuersignale. Sie werden von einem Leistungsgatter verstärkt. Danach folgt ein Pegelumsetzer, der die Spannungen erzeugt, die zum Öffnen bzw. Schließen des Schalters erforderlich sind.

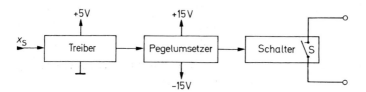

**Abb. 17.4.** Ansteuerung eines Schalters

## 17.2.1
## Fet als Schalter

Wie wir im Kapitel 3.1.3 auf S. 198 gesehen haben, verhält sich ein Fet bei kleinen Drain-Source-Spannungen wie ein ohmscher Widerstand, der mit der Gate-Source-Spannung $U_{GS}$ um mehrere Zehnerpotenzen verändert werden kann. Er ist deshalb gut als Schalter geeignet. Abb. 17.5 zeigt seinen Einsatz als Serienschalter. Bei positiven Eingangsspannungen sperrt der Fet, wenn man $U_{St} \leq U_p$ macht; bei negativen muß die Steuerspannung mindestens um $|U_p|$ unter der Eingangsspannung liegen.

Wenn der Fet leitend werden soll, muß $U_{GS}$ auf Null gehalten werden. Diese Bedingung ist nicht ganz einfach zu erfüllen, da das Sourcepotential nicht festliegt. Eine geeignete Methode ist in Abb. 17.6 dargestellt. Macht man $U_{St}$ größer als die positivste Eingangsspannung, sperrt die Diode D, und es wird wie verlangt $U_{GS} = 0$.

Bei hinreichend negativer Steuerspannung wird die Diode D leitend, und der Fet sperrt. In diesem Betriebszustand fließt über den Widerstand $R_1$ ein Strom von der Eingangsspannungsquelle in den Steuerstromkreis. Das stört normalerweise nicht, da die Ausgangsspannung in diesem Fall ohnehin gleich Null ist. Ein störender Effekt kann nur dann auftreten, wenn die Eingangsspannung über einen Koppelkondensator angeschlossen wird, da dieser während der Sperrphase negativ aufgeladen wird.

Diese Probleme entstehen nicht, wenn man einen Mosfet als Schalter einsetzt. Man kann einen n-Kanal-Mosfet dadurch leitend machen, daß man eine Steuerspannung anlegt, die positiver ist als die positivste Eingangsspannung, ohne daß dabei ein Gate-Kanal-Strom fließt. Man kann also die Diode D und den Widerstand $R_1$ entbehren. Um einen möglichst großen Eingangsspannungsbereich zu erhalten, verwendet man statt eines einzelnen Mosfets besser einen CMOS-Schalter, der aus zwei komplementären Mosfets besteht, die wie in Abb. 17.7 parallel geschaltet sind.

Um den Schalter leitend zu machen, legt man das Gate des n-Kanal-Mosfets $T_1$ auf $V^+$-Potential und das des p-Kanal-Mosfets $T_2$ auf Masse. Bei mittleren Eingangsspannungen $U_e$ sind dann beide Mosfets leitend. Steigt die Eingangsspannung auf größere positive Werte an, verringert sich $U_{GS1}$. Dadurch wird $T_1$

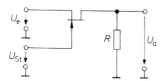

**Abb. 17.5.** Fet-Serien-Schalter

$U_{St\,ein} = U_e$

$U_{St\,aus} \leq \begin{cases} U_p & \text{für } U_e > 0 \\ U_p + U_{e\,min} & \text{für } U_e < 0 \end{cases}$

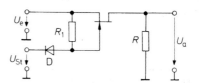

**Abb. 17.6.** Vereinfachung der Ansteuerung

$U_{St\,ein} = U_{e\,max}$

$U_{St\,aus} \leq \begin{cases} U_p & \text{für } U_e > 0 \\ U_p + U_{e\,min} & \text{für } U_e < 0 \end{cases}$

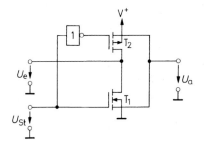

**Abb. 17.7.** CMOS-Serien-Schalter

$U_{\text{St ein}} = V^+$

$U_{\text{St aus}} = 0\,\text{V}$

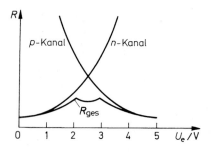

**Abb. 17.8.** Abhängigkeit der Fet-Widerstände von der Eingangsspannung für

$U_{St} = U_{\text{St ein}} = V^+ = 5\,\text{V}$

| Typ | Hersteller | Funktion | Ein-Wid. | Analog-Bereich | Verlust-Leistung | Schalt-Zeit | Daten-Speicher |
|---|---|---|---|---|---|---|---|
| Ohne Pegelumsetzer, ungeschützt | | | | | | | |
| 74 HC 4016 | Philips | 4 × ein | 65 Ω | 0...12 V | 10 μW | 10 ns | nein |
| 74 HC 4053 | Philips | 3 × um | 60 Ω | 0...12 V | 10 μW | 20 ns | nein |
| 74 HC 4066 | Philips | 4 × ein | 35 Ω | 0...12 V | 10 μW | 20 ns | nein |
| MAX 4522 | Maxim | 4 × ein | 60 Ω | 0...12 V | 10 μW | 10 ns | nein |
| SD 5000 | Siliconix | 4 × ein | 30 Ω | ± 10 V | 10 μW | 1 ns | nein |
| Schnell schaltend (≤ 100 ns) | | | | | | | |
| HI 201 HS | Harris | 4 × aus | 30 Ω | ± 15 V | 120 mW | 30 ns | nein |
| 74 HC 4316 | Philips | 4 × ein | 65 Ω | ± 5 V | 10 μW | 20 ns | nein |
| DG 611 | Siliconix | 4 × aus | 18 Ω | ± 5 V | 20 μW | 15 ns | nein |
| Niedrige Verlustleistung (≤ 100 μW) und niederohmig (≤ 100 Ω) | | | | | | | |
| ADG 511 | Analog D. | 4 × aus | 30 Ω | ± 20 V | 20 μW | 200 ns | nein |
| DG 403 | Harris | 2 × um | 30 Ω | ± 15 V | 20 μW | 150 ns | nein |
| DG 411 | Harris | 4 × ein | 30 Ω | ± 15 V | 30 μW | 150 ns | nein |
| LT 221 | Lin. Tech. | 4 × aus | 70 Ω | ± 15 V | 10 μW | 250 ns | ja |
| MAX 351 | Maxim | 4 × aus | 22 Ω | ± 15 V | 35 μW | 150 ns | nein |
| DG 405 | Siliconix | 4 × ein | 20 Ω | ± 15 V | 10 μW | 100 ns | nein |
| Niederohmig (≤ 100 Ω) | | | | | | | |
| ADG 211 | Analog D. | 4 × aus | 60 Ω | ± 15 V | 10 μW | 200 ns | ja |
| ADG 333 | Analog D. | 4 × um | 20 Ω | ± 15 V | 1 μW | 150 ns | nein |
| ADG 451 | Analog D. | 4 × ein | 5 Ω | ± 15 V | 20 μW | 60 ns | nein |
| MAX 4602 | Maxim | 4 × ein | 2 Ω | ± 15 V | 1 μW | 180 ns | nein |
| CDG 271 | Siliconix | 4 × aus | 32 Ω | ± 15 V | 150 mW | 50 ns | nein |
| Hohe Spannung (≥ ± 30 V) | | | | | | | |
| HV 348 | Supertex | 2 × aus | 35 Ω | ± 50 V | 10 mW | 500 ns | nein |
| Hohe Sperrdämpfung (≥ 40 dB bei 100 MHz) | | | | | | | |
| HI 222 | Harris | 2 × ein | 35 Ω | ± 15 V | 75 mW | 90 ns | nein |
| MAX 4545 | Maxim | 2 × ein | 50 Ω | ± 5 V | 1 μW | 100 ns | nein |
| DG 540 | Siliconix | 4 × ein | 30 Ω | ± 6 V | 60 mW | 30 ns | nein |

**Tab. 17.1.** Beispiele für Analogschalter in CMOS-Technologie. Häufig sind andere Schalter-Konfigurationen unter benachbarten Typennummern erhältlich

| Typ | Hersteller | Funktion | Ein-Wid. | Analog-Bereich | Verlust-Leistung | Schalt-Zeit | Daten-Speicher |
|---|---|---|---|---|---|---|---|
| **Schnell schaltend (≤ 100 ns), ungeschützt** | | | | | | | |
| 74 HC 4051 | Philips | $1 \times 8$ | $60\,\Omega$ | $\pm 5\,V$ | $10\,\mu W$ | $20\,ns$ | nein |
| 74 HC 4052 | Philips | $2 \times 4$ | $60\,\Omega$ | $\pm 5\,V$ | $10\,\mu W$ | $20\,ns$ | nein |
| 74 HC 4053 | Philips | $3 \times 2$ | $60\,\Omega$ | $\pm 5\,V$ | $10\,\mu W$ | $20\,ns$ | nein |
| **Niedrige Verlustleistung (≤ 100 $\mu$W)** | | | | | | | |
| DG 406 | Maxim | $1 \times 16$ | $80\,\Omega$ | $\pm 15\,V$ | $20\,\mu W$ | $200\,ns$ | nein |
| DG 408 | Maxim | $1 \times 8$ | $80\,\Omega$ | $\pm 15\,V$ | $20\,\mu W$ | $200\,ns$ | nein |
| DG 485 | Siliconix | $1 \times 8$ | $55\,\Omega$ | $\pm 15\,V$ | $10\,\mu W$ | $160\,ns$ | ja |
| **Hoher Eingangsspannungsschutz (≥ ± 30 V)** | | | | | | | |
| MAX 378 | Maxim | $1 \times 8$ | $2\,k\Omega$ | $\pm 15\,V$ | $2\,mW$ | $300\,ns$ | nein |
| DG 458 | Harris | $1 \times 8$ | $80\,\Omega$ | $\pm 15\,V$ | $5\,mW$ | $200\,ns$ | nein |
| **Hohe Spannung (≥ ± 30 V)** | | | | | | | |
| HV 22816 | Supertex | $1 \times 8$ | $22\,\Omega$ | $\pm 80\,V$ | $2\,mW$ | $4\,\mu s$ | ja |
| **Hohe Sperrdämpfung (≥ 40 dB bei 100 MHz)** | | | | | | | |
| MAX 310 | Maxim | $1 \times 8$ | $150\,\Omega$ | $\pm 12\,V$ | $1\,mW$ | $300\,ns$ | nein |
| DG 536 | Siliconix | $1 \times 16$ | $55\,\Omega$ | $0 \ldots 10\,V$ | $75\,\mu W$ | $200\,ns$ | ja |
| DG 538 | Siliconix | $2 \times 4$ | $45\,\Omega$ | $\pm 6\,V$ | $10\,mW$ | $200\,ns$ | ja |
| **Standard Typen** | | | | | | | |
| ADG 408 | Analog D. | $1 \times 8$ | $80\,\Omega$ | $\pm 15\,V$ | $2\,mW$ | $200\,ns$ | nein |
| ADG 526 | Analog D. | $1 \times 16$ | $280\,\Omega$ | $\pm 15\,V$ | $10\,mW$ | $200\,ns$ | ja |
| DG 408 | Harris | $1 \times 8$ | $80\,\Omega$ | $\pm 15\,V$ | $7\,mW$ | $200\,ns$ | nein |
| MAX 308 | Maxim | $1 \times 8$ | $60\,\Omega$ | $\pm 15\,V$ | $300\,\mu W$ | $200\,ns$ | nein |

**Tab. 17.2.** Beispiele für Analogmultiplexer in CMOS-Technologie. Häufig sind andere Schalter-Konfigurationen unter benachbarten Typennummern erhältlich

hochohmiger. Das schadet jedoch nichts, da gleichzeitig der Betrag von $U_{GS2}$ größer wird. Dadurch wird $T_2$ niederohmiger. Bei kleinen Eingangsspannungen ist es umgekehrt. Dieser Sachverhalt ist in Abb. 17.8 dargestellt. Man sieht, daß die Eingangsspannung jeden Wert zwischen 0 und $V^+$ annehmen darf.

Bei Standard-CMOS-Schaltern dürfen weder die Steuerspannung noch das Analogsignal außerhalb dieses Bereichs liegen, weil die Schalter sonst durch *Latch-Up* zerstört werden können. In diesem Fall wird nämlich eine Kanal-Substrat-Diode leitend und überschwemmt das Substrat mit Ladungsträgern. Diese können den in Abb. 3.21 auf S. 213 dargestellten parasitären Thyristor zünden, der die Betriebsspannung kurzschließt. Wenn eine Einhaltung des sicheren Eingangsspannungsbereichs nicht garantiert werden kann, sollte man einen Widerstand vorschalten, der den Strom auf kleine Werte begrenzt [17.1].

Wegen dieser Probleme werden die meisten integrierten CMOS-Schalter mit zusätzlichen Schutzstrukturen versehen, die den Strom begrenzen, oder mit *dielektrischer Isolation* [17.2] hergestellt. Hier dient nicht ein pn-Übergang zum Substrat als Isolator, sondern eine Oxidschicht. Dadurch sind CMOS-Bauelemente mit dielektrischer Isolation Latch-Up-frei. Allerdings ist ihr Herstellungs-Prozeß deutlich teurer.

In Tab. 17.1 und 17.2 sind einige gebräuchliche CMOS-Schalter und -Multiplexer zusammengestellt. Die 74 HC-Typen sind normale CMOS-Gatter mit sehr niedrigem Preis. Sie sind jedoch Latch-Up gefährdet und besitzen nur einen eingeschränkten Spannungsbereich. Die übrigen Typen sind Latch-Up geschützt; ihr Einsatz ist daher problemlos. Die angegebenen Hersteller bieten noch eine Vielzahl weiterer Typen an, von denen nur einige Beispiele herausgegriffen wurden.

Die typischen Sperrströme der Schalter liegen bei Raumtemperatur zwischen 0,1 nA und 1 nA. Sie verdoppeln sich bei 10 Grad Temperaturerhöhung und können daher bis auf 100 nA ansteigen.

## 17.2.2
## Dioden als Schalter

Dioden eignen sich wegen ihres hohen Sperr- und niedrigen Durchlaßwiderstandes ebenfalls für den Einsatz als Schalter. Legt man bei der Schaltung in Abb. 17.9 eine positive Steuerspannung an, sperren die Dioden $D_5$ und $D_6$. Der Konstantstrom $I$ fließt dann über die beiden Zweige $D_1$, $D_4$ und $D_2$, $D_3$ von der einen Stromquelle zur anderen. Dadurch stellen sich die Potentiale $V_1$ und $V_2$ auf die Werte

$$V_1 = U_e + U_D, \qquad V_2 = U_e - U_D$$

ein. Die Ausgangsspannung wird:

$$U_a = V_1 - U_D = V_2 + U_D = U_e$$

wenn die Durchlaßspannungen gleich sind. Ist das nicht der Fall, tritt eine Offsetspannung auf.

Macht man die Steuerspannung negativ, werden die beiden Dioden $D_5$, $D_6$ leitend, und die Diodenbrücke sperrt. Dadurch wird der Ausgang vom Eingang zweifach getrennt und die Mitte auf konstantes Potential gelegt. Es liegt daher ein Analogschalter mit hoher Sperrdämpfung nach Abb. 17.2 vor.

Mit dem gezeigten Prinzip lassen sich Schaltzeiten unter 1 ns erreichen, wenn man schnell schaltende Dioden einsetzt [17.2]. Geeignet ist z.B. das Dioden-Array CA 3019 von RCA oder das Schottky-Dioden-Quartett 5082-2813 von Hewlett-Packard.

Schnelles Schalten setzt natürlich auch entsprechend schnelle Ansteuersignale voraus. Ein Beispiel für die geeignete Ansteuerschaltung ist in Abb. 17.10 dargestellt. Sie besteht aus einer Brückenschaltung von vier Konstantstromquellen

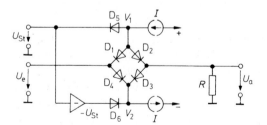

**Abb. 17.9.** Serienschalter mit Dioden

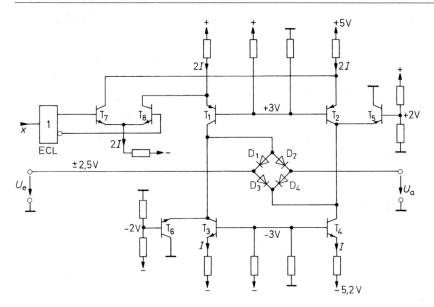

**Abb. 17.10.** Dioden-Brücke mit schneller Ansteuerschaltung.
IC-Typ: AD 1315 von Analog Devices

$T_1$ bis $T_4$. Die oberen beiden werden gegensinnig vom Steuersignal eingeschaltet. Wenn $T_1$ leitend ist, fließt ein Strom der Größe $I$ durch die Diodenbrücke und macht sie leitend. Wenn $T_2$ eingeschaltet wird, sperrt die Diodenbrücke. Damit in diesem Fall die Stromquellen $T_2$ und $T_3$ nicht in die Sättigung gehen, werden die Sperrspannungen mit den Transistoren $T_5$ und $T_6$ begrenzt. Sie gewährleisten gleichzeitig, daß die Diodenbrücke im Sperrbetrieb niederohmig angesteuert wird, um eine gute Sperrdämpfung zu erreichen.

Die Amplitude des Analogsignals muß kleiner sein als die maximale Steuerspannung an der Diodenbrücke. Bei der angegebenen Dimensionierung wird sie mit den Transistoren $T_5$ und $T_6$ auf $\pm 2{,}7\,\text{V}$ begrenzt. Größere Spannungen sollte man mit schnellen Schaltern auch nicht verarbeiten, weil Bauelemente mit höheren Sperrspannungen meist auch deutlich schlechtere Hochfrequenz-Eigenschaften besitzen.

### 17.2.3
### Bipolartransistor als Schalter

Um die Eignung eines Bipolartransistors als Schalter zu untersuchen, betrachten wir sein Kennlinienfeld in Nullpunktnähe. Es ist in Abb. 17.11 für kleine positive und negative Kollektor-Emitter-Spannungen aufgezeichnet.

Im ersten Quadranten liegt das bereits aus Abb. 2.3 auf S. 41 bekannte Ausgangskennlinienfeld. Macht man die Spannung $U_{CE}$ negativ, ohne den Basisstrom zu ändern, erhält man die Kennlinien im dritten Quadranten. Bei dieser umge-

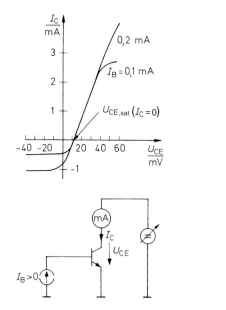

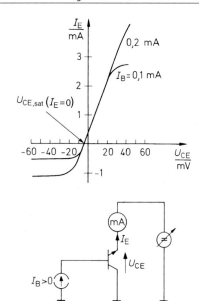

**Abb. 17.11.** Vollständiges Ausgangskennlinienfeld in Emitterschaltung mit zugehöriger Meßschaltung

**Abb. 17.12.** Vollständiges Ausgangskennlinienfeld bei vertauschtem Emitter und Kollektor mit zugehöriger Meßschaltung

kehrten Polung besitzt der Transistor eine wesentlich kleinere Stromverstärkung; sie liegt bei $\frac{1}{30}\beta$. Die maximal zulässige Kollektor-Emitter-Spannung bei dieser Polung ist gleich der Emitter-Basis-Sperrspannung $U_{EB0}$. Das kommt daher, daß bei dieser Betriebsart die Basis-Kollektor-Diode leitend wird, und die Basis-Emitter-Diode sperrt. Diese Betriebsart wird als Inversbetrieb bezeichnet, die zugehörige Stromverstärkung als inverse Stromverstärkung $\beta_i$. Der Nulldurchgang des Kollektorstroms liegt bei einer Kollektor-Emitter-Spannung von etwa 10 bis 50 mV. Überschreitet der Basisstrom einige mA, steigt diese *Offsetspannung* stark an; bei kleineren Basisströmen bleibt sie über einen weiten Bereich konstant.

Man kann die Offsetspannung wesentlich reduzieren, indem man dafür sorgt, daß der Transistor beim Nulldurchgang des Ausgangsstroms invers leitend ist. Um das zu erreichen, muß man Kollektor und Emitter vertauschen. Das dabei entstehende Ausgangskennlinienfeld ist in Abb. 17.12 aufgezeichnet. Wenn man $U_{CE}$ weiterhin vorzeichenrichtig am Transistor mißt, erhält man bei größeren Ausgangsströmen praktisch denselben Verlauf wie beim Normalbetrieb in Abb. 17.11. Das kommt daher, daß der hier als Ausgangsstrom verwendete Emitterstrom praktisch gleich dem Kollektorstrom ist.

In Nullpunktnähe tritt jedoch ein wesentlicher Unterschied auf. Das rührt daher, daß man in diesem Bereich den Basisstrom nicht mehr gegenüber dem Ausgangsstrom vernachlässigen kann. Macht man im Normalbetrieb den Ausgangsstrom Null, ist der Emitterstrom gleich dem Basisstrom, also ungleich Null,

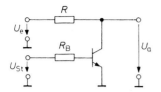

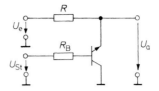

**Abb. 17.13.** Bipolartransistor als Kurzschlußschalter

**Abb. 17.14.** Kurzschlußschalter im Inversbetrieb

und am Ausgang tritt die genannte Offsetspannung von ca. 10 bis 50 mV auf. Macht man dagegen bei vertauschtem Emitter und Kollektor den Ausgangsstrom Null, wird der Kollektorstrom gleich dem Basisstrom. Dann ist also die Kollektor-Basis-Diode leitend (Inversbetrieb). Die hierbei auftretende Offsetspannung ist wie im Kapitel 2.3.1 auf S. 66 im Abschnitt Sättigungsspannung beschrieben etwa um den Faktor 10 kleiner als im Normalbetrieb, aber nach wie vor positiv, da bei der Schaltung in Abb. 17.12 $U_a = -U_{CE}$ ist. Typische Werte liegen zwischen 1 und 5 mV. Aus diesem Grund ist es günstig, Transistorschalter mit vertauschtem Emitter und Kollektor zu betreiben. Wenn man den Emitterstrom klein hält, arbeitet der Transistor praktisch ausschließlich im Inversbetrieb.

### Kurzschlußschalter

Der Einsatz eines Transistors als Kurzschlußschalter ist in Abb. 17.13 und 17.14 dargestellt. Bei der Schaltung in Abb. 17.13 arbeitet der Transistor im Normalbetrieb, bei der Schaltung in Abb. 17.14 im Inversbetrieb. Um den Transistor hinreichend niederohmig zu machen, läßt man Basisströme im mA-Gebiet fließen. Der Kollektor- bzw. Emitterstrom sollte nicht nennenswert größer sein, damit die Offsetspannung klein bleibt.

### Serienschalter

Abbildung 17.15 zeigt den Einsatz eines Bipolartransistors als Serienschalter. Um den Transistor zu sperren, legt man eine negative Steuerspannung an. Sie muß negativer sein als die negativste Eingangsspannung. Dem sind allerdings dadurch Grenzen gesetzt, daß die Steuerspannung nicht negativer werden darf als $-U_{EB0} \approx -6$ V.

Um den Transistor leitend zu machen, muß man eine Steuerspannung anlegen, die um $\Delta U = I_B R_B$ positiver ist als die Eingangsspannung. Dann wird die Kollektor-Basis-Diode leitend, und der Transistor arbeitet als Schalter im Inversbetrieb. Nachteilig ist, daß der Basisstrom in die Eingangsspannungsquelle fließt. Damit dadurch keine großen Fehler auftreten, muß ihr Innenwiderstand sehr niederohmig sein.

Läßt sich diese Bedingung erfüllen, eignet sich die Schaltung besonders gut für positive Eingangsspannungen. Dann wird nämlich der Emitterstrom im eingeschalteten Zustand positiv; dadurch verkleinert sich die Offsetspannung. Wie

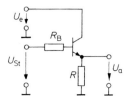

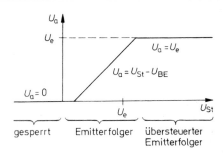

**Abb. 17.15.** Übersteuerter Emitterfolger als Serienschalter

**Abb. 17.16.** Übertragungskennlinie für positive Eingangsspannungen

man in Abb. 17.12 erkennt, geht sie bei einem bestimmten Emitterstrom sogar durch Null. In dieser Betriebsart wird die Schaltung als übersteuerter Emitterfolger bezeichnet. Für Steuerspannungen zwischen Null und $U_e$ arbeitet sie nämlich als Emitterfolger für $U_{St}$. Dieser Sachverhalt wird durch die Übertragungskennlinie für positive Eingangsspannungen in Abb. 17.16 verdeutlicht.

## Serien-Kurzschluß-Schalter

Kombiniert man den übersteuerten Emitterfolger in Abb. 17.15 mit dem Kurzschlußschalter in Abb. 17.14, erhält man einen Serien-Kurzschluß-Schalter, der in beiden Betriebszuständen eine niedrige Offsetspannung besitzt. Nachteilig ist jedoch, daß man komplementäre Ansteuersignale braucht. Zu einer besonders einfachen Ansteuerung kommt man, wenn man wie in Abb. 17.17 einen komplementären Emitterfolger einsetzt, den man in beiden Richtungen übersteuert. Dazu muß $U_{St\,max} > U_e$ und $U_{St\,min} < 0$ gewählt werden. Wegen des niedrigen Ausgangswiderstandes ist eine schnelle Umschaltung der Ausgangsspannung zwischen Null und $U_e$ möglich. Den praktischen Einsatz des übersteuerten Emitterfolgers als Analogschalter haben wir bei dem Funktionsgenerator in Abb. 14.35 auf S. 926 gezeigt.

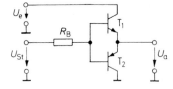

**Abb. 17.17.** Serien-Kurzschluß-Schalter

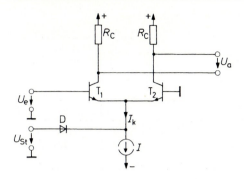

**Abb. 17.18.** Prinzipielle Arbeitsweise eines Differenzverstärkers als Schalter

$$U_a = \begin{cases} 0 & \text{für } U_{St} = 1\,\text{V} \\ SR_CU_e & \text{für } U_{St} = -1\,\text{V} \end{cases}$$

### 17.2.4
### Differenzverstärker als Schalter

Die Verstärkung eines Differenzverstärkers ist proportional zur Steilheit, und diese ist ihrerseits proportional zum Kollektorstrom. Die Differenzverstärkung läßt sich demnach zu Null machen, indem man den Emitterstrom abschaltet. Abb. 17.18 zeigt, wie man dieses Prinzip beim Einsatz als Analogschalter nutzen kann.

Macht man die Steuerspannung negativ, sperrt die Diode D, und der Differenzverstärker erhält den Emitterstrom $I_k = I$. Wenn man die Ausgangsspannung zwischen den Ausgängen abnimmt, ergibt sich:

$$U_a \;=\; SR_cU_e \;=\; \frac{I_c}{U_T}R_cU_e \;=\; \frac{1}{2U_T}I_kR_cU_e$$

Macht man die Steuerspannung positiv, übernimmt die Diode den Strom $I$, und die Transistoren sperren: $I_k = 0$. Dadurch steigen zwar beide Ausgangspotentiale auf $V^+$ an, die betrachtete Ausgangsspannungsdifferenz $U_a$ wird jedoch Null.

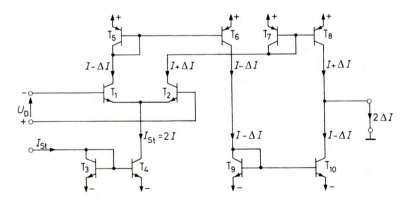

**Abb. 17.19.** Transconductance-Amplifier als Schalter

$$I_a = \begin{cases} 0 & \text{für } I_{St} = 0 \\ I_{St}U_D/2U_T & \text{für } I_{St} > 0 \end{cases}$$

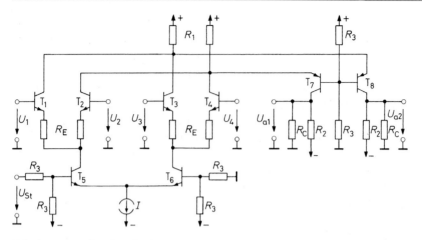

**Abb. 17.20.** Breitband-Multiplexer

$$U_{a1} = -U_{a2} = \begin{cases} A(U_1 - U_2) & \text{für } U_{St} = \phantom{-}1\,\text{V} \\ A(U_3 - U_4) & \text{für } U_{St} = -1\,\text{V} \end{cases}$$

$$A = \frac{1}{2}S_{\text{red}}(R_C \parallel R_2) \qquad S_{\text{red}} = S/(1 + SR_E)$$

Wie sich dieses Prinzip als Analogschalter für niedrige Frequenzen einsetzen läßt, ist in Abb. 17.19 dargestellt. Solange die Eingangsspannung $U_D = 0$ ist, teilt sich der Steuerstrom gleichmäßig auf die beiden Transistoren des Differenzverstärkers auf, und in allen Stromspiegeln fließt der Strom $I$. Der Ausgangsstrom wird Null. Legt man eine positive Eingangsspannung an, nimmt der Kollektorstrom von $T_2$ um $\Delta I = \frac{1}{2}SU_D$ zu und der von $T_1$ um denselben Betrag ab. Damit ergibt sich ein Ausgangsstrom:

$$I_a = 2\Delta I = SU_D = \frac{I_c}{U_T}U_D = \frac{I_{St}}{2U_T}U_D$$

Macht man den Steuerstrom gleich Null, sperren alle Transistoren, und der Ausgangsstrom wird Null.

Verstärker, die nach dem in Abb. 17.19 gezeigten Prinzip arbeiten, bezeichnet man wegen ihres hochohmigen Ausgangs als VC-Operationsverstärker (s. Abschnitt 5.3 auf S. 545) oder als *„Transconductance Amplifier"* (Steilheits-Verstärker). Sie sind als integrierte Schaltungen erhältlich: z.B. der CA 3060 bzw. CA 3280 von Harris. Sie lassen sich bei konstantem Steuerstrom auch wie Operationsverstärker einsetzen. Macht man den Steuerstrom proportional zu einer zweiten Eingangsspannung, arbeiten sie als als Analogmultiplizierer [17.3].

Wie sich das Abb. 17.18 gezeigte Prinzip als Schalter für hohe Frequenzen einsetzen läßt, ist in Abb. 17.20 dargestellt. Hier arbeiten die beiden Differenzverstärker $T_1, T_2$ bzw. $T_3, T_4$ mit gemeinsamen Kollektorwiderständen $R_1$. Eingeschaltet wird aber jeweils nur einer von beiden: bei positiver Steuerspannung erhält der linke Differenzverstärker den Strom $I$, sonst der rechte. Dadurch ergibt sich gegenüber dem Prinzip in Abb. 17.18 der Vorteil, daß die Ausgangspotentiale beim Schalten konstant bleiben.

Man hat also einen Schalter zur Verfügung, mit dem man von der einen Eingangsspannung $U_{e1} = U_1 - U_2$ auf eine zweite $U_{e2} = U_3 - U_4$ umschalten kann. Macht man durch Verbinden der entsprechenden Eingänge $U_3 = U_2$ und $U_4 = U_1$, wird $U_{e2} = -U_{e1}$. Dadurch entsteht ein Polaritätsumschalter.

Die Schaltung läßt sich wie der in Abb. 5.25 auf S. 505 dargestellte Komplementär-Kaskode-Differenzverstärker als Breitbandverstärker dimensionieren. Dazu dienen die Stromgegenkopplungswiderstände $R_E$ und die Kaskodeschaltungen $T_7$, $T_8$. Bei geeigneter Dimensionierung kann man Bandbreiten bis über 100 MHz erreichen. Die Schaltung eignet sich deshalb z.b. für den Einsatz in der Nachrichtentechnik als Modulator, Demodulator oder Phasendetektor sowie als Kanalumschalter in Breitbandoszillographen.

Integrierte Schaltungen, die nach diesem Prinzip arbeiten, sind z.B. der LT 1193 von Linear Technology, der OPA 678 von Burr Brown, der CLC 532 von Comlinear oder der AD 539 von Analog Devices für hohe Bandbreite bzw. der AD 630 von Analog Devices für hohe Genauigkeit [17.4].

# 17.3
# Analogschalter mit Verstärkern

Wenn man Analogschalter mit Operationsverstärkern kombiniert, lassen sich einige besondere Merkmale erreichen. Die Schalter selbst werden im folgenden nur symbolisch angegeben. Zur praktischen Realisierung sind die in Tab. 17.1 und 17.2 auf S. 1008 angegebenen CMOS-Schalter am besten geeignet.

## 17.3.1
## Analogschalter für hohe Spannungen

Bei der Schaltung in Abb. 17.21 arbeitet der Operationsverstärker als Umkehrverstärker. Wenn der Schalter offen ist, wird die Spannung an ihm mit den Dioden $D_1$ und $D_2$ auf $\pm 0,7$ V begrenzt. Wenn der Schalter geschlossen ist, liegen beide Anschlüsse auf Masse-Potential, da sie am Summationspunkt angeschlossen sind. Die Schaltung arbeitet in diesem Fall als Umkehrverstärker. Die Dioden beeinträchtigen diesen Betrieb nicht, da an ihnen praktisch keine Spannung abfällt. Die Verstärkung der Schaltung läßt sich mit $R_1$ und $R_2$ so einstellen, daß der Operationsverstärker auch bei den höchsten Eingangsspannungen nicht übersteuert wird.

Eine zweite Möglichkeit, große Spannungen zu schalten, ist in Abb. 17.22 dargestellt. In der eingezeichneten Schalterstellung arbeitet der Operationsverstärker auch hier als Umkehrverstärker. Vorteilhaft ist dabei, daß der Schalter innerhalb der Gegenkopplungsschleife liegt. Dadurch wirkt sich sein Ein-Widerstand nicht auf die Verstärkung aus. Allerdings benötigt man hier Schalter, deren Analogspannungsbereich gleich der Ausgangsaussteuerbarkeit des Operationsverstärkers ist. Wenn der Schalter umgeschaltet wird, liegt der Ausgang über $R_2$ am Summationspunkt, also auf Nullpotential.

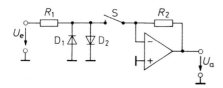

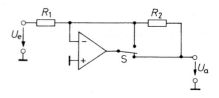

**Abb. 17.21.** Schalten von hohen Spannungen bei kleinen Schalterspannungen

$$U_a = \begin{cases} 0 \\ -U_e R_2/(R_1 + r_{\text{DS on}}) \end{cases}$$

**Abb. 17.22.** Schalten von hohen Spannungen mit hoher Präzision

$$U_a = \begin{cases} 0 \\ -U_e R_2/R_1 \end{cases}$$

## 17.3.2
### Verstärker mit umschaltbarer Verstärkung

Bei der Schaltung in Abb. 17.23 läßt sich die Verstärkung eines Elektrometerverstärkers mit einem Analog-Multiplexer umschalten. Je nachdem, welcher Schalter des Multiplexers geschlossen ist, lassen sich beliebige Verstärkungen $A \geq 1$ durch entsprechende Dimensionierung der Spannungsteilerkette realisieren. Besonders interessant ist bei dieser Schaltung, daß die Schalter des Analog-Multiplexers stromlos betrieben werden. Dadurch geht ihr Ein-Widerstand nicht in die Ausgangsspannung ein. Ein integrierter Verstärker, der nach diesem Prinzip arbeitet, ist der AD 526 von Analog Devices. Seine Verstärkung läßt sich zwischen 1 und 16 umschalten.

Bei der Schaltung in Abb. 17.24 läßt sich mit dem Schalter S das Vorzeichen der Verstärkung umschalten. Wenn der Schalter in der unteren Stellung steht, arbeitet die Schaltung als Umkehrverstärker mit der Verstärkung $A = -1$.

Wenn der Schalter in der oberen Stellung steht, wird $V_p = U_e$. Daher stellt sich die Ausgangsspannung so ein, daß an $R_1$ keine Spannung abfällt. Dies ist für $U_a = U_e$ der Fall. Der Verstärker arbeitet also als Elektrometer-Verstärker. Die Schaltung ist eng verwandt mit dem bipolaren Koeffizientenglied in Abb. 11.5 auf S. 774.

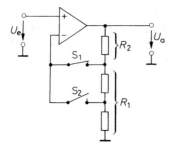

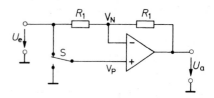

**Abb. 17.23.** Elektrometerverstärker mit umschaltbarer Verstärkung

$$U_a = (1 + R_2/R_1)U_e$$

**Abb. 17.24.** Invertierender – Nichtinvertierender Verstärker

$$U_a = \begin{cases} U_e & \text{für } S = \text{oben} \\ -U_e & \text{für } S = \text{unten} \end{cases}$$

## 17.4
## Abtast-Halte-Glieder

### 17.4.1
### Grundlagen

Die Ausgangsspannung eines Abtast-Halte-Gliedes (Sample and Hold) soll im eingeschalteten Zustand der Eingangsspannung folgen. In dieser Betriebsart verhält es sich also wie ein Analogschalter. Im ausgeschalteten Zustand soll jedoch die Ausgangsspannung nicht Null werden, sondern es soll die Spannung im Ausschaltaugenblick gespeichert werden. Wegen dieser Eigenschaft bezeichnet man Abtast-Halte-Glieder auch als Track-and-hold-Schaltungen.

Die prinzipielle Anordnung eines Abtast-Halte-Gliedes ist in Abb. 17.25 dargestellt. Das zentrale Bauelement ist der Kondensator $C$, der die Speicherfunktion übernimmt. Wenn der Schalter S geschlossen ist, wird der Kondensator auf die Eingangsspannung aufgeladen. Damit dabei nicht die Eingangsspannungsquelle belastet wird, verwendet man einen Impedanzwandler. Er wird in Abb. 17.25 durch den Spannungsfolger OV 1 realisiert. Er muß hohe Ausgangsströme liefern können, um den Speicherkondensator schnell umladen zu können.

Wenn der Schalter S geöffnet ist, soll die Spannung am Kondensator $C$ möglichst lange unverändert erhalten bleiben. Deshalb schaltet man einen Spannungsfolger nach, der Belastungen vom Kondensator fern hält. Außerdem muß der Schalter einen hohen Sperrwiderstand und der Kondensator eine hochwertige Isolation besitzen.

Die wichtigsten nichtidealen Eigenschaften eines Abtast-Halte-Gliedes sind in Abb. 17.26 eingezeichnet. Wenn der Schalter mit dem Abtastbefehl geschlossen wird, steigt die Ausgangsspannung nicht momentan auf den Wert der Eingangsspannung an, sondern nur mit einer bestimmten maximalen *Anstiegsgeschwindigkeit* (Slew Rate). Sie wird primär durch den maximalen Strom des Eingangsimpedanzwandlers bestimmt. Dann folgt ein Einschwingvorgang, dessen Dauer durch die Dämpfung des Impedanzwandlers und den Ein-Widerstand des Schalters bestimmt wird. Man definiert eine Einstellzeit $t_E$ (*Acquisition Time*) als die Zeit, die nach dem Übergang in den Folgebetrieb vergeht, bis die Ausgangsspannung mit vorgegebener Toleranz gleich der Eingangsspannung ist. Wenn die Aufladung des Speicherkondensators ausschließlich durch den Ein-Widerstand des Schalters $R_S$ bestimmt wird, läßt sich die Einstellzeit aus der Aufladefunk-

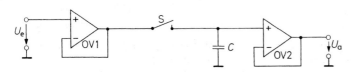

**Abb. 17.25.** Schematische Anordnung eines Abtast-Halte-Gliedes

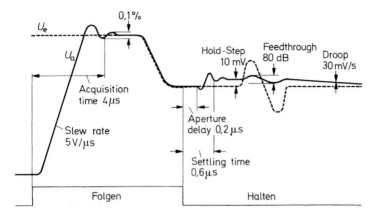

**Abb. 17.26.** Definition der Kenndaten eines Abtast-Halte-Gliedes. Eingetragen sind als Beispiel die typischen Daten des LF 398 bei einem Haltekondensator von 1 nF. Die Dauer der folge-Phase muß mindestens gleich der Acquisition-Time sein

tion eines $RC$-Gliedes und der geforderten Einstellgenauigkeit berechnen, und man erhält:

$$t_E = R_S \cdot C \cdot \begin{cases} 4{,}6 & \text{für } 1\% \\ 6{,}9 & \text{für } 0{,}1\% \end{cases}$$

Sie wird also um so kürzer, je kleiner man $C$ wählt.

Wenn man in den Halte-Zustand übergeht, dauert es einen Augenblick, bis sich der Schalter öffnet. Diese Zeit wird als *Apertur-Zeit* $t_A$ *(Aperture Delay)* bezeichnet. Sie ist meist nicht konstant, sondern schwankt etwas; häufig in Abhängigkeit vom jeweiligen Wert der Eingangsspannung. Diese Schwankungen werden als *Apertur-Jitter* $\Delta t_A$ bezeichnet.

Anschließend bleibt die Ausgangsspannung meist nicht auf dem gespeicherten Wert stehen, sondern es gibt einen kleinen Spannungssprung $\Delta U_a$ *(Hold Step)* mit nachfolgendem Einschwingvorgang. Er kommt daher, daß beim Ausschalten eine kleine Ladung über die Kapazität des Schalters $C_s$ vom Ansteuersignal in den Speicherkondensator $C$ gekoppelt wird. Der dabei auftretende Spannungssprung beträgt:

$$\Delta U_a = \frac{C_s}{C} \Delta U_S$$

darin ist $\Delta U_S$ die Amplitude des Ansteuersignals. Die Störung wird also um so kleiner, je größer man $C$ wählt.

Eine weitere nichtideale Eigenschaft ist der *Durchgriff (Feedthrough)*. Er kommt dadurch zustande, daß trotz geöffnetem Schalter die Eingangsspannung auf den Ausgang wirkt. Dieser Effekt wird hauptsächlich durch den kapazitiven Spannungsteiler verursacht, den die Kapazität des geöffneten Schalters mit dem Speicherkondensator bildet.

Die wichtigste Größe im Speicherzustand ist die *Haltedrift (Droop)*. Sie wird hauptsächlich durch den Eingangsstrom des Impedanzwandlers am Ausgang und

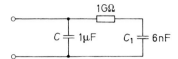

**Abb. 17.27.** Ersatzschaltbild eines Kondensators. Als Beispiel ein 1 $\mu$F-Kondensator mit Mylar-Dielektrikum

durch den Sperrstrom des Schalters bestimmt. Bei einem Entladestrom $I_L$ ergibt sich:

$$\frac{\Delta U_a}{\Delta t} = \frac{I_L}{C}$$

Um den Entladestrom klein zu halten, verwendet man für OV 2 einen Verstärker mit Fet-Eingang.

Man sieht, daß alle Kenndaten im Haltezustand um so besser werden, je größer man $C$ wählt, während im Folgebetrieb kleine Werte von $C$ günstiger sind. Daher muß man je nach Anwendung einen Kompromiß schließen.

Bei den bisherigen Überlegungen sind wir davon ausgegangen, daß der Speicherkondensator ideale Eigenschaften besitzt. Es lassen sich auch Kondensatoren mit praktisch vernachlässigbar kleinem Selbstentladungsstrom finden. Trotzdem kann eine Spannungsänderung im Haltezustand infolge der Ladungsspeicherung im Dielektrikum auftreten. Dieser Effekt wird durch das Ersatzschaltbild eines Kondensators in Abb. 17.27 erklärt. Der Kondensator $C_1$ repräsentiert die im Dielektrikum gespeicherte Ladung. Sie bleibt bei einem Spannungssprung zunächst unverändert und lädt sich erst im Laufe der Zeit um. Wenn die Abtastdauer kurz ist, wird die dazu erforderliche Ladung dem Kondensator $C$ während der Haltephase entnommen. Bei einem Spannungssprung der Größe $U$ ergibt sich dadurch eine nachträgliche Spannungsänderung:

$$\Delta U = \frac{C_1}{C} U$$

im Beispiel von Abb. 17.27 sind es also 0,6%. Wie groß dieser Effekt ist, hängt vom Dielektrikum ab. Teflon, Polystyrol und Polypropylen sind in dieser Beziehung gut; Polycarbonat, Mylar und die meisten keramischen Dielektrika sind dagegen schlecht [17.5].

## 17.4.2
## Praktische Ausführung

Die schnellsten Abtast-Halte-Glieder ergeben sich nach dem in Abb. 17.25 gezeigten Prinzip, wenn man als Schalter die Diodenbrücke von Abb. 17.10 von S. 1011 einsetzt und als Spannungsfolger die Schaltungen in Abb 4.105 auf S. 434. Nach diesem Prinzip arbeitet z.B. das Abtast-Halte-Glied HTS 0010 von Analog Devices, das eine Einstellzeit von lediglich 10 ns aufweist.

Höhere Genauigkeit läßt sich mit einer Über-alles-Gegenkopplung erreichen, wie sie in Abb. 17.28 dargestellt ist. Wenn der Schalter geschlossen ist, stellt sich das Ausgangspotential $V_1$ des Verstärkers OV 1 so ein, daß $U_a = U_e$ wird. Dadurch werden Offsetfehler, die durch OV 2 oder den Schalter entstehen, eliminiert. Die

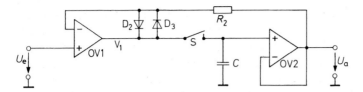

**Abb. 17.28.** Abtast-Halte-Glied mit Über-alles-Gegenkopplung

Dioden $D_2$ und $D_3$ sperren in diesem Betriebszustand, da an ihnen nur die kleine Spannung $V_1 - U_a$ abfällt, die gerade gleich der genannten Offsetspannung ist.

Öffnet man den Schalter, bleibt die Ausgangsspannung konstant. Mit dem Widerstand $R_2$ und den Dioden $D_2$, $D_3$ wird verhindert, daß der Verstärker OV 1 in diesem Betriebszustand übersteuert wird. Das ist deshalb von Bedeutung, weil nach der Übersteuerung eine große Erholzeit auftritt, um die sich die Einstellzeit vergrößert.

Nach diesem Prinzip arbeitet der Typ LF 398. Er stellt wegen seines niedrigen Preises das gebräuchlichste Abtast-Halte-Signal für Universal-Anwendungen dar.

### Abtast-Halte-Glied mit Integrator

Statt eines geerdeten Kondensators mit Spannungsfolger kann man auch einen Integrator als Analogspeicher verwenden. Diese Möglichkeit zeigt Abb. 17.29. Dann liegt der Serienschalter wie in Abb. 17.29 an einem Summationspunkt und ist deshalb einfach anzusteuern.

Wenn der Schalter geschlossen ist, stellt sich die Ausgangsspannung wegen der Umkehrgegenkopplung auf den Wert $U_a = -U_e R_2/R_1$ ein. Der Verstärker OV 1 verkürzt wie bei der vorhergehenden Schaltung die Einstellzeit und eliminiert die Offsetspannung des Fet-Verstärkers OV 2.

Wenn der Schalter geöffnet wird, wird der Strom durch den Speicherkondensator gleich Null, und die Ausgangsspannung bleibt konstant. In diesem Fall wird die Über-alles-Gegenkopplung unwirksam. Statt dessen werden dann die Dioden $D_1$ bis $D_4$ wirksam und begrenzen die Ausgangsspannung von OV 1 auf $\pm 1{,}2\,\text{V}$. Dadurch wird eine Übersteuerung verhindert.

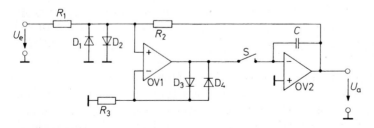

**Abb. 17.29.** Abtast-Halte-Glied mit Integrator als Speicher

Bei schnellen Abtast-Halte-Gliedern wird der Verstärker OV 1 meist weggelassen. Die Schaltung entspricht dann dem Integrator in Abb. 11.9 auf S. 778. Nach diesem Prinzip arbeitet das Abtast-Halte-Glied HTC 0300 von Analog Devices.

Das wichtigste Anwendungsgebiet der Abtast-Halte-Glieder ist der Einsatz vor Analog-Digital Umsetzern. Allerdings gibt es für nahezu alle Anwendungen AD-Umsetzer, bei denen ein Abtast-Halte-Glied bereits eingebaut ist (Sampling ADCs) wie Tab. 18.8 auf S. 1052 und 18.10 auf S. 1056 zeigen. Dies bietet mehrere Vorteile z.B. kompakterer Aufbau, gemeinsame Spezifikation und günstiger Preis.

Die Abtast-Halteglieder in Tab. 17.3 teilen sich in zwei Gruppen: die monolitisch integrierten Typen und die hybriden. Die Hybridschaltungen sollte man nur dann in Betracht ziehen, wenn die Geschwindigkeit es unbedingt erfordert, da sie ein Vielfaches kosten.

| Typ | Hersteller | Speicher-Kondensator | Einstellzeit | | Genauigkeit | Anstiegsgeschw. max | Haltedrift | | Technologie |
|---|---|---|---|---|---|---|---|---|---|
| LF 398 | viele | 10 nF | 20 | $\mu$s | 10 bit | 0,5 V/$\mu$s | 3 | mV/s | Bifet |
| **LF 398** | **viele** | **1 nF** | **4** | **$\mu$s** | **10 bit** | **5 V/$\mu$s** | **30** | **mV/s** | **Bifet** |
| AD 585 | Analog Dev. | 100 pF* | 3 | $\mu$s | 12 bit | 10 V/$\mu$s | 0,1 | V/s | bipolar |
| SHC 5320 | Burr Brown | 100 pF* | 1,5 | $\mu$s | 12 bit | 45 V/$\mu$s | 0,1 | V/s | bipolar |
| SHM 20 | Datel | * | 1 | $\mu$s | 12 bit | 45 V/$\mu$s | 0,1 | V/s | bipolar |
| CS 3112 | Crystal | * | 1 | $\mu$s | 12 bit | 4 V/$\mu$s | 1 | mV/s | CMOS |
| CS 31412[4] | Crystal | * | 1 | $\mu$s | 12 bit | 4 V/$\mu$s | 1 | mV/s | CMOS |
| **AD 781** | **Analog Dev.** | * | **0,6** | **$\mu$s** | **12 bit** | **60 V/$\mu$s** | **10** | **mV/s** | **BIMOS** |
| AD 682[2] | Analog Dev. | * | 0,6 | $\mu$s | 12 bit | 60 V/$\mu$s | 10 | mV/s | BIMOS |
| AD 684[4] | Analog Dev. | * | 0,6 | $\mu$s | 12 bit | 60 V/$\mu$s | 10 | mV/s | BIMOS |
| HA 5330 | Harris | 90 pF* | 0,5 | $\mu$s | 12 bit | 90 V/$\mu$s | 10 | mV/s | bipolar |
| **AD 783** | **Analog Dev.** | * | **0,2** | **$\mu$s** | **12 bit** | **50 V/$\mu$s** | **20** | **mV/s** | **BIMOS** |
| **LF 6197** | **National** | **10 pF*** | **0,2** | **$\mu$s** | **12 bit** | **145 V/$\mu$s** | **0,6** | **V/s** | **Bifet** |
| HA 5351 | Harris | * | 50 | ns | 12 bit | 130 V/$\mu$s | 100 | V/s | bipolar |
| **AD 9100** | **Analog Dev.** | **22 pF*** | **16** | **ns** | **12 bit** | **850 V/$\mu$s** | **1** | **kV/s** | **bipolar** |
| SHM 12 | Datel | 15 pF* | 15 | ns | 12 bit | 350 V/$\mu$s | 0,5 kV/s | | bipolar |
| **AD 9101** | **Analog Dev.** | * | **7** | **ns** | **10 bit** | **1800 V/$\mu$s** | **5** | **kV/s** | **bipolar** |
| SHC 702 | Burr Brown | * | 0,5 | $\mu$s | 16 bit | 150 V/$\mu$s | 0,2 | V/s | hybrid |
| SP 9760 | Sipex | * | 0,35 | $\mu$s | 16 bit | 120 V/$\mu$s | 1 | V/s | hybrid |
| SHC 803 | Burr Brown | * | 0,25 | $\mu$s | 12 bit | 160 V/$\mu$s | 0,5 | V/s | hybrid |
| SHC 49 | Datel | * | 0,16 | $\mu$s | 12 bit | 300 V/$\mu$s | 0,5 | V/s | hybrid |
| HS 9730 | Sipex | * | 0,12 | $\mu$s | 12 bit | 200 V/$\mu$s | 50 | V/s | hybrid |
| SHM 43 | Datel | * | 35 | ns | 12 bit | 250 V/$\mu$s | 1 | V/s | hybrid |
| SHC 601 | Burr Brown | * | 12 | ns | 10 bit | 350 V/$\mu$s | 20 | V/s | hybrid |
| HTS 0010 | Analog Dev. | * | 10 | ns | 8 bit | 300 V/$\mu$s | 50 | V/s | hybrid |

\* Speicher-Kondensator intern.    [2] zweifach S&H.    [4] vierfach S&H.

**Tab. 17.3.** Typische Daten von Abtast-Halte-Gliedern.
Abtast-Halte-Glieder vor Analog-Digital-Umsetzern realisiert man vorzugsweise mit Umsetzern, bei denen ein Abtast-Halte-Glied integriert ist (Sampling ADCs). Beispiele sind in Tab. 18.8 auf S. 1052 und Tab. 18.10 auf S. 1056 zusammengestellt.

# Literatur

[17.1]  Frenzel, D.: CMOS-Schalter und -Multiplexer ohne Latch up-Effekt. Elektronik 27 (1978) H. 1, S. 57–60.

[17.2]  McCarthy, M., Collins, A.: Switches and Multiplexers. Analog Dialogue 31 (1997) H. 3, S. 20–22.

[17.3]  Gillooly, D.L.; Henneuse, P.: Multifunction Chip Plays Many Parts in Analog Design. Electronics 54 (1981) H. 7, S. 121–129.

[17.4]  Scott, h.P., Checkovich, P.: Up Close And Personal With Hight-Speed Crosspoint Switches. EDN 46 (1998) H. 23, S. 40–48.

[17.5]  Pease, R.A.: Understand Capacitor Soakage to Optimize Analog Systems. EDN 27 (1982) H. 20, S. 125–129.

# Kapitel 18:
# DA- und AD-Umsetzer

Wenn man eine Spannung digital anzeigen oder verarbeiten möchte, muß man sie in eine entsprechende Zahl übersetzen. Diese Aufgabe erfüllt ein Analog-Digital-Umsetzer, ADU, (Analog to Digital Converter, ADC). Dabei soll die Zahl $Z$ in der Regel proportional zur Eingangsspannung $U_e$ sein:

$$Z = U_e/U_{\mathrm{LSB}}$$

Darin ist $U_{\mathrm{LSB}}$ die Spannungseinheit für das niedrigste Bit (Least Significant Bit, LSB), also die zu $Z = 1$ gehörige Spannung.

Zur Rückverwandlung einer Zahl in eine Spannung verwendet man Digital-Analog-Umsetzer, DAU, (Digital to Analog Converter, DAC). Ihre Ausgangsspannung ist proportional zur eingegebenen Zahl gemäß:

$$U_a = U_{\mathrm{LSB}} \cdot Z$$

## 18.1
## Grundprinzipien der DA-Umsetzung

Die Aufgabe eines Digital-Analog-Umsetzers, DAU, besteht darin, eine Zahl in eine dazu proportionale Spannung umzuwandeln. Man kann dabei drei prinzipiell verschiedene Verfahren unterscheiden:

1) das Parallelverfahren,
2) das Wägeverfahren,
3) das Zählverfahren.

Die Arbeitsweise dieser drei Verfahren ist in Abb. 18.1 schematisch dargestellt. Bei dem Parallelverfahren in Abb. 18.1 a werden mit einem Spannungsteiler alle möglichen Ausgangsspannungen bereitgestellt. Mit einem 1-aus-$n$-Decoder wird dann derjenige Schalter geschlossen, dem die gewünschte Ausgangsspannung zugeordnet ist.

Beim Wägeverfahren in Abb. 18.1 b ist jedem Bit ein Schalter zugeordnet. Über entsprechend gewichtete Widerstände wird dann die Ausgangsspannung aufsummiert.

Das Zählverfahren in Abb. 18.1 c erfordert nur einen einzigen Schalter. Er wird periodisch geöffnet und geschlossen. Sein Tastverhältnis wird mit Hilfe

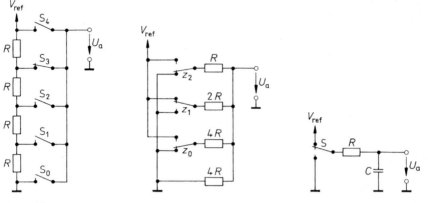

**Abb. 18.1.** a) Parallel-     **Abb. 18.1.** b) Wägeverfahren     **Abb. 18.1.** c) Zählverfahren
verfahren

**Abb. 18.1.**  Verfahren zur Digital-Analog-Umsetzung

eines Pulsbreitenmodulators so eingestellt, daß der arithmetische Mittelwert der Ausgangsspannung den gewünschten Wert annimmt.

Der Vergleich der drei Verfahren zeigt, daß das Parallelverfahren $Z_{max}$ Schalter erfordert, das Wägeverfahren ld $Z_{max}$ Schalter und das Zählverfahren nur einen einzigen. Wegen der großen Zahl von Schaltern wird das Parallelverfahren nur selten eingesetzt. Das Zählverfahren erlangt zunehmende Bedeutung, weil hier der Pulsbreitenmodulator eine einfach zu integrierende digitale Schaltung darstellt. Wenn man ihn mit einer Frequenz betreibt, die weit über der Abtastfrequenz liegt (oversampling), vereinfacht sich dadurch das erforderliche Tiefpaßfilter.

Die größte Bedeutung haben die DA-Umsetzer nach dem Wägeverfahren. Ihre vielfältigen Realisierungsmöglichkeiten wollen wir im folgenden beschreiben. Für die Realisierung der Schalter haben sich zwei Verfahren durchgesetzt: In CMOS-Schaltungen werden die in Abb. 17.7 auf S. 1008 dargestellten Transmission-Gates eingesetzt, in Bipolarschaltungen werden Konstantströme erzeugt und wie in Abb. 17.18 auf S. 1015 mit Dioden oder Differenzverstärkern geschaltet.

## 18.2
## DA-Umsetzer in CMOS-Technologie

### 18.2.1
### Summation gewichteter Ströme

Eine einfache Schaltung zur Umwandlung einer Dualzahl in eine dazu proportionale Spannung ist in Abb. 18.2 dargestellt. Die Widerstände sind so gewählt, daß durch sie bei geschlossenem Schalter ein Strom fließt, der dem betreffenden Stellenwert entspricht. Die Schalter müssen immer dann geschlossen werden, wenn

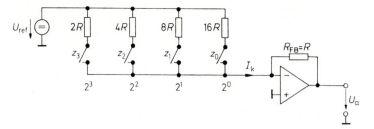

**Abb. 18.2.** Prinzip eines DA-Umsetzers

$$U_a = -U_{ref}\frac{Z}{16}; \qquad I_k = \frac{U_{ref}}{R} \cdot \frac{Z}{16}$$

in der betreffenden Stelle eine logische Eins auftritt. Wegen der Gegenkopplung des Operationsverstärkers über den Widerstand $R_{FB}$ bleibt der Summationspunkt auf Nullpotential. Die Teilströme werden also ohne gegenseitige Beeinflussung aufsummiert.

Wenn der von $z_0$ gesteuerte Schalter geschlossen ist, ergibt sich die Ausgangsspannung:

$$U_a = U_{LSB} = -U_{ref}\frac{R_{FB}}{16\,R} = -\frac{1}{16}U_{ref}$$

Im allgemeinen Fall erhält man:

$$U_a = -\frac{1}{2}U_{ref}z_3 - \frac{1}{4}U_{ref}z_2 - \frac{1}{8}U_{ref}z_1 - \frac{1}{16}U_{ref}z_0$$

Daraus ergibt sich

$$U_a = -\frac{1}{16}U_{ref}(8z_3 + 4z_2 + 2z_1 + z_0) = -U_{ref}\frac{Z}{Z_{max} + 1} \qquad (18.1)$$

## 18.2.2
### DA-Umsetzer mit Wechselschaltern

Ein Nachteil des beschriebenen DA-Umsetzers besteht darin, daß die Potentiale an den Schaltern stark schwanken. Solange die Schalter offen sind, liegen sie auf $V_{ref}$-Potential, wenn sie geschlossen sind, auf Nullpotential. Deshalb müssen bei jedem Schaltvorgang die parasitären Kapazitäten des Schalters umgeladen werden. Dieser Nachteil läßt sich vermeiden, wenn man wie in Abb. 18.3 Wechselschalter einsetzt, mit denen jeweils zwischen dem Summationspunkt und Masse umgeschaltet wird. Dadurch bleibt der Strom durch jeden Widerstand konstant. Daraus ergibt sich ein weiterer Vorteil: Die Belastung der Referenzspannungsquelle ist konstant. Ihr Innenwiderstand braucht also nicht wie bei der vorhergehenden Schaltung Null zu sein. Der Eingangswiderstand des Netzwerkes und damit der Lastwiderstand für die Referenzspannungsquelle beträgt in dem Beispiel:

$$R_e = 2R \; 4R \; 8R \; 16R = \frac{16}{15}R$$

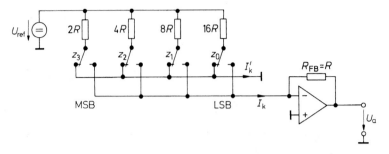

**Abb. 18.3.** DA-Umsetzer mit Wechselschaltern

$$I_k = \frac{U_{ref}}{R}\frac{Z}{Z_{max}+1}; \quad I'_k = \frac{U_{ref}}{R}\cdot\frac{Z_{max}-Z}{Z_{max}+1}; \quad U_a = -U_{ref}\frac{Z}{Z_{max}+1}$$

### 18.2.3
### Leiternetzwerk

Bei der Herstellung von integrierten DA-Umsetzern stößt die Realisierung genauer Widerstände mit stark unterschiedlichen Werten auf erhebliche Schwierigkeiten. Man realisiert die Gewichtung der Stufen deshalb durch Anwendung einer
fortgesetzten Spannungsteilung mit Hilfe eines Leiternetzwerkes wie in Abb. 18.4.
Das Grundelement eines solches Leiternetzwerkes stellt ein belasteter Spannungsteiler gemäß Abb. 18.5 dar, der folgende Eigenschaften besitzen soll: Belastet man
ihn mit einem Lastwiderstand $R_p$, soll sein Eingangswiderstand $R_e$ ebenfalls den
Wert $R_p$ annehmen. Die Kettenabschwächung $\alpha = U_2/U_1$ soll bei dieser Belastung

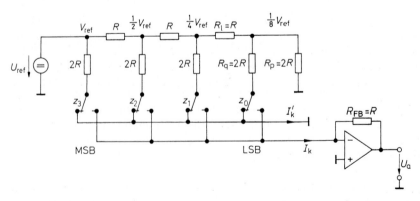

**Abb. 18.4.** DA-Umsetzer mit Leiternetzwerk. Dies ist die gebräuchliche Schaltung in CMOS-
Technologie

$$U_a = -U_{ref}\frac{Z}{Z_{max}+1}$$

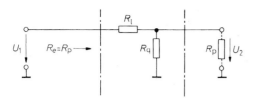

**Abb. 18.5.** Aufbau einer Stufe des Leiternetzwerkes

gleich einem vorgegebenen Wert sein. Mit diesen beiden Bedingungen erhalten
wir die Dimensionierungsvorschrift:

$$R_1 = \frac{(1-\alpha)^2}{\alpha} R_q \quad \text{und} \quad R_p = \frac{(1-\alpha)}{\alpha} R_q \tag{18.2}$$

In dem Fall der Dualkodierung ist $\alpha = 0{,}5$. Wenn wir $R_q = 2R$ vorgeben, erhalten
wir:

$$R_1 = R \quad \text{und} \quad R_p = 2R \tag{18.3}$$

in Übereinstimmung mit Abb. 18.4.

Die Referenzspannungsquelle wird mit dem konstanten Widerstand

$$R_e = 2R \,\|\, 2R = R$$

belastet. Die Ausgangsspannung des Summierverstärkers ergibt sich zu:

$$
\begin{aligned}
U_a &= -R_{\mathrm{FB}} I_k \\
&= -U_{\mathrm{ref}} \frac{R_{\mathrm{FB}}}{16R} (8z_3 + 4z_2 + 2z_1 + z_0) = -U_{\mathrm{ref}} \frac{Z}{Z_{\max} + 1}
\end{aligned}
\tag{18.4}
$$

Der DA-Umsetzer in Abb. 18.4 erfordert lediglich Widerstände der Größe $R$, wenn
man die Widerstände $2R$ durch Reihenschaltung von zwei Widerständen ersetzt.
Daher ist die Anordnung gut geeignet für die Herstellung als monolithisch integrierte Schaltung. Dabei lassen sich leicht die erforderlichen Paarungstoleranzen
für die Widerstände erreichen. Ihr Absolutwert läßt sich jedoch nicht genau
festlegen. So sind Toleranzen bis zu $\pm 50\%$ üblich. Entsprechend stark können
natürlich auch die Ströme $I_k$ bzw. $I_k'$ schwanken. Um trotzdem eng tolerierte
Ausgangsspannungen zu erhalten, wird der Gegenkopplungswiderstand $R_{\mathrm{FB}}$ mit
integriert. Dadurch kürzt sich der Absolutwert von $R$ aus der Gl. (18.4) für die
Ausgangsspannung heraus. Aus diesem Grund sollte man zur Strom-Spannungs-
Umsetzung immer den internen Gegenkopplungswiderstand einsetzen und nie
einen externen.

### 18.2.4
### Inversbetrieb eines Leiternetzwerks

Gelegentlich wird das Leiternetzwerk auch wie in Abb. 18.6 mit vertauschtem
Eingang und Ausgang betrieben, da man dann keinen Verstärker zur Summa-
tion benötigt. Man muß dann allerdings die bereits erwähnten Nachteile eines
hohen Spannungshubes an den Schaltern und einer ungleichmäßig belasteten
Referenzspannungsquelle in Kauf nehmen.

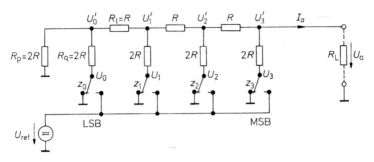

**Abb. 18.6.** Invers betriebenes Leiternetzwerk. Diese Schaltung wird in Umsetzern mit Spannungs-Ausgang eingesetzt

$$U_a = U_{ref} \frac{R_L}{R + R_L} \cdot \frac{Z}{Z_{max} + 1} = U_{ref} \frac{R_L}{R + R_L} \cdot \frac{Z}{16}$$

Zur Berechnung der Ausgangsspannung benötigen wir den Zusammenhang zwischen den eingespeisten Spannungen $U_i$ und den zugehörigen Knotenspannungen $U_i'$. Dabei benutzen wir den Überlagerungssatz, d.h. wir setzen alle eingespeisten Spannungen außer der betrachteten Spannung $U_i$ gleich Null und addieren die einzelnen Anteile. Wenn wir das Netzwerk rechts und links mit dem Widerstand $R_L = R_p = 2R$ abschließen, ergibt sich voraussetzungsgemäß an jedem Knotenpunkt nach rechts und links die Belastung $R_p = 2R$. Daraus folgen die Spannungsanteile $\Delta U_i' = \frac{1}{3} \Delta U_i$ und wir erhalten durch Addition der entsprechend gewichteten Anteile die Ausgangsspannung:

$$U_a = \frac{1}{3} \left( U_3 + \frac{1}{2} U_2 + \frac{1}{4} U_1 + \frac{1}{8} U_0 \right) = \frac{2 U_{ref}}{3} \cdot \frac{Z}{16} \qquad (18.5)$$

Da der Innenwiderstand des Netzwerkes unabhängig von der eingestellten Zahl den konstanten Wert

$$R_i = R_p \ R_q = (1 - \alpha) R_q = R \qquad (18.6)$$

besitzt, bleibt die Gewichtung auch dann erhalten, wenn der Lastwiderstand $R_L$ nicht den zunächst vorausgesetzten Wert $R_p = 2R$ besitzt. Aus dem Ersatzschaltbild in Abb. 18.7 können wir mit Gl. (18.5) unmittelbar die Leerlaufspannung und den Kurzschlußstrom berechnen:

$$U_{a0} = U_{ref} \frac{Z}{16} = U_{ref} \frac{Z}{Z_{max} + 1}; \quad I_{ak} = \frac{U_{ref}}{R} \cdot \frac{Z}{16} = \frac{U_{ref}}{R} \cdot \frac{Z}{Z_{max} + 1} \qquad (18.7)$$

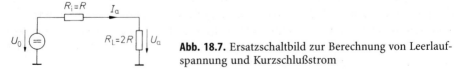

**Abb. 18.7.** Ersatzschaltbild zur Berechnung von Leerlaufspannung und Kurzschlußstrom

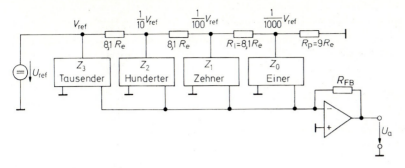

**Abb. 18.8.** Leiternetzwerk zur Dekadenkopplung

## 18.3
## Leiternetzwerk zur Dekadenkopplung

Das Leiternetzwerk in Abb. 18.4 läßt sich zur Umsetzung längerer Dualzahlen beliebig fortsetzen. Zur Umsetzung von BCD-Zahlen modifiziert man das Verfahren gemäß Abb. 18.8. Dabei verwendet man für jede Dezimalstelle einen 4stelligen DA-Umsetzer nach Abb. 18.3 oder Abb. 18.4 und verbindet diese mit einem Leiternetzwerk, das von Stufe zu Stufe die Abschwächung $\alpha = \frac{1}{10}$ bewirkt. In Gl. (18.2) müssen wir dann für $R_q$ den Eingangswiderstand $R_e$ der DA-Umsetzerstufen einsetzen und erhalten die Kopplungswiderstände $R_1 = 8{,}1R_e$ und den Abschlußwiderstand $R_p = 9R_e$, wie in Abb. 18.8 eingezeichnet. Auf diese Weise unterscheiden sich die Eingangsspannungen der DA-Umsetzerstufen jeweils um den Faktor 10, und wir erhalten für das Beispiel mit 4 Dekaden die Ausgangsspannung:

$$U_a = -\frac{U_{\text{ref}}}{16}\left(Z_3 + \frac{1}{10}Z_2 + \frac{1}{100}Z_1 + \frac{1}{1000}Z_0\right)$$

wenn wir für jede Dekade ein Leiternetzwerk nach Abb. 18.4 einsetzen.

## 18.4
## DA-Umsetzer in Bipolartechnologie

Bei den DA-Umsetzern in Bipolartechnologie lassen sich auf einfache Weise Konstantstromquellen realisieren, die die einzelnen Beiträge zum Ausgangstrom liefern. Dieses Prinzip ist in Abb. 18.9 dargestellt. Die Ströme sind nach dem Stellenwert gewichtet. Je nachdem, ob die betreffende Dualstelle Eins oder Null ist, gelangt der zugehörige Strom an den Ausgang oder wird nach Masse abgeleitet. Die Sammelschiene für den Strom $I_k$ muß hier nicht unbedingt auf Nullpotential liegen, da der Strom, den die Stromquellen liefern, unabhängig von der Spannung ist. Dies gilt natürlich nur innerhalb des Aussteuerungsbereiches der Konstantstromquellen (Compliance Voltage). Aus diesem Grund kann man hier einen ohmschen Lastwiderstand einsetzen und muß nicht unbedingt – wie z.B. in Abb. 18.4 – auf eine virtuelle Masse gehen.

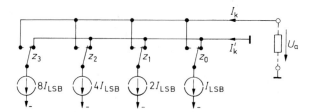

**Abb. 18.9.** DA-Umsetzer mit geschalteten Stromquellen

$$U_a = -R_L \cdot I_{LSB} \cdot Z; \quad I_k = I_{LSB} \cdot Z; \quad I_k' = I_{LSB}(Z_{max} - Z)$$

Zur Erzeugung der Konstantströme verwendet man einfache Transistorstromquellen nach Abb. 4.18 auf S. 318. Wenn man dabei alle Basispotentiale gleich macht und alle Emitterwiderstände an $V^-$ anschließt, müssen diese im umgekehrten Verhältnis stehen wie die Stellenwertigkeit. Dies führt auch im Bipolarprozess zu Toleranzproblemen. Aus diesem Grund setzt man auch hier ein Leiternetzwerk zur Stromteilung ein. Das Prinzip ist in Abb. 18.10 dargestellt. Die Stromquellenbank $T_1$ bis $T_6$ liegt auf gleichem Basispotential. Es stellt sich über den Operationsverstärker so ein, daß über den Referenztransistor $T_1$ der Strom $I_{ref} = U_{ref}/R_{ref}$ fließt. Dies ist für $U_1 = 2R \cdot I_{ref}$ der Fall. Wenn die Emitter-Basis-Spannungen der übrigen Transistoren genauso groß sind wie die von $T_1$, ergeben sich die eingetragenen Spannungsabfälle an den Emitterwiderständen und damit auch die gewünschte Gewichtung der Ströme.

Gleiche Emitter-Basis-Spannungen ergeben sich aber selbst dann nicht, wenn die Transistoren exakt gleich sind, da die Ströme ungleich sind. Aus der Übertragungskennlinie (2.2) auf S. 42 ergibt sich:

$$U_{BE} = U_T \ln \frac{I_C}{I_{C0}}$$

Daraus folgt eine Spannungserhöhung um 18 mV bei Verdopplung des Kollektorstroms. Damit dadurch kein Fehler entsteht, betreibt man alle Transistoren mit dem gleichen Kollektorstrom. Dazu schaltet man soviele Transistoren parallel, daß durch jeden nur der Strom $I_{LSB}$ fließt. In integrierten Schaltungen wird

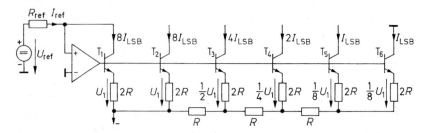

**Abb. 18.10.** Erzeugung gewichteter Konstantströme. Dies ist die gebräuchliche Schaltung in Bipolar-Technologie

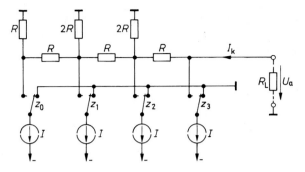

**Abb. 18.11.** DA-Umsetzer mit invers betriebenem Leiternetzwerk. Diese Schaltung wird in Video-Umsetzern eingesetzt

*Kurzschlußstrom:* $\quad I_{k0} = \dfrac{IZ}{8} = I\,\dfrac{Z}{Z_{max} + 1}$

*Ausgangsspannung:* $\quad U_a = I_{k0}(2R \parallel R_L)$

dem dadurch Rechnung getragen, daß man für die höheren Ströme entsprechend großflächigere Transistoren einsetzt.

Den Abschlußwiderstand $2R$ des Leiternetzwerkes in Abb. 18.10 darf man hier nicht an Masse anschließen, sondern man muß dazu einen Punkt wählen, der auf Emitterpotential liegt. Zu seiner Erzeugung dient der sonst nicht benutzte Transistor $T_6$. Man kann seinen Emitter zur Vereinfachung auch zu $T_5$ parallel schalten und die beiden Emitterwiderstände zu einem einzigen mit der Größe $R$ zusammenfassen.

Eine andere Möglichkeit zur DA-Umsetzung mit geschalteten Stromquellen ist in Abb. 18.11 dargestellt. Hier werden gleich große Ströme erzeugt, die über ein Netzwerk gewichtet am Ausgang erscheinen. Die Anordnung entspricht dem invers betriebenen Leiternetzwerk in Abb. 18.6. Die Widerstände $2R$, die die Abschwächung innerhalb der Kette bewirken, müssen hier an Masse angeschlossen werden. In Reihe mit den Konstantstromquellen wären sie wirkungslos. Andererseits wird die Abschwächung in der Kette durch das Zuschalten einer Stromquelle nicht verändert, da sie einen zumindest theoretisch unendlich hohen Innenwiderstand besitzt.

## 18.5
## DA-Umsetzer für spezielle Anwendungen

### 18.5.1
### Verarbeitung vorzeichenbehafteter Zahlen

Bei der Beschreibung der DA-Umsetzer sind wir bis jetzt davon ausgegangen, daß positive Zahlen vorliegen, die in positive (je nach Schaltung auch negative) Spannungen umgewandelt werden sollen. Hier wollen wir untersuchen, wie man mit den beschriebenen DA-Umsetzern bipolare Ausgangsspannungen erzeugen kann. Die übliche Darstellung für Dualzahlen mit beliebigem Vorzeichen

| Dezimal | Zweierkomplement | | | | | | | | Offset-Dual | | | | | | | | Analog | |
|---|---|---|---|---|---|---|---|---|---|---|---|---|---|---|---|---|---|---|
| | $v_z$ | $z_6$ | $z_5$ | $z_4$ | $z_3$ | $z_2$ | $z_1$ | $z_0$ | $z_7$ | $z_6$ | $z_5$ | $z_4$ | $z_3$ | $z_2$ | $z_1$ | $z_0$ | $U_1/U_{\mathrm{LSB}}$ | $U_a/U_{\mathrm{LSB}}$ |
| 127 | 0 | 1 | 1 | 1 | 1 | 1 | 1 | 1 | 1 | 1 | 1 | 1 | 1 | 1 | 1 | 1 | $-255$ | 127 |
| 126 | 0 | 1 | 1 | 1 | 1 | 1 | 1 | 0 | 1 | 1 | 1 | 1 | 1 | 1 | 1 | 0 | $-254$ | 126 |
| 1 | 0 | 0 | 0 | 0 | 0 | 0 | 0 | 1 | 1 | 0 | 0 | 0 | 0 | 0 | 0 | 1 | $-129$ | 1 |
| 0 | 0 | 0 | 0 | 0 | 0 | 0 | 0 | 0 | 1 | 0 | 0 | 0 | 0 | 0 | 0 | 0 | $-128$ | 0 |
| $-1$ | 1 | 1 | 1 | 1 | 1 | 1 | 1 | 1 | 0 | 1 | 1 | 1 | 1 | 1 | 1 | 1 | $-127$ | $-1$ |
| $-127$ | 1 | 0 | 0 | 0 | 0 | 0 | 0 | 1 | 0 | 0 | 0 | 0 | 0 | 0 | 0 | 1 | $-1$ | $-127$ |
| $-128$ | 1 | 0 | 0 | 0 | 0 | 0 | 0 | 0 | 0 | 0 | 0 | 0 | 0 | 0 | 0 | 0 | 0 | $-128$ |

**Tab. 18.1.** Verarbeitung negativer Zahlen in DA-Umsetzern. $U_{\mathrm{LSB}} = U_{\mathrm{ref}}/256$

ist die Zweierkomplement-Darstellung (siehe Abschnitt 8.1.3 auf S. 658). Mit 8 bit kann man auf diese Weise den Bereich von $-128$ bis $+127$ darstellen; dies ist in Tab. 18.1 noch einmal dargestellt.

Zur Eingabe in den DA-Umsetzer verschiebt man den Zahlenbereich durch Addition von 128 nach 0 bis 255. Zahlen über 128 sind demnach positiv zu werten, Zahlen unter 128 als negativ. Die Bereichsmitte 128 bedeutet in diesem Fall Null. Diese Charakterisierung von vorzeichenbehafteten Zahlen durch rein positive Zahlen bezeichnet man als Offset-Dualdarstellung (Offset Binary). Die Addition von 128 kann man ganz einfach durch Negation des Vorzeichenbits vornehmen wie man in Tab. 18.1 erkennt.

Um eine Ausgangsspannung mit dem richtigen Vorzeichen zu bekommen, macht man die Addition des Offsets wieder rückgängig, indem man auf der Analogseite $128 U_{\mathrm{LSB}} = \frac{1}{2} U_{\mathrm{ref}}$ subtrahiert. Dazu dient der Summierer OV 2 in Abb. 18.12. Er bildet die Ausgangsspannung:

$$U_a = -U_1 - \frac{1}{2} U_{\mathrm{ref}} = U_{\mathrm{ref}} \frac{Z+128}{256} - \frac{1}{2} U_{\mathrm{ref}} = U_{\mathrm{ref}} \frac{Z}{256} \qquad (18.8)$$

Ihre Größe ist zusammen mit der Spannung $U_1$ in Tab. 18.1 eingetragen.

Die Nullpunktstabilität der Schaltung in Abb. 18.12 läßt sich verbessern, indem man zur Subtraktion des Offsets am Ausgang nicht die Referenzspannung

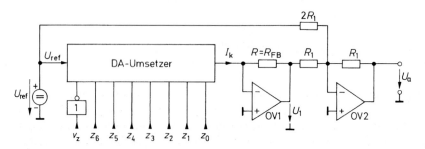

**Abb. 18.12.** DA-Umsetzer mit bipolarem Ausgang

$$U_a = U_{\mathrm{ref}} \frac{Z}{256} \quad \text{für} \quad -128 \le Z \le 127$$

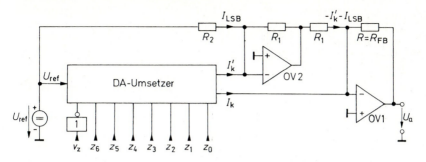

**Abb. 18.13.** Bipolarer DA-Umsetzer mit verbesserter Nullpunktstabilität

$$U_a = U_{\text{ref}} \frac{Z}{128} \quad \text{für} \quad -128 \leq Z \leq 127$$

direkt, sondern den komplementären Ausgangsstrom $I'_k$ verwendet. Bei der Zweierkomplementzahl 0, die ja der Offset-Dualzahl 128 entspricht, beträgt nämlich:

$$I_k = 128 I_{\text{LSB}} \quad \text{und} \quad I'_k = 127 I_{\text{LSB}}$$

Wenn man also zu $I'_k$ ein $I_{\text{LSB}}$ addiert und von $I_k$ subtrahiert, ergibt sich der richtige Nullpunkt. Diese Methode ist in Abb. 18.13 dargestellt. Der Operationsverstärker OV 1 wandelt wie bisher den Strom $I_k$ in die Ausgangsspannung um. Damit dabei keine Fehler auftreten, wird er über den DAU-internen Widerstand $R_{\text{FB}}$ gegengekoppelt. Der Operationsverstärker OV 2 invertiert $I'_k$ und addiert diesen Strom in den Summationspunkt von OV 1. Dabei ist der Absolutwert der beiden Widerstände $R_1$ beliebig; sie müssen nur gleich sein. Über den Widerstand $R_2$ wird der Strom $I_{\text{LSB}}$ addiert. Wenn $I_{\text{LSB}} = U_{\text{ref}}/(256R)$ ist, folgt:

$$R_2 = \frac{U_{\text{ref}}}{I_{\text{LSB}}} = 256R$$

Zur Berechnung der Ausgangsspannung brauchen wir lediglich die Ströme am Summationspunkt von OV 1 zu addieren und erhalten:

$$U_a = R \left[ \underbrace{\frac{U_{\text{ref}}}{R} \frac{Z + 128}{256}}_{I_k} - \underbrace{\frac{U_{\text{ref}}}{R} \frac{255 - (Z + 128)}{256}}_{I'_k} - \underbrace{\frac{U_{\text{ref}}}{R} \frac{1}{256}}_{I_{\text{LSB}}} \right] = U_{\text{ref}} \frac{Z}{128} \tag{18.9}$$

## 18.5.2
## Multiplizierende DA-Umsetzer

Wir haben gesehen, daß DA-Umsetzer eine Ausgangsspannung liefern, die proportional zur eingegebenen Zahl $Z$ und zur Referenzspannung $U_{\text{ref}}$ ist. Sie bilden also das Produkt $Z \cdot U_{\text{ref}}$. Aus diesem Grund bezeichnet man die Typen, bei denen eine Variation der Referenzspannung möglich ist, auch als *multiplizierende* DA-Umsetzer.

Bei den Typen in Bipolar-Technologie darf die Referenzspannung nur positive Werte annehmen, da sonst die Stromquellen in Abb. 18.10 sperren. Bei den

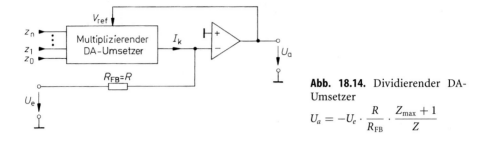

**Abb. 18.14.** Dividierender DA-Umsetzer

$$U_a = -U_e \cdot \frac{R}{R_{FB}} \cdot \frac{Z_{max} + 1}{Z}$$

CMOS-Typen sind dagegen positive und negative Referenzspannungen zulässig. Wenn man dabei Schaltungen wie in Abb. 18.12 und 18.13 einsetzt, die die vorzeichenrichtige Umsetzung von positiven und negativen Zahlen ermöglichen, spricht man von einer *Vier-Quadranten-Multiplikation*.

### 18.5.3
### Dividierende DA-Umsetzer

Man kann einen DA-Umsetzer auch so betreiben, daß er durch die eingegebene Zahl *dividiert*. Dazu schaltet man ihn wie in Abb. 18.14 in die Gegenkopplungsschleife eines Operationsverstärkers. Dadurch stellt sich die Referenzspannung $V_{ref}$ so ein, daß $I_k = -U_e/R_{FB}$ wird. Mit der Umsetzergleichung

$$I_k = \frac{V_{ref}}{R} \cdot \frac{Z}{Z_{max} + 1}$$

erhalten wir die Ausgangsspannung:

$$U_a = V_{ref} = I_k R \frac{Z_{max} + 1}{Z} = -U_e \cdot \frac{R}{R_{FB}} \cdot \frac{Z_{max} + 1}{Z} = -U_e \cdot \frac{Z_{max} + 1}{Z} \qquad (18.10)$$

Mit dieser einfachen Möglichkeit zur Division kann man häufig eine analoge oder digitale Division umgehen, die immer mit großem Aufwand verbunden ist, wenn höhere Genauigkeiten verlangt werden.

### 18.5.4
### DA-Umsetzer als Funktionsgenerator

Bei einem gewöhnlichen DA-Umsetzer ist die Ausgangsspannung $U_a$ proportional zur eingegebenen Zahl $Z$ $U_a = aZ$. Wenn man statt dessen einen beliebigen Zusammenhang $U_a = f(Z)$ realisieren möchte, kann man zunächst mit einem digitalen Funktionsnetzwerk die Funktion $X = f(Z)$ bilden und die Zahl $X$ in einen gewöhnlichen DA-Umsetzer geben.

Bei geringer Anforderung an die Auflösung gibt es jedoch eine wesentlich einfachere Möglichkeit: Man steuert mit der Dualzahl $Z$ einen Analogmultiplexer. An dessen Eingängen schließt man diejenigen Analogwerte an, die der jeweiligen Dualzahl zugeordnet werden sollen. Man benötigt also für jeden Analogwert einen Schalter. Dadurch ist die erzielbare Auflösung auf ca. 16 Stufen begrenzt.

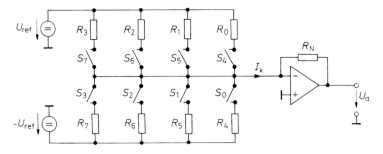

**Abb. 18.15.** DA-Umsetzer für beliebige Gewichtung

Eine Realisierungsmöglichkeit zeigt Abb. 18.15. Von den Schaltern $S_0$ bis $S_7$ ist im Unterschied zu den gewöhnlichen DA-Wandlern immer nur einer geschlossen. Damit lauten die Funktionswerte der Ausgangsspannung:

$$U_a(Z) = \begin{cases} +U_{\text{ref}}\dfrac{R_N}{R_Z} & \text{für } Z = 0\ldots 3 \\[2ex] -U_{\text{ref}}\dfrac{R_N}{R_Z} & \text{für } Z = 4\ldots 7 \end{cases}$$

Eine wichtige Anwendung dieses Prinzips ist die digitale Erzeugung von Sinusschwingungen (z.B. in Modems). Mit Hilfe von Frequenzteilern ist es auf einfache Weise möglich, Schwingungen mit verschiedenen Frequenzen zu erzeugen, die von einer gemeinsamen Zeitbasis abgeleitet werden. Für die Verwendung in Analogsystemen ist es jedoch häufig ein schwerwiegender Nachteil, daß die auf diese Weise gewonnenen Signale rechteckförmigen Verlauf besitzen. Man kann daraus Sinusschwingungen erzeugen, indem man die Grundschwingung mit einem Tiefpaß oder Bandpaß herausfiltert. Diese Filter müssen aber auf die entsprechende Frequenz abgestimmt werden.

Im Gegensatz dazu gestattet der beschriebene DA-Umsetzer die frequenzunabhängige Erzeugung von Sinusschwingungen. Als digitales Eingangssignal benötigen wir gemäß Abb. 18.16 eine äquidistant auf- und absteigende Zahlenfolge. Dieses Eingangssignal entspricht der dreieckförmigen Eingangsspannung bei der Erzeugung von Sinusschwingungen mit einem analogen Funktionsnetzwerk, wie wir es im Abschnitt 11.7.4 auf S. 791 kennengelernt haben.

Wenn man eine Zahlendarstellung nach Betrag und Vorzeichen wählt, läßt sich eine Zahlenfolge mit den gewünschten Eigenschaften auf einfache Weise mit einem zyklisch durchlaufenden Dualzähler realisieren [18.1]: Das höchste Bit ist das Vorzeichen. Mit dem zweithöchsten Bit schaltet man die Zählrichtung für die niedrigeren Bits um, indem man die entsprechenden Ausgänge mit Exklusiv-ODER-Gattern negiert. Diese Bits repräsentieren den Betrag. Verwendet man einen 4stelligen Dualzähler, ergibt sich die in Abb. 18.17 dargestellte Realisierung. Die entstehende Zahlenfolge ist in Tab. 18.2 aufgelistet. Mit der 3 bit-Zahl am Eingang des Analogmultiplexers werden vier positive Stufen $+0, 1, 2, 3$ der Sinusfunktion und entsprechend vier negative Stufen $-0, -1, -2, -3$ ausgewählt. Verteilt man die Stufen wie in Abb. 18.16, erhält man die in Tab. 18.2 einge-

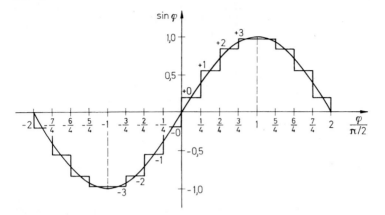

**Abb. 18.16.** Approximation einer Sinusschwingung mit 16 Stufen

tragenen Funktionswerte und damit die entsprechenden Widerstandswerte. Bei der gewählten groben Quantisierung ist es völlig ausreichend, wenn man den nächstliegenden Normwert verwendet.

Da bei einer vollständigen Sinusschwingung jede Stufe zweimal auftritt, ergibt sich insgesamt eine Aufteilung in 16 Stufen. Dementsprechend muß die Eingangsfrequenz $f_e$ des Zählers gleich der 16fachen Frequenz der Sinusschwingung gewählt werden.

Das treppenförmige Ausgangssignal enthält viele Oberwellen. Um einen Sinus zu erhalten, beseitigt man sie mit einem Tiefpaßfilter. Bei variabler Eingangsfrequenz $f_e$ ist ein SC-Filter (s. Kap. 13.12 auf S. 893) besonders günstig, da seine Grenzfrequenz der Signalfrequenz folgt.

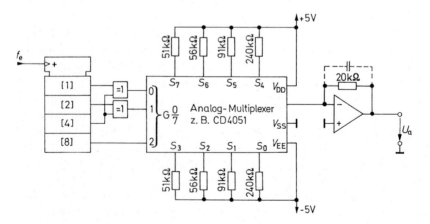

**Abb. 18.17.** Schaltung zur Erzeugung einer fortlaufenden Sinusschwingung

$$U_a = 2\,\text{V} \sin 2\pi \frac{f_e}{16} t$$

| $Z$ | Zähler-Ausgänge | | | | Multiplexer-Eingänge | | | Ge-schlossener Schalter | Stufen-Nr. | Ausgangs-spannung $U_a/\hat{U}_a$ |
|---|---|---|---|---|---|---|---|---|---|---|
| | $z_3$ | $z_2$ | $z_1$ | $z_0$ | $2^2$ | $2^1$ | $2^0$ | | | |
| 0 | 0 | 0 | 0 | 0 | 0 | 0 | 0 | $S_0$ | $+0$ | 0,20 |
| 1 | 0 | 0 | 0 | 1 | 0 | 0 | 1 | $S_1$ | $+1$ | 0,56 |
| 2 | 0 | 0 | 1 | 0 | 0 | 1 | 0 | $S_2$ | $+2$ | 0,83 |
| 3 | 0 | 0 | 1 | 1 | 0 | 1 | 1 | $S_3$ | $+3$ | 0,98 |
| 4 | 0 | 1 | 0 | 0 | 0 | 1 | 1 | $S_3$ | $+3$ | 0,98 |
| 5 | 0 | 1 | 0 | 1 | 0 | 1 | 0 | $S_2$ | $+2$ | 0,83 |
| 6 | 0 | 1 | 1 | 0 | 0 | 0 | 1 | $S_1$ | $+1$ | 0,56 |
| 7 | 0 | 1 | 1 | 1 | 0 | 0 | 0 | $S_0$ | $+0$ | 0,20 |
| 8 | 1 | 0 | 0 | 0 | 1 | 0 | 0 | $S_4$ | $-0$ | $-0,20$ |
| 9 | 1 | 0 | 0 | 1 | 1 | 0 | 1 | $S_5$ | $-1$ | $-0,56$ |
| 10 | 1 | 0 | 1 | 0 | 1 | 1 | 0 | $S_6$ | $-2$ | $-0,83$ |
| 11 | 1 | 0 | 1 | 1 | 1 | 1 | 1 | $S_7$ | $-3$ | $-0,98$ |
| 12 | 1 | 1 | 0 | 0 | 1 | 1 | 1 | $S_7$ | $-3$ | $-0,98$ |
| 13 | 1 | 1 | 0 | 1 | 1 | 1 | 0 | $S_6$ | $-2$ | $-0,83$ |
| 14 | 1 | 1 | 1 | 0 | 1 | 0 | 1 | $S_5$ | $-1$ | $-0,56$ |
| 15 | 1 | 1 | 1 | 1 | 1 | 0 | 0 | $S_4$ | $-0$ | $-0,20$ |

**Tab. 18.2.** Zusammenstellung der auftretenden Zahlenfolgen und Spannungen

# 18.6
# Genauigkeit von DA-Umsetzern

## 18.6.1
## Statische Kenngrößen

Der *Nullpunktfehler* eines DA-Umsetzers wird durch die Sperrströme bestimmt, die durch die geöffneten Schalter fließen.

Der *Vollausschlagfehler* wird einerseits durch die Ein-Widerstände der Schalter und andererseits durch die Genauigkeit des Gegenkopplungswiderstandes $R_{\mathrm{FB}}$ bestimmt. Beide Fehler lassen sich durch Abgleich weitgehend beseitigen.

Die *Nichtlinearität* dagegen läßt sich nicht abgleichen. Sie gibt an, um wieviel eine Stufe im ungünstigsten Fall größer oder kleiner als 1 LSB ist. In Abb. 18.18 ist der Fall einer Nichtlinearität von $\pm \frac{1}{2}$ LSB dargestellt. Der kritische Fall liegt dabei in der Bereichsmitte: Wenn nur das höchste Bit Eins ist, fließt der Strom über einen einzigen Schalter. Erniedrigt man die Zahl um Eins, muß über alle niedrigeren Schalter zusammen ein um ein $I_{\mathrm{LSB}}$ kleinerer Strom fließen.

Ist der Linearitätsfehler größer als 1 LSB, kehrt sich die Tendenz um. Dann sinkt an dieser Stelle die Ausgangsspannung ab, wenn man die Zahl um Eins erhöht. Einen derart schwerwiegenden Fehler bezeichnet man als *Monotonie-Fehler*. Ein Beispiel dafür ist in Abb. 18.19 dargestellt. Die meisten DA-Umsetzer sind so ausgelegt, daß ihre Nichtlinearität $\pm \frac{1}{2}$ LSB nicht überschreitet, da sonst das niedrigste Bit wertlos wird.

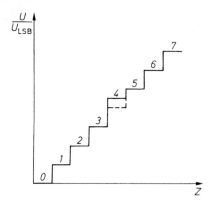

**Abb. 18.18.** DA-Umsetzer mit einer Nichtlinearität von $\pm \frac{1}{2}$ LSB

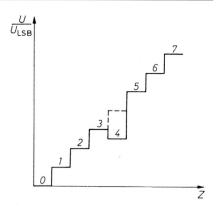

**Abb. 18.19.** DA-Umsetzer mit einer Nichtlinearität von $\pm 1\frac{1}{2}$ LSB und damit verbun-
denem Monotoniefehler

## 18.6.2
## Dynamische Kenngrößen

Die *Einschwingzeit* gibt an, wie lange es nach der Umschaltung der Zahl $Z$ von
0 auf $Z_{max}$ dauert, bis das Ausgangssignal mit einer Genauigkeit von $\frac{1}{2}$ LSB den
stationären Wert erreicht hat. Dann erst steht das Analogsignal mit der durch die
Auflösung des DA-Umsetzers gegebenen Genauigkeit zur Verfügung. Der Bezug
auf $\frac{1}{2}$ LSB bringt es natürlich mit sich, daß DA-Umsetzer mit derselben Zeitkonstante bei größerer Auflösung langsamer auf $\frac{1}{2}$ LSB einschwingen.

Bei vielen DA-Umsetzern wird primär ein Strom gebildet, der bei Bedarf
mit einem nachfolgenden Operationsverstärker in eine Spannung umgewandelt
werden kann. In diesem Fall addiert sich noch die Einschwingzeit des Operationsverstärkers, die meist deutlich größer ist als die des DA-Umsetzers. Um
kurze Einschwingzeiten für die Spannung zu erreichen, sollte man daher Verfahren auswählen, die auch ohne Operationsverstärker einen Spannungsausgang
ermöglichen. Dafür kommt bei CMOS-Typen nur das invers betriebene Leiternetzwerk in Abb. 18.6 auf S. 1030 in Frage. Die Typen in Bipolar-Technologie
können durchweg eine Spannung an einem ohmschen Lastwiderstand erzeugen.
Um Bandbreiten im Megahertz-Bereich zu erreichen, verwendet man am besten

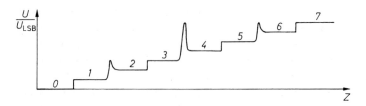

**Abb. 18.20.** Auftreten positiver Glitches bei zu langsamem Öffnen der Schalter

| Typ | Hersteller | Kanäle | Ein-schwing-zeit | Betriebs-spannungen | Interne Referenz | Eingang | Ausgang |
|---|---|---|---|---|---|---|---|
| **8 bit** | | | | | | | |
| AD 5300 | Analog D. | 1 | 4 $\mu$s | + 3,3 V | — | 1 bit | Rail |
| AD 7303 | Analog D. | 2 | 2 $\mu$s | + 3,3 V | — | 1 bit | Rail |
| AD 7305 | Analog D. | 4 | 1 $\mu$s | + 3,3 V | — | 8 bit | Rail |
| MAX 517 | Maxim | 1 | 7 $\mu$s | + 5 V | — | 1 bit | Rail |
| MAX 548 | Maxim | 2 | 5 $\mu$s | + 3,3 V | — | 1 bit | Rail |
| TLV 5621 | Texas I. | 4 | 10 $\mu$s | + 3,3 V | — | 1 bit | Spannung |
| TLV 5628 | Texas I. | 8 | 10 $\mu$s | + 3,3 V | — | 1 bit | Spannung |
| **12 bit** | | | | | | | |
| AD 5320 | Analog D. | 1 | 10 $\mu$s | + 3,3 V | — | 1 bit | Rail |
| AD 7390 | Analog D. | 1 | 70 $\mu$s | + 3,3 V | — | 1 bit | Rail |
| AD 7392 | Analog D. | 1 | 70 $\mu$s | + 3,3 V | — | 12 bit | Rail |
| AD 7394 | Analog D. | 2 | 70 $\mu$s | + 3,3 V | — | 1 bit | Rail |
| DAC 7615 | Burr B. | 4 | 10 $\mu$s | + 5 V | — | 12 bit | Spannung |
| DAC 7625 | Burr B. | 4 | 10 $\mu$s | + 5 V | — | 1 bit | Spannung |
| LTC 1453 | Lin. Tech. | 1 | 20 $\mu$s | + 3,3 V | 1,2 V | 1 bit | Rail |
| LTC 1454 | Lin. Tech. | 2 | 20 $\mu$s | + 3,3 V | 1,2 V | 1 bit | Rail |
| LTC 1458 | Lin. Tech. | 4 | 20 $\mu$s | + 3,3 V | 1,2 V | 1 bit | Rail |
| MAX 530 | Maxim | 1 | 30 $\mu$s | + 5 V | 2 V | 12 bit | Spannung |
| MAX 531 | Maxim | 1 | 30 $\mu$s | + 5 V | 2 V | 1 bit | Spannung |
| MAX 527 | Maxim | 4 | 3 $\mu$s | + 5 V | — | 12 bit | Spannung |
| MAX 537 | Maxim | 4 | 3 $\mu$s | + 5 V | — | 1 bit | Spannung |
| MAX 5253 | Maxim | 4 | 20 $\mu$s | + 3,3 V | — | 1 bit | Spannung |
| TLC 5616 | Texas I. | 1 | 3 $\mu$s | + 5 V | — | 1 bit | Spannung |
| TLV 5613 | Texas I. | 1 | 1 $\mu$s | + 3,3 V | — | 8 bit | Spannung |
| TLV 5614 | Texas I. | 4 | 3 $\mu$s | + 3,3 V | — | 1 bit | Spannung |
| **16 bit** | | | | | | | |
| AD 1856 | Analog D. | 1 | 2 $\mu$s | + 5 V | intern | 1 bit | Spannung |
| DAC 716 | Burr B. | 1 | 10 $\mu$s | + 15 V | 10 V | 1 bit | Spannung |
| LTC 1650 | Lin. Tech. | 1 | 4 $\mu$s | + 5 V | — | 1 bit | Spannung |
| MAX 541 | Maxim | 1 | 1 $\mu$s | + 5 V | — | 1 bit | Spannung |

**Tab. 18.3.** Digital-Analog-Umsetzer. Die 3,3 V-Typen lassen sich auch aus 5 V betreiben. Eingang: 1 bit = seriell. Ausgang: Rail = Rail-to-Rail

DA-Umsetzer, deren Ausgangsströme so groß sind, daß sie die erforderlichen Amplituden an Lastwiderständen von 50 $\Omega$ bzw. 75 $\Omega$ erzeugen können.

Sehr unangenehme Störimpulse (*Glitche*) können beim Übergang von einer Zahl auf die andere entstehen. Ihre Ursache liegt meist nur zum kleinen Teil in den Ansteuersignalen, die über die Schalter kapazitiv an den Ausgang gelangen. Große Glitche entstehen dann, wenn die Schalter im DA-Umsetzer nicht gleichzeitig schalten. Der kritische Punkt ist dabei wieder die Bereichsmitte: Wenn das höchste Bit (MSB) Eins ist, fließt der Strom nur über einen einzigen Schalter. Erniedrigt man die Zahl um Eins, öffnet sich der Schalter des MSB und alle anderen schließen sich. Wenn sich dabei der Schalter für das MSB öffnet, bevor sich die übrigen Schalter geschlossen haben, geht das Ausgangssignal kurzzeitig auf Null.

| Typ | Hersteller | Takt-frequenz | Betriebs-spannungen | Verlust-leistung | Interne Referenz | Gitch Energie | Eingang |
|---|---|---|---|---|---|---|---|
| **8 bit** | | | | | | | |
| AD 9708 | Analog D. | 125 MHz | + 3,3 V | 45 mW | + 1,2 V | 5 pVs | CMOS |
| AD 9768 | Analog D. | 125 MHz | + 5/− 5,2 V | 400 mW | − 1,2 V | 200 pVs | ECL |
| CX 20202-3 | Sony | 160 MHz | − 5,2 V | 1400 mW | — | 15 pVs | ECL |
| SPT 5140 | SPT | 400 MHz | − 5,2 V | 800 mW | − 1,2 V | 4 pVs | ECL |
| **10 bit** | | | | | | | |
| AD 9720 | Analog D. | 400 MHz | + 5/− 5,2 V | | — | 2 pVs | ECL |
| AD 9760 | Analog D. | 100 MHz | + 3,3 V | 45 mW | + 1,2 V | 5 pVs | CMOS |
| HI 2315 | Harris | 80 MHz | + 5 V | 150 mW | + 1,2 V | 20 pVs | CMOS |
| HI 5721 | Harris | 125 MHz | + 5/− 5,2 V | 700 mW | − 1,2 V | 3 pVs | CMOS |
| TDA 8776 | Philips | 1000 MHz | − 5,2 V | 900 mW | ja | 1 pVs | ECL |
| CX 20202-1 | Sony | 160 MHz | − 5,2 V | 1400 mW | — | 15 pVs | ECL |
| SPT 5220 | SPT | 80 MHz | + 5 V | 250 mW | + 1,2 V | 30 pVs | CMOS |
| **12 bit** | | | | | | | |
| AD 9762 | Analog D. | 100 MHz | + 3,3 V | 45 mW | + 1,2 V | 5 pVs | CMOS |
| DAC 650 | Burr B. | 500 MHz | + 15 V | 2000 mW | + 10 V | 20 pVs | ECL |
| HI 5731 | Harris | 100 MHz | + 5/− 5,2 V | 650 mW | − 1,2 V | 3 pVs | TTL |

**Tab. 18.4.** Digital-Analog-Umsetzer für hohe Abtastfrequenzen. Alle Typen besitzen einen Strom-Ausgang mit 20 mA bei $Z_{max}$

Öffnet sich der Schalter für das MSB aber etwas zu spät, geht das Ausgangssignal kurzzeitig auf Vollausschlag. Auf diese Weise können also Störimpulse mit der Amplitude des halben Bereichs auftreten. Ein Beispiel für den Fall, daß sich die Schalter schneller schließen als öffnen, ist in Abb. 18.20 dargestellt.

Da die Glitche kurze Impulse sind, lassen sie sich mit einem nachfolgenden Tiefpaß verkleinern. Dadurch werden sie aber entsprechend länger. Konstant bleibt dabei die Spannungs-Zeit-Fläche, also die Glitchenergie.

Glitche lassen sich auch dadurch beseitigen, daß man ein Abtast-Halte-Glied nachschaltet. Man kann es während der Glitchphase in den Haltezustand versetzen und dadurch den Glitch ausblenden. Abtast-Halte-Glieder, die speziell für diesen Zweck dimensioniert sind, werden als *Deglitcher* bezeichnet.

Einfacher ist es jedoch, glitcharme DA-Umsetzer zu verwenden. Sie besitzen in der Regel einen internen flankengetriggerten Datenspeicher für die Zahl Z, um sicherzustellen, daß die Steuersignale gleichzeitig an alle Schalter gelangen. Mitunter wird auch für die höchsten, kritischen Bits das Parallelverfahren eingesetzt, weil es von Hause aus glitchfrei ist [18.2].

Einige Beispiele für DA-Umsetzer mit Ausgangsverstärkern sind in Tab. 18.3 zusammengestellt. DA-Umsetzer für hohe Abtastraten folgen in Tab. 18.4. Bei ihnen ergibt sich die Ausgangsspannung als Spannungsabfall an einem ohmschen Arbeitswiderstand, den man an den Wellenwiderstand anpaßt.

## 18.7
## Grundprinzipien der AD-Umsetzung

Die Aufgabe eines AD-Umsetzers (AD-Converter, ADC) besteht darin, eine Eingangsspannung in eine dazu proportionale Zahl umzuwandeln. Man kann dabei drei prinzipiell verschiedene Verfahren unterscheiden:

|                      |                     |
|----------------------|---------------------|
| das Parallelverfahren | (word at a time)  |
| das Wägeverfahren     | (digit at a time) |
| das Zählverfahren     | (level at a time) |

Beim Parallelverfahren vergleicht man die Eingangsspannung gleichzeitig mit $n$ Referenzspannungen und stellt fest, zwischen welchen beiden sie liegt. Auf diese Weise erhält man die vollständige Zahl in einem Schritt. Allerdings ist der Aufwand sehr hoch, da man für jede mögliche Zahl einen Komparator benötigt. Für einen Meßbereich von 0 bis 100 in Schritten von Eins benötigt man also $n = 100$ Komparatoren.

Beim Wägeverfahren wird nicht das ganze Ergebnis in einem Schritt gebildet, sondern jeweils nur eine Stelle der zugehörigen Dualzahl ermittelt. Dabei beginnt man mit der höchsten Stelle und stellt fest, ob die Eingangsspannung größer oder kleiner ist als die Referenzspannung für die höchste Stelle. Ist sie größer, setzt man die höchste Stelle auf Eins und subtrahiert die Referenzspannung. Den Rest vergleicht man mit der nächstniedrigeren Stelle usw. Man benötigt also so viele Vergleichsschritte, wie die Zahl Stellen besitzt und ebenso viele Referenzspannungen.

Das einfachste Verfahren ist das Zählverfahren. Dabei zählt man ab, wie oft man die Referenzspannung der niedrigsten Stelle addieren muß, um die Eingangsspannung zu erhalten. Die Zahl der Schritte ist gleich dem Ergebnis. Beträgt die größte darstellbare Zahl $n$, benötigt man also maximal $n$ Schritte, um das Ergebnis zu erhalten.

Zum Vergleich der einzelnen Verfahren haben wir ihre wichtigsten Eigenschaften in Tab. 18.5 zusammengestellt. Abbildung 18.21 zeigt, in welchem Genauigkeits- und Geschwindigkeitsbereich diese Verfahren realisiert werden.

| Technik | Zahl der Schritte | Zahl der Referenzspannungen | Besondere Merkmale |
|---------|-------------------|------------------------------|--------------------|
| Parallelverfahren | 1 | $n = 2^N$ | aufwendig, schnell |
| Wägeverfahren | $N = \operatorname{ld} n$ | $N = \operatorname{ld} n$ | |
| Zählverfahren | $n = 2^N$ | 1 | einfach, langsam |

**Tab. 18.5.** Vergleich verschiedener Verfahren zur AD-Umsetzung. $N$ = Zahl der Bits, $n$ = Zahl der Stufen

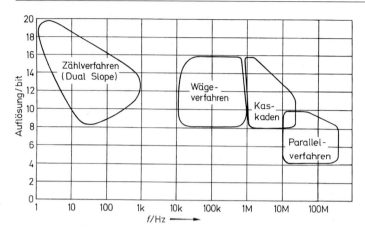

**Abb. 18.21.** Umsetzfrequenzen und Auflösung von AD-Umsetzern

## 18.8
## Genauigkeit von AD-Umsetzern

### 18.8.1
### Statische Fehler

Bei der Umsetzung einer analogen Größe in eine Zahl mit endlich vielen Bits entsteht infolge der begrenzten Auflösung ein systematischer Fehler, der als Quantisierungsfehler bezeichnet wird. Er beträgt wie man in Abb. 18.22 erkennt $\pm \frac{1}{2} U_{\text{LSB}}$, d.h. er ist so groß wie die halbe Eingangsspannungsänderung, die erforderlich ist, um die Zahl in der niedrigsten Stelle zu ändern.

Wenn man die erzeugte Zahlenfolge mit einem DA-Umsetzer in eine Spannung zurückverwandelt, äußert sich der Quantisierungsfehler als überlagertes Rauschen. Dessen Effektivwert beträgt nach [18.3]:

$$U_{r\,\text{eff}} = \frac{U_{\text{LSB}}}{\sqrt{12}} \tag{18.11}$$

Bei sinusförmiger Vollaussteuerung beträgt der Effektivwert der Signalspannung bei einem $N$-bit-Umsetzer:

$$U_{s\,\text{eff}} = \frac{1}{\sqrt{2}} \cdot \frac{1}{2} \cdot 2^N \cdot U_{\text{LSB}}$$

Daraus erhalten wir den Signal/Rausch-Abstand:

$$S = 20\,\text{dB}\,\lg \frac{U_{s\,\text{eff}}}{U_{r\,\text{eff}}} = N \cdot 6\,\text{dB} + 1{,}8\,\text{dB} \approx N \cdot 6\,\text{dB} \tag{18.12}$$

Neben dem systematischen Quantisierungsrauschen treten mehr oder weniger große schaltungsbedingte Fehler auf. Wenn man bei der idealen Übertragungskennlinie in Abb. 18.22 die Stufenmitten verbindet, erhält man, wie dünn eingezeichnet, eine Gerade durch den Ursprung mit der Steigung 1. Bei einem realen AD-Umsetzer geht diese Gerade nicht durch Null (Offsetfehler) und ihre

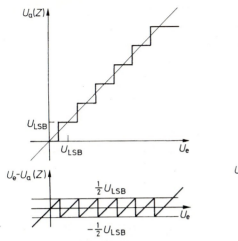

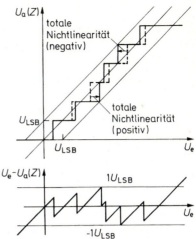

**Abb. 18.22.** Zustandekommen des Quantisierungsrauschens. Die Spannung $U_a(Z)$ ergibt sich durch DA-Umsetzung der Zahl $Z$, die am Ausgang des AD-Umsetzers auftritt

**Abb. 18.23.** Übertragungsverhalten eines AD-Umsetzers mit Linearitätsfehler

Steigung weicht von Eins ab (Verstärkungsfehler). Der Verstärkungsfehler verursacht eine über den Aussteuerungsbereich konstante *relative* Abweichung der Ausgangsgröße vom Sollwert, der Offsetfehler dagegen eine konstante *absolute* Abweichung. Diese beiden Fehler lassen sich in der Regel durch Abgleich von Nullpunkt und Vollausschlag beseitigen. Dann verbleiben nur noch die Abweichungen infolge Drift und Nichtlinearität.

Eine über den systematischen Quantisierungsfehler hinausgehende Nichtlinearität entsteht immer dann, wenn die Stufen nicht gleich breit sind. Zur Bestimmung des Linearitätsfehlers gleicht man zunächst Nullpunkt und Verstärkung ab und ermittelt die maximale Abweichung der Eingangsspannung von der idealen Geraden. Dieser Wert abzüglich des systematischen Quantisierungsfehlers von $\frac{1}{2}U_{\text{LSB}}$ stellt die *totale Nichtlinearität* dar. Sie wird in der Regel in Bruchteilen der LSB-Einheit angegeben. Bei dem Beispiel in Abb. 18.23 beträgt sie $\pm \frac{1}{2} U_{\text{LSB}}$.

Ein weiteres Maß für den Linearitätsfehler ist die *differentielle Nichtlinearität*. Sie gibt an, um welchen Betrag die Breite der einzelnen Stufen vom Sollwert $U_{\text{LSB}}$ abweicht. Ist dieser Fehler größer als $U_{\text{LSB}}$, werden einzelne Zahlen übersprungen (Missing Code). Bei noch größeren Abweichungen kann die Zahl $Z$ bei Vergrößerung der Eingangsspannung sogar abnehmen (Monotoniefehler).

## 18.8.2
### Dynamische Fehler

Bei der Anwendung von AD-Umsetzern kann man zwei Bereiche unterscheiden, nämlich einerseits den Einsatz in Digitalvoltmetern und andererseits den Einsatz in der Signalverarbeitung. Bei Digitalvoltmetern geht man davon aus,

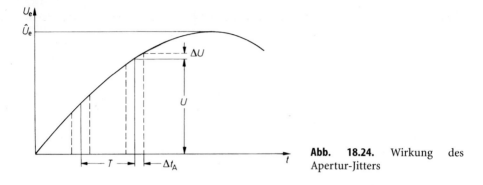

**Abb. 18.24.** Wirkung des Apertur-Jitters

daß die Eingangsspannung während der Umsetzdauer konstant ist. Bei der Signalverarbeitung hingegen ändert sich die Eingangsspannung fortwährend. Zur digitalen Verarbeitung entnimmt man aus dieser Wechselspannung Proben in äquidistanten Zeitabständen mit Hilfe eines Abtast-Halte-Gliedes. Diese Proben werden mit einem AD-Umsetzer digitalisiert. Wie wir im Kapitel 21.1 auf S. 1134 zeigen werden, repräsentiert die entstehende Zahlenfolge $\{Z\}$ nur dann das kontinuierliche Eingangssignal ohne Informationsverlust, wenn das *Abtasttheorem* erfüllt ist. Die Abtastfrequenz $f_a$ muß demnach mindestens doppelt so groß sein wie die höchste Signalfrequenz $f_{max}$. Daraus ergibt sich die Forderung, daß die Umsetzdauer des AD-Umsetzers und die Einstellzeit des Abtast-Halte-Gliedes zusammen kleiner als $1/(2f_{max})$ ist. Um diese Forderung mit erträglichem Aufwand realisieren zu können, begrenzt man die Bandbreite des Signals auf den unbedingt erforderlichen Wert. Deshalb schaltet man meist ein Tiefpaßfilter vor.

Zur Beurteilung der Genauigkeit muß man deshalb die Eigenschaften von AD-Umsetzer und Abtast-Halte-Glied gemeinsam betrachten. Es gibt z.B. keinen Sinn, einen 12 bit-AD-Umsetzer mit einem Abtast-Halte-Glied zu betreiben, das sich innerhalb der zur Verfügung stehenden Zeit nicht auf $1/4096 \approx 0{,}025\%$ des Aussteuerbereichs einstellt.

Ein zusätzlicher dynamischer Fehler wird durch die Unsicherheit des Abtast-Augenblickes (Apertur-Jitter) verursacht. Wegen der Aperturzeit $t_A$ des Abtast-Halte-Gliedes wird der Meßwert erst verspätet entnommen. Wenn die Aperturzeit konstant ist, wird aber jeder Meßwert um dieselbe Zeit verzögert. Deshalb ist eine äquidistante Abtastung trotzdem gewährleistet. Wenn die Aperturzeit aber wie in Abb. 18.24 um den Apertur-Jitter $\Delta t_A$ schwankt, entsteht ein Meßfehler, der gleich der Spannungsänderung $\Delta U$ in dieser Zeit ist. Zur Berechnung des maximalen Fehlers $\Delta U$ denken wir uns als Eingangssignal eine Sinusschwingung mit der maximal vorgesehenen Frequenz $f_{max}$. Die größte Steigung tritt im Nulldurchgang auf:

$$\left.\frac{dU}{dt}\right|_{t=0} = \hat{U}\omega_{max}$$

Daraus erhalten wir den Amplitudenfehler:

$$\Delta U = \hat{U}\omega_{max}\Delta t_A$$

Wenn er kleiner sein soll als die Quantisierungsstufe $U_{LSB}$ des AD-Umsetzers, ergibt sich daraus für den Apertur-Jitter die Bedingung

$$\Delta t_A < \frac{U_{LSB}}{\hat{U}\omega_{max}} = \frac{U_{LSB}}{\frac{1}{2}U_{max}\omega_{max}} \tag{18.13}$$

Bei hohen Signalfrequenzen ist diese Forderung sehr schwer zu erfüllen, wie folgendes Zahlenbeispiel zeigt: Bei einem 8 bit-Umsetzer ist $U_{LSB}/U_{max} = 1/255$. Wenn die maximale Signalfrequenz 10 MHz betragen soll, muß nach Gl. (18.13) der Apertur-Jitter kleiner als 125 ps sein.

## 18.9
## Ausführung von AD-Umsetzern

### 18.9.1
### Parallelverfahren

Abbildung 18.25 zeigt eine Realisierung des Parallelverfahrens für 3 bit-Zahlen. Mit einer 3 bit-Zahl kann man 8 verschiedene Zahlen einschließlich der Null dar-

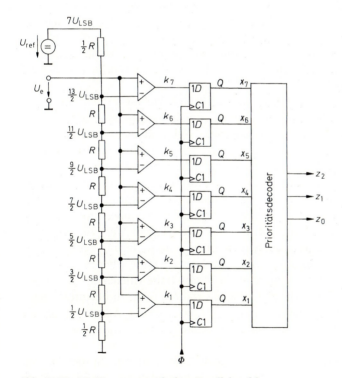

**Abb. 18.25.** AD-Umsetzer nach dem Parallelverfahren

$$Z = \frac{U_e}{U_{LSB}} = 7\frac{U_e}{U_{ref}} = Z_{max}\frac{U_e}{U_{ref}}$$

| Eingangs-spannung | Komparatorzustände | | | | | | | Dualzahl | | | Dezimal-äquivalent |
|---|---|---|---|---|---|---|---|---|---|---|---|
| $U_e/U_{LSB}$ | $k_7$ | $k_6$ | $k_5$ | $k_4$ | $k_3$ | $k_2$ | $k_1$ | $z_2$ | $z_1$ | $z_0$ | $Z$ |
| 0 | 0 | 0 | 0 | 0 | 0 | 0 | 0 | 0 | 0 | 0 | 0 |
| 1 | 0 | 0 | 0 | 0 | 0 | 0 | 1 | 0 | 0 | 1 | 1 |
| 2 | 0 | 0 | 0 | 0 | 0 | 1 | 1 | 0 | 1 | 0 | 2 |
| 3 | 0 | 0 | 0 | 0 | 1 | 1 | 1 | 0 | 1 | 1 | 3 |
| 4 | 0 | 0 | 0 | 1 | 1 | 1 | 1 | 1 | 0 | 0 | 4 |
| 5 | 0 | 0 | 1 | 1 | 1 | 1 | 1 | 1 | 0 | 1 | 5 |
| 6 | 0 | 1 | 1 | 1 | 1 | 1 | 1 | 1 | 1 | 0 | 6 |
| 7 | 1 | 1 | 1 | 1 | 1 | 1 | 1 | 1 | 1 | 1 | 7 |

**Tab. 18.6.** Variablenzustände im parallelen AD-Umsetzer in Abhängigkeit von der Eingangs-spannung

stellen. Man benötigt demnach 7 Komparatoren. Die zugehörigen sieben äquidi-stanten Referenzspannungen werden mit Hilfe eines Spannungsteilers erzeugt.

Legt man nun eine Eingangsspannung an, die beispielsweise zwischen $\frac{5}{2}U_{LSB}$ und $\frac{7}{2}U_{LSB}$ liegt, liefern die Komparatoren 1 bis 3 eine Eins und die Komparatoren 4 bis 7 eine Null. Man benötigt nun eine Logik, die diese Komparatorzustände in die Zahl 3 übersetzt. In Tab. 18.6 haben wir den Zusammenhang zwischen den Komparatorzuständen und der zugehörigen Dualzahl aufgestellt. Wie der Ver-gleich mit Tab. 8.7 auf S. 669 zeigt, kann man die erforderliche Umwandlung mit einem Prioritätsdecoder vornehmen, wie wir ihn im Abschnitt 8.3 kennengelernt haben.

Man darf jedoch den Prioritätsdecoder nicht unmittelbar an den Ausgängen der Komparatoren anschließen. Wenn nämlich die Eingangsspannung nicht kon-stant ist, können im Dualcode vorübergehend völlig falsche Zahlenwerte auf-treten. Nehmen wir als Beispiel den Übergang von drei auf vier, also im Dual-code von 011 auf 100. Wenn sich die höchste Stelle infolge kürzerer Laufzeiten früher ändert als die beiden anderen, entsteht vorübergehend die Zahl 111, also sieben. Das entspricht einem Fehler des halben Meßbereiches. Da man in der Regel das Ergebnis der AD-Umsetzung in einen Speicher übernimmt, besteht also eine gewisse Wahrscheinlichkeit, diesen völlig falschen Wert zu erwischen. Abhilfe kann man z.B. dadurch schaffen, daß man eine Änderung der Eingangs-spannung während der Meßzeit mit Hilfe eines Abtast-Halte-Gliedes verhindert. Man benötigt dazu allerdings sehr schnelle Abtast-Halte-Glieder um die Band-breite eines AD-Umsetzers nach dem Parallelverfahren nicht zu beeinträchtigen. Außerdem ist damit noch nicht sichergestellt, daß sich die Ausgangszustände der Komparatoren nicht doch ändern, weil schnelle Abtast-Halte-Glieder eine beachtliche Drift besitzen.

Diese Probleme lassen sich jedoch vermeiden, wenn man nicht den Analog-wert vor den Komparatoren, sondern den Digitalwert dahinter speichert. Dazu dienen die flankengetriggerten D-Flip-Flops in Abb. 18.25 hinter jedem Kompara-tor. Auf diese Weise wird sichergestellt, daß der Prioritätsdecoder für eine ganze

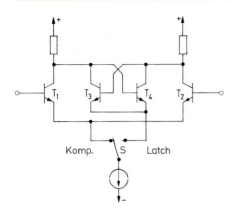

**Abb. 18.26.** Komparator-Eingang mit Speicher-Flip-Flop

Taktperiode konstante Eingangssignale erhält. Vor dem Eintreffen der nächsten Triggerflanke stehen dann am Ausgang des Prioritätsdecoders stationäre Daten zur Verfügung.

Die Möglichkeit, ein *digitales Abtast-Halte-Glied* einzusetzen, ist ein besonderer Vorzug des Parallelverfahrens. Es bietet die Voraussetzung für eine Hochgeschwindigkeits-AD-Umsetzung. Analoge Abtast-Halte-Glieder lassen sich selbst mit großem Aufwand für hohe Frequenzen nicht mit der erforderlichen Genauigkeit realisieren.

Der Abtastaugenblick wird durch die Triggerflanke des Taktes bestimmt. Er liegt um die Komparatorlaufzeit vor dieser Flanke. Die Laufzeitdifferenzen bestimmen demnach den Apertur-Jitter. Um die im vorhergehenden Abschnitt geforderten niedrigen Werte erreichen zu können, hält man die Signallaufzeit vom Analogeingang bis zu den Speichern so klein wie möglich. Aus diesem Grund wird bei den meisten Ausführungen der Speicher in den Komparator mit einbezogen und unmittelbar hinter den Analogeingang verlegt. Die resultierende Eingangsschaltung eines solchen Komparators ist in Abb. 18.26 dargestellt [18.4].

Steht der Schalter S in der linken Stellung, arbeiten die Transistoren $T_1$, $T_2$ als Komparator. Wenn der Schalter nach rechts umgeschaltet wird, wird der Komparator $T_1$, $T_2$ abgeschaltet und dafür das Flip-Flop $T_3$, $T_4$ eingeschaltet. Das Flip-Flop speichert dann den Zustand, der am Komparator-Ausgang angelegen hat. Dazu ist es nicht einmal erforderlich, daß der Komparator schon voll umgeschaltet hat. Da das Flip-Flop ebenfalls als Differenzverstärker aufgebaut ist, entscheiden Differenzen von wenigen Millivolt darüber, ob das Flip-Flop in den einen oder den anderen Zustand kippt. Auf diese Weise läßt sich der Apertur-Jitter bis auf wenige Picosekunden reduzieren.

In Tab. 18.7 sind AD-Umsetzer, die nach dem Parallelverfahren arbeiten, zusammengestellt. Von einigen Herstellern gibt es daneben noch Typen mit 4 bit und 6 bit. Man erkennt, daß die Umsetzer in CMOS-Teehnologie die geringste Verlustleistung besitzen. Für Taktfrequenzen über 100 MHz sind Umsetzer in ECL-Technik vorzuziehen, da man hier weniger Probleme mit dem Timing und mit den Störsignalen hat.

| Typ | Hersteller | Abtast-frequenz max | Betriebs-spannung | Verlust-leistung | Eing. Kapa-zität | Apertur Jitter | Logik Familie |
|-----|-----------|------|-------|-------|-------|------|------|
| **8 bit** | | | | | | | |
| ADC 307 | Datel | 125 MHz | − 5,2 V | 870 mW | | | ECL |
| ADC 309 | Datel | 500 MHz | − 5,2 V | 2800 mW | 6 pF | 11 ps | ECL |
| HI 3026 | Harris | 140 MHz | + 5 V | 360 mW | 21 pF | 10 ps | TTL |
| MAX 104 | Maxim | 1000 MHz | ± 5 V | 3500 mW | | | ECL |
| MAX 1114 | Maxim | 150 MHz | − 5,2 V | 2200 mW | 10 pF | 5 ps | ECL |
| MAX 1150 | Maxim | 500 MHz | − 5,2 V | 5500 mW | 15 pF | 2 ps | ECL |
| MAX 1151 | Maxim | 750 MHz | − 5,2 V | 5500 mW | 15 pF | 2 ps | ECL |
| TDA 8718 | Philips | 600 MHz | − 5,2 V | 990 mW | 5 pF | | ECL |
| TDA 8793 | Philips | 100 MHz | + 3,3 V | 150 mW | 2 pF | | CMOS |
| CXA 1276 | Sony | 500 MHz | − 5,2 V | 2800 mW | | | ECL |
| SPT 7710 | SPT | 150 MHz | − 5,2 V | 2200 mW | 10 pF | 5 ps | ECL |
| SPT 7750 | SPT | 500 MHz | − 5,2 V | 5500 mW | 15 pF | 2 ps | ECL |
| SPT 7760 | SPT | 1000 MHz | − 5,2 V | 5500 mW | 15 pF | 2 ps | ECL |
| **10 bit** | | | | | | | |
| AD 9020 | Analog D. | 60 MHz | ± 5 V | 2800 mW | 45 pF | 5 ps | TTL |
| AD 9060 | Analog D. | 75 MHz | ± 5 V | 2800 mW | 45 pF | 5 ps | ECL |
| TDA 8762 | Philips | 80 MHz | + 5 V | 380 mW | 5 pF | | CMOS |

**Tab. 18.7.** Typische Daten von AD-Umsetzern, die nach dem Parallelverfahren arbeiten (Flash-Converter)

Die Linearität der AD-Umsetzer ist bei niedrigen Signal-Frequenzen gleich der Auflösung $\pm \frac{1}{2}$ LSB, zum Teil sogar $\pm \frac{1}{4}$ LSB. Bei hohen Signalfrequenzen steigt die Nichtlinearität jedoch an. Dadurch wird das niedrigste oder sogar auch das zweitniedrigste Bit unbrauchbar. Entsprechend erhöht sich das Quantisierungsrauschen nach Gl. (18.12) um 6 bzw. 12 dB [18.5].

### 18.9.2
### Kaskadenumsetzer

Ein Nachteil des Parallelverfahrens besteht darin, daß die Zahl der Komparatoren exponentiell mit der Wortbreite exponentiell ansteigt. Für einen 10 bit-Umsetzer benötigt man beispielsweise bereits 1023 Komparatoren. Man kann diesen Aufwand wesentlich reduzieren, indem man Zugeständnisse an die Umwandlungsgeschwindigkeit macht. Dazu kombiniert man das Parallelverfahren mit dem Wägeverfahren.

Einen 10 bit-Umsetzer realisiert man nach diesem erweiterten Parallelverfahren dadurch, daß man in einem ersten Schritt die oberen 5 bit parallel umwandelt, wie es in dem Blockschaltbild in Abb. 18.27 dargestellt ist. Das Ergebnis stellt den grob quantisierten Wert der Eingangsspannung dar. Mit einem DA-Umsetzer bildet man die zugehörige Analogspannung und subtrahiert diese von der Eingangsspannung. Der verbleibende Rest wird mit einem zweiten 5 bit-AD-Umsetzer digitalisiert.

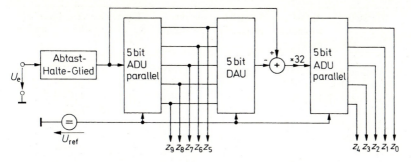

**Abb. 18.27.** Prinzip eines Kaskadenumsetzers

$$Z = Z_{\max} \frac{U_e}{U_{\text{ref}}} = 1023 \frac{U_e}{U_{\text{ref}}}$$

Wenn man die Differenz zwischen Grobwert und Eingangsspannung mit dem Faktor 32 verstärkt, kann man zwei AD-Umsetzer mit demselben Eingangsspannungsbereich verwenden. Ein Unterschied zwischen den beiden Umsetzern besteht allerdings in der Genauigkeitsanforderung: Sie muß bei dem ersten 5 bit-AD-Umsetzer so gut sein wie bei einem 10 bit-Umsetzer, da sonst die gebildete Differenz irrelevant ist.

Parallele AD-Umsetzer mit einer derart hohen Linearität sind aber nicht erhältlich und für höhere Signalfrequenzen auch nicht realisierbar. Die Folge davon ist, daß das Differenzsignal aus dem Feinbereich herausläuft und den zweiten AD-Umsetzer übersteuert. Dadurch treten im Ausgangssignal schwerwiegende Fehler (Missing Codes) auf.

Dieses Problem läßt sich beseitigen, indem man die Verstärkung des Differenzsignals auf 16 halbiert wie Abb. 18.28 zeigt. Dadurch wird dann das Bit $z_5$ sowohl vom Grob- als auch vom Feinquantisierer gebildet. Läuft nun das Feinsignal wegen Linearitätsfehlern des Grobquantisierers aus dem vorgesehenen Bereich

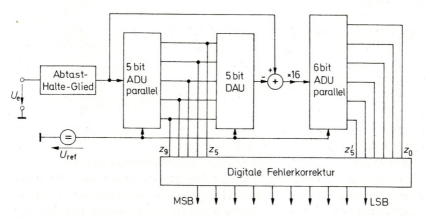

**Abb. 18.28.** Kaskadenumsetzer mit digitaler Fehlerkorrektur

| Typ | Hersteller | Abtast-frequenz max | Betriebs-spannung | Verlust-leistung | Referenz | Techno-logie |
|---|---|---|---|---|---|---|
| **8 bit** | | | | | | |
| AD 7822 | Analog D. | 2 MHz | + 3,3 V | 30 mW | + 2,5 V | BiCMOS |
| AD 9281 | Analog D. | 30 MHz | + 3,3 V | 70 mW | + 1 V | BiCMOS |
| AD 9283 | Analog D. | 100 MHz | + 3,3 V | 90 mW | + 1,2 V | BiCMOS |
| ADS 831 | Burr B. | 80 MHz | + 5 V | 275 mW | intern | CMOS |
| HI 1175 | Harris | 20 MHz | + 5 V | 60 mW | — | CMOS |
| LTC 1406 | Lin. Tech. | 200 MHz | + 5 V | 150 mW | — | |
| ADC 1173 | National | 15 MHz | + 3 V | 40 mW | — | CMOS |
| CXA 3256 | Sony | 120 MHz | | 340 mW | | CMOS |
| SPT 7734 | SPT | 40 MHz | + 5 V | 170 mW | — | TTL |
| TLC 5540 | Texas I. | 40 MHz | + 5 V | 85 mW | — | CMOS |
| **10 bit** | | | | | | |
| AD 9071 | Analog D. | 100 MHz | + 5 V | 600 mW | + 2,5 V | BiCMOS |
| AD 9057 | Analog D. | 60 MHz | + 5 V | 200 mW | + 2,5 V | BiCMOS |
| AD 9410 | Analog D. | 200 MHz | + 5 V | 800 mW | intern | BiCMOS |
| ADS 820 | Burr B. | 20 MHz | + 5 V | 200 mW | intern | CMOS |
| ADS 824 | Burr B. | 70 MHz | + 5 V | 315 mW | intern | CMOS |
| ADS 325 | Datel | 20 MHz | + 5 V | 135 mW | — | CMOS |
| HI 5767-6 | Harris | 60 MHz | + 5 V | 310 mW | 2,5 V | CMOS |
| MAX 1164 | Maxim | 100 MHz | + 5 V | | intern | |
| ADC 10321 | National | 20 MHz | + 5 V | 100 mW | | CMOS |
| SPT 7871 | SPT | 100 MHz | ± 5 V | 1300 mW | ± 1 V | TTL |
| **12 bit** | | | | | | |
| AD 6640 | Analog D. | 65 MHz | + 5 V | 710 mW | + 2,4 V | Bipolar |
| AD 9220 | Analog D. | 10 MHz | + 5 V | 250 mW | + 1 V | CMOS |
| AD 9225 | Analog D. | 25 MHz | + 5 V | 300 mW | + 1 V | CMOS |
| AD 9432 | Analog D. | 100 MHz | + 5 V | 750 mW | intern | BiCMOS |
| ADS 803 | Burr B. | 5 MHz | + 5 V | 120 mW | — | CMOS |
| ADS 808 | Burr B. | 75 MHz | + 5 V | 670 mW | intern | CMOS |
| HI 5764 | Harris | 40 MHz | + 5 V | 225 mW | — | CMOS |
| HI 5808 | Harris | 10 MHz | + 5 V | 300 mW | 3,5 V | CMOS |
| HI 5865 | Harris | 65 MHz | + 3 V | 450 mW | | CMOS |
| ADC 12281 | National | 20 MHz | + 5 V | 400 mW | — | CMOS |
| CLC 952 | Natinal | 41 MHz | ± 5 V | 660 mW | 2,4 V | BiCMOS |
| CLC 5956 | National | 65 MHz | + 5 V | 615 mW | intern | Bipolar |
| MAX 1172 | Maxim | 30 MHz | ± 5 V | 1100 mW | — | TTL |
| SPT 7935 | SPT | 20 MHz | + 3,3 V | 75 mW | — | CMOS |
| **16 bit** | | | | | | |
| AD 9260 | Analog D. | 2,5 MHz | + 5 V | 500 mW | 1 V | BiCMOS |
| ADC 16061 | National | 2,5 MHz | + 5 V | 390 mW | — | CMOS |

**Tab. 18.8.** Analog-Digital-Umsetzer, die nach dem Kaskadenverfahren arbeiten (Half-Flash-Converter, Two-Step Flash-Converter, Pipeline Converter)

heraus, läßt sich der Grobwert mittels $z_5'$ um Eins erhöhen bzw. erniedrigen. Auf diese Weise lassen sich Linearitätsfehler des Grobquantisierers bis auf $\pm \frac{1}{2}$ LSB korrigieren. Seine Linearität braucht bei der Schaltung in Abb. 18.28 im Unterschied zur vorhergehenden nicht besser zu sein als die Auflösung. Lediglich der DA-Umsetzer muß die volle 10-bit-Genauigkeit besitzen [18.5]. Für die Fehlerkorrektur müssen der Grob- und Feinbereich um mindestens 1 bit überlappen. Um die Auflösung des ganzen Umsetzers dadurch nicht zu reduzieren, besitzt hier der Feinquantisierer ein zusätzliches Bit.

Grob- und Feinwerte müssen natürlich jeweils von derselben Eingangsspannung $U_e(t_j)$ gebildet werden. Wegen der Laufzeit durch die erste Stufe entsteht jedoch eine zeitliche Verzögerung. Deshalb muß die Eingangsspannung bei diesem Verfahren mit einem analogen Abtast-Halte-Glied konstant gehalten werden, bis die ganze Zahl gebildet ist. Dies ist ein schwerwiegender Nachteil gegenüber dem reinen Parallel-Verfahren. In Tab. 18.8 sind einige Kaskaden-AD-Umsetzer zusammengestellt.

### 18.9.3
### Wägeverfahren

Der prinzipielle Aufbau eines AD-Umsetzers nach dem Wägeverfahren ist in Abb. 18.29 dargestellt. Der Komparator vergleicht den gespeicherten Meßwert mit der Ausgangsspannung des DA-Umsetzers. Beim Meßbeginn wird die Zahl $Z$ auf Null gesetzt. Anschließend wird das höchste Bit (MSB) auf Eins gesetzt und geprüft, ob die Eingangsspannung größer als $U(Z)$ ist. Ist das der Fall, bleibt es gesetzt. Andernfalls wird es wieder gelöscht. Damit ist das höchste Bit „gewogen". Dieser Wägevorgang wird anschließend für jedes weitere Bit wiederholt, bis zum Schluß auch das niedrigste Bit (LSB) feststeht. Auf diese Weise entsteht in dem Register eine Zahl, die nach der Umsetzung durch den DAU eine Spannung ergibt, die innerhalb der Auflösung $U_{LSB}$ mit $U_e$ übereinstimmt. Damit wird:

$$U(Z) = U_{ref} \frac{Z}{Z_{max} + 1} = U_e \quad \text{also} \quad Z = (Z_{max} + 1) \frac{U_e}{U_{ref}} \tag{18.14}$$

Wenn sich die Eingangsspannung während der Umwandlungszeit ändert, benötigt man ein Abtast-Halte-Glied zur Zwischenspeicherung der entnommenen Funktionswerte, damit alle Stellen von derselben Eingangsspannung $U_e(t_j)$ gebildet werden. Ohne Abtast-Halte-Glied kann ein Fehler entstehen, der gleich der Änderung der Eingangsspannung während der Umsetzdauer ist [18.7].

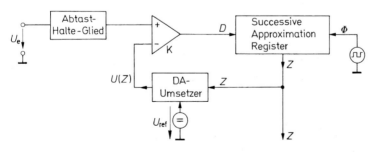

**Abb. 18.29.** AD-Umsetzer nach dem Wägeverfahren

$$Z = (Z_{max} + 1) \frac{U_e}{U_{ref}}$$

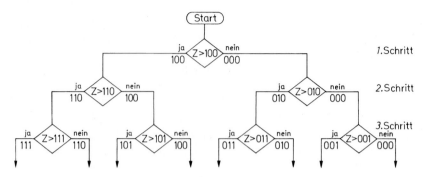

**Abb. 18.30.** Flußdiagramm für den Ablauf des Wägeverfahrens

Das Flußdiagramm für die ersten drei Wägeschritte ist in Abb. 18.30 dargestellt. Man erkennt, daß in jedem Schritt entschieden wird, ob das betreffende
Bit Eins oder Null ist. Die zuvor ermittelten Bits bleiben unverändert.

Der zeitliche Verlauf des Wägevorganges ist in Abb. 18.31 für die Spannung
$U(Z)$ und in Abb. 18.32 für die Zahl $Z$ dargestellt. Jedes Bit wird versuchsweise
gesetzt. Wenn dadurch die Eingangsspannung überschritten wird, wird es gleich
wieder gelöscht. Nach 8 Wägeschritten ist dann in diesem Beispiel die Umsetzung
abgeschlossen.

Gesteuert wird die Umsetzung von dem SAR (Successive Approximation Register). Seine prinzipielle Arbeitsweise soll anhand von Abb. 18.33 erklärt werden.
Bei Meßbeginn werden mit dem Reset-Signal $R$ alle Flip-Flops gelöscht. In dem
Schieberegister $F_7'$ bis $F_0'$ wird dann eine Eins bei jedem Takt um eine Position
weiter nach rechts geschoben. Dadurch werden die Bits $z_7$ bis $z_0$ der Reihe nach
versuchsweise auf Eins gesetzt. Das jeweilige Wägeresultat wird in den Latch-
Flip-Flops $F_7$ bis $F_0$ gespeichert, indem der betreffende Komparatorzustand $D$

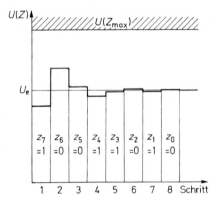

**Abb. 18.31.** Verlauf von $U(Z)$          **Abb. 18.32.** Verlauf von $Z$

**Abb. 18.31/32** Zeitlicher Verlauf einer AD-Umsetzung nach dem Wägeverfahren

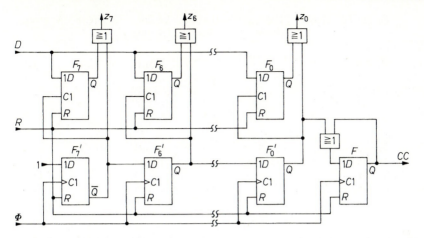

**Abb. 18.33.** Beispiel für die Realisierung des Successive Approximation Registers SAR

eingelesen wird. Dabei wird jeweils nur dasjenige Latch-Flip-Flop über den $C$-Eingang freigegeben, dessen zugehöriges Bit gerade getestet wird.

Wenn auch das niedrigste Bit $z_0$ feststeht, wird das letzte Flip-Flop F des Schieberegisters gesetzt. Es zeigt an, daß die Umsetzung abgeschlossen ist (Conversion Complete, CC). Wegen des ODER-Gatters am $D$-Eingang behält es diesen Zustand auch bei weiteren Taktimpulsen bei. Es wird erst zusammen mit dem Ergebnis bei Beginn der nächsten Messung gelöscht.

Die Wahrheitstafel des Successive Approximation Registers ist in Tab. 18.9 dargestellt. Man sieht, daß alle Ausgänge mit dem Resetsignal gelöscht werden. Eine Ausnahme bildet lediglich das Bit $z_7$, das schon die Eins für den ersten Wägevorgang aufweist. Bei jedem Schritt $T$ wird dann die Entscheidung $D$ des Komparators in der betreffenden Stelle gespeichert und gleichzeitig das nächste niedrigere Bit gewogen. Man erkennt in der Wahrheitstafel die Funktion des Schieberegisters. Nach 8 Schritten ist die Eins am Conversion Complete-Ausgang CC angekommen, und die Umsetzung ist beendet. Dann steht das Ergebnis $Z$ parallel zur Verfügung. Man kann es aber auch am Komparator-Ausgang in serieller Form erhalten.

| $T$ | $R$ | $D$ | $z_7$ | $z_6$ | $z_5$ | $z_4$ | $z_3$ | $z_2$ | $z_1$ | $z_0$ | CC |
|---|---|---|---|---|---|---|---|---|---|---|---|
| 0 | 1 | $D_7$ | 1 | 0 | 0 | 0 | 0 | 0 | 0 | 0 | 0 |
| 1 | 0 | $D_7$ | $D_7$ | 1 | 0 | 0 | 0 | 0 | 0 | 0 | 0 |
| 2 | 0 | $D_6$ | $D_7$ | $D_6$ | 1 | 0 | 0 | 0 | 0 | 0 | 0 |
| 3 | 0 | $D_5$ | $D_7$ | $D_6$ | $D_5$ | 1 | 0 | 0 | 0 | 0 | 0 |
| 4 | 0 | $D_4$ | $D_7$ | $D_6$ | $D_5$ | $D_4$ | 1 | 0 | 0 | 0 | 0 |
| 5 | 0 | $D_3$ | $D_7$ | $D_6$ | $D_5$ | $D_4$ | $D_3$ | 1 | 0 | 0 | 0 |
| 6 | 0 | $D_2$ | $D_7$ | $D_6$ | $D_5$ | $D_4$ | $D_3$ | $D_2$ | 1 | 0 | 0 |
| 7 | 0 | $D_1$ | $D_7$ | $D_6$ | $D_5$ | $D_4$ | $D_3$ | $D_2$ | $D_1$ | 1 | 0 |
| 8 | 0 | $D_0$ | $D_7$ | $D_6$ | $D_5$ | $D_4$ | $D_3$ | $D_2$ | $D_1$ | $D_0$ | 1 |

**Tab. 18.9.** Wahrheitstafel des Successive Approximation Registers

| Typ | Hersteller | Kanäle | Umsetz-dauer | Betriebs-spannung | Verlust-leistung | Referenz | Ausgang |
|---|---|---|---|---|---|---|---|
| **8 bit** | | | | | | | |
| MAX 1110 | Maxim | 8 | 20 µs | + 3,3 V | 0,5 mW | 2 V | 1 bit |
| MAX 1111 | Maxim | 4 | 20 µs | + 3,3 V | 0,5 mW | 2 V | 1 bit |
| TLC 0820 | Texas I. | 1 | 2,5 µs | + 5 V | 7,5 mW | — | 8 bit |
| TLV 0831 | Texas I. | 1 | 13 µs | + 3,3 V | 2,5 mW | ja | 1 bit |
| TLV 0838 | Texas I. | 8 | 13 µs | + 3,3 V | 2,5 mW | — | 1 bit |
| **12 bit** | | | | | | | |
| AD 7858 | Analog D. | 8 | 5 µs | + 3,3 V | 15 mW | 2,5 V | 1 bit |
| AD 7896 | Analog D. | 1 | 10 µs | + 3,3 V | 10 mW | — | 1 bit |
| ADS 1286 | Burr B. | 1 | 50 µs | + 5 V | 3 mW | — | 1 bit |
| ADS 7834 | Burr B. | 1 | 2 µs | + 5 V | 15 mW | 2,5 V | 1 bit |
| ADS 7825 | Burr B. | 8 | 2 µs | + 5 V | 10 mW | 2,5 V | 12 bit |
| HI 5810 | Harris | 1 | 10 µs | + 5 V | 30 mW | — | 12 bit |
| LTC 1401 | Lin. Tech. | 1 | 5 µs | + 3,3 V | 15 mW | — | 1 bit |
| LTC 1404 | Lin. Tech. | 1 | 1,5 µs | + 5 V | 75 mW | 2,4 V | 1 bit |
| LTC 1412 | Lin. Tech. | 1 | 0,3 µs | + 5 V | 150 mW | 2,5 V | 12 bit |
| MAX 146 | Maxim | 8 | 6 µs | + 3,3 V | 5 mW | 2,5 V | 1 bit |
| MAX 191 | Maxim | 1 | 10 µs | + 5 V | 15 mW | 4 V | 12 bit |
| MAX 1240 | Maxim | 1 | 6 µs | + 3,3 V | 5 mW | 2,5 V | 1 bit |
| MAX 1246 | Maxim | 4 | 6 µs | + 3,3 V | 5 mW | 2,5 V | 1 bit |
| ADC 12041 | National | 1 | 4 µs | + 5 V | 35 mW | — | 12 bit |
| ADC 12130 | National | 2 | 9 µs | + 3,3 V | 15 mW | — | 1 bit |
| ADC 12138 | National | 8 | 9 µs | + 3,3 V | 15 mW | — | 1 bit |
| ADC 12662 | National | 2 | 0,6 µs | + 5 V | 200 mW | — | 12 bit |
| TLV 2543 | Texas I. | 11 | 10 µs | + 3,3 V | 8 mW | — | 1 bit |
| TLV 5619 | Texas I. | 1 | 1 µs | + 3,3 V | 4 mW | — | 12 bit |
| **16 bit** | | | | | | | |
| AD 976 | Analog D. | 1 | 10 µs | + 5 V | 80 mW | 2,5 V | 16 bit |
| AD 977 | Analog D. | 1 | 10 µs | + 5 V | 80 mW | 2,5 V | 1 bit |
| ADS 7821 | Burr B. | 1 | 10 µs | + 5 V | 80 mW | 2,5 V | 16 bit |
| ADS 7825 | Burr B. | 4 | 25 µs | + 3,3 V | 50 mW | 2,5 V | 16 bit |
| LTC 1605 | Lin. Tech. | 1 | 10 µs | + 5 V | 55 mW | 2,5 V | 1/8 bit |
| MAX 195 | Maxim | 1 | 12 µs | + 5 V | 20 mW | — | 1 bit |

**Tab. 18.10.** Analog-Digital-Umsetzer, die nach dem Wägeverfahren arbeiten. Alle Typen enthalten ein Abtast-Halte-Glied. Die meisten 3,3 V-Typen lassen sich auch mit 5 V betreiben. 1 bit = serieller Ausgang

Einige Beispiele für Umsetzer nach dem Wägeverfahren sind in Tab. 18.10 zusammengestellt.

## 18.9.4
## Zählverfahren

Die AD-Umsetzung nach dem Zählverfahren erfordert den geringsten Schaltungsaufwand. Allerdings ist die Umsetzdauer wesentlich größer als bei den anderen Verfahren. Sie liegt in der Regel zwischen 1 ms und 1 s. Das genügt jedoch bei langsam veränderlichen Signalen, wie sie z.B. bei der Temperaturmessung

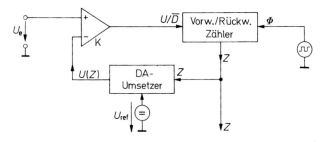

**Abb. 18.34.** AD-Umsetzer nach dem Nachlaufverfahren. $Z = (Z_{max} + 1)U_e/U_{ref}$

auftreten. Auch in Digitalvoltmetern benötigt man keine größere Geschwindigkeit, weil man das Ergebnis doch nicht schneller ablesen kann. Es gibt verschiedene Realisierungsformen für das Zählverfahren, von denen wir die wichtigsten
im folgenden behandeln wollen. Die größte Bedeutung besitzt das „Dual-Slope"-
Verfahren, weil sich dabei mit geringem Aufwand die größte Genauigkeit erreichen läßt.

### Kompensationsverfahren

Der Kompensations-AD-Umsetzer in Abb. 18.34 ist eng verwandt mit dem
Wägeverfahren in Abb. 18.29. Der wesentliche Unterschied besteht darin, daß
hier statt des SA-Registers ein Vorwärts-Rückwärtszähler eingesetzt wird.
Der Komparator vergleicht die Eingangsspannung $U_e$ mit der Kompensationsspannung $U(Z)$. Ist die Differenz positiv, läßt er den Zähler vorwärts zählen,
sonst rückwärts. Dadurch läuft die Kompensationsspannung so weit, bis sie die
Eingangsspannung erreicht hat, und folgt ihr dann bei Veränderungen. Aus diesem Grund bezeichnet man die Schaltung auch als *nachlaufenden* AD-Umsetzer
(Tracking ADC).
Ein Schönheitsfehler der einfachen Schaltung in Abb. 18.34 besteht darin, daß
der Zähler nie zur Ruhe kommt, sondern immer um 1 LSB um die Eingangsspannung hin und her pendelt, da der Takt nie abgeschaltet wird. Wenn dies stört,
kann man den einfachen Komparator zu einem Fensterkomparator erweitern.
Damit läßt sich dann der Takt blockieren, wenn die Kompensationsspannung
$U(Z)$ die Eingangsspannung $U_e$ bis auf $\pm \frac{1}{2}U_{LSB}$ erreicht hat.
Den Wegfall der Steuerlogik gegenüber dem Wägeverfahren erkauft man sich
durch eine beträchtliche Einbuße an Umsetzgeschwindigkeit, da sich die Kompensationsspannung nur in Schritten von $U_{LSB}$ ändert. – Wenn sich die Eingangsspannung nur langsam ändert, kann sich jedoch auch hier eine kurze Einstellzeit
ergeben, da infolge der Nachlaufeigenschaft die Approximation kontinuierlich
erfolgt und nicht wie beim Wägeverfahren immer bei Null beginnt.

**Ein-Rampen-Verfahren (Single Slope)**

Der in Abb. 18.35 dargestellte Sägezahn-AD-Umsetzer kommt ohne DAU aus. Das Prinzip beruht darauf, zunächst die Eingangsspannung in eine dazu proportionale Zeit zu übersetzen. Dazu dient der Sägezahngenerator in Verbindung mit dem Fensterkomparator $K_1$, $K_2$ und $G_1$.

Die Sägezahnspannung läßt man von negativen auf positive Werte ansteigen gemäß:

$$V_S = \frac{U_{ref}}{\tau} t - V_0$$

Am Ausgang des Äquivalenz-Gatters $G_1$ ergibt sich nur so lange eine Eins, wie sich die Sägezahnspannung zwischen den beiden Schranken 0 und $U_e$ befindet. Die entsprechende Zeit beträgt $\Delta t = \tau U_e/U_{ref}$. Sie wird durch Abzählen der Schwingungen des Quarzoszillators gemessen. Setzt man den Zähler zu Beginn der Messung auf Null, ergibt sich nach dem Überschreiten der oberen Komparatorschwelle der Zählerstand

$$Z = \frac{\Delta t}{T} = \tau f \frac{U_e}{U_{ref}} \tag{18.15}$$

Legt man eine negative Meßspannung an, erfolgt zuerst der Meßspannungsdurchgang und dann der Nulldurchgang. Aus dieser Reihenfolge läßt sich also das Vorzeichen der Meßspannung bestimmen. Die Meßdauer ist dieselbe; sie hängt nur vom Betrag der Meßspannung ab. Nach jeder Messung muß man den Zähler wieder auf Null stellen und die Sägezahnspannung auf ihren negativen Anfangswert bringen. Um trotzdem eine stehende Ausgabe zu erhalten, ist es üblich, das alte Zählergebnis zu speichern, bis ein neues zur Verfügung steht.

Wie man in Gl. (18.15) erkennt, geht die Toleranz der Zeitkonstante $\tau$ voll in die Meßgenauigkeit ein. Da sie durch ein $RC$-Glied bestimmt wird, unterliegt sie der Temperatur- und Langzeitdrift des Kondensators. Aus diesem Grund ist eine Genauigkeit unter 0,1% nur schwer zu erreichen.

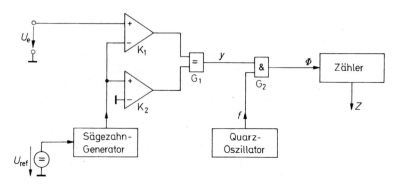

**Abb. 18.35.** AD-Umsetzer nach dem Single-Slope-Verfahren. $Z = \tau \cdot f \cdot U_e/U_{ref}$

## Zwei-Rampen-Verfahren (Dual Slope)

Bei dem Dual-Slope-Verfahren wird nicht nur die Referenzspannung, sondern auch die Eingangsspannung integriert. Im Ruhezustand sind die Schalter $S_1$ und $S_2$ in Abb. 18.36 offen, $S_3$ ist geschlossen. Dadurch wird die Ausgangsspannung des Integrators Null.

Bei Meßbeginn wird der Zähler gelöscht, der Schalter $S_3$ geöffnet, und $S_1$ geschlossen. Dadurch wird die Eingangsspannung $U_e$ integriert. Wenn sie positiv ist, wird der Integrator-Ausgang negativ und der Komparator gibt den Taktgenerator frei. Das Ende der ersten Integrationsphase $t_1$ ist erreicht, wenn der Zähler nach $Z_{max} + 1$ Takten überläuft und damit wieder auf Null steht. Anschließend wird die Referenzspannung integriert; dazu wird der Schalter $S_1$ geöffnet und der $S_2$ geschlossen. Da sie negativ ist, steigt die Ausgangsspannung des Integrators jetzt wieder. Die zweite Integrationsphase ist beendet, wenn $U_I$ bis auf Null angestiegen ist. Dann geht der Komparator auf Null und stoppt damit den Zähler. Der Zählerstand ist gleich der Zahl der Taktimpulse während der Zeit $t_2$ und damit proportional zur Eingangsspannung.

Der Zusammenhang zwischen der Eingangsspannung $U_e$ und dem Ergebnis $Z$ läßt sich direkt angeben, wenn man die Integration ausrechnet und berücksichtigt, daß die Integration bei 0 V beginnt und bei 0 V endet. Aus

$$U_I = -\frac{1}{RC}\int_0^{t_1} U_e\,dt - \frac{1}{RC}\int_0^{t_2} U_{ref}\,dt \overset{!}{=} 0 \tag{18.16}$$

folgt, wenn man $U_e$ als konstant annimmt:

$$-\frac{1}{RC}U_e t_1 - \frac{1}{RC}U_{ref} t_2 = 0$$

Mit

$$t_1 = (Z_{max} + 1)\,T \quad \text{und} \quad t_2 = ZT \tag{18.17}$$

folgt

$$-\frac{1}{RC}U_e\,(Z_{max} + 1)\,T - \frac{1}{RC}U_{ref}\,ZT = 0$$

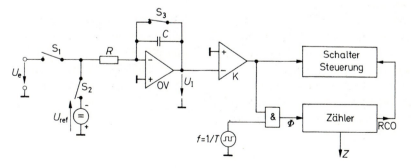

**Abb. 18.36.** AD-Umsetzer nach dem Dual-Slope-Verfahren $Z = (Z_{max} + 1)U_e/U_{ref}$

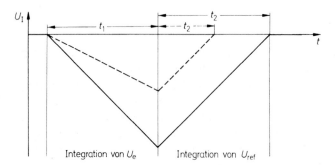

**Abb. 18.37.** Zeitlicher Verlauf der Integrator-Ausgangsspannung für verschiedene Eingangsspannungen

Man sieht, daß sich die Zeitkonstante $RC$ und die Taktdauer $T$ aus de Gleichung herauskürzen. Damit erhält man:

$$U_e \, (Z_{max} + 1) \, T + U_{ref} ZT = 0$$

Auflösen nach $Z$ liefert das Ergebnis:

$$Z = -\frac{U_e}{U_{ref}} \, (Z_{max} + 1) \tag{18.18}$$

Nach dieser Gleichung besteht das hervorstehende Merkmal des Dual-Slope-Verfahrens darin, daß weder die Taktfrequenz $1/T$ noch die Integrationszeit-konstante $\tau = RC$ in das Ergebnis eingehen. Man muß lediglich fordern, daß die Taktfrequenz während der Zeit $t_1 + t_2$ konstant ist. Diese Kurzzeitkonstanz läßt sich mit einfachen Taktgeneratoren erreichen. Aus diesen Gründen kann man mit dem Verfahren leicht Genauigkeiten von 0,01% = 100 ppm realisieren [18.8].

Wie wir bei der Herleitung gesehen haben, geht nicht der Momentanwert der Meßspannung in das Ergebnis ein, sondern nur ihr Mittelwert über die Meßzeit $t_1$. Daher werden Wechselspannungen um so stärker abgeschwächt, je höher ihre Frequenz ist. Wechselspannungen, deren Frequenz gleich einem ganzzahligen Vielfachen von $1/t_1$ ist, werden vollständig unterdrückt. Es ist daher günstig, die Frequenz des Taktgenerators so zu regeln, daß $t_1$ gleich der Schwingungsdauer der Netzwechselspannung oder einem Vielfachen davon wird. Dann werden alle Brummstörungen eliminiert.

Da man mit dem Dual-Slope-Verfahren mit wenig Aufwand hohe Genauigkeit und Störunterdrückung erzielen kann, wird es bevorzugt in Digitalvoltmetern eingesetzt. Dort stört die relativ große Umsetzdauer nicht.

Der Zähler in Abb. 18.36 muß nicht unbedingt ein Dualzähler sein. Es ergibt sich dieselbe Funktionsweise, wenn man einen BCD-Zähler einsetzt. Von dieser Möglichkeit macht man in Digitalvoltmetern Gebrauch, weil man dann den Meßwert nicht dual/dezimal wandeln muß.

## Automatischer Nullpunkt-Abgleich

Bei der Beschreibung des Dual-Slope-Verfahrens haben wir gesehen, daß die Zeitkonstante $\tau = RC$ und die Taktfrequenz $f = 1/T$ nicht in das Ergebnis eingehen. Die Genauigkeit wird also im wesentlichen von der Toleranz der Referenzspannung und den Nullpunktfehlern von Integrator und Komparator bestimmt. Diese Nullpunktfehler lassen sich mit einem automatischen Nullpunkt-Abgleich weitgehend beseitigen. Zu diesem Zweck ersetzt man den Kurzschlußschalter $S_3$ in Abb. 18.36 durch eine Regelschaltung gemäß Abb. 18.38, mit der man den Integrator auf geeignete Anfangsbedingungen setzt.

Im Ruhezustand ist der Schalter $S_3$ geschlossen. Dadurch bilden der Integrator und der Komparatorvorverstärker zusammen einen Spannungsfolger, mit dessen Ausgangsspannung $U_k$ der Nullpunktkondensator $C_{\text{NULL}}$ aufgeladen wird. Zur Nullpunktkorrektur wird gleichzeitig mit dem zusätzlichen Schalter $S_4$ der Integratoreingang auf Nullpotential gelegt. Dadurch nimmt $U_k$ den Korrekturwert $U_{OI} - I_B R$ an. Darin ist $U_{OI}$ die Offsetspannung des Integrators und $I_B$ sein Eingangsruhestrom. Im eingeschwungenen Zustand wird durch diese Kompensation der Strom durch $C_I$ wie bei einem idealen Integrator gleich Null.

Zur Integration der Eingangsspannung werden die Schalter $S_3$ und $S_4$ geöffnet und $S_1$ geschlossen. Da die Spannung $U_k$ während dieser Zeit auf dem Kondensator $C_{\text{NULL}}$ gespeichert bleibt, ist der Nullpunkt auch während der Integrationsphase abgeglichen. Die Nullpunktdrift wird dann nur noch durch die Kurzzeitstabilität bestimmt.

Der Offsetfehler des Komparators wird bei dem Verfahren ebenfalls weitgehend eliminiert. Im Ruhezustand stellt sich nämlich die Ausgangsspannung $U_I$ des Integrators nicht wie bei der vorhergehenden Schaltung auf Null ein, sondern auf die Offsetspannung des Komparatorvorverstärkers, also gerade auf die Umschaltschwelle der Anordnung.

Da in dem Kompensationskreis zwei Verstärker in Reihe geschaltet sind, können leicht Regelschwingungen auftreten. Zur Stabilisierung kann man mit $C_{\text{NULL}}$ einen Widerstand in Reihe schalten. Außerdem ist es zweckmäßig, die Verstärkung des Komparatorvorverstärkers auf Werte unter 100 zu begrenzen.

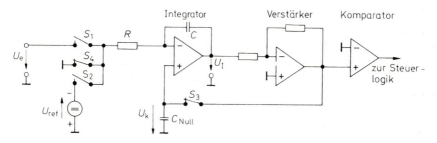

**Abb. 18.38.** Dual-Slope-Verfahren mit automatischem Nullpunkt-Abgleich

| Auf-lösung | Typ | Hersteller | Umsetz-dauer | Aus-gang | Parallel Multiplex | Betriebs-spannung | Verlust-leistung |
|---|---|---|---|---|---|---|---|
| $3\frac{3}{4}$ Digit | MAX 134* | Maxim | 50 ms | BCD | Mux. | $\pm 5\,V$ | 1 mW |
| $4\frac{1}{2}$ Digit | TC 835 | Teledyne | 200 ms | BCD | Mux. | $\pm 5\,V$ | 9 mW |
| $4\frac{1}{2}$ Digit | MAX 135 | Maxim | 5 ms | BCD | Mux. | $\pm 5\,V$ | 0,6 mW |
| 15 bit | TC 850 | Teledyne | 25 ms | Dual | Par. | $\pm 5\,V$ | 20 mW |
| $5\frac{1}{2}$ Digit | HI 7159 | Harris | 130 ms | BCD | Mux. | $\pm 5\,V$ | 50 mW |
| 18 bit | MAX 132 | Maxim | 5 ms | Dual | Seriell | $\pm 5\,V$ | 0,6 mW |
| Für Sieben-Segment-Anzeigen | | | | | | | |
| $3\frac{1}{2}$ Digit | TC 7116 | Teledyne | 200 ms | LCD | Par. | 9 V | 10 mW |
| | TC 7117 | Teledyne | 200 ms | LED | Par. | $\pm 5\,V$ | 600 mW |
| | ICL 7136 | Harris | 400 ms | LCD | Par. | 9 V | 1 mW |
| | ICL 7137 | Harris | 400 ms | LED | Par. | $\pm 5\,V$ | 600 mW |
| | MAX 138 | Maxim | 200 ms | LCD | Par. | 5 V | 1 mW |
| | MAX 139 | Maxim | 200 ms | LED | Par. | 5 V | 600 mW |
| $3\frac{3}{4}$ Digit | ICL 7149* | Harris | 200 ms | LCD | Mux. | 9 V | 15 mW |
| | TC 822 | Teledyne | 300 ms | LCD | Mux. | 3 V | 1 mW |
| $4\frac{1}{2}$ Digit | ICL 7129 | Harris | 500 ms | LCD | Mux. | 9 V | 10 mW |

* mit automatischer Bereichsumschaltung

**Tab. 18.11.** Analog-Digital-Umsetzer, die nach dem Dual-Slope-Verfahren arbeiten

Dadurch ist es auch einfacher, kurze Verzögerungszeiten zu erreichen, die beim Komparatorbetrieb in der Integrationsphase erforderlich sind.

AD-Umsetzer nach dem Dual-Slope-Verfahren sind in großer Vielfalt als monolitisch integrierte CMOS-Schaltungen erhältlich. Man kann zwei Hauptgruppen unterscheiden: solche für allgemeine Anwendungen (insbesondere auch zum Anschluß an Mikrocomputer) und solche, die speziell für die Ansteuerung von Anzeigeeinheiten vorgesehen sind. Während die ersteren meist Dual- bzw. BCD-Code liefern, besitzen die letzteren meist 7-Segment-Ausgänge. Einige Beispiele sind in Tab. 18.11 zusammengestellt.

# Literatur

[18.1]   McGuire, P.L.: Digital Pulses Synthesize Audio Sine Waves. Electronics 48 (1975) H. 20, S. 104, 105.

[18.2]   Yuen, M.: DA Converter's Low-Glitch Design Lowers Parts Count in Graphic Displays. Electronics 52 (1979) H. 16, S. 131–135.

[18.3]   Seitzer, D.; Pretzl, G.; Hamdy, N.: Electronic Analog-to-Digital Converters. Chichester, New York, Brisbane, Toronto, Singapore: J. Wiley 1983.

[18.4]   Lammert, M.; Olsen, R.: 1 $\mu$m Process Shrinks and Speeds up Flash Converter. Electronics 55 (1982) H. 9, S. 135–137.

[18.5]   Louzon, P.: Decipher Hight-Sample-Rate ADC Specs. Electronic Design 20.3.1995 S. 91–100

[18.6]   Pratt, W.J.: High Linearity and Video Speed Come Together in AD Converters. Electronics 53 (1980) H. 22, S. 167–170.

[18.7]   Little, A.; Burnett, B.: S/H Amp-ADC Matrimony Provides Accurate Sampling. EDN, 4. 2. 1988, H. 3, S. 153–166.

[18.8]   Jones, L.T.: James, J.R.; Clark, C.A.: Precision DVM Has Wide Dynamic Range and High System Speed. Hewlett-Packard-Journal 32 (1981) H. 4, S. 23–31.

[18.9]   Hnatek, E.R.: A User's Handbook of D/A and A/D Converters. New York, London, Sydney, Toronto: J. Wiley 1976.

[18.10]  Loriferne, B.: Analog-Digital and Digital-Analog Conversion. London, Philadelphia, Rheine: Heyden 1982.

[18.11]  Zander, H.: Analog-Digital-Wandler in der Praxis. Haar: Markt und Technik 1983.

# Kapitel 19:
# Mikrocomputer-Grundlagen

Das gemeinsame Merkmal von Mikrocomputern ist darin zu sehen, daß alle wesentlichen Baugruppen eines Computers in einer einzigen oder in wenigen hochintegrierten Schaltungen zusammengefaßt sind. Dabei reicht das Spektrum der Leistungsfähigkeit vom einfachen Schaltwerk bis zur komplexen Rechenanlage. Derart leistungsfähige Mikrocomputer bezeichnet man auch als „Micro Mainframe".

## 19.1
## Grundstruktur eines Mikrocomputers

Gemäß dem Blockschaltbild in Abb. 19.1 besteht ein Mikrocomputer im wesentlichen aus vier Funktionseinheiten:

1) Der wichtigste Teil ist der Mikroprozessor. Er stellt die zentrale Steuer- und Recheneinheit dar und wird deshalb auch als Central Processing Unit (CPU) bezeichnet.
2) Der Programmspeicher enthält die Folge der zu bearbeitenden Befehle, also das Programm. Er besteht in der Regel aus einem EPROM, weil dann das Programm auch nach Netzausfall erhalten bleibt. Für häufig zu ändernde Programme werden RAMs als Speicher verwendet, die in der Regel von einem externen Massenspeicher (z.B. Floppy Disk oder Festplatte) geladen werden.
3) Im Datenspeicher stehen die Variablen. Er ist deshalb immer ein RAM.
4) Über die Ein-/Ausgabeschaltungen erfolgt die Kommunikation mit den Peripheriegeräten wie z.B. Datensichtgerät, Tastatur, Massenspeicher usw.

Die Kommunikation der Zentraleinheit mit den übrigen Baugruppen erfolgt gemäß Abb. 19.1 über drei Bus-Systeme. Über den Adreßbus gibt der Mikroprozessor die gewünschte Speicheradresse an. Über den Kontrollbus legt er fest, ob gelesen oder geschrieben werden soll. Über den Datenbus findet der Datenaustausch statt. Der Datenbus ist im Unterschied zu den beiden anderen bidirektional.

Das Blockschaltbild in Abb. 19.1 sagt noch nichts über die Leistungsfähigkeit der CPU und die Kapazität der Arbeitsspeicher aus. Es ist nichts anderes als das Blockschaltbild eines Computers schlechthin. Je nach der Größe des installierten

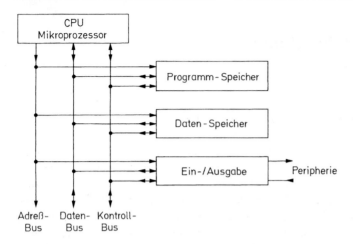

**Abb. 19.1.** Blockschaltbild eines Mikrocomputers

Speichers und der Rechenleistung (gemessen in Million Instructions Per Second) unterscheidet man ganz grob folgende Größenklassen:

| Klassifikation | Speicherkapazität | Wortbreite | Rechenleistung |
|---|---|---|---|
| Mikrocomputer | 1 k ... 256 k byte | 4 ... 16 bit | 0,1 ... 5 MIPS |
| Personal Computer | 16 M ... 256 M byte | 32 bit | 50 ... 300 MIPS |
| Workstation | 64 M ... 1000 M byte | 32 ... 64 bit | 100 ... 1000 MIPS |

Der Durchbruch der Mikrocomputer erfolgte mit der Einführung monolithischer Mikroprozessoren. Infolge rasch fallender Preise wurde neben der Anwendung als einfacher Universalrechner auch der Einsatz in der Geräteentwicklung interessant, wo sie, fest programmiert. relativ komplexe Rechen- und Steueraufgaben übernehmen können. Auf diese Weise kommt man für viele Anwendungen mit einer Standard-Hardware-Schaltung aus, während sich die eigentliche Entwicklungsarbeit mehr und mehr auf die Erstellung der Programme (Software) verlagert.

Diese Tendenz wird durch die Einführung der Ein-Chip-Mikrocomputer noch verstärkt. Solche hochintegrierten Schaltungen enthalten neben dem Prozessor eine Ein-/Ausgabe-Einheit sowie ein kleines RAM und ein ROM. Ein solcher Mikrocomputer ist also ohne äußere Zusätze bereits funktionsfähig.

## 19.2
## Arbeitsweise eines Mikroprozessors

### 19.2.1
### Innerer Aufbau

In diesem Abschnitt wollen wir die Arbeitsweise und die Struktur der Befehle eines Mikroprozessors etwas näher untersuchen.

Das Blockschaltbild eines Mikroprozessors ist in Abb. 19.2 dargestellt. Man erkennt drei Funktionsblöcke: die Ausführungs-Einheit, die Ablauf-Steuerung und das Bus-Interface. Die Ausführungs-Einheit bearbeitet die arithmetischen und logischen Befehle. Die beteiligten Operanden stehen entweder in den Daten- bzw. Adreß-Registern oder werden über den internen Bus angelegt. Die Ablauf-Steuerung besteht aus dem Befehls-Decoder und dem Programm-Zähler.

Der Programm-Zähler ruft die Befehle des Programms nacheinander auf. Der Befehls-Decoder löst dann die zur Ausführung des Befehls erforderlichen Schritte aus. Die Ablauf-Steuerung stellt ein Schaltwerk dar (vergleiche Kapitel 9.7 auf S. 712), dessen Wahrheitstafel bei neueren Mikroprozessoren in einem ROM gespeichert ist. Den Inhalt dieses ROMs bezeichnet man auch als Mikroprogramm. Die externen Befehle bestimmen in diesem Fall die Einsprungadressen in das Mikroprogramm.

Beim Start eines Programms wird der Programm-Zähler auf die Start-Adresse gesetzt. Diese Adresse wird über den Adreß-Bus an die Speicher übertragen. Bei einem auf dem Kontrollbus übertragenen Lesesignal erscheint der Inhalt des betreffenden Speichers auf dem Daten-Bus und wird in dem Befehls-Decoder gespeichert. Der Befehls-Decoder löst dann die zur Durchführung des Befehls notwendigen Operationen aus. Dazu wird, wie wir noch sehen werden, eine unterschiedliche Anzahl von Maschinenzyklen benötigt. Der Befehls-Decoder setzt

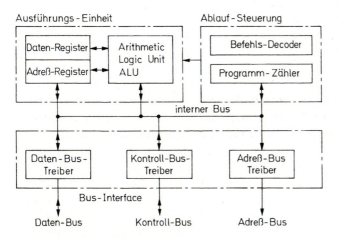

**Abb. 19.2.** Innerer Aufbau eines Mikroprozessors

| Flag-Register | 8 bit |
| Akkumulator A | 8 bit |
| Akkumulator B | 8 bit |
| Index-Register | 16 bit |
| Stapel-Zeiger | 16 bit |
| Programm-Zähler | 16 bit |

**Tab. 19.1.** Zusammenstellung der Register im MC 6800-Mikroprozessor, die für den Programmierer zugänglich sind

nach Ausführung des Befehls den Programm-Zähler auf die Adresse des nächsten Befehls.

Um möglichst konkrete Aussagen machen zu können, beziehen wir uns im folgenden auf einen realen 8 bit-Mikroprozessor. Die Angabe „8 bit" bezieht sich auf die Wortbreite des Datenbusses. Zur Einführung ist der Basistyp der 6800-Familie besonders geeignet, weil er einfach aufgebaut, übersichtlich strukturiert und dennoch recht leistungsfähig ist. Es gibt inzwischen von Motorola und anderen Herstellern eine Reihe von Weiterentwicklungen, die zwar deutlich leistungsfähiger sind, aber wegen der vielfältigen Möglichkeiten auch schwieriger zu verstehen sind. Eine Übersicht folgt in Abschnitt 19.5.

Tabelle 19.1 zeigt die für den Programmierer zugänglichen Arbeitsregister des Mikroprozessors MC 6800. Die meisten arithmetischen Operationen werden mit Hilfe der Akkumulatoren A und B durchgeführt. Das Indexregister dient zur Speicherung häufig benutzter Adressen, der Stapel-Zeiger zur Organisation der Unterprogramm-Technik. Das Flag-Register (Condition Code Register) enthält einige Informationen über das zuletzt erhaltene Rechenergebnis.

## 19.2.2
## Befehls-Struktur

Wie schon erwähnt, arbeitet der Mikroprozessor MC 6800 mit einer Adressenwortbreite von 16 bit ($= 2$ byte) und einer Datenwortbreite von 8 bit ($= 1$ byte). Solche langen Bitkombinationen sind für den Programmierer sehr schwer zu lesen. Man benutzt deshalb eine abgekürzte Schreibweise. Dazu faßt man jeweils 4 bit zu einer Ziffer zusammen. Diese kann demnach 16 verschiedene Werte annehmen. Deshalb bezeichnet man den entstehenden Code als Hexadezimal-Code oder kurz Hex-Code. Für die Ziffern 0 bis 9 kann man die bekannten Dezimalziffern verwenden. Die Ziffern „zehn" bis „fünfzehn" werden durch die Großbuchstaben A bis F dargestellt. Damit ergibt sich die in Tab. 19.2 dargestellte Zuordnung.

| Dual | Hex | Dezimal | Dual | Hex | Dezimal |
|------|-----|---------|------|-----|---------|
| 0000 | 0 | 0 | 1000 | 8 | 8 |
| 0001 | 1 | 1 | 1001 | 9 | 9 |
| 0010 | 2 | 2 | 1010 | A | 10 |
| 0011 | 3 | 3 | 1011 | B | 11 |
| 0100 | 4 | 4 | 1100 | C | 12 |
| 0101 | 5 | 5 | 1101 | D | 13 |
| 0110 | 6 | 6 | 1110 | E | 14 |
| 0111 | 7 | 7 | 1111 | F | 15 |

**Tab. 19.2.** Vergleich von Dual-, Hex- und Dezimaldarstellung

Da die Zahlenbasis 16 eine Zweierpotenz ist, gibt es zwei verschiedene Möglichkeiten zur Umrechnung einer mehrstelligen Hex-Zahl in die entsprechende Dezimalzahl. Man kann sie einerseits gemäß der Beziehung

$$Z_{\text{Hex}} = z_{N-1} \cdot 16^{N-1} + z_{N-2} \cdot 16^{N-2} + \ldots + z_1 \cdot 16 + z_0$$

umrechnen. Die andere Möglichkeit besteht darin, jede Ziffer als Dualzahl darzustellen und diese aneinanderzureihen. Auf diese Weise entsteht die entsprechende Dualzahl, die man mit den bekannten Verfahren bearbeiten kann. Folgendes Beispiel soll dies verdeutlichen:

$$A148_{\text{Hex}} = 10 \cdot 16^3 + 1 \cdot 16^2 + 4 \cdot 16 + \quad 8 \quad = 41288_{\text{Dez}}$$
$$A148_{\text{Hex}} = (\underbrace{1\,0\,1\,0}\ \underbrace{0\,0\,0\,1}\ \underbrace{0\,1\,0\,0}\ \underbrace{1\,0\,0\,0})_2 = 41288_{\text{Dez}}$$

Die 16 bit-Dualzahlen für die Adressierung lassen sich also in der verkürzten Schreibweise durch 4stellige Hexzahlen darstellen, die 8 bit-Datenworte durch 2stellige Hexzahlen.

Die verschiedenen Befehle, die der Mikroprozessor ausführen kann, werden in der Maschinensprache (Op Code) durch 8 bit-Worte, d.h. 2stellige Hexzahlen bezeichnet. Daneben werden noch symbolische Bezeichnungen verwendet (Mnemonics), die eine sprachliche Gedächtnisstütze darstellen. Der Befehl „Lade Akkumulator A" wird beispielsweise mit „LDAA" abgekürzt. Diese Bezeichnung kann der Mikroprozessor nicht verstehen. Man muß sie also zuerst in die Maschinensprache übersetzen. Dazu kann man eine Tabelle oder ein spezielles Übersetzerprogramm (Assembler) benutzen.

Der Befehl LDAA ist noch unvollständig. Als nächstes muß man dem Mikroprozessor angeben, *womit* der Akkumulator geladen werden soll, d.h. auf welchen *Operanden* der Befehl angewendet werden soll. Dafür gibt es verschiedene Möglichkeiten.

## 1) Vollständige Adressierung („extended")

Es wird mit den im Programm auf den Befehl folgenden zwei Bytes die vollständige 16 bit-Adresse des Speichers angegeben, dessen Inhalt in den Akkumulator A geladen werden soll. Damit ergibt sich folgende Struktur:

| Befehl |  | B6 |  | LDAA |
|---|---|---|---|---|
| Oberes Adressenbyte | z.B. | A1 | Mnem. | A1 |
| Unteres Adressenbyte |  | 48 |  | 48 |

Der Maschinencode (Op Code) für den Befehl LDA A (ext) lautet beim MC 6800: $B6_{Hex} = 1011\ 0110_2$. Bei dem oben angeführten Beispiel haben wir die Adresse

$$A148_{Hex} = 1010\ 0001\ 0100\ 1000_2$$

eingetragen.

## 2) Verkürzte Adressierung („direct")

Es wird im Programm nur eine Ein-Byte-Adresse angegeben; das obere Byte wird vom Mikroprozessor automatisch auf Null gesetzt. Der entsprechende Maschinencode für den Befehl LDA A (dir.) lautet „96". Bei dieser Adressierung kann man mit verringertem Aufwand die Adressen 0000 bis $00FF_{Hex} = 0$ bis $255_{Dez}$ (Base Page) aufrufen. Man wird in diesem Bereich also zweckmäßigerweise die meistgebrauchten Variablen und Konstanten speichern. Damit ergibt sich folgende Struktur:

| Befehl |  | 96 |  | LDAA |
|---|---|---|---|---|
| Adressenbyte | z.B. | 17 | Mnem. | 17 |

In dem Beispiel wird der Inhalt des Registers

$$17_{Hex} = 0000\ 0000\ 0001\ 0111_2$$

eingelesen.

## 3) Indizierte Adressierung („indexed")

Bei dieser Adressier-Art wird der Inhalt desjenigen Speichers eingelesen, dessen Adresse im Indexregister steht. Zusätzlich hat man die Möglichkeit, mit einer 8 bit-Zahl einen „Offset" anzugeben. Auf diese Weise lassen sich vereinfacht Speicher oberhalb einer beliebig wählbaren 16 bit-Indexadresse aufrufen. Damit ergibt sich folgende Struktur:

| Befehl |  | A6 |  | LDAA, X |
|---|---|---|---|---|
| Offset–Byte | z.B. | 07 | Mnem. | 07 |

Der Maschinencode für den Befehl LDA A (inx.) lautet $A6_{Hex} = 1010\ 0110_2$. Wir nehmen einmal an, im Index-Register sei die Adresse $A148_{Hex}$ gespeichert. Dann wird bei obigem Beispiel der Inhalt des Speichers A $148_{Hex} + 0007_{Hex} = $ A $14F_{Hex}$ eingelesen.

Die Offsetangabe wird vom Mikroprozessor als positive 8 bit-Zahl interpretiert. Ein negativer Offset ist nicht vorgesehen. Der größtmögliche Offset beträgt demnach:

$$111\ 111_2 = FF_{Hex} = 255_{Dez}$$

Im Abschnitt 19.3.3 (Sprungbefehle) werden wir noch eine weitere Offsetangabe kennenlernen. Sie wird dort zur Spezifizierung relativer Sprünge benutzt. In diesem Zusammenhang wird die Offsetangabe jedoch als 8 bit-Zahl in Zweierkomplement-Darstellung interpretiert.

### 4) Unmittelbare Adressierung („immediate")

Es wird das auf den Befehl folgende Byte unmittelbar eingelesen:

| Befehl | z.B. | 86 | Mnem. | LDAA # |
|--------|------|-----|-------|--------|
| Datenbyte | | 3F | | 3F |

Der entsprechende Maschinencode für LDA A (imm.) lautet $86_{Hex}$. Bei dem Beispiel wird der Ausdruck $3F_{Hex} = 0011\ 1111$ in den Akkumulator A eingelesen. Im Unterschied zu dem genannten Beispiel benötigt man zum unmittelbaren Laden des Indexregisters und des Stapelzeigers zwei Datenbytes, da ihre Wortbreite 16 bit beträgt.

### 5) Implizite Adressierung („inherent")

Bei dieser Adressier-Art braucht der Operand nicht näher spezifiziert zu werden, da er bereits durch den Befehl selbst festgelegt ist:

| Befehl | z.B. | 4F | Mnem. | CLRA |
|--------|------|-----|-------|------|

Das Beispiel $4F_{Hex} \cong$ CLRA bedeutet: Lösche den Akkumulator A. Man sieht, daß dieser Befehl ohne weitere Angaben ausgeführt werden kann.

### Symbolische Schreibweise (Mnemonic Code)

Bei der Aufstellung von Programmen im symbolischen Code sind einige Konventionen gebräuchlich, die bei allen Assemblern sehr ähnlich sind, während die mnemonischen Abkürzungen selbst je nach Prozessorfamilie verschieden sein können.

Bei der mnemonischen Beschreibung wird folgendes vereinbart: Der Operand wird hinter den Befehl geschrieben. Dabei werden Hex-Zahlen mit einem $-Zeichen gekennzeichnet. Zahlen ohne Kennzeichen sind Dezimalzahlen. Sie werden beim Assemblieren in die entsprechende Hex-Zahl übersetzt. Mit einem Anführungszeichen werden ASCII-Zeichen charakterisiert. Beim Assemblieren werden sie gemäß Tab. 20.6 auf S. 1114 durch die entsprechende Bitkombination ersetzt. In Einzelfällen gibt man den Operanden als ausgeschriebene Bitkombination an. Sie wird durch ein &-Zeichen charakterisiert.

Eine andere Darstellungsmöglichkeit eines Operanden ist die Verwendung einer Marke (Label). Sie wird durch eine Wertzuweisung definiert, z.B.

> M1   EQUAL   $ A000.

Aufgrund dieser Zuweisung setzt der Assembler überall dort, wo M1 steht, die Hex-Zahl A000 ein. Die Anweisung EQUAL wird vom Assembler nur für die Übersetzung benutzt und erscheint nicht im Maschinenprogramm. Man nennt solche Anweisungen Assembler-Direktiven.

Besonders häufig werden Marken zur Kennzeichnung von Sprungadressen verwendet. In diesem Fall geschieht die Wertzuweisung nicht explizit durch die Direktive EQUAL, sondern erfolgt implizit dadurch, daß man die Marke bei der entsprechenden Adresse vor den mnemonischen Befehl schreibt.

Die Adressierart eines Befehls wird nicht explizit angegeben, sondern ergibt sich indirekt aus der Schreibweise des Operanden gemäß der Übersicht in Tab. 19.3. Es ist möglich, jeden Operanden durch eine Marke zu ersetzen. In der Regel wird vereinbart, daß das erste Zeichen einer Marke ein Buchstabe ist. Es wird kein Sonderzeichen vorangestellt. Operanden ohne Sonderzeichen sind demnach entweder Dezimalzahlen oder Marken. Das Unterscheidungskriterium ist der Beginn mit einem Buchstaben.

Wenn der Assembler eine Marke erkennt, holt er sich den zugehörigen Operanden aus der Markentabelle und ermittelt anschließend die Adressierart gemäß Tab. 19.3.

Tabelle 19.4 zeigt ein Programmbeispiel in symbolischer Schreibweise. Auf der linken Seite steht die Übersetzung der Befehle in den Maschinencode (Op Code) und die zugehörige Adresse. Es ist üblich, auch im Maschinencode den zu einem Befehl gehörigen Operanden mit auf eine Zeile zu schreiben. Man erhält

| Adressierart | Operand | Interpretation |
|---|---|---|
| Extend | $ ☐☐☐☐ | Adresse Hex |
| Direct | $ ☐☐ | Adresse Hex |
| Indexed | $ ☐☐ , X | Offset Hex |
|  | ☐☐☐ , X | Offset Dezimal |
| Immediate | # $ ☐☐ | Daten Hex |
|  | #  ☐☐ | Daten Dezimal |
|  | # &☐☐☐☐☐☐☐☐ | Daten Binär |
|  | # " ☐ | Daten ASCII |
| Inherent |  | Daten impliziert |

**Tab. 19.3.** Übersicht über die Adressierarten und ihre Darstellung in symbolischer Schreibweise

| Adr. | Hex-Code | Marke | Mnem. | Operand | Kommentar |
|------|----------|-------|-------|---------|-----------|
| 1000 | B6 A1 48 |       | LDA A | $ A148  | Extended  |
| 1003 | 96 17    |       | LDA A | $ 17    | Direct    |
| 1005 | A6 07    |       | LDA A | $ 07, X | Indexed   |
| 1007 | 86 3F    |       | LDA A | # $ 3F  | Immediate |
| 1009 | 4F       |       | CLR A |         | Inherent  |

$\underbrace{\qquad\qquad}_{\text{Assembler}}$ — $\underbrace{\qquad\qquad\qquad}_{\text{Programmierer}}$

**Tab. 19.4.** Beispiel für die Assembler-Schreibweise eines Programms

die zugehörige Adresse durch Weiterzählen. Bei dem Beispiel in Tab. 19.4 steht demnach auf der Adresse 1008 der Operand 3F.

### 19.2.3
### Ausführung eines Befehls

Die Ausführung eines Befehls erfordert in der Regel mehrere Maschinenzyklen. Anhand des Beispieles LDA A (ext.) $\widehat{=}$ B6$_{\text{Hex}}$ wollen wir die einzelnen Schritte erläutern, die der Mikroprozessor nacheinander durchführt: Wenn der Programmzähler die Adresse M aufruft, bei der der Befehl gespeichert ist, antwortet der Speicher auf den Datenleitungen mit dem Befehlscode, also in unserem Fall mit B6$_{\text{Hex}}$. Der Mikroprozessor dekodiert den Befehl und stellt fest, daß er die nächsten zwei Bytes aus dem Programmspeicher holen muß, um die Adresse des Operanden zu erhalten. Dazu legt er die Adresse M + 1 an den Adressenbus und liest das zugehörige Byte in einen Zwischenspeicher. Im nächsten Zyklus gibt er die Adresse M + 2 aus und liest das zugehörige Byte in einen zweiten Zwischenspeicher. Im vierten Zyklus legt der Mikroprozessor die beiden gespeicherten Bytes (also die 16 bit-Adresse des Operanden) nebeneinander an die entsprechenden Adressenleitungen und liest das auf dem Datenbus erscheinende Byte in den Akkumulator A ein. Für die Ausführung des Befehls werden also vier Maschinenzyklen benötigt. Sie sind in Tab. 19.5 zusammengestellt. Man kann sich entsprechend überlegen, daß für den Befehl LDA A (dir.) drei Zyklen und für den Befehl LDA A (imm.) zwei Zyklen benötigt werden.

| Zyklus | Adressenbus | Datenbus |
|--------|-------------|----------|
| 1 | Adresse M des Befehls | Befehlscode |
| 2 | Adresse M + 1 | oberes Byte der Operanden-Adresse |
| 3 | Adresse M + 2 | unteres Byte der Operanden-Adresse |
| 4 | Adresse des Operanden | Operand |

**Tab. 19.5.** Aktivität auf dem Adressen- und Datenbus bei der Verarbeitung des Befehls LDA A(ext)

Die Zahl der Zyklen ist ein direktes Maß für die Verarbeitungszeit eines Befehls. Beim MC 6800 ist die Zykluszeit gleich der Taktperiode. Bei einer Taktfrequenz von 1 MHz ergibt sich demnach eine Zykluszeit von 1 $\mu$s, d.h. der Befehl LDA A (ext.) wird in 4 $\mu$s ausgeführt.

## 19.3
## Befehls-Satz

In diesem Abschnitt wollen wir einen Überblick über die Befehle des MC 6800 geben. Er kann 72 verschiedene Operationen ausführen, die meist auf verschiedene Operanden angewendet werden können. Unter Berücksichtigung der vielfältigen Adressier-Arten ergibt sich insgesamt ein Satz von 197 Instruktionen.

### 19.3.1
### Speicher-Operationen

In Tab. 19.6 haben wir die Operationen zusammengestellt, mit denen ein Datenaustausch zwischen verschiedenen Registern vorgenommen werden kann.

Bei der Kurzbeschreibung bedeutet

$A$:      Inhalt des Akkumulators A
$B$:      Inhalt des Akkumulators B
$[M]$:   Inhalt des Speichers mit der Adresse $M$
$X$:      Inhalt des Indexregisters
$X_H$:   oberes Byte des Indexregister-Inhaltes
$X_L$:   unteres Byte des Indexregister-Inhaltes
$C$:      Übertragsbit im Flag-Register

| Operation | Symbolisch | Adressier-Arten | | | | | Kurzbeschreibung |
|---|---|---|---|---|---|---|---|
| | | ext. | dir. | inx. | imm. | inher. | |
| Lade Akkumulator | LDA A | B6 | 96 | A6 | 86 | | $[M] \to A$ |
| | LDA B | F6 | D6 | E6 | C6 | | $[M] \to B$ |
| Speichere Akkumulator | STA A | B7 | 97 | A7 | | | $A \to M$ |
| | STA B | F7 | D7 | E7 | | | $B \to M$ |
| Dupliziere | TAB | | | | | 16 | $A \to B$ |
| Akkumulator | TBA | | | | | 17 | $B \to A$ |
| Lösche | CLR | 7F | | 6F | | | $00 \to M$ |
| | CLR A | | | | | 4F | $00 \to A$ |
| | CLR B | | | | | 5F | $00 \to B$ |
| Lade Indexregister | LDX | FE | DE | EE | CE | | $[M] \to X_H,$ $[M+1] \to X_L$ |
| Speichere Indexregister | STX | FF | DF | EF | | | $X_H \to M,$ $X_L \to M+1$ |

**Tab. 19.6.** Speicherbefehle des Mikroprozessors MC 6800

### 19.3.2
### Arithmetische und logische Operationen

In Tab. 19.7 sind die Befehle für arithmetische und logische (Boolesche) Operationen zusammengestellt. Die logischen Verknüpfungen werden für jedes Bit der Datenworte einzeln durchgeführt und an der entsprechenden Stelle des Ergebnis-Wortes ausgegeben. Für die UND-Verknüpfung ergibt sich beispielsweise

$$A: \quad 1001\ 1101$$

$$B: \quad 0110\ 1011$$

$$A \cdot B: \quad 0000\ 1001$$

Der Befehls-Satz an arithmetischen Operationen ist bei den gängigen Mikroprozessoren sehr begrenzt. Es stehen neben der Zweierkomplementbildung nur Addition und Subtraktion zur Verfügung. Die Addition kann durch Anwendung des Befehls DAA (Decimal Adjust) auch auf BCD-Zahlen angewendet werden. Dabei wird nach der Addition zu Pseudotetraden, deren Wert zwischen 10 und 15 liegt, 6 addiert. Der dabei entstehende Übertrag wird wie der normale Übertrag in die nächst höhere Dekade übertragen. Komplexere arithmetische Operationen müssen im Benutzerprogramm aus den Grundoperationen zusammengesetzt werden. Erst die neueren Prozessoren verfügen auch über Multiplikations- und Divisionsbefehle.

Als Beispiel für die Anwendung des Befehls-Satzes wollen wir das Programm für die Addition zweier 16 bit-Zahlen aufstellen. Der erste Summand sei in den beiden Registern 0001 und 0002 gespeichert, und zwar das obere Byte in 0001 und das untere Byte in 0002. Der zweite Summand steht auf dieselbe Weise in den Registern 0003 und 0004 zur Verfügung. Das Ergebnis soll nach 0005 und 0006 gespeichert werden.

Im ersten Schritt werden die beiden unteren Bytes der Dualzahlen addiert, also die Inhalte der Register 0002 und 0004. Da kein Übertrag von einer vorhergehenden Zahl zu berücksichtigen ist, wird der Befehl ADD A verwendet. Das Ergebnis wird in das Register 0006 abgespeichert. Im zweiten Schritt werden die oberen Bytes mit Hilfe des Befehls ADC A addiert. Dabei wird der Übertrag der vorhergehenden Addition mit berücksichtigt. Er wird von der ALU aus dem Flag-Register abgerufen. Das Ergebnis wird in das Register 0005 abgespeichert. Damit ergibt sich das in Tab. 19.8 aufgelistete Programm.

Man kann mit demselben Programm auch zwei 4stellige BCD-Zahlen addieren. Dazu ersetzt man die beiden als Platzhalter eingefügten Befehle NOP durch die BCD-Korrektur DAA.

| Operation | Symbolisch | Adressier-Arten | | | | | Kurzbeschreibung |
|---|---|---|---|---|---|---|---|
| | | ext. | dir. | inx. | imm. | inher. | |
| Addiere | ADD A | BB | 9B | AB | 8B | | $A$ plus $[M]$ $\to A$ |
| | ADD B | FB | DB | EB | CB | | $B$ plus $[M]$ $\to B$ |
| | ABA | | | | | 1B | $A$ plus $B$ $\to A$ |
| Addiere mit Übertrag | ADC A | B9 | 99 | A9 | 89 | | $A$ plus $[M]$ plus $C \to A$ |
| | ADC B | F9 | D9 | E9 | C9 | | $B$ plus $[M]$ plus $C \to B$ |
| BCD-Korrektur | DAA | | | | | 19 | $A$ korrigiert $\to A$ |
| Subtrahiere | SUB A | B0 | 90 | A0 | 80 | | $A$ minus $[M]$ $\to A$ |
| | SUB B | F0 | D0 | E0 | C0 | | $B$ minus $[M]$ $\to B$ |
| | SBA | | | | | 10 | $A$ minus $B$ $\to A$ |
| Subtrahiere mit Übertrag | SBC A | B2 | 92 | A2 | 82 | | $A$ minus $[M]$ minus $C \to A$ |
| | SBC B | F2 | D2 | E2 | C2 | | $B$ minus $[M]$ minus $C \to B$ |
| Bilde Zweierkomplement | NEG | 70 | | 60 | | | $[M]^{(2)}$ $\to M$ |
| | NEG A | | | | | 40 | $A^{(2)}$ $\to A$ |
| | NEG B | | | | | 50 | $B^{(2)}$ $\to B$ |
| Erhöhe um 1 | INC | 7C | | 6C | | | $[M]$ plus 1 $\to M$ |
| | INC A | | | | | 4C | $A$ plus 1 $\to A$ |
| | INC B | | | | | 5C | $B$ plus 1 $\to B$ |
| | INX | | | | | 08 | $X$ plus 1 $\to X$ |
| Erniedrige um 1 | DEC | 7A | | 6A | | | $[M]$ minus 1 $\to M$ |
| | DEC A | | | | | 4A | $A$ minus 1 $\to A$ |
| | DEC B | | | | | 5A | $B$ minus 1 $\to B$ |
| | DEX | | | | | 09 | $X$ minus 1 $\to X$ |

**Tab. 19.7.** Arithmetische und logische Befehle der Mikroprozessors MC 6800

| Operation | Symbolisch | ext. | dir. | inx. | imm. | inher. | Kurzbeschreibung |
|---|---|---|---|---|---|---|---|
| Bilde Einerkomplement | COM | 73 | | 63 | | 43 | $[M]^{(1)} \to M$ |
| | COM A | | | | | | $A^{(1)} \to A$ |
| | COM B | | | | | 53 | $B^{(1)} \to B$ |
| UND | AND A | B4 | 94 | A4 | 84 | | $A \cdot [M] \to A$ |
| | AND B | F4 | D4 | E4 | C4 | | $B \cdot [M] \to B$ |
| ODER | ORA A | BA | 9A | AA | 8A | | $A + [M] \to A$ |
| | ORA B | FA | DA | EA | CA | | $B + [M] \to B$ |
| EXKLUSIV-ODER | EOR A | B8 | 98 | A8 | 88 | | $A \oplus [M] \to A$ |
| | EOR B | F8 | D8 | E8 | C8 | | $B \oplus [M] \to B$ |
| Rotiere links | ROL | 79 | | 69 | | | $[M]$: $C\ b_7 \leftarrow b_0$ |
| | ROL A | | | | | 49 | $A$ |
| | ROL B | | | | | 59 | $B$ |
| Schiebe links | ASL | 78 | | 68 | | | $[M]$: $C\ b_7 \leftarrow b_0 \leftarrow 0$ |
| | ASL A | | | | | 48 | $A$ |
| | ASL B | | | | | 58 | $B$ |
| Rotiere rechts | ROR | 76 | | 66 | | | $[M]$: $C\ b_7 \to b_0$ |
| | ROR A | | | | | 46 | $A$ |
| | ROR B | | | | | 56 | $B$ |
| Schiebe rechts, arithmetisch | ASR | 77 | | 67 | | | $[M]$: $b_7 \to b_0\ C$ |
| | ASR A | | | | | 47 | $A$ |
| | ASR B | | | | | 57 | $B$ |
| Schiebe rechts, logisch | LSR | 74 | | 64 | | | $[M]$: $0 \to b_7 \to b_0\ C$ |
| | LSR A | | | | | 44 | $A$ |
| | LSR B | | | | | 54 | $B$ |
| Tue nichts | NOP | | | | | 01 | Erhöhe Programmzähler um Eins |

**Tab. 19.7.** Fortsetzung

| Adr. | Hex-Code | Marke | Mnem. | Operand | Kommentar |
|------|----------|-------|-------|---------|-----------|
| 1000 | 96 02 | AD 16 | LDA A | $ 02 | |
| 1002 | 9B 04 | | ADD A | $ 04 | Addition der beider unteren Bytes |
| 1004 | 01 | | NOP | | |
| 1005 | 97 06 | | STA A | $ 06 | |
| 1007 | 96 01 | | LDA A | $ 01 | |
| 1009 | 99 03 | | ADC A | $ 03 | Addition der beider oberen Bytes |
| 100B | 01 | | NOP | | |
| 100C | 97 05 | | STA A | $ 05 | |
| 100E | 39 | | RTS | | |

**Tab. 19.8.** Programm zur Addition von zwei 16 bit-Zahlen

## 19.3.3
## Sprungbefehle

### Das Flag-Register

Eine besondere Stärke der Mikroprozessoren liegt darin, daß man vielfältige logische Verzweigungen durchführen kann. Dabei werden verschiedene Flags im Flag-Register (Condition Code Register) abgefragt. Das Flag-Register ist ein 8 bit-Register. Die beiden oberen Bits (Bit 6 und Bit 7) sind konstant 1. Die einzelnen Flags sind nach folgendem Schema angeordnet:

| 1 | 1 | H | I | N | Z | V | C |
|---|---|---|---|---|---|---|---|

Bit 7                                                           Bit 0

Dabei bedeutet

$C$:  Übertrags-Flag (Carry)
$V$:  Überlauf Flag bei Zweierkomplementdarstellung (Overflow)
$Z$:  Null-Flag (Zero)
$N$:  Minus-Flag bei Zweierkomplementdarstellung (Negative)
$I$:  Interrupt-Flag
$H$:  Zwischenübertrag von Bit 3 (Half Carry)

Die einzelnen Flags werden bei allen Speicher- und Rechenoperationen gesetzt bzw. gelöscht. Wird z.B. eine Zahl in den Akkumulator geladen, deren Bit 7 gleich Eins ist, wird das Flag N auf 1 gesetzt, da die Zahl in der Zweierkomplementdarstellung negativ zu interpretieren ist. Wird bei einer Addition oder Subtraktion die in Abschnitt 8.6.5 auf S. 678 beschriebene Überlaufbedingung für Zweierkomplementdarstellung erkannt, wird das Überlauf Flag V gesetzt. Das Null-Flag wird gesetzt, wenn als Ergebnis einer Operation alle Bits im Ergebnisregister gleich Null sind.

| Operation | Symbolisch | Adressier-Arten | | | | | Kurzbeschreibung |
|---|---|---|---|---|---|---|---|
| | | ext. | dir. | inx. | imm. | inher. | |
| Vergleiche | CMP A | B1 | 91 | A1 | 81 | | $A$ minus $[M]$ |
| | CMP B | F1 | D1 | E1 | C1 | | $B$ minus $[M]$ |
| | CBA | | | | | 11 | $A$ minus $B$ |
| | CPX | BC | 9C | AC | 8C | | $X_H$ minus $[M]$, $X_L$ minus $[M+1]$ |
| Bit-Test | BIT A | B5 | 95 | A5 | 85 | | $A \cdot [M]$ |
| | BIT B | F5 | D5 | E5 | C5 | | $B \cdot [M]$ |
| Speicher-Test | TST | 7D | | 6D | | | $[M] - 00$ |
| | TST A | | | | | 4D | $A \quad - 00$ |
| | TST B | | | | | 5D | $B \quad - 00$ |
| Setze Übertrags-Flag | SEC | | | | | 0D | $1 \rightarrow C$ |
| Lösche Übertrags-Flag | CLC | | | | | 0C | $0 \rightarrow C$ |
| Setze Überlauf-Flag | SEV | | | | | 0B | $1 \rightarrow V$ |
| Lösche Überlauf-Flag | CLV | | | | | 0A | $0 \rightarrow V$ |
| Setze Interrupt-Maske | SEI | | | | | 0F | $1 \rightarrow I$ |
| Lösche Interrupt-Maske | CLI | | | | | 0E | $0 \rightarrow I$ |

**Tab. 19.9.** Befehle des Mikroprozessors MC 6800, die nur auf das Flag-Register wirken

Es gibt eine Reihe von Operationen, bei denen das Ergebnis lediglich in Form von Flag-Zuständen ausgegeben wird. Wenn man z.B. wissen möchte, ob die Zahl im A-Register größer ist als die Zahl im B-Register, kann man mit Hilfe des Befehls SBA (Subtrahiere) die Differenz A − B bilden und anschließend das Vorzeichen-Flag N auswerten. Ist es gesetzt, war A < B. Der Wert der Differenz ist jetzt im A-Register gespeichert. Interessiert man sich nicht für ihn, kann man statt SBA den Befehl CBA anwenden. Bei ihm wird ebenfalls die Differenz A − B berechnet und das Flag-Register gesetzt. Der Wert der Differenz wird jedoch nicht gespeichert. Man hat anschließend also die ursprünglichen Operanden im A- und B-Register zur Verfügung.

Eine Reihe weiterer Befehle, bei denen außer den Flags kein Ergebnis gespeichert wird, ist in Tab. 19.9 zusammengestellt.

## Unbedingte Sprünge

Ein unbedingter Sprung wird ohne Abfrage des Flag-Registers durchgeführt. Dabei wird zwischen absoluter und relativer Adressierung unterschieden. Bei absolut adressierten Sprüngen *(Jump)* gibt man die Adresse an, auf die der Programm-Zähler gesetzt werden soll.

Dabei kann man wiederum zwei Methoden anwenden, nämlich die vollständige Adressierung und die indizierte Adressierung. Die Adresse wird dabei entweder als Hexzahl oder als Marke angegeben. So ergeben sich mit Tab. 19.10 die in Abb. 19.3 gezeigten Beispiele:

| Operation | Symbolisch | rel. | ext. | inx. | inher. | Kurzbeschreibung der Sprungbedingung |
|---|---|---|---|---|---|---|
| | | Adressier-Arten | | | | |
| *Unbedingte Sprünge* | | | | | | |
| Springe immer | JMP | | 7E | 6E | | |
| Verzweige immer | BRA | 20 | | | | |
| *Unterprogramm-Sprünge* | | | | | | |
| Verzweige ins Unterprogramm | BSR | 8D | | | | |
| Springe ins Unterprogramm | JSR | | BD | AD | | |
| Kehre zurück vom Unterprogramm | RTS | | | | 39 | |
| *Bedingte Sprünge* | | | | | | |
| Verzweige wenn $\neq 0$ | BNE | 26 | | | | $Z = 0$ |
| Verzweige wenn $= 0$ | BEQ | 27 | | | | $Z = 1$ |
| Verzweige wenn $\geq 0$ | BCC | 24 | | | | $C = 0$ |
| Verzweige wenn $\leq 0$ | BLS | 23 | | | | $C + Z = 1$ |
| Verzweige wenn $> 0$ | BHI | 22 | | | | $C + Z = 0$ |
| Verzweige wenn $< 0$ | BCS | 25 | | | | $C = 1$ |
| Verzweige wenn $V = 0$ | BVC | 28 | | | | $V = 0$ |
| Verzweige wenn $V = 1$ | BVS | 29 | | | | $V = 1$ |
| Verzweige wenn $\geq 0$ | BGE | 2C | | | | $N \oplus V = 0$ |
| Verzweige wenn $\leq 0$ | BLE | 2F | | | | $Z + (N \oplus V) = 1$ |
| Verzweige wenn $> 0$ | BGT | 2E | | | | $Z + (N \oplus V) = 0$ |
| Verzweige wenn $< 0$ | BLT | 2D | | | | $N \oplus V = 1$ |
| Verzweige wenn $b_7 = 0$ | BPL | 2A | | | | $N = 0$ |
| Verzweige wenn $b_7 = 1$ | BMI | 2B | | | | $N = 1$ |
| *Interrupt-Sprünge* | | | | | | |
| Software Interrupt | SWI | | | | 3F | |
| Kehre zurück aus Interrupt-Routine | RTI | | | | 3B | |
| Warte auf Interrupt | WAI | | | | 3E | |

Bedingung bei Betrags-Arithmetik (BCC, BLS, BHI, BCS)

Bedingung bei Zweierkomplement-Arithmetik (BGE, BLE, BGT, BLT)

**Tab. 19.10.** Sprungbefehle des Mikroprozessors MC 6800

a) Vollständige Adressierung

| Adr. | Hex-Code | Mnem. | Operand | Kommentar |
|------|----------|-------|---------|-----------|
| ⋮ | ⋮ | | | |
| 1107 | 7E 11 8F | JMP | $ 118F | |
| ⋮ | ⋮ ⋮ ⋮ | ⋮ | ⋮ | |
| 118F | | Nächster auszuführender Befehl | | |

b) Indizierte-Adressierung

| Adr. | Hex-Code | Mnem. | Operand | Kommentar |
|------|----------|-------|---------|-----------|
| ⋮ | ⋮ | ⋮ | | |
| 1107 | 6E 1A | JMP | $ 1A,X | |
| ⋮ | ⋮ ⋮ | ⋮ | ⋮ | |
| $X + 1A$ | | Nächster auszuführender Befehl | | |

c) Relative Adressierung

| Adr. | Hex-Code | Mnem. | Operand | Kommentar |
|------|----------|-------|---------|-----------|
| ⋮ | | | | |
| 1107 | 20 0E | BRA | $ 0E | |
| ⋮ | | ⋮ | | |
| 1109+0E =1117 | | Nächster auszuführender Befehl | | |

**Abb. 19.3.** Adressierarten von unbedingten Sprüngen

Bei relativ adressierten Sprüngen *(Branch)* wird nicht die absolute Adresse des nächsten auszuführenden Befehls angegeben, sondern ein Offset, um den der Programmzähler weitergestellt werden soll. Das hat den Vorteil, daß man das Programm nicht ändern muß, wenn man es in einem anderen Adressenbereich laufen lassen will. Die Angabe des Offsets erfolgt durch eine 8 bit-Zahl in Zweierkomplement-Darstellung. Der Sprungbereich ist also auf $-128\ldots+127$ Programmschritte beschränkt. Damit ergibt sich z.B. folgender Programmablauf: Der Offset wird von dem nächsten auf den Branch-Befehl folgenden Befehl ausgehend gezählt. Bei Offset 00 erhält man demnach den normalen Programmablauf ohne Sprung.

**Bedingte Sprünge**

Bedingte Sprünge werden nur dann ausgeführt, wenn die entsprechende Abfrage des Flag-Registers wahr ist. Es handelt sich dabei ausschließlich um relative Verzweigungsbefehle. Ist die Abfragebedingung nicht erfüllt, läuft das Pro-

| Adr. | Hex-Code | Marke | Mnem. | Operand | Kommentar |
|------|----------|-------|-------|---------|-----------|
| 1000 | CE 02 00 |       | LDX   | #$ 0200 |           |
| 1003 | 4F       |       | CLR A |         |           |
| 1004 | A7 00    | LOOP  | STA A | 0,X     | Schleifenbeginn |
| 1006 | 4C       |       | INC A |         |           |
| 1007 | 08       |       | INX   |         |           |
| 1008 | 9C 00    |       | CPX   | $ 00    |           |
| 100A | 26 F8    |       | BNE   | LOOP    | Rücksprung nach LOOP wenn $X < M$ |
| 100C | 39       |       | RTS   |         |           |

**Tab. 19.11.** Programm zum Laden des Speichers von der Adresse 0200 an mit $0, 1, 2 \ldots$

gramm ohne Sprung mit dem auf den Branch-Befehl folgenden Befehl weiter. In Tab. 19.10 sind die wichtigsten Verzweigungsbefehle zusammengestellt. Bei den Befehlen, die sich auf die Zweierkomplement-Arithmetik beziehen, wird das Vorzeichen auch bei einem Überlauf richtig interpretiert, da das Überlauf-Flag mit ausgewertet wird. Maßgebend ist immer die in der Kurzbeschreibung angegebene logische Verknüpfung. Sie gibt auch Aufschluß darüber, wie man bei beliebiger Zahlendarstellung einen Test auf bestimmte Bit-Kombinationen durchführen kann.

Die Anwendung der bedingten Sprungbefehle wollen wir an einem Beispiel erläutern. Es soll die Zahlenfolge $0, 1, 2, 3 \ldots$ in den Speicherbereich 0200 bis $M - 1$ geladen werden. Das obere Byte der Adresse $M$ sei in dem Register 0000 gespeichert, das untere Byte in dem Register 0001.

Bei dem in Tab. 19.11 aufgelisteten Programm wird zunächst die 16 bit-Zahl $0200_{\text{Hex}}$ in das Indexregister geladen und der Akkumulator A gelöscht. Zu Beginn der Schleife wird der Inhalt des Akkumulators A indiziert abgespeichert. Anschließend werden der Akkumulator A und das Indexregister inkrementiert, d.h. ihr Inhalt wird um 1 erhöht. Ist die dabei entstehende Adresse kleiner als $M$, springt der Programmzähler zurück. Auf diese Weise wird der nächste Wert der Zahlenfolge in das nächste Register abgespeichert usw. Wenn $X = M$ wird, entfällt der Rücksprung, und das Programm springt bei dem Befehl RTS in das Hauptprogramm zurück.

## Unterprogramme

Der Sprung in ein Unterprogramm (BSR, JSR) ist ein unbedingter Sprung mit der zusätzlichen Eigenschaft, daß die Adresse des nächsten Befehls als Rücksprungadresse in einem besonderen Register festgehalten wird. Man hat dadurch die Möglichkeit, häufig benötigte Routinen von verschiedenen Stellen des Hauptprogramms anzuspringen. Mit dem Befehl RTS (Return from Subroutine) springt der Programmzähler zu der jeweils gespeicherten Rücksprungadresse zurück.

| Operation | Sym-bolisch | Adressier-Arten | | | | | Kurzbeschreibung |
|---|---|---|---|---|---|---|---|
| | | ext. | dir. | inx. | imm. | inher. | |
| Push Akkumulator | PSH A | | | | | 36 | $A \to M_{SP}$, $SP$ minus $1 \to$ SP |
| | PSH B | | | | | 37 | $B \to M_{SP}$, $SP$ minus $1 \to$ SP |
| Pull Akkumulator | PUL A | | | | | 32 | $SP$ plus $1 \to$ SP, $[M_{SP}] \to A$ |
| | PUL B | | | | | 33 | $SP$ plus $1 \to$ SP, $[M_{SP}] \to B$ |
| Lade Stapelzeiger | LDS | BE | 9E | AE | 8E | | $[M] \to SP_H$, $[M+1] \to SP_L$ |
| Speichere Stapelzeiger | STS | BF | 9F | AF | | | $SP_H \to M$, $SP_L \to M+1$ |
| Erhöhe Stapelzeiger | INS | | | | | 31 | $SP$ plus $1 \to$ SP |
| Erniedrige Stapelzeiger | DES | | | | | 34 | $SP$ minus $1 \to$ SP |
| Stapelz.$\to$Indexreg. | TSX | | | | | 30 | $SP$ plus $1 \to$ X |
| Indexreg.$\to$Stapelz. | TXS | | | | | 35 | $X$ minus $1 \to$ SP |

**Tab. 19.12.** Stapel-Operationen beim MC 6800-Mikroprozessor

Es ist möglich, aus einem Unterprogramm heraus in ein weiteres Unterprogramm zu springen (Verschachtelung). Da der vorhergehende Rücksprung noch nicht erfolgt ist, muß zusätzlich die zweite Rücksprungadresse gespeichert werden usw. Der erste Rücksprung muß zu der zuletzt gespeicherten Adresse erfolgen, der zweite zu der zweitletzten usw. Zur Organisation dieses Ablaufs dient ein besonderes 16 bit-Register in der CPU, der *Stapelzeiger* (Stackpointer).

Zur Speicherung der Rücksprungsadressen definiert man einen RAM-Bereich, der nicht anderweitig benutzt wird. Er wird als Stupel (Stack) bezeichnet. Seine Größe kann je nach der Zahl der vorgesehenen Verschachtelungen frei gewählt werden. Nach dem Einschalten des Mikroprozessors lädt man die *höchste* Adresse dieses Bereichs mit dem in Tab. 19.12 aufgeführten Befehl LDS in den Stapel-Zeiger der CPU.

Wird nun mit dem Befehl BSR oder JSR ein Sprung in ein Unterprogramm ausgeführt, wird die Rücksprungadresse (unteres Byte) automatisch in den Speicher geladen, dessen Adresse vom Stapelzeiger angezeigt wird. Anschließend wird der Inhalt des Stapelzeigers um Eins erniedrigt und das obere Byte der Rücksprungadresse bei der jetzt angezeigten Adresse gespeichert. Danach wird der Inhalt des Stapelzeigers wieder um Eins erniedrigt und zeigt damit auf die nächste freie Adresse.

Erfolgt nun innerhalb des Unterprogramms ein Sprung in ein weiteres Unterprogramm, wird die zweite Rücksprungadresse auf dieselbe Weise in den beiden nächst niedrigen Adressen des Stapels gespeichert. Der Stapel wächst also immer weiter nach unten, je mehr Unterprogramme ineinandergeschachtelt werden.

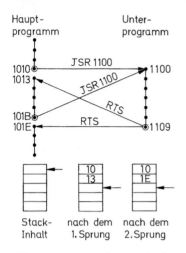

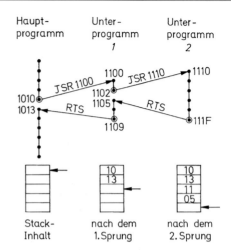

**Abb. 19.4.** Zweimaliger Aufruf eines Unterprogramms

**Abb. 19.5.** Aufruf von zwei verschachtelten Unterprogrammen

Mit dem Befehl RTS (Return from Subroutine) wird die zuletzt gespeicherte Rücksprungadresse vom Stapel in den Programmzähler geladen und der Inhalt des Stapelzeigers um zwei erhöht. Auf diese Weise werden, wie verlangt, die Rücksprungadressen in der umgekehrten Reihenfolge ihres Auftretens abgearbeitet (Last In First Out: LIFO).

Abbildung 19.4 zeigt schematisch den Programmablauf für den Fall, daß ein Unterprogramm zweimal vom Hauptprogramm aufgerufen wird.

In Abb. 19.5 ist der Ablauf für den Fall dargestellt, daß von einem Unterprogramm aus ein weiteres Unterprogramm aufgerufen wird. Die dabei jeweils zu speichernden Rücksprungadressen sind in den Stapel eingezeichnet.

Der Stapel kann auch dazu verwendet werden, den Inhalt der Akkumulatoren auf einfache Weise zwischenzuspeichern. Dazu dienen die inherenten Befehle PSH A bzw. PSH B. Damit wird der Inhalt bei derjenigen Adresse gespeichert, die der Stapelzeiger anzeigt. Dessen Inhalt wird anschließend um 1 erniedrigt, da die Datenwortbreite im Unterschied zur Adressenwortbreite nur 8 bit beträgt.

Die Daten werden mit den Befehlen PUL A bzw. PUL B wieder zurückgeholt. Es ist klar, daß man die Daten, die man auf diese Weise zwischengespeichert hat, jeweils auf *derselben* Unterprogrammebene wieder zurückholen muß, da sonst Rücksprungadressen und Daten verwechselt werden.

### Interrupt

Eine Interrupt-Routine ist eine spezielle Form eines Unterprogramms. Sie unterscheidet sich von einem gewöhnlichen Unterprogramm dadurch, daß der Aussprung aus dem laufenden Programm nicht durch einen Sprungbefehl ausgelöst wird, der an einer bestimmten Stelle des Programms steht, sondern willkürlich

|  Adresse |  |  Stapel |  |  |
|---|---|---|---|---|

|  | | | | |
|---|---|---|---|---|
| 07FF | Rückesprungadresse | Low | ⎫ | |
| 07FE | Rückesprungadresse | High | ⎬ | 1. Unterprogramm |
| | | | | |
| 07FD | Akkumulator A | | | PSH A |
| 07FC | Akkumulator B | | | PSH B |
| | | | | |
| 07FB | Rückesprungadresse | Low | ⎫ | |
| 07FA | Rückesprungadresse | High | ⎬ | 2. Unterprogramm |
| | | | | |
| 07F9 | Rückesprungadresse | Low | ⎫ | |
| 07F8 | Rückesprungadresse | High | | |
| 07F7 | Index-Register | Low | | |
| 07F6 | Index-Register | High | ⎬ | Interrupt |
| 07F5 | Akkumulator A | | | |
| 07F4 | Akkumulator B | | | |
| 07F3 | Flag-Register | | ⎭ | |

Stapelzeiger → 07F2

⋮

**Tab. 19.13.** Beispiel für den Inhalt des Stapels

aufgrund eines externen Steuersignals. Dieses Steuersignal muß an den Interrupt-Eingang *IRQ* (Interrupt Request) der CPU angelegt werden.

Die Startadresse der Interrupt-Routine wird an einer besonderen Stelle außerhalb des Programms gespeichert. Für diesen Zweck sind beim MC 6800 die Adressen FFF 8 (oberes Byte) und FFF 9 (unteres Byte) festgelegt.

Da der Aussprung an einer beliebigen Stelle des Programms erfolgen kann, muß Vorsorge getroffen werden, daß das Programm nach dem Rücksprung fehlerfrei fortfahren kann. Dazu müssen die ursprünglichen Daten wieder in den Arbeitsregistern der CPU stehen. Aus diesem Grund werden bei einem Interrupt automatisch die Inhalte der Akkumulatoren A und B, des Indexregisters und des Flag-Registers im Stapel zwischengespeichert. Bei dem Befehl RTI (Return from Interrupt) werden sie wieder in die CPU zurückgeladen.

Als Beispiel haben wir in Tab. 19.13 den Stapel-Inhalt nach einem Interrupt aufgeschrieben. Dabei sind wir davon ausgegangen, daß sich das ablaufende Programm vor dem Interrupt gerade in einer zweiten Unterprogrammebene befand und im Verlauf des ersten (noch nicht abgeschlossenen) Unterprogramms der Inhalt der Akkumulatoren A und B in den Stapel gespeichert wurde.

Nach Beendigung der Interrupt-Programme findet ein Rücksprung in das 2. Unterprogramm statt und von dort in das erste. Auf dieser Ebene müssen die beiden PSH-Befehle durch die entsprechenden PUL-Befehle wieder rückgängig gemacht werden. Dann kann der Rücksprung ins Hauptprogramm erfolgen. In diesem Zustand zeigt der Stapelzeiger wieder auf die höchste Adresse des Stapels (im Beispiel: 07FF).

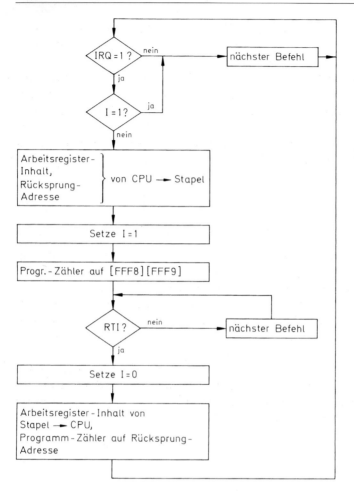

**Abb. 19.6.** Flußdiagramm für die Verarbeitung des Interrupts *IRQ* und des Rücksprungs RTI

**Interrupt-Maske**

Mit Hilfe des Interrupt-Flags *I* im Flag-Register hat man die Möglichkeit, den Interrupt-Eingang *IRQ* zu blockieren. Ein Sprung in die Interrupt-Routine wird nur dann ausgeführt, wenn das Signal *IRQ* in die CPU gegeben wird und das Flag *I* gelöscht ist. Deshalb wird dieses Flag auch als „Interrupt-Maske" bezeichnet. Es kann mit den in Tab. 19.9 auf S. 1079 angegebenen Befehlen SEI und CLI gesetzt bzw. gelöscht werden. Beim Sprung in eine Interrupt-Routine wird es automatisch gesetzt, damit dieselbe Routine nicht erneut aufgerufen werden kann, bevor sie abgeschlossen ist. Zusammenfassend ergibt sich bei einem Interrupt der in Abb. 19.6 aufgezeichnete Programm-Ablauf.

Mit der Steuerleitung *NMI* (Non maskable Interrupt) hat man die Möglichkeit, in eine zweite Interrupt-Routine zu springen, deren Start-Adresse bei FFF C (oberes Byte) und FFF D (unteres Byte) gespeichert ist. Bei dieser Interrupt-Art wird die Interrupt-Maske nicht abgefragt; deshalb kann man die beiden Interrupt-Routinen auch ineinander verschachteln.

Eine dritte Interrupt-Routine kann über den Befehl SWI (Software Interrupt) angesprungen werden. Ihre Start-Adresse wird ebenfalls nicht im Programm, sondern bei den Adressen FFF A und FFF B gespeichert. Der Vorteil gegenüber einem normalen Sprungbefehl besteht darin, daß die Arbeitsregister ohne Zusatzbefehle im Stapel zwischengespeichert werden. Der Rücksprung erfolgt mit dem Befehl RTI. Die Interrupt-Maske wird nicht getestet.

**Restart**

Eine zusätzliche Möglichkeit, mit einem Steuersignal in ein laufendes Programm einzugreifen, besteht über den Reset-Anschluß der CPU. Dieser Eingang wird zum Starten des Rechners benutzt. Wenn das Steuersignal „Reset" von der CPU erkannt wird, lädt sie den Programmzähler mit der „Restart"-Adresse. Diese muß permanent in den Registern FFFE und FFFF gespeichert sein (z.B. fest verdrahtet oder mit Schaltern oder in einem ROM). Eine Übersicht über die verschiedenen Start-Adressen ist in Tab. 19.14 zusammengestellt.

Nach dem Einschalten der Betriebsspannung enthält der Stapelzeiger einen Zufallswert. Deshalb muß am Beginn des Programms mit Hilfe des Befehls LDS eine definierte Adresse in den Stapelzeiger geladen werden, wenn irgendwelche Stapeloperationen vorgesehen sind.

| Adresse | Speicherinhalt | | Sprung-Bedingung: | Auslösung: |
|---------|----------------|------|-------------------|------------|
| FFFF    | Startadresse   | Low  | Restart           | *Reset*-Eingang |
| FFFE    | Startadresse   | High |                   |            |
| FFFD    | Startadresse   | Low  | Non-maskable      | *NMI*-Eingang |
| FFFC    | Startadresse   | High | Interrupt         |            |
| FFFB    | Startadresse   | Low  | Software-         | *SWI*-Befehl |
| FFFA    | Startadresse   | High | Interrupt         |            |
| FFF9    | Startadresse   | Low  | Interrupt-        | *IRQ*-Eingang |
| FFF8    | Startadresse   | High | Request           |            |

**Tab. 19.14.** Festlegung der Speicherplätze für die Startadressen der Interrupt-Routinen

## 19.4
## Entwicklungshilfen

Wie schon erwähnt, werden Mikrocomputer in der Regel nicht als frei programmierbare Rechner sondern als fest programmierte Steuer- und Rechenwerke eingesetzt. Ihr Programm ist dabei in einem PROM gespeichert.

Im vorhergehenden Abschnitt haben wir bereits gezeigt, wie man mit Hilfe einer Programmiertabelle ein Programm unmittelbar im Hex-Code erstellen kann. Das fertige Programm könnte man mit Hilfe eines Programmiergerätes in einem PROM speichern und dieses in eine Mikrocomputer-Anordnung gemäß Abb. 19.1 einsetzen. Dabei wird sich jedoch in der Mehrzahl der Fälle herausstellen, daß das Programm nicht funktioniert, weil es noch Fehler enthält. Da man bei dieser Anordnung keine Möglichkeit hat, versuchsweise einzelne Befehle abzuändern, ist die Fehlersuche sehr schwierig und zeitraubend. In den nächsten Abschnitten wollen wir einige Verfahren erörtern, wie man Programme entwickeln und testen kann, bevor sie in das PROM geschrieben werden.

### 19.4.1
### Programmierung im Hex-Code

Wenn man ein Programm in der Entwicklungsphase noch ändern möchte, muß man es statt in einem PROM in einem RAM speichern und in diesem Zustand testen. Im einfachsten Fall kann man dazu einen normalen Mikrocomputer nach Abb. 19.1 verwenden, in dessen PROM ein sogenanntes Monitorprogramm installiert ist. Es wird von vielen Herstellern in Verbindung mit Single-Board-Mikrocomputern geliefert. Der wesentliche Bestandteil des Monitor-Programms sind Routinen zur Ein- und Ausgabe.

*Eingaberoutine:*

Abfrage eines hexadezimalen Tastenfeldes und laden der entsprechen den Bitkombination in den Akkumulator.

*Ausgaberoutine:*

Ausgabe des Akkumulators auf eine hexadezimale Anzeige.

Aus diesen beiden Unterprogrammen sind die eigentlichen Bedienungsprogramme zusammengesetzt, die mit speziellen Tasten aufgerufen werden.

*Speicher-Ein-/Ausgabe:* Man gibt die gewünschte Registeradresse $M$ in Form einer vierstelligen Hex-Zahl ein und erhält in der Anzeige den entsprechenden Inhalt in Form einer zweistelligen Hex-Zahl gemäß folgendem Beispiel:

| Eingabe<br>einer<br>Adresse | F | C | 0 | 0 | 8 | E | Inhalt<br>anzeigen<br>bzw. verändern |

Der angezeigte Inhalt läßt sich durch Eingabe neuer Zahlen verändern. Der zuletzt angezeigte Inhalt wird in das aufgerufene Register abgespeichert. Anschließend wird automatisch die nächst höhere Adresse aufgerufen.

Mit dieser Funktion des Bedienungsprogramms läßt sich das Benutzerprogramm in den gewünschten RAM-Bereich speichern. Voraussetzung ist natürlich, daß man das Programm vorher mit Hilfe einer Programmiertabelle von Hand in den Hex-Code übersetzt („Do-it-yourself-Assembler"). Das Verfahren ist deshalb nur für erste Gehversuche geeignet.

Nach der Eingabe des Programms schaltet man die Restart-Adresse vom Startpunkt des Bedienungsprogramms auf den Startpunkt des Benutzerprogramms um und startet mit einem Reset-Signal. Häufig ist jedoch die Startadresse fest auf den Beginn des Monitorprogramms eingestellt. Zum Start des Benutzerprogramms benötigt man dann eine besondere Startroutine (GO), mit der die Startadresse vom Tastenfeld eingelesen und in den Programmzähler geladen wird.

Die meisten Monitorprogramme besitzen noch zusätzlich einen Dump- bzw. Load-Befehl, mit dem man Programme auf Tonband speichern und wieder einlesen kann. Eine andere, bequemere Art, kleinere Programme aufzubewahren, besteht darin, sie mit einem Burn-Kommando in ein EPROM zu programmieren. Es gibt eine Vielzahl kleiner käuflicher Mikrocomputer, die diese Möglichkeiten besitzen.

## 19.4.2
### Programmierung mit Assembler

Für die Erstellung größerer Programme ist die Programmierung im Hex-Code indiskutabel. Man schreibt das Programm im symbolischen Code mit Hilfe eines Editors, der Textkorrekturen erlaubt. Den Programmschritten wird zunächst noch keine Adresse zugewiesen. Sprungadressen werden ausschließlich durch Marken definiert. Kommentare werden zusammen mit den Programmschritten eingegeben.

Den so entstandenen Text bezeichnet man als das Quellenprogramm (Source Code). Es ist naturgemäß sehr viel umfangreicher als das zugehörige Maschinenprogramm. Das Verhältnis liegt in der Größenordnung von 20 : 1. Um es zu speichern, benötigt man einen Massenspeicher in Form einer Magnetplatte oder Floppy Disk.

Anschließend wird das Quellenprogramm mit Hilfe des Assembler-Programms in den Hex-Code übersetzt. Zweckmäßigerweise zerlegt man größere Aufgaben in mehrere Teile und übersetzt diese Teile getrennt. Dann ist die Fehlersuche einfacher, da man die Teile einzeln testen kann. Jedes Teilprogramm (Modul) beginnt bei der Adresse 0000.

Im nächsten Schritt gibt man an, welche Module in welcher Reihenfolge zu einem Gesamtprogramm zusammengefügt werden sollen. Wenn im Programm die Namen von Routinen aus der Bibliothek erscheinen, werden diese Routinen automatisch aus der Bibliothek kopiert und zum Programm hinzugefügt. Diese

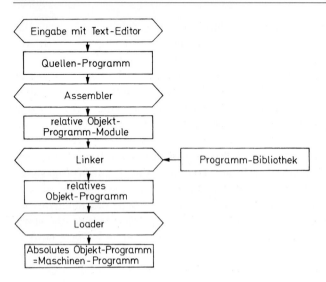

**Abb. 19.7.** Ablauf der Programmerstellung mit einem Entwicklungssystem

Aufgabe wird vom „Linker-Programm" durchgeführt. Als Ergebnis erhält man ein zusammenhängendes Programm, dessen Schritte bei 0000 beginnend durchnumeriert sind.

Im dritten und letzten Schritt gibt man die Startadresse des Programms an, die es im Zielcomputer erhalten soll. Mit dieser Angabe numeriert das „Loader-Programm" alle Programmschritte und speichert den Hex-Code in einem Datenfeld. Dort steht es für Simulationsläufe oder für den EPROM-Programmierer zur Verfügung.

In Abb. 19.7 ist der ganze Ablauf in Form eines Flußdiagramms zusammengestellt. Ein Computer, auf dem die beschriebenen Schritte durchgeführt werden können, heißt Entwicklungssystem. Die Hardware-Konfiguration ist in Abb. 19.8 dargestellt. Da die ganze Übersetzungsarbeit ein rein formaler Vorgang der Textverarbeitung ist, muß die CPU des Entwicklungssystems nicht mit derjenigen des Zielcomputers übereinstimmen. Man kann als Host-Rechner z.B. Personal-Computer (PCs) einsetzen, die in großer Vielfalt kostengünstig erhältlich sind.

Die erforderliche Cross-Software, bestehend aus Assembler, Linker und Loader wird von verschiedenen Software-Häusern und von den Mikrocomputer-Herstellern für praktisch alle Typen angeboten.

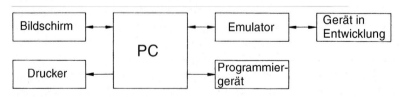

**Abb. 19.8.** Hardware eines Entwicklungssystems

### 19.4.3
### Simulation und Emulation

Der Assembler prüft ein Programm beim Übersetzen auf Syntaxfehler. Logische Fehler kann er nicht erkennen. Deshalb muß ein Programm nach der Entwicklung erprobt werden. Dazu gibt es zwei Hilfsmittel: den Simulator und den Emulator. Der Simulator ist ein Programm, das auf dem Rechner des Entwicklungssystems (z.B. PC) die CPU des Zielsystems nachbildet. Man kann dann die Registerinhalte, den Stack-Bereich und weitere Speicherbereiche bei der Ausführung des Programms beobachten. Bei besseren Simulatoren kann man sogar Ein/Ausgabe-Schaltungen mit in die Simulation einbeziehen und die Reaktion auf externe Signale testen. Auf diese Weise lassen sich die meisten logischen Programmfehler finden. Die Hardware des zu entwickelnden Zielsystems ist beim Einsatz des Simulators noch nicht erforderlich. Daher können Hardware- und Softwareentwicklung parallel laufen.

Der Nachteil der Simulatoren ist, daß sie um Größenordnungen langsamer laufen als die CPU des Zielsystems. Das Echtzeit-Verhalten läßt sich damit also nicht untersuchen. Für den endgültigen Test benötigt man daher einen Emulator (In Circuit Emulator, ICE). Er besteht aus einer Interface-Hardware und Software, die eine Verbindung zwischen dem Entwicklungssystem und dem Zielsystem schaffen. Der Emulator enthält den Mikroprozessor des zu entwickelnden Geräts und wird über ein Kabel an dessen Prozessor-Sockel angeschlossen. Er ermöglicht es, das Programm in Echtzeit mit der Ein/Ausgabe des Zielsystems zu testen. Zur Kontrolle kann man „Breakpoints" in das Programm eintragen, bei deren Erreichen die Register und die interessierenden Speicherbereiche angezeigt werden.

Emulatoren sind spezifisch für den jeweils zu entwickelnden Mikroprozessor. Man muß sie daher zusammen mit der Software austauschen, wenn man Programme für einen anderen Mikroprozessor schreiben will. Einfache Ausführungen sind für 2000,– bis 8000,– DM erhältlich. Leistungsfähige Emulatoren kosten bis zu 40.000,– DM. Emulatoren für Ein-Chip-Mikrocomputer enthalten häufig einen EPROM-Programmierer für das EPROM des speziellen Mikrocomputers.

### 19.5
### Typenübersicht

Aus der Vielzahl verschiedener Mikroprozessoren heben sich zwei große Familien heraus. Die eine basiert auf dem Typ 6800 von Motorola, die andere auf dem Typ 8080 von Intel. In den Tabellen 19.15 und 19.16 sind die wichtigsten Vertreter beider Familien zusammengestellt. Der 6800 und der 8080 haben heute nur noch historische Bedeutung. Ihr Register-Satz findet sich aber auch in neueren Weiterentwicklungen wieder. Darauf aufbauend sind in beiden Familien leistungsfähigere Mikroprozessoren entwickelt worden. Die Erhöhung der Leistungsfähigkeit wird durch mehrere Maßnahmen erreicht.

| Typ | Befehls-satz | Daten-bus Breite [bit] | Adreß Raum [byte] | Daten-Register [bit] | Adreß-Register [bit] | Relativer Sprung-bereich | Multipli-kations-Befehl |
|---|---|---|---|---|---|---|---|
| **6500-Familie von Rockwell, WDC, VLSI** | | | | | | | |
| 6502 | 6500 | 8 | 64k | $1 \times 8$ | $2 \times 16$ | $\pm 127$ | − |
| 65C816 | 6500+ | 8/16 | 16M | $1 \times 16$ | $5 \times 16/24$ | $\pm 32k$ | − |
| **6800-Familie von Motorola, Hitachi, Thomson, Valvo (68070)** | | | | | | | |
| 6800 | 6800 | 8 | 64k | $2 \times 8$ | $3 \times 16$ | $\pm 127$ | − |
| 6802 | 6800 | 8 | 64k | $2 \times 8$ | $3 \times 16$ | $\pm 127$ | − |
| 6809 | 6809 | 8 | 64k | $2 \times 8$ | $5 \times 16$ | $\pm 32k$ | $8 \times 8$ |
| 68000 | 68000 | 16 | 16M | $8 \times 32$ | $10 \times 32$ | $\pm 32k$ | $16 \times 16$ |
| 68008 | 68000 | 8 | 1M | $8 \times 32$ | $10 \times 32$ | $\pm 32k$ | $16 \times 16$ |
| 68070 | 68000 | 16 | 16M | $8 \times 32$ | $10 \times 32$ | $\pm 32k$ | $16 \times 16$ |
| 68010 | 68000+ | 16 | 16M | $8 \times 32$ | $11 \times 32$ | $\pm 32k$ | $16 \times 16$ |
| 68020 | 68000++ | 32 | 4G | $8 \times 32$ | $11 \times 32$ | $\pm 2G$ | $32 \times 32$ |
| 68030 | 68000+++ | 32 | 4G | $8 \times 32$ | $11 \times 32$ | $\pm 2G$ | $32 \times 32$ |
| 68040 | 68000+++ | 32 | 4G | $8 \times 32$ | $11 \times 32$ | $\pm 2G$ | $32 \times 32$ |

**Tab. 19.15.** Übersicht über Mikroprozessoren der 6800-Familie

| Typ | Befehls-satz | Daten-bus Breite [bit] | Adreß Raum [byte] | Daten-Register [bit] | Adreß-Register [bit] | Relativer Sprung-bereich | Multipli-kations-Befehl |
|---|---|---|---|---|---|---|---|
| **8080-Familie von Intel, Siemens, AMD, NEC** | | | | | | | |
| 8080 | 8080 | 8 | 64k | $8 \times 8$ | $5 \times 16$ | − | − |
| 8085 | 8080 | 8 | 64k | $8 \times 8$ | $5 \times 16$ | − | − |
| 8086 | 8086 | 16 | 1M | $4 \times 16$ | $9 \times 16$ | $\pm 32k$ | $16 \times 16$ |
| 8088 | 8086 | 8 | 1M | $4 \times 16$ | $9 \times 16$ | $\pm 32k$ | $16 \times 16$ |
| 80186 | 8086+ | 16 | 1M | $4 \times 16$ | $9 \times 16$ | $\pm 32k$ | $16 \times 16$ |
| 80188 | 8086+ | 16 | 1M | $4 \times 16$ | $9 \times 16$ | $\pm 32k$ | $16 \times 16$ |
| 80286 | 8086++ | 16 | 16M | $4 \times 16$ | $9 \times 16$ | $\pm 32k$ | $16 \times 16$ |
| 80386 | 8086++ | 32 | 4G | $8 \times 32$ | $9 \times 32$ | $\pm 2G$ | $32 \times 32$ |
| 80486 | 8086+++ | 32 | 4G | $8 \times 32$ | $9 \times 32$ | $\pm 2G$ | $32 \times 32$ |
| **Z80-Familie von Zilog, NEC, SGS, Sharp** | | | | | | | |
| Z80 | 8080+ | 8 | 64k | $8 \times 8$ | $4 \times 16$ | $\pm 127$ | − |
| Z180 | Z80+ | 8 | 512k | $8 \times 8$ | $4 \times 16$ | $\pm 127$ | $8 \times 8$ |
| Z280 | Z80++ | 8/16 | 16M | $8 \times 8$ | $4 \times 16$ | $\pm 32k$ | $16 \times 16$ |
| Z320 | Z8000+ | 32 | 4G | $8 \times 32$ | $9 \times 32$ | $\pm 2G$ | $32 \times 32$ |

Datentypen: T = Bit, B = Byte, W = Word (16 bit), L = Long Word (32 bit), Q = Quad Word (64 bit), D = Decimal (BCD), A = ASCII, S = String

**Tab. 19.16.** Übersicht über Mikroprozessoren der 8080-Familie

| Takt-frequenz std/max [MHz] | Zugriffs-zeit std/min [ns] | Rechen-leistung bei $f_{max}$ [MIPS] | Daten-Typen | Besonder-heiten |
|---|---|---|---|---|
| 1/3 | 650/170 | 0,3 | B,D | |
| 2/8 | 365/70 | 0,8 | B,D,W | CP |
| 1/2 | 600/290 | 0,3 | B,D | |
| 1/2 | 600/230 | 0,3 | B,D | 128 byte RAM |
| 1/2 | 700/330 | 0,4 | B,D,W | |
| 12/16 | 400/300 | 1,0 | B,D,W,L,T | SY |
| 12/16 | 400/300 | 1,0 | B,D,W,L,T | SY |
| 10 | 400 | 0,8 | B,D,W,L,T | SY, VM, MMU, DMA, TIM |
| 8/12 | 600/400 | 1,3 | B,D,W,L,T | SY, VM |
| 16/50 | 180/60 | 10 | B,D,W,L,T,Q | SY, VM, CA, CP |
| 25/50 | 120/60 | 12 | B,D,W,L,T,Q | SY, VM, CA, MMU, CP |
| 25/50 | 80/40 | 20 | B,D,W,L,T,Q | SY, VM, CA, MMU, CP, MCP |

| Takt-frequenz std/max [MHz] | Zugriffs-zeit std/min [ns] | Rechen-leistung bei $f_{max}$ [MIPS] | Daten-Typen | Besonder-heiten |
|---|---|---|---|---|
| 1/3 | 500/200 | 0,2 | B,D | |
| 3/6 | 300/75 | 0,4 | B,D | |
| 5/10 | 325/200 | 1,0 | B,D,W | CP |
| 5/8 | 325/200 | 0,7 | B,D,W | CP |
| 8/12 | 200/120 | 1,3 | B,D,W,A,S | CP, TIM, DMA, IRC |
| 8/10 | 200/150 | 0,9 | B,D,W,A,S | CP, TIM, DMA, IRC |
| 6/16 | 250/100 | 2,0 | B,D,W,A,S | CP, SY, MMU, VM |
| 20/33 | 60/35 | 8,0 | B,D,W,A,S,Q | CP, SY, MMU, VM |
| 2,5/35 | 25/35 | 18 | B,D,W,A,S,Q | CP, SY, MMU, VM, CA, MCP |
| 25/8 | 360/120 | 0,6 | B,T,T | RC |
| 4/10 | 250/100 | 0,7 | B,D,T | RC, MMU, DMA, TIM |
| 10/12,5 | 100/80 | 1,4 | B,D,W,L,S,T | RC, MMU, DMA, TIM, CA |
| 8/10 | 120/100 | | B,D,W,L,S,T,Q | SY, MMU, CA |

Besonderheiten: CP = Coprozessor-Interface, TIM = Timer, DMA = Direct Memory Access, IRC = Interrupt Controller, MMU = Memory Management Unit, SY = Betriebsart System bzw. Supervisory, VM = Virtual Memory, CA = Cache, MCP = Mathem. Coprozessor, RC = Refresh Controller

Eine Maßnahme ist die Erhöhung der Wortbreite in den Datenregistern von 8 auf 16 bzw. 32 bit und eine entsprechende Verbreiterung des Datenbusses. Dadurch können 2 bzw. 4 byte in einem Zyklus übertragen und verarbeitet werden. Um dies zu ermöglichen, werden auch die entsprechenden Datentypen definiert.

Ebenso wird die Wortbreite in den Adreßregistern von 16 über 20 und 24 bis auf 32 bit erhöht. Dadurch vergrößert sich der Adreßraum auf bis zu 4 Gbyte. Gleichzeitig vergrößert sich auch der Sprungbereich für die relative Adressierung. Dadurch ist es bei den meisten neueren Mikroprozessoren möglich, auch große Programme positionsunabhängig (relokativ) zu schreiben.

Eine weitere Leistungssteigerung wird durch Erweiterung des Befehlssatzes erreicht. Mit neuen leistungsfähigen Befehlen wie z.B. einem Multiplikationsbefehl lassen sich einige Operationen viel schneller und ohne lange Programme ausführen. Zusätzliche Adressierarten sollen den Zugriff auf Tabellen vereinfachen und beschleunigen.

Die Erhöhung der Taktfrequenz wird durch moderne Technologie ermöglicht. Allerdings erniedrigt sich dadurch auch die erforderliche Zugriffszeit für die RAMs und ROMs. Die Qualität eines Mikroprozessors zeigt sich darin, daß er selbst bei hoher Taktfrequenz noch keine extrem niedrigen Zugriffszeiten fordert. Anderenfalls sind die in Frage kommenden RAMs bzw. ROMs sehr kostspielig. Man kann zwar die Zugriffszeit durch Einfügen von „Wait States" verlängern; das reduziert aber die Rechenleistung. Die in Tab. 19.15/19.16 angegebenen Werte beziehen sich auf den Betrieb ohne Wait States. Wenn in größeren Systemen Bustreiber erforderlich werden, verkürzt sich die Zugriffszeit um deren Laufzeit.

Ein Maß für die Rechenleistung sind die MIPS (Million Instructions Per Second). Sie geben an, wie viele Befehle der Mikroprozessor je Sekunde im Mittel verarbeiten kann. Dabei muß man bedenken, daß ein 32 bit-Prozessor auch dann schon leistungsfähiger ist als ein 8 bit-Prozessor, wenn er genauso viele MIPS hat. Er kann mit einem einzigen Befehl einen 32 bit-Operanden verarbeiten. Dafür braucht der 8 bit-Prozessor mehrere Befehle. Die Rechenleistung ist naturgemäß proportional zur Taktfrequenz. Der angegebene Wert gilt für die maximale Taktfrequenz.

Ein begrenzender Faktor für die Rechenleistung ist neben der Zugriffszeit der Speicher auch die Bus-Bandbreite. Um selbst bei mäßigen Anforderungen (und Kosten) eine hohe Rechenleistung zu erhalten, wurden verschiedene Mechanismen entwickelt. Eine verbreitete Technik ist der „Prefetch". Hier wird während der Verarbeitung eines Befehls schon der nächste (gegebenenfalls auch der übernächste) geholt, wenn der Bus frei ist. Probleme gibt es beim Prefetch, wenn Verzweigungen im Programm auftreten. Dann steht erst nach der Verarbeitung des Befehls fest, welches der nächste ist. Hier kann es vorkommen, daß die im Prefetch gepufferten Befehle verworfen werden müssen. Bei der Programm-Entwicklung ist der Prefetch in der Emulations-Phase meist hinderlich, da der Befehl, der gerade geladen wird, nicht als nächster (vielleicht sogar überhaupt nicht) ausgeführt wird. Deshalb ist der Prefetch-Mechanismus meist abschaltbar.

Eine andere Methode, den Zugriff auf Programm und sogar auch Daten zu beschleunigen, besteht im Einsatz eines „Cache-Speichers". Ein Cache ist ein kleiner, schneller Pufferspeicher, der häufig in dem Mikroprozessor selbst integriert ist. In ihm werden die zuletzt benötigten Befehle (und Daten) gespeichert. Da die meisten Programme relativ kleine Laufschleifen enthalten, besteht eine große Wahrscheinlichkeit dafür, daß die benötigten Befehle und Operanden noch im Cache stehen. Dann entfallen viele relativ lang dauernde Bus-Zugriffe. Die Beobachtbarkeit des Programms wird natürlich auch hierdurch verschlechtert.

Der große Adreßraum, den die neuen Mikroprozessoren bereitstellen, ist für den Programmierer und den Anwender sehr unübersichtlich. Deshalb schaltet man hier häufig eine „Memory-Management-Unit" (MMU) zwischen den Mikroprozessor und den Speicher. Sie ermöglicht eine weitgehend beliebige Zuordnung zwischen den *logischen Adressen* des Prozessors und den *physikalischen* des Speichers. Diese „Abbildung" geschieht mittels einer Tabelle, die in die MMU geladen wird. Zusätzlich lassen sich für jedes Speichersegment Attribute angeben, wie z.B. Schreibschutz. Ein Nachteil der MMU-Technik ist, daß die Adreß-Übersetzung zusätzliche Zeit kostet. Daher muß man häufig einen (weiteren) Waite State einfügen. In dieser Beziehung ist es günstig, wenn die MMU auf dem Prozessor-Chip integriert ist, da dann die Verzögerung klein bleibt.

Die neueren Mikroprozessoren unterstützen auch den Betrieb mit virtuellem Speicher (Virtual Memory, VM). Diese Technik ermöglicht es, Daten und Programme auf einem Massenspeicher (z.B. Plattenlaufwerk) so anzusprechen, als ob sie unmittelbar im RAM verfügbar wären. Im Zuge einer Programmausführung kann dabei der Fall eintreten, daß ein Operand benötigt wird, der nicht im RAM, sondern im externen Massenspeicher steht. In diesem Fall wird die Ausführung des Befehls unterbrochen. Das Betriebssystem lädt das Datensegment, in dem der Operand steht, vom Massenspeicher in das RAM und schaltet dann wieder auf die Ausführung des begonnenen Befehls zurück. Auf diese Weise läßt sich z.B. der immense Adreßraum von 4 Gbyte nutzen.

Die Leistungsfähigkeit eines Mikroprozessors läßt sich deutlich steigern, indem man einen Coprozessor parallelschaltet, der die Ausführung komplizierter Operationen übernimmt, die den Mikroprozessor stark belasten würden. Die verbreitetsten Typen sind Arithmetik-Coprozessoren, die nicht nur die vier Grundrechenarten im Festkomma- und IEEE-Format (s. Kap. 19.1) ausführen, sondern auch transzendente Funktionen berechnen und Zahlendarstellungen umwandeln können. Daneben gibt es auch noch Grafik-, Text-, und DMA-Coprozessoren. Voraussetzung für den Einsatz eines Coprozessors ist, daß der Mikroprozessor ein Coprozessor-Interface besitzt, über das der Datenaustausch und die Synchronisation erfolgt. Bezüglich der Programmierung ist der Coprozessor sehr transparent: Er fügt einfach ein paar Befehle zum Befehlssatz des Mikroprozessors hinzu. Bei der Programm-Ausführung erkennen die Prozessoren am Befehlscode, wer von ihnen die Ausführung des jeweiligen Befehls übernehmen muß.

## 19.6
## Ein-Chip-Mikrocomputer

Ein Mikrocomputer, der mit einem Programmspeicher von 2 kbyte, einem 128 byte-RAM und einer Ein-/Ausgabe-Schaltung bestückt ist, stellt schon ein sehr leistungsfähiges Instrument dar, das in der Lage ist, eine Vielzahl verschiedener Hardware-Schaltwerke zu ersetzen. Bei der Lösung spezifischer Aufgabenstellungen kann man deshalb häufig auf eine modulare Erweiterbarkeit verzichten und dadurch eine starke Reduzierung des Hardware-Aufwandes erzielen. Auf diese Möglichkeit wollen wir im folgenden etwas näher eingehen.

Die Fortschritte der Großintegration haben es möglich gemacht, nicht nur ein RAM auf dem Prozessorchip mit unterzubringen, sondern zusätzlich ein ROM und mehrere Peripherieschaltungen. Auf diese Weise vollzieht sich eine Entwicklung vom Ein-Chip-Mikroprozessor zum Ein-Chip-Mikrocomputer. Als Beispiel ist in Abb. 19.9 das Blockschaltbild des Typs MC 68 HC 11 A8 dargestellt. Seine CPU ist gegenüber dem 6800-Mikroprozessor stark erweitert. Sie besitzt ein zweites Indexregister, und die beiden Akkumulatoren A und B lassen sich zu einem 16 bit-Register zusammenfassen. Neben einer Vielzahl neuer Befehle ist auch eine $8 \times 8$ bit-Multiplikation vorhanden.

Der Speicher besteht aus einem 8 kbyte-ROM am oberen Ende des Adreßraums und einem 256 byte-RAM in der „Base Page" (siehe Abb. 19.10). Zusätzlich besitzt dieser Mikrocomputer ein EEPROM, das sich ohne zusätzliche Programmierspannung im laufenden Betrieb programmieren und löschen läßt. Darin lassen sich Daten speichern wie z.B. Eichwerte, die einerseits nicht von vornherein feststehen, andererseits aber bei Stromausfall nicht verloren gehen

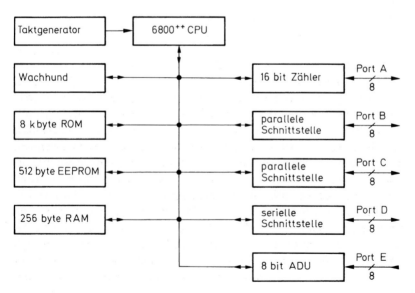

**Abb. 19.9.** Innerer Aufbau des 1-Chip-Mikrocomputers MC 68 HC 11 A8

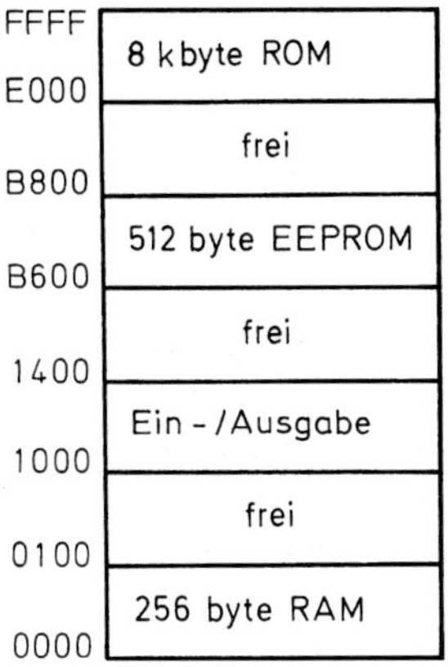

```
FFFF ┌─────────────────┐
      │   8 kbyte ROM   │
E000 ├─────────────────┤
      │      frei       │
B800 ├─────────────────┤
      │ 512 byte EEPROM │
B600 ├─────────────────┤
      │      frei       │
1400 ├─────────────────┤
      │  Ein - /Ausgabe │
1000 ├─────────────────┤
      │      frei       │
0100 ├─────────────────┤
      │  256 byte RAM   │
0000 └─────────────────┘
```

**Abb. 19.10.** Adressenbelegung beim MC 68 HC 11 A8

dürfen. Man kann im EEPROM aber auch Programme speichern, z.B. ein kurzes Hauptprogramm, das eine im ROM gespeicherte Programmbibliothek benutzt.

Zur Ein-/Ausgabe besitzt der MC 68 HC 11 A8 fünf Schnittstellen. Über die beiden parallelen Schnittstellen (Port B und C) lassen sich Adreß- und Datenbus von außen zugänglich machen. Dadurch erhält man die Möglichkeit, während der Programmentwicklung externe RAMs als Programmspeicher anzuschließen. Die serielle Schnittstelle besteht aus einer asynchronen Schnittstelle zum Anschluß eines Terminals und einer synchronen Schnittstelle zum Anschluß von seriell angesteuerten Anzeigen oder DA-Umsetzern oder zur Kommunikation mit weiteren Mikrocomputern in demselben Gerät.

Zur Auswertung analoger Signale besitzt der Mikrocomputer einen AD-Umsetzer mit 8 bit Genauigkeit. Ein vorgeschalteter Multiplexer ermöglicht die Abfrage von 8 verschiedenen Quellen. Wenn diese Genauigkeit nicht ausreicht, kann man sie dadurch etwas erhöhen, daß man entweder den Mittelwert über viele Messungen bildet oder den Meßbereich in mehrere Teilbereiche aufteilt. Bei höheren Genauigkeitsanforderungen ist zweckmäßig, einen externen AD-Umsetzer an die synchrone serielle Schnittstelle anzuschließen.

Der programmierbare Zähler kann nicht nur Ereignisse zählen, sondern läßt sich auch zur Frequenz- und Zeitmessung sowie als Echtzeituhr einsetzen. Im Zusammenhang damit ist auch ein Wachhund (watchdog) vorhanden, der auf eine regelmäßige Aktion des Programms wartet und einen Restart ausführt, wenn sie ausbleibt. Dadurch läßt sich erreichen, daß der Mikrocomputer automatisch wieder die gewünschte Funktion aufnimmt, falls er einmal durch einen Programmfehler oder einen Störimpuls aus dem Programm herausspringt. Die Störempfindlichkeit ist jedoch bei Einchip-Mikrocomputern sehr viel geringer als bei Multichip-Lösungen, da die Leitungslängen auf dem Chip um Größenordnungen kleiner sind. Darin ist ein wesentlicher Vorteil zu sehen, den man nicht durch Verwendung externer Programmspeicher zunichte machen sollte.

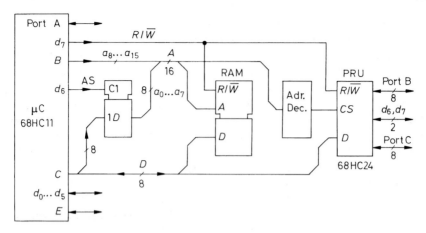

**Abb. 19.11.** Betrieb eines Einchip-Mikrocomputers im „Expanded Multiplexed Mode" mit einer „Port Replacement Unit"

Um die Stromaufnahme klein zu halten, wird der 68 HC 11 in CMOS-Technologie hergestellt. Man kann zusätzlich Strom sparen, indem man die Taktfrequenz nicht höher wählt als es die Verarbeitungsgeschwindigkeit erfordert. Günstiger und genauso stromsparend ist es jedoch, den Mikrocomputer mit voller Taktfrequenz arbeiten zu lassen und ihn anzuhalten, wenn zeitweise nichts zu verarbeiten ist; dadurch ergeben sich kürzere Reaktionszeiten. Eine derartige Umschaltung der Betriebsart wird praktisch durch alle Mikrocomputer in CMOS-Technologie unterstützt. Mit einem WAIT-Befehl wird die CPU abgeschaltet, der Taktgenerator und die Zähler laufen jedoch weiter, so daß die CPU mit einem vorprogrammierten Timer-Interrupt von allein wieder in den aktiven Zustand zurückkehrt. Die niedrigste Stromaufnahme ergibt sich im STOP- bzw. SLEEP-Betrieb. Hier wird auch der Taktgenerator angehalten, bis ein externer Interrupt eintrifft. Der Speicherinhalt des RAMs bleibt dabei erhalten, da die CMOS-RAMs durchweg statisch sind.

Es gibt bei praktisch allen Einchip-Mikrocomputern die Möglichkeit, den Adreß- und Datenbus von außen zugänglich zu machen. Dann hat man die Möglichkeit, zusätzliche Programm- und Datenspeicher sowie Ein-/Ausgabeschaltungen anzuschließen. Diese Möglichkeit ist in Abb. 19.11 dargestellt. Man erkennt, daß man dadurch 18 Port-Anschlüsse verliert. Um nicht noch weitere 8 Leitungen einzubüßen, werden die unteren 8 Adreßleitungen mit den Datenleitungen im Multiplexverfahren betrieben. Das Adreß-Strobe-Signal AS gibt an, ob gerade Adressen oder Daten übertragen werden. Um normale Speicher und I/O-Schaltungen benutzen zu können, speichert man die unteren 8 Adreßbits in einem Latch. Danach steht dann ein regulärer 16 bit-Adreßbus und 8 bit-Datenbus wie bei einem normalen Multichip-Mikroprocomputer zur Verfügung. Allerdings verliert man praktisch auch alle Vorteile eines Singlechip-Mikrocomputers. Um nämlich die verlorenen Port-Anschlüsse wieder zu gewinnen, muß man eine „Port-Replacement-Unit" anschließen, die über einen Adreß-

Decoder genau bei denjenigen Adressen selektiert wird, die die durch den externen Programmspeicher belegten Ports des Mikrocomputers hatten. Einen derartigen Aufwand treibt man nur in Emulatoren, wo man darauf angewiesen ist, den Microcomputer exakt zu emulieren. Hier ist ein externer Programmspeicher unumgänglich, weil er vom Entwicklungssystem geladen werden muß.

Eine Übersicht über einige gebräuchliche Mikrocomputer zeigen die Tab. 19.17 und 19.18. Man sieht, daß es praktisch zu jedem der einfacheren Mikroprozessoren auch die äquivalenten Mikrocomputer gibt. Ihr Befehlssatz ist zum Teil erweitert bzw. reduziert, aber praktisch nie identisch. Zusätzlich sind häufig Befehle für Operationen mit einem einzigen Bit vorhanden. So kann man z.B. mit einem einzigen Befehl ein Bit setzen oder löschen oder auch verzweigen, wenn ein Bit gesetzt oder gelöscht ist. Der Programmspeicher der Mikrocomputer wird in der Basisversion immer als (vom Hersteller) maskenprogrammiertes ROM ausgeführt. Wegen der hohen Maskenkosten (z.B. 100 000,– DM und mehr) ist diese Ausführung jedoch nur für große Stückzahlen interessant. Dann lassen sich allerdings Preise für einen Mikrocomputer erreichen, die deutlich unter 1,– DM je Stück liegen. Für die Programm-Entwicklung und für Kleinserien werden je nach Typ vier verschiedene Varianten für den Programmspeicher angeboten:

1) ohne Programmspeicher,
2) mit EPROM und Quarzfenster
3) mit EPROM im Plastikgehäuse
4) mit EEPROM.

Bei der Ausführung ohne Programmspeicher muß man ein externes RAM oder EPROM anschließen. Dabei verliert man – wie in Abb. 19.11 gezeigt – 18 Port-Anschlüsse. Leider reichen die verbleibenden Ports meist nicht aus. Daher muß man den relativ umständlichen Weg gehen und sie durch eine zusätzliche parallele Schnittstellen-Schaltung ersetzen.

Wesentlich günstiger sind die Varianten 2. bis 4., bei denen der Anwender das Programm selber laden und ändern kann, ohne dabei Ports zu verlieren. Deshalb wurden für die Übersicht in Tab. 19.17 und 19.18 Mikrocomputer bevorzugt, die diese Varianten bieten. Bei dem EPROM aufdem Chip läßt sich der Programmspeicher wie ein normales EPROM programmieren und löschen. Hier gibt es auch Ausführungen im Plastikgehäuse ohne Fenster. Solche OTP (One Time Programmable) bzw. ZTAT (Zero Turn-Around Time) Versionen sind deutlich billiger und bis zu 5000 Stück meist kostengünstiger als Masken-programmierte Typen. Daß sie sich nicht löschen lassen, ist für die Serienfertigung kein Nachteil.

Die modernen Nachfolger für EPROMs zur Programmspeicherung sind die EEPROMs. Sie bieten sich besonders bei den Mikrocomputern an, die ohnehin schon ein kleines EEPROM zur Speicherung von Eichwerten enthalten. Diese Variante gibt es bei einigen neueren Mikrocomputern in CMOS-Technologie.

| Typ ROM Version | Typ EPROM Version | Hersteller | Befehls-satz | Gehäuse [pins] |
|---|---|---|---|---|
| MC68HC05K1 | MC68HC705KJ1[2] | Motorola | 6800− | 16 |
| MC68HC05P6 | MC68HC705P6A[2] | Motorola | 6800− | 28 |
| MC68HC05C8A | MC68HC705C8A[2] | Motorola | 6800− | 40 |
| MC68HC05L16 | MC68HC705L16[2] | Motorola | 6800− | 80 |
| MC68HC05B32 | MC68HC705B32[2] | Motorola | 6800− | 52 |
| MC68HC08XL36 | MC68HC708XL36[2] | Motorola | 6800− | 56 |
|  | MC68HC708MP16[2] | Motorola | 6800− | 64 |
| MC68HC11D3 | MC68HC711D3[2] | Motorola | 6800+ | 40 |
| MC68HC11G5 | MC68HC711G5[2] | Motorola | 6800+ | 84 |
| MC68HC11P2 | MC68HC711P2[2] | Motorola | 6800+ | 84 |
|  | MC68HC912B32[1] | Motorola | 6800+ | 80 |
| MC68HC16X1 | MC68HC916X1 | Motorola | 68000+ | 120 |
|  | MC68F333 | Motorola | 68000− | 160 |

**Tab. 19.17.** Beispiele für Ein-Chip-Mikrocomputer der 6800-Familie in CMOS Technologie

| Typ ROM Version | Typ EPROM Version | Hersteller | Befehls-satz | Gehäuse [pins] |
|---|---|---|---|---|
| 80C51FA | 87C51FA | Intel | 8080+ | 40 |
| 83C51GB | 87C51GB[2] | Intel | 8080+ | 68 |
| 83C51FB | 87C51FB | Intel | 8080+ | 40 |
| 83L51FC | 87L51FC[2] | Intel | 8080+ | 40 |
| 83C2515B | 87C2515B | Intel | 8080+ | 44 |
| 83C748 | 87C748[2] | Philips | 8080+ | 24 |
| 83CL51 | 85CL000[3] | Philips | 8080+ | 40 |
| 83C550 | 87C550[2] | Philips | 8080+ | 40 |
| 83C592 | 87C592[2] | Philips | 8080+ | 68 |
| 83C558 | 89C558[1] | Philips | 8080+ | 80 |
| 51XAG33 | 51XAG37[2] | Philips | 8080+ | 44 |
| 80C515 | 83C517 | Siemens | 8080+ | 68 |
| 80C517A | 83C517A | Siemens | 8080+ | 84 |
| 83251A1 | 87251A1[2] | Temic | 8080+ | 44 |

[1] EEPROM als Programmspeicher
[2] auch als OTP-EPROM erhältlich
[3] EPROM aufsteckbar (Piggy-Back)

**Tab. 19.18.** Ein-Chip-Mikrocomputer der 8080-Familie in CMOS Technologie

| RAM/ROM [byte] | Auschlüsse Ein./Ausg. [bit] | Serielle Ein./Ausg. | Zähler [bit] | ADU [Kanäle × bit] | Besonderheiten |
|---|---|---|---|---|---|
| 64/ 1k | 10 | – | $2 \times 8$ | – | billig |
| 176/ 5k | 20 | Sy | $1 \times 16$ | $4\times8$ | billig |
| 304/ 8k | 31 | As, Sy | $1 \times 16$ | – | |
| 512/16k | 39 | Sy | $2 \times 16$ | – | $4 \times 39$ LCD |
| 528/32k | 32 | As | $1 \times 16$ | $8\times8$ | 255EE |
| 1k/36k | 43 | As, Sy | $4 \times 16$ | – | |
| 512/16k | | As, Sy | | $10\times8$ | 6 PWM |
| 192/ 4k | 32 | As, Sy | $3 \times 16$ | – | DOG |
| 512/16k | 66 | As, Sy | $3 \times 16$ | $8\times8$ | DOG, PWM, 512EE |
| 1k/32k | 62 | As, Sy | $3 \times 16$ | $8\times8$ | DOG, PWM, 640EE |
| 1k/32k | 64 | As, Sy | | $8\times8$ | 768EE DOG |
| 2k/50k | | As, Sy | $2 \times 16$ | $6\times10$ | PWM |
| 4k/64k | 84 | As, Sy | $16 \times 16$ | $8\times10$ | PWM |

| RAM/ROM [byte] | Auschlüsse Ein./Ausg. [bit] | Serielle Ein./Ausg. | Zähler [bit] | ADU [Kanäle × bit] | Besonderheiten |
|---|---|---|---|---|---|
| 128/ 4k | 32 | Sy | $2 \times 16$ | – | DOG, PWM |
| 256/ 8k | 48 | Sy | $3 \times 16$ | $8\times8$ | DOG, PWM |
| 256/16k | 32 | Sy | $3 \times 16$ | – | DOG, PWM |
| 256/32k | 32 | Sy | $3 \times 16$ | – | $V_{DD} = 2{,}7\ldots3{,}6\,V$ |
| 1k/16k | 32 | | $3 \times 16$ | | DOG |
| 64/ 2k | 19 | – | $1 \times 16$ | – | billig |
| 128/ 4k | 32 | AS | $2 \times 16$ | – | $V_{DD} = 1{,}8\ldots6\,V$ |
| 128/ 4k | 32 | As | $2 \times 16$ | $8\times8$ | DOG |
| 512/16k | 48 | As | $3 \times 16$ | $8\times10$ | DOG |
| 1k/32k | 48 | As, Sy | $3 \times 16$ | $8\times10$ | DOG |
| 512/32k | 32 | As | $3 \times 16$ | – | DOG, PWM |
| 256/ 8k | 48 | Sy | $3 \times 16$ | – | DOG, PWM |
| 256/32k | 56 | As, Sy | $4 \times 16$ | $12\times10$ | DOG, Math. Coproz. |
| 1k/24k | | | | $4\times8$ | DOG, PWM |

EE: Bytes des zusätzlichen EEPROMs
PWM: Pulse Width Modulator
DOG: Watch DOG

# Literatur

[19.1]    Schief. R.: Einführung in die Mikroprozessoren und Mikrocomputer. Attempto 1997.

[19.2]    Flick, T., Liebig, H.: Mikroprozessortechnik. Springer 1998.

# Kapitel 20:
# Modularer Aufbau von Mikrocomputern

Im vorhergehenden Kapitel stand die Programmierung von Mikrocomputern im Vordergrund. Im folgenden soll nun näher auf die Schaltungstechnik eingegangen werden. Dabei wird ein modular aufgebautes System beschrieben, das über den Mikrocomputer-Bus verbunden wird.

## 20.1
## Mikroprozessor-Platine

Abbildung 20.1 zeigt die Anschlüsse des Mikroprozessors MC 6802. Alle Ein- und Ausgänge sind TTL-kompatibel. Die Bedeutung der meisten Anschlüsse wurde in den vorangehenden Abschnitten beschrieben. Sie ist in Tab. 20.1 zusammengestellt.

Wie wir in Abb. 19.1 auf S. 1066 bereits gesehen haben, werden in einem Mikrocomputer die Datenanschlüsse von CPU, Speichern und Peripherieschaltungen parallel verbunden. Eine solche Anordnung wird als „BUS" bezeichnet. Es ist klar, daß immer nur genau ein Teilnehmer Daten auf den BUS ausgeben kann. Zur Auswahl dieses Teilnehmers dient der Adreßbus. Über den Kontrollbus werden zusätzliche Steuersignale zur Festlegung der Datenrichtung und zur Synchronisation übertragen.

An einem Mikroprozessorausgang lassen sich höchstens 10 MOS- oder 5 Low-Power-Schottky-Eingänge anschließen. Deshalb benötigt man für größere Systeme Verstärker (Buffer) an allen Ausgängen. Abbildung 20.2 zeigt, wie sie am Mikroprozessor anzuschließen sind. Für den bidirektionalen Datenbus muß

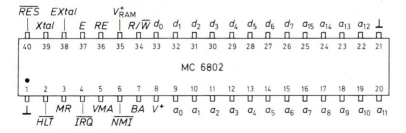

**Abb. 20.1.** Anschlüsse des Mikroprozessors MC 6802

| Signal | Richtung | Funktion |
|--------|----------|----------|
| $a_0 \ldots a_{15}$ | Ausg., Tristate | Adresse |
| $d_0 \ldots d_7$ | Eing., Ausg., Tri. | Daten |
| $R/\overline{W}$ | Ausg., Tristate | Read/$\overline{\text{Write}}$. Schreib-Lese-Umschaltung. |
| VMA | Ausg. | Valid Memory Address. Ein High-Pegel zeigt an, daß eine gültige Adresse ausgegeben wird. |
| BA | Ausg. | Bus Available. Prozessor im HALT-Zustand; alle Tristate-Ausgänge sind hochohmig. |
| E | Ausg. | Enable (früher $\phi_2$). Systemtaktausgang. |
| EXtal | Eing. | Externer Takteingang. Ein Viertel der angelegten Frequenz erscheint bei $E$ als Systemtakt. |
| Xtal | Ausg. | Quarzausgang. Dient zusammen mit EXtal als Quarzanschluß für den internen Taktgenerator. |
| $\overline{HLT}$ | Eing. | Halt. Low-Pegel hält den Prozessor an. Alle Tristate Ausgänge werden hochohmig. Es wird $BA = 1$ und $VMA = 0$. |
| MR | Eing. | Memory Ready. Der Prozessor wartet im Zustand $E = 1$, solange $MR = 0$ ist. Alle Ausgänge bleiben gültig. Maximale Dauer: 10 $\mu$s. |
| $\overline{IRQ}$ | Eing. | Interrupt Request. Normaler Interrupt-Eingang. |
| $\overline{NMI}$ | Eing. | Non-Maskable Interrupt. Nicht abschaltbarer Interrupt. |
| $\overline{RES}$ | Eing. | Reset-Eingang. |
| RE | Eing. | RAM-Enable. Low-Pegel schaltet das eingebaute RAM ab. |

**Tab. 20.1.** Beschreibung der Eingangs- bzw. Ausgangssignale des Mikroprozessors 6802

man bidirektionale Buffer verwenden. Sie bestehen aus jeweils zwei antiparallel geschalteten Verstärkern mit Tristate-Ausgang, die wechselseitig mit Hilfe des Richtungsumschalters DIR aktiviert werden. Zur Umschaltung dient das $R/\overline{W}$-Signal des Mikroprozessors. Der Enable-Anschluß EN der Buffer wird mit dem BA-Ausgang des Mikroprozessors verbunden. Dadurch wird der Datenbus hochohmig, wenn der Mikroprozessor angehalten wird. Diese Betriebsart ist für den direkten Speicherzugriff (DMA) vorgesehen. Aus demselben Grund werden auch am Adreßbus und am $R/\overline{W}$-Ausgang Tristate-Buffer verwendet. Folgende Tristate-Buffer in Low-Power-Schottky-TTL-Technik sind für Mikroprozessor-Anwendungen gut geeignet:

Unidirektional:                        Bidirektional:
8 bit:    74 LS 541                     8 bit:    74 LS 245

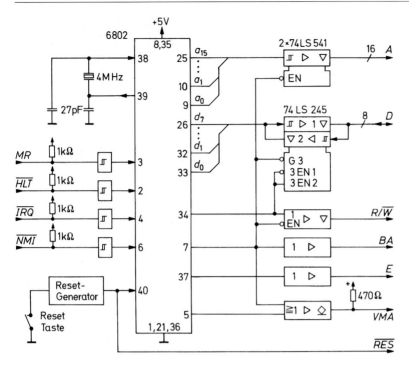

**Abb. 20.2.** Anschluß des Mikroprozessors 6802 über Treiber am Adreß-, Daten- und Kontrollbus

## 20.2
# Parallele Schnittstelle

### 20.2.1
### Feste Datenrichtung

Die einfachste Möglichkeit zur parallelen Dateneingabe besteht darin, wie in Abb. 20.3 Tristate-Buffer am Datenbus anzuschließen, die mit Hilfe eines Adressendekodierers aktiviert werden. Beim Aufruf der eingestellten Adresse erscheinen die externen Daten auf dem Datenbus und werden vom Mikroprozessor eingelesen. Dieser Vorgang ist genau derselbe wie der Aufruf eines Speichers. Die Eingabe-Operation unterscheidet sich also von einer Speicheroperation nur durch die Wahl der entsprechenden Adresse. Mit dem Aufruf einer Adresse kann man bei einem 8 bit-Datenbus 8 externe Anschlüsse parallel abfragen.

Ein Ausgaberegister läßt sich auf ganz ähnliche Weise realisieren. Damit die Daten gültig bleiben, bis neue Werte ausgegeben werden, verwendet man Flip-Flops zur Zwischenspeicherung, wie es in Abb. 20.4 dargestellt ist. Wenn die im Adressendekodierer eingestellte Adresse gültig wird und ein Schreibvorgang vorliegt ($R/\overline{W} = 0$), wird $C = 0$. Mit der abfallenden Flanke von $E$ wird wieder $\overline{BS} = 1$ und damit auch $C = 1$. Zu diesem Zeitpunkt liegen gültige Daten an

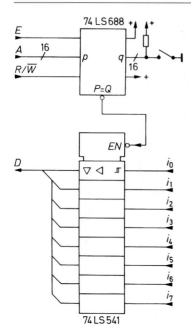

**Abb. 20.3.** Parallele 8 bit-Eingabe

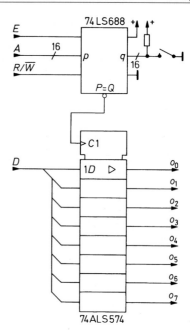

**Abb. 20.4.** Parallele 8 bit-Ausgabe

den Flip-Flop-Eingängen. Sie werden mit der ansteigenden Flanke von $C$ an die Ausgänge übertragen und bleiben dort bis zur nächsten Ausgabe stehen.

### 20.2.2
### Bidirektionale Parallel-Schnittstellen

Zur wahlweisen Ein- oder Ausgabe kann man die beiden Schaltungen in Abb. 20.3 und 20.4 miteinander kombinieren. Es ist für solche Anwendungen jedoch einfacher, monolithisch integrierte bidirektionale Schnittstellen zu verwenden, z.B. das PIA (Peripheral Interface Adapter) 6821, dessen Blockschaltbild in Abb. 20.5 dargestellt ist. Es besitzt zwei 8 bit-Ein-/Ausgabe-Kanäle. Die auszugebenden Daten werden in je einem Ausgabe-Register gespeichert. Ihnen zugeordnet ist je ein Datenrichtungsregister, mit dem sich für jede Leitung festlegen läßt, ob sie als Eingang oder Ausgang arbeiten soll. Außerdem steht noch je ein Kontrollregister zur Verfügung, das weitere Anschlüsse zur Auslösung und Quittierung von Interrupt-Anforderungen besitzt.

Das PIA enthält also insgesamt sechs 8 bit-Register. Mit Hilfe der beiden verfügbaren Adresseneingänge kann man aber nur 4 Register auswählen. Deshalb erhalten die Datenregister und die jeweils zugeordneten Richtungsregister je eine gemeinsame Adresse. Die Unterscheidung erfolgt mit Hilfe eines Bits des entsprechenden Kontrollregisters. Die Zuordnung der Adressen ist in Tab. 20.2 zusammengestellt.

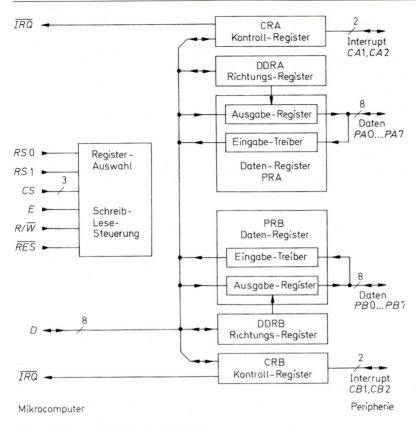

**Abb. 20.5.** Innerer Aufbau des PIA 6821

Abbildung 20.6 zeigt den Anschluß des PIAs am Mikrocomputerbus. Es wird im Prinzip genauso betrieben wie ein RAM. Ein Unterschied besteht jedoch darin, daß das Enable-Signal $E$ nicht am Adressendekodierer sondern an einem speziellen Eingang des PIAs angeschlossen wird. Das ist notwendig, weil die Interrupt-Eingänge nur bei der Enable-Flanke abgefragt werden, andererseits aber eine

| Adresse | | Umschaltbit | Register | | |
|---|---|---|---|---|---|
| $a_1$ | $a_0$ | $u$ | | | |
| 0 | 0 | $\begin{cases} u_A = 0 \\ u_A = 1 \end{cases}$ | DDRA<br>PRA | Richtungs-Register A<br>Daten -Register A | |
| 0 | 1 | $u_A = $ bel. | CRA | Kontroll -Register A | |
| 1 | 0 | $\begin{cases} u_B = 0 \\ u_B = 1 \end{cases}$ | DDRB<br>PRB | Richtungs-Register B<br>Daten -Register B | |
| 1 | 1 | $u_B = $ bel. | CRB | Kontroll -Register B | |

**Tab. 20.2.** Adressierung der sechs Register im PIA

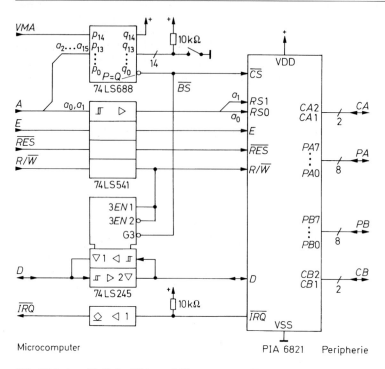

**Abb. 20.6.** Anschluß des PIA am Mikrocomputer-Bus

Interrupt-Anforderung auch dann möglich sein muß, wenn das PIA nicht adressiert ist. Zusätzlich steht ein Reset-Eingang zur Verfügung, mit dem sich alle Register löschen lassen.

Die Programmierung des PIAs wollen wir anhand eines Beispiels erläutern. Dabei soll auf der A-Seite über die Anschlüsse PA 3...PA 0 die Ausgabe der Bitkombination 1101 erfolgen. Danach soll die an den Anschlüssen PA 7...PA 4 anliegende Information in den Akkumulator B geladen werden. Das entspre-

| Adr. | Hex-Code | | Mnem. | Operand | Ang. Reg. | Kommentar |
|------|------|------|-------|---------|-----------|-----------|
| 1000 | CD | F0 00 | LDX | #$ F000 | | Basisadresse des PIA |
| 1003 | 6F | 00 | CLR | 00,X | CRA | $u = 0$ (DDRA-Zugriff) |
| 1005 | 86 | 0F | LDA A | #& 0000 1111 | | ⎫ PA 7...4 auf Eingabe |
| 1007 | A7 | 00 | STA A | 00, X | DDRA | ⎬ PA 3...0 auf Ausgabe |
| 1009 | 86 | 04 | LDA A | #& 0000 0100 | | ⎭ |
| 100B | A7 | 01 | STA A | 01, X | CRA | $u = 1$ (PRA-Zugriff) |
| 100D | 86 | 0D | LDA A | #& 0000 1101 | | |
| 100F | A7 | 00 | STA A | 00, X | PRA | Ausgabe von 1101 auf PA 3...0 |
| 1011 | E6 | 00 | LDA B | 00, X | PRA | Einlesen von PA 7...4 |
| 1013 | 39 | | RTS | | | |

**Tab. 20.3.** Beispiel für die Programmierung des PIA

chende Programm ist in Tab. 20.3 aufgelistet. Als Basis-Adresse des PIAs haben wir F000$_{Hex}$ gewählt. Im Kontrollwort bedienen wir nur das an der drittletzten Stelle angeordnete Umschaltbit $u$. Die übrigen setzen wir Null. Damit sind alle Interrupt-Funktionen abgeschaltet. Wenn das Programm durchlaufen ist, enthält der Akkumulator B folgende Information:

$$B = \begin{array}{|c|c|c|c|c|c|c|c|} \hline PA\ 7 & PA\ 6 & PA\ 5 & PA\ 4 & 1 & 1 & 0 & 1 \\ \hline \end{array}$$

## 20.3
## Serielle Schnittstelle

Die serielle Datenübertragung besitzt gegenüber der parallelen den Vorteil, daß man nur wenige Verbindungsleitungen benötigt. Dies ist insbesondere bei der Datenübertragung über große Entfernungen von Bedeutung. Aber auch bei kurzen Strecken verwendet man meist die serielle Übertragung, wenn von vornherein feststeht, daß die geringere Übertragungsgeschwindigkeit nicht stört. Aus diesem Grund besitzen Bildschirm-Terminals und Drucker in der Regel serielle Schnittstellen.

### 20.3.1
### Serielle Übertragung

Mit Hilfe von parallelen Ein-/Ausgabe-Schaltungen kann man auch einen bit-seriellen Datenaustausch vornehmen, indem man nur einen Ausgang benutzt. Zu diesem Zweck muß man das auszugebende Datenwort nach jedem Ausgabeschritt per Software um eine Stelle verschieben. Bei der Eingabe läßt sich das Datenwort durch schrittweise Verschiebung und Addition zusammensetzen. Man erkennt jedoch, daß die serielle Übertragung sicher nicht sehr schnell ablaufen kann, da für jedes einzelne Bit mehrere Rechenschritte erforderlich sind.

Es ist deshalb günstiger, die Parallel-Serienwandlung bzw. die Serien-Parallelwandlung mit einer speziellen Schaltung hardwaremäßig vorzunehmen. Der Kern einer solchen Schaltung besteht aus einem Schieberegister mit parallelen Ladeeingängen, wie es in Abschnitt 9.5.2 auf S. 706 beschrieben wurde. Zusätzlich benötigt man eine Ablaufsteuerung. Sie sorgt dafür, daß bei der Ausgabe die 8 Bits nacheinander mit der gewünschten Geschwindigkeit (Bit-Rate) übertragen werden.

Ein zentrales Problem bei der seriellen Datenübertragung ist die Synchronisation zwischen Sender und Empfänger. Dazu unterteilt man die serielle Bitfolge in einzelne Blöcke („*Übertragungsrahmen*"). Bei der *synchronen* Übertragung fügt man zur Synchronisation eine bestimmte Bitfolge (Synchronwort) ein, die sonst nicht auftreten kann. Auf diese Weise kann der Empfänger den Beginn eines Datenblocks erkennen. Wenn keine Daten vorliegen, werden nur Synchronworte

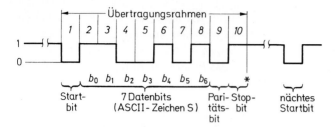

**Abb. 20.7.** Asynchrone Übertragung des ASCII-Zeichens „S"
∗ = Frühest möglicher Zeitpunkt des nächsten Startbits

gesendet. Auf diese Weise kann sich der Taktgenerator im Empfänger immer auf das ankommende Signal synchronisieren.

Bei der *asynchronen* Übertragung werden Sende- und Empfangstakt nicht synchronisiert, sondern nur ungefähr ($\pm 3\%$) auf dieselbe Frequenz eingestellt. Aus diesem Grund können auch nur kurze Datenblöcke zwischen zwei Synchronisationszeichen übertragen werden. Man überträgt üblicherweise ASCII-Zeichen, die 7 Datenbits enthalten, fügt noch ein Paritätsbit hinzu und rahmt diesen Block mit einem Start- und Stopbit ein. In Abb. 20.7 ist der entstehende Übertragungsrahmen dargestellt. Wenn keine Daten zu übertragen sind, gibt es eine entsprechende Pause bei der asynchronen Übertragung.

### 20.3.2
### Das ACIA

Man erkennt, daß zur Steuerung des seriellen Datenaustausches in der beschriebenen Form ein erheblicher Schaltungsaufwand erforderlich ist. Es stehen dafür jedoch monolithisch integrierte Schaltungen zur Verfügung, z.B. das ACIA MC 6850 (Asynchronous Communications Interface Adapter), dessen Blockschaltbild in Abb. 20.8 dargestellt ist. Es enthält vier Register, die auf folgende Weise mit Hilfe des Adresseneingangs $RS$ und der Schreib-/Lese-Umschaltung selektiert werden:

| $RS$ | $R/\overline{W}$ | |
|------|------|---|
| 1 | 0 | Senderegister zur Parallel-Serienwandlung |
| 1 | 1 | Empfangsregister zur Serien-Parallel-Wandlung |
| 0 | 0 | Kontrollregister zur Festlegung der Betriebsart |
| 0 | 1 | Statusregister zur Anzeige des Betriebszustandes |

Diese Aufteilung ist deshalb möglich, weil das Empfangs- und das Statusregister zwei reine Leseregister darstellen und das Sende- bzw. Kontrollregister zwei reine Schreibregister.

Mit Hilfe des 8 bit-Kontrollregisters kann man den Übertragungsrahmen und die Paritätsbedingung auswählen. Zusätzlich läßt sich festlegen, durch welche Be-

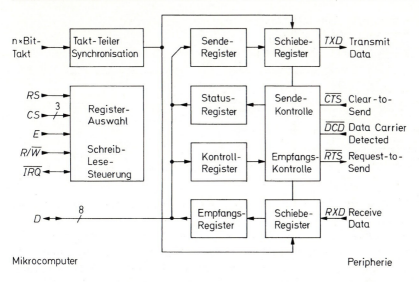

**Abb. 20.8.** Innerer Aufbau des ACIA 6850

dingung ein Interrupt ausgelöst werden soll. Außerdem kann man eine Frequenz-teilung für den Bit-Takt programmieren ($n = 1, 16, 64$). Bei den Einstellungen $n = 16$ und $n = 64$ erfolgt beim Empfang eine automatische Synchronisation auf das Startbit.

Nach dem Einschalten der Betriebsspannung muß man das ACIA durch einen „Master-Reset" in Bereitschaft versetzen. Da kein Hardware-RESET-Anschluß vorhanden ist, muß man diese Operation per Software durchführen, indem man eine bestimmte Bitkombination ins Kontrollregister schreibt.

### 20.3.3
### Anschluß an den Mikrocomputer Bus

Abbildung 20.9 zeigt den Anschluß des ACIA an den Mikrocomputer-Bus. Der Adreß-Decoder und der Datenbus-Treiber arbeiten genauso wie bei der parallelen Schnittstelle in Abb. 20.6.

Der Bit-Takt läßt sich auf einfache Weise mit dem Bitratengenerator COM 8146 von Standard Microsystems erzeugen. Er wird mit einem 5,0688 MHz-Quarz betrieben. Man hat damit die Möglichkeit, mit Hilfe der vier Schalter das 16fache der in Tab. 20.4 dargestellten genormten Bitraten einzustellen. Die eingezeichneten Treiber auf der Peripherie-Seite dienen als Pegelumsetzer für eine V.24-Schnittstelle. Ihre Funktionsweise wird in Abschnitt 20.3.6 noch genauer erklärt.

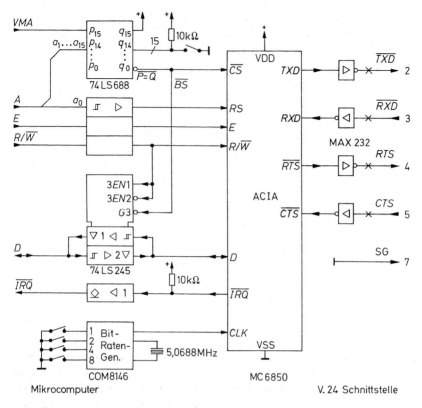

**Abb. 20.9.** Anschluß des ACIA am Mikrocomputer und an einer V.24-Schnittstelle beim Betrieb als Datenendeinrichtung (DEE). Die Zahlen an den V.24-Anschlüssen geben die Stiftnummern im 25-poligen Canon-Stecker an

| 50 | 150 | 1,8 k | 4,8 k |
|-----|------|-------|--------|
| 75 | **300** | 2,0 k | 7,2 k |
| **110** | 600 | **2,4 k** | **9,6 k** |
| 135 | **1200** | 3,6 k | 19,2 k |

Einheit: 1 bit/s = 1 Baud

**Tab. 20.4.** Zusammenstellung der genormten Bitraten. Fett gedruckt: übliche Bitraten

### 20.3.4
### Programmierung des ACIAs

Die Bedienung des ACIAs wollen wir anhand des Programmbeispiels in Tab. 20.5 erläutern. Mit dem Programm P0 wird der Master-Reset durchgeführt und der Übertragungsrahmen eingestellt. Dabei bedeutet das Kontrollwort $09_{\text{Hex}}$:

1 Startbit, 7 Datenbits, gerades Paritätsbit, 1 Stopbit

| Adr. | Hex-Code | Marke | Mnem. | Operand | Ang. Reg. | Kommentar |
|------|----------|-------|-------|---------|-----------|-----------|
| 1000 | CE F0 10 | P0    | LDX   | #$ F010 |           | *Initialisierung* |
| 3    | C6 03    |       | LDA B | #$ 03   |           |           |
| 5    | E7 00    |       | STA B | 00, X   | Control   | Master Reset |
| 7    | C6 09    |       | LDA B | #$ 09   |           |           |
| 9    | E7 00    |       | STA B | 00, X   | Control   | Takt, Rahmen |
| B    | 39       |       | RTS   |         |           |           |
| 1010 | CE F0 10 | P1    | LDX   | #$ F010 |           | *Ausgabe* |
| 3    | E6 00    | M1    | LDA B | 00, X   | Status    |           |
| 5    | C5 02    |       | BIT B | #$ 02   |           |           |
| 7    | 27 FA    |       | BEQ   | M1      |           | Transmit Reg. leer? |
| 9    | A7 01    |       | STA A | 01, X   | Transmit  | Byte ausgeben |
| B    | 39       |       | RTS   |         |           |           |
| 1020 | CE F0 10 | P2    | LDX   | #$ F010 |           | *Eingabe* |
| 3    | E6 00    | M2    | LDA B | 00, X   | Status    |           |
| 5    | 56       |       | ROR B |         |           |           |
| 6    | 24 FB    |       | BCC   | M2      |           | Receive Reg. voll? |
| 8    | A6 01    |       | LDA A | 01, X   | Receive   | Byte einlesen |
| A    | 39       |       | RTS   |         |           |           |

**Tab. 20.5.** Beispiel für die Programmierung des ACIA

sowie eine Frequenzteilung von 16 für den Bit-Takt und abgeschaltete Interrupt-anforderung. Als Basisadresse für das ACIA haben wir F010$_{Hex}$ angenommen.

Wenn ein Datenwort ausgegeben werden soll, muß man zunächst abfragen, ob das Senderegister leer ist. Dazu dient die Abfrageschleife im Ausgabeprogramm P1, die das Bit 1 im Statusregister testet. Erst wenn es Eins wird, darf das nächste Datenwort in das Senderegister geschrieben werden.

Das Eingabeprogramm P2 muß zunächst warten, bis ein Datenwort im Empfangsregister steht. Dazu wird das Bit 0 im Statusregister abgefragt. Eine Eins zeigt an, daß gültige Daten vorliegen, die dann in den Akkumulator geladen werden können.

Mit einem Bit im Kontrollregister läßt sich auch das Interruptsystem im ACIA einschalten. Dann wird immer ein Interrupt generiert, wenn neue Daten im Empfangsregister stehen. Auf diese Weise läßt sich erreichen, daß der Rechner nur dann einen Lesevorgang durchführt, wenn neue Daten vorliegen. Für die übrige Zeit steht er für die Bearbeitung anderer Programme zur Verfügung.

An weiteren Statusbits kann man erkennen, ob die Paritätsbedingung erfüllt ist oder ob ein Wortverlust durch Überschreiben des Empfangsregisters einge-treten ist, weil der Rechner das vorhergehende Wort nicht rechtzeitig abgerufen hat.

## 20.3.5
## Der ASCII-Code

Bei der seriellen Datenübertragung werden in der Regel Buchstaben und Zahlen als ASCII-Zeichen kodiert übertragen. Dies gilt auch für die Datenübertragung mit dem IEC-Bus (siehe Abschnitt 20.4) und für die Anzeige von Daten. Die Zuordnung zwischen den alphanumerischen Zeichen und der zugehörigen Binärdarstellung ist durch den ASCII-Code (American Standard Code for Information Interchange) genormt. Er ist in Tab. 20.6 dargestellt zusammen mit den Hexadezimal-Äquivalenten [20.1].

Es gibt 96 alphanumerische Zeichen. Dabei sind die Ziffern 0 bis 9 den Hex-Zahlen 30 bis 39 zugeordnet. Die zu einer ASCII-Ziffer gehörige Dualzahl läßt sich also einfach durch Subtraktion von $30_{Hex}$ ermitteln.

Die beiden ersten Spalten in Tab. 20.6 enthalten nicht-darstellbare Sonderzeichen, deren Bedeutung in Tab. 20.7 zusammengestellt ist. Die wichtigsten wie Wagenrücklauf CR und Zeilenvorschub LF können an Tastaturen über besondere Tasten aufgerufen werden. Die übrigen werden mit Hilfe der Taste Control (CTRL) in Verbindung mit dem entsprechenden Zeichen in der Spalte 4 bzw. 5 aufgerufen. So ergibt sich z.B. das Zeichen BEL (Klingel) $\widehat{=} 07_{Hex}$ durch gleichzeitiges Drücken der Tasten CTRL und G. Ein weiteres wichtiges Sonderzeichen ist die Leertaste, SP (Space) $\widehat{=} 20_{Hex}$.

| Hex. äquiv. | | 0 | 1 | 2 | 3 | 4 | 5 | 6 | 7 |
|---|---|---|---|---|---|---|---|---|---|
| | $b_6 b_5 b_4$ | 000 | 001 | 010 | 011 | 100 | 101 | 110 | 111 |
| Hex. äquiv. | $b_3 b_2 b_1 b_0$ | | | | | | | | |
| 0 | 0 0 0 0 | NUL | DLE | SP | 0 | @   § | P | ` | p |
| 1 | 0 0 0 1 | SOH | DC1 | ! | 1 | A | Q | a | q |
| 2 | 0 0 1 0 | STX | DC2 | " | 2 | B | R | b | r |
| 3 | 0 0 1 1 | ETX | DC3 | # | 3 | C | S | c | s |
| 4 | 0 1 0 0 | EOT | DC4 | $ | 4 | D | T | d | t |
| 5 | 0 1 0 1 | ENQ | NAK | % | 5 | E | U | e | u |
| 6 | 0 1 1 0 | ACK | SYN | & | 6 | F | V | f | v |
| 7 | 0 1 1 1 | BEL | ETB | ' | 7 | G | W | g | w |
| 8 | 1 0 0 0 | BS | CAN | ( | 8 | H | X | h | x |
| 9 | 1 0 0 1 | HT | EM | ) | 9 | I | Y | i | y |
| A | 1 0 1 0 | LF | SUB | * | : | J | Z | j | z |
| B | 1 0 1 1 | VT | ESC | + | ; | K | [   Ä | k | {   ä |
| C | 1 1 0 0 | FF | FS | , | < | L | \   Ö | l | ¦   ö |
| D | 1 1 0 1 | CR | GS | – | = | M | ]   Ü | m | }   ü |
| E | 1 1 1 0 | SO | RS | • | > | N | ↑ | n | ~   ß |
| F | 1 1 1 1 | SI | US | / | ? | O | ← | o | DEL |

**Tab. 20.6.** ASCII-Zeichensatz. Auf der rechten Seite der Spalten, soweit abweichend: Zeichensatz nach DIN 66003

| Hex-Code | ASCII-Zeichen | Meaning | Bedeutung |
|---|---|---|---|
| 00 | NUL | Null | Füllzeichen |
| 01 | SOH | Start of Heading | Anfang des Kopfes |
| 02 | STX | Start of Text | Anfang des Textes |
| 03 | ETX | End of Text | Ende des Textes |
| 04 | EOT | End of Transmission | Ende der Übertragung |
| 05 | ENQ | Enquiry | Stationsaufforderung |
| 06 | ACK | Acknowledge | Positive Rückmeldung |
| **07** | **BEL** | **Bell** | **Klingel** |
| **08** | **BS** | **Backspace** | **Rückwärtsschritt** |
| 09 | HT | Horizontal Tabulation | Horizontal-Tabulator |
| **0A** | **LF** | **Line Feed** | **Zeilenvorschub** |
| 0B | VT | Vertical Tabulation | Vertikal-Tabulator |
| 0C | FF | Form Feed | Formularvorschub |
| **0D** | **CR** | **Carriage Return** | **Wagenrücklauf** |
| 0E | SO | Shift Out | Dauerumschaltung |
| 0F | SI | Shift In | Rückschaltung |
| 10 | DLE | Data Link Escape | Datenübertr. Umschaltung |
| 11 | DC1 | Device Control 1 | Gerätesteuerung 1 |
| 12 | DC2 | Device Control 2 | Gerätesteuerung 2 |
| 13 | DC3 | Device Control 3 | Gerätesteuerung 3 |
| 14 | DC4 | Device Control 4 | Gerätesteuerung 4 |
| 15 | NAK | Negative Acknowledge | Negative Rückmeldung |
| 16 | SYN | Synchronous Idle | Synchronisierung |
| 17 | ETB | End of Transmission Block | Ende des Übertragungsbl. |
| 18 | CAN | Cancel | Ungültig |
| 19 | EM | End of Medium | Ende der Aufzeichnung |
| 1A | SUB | Substitute | Substitution |
| **1B** | **ESC** | **Escape** | **Umschaltung** |
| 1C | FS | File Separator | Hauptgruppen-Trennung |
| 1D | GS | Group Separator | Gruppen-Trennung |
| 1E | RS | Record Separator | Untergruppen-Trennung |
| 1F | US | Unit Separator | Teilgruppen-Trennung |
| **20** | **SP** | **Space** | **Zwischenraum** |
| **7F** | **DEL** | **Delete** | **Löschen** |

**Tab. 20.7.** Bedeutung der Sonderzeichen im ASCII-Code nach DIN 66003

## 20.3.6
### RS 232 C-, V.24-Schnittstelle

In der RS 232-Norm (DIN 66020, 66022, CCITT V.24) ist ein High-Pegel als Spannung zwischen +3 V und +15 V definiert, ein Low-Pegel als Spannung zwischen −3 V und −15 V. Dabei werden die Daten in negativer Logik, die Steuersignale in positiver Logik übertragen. Die klassischen integrierten Pegelumsetzer sind die Typen 1488/89. Nachteilig ist dabei jedoch, daß man zwei zusätzliche Betriebsspannungen von ± 12 V benötigt, die man häufig nur für den Betrieb der V.24-Schnittstelle bereitstellen muß. In dieser Hinsicht bringt die MAX 232-Familie von Maxim bzw. der LT 1081 von Linear Techn. eine nennenswerte Vereinfachung. Sie enthalten neben zwei Pegelumsetzern in jeder Richtung auch die

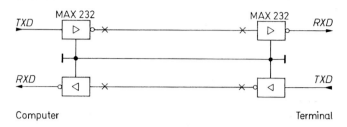

**Abb. 20.10.** Anordnung der Pegelumsetzer für die Datensignale einer V.24-Schnittstelle. Die Namen der Signale gelten für die Verbindung von zwei Datenendeinrichtungen

erforderlichen Spannungswandler in einer integrierten Schaltung. Der MAX 252 bietet darüber hinaus galvanische Trennung der vier Kanäle, so daß damit Probleme mit Masseschleifen sicher verhindert wurden.

Abbildung 20.10 zeigt die Signalleitungen einer V.24-Übertragungsstrecke mit den zugehörigen Pegelumsetzern. Die genormten Baudraten sind in Tab. 20.4 zusammengestellt. Die Leitungslänge ist auf 15 m beschränkt, da die Übertragung sonst wegen Masseschleifen störanfällig wird.

In der V.24-Schnittstelle sind neben den beiden Signalleitungen sechs Steuerleitungen definiert, die zur Steuerung des Datenaustausches eingesetzt werden können. Sie sind ursprünglich für die Datenübertragung mit einem Modem (Modulator/Demodulator) vorgesehen worden. Dabei werden Daten durch Frequenzumtastung kodiert im Tonfrequenzbereich über Telefonleitungen übertragen. Die Bezeichnung der V.24-Signale und ihre sinngemäße Übersetzung ist in Tab. 20.8 zusammengestellt.

Neben den beiden Datensignalen *TXD* und *RXD* gibt es zwei Steuersignale *RTS* und *CTS*, mit denen der Computer bzw. das Terminal angeben können, ob sie bereit sind, Daten zu empfangen. Am häufigsten wird von dieser Steuermöglichkeit bei Druckern Gebrauch gemacht, die eine höhere Datenübertragungsgeschwindigkeit als ihre Druckgeschwindigkeit zulassen. Sie

| Stift | Abkürzung | Signal-Name | Bedeutung |
|---|---|---|---|
| 1 | FG | Frame Ground | Schutzerde |
| 2 | TXD | Transmit Data | Sendedaten vom DEE |
| 3 | RXD | Receive Data | Empfangsdaten für DEE |
| 4 | RTS | Request To Send | DEE kann Daten übertragen |
| 5 | CTS | Clear To Send | DÜE kann Daten übertragen |
| 6 | DSR | Data Set Ready | DÜE betriebsbereit |
| 7 | SG | Signal Ground | Masse |
| 8 | DCD | Data Carrier Detected | DÜE hat Verbindung erkannt |
| 20 | DTR | Data Terminal Ready | DEE betriebsbereit |
| 22 | RI | Ring Indicator | DÜE hat Rufzeichen erkannt |

DEE = Datenendeinrichtung z.B. Terminal, Drucker, **Computer**
DÜE = Datenübertragungseinrichtung z.B. **Modem**, Computer

**Tab. 20.8.** Bezeichnung und Verwendung der Signale einer V.24-Schnittstelle

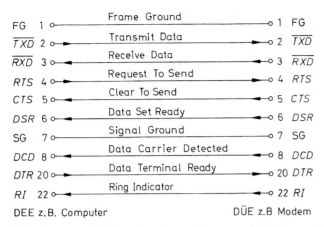

**Abb. 20.11a** Verbindung einer Datenübertragungseinrichtung (DÜE) mit einer Datenendeinrichtung (DEE) mittels einer V.24-Schnittstelle. Die Zahlen an den Anschlüssen geben die Stiftnummern im 25-poligen Canon-Stecker an

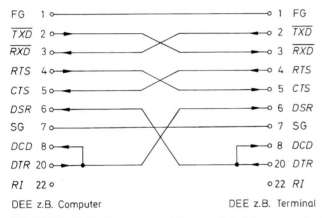

**Abb. 20.11b** Verbindung von zwei Datenendeinrichtungen mit einem „Null-Modem"

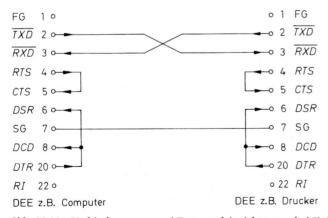

**Abb. 20.11c** Verbindung von zwei Datenendeinrichtungen bei X-On/X-Off-Handshake

nehmen dann das *RTS*-Signal weg, bevor ihr Pufferspeicher überläuft, und stoppen damit vorübergehend die Datenausgabe des Computers. Entsprechend kann der Computer ein Terminal über das *CTS*-Signal anhalten, wenn er mit der Datenannahme nicht nachkommt. Die Steuersignale *DSR* und *DTR* haben eine ähnliche Funktion; sie werden manchmal statt der Signale *RTS* und *CTS* für einen Handshake eingesetzt. Die Steuersignale *DCD* und *RI* besitzen nur bei Modems eine Bedeutung.

Bei der Verbindung von V.24-Schnittstellen muß man zunächst festlegen, ob es sich um Datenendeinrichtungen (DEE) wie z.B. Terminals oder Drucker handelt oder um Datenübertragungseinrichtungen (DÜE) wie z.B. Modems. Computer werden meist wie in Abb. 20.9 auf S. 1112 als DEE ausgeführt, daneben aber auch als DÜE. Ob es sich bei einer V.24-Schnittstelle um ein DEE oder DÜE handelt, kann man an der Signalrichtung erkennen, die in Abb. 20.11a eingezeichnet ist. Bei einem DEE ist z.B. das *TXD*-Signal ein Ausgang, bei einem DÜE ist es ein Eingang. Man erkennt in Abb. 20.11a, daß die Verbindung von einem DÜE mit einem DEE über ein 10-adriges, parallel verdrahtetes Kabel erfolgt.

Zur Verbindung von zwei gleichartigen V.24-Schnittstellen muß man die korrespondierenden Signale über Kreuz verbinden. Abbildung 20.11b zeigt dies am Beispiel von zwei Datenendeinrichtungen. Die erforderliche Vertauschung der Signalleitungen läßt sich im Prinzip mit einem speziell verdrahteten Verbindungskabel erreichen. Universeller ist es jedoch, ein normales paralleles V.24-Kabel einzusetzen und die Vertauschungen in einem zwischengeschalteten Adapter vorzunehmen, den man als „Null-Modem" bezeichnet.

Wenn man die Steuerleitungen nicht benutzen will, darf man die entsprechenden Eingänge auf beiden Seiten nicht einfach offen lassen. Ein offener Eingang wird nämlich meist als Null interpretiert und kann den Computer bzw. das Terminal blockieren. Um dies zu verhindern, kann man eine lokale Rückkopplung vorsehen, indem man die Anschlüsse 4, 5 und 6, 8, 20 in beiden Steckern miteinander verbindet, wie es in Abb. 20.11c dargestellt ist. Einer der beteiligten Anschlüsse ist jeweils ein Ausgang, der im Normalbetrieb auf 1 liegt und so die angeschlossenen Eingänge befriedigt. Wenn man trotzdem nicht auf einen Handshake verzichten möchte, kann man das „*X*-On/*X*-Off-Protokoll" verwenden. Hier wird das ASCII-Sonderzeichen (s. Tab. 20.7) $DC3 = 13_{Hex} = 19_{Dez}$ zum Stoppen des Senders bzw. $DC1 = 11_{Hex} = 17_{Dez}$ zum Wieder-Einschalten des Senders über die Datenleitungen *TXD* und *RXD* übertragen. Auf diese Weise ist es möglich, V.24-Schnittstellen lediglich mit einem 3-adrigen Kabel zu verbinden, wie man in Abb. 20.11c erkennt.

### 20.3.7
### Stromschnittstelle

Für Datenübertragung über größere Entfernungen ist eine Potentialtrennung unbedingt erforderlich, um Störsignale zu unterdrücken, die durch Ausgleichsströme in der Masseleitung entstehen können. Diese Eigenschaft besitzt die in Abb. 20.12 dargestellte Stromschnittstelle.

Die Stromschnittstelle, auch unter dem Namen Linienstrom-, 20 mA-, Current-Loop- oder TTY-Schnittstelle bekannt, ist nicht genormt. Sie hat sich aber weltweit durchgesetzt. In der DIN 66258 Teil 1 (Entwurf) „Schnittstellen und Steuerungsverfahren für die Datenübermittlung für den klinisch-chemischen Bereich" ist diese Schnittstelle näher beschrieben.

Bei der Kopplung zweier Geräte werden eine Sende- und eine Empfangsschleife geschlossen. In diese Schleife wird wie in Abb. 20.12 ein Strom von 20 mA eingeprägt. Dazu wird häufig einfach ein an 12 V angeschlossener Widerstand verwendet.

Man kann den Strom entweder auf der Sende- oder der Empfangsseite einspeisen. Die Schnittstelle, die die Stromquelle enthält, wird als aktiv bezeichnet. Die Stromquelle braucht nicht erdfrei zu sein, da es genügt, das Potential auf einer Seite der Schleife zu trennen. Man wählt dafür zweckmäßigerweise die passive Seite.

Eine logische 1 entspricht einem Stromfluß, eine logische 0 keinem Strom. Als Übertragungsgeschwindigkeiten sind die in Tab. 20.4 angegebenen Baudraten bis 9,6 kBaud zugelassen. Die Leitungslänge darf bis zu 1000 m betragen.

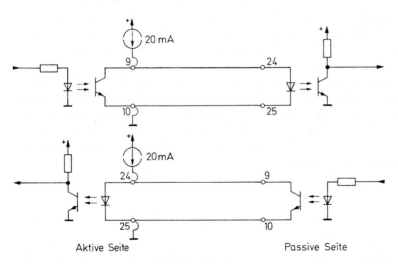

**Abb. 20.12.** Anordnung einer Stromschnittstelle. Die Zahlen an den Anschlüssen geben die Stiftnummern im 25-poligen Cannon-Stecker nach DIN 66021 an

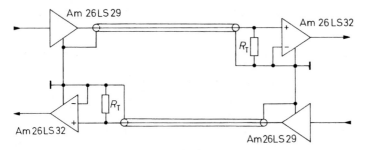

**Abb. 20.13.** Anordnung einer RS 423-Schnittstelle

## 20.3.8
## RS 449-Norm

Die RS 232 C-Schnittstellen-Norm ist schon ziemlich alt und für niedrige Datenraten konzipiert. Die neue RS 449-Norm läßt wesentlich höhere Datenraten über große Entfernungen zu. Bezüglich der elektrischen Auslegung werden dabei zwei Ausführungen unterschieden: eine unsymmetrische Schnittstelle (RS 423 A, CCITT V.10) für maximal 300 kbit/s und eine symmetrische Schnittstelle (RS 422 A, CCITT V.11) für maximal 2 Mbit/s.

### Unsymmetrische Schnittstelle (RS 423 A)

Abbildung 20.13 zeigt die Datenübertragung über eine unsymmetrische Leitung (single-ended, unbalanced). Die Spannungspegel sind typisch auf $\pm 3,6\,V$ festgelegt. Die Leitung muß mit dem Wellenwiderstand abgeschlossen werden. Die maximale Datenrate beträgt 300 kbit/s bei 30 m Leitungslänge und reduziert sich bis auf 15 kbit/s bei 600 m Leitungslänge.

### Symmetrische Schnittstelle (RS 422 A, RS 485)

Die höchste Datenrate und die größte Leitungslänge läßt sich bei symmetrischer Übertragung gemäß Abb. 20.14 erzielen. Bis zu einer Leitungslänge von 60 m

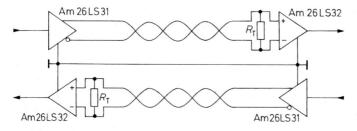

**Abb. 20.14.** Anordnung einer RS 422-Schnittstelle

| Eigenschaft | RS 232 C (V.24) | Strom- schnittstelle | RS 423 (V.10) | RS 422 (V.11) | RS 485 |
|---|---|---|---|---|---|
| Übertragungsart | unsym- metrisch | unsym- metrisch | unsym- metrisch | symmetrisch | symmetrisch |
| Leitungsart | verdrillt | verdrillt | koaxial | verdrillt | koaxial |
| Leitungslänge max. | 15 m | 300 m | 600 m | 1200 m | 1200 m |
| Datenrate max. | 20 kbit/s | 10 kbit/s | 300 kbit/s | 10 Mbit/s | 10 Mbit/s |
| Treiber-Ausgang unbelastet max. | $\pm 25$ V | 20 mA | $\pm 6$ V | $\pm 6$ V Diff. | $\pm 5$ V Diff. |
| Treiber-Ausgang belastet max. | $\pm 5 \ldots \pm 15$ V | 20 mA | $\pm 3,6$ V | $\pm 2$ V Diff. | $\pm 1,5$ V Diff. |
| Empfänger-Eingang minimal | $\pm 3$ V | 10 mA | $\pm 0,2$ V | $\pm 0,2$ V Diff. | $\pm 0,2$ V Diff. |
| Sender-IC | MAX 232 | Optokoppler | Am 26 LS 29 | Am 26 LS 31 | SN 75176 |
| Empfänger-IC | MAX 232 | Optokoppler | Am 26 LS 32 | Am 26 LS 32 | SN 75176 |
| Hersteller | Maxim | viele | AMD | AMD | Texas Inst. |

**Tab. 20.9.** Vergleich der Eigenschaften von seriellen Schnittstellen. Es gibt viele weitere ICs von Linear Technology, Maxim und Texas Instruments

kann man maximal 10 Mbit/s übertragen. Bei größeren Längen reduziert sich die Datenrate bis auf 100 kbit/s bei 1200 m Leitungslänge.

In Tab. 20.9 ist eine Übersicht über die wichtigsten elektrischen Eigenschaften der vier beschriebenen seriellen Schnittstellen zusammengestellt.

## 20.4
## IEC-Bus-Schnittstelle

Im Abschnitt 20.1 haben wir gesehen, daß es mit Hilfe des Bus-Prinzips möglich ist, eine Vielzahl von Bausteinen auf einfache Weise miteinander zu verbinden. Dasselbe Prinzip läßt sich auch vorteilhaft auf den Datenaustausch zwischen verschiedenen Geräten anwenden. Um Geräte unterschiedlicher Hersteller beliebig kombinieren zu können, wurde eine international gültige Schnittstellen-Norm geschaffen, und zwar für die USA der IEEE-Standard 488-1978 und für Europa die IEC-Norm 66.22, die kurz als die IEC-Bus-Norm bezeichnet wird. Bis auf die Festlegung des Anschlußsteckers sind die beiden Normen identisch.

Mit dem General Purpose Interface Adapter (GPIA) MC 68488 steht ein hochintegrierter Baustein zur Verfügung, der die Verbindung des Mikrocomputerbusses mit dem IEC-Bus sehr einfach macht. Um seine Funktionsweise erläutern zu können, wollen wir zunächst etwas auf den IEC-Bus eingehen. Sein Blockschaltbild ist in Abb. 20.15 dargestellt.

Der IEC-Bus besteht aus 8 Daten- und 8 Steuerleitungen. Im Unterschied zum Mikrocomputerbus werden die Adressen der angesprochenen Geräte mit über die Datenleitungen übertragen. Ihre Kennzeichnung erfolgt mit Hilfe des Steuersignals „Attention" (*ATN*). Ein weiterer Unterschied zum Mikrocomputerbus besteht darin, daß die Datenübertragung nicht synchron mit einem Taktsignal, sondern asynchron in Form eines Quittierungsverfahrens erfolgt. Dazu dienen die Steu-

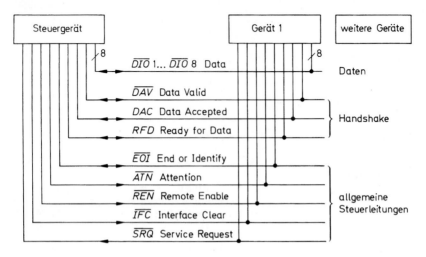

**Abb. 20.15.** Anschluß der Geräte an den IEC-Bus. Die Namen der Bus-Leitungen wurden zum besseren Verständnis abweichend von der Norm in positiver Logik angegeben

ersignale „Ready for Data" (*RFD*), „Data Valid" (*DAV*) und „Data Accepted" (*DAC*). Mit Hilfe eines solchen „Dreidraht-Handshakes" ist es möglich, Daten von jeweils einem Sprecher an eine beliebige Zahl von Hörern zu übertragen, ohne irgendwelche Vorschriften über die Übertragungsgeschwindigkeit machen zu müssen: Die Daten werden so lange gültig gehalten, bis sie vom langsamsten Hörer übernommen worden sind.

Abbildung 20.16 zeigt den Ablauf des Dreidraht-Handshakes. Wenn der Sprecher ein neues Byte zur Verfügung hat, schreibt er es auf den Datenbus und testet das Signal *RFD*. Es ist mit Hilfe von Open-Collector-Ausgängen wired-AND-verknüpft und wird infolgedessen erst dann Eins, wenn alle angeschlossenen Geräte zur Datenaufnahme bereit sind. Ist dies der Fall, meldet der Sprecher die Daten gültig, indem er *DAV* = 1 setzt. Die Hörer reagieren darauf zunächst mit *RFD* = 0, um anzuzeigen, daß sie vorläufig keine weiteren Daten verarbeiten können, und übernehmen das anstehende Byte in ihren Eingangsspeicher. Die vollständige Übernahme der Daten durch alle adressierten Hörer wird durch das wired-AND-verknüpfte Signal *DAC* = 1 angezeigt. Daraufhin setzt der Sprecher *DAV* = 0. Die Hörer erkennen daran, daß ihr *DAC*-Signal angekommen ist. Sie setzen es deshalb auf Null zurück.

In diesem Augenblick beginnt die Verarbeitung der Daten. Das Ende der Verarbeitungsphase wird mit dem Steuersignal „Ready for Data" angezeigt. Wenn alle Geräte wieder bereit sind, wird *RFD* = 1. Dies ist für den Sprecher das Zeichen, daß ein neues Byte übertragen werden kann. Zum besseren Verständnis haben wir in Abb. 20.16 zusätzlich zum Zeitdiagramm zwei Flußdiagramme aufgenommen, mit denen die Beteiligung des Sprechers und eines Hörers am Handshake dargestellt wird.

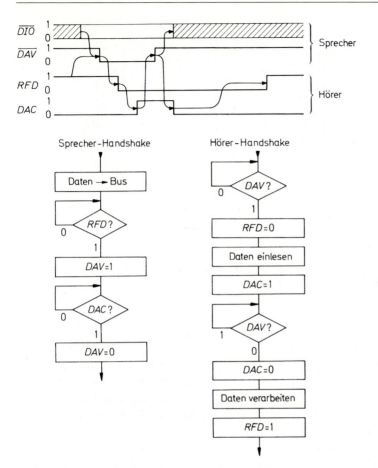

**Abb. 20.16.** Zeit- und Flußdiagramme für den 3-Draht-Handshake

Man erkennt, daß bei der Datenübertragung vom Sprecher zu den Hörern keine Beteiligung des Steuergerätes erforderlich ist. Es tritt erst in Aktion, wenn ein neuer Sprecher oder neue Hörer adressiert werden sollen. Dazu setzt das Steuergerät $ATN = 1$ und überträgt die entsprechenden Adressen über die Datenleitungen. Dabei läuft der normale Handshake ab. Damit dies richtig funktioniert, wurde in der Norm festgelegt, daß alle Geräte spätestens 200 ns nach $ATN = 1$ an den Beginn des Hörerhandshakes gehen, und zwar völlig unabhängig von der augenblicklichen Aktivität.

Die Adressen der Geräte wurden in der Norm in Form von ASCII-Zeichen festgelegt. Als Hörer-Adressen sind die Zeichen der Spalten 2 und 3 in Tab. 20.6 zugelassen, als Sprecher-Adressen die Spalten 4 und 5. Hörer- und Sprecher-Adressen sind an einem Gerät nicht unabhängig voneinander wählbar, sondern müssen in den letzten 5 bit übereinstimmen. Zu der Sprecheradresse „T" gehört demnach die Höreradresse „4". Das Zeichen „?" ist fest vergeben und bedeutet

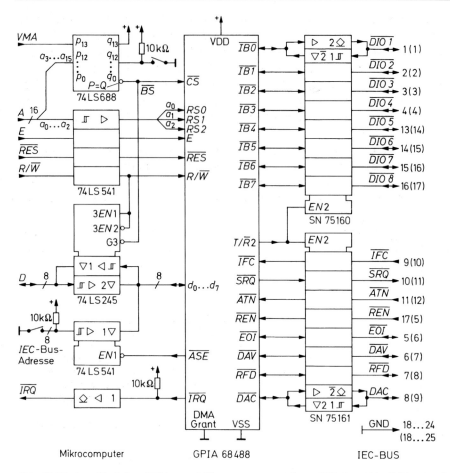

**Abb. 20.17.** Anschluß des GPIAs am Mikrocomputer und am IEC-Bus. Die Zahlen an den IEC-Bus-Leitungen geben die Stiftnummern im 24-poligen IEEE-Amphenol-Stecker an. In Klammern stehen die Stiftnummern des 25-poligen IEC-Cannon-Steckers

„Unlisten". Es dient zum Abschalten aller Hörer. Die zugehörige Sprecheradresse „←" bedeutet „Untalk" und dient zum Abschalten des gegenwärtigen Sprechers. Es ist jedoch meist entbehrlich, da ein Sprecher automatisch abgeschaltet wird, sobald eine andere Sprecheradresse auf dem Bus erscheint. Man kann 31 Hörer- und 31 Sprecheradressen frei wählen. Die übrigen ASCII-Zeichen sind als Spezialbefehle definiert; z.B. steht DC 4 für „Device Clear".

Abbildung 20.17 zeigt den Anschluß des GPIAs am Mikrocomputerbus. Mit den unteren drei Adressenbits kann man auf 7 Schreib- und 8 Leseregister zugreifen.

Die Ein-/Ausgabe der Daten erfolgt über das Register 7. Die übrigen Register dienen zur Festlegung der Betriebsart bzw. zur Anzeige des jeweiligen Betriebszustandes. Die Geräteadresse wird im Register 4 gespeichert. Sie muß per Software dorthin geladen werden. Häufig möchte man sie jedoch von Hand einstellbar machen. Dazu dient der Adressenschalter: Wenn das Register 4 des GPIAs gelesen wird, bleiben die Datenausgänge hochohmig. Stattdessen werden mit dem Signal $\overline{ASE}$ die Tristate-Treiber am Schalter aktiviert. Dadurch erscheint die eingestellte Adresse auf dem Datenbus und kann von der CPU eingelesen werden. An dem Schalter werden die unteren 5 bit der ASCII-Adresse eingestellt. Mit den oberen 3 bit kann man die Sonderbetriebsarten „Talk Only" bzw. „Listen Only" einstellen.

Die Bedienung des GPIAs ist verhältnismäßig einfach, da die Reaktion auf Bus-Kommandos und die Abwicklung des Handshakes automatisch erfolgt. Die Umschaltung der Übertragungsrichtung der IEC-Bus-Treiber erfolgt ebenfalls automatisch in Abhängigkeit davon, ob das Interface als Hörer oder Sprecher adressiert wurde.

Das Programmbeispiel in Tab. 20.10 soll die Verhältnisse verdeutlichen. Als Basisadresse des GPIAs haben wir dabei F020$_{Hex}$ zugrunde gelegt. In der Initialisierungsroutine haben wir die einfachste Betriebsart gewählt. Sie reicht für viele Anwendungen aus.

| Adr. | Hex-Code | Marke | Mnem. | Operand | Ang. Reg. | Kommentar |
|---|---|---|---|---|---|---|
| 1000 | CE F0 20 | P0 | LDX | #$ F020 | | *Initialisierung* |
| 3 | E6 04 | | LDA B | 04, X | Address | Lese Adressenschalter |
| 5 | E7 04 | | STA B | 04, X | Address | Speichere Geräte Adr. |
| 7 | 6F 03 | | CLR | 03, X | Command | Lösche Reset Bit |
| 9 | 6f 00 | | CLR | 00, X | Interrupt | Schalte Interrupt aus |
| B | C6 80 | | LDA B | #$ 80 | | |
| D | E7 02 | | STA B | 02, X | Addr. Mode | Normale Adressierart |
| F | 39 | | RTS | | | |
| 1010 | E6 00 | P1 | LDA B | 00, X | Status | *Eingabe* |
| 2 | 56 | | ROR B | | | |
| 3 | 24 07 | | BCC | M1 | | Zeichen angekommen? |
| 5 | A6 07 | | LDA A | 07, X | Input | Hole Zeichen |
| 7 | BD ×××× | | JSR | V1 | | Verarbeite Zeichen |
| A | 20 F4 | | BRA | P1 | | |
| C | 39 | M1 | RTS | | | |
| 1020 | E6 00 | P2 | LDA B | 00, X | Status | *Ausgabe* |
| 2 | C5 40 | | BIT B | #$ 40 | | |
| 4 | 27 06 | | BEQ | M2 | | Ausgabereg. leer? |
| 6 | BD ×××× | | JSR | V2 | | Stelle Zeichen bereit |
| 9 | A7 07 | | STA A | 07, X | Output | Gebe Zeichen aus |
| B | 20 | | BRA | P2 | | |
| C | 39 | M2 | RTS | | | |
| | | | | | | *Hauptprogramm* |
| 1030 | 8D CE | P3 | BSR | P0 | | Initialisierung |
| 2 | 8D DC | M3 | BSR | P1 | | Eingabe |
| 4 | 8D EA | | BSR | P2 | | Ausgabe |
| 6 | 20 FA | | BSR | M3 | | Wiederholung |

**Tab. 20.10.** Beispiel für die Programmierung des GPIAs

In der Eingabe-Routine wird getestet, ob ein Zeichen vom IEC-Bus eingelesen wurde. Wenn ja, wird das Zeichen in den Akkumulator A geladen. Mit diesem Lesevorgang wird bei der gewählten Betriebsart automatisch $RFD = 1$ gesetzt und damit der Handshake abgeschlossen. Durch Wahl einer anderen Betriebsart kann man das $RFD$-Signal jedoch auch auf Null festhalten und damit den IEC-Bus blockieren, bis das Zeichen verarbeitet ist. In diesem Fall muß man $RFD$ mit einem besonderen Befehl zum gewünschten Zeitpunkt auf Eins setzen.

Nach der Verarbeitung des Zeichens erfolgt ein Rücksprung zum Beginn der Eingaberoutine. Wenn in der Zwischenzeit kein weiteres Zeichen angekommen ist, wird die Eingabe-Routine verlassen.

In der Ausgabe-Routine wird zunächst geprüft, ob das Ausgabe-Register frei ist. Wenn ja, wird das auszugebende Zeichen vom Akkumulator A in das Ausgabe-Register geladen und von dort automatisch mit dem Handshake auf den IEC-Bus ausgegeben. Der Abschluß des Handshakes läßt sich daran erkennen, daß das Ausgabe-Register wieder als frei gemeldet wird. Dann kann das nächste Zeichen ausgegeben werden. Ist dies nicht der Fall, wird die Ausgabe-Routine verlassen.

Das Hauptprogramm ruft die beiden Routinen abwechselnd auf. Damit wird erreicht, daß das Gerät für den IEC-Bus jederzeit als Hörer oder Sprecher verfügbar ist.

## 20.5
## Datenausgabe auf Anzeigeeinheiten

Zur sichtbaren Darstellung von Daten kann man die in Kapilel 25.7 auf S. 1307 beschriebenen Leuchtdioden- oder Flüssigkristall-Anzeigen einsetzen. Dabei können die dort gezeigten Schaltungen über einen parallelen Schnittstellenbaustein vom Mikroprozessor angesteuert werden. Um die Zahl der benötigten Treiber und Leitungen klein zu halten, ist es jedoch bei mehrstelligen Anzeigen zweckmäßig, sie als Matrix zu verbinden und im Zeitmultiplex zu betreiben. Dies ist für das Beispiel einer 8stelligen 7-Segment-LED-Anzeige in Abb. 20.18 dargestellt. Die entsprechenden Segmente aller Anzeigen werden parallel geschaltet. Damit nun nicht die gleichen Segmente aller Stellen gleichzeitig leuchten, schaltet man über den 1-aus-8-Decoder jeweils nur eine Stelle ein.

Man benötigt also zum Betrieb einer 8stelligen 7-Segment-Anzeige nur 15 Leitungen. Als Mikroprozessor-Schnittstelle reicht eine einzige Parallelschnittstelle mit 8 bit aus. Man kann den 1-aus-8-Decoder und den 7-Segment-Decoder sogar direkt am Mikrocomputer-Bus anschließen, wenn sie interne Speicher besitzen. Einige 7-Segment-Decoder sind in Tab. 25.6 auf S. 1313 zusammengestellt. Anoden- bzw. Katodentreiber folgen in Tab. 20.11.

Der Multiplex-Betrieb wird vom Mikroprozessor per Programm durchgeführt. Dazu gibt man jeweils mit vier Bit die Stellennummer und mit den anderen vier Bit das darzustellende Zeichen im BCD-Code aus. Dann wiederholt man diese Ausgabe für die nächste Stelle. Damit sich eine flimmerfreie Anzeige ergibt, sollte der ganze Anzeigezyklus mindestens 100 mal in der Sekunde durchlaufen werden.

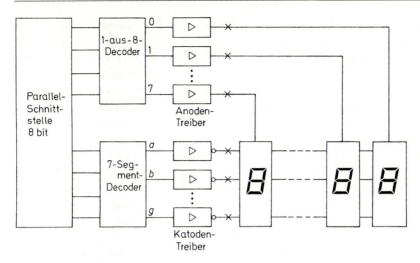

**Abb. 20.18.** Anschluß einer 8stelligen Siebensegmentanzeige an einer parallelen Ausgabe-Schnittstelle (z.B. nach Abb. 20.4)

Es gibt viele Anwendungen – besonders in einfachen Geräten – bei denen die für die Anzeigesteuerung erforderliche Rechenzeit übrig ist. Stören kann jedoch, daß die Anzeige flackert, wenn der Mikroprozessor längere Zeit für andere Aufgaben benötigt wird.

| Typ | Hersteller | Anzahl | max. Strom | Spannungsabfall bei $I_{max}$ |
|---|---|---|---|---|
| Anodentreiber (Stromquellen) | | | | |
| IRF 7304[1] | Intern. Rect. | 2 | 1000 mA | 0,4 V |
| DS 8867 | National | 8 | 14 mA | Konstantstrom |
| UDN 2985 | Allegro | 8 | 250 mA | 1,3 V |
| TD 62785 | Toshiba | 8 | 500 mA | 1,5 V |
| Katodentreiber (Stromsenken) | | | | |
| IRF 7301[1] | Intern. Rect. | 2 | 2000 mA | 0,3 V |
| CA 3262 | Harris | 4 | 600 mA | 0,6 V |
| SN 75492 | Texas Instr. | 6 | 250 mA | 1,3 V |
| DS 8859 | National | 6 | 40 mA | Konstantstrom |
| TPIC 2701[1] | Texas Instr. | 7 | 500 mA | 0,4 V |
| TB 62004 | Toshiba | 8 | 200 mA | 0,8 V |
| NE 590 | Philips | 8 | 250 mA | 1,1 V |
| **TPIC 6273** | **Texas Instr.** | **8** | **250 mA** | **0,8 V** |
| UDN 2597 A | Allegro | 8 | 500 mA | 1,0 V |
| TD 62381 | Toshiba | 8 | 500 mA | 0,8 V |
| SN 75498 | Texas Instr. | 9 | 125 mA | 0,4 V |

[1] Logic Level Mosfets, ansteuerbar mit 5 V

**Tab. 20.11.** Leistungstreiber für die Ansteuerung von LED-Anzeigen und andere Anwendungen, die große Ausgangsströme benötigen

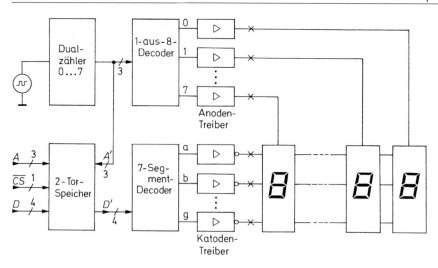

**Abb. 20.19.** Selbstlaufende Multiplex-Anzeige mit Datenspeicher

Wenn die Anzeige ohne Mikroprozessor-Unterstützung arbeiten soll, muß sie zusätzlich zu Abb. 20.18 einen Anzeigespeicher und eine interne Multiplex-Einrichtung besitzen. Die resultierende Schaltung ist in Abb. 20.19 dargestellt. Die Anzeigedaten werden vom Mikroprozessor in einen 2-Tor-Speicher (siehe Kapitel 10.2.1 auf S. 735) geschrieben, der wie ein normales RAM am Mikrocomputerbus angeschlossen wird. Unabhängig davon wird der Anzeigeinhalt aus dem 2-Tor-Speicher ausgelesen. Der Dualzähler stellt dabei zyklisch die Adressen bereit und aktiviert über den 1-aus-8-Decoder die zugehörigen Stellen.

Anzeigetreiber, die nach diesem Prinzip arbeiten, sind als voll integrierte Schaltungen in großer Vielfalt erhältlich. Einige Typen sind in Tab. 20.12 zusammengestellt. Neben den Typen mit parallelem Dateneingang gibt es auch Ausführungen, bei denen die Anzeigedaten in einem Schieberegister gespeichert werden. Sie benötigen zur Ansteuerung nur eine einzige serielle Datenleitung und keine Adressen. Erweitern lassen sich beide Ausführungsformen. Bei den RAM-Typen selektiert man über einen 1-aus-$n$-Decoder den gewünschten Baustein; bei den Schiebe-Register-Typen lassen sich die Anzeigedaten seriell durch mehrere in Reihe geschaltete Bausteine schieben.

Bei einigen LED-Anzeigen sind die Multiplex-Treiber bereits eingebaut. Solche „intelligente Anzeigen" sind in Tab. 20.12 ebenfalls aufgeführt.

Flüssigkristall-Anzeigen benötigen zur Anzeige eine Wechselspannung mit bestimmter Amplitude. Sie wird nur bei den Treibern für wenige Segmente nach dem in Abb. 25.21 auf S. 1309 beschriebenen Gegentakt-Verfahren erzeugt. Bei größeren Segmentzahlen werden auch Flüssigkristall-Anzeigen als Matrix verbunden, um die Anzahl der Anschlußleitungen in Grenzen zu halten. Zur Ansteuerung solcher Flüssigkristall-Matrizen benötigt man jedoch *drei* Spannungspegel (außer Masse), um zu erreichen, daß die selektierten Segmente eine ausrei-

| Typ | Hersteller | Stellen | Segmente je Stelle | Gemein- sam | Daten- Eingang |
|---|---|---|---|---|---|
| **für LEDs** | | | | | |
| Treiber für LED-Anzeigen | | | | | |
| ICM 7212 | Harris | 4 | 7 | Anode | 4 bit |
| MM 74C911 | National | 4 | 7 | Katode | 8 bit |
| MC 14499 | Motorola | 4 | 7 | Katode | 1 bit |
| MM 74C912 | National | 6 | 7 | Katode | 5 bit |
| MAX 7219 | Maxim | 8 | 7 | Katode | 1 bit |
| ICM 7243 | Harris | 8 | 16 | Katode | 6 bit |
| LED-Anzeigen mit eingebautem Treiber | | | | | |
| PD 1165 | Siemens | 1 | $8 \times 8$ | | 8 bit |
| PD 3435 | Siemans | 4 | $5 \times 7$ | | 8 bit |
| HDSP 2382 | Hewlett-Pack. | 4 | $5 \times 7$ | | 1 bit |
| PD 2816 | Siemens | 8 | 16 | | 8 bit |
| HDSP 2112 | HP, Siemans | 8 | $5 \times 7$ | | 8 bit |
| **für LCDs** | | | | | |
| Treiber für LCD-Anzeigen | | | | stat./mux. | |
| ICM 7211 | Harris | 4 | 7 | stat. | 4 bit |
| ICM 7231 | Harris | 8 | 7 | mux. | 6 bit |
| HD 6103 | Hitachi | 8 | 7 | stat. | 4 bit |
| ICM 7232 | Harris | 10 | 7 | mux. | 1 bit |
| HD 6102 | Hitachi | 25 | 8 | mux. | 8 bit |
| HD 61104 | Hitachi | bel. | 80 | stat. | 4 bit |

**Tab. 20.12.** Integrierte Anzeige-Schnittstellenbausteine mit Datenspeicher

chend große und die übrigen eine hinreichend kleine Wechselspannung erhalten. Diese spezielle Art der Multiplex-Technik wird als Triplex-Verfahren bezeichnet.

## 20.6
## Analog-Ein-/Ausgabe

Ein Mikrocomputer wird oft zur digitalen Verarbeitung analoger Signale eingesetzt. Dazu sind zwei spezielle Interface-Schaltungen erforderlich: Eine Analog-Digital-Umsetzer-Baugruppe zur Eingabe und eine Digital-Analog-Umsetzer-Baugruppe zur Ausgabe analoger Signale. Wie die dazu erforderlichen AD- bzw. DA-Umsetzer arbeiten wird in Kapitel 18 auf S. 1025 genauer beschrieben. Hier sollen die beim Anschluß an einen Mikrocomputer spezifischen Aspekte erklärt werden.

### 20.6.1
### Analog-Eingabe

Der prinzipielle Aufbau einer Analog-Eingabe-Schaltung ist in Abb. 20.20 dargestellt. Zur Durchführung einer Umsetzung speichert man zunächst den Ana-

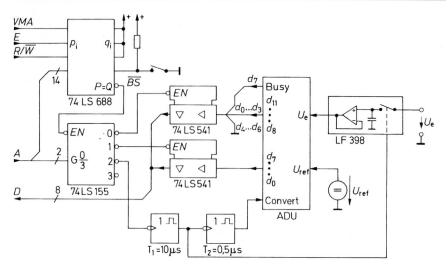

**Abb. 20.20.** Beispiel für eine Analog-Eingabe-Schaltung mit einem 12 bit-Analog-Digital-Umsetzer

logwert mit einem Abtast-Halteglied und gibt dann erst dem Analog-Digital-Umsetzer (ADU) den Startbefehl. Dazu dienen die beiden Univibratoren, die durch einen Lesevorgang bei der Adresse Basis $+2$ aktiviert werden. Wenn sich die Eingangsspannung nur langsam ändert (um weniger als 1 LSB während der Umsetzungsdauer) kann man das Abtast-Halteglied und die Univibratoren auch weglassen.

### 20.6.2
### Analog-Ausgabe

Ein Beispiel für eine Analog-Ausgabe-Schaltung mit 12 bit Auflösung ist in Abb. 20.21 dargestellt. Die Schaltung arbeitet wie die Parallel-Ausgabe in Abb. 20.4 auf S. 1106. Die oberen 4 bit werden bei der Adresse Basis $+0$ gespeichert. Anschließend werden die unteren 8 bit bei der Adresse Basis $+1$ gespeichert. Erst in diesem Augenblick dürfen die oberen 4 bit an den Digital-Analog-Umsetzer (DAU) angelegt werden. Deshalb müssen die oberen Bits doppelt gepuffert werden. Ohne den zusätzlichen Speicher würden – zumindest vorübergehend – die neuen oberen 4 bit zusammen mit den alten unteren 8 bit als Spannung ausgegeben. Man sollte die flankengetriggerten $D$-Flip-Flops auch nicht durch $D$-Latches (transparente $D$-Flip-Flops) ersetzen, weil sonst die Daten vom Mikroprozessor während der ganzen Zeit, in der $E = 1$ ist, an den DAU weitergegeben werden. Gültige Daten erscheinen jedoch erst kurz vor Ende des Zyklus. Dadurch würden am Analogausgang Störimpulse mit hoher Amplitude auftreten.

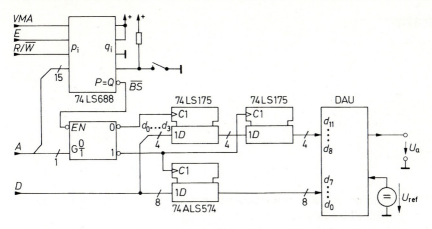

**Abb. 20.21.** Beispiel für eine Analog-Ausgabe-Schaltung mit einem 12 bit-Digital-Analog-Umsetzer

# Literatur

[20.1]   Deutsche Normen: Informationsverarbeitung: 7-Bit-Code. DIN 66003. Berlin, Köln: Beuth.

[20.2]   Schief, R.: Einfuhrung in die Mikroprozessoren und Mikrocomputer. Attempto 1997.

# Kapitel 21:
# Digitale Filter

Im Kapitel 13 auf S. 839 haben wir eine Reihe von Möglichkeiten zur Realisierung verschiedener Übertragungsfunktionen mit Hilfe von aktiven Filtern kennengelernt. Die verarbeiteten Signale waren Spannungen in Form kontinuierlicher Zeitfunktionen. Die verwendeten Bauelemente waren Widerstände, Kondensatoren und Verstärker.

In neuerer Zeit geht man mehr und mehr dazu über, die Signalverarbeitung nicht analog sondern digital durchzuführen. Die Vorteile liegen in der höheren Genauigkeit und Reproduzierbarkeit sowie in der geringen Störempfindlichkeit. Nachteilig ist der höhere Schaltungsaufwand, der jedoch angesichts des zunehmenden Integrationsgrades digitaler Schaltungen immer weniger ins Gewicht fällt.

Statt kontinuierlicher Größen werden diskrete Zahlenfolgen verarbeitet. Die Bauelemente sind Speicher und Rechenwerke. – Beim Übergang vom Analog- zum Digitalfilter stellen sich drei Fragen:

1) Wie läßt sich aus der kontinuierlichen Eingangsspannung eine Folge von diskreten Zahlenwerten gewinnen, ohne dabei Information zu verlieren?
2) Wie muß man diese Zahlenfolge verarbeiten, um die gewünschte Übertragungsfunktion zu erhalten?
3) Wie lassen sich die Ausgangswerte wieder in eine kontinuierliche Spannung zurückverwandeln?

Die Einbettung eines digitalen Filters in eine analoge Umgebung ist in Abb. 21.1 schematisch dargestellt. Das Abtast-Halte-Glied entnimmt aus dem Eingangssig-

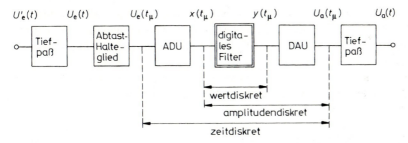

**Abb. 21.1.** Einsatz eines digitalen Filters in einer analogen Umgebung

| Signal | Abtastfrequenz | Auflösung |
|---|---|---|
| Telefon-Sprache | 8  kHz | 12 bit |
| CD-Musik | 44,1kHz | 16 bit |
| Digitales Fernsehen | 13,3MHz | 8 bit |

**Tab. 21.1.** Übliche Abtastfrequenzen und Wortbreiten für die digitale Signalverarbeitung

nal $U_e(t)$ in den Abtastaugenblicken $t_\mu$ die Spannungen $U_e(t_\mu)$ und hält sie jeweils für ein Abtastintervall konstant. Damit bei der Abtastung keine irreparablen Fehler entstehen, muß das Eingangssignal gemäß dem Abtasttheorem auf die halbe Abtastfrequenz bandbegrenzt sein. Daher ist meist ein Tiefpaß am Eingang erforderlich.

Der Analog-Digital-Umsetzer wandelt die zeitdiskrete Spannungsfolge $U_e(t_\mu)$ in eine zeit- und wertdiskrete Zahlenfolge $x(t_\mu)$ um. Bei den Werten $x$ handelt es sich üblicherweise um $N$-stellige Dualzahlen. Die Stellenzahl $N$ bestimmt dabei die Größe des Quantisierungsrauschens (s. Gl. (18.12) von S. 1044). Tabelle 21.1 zeigt einige Beispiele für gebräuchliche Abtastfrequenzen und Auflösungen.

Das digitale Filter in Abb. 21.1 erzeugt die gefilterte Zahlenfolge $y(t_\mu)$. Um sie wieder in eine Spannung zu verwandeln, verwendet man einen Digital-Analog-Umsetzer. Er liefert an seinem Ausgang eine wert- und zeitdiskrete treppenförmige Spannung. Um sie in eine kontinuierliche Spannung umzuwandeln, muß man einen Tiefpaß zur Glättung nachschalten.

## 21.1
## Abtasttheorem

Ein kontinuierliches Einganggsignal läßt sich in eine Folge von diskreten Werten umwandeln, indem man mit Hilfe eines Abtast-Halte-Gliedes in äquidistanten Zeitpunkten $t_\mu = \mu T_a$ Proben aus dem Eingangssignal entnimmt. Dabei ist $f_a = 1/T_a$ die Abtastfrequenz. Man erkennt in Abb. 21.2, daß sich die entstehende Treppenfunktion umso weniger von dem kontinuierlichen Eingangssignal unterscheidet, je höher die Abtastfrequenz ist. Da aber der schaltungstechnische Aufwand stark mit der Abtastfrequenz wächst, ist man bemüht, sie so niedrig wie möglich zu halten. Die Frage ist nun: welches ist die niedrigste Abtastfrequenz, bei der sich das Originalsignal noch *fehlerfrei*, d.h. ohne Informationsverlust rekonstruieren läßt. Diese theoretische Grenze gibt das Abtasttheorem an, das wir im Folgenden erläutern wollen.

Zur mathematischen Beschreibung ist die Treppenfunktion in Abb. 21.2 nicht gut geeignet. Man ersetzt sie deshalb wie in Abb. 21.3 durch eine Folge von Dirac-Impulsen:

$$\tilde{U}_e(t) = \sum_{\mu=0}^{\infty} U_e(t_\mu) T_a \delta(t - t_\mu) \tag{21.1}$$

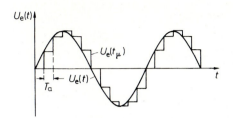
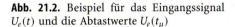

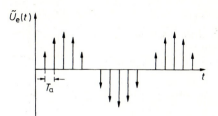

**Abb. 21.2.** Beispiel für das Eingangssignal $U_e(t)$ und die Abtastwerte $U_e(t_\mu)$

**Abb. 21.3.** Darstellung des Eingangssignals durch eine Impulsfolge

Ihre Impulsstärke $U_e(t_\mu)T_a$ ist dabei symbolisch durch einen Pfeil charakterisiert. Man darf sie nicht mit der Impulshöhe verwechseln; denn der Dirac-Impuls ist nach der Definition ein Impuls mit unendlicher Höhe und verschwindender Dauer, dessen Fläche jedoch einen endlichen Wert besitzt, den man als Impulsstärke bezeichnet. Diese Eigenschaft wird durch Abb. 21.4 verdeutlicht, in der der Dirac-Impuls näherungsweise durch einen Rechteckimpuls $r_\varepsilon$ dargestellt ist. Dabei gilt der Grenzübergang:

$$U_e(t_\mu)T_a\delta(t - t_\mu) \; = \; \lim_{\varepsilon \to 0} U_e(t_\mu)r_\varepsilon(t - t_\mu) \tag{21.2}$$

Um zu untersuchen, welche Informationen die in Gl. (21.1) dargestellte Impulsfolge enthält, betrachten wir ihr Spektrum. Durch Anwendung der Fourier-Transformation auf Gl. (21.1) erhalten wir:

$$\tilde{X}(jf) \; = \; T_a \sum_{\mu=0}^{\infty} U_e(\mu T_a)e^{-2\pi j\mu f/f_a} \tag{21.3}$$

Man erkennt, daß dieses Spektrum eine periodische Funktion ist. Ihre Periode ist gleich der Abtastfrequenz $f_a$. Durch Fourier-Reihenentwicklung dieser periodischen Funktion läßt sich nun weiter zeigen, daß das Spektrum $|X(jf)|$ im Bereich $-\frac{1}{2}f_a \le f \le \frac{1}{2}f_a$ identisch ist mit dem Spektrum $|X(j,f)|$ der Originalfunktion [21.1]. Es enthält also noch die volle Information, obwohl nur wenige Werte aus der Eingangsfunktion entnommen werden.

Dabei ist lediglich eine Einschränkung zu machen, die wir anhand der Abb. 21.5 erläutern wollen: Das Originalspektrum erscheint nur dann unverändert, wenn die Abtastfrequenz mindestens so hoch gewählt wird, daß sich

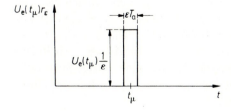

**Abb. 21.4.** Näherungsweise Darstellung eines Dirac-Impulses durch einen endlichen Spannungsimpuls

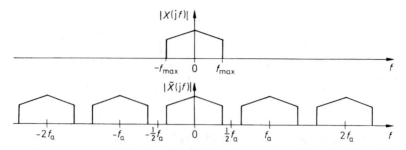

**Abb. 21.5.** Spektrum der Eingangsspannung vor dem Abtasten (oben), und nach dem Abtasten (unten)

die periodisch wiederkehrende Spektren nicht überlappen. Das ist nach Abb. 21.5 für

$$f_a \geq 2 f_{\max} \tag{21.4}$$

der Fall. Diese Bedingung wird als Abtasttheorem bezeichnet.

### Rückgewinnung des Analogsignals

Aus Abb. 21.5 läßt sich unmittelbar die Vorschrift für die Rückgewinnung des Analogsignals ablesen: Man braucht lediglich mit Hilfe eines Tiefpaßfilters die Spektralanteile oberhalb $\frac{1}{2} f_a$ abzuschneiden. Dabei muß der Tiefpaß so dimensioniert werden, daß die Dämpfung bei $f_{\max}$ noch Null ist und bei $\frac{1}{2} f_a$ bereits unendlich.

Zusammenfassend ergibt sich die Aussage, daß man aus den Abtastwerten einer kontinuierlichen, bandbegrenzten Zeitfunktion die ursprüngliche Funktion wieder vollständig rekonstruieren kann, wenn die Voraussetzung $f_a \geq 2 f_{\max}$ erfüllt ist. Dazu muß man aus den Abtastwerten eine Folge von Dirac-Impulsen erzeugen und diese in ein ideales Tiefpaßfilter mit $f_g = f_{\max}$ geben.

Wählt man die Abtastfrequenz niedriger als nach dem Abtasttheorem vorgeschrieben, entstehen Spektralanteile mit der Differenzfrequenz $f_a - f < f_{\max}$, die vom Tiefpaßfilter nicht unterdrückt werden und sich am Ausgang als Schwebung äußern (Aliasing). Abbildung 21.6 zeigt diese Verhältnisse. Man erkennt, daß die Spektralanteile des Eingangssignals oberhalb von $\frac{1}{2} f_a$ nicht einfach verloren gehen, sondern invers in das Nutzband gespiegelt werden. Die höchste Signalfrequenz $f_{e\,\max}$ findet sich dann als die niedrigste Spiegelfrequenz $f_a - f_{e\,\max} < \frac{1}{2} f_a$ im Basisband des Ausgangsspektrums wieder. In Abb. 21.7 sind diese Verhältnisse für ein Eingangssignal dargestellt, dessen Spektrum nur eine einzige Spektrallinie bei $f_{e\,\max} \lesssim f_a$ besitzt. Man erkennt, wie hier eine Schwingung mit der Schwebungsfrequenz $f_a - f_{e\,\max}$ zustande kommt.

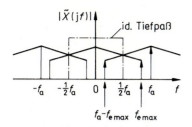

**Abb. 21.6.** Überlappung der Spektren bei zu niedriger Abtastfrequenz

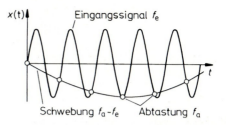

**Abb. 21.7.** Zustandekommen der Schwebung bei zu niedriger Abtastfrequenz für $f_e \lesssim f_a$

### 21.1.1
### Praktische Gesichtspunkte

Bei der praktischen Realisierung tritt das Problem auf, daß man mit einem realen System keine Dirac-Impulse erzeugen kann. Man muß die Impulse also gemäß Abb. 21.4 näherungsweise mit endlicher Amplitude und endlicher Dauer erzeugen, d.h. auf den Grenzübergang in Gl. (21.2) verzichten. Durch Einsetzen von Gl. (21.2) in Gl. (21.1) erhalten wir mit endlichem $\varepsilon$ die angenäherte Impulsfolge:

$$\tilde{U}'_e(t) = \sum_{\mu=0}^{\infty} U_e(t_\mu) r_\varepsilon(t - t_\mu) \tag{21.5}$$

Durch Fourier-Transformation erhalten wir das Spektrum:

$$\tilde{X}'(jf) = \frac{\sin \pi \varepsilon T_a f}{\pi \varepsilon T_a f} \cdot \tilde{X}(jf) \tag{21.6}$$

Das ist dasselbe Spektrum wie bei Dirac-Impulsen, jedoch mit einer überlagerten Gewichtsfunktion, die dazu führt, daß höhere Frequenzen abgeschwächt werden. Besonders interessant ist der Fall der Treppenfunktion. Bei ihr ist die Impulsbreite $\varepsilon T_a$ gleich der Abtastdauer $T_a$. Dafür ergibt sich das Spektrum:

$$\tilde{X}'(jf) = \frac{\sin(\pi f/f_a)}{\pi f/f_a} \cdot \tilde{X}(jf) \tag{21.7}$$

Der Betrag der Gewichtsfunktion ist in Abb. 21.8 über dem symbolischen Spektrum der Dirac-Impulse aufgezeichnet. Bei der halben Abtastfrequenz tritt eine Abschwächung mit dem Faktor 0,64 auf.

Wie man bei der Wahl der Abtastfrequenz und der Eingangs- bzw. Ausgangsfilter vorgehen kann, soll an dem Beispiel in Abb. 21.9 erklärt werden. Angenommen sei ein Eingangsspektrum eines Musiksignals im Bereich $0 \leq f \leq f_{max} = 16\,\mathrm{kHz}$, das abgetastet und unverfälscht rekonstruiert werden soll. Dabei ist es unerheblich, ob 16 kHz-Komponenten auch tatsächlich mit voller Amplitude auftreten; der lineare Frequenzgang soll vielmehr andeuten, daß in diesem Bereich eine konstante Verstärkung gefordert wird.

Selbst wenn man sicher ist, daß keine Töne über 16 kHz auftreten, so bedeutet dies nicht automatisch, daß das Spektrum am Eingang des Abtasters auf 16 kHz

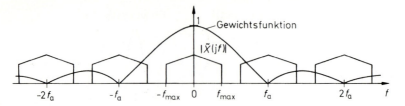

**Abb. 21.8.** Übergang vom Spektrum der Dirac-Folge zum Spektrum der Treppenfunktion durch die Gewichtsfunktion $|(\sin \pi f/f_a)/(\pi f/f_a)|$

beschränkt ist. Eine breitbandige Störquelle ist z.B. das Verstärkerrauschen. Aus diesem Grund ist es immer angebracht, den in Abb. 21.1 eingezeichneten Eingangstiefpaß vorzusehen. Er soll das Eingangsspektrum auf die halbe Abtastfrequenz begrenzen, um Aliasing zu verhindern. Seine Grenzfrequenz muß mindestens $f_{max}$ betragen, um das Eingangssignal nicht zu beschneiden. Andererseits ist es wünschenswert, daß er bei einer nur wenig höheren Frequenz vollständig sperrt, um einen möglichst niedrigen Wert für die Abtastfrequenz verwenden zu können. Mit der Abtastfrequenz steigt nämlich der Aufwand in den AD- bzw. DA-Umsetzern und im digitalen Filter. Andererseits steigt der Aufwand für den Tiefpaß mit zunehmender Filtersteilheit und Sperrdämpfung. Deshalb ist immer ein Kompromiß zwischen dem Aufwand in den Tiefpaßfiltern einerseits und den Umsetzern und dem digitalen Filter andererseits zu finden. In dem Beispiel mit $f_{max} = 16\,\text{kHz}$ kann man beispielsweise $\frac{1}{2}f_a = 22\,\text{kHz}$ wählen, also eine Abtastfrequenz von $f_a = 44\,\text{kHz}$ verwenden.

Das bandbegrenzte Eingangssignal wird durch die Abtastung, wie man in Abb. 21.9 erkennt, zu $f_a$ periodisch fortgesetzt. Deshalb muß nach der DA-Umsetzung das Basisband $0 \leq f \leq \frac{1}{2}f_a$ wieder herausgefiltert werden. Da man am Ausgang des DA-Umsetzers eine Treppenfunktion erhält, muß man noch zusätzlich die $\sin x/x$-Bewertung nach Gl. (21.7) berücksichtigen.

Man kann die dafür erforderliche Entzerrung entweder im Frequenzgang des digitalen Filters berücksichtigen oder im Ausgangs-Tiefpaß durchführen. Die letztere Möglichkeit ist in Abb. 21.9 eingezeichnet. Die Hauptaufgabe des Ausgangsfilters besteht aber darin, das Basisband $0 \leq f \leq \frac{1}{2}f_a$ aus dem Spektrum herausfiltern: Bei der Frequenz $f_{max}$ muß es noch voll durchlässig sein, während es bei der unter Umständen nur knapp darüber liegenden Frequenz $\frac{1}{2}f_a$ schon vollständig sperren soll. Man sieht, daß es hier bezüglich der Filtersteilheit dieselbe Problematik gibt wie beim Eingangsfilter. Um das Filter realisieren zu können, muß also auch hier ein ausreichender Abstand zwischen $f_{max}$ und $\frac{1}{2}f_a$ bestehen.

Die Problematik, das Eingangs- bzw. Ausgangsfilter zu realisieren, läßt sich entschärfen, wenn man eine deutlich höhere Abtastfrequenz verwendet, also z.B. den doppelten oder vierfachen Wert. Durch diese *Überabtastung* (oversampling) steigt natürlich der Aufwand für die AD- und DA-Umsetzer. Man kann jedoch die Abtastfrequenz mit einem digitalen Tiefpaß hinter dem AD-Umsetzer wie-

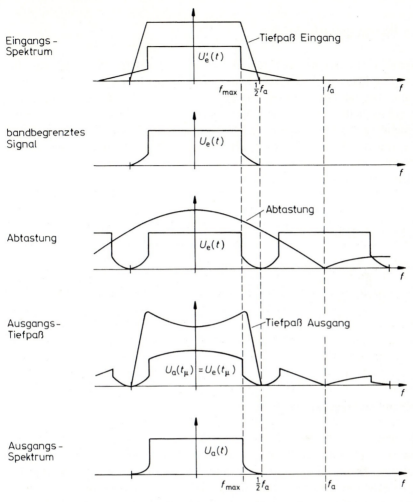

**Abb. 21.9.** Rekonstruktion des Eingangsspektrums in einem digitalen System gemäß Abb. 21.1 für $y(t_\mu) = x(t_\mu)$

der auf den nach dem Abtasttheorem erforderlichen Wert reduzieren. Dadurch vermeidet man eine Erhöhung der Datenrate bei der Übertragung bzw. Speicherung der Daten. Vor der DA-Umsetzung berechnet man mit einem Interpolator wieder Zwischenwerte, um auch dort durch Überabtastung mit einem einfachen Ausgangstiefpaß auskommen zu können [21.2].

## 21.2
## Digitale Übertragungsfunktion

Im Kapitel 13 haben wir gesehen, daß man Analogfilter mit Hilfe von Integratoren, Addierern und Koeffizientengliedern realisieren kann. Der Übergang zum Digitalfilter geschieht dadurch, daß man die Integratoren durch Verzögerungsglieder ersetzt. Solche Verzögerungsglieder kann man z.B. mit Hilfe von Schieberegistern realisieren, durch die man die Abtastwerte der Eingangsfunktion mit der Abtastfrequenz $f_a$ hindurchschiebt. Der einfachste Fall ist die Verzögerung um ein Zeitintervall $T_a$; ein derartiges Verzögerungsglied ist in Abb. 21.10 schematisch dargestellt.

### 21.2.1
### Beschreibung im Zeitbereich

Gegeben ist die Zahlenfolge $\{x(t_\mu)\} = \{x_\mu\}$, die man sich als Abtastwerte mit einer Wortbreite von 8-, 16- oder 32 bit vorstellen kann. Sie werden in ein Register mit entsprechend vielen parallel-getakteten Flip-Flops geschoben. Die Ausgangsfolge $\{y(t_\mu)\} = \{y_\mu\}$ stellt die um einen Takt $T_a$ verzögerte Eingangsfolge dar. Es gilt also

$$y(t_\mu) \ = \ x(t_{\mu-1}) \tag{21.8}$$

### 21.2.2
### Beschreibung im Frequenzbereich

Zur Untersuchung des Frequenzganges gibt man eine Sinusfolge $x(t_\mu) = k_0 \sin \omega t_\mu$ auf den Eingang. Ist das System linear, entsteht auch eine Sinusfolge am Ausgang. Das Verhältnis der Amplituden ist wie bei den Analogfiltern gleich dem Betrag der Übertragungsfunktion für $p = j\omega$. Die Linearität eines Digitalfilters erkennt man an der Linearität der Differenzengleichung. Gemäß Gl. (21.8) ist das Filter in Abb. 21.10 also linear.

Die Übertragungsfunktion kann man wie bei den Analogfiltern direkt mit Hilfe der komplexen Rechnung der Schaltung entnehmen. Dazu benötigen wir den Frequenzgang eines Verzögerungsgliedes: Aus der harmonischen Eingangsfolge

$$x(t_\mu) \ = \ \hat{x} e^{j\omega t_\mu}$$

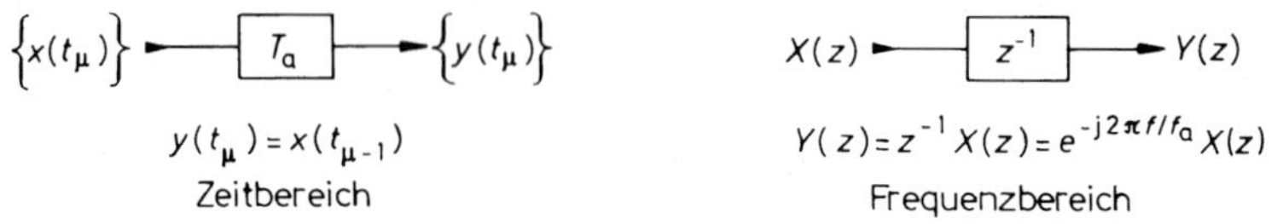

$y(t_\mu) = x(t_{\mu-1})$
Zeitbereich

$Y(z) = z^{-1} X(z) = e^{-j2\pi f/f_a} X(z)$
Frequenzbereich

**Abb. 21.10.** Darstellung eines Verzögerungsgliedes

folgt die harmonische Ausgangsfolge

$$y(t_\mu) = \hat{x}e^{j\omega(t_\mu - T_a)} = \hat{x}e^{j\omega t_\mu} \cdot e^{-j\omega T_a} = x(t_\mu)e^{-j\omega T_a}$$

und mit $j\omega = p$ die Übertragungsfunktion:

$$A(p) = \frac{y(t_\mu)}{x(t_\mu)} = e^{-j\omega T_a} = e^{-pT_a} \tag{21.9}$$

Sie ist eine periodische Funktion mit der Periode $f = f_a = 1/T_a$. Darin ist $f_a$ die Taktfrequenz. Man führt nun die Abkürzung

$$\boxed{z^{-1} = e^{-pT_a} = e^{-j2\pi f/f_a}} \tag{21.10}$$

ein und erhält damit aus Gl. (21.9) die Übertragungsfunktion:

$$\boxed{\tilde{A}(z) = z^{-1}} \tag{21.11}$$

Dies ist die in Abb. 21.10 dargestellte Beschreibung des Verzögerungsgliedes im Frequenzbereich.

Im Kapitel 13 haben wir bereits erwähnt, daß die Übertragungsfunktion $A(p)$ den Zusammenhang zwischen dem Ausgangssignal und einem beliebig von der Zeit abhängigen Eingangssignal über die Laplace-Transformation herstellt gemäß:

$$L\{y(t)\} = A(s) \cdot L\{x(t)\} \tag{21.12}$$

Diese Beziehung gilt auch für ein digitales System. Mit Hilfe der umgeformten Übertragungsfunktion Gl. (21.11) kann man die Beziehung für Zahlenfolgen vereinfachen. Es gilt nämlich:

$$Z\{y(t_\mu)\} = \tilde{A}(z) \cdot Z\{x(t_\mu)\} \tag{21.13}$$

Darin ist

$$Z\{x(t_\mu)\} = X(z) = \sum_{\mu=0}^{\infty} x(t_\mu)z^{-\mu} \tag{21.14}$$

die Z-Transformierte der Eingangsfolge. Die Ausgangsfolge erhält man durch die entsprechende Rücktransformation [21.3, 21.4]. Aufgrund dieser Eigenschaft bezeichnet man $\tilde{A}(z)$ als *digitale Übertragungsfunktion*.

Daraus lassen sich die analoge Übertragungsfunktion bzw. die daraus abgeleiteten Größen wie Betrag, Phase und Gruppenlaufzeit berechnen. Für das Verzögerungsglied folgt aus:

$$\tilde{A}(z) = \frac{Y(z)}{X(z)} = z^{-1} \quad \text{mit} \quad z^{-1} = e^{-j\omega T_a},$$

$$\underline{A}(j\omega) = z^{-1} = e^{-j\omega T_a} = \cos\omega T_a - j\sin\omega T_a$$

Damit ergibt sich der Betrag:

$$|\underline{A}(j\omega)| = \sqrt{\cos^2 \omega T_a + \sin^2 \omega T_a} = 1$$

die Phase

$$\varphi = \arctan \frac{-\sin \omega T_a}{\cos \omega T_a} = \arctan(-\tan \omega T_a) = -\omega T_a = -2\pi \frac{f}{f_a}$$

und die Gruppenlaufzeit:

$$T_{gr} = -\frac{d\varphi}{d\omega} = T_a$$

**Beispiel-Tiefpaß**

Mit den Beziehungen für ein Verzögerungsglied ist die Beschreibung von digitalen Filtern einfach. Am Eingang des Speichers in Abb. 21.11 liegt im Zeitpunkt $t_\mu$ der Zahlenwert $x(t_\mu) - \beta_1 y(t_\mu)$. Dieser Wert erscheint eine Taktzeit später am Ausgang des Speichers. Damit erhalten wir für die Werte der Ausgangsfolge die Beziehung:

$$y(t_{\mu+1}) = x(t_\mu) - \beta_1 y(t_\mu)$$

Diese *Differenzengleichung* stellt das Analogon zur Differentialgleichung eines kontinuierlichen Systems dar. Man kann sie als Rekursionsformel zur Berechnung der Ausgangsfolge benutzen, indem man einen Startwert $y(t_0)$ vorgibt. Als Beispiel wählen wir $y(t_0) = 0$ und berechnen die Sprungantwort für $\beta_1 = -0,75$. Sie ist in Abb. 21.12 aufgezeichnet. Man erkennt, daß die Schaltung ein Tiefpaßverhalten aufweist.

Der Frequenzgang des Beispiel-Tiefpasses läßt sich wie beim Verzögerungsglied berechnen. Aus der rechten Darstellung entnehmen wir:

$$Y(z) = [X(z) - \beta_1 Y(z)]z^{-1}$$

Daraus folgt die digitale Übertragungsfunktion:

$$\tilde{A}(z) = \frac{Y(z)}{X(z)} = \frac{z^{-1}}{1 + \beta_1 z^{-1}}$$

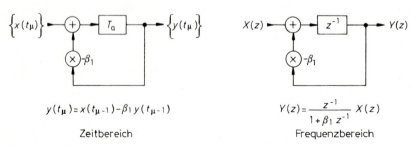

$$y(t_\mu) = x(t_{\mu-1}) - \beta_1 y(t_{\mu-1})$$

Zeitbereich

$$Y(z) = \frac{z^{-1}}{1 + \beta_1 z^{-1}} X(z)$$

Frequenzbereich

**Abb. 21.11.** Beispiel für ein rekursives Digitalfilter 1. Ordnung

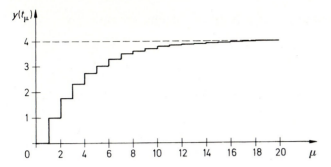

**Abb. 21.12.** Sprungantwort des Digitalfilters in Abb. 21.11 für $\beta_1 = -0,75$ bei einem Eingangssprung von 0 auf 1

Zur Berechnung des Frequenzganges setzen wir

$$z^{-1} = e^{-j\omega T_a} = \cos T_a - j \sin \omega T_a$$

und erhalten:

$$\underline{A}(j\omega) = \frac{1}{\beta_1 + e^{j\omega T_a}} = \frac{1}{\beta_1 + \cos \omega T_a + j \sin \omega T_a}$$

Mit $\omega T_a = 2\pi f / f_a$ ergibt sich daraus der Betrag:

$$|\underline{A}(j\omega)| = \frac{1}{\sqrt{(\beta_1 + \cos 2\pi f/f_a)^2 + (\sin 2\pi f/f_a)^2}}$$

Man erkennt in Abb. 21.13, daß er mit $f_a$ periodisch ist und zu $\frac{1}{2} f_a$ spiegelbildlich. Diese Eigenschaft ist allen Digitalfiltern gemeinsam. Der Frequenzbereich oberhalb von $\frac{1}{2} f_a$ läßt sich allerdings nicht nutzen, da man sonst das Abtasttheorem verletzt.

Ein interessanter Sonderfall ergibt sich für $\beta_1 = 1$. Dann läßt sich der Betrag der Übertragungsfunktion vereinfachen gemäß $\cos^2 x + \sin^2 x = 1$:

$$|\underline{A}(j\omega)| = \frac{1}{\sqrt{2 + 2\cos 2\pi f/f_a}} = \frac{1}{\sqrt{4(\sin \pi f/f_a)^2}} = \frac{1}{2\sin \pi f/f_a}$$

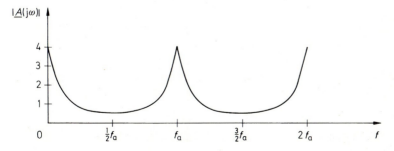

**Abb. 21.13.** Amplitudenfrequenzgang des Digitalfilters in Abb. 21.11 für $\beta_1 = -0,75$

Für niedrige Frequenzen $f \ll f_a$ erhalten wir daraus mit $\sin x \approx x$:

$$|\underline{A}(j\omega)| = \frac{f_a}{2\pi f} \sim \frac{1}{f}$$

also den Frequenzgang eines Integrators. Die resultierende Schaltung ist die übliche Anordnung für einen Summierer bzw. Akkumulator.

## 21.3
## Grundstrukturen

Zur Realisierung von digitalen Filtern gibt es – abgesehen von Abzweigfiltern – drei Anordnungen, die in den Abbildungen 21.14 bis 21.16 dargestellt sind. Sie besitzen alle drei dieselben Übertragungsfunktionen, wenn man die Filterkoeffizienten $\alpha_k$ und $\beta_k$ jeweils an den eingetragenen Stellen einsetzt [21.5, 21.6, 21.7].

Man erkennt in Abb. 21.14 bis 21.16, daß die Filter neben den Verzögerungsgliedern Multiplizierer benötigen, die die Variablen mit den festen Filterkoeffizienten multiplizieren, und Summierer, die zwei bzw. drei Zahlen addieren. Die Struktur in Abb. 21.14 ist die gebräuchlichste, da hier jede Multiplizierer-Akkumulator-Stufe (MAC) von der nächsten durch ein Verzögerungsglied getrennt ist. Dadurch steht für diese Operationen eine ganze Taktdauer zur Verfügung. Die Verzögerungsglieder ergeben hier eine „Pipeline"-Struktur. Bei den beiden anderen Schaltungen müssen viele Variablen in einem einzigen Takt addiert werden. Das erfordert zwar nicht mehr Addierer, aber mehr Rechenzeit.

Bei der Schaltung in Abb. 21.15 erkennt man, daß sich das Eingangssignal für die Verzögerungskette aus dem Eingangssignal $X$ und allen gewichteten Zwischenwerten ergibt. Entsprechend ist das Ausgangssignal die gewichtete Summe aller Zwischenwerte. Man kann daher die Addierer zu zwei globalen Addierern zusammenfassen: einen am Eingang und einen am Ausgang.

Bei der Schaltung in Abb. 21.16 gibt es nur einen einzigen globalen Addierer am Ausgang. Er summiert sowohl das verzögerte und gewichtete Eingangssignal als auch das verzögerte und gewichtete Ausgangssignal. Dazu ist eine zusätzliche

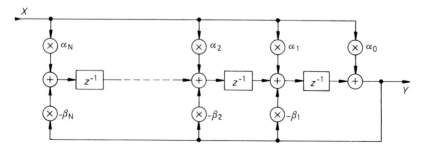

**Abb. 21.14.** Digitales Filter mit verteilten Summierern

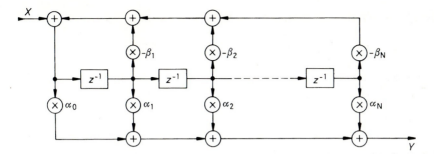

**Abb. 21.15.** Digitales Filter mit je einem globalen Summierer am Eingang und Ausgang

zweite Verzögerungskette erforderlich, die am Ausgang angeschlossen ist. Der Mehraufwand dafür ist jedoch gering.

Die Zahl der Filterstufen gibt die Ordnung $N$ des Filters an. Man benötigt je Stufe 1 Verzögerungsglied (2 bei Abb. 21.16), 2 Koeffizienten-Multiplizierer, und man muß 3 Summanden addieren. Lediglich die erste bzw. letzte Stufe ist etwas einfacher.

Die Analyse der Schaltungen soll am Beispiel von Abb. 21.14 gezeigt werden. Die Differenzengleichung lautet:

$$y(t_N) = \sum_{k=0}^{N} \alpha_k x_{N-k} - \sum_{k-1}^{N} \beta_k y_{N-k} \qquad (21.15)$$

Für die Übertragungsfunktion erhält man aus der Schaltung die Beziehung:

$$Y(z) = \sum_{k=0}^{N} \alpha_k z^{-k} X(z) - \sum_{k=1}^{N} \beta_k z^{-k} Y(z)$$

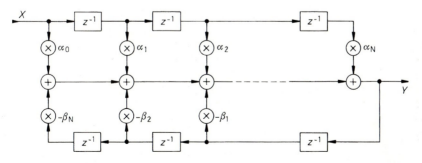

**Abb. 21.16.** Digitales Filter mit einem einzigen globalen Summierer am Ausgang

Daraus ergibt sich die Übertragungsfunktion:

$$A(z) = \frac{Y(z)}{X(z)} = \frac{\sum\limits_{k=0}^{N} \alpha_k z^{-k}}{1 + \sum\limits_{k=1}^{N} \beta_k z^{-k}} \tag{21.16}$$

$$A(z) = \frac{\alpha_0 + \alpha_1 z^{-1} + \alpha_2 z^{-2} + \ldots + \alpha_{N-1} z^{-(N-1)} + \alpha_N z^{-N}}{1 + \beta_1 z^{-1} + \beta_2 z^{-2} + \ldots + \beta_{N-1} z^{-(N-1)} + \beta_N z^{-N}}$$

Zur Berechnung des komplexen Frequenzganges setzt man wieder:

$$z^{-1} = e^{-j\omega T_a} = \cos \omega T_a - j \sin \omega T_a$$

Zusätzlich ist es zweckmäßig, alle Frequenzen auf die Abtastfrequenz $f_a = 1/T_a$ zu normieren. Damit ergibt sich die normierte Frequenzvariable $F$:

$$F = \frac{f}{f_a} \quad \text{bzw.} \quad \omega T_a = 2\pi F \tag{21.17}$$

Um das Abtasttheorem nicht zu verletzen, muß gelten:

$$0 \leq f \leq \frac{1}{2} f_a \quad \text{bzw.} \quad 0 \leq F \leq \frac{1}{2}$$

Für den Betrag des komplexen Frequenzganges folgt damit aus Gl. (21.16):

$$|\underline{A}(j\omega)| = \sqrt{\frac{\left[\sum\limits_{k=0}^{N} \alpha_k \cos 2\pi k F\right]^2 + \left[\sum\limits_{k=0}^{N} \alpha_k \sin 2\pi k F\right]^2}{\left[\sum\limits_{k=0}^{N} \beta_k \cos 2\pi k F\right]^2 + \left[\sum\limits_{k=0}^{N} \beta_k \sin 2\pi k F\right]^2}} \tag{21.18}$$

Der Koeffizient $\beta_0$ tritt in den Filtern nicht explizit als Multiplizierer auf; $\beta_0$ hat immer den Wert 1.

Die Gleichung 21.18 ist von großem Wert, da sie es ermöglicht, den Frequenzgang eines beliebigen digitalen Filters zu berechnen, wenn die Filterkoeffizienten gegeben sind. Damit wurden alle Frequenzgänge in diesem Kapitel berechnet.

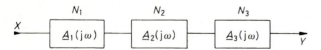

**Abb. 21.17.** Kaskadierung von Teilfiltern

$\underline{A}_{\text{ges}} = \underline{A}_1 \cdot \underline{A}_2 \cdot \underline{A}_3$

$|\underline{A}_{\text{ges}}| = |\underline{A}_1| \cdot |\underline{A}_2| \cdot |\underline{A}_3|$

$N_{\text{ges}} = N_1 + N_2 + N_3$

Eine Erweiterung der in Abb. 21.14–21.16 dargestellten Varianten ist die Kaskaden-Struktur. Hier schaltet man, wie in Abb. 21.17 gezeigt, mehrere Teilfilter in Reihe. Der Frequenzgang des ganzen Filters ergibt sich dann als Produkt der Teilfilter-Frequenzgänge. Zum Entwurf der Teilfilter faktorisiert man die zu realisierende Übertragungsfunktion. Dadurch wird ein Filter $N$-ter Ordnung (höchste Potenz $z^{-N}$) in mehrere Teilfilter zerlegt, die zusammen wieder die Ordnung $N$ besitzen. Wie man die Ordnung der Teilfilter wählt, ist im Prinzip beliebig; sie sollte jedoch bei IIR-Filtern nicht kleiner als $N_i = 2$ sein, weil sich sonst die meist auftretenden konjugiert komplexen Pole der Übertragungsfunktion nicht realisieren lassen. Man sieht, daß beim Übergang zur Kaskadenstruktur die Ordnung des ganzen Filters erhalten bleibt. Ein Vorteil ist darin zu sehen, daß sich die Teilfilter niedriger Ordnung meist leichter entwerfen und verifizieren lassen. Davon machen wir bei den analogen Filtern in Kapitel 13 und bei den rekursiven Filtern in Abschnitt 21.6 Gebrauch.

## 21.4
## Berechnung von FIR-Filtern

Die Koeffizienten $\beta_k$ in den digitalen Filtern (s. Abb. 21.14–21.16) bestimmen die Stärke der Rückkopplung. Macht man sie alle zu Null, entfällt die Rückkopplung, und man erhält als Ausgangssignal lediglich die gewichtete Summe des Eingangssignals und seiner Verzögerungen. Derartige Filter bezeichnet man als *nichtrekursive Filter, Transversalfilter*, oder auch *Finite-Impulse-Response-Filter* (FIR). Die Bezeichnung FIR bedeutet, daß die Impulsantwort eine endliche Länge besitzt ($N + 1$ Werte). Die Schaltungen in den Abb. 21.14 bis 21.16 gehen dadurch in die vereinfachten Schaltungen in Abb. 21.18/21.19 über.

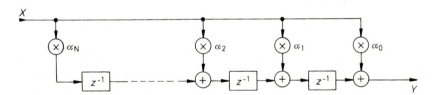

**Abb. 21.18.** FIR-Filter mit verteilten Summierern

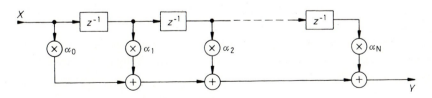

**Abb. 21.19.** FIR-Filter mit einem globalen Summierer am Ausgang

## 21.4.1
## Grundgleichungen

Durch den Wegfall der Koeffizienten $\beta_k$ vereinfachen sich auch die Übertragungsgleichungen. Die Differenzengleichung lautet

$$y_N = \alpha_0 x_N + \alpha_1 x_{N-1} + \ldots + \alpha_{N-1} x_1 + \alpha_N x_0, \quad y_N = \sum_{k=0}^{N} \alpha_k x_{N-k} \quad (21.19)$$

Für die Übertragungsfunktion erhält man

$$Y(z) = \left[\alpha_0 + \alpha_1 z^{-1} + \alpha_2 z^{-2} + \ldots + \alpha_{N-1} z^{-(N-1)} + \alpha_N z^{-N}\right] X(z)$$

$$\tilde{A}(z) = \frac{Y(z)}{X(z)} = \sum_{k=0}^{N} \alpha_k z^{-k} \quad (21.20)$$

Setzt man die Eulersche Beziehung

$$z^{-1} = e^{-j2\pi F} = \cos 2\pi F - j \sin 2\pi F \quad (21.21)$$

ein, folgt der komplexe Frequenzgang:

$$\underline{A}(j\omega) = \sum_{k=0}^{N} \alpha_k e^{-j2\pi kF} \quad (21.22)$$

Diese Beziehung läßt sich vereinfachen, wenn die Koeffizienten symmetrisch sind:

$$\alpha_{N-k} = \alpha_k \qquad \text{gerade Symmetrie} \quad (21.23)$$
$$\alpha_{N-k} = -\alpha_k \qquad \text{ungerade Symmetrie} \quad (21.24)$$

Dann lassen sich jeweils zwei Terme mit (betragsmäßig) gleichen Koeffizienten zusammenfassen und ein gemeinsamer Phasenfaktor läßt sich ausklammern. Gleichung (21.22) vereinfacht sich dann:

bei gerader Symmetrie:

$$\underline{A}(j\omega) = e^{-j\pi NF} \sum_{k=0}^{N} \alpha_k \cos \pi (N - 2k)F \quad (21.25a)$$

bei ungerader Symmetrie:

$$\underline{A}(j\omega) = e^{-j\pi NF} \sum_{k=0}^{N} \alpha_k \sin \pi (N - 2k)F \quad (21.25b)$$

Bei ungerader Symmetrie muß in gerader Ordnung der mittlere Koeffizient verschwinden, d.h. $\alpha_{\frac{1}{2}N} = 0$ sein. Man erhält also eine Darstellung nach Betrag $B(\omega)$ und Phase $e^{j\varphi}$ der Form:

$$\underline{A}(j\omega) = \begin{cases} B(\omega) e^{-j\pi NF} & \text{für gerade Symmetrie} \\ B(\omega) j e^{-j\pi NF} & \text{für ungerade Symmetrie} \end{cases}$$

Um den Betrag zu berechnen, braucht man lediglich die Summe in Gl. (21.25) zu berücksichtigen. Die Phasenverschiebung folgt aus der Exponentialfunktion:

$$\varphi = \begin{cases} -\pi NF & \text{für gerade Symmetrie} \\ -\pi NF + \pi/2 & \text{für ungerade Symmetrie} \end{cases} \quad (21.26)$$

Man erkennt in beiden Fällen die „lineare Phase", die bei beliebigen symmetrischen Koeffizienten exakt erfüllt ist.

Die Gruppenlaufzeit ergibt sich aus der Definition:

$$t_{gr} = -\frac{d\varphi}{d\omega} = -\frac{d\varphi}{dF} \cdot \frac{dF}{d\omega} = -\frac{T_a}{2\pi} \cdot \frac{d\varphi}{dF} \quad (21.27)$$

Daraus folgt durch Differenzieren der Gl. (21.26):

$$t_{gr} = \frac{1}{2} NT_a \quad (21.28)$$

Sie ist demnach frequenzunabhängig. Laufzeit-Verzerrungen können also bei symmetrischen FIR-Filtern nicht auftreten. Dies ist ein besonderer Vorteil der FIR-Filter. Aus diesem Grund entwirft man ausschließlich FIR-Filter mit symmetrischen Koeffizienten. Die in diesem Kapitel angegebenen Berechnungsverfahren und Beispiele führen alle zu FIR-Filtern mit konstanter Gruppenlaufzeit.

### 21.4.2
### Einfache Beispiele

Um sich mit dem Verhalten und der Berechnung von FIR-Filtern vertraut zu machen, ist es nützlich, ein paar einfache Beispiele zu untersuchen.

### FIR-Filter 1. Ordnung

Die Schaltung in Abb. 21.20 zeigt ein FIR-Filter 1. Ordnung ($N = 1$). Man sieht, daß es sich um einen Tiefpaß handelt. Seine Verstärkung für Gleichspannungen ist $|A(F = 0)| = 1$. Dies läßt sich auch direkt aus der Schaltung ersehen: Legt man am Eingang eine Einheitsfolge $x_\mu = 1$ an, so wird $y_\mu = \alpha_0 + \alpha_1 = 0{,}5 + 0{,}5 = 1$. Diese Eigenschaft läßt sich verallgemeinern:

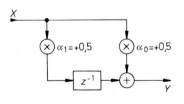
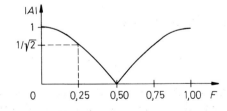

**Abb. 21.20.** Tiefpaß/Interpolator 1. Ordnung

$\tilde{A}(z) = 0{,}5(1 + z^{-1})$      $F_g = 0{,}25$

$\underline{A}(j\omega) = 0{,}5(1 + \cos 2\pi F - j \sin 2\pi F)$      $\varphi = -\pi F$

$|\underline{A}(j\omega)| = |\cos \pi F|$      $t_{gr} = 0{,}5 T_a$

> Die Gleichspannungsverstärkung eines FIR-Filters ist gleich
> der Summe aller Filterkoeffizienten.

Bei der höchsten Signalfrequenz, die das Abtasttheorem zuläßt, also:

$$f = \frac{1}{2}f_a \quad \text{bzw.} \quad F = \frac{1}{2}$$

ergibt sich eine Einheits-Eingangsfolge, bei der im Wechsel die Werte $+1$ und $-1$ auftreten $\{X_\mu\} = \{+1, -1, +1, -1, \ldots\}$. Daher wird in Abb. 21.19 das Ausgangssignal $Y = +0,5 - 0,5 = -0,5 + 0,5 = 0$, also konstant Null. Dies erkennt man auch im Amplitudenfrequenzgang. Auch diese Eigenschaft läßt sich verallgemeinern:

> Die Verstärkung eines FIR-Filters bei der halben Abtast-
> frequenz ist gleich der im Wechsel mit $+1$ und $-1$ gewich-
> teten Koeffizientensumme.

Multipliziert man alle Koeffizienten des Filters mit demselben Faktor, so wirkt dies so, als ob man das Eingangssignal mit diesem Faktor multipliziert. Daraus läßt sich die allgemeine Regel ableiten:

> Multipliziert man alle Koeffizienten eines FIR-Filters mit
> demselben Faktor, so ändert sich lediglich die Grundverstär-
> kung des Filters um diesen Faktor, seine Filtercharakteri-
> stik bleibt aber unverändert.

Zur Berechnung der Grenzfrequenz setzen wir

$$|\underline{A}(j\omega)| = \cos \pi F_g = 1/\sqrt{2}$$

und erhalten daraus $F_g = \frac{1}{4}$ bzw. $f_g = \frac{1}{4}f_a$.

Gibt man in ein FIR-Filter eine Eingangsfolge $x(t_\mu)$, die nur ein einziges mal gleich 1 ist, und sonst immer 0, erhält man am Ausgang zuerst den Koeffizienten $y(t_\mu) = \alpha_0$ und dann $y(t_{\mu+1}) = \alpha_1$, also einen Koeffizienten nach dem anderen. Allgemein gilt:

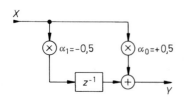
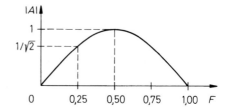

**Abb. 21.21.** Hochpaß/Differentiator 1. Ordnung

$\tilde{A}(z) = 0,5(1 - z^{-1})$        $F_g = 0,25$

$\underline{A}(j\omega) = 0,5(1 - \cos 2\pi F + j \sin 2\pi F)$       $\varphi = -\pi(0,5 - F)$

$|\underline{A}(j\omega)| = \sin \pi F$                   $t_{gr} = 0,5 T_a$

> Die Einheits-Impulsantwort eines FIR-Filters ist die Folge
> seiner Koeffizienten. Sie ist $N + 1$ Werte lang.

Ein Hochpaß erster Ordnung ist in Abb. 21.21 dargestellt. Man erkennt hier an den Koeffizienten, $\alpha_0 = +0{,}5$ und $\alpha_1 = -0{,}5$, daß ihre Summe Null ist. Daraus resultiert auch die Gleichspannungsverstärkung Null. Bei einer Eingangsfolge von $+1, -1, \ldots$ (höchste Signalfrequenz) ergibt sich auch am Ausgang die Folge $+1, -1, \ldots$. Die Verstärkung ist also gleich Eins. Die Grenzfrequenz des Hochpasses beträgt wie beim Tiefpaß $f_g = \frac{1}{4} f_a$.

Man erkennt in den beiden beschriebenen Beispielen auch die lineare Phase und die daraus resultierende konstante Gruppenlaufzeit. Der Tiefpaß läßt sich auch zur Mittelwert-Bildung verwenden, wie man an den Koeffizienten erkennt. Entsprechend kann man den Hochpaß als Differentiator einsetzen, denn für tiefe Frequenzen gilt:

$$|\underline{A}(j\omega)| = \sin \pi \approx \pi F$$

die Verstärkung ist also proportional zur Frequenz.

### FIR-Filter 2. Ordnung

Ein Tiefpaßfilter bzw. Interpolator in 2. Ordnung ist in Abb. 21.22 dargestellt. Man erkennt, daß das Argument des Cosinus hier doppelt so groß ist und folglich auch die Phasenverschiebung und die Gruppenlaufzeit. Sein Amplitudenfrequenzgang ist in Abb. 21.23 doppeltlogarithmisch aufgetragen, und zum Vergleich ist der Frequenzgang des Tiefpasses 1. Ordnung mit eingezeichnet.

Die entsprechende Darstellungen für einen Hochpaß (Differentiator) 2. Ordnung sind in den Abbildungen 21.24/21.25 zu finden. An der Tatsache, daß die Koeffizientensumme Null ist, erkennt man sofort, daß es sich hier um einen Hochpaß handelt. Wenn man die Koeffizienten mit $+1$ bzw. $-1$ gewichtet addiert, kann man feststellen, daß die Verstärkung bei $\frac{1}{2} f_a$ gleich Eins ist.

Für $\alpha_1 = 0$ ergibt sich die in Abb. 21.26 dargestellte Bandsperre mit der Mittenfrequenz $f_r = \frac{1}{4} f_a$. Man erkennt hier, daß sich die Werte am Ausgang ge-

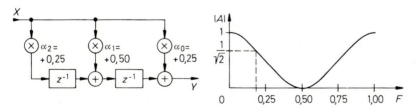

**Abb. 21.22.** Tiefpaß/Interpolator 2. Ordnung

$\bar{A}(z) = 0{,}25 + 0{,}5 z^{-1} + 0{,}25 z^{-2}$      $\varphi = -2\pi F$

$|\underline{A}(j\omega)| = 0{,}5 + 0{,}5 \cos 2\pi F$      $t_{gr} = T_a$

$F_g = \dfrac{1}{2\pi} \arccos\left(\sqrt{2} - 1\right) = 0{,}182$

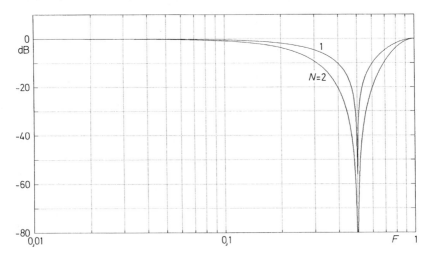

**Abb. 21.23.** Frequenzgänge der Beispiel-Tiefpässe in doppelt-logarithmischer Darstellung

$N = 1 : \alpha_0 = \alpha_1 = +0,5$

$N = 2 : \alpha_0 = \alpha_2 = +0,25 \qquad \alpha_1 = +0,5$

rade aufheben, wenn zwei aufeinanderfolgende Eingangswerte $+1$ betragen und die nächsten beiden $-1$. Entsprechend lassen sich Bandsperren mit niedrigerer Resonanzfrequenz realisieren, wenn man bei einer längeren Verzögerungskette ebenfalls den ersten und letzten Koeffizienten $\alpha = \alpha_N = 0,5$ wählt und alle anderen Null setzt.

### 21.4.3
### Berechnung der Filterkoeffizienten

Zur Berechnung der Koeffizienten von FIR-Filtern sind besonders zwei Verfahren gebräuchlich: die *Fenster-Methode* und der *Remez Exchange Algorithmus* [21.8]. Letzterer ist ein numerisches Verfahren zur Tschebyscheff-Approximation eines

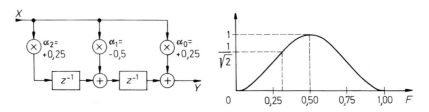

**Abb. 21.24.** Hochpaß/Differentiator 2. Ordnung

$\tilde{A}(z) = 0,25 - 0,5z^{-1} + 0,25z^{-2}$ $\qquad \varphi = -2\pi F$

$|\underline{A}(j\omega)| = 0,5 - 0,5\cos 2\pi F$ $\qquad t_{\mathrm{gr}} = T_a$

$F_g = \dfrac{1}{2\pi} \arccos\left(1 - \sqrt{2}\right) = 0,318$

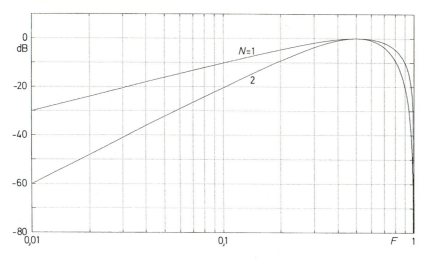

**Abb. 21.25.** Frequenzgänge der Beispiel-Hochpässe in doppelt-logarithmischer Darstellung
$N = 1 : \alpha_0 = +0,5$                $\alpha_1 = -0,5$
$N = 2 : \alpha_0 = \alpha_2 = +0,25$        $\alpha_1 = -0,5$

gegebenen Toleranzschemas der Verstärkung. Es liefert eine minimale Anzahl von Koeffizienten und führt daher zu besonders effizienten Schaltungen. Die Fenster-Methode hat den Vorteil, daß sie ein anschauliches Verständnis der Wirkungsweise ermöglicht und gleichzeitig weniger rechenintensiv ist. Wie man mit dieser Methode die Filterkoeffizienten berechnet, soll im folgenden erläutert werden.

Die FIR-Filter besitzen eine besonders anschauliche Impulsantwort. Wenn man am Eingang einen Einheitsimpuls gemäß der Folge

$$\{x(kT_a)\} = \begin{cases} 1 & \text{für } k = 0 \\ 0 & \text{sonst} \end{cases} \tag{21.29}$$

anlegt, ergibt sich gemäß Abb. 21.18/21.19 bzw. Gl. 21.19 die Impulsantwort:

$$\{y(kT_a)\} = \alpha_0, \alpha_1, \alpha_2, \ldots \alpha_N = \{\alpha_k\} \tag{21.30}$$

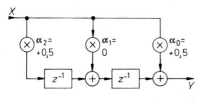

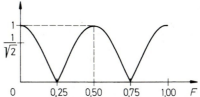

**Abb. 21.26.** Bandsperre 2. Ordnung

$\tilde{A}(z) = 0,5 + 0,5z^{-2}$        $\varphi = -2\pi F$
$|\underline{A}(j\omega)| = |\cos 2\pi F|$        $t_{gr} = T_a$
$F_r = 0,25$                $Q = F_r/B = 1$

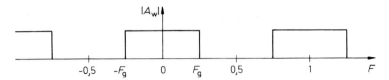

**Abb. 21.27.** Wunschfrequenzgang eines idealen Tiefpasses und seine periodische Fortsetzung

also die Folge der Filterkoeffizienten.

Andererseits läßt sich in der Systemtheorie zeigen, daß die Impulsantwort eines Systems die inverse Fouriertransformierte seines Frequenzganges $A_w(j\omega)$ darstellt gemäß:

$$y(t) = \int\limits_{-\infty}^{+\infty} A_w(j\omega)e^{j\omega t}\,d\omega \tag{21.31}$$

Bei zeitdiskreten Systemen ist der Frequenzgang periodisch mit $f_a = 1/T_a$, und die Zeit läßt sich als Vielfache der Abtast-Periodendauer angeben: $t = kT_a$. Dadurch vereinfacht sich Gl. (21.31) zu:

$$y(kT_a) = \int\limits_{-\frac{1}{2}f_a}^{+\frac{1}{2}f_a} A_w(jf)e^{j2\pi fkT_a}\,df \tag{21.32}$$

Die gesuchten Filterkoeffizienten erhält man dadurch, daß man Gl. (21.30) und Gl. (21.32) gleichsetzt und den gewünschten Frequenzgang $A_w(j\omega)$ vorgibt.

Besonders interessant ist der Fall des in Abb. 21.27 dargestellten idealen Tiefpasses mit der Grenzfrequenz $F_g = f_g/f_a$, der die Verstärkung 1 im Durchlaßbereich und 0 im Sperrbereich besitzt. Fordert man zusätzlich noch eine konstante Gruppenlaufzeit $t_{gr} = \frac{1}{2}NT_a$, so läßt sich $A_w(j,f)$ als Verzögerungsfunktion darstellen:

$$\underline{A}_w(jf) == \begin{cases} e^{-j\pi fNT_a} & \text{für } -f_g \leq f \leq f_g \\ 0 & \text{sonst} \end{cases} \tag{21.33}$$

Setzt man diesen Wunschfrequenzgang in Gl. (21.32) ein, erhält man:

$$\alpha_{kr} = \int\limits_{-f_g}^{f_g} e^{-j\pi fNT_a}e^{j2\pi fkT_a}\,df = \int\limits_{-F_g}^{F_g} e^{j\pi F(2k-N)}\,dF$$

$$\boxed{\alpha_{kr} = 2F_g\,\frac{\sin(2k-N)\pi F_g}{(2k-N)\pi F_g} \quad \text{für} \quad k = 0,1,2\ldots N} \tag{21.34}$$

Dies sind die gesuchten Filterkoeffizienten, allerdings nur ihre Rohwerte; daher steht hier der Index r. Sie müssen noch so modifiziert werden, daß sich exakt die gewünschte Grenzfrequenz bzw. Verstärkung ergibt. Aus diesem Grund wollen wir im Folgenden den gemeinsamen Faktor aller Koeffizienten $2F_g$ in Gl. (21.34) zur Vereinfachung weglassen, da er später durch die ohnehin erforderliche Normierung der Verstärkung ersetzt wird. Dem bei gerader Ordnung, also ungerader Koeffizientenzahlen auftretenden Wert $(\sin 0)/0$ ordnet man den Grenzwert

$$\lim_{N \to 0} \frac{\sin x}{x} = 1$$

zu. Da man in der Praxis nur endliche Ordnungen $N$ realisieren kann, muß man die Folge $\alpha_{kr}$ abbrechen. Dies kann man wie Abb. 21.28 zeigt als Multiplikation mit einem Rechteckfenster interpretieren. Dadurch wird der Wunschfrequenzgang natürlich nur unvollständig approximiert. In Abb. 21.29 erkennt man eine starke Abweichung vom Wunschfrequenzgang und eine schlechte Sperrdämpfung. Dies läßt sich deutlich verbessern, indem man statt des Rechteckfensters ein Fenster verwendet, das die Koeffizienten zum Rand hin sanft reduziert. Gebräuchliche Fensterfunktionen sind:

Hamming-Fenster,             Hanning-Fenster,
Blackman-Fenster,            Kaiser-Fenster.

Wir wollen das Hamming-Fenster verwenden, weil es gute Ergebnisse bei geringem Rechenaufwand bringt. Die Hamming-Funktion

$$W_k = 0{,}54 - 0{,}46 \cos \frac{2\pi k}{N} \quad \text{für} \quad k = 0, 1, 2 \dots N \tag{21.35}$$

ist in Abb. 21.28 eingezeichnet. Ihre Randwerte betragen:

$$W(k = 0) = W(k = N) = 0{,}08$$

in der Mitte hat sie den Wert $W(k = \frac{1}{2}N) = 1$. Die mit dieser Fensterfunktion bewerteten Filterkoeffizienten sind in Abb. 21.28 eingetragen, und der resultierende Frequenzgang ist in Abb. 21.29 dargestellt. Man sieht, daß die störende Welligkeit weitgehend verschwindet, und sich die Sperrdämpfung erhöht.

Nun muß noch die Gleichspannungsverstärkung auf 1 normiert werden. Dazu dividiert man jeden Koeffizienten durch die Summe aller Koeffizienten. Dieser Schritt ist in den Abb. 21.28/21.29 ebenfalls dargestellt.

Das entstandene Filter besitzt jetzt noch nicht die gewünschte Grenzfrequenz. Der in Gl. (21.29) eingesetzte Wert von $F_g$ führt nur zu einer Näherungslösung. Man muß daher $F_g$ in Gl. (21.29) etwas korrigieren, um die Verstärkung von $1/\sqrt{2}$ bei der gewünschten Grenzfrequenz zu erhalten. Hier muß man sie auf $F_g' = 0{,}32$ erhöhen. Dazu ist es allerdings erforderlich, den ganzen Entwurfsprozeß mit dem modifizierten Wert von $F_g$ zu wiederholen. Dies führt zwangsläufig zu einem Iterationsvorgang, der mehrmals durchlaufen werden muß. Das Ergebnis ist ein nach Verstärkung und Grenzfrequenz normierter Tiefpaß, wie er in Abb. 21.28/21.29 ebenfalls dargestellt ist.

Nach diesem Verfahren wurden die Tiefpässe berechnet, die in Abb. 21.30 für normierte Grenzfrequenzen von $F_g = 0{,}25;\ 0{,}1;\ 0{,}025$ dargestellt sind. Die

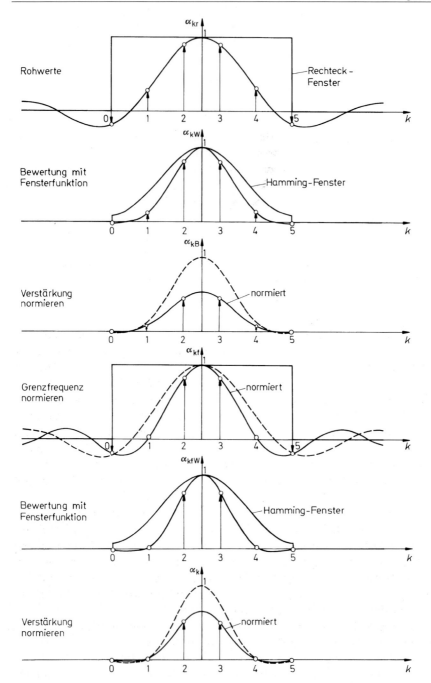

**Abb. 21.28.** Schritte zur Berechnung der Filterkoeffizienten am Beispiel eines Tiefpasses 5. Ordnung mit der Grenzfrequenz $F_g = 0{,}25$

Ergebnis: $\alpha_0 = \alpha_5 = -0{,}00979,\ \alpha_1 = \alpha_4 = +0{,}00979,\ \alpha_2 = \alpha_3 = 0{,}5000$

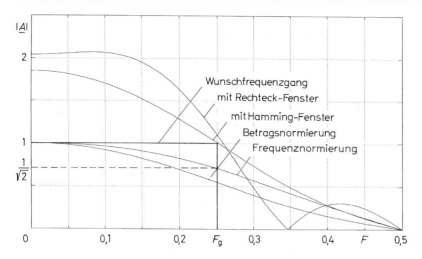

**Abb. 21.29.** Auswirkung der einzelnen Schritte zur Koeffizientenberechnung auf den Frequenzgang eines Filters am Beispiel eines Tiefpasses 5. Ordnung mit $F_g = 0,25$

Filterkoeffizienten sind in Tab. 21.2 a tabelliert. Je niedriger die Grenzfrequenz $f_g$ im Vergleich zur Abtastfrequenz $f_a$ ist, also je kleiner $F_g = f_g/f_a$ ist, desto höher ist die niedrigste Ordnung $N$, bei der eine Lösung existiert. Bei $F_g = 0,025$ ist $N = 27$ die niedrigste Ordnung, bei $F_g = 0,01$ wäre es $N = 65$.

Wir haben uns hier auf Tiefpässe in ungerader Ordnung beschränkt. Sie besitzen zwei Vorteile: Zum einen besitzt ihr Frequenzgang bei $F = 0,5$ eine Nullstelle, während die der Tiefpässe in gerader Ordnung dort ein (relatives) Maximum aufweisen. Das führt insbesondere bei den Tiefpässen mit der Grenzfrequenz $F_g = 0,25$ in niedriger Ordnung zu einem wesentlich besseren Sperrverhalten. Zum anderen erhält man dadurch eine gerade Anzahl von Koeffizienten und kann daher integrierte FIR-Filter meist besser ausnutzen.

Um zu einer möglichst einfachen Realisierung von Tiefpaßfiltern zu kommen, kann man die Frage stellen: wie muß die Grenzfrequenz $F_g$ gewählt werden, damit möglichst viele Filterkoeffizienten in Gl. (21.34) zu Null werden? Zwei derartige Spezialfälle sind in Abb. 21.31 dargestellt. Macht man $F_g = \frac{1}{2}$ verschwinden in gerader Ordnung (ungerader Koeffizientenzahl) alle Koeffizienten bis auf den mittleren, der den Wert $\alpha(\frac{1}{2}N) = 1$ besitzt. Das resultierende Filter ist ein Allpaß, es läßt sich also nicht als Tiefpaß nutzen.

Halbiert man die Grenzfrequenz, ergeben sich die *Halbbandfilter* mit $F_g = \frac{1}{4}$. Setzt man diese Bedingung in Gl. (21.34) ein, ergibt sich:

$$\alpha_{kr} = \frac{\sin(2k - N)\pi/4}{(2k - N)\pi/4} \tag{21.36}$$

Man erkennt in Abb. 21.31, daß sich auch hier bei gerader Ordnung (ungerader Koeffizientenzahl) eine nennenswerte Vereinfachung ergibt, denn jeder zweite Koeffizient wird Null. Um zu brauchbaren Filtern zu gelangen, muß man die

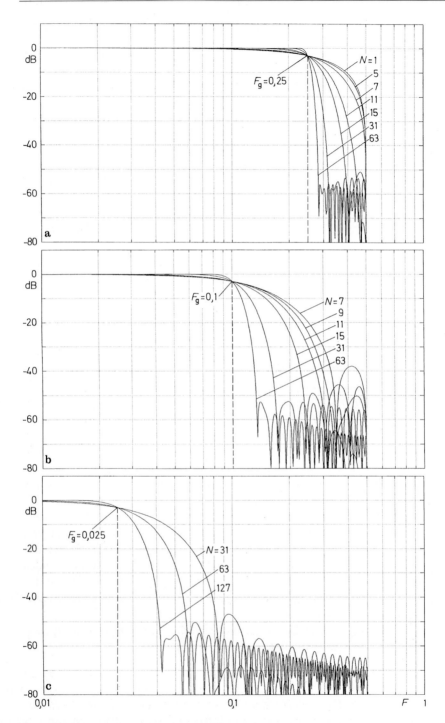

**Abb. 21.30.** Frequenzgänge von FIR-Tiefpässen

Grenzfrequenz $F_g = 0,25$
$N = 1$
$\alpha_0 = \alpha_1 = +0,50000$

$N = 5$

| | | |
|---|---|---|
| $\alpha_0 = \alpha_5 = -0,00979$ | $\alpha_1 = \alpha_4 = +0,00979$ | $\alpha_2 = \alpha_3 = +0,50000$ |

$N = 7$

| | | |
|---|---|---|
| $\alpha_0 = \alpha_7 = +0,00343$ | $\alpha_1 = \alpha_6 = -0,03171$ | $\alpha_2 = \alpha_5 = +0,03171$ |
| $\alpha_3 = \alpha_4 = +0,49657$ | | |

$N = 11$

| | | |
|---|---|---|
| $\alpha_0 = \alpha_{11} = -0,00203$ | $\alpha_1 = \alpha_{10} = +0,01056$ | $\alpha_2 = \alpha_9 = +0,00010$ |
| $\alpha_3 = \alpha_8 = -0,07531$ | $\alpha_4 = \alpha_7 = +0,07734$ | $\alpha_5 = \alpha_6 = +0,48934$ |

$N = 15$

| | | |
|---|---|---|
| $\alpha_0 = \alpha_{15} = +0,00152$ | $\alpha_1 = \alpha_{14} = -0,00561$ | $\alpha_2 = \alpha_{13} = -0,00175$ |
| $\alpha_3 = \alpha_{12} = +0,02812$ | $\alpha_4 = \alpha_{11} = -0,01076$ | $\alpha_5 = \alpha_{10} = -0,09143$ |
| $\alpha_6 = \alpha_9 = +0,09879$ | $\alpha_7 = \alpha_8 = +0,48112$ | |

$N = 31$

| | | |
|---|---|---|
| $\alpha_0 = \alpha_{31} = +0,00074$ | $\alpha_1 = \alpha_{30} = -0,00182$ | $\alpha_2 = \alpha_{29} = -0,00083$ |
| $\alpha_3 = \alpha_{28} = +0,00404$ | $\alpha_4 = \alpha_{27} = +0,00088$ | $\alpha_5 = \alpha_{26} = -0,00898$ |
| $\alpha_6 = \alpha_{25} = +0,00024$ | $\alpha_7 = \alpha_{24} = +0,01753$ | $\alpha_8 = \alpha_{23} = -0,00429$ |
| $\alpha_9 = \alpha_{22} = -0,03102$ | $\alpha_{10} = \alpha_{21} = +0,01441$ | $\alpha_{11} = \alpha_{20} = +0,05303$ |
| $\alpha_{12} = \alpha_{19} = -0,03900$ | $\alpha_{13} = \alpha_{18} = -0,10015$ | $\alpha_{14} = \alpha_{17} = +0,12815$ |
| $\alpha_{15} = \alpha_{16} = +0,46707$ | | |

$N = 63$

| | | |
|---|---|---|
| $\alpha_0 = \alpha_{63} = +0,00036$ | $\alpha_1 = \alpha_{62} = -0,00078$ | $\alpha_2 = \alpha_{61} = -0,00036$ |
| $\alpha_3 = \alpha_{60} = +0,00105$ | $\alpha_4 = \alpha_{59} = +0,00041$ | $\alpha_5 = \alpha_{58} = -0,00158$ |
| $\alpha_6 = \alpha_{57} = -0,00045$ | $\alpha_7 = \alpha_{56} = +0,00239$ | $\alpha_8 = \alpha_{55} = +0,00044$ |
| $\alpha_9 = \alpha_{54} = -0,00356$ | $\alpha_{10} = \alpha_{53} = -0,00030$ | $\alpha_{11} = \alpha_{52} = +0,00513$ |
| $\alpha_{12} = \alpha_{51} = -0,00006$ | $\alpha_{13} = \alpha_{50} = -0,00714$ | $\alpha_{14} = \alpha_{49} = -0,00075$ |
| $\alpha_{15} = \alpha_{48} = +0,00968$ | $\alpha_{16} = \alpha_{47} = -0,00190$ | $\alpha_{17} = \alpha_{46} = -0,01283$ |
| $\alpha_{18} = \alpha_{45} = +0,00372$ | $\alpha_{19} = \alpha_{44} = +0,01677$ | $\alpha_{20} = \alpha_{43} = -0,00650$ |
| $\alpha_{21} = \alpha_{42} = -0,02179$ | $\alpha_{22} = \alpha_{41} = +0,01074$ | $\alpha_{23} = \alpha_{40} = +0,02852$ |
| $\alpha_{24} = \alpha_{39} = -0,01743$ | $\alpha_{25} = \alpha_{38} = -0,03839$ | $\alpha_{26} = \alpha_{37} = +0,02898$ |
| $\alpha_{27} = \alpha_{36} = +0,05549$ | $\alpha_{28} = \alpha_{35} = -0,05326$ | $\alpha_{29} = \alpha_{34} = -0,09716$ |
| $\alpha_{30} = \alpha_{33} = +0,14016$ | $\alpha_{31} = \alpha_{32} = +0,45891$ | |

**Tab. 21.2 a.** Koeffizienten für FIR-Filter mit der Grenzfrequenz $F_g = 0,25$ d.h. $f_g = 0,25 f_a$. Die Ordnung $N = 3$ existiert hier nicht, da die beiden Koeffizienten $\alpha_0$ und $\alpha_3$ verschwinden

Koeffizienten noch mit einem Fenster bewerten. Mit dem Hamming-Fenster nach Gl. (21.35) erhält man mit:

$$\alpha_{kw} = \frac{\sin(2k - N)\pi/4}{(2k - N)\pi/4} \left( 0,54 - 0,46 \cos \frac{2\pi k}{N} \right) \text{ für } k = 0, 1, 2 \ldots N \qquad (21.37)$$

Wenn man die Koeffizienten eines Filters für alle $k$ berechnet hat, muß man sie lediglich noch zur Normierung durch ihre Summe dividieren, um die endgültigen Koeffizienten zu erhalten. Ein Iterationsverfahren ist hier zum Filterentwurf also nicht erforderlich. Daher lassen sich diese Filterkoeffizienten mit dem Taschen-rechner berechnen. Die resultierenden Grenzfrequenzen sind natürlich nicht ge-

Grenzfrequenz $F_g = 0{,}1$

$N = 7$

| | | |
|---|---|---|
| $\alpha_0 = \alpha_7 = +0{,}00976$ | $\alpha_1 = \alpha_6 = -0{,}04966$ | $\alpha_2 = \alpha_5 = +0{,}16442$ |
| $\alpha_3 = \alpha_4 = +0{,}27616$ | | |

$N = 11$

| | | |
|---|---|---|
| $\alpha_0 = \alpha_{11} = -0{,}00470$ | $\alpha_1 = \alpha_{10} = -0{,}00605$ | $\alpha_2 = \alpha_9 = +0{,}00818$ |
| $\alpha_3 = \alpha_8 = +0{,}07006$ | $\alpha_4 = \alpha_7 = +0{,}17404$ | $\alpha_5 = \alpha_6 = +0{,}25848$ |

$N = 15$

| | | |
|---|---|---|
| $\alpha_0 = \alpha_{15} = -0{,}00101$ | $\alpha_1 = \alpha_{14} = -0{,}00521$ | $\alpha_2 = \alpha_{13} = -0{,}01269$ |
| $\alpha_3 = \alpha_{12} = -0{,}01214$ | $\alpha_4 = \alpha_{11} = +0{,}01830$ | $\alpha_5 = \alpha_{10} = +0{,}08914$ |
| $\alpha_6 = \alpha_9 = +0{,}17962$ | $\alpha_7 = \alpha_8 = +0{,}24399$ | |

$N = 31$

| | | |
|---|---|---|
| $\alpha_0 = \alpha_{31} = -0{,}00165$ | $\alpha_1 = \alpha_{30} = -0{,}00146$ | $\alpha_2 = \alpha_{29} = -0{,}00037$ |
| $\alpha_3 = \alpha_{28} = +0{,}00225$ | $\alpha_4 = \alpha_{27} = +0{,}00593$ | $\alpha_5 = \alpha_{26} = +0{,}00823$ |
| $\alpha_6 = \alpha_{25} = +0{,}00548$ | $\alpha_7 = \alpha_{24} = -0{,}00461$ | $\alpha_8 = \alpha_{23} = -0{,}01979$ |
| $\alpha_9 = \alpha_{22} = -0{,}03195$ | $\alpha_{10} = \alpha_{21} = -0{,}02944$ | $\alpha_{11} = \alpha_{20} = -0{,}00261$ |
| $\alpha_{12} = \alpha_{19} = +0{,}04987$ | $\alpha_{13} = \alpha_{18} = +0{,}11780$ | $\alpha_{14} = \alpha_{17} = +0{,}18175$ |
| $\alpha_{15} = \alpha_{16} = +0{,}22058$ | | |

$N = 63$

| | | |
|---|---|---|
| $\alpha_0 = \alpha_{63} = +0{,}00065$ | $\alpha_1 = \alpha_{62} = +0{,}00086$ | $\alpha_2 = \alpha_{61} = +0{,}00073$ |
| $\alpha_3 = \alpha_{60} = +0{,}00022$ | $\alpha_4 = \alpha_{59} = -0{,}00061$ | $\alpha_5 = \alpha_{58} = -0{,}00148$ |
| $\alpha_6 = \alpha_{57} = -0{,}00194$ | $\alpha_7 = \alpha_{56} = -0{,}00150$ | $\alpha_8 = \alpha_{55} = +0{,}00001$ |
| $\alpha_9 = \alpha_{54} = +0{,}00223$ | $\alpha_{10} = \alpha_{53} = +0{,}00418$ | $\alpha_{11} = \alpha_{52} = +0{,}00464$ |
| $\alpha_{12} = \alpha_{51} = +0{,}00272$ | $\alpha_{13} = \alpha_{50} = -0{,}00144$ | $\alpha_{14} = \alpha_{49} = -0{,}00639$ |
| $\alpha_{15} = \alpha_{48} = -0{,}00973$ | $\alpha_{16} = \alpha_{47} = -0{,}00909$ | $\alpha_{17} = \alpha_{46} = -0{,}00343$ |
| $\alpha_{18} = \alpha_{45} = +0{,}00593$ | $\alpha_{19} = \alpha_{44} = +0{,}01532$ | $\alpha_{20} = \alpha_{43} = +0{,}01986$ |
| $\alpha_{21} = \alpha_{42} = +0{,}01560$ | $\alpha_{22} = \alpha_{41} = +0{,}00177$ | $\alpha_{23} = \alpha_{40} = -0{,}01790$ |
| $\alpha_{24} = \alpha_{39} = -0{,}03551$ | $\alpha_{25} = \alpha_{38} = -0{,}04135$ | $\alpha_{26} = \alpha_{37} = +0{,}02742$ |
| $\alpha_{27} = \alpha_{36} = +0{,}00903$ | $\alpha_{28} = \alpha_{35} = +0{,}06348$ | $\alpha_{29} = \alpha_{34} = +0{,}12467$ |
| $\alpha_{30} = \alpha_{33} = +0{,}17761$ | $\alpha_{31} = \alpha_{32} = +0{,}20829$ | |

**Tab. 21.2 b.** Koeffizienten für FIR-Filter mit der Grenzfrequenz $F_g = 0{,}1$ d.h. $f_g = 0{,}1 f_a$. Für die Ordnungen $N < 7$ existiert hier keine Lösung

nau $F_g = \frac{1}{4}$, denn sie wurden dabei nicht normiert. Eine Normierung verbietet sich in diesem Fall, da man sonst den Vorteil verliert, daß jeder zweite Koeffizient verschwindet. Die Frequenzgänge einiger Halbbandfilter sind in Abb. 21.32 zusammengestellt, eine Koeffiziententabelle folgt in Tab. 21.3. Man erkennt in Abb. 21.32, daß die $-6$ dB-Grenzfrequenzen mit zunehmender Ordnung immer genauer gleich $F_g = 0{,}25$ werden, also auf das „Halbband" fallen. Die sonst immer angegebenen $-3$ dB-Grenzfrequenzen sind daher niedriger; ihr genauer Wert ist in Tab. 21.3 zusätzlich angegeben. Die krummen Werte für $F_g$ erlauben es trotzdem, beliebige – auch glatte – Grenzfrequenzen zu realisieren, indem man die Abtastfrequenz entsprechend wählt:

$$f_a = f_g / F_g$$

Man sieht in Abb. 21.31, daß nur bei ungerader Koeffizientenzahl die Hälfte der Werte Null wird. Deshalb verwendet man nur Halbbandfilter mit gerader Ord-

Grenzfrequenz $F_g = 0{,}025$
$N = 31$

| | | |
|---|---|---|
| $\alpha_0 = \alpha_{31} = +0{,}00077$ | $\alpha_1 = \alpha_{30} = -0{,}00132$ | $\alpha_2 = \alpha_{29} = +0{,}00236$ |
| $\alpha_3 = \alpha_{28} = +0{,}00417$ | $\alpha_4 = \alpha_{27} = +0{,}00698$ | $\alpha_5 = \alpha_{26} = +0{,}01095$ |
| $\alpha_6 = \alpha_{25} = +0{,}01613$ | $\alpha_7 = \alpha_{24} = +0{,}02244$ | $\alpha_8 = \alpha_{23} = +0{,}02968$ |
| $\alpha_9 = \alpha_{22} = +0{,}03754$ | $\alpha_{10} = \alpha_{21} = +0{,}04559$ | $\alpha_{11} = \alpha_{20} = +0{,}05335$ |
| $\alpha_{12} = \alpha_{19} = +0{,}06033$ | $\alpha_{13} = \alpha_{18} = +0{,}06606$ | $\alpha_{14} = \alpha_{17} = +0{,}07012$ |
| $\alpha_{15} = \alpha_{16} = +0{,}07222$ | | |

$N = 63$

| | | |
|---|---|---|
| $\alpha_0 = \alpha_{63} = -0{,}00005$ | $\alpha_1 = \alpha_{62} = -0{,}00022$ | $\alpha_2 = \alpha_{61} = -0{,}00042$ |
| $\alpha_3 = \alpha_{60} = -0{,}00068$ | $\alpha_4 = \alpha_{59} = -0{,}00101$ | $\alpha_5 = \alpha_{58} = -0{,}00141$ |
| $\alpha_6 = \alpha_{57} = -0{,}00188$ | $\alpha_7 = \alpha_{56} = -0{,}00241$ | $\alpha_8 = \alpha_{55} = -0{,}00295$ |
| $\alpha_9 = \alpha_{54} = -0{,}00344$ | $\alpha_{10} = \alpha_{53} = -0{,}00383$ | $\alpha_{11} = \alpha_{52} = -0{,}00403$ |
| $\alpha_{12} = \alpha_{51} = -0{,}00395$ | $\alpha_{13} = \alpha_{50} = -0{,}00350$ | $\alpha_{14} = \alpha_{49} = -0{,}00259$ |
| $\alpha_{15} = \alpha_{48} = -0{,}00115$ | $\alpha_{16} = \alpha_{47} = +0{,}00089$ | $\alpha_{17} = \alpha_{46} = +0{,}00356$ |
| $\alpha_{18} = \alpha_{45} = +0{,}00689$ | $\alpha_{19} = \alpha_{44} = +0{,}01084$ | $\alpha_{20} = \alpha_{43} = +0{,}01536$ |
| $\alpha_{21} = \alpha_{42} = +0{,}02036$ | $\alpha_{22} = \alpha_{41} = +0{,}02573$ | $\alpha_{23} = \alpha_{40} = +0{,}03131$ |
| $\alpha_{24} = \alpha_{39} = +0{,}03694$ | $\alpha_{25} = \alpha_{38} = +0{,}04243$ | $\alpha_{26} = \alpha_{37} = +0{,}04759$ |
| $\alpha_{27} = \alpha_{36} = +0{,}05227$ | $\alpha_{28} = \alpha_{35} = +0{,}05618$ | $\alpha_{29} = \alpha_{34} = +0{,}05928$ |
| $\alpha_{30} = \alpha_{33} = +0{,}06143$ | $\alpha_{31} = \alpha_{32} = +0{,}06252$ | |

**Tab. 21.2 c.** Koeffizienten für FIR-Filter mit der Grenzfrequenz $F_g = 0{,}025$ d.h. $f_g = 0{,}025 f_a$. Für die Ordnungen $N < 27$ existiert hier keine Lösung

nung. Weiter erkennt man, daß die Randkoeffizienten (im Beispiel $\alpha_0$ und $\alpha_8$) bei allen durch 4 teilbaren Ordnungen verschwinden. Sie sind daher besonders vorteilhaft, da man zwei zusätzliche Ordnungen ohne eine zusätzliche Multiplikation gewinnt. Selbst die beiden Verzögerungselemente, die zu den beiden verschwindenden Randkoeffizienten $\alpha_0 = \alpha_N = 0$ gehören, können entfallen. Diese

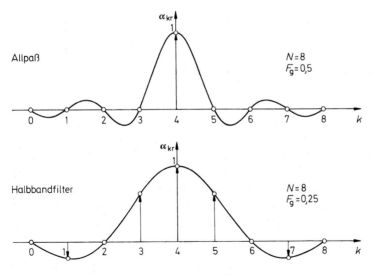

**Abb. 21.31.** FIR-Filter mit verschwindenden Koeffizienten

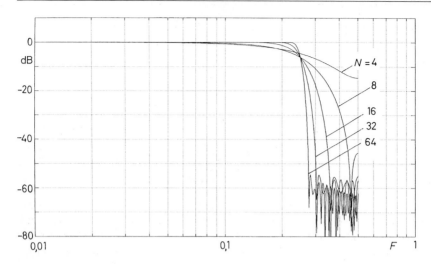

**Abb. 21.32.** Frequenzgänge von Halbbandfiltern

---

$N = 4$     3 Koeffizienten     $F_g = 0,205$
$\alpha_0 = \alpha_4 = 0$         $\alpha_1 = \alpha_3 = +0,20371$         $\alpha_2 = +0,59258$

$N = 8$     5 Koeffizienten     $F_g = 0,199$
$\alpha_0 = \alpha_8 = 0$         $\alpha_1 = \alpha_7 = -0,02266$         $\alpha_2 = \alpha_6 = 0$         $\alpha_3 = \alpha_5 = +0,27398$
$\alpha_4 = +0,49737$

$N = 16$     9 Koeffizienten     $F_g = 0,225$
$\alpha_0 = \alpha_{16} = 0$         $\alpha_1 = \alpha_{15} = -0,00524$         $\alpha_2 = \alpha_{14} = 0$         $\alpha_3 = \alpha_{13} = +0,02321$
$\alpha_4 = \alpha_{12} = 0$         $\alpha_5 = \alpha_{11} = -0,07611$         $\alpha_6 = \alpha_{10} = 0$         $\alpha_7 = \alpha_9 = +0,30770$
$\alpha_8 = +0,50087$

$N = 32$     17 Koeffizienten     $F_g = 0,238$
$\alpha_0 = \alpha_{32} = 0$         $\alpha_1 = \alpha_{31} = -0,00189$         $\alpha_2 = \alpha_{30} = 0$         $\alpha_3 = \alpha_{29} = +0,00386$
$\alpha_4 = \alpha_{28} = 0$         $\alpha_5 = \alpha_{27} = -0,00824$         $\alpha_6 = \alpha_{26} = 0$         $\alpha_7 = \alpha_{25} = +0,01595$
$\alpha_8 = \alpha_{24} = 0$         $\alpha_9 = \alpha_{23} = -0,02868$         $\alpha_{10} = \alpha_{22} = 0$         $\alpha_{11} = \alpha_{21} = +0,05072$
$\alpha_{12} = \alpha_{20} = 0$         $\alpha_{13} = \alpha_{19} = -0,09802$         $\alpha_{14} = \alpha_{18} = 0$         $\alpha_{15} = \alpha_{17} = +0,31594$
$\alpha_{16} = +0,50071$

$N = 64$     33 Koeffizienten     $F_g = 0,244$
$\alpha_0 = \alpha_{64} = 0$         $\alpha_1 = \alpha_{63} = -0,00084$         $\alpha_2 = \alpha_{62} = 0$         $\alpha_3 = \alpha_{61} = +0,00110$
$\alpha_4 = \alpha_{60} = 0$         $\alpha_5 = \alpha_{59} = -0,00158$         $\alpha_6 = \alpha_{58} = 0$         $\alpha_7 = \alpha_{57} = +0,00235$
$\alpha_8 = \alpha_{56} = 0$         $\alpha_9 = \alpha_{55} = -0,00344$         $\alpha_{10} = \alpha_{54} = 0$         $\alpha_{11} = \alpha_{53} = +0,00490$
$\alpha_{12} = \alpha_{52} = 0$         $\alpha_{13} = \alpha_{51} = -0,00681$         $\alpha_{14} = \alpha_{50} = 0$         $\alpha_{15} = \alpha_{49} = +0,00927$
$\alpha_{16} = \alpha_{48} = 0$         $\alpha_{17} = \alpha_{47} = -0,01243$         $\alpha_{18} = \alpha_{46} = 0$         $\alpha_{19} = \alpha_{45} = +0,01650$
$\alpha_{20} = \alpha_{44} = 0$         $\alpha_{21} = \alpha_{43} = -0,02192$         $\alpha_{22} = \alpha_{42} = 0$         $\alpha_{23} = \alpha_{41} = +0,02944$
$\alpha_{24} = \alpha_{40} = 0$         $\alpha_{25} = \alpha_{39} = -0,04076$         $\alpha_{26} = \alpha_{38} = 0$         $\alpha_{27} = \alpha_{37} = +0,06025$
$\alpha_{28} = \alpha_{36} = 0$         $\alpha_{29} = \alpha_{35} = -0,10408$         $\alpha_{30} = \alpha_{34} = 0$         $\alpha_{31} = \alpha_{33} = +0,31785$
$\alpha_{32} = +0,50039$

**Tab. 21.3.** Koeffizienten für Halbband-Filter

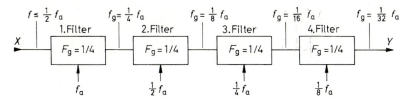

**Abb. 21.33.** Einsatz von Halbbandfiltern in Kaskadenstruktur mit Unterabtastung. Anzahl der MAC-Operationen zur Berechnung eines Ausgangswertes:

$$(N+1) + \frac{1}{2}(N+1) + \frac{1}{2}(N+1) + \ldots = (N+1)\left(1 + \frac{1}{2} + \frac{1}{4} + \ldots\right) = 2(N+1)$$

Vorteile lassen sich jedoch nur ausnutzen, wenn man den Filter-Algorithmus auf einem Signalprozessor programmiert. Bei den in Tab. 21.6 auf S. 1169 zusammengestellten Hardware-Filtern lassen sich die Vorteile der Halbbandfilter nicht nutzen.

Halbbandfilter werden vorteilhaft in Kaskaden-Anordnungen eingesetzt, wie in Abb. 21.33 dargestellt. Dabei verwendet man identische Filterblöcke, die bei der halben Abtastfrequenz schon eine hohe Sperrdämpfung besitzen. Dann kann man, ohne das Abtasttheorem nennenswert zu verletzen, im zweiten Filterblock mit der halben Abtastfrequenz arbeiten. Dadurch reduziert sich hier der Rechenaufwand auf die Hälfte. In einem dritten und vierten Filterblock halbiert man die Abtastfrequenz jeweils wieder. Die Grenzfrequenz des ganzen Filters halbiert sich also mit jedem zusätzlichen Filterblock; dies ist auch in Abb. 21.33 dargestellt. Auf diese Weise lassen sich Grenzfrequenzen realisieren, die weit unter der Abtastfrequenz liegen, und deren Realisierung sonst sehr hohen Aufwand erfordern würde [21.12].

### Hochpaß-Filter

Die Berechnung der Filterkoeffizienten von Hochpaß-Filtern läßt sich auf den Entwurf von Tiefpässen zurückführen. Dazu macht man vom Additionstheorem der Fouriertransformation Gebrauch, das besagt, daß eine Addition im Frequenzbereich einer Addition im Zeitbereich entspricht. Abbildung 21.34 zeigt, wie man diesen Satz zum Entwurf von Hochpaß-Filtern nutzen kann. Man sieht, daß im Frequenzbereich ein Hochpaß entsteht, wenn man von einem Allpaß einen Tiefpaß subtrahiert. Die zugehörigen Filterkoeffizienten erhält man demnach dadurch, daß man von den Koeffizienten des Allpasses die des Tiefpasses subtrahiert, wie es auf der rechten Seite der Abbildung dargestellt ist. Natürlich muß man auch hier die Koeffizienten mit einem Fenster bewerten und den Betrag der Verstärkung bei der Frequenz $F = 0{,}5$ auf 1 und bei $F = F_g$ auf $1/\sqrt{2}$ normieren.

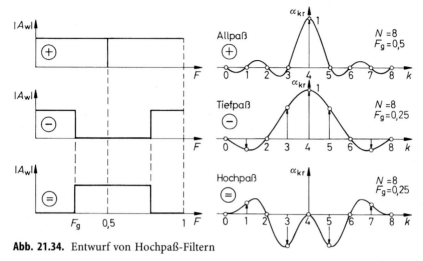

**Abb. 21.34.** Entwurf von Hochpaß-Filtern

---

Grenzfrequenz $F_g = 0{,}25$

$N = 1$
$\alpha_0 = -\alpha_1 = +0{,}5000$

$N = 6$
$\alpha_0 = \alpha_6 = -0{,}00009$      $\alpha_1 = \alpha_5 = -0{,}05091$      $\alpha_2 = \alpha_4 = -0{,}25163$
$\alpha_3 = +0{,}60528$

$N = 10$
$\alpha_0 = \alpha_{10} = -0{,}00162$      $\alpha_1 = \alpha_9 = +0{,}01114$      $\alpha_2 = \alpha_8 = +0{,}03079$
$\alpha_3 = \alpha_7 = -0{,}05152$      $\alpha_4 = \alpha_6 = -0{,}27968$      $\alpha_5 = +0{,}58179$

$N = 14$
$\alpha_0 = \alpha_{14} = +0{,}00113$      $\alpha_1 = \alpha_{13} = -0{,}00587$      $\alpha_2 = \alpha_{12} = -0{,}01005$
$\alpha_3 = \alpha_{11} = +0{,}02291$      $\alpha_4 = \alpha_{10} = +0{,}05852$      $\alpha_5 = \alpha_9 = -0{,}04623$
$\alpha_6 = \alpha_8 = -0{,}29895$      $\alpha_7 = +0{,}55709$

$N = 30$
$\alpha_0 = \alpha_{30} = +0{,}00053$      $\alpha_1 = \alpha_{29} = -0{,}00188$      $\alpha_2 = \alpha_{28} = -0{,}00136$
$\alpha_3 = \alpha_{27} = +0{,}00375$      $\alpha_4 = \alpha_{26} = +0{,}00407$      $\alpha_5 = \alpha_{25} = -0{,}00732$
$\alpha_6 = \alpha_{24} = -0{,}01026$      $\alpha_7 = \alpha_{23} = +0{,}01213$      $\alpha_8 = \alpha_{22} = -0{,}02267$
$\alpha_9 = \alpha_{21} = -0{,}01739$      $\alpha_{10} = \alpha_{20} = +0{,}04475$      $\alpha_{11} = \alpha_{19} = +0{,}02213$
$\alpha_{12} = \alpha_{18} = +0{,}09366$      $\alpha_{13} = \alpha_{17} = -0{,}02541$      $\alpha_{14} = \alpha_{16} = -0{,}31369$
$\alpha_{15} = +0{,}52709$

$N = 62$
$\alpha_0 = \alpha_{62} = +0{,}00025$      $\alpha_1 = \alpha_{61} = -0{,}00082$      $\alpha_2 = \alpha_{60} = -0{,}00038$
$\alpha_3 = \alpha_{59} = +0{,}00104$      $\alpha_4 = \alpha_{58} = +0{,}00064$      $\alpha_5 = \alpha_{57} = -0{,}00146$
$\alpha_6 = \alpha_{56} = -0{,}00110$      $\alpha_7 = \alpha_{55} = +0{,}00209$      $\alpha_8 = \alpha_{54} = -0{,}00184$
$\alpha_9 = \alpha_{53} = -0{,}00291$      $\alpha_{10} = \alpha_{52} = -0{,}00297$      $\alpha_{11} = \alpha_{51} = +0{,}00389$
$\alpha_{12} = \alpha_{50} = +0{,}00457$      $\alpha_{13} = \alpha_{49} = -0{,}00500$      $\alpha_{14} = \alpha_{48} = -0{,}00680$
$\alpha_{15} = \alpha_{47} = +0{,}00620$      $\alpha_{16} = \alpha_{46} = -0{,}00981$      $\alpha_{17} = \alpha_{45} = -0{,}00744$
$\alpha_{18} = \alpha_{44} = -0{,}01387$      $\alpha_{19} = \alpha_{43} = +0{,}00866$      $\alpha_{20} = \alpha_{42} = +0{,}01938$
$\alpha_{21} = \alpha_{41} = -0{,}00982$      $\alpha_{22} = \alpha_{40} = -0{,}02713$      $\alpha_{23} = \alpha_{39} = +0{,}01085$
$\alpha_{24} = \alpha_{38} = +0{,}03879$      $\alpha_{25} = \alpha_{37} = -0{,}01170$      $\alpha_{26} = \alpha_{36} = -0{,}05873$
$\alpha_{27} = \alpha_{35} = +0{,}01235$      $\alpha_{28} = \alpha_{34} = +0{,}10304$      $\alpha_{29} = \alpha_{33} = -0{,}01275$
$\alpha_{30} = \alpha_{32} = -0{,}31713$      $\alpha_{31} = +0{,}51315$

---

**Tab. 21.4a.** Filterkoeffizienten von FIR-Hochpässen mit $F_g = 0{,}25$, d.h. $f_g = 0{,}25 f_a$

Grenzfrequenz $F_g = 0,1$

$N = 12$

| | | |
|---|---|---|
| $\alpha_0 = \alpha_{12} = -0,01015$ | $\alpha_1 = \alpha_{11} = -0,01925$ | $\alpha_2 = \alpha_{10} = -0,04453$ |
| $\alpha_3 = \alpha_9 = -0,08090$ | $\alpha_4 = \alpha_8 = -0,11882$ | $\alpha_5 = \alpha_7 = -0,14737$ |
| $\alpha_6 = +0,84203$ | | |

$N = 30$

| | | |
|---|---|---|
| $\alpha_0 = \alpha_{30} = -0,00160$ | $\alpha_1 = \alpha_{29} = -0,00200$ | $\alpha_2 = \alpha_{28} = -0,00212$ |
| $\alpha_3 = \alpha_{27} = -0,00117$ | $\alpha_4 = \alpha_{26} = +0,00185$ | $\alpha_5 = \alpha_{25} = +0,00723$ |
| $\alpha_6 = \alpha_{24} = +0,01375$ | $\alpha_7 = \alpha_{23} = +0,01836$ | $\alpha_8 = \alpha_{22} = +0,01674$ |
| $\alpha_9 = \alpha_{21} = +0,00479$ | $\alpha_{10} = \alpha_{20} = -0,01960$ | $\alpha_{11} = \alpha_{19} = -0,05505$ |
| $\alpha_{12} = \alpha_{18} = -0,09628$ | $\alpha_{13} = \alpha_{17} = -0,13521$ | $\alpha_{14} = \alpha_{16} = -0,16308$ |
| $\alpha_{15} = +0,82679$ | | |

$N = 62$

| | | |
|---|---|---|
| $\alpha_0 = \alpha_{62} = +0,00048$ | $\alpha_1 = \alpha_{61} = +0,00082$ | $\alpha_2 = \alpha_{60} = +0,00096$ |
| $\alpha_3 = \alpha_{59} = +0,00079$ | $\alpha_4 = \alpha_{58} = +0,00023$ | $\alpha_5 = \alpha_{57} = -0,00070$ |
| $\alpha_6 = \alpha_{56} = -0,00176$ | $\alpha_7 = \alpha_{55} = -0,00254$ | $\alpha_8 = \alpha_{54} = -0,00252$ |
| $\alpha_9 = \alpha_{53} = -0,00134$ | $\alpha_{10} = \alpha_{52} = +0,00099$ | $\alpha_{11} = \alpha_{51} = +0,00390$ |
| $\alpha_{12} = \alpha_{50} = +0,00629$ | $\alpha_{13} = \alpha_{49} = -0,00689$ | $\alpha_{14} = \alpha_{48} = +0,00475$ |
| $\alpha_{15} = \alpha_{47} = -0,00020$ | $\alpha_{16} = \alpha_{46} = -0,00683$ | $\alpha_{17} = \alpha_{45} = -0,01292$ |
| $\alpha_{18} = \alpha_{44} = -0,01572$ | $\alpha_{19} = \alpha_{43} = -0,01296$ | $\alpha_{20} = \alpha_{42} = +0,00392$ |
| $\alpha_{21} = \alpha_{41} = +0,00984$ | $\alpha_{22} = \alpha_{40} = +0,02439$ | $\alpha_{23} = \alpha_{39} = +0,03417$ |
| $\alpha_{24} = \alpha_{38} = +0,03350$ | $\alpha_{25} = \alpha_{37} = +0,01835$ | $\alpha_{26} = \alpha_{36} = -0,01208$ |
| $\alpha_{27} = \alpha_{35} = -0,05455$ | $\alpha_{28} = \alpha_{34} = -0,10217$ | $\alpha_{29} = \alpha_{33} = -0,14584$ |
| $\alpha_{30} = \alpha_{32} = -0,17650$ | $\alpha_{31} = +0,81246$ | |

**Tab. 21.4 b.** Filterkoeffizienten von FIR-Hochpässen mit der Grenzfrequenz $F_g = 0,1$, d.h. $f_g = 0,1 f_a$

Grenzfrequenz $F_g = 0,025$

$N = 48$

| | | |
|---|---|---|
| $\alpha_0 = \alpha_{48} = -0,00271$ | $\alpha_1 = \alpha_{47} = -0,00288$ | $\alpha_2 = \alpha_{46} = -0,00332$ |
| $\alpha_3 = \alpha_{45} = -0,00404$ | $\alpha_4 = \alpha_{44} = -0,00503$ | $\alpha_5 = \alpha_{43} = -0,00628$ |
| $\alpha_6 = \alpha_{42} = -0,00778$ | $\alpha_7 = \alpha_{41} = -0,00951$ | $\alpha_8 = \alpha_{40} = -0,01144$ |
| $\alpha_9 = \alpha_{39} = -0,01353$ | $\alpha_{10} = \alpha_{38} = -0,01557$ | $\alpha_{11} = \alpha_{37} = -0,01811$ |
| $\alpha_{12} = \alpha_{36} = -0,02050$ | $\alpha_{13} = \alpha_{35} = -0,02291$ | $\alpha_{14} = \alpha_{34} = -0,02530$ |
| $\alpha_{15} = \alpha_{33} = -0,02762$ | $\alpha_{16} = \alpha_{32} = -0,02983$ | $\alpha_{17} = \alpha_{31} = -0,03189$ |
| $\alpha_{18} = \alpha_{30} = -0,03376$ | $\alpha_{19} = \alpha_{29} = -0,03541$ | $\alpha_{20} = \alpha_{28} = -0,03680$ |
| $\alpha_{21} = \alpha_{27} = -0,03791$ | $\alpha_{22} = \alpha_{26} = -0,03872$ | $\alpha_{23} = \alpha_{25} = -0,03921$ |
| $\alpha_{24} = +0,96062$ | | |

**Tab. 21.4 c.** Filterkoeffizienten von FIR-Hochpässen mit der Grenzfrequenz $F_g = 0,025$, d.h. $f_g = 0,025 f_a$

Es zeigt sich jedoch, daß die nach dieser Methode entworfenen Hochpässe in ungerader Ordnung bei $F = 0,5$ eine Nullstelle besitzen. Sie eignen sich daher nicht gut als Hochpaßfilter. Daher wurden in den Frequenzgängen in Abb. 21.35 und der Koeffizienten-Tabelle in Tab. 21.4 nur Filter mit gerader Ordnung, d.h. ungerader Koeffizientenzahl, berücksichtigt.

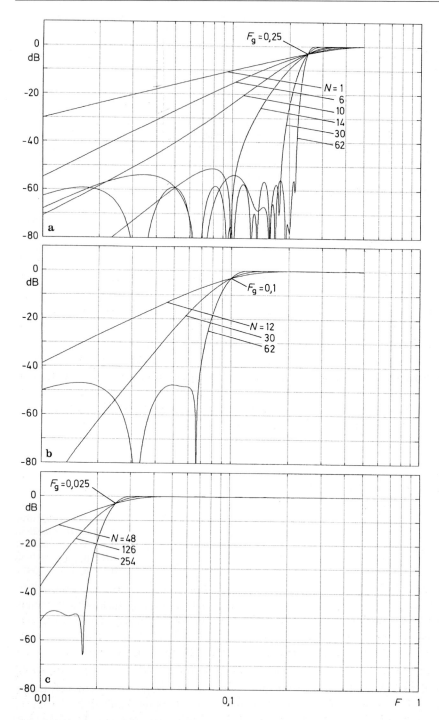

**Abb. 21.35.** Frequenzgänge von FIR-Hochpässen

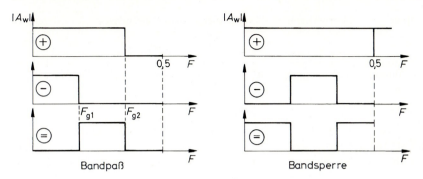

**Abb. 21.36.** Entwurf von Bandpaß. bzw. Bandsperre

**Bandpässe und Bandsperren**

Ein Bandpaß läßt sich dadurch realisieren, daß man wie in Abb. 21.36 die Frequenzgänge zweier Tiefpässe voneinander subtrahiert. Um eine Bandsperre zu erhalten, kann man den Frequenzgang eines Bandpasses von dem eines Allpasses subtrahieren. Die Koeffizienten des gewünschten Filters erhält man dann jeweils durch Subtraktion der betreffenden Koeffizienten-Sätze.

Eine andere Möglichkeit, die Filterkoeffizienten von Bandpässen und Bandsperren zu erhalten, besteht darin, die Übertragungsfunktionen $\tilde{A}(z)$ eines entsprechenden Hoch- und Tiefpasses miteinander zu multiplizieren. Die Realisierung kann man dann entweder aus den einzelnen Filtern in Kaskadenform vornehmen oder nach Ausmultiplizieren auch in fortlaufender Anordnung.

## 21.5
## Realisierung von FIR-Filtern

Zur Realisierung von FIR-Filtern muß man gemäß Gl. (21.19) die Ausgangswerte

$$y(t_N) = \sum_{k=0}^{N} \alpha_k x(t_{N-k})$$

als die mit den Koeffizienten gewichtete Summe der $N$ letzten Eingangswerte berechnen. Diese Operation kann man entweder parallel, also in einem Schritt, oder seriell, d.h. in $N$ Schritten ausführen. Im ersten Fall ergibt sich ein großer Hardware-Aufwand, im zweiten Fall ein großer Zeitaufwand, wie Tab. 21.5 zeigt. Wenn man für die Basisoperation, d.h. Multiplikation und Addition (MAC), z.B. 100 ns zugrunde legt, lassen sich bei paralleler Verarbeitung Abtastfrequenzen von 10 MHz erreichen, sonst nur der $N$-te Teil davon.

Zur Berechnung der Gl. (21.19) müssen natürlich alle Koeffizienten und die letzten $N$ Abtastwerte gespeichert vorliegen. Daraus ergibt sich in beiden Fällen ein Speicherbedarf von $2N + 1$ Werten.

| Verarbeitung | Multiplizierer | Summierer | Rechenzeit | Speicher |
|---|---|---|---|---|
| parallel | $N + 1$ | $N$ | 1 Takt | $2N + 1$ |
| seriell | 1 | 1 | $N + 1$ Takte | $2N + 1$ |

**Tab. 21.5.** Aufwandsabschätzung für FIR-Filter $N$-ter Ordnung bei paralleler bzw. serieller Verarbeitung

Die erforderliche Wortbreite $w$ der Daten $x$ wird durch den Quantisierungsrauschabstand bestimmt, der ca. $w \cdot 6\,\mathrm{dB}$ beträgt. Die Wortbreite, die für die Koeffizienten zur Verfügung steht, bestimmt, wie genau man die berechneten Koeffizienten realisieren kann. Man wählt sie meist mindestens so groß wie die Datenwortbreite. Dadurch entstehen nach der Multiplikation Worte mit der doppelten Wortbreite, also $2w$. Bei der Berechnung der Summe kann die Wortbreite in jedem Schritt um ein Bit zunehmen, also auf $2w + N$. Die tatsächliche Zunahme ist jedoch geringer, da die Mehrzahl der Koeffizienten $\alpha_k \ll 1$ ist. Trotzdem ist eine Rundung auf kleinere Wortbreite meist unumgänglich, um den Aufwand in Grenzen zu halten.

### 21.5.1
### Parallele Realisierung von FIR-Filtern

Zur Realisierung von FIR-Filtern nach dem Parallelverfahren ist die in Abb. 21.18 auf S. 1147 dargestellte Struktur besonders geeignet, da hier jeweils eine ganze Taktperiodendauer für eine MAC-Operation zur Verfügung steht. Die auftretenden Multiplikationen der Eingangsfolge mit den Filterkoeffizienten kann man im Prinzip mit Parallelmultiplizierern durchführen, deren einen Faktor man gemäß der Koeffiziente Bit für Bit fest an 0 bzw. 1 anschließt. Man könnte auch die Multiplikationstabelle für jeden Koeffizienten ausrechnen und in einem EPROM abspeichern.

Beide Verfahren sind jedoch nicht mehr zeitgemäß, da integrierte FIR-Filter in vielfältigen Ausführungen im Handel sind. Sie sind durchweg nach dem in Abb. 21.18 gezeigten Prinzip aufgebaut. Es handelt sich hier um hochkomplexe Schaltungen, die eine Vielzahl von Parallelmultiplizierern, Addierern und Speichern enthalten. Zur Eingabe und Speicherung der Koeffizienten ist hier meist ein zusätzliches Schieberegister vorgesehen, wie es in Abb. 21.37 dargestellt ist. Hier

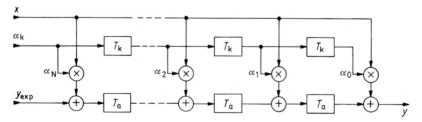

**Abb. 21.37.** Aufbau integrierter FIR-Filter, die nach dem Parallelverfahren arbeiten

| Typ | Hersteller | Koeffiz. Anzahl | Wort- breite | Abtast- frequenz | Verlust- leistung | Gehäuse |
|-----|-----------|-----------------|--------------|------------------|-------------------|---------|
| HSP43168 | Harris | 16 | 10 bit | 40 MHz | 1,4 W | 84PGA |
| HSP43216[1] | Harris | 67 | 16 bit | 50 MHz | 1,8 W | 84PLCC |
| LF2243 | Log Dev. | 56 | 12 bit | 40 MHz | 0,5 W | 44QFP |
| LF43168 | Log Dev. | 16 | 10 bit | 66 MHz | 1,2 W | 100QFP |
| L64246 | LSI-Logic | 26 | 10 bit | 40 MHz | | 68PGA |
| L64240 | LSI-Logic | 64 | 8 bit | 20 MHz | 2,5 W | 155PGA |
| DSP56200[2] | Motorola | 256 | 16 bit | 37 kHz | 0,75W | 28DIL |
| PDSP16256 | Plessey | 16 | 16 bit | 25 MHz | 1 W | 144PGA |
| IMSA110 | SGS-Thoms. | 21 | 8 bit | 20 MHz | 1 W | 100PGA |
| IMSA100[2] | SGS-Thoms. | 32 | 16 bit | 2,5MHz | 1 W | 84PGA |
| X7101 | Xicor | 8 | 8 bit | 3,5MHz | 0,5 W | 18DIL |
| ZR33891 | Zoran | 8 | 9 bit | 20 MHz | 0,75W | 84PGA |

[1]Halbbandfilter    [2]seriell

**Tab. 21.6.** Integrierte FIR-Filter

lädt man die Koeffizienten nach dem Einschalten der Betriebsspannung hinein; damit ist dann das Filter konfiguriert. Man kann die Koeffizienten auch während des Betriebs austauschen, um die Filtercharakteristik adaptiv zu machen. Davon wird z.B. in Echo-Entzerrern Gebrauch gemacht. Man kann den Koeffizienten-Eingang auch als zweiten Signal-Eingang verwenden. In diesem Fall bercehnet die Anordnung die Kreuzkorrelationsfunktion der Eingangssignale. Der zusätzliche Eingang $y_{exp}$ ermöglicht die Kaskadierung gleichartiger Bausteine zur Erhöhung der Ordnung. Die Daten von einigen integrierten FIR-Filtern sind in Tab. 21.6 auf zusammengestellt.

### 21.5.2
### Serielle Realisierung von FIR-Filtern

Zur seriellen Realisierung von FIR-Filtern geht man von der Grundstruktur in Abb. 21.19 auf S. 1147 mit einem globalen Summierer am Ausgang aus. Zur Speicherung der Koeffizienten verwendet man in Gedanken ein Schieberegister gemäß Abb. 21.38. Hier ist es möglich, alle Multiplizierer und Summierer durch einen einzigen zu ersetzen, wie Abb. 21.39 zeigt. Zur Berechnung eines Aus-

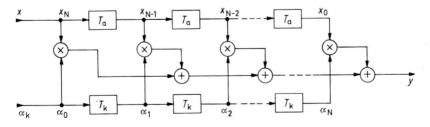

**Abb. 21.38.** FIR-Filter mit globalem Summierer am Ausgang

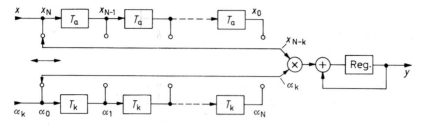

**Abb. 21.39.** Serielle Berechnung der Teilprodukte

gangswertes werden die Eingänge des Multiplizierers einmal durch alle Stufen geschoben und die sich ergebenden Teilprodukte aufsummiert. Realisiert werden die beiden Schieberegister als FIFO's (s. Kap. 10.2.3 auf S. 738). Dabei ist es nicht nötig, die Daten physikalisch zu verschieben, vielmehr werden nur die betreffenden Ein- bzw. Ausgabezeiger weiterbewegt. In Abb. 21.40 ist diese Technik dargestellt.

Zu einer kompakten Lösung gelangt man mit dem FIR-Prozessor DSP 56200 von Motorola. Die maximale Filterlänge beträgt hier 256 Koeffizienten. Bei dem DSP 56200 handelt es sich um einen digitalen Signalprozessor aus der DSP 56000-Familie, der ein Anwendungs-spezifisches Programm für FIR-Filter enthält. Man kann natürlich auch jeden anderen Signalprozessor einsetzen, wenn man das benötigte Programm selber schreibt. Einige frei programmierbare Signalprozessoren sind in Tab. 21.7 auf S. 1184 zusammengestellt.

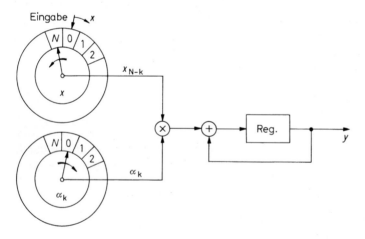

**Abb. 21.40.** Serielle Berechnung von $y$. Zur Ermittlung eines Ausgangswertes läßt man beide Ausgabezeiger einmal rotieren und summiert alle Teilprodukte. Dann wird der nächste Wert $x$ eingelesen

## 21.6
## Berechnung von IIR-Filtern

Die rekursiven Filter werden auch als Infinite Impulse Response Filter (IIR-Filter) bezeichnet, da ihre Impulsantwort – zumindest theoretisch – unendlich viele von Null verschiedene Abtastwerte besitzt. Ihre Grundstrukturen und Übertragungsfunktionen, die schon in Abschnitt 21.3 behandelt wurden, stellen den allgemeinen Fall der digitalen Filter dar.

### 21.6.1
### Berechnung der Filterkoeffizienten

Zur Berechnung der Filterkoeffizienten sind insbesondere zwei Verfahren gebräuchlich, der Yulewalk-Algorithmus und die bilineare Transformation. Der Yulewalk-Algorithmus [21.11] approximiert ein gegebenes Toleranzschema im Frequenzbereich durch eine minimale Anzahl von Filterkoeffizienten. Er liefert also Koeffizienten für ein minimiertes IIR-Filter und stellt daher das Analogon zum Remez-Exchange-Algorithmus für FIR-Filter dar. Wir wollen hier die bilineare Transformation genauer beschreiben, weil sie weniger rechenintensiv ist und daher das Verständnis der Wirkungsweise erleichtert.

Bei der bilinearen Transformation geht man vom Frequenzgang eines analogen Filters aus und versucht ihn möglichst gut mit einem IIR-Filter nachzubilden. Dies ist jedoch nicht ohne weiteres möglich, da die Übertragungsfunktion eines digitalen Filters nur bis zur halben Abtastfrequenz $\frac{1}{2}f_a$ genutzt werden kann und darüber hinaus periodisch sein muß. Aus diesem Grund bildet man den Amplitudenfrequenzgang des Analogfilters im Bereich $0 \le f \le \infty$ in den Bereich $0 \le f' \le \frac{1}{2}f_a$ des digitalen Filters ab und setzt ihn periodisch fort. Eine Transformation, die diese Eigenschaft besitzt, ist:

$$f = \frac{f_a}{\pi} \tan \frac{\pi f'}{f_a} \tag{21.38}$$

Für $f \to \infty$ strebt wie verlangt $f' \to \frac{1}{2}f_a$. Für $f' \ll f_a$ wird $f \approx f'$. Die Verzerrung der Frequenzachse wird also um so geringer, je größer die Taktfrequenz $f_a$ gegenüber dem interessierenden Frequenzbereich ist.

Um hier wie bei den Analogfiltern mit normierten Frequenzen arbeiten zu können, normieren wir alle Frequenzen auf die Abtastfrequenz:

$$F = f/f_a \quad \text{bzw.} \quad F_g = f_g/f_a \tag{21.39}$$

Damit lautet die Gl. (21.38):

$$F = \frac{1}{\pi} \tan \pi F' \tag{21.40}$$

Als Beispiel für die Transformation der Frequenzachse haben wir in Abb. 21.41 den Amplitudenfrequenzgang eines Tschebyscheff-Tiefpasses 2. Ordnung aufgezeichnet. Man erkennt, daß die typische Durchlaßcharakteristik erhalten bleibt. Allerdings ergibt sich eine Verschiebung der Grenzfrequenz. Um diesen Effekt

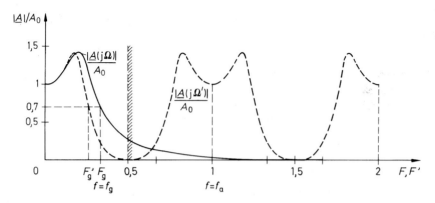

**Abb. 21.41.** Herstellung eines periodischen Amplitudenfrequenzganges. Tschebyscheff-Charakteristik mit 3 dB Welligkeit in zweiter Ordnung als Beispiel. Grenzfrequenz: $F_g = 0{,}3$, d.h. $f_g = 0{,}3 f_a$. Lineare Darstellung

zu vermeiden, führen wir in die Gl. (21.40) zur Frequenzabbildung einen Faktor $l$ ein, den wir so wählen, daß die Grenzfrequenz bei der Transformation erhalten bleibt, also $F_g = F_g'$ wird:

$$F \;=\; F_g \underbrace{\cot \pi F_g}_{l} \tan \pi F' \tag{21.41}$$

Die nach dieser Vorschrift transformierte Frequenzgangkurve ist in Abb. 21.42 dargestellt. Dabei interpretieren wir die formal eingeführte Größe $F'$ als neue Frequenzvariable $F$ und bezeichnen den transformierten Frequenzgang mit $\underline{A}'(j\omega_n)$. Man erkennt, daß sich damit eine gute Approximation des Analogfilters ergibt.

Nach den bisherigen Ausführungen besitzt der transformierte Frequenzgang $\underline{A}'(jF)$ eine Form, die sich mit einem Digitalfilter realisieren läßt. Zur Berechnung der digitalen Übertragungsfunktion $\tilde{A}(z)$ benötigen wir nun die Transformati-

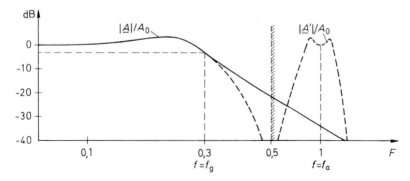

**Abb. 21.42.** Anpassung der Grenzfrequenz. Tschebyscheff-Charakteristik mit 3 dB Welligkeit in zweiter Ordnung als Beispiel. Grenzfrequenz: $F_g = 0{,}3$, d.h. $f_g = 0{,}3 f_a$. Logarithmische Darstellung

onsgleichung für die komplexe Frequenzvariable $s_n$. Mit $s_n = j\omega_n = jF/F_g$ folgt aus Gl. (21.41):

$$s_n = l \cdot j \tan \pi F$$

Mit der mathematischen Umformung

$$j \tan x = -\tanh(-jx) = \frac{1 - e^{-2jx}}{1 + e^{-2jx}}$$

und der Definition von $z^{-1} = e^{-2\pi jF}$ ergibt sich dann

$$s_n = l\frac{1 - e^{-2\pi jF}}{1 + e^{-2\pi jF}} = l\frac{1 - z^{-1}}{1 + z^{-1}} \quad \text{mit} \quad l = \cot \pi F_g \tag{21.42}$$

Diese Beziehung heißt bilineare Transformation.

Zusammenfassend kann man auf folgende Weise eine Analogfilterfunktion in eine Digitalfunktion transformieren: Man ersetzt in der analogen Übertragungsfunktion $A(s_n)$ die normierte Frequenzvariable $s_n$ durch $l(z - 1)/(z + 1)$ und erhält eine Übertragungsfunktion $\bar{A}(z)$, die sich mit einem Digitalfilter realisieren läßt. Der Amplitudenfrequenzgang verläuft dann sehr ähnlich wie der des Analogfilters. Die Charakteristik wird in $f$-Richtung so weit zusammengedrängt, daß der Wert $|\underline{A}(j\infty)|$ bei der Frequenz $\frac{1}{2}f_a$ erscheint. Die dadurch verursachten Abweichungen sind um so geringer, je größer $f_a$ gegenüber dem interessierenden Frequenzbereich $0 < f < f_{\max}$ ist.

Der Frequenzgang der Phase wird allerdings stärker verändert. Daher können diesbezügliche Aussagen aus dem Analogbereich nicht ohne weiteres in den Digitalbereich übernommen werden. Deshalb ist es z.B. nicht sinnvoll, den Amplitudenfrequenzgang eines Bessel-Filters zu approximieren, weil die Linearität der Phase verlorengeht. Wenn ein Filter mit linearer Phase benötigt wird, verwendet man am besten ein FIR-Filter.

Zur Berechnung der Filterkoeffizienten von IIR-Filtern setzt man in den Frequenzgang des linearen Filters

$$A(s_n) = \frac{d_0 + d_1 s_n + d_2 s_n^2 + \dots}{c_0 + c_1 s_n + c_2 s_n^2 + \dots} = \frac{\sum\limits_{k=0}^{N} d_k s_n^k}{\sum\limits_{k=0}^{N} c_k s_n^k} \tag{21.43}$$

die bilineare Transformation

$$s_n = l\frac{1 - z^{-1}}{1 + z^{-1}} \tag{21.42}$$

ein. Der Koeffizientenvergleich mit dem allgemeinen Frequenzgang eines IIR-Filters

$$A(z) = \frac{\alpha_0 + \alpha_1 z^{-1} + \alpha_2 z^{-2} + \dots}{1 + \beta_1 z^{-1} + \beta_2 z^{-2} + \dots} = \frac{\sum\limits_{k=0}^{N} \alpha_k z^{-k}}{1 + \sum\limits_{k=1}^{N} \beta_k z^{-k}} \tag{21.16}$$

liefert dann die gesuchten Filterkoeffizienten $\alpha_k$ und $\beta_k$.

## 21.6.2
## IIR-Filter in Kaskadenstruktur

Zur Realisierung von Digitalfiltern ist es wie bei den Analogfiltern am einfachsten, Blöcke erster und zweiter Ordnung zu kaskadieren. In diesem Fall kann man auch zur Berechnung der Filterkoeffizienten auf die tabellierten Werte in Tab. 13.6 auf S. 854 für analoge Filter zurückgreifen. Deshalb wollen wir die Umrechnung der Filterkoeffizienten für diesen Fall explizit angeben.

### IIR-Filter erster Ordnung

Die in Abb. 21.43 dargestellte Struktur eines IIR-Filters erster Ordnung entsteht aus Abb. 21.14 von S. 1144 für den Fall $N = 1$. Aus der *analogen* Übertragungsfunktion erster Ordnung

$$A(s_n) = \frac{d_0 + d_1 s_n}{c_0 + c_1 s_n} \tag{21.44}$$

erhalten wir durch Anwendung der bilinearen Transformation die digitale Übertragungsfunktion

$$\tilde{A}(z) = \frac{\alpha_0 + \alpha_1 z^{-1}}{1 + \beta_1 z^{-1}} \tag{21.45}$$

mit den Koeffizienten:

$$\alpha_0 = \frac{d_0 + d_1 l}{c_0 + c_1 l}; \quad \alpha_1 = \frac{d_0 - d_1 l}{c_0 + c_1 l}; \quad \beta_1 = \frac{c_0 - c_1 l}{c_0 + c_1 l} \tag{21.46}$$

Wenn wir diese allgemeinen Gleichungen auf einen Tiefpaß anwenden, folgt:

$$A(s_n) = \frac{A_0}{1 + a_1 s_n} \Rightarrow \tilde{A}(z) = \alpha_0 \frac{1 + z^{-1}}{1 + \beta_1 z^{-1}} \tag{21.47}$$

$$\alpha_0 \alpha_1 = \frac{A_0}{1 + a_1 l}; \quad \beta_1 = \frac{1 - a_1 l}{1 + a_1 l} \tag{21.48}$$

Bei einem Hochpaß ergibt sich entsprechend:

$$A(s_n) = \frac{A_\infty}{1 + a_1 \dfrac{1}{s_n}} = \frac{A_\infty s_n}{a_1 + s_n} \Rightarrow \tilde{A}(z) = \alpha_0 \frac{1 - z^{-1}}{1 + \beta_1 z^{-1}}$$

$$\alpha_0 = -\alpha_1 \frac{A_\infty l}{a_1 + l}; \quad \beta_1 = \frac{a_1 - l}{a_1 + l} \tag{21.49}$$

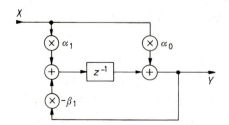

**Abb. 21.43.** IIR-Filter 1. Ordnung

$$\tilde{A}(z) = \frac{Y}{X} = \frac{\alpha_0 + \alpha_1 z^{-1}}{1 + \beta_1 z^{-1}}$$

Als Beispiel wollen wir die Koeffizienten für einen Hochpaß 1. Ordnung mit $a_1 = 1$ berechnen. Seine Grenzfrequenz soll $f_g = 100\,\text{Hz}$ betragen, die Bandbreite des Eingangssignals 3,4 kHz. Wir wählen $f_a = 10\,\text{kHz}$ und erhalten die normierte Grenzfrequenz:

$$F_g = f_g/f_a = 100\,\text{Hz}/10\,\text{kHz} = 0,01$$

Daraus folgt der Normierungsfaktor:

$$l = \cot\pi F_g = \cot\pi \cdot 0,01 = 31,82$$

Aus Gl. (21.49) ergibt sich damit:

$$\alpha_0 = -\alpha_1 = 0,9695 \quad \text{und} \quad \beta_1 = -0,9391$$

Die digitale Übertragungsfunktion lautet also:

$$\tilde{A}(z) = \frac{\alpha_0 + \alpha_1 z^{-1}}{1 + \beta_1 z^{-1}} = \frac{0,9695 - 0,9695 z^{-1}}{1 - 0,9391 z^{-1}}$$

Das Verhältnis von Abtastfrequenz zu Grenzfrequenz ist durch die vorgenommene Dimensionierung auf den Wert 100 festgelegt. Die Grenzfrequenz ist also proportional zur Abtastfrequenz. Sie kann demnach auf einfache Weise mit Hilfe der Abtastfrequenz gesteuert werden. Dies ist eine besondere Eigenschaft aller Digitalfilter, die außer ihnen nur die in Kapitel 13.12 auf S. 893 beschriebenen Switched-Capacitor Filter besitzen.

### IIR-Filter zweiter Ordnung

Ein IIR-Filter zweiter Ordnung, das sich durch Spezialisierung von Abb. 21.14 auf S. 1144 ergibt, ist in Abb. 21.44 dargestellt. Setzt man hier in die lineare Übertragungsfunktion

$$A(s_n) = \frac{d_0 + d_1 s_n + d_2 s_n^2}{c_0 + c_1 s_n + c_2 s_n^2}$$

die bilineare Transformation gemäß Gl. (21.42) ein, erhält man

$$\tilde{A}(z) = \frac{\alpha_0 + \alpha_1 z^{-1} + \alpha_2 z^{-2}}{1 + \beta_1 z^{-1} + \beta_2 z^{-2}} \tag{21.50}$$

mit den Koeffizienten:

$$\alpha_0 = \frac{d_0 + d_1 l + d_2 l^2}{c_0 + c_1 l + c_2 l^2}; \quad \alpha_1 = \frac{2(d_0 - d_2 l^2)}{c_0 + c_1 l + c_2 l^2}; \quad \alpha_2 = \frac{d_0 - d_1 l + d_2 l^2}{c_0 + c_1 l + c_2 l^2};$$

$$\beta_1 = \frac{2(c_0 - c_2 l^2)}{c_0 + c_1 l + c_2 l^2}; \quad \beta_2 = \frac{c_0 - c_1 l + c_2 l^2}{c_0 + c_1 l + c_2 l^2}$$

Daraus lassen sich folgende Filter zweiter Ordnung berechnen:

Tiefpaß (Gl. (21.51)):

$$A(s_n) = \frac{A_0}{1 + a_1 s_n + b_1 s_n^2} \quad \Rightarrow \quad \tilde{A}(z) = \alpha_0 \frac{1 + 2z^{-1} + z^{-2}}{1 + \beta_1 z^{-1} + \beta_2 z^{-2}}$$

$$\alpha_0 = \frac{A_0}{1 + a_1 l + b_1 l^2}; \quad \beta_1 = \frac{2(1 - b_1 l^2)}{1 + a_1 l + b_1 l^2}; \quad \beta_2 = \frac{1 - a_1 l + b_1 l^2}{1 + a_1 l + b_1 l^2}$$

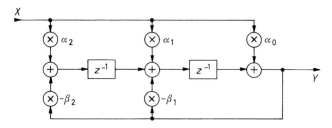

**Abb. 21.44.** IIR-Filter 2. Ordnung

$$\tilde{A}(z) = \frac{Y}{X} = \frac{\alpha_0 + \alpha_1 z^{-1} + \alpha_2 z^{-1}}{1 + \beta_1 z^{-1} + \beta_2 z^{-2}}$$

Hochpaß (Gl. (21.52)):

$$A(s_n) = \frac{A_\infty s_n^2}{b_1 + a_1 s_n + s_n^2} \quad \Rightarrow \quad \tilde{A}(z) = \alpha_0 \frac{1 - 2z^{-1} + z^{-2}}{1 + \beta_1 z^{-1} + \beta_2 z^{-2}}$$

$$\alpha_0 = \frac{A_\infty l^2}{b_1 + a_1 l + l^2}; \quad \beta_1 = \frac{2(b_1 - l^2)}{b_1 + a_1 l + l^2}; \quad \beta_2 = \frac{b_1 - a_1 l + l^2}{b_1 + a_1 l + l^2}$$

Bandpaß (Gl. (21.53)):

$$A(s_n) = \frac{A_r s_n / Q}{1 + s_n / Q + s_n^2} \quad \Rightarrow \quad \tilde{A}(z) = \alpha_0 \frac{1 - z^{-2}}{1 + \beta_1 z^{-1} + \beta_2 z^{-2}}$$

$$\alpha_0 = \frac{l A_r / Q}{1 + l/Q + l^2}; \quad \beta_1 = \frac{2(1 - l^2)}{1 + l/Q + l^2}; \quad \beta_2 = \frac{1 - l/Q + l^2}{1 + l/Q + l^2}$$

Bandsperre (Gl. (21.54)):

$$A(s_n) = \frac{A_0(1 + s_n^2)}{1 + s_n / Q + s_n^2} \quad \Rightarrow \quad \tilde{A}(z) = \frac{\alpha_0 + A_0 \beta_1 - z^{-1} + \alpha_0 z^{-2}}{1 + \beta_1 z^{-1} + \beta_2 z^{-2}}$$

$$\alpha_0 = \frac{A_0(1 + l^2)}{1 + l/Q + l^2}; \quad \beta_1 = \frac{2(1 - l^2)}{1 + l/Q + l^2}; \quad \beta_2 = \frac{1 - l/Q + l^2}{1 + l/Q + l^2}$$

Die Dimensionierung der Schaltung wollen wir an einem Zahlenbeispiel erläutern. Gesucht ist ein Tschebyscheff-Tiefpaß 2. Ordnung mit 0,5 dB Welligkeit und einer 3 dB-Grenzfrequenz $f_g = 100$ Hz. Das Analogsignal besitze eine Bandbreite von 3,4 kHz und werde mit einer Frequenz $f_a = 10$ kHz abgetastet. Daraus ergibt sich die normierte Grenzfrequenz zu $F_g = 0{,}01$ und der Normierungsfaktor $l = 31{,}82$. Aus der Tab. 13.6 auf S. 854 können wir $a_1 = 1{,}3614$ und $b_1 = 1{,}3827$ entnehmen. Daraus ergibt sich die kontinuierliche Übertragungsfunktion:

$$A(s_n) = \frac{1}{1 + 1{,}3614 s_n + 1{,}3827 s_n^2}$$

Mit Gl. (21.51) erhalten wir daraus die digitale Übertragungsfunktion:

$$\tilde{A}(z) = 6{,}923 \cdot 10^{-4} \frac{1 + 2z^{-1} + z^{-2}}{1 - 1{,}937 z^{-1} + 0{,}9400 z^{-2}}$$

Als zweites Beispiel wollen wir einen Bandpaß dimensionieren. Die Abtastfrequenz betrage wie vorher 10 kHz. Die Resonanzfrequenz sei $f_r = 1$ kHz. Damit wird $F_g = 1$ kHz/10 kHz = 0,1. Bei einer Güte von 10 lautet die kontinuierliche Übertragungsfunktion nach Gl. (13.24) von S. 873 für $A_r = 1$:

$$A(s_n) = \frac{0,1 s_n}{1 + 0,1 s_n + s_n^2}$$

Mit $l = \cot \pi F_g = 3{,}078$ und Gl. (21.53) folgt daraus die digitale Übertragungsfunktion:

$$\tilde{A}(z) = -2{,}855 \cdot 10^{-2} \frac{1 - z^{-2}}{1 - 1{,}572 z^{-1} + 0{,}9429^{-2}}$$

Entsprechend erhalten wir bei einer Güte von $Q = 100$:

$$\tilde{A}(z) = -2{,}930 \cdot 10^{-3} \frac{1 - z^{-2}}{1 - 1{,}613 z^{-1} + 0{,}9941^{-2}}$$

Nun betrachten wir noch den Fall $Q = 10$ und $F_r = 0{,}01$. Dafür ergibt sich:

$$\tilde{A}(z) = -3{,}130 \cdot 10^{-3} \frac{1 - z^{-2}}{1 - 1{,}990 z^{-1} + 0{,}9937^{-2}}$$

Man erkennt, daß mit zunehmender Güte $Q$ bzw. abnehmender Resonanzfrequenz $F_r$ der Koeffizient $\alpha_0$ immer kleiner wird, während $\beta_2 \to 1$ und $\beta_1 \to -2$ streben. Die Information über die Filtercharakteristik steckt dann in der sehr kleinen Abweichung gegenüber 1 bzw. $-2$. Das bedeutet eine zunehmende Genauigkeitsanforderung an die Koeffizienten, d.h. es ergibt sich eine entsprechend große Wortbreite im Filter. Um den Aufwand in Grenzen zu halten, sollte man demnach die Abtastfrequenz nicht größer als notwendig wählen.

## 21.7
## Realisierung von IIR-Filtern

### 21.7.1
### Aufbau aus einfachen Bausteinen

Wir wollen die Vorgehensweise, wie man zu einer möglichst einfachen Schaltung gelangen kann, an dem Beispiel aus Abschnitt 21.6.2 für einen Hochpaß erster Ordnung demonstrieren. Dort haben wir bereits die digitale Übertragungsfunktion für einen Hochpaß mit einer Grenzfrequenz $f_g = 100$ Hz bei einer Abtastfrequenz $f_a = 10$ kHz, also $F_g = 0{,}01$ berechnet:

$$\tilde{A}(z) = \frac{\alpha_0 + \alpha_1 z^{-1}}{1 + \beta_1 z^{-1}} = \frac{0{,}9695 - 0{,}9695 z^{-1}}{1 - 0{,}9391 z^{-1}}$$

Die korrespondierende Schaltung ist in Abb. 21.45 dargestellt. Man sieht, daß die drei Koeffizienten dicht bei 1 liegen. Die Zählerkoeffizienten $\alpha_0$ und $\alpha_1$ kann man ohne nennenswerten Fehler auf 1 runden, da sie lediglich die Verstärkung bestimmen. Anders ist es bei dem Koeffizienten $\beta_1$, dessen Abweichung von 1

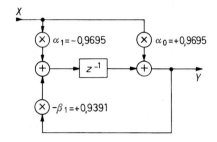

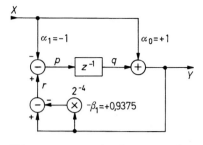

**Abb. 21.45.** IIR-Hochpaß 1. Ordnung

$$\tilde{A}(z) = \frac{0{,}9695 - 0{,}9695z^{-1}}{1 - 0{,}9391z^{-1}}$$

$$F_g = f_g/f_a = 0{,}01$$

$$A(f = 0{,}5f_a) = 1$$

**Abb. 21.46.** IIR-Hochpaß mit vereinfachten Koeffizienten

$$\tilde{A}(z) = \frac{1 - z^{-1}}{1 - (1 - 2^{-4})z^{-1}}$$

$$F_g = f_g/f_a = 0{,}0103$$

$$A(f = 0{,}5f_a) = 1{,}032$$

die Grenzfrequenz des Filters bestimmt. In diesem Fall kann man jedoch eine Vereinfachung durch die Umformung

$$\beta_1 = 1 - \beta_1' = -0{,}9391 = -(1 - 0{,}0609)$$

erzielen. Darin ist $\beta_1' = 1 - \beta_1$ die Abweichung gegenüber 1. Dieser Koeffizient besitzt weit weniger signifikante Stellen als $\beta_1$. Die nächstliegende Zweierpotenz ist $2^{-4} = 0{,}0625$. Der Aufwand für die Rechnung im Dualsystem läßt sich stark reduzieren, wenn man $\beta_1'$ auf diesen Wert rundet, da eine Multiplikation mit $2^{-4}$ lediglich eine Verschiebung um 4 Stellen darstellt, die sich durch Verdrahtung realisieren läßt. Die daraus resultierende Verschiebung der Grenzfrequenz ergibt sich aus Gl. (21.44) zu:

$$l = \frac{1 - \beta_1}{\beta_1} = \frac{2 - 2^{-4}}{2^{-4}} = 31, \quad \text{also} \quad F_g = 0{,}0103$$

d.h. die Grenzfrequenz erhöht sich auf $f_g = 103$ Hz.

Wenn wir zur weiteren Vereinfachung die Zählerkoeffizienten auf $\alpha_0 = -\alpha_1 = 1$ runden, ergibt sich für hohe Frequenzen ($f \approx \frac{1}{2}f_a$) gemäß Gl. (21.44) die Verstärkung:

$$A_\infty = \alpha_0 \frac{1 + l}{l} = 1\frac{1 + 31}{31} = 1{,}032$$

Auch diese kleine Abweichung wollen wir in Kauf nehmen. Die so vereinfachte Anordnung ist in Abb. 21.46 dargestellt. Man erkennt, daß es bei einiachen Filtern möglich ist, die Schaltung durch geringfügige Modifikation der Aufgabenstellung nennenswert zu vereinfachen.

Die schaltungstechnisehe Realisierung zeigt Abb. 21.47 für eine Eingangswortbreite von 4 bit. Um positive und negative Zahlen darstellen zu können, haben wir die in Abschnitt 8.1.3 auf S. 658 eingeführte Zweierkomplementdarstellung gewählt. Das höchste Bit ist also das Vorzeichenbit. Da wir die Multiplikation durch Verschiebung realisieren können, werden nur noch Addierschaltungen benötigt. Wir benutzen dazu 4 bit-Rechenschaltungen vom Typ SN 74 LS 382. Sie

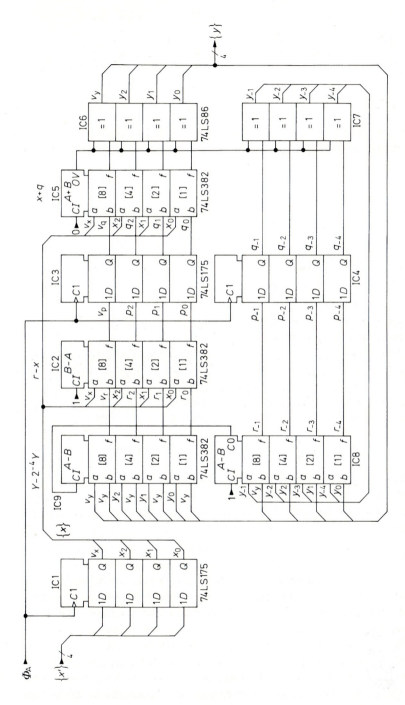

**Abb. 21.47.** Ausgeführte Schaltung des digitalen IIR-Hochpaßfilters mit einer Wortbreite von 8 bit intern bzw. 4 bit extern

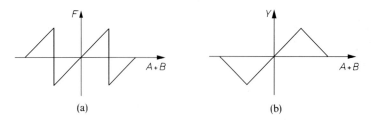

**Abb. 21.48 a u. b.** Übersteuerungskennlinie der Rechenbausteine. (a) Ohne Begrenzungslogik. (b) Mit Begrenzungslogik

lassen sich über entsprechende Steuereingänge auch als Subtrahierer betreiben. Auf diese Weise kann man die Bildung des Zweierkomplementes bei dem Koeffizienten $\alpha_1 = -1$ und $-\beta_1 = 1 - 2^{-4}$ in den Addierer verlegen.

Mit den beiden Rechenschaltungen IC 8 und IC 9 wird der Ausdruck

$$r = -\beta_1 y = y - 2^{-4} y$$

gebildet. Die Multiplikation von $y$ mit $2^{-4}$ wird dadurch erreicht, daß $y$ um vier Stellen versetzt an dem Subtrahierer angeschlossen wird. Dadurch erhöht sich die Wortbreite von 4 bit auf 8 bit.

Das Vorzeichenbit $v_y$ muß an *allen* freiwerdenden Stellen angeschlossen werden, damit die Multiplikation von $y$ mit $2^{-4}$ sowohl für positive als auch negative Werte von $y$ richtig durchgeführt wird (Sign Extension).

Der Rechenbaustein IC 2 führt die Subtraktion $r - x$ am Eingang von Abb. 21.46 durch, IC 5 die Addition $x + q$ am Ausgang. Die Verzögerung um eine Taktdauer wird mit den ICs 3 und 4 vorgenommen, die je vier einflankengetriggerte D-Flip-Flops enthalten. Die Flip-Flops in IC 1 dienen zur Synchronisation des Eingangssignals.

Die Exklusiv-ODER-Gatter in IC 6 und 7 bewirken einen Übersteuerungsschutz: Wie wir in Tab. 8.1 auf S. 661 gesehen haben, würde beim Überschreiten des positiven Zahlenbereichs ein Sprung von $+127$ nach $-128$ erfolgen, da das höchste Bit als Vorzeichen gelesen wird. Durch den unerwünschten Vorzeichenwechsel kann das Filter bei Übersteuerung instabil werden und unter Umständen nicht mehr in den Normalbetrieb zurückkehren. Dieser Effekt entspricht genau einem „Latch Up", wie er auch bei Analogschaltungen bekannt ist. Er läßt sich z.B. dadurch vermeiden, daß man die Zahlen am Ausgang der Addierer bei positiver Übersteuerung auf $+127$ und bei negativer Übersteuerung auf $-128$ setzt. Dazu müßte man den positiven und negativen Überlauf getrennt dekodieren.

Die Fallunterscheidung ist jedoch nicht notwendig, wenn man die Ausgänge bei einem Überlauf negiert. Dann ergibt sich die in Abb. 21.48 dargestellte Kennlinie. Zu ihrer Realisierung schaltet man wie in Abb. 21.47 Exklusiv-ODER-Gatter hinter die Ausgänge $f_i$ derjenigen Rechenbausteine, bei denen eine Übersteuerung auftreten kann. Dadurch entsteht eine Negation, wenn $OV = 1$ wird. Die Rechenbausteine 74 LS 382 besitzen gegenüber den Standardtypen 74 LS 181 den

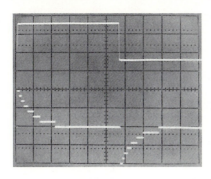

**Abb. 21.49.** Sprungantwort des Digitalfilters in Abb. 21.47 bei Vollaussteuerung

Vorteil, daß die Überlaufvariable OV zur Verfügung steht und nicht extern gebildet werden muß.

Die Funktionsweise des Digitalfilters läßt sich anhand der Sprungantwort in Abb. 21.49 gut erkennen.

### 21.7.2
### Aufbau aus hochintegrierten Bausteinen

Zur Realisierung von IIR-Filtern mit hochintegrierten Schaltungen gibt es drei Möglichkeiten:

1) Spezifische IIR-Filter,
2) Einsatz von FIR-Filtern,
3) programmierbare Signalprozessoren.

Anwendungsspezifische IIR-Filter lassen sich mit CPLDs und FPGAs realisieren (s. Kap. 10.4 auf S. 753) [21.13]. Diese Aufgabe ist beim Einsatz der Beschreibungssprache VHDL besonders einfach, weil man dabei die erforderlichen Addierer und Multiplizierer mit *einer* Zeile definieren kann. Allerdings ist der Hardware-Aufwand groß; dashalb setzt man CPLDs und FPGAs nur bei hohen Geschwindigkeitsanforderungen ein.

Man kann ein IIR-Filter aus zwei FIR-Filtern aufbauen. Dazu kann man von der Grundstruktur in Abb. 21.15 auf S. 1145 mit globalen Summierern am Eingang und Ausgang ausgehen und die Verzögerungskette verdoppeln. Dadurch gelangt man zu der Schaltung in Abb. 21.50, in der man die beiden FIR-Filter erkennt. Dabei ist es unerheblich, ob die verwendeten FIR-Filter wie hier dargestellt mit einem globalen Summierer am Ausgang arbeiten oder mit verteilten Summierern nach Abb. 21.18 auf S. 1147. Das Ergebnis ist in beiden Fällen dasselbe, wenn man die Koeffizienten entsprechend anordnet.

Die Grundstruktur von Abb. 21.16 auf S. 1145 läßt sich ebenfalls in zwei FIR-Filter zerlegen, wenn man den globalen Summierer am Ausgang in zwei Teile aufspaltet. In Abb. 21.51 erkennt man, daß dadurch zwei FIR-Filter entstehen, deren Teilergebnisse man mit einem zusätzlichen Addierer zusammenfassen kann.

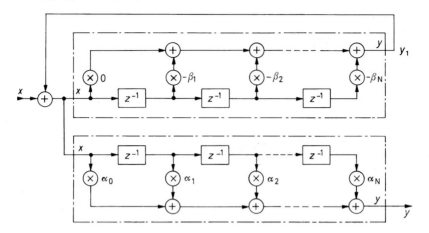

**Abb. 21.50.** Realisierung eines IIR-Filters mit je einem globalen Summierer am Eingang und Ausgang aus zwei FIR-Filtern und einem zusätzlichen Addierer

Zur seriellen Berechnung von IIR-Filtern sind Signalprozessoren am besten geeignet, da sie neben einem Parallelmultiplizierer mit Akkumulator auch die erforderlichen Datenspeicher besitzen. Der Ablauf der Filterberechnung läßt sich auf Maschinenebene wie bei einem Mikroprozessor in Assembler programmieren. Neuerdings wird die Programmierung sogar in einer höheren Programmiersprache wie „C" unterstützt. Bei der Programmierung geht man am besten von der Grundstruktur mit einem globalen Summierer am Ausgang gemäß Abb. 21.51

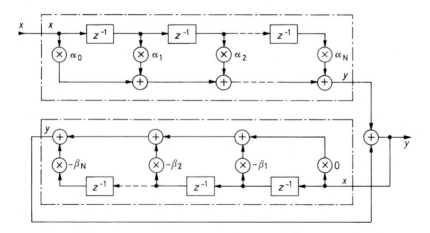

**Abb. 21.51.** Realisierung eines IIR-Fillers mit einem einzigen globalen Summierer am Ausgang aus zwei FIR-Filtern und einem zusätzlichen Addierer

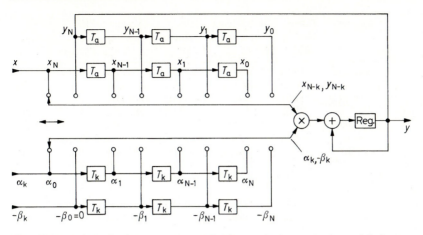

**Abb. 21.52.** Serielle Realisierung eines IIR-Filters mit einem einzigen globalen Summierer am Ausgang vorzugsweise mit einem Signalprozessor

aus. Wie Abb. 21.52 zeigt, berechnet sich dann der neue Wert der Ausgangsfolge gemäß Gl. (21.15):

$$Y_N = \sum_{k=0}^{N} \alpha_k x_{N-k} - \sum_{k=1}^{N} \beta_k y_{N-k}$$

indem man alle Eingangs- und Rückkopplungssignale mit den jeweiligen Koeffizienten bewertet und aufsummiert. Dazu schiebt man den Abgriff an den Verzögerungsketten entlang und selektiert den jeweiligen Koeffizienten $\alpha_k$ bzw. $\beta_k$. Wenn man die ganze Kette einmal durchlaufen hat, ist der neue Funktionswert $y_N$ berechnet. Dann kann man die Inhalte beider Schieberegister um einen Takt weiterschieben, um im nächsten Durchlauf einen weiteren Funktionswert $y$ zu berechnen. Man verschiebt natürlich auch hier die Daten nicht physikalisch, sondern läßt nur Zeiger rotieren, die die Werte $x_k$, $y_k$, $\alpha_k$ und $\beta_k$ adressieren.

Man kann mit einem Signalprozessor genauso gut IIR-Filter in Kaskadenform berechnen. Dazu reduziert man die Ordnung des Filters in Abb. 21.52 auf $N = 2$ und berechnet

$$y_2 = \alpha_0 x_2 + \alpha_1 x_1 + \alpha_2 x_0 - \beta_1 y_1 - \beta_2 y_0$$

mit einem kleinen Unterprogramm. Das ganze Filter erhält man dann, indem man das Programm für ein Filter 2. Ordnung mehrfach aufruft und die jeweiligen Daten- bzw. Koeffizientensätze austauscht.

Eine Übersicht über einige neuere Signalprozessoren ist in Tab. 21.7 zusammengestellt. Die bevorzugten Zahlendarstellungen sind 16 bit Festkommazahlen für universelle Anwendungen bzw. 32 bit Gleitkommazahlen für hohe Genauigkeit und große Dynamik. Die Datenwortbreite des Akkumulators ist meist mehr als doppelt so groß, um sicherzustellen, daß sich die Rundungsfehler nicht auf das Ergebnis auswirken. Die meisten Signalprozessoren besitzen schnelle Daten- und Programmspeicher auf dem Chip. Man sollte sie nach Möglichkeit nutzen,

| Typ | Hersteller | Daten Wortbr. bit | Int. Speicher Daten/Progr. Worte | Takt- frequenz max | Verlust- leistung | FFT 256 Punkte | Ge- häuse |
|---|---|---|---|---|---|---|---|
| ADSP2101 | Analog D. | 16 fix | 1 k/2 k | 25 MHz | 150 mW | 500 μs | 68 LCC |
| ADSP2185 | Analog D. | 16 fix | 16 k/16 k | 33 MHz | 250 mW | 400 μs | 100 QFP |
| AD14060L | Analog D. | 32 fix | 500 k | 40 MHz | 3000 mW | | 308 QFP |
| ADSP21065 | Analog D. | 32 fl. | 16 k | 60 MHz | 500 mW | 40 μs | 208 QFP |
| DSP1629 | Lucent | 16 fix | 16 k/48 k | 100 MHz | 250 mW | 220 μs | 100 QFP |
| DSP16201 | Lucent | 16 fix | 64 k | 100 MHz | | 85 μs | 144 QFP |
| DSP3210 | Lucent | 32 fl. | 1 k/256 | 55 MHz | 800 mW | 170 μs | 132 QFP |
| DSP56009 | Motorola | 24 fix | 8 k/10 k | 80 MHz | 600 mW | 100 μs | 80 QFP |
| DSP56302 | Motorola | 24 fix | 5 k/7 k | 80 MHz | 300 mW | 50 μs | 144 QFP |
| TMS320C240 | Texas I. | 16 fix | 544 k/16 k | 20 MHz | 100 mW | 1300 μs | 132 QFP |
| TMS320LC549 | Texas I. | 16 fix | 32 k/16 k | 100 MHz | 150 mW | 100 μs | 144 BGA |
| TMS320C5420 | Texas I. | 16 fix | 200 k | 200 MHz | 120 mW | | 144 BGA |
| TMS320C40 | Texas I. | 32 fl. | 2 k/4 k | 60 MHz | 3000 mW | 200 μs | 325 PGA |
| TMS320C6201 | Texas I. | 32 fix | 16 k/16 k | 200 MHz | 1900 mW | 22 μs | 352 BGA |
| TMS320C6701 | Texas I. | 32 fl. | 16 k/16 k | 167 MHz | 2800 mW | 26 μs | 452 BGA |
| Pentium MMX | Intel | 32 fl. | –/– | 200 MHz | 7300 mW | 170 μs | 296 PGA |

**Tab. 21.7.** Signalprozessoren. fix = Festkomma, fl. = Gleitkomma.
FFT: Benchmark von BDTi (www.bdti.com)

denn jeder externe Speicherzugriff führt selbst bei kurzen Zugriffszeiten meist zur Einfügung von Wait States.

Die Zeit für eine Multiplikation und Akkumulation (MAC-Operation) bestimmt, wie schnell ein Signalprozessor Filter-Algorithmen bearbeiten kann, da sie fast ausschließlich aus MAC-Operationen bestehen. Bei einem FIR-Filter $N$-ter Ordnung sind je Abtastwert $N + 1$ MAC-Operationen erforderlich, bei einem IIR-Filter sind es $2N + 1$. Bei den meisten neueren Signalprozessoren wird eine MAC-Operation in einem einzigen Maschinenzyklus ausgeführt.

## 21.8
## Vergleich von FIR- und IIR-Filtern

Wenn man die Struktur von IIR-Filtern in Abb. 21.14–21.16 von S. 1144/1145 mit der von FIR-Filtern in Abb. 21.18/21.19 von S. 1147/1147 vergleicht, erkennt man, daß IIR-Filter bei gleicher Ordnung etwa doppelt so viele MAC-Operationen erfordern wie FIR-Filter. Sie besitzen jedoch eine höhere Selektivität als FIR-Filter mit gleich vielen MAC-Operationen. Dies zeigt das Beispiel in Abb. 21.53. Allgemein kann man feststellen, daß die erforderliche Ordnung für ein FIR-Filter mehr als doppelt so hoch ist wie bei einem IIR-Filter. In Abschnitt 21.6.2 haben wir gezeigt, daß man einen Tiefpaß mit einer niedrigen Grenzfrequenz von $F_g = 0,01$ mit einem IIR-Filter 1. Ordnung realisieren kann. Bei einem FIR-Filter mit dieser Grenzfrequenz hätte man mindestens die Ordnung $N = 65$ gebraucht.

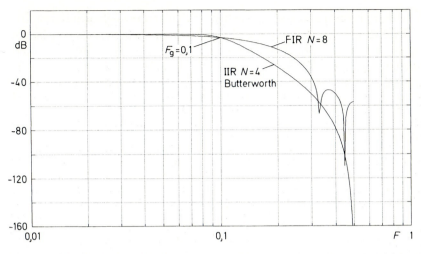

**Abb. 21.53.** Vergleich eines FIR-Tiefpasses 8. Ordnung mit einem IIR-Tiefpaß 4. Ordnung

Hier muß nämlich in erster Näherung eine ganze Schwingung der Grenzfrequenz $F_g$ mit den Koeffizienten bewertet werden können.

$$N \geq 1/F_g \ = \ f_a/f_g$$

Dem stehen jedoch einige schwerwiegende Vorteile der FIR-Filter gegenüber. Wir haben gesehen, daß es bei FIR-Filtern leicht möglich ist, eine lineare Phase, also konstante Gruppenlaufzeit, exakt zu realisieren. Alle in diesem Kapitel angegebenen FIR-Filter besitzen diese Eigenschaft; sie bewirken also keine Phasenverzerrungen.

Da FIR-Filter keinen Rückkopplungszweig besitzen, sind sie auch für beliebige Koeffizienten stabil. IIR-Filter neigen wie analoge Filter zu Schwingungen um so mehr, je höher ihre Polgüte bzw. je niedriger ihre Grenzfrequenz im Vergleich zur Abtastfrequenz ist (s. Abschnitt 21.6.2). Um keine starken Abweichungen

| Merkmal | FIR-Filter | IIR-Filter |
|---|---|---|
| Selektivität | gering | **hoch** |
| erforderliche Ordnung | hoch | **niedrig** |
| Anzahl MAC-Operationen | viele | **wenige** |
| Speicherbadarf | hoch | **gering** |
| lineare Phase | **problemlos** | kaum möglich |
| konstante Gruppenlaufzeit | **problemlos** | kaum möglich |
| Stabilität | **unbedingt** | bedingt |
| erforderliche Wortbreite | **mäßig** | hoch |
| erforderliche Koeffiz.-Genauigkeit | **mäßig** | hoch |
| Grenzzyklen | **keine** | vorhanden |
| adaptives Filter | **möglich** | kaum möglich |

**Tab. 21.8.** Gegenüberstellung von FIR- und IIR-Filtern

vom berechneten Frequenzgang zu erhalten, muß man die Koeffizienten von IIR-Filtern deutlich genauer realisieren als bei FIR-Filtern; das erfordert eine höhere Wortbreite. Außerdem führen die durch begrenzte Rechengenauigkeit bedingten Rundungsfehler bei IIR-Filtern häufig zu *Grenzzyklen.* Das sind periodische Schwingungen in den niedrigsten Bits, die besonders bei kleinen Eingangssignalen stören. Eine Gegenüberstellung der Vor- und Nachteile zeigt Tab. 21.8.

# Literatur

[21.1]   Unbehauen, R.: Systemtheorie. München, Wien: R. Oldenbourg 1997.

[21.2]   Pohlmann, K.C.: Principles of Digital Audio. Howard W. Sams & Co., Indianapolis 1986.

[21.3]   Schönfelder, H.: Digitale Filter in der Video-Technik. Berlin: Drei-R-Verlag 1988.

[21.4]   Gerdsen, P., Kröger, P.: Digitale Signalverarbeitung in der Nachrichtenübertragung. Springer 1997.

[21.5]   Bucklen, W.; Eldon, J.; Schirm, L.; Williams, F.: Digital Processing Facilitates Signal Analysis. EDN 26 (1981) H. 8, S. 133–146.

[21.6]   Windsor, B.; Toldalagi, P.: Simplify FIR-Filter Design with a Cookbook Approach. EDN, 3. 3. 1983, S. 119–128.

[21.7]   Schüßler, H.W.: Digitale Signalverarbeitung 1. Springer 1994.

[21.8]   Programs for Digital Signal Processing. Edited by the Digital Signal Processing Committee IEEE ASSP. New York: IEEE Press 1979.

[21.9]   Jackson, L.B.: Digital Filters and Signal Processing. Boston, Dordrecht, Lancaster: Kluwer 1986.

[21.10]  Bose, N.K.: Digital Filters, Theory and Applications. New York, Amsterdam: North-Holland 1985.

[21.11]  Friedlander, B.; Porat, B.: The Modified Yule-Walker Method of ARMA Spectral Estimation. IEEE Transactions on Aerospace Electronic Systems. AES-20 (1984) H. 2, S. 158–173.

[21.12]  Jonuscheit, H.; Kapust, R.; Göring, H.D.: Aufwand bei Digitalfiltern gesenkt. Halbbandfilter-Struktur reduziert Zahl der Rechenoperationen. Elektronik, 22. 7. 1988, H. 15, S. 82–84.

[21.13]  Altera: PLD als DSP-Coprozessoren. Elektronik Informationen 1998, H. 6, S. 64–67.

[21.14]  Schrüfer, E.: Signalverarbeitung. Carl Hanser.

[21.15]  Brigham, E.O.: Schnelle Fourier-Transformation. Oldenbourg.

# Kapitel 22:
# Meßschaltungen

In den vorhergehenden Kapiteln haben wir eine Reihe von Verfahren zur analogen und digitalen Signalverarbeitung kennengelernt. In vielen Fällen müssen jedoch selbst elektrische Signale erst umgeformt werden, bevor sie einer Analogrechenschaltung oder einem AD-Wandler zugeführt werden können. Man benötigt zu diesem Zweck Meßschaltungen, die als Ausgangssignal eine geerdete Spannung mit niedrigem Innenwiderstand liefern.

## 22.1
## Spannungsmessung

### 22.1.1
### Impedanzwandler

Um die Spannung einer hochohmigen Signalquelle belastungsfrei zu messen, kann man einen Elektrometerverstärker gemäß Abb. 5.57 von S. 535 zur Impedanzwandlung einsetzen. Dabei muß man jedoch beachten, daß die hochohmige Eingangsleitung sehr empfindlich gegenüber kapazitiven Störeinstreuungen ist. Sie muß also in der Regel abgeschirmt werden. Dadurch entsteht eine beträchtliche kapazitive Belastung der Quelle nach Masse (30... 100 pF/m). Bei einem Innenwiderstand der Quelle von beispielsweise 1 GΩ und einer Leitungskapazität von 100 pF resultiert daraus eine obere Grenzfrequenz von nur 1,6 Hz.

Ein weiteres Problem sind zeitliche Schwankungen dieser Kapazität, die z.B. durch mechanische Bewegungen verursacht werden können. Dadurch entstehen sehr große Rauschspannungen. Wenn die Leitung z.B. auf 10 V aufgeladen ist, ergibt sich durch eine Kapazitätsänderung von 1% ein Spannungssprung von 100 mV!

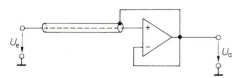

**Abb. 22.1.** Verkleinerung der Abschirmungskapazität und des Abschirmungsrauschens durch Mitführung des Abschirmungspotentials mit dem Meßpotential (guard drive)

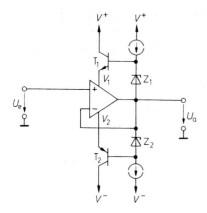

**Abb. 22.2.** Spannungsfolger für hohe Eingangsspannungen

Diese Nachteile lassen sich vermeiden, wenn man den Elektrometerverstärker dazu benutzt, die Spannung zwischen Innenleiter und Abschirmung klein zu halten. Dazu schließt man die Abschirmung wie in Abb. 22.1 nicht an Masse, sondern am Verstärkerausgang an. Auf diese Weise wird die Leitungskapazität um die Differenzverstärkung des Operationsverstärkers virtuell verkleinert. – Da nur noch die Offsetspannung des Operationsverstärkers an der Leitungskapazität anliegt, verschwindet auch das Leitungsrauschen weitgehend.

### Vergrößerung der Spannungsaussteuerbarkeit

Die maximal zulässige Betriebsspannung der gängigen integrierten Operationsverstärker beträgt meist $\pm 18\,\text{V}$. Damit ist die Spannungsaussteuerbarkeit auf Werte um $\pm 15\,\text{V}$ begrenzt. Diese Begrenzung läßt sich umgehen, indem man die Betriebspotentiale des Operationsverstärkers durch eine Bootstrapschaltung mit dem Eingangspotential mitführt. Dazu dienen die beiden Emitterfolger in Abb. 22.2. Mit ihnen werden die Potentialdifferenzen $V_1 - U_a$ und $U_a - V_2$ auf den Wert $U_Z - 0{,}7\,\text{V}$ stabilisiert. Die Aussteuerbarkeit wird auf diese Weise nicht mehr durch den Operationsverstärker, sondern durch die Spannungsfestigkeit der Emitterfolger und der Konstantstromquellen bestimmt.

### 22.1.2
### Messung von Potentialdifferenzen

Bei der Messung von Potentialdifferenzen kommt es darauf an, die Differenzspannung

$$U_D = V_2 - V_1$$

möglichst unbeeinträchtigt von der überlagerten Gleichtaktspannung

$$U_{\text{Gl}} = \frac{1}{2}(V_2 + V_1)$$

zu verstärken. Dabei kommt es häufig vor, daß Differenzspannungen im Millivolt-
bereich Gleichtaktspannungen von 10 V und mehr überlagert sind. Kennzeichnend für die Güte eines Subtrahierers ist daher seine Gleichtaktunterdrückung:

$$G = \frac{A_D}{A_{Gl}} = \frac{U_a/U_D}{U_D/U_{Gl}}$$

In dem genannten Zahlenbeispiel muß $G \gg 10\,\text{V}/1\,\text{mV} = 10^4$ sein. Besondere
Probleme treten auf, wenn die überlagerte Gleichtaktspannung sehr hohe Werte
oder hohe Frequenzen aufweist.

Es gibt drei verschiedene Verfahren zur Verstärkung von Spannungsdifferenzen:

– als Subtrahierer beschaltete Operationsverstärker,
– gegengekoppelte Differenzverstärker,
– Subtraktion mit geschalteten Kondensatoren.

**Subtrahierer mit beschalteten Operationsverstärkern**

Zur Messung von Potentialdifferenzen kann man im Prinzip den Subtrahierer
von Abb. 11.3 von S. 771 einsetzen. Häufig darf man jedoch die zu messenden
Potentiale nicht mit dem Eingangswiderstand des Subtrahierers belasten, weil
sie einen beträchtlichen Innenwiderstand besitzen. Mit den zusätzlichen Span-
nungsfolgern in Abb. 22.3 wird die Funktionsweise des Subtrahierers unabhängig
von den Innenwiderständen der Meßpotentiale.

Eine höhere Gleichtaktunterdrückung läßt sich jedoch erzielen, wenn man die
Spannungsverstärkung in die Impedanzwandler verlagert und dem Subtrahierer
die Verstärkung 1 gibt. Diese Variante ist in Abb. 22.4 dargestellt. Für $R_1 = \infty$
arbeiten OV 1 und OV 2 als Spannungsfolger; in diesem Fall besteht praktisch
kein Unterschied zur vorhergehenden Schaltung.

Ein zusätzlicher Vorteil der Schaltung besteht darin, daß man durch Variation
eines einzigen Widerstandes die Differenzverstärkung einstellbar machen kann.

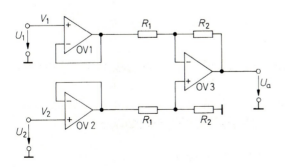

**Abb. 22.3.** Subtrahierer mit vorgeschalteten Impedanzwandlern

$$U_a = \frac{R_2}{R_1}(V_2 - V_1)$$

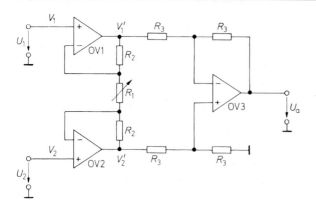

**Abb. 22.4.** Elektrometersubtrahierer (Instrumentation Amplifier)

$$U_a = \left(1 + \frac{2R_2}{R_1}\right)(V_2 - V_1)$$

Wie man in Abb. 22.4 erkennt, tritt an dem Widerstand $R_1$ die Potentialdifferenz $V_2 - V_1$ auf. Damit wird:

$$V_2' - V_1' = \left(1 + \frac{2R_2}{R_1}\right)(V_2 - V_1)$$

Diese Differenz wird mit Hilfe des Subtrahierers OV 3 an den geerdeten Ausgang übertragen.

Bei reiner Gleichtaktaussteuerung ($V_1 = V_2 = V_{Gl}$) wird $V_1' = V_2' = V_{Gl}$. Die Gleichtaktverstärkung von OV 1 und OV 2 besitzt also unabhängig von der eingestellten Differenzverstärkung den Wert 1. Mit Gl. (11.6) von S. 772 erhalten wir damit die Gleichtaktunterdrückung:

$$G = \left(1 + \frac{2R_2}{R_1}\right)\frac{2\alpha}{\Delta\alpha}$$

Darin ist $\Delta\alpha/\alpha$ die relative Paarungstoleranz der Widerstände $R_3$.

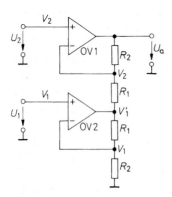

**Abb. 22.5.** Unsymmetrischer Elektrometersubtrahierer

$$U_a = \left(1 + \frac{R_2}{R_1}\right)(V_2 - V_1)$$

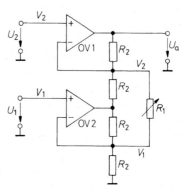

**Abb. 22.6.** Subtrahierer mit einstellbarer Verstärkung

$$U_a = 2\left(1 + \frac{R_2}{R_1}\right)(V_2 - V_1)$$

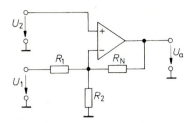

**Abb. 22.7.** Subtrahierer mit nur einem hochohmigen Eingang

$$U_a = \left(1 + \frac{R_N}{R_1} + \frac{R_N}{R_2}\right) U_2 - \frac{R_N}{R_1} U_1$$

Bei dem Elektrometer-Subtrahierer in Abb. 22.4 läßt sich ein Operationsverstärker einsparen, wenn man auf die Symmetrie der Schaltung verzichtet. Der Elektrometerverstärker OV 2 in Abb. 22.5 besitzt die Verstärkung $1 + R_1/R_2$. OV 1 verstärkt das Potential $V_2$ mit dem Faktor $1 + R_2/R_1$ und addiert gleichzeitig die in den Fußpunkt eingespeiste Spannung $V_1'$ mit dem Gewicht $-R_2/R_1$. Dadurch werden beide Eingangspotentiale betragsmäßig mit $1 + R_2/R_1$ verstärkt. Wenn man die Schaltung wie in Abb. 22.6 modifiziert, läßt sich auch hier die Verstärkung mit einem einzigen Widerstand festlegen.

Für manche Anwendungen ist es akzeptabel, einen Subtrahierer einzusetzen, bei dem lediglich ein Eingang hochohmig ist. In diesem Fall benötigt man nur einen einzigen Operationsverstärker, wie Abb. 22.7 zeigt. An der Übertragungsgleichung erkennt man jedoch die Einschränkung, daß die Verstärkung von $U_2$ immer betragsmäßig größer ist als die von $U_1$. Dies ist aber z.B. bei der Verstärkung und Nullpunktverschiebung von Sensorsignalen kein Nachteil. Ein interessanter Sonderfall ergibt sich für $R_N = R_1 = R$ und $R_2 = \infty$; dann erhält man die Ausgangsspannung $U_a = 2U_2 - U_1$.

### Subtrahierer für hohe Spannungen

Zur Subtraktion von hohen Spannungen kann man die Schaltung von Abb. 22.3 einsetzen. Die drei in diesem Fall erforderlichen Hochspannungsoperationsverstärker kann man häufig dadurch umgehen, daß man $R_1 \gg R_2$ macht; Abb. 22.8 zeigt ein Dimensionierungsbeispiel. Dann wird der Eingangswiderstand so groß, daß man auf die Spannungsfolger häufig verzichten kann. Gleichzeitig werden die Eingangsspannungen am Subtrahierer durch diese Dimensionierung so weit heruntergesetzt, daß man keinen Hochspannungsoperationsverstärker benötigt. In dem Beispiel kann man bei einer Gleichtaktaussteuerbarkeit von 10 V Eingangsspannungen von über 200 V anlegen.

Ein Nachteil dieser Dimensionierung ist jedoch, daß sich Subtrahierer ergeben, deren Verstärkung $A = R_2/R_1 \ll 1$ ist. Man kann einen zweiten Verstärker nachschalten, um die Spannungsdifferenz mit dem gewünschten Faktor zu verstärken. Einfacher ist es jedoch, die Schaltung von Abb. 22.9 einzusetzen, bei der sich die Abschwächung hoher Eingangsspannungen und die Verstärkung unabhängig dimensionieren lassen. Die Widerstände $R_1$ und $R_2$ bestimmen auch hier die Verstärkung; die zusätzlichen Widerstände $R_3$ reduzieren lediglich die Gleichtaktaussteuerung. Bei der angegebenen Dimensionierung ergibt sich die

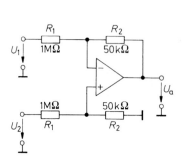

**Abb. 22.8.** Subtraktion hoher Spannungen

$$U_a = \frac{R_2}{R_1}(U_2 - U_1) = 0{,}05(U_2 - U_1)$$

$$U_{Gl} = \frac{R_2}{R_1 + R_2} = 0{,}045 U_2$$

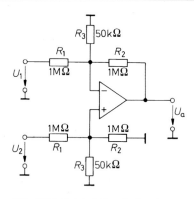

**Abb. 22.9.** Subtraktion hoher Spannungen mit frei wählbarer Verstärkung

$$U_a = \frac{R_2}{R_1}(U_2 - U_1) = (U_2 - U_1)$$

$$U_{Gl} = \frac{R_2 | R_3}{R_1 + R_2 | R_3} U_2 = 0{,}045 U_2$$

Verstärkung Eins, während die Gleichtaktaussteuerbarkeit im Vergleich zu dem Beispiel in Abb. 22.8 praktisch unverändert ist. Ein integrierter Subtrahierer, der nach diesem Prinzip arbeitet, ist der INA 117 von Burr Brown.

Die Erhöhung der Gleichtaktaussteuerbarkeit mit den Widerständen $R_3$ in Abb. 22.9 bringt jedoch auch Probleme mit sich, die man bei der Auswahl der Operationsverstärker berücksichtigen sollte. Die Widerstände $R_3$ wirken nämlich als Abschwächer für die Eingangssignale des Operationsverstärkers. Sie reduzieren daher die Schleifenverstärkung und damit meist auch die Bandbreite. Gleichzeitig erhöhen sie in demselben Maß die unerwünschte Verstärkung der Offsetspannung und Offsetspannungsdrift. Daher benötigt man hier hochwertige Operationsverstärker. Die Widerstände $R_3$ müssen auf beiden Seiten natürlich dieselbe Abschwächung bewirken. Deshalb sind hier engtolerierte Widerstände besonders wichtig. Um enge Gleichlauftoleranzen an beiden Eingängen des Operationsverstärkers sicherzustellen, wird man die Widerstände $R_2$ und $R_3$ am nichtinvertierenden Eingang in der Regel nicht zu einem einzigen Widerstand zusammenfassen.

### Subtrahierer mit gegengekoppelten Differenzverstärkern

Die Differenzverstärkung eines Differenzverstärkers läßt sich durch Stromgegenkopplung auf beliebige gut definierte Werte reduzieren (siehe Abb. 4.57 auf S. 370). Andererseits haben wir gesehen, daß sich mit einem Differenzverstärker leicht hohe Gleichtaktunterdrückungen erreichen lassen, wenn man eine Konstantstromquelle als Emitterwiderstand einsetzt. Eine Schaltung, die auf diesem Prinzip beruht, ist in Abb. 22.10 dargestellt. Der Eingangsdifferenzverstärker $T_1 T_2$ ist hier über den Widerstand $R_G$ gegengekoppelt. Im Prinzip wird die auftretende

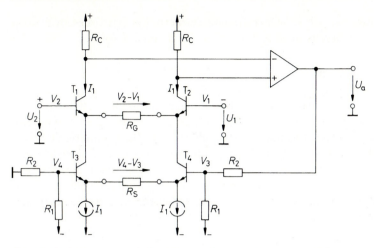

**Abb. 22.10.** Elektrometer-Subtrahierer mit gegengekoppelten Differenzverstärkern (Instrumentation Amplifier)

$$U_a = \left(1 + \frac{R_2}{R_1}\right) \frac{R_S}{R_G} (V_2 - V_1)$$

Kollektorstromdifferenz mit dem nachfolgenden Opertionsverstärker in die Ausgangsspannung umgesetzt. Hier wird jedoch mit dem zweiten Differenzverstärker $T_3 T_4$ eine entgegengesetzt gleich große Stromdifferenz

$$\Delta I_C = \frac{V_2 - V_1}{R_G} = \frac{V_4 - V_3}{R_S}$$

gebildet, die die primäre Stromdifferenz kompensiert, so daß die Kollektorströme von $T_1$ und $T_2$ immer konstant den Wert $I_1$ der Stromquellen besitzen. Erreicht wird dies durch die Gegenkopplung über den Operationsverstärker. Seine Ausgangsspannung stellt sich so ein, daß seine Eingangsspannungsdifferenz zu Null wird; genau dann sind die Kollektorströme von $T_1$ und $T_2$ aber gleich groß. Wenn man die Abschwächung der Spannungsteiler $R_1 R_2$ gemäß $V_3 - V_4 = U_a R_1 / (R_1 + R_2)$ berücksichtigt, erhält man für die Ausgangsspannung im eingeschwungenen Zustand:

$$U_a = \left(1 + \frac{R_2}{R_1}\right) \frac{R_S}{R_G} (V_2 - V_1)$$

Die Widerstände $R_1$ und $R_2$ sind in integrierten Schaltungen, die nach diesem Prinzip arbeiten, vorgegeben. Der Anwender hat dann die Möglichkeit, die Verstärkung mit $R_S$ und $R_G$ auf den gewünschten Wert festzulegen. Der Vorteil dieser Schaltung im Vergleich zu den Operationsverstärker-Subtrahierern besteht darin, daß die Höhe der Gleichtaktunterdrückung hier nicht von der Paarungstoleranz der Spannungsteiler $R_1 R_2$ abhängig ist. Aus diesem Grund läßt sich die Schaltung in Abb. 22.10 ganz als monolithisch integrierte Schaltung herstellen, während sonst die kritischen Widerstände als Dünnfilmschaltung separat realisiert werden müssen.

Einen Subtrahierer mit CC-Operationsverstärkern, der nach diesem Prinzip arbeitet, hatten wir bereits in Abb. 5.87 auf S. 564 kennen gelernt.

### Subtrahierer in SC-Technik

Das Prinzip eines Subtrahierers in Switched-Capacitor-Technik besteht darin, einen Kondensator auf die zu messende Spannungsdifferenz aufzuladen und dann in einen einseitig geerdeten Kondensator zu übertragen. Die resultierende Schaltung ist in Abb. 22.11 dargestellt. Solange die Schalter in der linken Stellung stehen, wird der Speicherkondensator $C_S$ auf die Eingangsspannungsdifferenz aufgeladen. Nach dem Umschalten in die rechte Stellung wird die Ladung an den Haltekondensator $C_H$ weitergegeben. Nach einigen Schaltzyklen ist die Spannung $U_H$ auf den stationären Wert

$$U_H = U_S = U_D = V_2 - V_1$$

angestiegen. Diese Spannung läßt sich mit dem nachfolgenden Elektrometerverstärker praktisch beliebig verstärken, da hier keine Differenzbildung mehr erforderlich ist.

Die Genauigkeit der Differenzbildung wird praktisch nur durch Streukapazitäten der Schalter bestimmt. Um diesen Effekt möglichst klein zu halten, wählt man für $C_S$ und $C_H$ relativ große Kapazitäten, z.B. 1 $\mu$F, wie in der Schaltung vorgeschlagen. Verwendet man als Schalter den LTC 1043 von Linear Technology, läßt sich eine Gleichtaktunterdrückung von über 120 dB $\widehat{=}\, 10^6$ erreichen, und zwar nicht nur für Gleichspannungen, sondern bis zu Frequenzen von 20 kHz [22.1]. Der LTC 1043 ist für diese Aufgabe besonders geeignet, da er neben 4 Wechselschaltern auch noch einen Oszillator enthält, der die Schalter steuert.

Die Schaltung besitzt drei Tiefpässe, die die Bandbreite begrenzen. Der erste Tiefpaß entsteht bei der Aufladung des Speicherkondensators $C_S$. Der Ein-Widerstand der beiden Schalter ($2 \times 240\,\Omega$ beim LTC 1043) und der Innenwiderstand der Quelle bestimmen die Auflade-Zeitkonstante. Sie beträgt bei niedrigen Quellenwiderständen demnach ca. 0,5 ms.

Ein zweiter Tiefpaß entsteht bei der Ladungsübertragung auf den Haltekondensator $C_H$. Wenn die Spannung $U_H = 0$ ist, steigt sie im ersten Schritt auf $\frac{1}{2}U_D$, im zweiten auf $\frac{3}{4}U_D$, im dritten auf $\frac{7}{8}U_D$ usw. Die daraus resultierende

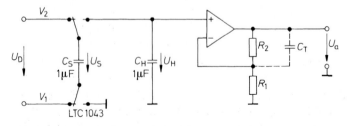

**Abb. 22.11.** Subtrahierer in Switched-Capacitor-Technik
$$U_a = \left(1 + \frac{R_2}{R_1}\right)(V_2 - V_1)$$

| Typ | Hersteller | Verstärkung | Eingangs-Strom | Offset-spannung | Schaltung | Besonderheiten |
|---|---|---|---|---|---|---|
| AD620 | Anal. D. | 1 ...1000 | 0,5 nA | 50 $\mu$V | 22.10 | billig |
| AD621 | Anal. D. | 10, 100 | 0,5 nA | 50 $\mu$V | 22.10 | billig |
| AD623 | Anal. D. | 1 ...1000 | 17 nA | 100 $\mu$V | 22.4 | single supply |
| AD624 | Anal. D. | 1 ...1000 | 25 nA | 25 $\mu$V | 22.5 | genau |
| AD22050 | Anal. D. | 1 ...160 | 4 $\mu$A/V | 30 $\mu$V | 22.9 | billig |
| INA103 | Burr B. | 1 ...100 | 2,5 $\mu$A | 50 $\mu$V | 22.4 | $U_r = 1\,\mathrm{nV}/\sqrt{\mathrm{Hz}}$ |
| INA105 | Burr B. | 1 | 20 $\mu$A/V | 50 $\mu$V | 22.8 | billig |
| INA106 | Burr B. | 10 | 50 $\mu$A/V | 50 $\mu$V | 22.8 | billig |
| INA110 | Burr B. | 1 ...5000 | 20 pA | 50 $\mu$V | 22.4 | $\Delta U_a/\Delta t = 17\,\mathrm{V}/\mu\mathrm{s}$ |
| INA114 | Burr B. | 1 ...1000 | 1 nA | 25 $\mu$V | 22.4 | genau, billig |
| INA116 | Burr B. | 1 ...1000 | 3 fA | 2 mV | 22.4 | $I_B$ extrem klein |
| INA117 | Burr B. | 1 | 2,5 $\mu$A/V | 120 $\mu$V | 22.9 | $U_{\mathrm{GL}} = \pm 200\,\mathrm{V}$ |
| INA118 | Burr B. | 1 ...10.000 | 1 nA | 20 $\mu$V | 22.4 | $I_b = 0{,}4\,\mathrm{mA}$ |
| INA121 | Burr B. | 1 ...10.000 | 4 pA | 200 $\mu$V | 22.4 | $I_b = 0{,}4\,\mathrm{mA}$ |
| INA122 | Burr B. | 5 ...10.000 | 10 nA | 100 $\mu$V | 22.6 | $I_b = 60\,\mu\mathrm{A}$ |
| INA131 | Burr B. | 100 | 1 nA | 25 $\mu$V | 22.4 | genau, billig |
| INA2141 | Burr B. | 10, 100 | 2 nA | 20 $\mu$V | 22.4 | 2-fach |
| PGA204 | Burr B. | 1 ...1000 | 2 nA | 50 $\mu$V | 22.4 | Verst. digit. einst. |
| PGA207 | Burr B. | 1 ...10 | 2 pA | 1 mV | 22.4 | Verst. digit. einst. |
| LT1101 | Lin. Tech. | 10, 100 | 6 nA | 50 $\mu$V | 22.5 | $P_b = 0{,}5\,\mathrm{mW}$ |
| LT1102 | Lin. Tech. | 10, 100 | 10 pA | 200 $\mu$V | 22.5 | $\Delta U_a/\Delta t = 25\,\mathrm{V}/\mu\mathrm{s}$ |
| LT1167 | Lin. Tech. | 1 ...10.000 | 100 pA | 20 $\mu$V | 22.4 | genau |
| LTC1100 | Lin. Tech. | 100 | 25 pA | 2 $\mu$V | 22.5 | Autozero |
| CLC522 | National | 1 ...10 | 20 $\mu$A | 25 $\mu$V | 22.10 | $\Delta U_a/\Delta t = 2000\,\mathrm{V}/\mu\mathrm{s}$ |

**Tab. 22.1.** Integrierte Subtrahierer (Instrumentation Amplifier)

Zeitkonstante beträgt also ca. 2 Schwingungsdauern der Schalter. Um die parasitären Ladungen, die beim Schalten eingekoppelt werden, klein zu halten, wählt man niedrige Schaltfrequenzen von ca. 500 Hz $\hat{=}$ 2 ms. Daher kann die Schaltung nur niederfrequente Differenzsignale verarbeiten; die obere Grenze liegt bei 10...50 Hz. Überlagerte Gleichtaktspannungen und Wechselspannungen mit Frequenzen bis über 20 kHz stören dabei nicht.

Ein dritter Tiefpaß ergibt sich durch den zusätzlichen Kondensator $C_T$. Mit ihm begrenzt man die Bandbreite des Verstärkers auf den genutzten Frequenzbereich von 10...50 Hz, um das Rauschen am Ausgang möglichst klein zu halten.

Beispiele für integrierte Subtrahierer sind in Tab. 22.1 zusammengestellt.

### 22.1.3
### Trennverstärker (Isolation Amplifier)

Mit den beschriebenen Subtrahierern lassen sich je nach Schaltungsprinzip Spannungen von 10 V... 200 V verarbeiten. Es gibt jedoch viele Anwendungen, bei denen der Meßspannung eine wesentlich höhere Gleichtaktspannung überlagert ist, die z.B. einige kV beträgt. Zur Überwindung solcher Potentialunterschiede teilt man die Meßschaltung wie in Abb. 22.12 in zwei galvanisch getrennte Teile auf.

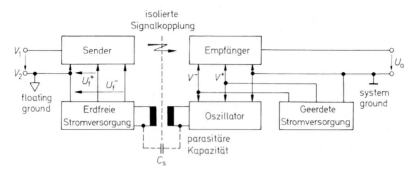

**Abb. 22.12.** Prinzip zur Messung erdfreier Spannungen mit einem galvanisch getrennten Verstärker

Eine galvanische Trennung kann auch aus Sicherheitsgründen vorgeschrieben sein wie z.B. bei den meisten medizinischen Anwendungen. Der Senderteil arbeitet auf Meßpotential, der Empfängerteil auf Nullpotential. Um diesen Betrieb zu ermöglichen, benötigt der Senderteil eine eigene erdfreie Stromversorgung, deren Masseanschluß (Floating Ground) das Bezugspotential für den erdfreien Eingang darstellt. Man darf allerdings nicht übersehen, daß dieser Anschluß zwar galvanisch vom Nullpotential (System Ground) getrennt ist, jedoch noch kapazitiv gekoppelt ist. Diese Kopplung kommt hauptsächlich durch die Kapazität $C_S$ des Stromversorgungs-Transformators zustande, wie man in Abb. 22.12 erkennt. Um sie klein zu halten, verwendet man zweckmäßigerweise statt eines Netztransformators einen HF-Transformator für ca. 100 kHz, den man mit einem Sinusoszillator betreibt. Auf diese Weise lassen sich Koppelkapazitäten $C_S < 10\,\mathrm{pF}$ erreichen.

Wenn beide Meßpunkte hochohmig sind, kann selbst der verkleinerte kapazitive Störstrom noch beträchtliche Spannungsfehler am Floating-Ground-Anschluß verursachen. In solchen Fällen kann es vorteilhaft sein, den Floating-Ground an einem dritten Punkt anzuschließen und die Potentialdifferenz zwischen den beiden Meßpunkten mit einem Elektrometersubtrahierer nach Abb. 22.4 auf S. 1192 zu bestimmen. Dann sind beide Meßleitungen stromlos. Den Elektrometersubtrahierer schließt man an der erdfreien Stromversorgung an. Dabei läßt sich die verbleibende Gleichtaktaussteuerung gegenüber dem Floating-Ground meist klein halten, wenn man diesen an einem geeigneten Punkt des Meßobjektes anschließt.

Die Frage ist nun, wie man die gemessene Spannung elektrisch isoliert auf den Empfängerteil überträgt. Dafür gibt es drei Möglichkeiten: Transformatoren, Optokoppler oder Kondensatoren [22.1, 22.2]. Bei der Übertragung mit Transformatoren oder Kondensatoren muß das Signal auf einen Träger mit genügend hoher Frequenz moduliert werden (Amplituden- oder Tastverhältnismodulation). Mit Optokopplern kann man dagegen auch Gleichspannungen unmittelbar übertragen. Bei hohen Genauigkeitsforderungen kann man das Analogsignal auch direkt auf der Floating-Ground-Seite digitalisieren und die Digitalwerte mit Optokopplern auf die Empfängerseite übertragen. Dabei spielt die Nichtlinearität der Optokoppler keine Rolle.

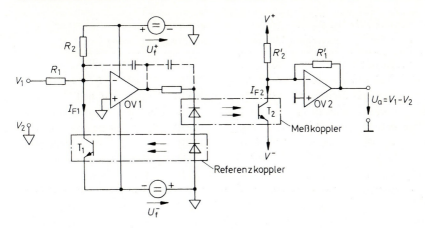

**Abb. 22.13.** Optische Übertragung eines Analogwertes. Zweifach Optokoppler: IL 300 von Siemens oder TIL300 von Texas Instruments

Eine Möglichkeit zur optischen Analogübertragung zeigt Abb. 22.13. Um den Linearitätsfehler des Optokopplers auszugleichen, wird mit Hilfe des Operationsverstärkers OV 1 der Strom durch die Leuchtdioden so geregelt, daß der Photostrom in dem Referenzempfänger $T_1$ gleich dem Sollwert ist. Die Gegenkopplungsschleife wird dabei über den Referenzkoppler geschlossen, und wir erhalten:

$$I_{F1} = \frac{U_f^+}{R_2} + \frac{V_1 - V_2}{R_1}$$

Da der Photostrom sein Vorzeichen nicht ändern kann, überlagert man dabei einen konstanten Anteil $U_f^+/R_2$, um auch bipolare Eingangssignale verarbeiten zu können. Wenn die beiden Optokoppler gute Gleichlaufeigenschaften besitzen, wird auf der Empfängerseite $I_{F2} = I_{F1}$, und wir erhalten die Ausgangsspannung:

$$U_a = \frac{R_1'}{R_1}(V_1 - V_2) \quad \text{für} \quad \frac{U_f^+}{R_2} = \frac{V^+}{R_2'}$$

Trennverstärker mit Transformator-, Opto- oder Kondensatorkopplung sind als fertige Module erhältlich. In Tab. 22.2 haben wir einige Typen zusammengestellt. Besonders anwenderfreundlich sind die Typen, bei denen der erforderliche Gleichspannungswandler bereits eingebaut ist. Ein externer Spannungswandler ist nur dann sinnvoll, wenn man mit ihm mehrere Isolationsverstärker betreiben kann, deren Floating Ground auf gleichem Potential liegt. Auch bei den Typen mit eingebautem Spannungswandler steht die erdfreie Stromversorgung dem Anwender zur Verfügung. Daraus läßt sich z.B. ein vorgeschalteter Elektrometer-Subtrahierer oder ein Sensor betreiben. Besonders universell ist der AD 210 von Analog Devices, bei dem auch die Empfänger Schaltung aus einer erdfreien Stromversorgung betrieben wird. Daher kann hier die Signal-Masse des Empfängers von der Stromversorgungs Masse getrennt werden. Da es hier also drei voneinander isolierte Masseanschlüsse gibt, spricht man von einer „Drei-Tor-Isolation".

| Typ | Hersteller | Signal-übertragung | Isolierte Stromvers. | Leistungs-bandbreite | Isolations-spannung | Bemerkung |
|---|---|---|---|---|---|---|
| AD202 | Analog D. | Transform. | für Eing. | 3 kHz | 750 V | billig |
| AD210 | Analog D. | Transform. | f. Ein. u. Aus. | 20 kHz | 2500 V | 3-Tor Isolat. |
| AD215 | Analog D. | Transform. | für Eing. | 150 kHz | 1500 V | scnell |
| ISO100 | Burr B. | Optokopp. | extern[1] | 5 kHz | 750 V | rauscharm |
| ISO103 | Burr B. | Kondens. | für Eing. | 10 kHz | 1500 V ⎫ | komplementäre |
| ISO113 | Burr B. | Kondens. | für Ausg. | 10 kHz | 1500 V ⎭ | Stromversorgung |
| ISO121 | Burr B. | Kondens. | extern[1] | 5 kHz | 3500 V | hohe Isolation |
| ISO122P | Burr B. | Kondens. | extern[1] | 3 kHz | 1500 V | sehr billig |
| ISO212 | Burr B. | Transform. | extern[1] | 3 kHz | 750 V | billig |
| HCPL7840 | HP | Optokopp. | extern[1] | 15 kHz | 2500 V | Iso: 15 kV/μs |
| HCPL788J | HP | Dig. Opto. | extern[1] | 3 kHz | 1500 V | Iso: 25 kV/μs |

[1] Isolierte Stromversorgung: z.B. DCP02-Serie von Burr Brown oder HPR100-Serie von Power Convertibles (Metronik)

**Tab. 22.2.** Beispiele für Trennverstärker (Isolation Amplifier)

## 22.2
## Strommessung

### 22.2.1
### Erdfreies Amperemeter mit niedrigem Spannungsabfall

In Abschnitt 12.2 auf S. 816 haben wir einen Strom/Spannungs-Konverter kennengelernt, der sich infolge seines extrem niedrigen Eingangswiderstandes nahezu ideal als Amperemeter eignet. Allerdings können nur Ströme gemessen werden, die unmittelbar nach Masse fließen, da der Eingang eine virtuelle Masse darstellt.

Erdfreie Amperemeter kann man mit einem Elektrometersubtrahierer nach Abb. 22.4 auf S. 1192 realisieren, zwischen dessen Eingängen man einen Strommeßwiderstand anschließt. Dadurch geht allerdings der Vorteil des niedrigen Eingangswiderstandes verloren. Legt man jedoch den Strommeßwiderstand wie in Abb. 22.14 in die Gegenkopplung der Eingangsverstärker, ergibt sich ein erdfreies Amperemeter mit sehr niedrigem Spannungsabfall.

Durch die Gegenkopplung über die Widerstände $R_2$ und $R_2'$ stellt sich das Potential $V_N$ auf den Wert $V_e$ ein. Die Potentialdifferenz zwischen den Eingängen 1 und 2 wird also gleich Null. Nun nehmen wir einmal an, in den Anschluß 1 fließe der Strom $I$ hinein. Dann stellt sich das Ausgangspotential von OV 2 durch die Gegenkopplung auf den Wert

$$V_2 = V_e - IR_1 \tag{22.1}$$

ein. Mit $V_N = V_e$ folgt daraus:

$$V_1 = V_2 + \left(1 + \frac{R_2}{R_2'}\right)(V_e - V_2) = V_e + \frac{R_1 R_2}{R_2'}I \tag{22.2}$$

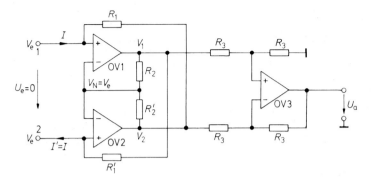

**Abb. 22.14.** Erdfreies Amperemeter ohne Spannungsabfall

$$U_a = 2RI \quad \text{für} \quad R_1 = R_1' = R_2 = R_2' = R$$

Damit ergibt sich der aus dem Anschluß 2 herausfließende Strom zu:

$$I' = \frac{V_1 - V_e}{R_1'} = \frac{R_1 R_2}{R_1' R_2'} I \tag{22.3}$$

Wenn die beiden Eingänge wie die einer erdfreien Schaltung wirken sollen, muß $I' = I$ sein. Sonst fließt ein Differenzstrom $\Delta I = I' - I$ über die Operationsverstärkerausgänge nach Masse ab. Daraus folgt die Abgleichbedingung:

$$\frac{R_1}{R_1'} = \frac{R_2'}{R_2} \tag{22.4}$$

Der Subtrahierer OV 3 bildet die Differenz $V_1 - V_2$. Seine Ausgangsspannung lautet demnach mit Gl. (22.1) und (22.2):

$$U_a = R_1 \left( 1 + \frac{R_2}{R_2'} \right) I \tag{22.5}$$

Sie ist also proportional zum fließenden Strom.

## 22.2.2
### Strommessung auf hohem Potential

Die Gleichtaktaussteuerbarkeit der vorhergehenden Schaltung ist auf Werte innerhalb der Betriebspotentiale begrenzt. Zur Messung von Strömen auf höherem Potential eignet sich die einfache Schaltung nach Abb. 12.5 von S. 817, wenn man sie statt an Nullpotential am Floating-Ground eines Trennverstärkers anschließt. Ihre Ausgangsspannug wird mit Hilfe des Trennverstärkers auf Nullpotential übertragen.

Der Aufwand läßt sich ganz wesentlich reduzieren, wenn man bei der Strommessung einen Spannungsabfall von 1 bis 2 V zulassen kann (z.B. in der Anodenleitung von Hochspannungsröhren). In diesem Fall läßt man den zu messenden Strom einfach durch die Leuchtdiode eines Optokopplers fließen. Dadurch entfällt die erdfreie Stromversorgung. Zur Linearisierung der Übertragungskennlinie

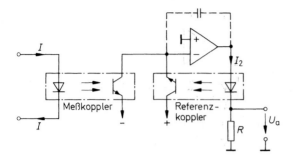

**Abb. 22.15.** Einfacher Trennverstärker zur Strommessung

$$U_a = RI$$

kann man wie in Abb. 22.15 auf der Sekundärseite einen Referenz-Optokoppler
verwenden. Sein Eingangsstrom $I_2$ wird durch den Operationsverstärker so geregelt, daß sich die Fotoströme von Referenz- und Meßkoppler gegenseitig aufheben. Wenn die beiden Koppler gut gepaart sind, wird dann:

$$I_2 = I$$

Dieser Strom kann über den Spannungsabfall an dem geerdeten Widerstand $R$
gemessen werden.

## 22.3
## Meßgleichrichter (AC/DC-Converter)

Zur Charakterisierung von Wechselspannungen werden verschiedene Kenngrößen verwendet: der arithmetische Mittelwert des Betrages und der Effektivwert sowie positiver und negativer Scheitelwert.

### 22.3.1
### Messung des Betragsmittelwertes

Zur Betragsbildung einer Wechselspannung benötigt man eine Schaltung, deren
Verstärkungsvorzeichen in Abhängigkeit von der Polarität der Eingangsspannung umgeschaltet wird. Ihre Übertragungskennlinie muß also die in Abb. 22.16
dargestellte Form besitzen.

   Eine solche Vollweggleichrichtung kann man durch Brückenschaltung von
Dioden realisieren. Die erzielbare Genauigkeit ist wegen der Durchlaßspannung
der Dioden jedoch begrenzt. Dieser Effekt läßt sich beseitigen, indem man den

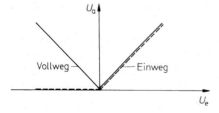

**Abb. 22.16.** Kennlinie eines Einweg- und eines
Vollweggleichrichters

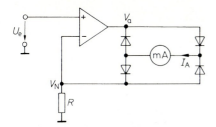

**Abb. 22.17.** Vollweggleichrichter für erdfreie Anzeigeinstrumente

$I_A = |U_e| R$

Brückengleichrichter mit einer gesteuerten Stromquelle betrieben. Eine einfache Möglichkeit dazu ist in Abb. 22.17 dargestellt. Der Operationsverstärker wird als spannungsgesteuerte Stromquelle gemäß Abb. 12.8 von S. 818 betrieben. Dadurch wird unabhängig von der Durchlaßspannung der Dioden:

$$I_A = \frac{|U_e|}{R}$$

Zur Anzeige des Mittelwertes dieses Stromes kann man z.B. ein Drehspulamperemeter einsetzen. Deshalb wird das Verfahren häufig in Analogmultimetern eingesetzt.

Für Ausgangspotentiale im Bereich $-2U_D < V_a < 2U_D$ ist der Verstärker nicht gegengekoppelt, da sämtliche Dioden sperren. In der Zeit, während der $V_a$ von $2U_D$ auf $-2U_D$ springt, ändert sich $V_N$ nicht. Dies ist eine Totzeit im Regelkreis. Eine Totzeit kann aber je nach Frequenz beliebige Phasenverschiebungen verursachen. Das macht bei der Stabilisierung des Operationsverstärkers besondere Schwierigkeiten. Man wählt Verstärker mit einer hohen Anstiegsgeschwindigkeit der Ausgangsspannung und Dioden mit niedriger Durchlaßspannung; dies verringert die Totzeit. Außerdem muß man die Frequenzkorrektur kräftiger dimensionieren als bei linearer Gegenkopplung.

### Vollweggleichrichter mit geerdetem Ausgang

Bei der vorhergehenden Gleichrichterschaltung muß der Verbraucher (das Meßwerk) erdfrei betrieben werden. Wenn das Signal weiterverarbeitet (z.B. digitalisiert) werden soll, benötigt man jedoch eine geerdete Ausgangsspannung. Eine solche Ausgangsspannung läßt sich z.B. mit einem erdfreien Strom-Spannungs-Konverter aus dem Strom $I_A$ gewinnen. Eine einfachere Methode ist in Abb. 22.18 dargestellt.

Zunächst wollen wir die Wirkungsweise von OV 1 untersuchen. Bei positiven Eingangsspannungen arbeitet er als Umkehrverstärker. In diesem Fall ist nämlich $V_2$ negativ, d.h. die Diode $D_1$ leitet, und $D_2$ sperrt. Dadurch wird $V_1 = -U_e$. Bei negativen Eingangsspannungen wird $V_2$ positiv. $D_1$ sperrt in diesem Fall; $D_2$ wird leitend und koppelt den Verstärker gegen. Sie verhindert, daß OV 1 übersteuert

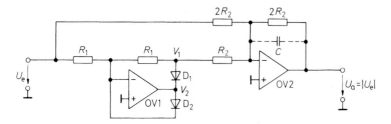

**Abb. 22.18.** Vollweggleichrichter mit geerdetem Ausgang

wird; daher bleibt der Summationspunkt auf Nullpotential. Da $D_1$ sperrt, wird $V_1$ ebenfalls Null. Zusammenfassend gilt also:

$$V_1 = \begin{cases} -U_e & \text{für } U_e \geq 0 \\ 0 & \text{für } U_e \leq 0 \end{cases} \tag{22.6}$$

Der Verstärker OV 1 arbeitet demnach als invertierender Einweggleichrichter.

Die Erweiterung zum Vollweggleichrichter erfolgt durch den Verstärker OV 2. Er bildet den Ausdruck:

$$U_a = -(U_e + 2V_1) \tag{22.7}$$

Mit Gl. (22.6) folgt daraus:

$$U_a = \begin{cases} U_e & \text{für } U_e \geq 0 \\ -U_e & \text{für } U_e \leq 0 \end{cases} \tag{22.8}$$

Dies ist die gewünschte Funktion eines Vollweggleichrichters. Ihr Zustandekommen wird durch Abb. 22.19 verdeutlicht.

Mit Hilfe des Kondensators $C$ läßt sich der Verstärker OV 2 zum Tiefpaß 1. Ordnung erweitern. Wenn man seine Grenzfrequenz klein gegenüber der nied-

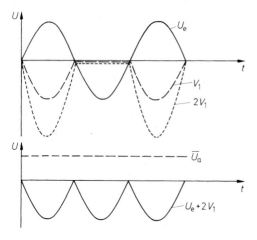

**Abb. 22.19.** Spannungsverlauf bei sinusförmiger Eingangsspannung

rigsten Signalfrequenz wählt, erhält man am Ausgang eine reine Gleichspannung mit dem Wert:

$$U_a = |\overline{U_e}|$$

Der Verstärker OV 1 muß wie bei der vorhergehenden Schaltung eine hohe Anstiegsgeschwindigkeit besitzen, um die Totzeit beim Übergang von einer Diode auf die andere möglichst klein zu halten.

### Gleichrichtung durch Umschalten des Vorzeichens

In Gl. (22.8) erkennt man, daß ein Vollweggleichrichter für postive Spannungen die Verstärkung $A = +1$ und für negative Spannungen $A = -1$ besitzt. Diese Funktion läßt sich auch direkt realisieren, indem man einen Verstärker einsetzt, dessen Verstärkung sich von $+1$ auf $-1$ umschalten läßt, und die Umschaltung vom Vorzeichen der Eingangsspannung steuert. Dieses Prinzip ist in Abb. 22.20 dargestellt. Bei positiven Eingangsspannungen wird der nicht-invertierende Eingang des Verstärkers benutzt, bei negativen Eingangsspannungen schaltet der Komparator den Schalter auf den invertierenden Eingang um.

Für den Verstärker V kann man natürlich keinen unbeschalteten Operationsverstärker verwenden, denn seine Verstärkung ist $A_D \gg 1$. Geeignet ist aber z.B. die Schaltung in Abb. 17.24 von S. 1018, bei der sich die Verstärkung mit dem Schalter S zwischen $+1$ und $-1$ umschalten läßt. Für höhere Frequenzen ist der Breitband-Multiplexer von Abb. 17.20 von S. 1016 geeigneter. Abb. 22.21 zeigt, wie man ihn als Gleichrichter betreiben kann. Die Eingangsverstärker schließt man so an der Eingangsspannung an, daß sich entgegengesetzte Vorzeichen ergeben. Je nachdem, welchen Eingangsverstärker der Komparator auswählt, erhält man dann die Ausgangsspannung $+U_e$ oder $-U_e$.

Diese Methode zur Gleichrichtung ist deshalb praktikabel, weil es integrierte Schaltungen gibt, die nach diesem Prinzip arbeiten, wie z.B. der AD 630 von Analog Devices. Er enthält auch den erforderlichen Komparator. Bei hohen Frequenzen bewirkt allerdings die durch den Komparator bedingte Verzögerung nennenswerte Fehler, da dann die verspätete Umschaltung ins Gewicht fällt.

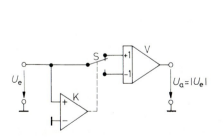

**Abb. 22.20.** Gleichrichtung durch Umschalten des Vorzeichens

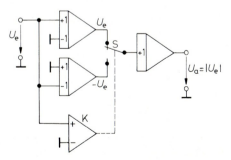

**Abb. 22.21.** Praktische Ausführung der Gleichrichtung mit Verstärkungs-Umschaltung

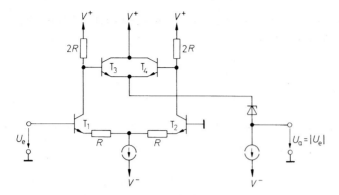

**Abb. 22.22.** Breitband-Vollweg-Gleichrichter

### Breitband-Vollweggleichrichter

Bei einem Differenzverstärker steht von Hause aus ein invertierender und ein nicht invertierender Ausgang zur Verfügung. Er kann demnach als schneller Vollwegggleichrichter benutzt werden. Dazu wird mit den beiden parallel geschalteten Emitterfolgern $T_3/T_4$ in Abb. 22.22 das jeweils positivere Kollektorpotential an den Ausgang übertragen. Mit der Z-Diode wird das Kollektor-Ruhe-Potential kompensiert, damit das Ausgangs-Ruhe-Potential Null wird.

Dasselbe Prinzip zur Vollweggleichung läßt sich vorteilhaft auch mit CC-Operationsverstärkern realisieren. Die Schaltung in Abb. 22.23 beruht auf dem Differenzverstärker von Abb. 5.87 auf S. 564. Von den gegensinnigen Ausgangs-strömen wird jeweils der positive über die Dioden $D_3$ bzw. $D_4$ zum Widerstand $R_2$ geleitet. Die Dioden $D_1$ und $D_2$ leiten negative Ströme nach Masse ab, um die Verstärker nicht zu übersteuern. Die 4 Dioden lassen sich als Brückengleichrichter aus Schottky-Dioden realisieren. Zu dem Widerstand $R_2$

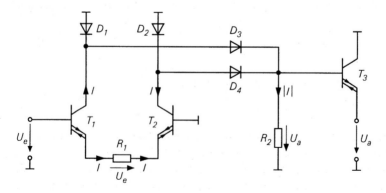

**Abb. 22.23.** Differenzverstärker aus CC-Operationsverstärkern zur Vollweg-Gleichrichtung

$$U_a = |I|R_2 = \frac{R_2}{R_1}|U_e|$$

kann man einen Kondensator parallelschalten, um den Mittelwert zu bilden. Der Verstärker $T_3$ dient als Impedanzwandler.

### 22.3.2
### Messung des Effektivwertes

Im Unterschied zum arithmetischen Betragsmittelwert (Average Absolute Value, Mean Modulus)

$$\overline{|U|} \;=\; \frac{1}{T} \int_0^T |U|\,dt \tag{22.9}$$

ist der Effektivwert als quadratischer Mittelwert definiert (Root Mean Square Value, RMS):

$$U_{\text{eff}} \;=\; \sqrt{\overline{(U^2)}} \;=\; \sqrt{\frac{1}{T} \int_0^T U^2\,dt} \tag{22.10}$$

Darin ist $T$ die Meßdauer. Man wählt sie groß gegenüber der größten im Signal enthaltenen Schwingungsdauer. Dann ergibt sich eine meßzeitunabhängige Anzeige. Bei streng periodischen Funktionen genügt die Mittelung über eine Periode, um das gewünschte Ergebnis zu erhalten.

Bei sinusförmigen Wechselspannungen gilt:

$$U_{\text{eff}} \;=\; \widehat{U}/\sqrt{2}$$

Man könnte demnach die Effektivwertmessung auf eine Scheitelwertmessung zurückführen. Bei anderen Kurvenformen treten bei diesem Verfahren beliebig große Fehler auf, insbesondere bei Spannungen mit hohen Spitzen, d.h. großem *Crest-Faktor* $\widehat{U}/U_{\text{eff}}$.

Geringere Abweichungen ergeben sich, wenn man die Effektivwertmessung auf eine Betragsmittelwertmessung zurückführt. Bei sinusförmigem Verlauf gilt:

$$\overline{|U|} \;=\; \frac{\widehat{U}}{T} \int_0^T |\sin \omega t|\,dt \;=\; \frac{2}{\pi}\widehat{U} \tag{22.11}$$

Mit $U_{\text{eff}} = \widehat{U}/\sqrt{2}$ folgt daraus der Zusammenhang:

$$U_{\text{eff}} \;=\; \frac{\pi}{2\sqrt{2}} \overline{|U|} \approx 1{,}11 \cdot \overline{|U|} \tag{22.12}$$

Die Größenverhältnisse werden durch Abb. 22.24 verdeutlicht. Der *Formfaktor* 1,11 ist bei den meisten handelsüblichen Betragsmittelwertmessern bereits eingeeicht. Sie zeigen für sinusförmigen Verlauf also den Effektivwert an, obwohl sie in Wirklichkeit den Betragsmittelwert messen. Bei anderen Kurvenformen treten durch diese unechte Messung mehr oder weniger große Abweichungen vom wahren Effektivwert auf. Bei dreieckigem Verlauf ergibt sich $U_{\text{eff}} = (2/\sqrt{3})\overline{|U|}$ und bei weißem Rauschen $U_{\text{eff}} = \sqrt{\pi/2}\,\overline{|U|}$. Bei Gleichspannung ist $U_{\text{eff}} = \overline{|U|}$.

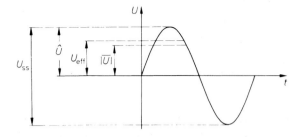

**Abb. 22.24.** Relative Größe von Scheitelwert, Effektivwert und Betragsmittelwert bei einer Sinusschwingung

Es ergeben sich demnach in Abhängigkeit von der Kurvenform folgende Abweichungen [22.3]:

| | |
|---|---|
| Gleichstrom, Rechteck: | Anzeige um 11% zu groß, |
| Dreieck: | Anzeige um   4% zu klein, |
| weißes Rauschen: | Anzeige um 11% zu klein. |

### Echte Effektivwertmessung (True RMS)

Zur echten, Kurvenform-unabhängigen Effektivwertmessung kann man entweder die Definitionsgleichung (22.10) heranziehen oder eine Leistungsmessung durchführen.

Nach Gl. (22.10) arbeitet die Schaltung in Abb. 22.25. Zur Mittelwertbildung der quadrierten Eingangsspannung wird dabei ein einfacher Tiefpaß 1. Ordnung verwendet, dessen Grenzfrequenz klein gegenüber der niedrigsten Signalfrequenz gewählt wird.

Ein Nachteil der Schaltung besteht in ihrem kleinen Dynamikbereich: Wenn man z.B. eine Eingangsspannung von $10\,\mathrm{mV}$ anlegt, erhält man mit der üblichen Recheneinheit von $10\,\mathrm{V}$ am Ausgang des Quadrierers eine Spannung von $10\,\mu\mathrm{V}$. Dieser Wert geht aber bereits im Rauschen des Radizierers unter.

In dieser Beziehung ist die Schaltung in Abb. 22.26 günstiger. Bei ihr wird das Wurzelziehen am Ausgang durch eine Division am Eingang ersetzt. Am Ausgang des Tiefpaßfilters tritt demnach die Spannung

$$U_a = \overline{\left(\frac{U_e^2}{U_a}\right)} \tag{22.13}$$

auf. Im eingeschwungenen Zustand ist $U_a = const.$ Daraus folgt:

$$U_a = \frac{\overline{(U_e^2)}}{U_a} \quad \text{also} \quad U_a = \sqrt{\overline{(U_e^2)}} = U_{\mathrm{eff}}$$

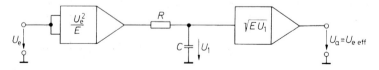

**Abb. 22.25.** Messung des Effektivwertes mit Rechenschaltungen

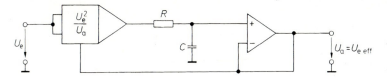

**Abb. 22.26.** Effektivwertmesser mit erhöhtem Dynamikbereich

Der Vorteil dieser Methode besteht darin, daß die Eingangsspannung $U_e$ nicht mit dem Faktor $U_e/E$ multipliziert wird, der bei kleinen Eingangsspannungen klein gegenüber Eins ist, sondern mit dem Faktor $U_e/U_a$, der in der Größenordnung von Eins liegt. Dadurch ergibt sich ein wesentlich größerer Dynamikbereich. Die Voraussetzung dafür ist allerdings, daß die Division $U_e/U_a$ auch bei kleinen Signalen mit guter Genauigkeit erfolgt. Dazu eignen sich solche Dividierer am besten, die über Logarithmen arbeiten wie wir sie in Kapitel 11.8.1 auf S. 800 beschrieben haben.

Die implizite Lösung der Gl. (22.13) erfolgt dann nach dem in Abb. 22.27 dargestellten Prinzip [22.4]. Vor der Logarithmierung muß man zunächst den Betrag der Eingangsspannung bilden. Die Quadrierung erfolgt einfach durch Multiplikation des Logarithmus mit zwei. Zur Division durch $U_a$ wird die logarithmierte Ausgangsspannung abgezogen.

Die praktische Ausführung dieses Prinzips ist in Abb. 22.28 dargestellt. Am Summationspunkt von OV 2 ergibt sich das vollweggleichgerichtete Eingangssignal. Der Operationsverstärker OV 2 logarithmiert die Eingangsspannung. Die zum Quadrieren erforderliche Spannungsverdopplung wird mit den beiden in Reihe geschalteten Transistoren $T_1$ und $T_2$ erreicht:

$$V_2 = -2U_T \ln \frac{U_e}{I_{C0}R} = -U_T \ln \left( \frac{U_e}{I_{C0}R} \right)^2$$

OV 4 logarithmiert die Ausgangsspannung:

$$V_4 = -U_T \ln \frac{U_a}{I_{C0}R}$$

Die an $T_3$ zur Bildung der Exponentialfunktion wirksame Spannung $V_4 - V_2$ ergibt die Ausgangsspannung

$$U_a = I_{CS}R \exp \frac{V_4 - V_2}{U_T} = \frac{U_e^2}{U_a} \tag{22.14}$$

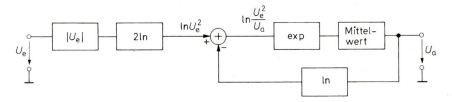

**Abb. 22.27.** Rechnerische Ermittlung des Effektivwerts über Logarithmen

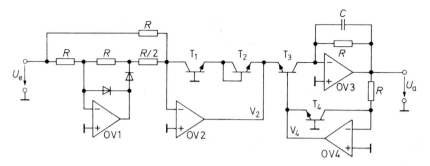

**Abb. 22.28.** Praktische Ausführung der Effektivwert-Berechnung Ausgangsspannung:
$$U_a = \sqrt{\overline{U_e^2}} = U_{e\text{eff}}$$

| Typ | Hersteller | Technologie | Genauigkeit | Bandbreite |
|---|---|---|---|---|
| AD637 | Analog Devices | bipolar | 0,1% | 80 kHz |
| AD736 | Analog Devices | bipolar | 0,3% | 30 kHz |
| AD536 | Maxim | bipolar | 0,2% | 45 kHz |
| LH0091 | National | hybrid | 0,2% | 80 kHz |

**Tab. 22.3.** Integrierte Schaltungen zur Berechnung des echten Effektivwerts

Mit dem Kondensator $C$ zur Mittelwertbildung ergibt sich also dieselbe Ausgangsspannung wie nach Gl. (22.13).

Die Transistoren $T_1$ bis $T_4$ müssen monolithisch integriert sein, damit sie – wie bei der Rechnung vorausgesetzt – gleiche Daten besitzen. Es ist sogar möglich, die Operationsverstärker und Widerstände mit zu integrieren, wie Tab. 22.3 zeigt.

**Thermische Umformung**

Nach der Definition ist der Efektivwert einer Wechselspannung diejenige Gleichspannung, die dieselbe mittlere Leistung in einem Widerstand erzeugt. Es gilt also:

$$\overline{U_e^2}/R \;=\; U_{\text{eff}}^2/R$$

Der Effektivwert einer Wechselspannung $U_e$ läßt sich demnach dadurch bestimmen, daß man eine Gleichspannung $U_{\text{eff}}$ an einem Widerstand $R$ solange erhöht, bis er genauso heiß wird wie der von $U_e$ erwärmte. Auf diesem Prinzip beruht die thermische Messung des Effektivwerts. Zur Temperaturmessung kann man im Prinzip jede beliebige Methode (s. Kap. 23.1) heranziehen. Besonders vorteilhaft ist der Einsatz von Temperaturfühlern, die sich zusammen mit den Heizwiderständen als integrierte Schaltung herstellen lassen. Deshalb verwendet man heutzutage meist Dioden als Temperaturfühler, wie es in Abb. 22.29 dargestellt ist.

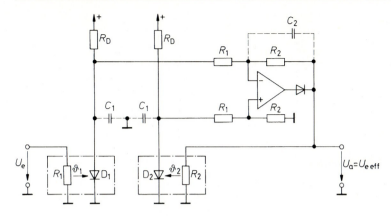

**Abb. 22.29.** Effektivwertmesser mit thermischer Umformung

Der Widerstand $R_1$ wird von der Eingangsspannung erwärmt, der Widerstand $R_2$ von der Ausgangsspannung. Die Ausgangsspannung steigt so lange an, bis die Differenz der beiden Diodenspannungen Null wird, beide Temperaturen also übereinstimmen. Als Regelverstärker dient hier der als Subtrahierer mit Tiefpaß beschaltete Operationsverstärker. Die Kondensatoren $C_1$ halten hochfrequente Signale von dem Operationsverstärker fern.

Die Diode am Ausgang des Regelverstärkers verhindert, daß der Widerstand $R_2$ mit einer negativen Spannung geheizt wird, da sonst ein Latch-up infolge thermischer Mitkopplung auftreten würde.

Da die Heizleistung proportional zum Quadrat von $U_a$ ist, ergibt sich eine zu $U_a^2$ proportionale Schleifenverstärkung. Dieser Effekt führt zu einer nichtlinearen Sprungantwort: Die Abschaltzeitkonstante ist wesentlich größer als die Einschaltzeitkonstante. Eine wesentliche Verbesserung läßt sich durch eine zusätzliche quadratische Gegenkopplung erzielen [22.5, 22.6].

Die Widerstände $R_1$ und $R_2$ werden meist niederohmig ausgeführt (50 $\Omega$), um eine hohe Bandbreite zu erreichen. Deshalb sind entsprechend große Ströme zur Ansteuerung erforderlich. Am Ausgang des Regelverstärkers fügt man daher meist einen Emitterfolger ein. Am Eingang ist ein Vorverstärker bzw. Impedanzwandler aufwendiger. Er muß nicht nur die volle Bandbreite des Eingangssignals besitzen, sondern darüber hinaus auch Stromspitzen von einigen 100 mA bereitstellen. Hier sind Breitband-Operationsverstärker bzw. -Spannungsfolger erforderlich, wie sie in Tab. 5.2 auf S. 582 zu finden sind.

Um genaue Meßergebnisse zu erreichen, müssen die beiden Meßpaare gute Gleichlaufeigenschaften besitzen. Eine integrierte Schaltung, die diese Forderung erfüllt, ist der LT 1088 von Linear Technology. Damit lassen sich bis 100 MHz Genauigkeiten von 1% erreichen.

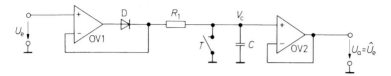

**Abb. 22.30.** Scheitelwertmesser

### 22.3.3
### Messung des Scheitelwertes

Eine Scheitelwertmessung läßt sich ganz einfach dadurch realisieren, daß man einen Kondensator über eine Diode auflädt. Zur Elimination der Durchlaßspannung kann man die Diode wie in Abb. 22.30 in die Gegenkopplung eines Spannungsfolgers legen. Solange die Eingangsspannung $U_e < V_C$ ist, sperrt die Diode D. Für $U_e > V_C$ leitet die Diode, und über die Gegenkopplung wird $V_C = U_e$. Aufgrund dieser Eigenschaft lädt sich der Kondensator $C$ auf den Spitzenwert der Eingangsspannung auf. Der nachgeschaltete Spannungsfolger belastet den Kondensator nur wenig, so daß der Spitzenwert über längere Zeit gespeichert werden kann. Über den Schalter T läßt sich der Kondensator für eine neue Messung entladen.

Durch die kapazitive Belastung neigt der Verstärker OV 1 zum Schwingen. Dieser Effekt wird durch den Schutzwiderstand $R_1$ beseitigt. Dadurch vergrößert sich allerdings die Einstellzeit, da sich die Kondensatorspannung nur asymptotisch dem stationären Wert nähert. Ein weiterer Nachteil der Schaltung besteht darin, daß OV 1 für $U_e < V_C$ übersteuert wird. Die dadurch auftretende Erholzeit begrenzt den Einsatz der Schaltung auf niedrige Frequenzen.

Beide Nachteile werden bei dem Scheitelwertmesser nach Abb. 22.31 vermieden. OV 1 wird hier invertierend betrieben. Wenn $U_e$ über den Wert $-V_C$ ansteigt, wird $V_1$ negativ, und die Diode $D_1$ leitet. Durch die Gegenkopplung über beide Verstärker stellt sich $V_1$ so ein, daß $U_a = -U_e$ wird. Neben der Durchlaßspannung der Diode $D_1$ wird dabei auch die Offsetspannung des Impedanzwandlers OV 2 eliminiert. – Nimmt die Eingangsspannung wieder ab, steigt $V_1$ an. Dadurch sperrt die Diode $D_1$ und trennt die Gegenkopplung über $R_2$ auf. $V_1$ steigt aber nur soweit an, bis die Diode $D_2$ leitend wird und den Verstärker OV 1 gegenkoppelt. Dadurch wird die Übersteuerung vermieden.

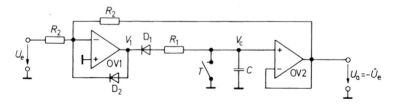

**Abb. 22.31.** Verbesserter Scheitelwertmesser

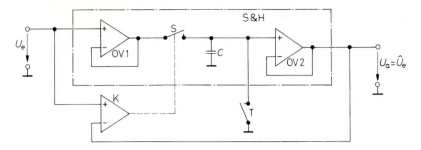

**Abb. 22.32.** Scheitelwertmesser mit Abtast-Halte-Glied

Der invertierte positive Scheitelwert von $U_e$ bleibt auf dem Kondensator $C$ gespeichert, da dieser weder über $D_1$ noch über den Spannungsfolger OV 2 entladen wird. Nach beendigter Messung läßt sich der Kondensator $C$ über den Schalter T entladen. Zur Messung negativer Scheitelwerte polt man die Dioden um.

Eine andere Möglichkeit, einen Scheitelwertmesser zu realisieren, besteht darin, ein Abtast-Halte-Glied einzusetzen und das Abtast-Kommando im richtigen Augenblick zu geben. Dazu kann man, wie in Abb. 22.32 dargestellt, einfach einen Komparator einsetzen, der feststellt, wann die Eingangsspannung größer als die Ausgangsspannung ist, und in dieser Zeit den Schalter S des Abtast-Halte-Gliedes schließen. Dann folgt das Ausgangssignal dem Eingangssignal, solange es steigt, und bleibt gespeichert, wenn es wieder sinkt. Die Ausgangsspannung steigt erst dann weiter an, wenn die Eingangsspannung das zuletzt gespeicherte Maximum überschreitet. Ein Beispiel für die Funktionsweise ist in Abb. 22.33 dargestellt. Zur Realisierung der Schaltung kann man die Abtast-Halte-Glieder von Tab. 17.3 von S. 1023 und die Komparatoren aus Tab. 6.4 von S. 611 verwenden [22.7].

Eine integrierte Schaltung, die alle Komponenten für einen Scheitelwertmesser enthält und auch zwei elektrisch gesteuerte Schalter besitzt, ist der PKD 01 von Analog Devices.

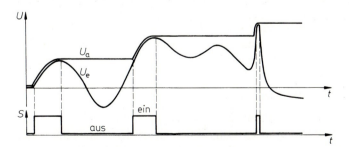

**Abb. 22.33.** Zeitlicher Verlauf der Signale im Scheitelwertmesser mit Abtast-Halte-Glied

## Momentane Scheitelwertmessung

Zur kontinuierlichen Scheitelwertmessung kann man bei den beschriebenen Verfahren den Schalter T durch einen hochohmigen Widerstand ersetzen. Man dimensioniert ihn so, daß zwischen zwei Spannungsmaxima noch keine wesentliche Entladung des Kondensators $C$ auftritt. Diese Methode bringt allerdings den Nachteil mit sich, daß eine Amplitudenabnahme nur sehr langsam registriert wird.

Für manche Anwendungen, insbesondere in der Regelungstechnik, kommt es darauf an, die Amplitude mit möglichst kurzer Verzögerungszeit zu bestimmem. Bei den beschriebenen Verfahren beträgt die Meßzeit jedoch mindestens eine Periode des Eingangssignals. Bei sinusförmigen Signalen kann man jedoch in jedem Augenblick die Amplitude gemäß der trigonometrischen Beziehung

$$\widehat{U} = \sqrt{\widehat{U}^2 \sin^2 \omega t + \widehat{U}^2 \cos^2 \omega t} \qquad (22.15)$$

berechnen. Von dieser Beziehung haben wir bereits bei der Amplitudenregelung für den Oszillator in Abb. 14.29 von S. 922 Gebrauch gemacht. Das geht dort besonders einfach, weil sowohl die $\sin \omega t$- als auch die $\cos \omega t$-Funktion zur Verfügung stehen.

Bei der Messung einer unbekannten sinusförmigen Spannung müssen wir die $\cos \omega t$-Funktion aus dem Eingangssignal bilden. Dazu können wir einen Differentiator verwenden. An seinem Ausgang erhalten wir:

$$V_1(t) = -RC \frac{dU_e(t)}{dt} = -\widehat{U}_e RC \frac{d \sin \omega t}{dt} = -\widehat{U}_e \omega RC \cos \omega t \quad (22.16)$$

Bei bekannter Frequenz können wir den Koeffizienten $\omega RC$ auf den Wert 1 einstellen. Damit steht der gesuchte Term für die weitere Rechnung nach Gl. (22.15) zur Verfügung. Durch Quadrieren und Addieren von $U_e(t)$ und $V_1(t)$ erhalten wir demnach eine kontinuierliche Amplitudenanzeige, für die keine Filterung notwendig ist.

Bei variabler Frequenz muß man das Verfahren wie in Abb. 22.34 um einen Integrator erweitern, um einen $\cos^2 \omega t$-Ausdruck mit frequenzunabhängiger Amplitude zu gewinnen. Das Ausgangspotential des Integrators beträgt:

$$V_2(t) = -\frac{1}{RC} \int U_e(t) dt = -\frac{1}{RC} \int \widehat{U}_e \sin \omega dt = \frac{\widehat{U}_e}{\omega RC} \cos \omega t \qquad (22.17)$$

Die Integrationskonstante wird dabei mit Hilfe des Widerstandes $R_p$ im eingeschwungenen Zustand zu Null gemacht. Durch Multiplikation von $V_1$ und $V_2$ erhalten wir den gesuchten Ausdruck:

$$V_3(t) = -\frac{\widehat{U}_e^2}{E} \cos^2 \omega t$$

Durch Bildung der Differenz $V_4 - V_3$ und Wurzelziehen ergibt sich die Ausgangsspannung $U_a = \widehat{U}_e$. Sie ist also in jedem Augenblick gleich dem Scheitelwert der Eingangsspannung. Bei steilen Amplitudenänderungen treten vorübergehende Abweichungen auf bis der Integrator wieder auf Mittelwert Null eingeschwungen

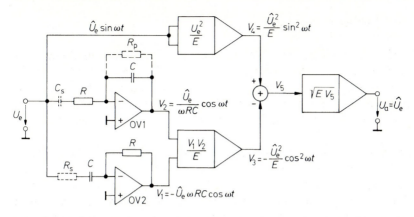

**Abb. 22.34.** Schaltung zur momentanen Scheitelwertmessung von sinusförmigen Signalen

ist. Die Änderung der Ausgangsspannung erfolgt jedoch sofort in der richtigen Richtung, so daß z.B. ein angeschlossener Regelverstärker schon mit sehr geringer Verzögerung eine Trendmeldung erhält.

### 22.3.4
### Synchrongleichrichter

Bei einem Synchrongleichrichter wird das Vorzeichen der Verstärkung nicht durch die Polarität der Eingangsspannung umgeschaltet, sondern durch eine externe Steuerspannung $U_{St}(t)$. Zu diesem Zweck kann man die Schalter mit Vorzeichenwechsel aus Abb. 17.20 auf S. 1016 und Abb. 17.24 auf S. 1018 verwenden.

Ein Synchrongleichrichter kann in der Meßanordnung gemäß Abb. 22.35 dazu benutzt werden, aus einem stark verrauschten Signal die Amplitude derjenigen Schwingung zu bestimmen, deren Frequenz gleich der Steuerfrequenz ist, und deren Phasenlage $\varphi$ zum Steuersignal konstant ist. Der Sonderfall $f_e = f_{St}$ und $\varphi = 0$ ist in Abb. 22.36 dargestellt. Man erkennt, daß der Synchrongleichrichter hier wie ein Vollweggleichrichter wirkt. Wenn $\varphi \neq 0$ ist oder $f_e \neq f_{St}$, treten

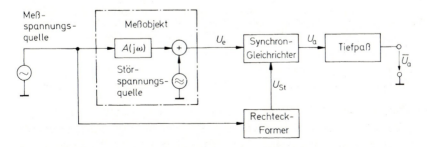

**Abb. 22.35.** Einsatz eines Synchrongleichrichters zur Messung verrauschter Signale

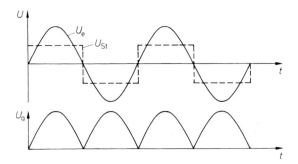

**Abb. 22.36.** Wirkungsweise eines Synchrongleichrichters

neben den positiven Flächen auch negative Flächen auf. Der Mittelwert der Ausgangsspannung ist in diesen Fällen also immer kleiner als im eingezeichneten.

Die Abhängigkeit der Ausgangsspannung von der Frequenz und der Phasenlage wollen wir im folgenden berechnen. Die Eingangsspannung $U_e$ wird im Rhythmus der Steuerfrequenz $f_{St}$ mit $+1$ bzw. $-1$ multipliziert. Dieser Sachverhalt läßt sich mathematisch folgendermaßen darstellen:

$$U_a = U_e(t) \cdot S(t) \tag{22.18}$$

Dabei ist:

$$S(t) = \begin{cases} 1 & \text{für } U_{St} > 0 \\ -1 & \text{für } U_{St} < 0 \end{cases}$$

Durch Fourier-Reihenentwicklung folgt daraus:

$$S(t) = \frac{4}{\pi} \sum_{n=0}^{\infty} \frac{1}{2n+1} \sin(2n+1)\omega_{St} t \tag{22.19}$$

Nun denken wir uns als Eingangsspannung eine sinusförmige Wechselspannung mit der Frequenz $f_e = m \cdot f_{St}$, und der Phasenverschiebung $\varphi_m$ gegenüber der Steuerspannung. Dann ergibt sich mit Gln. (22.18) und (22.19) die Ausgangsspannung

$$U_a(t) = \widehat{U}_e \sin(m\omega_{St} t + \varphi_m) \cdot \frac{4}{\pi} \sum_{n=0}^{\infty} \frac{1}{2n+1} \sin(2n+1)\omega_{St} t \tag{22.20}$$

Von dieser Spannung wird mit dem nachgeschalteten Tiefpaßfilter der arithmetische Mittelwert gebildet. Mit der Hilfsformel

$$\frac{1}{T} \int_0^T \sin(m\omega_{St} t + \varphi_m) = 0$$

und der Orthogonalitätsrelation

$$\frac{1}{T} \int_0^T \sin(m\omega_{St} t + \varphi_m) \sin l\omega_{St} t\, dt = \begin{cases} 0 & \text{für } m \neq l \\ \frac{1}{2} \cos \varphi_m & \text{für } m = l \end{cases}$$

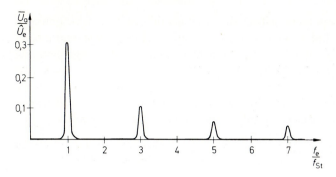

**Abb. 22.37.** Filtercharakteristik eines Synchrongleichrichters

folgt damit aus Gl. (22.20) das Ergebnis:

$$\overline{U}_a = \begin{cases} \dfrac{2}{\pi m}\widehat{U}_e \cdot \cos\varphi_m & \text{für } m = 2n+1 \\ 0 & \text{für } m \neq 2n+1 \end{cases} \tag{22.21}$$

Darin ist $n = 0, 1, 2, 3 \ldots$.

Ist die Eingangsspannung ein beliebiges Frequenzgemisch, liefern nur diejenigen Anteile einen Beitrag zur gemittelten Ausgangsspannung, deren Frequenz gleich oder gleich einem ungeraden Vielfachen der Steuerfrequenz ist. Desllalb ist der Synchrongleichrichter zur selektiven Amplitudenmessung geeignet. Da der Mittelwert der Ausgangsspannung außerdem von der Phasenverschiebung zwischen der betreffenden Komponente der Eingangsspannung und der Steuerspannung abhängt, bezeichnet man den Synchrongleichrichter auch als *phasenempfindlichen Gleichrichter*.

Für $\varphi_m = 90°$ wird $\overline{U}_a$ auch dann gleich Null, wenn die Frequenzbedingung erfüllt ist. In unserem Beispiel in Abb. 22.36 war $m = 1$ und $\varphi_m = 0$. In diesem Fall erhalten wir aus Gl. (22.21):

$$\overline{U}_a = \frac{2}{\pi}\widehat{U}_e$$

Dies ist aber gerade der arithmetische Mittelwert einer vollweggleichgerichteten Sinusspannung. Dieses Ergebnis konnten wir schon unmittelbar aus Abb. 22.36 entnehmen.

Mit Gl. (22.21) haben wir gezeigt, daß nur die Spannungen zur Ausgangsspannung beitragen, deren Frequenz gleich oder gleich einem ungradzahligen Vielfachen der Steuerfrequenz ist. Das gilt jedoch nur, wenn die Zeitkonstante des Tiefpaßfilters unendlich groß ist. In der Praxis wäre das aber nicht realisierbar und auch gar nicht wünschenswert, denn dann würde die obere Grenzfrequenz gleich Null; die Ausgangsspannung könnte sich also zeitlich überhaupt nicht ändern. Ist $f_g > 0$, sieht der Synchron-Gleichrichter nicht mehr diskrete Frequenzen, sondern einzelne Frequenzbänder aus seiner Eingangsspannung heraus. Die Bandbreite dieser Frequenzbänder ist gleich $2f_g$. Abbildung 22.37 veranschaulicht diese Filtercharakteristik.

Den meist unerwünschten Beitrag der ungradzahligen Oberschwingungen kann man beseitigen, indem man statt des Schalters einen *Analogmultiplizierer* als Synchrongleichrichter benutzt. Dann kann man die Eingangsspannung statt mit einer Rechteckfunktion $S(t)$ mit einer Sinusfunktion $U_{St} = \hat{U}_{St} \sin \omega t$ multiplizieren. Da diese Sinusfunktion keine Oberschwingungen enthält, gilt die Gl. (22.21) nur noch für $n = 0$. Wenn wir die Amplitude der Steuerspannung gleich der Recheneinheit $E$ des Multiplizierers wählen, ergibt sich statt Gl. (22.21) das Ergebnis:

$$\overline{U}_a = \begin{cases} \dfrac{1}{2}\hat{U}_e \cos \varphi & \text{für } f_e = f_{St} \\ 0 & \text{für } f_e \neq f_{St} \end{cases} \tag{22.22}$$

Gemäß Gl. (22.20) liefert der Synchrongleichrichter nicht direkt die Amplitude $\hat{U}_e$, sondern den Realteil $\hat{U}_e \cos \varphi$ der komplexen Amplitude $\underline{U}_e$. Zur Ermittlung ihres Betrages $|\underline{U}_e| = \hat{U}_e$ kann man die Phase der Steuerspannung mit einem einstellbaren Phasenschieber so weit verschieben, bis die Ausgangsspannung des Synchrongleichrichters maximal wird. Dann sind die Spannungen $U_e(t)$ und $U_{St}(t)$ in Phase, und wir erhalten aus Gl. (22.22):

$$\overline{U}_a = \frac{1}{2}\hat{U}_e = \frac{1}{2}|\underline{U}_e|_{f_e = f_{St}}$$

Wenn man zur Verschiebung der Steuerspannung einen geeichten Phasenschieber verwendet, kann man dort unmittelbar die durch das Meßobjekt verursachte Phasenverschiebung $\varphi$ ablesen.

Häufig interessiert man sich nur für die Amplitude eines bestimmten Spektralanteils der Eingangsspannung und nicht für deren Phasenlage. In diesem Fall kann man auf die Synchronisation der Steuerspannung verzichten, wenn man wie in Abb. 22.38 zwei Synchrongleichrichter einsetzt, die mit zwei um 90° gegeneinander verschobenen Steuerspannungen

$$V_1(t) = E \sin \omega_{St} t \quad \text{bzw.} \quad V_2(t) = E \cos \omega_{St} t$$

betrieben werden. Darin ist $E$ die Recheneinheit der als Synchrongleichrichter benutzten Multiplizierer. Zur Erzeugung dieser beiden Steuerspannungen eignet sich z.B. besonders gut der Oszillator in Abb. 14.29 von S. 922.

Einen Beitrag zu den Ausgangsspannungen der beiden Synchrongleichrichter liefert nur die Spektralkomponente der Eingangsspannung mit der Frequenz $f_{St}$. Sie besitze die Phasenverschiebung $\varphi$ gegenüber $V_1$ und lautet damit:

$$U_e = \hat{U}_e \sin(\omega_{St} t + \varphi)$$

Nach Gl. (22.22) liefert der obere Synchrongleichrichter die Ausgangsspannung:

$$\overline{V}_3 = \frac{1}{2}\hat{U}_e \cos \varphi \tag{22.23}$$

Die entsprechende Rechnung für den unteren Gleichrichter liefert

$$\overline{V}_4 = \frac{1}{2}\hat{U}_e \sin \varphi \tag{22.24}$$

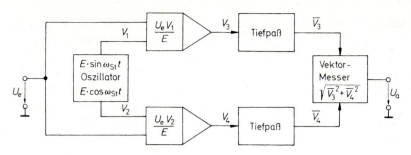

**Abb. 22.38.** Phasenunabhängige Synchrongleichrichtung

$$U_a = \frac{1}{2}\widehat{U}_e \quad \text{für} \quad f_{St} = f_e$$

Durch Quadrieren und Addieren erhalten wir daraus unabhängig von der Phasenlage die Ausgangsspannung

$$U_a = \frac{1}{2}\widehat{U}_e\sqrt{\sin^2\varphi + \cos^2\varphi} = \frac{1}{2}\widehat{U}_e \tag{22.25}$$

Die Schaltung eignet sich demnach als durchstimmbares selektives Voltmeter. Seine Bandbreite ist konstant gleich der doppelten Grenzfrequenz des Tiefpaßfilters. Die erreichbare Filtergüte ist wesentlich höher als bei herkömmlichen aktiven Filtern. Man kann z.B. ohne weiteres ein 1 MHz-Signal mit einer Bandbreite von 1 Hz filtern. Das entspricht einer Güte $Q = 10^6$.

Wenn man die Steuerfrequenz kontinuierlich durchstimmt, arbeitet die Schaltung als Spektrum-Analysator.

# Literatur

[22.1]   Grandl, P.: Was ist ein Trennverstärker. Elektronikpraxis 17 (1982) H. 2, S. 29 bis 34.

[22.2]   Morong, B.: Isolator Stretches the Bandwidth of Two-Transformer Design. Electronics 53 (1980) H. 15, S. 151–158.

[22.3]   Counts, L.; Kitchin, Ch.; Jung. W.: Low-Cost RMS/DC ICs Upgrade AC Measurements. EDN 27 (1982) H. 2, S. 101–112.

[22.4]   Buchana, R.M.: Match True-RMS Detection to Accuracy, Cost Requirements. EDN 27 (1982) H. 1, S. 139–142.

[22.5]   Ott, W.E.: A New Technique of Thermal RMS Measurement. lEEE Journal of Solid-State Circuits 9 (1974) H. 6, S. 374–380.

[22.6]   Williams, J.: Thermal-Tracking IC Converts RMS to DC. EDN, 19. 2. 1987, H. 4. S. 137–151.

[22.7]   Koeppe, W.; Peters, E.G.; Schröder, D.: Spitzenwertmessung mit Track & Hold-Verstärkern. Design & Elektronik, 8. 7. 1986, H. 14, S. 75–79.

# Kapitel 23:
# Sensorik

In diesem Kapitel sollen Schaltungen behandelt werden, die es ermöglichen, nicht-elektrische Größen zu messen. Dazu müssen diese zunächst von einem Sensor erfaßt und in eine elektrische Größe umgewandelt werden. Mit der Betriebsschaltung für den Sensor wird diese elektrische Größe meist in eine Spannung umgewandelt, die dann nach Aufbereitung sichtbar angezeigt oder zur Regelung verwendet wird.

Abbildung 23.1 zeigt die einzelnen Stufen. Sie werden am Beispiel eines Feuchte-Sensors in Abb. 23.2 konkretisiert. Der Sensor besitzt hier eine von der relativen Luftfeuchtigkeit abhängige Kapazität. Um sie zu messen, muß der Sensor in eine Kapazitäts-Meßschaltung einbezogen werden. Sie liefert am Ausgang eine Spannung, die proportional zur Kapazität, aber sicher nicht proportional zur Feuchte ist. Man benötigt also noch eine Schaltung zur Linearisierung und Eichung des Sensors. Es gibt eine große Mannigfaltigkeit von Sensoren für die verschiedensten Meßgrößen und Meßbereiche. Eine Übersicht ist in Tab. 23.1 zusammengestellt.

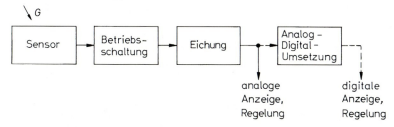

**Abb. 23.1.** Umwandlung einer physikalischen Größe $G$ in ein geeichtes elektrisches Signal

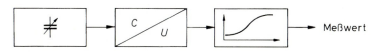

**Abb. 23.2.** Meßwert-Gewinnung am Beispiel eines Feuchtesensors

| Meßgröße | Sensor | Meßbereich | Prinzip |
|---|---|---|---|
| Temperatur | Metall-PTC | $-200...+800°C$ | pos. Temperaturkoeffizient des Widerstandes von Metallen, z.B. Platin |
| | Kaltleiter-PTC | $-50...+150°C$ | pos. Temperaturkoeffizient des Widerstandes von Halbleitern, z.B. Silizium |
| | Heißleiter-NTC | $-50...+150°C$ | neg. Temperaturkoeffizient des Widerstandes von Metalloxid-Keramik |
| | Transistor | $-50...+150°C$ | neg. Temperaturkoeffizient der Basis-Emitter-Spannung eines Transistors |
| | Thermoelement | $-200...+2800°C$ | Thermospannung an der Kontaktstelle verschiedener Metalle |
| | Schwingquarz | $-50...+300°C$ | Temperaturkoeffizient der Resonanzfrequenz bei speziell geschliffenen Quarzen |
| Temperatur über Wärmestrahlung | Pyrometer | $-100...+3000°C$ | Spektrale Verteilung der Leuchtdichte ist temperaturabhängig |
| | Pyroelement | $-50...+2200°C$ | Temperaturerhöhung durch Wärmestrahlung erzeugt Polarisationsspannung |
| Lichtintensität | Fotodiode Fototransistor | $10^{-2}...10^5\,1\times$ | Strom steigt mit der Intensität durch optisch freigesetzte Ladungsträger |
| | Fotowiderstand | $10^{-2}...10^5\,1\times$ | Elekrischer Widerstand sinkt mit zunehmender Bestrahlung |
| | Fotomultiplier | $10^{-6}...10^3\,1\times$ | Licht setzt Elektronen aus einer Fotokatode frei, die mit nachfolgenden Dynoden vervielfacht werden |
| Schall | Dynamisches Mikrofon | | Induktion einer Spannung durch Bewegung einer Spule im Magnetfeld |
| | Kondensator-Mikrofon | | Spannung eines geladenen Kondensators ändert sich mit dem Plattenabstand |
| | Kristall-Mikrofon | | Piezo-Effekt erzeugt Spannung |
| Magnetfeld | Induktions-Spule | | Liefert Spannung, wenn sich das Magnetfeld ändert oder sich die Spule im Feld bewegt |
| | Hall-Element | $0,1\,\text{mT}...1\,\text{T}$ | Spannung entsteht quer zum Halbleiter durch Ablenkung der Elektronen im Magnetfeld |
| | Feldplatte | $0,1\,\text{T}...1\,\text{T}$ | Widerstand steigt im Halbleiter mit zunehmender Feldstärke |

**Tab. 23.1.** Übersicht über Sensoren, Teil 1

| Meßgröße | Sensor | Meßbereich | Prinzip |
|---|---|---|---|
| Kraft | Dehnungs-meßstreifen | $10^{-2}\ldots10^{7}\,\mathrm{N}$ | Kraft bewirkt elastische Dehnung eines Dünnfilmwiderstandes, dessen elektrischer Widestand dadurch steigt |
| Druck | Dehnungs-meßstreifen | $10^{-3}\ldots10^{3}\,\mathrm{bar}$ | Brückenschaltung von Dehnungsmeßstreifen auf Membran wird durch Druck verstimmt |
| Beschleunigung | Dehnungs-meßstreifen | $1\ldots5000\,\mathrm{g}$ | Dehnungsmeßstreifenbrücke wird verstimmt durch Beschleunigungskraft auf mit Masse beschwerte Membran |
| Weg linear | Weggeber potentio-metrisch | $\mu\mathrm{m}\ldots\mathrm{m}$ | Abgriff eines Potentiometers wird verschoben |
| | Weggeber induktiv | $\mu\mathrm{m}\ldots\mathrm{dm}$ | Induktive Brücke wird verstimmt durch Verschiebung eines Ferritkerns |
| | Schrittweggeber optisch | $\mu\mathrm{m}\ldots\mathrm{m}$ | Strichmuster wird abgetastet Anzahl ergibt Weg |
| Winkel | Schrittwinkelgeber optisch | $1\ldots20\,000/\mathrm{Umdr.}$ | Strichmuster wird abgetastet Anzahl ergibt Drehwinkel |
| | Schrittwinkelgeber magnetisch | $1\ldots1000/\mathrm{Umdr.}$ | Magnetische Abtastung eines zahnradförmigen Gebers |
| | Schrittwinkelgeber kapazitiv | $1\ldots1000/\mathrm{Umdr.}$ | Kapazitive Abtastung eines zahnradförmigen Gebers |
| Strömungsge-schwindigkeit | Flügelrad | | Drehzahl nimmt mit Strömungsgeschwindigkeit zu |
| | HitzdrachtAnemometer | | Abkühlung nimmt mit Strömungsgeschwindigkeit zu |
| | UltraschallSender/ Empfänger | | Doppler-Verschiebung nimmt mit Strömungsgeschwindigkeit zu |
| Gaskonzentration | Keramik-widerstand | | Widerstand ändert sich bei Adsorption des nachzuweisenden Stoffes |
| | MOSFET | | Änderung der Schwellenspannung bei Adsorption des nachzuweisenden Stoffes unter dem Gate |
| | Absorptionsspektrum | | Absorptionslinien charakteristisch für jedes Gas |
| Feuchte | Kondensator | $1\ldots100\%$ | Dielektrizitätskonstante nimmt durch Wasseraufnahme mit der relativen Feuchte zu |
| | Widerstand | $5\ldots95\%$ | Widerstand nimmt durch Wasseraufnahme mit der relativen Feuchte ab |

**Tab. 23.1.** Übersicht über Sensoren, Teil 2

## 23.1
## Temperaturmessung

Nachfolgend sollen verschiedene Methoden zur Temperaturmessung beschrieben
werden. Man erkennt in der Übersicht, daß die metallischen Sensoren, wie Thermoelement und Widerstandsthermometer, sich in einem sehr großen Temperaturbereich einsetzen lassen. Die Temperaturfühler auf Halbleiterbasis (Kaltleiter,
Heißleiter, Transistor) liefern dagegen ein sehr viel größeres Ausgangssignal.
Deshalb führt ihr Einsatz meist zu billigeren Lösungen.

### 23.1.1
### Metalle als Kaltleiter

Der Widerstand von Metallen steigt mit zunehmender Temperatur; sie besitzen
also einen positiven Temperaturkoeffizienten. Die gebräuchlichsten Metalle zur
Temperaturmessung sind Platin und Nikkel-Eisen. In erster Näherung steigt der
Widerstand linear mit der Temperatur um ca. 0,4% je Grad. Bei 100 K Temperaturerhöhung ergibt sich also der 1,4fache Widerstand.

Bei den *Platin-Temperaturfühlern* spezifiziert man den Widerstand $R_0$ bei
0°C. Üblich ist ein Wert von 100 Ω (Pt 100), daneben auch 200 Ω (Pt 200), 500 Ω
(Pt 500) und 1000 Ω (Pt 1000). Der Widerstand folgt hier im Temperaturbereich
$0°C \leq \vartheta \leq 850°C$ der Gleichung (DIN 43760 und IEC 571):

$$R_\vartheta = R_0 \left[1 + 3{,}90802 \cdot 10^{-3}\vartheta/°C - 0{,}580195 \cdot 10^{-6}(\vartheta/°C)^2\right]$$

und im Bereich $-200°C \leq \vartheta \leq 0°C$ der Gleichung:

$$R_\vartheta = R_0[1 + 3{,}90802 \cdot 10^{-3}\vartheta/°C - 0{,}580195 \cdot 10^{-6}(\vartheta/°C)^2$$
$$+ 0{,}42735 \cdot 10^{-9}(\vartheta/°C)^3 - 4{,}2735 \cdot 10^{-12}(\vartheta/°C)^4]$$

Der nutzbare Temperaturbereich ist mit $-200°C$ bis $+850°C$ sehr groß und wird
bei hohen Temperaturen nur durch die Thermoelemente (s. Abschn. 23.1.6) übertroffen. Die Nichtlinearität der Gleichung ist relativ klein. Aus diesem Grund kann
man in einem begrenzten Temperaturbereich häufig auf eine Linearisierung verzichten. Beispiele für Betriebsschaltungen folgen in Abschnitt 23.1.4.

Bei den *Nickel-Eisen-Temperaturfühlern* wird der Nennwiderstand $R_0$ bei 20°C
spezifiziert. Der Temperaturverlauf folgt dann im Temperaturbereich $-50°C \leq$
$\vartheta \leq 150°C$ der Gleichung:

$$R_\vartheta = R_{20}[1 + 3{,}83 \cdot 10^{-3}(\vartheta/°C) + 4{,}64 \cdot 10^{-6}(\vartheta/°C)^2]$$

Man sieht, daß neben dem linearen Term ein quadratischer Anteil vorhanden ist,
der bei 150°C eine Abweichung von ca. 25° bewirkt. Eine Linearisierung ist daher
praktisch immer erforderlich [23.1]. Wie die entsprechenden Betriebsschaltungen
arbeiten und dimensioniert werden, wird in Abschnitt 23.1.4 beschrieben.

### 23.1.2
### Kaltleiter auf Siliziumbasis, PTC

Der Widerstand von homogen dotiertem Silizium nimmt mit der Temperatur zu. Der Temperaturkoeffizient ist hier etwa doppelt so groß wie bei Metallen. Der Widerstand verdoppelt sich ungefähr bei 100 K Temperaturerhöhung. Seine Gleichung lautet:

$$R_\vartheta = R_{25}[1 + 7{,}95 \cdot 10^{-3}\Delta\vartheta/{}^\circ\mathrm{C} + 1{,}95 \cdot 10^{-5}(\Delta\vartheta/{}^\circ\mathrm{C})^2]$$

Sie gilt exakt nur für die Sensoren der TS-Serie von Texas Instruments, für andere Hersteller nur näherungsweise. Darin ist $R_{25}$ der Nennwiderstand bei 25°C. Er liegt meist zwischen $1\ldots 2\,\mathrm{k}\Omega$. $\Delta\vartheta$ ist die Differenz zwischen der aktuellen Temperatur und der Nenntemperatur: $\Delta\vartheta = \vartheta - 25^\circ\mathrm{C}$. Der nutzbare Temperaturbereich liegt hier wie bei den Nickel-Eisen-Sensoren zwischen $50^\circ\mathrm{C}$ und $+150^\circ\mathrm{C}$. Wie man die Silizium-Kaltleiter einsetzt und ihre Kennlinie linearisiert, folgt in Abschnitt 23.1.4.

### 23.1.3
### Heißleiter, NTC

Heißleiter sind temperaturabhängige Widerstände mit einem negativen Temperaturkoeffizienten. Sie werden aus Metalloxid-Keramik hergestellt. Ihr Temperaturkoeffizient ist sehr groß; er liegt zwischen $-3\ldots -5\%$ je Grad. *Leistungsheißleiter* werden zur Einschaltstrom-Begrenzung eingesetzt. Bei ihnen ist eine Erhitzung durch den fließenden Strom erwünscht. Sie müssen einen niedrigen Heißwiderstand und eine hohe Strombelastbarkeit besitzen. Im Gegensatz dazu hält man die Eigenerwärmung bei den *Meßheißleitern* möglichst gering. Hier kommt es auf einen möglichst genau spezifizierten Widerstandsverlauf an. Die Temperaturabhängigkeit des Widerstandes läßt sich durch die Beziehung [23.2]

$$R_T = T_N \cdot \exp\left[B\left(\frac{1}{T} - \frac{1}{T_N}\right)\right]$$

approximieren, wenn die interessierende Temperatur $T$ in der Nähe der Nenntemperatur $T_N$ liegt. Dabei müssen die Temperaturen in Kelvin ($T = \vartheta + 273^\circ$) eingesetzt werden. Die Konstante $B$ liegt je nach Typ zwischen $B = 1500\ldots 7000\,\mathrm{K}$. Um auch bei großen Temperaturdifferenzen den Widerstandsverlauf genau beschreiben zu können, ist die Gleichung

$$\frac{1}{T} = \frac{1}{T_N} + \frac{1}{B}\ln\frac{R}{R_N} + \frac{1}{C}\left(\ln\frac{R}{R_N}\right)^3$$

vorzuziehen. Zusätzlich ist hier der Term mit dem Koeffizienten $1/C$ eingefügt. Damit läßt sich selbst in einem Temperaturbereich von 100 K eine Genauigkeit von 0,1 K erreichen. Voraussetzung ist natürlich, daß die Koeffizienten bzw. der Widerstandsverlauf mit ausreichender Genauigkeit vom Hersteller spezifiziert werden. Betriebsschaltungen für Heißleiter werden in Abschnitt 23.1.4 behandelt.

### 23.1.4
### Betrieb von Widerstandstemperaturfühlern

Bei den hier beschriebenen Widerstandstemperaturfühlern (RTD = Resistive Temperature Detector) ist der Widerstand eine Funktion der Temperatur; der Zusammenhang wird durch die jeweiligen Gleichungen $R = f(\vartheta)$ beschrieben. Wie stark der Widerstand sich mit der Temperatur ändert, wird durch den Temperaturkoeffizienten

$$TK = \frac{1}{R} \cdot \frac{dR}{d\vartheta} \tag{23.1}$$

in % je Grad angegeben. Daraus läßt sich auch die aus einer Widerstandstoleranz resultierende Temperaturtoleranz berechnen:

$$\underbrace{\Delta\vartheta}_{\text{Temperaturtoleranz}} = \frac{1}{TK} \underbrace{\frac{\Delta R}{R}}_{\text{Widerstandstoleranz}} \tag{23.2}$$

Bei einem Temperaturkoeffizienten von 0,3% je Grad führt demnach eine Widerstandstoleranz von $\pm 1\%$ zu einer Temperaturtoleranz von $\pm 3\,\mathrm{K}$. Je größer der Temperaturkoeffizient ist, desto kleiner wird die Temperaturtoleranz bei gegebener Widerstandstoleranz.

Zur Messung des Widerstandes von Widerstandstemperaturfühlern kann man durch den Sensor einen konstanten Strom fließen lassen. Er sollte so klein sein, daß sich dadurch keine nennenswerte Eigenerwärmung ergibt. Als Richtwert sollte man anstreben, die Verlustleistung unter 1 mW zu halten. Man erhält dann eine Spannung am Sensor, die proportional zu seinem Widerstand ist. Wenn lange Verbindungsleitungen zwischen der Stromquelle und dem Sensor liegen, kann es nützlich sein, eine Vierdraht-Widerstandsmessung wie in Abb. 23.3 vorzunehmen. Hier verfälschen die Leitungswiderstände das Meßergebnis $U_\vartheta$ nicht, wenn man hochohmig mißt.

Die Spannung $U_\vartheta$ ist zwar proportional zum Widerstand, aber wegen der nichtlinearen Kennlinien keine lineare Funktion der Temperatur. Wenn man die Meßwerte ohnehin digitalisiert, läßt sich die zugehörige Temperatur dadurch berechnen, daß man die entsprechende Kennliniengleichung nach $\vartheta$ auflöst. Zur

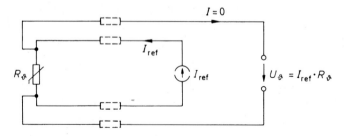

**Abb. 23.3.** Vierdraht-Widerstandsmessung macht unabhängig von Leitungswiderständen

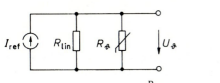

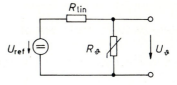

**Abb. 23.4 a.** $U_\vartheta = I_{ref} \cdot R_{lin} \dfrac{R_\vartheta}{R_\vartheta + R_{lin}}$

**Abb. 23.4 b.** $U_\vartheta = U_{ref} \dfrac{R_\vartheta}{R_\vartheta + R_{lin}}$

**23.4 a,b** Linearisierung einer Kaltleiter-Kennlinie (PTC) mit $R_{lin}$.
Für $U_{ref} = I_{ref} \cdot R_{lin}$ liefern beide Schaltungen dasselbe Ausgangssignal

analogen Linearisierung kann man ein Funktionsnetzwerk nach Kapitel 11.7.5 auf S. 797 nachschalten.

Für die meisten Anwendungen ist jedoch eine Linearisierung ausreichend, die sich dadurch ergibt, daß man wie in Abb. 23.4 a einen geeigneten Festwiderstand $R_{lin}$ zu dem Sensor parallel schaltet. Abbildung 23.5 zeigt die Wirkung von $R_{lin}$ am Beispiel eines Silizium-Kaltleiters. Mit zunehmendem Wert von $R_\vartheta$ steigt der Wert der Parallelschaltung wegen des Linearisierungswiderstandes langsamer an. Dadurch läßt sich der quadratische Term in den Kennlinien weitgehend kompensieren. Die Qualität der Linearisierung hängt wesentlich davon ab, daß man den Linearisierungswiderstand für den geforderten Meßbereich optimiert. Im einfachsten Fall entnimmt man diesen Wert dem Datenblatt.

Die Frage ist jedoch, wie man vorgehen muß, wenn man für den gewünschten Meßbereich keine Angaben findet. Meist fordert man im ganzen Meßbereich eine möglichst niedrige, konstante Fehlergrenze. Mit dem Linearisierungswiderstand läßt sich der Fehler bei drei Temperaturen ($\vartheta_U$, $\vartheta_M$, $\vartheta_O$) zu Null machen. Man verschiebt nun diese drei Temperaturen solange und wählt $R_{lin}$ so, daß der maximale Fehler dazwischen und an den Bereichsenden gleich groß wird. Abbildung 23.5 veranschaulicht dieses Vorgehen.

Einen einfachen Näherungswert für $R_{lin}$ erhält man dadurch, daß man die Temperaturen $\vartheta_U$ und $\vartheta_O$ auf die Meßbereichsgrenzen legt und $\vartheta_M$ in die Mitte. Dieser Fall ist in Abb. 23.6 eingezeichnet. Die Linearisierungsbedingung ergibt

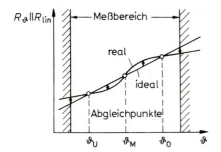

**Abb. 23.5.** Optimaler Fehlerausgleich bei einem Dreipunkt-Abgleich

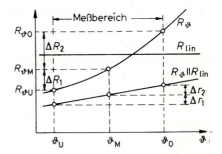

**Abb. 23.6.** Vereinfachte Methode zur Berechnung des Linearisierungswiderstandes für PTCs

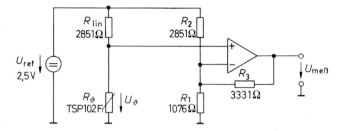

**Abb. 23.7.** $U_{\text{meß}} = 20\,\text{mV}\;\vartheta/°\text{C}$ für $0° \leq \vartheta \leq 100°\text{C}$
Linearisierung, Nullpunktverschiebung und Verstärkung für einen Silizium-Kaltleiter (PTC).
Nach diesem Prinzip arbeitet der AD 22100 vom Analog Devices

sich dann aus der Forderung, daß die Widerstandsänderung der Parallelschaltung ($R_\vartheta$ $R_{\text{lin}}$) in der unteren Hälfte des Meßbereichs genauso groß sein soll wie in der oberen. Für $R_{\text{lin}}$ ergibt sich daraus:

$$R_{\text{lin}} = \frac{R_{\vartheta M}(R_{\vartheta U} + R_{\vartheta O}) - 2R_{\vartheta U} \cdot R_{\vartheta O}}{R_{\vartheta U} + R_{\vartheta O} - 2R_{\vartheta M}} \tag{23.3}$$

Darin sind $R_{\vartheta U}$, $R_{\vartheta M}$ bzw. $R_{\vartheta O}$ die Widerstandswerte des Sensors bei der unteren ($\vartheta_U$), mittleren ($\vartheta_M$) bzw. oberen ($\vartheta_O$) Temperatur. Man erkennt, daß der Linearisierungswiderstand unendlich wird, also entfällt, wenn $R_{\vartheta M}$ in der Mitte zwischen $R_{\vartheta U}$ und $R_{\vartheta O}$ liegt, denn dann ist der Sensor selbst linear. Liegt $R_{\vartheta M}$ oberhalb der Mitte, wird $R_{\text{lin}}$ negativ. Dieser Fall tritt auf, wenn der quadratische Term der Sensorkennlinie negativ ist, wie z.B. bei den Platin-Sensoren.

Die beschriebene Linearisierung ergibt sich auch, wenn man die Stromquelle in Abb. 23.4a mit dem Linearisierungswiderstand zusammenfaßt und in eine äquivalente Spannungsquelle wie in Abb. 23.4b umrechnet. Der Linearisierungswiderstand $R_{\text{lin}}$ ist in beiden Fällen derselbe. Abbildung 23.7 zeigt die resultierende Meßschaltung. Die Spannung $U_\vartheta$ ist hier die linearisierte Funktion der Temperatur. Um sie nicht durch Belastung zu verfälschen, legt man sie an den nichtinvertierenden Eingang eines Elektrometerverstärkers. Durch die Beschaltung mit $R_1$, $R_2$ und $R_3$ kann er gleichzeitig die gewünschte Verstärkung und Nullpunktverschiebung bewirken. Man erkennt in Abb. 23.7, daß sich die resultierende Schaltung auch als Meßbrücke interpretieren läßt.

An einem Beispiel soll die Dimensionierung der Schaltung erklärt werden. Die Schaltung soll eine Temperatur im Bereich von 0°C bis 100°C messen und Ausgangsspannungen zwischen 0 V und 2 V liefern. Die Referenzspannung soll 2,5 V betragen. Als Sensor wird ein Silizium-Kaltleiter gewählt, hier der Typ TSP 102 F von Texas Instruments. Die Linearisierung soll für diesen Bereich berechnet werden. Dazu entnimmt man aus dem Datenblatt die Widerstandswerte an den Bereichsenden und in der Bereichsmitte gemäß Tab. 23.2. Nach Gl. (23.3) folgt daraus ein Linearisierungswiderstand $R_{\text{lin}} = 2851\,\Omega$. Der Linearisierungsfehler ist in der Mitte zwischen den Stützstellen, also hier bei 25°C und 75°C, am größten. Er beträgt aber lediglich 0,2 K! An dem Spannungsteiler $R_\vartheta$, $R_{\text{lin}}$

| $\vartheta$ | $R_\vartheta$ | $U_\vartheta$ | $U_{\text{meß}}$ |
|---|---|---|---|
| $\vartheta_U = \quad 0°C$ | $R_{\vartheta U} = \quad 813\,\Omega$ | $U_{\vartheta U} = 0{,}555\,V$ | $U_{\text{meß}\,U} = 0{,}00\,V$ |
| $\vartheta_M = 50°C$ | $R_{\vartheta M} = 1211\,\Omega$ | $U_{\vartheta M} = 0{,}745\,V$ | $U_{\text{meß}\,M} = 1{,}00\,V$ |
| $\vartheta_O = 100°C$ | $R_{\vartheta O} = 1706\,\Omega$ | $U_{\vartheta O} = 0{,}935\,V$ | $U_{\text{meß}\,O} = 2{,}00\,V$ |

**Tab. 23.2.** Funktionsweise der Schaltung in Abb. 23.7

ergeben sich dann die ebenfalls in Tab. 23.2 eingetragenen Werte für $U_\vartheta$. Man erkennt, daß die Differenzen zur Bereichsmitte tatsächlich gleich groß werden.

Zur Berechnung der Widerstände $R_1$, $R_2$ und $R_3$ kann man einen der Werte vorgeben. Wir wählen $R_2 = R_{\text{lin}} = 2851\,\Omega$. Die Widerstände $R_1$ und $R_3$ bestimmen die Verstärkung und den Nullpunkt. Die Verstärkung der Schaltung ergibt sich einerseits aus der geforderten Ausgangsspannung

$$A = \frac{U_{\text{meß}\,O} - U_{\text{meß}\,U}}{U_{\vartheta O} - U_{\vartheta U}} = \frac{2{,}00\,V}{380\,mV} = 5{,}263$$

und andererseits aus der Formel für den Elektrometerverstärker:

$$A = 1 + R_3/(R_1 \| R_2)$$

Der gewählte Nullpunkt $U_{\text{meß}\,U} = 0\,V$ führt gemäß Abb. 23.7 zu der Bedingung, daß an den in diesem Fall virtuell parallel geschalteten Widerstände $R_1$ und $R_3$ gerade die Spannung $U_\vartheta$ abfällt:

$$U_{\vartheta U} = \frac{R_1 \| R_3}{(R_1 \| R_3) + R_2} U_{\text{ref}}$$

Aus diesen beiden Bestimmungsgleichungen folgt:

$$R_1 = 1076\,\Omega \quad \text{und} \quad R_3 = 3331\,\Omega$$

Zur Realisierung der Schaltung wählt man die nächstliegenden Normwerte aus der E 96-Reihe (s. Kap. 26.5 auf S. 1387). Ein Abgleich der Schaltung erübrigt sich dann in den meisten Fällen, wenn man eine eng tolerierte Referenzspannungsquelle einsetzt.

Bei hohen Anforderungen an die Genauigkeit kann man den Nullpunkt mit $R_1$ und die Verstärkung mit $R_3$ abgleichen. Um dabei keinen iterativen Abgleich durchlaufen zu müssen, gleicht man zunächst den Nullpunkt bei einer Temperatur ab, bei der die Spannung an $R_3$ Null ist. Dann läßt sich $R_1$ unabhängig von der Größe von $R_3$ abgleichen. In unserem Beispiel ist

$$U_{\text{meß}} = U_\vartheta = 0{,}685\,V$$

für $R_\vartheta = 1076\,\Omega$ bzw. $\vartheta = 34{,}3°C$. Die Verstärkung läßt sich dann bei einer beliebigen anderen Temperatur (also z.B. 0°C oder 100°C) an $R_3$ abgleichen, ohne dadurch den Nullpunktabgleich wieder zu verfälschen. Die allgemeine Vorgehensweise beim Abgleich von Sensorschaltungen folgt in Abschnitt 23.5.

Wenn man einen Operationsverstärker wählt, dessen Gleichtakt- und Ausgangsaussteuerbarkeit bis an die negative Betriebsspannung reicht, läßt sich die Schaltung aus einer einzigen Betriebsspannungsquelle von 5 V betreiben. Um bis

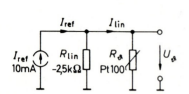

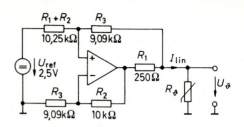

**Abb. 23.8.** Prinzip zum linearisierten Betrieb von Pt 100-Sensoren

**Abb. 23.9.** Realisierung der Stromquelle mit negativem Ausgangswiderstand

auf wenige Millivolt an 0 V heran zu kommen, kann man den Ausgang zusätzlich mit 1 kΩ belasten.

Zur Linearisierung von **Platin-Temperatursensoren** benötigt man wegen des negativen quadratischen Terms in der Kennlinie einen negativen Linearisierungswiderstand. Zur Linearisierung eines Pt 100-Sensors im Temperaturbereich von 0°C bis 400°C ist nach Gl. (23.3) ein Widerstand $R_{lin} = -2,5\,k\Omega$ erforderlich. Deshalb ist die Linearisierung nach Abb. 23.7 nicht möglich. Man muß hier zum Betrieb eine Stromquelle mit negativem Innenwiderstand einsetzen. In Abb. 23.8 ist das Ersatzschaltbild dargestellt. Zur Realisierung ist die Stromquelle nach Abb. 12.9 auf S. 820 besonders gut geeignet. Macht man $R_3$ etwas niederohmiger als für eine Konstantstromquelle erforderlich, ergibt sich ein negativer Widerstand:

$$r_a = -\frac{\Delta U_\vartheta}{\Delta I} = \frac{R_1 R_3}{R_3 - R_2} = R_{lin}$$

Dies ist eine Bestimmungsgleichung für $R_3$. Gibt man $R_1 = 250\,\Omega$, $R_2 = 10\,k\Omega$ und $R_{lin} = -2,5\,k\Omega$ vor, erhält man $R_3 = 9,09\,k\Omega$. Die so dimensionierte Schaltung ist in Abb. 23.9 dargestellt. Die Schaltung zur Verstärkung und Nullpunktverschiebung der Sensorspannung $U_\vartheta$ kann sinngemäß von Abb. 23.7 übernommen werden.

In einem beschränkten Temperaturbereich und bei nicht zu hohen Genauigkeitsanforderungen läßt sich auch der Widerstandsverlauf eines Heißleiters mit einem Parallelwiderstand linearisieren. Abbildung 23.10 veranschaulicht die Wirkungsweise. Die beste Linearisierung ergibt sich auch hier, wenn man den Wendepunkt von $R_{lin}$ $R_T$ in die Mitte $T_M$ des gewünschten Temperaturbereichs legt. Daraus folgt für den Linearisierungswiderstand [23.2]:

$$R_{lin} = \frac{B - T_M}{B + 2T_M} R_{TM} \sim R_{TM}$$

$B$ ist hier der $B$-Wert des Heißleiters aus der Kennliniengleichung. Man kann auch hier den Temperatursensor mit demselben Linearisierungswiderstand $R_{lin}$ in Reihe schalten und erhält dann einen linearisierten Spannungsverlauf. Um eine mit der Temperatur steigende Spannung zu erhalten, ist es hier zweckmäßig, die Spannung am Linearisierungswiderstand abzugreifen. Dies ist in Abb. 23.11 dargestellt. Die Schaltung und ihre Dimensionierung entspricht im übrigen ganz der Betriebsschaltung für Kaltleiter in Abb. 23.7.

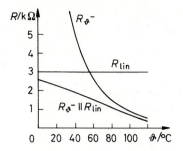

**Abb. 23.10.** Linearisierung eines Heißleiters (NTC) mit einem Parallelwiderstand

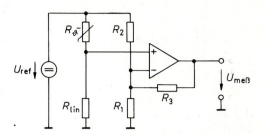

**Abb. 23.11.** Betriebsschaltung zur Linearisierung, Nullpunktverschiebung und Verstärkung für Heißleiter

### 23.1.5
### Transistor als Temperatursensor

Aufgrund des inneren Aufbaus ist ein Bipolartransistor ein stark temperaturabhängiges Bauelement. Sein Sperrstrom verdoppelt sich bei ca. 10 K Temperaturerhöhung, und seine Basis-Emitterspannung sinkt um ca. 2 mV/K (siehe (2.21) auf S. 62). Diese sonst unerwünschten Nebeneffekte lassen sich zur Temperaturmessung ausnutzen. In Abb. 23.12 wird ein als Diode geschalteter Transistor mit einem konstanten Strom betrieben. Dann ergibt sich der in Abb. 23.13 dargestellte Temperaturverlauf der Basis-Emitterspannung. Sie hat bei Zimmertemperatur ($T \approx 300$ K) den üblichen Wert von ca. 600 mV. Bei einer Temperaturerhöhung von 100 K sinkt sie um 200 mV; entsprechend steigt sie bei einer Temperaturerniedrigung. Der Temperaturkoeffizient beträgt also:

$$\frac{\Delta U}{U \cdot \Delta T} = 0{,}3\%/\text{K}$$

Leider ist jedoch die Streuung der Durchlaßspannung und des Temperaturkoeffizienten recht groß. Aus diesem Grund verwendet man einzelne Transistoren zur Temperaturmessung heutzutage nur noch bei geringen Anforderungen an die Meßgenauigkeit. Besser eichen lassen sich Schaltungen, die auf der Differenz der Basis-Emitterspannungen von zwei bei verschiedenen Stromdichten betriebenen

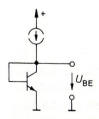

**Abb. 23.12.** Nutzung der Basis-Emitter-Spannung zur Temperaturmessung

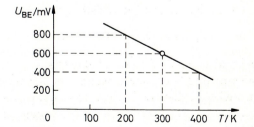

**Abb. 23.13.** Temperaturabhängigkeit der Basis-Emitterspannung (typischer Verlauf)

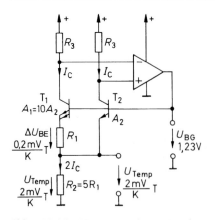

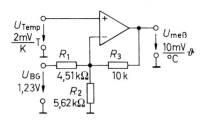

$$U_{\text{meß}} = 5\,U_{\text{Temp}} - 2{,}22\,U_{\text{BG}}$$

**Abb. 23.14.** Nutzung einer Bandgap-Referenz zur Temperaturmessung

**Abb. 23.15.** Zusatz zur Realisierung eines Celsius-Nullpunkts

Bipolartransistoren beruhen. Das Prinzip ist in Abb. 23.14 dargestellt. Es handelt sich hier um eine Bandabstands-Referenz, wie sie schon in Kapitel 16.4.2 auf S. 975 beschrieben wurde. Die Differenz der Basis-Emitterspannungen beträgt hier:

$$\Delta U_{\text{BE}} = U_T \ln \frac{I_{C2}}{I_{C0} A_2} - U_T \ln \frac{I_{C1}}{I_{C0} A_1} = U_T \ln \frac{I_{C2} A_1}{I_{C1} A_2}$$

Da die beiden Kollektorströme hier gleich groß sind, und das Flächenverhältnis der Transistoren $A_1 / A_2 = 10$ beträgt, folgt:

$$\Delta U_{\text{BE}} = \frac{kT}{e} \ln 10 = 200 \frac{\mu V}{K} \cdot T$$

Zur Realisierung einer Bandgap-Referenz verstärkt man diese Spannung mit $R_2$ so, daß sich eine Spannung $U_{\text{Temp}} \approx (2\,\text{mV}/\,\text{K}) \cdot T$ ergibt, die den Temperaturkoeffizienten von $T_2$ kompensiert (s. Abschnitt 16.4.2).

Die Spannung $U_{\text{Temp}}$ läßt sich direkt zur Temperaturmessung verwenden: sie ist proportional zur absoluten Temperatur $T$ („PTAT" = Proportional To Absolute Temperature). Bei $\vartheta = 0°C$ ist:

$$U_{\text{Temp}} = 2 \frac{\text{mV}}{K} \cdot 273\,\text{K} = 546\,\text{mV}$$

Um einen Celsius-Nullpunkt zu erhalten, kann man eine konstante Spannung dieser Größe von $U_{\text{Temp}}$ subtrahieren. Dazu benutzt der Subtrahierer in Abb. 23.15 die entsprechend gewichtete Spannung $U_{\text{BG}}$.

Das Prinzip von Abb. 23.14 läßt sich dahingehend modifizieren, daß man die Emitter auf gleiches Potential legt. Die Ausgangsspannung des Operationsvertärkers in Abb. 23.16 stellt sich auch hier so ein, daß die beiden Kollektorströme gleich groß werden. Dabei ergibt sich derselbe Wert für $\Delta U_{\text{BE}}$, hier jedoch zwischen den Basisanschlüssen. Die Spannung an $R_1$ ist also proportional zu $T$ („PTAT"). Sie läßt sich durch Reihenschaltung mit weiteren Widerständen auf

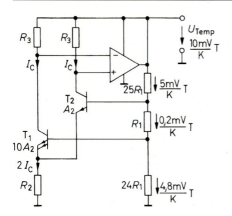

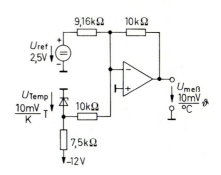

**Abb. 23.16.** Modifizierte Bandgap-Referenz zur direkten Temperaturmessung (z.B. STP 35 von Texas Instruments)

**Abb. 23.17.** Beispiel für die Celsius-Nullpunkt-Verschiebung bei einem Temperatursensor-Zweipol

beliebige Werte erhöhen. Bei dem Beispiel in Abb. 23.16 wird sie auf das 50fache verstärkt:

$$U_{\text{Temp}} = 50\Delta U_{\text{BE}} = 10\frac{\text{mV}}{\text{K}} \cdot T$$

Bei Zimmertemperatur ($T \approx 300\,\text{K}$) ergibt sich also eine Spannung von $U_{\text{Temp}} \approx 3\,\text{V}$. Der Vorteil dieser Variante ist, daß $U_{\text{Temp}}$ hier am Ausgang des Operationsverstärkers auftritt und dadurch belastbar ist.

Temperatursensoren, die nach dem Prinzip von Abb. 23.16 arbeiten, werden von Texas Instr. (STP 35) und National (LM 335) als IC hergestellt. Sie besitzen keinen separaten Betriebsspannungsanschluß und verhalten sich daher wie eine Z-Diode.

Der Betrieb eines solchen Temperatursensors mit Celsius-Nullpunkt-verschiebung soll an dem Beispiel in Abb. 23.17 erläutert werden. Da sich der Sensor wie eine Z-Diode mit niedrigem Innenwiderstand (ca. $0.5\,\Omega$ bei $1\,\text{mA}$) verhält, hat der fließende Strom praktisch keinen Einfluß auf die Spannung, und man kann ihn aus einer ungeregelten Spannung betreiben. Man muß lediglich sicherstellen, daß man den minimalen Betriebsstrom (hier $0.4\,\text{mA}$) nicht unterschreitet. Andererseits sollte man den Betriebsstrom nicht unnötig groß wählen, um die Eigenerwärmung klein zu halten. Wählt man in Abb. 23.17 einen Vorwiderstand von $7.5\,\text{k}\Omega$, fließt bei $0\,°\text{C}$ ein Strom von ca. $1\,\text{mA}$ durch den Sensor; bei $150\,°\text{C}$ ist er noch größer als $0.4\,\text{mA}$. Um einen Celsius-Nullpunkt zu erhalten, muß man einen Strom von

$$\frac{2.73\,\text{V}}{10\,\text{k}\Omega} = \frac{2.5}{9.16\,\text{k}\Omega} = 273\,\mu\text{A}$$

subtrahieren. Da der Operationsverstärker hier invertiert, erhält man, wie gewünscht, eine positive Celsius-Skala am Ausgang.

Eine Celsius-Nullpunktverschiebung ist auch im Sensor integriert erhältlich. Der LM 35 von National liefert z.B. eine Spannung von $10\,\text{mV}/°\text{C}$. Er stellt beson-

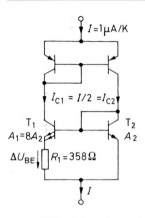

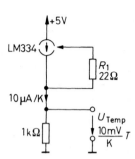

**Abb. 23.18.** Temperaturgesteuerte Stromquelle nach dem Bandgap-Prinzip
(z.B. AD 592 Analog Dev.)

**Abb. 23.19.** Temperaturgesteuerte Stromquelle mit frei dimensionierbarem Ausgangsstrom (z.B. LM 344 National)

ders dann eine nennenswerte Vereinfachung dar, wenn man nur positive Temperaturen messen möchte.

Die temperaturproportionale Spannung $\Delta U_{\mathrm{BE}}$ läßt sich auch dazu nutzen, einen *Strom* zu erzeugen, der zur absoluten Temperatur proportional ist. Sowohl
in Abb. 23.14 als auch in Abb. 23.16 ist der Kollektorstrom $I_C$ proportional zu $T$.
Um den gewünschten Strom zu erhalten, braucht man also nur den Operationsverstärker in Abb. 23.14 durch den Stromspiegel in Abb. 23.18 zu ersetzen. Dann
ist die Bedingung $I_{C1} = I_{C2}$ weiterhin erfüllt. Die Spannung

$$\Delta U_{\mathrm{BE}} = U_T \ln \frac{A_1}{A_2} = \frac{k}{e} \ln \frac{A_1}{A_2} \cdot T = 86 \frac{\mu \mathrm{V}}{\mathrm{K}} \ln \frac{A_1}{A_2} \cdot T$$

bedingt dann einen Strom:

$$I = 2I_C = 2\Delta U_{\mathrm{BE}}/R_1$$

Bei einem Flächenverhältnis von $A_1/A_2 = 8$ und einem Widerstand $R_1 = 358\,\Omega$
ergibt sich dann ein Strom:

$$I = T \cdot 1\,\mu\mathrm{A/K}$$

Nach diesem Prinzip arbeitet z.B. der AD 592 von Analog Devices [23.3].

Mitunter ist der Widerstand $R_1$ nicht in der integrierten Schaltung eingebaut,
sondern außen anschließbar. Damit hat man die Möglichkeit, die Proportionalitätskonstante frei zu wählen, also z.B. auch einen relativ großen Strom von
$10\,\mu\mathrm{A/K}$ zu programmieren. Ein monolithischer Sensor, der diese Möglichkeit
bietet, ist der LM 334 von National. Seinen Betrieb zeigt das Beispiel in Abb. 23.19.
Mit dem $22\,\Omega$-Widerstand wird hier ein Strom von $10\,\mu\mathrm{A/K}$ eingestellt. Er bewirkt an dem Arbeitswiderstand von $1\,\mathrm{k}\Omega$ einen Spannungsabfall von $10\,\mathrm{mV/K}$.
Da es sich bei diesen Temperatursensoren um Konstantstromquellen handelt,
hat die Betriebsspannung keinen Einfluß auf den Strom, solange ein minimaler
Spannungsabfall (1 V beim LM 334) nicht unterschritten wird. Aus diesem Grund
ist hier keine geregelte Betriebsspannungsquelle erforderlich.

### 23.1.6
### Das Thermoelement

An der Kontaktstelle von zwei verschiedenen Metallen oder Legierungen ergibt sich aufgrund des Seebeck-Effekts eine Spannung im Millivolt-Bereich, die man als Thermospannung bezeichnet. An dem Prinzip der Temperaturmessung in Abb. 23.20 erkennt man, daß selbst dann, wenn eines der beiden Metalle Kupfer ist, immer zwei Thermoelemente entstehen, die entgegengesetzt gepolt sind. Bei gleichen Temperaturen $\vartheta_M = \vartheta_V$ kompensieren sich daher ihre Thermospannungen. Messen läßt sich also nur die Temperaturdifferenz $\Delta\vartheta = \vartheta_M - \vartheta_V$. Man benötigt also zur Messung von Einzeltemperaturen eine *Vergleichsstelle* mit der Vergleichstemperatur $\vartheta_V$. Besonders einfache Verhältnisse ergeben sich für $\vartheta_V = 0°C$. Dies läßt sich dadurch realisieren, daß man einen Schenkel des Thermopaars in Eiswasser legt. Dann geben die Meßwerte an, um wieviel Grad $\vartheta_M$ über $0°C$ liegt.

Natürlich ist diese Erzeugung der Vergleichstemperatur nur ein einfaches Denkmodell, das sich schlecht realisieren läßt. Einfacher ist es, einen Ofen zu bauen, der auf eine konstante Temperatur von z.B. $60°C$ geregelt wird, und dies als Vergleichstemperatur zu verwenden. In diesem Fall ist der Meßwert dann auf $60°C$ bezogen. Um ihn auf $0°C$ umzurechnen, kann man einfach eine konstante Spannung addieren, die der Vergleichstemperatur von $60°C$ entspricht.

Noch einfacher ist es aber, die Temperatur der Vergleichsstelle sich selbst zu überlassen [23.4]. Sie wird dann in der Nähe der Umgebungstemperatur liegen. Wenn man sie nicht berücksichtigt, entsteht jedoch leicht ein Fehler von $20\ldots50°C$, der für die meisten Anwendungen zu groß ist. Wenn man ihre Größe jedoch mißt (das ist z.B. mit einem Transistor-Thermometer-IC ganz einfach), kann man die zugehörige Spannung in den Meßstromkreis addieren. Dieses Verfahren ist schematisch in Abb. 23.21 dargestellt. Gleichzeitig ist hier der Fall gezeigt, daß keines der Thermoelement-Metalle Kupfer ist. In diesem Fall entsteht ein zusätzliches unbeabsichtigtes Thermopaar beim Übergang auf eine Kupferleitung zur Auswertung. Damit sich diese beiden Thermospannungen kompensieren, müssen beide Zusatzelemente dieselbe Temperatur besitzen.

Die Anordnung in Abb. 23.21 läßt sich vereinfachen, wenn man die beiden isothermen Blöcke zu einem einzigen mit der Temperatur $\vartheta_V$ zusammenfaßt und dann die Länge des Verbindungsmetalls (hier Eisen) zu Null macht. Dann entsteht die gebräuchliche Anordnung in Abb. 23.22, die nur noch einen isothermen Block benötigt.

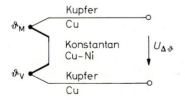

**Abb. 23.20.** Prinzip der Temperaturmessung mit Thermoelementen am Beispiel eines Kupfer-Konstantan-Thermoelements

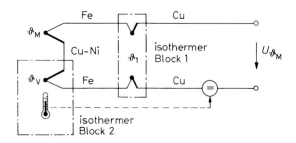

**Abb. 23.21.** Kompensation der Vergleichsstellentemperatur $\vartheta_V$

Es gibt verschiedene Kombinationen von Metallen bzw. Legierungen für Thermoelemente, die bei IEC 584 und DIN 43710 genormt sind. Sie sind in Tab. 23.3 zusammengestellt. Man erkennt, daß die maximale Verwendungstemperatur sehr unterschiedlich ist, und daß die Edelmetall-Thermoelemente deutlich kleinere Temperaturkoeffizienten besitzen. Der Verlauf der Thermospannung ist in Abb. 23.23 aufgetragen. Man sieht, daß keine der Kurven exakt linear verläuft. Die Typen T, J, E, K besitzen aber eine ordentliche Linearität und liefern daneben relativ hohe Spannungen. Deshalb werden sie bevorzugt, wenn der Temperaturbereich es zuläßt. Bei den übrigen Typen ist bei der Auswertung eine Linearisierung erforderlich, wenn man sich nicht auf einen kleinen Temperaturbereich beschränken kann.

Zur Auswertung der Thermospannung muß man gemäß Abb. 23.22 eine Spannung addieren, die der Vergleichstemperatur $\vartheta_V$ entspricht, um die Anzeige auf den „Eispunkt", also 0°C, umzurechnen. Diese Korrektur kann entweder auf Thermoelement-Pegeln oder nach der Verstärkung erfolgen. In Abb. 23.24 ist der zweite Fall schematisch dargestellt. Als Beispiel wurde hier ein Eisen-Konstantan-Element eingesetzt. Um seine Spannung auf 10 mV/K zu verstärken, ist nach Tab. 23.3 eine Verstärkung von

$$A = \frac{10\,\text{mV/K}}{51{,}7\,\mu\text{V/K}} = 193$$

erforderlich. Dann muß die Vergleichsstellentemperatur mit derselben Empfindlichkeit, also auch 10 mV/K, addiert werden. In Abb. 23.25 ist eine Realisierungsmöglichkeit dieses Prinzips dargestellt. Da die Thermospannungen im $\mu$V-Bereich liegen, ist ein driftarmer Operationsverstärker erforderlich. Um bei der hohen Spannungsverstärkung von 193 noch ausreichende Schleifenverstärkung zu erhalten, muß er außerdem eine hohe Differenzverstärkung $A_D$ besitzen. Die

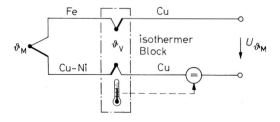

**Abb. 23.22.** Praktische Ausführung eines Thermoelement-Systems

| Typ | Metall 1 Pluspol | Metall 2 Minuspol | Temp. Koeff. Mittelwert | Verwendungs bereich |
|---|---|---|---|---|
| T | Kupfer | Konstantan | 42,8 $\mu$V/°C | $-200\ldots+\ 400$°C |
| **J** | **Eisen** | **Konstantan** | 51,7 $\mu$V/°C | $-200\ldots+\ 700$°C |
| E | Chromel | Konstantan | 60,9 $\mu$V/°C | $-200\ldots+1000$°C |
| **K** | **Chromel** | **Alumel** | 40,5 $\mu$V/°C | $-200\ldots+1300$°C |
| S | Platin | Platin$-$ 10% Rhodium | 6,4 $\mu$V/°C | $0\ldots+1500$°C |
| R | Platin | Platin$-$ 13% Rhodium | 6,4 $\mu$V/°C | $0\ldots+1600$°C |
| B | Platin$-$ 6% Rhodium | Platin$-$ 30% Rhodium | | $0\ldots+1800$°C |
| G | Tungsten | Tungsten$-$ 26% Rhenium | | $0\ldots+2800$°C |
| C | Tungsten$-$ 5% Rhenium | Tungsten$-$ 26% Rhenium | 15 $\mu$V/°C | $0\ldots+2800$°C |

**Tab. 23.3.** Übersicht über Thermoelemente. Dick gedruckt sind die gebräuchlichsten Typen J und K. Die Typen B und G sind so nichtlinear, daß sich ein mittlerer Temperaturkoeffizient nicht angeben läßt
Konstantan = Kupfer-Nickel; Chromel = Chrom-Nickel; Alumel = Aluminium-Nickel

Messung der Vergleichsstellentemperatur wird besonders einfach, wenn man einen fertigen Temperatursensor mit Celsius-Nullpunkt einsetzt wie z.B. den LM 35 von National oder den LT 1025 von Linear Technology. Man kann aber natürlich auch jede andere Schaltung aus diesem Kapitel verwenden, die ein Ausgangssignal von 10 mV/K liefert.

In Abb. 23.26 ist als Alternative das Prinzip dargestellt, daß man zu der Spannung des Thermoelements die Eispunktkorrektur addiert, und dann erst verstärkt. Dazu ist beim Eisen-Konstantan-Element eine Spannung von 51,7 $\mu$V/K zu addieren. Besonders einfach wird die Schaltung, wenn man von der Tatsache

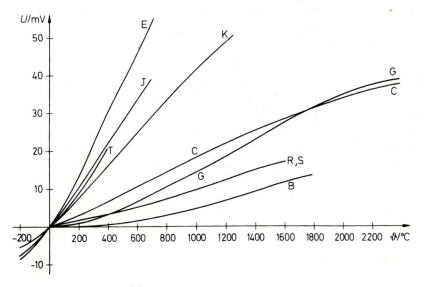

**Abb. 23.23.** Temperaturabhängigkeit der Thermospannung bei einer Vergleichstemperatur von 0°C

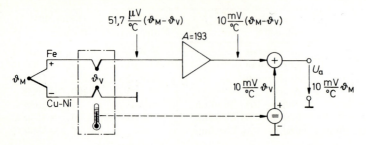

**Abb. 23.24.** Verstärkung und Vergleichsstellenkompensation für Thermoelemente am Beispiel von Eisen-Konstantan

Gebrauch macht, daß das Thermoelement erdfrei ist. Dann kann man das Thermoelement wie in Abb. 23.27 einfach mit der Korrekturspannungsquelle in Reihe schalten.

Die einfachste Realisierung ergibt sich, wenn man spezielle ICs für den Betrieb von Thermoelementen einsetzt wie z.B. die Serie AD 594...597 von Analog Devices. Dabei sind die Typen AD 594 und 596 für den Betrieb von Eisen-Konstantan-Elementen (Typ J) geeicht, und die Typen AD 595 und 597 für Chromel-Alumel (Typ K). Die Drähte des Thermoelements werden hier direkt, wie Abb. 23.28 zeigt, an die integrierte Schaltung angeschlossen. Sie stellt den isothermen Block mit der Vergleichstemperatur $\vartheta_V$ dar. Dabei geht man davon aus, daß der Silizium-Kristall dieselbe Temperatur wie die Anschluß-Beine besitzt. Die Eispunkt-Korrektur wird für die Chip-Temperatur gebildet, zur Thermospannung addiert und verstärkt. Dabei sind Nullpunkt und Verstärkung intern auf $1°C$ genau geeicht erhältlich. Schließt man die Eingänge kurz und läßt das Thermoelement weg, ergibt sich am Ausgang lediglich die Eispunkt-Korrekturspannung von:

$$U_\vartheta \ = \ 51{,}7\frac{\mu V}{°C} \cdot \vartheta_V \cdot 193 \ = \ 10\frac{mV}{°C}\vartheta_V$$

Die Schaltung arbeitet dann also als Transistor-Temperatursensor mit Celsius-Nullpunkt.

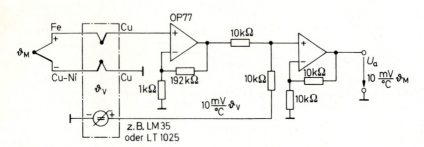

**Abb. 23.25.** Praktische Ausführung der Betriebsschaltung für Thermoelemente am Beispiel von Eisen-Konstantan

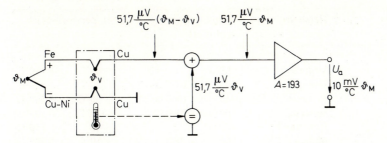

**Abb. 23.26.** Vergleichsstellenkompensation vor der Verstärkung von Thermoelement-Signalen am Beispiel von Eisen-Konstantan

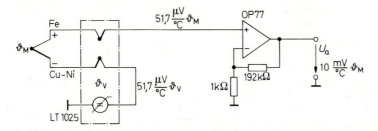

**Abb. 23.27.** Praktische Ausführung für die Vergleichsstellenkompensation vor der Verstärkung am Beispiel von Eisen-Konstantan-Thermoelementen

### 23.1.7
### Typenübersicht

Einige repräsentative Hersteller und Produkte zur Temperaturmessung sind in Tab. 23.4 zusammengestellt. In den Preisen gibt es große Unterschiede. Daher lohnt es sich, verschiedene Prinzipien und Typen miteinander zu vergleichen. Generell kann man jedoch feststellen, daß ein Sensor um so teurer ist, je genauer er vom Hersteller abgeglichen (Laser-getrimmt) ist.

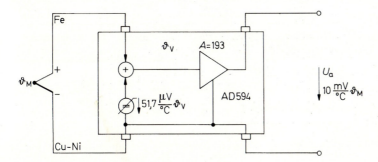

**Abb. 23.28.** Einsatz integrierter Thermoelement-Verstärker

| Typ | Hersteller | Ausgangssignal Nennwert | Temperaturbereich |
|---|---|---|---|
| **Metall-Kaltleiter** | | | |
| Ni 100 | Degussa | 100 Ω | − 60°C... + 180°C |
| Pt 100...1000 | Degussa | 100 ... 1000 Ω | − 250°C... + 850°C |
| Pt 100...1000 | Heraeus | 100 ... 1000 Ω | − 50°C... + 500°C |
| Fk 100...2000 | Heraeus | 100 ... 2000 Ω | − 200°C... + 500°C |
| Ni 2000 | Honeywell | 2000 Ω | − 40°C... + 150°C |
| Pt 100...1000 | Mutata | 100 ... 1000 Ω | − 50°C... + 600°C |
| **Silizium-Kaltleiter, PTC** | | | |
| AD 22100[1] | Analog D. | 22,5 mV/K | − 50°C...+ 1500°C |
| KTY-Serie | Philips | 1 ... 2 kΩ | − 50°C... + 300°C |
| KTY-Serie | Siemens | 1 ... 2 kΩ | − 50°C... + 150°C |
| TS-Serie | Texas I. | 1 ... 2 kΩ | − 50°C... + 150°C |
| **Metall-Keramik-Heißleiter, NTC** | | | |
| NTH-Serie | Murata | 100 Ω ... 100 kΩ | − 20°C... + 120°C |
| Heißleiter | Philips | 1 kΩ ... 1 MΩ | − 50°C... + 200°C |
| M-Serie | Siemens | 1 kΩ ... 100 kΩ | − 50°C... + 200°C |
| **Bandgap-Sensoren** | | | |
| AD 7818[2] | Analog D. | 4 LSB/K | − 55°C... + 125°C |
| TMP 04 | Analog D. | PWM-Ausg. | − 40°C... + 100°C |
| TMP 17 | Analog D. | 1 μA/K | − 40°C... + 105°C |
| TMP 36 | Analog D. | 10 mV/K | − 40°C... + 125°C |
| DS 1624[2] | Dallas | 2 LSB/K | − 55°C... + 125°C |
| LT 1025[3] | Lin. Tech. | 10 mV/K | 0°C... + 60°C |
| LM 45 | National | 10 mV/K | − 20°C... + 100°C |
| LM 60 | National | 6 mV/K | − 40°C... + 125°C |
| LM 134 | National | 0,1 ... 10 μA/K | − 40°C... + 125°C |
| STP 35 | Texas I. | 10 mV/K | − 40°C... + 125°C |
| **Thermo-Elemente** | | | |
| J, K, S, R, B | Heraeus | s. Tab. 23.3 | s. Tab. 23.3 |
| J, K, S, R, B, T, E, C, G | Omega, USA | s. Tab. 23.3 | s. Tab. 23.3 |
| J, K, S | Philips | s. Tab. 23.3 | s. Tab. 23.3 |
| J, K, S, R, B | Sensycon | s. Tab. 23.3 | s. Tab. 23.3 |
| **Thermo-Element-Verstärker** | | | |
| AD594 | Analog D. | 10 mV/K, (Typ J) | − 55°C... + 125°C |
| AD595 | Analog D. | 10 mV/K, (Typ K) | − 55°C... + 125°C |

[1] Verstärker integriert [2] AD-Umsetzer integriert [3] zusätzliche Ausgänge für Vergleichsstellenkompensation von Thermoelementen

**Tab. 23.4.** Beispiele für Temperatursensoren

## 23.2
## Druckmessung

Der Druck ist definiert als Kraft pro Fläche:

$$p = F/A$$

Die Einheit des Drucks ist:

$$1 \text{ Pascal} = \frac{1 \text{ Newton}}{1 \text{ Quadratmeter}}; \quad 1 \text{ Pa} = \frac{1 \text{ N}}{1 \text{ m}^2}$$

Daneben ist auch noch die Einheit bar gebräuchlich. Es gilt der Zusammenhang:

$$1 \text{ bar} = 100 \text{ kPa} \quad \text{bzw.} \quad 1 \text{ mbar} = 1 \text{ hPa}$$

Mitunter wird der Druck auch als Höhe einer Wasser- bzw. Quecksilbersäule angegeben. Die Zusammenhänge sind:

$$\begin{aligned}
1 \text{ cm H}_2\text{O} &= 98{,}1 \text{ Pa} &= 0{,}981 \text{ mbar} \\
1 \text{ mm Hg} &= 133 \text{ Pa} &= 1{,}33 \text{ mbar}
\end{aligned}$$

In englischen Datenblättern wird der Druck meist in

$$\text{psi} = \text{pounds per square inch}$$

angegeben. Hier lautet die Umrechnung:

$$1 \text{ psi} = 6{,}89 \text{ kPa} = 68{,}9 \text{ mbar} \quad \text{bzw.} \quad 15 \text{ psi} \approx 1 \text{ bar}$$

Tab. 23.5 gibt ein paar Beispiele für die Größenordnung von praktisch auftretenden Drücken [23.5].

Drucksensoren lassen sich sehr universell einsetzen. Man kann mit ihnen über Druckdifferenzen auch Durchflußgeschwindigkeiten und Durchflußmengen bestimmen.

| Druckbereich | Anwendung |
| --- | --- |
| < 40 mbar | Füllstand in Wasch-, Geschirrspülmaschine |
| 100 mbar | Staubsauger, Filterüberwachung, Durchflußmessung |
| 200 mbar | Blutdruckmessung |
| 1 bar | Barometer, Kfz (Korrektur für Zündung und Einspritzung) |
| 2 bar | Kfz (Reifendurck) |
| 10 bar | Kfz (Öldruck, Preßluft für Bremsen), Kühlmaschinen |
| 50 bar | Pneumatik, Industrieroboter |
| 500 bar | Hydraulik, Baumaschinen |

**Tab. 23.5.** Praktisch auftretende Drücke

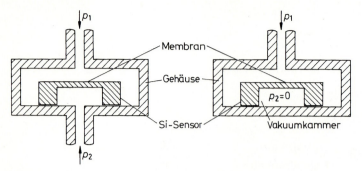

**Abb. 23.29 a.** Differenzdruck-Sensor        **Abb. 23.29 b.** Absolutdruck-Sensor

## 23.2.1
## Aufbau von Drucksensoren

Drucksensoren registrieren die durch den Druck bedingte Biegung einer Membran. Dazu bringt man auf der Membran eine Brücke von Dehnungsmeßstreifen an. Sie verändern ihren Widerstand aufgrund des piezoresistiven Effekts bei Biegung, Druck oder Zug. Früher waren sie meist aus aufgedampften Konstantan- oder Platin-Iridium-Schichten aufgebaut. Heutzutage verwendet man meist in Silizium implantierte Widerstände. Dabei dient das Silizium-Substrat gleichzeitig als Membran. Ihr Vorteil ist eine billigere Herstellung und eine um mehr als den Faktor 10 höhere Empfindlichkeit. Nachteilig ist hier jedoch ein höherer Temperaturkoeffizient.

Der Aufbau eines Drucksensors ist in Abb. 23.29 schematisch dargestellt. Beim Differenzdruck-Sensor in Abb. 23.29 a herrscht auf der einen Seite der Membran der Druck $p_1$, auf der anderen $p_2$. Für die Auslenkung der Membran ist daher nur die Druckdifferenz $p_1 - p_2$ maßgebend. Beim Absolutdruck-Sensor in Abb. 23.29 b bildet man die eine Seite der Membran als Vakuum-Kammer aus [23.6].

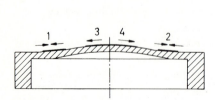

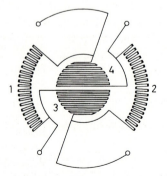

**Abb. 23.30 a.** Dehnung und Stauchung der Membran von Drucksensoren

**Abb. 23.30 b.** Anordnung der Dehnungsmeßstreifen auf der Membran

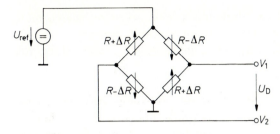

**Abb. 23.31.** Meßbrücke eines Drucksensors

$$\frac{U_D}{U_{ref}} = \frac{R + \Delta R}{2R} - \frac{R - \Delta R}{2R} = \frac{\Delta R}{R}$$

Ein Beispiel für die Anordnung der Dehnungsmeßstreifen auf der Membran zeigt Abb. 23.30. Die linke Abbildung soll zeigen, daß sich bei der Durchbiegung der Membran Zonen ergeben, die gedehnt bzw. gestaucht werden. In diesen Bereichen – siehe rechte Abbildung – ordnet man die vier Brückenwiderstände an. Sie werden so miteinander verbunden, daß sich die Widerstände in den Brückenzweigen gegensinnig ändern. Durch diese Anordnung ergibt sich, wie man in Abb. 23.31 erkennt, ein besonders großes Ausgangssignal, während sich gleichsinnige Effekte, wie der Absolutwert der Widerstände und ihr Temperaturkoeffizient, kompensieren. Wegen der geringen Widerstandsänderungen $\Delta R$ ist das Ausgangssignal trotzdem niedrig. Es liegt bei Maximaldruck je nach Sensor zwischen 25 und 250 mV bei einer Betriebsspannung von $U_{ref} = 5$ V. Die relative Widerstandsänderung liegt also zwischen 0,5 und 5%.

Das Ausgangssignal eines realen Drucksensors setzt sich aus einem druckproportionalen Anteil und einem unerwünschten Offset-Anteil zusammen:

$$U_D = S \cdot p \cdot U_{ref} + O \cdot U_{ref} = U_p + U_O \tag{23.4}$$

Darin ist

$$S = \frac{\Delta U_D}{\Delta p \, U_{ref}} = \frac{\Delta R}{\Delta p \cdot R}$$

die Empfindlichkeit und O der Offset. Beide Anteile liefern einen Beitrag, der proportional zur Referenzspannung ist. Um nicht zu kleine Signale zu erhalten, verwendet man möglichst große Referenzspannungen. Dem sind jedoch durch die Eigenerwärmung des Sensors Grenzen gesetzt. Daher verwendet man Referenzspannungen zwischen 2 und 12 V.

### 23.2.2
### Betrieb temperaturkompensierter Drucksensoren

Drucksensoren auf Silizium-Basis besitzen so hohe Temperaturkoeffizienten, daß man auf eine Temperaturkompensation meist nicht verzichten kann. Am einfachsten ist für den Anwender der Einsatz von Drucksensoren, die schon vom Hersteller temperaturkompensiert sind. Es kann jedoch der Fall eintreten, daß man aus Kostengründen die Temperaturkompensation selbst realisieren muß. Wie man dabei vorgehen kann, wird im nächsten Abschnitt gezeigt.

Es gibt ein paar grundsätzliche Gesichtspunkte bei der Aufbereitung von Drucksensor-Signalen:

1) Die vier Brückenwiderstände in Abb. 23.31 sind zwar untereinander gut gepaart, ihr Absolutwert besitzt jedoch eine große Toleranz und ist darüber hinaus stark temperaturabhängig. Aus diesem Grund sollte man die Ausgangssignale nicht belasten: man setzt daher meist einen Elektrometer-Subtrahierer zur Verstärkung ein.

2) Drucksensoren besitzen meist einen Nullpunktfehler, der absolut gesehen zwar klein ist (z.B. $\pm 50\,\text{mV}$); der Vergleich mit dem Nutzsignal zeigt jedoch, daß er meist in der Größenordnung des Meßbereichs liegt. Daher ist ein Nullpunkteinsteller erforderlich, der den ganzen Meßbereich überstreicht.

3) Auch die Empfindlichkeit eines Drucksensors weist meist beträchtliche Toleranzen auf (z.B. $\pm 30\%$), so daß auch ein Verstärkungs-Abgleich erforderlich ist.

4) Der Abgleich von Nullpunkt und Verstärkung sollte iterationsfrei möglich sein.

5) Da die Nutzsignale eines Drucksensors klein sind, ist meist eine hohe Nachverstärkung erforderlich. Dadurch ergibt sich ein nennenswertes Verstärkerrauschen, und auch der Drucksensor selbst besitzt ein nicht zu vernachlässigendes Widerstandsrauschen. Daher sollte man die Bandbreite am Ausgang des Verstärkers auf den Frequenzbereich der Druckschwankungen begrenzen.

6) Häufig möchte man die Druckmeßschaltung ausschließlich aus einer positiven Betriebsspannung betreiben und ohne eine zusätzliche negative Betriebsspannung auskommen.

Die übliche Schaltung zur Aufbereitung von Drucksensorsignalen ist ein Elektrometer-Subtrahierer (Instrumentation Amplifier) [23.7]. In Abb. 23.32 ist als Beispiel der unsymmetrische Subtrahierer von Abb. 22.6 auf S. 1192 eingezeichnet. Die Verstärkung läßt sich mit dem Widerstand $R_1$ auf den Sensor abgleichen. Zur Nullpunkt-Einstellung wurde der Fußpunkt des Spannungsteilers $R_2$ nicht an Masse, sondern über den Impedanzwandler OV 3 am Nullpunkt-Einsteller angeschlossen. Dadurch wird die Spannung $V_N$ zur Ausgangsspannung addiert.

Die Schaltung in Abb. 23.32 läßt sich aus einer einzigen positiven Betriebsspannung betreiben, da die Ruhepotentiale ungefähr bei $\frac{1}{2}U_{\text{ref}}$ liegen. Ein schwerwiegender Nachteil ist jedoch, daß der Abgleich von Nullpunkt und Verstärkung hier nicht iterationsfrei möglich ist. Zerlegt man nämlich die Ausgangsspannung des Drucksensors nach Gl. (23.4) in einen druckabhängigen Teil $U_P$ und die Offsetspannung $U_O$, erkennt man, daß beide mit der Verstärkung $A = 2(1 + R_2/R_1)$ verstärkt werden:

$$U_a \;=\; A(V_1 - V_2) + V_N \;=\; AU_P + AU_O + V_N$$

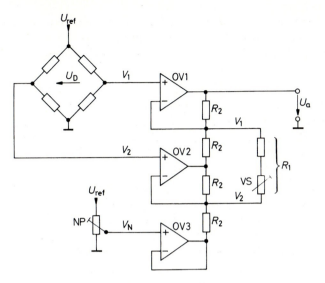

**Abb. 23.32.** Betriebsschaltung für Drucksensoren

$$U_a = 2\left(1 + \frac{R_2}{R_1}\right)\cdot(V_1 - V_2) + V_N$$

$$U_a = \underbrace{\qquad A \qquad}\ \underbrace{\ U_D\ } \quad -U_O$$

während die Spannung zur Nullpunktkorrektur nicht verstärkt wird. Der Nullpunktabgleich

$$V_N = -AU_O$$

ist somit von der Verstärkung $A$ abhängig. Daraus ergibt sich für einen iterationsfreien Abgleich die Forderung, daß die Spannung zur Nullpunkt-Korrektur ebenfalls mit $A$ verstärkt werden muß. Der Nullpunkt-Abgleich muß demnach *vor* der Stelle in der Schaltung erfolgen, an der der Verstärkungs-Abgleich vorgenommen wird. Dann läßt sich der Abgleichpunkt für den Nullpunkt so wählen, daß der Widerstand für die Verstärkungs-Einstellung ohne Spannung ist, so daß sein Wert keinen Einfluß auf die Ausgangsspannung hat.

Um einen Nullpunktabgleich vor dem Subtrahierer zu ermöglichen, der den Verstärkungseinsteller enthält, wurden die Operationsverstärker OV 3 und OV 4 in Abb. 23.33 hinzugefügt. Hier ergibt sich für das Potential $V_3$:

$$V_3 = V_2 + \frac{R_3}{R_3 + R_4}\left(\frac{1}{2}V_{\text{ref}} - V_N\right)$$

Zum Potential $V_2$ läßt sich also je nach der Größe von $V_N$ eine Spannung bis zu $\pm\frac{1}{2}V_{\text{ref}}R_3/(R_3 + R_4)$ addieren. Der Nullpunkt des Subtrahierers wurde hier nicht auf 0 V sondern auf $U_{\text{ref}}$ festgelegt, indem der Fußpunkt der Spannungsteilerkette $R_2$ nicht an Masse, sondern an $U_{\text{ref}}$ angeschlossen wurde. Dadurch verschiebt sich

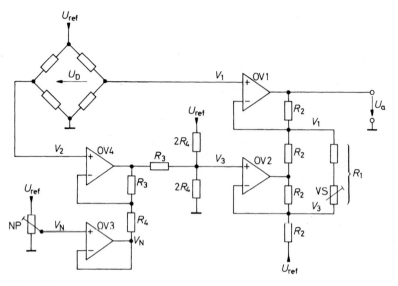

**Abb. 23.33.** Betriebsschaltung zur iterationsfreien Eichung

$$U_a = 2\left(1 + \frac{R_2}{R_1}\right)\left[(V_1 - V_2) + \frac{R_3}{R_3 + R_4}\left(V_N - \frac{1}{2}U_{\text{ref}}\right)\right] + U_{\text{ref}}$$

$$U_a = \underbrace{\qquad A \qquad}_{} \qquad\qquad [U_D - U_O] \qquad\qquad + U_{\text{ref}}$$

der Nullpunkt-Abgleich vom Druck Null und der Ausgangsspannung Null auf den zu $U_a = U_{\text{ref}}$ gehörenden Druck (siehe Abschnitt 23.5.1). Eine Ausgangsspannung von 0 V ließe sich in der Schaltung ohnehin nicht ganz erreichen, wenn man sie ausschließlich aus einer positiven Betriebsspannung betreibt.

Ein Beispiel soll die Dimensionierung der Schaltung erläutern. Ein Luftdruckmesser soll eine Ausgangsspannung von 5 mV/hPa liefern. Als Druckmesser soll der KPY 63 AK von Siemens eingesetzt werden. Er liefert bei einer Betriebsspannung von $U_{\text{ref}} = 5$ V ein Signal von $50\ldots150\,\mu$V/hPa; sein Nullpunktfehler kann bis zu $\pm 25$ mV betragen. Zur Dimensionierung des Nullpunkt-Abgleichs geben wir $R_3 = 1\,\text{k}\Omega$ vor. Dann ergibt sich bei der Referenzspannung $U_{\text{ref}} = 5$ V der erforderliche Einstellbereich mit $R_4 = 100\,\text{k}\Omega$. Die Verstärkung muß je nach Empfindlichkeit des Sensors zwischen 30 und 125 einstellbar sein. Gibt man $R_2 = 10\,\text{k}\Omega$ vor, ergibt sich für $R_1$ ein Minimalwert von $160\,\Omega$ (Festwiderstand) und ein Maximalwert von $660\,\Omega$. Der Einstellwiderstand muß also einen Wert von $500\,\Omega$ besitzen.

Zum Eichen der Schaltung muß man zunächst den Nullpunkt abgleichen. Damit dies iterationsfrei möglich ist, wählt man dazu den Druck, bei dem am Verstärkungs-Einsteller keine Spannung liegt, also $V_1 - V_3 = 0$ ist. Das ist hier bei $U_a = U_{\text{ref}} = 5$ V der Fall; dies entspricht einem Druck von 1000 hPa. Man stellt also den Nullpunkt-Einsteller so ein, daß bei 1000 hPa tatsächlich $U_a = 5$ V wird. Da $R_1$ nach dem Abgleich ohne Spannung ist, beeinflußt sein Wert den Abgleich

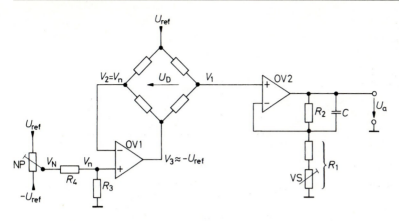

**Abb. 23.34.** Übertragung des Nutzsignals auf den rechten Brückenzweig

$$U_a = \left(1 + \frac{R_2}{R_1}\right)(U_D + V_n) = A(U_D - U_O)$$

nicht. Zur Eichung der Verstärkung wählt man einen Druck, der möglichst weit vom Nullpunkt bei 1000 hPa entfernt liegt, also z.B. das obere oder untere Ende des gewünschten Meßbereichs, und gleicht die Ausgangsspallnung mit $R_1$ auf den Sollwert ab. Eine genaue Beschreibung für die Eichung von Sensoren folgt in Abschnitt 23.5.

Da die Sensor-Signale im Mikrovolt-Bereich liegen, ist es zweckmäßig Operationsverstärker mit kleiner Offsetspannung bzw. Offsetspannungsdrift einzusetzen. Die Anforderungen an die Bandbreite sind jedoch gering. So kann man Operationsverstärker mit niedriger Stromaufnahme verwenden. Besonders anwenderfreundlich sind integrierte Betriebsschaltungen, die die Brücke nicht nur mit Strom versorgen und das Meßsignal verstärken, sondern auch den Nullpunkt- und Verstärkungsabgleich ermöglichen. Solche Typen sind die MAX 1450 ... 1458 von Maxim.

Die Schaltung zur Aufbereitung der Sensorsignale läßt sich nennenswert vereinfachen, wenn man zusätzlich eine negative Betriebsspannung zur Verfügung hat oder sie sich mit einem Spannungswandler erzeugt. Bei der Schaltung in Abb. 23.34 liegt ein Brückenzweig des Drucksensors in der Gegenkopplung des Verstärkers OV 1. Macht man in Gedanken $V_n = 0$, so stellt sich die Ausgangsspannung von OV 1 so ein, daß $V_2 = 0$ wird. Dadurch wird also das ganze Brückensignal $U_D$ auf den rechten Ausgang der Brücke übertragen, und eine Subtraktion ist nicht mehr erforderlich. Deshalb benötigt man hier nur den einfachen Elektrometerverstärker OV 2 zur Verstärkung. Zum Nullpunkt-Abgleich legt man an OV 1 die Spannung $V_n$ an. Dann wird $V_2 = V_n$ und:

$$V_1 = U_D + V_n = U_P + U_O + V_n$$

Der Nullpunkt ist also für $V_n = -U_O$ abgeglichen.

Mit dem Kondensator $C$ läßt sich auf einfache Weise ein Tiefpaß realisieren, der die Rauschbandbreite der Schaltung begrenzt. Man kann sogar einen Tiefpaß

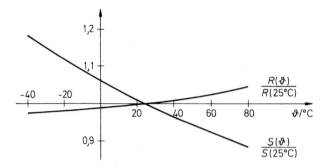

**Abb. 23.35.** Temperaturabhängigkeit des Widerstandes und der Empfindlichkeit von Silizium-Drucksensoren

$$TK_R = \frac{\Delta R}{R\Delta\vartheta} \approx +1350\frac{\text{ppm}}{\text{K}}, \quad TK_S = \frac{\Delta S}{S\Delta\vartheta} \approx -2350\frac{\text{ppm}}{\text{K}}$$

zweiter Ordnung realisieren, indem man einen zweiten Kondensator direkt am Brückenausgang nach Masse anschließt.

### 23.2.3
### Temperaturkompensation von Drucksensoren

Naturgemäß sind die dotierten Silizium-Widerstände eines Drucksensors temperaturabhängig. Sie werden ja sogar zur Temperaturmessung eingesetzt (siehe Abschn. 23.1). Der typische Verlauf des Widerstandes ist in Abb. 23.35 dargestellt. Sein Temperaturkoeffizient beträgt bei Raumtemperatur:

$$TK_R = \frac{\Delta R}{R\cdot\Delta\vartheta} \approx 1350\frac{\text{ppm}}{\text{K}} = 0{,}135\frac{\%}{\text{K}}$$

In einer Brückenanordnung, wie sie in Drucksensoren eingesetzt wird, ist diese temperaturbedingte Widerstandsänderung nicht störend, wenn sie in allen Widerständen gleich ist, und das Ausgangssignal nicht belastet wird. Ein Problem entsteht jedoch dadurch, daß auch die Druckempfindlichkeit des Sensors temperaturabhängig ist: ihr Temperaturkoeffizient beträgt:

$$TK_S = \frac{\Delta S}{S\cdot\Delta\vartheta} \approx -2350\frac{\text{ppm}}{\text{K}} = -0{,}235\frac{\%}{\text{K}}$$

Bei 40° Temperaturerhöhung ist sie also bereits um 10% gesunken, wie man auch in Abb. 23.35 erkennt. Damit die Messung dadurch nicht verfälscht wird, muß die Verstärkung entsprechend mit der Temperatur erhöht werden. Dabei darf natürlich nicht die Temperatur des Verstärkers zugrunde gelegt werden, sondern die des Drucksensors. Der Temperaturfühler muß also in den Drucksensor mit eingebaut werden. Aus diesem Grund liegt die Überlegung nahe, die Temperaturkompensation gleich im Sensor durchzuführen. Dazu kann man die Referenzspannung $U_{\text{ref}}$ so mit der Temperatur erhöhen, daß die Empfindlichkeitsabnahme gerade kompensiert wird:

$$U_D = S\cdot P\cdot U_{\text{ref}} + 0\cdot U_{\text{ref}} = U_P + U_O$$

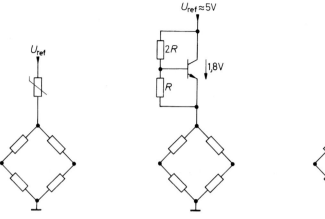
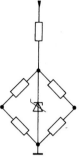

**Abb. 23.36 a.** Heißleiter z.B. SDX-Serie von SenSym

**Abb. 23.36 b.** Ca. 3 Dioden z.B. im KP 100 A1 von Valvo

**Abb. 23.36 c.** Bandgap-Temperatursensor z.B. im TSP 411 A von Texas Instruments

**Abb. 23.36 a,b,c** Methoden zur Temperaturkompensation von Drucksensoren

Daß dadurch auch der Nullpunkt $U_o = 0 \cdot U_{ref}$ geringfügig verstellt wird, nimmt man meist in Kauf.

Die temperaturkompensierten Drucksensoren unterscheiden sich lediglich in der Methode zur Temperaturkompensation. Drei gebräuchliche Methoden sind in Abb. 23.36 dargestellt. In Abb. 23.36 a wird ein Heißleiter eingesetzt, um die Brückenspannung mit der Temperatur zu erhöhen. In Abb. 23.36 b benutzt man den negativen Temperaturkoeffizienten einer Diode von $-2\,\text{mV/K}$. Durch die Beschaltung des Transistors entsteht die Wirkung von 3 Dioden. Man kann auch einen Temperatursensor nach dem Bandabstands-Prinzip einbauen; der in Abb. 23.36 c verwendete Typ ist der STP 35. Er arbeitet nach der Schaltung in Abb. 23.16 auf S. 1233 und liefert eine Spannung von $10\,\text{mV/K}$, bei Zimmertemperatur also ca. 3 V. Das Interessante an dieser Lösung ist, daß man hier die Schaltung zur Temperaturkompensation gleichzeitig zur Temperaturmessung einsetzen kann.

Eine Methode zur Temperaturkompensation, die ohne einen zusätzlichen Temperaturfühler auskommt, besteht darin, die Temperaturabhängigkeit der Brückenwiderstände selbst zur Temperaturkompensation zu nutzen. Wenn man die Brücke statt mit einer konstanten Spannung $U_{ref}$ mit einem konstanten Strom $I_{ref}$ betreibt, steigt die Spannung an der Brücke mit der Temperatur in demselben Maß wie ihr Widerstand. Leider reicht jedoch die Spannungszunahme von $TK_R = 1350\,\text{ppm/K}$ nicht aus, um die Empfindlichkeitsabnahme von $TK_S = -2350\,\text{ppm/K}$ zu kompensieren. Gibt man der Stromquelle in Abb. 23.37 jedoch einen negativen Innenwiderstand, steigt der Strom $I_B$ mit zunehmen-

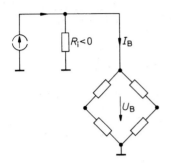

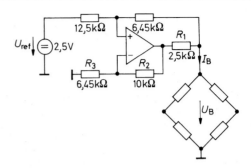

**Abb. 23.37.** Betrieb eines Drucksensors aus einer Stromquelle mit
negativem Innenwiderstand

**Abb. 23.38.** Praktische Realisierung der Stromquelle

$$I_k = 1\,\text{mA} \quad R_i = -7,05\,\text{k}\Omega$$

der Spannung. Die Forderung, daß die Brückenspannung $U_B$ um den Faktor
$|TK_S/TK_R|$ schneller steigt als bei konstantem Strom, liefert die Bedingung:

$$U_B = |TK_S/TK_R|R_B I_k = (R_i||R_B)I_k$$

Daraus folgt für die Dimensionierung von $R_i$:

$$R_i = \frac{|TK_S|}{TK_R - |TK_S|}R_B = -2,35 R_B$$

Zur Realisierung einer geeigneten Stromquelle ist auch hier die Schaltung von
Abb. 12.9 auf S. 820 gut geeignet. Abb. 23.38 zeigt ihren Einsatz zur Temperatur-
kompensation eines Drucksensors mit einem Brückenwiderstand von $R_B = 3\,\text{k}\Omega$
(z.B. TSP 410 A von Texas Instr.). Wir wählen einen Kurzschlußstrom von $I_k =$
$1\,\text{mA}$. Dann ergibt sich $R_1 = U_{\text{ref}}/I_k = 2,5\,\text{k}\Omega$. Die Nenn-Betriebsspannung der
Brücke beträgt dann:

$$U_B = |TK_S/TK_R|R_B I_k = (2350/1350) \cdot 3\,\text{k}\Omega \cdot 1\,\text{mA} = 5,22\,\text{V}$$

Zur Dimensionierung der Schaltung muß man zunächst den erforderlichen Innenwiderstand ermitteln:

$$R_i = \frac{|TK_S|}{TK_R - |TK_S|}R_B = -2,35 \cdot 3\,\text{k}\Omega = -7,05\,\text{k}\Omega$$

Wenn man dann $R_2 = 10\,\text{k}\Omega$ vorgibt, erhält man:

$$R_3 = R_2\left(1 + \frac{R_1}{R_i}\right) = 6,45\,\text{k}\Omega$$

## 23.2.4
## Handelsübliche Drucksensoren

Tabelle 23.6 soll zeigen, wie groß das Spektrum der Drucksensoren ist. Es gibt
nicht nur eine Reihe weiterer Hersteller, sondern die hier aufgeführten Typen stehen meist nur stellvertretend für eine ganze Familie. Man erkennt in Tab. 23.6,
daß es neben den Sensoren mit einem Druckbereich von 1 bis 2 bar, die primär
für Barometer vorgesehen sind, auch Typen für sehr viel kleinere und größere

| Typ | Hersteller | Druck-bereich | Empfind-lichkeit | Nullpunkt-fehler | Brücken-wider-stand | TK-Kompens. Abb. 23.26 |
|---|---|---|---|---|---|---|
| 23 PCA | Honeywell | 0... 60 mbar | 125 mV/bar | ± 0,8 mV | 2,5 kΩ | intern |
| 23 PCC | Honeywell | 0... 1 bar | 50 mV/bar | ± 0,8 mV | 2,5 kΩ | intern |
| 26 PCF | Honeywell | 0... 7 bar | 7,5 mV/bar | ± 0,8 mV | 2,5 kΩ | intern |
| 176 PC 07 | Honeywell | 0... 17 mbar | 800 mV/bar | ± 1 mV | 4 kΩ | a |
| 40 PC 015* | Honeywell | 0... 1 bar | 4 V/bar | ± 80 mV | — | intern |
| 40 PC 250* | Honeywell | 0... 17 bar | 240 mV/bar | ± 40 mV | — | intern |
| NPP 301 | Lucas Nova | 0... 1 bar | 100 mV/bar | 50 mV | 5 kΩ | — |
| MPX 2100 | Motorola | 0... 1 bar | 20 mV/bar | ± 0,5 mV | 1,8 kΩ | a |
| MPX 5100* | Motorola | 0... 1 bar | 4 V/bar | ± 50 mV | — | intern |
| SX 15 | SenSym | 0... 16 bar | 100 mV/bar | ± 20 mV | 4,6 kΩ | — |
| SCX 15 | SenSym | 0... 1 bar | 40 mV/bar | ± 0,2 mV | 4 kΩ | intern |
| SCXL 004 | SenSym | 0... 100 mbar | 2 V/bar | ± 0,5 mV | 4 kΩ | intern |
| HCX PM005* | SenSym | ± 5 mbar | 400 V/bar | ± 100 mV | — | intern |
| HCX 001[1] | SenSym | 0... 1 bar | 4 V/bar | ± 100 mV | — | intern |
| KPY 32 RK | Siemens | ± 60 mbar | 1,1 V/bar | ± 25 mV | 6 kΩ | a |
| KPY 62 RK | Siemens | ± 0,6 bar | 215 mV/bar | ± 25 mV | 6 kΩ | a |
| KPY 63 AK | Siemens | 0... 1,6 bar | 100 mV/bar | ± 25 mV | 6 kΩ | a |
| KPY 69 AK | Siemens | 0... 400 bar | 0,8 mV/bar | ± 25 mV | 6 kΩ | a |
| KP 202 A | Siemens | 0... 1 bar | 200 mV/bar | ± 25 mV | 6 kΩ | a |

Verstärker integriert: Meßbereich 0... = Absolutdrucksensor;
Meßbereich ± = Relativdrucksensor; * Verstärker integriert

**Tab. 23.6.** Beispiele für Drucksensoren. Daten für eine Betriebsspannung von 5 V

Meßbereiche gibt. Bei den Relativdruck-Sensoren gibt es zwei Ausführungen: Die einen messen den Druck gegen den Atmosphärendruck; die anderen messen die Druckdifferenz zwischen zwei Anschlüssen. Die Empfindlichkeit der Drucksensoren sieht sehr unterschiedlich aus. Die Ursache dafür liegt in den sehr unterschiedlichen Meßbereichen. Bei vollem Druck und dem Nennwert der Betriebsspannung liefern sie durchweg ein Differenzsignal von 50... 250 mV. Eine Ausnahme bilden lediglich die Typen mit eingebautem Verstärker. Sie liefern ein verstärktes, temperaturkompensiertes und geeichtes Ausgangssignal. Der Nullpunktfehler liegt bei vielen Typen in der Größenordnung des ganzen Meßbereichs. Sehr viel besser schneiden hier die mit Thermistoren kompensierten Typen (Abb. 23.36 a) ab, weil bei ihnen nicht nur die Empfindlichkeit sondern auch der Nullpunkt vom Hersteller abgeglichen wird.

## 23.3
## Feuchtemessung

Die Feuchte gibt den Wassergehalt an. Besonders interessant ist der Wassergehalt der Luft. Man definiert eine *absolute Feuchte* $F_{abs}$ als Wassermenge, die in einem bestimmten Luftvolumen enthalten ist:

$$F_{abs} = \frac{\text{Masse des Wassers}}{\text{Luftvolumen}}; \quad [F_{abs}] = \frac{g}{m^3}$$

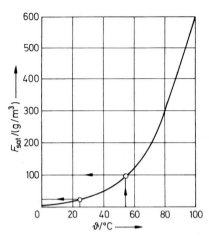

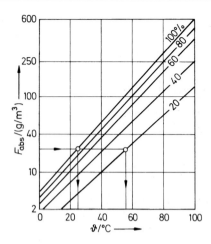

**Abb. 23.39.** Abhängigkeit der Sättigungsfeuchte von der Temperatur

**Abb. 23.40.** Abhängigkeit der Feuchte
von der Temperatur. Parameter: relative
Feuchte $F_{rel}$

Für $F_{rel} = 100\%$ gehen beide Diagramme ineinander über

Wieviel Wasser maximal in der Luft gelöst sein kann, gibt die *Sättigungsfeuchte* $F_{sat}$ an:

$$F_{sat} = F_{abs\,max} = f(\vartheta)$$

Wie groß sie ist, hängt stark von der Temperatur ab, wie Abb. 23.39 zeigt. Beim Erreichen oder Überschreiten der Sättigungsfeuchte kondensiert Wasser: der *Taupunkt* ist erreicht. Aus der Ermittlung des Taupunkts läßt sich also mittels Abb. 23.39 direkt die absolute Feuchte angeben.

Die meisten von der Luftfeuchtigkeit ausgelösten Reaktionen, wie z.B. auch das körperliche Wohlbefinden, hängen von der *relativen Luftfeuchte* $F_{rel}$ ab:

$$F_{rel} = \frac{F_{abs}}{F_{sat}}$$

Sie gibt also an, zu welchem Prozentsatz die Sättigungsfeuchte erreicht ist. Wie groß die relative Luftfeuchtigkeit ist, läßt sich mit Hilfe von Abb. 23.39 bestimmen. Ermittelt man z.B. durch Abkühlen der Luft einen Taupunkt von 25°C, beträgt die absolute Feuchte $F_{abs} = 20\,g/m^3$. Bei einer Temperatur von z.B. 55°C könnte die Luft aber $F_{sat} = 100\,g/m^3$ Wasser aufnehmen. Die relative Luftfeuchte beträgt also bei 55°C:

$$F_{rel} = \frac{F_{abs}}{F_{sat}} = \frac{20\,g/m^3}{100\,g/m^3} = 20\%$$

Wie die relative Luftfeuchte von der Temperatur abhängt, läßt sich aus Abb. 23.40 direkt entnehmen.

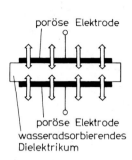

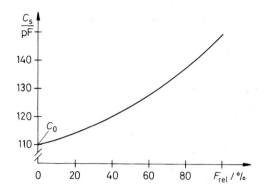

**Abb. 23.41.** Schematischer Aufbau eines kapazitiven Feuchtesensors

**Abb. 23.42.** Abhängigkeit der Sensorkapazität von der relativen Feuchte. Beispiel: Nr. 2322691 90001 von Valvo

$$\frac{C_S}{C_0} = 1 + 0{,}4 \left( \frac{F_{\text{rel}}}{100\%} \right)^{1,4}$$

### 23.3.1
### Feuchtesensoren

Das obengenannte Beispiel zeigt, daß sich die relative Luftfeuchte durch Messung der Umgebungstemperatur und des Taupunkts bestimmen läßt. Die Messung des Taupunkts ist zwar genau und bedarf keiner weiteren Eichung, die dazu erforderliche Kühlung ist jedoch aufwendig [23.8]. Die gebräuchlichen Sensoren zur Bestimmung der Feuchte vereinfachen die Messung dadurch, daß sie einen Meßwert liefern, der direkt von der – meist interessierenden – relativen Feuchte abhängt. Sie bestehen aus einem Kondensator mit einem Dielektrikum, dessen Dielektrizitätskonstante feuchtigkeitsabhängig ist.

Abb. 23.41 zeigt den schematischen Aufbau [23.8]. Als Dielektrikum verwendet man Aluminiumoxid oder eine spezielle Kunststoffolie. Eine oder beide Elektroden bestehen aus einem für Wasserdampf durchlässigen Metall. Der Kapazitätsverlauf ist an einem Beispiel in Abb. 23.42 dargestellt. Man sieht, daß es naturgemäß eine bestimmte Grundkapazität $C_0$ gibt, und daß der Kapazitätsanstieg nichtlinear erfolgt. In einem beschränkten Meßbereich läßt sich diese Nichtlinearität mit einem Serienkondensator weitgehend beseitigen.

### 23.3.2
### Betriebsschaltungen für kapazitive Feuchtesensoren

Zur Bestimmung der Feuchte muß man die Kapazität des Feuchtesensors bestimmen. Daher kommen hier alle Schaltungen zur Kapazitätsmessung in Betracht. Man kann z.B. eine Wechselspannung an den Sensor anlegen und den fließenden Strom messen, wie Abb. 23.43 schematisch zeigt. Obwohl dieses Verfahren so einfach aussieht, ist es doch aufwendig, da es neben einem geeichten Wechselstrom-

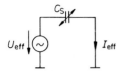

**Abb. 23.43.** Kapazitätsmessung durch Messung des Scheinwiderstandes

$I_{\text{eff}} = 2\pi U_{\text{eff}} \cdot f \cdot C_S$

messer eine Wechselspannungsquelle mit konstanter Amplitude und Frequenz erfordert.

Einfacher ist es, den Sensor in eine astabile Kippschaltung einzubeziehen, deren Frequenz bzw. Tastverhältnis er bestimmt. Abbildung 23.44 zeigt eine solche Schaltung [23.9]. Sie besteht aus zwei Multivibratoren nach Abb. 6.26 auf S. 609. Der Multivibrator M 1 schwingt mit einer konstanten Frequenz von ca. 10 kHz, wenn man CMOS-Gatter einsetzt. Er synchronisiert den Multivibrator M 2, dessen Einschaltdauer durch den Feuchtesensor $C_S$ bestimmt wird. Die Einschaltdauern beider Multivibratoren sind bei der Feuchte Null gleich lang; mit zunehmender Feuchte wird die Einschaltdauer von M 2 größer, wie in Abb. 23.45 eingezeichnet. Bildet man die Differenz der Einschaltdauern, so erhält man mit $U_3$ ein Signal, das proportional zu $\Delta C$ ist und damit auch näherungsweise proportional zur Feuchte. Das Tiefpaßfilter am Ausgang bildet den zeitlichen Mittelwert.

Eine Schaltung, mit der sich eine sehr viel höhere Genauigkeit erreichen läßt, ist in Abb. 23.46 dargestellt. Hier bestimmt man die Kapazität des Feuchtesensors gemäß der Definition der Kapazität $C_S = Q/U$. Zunächst lädt man den Kondensator $C_S$ auf $U_{\text{ref}}$ auf und entlädt ihn anschließend über den Summationspunkt. Dabei fließt der mittlere Strom:

$$\overline{I}_S = U_{\text{ref}} \cdot f \cdot C_S$$

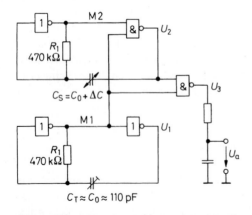

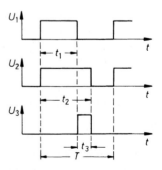

**Abb. 23.44.** Bestimmung der Kapazitätszunahme durch Messung der Schwingungsdauer-Zunahme. Gatter: CMOS z.B. CD 4001

**Abb. 23.45.** Zustandekommen des Ausgangssignals als Differenz der Schaltzeiten

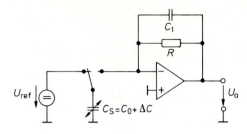

**Abb. 23.46.** Prinzip der Feuchtemessung in Switched-Capacitor-Technik

$$U_a = -U_{\text{ref}} \cdot R \cdot f \cdot C_S$$

Darin ist $f$ die Frequenz, mit welcher der Schalter betätigt wird. Am Ausgang ergibt sich dann wegen der Mittelwertbildung durch $C_1$ eine Gleichspannung, die proportional zu $C_S$ ist.

Um das Prinzip in Abb. 23.46 zu einer praktisch einsetzbaren Feuchtemeßschaltung zu erweitern, benötigt man noch Zusätze, die es ermöglichen, den Nullpunkt und den Vollausschlag abzugleichen. Die vollständige Schaltung ist in Abb. 23.47 dargestellt. Zur Nullpunkteinstellung dient der Kondensator $C_T$. Er wird ebenfalls auf die Spannung $U_{\text{ref}}$ aufgeladen, dann jedoch umgepolt an den Summationspunkt gelegt. Damit ergibt sich der Strom:

$$\bar{I}_T = -U_{\text{ref}} \cdot f \cdot C_T$$

Der Gegenkopplungswiderstand $R$ wurde ebenfalls durch einen geschalteten Kondensator ersetzt. Sein mittlerer Strom beträgt:

$$\bar{I}_G = U_a \cdot f \cdot C_G$$

Aus der Knotenregel, angewandt auf den Summationspunkt, $\bar{I}_S + \bar{I}_T + \bar{I}_G = $ folgt dann die Ausgangsspannung:

$$U_a = -U_{\text{ref}} \frac{C_S - C_T}{C_G} = -U_{\text{ref}} \frac{\Delta C}{C_G}$$

Man erkennt, daß durch den Einsatz der Switched-Capacitor-Technik zur Nullpunkt- und Verstärkungs-Einstellung alle Ströme proportional zu $f$ sind. Dadurch kürzt sich die Schaltfrequenz aus dem Ergebnis heraus. Diesen Vorteil

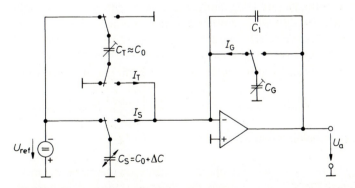

**Abb. 23.47.** Feuchtemessung mit Nullpunkt- und Empfindlichkeitsabgleich

$$U_a = -U_{\text{ref}} \Delta C / C_G$$

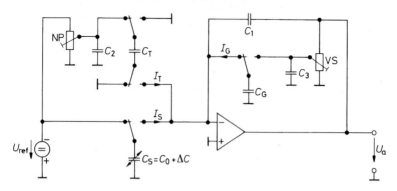

**Abb. 23.48.** Nullpunkt- und Verstärkungsabgleich eines Feuchtesensors mit Potentiometern

verliert man, wenn man, wie sonst üblich, Widerstände einsetzt; dies erkennt man auch an der Schaltung in Abb. 23.46. Zur Realisierung der Schalter ist der LTC 1043 (Linear Technology) besonders gut geeignet, da er nicht nur 4 Wechselschalter, sondern daneben auch einen Taktgenerator enthält, der die Schalter ansteuert.

Es ist wünschenswert, Nullpunkt und Vollausschlag nicht an Trimmkondensatoren, sondern mit Potentiometern abzugleichen. Wie man dabei vorgehen kann, ohne die Vorteile der reinen SC-Technik zu verlieren, ist in Abb. 23.48 dargestellt. Hier wird der durch $C_T$ bzw. $C_G$ fließende Strom durch die über die Potentiometer abgegriffene Spannung variiert. Damit sich dadurch die Aufladedauer nicht verlängert, verwendet man zusätzlich die Kondensatoren $C_2$ und $C_3$, die man groß gegenüber $C_T$ bzw. $C_G$ wählt [23.10].

## 23.4
## Übertragung von Sensorsignalen

Zwischen dem Sensor und dem Ort, an dem die Signale ausgewertet werden, liegen häufig große Entfernungen und Umgebungen mit hohen Störpegeln. Deshalb sind in solchen Fällen besondere Maßnahmen erforderlich, damit die Meßwerte nicht durch äußere Einflüsse verfälscht werden. Je nach Anwendungsbereich und der erforderlichen Sicherheitsklasse unterscheidet man zwischen einer galvanischen Signalübertragung und der aufwendigeren Technik mit galvanischer Trennung.

### 23.4.1
### Galvanisch gekoppelte Signalübertragung

Bei großen Leitungslängen läßt sich der ohmsche Leitungswiderstand $R_L$ nicht vernachlässigen. Selbst kleine, zum Betrieb des Sensors erforderliche Ströme führen dann zu so hohen Spannungsabfällen, daß sie den Meßwert untragbar verfälschen. Dieses Problem läßt sich dadurch lösen, daß man das Meßsignal

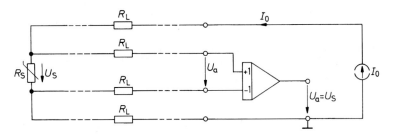

**Abb. 23.49.** Vierdrahtmessung am Beispiel eines Widerstand-Temperaturfühlers

$U_a = I_0 R_S = U_S \qquad U_{Gl} = I_0 R_L$

über zwei zusätzliche Leitungen zur Auswertung führt, über die kein Strom fließt. Zur Gewinnung der Meßgröße setzt man dann in der Auswertung einen Elektrometer-Subtrahierer wie in Abb. 23.49 ein. Der Spannungsabfall im Meßstromkreis bewirkt hier lediglich eine Gleichtaktaussteuerung $U_{Gl} = I_0 R_L$, die nach der Subtraktion herausfällt.

Man kann eine Leitung einsparen, wenn man voraussetzt, daß der Widerstand in allen Leitungen gleich groß ist, und kommt so zur Dreileitermethode in Abb. 23.50 [23.11]. Hier läßt sich der Spannungsabfall an $R_L$ herausrechnen, indem man den Ausdruck

$$U_2 \;=\; 2V_1 - V_2 \;=\; 2U_S + 2I_0 R_L - U_S - 2I_0 R_L \;=\; U_S$$

bildet.

Wenn die Sensorsignale klein sind, wie z.B. bei Druckaufnehmern oder Thermoelementen, muß man sie in unmittelbarer Nachbarschaft des Sensors vorverstärken, bevor man sie über eine längere Leitung überträgt. Abbildung 23.51 zeigt dieses Prinzip. Das Ausgangssignal wird hier zwar durch Spannungsabfall an $R_L$ verfälscht. Wenn man jedoch die Verstärkung $A$ groß genug wählt, spielt dieser Fehler keine große Rolle. Er läßt sich ganz vermeiden, wenn man auch hier zusätzlich die Vierleitertechnik von Abb. 23.49 einsetzt. Allerdings benötigt man dann auf der Empfängerseite einen zusätzlichen Subtrahierer.

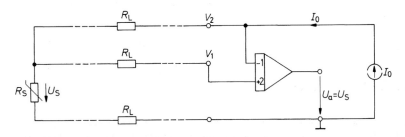

**Abb. 23.50.** Dreidrahtmessung am Beispiel eines Widerstands-Temperaturfühlers

$V_1 = I_0(R_S + R_L) \quad V_2 = I_0(R_S + 2R_L) \quad U_a = 2V_1 - V_2 = I_0 R_S = U_s$

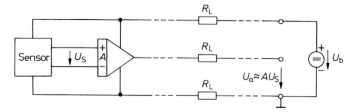

**Abb. 23.51.** Vorverstärker beim Sensor reduziert Fehler bei der Signalübertragung

Einfacher ist es, in diesem Fall das Sensorsignal in einen dazu proportionalen Strom umzuwandeln. Ein Strom wird durch die Leitungswiderstände nicht verfälscht. Das Prinzip ist in Abb. 23.52 dargestellt. Die spannungsgesteuerte Stromquelle setzt die Sensorspannung $U_S$ in einen Strom $I_S = SU_S$ um. Er bewirkt an dem Arbeitswiderstand einen Spannungsabfall $U_a = SR_1U_S$. Wählt man $R_1 = 1/S$, ergibt sich wieder das Sensorsignal. Man kann aber die Anordnung gleichzeitig zur Verstärkung der Sensorspannung verwenden, indem man $A = SR_1 \gg 1$ macht.

Eine weitere Vereinfachung der Signalübertragung ist dadurch möglich, daß man dafür sorgt, daß die Stromaufnahme des Sensors und der spannungsgesteuerten Stromquelle konstant sind. In diesem Fall kann man den Signalstrom $I_S$ und den Verbraucherstrom $I_V$ über dieselbe Leitung übertragen. Man benötigt dann nur noch zwei Leitungen, wie man in Abb. 23.53 erkennt. Sie dienen sowohl zur Versorgung des Sensors und der Betriebsschaltung als auch zur Übertragung des Meßsignals. Wenn man am Meßwiderstand den Strom $I_V$ bzw. die daraus resultierende Spannung $R_1I_V$ subtrahiert, bleibt das Sensorsignal übrig. Wie bei der Stromübertragung in Abb. 23.52 beeinträchtigen die Leitungswiderstände $R_L$ das Meßergebnis nicht. Voraussetzung ist allerdings, daß die Betriebsspannung $U_b$ so groß ist, daß trotz aller im Stromkreis auftretenden Spannungsabfälle die Stromquellen nicht in die Sättigung gehen.

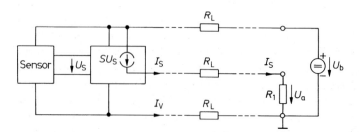

**Abb. 23.52.** Vorverstärker mit Stromausgang beim Sensor eliminiert Fehler bei der Signalübertragung. Beispiel für eine integrierte spannungsgesteuerte Stromquelle: XTR 110 von Burr Brown

$$U_a = I_S R_1 = SU_S R_1 = AU_S$$

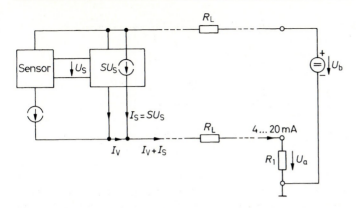

**Abb. 23.53.** Zweidraht-Stromschleife zur Sensorsignalübertragung. IC-Typen: XTR 105 von Burr Brown bzw. AD 693 von Analog Devices

$$U_a = (I_V + I_S)R_1 = R_1 I_V + R_1 S U_S$$

Die Ströme $I_V + I_S$ einer Stromschleife (Current loop) sind genormt. Sie liegen zwischen 4 mA und 20 mA. Dabei entspricht 4 mA dem unteren Bereichsende und 20 mA dem oberen. Bei unipolaren Signalen legt man den Nullpunkt auf 4 mA. Bei bipolaren Signalen legt man ihn auf 12 mA und erhält dann einen Aussteuerbereich von $\pm 8$ mA. Wenn man, wie üblich, $R_1 = 250\,\Omega$ wählt, ergeben sich auf der Empfängerseite in beiden Fällen Spannungen von $U_a = 1 \ldots 5$ V. Ein integrierter Stromschleifen-Empfänger, der zusätzlich eine Referenzspannungsquelle zur Wiederherstellung des Nullpunkts besitzt, ist der RCV 420 von Burr Brown.

Der innere Aufbau einer Sensor-Betriebsschaltung mit Stromschleifenausgang ist in Abb. 23.54 gezeigt. Das Kernstück der Schaltung ist eine Transistor-Präzisionsstromquelle, bestehend aus dem Transistor T, dem Operationsverstärker OV 1 und dem Strommeßwiderstand $R_1$. Der Strom $I_a$ stellt sich so ein, daß die Eingangsspannungsdifferenz von OV 1 Null wird. Wenn man zur Vereinfachung $R_4$ einmal wegläßt, ist dies der Fall, wenn der Spannungsabfall $I_a R_1 = U_1$ ist. Der Widerstand $R_4$ dient lediglich dazu, den Stromnullpunkt von $I_N = 4$ mA bzw. 12 mA zu addieren. Das Sensorsignal wird mit dem Elektrometersubtrahierer aufbereitet und steuert dann die Stromquelle. Der Kunstgriff bei der Anordnung in Abb. 23.54 besteht darin, daß die Verbraucherströme für die vier Operationsverstärker, die Referenzspannungsquelle und eventuell angeschlossener Sensoren ebenfalls durch den Strommeßwiderstand $R_1$ fließen. Ihre Summe wird also bei der Strommessung mit berücksichtigt. Durch den Transistor T fließt dann nur noch der Strom, der an dem Soll-Ausgangsstrom fehlt. Damit das auch beim kleinsten Schleifenstrom von $I_a = 4$ mA funktioniert, muß die Summe aller Verbraucherströme $I_V < 4$ mA sein. Bei den handelsüblichen integrierten Schaltungen liegt die interne Stromaufnahme unter 1 mA, so daß noch bis zu 3 mA für den Betrieb des Sensors zur Verfügung stehen.

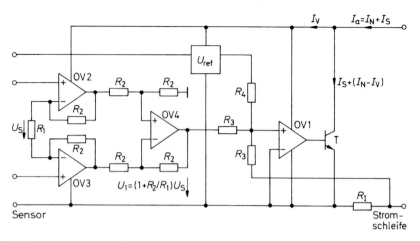

**Abb. 23.54.** Innerer Aufbau eines Stromschleifen-Transmitters am Beispiel des AD 693 von Analog Devices bzw. XTR 103 von Burr Brown

$$I_a = I_N + I_S = \frac{R_3}{R_4}\frac{U_{\text{ref}}}{R_I} + \left(1 + \frac{R_2}{R_1}\right)\frac{U_S}{R_I}$$

Ein positiver Nebeneffekt des beschriebenen Verfahrens besteht darin, daß man Störungen leicht erkennen kann: Ist der Schleifenstrom kleiner als 4 mA, liegt eine Störung vor, z.B. ein Nebenschluß oder eine Unterbrechung.

## 23.4.2
## Galvanisch getrennte Signalübertragung

Bei größeren Entfernungen und bei elektrisch stark verseuchter Umgebung können so große Störsignale auftreten, daß die bisher beschriebenen Methoden zur Signalübertragung keinen ausreichenden Signal-Störabstand bieten. In solchen Fällen gibt es nur eine einzige brauchbare Lösung: den Einsatz von Lichtleiter-Übertragungsstrecken. Sie werden weder von elektrostatischen noch von elektromagnetischen Feldern beeinträchtigt und können nahezu beliebig große Potentialdifferenzen überbrücken. Abbildung 23.55 zeigt daß Prinzip zur optischen Übertragung von Sensorsignalen.

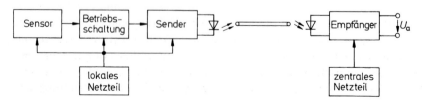

**Abb. 23.55.** Prinzip der optischen Übertragung von Sensorsignalen

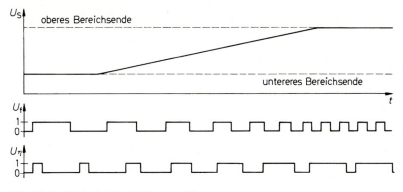

**Abb. 23.56.** Digitale Modulationsverfahren
Oben:   Analoges Sensorsignal
Mitte:  Spannungs-Frequenz-Umsetzung
Unten:  Spannungs-Tastverhältnis-Umsetzung

Eine Übertragung von Analogsignalen ist jedoch mit Lichtleitern ungebräuchlich, weil die Dämpfung der optischen Übertragungsstrecke schlecht definiert ist, und auch Temperaturschwankungen und Alterung unterworfen ist. Deshalb wandelt man das Sensorsignal im Sender in ein serielles digitales Signal um. Dazu gibt es verschiedene Möglichkeiten. Bei der Spannungs-Frequenz-Umsetzung ist die Frequenz eine lineare Funktion der Spannung; das Tastverhältnis des Ausgangssignals ist konstant 1 : 1. Bei der Spannungs-Tastverhältnis-Umsetzung ist die Frequenz konstant, dafür aber das Tastverhältnis eine lineare Funktion der Spannung. Abbildung 23.56 zeigt das Prinzip der beiden Verfahren. Sie sind besonders dann vorteilhaft, wenn man auf der Empfängerseite ein Analogsignal zurückgewinnen möchte.

Man kann die Signale auch digital weiterverarbeiten, indem man die Frequenz bzw. das Tastverhältnis digital mißt. Wenn man jedoch hohe Genauigkeit benötigt, ist es besser die Digitalisierung mit einem handelsüblichen AD-Umsetzer auf der Sensorseite vorzunehmen und das Ergebnis wortweise seriell zu übertragen.

## 23.5
## Eichung von Sensorsignalen

Manche Sensoren sind so eng toleriert, daß eine Eichung nicht erforderlich ist, wenn man auch in der Betriebsschaltung ausreichend eng tolerierte Bauelemente einsetzt. In diesem Fall läßt sich der Sensor sogar ohne Nacheichung austauschen. In einer derart glücklichen Situation befindet man sich jedoch nur bei einigen Temperatursensoren. Im allgemeinen Fall ist bei einem Sensorwechsel immer eine neue Eichung erforderlich. Bei hohen Genauigkeits-Anforderungen kann sogar eine regelmäßige Nacheichung notwendig sein.

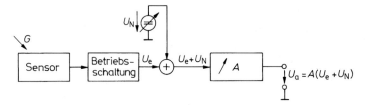

**Abb. 23.57.** Prinzipielle Anordnung zur Eichung von Sensorsignalen durch Abgleich des Nullpunkts $U_N$ und der Verstärkung $A$

### 23.5.1
### Eichung des Analogsignals

Um den Vorgang der Eichung unabhängig von den speziellen Eigenschaften des Sensors erklären zu können, soll die Eichschaltung wie in Abb. 23.57 ganz von der Betriebsschaltung des Sensors getrennt werden. Wir wollen einmal davon ausgehen, daß das Sensorsignal linear von der physikalischen Größe $G$ abhängt bzw. von der Betriebsschaltung linearisiert wird. Dann läßt sich die Eingangs-spannung der Eichschaltung in der Form

$$U_e = a' + m'G \qquad (23.5)$$

darstellen. Das geeichte Signal soll in der Regel proportional zur Meßgröße sein gemäß der Gleichung:

$$U_a = mG \qquad (23.6)$$

Abbildung 23.58 zeigt den Verlauf der Spannungen am Beispiel einer Tem-peraturmessung. Die Eichschaltung muß also eine Nullpunkt- und eine Verstärkungskorrektur ermöglichen. Eine wichtige Randbedingung ist, daß die Eichung *iterationsfrei* erfolgen kann, d.h., es soll eine Prozedur geben, bei der die eine Einstellung die andere nicht beeinflußt. Dies ist bei der Anordnung in Abb. 23.57 möglich. Ihre Ausgangsspannung beträgt:

$$U_a = A(U_e + U_N) \qquad (23.7)$$

Setzt man die Gleichungen (23.5/6) ein, ergeben sich durch Koeffizientenvergleich die Eichbedingungen:

Nullpunkt: $\quad U_N = -a'$
Verstärkung: $\quad A = m/m'$

Zum Nullpunktabgleich legt man an den Sensor die zum Meßwert $U_a = 0$ gehörige physikalische Größe $G = G_0$ an. Dann gleicht man mit $U_N$ die Aus-gangsspannung auf $U_a = 0$ ab. Dieser Abgleich ist von der zufälligen Einstellung der Verstärkung $A$ unabhängig; man muß lediglich sicherstellen, daß $A \neq 0$ ist. In Abb. 23.58 erfolgt durch den Nullpunktabgleich eine Parallelverschiebung der Eingangskennlinie durch den Nullpunkt.

Zum Verstärkungsabgleich legt man die physikalische Größe $G_1$ an und eicht die Verstärkung $A$ so, daß sich der Sollwert der Ausgangsspannung $U_{a1} = mG_1$ ergibt. In Abb. 23.58 entspricht dies einer Drehung der verschobenen Eingangs-

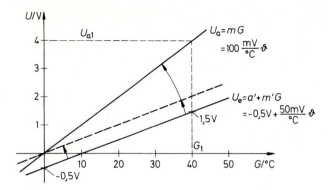

**Abb. 23.58.** Veranschaulichung eines Eichvorgangs: zuerst Nullpunktabgleich, dann Verstärkungsabgleich. Beispiel: Fieberthermometer

kennlinie, bis sie mit der gewünschten Funktion zusammenfällt. Der Nullpunktabgleich wird dadurch nicht beeinträchtigt, weil bei der Verstärkungseinstellung lediglich der Faktor $A$ in Gl. (23.7) verändert wird.

Man erkennt, daß die umgekehrte Reihenfolge nicht zu einem iterationsfreien Abgleich führt. Es ist demnach zwingend erforderlich, daß der Nullpunkteinsteller *vor* dem Verstärkungseinsteller im Signalpfad liegt. Die Schaltung in Abb. 23.57 kann also nicht anders angeordnet werden.

Die Eichung soll noch an dem Beispiel des Fieberthermometers in Abb. 23.58 erläutert werden. Zur Nullpunkteinstellung bringt man den Sensor auf die Temperatur $\vartheta = 0°C$ und gleicht mit $U_N$ die Ausgangsspannung auf $U_a = 0$ ab. Dies ist bei der Spannung

$$U_N = -a' = +0.5\,\mathrm{V}$$

der Fall. Zur Eichung der Verstärkung legt man an den Sensor den zweiten Eichwert an, z.B. $G_1 = \vartheta_1 = 40°C$, und gleicht die Verstärkung $A$ ab, bis sich auch hier der Sollwert der Ausgangsspannung

$$U_{a1} = mG_1 = \frac{100\,\mathrm{mV}}{°C} \cdot 40° = 4\,\mathrm{V}$$

ergibt. Die Verstärkung hat dann den Wert:

$$A = \frac{m}{m'} = \frac{100\,\mathrm{mV}/°C}{50\,\mathrm{mV}/°C} = 2$$

Der beschriebene Abgleich setzt voraus, daß man zunächst den Nullpunkt $U_a = 0$ bei $G = 0$ abgleicht. Es kann jedoch der Fall eintreten, daß sich die physikalische Größe $G = 0$ nicht oder nicht mit der gewünschten Genauigkeit realisieren läßt. Es kann auch der Wunsch bestehen, beide Eichpunkte in die Nähe des interessierenden Meßbereichs zu legen; bei dem Beispiel des Fieberthermometers in Abb. 23.58 also z.B. auf $G_1 = 40°C$ und $G_2 = 30°C$. Dadurch lassen sich Fehler, die aus Nichtlinearitäten resultieren, in diesem Bereich klein halten. Um auch in diesem Fall zu einem iterationsfreie Abgleich zu kommen, kann man den Nullpunkt der Eingangskennlinie wie in Abb. 23.59 auf einen dieser Eichwerte

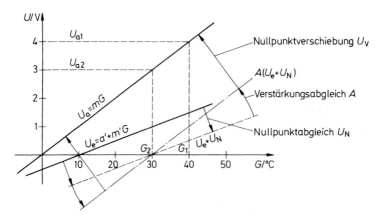

**Abb. 23.59.** Iterationsfreier Abgleichvorgang bei zwei von Null verschiedenen Eichpunkten $G_1$, $G_2$

verschieben und am Ausgang eine entsprechende Spannung addieren. Dazu dient die zusätzliche Spannung $U_V$ in Abb. 23.60. Man dimensioniert sie vorzugsweise für den kleineren der beiden Eichwerte:

$$U_V \; = \; U_{a2} \; = \; mG_2$$

Zum Nullpunktabgleich legt man die physikalische Größe $G_2$ an und gleicht mit $U_N$ die Spannung $U_e + U_N$ bzw. $A(U_e + U_N)$ auf Null ab. Dazu muß man nicht in die Schaltung hineinmessen, sondern man verfolgt den Abgleich am Ausgang. Hier muß sich dann der Eichwert $U_{a2} = U_V$ ergeben. Da die Ausgangsspannung des Verstärkers nach dem Abgleich gerade Null ist, ist er unabhängig von der Größe von $A$.

Anschließend legt man den anderen Eichwert an und gleicht die Verstärkung $A$ wie bisher ab. Dabei dreht sich die verschobene Eingangskennlinie in Abb. 23.59, bis sie die richtige Steigung besitzt. Durch die ausgangsseitige Spannungsaddition gelangt man dann zu dem geeichten Ausgangssignal.

Ein Beispiel für die praktische Realisierung einer Eichschaltung ist in Abb. 23.61 dargestellt. Die Eingangsspannung und die Spannung des Nullpunkteinstellers werden am Summationspunkt von OV 1 addiert. Die Verstärkung

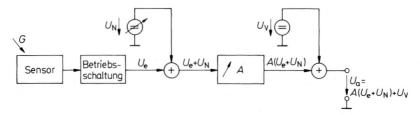

**Abb. 23.60.** Anordnung zur iterationsfreien Eichung von Sensorsignalen, wenn kein Eichpunkt auf Null liegt

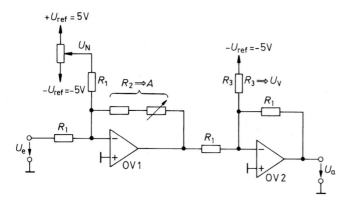

**Abb. 23.61.** Praktische Ausführung einer Eichschaltung

$$U_a = \underbrace{\frac{R_1}{R_3} U_{ref}}_{U_V} + \underbrace{\frac{R_2}{R_1}}_{A} (U_e + U_N)$$

wird an dem Gegenkopplungswiderstand eingestellt. Der Festwiderstand dient zur Begrenzung des Einstellbereichs; er verhindert gleichzeitig, daß sich die Verstärkung auf Null stellen läßt. Der Verstärker OV 2 bewirkt die ausgangsseitige Nullpunktverschiebung für den ersten Eichpunkt. Da ihre Größe vorgegeben wird, läßt sie sich durch die Wahl von $R_3$ festlegen. Ein Abgleich ist hier nicht erforderlich.

Die Vorgehensweise beim Abgleich soll noch am Beispiel des Fieberthermometers erläutert werden. Gegeben seien die Eingangs- und Ausgangskennlinien

$$U_e = -0,5\,\text{V} + \frac{50\,\text{mV}}{°\text{C}}\vartheta; \quad U_a = \frac{100\,\text{mV}}{°\text{C}}\vartheta$$

und die Eichpunkte:

$$(\vartheta_2 = 30°\text{C},\ U_{a2} = 3\,\text{V}); \quad (\vartheta_1 = 40°\text{C},\ U_{a1} = 4\,\text{V})$$

Daraus folgt die ausgangsseitige Nullpunktverschiebung $U_V = U_{a2} = 3\,\text{V}$. Gibt man $R_1 = 10\,\text{k}\Omega$ vor, folgt bei einer Referenzspannung von $-5\,\text{V}$ der Widerstand $R_3 = 16,7\,\text{k}\Omega$. Zum Nullpunktabgleich legt man an den Sensor eine Temperatur von $\vartheta_2 = 30°$ an und gleicht die Ausgangsspannung auf $U_{a2} = 3\,\text{V}$ ab. Die dazu erforderliche Spannung beträgt:

$$U_N = -U_{e1} = +0,5\,\text{V} - \frac{50\,\text{mV}}{°\text{C}} \cdot 30° = -1\,\text{V}$$

Die Ausgangsspannung von OV 1 ist dann Null, und der zufällig eingestellte Wert von $A$ beeinflußt den Nullpunktabgleich nicht. Um die Verstärkung zu eichen, gibt man den anderen Eichpunkt $\vartheta_1 = 40°\text{C}$ vor und gleicht die Ausgangsspannung auf $U_{a1} = 4\,\text{V}$ ab. Das ist bei einer Verstärkung von

$$A = \frac{m}{m'} = \frac{100\,\text{mV}/°\text{C}}{50\,\text{mV}/°\text{C}} = 2$$

der Fall. Mit $R_1 = 10\,\text{k}\Omega$ folgt daraus im abgeglichenen Zustand ein Wert von $R_2 = 20\,\text{k}\Omega$.

### 23.5.2
### Computer-gestützte Eichung

Wenn man beabsichtigt, ein Sensorsignal mit einem Mikrocomputer weiterzuverarbeiten, ist es vorteilhaft, auch die Eichung mit dem Mikrocomputer vorzunehmen. Wie man in Abb. 23.62 erkennt, spart man in diesem Fall nicht nur die analoge Eichschaltung, sondern die Eichung läßt sich auch einfacher durchführen, und ihre Genauigkeit und Stabilität sind besser. Zur Eichung gehen wir davon aus, daß die Zahl $Z$ am Ausgang des AD-Umsetzers wie in Abb. 23.63 eine lineare Funktion der Meßgröße $G$ ist:

$$Z = a + bG \tag{23.8}$$

Die Eichkoeffizienten $a$ und $b$ bestimmt man aus zwei Eichpunkten:

$$(G_1, Z_1) \quad \text{und} \quad (G_2, Z_2)$$

indem man die Bestimmungsgleichungen

$$Z_1 = a + bG_1 \quad \text{und} \quad Z_2 = a + bG_2$$

nach $a$ und $b$ auflöst:

$$b = \frac{Z_2 - Z_1}{G_2 - G_1} \tag{23.9}$$

bzw.

$$a = Z_1 - bG_1 \tag{23.10}$$

Um aus einem Meßwert $Z$ die zugehörige physikalische Größe zu berechnen, muß man Gl. (23.8) nach $G$ auflösen:

$$G = (Z - a)/b \tag{23.11}$$

Zur praktischen Durchführung der Eichung speichert man die beabsichtigten Eichwerte z.B. $G_1 = 30^\circ\text{C}$ und $G_2 = 40^\circ\text{C}$ in einer Tabelle. Dann legt man sie nacheinander an den Sensor an und gibt dem Mikrocomputer z.B. über Drucktasten den Befehl, die zugehörigen Meßwerte z.B. $Z_1 = 1000$ und $Z_2 = 3000$ einzulesen und zusätzlich in der Tabelle abzulegen. Daraus kann ein Programm des Mikrocomputers die Eichwerte gemäß Gl. (23.9/10) berechnen und auch in der Tabelle speichern:

$$b = 200/^\circ\text{C} \quad \text{bzw.} \quad a = -5000$$

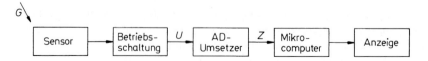

**Abb. 23.62.** Anordnung zur Computer-gestützten Eichung von Sensorsignalen

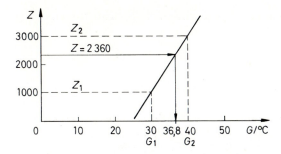

**Abb. 23.63.** Numerische Eichung eines Sensors mit den Eichpunkten $(G_1, Z_1)$ und $(G_2, Z_2)$

Damit ist die Eichung abgeschlossen. Das Auswerteprogramm kann dann gemäß Gl. (23.11) die Größen $G_i$ berechnen. Zu einem Meßwert von $Z = 2360$ ergibt sich in dem Beispiel eine Temperatur von:

$$G = \frac{Z - a}{b} = \frac{2360 + 5000}{200/^\circ C} = 36{,}8^\circ C$$

Bei der rechnerischen Eichung nimmt man also die Kennlinie der Hardware (Abb. 23.63) als gegeben, man stellt ihre Gleichung auf und verwendet sie dann dazu, Meßwerte $Z_i$ auf physikalische Größen $G_i$ abzubilden. Man muß hier also keine Kennlinien verschieben oder drehen wie bei der analogen Eichung. Die Wahl der Eichpunkte ist hier beliebig; der Abgleich ist grundsätzlich iterationsfrei, da die Eichwerte durch Lösung eines Gleichungssystems ermittelt werden.

Ein besonders schwieriges Problem besteht darin, Sensoren zu eichen, deren Signal nicht nur von der gesuchten Größe, sondern zusätzlich auch von einer zweiten Größe abhängt. Die verbreitetste Form solcher unerwünschter Doppelabhängigkeiten besteht in der Temperaturabhängigkeit von Sensorsignalen. Ein Beispiel dafür sind die Drucksensoren. Daran soll hier die Vorgehensweise erklärt werden. Der Meßwert $Z$ setzt sich hier aus vier Anteilen zusammen:

$$Z = a + bp + c\vartheta + d\vartheta p \tag{23.12}$$

Darin bedeutet

$p$    Druck,
$\vartheta$    Temperatur,
$a$    Nullpunktfehler,
$b$    Druckempfindlichkeit,
$c$    Temperaturkoeffizient des Nullpunkts,
$d$    Temperaturkoeffizient der Empfindlichkeit.

Zur Bestimmung der vier Koeffizienten $a$, $b$, $c$ und $d$ macht man vier Eichmessungen, die sich jeweils in einer Größe unterscheiden:

$$Z_{11} = a + bp_1 + c\vartheta_1 + dp_1\vartheta_1 \qquad Z_{21} = a + bp_2 + c\vartheta_1 + dp_2\vartheta_1$$

$$Z_{12} = a + bp_1 + c\vartheta_2 + dp_1\vartheta_2 \qquad Z_{22} = a + bp_2 + c\vartheta_2 + dp_2\vartheta_2$$

|                | $\vartheta_1 = 25°C$ | $\vartheta_2 = 50°C$ |
|----------------|----------------------|----------------------|
| $p_1 = 900\,\text{mbar}$  | $Z_{11} = 3061$ | $Z_{12} = 2837$ |
| $p_2 = 1035\,\text{mbar}$ | $Z_{21} = 3720$ | $Z_{22} = 3456$ |

**Tab. 23.7.** Beispiel für Druckeichung

und erhält daraus:

$$d = \frac{Z_{22} + Z_{11} - Z_{12} - Z_{21}}{(p_2 - p_1)(\vartheta_2 - \vartheta_1)} \qquad b = \frac{Z_{22} - Z_{12}}{(p_2 - p_1)} - d\vartheta_2$$

$$c = \frac{Z_{22} - Z_{21}}{\vartheta_2 - \vartheta_1} - dp_2 \qquad a = Z_{22} - bp_2 - c\vartheta_2 - dp_2\vartheta_2 \tag{23.13}$$

Damit ist die Eichung abgeschlossen, und der Druck läßt sich aus Gl. (23.12) berechnen:

$$p = \frac{Z - a - c\vartheta}{b + d\vartheta} \tag{23.14}$$

Die Durchführung der Eichung soll noch an einem Beispiel erklärt werden. Die vier erforderlichen Eichwerte sollen bei einem Druck von $p_1 = 900$ mbar und $p_2 = 1035$ mbar gewonnen werden, und zwar jeweils bei einer Temperatur $\vartheta_1 = 25°C$ und $\vartheta_2 = 50°C$. Dabei ergeben sich die Meßwerte in Tab. 23.7. Mit Gl. (23.13) erhält man daraus die Eichkoeffizienten:

$$a = -1375 \qquad b = 5{,}18\,\frac{1}{\text{mbar}}$$

$$c = 1{,}71\,\frac{1}{°C} \qquad d = -0{,}0119\,\frac{1}{\text{mbar} \cdot °C}$$

Diese Eichung ist sehr genau, da sie nicht nur Nullpunkt und Verstärkung eicht, sondern darüber hinaus auch den Temperaturkoeffizienten der Empfindlichkeit und des Nullpunkts berücksichtigt. Auf diese Weise lassen sich mit billigen, ungeeichten Drucksensoren Präzisionsmessungen durchführen.

Zur Druckmessung verwendet man Gl. (23.14). Wenn man z.B. bei einer Temperatur von $\vartheta = 15°C$ einen Meßwert $Z = 3351$ erhält, ergibt dies einen Druck von:

$$p = \frac{Z - a - c\vartheta}{b + d\vartheta} = \frac{3351 + 1375 - 1{,}71 \cdot 15}{5{,}18 - 0{,}0119 \cdot 15}\,\text{mbar} = 940\,\text{mbar}$$

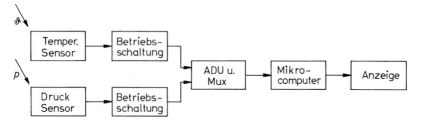

**Abb. 23.64.** Anordnung zur rechnerischen Temperatur- und Druckeichung und -Messung

Eine geeichte Temperaturmessung ist natürlich erforderlich, um den Temperatureinfluß richtig berücksichtigen zu können. Die Temperaturmessung wird man in diesem Fall natürlich auch, wie beschrieben, rechnerisch eichen. Damit ergibt sich das Blockschaltbild in Abb. 23.64. Die von den Betriebschaltungen aufbereiteten Signale des Temperatur- bzw. Drucksensors gelangen auf einen Analog-Digital-Umsetzer mit eingebautem Multiplexer. Der Mikrocomputer erhält die Meßwerte $Z$ und berechnet daraus während der Eichung die Eichkoeffizienten und dann im Normalbetrieb die Meßgrößen. Damit dies mit ausreichender Genauigkeit möglich ist, muß der AD-Umsetzer eine Genauigkeit von mindestens 12 bit besitzen. So genaue AD-Umsetzer sind in Ein-Chip-Mikrocomputern nicht erhältlich. Man muß daher in der Regel separate AD-Umsetzer einsetzen wie z.B. den AD 7582 von Analog Devices, der auch einen Eingangsmultiplexer enthält.

Speziell auf die Auswertung von Sensorsignalen zugeschnitten ist der Sensor-Signalprozessor MSP 430 von Texas Instruments. Er enthält neben einem 14 bit-AD-Umsetzer mit Multiplexer auch einen Treiber für eine zehnstellige Flüssigkristallanzeige. Er wird immer dann eine besonders einfache Lösung ermöglichen, wenn man die Meßwerte nur anzeigen möchte.

# Literatur

[23.1]   Hencke, H.: Lasergetrimmte Temperatursensoren für Messungen von
         − 40 bis +150°C. Design & Elektronik, 20. 1. 1987, H. 2, S. 69–73.

[23.2]   Wetzel, K.: Der Heißleiter als Temperatursensor. Design & Elektronik,
         15. 4. 1986, H. 8, S. 83–85.

[23.3]   Timko, M.; Suttler, G.: Temperature-to-Current Transducer. Analog Dia-
         logue 12 (1978) Nr. 1, S. 3–5.

[23.4]   Williams, J.: Clever Techniques Improve Thermocouple Measurements.
         EDN, 26. 5. 1988, H. 11, S. 145–160.

[23.5]   Burrer, Ch., Shankland, E.: Hochempfindliche Si-Drucksensoren für in-
         dustrielle Low-Cost Anwendungen. Elektronik Informationen (1996),
         H. 9, S. 42–44.

[23.6]   Werner, F.: Absolutdrucksensoren. Industrieelektrik und Elektronik
         (1986) H. 7, S. 24, 25.

[23.7]   Ashauer, M., Konrad, B.: Entzaubert. Teil 1: Physikalische Grundlagen.
         Teil 2: Kompensationsbausteine. Elektronik Industrie (1998) H. 8, S. 26–
         26, H. 9, S. 36–42.

[23.8]   Sherman, L.H.: Sensors and Conditioning Circuits Simplify Humidity
         Measurement. EDN, 30, 16. 5. 1985, H. 12, S. 179–188.

[23.9]   N.N.: Sensor zur Messung der relativen Luftfeuchte. Valvo: Technische
         Information TI 790423.

[23.10]  Williams, J.: Monolithic CMOS-Switch IC Suits Diverse Applications.
         EDN 29 (1984) H. 21, S. 183–194.

[23.11]  Schlitz, J.M.; Weiß, W.D.: Intelligenz im Meßwandler. Elektronik 18
         (1985) H. 18, S. 69–73.

[23.12]  Bierl, L.: 16-Bit-Mikrocontroller für kleine Systeme. Elektronik Infor-
         mationen (1998) H. 2, S. 52–54.

# Kapitel 24:
# Elektronische Regler

## 24.1
## Grundlagen

Die Aufgabe eines Reglers besteht darin, eine bestimmte physikalische Größe (die Regelgröße $X$) auf einen vorgegebenen Sollwert (die Führungsgröße $W$) zu bringen und dort zu halten. Dazu muß der Regler in geeigneter Weise dem Einfluß von Störungen entgegenwirken [24.1, 24.2].

Die prinzipielle Anordnung eines einfachen Regelkreises zeigt Abb. 24.1. Der Regler beeinflußt die Regelgröße $X$ mit Hilfe der Stellgröße $Y$ so, daß die Regelabweichung $W - X$ möglichst klein wird. Die auf die Strecke einwirkenden Störungen werden formal durch eine Störgröße $Z$ dargestellt, die der Stellgröße additiv überlagert ist. Im folgenden wollen wir davon ausgehen, daß die Regelgröße durch eine elektrische Spannung repräsentiert wird, und daß die Strecke elektrisch gesteuert wird. Dann können elektronische Regler verwendet werden.

Ein solcher Regler ist im einfachsten Fall ein Verstärker, der die Regelabweichung $W - X$ verstärkt. Wenn die Regelgröße $X$ über den Sollwert $W$ ansteigt, wird $W - X$ negativ. Dadurch verkleinert sich die Stellgröße $Y$ in verstärktem Maße. Diese Abnahme wirkt der angenommenen Zunahme der Regelgröße entgegen. Es liegt also Gegenkopplung vor. Die im eingeschwungenen Zustand verbleibende Regelabweichung ist um so kleiner, je höher die Verstärkung $A_R$ des Reglers ist. Nach Abb. 24.1 gilt bei linearen Systemen mit der Strecken-Verstärkung $A_S$:

$$Y = A_R(W - X) \quad \text{und} \quad X = A_S(Y + Z) \tag{24.1}$$

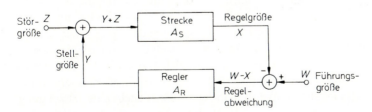

**Abb. 24.1.** Blockschaltbild eines Regelkreises

Damit ergibt sich die Regelgröße $X$ zu:

$$X = \frac{A_R A_S}{1 + A_R A_S} W + \frac{A_S}{1 + A_R A_S} Z \qquad (24.2)$$

Man erkennt, daß das Führungsverhalten $\partial X / \partial W$ um so besser gleich 1 wird, je größer die Schleifenverstärkung

$$g = A_R A_S = \frac{\partial X}{\partial (W - X)} \qquad (24.3)$$

ist. Das Störverhalten $\partial X / \partial Z$ wird um so besser gleich Null, je größer die Verstärkung $A_R$ des Reglers ist.

Dabei tritt jedoch die Schwierigkeit auf, daß man die Schleifenverstärkung $g$ nicht beliebig groß machen kann, da sonst die unvermeidlichen Phasenverschiebungen in dem Regelkreis zu Schwingungen führen. Diese Problematik haben wir bereits bei der Frequenzgangkorrektur von Operationsverstärkern kennengelernt. Die Aufgabe der Regelungstechnik besteht nun darin, trotz dieser Einschränkung eine möglichst kleine Regelabweichung und ein gutes Einschwingverhalten zu erzielen. Zu diesem Zweck fügt man zu dem Proportionalverstärker einen Integrator und einen Differentiator hinzu und erhält damit statt eines P-Reglers einen PI-, bzw. PID-Regler. Die elektronische Realisierung solcher Regler wollen wir im folgenden behandeln.

## 24.2
## Regler-Typen

### 24.2.1
### P-Regler

Ein P-Regler ist ein linearer Verstärker, dessen Phasenverschiebung in dem Frequenzbereich vernachlässigbar klein ist, in dem die Schleifenverstärkung $g$ des Regelkreises größer als Eins ist. Ein solcher P-Regler kann z.B. ein Operationsverstärker mit ohmscher Gegenkopplung sein.

Zur Bestimmung der maximal möglichen Proportionalverstärkung $A_P$ betrachten wir das Bode-Diagramm einer typischen Regelstrecke. Es ist in Abb. 24.2 dargestellt. Bei der Frequenz $f = 3{,}3\,\text{kHz}$ beträgt die Phasennacheilung 180°. Die Gegenkopplung wird bei dieser Frequenz also zur Mitkopplung. Oder anders ausgedrückt: Die Phasenbedingung Gl. (14.3) von S. 904 für selbständige Schwingung eines Oszillators ist erfüllt. Ob auch die Amplitudenbedingung Gl. (14.2) von S. 904 erfüllt ist, hängt von der Größe der Proportionalverstärkung $A_P$ ab. Bei dem Beispiel in Abb. 24.2 beträgt die Streckenverstärkung $|A_S|$ bei 3,3 kHz ca. $0{,}01 \mathrel{\widehat{=}} -40\,\text{dB}$. Wenn wir $A_P = 100 \mathrel{\widehat{=}} 40\,\text{dB}$ wählen, wird die Schleifenverstärkung $|g| = |A_S| \cdot A_P$ bei dieser Frequenz gleich 1, d.h. die Amplitudenbedingung eines Oszillators wäre ebenfalls erfüllt, und es würde eine Dauerschwingung mit $f = 3{,}3\,\text{kHz}$ entstehen. Wählt man $A_P > 100$, entsteht eine Schwingung mit exponentiell ansteigender Amplitude. Wählt man $A_P < 100$, entsteht eine gedämpfte Schwingung.

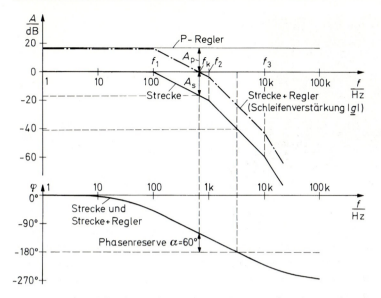

**Abb. 24.2.** Beispiel für das Bode-Diagramm einer Strecke mit P-Regler

Die Frage ist nun, wie weit man $A_P$ reduzieren muß, bis sich ein optimaler Einschwingvorgang ergibt. Ein ungefähres Maß für die Dämpfung des Einschwingvorganges läßt sich unmittelbar aus dem Bode-Diagramm in Form der *Phasen-Reserve* $\alpha$ ablesen: Das ist diejenige Phasennacheilung, die bei der *kritischen Frequenz* $f_k$ noch bis 180° fehlt. Dabei ist die kritische Frequenz diejenige, bei der die Schleifenverstärkung $|g| = 1$ wird. Damit lautet die Phasenreserve:

$$\alpha = 180° - |\varphi_g(f_k)| = 180° - |\varphi_S(f_k) + \varphi_R(f_k)| \tag{24.4}$$

Im Falle des P-Reglers ist definitionsgemäß $\varphi_R(f_k) = 0$, und wir erhalten:

$$\alpha = 180° - |\varphi_S(f_k)| \tag{24.5}$$

Eine Phasenreserve von $\alpha = 0°$ ergibt eine ungedämpfte Schwingung, da dann sowohl die Amplituden- als auch die Phasenbedingung eines Oszillators erfüllt ist. $\alpha = 90°$ ist der aperiodische Grenzfall. Bei $\alpha \approx 60°$ tritt bei der Sprungantwort der geschlossenen Schleife ein Überschwingen von ca. 4% auf. Die Einstellzeit nimmt ein Minimum an. Diese Phasenreserve stellt deshalb für die meisten Fälle das Optimum dar. Einen Vergleich der Einschwingvorgänge zeigt das Oszillogramm in Abb. 24.3.

Zur Ermittlung der optimalen P-Verstärkung sucht man im Bode-Diagramm die Frequenz auf, bei der die Strecke eine Phasenverschiebung von 120° besitzt. In dem Beispiel in Abb. 24.2 ergibt sich eine Frequenz von 700 Hz. Diese Frequenz macht man zur kritischen Frequenz, indem man die Verstärkung des P-Reglers so wählt, daß dort $|g| = 1$ wird. Aus Gl. (24.3) folgt dann:

$$A_P = \frac{1}{A_S} = \frac{1}{0{,}14} = 7$$

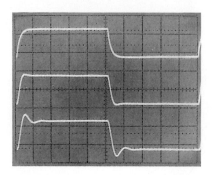

**Abb. 24.3.** Abhängigkeit der Sprungantwort von der Phasenreserve bei konstanter kritischer Frequenz $f_k$. Von oben nach unten: $\alpha = 90°$, $\alpha = 60°$, $\alpha = 45°$

bzw.

$$A_P^* = -A_S^* = -(-17\,\text{dB}) = 17\,\text{dB}$$

Dieser Fall ist in Abb. 24.2 eingezeichnet. Der niederfrequente Grenzwert der Schleifenverstärkung beträgt demnach:

$$g = A_S A_P = 1 \cdot 7 = 7$$

Aus Gl. (24.2) folgt daraus im eingeschwungenen Zustand eine relative Regelabweichung von:

$$\frac{W - X}{W} = \frac{1}{1 + g} = \frac{1}{1 + 7} = 12{,}5\%$$

Wenn man die Verstärkung des Reglers erhöht, um eine kleinere Regelabweichung zu erhalten, verschlechtert sich das Einschwingverhalten. Eine beliebig hohe Proportionalverstärkung kann man nur bei solchen Strecken einstellen, die sich wie ein Tiefpaß 1. Ordnung verhallen; denn bei ihnen ist die Phasenreserve bei jeder Frequenz größer als $90°$.

### 24.2.2
### PI-Regler

Im vorhergehenden Abschnitt haben wir gesehen, daß man die Verstärkung eines Proportionalreglers aus Stabilitätsgründen in der Regel nicht beliebig groß machen kann. Eine Möglichkeit zur Verbesserung der Einstellgenauigkeit besteht darin, die Schleifenverstärkung wie in Abb. 24.4 bei niedrigen Frequenzen ansteigen zu lassen. Man erkennt, daß der Frequenzgang der Schleifenverstärkung in der Umgebung der kritischen Frequenz $f_k$ dadurch nicht verändert wird. Das Einschwingverhalten bleibt also unbeeinflußt. Die bleibende Regelabweichung wird jetzt jedoch Null, da

$$\lim_{f \to 0} |g| = \infty$$

ist.

Zur Realisierung eines solchen Frequenzganges schaltet man zu dem P-Regler wie in Abb. 24.5 einen Integrator parallel. Das Bode-Diagramm des resultierenden PI-Regfers ist in Abb. 24.6 dargestellt. Man erkennt, daß sich der PI-Regler

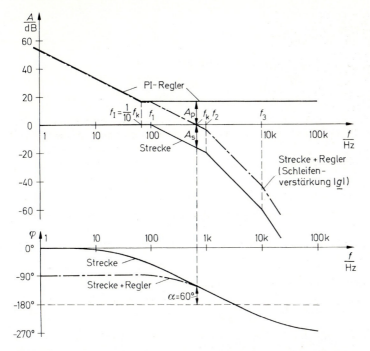

**Abb. 24.4.** Beispiel für das Bode-Diagramm einer Strecke mit PI-Regler

bei tiefen Frequenzen wie ein Integrator und bei hohen Frequenzen wie ein reiner Proportionalverstärker verhält. Der Übergang wird durch die Grenzfrequenz $f_I$ des PI-Reglers charakterisiert. Bei dieser Frequenz beträgt die Phasenverschiebung $-45°$, und die Regelverstärkung $|\underline{A}_R|$ liegt um 3 dB über $A_P$.

Zur Berechnung der Grenzfrequenz $f_I$ entnehmen wir aus Abb. 24.5 die komplexe Regelverstärkung:

$$\underline{A}_R = A_P + \frac{1}{j\omega\tau_I} = A_P\left(1 + \frac{1}{j\omega\tau_I A_P}\right)$$

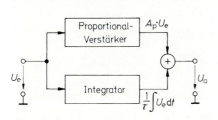

**Abb. 24.5.** Blockschaltbild eines PI-Reglers

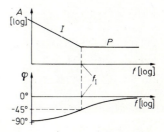

**Abb. 24.6.** Bode-Diagramm eines PI-Reglers

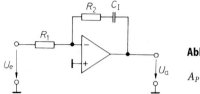

**Abb. 24.7.** PI-Regler

$$A_P = -\frac{R_2}{R_1}; \quad f_I = \frac{1}{2\pi C_I R_2}$$

Daraus folgt:

$$\underline{A}_R = A_P \left(1 + \frac{\omega_I}{j\omega}\right) \quad \text{mit} \quad \omega_I = 2\pi f_I = \frac{1}{\tau_I A_P} \tag{24.6}$$

Ein PI-Regler läßt sich auch mit einem einzigen Operationsverstärker realisieren. Die entsprechende Schaltung zeigt Abb. 24.7. Ihre komplexe Verstärkung lautet:

$$\underline{A}_R = -\frac{R_2 + 1/j\omega C_I}{R_1} = -\frac{R_2}{R_1}\left(1 + \frac{1}{j\omega C_I R_2}\right) \tag{24.7}$$

Durch Koeffizientenvergleich mit Gl. (24.6) erhalten wir die Reglerdaten:

$$A_P = -\frac{R_2}{R_1} \quad \text{und} \quad f_I = \frac{1}{2\pi C_I R_2} \tag{24.8}$$

Die Dimensionierung des PI-Reglers ist ganz einfach, wenn man von der Tatsache Gebrauch macht, daß der I-Anteil die Phasenreserve nicht verändert. Dann bleibt die Dimensionierung des P-Anteils erhalten; im Beispiel also $f_k = 700\,\text{Hz}$ und $A_P = 7$.

Damit der I-Anteil die Phasenreserve nicht verringert, muß $f_I \ll f_k$ gewählt werden. Es ist jedoch andererseits nicht sinnvoll, sie unnötig niedrig zu wählen, da es dann länger dauert, bis der Integrator die Regelabweichung auf Null gebracht hat. Die obere Grenze für $f_I$ liegt bei ca. $0,1\,f_k$. Dann reduziert der I-Anteil die Phasenreserve um weniger als $6°$. Diese Dimensionierung ist in Abb. 24.4 eingezeichnet. Das zugehörige Einschwingverhalten der Regelabweichung zeigt das Oszillogramm in Abb. 24.8. Man erkennt an dem Verlauf der unteren Kurve, daß

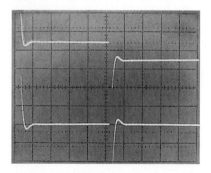

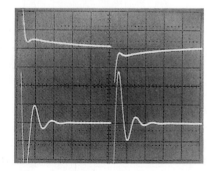

**Abb. 24.8.** Regelabweichung. Oben: P-Regler. Unten: PI-Regler bei optimaler Einstellung von $f_I$

**Abb. 24.9.** Regelabweichung eines PI-Reglers. Oben: $f_I$ zu klein. Unten: $f_I$ zu groß

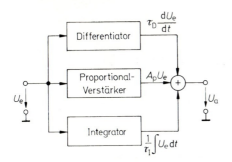

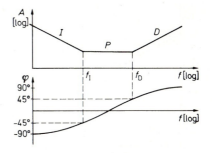

**Abb. 24.10.** Blockschaltbild eines PID-Reglers

**Abb. 24.11.** Bode-Diagramm eines PID-Reglers

der PI-Regler bei dieser optimalen Dimensionierung in derselben Zeit auf die Regelabweichung Null einschwingt wie der reine P-Regler auf die Abweichung $1/(1 + g) = 1/8 = 12{,}5\%$.

Den Effekt einer nicht ganz optimalen $f_I$-Einstellung zeigt das Oszillogramm in Abb. 24.9. Bei der oberen Kurve wurde $f_I$ zu klein gewählt: die Einstellzeit verlängert sich. Bei der unteren Kurve wurde $f_I$ zu groß gewählt: die Phasenreserve verringert sich.

### 24.2.3
### PID-Regler

Man kann einen PI-Regler durch Parallelschalten eines Differentiators gemäß Abb. 24.10 zum PID-Regler erweitern. Diese Schaltung verhält sich oberhalb der Differentiationsgrenzfrequenz $f_D$ wie ein Differentiator. Die Phasenverschiebung steigt bis auf $+90°$ an, wie man dem Bode-Diagramm in Abb. 24.11 entnehmen kann. Diese Phasenvoreilung bei hohen Frequenzen kann man dazu benutzen, die Phasennacheilung der Strecke in der Umgebung von $f_k$ teilweise zu kompensieren. Dadurch kann man eine höhere Proportionalverstärkung einstellen und erhält eine höhere kritische Frequenz $f_k$. Dadurch beschleunigt sich der Einschwingvorgang.

Die Dimensionierung wollen wir wieder anhand unseres Beispieles erläutern: Zunächst erhöhen wir die Proportionalverstärkung $A_P$ so weit, bis die Phasenreserve nur noch ca. $15°$ beträgt. Aus Abb. 24.12 entnehmen wir für diesen Fall $A_P = 50 \,\hat{=}\, 34\,\text{dB}$ und $f_k \approx 2{,}2\,\text{kHz}$ gegenüber $700\,\text{Hz}$ beim PI-Regler. Wenn man nun die Differentiationsgrenzfrequenz $f_D \approx f_k$ wählt, beträgt die Phasenverschiebung des Reglers bei der Frequenz $f_k$ ca. $+45°$, d.h. die Phasenreserve erhöht sich von $15°$ auf $60°$, und wir erhalten das gewünschte Einschwingverhalten.

Für die Dimensionierung der Integrationsgrenzfrequenz $f_I$ gelten dieselben Gesichtspunkte wie beim PI-Regler, also $f_I \approx \frac{1}{10} f_k$. Damit ergibt sich für die Schleifenverstärkung der in Abb. 24.12 eingetragene Frequenzgang.

Die Verringerung der Einstellzeit gegenüber dem PI-Regler kann man durch Vergleich der Oszillogramme in Abb. 24.13 deutlich erkennen.

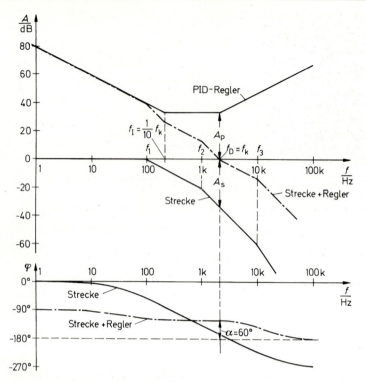

**Abb. 24.12.** Beispiel für das Bode-Diagramm einer Strecke mit PID-Regler

Zur schaltungstechnischen Realisierung eines PID-Reglers gehen wir von dem Blockschaltbild in Abb. 24.10 aus. Die komplexe Verstärkung lautet:

$$\underline{A}_R = A_P + j\omega\tau_D + \frac{1}{j\omega\tau_I} = A_P\left[1 + j\left(\frac{\omega}{\omega_D} - \frac{\omega_I}{\omega}\right)\right] \qquad (24.9)$$

Dabei ist:

$$f_D = \frac{A_P}{2\pi\tau_D} \quad \text{und} \quad f_I = \frac{1}{2\pi A_P\tau_I} \qquad (24.10)$$

Eine Schaltung mit dem Frequenzgang von Gl. (24.9) läßt sich auch mit einem einzigen Operationsverstärker gemäß Abb. 24.14 realisieren. Ihre komplexe Verstärkung lautet:

$$\underline{A}_R = -\left[\frac{R_2}{R_1} + \frac{C_D}{C_I}\right] = j\omega C_D R_2 + \frac{1}{j\omega C_I R_1}$$

Mit $\dfrac{C_D}{C_I} \ll \dfrac{R_2}{R_1}$ folgt daraus:

$$\underline{A}_R = -\frac{R_2}{R_1}\left[1 + j\left(\omega C_D R_1 - \frac{1}{\omega C_I R_2}\right)\right] \qquad (24.11)$$

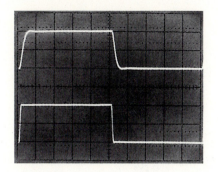

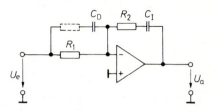

**Abb. 24.13.** Vergleich des Einschwingverhaltens für die Beispielstrecke mit PI-Regler (oben) und mit PID-Regler (unten)

**Abb. 24.14.** PID-Regler

$$A_P = -\frac{R_2}{R_1}, \quad f_I = \frac{1}{2\pi C_I R_2}, \quad f_D = \frac{1}{2\pi C_D R_1}$$

Der Koeffizientenvergleich mit Gl. (24.9) liefert die Reglerdaten:

$$A_P = -\frac{R_2}{R_1}, \quad f_D = \frac{1}{2\pi C_D R_1}, \quad f_I = \frac{1}{2\pi C_I R_2} \tag{24.12}$$

## 24.2.4
### Einstellbarer PID-Regler

Bei der Dimensionierung der verschiedenen Reglertypen sind wir davon ausgegangen, daß die Daten der Regelstrecke bekannt sind. Diese Daten sind jedoch insbesondere bei langsamen Strecken oft schwer zu messen. Deshalb kommt man in der Regel schneller zum Ziel, wenn man die optimale Einstellung des Reglers experimentell ermittelt. Dazu benötigt man eine Schaltung, bei der sich die Reglerparameter $A_P$, $f_I$ und $f_D$ *unabhängig* voneinander variieren lassen. Wie man in Gl. (24.12) und (24.10) erkennt, ist diese Bedingung weder bei der Schaltung in Abb. 24.14 noch bei der Schaltung in Abb. 24.10 erfüllt, da sich bei einer Änderung von $A_P$ die Grenzfrequenzen $f_I$ und $f_D$ ebenfalls ändern.

Bei der Schaltung in Abb. 24.15 ist hingegen eine unabhängige Einstellung aller Parameter möglich. Ihre komplexe Verstärkung lautet:

$$\underline{A}_R = \frac{R_P}{R_I} \left[ 1 + j \left( \omega C_D R_D - \frac{1}{\omega C_I R_1} \right) \right] \tag{24.13}$$

Der Koeffizientenvergleich mit Gl. (24.9) liefert die Reglerdaten:

$$A_P = -\frac{R_P}{R_I}, \quad f_D = \frac{1}{2\pi C_D R_D}, \quad f_I = \frac{1}{2\pi C_I R_I} \tag{24.14}$$

Den Abgleich des Reglers wollen wir wieder anhand unserer Beispielstrecke erläutern: Zu Beginn schließt man den Schalter S, um den Integrator auszuschalten. Den Widerstand $R_D$ stellt man auf Null. Dann liefert auch der Differentiator keinen Beitrag, und die Schaltung arbeitet als reiner P-Regler.

Nun geben wir ein Rechtecksignal auf den Führungseingang und betrachten das Einschwingverhalten der Regelgröße $X$. Dabei erhöhen wir $A_P$ von Null be-

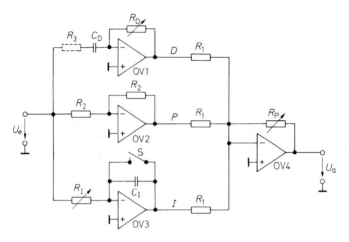

**Abb. 24.15.** PID-Regler mit entkoppelt einstellbaren Koeffizienten

$$A_P = -\frac{R_P}{R_1}, \quad f_I = \frac{1}{2\pi C_I R_I}, \quad f_D = \frac{1}{2\pi C_D R_D}$$

ginnend so weit, bis der Einschwingvorgang wie in Abb. 24.16, obere Kurve, nur noch schwach gedämpft ist. Dies entspricht der in Abb. 24.12 zugrunde gelegten Phasenreserve von 15° ohne D-Anteil.

Im zweiten Schritt erniedrigt man durch Vergrößern von $R_D$ die Differentiationsgrenzfrequenz $f_D$ von Unendlich auf einen Wert, bei dem die gewünschte Dämpfung erreicht wird (siehe Abb. 24.16, untere Kurve).

Im dritten Schritt betrachtet man das Einschwingverhalten der Regelabweichung $W - X$. Nach Öffnen des Schalters S vergrößert man die Integrationsgrenzfrequenz $f_I$ so weit, bis die Einschwingzeit minimal wird. Die entsprechenden Oszillogramme haben wir bereits in Abb. 24.8 auf S. 1276 und 24.9 auf S. 1276 kennengelernt.

Der große Vorteil dieses Abgleichverfahrens besteht darin, daß sich die in Abb. 24.12 dargestellte, optimale Reglereinstellung unmittelbar ohne Iterationen ergibt. Mit den so gewonnenen Reglerdaten kann man dann den einfachen PID-Regler in Abb. 24.14 dimensionieren.

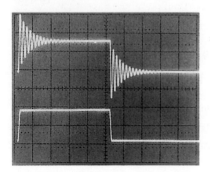

**Abb. 24.16.** Experimenteller Abgleich des Proportional- und Differentialanteils. Oben: P-Regler mit 15° Phasenreserve, Unten: Dämpfung durch zusätzlichen D-Anteil

Aus dem *Schwingversuch* – also dem Auftreten einer schwach gedämpften Schwingung – lassen sich alle für die Dimensionierung des PID-Reglers erforderlichen Daten auch berechnen: Die Schwingfrequenz ist die kritische Frequenz: $f_S = 1/T_S = f_k$. Die Schwingverstärkung ergibt die P-Verstärkung $A_{RS} = A_P$. Darin ist $A_{RS}$ die P-Verstärkung des P-Reglers an der Stabilitätsgrenze. Die Differentiationsgrenzfrequenz wählt man gleich der Schwingfrequenz $f_D = f_S$ und die Integrationsgrenzfrequenz gleich einem Zehntel der Schwingfrequenz $f_I = \frac{1}{10}f_S$. Damit ergibt sich zusammenfassend die folgende Dimensionierungsanleitung für einen PID-Regler:

$$A_P \approx A_{RS} \qquad \tau_D \approx T_S \qquad \tau_I \approx 10T_S$$

## 24.3
## Regelung nichtlinearer Strecken

### 24.3.1
### Statische Nichtlinearität

Bisher sind wir davon ausgegangen, daß die Streckengleichung

$$X = A_S Y$$

lautet, d.h., daß die Regelstrecke linear ist. Bei vielen Strecken ist diese Bedingung jedoch nicht erfüllt. Es ist also allgemein:

$$X = f(Y)$$

Für kleine Aussteuerung um einen gegebenen Arbeitspunkt $X_0$ kann man jedoch jede Strecke als linear betrachten, wenn ihre Kennlinie in der Umgebung dieses Arbeitspunktes stetig und differenzierbar ist. In diesem Fall verwendet man die differentielle Größe:

$$a_S = \frac{dX}{dY}$$

Für Kleinsignalbetrieb gilt demnach:

$$x \approx a_S y$$

mit $x = (X - X_0)$ und $y = (Y - Y_0)$. Für einen festen Arbeitspunkt kann man nun den Regler wie beschrieben optimieren. Wenn jedoch größere Änderungen der Führungsgröße $W$ zugelassen werden, treten Schwierigkeiten auf: Da die differentielle Streckenverstärkung $a_S$ vom Arbeitspunkt abhängig ist, ändert sich das Einschwingverhalten in Abhängigkeit von $W$.

Dieses Problem läßt sich dadurch beseitigen, daß man die Linearität der Strecke durch Vorschalten eines Funktionsnetzwerkes nach Kapitel 11.7.5 auf S. 797 herstellt. Das entsprechende Blockschaltbild zeigt Abb. 24.17. Wenn man mit dem Funktionsnetzwerk die Funktion $Y = f^{-1}(Y')$ bildet, erhalten wir wie verlangt die lineare Streckengleichung:

$$X = f(Y) = f[f^{-1}(Y')] = Y'$$

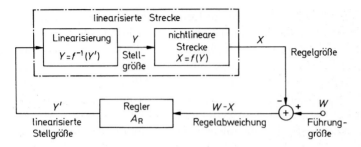

**Abb. 24.17.** Linearisierung einer statisch nichtlinearen Strecke

Wenn die Strecke z.B. ein exponentielles Verhalten gemäß

$$X \ = \ Ae^{Y}$$

zeigt, benötigen wir als Funktionsnetzwerk einen Logarithmierer, der den Ausdruck

$$Y \ = \ f^{-1}(Y') \ = \ \ln \frac{Y'}{A}$$

bildet.

### 24.3.2
### Dynamische Nichtlinearität

Eine andere Art der Nichtlinearität einer Regelstrecke kann darin bestehen, daß ihre Anstiegsgeschwindigkeit auf einen Maximalwert begrenzt ist, der sich durch Vergrößern der Stellgröße nicht erhöhen läßt. Diesen Effekt haben wir bereits beim Operationsverstärker in Form der Slew-Rate-Begrenzung kennengelernt. Dieser Effekt führt bei der Verwendung von Reglern mit Integralanteil bei großen Sprüngen zu einem starken Überschwingen, das nur langsam abklingt.

Das Überschwingen kommt auffolgende Weise zustande: Bei einem optimal eingestellten Integralanteil erreicht der Integrator nach einem kleinen Spannungssprung genau in dem Augenblick seine stationäre Ausgangsspannung, in dem die Regelabweichung Null wird. Verdoppelt man die Sprunghöhe, verdoppelt sich im linearen Fall sowohl die Anstiegsgeschwindigkeit der Strecke als auch die des Integrators. Der höhere Sollwert wird also nach derselben Einstellzeit erreicht.

Liegt jedoch eine Strecke mit begrenzter Anstiegsgeschwindigkeit vor, verdoppelt sich nur die Anstiegsgeschwindigkeit des Integrators, aber nicht die der Strecke. Dadurch erreicht die Strecke den Sollwert erst wesentlich später, und der Integrator läuft über das Ziel hinaus. Aufgrund dieser Tatsache schwingt die Regelgröße stark über den Sollwert hinaus. Das Abklingen dauert um so länger, je weiter der Integrator über den stationären Wert gelaufen ist. Die Abklingzeit nimmt bei diesem nichtlinearen Betrieb also mit steigender Sprunghöhe zu.

Als Gegenmaßnahme kann man die Integrationszeitkonstante so weit vergrößern (also $f_I$ verkleinern), bis beim größten Sprung gerade kein Über-

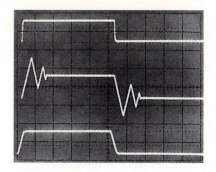

**Abb. 24.18.** Einschwingverhalten der Regelgröße bei anstiegsbegrenzter Strecke. Obere Kurve: Kleinsignalverhalten. Mittlere Kurve: Großsignalverhalten. Untere Kurve: Großsignalverhalten bei anstiegsbegrenzter Führungsgröße

schwingen auftritt. Dadurch erhält man jedoch bei Kleinsignalbetrieb eine wesentlich vergrößerte Einstellzeit (siehe Abb. 24.9 auf S. 1276, untere Kurve).

Eine wesentlich bessere Gegenmaßnahme besteht darin, die Anstiegsgeschwindigkeit der Führungsgröße auf die maximale Anstiegsgeschwindigkeit der Strecke zu begrenzen. Dadurch bleibt man im linearen Arbeitsbereich, und der Überschwingeffekt wird sicher vermieden. Die Großsignaleinstellzeit wird dadurch nicht vergrößert, da sich die Regelgröße ohnehin nicht schneller ändern kann. Diesen Effekt kann man an den Oszillogrammen in Abb. 24.18 sehr gut erkennen.

Zur Begrenzung der Anstiegsgeschwindigkeit könnte man im Prinzip einen Tiefpaß verwenden. Dadurch würde sich jedoch auch die Kleinsignalbandbreite verkleinern. Eine bessere Möglichkeit zeigt Abb. 24.19. Wenn man einen Spannungssprung auf den Eingang gibt, geht der Verstärker OV 1 an die Aussteuerungsgrenze $U_{max}$. Dadurch steigt die Ausgangsspannung von OV 2 mit der Geschwindigkeit

$$\frac{\mathrm{d}U_a}{\mathrm{d}t} = \frac{U_{max}}{RC}$$

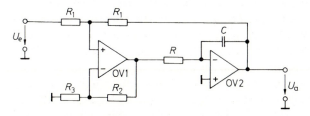

**Abb. 24.19.** Schaltung zur Begrenzung der Anstiegsgeschwindigkeit der Führungsgröße. Die Widerstände $R_2, R_3$ begrenzen die Verstärkung von OV 1 und dienen zur Frequenzkorrektur der Schaltung

*Stationäre Ausgangspannung:*         $U_a = -U_e$

*Maximale Anstiegsgeschwindigkeit:*   $\dfrac{\mathrm{d}U_a}{\mathrm{d}t} = \dfrac{U_{max}}{RC}$

an, bis sie den durch die Über-alles-Gegenkopplung bestimmten Wert $-U_e$ erreicht. Eine Rechteck-Spannung wird also in die gewünschte Trapezspannung verwandelt. Ist die Anstiegsgeschwindigkeit der Eingangsspannung kleiner als der eingestellte Grenzwert, wird das Signal unverändert übertragen. Die Kleinsignalbandbreite wird also im Gegensatz zum Tiefpaß nicht beeinflußt.

## 24.4
## Nachlaufsynchronisation (PLL)

Ein in der Nachrichtentechnik besonders wichtiger Anwendungsfall der Regelungstechnik ist die Nachlaufsynchronisation (Phase-Locked Loop, PLL). Ihre Aufgabe besteht darin, die Frequenz $f_2$ eines Oszillators so einzustellen, daß sie mit der Frequenz $f_1$ eines Bezugsoszillators übereinstimmt, und zwar so genau, daß die Phasenverschiebung nicht wegläuft. Die prinzipielle Anordnung ist in Abb. 24.20 dargestellt.

Die Frequenz des Nachlaufoszillators läßt sich mit Hilfe der Steuerspannung $U_f$ gemäß der Beziehung

$$f_2 = f_0 + k_f U_f \tag{24.15}$$

variieren. Solche spannungsgesteuerten Oszillatoren (Voltage Controlled Oscillator, VCO) haben wir im Kapitel 14 bereits kennengelernt. Für niedrige Frequenzen kann man die Analogrechner-Oszillatoren aus Abschnitt 14.4 auf S. 920 oder die Funktionsgeneratoren aus Abschnitt 14.5 auf S. 923 verwenden. Für höhere Frequenzen eignet sich der emittergekoppelte Multivibrator in Abb. 6.19 auf S. 605 oder auch jeder $LC$-Oszillator, indem man zum Schwingkreis eine Kapazitätsdiode parallel schaltet. In diesem Fall gilt die lineare Beziehung Gl. (24.15) jedoch nur für kleine Abweichungen vom Arbeitspunkt $f_0$, d.h. die differentielle Steuerkonstante $k_f = \mathrm{d}f_2/\mathrm{d}U_f$ ist vom Arbeitspunkt abhängig.

Der Phasendetektor liefert eine Ausgangsspannung, die von der Phasenverschiebung $\varphi$ zwischen der Nachlauf-Wechselspannung $U_2$ und der Bezugs-Wechselspannung $U_1$ bestimmt wird:

$$U_\varphi = k_\varphi \cdot \varphi$$

Eine Besonderheit besteht dabei in dem integrierenden Verhalten der Regelstrecke: Wenn die Frequenz $f_2$ von der Bezugsfrequenz $f_1$ abweicht, nimmt die Phasenverschiebung proportional zur Zeit zu und wächst über alle Grenzen („Strecke ohne Ausgleich"). Dadurch steigt die Regelabweichung in der geschlos-

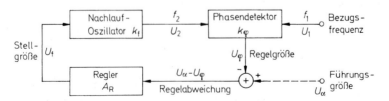

**Abb. 24.20.** Prinzip eines Phasenregelkreises (PLL)

senen Schleife selbst bei endlicher Regelverstärkung so weit an, bis die beiden Frequenzen exakt übereinstimmen. Die bleibende Regelabweichung der *Frequenz* wird also Null.

Die bleibende Regelabweichung der *Phase* wird jedoch in der Regel nicht Null. Nach Abb. 24.20 gilt $U_\alpha - U_\varphi = U_f/A_R$. Daraus folgt:

$$\alpha - \varphi = \frac{f_1 - f_0}{A_R k_f k_\varphi} \tag{24.16}$$

Darin ist $f_0$ die VCO-Frequenz für $U_f = 0$. Wenn es darauf ankommt, daß die Phasenverschiebung exakt den durch die Führungsgröße vorgegebenen Wert

$$\alpha = U_\alpha/k_\varphi = -\varphi$$

annimmt, muß man einen PI-Regler verwenden, bei dem $A_R(f = 0) = \infty$ ist. In vielen Anwendungsfällen kommt es aber nur darauf an, daß die Frequenzen übereinstimmen ($f_1 = f_2$), während die stationäre Phasenverschiebung unwichtig ist. In diesem Fall vereinfacht sich der Regler, und man kann $U_\alpha$ weglassen. Dann stellt $U_\varphi$ die bleibende Regelabweichung dar.

Zur Dimensionierung des Reglers benötigen wir den Frequenzgang der Strecke. Wie schon erwähnt, besitzt die Phasenregelstrecke ein integrierendes Verhalten. Für die Phasenverschiebung gilt:

$$\varphi = \int_0^t \omega_2 d\tilde{t} - \int_0^t \omega_1 d\tilde{t} = \int_0^t \Delta\omega d\tilde{t} \tag{24.17}$$

Zur Bestimmung des Frequenzganges der Strecke modulieren wir die Frequenz $\omega_2$ sinusförmig mit der Modulationsfrequenz $\omega_m$ um den Mittelwert $\omega_1$ herum. Damit wird:

$$\Delta\omega(t) = \widehat{\Delta\omega} \cos \omega_m t$$

Durch Einsetzen in Gl. (24.17) folgt daraus:

$$\varphi(t) = \frac{\widehat{\Delta\omega}}{\omega_m} \cdot \sin \omega_m t$$

Unter Berücksichtigung der Phasennacheilung von $90°$ erhalten wir daraus in komplexer Schreibweise:

$$\frac{\underline{\varphi}}{\underline{\Delta\omega}} = \frac{1}{j\omega_m} \tag{24.18}$$

also die Gleichung eines Integrators. Mit den Umwandlungskonstanten $k_f$ und $k_\varphi$ erhalten wir daraus die komplexe Streckenverstärkung:

$$\boxed{\underline{A_S} = \frac{\underline{U_\varphi}}{\underline{U_f}} = \frac{2\pi k_f k_\varphi}{j\omega_m} = \frac{k_f k_\varphi}{j f_m}} \tag{24.19}$$

Wie wir noch sehen werden, kann die Phasenverschiebung nur mit einer mehr oder weniger großen Verzögerung gemessen werden. Dadurch wird $k_\varphi$ komplex, die Ordnung der Strecke also vergrößert.

Die Eigenschaften eines Phasenregelkreises hängen ganz wesentlich vom verwendeten Phasendetektor ab. Die wichtigsten Typen wollen wir im folgenden behandeln.

### 24.4.1
### Abtast-Halte-Glied als Phasendetektor

Die Phasenverschiebung $\varphi$ zwischen zwei Spannungen $U_1$ und $U_2$ kann man z.B. dadurch ermitteln, daß man mit einem Abtast-Halte-Glied den Momentanwert von $U_1$ in dem Augenblick abfragt, in dem $U_2$ einen positiven Nulldurchgang besitzt. Zu diesem Zweck steuert man mit $U_2$ wie in Abb. 24.21 ein flankengetriggertes Monoflop an, das den Abtastimpuls für das Abtast-Halte-Glied liefert. Wie man in Abb. 24.22 erkennt, ergibt sich die Ausgangsspannung des Abtast-Halte-Gliedes zu:

$$U_\varphi = \hat{U}_1 \sin \varphi \qquad (24.20)$$

In der Umgebung des Arbeitspunktes $\varphi = 0$ verläuft die Detektorkennlinie näherungsweise linear gemäß:

$$U_\varphi \approx \hat{U}_1 \varphi$$

Daraus erhalten wir die Umwandlungskonstante des Phasendetektors:

$$k_\varphi = \hat{U}_1 \qquad (24.21)$$

Wie man in Abb. 24.23 erkennt, liegt ein weiterer möglicher Arbeitspunkt bei $\varphi = \pi$. Dort ist $k_\varphi = -\hat{U}_1$. Welcher der beiden Arbeitspunkte sich einstellt, hängt vom Vorzeichen der Regelverstärkung ab. Weitere stabile Arbeitspunkte treten jeweils um $2\pi$ verschoben auf. Das bedeutet, daß der Phasendetektor einen Versatz um ganze Schwingungen nicht erkennt.

Wenn man statt der sinusförmigen Eingangsspannung $U_1$ eine Dreiecksspannung verwendet, ergibt sich auch eine dreieckförmige Detektorkennlinie. Für rechteckförmige Eingangsspannungen $U_1$ ist die Schaltung nicht brauchbar.

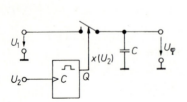

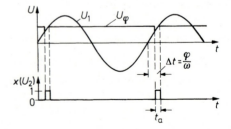

**Abb. 24.21.** Abtast-Halte-Glied als Phasendetektor

**Abb. 24.22.** Spannungsverlauf im Phasendetektor. Die Einschaltstörungen auf $U_\varphi$ verschwinden weitgehend, wenn man $t_a$ in derselben Größenordnung wählt wie die Zeitkonstante des Abtast-Halte-Gliedes

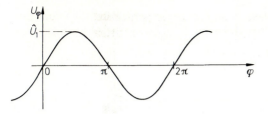

**Abb. 24.23.** Übertragungskennlinie eines Abtast-Halte-Gliedes als Phasendetektor

### Dynamisches Verhalten

Der beschriebene Phasendetektor ermittelt nur einmal pro Periode einen neuen Meßwert für die Phasenverschiebung. Er verhält sich demnach wie ein Totzeitglied. Je nachdem, in welchem Augenblick eine Phasenänderung erfolgt, liegt die Verzögerung zwischen 0 und $T_2 = 1/f_2$. Die mittlere Verzögerung beträgt demnach $\frac{1}{2}T_2$. Um diesem Umstand Rechnung zu tragen, müssen wir die Umwandlungskonstante bei höheren Phasenmodulationsfrequenzen $f_m$ komplex ansetzen gemäß:

$$\underline{k}_\varphi = k_\varphi e^{-j\omega_m \cdot \frac{1}{2}T_2} = \hat{U}_1 e^{-j\pi f_m/f_2} \tag{24.22}$$

Mit Gl. (24.19) erhalten wir demnach für die komplexe Verstärkung der gesamten Strecke das Ergebnis:

$$\underline{A}_S = \frac{k_f \underline{k}_\varphi}{j f_m} = \frac{k_f \hat{U}_1}{j f_m e^{j\pi f_m/f_2}}$$

also:

$$|\underline{A}_S| = \frac{|\underline{U}_\varphi|}{|\underline{U}_f|} = \frac{k_f \hat{U}_1}{f_m} \quad \text{und} \quad \varphi_m = -\frac{\pi}{2} - \frac{\pi f_m}{f_2} \tag{24.23}$$

### Dimensionierung des Reglers

Als Regler verwendet man zweckmäßigerweise eine Schaltung ohne Differentialanteil, da die Ausgangsspannung des Abtast-Halte-Gliedes sich nur in Sprüngen ändert. Nach Gl. (24.23) besitzt die Phasenverschiebung $\varphi_m$ zwischen $\underline{U}_\varphi$ und $\underline{U}_f$ bei der Frequenz $f_m = \frac{1}{4}f_2$ den Wert $-135°$. Wir erhalten demnach eine Phasenreserve von $45°$, wenn wir die Proportionalverstärkung $A_P$ so einstellen, daß die kritische Frequenz $f_k = \frac{1}{4}f_2$ wird. Definitionsgemäß muß für $f_m = f_k$ gelten:

$$|\underline{g}| = |\underline{A}_S| \cdot |\underline{A}_R| = 1$$

Mit $\underline{A}_R = A_P$ und Gl. (24.23) erhalten wir daraus:

$$A_P = \frac{f_k}{k_f k_\varphi} = \frac{f_2}{4 k_f \hat{U}_1}$$

Ein typisches Zahlenbeispiel ist $f_2 = 10\,\text{kHz}$, $k_f = 5\,\text{kHz/V}$ und $k_\varphi = \hat{U}_1 = 10\,\text{V}$. Daraus folgt $A_P = 0{,}05$. Der Regler läßt sich in diesem Fall als passiver Spannungsteiler ausführen.

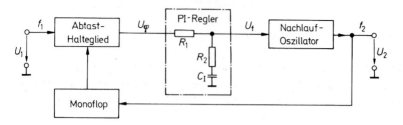

**Abb. 24.24.** PLL mit Abtast-Halte-Glied als Phasendetektor

Zur Reduzierung des bleibenden Phasenfehlers [s. Gl. (24.16)] kann man die Verstärkung für niedrige Frequenzen mit einem Integralanteil anheben ($f_I = \frac{1}{10}f_k = \frac{1}{40}f_2$). Zweckmäßigerweise begrenzt man jedoch den niederfrequenten Grenzwert der Verstärkung auf einen endlichen Wert $A_I$ da sonst der Integrator im ausgerasteten Zustand der Strecke an die Aussteuerungsgrenze driftet. Dadurch kann sich der VCO so weit verstimmen, daß der Phasenregelkreis nicht mehr einrastet.

Der passive Spannungsteiler läßt sich auf einfache Weise zum PI-Regler mit begrenzter Verstärkung $A_I$ erweitern, indem man wie in Abb. 24.24 einen Kondensator mit dem Widerstand $R_2$ in Reihe schaltet. Die Reglerdaten lauten dann:

$$A_P = \frac{R_2}{R_1 + R_2} \qquad f_1 = \frac{1}{2\pi R_2 C_I} \qquad A_I = 1$$

### Einrastvorgang

Nach dem Einschalten besteht in der Regel ein gewisser Frequenzoffset $\Delta f = f_1 - f_0$. Dadurch steigt die Phasenverschiebung proportional zur Zeit an. Gemäß Abb. 24.23 tritt dadurch am Ausgang des Phasendetektors eine Wechselspannung mit der Frequenz $\Delta f$ und der Amplitude $\widehat{U}_\varphi = \widehat{U}_1$ auf. Der Nachlaufoszillator wird deshalb mit der Spannung

$$U_f = A_P \widehat{U}_1 \sin \Delta \omega t$$

frequenzmoduliert. Es wird also einen Augenblick geben, in dem die Frequenzen übereinstimmen und der Regelkreis einrastet. Die Voraussetzung dafür ist, daß der Frequenzoffset $\Delta f = f_1 - f_0$ kleiner ist als der Frequenzhub:

$$\Delta f_{2\,max} = \pm k_f A_P \widehat{U}_1 \tag{24.24}$$

Dieser maximal zulässige Offset wird als *Fangbereich* (Capture Range) bezeichnet. Er stellt den normalen Arbeitsbereich dar. Bei unserem Zahlenbeispiel beträgt er $\pm 2,5\,\text{kHz}$, also $\pm 25\%$ von $f_0$.

### 24.4.2
### Synchrongleichrichter als Phasendetektor

In Abschnitt 22.3.4 auf S. 1215 haben wir den Multiplizierer als phasenempfindlichen Gleichrichter kennenlernt. Wenn wir als Eingangssignale zwei sinusförmige Wechselspannungen $U_1 = E \cos \omega_1 t$ und $U_2 = E \cos(\omega_2 t + \varphi)$ anlegen, erhalten wir:

$$U_a = \frac{U_1 U_2}{E} = \frac{1}{2}E \cos[(\omega_1 + \omega_2)t + \varphi] + \frac{1}{2}E \cos[(\omega_1 - \omega_2)t - \varphi] \qquad (24.25)$$

Für $\omega_1 = \omega_2$ ergibt sich eine Schwingung mit doppelter Frequenz, der eine Gleichspannung der Größe

$$U_\varphi = \overline{U}_a = \frac{1}{2}E \cos \varphi \qquad (24.26)$$

überlagert ist, in Übereinstimmung mit Gl. (22.22) von S. 1218.

Ihr Verlauf ist in Abb. 24.25 aufgezeichnet. Man erkennt sofort, daß man diese Spannung in der Umgebung von $\varphi = 0$ nicht als Regelgröße verwenden kann, da dort das Vorzeichen der Regelabweichung nicht erkennbar ist. Gut geeignet sind jedoch die Arbeitspunkte $\pm\pi/2$, weil dort die Spannung $U_\varphi$ einen Nulldurchgang besitzt. Welcher der beiden Arbeitspunkte sich einstellt, hängt vom Vorzeichen der Regelverstärkung ab. Weitere stabile Arbeitspunkte treten jeweils um $2\pi$ verschoben auf. Das bedeutet, daß auch dieser Phasendetektor einen Versatz um ganze Schwingungen nicht erkennt.

In einer Umgebung von ca. $\pm\pi/4$ um den stabilen Arbeitspunkt $\varphi_0$ herum ist die Kennlinie des Phasendetektors näherungsweise linear, und es gilt mit $\varphi = \varphi_0 + \varphi$:

$$U_\varphi = \frac{E}{2} \cos(\varphi_0 + \vartheta) = \pm\frac{E}{2}\sin\vartheta \approx \pm\frac{E}{2}\vartheta \qquad (24.27)$$

Seine Empfindlichkeit beträgt also:

$$k_\varphi = \frac{U_\varphi}{\vartheta} = \pm\frac{E}{2} \qquad (24.28)$$

Wenn man statt der beiden Sinusschwingungen zwei Rechteckschwingungen mit den Scheitelwerten $\pm E$ verwendet, erhält man die in Abb. 24.25 gestrichelt eingezeichnete dreieckförmige Detektorkennlinie. Die stabilen Arbeitspunkte lie-

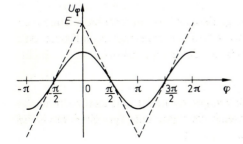

**Abb. 24.25.** Arithmetischer Mittelwert der Ausgangsspannung eines Multiplizierers für sinusförmige Eingangsspannungen mit der Amplitude $E$. Gestrichelt eingezeichnet: Verlauf für rechteckförmige Eingangssignale mit den Scheitelwerten $\pm E$

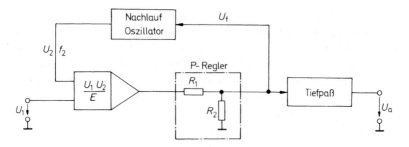

**Abb. 24.26.** PLL mit Multiplizierer als Phasendetektor zur FM-Demodulation

gen ebenfalls bei $\varphi_0 = \pm(\pi/2) \pm n \cdot 2\pi$. Die Empfindlichkeit beträgt in diesem Fall:

$$k_\varphi = \pm\frac{2E}{\pi} \tag{24.29}$$

Bei rechteckförmigen Eingangssignalen braucht man natürlich keinen Analogmultiplizierer zu verwenden. Wesentlich höhere Frequenzen lassen sich in diesem Fall mit einem Transistormodulator nach Abb. 17.20 von S. 1016 erreichen.

Wenn die Welligkeit von $U_\varphi$ hinreichend klein sein soll, muß man ein Tiefpaßfilter hinter den Multiplizierer schalten, dessen Grenzfrequenz $f_g$ nach Gl. (24.25) klein gegenüber $2f_1$ ist. Dies ist ein entscheidender Nachteil gegenüber der vorhergehenden Schaltung; denn man muß die Proportionalverstärkung des Reglers hier so niedrig wählen, daß die kritische Frequenz $f_k \approx f_g$ wird. Bei dieser Frequenz beträgt nämlich die Phasenverschiebung von Strecke und Tiefpaß zusammen bereits $-135°$. Mit $f_k \approx f_g \ll f_1$ erhält man jedoch einen praktisch unbrauchbar langsamen Regelkreis. Man könnte ihn im Prinzip durch Anwendung eines Differentialanteiles im Regler schneller machen. Dadurch wird jedoch die Wirkung des Tiefpasses aufgehoben, d.h. die Welligkeit vergrößert.

Eine Erhöhung der Regelbandbreite auf Kosten der Welligkeit von $U_\varphi$ kann man auf einfachere Weise dadurch erzielen, daß man einen P-Regler verwendet und das Tiefpaßfilter ganz wegläßt. Dann hat man bei jeder Proportionalverstärkung eine Phasenreserve von $90°$ zur Verfügung, d.h. der Regelkreis ist aperiodisch gedämpft.

Durch die Gegenkopplung der überlagerten Welligkeit von $U_\varphi$ wird der Nachlaufoszillator jedoch mit der doppelten Signalfrequenz frequenzmoduliert. Dies äußert sich in einer Verzerrung der Sinuskurve. Bei Rechteckschwingungen ändert sich das Tastverhältnis. Um die Verzerrungen in erträglichen Grenzen zu halten, darf man die Proportionalverstärkung nicht zu groß wählen. Als Richtwert kann man die Bedingung $f_k \leq \frac{1}{3}f_1$ angeben.

Die entstehende Anordnung ist in Abb. 24.26 dargestellt. Sie ist als integrierte PLL-Schaltung erhältlich. Dabei ist der Multiplizierer in der Regel zum Modulator nach Abb. 17.20 von S. 1016 vereinfacht. Als Beispiel seien die Typen NE 560...566 von Philips und 74 HC 4046 von National genannt.

Die Schaltung ist bei der Betriebsart ohne Tiefpaß für solche Anwendungen brauchbar, bei denen es nur darauf ankommt, die Frequenz $f_2$ auf den Wert $f_1$ einzuregeln, während die Kurvenform und die genaue Phasenlage keine Rolle spielen. Eine solche Anwendung ist z.B. die FM-Demodulation. Dabei wird die Bezugsschwingung als Eingangssignal verwendet. Wenn die VCO-Frequenz $f_2$ linear von $U_f$ abhängt, ist diese Spannung proportional zur Frequenzänderung $\Delta f_1$. Die überlagerte Welligkeit kann man nachträglich außerhalb der Regelschleife mit einem steilen Tiefpaß wegfiltern.

### 24.4.3
### Frequenzempfindlicher Phasendetektor

Der Nachteil der beschriebenen Phasendetektoren besteht darin, daß sie nur einen begrenzten Fangbereich besitzen; d.h. sie rasten nie ein, wenn der anfängliche Frequenzoffset einen bestimmten Wert überschreitet. Das rührt daher, daß das Phasenmeßsignal bei Frequenzverschiedenheit eine zu Null symmetrische Wechselspannung ist. Die Steuerspannung $U_f$ bewirkt daher nur eine periodische Frequenzmodulation des Nachlaufoszillators, aber keine systematische Verstimmung in der richtigen Richtung.

Im Unterschied dazu liefert der Phasendetektor in Abb. 24.27 auch bei beliebigem Frequenzoffset ein vorzeichenrichtiges Signal. Er besteht im wesentlichen aus zwei flankengetriggerten D-Flip-Flops. Zur Ansteuerung erzeugt man aus den beiden Eingangsspannungen $U_1(t)$ und $U_2(t)$ rechteckförmige Signale $x_1$ bzw. $x_2$ [24.3].

Nun wollen wir annehmen, daß beide Flip-Flops gelöscht sind. Wenn die Spannung $U_2$ der Spannung $U_1$ vorauseilt ($\varphi > 0$), erhalten wir zuerst eine positive Flanke $x_2$. Dadurch wird das Flip-Flop $F_2$ gesetzt. Es verbleibt in diesem Zustand, bis die nachfolgende positive Flanke $x_1$ das Flip-Flop $F_1$ setzt. Der Zustand, daß beide Flip-Flops gesetzt sind, existiert jedoch nur eine Laufzeit lang, da sie anschließend über das Gatter G gemeinsam zurück gesetzt werden. Wie man in Abb. 24.28 erkennt, erhalten wir am Ausgang des Subtrahierers eine Folge von positiven Rechteckimpulsen. Entsprechend ergibt sich eine Folge von

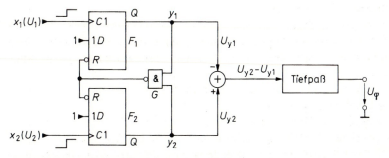

**Abb. 24.27.** Phasendetektor mit Vorzeichengedächtnis

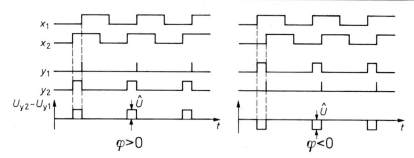

**Abb. 24.28.** Eingangs- und Ausgangssignale des Phasendetektors

negativen Impulsen, wenn die positive Flanke von $x_2$ *nach* der von $x_1$ eintrifft, d.h., wenn $\varphi < 0$ ist. Dieses Verhalten läßt sich zusammenfassend in Form eines Zustandsdiagrammes wie in Abb. 24.29 darstellen.

Die Dauer der Ausgangsimpulse ist gleich der Zeitdifferenz zwischen den positiven Nulldurchgängen von $U_1(t)$ und $U_2(t)$. Damit ergibt sich der Mittelwert der Ausgangsspannung zu:

$$U_\varphi = \hat{U}\frac{\Delta t}{T} = \hat{U}\cdot\frac{\varphi}{2\pi} \tag{24.30}$$

Da der Betrag der Zeitdifferenz proportional zu $\varphi$ zunimmt, bis die Grenzen $\pm 360°$ erreicht sind, ergibt sich ein linearer Phasenmeßbereich von $\pm 360°$. Beim Überschreiten dieser Grenze springt die Ausgangsspannung auf Null und wächst dann wieder mit dem ursprünglichen Vorzeichen weiter. Damit ergibt sich die sägezahnförmige Kennlinie in Abb. 24.30.

Diese Kennlinie unterscheidet sich von den bisher gezeigten insbesondere dadurch, daß $U_\varphi$ für $\varphi > 0$ immer positiv ist und für $\varphi < 0$ immer negativ ist. Daraus resultiert die Frequenzsensitivität dieses Detektors: Wenn z.B. die Frequenz $f_2$ größer als $f_1$ ist, steigt die Phasenverschiebung proportional zur Zeit auf immer größere positive Werte an. Nach Abb. 24.30 erhalten wir dadurch für $U_\varphi$ eine Sägezahnspannung mit positivem Mittelwert. Wenn man diesen Detektor in einem Phasenregelkreis einsetzt, wird dem Regelverstärker also immer Phasenvoreilung gemeldet. Bei einem Regler mit I-Anteil wird dadurch die Nachlauf-Frequenz $f_2$ so lange erniedrigt, bis sie mit $f_1$ übereinstimmt. Der Fangbereich ist deshalb theoretisch unendlich groß und in der Praxis nur durch die Aussteuerbarkeit des VCOs begrenzt.

Wie wir im Abschnitt 24.4.2 gesehen haben, wirkt sich das Tiefpaßfilter zur Mittelwertbildung sehr ungünstig auf die Dimensionierung des Reglers aus. Man

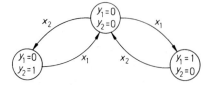

**Abb. 24.29.** Zustandsdiagramm des Phasendetektors

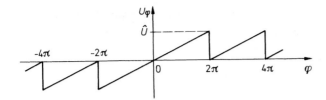

**Abb. 24.30.** Detektorkennlinie des Phasendetektors

wird es bei dieser Schaltung also in der Regel ebenfalls weglassen. Wenn man (mit Hilfe eines I-Anteiles) auf $\varphi = 0$ regelt, treten dabei keine Phasenverzerrungen auf, weil in diesem Fall auch ohne Filterung $U_\varphi = 0$ ist. Dann liefern nämlich beide Flip-Flops keine Ausgangsimpulse.

Ein gewisser Nachteil der Schaltung besteht darin, daß sehr kleine Phasenabweichungen nicht erkannt werden. In diesem Fall müßten die Flip-Flops nämlich sehr kurze Ausgangsimpulse liefern. Diese gehen aber infolge der begrenzten Anstiegszeit verloren. Dadurch entsteht ein etwas größeres Phasenrauschen als beim Abtast-Halte-Detektor [24.4].

Wenn man einen PLL mit großem Fangbereich und kleinem Phasenrauschen benötigt, kombiniert man zweckmäßigerweise diese Schaltung mit dem Abtast-Halte-Detektor, indem man nach dem Einrasten auf den anderen Detektor umschaltet.

Integrierte Phasendetektoren, die nach diesem Prinzip arbeiten, sind in Tab. 24.1 zusammengestellt.

### 24.4.4
### Phasendetektor mit beliebig erweiterbarem Meßbereich

Mit den bisher beschriebenen Phasendetektoren ist es nicht möglich, eine Verschiebung um mehr als eine Schwingung auszuregeln, weil der Phasenmeßbereich auf Werte unter $2\pi$ beschränkt ist. Es gibt jedoch Anwendungen, bei denen auch noch eine Verschiebung um viele Schwingungen wieder aufgeholt werden muß. Für diesen Zweck eignet sich der in Abb. 24.31 dargestellte Phasendetektor. Er beruht auf dem koinzidenzunempfindlichen Vorwärts-Rückwärtszähler in Abb. 9.30 auf S. 701.

In Nullpunktnähe verhält sich der Detektor genauso wie die vorhergehende Schaltung: Bei Phasenvoreilung von $x_2$ gegenüber $x_1$ entstehen positive Impulse mit der Amplitude $U_{LSB}$, deren Dauer gleich der Zeitdifferenz zwischen den Nulldurchgängen ist. Bei Phasennacheilung entstehen negative Impulse. Der Mittelwert dieser Impulse beträgt demnach:

$$U_\varphi = \overline{U}_D = U_{LSB} \frac{\Delta t}{T} = U_{LSB} \cdot \frac{\varphi}{2\pi}$$

Wenn die Phasenverschiebung den Wert $2\pi$ erreicht, springt die Zeit $\Delta t$ von dem Wert $T$ auf den Wert 0. Im Unterschied zu der vorhergehenden Schaltung wird dadurch die Ausgangsspannung jedoch nicht Null, sondern bleibt gleich

$U_{LSB}$, da sich gleichzeitig die Differenz $D$ um 1 erhöht. Damit ergibt sich die Ausgangsspannung im allgemeinen Fall zu:

$$U_\varphi = U_{LSB}\left(D + \frac{\Delta t}{T}\right) = U_{LSB} \cdot \frac{\varphi}{2\pi}$$

Der Ausdruck $D + \Delta t/T$ gibt dabei an, um wie viele Schwingungen die beiden Signale gegeneinander verschoben sind. Die entstehende Detektorkennlinie ist in Abb. 24.32 für 4 bit dargestellt. Der Meßbereich läßt sich durch Erweiterung des Zählbereiches beliebig vergrößern.

### 24.4.5
### PLL als Frequenzvervielfacher

Eine besonders wichtige Anwendung des PLL ist die Frequenzvervielfachung. Dazu braucht man lediglich wie in Abb. 24.33 je einen Frequenzteiler vor die Eingänge des Phasendetektors zu schalten. Dann stellt sich die Frequenz des Nachlaufoszillators so ein, daß

$$\frac{f_1}{n_1} = \frac{f_2}{n_2}$$

wird. Auf diese Weise kann man die Frequenz des Nachlaufoszillators gemäß

$$f_2 = \frac{n_2}{n_1}f_1$$

auf jedes beliebige rationale Vielfache der Bezugsfrequenz $f_1$ einstellen.

Da der Phasendetektor bei dieser Anwendung mit einer unter Umständen wesentlich niedrigeren Frequenz arbeitet als der Nachlaufoszillator, muß man sicherstellen, daß die Regelspannung $U_\varphi$ keine Welligkeit enthält. Sonst würde nämlich statt der in Abschnitt 24.4.2 beschriebenen Kurvenverzerrung eine unerwünschte Frequenzmodulation entstehen.

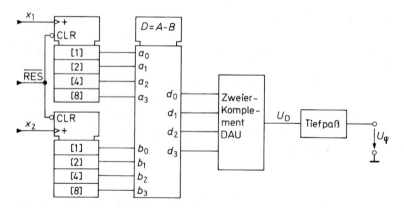

**Abb. 24.31.** Phasendetektor mit beliebig erweiterbarem Meßbereich
Meßbereich im Beispiel: $+7, -8$ Schwingungen

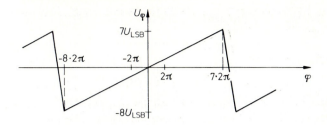

**Abb. 24.32.** Detektorkennlinie des Phasendetektors

Mit der Schaltung zur Frequenzvervielfachung ist es möglich, Frequenzen mit Quarzgenauigkeit zu erzeugen, die oberhalb von 100 MHz liegen, und für die es daher praktisch keine Quarze gibt. Dazu schließt man einen Quarzoszillator mit der Frequenz z.B. $f_1 = 10\,\text{MHz}$ an und wählt $n_2 > n_1$. Wenn es nur darum geht, ein ganzzahliges Vielfaches der Quarzfrequenz zu bilden, kann man $n_1 = 1$ wählen, also den Eingangsteiler ganz weglassen. Wenn man aber z.B. die Frequenzen von 90...100 MHz in 100 kHz-Schritten durchlaufen möchte, muß man die Quarzfrequenz zunächst auf 100 kHz teilen mit $n_1 = 100$. Dann hat man die Möglichkeit, mit einem Teilerfaktor $n_2 = 900...1000$ alle gewünschten Frequenzen zu erzeugen. Auf diesem Prinzip beruhen die digitalen Tuner, die heute in Rundfunk- und Fernsehempfängern verbreitet sind [24.7].

Eine Übersicht über integrierte PLL-Komponenten sind in Tab. 24.1 zusammengestellt.

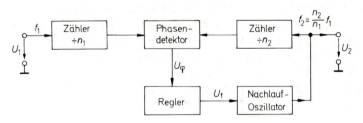

**Abb. 24.33.** Frequenzvervielfachung mit einem PLL

| Typ | Hersteller | Technolo-logie | Frequenz-bereich | Prinzip |
|---|---|---|---|---|
| **Phasendetektoren** | | | | |
| AD 9901 | Analog D. | TTL/ECL | ... 200 MHz | Frequ./Phasen-Det. |
| MC 4044 | Motorola | TTL | ...  20 MHz | Frequ./Phasen-Det. |
| MC 12040 | Motorola | ECL | ...  80 MHz | Frequ./Phasen-Det. |
| MCH 12140 | Motorola | ECL | ... 800 MHz | Frequ./Phasen-Det. |
| AD 834 | Analog D. | Bipolar | ... 500 MHz | Analog-Multipliz. |
| EL 4084 | Elantec | Bipolar | ... 250 MHz | Analog-Multipliz. |
| XR 2228 | Exar | Bipolar | ...  50 MHz | Analog-Multipliz. |
| AD 783 | Analog D. | Bipolar | ...  15 MHz | Abtast-Halteglied |
| AD 9100 | Analog D. | Bipolar | ... 200 MHz | Abtast-Halteglied |
| LF 398 | national | Bifet | ...  0,3 MHz | Abtast-Halteglied |
| **Spannungsgesteuerte Oszillatoren, VCOs** | | | | |
| XR 2209 | Exar | TTL | ...    1 MHz | Multivibrator |
| MC 4024 | Motorola | TTL | ...  20 MHz | Multivibrator |
| MC 12100 | Motorola | ECL | ... 200 MHz | Multivibrator |
| 74 LS 624 | Texas I. | TTL | ...  20 MHz | Multivibrator |
| VFC 110 | Burr B. | Bipolar | ...    4 MHz | Ladungskompens. |
| MC 12061 | Motorola | ECL | ...  20 MHz | Quarz-Oszillator |
| D 110 | Fujitsu | TTL | ...  30 MHz | Piezo-Oszillator |
| MC 12148 | Motorola | ECL | ...1100 MHz | LC-Oszillator |
| **Phase-Locked Loops, PLLs** | | | | |
| 74 HC 4046 | viele | CMOS | ...  20 MHz | Phd + VCO |
| AD 800 | Analog D. | ECL | ... 155 MHz | Phd + VCO |
| MC 12429 | Motorola | ECL | ... 400 MHz | Phd + VCO + Teiler |
| DP 8512 | National | ECL | ... 225 MHz | Phd + VCO + Teiler |
| NE 568 | Philips | Bipolar | ... 150 MHz | Phd + VCO |
| SY 89061 | Synergy | ECL | ... 700 MHz | Phd + VCO + Teiler |
| SY 89421 | Synergy | ECL | ...1100 MHz | Phd + VCO + Teiler |
| SY 89429 | Synergy | ECL | ... 400 MHz | Phd + VCO + Teiler |
| TLC 2932 | Texas I. | TTL | ...  32 MHz | Phd + VCO |
| TQ 2061 | Triquint | GaAs | ... 700 MHz | Phd + VCO + Teiler |

**Tab. 24.1.** Beispiel für PLLs und PLL-Komponenten

# Literatur

[24.1]  Oppelt, W.: Kleines Handbuch technischer Regelvorgänge. Weinheim, Bergstraße: Verlag Chemie.

[24.2]  Schlitt, H.: Regelungstechnik in Verfahrenstechnik und Chemie. Würzburg: Vogel.

[24.3]  Warnkross, V.: Schneller Phasen- und Frequenzdetektor. Elektronik 28 (1979) H. 21, S. 85, 86.

[24.4]  Lunze, J.: Regelungstechnik. Springer 1996.

[24.5]  Best, R. : Theorie und Anwendung des Phase-locked Loops. Stuttgart: AT-Fachverlag 1982.

[24.6]  Gardner, F.M.: Phaselock Techniques. New York, London, Sydney: J. Wiley 1966.

[24.7]  Greenshields, D.: Einsatz eines Video-Taktgenerators. Design & Elektronik, 24. 5. 1988, H. 11, S. 91–98.

# Kapitel 25:
# Optoelektronische Bauelemente

## 25.1
## Photometrische Grundbegriffe

Das menschliche Auge nimmt elektromagnetische Wellen im Bereich von 400 nm bis 700 nm als Licht wahr. Die Wellenlänge vermittelt den Farbeindruck, die Intensität den Helligkeitseindruck. Zur quantitativen Messung der Helligkeit muß man einige photometrische Größen definieren. Der *Lichtstrom* $\Phi$ ist ein Maß für die Zahl der Lichtquanten (Photonen), die in der Zeiteinheit durch einen Beobachtungsquerschnitt $F$ treten. Seine Maßeinheit ist das Lumen (lm). Zur Charakterisierung der Helligkeit einer Lichtquelle ist der Lichtstrom $\Phi$ ungeeignet, denn er hängt im allgemeinen vom Beobachtungsquerschnitt $F$ und dem Abstand $r$ von der Lichtquelle ab. Bei einer punktförmigen, kugelsymmetrischen Lichtquelle ist der Lichtstrom $\Phi$ proportional zum Raumwinkel $\Omega$. Dieser ist definiert als $\Omega = $ Kugelfläche/(Radius)$^2$ und ist eigentlich dimensionslos. Er wird jedoch üblicherweise mit der Einheit *Steradiant* (sr) versehen. Die volle Kugeloberfläche erscheint vom Mittelpunkt aus unter dem Raumwinkel:

$$\Omega_0 = \frac{4\pi r^2}{r^2}\,\text{sr} = 4\pi\,\text{sr}$$

Ein Kreiskegel mit dem Öffnungswinkel $\pm\varphi$ umschließt den Raumwinkel

$$\Omega = 2\pi(1 - \cos\varphi)\,\text{sr} \tag{25.1}$$

Bei $\pm 33°$ ergibt sich ca. 1 sr. Bei kleinen Raumwinkeln kann man die Kugelfläche näherungsweise durch eine ebene Fläche ersetzen und erhält:

$$\Omega = \frac{F_n}{r^2}\,\text{sr} \tag{25.2}$$

wobei $r$ der Abstand der Fläche vom Zentrum ist.

Da der Lichtstrom einer punktförmigen Lichtquelle proportional zum Raumwinkel $\Omega$ ist, kann man die Helligkeit der Lichtquelle durch die Größe $I = d\Phi/d\Omega$, die *Lichtstärke*, charakterisieren. Die Einheit der Lichtstärke ist 1 Candela (cd). Es gilt der Zusammenhang 1 cd $= 1$ lm/sr. Eine Lichtquelle besitzt also die Lichtstärke 1 cd, wenn sie in den Raumwinkel 1 sr den Lichtstrom 1 lm aussendet. Bei Kugelsymmetrie beträgt der gesamte ausgesendete Lichtstrom dann $\Phi_{\text{ges}} = I\Omega_0 = 1$ cd $4\pi$ sr $= 4\pi$ lm. Definitionsgemäß ist 1 cd die Lichtstärke, die ein schwarzer Körper mit $\frac{1}{60}$ cm$^2$ Oberfläche bei der Temperatur des erstarrenden Platins (1769°C) besitzt. Eine große Kerzenflamme besitzt etwa die Lichtstärke 1 cd. Bei Glühlampen kann man näherungsweise den Zusammenhang $I = 1\frac{\text{cd}}{\text{W}}P$ angegeben. Dabei ist $P$ die Nennleistung der Glühlampe.

Bei ausgedehnten Lichtquellen gibt man im allgemeinen die *Leuchtdichte* $L = dI/dF_n$ an. Darin ist $F_n$ die Projektion der Lichtquellenfläche auf die Ebene senkrecht zur Betrachtungsrichtung. Bildet die Flächennormale mit der Betrachtungsrichtung den Winkel $\varepsilon$, gilt $dF_n = dF \cdot \cos \varepsilon$. Die Einheit der Leuchtdichte ist das Stilb (sb): 1 sb = 1 cd/cm$^2$.

Ein Maß dafür, wie hell eine angeleuchtete Fläche $F$ dem Betrachter erscheint, ist die *Beleuchtungsstärke* $E = d\Phi/dF_n$. Sie hat die Einheit Lux (lx): 1 lx = 1 lm/m$^2$. Bei Vollmond beträgt die Beleuchtungsstärke 0,1 bis 0,2 lx. Eine Zeitung ist gerade noch lesbar bei einer Beleuchtungsstärke von 0,5 bis 2 lx. Ein Schreibplatz sollte eine Beleuchtungsstärke von 500 bis 1000 lx aufweisen. Das Tageslicht kann Beleuchtungsstärken bis zu 50 000 lx bewirken.

Nun wollen wir berechnen, welche Beleuchtungsstärke eine punktförmige Lichtquelle mit einer gegebenen Lichtstärke in einem bestimmten Abstand $r$ bewirkt (Abb. 25.1).

Zur Berechnung der Beleuchtungsstärke nehmen wir an, das Flächenelement $dF$ sei klein gegenüber $r^2$ und stehe senkrecht auf der Verbindungsgeraden LM. Dann gilt für den Raumwinkel $d\Omega$, unter dem $dF$ von L aus erscheint, nach Gl. (25.2):

$$d\Omega = \frac{dF}{r^2}\,\text{sr}$$

Für den von der Lampe L ausgesendeten Lichtstrom gilt definitionsgemäß:

$$d\Phi = I d\Omega = I\frac{dF}{r^2}\,\text{sr}$$

Für die Beleuchtungsstärke erhalten wir:

$$E = \frac{d\Phi}{dF} = \frac{I}{r^2}\,\text{sr} \qquad (25.3)$$

Die Beleuchtungsstärke ist demnach umgekehrt proportional zum Abstandsquadrat.

Da jedes Lichtquant die Energie $hf$ besitzt, kann man für eine bestimmte Frequenz eine Beziehung zwischen der Lichtleistung $P_L$ und dem Lichtstrom $\Phi$ aufstellen. Bei einer Wellenlänge von 555 nm gilt:

$$P_L = \frac{1{,}47\,\text{mW}}{\text{lm}}\Phi$$

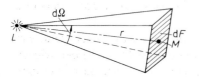

**Abb. 25.1.** Zum Zusammenhang zwischen Lichtstärke und Beleuchtungsstärke

| Physikalische Größen | Zusammen-hang | Einheiten |
|---|---|---|
| Lichtstrom | $\Phi$ | $1\,\mathrm{lm} = 1\,\mathrm{cd}\,\mathrm{sr} \,\hat{=}\, 1{,}47\,\mathrm{mW}$ $(\lambda = 555\,\mathrm{nm})$ |
| Lichtstärke | $I = \dfrac{d\Phi}{d\Omega}$ | $1\,\mathrm{cd} = 1\,\dfrac{\mathrm{lm}}{\mathrm{sr}} \,\hat{=}\, 1{,}47\,\dfrac{\mathrm{mW}}{\mathrm{sr}}$ |
| Leuchtdichte | $L = \dfrac{dI}{dF_n}$ | $1\,\mathrm{sb} = 1\,\dfrac{\mathrm{cd}}{\mathrm{cm}^2} = \pi\,\text{Lambert} = \pi \cdot 10^4\,\text{Apostilb}$ $= 2919\,\text{Footlambert}$ |
| Beleuchtungsstärke | $E = \dfrac{d\Phi}{dF_n}$ | $1\,\mathrm{lx} = 1\,\dfrac{\mathrm{lm}}{\mathrm{m}^2} = 0{,}0929\,\text{Footcandle} \,\hat{=}\, 0{,}147\,\dfrac{\mu\mathrm{W}}{\mathrm{cm}^2}$ |

**Tab. 25.1.** Tabelle der photometrischen Größen

Daraus folgt für die Beleuchtungsstärke:

$$1\,\mathrm{lx} = 1\,\frac{\mathrm{lm}}{\mathrm{m}^2} \,\hat{=}\, \frac{1{,}47\,\mathrm{mW}}{\mathrm{m}^2}$$

Bei den Richtwerten für verschiedene Lichtstärken haben wir angegeben, daß eine Glühlampe mit der Nennleistung $P = 10\,W$ eine Lichtstärke von etwa $10\,\mathrm{cd}$ besitzt. Sie strahlt in den vollen Raumwinkel also einen Lichtstrom $\Phi_{\mathrm{ges}} = 4\pi\,\mathrm{sr} \cdot 10\,\mathrm{cd} = 126\,\mathrm{lm}$ aus; das entspricht bei einer Wellenlänge $\lambda = 555\,\mathrm{nm}$ einer Lichtleistung von $P_L = 0{,}185\,W$. Eine Glühlampe besitzt demnach einen Wirkungsgrad $\eta = P_L/P \approx 2\%$.

Neben den angegebenen photometrischen Einheiten sind besonders in der amerikanischen Literatur weitere Einheiten gebräuchlich, die wir in Tab. 25.1 zusammengestellt haben.

## 25.2
## Photowiderstand

Photowiderstände sind sperrschichtlose Halbleiter, deren Widerstand von der Beleuchtungsstärke abhängt. Abbildung 25.2 zeigt das Schaltsymbol, Abb. 25.3 die Kennlinie.

Ein Photowiderstand verhält sich wie ein ohmscher Widerstand, d.h. sein Widerstandswert hängt nicht von der angelegten Spannung ab, auch nicht von ihrem Vorzeichen. Bei mittleren Beleuchtungsstärken gilt der Zusammenhang $R \sim E^{-\gamma}$; darin ist $\gamma$ eine Konstante zwischen 0,5 und 1. Bei größeren Beleuchtungsstärken strebt der Widerstand gegen einen Minimalwert. Bei kleinen Beleuchtungsstärken erhöht sich der Wert von $\gamma$, bei sehr kleinen Beleuchtungsstärken strebt der Widerstand gegen den Dunkelwiderstand. Das Hell-Dunkel-Widerstandsverhältnis kann über sechs Zehnerpotenzen betragen.

Der Widerstand ist bei geringer Beleuchtungsstärke stark temperaturabhängig. Diesen Sachverhalt zeigt Abb. 25.4.

Bei Belichtung stellt sich nicht momentan ein stationärer Widerstandswert ein. Der Photowiderstand benötigt eine bestimmte Einstellzeit, die bei Beleuchtungsstärken von einigen Tausend Lux im Millisekundenbereich liegt, aber unter

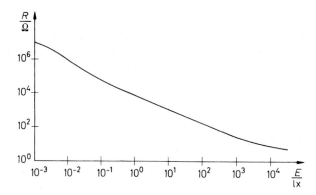

**Abb. 25.2.** Schaltsym-    **Abb. 25.3.** Kennlinie eines Photowiderstandes
bol

1 lx mehrere Sekunden betragen kann. Auf welchen stationären Wert sich der Widerstand einstellt, hängt außer von der Beleuchtungsstärke auch von der optischen Vorgeschichte ab. Nach längerer Belichtung mit großer Beleuchtungsstärke erhält man höhere Widerstandswerte als wenn der Photowiderstand im Dunkeln aufbewahrt wurde.

Photowiderstände werden hauptsächlich aus Cadmiumsulfid aufgebaut. Dafür gelten auch die bisher gemachten Zahlenangaben. Photowiderstände aus Cadmiumselenid zeichnen sich durch kürzere Einstellzeiten und höheres Hell-Dunkel-Widerstandsverhältnis aus. Sie besitzen jedoch höhere Temperaturkoeffizienten und eine stärkere Abhängigkeit von der optischen Vorgeschichte. Photowiderstände auf Cadmiumbasis sind in dem Spektralbereich von 400 bis 800 nm empfindlich. Es gibt Typen, die über den ganzen Bereich brauchbar sind, und andere, die eine ganz spezifische Farbempfindlichkeit besitzen. Photowiderstände mit hoher Infrarotempfindlichkeit werden aus Bleisulfid oder Indiumantimonid hergestellt. Sie eignen sich für Wellenlängen bis 3 bzw. 7 $\mu m$, besitzen aber eine wesentlich geringere Empfindlichkeit als die Photowiderstände auf Cadmiumbasis.

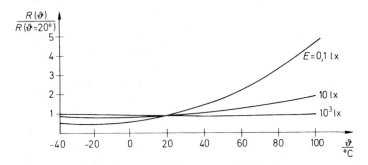

**Abb. 25.4.** Temperaturabhängigkeit des Photowiderstandes

Photowiderstände besitzen eine Empfindlichkeit, die mit der von Photover-
vielfachern vergleichbar ist. Sie eignen sich daher zur Messung niedriger Beleuchtungsstärken. Ein anderes Anwendungsgebiet ist der Einsatz als steuerbarer
Widerstand. Da die Belastung zum Teil mehrere Watt betragen kann, lassen sich
ohne zusätzliche Verstärkung z.B. direkt Relais schalten.

## 25.3
## Photodiode

Der Sperrstrom einer Diode steigt bei Belichtung an. Diesen Effekt kann man
zur Lichtmessung ausnutzen. Zu diesem Zweck besitzen Photodioden ein Glas-
fenster im Gehäuse. Abbildung 25.5 zeigt das Schaltsymbol, Abb. 25.6 das Ersatzschaltbild und Abb. 25.7 das Kennlinienfeld. Kennzeichnend ist, daß ein Kurzschlußstrom fließt, der proportional zur Beleuchtungsstärke ist. Man benötigt
also im Gegensatz zum Photowiderstand keine externe Spannungsquelle. Typische Werte für die Empfindlichkeit liegen in der Größenordnung von $0,1\,\mu A/lx$.
Beim Anlegen einer Sperrspannung ändert sich der Photostrom praktisch nicht.
Diese Betriebsart ist vorteilhaft, wenn man kurze Ansprechzeiten benötigt, da
sich mit zunehmender Sperrspannung die Sperrschichtkapazität verkleinert.

Mit zunehmender Beleuchtungsstärke steigt die Leerlaufspannung bei
Silizium-Photodioden auf ca. $0,5\,V$ an. Wie man in Abb. 25.7 erkennt, sinkt die
Diodenspannung bei Belastung nur wenig ab, solange der Strom kleiner ist als
der durch die Beleuchtungsstärke bestimmte Kurzschlußstrom $I_P$. Photodioden
eignen sich also nicht nur zur Lichtmessung, sondern auch zur Erzeugung elektrischer Energie. Für diesen Zweck werden besonders großflächige Photodioden
hergestellt, die als *Solarzellen* bezeichnet werden.

Der Spektralbereich von Photodioden aus Silizium liegt zwischen 0,6 und
$1\,\mu m$, bei Germanium-Photodioden zwischen 0,5 und $1,7\,\mu m$. Die relative spektrale Empfindlichkeit ist in Abb. 25.8 aufgetragen.

Photodioden besitzen wesentlich kürzere Ansprechzeiten als Photowiderstände. Ihre Grenzfrequenz liegt bei $10\,MHz$. Mit pin-Photodioden erreicht
man Grenzfrequenzen bis $1\,GHz$.

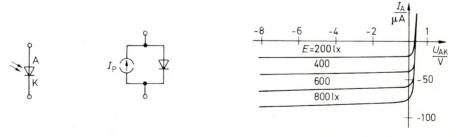

**Abb. 25.5.** Schalt-     **Abb. 25.6.** Ersatzschaltbild     **Abb. 25.7.** Kennlinienfeld
symbol

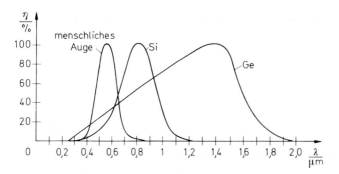

**Abb. 25.8.** Relative Empfindlichkeit $\eta$ von Germanium- und Siliziumphotodioden

Photodioden benötigen wegen ihres kleinen Photostromes in der Regel einen nachgeschalteten Verstärker. Um eine möglichst hohe Bandbreite zu erreichen, hält man die Spannung an den Photodioden konstant, da dann ihre Sperrschichtkapazität nicht umgeladen werden muß. Die entsprechenden Operationsverstärker-Schaltungen sind in Abb. 25.9/25.10 dargestellt. Es handelt sich dabei um Strom/Spannungs-Konverter, gemäß Abb. 12.5 auf S. 817. Bei der Schaltung in Abb. 25.9 liegt an der Photodiode – abgesehen von der kleinen Offsetspannung des Operationsverstärkers – keine Spannung. Daher ist der Dunkelstrom bei dieser Schaltung besonders klein. Bei der Schaltung in Abb. 25.10 wird die Photodiode mit negativer Vorspannung betrieben. Daher besitzt sie eine kleine Sperrschichtkapazität, und es lassen sich höhere Bandbreiten erreichen.

Der Eingangsruhestrom der Operationsverstärker sollte immer klein gegenüber dem Photostrom sein. Der Gegenkopplungswiderstand $R_N$ muß kapazitätsarm sein. Sonst begrenzt er die Bandbreite der Schaltung. Ein Widerstand von $R_N = 1\,\text{G}\Omega$ mit einer Parallelkapazität $C_N = 1\,\text{pF}$ ergibt eine Grenzfrequenz von nur:

$$f_g = 1/2\pi R_N C_N = 160\,\text{Hz}$$

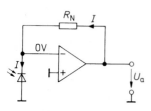

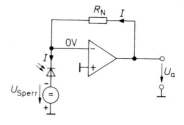

**Abb. 25.9.** Strom-Spannungswandler für besonders kleinen Dunkelstrom

**Abb. 25.10.** Strom-Spannungswandler für besonders hohe Bandbreite

**Abb. 25.9** und **25.10.** Ausgangsspannung: $U_a = R_N \cdot I$

Andererseits ist eine kleine Parallelkapazität nützlich, um die Sperrschichtkapazität der Photodiode zu kompensieren.

## 25.4
## Phototransistor

Bei einem Phototransistor ist die Kollektor-Basis-Strecke als Photodiode ausgebildet. Abb. 25.11 zeigt sein Schaltsymbol, Abb. 25.12 sein Ersatzschaltbild.

Die Wirkungsweise des Phototransistors läßt sich leicht anhand des Ersatzschaltbildes in Abb. 25.12 erklären: Der Strom durch die Photodiode bewirkt einen Basisstrom und damit einen verstärkten Kollektorstrom. Ob es günstiger ist, die Basis anzuschließen oder offen zu lassen, hängt ganz von der jeweiligen Schaltung ab. Phototransistoren, bei denen der Basisanschluß nicht herausgeführt ist, heißen Photoduodioden.

Um eine besonders hohe Stromverstärkung zu erreichen, kann man einen Darlington-Phototransistor verwenden. Sein Ersatzschaltbild ist in Abb. 25.13 dargestellt.

Aus den Ersatzschaltbildern geht hervor, daß sich die Phototransistoren hinsichtlich ihres Spektralbereichs wie die entsprechenden Photodioden verhalten. Ihre Grenzfrequenz ist allerdings wesentlich niedriger. Sie liegt bei Phototransistoren in der Größenordnung von 300 kHz und bei Photo-Darlington-Transistoren in der Größenordnung von 30 kHz.

Abbildung 25.14 zeigt den Einsatz eines Phototransistors als Photoempfänger. Wenn wir den Photostrom durch die Kollektor-Basis-Diode mit $I_P$ bezeichnen, erhalten wir die Ausgangsspannung:

$$U_a = V^+ - BR_1 I_P$$

Entsprechend gilt bei der Schaltung in Abb. 25.15:

$$U_a = BR_1 I_P$$

**Abb. 25.11.** Schaltsymbol eines Phototransistors

**Abb. 25.12.** Ersatzschaltbild eines Phototransistors

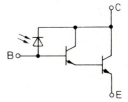

**Abb. 25.13.** Ersatzschaltbild eines Darlington-Phototransistors

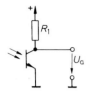

**Abb. 25.14.**                                    **Abb. 25.15.**

**Abb. 25.14** und **25.15.**  Einfache Photoempfänger

## 25.5
## Leuchtdioden

Leuchtdioden werden nicht aus Silizium oder Germanium, sondern aus Gallium-Arsenid-Phosphid hergestellt (III–V-Verbindung). Diese Dioden senden Licht aus, wenn ein Durchlaßstrom fließt. Der Spektralbereich des ausgesandten Lichtstroms ist ziemlich scharf begrenzt. Seine Lage hängt vom verwendeten Grundmaterial ab. Das Schaltsymbol ist in Abb. 25.16 dargestellt. Eine Übersicht über die wichtigsten Eigenschaften zeigt Tab. 25.2.

Der Wirkungsgrad von Leuchtdioden beträgt bei Standarttypen lediglich 0,05%. Neuere Typen mit hohem Wirkungsgrad erreichen bis zu 2%; sie sind genau so schlecht wie Glühlampen. Leuchtröhren besitzen mit 10% einen deutlich besseren Wirkungsgrad. Die Leuchtdichte ist über einen weiten Bereich zum Durchlaßstrom proportional. Ströme von einigen mA sind bereits ausreichend, um eine deutlich sichtbare Anzeige zu erhalten. Deshalb eignen sich Leuchtdioden besonders gut als Anzeige-Elemente in Halbleiterschaltungen. Sie sind auch als fertige Sieben-Segment- oder Matrix-Einheiten erhältlich.

A ⊳⊢ K   **Abb. 25.16.** Schaltsymbol einer Leuchtdiode

| Farbe | Wellen-länge (Intensitäts-maximum) [nm] | Grundmaterial | Durchlaß-spannung bei 10 mA [V] | Lichtstärke bei 10 mA und ±45° Öffnungs-winkel [m cd] | Licht-leistung bei 10 mA [µW] |
|---|---|---|---|---|---|
| infrarot | 900 | Gallium-Arsenid | 1,3...1,5 |  | 50...200 |
| rot | 655 | Gallium-Arsenid-Phosphid | 1,6...1,8 | 1... 5 | 2... 10 |
| hellrot | 635 | Gallium-Arsenid-Phosphid | 2,0...2,2 | 5...25 | 12... 60 |
| gelb | 583 | Gallium-Arsenid-Phosphid | 2,0...2,2 | 5...25 | 13... 65 |
| grün | 565 | Gallium-Phosphid | 2,2...2,4 | 5...25 | 14... 70 |
| blau | 490 | Gallium-Nitrid | 3...5 | 1... 4 | 3... 12 |

**Tab. 25.2.** Übersicht über die wichtigsten Eigenschaften von Leuchtdioden

## 25.6
## Optokoppler

Kombiniert man eine Leuchtdiode mit einem Photoempfänger, z.B. einem Phototransistor, kann man einen Eingangsstrom in einen Ausgangsstrom übersetzen, der auf einem beliebigen Potential liegen kann. Solche Optokoppler sind als Bausteine in üblichen IC-Gehäusen erhältlich. Um einen guten Wirkungsgrad zu erhalten, arbeitet man dabei im Infrarotgebiet. Das wichtigste Merkmal eines Optokopplers ist das Übersetzungsverhältnis $\alpha = I_a/I_e$. Es wird im wesentlichen von den Eigenschaften des Empfängers bestimmt. Typische Werte sind in Tab. 25.3 zusammengestellt. Man erkennt, daß man mit Photo-Darlington-Transistoren die höchste Stromverstärkung erzielt. Allerdings ist bei ihnen die Grenzfrequenz am niedrigsten.

| Empfänger | Übersetzungs-verhältnis $\alpha = I_a/I_e$ | Grenz-frequenz |
|---|---|---|
| Photodiode | ca. 0,1% | 10 MHz |
| Phototransistor | 10... 300% | 300 kHz |
| Photo-Darlington-Transistor | 100...1000% | 30 kHz |

**Tab. 25.3.** Gegenüberstellung von Optokopplern

Optokoppler eignen sich sowohl zur Übertragung digitaler als auch analoger Signale. Beispiele für entsprechenden Schaltungen findet man in Abb. 20.12 auf S. 1119 und Abb. 22.13 auf S. 1199.

Für die Anwendung als Sensoren werden Optokoppler auch als Gabellichtschranken bzw. Reflexionslichtschranken ausgeführt.

## 25.7
## Optische Anzeige

Die optische Anzeige digitaler Informationen ist auf viele Arten möglich, z.B. mit Glühlampen, Glimmlampen, Leuchtdioden, Flüssigkristallen. Die größte Bedeutung haben die Leuchtdiodenanzeige und die Flüssigkristallanzeige gewonnen, weil sie sich mit niedrigen Spannungen und kleinen Strömen betreiben lassen. Für den Anwender wird der Einsatz dieser Anzeigeelemente durch eine Vielzahl von integrierten Treibern vereinfacht.

Flüssigkristallanzeiger sind keine Halbleiterbauelemente. Im Unterschied zu den Leuchtdioden erzeugen sie selbst kein Licht, sondern sind auf Fremdbeleuchtung angewiesen. Ein optischer Effekt wird dadurch erreicht, daß ein Flüssigkristallelement ohne angelegte Spannung durchsichtig ist und deshalb hell erscheint, während es bei angelegter Spannung undurchsichtig wird und deshalb

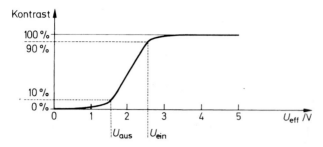

**Abb. 25.17.** Abhängigkeit des Kontrastes vom Effektivwert der angelegten Wechselspannung

dunkel erscheint [25.4]. Das Flüssigkristallelement besteht aus zwei Elektroden, zwischen denen sich eine organische Substanz befindet. Diese Substanz enthält Kristalle, deren Orientierung sich durch ein elektrisches Feld verändern läßt. Der Zustand des Elements ist also von der elektrischen Feldstärke abhängig; es verhält sich wie ein Kondensator.

Zur Ansteuerung verwendet man Wechselspannungen mit einer Frequenz, die so hoch ist, daß kein Flimmern auftritt. Andererseits wählt man die Frequenz nicht unnötig hoch, damit der durch den Kondensator fließende Wechselstrom klein bleibt. Praktische Werte liegen zwischen 30 und 100 Hz. Der ansteuernden Wechselspannung darf keine Gleichspannung überlagert sein, da schon bei 50 mV elektrolytische Vorgänge einsetzen, die die Lebensdauer reduzieren.

Wie der Kontrast von dem Effektivwert der angelegten Wechselspannungs-amplitude abhängt, ist in Abb. 25.17 dargestellt. Bei Wechselspannungen unter $U_{aus\ eff} \approx 1{,}5\,V$ ist die Anzeige praktisch unsichtbar; bei Spannungen über $U_{ein\ eff} \approx 2{,}5\,V$ ergibt sich maximaler Kontrast.

Da die Kapazität eines Flüssigkristallelements nur ca. $1\,nF/cm^2$ beträgt, liegen die zur Ansteuerung erforderlichen Ströme deutlich unter $1\,\mu A$. Dieser extrem niedrige Stromverbrauch stellt einen großen Vorteil gegenüber Leuchtdioden dar.

### 25.7.1
### Binär-Anzeige

Leuchtdioden benötigen bei Tageslicht zur guten Sichtbarkeit einen Durchlaß-strom von 5...20 mA. Diese Ströme lassen sich am einfachsten mit Gattern wie in Abb. 25.18/25.19 bereitstellen. In Abb. 25.18 leuchtet die Leuchtdiode, wenn am Gatterausgang ein H-Pegel auftritt, am Eingang also ein L-Pegel anliegt. In Abb. 25.19 ist es umgekehrt. Die Strombegrenzung erfolgt jeweils über die gat-terinternen Widerstände. Lediglich bei TTL-Schaltungen ist in Abb. 25.19 ein externer Strombegrenzungswiderstand erforderlich. Wegen der relativ hohen Be-lastung durch die Leuchtdioden besitzen die Gatterausgänge keine spezifizierten Spannungspegel und dürfen daher nicht weiterverwendet werden. Im Schaltplan wird dies durch das Kreuz am Gatterausgang angedeutet.

**Abb. 25.18.**                    **Abb. 25.19.**
**Abb. 25.18.** und **25.19.** Ansteuerung von Leuchtdioden mit Gattern

$$I \approx \left\{ \begin{array}{ll} 20\,\text{mA} & 74\,\text{LS} \\ 4\,\text{mA} \quad \text{bei} & 74\,\text{C} \\ 25\,\text{mA} & 74\,\text{HC} \end{array} \right\} \text{Gattern}$$

Zur Steuerung der Intensität kann man Gatter mit einem zweiten Eingang verwenden, an den man eine rechteckförmige Wechselspannung anlegt. Mit deren Tastverhältnis läßt sich dann der mittlere Diodenstrom bis auf Null reduzieren. Damit dabei kein Flimmern sichtbar wird, sollte die Frequenz mindestens 100 Hz betragen.

Die Erzeugung der Ansteuersignale für Flüssigkristallanzeiger ist etwas komplizierter, wenn man von Standardgattern mit 5 V Betriebsspannung ausgeht. Es muß eine Wechselspannung erzeugt werden, deren Effektivwert ausreichend hoch ist, und deren Mittelwert Null ist. Das läßt sich am einfachsten dadurch realisieren, daß man die Anzeige wie in Abb. 25.20 zwischen zwei Schaltern anschließt, die entweder gleichphasig oder gegenphasig zwischen Masse und Betriebsspannung $V^+$ hin und her geschaltet werden. Bei gleichphasigem Betrieb ist $U_F = 0$, bei gegenphasigem Betrieb ist $U_{F\,\text{eff}} = V^+$. Dies wird durch das Zeitdiagramm in Abb. 25.22 veranschaulicht.

Die praktische Realisierung ist in Abb. 25.21 dargestellt. Wenn $x_1 = 0$ ist, wird $y_1 = y_2 = x_2$; beide Anschlüsse der Anzeige schalten also gleichphasig im Takt des Rechtecksignals $x_2$. Für $x_1 = 1$ wird $y_1 = \bar{x}_2$, und die Anzeige erhält gegenphasige Signale. CMOS-Gatter sind hier am besten geeignet, da ihre Ausgangspegel bei der rein kapazitiven Belastung nur wenige Millivolt von $V^+$ bzw. Nullpotential abweichen. Außerdem kommt nur bei dem Einsatz von CMOS-Gattern der niedrige Stromverbrauch der Flüssigkristallanzeiger voll zur Geltung.

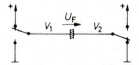

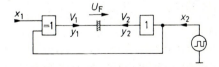

**Abb. 25.20.** Prinzip                    **Abb. 25.21.** Praktische Ausführung
**Abb. 25.20.** und **25.21.** Gleichspannungsfreie Ansteuerung einer Flüssigkristallanzeige aus einer einzigen Betriebsspannung

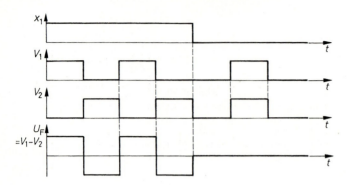

**Abb. 25.22.** Spannungsverlauf bei ein- bzw. ausgeschalteter Flüssigkristallanzeige

## 25.7.2
## Analog-Anzeige

Eine quasi-analoge Anzeige läßt sich dadurch erreichen, daß man eine Viel-zahl von Anzeigeelementen in einer Reihe anordnet. Dabei ergibt sich eine *Leuchtpunkt*-Anzeige, wenn man jeweils nur das Element einschaltet, das dem Anzeigewert zugeordnet ist. Eine *Leuchtband*-Anzeige erhält man, wenn man auch alle niedrigeren Anzeigeelemente einschaltet. In Abb. 25.23 sind diese bei-den Alternativen gegenübergestellt.

Zur digitalen Ansteuerung einer Leuchtpunkt-Anzeige kann man wie in Abb. 25.24 einen 1-aus-$n$-Decoder einsetzen (siehe Kapitel 8.2.1 auf S. 665). Da-bei wird diejenige Leuchtdiode eingeschaltet, die an dem selektierten Ausgang angeschlossen ist. Zu der Leuchtband-Anzeige in Abb. 25.25 gelangt man, wenn man über die nachgeschalteten Gatter auch alle Leuchtdioden unterhalb des se-lektierten Ausganges einschaltet.

Zur analogen Ansteuerung einer Anzeigezeile kann man vorteilhaft einen Analog-Digital-Umsetzer nach dem Parallelverfahren einsetzen, weil sich dabei die zum Betrieb eines Leuchtbandes erforderlichen Signale unmittelbar erge-ben. Die Eingangsspannung wird dabei wie in Abb. 25.26 mittels einer Kompa-ratorkette gegen eine Referenzspannungskette verglichen. Dadurch werden alle Komparatorausgänge aktiv, deren Referenzspannung kleiner als die Eingangs-spannung ist. Bei dieser Technik benötigt man zusätzliche Gatter, um – wie in Abb. 25.27 – eine Leuchtpunkt-Anzeige zu realisieren.

Analoge Leuchtband-/Leuchtpunkttreiber sind als integrierte Schaltungen erhältlich. Eine Zusammenstellung einiger Typen ist in Tab. 25.4 dargestellt.

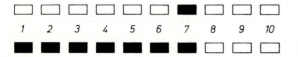

**Abb. 25.23.** Leuchtpunkt (oben), Leuchtband (unten)

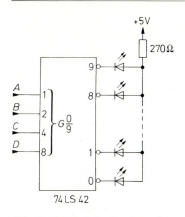

**Abb. 25.24.** Digitale Leuchtpunkt-Ansteuerung

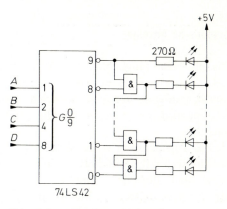

**Abb. 25.25.** Digitale Leuchtband-Ansteuerung

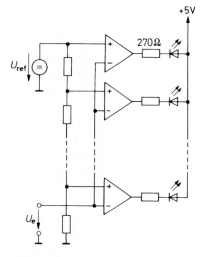

**Abb. 25.26.** Analoge Leuchtband-Ansteuerung

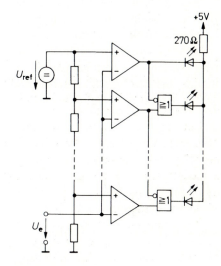

**Abb. 25.27.** Analoge Leuchtpunkt-Ansteuerung

| Typ | Hersteller | Elemente | Punkt | Band | Strombegr. intern |
|---|---|---|---|---|---|
| U 237 | Telefunken | 5 | | × | × |
| LM 3914 | National | 10 | × | × | × |
| U 1096B | Telefunken | 30 | × | | × |
| HEF 4754V | Valvo | 18 | × | × | LCD |
| TC 826 | Teledyne | 41 | × | × | LCD |
| ICL 7182 | Harris | 101 | | × | LCD |

**Tab. 25.4.** Leuchtpunkt-/Leuchtbandtreiber mit Analog-Eingang

### 25.7.3
### Numerische Anzeige

Die einfachste Möglichkeit zur Darstellung der Zahlen von 0 bis 9 besteht darin, sieben Anzeigeelemente wie in Abb. 25.28 zu einer *Siebensegment-Anzeige* zusammenzufügen. Je nachdem, welche Kombination der Segmente a bis g eingeschaltet wird, lassen sich damit alle Ziffern mit ausreichender Lesbarkeit darstellen.

Zur Ansteuerung einer Siebensegment-Anzeige muß man jeder Ziffer, die üblicherweise dual kodiert vorliegt (BCD), die zugehörige Kombination von Segmenten zuordnen. Eine derartige Schaltung bezeichnet man als BCD-Siebensegment-Decoder. Ihre Wahrheitstafel ist in Tab. 25.5 dargestellt. Zum Anschluß von Leuchtdioden- bzw. Flüssigkristall-Anzeigen verwendet man das in Abb. 25.19 bzw. 25.21 gezeigte Prinzip. Damit ergeben sich die Schaltungen in Abb. 25.29 bzw. 25.30.

BCD-Siebensegment-Decoder sind als integrierte Schaltungen erhältlich; eine Übersicht ist in Tab. 25.6 zusammengestellt. Die Typen zur Ansteuerung von Leuchtdioden besitzen zum Teil Stromqellen-Ausgänge; dann sind die externen Strombegrenzungswiderstände nicht erforderlich. Neben den Decodern zum Betrieb von Anzeigen mit gemeinsamer Anode gibt es auch Typen für gemeinsame Katode. Bei den Flüssigkristall-Decodern sind die Exklusiv-ODER-Gatter bereits enthalten. Man benötigt daher lediglich noch einen externen Taktgenerator.

**Abb. 25.28.** Siebensegment-Anzeige

| Ziffer | BCD-Eingang | | | | Sieben-Segment-Ausgang | | | | | | |
|--------|------|------|------|------|---|---|---|---|---|---|---|
| $Z$ | $2^3$ | $2^2$ | $2^1$ | $2^0$ | $a$ | $b$ | $c$ | $d$ | $e$ | $f$ | $g$ |
| 0 | 0 | 0 | 0 | 0 | 1 | 1 | 1 | 1 | 1 | 1 | 0 |
| 1 | 0 | 0 | 0 | 1 | 0 | 1 | 1 | 0 | 0 | 0 | 0 |
| 2 | 0 | 0 | 1 | 0 | 1 | 1 | 0 | 1 | 1 | 0 | 1 |
| 3 | 0 | 0 | 1 | 1 | 1 | 1 | 1 | 1 | 0 | 0 | 1 |
| 4 | 0 | 1 | 0 | 0 | 0 | 1 | 1 | 0 | 0 | 1 | 1 |
| 5 | 0 | 1 | 0 | 1 | 1 | 0 | 1 | 1 | 0 | 1 | 1 |
| 6 | 0 | 1 | 1 | 0 | 1 | 0 | 1 | 1 | 1 | 1 | 1 |
| 7 | 0 | 1 | 1 | 1 | 1 | 1 | 1 | 0 | 0 | 0 | 0 |
| 8 | 1 | 0 | 0 | 0 | 1 | 1 | 1 | 1 | 1 | 1 | 1 |
| 9 | 1 | 0 | 0 | 1 | 1 | 1 | 1 | 1 | 0 | 1 | 1 |

**Tab. 25.5.** Wahrheitstafel für einen BCD-Siebensegment-Decoder

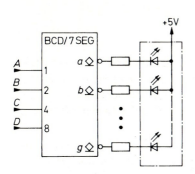

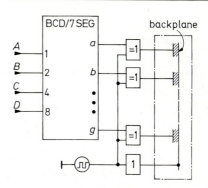

**Abb. 25.29.** Anschluß einer LED-Anzeige an einem Siebensegment-Decoder

**Abb. 25.30.** Anschluß einer Flüssigkristall-anzeige an einem Siebensegment-Decoder

| Typ | Hersteller | Techno-logie | Daten-speicher intern | Hexa-dezi-mal | Anode/Katode gemeinsam | Aus-gangs-strom maximal | Strom-be-grenzung intern |
|---|---|---|---|---|---|---|---|
| Für Leuchtdioden-Anzeigen (LED) | | | | | | | |
| 74 LS 47 | Texas Instr. | TTL | nein | nein | Anode | 24 mA | nein |
| 74 LS 247 | Texas Instr. | TTL | nein | nein | Anode | 24 mA | nein |
| NE 587 | Signetics | TTL | ja | nein | Anode | 5...50 mA | ja |
| NE 589 | Signetics | TTL | ja | ja | Katode | 5...50 mA | ja |
| CA 3161 | Harris | TTL | ja | nein | Anode | 25 mA | ja |
| 4511 | viele | CMOS | ja | nein | Katode | 25 mA | nein |
| Für Flüssigkristall-Anzeigen (LCD) | | | | | | | |
| 4055 | viele | CMOS | nein | nein | | | |
| 4056 | viele | CMOS | ja | nein | | | |
| 4543 | viele | CMOS | ja | nein | | | |
| 4544 | viele | CMOS | ja | nein | | | |

**Tab. 25.6.** Siebensegment-Decoder

Einige Siebensegment-Decoder ermöglichen die Darstellung der Zahlen 10 bis 15 durch die Buchstaben A bis F. Allerdings werden dabei die Zahlen 11 bzw. 13 als Kleinbuchstaben b bzw. d dargestellt, weil man sie sonst nicht von der 8 bzw. 0 unterscheiden könnte. Derartige Decoder werden als Hexadezimal-Decoder bezeichnet. Decoder für mehrstellige Anzeigen finden sich in Kapitel 20.5 auf S. 1126.

### 25.7.4
### Alpha-Numerische Anzeige

Mit Siebensegment-Anzeigen lassen sich nur wenige Buchstaben darstellen. Zur Anzeige des ganzen Alphabets benötigt man eine größere Auflösung. Sie läßt sich durch den Einsatz von 16-Segment-Anzeigen bzw. 35-Punkt-Matrizen erzielen.

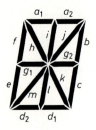

**Abb. 25.31.** 16-Segment-Anzeige. Die beiden zusätzlichen Punkte sind hier nicht dargestellt

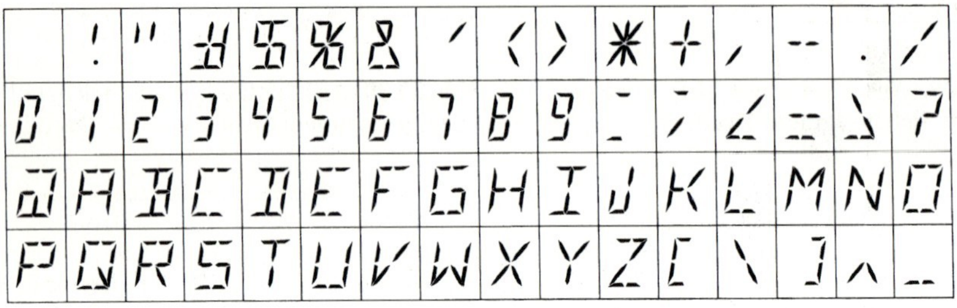

**Abb. 25.32.** Gebräuchlicher Zeichensatz einer 16-Segment-Anzeige

## 16-Segment-Anzeigen

Die Anordnung der Segmente einer 16-Segment-Anzeige ist in Abb. 25.31 dargestellt. Gegenüber der Siebensegment-Anzeige in Abb. 25.28 sind die Segmente a, d und g in zwei Teile aufgeteilt und die Segmente h bis m hinzugefügt. Damit läßt sich der in Abb. 25.32 dargestellte Zeichensatz erzeugen. Man beschränkt sich meist auf 64 Zeichen, die die Großbuchstaben, die Ziffern und die wichtigsten Sonderzeichen enthalten.

16-Segment-Anzeigen sind als Leuchtdioden- und Flüssigkristall-Typen erhältlich. LED-Typen werden von Hewlett-Packard, Monsanto und Siemens hergestellt. Die Anzeigen von Siemens besitzen eingebaute Decoder. Ein geeigneter Decoder für die übrigen Typen ist z.B. der AC 5947 von Texas Instruments. Er wird genauso wie der Siebensegment-Decoder in Abb. 25.29 an die Anzeige angeschlossen. Decoder für mehrstellige Anzeigen findet man in Kapitel 20.5 auf S. 1126 beschrieben.

## 35-Punktmatrix-Anzeigen

Eine bessere Auflösung als mit 16 Segmenten erhält man, wenn man eine Punktmatrix mit $5 \times 7$ Punkten verwendet, wie sie in Abb. 25.33 dargestellt ist. Damit lassen sich praktisch alle denkbaren Zeichen approximieren. So lassen sich – wie Abb. 25.35 zeigt – alle 96 ASCII-Zeichen und 32 weitere Sonderzeichen mit handelsüblichen Zeichengeneratoren darstellen.

Wegen der Vielzahl der entstehenden Leitungen wird jedoch bei den Matrix-Anzeigen nicht von jedem Element ein Anschluß herausgeführt, sondern sie wer-

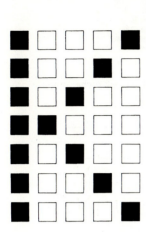

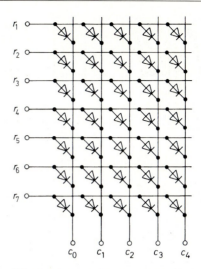

**Abb. 25.33.** Anordnung der Punkte in einer 35-Punkt-Matrix in 7 Zeilen zu je 5 Spalten

**Abb. 25.34.** Matrixförmige Verbindung der Anzeigeelemente am Beispiel von Leuchtdioden

den auch elektrisch als Matrix verbunden. Dies ist in Abb. 25.34 am Beispiel von Leuchtdioden dargestellt. Dadurch ergeben sich nur 12 äußere Anschlüsse. Allerdings ist es dadurch unmöglich, alle erforderlichen Elemente gleichzeitig einzuschalten. Man betreibt die Anzeige deshalb im Zeitmultiplex, indem man Reihe für Reihe selektiert und dabei jeweils die gewünschte Kombination von

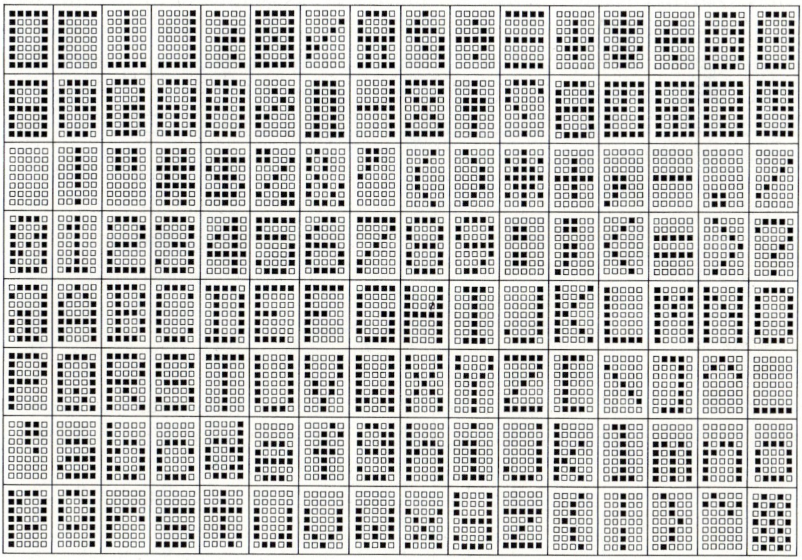

**Abb. 25.35.** Beispiel für einen ASCII-Zeichengenerator

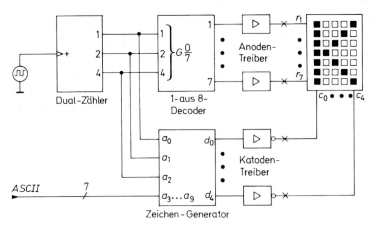

**Abb. 25.36.** Ansteuerschaltung für Leuchtdioden-Matrizen mit $5 \times 7$ Elementen

Anzeigeelementen einschaltet. Wenn man die Weiterschaltung genügend schnell vornimmt, bekommt der Betrachter den Eindruck, daß alle angesteuerte Punkte gleichzeitig aktiv sind. Bei einer Zyklusfrequenz über 100 Hz ist die Anzeige für das menschliche Auge praktisch flimmerfrei.

Die schematische Anordnung einer Ansteuerschaltung für LED-Matrizen ist in Abb. 25.36 dargestellt. Mit dem Dualzähler und dem 1-aus-8-Decoder wird jeweils eine Reihe selektiert. Die Reihennummer wird zusammen mit dem ASCII-Code für das gewünschte Zeichen in den Zeichengenerator gegeben. Er bestimmt gemäß Abb. 25.34, welche Punkte bei der jeweiligen Zeile eingeschaltet werden sollen. Zeichengeneratoren sind als maskenprogrammierte ROMs mit den in Abb. 25.35 dargestellten Symbolen erhältlich. Wenn man andere Zeichensätze wünscht, ist es zweckmäßig ein EPROM entsprechend zu programmieren. Wie der Inhalt des Zeichengenerators aussehen muß, ist am Beispiel des Zeichens „K" in Tab. 25.7 dargestellt. Eine Matrix-Anzeige mit integrierter Ansteuerelektronik ist z.B. der Typ DLR 7136 von Siemens.

| Zeilen- | ROM-Adress | | | | | | | | | | ROM-Inhalt | | | | |
| nummer | ASCII-„K" | | | | | | | $i$ | | | Spaltencode | | | | |
| $i$ | $a_9$ | $a_8$ | $a_7$ | $a_6$ | $a_5$ | $a_4$ | $a_3$ | $a_2$ | $a_1$ | $a_0$ | $c_0$ | $c_1$ | $c_2$ | $c_3$ | $c_4$ |
|---|---|---|---|---|---|---|---|---|---|---|---|---|---|---|---|
| 1 | 1 | 0 | 0 | 1 | 0 | 1 | 1 | 0 | 0 | 1 | 1 | 0 | 0 | 0 | 1 |
| 2 | 1 | 0 | 0 | 1 | 0 | 1 | 1 | 0 | 1 | 0 | 1 | 0 | 0 | 1 | 0 |
| 3 | 1 | 0 | 0 | 1 | 0 | 1 | 1 | 0 | 1 | 1 | 1 | 0 | 1 | 0 | 0 |
| 4 | 1 | 0 | 0 | 1 | 0 | 1 | 1 | 1 | 0 | 0 | 1 | 1 | 0 | 0 | 0 |
| 5 | 1 | 0 | 0 | 1 | 0 | 1 | 1 | 1 | 0 | 1 | 1 | 0 | 1 | 0 | 0 |
| 6 | 1 | 0 | 0 | 1 | 0 | 1 | 1 | 1 | 1 | 0 | 1 | 0 | 0 | 1 | 0 |
| 7 | 1 | 0 | 0 | 1 | 0 | 1 | 1 | 1 | 1 | 1 | 1 | 0 | 0 | 0 | 1 |

**Tab. 25.7.** Inhalt des Zeichengenerators zur Darstellung des Zeichens „K"

Die Multiplex-Ansteuerung von Flüssigkristallanzeigen ist etwas komplizierter, da es sich dabei nicht vermeiden läßt, daß auch die nicht-selektierten Punkte eine Wechselspannung erhalten. Aus diesem Grund verwendet man ein 3-Pegel-Signal zur Ansteuerung, bei dem die Amplitude an den nicht-selektierten Elementen unter der Einschaltschwelle bleibt (s. Abb. 25.17 auf S. 1308). Derartige Triplex-Decoder sind ebenfalls als integrierte Schaltungen erhältlich [25.5]; einige Typen sind in Kapitel 20.5 auf S. 1126 zusammengestellt.

# Literatur

[25.1]    Härtel, V.: Das Opto-Kochbuch. Freising: Texas Instruments.

[25.2]    Bludau, W.: Halbleiter-Optoelektronik. Carl Hanser, Wien.

[25.3]    Photoconductive Cell Application Design Handbook. Datenbuch der Firma Clairex, Mount Vernon, N.Y.

[25.4]    Camatini, E.: Progress in Electro-Optics. New York, London: Plenum Press 1975.

[25.5]    Walter, K.H.: Ein universeller Ansteuerbaustein für Flüssigkristallanzeigen. Siemens Components 19 (1981) H. 5, S. 160–165.

# Kapitel 26:
# Anhang

## 26.1
## PSpice-Kurzanleitung

### 26.1.1
### Grundsätzliches

*PSpice* von *OrCAD* (früher *MicroSim*) ist ein Schaltungssimulator der *Spice*-Familie (*Simulation Program with Integrated Circuit Emphasis*) zur Simulation analoger, digitaler und gemischt analog-digitaler Schaltungen. *Spice* wurde um 1970 an der Universität in Berkeley entwickelt und existiert heute in der Version 3F4 zur lizenzfreien Verwendung. Auf dieser Basis wurden kommerzielle Ableger entwickelt, die spezifische Erweiterungen und zusätzliche Module zur graphischen Schaltplaneingabe, Ergebnisanzeige und Ablaufsteuerung enthalten. Die bekanntesten Ableger sind *PSpice* und *HSpice*. Während *HSpice* von *Metasoft* für den Entwurf integrierter Schaltungen mit mehreren Tausend Transistoren ausgelegt ist und in vielen IC-Design-Paketen als Simulator verwendet wird, ist *PSpice* ein besonders preisgünstiges und komfortabel zu bedienendes Programmsystem zum Entwurf kleiner und mittlerer Schaltungen auf PCs mit Windows-Betriebssystem.

Die vorliegende Kurzanleitung basiert auf der Demo-Version von *PSpice* für *Windows 95/98/NT/2000*, die unter der Bezeichnung *MicroSim DesignLab Evaluation Version 8* über die Web-Adresse *http://www.hoschar.de* bezogen werden kann.

### 26.1.2
### Programme und Dateien

#### Spice

Alle Simulatoren der *Spice*-Familie arbeiten mit Netzlisten. Eine Netzliste ist eine mit einem Editor erstellte Beschreibung einer Schaltung, die neben den Bauteilen und Angaben zur Schaltungstopologie Simulationsanweisungen und Verweise auf Bibliotheken mit Modellen enthält. Abb. 26.1 zeigt den Ablauf einer Schaltungssimulation mit den beteiligten Programmen und Dateien:

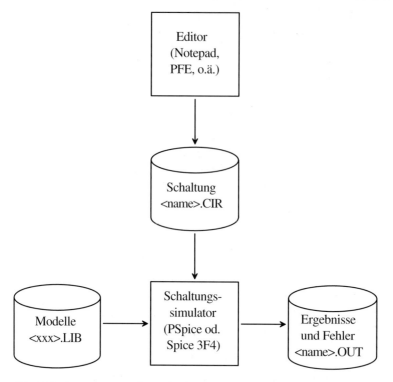

**Abb. 26.1.** Programme und Dateien bei *Spice*

- Die Netzliste der zu simulierenden Schaltung wird mit einem Editor erstellt und in der Schaltungsdatei *<name>.CIR* (*CIRcuit*) gespeichert.
- Der Simulator (*PSpice* oder *Spice 3F4*) liest die Schaltung ein und führt die Simulation entsprechend den Simulationsanweisungen durch; dabei werden ggf. Modelle aus Bauteile-Bibliotheken *<xxx>.LIB* (*LIBrary*) verwendet.
- Simulationsergebnisse und (Fehler-) Meldungen werden in der Ausgabedatei *<name>.OUT* (*OUTput*) abgelegt und können mit einem Editor angezeigt und ausgedruckt werden.

**PSpice**

Das *PSpice*-Paket enthält neben dem Simulator *PSpice* ein Programm zur graphischen Schaltplan-Eingabe (*Schematics*) und ein Programm zur graphischen Anzeige der Simulationsergebnisse (*Probe*). Abb. 26.2 zeigt den Ablauf mit den beteiligten Programmen und Dateien:

- Mit dem Programm *Schematics* wird der Schaltplan der zu simulierenden Schaltung eingegeben und in der Schaltplandatei *<name>.SCH* (*SCHematic*) gespeichert; dabei werden Schaltplansymbole aus Symbol-Bibliotheken *<xxx>.SLB* (*Schematic LiBrary*) verwendet.

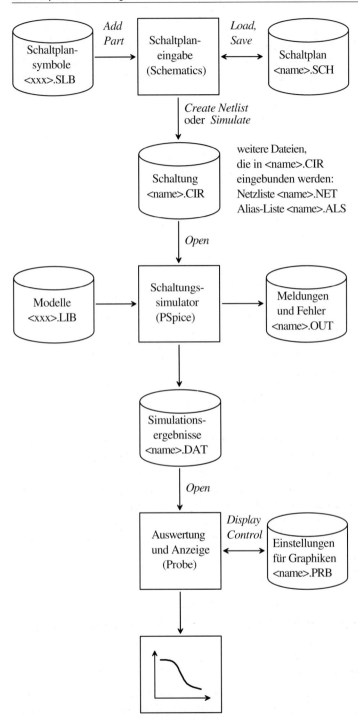

**Abb. 26.2.** Programme und Dateien bei *PSpice*

- Im Programm *Schematics* wird durch Starten der Simulation (*Analysis/ Simulate*) oder durch Erzeugen der Netzliste (*Analysis/Create Netlist*) die Schaltungsdatei *<name>.CIR* erzeugt; dabei wird die Netzliste in der Datei *<name>.NET* gespeichert und mit einer *Include*-Anweisung eingebunden. Als weitere Datei wird *<name>.ALS* erzeugt; diese Datei enthält eine Liste mit Alias-Namen und ist für den Anwender unbedeutend.

- *PSpice* wird durch Starten der Simulation (*Analysis/Simulate*) im Programm *Schematics* gestartet; alternativ kann man *PSpice* manuell starten und mit *File/Open* die Schaltungsdatei auswählen. Bei der Simulation werden Modelle aus Bauteile-Bibliotheken *<xxx>.LIB* verwendet.

- Die graphisch darstellbaren Simulationsergebnisse werden in der Datendatei *<name>.DAT* gespeichert; nichtgraphische Ergebnisse und Meldungen werden in der Ausgabedatei *<name>.OUT* abgelegt und können mit einem Editor angezeigt werden.

- Mit dem Programm *Probe* können die Simulationsergebnisse graphisch dargestellt werden; dabei kann man die einzelnen Signale direkt darstellen oder Berechnungen mit einem oder mehreren Signalen durchführen. Die zum Aufbau einer Graphik erforderlichen Befehle können mit der Funktion *Options/Display Control* in der Anzeigedatei *<name>.PRB* gespeichert und wieder abgerufen werden. Wenn die Simulation im Programm *Schematics* mit *Analysis/Simulate* gestartet wurde, wird *Probe* am Ende der Simulation automatisch gestartet; die Datendatei *<name>.DAT* wird in diesem Fall automatisch geladen. Bei manuellem Start muß man die Datendatei mit *File/Open* auswählen.

Man kann auch bei *PSpice* direkt mit Netzlisten arbeiten, indem man auf die graphische Schaltplan-Eingabe verzichtet und die Schaltungsdatei *<name>.CIR* mit einem Editor erstellt. Man hat dann im Vergleich zu *Spice* immer noch den Vorteil der graphischen Darstellung der Simulationsergebnisse mit *Probe*. Diese Arbeitsweise wird oft bei der Erstellung von neuen Modellen verwendet, da ein erfahrener Anwender Fehler, die beim Testen eines Modells auftreten, in der Schaltungsdatei schneller beheben kann als über die graphische Schaltplan-Eingabe.

### 26.1.3
### Ein einfaches Beispiel

Die Eingabe einer Schaltung und die Durchführung einer Simulation werden am Beipiel eines Kleinsignal-Verstärkers mit Wechselspannungskopplung gezeigt; Abb. 26.3 zeigt den Schaltplan.

### Eingabe des Schaltplans

Zur Schaltplan-Eingabe wird das Programm *Schematics* gestartet; Abb. 26.4 zeigt das Programmfenster. Die Werkzeugleiste enthält von links beginnend die *File*-Operationen *New*, *Open*, *Save* und *Print*, die *Edit*-Operationen *Cut*, *Copy*, *Paste*,

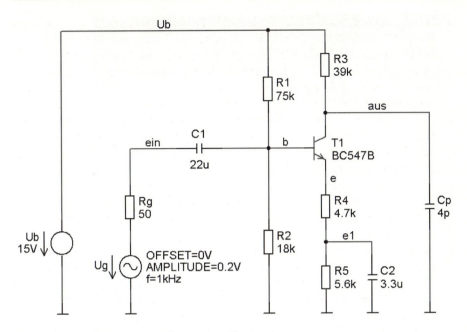

**Abb. 26.3.** Schaltplan des Beispiels

*Undo* und *Redo* und die *Draw*-Operationen *Redraw, Zoom In, Zoom Out, Zoom Area* und *Zoom to Fit Page,* die alle in der gewohnten Art arbeiten.

Die Schaltplan-Eingabe wird schrittweise vorgenommen:

- Bauteile einfügen;
- Bauteile konfigurieren;
- Verbindungsleitungen einfügen.

Dazu werden folgende Werkzeuge benötigt:

| Schritt | Werkzeug | | Aktion |
|---|---|---|---|
| 1 | | *Get New Part* | Bauteil einfügen |
| 2 | | *Edit Attributes* | Bauteil konfigurieren |
| 3 | | *Draw Wire* | Verbindungsleitung einfügen |
| 4 | | *Setup Analysis* | Simulationsanweisungen eingeben |
| 5 | | *Simulate* | Simulation starten |

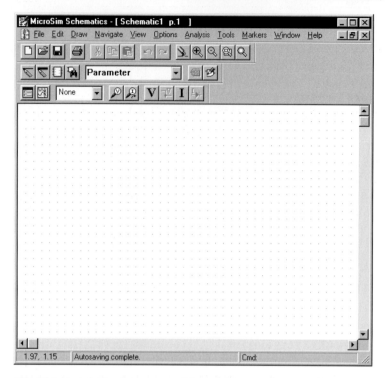

**Abb. 26.4.** Fenster des Programms *Schematics*

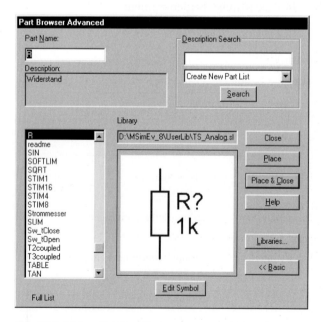

**Abb. 26.5.** Dialog *Get New Part*

**Bauteile einfügen:** Mit dem Werkzeug *Get New Part* wird das Dialog-Fenster *Part Browser Basic* aufgerufen; mit der Funktion *Advanced* erhält man das in Abb. 26.5 gezeigte Dialog-Fenster *Part Browser Advanced*. Ist der Name des Bauteils bekannt, kann er im Feld *Part Name* eingegeben werden; das Bauteil erscheint in der Vorschau und kann mit *Place* oder *Place & Close* übernommen werden. Ist der Name nicht bekannt, muß man die Liste der Bauteile durchsuchen. Mit der Funktion *Libraries* kann man ein Dialog-Fenster aufrufen, in dem die Bauteile nach Bibliotheken getrennt angezeigt werden; eine Vorschau erfolgt hier jedoch erst nach erfolgter Auswahl und Rücksprung mit *Ok*.

Nach Übernahme mit *Place* oder *Place & Close* wird das Bauteil durch Betätigen der linken Maustaste im Schaltplan eingefügt. Vor dem Einfügen kann man das Bauteil mit *Strg-R* rotieren und mit *Strg-F* spiegeln. Der Einfügemodus bleibt erhalten, bis die rechte Maustaste oder *Esc* betätigt wird.

Die Namen der wichtigsten passiven und aktiven Bauteile lauten:

| Name | Bauteil | Bibliothek |
|---|---|---|
| R | Widerstand | TS_ANALOG.SLB |
| C | Kapazität | |
| L | Induktivität | |
| K | induktive Kopplung | |
| E | spannungsgesteuerte Spannungsquelle | |
| F | stromgesteuerte Stromquelle | |
| G | spannungsgesteuerte Stromquelle | |
| H | stromgesteuerte Spannungsquelle | |
| Uebertrager | idealer Übertrager | |
| U | allgemeine Spannungsquelle | |
| Ub | Gleichspannungsquelle | |
| U-Dreieck | Großsignal-Dreieckspannungsquelle | |
| U-Puls | Großsignal-Pulsspannungsquelle | |
| U-Rechteck | Großsignal-Rechteckspannungsquelle | |
| U-Sinus | Großsignal-Sinusspannungsquelle | |
| I | allgemeine Stromquelle | |
| Ib | Gleichstromquelle | |
| GND | Masse | |
| 1N4148 | Kleinsignal-Diode 1N4148 (100mA) | TS_BIPOLAR.SLB |
| 1N4001 | Gleichrichter-Diode 1N4001 (1A) | |
| BAS40 | Kleinsignal-Schottky-Diode BAS40 | |
| BC547B | npn-Kleinsignal-Transistor BC547B | |
| BC557B | pnp-Kleinsignal-Transistor BC557B | |
| BD239 | npn-Leistungs-Transistor BD239 | |
| BD240 | pnp-Leistungs-Transistor BD240 | |
| BF245B | n-Kanal-Sperrschicht-Fet BF245B | TS_FET.SLB |
| IRF142 | n-Kanal-Leistungs-Mosfet IRF142 | |
| IRF9142 | p-Kanal-Leistungs-Mosfet IRF9142 | |

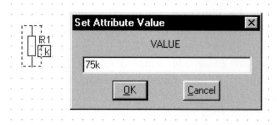

**Abb. 26.6.** Dialog *Set Attribute Value*

**Bauteile konfigurieren:** Die meisten Bauteile müssen nach dem Einfügen noch konfiguiert werden. Darunter versteht man bei passiven Bauteilen wie Widerständen, Kapazitäten und Induktivitäten die Angabe des Wertes (*Value*), bei Spannungs- und Stromquellen die Angabe der Signalform mit den zugehörigen Parametern (Amplitude, Frequenz, usw.) und bei gesteuerten Quellen die Angabe des Steuerfaktors. Halbleiterbauelemente wie Transistoren oder Operationsverstärker müssen nicht konfiguriert werden, da sie einen Verweis auf ein Modell in einer Modell-Bibliothek enthalten, das alle Angaben enthält.

Den Wert eines passiven Bauelements kann man durch einen Maus-Doppelklick auf den angezeigten Wert ändern; dabei erscheint ein Dialog-Fenster *Set Attribute Value* zur Eingabe des Wertes, siehe Abb. 26.6.

Über das Werkzeug *Edit Attributes* oder durch einen Maus-Doppelklick auf das Symbol des Bauteils erhält man das in Abb. 26.7 gezeigte Dialog-Fenster *Part*, in dem alle Parameter anzeigt werden. Parameter, die nicht mit einem Stern gekennzeichnet sind, können ausgewählt, im Feld *Value* geändert und mit *Save Attr* gespeichert werden. Mit der Funktion *Change Display* kann man einstellen, ob und wie der ausgewählte Parameter im Schaltplan angezeigt wird; meistens

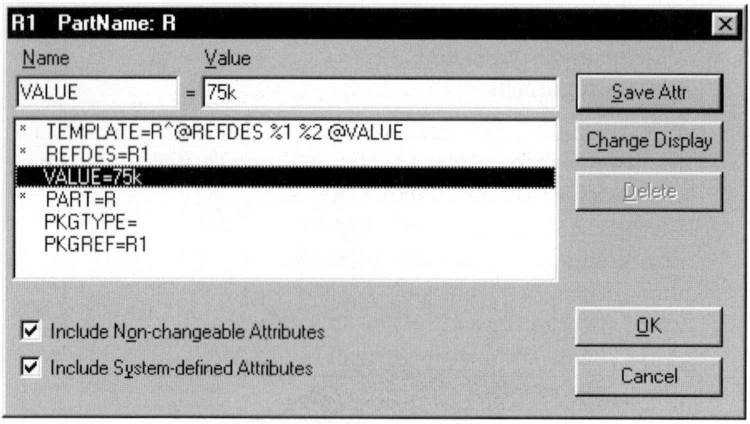

**Abb. 26.7.** Dialog *Part*

wird nur der Wert, z.B. *1k*, oder der Parametername und der Wert, z.B. *R = 1k*, angezeigt.

Zahlenwerte können in exponentieller Form, z.B. *1.5E-3* (beachte: Dezimalpunkt, kein Komma !), oder mit den folgenden Suffixen angegeben werden:

| Suffix | f | p | n | u | m | k | Mega | G | T |
|--------|---|---|---|---|---|---|------|---|---|
| Name | Femto | Piko | Nano | Mikro | Milli | Kilo | Mega | Giga | Terra |
| Wert | $10^{-15}$ | $10^{-12}$ | $10^{-9}$ | $10^{-6}$ | $10^{-3}$ | $10^{3}$ | $10^{6}$ | $10^{9}$ | $10^{12}$ |

Es wird nicht zwischen Groß- und Kleinschreibung unterschieden. Ein häufig auftretender Fehler ist die Verwendung von *M* für *Mega*, was üblich ist, aber von *PSpice* als *Milli* interpretiert wird.

**Verbindungsleitungen einfügen:** Nachdem alle Bauteile der Schaltung eingefügt und konfiguriert sind, müssen mit dem Werkzeug *Draw Wire* die Verbindungsleitungen eingegeben werden; dabei wird anstelle des Mauszeigers ein Stift angezeigt. Zunächst muß man den Anfangspunkt einer Leitung durch Betätigen der linken Maustaste markieren. Der Verlauf der Leitung wird als gestrichelte Linie angezeigt und kann mit der linken Maustaste punktweise bis zum Endpunkt eingegeben werden, siehe Abb. 26.8. Im einfachsten Fall wird nur der Anfangs- und der Endpunkt eingegeben; in diesem Fall wird der Verlauf automatisch gewählt. Durch setzen von Zwischenpunkten kann man den Verlauf beeinflussen. Wird ein Punkt auf den Anschluß eines Bauteils oder auf eine andere Leitung gesetzt, wird die Leitung als vollständig betrachtet und die Eingabe beendet. Alternativ kann man die Eingabe durch Betätigen der rechten Maustaste oder *Esc* an jeder beliebigen Stelle beenden.

Masseleitungen werden normalerweise nicht gezeichnet; statt dessen wird an jedem Punkt, der mit Masse verbunden ist, das Masse-Symbol GND angeschlossen. Die Masse wird in der Netzliste mit dem Knoten-Namen 0 bezeichnet, die Bestandteil von GND ist. Es muß immer ein Knoten 0 vorhanden sein; deshalb muß jeder Schaltplan mindestens ein Masse-Symbol enthalten.

Alle Knoten erhalten automatisch einen Namen zugewiesen, der in der Netzliste erscheint und im Anzeigeprogramm *Probe* zur Auswahl der anzuzeigenden Signal benötigt wird. Da die automatisch vergebenen Namen nicht im Schaltplan erscheinen und deshalb ohne Auswertung der Netzliste nicht bekannt sind, sollte man im Schaltplan für jeden interessierenden Knoten einen sprechenden

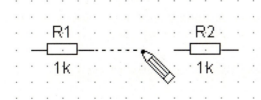

**Abb. 26.8.** Einfügen einer Verbindungsleitung

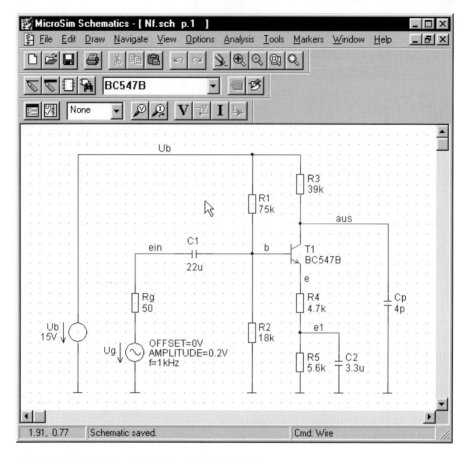

**Abb. 26.9.** Vollständiger Schaltplan für das Beispiel

Namen angeben; dazu führt man einen Doppelklick auf eine zu diesem Knoten gehörende Leitung aus und gibt den Namen ein.

Nach dem Einfügen und Konfigurieren aller Bauteile, dem Einfügen aller Verbindungsleitungen und der Eingabe der Knoten-Namen erhält man den Schaltplan nach Abb. 26.9; er wird, falls noch nicht erfolgt, mit *File/Save* gespeichert.

**Simulationsanweisungen eingeben**

In diesem Schritt werden die durchzuführenden Simulationen und die Parameter der zur Ansteuerung verwendeten Spannungs- und Stromquellen angegeben. Es gibt drei Simulationsmethoden, die mit unterschiedlichen Quellen arbeiten:

- *Gleichspannungsanalyse (DC Sweep):* Mit dieser Analyse wird das Gleichspannungsverhalten einer Schaltung untersucht; dabei werden eine oder zwei Quellen variiert. Als Ergebnisse erhält man eine Kennlinie oder ein Kennlinienfeld.

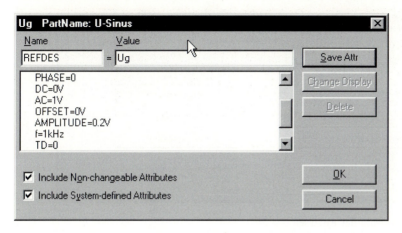

**Abb. 26.10.** Parameter der Quelle zur Ansteuerung der Schaltung

Bei dieser Analyse werden nur Gleichspannungsquellen und die Gleichanteile aller anderen Quellen (Parameter *DC=*) berücksichtigt.

- *Kleinsignalanalyse (AC Sweep):* Mit dieser Analyse wird das Kleinsignalverhalten untersucht. Zunächst wird mit Hilfe der Gleichspannungsquellen bzw. Gleichanteile der Arbeitspunkt der Schaltung ermittelt; in diesem Arbeitspunkt wird die Schaltung linearisiert. Anschließend wird mit Hilfe der komplexen Wechselstromrechnung das Übertragungsverhalten bei Variation der Frequenz ermittelt. In diesem zweiten Schritt werden nur die Kleinsignalanteile der Quellen (Parameter *AC=*) berücksichtigt. Da die Kleinsignalanalyse linear ist, hängt das Ergebnis linear von den angegebenen Amplituden ab; man verwendet deshalb meist eine normierte Amplitude von *1V* bzw. *1A*, d.h. *AC=1*.

- *Großsignalanalyse (Transient):* Mit dieser Analyse wird das Großsignalverhalten untersucht; dabei wird der zeitliche Verlauf aller Spannungen und Ströme durch numerische Integration ermittelt. Bei dieser Analyse werden nur Großsignalquellen und die Großsignalanteile aller anderen Quellen berücksichtigt.

In unserem Beispiel soll eine Kleinsignalanalyse zur Ermittlung des Kleinsignal-Frequenzgangs und eine Großsignalanalyse mit einem Sinussignal der Amplitude 0.2V (beachte: Dezimalpunkt, kein Komma!) und der Frequenz 1kHz durchgeführt werden. In diesem Fall wird am Eingang eine Großsignal-Spannungsquelle *U-Sinus* mit zusätzlichem Parameter *AC* verwenden, siehe Schaltplan des Beispiels in Abb. 26.9. Abb. 26.10 zeigt die Parameter der Quelle, die aus den Vorgaben folgen.

Neben den Einstellungen der Quellen werden Simulationsanweisungen benötigt; damit werden die durchzuführenden Analysen ausgewählt und Parameter zur Analyse angegeben:

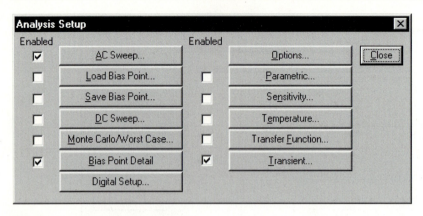

**Abb. 26.11.** Auswahl der Analysen

- *DC Sweep:* Name und Wertebereich der zu variierenden Quelle(n).
- *AC Sweep:* Frequenzbereich.
- *Transient:* Länge des zu simulierenden Zeitabschnitts und ggf. Schrittweite für die numerische Integration.

Die Simulationsanweisungen werden mit dem Werkzeug *Setup Analysis* erstellt. Dabei erscheint zunächst die in Abb. 26.11 gezeigte Auswahl der Analysen. Neben den bereits erläuterten Analysen *AC Sweep*, *DC-Sweep* und *Transient* sind weitere Analysen und Ergänzungen möglich, auf die z.T. an späterer Stelle noch eingegangen wird. Die Analyse *Bias Point Detail* berechnet den Arbeitspunkt mit Hilfe der Gleichspannungsquellen bzw. Gleichanteile und legt das Ergebnisse in der Ausgabedatei <name>.OUT ab; diese Analyse ist standardmäßig aktiviert. Für das Beispiel müssen *AC Sweep* und *Transient* aktiviert werden.

Durch Auswahl des Feldes *AC Sweep* wird der in Abb. 26.12 gezeigte *AC-Sweep*-Dialog zur Eingabe des Frequenzbereichs aufgerufen. In unserem Beispiel soll der Frequenzgang von 1Hz bis 10MHz mit 10 Punkten pro Dekade ermittelt werden.

Durch Auswahl des Feldes *Transient* wird der in Abb. 26.13 gezeigte *Transient*-Dialog aufgerufen. Hier wird im Feld *Final Time* das Ende der Simulation und im Feld *Step Ceiling* die maximale Schrittweite für die numerische Integration angegeben. Im Feld *No-Print Delay* wird angegeben, wann die Aufzeichnung der Ergebnisse beginnen soll; hier wird normalerweise 0 eingegeben, damit alle berechneten Werte graphisch angezeigt werden können. Wenn bei Schaltungen mit langer Einschwingzeit nur der eingeschwungene Zustand ermittelt werden soll, kann man *No-Print Delay* auf die geschätzte Einschwingzeit setzen und damit die Aufzeichnung erst nach der Einschwingzeit starten. Der Parameter *Print Step* ist historisch bedingt und wird nicht benötigt; er darf allerdings nicht auf 0 gesetzt werden und muß kleiner oder gleich der *Final Time* sein. Zusätzlich wird eine Fourier-Analyse des Ausgangssignals *v(aus)* bei einer Grundfrequenz von 1kHz entsprechend der Frequenz der Quelle durchgeführt; dabei werden 5

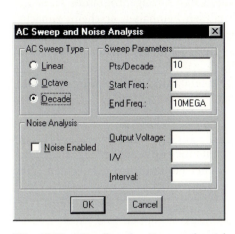

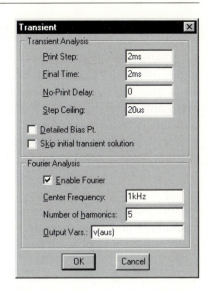

**Abb. 26.12.** Einstellen des Frequenzbereichs für *AC Sweep*

**Abb. 26.13.** Einstellen der Parameter für *Transient*

Harmonische bestimmt, die zusammen mit dem daraus berechneten Klirrfaktor in der Ausgabedatei *<name>.OUT* abgelegt werden.

Nachdem dem Eingeben der Simulationsanweisungen ist die Schaltplandatei komplett und wird mit *File/Save* gespeichert.

### Simulation starten

Die Simulation wird mit dem Werkzeug *Simulate* gestartet; dabei wird zunächst die Netzliste erzeugt und dann der Simulator *PSpice* gestartet. Während der Simulation wird der Ablauf im *PSpice*-Fenster angezeigt; Abb. 26.14 zeigt die Anzeige am Ende der Simulation.

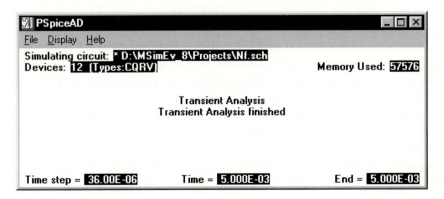

**Abb. 26.14.** *PSpice*-Fenster am Ende der Simulation

## Anzeigen der Ergebnisse

Bei fehlerfreier Simulation wird automatisch das Anzeigeprogramm *Probe* gestartet. Wenn die Simualtion mehrere Analysen beinhaltet, erscheint zunächst
die in Abb. 26.15 gezeigte Auswahl der Analyse; nach Auswahl von *AC* erscheint
das in Abb. 26.16 gezeigte *AC*-Fenster, das bereits die Frequenzskala entsprechend
dem simulierten Frequenzbereich enthält.

Die Auswahl der anzuzeigenden Signale erfolgt mit dem Werkzeug *Add Trace*:

| | *Add Trace* | Signal einfügen |

Abb. 26.17 zeigt den Dialog *Add Traces* mit einer Auswahl der Signale auf der
linken Seite und einer Auswahl mathematischer Funktion auf der rechten Seite.
Dabei werden u.a. folgende Bezeichnungen verwendet:

| Bezeichnung | Beispiel | Bedeutung |
|---|---|---|
| I(<Bauteil>) | I(R1) | Strom durch ein Bauteil mit zwei Anschlüssen, z.B. Strom durch den Widerstand R1 |
| I<Anschluß>(<Bauteil>) | IB(T1) | Strom in den Anschluß eines Bauteils, z.B. Basisstrom des Transistors T1 |
| V(<Knotenname>) | V(aus) | Spannung an einem Knoten mit Bezug auf Masse, z.B. Spannung am Knoten *aus* |
| V(<Bauteil.Anschluß>) | V(C1:1) | Spannung am Anschluß eines Bauteils, z.B. Spannung am Anschluß 1 der Kapazität C1 |
| V<Anschluß>(<Bauteil>) | VB(T1) | Spannung am Anschluß eines Bauteils, z.B. Spannung am Basisanschluß des Transistors T1 |

Durch Anklicken mit der Maus werden die Signale oder Funktionen in das Feld
*Trace Expression* übernommen und können dort ggf. editiert werden. Bei der
Anzeige von *AC*-Signalen sind folgende Angaben möglich:

| Anzeige | Betrag | Betrag in dB | Phase |
|---|---|---|---|
| Beispiel | M(V(aus)) VM(aus) V(aus) | DB(V(aus)) VDB(aus) | P(V(aus)) VP(aus) |

Im Beispiel wird mit *Vdb(aus)* der Betrag der Ausgangsspannung angezeigt,
siehe Abb. 26.18. Da die ansteuernde Spannungsquelle eine Amplitude von *1V*
(*AC=1*) aufweist, entspricht dies der Kleinsignal-Verstärkung der Schaltung. Mit

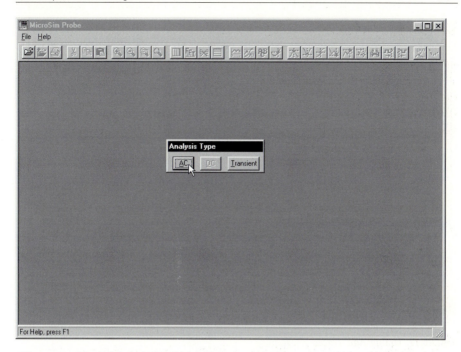

**Abb. 26.15.** Auswahl der Analyse beim Aufruf von *Probe*

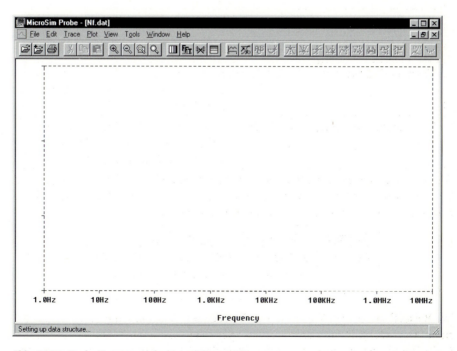

**Abb. 26.16.** *Probe*-Fenster nach Auswahl von *AC*

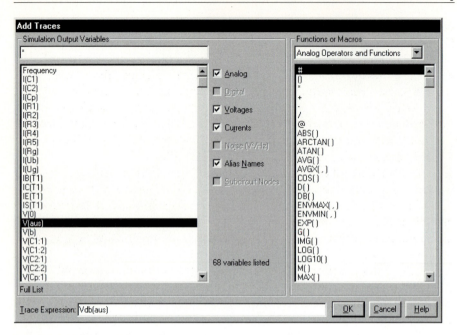

**Abb. 26.17.** Dialog *Add Traces*

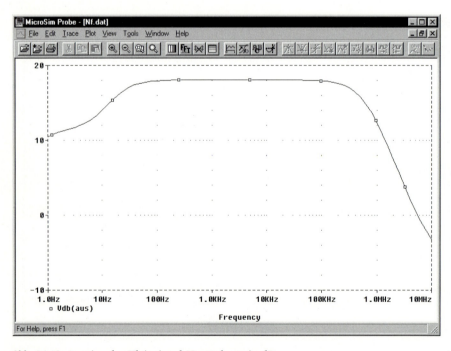

**Abb. 26.18.** Anzeige der Kleinsignal-Verstärkung in dB

den Menü-Befehlen *Plot/X Axis Settings* und *Plot/Y Axis Settings* kann man die Skalierung der x- und y-Achse ändern.

Man kann ohne weitere Maßnahmen weitere Signale in die Anzeige einfügen, wenn diese dieselbe Skalierung aufweisen. Will man Signale mit anderer Skalierung, z.B. die Phase *Vp(aus)*, sinnvoll darstellen, muß man zunächst mit dem Menü-Befehl *Plot/Add Y Axis* eine weitere y-Achse erzeugen. Die aktive y-Achse ist mit >> markiert und kann durch Anklicken mit der Maus ausgewählt werden; nach *Plot/Add Y Axis* ist automatisch die neue y-Achse aktiv. Nach Einfügen der Phase *Vp(aus)* erhält man die Anzeige in Abb. 26.19.

Zum Abschluß sollen noch die Ergebnisse der Großsignalanalyse angezeigt werden. Dazu muß man zunächst mit dem Menü-Befehl *Plot/Transient* umscF-halten; es erscheint eine leere Anzeige, die bereits eine Zeitskala entsprechend dem simulierten Zeitabschnitt enthält. Fügt man mit dem Dialog *Add Traces* die Spannungen *V(ein)*, *V(b)*, *V(e)* und *V(aus)* ein, erhält man die Anzeige in Abb. 26.20.

Die Einstellungen für eine bestimmte Anzeige können mit dem Menü-Befehls *Tools/Display Control* abgespeichert und später wieder abgerufen werden. Die Speicherung erfolgt getrennt nach Analysen, d.h. es werden nur die Einstellungen angezeigt, die zur ausgewählten Analyse gehören. Die zuletzt verwendeten Einstellungen kann man, sofern vorhanden, mit *Last Session* aufrufen.

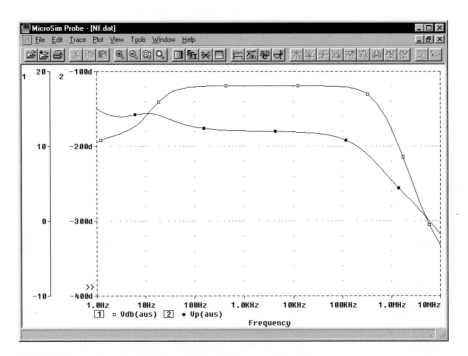

**Abb. 26.19.** Anzeige der Kleinsignal-Verstärkung und der Phase

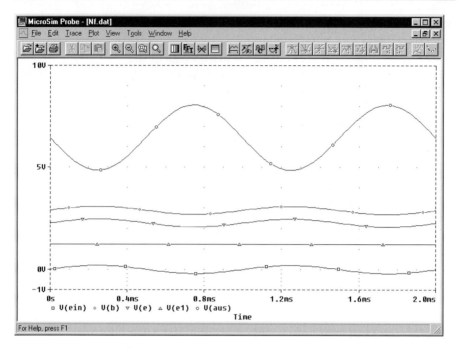

**Abb. 26.20.** Ergebnisse der Großsignalanalyse

Mit dem Menü-Befehl *Tools/Cursor/Display* kann man zwei Marker darstellen, die mit der linken bzw. rechten Maustaste bewegt werden; dabei werden die x- und y-Werte der Markerpositionen in einem zusätzlichen Fenster angezeigt. Näheres findet man in der Hilfe unter dem Stichwort *Cursor*. Das Ein- und Ausschalten der Marker kann auch mit dem Werkzeug *Toggle Cursor* erfolgen:

|  *Toggle Cursor* | Marker an- und ausschalten |
|---|---|

### Arbeitspunkt anzeigen

Nach einer Simulation können die Spannungen und Ströme des Arbeitspunkts im Schaltplan dargestellt werden, siehe Abb. 26.21 und Abb. 26.22; dies geschieht im Programm *Schematics* mit den folgenden Werkzeugen:

| **V** *Enable Bias Voltage Display* | Arbeitspunktspannungen anzeigen |
|---|---|
| **I** *Enable Bias Current Display* | Arbeitspunktströme anzeigen |

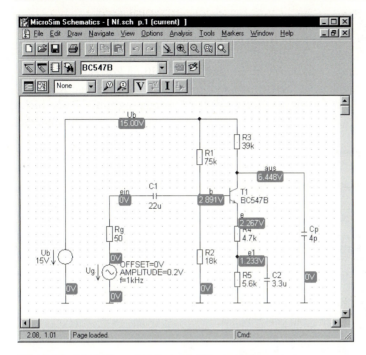

**Abb. 26.21.** Schaltplan mit Arbeitspunktsspannungen

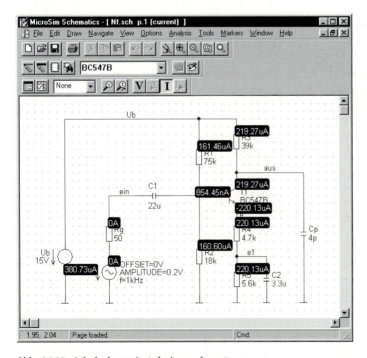

**Abb. 26.22.** Schaltplan mit Arbeitspunktsströmen

Im Normalfall wird man nach Eingabe einer umfangreicheren Schaltung zunächst den Arbeitspunkt überprüfen, indem man eine Simulation mit der standardmäßig aktivierten Analyse *Bias Point Detail* durchführt und die Ergebnisse kontrolliert. Man stellt damit sicher, daß die Schaltung korrekt eingegeben wurde und funktionfähig ist, bevor man weitere, u.U. zeitaufwendige Analysen durchführt. Bei dieser Vorgehensweise wird das Anzeigeprogramm *Probe* nicht gestartet, weil bei der Analyse *Bias Point Detail* keine graphischen Daten anfallen.

### Netzliste und Ausgabedatei

Die Dateien des Beispiels haben folgenden, hier z.T. gekürzt wiedergegeben Inhalt.

- **Schaltungsdatei NF.CIR:**

```
** Analysis setup **
.ac DEC 10 1 10MEGA
.tran 2ms 2ms 0 20us
.four 1kHz 5 v([aus])
.OP
* From [SCHEMATICS NETLIST] section of msim.ini:
.lib "D:\MSimEv_8\UserLib\TS.lib"
.lib nom.lib
.INC "Nf.net"
.INC "Nf.als"
.probe
.END
```

Diese Datei enthält die Simulationsanweisungen (.ac/.tran/.four/.OP), den Verweis auf die Modell-Bibliotheken (.lib) und die Anweisungen zum Einbinden der Netzliste und der Aliasdatei (.INC).

- **Netzliste NF.NET:**

```
* Schematics Netlist *
R_R5          e1 0 5.6k
C_C2          e1 0 3.3u
R_R4          e e1 4.7k
R_Rg          ein $N_0001 50
V_Ub          Ub 0 DC 15V
R_R3          Ub aus 39k
R_R2          b 0 18k
Q_T1          aus b e BC547B
C_C1          ein b 22u
R_R1          Ub b 75k
C_Cp          aus 0 4p
V_Ug          $N_0001 0 DC 0V AC 1V
+ SIN 0V 0.2V 1kHz 0 0
```

- **Ausgabedatei NF.OUT:**

```
****      BJT MODEL PARAMETERS


          BC547B
          NPN
     IS   7.049000E-15
```

```
          BF   374.6
          NF   1
         VAF   62.79
         IKF    .08157
         ISE   68.000000E-15
          NE   1.576
          BR   1
          NR   1
         IKR   3.924
         ISC   12.400000E-15
          NC   1.835
          NK    .4767
          RC    .9747
         CJE   11.500000E-12
         VJE    .5
         MJE    .6715
         CJC   5.250000E-12
         VJC    .5697
         MJC    .3147
          TF   410.200000E-12
         XTF   40.06
         VTF   10
         ITF   1.491
          TR   10.000000E-09
         XTB   1.5
```

**** SMALL SIGNAL BIAS SOLUTION     TEMPERATURE = 27.000 DEG C

```
NODE  VOLTAGE    NODE  VOLTAGE    NODE   VOLTAGE   NODE  VOLTAGE
( b)  2.8908    ( e)   2.2673    ( e1)  1.2327   ( Ub) 15.0000
( us) 6.4484    (ein)  0.0000    ($N_0001) 0.0000
    VOLTAGE SOURCE CURRENTS
    NAME           CURRENT
    V_Ub           -3.807E-04
    V_Ug            0.000E+00
    TOTAL POWER DISSIPATION   5.71E-03  WATTS
```

**** OPERATING POINT INFORMATION     TEMPERATURE = 27.000 DEG C

**** BIPOLAR JUNCTION TRANSISTORS

```
NAME           Q_T1
MODEL          BC547B
IB             8.54E-07
IC             2.19E-04
VBE            6.24E-01
VBC            -3.56E+00
VCE            4.18E+00
BETADC         2.57E+02
GM             8.45E-03
RPI            3.47E+04
RX             0.00E+00
RO             3.03E+05
CBE            4.02E-11
CBC            2.82E-12
CJS            0.00E+00
```

```
BETAAC       2.93E+02
CBX          0.00E+00
FT           3.13E+07
```

```
****   FOURIER ANALYSIS              TEMPERATURE = 27.000 DEG C

FOURIER COMPONENTS OF TRANSIENT RESPONSE V(aus)

DC COMPONENT =   6.460910E+00
```

| HARMONIC<br>NO | FREQUENCY<br>(HZ) | FOURIER<br>COMPONENT | NORMALIZED<br>COMPONENT | PHASE<br>(DEG) | NORMALIZED<br>PHASE (DEG) |
|---|---|---|---|---|---|
| 1 | 1.000E+03 | 1.598E+00 | 1.000E+00 | -1.795E+02 | 0.000E+00 |
| 2 | 2.000E+03 | 1.870E-03 | 1.170E-03 | 7.669E+01 | 2.562E+02 |
| 3 | 3.000E+03 | 3.540E-05 | 2.215E-05 | -5.586E+01 | 1.236E+02 |
| 4 | 4.000E+03 | 1.255E-04 | 7.855E-05 | 6.969E+00 | 1.865E+02 |
| 5 | 5.000E+03 | 9.449E-05 | 5.912E-05 | 1.823E+00 | 1.813E+02 |

```
TOTAL HARMONIC DISTORTION =   1.174195E-01 PERCENT
```

Diese Datei enthält die Parameter der verwendeten Modelle (hier: *BJT Model Parameters*), Angaben zum Arbeitspunkt (*Small Signal Bias Solution*) mit den Kleinsignalparametern der Bauteile (*Operating Point Information*) und die Ergebnisse der Fourier-Analyse (*Fourier Analysis*).

## 26.1.4
## Weitere Simulationsbeispiele

### Kennlinien eines Transistors

Abb. 26.23 zeigt den Schaltplan des Beispiels. Im Dialog *Setup Analysis* wird *DC Sweep* aktiviert, siehe Abb. 26.24. Anschließend werden die Parameter gemäß Abb. 26.25 eingegeben:

- In der inneren Schleife *DC Sweep* wird die Kollektor-Emitter-Spannungsquelle UCE im Bereich 0...5V in 50mV-Schritten variiert.
- In der äußeren Schleife *DC Nested Sweep* wird die Basis-Stromquelle IB im Bereich 1...10uA in 1uA-Schritten variiert.

Nach der Eingabe der Parameter wird die Simulation mit *Simulate* gestartet und im Programme *Probe* mit *Add Traces* der Kollektorstrom *IC(T1)* dargestellt, siehe Abb. 26.26.

### Verwendung von Parametern

Oft möchte man dieselbe Analyse mehrfach durchführen, wobei ein Schaltungs-parameter, z.B. der Wert eines Widerstands variiert werden soll. Abb. 26.27 zeigt dies am Beispiel der Kennlinie eines Inverters mit variablem Basiswiderstand RB. Man muß dazu anstelle des Wertes für RB einen Parameter in geschweiften Klammern eingeben, hier R, und diesen Parameter bekannt machen. Letzteres

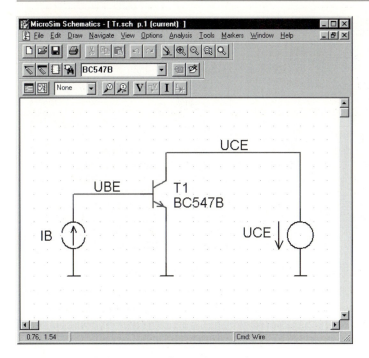

**Abb. 26.23.** Schaltplan zur Simulation der Kennlinien

geschieht mit Hilfe des Bauteils *Parameter*, das im Schaltplan in Abb. 26.27 links oben eingefügt wurde. Mit einem Maus-Doppelklick auf das *Parameter*-Symbol erhält man den in Abb. 26.28 gezeigten *Param*-Dialog, in dem man den Namen des Parameters und den Standardwert angeben muß; der Standardwert wird bei Analysen ohne Variation des Parameters verwendet.

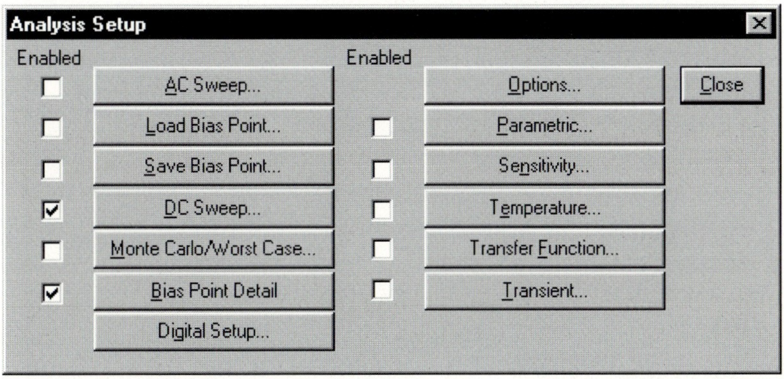

**Abb. 26.24.** Aktivieren der Analyse *DC Sweep*

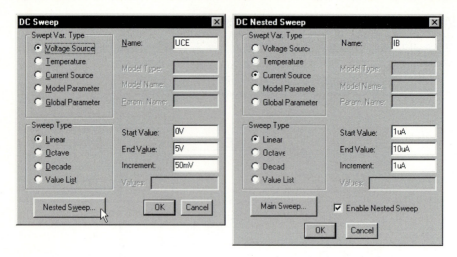

**Abb. 26.25.** Parameter für die innere und die äußere Schleife

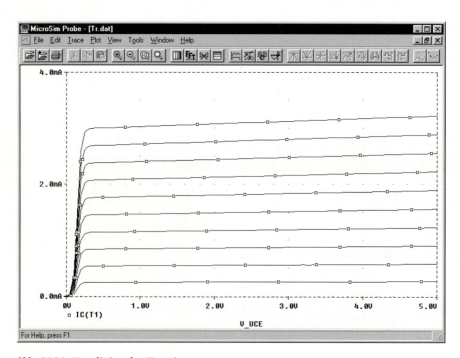

**Abb. 26.26.** Kennlinien des Transistors

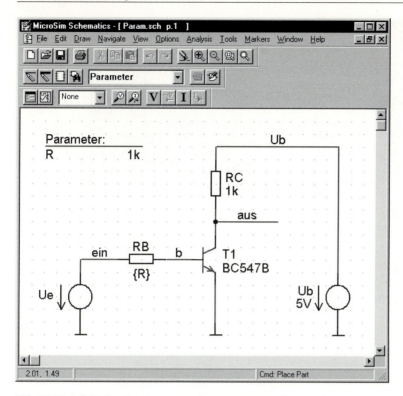

**Abb. 26.27.** Schaltplan des Inverters mit Parameter R

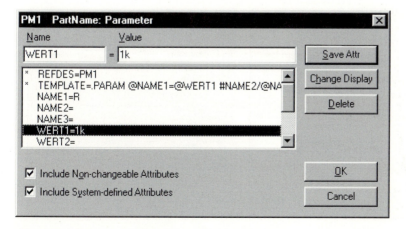

**Abb. 26.28.** Eingeben des Parameters im *Param*-Dialog

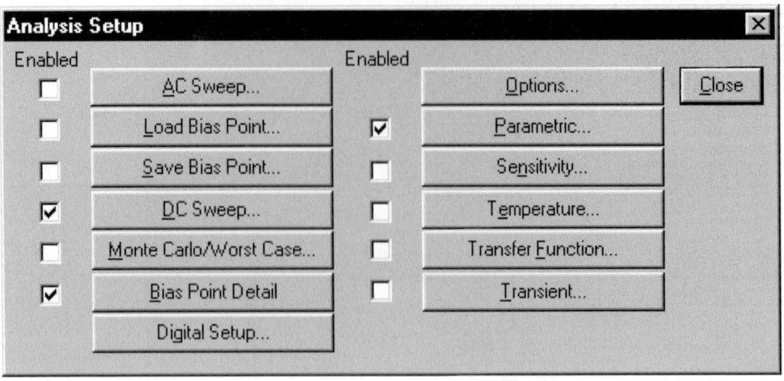

**Abb. 26.29.** Aktivieren von *DC Sweep* und *Parametric*

Im Dialog *Setup Analysis* muß man *DC Sweep* zur Simulation der Kennlinie und *Parametric* zur Variation des Parameters aktivieren, siehe Abb. 26.29; die zugehörigen Parameter zeigt Abb. 26.30. Die Variation eines Parameters kann bei *DC Sweep* auch über den Dialog *Nested Sweep* erfolgen; diese Möglichkeit ist jedoch nicht so flexibel, da die Variation über *Parametric* bei allen Analysen möglich ist, während der *Nested Sweep*-Dialog nur bei *DC Sweep* zur Verfügung steht.

Nach der Simulation mit *Simulate* erscheint im Programm *Probe* zunächst das in Abb. 26.31 gezeigte Fenster zur Auswahl der anzuzeigenden Kurven bzw. Parameterwerte; standardmäßig sind alle Kurven ausgewählt. Nach Einfügen von *V(a)* erhält man die Kennlinien in Abb. 26.32. Die einzelnen Kennlinien sind mit verschiedenen Symbolen gekennzeichnet, die am unteren Rand entsprechend der Reihenfolge der Parameterwerte dargestellt werden.

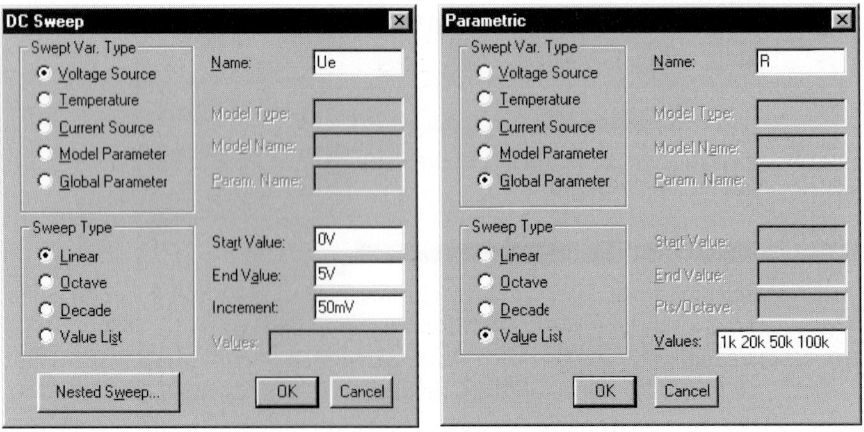

**Abb. 26.30.** Eingabe der Parameter für *DC Sweep* und *Parametric*

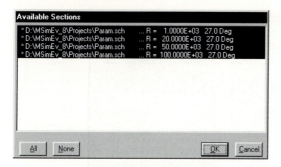

**Abb. 26.31.** Auswahl der anzuzeigenden Kurven

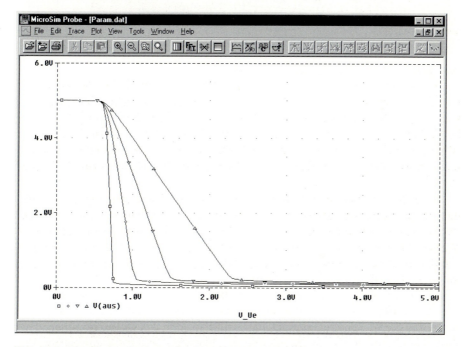

**Abb. 26.32.** Kennlinien des Inverters für R=1k/20k/50k/100k

## 26.1.5
## Einbinden weiterer Bibliotheken

Eine Bibliothek besteht aus zwei Teilen, siehe Abb. 26.2:

- Die *Symbol-Bibliothek* *<xxx>.SLB* enthält die Schaltplansymbole der Bauteile und Informationen über die Darstellung der Bauteile in der Netzliste.
- Die *Modell-Bibliothek* *<xxx>.LIB* enthält die Modelle der Bauteile; dabei handelt es sich entweder um *Elementar-Modelle*, deren Parameter mit einer .MODEL-Anweisungen angegeben werden, oder *Makro-Modelle*, die aus mehreren Elementar-Modellen bestehen, die zu einer *Teilschaltung* (*subcircuit*) zu-

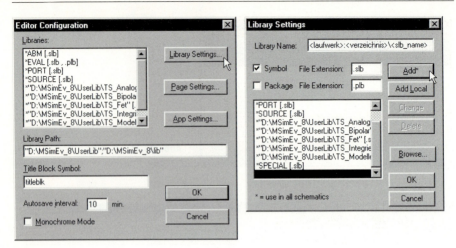

**Abb. 26.33.** Dialoge *Editor Configuration* und *Library Settings*

sammengefaßt werden und in der Modell-Bibliothek in der Form *.SUBCKT* *<Name> <Anschlüsse> <Schaltung> .ENDS* enthalten sind.

Das Einbinden einer Symbol-Bibliothek wird im Programm *Schematics* mit dem Menü-Befehl *Options/Editor Configuration* vorgenommen. Es erscheint das in Abb. 26.33 links gezeigte Dialog-Fenster *Editor Configuration*, in dem die bereits vorhandenen Symbol-Bibliotheken und der zugehörige Pfad angezeigt werden. Durch Auswahl des Feldes *Library Settings* erhält man den in Abb. 26.33 rechts gezeigten Dialog zum Einbinden, Ändern und Löschen von Symbol-Bibliotheken. Man kann den Namen und den Pfad (Laufwerk und Verzeichnis) der Bibliothek im Feld *Library Name* eingeben oder mit *Browse* die gewünschte Bibliothek suchen. Mit *Add\** wird die Symbol-Bibliothek in die Liste übernommen; anschließend werden die Dialoge mit *Ok* beendet.

Das Einbinden der Modell-Bibliothek wird ebenfalls im Programm *Schematics* mit dem Menü-Befehl *Analysis/Library and Include Files* vorgenommen. Hier wird in gleicher Weise der Name und der Pfad der Bibliothek eingegeben und mit *Add Library\** übernommen, siehe Abb. 26.34.

Die Bibliotheken sollten immer mit den *Stern*-Befehlen *Add\** bzw. *Add Library\** übernommen werden, weil sie nur dann *dauerhaft* in die jeweilige Bibliotheksliste aufgenommen werden; sie stehen dann auch beim nächsten Programmaufruf automatisch zur Verfügung. Da in der Demo-Version von *PSpice* sowohl die Anzahl der Bibliotheken als auch die Anzahl der Bibliothekselemente begrenzt ist, muß man Bibliotheken *austauschen*, wenn man für weitere Simulationen weitere Bibliotheken benötigt und die Begrenzung bereits erreicht ist.

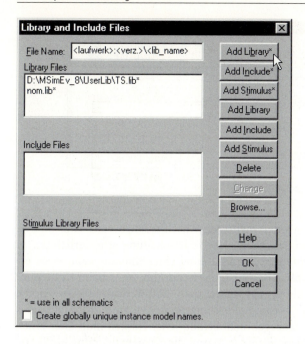

**Abb. 26.34.** Dialog *Library and Include Files*

### 26.1.6
### Einige typische Fehler

Die typischen Fehler werden anhand des Schaltplans in Abb. 26.35 erläutert, der mehrere Fehler enthält. Wenn eine Fehler auftritt, erscheint vor oder nach der Simulation der *MicroSim Message Viewer* mit den Fehlermeldungen, siehe Abb. 26.36.

- *Floating Pin:* Ein Anschluß eines Bauteils ist nicht angeschlossen, z.B. bei *R2* in Abb. 26.35. Dieser Fehler tritt bereits bei der Erzeugung der Netzliste auf; es wird ein Dialog mit dem Hinweis *ERC: Netlist/ERC errors - netlist not created* und, nach Betätigen von *Ok*, der *Message Viewer* mit dem Fehlerhinweis *ERROR Floating pin: R2 pin 2* angezeigt. Im allgemeinen muß jeder Anschluß beschaltet sein. Eine Ausnahme sind speziell konfigurierte Bauteile oder Ma-

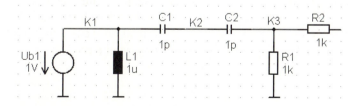

**Abb. 26.35.** Schaltplan mit typischen Fehlern

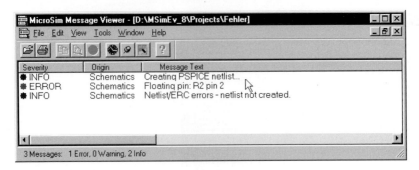

**Abb. 26.36.** Fenster *MicroSim Message Viewer*

kromodelle, die an einem oder mehreren Anschlüssen bereits eine *interne* Beschaltung aufweisen, so daß keine *externe* Beschaltung erforderlich ist.

- *Node <Knotenname> is floating:* Die Spannung eines Knotens kann nicht ermittelt werden, weil sie unbestimmt ist; das ist in Abb. 26.35 beim Knoten *K2* der Fall. Diese Fehlermeldung tritt immer dann auf, wenn an einem Knoten nur Kapazitäten und/oder Stromquellen angeschlossen sind; durch letzteres ist die Kirchhoffsche Knotenregel nicht erfüllt. Jeder Knoten muß über einen Gleichstrompfad nach Masse verfügen, damit die Knotenspannung eindeutig ist. Im Fall des Knotens *K2* in Abb. 26.35 kann man z.B. einen hochohmigen Widerstand von *K2* nach Masse ergänzen, um den Fehler zu beheben.
- *Voltage and/or inductor loop involving <Bauteil>:* Es existiert eine Masche aus Spannungsquellen und/oder Induktivitäten, die gegen die Kirchhoffsche Maschenregel verstößt, z.B. wird in Abb. 26.35 die Spannungsquelle *U1* durch die Induktivität *L1* gleichspannungsmäßig kurzgeschlossen.

# Literatur

[21.1]   Kühnel, C.: Schaltungsdesign mit PSpice. Franzis, 1993.

[21.2]   Santen, M.: PSpice Design Center Arbeitsbuch. Fächer, 1994.

[21.3]   Justus, O.: Berechnung linearer und nichtlinearer Schaltungen mit PSpice-Beispielen. Fachbuchverlag Leipzig, 1994.

[21.4]   Erhardt, D.; Schulte, J.: Simulieren mit PSpice. Vieweg, 1995.

[21.5]   Khakzar, H.: Entwurf und Simulation von Halbleiterschaltungen mit PSpice. Expert, 1997.

## 26.2
## Passive RC- und LRC-Netzwerke

*RC*-Netzwerke sind in der Schaltungstechnik von grundlegender Bedeutung. Da ihre Wirkungsweise in allen Schaltungen dieselbe ist, soll ihre Funktion im folgenden eingehend beschrieben werden.

### 26.2.1
### Der Tiefpaß

Ein Tiefpaß ist eine Schaltung, die tiefe Frequenzen unverändert überträgt und bei hohen Frequenzen eine Abschwächung und Phasen-Nacheilung bewirkt. Abb. 26.37 zeigt die einfachste Schaltung eines RC-Tiefpasses.

**Beschreibung im Frequenzbereich**

Zur Berechnung des Frequenzganges der Schaltung verwenden wir die Spannungsteilerformel in komplexer Schreibweise:

$$\underline{A}(s) = \frac{\underline{U}_a}{\underline{U}_e} = \frac{1/(sC)}{R + 1/(sC)} = \frac{1}{1 + sRC} \tag{26.1}$$

Durch Zerlegung gemäß

$$\underline{A} = |\underline{A}|e^{j\varphi}$$

erhalten wir den Frequenzgang des Betrages und der Phasenverschiebung mit $s = j\omega$

$$|\underline{A}| = \frac{1}{\sqrt{1 + \omega^2 R^2 C^2}} \quad , \quad \varphi = -\arctan \omega RC \tag{26.2}$$

Die beiden Kurven sind in Abb. 26.38 dargestellt.

Zur Berechnung der 3 dB-Grenzfrequenz setzen wir in Gl. (26.2)

$$|\underline{A}| = \frac{1}{\sqrt{2}} = \frac{1}{\sqrt{1 + \omega_g^2 R^2 C^2}}$$

und erhalten:

$$\boxed{f_g = \frac{\omega_g}{2\pi} = \frac{1}{2\pi RC}} \tag{26.3}$$

Die Phasenverschiebung beträgt bei dieser Frequenz nach Gl. (26.2) $\varphi = -45°$.

Wie man in Abb. 26.38 erkennt, läßt sich der Amplitudenfrequenzgang $|\underline{A}| = \hat{U}_a/\hat{U}_e$ mit Hilfe der beiden Asymptoten auf einfache Weise konstruieren:

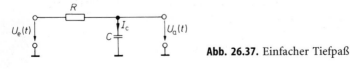

**Abb. 26.37.** Einfacher Tiefpaß

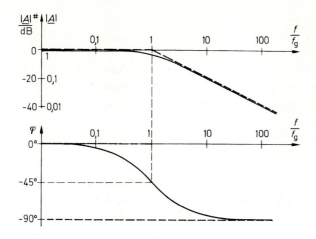

**Abb. 26.38.** Bode-Diagramm eines Tiefpasses

1. Bei tiefen Frequenzen $f \ll f_g$ ist $|\underline{A}| = 1 \mathrel{\widehat{=}} 0$ dB.
2. Bei hohen Frequenzen $f \gg f_g$ gilt nach Gl. (26.2) $|\underline{A}| \approx 1/\omega RC$, d.h. die Verstärkung ist umgekehrt proportional zur Frequenz. Bei einer Verzehnfachung der Frequenz verringert sich die Verstärkung demnach um den Faktor 10, d.h. sie nimmt mit 20 dB/Dekade bzw. 6 dB/Oktave ab.
3. Bei $f = f_g$ ist $|\underline{A}| = 1/\sqrt{2} \mathrel{\widehat{=}} - 3$ dB.

**Beschreibung im Zeitbereich**

Zur Untersuchung der Schaltung im Zeitbereich geben wir einen Spannungssprung gemäß Abb. 26.39 auf den Eingang. Zur Berechnung der Ausgangsspannung wenden wir die Knotenregel auf den (unbelasteten) Ausgang an und erhalten nach Abb. 26.37:

$$\frac{U_e - U_a}{R} - I_C = 0$$

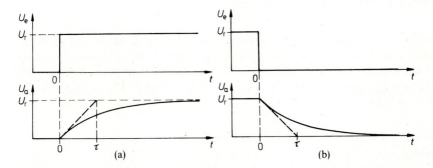

**Abb. 26.39 a** u. **b.** Sprungantwort eines Tiefpasses

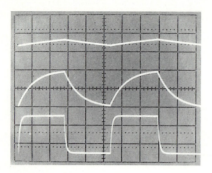

**Abb. 26.40.** Rechteckverhalten eines Tiefpasses
für verschiedene Frequenzen
*Obere Kurve:*      $f_e = 10 f_g$
*Mittlere Kurve:*   $f_e = \quad f_g$
*Untere Kurve:*     $f_e = \frac{1}{10} f_g$

Mit $I_C = C\dot{U}_a$ folgt daraus die Differentialgleichung:

$$RC\dot{U}_a + U_a = U_e = \begin{cases} U_r & \text{für } t > 0 \text{ im Fall a} \\ 0 & \text{für } t > 0 \text{ im Fall b} \end{cases} \tag{26.4}$$

Sie besitzt folgende Lösungen:

$$\begin{array}{cc} \text{Fall a:} & \text{Fall b:} \\ U_a(t) = U_r\left(1 - e^{-t/RC}\right) & U_a(t) = U_r e^{-t/RC} \end{array} \tag{26.5}$$

Dieser Verlauf ist in Abb. 26.39 ebenfalls aufgezeichnet. Man erkennt, daß die stationären Werte $U_a = U_r$ bzw. $U_a = 0$ nur asymptotisch erreicht werden. Als Maß für die Einstellzeit definiert man deshalb eine *Zeitkonstante* $\tau$. Sie gibt an, wie lange es dauert, bis die Abweichung vom stationären Wert nur noch den e-ten Teil der Sprunghöhe beträgt. Aus Gl. (26.5) ergibt sich die Zeitkonstante zu:

$$\boxed{\tau = RC} \tag{26.6}$$

Die Einstellzeit für kleinere Abweichungen läßt sich ebenfalls aus Gl. (26.5) entnehmen. Tabelle. 26.1 zeigt eine Übersicht über einige wichtige Werte.

Wenn man als Eingangssignal eine Rechteckspannung mit der Schwingungsdauer $T$ anlegt, wird die e-Funktion nach der Zeit $T/2$ durch den nächsten Sprung abgebrochen. Welcher Endwert dabei erreicht wird, hängt davon ab, wie groß die Zeit $T/2$ gegenüber der Zeitkonstante $\tau$ ist. Diese Eigenschaft läßt sich anhand der Oszillogramme in Abb. 26.40 gut erkennen.

**Tiefpaß als Integrierglied:** Im vorhergehenden Abschnitt haben wir gesehen, daß die Ausgangs-Wechselspannung klein gegenüber der Eingangsspannung wird, wenn man die Signalfrequenz $f \gg f_g$ wählt. In diesem Fall arbeitet der Tiefpaß als Integrierglied. Diese Eigenschaft läßt sich unmittelbar aus der

| Einstellgenauigkeit | 37% | 10% | 1% | 0,1% |
|---|---|---|---|---|
| Einstellzeit | $\tau$ | $2,3\tau$ | $4,6\tau$ | $6,9\tau$ |

**Tab. 26.1.** Einstellzeit eines Tiefpasses

Differential-Gl. (26.4) ablesen: Mit der Voraussetzung $|U_a| \ll |U_e|$ folgt daraus:

$$RC\dot{U}_a = U_e,$$

$$U_a = \frac{1}{RC} \int_0^t U_e(\tilde{t})d\tilde{t} + U_a(0)$$

**Tiefpaß als Mittelwertbildner:**  Für unsymmetrische Wechselspannungen ist die oben gemachte Voraussetzung $f \gg f_g$ in keinem Fall erfüllt. Die Fourierentwicklung beginnt nämlich mit einer Konstante, die gleich dem *arithmetischen Mittelwert*

$$\overline{U}_e = \frac{1}{T} \int_0^T U_e(t)\,dt$$

ist. Darin ist $T$ die Periodendauer der Eingangsspannung. Faßt man alle höheren Glieder der Fourierreihe zusammen, erhält man eine Spannung $U_e'(t)$, deren Verlauf mit dem der Eingangsspannung übereinstimmt, die aber so verschoben ist, daß sie den arithmetischen Mittelwert Null besitzt. Die Eingangsspannung läßt sich also in der Form

$$U_e(t) = \overline{U}_e + U_e'(t)$$

darstellen. Für die Spannung $U_e'(t)$ kann die Voraussetzung $f \gg f_g$ erfüllt werden; sie wird integriert, während der Gleichspannungsanteil linear übertragen wird. Die Ausgangsspannung wird also:

$$U_a = \underbrace{\frac{1}{RC} \int_0^t U_e'(\tilde{t})\,d\tilde{t}}_{\text{Restwelligkeit}} + \underbrace{\overline{U}_e}_{\text{Mittelwert}} \qquad (26.7)$$

Macht man die Zeitkonstante $\tau = RC$ hinreichend groß, verschwindet die Restwelligkeit gegenüber dem Mittelwert, und es wird:

$$U_a \approx \overline{U}_e \qquad (26.8)$$

**Anstiegszeit und Grenzfrequenz:**  Eine weitere Kenngröße zur Charakterisierung von Tiefpässen ist die Anstiegszeit $t_a$. Sie gibt an, in welcher Zeit die Ausgangsspannung von 10 auf 90% des Endwertes ansteigt, wenn man einen Rechtecksprung an den Eingang legt. Aus der e-Funktion in Gl. (26.5) erhalten wir:

$$t_a = t_{90\%} - t_{10\%} = \tau(\ln 0{,}9 - \ln 0{,}1) = \tau \ln 9 \approx 2{,}2\tau$$

Mit $f_g = 1/2\pi\tau$ folgt daraus:

$$t_a \approx \frac{1}{3f_g} \qquad (26.9)$$

Diese Beziehung gilt näherungsweise auch für Tiefpässe höherer Ordnung.

Bei der Reihenschaltung mehrerer Tiefpässe mit verschiedenen Anstiegszeiten $t_{ai}$ ergibt sich die resultierende Anstiegszeit zu:

$$t_a \approx \sqrt{\sum_i t_{ai}^2} \qquad (26.10)$$

Entsprechend gilt für die Grenzfrequenz:

$$f_g \approx \left( \sum_i f_{gi}^{-2} \right)^{-\frac{1}{2}}$$

Für den Fall von n Tiefpässen mit gleicher Grenzfrequenz folgt daraus:

$$f_g \approx \frac{f_{gi}}{\sqrt{n}} \qquad (26.11)$$

## 26.2.2
## Der Hochpaß

Ein Hochpaß ist eine Schaltung, die hohe Frequenzen unverändert überträgt und bei tiefen Frequenzen eine Abschwächung und Phasenvoreilung bewirkt. Die einfachste Schaltung eines $RC$-Hochpasses zeigt Abb. 26.41. Den Frequenzgang der Verstärkung und der Phasenverschiebung erhalten wir wieder aus der Spannungsteilerformel:

$$\underline{A}(s) = \frac{\underline{U}_a}{\underline{U}_e} = \frac{R}{R + 1/(sC)} = \frac{1}{1 + 1/(sRC)} \qquad (26.12)$$

Daraus ergibt sich mit $s = j\omega$:

$$|\underline{A}| = \frac{1}{\sqrt{1 + 1/\omega^2 R^2 C^2}} \quad \text{und} \quad \varphi = \arctan \frac{1}{\omega RC} \qquad (26.13)$$

Die beiden Kurven sind in Abb. 26.42 dargestellt. Für die Grenzfrequenz erhalten wir wie beim Tiefpaß:

$$f_g = \frac{1}{2\pi RC} \qquad (26.14)$$

Die Phasenverschiebung beträgt bei dieser Frequenz $+45°$.

Wie beim Tiefpaß läßt sich der Amplitudenfrequenzgang in der doppelt logarithmischen Darstellung einfach mit Hilfe der Asymptoten konstruieren:

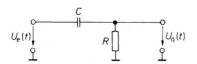

**Abb. 26.41.** Einfacher Hochpaß

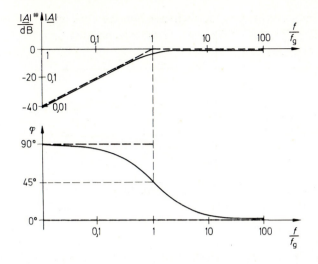

**Abb. 26.42.** Bode-Diagramm eines Hochpasses

1) Bei hohen Frequenzen $f \gg f_g$ ist $|\underline{A}| = 1 \mathrel{\hat{=}} 0$ dB.
2) Bei tiefen Frequenzen $f \ll f_g$ gilt nach Gl. (26.13) $|\underline{A}| \approx \omega RC$, d.h. die Verstärkung ist proportional zur Frequenz. Die Asymptotensteigung beträgt also +20 dB/Dekade bzw. +6 dB/Oktave.
3) Bei $f = f_g$ ist wie beim Tiefpaß $|\underline{A}| = 1/\sqrt{2} \mathrel{\hat{=}} -3$ dB.

Zur Berechnung der Sprungantwort wenden wir die Knotenregel auf den (unbelasteten) Ausgang an:

$$C \cdot \frac{d}{dt}(U_e - U_a) - \frac{U_a}{R} = 0 \qquad\qquad (26.15)$$

Mit $\dot{U}_e = 0$ ergibt sich daraus die Differentialgleichung

$$RC\dot{U}_a + U_a = 0 \qquad\qquad (26.16)$$

mit der Lösung:

$$U_a(t) = U_{a0}e^{-\frac{t}{RC}} \qquad\qquad (26.17)$$

Die Zeitkonstante besitzt also wie beim Tiefpaß den Wert $\tau = RC$.

Zur Bestimmung des Anfangswertes $U_{a0} = U_a(t = 0)$ benötigen wir eine zusätzliche Überlegung: In dem Augenblick, in dem die Eingangsspannung einen Sprung macht, bleibt die Ladung des Kondensators noch unverändert. Er wirkt also wie eine Spannungsquelle mit der Spannung $U = Q/C$. Die Ausgangsspannung macht demnach denselben Sprung $\Delta U$ wie die Eingangsspannung. Springt $U_e$ von Null nach $U_r$, springt die Ausgangsspannung von Null ebenfalls nach $U_r$ (s. Abb. 26.43 a) und klingt anschließend exponentiell nach Gl. (26.17) wieder auf Null ab.

Macht nun die Eingangsspannung einen Sprung von $U_r$ nach Null, springt $U_a$ von Null nach $-U_r$ (s. Abb. 26.43 b). Bemerkenswert ist dabei, daß die Ausgangsspannung negative Werte annimmt, obwohl die Eingangsspannung immer

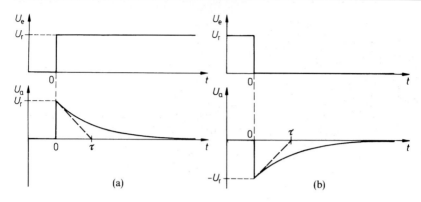

**Abb. 26.43 a u. b.** Sprungantwort eines Hochpasses

positiv ist. Von dieser auffallenden Eigenschaft wird in der Schaltungstechnik häufig Gebrauch gemacht.

**Anwendung als Koppel-RC-Glied:** Wenn man an den Eingang eine Rechteckspannung mit der Schwingungsdauer $T \ll \tau$ anlegt, wird der Kondensator während einer halben Periode kaum umgeladen; die Ausgangsspannung wird bis auf eine additive Konstante gleich der Eingangsspannung. Da über den Kondensator kein Gleichstrom fließen kann, wird der arithmetische Mittelwert der Ausgangsspannung Null. Eine Gleichspannungskomponente der Eingangsspannung wird also nicht übertragen. Darauf beruht die Anwendung des Hochpasses als Koppel-RC-Glied.

**Anwendung als Differenzierglied:** Wenn man Eingangsspannungen mit Frequenzen $f \ll f_g$ anlegt, wird $|\underline{U}_a| \ll |\underline{U}_e|$. Dann folgt aus der Differential-Gl. (26.15):

$$U_a = RC \frac{dU_e}{dt}$$

Niederfrequente Eingangsspannungen werden also differenziert.

Einen Überblick über das Übertragungsverhalten eines Hochpasses kann man anhand der Oszillogramme in Abb. 26.44 gewinnen.

**Reihenschaltung mehrerer Hochpässe**

Bei der Reihenschaltung mehrerer Hochpässe erhält man die resultierende Grenzfrequenz zu:

$$f_g \approx \sqrt{\sum_i f_{gi}^2} \tag{26.18}$$

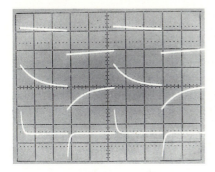

**Abb. 26.44.** Rechteckverhalten eines Hochpasses
für verschiedene Frequenzen
Obere Kurve:     $f_e = 10 f_g$
Mittlere Kurve:  $f_e = \quad f_g$
Untere Kurve:    $f_e = \frac{1}{10} f_g$

Für den Fall von $n$ Hochpässen mit gleicher Grenzfrequenz folgt daraus:

$$\boxed{f_g \approx f_{gi} \cdot \sqrt{n}}$$  (26.19)

### 26.2.3
### Kompensierter Spannungsteiler

Es kommt häufig vor, daß ein ohmscher Spannungsteiler kapazitiv belastet wird. Dadurch wird er zum Tiefpaß. Seine Grenzfrequenz ist um so höher, je niederohmiger man den Spannungsteiler dimensioniert. Dem sind jedoch dadurch Grenzen gesetzt, daß der Eingangswiderstand des Teilers einen bestimmten Wert nicht unterschreiten soll.

Eine andere Möglichkeit zur Erhöhung der Grenzfrequenz besteht darin, die Wirkung des Tiefpasses mit Hilfe eines Hochpasses zu kompensieren. Dazu dient der Kondensator $C_k$ in Abb. 26.45. Man dimensioniert ihn so, daß der entstehende, parallel geschaltete, kapazitive Spannungsteiler dasselbe Teilverhältnis bekommt wie der ohmsche Spannungsteiler. Dann ergibt sich bei hohen und niedrigen Frequenzen dieselbe Spannungsteilung. Daraus folgt die Bedingung:

$$\frac{C_k}{C_L} = \frac{R_2}{R_1}$$

Zur experimentellen Einstellung kann man die Sprungantwort betrachten: Bei optimalem Abgleich von $C_k$ wird sie ideal.

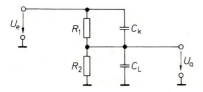

**Abb. 26.45.** Kompensierter Spannungsteiler

## 26.2.4
## Passiver *RC*-Bandpaß

Durch Reihenschaltung eines Hoch- und eines Tiefpasses erhält man einen Bandpaß. Seine Ausgangsspannung wird für hohe und tiefe Frequenzen Null. Eine weit verbreitete Kombinationsmöglichkeit ist in Abb. 26.46 dargestellt. Wie groß die Ausgangsspannung bei mittleren Frequenzen wird, und welche Phasenverschiebungen auftreten, wollen wir nun berechnen. Die Formel für den unbelasteten Spannungsteiler liefert in komplexer Schreibweise:

$$\frac{\underline{U}_a}{\underline{U}_e} = \frac{\dfrac{1}{\dfrac{1}{R} + sC}}{\dfrac{1}{\dfrac{1}{R} + sC} + R + \dfrac{1}{sC}} = \frac{sRC}{1 + 3sRC + s^2 R^2 C^2}$$

Mit der Abkürzung $s_n = sRC$ folgt daraus:

$$A(s_n) = \frac{\underline{U}_a}{\underline{U}_e} = \frac{s_n}{1 + 3s_n + s_n^2} \tag{26.20}$$

Daraus ergibt sich für den Betrag und die Phasenverschiebung für $\omega_n = \omega RC$:

$$|\underline{A}| = \frac{1}{\sqrt{\left(\dfrac{1}{\omega_n} - \omega_n\right)^2 + 9}}, \quad \varphi = \arctan \frac{1 - \omega_n^2}{3\omega_n} \tag{26.21}$$

Die Ausgangsspannung wird maximal für $\omega_n = 1$. Die Resonanzfrequenz lautet demnach:

$$f_r = \frac{1}{2\pi RC} \tag{26.22}$$

Die zunächst nur als Abkürzung eingeführte Größe $\omega_n$ stellt also die normierte Frequenz

$$\omega_n = \frac{\omega}{\omega_r} = \frac{f}{f_r}$$

dar. Die Phasenverschiebung bei der Resonanzfrequenz ist Null, die Verstärkung $A_r = \frac{1}{3}$. Der Frequenzgang von $|\underline{A}|$ und $\varphi$ ist in Abb. 26.47 dargestellt.

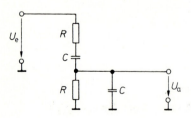

**Abb. 26.46.** Passiver *RC*-Bandpaß

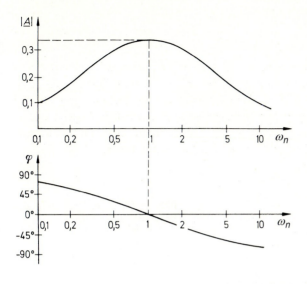

**Abb. 26.47.** Bode-Diagramm des passiven $RC$-Bandpasses

$$\omega_n = \frac{\omega_0}{\omega_r}; \; \omega_r = \frac{1}{RC}$$

### 26.2.5
### Wien–Robinson-Brücke

Erweitert man den Bandpaß in Abb. 26.46 wie in Abb. 26.48 um die Widerstände $R_1$ und $2R_1$, erhält man eine Wien–Robinson-Brücke. Der ohmsche Spannungs-teiler liefert frequenzunabhängig die Spannung $\frac{1}{3}U_e$. Bei der Resonanzfrequenz wird die Ausgangsspannung daher gleich Null. Im Gegensatz zum Bandpaß be-sitzt der Frequenzgang der Verstärkung bei der Resonanzfrequenz ein Minimum. Die Schaltung eignet sich zur Unterdrückung eines bestimmten Frequenzbe-reichs. Zur Berechnung der Ausgangsspannung gehen wir von der Gl. (26.20) aus:

$$\frac{\underline{U}_a}{\underline{U}_e} = \frac{1}{3} - \frac{s_n}{1 + 3s_n + s_n^2}$$

Daraus folgt:

$$A(s_n) = \frac{1}{3} \cdot \frac{1 + s_n^2}{1 + 3s_n + s_n^2} \qquad (26.23)$$

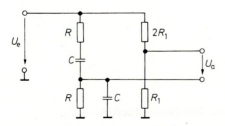

**Abb. 26.48.** Wien–Robinson-Brücke

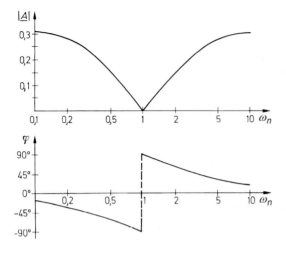

**Abb. 26.49.** Bode-Diagramm der Wien–Robinson-Brücke

$$\omega_n = \frac{\omega_0}{\omega_r}; \ \omega_r = \frac{1}{RC}$$

Der Betrag und die Phasenverschiebung lauten:

$$|\underline{A}| = \frac{|1 - \omega_n^2|}{3\sqrt{(1 - \omega_n^2)^2 + 9\omega_n^2}}, \quad \varphi = \arctan\frac{3\omega_n}{\omega_n^2 - 1} \quad \text{für} \ \omega_n \neq 1$$

Der Frequenzgang von $|\underline{A}|$ und $\varphi$ ist in Abb. 26.49 dargestellt.

### 26.2.6
### Doppel-T-Filter

Das Doppel-T-Filter in Abb. 26.50 besitzt einen ganz ähnlichen Frequenzgang wie die Wien–Robinson-Brücke. Es eignet sich also ebenfalls zur Unterdrückung eines bestimmten Frequenzbereichs. Im Unterschied zur Wien–Robinson-Brücke kann die Ausgangsspannung gegen Masse abgenommen werden. Für hohe und tiefe Frequenzen wird $\underline{U}_a = \underline{U}_e$. Hohe Frequenzen werden nämlich über die beiden Kondensatoren $C$ voll übertragen und tiefe Frequenzen über die beiden Widerstände $R$.

Zur Berechnung des Frequenzganges wenden wir die Knotenregel auf die Punkte *1*, *2* und *3* in Abb. 26.50 an und erhalten bei unbelastetem Ausgang:

Knoten *1*:  $\dfrac{\underline{U}_e - \underline{U}_1}{R} + \dfrac{\underline{U}_a - \underline{U}_1}{R} - \underline{U}_1 \cdot 2sC = 0$

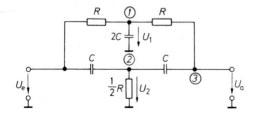

**Abb. 26.50.** Doppel-T-Filter

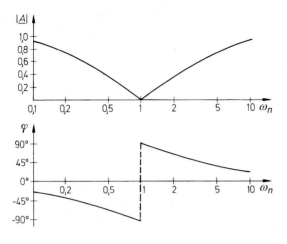

**Abb. 26.51.** Bode-Diagramm des Doppel-T-Filters

$$\omega_n = \frac{\omega_0}{\omega_r}; \; \omega_r = \frac{1}{RC}$$

Knoten 2:   $(\underline{U}_e - \underline{U}_2)sC + (\underline{U}_a - \underline{U}_2)sC - \dfrac{2U_2}{R} = 0$

Knoten 3:   $(\underline{U}_2 - \underline{U}_a)sC + \dfrac{U_1 - U_a}{R} = 0.$

Durch Elimination von $\underline{U}_1$ und $\underline{U}_2$ folgt mit der Normierung $s_n = sRC$ das Ergebnis:

$$A(s_n) = \frac{1 + s_n^2}{1 + 4s_n + s_n^2} \tag{26.24}$$

Für den Betrag und die Phasenverschiebung ergibt sich daraus mit $\omega_n = \omega RC$:

$$|\underline{A}| = \frac{|1 - \omega_n^2|}{\sqrt{(1 - \omega_n^2)^2 + 16\omega_n^2}}, \quad \varphi = \arctan\frac{4\omega_n}{\omega_n^2 - 1}$$

Die beiden Kurven sind in Abb. 26.51 aufgezeichnet. Man sieht, daß die Verstärkung auch hier bei der Resonanzfrequenz $f_r = 1/(2\pi RC)$ Null wird.

### 26.2.7
### Schwingkreis

**Serien-Schwingkreis**

*Impedanz*:

$$\underline{Z} = R + sL + \frac{1}{sC}$$

**Parallel-Schwingkreis**

$$\underline{Z} = \frac{R + sL}{1 + sRC + s^2 LC}$$

$$\underline{Z} \approx \frac{sL}{1 + sRC + s^2 LC}$$

*Resonanzfrequenz*:

$$f_r = \frac{1}{2\pi\sqrt{LC}}$$

$$f_r \approx \frac{1}{2\pi\sqrt{LC}}$$

## Serien-Schwingkreis

*Resonanzwiderstand:*

$$\underline{Z}_r = R$$

*Bandbreite:*

$$B = \frac{R}{2\pi L}$$

*Güte:*

$$Q = \frac{f_r}{B} = \frac{1}{R}\sqrt{\frac{L}{C}}$$

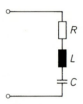

**Abb. 26.52 a.** Serien-Schwingkreis

## Parallel-Schwingkreis

*Resonanzwiderstand:*

$$\underline{Z}_r \approx \frac{L}{RC} = Q^2 R$$

*Bandbreite:*

$$B \approx \frac{R}{2\pi L}$$

*Güte:*

$$Q = \frac{f_r}{B} \approx \frac{1}{R}\sqrt{\frac{L}{C}}$$

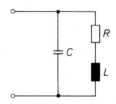

**Abb. 26.52 b.** Parallel-Schwingkreis

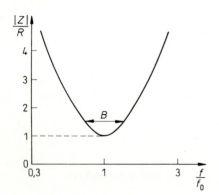

**Abb. 26.53 a.** Frequenzgang für $Q = 2$

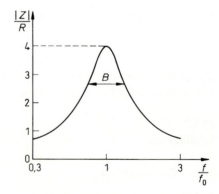

**Abb. 26.53 b.** Frequenzgang für $Q = 2$

# Literatur

[26.1]   Unbehauen, R.: Grundlagen der Elektrotechnik 1. Springer 1994.
[26.2]   Hering, E., Bressler, K., Gutekunst, J.: Elektronik für Ingenieure. Springer 1998.

## 26.3
## Erklärung der verwendeten Größen

Um Unklarheiten zu vermeiden, wollen wir die Bezeichnung der wichtigsten Größen kurz zusammenstellen.

*Spannung.* Eine Spannung zwischen den Punkten $x$ und $y$ wird mit $U_{xy}$ bezeichnet. Es ist vereinbart, daß $U_{xy}$ positiv sein soll, wenn der Punkt $x$ positiv gegenüber dem Punkt $y$ ist. $U_{xy}$ ist negativ, wenn der Punkt $x$ negativ gegenüber dem Punkt $y$ ist. Es gilt die Beziehung $U_{xy} = -U_{yx}$. Die Angabe

$$U_{BE} = -5\,\text{V}$$

oder

$$-U_{BE} = 5\,\text{V}$$

oder

$$U_{EB} = 5\,\text{V}$$

bedeutet also, daß zwischen $E$ und $B$ eine Spannung von 5 V liegt, wobei $E$ positiv gegenüber $B$ ist. In einer Schaltung läßt man die Doppelindizes meist weg und ersetzt die Angabe $U_{xy}$ durch einen Spannungspfeil $U$, der vom Schaltungspunkt $x$ zum Schaltungspunkt $y$ zeigt.

*Potential.* Das Potential $V$ ist die Spannung eines Punktes bezogen auf einen gemeinsamen Bezugspunkt 0:

$$V_x = U_{x0}$$

In den Schaltungen ist das Bezugspotential durch ein Massezeichen gekennzeichnet. Häufig wird $U_x$ in der Bedeutung von $V_x$ verwendet. Man spricht dann nicht ganz korrekt von der Spannung eines Punktes, z.B. der Kollektorspannung. Für die Spannung zwischen zwei Punkten $x$ und $y$ gilt:

$$U_{xy} = V_x - V_y$$

*Strom.* Der Strom wird durch einen Strompfeil $I$ in der Leitung gekennzeichnet. Es ist vereinbart, daß $I$ positiv sein soll, wenn der Strom im konventionellen Sinne in Pfeilrichtung fließt. $I$ ist also positiv, wenn der Strompfeil am Verbraucher vom größeren zum kleineren Potential zeigt. Wie man die Strom- und Spannungspfeile in eine Schaltung einzeichnet, ist beliebig, wenn man den Zahlenwert von $U$ und $I$ mit dem entsprechenden Vorzeichen versieht. – Besitzen Strom- und Spannungspfeil an einem Verbraucher dieselbe Richtung, lautet das Ohmsche Gesetz nach den angegebenen Vereinbarungen $R = U/I$; besitzen sie entgegengesetzte Richtung, muß es $R = -U/I$ lauten. Diesen Sachverhalt zeigt Abb. 26.54

*Widerstand.* Ist ein Widerstand spannungs- oder stromabhängig, kann man entweder den *statischen Widerstand* $R = U/I$ oder den *differentiellen Widerstand* $r = \partial U/\partial I \approx \Delta U/\Delta I$ angeben. Dies gilt bei gleicher Richtung von Strom- und Spannungspfeil. Bei entgegengesetzter Richtung ist wie in Abb. 26.54 ein Minuszeichen einzusetzen.

$$R = \frac{U}{I} \qquad\qquad R = -\frac{U}{I}$$

**Abb. 26.54.** Ohmsches Gesetz

*Spannungs- und Stromquelle.* Eine reale Spannungsquelle läßt sich durch die Beziehung

$$U_a = U_0 - R_i I_a \tag{26.25}$$

beschreiben. Darin ist $U_0$ die Leerlaufspannung und $R_i = -dU_a/dI_a$ der Innenwiderstand. Diesen Sachverhalt veranschaulicht das Ersatzschaltbild in Abb. 26.55 Eine ideale Spannungsquelle ist durch die Eigenschaft $R_i = 0$ gekennzeichnet, d.h.: die Ausgangsspannung ist vom Strom unabhängig.

Ein anderes Ersatzschaltbild für eine reale Spannungsquelle läßt sich durch Umformen der Gl. (26.25) ableiten:

$$I_a = \frac{U_0 - U_a}{R_i} = I_0 - \frac{U_a}{R_i}$$

Darin ist $I_0 = U_0/R_i$ der Kurzschlußstrom. Die zugehörige Schaltung zeigt Abb. 26.56. Man erkennt, daß der Ausgangsstrom um so weniger von der Ausgangsspannung abhängt, je größer $R_i$ ist. Der Grenzübergang $R_i \to \infty$ ergibt eine ideale Stromquelle.

Eine reale Spannungsquelle läßt sich nach Abb. 26.55 oder 26.56 sowohl mit Hilfe einer idealen Spannungs- als auch mit Hilfe einer idealen Stromquelle darstellen. Man wählt die eine oder die andere Darstellung, je nachdem ob der Innenwiderstand $R_i$ klein oder groß gegenüber dem in Frage kommenden Verbraucherwiderstand $R_V$ ist.

*Knotenregel.* Bei der Berechnung vieler Schaltungen machen wir von der Knotenregel Gebrauch. Sie besagt, daß die Summe aller Ströme, die in einen Knoten hineinfließen, gleich Null ist. Dabei werden Strompfeile, die zum Knoten hinzeigen, positiv gezählt und Strompfeile, die vom Knoten wegzeigen, negativ. Die Anwendung der Knotenregel wollen wir anhand der Schaltung in Abb. 26.57 de-

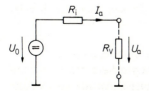

**Abb. 26.55.** Ersatzschaltbild für eine reale Spannungsquelle

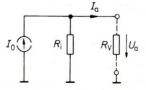

**Abb. 26.56.** Ersatzschaltbild für eine reale Stromquelle

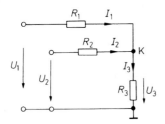

**Abb. 26.57.** Beispiel für die Anwendung der Knotenregel

monstrieren. Gesucht sei die Spannung $U_3$. Zu ihrer Berechnung wenden wir die Knotenregel auf den Knoten K an:

$$\sum_i I_i \ = \ I_1 + I_2 - I_3 = 0$$

Nach dem Ohmschen Gesetz gilt:

$$I_1 \ = \ \frac{U_1 - U_3}{R_1}$$

$$I_2 \ = \ \frac{U_2 - U_3}{R_2}$$

$$I_3 \ = \ \frac{U_3}{R_3}$$

Durch Einsetzen ergibt sich:

$$\frac{U_1 - U_3}{R_1} + \frac{U_2 - U_3}{R_2} - \frac{U_3}{R_3} \ = \ 0$$

Daraus folgt das Ergebnis:

$$U_3 = \frac{U_1 R_2 R_3 + U_2 R_1 R_3}{R_1 R_2 + R_1 R_3 + R_2 R_3}$$

*Maschenregel.* Ein weiteres Hilfsmittel zur Schaltungsberechnung ist die Maschenregel. Sie besagt, daß die Summe aller Spannungen längs einer geschlossenen Schleife Null ist. Dabei zählt man diejenigen Spannungen positiv, deren Pfeilrichtung mit dem gewählten Umlaufsinn übereinstimmt. Die anderen zählt man negativ. Bei der Schaltung in Abb 26.58 gilt also:

$$\sum_i U_i \ = \ U_1 + U_4 - U_2 - U_3 = 0$$

*Wechselstromkreis.* Wenn sich eine Schaltung durch eine Gleichspannungs-Übertragungsgleichung $U_a = f(U_e)$ beschreiben läßt, gilt dieser Zusammenhang zwangsläufig auch für beliebig zeitabhängige Spannungen $U_a(t) = f[U_e(t)]$, solange die Änderung der Eingangsspannung quasistationär, d.h. nicht zu schnell erfolgt. Aus diesem Grund verwenden wir für Gleichspannungen und beliebig zeitabhängige Spannungen einheitlich Großbuchstaben $U = U(t)$.

Es gibt jedoch häufig Fälle, in denen eine Übertragungsgleichung nur für Wechselspannungen ohne Gleichspannungsanteil gültig ist. Aus diesem Grund ist es sinnvoll, solche Wechselspannungen besonders zu kennzeichnen. Wir verwenden für ihren Momentanwert den Kleinbuchstaben $u$.

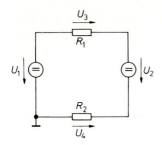

**Abb. 26.58.** Beispiel für die Anwendung der Maschenregel

Ein besonders wichtiger Spezialfall sind solche Wechselspannungen, die sinusförmig von der Zeit abhängen:

$$u = \widehat{U}\,\sin(\omega t + \varphi_u) \tag{26.26}$$

Darin ist $\widehat{U}$ der Scheitelwert. Daneben werden zur Charakterisierung von Wechselspannungen auch der Effektivwert $U_{\text{eff}} = \widehat{U}/\sqrt{2}$ oder die Spannung von Spitze zu Spitze $U_{SS} = 2\,\widehat{U}$ verwendet.

Die Rechengesetze für Winkelfunktionen sind relativ kompliziert, diejenigen für die Exponentialfunktion jedoch sehr einfach. Der Eulersche Satz

$$e^{j\alpha} = \cos\alpha + j\sin\alpha \tag{26.27}$$

bietet die Möglichkeit, eine Sinusfunktion durch eine komplexe Exponentialfunktion auszudrücken:

$$\sin\alpha = \operatorname{Im}\{e^{j\alpha}\}$$

Damit läßt sich die Gl. (26.26) auch in der Form

$$u = \widehat{U} \cdot \operatorname{Im}\{e^{j(\omega t + \varphi_u)}\} = \operatorname{Im}\{\widehat{U}e^{j\varphi_u} \cdot e^{j\omega t}\} = \operatorname{Im}\{\underline{U}e^{j\omega t}\}$$

schreiben. Darin ist $\underline{U} = Ue^{j\varphi_u}$ die komplexe Amplitude. Für ihren Betrag gilt:

$$|\underline{U}| = \widehat{U} \cdot |e^{j\varphi_u}| = \widehat{U}\,[\cos^2\varphi_u + \sin^2\varphi_u] = \widehat{U}$$

Er ist also gleich dem Scheitelwert. Analoge Festsetzungen treffen wir für zeitabhängige Ströme. Die entsprechenden Formelzeichen lauten:

$$I, \quad I(t), \quad i, \quad \widehat{I}, \quad \underline{I}$$

Auch Wechselspannungen und Wechselströme werden durch Pfeile in den Schaltplänen gekennzeichnet. Die Pfeilrichtung sagt dann natürlich nichts mehr über die Polarität aus, sondern gibt lediglich an, mit welchem Vorzeichen man die Größen in die Rechnung einsetzen muß. Dabei gilt genau dieselbe Regel, wie sie in Abb. 26.55 für Gleichspannungen dargestellt ist.

Entsprechend zum Gleichstromkreis definiert man einen komplexen Widerstand, den man als Impedanz $\underline{Z}$ bezeichnet:

$$\underline{Z} = \frac{\underline{U}}{\underline{I}} = \frac{\widehat{U}e^{j\varphi_u}}{\widehat{I}e^{j\varphi_i}} = \frac{\widehat{U}}{\widehat{I}}e^{j(\varphi_u - \varphi_i)} = |\underline{Z}|e^{j\varphi}$$

$\varphi$ ist die Phasenverschiebung zwischen Strom und Spannung. Eilt die Spannung dem Strom voraus, ist $\varphi$ positiv. Bei einem ohmschen Widerstand ist $\underline{Z} = R$, bei einer Kapazität gilt

$$\underline{Z} = \frac{1}{j\omega C} = -\frac{j}{\omega C}$$

und bei einer Induktivität $\underline{Z} = j\omega L$. Auf die komplexen Größen kann man die Gesetze des Gleichstromkreises anwenden [26.1].

Analog definieren wir eine komplexe Verstärkung:

$$\underline{A} = \frac{\underline{U}_a}{\underline{U}_e} = \frac{\widehat{U}_a e^{j\varphi_a}}{\widehat{U}_e e^{j\varphi_e}} = \frac{\widehat{U}_a}{\widehat{U}_e} e^{j(\varphi_a - \varphi_e)} = |\underline{A}| e^{j\varphi}$$

$\varphi$ ist die Phasenverschiebung zwischen Eingangs- und Ausgangsspannung. Eilt die Ausgangsspannung der Eingangsspannung voraus, ist $\varphi$ positiv; eilt sie nach, ist $\varphi$ negativ.

*Logarithmisches Spannungsverhältnis.* In der Elektronik wird häufig eine logarithmische Größe $|\underline{A}|^*$ für das Spannungsverhältnis $|\underline{A}| = \widehat{U}_a/\widehat{U}_e$ angegeben. Der Zusammenhang lautet:

$$|\underline{A}|^* = 20\,\text{dB}\,\lg \frac{\widehat{U}_a}{\widehat{U}_e} = 20\,\text{dB}\,\lg |\underline{A}|$$

In Tab. 26.2 haben wir einige Werte zusammengestellt.

*Logarithmen.* Der Logarithmus einer benannten Zahl ist nicht definiert. Deshalb schreiben wir z.B. nicht $\lg f$ sondern $\lg(f/\text{Hz})$. Anders verhält es sich bei Differenzen von Logarithmen: Der Ausdruck $\Delta \lg f = \lg f_2 - \lg f_1$ ist eindeutig definiert, weil er sich in den Ausdruck $\lg(f_2/f_1)$ umformen läßt.

*Rechenzeichen.* Häufig verwenden wir eine abgekürzte Schreibweise für die Differentiation nach der Zeit:

$$\frac{dU}{dt} = \dot{U}, \qquad \frac{d^2U}{dt^2} = \ddot{U}$$

| Lineares Spannungsverhältnis $\lvert\underline{A}\rvert$ | Logarithmisches Spannungsverhältnis $\lvert\underline{A}\rvert^*$ |
|---|---|
| 0,5 | $-6\,\text{dB}$ |
| $1/\sqrt{2} \approx 0{,}7$ | $-3\,\text{dB}$ |
| 1 | $0\,\text{dB}$ |
| $\sqrt{2} \approx 1{,}4$ | $3\,\text{dB}$ |
| 2 | $6\,\text{dB}$ |
| 10 | $20\,\text{dB}$ |
| 100 | $40\,\text{dB}$ |
| 1000 | $60\,\text{dB}$ |

**Tab. 26.2.** Umrechnungstabelle

Das Rechenzeichen $\sim$ bedeutet *proportional*, das Rechenzeichen $\approx$ bedeutet *ungefähr gleich*. Das Zeichen $\|$ bedeutet *parallel*. Wir verwenden es, um eine Parallelschaltung von Widerständen abgekürzt darzustellen:

$$R_1 \| R_2 \;=\; \frac{R_1 R_2}{R_1 + R_2}$$

### Zusammenstellung der wichtigsten Formelzeichen

| | |
|---|---|
| $U$ | beliebig von der Zeit abhängige Spannung einschließlich Gleichspannung |
| $u$ | Wechselspannung ohne Gleichspannungsanteil |
| $\widehat{U}$ | Amplitude einer sinusförmigen Wechselspannung |
| $\underline{U}$ | komplexe Spannungsamplitude |
| $U_{\mathrm{eff}}$ | Effektivwert einer Spannung |
| $E$ | Recheneinheit |
| $U_T$ | Temperaturspannung $kT/e_0$ |
| $U_b$ | Betriebsspannung |
| $V^+$ | positives Betriebspotential, im Schaltplan durch $(+)$ gekennzeichnet |
| $V^-$ | negatives Betriebspotential, im Schaltplan durch $(-)$ gekennzeichnet |
| $I$ | beliebig von der Zeit abhängiger Strom einschließlich Gleichstrom |
| $i$ | Wechselstrom ohne Gleichstromanteil |
| $\widehat{I}$ | Amplitude eines sinusförmigen Wechselstromes |
| $\underline{I}$ | komplexe Stromamplitude |
| $I_{\mathrm{eff}}$ | Effektivwert eines Stromes |
| $R$ | ohmscher Widerstand |
| $r$ | differentieller Widerstand |
| $\underline{Z}$ | komplexer Widerstand (Impedanz) |
| $t$ | Zeit |
| $\tau$ | Zeitkonstante |
| $T$ | Schwingungsdauer |
| $f = 1/T$ | Frequenz |
| $f_g$ | 3 dB-Grenzfrequenz |
| $f_{gA}$ | 3 dB-Grenzfrequenz der offenen Verstärkung $\underline{A}_D$ eines Operationsverstärkers |
| $f_T$ | Transitfrequenz, Verstärkungs-Bandbreite-Produkt |
| $B$ | 3 dB-Bandbreite |
| $\omega = 2\pi f$ | Kreisfrequenz |
| $\omega_n = \omega/\omega_0$ | normierte Kreisfrequenz |
| $s = \sigma + j\omega$ | komplexe Kreisfrequenz |
| $s_n = s/\omega_0$ | normierte komplexe Kreisfrequenz |

| | |
|---|---|
| $A = \partial U_a / \partial U_e$ | Kleinsignal-Spannungsverstärkung für niedrige Frequenzen |
| $\underline{A}(j\omega) = \underline{U}_a / \underline{U}_e$ | komplexe Spannungsverstärkung |
| $A(s)$ | Übertragungsfunktion |
| $g$ | Schleifenverstärkung |
| $G$ | Gleichtaktunterdrückung |
| $k$ | Rückkopplungsfaktor |
| $\beta = \partial I_2 / \partial I_1$ | Kleinsignal-Stromverstärkung |
| $S = \partial I_2 / \partial U_1$ | Kleinsignal-Steilheit |
| $\vartheta$ | Celsius-Temperatur |
| $T$ | absolute Temperatur |
| $y = x_1 \cdot x_2$ | logische UND-Verknüpfung (Konjunktion) |
| $y = x_1 + x_2$ | logische ODER-Verknüpfung (Disjunktion) |
| $y = \overline{x}$ | logische NICHT-Verknüpfung (Negation) |
| $y = x_1 \oplus x_2$ | logische Exklusiv-ODER-Verknüpfung |
| $\dot{x}$ | Differentiation nach der Zeit |
| $\ddot{x}$ | zweimalige Differentiation nach der Zeit |
| $^a \log x$ | Logarithmus zur Basis $a$ |
| lg | Logarithmus zur Basis 10 |
| ln | Logarithmus zur Basis e |
| ld | Logarithmus zur Basis 2 |

# Literatur

[26.1]    Unbehauen,R.: Grundlagen der Elektrotechnik 1. Springer 1994.

## 26.4
## Typen der 7400-Logik-Familien

**Familien der verschiedenen Hersteller**

| Hersteller | TTL | CMOS |
|---|---|---|
| Texas Instruments | (SN74) | SN74HC |
| | (SN74S) | SN74HCT |
| | SN74LS | SN74AC |
| | SN74ALS | SN74ACT |
| | SN74AS | SN74BCT |
| | SN74F | |
| Philips | (PC74) | PC74HC |
| | PC74LS | PC74HCT |
| | PC74F | PC74AC |
| | | PC74ACT |
| National | DM74LS | MM74HC |
| | DM74ALS | MM74HCT |
| | DM74AS | 74AC |
| | 74F | 74ACT |
| | | 74FCT |
| Motorola | MC74LS | MC74HC |
| | MC74F | MC74HCT |
| Harris | | CD74HC |
| | | CD74HCT |
| | | CD74AC |
| | | CD74ACT |
| SGS-Thomson | | M74HC |
| | | M74HCT |
| IDT | | IDT74FCT |

## Nach Funktionen geordnet

| Typ | NAND-Gatter | Ausgang | Anschlüsse |
|-----|-------------|---------|-----------|
| 00 | Quad 2 input NAND | TP | 14 |
| 01 | Quad 2 input NAND | OC | 14 |
| 03 | Quad 2 input NAND | TP | 14 |
| 10 | Triple 3 input NAND | TP | 14 |
| 12 | Triple 3 input NAND | OC | 14 |
| 13 | Dual 4 input NAND schmitt-trigger | TP | 14 |
| 18 | Dual 4 input NAND schmitt-trigger | TP | 14 |
| 20 | Dual 4 input NAND | TP | 14 |
| 22 | Dual 4 input NAND | OC | 14 |
| 24 | Quad 2 input NAND schmitt-trigger | TP | 14 |
| 26 | Quad 2 input gate NAND 15VO/P | OC | 14 |
| 30 | 8 input NAND | TP | 14 |
| 37 | Quad 2 input NAND buffer | TP | 14 |
| 38 | Quad 2 input NAND buffer | OC | 14 |
| 40 | Dual 4 input NAND buffer | TP | 16 |
| 132 | Quad 2 input NAND schmitt-trigger | TP | 14 |
| 133 | 13 input NAND | TP | 16 |
| (134 | 12 input 3 state NAND | TS | 16) |
| 1000 | Buffer '00' gate | TP | 14 |
| 1003 | Buffer '03' gate | TP | 14 |
| 1010 | Buffer '10' gate | TP | 14 |
| 1020 | Buffer '20' gate | TP | 14 |
| 4023 | Triple 3 input NAND | TP | 14 |
| 7003 | Quad 2 input NAND schmitt-trigger | TP | 14 |
| 7006 | 3/4 input NAND/NOR gates | TP | 24 |
| 8003 | Dual 2 input NAND | TP | 8 |

| Typ | NOR-Gatter | Ausgang | Anschlüsse |
|-----|------------|---------|-----------|
| 02 | Quad 2 input NOR | TP | 14 |
| 23 | Dual 4 input strobe expandable I/P NOR | TP | 16 |
| 25 | Dual 4 input strobe NOR | TP | 14 |
| 27 | Triple 3 input NOR | TP | 14 |
| 28 | Quad 2 input NOR buffer | TP | 14 |
| 33 | Quad 2 input NOR buffer | OC | 14 |
| 36 | Quad 2 input NOR | TP | 14 |
| (260 | Dual 5 input NOR gate | TP | 14) |
| 1002 | Buffer '02' gate | TP | 14 |
| 1036 | Quad 2 input NOR | TP | 14 |
| 4002 | Dual 4 input NOR | TP | 14 |
| 4078 | 8 input NOR | TP | 14 |
| 7002 | Quad 2 input NOR schmitt-trigger | TP | 14 |

TP=Totem Pole, OC = Open Collector, TS = Tristate, O/P = Overvoltage Protection
( ) = nur in „standard"- bzw. „Schottky"-TTL, daher nicht für Neuentwicklungen

| Typ | UND-Gatter | Aus-<br>gang | An-<br>schlüsse |
|---|---|---|---|
| 08 | Quad 2 input AND | TP | 14 |
| 09 | Quad 2 input AND | OC | 14 |
| 11 | Triple 3 input AND | TP | 14 |
| 15 | Triple 3 input AND | OC | 14 |
| 21 | Dual 4 input AND | TP | 14 |
| 1008 | Buffer '08' gate | OC | 14 |
| 1011 | Buffer '11' gate | TP | 14 |
| 7001 | Quad 2 input AND schmitt-trigger | TP | 14 |

| Typ | ODER-Gatter | Aus-<br>gang | An-<br>schlüsse |
|---|---|---|---|
| 32 | Quad 2 input OR | TP | 14 |
| 802 | Triple 4 input OR NOR | TP | |
| 832 | Hex 2 input buffer | TP | 20 |
| 1032 | Buffer '32' gate | TP | 14 |
| 4075 | Triple 3 input OR | TP | 14 |
| 7032 | Quad 2 input OR schmitt-trigger | TP | 14 |

| Typ | UND-ODER-Gatter | Aus-<br>gang | An-<br>schlüsse |
|---|---|---|---|
| (50 | Dual 2 wide input AND-OR-Invert | TP | 14) |
| 51 | Dual 2 wide input AND-OR-Invert | TP | 14 |
| 54 | 4 wide 2 input AND-OR-Invert | TP | 14 |
| 64 | 4-2-3-2 input AND-OR-Invert | TP | 14 |
| (65 | 4-2-3-2 input AND-OR-Invert | OC | 14) |

| Typ | EXOR-Gatter | Aus-<br>gang | An-<br>schlüsse |
|---|---|---|---|
| 86 | Quad exclusive OR | TP | 14 |
| (135 | Quad exclusive OR/NOR | TS | 16) |
| 136 | Quad exclusive OR | OC | 14 |
| 266 | Quad 2 input exclusive NOR | OC | 16 |
| 386 | Quad exclusive OR | TP | 14 |
| 810 | '86' with inverting outputs | TP | 14 |
| 811 | '810' with open collector | OC | 14 |
| 7266 | '266' with totempole output | TP | 16 |

| Typ | Expander | Aus-<br>gang | An-<br>schlüsse |
|---|---|---|---|
| (53 | 4 wide 2 input AND-OR-Invert expand. | TP | 14) |
| 55 | Expandable 2 wide input and OR-Invert | TP | 14 |

| Typ | Gatter-Kombinationen | Aus-gang | An-schlüsse |
|---|---|---|---|
| 7006 | 3-4 input NAND, 3-4 input NOR | TP | 24 |
| 7008 | Triple 2 input NAND, 2 input NOR, Dual INV | TP | 24 |
| 7074 | Dual D-FF, 2 input NAND/NOR, Dual INV | TP | 24 |
| 7075 | Dual D-FF, Dual 2 input NAND, Dual INV | TP | 24 |
| 7076 | Dual D-FF, Dual 2 input NOR, Dual INV | TP | 24 |

| Typ | Inverter | Aus-gang | An-schlüsse |
|---|---|---|---|
| 04 | Hex inverter | TP | 14 |
| 05 | Hex inverter | OC | 14 |
| (06 | Hex inverter/buffer 30 VO/P | OC | 14) |
| 14 | Hex inverter schmitt-trigger | TP | 14 |
| (16 | Hex inverter/buffer 15 VO/P | OC | 14) |
| (17 | Hex buffer 15 VO/P | OC | 14) |
| 19 | Hex inverter schmitt-trigger | TP | 14 |
| 1004 | Buffer '04' gate | TP | 14 |
| 1005 | Buffer '05' gate | OC | 14 |
| 4049 | Hex inverting buffer | TP | 16 |

| Typ | Nichtinvertierende Treiber | Aus-gang | An-schlüsse |
|---|---|---|---|
| (07 | Hex buffer 30 VO/P | OC | 14) |
| 34 | Hex buffer | TP | 14 |
| 35 | Hex buffer | OC | 14 |
| 125 | Quad 3 state buffer | TS | 14 |
| 126 | Quad 3 state buffer | TS | 14 |
| 1034 | Hex buffer | TP | 14 |
| 1035 | Hex buffer | OC | 14 |
| 4050 | Hex buffer | TP | 16 |

| Typ | Leitungs-Treiber | Aus-gang | An-schlüsse |
|---|---|---|---|
| (128 | Quad 2 input NOR line driver | TP | 14) |
| (140 | Dual input NAND line driver | TP | 16) |
| (425 | Quad gates active low anable?? | TS | 14) |
| 804 | Hex 2 input NAND line driver | TP | 20 |
| 805 | Hex 2 input NOR line driver | TP | 20 |
| 808 | Hex 2 input AND line driver | TP | 20 |
| 832 | Hex 2 input OR line driver | TP | 20 |
| 1631 | Quad differential line driver | TS | 16 |
| 1804 | '804' With Center Vcc, GND | TP | 20 |
| 1805 | '805' With Center Vcc, GND | TP | 20 |
| 1808 | '808' With Center Vcc, GND | TP | 20 |
| 1832 | '832' With Center Vcc, GND | TP | 20 |

O/P= overvoltage protection
( )= nur in „standard"- bzw. „Schottky"-TTL, daher nicht für Neuentwicklungen

| Typ | Flip-Flops, transparent | Aus-gang | An-schlüsse |
|---|---|---|---|
| 75 | Quad D-latch | TP | 16 |
| 77 | Quad D-latch | TP | 16 |
| (100 | Dual 4 bit D-latch | TP | 24) |
| (116 | Dual 4 bit D-latch | TP | 24) |
| (118 | Hex SR-flip-flop | TP | 16) |
| (119 | Hex SR-flip-flop | TP | 24) |
| 279 | Hex SR-flip-flop | TP | 16 |
| 375 | Quad D-latch | TP | 16 |
| 873 | Dual 4 bit D-latch | TS | 24 |
| 880 | '873' inverting | TS | 24 |

| Typ | Flip-Flops, Master-Slave | Aus-gang | An-schlüsse |
|---|---|---|---|
| (70 | JK-flip-flop, preset, clear | TP | 14) |
| (72 | JK-flip-flop, preset, clear | TP | 14) |
| 73 | Dual JK-flip-flop, preset, clear | TP | 14 |
| 74 | Dual D-flip-flop, preset, clear | TP | 14 |
| 76 | Dual JK-flip-flop, preset, clear | TP | 16 |
| 78 | Dual JK-flip-flop, preset, clear | TP | 14 |
| 107 | Dual JK-flip-flop, clear | TP | 14 |
| 109 | Dual JK-flip-flop, preset, clear | TP | 16 |
| (111 | Dual JK-flip-flop with data lock out | TP | 16) |
| 112 | Dual JK-flip-flop, preset, clear | TP | 16 |
| 113 | Dual JK-flip-flop, preset | TP | 14 |
| 114 | Dual JK-flip-flop, preset, clear | TP | 14 |
| 171 | Quad D-flip-flop, clear | TP | 16 |
| 173 | Quad D-flip-flop, clear, enable | TS | 16 |
| 174 | Hex D-flip-flop, clear | TP | 16 |
| 175 | Quad D-flip-flop, clear | TP | 16 |
| (276 | Quad $J\overline{K}$-flip-flop, preset, clear | TP | 20) |
| (376 | Quad $J\overline{K}$-flip-flop, clear | TP | 16) |
| 378 | Hex D-flip-flop, enable | TP | 16 |
| 379 | Quad D-flip-flop, enable | TP | 16 |
| 3074 | '74' metastable resistant | TP | 14 |
| 7074 | Dual D-ff+Nand, Nor, Inverter | TP | 24 |
| 7075 | Dual D-ff+Nand, Inverter | TP | 24 |
| 7076 | Dual D-ff+Nor, Inverter | TP | 24 |

| Typ | Schieberegister | | Aus-gang | An-schlüsse |
|---|---|---|---|---|
| 91 | 8 bit shift register | | TP | 14 |
| 95 | 4 bit shift register | PIPO | TP | 14 |
| 96 | 5 bit shift register | PI | TP | 16 |
| 164 | 8 bit shift register | PO | TP | 14 |
| 165 | 8 bit shift register | PI | TP | 16 |
| 166 | 8 bit shift register | PI | TP | 16 |
| (178 | 4 bit shift register | PIPO | TP | 14) |
| (179 | 4 bit shift register | PI | TP | 16) |

| Typ | Schieberegister | | Aus-gang | An-schlüsse |
|---|---|---|---|---|
| (194 | 4 bit shift reg. right/left | PIPO | TP | 16 |
| 195 | 4 bit shift register | PIPO | TP | 16 |
| (198 | 8 bit shift reg. right/left | PIPO | TP | 24) |
| (199 | 8 bit shift register | PIPO | TP | 24) |
| 295 | 4 bit shift reg. right/left | PIPO | TS | 14 |
| 299 | 8 bit shift reg. right/left | PIPO | TS | 20 |
| (322 | 8bit shift reg. sign protection | PIPO | TS | 20) |
| 323 | 8 bit shift reg. right/left | PIPO | TS | 20 |
| 395 | 4 bit shift register | PIPO | TS | 16 |
| 396 | Quad 2 bit shift register | PO | TP | 16 |
| 673 | 16 bit shift register | PO | TP | 24 |
| 674 | 16 bit shift register | PI | TP | 24 |

| Typ | Schieberegister mit Datenregister | | Aus-gang | An-schlüsse |
|---|---|---|---|---|
| 594 | 8 bit shift reg. w. output reg. | PO | TP | 16 |
| 595 | 8 bit shift reg. w. output reg. | PO | TS | 16 |
| 596 | 8 bit shift reg. w. output reg. | PO | OC | 16 |
| 597 | 8 bit shift reg. w. input reg. | PI | TP | 16 |
| 598 | 8 bit shift reg. w. input reg. | PIPO | TS | 20 |
| 599 | 8 bit shift reg. w. output reg. | PO | OC | 16 |
| 671 | 4 bit shift reg. w. outp. reg. right/left | PO | TS | 20 |
| 672 | 4 bit shift reg. w. outp. reg. right/left | PO | TS | 20 |
| 962 | 8 bit shift reg. dual rank | PIPO | TS | 18 |
| 963 | 8 bit shift reg. dual rank | PIPO | TS | 20 |
| 964 | 8 bit shift reg. dual rank | PIPO | TS | 18 |

| Typ | Asynchronzähler | Aus-gang | An-schlüsse |
|---|---|---|---|
| 68 | Dual decade counter | TP | 16 |
| 69 | Dual 4 bit binary counter | TP | 16 |
| 90 | Decade counter | TP | 14 |
| 92 | Divide by 12 counter | TP | 14 |
| 93 | 4 bit binary counter | TP | 14 |
| (176 | Decade counter (presetable) | TP | 14) |
| (177 | 4 bit binary counter (presetable) | TP | 14) |
| 196 | Decade counter | TP | 14 |
| 197 | 4 bit binary counter | TP | 14 |
| 290 | Decade counter | TP | 14 |
| 293 | 4 bit binary counter | TP | 14 |
| 390 | Dual decade counter | TP | 16 |
| 393 | Dual 4 bit binary counter | TP | 14 |
| 490 | Dual decade counters | TP | 16 |
| 4017 | Decade counter | TP | 16 |

PI = parallel input, PO = parallel output
( )= nur in „standard"- bzw. „Schottky"-TTL, daher nicht für Neuentwicklungen

| Typ | Frequenzteiler (asynchron) | Aus-gang | An-schlüsse |
|---|---|---|---|
| 56 | Frequency divider: 50 | TP | 8 |
| 57 | Frequency divider: 60 | TP | 8 |
| (97 | 6 bit binary rate multiplier | TP | 16) |
| (167 | 4 bit decade rate multiplier | TP | 16) |
| 292 | 30 bit programmable freq. divider | TP | 16 |
| 294 | 16 bit programmable freq. divider | TP | 16 |
| 4020 | 14 bit binary counter | TP | 16 |
| 4024 | 8 bit binary counter | TP | 16 |
| 4040 | 12 bit binary counter | TP | 16 |
| 4059 | 16 bit programmable frequ. divider | TP | 24 |
| 4060 | 14 bit binary counter, oszillator | TP | 16 |
| 7060 | 14 bit binary counter, oszillator | TP | 16 |

| Typ | Synchronzähler | Aus-gang | An-schlüsse |
|---|---|---|---|
| 160 | 4 bit decade counter, sync. load | TP | 16 |
| 161 | 4 bit binary counter, sync. load | TP | 16 |
| 162 | 4 bit decade counter, sync. load | TP | 16 |
| 163 | 4 bit binary counter, sync. load | TP | 16 |
| 168 | 4 bit decade up/down counter, sync. load | TP | 16 |
| 169 | 4 bit binary up/down counter, sync. load | TP | 16 |
| 190 | 4 bit decade up/down counter, async. load | TP | 16 |
| 191 | 4 bit binary up/down counter, async. load | TP | 16 |
| 192 | 4 bit decade up/down counter, async. load | TP | 16 |
| 193 | 4 bit binary up/down counter, async. load | TP | 16 |
| 264 | carry-look-ahead for counters | TP | 16 |
| 269 | 8 bit binary up/down counter, sync. load | TP | 24 |
| 560 | 4 bit decade counter, sync./async. load | TS | 20 |
| 561 | 4 bit binary counter, sync./async. load | TS | 20 |
| 568 | 4 bit decade up/down counter, sync. load | TS | 20 |
| 569 | 4 bit binary up/down counter, sync. load | TS | 20 |
| 579 | 8 bit binary up/down counter | TS | 20 |
| 668 | 4 bit decade up/down counter, sync. load | TP | 16 |
| 669 | 4 bit binary up/down counter, sync. load | TP | 16 |
| 867 | 8 bit binary up/down counter, sync. load | TP | 24 |
| 869 | 8 bit binary up/down counter, sync. load | TP | 24 |
| 4017 | divide by 10 counter, decoded outputs | TP | 16 |
| 4022 | divide by 8 counter, decoded outputs | TP | 16 |
| 4510 | dual 4 bit decade up/down counter, async. load | TP | 16 |
| 4516 | 4 bit binary up/down counter, async. load | TP | 16 |
| 4518 | dual 4 bit decade counter | TP | 16 |
| 4520 | dual 4 bit binary counter | TP | 16 |
| 7022 | divide by 8 counter, decoded outputs | TP | 16 |

| Typ | Synchronzähler mit Datenregister | Aus-gang | An-schlüsse |
|-----|----------------------------------|----------|-------------|
| 590 | 8 bit binary counter w. output reg. | TS | 16 |
| 591 | 8 bit binary counter w. output reg. | OC | 16 |
| 592 | 8 bit binary counter w. input reg. | TP | 16 |
| 593 | 8 bit binary counter w. input reg. | TS | 20 |
| 690 | 4 bit decade counter w. input reg. | TS | 20 |
| 691 | 4 bit binary counter w. output reg. | TS | 20 |
| 692 | 4 bit decade counter w. output reg. | TS | 20 |
| 693 | 4 bit binary counter w. output reg. | TS | 20 |
| 696 | 4 bit decade counter w. output reg. | TS | 20 |
| 697 | 4 bit binary counter w. output reg. | TS | 20 |
| 698 | 4 bit decade counter w. output reg. | TS | 20 |
| 699 | 4 bit binary counter w. output reg. | TS | 20 |

| Typ | Bus-Treiber (unidirektional) | Aus-gang | An-schlüsse |
|-----|------------------------------|----------|-------------|
| 230 | 8 bit bus driver, 4 bit inverting | TS | 20 |
| 231 | 8 bit bus driver, data inverting | TS | 20 |
| 240 | 8 bit bus driver, data inverting | TS | 20 |
| 241 | 8 bit bus driver | TS | 20 |
| 244 | 8 bit bus driver | TS | 20 |
| 365 | 6 bit bus driver | TS | 16 |
| 366 | 6 bit bus driver, data inverting | TS | 16 |
| 367 | 6 bit bus driver | TS | 16 |
| 368 | 6 bit bus driver, data inverting | TS | 16 |
| 465 | 8 bit bus driver | TS | 20 |
| 466 | 8 bit bus driver, data inverting | TS | 20 |
| 467 | 8 bit bus driver | TS | 20 |
| 468 | 8 bit bus driver, data inverting | TS | 20 |
| 540 | 8 bit bus driver, data inverting | TS | 20 |
| 541 | 8 bit bus driver | TS | 20 |
| 746 | '540' with input pullup resistor | TS | 20 |
| 747 | '541' with input pullup resistor | TS | 20 |
| 756 | '240' with open collector | OC | 20 |
| 757 | '241' with open collector | OC | 20 |
| 760 | '244' with open collector | OC | 20 |
| 762A | '230' with open collector | OC | 20 |
| 763 | '231' with open collector | OC | 20 |
| 827 | 10 bit bus driver, data non inverting | TS | 28 |
| 828 | 10 bit bus driver, data inverting | TS | 28 |
| 1240 | '240' reduced power | TS | 20 |
| 1241 | '241' reduced power | TS | 20 |
| 1244 | '244' reduced power | TS | 20 |
| 2240 | '240' with serial damping Resistor | TS | 20 |
| 2241 | '241' with serial damping Resistor | TS | 20 |
| 2244 | '244' with serial damping Resistor | TS | 20 |
| 2410 | 11 bit bus driver, data non invert., ser. damp. Res. | TS | 28 |
| 2411 | 11 bit bus driver, data invert., ser. damp. Res. | TS | 28 |
| 2540 | '540' with serial damping Resistor | TS | 20 |
| 2541 | '541' with serial damping Resistor | TS | 20 |

| Typ | Bus-Treiber (unidirektional) | Aus-gang | An-schlüsse |
|---|---|---|---|
| 2827 | '827' with serial damping Resistor | TS | 24 |
| 2828 | '828' with serial damping Resistor | TS | 24 |
| 16240 | 16 bit bus driver, data inverting | TS | 48 |
| 16244 | 16 bit bus driver, data non inverting | TS | 48 |
| 29827 | 10 bit bus driver, data non inverting | TS | 24 |
| 29828 | 10 bit bus driver, data inverting | TS | 24 |

| Typ | Bus-Treiber mit transp. Latch | Aus-gang | An-schlüsse |
|---|---|---|---|
| 373 | 8 bit latch | TS | 20 |
| 533 | 8 bit latch, data inverting | TS | 20 |
| 563 | '533' bus pinout | TS | 20 |
| 573 | '373' bus pinout | TS | 20 |
| 580 | '533' bus pinout | TS | 20 |
| 666 | 8 bit latch, readback | TS | 24 |
| 667 | 8 bit latch, data inverting, readback | TS | 24 |
| 990 | 8 bit latch, readback | TP | 20 |
| 991 | 8 bit latch, data inverting, readback | TP | 20 |
| 992 | 9 bit latch, readback | TS | 24 |
| 993 | 9 bit latch, data inverting, readback | TS | 24 |
| 994 | 10 bit latch, readback | TS | 24 |
| 995 | 10 bit latch, data inverting, readback | TS | 24 |
| 16373 | 16 bit latch, data non inverting | TS | 48 |
| 16533 | 16 bit latch, data inverting | TS | 48 |
| 29841 | 10 bit latch | TS | 24 |
| 29842 | 10 bit latch, data inverting | TS | 24 |
| 29843 | 9 bit latch | TS | 24 |
| 29844 | 9 bit latch, data inverting | TS | 24 |
| 29845 | 8 bit latch | TS | 24 |
| 29846 | 8 bit latch, data inverting | TS | 24 |

| Typ | Bus-Treiber mit flankengetr. D-Flip-Flop | Aus-gang | An-schlüsse |
|---|---|---|---|
| 273 | 8 bit D-Flip-Flop with clear | TP | 20 |
| 374 | 8 bit D-Flip-Flop | TS | 20 |
| 377 | 8 bit D-Flip-Flop with enable | TP | 20 |
| 534 | '374' data inverting | TS | 20 |
| 563 | 8 bit D-Flip-Flop, data inverting | TS | 20 |
| 564 | 8 bit D-Flip-Flop, data inverting | TS | 20 |
| 574 | '374' bus pinout | TS | 20 |
| 575 | '574' with syncronous clear | TS | 24 |
| 576 | 8 bit D-Flip-Flop, data inverting | TS | 20 |
| 577 | '576' with syncronous clear | TS | 24 |
| 821 | 10 bit D-Flip-Flop | TS | 24 |
| 822 | 10 bit D-Flip-Flop, data inverting | TS | 24 |
| 823 | 9 bit D-Flip-Flop | TS | 24 |
| 824 | 9 bit D-Flip-Flop, data inverting | TS | 24 |
| 825 | 8 bit D-Flip-Flop | TS | 24 |

| Typ | Bus-Treiber mit flankengetr. D-Flip-Flop | Ausgang | Anschlüsse |
|---|---|---|---|
| 826 | 8 bit D-Flip-Flop, data inverting | TS | 24 |
| 874 | 8 bit D-Flip-Flop | TS | 24 |
| 876 | 8 bit D-Flip-Flop, data inverting | TS | 24 |
| 878 | Dual 4 bit D-Flip-Flop | TS | 24 |
| 879 | Dual 4 bit D-Flip-Flop, data inverting | TS | 24 |
| 996 | 8 bit D-Flip-Flop, data readback | TS | 24 |
| 1821 | 10 bit D-Flip-Flop | TS | 24 |
| 1823 | 10 bit D-Flip-Flop, data inverting | TS | 24 |
| 3374 | 8 bit metastable-resistant Flip-Flop | TS | 20 |
| 3674 | 8 bit metastable-resistant Flip-Flop | TS | 24 |
| 16374 | 16 bit D-Flip-Flop | TS | 48 |
| 16534 | 16 bit D-Flip-Flop, data inverting | TS | 48 |
| 29821 | 10 bit D-Flip-Flop | TS | 24 |
| 29822 | 10 bit D-Flip-Flop, data inverting | TS | 24 |
| 29823 | 9 bit D-Flip-Flop | TS | 24 |
| 29824 | 9 bit D-Flip-Flop, data inverting | TS | 24 |
| 29825 | 8 bit D-Flip-Flop | TS | 24 |
| 29826 | 8 bit D-Flip-Flop, data inverting | TS | 24 |

| Typ | Transceiver (bidirektional) | Ausgang | Anschlüsse |
|---|---|---|---|
| 242 | 4 bit transceiver, data inverting | TS | 14 |
| 243 | 4 bit transceiver | TS | 14 |
| 245 | 8 bit transceiver, bus pinout | TS | 20 |
| 446 | 4 bit transceiver, data inverting | TS | 16 |
| 449 | 4 bit transceiver | TS | 16 |
| 620 | 8 bit transceiver, data inverting | TS | 20 |
| 621 | 8 bit transceiver | OC | 20 |
| 622 | 8 bit transceiver, data inverting | OC | 20 |
| 623 | 8 bit transceiver | TS | 20 |
| 638 | 8 bit transceiver, data inverting | TS/OC | 20 |
| 639 | 8 bit transceiver | TS/OC | 20 |
| 640 | 8 bit transceiver, data inverting | TS | 20 |
| 641 | 8 bit transceiver | OC | 20 |
| 642 | 8 bit transceiver, data inverting | OC | 20 |
| 643 | 8 bit transceiver, true/inverting | TS | 20 |
| 644 | 8 bit transceiver, true/inverting | OC | 20 |
| 645 | 8 bit transceiver | TS | 20 |
| 758 | '242' with open collector | OC | 20 |
| 759 | '243' with open collector | OC | 20 |
| 833 | 8 bit transceiver, parity gen. | TS | 24 |
| 834 | 8 bit transceiver, data inverting parity | TS | 24 |
| 853 | 8 bit transceiver, parity gen. | TS | 24 |
| 854 | 8 bit transceiver, data inverting parity | TS | 24 |
| 861 | 10 bit transceiver | TS | 24 |
| 862 | 10 bit transceiver, data inverting | TS | 24 |
| 863 | 9 bit transceiver | TS | 24 |
| 864 | 9 bit transceiver, data inverting | TS | 24 |
| 1242 | '242' reduced power | TS | 14 |

| Typ | Transceiver (bidirektional) | Aus-gang | An-schlüsse |
|---|---|---|---|
| 1243 | '243' reduced power | TS | 14 |
| 1245 | '245' reduced power | TS | 20 |
| 1640 | '640' reduced power | TS | 20 |
| 1645 | '645' reduced power | TS | 20 |
| 2242 | '242' with serial damping resistor | TS | 14 |
| 2245 | '245' with serial damping resistor | TS | 20 |
| 2620 | '620' with serial damping resistor | TS | 20 |
| 2623 | '623' with serial damping resistor | TS | 20 |
| 2640 | '640' with serial damping resistor | TS | 20 |
| 2645 | '645' with serial damping resistor | TS | 20 |
| 16245 | 16 bit transceiver | TS | 48 |
| 16640 | 16 bit transceiver, data inverting | TS | 48 |
| 29833 | 8 bit transceiver, parity gen. | TS | 24 |
| 29834 | 8 bit transceiver, data inverting, parity | TS | 24 |
| 29853 | 8 bit transceiver, parity gen. | TS | 24 |
| 29854 | 8 bit transceiver, data inverting, parity | TS | 24 |
| 29861 | 10 bit transceiver | TS | 24 |
| 29862 | 10 bit transceiver, data inverting | TS | 24 |
| 29863 | 9 bit transceiver | TS | 24 |
| 29864 | 9 bit transceiver, data inverting, | TS | 24 |

| Typ | Transceiver mit flankengetr. Register | Aus-gang | An-schlüsse |
|---|---|---|---|
| 543 | 8 bit reg. transceiver | TS | 24 |
| 544 | 8 bit reg. transceiver, data inverting | TS | 24 |
| 614 | 8 bit reg. transceiver, data inverting | OC | 24 |
| 615 | 8 bit reg. transceiver | OC | 24 |
| 646 | 8 bit reg. transceiver | TS | 24 |
| 647 | 8 bit reg. transceiver | OC | 24 |
| 648 | 8 bit reg. transceiver, data inverting | TS | 24 |
| 649 | 8 bit reg. transceiver, data inverting | OC | 24 |
| 651 | 8 bit reg. transceiver, data inverting | TS | 24 |
| 652 | 8 bit reg. transceiver | TS | 24 |
| 653 | 8 bit reg. transceiver, data inverting | OC/TS | 24 |
| 654 | 8 bit reg. transceiver | OC/TS | 24 |
| 852 | 8 bit reg. transceiver | TS | 24 |
| 856 | 8 bit reg. transceiver | TS | 24 |
| 877 | 8 bit reg. transceiver | TS | 24 |
| 16651 | 16 bit reg. transceiver, data inverting | TS | 56 |
| 16652 | 16 bit reg. transceiver | TS | 56 |

| Typ | Tridirektionale Transceiver | Aus-gang | An-schlüsse |
|---|---|---|---|
| 440 | 4 bit tridir. transc. | OC | 20 |
| 441 | 4 bit tridir. transc., data inverting | OC | 20 |
| 442 | 4 bit tridir. transc. | TS | 20 |
| 443 | 4 bit tridir. transc., data inverting | TS | 20 |
| 444 | 4 bit tridir. transc., true/inverting | TS | 20 |

| Typ | Komparatoren | Aus-gang | An-schlüsse |
|---|---|---|---|
| 85 | 4 bit magnitude comparator | TP | 16 |
| 518 | 8 bit identity comparator | OC | 20 |
| 519 | 8 bit identity comparator | OC | 20 |
| 520 | 8 bit identity comparator | TP | 20 |
| 521 | 8 bit identity comparator | TP | 20 |
| 522 | 8 bit identity comparator | OC | 20 |
| 526 | 16 bit identity comparator, fuse progr. | TP | 20 |
| 527 | 12 bit identity comparator, fuse progr. | TP | 20 |
| 528 | 12 bit identity comparator, fuse progr. | TP | 16 |
| 677 | 16 bit address comparator | TP | 24 |
| 678 | 16 bit address comparator w. output latch | TP | 24 |
| 679 | 12 bit address comparator | TP | 20 |
| 680 | 12 bit address comparator w. output latch | TP | 20 |
| 682 | 8 bit magnitude comparator | TP | 20 |
| 683 | 8 bit magnitude comparator | OC | 20 |
| 684 | 8 bit magnitude comparator | TP | 20 |
| 685 | 8 bit magnitude comparator | OC | 20 |
| 686 | 8 bit magnitude comparator | TP | 20 |
| 687 | 8 bit magnitude comparator | OC | 20 |
| 688 | 8 bit identity comparator w. enable | TP | 20 |
| 689 | 8 bit identity comparator w. enable | OC | 20 |
| 812 | 12 bit ident. comp. fuse progr.+1 of 4 dec. | TP | 24 |
| 866 | 8 bit magnitude comarator w. inp./outp. latch | TP | 28 |
| 885 | 8 bit magnitude comarator w. input latch | TP | 24 |
| 29806 | 6 bit identity comparator+1 of 4 decoder | TP | 24 |
| 29809 | 9 bit identity comparator | TP | 24 |

| Typ | Decoder, Demultiplexer | Aus-gang | An-schlüsse |
|---|---|---|---|
| 42 | BCD to 10 line decoder | TP | 16 |
| (45 | BCD to 10 line decoder | OC | 16) |
| 131 | 3 to 8 line decoder w. addr. register | TP | 16 |
| 137 | 3 to 8 line decoder w. addr. latch | TP | 16 |
| 138 | 3 to 8 line decoder | TP | 16 |
| 139 | Dual 2 to 4 line decoder | TP | 16 |
| (141 | BCD to 10 line decoder | OC | 16) |
| 145 | BCD to 10 line decoder | OC | 16 |
| 154 | 4 to 16 line decoder | TP | 24 |
| 155 | Dual 2 to 4 line decoder | TP | 16 |
| 156 | Dual 2 to 4 line decoder | OC | 16 |
| (159 | 4 to 16 line decoder | OC | 24) |
| 237 | 3 to 8 line decoder w. addr. latch | TP | 16 |
| 238 | 3 to 8 line decoder | TP | 16 |
| 239 | Dual 2 to 4 line decoder | TP | 16 |
| 259 | 3 to 8 line decoder w. output latch | TP | 16 |
| 445 | BCD to 10 line decoder | OC | 16 |

| Typ | Decoder, Demultiplexer | Aus-<br>gang | An-<br>schlüsse |
|-----|------------------------|--------------|-----------------|
| 538 | 3 to 8 line decoder | TS | 20 |
| 539 | Dual 2 to 4 line decoder | TS | 20 |
| 4514 | 4 to 16 line decoder w. addr. latch | TP | 24 |
| 4515 | 4 to 16 line decoder w. addr. latch | TP | 24 |

| Typ | Multiplexer, digital | Aus-<br>gang | An-<br>schlüsse |
|-----|----------------------|--------------|-----------------|
| 150 | 16 input multiplexer | TP | 24 |
| 151 | 8 input multiplexer | TP | 16 |
| 152 | 8 input multiplexer | TP | 16 |
| 153 | Dual 4 input multiplexer | TP | 16 |
| 157 | Duad 2 input multiplexer | TP | 16 |
| 158 | Quad 2 input multiplexer | TP | 16 |
| 250 | 16 input multiplexer | TS | 24 |
| 251 | 8 input multiplexer | TP/TS | 16 |
| 253 | Dual 4 input multiplexer | TS | 16 |
| 257 | Duad 2 input multiplexer | TS | 16 |
| 258 | Duad 2 input multiplexer | TS | 16 |
| 298 | Duad 2 input mux. w. output register | TP | 16 |
| 352 | Dual 4 input multiplexer | TP | 16 |
| 353 | Dual 4 input multiplexer | TS | 16 |
| 354 | 8 input multiplexer w. input data latch | TS | 20 |
| 355 | 8 input multiplexer w. data+address latch | OC | 20 |
| 356 | 8 input multiplexer w. data reg.+adr. latch | TS | 20 |
| 398 | Quad 2 input multiplexer w. data reg. | TP | 20 |
| 399 | Quad 2 input multiplexer w. data register | TP | 16 |
| 604 | Oktal 2 input multiplexer w. data register | TS | 28 |
| 605 | Oktal 2 input multiplexer w. data register | OC | 28 |
| 606 | Oktal 2 input multiplexer w. data register | TS | 28 |
| 607 | Oktal 2 input multiplexer w. data register | OC | 28 |
| 850 | 16 input multiplexer w. address register | TS | 28 |
| 851 | 16 input multiplexer w. address latch | TS | 28 |
| 857 | Hex 2 input multiplexer, masking | TS | 24 |

| Typ | Analog Multiplexer/Demultiplexer | Aus-<br>gang | An-<br>schlüsse |
|-----|----------------------------------|--------------|-----------------|
| 4016 | Quad analog switch | R | 14 |
| 4051 | 8 to 1 line Mux/Demux, level conv. | R | 16 |
| 4052 | Dual 4 to 1 line Mux/Demux, level conv. | R | 16 |
| 4053 | Triple 2 to 1 line Mux/Demux, level conv. | R | 16 |
| 4066 | Quad analog switch | R | 14 |
| 4067 | 16 to 1 line Mux/Demux | R | 24 |
| 4316 | Quad analog switch, level conv. | R | 16 |
| 4351 | 8 to 1 line Mux/Demux, level conv. | R | 18 |
| 4352 | Dual 4 to 1 line Mux/Demux, level conv. | R | 18 |
| 4353 | Triple 2 to 1 line Mux/Demux, level conv. | R | 18 |

( )= nur in „standard"- bzw. „Schottky"-TTL, daher nicht für Neuentwicklungen

| Typ | Code-Umsetzer | Aus-gang | An-schlüsse |
|---|---|---|---|
| (184 | 5 bit BCD to binary converter | OC | 16) |
| (185 | 5 bit binary to BCD converter | OC | 16) |
| 484 | 8 bit BCD to binary converter | TS | 20 |
| 485 | 8 bit binary to BCD converter | TS | 20 |

| Typ | Prioritätsdecoder | Aus-gang | An-schlüsse |
|---|---|---|---|
| 147 | 10 line to binary priority encoder | TP | 16 |
| 148 | 8 line to binary priority encoder | TP | 16 |
| 278 | 4 bit priority encoder, input latch | TP | 14 |
| 348 | 8 line to binary priority encoder | TS | 16 |

| Typ | Anzeige-Decoder | Aus-gang | An-schlüsse |
|---|---|---|---|
| (46 | BCD to seven segment for LEDs | OC | 16) |
| 47 | BCD to seven segment for LEDs | OC | 16 |
| 48 | BCD to seven segment | TP | 16 |
| 49 | BCD to seven segment for LEDs | OC | 16 |
| (143 | BCD counter, latch, 7-segment dec. for LEDs | OC | 24) |
| (144 | BCD counter, latch, 7-segment dec. for LEDs | OC | 24) |
| 247 | BCD to seven segment for LEDs | OC | 16 |
| 248 | BCD to seven segment | TP | 16 |
| 4511 | BCD to seven segment w. latch for LEDs | TP | 16 |
| 4543 | BCD to seven segment w. latch for LEDs | TP | 16 |

| Typ | Univibratoren | Aus-gang | An-schlüsse |
|---|---|---|---|
| (121 | Monostable | TP | 14) |
| 122 | Monostable, retriggerable | TP | 14 |
| 123 | Dual monostable, retriggerable | TP | 16 |
| 221 | Dual monostable | TP | 16 |
| 422 | Monostable, retriggerable | TP | 14 |
| 423 | Dual monostable, retriggerable | TP | 16 |
| 4538 | Dual monostable, retriggerable | TP | 16 |

| Typ | Oszillatoren | Aus-gang | An-schlüsse |
|---|---|---|---|
| (124 | Dual voltage controlled oscillator | TP | 16) |
| 320 | Crystal controlled oscillator | TP | 16 |
| 321 | Crystal controlled osc. frequ. divider | TP | 16 |
| 624 | Voltage controlled oscillator | TP | 14 |
| 625 | Dual voltage controlled oscillator | TP | 16 |
| 626 | Dual voltage controlled oscillator | TP | 16 |
| 627 | Dual voltage controlled oscillator | TP | 14 |

Ausgang R: Schalter wirkt wie ein Widerstand zwischen Eingang und Ausgang

| Typ | Oszillatoren | Aus-gang | An-schlüsse |
|---|---|---|---|
| 628 | Voltage controlled oscillator | TP | 14 |
| 629 | Dual voltage controlled oscillator | TP | 16 |

| Typ | Phase locked loop | Aus-gang | An-schlüsse |
|---|---|---|---|
| 297 | Digital phase locked loop | TP | 16 |
| 4046 | Phase locked loop | TS | 16 |
| 7046 | PLL w. lock detector | TS | 16 |

| Typ | Addierer | Aus-gang | An-schlüsse |
|---|---|---|---|
| (82 | 2 bit binary full adder | TP | 14) |
| 83 | 4 bit binary full adder | TP | 16 |
| 183 | Dual carry save full adder | TP | 14 |
| 283 | 4 bit binary full adder | TP | 16 |
| 385 | Quad serial adder/subtractor | TP | 20 |
| 583 | 4 bit BCD adder | TP | 16 |

| Typ | Arithmetic Logic Units (ALU) | Aus-gang | An-schlüsse |
|---|---|---|---|
| 181 | 4 bit arithmetic logic unit | TP | 24 |
| 281 | 4 bit parallel binary accumulator | TP | 24 |
| 381 | 4 bit arithmetic/function generator | TP | 20 |
| 382 | 4 bit arithmetic/function generator | TP | 20 |
| 681 | 4 bit binary accumulator | TP | 20 |
| 881 | 4 bit arithmetic logic unit with status check | TP | 24 |
| 1181 | 4 bit arithmetic logic unit | TP | 20 |
| 1881 | 4 bit arithmetic logic unit with status check | TP | 24 |

| Typ | Parallele Übertrags-Logik | Aus-gang | An-schlüsse |
|---|---|---|---|
| 182 | Carry look ahead unit for 4 adders | TP | 16 |
| 282 | '182' cascadable | TP | 20 |
| 882 | Carry look ahead unit for 8 adders | TP | 24 |

| Typ | Paritätsgeneratoren | Aus-gang | An-schlüsse |
|---|---|---|---|
| 180 | 8 bit parity generator | TP | 14 |
| 280 | 9 bit parity generator/checker | TP | 14 |
| 286 | '280' with bidirectional port | TP | 20 |
| 658 | 8/9 bit Par. Gen/Check, Transceiver | TS | 24 |
| 659 | 8/9 bit Par. Gen/Check, Transceiver | TS | 24 |
| 664 | 8/9 bit Par. Gen/Check, Transceiver | TS | 24 |
| 665 | 8/9 bit Par. Gen/Check, Transceiver | TS | 24 |

## 26.5
## Normwert-Reihen

| E 3 ±20% | E 6 ±20% | E 12 ±10% | E 24 ±5% | E 48 ±2% | E 96 ±1% | E 3 ±20% | E 6 ±20% | E 12 ±10% | E 24 ±5% | E 48 ±2% | E 96 ±1% |
|---|---|---|---|---|---|---|---|---|---|---|---|
| 1.0 | 1.0 | 1.0 | 1.0 | 1.00 | 1.00 | | 3.3 | 3.3 | 3.3 | 3.32 | 3.32 |
| | | | | | 1.02 | | | | | | 3.40 |
| | | | | 1.05 | 1.05 | | | | | 3.48 | 3.48 |
| | | | | | 1.07 | | | | | | 3.57 |
| | | | 1.1 | 1.10 | 1.10 | | | | 3.6 | 3.65 | 3.65 |
| | | | | | 1.13 | | | | | | 3.74 |
| | | | | 1.15 | 1.15 | | | | | 3.83 | 3.83 |
| | | | | | 1.18 | | | 3.9 | 3.9 | | 3.92 |
| | 1.2 | 1.2 | 1.2 | 1.21 | 1.21 | | | | | 4.02 | 4.02 |
| | | | | | 1.24 | | | | | | 4.12 |
| | | | | 1.27 | 1.27 | | | | | 4.22 | 4.22 |
| | | | 1.3 | | 1.30 | | | | 4.3 | | 4.32 |
| | | | | 1.33 | 1.33 | | | | | 4.42 | 4.42 |
| | | | | | 1.37 | | | | | | 4.53 |
| | | | | 1.40 | 1.40 | | | | | 4.64 | 4.64 |
| | | | | | 1.43 | 4.7 | 4.7 | 4.7 | 4.7 | | 4.75 |
| | | | | 1.47 | 1.47 | | | | | 4.87 | 4.87 |
| | 1.5 | 1.5 | 1.5 | | 1.50 | | | | | | 4.99 |
| | | | | 1.54 | 1.54 | | | | 5.1 | 5.11 | 5.11 |
| | | | | | 1.58 | | | | | | 5.23 |
| | | | 1.6 | 1.62 | 1.62 | | | | | 5.36 | 5.36 |
| | | | | | 1.65 | | | | | | 5.49 |
| | | | | 1.69 | 1.69 | | | 5.6 | 5.6 | 5.62 | 5.62 |
| | | | | | 1.74 | | | | | | 5.76 |
| | | | | 1.78 | 1.78 | | | | | 5.90 | 5.90 |
| | | 1.8 | 1.8 | | 1.82 | | | | | | 6.04 |
| | | | | 1.87 | 1.87 | | | | 6.2 | 6.19 | 6.19 |
| | | | | | 1.91 | | | | | | 6.34 |
| | | | | 1.96 | 1.96 | | | | | 6.49 | 6.49 |
| | | | 2.0 | | 2.00 | | | | | | 6.65 |
| | | | | 2.05 | 2.05 | | 6.8 | 6.8 | 6.8 | 6.81 | 6.81 |
| | | | | | 2.10 | | | | | | 6.98 |
| | | | | 2.15 | 2.15 | | | | | 7.15 | 7.15 |
| 2.2 | 2.2 | 2.2 | 2.2 | | 2.21 | | | | | | 7.32 |
| | | | | 2.26 | 2.26 | | | | 7.5 | 7.50 | 7.50 |
| | | | | | 2.32 | | | | | | 7.68 |
| | | | | 2.37 | 2.37 | | | | | 7.87 | 7.87 |
| | | | 2.4 | | 2.43 | | | | | | 8.06 |
| | | | | 2.49 | 2.49 | | | 8.2 | 8.2 | 8.25 | 8.25 |
| | | | | | 2.55 | | | | | | 8.45 |
| | | | | 2.61 | 2.61 | | | | | 8.66 | 8.66 |
| | | | | | 2.67 | | | | | | 8.87 |
| | | 2.7 | 2.7 | 2.74 | 2.74 | | | | 9.1 | 9.09 | 9.09 |
| | | | | | 2.80 | | | | | | 9.31 |
| | | | | 2.87 | 2.87 | | | | | 9.53 | 9.53 |
| | | | | | 2.94 | | | | | | 9.76 |
| | | | 3.0 | 3.01 | 3.01 | | | | | | |
| | | | | | 3.09 | | | | | | |
| | | | | 3.16 | 3.16 | | | | | | |
| | | | | | 3.24 | | | | | | |

**Tab. 26.3.** Normwert-Reihen nach DIN 41426 bzw. IEC 63

## 26.6
## Farbcode

| Kennfarbe | 1. Ziffer | 2. Ziffer | Multiplikator | Toleranz |
|-----------|-----------|-----------|---------------|----------|
| keine     |           |           |               | ± 20 %   |
| silber    |           |           | × 0,01 Ω      | ± 10 %   |
| gold      |           |           | × 0,1 Ω       | ± 5 %    |
| schwarz   |           | 0         | × 1,0 Ω       | ± 20 %   |
| braun     | 1         | 1         | × 10 Ω        | ± 1 %    |
| rot       | 2         | 2         | ×100 Ω        | ± 2 %    |
| orange    | 3         | 3         | × 1 kΩ        |          |
| gelb      | 4         | 4         | × 10 kΩ       |          |
| grün      | 5         | 5         | ×100 kΩ       |          |
| blau      | 6         | 6         | × 1 MΩ        |          |
| violett   | 7         | 7         | × 10 MΩ       |          |
| grau      | 8         | 8         | ×100 MΩ       |          |
| weiß      | 9         | 9         |               |          |

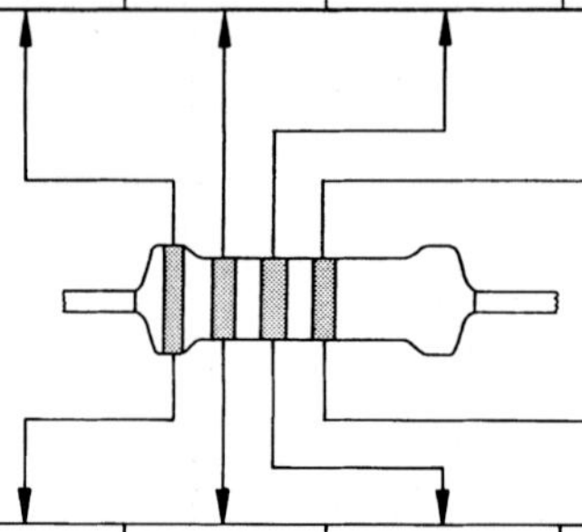

| Beispiel | gelb | violett | rot     | silber |
|----------|------|---------|---------|--------|
| 4,7 kΩ   | 4    | 7       | × 100 Ω | 10 %   |

**Abb. 26.59.** 4 Ring-Farbcode nach DIN 41429

| Kennfarbe | 1. Ziffer | 2. Ziffer | 3. Ziffer | Multiplikator | Toleranz | Temperatur-koeffizient |
|---|---|---|---|---|---|---|
| silber | | | | × 0,01 Ω | | |
| gold | | | | × 0,1 Ω | ± 5 % | |
| schwarz | | 0 | 0 | × 1,0 Ω | | ± 250 ppm/K |
| braun | 1 | 1 | 1 | × 10 Ω | ± 1 % | ± 100 ppm/K |
| rot | 2 | 2 | 2 | × 100 Ω | ± 2 % | ± 50 ppm/K |
| orange | 3 | 3 | 3 | × 1 kΩ | | ± 15 ppm/K |
| gelb | 4 | 4 | 4 | × 10 kΩ | | ± 25 ppm/K |
| grün | 5 | 5 | 5 | × 100 kΩ | ± 0,5% | 20 ppm/K |
| blau | 6 | 6 | 6 | × 1 MΩ | | ± 10 ppm/K |
| violett | 7 | 7 | 7 | × 10 MΩ | | ± 5 ppm/K |
| grau | 8 | 8 | 8 | × 100 MΩ | | ± 1 ppm/K |
| weiß | 9 | 9 | 9 | | | |

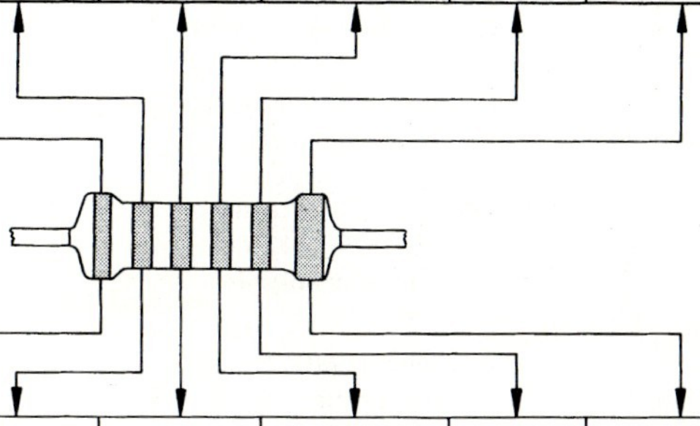

| Beispiel | gelb | violett | grün | braun | braun | blau |
|---|---|---|---|---|---|---|
| 4,75 kΩ | 4 | 7 | 5 | × 10 Ω | 1% | 10 ppm/K |

**Abb. 26.60.** 5–6 Ring-Farbcode nach IEC 62. Der Temperaturkoeffizient wird in der Regel nur angegeben, wenn er kleiner als 50 ppm/K ist

## 26.7
## Hersteller und Distributoren

| Hersteller | Distributoren | Distributoren |
|---|---|---|
| Actel GmbH<br>Bahnhofstr. 15<br>85375 Neufahrn<br>Tel: 08165/9584-0<br>Fax: 08165/9584-10<br>www.actel.com | Metcomp Elektronik GmbH<br>Leonhardsweg 4<br>82008 Unterhaching<br>Tel: 089/615239-0<br>Fax: 089/615239-97<br>www.metcomp.memec.com<br>metcomp@met.memec.com | Spoerle Electronic KG<br>Im Gefierth 11a<br>63303 Dreieich<br>Tel: 06103/304-0<br>Fax: 06103/304-270<br>www.spoerle.com |
| Advanced Micro Devices<br>(AMD) GmbH<br>Rosenheimer Str. 143b<br>81671 München<br>Tel: 089/45053-0<br>Fax: 089/406490<br>www.amd.com<br>euro.tech@amd.com | Avnet (EMG) GmbH<br>Stahlgruberring 12<br>81829 München<br>Tel: 089/45110-01<br>Fax: 089/45110-129<br>www.avnet.de | EBV-Electronik GmbH<br>Hans Pinsel Str. 4<br>85540 Haar<br>Tel: 089/460098-0<br>Fax: 089/460098-40<br>www.ebv.com<br>pr@ebv.com |
| | Farnell Electronic GmbH<br>Grünwalder Weg 30<br>82041 Deisenhofen<br>Tel: 089/61393939<br>Fax: 089/6135901<br>www.farnell.com<br>verkauf@farnell.com | Spoerle Electronic KG<br>Im Gefierth 11a<br>63303 Dreieich<br>Tel: 06103/304-0<br>Fax: 06103/304-270<br>www.spoerle.com |
| Advanced Power Technology<br>www.advancedpower.com | Eurocomp Electronic GmbH<br>Im Mühlfeld 20<br>61169 Friedberg<br>Tel: 06031/61076<br>Fax: 06031/61788<br>euroelek@aol.com | |
| Aglient GmbH<br>Hewlett-Packard Str. 1<br>61352 Bad Homburg<br>Tel: 06172/16-0<br>Fax:<br>www.semicronductor.aglient.com | Avnet (EMG) GmbH<br>Stahlgruberring 12<br>81829 München<br>Tel: 089/45110-01<br>Fax: 089/45110-129<br>www.avnet.de | EBV-Electronik GmbH<br>Hans Pinsel Str. 4<br>85540 Haar<br>Tel: 089/460098-0<br>Fax: 089/460098-40<br>www.ebv.com<br>pr@ebv.com |
| | Farnell Electronic GmbH<br>Grünwalder Weg 30<br>82041 Deisenhofen<br>Tel: 089/61393939<br>Fax: 089/6135901<br>www.farnell.com<br>verkauf@farnell.com | Jermyn (SEI) GmbH<br>Kapellenstr. 15<br>65555 Limburg<br>Tel: 06431/508-0<br>Fax: 06431/508-289<br>www.sei.de<br>seideutschland@sei.de |

| Hersteller | Distributoren | Distributoren |
|---|---|---|
| Allegro<br>www.allegromicro.com | Matronic GmbH<br>Vor dem Kreuzberg 28<br>72070 Tübingen<br>Tel: 07071/9440<br>Fax: 07071/45943<br>www.matronic.de | Metcomp Elektronik GmbH<br>Leonhardsweg 4<br>82008 Unterhaching<br>Tel: 089/615239-0<br>Fax: 089/615239-97<br>www.metcomp.memec.com<br>metcomp@met.memec.com |
| | Spoerle Electronic KG<br>Im Gefierth 11a<br>63303 Dreieich<br>Tel: 06103/304-0<br>Fax: 06103/304-270<br>www.spoerle.com | SSG Halbleiter GmbH<br>Adlerweg 2<br>79856 Hinterzarten<br>Tel: 07652/9106-0<br>Fax: 07652/767<br>www.ssg-halbleiter.de<br>info@ssg-halbleiter.de |
| Altera GmbH<br>Max Plank Str. 5<br>81675 München<br>Tel: 089/3218250<br>Fax: 089/31282579<br>www.altera.com | EBV-Electronik GmbH<br>Hans Pinsel Str. 4<br>85540 Haar<br>Tel: 089/460098-0<br>Fax: 089/460098-40<br>www.ebv.com<br>pr@ebv.com | Sasco GmbH<br>Hermann-Oberth-Str. 16<br>85640 Putzbrunn<br>Tel: 089/4611-0<br>Fax: 089/4611-270<br>www.sasco.de<br>sasco.muenchen@sasco.e-mail.com |
| Analog Devices GmbH<br>Am Westpark 1–3<br>81373 München<br>Tel: 089/76903-0<br>Fax: 089/76903-157<br>www.analog.com | Jermyn (SEI) GmbH<br>Kapellenstr. 15<br>65555 Limburg<br>Tel: 06431/508-0<br>Fax: 06431/508-289<br>www.sei.de<br>seideutschland@sei.de | Impact Memec GmbH<br>Lötscher Weg 66<br>41334 Nettetal<br>Tel: 02153/733-112<br>Fax: 02153/733-371<br>www.impact.de<br>info@impact.de |
| | Sasco GmbH<br>Hermann-Oberth-Str. 16<br>85640 Putzbrunn<br>Tel: 089/4611-0<br>Fax: 089/4611-270<br>www.sasco.de<br>sasco.muenchen@sasco.e-mail.com | Spoerle Electronic KG<br>Im Gefierth 11a<br>63303 Dreieich<br>Tel: 06103/304-0<br>Fax: 06103/304-270<br>www.spoerle.com |
| Apex<br>www.apexmicrotech.com | AmpPower GmbH<br>Louisenstr. 130<br>61384 Bad Homburg<br>Tel: 06172/488510<br>Fax: 06172/488519<br>www.amppower.de<br>amppower@t-online.de | Eltronix GmbH<br>Zum Degenhardt 12<br>88662 Überlingen<br>Tel: 07551/8008-0<br>Fax: 07551/8008-34 |
| | Hy-Line GmbH<br>Inselkammerstr. 10<br>82008 Unterhaching<br>Tel: 089/614503-10<br>Fax: 089/614503-20<br>www.hyline.de<br>power@hy-line.de | |

| Hersteller | Distributoren | Distributoren |
|---|---|---|

Arizona Microchip GmbH
Gustav Heinemann Ring 125
81739 München
Tel: 089/627-144-0
Fax: 089/627-144-44
www.microchip.com
microchip.munich@microchip.com

Future Electronics GmbH
Münchener Str. 18
85774 Unterföhring
Tel: 089/95727-0
Fax: 089/95727-140
www.future.ca

Metronik GmbH
Leonhardsweg 2
82008 Unterhaching
Tel: 089/61108-0
Fax: 089/61108-110
www.metronik.memec.com


Atmel GmbH
Am Höhenpark 6a
83075 Bad Fleinbach
Tel: 08034/9127
Fax: 08034/9330
www.atmel.com

Ineltek GmbH
Hauptstr. 45
89522 Heidenheim
Tel: 07321/9385-0
Fax: 07321/9385-95
www.ineltek.com
becker@ineltek.com

Ventec
Christoph Str. 34
73033 Göppingen
Tel: 07161/21650
Fax: 07161/21654
www.ventec.de
info@ventec.de


AT & T
s. Lucent


Bell
s. Lucent


Benchmarq
s. Unitrode


Brooktree
s. Rockwell
www.brooktree.com


Burr Brown GmbH
Kurze Str. 40
70795 Fliderstadt
Tel: 0711/7704-0
Fax: 0711/7704-109
www.burr-brown.com

Neumüller-Fenner GmbH
Raiffeisenallee 10
82041 Oberhaching
Tel: 089/613795-0
Fax: 089/613795-80
www.neumueller.com

Rutronik GmbH
Industriestr. 2
75228 Ispringen
Tel: 07231/801-508
Fax: 07231/801-507
www.rutronik.com
rutronik@rutronik.com


Catalyst
www.catsemi.com

Dacomp Electronic GmbH
Im Sacke 4
31157 Sarstedt
Tel: 05066/5519
Fax: 05066/5160
www.dacom.de


Cirrus Logic GmbH
Mühlfelder Str. 2
82211 Herrsching
Tel: 08152/9246-0
Fax: 08152/9246-99
www.cirrus.com

Atlantik Elektronik GmbH
Fraunhoferstr. 11a
82152 Planegg
Tel: 089/89505-0
Fax: 089/89505-100
www.atlantikelektronik.com
info@atlantikgmbh.de

Tekelec Airtronic GmbH
Kapuzinerstr. 9
80337 München
Tel: 089/5164-0
Fax: 089/5164-110
www.tekelec.de
sales@tekelec.de


Comlinear
s. National

| Hersteller | Distributoren | Distributoren |
|---|---|---|
| Conexant Systems GmbH<br>Paul Gerhardt Allee 50a<br>81245 München<br>Tel: 089/829-1320<br>Fax: 089/8342734<br>www.conexant.de | Metronik GmbH<br>Leonhardsweg 2<br>82008 Unterhaching<br>Tel: 089/61108-0<br>Fax: 089/61108-110<br>www.metronik.memec.com | Unitronic GmbH<br>Mündelheimer Weg. 9<br>40472 Düsseldorf<br>Tel: 0211/9511-0<br>Fax: 0211/9511-111<br>www.unitronic.de<br>info@unitronic.de |
| Crystal<br>s. Cyrrus Logic | | |
| Cypress Semi. GmbH<br>Münchener Str. 15A<br>85604 Zorneding<br>Tel: 08106/2448-0<br>Fax: 08106/20087<br>www.cypress.com | Metcomp Elektronik GmbH<br>Leonhardsweg 4<br>82008 Unterhaching<br>Tel: 089/615239-0<br>Fax: 089/615239-97<br>www.metcomp.memec.com<br>metcomp@met.memec.com | Rutronik GmbH<br>Industriestr. 2<br>75228 Ispringen<br>Tel: 07231/801-508<br>Fax: 07231/801-507<br>www.rutronik.com<br>rutronik@rutronik.com |
| Dallas<br>www.dalsemi.com | Atlantik Elektronik GmbH<br>Fraunhoferstr. 11a<br>82152 Planegg<br>Tel: 089/89505-0<br>Fax: 089/89505-100<br>www.atlantikelektronik.com<br>info@atlantikgmbh.de | Ginsbury Elektronik GmbH<br>Inselkammerstr. 5<br>82008 Unterhaching<br>Tel: 089/45170-0<br>Fax: 089/45170-100<br>www.ginsbury.de |
| | RS Components GmbH<br>Hessenring 13b<br>64546 Mörfelden-Walldorf<br>Tel: 06105/401-104<br>Fax: 06105/401-269<br>www.rs-components.de<br>rs-gmbh@rs-components.com | |
| Data IO GmbH<br>Lochhamer Schlag<br>62166 Gräfelfing<br>Tel: 089/85858-0<br>Fax: 089/85858-10<br>www.dataio.com | | |
| Datel GmbH<br>Bavariaring 8<br>80336 München<br>Tel: 089/544334-0<br>Fax: 089/536337<br>www.datel.com<br>datel.gmbh@datel.com | | |

| Hersteller | Distributoren | Distributoren |
|---|---|---|
| Elantec<br>www.elantec.com | Atlantik Elektronik GmbH<br>Fraunhoferstr. 11a<br>82152 Planegg<br>Tel: 089/89505-0<br>Fax: 089/89505-100<br>www.atlantikelektronik.com<br>info@atlantikgmbh.de | Metcomp Elektronik GmbH<br>Leonhardsweg 4<br>82008 Unterhaching<br>Tel: 089/615239-0<br>Fax: 089/615239-97<br>www.metcomp.memec.com<br>metcomp@met.memec.com |
| Ericsson<br>Fritz-Vomfelde Str. 14<br>40547 Düsseldorf<br>Tel: 0211/534-0<br>Fax: 0211/5341000<br>www.ericsson.de | MEV Elektronik GmbH<br>Nordler 5a<br>49176 Hilter<br>Tel: 05424/2340-0<br>Fax: 05424/2340-40<br>www.mev-elektronik.de<br>info@mev-elektronik.de | |
| Eupec GmbH Co. KG<br>Max-Plank-Str. 5<br>59581 Warstein<br>Tel: 02902/764-0<br>Fax: 02902/764-256<br>www.eupec.de<br>info@eupec.de | Eurodis Enatechnik GmbH<br>Pascalkehre 1<br>25451 Quickborn<br>Tel: 04106/701-0<br>Fax: 04106/701-268<br>www.eurodis.com<br>info@ena.eurodis.com | Rutronik GmbH<br>Industriestr. 2<br>75228 Ispringen<br>Tel: 07231/801-508<br>Fax: 07231/801-507<br>www.rutronik.com<br>rutronik@rutronik.com |
| Exar<br>Postfach 820405<br>81804 München<br>Tel: 08102/748176<br>Fax: 08102/748177<br>www.exar.com<br>reinhardt.wagner@exar.com | Astronik GmbH<br>Grünwalder Weg 30<br>82041 Deisenhofen<br>Tel: 089/613030<br>Fax: 089/6135901<br>www.farnell.de<br>verkauf@farnell.de | Dacom GmbH<br>Freisinger Str. 13<br>85737 Ismaning<br>Tel: 089/996549-0<br>Fax: 089/964989<br>dacom@t-online.de |
| | Rohm Electronics GmbH<br>Kesselschmidstr. 10<br>85354 Freising<br>Tel: 08161/4831-0<br>Fax: 08161/4831-20<br>www.rohmelectronics.com<br>ana.kropfitsch@rohm.com | Weisbauer Elektronik GmbH<br>Heiliger Weg 1<br>44135 Dortmund<br>Tel: 0231/557302-0<br>Fax: 0231/557602-0<br>weisbauer@t-online.de |
| Fairchild Semiconducter GmbH<br>Oscar v. Miller Str. 4e<br>82256 Fürstenfeldbruck<br>Tel: 08141/6102-0<br>Fax: 08141/6102-100<br>www.fairchildsemi.com | Avnet (EMG) GmbH<br>Stahlgruberring 12<br>81829 München<br>Tel: 089/45110-01<br>Fax: 089/45110-129<br>www.avnet.de | EBV-Electronik GmbH<br>Hans Pinsel Str. 4<br>85540 Haar<br>Tel: 089/460098-0<br>Fax: 089/460098-40<br>www.ebv.com<br>pr@ebv.com |
| Ferranti<br>s. Plessey | | |

| Hersteller | Distributoren | Distributoren |
|---|---|---|
| Foxboro<br>www.foxboro.com/pressure | Dacomp Electronic GmbH<br>Im Sacke 4<br>31157 Sarstedt<br>Tel: 05066/5519<br>Fax: 05066/5160<br>www.dacom.de | |
| Fuji Electric GmbH<br>Lyoner Str. 26<br>60528 Frankfurt<br>Tel: 069/669029-0<br>Fax: 069/669029-56<br>www.fujielectric.de | | |
| Fujitsu Microelektr. GmbH<br>Am Siebenstein 6–10<br>63303 Dreieich<br>Tel: 06103/690-0<br>Fax: 06103/690-122<br>www.fujitsumicro.com | EBV-Electronik GmbH<br>Hans Pinsel Str. 4<br>85540 Haar<br>Tel: 089/460098-0<br>Fax: 089/460098-40<br>www.ebv.com<br>pr@ebv.com | Gleichmann & Co. Elect. GmbH<br>Schrader Str. 44<br>67227 Frankenthal<br>Tel: 06233/347-0<br>Fax: 06233/347-216<br>www.intra.msc-ge.com<br>niz@msc-ge.com |
| | Glyn GmbH & Co.KG<br>Am Wörtzengarten 8<br>65510 Idstein<br>Tel: 06126/590-222<br>Fax: 06126/509-111<br>www.glyn.de<br>sales@glyn.de | |
| General Semiconductor GmbH<br>Albert Schweitzer-Str. 64<br>81735 München<br>Tel: 089/959970<br>Fax: 089/9570489<br>www.gensemi.com | Beck GmbH & Co.KG<br>Eltersdorferstr. 7<br>90425 Nürnberg<br>Tel: 0911/93408-0<br>Fax: 0911/93408-28<br>www.beck-elektronik.de<br>info@beck-elektronik.de | RS Components GmbH<br>Hessenring 13b<br>64546 Mörfelden-Walldorf<br>Tel: 06105/401-104<br>Fax: 06105/401-269<br>www.rs-components.de<br>rs-gmbh@rs-components.com |
| | Rutronik GmbH<br>Industriestr. 2<br>75228 Ispringen<br>Tel: 07231/801-508<br>Fax: 07231/801-507<br>www.rutronik.com<br>rutronik@rutronik.com | Tekelec Airtronic GmbH<br>Kapuzinerstr. 9<br>80337 München<br>Tel: 089/5164-0<br>Fax: 089/5164-110<br>www.tekelec.de<br>sales@tekelec.de |
| Giga<br>www.giga.dk | Hy-Line GmbH<br>Inselkammerstr. 10<br>82008 Unterhaching<br>Tel: 089/614503-10<br>Fax: 089/614503-20<br>www.hyline.de<br>h-westerwelle@hy-line.de | |

| Hersteller | Distributoren | Distributoren |
|---|---|---|

Hamamatsu Photonics GmbH
Arzberger Str. 10
82211 Herrsching
Tel:  08152/375-0
Fax: 08152/2658
www.hamamatsu.com
info@hamamatsu.de


Harris
s. Intersil


Heraeus Sensor GmbH
Reinhard Heraeus Ring 23
63801 Kleinostheim
Tel:  06027/503-0
Fax: 06027/503-101
www.heraeus.com/sensor
sensoren@haraeus.de


Hewlett-Packard
s. Aglient

<table>
<tr><td></td><td>Farnell Electronic GmbH<br>Grünwalder Weg 30<br>82041 Deisenhofen<br>Tel:  089/61393939<br>Fax: 089/6135901<br>www.farnell.com<br>verkauf@farnell.com</td><td>Jermyn (SEI) GmbH<br>Kapellenstr. 15<br>65555 Limburg<br>Tel:  06431/508-0<br>Fax: 06431/508-289<br>www.sei.de<br>seideutschland@sei.de</td></tr>
<tr><td>Hitachi Europe GmbH<br>Dornacher Str. 3<br>85622 Feldkirchen<br>Tel:  089/99180-0<br>Fax: 089/92180-262<br>www.hitachi-eu.com</td><td>Data Modul AG<br>Landsberger Str. 320<br>80687 München<br>Tel:  089/56017-0<br>Fax: 089/56017-119<br>www.data-modul.com</td><td>Eurodis Enatechnik GmbH<br>Pascalkehre 1<br>25451 Quickborn<br>Tel:  04106/701-0<br>Fax: 04106/701-268<br>www.eurodis.com<br>info@ena.eurodis.com</td></tr>
<tr><td></td><td>RS Components GmbH<br>Hessenring 13b<br>64546 Mörfelden-Walldorf<br>Tel:  06105/401-104<br>Fax: 06105/401-269<br>www.rs-components.de<br>rs-gmbh@rs-components.com</td><td>Rutronik GmbH<br>Industriestr. 2<br>75228 Ispringen<br>Tel:  07231/801-508<br>Fax: 07231/801-507<br>www.rutronik.com<br>rutronik@rutronik.com</td></tr>
</table>

| Hersteller | Distributoren | Distributoren |
|---|---|---|
| Honeywell GmbH<br>Kaiserleistr. 39<br>63067 Offenbach<br>Tel: 069/80640<br>Fax: 069/818620<br>www.honeywell.com | Future Electronics GmbH<br>Münchener Str. 18<br>85774 Unterföhring<br>Tel: 089/95727-0<br>Fax: 089/95727-140<br>www.future.ca | PK Components GmbH<br>An der Radrunde 160<br>90455 Nürnberg<br>Tel: 0911/988868-0<br>Fax: 0911/883479<br>www.pk-komponents.de |
| | Rutronik GmbH<br>Industriestr. 2<br>75228 Ispringen<br>Tel: 07231/801-508<br>Fax: 07231/801-507<br>www.rutronik.com<br>rutronik@rutronik.com | |
| Hybrid Memory<br>www.hybridmemory.com | | |
| Hybrid Systems<br>s. Sipex | | |
| Hyundai<br>www.hea.com | Ineltek GmbH<br>Hauptstr. 45<br>89522 Heidenheim<br>Tel: 07321/9385-0<br>Fax: 07321/9385-95<br>www.ineltek.com<br>becker@ineltek.com | |
| IDT GmbH<br>Max Planck Str. 17<br>85716 Unterschleißheim<br>Tel: 089/37448-100<br>Fax: 089/37448-200<br>www.idt.com<br>idteurope@idt.com | Avnet (EMG) GmbH<br>Stahlgruberring 12<br>81829 München<br>Tel: 089/45110-01<br>Fax: 089/45110-129<br>www.avnet.de | Jermyn (SEI) GmbH<br>Kapellenstr. 15<br>65555 Limburg<br>Tel: 06431/508-0<br>Fax: 06431/508-289<br>www.sei.de<br>seideutschland@sei.de |
| | Metronik GmbH<br>Leonhardsweg 2<br>82008 Unterhaching<br>Tel: 089/61108-0<br>Fax: 089/61108-110<br>www.metronik.memec.com | Scantec GmbH<br>Behringstr. 10<br>82152 Planegg<br>Tel: 089/899143-0<br>Fax: 089/899143-27<br>www.scantec.de<br>info@scantec.de |

| Hersteller | Distributoren | Distributoren |
|---|---|---|
| Infineon AG<br>Balanstr. 73<br>81541 München<br>Tel: 089/243-0<br>www.infineon.com | Holz Elektronik GmbH<br>Benzstr. 1b<br>85551 Kirchheim<br>Tel: 089/99153015<br>Fax: 089/99153030<br>www.holz-elektronik.de | Mütron GmbH & Co<br>Bornstr. 22<br>28195 Bremen<br>Tel: 0421/3056-0<br>Fax: 0421/3056-1 |

Infineon AG
Balanstr. 73
81541 München
Tel: 089/243-0
www.infineon.com

Holz Elektronik GmbH
Benzstr. 1b
85551 Kirchheim
Tel: 089/99153015
Fax: 089/99153030
www.holz-elektronik.de

Mütron GmbH & Co
Bornstr. 22
28195 Bremen
Tel: 0421/3056-0
Fax: 0421/3056-1

Rutronik GmbH
Industriestr. 2
75228 Ispringen
Tel: 07231/801-508
Fax: 07231/801-507
www.rutronik.com
rutronik@rutronik.com

EBV-Electronik GmbH
Hans Pinsel Str. 4
85540 Haar
Tel: 089/460098-0
Fax: 089/460098-40
www.ebv.com
pr@ebv.com

Inmos
s. ST Microelectronics

Intel GmbH
Dornacker Str. I
85622 Feldkirchen
Tel: 089/99143-0
Fax: 089/9990439-48
www.intel.com

Avnet (EMG) GmbH
Stahlgruberring 12
81829 München
Tel: 089/45110-01
Fax: 089/45110-129
www.avnet.de

Jermyn (SEI) GmbH
Kapellenstr. 15
65555 Limburg
Tel: 06431/508-0
Fax: 06431/508-289
www.sei.de
seideutschland@sei.de

Metcomp Elektronik GmbH
Leonhardsweg 4
82008 Unterhaching
Tel: 089/615239-0
Fax: 089/615239-97
www.metcomp.memec.com
metcomp@met.memec.com

Intermetall
s. Micronas

International Rectifier GmbH
Saalburgstr. 157
61350 Bad Homburg
Tel: 06172/37066
Fax: 06172/37065
www.irf.com

Eurodis Enatechnik GmbH
Pascalkehre 1
25451 Quickborn
Tel: 04106/701-0
Fax: 04106/701-268
www.eurodis.com
info@ena.eurodis.com

Farnell Electronic GmbH
Grünwalder Weg 30
82041 Deisenhofen
Tel: 089/61393939
Fax: 089/6135901
www.farnell.com
verkauf@farnell.com

Future Electronics GmbH
Münchener Str. 18
85774 Unterföhring
Tel: 089/95727-0
Fax: 089/95727-140
www.future.ca

| Hersteller | Distributoren | Distributoren |
| --- | --- | --- |
| Intersil GmbH<br>Richard Reitzner Allee 4<br>85540 Haar<br>Tel: 089/46263-0<br>Fax: 089/46263-149<br>www.intersil.com | Avnet (EMG) GmbH<br>Stahlgruberring 12<br>81829 München<br>Tel: 089/45110-01<br>Fax: 089/45110-129<br>www.avnet.de | EBV-Electronik GmbH<br>Hans Pinsel Str. 4<br>85540 Haar<br>Tel: 089/460098-0<br>Fax: 089/460098-40<br>www.ebv.com<br>pr@ebv.com |
| | Rutronik GmbH<br>Industriestr. 2<br>75228 Ispringen<br>Tel: 07231/801-508<br>Fax: 07231/801-507<br>www.rutronik.com<br>rutronik@rutronik.com | Spoerle Electronic KG<br>Im Gefierth 11a<br>63303 Dreieich<br>Tel: 06103/304-0<br>Fax: 06103/304-270<br>www.spoerle.com |
| Ixys Semiconductor GmbH<br>Edisonstr. 15<br>68623 Lampertheim<br>Tel: 06206/503-0<br>Fax: 06206/503-742<br>www.ixys.com<br>marcom@ixy.de | Future Electronics GmbH<br>Münchener Str. 18<br>85774 Unterföhring<br>Tel: 089/95727-0<br>Fax: 089/95727-140<br>www.future.ca | |
| Lattice GmbH<br>Einsteinstr. 10<br>85716 Unterschleißheim<br>Tel: 089/31787810<br>Fax: 089/31787830<br>www.latticesemi.com<br>ceursales@latticesemi.com | Avnet (EMG) GmbH<br>Stahlgruberring 12<br>81829 München<br>Tel: 089/45110-01<br>Fax: 089/45110-129<br>www.avnet.de | Eurodis Enatechnik GmbH<br>Pascalkehre 1<br>25451 Quickborn<br>Tel: 04106/701-0<br>Fax: 04106/701-268<br>www.eurodis.com<br>info@ena.eurodis.com |
| Lem Deutschland GmbH<br>Frankfurter Str.72<br>64521 Groß-Gerau<br>Tel: 06152/9301-0<br>Fax: 06152/84661<br>www.lem.com<br>postoffice.lde@lem.com | MSC GmbH<br>Industriestr. 16<br>76297 Stutensee<br>Tel: 07249/910512<br>Fax: 07249/910544 | Spoerle Electronic KG<br>Im Gefierth 11a<br>63303 Dreieich<br>Tel: 06103/304-0<br>Fax: 06103/304-270<br>www.spoerle.com |
| | Schuricht GmbH<br>Richtweg 30<br>28195 Bremen<br>Tel: 0180/5223435<br>Fax: 0180/5223436<br>www.schuricht.de<br>scc@schuricht.de | |

| Hersteller | Distributoren | Distributoren |
|---|---|---|
| Linear Technology GmbH<br>Oskar-Messner Str. 24<br>85737 Ismaning<br>Tel: 089/962455-0<br>Fax: 089/963147<br>www.linear-tech.com | Eurodis Enatechnik GmbH<br>Pascalkehre 1<br>25451 Quickborn<br>Tel: 04106/701-0<br>Fax: 04106/701-268<br>www.eurodis.com<br>info@ena.eurodis.com | Metronik GmbH<br>Leonhardsweg 2<br>82008 Unterhaching<br>Tel: 089/61108-0<br>Fax: 089/61108-110<br>www.metronik.memec.com |
| | RS Components GmbH<br>Hessenring 13b<br>64546 Mörfelden-Walldorf<br>Tel: 06105/401-104<br>Fax: 06105/401-269<br>www.rs-components.de<br>rs-gmbh@rs-components.com | Schuricht GmbH<br>Richtweg 30<br>28195 Bremen<br>Tel: 0180/5223435<br>Fax: 0180/5223436<br>www.schuricht.de<br>scc@schuricht.de |
| LinFinity<br>www.linfinity.com | MEV Elektronik GmbH<br>Nordler 5a<br>49176 Hilter<br>Tel: 05424/2340-0<br>Fax: 05424/2340-40<br>www.mev-elektronik.de<br>info@mev-elektronik.de | Sasco GmbH<br>Hermann-Oberth-Str. 16<br>85640 Putzbrunn<br>Tel: 089/4611-0<br>Fax: 089/4611-270<br>www.sasco.de<br>sasco.muenchen@sasco.e-mail.com |
| LSI Logic GmbH<br>Orleanstr. 4<br>81669 München<br>Tel: 089/45833-0<br>Fax: 089/45833-108<br>www.lsilogic.com<br>euroservice@lsil.com | EBV-Electronik GmbH<br>Hans Pinsel Str. 4<br>85540 Haar<br>Tel: 089/460098-0<br>Fax: 089/460098-40<br>www.ebv.com<br>pr@ebv.com | |
| Lucas Novasensor<br>www.novasensor.com | Dacomp Electronic GmbH<br>Im Sacke 4<br>31157 Sarstedt<br>Tel: 05066/5519<br>Fax: 05066/5160<br>www.dacom.de | |
| Lucent GmbH<br>Medienallee 6<br>85774 Unterföhring<br>Tel: 089/95086-0<br>Fax: 089/95086-193<br>www.lucent.com/micro | Jermyn (SEI) GmbH<br>Kapellenstr. 15<br>65555 Limburg<br>Tel: 06431/508-0<br>Fax: 06431/508-289<br>www.sei.de<br>seideutschland@sei.de | |
| Maxim GmbH<br>Fraunhoferstr. 16<br>82152 Planegg<br>Tel: 0130/827925<br>Fax: 0130/865138<br>www.maxim-ic.com | Spezial-Elektronik GmbH<br>Kreuzbreite 15<br>31675 Bückeburg<br>Tel: 01805/313120<br>Fax: 01805/313123<br>www.spezial.de<br>info@spezial.de | |

| Hersteller | Distributoren | Distributoren |
|---|---|---|
| Micrel<br>www.micrel.com | Dacom GmbH<br>Freisinger Str. 13<br>85737 Ismaning<br>Tel: 089/996549-0<br>Fax: 089/964989<br>dacom@t-online.de | Future Electronics GmbH<br>Münchener Str. 18<br>85774 Unterföhring<br>Tel: 089/95727-0<br>Fax: 089/95727-140<br>www.future.ca |
| | Matronic GmbH<br>Vor dem Kreuzberg 28<br>72070 Tübingen<br>Tel: 07071/9440<br>Fax: 07071/45943<br>www.matronic.de | |
| Micro Linear<br>www.microlinear.com | Ineltek GmbH<br>Hauptstr. 45<br>89522 Heidenheim<br>Tel: 07321/9385-0<br>Fax: 07321/9385-95<br>www.ineltek.com<br>becker@ineltek.com | |
| Micro Power Systems<br>s. Exar | | |
| Microchip<br>s. Arizona Microchip | | |
| Micron<br>www.micron.com | EBV-Electronik GmbH<br>Hans Pinsel Str. 4<br>85540 Haar<br>Tel: 089/460098-0<br>Fax: 089/460098-40<br>www.ebv.com<br>pr@ebv.com | |
| Micronas Intermetall GmbH<br>Hans-Bunte-Str. 19<br>79108 Freiburg<br>Tel: 0761/517-0<br>Fax: 0761/517-2174<br>www.itt-sc.de<br>info@intermetall.de | Beck GmbH & Co.KG<br>Eltersdorferstr. 7<br>90425 Nürnberg<br>Tel: 0911/93408-0<br>Fax: 0911/93408-28<br>www.beck-elektronik.de<br>info@beck-elektronik.de | Rutronik GmbH<br>Industriestr. 2<br>75228 Ispringen<br>Tel: 07231/801-508<br>Fax: 07231/801-507<br>www.rutronik.com<br>rutronik@rutronik.com |
| | Sasco GmbH<br>Hermann-Oberth-Str. 16<br>85640 Putzbrunn<br>Tel: 089/4611-0<br>Fax: 089/4611-270<br>www.sasco.de<br>sasco.muenchen@sasco.e-mail.com | |

| Hersteller | Distributoren | Distributoren |
|---|---|---|

MicorSim
s. OrCad
www.microsim.com

Mitel
Pflummernstr. 68
88400 Biberach
Tel: 07351/827723
Fax: 07351/827723
www.mitelsemi.com

HIV GmbH
Rosenstr. 1
66787 Wadgassen
Tel: 06834/6226
Fax: 06834/6229
hiv-gmbh@t-online.de

Metronik GmbH
Leonhardsweg 2
82008 Unterhaching
Tel: 089/61108-0
Fax: 089/61108-110
www.metronik.memec.com

Mitsubishi Electric GmbH
Gothaer Str. 8
40880 Ratingen
Tel: 02102/486-0
Fax: 02102/486-691
www.mitsubishichips.com

Glyn GmbH & Co.KG
Am Wörtzengarten 8
65510 Idstein
Tel: 06126/590-222
Fax: 06126/509-111
www.glyn.de
sales@glyn.de

Hy-Line GmbH
Inselkammerstr. 10
82008 Unterhaching
Tel: 089/614503-10
Fax: 089/614503-20
www.hyline.de
power@hy-line.de

Impact Memec GmbH
Lötscher Weg 66
41334 Nettetal
Tel: 02153/733-112
Fax: 02153/733-371
www.impact.de
info@impact.de

Ultratronik GmbH
Gewerbestr. 52
82211 Herrsching
Tel: 08152/3709-0
Fax: 08152/5183
www.ultratronik.de
info@ultratronik.de

Monolithic Memories
s. Advanced Micro Devices

Mostek
s. ST Microelectronics

Motorola GmbH
Schatzbogen 7
81829 München
Tel: 089/92103-0
Fax: 089/92103-101
www.motorola.com

Avnet (EMG) GmbH
Stahlgruberring 12
81829 München
Tel: 089/45110-01
Fax: 089/45110-129
www.avnet.de

EBV-Electronik GmbH
Hans Pinsel Str. 4
85540 Haar
Tel: 089/460098-0
Fax: 089/460098-40
www.ebv.com
pr@ebv.com

Eurodis Enatechnik GmbH
Pascalkehre 1
25451 Quickborn
Tel: 04106/701-0
Fax: 04106/701-268
www.eurodis.com
info@ena.eurodis.com

Jermyn (SEI) GmbH
Kapellenstr. 15
65555 Limburg
Tel: 06431/508-0
Fax: 06431/508-289
www.sei.de
seideutschland@sei.de

| Hersteller | Distributoren | Distributoren |
|---|---|---|
| Murata GmbH & Co.KG<br>Holbeinstr. 21–23<br>90441 Nürnberg<br>Tel: 0911/6687-0<br>Fax: 0911/6687-288<br>www.murata.com | Future Electronics GmbH<br>Münchener Str. 18<br>85774 Unterföhring<br>Tel: 089/95727-0<br>Fax: 089/95727-140<br>www.future.ca<br><br>Rutronik GmbH<br>Industriestr. 2<br>75228 Ispringen<br>Tel: 07231/801-508<br>Fax: 07231/801-507<br>www.rutronik.com<br>rutronik@rutronik.com | PK Components GmbH<br>An der Radrunde 160<br>90455 Nürnberg<br>Tel: 0911/988868-0<br>Fax: 0911/883479<br>www.pk-komponents.de |
| National Semiconductor GmbH<br>Livy-Gargan-Str. 10<br>82256 Fürstenfeldbruck<br>Tel: 08141/351-0<br>Fax: 08141/351515<br>www.national.com<br>europe.support@nsc.com | Avnet (EMG) GmbH<br>Stahlgruberring 12<br>81829 München<br>Tel: 089/45110-01<br>Fax: 089/45110-129<br>www.avnet.de<br><br>Jermyn (SEI) GmbH<br>Kapellenstr. 15<br>65555 Limburg<br>Tel: 06431/508-0<br>Fax: 06431/508-289<br>www.sei.de<br>seideutschland@sei.de | EBV-Electronik GmbH<br>Hans Pinsel Str. 4<br>85540 Haar<br>Tel: 089/460098-0<br>Fax: 089/460098-40<br>www.ebv.com<br>pr@ebv.com<br><br>Spoerle Electronic KG<br>Im Gefierth 11a<br>63303 Dreieich<br>Tel: 06103/304-0<br>Fax: 06103/304-270<br>www.spoerle.com |
| NEC Electronics GmbH<br>Oberrather Str. 4<br>40472 Düsseldorf<br>Tel: 0211/6503-01<br>Fax: 0211/6503-327<br>www.nec.de | Bit-Electronic AG<br>Dingolfinger Str. 6<br>81673 München<br>Tel: 089/418007-0<br>Fax: 089/418007-20<br><br>Glyn GmbH & Co.KG<br>Am Wörtzengarten 8<br>65510 Idstein<br>Tel: 06126/590-222<br>Fax: 06126/509-111<br>www.glyn.de<br>sales@glyn.de<br><br>Rutronik GmbH<br>Industriestr. 2<br>75228 Ispringen<br>Tel: 07231/801-508<br>Fax: 07231/801-507<br>www.rutronik.com<br>rutronik@rutronik.com | Gleichmann & Co. Elect. GmbH<br>Schrader Str. 44<br>67227 Frankenthal<br>Tel: 06233/347-0<br>Fax: 06233/347-216<br>www.intra.msc-ge.com<br>niz@msc-ge.com<br><br>Impact Memec GmbH<br>Lötscher Weg 66<br>41334 Nettetal<br>Tel: 02153/733-112<br>Fax: 02153/733-371<br>www.impact.de<br>info@impact.de<br><br>Ultratronik GmbH<br>Gewerbestr. 52<br>82211 Herrsching<br>Tel: 08152/3709-0<br>Fax: 08152/5183<br>www.ultratronik.de<br>info@ultratronik.de |

| Hersteller | Distributoren | Distributoren |
| --- | --- | --- |

Novasensor
s. Lucas Novasensor

Oki Electric Eur. GmbH
Hellersberg Str. 2
41460 Neuss
Tel: 02131/1596-0
Fax: 02131/103539
www.okisemi.com
litmaster@oki-europe.de

RS Components GmbH
Hessenring 13b
64546 Mörfelden-Walldorf
Tel: 06105/401-104
Fax: 06105/401-269
www.rs-components.de
rs-gmbh@rs-components.com

Rutronik GmbH
Industriestr. 2
75228 Ispringen
Tel: 07231/801-508
Fax: 07231/801-507
www.rutronik.com
rutronik@rutronik.com

Ultratronik GmbH
Gewerbestr. 52
82211 Herrsching
Tel: 08152/3709-0
Fax: 08152/5183
www.ultratronik.de
info@ultratronik.de

Omega
Daimlerstr. 26
75392 Deckenpfronn
Tel: 07056/3017
Fax: 07056/8540
www.omega.com

Optek Techn. Inc.
Flemingstr. 27
91154 Roth
Tel: 09171-87061
Fax: 09171-63410
www.optekimc-com
rmd-optekce@t-online.de

Fietje Sensor GmbH
Dorfstr. 1e
18209 Glashagen
Tel: 038203-65632
Fax: 038203-17890
fitje@t-online.de

Neumüller-Fenner GmbH
Raiffeisenallee 10
82041 Oberhaching
Tel: 089/613795-0
Fax: 089/613795-80
www.neumueller.com

OrCad
www.orcad.com

Hoschar Systemelektronik GmbH
Albert Nestler Str. 7
76131 Karlsruhe
Tel: 0180/5303500
Fax: 0180/5303509
www.hoschar.de
info@hoschar.com

| Hersteller | Distributoren | Distributoren |
|---|---|---|
| Philips Semiconductors<br>Hammerbrookstr. 69<br>20097 Hamburg<br>Tel: 040/235360<br>Fax: 040/23536300<br>www.semiconductors.philips.com | Avnet (EMG) GmbH<br>Stahlgruberring 12<br>81829 München<br>Tel: 089/45110-01<br>Fax: 089/45110-129<br>www.avnet.de | Eurodis Enatechnik GmbH<br>Pascalkehre 1<br>25451 Quickborn<br>Tel: 04106/701-0<br>Fax: 04106/701-268<br>www.eurodis.com<br>info@ena.eurodis.com |
| | Farnell Electronic GmbH<br>Grünwalder Weg 30<br>82041 Deisenhofen<br>Tel: 089/61393939<br>Fax: 089/6135901<br>www.farnell.com<br>verkauf@farnell.com | Jermyn (SEI) GmbH<br>Kapellenstr. 15<br>65555 Limburg<br>Tel: 06431/508-0<br>Fax: 06431/508-289<br>www.sei.de<br>seideutschland@sei.de |
| | Spoerle Electronic KG<br>Im Gefierth 11a<br>63303 Dreieich<br>Tel: 06103/304-0<br>Fax: 06103/304-270<br>www.spoerle.com | Ultratronik GmbH<br>Gewerbestr. 52<br>82211 Herrsching<br>Tel: 08152/3709-0<br>Fax: 08152/5183<br>www.ultratronik.de<br>info@ultratronik.de |
| Plessey<br>s. Mitel<br>www.gpsemi.com | | |
| Precision Monolithics (PMI)<br>s. Analog Devices | | |
| QuickLogic<br>Beringerstr. 10<br>82152 Planegg<br>Tel: 089/89914320<br>Fax: 089/89914327<br>www.quicklogic.com<br>info@quicklogic.com | Scantec GmbH<br>Behringstr. 10<br>82152 Planegg<br>Tel: 089/899143-0<br>Fax: 089/899143-27<br>www.scantec.de<br>info@scantec.de | |
| Raytheon Halbleiter GmbH<br>Großer Sand 44<br>25436 Uetersen<br>Tel:<br>Fax: 04122/7305<br>www.raytheon.com/micro<br>applications@ij.sd.ray.com | Adelco Elektronik GmbH<br>Boxholmerstr. 5<br>25451 Quickborn<br>Tel: 04106/6104-0<br>Fax: 04106/6104-25<br>Adelco@t-online.de | Avnet (EMG) GmbH<br>Stahlgruberring 12<br>81829 München<br>Tel: 089/45110-01<br>Fax: 089/45110-129<br>www.avnet.de |
| | Data Modul AG<br>Landsberger Str. 320<br>80687 München<br>Tel: 089/56017-0<br>Fax: 089/56017-119<br>www.data-modul.com | Ditronic CED GmbH<br>Julius Hölder Str. 42<br>70597 Stuttgart<br>Tel: 0711/720010<br>Fax: 0711/289780 |

| Hersteller | Distributoren | Distributoren |
| --- | --- | --- |

RCA
s. Harris

Rockwell
s. Conexant

Rohm Electronics GmbH
Kesselschmidstr. 10
85354 Freising
Tel: 08161/4831-0
Fax: 08161/4831-20
www.rohmelectronics.com
ana.kropfitsch@rohm.com

Dacom GmbH
Freisinger Str. 13
85737 Ismaning
Tel: 089/996549-0
Fax: 089/964989
dacom@t-online.de

Rutronik GmbH
Industriestr. 2
75228 Ispringen
Tel: 07231/801-508
Fax: 07231/801-507
www.rutronik.com
rutronik@rutronik.com

Weisbauer Elektronik GmbH
Heiliger Weg 1
44135 Dortmund
Tel: 0231/557302-0
Fax: 0231/557602-0
weisbauer@t-online.de

Samsung Semi. GmbH
Am Unisyspark 1
65843 Sulzbach
Tel: 06196/582703
Fax: 06196/750345
www.samsungsemi.com

RS Components GmbH
Hessenring 13b
64546 Mörfelden-Walldorf
Tel: 06105/401-104
Fax: 06105/401-269
www.rs-components.de
rs-gmbh@rs-components.com

Rutronik GmbH
Industriestr. 2
75228 Ispringen
Tel: 07231/801-508
Fax: 07231/801-507
www.rutronik.com
rutronik@rutronik.com

Seeq Inc.
www.seeq.com

Dacom GmbH
Freisinger Str. 13
85737 Ismaning
Tel: 089/996549-0
Fax: 089/964989
dacom@t-online.de

Metcomp Elektronik GmbH
Leonhardsweg 4
82008 Unterhaching
Tel: 089/615239-0
Fax: 089/615239-97
www.metcomp.memec.com
metcomp@met.memec.com

Semikron GmbH & Co.KG
Sigmundstr. 200
90431 Nürnberg
Tel: 0911/6559-0
Fax: 0911/6559-262
www.semikron.com
sales.skd@semikron.com

SenSyn

Sensortechnics GmbH
Aubinger Weg 27
82178 Puchheim
Tel: 089/80083-0
Fax: 089/80083-33
www.sensortechnics.com
info@sensortechnics.com

| Hersteller | Distributoren | Distributoren |
|---|---|---|
| SGS-Thomson<br>s. ST Microelectronics | | |
| Sharp Electronics GmbH<br>Sonninstr. 3<br>20097 Hamburg<br>Tel: 040/2376-0<br>Fax: 040/2376-2232<br>www.sharpmed.com | Beck GmbH & Co.KG<br>Eltersdorferstr. 7<br>90425 Nürnberg<br>Tel: 0911/93408-0<br>Fax: 0911/93408-28<br>www.beck-elektronik.de<br>info@beck-elektronik.de | Dema Electronic GmbH<br>Türkenstr. 11<br>80333 München<br>Tel: 089/286941-0<br>Fax: 089/283509<br>www.dema.net<br>info@dema.net |
| | Eurodis Enatechnik GmbH<br>Pascalkehre 1<br>25451 Quickborn<br>Tel: 04106/701-0<br>Fax: 04106/701-268<br>www.eurodis.com<br>info@ena.eurodis.com | Impact Memec GmbH<br>Lötscher Weg 66<br>41334 Nettetal<br>Tel: 02153/733-112<br>Fax: 02153/733-371<br>www.impact.de<br>info@impact.de |
| Siemens Bauelemente<br>s. Infineon | | |
| Sierra<br>s. Catalyst | | |
| Signal Processing Techn. (SPT)<br>www.spt.com | Farnell Electronic GmbH<br>Grünwalder Weg 30<br>82041 Deisenhofen<br>Tel: 089/61393939<br>Fax: 089/6135901<br>www.farnell.com<br>verkauf@farnell.com | Metronik GmbH<br>Leonhardsweg 2<br>82008 Unterhaching<br>Tel: 089/61108-0<br>Fax: 089/61108-110<br>www.metronik.memec.com |
| Signetics<br>s. Philips | | |
| Silicon General<br>s. LinFinity | | |
| Siliconix<br>s. Vishay | | |
| Sipex GmbH<br>Gautinger Str. 10<br>82319 Starnberg<br>Tel: 08151/89810<br>Fax: 08151/29598<br>www.sipex.com<br>sipex-starnberg@t-online.de | Future Electronics GmbH<br>Münchener Str. 18<br>85774 Unterföhring<br>Tel: 089/95727-0<br>Fax: 089/95727-140<br>www.future.ca | MEV Elektronik GmbH<br>Nordler 5a<br>49176 Hilter<br>Tel: 05424/2340-0<br>Fax: 05424/2340-40<br>www.mev-elektronik.de<br>info@mev-elektronik.de |

| Hersteller | Distributoren | Distributoren |
|---|---|---|
| Sony GmbH<br>Hugo-Eckener-Str. 20<br>50829 Köln<br>Tel: 0221/5966-0<br>Fax: 0221/5966-349<br>www.sony.com/semi | Framos Electronic GmbH<br>Riegseestr. 16<br>81477 München<br>Tel: 089/7853031<br>Fax: 089/78582626<br>www.framos.de<br>info@framos.de | Glyn GmbH & Co.KG<br>Am Wörtzengarten 8<br>65510 Idstein<br>Tel: 06126/590-222<br>Fax: 06126/509-111<br>www.glyn.de<br>sales@glyn.de |
| Sprague<br>s. Allegro | | |
| ST Microelectronics GmbH<br>Bretonischer Ring 4<br>85630 Grasbrunn<br>Tel: 089/46006-0<br>Fax: 089/4605454<br>www.st.com | Avnet (EMG) GmbH<br>Stahlgruberring 12<br>81829 München<br>Tel: 089/45110-01<br>Fax: 089/45110-129<br>www.avnet.de | Eurodis Enatechnik GmbH<br>Pascalkehre 1<br>25451 Quickborn<br>Tel: 04106/701-0<br>Fax: 04106/701-268<br>www.eurodis.com<br>info@ena.eurodis.com |
| | RS Components GmbH<br>Hessenring 13b<br>64546 Mörfelden-Walldorf<br>Tel: 06105/401-104<br>Fax: 06105/401-269<br>www.rs-components.de<br>rs-gmbh@rs-components.com | Rutronik GmbH<br>Industriestr. 2<br>75228 Ispringen<br>Tel: 07231/801-508<br>Fax: 07231/801-507<br>www.rutronik.com<br>rutronik@rutronik.com |
| | Spoerle Electronic KG<br>Im Gefierth 11a<br>63303 Dreieich<br>Tel: 06103/304-0<br>Fax: 06103/304-270<br>www.spoerle.com | Weisbauer Elektronik GmbH<br>Heiliger Weg 1<br>44135 Dortmund<br>Tel: 0231/557302-0<br>Fax: 0231/557602-0<br>weisbauer@t-online.de |
| Supertex<br>www.supertex.con | Infratech GmbH<br>Wedeler Landstr. 93<br>22559 Hamburg<br>Tel: 040/819544-0<br>Fax: 040/811037<br>www.infratech.de<br>khs@infratech.de | Scantec GmbH<br>Behringstr. 10<br>82152 Planegg<br>Tel: 089/899143-0<br>Fax: 089/899143-27<br>www.scantec.de<br>info@scantec.de |
| Telecom<br>www.telecom-semi.com | Adelco Elektronik GmbH<br>Boxholmerstr. 5<br>25451 Quickborn<br>Tel: 04106/6104-0<br>Fax: 04106/6104-25<br>Adelco@t-online.de | Future Electronics GmbH<br>Münchener Str. 18<br>85774 Unterföhring<br>Tel: 089/95727-0<br>Fax: 089/95727-140<br>www.future.ca |
| | Weisbauer Elektronik GmbH<br>Heiliger Weg 1<br>44135 Dortmund<br>Tel: 0231/557302-0<br>Fax: 0231/557602-0<br>weisbauer@t-online.de | |

| Hersteller | Distributoren | Distributoren |
|---|---|---|
| Telefunken<br>s. Vishay | | |
| Temic<br>s. Vishay | | |
| Texas Instruments GmbH<br>Haggertystr. 1<br>85356 Freising<br>Tel: 08161/800<br>Fax: 08161/804516<br>www.ti.com | Avnet (EMG) GmbH<br>Stahlgruberring 12<br>81829 München<br>Tel: 089/45110-01<br>Fax: 089/45110-129<br>www.avnet.de | EBV-Electronik GmbH<br>Hans Pinsel Str. 4<br>85540 Haar<br>Tel: 089/460098-0<br>Fax: 089/460098-40<br>www.ebv.com<br>pr@ebv.com |
| | Eurodis Enatechnik GmbH<br>Pascalkehre 1<br>25451 Quickborn<br>Tel: 04106/701-0<br>Fax: 04106/701-268<br>www.eurodis.com<br>info@ena.eurodis.com | Jermyn (SEI) GmbH<br>Kapellenstr. 15<br>65555 Limburg<br>Tel: 06431/508-0<br>Fax: 06431/508-289<br>www.sei.de<br>seideutschland@sei.de |
| Thomson<br>s. ST Microelectronics | | |
| Toshiba Elektr. GmbH<br>Hansaallee 181<br>40549 Düsseldorf<br>Tel: 0211/5296-0<br>Fax: 0221/5296-400<br>www.toshiba.com | Adelco Elektronik GmbH<br>Boxholmerstr. 5<br>25451 Quickborn<br>Tel: 04106/6104-0<br>Fax: 04106/6104-25<br>Adelco@t-online.de | Avnet (EMG) GmbH<br>Stahlgruberring 12<br>81829 München<br>Tel: 089/45110-01<br>Fax: 089/45110-129<br>www.avnet.de |
| | Glyn GmbH & Co.KG<br>Am Wörtzengarten 8<br>65510 Idstein<br>Tel: 06126/590-222<br>Fax: 06126/509-111<br>www.glyn.de<br>sales@glyn.de | HEV Halbleiter GmbH<br>Berliner Str. 8<br>15537 Erkner<br>Tel: 03362/58010<br>Fax: 03362/580111 |
| | Impact Memec GmbH<br>Lötscher Weg 66<br>41334 Nettetal<br>Tel: 02153/733-112<br>Fax: 02153/733-371<br>www.impact.de<br>info@impact.de | Spoerle Electronic KG<br>Im Gefierth 11a<br>63303 Dreieich<br>Tel: 06103/304-0<br>Fax: 06103/304-270<br>www.spoerle.com |

| Hersteller | Distributoren | Distributoren |
|---|---|---|
| Triquint<br>Birkenweg 6<br>83549 Eiselfing<br>Tel: 08071/93504<br>Fax: 08071/93505<br>www.triquint.com | Atlantik Elektronik GmbH<br>Fraunhoferstr. 11a<br>82152 Planegg<br>Tel: 089/89505-0<br>Fax: 089/89505-100<br>www.atlantikelektronik.com<br>info@atlantikgmbh.de<br><br>Metronik GmbH<br>Leonhardsweg 2<br>82008 Unterhaching<br>Tel: 089/61108-0<br>Fax: 089/61108-110<br>www.metronik.memec.com | Dacom GmbH<br>Freisinger Str. 13<br>85737 Ismaning<br>Tel: 089/996549-0<br>Fax: 089/964989<br>dacom@t-online.de |
| Unitrode GmbH<br>Hauptstr. 68<br>82008 Unterhaching<br>Tel: 089/619004-06<br>Fax: 089/617984<br>www.unitrode.com | Hy-Line GmbH<br>Inselkammerstr. 10<br>82008 Unterhaching<br>Tel: 089/614503-10<br>Fax: 089/614503-20<br>www.hyline.de<br>power@hy-line.de<br><br>Spezial-Elektronik GmbH<br>Kreuzbreite 15<br>31675 Bückeburg<br>Tel: 01805/313120<br>Fax: 01805/313123<br>www.spezial.de<br>info@spezial.de | Metronik GmbH<br>Leonhardsweg 2<br>82008 Unterhaching<br>Tel: 089/61108-0<br>Fax: 089/61108-110<br>www.metronik.memec.com<br><br>Tekelec Airtronic GmbH<br>Kapuzinerstr. 9<br>80337 München<br>Tel: 089/5164-0<br>Fax: 089/5164-110<br>www.tekelec.de<br>sales@tekelec.de |
| Valvo<br>s. Philips | | |
| Vantis<br>s. Lattice | | |
| Vishay Semi. GmbH<br>Theresienstr. 2<br>74072 Heilbronn<br>Tel: 07131/67-0<br>Fax: 07131/67-2500<br>www.vishay.com | EBV-Electronik GmbH<br>Hans Pinsel Str. 4<br>85540 Haar<br>Tel: 089/460098-0<br>Fax: 089/460098-40<br>www.ebv.com<br>pr@ebv.com<br><br>Future Electronics GmbH<br>Münchener Str. 18<br>85774 Unterföhring<br>Tel: 089/95727-0<br>Fax: 089/95727-140<br>www.future.ca | Eurodis Enatechnik GmbH<br>Pascalkehre 1<br>25451 Quickborn<br>Tel: 04106/701-0<br>Fax: 04106/701-268<br>www.eurodis.com<br>info@ena.eurodis.com<br><br>Spoerle Electronic KG<br>Im Gefierth 11a<br>63303 Dreieich<br>Tel: 06103/304-0<br>Fax: 06103/304-270<br>www.spoerle.com |

| Hersteller | Distributoren | Distributoren |
|---|---|---|
| VLSI Technology (VTI) GmbH<br>Bayerwaldstr. 11<br>81737 München<br>Tel: 089/62706-0<br>Fax: 089/62706-101<br>www.vlsi.com | Avnet (EMG) GmbH<br>Stahlgruberring 12<br>81829 München<br>Tel: 089/45110-01<br>Fax: 089/45110-129<br>www.avnet.de | Data Modul AG<br>Landsberger Str. 320<br>80687 München<br>Tel: 089/56017-0<br>Fax: 089/56017-119<br>www.data-modul.com |
| Waver Scale (WSI)<br>www.wipsd.com | Jermyn (SEI) GmbH<br>Kapellenstr. 15<br>65555 Limburg<br>Tel: 06431/508-0<br>Fax: 06431/508-289<br>www.sei.de<br>seideutschland@sei.de | Scantec GmbH<br>Behringstr. 10<br>82152 Planegg<br>Tel: 089/899143-0<br>Fax: 089/899143-27<br>www.scantec.de<br>info@scantec.de |
| Xicor GmbH<br>Bretonischer Ring 15<br>85630 Grasbrunn<br>Tel: 089/461008-0<br>Fax: 089/4605472<br>www.xicor.com | Avnet (EMG) GmbH<br>Stahlgruberring 12<br>81829 München<br>Tel: 089/45110-01<br>Fax: 089/45110-129<br>www.avnet.de | Impact Memec GmbH<br>Lötscher Weg 66<br>41334 Nettetal<br>Tel: 02153/733-112<br>Fax: 02153/733-371<br>www.impact.de<br>info@impact.de |
| Xilinx Corp.<br>Süßkindstr. 4<br>81929 München<br>Tel: 089/93088-0<br>Fax: 089/93088-188<br>www.xilinx.com | Avnet (EMG) GmbH<br>Stahlgruberring 12<br>81829 München<br>Tel: 089/45110-01<br>Fax: 089/45110-129<br>www.avnet.de | Metronik GmbH<br>Leonhardsweg 2<br>82008 Unterhaching<br>Tel: 089/61108-0<br>Fax: 089/61108-110<br>www.metronik.memec.com |
| Zilog GmbH<br>Thomas Dehler Str. 18<br>81737 München<br>Tel: 089/672045<br>Fax: 089/6706188<br>www.zilog.com | EBV-Electronik GmbH<br>Hans Pinsel Str. 4<br>85540 Haar<br>Tel: 089/460098-0<br>Fax: 089/460098-40<br>www.ebv.com<br>pr@ebv.com | Farnell Electronic GmbH<br>Grünwalder Weg 30<br>82041 Deisenhofen<br>Tel: 089/61393939<br>Fax: 089/6135901<br>www.farnell.com<br>verkauf@farnell.com |
|  | Future Electronics GmbH<br>Münchener Str. 18<br>85774 Unterföhring<br>Tel: 089/95727-0<br>Fax: 089/95727-140<br>www.future.ca | Metcomp Elektronik GmbH<br>Leonhardsweg 4<br>82008 Unterhaching<br>Tel: 089/615239-0<br>Fax: 089/615239-97<br>www.metcomp.memec.com<br>metcomp@met.memec.com |
| Zoran Corp.<br>www.zoran.com | Scantec GmbH<br>Behringstr. 10<br>82152 Planegg<br>Tel: 089/899143-0<br>Fax: 089/899143-27<br>www.scantec.de<br>info@scantec.de |  |

| Hersteller | Distributoren | Distributoren |
|---|---|---|
| Zilog GmbH<br>Thomas Dehler Str. 18<br>81737 München<br>Tel:   089/672045<br>Fax:  089/6706188<br>URL: zilog.com | EBV-Electronik GmbH<br>Hans Pinsel Str. 4<br>85540 Haar<br>Tel:   089/460098-0<br>Fax:  089/460098-40<br>URL: ebv.com<br>haar.d@ebv.com | Farnell Electronic GmbH<br>Grünwalder Weg 30<br>82041 Deisenhofen<br>Tel:   089/61393939<br>Fax:  089/6135901<br>URL: farnell.com<br>verkauf@farnell.com |
| | Future Electronics GmbH<br>Münchener Str. 18<br>85774 Unterföhring<br>Tel:   089/95727-0<br>Fax:  089/95727-140<br>URL: future.ca | Metcomp Elektronik GmbH<br>Leonhardsweg 4<br>82008 Unterhaching<br>Tel:   089/615239-0<br>Fax:  089/615239-97<br>URL: metcomp.memec.com<br>metcomp@met.memec.com |
| Zoran Corp.<br>URL: zoran.com | Scantec GmbH<br>Behringstr. 10<br>82152 Planegg<br>Tel:   089/899143-0<br>Fax:  089/899143-27<br>URL: scantec.de<br>info@scantec.de | |

# Sachverzeichnis

Druck: Mercedes-Druck, Berlin
Verarbeitung: Buchbinderei Lüderitz & Bauer, Berlin